Schimmelpilze in Wohnungen

Frank Frössel • Erwin Heller

Schimmelpilze in Wohnungen

wenn der Pilz zur Untermiete wohnt

3. Auflage

Springer Vieweg

Frank Frössel
Oberkirch, Deutschland

Erwin Heller
München, Deutschland

ISBN 978-3-658-50424-3
ISBN 978-3-658-50425-0 (eBook)
https://doi.org/10.1007/978-3-658-50425-0

Die Deutsche Nationalbibliothek verzeichnet diese Publikation in der Deutschen Nationalbibliografie; detaillierte bibliografische Daten sind im Internet über https://portal.dnb.de abrufbar.

Springer Vieweg ist ein Imprint der eingetragenen Gesellschaft Springer Fachmedien Wiesbaden GmbH und ist ein Teil von Springer Nature.
Die Anschrift der Gesellschaft ist: Abraham-Lincoln-Str. 46, 65189 Wiesbaden, Germany

Vorwort zur 3. Auflage

Schimmelpilze in Wohnungen bleiben ein Dauerthema. Daran hat sich auch nach über 20 Jahren nichts geändert – seit der 1. Auflage des gleichnamigen Buchtitels. Das Thema belegt nach wie vor einen der vorderen Plätze in mietrechtlichen Auseinandersetzungen und beschäftigt eine Vielzahl von Beteiligten. Zu ihnen gehören Mieter und Vermieter, Sachverständige und Gutachter, Bau- und Mikrobiologen, Bau- und Handwerksfirmen, Immobilien-, Wohnungs- und Versicherungswirtschaft, Fachanwälte für Mietrecht, WEG-Recht und Baurecht sowie Gerichte in allen Instanzen sowie Mediziner. Daran wird sich auch in den kommenden Jahren nichts ändern – ganz im Gegenteil. Die Ursachen für Schimmelpilze in Wohnungen sind nicht nur multikausal, sondern in den meisten Fällen auch nicht eindeutig einer Ursache und somit einem Verursacher zuzuschreiben. Bauliche Mängel (im Altbau) oder neue Standards zur Energieeinsparung (im Neubau) überlagern sich mit einem individuellen Wohn- und Nutzungsverhalten. Nicht selten sind bauphysikalische Erklärungen und rechtliche Rahmenbedingungen nicht kompatibel. Hinzu kommt die Emotionalität, die Schimmelpilze in Wohnungen auslösen kann, insbesondere wenn Kinder oder Risikogruppen betroffen sind. Gleichzeitig steigen Energie- und Nebenkosten seit Jahren und verschärfen die ohnehin angespannte Lage steigender Mieten. Daher kann nicht immer ausgeschlossen werden, dass mikrobieller Befall in dem einen oder anderen Fall „missbraucht" wird, um Mängel anzumelden und Mietminderungen geltend zu machen.

Eine mögliche Unterstützung bei der Klärung dieser Sachverhalte kann evtl. die so genannte Bauforensik bieten – eine neue Disziplin in der Bauwerksdiagnostik, mit der z. B. nicht entdeckte oder nicht fachgerecht sanierte Feuchteschäden oder nicht sichtbarer Befall sichtbar gemacht werden kann. Das gleichzeitig spannende wie innovative Thema wurde deshalb in die 3. Auflage mit aufgenommen – eines von vielen Themen, die in der Neuauflage Berücksichtigung gefunden haben.

Die Kapitel wurden grundlegend überarbeitet, aktualisiert und neue Erkenntnisse eingearbeitet. Hierbei wurden interdisziplinäre Erfahrungen über bewährte und neue Methoden, Verfahren und Produkte, aber eben auch über nicht bewährte „Lösungen", eingearbeitet. Neue Untersuchungsmethoden ermöglichen eine Erweiterung der bisher bekannten Nomenklatur oder machen eine mikrobielle Belastung sichtbar an Stellen, wo sie bisher nur vermutet wurden. Aus diesem Grund ist die Erkennung, Untersuchung und Bewertung

sowie Sanierung und Beseitigung oder Vorbeugung von Schimmelpilzen in Wohnungen mehr denn je ein interdisziplinäres Fachgebiet, wenn auch die gesundheitlichen und/oder rechtlichen Aspekte mit einbezogen werden. Hinzu kommen neue Denkansätze wie z. B. das spezifische Wachstumsmodell, mit dem deutlich präziser als bisher das Wachstum und die Ausbreitung von Schimmelpilzen erklärt werden kann. Bisher war es üblich, die Voraussetzungen für die Entstehung und das Wachstum der Mikroorganismen mit einem generischen Modell zu erklären. Das spezifische Wachstumsmodell erweitert diese stationären Randbedingungen und berücksichtigt die dynamischen und individuellen Einflussgrößen des Einzelfalls.
Gegenüber den bisherigen Auflagen wurde das Glossar deutlich erweitert und mit knapp 2.000 Fach- und Sachbegriffen stellt dieses ein eigenes Buch im Buch dar und hilft, die verschiedenen Begrifflichkeiten und deren Erklärungen zu vereinheitlichen. Hinzu kommt, dass der rechtliche Teil komplett überarbeitet, aktualisiert und erweitert wurde. Hinzu kamen andere Rechtsgebiete wie z. B. das WEG-Recht, das durch Schimmelpilze in Wohnungen genauso tangiert wird, wie das Miet- oder Baurecht.
Schimmelpilze in Wohnungen stellen in den seltensten Fällen die Ursachen dar, sondern sind fast ausschließlich Wirkungen oder Symptome für vorausgegangene Vorgänge. Dies wird in der Diagnostik und Bewertung genauso oft vernachlässigt wie die Tatsache, dass das Auftreten von mikrobiellen Befall auf Bauteiloberflächen eine „Historie“ hat, also zeitversetzt auftritt und die Ursachen in der Vergangenheit liegen. Außerdem fokussieren sich Untersuchungen zu oft nur auf den sichtbaren Befall und ignorieren, dass auch von verstecktem oder nicht sichtbarem Befall gesundheitliche Wirkungen ausgehen können. Die Erfahrung des Autors zeigt zudem, dass Untersuchungen häufig nur dazu dienen, eine vorab geäußerte Annahme zu bestätigen, anstatt eine objektive, ergebnisoffene und ganzheitliche Diagnostik und Bewertung aller Fragestellungen vorzunehmen.
Das vorliegende Fachbuch soll nicht nur seinen Beitrag dazu leisten, das Thema weiter zu versachlichen und ganzheitlich und nachhaltig zu betrachten, sondern hat auch den Anspruch, wieder das Standardwerk in der Branche zu werden. Die Zeit, in der die erste Auflage des Buches erschien, war geprägt durch Unwissenheit und Pragmatismus. Erste Erfahrungen im Umgang mit dieser Thematik wurden gesammelt und viele Experimente durchgeführt – leider zu oft auf dem Rücken der Betroffenen. Der erste Leitfaden des Umweltbundesamtes war gerade erschienen und schaffte erstmals grundlegende Leitlinien im Umgang mit Schimmelpilzen in Wohnungen. Zwanzig Jahre später ist der Markt geprägt von Widersprüchen und einer fachlichen Auseinandersetzung, die häufig mit der Realität nicht mehr viel zu tun hat. Beispielhaft soll die Diskussion um Desinfektion versus Rückbau genannt werden. Hinzu kommt, dass in der Praxis zu häufig bereits „Lösungen“ angeboten werden, ohne überhaupt die schadensauslösende Ursache tatsächlich zu kennen. Somit werden nur Symptome bekämpft, anstatt die Ursachen nachhaltig zu beseitigen. Außerdem fällt auf, dass Schimmelpilze in Wohnungen immer noch zu oft isoliert betrachtet und die allgemeine Hintergrundbelastung, also die „normale“ Belastung durch biogene Stäube, Schimmelpilzsporen und andere mikrobielle Partikel in der Außenluft, in der Bewertung der Situation vernach-

lässigt wird. Gleiches gilt für die Differenzierung, ob Mikroorganismen und/ oder biogene Partikel und Stoffe vital bzw. aktiv oder bereits abgestorben sind. Abschließend sind dem Autor noch folgende Hinweise wichtig: seit einiger Zeit wird der Begriff „Schimmel" als Synonym für mikrobiellen Befall verwendet; also nicht nur für Schimmelpilze, sondern auch für Hefen, Bakterien und andere Mikroorganismen bzw. für eine allgemeine Belastung durch innenrauminduzierte Mikroorganismen und deren unterschiedlichen Wachstumsphasen. Diese Verallgemeinerung trägt nicht gerade zur Schärfung der ohnehin komplexen Thematik bei und wurde in diesem Buch ausdrücklich nicht übernommen. Gerade in der Diagnostik ist es essenziell, um welche Arten von Mikroorganismen es sich handelt, so dass der Begriff „Schimmel" nicht nur nicht zielführend, sondern ausdrücklich falsch, ist.

Außerdem sind einige Aspekte bewusst redundant aufgeführt worden, da diese in verschiedenen Kapiteln in unterschiedlichem Kontext eine entsprechende Relevanz haben und den Lesefluss verbessern sollen.

Dem Autor ist bewusst, dass nicht jede beschriebene Situation immer zutrifft. Gleichzeitig können nicht alle Ausnahmen und Sonderfälle beschrieben werden, da dies den Rahmen des Buches sprengen würde. Es wird in den meisten Fällen vom Regelfall ausgegangen wie z. B., dass Neubauten den energetischen Standards entsprechen und eine Lüftungsanlage aufweisen, während Altbauten diese eben nicht vorweisen – wissentlich, dass es natürlich auch sanierte Altbauten mit einer Entlüftung gibt. Gleiches gilt für das Verhältnis von Vermieter als Eigentümer und Mieter als Nutzer – wissentlich, dass natürlich auch Eigentümer selbst ihre Immobilie bewohnen und ein Problem durch Schimmelpilze haben können.

Die Recherche, inhaltliche Konzeption und Ausarbeitung sowie fachliche Formulierung erfolgte in dieser Fachpublikation ausschließlich durch die Autoren als natürliche Personen und ohne Automatisierung durch Künstliche Intelligenz (KI).

Oberkirch, im Sommer 2026

Interessenkonflikt Die Autor*innen haben keine relevanten Interessenskonflikte im Zusammenhang mit dieser Publikation.

Inhaltsverzeichnis

Der Markt in Zahlen

1

Inhaltsverzeichnis

1.1 Einleitung

„Jede 5. Wohnung schimmelt". Mit dieser oder ähnlichen Schlagzeilen wird im Internet oder in vielen Publikationen der Eindruck erweckt, dass 20 % der Wohnungen in Deutschland ein Schimmelpilzproblem haben. In einigen Veröffentlichungen ist so gar von bis zu 40 % die Rede. Den Nachweis dieser Aussagen bleiben die Quellen schuldig. Fakt ist, dass es keine offiziellen Zahlen über den Schimmelpilzbefall in deutschen Wohnungen gibt, weder vom statistischen Bundesamt noch einer der Fachbehörden wie z. B. dem Umweltbundesamt oder Gesundheitsbehörden. Es gibt nur zwei Quellen, die von einem mikrobiellen Befall von knapp unter 10 % ausgehen. Eine der beiden Quellen ist eine Studie, auf die sich häufig bezogen wird.[1] Einer der Nachteile ist, dass diese Studie bereits im Jahr 2000 durchgeführt wurde und somit über 25 Jahre alt ist. Außerdem weist diese Studie einige Unschärfen in der Datenerhebung und Bewertung auf. Im Jahr 2005 wurde diese Studie noch einmal wiederholt und konkret auf den Wohnungsbestand im Bundesland Nordrhein-Westfalen bezogen. Hierbei zeigte sich, dass in 8 % der untersuchten Wohnungen Schimmelpilzschäden unterschiedlicher Art festgestellt wurden. Beide Ergebnisse fielen etwas höher aus als beim Bundes-Gesundheitssurvey aus dem Jahr 1998. Hier gaben knapp 6 % der Befragten an, eine „schimmlige Wand" zu haben.[2] Die zweite Studie wurde im Zeitraum von 2023 und 2024 erhoben und wählte einen anderen Ansatz (weitere Informationen siehe Abschn. 1.3).

Als weiteren Indikator könnte man das Suchverhalten der Deutschen in einschlägigen Suchmaschinen wie Google heranziehen. Seit Jahren gibt es bei Begriffen wie Schimmel und Schimmelpilze in Kombination mit relevanten Suchbegriffen wie „Ursachen", „Beseitigen", „Gesundheit", „Gefahr", „Mietminderung" und dgl. ein stabiles Suchverhalten bei Google von 4 Mio. pro Jahr. Dies sind keine repräsentativen Marktzahlen, unterstreichen aber den Bedarf an Infor-

F. Frössel, E. Heller, *Schimmelpilze in Wohnungen*, https://doi.org/10.1007/978-3-658-50425-0_1

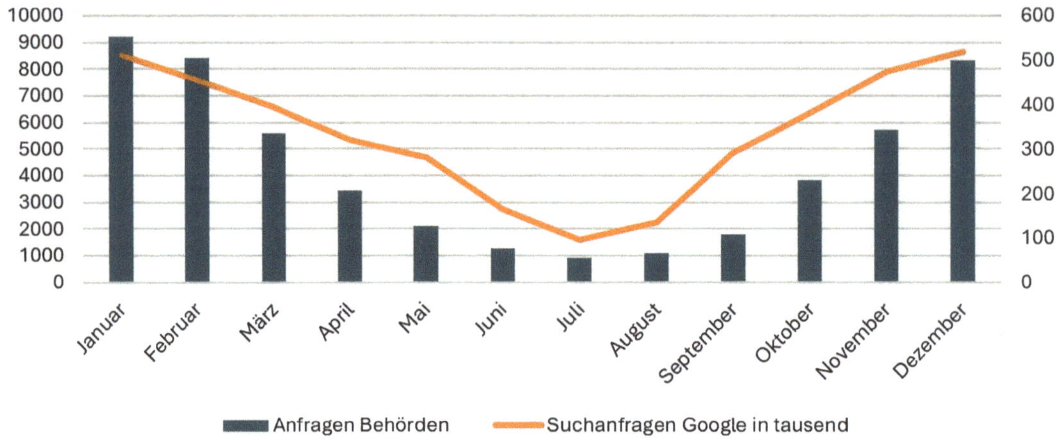

Abb. 1.1 jährliche Verteilung von Anfragen bei Behörden und Suchmaschinen

mationen und decken sich mit den bisherigen Untersuchungen. In Deutschland gibt es lt. statistischem Bundesamt etwas mehr als 43,4 Mio. Wohnungen. Setzt man diese ins Verhältnis mit den Untersuchungsergebnissen, ergibt sich daraus, dass ca. 4 Mio. Wohnungen in Deutschland von Schimmelpilzbefall betroffen sind. Es ist sicherlich kein Zufall, dass die Suchanfragen bei Google in der gleichen Größenordnung stattfinden – und dies seit Jahren konstant.

Wenn man also annimmt, dass ca. 4 Mio. Wohnungen in Deutschland von Schimmelpilzbefall betroffen sind, kann man im zweiten Schritt versuchen, die mikrobiell befallenen Flächen zu quantifizieren. Hierbei ist man auf die Befragung[3] von Beteiligten angewiesen, die Angaben zur Größe eines Schimmelpilzbefalls machen können. Das Problem ist, dass die in der Vergangenheit durchgeführten Befragungen der Wohnungswirtschaft, Hausverwaltungen, Bausparkassen, Gutachter und Sachverständige, Handwerker wie Maler, Trocknungs- oder Sanierungsfirmen, Versicherungswirtschaft, Gesundheitsämter, Verbraucherzentralen oder Verbänden nicht repräsentativ sind. Häufig spielen individuelle Interessen eine Rolle, die das Ergebnis von Befragungen beeinflussen. Wohnungs- und Immobilienanbieter werden das Problem naturgemäß herunterspielen, während Nutznießer dieses Marktes eher das Potenzial sehen und das Thema größer darstellen als es ist. Einig sind sich die Experten nur in einem Punkt: die Dunkelziffer der befallenen Wohnungen ist größer als allgemein angenommen. Zum einen, da bisherige Untersuchungen und Befragungen immer nur den sichtbaren Befall erfassen und nicht sichtbarer Befall oder versteckter Befall oft ignoriert werden. Zum anderen wird das Schamgefühl der Betroffenen unterschätzt: Schimmelpilze in den eigenen vier Wänden wird von vielen Menschen immer noch als unangenehm empfunden und mit fehlender Hygiene gleichgesetzt, auch wenn dies in vielen Fällen nicht zutrifft.

In diesem Zusammenhang müssen auch sozioökonomische Einflüsse genannt werden: Schimmelpilzbefall im Kontext zu (Alters)Armut, Arbeitslosigkeit und Migration (weitere Informationen siehe Abschn. 1.4). Dies war lange ein Tabuthema. Die Aussagen unterschiedlicher Publikationen decken sich allerdings mit den Erkenntnissen aus verschiedenen Beratungsangeboten von Sozial- und/oder Gesundheitsämtern. Nach nicht überprüfbaren Aussagen verschiedener Behörden[4] machen unterschiedliche Fragestellungen rund um Innenraumbelastungen etwa 30 bis 40 % aller Anfragen aus. Der Anteil von Feuchte- und/oder Schimmelpilzschäden sowie unspezifischen Geruchsbelästigungen nimmt innerhalb dieser Problematik 70 bis 80 % ein. In fast 50 % der Anfragen kam es anschließend zu Vor-Ort-Besichtigungen.

Wenig überraschend ist die jahreszeitliche Verteilung der Anfragen. Diese deckt sich mit den Suchanfragen in einschlägigen Suchmaschinen (siehe Abb. 1.1).

Zurück zu dem Versuch, den mikrobiellen Befall in den 4 Mio. Wohnungen in Deutschland zu quantifizieren. Nach Auswertung mehrerer Publikationen kann man festhalten, dass das Bad (30 %), vor allem innenliegende Bäder ohne eigene Fensterlüftung, besonders häufig von Schimmelpilzbefall betroffen sind – hier insbesondere die Fugen im Nassbereich (Dusche). In jedem vierten Schlafzimmer und jedem fünften Bad werden Schimmelpilze festgestellt. Typische Stellen sind Wärmebrücken, entweder rund um das Fenster oder an Innenecken von nicht wärmegedämmten Außenwänden, Heizkörpernischen bei gedrosselten Heizkörpern (z. B. Schlafzimmer), an der Rückseite von großen Kleiderschränken oder der Stirnseite von Betten an der Innenseite nicht wärmegedämmter Außenwände.

Des Weiteren muss mikrobieller Befall differenziert werden. Experten unterscheiden den sichtbaren Befall in Kleinstflächen (< 20 cm^2 Ausmaß) der Kategorie 1 („Normalzustand bzw. geringfügiger Schimmelpilzbefall"), in kleine Flächen (< 0,5 m^2 Ausmaß) der Kategorie 2 („geringer bis mittlerer Schimmelpilzbefall") sowie in größere Flächen (> 0,5 m^2 Ausmaß) der Kategorie 3 („großer Schimmelpilzbefall"). Man kann davon ausgehen, dass Kleinstfälle – hierzu gehören z. B. „schwarze" Siliconfugen von einigen Zentimeter Länge am Waschbecken oder in der Dusche – in der Regel durch Bewohner selbst beseitigt werden. Experten gehen davon aus, dass 60 bis 70 % der betroffenen 4 Mio. Wohnungen in diese Kategorie fallen.

Eigene Erhebungen[3] unter Handwerkern und Sachverständigen ergaben, dass mindestens die Hälfte auch der kleineren Flächen bis maximal einen halben Quadratmeter, die von Schimmelpilzbefall betroffen sind, von Betroffenen in Eigenleistung beseitigt werden. Zum Einsatz kommen Hausmittel (Essig), Haushaltsreiniger oder Desinfektionsmittel und Alkohol. Experten gehen davon aus, dass 20 bis 30 % der betroffenen 4 Mio. Wohnungen in diese Kategorie fallen. Die andere Hälfte wird in der Regel durch Maler o. ä. beseitigt. Diese Schimmelpilzsanierung wird häufig als „Pinselsanierung" bezeichnet, da in vielen Fällen der mikrobielle Befall nur überstrichen wird, ohne die Ursachen für den Feuchte- und/oder Schimmelpilzschaden zu beheben. Die Befragung von Handwerkern und Sachverständigen ergab, dass die Durchschnittsfläche für derartige kosmetische Maßnahmen in der Regel 0,5 bis maximal 1 m^2 beträgt, auch wenn die Innenwände komplett gestrichen werden müssen.

Bei größeren Flächen (über 0,5 m^2) und/oder dem Verdacht auf einen versteckten Befall und/oder auf gesundheitliche Belastungen und/oder bei gewerblichen Auftraggebern (z. B. Versicherungen nach einem sporadischen Wasserschaden) werden in der Regel qualifizierte Fachfirmen beauftragt. Hierbei handelt es sich entweder um qualifizierte Malerfirmen, die sich auf die Schimmelpilzsanierung spezialisiert haben und diese Leistung in der Regel mit Maßnahmen der energetischen Sanierung kombinieren, oder um spezielle Sanierungsfirmen, die sich auf die Sanierung von Feuchte- und/oder Schimmelpilzschäden spezialisiert haben (wie z. B. Trocknungsfirmen, Abdichtungsfirmen). Diese Firmen weisen in der Regel eine besondere Sachkunde (z. B. durch den TÜV Rheinland) auf und führen eine Schimmelpilzsanierung nach den Vorgaben der Regelwerke wie z. B. dem Leitfaden des Umweltbundesamtes oder der Netzwerke Schimmelpilzsanierung durch. Experten gehen davon aus, dass 5 bis maximal 10 % der betroffenen 4 Mio. Wohnungen in diese Kategorie fallen und die zu sanierende Fläche im Durchschnitt bei 1 bis maximal 2 m^2 liegt. Diese Flächenangaben beziehen sich nicht nur auf Wandflächen, sondern auch auf Fußbodenkonstruktionen. Hinzu kommen gewerbliche Sanierungen wie Schulen, Kindergärten, Großküchen, Schwimmbäder und öffentliche Saunen und dgl. sowie nicht unerhebliche Flächen des versteckten Befalls. Kurzum: man kann davon ausgehen, dass jährlich mehr als 1 Mio. m^2 professionell saniert werden, die einen mehr oder weniger großen Schimmelpilzbefall aufweisen.[3]

Derzeit bieten ca. 10.000 Handwerksfirmen (vor allem Maler) und etwa 800 Sanierungsfirmen eine professionelle Schimmelpilzsanierung an.[3] Setzt man die o. g. Fläche ins Verhältnis, ergibt sich eine Sanierung von knapp 100 m^2 pro Jahr und Firma – ein durchaus realistischer Wert.

1.2 Schimmelpilzbefall in privat genutzten Innenräumen

Über den Schimmelpilzbefall in deutschen Wohnungen gibt es keine offiziellen Zahlen. Sämtliche Aussagen über einen Schimmelpilzbefall von 20 % und mehr lassen die Quellen oder eine wissenschaftlich fundierte Herleitung vermissen. Es sind Annahmen, die nicht selten interessengesteuert sind und Vermutungen, die als Fakten hingestellt werden. Es gibt nur zwei Untersuchungen[1,3], die jemals zu diesem Thema in Deutschland durchgeführt wurden. In der ersten wurden mehr als 5.500 Wohnungen begutachtet und Angaben zur Allergie- und Asthmaprävalenz von den mehr als 12.000 Bewohnern erfasst. Zielsetzung der Untersuchung war, ein Überblick über Feuchteschäden mit und ohne Schimmelpilzbefall sowie deren Ursachen zu schaffen und die hierfür notwendigen Umgebungsbedingungen zu analysieren. Außerdem sollte ein aus der Literatur bekannter Zusammenhang zwischen Feuchte- und/oder Schimmelpilzschäden mit Asthma und/oder anderen allergischen Erkrankungen hergestellt werden – und dies in einem repräsentativen Querschnitt des deutschen Wohnungsbestandes.

Im Rahmen dieser repräsentativen Wohnungsstudie wurden knapp 18.400 Wohn-, Schlaf- und Kinderzimmer sowie knapp 13.500 Küchen, Bäder und Toilettenräume in Neu- und Altbauten (differenziert nach Baualter), in Ein- und Mehrfamilienhäusern untersucht. Bei der Auswahl der Gebäude und/oder der Wohnungen legte man großen Wert darauf, dass die unterschiedlichen Lüftungsarten wie manuelle Fensterlüftung, Zwangsbelüftung sowie raumlufttechnische Abluftanlagen genauso vertreten sind wie unterschiedliche Konstruktionen der Gebäudehülle (mit und ohne Wärmedämmung) sowie verschiedene Baustoffe. Des Weiteren erfolgte die Auswahl der Gebäude in unterschiedlichen Regionen (Stadt/ländlicher Raum), verschiedenen Umgebungsbedingungen, Eigentumsverhältnissen (Eigentümer/Mieter) sowie die Wohnungen nach der Belegungsdichte (Anzahl der Räume/Anzahl der Bewohner).

In den untersuchten 5.530 Wohnungen wurden 1.829 sichtbare Feuchteschäden und 513 Schimmelpilzschäden in 1.213 Wohnungen festgestellt. Demnach gibt es in mehr als jeder 5. Wohnung (21,9 %) sichtbare Feuchteschäden und knapp jede 10. Wohnung (9,3 %) weist einen sichtbaren Schimmelpilzbefall auf. Übertragen auf den Wohnungsbestand von 43,4 Mio. Wohnungen würde dies bedeuten, dass ca. 9,5 Mio. Wohnungen einen Feuchteschaden und etwas mehr als 4 Mio. Wohnungen einen Schimmelpilzbefall aufweisen.

Anschließend wurden die sichtbaren Feuchteschäden sowie der Schimmelpilzbefall danach differenziert, in welchem Raum sie auftraten. Von den 1.829 sichtbaren Feuchteschäden zeigten sich 357 in Wohn-, Schlaf- und Kinderzimmern (19,5 %) und 272 (14,9 %) in so genannten Funktionsräumen. Hierzu zählen Küchen, Bäder und Toiletten. Bei Schimmelpilzbefall dreht sich das Verhältnis. Dieser wurde in 315 Wohn-, Schlaf- und Kinderzimmern (17,2 %) und in 436 (23,8 %) Küchen, Bäder und Toiletten festgestellt.

In weiteren Untersuchungen wurden die Stellen identifiziert, an denen Feuchte- und/oder Schimmelpilzschäden auftraten. Von den 1.829 sichtbaren Feuchteschäden zeigten sich 431 an der Innenseite einer Außenwand (23,6 %), 84 an einer Innenwand (4,6 %), 56 an Fenstern (3 %) und nur vier an Sanitärobjekten (0,2 %). Sichtbarer Schimmelpilzbefall zeigte sich in 440 Fällen auf der Innenseite einer Außenwand (24 %), in 24 Fällen auf Innenwänden (1,3 %), in 153 Fällen auf Fenstern (8,3 %) und in 114 Fällen an Sanitärobjekten (6,2 %) sowie in 18 Fällen an sonstigen Stellen (1 %).

Während das Verhältnis zwischen sichtbaren Feuchteschäden und/oder sichtbarem Schimmelpilzbefall zwischen Wohn-, Schlaf- und Kinderzimmer einerseits und Küchen, Bäder und Toiletten andererseits nahezu ausgeglichen ist, zeigten sich in Bezug auf die lokalisierten Stellen deutliche Unterschiede. In 60 % konnten Feuchte- und/oder Schimmelpilzschäden an der Innenseite von Außenwänden festgestellt werden. Bedauerlicherweise wurde die alles entscheidende Fragestellung in diesem Zusammenhang nicht untersucht: In wie vielen Fällen davon wies die Gebäudehülle keine Wärmedämmung auf. Auch wenn sich diese Frage für Energieberater und Bauexperten von allein beantwortet, wäre dies eine wichtige Erkenntnis aus den Untersuchungen gewesen. Dies ist einer von mehreren Kritikpunkten an der Studie[1].

Außerdem wurden in der Studie die sichtbaren Ursachen für sichtbare Feuchteschäden und/oder sichtbaren Schimmelpilzbefall untersucht – ein weiterer Kritikpunkt, da allgemein bekannt ist, dass vor allem die nicht sichtbaren Schadensursachen, die nicht sichtbaren Feuchteschäden und der versteckte Befall in der Feuchte- und/oder Schimmelpilzdiagnostik relevant sind. Weshalb die Untersuchungen diese wichtigen Fragestellungen ausgespart haben, kann nicht nachvollzogen werden. Von den 1.829 sichtbaren Feuchteschäden wurden 84 einem Leitungswasserschaden zugeordnet, 137 sollen auf Niederschläge durch Regenwasser zurückzuführen sein und 113 durch aufsteigende Feuchtigkeit verursacht worden sein. Sämtliche dieser Aussagen müssen bezweifelt werden, da diese ohne weitergehende Untersuchungen nicht zweifelsfrei festgestellt werden können. Erstaunlich ist, dass in 295 Fällen und somit fast genauso oft wie bei allen anderen Ursachen zusammen der Feuchteschaden keiner Ursache zugeordnet werden konnte. In Bezug auf eine qualitative Bewertung von Schimmelpilzbefall sind die Ergebnisse dieser Studie eher unbrauchbar.

Bei dem festgestellten Schimmelpilzbefall wurden 43 einem Leitungswasserschaden zugeordnet, 24 sollen auf Niederschläge durch Regenwasser zurückzuführen sein und 73 durch aufsteigende Feuchtigkeit. Auch diese Aussagen müssen ernsthaft bezweifelt werden, da hierzu weitergehende Untersuchungen notwendig wären. Erstaunlich ist, dass in 611 Fällen und somit viermal so oft wie bei allen anderen Ursachen zusammen der Schimmelpilzbefall keiner Ursache zugeordnet werden konnte. Gerade die genaue Ursache dieser Fälle wäre interessant gewesen, zumal taupunktbedingtes Kondenswasser als mögliche Schadensursache in der Studie nicht einmal aufgeführt wurde. Zu der wichtigsten Frage liefert daher diese Studie keine Antwort. Nicht einmal einem Fünftel der Schimmelpilzschäden konnte eine eindeutige Ursache zugeordnet werden.

In den weiteren Ausführungen der Studie kommen die Verfasser zu dem Ergebnis, dass vor allem Mietwohnungen in Mehrfamilienhäusern betroffen sind, die über eine nicht gedämmte Gebäudeecke verfügen, in denen sich ein innenliegendes fensterloses Bad befindet und die Entlüftung über eine Schachtlüftung stattfindet, in denen die Fenster keine umlaufende Dichtung aufweisen und in denen Haustiere gehalten werden. Erst danach spielen Faktoren wie das Lüftungsverhalten der Bewohner oder die Belegungsdichte der Wohnung eine Rolle. *Brasche* u. a. kommen zu dem Ergebnis, dass Schimmelpilzschäden nur in 5,8 % durch Lüftungs- und/oder Heizgewohnheiten der Bewohner verursacht werden. Gerade der hohe Anteil an Feuchte- und/oder Schimmelpilzschäden auf der Innenseite von Außenwänden lässt daher fast zwangsläufig die Schlussfolgerung zu, dass bauliche Mängel und insbesondere eine unzureichende Wärmedämmung der Gebäudehülle als Hauptursache zu nennen sind.

So wertvoll die Studie für die Wohnungswirtschaft und alle Beteiligten in der Analyse, Bewertung, Sanierung und Vorbeugung von Feuchte- und/oder Schimmelpilzschäden war und in den letzten 25 Jahren die einzige Referenz war, darf dennoch über die Schwächen in der Methodik und Interpretation der Ergebnisse nicht hinweg gesehen werden. Die Hauptkritik richtet sich darauf, dass die Vor-Ort-Besichtigungen überwiegend von Schornsteinfegern durchgeführt wurden und nicht von Bausachverständigen. Außerdem wurde sich nur auf sichtbare Feuchteschäden, sichtbaren Schimmelpilzbefall und sichtbare Ursachen konzentriert. Gerade bei den multiplen Ursachen und oftmals komplexen Erscheinungsformen von Feuchte- und/oder Schimmelpilzschäden wurde somit ein breites Spektrum ausgeschlossen. Weitere Unschärfen in der Erhebung der Daten finden sich zudem bei festgestellten Feuchte- und/ oder Schimmelpilzschäden an Fenstern, da eine wichtige Differenzierung zwischen Fensterdichtungen und -laibungen nicht vorgenommen wurde. Ähnlich verhält es sich bei der Wärmedämmung. Bei fast der Hälfte der untersuchten Objekte lagen keine Informationen vor, ob eine Wärmedämmung vorhanden ist. Gerade aufgrund von taupunktbedingtem Kondenswasser an Wärmebrücken als eine der Hauptursachen für Schimmelpilzbefall wäre dies eine wichtige Aussage gewesen. Darüber hinaus hätte in den Innenräumen, in denen Feuchte- und/oder Schimmelpilzbefall festgestellt wurde, wenigstens die Luftfeuchtigkeit gemessen werden sollen.

Eine Umfrage[5] unter 133 Wohnungsgesellschaften, die einen Wohnungsbestand von über 560.000 Wohnungen verwalten, ergab, dass über die Hälfte der Wohnbaugesellschaften (55 %) im Durchschnitt in weniger als 10 % der Wohnungen einen Feuchteschaden und/oder Schimmelpilzbefall haben. 30 % von ihnen gaben an, dass dieses Problem bei bis zu 20 % ihres Wohnungsbestandes besteht und 15 % darüber. Nur zwei Wohnungsgesellschaften gaben an, dass in ihrem Wohnungsbestand zu über 30 % Schimmelpilzbefall vorhanden ist. In den Ursachen unterscheiden sich die Angaben der Wohnungsgesellschaften. So gaben 60 % an, dass Schimmelpilzbefall hauptsächlich nach dem Einbau neuer Fenster aufgetreten ist. 30 % der Befragten gaben an, dass eine nachträgliche Wärmedämmung der Fassade in Kombination mit dem Einbau neuer Fenster zu einem erhöhten Schimmelpilzbefall geführt haben und nur 10 %, dass die Ursache ausschließlich im Lüftungsverhalten der Bewohner liegt oder nicht genau bestimmt werden kann. Der letzte Punkt ist dahingehend wichtig, da in knapp 70 % der untersuchten Wohnungen ausschließlich manuell über Fenster gelüftet wurde. Auch wenn diese Umfrage aus dem Jahr 1997 stammt, werden die Kernaussagen durch die großen Wohnungsgesellschaften noch heute bestätigt. Diese sehen heute eher das Problem darin, dass Mieter, um Heizkosten zu sparen, die Heizkörper drosseln und somit die Raumtemperatur senken, ohne ihr bisheriges Wohn- und Lüftungsverhalten zu verändern. So bestätigt Hamburgs größter Vermieter, das kommunale Wohnungsunternehmen SAGA, dass sich die Meldungen über Schimmelpilzbefall in den knapp 140.000 Wohnungen leicht erhöht hat. Deutschlands größtes Wohnungsunternehmen, die Vonovia mit ca. 550.000 Wohnungen, teilt dagegen mit, dass die Mängelanzeigen von Schimmelpilzbefall leicht zurück gegangen sind, und begründet dies mit dem hohen Wohnungsbestand, der bereits umfassend energetisch saniert wurde. Die Vivawest, eines der größten Wohnungsunternehmen in Nordrhein-Westfalen, stellt dagegen keine Veränderungen fest. Trotz der gestiegenen Energiepreise wurden in den 120.000 Wohnungen nicht mehr Fälle von Schimmelpilzbefall gemeldet. Dies kann die Berliner Bau- und Wohnungsgenossenschaft von 1892 nicht bestätigen. In den knapp 7.000 Wohnungen wurden in diesem Winter unverhältnismäßig viele Fälle von Schimmelpilzbildung gemeldet. Die Genossenschaft führt diesen Anstieg um 57 % gegenüber der vorherigen Heizperiode direkt auf die Energieeinsparbemühungen der Mieter zurück. Dagegen ist grundsätzlich nichts einzuwenden, wenn nicht gleichzeitig Schimmelpilzsanierungen im Umfang eines hohen fünfstelligen Betrages notwendig werden. Nach Aussagen der Genossenschaft musste für jede 30. Wohnung ein derartiger Auftrag vergeben werden.

1.3 Aktuelle Marktstudie

Aufgrund der vorher beschriebenen Defizite in den vorhandenen Daten wurde in den Jahren 2023 und 2024 eine Marktstudie durchgeführt, die explizit an diesen Punkten ansetzte. Knapp 300 Betroffene unterschiedlicher Art wurden über Feuchteschäden und/oder Schimmelpilzbefall in Wohnungen befragt, die in den letzten 5 Jahren bewohnt, vermietet, begutachtet oder saniert wurden. Nach eigenen Angaben handelte es sich um 475.915 Wohnungen. Grundlage waren über 70 spezifische Fragen. Die Befragung fand im gesamten Bundesgebiet statt – persönlich, telefonisch oder online. Der betroffene Wohnungsbestand befand sich im Neubau und im Altbau. Beim Altbau waren sowohl sanierte als auch unsanierte Gebäude betroffen.

Auffällig oft wurde Schimmelpilzbefall in teilsanierten Altbauten festgestellt. Das Bad, vor allem innenliegende Bäder ohne eigene Fensterlüftung, war besonders häufig von Schimmelpilzbefall betroffen (32 %) – hier insbesondere die Fugen im Nassbereich (Dusche) – gefolgt vom Schlafzimmer (24 %) und dem Kinderzimmer (18 %). Dieser trat in Mehrfamilienhäusern und Wohnblocks deutlich stärker auf als in Ein- oder Zweifamilienhäusern. Auffällig war, dass Schimmelpilze vor allem in Sozialwohnungen auftraten, die von fünf oder mehr Personen bewohnt wurden und/oder durch Bewohner in Armut oder mit einem Migrationshintergrund. Hauptauftraggeber für die Beseitigung von

Schimmelpilzen sind zu 2/3 Vermieter, sowohl private als auch gewerbliche Vermieter. Außerdem bestätigte die Studie, dass „Schimmel-Saison“ von Oktober bis März ist mit einem überdurchschnittlichen Aufkommen in den Monaten November bis Februar.

Diese aktuelle und derzeit einzige Marktstudie, die sich auf empirische Daten stützt, kommt zu dem Ergebnis, dass in Deutschland ca. 10 % der Wohnungen von Schimmelpilzbefall betroffen sind. Dies entspricht ca. 4,3 Mio. Wohnungen pro Jahr. Davon werden je nach Ausmaß des Befalls zwischen 10 bis 20 % professionell saniert. Dies entspricht 400 bis 800 Tsd. Wohnungen pro Jahr.

Bewohner lüften demnach im Durchschnitt ein- bis zweimal am Tag für 5 bis 10 min. Besonders häufig wird Wäsche in Wohnungen getrocknet, die sich in Mehrfamilienhäusern und Wohnblocks befinden. Knapp 4/5 aller Feuchteschäden und/oder Schimmelpilze in Wohnungen haben ihre Ursache in baulich bedingten Defiziten. Hierzu gehören Wärmebrücken sowie Bauschäden und/oder eine hohe Restfeuchte. Dem Wohn- und Lüftungsverhalten konnten eindeutig nur 21 % der Fälle zugeordnet werden.

Erstaunlich ist, dass in zwei von drei Fällen keine weiterführenden Untersuchungen vor der Beseitigung des Schimmelpilzbefalls durchgeführt werden. Ebenfalls fällt auf, dass in den meisten Fällen nur die Symptome bekämpft und nicht die Ursachen beseitigt werden, die zum Schimmelpilzbefall geführt haben. Die so genannte Pinselsanierung dominiert die Schimmelpilzsanierung, obwohl den meisten Befragten bekannt ist, dass dies keine dauerhafte oder nachhaltige Sanierung darstellt.

Die Desinfektion mit bioziden Wirkstoffen hat hierbei einen auffällig hohen Stellenwert. Unter Verbrauchern stellen Essig oder essighaltige Haushaltsreiniger das am meisten eingesetzte „Anti-Schimmel-Produkt“ dar. Unter professionellen Anwendern dominieren Alkohol und Wasserstoffperoxid. Obwohl der Leitfaden des Umweltbundesamtes sowie einschlägige Regelwerke bekannt sind, erfolgt in den meisten Fällen eine Sanierung aufgrund eigener Erfahrungen sowie Kenntnisse, die man aus Schulungen – der so genannten Sachkunde Schimmel – erworben hat.

1.4 Schimmelpilzbefall und sozioökonomische Einflüsse

In unterschiedlichen Publikationen[6,7,8] wurde der Frage nachgegangen, ob es zwischen dem Alter, Eigentumsverhältnissen, Armut und Arbeitslosigkeit sowie Migration einen kausalen Zusammenhang mit erhöhtem Aufkommen von Feuchteschäden und/oder Schimmelpilzbefall gibt. Einleitend soll festgehalten werden, dass ein Mensch als armutsgefährdet gilt, wenn sein Nettoeinkommen weniger als 60 % des mittleren Nettoeinkommens der Bevölkerung beträgt. Dieser so genannte Schwellenwert der Armutsgefährdung liegt für einen alleinlebenden Menschen in Deutschland bei 1.250 € im Monat bzw. 15.000 € netto im Jahr. Aktuell betrifft dies knapp 15 % der Bevölkerung. Menschen über 65 Jahre liegen mit über 18 % über dem Bevölkerungsdurchschnitt. Aufgrund der gestiegenen Inflation, insbesondere bei Lebensmitteln und Energiepreise, ist davon auszugehen, dass die Armutsgefährdung weiter ansteigen wird. Die Gründe gehen aber über die aktuelle Preisentwicklung in der täglichen Lebensunterhaltung hinaus und können sehr unterschiedlich sein. Armutsforscher nennen diese den sozioökonomischen Status, der sich u. a. aus der beruflichen Position und dem Nettoeinkommen, dem Bildungsstand und weiteren Faktoren bestimmt. Hierzu gehören u. a. ein Migrationshintergrund, Alter und Geschlechtszugehörigkeit sowie der Familienstand. Bei alleinlebenden Eltern (meistens Frauen) kommt die Anzahl minderjähriger Kinder hinzu.

In Auswertung der Ergebnisse verschiedener Publikationen[9,10,11] kann man festhalten, dass in allen Altersklassen die Armutsgefährdungsquote bei Frauen höher ist als bei Männern. Menschen, die erwerbslos sind, mit einem niedrigen Bildungsstand, ohne Schulausbildung und/oder mit Migrationshintergrund sowie insbesondere Alleinerziehende sind insbesondere von Armut betroffen. Wenn sich mehrere dieser Faktoren kumulieren, erhöht sich die Armutsquote entsprechend. Hinzu kommen regionale Unterschiede. In den östlichen Bundesländern sind mehr Menschen von Armut betroffen als im restlichen Bundesgebiet. Ebenfalls kann ein Gefälle zwischen den nördlichen und südlichen Bundesländern festgestellt werden. Ausschlaggebend hierfür ist neben der Urbanisierung das Bruttoinlandprodukt der einzelnen Bundesländer. Die Kernbotschaft in allen Publikationen, die einen Zusammenhang zwischen sozioökonomischen Einflüssen und dem Auftreten von Feuchteschäden und/oder Schimmelpilzbefall untersucht haben, lautet: Im Umfeld von armutsgefährdeten Menschen werden statistisch betrachtet mehr Feuchteschäden und/oder Schimmelpilzschäden beobachtet, so dass sich das dadurch bedingte gesundheitliche Risiko signifikant erhöht. Hierbei beziehen sich die Verfasser u. a. auf Studien der WHO (Weltgesundheitsorganisation) und des Robert Koch Instituts (RKI).[9,10]

Hintergrund dieser Beobachtung ist zum einen, dass armutsgefährdete Menschen häufig in Gebäuden mit Sozialwohnungen leben, deren bautechnische Ausstattung (Wärmedämmung, Fensterlüftung, Fußbodenheizung u. a.) in der Regel einen schlechteren Zustand haben und Feuchteschäden und/oder Schimmelpilzbefall begünstigen. Weiterhin ist erwiesen, dass es armutsgefährdete Menschen in der Regel schwerer haben, ihr Recht z. B. in einem Schadensfall durchzusetzen, da sie gegenüber dem Vermieter in der Regel in einer schlechteren Verhandlungsposition sind, sich einen Gerichtsstreit und/oder Auszug nicht leisten können. Hinzu kommt, dass ein Umzug in Wohnungen mit einer besseren Ausstattung nicht nur aus finanziellen Gründen nicht möglich ist, sondern vor allem an fehlendem Wohnraum liegt. Bei Menschen mit Migrationshintergrund kommen oftmals sprachliche Probleme hinzu, die nicht nur die Kommunikation mit Vermietern und/oder Behörden erschwert, sondern auch die Informationsbeschaffung. Erschwerend kommt hinzu, dass armutsgefährdete Menschen in der Gesellschaft keine Lobby haben.

Nach dem statistischen Bundesamt[11] leben vor allem armutsgefährdete Menschen aufgrund stark gestiegener Mieten meistens in kleineren Wohnungen und/oder bewohnen diese mit mehreren Menschen. Dadurch sinkt die Wohnfläche pro Person und steigt gleichzeitig die Luftfeuchtigkeit pro Raumvolumen – Letzteres ist eine signifikante Kenngröße für Schimmelpilzbefall in schlecht wärmegedämmten Wohnungen. Hierbei ist die Höhe der Miete in der Regel umgekehrt proportional zur Verfügung stehenden Wohnfläche. Das statistische Bundesamt bestätigt[11], dass Feuchteschäden und Schimmelpilzbefall in Wohnungen, die durch armutsgefährdete Menschen bewohnt werden, häufiger auftreten (22 %) als in Wohnungen, die von Menschen oberhalb der Armutsgrenze bewohnt werden (12 %). Als Mängel durch Feuchtigkeit werden z. B. feuchte Wände, Undichtigkeiten in der Gebäudehülle oder Fäulnis an Fensterrahmen genannt. Auch das RKI bestätigt in seiner Studie[5], dass Feuchte- und/oder Schimmelpilzbefall in Wohnungen, die von Menschen mit einem niedrigen Sozialstatus bewohnt werden, mehr als doppelt so oft auftreten, als bei Menschen mit hohem Sozialstatus. Die WHO bestätigt die Angaben des RKI im europäischen Vergleich.

Neu hinzu gekommen ist, dass diese Menschen in der Regel auch von einer so genannten Energiearmut betroffen sind. Hierzu zählen Menschen, die aus finanziellen Gründen ihre Wohnung nicht ausreichend warmhalten können. Lt. Angaben des statistischen Bundesamtes sind in Deutschland 5,5 Mio. Menschen betroffen; dies entspricht ca. 6,6 % der Bevölkerung. Der Anteil hat sich gegenüber dem Jahr 2021 verdoppelt. Besonders betroffen sind alleinerziehende Mütter (14,1 %) sowie Haushalte mit drei und mehr Kindern (9,7 %). Durch Energiearmut wird der Wohnraum nicht effizient beheizt und belüftet, so dass das Risiko für Feuchteschäden und/oder Schimmelpilzbefall ansteigt. Die Situation wird dadurch verschärft, dass Menschen mit sehr geringem Einkommen viel häufiger in schlecht gedämmten Wohnungen leben und auch in Bezug auf andere Aspekte schlechter ausgestattet sind (siehe oben). Durch die stark gestiegenen Energiepreise wird dieses Problem noch zunehmen.

Der Studie des RKI kann außerdem entnommen werden, dass Feuchteschäden und/oder Schimmelpilzbefall in 10,4 % der Wohnungen von Menschen mit Migrationshintergrund auftreten. Bei einheimischen Menschen wären dies dagegen nur 4,4 %. Zu ähnlichen Ergebnissen[12] kam auch das Umweltbundesamt und die bereits erwähnte Studie[1]. Die nachfolgende Grafik

← Risiko für Feuchteschäden und/oder Schimmelpilzbefall nimmt ab ←

Herkunft der Personen	einheimisch		zugewandert
Einkommen pro Person	> 2.000 EUR	1.250 bis 2.000 EUR	< 1.250 EUR
Standort	ländlich	Stadtrand/Vorstadt	Stadtzentrum
Gebäudetyp	Ein-/Zweifamilienhaus	Mehrfamilienhaus	Hochhaus/Wohnblock
Baualter	ab 1995	1980 bis 1995	1949 bis 1979
Bauzustand	Neubau	sanierter Altbau	unsanierter Altbau
Wärmedämmung	vorhanden	unzureichend	nicht vorhanden
Wohnfläche	1 bis 2 Personen	2 bis 4 Personen	5 und mehr Personen

→ Risiko für Feuchteschäden und/ oder Schimmelpilzbefall nimmt zu →

Abb. 1.2 Zusammenhang von sozioökonomischen Einflüssen auf den Schimmelpilzbefall in Wohnungen

(Abb. 1.2) fasst die Ergebnisse des statistischen Bundesamtes, des Robert-Koch-Instituts und des Umweltbundesamtes zusammen.

Die WHO weist darauf hin, dass es einen signifikanten Zusammenhang zwischen dem baulichen Zustand von Gebäuden und Wohnungen mit schlechter Wohnqualität und Energiearmut sowie dem Gesundheitszustand der Bewohner gibt. Armutsgefährdete Menschen leben im Durchschnitt kürzer als andere; offizielle Zahlen hierzu gibt es nicht. Eine einfache Lösung könnte sein, dass diese Menschen in energieeffizienten Gebäuden wohnen würden, um somit der Energiearmut entgegenzuwirken. Denn, nicht selten werden in Wohnungen von armutsgefährdeten Menschen die Heizkörper herunter gedrosselt, um Energiekosten zu sparen. Im Ergebnis liegt die Raumtemperatur beständig bei 18 °C und darunter. Dies fördert nicht nur taupunktbedingtes Kondenswasser an Wärmebrücken, sondern auch chronische Erkrankungen der Atemwege und rheumatische Verspannungen und schwächt die Abwehrkräfte.[5] Infolgedessen ist auch das gesundheitliche Risiko durch das Auftreten von Feuchteschäden und/oder Schimmelpilzbefall in Wohnungen, in denen armutsgefährdete Menschen leben, höher. Das Problem ist, dass es in Deutschland keine gesetzlichen Grenz-, Richt- oder Orientierungswerte für Schimmelpilzbelastungen in privat genutzten Innenräumen gibt.

Aufgrund wissenschaftlicher Erkenntnisse gehen Experten davon aus, dass Feuchteschäden und/oder Schimmelpilzbefall geruchliche Wirkungen, unspezifische Befindlichkeitsstörungen sowie reizende und/oder irritativ-toxische Effekte, sensibilisierende und allergische Reaktionen bis hin zu Infektionen verursachen können. In erster Linie sind dies Irritationen bzw. Reizungen der Schleimhäute von Augen und Atemwege, allergische Erkrankungen der oberen (allergische Rhinitis) oder unteren Atemwege (Asthma bronchiale), allergische Erkrankungen der Haut (atopisches Ekzem, Neurodermitis) oder Bindehäute der Augen (allergische Konjunktivitis) bis hin zu Pilzinfektionen (Mykosen) durch das Einatmen von Schimmelpilzsporen. Betroffen sind vor allem Menschen mit einer Immunschwäche oder Autoimmunerkrankungen. Zur Info: Eine Sensibilisierung gegenüber innenraumassoziierten Schimmelpilzallergenen liegt lt. Robert-Koch-Institut bei 5 bis 10 % der Bevölkerung vor, wobei eine Sensibilisierung noch nicht mit einer Allergie gleichgesetzt werden kann.

Schimmelpilze – ein geschichtlicher Überblick

2

Inhaltsverzeichnis

2.1 Einleitung

Ein geschichtlicher Überblick beim Thema Schimmelpilze im Umfeld von Menschen ist nicht möglich, ohne sich mit der Erforschung von Bakterien und anderen Mikroorganismen wie z. B. Viren auseinander zu setzen. Außerdem ist ein historischer Rückblick im Kontext von Schimmelpilzen, Bakterien und anderen Mikroorganismen automatisch mit der Entwicklung der Mikrobiologie und der Allergieforschung verbunden.

Der erste und prominent dokumentierte Kontakt zwischen Menschen und Schimmelpilzen, Schimmelpilzsporen und/oder Mykotoxinen ging in die Geschichte als der abergläubische „Fluch des Pharao“ ein. Die Grabpyramide des ägyptischen Königs Tut-Ench-Amun wurde mit dem Bannspruch „Der Tod soll den mit seinen Schwingen erschlagen, der die Ruhe des Pharao stört“ versehen. Bei der Entdeckung und Öffnung seines Grabes im Jahr 1922 starben 27 Menschen an einer geheimnisvollen Lungenkrankheit. Als Erstes erlag ihr der Ägyptenforscher Lord *Carnavon*. Nachforschungen widerlegten natürlich den Aberglauben. Heute weiß man, dass sich der Forscher beim Betreten der Grabkammer nach ca. 3.000 Jahren mit immensen Sporenmengen des Schimmelpilzes Aspergillus flavus infiziert haben muss, die beim Öffnen des Grabdeckels aufgewirbelt wurden (siehe Abb. 2.1 und 2.2). Diese nisteten sich in seinen Lungen ein und zerstörten diese dann: Es war das Gift Aflatoxin des Pilzes Aspergillus flavus.

Diese Begegnung der etwas anderen Art sollte in der Geschichte nicht die Einzige bleiben. Ähnliches wiederholte sich 1973 in der polnischen Stadt Krakau bei der Eröffnung der Gräber des Jagellionen-Königs *Kazimierz* (1492) und seiner Ehefrau *Elzbieta*. Damals kamen zwölf Forscher

F. Frössel, E. Heller, *Schimmelpilze in Wohnungen*, https://doi.org/10.1007/978-3-658-50425-0_2

Abb. 2.1 Lord Carnavon beim Öffnen der Grabkammer

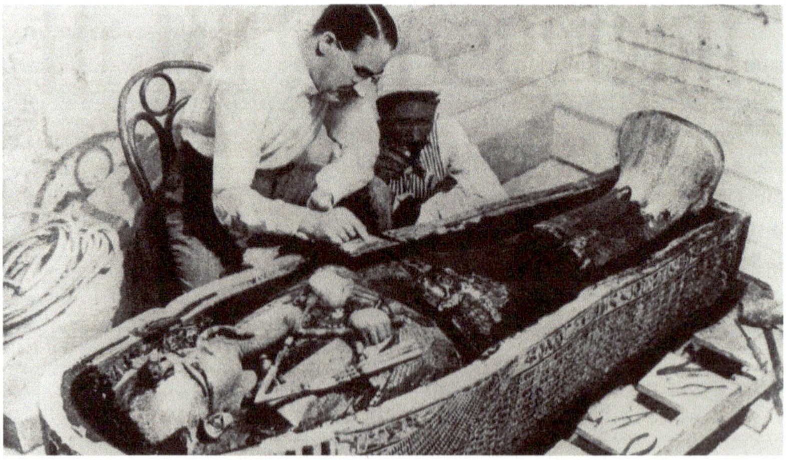

Abb. 2.2 Lord Carnavon bei der späteren Begutachtung

und Wissenschaftler unter rätselhaften Umständen ums Leben. Auch in diesem Fall wurden neben einer Reihe von bekannten und unbekannten Pilzen und Bakterien größere Mengen des Schimmelpilzes Aspergillus flavus in den Lungen gefunden. Das Mykotoxin Aflatoxin greift jeweils die schwächsten oder für Krankheiten anfälligsten Organe des menschlichen Körpers an. So konnte auch erklärt werden, dass bei den vielen Opfern der Gräberuntersuchungen in Ägypten oder in Krakau von den Medizinern stets verschiedene Todesursachen (z. B. Nierenbluten, Herzversagen oder Krebs) diagnostiziert worden waren.

Viele Jahre galten diese Beispiele als Zufall und Folge der Interpretation verschiedener Mikrobiologen und Geschichtsforscher. Für Ägyptologen wiederum scheinen diese Todesfälle nicht ganz so zufällig zu sein. In verschiedenen Forschungen wurde nachgewiesen, dass die alten Ägypter Schimmelpilze ganz bewusst als „biologische Waffen" eingesetzt haben. So fanden Wissenschaftler Gefäße, auf denen die Schimmelpilze wahrscheinlich gezielt angezüchtet wurden, um den Ersten zu töten, der die Grabkammer unbefugt betritt. Namhafte Mikrobiologen halten es auch für möglich, dass die Ägypter deshalb Nahrung in den Grabkammern hinterlassen haben, damit die Schimmelpilze einen guten Nährboden fanden. In Veröffentlichungen aus dieser Zeit kann über diese „Opfer für das Jenseits" nachgelesen werden.[13]

Deshalb sind sich Archäologen heute der Gefahr bewusst, die in alten Grabstätten lauern können. Es wird deshalb immer wieder darauf hingewiesen, dass ein Betreten nur mit Ganzkörper-Schutzkleidung erfolgen soll und zumindest ein Mundschutz getragen werden muss. Dies gilt weniger für Touristen und Tagesbesucher, die nicht oder kaum gefährdet sind. Wenn Grabstätten für Besucher freigegeben werden, sind mikrobielle Belastungen nicht mehr zu befürchten.

Die Geschichte der Mikrobiologie wird unterteilt in vier unterschiedliche Phasen:

- Naturwissenschaften in der Antike,
- Mikrobiologie im Mittelalter bis zur frühen Neuzeit,
- Mikrobiologie der Neuzeit und
- Mikrobiologie und Allergieforschung bis zur Gegenwart.

Abb. 2.3 Hippokrates von Kos

2.2 Naturwissenschaften der Antike

Die ersten Überlieferungen in der Geschichte der Mikrobiologie gehen auf eine Veröffentlichung von *Schadewaldt* und *Bergmann* zurück. Beide Autoren verweisen auf den Schriftsteller und Ägyptologen *Georg Ebers* (1837 bis 1898), der im Jahre 1872 die bisher umfangreichste Quelle zur ägyptischen Medizin im zweiten vorchristlichen Jahrtausend darstellt. Bemerkenswert sind die Ausführungen schon allein deshalb, da sie über 900 Rezepte für Arzneimittel beinhalten und in der Geschichte der Medizin erstmalig Formen von Allergien (Husten, Asthma) beschrieben werden.

Als ersten nennenswerten Meilenstein in der Geschichte der Mikrobiologie sowie der Allergieforschung muss man die Naturwissenschaften der alten Griechen nennen. Der Naturphilosoph *Hippokrates von Kos* (siehe Abb. 2.3) (um 466 bis 377 v. Chr.) gilt heute als der Begründer der wissenschaftlichen Medizin. Überliefert ist, dass er ein „scharfer Beobachter" war und versuchte, alle Dinge auf einen Ursprung oder -stoff zurückzuführen. Erstmalig werden Symptome und Ursachen für eine Krankheit unterschieden. *Hippokrates* schrieb diese Erkenntnisse im „Corpus Hippocraticum" nieder – der ältesten profunden medizinischen Quelle der Antike.[14]

Darauf aufbauend stellte *Empedokles* (490 bis 430 v. Chr.) die Lehre über die vier Elemente – Feuer, Wasser, Luft und Erde – auf. Diese Lehre gilt heute noch als direkter Vorläufer der so genannten Humoraltherapie des Hippokrates. Sein Schwiegersohn *Polybos* (um 460 bis 375 v. Chr.) entwickelte daraus später die „Lehre von den vier Säften" (Gelbe Galle, Schleim, schwarze Galle und Blut), die für die kommenden eineinhalbtausend Jahre die Betrachtung von pathologischen Phänomenen begründete. Später wurde daraus der Name Idiosynkrasie abgeleitet, die *Galen* (129 bis 199) beschrieb. Vereinfacht ausgedrückt beschreibt die Idiosynkrasie eine Mischung aus Eukrasie („gesunde Säfte") und Dyskrasie („krankhafte Säfte"), die zwar noch keine Krankheit beschrieb, aber zumindestens eine Abweichung von der Normalität feststellte. In späteren Jahrhunderten wurden daraus die Begriffe Immunität und später Konstitution abgeleitet.[13]

Hinweise zu mikrobiellen Belastungen und gesundheitsgefährdenden Wirkungen durch Schimmelpilze finden sich auch im Alten Testament. Die dort beschriebenen, an der Wand festgestellten „grünlichen Grüblein" könnten, so vermuten Mikrobiologen heute, Penicillium-Arten gewesen sein. Die an gleicher Stelle erwähnten „rötlichen Grüblein" könnten Fusarium-Arten beschreiben. In verschiedenen Literaturquellen wird dagegen in dieser Beschreibung eine Darstellung vom Echten Hausschwamm gesehen.

Unabhängig davon zeigen diese Quelle und ihre Interpretation, dass sich Menschen offensichtlich auch schon vor über 2000 Jahren mit mikrobiellem Befall und dessen möglichen Gesundheitsgefährdung auseinandergesetzt haben. Denn in den besagten Passagen der Heiligen Schrift werden nicht nur die Pilze optisch beschrieben, sondern ihnen bereits negative und vernichtende Eigenschaften zugeschrieben. Dort wurde dazu aufgefordert, die „grünlichen und roten Grüblein" (vermutlich seine Fruchtkörper) von der Wand zu schaben und die gesamte Wand oder bei umfangreichem Befall („fressendem Aussatz") das ganze Haus (Steine, Lehm, Holz) abzubrechen und weit vor der Stadt auf einen unreinen Ort zu schütten. Man hatte sich also Gedanken darüber gemacht, wie dieses Übel beseitigt werden kann und ein detailliert formuliertes Gesetz erlassen. Konkret heißt es im 3. Buch Mose, Kap. 14 in einer älteren Übersetzung:

> 34 „Wenn ihr ins Land Kanaan kommt, das ich euch zum Besitz gebe, und ich lasse an irgend einem Hause eures Landes eine aussätzige Stelle entstehen,
>
> 35 so soll der kommen, dem das Haus gehört, es dem Priester ansagen und sprechen: „Es sieht mir aus, als sei Aussatz an meinem Hause."
>
> 36 Da soll der Priester gebieten, dass sie das Haus ausräumen, ehe der Priester hineingeht, die Stelle zu besehen, damit nicht alles unrein werde, was im Hause ist. Danach soll der Priester hinein gehen, das Haus zu besehen.
>
> 37 Wenn er nun den Ausschlag besieht und findet, dass an der Wand des Hauses grünliche oder rötliche Stellen sind, die tiefer aussehen als sonst die Wand,
>
> 38 so soll er aus dem Hause herausgehen, an die Tür treten und das Haus für sieben Tage verschließen
>
> 39 Und wenn er am siebenten Tage wiederkommt und sieht, dass der Ausschlag weitergefressen hat an der Wand des Hauses
>
> 40 so soll er die Steine ausbrechen lassen, an denen der Ausschlag ist und hinaus vor die Stadt an einen unreinen Ort werfen.
>
> 41 Und das Haus soll man innen ringsherum abschaben und den abgeschabten Lehm hinaus vor die Stadt an einen unreinen Ort schütten
>
> 42 und andere Steine nehmen und statt jener einsetzen und anderen Lehm nehmen und das Haus neu bewerfen.
>
> 43 Wenn dann der Ausschlag wiederkommt und ausbricht am Hause, nachdem man die Steine ausgebrochen und das Haus neu beworfen hat,
>
> 44 so soll der Priester hineingehen. Und wenn er sieht, dass der Ausschlag weitergefressen hat am Hause, so ist es gewiss ein fressender Aussatz am Hause, und es ist unrein.
>
> 45 Darum soll man das Haus abbrechen, Steine und Holz und allen Lehm am Hause, und soll es hinausbringen vor die Stadt an einen unreinen Ort …"

Des Weiteren soll *Aulus Cornelius Celsus* (25 v. Chr. bis 25 n. Chr.) erwähnt werden. Er war kein Arzt, dafür aber ein viel zitierter Enzyklopädist, der die 8 Bände umfassende „De Medicina" veröffentlichte (siehe Abb. 2.4). Der bereits erwähnte Grieche *Galen* war der zu seiner Zeit be-

Abb. 2.4 Aulus Cornelius Celsus

rühmteste Arzt; nicht nur deshalb war er Leibarzt von Kaiser *Marc Aurel*. Seine Lehre und seine Schriften dominierten die europäische Medizin bis weit in das Mittelalter. Anschließend vergingen über tausend Jahre, bevor wieder ein Buch für Aufsehen sorgte – das 1348/50 entstandene „Buch von den natürlichen Dingen" des Regensburger Domkanonikers *Konrad von Megenberg* (1309 bis 1374) (siehe Abb. 2.5). Später verlieh man dieser weit verbreiteten Enzyklopädie so gar den Titel „Besteller des ausgehenden Mittelalters".[14] Auch *Hildegard von Bingen* und *Albertus Magnus* forschten über die Entstehung und Verbreitung von Schimmelpilzen und deren gesundheitlichen Wirkungen.

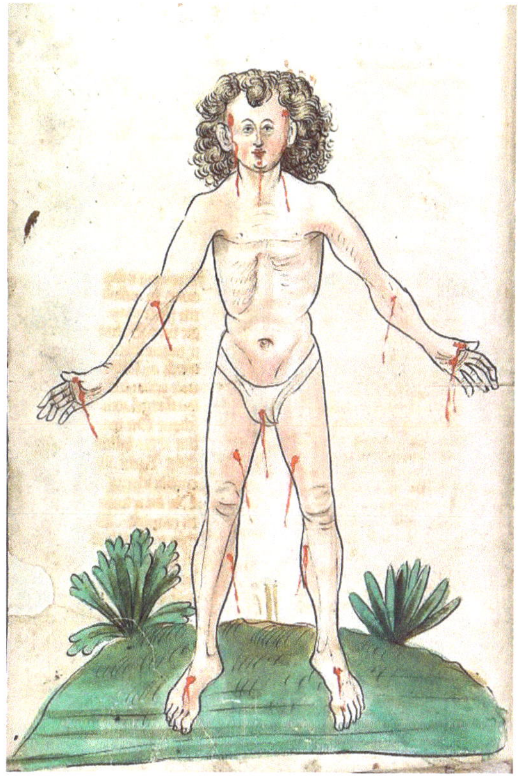

Abb. 2.5 Abbildung aus dem „Buch von den natürlichen Dingen" von Konrad von Megenberg

2.3 Mikrobiologie vom Mittelalter bis zur frühen Neuzeit

Die geschichtliche Entwicklung der Mikrobiologie im Zeitraum des ausgehenden Mittelalters bis hin zur frühen Neuzeit (Epoche zwischen 1450 und Ende des 18. Jahrhunderts) wurde geprägt durch eine Veröffentlichung im Jahre 1550, als der bedeutende Freiburger Stadtarzt *Johannes Schenk von Grafenberg* erstmalig die Überempfindlichkeit bestimmter Menschen gegen bestimmte Nahrungsmittel erwähnte und erste Grundlagen zur Allergieforschung lieferte. Diese griff *Samuel Hahnemann* (1755 bis 1843) auf, dem Begründer der Homöopathie. Er beschäftigte sich mit seltenen Symptomen bei Allergien und Entzündungen (siehe Abb. 2.6).

Dieser Zeitraum war geprägt durch die systematische Entdeckung der Mikroorganismen. Vor allem ein Name muss erwähnt werden: *Antoni van Leeuwenhoek* (1632 bis 1723), ein niederländischer Kaufmann, der auch als Naturforscher und Mikroskopbauer in die Geschichte einging (siehe Abb. 2.7). *Van Leeuwenhoek* konnte es sich leisten, seinem Hobby – der Mikroskopie – nachzugehen. Er lernte die Kunst des Linsenschleifens und baute die ersten Mikroskope, mit denen er bis zu 270-fache Vergrößerungen erreichte – eine absolute Sensation für damalige Verhältnisse. So konnte *van Leeuwenkoek* im Jahre 1668 die Entdeckung des Kapillarsystems durch den italienischen Forscher *Marcello Malpighi* bestätigen. Im Jahr 1674 lieferte er die erste genaue Beschreibung von roten Blutkörperchen und ein

Abb. 2.6 Samuel Hahnemann

Abb. 2.7 Antoni van Leeuwenhoek

Jahr später beobachtete er Protozoen und Bakterien. Für seine ersten Entdeckungen wurde *van Leeuwenhoek* von der Royal Medical Society of London noch verspottet. Da er nie studiert hatte und kein Latein konnte, nahm die Forschung bis Ende der 1770-er Jahre keine Notiz von ihm. Seinem Durchbruch verdankte er *Reinier de Graaf*, einem in Delft geborenen Mitglied der Royal Medical Society of London, der sich über die hervorragende Qualität der van Leeuwenhoek'schen Mikroskope äußerte. Seitdem wurde weiteren Beweisen seiner Forschung die notwendige Aufmerksamkeit geschenkt und im Jahr 1680 wurde er Mitglied der Royal Medical Society of London. Im Jahr 1683 entdeckte er dann Bakterien und beschrieb diese als Bazillen, Kokken und Spirillen. *Van Leeuwenhoek* kam bereits damals schon zu der erstaunlichen Erkenntnis, dass „im Zahnbelag eines Menschen mehr Mikroorganismen leben, als es Menschen in einem Königreich gibt." Da *van Leeuwenhoek* sein Geheimnis der Linsenschleiferei für sich behielt, konnten Bakterien erst wieder beobachtet werden, als im 19. Jahrhundert mehrlinsige Mikroskope gebaut wurden. Er baute an die 500 Mikroskope, von denen er nach seinem Tod der Royal Medical Society of London mindestens 26 vermachte.[14]

Es ist allgemein unbekannt, dass *van Leeuwenhoek* aber nicht der erste Forscher war, der mikroskopisch Untersuchungen durchführte. Vor ihm erkannte bereits der Brillenschleifer *Hans Janssen* im Jahr 1595, dass wenn man mehrere geschliffene Linsen miteinander kombiniert, eine starke Vergrößerung erreicht werden kann. Diese bedeutende Erkenntnis legte die Grundlage für die Entwicklung der Mikrobiologie. Auf dieser Grundlage war es *Robert Hooke* im Jahre 1664 gelungen, die Fruchtkörper von Schimmelpilzen mikroskopisch zu untersuchen. Allerdings waren diese Untersuchungen eher oberflächlich und wurden in der Royal Medical Society of London nicht ernst genommen. Erst die mikroskopischen Untersuchungen durch *van Leeuwenhoek* erreichten den Status der Anerkennung, wobei es ihm auch gelang, mit seinem Mikroskop Prokaryoten zu erkennen. Damit drang *van Leeuwenhoek* mit seinen Beobachtungen erstmalig zu einem Grad in Dimensionen der Mikrobenwelt ein bzw.

vor, der bisher nicht für möglich gehalten wurde, geschweige denn, von einem anderen Forscher dieser Zeit nur annähernd erreicht wurde. *Van Leeuwenhoek* kann deshalb als einer der Pioniere der Mikrobiologie bezeichnet werden. Das Wesen und die Herkunft der Mikroorganismen blieben allerdings über ein Jahrhundert unklar. *Van Leeuwenhoeks* Hypothese und Theorie, dass sie durch Urzeugung aus toter Materie entstanden sein können, war damals die vorherrschende Auffassung und hielt sich über zweihundert Jahre hartnäckig. Daran änderten auch Versuche u. a. von *Spallanzani* um 1785 nichts, obwohl eindeutige Beweise vorgelegt werden konnten, die dagegen sprachen. Abschließend soll noch erwähnt werden, dass die Rolle und Bedeutung der Mikroorganismen für die gravierenden und um sich greifenden Infektionskrankheiten trotz einiger Hinweise und Kausalitäten nicht erkannt und dadurch für die Mikrobiologie und Medizin unterschätzt wurden.[14]

Sir *John Floyer* (1649 bis 1734) publizierte 1698 in London sein berühmtes Werk „A Treatise of the Asthma", in dem bereits die erste Einteilung in verschiedene Asthmaformen erfolgte. Um 1700 erschien das berühmte Werk „De morbis artificum diatriba" des französischen Arztes *Bernardino Ramazzini* (1633 bis 1714), in dem für spezielle Berufsgruppen typische Krankheiten beschrieben wurden. Im Jahr 1780 wurde die deutsche Übersetzung veröffentlicht, die heute noch als Geburtsstunde der Erforschung von Berufskrankheiten gilt. Die Untersuchung des Asthmas blieb auch in der Folgezeit der Schwerpunkt in der Allergieforschung. Erwähnt werden muss noch *Rene Hyacinthe Theophile Laennec* (1781 bis 1826), der zunächst seine Patienten mit einer zusammengerollten Papiertüte abhörte und später (1816) daraus das Stethoskop entwickelte.[14]

2.4 Mikrobiologie der Neuzeit

Die Entwicklung der Mikrobiologie der Neuzeit begann zwei Jahrhunderte später und wurde von zwei Persönlichkeiten dominiert – dem französischen Chemiker *Louis Pasteur* (siehe Abb. 2.8) und dem deutschen Mediziner und Mikrobiologen *Robert Koch*. In dieser Zeit (1860 bis 1910) wurden die entscheidenden Methoden der Mikrobiologie entwickelt. Man nannte sie auch die Zeit der Gärungsprozesse und medizinischen Mikrobiologie. *Louis Pasteur* konnte durch Experimente in den Jahren 1854 bis 1861 die bereits erwähnte Theorie und Hypothese durch *van Leeuwenhoek* widerlegen. Er wies nach, dass Mikroorganismen als Katalysator von Gärungsprozessen fungieren und als Erreger für Infektionskrankheiten verantwortlich sind. *Pasteur* entdeckte auch, dass durch das kurzzeitige Erhitzen von Lebensmitteln ein Großteil der darin enthaltenen Keime abgetötet wird. Dieses Verfahren wird deshalb als Pasteurisierung bezeichnet. In der Zeit als Dekan und Professor für Chemie an der naturwissenschaftlichen Fakultät in Lille entdeckte *Pasteur* das für die Milchsäuregärung verantwortliche Bakterium. Damit konnte er eine weitere Theorie widerlegen – die des Chemikers *Justus von Liebig*. Pasteur bewies, dass die Milchsäure- und alkoholische Gärung durch Mikroorganismen verursacht wird und ein von lebenden Zellen abhängiger Prozess ist. Die große Erkenntnis der damaligen Zeit war, dass Gärungen ein Leben ohne

Abb. 2.8 Louis Pasteur

Sauerstoff ermöglicht. *Pasteur* widerlegte die bis zu dem Zeitpunkt etablierte Meinung und wies nach, dass es sich bei der Fermentation um einen chemischen Prozess in lebenden Mikroorganismen handelt.[13,14]

Pasteur entwickelte mit anderen Wissenschaftlern seiner Zeit Methoden der Sterilisation und Desinfektion. Die Erkenntnis, dass ein Erhitzen der Lösungen die Gär- oder Fäulnisprozesse verhindern kann, führte in der Folgezeit zur Entwicklung der Sterilisationstechnik. Diese wurde für die nachfolgenden mikrobiologischen Forschungsarbeiten unerlässlich. Als dritte Leistung müssen die Beiträge zur medizinischen Mikrobiologie anerkannt werden und hierbei vor allem die Bekämpfung von Infektionskrankheiten durch Impfung. Aufbauend auf die Erkenntnisse von *Jenning* wies *Pasteur* nach, dass Stämme von Krankheitserregern, die ihre aktive Wirkung verloren haben, als Impfstoffe eine Immunität gegen virulente Stämme bewirken können.[13,14]

Zur gleichen Zeit konnte der Bakteriologe *Robert Koch* (1843 bis 1910) nachweisen, dass bestimmte Bakterienarten (Milzbrandsporen) Infektionskrankheiten (Anthrax) verursachen bzw. auslösen können (siehe Abb. 2.9). Hierzu richtete sich *Koch* in seiner Wohnung ein einfaches Labor ein, das in den Jahren 1870 bis 1876 Schauplatz bahnbrechender bakteriologischer Entdeckungen werden sollte. Mittels Langzeitmikroskopie und unter Verwendung eines erhitzten und warmgehaltenen Mikroskoptisches an Reinkulturen konnte *Robert Koch* den Erreger nachweisen. Zu den größten Entdeckungen zählte, dass die Mikroorganismen sehr widerstandsfähige Dauerformen (Sporen) hervorbrachten, die unter entsprechenden Bedingungen zu neuen Stäbchen heranwuchsen. Die Veröffentlichung, die 1876 unter dem Titel „die Ätiologie der Milzbrand-Krankheit – begründet auf die Entwicklungsgeschichte des Bacillus anthracis" erschien, erregte großes Aufsehen.

Da *Robert Koch* den Schlüssel zur Aufklärung weiterer Infektionskrankheiten vorlegte, erntete er für diese Experimente hohe Anerkennung. Vier Jahre später wechselt *Robert Koch* an das Kaiserliche Gesundheitsamt in Berlin, an dem er am 24. März 1882 die Entdeckung des Lungentuberkuloseerregers veröffentlicht. Ermöglicht wurde

Abb. 2.9 Robert Koch

diese Arbeit durch eine Reihe von technologischen Innovationen, die *Koch* und seine Mitarbeiter entwickelt oder verbessert hatten. Beispielhaft soll die Bakterienfärbung mittels Anilinfarben, die Mikrophotographie oder auch Reinkultur genannt werden. Im Jahr 1885 wurde *Robert Koch* Leiter des Hygiene-Institutes und war an der Berliner Universität und der Charité tätig. Ab 1891 war er Direktor des Königlich Preußischen Instituts für Infektionskrankheiten – dem heutigen Robert-Koch-Institut. Rückblickend kann man festhalten, dass *Louis Pasteur* und *Robert Koch* Institutionen schufen, die das Zeitalter der medizinischen Mikrobiologie und Hygiene einleiteten. *Robert Koch* gilt darüber hinaus als Begründer der Bakteriologie. Für seine Forschungsarbeit und sein Lebenswerk erhielt er im Jahre 1905 den Nobelpreis. Parallel zur Bakteriologie entwickelte sich auch die Mykologie. Im Jahre 1866 wurde durch *Anton de Bary* das erste Lehrbuch der Mykologie vorgelegt. In diesem wurden grundlegende Erkenntnisse über parasitäre Pilzerkrankungen beschrieben, so dass sich dieses zum Standardwerk der Mykologie entwickelte.

In diesen Zeitraum fiel auch die Entwicklung der ökologischen Mikrobiologie. Der Schwerpunkt der mikrobiologischen Forschung lag darin, die Wirkung und Funktion der Mikroorganismen in oder auf den Stoffkreislauf der Natur zu erkennen. Außerdem wurde die Komplexität des mikrobiellen Stoffwechsels erforscht. Besondere Verdienste bei der Aufklärung der Rolle der Mikroorganismen im Kohlenstoff-, Stickstoff- und Schwefelkreislauf sowie bei der Entwicklung der dazu notwendigen Kulturen haben sich *Winogradsky* und *Beijerinck* erworben. *Winogradsky* beispielsweise zeigte, dass Bakterien befähigt sind, reduzierte Schwefelverbindungen zu oxidieren und mit der dabei gewonnenen Energie Kohlendioxid der Luft zum Aufbau der Zellsubstanz zu assimilieren. Als Ergebnis dieser Experimente und seiner zahlreichen Forschungsreihen konnte er im Jahre 1887 das Konzept der Chemoautotrophie aufstellen, mit dem die selbständige Ernährung von Organismen beschrieben wird.[13]

Beijerinck dagegen konzentrierte sich auf Luftstickstoff bindende Bakterien. Im Jahre 1888 gelang es ihm, die so genannten Knöllchenbakterien zu isolieren. Diese binden in Symbiose mit Leguminosen Stickstoff und freilebende Azotobacter-Arten. Unter Mithilfe der Anreicherungskultur konnte *Beijerinck* die Sulfat zu Schwefelwasserstoff reduzierenden Bakterien aus anaeroben Sedimenten isolieren, womit grundlegende mikrobielle Stoffwechselreaktionen nachgewiesen wurden. Diese Stoffwechselreaktionen können entscheidende Reaktionen in den so genannten bio-geo-chemischen (biologischen, geologischen und chemischen) Zyklen der Elemente katalysieren. Diese Erkenntnisse griff *A. J. Kluyver* auf und untersuchte ein breites Spektrum an aeroben, anaeroben und chemoautotrophen mikrobiellen Stoffwechselprozessen. Die Forschung *Kluyvers* gipfelte in seinem „Konzept der Einheit der Biochemie", das 1926 veröffentlichte wurde. Die wesentliche Aussage besteht darin, dass die Grundphänomene des Stoffwechsels bei allen Organismen gleich sind. Aufgegriffen wurden diese Forschungen durch *C. B. van Niel* – einem Schüler von *Kluyver* – der den Stoffwechsel phototropher Bakterien untersuchte, die Schwefelwasserstoff zu Schwefel oxidieren konnten. Van Niel konnte damit belegen, dass Schwefelwasserstoff die gleiche Rolle wie Wasser bei der Photosynthese der Pflanzen einnimmt. Daraus konnte ein weiterer Meilenstein abgeleitet werden. Mit dieser Erkenntnis, dass der bei der Photosynthese gebildete Sauerstoff aus dem Wasser und nicht wie bisher angenommen aus dem CO_2 stammt, trug die Mikrobiologie seiner Zeit maßgeblich zur Aufklärung dieses grundlegenden biologischen Prozesses bei.[13]

Im großen Schatten von *Pasteur* und *Koch* wird allerdings oft vergessen, dass ein weiterer Meilenstein in diesen Zeitraum fällt. Bereits 1896 bereitete *Ernest Duchesne* eine Lösung aus Schimmelpilzkulturen zu und injizierte sie mehreren erkrankten Meerschweinchen. Nach der verabreichten Injektion waren alle Tiere in der Lage, zu genesen. Somit gilt *Duchesne* als erster Entdecker der antimikrobiellen Wirksamkeit von Schimmelpilzen und machte bereits 30 Jahre vor *Alexander Fleming* die Beobachtung, dass bestimmte Schimmelpilze über antibiotische (Bakterien abtötende) Eigenschaften verfügen.[13,14]

2.5 Mikrobiologie bis zur Gegenwart

Die geschichtliche Entwicklung der Mikrobiologie mit Beginn des 20. Jahrhunderts wird auch als Antibiotikaphase bezeichnet. Das Jahr 1928 gilt als die Geburtsstunde der Biotechnologie. Die überragende Leistung in diesem Zeitraum war die Entdeckung und Weiterentwicklung der Antibiotika durch *Fleming*, weshalb die Zeit auch gerne als Fleming'sche Epoche bezeichnet wird (siehe Abb. 2.10). Ihre Entdeckung und Gewinnung löste zwei neue und grundlegende Entwicklungen der Mikrobiologie aus: eine neue Ära der Therapie von Infektionskrankheiten und das Entstehen der biotechnologischen Industrie.

Die Beobachtung durch den englischen Arzt und Bakteriologen Sir *Alexander Fleming* (1881 bis 1955) am 28. September 1928 am St. Mary's Hospital in London, dass der Schimmelpilz Penicillium einen Wirkstoff ausscheidet, der das Wachstum eines pathogenen Bakteriums hemmt, revolutionierte den Stand der mikrobiologischen Forschung. *Fleming* erkannte sofort die Bedeutung dieser Beobachtung, da er sich bereits in-

Abb. 2.10 Alexander Fleming

tensiv und seit Jahren mit der Suche nach Mitteln zur Bekämpfung von Infektionskrankheiten beschäftigt hatte. Diese keimtötende Wirkung führte später zum Antibiotikum Penicillin. Allerdings sollten bis dahin noch einige Jahre vergehen, bis aus dem in äußerst geringer Menge gebildeten Antibiotikum eine Penicillinproduktion entwickelt werden konnte. In der Zeit von 1928 bis 1948 hatte *Fleming* an der Londoner Universiät einen Lehrstuhl für Bakteriologie und trieb die Forschung kontinuierlich weiter. Da das Penicillin nur eine begrenzte Wirkung auf spezifische Bakterien aufwies, war *Fleming* davon getrieben, weitere Antibiotika mit einem breiteren Wirkungsspektrum zu finden. Im Jahre 1940 führten seine Bemühungen zur Anwendung der ersten Präparate. Für seine Entdeckung wurde *Fleming* vielfach geehrt. Im Jahr 1944 wurde er geadelt und ein Jahr später bekam er den Nobelpreis „für die Entdeckung des Penicillins und seiner heilenden Wirkung bei verschiedenen Infektionskrankheiten". In seiner Rede anlässlich der Verleihung des Nobelpreises sprach *Fleming* davon, dass „die Entdeckung des Penicillins auf eine rein zufällige Verunreinigung seiner Staphylokokkenkulturen durch einen Schimmelpilz zurückzuführen ist." Denn im September 1928 kehrte Fleming aus den Sommerferien in sein Labor zurück und entdeckte eine Petrischale mit einer verschimmelten Bakterienkultur (siehe Abb. 2.11). Vor seiner Abreise hatte der Bakteriologe mit dem Krankheitserreger Staphylococcus aureus experimentiert und das Gefäß ungewaschen auf seinem Labortisch vergessen. Nach seiner Rückkehr bemerkte er, dass auf dem Nährboden ein Schimmelpilz gewachsen war, in dessen Nähe sich die Staphylokokken nicht mehr vermehren konnten. Somit fand *Fleming* heraus, dass der Schimmelpilz in der Lage war, Bakterien abzutöten. Es gelang ihm, die bakterientötende Substanz aus dem Schimmelpilz zu extrahieren und nannte diese Penicillin. Allerdings kam *Fleming* nicht auf die Idee, den Wirkstoff auch als Medikament zu verwenden. Dieser Pilz wurde schließlich als Penicillium notatum identifiziert.

Erst 10 Jahre später stießen die Forscher *Howard W. Florey* und *Ernst B. Chain* auf der systematischen Suche nach bakterienabtötenden Stoffen auf die Forschungsergebnisse von *Fleming*. Nach zahlreichen Versuchen an Tieren wurde 1941 das erste Mal Penicillin am Menschen eingesetzt. Dieser litt unter hohem Fieber, das sich dann aber nach kurzer Zeit legte. Man stoppte daraufhin die Ein-

Abb. 2.11 Labor von Alexander Fleming

nahme des Penicillins und wenige Tage später verstarb der Patient. Daraus zogen die Wissenschaftler die Schlussfolgerung, dass eine langzeitige Einnahme von Penicillin nötig ist, auch wenn die Symptome bereits verschwunden sind. Das Forscherteam war überrascht, wie effektiv Penicillin selbst gegen aggressive, normalerweise todbringende Bakterien wirkt. Den Forschern war sofort klar, dass Penicillin eine wichtige Rolle in der Kriegsmedizin spielen würde. Im Jahre 1942 begann die industrielle Produktion von Penicillin, die eine große Rolle für die Soldaten im zweiten Weltkrieg spielte. Ab 1944 konnte auch die allgemeine Bevölkerung mit Penicillin behandelt werden.

Kaum bekannt ist, dass *Fleming* nicht der erste Forscher war, der diese Beobachtungen machte. Dass, Pilze der Gattung Penicillium das Wachstum von Bakterien hemmen können, hatten auch schon 1870 *John Burden Sanderson* und ein Jahr später *Joseph Lister* gemacht. Weiterhin müssen *William Roberts* im Jahre 1874 und der französische Medizinstudent *Ernest Duchesne* im Jahr 1896 genannt werden. Das Ende dieser Phase wurde durch *Waksman* bestimmt, der im Jahre 1944 nachweisen konnte, dass die im Boden verbreiteten Streptomyceten zahlreiche Antibiotika bilden. Dies war der Grundstein, um daraus ein zweites Antibiotikum zu entwickeln. Zur Gewinnung dieser Wirkstoffe wurde die so genannte Fermentationstechnik entwickelt, die eine Kultivierung großer Mengen an Mikroben ermöglichte. Damit war dann endgültig der Durchbruch der industriellen Mikrobiologie geschafft.[13]

Die letzte Phase im geschichtlichen Rückblick der Mikrobiologie beginnt mit Ende des zweiten Weltkrieges und kann heute rücklickend als Grundlage der Gentechnik bezeichnet werden. Mit ihr wurde die Herausbildung der molekularen Mikrobiologie möglich. Die Basis hierfür legten die Forschungen in den 1930-er Jahren, in denen das Adaptionsvermögen der Mikroorganismen und vor allem ihre Fähigkeit, auf verschiedenen Nährstoffen wachsen zu können, nachgewiesen wurde. Es gelang der Nachweis, dass die Flexibilität der Mikroorganismen mit einer unterschiedlichen Enzymausstattung der Zellen verbunden ist. Im Wesentlichen gingen die Forschungen der Adaption auf den französischen Biochemiker *Jacques Lucien Monod* (1910 bis 1976) zurück. *Monod* stellte im Jahre 1942 fest, dass eine bestimmte Kultur zunächst Glucose und nach einer Zwischenphase Lactose zum Wachstum benutzt, wenn diese auf einem Mischsubstrat wächst. Diese Erkenntnis ging als „Diauxie-Phänomen“ in die mikrobiologische Geschichte ein. Neben *Monod* konnte auch der Mikrobiologe *François Jacob* durch tiefgreifende genetische und biochemische Untersuchungen im Jahre 1961 daraus die Grundprinzipien der Stoffwechselregulation und die Regulation der Enzymsynthese und der Enzymaktivität ableiten. In den folgenden Jahren entwickelte *Monod* zusammen mit *Jacob* das so genannte „Operon-Modell“. Dieses erklärt, wie die Aktivität von Genen an- oder abgeschaltet werden kann (Regulation der Genaktivität). Im Jahr 1965 erhielt er dafür gemeinsam mit *François Jacob* und *André Lwoff* den Nobelpreis für Physiologie und Medizin. Sechs Jahre später wurde *Jacques Lucien Monod* zum Direktor des Pasteur-Instituts berufen. Der einfache Umgang mit mikrobiellen Systemen und ihre schnelle Vermehrung und Struktur sind die Grundlage für die maßgebenden Erkenntnisse der Molekularbiologie und -genetik. Sie stellt heute die Grundlage und Basis der Gentechnik dar.[13]

2.6 Etymologie und Wortherkunft

Zur Herkunft und Bedeutung des Wortes Schimmel und der ersten nachweislichen Nennung in der überlieferten Literatur gibt es unterschiedliche Angaben. So soll der Begriff bereits den Germanen zur Zeit der Völkerwanderung (375 bis 568 n. Chr.) bekannt gewesen sein (Scimbalon = schimmligwerden sowie schimelec = sich mit einer Schimmelpilzschicht überziehen, faulen).[15]

Nach Aussagen des Umweltbundesamtes[16] hat der Begriff seinen Ursprung erst im 9. Jahrhundert und stammt von dem mittelhochdeutschen Wort „Schimel“ ab. Damit wurden „merkwürdige Flecken“ bezeichnet, die nur bei Anwesenheit von Feuchtigkeit entstanden und sich, ohne dass man sich dies erklären konnte, von allein weiter entwickelten (im althochdeutsch: skimbal).

Aus dem mittelniederdeutschen (11. Jahrhundert) kennt man den Begriff Scimmel und Scimmelic für „glänzende Schicht, die vergeht oder verkommt“.[17]

Den heute bekannten Begriff des Schimmels prägte erstmals der Arzt und Hochschullehrer *Johannes Curio* (1512 bis 1561). Im Jahr 1545 schrieb *Curio*: „Durch ihre faulenden Bestandteile erstickend ist sie (*gemeint war die Luft*) ähnlich der, die in manche Häuser eingeschlossen ist, in denen sich wegen Fäulnis und mangelnder Belüftung Schmutz und Schimmel im höchsten Maße anhäufen.“[18]

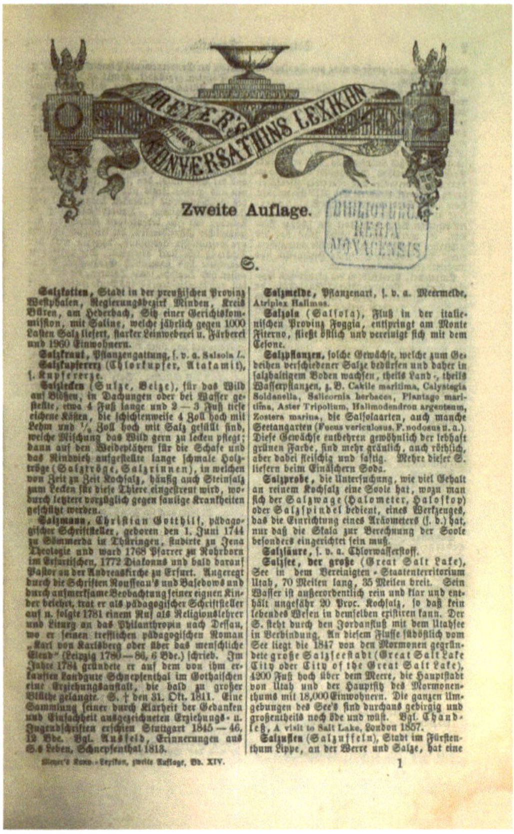

Abb. 2.12 „Neues Konversations-Lexikon“ aus dem Jahr 1867

Seit dem 16. Jahrhundert wird „verschimmeln“ oder „mit Schimmelpilzen bedeckt“ mit Fäulnis beschrieben. Spätestens mit dem „Neuen Konversations-Lexikon“ im Jahre 1867 war der Begriff endgültig in der deutschen Sprache angekommen (siehe Abb. 2.12). Dort wurde der Begriff wie folgt beschrieben:

> „Schimmel, gewöhnliche Bezeichnung einer Gruppe Pilze (s. d.), die, aus faserigen oder haarförmigen Flocken bestehend, sich als Überzug auf fast allen Körper, Metallflächen ausgenommen, bilden, wenn sie in verschlossenen, oder doch dem Luftzuge nicht zugänglichen Räumen mit Feuchtigkeit in Berührung kommen, oder in Fäulnis übergehen.

Man kann ihre Beschaffenheit schon bei mäßiger Vergrößerung ziemlich deutlich erkennen und insbesondere die fruchttragenden von den unfruchtbaren oft leicht unterscheiden, indem jene ihrer Sporen oder Keimkörner theils frei, theils in der anschwellenden Erdzelle, theils auf einem flockigen Lager tragen. Sie vergehen meist ebenso schnell wieder, als sie entstehen, werden aber, indem sie das Verderbnis der Nahrungsmittel beschleunigen, zu lästigen Parasiten. Ihre Entstehung ist noch Objekt des Streits zwischen den Vertheidigern und Gegnern der Urzeugung (generatio aepuivoca). Sie lassen sich nach ihren regelmäßig wiederkehrenden Merkmalen ebenso gut klassificieren als die vollkommeneren Gewächse und werden neuerlich, nachdem Persoon damit vorangegangen, in zahlreiche, natürlich nur mit Hülfe des Mikroskops unterscheidbare Gattungen und Arten getheilt. Der bekannteste, auf Fleisch, Brod und anderen in Fäulnis übergehenden Körpern erscheinende Schimmel ist der gemeine Kopfschimmel (Mucor Mucedo). Auf faulendem Obste zeigt sich der Fruchteischimmel (Oidium fructigerum), von dem der neuerlich durch den in Rebenpflanzungen angerichteten Schaden berüchtigte Schimmel (Oidium Tuckeri) ein Gattungsverwandter ist. Auch der seegrüne Knoten- oder Kolbenschimmel (Aspergillus glaucum) wuchert auf modernden Pflanzen, Käse, Brod etc. Der Lappenpilz (Rhacodium cellare) findet in Kellern an Fässern und sonstigem Holzwerk oft mehrere Fuß große, etwa eine Linie dicke, sammetweiche, aber fest verfilzte, schwarze, grün schillernde Ueberzüge, das sogenannte Kellertuch. Der Fenstermoder (Byssocladium fenestrale) bewirkt die strahlig auslaufenden, graulichen Flecken auf der inneren Fläche der Fensterscheiben in verschlossenen dumpfen Zimmern. Die sogenannte Wetterzotte oder die flockige Schwindfaser (Hypha floccosa) zeigt sich, baumwolleartigen schneeweißen Fäden gleichend, in Bergwerken. Von weit festerer Tertur ist der sogenannte Brunnenzopf (Rhizomorpha subterranea), welcher faulenden Brunnenröhren entsprießt. Manche rechnen hierher auch das Veilchenmoos (Byssus Jolithus), welches sich durch die hochgelbe Farbe und den angenehmen Veilchengeruch von den übrigen Arten Schimmel unterscheidet und in Gebirgsgegenden auf Steinen (Veilchensteinen) vorkommt."[19]

Seit diesem Zeitraum bezeichnete man Schimmel, der durch Pilze mit mikroskopisch kleinen Strukturen verursacht wird, als „Schimmel"-Pilze bzw. Schimmelpilze.

Somit entstand die Wortschöpfung „Schimmel" für ein weißes Pferd nachweislich erst später. Die beiden Begriffe, „scymelinghe perd" im mittelniederdeutschen (1373) sowie „schemeliges perd" im spätmittelhochdeutschen (1374), tauchten erstmals im 14. Jahrhundert auf und entwickelten sich als neuhochdeutsche Schöpfung im 15. Jahrhundert zu dem heute bekannten „Schimmel" für weiße Pferde. Es kann daher als erwiesen angesehen werden, dass der Begriff Schimmel ursprünglich nicht für ein weißes Pferd verwendet wurde, sondern für einen unbeliebten und pelzigen Belag aus Pilzen.[17]

2.7 Geschichte der Allergie

Die Geschichte der Allergie im Sinne der griechischen Übersetzung einer „Anders-Reaktion" oder „Überempfindlichkeit" ist untrennbar mit der Geschichte der Mikrobiologie verbunden und geht wie auch diese auf Veröffentlichungen der medizinischen Literatur aus dem alten Ägypten und China sowie der griechischen und römischen Antike zurück. Schon damals wurde über gesundheitliche Auffälligkeiten und Krankheiten berichtet, die man heute als Allergie bezeichnen würde. Als eine der ersten allergischen Reaktionen ist ein Wespenstich des Pharaos Menes aus der alten ägyptischen Dynastie überliefert, der im Jahr 2641 v. Chr. an den Folgen desselben gestorben sein soll.[14]

Als ersten Meilenstein in der Geschichte der Allergie bzw. der Erforschung allergischer Reaktionen müssen die Naturwissenschaften der alten Griechen und allen voran der Naturphilosoph *Hippokrates von Kos* genannt werden. Er unterschied erstmals zwischen den Symptomen und Ursachen einer Krankheit und schrieb diese Erkenntnisse im „Corpus Hippocraticum" nieder. Dieses Werk gilt als älteste profunde medizinische Quelle der Antike. *Empedokles* (490 bis 430 v. Chr.) baute darauf auf und entwickelte die Lehre über die vier Elemente Feuer, Wasser, Luft und Erde, die heute noch als direkter Vorläufer der so genannten Humoraltherapie gilt. Sein Schwiegersohn *Polybos* (460 bis 375 v. Chr.) entwickelte daraus die „Lehre von den vier Säften", gemeint war Schleim, Blut und die gelbe sowie schwarze Galle, die über tausend Jahre die Wissenschaft pathologischer Phänomene prägte. *Galen* leitete im frühen Mittelalter daraus den Namen Idiosynkrasie ab, der eine Mischung aus Eukrasie („gesunde Säfte") und Dyskrasie („krankhafte Säfte") beschrieb. Damit wurde zwar keine Krankheit beschrieben, aber eine Abweichung von der Normalität. Schon der römische Dichter *Titus Lucretius Carus* erwähnte in seinem Epos „De natura rerum“, dass „des einen Nahrung des anderen Gift sein könne …“. In einem der ersten medizinischen Lexika, dem „Definitionum medicarum libri vigintiquatuor“ von *Jean de Gorris* aus dem Jahre 1564 wurde der Begriff der Idiosynkrasie ähnlich umschrieben. Heute gilt als gesichert, dass der Begriff nicht nur negative körperliche und seelische Reaktionen eines Organismus beinhaltete, sondern der namentliche Vorläufer für die Ableitung der Begriffe Immunität und Konstitution war, die bis in die Gegenwart Bestand haben.[14]

Zur gleichen Zeit wies der Freiburger Stadtarzt *Johannes Schenk von Grafenberg* nach, dass einige Menschen unter gewissen Umständen Überempfindlichkeiten auf bestimmte Nahrungsmittel entwickeln können und *Leonardo Botallo* (1565) erwähnte erstmals das so genannte „Rosenfieber“, das aufgrund seiner beschriebenen Wirkung dem „heutigen“ Heuschnupfen ähnelte und bis Mitte des 19. Jahrhunderts als Heufieber, z. B. durch *Phoebus* (1783), bezeichnet wurde. Im Jahr 1870 erfolgte die Entdeckung von Pollen als Auslöser für diese allergische Reaktion. Man kann diesen Zeitraum als Beginn der wissenschaftlichen Allergologie bezeichnen. Der Londoner Arzt *John Bostock* war es, der Anfang des 19. Jahrhunderts erstmals Symptome und Anamnese in eine Systematik brachte und in seiner Autobiografie „Hay Fever“ verschiedene allergische Hauterkrankungen wie z. B. Ekzem und Urtikaria charakterisierte. Auf ihn gehen auch die ersten Erkenntnisse zurück, dass einige Erkrankungen der Atemwege auf jahreszeitliche Einflüsse zurückzuführen sind. Hierzu muss man wissen, dass *Bostock* selbst seit seiner Kindheit an Augenbrennen, laufender Nase, Husten und Atemnot litt und über seine Beobachtungen an sich selbst über viele Jahre ein Tagebuch führte und darüber im Jahr 1819 vor der berühmten *Royal Medical Society of London* berichtete. Im Jahr 1873 erfolgten durch *Charles Blackley* erste Haut- und Provokationstests mit verschiedenen Pollen. Diese rieb *Blackley* in Kratzwunden seines Unterarms und konnte somit gezielte Hautreaktionen hervorrufen. Die eigentliche Sensation gelang *Blackley* eher beiläufig. Mit Hilfe von klebrig bestrichenen Ballons gelang es ihm, die in der Luft umherfliegenden Pollen aufzufangen und somit sichtbar zu machen, so dass diese unter einem Mikroskop ausgezählt werden konnten. Später stellte *Blackley* eine Korrelation zwischen der Anzahl von Pollen in der Außenluft und der Ausprägung seiner Symptome auf. Durch seine Versuche konnte zudem nachgewiesen werden, welche Distanz verschiedene Pollen zurückgelegt haben. Nach der Veröffentlichung seines Buches „Experimental Researches on the causes and Nature of Catarrhus Aestivus“, in dem *Blackley* u. a. auch eine Bindehautentzündung (im Sinne einer heutigen Rhinitis oder Asthma bronchiale) durch bestimmte Pollen beschrieb, erhielt er einen Brief von *Charles Darwin* (siehe Abb. 2.13). Dieser war von den Erkenntnissen begeistert. Allerdings war es *Samuel Hahnemann*, dem Begründer der Homöopathie, der sich bereits zweihundert Jahre zuvor schon mit seltenen, auffallenden Symptomen bei Allergien, insbesondere Hautausschlägen, auseinandersetzte.[14]

Abb. 2.13 Charles Darwin

Die Namensgebung der Allergie entwickelte sich Anfang des 20. Jahrhunderts und steht im

Zusammenhang mit der Entdeckung der Anaphylaxie durch die beiden französischen Wissenschaftler *Charles Richet*, der 1913 hierfür den Nobelpreis für Medizin erhielt, und *Paul Portier*. Deren Forschung setzte auf Erkenntnisse durch *Emil von Behring* auf, der den Begriff erstmals 1893 verwendete und in einen medizinischen Kontext setzte. Im Jahr 1915 beobachtete der französische Physiologe *Nicholas-Maurice Arthus*, dass auch nicht toxische Substanzen wie z. B. artfremde Eiweiße eine Überempfindlichkeit bis hin zu anaphylaktischen Reaktionen verursachen können. Diese Reaktion kennt die Medizin heute unter dem Begriff der Arthus-Reaktion. Den eigentlichen Begriff der Allergie erwähnte erstmals der Wiener Kinderarzt *Clemens von Pirquet* und der ungarische Forscher *Bela Shick* im Jahr 1906 in der „Münchner Medizinischen Wochenschrift" und definierten ihn als „veränderte Fähigkeit des Körpers, auf eine fremde Substanz zu reagieren". Bisher wurde diese als „Serumkrankheit" bezeichnet. Den neuen Begriff „Allergie" schlugen die Autoren vor, da er sich aus den beiden griechischen Wörtern „allos" (anders oder verändert) und „ergos" (Arbeit oder Aktion) zusammensetzten. *Pirquet* erkannte zudem als Erster, dass Antikörper nicht nur schützende Immunantworten vermitteln, sondern auch Überempfindlichkeitsreaktionen auslösen können. Den Verlauf einer allergischen Entzündung beschrieb erstmals der Pathologe *Robert Rössle* im Jahr 1914. Zwei Jahre später führten *Harry Gideon Wells* und *Thomas Burr Osborne* Versuche durch, mit denen eine Kreuzsensibilität erzeugt werden konnte. Damit konnten erstmals gewisse unspezifische Reaktionen plausibel erklärt werden.[14]

Im Jahr 1921 wurde die Übertragbarkeit der Überempfindlichkeit mit Serum nachgewiesen und zwei Jahre später schlugen die beiden amerikanischen Forscher *Arthur Fernandez Coca* und *Robert A. Cooke* für die familiär auftretenden Krankheitsbilder von Asthma und Heuschnupfen, die zusammen mit Überempfindlichkeiten auftreten, die man heute dem Allergie-Typ I (Sofortreaktion) zuordnen würde, den Begriff der „Atopie" vor. Atopie bedeutet in etwa „Ungewöhnliches" oder „Seltsames" und sollte alle Reaktionen von Menschen erfassen, die keinen direkten und nachweisbaren Kontakt mit einem Allergen hatten und dennoch erkrankten. *Coca* schlussfolgerte, dass diese Reaktionen hereditär (also angeboren) sein mussten. Heute ist bekannt, dass dem nicht so ist.[14]

Im gleichen Jahr führte *Carl Prausnitz* einen Selbstversuch durch, in dem er sich das Serum seines an einer Allergie leidenden Patienten *Heinz Küstner* in den Unterarm injizierte. Der Serumfaktor, der heute als Prausnitz-Küstner-Reaktion bekannt ist, wurde von *Coca* und *Cook* als Reagin bezeichnet. Sie konnten belegen, dass Allergien durch Serumfaktoren übertragen und durch Erhitzen auf 60 °C inaktiviert werden können. Weitere Untersuchungen belegten, dass Reagin mit einem Antikörper assoziiert war. Als später die verschiedenen Immunglobulinklassen identifiziert wurden, konnte man dem Reagin-Antikörper keiner der bekannten Immunglobuline, wie IgG, IgM, IgA oder IgD zuordnen. In diesem Zeitraum entstand nicht nur ein wachsendes Verständnis der pathophysiologischen Zusammenhänge, sondern begann auch die erste allergenspezifische Immuntherapie mit Adrenalin und Ephedrin. Denn die Wissenschaft erkannte bereits damals, dass in keinem anderen Fachgebiet der Medizin eine so intensive Überlappung von Diagnostik und Therapie stattfindet, wie in der Allergologie und dass die Allergiekarenz die effizienteste Behandlungsmethode darstellt, um die kausalen Ursachen zu bekämpfen. Deshalb konzentrierten sich seit Anfang des 20. Jahrhunderts die Bemühungen darauf, das Immunsystem durch Zuführung der allergieauslösenden Stoffe (Allergene) an diese Substanzen zu gewöhnen und Überempfindlichkeitsreaktionen zu minimieren bis hinzuvermeiden. Bereits damals wurde diese Methode als Desensibilisierung oder auch Hyposensibilisierung bezeichnet. Aus diesen Erkenntnissen wurde im Jahr 1937 das erste Antihistaminikum synthetisiert. Die Pharmakotherapie war geboren.[14]

Der nächste Meilenstein in der Allergologie ist mit den Immunologen *Robert Coombs* und *Philip Gell* verbunden, die pathogene Immunreaktionen in verschiedene Allergie-Typen (I bis IV) klassifizierten. Die moderne Allergologie beginnt Ende der 1960er-Jahre mit der Entdeckung der fünften Immunglobulin-Klasse (Immunglobulin E) durch das Ehepaar *Teruko* und *Kimishige Ishuzaka* in Denver (USA) sowie zeitgleich und unabhängig voneinander durch die beiden Biochemiker *Stig Gunnar Olaf Johannsson* und *Hans Bennich* in Uppsala (Schweden) im Jahr 1967. Hierzu wurde mit Hilfe der Prausnitz-Küstner-Reaktion zunächst der Reagingehalt im Serum nachgewiesen und anschließend dazu benutzt, die Konzentration der Antikörper zu erhöhen. In weiteren Versuchen konnten die Wissenschaftler nachweisen, dass die reaginen Antikörper zu einer bis dahin nicht bekannten Immunglobulinklasse gehörten. *Ishuzaka* nannten dies Gamma-E-Globulin; *Johannsson* und *Bennich* nach den Patienteninitialen IgND. Die Forscher trafen sich im Jahr 1968 und einigten sich darauf, die neue Klasse Immunglobulin E zu nennen. Durch die Versuche wurde erstmals möglich, neben Hauttests auch die spezifischen Allergievermittelnden Antikörper im Blut semiquantitativ messen zu können. Hierzu kam erstmals der Radio-Allergo-Sorbent-Test (RAST) zum Einsatz.[14]

Grundlagen

3

Inhaltsverzeichnis

F. Frössel, E. Heller, *Schimmelpilze in Wohnungen*, https://doi.org/10.1007/978-3-658-50425-0_3

3.1 Die Welt der Mikroorganismen

Als Teilgebiet der Biologie befasst sich die Mikrobiologie mit einer großen, heterogenen Gruppe von meist einzelligen Organismen, deren gemeinsames Merkmal ihre geringe Größe ist. Sie werden deshalb als Mikroorganismen oder umgangssprachlich auch als Mikroben bezeichnet. Einzelne Mikroorganismen sind ohne Hilfsmittel wie z. B. einem Mikroskop nicht sichtbar. Sie können erst erkannt werden, wenn sie vermehrt auftreten wie z. B. in einer Kolonie. Die Größe der meisten Mikroorganismen liegt unter einem Millimeter, während die kleinsten Viren nur einen Durchmesser von weniger als 0,02 µm haben. Zu den mikroskopisch kleinen Organismen mit eigenem Stoffwechsel gehören Algen, Bakterien, Hefen, kleine Hyphenpilze und andere Einzeller (Protozoen). Auch die Viren werden in diese Gruppe mit eingeordnet, obwohl sie keine echten Lebewesen sind, da ihnen ein eigener Stoffwechsel fehlt – ein sonst typisches Merkmal lebender Organismen.

Mikroorganismen treten erstmalig vor knapp 4 Mrd. Jahren auf. Zum Vergleich: die Vielzeller entwickelten sich erst vor ca. 600 Mio. Jahren und der moderne Mensch vor 130.000 Jahren. Oder um es anders auszudrücken: würde der Zeitraum der Mikroorganismen ein Jahr (365 Tage) umfassen, würde der Mensch darin knapp eine Sekunde vorkommen!

Aufgrund ihrer großen Anpassungsfähigkeit sind Mikroorganismen in der Lage, sich nahezu in allen Habitaten anzusiedeln und somit auch ökologische Nischen zu besiedeln. Sie überleben in unterschiedlichsten Lebensräumen und widersetzen sich selbst extremer Hitze oder Kälte, Licht- und Sonneneinwirkung wie auch Dunkelheit, chemischer Belastung durch Salze, saurer oder alkalischer Umgebung. Mikroorganismen leben oft dort, wo andere Lebewesen nicht existieren können.

Mikroorganismen produzieren etwa zwei Drittel der gesamten Biomasse und sind von entscheidender Bedeutung für die biologischen und geochemischen Stoff- und Energiekreisläufe. Durch die mikrobielle Verstoffwechselung von z. B. Kohlenstoff oder Stickstoff wird das globale Klima ganz wesentlich beeinflusst und die Erde für alle anderen Lebewesen bewohnbar gehalten. Darüber hinaus erzeugen Mikroorganismen mindestens die Hälfte des elementaren Sauerstoffs. Im Vergleich zu anderen Spezies stellen Mikroorganismen den weitaus größten Anteil an lebender Materie dar. Erstaunlich ist, dass von den geschätzten 2 bis 3 Mrd. Mikroorganismen erst

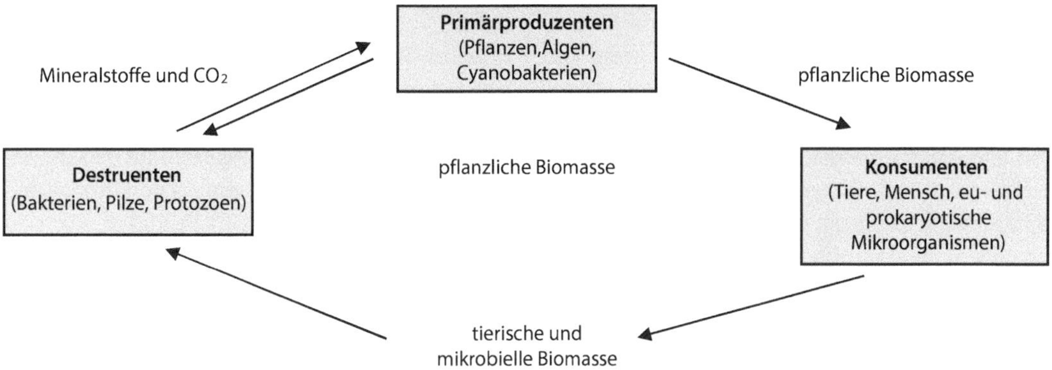

Abb. 3.1 Biomasse-Kreislauf: die Primärproduzenten bilden mit Hilfe der Sonnenenergie organische Kohlenstoffverbindungen, die pflanzliche Biomasse. Die Konsumenten ernähren sich von dieser Biomasse und bilden tierische und mikrobielle Biomasse. Die Destruenten mineralisieren einen Teil der von den Primärproduzenten gebildeten Biomasse sowie die von den Konsumenten gebildete Biomasse und stellen somit die Ausgangsverbindungen für die Primärproduktion wieder zur Verfügung[13]

weniger als 0,5 % (!) bisher entdeckt und klassifiziert wurden. Der Anteil, der davon erforscht ist, liegt wiederum unter einem Prozent. Mikroorganismen stellen die Wurzel des „Stammbaums des Lebens" auf der Erde dar.

3.2 Der Biomasse-Kreislauf

Die so genannte Biomasse bezeichnet die Gesamtheit der Masse an organischem Material in einem Ökosystem, die biochemisch synthetisiert wurde. Sie beinhaltet somit die Masse aller Lebewesen und abgestorbenen Organismen sowie organischen Stoffwechselprodukte (siehe Abb. 3.1).

Mikroorganismen beeinflussen in hohem Maße den Kreislauf der Biomasse in der Natur. Von den so genannten Primärproduzenten werden unter Zuhilfenahme der Sonnenenergie aus Kohlendioxid organische Verbindungen gebildet. Diese dienen den Konsumenten als Nährstoffe. Der Abbau der so entstandenen Biomasse zu Kohlendioxid, Wasser und anorganischen Salzen wird als Mineralisierung bezeichnet. Diese schließt den Biomasse-Kreislauf durch die erneute Bereitstellung der Ausgangssubstrate für die Primärproduzenten ein. Da die meisten biologischen Moleküle aus langen Ketten von gleichen oder ähnlichen Bausteinen bestehen, bezeichnet man diese Biomoleküle deshalb auch als Polymere. Am Anfang der Abbauprozesse stehen die Depolymerisierung von Polysacchariden, Lignin, Proteinen und Nucleinsäuren sowie der Fettabbau. Für die Elemente Kohlenstoff, Sauerstoff, Stickstoff, Schwefel und Phosphor gibt es entsprechende Kreisläufe, in denen anorganische und organische Verbindungen von verschiedenen Organismen ineinander umgewandelt werden. Zum Teil sind diese auch noch miteinander verknüpft.[13]

Die Elemente Kohlenstoff, Sauerstoff, Stickstoff, Schwefel und Phosphor unterliegen in der Natur Kreisläufen, die auf geochemische Prozesse, in besonderem Maße aber auch auf der Aktivität der Lebewesen selbst, beruhen. Neben Wasserstoff und Sauerstoff bilden dabei Kohlenstoff, Stickstoff, Schwefel und Phosphor die Hauptbestandteile der Biomasse. Unter den Primärproduzenten der Biomasse werden die Organismen verstanden, die eine oxygene Photosynthese betreiben. Hierzu zählen die meisten Pflanzen, aber auch Algen und die prokaryotischen Cyanobakterien. Diese Mikroorganismen bilden mit Hilfe der Sonnenenergie organische Kohlenstoffverbindungen aus dem Kohlendioxid der Luft und können so alle funktionellen und strukturellen Bestandteile ihrer Zellen aufbauen.[13]

Die von den Primärproduzenten gebildete Biomasse dient allen chemoheterotrophen Organismen als Nahrung. Hierbei handelt es sich um Organismen, die auf Körpersubstanz oder Stoffwechselprodukte anderer Organismen angewiesen sind. Diese werden auch als Konsumenten bezeichnet und umfassen alle Tiere und den Menschen sowie einen Großteil der Mikroorganismen. Dieser Abbau, der von Pflanzen, Tieren und Mikroorganismen gebildeten Biomasse zu Kohlendioxid, Wasser und den anorganischen Salzen wie z. B. Nitrat, Sulfat und Phosphat, wird von chemoheterotrophen Mikroorganismen wie Bakterien, Pilzen und Protozoen durchgeführt.[13]

Die von den Primärproduzenten und Konsumenten gebildete Biomasse besteht in erster Linie aus hochpolymerem organischem Material und nur in geringem Maße aus niedermolekularen organischen Verbindungen. Während die Zellsubstanz z. B. höherer Pflanzen zum größten Teil aus Zellulose, Lignin und Hemizellulosen besteht, überwiegen in der tierischen Zellsubstanz Proteine, also Polymere, die aus Aminosäuren zusammengesetzt sind. Dies ist besonders erwähnenswert, da die großen Polymere der Biomasse von den Destruenten nicht verstoffwechselt werden können. Für die Mineralisation der Biomasse müssen deshalb die Organismen im ersten Schritt die Polymere in kleinere Einheiten (so genannte Mono- und Oligomere) zerlegen. In der Geschwindigkeit, mit der die Mikroorganismen die unterschiedlichen Polymere zerlegen können, bestehen deutliche Unterschiede. Während z. B. einige Proteine nur innerhalb weniger Stunden vollständig abgebaut werden können, kann dieser Prozess bei Lignin oder tierischem Haar je nach vorliegenden Bedingungen (z. B. pH-Wert, Sauerstoffkonzentration u. a.) einige Jahrhunderte dauern.[13]

Im Laufe der Zeit hat sich der Mensch bei zahlreichen landwirtschaftlichen und industriellen Prozessen die Fähigkeiten der Mikroorganismen zu Nutze gemacht. Dabei werden entweder ganze Zellen verwendet oder nur bestimmte Biosyntheseleistungen eingesetzt, die von speziellen Mikroorganismen durchgeführt werden. Für die Entwicklung der Biotechnologie sind ständig wachsende Erkenntnisse über Eigenschaften, Wachstumsbedürfnisse und Stoffwechselprozesse verschiedener Mikroorganismen sowie technische Fortschritte, die bei der Züchtung und Handhabung großer Mengen von Mikroorganismen unter sterilen Bedingungen sowie bei der anschließenden Reinigung des gewünschten Endproduktes erzielt werden, essenziell. Der Bereich mit der längsten Tradition in der Biotechnologie ist die Herstellung von Lebensmitteln mit Hilfe von Mikroorganismen. Die für die Herstellung benötigten Mikroorganismen sind speziell für diesen Einsatzzweck optimierte Stämme. Die ältesten und bekanntesten medizinischen Produkte, die von Mikroorganismen produziert werden, sind Antibiotika, die von Schimmelpilzen (z. B. Penicillium chrysogenum) und verschiedenen Bakterienarten (z. B. Bacillus- oder Streptomyces-Stämme) ausgeschieden werden.

3.3 Die mikrobielle Besiedlung des Menschen

Mikroorganismen sind nicht nur im Umfeld des Menschen allgegenwärtig, sondern leben auch auf und im menschlichen Körper. So existieren auf und im menschlichen Körper etwa 10 bis 100mal mehr Mikroorganismen (vor allem Bakterien), als menschliche Zellen. Sie sind an „normalen“ Prozessen auf und im Körper beteiligt. Deshalb wird die Besiedelung des gesunden Menschen auch als Normalflora bezeichnet. Diese besteht aus Mikroorganismen, die keine Krankheiten hervorrufen und deshalb als apathogen bezeichnet werden. Diese Mikroorganismen leben als Symbionten, Kommensalen oder Parasiten im Wirtsorganismus Mensch. Die Normalflora kann nur unter bestimmten Bedingungen zu so genannten endogenen (von innen kommenden) Infektionen führen, die dann das Gleichgewicht zwischen Mikroorganismen und Makroorganismen stören können.[13]

Die mikrobielle Besiedelung des Menschen ist allerdings sehr unterschiedlich und von verschiedenen Faktoren abhängig. In Abhängigkeit von Alter, Geschlecht, Ernährungs- und Gesundheitszustand eines Menschen können verschiedene Bereiche eines gesunden Körpers mikrobiell besiedelt sein. Diese Besiedelung wird als physiologische Mikroflora bezeichnet und setzt sich aus Bakterien, Pilzen und Protozoen zusammen. Dabei unterscheidet man anhand der Beziehung zwischen Wirt und Mikroorganismen in eine Symbiose, Kommensalismus und den

Parasitismus. Wie allgemein bekannt ist, haben bei einer Symbiose beide Partner Vorteile. Beim Kommensalismus dagegen ist nur der Mikroorganismus bevorteilt. Allerdings wird der Wirt nicht geschädigt. Beim Parasitismus lebt der Mikroorganismus auf Kosten des Wirts. Die Anwesenheit der physiologischen Mikroflora hat die Funktion, den Wirtsorganismus vor der Besiedelung durch Krankheitserreger zu schützen. Ursache dieser Schutzwirkung ist so einfach wie alt – sie besteht in einem Konkurrenzkampf zwischen der vorhandenen Normalflora um Nahrung mit den von außen eindringenden Mikroorganismen.[13]

Gesunde Menschen haben in der Regel im Darm, im Mund, in der Nase sowie auf der Haut die gleiche Besiedelung von Mikroorganismen. Die Besiedelungsdichte und -art der jeweils vorhandenen Mikroorganismen ist in den verschiedenen Körperregionen allerdings sehr unterschiedlich (siehe Tab. 3.1).

Auf der Haut leben vorwiegend Bakterien, die den Säureschutzmantel bilden. Diese Bakterien

Tab. 3.1 Überblick über die physiologische Mikroflora des Menschen[13]

Körperregion	Keimzahl	Mikroorganismen	Wirkung
Haut	10^3–10^6 pro cm^2	Staphylococcus, Micrococcus, Brevibacterium, Acinetobacter, Corynebacterium, Propionibacterium acnes, Hefen	Säureschutzmantel
Mundhöhle	Bis zu 10^9 pro ml	Streptokokken, Neisseria, Moraxella, Haemophilus, Lactobacillen, Enterokokken, Pseudomonaden, Hefen, auch Streptococcus pneumoniae und neisseria meningitis möglich, viele anaerobe Arten wie z. B. Fusobacterium, Bacteroides, Porphyromonas, Bifidobacterium	Förderung der Kariesentstehung bei zuckerhaltiger Ernährung, insbesondere durch Streptococcus mutans, Streptococcus sanguis, Streptococcus mitis, Actinomyces viscosus
Speiseröhre und Magen	< 10 bis 10^3 pro ml	Vor allem transiente Keime der Mundhöhlenflora und speziell angepasste Bakterien wie Heliocobacter pylori	Heliocobacter pylori kann Gastritis und Magengeschwüre auslösen
Dünndarm	10^3–10^9 pro ml	Lactobacillen, Streptokokken, Clostridien Fusobacterium, Enterokokken, Bifidobacterium, Prevotella, Enterobacteriaceae, Candida-Hefen, Protozoen	Vitaminsynthese, Entgiftung von Toxinen, Senkung des pH-Wertes und des Redoxpotentials, Cholesterinabbau, Aktivierung bzw. Inaktivierung von Arzneistoffen, Förderung der Darmperistaltik, Immunstimulation
Dickdarm	Bis zu 10^{12} pro g	Bacteroides, Prevotella, Porphyromonas, Fusobakterium, Eubakterien, Bifidobakterien, Streptokokken, Peptostreptokokken, E. coli und andere Enterobacteriaceae, Enterokokken, Lactobaciellen, Clostridien, Staphylokokken, Pseudomonaden, Hefen, Protozoen	Vitaminsynthese, Entgiftung von Toxinen, Senkung des pH-Wertes und des Redoxpotentials, Cholesterinabbau, Aktivierung bzw. Inaktivierung von Arzneistoffen, Förderung der Darmperistaltik, Immunstimulation
Harnröhre	10^2–10^4 pro ml	Hautflora aus der Umgebung, außerdem Streptokokken, Enterokokken, Mycoplasmen, Ureoplasmen	Aufsteigen der Keime kann Harnwegsinfektionen verursachen
Vagina	10^5–10^9 pro ml	Lactobacillen, Streptokokken, verschiedene Anaerobier, vor der Pubertät und nach der Menopause Mikroorganismen der Haut- und Dickdarmflora	Säureschutz, Haut- und Dickdarmkeime können zu Infektionen führen (z. B. Hefen)

gehören vor allem den Gattungen Staphylococcus, Propionibacterium, Micrococcus und Corynebacterium an – ihre Anzahl kann bis zu 1.000 pro cm^2 betragen. Auch Hefen gehören zur permanenten Mikroflora auf der Haut, während viele andere Mikroorganismen (so genannte Anflugkeime) die Hautflora nur temporär besiedeln. Die Dichte der Mikroorganismen ist sehr unterschiedlich, wobei trockene Hautpartien schwächer besiedelt werden als feuchte. Generell können diese durch eine Reinigung leicht entfernt werden.[13,20]

Die Mundhöhle zeigt eine sehr dichte, artenreiche Besiedelung, die mehrheitlich aus Anaerobiern besteht und Keimzahlen bis zu 10^9 pro ml Speichel erreicht. Unter den aeroben Bakterien in der Mundhöhle sind Actinomyceten und Neisserien besonders häufig, in geringer Menge kommen auch Moraxellen und Spirochaeten vor. Unter den anaeroben, jedoch sauerstofftoleranten, Bakterien finden sich in großer Zahl Streptokokken, aber auch Lactobacillus-, Staphylococcus- und Peptostreptococcus-Arten sowie verschiedene Enterokokken. Zur mikrobiellen Besiedelung der Mundhöhle gehören neben zahlreichen Bakterienarten auch Hefen und einige Protozoen. Obwohl die Vertreter der Mundhöhlenflora teilweise mit der Nahrung in die Speiseröhre und in den Magen gelangen, leben dort nur sehr wenige Mikroorganismen, da die Magensäure eine dauerhafte Ansiedelung verhindert. Eine Ausnahme ist das Bakterium Helicobacter pylori, das als Krankheitsverursacher zu betrachten ist.[13,20]

Im oberen Dünndarmbereich sind die Keimzahlen mit ca. 10^3 Keimen pro ml Darminhalt eher gering. Dies liegt an der Immunabwehr aufgrund der dünndarmassoziierten Lymphgewebe, der Einwirkung der Gallensäure sowie der so genannten proteolytischen Verdauungsenzyme, durch die Proteine abgebaut werden. Im unteren Dünndarmbereich steigt die Keimzahl bis auf 10^9 pro ml an (Fusobakterien, Bifidobakterien und Lactobacillen). Die größte Dichte (Keimzahl bis zu 10^{12} pro g Darminhalt) an Mikroorganismen findet man im Dickdarm. Insgesamt leben im Darmtrakt des Menschen etwa 400 bis 500 verschiedene Arten, von denen 90 % strikte Anaerobier sind. Der Rest entfällt auf fakultativ anaerobe Bakterien, Hefen (vorwiegend Candida-Arten) und verschiedene Protozoen. Etwa ¾ der anaeroben Bakterien im Dickdarm bestehen aus den Gattungen Bacteroides, Bifidobacterium und Eubacterium. Der Rest der Dickdarmflora setzt sich aus Enterokokken, Lactokokken, Lactobacillen, Staphylokokken, Streptokokken und Clostridien zusammen. Vertreter der Enterobacteriaceae (vor allem E. coli) werden praktisch immer nachgewiesen – sie machen jedoch in aller Regel weniger als 1 % der Dickdarmflora aus. Die Stoffwechselaktivitäten der Mikroorganismen im Darm haben unterschiedliche Auswirkungen auf den Menschen. Durch Abbau können mit der Nahrung aufgenommene Schadstoffe entgiftet werden. Des Weiteren können über den Stoffwechsel medizinische Wirkstoffe in ihre aktive Form überführt werden. Auf der anderen Seite kann es durch Einwirkung bakterieller Enzyme auch zur Bildung von krebserregenden Verbindungen (Kanzerogenen) und toxischen Substanzen aus Bestandteilen der menschlichen Ernährung kommen. In nur einem Gramm menschlichen Kots befinden sich etwa 1 Billion (!) Mikroorganismen, von denen aber im Normalfall kein einziger einen gesunden Menschen krank machen kann. Die intakten Schleimhäute lebender Organe schützen den Menschen vor den zersetzenden Bakterien im Darm. Nach dem Tod allerdings wird der Mensch von den eigenen Mikroorganismen im Darm zersetzt.[13,20]

Die Geschlechtsteile und der Harnapparat sind bei gesunden Menschen relativ dünn besiedelt – Harnleiter, Blase und das Nierenbecken sind steril. Im unteren Teil der Harnröhre ist eine Keimzahl von 10^4 bis 10^{12} pro ml Urin vorhanden, die hauptsächlich aus Enterokokken, Streptokokken, Staphylokokken, Lactobacillen und Enterobakterien besteht. In der Vagina der Frau verhindern die Milchsäurebakterien mit einem pH-Wert von 3,8 bis 4,5 eine bakterielle Infektion. Abschließend soll noch erwähnt werden, dass auch die körpereigene Normalflora unter bestimmten Bedingungen zu endogenen Infektionen führen kann. Dies kann z. B. bei einer Therapie mit Antibiotika der Fall sein oder der Schwächung des Immunsystems in Folge einer Krankheit und/oder durch so genannte immunsuppressive Präparate. Hierbei handelt es sich um Medikamente, mit denen die Immunabwehr unterdrückt wird. In der Mikrobiologie werden die opportunistisch oder fakultativ pathogenen

Tab. 3.2 extrazelluläre und intrazelluläre pathogene Mikroorganismen[13]

Gruppe	Auswirkung im Wirt	Besonderheit	Beispiel
Extrazelluläre Mikroorganismen	Eitererreger	Lokale oder systemische eitrige Infektion	Streptococcus pyogenes, Staphylococcus aureus, Escherichia coli, Neisseria gonorrhoeae, N. meningitidis, Haemophilus influenzae
	Toxinbildner	Organschäden d. Toxinwirkung	Vibrio cholerae, Clostridium tetani, Clostridium tetani, Clostridium botulinum, Clostridium perfringens, Corynebacterium diphtheriae, Bordetella pertussis, Pseudomonas aeruginosa
Intrazelluläre Mikroorganismen	Befall von Wirtszellen	Werden nur durch zelluläre Immunabwehr bekämpft	Mycobacterium tuberculosis, Mycobacterium leprae, Listeria monocytogenes, Legionella pneumophila, Salmonella typhi, Salmonella paratyphi, Yersinia spp., Chlamydia ssp., Rickettsia spp., Toxoplasma gondii, alle Viren

Mikroorganismen (die nur in Ausnahmen zu einer Erkrankung führen) von den obligat pathogenen Mikroorganismen unterschieden, die grundsätzlich krankheitsauslösende Eigenschaften besitzen.[13,20]

3.4 Mikroorganismen als Krankheitserreger

Pathogene Mikroorganismen kommen in der Regel von außen und lösen endogene Infektionen aus. Dies bedeutet, dass Störungen der normalen Lebensfunktionen bzw. der Normalflora ausgelöst werden. Die hierfür notwendigen krankheitsverursachenden Eigenschaften werden als so genannte Pathogenitätsfaktoren oder auch als Virulenzfaktoren bezeichnet. Hierzu gehören verschiedene Mechanismen, die es den Mikroorganismen ermöglichen, sich an ihr Ziel anzuheften und diese anschließend zu besiedeln. Interessant ist, dass Pathogene sehr ausgereifte Mechanismen entwickelt haben, um sich vor dem Immunsystem zu verstecken. Eine typische Eigenschaft pathogener Mikroorganismen besteht darin, sich im Wirt vermehren zu können. Dabei ist von den jeweiligen Mikroorganismen abhängig, ob das Wachstum außerhalb oder innerhalb der Wirtszellen stattfindet. Abhängig davon unterscheidet man extra- oder intrazelluläres Wachstum (siehe Tab. 3.2).[13]

Zellparasiten, die sich intrazellulär vermehren, werden zunächst von der Wirtszelle aufgenommen. Anschließend können sie sich auf verschiedene Weise innerhalb der Wirtszelle vermehren und dabei sogar die Abwehrmechanismen des Wirtes nutzen. Unter den pathogenen Bakterien gibt es sowohl extrazellulär als auch intrazellulär wachsende Arten, die Vermehrung von Viren findet dagegen stets intrazellulär statt. Viele pathogene Bakterien sind außerdem in der Lage, Enzyme zu produzieren, die für die Besiedelung und Schädigung von Wirtszellen verantwortlich sind. So ermöglichen z. B. Protein spaltende Enzyme bei einigen pathogenen Bakterien das Eindringen in bestimmte Gewebe (z. B. Bindegewebe oder Plazenta) und anschließend die proteolytische Ernährung auf Kosten des Wirtes. Neben Enzymen bilden viele pathogene Bakterien Toxine. Dabei handelt es sich um Giftstoffe, die in bestimmte Zellen oder Gewebe des Wirtes eindringen und deren Funktion mehr oder weniger stark beeinträchtigen. Als Exotoxine werden Toxine bezeichnet, die von den Bakterien abgesondert bzw. ausgeschieden werden und anschließend selbstständig zu ihrem Ziel gelangen können. Auf diese Weise können sie Gewebe erreichen, die vom Vermehrungsort der Bakterien weit entfernt sind. In vielen Fällen sind es vorwiegend diese Exotoxine, die den schwer wiegenden Verlauf einer Krankheit bestimmen können.[13,20]

3.5 Das Reich der Pilze/ Schimmelpilze

3.5.1 Systematik

Pilze sind weit verbreitete Organismen auf der Erde und besiedeln unterschiedlichste Substrate, auf oder in denen sie auf Grund ihrer morphologischen Vielseitigkeit maßgeblich am Stoffwechsel beteiligt sind. Sie bilden mit über 90 % den zahlenmäßig bedeutendsten Anteil biologischer Partikel in der Luft, dem so genannten Aeroplankton. Die Gesamtzahl der Pilzarten wird auf über 300.000 geschätzt, obwohl erst ca. 150.000 erfasst und fast 70.000 Arten beschrieben wurden. Jährlich kommen ca. 1.000 Arten hinzu. Kaum bekannt ist, dass nur ca. 180 Arten mit der Erkrankung von Mensch und Tier in Verbindung gebracht werden. Die morphologische Vielseitigkeit der Pilze reicht von mikroskopisch kleinen bis zu mehreren Zentimeter großen Fruchtkörpern. Für die Unterscheidung der mikroskopisch kleinen Pilze (z. B. Schimmelpilze) und den makroskopisch großen Pilzen (z. B. Speisepilze) gibt es im Deutschsprachigen keine Unterscheidung. Im Englischen wird dies über die Begriffe mushrooms und mold bzw. mould sichergestellt.

Pilze sind u. a. durch das Fehlen einer Photosynthese gekennzeichnet, das zwingt sie zu einer heterotrophen Lebensweise. Heterotrophe Organismen gewinnen ihre Energie für den Zellaufbau aus dem Abbau organischer Stoffe. Bei Pilzen kann dies auf so genannte saprophytische (Ernährung von toter organischer Materie) oder parasitische Weise erfolgen. Alternativ können sie eine Symbiose durch Anschluss an den Stoffwechsel des Partners eingehen. Auf Grund morphologischer Merkmale und der Lebensweise wurden Pilze sehr lange im Bereich der Botanik eingeordnet, da sie biologisch gesehen eher den Pflanzen ähnelten und den Thallophyten zugeordnet wurden (weil sie im Unterschied zu anderen Pflanzen nicht in Wurzel, Spross und Blätter unterteilt werden konnten). Gemeinsam ist allen Pilzen, dass ihre Zellwände Chitin enthalten, das bei Pflanzenzellen nicht vorkommt, wohl aber im Außenskelett von Insekten und anderen Nichtwirbeltieren. Daher wurden sie früher auch gerne den Tieren zugeordnet. Whittaker stellte für Pilze 1969 eine eigene Systematik auf – die Eukarya. Seitdem sprechen Mikrobiologen und Mykologen gerne auch vom abgeschlossenen „Reich der Pilze".

Das Reich der Pilze kann in die folgenden Abteilungen unterteilt werden: Schleimpilze (Myxomycota), Algenpilze (Oomycota), Flagellatenpilze (Chytridiomycota) und echte Pilze (Eumycota). Den weitaus größten Anteil der weltweit verbreiteten Pilze macht die Abteilung der Eumycota aus. Zu den wichtigsten Gruppen gehören die Ständerpilze (Basidiomycota), Schlauchpilze (Ascomycota), Jochpilze (Zygomycota) und Imperfekte Pilze (Deuteromycota oder Fungi imperfecti).

Ascomyceten und Basidiomyceten werden auch als höhere Pilze zusammengefasst und den anderen Unterabteilungen (niedrige Pilze) gegenüber gestellt. Eine Zuordnung der Pilze nach einer derartigen Systematik ist nicht immer ganz einfach, u. a. da Pilze sowohl „perfekte" als auch „imperfekte" Sporen bilden und infolgedessen sogar unterschiedliche Namen tragen können.[13] (Siehe Abb. 3.2)

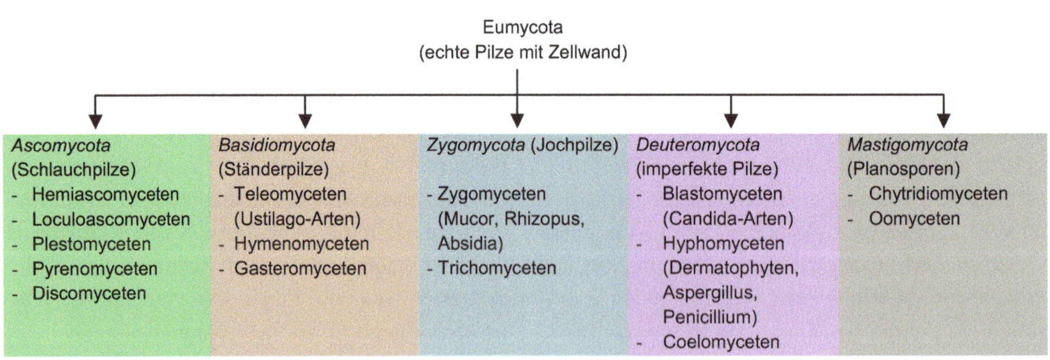

Abb. 3.2 Eumycota (echte Pilze mit Zellwand)

Tab. 3.3 Gliederung der wichtigsten Schimmelpilzarten* im System der Pilze[21]

Abteilung	Ordnung	Familie	Gattung
Zygomyceten (Jochpilze)	Mucorales	Mucoraceae	Absidia
			Mucor
			Rhizopus
Ascomyceten (Schlauchpilze)	Sphaeriales	Sordariaceae	Neurospora
		Melanosporaceae	Chaetomium
		Hypocreaceae	Netria
	Eurotiales	Eurotiaceae	Byssochlamys
			Neosartoria
			Eupenicillium
			Talaromyces
	Clavicipitales	Clavicipitaceae	Claciceps
Deuteromyceten (imperfekte Pilze)	Moniliales (Hyphomyceten)	Moniliaceae	Aspergillus
			Monilia
			Paecilomyces
			Penicillium
		Dematiaceae	Alternaria
			Aureobasidium
			Cladosporium
			Epicoccum
		Tuberculariaceae	Fusarium

* dem Begriff Schimmelpilze werden auch bestimmte schimmelpilzartig bzw. fadenförmig wachsende Bakterien (Actinomyceten) zugeordnet. Auch wenn dies theoretisch nachvollziehbar ist, ist dies aus systematischer Sicht nicht korrekt.

Der Begriff Schimmelpilze, umgangssprachlich oft auch nur als Schimmel bezeichnet, umfasst keine systematische Einheit, da die Gattungen (Spezies) aus verschiedenen Ordnungen stammen. Es ist vielmehr die gemeinsame Morphologie (Erscheinungsbild) und eine Reihe ökologischer Gemeinsamkeiten, die zu diesem Begriff geführt haben. Da es keine wissenschaftliche Systematik gab, hat *Delitzsch* 1943 versucht, die heterogene Gruppe der Schimmelpilze zu definieren:

> „Schimmelpilz ist ein Sammelbegriff für eine heterogene Gruppe von Pilzen, die typische Pilzfäden und Sporen ausbilden können und dadurch makroskopisch als gefärbter Belag sichtbar werden. Dieser kann sich als faseriger, flockiger oder staubiger Belag auf meist leblosen Substraten verschiedenster Art darstellen. Das Farbspektrum reicht von einem weißen über grauen, bläulich-grünen bis hin zu gelblichen, rötlichen, bräunlichen oder schwarzem Überzug. Es handelt sich allerdings nicht um eine Gruppe von Pilzen. Der Begriff Schimmelpilze vereint eine Gruppe Fadenpilze aus mehreren Pilzgruppen wie Zygomycetes, Ascomycetes sowie Deuteromycetes."

Zu den Schimmelpilzen gehören fast alle imperfekten Pilze und viele Schlauch- und Jochpilze. Gelegentlich werden aus der Abteilung der Ständerpilze noch der Serpula lacrymans, besser bekannt als der Echte Hausschwamm, und einige Brandpilze hinzugerechnet. Das Besondere bei manchen Vertretern der Schimmelpilze liegt daran, dass sie zwischen einer saprophytischen und parasitischen Lebensweise wechseln können. Dies bedeutet, dass sie sowohl von abgestorbenen wie auch von lebenden Organismen leben können. Eine klare und eindeutige Zuordnung ist deshalb in vielen Fällen kaum möglich (siehe Tab. 3.3).

Mikrobiologen und Mykologen unterscheiden innerhalb der Pilze vier große Gruppen:

- Zygomycota wachsen überwiegend als fädige Organismen, wobei die Pilzhyphen größtenteils nicht septiert (nicht keimfrei, mit Keimen behaftet) sind. Sie können sich asexuell durch die Bildung von unbeweglichen Sporen in Sporangien und sexuell durch die Ausbildung einer Zygospore vermehren. Die Zygospore wird nach der Fusion von zwei speziellen Hyphen gebildet.
- Ascomycota sind einzellige oder fädige Organismen, die in flüssigen Habitaten (Nektar) und im Boden in großer Zahl vorkommen. Während der sexuellen Vermehrung bilden sie in schlauchartigen Zellen (Ascus) Sporen aus. Daneben sind asexuelle Vermehrungsformen weit verbreitet.
- In vielen Lehrbüchern werden Deuteromycota als eigene Gruppe behandelt. Hierunter werden alle Pilze zusammengefasst, die keine sexuellen Vermehrungsformen ausbilden und deshalb mit klassischen Methoden nicht in die bestehende Systematik eingruppiert werden können. Heute ermöglichen es die molekularen Methoden auch diese Pilze richtig zuzuordnen, so dass sich gezeigt hat, dass viele von ihnen z. B. zu den Ascomyceten gezählt werden können. In diese Gruppe gehören so wichtige und bekannte Vertreter wie Arten der Gattung Penicillium oder Aspergillus.
- Basidiomycota wachsen meist als Pilzfäden und erhielten ihren Namen von der sexuellen Vermehrungsstruktur der Basidie, einem Ständer, auf dem vier meiotische Sporen gebildet werden. Neben der sexuellen Vermehrung sind einige dieser Pilze auch zu einer asexuellen Reproduktion fähig.[21]

Allgemein werden Pilze in der Literatur aber oft nur in zwei Hauptgruppen eingeteilt – entweder in die Myxomycota (Schleimpilze) und Eumycota. Die erstgenannte Gruppe besteht aus Plasmodien oder Pseudoplasmodien, d. h. zellwandlosen vielkernigen Organismen. Die Eumycota bilden zumeist zellwandhaltige Myzelien aus zahlreichen Hyphen (Pilzfäden). Zu dieser Gruppe gehören die meisten Schimmelpilze (aber auch Speise- und Giftpilze).

Wie bei Mikroorganismen generell setzt sich auch bei Schimmelpilzen der wissenschaftliche Name aus zwei Bestandteilen zusammen. Der erste Teil ist die Gattung, mit der eine Gruppe von eng miteinander verwandten Organismen zusammengefasst wird, die sich in gewissen vererbten Eigenschaften ähnlich sind. Diesem Gattungsnamen wird ein spezifisches Beiwort (Binom) zugegeben, mit dem die Art oder Spezies beschrieben wird. Der Gattungsname wird groß, das Beiwort wird klein geschrieben. Um die Mikroorganismen wissenschaftlich korrekt darzustellen, werden die Namen kursiv geschrieben, z. B. *Aspergillus niger*. Innerhalb der Art gibt es zur feineren Aufteilung noch die Unterart, Varietät und Form (siehe Tab. 3.4).

Tab. 3.4 Systematik der verschiedenen Schimmelpilze

Schimmelpilz-Gattung	Spezies
Alternaria spp.	*Alternata, tenuissima*
Aspergillus spp.	*Ochradeus, flavus, fumigatus, niger, nidulans, terreus, versicolor, ustus*
Chaetomium spp.	*Globosum*
Cladosporium	*Herbarum*
Eurotium spp.	*Amstelodami, chevalieri, herbariorum*
Fusarium spp.	*Culmorum, verticillioides, solani*
Paceilomyces spp.	*Variotii*
Penicillium spp.	*Aurantiogriseum, brevicompactum, chrysogenum, citrinum, commune, crustosum, expansum, glabrum, roqueforti, rugulosum, variabile, viridicatum*
Trichoderma spp.	*Harzianum, viride*
Wallemia spp.	*Sebi*
Stachybotrys spp.	*Chartarum (atra)*

3.5.2 Aufbau, Struktur und Stoffwechsel der Schimmelpilze

Schimmelpilze besitzen eine feste Zellwand. Während allerdings die pflanzliche Zellwand überwiegend aus Zellulose besteht, bildet das ansonsten in Insekten vorkommende Chitin in Pilzen einen wesentlichen Bestandteil. Allerdings sind auch andere Polymere sowie Proteine und

Melanin am Aufbau der Zellwand der Schimmelpilze beteiligt. Melanine sind schwarze Pigmente in den Fruchtkörpern. Morphologische Grundelemente der Pilze sind die Hyphe oder die Sprosszelle (Hefezelle), die sich durch Knospung oder durch Zweiteilung vermehren (siehe Abb. 3.3 und 3.4). Nach *Munk* sind „Hyphen verzweigte, schlauchförmige (tubuläre) Strukturen mit einem Durchmesser von 2 bis 10 µm. Beim Wachstum eines Pilzkörpers bilden die Hyphen ein Geflecht, das in seiner Gesamtheit als Myzel (Pilzgeflecht) bezeichnet wird. Das vegetative Myzel dringt in das Substrat ein und dient der Ernährung des Zellverbandes, das Luftmyzel trägt die Fruchtkörper. Bei den meisten Spezies sind die Hyphen durch Querwände (Septen) getrennt, die aber durch feine Poren miteinander in Verbindung stehen. Der Aufbau der Septen ist unterschiedlich und wird als systematisches Material verwendet. Da die Septen nicht völlig geschlossen sind, sondern einen zentralen Porus freilassen, der allerdings durch einen Pfropfen zumindest zeitweilig geschlossen werden kann, können so gar Zell-Organellen wie die Zellkerne die Barriere der Septen überwinden. Die Septen sind also nicht mit echten Zellwänden vergleichbar. Deshalb werden die Zellen, die in einer Hyphe durch die Septen abgegrenzt werden, auch als Hyphenkompartimente bezeichnet."[13]

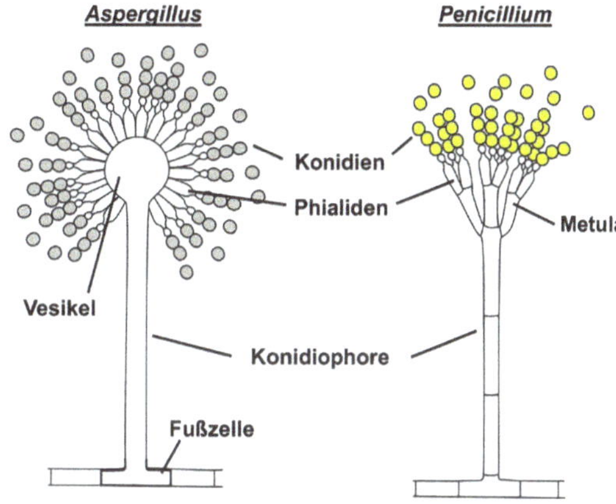

Abb. 3.3 schematische Darstellung über die morphologischen Grundelemente von Schimmelpilzen

Die DNA, als Träger der genetischen Information, liegt in mehreren Chromosomen organisiert in Zellkernen vor. Hierbei ist die Größe der Chromosomen im Vergleich zu höheren Eukaryoten relativ klein. Außerdem variiert ihre Anzahl zum Teil beträchtlich. Für das normale Wachstum, aber auch zur ungeschlechtlichen (vegetativen) Vermehrung, muss die Zellteilung in Form der Mitose durchschritten werden. Dabei kommt es zunächst zur Verdopplung der DNA. Nach *Munk*[13] wird „diese dann mit Hilfe von Proteinen extrem verdrillt und verpackt (Kondensation), so dass die Chromosomen einzeln sichtbar werden. Allerdings bleibt die Kernmembran während der Mitose weitgehend intakt. Dem gegenüber wird die Kernmembran in höheren Eukaryoten vollständig aufgelöst. Diese geschlossene Mitose erschwert es, die genaue Anzahl der Chromosomen zu bestimmen. Letztlich muss es dann auch zur Verteilung der Chromosomen kommen, da die genetische Information an jede Tochterzelle weitergegeben werden muss."

Die Mehrzahl der Pilze besitzt Zellen, die mehrere Zellkerne beinhalten. Dabei können die Zellkerne eines Myzels einen einfachen (haploiden)

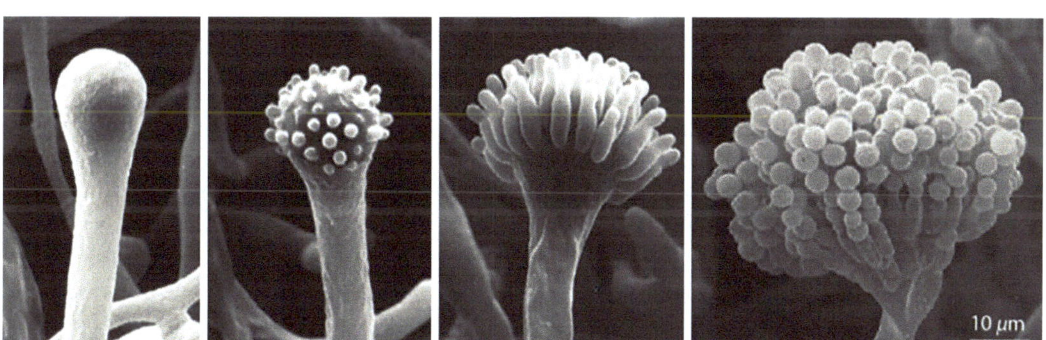

Abb. 3.4 Wachstum der Konidien im Zeitraffer

oder auch einen doppelten (diploiden) Chromosomensatz besitzen. Neben Myzelien und definierten Kernphasen zeichnen sich viele Pilze noch durch weitere Besonderheiten aus. Hyphen unterschiedlicher Individuen, die aber der gleichen Spezies angehören und dennoch genetisch verschieden sind, fusionieren sehr häufig miteinander, ohne dass hierbei die Zellkerne verschmelzen. Hierbei enthalten die Hyphenkompartimente dann Zellkerne verschiedener Herkunft. Dieser Zustand wird auch als Heterokaryon bezeichnet und kann sehr stabil sein. Neben den Zellkernen sind in der Pilzzelle weitere Organzellen von großer Bedeutung. Die Funktion dieser Strukturen entspricht im Wesentlichen den Funktionen in anderen Eukaryoten.[13]

Pilze sind von einer organischen Kohlenstoffquelle abhängig. Dies bedeutet, dass Pilze eine kohlenstoffheterotrophe Lebensweise haben. Schimmelpilze absorbieren ihre Nahrung infolgedessen in gelöster Form hauptsächlich aus den lebenden, toten oder synthetischen organischen Nährstoffen der Umgebung, welche ihnen als Kohlenstoff- und Energiequelle dienen. Wenn die umgesetzten organischen Stoffe von totem Material stammen, werden die entsprechenden Pilze als Saprophyten bezeichnet. Was sie von anderen Pilzen unterscheidet und hervorhebt, ist ihre Fähigkeit, Zellulose zu verwerten. Ist ausreichend totes pflanzliches Material vorhanden, so wächst das Pilzmyzel etwa von Cladosporium oder Alternaria bei genügend Wärme und Feuchtigkeit durch dieses Substrat hindurch, verdaut es und bildet unzählige Sporen, die beim Auftrocknen mit der Thermik oder mit dem Wind in die Atemluft gelangen. Parasiten dagegen befallen lebendige Organismen und ernähren sich auf Kosten dieser Wirte. Wenn die Pilze mit anderen Lebewesen zu beiderseitigem Nutzen in einer engen Gemeinschaft leben und dadurch mit organischen Molekülen versorgt werden, bezeichnet man sie als Symbionten.[13]

Die meisten Pilze sind aerobe Organismen, die auf das Vorhandensein von molekularem Sauerstoff angewiesen sind. Als Energiequelle können Kohlenhydrate, Fette oder Aminosäuren dienen, deren Umsetzungen in der Glykolyse (Glucose-Abbau), dem oxidativen Pentosephosphatweg, dem Citratzyklus und der Atmungskette erfolgen. Als Reservestoffe werden das „tierische" Glykogen, Lipide und Trehalose gebildet. Viele Pilze zeichnen sich durch die Fähigkeit aus, auch auf komplexen Stoffen wachsen zu können. Die wachsenden Pilzfäden sekretieren dann Enzyme nach außen (Exoenzyme), die dort polymere Verbindungen spalten und für die Aufnahme vorbereiten. Pilze, die vornehmlich Zellulose abbauen, werden als Braunfäulepilze bezeichnet, weil verrottetes Holz durch das zurückbleibende Lignin rötlich erscheint. Umgekehrt werden Pilze, die Lignin eines Baumes abbauen, als Weißfäulepilze bezeichnet, weil das bewachsene Holz stark aufgehellt erscheint.[21]

Viele Pilzarten sind aber in der Lage, bei Sauerstoffmangel ihren Stoffwechsel von der Atmung auf Gärung umzustellen, was allgemein auch als Pasteur-Effekt bezeichnet wird. Die Produktion der Biomasse wird dann eingestellt und die Zellen gewinnen ihre Energie über einen anderen Stoffwechselvorgang, wobei Ethanol und Kohlendioxid gebildet werden. Neben den Stoffwechselvorgängen, die zur Energiegewinnung und zur Bildung neuer Zellmasse benötigt werden (so genannter Primärstoffwechsel), zeichnen sich viele Pilze durch ein großes Spektrum an metabolischen Kapazitäten aus, deren physiologische und ökologische Bedeutung noch weitgehend unverstanden ist. Diese biochemischen Leistungen werden als Sekundärstoffwechsel bezeichnet. Viele der chemischen Verbindungen, die so gebildet werden, haben für den Menschen große Bedeutung. Die Antibiotika Penicillin oder Cephalosporin sind typische Endprodukte derartiger Stoffwechselwege. Dazu gehören aber auch die von vielen Schimmelpilzen gebildeten Aflatoxine, die wiederum kanzerogene Eigenschaften besitzen.[21]

3.5.3 Wachstum und Fortpflanzung der Schimmelpilze

Der Begriff Sporen umfasst Partikel sehr unterschiedlicher Größe – von 2 bis 150 µm ($^{1}/_{1000}$ mm) im Durchmesser und Herkunft (siehe Abb. 3.5). Der Begriff wird für alle möglichen Einheiten benutzt, die der Verbreitung von Pilzen dienen,

Abb. 3.5 REM-Aufnahmen von Schimmelpilzsporen

unabhängig von sexueller oder asexueller Vermehrung. Das mikrobielle Wachstum verläuft im Wesentlichen immer nach dem gleichen Schema: Sobald eine Spore ausreichend lange einer bestimmten Menge an Feuchtigkeit ausgesetzt ist und weitere für das Wachstum notwendige Voraussetzungen vorliegen, kommt es zunächst zur Keimung, anschließend zum Wachstum und abschließend zur Vermehrung bzw. Replikation.

Sporen werden nach ihrer Morphologie in so genannte Planosporen (durch Geißeln beweglich) und Aplanosporen (unbeweglich) unterschieden. Nach ihrem Entstehungsort werden Sporangiosporen (Endosporen), die intern im so genannten Sporangium (= Sporenbehälter) gebildet werden, von den so genannten Konidien (Exosporen) unterschieden. Hierbei handelt es sich um Sporen, die von der Mutterzelle nach außen abgeschnürt werden.

Freigesetzte Sporen befinden sich wie Staubteilchen in der Luft. Konzentrationen dieser Sporen ergeben sich immer dort, wo ein bereits vorhandener Pilz die Sporen produziert. Nach bisherigen Erkenntnissen geht man von wenigen 100 bis mehreren tausend Sporen pro m^3 Luft aus – je nach Hintergrundbelastung und mikrobieller Belastung im Innenraum. Gemeinsam mit anderen biologischen Partikeln wie Milben, Hautschuppen, Pollen und Bakterien sind Pilzsporen einer der Hauptbestandteile des so genannten Aeroplanktons. Da alle diese Partikel biologischen Ursprungs sind, die sich in der Luft befinden, wird auch der Begriff Bioaerosol verwendet. Da diese Sporen etwas schwerer als Luft sind, fallen sie mit der Zeit auf den Boden und können sich dort ansiedeln, wenn geeignete Nährstoffe und Lebensbedingungen vorhanden sind. Fehlende Feuchtigkeit hemmt das Wachstum, aber manche Sporenarten können auch in Trockenheit über Jahre hinweg überleben.[21]

Beim Auskeimen der Sporen entsteht zunächst ein Geflecht aus fadenförmigen farblosen Zellen, die als Hyphen (griech. Hyphe = Gewebe, Pilzfaden) bezeichnet werden. Diese Hyphen wachsen dann immer wieder verzweigt zu einem Pilzgeflecht weiter und bilden das so genannte Myzel (griech. *Mykes* = Pilz oder *myzeln* = saugen), welches sich mit der Zeit dunkel färbt und erst dann sichtbar wird. Das wuchernde Myzel zeigt sich als dunkle, schwarzgraue, auch bläulich-grüne, gelbliche, rötliche oder bräunliche Fleckenbildung, die umgangssprachlich auch als Stockflecken bezeichnet werden. Die Nebenfruchtformen der Schimmelpilze bilden ihre Sporen in der Regel als außen liegende Konidiosporen, kurz Konidien genannt (siehe Abb. 3.6). Der Begriff wurde aus dem Griechischen (*Konis* = Staub, weil die Sporen fein wie Staub sind) abgeleitet.

Nach *Mücke* und *Lemmen*[21] „wachsen im so genannten asexuellen Zyklus aus dem Myzel Sporenträger heraus, an deren Spitze sich die Konidien abschnüren oder Sporangien bilden. Im sexuellen Zyklus dagegen entwickelt das Myzel Geschlechtsorgane: ein ‚männliches' Antheridium und ein ‚weibliches' Ascogon. Die morphologischen Vorgänge, die zu Kernverschmelzung und Reduktionsteilung – und damit zur Neukombination von Erbanlagen – führen, sind bei den taxononischen Gruppen sehr unterschiedlich. Im folgenden Beispiel entstehen in einem Behälter (Ascus) durch drei Teilungen acht Ascosporen. Geschlechtsorgane und Ascosporen werden von Pilzfäden umwuchert und bilden einen Fruchtkörper (Ascokarp), aus dem die Ascosporen freigesetzt werden."

Grundsätzlich sind Schimmelpilze sowohl zur vegetativen Vermehrung als auch zur sexuellen Fortpflanzung fähig. Die vegetative Vermehrung zeichnet sich durch die Bildung von Mitosporen aus, welche durch Mitose (also einfache Zellteilung) entstehen. Das hat zur Folge, dass eine

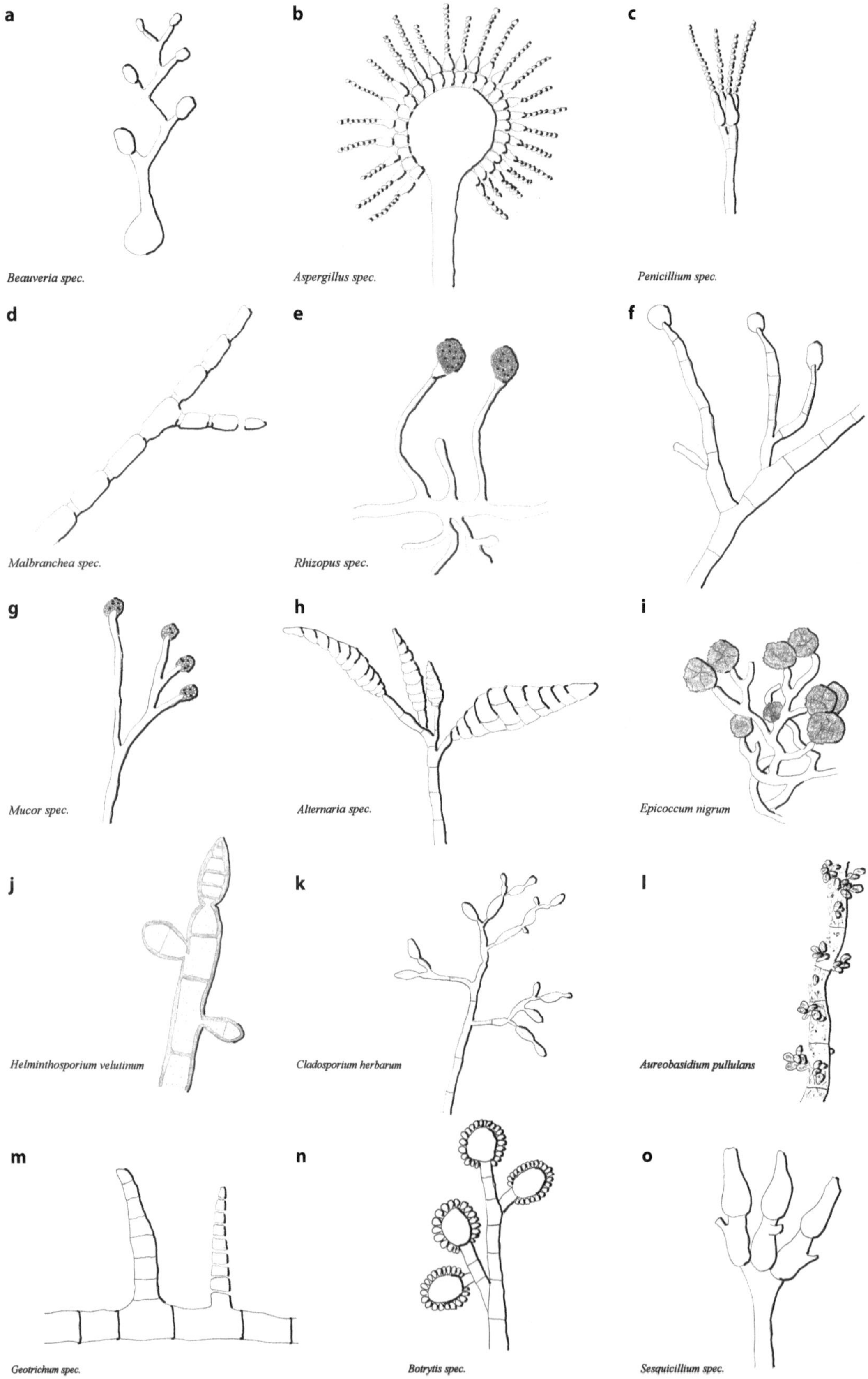
a
Beauveria spec.
b
Aspergillus spec.
c
Penicillium spec.
d
Malbranchea spec.
e
Rhizopus spec.
f
g
Mucor spec.
h
Alternaria spec.
i
Epicoccum nigrum
j
Helminthosporium velutinum
k
Cladosporium herbarum
l
Aureobasidium pullulans
m
Geotrichum spec.
n
Botrytis spec.
o
Sesquicillium spec.

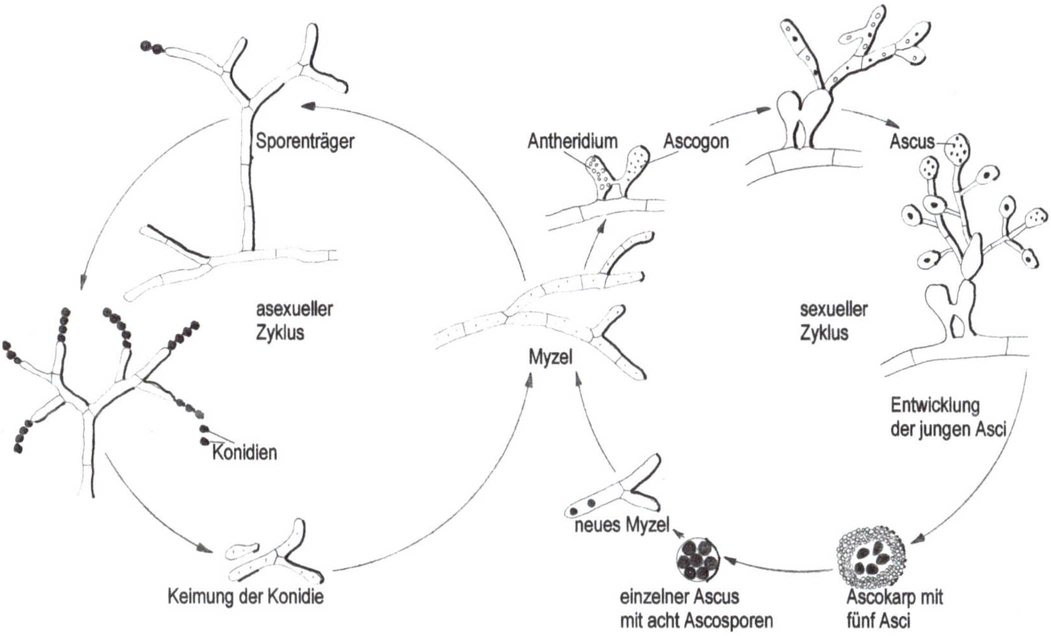

Abb. 3.7 Sexuelle und asexuelle Vermehrung bei Ascomyceten[13]

genetisch einheitliche Nachkommenschaft hervorgebracht wird, die mit dem Mutterorganismus genau übereinstimmt. Dagegen dient die sexuelle Vermehrung der Schaffung genetischer Variabilität, da die Bildung der so genannten Meiosporen das genetische Material neu ordnet, und die Gene zwischen den Partnerorganismen gemischt werden. Dies bringt einen erheblichen Vorteil mit sich. Es schafft Variabilität unter den Nachkommen, wodurch eine Anpassung an ungünstige Umweltbedingungen möglich wird, die das Überleben der Art sichern. Die Art der Fortpflanzung eines Pilzes kann je nach Lebensbedingungen variieren und ist eine der wesentlichen Gründe für die hohe Kunst der Anpassungsfähigkeit. Pilze sind unbewegliche, heterotrophe Organismen und haben deshalb komplexe Strategien entwickelt, um nach Verbrauch einer Nahrungsquelle wieder neue Habitate besiedeln zu können oder auch eine längere nahrungslose Zeit überdauern zu können. Diese beiden Überlebensstrategien werden bei den Pilzen durch die Bildung von Sporen sichergestellt. Diese können mitotisch (asexuell) oder meiotisch (sexuell) gebildet werden. Oft ist ein Pilz so gar in der Lage, beide Sporenarten zu bilden (siehe Abb. 3.7).[13, 21]

←

Abb. 3.6 Konidienträger und -formen einiger ausgewählter Schimmelpilzspezies

Die Zahl der Sporen, die von einigen Schimmelpilzen gebildet werden, ist enorm. So können an einem einzigen Fruchtkörper bis zu 10^6 Sporen pro Stunde produziert werden – und das über mehrere Tage. Für die Entwicklung sind Licht sowie die Voraussetzungen an der Grenzfläche (Wasser-Luft) notwendig. Dies stellt sicher, dass die Sporen dem Wind ausgesetzt sind und dadurch leicht verbreitet werden können (siehe Tab. 3.5).

Sicherlich ist es außerhalb der Mikrobiologie schwierig, sich derart kleine Partikel vorzustellen, da ein Mikrometer (µm) nur 0,001 mm sind. Wird ein mittlerer Sporen- und Hyphendurchmesser von nur 5 µm wie z. B. beim Aspergillus angesetzt, dann passen in einen Würfel von 1 cm Kantenlänge ca. 8 Mio. Sporen. Die Gesamtlänge der Hyphen in dem Würfel von 1 cm^3 würde wiederum aneinander gereiht dann eine Länge von 40 km ergeben.

Die Flugfähigkeit hängt sehr stark von der jeweiligen Spezies ab und wird über die Größe der Sporen und deren Oberflächenform und -beschaffenheit beeinflusst. So sind einige Sporen so klein und leicht, dass sie selbst ohne Luft-

Tab. 3.5 Sporengröße und deren Flugfähigkeit am Beispiel einiger Schimmelpilze[22]

Schimmelpilz-Gattung	Sporengröße (Länge × Breite in µm)	Flugfähigkeit
Acremonium spp.	3,3 bis 7 x 0,9 bis 1,8	↗
Alternaria spp.	18 bis 83 × 7 bis 18	→
Aspergillus spp.	3 bis 5 × 3 bis 3,5	↑
Aureobasidium spp.	7,5 bis 16 × 3,5 bis 7	↘
Cladosporium spp.	3 bis 11 × 2 bis 6	↗
Fusarium spp.	34 bis 80 × 5 bis 7	↓
Mucor spp.	5,5 bis 10 × 4 bis 7	→
Penicillium spp.	2,5 bis 4,5 × 1,5 bis 2,5	↑
Stachybotrys spp.	7 bis 12 × 4 bis 6	↘
Wallemia spp.	2,5 × 3,5	↗

bewegung schweben können. Andere wiederum sinken aufgrund ihres Gewichtes relativ schnell zu Boden und werden erst durch Bewegung und Aufwirbelungen wieder aktiv. Wiederum andere Sporen besitzen einen schleimigen Schutzfilm auf der Oberfläche, so dass sie untereinander gut kleben oder auf verschiedenen Substraten gut haften, was wiederum ihre Flugfähigkeit behindert.

Die Entstehung der Sporen und das Wachstum der Schimmelpilze können je nach Gattung und Spezies sehr unterschiedlich sein. Für die relevanten Schimmelpilze wie z. B. für die Formgattungen Aspergillus und Penicillium verläuft dieser Vorgang in zwei Phasen (siehe Abb. 3.8). In der ersten Entwicklungsphase – der Wachstums- oder vegetativen Phase, keimt die Konidie am geeigneten Ort und bildet eine Keimhyphe, die sich schnell kreisförmig verzweigt und mit anderen Hyphen zusammen ein dichtes Hyphengeflecht (das Substratmyzel) bildet. Der Pilz entwickelt also unmittelbar nach der Keimung der Sporen ein der Ernährung dienendes Myzel, das mehr oder weniger lange Zeit im Substrat verbor-

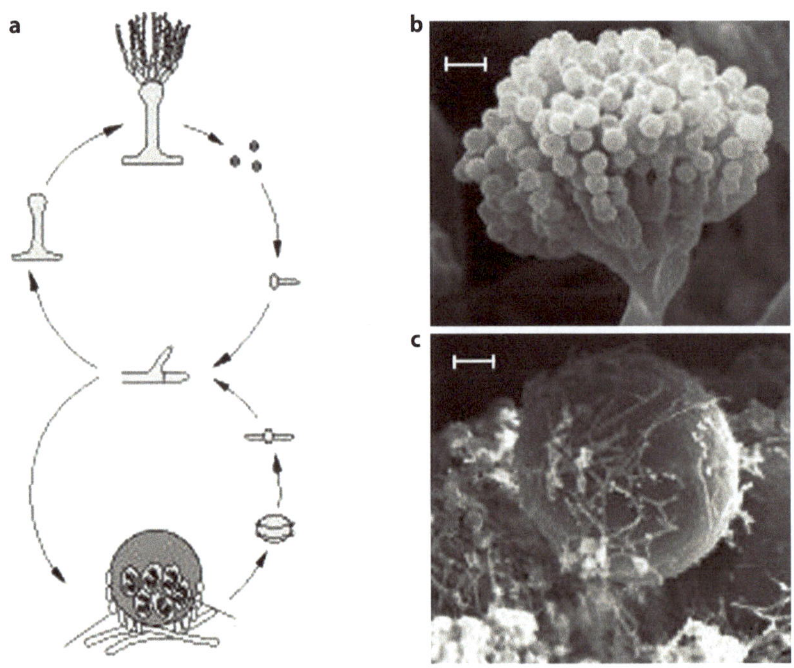

Abb. 3.8 schematische Darstellung der Sporenbildung[13] **a** schematische Darstellung der Sporenbildung in Aspergillus nidulans. Bei der asexuellen Bildung der Sporen wächst aus einem Hyphenkompartiment ein Stielchen aus, an dessen Vesikeloberfläche die Metulae entstehen. Sie produzieren die Sporen bildenden Phialiden, die lange Ketten von Sporen, die Konidien, abschnüren. Bei dem sexuellen Entwicklungszyklus von Aspergillus nidulans, die nach einer erfolgten Kreuzung durch Hyphenfusion oder Selbstbefruchtung eingeleitet wird, werden die Kleistothecien gebildet, in denen die Zellkerne verschmelzen und meiotische Ascosporen entstehen. Die Kleistothecien sind von dickwandigen Hülle-Zellen umgeben. **b** rasterelektronenmikroskopische Aufnahme eines Konidiophors und **c** eines Kleistotheciums[13]

Abb. 3.9 **a** rasterelekronenmikroskopische Darstellung der Konidiophorentwicklung von Aspergillus nidulans. Zunächst wächst eine Hyphe als Stielchen in den Luftraum und schwillt terminal zu einem Vesikel an. In einem knospungsähnlichen Vorgang werden anschließend Metulae gebildet, die bis zu drei Phialiden produzieren. Diese schnüren kontinuierlich einkernige Konidiosporen ab. **b** In der bristle-Mutante werden nur Stielchen gebildet, während die abacus-Mutante sich bis zu den Phialiden weiterentwickelt. Die Phialiden differenzieren sich aber nicht und produzieren keine Sporen. **c** Vereinfachtes Schema der Regulation der Konidiophorbildung. Eine zentrale Kaskade von Transkriptionsfaktoren steuert Strukturgene, die für die Ausbildung des Konidiophors notwendig sind[13]

gen wächst. In der zweiten Entwicklungsphase – der Vermehrungsphase – bildet der Schimmelpilz oft innerhalb von wenigen Stunden ein gut sichtbares rasenartiges Myzel, das der Vermehrung dient. Hierbei wachsen senkrechte Lufthyphen mit stielartigen Auswüchsen aus dem Hyphengeflecht, die Konidienträger. An der offenen Spitze von flaschenförmigen Mutterzellen werden perlschnurartig Konidien abgeschnürt. Das rasenartige Hyphengeflecht mit den Konidienträgern bildet das Oberflächen- oder Luftmyzel (siehe Abb. 3.9). Der Freisetzungsmechanismus ist überwiegend auf den Lufttransport der Konidien ausgerichtet. Die sehr dünnen, stielartigen Verbindungsbrücken oder kleinen Zwischenzellen wirken als Sollbruchstelle, so dass die kleinste Erschütterung oder Luftbewegung ausreicht, um die Konidien abzutrennen. Über konvektive Luftströme werden sie dann als Aeroplankton über kleinere Entfernungen innerhalb von Gebäuden oder mit dem Wind über hunderte Kilometer transportiert.[13, 21, 22]

3.5.4 Metabolismus

Schimmelpilze nutzen als Nährstoffe für und während des Wachstums anorganische und organische Verbindungen. Diese werden biochemisch umgewandelt, wobei die dabei freigesetzten Stoffwechselprodukte – die so genannten Metaboliten – an ihre Umgebung abgegeben werden. Hierbei handelt es sich nicht um einen einmaligen Vorgang, sondern um eine Serie von enzymatischen Stoffwechseln. Die Gesamtheit dieser Stoffwechselprozesse wird als Metabolismus bezeichnet.

Der Begriff Metabolit wurde aus dem Griechischen (metabolites = der Umgewandelte) abgeleitet. Der Begriff Metabolismus (metawolismos = der Stoffwechsel) steht für die Aufnahme, den Transport und die chemische Umwandlung von Stoffen innerhalb eines Organismus sowie die Abgabe der Stoffwechselprodukte an seine Umgebung. Sind an der Aufnahme, dem Transport oder der Umwandlung Fremdstoffe beteiligt, so spricht man in der Mikrobiologie vom Fremdstoffmetabolismus. Es werden primäre und sekundäre Metaboliten unterschieden. Von primären Metaboliten spricht der Mikrobiologe, wenn sie direkt beim lebensnotwendigen Stoffwechselprozess entstehen. Unter den sekundären werden die Metaboliten verstanden, die nur zu bestimmten Lebensphasen und/oder unter bestimmten Bedingungen auftreten.

Metaboliten sind bei der Wahrnehmung von Mikroorganismen und speziell bei Schimmelpilzen ein wichtiges Hilfsmittel, da sie je nach Art und Umgebungs- sowie Wachstumsbedingungen einen zum Teil starken und markanten Geruch besitzen können. Einzig und allein anhand des Geruches auf die Art der Mikroorganismen zu schließen, ist allerdings nicht möglich. Des Weiteren soll erwähnt werden, dass nicht alle Metaboliten durch ihren Geruch wahrgenommen werden können und dass sich einige Metaboliten erst durch Veränderungen der raumklimatischen Bedingungen „bemerkbar“ machen oder sogar ihren Geruch verändern können.

3.5.5 Lebenszyklus und Wachstumsphasen

Schimmelpilze durchlaufen einen typischen Lebenszyklus. In der ersten Entwicklungsphase – der Wachstumsphase (oder auch Trophophase) – findet die vegetative Entwicklung statt. Trifft eine Konidie auf einen geeigneten Untergrund in Bezug auf Feuchtigkeit, Temperatur, Nährstoff und pH-Wert keimt diese und bildet eine Keimhyphe. Diese verzweigt sich kreisförmig und bildet mit anderen Hyphen zusammen ein dichtes Geflecht: das Substratmyzel. In dieser Phase wird der typisch muffige Geruch gebildet. Das Myzel ist in der Regel nicht zu erkennen und nimmt über das Substrat (Untergrund) die Nährstoffe zu sich. Nährstoffaufnahme und deren Verwertung stehen im absoluten Gleichgewicht, so dass es zu einem kontinuierlichen Wachstum kommt. Während dieser Entwicklungsphase liegen „ideale“ Wachstumsbedingungen vor.

In der zweiten Entwicklungsphase – der Vermehrungsphase – bildet der Schimmelpilz innerhalb von wenigen Stunden ein gut sichtbares rasenartiges Myzel, das der Vermehrung dient. Hierbei wachsen senkrechte Lufthyphen mit stielartigen Auswüchsen aus dem Hyphengeflecht. Diese so genannten Konidienträger bilden das Oberflächen- oder Luftmyzel. Die Freisetzung erfolgt über die Luft. Kleinste Erschütterungen und Luftbewegung (Zugluft) reichen aus, um die Konidien abzutrennen und zu verteilen.

Verschlechtern sich die Wachstumsbedingungen, beginnt der Schimmelpilz mit der Umstellung auf den Sekundärstoffwechsel – die so genannte Idiophase. Im weiteren Verlauf werden die Fruchtkörper gebildet – die so genannte fruktifikative Phase.

Kenntnisse über den Lebenszyklus und der Wachstumsphasen sind z. B. auch bei einem sporadischen Wasserschaden von Bedeutung. Denn auch wenn Feuchtigkeit in ausreichendem Maß für das Wachstum von Schimmelpilzen (und Bakterien) vorhanden ist, wird nicht gleich von Anfang an ein Wachstum beobachtet. Die Wachstumsvoraussetzungen müssen über einen längeren Zeitraum von mindestens 24 bis 48 h vorliegen. Dies bedeutet, dass mit der Austrocknung eines sporadischen Wasserschadens umgehend begonnen werden muss, bevor das Wachstum der Schimmelpilze (und Bakterien) beginnt.

Man kann diese Entwicklungsphasen auch in den Kontext der Besiedlung von Oberflächen stellen und diese als Erstbesiedler, Sekundärbesiedler und Folgebesiedler bezeichnen, die mit der Zeit in Wettbewerb treten. Zum Zeitpunkt der Erstbesiedlung sind unterschiedliche Sedimentationskeime auf Oberflächen nachweisbar, die eher in einer zufälligen Anordnung und Zusammensetzung vorliegen. In der Regel stammen diese aus der Hintergrundbelastung (Außenluft) und sind daher nicht auf Habitate in Innenräumen spezialisiert. Bei ausreichender Feuchtigkeit und Nährstoffen können sich diese Keime relativ schnell entwickeln und ausbreiten. Aufgrund fehlender konkurrierender Keime in der Anfangsphase können sich somit innerhalb von wenigen Wochen hohe Keimzahlen entwickeln.[28] Nach *Trautmann* ziehen diese Biotope konkurrierende Keime an – Mikroorganismen, die sich auf Habitate in Innenräumen spezialisiert haben und sich daher schnell ausbreiten können. Diese Sekundärbesiedler treten in Wettbewerb zu den Erstbesiedlern und verdrängen diese mit der Zeit, da sie diesen die Nährstoffe „streitig machen". Diese mikrobielle Auseinandersetzung kann häufig durch eine Veränderung des pH-Werts im Habitat nachgewiesen werden, was wiederum neue Mikroorganismen – die so genannten Folgebesiedler – anzieht. Für den Zeitpunkt mikrobieller Untersuchungen, insbesondere für die Auswertung und Bewertung von z. B. Keimzahlen und biochemischen Komponenten wie z. B. Metaboliten und andere Stoffwechselprodukte, spielt daher eine zentrale Rolle, in welcher Phase sich ein mikrobieller Befall befindet. Hinzu kommt, dass einige Bakterien in der Lage sind, durch die Produktion und Abgabe von Metaboliten das Wachstum von Schimmelpilzen zu unterdrücken oder diese sogar zu töten. Untersuchungen konnten ähnliche Beobachtungen von Schimmelpilzen in Richtung von Bakterien belegen. Andere Mikroorganismen wiederum nutzen Metabolite und andere Stoffwechselprodukte, um sich gegenseitig ein lebensfähiges Habitat zu schaffen. *Trautmann* weist deshalb zu Recht darauf hin, dass über die komplexen Vorgänge verschiedener Mikroorganismen und ihrer Stoffwechselprodukte in verschiedenen Phasen und „Stresssituationen" in einem Habitat noch viel zu wenig Wissen vorhanden ist und viele Abhandlungen rein theoretischer Natur sind. Denn weiterhin weist er daraufhin, dass sich durch Veränderung des Feuchtegehaltes im Habitat oder auch nur im Substrat die Überlebensfähigkeit einzelner Mikroorganismen wesentlich verändern kann. Über diese mikrobiologische Dynamik in einem Feuchteschaden ist bisher kaum etwas bekannt, was insbesondere bei einem sporadischen Wasserschaden von hoher Relevanz ist. Anfänglich bei hohen Durchfeuchtungen bis hin zur Sättigung des Baustoffs liegen z. B. für Bakterien und häufig auch gram-negative Bakterien beste Voraussetzungen für ein Wachstum vor, die unter Umständen dazu führen, dass Schimmelpilze an der weiteren Ausbreitung gehindert oder sogar zersetzt werden. Später, wenn durch die technische Bautrockung eine partielle Abtrocknung des Wasserschadens stattgefunden hat, können diese Bakterien in der Regel nicht überleben und dienen häufig sogar als Nährstoff für Schimmelpilze. Besonders erwähnenswert ist, dass in dieser Phase der Zersetzung gram-negativer Bakterien spezielle Endotoxine gebildet werden, die auf den Menschen gesundheitliche Wirkungen haben können. Zusammengefasst bedeutet dies, dass die mikrobiologische Aktivität in einem Feuchteschaden und Schimmelpilzbefall nicht statisch und linear verläuft, sondern dynamisch und individuellen Veränderungsprozessen unterliegt und durch eine Reihe von instationären Einflussfaktoren beeinflusst wird. Infolgedessen muss in den verschiedenen Entwicklungsphasen mit der Freisetzung toxischer Stoffwechselprodukte gerechnet werden, über deren Auswirkungen im Rahmen der Feuchte- und Schimmelpilzsanierung bisher kaum etwas bekannt ist.

3.5.6 Wichtige Vertreter relevanter Schimmelpilze

Schimmelpilze sind außerordentlich artenreiche, eukaryotische Mikroorganismen. Ihre Gesamtzahl wird weltweit auf bis zu 1,5 Mio. Arten geschätzt, über 300.000 sind erfasst und ca. 150.000 sind wissenschaftlich erforscht. Jährlich kommen ca. 1.000 Arten hinzu. Kaum bekannt ist, dass nicht einmal 100 Arten mit der Erkrankung von Mensch und Tier in Verbindung gebracht werden. Von diesen sind nur ca. 20 innenraumrelevant. Nachfolgend werden 46 mehr oder weniger typische Vertreter kurz beschrieben.

3.5.6.1 Alternaria

Unter Alternaria werden eine etwa 50 Arten umfassende, weltweit verbreitete Anamorph-Gattung der Hyphomycetes mit dunklen, muriform septierten Conidien zusammengefasst, die aus Poren der conidiogenen Hyphen aussprossen. Mehrere Arten sind wirtschaftlich bedeutungsvolle Phytoparasiten. Die von manchen Alternaria-Arten gebildeten Mykotoxine wirken antibiotisch und cytotoxisch. Sie benötigen zum Wachstum rela-

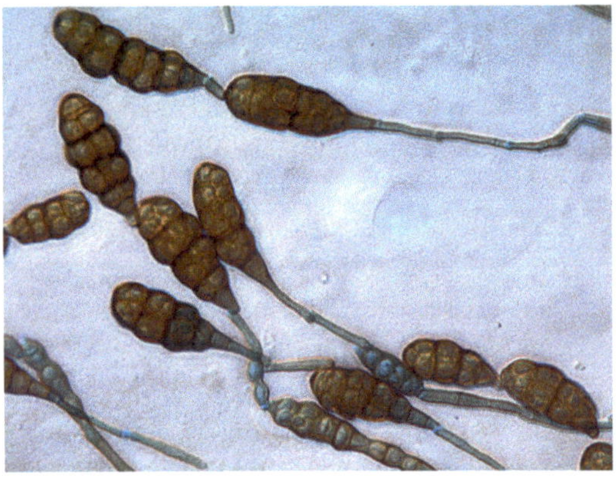

Abb. 3.10 Alternaria

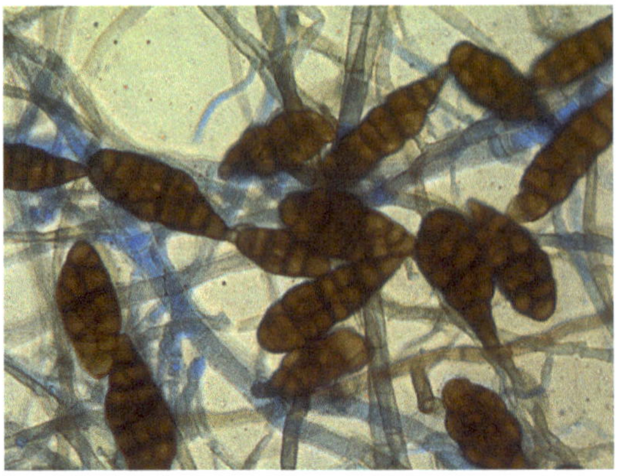

Abb. 3.11 Alternaria

tiv viel Feuchtigkeit. Die meist schwarzen Konidien sind mehrzellig und weisen Quer- und Längswände auf. Der häufigste Vertreter dieser Gattung ist der Alternaria alternata. Alternaria spp. (Alternaria alternata, Torula alternata und Alternaria tenuissima, Helminthosporium tenuissimum) bilden schwarze Faulstellen und leben als Schwärzepilze auf Wand- und Deckenflächen sowie auf Fensterrahmen, Anstriche und Tapeten, aber auch auf Saatgetreide (Mehl), Getreide oder Gemüse (schwarz-grüne Flecken) sowie auf Textilien und auf Boden und Gartenerde. Diese Spezies wächst auch gerne auf verrottetem Pflanzenmaterial und bilden schwarze Überzüge auf Getreideähren, besonders in nassen Perioden, und schwarze Flecken auf Obst und Wurzelgemüse, die weich und matschig werden. Alternaria spp. können alle Materialien abbauen und bilden Toxine wie Tenuazonsäure (insektizid), Tentoxin (pflanzenpathogen), Altenuen, Alternariol u. a. Alternaria alternata löst häufig Allergen aus (siehe Abb. 3.10 und 3.11).

3.5.6.2 Aspergillus spp.

Der Aspergillus (auch als Gießkannenschimmel oder Kolbenschimmel bezeichnet) ist einer der häufigsten und wichtigsten Schimmelpilze. Die etwa 150 bekannten Arten weisen eine ubiquitäre Verbreitung in der Erde, im Wasser und der Luft auf (mit Schwerpunkt in warmen und tropischen Zonen). Gerne halten sie sich auf Pflanzen sowie in Topferde, in feuchten Wohnungen, Klimaanlagen und Lebensmitteln (Fruchtsäfte, Nüsse, Gewürze) auf. Aspergillen sind auch häufig auf Substraten anzutreffen, die eine „Selbsterhitzung“ entstehen lassen können, wie z. B. Heu, Kompost, Torf, Blumenerde und Müll. Aspergillus-Arten sind sehr thermotolerant. Dies bedeutet, dass sie auch bei höheren Temperaturen von bis zu 60 °C wachsen können. In Innenräumen findet häufig ein Bewuchs von Matratzen und Polstermöbeln statt. Die vegetative Vermehrung der Aspergillen erfolgt äußerst reichlich durch blau-grün bis schwarz gefärbte Konidien, die sich an dicht stehenden Trägern (Conidiophoren) bilden. Die Conidiophoren haben im (meist farblosen) Myzel eine vergrößerte Fußzelle und enden in einem Bläschen (Vesikel), auf dem kurze allseitig ausstrahlende Zellen (Phialiden) sitzen, die fort laufend Konidien abschnüren. Bei manchen Arten sitzen die Phialiden auf Trägern (Metulae).

Aspergillus-Arten sind wirtschaftlich von großer Bedeutung, sowohl in positiver als auch in negativer Sicht. Viele Arten produzieren Mykotoxine, können Infektionen hervorrufen und Allergien auslösen. Beim Menschen besiedelt diese Gattung vor allem das bronchopulmonale Organsystem, sie überwindet dort die Schleimhautbarrieren mit ihren Enzymen und findet vor allem bei Menschen mit geschwächtem Immunsystem im feucht-warmen Milieu des Organismus ideale „Lebensbedingungen“. In der Lunge können klumpenförmige Pilzkolonien entstehen, die Myzelansammlungen mit einem Durchmesser bis zu 5 cm bilden, so genannte Aspergillome. Diese können sogar Bluthusten verursachen. Daneben können auch Innenohr und äußerer Ge-

Abb. 3.12 Aspergillus

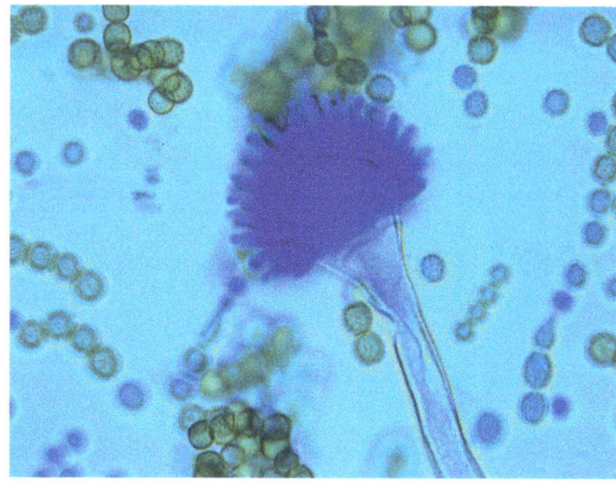

Abb. 3.13 Aspergillus flavus

hörgang, Arterien, Nasennebenhöhlen und von dort ausgehend die Augen befallen werden (siehe Abb. 3.12).

3.5.6.3 Aspergillus flavus

Aspergillus flavus ist ein sehr wärmeliebender Schimmelpilz, der überall in Böden und auf Getreide vorkommt. In warmen Gebieten kann der Anteil toxinogener Isolate vom Aspergillus flavus mehr als 90 % betragen. Jedes Lebensmittel, das keiner Hitzebehandlung unterzogen wurde, kann durch diese Arten kontaminiert werden. Außerdem sind diese Pilze häufig auf Holz, Papier und Tapete sowie in Feuchträumen und Kellern nachzuweisen. Wenn die Umweltbedingungen für sie günstig sind, bilden sie neben den Aflatoxinen auch Sterigmatocystin und andere Toxine. Ihre Vermehrung findet nicht nur bei Wärme, sondern auch bei ca. 10 °C statt. Deshalb ist auch in kühlen Regionen kein pflanzliches Produkt absolut frei von Schimmelpilzen der Aspergillus flavus-Arten. Der Aspergillus flavus wurde unter dem Namen „Fluch der Pharaonen" bekannt. Im Grab des Tut-ench-Amun, dass 1922 geöffnet wurde, befanden sich große Mengen von Aspergillus flavus Sporen mit Mykotoxinen. Etwa 30 Personen, die unmittelbar an der Freilegung und Erforschung des Grabes beteiligt waren, kostete dieser Pilz das Leben (siehe Abb. 3.13).

3.5.6.4 Aspergillus fumigatus

Der Aspergillus fumigatus ist als Schimmelpilz weltweit verbreitet und ausgesprochen thermotolerant. Dies bedeutet, dass diese Art in einem weiten Temperaturspektrum von 12 bis 55 °C wachsen kann, weshalb er besonders häufig in/auf Substraten zu finden ist, in denen es zur Erwärmung kommen kann. Besonders der Kompost, Torf, Heu und Biomüll ist bei diesem Schimmelpilz beliebt, aber auch die Erde in Blumentöpfen, die auf Heizkörpern stehen und infolgedessen ständig über eine hohe Eigentemperatur verfügt. Er gilt deshalb als Leitkeim in Bio- und Restmüll, Silofutter, Kompost und Vogelkäfigen.

Bei saprophytärer Lebensweise bildet er ein typisches Myzel mit blaugrünen Konidienträgern, bei parasitärer Lebensweise kurze, dicke Myzelfäden oder Hyphen mit Bläschen. Vor allem Menschen mit einem geschwächten Immunsystem sollten die Nähe zum Kompost, Torf, Blumenerde und Biomüll aufgrund des dort gehäuften Auftretens von Aspergillus fumigatus unbedingt meiden. Der Schimmelpilz befällt vor allem das Lungensystem und ist mit Abstand der Schimmelpilz, der für dieses Organ pathogen ist. Der Aspergillus fumigatus verursacht u. a. die bronchopulmonale Dysplasie. Bei immungeschwächten Menschen kann der Aspergillus fumigatus so genannte Gliotoxine produzieren, die eine weitere Hemmung der körpereigenen Immunmechanismen (wie Hemmung der Phagozytose durch Makrophagen) bewirken. Aspergillus fumigatus ist demzufolge in der Lage, ein Toxin zu bilden, das ihm sein Überleben im „Wirtsorganismus Mensch" sichert. Gliotoxin wirkt stark immunsuppressiv und wird von Experten mit dem klinischen Ausbruch von AIDS in Verbindung gebracht. Aspergillus fumigatus ist auch in der Lage, antibiotisch aktive Substanzen (Fumigacin), sowie

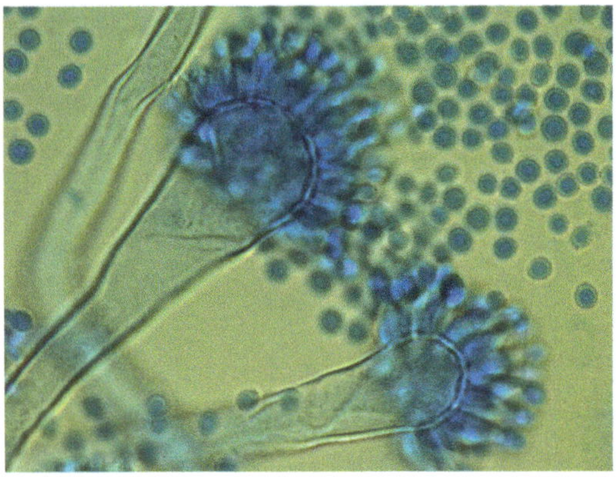

Abb. 3.14 Aspergillus fumigatus

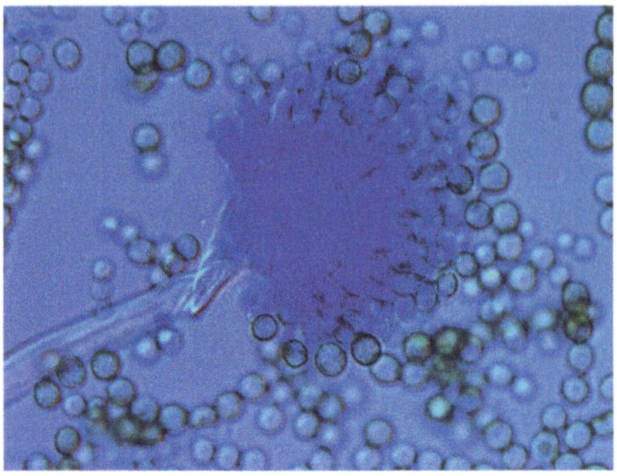

Abb. 3.15 Aspergillus glaucus

Emodin (hämorrhagisch) und verschiedene Clavin-Alkaloide zu produzieren (siehe Abb. 3.14).

3.5.6.5 Aspergillus glaucus

Aspergillus glaucus ist ein Schimmelpilz. Seine wichtigsten Vertreter Aspergillus amstelodami, Aspergillus chevalieri, Aspergillus mangani, Aspergillus repens und Aspergillus ruber sind besonders widerstandsfähig gegen Trockenheit (xerotolerant) und können daher selbst Lebensmittel mit geringem Wassergehalt wie z. B. Trockenfrüchte, Haferflocken und dgl. besiedeln und verderben. Sie kommen auch auf stark zuckerhaltigen Substraten wie z. B. Säften und Saftkonzentraten, Marmeladen und Konfitüren, Pralinen, Marzipan und dgl. vor. Ihre optimale Wachstumstemperatur liegt bei 30 bis 40 °C. Die meisten Arten dieser Gruppe bilden unter natürlichen Bedingungen keine Mykotoxine. Einige Ausnahmen sind in der Lage, Mykotoxine wie z. B. Kojisäure und Ochratoxin zu bilden. Diese gelten als stark nierengiftig (siehe Abb. 3.15).

3.5.6.6 Aspergillus niger

Der Aspergillus niger ist ein Hauptvertreter der Aspergillus-Gruppe und kommt überall vor. Der Schimmelpilz mit seinen schwarz gefärbten Konidien ist ein weit verbreiteter Lebensmittelverderber. Man findet ihn u. a. auf Obst und Gemüse, aber auch in Silagefutter und Heu sowie im Tierkot. Der Aspergillus niger ist in der Lage, Farben, Leder, Kunststoff und unter tropischen Bedingungen sogar optische Gläser, Papier und Packstoffe zu zerstören. In Feuchträumen und alten, muffigen Kellern fühlt sich dieser Pilz besonders heimisch. Der Aspergillus niger besitzt stark pathogene Eigenschaften und kann Oxalsäure und Kojisäure produzieren. Ausgewählte Stämme dieser Art werden biotechnologisch zur Produktion von organischen Säuren und verschiedenen Enzymen eingesetzt (z. B. Zitronensäure, Gluconsäure, verschiedene Amylasen, Proteasen, Pektinasen, Zellulasen, Invertase, Lipasen, Glucoseoxidase, Laktase, Katalase, Naringinase und Gluconase) (siehe Abb. 3.16).

3.5.6.7 Aspergillus ochraceus

Der Aspergillus ochraceus ist ein Schimmelpilz, der u. a. Lebensmittel befällt. Die von ihm gebildeten Mykotoxine Ochratoxin A sind u. a. an dem Auslösen von Nierenversagen verantwortlich (siehe Abb. 3.17).

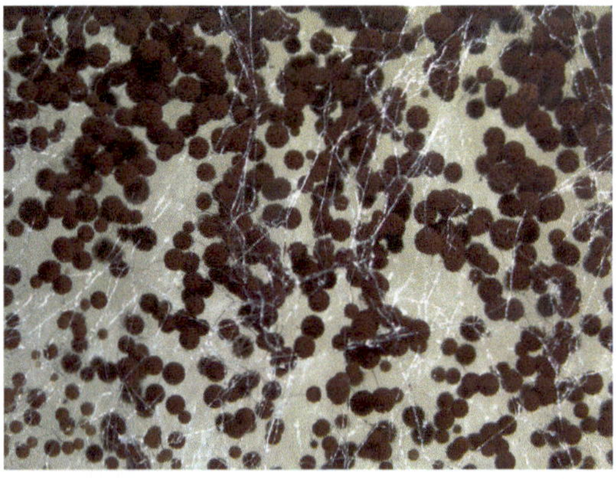

Abb. 3.16 Aspergillus niger

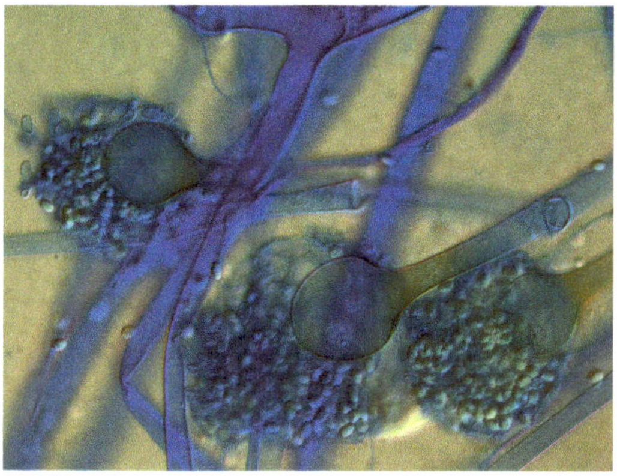

Abb. 3.17 Aspergillus ochraceus

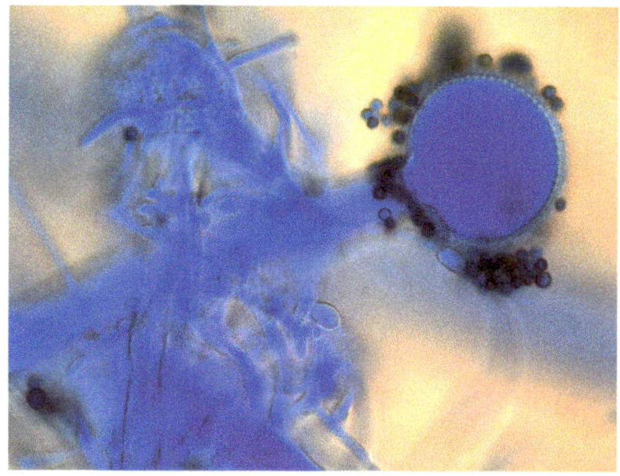

Abb. 3.18 Aspergillus oryzae

3.5.6.8 Aspergillus oryzae

Aspergillus oryzae ist ein wärmeliebender Schimmelpilz, der auf allen Böden und landwirtschaftlichen Produkten vorkommt. Vor allem Lebensmittel, die keiner Hitzebehandlung unterzogen wurden, werden durch diese Art befallen. Aspergillus oryzae wird bei der traditionellen Herstellung vieler ostasiatischer Spezialitäten verwendet. Das Myzel ist in der Regel farblos. Gelegentlich werden Lufthyphen gebildet. Die Konidienfarben sind schwarz, braun oder grün, in jungen Stadien auch gelb. Der Aspergillus oryzae ist dem Aspergillus flavus sehr ähnlich, bildet aber keine Aflatoxine, da er eine domestizierte Form von Aspergillus flavus und Aspergillus parasiticus ist. Allerdings produzieren einige Stämme das Mykotoxin Kojisäure. Die von ihm gebildeten Mykotoxine sind u. a. an der Aspergillose beteiligt (siehe Abb. 3.18).

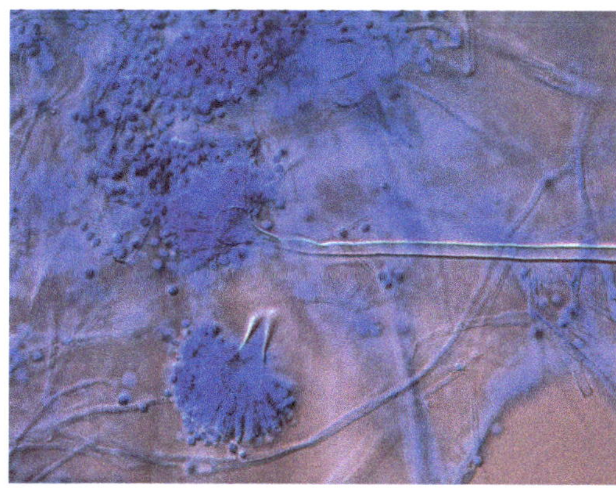

Abb. 3.19 Aspergillus parasiticus

3.5.6.9 Aspergillus parasiticus

Aspergillus parasiticus ist ein wärmeliebender Schimmelpilz, der überall in Böden und auf Getreide vorkommt. In warmen Gebieten kann der Anteil toxinogener Isolate vom Aspergillus parasiticus mehr als 90 % betragen. Jedes Lebensmittel, das keiner Hitzebehandlung unterzogen wurde, kann durch diese Arten kontaminiert werden. Außerdem sind diese Pilze häufig auf Holz, Papier und Tapete sowie in Feuchträumen und Kellern nachzuweisen. Wenn die Umweltbedingungen für sie günstig sind, bilden sie verschiedene Mykotoxine wie z. B. Aflatoxine oder auch Sterigmatocystin. Ihre Vermehrung findet nicht nur bei Wärme, sondern auch bei ca. 10 °C statt. Deshalb ist auch in kühleren Regionen kein pflanzliches Produkt vor diesem Schimmelpilz sicher. Der Aspergillus parasiticus wurde wie auch der Aspergillus flavus unter dem Namen „Fluch der Pharaonen“ bekannt (siehe Abb. 3.19).

3.5.6.10 Aspergillus restrictus

Der Aspergillus restrictus ist ein Schimmelpilz, der auf Getreide, Lebensmitteln und Papier vorkommt. Er ist häufig nach der Austrocknung von hohen Mengen an Feuchtigkeit z. B. nach einem Wasserschaden im Hausstaub nachzuweisen und gilt deshalb als Feuchteindikator. Die von ihm gebildeten Mykotoxine sind u. a. an der Aspergillose beteiligt (siehe Abb. 3.20).

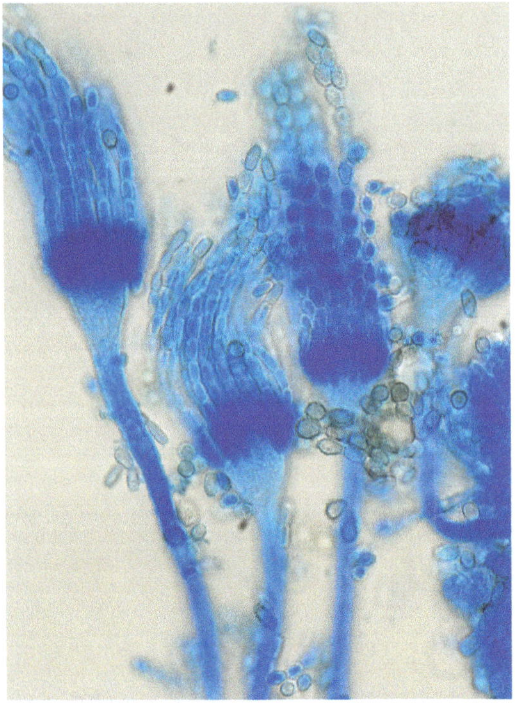

Abb. 3.20 Aspergillus restrictus

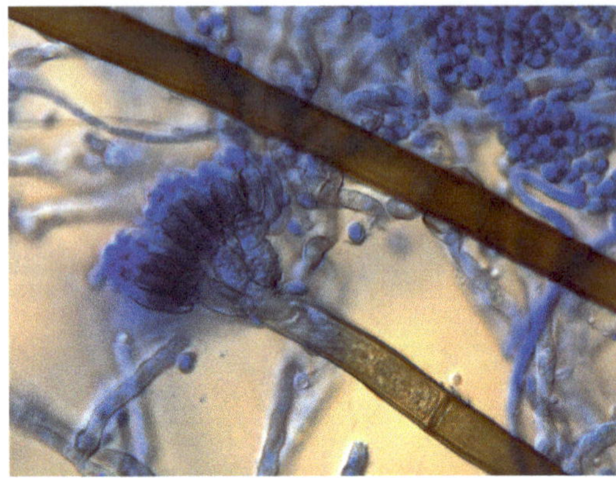

Abb. 3.21 Aspergillus versicolor

3.5.6.11 Aspergillus versicolor

Der Aspergillus versicolor ist ein Schimmelpilz, der Getreide, Lebensmittel und verschiedene Fleischprodukte befällt. In Innenräumen wird diese Art häufig in Matratzen und Hausstaub nachgewiesen. Außerdem trifft man diesen Schimmelpilz häufig nach der Austrocknung von hohen Mengen an Feuchtigkeit z. B. nach einem Wasserschaden. Deshalb gilt der Aspergillus versicolor auch als Feuchteindikator. Das von ihm gebildete Mykotoxin Sterigmatocystin hat karzinogene Potenz und ist schädigend für Leber und Niere. Außerdem ist der Schimmelpilz an der Aspergillose beteiligt (siehe Abb. 3.21).

3.5.6.12 Aureobasidium

Die Gattung Aureobasidium wird häufig den Schimmelpilzen zugeordnet. Verantwortlich hierfür ist ihre flache Wuchsform. Aufgrund ihrer sexuellen Fortpflanzung mit Basidien (namengebend „Aureobasidium") ist sie jedoch den Basidiomyceten (den Hutpilzen) zugeordnet. Diesen Pilz findet man häufig auf Früchten oder Fruchtprodukten, auf Blumenerde oder Pflanzenteilen sowie auf Fensterrahmen, Farbanstrichen oder Tapeten, so dass er einen gefährlichen Materialzerstörer im Innenraum darstellt. Aureobasidium sind zu einem besonderen Stoffwechsel fähig und können sich an unterschiedliche Nährstoffquellen oder -medien anpassen. Als Nährstoff reicht häufig bereits der organische Anteil von Staubablagerungen. Wichtigster Vertreter ist der Aureobasidium pullulans (siehe Abb. 3.22).

3.5.6.13 Aureobasidium pullulans (Pullularia)

Der Aureobasidium pullulans kommt auf vielen Standorten vor und ist ein wichtiger Materialzerstörer (Wandpilz). Er hat dunkel gefärbte Hyphen, kann aber auch hefeartige Sprosszellen bilden, die bei der Austrocknung leicht verbreitet werden. Die Konidien und die „schwarzen Hefen" sind häufig Allergene. Aureobasidium pullulans ist nicht nur ein Materialzerstörer und Schädling, er wird auch industriell zur Umwandlung von Stärke zu Pullulan genutzt. Pullulan ist ein Polysaccharid (Kette aus Zuckermolekülen), welches in Lebens-

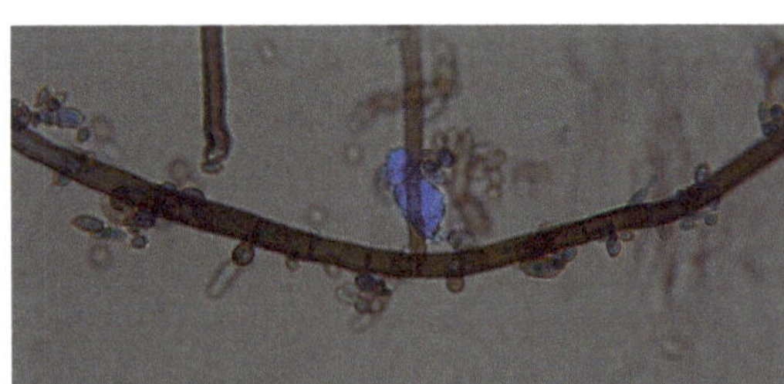

Abb. 3.22 Aureobasidium

mitteln als Antioxidations- und Verfestigungsmittel eingesetzt wird.

3.5.6.14 Acremonium

Acremonium ist eine Gattung der Schimmelpilze, die auch in Innenräumen vorkommt, bevorzugt in Feuchträumen sowie auf Papier, Tapeten, Kunststoffe, Holz und zellulosehaltigen Baustoffen. Sie dient auch als Indikator für Feuchteschäden. Vertreter der Spezies sind Acremonium strictum, A. kiliense und A. murorum. Die Sporen sind kleiner als 10 µm, weshalb sie Allergie (Allergische Alveolitis) auslösend sind. Acremonium kann beim Menschen Mykosen der Augen, der Haut, der Nägel, der Lunge, des Bauchfells oder des Gehörganges verursachen. Acremonium sp. gehören zu den Auslösern von Fußinfektionen mit Schwellungen der befallenen Gewebe. Darüber hinaus können in seltenen Fällen auch Nagelmykosen (so genannte Onychomykosen), Augeninfektionen (so genannte Keratitis, Endophthalmitis), Infektionen des Herzbeutels (so genannte Endokarditis) und anderer innerer Organe auftreten (so genannte Meningitis, Peritonitis, Osteomyelitis). Dies wurde jedoch nur bei immungeschwächten Personen nachgewiesen. Menschen mit geschwächtem Immunsystem sind stärker gefährdet. Außerdem produzieren diese Pilze ein Trichothecene-Toxin, welches giftig ist, wenn es im Körper aufgenommen wird. In Einzelfällen ist dieser Pilz die primäre Ursache für Übelkeit und Durchfall von Bewohnern von bzw. in befallenen/belasteten Häusern. Wächst Acremonium auf Lebensmitteln, so können auch Antibiotika (so genannte Cephalosporine) gebildet werden. Acremonium lebt meist saprophytisch (siehe Abb. 3.23).

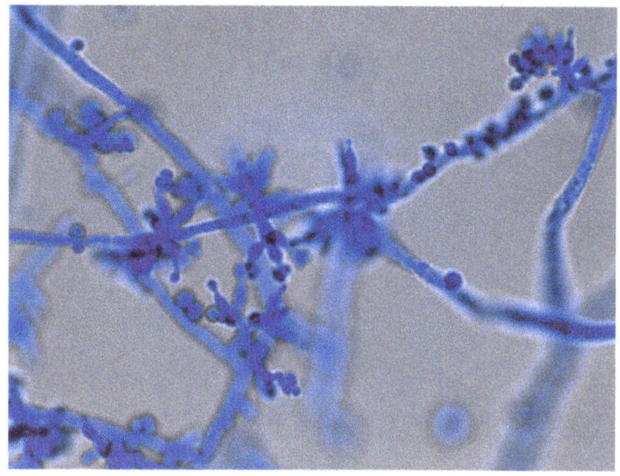

Abb. 3.23 Acremonium

3.5.6.15 Acrodontium

Acrodontium ist ein Pilz, der Allergien erzeugen kann. Außerdem ist dieser in der Lage, das cytotoxische und antimikrobiell wirksame Acrodontiolamid zu bilden. Weitere Gesundheitsgefahren durch Acrodontium wie z. B. Infektionen der Lunge können nicht eindeutig nachgewiesen werden. Teleomorphe (Hauptfruchtformen) von Acrodontium sind bei Ascocorticium zu finden. Systematisch wird Acrodontium den Ascomycota zugeordnet. Es sind bis heute weder eine Klasse noch eine Ordnung bzw. Familie für Acrodontium benannt.

3.5.6.16 Absidia

Absidia ist ein Schimmelpilz der fadenförmigen Mucorales (Köpfchenschimmel). Zur Gattung gehören etwa 20 Arten. Schimmelpilze dieser Gattung sind thermophil. Der optimale Temperaturbereich für das Wachstum liegt zwischen 25 und 35 °C. In Ausnahmen können sich einige Arten des Schimmelpilzes wie z. B. Absidia corymbifera auch bei Temperaturen bis 50 °C vermehren. Gleichzeitig sind Absidia-Arten psychrotolerant. Dies bedeutet, dass diese Schimmelpilzarten auch bei niedrigen Temperaturen bis 3 °C überlebensfähig sind.

Typisch für Absidia-Arten sind das unseptierte Myzel. Dies bedeutet, dass die fadenförmigen Zellen nicht wie bei anderen Schimmelpilzen durch Querwände getrennt sind, sondern die birnenförmigen Sporangien auf Sporangienträgern sitzen. Die Freisetzung der Sporen erfolgt, in dem diese birnenförmigen Köpfchen platzen. Ebenfalls typisch für Absidia-Arten ist ihr schnelles Wachstum innerhalb von wenigen Tagen. Dies kann bei mikrobiologischen Untersuchungen im Labor (Anlegen von Kulturen) dazu führen, dass Absidia-Arten das Wachstum anderer Schimmelpilzarten unterdrücken.

Absidia kommt ubiquitär vor, insbesondere im (Haus)Staub und in der (Blumen)Erde. In Ausnahmen kann man diese Schimmelpilze auch in der Innenraumluft nachweisen. Sie sind an der Zersetzung von Nahrungsmitteln beteiligt und

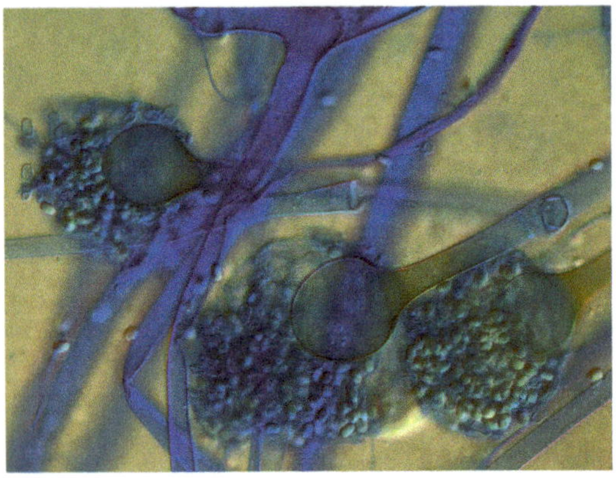

Abb. 3.24 Absidia

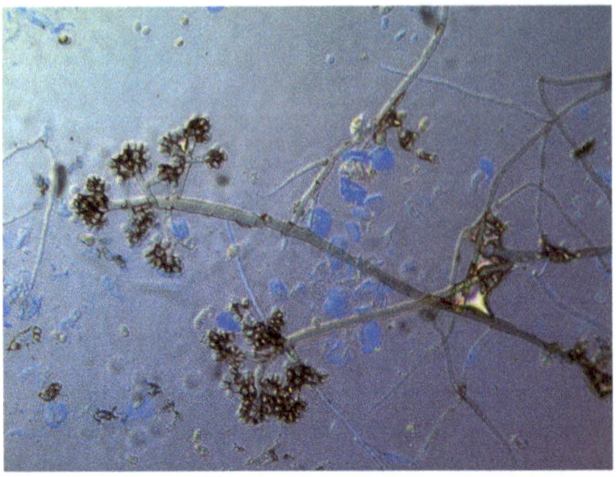

Abb. 3.25 Botrytis

führen insbesondere bei Obst und Gemüse sowie Zimmerpflanzen zur Fäulnis. Einige Arten sind in der Lage, bei einer höheren Luftfeuchte (> 65 %) selbst Papier abbauen zu können.

Bzgl. einer möglichen Gesundheitsgefahr müssen vor allem die Arten Absidia corymbifera bzw. Absidia ramosa genannt werden. Mykotoxine dieser Schimmelpilzart sind nicht bekannt. Bekannt dagegen ist, dass einige Arten Allergien auslösen können. Normalerweise sind Absidia-Arten natürlicher Bestandteil der Hautoberfläche und der Schleimhäute. Bei gesunden Menschen lösen diese Pilze keine Beschwerden aus. Wenn das Immunsystem allerdings geschwächt ist wie z. B. bei einer HIV-Erkrankung, kommt es in der Regel zu einer Pilzinfektion (Mykose), die in Ausnahmen auch tödlich enden kann. Hierbei dringen die Schimmelpilze in die Blutgefäße und können die Sauerstoff- und Nährstoffversorgung unterbinden. In der weiteren Folge stirbt das betroffene Gewebe ab (Nekrose), so dass es in bestimmten Fällen zu Thrombosen und in Ausnahmen zu Infarkten kommen kann (siehe Abb. 3.24).

3.5.6.17 Botrytis

Botrytis ist eine Gattung der Schimmelpilze, die weltweit verbreitet ist. Bevorzugt wird vor allem eine feuchte Umgebung, wie sie in humiden, temperierten und subtropischen Regionen vorkommt. Das Temperaturspektrum beim Botrytis reicht von 5 bis 40 °C mit einer Optimaltemperatur zwischen 22 und 25 °C. In Innenräumen ist der Botrytis deshalb häufig anzutreffen, vor allem in feuchtwarmen Räumen wie Badezimmer oder Sauna sowie gut temperierten Kinderzimmern. Darüber hinaus wächst der Schimmelpilz vor allem auf Beeren und Kernobst sowie auf Salat. Botrytis baut vor allem Zellulose und Kohlenwasserstoff ab. Charakteristisch für den Botrytis ist, dass er auffällig oft auf Gemälden und unter der Farbe von Gemälden nachgewiesen wird.

Der bedeutendste Vertreter dieser Spezies ist der Botrytis cinerea (der Grauschimmel). Er bildet zunächst einen dünnen, wattigen, flaumigen Überzug, dessen Farbe sich von anfänglich weiß zu grau ändert. Für die menschliche Gesundheit stellt Botrytis vor allem durch sein hohes allergenes Potenzial eine Gefährdung dar. Diese Gattung zählt zu den bedeutendsten Allergenen unter den Schimmelpilzen. Der Kontakt erfolgt meist inhalativ über die Lunge, kann aber auch durch verschimmelte Speisen entstehen. Infektionen sind bisher nicht bekannt. Im Außenbereich schwankt die Konzentration an Botrytis in der Luft mit der Jahreszeit. Allergiker sollten daher vor allem im Mai bis August feucht-warme Quellen wie Komposthaufen oder die Biotonne meiden. In dieser Zeit kann Botrytis bis zu 70 % der luftgetragenen Schimmelpilzsporen ausmachen. Daher werden auch Obst und Gemüse im Sommer häufig von Botrytis befallen. Insbesondere weiche Früchte und Gemüse mit hohem Wassergehalt wie Erdbeeren, Weintrauben, Kohl und Kopfsalat werden bevorzugt besiedelt. Aber auch die Blüten, Blätter und Stengel der Pflanzen werden bewachsen. Dabei wächst der Schimmelpilz meist sehr schnell und bedeckt innerhalb weniger Tage ganze Früchte oder Pflanzenteile (siehe Abb. 3.25 und 3.26).

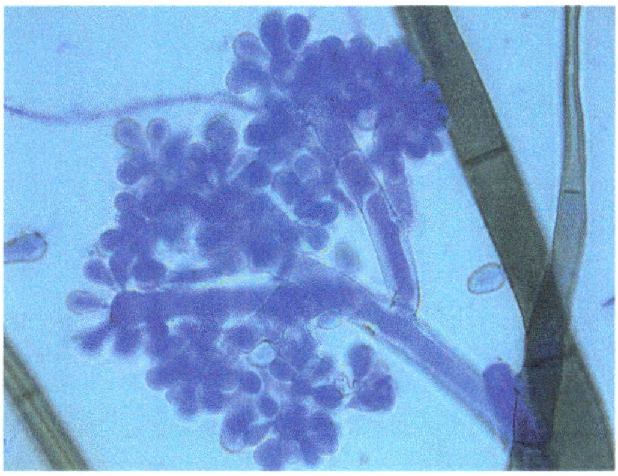

Abb. 3.26 Botrytis

3.5.6.18 Byssochlamys

Schimmelpilze der Gattung Byssochlamys gehören zur Abteilung der Schlauchpilze (Ascomycota). Diese sind so benannt, da sie ihre Sporen in schlauchförmigen Gebilden, den Asci, ausbilden. Schimmelpilze der Gattung Byssochlamys verfügen pro Organismus über acht solcher Sporenasci.

Im Haushalt spielt Byssochlamys besonders als Lebensmittelverderber eine Rolle. Das von diesem Schimmelpilz gebildete Mykotoxin Patulin wurde in etwa 40 % der faulen Stellen an Äpfeln nachgewiesen. Fruchtprodukte wie Mus, Dosenfrüchte, Weintrauben und Obstsäfte können trotz Hitzebehandlung Ascosporen enthalten. Nicht nur Fruchterzeugnisse, sondern auch Produkte wie Brot, Fleisch oder Milch können kontaminiert sein. Rohmilch kann beispielsweise durch Staub und vor allem bei Silagefütterung (Carry-Over-Effekt) mit den Sporen infiziert werden. Der geringe Sauerstoffbedarf, eine hohe Kohlensäuretoleranz und die Widerstandsfähigkeit gegenüber Desinfektionsmitteln führen dazu, dass Schimmelpilze der Gattung Byssochlamys auch in dicht verschlossenen Behältern gedeihen können.

Byssochlamys ist eine extrem hitzeresistente Schimmelpilzgattung. Bei Temperaturen bis zu 100 °C können die Organsimen noch wachsen. Dies führt zu Herausforderungen in der Lebensmittelherstellung, denn die hitzeresistenten Ascosporen keimen trotz Hitzebehandlung aus und können dann Fruchterzeugnisse wie Dosenobst, Mus oder Fruchtsäfte verderben. Beim Prozess der Pasteurisation von Obstsäften bei etwa 70 bis 80 °C sollen krankmachende Mikroorganismen abgetötet werden. Byssochlamys kann dadurch jedoch aktiviert und die Sporen zur Vermehrung angeregt werden. Eine Erhöhung der Temperatur ist wegen unerwünschter chemischer Reaktionen nicht möglich. Hinzu kommt, dass sich der Schimmelpilz auch unter sauerstoffarmen Bedingungen entwickeln kann.

Byssochlamys stellt durch die Ausbildung von Mykotoxinen wie Patulin eine Gesundheitsgefahr dar. Es ist ein Nervengift, das in hohen Dosen zu Erbrechen und blutigen Magenschleimhautentzündungen führen, sowie leberschädigend wirken kann. Es kann in hoher Konzentration auch Nervosität, Krämpfe und Atemnot hervorrufen. Bei der Vergärung von Fruchtsäften oder durch Zugabe von Schwefeldioxid wird das Gift jedoch unschädlich gemacht, sodass man Endprodukte wie Wein oder Apfelsaft diesbezüglich bedenkenlos verzehren kann. Seit mehreren Jahren schon sind in der EU Grenzwerte (DTI = 0,4 μg/kg Körpergewicht) des Toxins in Fruchtprodukten festgelegt. In Äpfeln dringt Patulin nicht in gesundes Gewebe vor, doch faule Stellen sollte man herausschneiden. Eine Ausbreitung des Toxins auch in gesundes Gewebe stellte man bei Tomaten, Birnen und Pfirsichen fest. Diese und andere Sorten sollte man bei Befall komplett entsorgen.

3.5.6.19 Chaetomium

Chaetomium ist eine Gattung der Schimmelpilze und gehört zu den so genannten Dematiaceae (auch Schwärzepilze genannt), da die Hyphen oder Hyphenteile durch Melanin-Einlagerungen schwärzlich-braun gefärbt sein können. Kolonien von Chaetomium sp. wachsen oftmals sehr schnell und bilden ein weißes, wolliges Myzel. In älteren Kolonien entwickeln sich oft kleine Fruchtkörper, so genannte Perithecien, welche die Verbreitungseinheiten der sexuellen Fortpflanzung, die Ascosporen, freisetzen. Diese Fruchtkörper erscheinen als kleine schwarze Kügelchen in der Größe eines Stecknadelkopfes.

Chaetomium gilt als Zellulosezersetzer, weshalb diese Gattung häufig auf Papier, Bücher, Tapete oder Verpackungen nachgewiesen wird. Außerdem kann der Chaetomium besonders häufig nach Wasserschäden oder hoher Feuchtigkeit z. B. bei kapillar aufsteigender Feuchtigkeit fest-

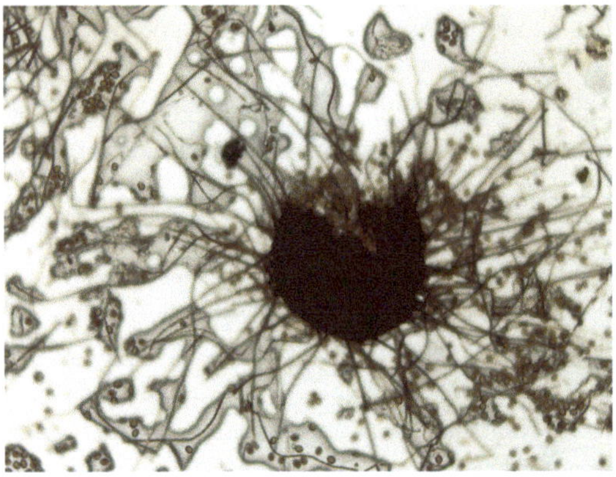

Abb. 3.27 Chaetomium

Abb. 3.28 Cladosporium

gestellt werden. Infolgedessen ist der Schimmelpilz besonders oft in Altbauten anzutreffen und wird als Feuchteindikator bei versteckten Wasserschäden eingesetzt. Des Weiteren trifft man diesen Pilz vor allem auf Zellulose wie Papier (Tapete, Bücher, Verpackungen) an. Sie verbreiten einen „erdigen" Geruch durch die Geosmin-Bildung.

Chaetomium spp. können Auslöser von Nagelinfektionen, Ohrinfektionen und Typ I-Allergien (Heuschnupfen, Asthma) sein. Chaetomium spp. können die Mykotoxine Chaetomin und Emodin bilden, andere Stoffwechselprodukte (evtl. keine Mykotoxine im engeren Sinne) sind mutagen. Dies bedeutet, dass sie Veränderungen des genetischen Materials bewirken können. Somatische Mutationen werden als eine mögliche Ursache der Krebsentstehung angesehen. Weiterhin wurde die Produktion der Mykotoxine Chaetoglobosin A und C durch Chaetomium globsosum auf Material von Gebäuden mit Wasserschäden nachgewiesen.

Die Gattung Chaetomium umfasst über 80 Spezies. Zu den wichtigsten Vertretern gehören der Chaetomium globosum, Chaetomium funicola, Chaetomium spirale, Chaetomium comosum, Chaetomium indicum und Chaetomium murorum. Diese können zu Infektionen führen (so genannte Phaeohyphomykose) und Schimmelpilzgifte (Mykotoxine) wie z. B. Sterigmatoxystin bilden (siehe Abb. 3.27).

3.5.6.20 Cladosporium

Cladosporium ist ein Schimmelpilz, der sowohl in der Außen- als auch in der Innenluft häufig anzutreffen ist. Mit 60 bis 70 % besitzt dieser Schimmelpilz den höchsten Anteil der „Luft-Sporen-Flora" in Europa, allerdings mit saisonal schwankenden Konzentrationen wie z. B. in und nach der Getreideernte. Der Schimmelpilz wird deshalb auch gerne als „Getreidepilz" bezeichnet. Er gehört zu den Fungi imperfecti. Die Vermehrung erfolgt durch ampullenförmige Sporenbehälter.

Cladosporium sp. halten sich in absterbenden Pflanzen, feuchten Wohnungen (Fensterrahmen, Fugenmassen), Textilien, Gemälden, Klimaanlagen und Lebensmitteln (Kühlschrank) auf. Wichtige Vertreter sind Cladosporium herbarum, Cladosporium carrionii und Cladosporium resinae. Letzterer baut eine Reihe lipophiler Substanzen ab. Durch Cladosporium wird das Mykotoxin Gibberelline (Wuchsstoff für höhere Pflanzen) gebildet. Myzelextrakte sind für manche Warmblüter toxisch. Das allergene Potenzial von Cladosporium herbarum ist erwähnenswert, besonders durch die große Menge an Konidien (siehe Abb. 3.28).

3.5.6.21 Cladosporium herbarum

Cladosporium herbarum ist ein Schimmelpilz und gehört zur Cladosporium-Gruppe. Es handelt sich um die weltweit häufigste Art auf abgestorbenen pflanzlichen Materialien. Das Myzel ist durch eingelagerte Melanine dunkel gefärbt. Er bildet auf langsam wachsenden dunkel-samtigen (meist olivbraun bis schwarzgrün) Kolonien massenhaft Konidien, die mit dem Wind sehr leicht verbreitet und durch Luftströmungen über weite Entfernungen transportiert werden können. Bei steigender Temperatur, bei Licht und Trockenheit werden die Konidien von der Mutterpflanze bevorzugt frei-

Abb. 3.29 Epiccocum

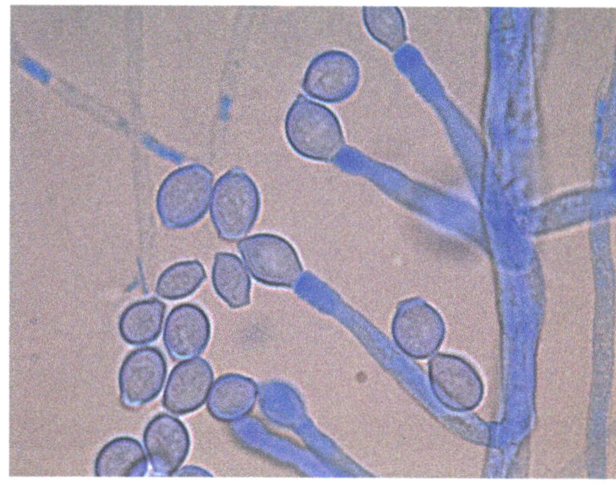

Abb. 3.30 Epiccocum

gesetzt. Dies ist auch ursächlich für das allergene Potenzial von Cladosporium herbarum.

3.5.6.22 Cladosporium resinae

Der Cladosporium resinae ist ein Schimmelpilz und gehört zur Cladosporium-Gruppe. Diese Art wird vor allem auf Lebensmitteln (Kühlschrank) und in Klimaanlagen nachgewiesen, aber auch auf absterbenden Pflanzen sowie in feuchten Wohnungen an Fensterrahmen, Fugenmassen, Textilien und Gemälden.

3.5.6.23 Curvularia

Curvularia ist ein Schimmelpilz und umfasst ca. 30 Arten, die meist saprophytisch auf abgestorbenem, pflanzlichem Material leben. Zu den wichtigsten Vertretern gehören Curvularia brachyspora, Curvularia clavata, Curvularia cymbopogonis, Curvularia geniculata, Curvularia inaequalis, Curvularia lunata, Curvularia pallescens, Curvularia papendorfii, Curvularia senegalensis und Curvularia verruculosa. Krankheiten beim Menschen, die durch Curvularia verursacht werden, sind eher selten. Symptome sind eine chronische, unspezifische allergische Sinusitis. Gelegentlich kann das Gehirn mit betroffen sein. Darüber hinaus können Hautinfektionen (so genannte cutane Infektionen), Entzündungen der Augenhornhaut (Keratitis), Myzetome, Nagel- und Bauchfellentzündungen (so genannte Peritonitis) auftreten. Curvularia wird systematisch den Hyphomycetes zugeordnet. Die sexuellen Stadien des Schimmelpilzes sind als Arten von Cochliobolus bekannt. Bei den Konidien handelt es sich um so genannte Blastokonidien. Diese entstehen durch Zellsprossung. Dies bedeutet, dass die Konidienbildung mit dem Ausknospen der Mutterzelle beginnt.

3.5.6.24 Epicoccum

Epiccocum ist ein Schimmelpilz und kommt auf abgestorbenen pflanzlichen Materialien, auf altem Papier, Textilien und in der Luft vor. Außerdem werden Vertreter dieser Art auf der menschlichen Haut nachgewiesen. Epicoccum besitzt langsam wachsende Kolonien, die wollig oder filzig erscheinen und anfangs gelblich, später braun, aussehen. Die Konidien sind rund bis birnenförmig, von goldbrauner bis dunkelbrauner Färbung und werden von den Konidienträgern oft in großer Zahl aktiv und gleichzeitig abgetrennt und durch den Wind verbreitet. Auf absterbenden Pflanzenteilen erscheinen die Kolonien oft als kleine schwarze Pusteln. Kurzwelliges UV-Licht fördert die Konidienbildung stark. Zu den wichtigsten Vertretern gehören Epicoccum purpuracens (Epicoccum rubrum) und Epicoccum nigrum. Epicoccum purpurascens bilden die Toxine Ergosterol und das antimykotische, phototoxische Flavipin. Die Konidien können inhalative Allergien hervorrufen (siehe Abb. 3.29 und 3.30).

3.5.6.25 Eurotium

Eurotium ist eine Gattung der Schimmelpilze, die aufgrund ihrer Hauptfruchtform (des Aspergillus) der Gruppe des Aspergillus glaucus zugeordnet wird. Sie gehören zu den häufigsten Schimmelpilzen in der Außenluft und weisen eine hohe Resistenz gegenüber Trockenheit und sogar Säure auf.

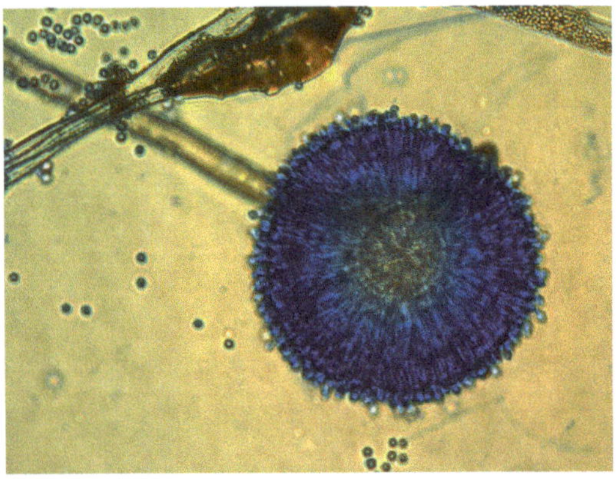

Abb. 3.31 Eurotium

Aufgrund ihrer xerophilen Eigenschaften kommen sie hauptsächlich in Räumen mit hoher Staubbelastung vor, wie z. B. im Schlafzimmer und dort im Matratzenstaub sowie auf Dachböden.

Zu den wichtigsten Vertretern gehören Eurotium amstelodami, Eurotium chevalieri, Eurotium herbariorum, Eurotium repens, Eurotium rubrum sowie Eurotium halophilum. Als Krankheitserreger kommen Eurotium-Arten nicht vor, da sie als Hauptfruchtform mit sexueller Vermehrung bei Infektionen nicht diagnostiziert werden, sondern nur ihre jeweiligen Nebenfruchtformen aus der Gattung Aspergillus. Der Grund hierfür sind die veränderten Wachstumsbedingungen bei einer Infektion, welche eine sexuelle Vermehrung des Pilzes nicht fördern. Einige von ihnen (Eurotium herbariorum) bilden das Mykotoxin Ochratoxin A (siehe Abb. 3.31).

3.5.6.26 Fusarium

Fusarium ist ein Schimmelpilz und stellt einen weltweit verbreiteten Bodenbewohner dar. Außerdem bewachsen die verschiedenen Arten alle Getreidesorten und Gräser und sind am Abbau zellulosehaltiger Pflanzenreste maßgeblich beteiligt. Viele der ca. 250 bekannten Arten sind Erreger von Welkekrankheiten höherer Pflanzen. Als so genannte Ährenpilze besiedeln sie Getreide schon auf dem Feld. In Deutschland sind auf etwa der Hälfte des Erntegutes Fusarien nachweisbar. Außerdem sind Fusarium sp. auch auf Lebensmittel nachweisbar. In Innenräumen finden man Arten dieses Schimmelpilzes vor allem auf Tapeten und Anstrichen. Zu den wichtigsten Vertretern gehören Fusarium verticillioides, Fusarium solani und Fusarium oxysporum. Die Konidien überwintern im Boden und können im Frühjahr die neuen Pflanzen wieder infizieren. Fusarien haben sichelförmige mehrzellige Makrokonidien auf kurzen, unregelmäßig verzweigten Conidiophoren oder einzellige Mikrokonidien. Das Myzel ist oft hellgelb bis rosa gefärbt und bildet derbwandige Dauerorgane (Clamydosporen) aus.

Abb. 3.32 Fusarium

Fusarium gilt als humanpathogen. Auf Rohstoffen, Lebens- und Futtermitteln werden während des Wachstums oft Fusarium-Toxine gebildet, die den unterschiedlichsten chemischen Gruppen angehören. Fusarientoxine sind z. B. Zeralenon, Trichothecene, Moniliformin, Fusarin C und Fumonisin. Einige dieser Mykotoxine bewirken Fruchtbarkeitsstörungen, schwächen das Immunsystem, sind für Haut- und Nervenzellen giftig, können durch Gewebszerstörung Missbildungen verursachen, sind krebserregend oder genverändernd (siehe Abb. 3.32 und 3.33).

3.5.6.27 Monilia

Monilia ist eine Gattung der Schimmelpilze, die vor allem Krankheiten von Hölzern verursacht (so genannte Frucht- und Braunfäulen). Des Weiteren findet man Monilia-Arten auf Äpfeln und Apfelprodukte, sowie auf Steinobst (Kirsche, Aprikose, Pflaume, Pfirsich). Besonders auffällig ist, dass Monilia auch den Winter überdauern und von infiziertem Fallobst oder abgefallenen, infizierten Zweigen im Frühjahr erneut auf die Obstbäume übertragen werden kann. Als Krankheitserreger beim Menschen ist Monilia zu vernachlässigen. In

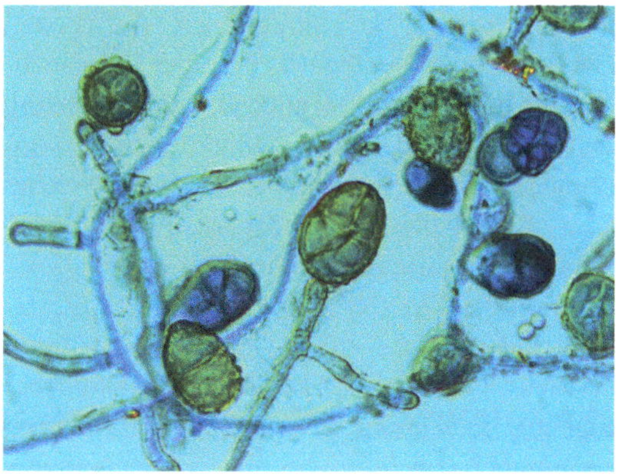

Abb. 3.33 Fusarium

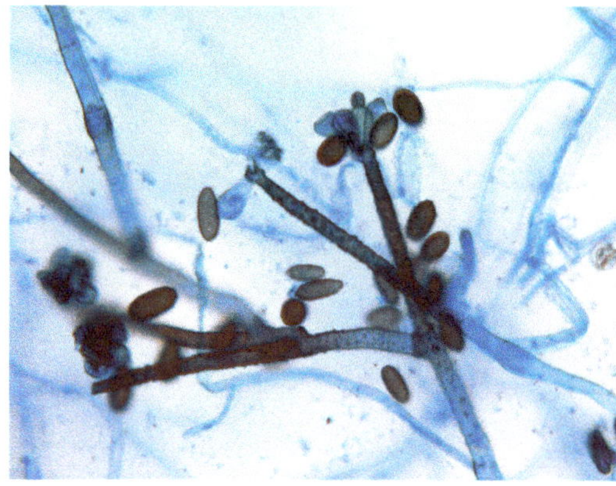

Abb. 3.34 Monilia

Einzelfällen kann sie eine allergene Wirkung haben. Infektionen dagegen sind die absolute Ausnahme. Monilia gehört zu den so genannten asthmogenen Pilzen. Hierbei handelt es sich um Pilze, die Asthma erzeugen können (siehe Abb. 3.34).

3.5.6.28 Mucor (Mucorales)

Die Mucorales (Köpfchenschimmel) gehören zu den Zygomycota und beinhalten die medizinisch wichtigen Gattungen Absidia, Mucor, Rhizopus und Rhizomucor. Sie lassen sich auf Nährböden für Pilze leicht anzüchten. Als Zygomycota haben diese Schimmelpilze ein hohes, wolliges Myzel. Die Sporen werden in runden Sporangien gebildet und durch Platzen des „Köpfchens" frei gesetzt. Die Farbe der Kolonien schwankt zwischen braun und weißgrau. Das Luftmyzel der Schimmelpilze bildet große runde Sporangien aus. Diese sind mit Sporangiosporen gefüllt. Charakteristisch ist, dass das Sporangium auf einer Verzweigung der Hyphe sitzt, die fast rechtwinklig verzweigt ist. Die Zellwände bestehen vor allem aus Chitin, das enzymatisch nicht abgebaut werden kann, so dass Sporangiophoren daher die Magen-Darm-Passage überleben. Die meisten Mucorales leben saprophil.

Die wichtigsten Vertreter der Mucor-Familie sind Mucor hiemalis, Mucor plumbeus, Mucor racemosus und Mucor pusillus. Diese kommen im Boden vor sowie auf faulenden Früchten, Gemüse, fermentierte Lebensmittel und Getreide. Zum Teil wurden Arten auch auf Mist und auf Kot nachgewiesen (koprophil). In Innenräumen sind sie vor allem auf Tapeten und Anstrichen anzutreffen.

Mucor pusillus gilt als fakultativ humanpathogen. Fakultativ pathogene Arten der aufgeführten Gattungen können bei prädisponierten Personen zu Mykosen führen (z. B. Absidia corymbifera, Rhizomucor pusillus, Rhizopus oryzae). Einige Arten lösen Allergien aus. Die Bildung von Mykotoxinen ist nicht bekannt. Zum Auslösen einer Infektion muss das Immunsystem geschädigt sein (siehe Abb. 3.35).

3.5.6.29 Neurospora

Neurospora ist eine Gattung der Schimmelpilze. Dieser Pilz kommt vor allem auf feuchtem und/oder nicht durchgebackenem Brot vor. Dies verleiht dem Pilz auch den Namen „roter Brotschimmel". Aufgrund seiner Vorliebe für warme, humide Biotope werden Neurospora-Arten auch z. B. in Trockenöfen und Bäckereien angetroffen, wo sie wegen ihres schnellen Wachstums und der

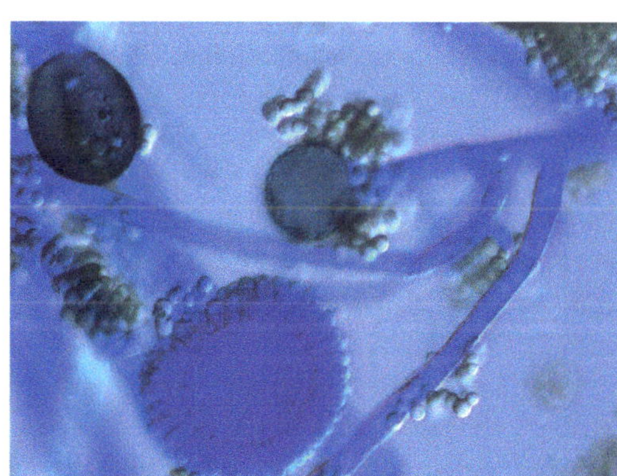

Abb. 3.35 Mucor

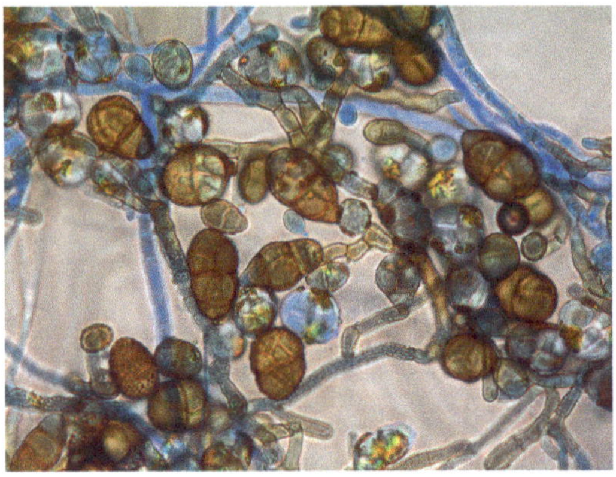

Abb. 3.36 Neurospora

reichlichen Konidienbildung großen Schaden anrichten können. Innerhalb von 24 h beginnt das Myzel mit der asexuellen Fortpflanzung. Darüber hinaus findet man diese Gattung auf Getreide, Mehl, Silage, Fleisch und Früchten wie Äpfel, Erdbeeren und Himbeeren. In der Natur besiedeln Arten dieser Gattung verbrannte Erde und verkohlte Pflanzenteile. Wichtige Vertreter sind der Neurospora crassa und Neurospora sitophila. Diese gehören zu den so genannten asthmogenen Pilzen. Hierbei handelt es sich um Pilze, die Asthma erzeugen können (siehe Abb. 3.36).

3.5.6.30 Paecilomyces

Paecilomyces ist eine Schimmelpilz-Gattung mit weltweiter Verbreitung. Nachgewiesen werden diese thermophilen Schimmelpilze vor allem auf abgestorbenen Pflanzenteilen, im Boden und auf Nahrungsmitteln. Einige Arten leben parasitisch auf Insekten und Nematoden (kleine Fadenwürmer), die im Boden zu finden sind. Paecilomyces werden oft aufgrund der ähnlichen Wuchsform mit Penicillium-Arten verwechselt, dabei unterscheiden sich beide Schimmelpilze in ihrer Koloniefarbe. Während Penicillium-Arten meist grüne, blaugrüne oder graugrüne Kolonien zeigen, weist der Paecilomyces meist gelbe bis gelblich-braune, weiße oder rötlich-violette bis pink-farbene Kolonien auf.

Aufgrund der Thermotoleranz können diese Arten verschiedene Infektionen beim Menschen hervorrufen, die im gesamten Körper lokalisiert sein können. Es wurden bereits Hautinfektionen, Lungeninfektionen (allergische Alveolitis), Augeninfektionen, Nagelinfektionen, Infektionen des Bauchfells, Herzbeutels bzw. der Herzinnenhaut (Endokarditis), Knochenmarkentzündung und Mittelohrentzündung, Infektionen der Nasennebenhöhlen (Sinusitis) und anderer weicher Gewebe (Bursitis) dokumentiert. Besonders gefährdet sind immunsuprimierte Patienten.

Wichtige Vertreter sind Paecilomyces crustaceus, Paecilomyces fulvus, Paecilomyces fumosoroseus, Paecilomyces javanicus, Paecilomyces lilacinus, Paecilomyces marquandii, Paecilomyces puntonii, Paecilomyces niveus, Paecilomyces variotii und Paecilomyces viridis.

3.5.6.31 Penicillium spp.

Der auch als so genannter „Pinselschimmel" bekannte Schimmelpilz ist besonders in kühlen und gemäßigten Gebieten weit verbreitet und ein wesentlicher Bestandteil der Bodenflora. Die unterschiedlichen Arten kommen ganzjährig innerhalb und außerhalb der Innenräume vor und gedeihen auf absterbenden Pflanzen, Früchte, Gemüse (Grünfäule), Brot, Käse und Fleisch, aber auch gerne auf feuchtem Papier oder feuchten Tapeten, Gummidichtungen und Isoliermaterial, in Wasserrohrleitungen sowie auf Polstermöbeln und im Hausstaub. Sie treten weniger als Parasiten, sondern meistens als Lagerschädlinge, auf und sind „Normalbesiedler" von Kühlschränken und allen Speisen. Als Materialzerstörer sind sie durch Säureausscheidung in der Lage, sogar Steine zu zerstören.

Wie bei den Aspergillen erfolgt die Vermehrung durch abgeschnürte Konidien, die bei den Penicillien aber auf mehr oder weniger verzweigten Trägern sitzen. Das Myzel ist septiert und meist farblos (gelegentlich Lufthyphen). Die Hyphen sind nicht oder kaum pigmentiert, die Konidien werden kettenförmig gebildet und sind fast immer dunkelgrün. Nach dem Bau des Penicillium werden vier Sektionen unterschieden: die Konidien, Phialiden, Metulae und Traghyphe des Konidienträgers. Etwa 30 % scheiden auf nitrathaltigen Substraten Nitrit aus.

Zu den wichtigsten Vertretern gehören z. B. Penicillium citreoviride, Penicillium requentans, Penicillium lividum, Penicillium spinulosum, Penicillium brevicompactum, Penicillium camemberti,

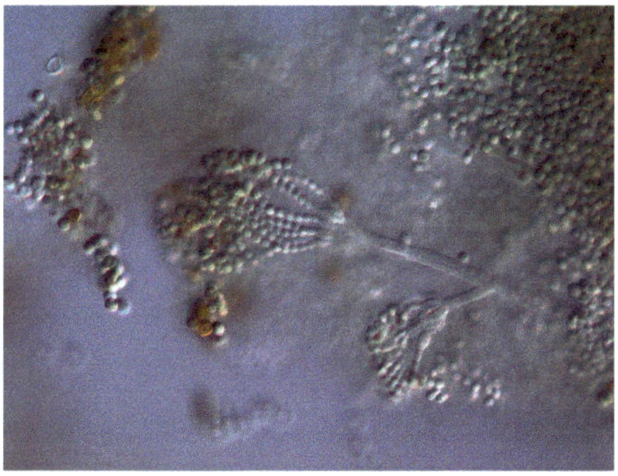

Abb. 3.37 Penicillium

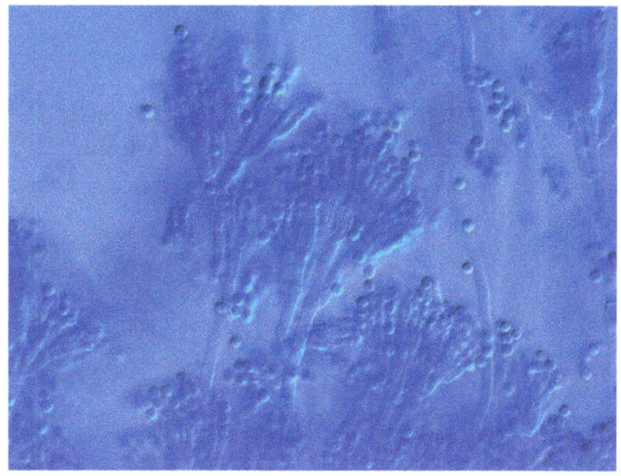

Abb. 3.38 Penicillium caseicolum

Penicillium chrysogenum (notatum), Penicillium citrinum, Penicillium claviforme, Penicillium cyclopium, Penicillium expansum, Penicillium italicum, Penicillium roqueforti, Penicillium verrucosum, Penicillium viridicatum, Penicillium islandicum, Penicillium purpurogeneum, Penicillium rubrum, Penicillium rugulosum u. a. Einige Vertreter der Schimmelpilzgattung sind essbar (z. B. Penicillium camemberti), andere pathogen (z. B. Penicillium speriolosum) oder Antibiotikabildner (z. B. Penicillium griseofulvum).

Viele Penicillium-Arten bilden Antibiotika und Mykotoxine wie z. B. Citreoviridin (Nervengift), Citrinin (Nierengift, krebserregend), Cyclopiazonsäure (Nervengift, schädigt Milz und Bauchspeicheldrüse), Emodin (Erbrechen, Durchfall), Luteoskyrin (krebserregend), Ochratoxin A (krebserregend, nierenschädigend), Patulin (Zellgift), Penicillinsäure (Krebsgift), Penitrem A (Nervengift, Gift, welches Zittern auslöst) und Rubratoxin A, B (krebserregend) (siehe Abb. 3.37).

3.5.6.32 Penicillium caseicolum

Penicillium caseicolum wird auch als Käseschimmel bezeichnet und gehört zur Schimmelpilzgattung Penicillium. Er bildet den weißen Belag auf Camembert und Brie-Käse sowie als Kontamination auch auf anderen Käsesorten. Auf Käse wird Cyclopiazonsäure in so geringen Mengen gebildet, dass eine gesundheitliche Beeinträchtigung ausgeschlossen werden kann. Der als Blaukäseschimmel bekannte Penicillium roqueforti ist ein „Normalbesiedler“ von Haushaltskühlschränken und kann auf Brot, Fett, Fruchtsäften etc. wachsen. Als Toxine können Roquefortin A und B, Mycophenolsäure, Cyclopiazonsäure und gelegentlich Patulin nachgewiesen werden. Sie werden, wenn überhaupt, in gesundheitlich unbedenklichen Mengen gebildet. Die „Käseschimmel“ scheiden Proteasen und Lipasen aus (siehe Abb. 3.38).

3.5.6.33 Penicillium chrysogenum

Die beiden Schimmelpilze Penicillium chrysogenum und Penicillium notatum liefern die Kulturstämme für die Penicillin-Produktion. Daneben können die Mykotoxine Ochratoxin A, Patulin und Penicillinsäure gebildet werden. Die Konidien wirken auf sensibilisierte Personen als Allergene (siehe Abb. 3.39).

3.5.6.34 Penicillium expansum

Der Schimmelpilz Penicillium expansum kommt ubiquitär auf Lebensmitteln vor, verursacht die Braunfäule auf beschädigtem Obst und Gemüse, zerstört Leder, Farben und ähnliche Materialien. Penicillium expansum scheidet Proteasen, Zellulasen, Lipasen und Amylasen aus und ist durch die Ausscheidung von Säuren auch an der Verwitterung von Mineralien beteiligt (siehe Abb. 3.40 und 3.41).

3.5.6.35 Penicillium verrucosum (viridicatum)

Penicillium verrucosum ist ein häufiger Feld- oder Lagerpilz auf Getreide. Dieser Schimmelpilz produziert die Nephrotoxine Ochratoxin A und Citrinin und ist in unserem Klimabereich für das verbreitete Vorkommen dieser Stoffwechselprodukte in Getreideprodukten und Futtermit-

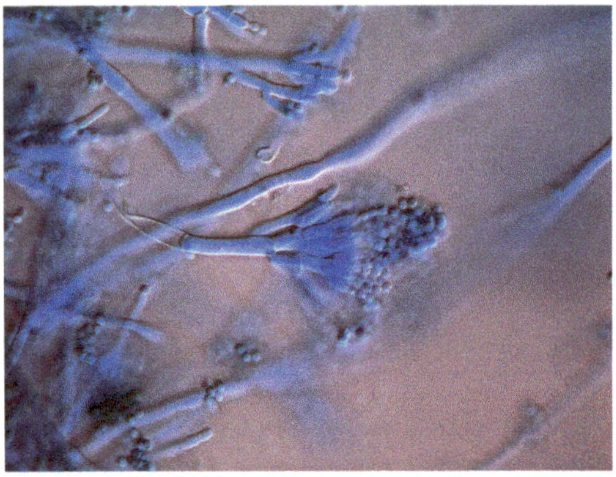

Abb. 3.39 Penicillium chrysogenum

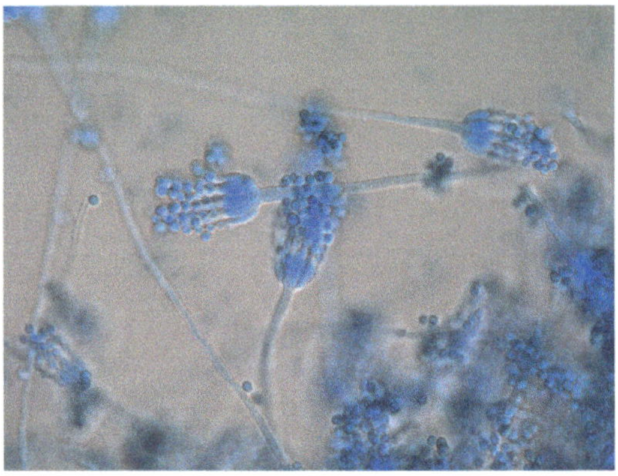

Abb. 3.41 Penicillium expansum

Abb. 3.40 Penicillium expansum

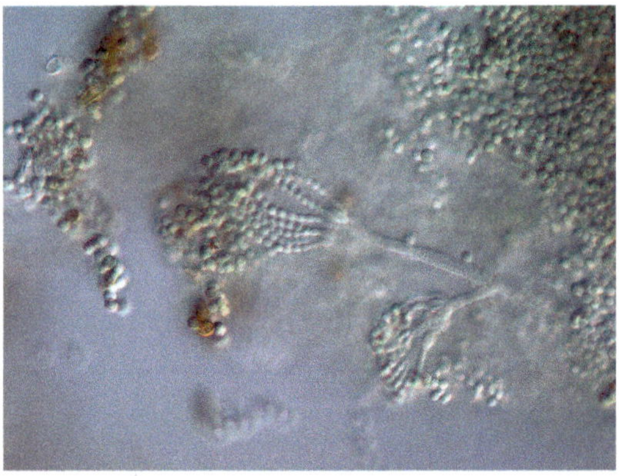

Abb. 3.42 Penicillium verrucosum

teln verantwortlich. In Innenräumen wird dieser Schimmelpilz in der Regel nicht angetroffen (siehe Abb. 3.42).

3.5.6.36 Phialophora

Phialophora ist ein Schimmelpilz und gilt als Fäulniserreger und Indikatorpilz für Feuchteschäden. Er ist nachweisbar auf zerfallenem Holz, im Boden, Wasser sowie auf Lebensmitteln (z. B. Äpfeln, Margarine und Butter). Wichtigste Vertreter sind Phialophora fastigiata und Phialophora hoffmanii. Durch die Gattung der Phialophora können Hautinfektionen und die Chromoblastomykose ausgelöst werden.

3.5.6.37 Phoma

Phoma ist ein Schimmelpilz und gehört zur Gruppe der Dematiaceae (so genannte Schwärzepilze). Als Pflanzenschädling hat er eine weltweite Verbreitung. Darüber hinaus werden Phoma-Spezies auch in Innenräumen, insbesondere auf feuchten Oberflächen im Bad, in der Küche und Sauna nachgewiesen. Dort hinterlässt Phoma farbige Flecken, oft pink bis purpur. Die Kolonien wachsen dabei vergleichsweise schnell und erreichen einen Durchmesser von mehreren Zentimetern in 1 bis 2 Wochen.

Als Krankheitserreger des Menschen kann dieser Schimmelpilz vernachlässigt werden. Dies ist deshalb besonders erstaunlich, da er in Innenräumen vorhanden ist und ein sehr hohes allergenes Potenzial aufweist. Dennoch treten nur in sehr seltenen Fällen bei immungeschwächten Menschen Hautinfektionen mit schwärzlichen Verfärbungen (so genannte Phaeohyphomykosen) auf. Diese Hautinfektionen können sich, sofern keine Behandlung erfolgt, auch auf innere Organe ausweiten.

3.5.6.38 Rhizopus

Rhizopus ist eine weltweit verbreitete Schimmelpilzgattung. Sie gehört zur Abteilung der Jochpilze (Zygomycota) und bildet ihre Sporen in jochförmigen Sporangien aus. Wurzelförmige Strukturen am Pilz verleihen ihm seinen Namen („rhizo" ist der lateinische Name für „Wurzel"). Neben diesen weist Rhizopus auch Sprossen, so genannte Stolonen, auf.

Kolonien von Rhizopus wachsen sehr schnell und bilden eine wollige Textur aus, die an Zuckerwatte erinnert. Das Myzel ist zu Beginn weiß und wird mit der Zeit gräulich bis braun. Manche Arten wachsen noch gut bei Temperaturen über 37 °C. Die Sporen bleiben selbst bei Temperaturen bis −10 °C keimfähig. Die Hyphen sind oftmals nicht separiert und werden mit einem Durchmesser von 6 bis 15 µm sehr groß. Die Sporangienträger sind braun und unverzweigt. Sie können einzeln als auch in Clustern auftreten. Die Rhizoide bilden sich dort, wo die Sporangienträger mit den Stolonen zusammentreffen. Die Sporen sitzen an der Spitze ihrer Träger und sind rund mit flacher Basis. Sie sind eiförmig und oft dunkel gefärbt.

Zu den wichtigsten Vertretern gehören Rhizopus stolonifer (Rhizopus nigricans), Rhizopus oryzea (Rhizopus arrhizus) und Rhizopus microsporus. Schimmelpilze der Gattung Rhizopus kommen häufig in Innenräumen vor. Man findet sie im Hausstaub, auf Holz und vor allem auf kohlenhydratreichen Lebensmitteln. Auf Obst (Erdbeeren, Papaya und Pflaumen) findet man ihn genauso wie auf Gemüse (z. B. Süßkartoffeln), Nüsse, Getreide, Brot und Backwaren. Die Unterart Rhizopus stolonifer (nigricans) wächst oft auf Brot und wird deshalb als der „Gemeine Brotschimmel" bezeichnet. Der Schimmelpilz wächst, indem er die Stolone in die Nahrungsmittel steckt. Dort wachsen die Rhizoide hinein und verwurzeln die Sporenträger. Vertreter der Gattung Rhizopus befallen auch Materialien wie Leder, Papier oder Tapeten.

Rhizopus-Arten sind humanpathogen und können bei Menschen mit geschwächtem Immunsystem schwere Pilzinfektionen hervorrufen. Die Unterart Rhizopus oryzae ist dabei der häufigste Verursacher der Zymomykose. In 90 % von untersuchten rhinozerebralen Mykosen, bei der die Nasennebenhöhlen und der Respirationstrakt betroffen sind, wurde der Pilz nachgewiesen. Es können aber auch die Haut, der Magen-Darm-Trakt oder der Brustraum betroffen sein. Ist der Sehnerv in Mitleidenschaft gezogen, kann es zur Erblindung kommen. Embolien und Thrombosen werden durch den Befall der Blutgefäße ausgelöst. Schwer verlaufende Formen der Infektion können auch in das Gehirn vordringen. Eine Zygomykose verläuft so meist tödlich (siehe Abb. 3.43).

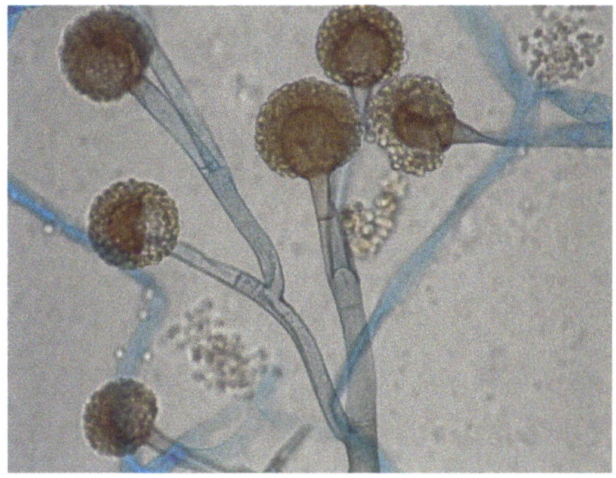

Abb. 3.43 Rhizopus

3.5.6.39 Stachybotrys

Stachybotrys ist ein zelluloseabbauender Schimmelpilz. Vor allem Stachybotrys chartarum (alte Bezeichnung atra) gilt als typischer Feuchtepilz, da er meist nach Wasserschäden oder massiv durchfeuchteten Baumaterialien wie z. B. auf Gipskartonplatten, Tapeten u. a. zellulosehaltigen Materialien zu finden ist. Im Rahmen der Diagnostik wird er deshalb oft als Feuchteindikator eingesetzt. Außerdem findet man diese Art auf Stroh, Kunststoffen und Baumwolle sowie Textilfasern.

In den meisten Fällen zeigt sich der Stachybotrys schleimig und mit schwarzer bzw. dunkelgrauer Färbung. Speziell auf Gipsbauplatten erscheint er in Form einer schwarzen Rußschicht. Ein Nachweis von Stachybotrys in Wohn- und Arbeitsräumen kann durch eine erste Probeentnahme mit einem Direktpräparat (z. B. mit Tesafilm) erfolgen. Diese Methode ist anfangs sinnvoll, weil die recht charakteristischen Konidien und manchmal sogar konidiogenen Zellen darauf bereits mikroskopisch sichtbar sind und dadurch zumindest eine Verdachtsdiagnose möglich ist.

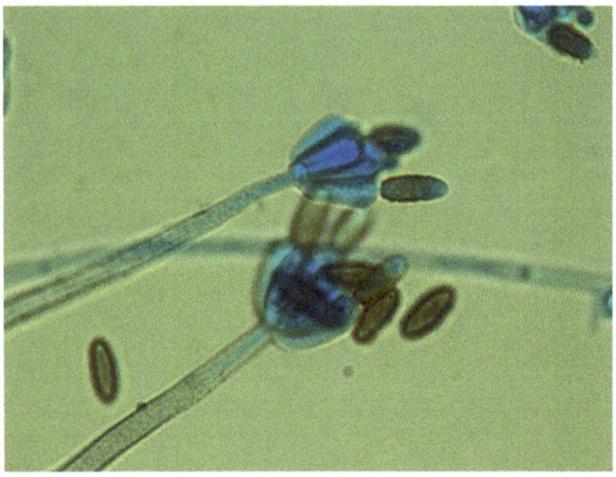

Abb. 3.44 Stachybotrys

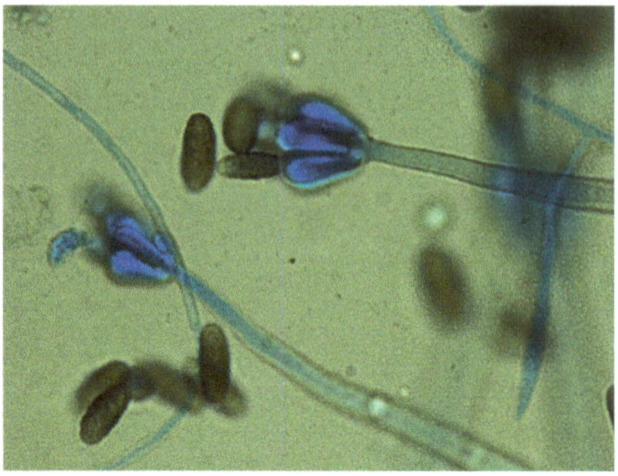

Abb. 3.45 Stachybotrys

Selbstverständlich müssen nach einer positiven Erstdiagnose weitere Untersuchungsmethoden angewandt werden. Diese sind auf den jeweiligen speziellen Einzelfall abzustimmen.

Stachybotrys bildet Mykotoxine und ist als Erreger der Stachybotrymykose gefürchtet. Die Gefährlichkeit dieses Schimmelpilzes besteht darin, dass die gebildeten Giftstoffe (Satratoxin, T2-Toxin, Trichothecene) bereits durch Hautkontakt aufgenommen werden können. Hinzu kommt, dass bereits geringe Sporenkonzentrationen in der Raumluft toxische Wirkungen haben können. Auch tote Sporen können toxisch und allergen wirken. Bemerkenswert ist, dass Stachybotrys chartarum in der Lunge die Synthese eines Enzyms verhindern kann, das die Lungenbläschen unter Spannung hält, damit diese nicht zusammenfallen.

Zu den beobachteten Symptomen gehören z. B. Konzentrationsschwäche, Kopfschmerzen, Schwindelgefühle, Übelkeit, Müdigkeit, Haarausfall, grippeähnliche Symptome, Störung der unteren Atemwege (Bronchitis, Asthma, chronischer Reizhusten), Atembeschwerden, Hautreizungen, nässende Hautentzündungen, gerötete und geschwollene Gesichtshaut, Augenbeschwerden, konstitutionelle Beschwerden (Grippegefühl, Muskelschmerzen, allgemeines Unwohlsein), Veränderung des weißen Blutbildes, Nasenbluten und sogar Lungenbluten, Störungen der Immunabwehr, entzündliche und blutende Lungenerkrankungen bei Säuglingen und Herzrhythmusstörungen.

Neben dem Stachybotrys chartarum gehören zu dieser Gattung noch Stachybotrys albipes, Stachybotrys alternans, Stachybotrys cylindrospora, Stachybotrys dichroa, Stachybotrys echinata, Stachybotrys elegans, Stachybotrys kampalensis, Stachybotrys longispora, Stachybotrys mangiferae, Stachybotrys microspora, Stachybotrys nilagirica, Stachybotrys oenanthes, Stachybotrys parvispora, Stachybotrys theobromeae und Stachybotrys zeae (siehe Abb. 3.44, 3.45, 3.46).

3.5.6.40 Stemphylium

Stemphylium ist eine Schimmelpilz-Gattung, die als Fäulnisbewohner weltweit auf abgestorbenen pflanzlichen Materialien vorkommt. Stemphylium gehört zu den meistgenannten Pilzen im Zusammenhang mit der Zerstörung von Wolle, Baumwolle, Leinen, Leder sowie praktisch allen anderen pflanzlichen und tierischen Produkten. Einige Stemphyliumarten können auch bestimmte Mykotoxine bilden, z. B. Stemphylotoxin.

Stemphylium gehört zu den Dematiaceae. Wie bei den Gattungen Alternaria oder Ulocladium verfärben sich auch bei Stemphylium die Hyphen und Sporen durch die Einlagerung von Melaninen braun oder schwarz. Daher ist Stemphylium auch leicht mit anderen Schwärzepilzen zu verwechseln.

Stemphylium kann auch in Innenräumen nachgewiesen werden, wo der Schimmelpilz zellulosehaltiges Material wie Tapete, aber auch Farben und Anstriche sowie Kunststoffe befallen kann. Voraussetzung ist eine ausreichende Feuchtigkeit. Die eher selten auftretenden Erkrankungen durch Stemphylium sind vor allem auf allergene Wirkungen zurückzuführen. In sehr seltenen Fällen

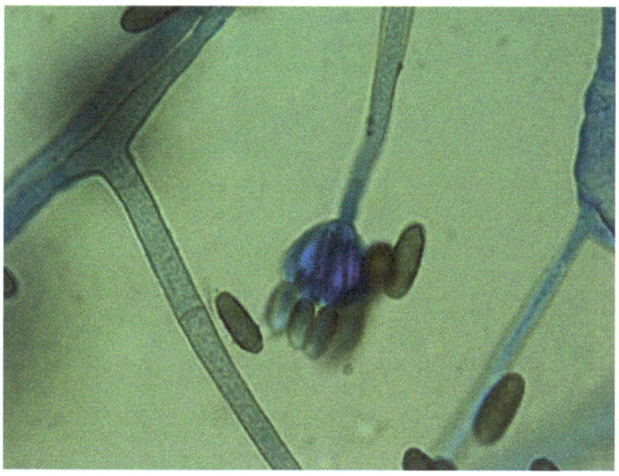

Abb. 3.46 Stachybotrys

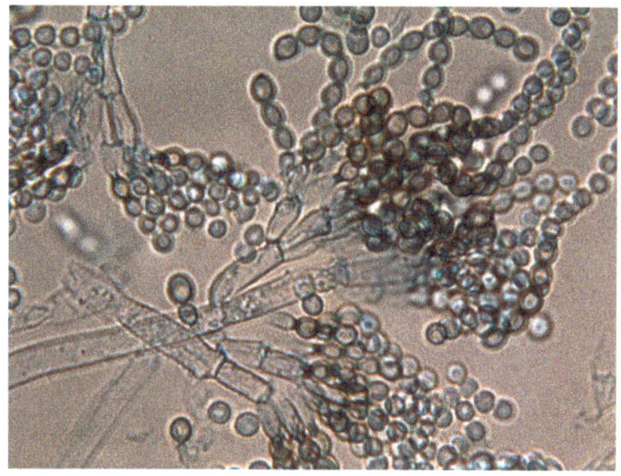

Abb. 3.47 Scopulariopsis

ist Stemphylium die Ursache für eine Phaeohyphomykose, eine Schimmelpilzinfektion der Haut mit typischen schwarzen Verfärbungen der befallenen Hautpartien.

3.5.6.41 Syncephalastrum

Syncephalastrum ist ein Schimmelpilz. Typisch für diese Gruppe ist ein schnelles Wachstum mit einem locker-wolligen Luftmyzel. Außerdem verfügt der Syncephalastrum über ein breites Temperaturspektrum von 15 bis 40 °C. Syncephalastrum racemosum kann wegen seines Wachstums bei Temperaturen oberhalb von 30 °C als thermophil und temperaturtolerant bezeichnet werden. Wie auch viele andere Jochpilze (Zygomyzeten) besiedelt Syncephalastrum racemosum oftmals Kot bzw. Dung von Tieren. Deshalb wird man diese Art auch im Innenraum von Kaninchen- oder Hamsterställen finden. Als Krankheitserreger tritt Syncephalastrum racemosum nur sehr selten in Erscheinung. Für den gesunden Menschen stellt Syncephalastrum racemosum kaum eine Gefährdung dar. Es wurden jedoch Fälle von Infektionen an Haut und Ohren dokumentiert.

3.5.6.42 Scopulariopsis

Scopulariopsis ist ein Schimmelpilz. Der bevorzugte Lebensraum sind vor allem Pflanzen und Pflanzenerde. Einige Arten dieses Schimmelpilzes sind in der Lage, Keratin (Grundsubstanz von Haaren und Nägeln) abzubauen, weshalb Scopulariopsis auch als keratinophiler Schimmelpilz bezeichnet wird. Mikroskopisch betrachtet ähneln Scopulariopsis-Arten dem Schimmelpilz Penicillium, weshalb diese früher dieser Gattung zugeordnet wurden. Eine absolute Besonderheit dieses Schimmelpilzes besteht darin, Arsen z. B. aus arsenhaltigen Wandbeschichtungen herauslösen und chemisch umwandeln zu können. Im Ergebnis entsteht eine leicht flüchtige Substanz, die über die Lunge aufgenommen werden kann. Man kann diese gasförmige Substanz über einen leicht knoblauchartigen Geruch wahrnehmen. Die Gefahr besteht darin, dass diese chemische Verbindung bereits bei Konzentrationen unterhalb der Geruchsschwelle giftig ist und bei längerer und intensiver Aufnahme zu einem akuten Nierenversagen führen kann, das in den meisten Fällen tödlich ist. Scopulariopsis-Arten können bei immungeschwächten Menschen auch zu Infektionen führen (siehe Abb. 3.47).

3.5.6.43 Tritirachium oryzae

Tritirachium oryzae ist ein Schimmelpilz, der in unserer Region eher selten nachgewiesen wird. Der Temperaturbereich für ein ideales Wachstum liegt zwischen 24 bis 28 °C. Er entwickelt violette Kolonien mit einer samtartigen Oberfläche bei einer hellen bis dunklen, rötlich-braunen Umkehrfärbung. Die Kolonien bestehen aus beigefarbenen bis dunkelbraunen, glatten, dünnwandigen Hyphen. Konidientragende Hyphen verzweigen und verjüngen sich und bilden lange, flache und dickwandige Verzweigungen. Die Konidien sind 2,5 × 2,0 µm groß und haben ein glasartiges Aussehen. Diese bilden sich spiralförmig auf konidienbildenden Zellen. Tritirachium oryzae kommt in der Regel auf Erde und verrottendem Pflanzenmaterial vor. Außerdem kann man ihn auf Papier, Pappe, Tapete, Pflanzenfasern, Holz, Textilien und Klebstoffen finden. Wenn Infektionen beim Menschen durch diesen Schimmelpilz verursacht werden, findet man diese unter den Nägeln, in der Hornhaut oder auf Kopfhaut. Allerdings produziert Tritirachium oryzae nur wenige für den Menschen schädliche pathologische Substanzen.

3.5.6.44 Trichoderma

Trichoderma ist ein ubiquitär vorkommender Schimmelpilz. Neben einer Besiedlung von Böden und Pflanzenwurzeln trifft man den Mikropilz auch auf abgestorbenen Pflanzenteilen und zerfallenem Holz. Trichoderma ist ein sehr guter Zelluloseverwerter. Aufgrund seiner starken cellulolytischen Aktivitäten gewinnt man in der Industrie aus ihnen Enzyme, die in der Papierproduktion, in der Nahrungsmittel- und in der Textilindustrie zum Einsatz kommen.

Die Kolonien von Trichoderma wachsen sehr schnell. Die Textur ist anfangs wollig und wird mit der Zeit kompakter. Das Myzel ist weiß. Wenn die Konidien (Sporen) ausgebildet werden, kann man blaugrüne oder gelbgrüne Punkte beobachten. Manchmal bilden diese auch konzentrische Ringe. Ohne Licht wächst das Myzel, ohne Sporen auszubilden. Diese werden erst unter Lichteinwirkung produziert. Die Hyphen sind separiert und durchsichtig. An den Konidiophoren (Sporenträger) sitzen flaschenförmige Phialiden, in denen die Konidien sitzen. Trichoderma können auch Chlamydosporen ausbilden. Hierbei handelt es sich um dickwandige Zellen, in denen die Sporen ungünstige Umweltbedingungen überleben können. Zu den wichtigsten Vertretern gehören Trichoderma harzianum, Trichoderma lignorum, Trichoderma longibrachiatum und Trichoderma viride.

Die optimale Wachstumstemperatur von Trichoderma liegt bei 20 bis 28 °C in einem gesamten Temperaturspektrum, das von Null Grad bis Körpertemperatur (37 °C) geht. Das Wachstum kann innerhalb weniger Tage mehrere Zentimeter betragen. Besonders schnell wächst die Art Trichoderma harzianum. Arten der Schimmelpilz-Gattung Trichoderma kommen auch in Innenräumen vor, insbesondere in feuchten Wohnungen oder nach Wasserschäden. Infolgedessen gilt diese Art als Feuchteindikator. Hier befallen sie zellulosereiches Material wie z. B. Papier, Tapeten, Spanplatten und Gipskarton. Sie wachsen aber auch auf Textilien, Putzoberflächen, Fliesen und Fugendichtstoffen auf Silikonbasis. Auf Nahrungsmitteln wie Weizen, Gerste, Hafer, Nüsse, Zitrusfrüchte, Speisepilze, Tomaten oder Kartoffeln können sie ebenfalls nachgewiesen werden.

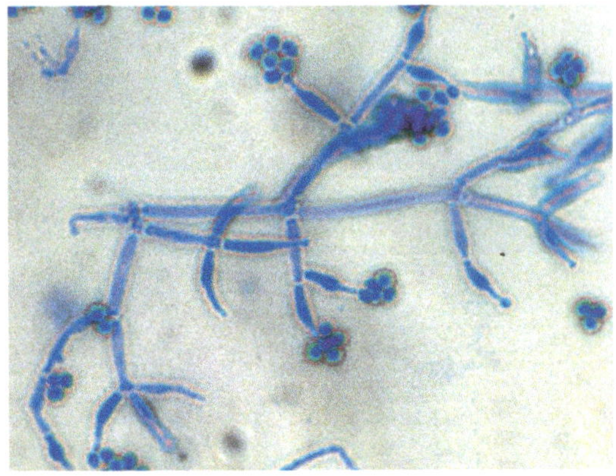

Abb. 3.48 Trichoderma

Schimmelpilze der Gattung Trichoderma können Mykotoxine wie Trichodermin bilden. Allerdings ist die Belastung im Vergleich zu anderen Mykotoxinen für den menschlichen Organismus von geringer Bedeutung. Trichoderma kann auch nur in seltenen Fällen Allergien auslösen. Von diesen sind vor allem Mitarbeiter der Forstwirtschaft sowie Gärtner und Mitarbeiter in Mülldeponien und Kompostanlagen betroffen. In Einzelfällen wurde in dem Zusammenhang die exogen allergischen Alveolitis nachgewiesen. Hierbei handelt es sich um eine chronische Lungenerkrankung. Infektionen durch Trichoderma sind eher nicht bekannt. In Einzelfällen traten Mykosen bei immungeschwächten Menschen auf, so etwa nach Organtransplantationen. In diesen Fällen kann es zu Entzündungen des Bauchfells (Peritonitis), der Lunge oder der Leber kommen (siehe Abb. 3.48).

3.5.6.45 Ulocladium

Ulocladium ist eine Gattung der Schimmelpilze, die zu den Dematiacear (Schwärzepilze) gehört. Die Hyphen und Sporen sind durch die Einlagerung von Melaninen braun bis schwarz gefärbt. Die rundlichen bis ovalen, septierten Sporen sind leicht mit denen der sehr ähnlichen Gattungen

Abb. 3.49 Ulocladium

Alternaria, Curvularia oder Stemphylium zu verwechseln. Ein deutliches Unterscheidungskriterium ist jedoch die Art und Weise, wie die Sporen gebildet werden.

Ulocladium-Arten kommen im Erdboden und auf Gräsern vor, werden aber auch häufig in Innenräumen nachgewiesen. Befallen werden quasi alle Untergründe oder Substrate wie z. B. Papier und Tapete, Fasern und Stoff, Putz, Stein, Beton, Silikondichtmasse, Holz und Spanplatten. Voraussetzung ist eine erhöhte Feuchte im Material. Eine Besonderheit ist ihre Fähigkeit, Kohlenwasserstoffe abzubauen, so dass man sie u. a. z. B. in Treibstofftanks findet.

Ulocladium-Arten, zu denen z. B. Ulocladium botrytis und Ulocladium chartarum gehören, sind vor allem im medizinischen Bereich relativ häufig vorkommende Kontaminanten. Hierzu gehören Hautinfektionen mit schwärzlichen Verfärbungen der betroffenen Hautpartien. Die Infektionen können auch in das Unterhautgewebe vordringen. Lebensbedrohliche Erkrankungen sind eher unwahrscheinlich. Bedeutender ist die allergene Potenz von Ulocladium-Spezies. Die allergischen Symptome können von Asthma bis zu heuschnupfenartigen Beschwerden reichen. Darüber hinaus besteht eine Kreuzreaktivität mit Alternaria-Allergenen. Daher kann Ulocladium allergische Reaktionen auf Alternaria-Spezies verstärken (siehe Abb. 3.49).

3.5.6.46 Wallemia

Wallemia ist eine Gattung der Schimmelpilze. Bekanntester Vertreter ist der relativ langsam wachsende Schimmelpilz Wallemia sebi. Auffallend bei Wallemia-Arten ist vor allem das breite Wachstumsspektrum. Der xerophile Pilz gedeiht in einem Bereich mit einem aw-Wert (Wasseraktivität) von 0,69 bis 0,99. In Folge dieser höheren Toleranz gegenüber Trockenheit erfordert der Nachweis von Wallemia aus der Raumluft spezielle Nährmedien. Trotz des Einsatzes dieser Medien kann die Gattung von anderen Schimmelpilzen überwachsen werden, so dass sich der Nachweis oft als schwierig gestaltet. Wallemia ist zudem keratinophil. Dies bedeutet, dass dieser Schimmelpilz in der Lage ist, Keratin (Grundsubstanz für Haare und Nägel) zu zersetzen und damit als Nährstoffquelle zu nutzen.

Wallemia ist in Innenräumen häufig anzutreffen und befällt die meisten Untergründe und Substrate. Auch auf diversen Lebensmitteln (vor allem zuckerhaltige Produkte wie Obst, Trockenfrüchte, Marmelade, Marzipan, Keksen und dgl., aber auch auf Schinken, gesalzenen Fisch und Fleisch) findet man diesen Mikropilz. Dieser gilt als Lebensmittelverderber mit einem hohen osmotischen Druck. Zudem findet man diese Art im Hausstaub (Dachböden, Matratzen) oder auch auf Textilien. Wallemia sebi kann subkutane Infektionen sowie Allergien, hypersensive Pneumonitis und Dermatitis hervorrufen. Wallemia sebi produziert das Schimmelpilzgift (Mykotoxin) Walleminol.

Wachstumsvoraussetzungen und -bedingungen

4

Inhaltsverzeichnis

4.1 Einleitung

Schimmelpilze brauchen in erster Linie Feuchtigkeit, um wachsen und sich vermehren zu können. Tritt der Schimmelpilzbefall z. B. in der Mietwohnung auf, sind Ursache und Verursacher vermeintlich schnell gefunden: der Mieter heizt oder lüftet falsch, so die Aussage des Vermieters. Umgekehrt schiebt der Mieter die Zuständigkeit gern zum Vermieter und sieht die Ursachen in baulichen Mängeln. Mal ist es der luftdichte Neubau aufgrund der Wärmedämmung, dann die zu dichten Fenster nach der Sanierung eines Altbaus und ein anderes Mal die Wärmebrücken oder aufsteigende Feuchte an einem unsanierten Altbau. So einfach ist die Erklärung dann aber doch nicht. Denn in den seltensten Fällen ist nur eine Ursache für den Schimmelpilzbefall ver-

F. Frössel, E. Heller, *Schimmelpilze in Wohnungen*, https://doi.org/10.1007/978-3-658-50425-0_4

antwortlich. Außerdem werden häufig nur die Symptome sichtbar und punktuell bekämpft und nicht die eigentlichen Ursachen. Deshalb ist es wichtig, die genauen Ursachen zu identifizieren und vor allem den unmittelbaren Einfluss auf das Wachstum nachzuweisen. Schließlich kann dies unter rechtlichen Gesichtspunkten sehr wichtig sein – im Übrigen nicht nur zwischen den o. g. Mietparteien, sondern ggf. auch für Sachverständige und/oder ausführende Sanierungsfirmen oder andere Beteiligte.

Infolgedessen muss man sich mit den Wachstumsbedingungen auseinandersetzen und die unterschiedlichen Faktoren kennen, unter denen sich Schimmelpilze bilden und vermehren sowie anschließend ausbreiten können. Neben Feuchtigkeit als unbestritten wichtigster Einflussfaktor spielen auch Temperatur und Nährstoffe eine wichtige Rolle. Der pH-Wert des Untergrundes ist nur von temporärer Bedeutung; Sauerstoff und Licht können dagegen weitestgehend vernachlässigt werden.

Bei der Analyse aller möglichen Ursachen wird häufig unterschätzt, dass es nicht nur um den oberflächigen Befall und deren Beseitigung geht, sondern auch um die Vermeidung eines erneuten Auftretens. Die Ursachen für eine Schimmelpilzbildung in Innenräumen ganzheitlich zu ermitteln, bedeutet daher nicht nur, die vordergründigen Sekundärursachen für den mikrobiellen Befall zu erkennen, sondern vor allem die hintergründigen Primärursachen zu ermitteln, mit denen die Wachstumsbedingungen erst geschaffen wurden. Diese müssen nachhaltig beseitigt werden, wenn man einen Schimmelpilzbefall nicht nur beseitigen, sondern vor allem auch einen Neubefall verhindern möchte.

Feuchtigkeit als Katalysator für Schimmelpilzbildung tritt in unterschiedlichen Arten auf: als direkte oder indirekte Durchfeuchtung, sporadisch oder über einen längeren Zeitraum, in flüssiger Form oder dampfförmig. Heute weiß man, dass die relative Luftfeuchte in einem Raum allein nicht mehr ausreicht, um spezifische Vorhersagen treffen zu können. Genauso, dass sich Schimmelpilze auch schon unter der Taupunkttemperatur bilden können und nicht erst, wenn Kondensat entsteht. Relativ neue Kennwerte wie der a_W-Wert oder f_{RSi}-Wert müssen bekannt sein, um den wahren Ursachen auf den Grund zu gehen.

Die genaue Art der Durchfeuchtung zu analysieren, zu bewerten und nachhaltig zu beseitigen, ist für die anschließende Sanierung essenziell, sonst werden nur die Symptome bekämpft und das Problem kaschiert. Häufig treten die Schimmelpilzprobleme sonst zeitversetzt wieder auf oder verlagern sich nur. Eine zu vorschnelle Festlegung auf die vermeintlichen Ursachen kann erhebliche Konsequenzen haben – für alle Beteiligten.

4.2 Das generische Wachstumsmodell

4.2.1 Einleitung

In den meisten Publikationen wird die Bildung, Vermehrung und Ausbreitung von Schimmelpilzen in Innenräumen immer noch so dargestellt, als wenn Feuchtigkeit und Temperatur sowie Nährstoffe nur über einen bestimmten Zeitraum simultan auftreten müssen, um dann zwangsläufig zu Sporenkeimung und Myzelwachstum zu führen. Man könnte diese Annahme mit einem generischen Wachstumsmodell unter stationären Randbedingungen gleichsetzen (siehe Abb. 4.1).

Für das Wachstum von Schimmelpilzen ist Feuchtigkeit essenziell. Allerdings brauchen die unterschiedlichen Schimmelpilzarten und -spezies unterschiedlich viel Feuchtigkeit für ihr Wachstum. Einige hydrophile Arten bevorzugen ein sehr feuchtes bis nasses Umfeld (a_W-Wert $> 0{,}9$). Andere xerophile Arten wiederum kommen auch mit deutlich weniger Feuchtigkeit für ihr Wachstum aus (a_W-Wert $< 0{,}7$). Die meisten Schimmelpilze haben ein Optimum im Bereich von 0,8 bis 0,85. Hierbei ist zu beachten, dass es um die Untergrundfeuchtigkeit (Substrat) geht und nicht um die relative Luftfeuchte in der Raumluft!

Ähnlich verhält es sich bei der Temperatur. Es gibt nicht die eine Temperatur, bei der sich ein Schimmelpilz bildet. Das Temperaturspektrum reicht je nach Schimmelpilzart und -spezies von −10 °C bis knapp 60 °C. Schimmelpilze, die im unteren Temperaturbereich wachsen, werden als

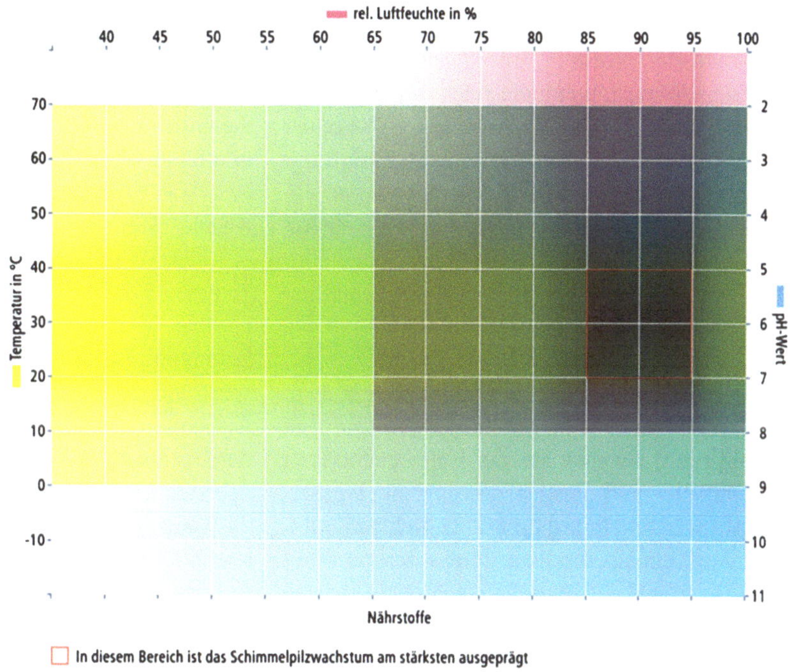

Abb. 4.1 Matrix eines generischen Wachstumsmodells

mesophil bezeichnet. Dagegen werden Schimmelpilze, die eine warme Umgebung bevorzugen, als thermophil bezeichnet. Der mittlere Bereich, in dem die meisten Schimmelpilze ihr Optimum haben, liegt zwischen 20 und 40 °C und wird als thermotolerant bezeichnet. Hierbei ist zu beachten, dass es um die Untergrundtemperatur (Substrat) geht und nicht um die Raumlufttemperatur!

Außerdem braucht der Schimmelpilz ein entsprechendes Nährstoffangebot. Auch wenn man davon ausgeht, dass allein die Partikel im Hausstaub für ein Anwachsen in der Regel ausreichen, gibt es erhebliche Unterschiede im Nahrungsangebot, die das Wachstum beschleunigen können.

Auch bei der Alkalität gibt es nicht den einen pH-Wert, bei dem sich Schimmelpilze bilden können oder im Gegensatz das Wachstum dauerhaft gehemmt wird. Dies hat unterschiedliche Gründe. Neben der Anpassungsfähigkeit der Schimmelpilzarten sind einige in der Lage, den pH-Wert zu verändern und sich somit ein lebensfähiges Umfeld zu schaffen. Die meisten Schimmelpilzarten finden ideale Wachstumsbedingungen bei einem pH-Wert von 5 bis 7.

Die Faktoren Sauerstoff und Licht können weitestgehend vernachlässigt werden.

4.2.2 Feuchtigkeit

Feuchtigkeit ist für die Schimmelpilzbildung, das -wachstum und die -verbreitung der alles entscheidende Faktor. Die anderen Einflussfaktoren wie Temperatur, Nährstoffe, pH-Wert, Licht oder Sauerstoff können vernachlässigt werden, wenn keine ausreichende Feuchtigkeit vorhanden ist. Hierbei muss Feuchtigkeit als elementare Voraussetzung unter verschiedenen Aspekten betrachtet werden:

- der Feuchtigkeitsbedarf der verschiedenen Schimmelpilzarten und -spezies,
- die vielfältigen Ursachen für Feuchtigkeitsanfall sowie deren gegenseitige Wechselwirkung,
- Art, Menge und Zustand, wie und wann Feuchtigkeit auftreten kann und wie diese von dem jeweiligen Untergrund aufgenommen, ggf. abgespeichert und wieder abgegeben wird.

Außerdem geht es darum, warum Feuchtigkeit viel über die Schimmelpilzart und -spezies verraten kann oder umgekehrt Schimmelpilzarten als Indikator für Feuchteschäden dienen können.

Früher wurde für die Schimmelpilzbildung die relative Luftfeuchtigkeit von 100 % im Zusammenhang mit dem Taupunkt und dem daraus anfallenden Kondensat (Tauwasser) je nach Oberflächentemperatur verantwortlich gemacht. Heute weiß man, dass Schimmelpilze auch Untergründe besiedeln können, wenn die relative Luftfeuchte weniger als 80 % beträgt. Außerdem ist bekannt, dass die relative Luftfeuchte in der Raumluft nur bedingt aussagekräftig ist und es mehr darauf ankommt, wie viel Feuchtigkeit sich im Substrat oder in unmittelbarer Nähe der Oberfläche befindet – denn dort entscheidet der Feuchtegehalt, ob die auftreffenden Schimmelpilzsporen auskeimen und anschließend ein Myzel ausbilden.

Hierzu müssen folgende Dinge bekannt sein: Schimmelpilze können sowohl aus dem Substrat (Untergrund) als auch aus der Luft Feuchtigkeit aufnehmen – und dies als Wasser bzw. Wasserdampf. Schimmelpilzsporen z. B. nehmen während des Keimens die Feuchte aus der unmittelbaren Luft auf, während das nach der Keimung gebildete Myzel auch Feuchte aus dem Substrat aufnehmen kann.

Des Weiteren ist nicht die Gesamtfeuchte des Materials entscheidend, sondern nur das für die Schimmelpilze „frei“ zur Verfügung stehende Wasser. Hierbei handelt es sich um den Wassergehalt in den Poren an der Bauteiloberfläche, der nicht durch lösliche Substanzen wie z. B. Salze, Eiweißstoffe oder auch Kohlenhydrate gebunden ist. Für diesen frei verfügbaren Teil des Wassers im oberflächennahen Bereich wurde die Kenngröße der so genannten Wasseraktivität eingeführt, oder kurz der a_W-Wert. Dieser definiert sich als der Quotient des Wasserdampfdruckes im bzw. auf dem Substrat und des Sättigungsdruckes des reinen Wassers bei gleicher Temperatur. Häufig wird behauptet, dass sich der a_W-Wert ergibt, wenn die relative Luftfeuchte durch 100 geteilt wird. Dies ist nicht ganz korrekt, da der a_W-Wert eben auch von der chemischen Zusammensetzung und Temperatur sowie dem pH-Wert des Substrates abhängig ist. Deshalb entspricht in der Praxis ein a_W-Wert an der Materialoberfläche nur annäherungsweise dem Wert der relativen Luftfeuchte, multipliziert mit 100.

Der Lebenszyklus und die einzelnen Wachstumsphasen von Schimmelpilzen wie Sporenkeimung, Wachstum und Produktion von Mykotoxinen benötigen jeweils einen unterschiedlichen a_W-Wert. In der Regel erfordert die Bildung von Konidien sowie die vegetative oder sexuelle Sporenbildung einen höheren a_W-Wert als z. B. das Wachstum des Myzels und die Sporenkeimung.

Relativ unbekannt ist, dass Mykotoxin bildende Schimmelpilzarten in der Phase der Toxinproduktion in der Regel einen höheren Wasserbedarf haben als z. B. während der Phase, wenn das Myzel wächst. Dies bedeutet, dass die Mykotoxine erst bei höheren a_W-Werten produziert werden.

Einen Einfluss auf den a_W-Wert hat zudem die optimale Wachstumstemperatur, die ebenfalls von Schimmelpilz zu Schimmelpilz unterschiedlich sein kann. Mikrobiologisch erwiesen ist, dass ein Auskeimen der Sporen und Konidien im Bereich der Optimaltemperatur am größten ist. Dies bedeutet, dass die Wasseraktivität steigt, sobald sich die Umgebungstemperatur erhöht oder fällt. Allgemein kann man feststellen, dass die Keimungsrate von Schimmelpilzsporen bei jeder Temperatur sinkt, wenn die Wasseraktivität abnimmt. Außerdem kann man beobachten, dass sich der Temperaturbereich für das Wachstum von Schimmelpilzen bei einem niedrigen a_W-Wert nach oben verschiebt.

Neben den Unterschieden des a_W-Wertes innerhalb eines Lebenszyklus der Schimmelpilze haben auch die unterschiedlichen Schimmelpilzarten eine unterschiedliche Wasseraktivität. Dies muss immer berücksichtigt werden, wenn „allgemein“ davon gesprochen wird, dass die meisten Schimmelpilze einen a_W-Wert von ca. 0,85 haben.

Denn so genannte xerophile Schimmelpilzarten können auch auf „trockneren“ Substraten wachsen und haben einen a_W-Wert von 0,70 bis 0,75 (0,80). Hierzu gehören z. B. Penicillium chrysogenum, Aspergillus glaucus und Aspergillus restrictus. Besonders xerophile Schimmelpilze wie Wallemia sebi haben einen a_W-Wert von nur 0,65 bis 0,70. Dies setzt allerdings voraus, dass sich auf dem Substrat (Untergrund) bereits ein hydrophiler Biofilm gebildet hat, der Feuchtigkeit bindet und damit die Sporen des Schimmelpilzes ausreichend versorgt. Heute gilt als gesichert, dass der unterste a_W-Wert selbst bei ansonsten optimalen Wachstumsbedingungen bei 0,6 liegt und darunter ein Wachstum sehr unwahrscheinlich ist.

Schimmelpilze mit einer mittleren Wasseraktivität werden als mesophil oder manchmal auch als hydrotolerant bezeichnet. Bei einem a_W-Wert zwischen 0,80 bis 0,85 (0,90) sind bei Oberflächentemperaturen von über 10 °C die Wachstumsbedingungen für die meisten innenraumrelevanten Schimmelpilzarten bereits erreicht. Zu dieser Gruppe gehört z. B. Aspergillus versicolor, Aspergillus fumigatus, Cladosporium cladosporioides und Fusarium solani.

Hierbei muss beachtet werden, dass die Konidien z. B. von Aspergillus- und Penicillium-Arten im trockenen Zustand jahrelang keimfähig bleiben können, während die Sporen z. B. der Mucor-Arten wesentlich empfindlicher sind. So reicht in der Regel bei den mesophilen Schimmelpilzen die Bildung von Kondensationsfeuchte über 3 bis 4 Tage aus, damit Auskeimung und Bildung von Substratmyzel stattfinden kann.

Einige wenige Schimmelpilzarten benötigen deutlich mehr Feuchtigkeit für ihr Wachstum. Diese so genannten hydrophilen Schimmelpilze bevorzugen einen a_W-Wert von 0,90 bis maximal 0,95. Hierzu gehören z. B. Stachybotrys chartarum, Rhizopus stolonifer, Ulocladium und Trichoderma.

Speziell Stachybotrys chartarum benötigt Substrate mit einer hohen Wasseraktivität. Mit einem a_W-Wert ab 0,94 tritt dieser Schimmelpilz sehr häufig bei (sporadischen und/oder versteckten) Wasserschäden (z. B. Leckagen an Wasserleitungen oder Rohrbrüche) auf, so dass man diesen auch als Feuchteindikator bezeichnet. Dies bedeutet, dass man über die Anwesenheit bestimmter Schimmelpilzarten einen Rückschluss auf die Höhe der Durchfeuchtung schließen kann. Schließlich würde man Stachybotrys chartarum bei einer „normalen" Feuchtebelastung in der Regel nicht finden.

Bei einem a_W-Wert von 1 können Schimmelpilze in der Regel nicht mehr wachsen. Im Wasser oder einer relativen Luftfeuchte von 100 % wachsen nur noch Bakterien, die ohnehin einen deutlich höheren Feuchtigkeitsbedarf haben als Schimmelpilze. Der a_W-Wert der meisten Bakterien liegt bei über 0,90.

Dies bedeutet, dass es nicht DEN EINEN Feuchtegehalt gibt, bei dem DIE Schimmelpilze wachsen. Eine Pauschalisierung ignoriert, dass der Bedarf an Feuchtigkeit nicht nur je nach Schimmelpilzart und -spezies sehr unterschiedlich ist, sondern auch innerhalb des Lebenszyklus und der Wachstumsphasen. Des Weiteren tritt in privat genutzten Innenräumen keine konstante Feuchtigkeit auf. Die relative Luftfeuchte der Raumluft und des Substrates (Untergrund) sind nicht identisch und selbst innerhalb der Bauteiloberflächen gibt es Unterschiede, verursacht z. B. durch taupunktbedingtes Kondenswasser an Wärmebrücken oder durch Luftströmungen und dgl.

Hierzu ein Beispiel: Je kälter die Oberflächentemperatur im Verhältnis zur Raumtemperatur ist, umso höher ist die Wasseraktivität – eine konstante Ausgleichsfeuchte vorausgesetzt. Hierzu soll die Situation in einem durchschnittlichen Schlafzimmer simuliert werden. Als Beispiel dient eine nicht oder unzureichend gedämmte Außenwand (z. B. in einem Altbau). Bei Außentemperaturen von z. B. minus 8 °C werden eine Wandtemperatur auf der Schlafzimmerinnenseite von 10 °C und eine Lufttemperatur von 18 °C angenommen – eine Situation, die sich in nicht sanierten Altbauten häufig darstellt. Das nachfolgende Beispiel zeigt, wie sich der a_W-Wert allein nur dadurch verändert, dass sich die relative Luftfeuchtigkeit erhöht. Die Lufttemperatur bleibt konstant bei 18 °C, die Wandtemperatur bei 10 °C.

Ein einfaches Beispiel (siehe Abb. 4.2) zeigt, dass bereits ab einer relativen Luftfeuchtigkeit von nur 40 % (!) der mikrobielle Befall durch einige xerophile Schimmelpilzarten möglich ist und selbst bei einer relativen Luftfeuchte von 46 bis 54 % die meisten innenraumrelevanten Schimmelpilzarten ideale Wachstumsbedingungen (in Bezug auf Feuchtigkeit) antreffen. In Schlafzimmern sind dies absolut übliche Werte, zumal sich Schimmelpilzbefall dort in den Innenecken von Außenwänden, an Fensterlaibungen, Heizkörpernischen (bei herunter gedrehten Heizkörpern) oder hinter großen Möbelstücken und Einbauschränken

relative Luftfeuchte	36	38	40	42	44	46	48	50	52	54	56	58	60
a_W-Wert	0,60	0,63	0,67	0,70	0,73	0,77	0,80	0,83	0,87	0,90	0,93	0,97	1,0
Schimmelpilzwachstum			**xerophil**				**mesophil**			**hydrophil**			

Abb. 4.2 Ich bin ein Mustertext – bitte Abbildungslegende nachliefern.

zeigt. Dieses Beispiel zeigt auch, dass unter ungünstigen Bedingungen mit einem Schimmelpilzwachstum bereits ab einem a_W-Wert von 0,67 mindestens aber ab 0,7 gerechnet werden muss. Die DIN 4108 ist dies bzgl. etwas „großzügiger“: Dort findet sich trotz langjähriger Erkenntnisse nach wie vor eine „Hygiene-Temperatur“ (Schimmelpilzfreiheit) von 12,6 °C. Diese Temperatur darf bei einem Neubau oder nach einer Sanierung auch an Wärmebrücken normativ nicht unterschritten werden. Unter Berücksichtigung der zugrunde gelegten Kennwerte gemäß Normklima von 20 °C und 50 % relative Luftfeuchte „versteckt“ sich hinter der Temperatur von 12,6 °C ein a_W-Wert von ca. 0,79 und ist deutlich zu hoch, um einen Schimmelpilzbefall ausschließen zu können.

Für Architekten (in der Planung), Sachverständige (bei der Begutachtung) und Anwälte (im Rahmen von Rechtsstreitigkeiten) bedeutet dies, dass es eine Grauzone zwischen dem normativ geforderten a_W-Wert kleiner 0,8 und dem tatsächlich erforderlichen a_W-Wert von unter 0,72 gibt und somit einer erforderlichen Mindesttemperatur von 14 °C auf der ungünstigsten Bauteiloberfläche, wenn man einen Schimmelpilzbefall ausschließen möchte. Bekanntlich wachsen die meisten innenraumrelevanten Schimmelpilze genau in dieser normativen Grauzone. Die Einhaltung von DIN-Normen stellen nur Mindestanforderungen dar und schützen nicht vor Schäden und/oder Haftung.

Bei der Betrachtung raumklimatischer Bedingungen in Innenräumen muss daher immer auch das materialspezifische Feuchteverhalten der Untergründe (Substrate) berücksichtigt werden. Hierzu zählen vor allem das Absorptions- und Desorptionsvermögen, also die Eigenschaft von Baustoffen, anfallende Feuchtigkeit an der Oberfläche aufzunehmen, in den oberflächennahen Schichten zu speichern und innerhalb des Baustoffs zu verteilen sowie anschließend an der Oberfläche wieder abzugeben. Anders ausgedrückt: Baustoffe mit einer geringen Sorptionsfähigkeit müssen in nicht oder unzureichend gedämmten Innenräumen als „schimmelpilzbegünstigend“ eingestuft werden. Hierbei gelten immer der komplette Wandaufbau und nicht einzelne Materialien. Ein hoch wasserdampfdiffusionsfähiger Kalkputz z. B. darf anschließend nicht mit einer hoch abgebundenen Dispersionsfarbe oder z. B. einer Vinyltapete versehen werden, da diese über ein schlechteres Sorptionsvermögen verfügen.

Weiterhin ist das Diffusionsverhalten der Baustoffe wichtig, damit Feuchtigkeit aus dem Untergrund z. B. aufgrund einer erhöhten Neubaufeuchte an die Raumluft abgegeben wird. Das Diffusionsverhalten von Materialien wird über den Wasserdampfdiffusionswiderstand (μ-Wert) sowie die diffusionsäquivalente Luftschichtdicke (sd-Wert) beschrieben.

4.2.3 Temperatur

Allgemein ist bekannt, dass Schimmelpilze ein feucht-warmes Klima bevorzugen. Der optimale Temperaturbereich für ihr Wachstum liegt zwischen 25 und 35 °C. Eine der wesentlichen Überlebensstrategien der Schimmelpilze liegt in ihrer Fähigkeit, in einem sehr breiten Temperaturspektrum überleben zu können. Schimmelpilze können bei Bedarf ihre Sporen „inaktivieren“, um kurzzeitig auch hohe oder tiefe Temperaturen überstehen zu können. Infolgedessen reicht das Temperaturspektrum je nach Schimmelpilzart im Extremfall von −10 °C bis knapp 60 °C (siehe Abb. 4.3).

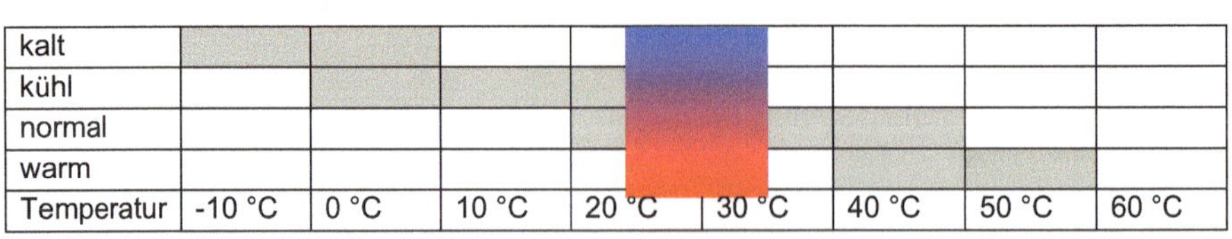

Abb. 4.3 Temperaturspektrum der Schimmelpilze (der farbige Bereich kennzeichnet die in Innenräumen übliche Oberflächentemperatur von Innenwänden und Bauteilen)

Die Minimaltemperatur einiger Schimmelpilze liegt zwischen 0 und 10 °C, diese Arten werden als psychrophil (kälteliebend) bezeichnet. Bei einigen psychrophilen Arten muss beachtet werden, dass diese unter dem Gefrierpunkt nicht abgetötet werden, sondern lediglich ihr Wachstum einstellen. Sobald sich die Temperatur wieder in den Plusbereich erhöht, wachsen diese Schimmelpilze weiter. Der Übergangsbereich von kalt auf kühl wird als psychrotolerant bezeichnet. Der mittlere Temperaturbereich, in dem die meisten Schimmelpilze ideale Bedingungen vorfinden, liegt zwischen 20 und 40 °C und wird als thermotolerant oder mesophil bezeichnet. Die Maximaltemperatur einiger Schimmelpilze liegt zwischen 40 und 50 °C, in Ausnahmen auch bis 60 °C und wird als thermophil (wärmeliebend) bezeichnet. Hierbei ist zu beachten, dass es sich bei diesen Angaben um die Untergrundtemperatur (Substrat) handelt.

Bemerkenswert ist, dass Schimmelpilze im Randbereich des Temperaturspektrums ein langsameres Wachstum aufweisen und einen erhöhten Feuchtigkeitsbedarf entwickeln.

Des Weiteren muss beachtet werden, dass vor allem Schimmelpilzarten, die für ihr optimales Wachstum eine Temperatur von 37 bis 39 °C bevorzugen, gesundheitlich relevant sein können, da dieser Wachstumsbereich der Körpertemperatur der Menschen entspricht. Hierzu gehören eine Reihe der mesophilen Schimmelpilze wie z. B. Aspergillus fumigatus und die dadurch evtl. verursachte Aspergillose.

Im Zusammenhang mit dem Temperaturbereich muss der so genannte f_{Rsi}-Wert genannt werden. Bis vor einigen Jahren ist man davon ausgegangen, dass sich Schimmelpilze in Innenräumen vor allem dann bilden, wenn der Taupunkt an Bauteilen unterschritten wird und infolgedessen Oberflächenkondensat auftritt. Heute ist bekannt, dass dieses Wachstum auch schon stattfindet, wenn auf einer Oberfläche längerfristig eine relative Luftfeuchte von über 80 % besteht. Diese Situation tritt häufig im Bereich von Wärmebrücken auf. Um das Risiko der Schimmelpilzbildung durch konstruktive Maßnahmen zu verringern, müssen alle Bauteile an der ungünstigsten Stelle die Mindestanforderung an den Temperaturfaktor $f_{Rsi} \geq 0{,}7$ erfüllen. Dieser wird durch die Eingabe der Oberflächentemperatur sowie der Lufttemperatur (innen und außen) ermittelt, wobei die Messung an der Stelle mit der geringsten Oberflächentemperatur erfolgt.

Kritiker bemängeln, dass mit dem f_{Rsi}-Wert in der DIN 4108-2 eine Prognose zur Schimmelpilzwahrscheinlichkeit nur auf Basis von Temperaturangaben und einem theoretischen Feuchtewert nach Normklima (20 °C Raumtemperatur und 50 % rel. Feuchte) getroffen wird, ohne die tatsächlichen Feuchtewerte zu berücksichtigen. Feuchte ist allerdings der wesentliche Faktor für Schimmelpilzbildung und -wachstum. Gerade in Schlafzimmern oder häuslichen Bädern kommt es häufig zu höheren Feuchtebelastungen. Hinzu kommt, dass in Innenecken z. B. von Räumen drei zweidimensionale Wärmebrücken zusammentreffen und sich infolgedessen dreidimensionale Temperaturfelder ausbilden. In diesen Ecken stellen sich tiefere innere Oberflächentemperaturen als in den Bereichen der zweidimensionalen Wärmebrücken, den Kanten, ein. Hier liegt deshalb erhöhtes Risiko einer Schimmelpilzbildung vor. Bei einer Außentemperatur von z. B. −10 °C, die in den Nachtstunden der ohnehin schimmelkritischen Wintermonate nicht unüblich ist, wird eine niedrigere Wandoberflächentemperatur von 11 °C zugestanden, was der eigenen Norm mit der minimal zulässigen Wandoberflächentemperatur von 12,6 °C widerspricht. Auf die raumklimatischen Bedingungen z. B. in einem Schlafzimmer übertragen (Raumtemperatur z. B. 18 °C, Wandtemperatur 9,6 °C und Außentemperatur von −10 °C) bedeutet dies, dass selbst bei einem nach Norm zulässigen f_{Rsi}-Wert von 0,7 eine Wandoberflächentemperatur knapp oberhalb des Taupunktes und Feuchtewerte von fast 100 % als zulässig erklärt werden, so dass mit einer hohen Wahrscheinlichkeit eine Schimmelpilzbildung nicht ausgeschlossen werden kann. Diese Formel widerspricht allen bekannten bauphysikalischen Erkenntnissen und verursacht aufgrund der fehlenden Betrachtung der tatsächlichen Feuchte völlig unzulässige Ergebnisse.

4.2.4 pH-Wert

Schimmelpilze bevorzugen im Allgemeinen für ihr Wachstum ein leicht saures Milieu, also ein Substrat mit einem pH-Wert von 4 bis 7. Man spricht auch von den so genannten acidophilen

Tab. 4.1 pH-Wert-Spektrum verschiedener Schimmelpilzarten und -spezies

Schimmelpilz	pH-Wert		
	Minimum	Optimal	Maximum
Aspergillus flavus	2,5	7,5	10
Alternaria alternata	2,5	5	8
Aspergillus candidus	2	5	7
Aspergillus fumigatus	3	6,5	8
Aspergillus niger	1,5	5–7	10
Aspergillus ochraceus	3	6,5	10
Aspergillus parasiticus	2	5–7	10,5
Cladosporium	3	5	8
Fusarium	2	6	9
Penicillium	2	5,5	10

Schimmelpilzen. Die meisten der üblichen Baustoffe und Untergründe in privat genutzten Innenräumen wie z. B. Tapeten, Dispersionsfarben, Kunstharzputze und Gipskartonplatten haben einen pH-Wert von 5 bis 7 und entsprechen somit dem Idealbereich für Schimmelpilze. Insgesamt reicht das Spektrum von einem pH-Wert von 3 bis 9, in Ausnahmen können einige Schimmelpilzarten auch Substrate mit einem pH-Wert bis 13 besiedeln. Allerdings werden oberhalb eines pH-Wertes von 9 immer nur sehr geringe Mengen an Schimmelpilzen nachgewiesen, so dass dieser alkalophile Bereich vernachlässigt werden kann. Der „neutrale“ Bereich umfasst einen pH-Wert von 7 bis 9 und beschreibt die neutrophilen Schimmelpilze. Eine Übersicht bietet Tab. 4.1.

Bei der Betrachtung des pH-Wertes muss beachtet werden, dass das Wachstum der meisten Schimmelpilze in einem anderen pH-Wert stattfindet als die Bildung der sekundären Stoffwechselprodukte wie die Mykotoxine.

Es gibt einen weiteren Aspekt, warum die isolierte Betrachtung des pH-Wertes nur eine begrenzte Aussagekraft hat. Schimmelpilze haben ihre Überlebensfähigkeit auch in Bezug auf den pH-Wert des Substrates perfektioniert. Durch das Ausscheiden von bestimmten Stoffwechselprodukten können einige Schimmelpilzarten den pH-Wert des Untergrundes nach oben oder unten verändern – sich also ein ideales Umfeld schaffen, meistens durch das Absenken des pH-Wertes. Dies ist wichtig zu wissen, da vielfach die Meinung vertreten wird, dass Materialien mit einem hohen pH-Wert wie z. B. Kalkfarben oder -putze, Silikatfarben oder -putze ein Wachstum auf natürliche Weise verhindern. Diese Annahme ist im doppelten Sinn nicht richtig. Denn selbst wenn, eine Absenkung des pH-Wertes durch Schimmelpilze nicht stattfindet, baut sich die hohe Alkalität der frisch aufgetragenen Baustoffe aufgrund der Carbonatisierung relativ schnell ab. In Innenräumen geht man von einem Zeitraum von ca. 6 Monaten aus. In dieser Zeit kann das Schimmelpilzwachstum gehemmt werden. Sobald sich die Alkalität abgebaut hat, sind diese Oberflächen genauso schimmelpilzgefährdet, wenn die hierfür notwendigen Voraussetzungen vorliegen. Darüber hinaus wird häufig übersehen, dass bereits eine dünne Staubschicht ausreicht, um eine Entkopplung vom alkalischen Untergrund herzustellen.

4.2.5 Nährstoffe und Nährboden

Für das Wachstum der Schimmelpilze müssen zwei unterschiedliche „Nahrungsquellen“ betrachtet werden: zum einen die Nährstoffe und zum anderen der Nährboden. Beide Begriffe werden häufig synonym verwendet. Dabei beschreiben die Nährstoffe den Untergrund bzw. das Substrat und Nährboden die Substanzen, die im Rahmen der mikrobiologischen Diagnostik z. B. für die Kultivierung von Proben eingesetzt werden. Während sich Schimmelpilze für ihr Wachstum die passenden Nährstoffe im Untergrund (Substrat) suchen, werden Nährböden (auch als

Nährmedien bezeichnet) gezielt für das Anwachsen von Kulturen eingesetzt.

Schimmelpilze ernähren sich von organischen Molekülen wie z. B. Kohlenhydrate (Zucker, Zellulose, Hemicellulose, Lignin), Fette und Proteine. Daher zählen sie zu den so genannten heterotrophen Organismen. Als Substrat dienen Nährstoffe in Lebensmitteln, im Erdboden und in Blumenerde, in Kork und Pflanzenfasern, im Stroh und Lehm, in Hanf und Leinen, in Wolle und Baumwolle, in Glas- und Mineralwolle, in Holz und Holzwerkstoffen wie z. B. Hartfaser-, OSB- oder Spanplatten, Papier, Pappe und Karton, Leder und Textilien, Teppiche und Polstermöbel, Gummi und einige Kunststoffe sowie organischen Baustoffen wie z. B. Gipskartonplatten, Tapeten und Tapetenkleister, Kleb- und Dichtstoffen sowie organischen Beschichtungen wie Lacke, Farben und Lasuren, Spachtelmassen und Putze.

Wenn Schimmelpilzsporen auf feuchte, organische Untergründe treffen, liegen ideale Wachstumsbedingungen vor. Als besonders gutes Beispiel dient die Raufasertapete. Ihr Gehalt an Zucker, Eiweiß und Lignin ist relativ hoch. Im trockenen Zustand sind diese Nährstoffe für Schimmelpilze nur schwer zugänglich. Wird die Raufasertapete allerdings durchfeuchtet, entsteht ein regelrechter „Nährstoff-Cocktail", der von den Enzymen der Schimmelpilze verstoffwechselt wird (siehe Abb. 4.4).

Schimmelpilze sind bei der Suche nach „ihrer" Kohlenstoffquelle sehr genügsam. Schon geringe Anteile an organischen Substanzen wie z. B. Weichmacher in Folien und Schaumstoffen oder organische Additive wie z. B. Tenside oder Verdickungsmitteln in Farben und Beschichtungen können bereits als Nährstoffquelle ausreichen. Daher wird oft übersehen, dass z. B. auch mineralische Putze, die aufgrund ihrer Anfangsalkalität und „natürlichen" Zusammensetzung oftmals als ideale Alternative gesehen werden, zur Verbesserung der Untergrundhaftung und/oder der Verarbeitungseigenschaften einen Zusatz von Polyvinylacetat enthalten. Dieses wird im alkalischen Putz in Polyvinylalkohol und Acetat gespalten, das den Schimmelpilzen als Kohlenstoffquelle dient.

Selbst so genannte „oligotrophe" Schimmelpilzarten finden genügend Nährstoffe – spätestens in der Raumluft. Denn in der Raumluft befinden

Abb. 4.4 die Raufasertapete im feuchten Zustand ist der ideale Nährboden für Schimmelpilze

sich genügend organische und anorganische Partikel, weshalb man auch von so genannten Bioaerosolen oder vom Aeroplankton spricht. Dieses kann je nach Umgebungsbedingungen aus z. B. synthetischen und/oder natürlichen Faserstäuben bestehen, aber auch aus mineralischen Feinstpartikel, Salze sowie Rauch, Asche und Rußpartikel, aus Insektenfragmenten, Pollen, Haare und Hautschuppen sowie letztendlich aus Schimmelpilzsporen, Viren und Bakterien. Genau genommen lagern sich diese feinsten Partikel auf den Staubkörnchen an oder werden durch sie gebunden. Durch Aufwirbelungen z. B. beim Öffnen von Türen und Fenstern und dem dadurch entstehenden Durchzug, beim Öffnen von Bauteilkonstruktionen und den dadurch entstehenden Unterdruck und Sog oder beim Aufschütteln von Bettbezügen, Decken oder Teppichen werden diese Partikel innerhalb eines Raumes verteilt oder in andere Räume übertragen. Gleiches gilt für das Lüften.

Im Zusammenhang mit Nährstoffen müssen die so genannten Biofilme genannt werden. Diese sind u. a. dafür verantwortlich, dass Schimmelpilze auch Untergründe besiedeln können, die normalerweise keine Nährstoffgrundlage für ein Wachstum bieten wie z. B. nicht organische Untergründe aus z. B. Metall, Glas, Faserzement oder Fliesen und keramische Beläge.

Mit Nährböden oder Nährmedien sind dagegen Substrate gemeint, die vor allem im Labor zur schnellen Anzucht von Schimmelpilzkulturen (oder anderer Mikroorganismen) verwendet werden. Die entsprechenden Proben wie z. B. Luftkeimsammlungen oder Abklatschproben werden hierzu auf ein geeignetes Medium (Nährboden) aufgebracht und unter kontrollierten Bedingungen wie z. B. in einem Inkubator für einen definierten Zeitraum (7 Tage) bei einer bestimmten Temperatur (25 °C und optional bei 36 °C) bebrütet, so dass sich z. B. die Schimmelpilzarten vermehren können. Ein Nährboden enthält lebenswichtige Nährstoffe für die Anzüchtung bestimmter Mikroorganismen. Für jede Art und ihre unterschiedlichen Ansprüche wurde ein geeignetes Nährmedium entwickelt.

Die Kultivierung innenraumrelevanter Schimmelpilzarten erfolgt auf Nährböden wie z. B. DG18-Agar oder Malzextrakt-Agar. Für Bakterien werden in der Regel Caso- oder TSA-Agar eingesetzt, zum Nachweis von gramnegativen Bakterien z. B. MacConkey Agar. Zum Nachweis von Hefen werden z. B. Sabouraud Dextrose Agar und zur Identifizierung verschiedener Candida-Arten z. B. Nickerson Agar verwendet. Bei bestimmten Fragestellungen können auch andere Nährmedien zum Einsatz kommen. Um eine Vermischung der Ergebnisse zu vermeiden, werden Nährmedien mit zusätzlichen Komponenten versehen. So wird z. B. dem DG18- oder Malzextrakt-Agar zum Nachweis von Schimmelpilzen z. B. Chloramphenicol zugesetzt, das das Wachstum von Bakterien hemmt. Dem CASO-Agar, das zum Nachweis von Bakterien eingesetzt wird, setzt man z. B. Cycloheximid zu, mit dem das Wachstum von Pilzen gehemmt werden soll.

4.2.6 Sauerstoff und Licht

Sauerstoff und Licht sind die beiden einzigen Einflussfaktoren, die im Gegensatz zu einer ausreichenden Feuchtigkeit, einer optimalen Temperatur, einem ausreichenden Nährstoffangebot und einem geeigneten pH-Wert für die Bildung und das Wachstum von Schimmelpilzen fast ignoriert werden können.

Die meisten Schimmelpilzarten sind typische Aerobier. Dies bedeutet, dass sie Sauerstoff für ihren Stoffwechsel benötigen und deshalb Oberflächen besiedeln bzw. das Myzel nur in die oberflächennahe Schicht des Untergrundes (Substrates) eindringt. Die Eindringtiefe beträgt hierbei je nach Porenstruktur und Materialgefüge des Baustoffes sowie dem Durchfeuchtungsgrad der Poren zwischen 10 und maximal 500 µm.

Den meisten Schimmelpilzarten reichen bereits geringste Mengen an Sauerstoff. Die Konidien z. B. von Alternaria- und Cladosporium-Arten benötigen zur Bildung von Keimhyphen einen Sauerstoffgehalt von weniger als 0,25 %. Da Sauerstoff in Innenräumen ausreichend vorhanden ist, spielt dieser Einflussfaktor daher für das Wachstum von Schimmelpilzen keine Rolle. Hinzu kommt, dass viele Schimmelpilzarten in der Lage sind, bei Sauerstoffmangel ihren Stoffwechsel von der „Atmung" auf Gärung umzustellen. Die Sporen z. B. einiger Mucor-Arten und von Rhizopus stolonifer können in reinem Stickstoff bei völliger Abwesenheit von Sauerstoff auskeimen. Des Weiteren hemmt ein steigender Kohlendioxidgehalt die Wachstumsgeschwindigkeit vieler Schimmelpilzarten.

Im Gegensatz zum Sauerstoff benötigen Schimmelpilze für ihren Stoffwechselprozess allerdings kein Licht. Dies erklärt u. a., warum sich Schimmelpilze z. B. auch hinter Fußleisten, Tapeten, Verkleidungen, Möbel und Einbauschränke sowie in Hohlräumen von Wand, Decke und Boden bilden können. Man spricht in dem Fall von einem versteckten Befall.

Pilze schützen sich vor der aggressiven UV-Strahlung durch die Bildung dunkler Pigmente wie z. B. Melanin. Diese Pigmente absorbieren die Strahlung, so dass sie die Zellbestandteile nicht zerstören. Daher kann Licht in Form von ultravioletten Strahlen eine gewisse Rolle spielen. Die sehr hohe Energiedichte von UV-Strahlen und ihre antimikrobielle Wirkung sind der Wissenschaft seit vielen Jahrzehnten bekannt. Die höchste Effizienz liegt zwischen 260 und 270 nm, also einem Teil der UV-Strahlung aus dem kurzwelligen C-Bereich. Sie umfassen den größten Teil des gesamten UV-Spektrums und haben einen stark keimtötenden (desinfizierenden) Effekt. Ausgelöst wird dies durch photochemische Reaktionen an den Nukleinsäuren. Die UV-Strahlen (Photonen) treffen das Informations- und Replikationszentrum (DNS) der Mikroorganismen und werden dort absorbiert. Infolgedessen kommt es zu einer Strukturveränderung bis hin zu ihrer Zerstörung. Einfach ausgedrückt: die Zelle verliert ihre Eigenschaften, sich reparieren und teilen zu können mit der Konsequenz, dass sich der Mikroorganismus

Tab. 4.2 erforderliche Energie zur Inaktivierung von Schimmelpilzen und anderen Mikroorganismen

Schimmelpilze	
Penicillium roqueforti	13.000
Penicillium expansum	13.000
Penicillium digitatum	44.000
Aspergillus flavus	60.000
Aspergillus glaucus	44.000
Aspergillus niger	132.000
Rhizopus nigricans	111.000
Mucor racemosus A	17.000
Mucor racemosus B	17.000
Hefen	
Saccharomyces ellipsoideus	6.000
Saccharomyces spores	8.000
Saccharomyces cerevisiae	6.000
Bakterien	
Streptomyces hemolyticus (Alpha-Typ)	2.200
Streptococcus lactis	6.100
Staphylococcus aureus	4.900
Staphylococcus albus	3.300
Pseudomonas fluorescens	3.500
Micrococcus sphaeroides	10.000
Sarcina lutea	19.800
Proteus vulgaris	2.700
Serratia marcescens	2.500
Bazillus subtilis	6.000
Escherichia coli	3.000

nicht mehr vermehren kann. Die bakterizide oder fungizide Wirkung der UV-Strahlen steht im direkten Zusammenhang mit der angewandten Dosis, die sich aus der Multiplikation von Dauer (Zeit) und Konzentration (Intensität) ergibt. Die Tab. 4.2 gibt die erforderliche Energie in $\mu W \cdot s/cm^2$ wieder, die zur Inaktivierung einiger Mikroorganismen notwendig ist.

4.2.7 Konsequenzen

Bei einem Schimmelpilzbefall in Innenräumen konzentrieren sich die Untersuchungen in der Regel auf hygro-thermische Messungen, also der Messung von Feuchtigkeit und Temperatur in der Raumluft und/oder auf Bauteiloberflächen. Dies verwundert nicht angesichts der Tatsache, dass die meisten Untersuchungen vor allem von Bausachverständigen oder von Handwerkern vor der Sanierung durchgeführt werden. In weniger als 20 % dieser Fälle werden weiterführende mikrobiologische Untersuchungen für notwendig erachtet oder empfohlen.[3] Allerdings kommen diese nicht einmal zur Hälfte zur Ausführung, so dass eine Einschätzung der mikrobiellen Belastung aufgrund von bauphysikalischen Kenndaten erfolgt – ein gravierender Fehler in mehrfacher Hinsicht. Hinzu kommt, dass umweltmedizinische Untersuchungen in weniger als 1 % der Fälle in Auftrag gegeben werden.[3] Dennoch kommt es regelmäßig vor, dass sich Bausachverständige und Handwerker zu gesundheitlichen Aspekten – wie übrigens auch zu rechtlichen Aspekten – äußern, mit zum Teil fatalen Auswirkungen für die Betroffenen.

Hintergrund ist die weit verbreitete Meinung, dass Schimmelpilzbefall primär durch direkte Durchfeuchtung z. B. bei einem sporadischen Wasserschaden oder durch indirekte Durchfeuchtung z. B. durch taupunktbedingtes Kondenswasser z. B. an Wärmebrücken verursacht wird und man daher meint, dass Kenntnisse über diese bauphysikalischen Kenngrößen ausreichen, um einen Schimmelpilzbefall bewerten zu können. Unstrittig bilden Feuchtigkeit und Temperatur die wesentlichen Faktoren für das Wachstum und die Ausbreitung von Schimmelpilzen. Genauso unstrittig kommt es aber in zahlreichen Fällen, bei denen Feuchtigkeit und Temperatur ein Schimmelpilzwachstum grundsätzlich verursachen müssten, eben nicht zu diesem. Hintergründe hierzu haben die vorausgegangenen Kapitel geliefert. Es gibt eben nicht den einen Schimmelpilz. Daher sind individuelle Kenntnisse über den vorliegenden Schimmelpilzbefall und somit den spezifischen Ursachen unumgänglich – schon allein, um eine Gefährdungsbeurteilung erstellen zu können.

Die bisher marktüblichen Bewertungsmethoden gehen in der Regel von stationären Randbedingungen wie z. B. einem Normklima in jedem Innenraum aus, die gerade bei Schimmelpilzbefall in unterschiedlichen Innenräumen eben nicht vorliegen. Gerade die instationären Randbedingungen wie die individuelle Wohnsituation (z. B. die differenzierte Wasserdampfproduktion je Raumnutzung in Abhängigkeit zum Raumvolumen und der Belegungsdichte) sowie die dynamischen Einflüsse (z. B. die individuelle Hintergrundbelastung aufgrund von Witterung, Jahreszeit und/oder Expositionsquellen im Umfeld eines Gebäudes) sind es, die oftmals über das Wachstum von Schimmelpilzen entscheiden und ursächlich sind, warum z. B. in einer Wohnung eines Mehrfamilienhauses Schimmelpilze auftreten und in anderen Wohnungen im gleichen Haus bei vermeintlich gleichen Bedingungen eben nicht.

Deshalb ist es unumgänglich, für die Bewertung eines Schimmelpilzbefalls ein spezifisches Wachstumsmodell heranzuziehen. Hierbei handelt es sich um die konsequente Weiterentwicklung des Isoplethen-Modells sowie des biohygrothermischen Verfahrens des Fraunhofer Instituts für Bauphysik, mit dem auch multikausale Ursachen in einem dynamischen Umfeld berücksichtigt werden. Hierbei werden die stationären und instationären Randbedingungen um die individuellen Einflussfaktoren ergänzt und bewertet und ein Bezug auf die individuellen Schimmelpilzspezies hergestellt.

4.3 Das spezifische Wachstumsmodell

4.3.1 Einleitung

Privat genutzte Innenräume wie Wohnungen unterliegen individuellen Einflüssen und können daher mit labortechnischen Bedingungen nicht verglichen werden. Gleiches gilt für das Innenraumklima, das eben nicht einem Normklima entspricht. Beides – Laborbedingungen und Normklima – werden allerdings immer wieder herangezogen, wenn das Wachstum von Schimmelpilzen theoretisch erklärt und/oder simuliert wird. Dabei gibt es neben den „Standard-Kenngrößen" wie Feuchte und Temperatur, Nährstoffe und pH-Wert sowie Licht und Sauerstoff eben auch individuelle Einflussfaktoren, die nicht generell vorliegen müssen, aber unmittelbaren Einfluss auf das Wachstum haben können. Infolgedessen gibt es auch keine gesetzlichen Grenz-, Richt- oder Orientierungswerte für Schimmelpilze in privat genutzten Innenräumen, da jede Wohnung mehr oder weniger individuelle Voraussetzungen aufweist. Hierbei geht es nicht nur um die individuellen Innenräume, sondern auch um das individuelle Umfeld des Gebäudes, in dem sich die Wohnung befindet. Hinzu kommt die individuelle Konstitution (Prädisposition und Disposition) von Menschen und deren unterschiedliche Reaktion auf Schimmelpilzbefall, für die man so genannte Risikogruppen definiert hat. Auch die unterschiedliche Wirkung verschiedener Schimmelpilzarten und -spezies darf nicht ignoriert werden, zumal Schimmelpilze nicht isoliert auftreten, sondern in einer Mischexposition. Man kann dieses Schema auch als Gleichung mit vier Unbekannten bezeichnen, da die individuelle Hintergrundbelastung, die individuelle Innenraumsituation, die individuelle Konstitution der Bewohner und die individuelle Wirkung der Schimmelpilze in jeder Wohnung anders aufeinandertreffen können.

4.3.2 Hintergrundbelastung

4.3.2.1 Einleitung

Biogene Stäube, Schimmelpilzsporen und andere mikrobielle Partikel sind natürlicher Bestandteil der Umwelt und treten als so genannte Bioaerosole ubiquitär auf. Dies bedeutet, dass diese allgegenwärtig sind und überall vorkommen – in der Außenluft genauso wie in der Innenraumluft. Über z. B. offene Fenster und Türen kommt es zu einem Luftaustausch in beide Richtungen, so dass biogene Stäube, Schimmelpilzsporen und andere mikrobielle Partikel aus der Außenluft auch in die Innenräume gelangen. Diese „normale" oder natürliche Belastung durch Schimmelpilze in der Außenluft und somit auch in der Innenraumluft wird als Hintergrundbelastung bezeichnet, da sie „im Hintergrund" immer vorhanden ist, unabhängig davon, wie ein Innenraum genutzt wird und/oder wie viel Feuchtigkeit in ihm produziert wird oder aufgrund anderer Einflussfaktoren. Es handelt sich um eine nicht zu vermeidende, ständig vorhandene mikrobielle Belastung der Innenraumluft sowie der Baustoff- oder Materialoberfläche. Daher gibt es auch keine schimmelpilzfreien Innenräume. Diese Hintergrundbelastung dient als Referenzwert und muss berücksichtigt werden, wenn von einer erhöhten Innenraumbelastung ausgegangen wird. Kurzum: entspricht die mikrobielle Belastung der Innenräume der Konzentration der Außenluft, liegt keine (!) erhöhte Innenraumbelastung vor, egal wie hoch die gemessenen Werte sind. Erst wenn die gemessenen Werte in Innenräumen deutlich über denen der Außenluft liegen, spricht man von einer innenrauminduzierten Belastung und bewertet diese in Abhängigkeit der Konzentration und der einzelnen Schimmelpilzarten und -spezies. Infolgedessen sind die individuellen Einflussfaktoren auf die Hintergrundbelastung wie externe Expositionsquellen sowie die spezifischen Unterschiede in Bezug auf Untergründe und/oder der Schimmelpilze zu beachten.

4.3.2.2 Externe Expositionsquellen

Der Zusammenhang zwischen der Schimmelpilzkonzentration in der Raumluft von Innenräumen sowie der natürlichen Hintergrundbelastung in der Außenluft wird in der Regel zu wenig thematisiert. Dabei gibt es einen direkten Zusammenhang in Bezug auf Ursache und Wirkung sowie deren Bewertung. Allein die Art und Konzentration von Bioaerosolen in der Luftzusammensetzung wird wesentlich durch Expositionsquellen im Umfeld eines Gebäudes beeinflusst. Hierzu gehören z. B. landwirtschaftlich genutzte Stallungen und Freiflächen, Deponien und Kompostanlagen sowie Gärtnereien und dgl., bei denen hohe Konzentrationen von biogenen Stäuben, Schimmelpilzsporen und anderen mikrobiellen Partikeln freigesetzt werden und die Außenluft belasten. Gleiches gilt im Kleinen, wenn sich z. B. Biomüll („braune Tonne") oder Komposthaufen in unmittelbarer Nähe zum Fenster befinden und durch das Lüften eine Kontamination der Innenraumluft nicht ausgeschlossen werden kann.

4.3.2.3 Regional unterschiedliches Auftreten

Für die Bewertung von Schimmelpilzbelastungen spielt nicht nur die Differenz zwischen der Sporenkonzentration in der Außenluft und der Innenraumluft eine wesentliche Rolle, sondern auch jahreszeitlich und/oder witterungsbedingte Einflüsse. Ein weiterer Aspekt wird häufig unterschätzt: regionale Unterschiede sowie der Einfluss auf die Bioaerosole z. B. zwischen ländlichen Regionen und Städten oder Ballungszentren. Wenn also Referenzwerte der Außenluft zur Bewertung der Schimmelpilzbelastung in Innenräumen herangezogen werden, müssen diese repräsentativ sein.

Das Spektrum der Schimmelpilzkonzentration schwankt innerhalb von verschiedenen Regionen deutlich. Während in Städten und Ballungszentren Konzentrationen von 300 bis 1.000 Koloniebildenden Einheiten pro Kubikmeter Luft (KBE/m^3) normal sind, können diese im ländlichen Raum durch Landwirtschaft, wo das Nährstoffangebot für Schimmelpilze am höchsten ist und die Sporenbildung stattfindet, besonders hoch sein. Je nach Region und individueller Belastung sind dann 3.000 bis 20.000 KBE/m^3 in der natürlichen Außenluft normal. Daran sieht man, dass die Region, wo eine Referenzprobe der Außenluft gemessen wird, erheblichen Einfluss auf die Schimmelpilzbewertung hat. Im Jahresdurchschnitt liegen die Schimmelpilz-Konzentrationen in der Außenluft über alle Schimmelpilzarten und allen Regionen in Deutschland bei ca. 1.000 bis 2.000 KBE/m^3.

Um diesen Wert richtig einordnen zu können: in einer „normal bewohnten" Wohnung ohne Schimmelpilzbefall sind Konzentration von 300 bis 500, in den seltensten Fällen unter 1.000 KBE/m^3 normal (Achtung: dies ist keine Pauschalisierung!). Wird dagegen klein- oder großflächiger Schimmelpilzbefall festgestellt, kann die Konzentration schnell auf mehrere tausend KBE/m^3 Luft anwachsen. Auch in Bezug auf „typische" Schimmelpilzarten in Innenräumen kann es keine Pauschalisierung geben. Üblicherweise werden in Innenräumen die Schimmelpilze Fusarium, Alternaria, Botrytis, Trichoderma, Aspergillus, Chaetomium, Cladosporium, Aureobasidium, Mucor, Penicillium und Stachybotrys nachgewiesen, je nach Feuchteangebot und Ursache.

Bei Bioaerosolen handelt es sich um einen sehr heterogen Mix aus Mikroorganismen, der aus einer Vielzahl von Einflüssen bestimmt wird. Daher können Art und Konzentration mikrobieller Bestandteile stark variieren. Neben Sporen können sich auch mikrobielle Partikel des Myzels und Metaboliten in der „Luftbelastung" befinden. Dies macht eine gesundheitliche Bewertung komplex und erfordert immer eine Betrachtung im Einzelfall – also der individuellen Situation. Zu dieser

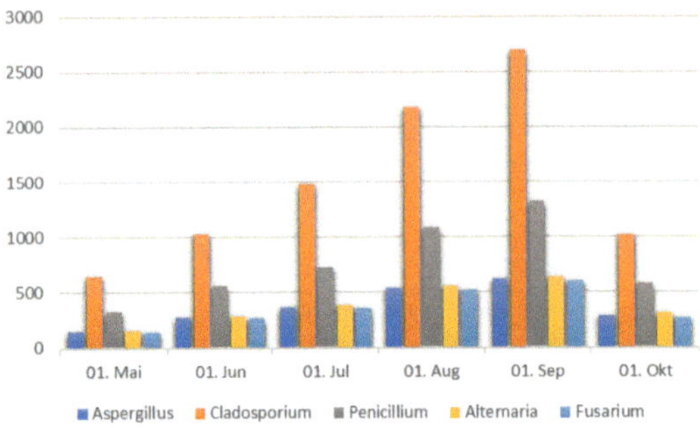

Abb. 4.5 Konzentration von Schimmelpilzen in der Außenluft in KBE/m³ (gemessen an einem Testobjekt in Stuttgart 2020)

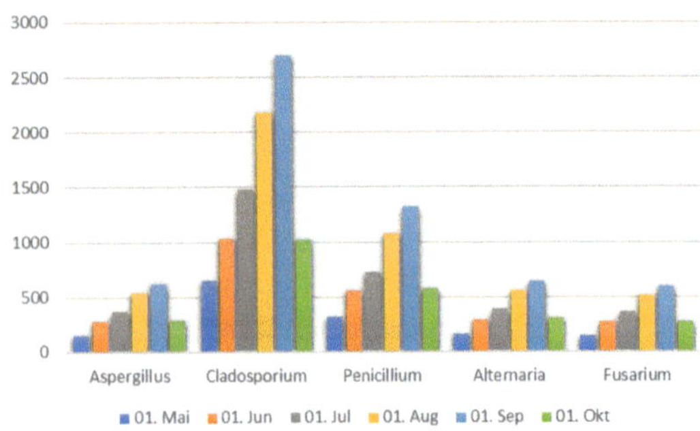

Abb. 4.6 Konzentration von Schimmelpilzen in der Außenluft in KBE/m³ (gemessen an einem Testobjekt in Stuttgart 2020)

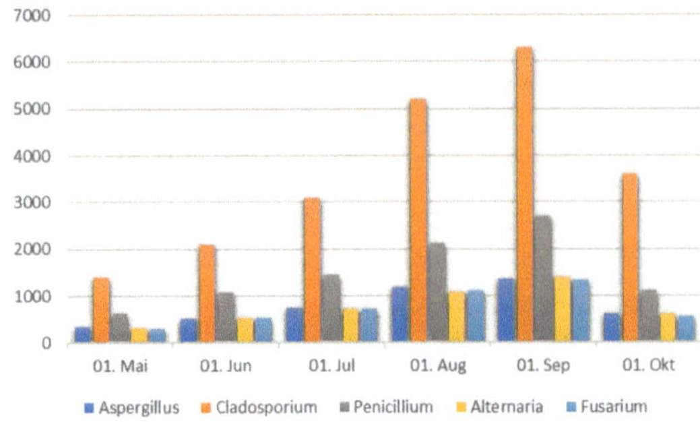

Abb. 4.7 Konzentration von Schimmelpilzen in der Außenluft in KBE/m³ (gemessen an einem Testobjekt in Schorndorf 2020)

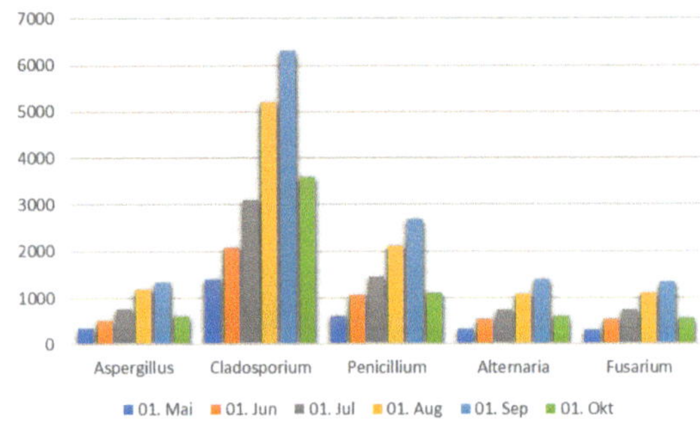

Abb. 4.8 Konzentration von Schimmelpilzen in der Außenluft in KBE/m³ (gemessen an einem Testobjekt in Schorndorf 2020)

gehören neben den regionalen Unterschieden in der Außenluft auch genormte Messverfahren. Für die Erfassung von Schimmelpilzen in der Außenluft und zur Probenahme und Messung z. B. durch Kultivierung der lebensfähigen Sporen wurden diverse Richtlinien erarbeitet, u. a. die VDI-Richtlinie 4252 „Aktive Probenahme von Bioaerosolen" sowie VDI-Richtlinie 4253 „Verfahren zum kulturellen Nachweis von Schimmelpilzkonzentrationen in der Luft".

Anhand eines Beispiels soll der Unterschied zwischen der Stadt Stuttgart und einer ländlichen Region in der Nähe von Schorndorf verdeutlicht werden (siehe Abb. 4.5, 4.6, 4.7 und 4.8).

Auffällig ist, dass die Schimmelpilzkonzentration im ländlichen Raum (ausgenommen die Gattung Cladosporium) mit ca. 1.000 bis 2.000 KBE/m³ Luft (im Durchschnitt) etwa doppelt so hoch ist wie in der Stadt. Auch die Schimmelpilzkonzentration des „Getreidepilzes" Cladosporium ist um den Faktor 3-mal höher auf dem Land gegenüber der Stadt.

Diese Beobachtung wurde bereits in einem groß angelegten Ringversuch 2012 und 2016 an verschiedenen Standorten in Baden-Württemberg gemacht (siehe Abb. 4.9).

Ebenfalls hat die Art der Nährmedien Auswirkungen auf die Ergebnisse, wie das Beispiel am gleichen Testobjekt beweisen (Abb. 4.10).

Hierfür wurden zwei Nährböden (DG18 und MEA) eingesetzt. Nach der Bebrütung bei 25 °C ergaben sich zum Teil deutliche Unterschiede in der Schimmelpilzkonzentration (Mischexposition, Querschnittswerte aus 3 Messungen). Bei der Auswertung der Messungen fällt auf, dass sich auf dem Nährboden MEA (Malz-Extrakt-Agar) an zwei Messtagen im Mai und September deutliche Unterschiede in der Konzentration zeigen. Während die Messergebnisse im September nur etwa doppelt so hoch waren, zeigen die Messergebnisse im Mai eine unerklärliche Versechsfachung. Selbst wenn man die Messergebnisse im Mai ausblendet, zeigt der Versuch, dass die Nährmedien Einfluss auf das Ergebnis haben.

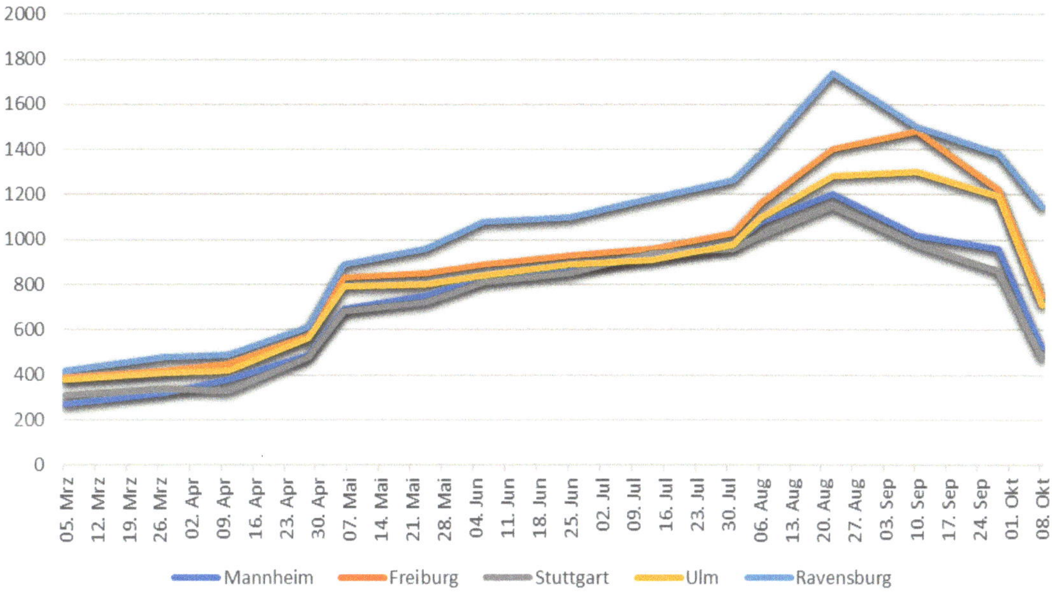

Abb. 4.9 Konzentration von Schimmelpilzen in der Außenluft in KBE/m³ (gemessen an verschiedenen Objekten in Baden-Württemberg, 2012 und 2016)

Abb. 4.10 Auswirkungen der eingesetzten Nährmedien auf das Auskeimen von Schimmelpilzen

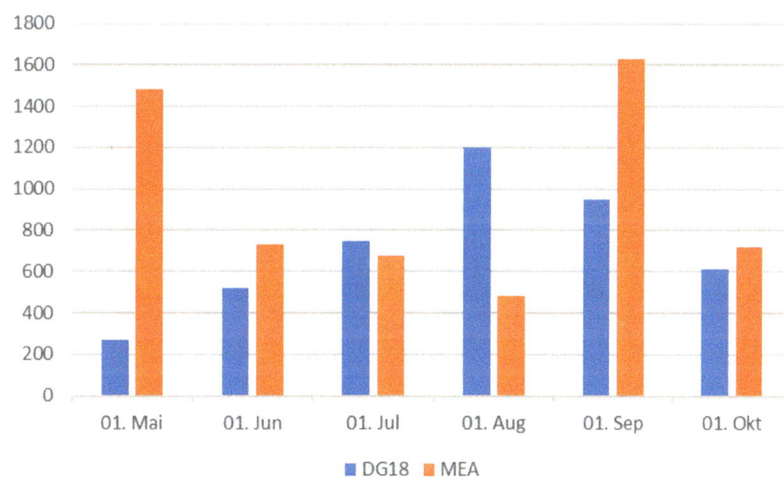

Eine quantitative Bewertung zu einer möglichen Schimmelpilzbelastung in Innenräumen kann in den seltensten Fällen als absolute Aussage erfolgen. Durch regionale Unterschiede fällt eine Bewertung z. B. in Städten und Ballungszentren anders aus als z. B. auf dem Land. Befinden sich im Umfeld der Gebäude noch exponierte Quellen für ein erhöhtes Aufkommen wie z. B. Kompostierungsanlagen, erhöht sich automatisch die Außenluftbelastung, die wiederum Auswirkungen auf die Innenraumluft hat.

4.3.2.4 Zeitlich bedingtes Auftreten

Das Spektrum der Schimmelpilzkonzentration schwankt innerhalb eines Jahres stark. In den kühleren Wintermonaten sind Konzentrationen von 50 bis 300 Koloniebildenden Einheiten pro Kubikmeter Luft (KBE/m³) normal. Vom Frühsommer bis Herbst, wenn das Nährstoffangebot für Schimmelpilze am höchsten ist und die Sporenbildung einsetzt, findet man infolgedessen die höchste Schimmelpilz-Konzentration in der Außenluft. Je nach Region und Schimmelpilzart können dann 1.000 bis 10.000 KBE/m³ in der na-

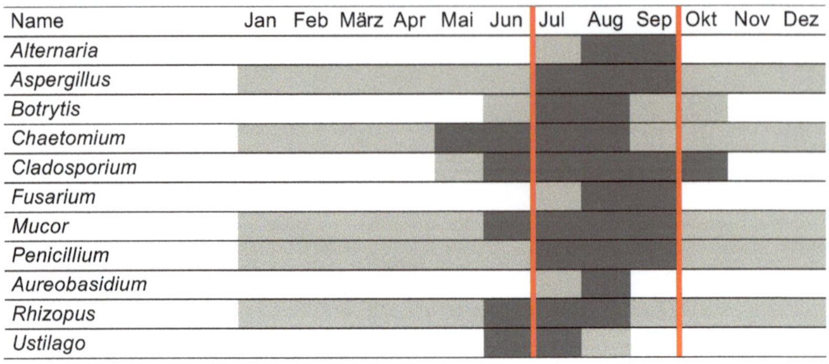

Abb. 4.11 jahreszeitliches Auftreten verschiedener Schimmelpilzarten und -spezies

türlichen Außenluft normal sein. Daran sieht man, dass der Zeitpunkt, wann eine Referenzprobe der Außenluft gemessen wird, erheblichen Einfluss auf die Schimmelpilzbewertung hat. Im Jahresdurchschnitt liegen die Schimmelpilz-Konzentrationen in der Außenluft über alle Schimmelpilzarten und allen Regionen in Deutschland bei ca. 1.000 bis 2.000 KBE/m^3.

Jahreszeitlich bedingt bzw. durch die Vegetation verschiedener Pflanzen und anderer Umstände treten Schimmelpilze nicht konstant über das gesamte Jahr auf, sondern in unterschiedlichen Konzentrationen über den Jahresverlauf (siehe Abb. 4.11). Deutlich wird, dass in den Sommermonaten Juli bis September die höchste Belastung an Schimmelpilzsporen in der Außenluft vorliegt. Auch wenn der Cladosporium nur einen saisonalen Auftritt in den Sommermonaten hat, so sind seine Sporen zahlenmäßig am stärksten vertreten.

Dennoch gibt es eben nicht in den Sommermonaten den höchsten Schimmelpilzbefall in Innenräumen, sondern in den kühlen bis kalten Monaten (November bis Februar). Ursächlich

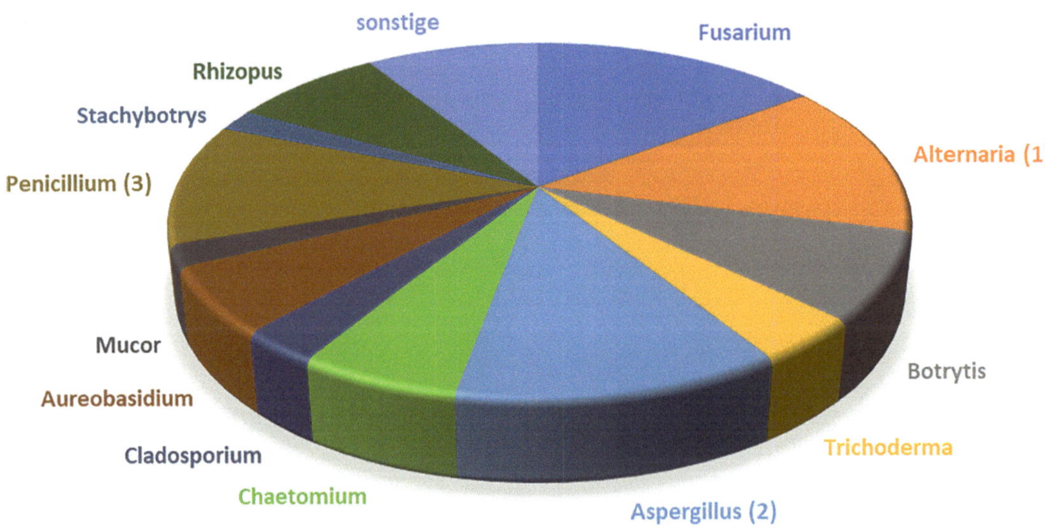

Abb. 4.12 Spektrum von Schimmelpilzen in Innenräumen aus verschiedenen Gutachten über den Zeitraum von mehr als 5 Jahren.(1) Im Durchschnitt ist jede 10. Schimmelpilzspezies in Innenräumen eine *Alternaria*-Art. Allerdings befinden sich sie nur auf absterbenden und toten Pflanzen, in Blumenerde sowie im Staub. Auf Wänden und Decken sind sie in der Regel nicht nachweisbar. (2) *Aspergillus*-Arten wiederum wachsen und gedeihen vorwiegend auf verwesenden organischen Stoffen und ernähren sich dort saprophytisch – dies bedeutet, dass die lebensnotwendigen Nährstoffe unmittelbar aus dem Substrat durch Osmose aufgenommen werden. (3) *Penicillium*-Arten besiedeln zahlreiche Substrate u. a. auch verschiedene Lebensmittel wie Käsesorten. Ihre nur 5 µm großen Sporen sind, wie die vom *Aspergillus*, besonders „flugfähig"

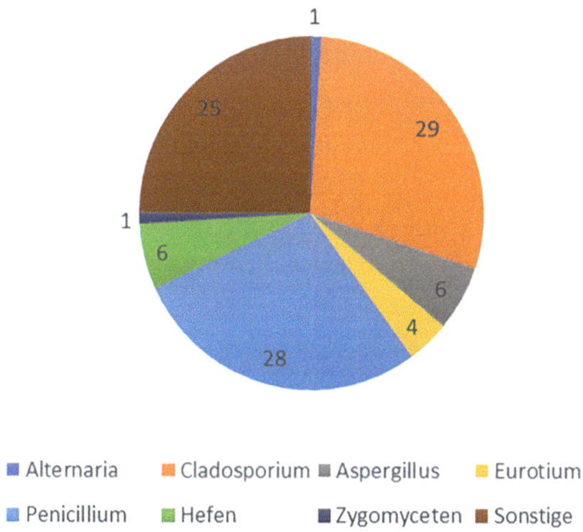

Abb. 4.13 Sporenbelastung (außen) im Winter

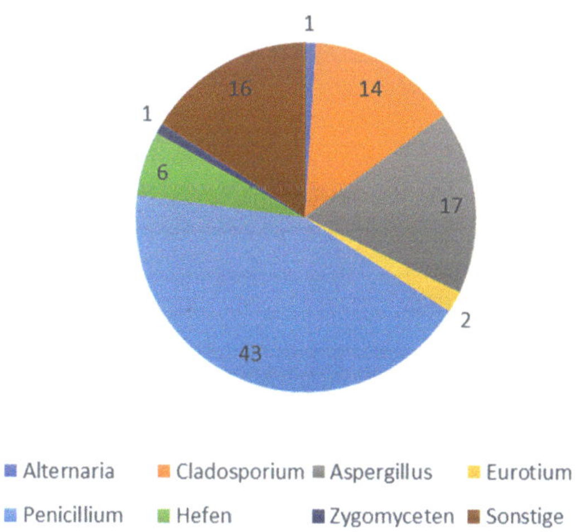

Abb. 4.14 Sporenbelastung (innen) im Winter

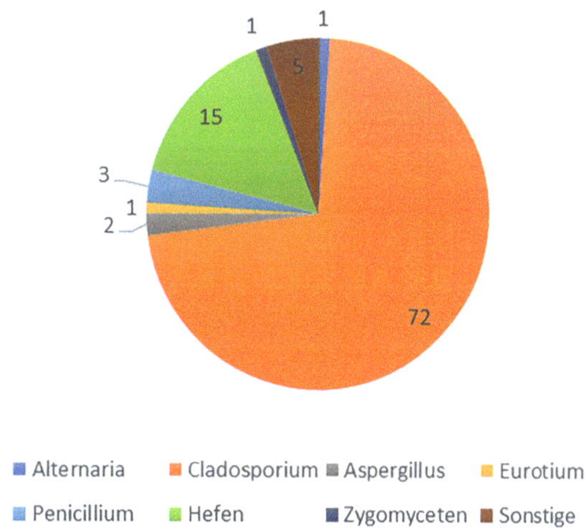

Abb. 4.15 Sporenbelastung (außen) im Sommer

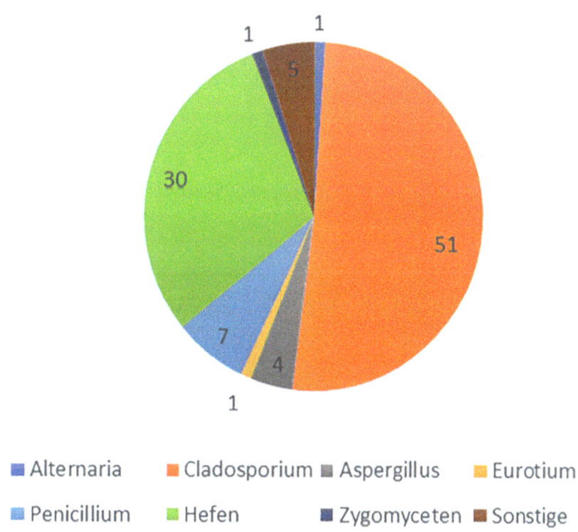

Abb. 4.16 Sporenbelastung (innen) im Sommer

hierfür sind die Wachstumsbedingungen, die sich klimatisch in Innenräumen von der äußeren Umgebung unterscheiden und in den kühlen Monaten bessere Voraussetzungen bieten.

Zu den Schimmelpilzarten, die in Innenräumen häufig nachgewiesen werden, gehören u. a. Fusarium, Alternaria, Botrytis, Trichoderma, Aspergillus, Chaetomium, Cladosporium, Aureobasidium, Mucor, Penicillium und Stachybotrys mit ihren jeweiligen Spezies (siehe Abb. 4.12).

Es überrascht daher nicht, dass die meisten Schimmelpilzarten, die in Innenräumen nachgewiesen werden, auch in der Außenluft vorhanden sind und es jahreszeitlich bedingte Unterschiede gibt. Daher muss bei einer Bewertung von Schimmelpilzkonzentrationen in Innenräumen immer die parallel vorhandene Schimmelpilzkonzentration der Außenluft gemessen werden – der so genannte Referenzwert bzw. die so genannte Hintergrundbelastung (siehe Abb. 4.13, 4.14, 4.15, 4.16, 4.17 und 4.18). Nach den einschlägigen Regelwerken gilt nur ein Überschreiten der Werte in Innenräumen im Verhältnis zur Außenluftkonzentration als erhöhte Schimmelpilzbelastung. Schließlich sind Innenräume durch Be- und Entlüftung mit der Außenluft verbunden, so dass erhöhte Werte, die von außen verursacht werden, nicht dem Innenraum zugeschrieben werden können.

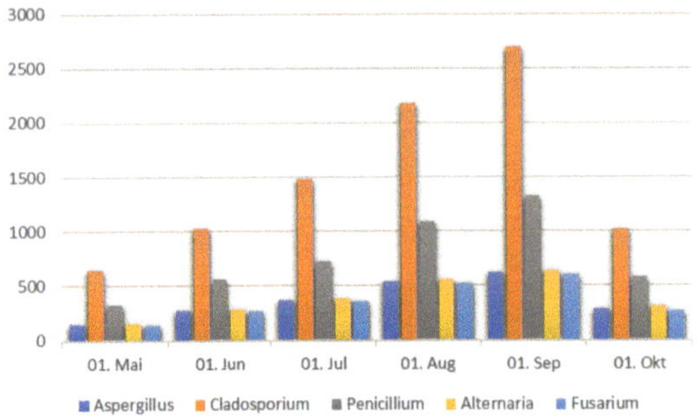

Abb. 4.17 Konzentration von Schimmelpilzen in der Außenluft in KBE/m^3 (gemessen an einem Testobjekt in Stuttgart 2020)

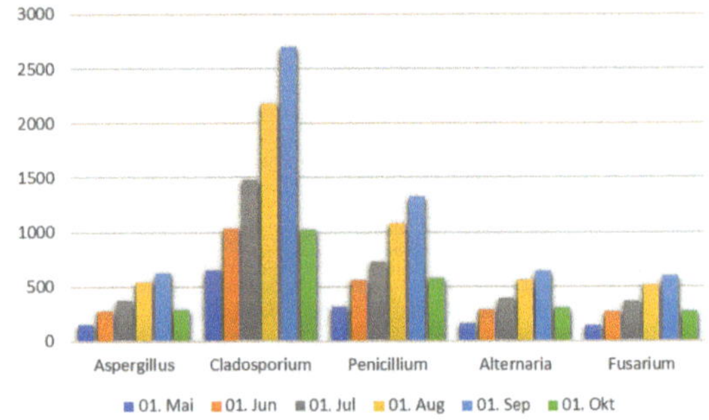

Abb. 4.18 Konzentration von Schimmelpilzen in der Außenluft in KBE/m^3 (gemessen an einem Testobjekt in Stuttgart 2020)

Gut zu erkennen sind die Unterschiede am Beispiel des Cladosporium, der auch als Getreidepilz bezeichnet wird. In den Sommermonaten macht diese Spezies ca. Dreiviertel der Bioaerosole der Außenluft aus. Folgerichtig liegt auch die Belastung in Innenräumen bei fast der Hälfte. Ganz anders im Winter, wenn der Schimmelpilz in der Außenluft nur noch etwa ein Drittel der Sporenbelastung und dem entsprechend in Innenräumen nur noch 1/7 der Bioaerosole ausmacht.

Im Übrigen spielen nicht nur saisonale Unterschiede eine große Rolle. Selbst innerhalb weniger Tage treten zum Teil erhebliche Unterschiede in der Sporenbelastung der Außenluft auf.

Hinzu kommen witterungsbedingte Einflüsse. So kann die Sporenbelastung durch Schimmelpilze nach einem starken Gewitterregen extrem hoch sein. Es kommt nicht selten vor, dass nach einem Platzregen die Schimmelpilzkonzentration in der Außenluft z. B. beim Cladosporium auf 50.000 KBE/m^3 bis sogar 100.000 KBE/m^3 Luft ansteigen kann. In derartigen Situationen wäre sinnvoll, mit dem Stoßlüften ein wenig zu warten.

Eine quantitative Bewertung zu einer möglichen Schimmelpilzbelastung in Innenräumen kann in den seltensten Fällen als absolute Aussage erfolgen. Denn die Belastung in Innenräumen muss immer mit dem Hintergrundwert der Außenluft ins Verhältnis gesetzt werden. Durch jahreszeitliche Unterschiede fällt eine Bewertung z. B. im Januar völlig anders aus als z. B. im August. Hinzu kommen witterungsbedingte Einflüsse, die ein erhöhtes Aufkommen von Schimmelpilzsporen verursachen können und somit Auswirkungen auf die Innenraumluft haben.

4.3.3 Untergründe

Schimmelpilze können unterschiedlichste Untergründe besiedeln. Der Begriff Untergründe (oder synonym Oberflächen) steht hierbei für Substrate (oder synonym für Materialien), die als geeigneter Nährboden dienen und weniger für Habitate oder Bauteile. Denn, wenn Schimmelpilze z. B. in einer Innenecke einer unzureichend gedämmten Außenwand entstehen, ist hierfür der bauphysikalische Vorgang der Taupunkttemperatur und Kondensation an einer Wärmebrücke relevant und weniger, welche Materialien sich auf der Oberfläche der Innenwand befinden. Nachfolgend geht es daher um Materialien, auf denen sich Schimmelpilze bei gleichen Wachstumsbedingungen bevorzugt ansiedeln.

Schimmelpilze ernähren sich von organischen Molekülen wie z. B. Kohlenhydraten, Fetten und Proteine. Daher zählen sie zu den so genannten heterotrophen Organismen. Als Substrat dienen Nährstoffe in Lebensmitteln, im Erdboden und in Blumenerde, in Kork und Pflanzenfasern, im Stroh und Lehm, in Hanf und Leinen, in Wolle und Baumwolle, in Glas- und Mineralwolle, in Holz und Holzwerkstoffen wie z. B. Hartfaser-, OSB- oder Spanplatten, Papier, Pappe und Karton, Leder und Textilien, Teppiche und Polstermöbel,

Abb. 4.19 verschiedene Untergründe mit Schimmelpilzbefall (hier: gestrichene und ungestrichene Raufasertapete)

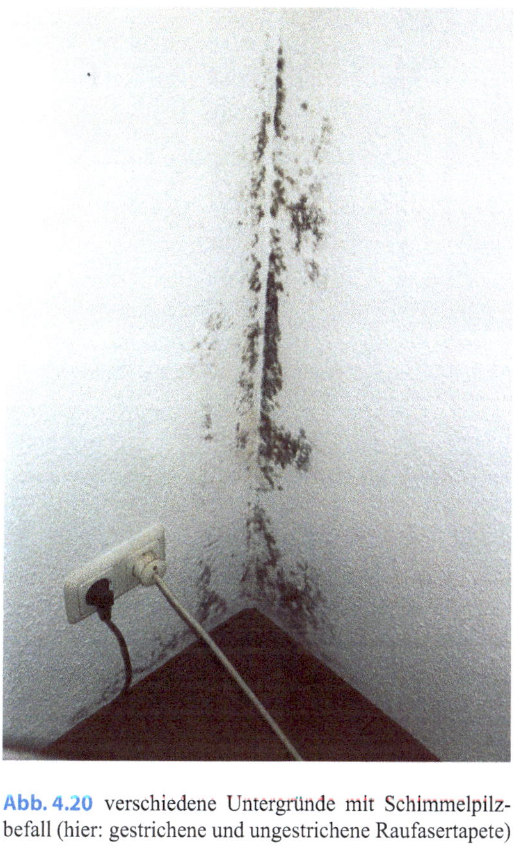

Abb. 4.20 verschiedene Untergründe mit Schimmelpilzbefall (hier: gestrichene und ungestrichene Raufasertapete)

Gummi und einige Kunststoffe sowie organischen Baustoffen wie z. B. Gipskartonplatten, Tapeten und Tapetenkleister, Kleb- und Dichtstoffen sowie organischen Beschichtungen wie Lacke, Farben und Lasuren, Spachtelmassen und Putze (siehe Ab b. 4.19, 4.20, 4.21, 4.22, 4.23, 4.24, 4.25, 4.26, 4. 27, 4.28 und 4.29).

Abb. 4.21 verschiedene Untergründe mit Schimmelpilzbefall (hier: Kalk- und Gipsputz)

Abb. 4.22 verschiedene Untergründe mit Schimmelpilzbefall (hier: Kalk- und Gipsputz)

Dies bedeutet nicht, dass alle Untergründe aus diesen Materialien automatisch von Schimmelpilzen besiedelt werden. Hierzu muss man wissen, dass Schimmelpilzsporen in unterschiedlichen

Abb. 4.23 verschiedene Untergründe mit Schimmelpilzbefall (hier: Holz)

Abb. 4.24 verschiedene Untergründe mit Schimmelpilzbefall (hier: Holz)

Abb. 4.25 verschiedene Untergründe mit Schimmelpilzbefall (hier: OSB- und Holzbauplatten)

Abb. 4.26 verschiedene Untergründe mit Schimmelpilzbefall (hier: OSB- und Holzbauplatten)

Mengen in allen Räumlichkeiten vorkommen und normaler Bestandteil der Luft sind, weshalb man gerne auch den Begriff der Bioaerosole oder des Aeroplanktons verwendet. Diese Sporenbelastung in der Raumluft ist, abgesehen von möglichen gesundheitlichen Beschwerden, grundsätzlich erst einmal unbedenklich. Treffen diese Sporen allerdings auf feuchte, organische Untergründe, liegen ideale Wachstumsbedingungen vor. Besonders gut kann man dies am Beispiel der Raufasertapete erklären. Ihr Gehalt an Zucker, Eiweiß und Lignin ist relativ hoch. Im trockenen Zustand sind diese Nährstoffe für Schimmelpilze nur schwer zugänglich. Kommt es zur Durchfeuchtung der Raufasertapete, entsteht wie bereits erwähnt ein „Nährstoff-Cocktail", der von den Enzymen der Schimmelpilze verstoffwechselt wird. Daran sieht man, dass nicht das Material allein und seine Zusammensetzung darüber entscheidet, ob ein idealer Untergrund für die Entstehung, das Wachstum und die Verbreitung von Schimmelpilzen vorliegt, sondern sein Zustand – und in dem Fall Feuchtigkeit als Beschleuniger für mikrobiellen Befall. Ein weiteres Beispiel sind Duschvorhänge aus PVC. Normalerweise sind die Substanzen im Polyvinylchlorid für Schimmelpilze eher nicht zugänglich. Duschvorhänge aus PVC enthalten, aber große Mengen an Weichmacher, die wiederum einen idealen Nährboden darstellen. Und Feuchtigkeit ist naturgemäß immer vorhanden. Befinden sich die Duschen in innenliegenden Bädern ohne Fensterlüftung, staut sich die Feuchtigkeit zudem über Stunden – ein perfektes Habitat für Schimmelpilze.

Durch ihre hohe Anpassungsfähigkeit und Überlebensstrategie können Schimmelpilze nahezu alle feuchten Untergründe innerhalb von 48 h besiedeln. Ist Feuchtigkeit als wichtigster

Abb. 4.27 verschiedene Untergründe mit Schimmelpilzbefall (hier: Mineralfaserdämmung)

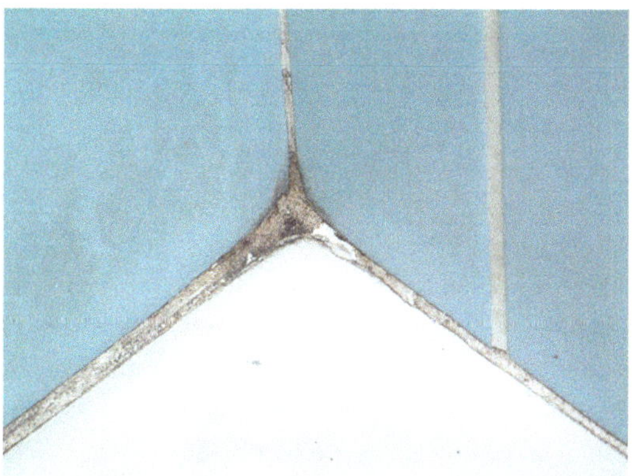

Abb. 4.28 verschiedene Untergründe mit Schimmelpilzbefall (hier: zementgebundene und Silikonfugen)

Wachstumsfaktor gegeben, können sich Schimmelpilze auf alle anderen Faktoren wie Temperatur, Nährstoffe und pH-Wert einstellen oder das Habitat verändern. Dies ist eine der Erklärungen, weshalb auch Untergründe durch Schimmelpilze befallen werden können, die normalerweise keine Wachstumsvoraussetzungen mitbringen wie z. B. nicht organische Untergründe wie z. B. Metall, Glas, Faserzement oder Fliesen und keramische Beläge. In der Regel spielen dann organische Partikel in einem feinen Staubbelag oder ein dünner Wasserfilm eine entscheidende Rolle. In den letzten Jahren wurde auch der Einfluss durch Biofilme stärker erkannt.

Bei der Betrachtung materialspezifischer Untergründe muss auch das Diffusionsverhalten sowie das Absorptions- und Desorptionsvermögen berücksichtigt werden. Alle Baustoffe sind mehr oder weniger hygroskopisch. Dies bedeutet,

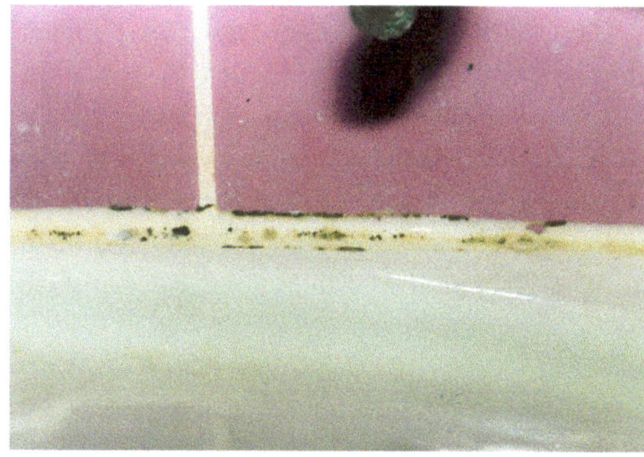

Abb. 4.29 verschiedene Untergründe mit Schimmelpilzbefall (hier: zementgebundene und Silikonfugen)

dass sie Feuchtigkeit aus der Raumluft aufnehmen (Absorption) und je nach relativer Luftfeuchte in ihrer Umgebung wieder abgeben (Desorption) können. Dieser Zustand wird als Sorptionsfeuchte bzw. Gleichgewichtsfeuchte bezeichnet und spielt z. B. bei innenliegenden Bädern ohne Fensterlüftung eine große Rolle, da die Feuchtespitzen während des Duschens oder Badens auch durch die Materialien der umgebenden Wände aufgenommen und anschließend wieder abgegeben werden (müssen). Sind die Materialien hierzu nicht in der Lage, entsteht auf der Oberfläche ein Wasserfilm, der ein Schimmelpilzwachstum begünstigt.

Das Diffusionsverhalten von Materialien wird über den Wasserdampfdiffusionswiderstand beschrieben, oder kurz: den μ-Wert. Dieser ist eine Kenngröße für den Widerstand von Materialien wie z. B. Farben oder Putze gegen die Wasserdampfdiffusion durch ein Bauteil. Mineralwolle z. B. hat einen μ-Wert von 1 und somit einen Wasserdampfdiffusionswiderstand, der vergleichbar mit Luft ist. Ursächlich ist die offene Struktur der Mineralwolle, die zu einem hohen Anteil aus Luft besteht und somit absolut diffusionsoffen ist. Der Vergleich z. B. mit Schaumglas verdeutlicht, dass Dämmstoff nicht gleich Dämmstoff ist. Schaumglas hat eine geschlossene Zellstruktur und gilt mit einem μ-Wert gegen unendlich als dampfdichter Dämmstoff. Auch der Vergleich zwischen mineralischen Putzen (μ-Wert 10) und z. B. Kunstharzputzen (50) oder z. B. zwischen Silikatfarben (μ-Wert 30 bis 50) mit Dispersionsfarben (100 bis 150) zeigt, dass es innerhalb der vermeintlich gleichen Baustoffe relevante Unterschiede gibt.

Der µ-Wert allein als Kenngröße für die Dichtigkeit eines Materialgefüges gegen Wasserdampfdiffusion reicht allerdings nicht aus, da die Schichtdicke des Materials noch berücksichtigt werden muss. Werden beide Kenngrößen miteinander multipliziert, erhält man die so genannte diffusionsäquivalente Luftschichtdicke, oder einfach: den sd-Wert. Im Gegensatz zum µ-Wert (Wasserdampfdiffusionswiderstand einer ruhenden Luftschicht) drückt der sd-Wert den Wasserdampfdiffusionswiderstand in Abhängigkeit zur Materialdicke aus. Je kleiner der sd-Wert, desto wasserdampfdurchlässiger ist ein Material. Infolgedessen ist es wichtig, dass Untergründe in Bezug auf die verwendeten Materialien nicht nur unter dem Gesichtspunkt ihrer Zusammensetzung und möglicher Nährstoffe gesehen werden, sondern auch hinsichtlich der Feuchteaufnahme und -abgabe sowie des Diffusionsverhaltens.

Wie bereits erwähnt, sind Schimmelpilze bei der Suche nach einer Kohlenstoffquelle sehr genügsam. Geringe Anteile an organischen Substanzen wie z. B. Weichmacher in Folien und Schaumstoffen oder z. B. Tenside oder Verdickungsmitteln in Farben und Beschichtungen können als Nährstoffgrundlage bereits ausreichen.

Denn, neben der angeblichen Nichtanwesenheit von organischen Substanzen in mineralischen Baustoffen, wird meistens mit den hohen pH-Werten geworben, die ein Wachstum für Schimmelpilze verhindern sollen. Hierzu muss man wissen, dass die meisten Baustoffe einen pH-Wert zwischen 5 bis 8 aufweisen und somit ideale Wachstumsbedingungen für Schimmelpilze (zwischen 4 bis 7) aufweisen. Mineralische Baustoffe wie z. B. ein frisch aufgebrachter Kalkputz weisen pH-Werte zwischen 11 und 13 auf. Die hohe Alkalität verhindert auf natürliche Weise eine Schimmelpilzbildung. Allerdings muss man wissen, dass mit der Zeit das in der Luft enthaltene Kohlendioxid zu einer Karbonatisierung im Putz führt und somit zu einer Absenkung des pH-Wertes. Während dieser Vorgang im Außenbereich nach 3 bis 6 Monaten abgeschlossen ist, liegt dieser Zeitraum in Innenräumen bei 6 bis 12 Monaten. Dies bedeutet, dass auch hoch alkalische Beschichtungen wie z. B. Kalkfarben und -putze oder Silikatfarben und -putze oder zementhaltige Baustoffe nur eine zeitlich begrenzte Wirkung gegen Schimmelpilzbildung haben.

Hinzu kommt, dass Schimmelpilze ihre Überlebensfähigkeit auch in Bezug auf den pH-Wert des Substrates perfektioniert haben. Neben der Tatsache, dass so genannte alkalophile Schimmelpilzarten auch in der Lage sind, Substrate mit einem pH-Wert bis 13 besiedeln zu können, sind einige Schimmelpilze in der Lage, durch das Ausscheiden von bestimmten Stoffwechselprodukten den pH-Wert des Untergrundes nach oben oder unten zu verändern. Diese Arten schaffen sich ihr eigenes ideales Umfeld.

Ein weiteres, eher unbekanntes, Thema spielt in einigen Fällen noch eine Rolle. Mineralische Baustoffe haben aufgrund ihrer Zusammensetzung entweder ein starres Gefüge und neigen unter gewissen Voraussetzungen wie z. B. starke Austrocknung zur Rissbildung oder haben ein poriges Gefüge z. B., um die Wärmedämmung zu verbessern. Beides – feine Haar- und Oberflächenrisse oder Poren – können dazu führen, dass sich Schimmelpilze in diesen Vertiefungen ansiedeln. Denn beide Arten von Vertiefungen haben eines gemeinsam: meistens sammeln sich Feuchtigkeit und/oder Verschmutzungen an, die ein Wachstum wiederum begünstigen.

Um das Risiko für Schimmelpilzbefall auf unterschiedlichen Untergründen vorhersagen zu können, wurde durch das Fraunhofer Institut für Bauphysik ein Isoplethen-Modell (siehe Abschn. 4.3.6) entwickelt. Dieses modelliert unter Berücksichtigung der Feuchtigkeit, Temperatur und des Nährstoffgehalts die Wahrscheinlichkeit für einen mikrobiellen Befall von Baustoffoberflächen.

4.3.4 Biofouling

Schimmelpilze benötigen für ihr Wachstum bekanntlich ausreichend Feuchtigkeit. Außerdem spielen Temperatur und Nährstoffe sowie der pH-Wert des Untergrundes eine wichtige Rolle. Liegen ideale Wachstumsbedingungen vor, können sich Schimmelpilze innerhalb von 48 h auf nahezu allen Untergründen (Substraten oder Oberflächen) ansiedeln. Zu diesem Zeitpunkt ist allerdings noch kein sichtbares Myzel vorhanden.

Um auch bei ungünstigen Lebensbedingungen ihre Existenz zu sichern, bilden Schimmelpilze und Bakterien eine Symbiose. Beide Mikroorganismen gelten als Mutualismen, da Schimmelpilze und Bakterien gleichermaßen von dieser Symbiose profitieren (anders als beim Parasitismus, in dem ein Partner den anderen ausnutzt). Diese Symbiose hat auch einen Namen: Biofouling. Die Bedeutung dieser Biofilme und ihre Auswirkungen auf die Wachstumsphasen, mögliche Resistenz gegenüber Bioziden im Rahmen von Sanierungen sowie der möglichen Gefahr von Materialzerstörung wurde erst in den letzten 25 Jahren erkannt.

Schimmelpilze und Bakterien bilden in diesen schleim- oder gelartigen Biofilmen eine Lebensgemeinschaft, in dem beide Mikroorganismen verschiedene Stoffwechselprodukte ausscheiden. Das Geniale an dieser Symbiose ist, dass sich Schimmelpilze und Bakterien durch diesen Biofilm nicht nur die benötigten Wachstumsbedingungen wie Feuchtigkeit, Nährstoffe, Temperatur und pH-Wert schaffen, sondern auch eine Art Schutzschild aufbauen, um Angriffe von außen wie z. B. durch Biozide abzuwehren oder negative Veränderungen der Wachstumsbedingungen wie z. B. ein Austrocknen des Habitats und dgl. zu verhindern.

Der Biofilm besteht aus Mikroorganismen und Wasser sowie extrazellulären Substanzen wie z. B. Zucker und Proteine. Durch diese klebrige Schicht wird die Nährstoffzufuhr sichergestellt, da die so genannten Bioaerosole aus der Luft an ihr anhaften. Des Weiteren ist der Biofilm hydrophil und hygroskopisch und versorgt somit die Mikroorganismen nicht nur mit ausreichend Feuchtigkeit, sondern stellt gleichzeitig sicher, dass das Habitat auch nicht austrocknet. Schimmelpilze und Bakterien verfügen somit immer über genügend Feuchtigkeit. Durch diese Feuchtigkeit werden mögliche Salzausblühungen aus dem Untergrund verhindert. Auch Temperaturschwankungen oder Veränderungen des pH-Wertes können die Biofilme unterbinden. Schimmelpilze bevorzugen bekanntlich ein saures bis neutrales Milieu, Bakterien (wie auch Algen) mehr neutrale bis schwach alkalische Umgebungsbedingungen. Biofilme stellen für alle Mikroorganismen den für sie günstigen pH-Wert sicher.

Biofilme können sehr unterschiedlich in Erscheinung treten. In der Anfangsphase sind sie mit bloßem Auge nicht zu erkennen. Die hauchdünne Schicht ist transparent und wird gerade bei helleren Untergründen nicht wahrgenommen. Sobald sich der Biofilm ausbildet und erste Verschmutzungen einsetzen, ist eine helle Schicht zu erkennen. Spätestens, wenn es zu einer verstärkten Anlagerung von weiteren Aerosolen kommt und sich ein komplexer und stabiler Biofilm herausgebildet hat, wird die grünlich bis bläuliche Schicht deutlich sichtbar. In der Endphase zeigt sich der Biofilm nicht nur in Form einer grauen bis schwarzen Schicht, sondern häufig auch als übelriechender Überzug.

Das Problem durch Biofilme zeigt sich in unterschiedlicher Art und Weise. Zum einen werden ideale Wachstumsbedingungen geschaffen, die ohne die Anwesenheit der Biofilme nicht gegeben wären. Zum anderen werden auch anorganische Untergründe mit dieser Schicht überzogen, so dass Schimmelpilzbefall auch auf Oberflächen wie z. B. Metall, Kunststoff oder Glas auftritt. Gleiches gilt z. B. für hydrophobe (wasserabweisende) Oberflächen, die durch den Überzug mit einem Biofilm zunehmend hydrophile Eigenschaften bekommen. Gleichzeitig kommt es durch eine Verdichtung von Partikeln aufgrund der klebrigen Oberflächenstruktur zu einer möglichen Veränderung des Diffusionsverhaltens, was wiederum auf den Feuchtehaushalt im Untergrund Einfluss nimmt.

Hinzu kommt, dass dieser Biofilm resistent gegenüber Fungiziden, Bakteriziden, Algiziden und andere Bioziden ist und somit die Mikroorganismen vor einer Abtötung schützt. Das größte Problem besteht allerdings darin, dass Biofilme in der Lage sind, die strukturellen Materialeigenschaften der Untergründe (Substrate) zu verändern und bei längerer Einwirkung die Materialgefüge zu zerstören. Bislang galt immer die Aussage, dass Schimmelpilze „nur" ein oberflächiges Problem darstellen und kein Material zersetzen oder zerstören. Mit der Entdeckung des Biofoulings ändert sich diese Aussage.

Denn, nach neueren Erkenntnissen ist das Biofouling der Beginn oder die Vorstufe für eine mögliche Biokorrosion. Während das Biofouling ein biophysikalischer Vorgang ist, beschreibt die Biokorrosion einen biochemischen Prozess. Der Begriff beschreibt die korrosive Wirkung organischer

Säuren wie z. B. Oxal-, Zitronen- und Fumarsäure sowie anorganischer Säuren wie z. B. Salpeter- und Schwefelsäure, aber auch von Enzymen und biogenen Oxidantien auf die Bindemittelstruktur und das Materialgefüge von Baustoffen, die durch die Ausscheidung bzw. den Stoffwechselprozess von Mikroorganismen entstehen. Je nach Art und Festigkeit des Baustoffes kann es bei der Biokorrosion zur Veränderung der Materialstruktur und/oder der Oberflächenspannung kommen, da einige Mikroorganismen spezielle Emulgatoren bilden, um hydrophobe Nährstoffe aufnehmen zu können. Diese biogenen Tenside können das physikalische und chemische Verhalten von Baustoffoberflächen verändern und ggf. zersetzen. Während enzymatische Angriffe durch Mikroorganismen bei organischen Materialien wie z. B. Papier oder Holz oder auch organischen Bau- und Dämmstoffen wie z. B. polymere Kunststoffe, Schäume sowie Dichtungs- und Isoliermassen bekannt waren, sind biogene Zersetzungen von Beton oder Klinkersteinen relativ neu.

Tab. 4.3 Sporengröße und deren Flugfähigkeit am Beispiel einiger Schimmelpilze[22]

Schimmelpilz-Gattung	Sporengröße (Länge × Breite in µm)	Flugfähigkeit
Acremonium spp.	3,3 bis 7 × 0,9 bis 1,8	↘
Alternaria spp.	18 bis 83 × 7 bis 18	→
Aspergillus spp.	3 bis 5 × 3 bis 3,5	↑
Aureobasidium spp.	7,5 bis 16 × 3,5 bis 7	↘
Cladosporium spp.	3 bis 11 × 2 bis 6	↗
Fusarium spp.	34 bis 80 × 5 bis 7	↓
Mucor spp.	5,5 bis 10 × 4 bis 7	→
Penicillium spp.	2,5 bis 4,5 × 1,5 bis 2,5	↑
Stachybotrys spp.	7 bis 12 × 4 bis 6	↘
Wallemia spp.	2,5 × 3,5	↗

4.3.5 Flugfähigkeit der Sporen

Für das Wachstum und die Fortpflanzung sowie die Verbreitung von Schimmelpilzen spielen ihre Sporen eine zentrale Rolle. Sporen umfassen Partikel mit einer sehr unterschiedlichen Größe – von 2 bis 150 µm im Durchmesser. Die meisten Schimmelpilzarten bilden ihre Sporen als außen liegende Konidien aus. Der Begriff wurde aus dem Griechischen (Konis = Staub) abgeleitet, weil die Sporen fein wie Staub sind.

Schimmelpilze können ihre Sporen sowohl mitotisch (asexuell) oder meiotisch (sexuell) bilden. Einige Schimmelpilze sind auch in der Lage, beide Sporenarten zu bilden. Damit können sich Schimmelpilze variabel an ungünstige Umweltbedingungen anpassen und somit ihr Überleben sichern. Schimmelpilze sind heterotrophe Organismen und haben komplexe Überlebensstrategien entwickelt, um immer wieder neue Habitate besiedeln oder eine längere Zeit ohne Nahrung überdauern zu können.

Die Zahl der Sporen, die von Schimmelpilzen gebildet werden, variiert und kann unter Umständen ein enormes Ausmaß annehmen. So können an einem einzigen Fruchtkörper bis zu 10^6 Sporen pro Stunde und das über mehrere Tage produziert werden. Über die Luft können sich Sporen leicht verbreiten. Durch Luftbewegung wie z. B. Wind (Außenluft) oder z. B. Zugluft (Innenluft) erhöht sich die Fluggeschwindigkeit und Ausbreitung der Sporen. Die Flugfähigkeit wird neben der Sporengröße und deren Oberflächenform und -beschaffenheit auch vom Gewicht und der jeweiligen Spezies mit beeinflusst. Einige Sporen sind so klein und leicht, dass sie selbst ohne Luftbewegung schweben können. Andere wiederum sinken aufgrund ihres Gewichtes relativ schnell zu Boden und werden erst durch Aufwirbelungen wieder aktiv. In der Zwischenzeit können sie sich dort ansiedeln, wenn die notwendigen Lebensbedingungen vorliegen. Wiederum andere Sporen besitzen einen schleimigen Schutzfilm auf der Oberfläche, so dass sie untereinander gut kleben oder auf verschiedenen Substraten gut haften, was wiederum ihre Flugfähigkeit behindert (siehe Tab. 4.3).

Sicherlich ist es schwierig, sich außerhalb der Mikrobiologie derart kleine Partikel vorzustellen, da ein Mikrometer (µm) nur 0,001 mm sind. Wird ein mittlerer Sporen- und Hyphendurchmesser von nur 5 µm wie z. B. beim Aspergillus angesetzt, dann passen in einen Würfel von 1 cm Kantenlänge ca. 8 Mio. Sporen. Die Gesamtlänge der Hyphen in diesem Würfel würde wiederum aneinander gereiht eine Länge von 40 km ergeben.

4.3.6 Innenraumhygiene

Individuelle Expositionsquellen für die Belastung durch biogene Stäube, Schimmelpilzsporen und andere mikrobielle Partikel gibt es nicht nur im Außenbereich, sondern auch in privat genutzten Innenräumen wie Wohnungen. Hierbei sind im Wesentlichen zwei Quellen zu nennen: Staub und Fäulnis – und somit die Innenraumhygiene.

Umgangssprachlich und nach dem allgemeinen Selbstverständnis wird der Begriff „Hygiene" mit Sauberkeit in Verbindung gebracht. Dabei kommt der Begriff aus dem Griechischen („hygíeia") und bedeutet so viel wie Gesundheit. In Fachkreisen wird der Begriff Hygiene als Lehre von der Verhütung von Krankheiten und der Erhaltung, Förderung und Festigung der Gesundheit definiert. Die Deutsche Gesellschaft für Hygiene und Mikrobiologie reduziert den Begriff auf die Erkennung, Behandlung und Prävention von Infektionskrankheiten. Das Ziel ist die Beseitigung oder Abtötung von Krankheitserregern wie bakterielle Keime einschließlich Mykobakterien und Pilze sowie die Inaktivierung von Viren oder verschiedener Sporen. Je nach Anwendungsgebiet und Notwendigkeit wird Hygiene in Reinigung, Desinfektion und Sterilisation unterschieden. Hygienemaßnahmen haben infolgedessen die Aufgabe, ein Gesundheitsrisiko zu minimieren. Daher darf unter Hygiene nicht nur Sauberkeit verstanden werden, sondern im wissenschaftlichen Sinne vor allem der Ansatz, Krankheiten zu verhüten sowie das Wohlbefinden und die Leistungsfähigkeit von Menschen zu erhalten. Letzteres schließt nicht nur Krankheiten ein, sondern auch Allergien und andere gesundheitliche Belastungen.

Hygienische Maßnahmen sind daher in erster Linie präventive Maßnahmen. Hierzu gehören in privat genutzten Innenräumen z. B. die Abluftfilter an Entlüftungsanlagen in Küchen, Toiletten und Bäder oder raumlufttechnische Klimaanlagen. Die regelmäßige Reinigung der Abluftfilter sowie der RLT-Anlagen vermeidet Verschmutzungen, die zusammen mit Kondenswasser zum Wachstum und der Verbreitung von Pilzen und Bakterien beitragen kann. Als bakterielle Keime sind z. B. Aktinomyzeten, Sporenbildner (Bacillaceae), Kokken und Mikrokokken von Bedeutung. Bei den Schimmelpilzen sind vor allem Vertreter der Gattungen Cladosporium, Penicillium, Alternaria, Aspergillus und Botrytis zu nennen. Bei den Hefen treten Rhodotorula sp. und Saccharomyces sp. auf. Unter diesen Mikroorganismen sind auch gesundheitsschädliche Keime zu finden, die bei vielen Menschen zu Allergien und bei immungeschwächten Menschen zu Infektionen führen können. Dies ist u. a. von den Risikogruppen abhängig. Die regelmäßige Reinigung und Desinfektion im gewerblichen Umfeld ist in der VDI-Richtlinie 6022 festgelegt und beträgt 1 bzw. 2 Jahre für Grob- oder Feinfilter. Für privat genutzte Innenräume gibt es derartige Regelungen nicht.

Im Kontext häuslicher Hygiene im Zusammenhang mit mikrobiellem Befall müssen einige Punkte genannt werden, durch die das Wachstum und die Verbreitung von Schimmelpilzen (und Bakterien) gefördert werden. Die nachfolgende Auflistung erhebt nicht den Anspruch auf Vollständigkeit und die Reihenfolge ist kein Hinweis auf deren Gewichtung:

- Lagerung von Bioabfall und/oder Abfällen im „gelben Sack" und/oder Restmüll über mehrere Tage vor allem in der warmen Jahreszeit in der Wohnung führt zu einer erheblichen Sporenbildung.
- die „Vermüllung" von Wohnungen nach dem Messie-Syndrom verursacht eine hohe Verschmutzung, vor allem Staub, aber auch organische Substanzen, die als Nahrung dienen.
- Plüschtiere, Polstermöbel und Matratzen werden in der Regel viel zu selten gereinigt und sind wahre Staubfänger und ein beliebtes Habitat u. a. für Milben.
- Feuchte Handtücher oder auch feuchte Sportkleidung in Sporttaschen sind in Verbindung mit Wärme der perfekte Ort für mikrobielles Wachstum.

- Kaffeemaschinen sind besonders stark gefährdet, die regelmäßige Reinigung darf sich nicht nur auf den Auffangbehälter für den Kaffeesatz reduzieren und muss das Mahlwerk und die Brühvorrichtung einschließen.
- eine starke Schimmelpilzbildung kann oft auf Pflanzenerde in Blumentöpfen beobachtet werden. Das organische Substrat in Verbindung mit Feuchtigkeit (vom Gießen) und Wärme (von der Fußbodenheizung oder der Fensterbank über dem Heizkörper) sind das optimale Habitat für eine Vielzahl von Schimmelpilzen.

4.3.7 Isoplethen-Modell

Schimmelpilze brauchen unterschiedliche Wachstumsbedingungen. Neben Feuchtigkeit als wichtigste Voraussetzung spielen Temperatur, Nährstoffe und der pH-Wert des Substrates (Untergrundes) eine wichtige Rolle. Treten diese Voraussetzungen über einen bestimmten Zeitraum simultan auf, kann mit hoher Wahrscheinlichkeit von einer Schimmelpilzbildung ausgegangen werden. Dennoch gibt es immer wieder Ausnahmen, in denen ein Wachstum ausbleibt, obwohl die Voraussetzungen ideal sind oder es kommt zu einem mikrobiellen Befall, obwohl die „typischen" Voraussetzungen nicht vorliegen. Eine Ursache hierfür könnte sein, dass die üblichen Methoden und Berechnungsmodelle zur Prognose eines möglichen Schimmelpilzbefalls die so genannten instationären Randbedingungen nicht berücksichtigen. Ein passendes Beispiel hierfür ist der so genannte f_{Rsi}-Wert, der sich nur auf die Kenngröße der Temperatur reduziert. Ein anderes Beispiel ist, dass über viele Jahre nur die relative Luftfeuchte in Verbindung mit dem Taupunkt als Ursache für Kondensation und Schimmelpilzbefall gesehen wurde. Mittlerweile hat sich hierfür die Kenngröße des a_w-Wertes etabliert.

Deshalb wurde durch das Fraunhofer Institut für Bauphysik ein Verfahren entwickelt, das die Vorhersage von Schimmelpilzbildung auf Basis aller relevanten Wachstumsvoraussetzungen bei instationären Randbedingungen ermöglicht. Um das System nicht zu „überfrachten", wurden nur die 150 bis 200 innenraumrelevanten Schimmelpilzarten berücksichtigt, die im Verdacht stehen, gesundheitsbeeinträchtigend zu sein. Das Verfahren besteht aus zwei aufeinander aufbauenden Vorhersagemodellen – dem so genannten Isoplethen-Modell und dem instationären biohygrothermischen Modell. Das Isoplethen-Modell ermöglicht die Ermittlung der Zeiteinheiten für die Sporenkeimung und für das Wachstum des Myzels, wobei auch der Einfluss des Substrates (Untergrund) oder evtl. Verunreinigungen berücksichtigt wird. Hierfür werden zwei Isoplethen eingesetzt, die zur Vorhersage von Sporenkeimung die Auskeimungszeiten und das Wachstum des Myzels pro Zeiteinheit darstellen. Der unterste Grenzwert möglicher Pilzaktivität wird als „Lowest Isopleth for Mould" bezeichnet.

Auf Grundlage dessen wurden Substratgruppen definiert und unterschiedliche Untergründe zugeordnet:

- Substratgruppe 0 umfasst einen optimalen Nährboden wie z. B. Vollmedien. Das dafür gültige Isoplethen-System gibt die Minimalanforderungen für einen Schimmelpilzbefall an wie z. B. die niedrigsten Werte für die relative Luftfeuchte und somit die für alle in Innenräumen auftretenden Schimmelpilze die unterste Wachstumsgrenze.
- Substratgruppe I definiert die biologisch verwertbaren Substrate wie z. B. Tapeten, Gipskarton und Bauprodukte aus gut abbaubaren Rohstoffen sowie Materialien für dauerelastische Fugen, aber auch stark verschmutztes Material. Substrate dieser Gruppe zeigen einen höheren Feuchtebedarf.
- Substratgruppe II beinhaltet Baustoffe mit einem porigen Gefüge wie z. B. einige Hölzer sowie mineralische Bau- und Dämmstoffe, die nicht unter Substratgruppe I fallen. Im Fall einer starken Verschmutzung sollte die Substratgruppe I zugrunde gelegt werden. Substrate dieser Gruppe zeigen einen deutlich erhöhten Feuchtebedarf.
- Substratgruppe III beschreibt Baustoffe, die weder für Schimmelpilze verwertbare Nährstoffe enthalten oder von den Mikroorganismen abgebaut werden können.

Für die Substratgruppe III wird allerdings kein Isoplethen-System angeboten, da davon auszugehen ist, dass sich Schimmelpilze auf diesen Substraten (Untergründen) nicht ansiedeln.

Mit dem Isoplethen-System kann rechnerisch simuliert werden, wann ein Schimmelpilzbefall in Abhängigkeit z. B. vom Raumvolumen, der Feuchteproduktion und dem Luftwechsel theoretisch eintreten kann. Die hierbei in Innenräumen auftretenden instationären hygrothermischen Bedingungen können z. B. dem WUFI-Programm entnommen werden. Die Methode berücksichtigt allerdings nur die bauphysikalischen Kenngrößen, die sich instationär verändern können. Die Veränderung mikrobieller Einflüsse wie z. B. ein zwischenzeitliches Austrocknen oder Absterben der Schimmelpilzsporen berücksichtigt dieses Modell nicht. Deshalb kombiniert man es mit einem darauf aufbauenden, biohygrothermischen Modell. Dieses ist in der Lage, den Feuchtehaushalt einer Spore in Abhängigkeit von instationären Randbedingungen rechnerisch zu ermitteln und somit auch mikrobielle Veränderungen während des Lebenszyklus und der Wachstumsphasen zu berücksichtigen. Hierbei wird angenommen, dass eine Schimmelpilzspore ein gewisses osmotisches Potential besitzt, mit dessen Hilfe Feuchtigkeit aus der Umgebung durch die Sporenwand hindurch aufgenommen und gespeichert werden kann. Ab dem Zeitpunkt kann der Schimmelpilz unabhängig von äußeren Bedingungen seinen Stoffwechsel selbst regulieren und zu wachsen beginnen. Dieser Feuchtegehalt kann errechnet und für die Vorhersage herangezogen werden. Ein Überschreiten des definierten Grenzwassergehalts in der Pore zeigt Schimmelpilzbildung an.

4.3.8 Spezifisches Wachstumsmodell

Die bisherigen Ausführungen haben gezeigt, dass das Wachstum und die Vermehrung sowie Ausbreitung von Schimmelpilzen nicht nur durch generische Wachstumsbedingungen beeinflusst werden, sondern zusätzlich individuelle Einflüsse maßgeblichen Einfluss haben können. Diese werden über ein spezifisches Wachstumsmodell beschrieben und umfassen neben den stationären und instationären Randbedingungen auch individuelle Einflussfaktoren in Abhängigkeit zu den individuellen Schimmelpilzarten und -spezies. Dies bedeutet, dass die individuellen Einflüsse durch regionale Unterschiede (z. B. Stadt/Land) sowie durch externe Expositionsquellen (z. B. Deponien, Landwirtschaft) oder interne Expositionsquellen (z. B. Staub, Biomüll) genauso berücksichtigt werden wie jahreszeitlich und/oder witterungsbedingte Expositionen unterschiedlicher Schimmelpilzspezies und -arten. Gleiches gilt für die Einflüsse unterschiedlicher Baustoffe/Materialien und einer temporären Anfangsalkalität sowie für den Einfluss von Biofilmen auf das Wachstum. Außerdem wird der Einfluss möglicher Altschäden (Wiederbefall) bewertet

Erkennung

5

Inhaltsverzeichnis

F. Frössel, E. Heller, *Schimmelpilze in Wohnungen*, https://doi.org/10.1007/978-3-658-50425-0_5

5.1 Einleitung

Der Begriff Schimmelpilze ist unscharf und beschreibt eine heterogene Gruppe von Pilzen, deren Arten und Spezies aus verschiedenen Ordnungen (Familien) stammen. Hierzu gehören Zygomycetes, Ascomycetes sowie Deuteromycetes. Es sind in erster Linie ihre gemeinsame Morphologie (Erscheinungsbild) und weitere ökologische Parallelen, was diese Pilze unter der Bezeichnung Schimmelpilz vereint. Sie können typische Pilzfäden und Sporen ausbilden und dadurch makroskopisch als gefärbter Belag sichtbar werden. Dieser kann sich als faseriger, flockiger oder staubiger Belag auf meist leblosen Substraten verschiedenster Art darstellen. Das Farbspektrum reicht von einem weißen über grauen, bläulich-grünen bis hin zu gelblichen, rötlichen, bräunlichen oder schwarzem Überzug.

Schimmelpilze sind in der Außenluft zahlreich vertreten und kommen auch in Innenräumen vor. Hierbei gibt es saisonale und regionale Unterschiede. Beim Auftreten von Schimmelpilzen in Innenräumen gibt es ebenfalls Unterschiede in Bezug auf die Untergründe, verschiedene Räumlichkeiten und deren Bauteile und Nutzung.

Auch im Erscheinungsbild unterscheiden sich Schimmelpilze durch direkten oder sichtbaren Befall von dem nicht sichtbaren Befall sowie dem indirekten oder verdeckten Befall. Häufig sind Schimmelpilze „zu spüren“, auch wenn man sie nicht sieht. Dann können Symptome helfen, sie aufzuspüren. Nicht selten gibt es allerdings auch optische Erscheinungsformen, die an Schimmelpilze erinnern und mit diesem mikrobiellen Befall nichts zu tun haben.

5.2 Der sichtbare Befall

5.2.1 Einleitung

Der Begriff „sichtbarer Befall“ bedeutet, dass der Schimmelpilz ohne weitere Hilfsmittel wie eine Lupe oder ein Mikroskop sichtbar ist oder weiterführende Laboruntersuchungen nicht notwendig sind. Im Wesentlichen geht es um die Wahrnehmung der Sporen oder des Myzels durch das menschliche Auge.

Auch wenn sichtbarer Befall das Lokalisieren der Schimmelpilzbildung erleichtert, gibt es Unterschiede in Form und Farbe. Denn nicht jeder Schimmelpilz hat ein schwarzes, graues oder grünes Aussehen.

Befallene Oberflächen unterscheiden sich in der Größe und Fläche, denn nicht immer liegt ein Befall von mehreren Quadratmetern vor. Experten unterscheiden den sichtbaren Befall in drei unterschiedliche Kategorien.

Auch in Bezug auf die Untergründe können keine allgemeingültigen Aussagen getroffen werden, da die verschiedenen Schimmelpilzarten ganz unterschiedliche Oberflächen (Substrate) besiedeln können. Weiterhin ist bekannt, dass viele Schimmelpilze in der Lage sind, ihr unmittelbares Umfeld zu „manipulieren“, um sich ein überlebensfähiges Umfeld zu schaffen.

Bei den Bauteilen oder auch Räumlichkeiten, die vorwiegend durch Schimmelpilzbefall betroffen sind, handelt es sich vor allem um feuchtebelastete Bereiche und/oder um Bauteile, auf denen aufgrund unterschiedlicher Ursachen und bauphysikalischer Vorgänge Feuchtigkeit, in der Regel taupunktbedingtes Kondenswasser, gebildet wird.

> Achtung: die Fokussierung auf den sichtbaren Befall birgt eine große Gefahr. Denn, wenn man nur den sichtbaren Befall lokalisiert und beseitigt, kann ggf. nicht sichtbarer Befall oder verdeckter Befall übersehen werden. Dies kann erhebliche Konsequenzen nach sich ziehen. Daher sollte bei sichtbarem Befall immer auch geprüft werden, ob nicht sichtbarer und/oder verdeckter Befall vorliegt.

5.2.2 Form und Farbe

Schimmelpilze können sehr unterschiedliche Formen und Farben annehmen.

Allgemein kennt man einen Schimmelpilzbefall in Form von kleinen Stockflecken oder eines flaumigen weichen Belags in schwarz bis dunkelgrau, aber auch in grün und vor allem in Weiß. In Ausnahmen zeigt sich ein Schimmelpilz auch in Rot bis orange, beige bis bräunlich oder selten in Gelb oder blau (siehe Abb. 5.1 und 5.2).

Abb. 5.1 Farbspektrum eines Schimmelpilzbefalls

Abb. 5.2 Farbspektrum eines Schimmelpilzbefalls

Hierbei muss beachtet werden, dass ein Schimmelpilz in Innenräumen nicht isoliert auftritt, sondern so genannte Mischexpositionen vorliegen. Dies bedeutet, dass verschiedene Schimmelpilzarten in unterschiedlicher Konzentration auftreten und somit häufig eine Vermischung unterschiedlicher Schimmelpilze vorliegt. Auch dies verursacht eine heterogene Farbgebung.

Abb. 5.3 Schimmelpilzbefall der Kategorie 1

Abb. 5.4 Schimmelpilzbefall der Kategorie 1

Abb. 5.5 Schimmelpilzbefall der Kategorie 1

Abb. 5.6 Schimmelpilzbefall der Kategorie 1

Abb. 5.7 Schimmelpilzbefall der Kategorie 1

Abb. 5.8 Schimmelpilzbefall der Kategorie 2

Fazit: von der Farbgebung auf eine Schimmelpilzart oder -spezies zu schließen, ist selbst für Experten äußerst schwierig und hat ein hohes Fehlerpotenzial. Dies könnte zu einer folgenschweren Fehleinschätzung führen.

5.2.3 Größe und Fläche

Befallene Oberflächen unterscheiden sich in Größe und Fläche, denn nicht immer liegt ein Befall von mehreren Quadratmetern vor. Experten unterscheiden den sichtbaren Befall in Kleinstflächen (< 20 cm^2 Ausmaß) der Kategorie 1 („Normalzustand bzw. geringfügiger Schimmelpilzbefall“) (siehe Abb. 5.3, 5.4, 5.5, 5.6 und 5.7), in kleine Flächen (< 0,5 m^2 Ausmaß) der Kategorie 2 („geringer bis mittlerer Schimmelpilzbefall“) (siehe Abb. 5.8, 5.9, 5.10 und 5.11) sowie in größere Flächen (> 0,5 m^2 Ausmaß) der Kategorie 3 („großer Schimmelpilzbefall“) (siehe Abb. 5.12, 5.13, 5.14 und 5.15).

Fazit: die Größe der befallenen Fläche durch Schimmelpilze ist nicht gleichzusetzen mit der möglichen Gesundheitsgefahr oder dem Risiko, dem man ausgesetzt sein kann. Seriöse Aussagen über die Gesundheitsgefahren durch Schimmelpilze sind nur möglich, wenn das Risikopotenzial der vorliegenden Schimmelpilzarten und der unmittelbar betroffenen Menschen bekannt ist.

Abb. 5.9 Schimmelpilzbefall der Kategorie 2

Abb. 5.10 Schimmelpilzbefall der Kategorie 2

Die Größe der vom Schimmelpilz befallenen Fläche spielt neben der Gesundheitsgefahr, die von dem jeweiligen Schimmelpilz ausgeht, eine wichtige Rolle bei der Bewertung und Sanierung. In den einschlägigen Regelwerken ist definiert, wie eine Sanierung sowie die flankierenden Maßnahmen auszusehen haben, damit keine Gesundheitsgefahr ausgeht.

Abb. 5.11 Schimmelpilzbefall der Kategorie 2

Abb. 5.12 Schimmelpilzbefall der Kategorie 3

Abb. 5.13 Schimmelpilzbefall der Kategorie 3

Abb. 5.14 Schimmelpilzbefall der Kategorie 3

5.2.4 Räumlichkeiten

5.2.4.1 Privat genutzte Innenräume (in Wohnungen)

Zur Erklärung: Das Fachbuch benutzt die Terminologie der privat genutzten Innenräume als Synonym für Wohnungen und zur Abgrenzung zu gewerblich genutzten Innenräumen. Denn Letztgenannte können in Form von Büroräumen genauso auftreten wie als Großküche und Hallenbad oder als Gärtnerei und sind mit den üblichen Innenraumklima und hygienischen Bedingungen einer Wohnung nicht vergleichbar. Das Fachbuch fokussiert sich auf Innenräume in Wohnungen und erwähnt gewerblich genutzte Innenräume nur insofern, wenn diese für die Erklärung von Sachverhalten relevant und/oder im gleichen Kontext erwähnenswert sind.

Unterschiedliche Räume haben eine unterschiedliche Funktion und unterliegen somit einer unterschiedlichen Nutzung. Infolgedessen unterscheiden sich diese Räume in Bezug auf Luftfeuchtigkeit und Temperatur sowie in einigen Fällen bzgl. der Staubbelastung. Damit sind die wichtigsten Voraussetzungen für die Bildung und das Wachstum von Schimmelpilzen gegeben und auch eine Begründung dafür, weshalb Schimmelpilze in einigen Räumen häufiger vorkommen als in anderen.

In verschiedenen Untersuchungen wurde nachgewiesen, dass bestimmte Innenräume besonders häufig von Schimmelpilzbefall betroffen sind. Die Ursachen hierfür sind vielfältig und in erster Linie in der unterschiedlichen Luftfeuchtigkeit zu suchen, die wiederum durch mehrere Einflussgrößen wie z. B. die Raum- und Untergrundtemperatur, die Belegungsdichte zum Raumvolumen, die Aufenthaltsdauer, Anzahl und Art von Pflanzen und Wasserflächen und dgl. bestimmt wird. Auch das unterschiedliche Nährstoffangebot z. B. durch Staub kann ausschlaggebend sein.

Abb. 5.15 Schimmelpilzbefall der Kategorie 3

In ca. 40 % der untersuchten Fälle wies das Schlafzimmer einen Schimmelpilzbefall auf. Auf Platz 2 in diesem Ranking liegt mit jeweils 20 bis 25 % das Bad und das Kinderzimmer. In Wohn- und Arbeitszimmer sowie Küchen lag der Anteil bei unter 10 %; die anderen Räume können vernachlässigt werden (siehe Abb. 5.16).

Der besonders hohe Anteil an Schimmelpilzbefall in Schlafzimmern verwundert nicht, wenn man sich mit dem Feuchtegehalt in diesem Raum auseinandersetzt. Schlafzimmer werden statistisch gesehen weniger geheizt und häufig über die anderen Räume mit erwärmt. Außerdem wird das Schlafzimmer weniger gelüftet – und dies ob-

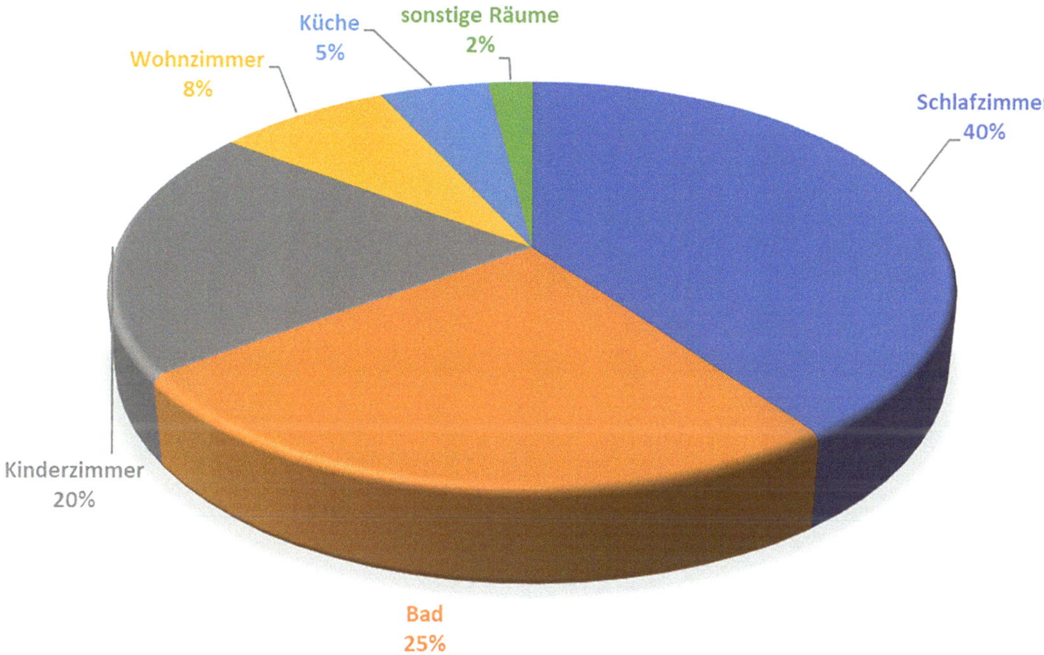

Abb. 5.16 Häufigkeit des Auftretens von Schimmelpilzbefall in verschiedenen Räumen. Bitte beachten: Hierbei handelt es sich um einen statistischen Durchschnittswert. Dieser berücksichtigt weder die Größe der befallenen Flächen und/oder das Gesundheitsrisiko durch die vorgefundenen Schimmelpilze. Außerdem gibt es zum Teil gravierende Unterschiede zwischen Ein- und Mehrfamilienhäuser, zwischen selbst genutzten Immobilien und Mietobjekten, der Belegungsdichte sowie zwischen Neu- und Altbau. Selbst bei Altbauten weisen die Untersuchungsergebnisse zum Teil erhebliche Unterschiede auf, ob der Altbau unsaniert oder saniert wurde (z. B. durch Fensteraustausch und/oder eine Fassadendämmung). Weitere Untersuchungen zeigen den Unterschied zwischen Wohnungen mit innenliegenden Bädern mit einfachen Be- und Entlüftungen oder Zwangsbelüftung zu Bädern mit einer Fensterlüftung. Ebenfalls relevant sind die Unterschiede in Bezug auf Tierhaltung, offene Wasserflächen und Anzahl der Pflanzen. Gleiches gilt für die Frage, ob die Wäsche in oder außerhalb der Wohnung getrocknet wird

wohl in 6 bis 8 h viel Feuchtigkeit anfällt (Atmen, Schwitzen). Untersuchungen haben ergeben, dass das Schlafzimmer im Durchschnitt nur einmal am Tag gelüftet wird und dies kurz für 5 min in den Morgenstunden (nach dem Aufstehen). Die über Nacht angestaute Feuchtigkeit wird größtenteils von den Oberflächen der Wände adsorbiert, so dass der kurze Luftaustausch (Lüften) nicht ausreicht. Außerdem wurde in vielen Wohnungen ein erhöhter Staubanteil unter den Betten oder hinter den Schränken nachgewiesen sowie eine hohe Belastung durch Milben in Matratzen und Bettwäsche.

Der im Vergleich zum Schlafzimmer geringe Anteil an Schimmelpilzen in Bädern erscheint auf den ersten Blick unlogisch, da mit dem feucht-warmen Milieu ideale Bedingungen für das Wachstum gegeben sind. Allerdings werden Bäder (wie auch Toiletten und Küchen) öfters gereinigt und desinfiziert sowie gelüftet, um Feuchtigkeit und Gerüche abzuführen. Das „Beschlagen" der Fenster oder Duschtür sowie der erhöhte Wasserdampf (ugs. Dunst) im Bad macht große Überzeugungsarbeit überflüssig. Bäder sind statistisch gesehen die am meisten und am besten gelüfteten Innenräume in Wohnungen.

Anders verhält es sich bei innen liegenden Bädern, die entweder über die anderen Innenräume mit be- und entlüftet werden oder mit einer Zwangsbelüftung ausgestattet sind. In diesen Feuchträumen liegt in der Regel ein höheres Schimmelpilzrisiko vor. Der hohe Anfall von Feuchtigkeit nach einem Bad oder einer ausgiebigen Dusche kann über eine kurze Entlüftung nicht abgeführt werden. Häufig stellt man fest, dass die Leistung und/oder Dauer der Gebläse der Zwangsbelüftung unzureichend sind. Außerdem befindet sich die durch Duschen oder Baden

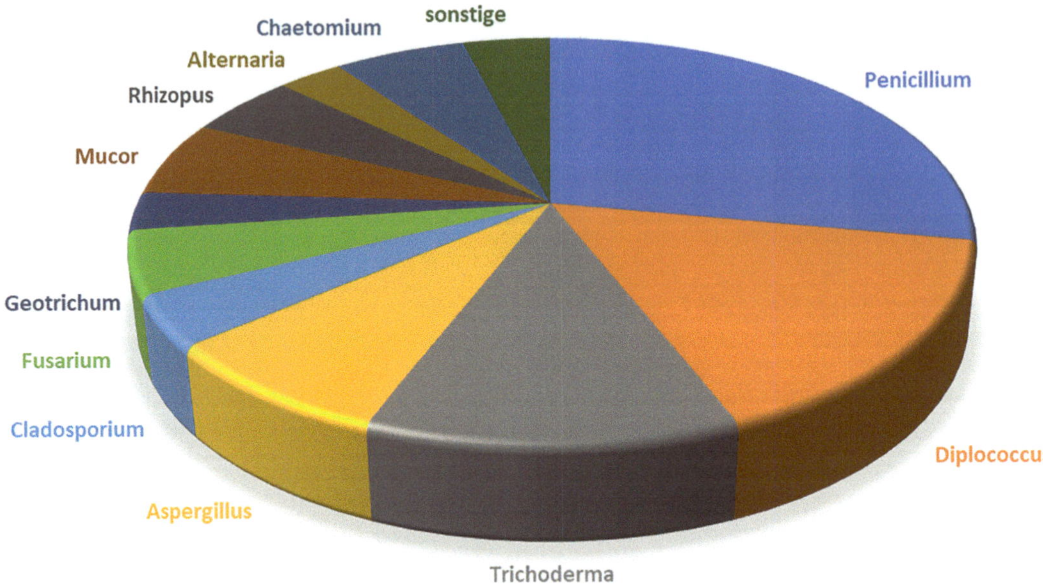

Abb. 5.17 Spektrum von Schimmelpilzen in einer Sauna (Querschnitt aus mehreren Untersuchungen)

anfallende Feuchtigkeit nicht nur in der Raumluft, sondern wird auch von den Oberflächen der Wände adsorbiert. Man kann dies gut beobachten, wenn sich nach dem Abstellen des Gebläses noch ein leichter Wasserfilm auf den Fliesen, Glasscheiben oder der Decke befindet. Um dieses subjektiv empfundene Gefühl, dass „der Raum noch feucht ist", entgegenzutreten, wird das innen liegende Bad dann häufig über andere Räume „mit entlüftet". Dies ist besonders dann kritisch, wenn diese Entlüftung über kühlere Räume (z. B. das Schlafzimmer) stattfindet. Diese ohne zur Kondensation neigenden Räume werden dann noch zusätzlich durch erhöhte Luftfeuchtigkeit belastet.

5.2.4.2 Spezialfall Sauna

Eine Sauna stellt mit ihrem Raumklima sowie Holz als organischem Untergrund auf den ersten Blick den idealen Brutkasten für Schimmelpilze dar. Dabei entsteht Schimmelpilzbefall nicht während oder unmittelbar nach der Saunanutzung, sondern in dem Zeitraum, in dem die Sauna nicht genutzt wird. Denn auf den zweiten Blick wird schnell klar, dass sich die meisten Schimmelpilzarten während der Saunanutzung gar nicht bilden können und auch der individuelle Sauna-Typ eine Rolle spielt. Von den unterschiedlichen Saunatypen kommen im deutschsprachigen Raum vor allem die klassische oder finnische Sauna mit ihrem trocken-heißen Raumklima und die Dampf- oder Bio-Sauna mit ihrem warm-feuchten Raumklima vor. Hierbei ist in erster Linie die Dampf- oder Bio-Sauna für eine Schimmelpilzbildung anfällig.

Mit Temperaturen von ca. 60 °C werden in einer Dampf- oder Bio-Sauna zwar Umgebungsbedingungen geschaffen, in denen nur noch einige thermophile Schimmelpilzarten überleben können. Dafür ist die hohe Luftfeuchtigkeit für die meisten der Schimmelpilze ideal. Bei Temperaturen von über 80 °C in einer klassischen oder finnischen Sauna sind selbst diese nicht überlebensfähig.

Außerdem muss die Sauna als Ganzes betrachtet werden. Hierzu gehört neben dem Innenraum der Sauna („Schwitzraum"), in dem sich Schimmelpilze in der Phase nach dem Saunagang (Auskühlung) und in den Tagen danach bilden können, auch das Lüftungssystem sowie die Räumlichkeiten um die Sauna herum mit ihren Bauteilen (Oberflächen) und Wärmebrücken.

Einer der Hauptgründe für Schimmelpilzbildung ist das nicht ausreichende Lüften der Sauna selbst, die entweder zu kurz gelüftet wird oder nur über den Raum, in dem sich die Sauna befindet. Ein weiterer Punkt ist die Raumtemperatur, in dem sich die Sauna befindet. Häufig steht die

Sauna im Keller in einem Raum, der in der Regel nicht beheizt wird. Ideal wäre eine Raumtemperatur von mindestens 18 °C, um Kondensat an den kühlen Wandoberflächen durch die feuchte Saunaluft zu vermeiden. Weiterhin wäre ideal, wenn das anschließende Lüften nicht über die angrenzenden Kellerräume oder über die offene Kellertreppe erfolgt, sondern über eine direkte Fensterlüftung (Stoßlüften) in dem Kellerraum, in dem sich die Sauna befindet. Nachdem ausreichende gelüftet wurde, sollte die Sauna Tür offenstehen bleiben, damit geringe Restfeuchte weiterhin abziehen kann. Feuchtebelastete Kellerräume z. B. im Altbau und/oder kühle und nicht belüftbare Kellerräume sind daher als Aufstellraum für eine Sauna ungeeignet. Ähnliches gilt für unbeheizte Gartenhäuser oder dgl.

Eine weitere Ursache für Schimmelpilzbefall kann eine unpassende Raumgröße darstellen. Zu kleine und/oder zu niedrige Räume, in denen die Sauna passgenau eingebaut wird, führen dazu, dass die Sauna an den Wänden und/oder an der Decke anliegt, ohne dass eine ausreichende Durchlüftung stattfinden kann. Der Mindestabstand zu Decke und Wänden sollte 5 bis 10 cm betragen. Weitere Gründe können der fehlerhafte Aufbau der Sauna oder in Ausnahmen Konstruktionsmängel und/oder Materialmängel sein.

Nicht selten besteht der Kellerraum aus Beton oder gefliestem Mauerwerk. Beton, Fliesen und keramische Beläge können bekanntlich keine Feuchtigkeit aufnehmen und zwischenpuffern. Trifft die feuchtwarme Saunaluft auf diese Oberflächen, bildet sich Tauwasser, also tropfenförmiges Kondensat, mit dem die Luftfeuchtigkeit im Raum erhöht wird.

Bei der Betrachtung der Sauna und der ihr angrenzenden Räume wie z. B. Feucht- und Nassräume muss zudem zwischen einer privaten und einer gemeinschaftlichen/öffentlichen Nutzung unterschieden werden. Untersuchungen belegen, dass die mikrobielle Belastung im Sauna- oder Duschbereich in öffentlichen Bädern, Hotels, Sporthallen und Fitnessstudios sowie in Nassräumen, die innerhalb großer Hausgemeinschaften wie z. B. Internaten oder Heimen und dgl. genutzt werden, noch einmal deutlich höher ist als im privaten Umfeld.

Hinzu kommt, dass die äußerliche Sauberkeit keineswegs mit dem tatsächlichen Gefährdungspotenzial durch pathogene Mikroorganismen korrelieren muss. Neben den „klassischen" Schimmelpilzen wie z. B. Alternaria, Aspergillus, Penicillium, Trichoderma und Chaetomium sind einige Hefen wie z. B. Rhodotorula oder Candida und einige Bakterien sowie in Ausnahmen auch Algen wie z. B. Chlamydomonas zu erwähnen. Abb. 5.17 dokumentiert das breite Pilzspektrum einer Bodenprobe aus einer öffentlichen Sauna nach deren Schließung.

Auffallend sind der hohe Anteil an Penicillium und der relativ geringe Anteil an Aspergillus. Bei den o. g. Untersuchungen wurden deshalb noch die einzelnen Spezies isoliert. Hierbei wurden vor allem Penicillium chrysogenum, Penicillium brevi-compactum und Penicillium cyclopium nachgewiesen, Penicillium expansum und Penicillium frequentans fielen nicht besonders auf. Die übrigen und nicht näher identifizierten Penicillium spec. konnten aufgrund des geringen Prozentanteils vernachlässigt werden.

Anschließend wurden noch die zur Sauna angrenzenden Räume untersucht. Hierbei fiel die hohe Belastung des Hefepilzes Candida auf, der vor allem im feucht-warmen Milieu stark vertreten war (siehe Abb. 5.18).

Die Untersuchungen bestätigen, dass bei Benutzung von Feucht- und Nassräumen durch eine geringe Anzahl von Personen wie z. B. in einer Familie bei gleichzeitiger, gründlicher und regelmäßiger Reinigung die Belastung durch Schimmelpilze deutlich geringer ausfällt. In den meisten Fällen zeigen sich diese nur auf Fugen dar und stellen in der Regel nur eine optische Beeinträchtigung dar. Anders im öffentlichen Raum, in dem mikrobieller Befall nicht nur ein hygienisches Problem darstellt, sondern auch gesundheitliche Gefährdungen nicht ausgeschlossen werden können.

5.2.4.3 Spezialfall Dachstuhl

In den letzten Jahren hat die Schimmelpilzbildung am Dachstuhl deutlich zugenommen. Die Ursachen hierfür sind vielfältig und komplex und haben auf Art, Umfang und Kosten einer anschließenden Sanierung erhebliche Auswirkungen. Hierbei

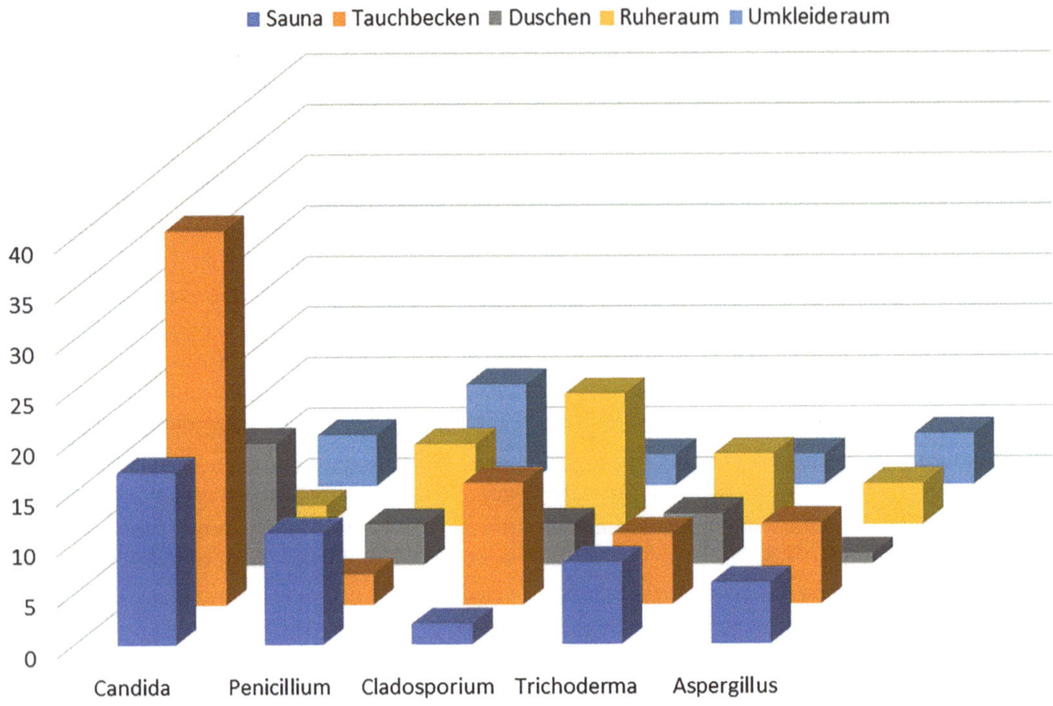

Abb. 5.18 quantitative Verbreitung von Schimmelpilzen in unterschiedlichen Saunabereichen

spielt eine wesentliche Rolle, ob der Dachbereich gedämmt oder ungedämmt bzw. ungenutzt oder bewohnt ist. Bei Dämmmaterialien muss geprüft werden, ob diese ggf. rückgebaut und entsorgt werden müssen. Bei sichtbaren Dachstühlen sind die betroffenen Flächen schnell identifiziert; bei verkleideten Dachkonstruktionen (z. B. mit Gipskartonplatten) muss geprüft werden, ob neben dem sichtbaren Befall auch ein nicht sichtbarer Befall oder versteckter Befall vorliegen kann.

Aufgrund der immer kürzer werdenden Bauzeiten werden Baustoffe mit zu hoher Restfeuchtigkeit verbaut und anschließend nicht ausreichend getrocknet. Hierbei wird immer wieder unterschätzt, dass durch den Einbau von Baustoffen je nach Größe der Baustelle hunderte bis tausende von Litern Wasser eingebracht werden, von denen nicht alles chemisch gebunden und infolgedessen an die Umgebung abgegeben wird. Dies gilt für klassische Baustoffe genauso wie für Holz. Hohe Feuchtigkeit im Holz sowie zu hohe Luftfeuchtigkeit führen zu Schimmelpilzbildung (und Bakterienbefall), die sich als schwarze Ablagerungen z. B. auf Balken, Unterschalungen und Dachsparren im Dachstuhl zeigen. Besondere Aufmerksamkeit sollte der Frage der Dämmung der Kehlbalkenlage gewidmet werden.

Sind die Konstruktionen schon verbaut, können sich Schimmelpilze auch auf Gipskartonplatten (ugs. Rigips-Platten) und Gipsfaserplatten (ugs. Fermacell-Platten) oder Holzfaserplatten (ugs. OSB-Platten) zeigen sowie mit zeitlicher Verzögerung auch auf Mineralwolle. Durch den zügigen Einbau von Dämmungen, Folien und Verkleidungen sowie der Ausführungen von Beschichtungen (Putz, Tapeten, Farben) werden diese oft schnell abgedeckt und können sich unbemerkt ausbreiten. Die Holzwerkstoffe sollten vor dem Einbau auf ausreichende Trockenheit geprüft werden; die Holzfeuchte unter 15 % liegen.

Eines der Hauptprobleme sind Undichtigkeiten in der Luftdichtschicht z. B. in der oberen Geschossdecke oder an ungenügend abgeklebten Durchdringungen von Lüftungsrohren, Kabelsträngen oder auch offenen alten Kaminen, so dass Feuchtigkeit aus den unteren Stockwerken in den Dachstuhlbereich gelangt. Die Folge sind dann meistens schon in der ersten Heizperiode intensiv auftretende Schimmelpilzbildungen an den Dachunterseiten. Auch das Nebeneinander von ausgebauten Warmbereichen im Dachgeschoss wie z. B. eines Kinderzimmers oder Gästezimmers und dem nicht ausgebauten Kaltbereich wie z. B. Abstellräumen führt häufig zu Kondensation und in der weiteren Folge zu Schimmelpilzbefall.

Eine der Folgen der verschärften Anforderungen an den Wärmeschutz von Neubauten ist die Luftdichtheit der Gebäudehülle. In unbelüfteten Pultdächern oder Flachdächern sind Leckagen in der Luftdichtschicht besonders kritisch, weil eingedrungene Feuchtigkeit nicht wieder entweichen kann, so dass es zu einer Anreicherung und Zunahme der Feuchtigkeit in der Konstruktion kommt. Hierzu im Vergleich: Die im Altbaubestand häufig anzutreffenden unsanierten, alten Kaltdächer sind bzgl. einer Kondenswasserbildung und infolgedessen einer möglichen Schimmelpilzbildung in der Regel über Jahrzehnte unproblematisch. Wenn feucht-warme Luft durch geöffnete oder nicht luftdicht eingebaute Bodenluken, Dachtreppen oder offene Ritzen in der obersten Geschossdecke in den Dachstuhlbereich eindringt, kann diese durch die Belüftung der alten Dächer schnell wieder nach außen entweichen. Hingegen kann es bei einer zunehmenden und/oder lang anhaltenden hohen Luftfeuchtigkeit in kalten, aber sanierten Dachstuhlbereichen zu Problemen führen, wenn die alte Dacheindeckung durch eine dichtere Kunststofffolie (Unterspannbahn) und neue Dacheindeckung ersetzt wurde und die nachträgliche Wärmedämmung und Luftdichtheit auf dem Dach nicht sachgerecht ausgeführt wurden. Denn auch sanierte Kaltdächer müssen über eine ausreichende Entlüftung nach außen verfügen. Meist werden hierzu Lüftungsöffnungen mit Insektenschutzgittern an den Dachrändern und Entlüftungsöffnungen an den Firstbereichen eingebaut.

Zu den Undichtigkeiten in der Luftdichtschicht muss auch die Dampfsperre von Dachschrägen genannt werden. Leckagen an dieser werden dadurch verursacht, dass diese im Randbereich nicht mit den korrekten Materialien und/oder die Stöße nicht richtig verklebt werden. Des Weiteren kann man häufig beobachten, dass funktionstüchtige Dampfsperren noch einmal nachträglich aufgeschnitten werden, z. B. weil ein Elektrokabel noch verlegt werden muss. In der Praxis kann man oft beobachten, dass diese nachträglichen Öffnungen dann nicht wieder ordnungsgemäß verschlossen werden.

Abb. 5.19 Schimmelpilzbefall auf einem Dachstuhl

Im Übrigen kann eindringendes Niederschlagswasser über das Dach als Ursache für Schimmelpilzbefall im Dachstuhlbereich nahezu ausgeschlossen werden.

Zu den wichtigsten Schimmelpilzen, die im Dachstuhlbereich vorkommen, gehören Cladosporium, Alternaria, Ulocladium, Aureobasidium und Phoma. In Ausnahmen werden auch Penicillium, Acremonium und Scopulariopsis nachgewiesen; Aspergillus-Arten trifft man dagegen selten an. Bzgl. der ersten beiden Schimmelpilz-Arten Cladosporium und Alternaria muss erwähnt werden, dass diese ganzjährig den Großteil des natürlichen „Aeroplanktons" der Außenluft darstellen. Insgesamt sind alle diese Schimmelpilzarten weniger kritisch einzustufen als z. B. Stachybotrys und Chaetomium.

Schimmelpilze besiedeln „nur" die Oberfläche der Dachstuhlkonstruktion sowie angrenzender Bauteile. Sie gehören damit nicht in die Kategorie der holzzerstörenden Pilze wie z. B. die Braunfäule oder die Weißfäule. Sie können die Bestandteile des Holzes nicht abbauen und infolgedessen auch nicht in tiefere Schichten eindringen. Schimmelpilze wachsen parasitisch (saprophytisch) auf der Holzoberfläche. Erst wenn die Holzzerstörung durch andere Mikroorganismen weit vorangeschritten ist, vermehren sich Schimmelpilze rasant (siehe Abb. 5.19 und 5.20).

Durch Schimmelpilze werden die Holzbestandteile im Dachstuhlbereich also nicht abgebaut und die Holzfestigkeit nicht reduziert. Die

Abb. 5.20 Schimmelpilzbefall auf einem Dachstuhl

Schimmelpilzbildung als oberflächiger Befall ist somit nur ein optisches Problem und je nach Fläche des Befalls (> 0,5 m^2) ggf. ein hygienisches Problem. Zu dieser Einschätzung kommt auch der Leitfaden des Umweltbundesamtes, der im Abschn. 6.3 „Sanierung großen Schimmelpilzbefalls“ und hierzu im Unterpunkt 6.3.5 „Entfernung befallener Materialien zur Vorgehensweise in schimmelpilzbefallenen Dachstühlen“ ausgeführt, dass ein Schimmelpilzbefall auf massivem Holz (z. B. Dachsparren) durch abrasive Verfahren wie z. B. Abhobeln entfernt werden kann. In Nutzungsklasse III reicht je nach Raumnutzung ein oberflächliches Absaugen/Abwischen aus.

Aus diesem Grund haben Experten auf ein Urteil des BGH (Az. VII ZR 274/04) mit Unverständnis und Kopfschütteln reagiert. Der Bundesgerichtshof hatte vom 29.06.2006 entschieden, dass eine ordnungsgemäße Mängelbeseitigung eines mit Schimmelpilz befallenen Dachstuhls nicht vorliegt, wenn dessen Holzgebälk nach Arbeiten weiterhin mit Schimmelpilzsporen behaftet ist. Das gilt auch dann, wenn von diesen keine Gesundheitsgefahren für die Bewohner des Gebäudes ausgehen. Der BGH begründete seine Entscheidung damit, dass der vom beklagten Werkunternehmer errichtete Dachstuhl mangelhaft war, da vertraglich ein Dachstuhl ohne Pilzbefall geschuldet war. Der Beklagte hatte zwar die Sanierung des Dachstuhls nach Maßgabe der Empfehlungen eines von ihm eingeschalteten Sachverständigen angeboten. Der klagende Auftraggeber ging darauf aber nicht ein und forderte die Entfernung und Neuerrichtung des Dachstuhls unter Bezugnahme auf ein im selbstständigen Beweisverfahren eingeholtes Sachverständigengutachten. Das Oberlandesgericht als Vorinstanz hatte seine Ablehnung des Anspruchs damit begründet, dass der Beklagte ein Recht hätte, den vom Schimmelpilz befallenen Dachstuhl nachzubessern und dieser den Nachweis geführt hätte, dass eine Totalsanierung (Abriss und Neuaufbau) nicht erforderlich wäre. Zumal der Kläger als Auftraggeber auch nicht den Beweis geführt hätte, dass die von ihm geforderte Art der Nachbesserung notwendig gewesen ist.

Umso erstaunlicher, dass sich der BGH dieser Rechtsauffassung nicht anschloss und zu dem Ergebnis kam, dass das Angebot einer Mängelbeseitigung, die nicht den vertraglich geschuldeten Erfolg herbeiführt, nicht ordnungsgemäß ist und der Auftraggeber infolgedessen eine solche Mängelbeseitigung grundsätzlich nicht zu akzeptieren braucht (BGH Urteil VII ZR 443/01 vom 27.03.2003). In den weiteren Ausführungen heißt es, dass eine ordnungsgemäße Mangelbeseitigung nur darin bestehen könne, den Schimmelpilz vollständig und endgültig zu beseitigen. Diese Rechtsauffassung ist völlig absurd und realitätsfern angesichts der Tatsache, dass Schimmelpilze ubiquitär vorhanden sind und somit alle Oberflächen einer mehr oder weniger starken Belastung durch Schimmelpilzsporen unterliegen (so genannte Hintergrundbelastung). Oder anders ausgedrückt: Selbst der, nach dem Abriss des alten erforderliche, neu errichtete Dachstuhl wird mit einer nahezu 100 %-igen Wahrscheinlichkeit wieder Schimmelpilze enthalten haben. Zudem widerspricht der BGH somit auch den Ausführungen des Umweltbundesamtes und jeglichen Beobachtungen und Nachweisen der Experten.

5.2.4.4 Spezialfall Archive, Aktenlager und Museen

In Archiven, Aktenlagern, Magazinen und anderen gewerblichen Lagerräumen sowie Museen und Bibliotheken ist ein mikrobieller Befall des Lagerguts, des Inventars oder der Wandflächen mit Schimmelpilzen und Bakterien ein häufig anzutreffendes Problem. Die Voraussetzung für das Auftreten und Wachstum der Mikroorganismen sind in diesen Innenräumen nahezu perfekt. Dokumente aus Papier (z. B. Bücher, Fotos), Akten und Ordner aus Pappe sowie Holzoberflächen von Einbauschränken, Regalen oder Tische sind organische Substrate und somit ideale Nährböden für Schimmelpilze und Bakterien. Auch Pergament, Leder und Textilien werden von diesen Mikroorganismen befallen. Hinzu kommt, dass die Oberflächen in diesen Innenräumen deutlich weniger gereinigt bzw. konkret entstaubt werden, so dass zu den idealen Untergrundbedingungen auch noch Staubablagerungen hinzukommen. Im Staub befinden sich Schimmelpilzsporen sowie ggf. Milben.

Archive, Aktenlager, Magazine und andere gewerbliche Lagerräume befinden sich in der Regel im Keller oder auf dem Dachboden. In vielen Fällen sind die klimatischen Bedingungen in diesen Innenräumen eher ungünstig. Während Sommer- und/oder Winterkondensation sowohl im Keller- als auch im Dachgeschoss vorkommen können, können Kellerräume zusätzlich direkt durchfeuchtet werden. Überschwemmungen durch sintflutartige Regenfälle oder Hochwasser (von außen) sowie durch sporadische Wasserschäden wie Leckagen an wasserführenden Leitungen oder Defekten an Rückstausicherungen (von innen) führen zu massiven Durchfeuchtungen an Lagergut, Inventar sowie Wandoberflächen und Mauerwerksquerschnitte. Befinden sich Archive, Aktenlager, Magazine und andere gewerbliche Lagerräume sowie ggf. auch Museen und Bibliotheken in den Kellerräumen von Altbauten oder Denkmälern, können zusätzliche Durchfeuchtungen ihre Ursache in einer fehlenden oder nicht mehr funktionstüchtigen Horizontal- und/oder Vertikalabdichtung haben. Neben der kapillaren Durchfeuchtung können dann auch hygroskopische Aspekte zur Durchfeuchtung beitragen.

Kommt zu den idealen Nährböden und einer hohen Staubbelastung noch Feuchtigkeit hinzu, kommt es schnell zu einer mikrobiellen Besiedlung der eingelagerten Akten, Ordner, Kartons, Fotos sowie ggf. Kunstwerke und Kulturgüter. Zunächst findet der mikrobielle Befall auf den Oberflächen (Aktenhülle, Buchdeckel sowie Karton) statt. Die Inhalte mit den Papieren oder Fotos und dgl. werden von Schimmelpilzen und Bakterien erst bei direkter Durchfeuchtung befallen oder wenn die hohe Luftfeuchtigkeit über einen längeren Zeitraum anhält. Mit einem Zeitversatz

Abb. 5.21 zellulosehaltige Materialien, wie sie in Archiven und ähnlichen Lagerräumen häufig anzutreffen sind, sind ideale Untergründe für Schimmelpilze

sind dann auch die Holzoberflächen von Einbauschränken, Regalen, Holzrahmen und Bilderrückseiten oder Tischen betroffen (siehe Abb. 5.21).

Mikrobieller Befall kann sich z. B. durch punktuelle Stockflecken auf dem Papier, durch schwarze, dunkel-graue bis dunkel-braune, bläulich-grüne bis helle oder weiße Verfärbungen bemerkbar machen. Selten treten diese isoliert auf, da Mischexpositionen verschiedener Schimmelpilze und Bakterien der Regelfall ist. Dies zeigt sich dann u. a. in einem bunten Teppich an Mikroorganismen. Auf den Oberflächen ist ein pulvriger oder pelziger Belag typisch, zwischen den Seiten erkannt man dagegen eher spinnartige Fäden. Außerdem zeigen zellulosehaltige Materialien eine typische Zersetzung (Auflösungserscheinungen). In den meisten Fällen kommt noch ein typisch modriger, muffiger, erdiger bis pilziger Geruch hinzu, der von den MVOC stammt. Eine genaue Diagnose der Schimmelpilzarten sowie vor allem deren Konzentration und Bewertung der gesundheitlichen Risiken kann rein visuell nicht vorgenommen werden, auch wenn einige Färbungen bestimmten Schimmelpilzen zugeordnet werden. Hierzu sind entsprechende mikrobielle Untersuchungen notwendig.

Wichtig in dem Zusammenhang ist der Hinweis, dass neben dem sichtbaren Befall, der nutzungsbedingt in diesen Innenräumen häufig erst sehr spät oder bei einer hohen Intensität des Befalls entdeckt wird, auch nicht sichtbarer Befall oder versteckter Befall vorliegen kann. Außerdem muss man beachten, dass die Staub- und Sporenfreisetzung beim direkten Umgang mit mikrobiell belastetem Lagergut wie Akten, Ordner, Kartons, Fotos, Bücher sowie ggf. Kunstwerken oder anderem Kulturgut deutlich höher sein kann als in der Raumluft. Beim Suchen, Ausheften, Kopieren, Sortieren oder Einheften von Dokumenten liegt die mikrobielle Belastung um den Faktor 100 bis 1.000mal höher. Dem entsprechend empfehlen sich dringend entsprechende Schutzmaßnahmen.

Bzgl. der möglichen Gesundheitsgefahren kommt es auf die Schimmelpilzarten und den sich daraus ergebenden Risikogruppen und Gefährdungsklassen an. In den meisten Fällen werden in trockenen Archiven, Aktenlagern, Magazinen und anderen gewerblichen Lagerräumen sowie Museen und Bibliotheken vor allem Penicillium, Aspergillus, Cladosporium, Alternaria und Acremonium nachgewiesen. Bei Einwirkung von hoher Feuchtigkeit z. B. nach einem Wasserschaden sind dagegen Schimmelpilze wie Stachybotrys oder Chaetomium typisch.

In Abhängigkeit zu der Gefährdungsbeurteilung aufgrund der Risikoklassen und Umgebungsbedingungen muss ein Sanierungskonzept erstellt werden.

> Achtung: Für die Gefährdungsbeurteilung wird häufig der Schimmelpilz-Leitfaden des Umweltbundesamtes angewendet. Hierbei muss beachtet werden, dass dieser bisher nicht baurechtlich eingeführt ist und somit nicht den allgemein anerkannten Regeln der Technik, sondern nur dem Stand der Technik, entspricht. Fachplaner und Sanierungsfirmen unterliegen einer entsprechenden Hinweis- und Beratungspflicht.

Die rechtlichen Rahmenbedingungen für Tätigkeiten in mikrobiell belasteten Archiven, Aktenlagern, Magazinen und anderen gewerblichen Lagerräumen sowie Museen sind in Deutschland über die „Verordnung über Sicherheit und Gesundheitsschutz bei Tätigkeiten mit biologischen Arbeitsstoffen“ (kurz Biostoffverordnung), die „Technische Regel für Biologische Arbeitsstoffe: Schutzmaßnahmen bei Tätigkeiten mit mikrobiell kontaminiertem Archivgut“ (TRBA 240), die „Technische Regel für Biologische Arbeitsstoffe: Einstufung von Pilzen in Risikogruppen“ (TRBA 460) sowie das Arbeitsschutzgesetz geregelt. Diese Vorgaben gelten unabhängig davon, ob es sich um öffentliche Lagerräume und dgl. handelt oder um privatrechtliche Lagerräume und dgl. von Unternehmen, Institutionen oder dgl. Weiterhin sind die DIN ISO 11799 „Information und Dokumentation – Anforderungen an die Aufbewahrung von Archiv- und Bibliotheksgut“, die VDI-Richtlinie 6022 Blatt 1 „Hygienische Anforderungen an Raumlufttechnische Anlagen: Büro- und Versammlungsräume“ sowie die „Technische Regel für Biologische Arbeitsstoffe: Anwendung von Messverfahren und Kontrollwerten für luftgetragene Biologische Arbeitsstoffe“ (TRBA 405) zu beachten.

Allerdings geht es bei Tätigkeiten in mikrobiell belasteten Archiven, Aktenlagern, Magazinen und anderen gewerblichen Lagerräumen sowie Museen und Bibliotheken nicht nur um den Arbeits- und Gesundheitsschutz, sondern auch um Schutzaspekte des Lagerguts. Denn ein Konzept über den Umgang mit schimmelgefährdeten Unterlagen in Archiven und ähnlichen Innenräumen muss immer beide Aspekte und Interessen berücksichtigen – den Schutz des Menschen und des wertvollen Lagerguts.

Ideal wäre, wenn in diesen Innenräumen ein dauerhaft trockenes Raumklima geschaffen und durchgehend überwacht (Datenlogger) werden würde. In den meisten Fällen wäre eine gleichmäßige Raumlufttemperatur von ca. 18 °C und eine relative Luftfeuchte von ca. 50 % geeignet. Das Einhalten möglichst konstanter Raumklimabedingungen hat hierbei eine höhere Priorität als das temporäre Erreichen von Idealwerten. Daher wäre ideal, wenn diese Klimatisierung nicht auf manuelles Heizen und Lüften angewiesen wäre, sondern über den Einsatz von Klimaanlagen oder wenigstens Luftentfeuchter sichergestellt werden würde. Hierbei muss sichergestellt werden, dass alle raumlufttechnischen Anlagen keinen Staub aufwirbeln und Schimmelpilzsporen verteilen dürfen – weder innerhalb des Raumes und auch nicht über die Lüftungskreisläufe zu den angrenzenden Innenräumen. Besondere Sorgfalt gilt der Hygiene der Geräte selbst, damit diese nicht zur Quelle für Schimmelpilzwachstum werden. Daher müssen diese gemäß der VDI-Richtlinie 6022 Blatt 1 regelmäßig und mindestens jährlich gereinigt und desinfiziert werden.

Ein Luftaustausch mit angrenzenden Räumen sollte je nach klimatischen Bedingungen vermieden und ggf. Schleusen eingesetzt werden. Weiterhin wäre ideal, wenn die Staubbildung oder zumindest die -verteilung unterbunden werden könnte, auch wenn sterile Archive und ähnliche Innenräume unrealistisch sind. Die Bandbreite an präventiven Maßnahmen reicht bis zur Auswahl geeigneter Innenräume und der Vermeidung der idealen Wachstumsbedingungen. Hinzu kommt das Trennen der sensiblen Innenräume (Lagergut) von den Funktionsräumen wie z. B. Arbeits-, Öffentlichkeits- und Aufenthaltsbereiche („Schwarz-Weiß-Bereich"). Oberflächen sollten leicht zugänglich und leicht zu reinigen sein. Die Geometrie und die Einrichtung der Räume sollte schwer zugängliche Winkel und Ecken vermeiden, in denen sich Staub und Schimmelpilzsporen ansammeln können.

Bei einer trockenen Oberflächenreinigung darf kein Staub und somit Schimmelpilzsporen aufgewirbelt werden. Hierfür dürfen nur Staubsauger mit geeigneten Feinstaubfiltern der Klasse K1 bzw. K2 (bzw. Staubklasse H) benutzt und diese regelmäßig gereinigt oder ausgetauscht werden. Je nach Ausstattung und Vor-Ort-Bedingungen empfiehlt sich eine Mikrobiologische Sicherheitswerkbank der Klasse I nach DIN EN 12469 „Leistungskriterien für mikrobiologische Sicherheitswerkbänke". Feuchte Reinigungsverfahren wiederum können die Feuchtigkeit im Raum erhöhen. Desinfektionen sollten restriktiv und angemessen erfolgen, eine technische Sterilisation nur in absoluten Ausnahmefällen durchgeführt werden. Nach aktuellem Stand wird schimmelpilzbefallenes Archivgut vor allem durch eine Gamma-Bestrahlung oder eine Begasung mit Ethylenoxid sterilisiert. Beide Verfahren sind nicht unumstritten: Die Gamma-Bestrahlung führt zu einer langfristigen Beeinträchtigung der Papierstruktur und Ethylenoxid ist hoch explosiv und birgt bei unzureichender Belüftung gesundheitliche Risiken.

Bei aller Fokussierung auf die Regulierung der raumklimatischen Bedingungen sollte man immer beachten, dass das Hauptproblem von Schimmelpilzbildung in Archiven, Aktenlagern, Magazinen und anderen gewerblichen Lagerräumen sowie Museen und Bibliotheken in der Regel über die Feuchtigkeit am Lagergut selbst beeinflusst wird. Deshalb hat auch die Verpackung des Lagerguts einen Einfluss auf den Feuchtehaushalt sowie Schimmelpilzsporen. Papier und Pappe sind hygroskopisch, ziehen also nicht nur Wasser, sondern binden dieses auch und verhindern oder verzögern somit eine Abtrocknung. Die relative Luftfeuchte unmittelbar am Lagergut kann infolgedessen zwischen 5 bis 15 % höher ausfallen als in der Raumluft. Um dies zu vermeiden, werden bei hochwertigem und feuchteempfindlichem Lagergut diffusionsoffene Verpackungsmaterialien wie z. B. Archivkartons nach DIN ISO 9706, ISO 16245:2009 und DIN 6738 eingesetzt. Zusätzliche Öffnungen wie z. B. Lüftungsschlitze stellen zwar eine Be- und Entlüftung sicher, führen aber auch zu einer erhöhten Staub- und Sporenbelastung bei verwirbelter Luft.

Archivverpackungen sowie nicht verpacktes und ungeschütztes Lagergut sollten nach Möglichkeit regelmäßig alle 3 bis 5 Jahre gereinigt werden. Im Rahmen der Gefährdungsbeurteilung, die gemäß § 7 und 8 der Biostoffverordnung jährlich in jedem Archiv verbindlich durchzuführen ist, sollte stichprobenartig eine mikrobiologische Untersuchung durchgeführt werden. Neben der vorgeschriebenen Unterweisung aller Beschäftigten gemäß § 12 der BioStoffV sowie Punkt 5.1 der TRBA 240 sollten zusätzliche Schulungen angeboten werden, um alle Beteiligten für die Erkennung, Prävention und den Umgang mit Schimmelpilzbildung und -schäden zu sensibilisieren. Bereits geschädigte Exemplare, bei denen eine unsachgemäße Behandlung zu Substanzverlusten oder Zerstörung führen können, sind grundsätzlich nur von qualifiziertem Fachpersonal (Restaurator) zu reinigen. In bestimmten Ausnahmen muss schimmelpilzbelastetes Lagergut zur Stabilisierung des Ist-Zustandes vorübergehend schockgefrostet werden (unter −25 °C).

Eine nicht zu unterschätzende Quelle für eine mögliche Schimmelpilzbelastung ist die Übernahme von fremdem Lagergut. Daher empfiehlt sich immer eine routinemäßige Einstiegsmessung, um das Einschleppen von Feuchtigkeit und mikrobiellem Befall auszuschließen. Verdachtsfälle dürfen auch nicht kurz oder vorübergehend in dem neuen Archiv oder dgl. zwischengelagert werden, sondern müssen zunächst separat gelagert werden (Quarantäne im „Schwarzraum"), um eine Kontaminierung anderer Archivalien zu vermeiden. Bereits erkennbar befallenes Lagergut darf niemals mit Folie eingewickelt werden und muss vor der Übernahme gereinigt und desinfiziert oder sterilisiert werden. Gleiches gilt für Transporte innerhalb der Einrichtung. Über diese Messung, Reinigung und Desinfektion sollte ein Protokoll erstellt werden.

5.2.4.5 Spezialfall Kirchen und andere Baudenkmäler

Schimmelpilzbildung in Kirchen (und synonym auch andere sporadisch genutzte Baudenkmäler wie z. B. Klosteranlagen oder gut erhaltene Burgen) hat in den vergangenen Jahren deutlich zugenommen. Neben der Luftbelastung durch Sporen und andere mikrobielle Partikel, durch die Besucher gesundheitlich gefährdet werden können, richten die Mikroorganismen weitere Schäden an. Hierzu gehört die Zerstörung von wertvollen Kulturgütern wie z. B. Gemälde, Fresken oder Skulpturen genauso wie kirchliche Einrichtungsgegenstände wie z. B. Sitzbänke und Ausstattungen wie z. B. Altäre oder Orgeln. Schimmelpilze wachsen bevorzugt an wenig lichtexponierten sowie feuchten Stellen und dort, wo sich viel Staub ansammelt. Bei mikrobiologischen Untersuchungen werden in der Regel mehr als 10 verschiedene Schimmelpilzvarianten festgestellt. Zu den wichtigsten Vertretern gehören Aspergillus, Cladosporium, Alternaria, Ulocladium, Aureobasidium und Acremonium. Penicillium wird eher in Ausnahmen nachgewiesen. Bzgl. der erstgenannten beiden Schimmelpilz-Arten muss berücksichtigt werden, dass diese ganzjährig vorkommen und den Großteil des natürlichen „Aeroplanktons" der Außenluft darstellen.

In den meisten Fällen liegen die multikausalen Ursachen für mikrobiellen Befall in den extremen raumklimatischen Bedingungen, die sich aus den Konsequenzen historischer Bausubstanz und sporadischer Nutzung sowie den Folgen des Klimawandels ergeben. Aspekte der Wirtschaftlichkeit sowie entgegenläufiger Interessen (Stichwort: Idealismus und Bestandsschutz) erhöhen zusätzlich das Konfliktpotenzial im Spannungsfeld sakraler Bauten.

Früher konnte man eine Kirche mit den Attributen kühl, feucht und mit Zugluft beschreiben. Die dicken Wände hatten keine Abdichtung und die Fenster waren undicht. Aufsteigende Feuchtigkeit führte zu feuchten Rändern und Salzausblühungen sowie häufig zu Putzabplatzungen im unteren Bereich des aufgehenden Mauerwerks. Durch Luftströmungen und Undichtigkeiten kam es zu einem mehr oder weniger ausgeglichenen Feuchtehaushalt. Dieses „Gleichgewicht" wurde durch mehrere Einflüsse gleichzeitig gestört. Hierzu müssen die klimatischen Bedingungen in einer Kirche sowie deren Nutzung betrachtet werden.

Kirchen waren früher stärker frequentiert und wurden regelmäßig besucht, so dass bis Anfang der 1970-er Jahre die meisten Kirchen noch durchgängig beheizt wurden. Als Folge der Ölkrise wurde deutlich weniger und nur noch temporär geheizt, wenn die Kirche genutzt wurde z. B. an den Gottesdiensten. Die Kirchen wurden moderat aufgeheizt und kühlten langsam wieder ab. Durch Undichtigkeiten kam es weiterhin zu einem Luftaustausch und somit zur Reduzierung der Luftfeuchtigkeit. Aus dieser Zeit (1970- bis 1990-er Jahre) sind keine gravierenden Schäden oder mikrobieller Befall durch Schimmelpilze oder Bakterien bekannt.

Während die Kirche von Anfang der 1950- bis 1970-er Jahre mit ca. 50.000 Austritten pro Jahr sowie von Anfang der 1970-er bis Anfang der 1990-er Jahre mit ca. 250.000 Austritten pro Jahr eine konstante Entwicklung verzeichnete, traten Anfang der 1990-er Jahr schlagartig ca. 550.000 Menschen pro Jahr aus der Kirche aus. Um diesen Austritten entgegenzuwirken, wurden viele Veranstaltungen durchgeführt und die Kirchen nun öfters als nur zum Gottesdienst genutzt. Neben der höheren Nutzungsfrequenz sollte auch die Behaglichkeit erhöht werden, so dass Kirchen

Abb. 5.22 Schimmelpilzbefall auf Orgeln ist ein großes Problem für die Kirche

Abb. 5.23 Schimmelpilzbefall auf Orgeln ist ein großes Problem für die Kirche

öfters und stärker aufgeheizt wurden. Nun trat ein anderer negativer Nebeneffekt ein. Durch den Anstieg der Raumtemperatur reduzierte sich die relative Luftfeuchtigkeit und führte zu Schäden an der Bausubstanz (z. B. Austrocknen des Mörtels in den Fugen, Kristallisation der gelösten Salze an der Wandoberfläche, Rissbildungen im Putz) oder dem Inventar (z. B. Einbauten aus Holz).

Gleichzeitig wurde durch die stärkere Nutzungsfrequenz mehr Luftfeuchtigkeit eingebracht. Zur Info: Ein Mensch gibt im Durchschnitt 30 bis 50 ml Feuchtigkeit pro Stunde ab. Nehmen z. B. 300 Personen an einem Gottesdienst von 45 min. teil, würden in dieser Zeit 9 l Feuchtigkeit anfallen. An Regen- oder Schneetagen würde noch zusätzlich Feuchtigkeit über die nasse Kleidung und Schuhwerk eingetragen werden und die Luftfeuchtigkeit erhöhen. Wenn sich die Kirche nach deren Nutzung wieder abkühlt, trifft die feuchtwarme Luft auf die kühlen Oberflächen der Innenwände und kondensiert: Es entsteht Tauwasser.

Feucht-warme Luft schlägt sich immer an der kältesten Stelle nieder. In Kirchen sind dies die Fensterlaibungen und meistens der Orgelraum. Hinzu kommt, dass die Orgel in der Regel das Objekt mit der größten Menge an organischem Material (Holz, Leder, Staub) und einer großen Oberfläche ist. Feuchte- und Sporenbelastete Luft durchströmt die Orgelpfeifen und schlägt sich auf der Oberfläche nieder. Durch Staubablagerungen wird der ideale Nährboden für ein Wachstum geschaffen. Neben dem richtigen Heiz- und Lüftungsverhalten kann auch eine regelmäßige Reinigung einer Schimmelpilzbildung vorbeugen. Orgeln z. B. sollten alle 10 bis 15 Jahre einer Hauptreinigung unterzogen werden (siehe Abb. 5.22 und 5.23).

Raumklimatische Messungen in mehreren Kirchen in verschiedenen Regionen und über einen längeren Zeitraum dokumentieren den Unterschied zwischen Sommer- und Wintermonaten. In den feucht-warmen Sommermonaten steigt die Luftfeuchtigkeit klimatisch bedingt in Kirchen fast immer konstant auf über 70 %, nicht selten liegt diese bei 75 % und in Ausnahmen kann diese auf bis zu 80 % steigen. Diese Luftfeuchtigkeit führt an kühlen Oberflächen der Innenwände von unter 10 °C zu der o. g. Kondensation und einem Feuchtigkeitsanfall, so dass die Schimmelpilzbildung gefördert wird. Die Unterschiede zwischen einer leeren Kirche (z. B. an Wochentagen) und einer gefüllten Kirche (z. B. sonntags) sind zu vernachlässigen. Anders in den kühlen Wintermonaten: Hier kann durch Messungen belegt werden, dass die Luftfeuchtigkeit klimatisch bedingt nur bei 40 bis maximal 50 % liegt und nicht zu Kondensation und Tauwasser führt. Anders an den Wochenenden, wo durch Nutzung der Kirche die Luftfeuchtigkeit und durch kurzfristiges Heizen die Raumlufttemperatur steigt. Hierbei ist zu beachten, dass sich dicke Mauern eher träge der Raumluft anpassen. Während die Raumluft von z. B. 8 °C auf kurzzeitige 18 °C hochgeheizt werden kann, verändert sich die Untergrundtemperatur im Mauerwerk, die zwischen 10 und 13 °C im Schnitt liegt, gerade einmal um 1 °C. Gleichzeitig ist zu erkennen, dass die Taupunkttemperatur in der kurzen Heizperiode permanent überschritten wird, da die Luftfeuchtigkeit von 40 bis 50 % in einer kurzen Phase auf über 70 % ansteigt. Deshalb müsste nach den Veranstaltungen intensiv gelüftet werden, da kalte und trockene Luft mehr Feuchtigkeit aufnehmen kann.

> Eine Faustregel besagt, dass die ideale Raumtemperatur zwischen 8 °C in leerstehenden Kirchen und 13 °C in gefüllten Kirchen liegt. Dies verhindert Feuchte- und Frostschäden sowie ein Austrocknen der Materialien. Die Höchsttemperatur von 15 °C darf nicht überschritten werden, um Kondensat zu vermeiden. Hierbei muss beachtet werden, dass für die Schimmelpilzbildung nicht die Raumlufttemperatur relevant ist, sondern die Untergrundtemperatur. Diese ergibt zusammen mit der relativen Luftfeuchte die Sättigungsfeuchte. Kirchen sollten zudem langsam aufgeheizt werden (max. 1 °C pro Stunde). Dies bedeutet, dass man ca. 12 h vor einer Veranstaltung mit dem Heizen beginnt. Nach der Nutzung durch viele Menschen an kalten Wintertagen müssen Kirchen ausreichend gelüftet werden. An warmen Sommertagen muss die Luftzufuhr von außen dagegen weitestgehend unterbunden werden. Die relative Luftfeuchtigkeit sollte zwischen 40 und 60 % liegen. Bei einem Unter- oder Überschreiten muss gegengesteuert werden. Das Raumklima sollte überwacht und kritische Bauteile und Einrichtungsgegenstände regelmäßig kontrolliert werden.

Um Energiekosten zu sparen, wurden viele Kirchen in den letzten Jahren saniert. Abdichtungen der erdberührten Bauteile und der Dächer sowie der Einbau neuer Fenster sind aus Sicht der Energieeffizienz und zur Erhaltung der historischen Bausubstanz durchaus sinnvolle Maßnahmen, führen aber fast immer zu negativen Nebenwirkungen. Feuchtigkeit von außen kann nicht mehr eindringen und durch die Luftdichtheit kann keine Wärme mehr entweichen. Der negative Nebeneffekt ist, dass dadurch eben auch keine feuchte Luft von innen nach außen mehr entweichen kann. Gerade neue und dichtere Fenster führen zu einem geringeren Luftwechsel in Kirchen und somit zu einer höheren Luftfeuchte.

Hinzu kommen ungeeignete Materialien, die bei der Sanierung eingesetzt werden. An erster Stelle müssen wasserabweisende und/oder diffusionsdichte Materialien im Innenbereich genannt werden, die eine Feuchteaufnahme und -abgabe verhindern und somit eine Pufferfunktion für anfallende Feuchtespitzen verlieren. Hinzu kommen Materialien, die als Nährboden für Schimmelpilze dienen wie z. B. Schellack, Nitrozellulose und Polyvinylacetat, aber auch gipshaltige Baustoffe. Ideal sind kalkgebundene Materialien, da zudem ihre hohe Alkalität ein Schimmelpilzwachstum hemmt. Allerdings baut sich die Alkalität mit der Zeit ab. Außerdem dürfen keine Materialien verwendet werden, die eine Staubbildung begünstigen.

Die raumklimatischen Bedingungen in Kirchen dürfen nicht pauschalisiert werden. Untersuchungen (Messungen und Befragungen) zeigen, dass z. B. stark frequentierte Wallfahrtskirchen kein oder deutlich weniger Schimmelpilzbefall aufweisen, obwohl alle bisher genannten bauphysikalischen Probleme in diesen Kirchen gleichermaßen gelten. Probleme mit Schimmelpilzen haben vorrangig Kirchen, die nur selten genutzt werden oder aus Kostengründen in den Wintermonaten verschlossen werden. Eine mögliche Erklärung hierfür wird in dem besucherbedingten permanenten Luftaustausch gesehen. Eine plausible Begründung ist dies allerdings nicht, da Besucherströme zu den beliebten Ausflugsorten vor allem in der wärmeren Urlaubszeit stattfinden sollten und gerade dann eher eine Zuführung von feucht-warmer Luft zu befürchten ist, die das Problem verschärft. Eine andere Erklärung sieht die Ursachen darin, dass die Innenraumtemperatur im Durchschnitt höher ist und somit der Kondensation vorgebeugt wird.

Eine weitere Beobachtung spielt eine Rolle: die Umweltbedingungen – und dies im doppelten Sinn. Früher gab es lang anhaltende Winter mit einer trockenen Kälte. In den letzten Jahren sind die Winter deutlich milder geworden und waren nicht selten von hoher Luftfeuchtigkeit geprägt.

Auch der Zeitpunkt im Frühjahr, ab dem feucht-warme Luft in die Kirchen dringt, hat sich nach vorne verschoben. Infolgedessen sind die Zeitintervalle, in denen feucht-warme Luft in Kirchen eindringt, länger geworden.

Der zweite Aspekt ist die Luftqualität, die heute deutlich besser geworden ist. In den 1980-er Jahren war die Luftverschmutzung u. a. durch Schwefeldioxid groß, besonders in den neuen Bundesländern. Schwefeldioxid entsteht bei der Verbrennung von fossilen Brennstoffen. Neben dem Gebäudesektor (Heizung) wurden die Emissionen vor allem durch die Industriestandorte verursacht (besonders gut zu erkennen am Standort Halle/Leipzig in der ehemaligen DDR). Schwefeldioxid hemmt das Wachstum von Schimmelpilzen (wie im Übrigen auch von Algen und Bakterien). Durch die Stilllegung oder technische Nachrüstung von vielen Industriebetrieben in den neuen Bundesländern sowie den zunehmenden Einsatz von Brennstoffen mit geringerem Schwefelgehalt konnten die Emissionen durch Schwefeldioxid von 1990 bis 2021 von 5,5 auf 0,25 Mio. t pro Jahr reduziert werden. Diese Verbesserung der Luftqualität führte gleichzeitig dazu, dass einer der wachstumshemmenden Einflüsse für Schimmelpilze eliminiert wurde.

Die verschiedenen Einflussfaktoren, die zum größten Teil unabhängig voneinander auftreten, zeigen nicht nur die Komplexität der Problematik auf, sondern auch eine Erklärung, weshalb Schimmelpilze in Kirchen erst in den letzten 20 Jahren verstärkt aufgetreten sind. Außen- und innenklimatische Veränderungen im Zusammenspiel mit nutzungsbedingten Parametern sowie der spezifischen Bausubstanz von Kirchen haben auf das Wachstum von Schimmelpilzen einen erheblichen Einfluss. Schlussendlich geht es um einen vertretbaren Kompromiss zwischen dem Wohlbefinden der Kirchenbesucher, der Wirtschaftlichkeit für die Betreiber sowie dem Schutz der Bausubstanz und des Inventars.

Ein möglicher Lösungsansatz liegt in der lokalen Erwärmung innerhalb der Kirche, da es in den meisten Fällen nicht notwendig ist, das komplette Luftvolumen im Innenraum zu erwärmen. Eigentlich geht es vorrangig darum, dass den Besuchern nicht kalt ist. In Süddeutschland sind daher Bankheizungen weit verbreitet. Eine weitere Möglichkeit liegt in der Bauteiltemperierung, bei der z. B. die Abluft eines Ofens durch Rohre im Fußboden oder in Hohlräumen eines Ziegels an der oberflächennahen Schicht der Innenseite von Außenwänden vorbeigeführt wird. Das Prinzip der Heißluftheizung ist nicht neu, sondern wurde bereits in der griechischen Antike („Hypokaustenheizung") eingeführt und durch die Römer weiter perfektioniert. Allerdings sollte beachtet werden, dass die Bauteiltemperierung nicht nur die Temperatur erhöht und den Feuchtegehalt reduziert, sondern dadurch auch die im feuchten Mauerwerk gelösten Salze zur Kristallisation an der Wandoberfläche führt. Kurzum: es ist mit Schäden durch Ausblühungen und Abplatzungen zu rechnen. Weiterhin muss beachtet werden, dass die Bauteiltemperierung nur das Kälteproblem im Winter lösen kann, aber nicht das Problem der hohen Luftfeuchte im Sommer.

5.2.4.6 Spezialfall Ferienimmobilien in der Mittelmeerregion

Insbesondere in den Ländern des Mittelmeerraums sind Schimmelpilze keine Seltenheit. Neben der hohen Luftfeuchtigkeit (Klima) und baulichen Mängeln (Immobilien) als Ursachen kommt auch eine kulturbedingte Mentalität (Hygiene) hinzu, die mit Schimmelpilzbefall und deren Folgen anders umgeht. Chlor als Allheilmittel und ein schnelles Überstreichen der betroffenen Stellen gehören in diesen Regionen zur Normalität. Im Gegensatz zu unseren Regionen treten Schimmelpilze dort zudem nicht nur in den feucht-kühlen Wintermonaten auf, sondern sind ein ganzjähriges Problem.

Schimmelpilze lieben das feucht-warme Klima. Die Ursachen für mikrobiellen Befall sind vielfältig. An erster Stelle muss die hohe Luftfeuchtigkeit und der hohe Temperaturunterschied zwischen dem Außen- und Innenbereich genannt werden, der zu Kondensation auf den kühleren Wandoberflächen der Innenwände führt. Dies wird durch große Möbel oder Einrichtungsgegenstände, die an der Innenseite der Außenwände ohne Abstand direkt vor die Wand gestellt werden, noch zusätzlich verstärkt. Während Einheimische früh morgens und am späten Abend einmal komplett stoßlüften und anschließend Türen und Fenster sowie Rollläden herunterlassen, stehen bei Urlaubern Türen und Fenster den ganzen Tag offen. Durch dieses falsche Lüftungsverhalten wird gerade in den heißen Sommermonaten die schwüle Luft in die kühlen Innenräume geleitet. Sind die Innenräume noch mit Klimaanlagen oder Kühlaggregaten ausgestattet, verstärkt sich dieses Problem.

Auf das Lüften zu verzichten, ist natürlich auch keine Lösung. Schließlich wird durch Atmung, Schweiß, Duschen, Kochen und Wäsche waschen und trocknen Feuchtigkeit produziert, die abgeführt werden muss. Allerdings muss darauf geachtet werden, dass aufgrund der hohen Luftfeuchtigkeit im Außenbereich der Zeitbedarf für einen kompletten Luftaustausch (Luftwechselzahl) anders als in unseren Regionen mehrere Stunden betragen kann.

Ein besonderes Problem stellt die Zeit im Jahr dar, wenn die Immobilien leer stehen. Schließlich wird nicht jede Villa, Finca oder jedes Apartment vermietet, sondern befindet sich als Zweitwohnsitz im Privatbesitz zur eigenen Nutzung von mehreren Wochen und Monaten. In der verbleibenden Zeit stehen diese Immobilien leer. Hinzu kommen die ungenutzten Immobilien, die als Spekulationsobjekte dienen. Während dieses Leerstands werden die Immobilien nicht gelüftet, so dass Eigentümer, wenn sie nach Monaten die Immobilien erstmalig wieder betreten, oftmals entsetzt vor großflächigem Schimmelpilzbefall stehen.

Als weitere Ursache muss die Bauweise genannt werden. Aufgrund der hohen jährlichen Durchschnittstemperatur verfügen die meisten Häuser über keine oder nur eine unzureichende Wärmedämmung und meistens keine Heizung. Dieses Problem stellt sich im Übrigen bei den meisten Immobilien, egal ob sich diese im hochwertigen Premium-, normalen oder unteren Preissegment bewegen. Der Winter in der Mittelmeerregion ist im Vergleich zu Deutschland, der Schweiz und Österreich kürzer, aber rauer als man denkt. Denn auch im Dezember, aber vor allem im Januar und Februar kann es kalt, nass und windig werden. In Kombination der fehlenden oder unzureichenden Wärmedämmung und/oder Heizung bedeutet dies, dass die Innenräume in diesem Zeitraum oftmals mehrere Tage bis Wochen unter 18 °C liegen – und somit Schimmelpilzbefall begünstigen. Um das Problem zu lösen, wird auf provisorische Heizmethoden wie Heizlüfter oder Radiatoren zurückgegriffen oder mit Gas geheizt, was zusätzlich Feuchtigkeit verursacht. In Verbindung mit hohen und nicht gedämmten Decken von über 3 bis 4 Metern „rächt" sich spätestens in der kühlen Jahreszeit der „mediterrane Charme".

Die meisten Immobilien in der Mittelmeerregion sind als „Schön-Wetter-Domizil" konzipiert. Neben der fehlenden oder unzureichenden Wärmedämmung verfügen diese Immobilien nicht über den notwendigen Feuchteschutz. Auch wenn die meisten Immobilien nicht unterkellert sind, sind Abdichtungen der Bodenplatte oder des aufgehenden Mauerwerks in der Regel nicht vorhanden oder in der Zwischenzeit verrottet. Dieses zeigt sich häufig in typischen Anzeichen wie aufsteigende Feuchtigkeit und/oder Salzausblühungen. Feucht- und Nassbereiche sind grundsätzlich nicht abgedichtet. Wurde eine Abdichtung nachträglich eingebracht, kommen fehlerhafte Ausführungen als weitere Ursache der Durchfeuchtung hinzu. Das gleiche Bild zeigt sich z. B. in nicht abgedichteten Revisionsschächten oder Zisternen, in undichten Dächern, Balkonen oder Terrassen sowie fehlenden Abdeckungen von Materialien mit hoher Wasseraufnahme. Bei starken Niederschlägen kommt es zu einem Feuchteeintrag an diesen Undichtigkeiten. Für den Umgang mit Feuchtigkeit als Feind Nummer 1 von Gebäuden fehlt schlicht und einfach die Erfahrung. Dies sieht man letztendlich auch daran, dass den Gebäuden der konstruktive Feuchteschutz fehlt.

Zu guter Letzt muss noch die mikrobielle Belastung der Innenräume z. B. durch fehlende Hygiene der Lüfter oder Klimaanlagen genannt werden, durch die Schimmelpilzsporen und andere mikrobielle Partikel in die Raumluft verteilt werden.

5.2.5 Bauteile

Schimmelpilze bilden sich vor allem auf Bauteilen, die einer erhöhten Feuchtigkeit über einen längeren Zeitraum ausgesetzt sind. Dies können direkte Durchfeuchtungen über einen längeren

Zeitraum von außen sein. Zu diesen primären Bauteildurchfeuchtungen gehören z. B. eine fehlende oder defekte Abdichtung, Undichtigkeiten an Fugen, Bauteilanschlüssen und Durchdringungen, Risse und Leckagen.

Direkte Durchfeuchtungen können auch kurzfristig und temporär auftreten. Hierzu gehören die so genannten sporadischen Wasserschäden z. B. in Folge von Havarieschäden, Rohrbrüche und geplatzte Schläuche, auslaufende Wasch- und Spülmaschinen, überlaufende Badewannen, geplatzte Aquarien und sonstige Wasserbecken, defekte oder verstopfte Waschbecken oder Toiletten, Überflutungen durch Unwetter und Hochwasser sowie durch Löschwasser im Rahmen der Brandschadensanierung.

Achtung: in der Praxis wird häufig unterschätzt, dass sich nach der technischen Bautrocknung der Wand- und Bodenflächen noch erhebliche Restmengen an Feuchtigkeit in der Konstruktion (Wandquerschnitt und/oder Fußbodenaufbau) befinden und Ursache für Schimmelpilzbildung und Gerüche sein können.

Bei den Leitungswasserschäden müssen gleich drei Wasserkreisläufe betrachtet werden: die Wasserversorgung (Kalt- und Warmwasser), das Abwasser sowie der Heizungskreislauf. Vor allem Schäden an Abwasserleitungen haben eine erhebliche Bedeutung für die Hygiene und das Risiko von Bakterien- und Schimmelpilzbildung. Gleiches gilt für Überflutungen von Toiletten, wenn fäkalienhaltiges Abwasser in die Gebäudekonstruktion eindringt und unter Umständen längere Zeit nicht entdeckt und fachgerecht getrocknet und desinfiziert wird.

Das größte Problem bei Leitungswasserschäden sind allerdings die kleinsten Undichtigkeiten, die unbemerkt bleiben, so dass über Tage oder Wochen Wasser entweichen und in die Konstruktion eindringen kann. Wenn Wasser erst einmal läuft, findet es immer einen Weg in porösen Materialien, Hohlräumen und Öffnungen, durch Wände, Decken und Fußböden – um sich dort auszubreiten. Ein Rohrbruch mit einem kaum sichtbaren Durchmesser von z. B. nur 0,5 mm bedeutet bei nur 5 bar Druck, dass pro Tag bis zu 500 l Wasser (!) in die Gebäudekonstruktion eindringen kann.

Zu den indirekten Durchfeuchtungen gehören Kondensation auf der Innenseite der Bauteiloberfläche oder in der Wandkonstruktion (Bauteilquerschnitt). Zu dieser sekundären Bauteildurchfeuchtung gehören in erster Linie Wärmebrücken wie z. B. Fenster- und Türlaibungen, Fenster- und Türstürze, Rollladenkästen, Innenecken von Außenwänden, in Innenkanten zwischen Wand- und Deckenanschluss, auf Innendecken vor einbindenden Balkonplatten, hinter Fußleisten von Außenwänden. Weitere Bauteile können Fensterrahmen und -flügel sowie Dachfenster sein, aber auch verstopfte Lüftungsschlitze und -siebe wie auch Lüftungsklappen von still gelegten Schornsteinen. Hinzu kommen große Bilder und Schränke sowie Einbaumöbel an der Innenseite unzureichend gedämmter Außenwände. Außerdem darf die so genannte Neubaufeuchte nach dem Einzug nicht unterschätzt werden.

5.2.6 Untergründe

Schimmelpilze sind ubiquitär. Der Begriff kommt aus dem Lateinischen und heißt so viel wie „überall vorkommend“, „allgemein verbreitet“ oder „allgegenwärtig“. Für kaum etwas anderes ist diese Bezeichnung zutreffender als für Schimmelpilze. Sie sind unter den Organismen mit am weitesten verbreitet und besiedeln unterschiedlichste Substrate und Untergründe. Aufgrund ihrer Anpassungsfähigkeit können sie sich innerhalb kürzester Zeit den unterschiedlichsten Bedingungen stellen und Überlebensstrategien entwickeln. So haben Schimmelpilze gelernt, nahezu jede ökologische Nische zu besiedeln.

Schimmelpilze können bereits innerhalb von 48 h feuchte Untergründe besiedeln. Ihre Anpassungsfähigkeit, nahezu alle Substrate besiedeln zu können, befähigt sie dazu, auf den meisten Untergründen die notwendigen Nährstoffe zu finden. Außerdem nutzen Schimmelpilze eine Vielzahl von Enzymen, mit denen sie die Nährstoffe verstoffwechseln können. Besonders schnell und ausgeprägt ist das Wachstum auf zellulosehaltigen Untergründen, da sie über Lignin und Glukoseverbindungen verfügen.

Ein „idealer Untergrund" für das Wachstum von Schimmelpilzen ist eine feuchte Raufasertapete. Ihr Gehalt an Zucker, Eiweiß und Lignin ist relativ hoch. Hält eine trockene Raufasertapete diese Nährstoffe noch zurück, wird bei einer durchfeuchteten Tapete eine Nährlösung aus Wasser einerseits und dem Zucker, Eiweiß und Lignin auf der anderen Seite gebildet. Zusätzlich bieten Dispersionsfarben, mit denen die Raufasertapeten gestrichen werden oder auch Leimfarben, ausreichend Nahrungsgrundlage, die in der Regel in den zugesetzten Verdickungsmitteln ihre Ursachen haben. Andere zellulosehaltigen Materialien sind Tapetenkleber, Gipskartonplatten oder auch Holzspanplatten.

Darüber hinaus müssen organisch gebundene Putze (Kunstharzputze) oder Mineralputze genannt werden, die zur Verbesserung der Untergrundhaftung und/oder zur Geschmeidigkeit einen Zusatz von Polyvinylacetat enthalten. Das Polyvinylacetat wird im alkalischen Putz in Polyvinylalkohol und Acetat gespalten. Das Acetat dient den Schimmelpilzen dann als Kohlenstoffquelle. Durch den Anteil an Polyvinylacetat wird des Weiteren der pH-Wert schneller in den für Schimmelpilze geeigneten Bereich abgesenkt.

Neben diesen beiden Beschichtungen müssen weitere organische Materialien wie Holz (Decken, Dachkonstruktionen, Möbel, Böden usw.), Teppiche, Leder, Stroh, Leinen, Baumwolle, Glaswolle, Kunst- und Dichtstoffe als Nährboden genannt werden. Denn Schimmelpilze benötigen eine Kohlenstoffquelle. Daher stellen Dichtstofffugen im Vergleich zu zementgebundenen Fugen einen Sonderfall dar. Nicht nur, dass der Dichtstoff aus organischen Bestandteilen besteht, sondern auch weil diese häufig Verbindungen wie Essigsäure freisetzen, die nach der Neutralisation als Nährstoff dienen. Dichtstoffe haben auch anders als zementgebundene Fugenmörtel keine Alkalität, mit der das Wachstum der Schimmelpilze gehemmt werden kann.

Auch auf nicht-organischen Untergründen können Schimmelpilze unter bestimmten Voraussetzungen wachsen. So sind sie auf Metall, Glas und Faserzement sowie Natursteinen zu finden. In der Regel sind dann Staubablagerungen die Nahrungsquelle und Kondensation (Tauwasser) die Ursache für einen so genannten Biofilm, der die Voraussetzungen für ein Wachstum sicherstellt.

5.3 Der nicht sichtbare Befall

Der nicht sichtbare Befall von Schimmelpilzen stellt eine unsichtbare Gefahr dar. Es handelt sich hierbei um einen mikrobiellen Befall, der mit dem bloßen Auge (noch) nicht zu erkennen ist. Myzel, Hyphen und/oder Sporen sind noch derart schwach ausgebildet, dass ihr Nachweis nur mit Hilfe einer Lupe oder eines Mikroskops möglich ist oder weitergehende Untersuchungen im Labor notwendig wären. Schließlich handelt es sich um Partikel mit einer Größenordnung im µm-Bereich. Es gilt als gesichert, dass (hochgerechnet) mindestens 200.000 bis 250.000 Zellen pro cm^2 (vitale Pilzzellen und Myzel) vorhanden sein müssen, um diesen mit bloßem Auge erkennen zu können. Bevor Mikrobiologen von einem sichtbaren Schimmelpilzbefall sprechen, müssen in der Regel 1 Mio. Zellen pro cm^2 (vitale Pilzzellen und Myzel sowie Sporen) und mehr vorliegen. Dies zur Einordnung, da auch diese Biomasse bereits „wirkt", obwohl der mikrobielle Befall unterhalb dieser Größenordnung in den meisten Fällen nicht wahrgenommen wird.

Die eigentliche Gefahr beim nicht sichtbaren Befall besteht in genau dieser fehlenden Wahrnehmung seiner Existenz. Weit über 90 % der ersten Objektbesichtigung durch Sachverständige und Gutachter findet rein visuell statt. Ist Schimmelpilzbefall an einer oder mehreren Stellen sichtbar, besteht die große Gefahr, dass die mögliche Existenz von nicht sichtbarem Befall nicht geprüft wird. In vielen Fällen sucht der Sachverständige und Gutachter nur dann nach dieser Option, wenn eben kein sichtbarer Befall vorliegt, aber die Symptome für eine Schimmelpilzkonzentration weiterhin wahrgenommen und nicht ignoriert werden können.

Wenn nicht sichtbarer Befall bei der Diagnose und Bewertung sprichwörtlich übersehen wird, dann wird dieser auch bei der Sanierung nicht berücksichtigt. Qualifizierte Fachfirmen müssten dies spätestens bei der abschließenden Qualitätsprüfung merken, wenn auch nach erfolgter (und vermeintlich erfolgreicher) Sanierung noch Anzeichen einer erhöhten Schimmelpilzkonzentration vorliegen. Das Problem ist nur, dass eben die meisten Sanierungen, vor allem wenn es um die einfache Beseitigung von kleineren Flächen geht, ohne diese Feinmessung durchgeführt werden.

Achtung: Ob und wann ein nicht sichtbarer Befall wahrgenommen wird, hängt auch von Art und Farbton des Untergrundes (Substrats) sowie der Schimmelpilzart ab. Ein weißer Schimmelpilzbefall wird auf einem weißen oder hellen Untergrund deutlich später wahrgenommen als ein schwarzer oder dunkelgrauer Befall.

Es ist nicht bekannt, wie oft ein nicht sichtbarer Befall in der Praxis tatsächlich übersehen wird. Es gibt hierzu keine Untersuchungen. Es ist deshalb immer Vorsicht geboten, wenn selbst ernannte Schimmelpilz-Experten einen Innenraum nur auf sichtbaren Befall und dies nur mit dem bloßen Auge „begutachten". Die Fehleinschätzung dieser „Experten" kann in der weiteren Folge erhebliche Auswirkungen auf die Gesundheit der Bewohner haben.

Der nicht sichtbare Befall darf nicht mit dem verdeckten oder versteckten Befall verwechselt werden. Auch dieser wird häufig übersehen. Allerdings ist die Fachwelt für dieses Problem mittlerweile sensibilisiert.

5.4 Der verdeckte/versteckte Befall

Der verdeckte oder versteckte Befall von Schimmelpilzen kann zu einem Problem werden, wenn dieser übersehen wird. Es handelt sich hierbei um einen mikrobiellen Befall, der auf den ersten Blick nicht zu erkennen ist, weil sich Schimmelpilze hinter einer Oberfläche gebildet haben. Dies können z. B. Tapeten oder Putzbeschichtungen, Wand- und Deckenverkleidungen, Holzvertäfelung, Gipskartonplatten, Fußleisten und dgl. sein, aber auch Hohlräume in der Fußboden-, Wand- oder Deckenkonstruktion. Hinzu kommen Einbauschränke und sonstige Einbauten mit Hohlräumen, in denen sich Feuchtigkeit bilden kann (siehe Abb. 5.24, 5.25, 5.26, 5.27, 5.28, 5.29 und 5.30).

Experten gehen davon aus, dass in den meisten Fällen der sichtbare Befall nur 20 bis 30 % des tatsächlichen Ausmaßes ausmacht. Dies bedeutet im Umkehrschluss, dass in zwei von drei Wohnungen das eigentliche Problem im verdeckten oder versteckten Befall liegt und übersehen wird. Die Erklärung hierfür ist einfach und nachvollziehbar: Schimmelpilze benötigen vor allem

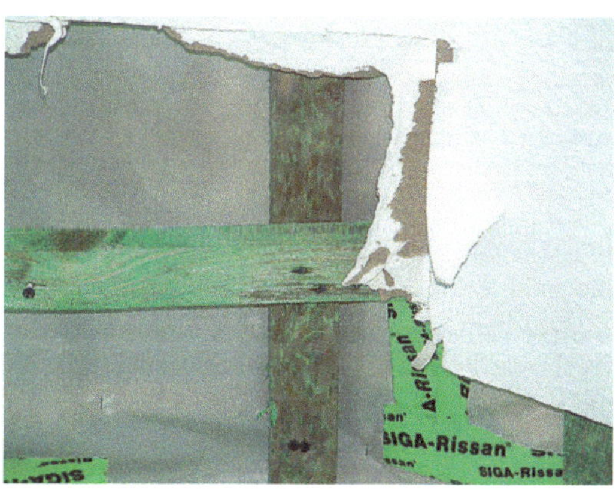

Abb. 5.24 verschiedene Beispiele, an denen ein verdeckter oder versteckter Befall auftreten kann

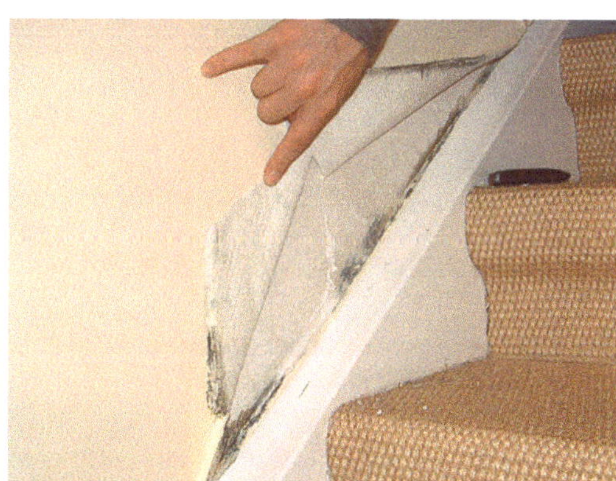

Abb. 5.25 verschiedene Beispiele, an denen ein verdeckter oder versteckter Befall auftreten kann

Abb. 5.26 verschiedene Beispiele, an denen ein verdeckter oder versteckter Befall auftreten kann

Abb. 5.27 verschiedene Beispiele, an denen ein verdeckter oder versteckter Befall auftreten kann

Abb. 5.28 verschiedene Beispiele, an denen ein verdeckter oder versteckter Befall auftreten kann

Abb. 5.29 verschiedene Beispiele, an denen ein verdeckter oder versteckter Befall auftreten kann

Abb. 5.30 verschiedene Beispiele, an denen ein verdeckter oder versteckter Befall auftreten kann

ausreichend Feuchtigkeit, die auf gut belüfteten Oberflächen deutlich seltener vorliegt als hinter Verkleidungen oder in Hohlräumen. Dort finden Schimmelpilze ideale Wachstumsbedingungen und eine Austrocknung findet kaum oder nur sehr langsam statt.

Wie beim nicht sichtbaren Befall besteht das Risiko darin, dass er „übersehen" und somit bei Objektbesichtigungen nicht erfasst und infolgedessen bei der anschließenden Sanierung nicht beseitigt wird. Das eigentliche Problem besteht darin, dass mögliche Gesundheitsgefahren somit auch nach einer erfolgten Sanierung noch vorliegen können. Verdeckter oder versteckter Befall wird häufig nur dann „aufgedeckt“, wenn sich typische Symptome für Schimmelpilze auch nach der Sanierung zeigen oder nicht weggehen und weitere Ursachen hierfür lokalisiert werden.

5.5 Symptome

5.5.1 Einleitung

Beim nicht sichtbaren Befall und beim verdeckten oder versteckten Befall sind es oftmals die Symptome, die auf einen Schimmelpilzbefall hinweisen. Diese können sehr spezifisch und eindeutig sein, andere wiederum sind eher unspezifisch und können Hinweise liefern, die zu falschen Schlussfolgerungen führen können. Daher muss man Symptome richtig deuten. Sie können Indizien liefern, sollten aber immer messtechnisch untermauert werden.

Bei den Symptomen unterscheidet man in eine direkte und indirekte Wahrnehmung. Bei der direkten Wahrnehmung wird entweder ein typischer Geruch wahrgenommen, den man mit Schimmelpilzen oder Stoffen, die durch diese gebildet werden, in Verbindung bringt. Hierzu gehören aber auch gesundheitliche Probleme wie z. B. Asthma oder Allergien, die man Schimmelpilzen oder Stoffen, die durch diese gebildet und ausgestoßen werden, zurechnet.

Zu der indirekten Wahrnehmung gehören typische Anzeichen, die man auf den ersten Blick nicht mit einer Schimmelpilzbildung (oder anderen Mikroorganismen) in Verbindung bringen würde, die aber häufig im Umfeld zu Schimmelpilzen auftreten. Hierzu gehört das verstärkte Auftreten von spezifischen Kleinstlebewesen, die häufig als Indikator für erhöhte Feuchtigkeit gesehen werden. Man bezeichnet diese auch als Lästlinge, da in der Regel von ihnen kein Schaden ausgeht.

5.5.2 Gerüche

Gerüche sind typische Symptome für das Vorhandensein von Schimmelpilzen, auch wenn diese auf den ersten Blick nicht erkennbar sind. Man nutzt diese z. B. beim nicht sichtbaren Befall oder beim verdeckten oder versteckten Befall. Je nach Schimmelpilzart und deren Konzentration können diese Gerüche kaum wahrgenommen werden – hier ist eine gut sensibilisierte Nase eines erfahrenen Sachverständigen gefordert – oder sich als penetrante Geruchsbelästigung darstellen.

Das Riechen des Menschen ist ein sehr komplexer Vorgang. Es handelt sich um eine subjektive Interpretation von Wahrnehmungen, die von den so genannten Chemorezeptoren im Geruchsorgan an das Gehirn weitergeleitet werden. Bis heute ist es der Wissenschaft nicht vollständig gelungen, den Geruchssinn des Menschen in allen Details zu begreifen und diesen reproduzierbar zu beschreiben. Bekannt ist allerdings, dass der Mensch tausende von Gerüchen unterscheiden und im Gedächtnis behalten kann und die Wahrnehmung über die Riechzellen an der Nasenrückwand erfolgt. Eingeatmete Gase oder so genannte Aerosole werden als Geruchsstoffe von den Chemorezeptoren nach dem Prinzip von „Schlüssel“ (Geruchsstoff) und passendem „Schloss“ (Chemorezeptor) erkannt (siehe Abb. 5.31).

Verantwortlich für die Aufnahme der Geruchsstoffe sind die beiden Riechschleimhäute (auch als Riechepithel bezeichnet), die sich rechts und links in der oberen Nasenhöhle befinden und etwa 5 cm^2 groß sind. Auf dieser Fläche befinden sich zwischen 10 bis 30 Mio. Riech-Sinnes-Zellen, auf denen sich kleine Haare befinden. Auf diesen so genannten Zilien befinden sich die Rezeptoren. Einer von ca. 350 Rezeptortypen nimmt die Geruchsmoleküle auf und leitet diese zum so genannten Riechkolben weiter, der zum vorderen Hirnteil gezählt wird.

Die meisten Schimmelpilze (und Bakterien) verursachen einen normalen bis starken Geruch, in einigen Fällen kann dieser auch sehr unangenehm sein. Die Gerüche unterscheiden sich je nach Schimmelpilzart zwischen „kaum wahrnehmbar“ bis sehr stark. Sie weisen oftmals einen charakteristischen Geruch auf, der sich mit erdig, muffig, pilzartig oder säuerlich beschreiben lässt. Oftmals sind es gar nicht die Schimmelpilze selbst, die diesen Geruch verursachen, sondern leicht flüchtige Stoffe, die von ihnen aus unterschiedlichen Gründen ausgeschieden oder ausge-

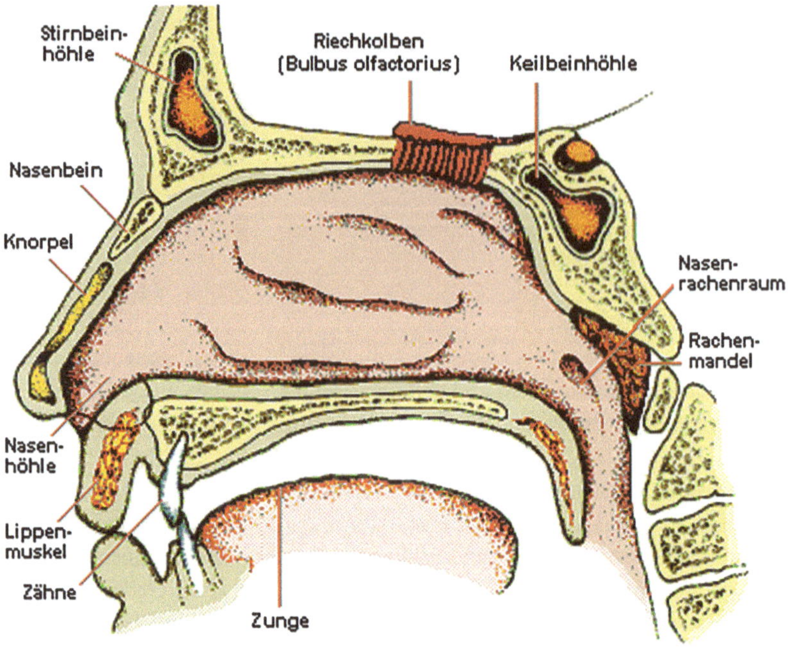

Abb. 5.31 schematische Darstellung der Geruchsorgane beim Menschen

stoßen werden. Diese Stoffe bezeichnet man als MVOC (= microbial volatile organic compounds). Meist handelt es sich um Stoffwechselprodukte der Schimmelpilze (und Bakterien), die häufig als Mykotoxine auftreten. Typische Geruchsstoffe der Schimmelpilze sind u. a. 1-Octen-3-ol, Geosmin, Dimethyldisulfid, 2-Methylfuran, 3-Methyl-1-butanol, 3-Octanon oder auch 3-Octanol.

In der Praxis stellt sich oft das Problem, dass Schimmelpilze nicht isoliert auftreten, sondern in so genannten Mischexpositionen – also viele verschiedene Schimmelpilzarten in unterschiedlichen Konzentrationen. Hinzu kommt, dass eine Schimmelpilzart unterschiedliche MVOC ausscheiden kann und gleichzeitig das gleiche MVOC durch unterschiedliche Schimmelpilzarten freigesetzt werden kann. Infolgedessen kann ein Konglomerat an Gerüchen und allein der Nachweis eines bestimmten MVOC kaum verlässliche Aussagen über den spezifischen Schimmelpilz liefern und nur eine zusätzliche Quelle bei der Bestimmung sein.

Erschwerend kommt hinzu, dass die Wahrnehmung von Gerüchen immer einen individuellen und subjektiven Charakter hat und abhängig von genetischen Prozessen im Gehirn ist. So ist das Geruchsempfinden zwischen den Geruchsstoffen einerseits sowie bei jedem Menschen andererseits sehr verschieden. Einerseits reicht bereits eine geringe Menge aus, um ein Geruchsempfinden zu entwickeln, auf der anderen Seite „ermüdet" die Riechschleimhaut relativ schnell. Dies bedeutet, dass mit anhaltender Dauer einer Geruchswahrnehmung diese mit der Zeit verschwindet – der Geruch wird nicht mehr wahrgenommen, obwohl die Schimmelpilze (und Bakterien) diese Geruchsstoffe weiterhin ausstoßen. Dieser Vorgang wird als so genannte „phasische Perzeption" bezeichnet und kann bei Bau- und Mikrobiologen vorkommen, die im Rahmen ihrer beruflichen Tätigkeit permanent den MVOC ausgesetzt sind.

Um dies zu vermeiden, aber auch um den ausgesprochen guten Geruchssinn zu nutzen, werden zunehmend Hunde eingesetzt, die auf das Aufspüren von Schimmelpilzen spezialisiert sind. Die Nase des Hundes ist deutlich besser entwickelt. Untersuchungen mit einem Olfaktometer haben nachgewiesen, dass die Nase eines trainierten Schäferhundes bis zu 1 Mio. mal besser riechen konnte als der Mensch. Während beim Menschen für die Aufnahme und Verarbeitung der Geruchsstoffe nur etwa 1 % der Hirnmasse zuständig ist, sind es beim Hund über 10 %. Einzigartig ist bei der Hundenase, dass sie zwischen „rechts und links" differenzieren kann. Infolgedessen ist der Hund in der Lage, der Wahrnehmung eines Geruches eine Richtung zu geben. Dies macht den

Hund so wertvoll beim Aufspüren und Lokalisieren von nicht sichtbaren „Zielen“ wie z. B. der Suche nach verschütteten Menschen nach einem Erdbeben. Im Übrigen gilt das Problem der „Ermüdung“ auch beim Hund.

5.5.3 Gesundheitliche Beschwerden

Gesundheitliche Beschwerden können als Symptom eine ganz unterschiedliche Bedeutung haben. In den meisten Fällen sind sie Auslöser für einen Verdachtsmoment eines Schimmelpilzbefalls. In anderen Fällen spielen sie eine Rolle, wenn der Schimmelpilzbefall nicht sichtbar oder verdeckt ist und das Vorhandensein nur vermutet wird.

Problematisch ist, dass gesundheitliche Beschwerden oftmals sehr subjektiv und unspezifisch sind und die Zuordnung auf eine Ursache fast unmöglich erscheint. Schließlich ist der Mensch den ganzen Tag einer ganzen Reihe von Stoffen ausgesetzt, auf die er allergisch reagieren kann oder die sich in anderer Form gesundheitlich auswirken. Hinzu kommt, dass diese Stoffe in der Regel nicht isoliert vorliegen und so genannte Mischexpositionen eine Zuordnung fast unmöglich machen. Außerdem sind es nicht nur die Sporen oder andere mikrobielle Partikel, die gesundheitliche Beschwerden verursachen können, sondern auch gasförmige Substanzen in der Luft wie z. B. Mykotoxine. Hinzu kommt, dass jeder Mensch auf diese Einflüsse unterschiedlich reagiert.

Unspezifische Symptome können z. B. Kopfschmerzen und Übelkeit sein, aber auch Müdigkeit, Befindlichkeits- und Schlafstörungen. Leistungseinschränkungen und Mattigkeit werden ebenfalls als Symptome gesehen. In den meisten Fällen sind allergische Reaktionen der Atemwege wie z. B. eine Allergische Rhinokonjunktivitis, Allergisches Asthma bronchiale oder eine Exogen-allergische Alveolitis symptomatisch für eine Schimmelpilz- oder auch Hausstauballergie. Die Symptome zeigen sich z. B. in Form einer laufenden, juckenden oder verstopften Nase, durch Niesanfälle, tränende, juckende, gerötete oder geschwollene Augen, durch einen Hustenreiz, Reizungen der Schleimhaut bis hin zu einem Giemen oder im schlimmsten Fall durch einen Asthmaanfall.

Neben diesen allergischen Symptomen können Schimmelpilze allerdings auch nicht allergisch bedingte Symptome wie des Sick-Building Syndroms (SBS) verursachen. Der Zusammenhang von Schimmelpilzen mit anderen umweltmedizinischen Syndromen wie z. B. Multiple Chemical Sensitivity (MCS) oder Chronic Fatigue Syndrome (CFS) ist bisher ungeklärt. Zu den irritativen Wirkungen müssen nicht allergisch bedingte Beschwerden oder schlimmstenfalls Erkrankungen gezählt werden. Hierzu zählen eine erhöhte Infektanfälligkeit, Mucous Membrane Irritation (MMI) bis hin zur chronischen Bronchitis. Diese können sich auch in Form einer unspezifischen bronchialen Hyperreaktivität ausdrücken. Hiervon spricht man, wenn die Bronchien gegen äußere Reize überempfindlich reagieren.

Die allergische bronchopulmonale Aspergillose (ABPA) ist eine spezielle Form der Allergie auf Schimmelpilze. Sie tritt vor allem bei Menschen mit Vorerkrankungen der Atemwege auf, die vor allem auf den Schimmelpilz Aspergillus Fumigatus allergisch reagieren. Hierbei handelt es sich um eine seltene immunologische Lungenerkrankung, bei der die eingeatmeten Schimmelpilzsporen eine Immunreaktion auslösen. Die Symptome bei der ABPA sind Husten, Atemgeräusche und Atemnot sowie teilweise blutiger Auswurf. Oftmals werden diese Symptome durch Fieber und ein allgemeines Krankheitsgefühl begleitet. Das so genannte Abhusten von zähen Schleimpfropfen ist ein sehr charakteristisches Zeichen, auch wenn es nur bei etwa 35 bis 40 % der Patienten vorkommt. In der gleichen Größenordnung kommt es zu Bluthusten und Schmerzen im Brustkorb.

Hinzu kommen Intoxikationen wie z. B. die Toxische Alveolitis oder systemische Mykosen, also den gesamten Körper betreffende Pilzinfektionen, bis hin zum Organic Dust Toxic Syndrom (ODTS).

5.5.4 Substanzen in der Luft

5.5.4.1 Einleitung

Schimmelpilze nutzen als Nährstoffe für ihr Wachstum anorganische, aber vor allem organische Verbindungen. Diese werden biochemisch umgewandelt, wobei die dabei freigesetzten Stoffwechselprodukte – die so genannten Metaboliten – an ihre Umgebung abgegeben werden. Dieser enzymatische Vorgang findet laufend statt und wird als Metabolismus bezeichnet. Die Mikrobiologie unterscheidet zwischen primären und sekundären Metaboliten. Primäre Metaboliten entstehen direkt beim lebensnotwendigen Stoffwechselprozess. Dagegen treten sekundäre Metaboliten nur zu bestimmten Lebensphasen und/oder Bedingungen auf.

Metaboliten sind bei der Wahrnehmung von Mikroorganismen und speziell bei Schimmelpilzen ein wichtiges Hilfsmittel, da sie einen unterschiedlich starken bis markanten Geruch besitzen können. Der typische Geruch wird als muffig, moderig, erdig, säuerlich, alkoholisch oder aromatisch, manchmal süßlich wahrgenommen. Diese Eigenschaft nutzt man u. a., wenn ein nicht sichtbarer Befall oder ein versteckter Befall vorliegt. Metaboliten dienen dann als Symptom für das Vorliegen eines Schimmelpilzbefalls.

Einen Schimmelpilz einzig und allein anhand „seines" Geruches zu erkennen, ist aus verschiedenen Gründen allerdings nicht möglich. Zum einen liegen Schimmelpilze in der Regel nicht isoliert vor, sondern in Mischexpositionen. Infolgedessen werden unterschiedliche Metaboliten abgegeben und miteinander vermischt. Hinzu kommt eine mögliche Verwechslungsgefahr. Ein typisches Beispiel ist das Geosmin. Der in Kellern oder feuchten Räumen oftmals „typische Schimmelgeruch" (kartoffelähnlich), ist ein Metabolit der Actinomyceten – also einer Gruppe von Bakterien. Auch unter dem Mikroskop ähneln die Bakterien eher einem Pilz. Für Mikrobiologen ist dies keine Überraschung, da gerade Actinomyceten (insbesondere Streptomycetes) in feuchten Räumen besonders gut gedeihen und häufig nachgewiesen werden. Man erkennt daran, dass ein typischer Geruch, der an Schimmelpilze erinnert, nicht automatisch von diesen verursacht werden muss.

Hinzu kommt, dass nicht alle Metaboliten durch ihren Geruch wahrgenommen werden können und dass sich einige Metaboliten erst durch Veränderungen der raumklimatischen Bedingungen „bemerkbar" machen oder sich unter „Stress" (z. B. durch den Einsatz von Desinfektionsmitteln) verändern. Außerdem können einige Metaboliten mit flüchtigen Stoffen verwechselt werden, die auch als Lösemittel in Farben, Lacken, Reinigungsmitteln oder Klebern verwendet werden. Hierzu gehören z. B. Ethanol, Toluol oder Terpene. Diese werden als VOC (volantile organic compounds) bezeichnet. Andere Metaboliten wiederum sind für Mikroorganismen typisch und können nicht verwechselt werden. Diese werden zur besseren Unterscheidung als MVOC (Microbial Volatile Organic Compounds) bezeichnet, also von Mikroorganismen produzierte flüchtige organische Verbindungen.

Weitere Substanzen in der Innenraumluft können Exotoxine oder Mykotoxine sein.

5.5.4.2 MVOC

Zu den Symptomen, die auf eine Anwesenheit von Schimmelpilzen (oder auch Bakterien) schließen lassen, gehören die so genannten MVOC (Microbial Volatile Organic Compounds). Hierbei handelt es sich um flüchtige organische Stoffverbindungen wie z. B. Alkohole, Terpene, Ketone, Ester und Aldehyde, die von Schimmelpilzen (oder auch Bakterien) während des Stoffwechsels produziert werden. MVOC sind sehr geruchsintensiv und verursachen den typisch-charakteristischen Schimmelpilzgeruch. Der ungesättigte Alkohol 1-Octen-3-ol z. B. ist ein Stoffwechselprodukt vieler Schimmelpilze und riecht intensiv nach Pilzen. Man nennt ihn deshalb auch „Champignol". Einige Bakterien dagegen scheiden z. B. Dimethyldisulfid aus. Hierbei handelt es sich um ein penetrant und unangenehm nach Fäkalien riechendes MVOC aus schwefelhaltiger Substanz. Aufgrund ihrer spezifischen Eigenschaften sind MVOC auch noch in geringsten Konzentrationen von wenigen Nanogramm pro m^3 Raumluft geruchlich gut wahrnehmbar. Andere MVOC haben wiederum eine Geruchsschwelle im Bereich von wenigen µg pro m^3 Raumluft und können vom menschlichen Geruchssinn nicht mehr wahrgenommen werden.

Deshalb wurde die mikrobiologische Innenraumdiagnostik in den letzten Jahren zunehmend durch die MVOC-Analytik erweitert. In dem Nachweis von MVOC in der Innenraumluft verspricht sich die Diagnostik, dass man Schimmelpilze z. B. auch bei einem nicht sichtbaren Befall oder einem versteckten Befall nachweisen kann, wenn z. B. traditionelle Methoden an ihre Grenzen stoßen. Schließlich wächst nur ein kleiner Teil der in der Luft vorhandenen Mikroorganismen als Koloniebildende Einheiten heran, so dass bei Schimmelpilzsporen (oder auch luftgetragenen Bakterien) oftmals eine zu geringe Sensitivität vorliegt. Allerdings zeigen die Erfahrungen, dass auch die MVOC-Analytik und deren Interpretation der Ergebnisse nicht unproblematisch sind. Der Einfluss anderer Faktoren auf die Raumluftkonzentration und deren Beeinflussung auf die Ergebnisse sind zum Teil erheblich. Schließlich werden viele der produzierten MVOC häufig durch andere Quellen in Innenräumen verursacht. Daher empfehlen Experten zunehmend, die MVOC-Analytik nur ergänzend zu anderen Methoden einzusetzen, um z. B. eine erste Indikation für einen mikrobiellen Befall zu erhalten. MVOC-Untersuchungen sind allerdings sehr gut geeignet, um eine Identifizierung geruchsintensiver Substanzen vorzunehmen.

Nach dem heutigen Kenntnisstand wird ein Zusammenhang zwischen nachgewiesenen MVOC-Konzentrationen in Innenräumen und gesundheitlichen Beschwerden von Bewohnern gesehen. Diese können sehr unspezifisch sein wie z. B. Unwohlsein, Kopf- und Gliederschmerzen, Müdigkeit und Konzentrationsschwäche sowie Schlafprobleme verursachen. Dagegen gibt es gesicherte Erkenntnisse über allergische Reaktionen wie z. B. Entzündung der Schleimhäute, Juckreiz oder Hautausschläge. Akute gesundheitliche Probleme sind aufgrund der geringen Konzentration von MVOC im Zusammenhang mit einem mikrobiellen Befall nicht zu erwarten. Auch eine toxische Wirkung durch MVOC, die von Schimmelpilzen (oder Bakterien) verursacht werden, ist nach heutigem Kenntnisstand nicht bekannt. Infolgedessen kann davon ausgegangen werden, dass von MVOC keine Gesundheitsgefahr ausgeht, sondern nur Geruchsbelästigungen und ggf. allergische Reaktionen verursacht werden. Allerdings liegen über die gesundheitlichen Auswirkungen bei einer längerfristigen Exposition bislang keine gesicherten Erkenntnisse vor. Dies liegt u. a. auch daran, dass messtechnisch bisher nur ein eingeschränktes Spektrum an MVOC erfasst wurde und zudem in der Regel immer eine Mischexposition vorliegt.

Des Weiteren werden in der mikrobiologischen Innenraumdiagnostik in der Regel nur Nährmedien als Substrat eingesetzt, die ein gutes Wachstum der Mikroorganismen ermöglichen. Das Wachstum auf realen Substraten wie z. B. Einrichtungsgegenständen oder Baumaterialien ist dagegen deutlich schwächer ausgeprägt. Dem entsprechend werden auch die Emissionsraten der MVOC wesentlich niedriger ausfallen. Außerdem ist bekannt, dass die Bildung der so genannten sekundären Metaboliten stark substratabhängig ist und somit die Ergebnisse, die auf mikrobiologisch-optimierten Nährmedien erzeugt werden, nicht einfach auf Untergründe in privat genutzten Innenräumen übertragen werden können.

MVOC sind auch für den so genannten Sink-Effekt verantwortlich. Werden organische Materialien wie z. B. Kork oder Papier bzw. organische Baustoffe wie z. B. Gipskarton- oder Spanplatten durch Mikroorganismen besiedelt und infolgedessen zersetzt, können unangenehme Gerüche und/ oder gesundheitliche Beschwerden selbst nach Jahren noch auftreten. Und dies, obwohl ein hierfür verantwortlicher Wasserschaden längst behoben wurde. Ursächlich hierfür ist der so genannte Sink-Effekt, denn MVOC haften auf Möbel und Einrichtungsgegenständen, Polster und Kleidungsstücke sowie Baumaterialien besonders gut.

5.5.4.3 Mykotoxine

Einige Schimmelpilzarten bilden unter gewissen Voraussetzungen verschiedene Giftstoffe. Hierbei handelt es sich um natürliche, sekundäre Stoffwechselprodukte, die als Mykotoxine bezeichnet werden. Sekundär deshalb, da diese Stoffwechselprodukte für das eigentliche Wachstum nicht benötigt werden (dies ist Aufgabe des Primärstoffwechsels) und nur für den Abbau von Nukleinsäuren, Eiweißen, Kohlenhydraten und Lipiden verantwortlich sind. Nach heutigem Kenntnisstand sind ca. 200 Mykotoxine bekannt, die von über 300 Schimmelpilzarten produziert werden und eine überwiegend negative Wirkung auf den Menschen entfalten.

Diese Toxine werden hauptsächlich von den Schimmelpilzgattungen Aspergillus, Penicillium,

Fusarium und Alternaria gebildet. Toxine vom Aspergillus sind z. B. Aflatoxin, Ochratoxin, Sterigmatocystin, Gliotoxin, Verruculogen, Fumagillin, Patulin, Kojisäure und Penicillinsäure. Dagegen werden vom Penicillium die Toxine Ochratoxin, Citrinin, Patulin, Cycllopiazonsäure, Penicillinsäure, Penitrem und Roquefortin gebildet. Bekannteste Toxine der Fusarium-Gattung sind Trichothecene, Zearalenon, Fumonisine, Fusarinsäure und Moniliformin. Abschließend soll Tenuazonsäure, Alternariol, Alternariolmonomethylether und Altenuen (Toxine der Alternaria-Gattung) und Satratoxin (Toxin des Stachybotrys chartarum) genannt werden.

In Innenräumen werden dagegen nur 15 bis 20 Mykotoxine nachgewiesen – in der Regel in Korrelation zu großen Mengen an Schimmelpilzsporen (> 10^4 KBE pro m^3 Luft). Hierbei hängt die Menge der produzierten Mykotoxine von der Schimmelpilzart und -spezies ab. Das Problem besteht darin, dass die meisten der in Innenräumen nachgewiesenen Schimmelpilze eher nicht oder nur schwach pathogen und nur in Ausnahmen toxisch sind, aber in der Lage sind, Mykotoxine zu bilden – die wiederum pathogen oder toxisch sein können. Ein weiteres Problem besteht darin, dass die gesundheitlichen Auswirkungen der Mykotoxine auf den Menschen noch zu wenig erforscht sind. Bisherige Erkenntnisse liegen überwiegend aus der Futtermittelaufnahme in der Landwirtschaft oder der Lebensmittelforschung vor, die aber nicht einfach auf das Innenraumklima übertragen werden können. Den kausalen Zusammenhang zu isolieren, ist das größte Problem für die gesundheitliche Bewertung von Mykotoxinen, da sich allergene oder toxische Wirkungen auch durch die Inhalation von Sporen, Staub oder MVOC ergeben können, genauso wie durch die Nahrungsaufnahme schimmelpilzbelasteter Lebensmittel.

Für die Produktion der Mykotoxine ist das Wachstum der Schimmelpilze in der Regel abgeschlossen, gleichzeitig muss ausreichende Feuchtigkeit vorliegen. Deshalb wird in der Innenraumdiagnostik die Anwesenheit bestimmter Mykotoxine gerne als Indikator für einen Schimmelpilzbefall und/oder für Feuchtigkeitsschäden gesehen. Die Synthese der Mykotoxine wird hierbei von einigen Faktoren beeinflusst wie z. B. Art und Zusammensetzung des Substrates, Temperatur, pH-Wert und der Wasseraktivität (a_W-Wert). Besonders bei den Mykotoxinen Patulin, Penicillinsäure und Ochratoxin A wird eine höhere Wasseraktivität benötigt als für das eigentliche Wachstum der produzierenden Schimmelpilzarten. In der Innenraumdiagnostik werden diese Mykotoxine daher gerne als Indikation für einen versteckten Wasserschaden gesehen. Darüber hinaus gibt es spezifische Faktoren für die Mykotoxin-Synthese wie z. B. Zink bei der Produktion von Aflatoxin oder tiefe Temperaturen für die Produktion von Patulin und Trichothecene. Im Gegensatz zu Schimmelpilzsporen und MVOC sind Mykotoxine weitestgehend hitzestabil und können daher durch hohe Temperaturen nicht zerstört werden. Weiterhin muss beachtet werden, dass Mykotoxine auch dann noch vorhanden sein können, wenn der produzierende Schimmelpilz oder seine Sporen bereits abgestorben sind oder abgetötet wurden. Das potenziell allergische, pathogene oder toxische Potenzial muss im Rahmen der Innenraumdiagnostik berücksichtigt werden.

Bevor die potenziell möglichen Auswirkungen durch Mykotoxine erwähnt werden, muss vorab klargestellt werden, dass die bisher in privat genutzten Innenräumen gemessenen Konzentrationen an Mykotoxinen lt. Umweltbundesamt so gering sind, dass von ihnen keine akuten toxischen (giftigen) Wirkungen ausgelöst werden.

Prinzipiell können Mykotoxine allergische Reaktionen auslösen oder eine karzinogene (krebserregende), neurotoxische (nervenschädigende), immunsuppressive (immunsystemschwächende), mutagene (erbgutverändernde), dermatotoxische (hautschädigende), nephrotoxische (nierenschädigende) oder teratogene (fehlbildende) Wirkung haben. Im Gegensatz zu den Toxinen der Bakterien führen Mykotoxine aufgrund ihres niedrigen Molekulargewichtes zu keiner Antikörperbildung. Das Immunsystem ist infolgedessen nicht in der Lage, die Mykotoxine zu erkennen und entsprechende Antikörper zu bilden (siehe Tab. 5.1).

Von den innenraumrelevanten Schimmelpilzen müssen vor allem die Toxine der Gattungen Aspergillus, Penicillium, Stachybotrys und Fusarium sowie deren Arten oder Spezies genannt

Tab. 5.1 unterschiedliche Gesundheitswirkungen verschiedener Mykotoxine

	Aflatoxin	Ochratoxin	Sterigmatocystin	Zearalenon	Trichothecene
Karzinogen	•	•			
Mutagen	•	•	•		
Teratogen		•			
Nephrotoxisch		•			
Östrogen				•	
Hämorrhagisch					•
Immunsuppressiv	•	•			
Dermatotoxisch					•
Zytozid					•

werden. Hierzu zählen Aspergillus flavus, Aspergillus fumigatus und Aspergillus niger, die nicht nur toxisch, sondern auch mutagen, karzinogen, teratogen und nephrotoxisch wirken. In Ausnahmen können sie epilepsieartige Symptome bis hin zu Systemmykosen der Lunge verursachen. In Einzelfällen wurde nachgewiesen, dass sie eine hämorrhagische Wirkung haben, also Blutungen verursachen. Das Mykotoxin Trichothecene kann zudem zytozid (zelltötend) wirken und z. B. die Funktion der Lymphozyten hemmen, so dass die körpereigene Immunabwehr von exponierten Menschen nach entsprechender Einwirkung geschwächt wird und Infektionen durch Viren, Bakterien und Pilze freien Zugang zum menschlichen Organismus bekommen. Nach heutigem Kenntnisstand geht man davon aus, dass die größte Gefährlichkeit unter den Mykotoxinen vom Aflatoxin ausgeht – aufgrund seines extrem hohen kanzerogenen/karzinogenen Potenzial.

Bei der Bewertung von Mykotoxin verursachten Gesundheitsrisiken muss immer die individuelle Disposition der Menschen (Risikogruppe) berücksichtigt werden. Die nachfolgende Graphik stellt den Zusammenhang zwischen der Toxizität der Mykotoxine mit der Disposition pro Risikogruppe in Abhängigkeit zur Konzentration und Dauer der Exposition dar.

Über die gesundheitlichen Auswirkungen bei langfristiger Exposition in privat genutzten Innenräumen gibt es bislang keine gesicherten Erkenntnisse.

Zur richtigen Einordnung von Mykotoxinen sollen abschließend noch drei Aspekte erwähnt werden:

1. Einige Mykotoxine besitzen antibiotische Eigenschaften. Dies bedeutet, dass sie in der Lage sind, Bakterien zu töten oder deren Wachstum zu hemmen. Diese positive Eigenschaft wird in der Pharmaindustrie genutzt und im Rahmen der medizinischen Behandlung gegen bakterielle Infektionen eingesetzt. Auch Penicillin als Stoffwechselprodukt des Schimmelpilzes Penicillium ist als Mykotoxin einzustufen.
2. Des Weiteren muss beachtet werden, dass allein die Anwesenheit von Toxin bildenden Schimmelpilzarten nicht automatisch bedeutet, dass diese auch tatsächlich gebildet werden.
3. Ein starkes Schimmelpilzwachstum oder ein großflächiger Schimmelpilzbefall darf nicht automatisch mit einer starken Mykotoxinbildung gleichgesetzt werden. Dies bedeutet im Umkehrschluss, dass geringes Wachstum oder ein Kleinstbefall nicht trotzdem eine ernst zu nehmende Konzentration an Mykotoxine freisetzen kann.

5.5.4.4 Endotoxine/Exotoxine

Wenn Toxine durch Mikroorganismen in Innenräumen erwähnt werden, sind fast immer die Mykotoxine gemeint, also Giftstoffe, die von Schimmelpilzen produziert werden. Dabei geht auch von einigen Bakterien wie z. B. Streptomyces und durch sie produzierte Giftstoffe ein besonderes

Gefährdungspotential aus. Über die in Bakterien befindlichen Endotoxine oder von Bakterien produzierten Exotoxine ist allgemein wenig bekannt. Daher werden die gesundheitlichen Risiken zu oft unterschätzt und bei der Bewertung mikrobieller Belastungen in privat genutzten Innenräumen häufig ignoriert. Das Umweltbundesamt hat schon vor Jahren auf die Bedeutung der Bakterien hingewiesen, speziell auf den Zusammenhang zwischen den Actinomyceten und sporadischen Wasserschäden, bei denen es häufig zu hohen Konzentrationen von Toxinen durch Bakterien kommen kann. Grundsätzlich sind Endotoxine und Exotoxine Bestandteile im Bioaerosol und kommen ubiquitär vor. In der Regel befinden sie sich in Stäuben, ihre biologische Aktivität kann über viele Jahre erhalten bleiben.

Endotoxin wird aus den griechischen Begriffen endo (= innen) und toxin (= Gift) abgeleitet und beschreibt Giftstoffe, die nach dem Zerfall der äußeren Zellwand von bestimmten gram-negativen Bakterien produziert werden. Er ist ein Sammelbegriff für die zellgebundene Toxizität von Bakterien. Chemisch betrachtet handelt es sich bei Endotoxinen um Lipopolysaccharide und einem hydrophilen Anteil an Polysaccharid sowie einem lipophilen Anteil an Lipid. Im Gegensatz zu den Bakterien, aus denen sie stammen, sind Endotoxine sehr hitzestabil und widerstehen selbst der Sterilisation.

Endotoxine können abhängig von der Konzentration in der Raumluft im menschlichen Organismus verschiedene Immunreaktionen, in hohen Konzentrationen auch toxische Wirkungen, verursachen. Diese zeigen sich z. B. durch Husten, Fieber, Muskel- und Gliederschmerzen. Ist man Endotoxinen länger ausgesetzt, kann es auch zur chronischen Bronchitis oder zu Entzündungsreaktionen auf der Haut und Bindehaut, seltener auf der Schleimhaut (Nase und obere Atemwege) und ganz selten in den tieferen Atemwegen kommen. Entscheidend hierfür sind die Konzentration und Dauer der Exposition sowie die individuelle Disposition.

Für ihre toxische Wirkung werden vor allem die Lipide verantwortlich gemacht. Wenn es nach einer Exposition z. B. durch Kontakt mit Schleimhäuten zur Freisetzung der so genannten Zytokine kommt, zeigt sich die pyrogene Wirkung in Form von Fieber. Zytokine sind Zellbestandteile, mit denen die Immunabwehr reguliert wird. Kommt es zu einer Exposition, arbeitet das Immunsystem auf Hochtouren, was sich durch einen Anstieg der Körpertemperatur (Fieber) zeigt.

Im Gegensatz dazu handelt es sich bei den Exotoxinen um Giftstoffe, die von lebenden Bakterien produziert und abgegeben werden. Der Begriff wurde aus den griechischen Wörtern ekto (= außen) und toxin (= Gift) abgeleitet, da sich der Giftstoff anders als bei den Endotoxinen nicht im Bakterium befindet, sondern durch das Bakterium produziert wird und dieses anschließend verlässt. In der Regel handelt es sich bei den Exotoxinen um Proteine, die infolgedessen nicht besonders hitzestabil oder kältebeständig sind. Exotoxine werden daher auch als thermolabil bezeichnet.

Exotoxine sind immunogen. Dies bedeutet, dass die von ihnen hervorgerufenen Erkrankungen die körpereigene Immunabwehr anregen – allerdings nur für kurze Zeit. In der Regel wird keine lang anhaltende Immunität ausgebildet. Exotoxine können pathogene Wirkungen haben und schwere Organschädigungen verursachen. Unbehandelt und bei hoher Exposition über einen längeren Zeitraum kann es bis zum Versagen einzelner Organe kommen oder einen toxischen Schock verursachen. Der Toxikologe spricht dann vom MOSF (= multiple organ system failure).

Bislang gibt es keine anerkannten Grenz- oder Richtwerte. Allerdings ist bekannt, dass von allen Giften in der Natur die Bakterien die höchste Toxizität aufweisen. So hat z. B. das Neurotoxin von Clostridium botulinum (Botulinustoxin) eine Toxizität von 0,000001 mg/kg Körpergewicht.

5.5.4.5 Sonstiges

Neben den MVOC, Mykotoxinen und Endotoxinen sowie Exotoxinen gibt es weitere Substanzen mikrobiellen Ursprungs. Zu ihnen gehören z. B. pyrogene Substanzen wie 1,3-β-D-Glucan als Bestandteil der Zellwand von Schimmelpilzen. Diese sind mit den aus der Zellwand der gram-negativen Bakterien freigesetzten Endotoxine vergleichbar und haben ebenfalls eine entzündungsfördernde Wirkung.

Bei Schimmelpilzen werden insbesondere bestimmte Zellwandbestandteile als so genannte PAMP (= Pathogen Associated Molecular Patterns) bezeichnet. Hierbei handelt es sich um Moleküle von Mikroorganismen, die vom angeborenen Immunsystem erkannt werden können. Hierzu gehören z. B. β-Glukane, die reizende oder entzündliche Immunreaktionen auslösen können. Experten gehen davon aus, dass diese Substanzen einen Beitrag zu unspezifischen Krankheitssymptomen bei Exposition gegenüber Schimmelpilzen leisten können. Zu den PAMP besteht noch erheblicher Forschungsbedarf.

5.5.5 Lästlinge

Im Umfeld zu einem Wasserschaden und/oder Schimmelpilzbefall werden häufig Insekten und andere Kleinstlebewesen beobachtet, die als symptomatisch gesehen werden. Diese leben entweder in Symbiose mit den Schimmelpilzen oder benötigen für ihre Entwicklung und Fortpflanzung eine erhöhte Feuchtigkeit. Unterschieden werden Schädlinge und Lästlinge.

Als Schädlinge werden Lebewesen bezeichnet, die unterschiedliche Schäden verursachen können. Hierbei kann es sich um die Zerstörung von Lebensmitteln, Kleidungsstücken und Textilien, Nutzpflanzen oder Möbeln und Einrichtungsgegenständen handeln. In Ausnahmen wie z. B. Hausfäulen können ganze Bauteilbereiche in Gebäuden betroffen sein. Einige Schädlinge können sogar Krankheiten und Allergien auslösen.

Dem gegenüber werden Lebewesen, die keinen Schaden anrichten, aber gerade bei zahlreichem Auftreten als lästig empfunden werden, als Lästlinge bezeichnet. Zu ihnen gehören Silberfische, Kellerasseln, Schaben (Kakerlaken), Staubläuse, Bettwanzen, Schimmelkäfer und Milben.

5.6 Verwechslungen

5.6.1 Einleitung

In der Praxis eines Sachverständigen kommt es immer wieder vor, dass man zu einer Objektbesichtigung gerufen wird, um sich einen Schimmelpilzbefall anzuschauen, um dann vor Ort festzustellen, dass es sich um Verschmutzungen oder Feinstaub, organische oder anorganische Ablagerungen, Verunreinigung oder Ausblutungen aus dem Untergrund oder um Ausblühungen, Fogging, Bakterien, Hefen, Flechten, Hausfäule („Hausschwamm"), Spinnen und im Außenbereich Algen handelt, aber eben nicht um einen mikrobiellen Befall durch Schimmelpilze.

5.6.2 Ausblühungen

Wenn auf der Innenseite der Kelleraußenwand oder manchmal auch auf dem Fußboden im Keller, bei nicht unterkellerten Gebäuden selten auch oberhalb der Fußleiste oder im Bad oberhalb von gefliesten Bereichen ein kleiner weißer Belag sichtbar wird, kann es sich auch um Salzausblühungen handeln, umgangssprachlich als Salpeter bekannt. Auf den ersten Blick werden diese Ablagerungen häufig mit Schimmelpilzbefall verwechselt. In beiden Fällen spielt Feuchtigkeit eine wesentliche Rolle. Und in beiden Fällen sind ihre Erscheinung – mikrobieller Befall oder Salzkristallisation – nur das Ergebnis von Feuchtigkeitseinwirkung. Ansonsten haben Schimmelpilze und Salzausblühungen nichts miteinander zu tun.

Für den Laien kann es bei dem feinen weißen Belag durchaus zu Verwechslungen kommen; der Experte erkennt schnell den Unterschied. Während sich Schimmelpilzbefall durch einen flauschigen, weichen und in den meisten Fällen schmierigen Belag handelt, sind Salze feinkristalline Gebilde, die zu einer mehrere cm dicken Schicht wachsen können. Die Salzkristalle sind in der Regel weiß und feinkristallin (feinnadelig), aber manchmal eben auch flaumartig und mehrfarbig, wodurch es zu den Verwechslungen mit mikrobiellem Befall kommen kann. Ein eindeutiges Unterscheidungsmerkmal ist, dass Schimmelpilze einen typisch muffigen, erdigen Geruch haben, Salze dagegen geruchslos sind. Auch in Bezug auf die Untergründe unterscheiden sich beide Feuchteindikatoren. Während Schimmelpilze eher auf organischen Substraten wachsen, kristallisieren Salze auf mineralischen Untergründen aus.

Bei den Salzen handelt es sich vorwiegend um Carbonate, Chloride, Sulfate und Nitrate. Einige Salze wie z. B. Carbonate befinden sich in mi-

Abb. 5.32 Salzausblühungen können in Ausnahmen mit Schimmelpilzbefall verwechselt werden

neralischen Baustoffen (Ziegel- und Natursteinmauerwerk, Putz- und Mauermörtel etc.) und sind „ganz normal". Solange der Baustoff trocken ist, machen sich die Salze nicht bemerkbar. Kommt es zu einer Durchfeuchtung z. B. durch Niederschläge (außen), einer fehlenden oder defekten Horizontal- und/oder Vertikalabdichtung (im erdberührten Bereich), durch einen sporadischen Wasserschaden (z. B. durch Überflutung des Kellers), nicht erkannte Leckagen (z. B. an wasserführenden Leitungen) oder undichte Anschlüsse und dgl. gehen die Salze in Lösungen und werden kapillar an die Oberfläche transportiert. Dort verdunstet die Feuchtigkeit, so dass die Salze auskristallisieren (siehe Abb. 5.32).

Andere Salze werden von außen eingetragen. Hierzu gehören z. B. Chloride, die häufig über Streusalze im Winter und den Schneematsch oder Spritzwasser im Sockel eindringen können. Sulfate wiederum werden durch chemische Reaktion mit dem „sauren Regen" gebildet und durch Niederschläge eingebracht. Nitrate dagegen haben ihre Quelle in der Regel in Fäkalien und werden deshalb in hohen Konzentrationen in Stallungen oder Toilettenanlagen sowie Abwasserleitungen gefunden.

Die Anwesenheit von Salzen zeigt sich allerdings nicht nur in Form von oberflächigen Ausblühungen und somit „nur" einem optischen Problem. Das eigentliche Schadenspotenzial zeigt sich durch die Feuchteaufnahme und -abgabe und der dadurch ausgelösten Mechanismen der Kristallisation und der Hydratation. Denn durch die permanente Wasseraufnahme und Verdunstung kommt es zu einer Volumenvergrößerung der Salzkristalle bis zum 10-fachen. Solange die Salze in den zur Verfügung stehenden Poren im Baustoff kristallisieren („wachsen") können, passiert nichts. Sobald die Poren allerdings gesättigt sind und die Salze ihr Volumen weiter ausdehnen wollen, kommt es zum Kristallisations- und Hydratationsdruck. Dieser ist in der Regel höher als die Festigkeit von mineralischen Baustoffen, so dass deren Gefüge zerstört wird. Es kommt zu Abplatzungen und Festigkeitsverlust bis hin zur Zerstörung (je nach Salzkonzentration und Dauer der Einwirkung).

Hinzu kommt, dass Salze hygroskopisch sind. Dies bedeutet, dass sie Feuchtigkeit aus der Umgebung aufnehmen und binden können. Ein mit Salz belasteter Baustoff besitzt dadurch eine höhere Sorptions- oder Ausgleichsfeuchte – ist also immer feuchter als es der gleiche Baustoff im salzfreien Zustand wäre. Infolgedessen kann es zu einer Verschlechterung der Wärmedämmung und zu Frostschäden kommen. Durch die kühlen und feuchten Untergründe werden zudem die Voraussetzungen für Schimmelpilzbefall verbessert. In der Praxis wird häufig ignoriert, dass die Hygroskopizität von Salzen nicht nur dazu führt, dass Feuchtigkeit aufgenommen und gebunden wird, sondern auch die Austrocknung verhindert oder zumindest verlangsamt. Dieser Aspekt muss bei der Entfeuchtung von Mauerwerken z. B. nach der Ausführung einer nachträglichen Horizontal- und/oder Vertikalabdichtung sowie bei der Technischen Bautrocknung beachtet werden.

5.6.3 Fogging

Zu den Symptomen, die manchmal mit Schimmelpilzbildung verwechselt werden, gehört auch das so genannte Fogging. Bereits Mitte der 1990-er Jahre gab es die ersten Meldungen über plötzlich auftretende graue bis schwarze Staubablagerungen in Innenräumen. Die rußähnlichen Ablagerungen tauchen innerhalb von wenigen Tagen bis Wochen auf Wänden, Decken, Fenster sowie Möbel- und Einrichtungsgegenständen auf, aber auch auf Gardinen und Vorhängen sowie Teppichböden. In einigen Fällen sind auch kunststoffhaltige Oberflächen wie Steckdosen, Lichtschalter, Kunststofffenster, Bad- und Küchenmöbel oder

Abb. 5.33 Darstellung von Fogging an verschiedenen Bauteilen

Abb. 5.34 Darstellung von Fogging an verschiedenen Bauteilen

sogar Kühlschränke betroffen. Vor allem Letzteres ist für Mieter besonders unangenehm und wird als Störung der Privatsphäre empfunden.

In den meisten Fällen ist nicht nur ein Raum betroffen, sondern mehrere innerhalb einer Wohnung, aber selten alle Räumlichkeiten. Die diffuse Erscheinung tritt in Form einzelner Flecken bis hin zu größeren Verschmutzungen auf, meist gepaart durch einen schmierigen Oberflächenfilm. Es gibt dokumentierte Fälle, bei denen schockierte Mieter spontan die Feuerwehr gerufen haben, da sie von dem plötzlichen Auftreten völlig überrascht wurden und davon ausgingen, dass ein Schwelbrand vorliegt. Auch die hinzugezogenen Mitarbeiter von Gesundheitsämtern oder die mit der Erstellung eines Gutachtens beauftragten Sachverständigen stehen dem Phänomen oft ratlos gegenüber.

Trotz zahlreicher Erklärungsversuche und Vermutungen gibt es bis heute keine gesicherten Aussagen über die Ursache(n), so dass man auch vom Phänomen der schwarzen Wohnungen oder „Magic Dust" spricht. Anfänglich ging man davon aus, dass es sich um Ruß handelt, der durch Zigaretten/Zigarren, Kerzen oder Öllampen, Kamin oder Ofenheizung, durch Rauchgasniederschläge aus Industrieemissionen, durch Schornsteine oder auch der Zersetzung von Staubpartikeln an heißen Oberflächen verursacht wurde. Letzteres, da diese „Erscheinungen" häufig über Kachelöfen, Elektrospeicherheizgeräten oder Herdplatten beobachtet wurden. Die Schwarzstaub-Ablagerungen bilden vor allem über Heizkörpern typische dunkle Fahnen. Eine Verteilung der Ruß- und Staubpartikel über den gesamten Raum sowie Ablagerungen in den Ecken wurden wiederum mit vertikaler Konvektion und horizontaler Thermodiffusion begründet. Wie eine schwarz-weiße Photographie bilden sich Deckenbalken und z. B. Schrauben von Gipskartonplatten ab (siehe Abb. 5.33, 5.34, 5.35, 5.36 und 5.37).

Im Gegensatz zu den Ursachen hat man heute allerdings Klarheit über die Zusammensetzung der Partikel. In zahlreichen Untersuchungen konnte man nachweisen, dass es sich um so genannte SVOC (semivolatile organic compounds) oder PAK (polyzyklische aromatische Kohlenwasserstoffe) handelt, also schwer flüchtige organische Verbindungen. Insbesondere Weichmacherverbindungen, langkettige Alkane, Alkohole, Fett-

Abb. 5.35 Darstellung von Fogging an verschiedenen Bauteilen

Abb. 5.36 Darstellung von Fogging an verschiedenen Bauteilen

Abb. 5.37 Darstellung von Fogging an verschiedenen Bauteilen

säuren und Fettsäureester spielen hierbei eine Rolle. Diese kommen in den meisten Fußbodenklebern, Farben und Lacken, in einigen Tapeten (z. B. Vinyl- und Glasfasertapeten), in Styropor-Kassettendecken und Holzimitat-Paneelen, PVC-Platten sowie Laminatfußböden vor, aber auch in Teppichbodenbelägen, deren Rückseite aus Polypropylengewebe mit einem aufgeschäumten Styrol-Butadien-Kautschuk besteht. Dieser Nachweis deckt sich auch mit zahlreichen Beobachtungen, dass das Fogging-Phänomen häufig unmittelbar nach dem Einzug in einen Neubau oder nach der Renovierung von Wohnungen aufgetreten ist, wenn derartige Materialien zum Einsatz gekommen sind. In einem Fall wird berichtet, dass ein ganzer Straßenzug nach der Renovierung betroffen war. Einige Tage bis Wochen später zeigten sich in den Ecken, an Fensterstürzen und -laibungen schwarze Verfärbungen und Ablagerungen, die mit den bis dahin bekannten Ursachen nicht in Verbindung gebracht werden konnten.

Heute gilt als gesichert, dass das Phänomen der Schwarzen Wohnungen vor allem in der Heizperiode auftritt. Infolgedessen sieht man einen kausalen Zusammenhang in den Temperaturunterschieden innerhalb des Raumklimas sowie evtl. der Luftströmungen. Denn die Ablagerungen werden in der Regel an Stellen mit erhöhter Luftbewegung beobachtet wie z. B. entlang der Heizkörperöffnungen, Fensterrahmen und Gardinen, die sich über den Heizkörpern befinden. Außerdem wurden diese Schwarzfärbungen an Wärmebrücken wie z. B. innenseitigen Rollladenkästen, an Innenecken von schlecht gedämmten Außenwänden und ausgebauten Dachgeschossen festgestellt.

SVOC gasen zwar weniger stark in die Innenraumluft aus, dafür aber über einen längeren Zeitraum. Dies kann zur Folge haben, dass die schwarzen Verfärbungen oder Ablagerungen erst in den Wintermonaten zeigen, obwohl die Renovierung bereits im Sommer stattgefunden hat. Mit Beginn der Heizperiode wird häufig weniger gelüftet, so dass die SVOC-Konzentration in der Innenraumluft ansteigen kann. Die SVOC können sich mit vorhandenen Schwebstaubpartikeln verbinden und sich dann als schmierige oder klebrige Beläge auf den Oberflächen in Innenräumen absetzen. Diese können auch beim Vorbeiströmen des luftgetragenen Staubes auf weichmacherhaltigen Oberflächen auftreten (der so genannte „Klebefilm-Effekt").

Die größte Schwierigkeit besteht darin, dass in den „befallenen Wohnungen" oftmals auf den ersten Blick die gleichen Voraussetzungen vorliegen wie in Wohnungen, die zum gleichen Zeitpunkt und mit den gleichen Materialien ausgestattet wurden und in denen ebenfalls geheizt wird – und eben kein Fogging-Effekt vorliegt. Eine plausible Erklärung hierfür gibt es (noch) nicht.

Es gibt allerdings eine interessante Beobachtung. In einer Untersuchungsreihe von über 130 gemeldeten Objekten hat ein Berliner Labor für

Umwelt- und Innenraumanalytik festgestellt, dass rund zwei Drittel der Wohnungen von alleinstehenden Frauen bewohnt sind. Als Ursache führt man geschlechtsspezifisches Wohnverhalten an. Demnach kommen in Haushalten, die ausschließlich von Frauen bewohnt werden, mehr Kerzen, Teelichter, Duftöle und Räucherstäbchen zum Einsatz. Eine weitere Auffälligkeit ist die intensivere Verwendung von Körperpflegemittel, Kosmetika und Reinigungsmitteln bei Frauen. Abgesichert sind diese Aussagen nicht.

Abschließend soll erwähnt werden, dass lt. Umweltbundesamt eine gesundheitliche Gefährdung von den Schwarzstaubablagerungen nicht ausgeht. Außerdem soll noch betont werden, dass es sich bei dem Staub nicht um groben Wohnungsschmutz handelt, sondern um einen wohnungsspezifischen Mikrofeinstaub im µm-Bereich, bei dem mit einer hohen Wahrscheinlichkeit davon ausgegangen werden kann, dass die Ursachen nicht im Wohnverhalten liegen.

Aufgrund dessen, dass die Ursachen unklar und überaus vielfältig sein können, ist die Rechtslage alles andere als eindeutig. Dies kann nicht nur zu langwierigen Rechtsstreitigkeiten zwischen Mieter und Vermieter führen, sondern auch zu einem hohen Prozessrisiko für beide Seiten. Wenn aussagekräftige Gutachten über die Ursachen fehlen, entscheiden die Gerichte in der Regel zugunsten des Mieters. So hat das Amtsgericht Düsseldorf z. B. einer Mietminderung von 40 % stattgegeben und begründete dies damit, dass die Verfärbungen Gefühle von Widerwillen bei der Wohnungsnutzung und mangelnder Hygiene sowie letzte, unüberwindliche Zweifel an der gesundheitlichen Unbedenklichkeit hervorrufen. Für das Gericht war es zudem unerheblich, dass vom Fogging keine Gesundheitsgefahren ausgehen und die Ursache nicht aufgeklärt werden konnte. Denn eine Mietminderung aufgrund von Mängeln setzte kein Verschulden des Vermieters voraus, schließlich haftet dieser unabhängig von der Schuldfrage für die Gebrauchstauglichkeit der Mietsache.

Zur Beweislastverteilung beim „Fogging" hat sich auch der BGH schon geäußert. Ein Mieter, der seinen Vermieter wegen eines Mangels auf Schadensersatz in Anspruch nimmt, muss darlegen und beweisen, dass der Vermieter den Mangel verschuldet hat. Denn, so der BGH, ändere auch das Fogging-Phänomen nichts an dem Grundsatz, dass bei einem Schadensersatzanspruch gem. § 536a Abs. 1 BGB der Mieter das Verschulden des Vermieters darlegen und beweisen müsse. Dies gilt nicht, wenn die Schadensursache im Einfluss- und Zuständigkeitsbereich des Vermieters liegt. Diese Darlegungs- und Beweislast dürfe lt. BGH aber nicht dazu führen, dass, wenn ungeklärt bleibe, in wessen Verantwortungsbereich die Schadensursache liegt, der Vermieter sich immer entlasten muss. Dem Vermieter würde dann contra legem der Nachweis für ein pflichtgemäßes Verhalten auferlegt (Contra legem bedeutet, dass sich eine richterliche Entscheidung über den ausdrücklichen Wortlaut einer Norm hinwegsetzt bzw. eine Meinung oder ein Vorgehen nicht mit dem geltenden Gesetz zu vereinbaren ist).

5.6.4 Bakterien

Wenn von mikrobiellem Befall in Innenräumen oder Mikroorganismen im Zusammenhang mit erhöhter Feuchtigkeit die Rede ist, dann sind fast immer Schimmelpilze gemeint. Gleiches gilt für gesundheitliche Beschwerden im Zusammenhang mit den so genannten Bioaerosolen. Meistens erfolgt dann nur eine Identifizierung und Quantifizierung der Schimmelpilzarten. Über die vorhandenen Bakterien und deren Zusammensetzung sowie mögliche Gesundheitsgefahren ist dagegen wenig bekannt. Dabei ist seit Längerem bekannt, dass sich in der Raumluft sowie auf schimmelpilzbefallenen Untergründen immer auch Bakterien – in der Regel Actinomyceten – befinden. Das Umweltbundesamt hat schon vor Jahren auf die Bedeutung der Bakterien hingewiesen, speziell auf den Zusammenhang zwischen den Actinomyceten und sporadischen Wasserschäden, aber auch, dass diese Mikroorganismen in den meisten Untersuchungen zur mikrobiellen Belastung in Innenräumen immer noch weitestgehend unbeachtet bleiben und unterschätzt werden. Eine mögliche Ursache kann darin liegen, dass sich die Identifizierung von Schimmelpilzen und deren Differenzierung über morphologische Eigenschaften deutlich einfacher gestaltet als dies bei Bakterien der

Fall ist. Zudem liegen in der Schimmelpilzdiagnostik vor allem in privat genutzten Innenräumen deutlich mehr Erfahrung vor. Dem entsprechend liegen auch wenig Informationen über Referenzwerte, Richt- oder Grenzwerte zur Bewertung der bakteriellen Belastung vor.

Zwischen Schimmelpilzen und Bakterien gibt es auffällig viele Gemeinsamkeiten, aber auch ganz wesentliche Unterschiede.

Der Begriff Bakterien (Bacteria) wurde aus dem altgriechischem (bakterion = Stäbchen) abgeleitet und wird in der Mikrobiologie traditionell für alle mikroskopisch kleinen, meistens einzelligen Organismen verwendet, die keinen echten Zellkern besitzen und deshalb zu den so genannten Prokaryoten gehören. Die Größe von Bakterien liegt zwischen 0,001 bis 0,02 Millimeter. Ihre kleine Größe und das Oberflächen-/Volumen-Verhältnis wirkt sich direkt auf den Stoffwechsel aus, der durch einen hohen Stoffumsatz und große Flexibilität gekennzeichnet ist. Im „klassischen System" werden Bakterien nach ihrer Form (kugelig = Kokken, länglich und zylindrisch = Stäbchen, spiral- oder wendelförmig = Spirillen) unterteilt. Diese Formen können einzeln (Staphylokokken), linear (Streptokokken) oder doppelt (Diplokokken) auftreten. Einige Bakterien bilden kapselähnliche Schleimhüllen, andere wiederum verschiedenartige Sporen.

Bakterien bilden ähnlich wie Schimmelpilze ein Substratmyzel, Hyphen und Kolonien und wurden früher auch deshalb mit ihnen verwechselt. Besonders gut erkennt man dies an der Namensherkunft der Actinomyceten („Strahlenpilze"), die von griech. aktis (= Strahl) und mykes (= Pilz) abgeleitet wurde. Die Verwechslung findet im Übrigen auch in die andere Richtung statt, da der typisch modrige, erdige bis kartoffelige „Kellergeruch", den man Schimmelpilzen zuspricht, durch Bakterien gebildet wird. Es handelt sich hierbei um ein Metabolit – das Geosmin.

Bei idealen Wachstumsbedingungen teilt sich eine Bakterienzelle (z. B. Escherichia coli) alle 20 min., so dass in kürzester Zeit eine riesige Population heranwächst. Eine Vermehrung innerhalb von wenigen Tagen auf einige Millionen Nachkommen sind dann keine Seltenheit. Durch die hohen und häufigen Replikationszyklen erhöht sich zudem die Wahrscheinlichkeit, dass durch Mutationen anpassungsfähige Bakterien entstehen, die sich in einem ungünstigen Umfeld anpassen und somit überleben oder neue Habitate (Lebensräume) besiedeln können. Durch ihre geringe Größe und flexible Anpassungsfähigkeit ist es nicht verwunderlich, dass Bakterien überall in unserer Umwelt vorkommen und nahezu jedes Substrat besiedeln können – in der Erde, in der Luft, im Wasser und selbst im menschlichen Körper. Hierbei hilft ihnen, dass sie auf ein breites Angebot von Nährstoffen zurückgreifen können. Außerdem besitzen Bakterien Giftstoffe (Endotoxine) oder sind in der Lage, Giftstoffe zu bilden (Exotoxine), mit denen sie sich gegen natürliche Angreifer zur Wehr setzen können.

Bakterien kommen mit oder ohne Sauerstoff aus und werden als Aerobier (mit Sauerstoff) oder Anaerobier (ohne Sauerstoff) bezeichnet. Einige Bakterienarten können sich an veränderte Sauerstoffbedingungen anpassen und ihren Stoffwechsel von aerob auf anaerob umstellen. Diese werden als fakultativ anaerob bezeichnet.

Die Vermehrung der Bakterien erfolgt in der Regel asexuell durch Zellteilung (Querteilung oder Knospung). Es treten aber auch Sexualvorgänge auf, bei denen das Erbgut von einem Mikroorganismus auf den anderen übertragen wird. Viele Actinomyceten vermehren sich durch die Ausbildung und Verbreitung von Sporen.

Viele Bakterien produzieren Metabolite wie z. B. Tetrazykline oder Streptomycin und Neomycin. Des Weiteren produzieren einige Arten toxische Stoffe mit pathogenen Eigenschaften. Hierzu gehören die gesundheitlich relevanten Gattungen Actinomyces, Mycobacterium, Nocardia, Pseudonocardia, Rhodococcus, Streptomyces und Actinomadura. Einige Arten der Gattungen Streptomyces können allergische Reaktionen wie z. B. eine Exogen Allergische Alveolitis (EAA) hervorrufen. Einige Arten der Gattung Nocardia können chronische Infektionen auslösen.

Bakterien sind wie Schimmelpilze ubiquitär verbreitet und leben zumeist saprophytisch. Dies bedeutet, dass sie sich von totem Material ernähren und überall dort vorkommen, wo organisches Material abgebaut wird. Hierzu nutzen sie eine Vielzahl an Enzymen (Cellulasen, Hemicellulasen,

Chitinasen, Amylasen und Proteasen), mit denen sie Makromoleküle wie z. B. Lignin, Cellulose, Pektin, Keratin, Chitin, Stärke und aromatische Verbindungen abbauen. Bakterien fühlen sich in dem gleichen Umfeld wie Schimmelpilze wohl: es muss warm und ausreichend feucht sein. Daher trifft man Bakterien meistens an den gleichen Orten (Substraten) oder Ereignissen (erhöhte Feuchtigkeit) an. Auch in Bezug auf das breite Temperaturspektrum und der hohen Toleranz gegenüber dem pH-Wert des Substrates sowie der Genügsamkeit in Bezug auf das Nährstoffangebot gibt es eine erstaunlich hohe Übereinstimmung. Einzig in ihrer Fähigkeit, auch bei hohen Salzkonzentrationen zu überleben, unterscheiden sie sich von den Schimmelpilzen. Eine weitere Unterscheidung besteht in der hohen Toleranz gegenüber Trockenheit und der Fähigkeit vieler Actinomyceten, austrocknungsresistente Sporen zu bilden.

Im Gegensatz zu Schimmelpilzen ist die Verbreitung von Bakterien immer an einen Träger gebunden. Krankheitskeime werden z. B. durch die Tröpfcheninfektion oder durch direkten Kontakt über die Schleimhäute übertragen. Eine Übertragung über die Luft (Aerosol) kann dabei eher vernachlässigt werden, da Bakterien weder gegen die abtötende Wirkung von UV-Licht noch gegen Austrocknung ausreichende Schutzmechanismen aufweisen. Infolgedessen sind Bakterien in der Luft besonders anfällig und sterben auf trockenen Oberflächen ab.

Einige Bakterien können in höheren Konzentrationen gesundheitsschädlich sein. Hierfür sind sowohl die Keime selbst als auch die Sporen verantwortlich. Die meisten Beschwerden gehen allerdings von den Toxinen aus, die sich in den Bakterien befinden (Endotoxine) oder durch sie gebildet und ausgestoßen werden (Exotoxine). Zu den unterschiedlichen und unspezifischen Beschwerden gehören z. B. Kopfschmerzen und Müdigkeit, Muskel- und Gliederschmerzen, Husten und Fieber, Schleimhautreizungen und Allergien, bei längerer Belastung auch chronischer Bronchitis und in seltenen Fällen Infektionen. Als relativ sicher gilt, dass die Toxine der Bakterien u. a. eine Toxische Pneumonitis auslösen können. Diese Erkrankung, die auch unter dem Begriff Inhalationsfieber oder ODTS (Organic Dust Toxic Syndrom) bekannt ist, weist grippeähnliche Symptome (Fieber, Kopf- und Gliederschmerz sowie trockenen Husten) auf. Außerdem werden von Bakterien Atemwegsentzündungen verursacht, die asthmaähnliche Symptome aufweisen und deshalb als nichtallergisches Asthma bezeichnet werden. Außerdem wird auch die Chronische Bronchitis durch Bakterien verursacht. Symptomatisch sind chronischer Husten und Kurzatmigkeit.

Entscheidend für die gesundheitlichen Auswirkungen sind die Herkunft und Konzentration der Toxine sowie deren Exposition und die Immunität der betroffenen Menschen. Menschen mit einer chronischen Lungenerkrankung, zeigen bereits bei geringen Konzentrationen pulmonale Reaktionen.

Der Nachweis bestimmter Bakterien in Innenräumen kann ein Hinweis auf einen Feuchtigkeits- und/oder Fäkalschaden sein. Gesundheitsschädliche Bakterien wie z. B. Legionellen oder Pseudomonaden sowie andere potenziell infektiöse durch Wasser übertragene Bakterien wie z. B. Escherichia coli, Coliforme Bakterien, Enterokokken oder Clostridien kennt man eigentlich nur aus verunreinigtem Wasser z. B. bei einem fäkalienbelasteten Wasserschaden. Werden diese über ein zerstäubtes Wasser (Aerosol) eingeatmet, können Lungenentzündungen und andere schwere Infektionen ausgelöst werden. Besonders für immungeschwächte Personen kann diese bakterielle Belastung extrem gefährlich werden. Eine mögliche Quelle stellen auch schlecht gewartete Klimaanlagen dar. Um den bakteriellen Befall zu vermeiden, sind in der VDI-Richtlinie 6022 entsprechende Hygienevorschriften verankert.

Über Bakterien in Innenräumen und deren gesundheitliche Relevanz liegen bisher nur wenige Informationen vor, obwohl bereits seit 20 Jahren bekannt ist, dass vor allem die Actinomyceten eine hohe Relevanz bei Feuchteschäden aufweisen. Bei mikrobiologischen Untersuchungen nach sporadischen Wasserschäden weisen in der Regel über 80 % der Proben neben Schimmelpilzen auch Bakterien auf oder werden in höherer Population nachgewiesen. Häufig handelt es sich um Vertreter der Actinomycetales.

Die übliche Bakterienkonzentration in privat genutzten Innenräumen kann mit 20 bis 400 KBE pro m^3 Luft hohe Schwankungen aufweisen. Zum Vergleich: Die durchschnittliche Konzentration an kultivierbaren Bakterien in der Außenluft kann bei 50 bis 500 KBE pro m^3 Luft liegen. In der Regel werden ca. 30 Bakterien in Innenräumen nachgewiesen. In den meisten Fällen erfolgt nur eine Bestimmung der Gattung. Eine Identifizierung der Arten ist nicht nur kompliziert, sondern auch teuer, so dass diese fast nie vorgenommen wird.

Die Einstufung von Bakterien in Risikogruppen erfolgt über die TRBA 466. Die Technischen Regeln für Biologische Arbeitsstoffe (TRBA) geben den Stand der Technik, Arbeitsmedizin sowie gesicherte wissenschaftliche Erkenntnisse für Tätigkeiten mit biologischen Arbeitsstoffen, einschließlich deren Einstufung, wieder. Die TRBA 466 stellt eine Konkretisierung der Biostoffverordnung dar.

5.6.5 Hefen (oder Hefepilze)

Wenn von mikrobiellem Befall in Innenräumen im Zusammenhang mit erhöhter Feuchtigkeit die Rede ist, dann sind meistens Schimmelpilze (oder Bakterien) gemeint. Gleiches gilt für gesundheitliche Beschwerden im Zusammenhang mit Mikroorganismen in Innenräumen. In der Regel erfolgt deshalb auch nur eine Identifizierung und Quantifizierung der Schimmelpilzarten. Die Anwesenheit von Hefen oder Hefepilzen sowie von ihnen ausgehende mögliche Gesundheitsgefahren werden dagegen zu wenig thematisiert. Dabei ist seit Längerem bekannt, dass Hefen weit verbreitet sind und im Sommer in Konzentrationen von mehreren Tausend KBE (Kolonie Bildende Einheiten) pro m^3 Außenluft auftreten können. In den letzten Jahren haben sich Hefen zunehmend auch in Innenräumen ausgebreitet und stellen durchaus eine gewisse Gefahr dar. Mikrobiologen und Umweltmediziner weisen seit Jahren auf die Bedeutung von Hefen hin und kritisieren, dass diese Mikroorganismen in den meisten Untersuchungen zur mikrobiellen Belastung in Innenräumen immer noch weitestgehend unbeachtet bleiben und auch von Experten unterschätzt werden.

Heute sind mehr 1.500 Arten von Hefen oder Hefepilzen sowie über 5.000 Stämme bekannt, allerdings wurden bisher nur die wenigsten genau beschrieben. Zu den bekanntesten Vertretern gehören die Gattungen Candida, Cryptococcus und Saccharomyces. Aktuell gibt es keine allgemein anerkannte Definition, denn einige der bekanntesten Hefen weisen Eigenschaften auf, die nicht für alle Hefen zutrifft. Hefen oder Hefepilze sind einzellige Pilze, die sich asexuell durch Sprossung (ähnlich einer Zellteilung) vermehren. Die Vermehrung durch Sprossung hat dazu geführt, dass Hefen auch synonym als Sprosspilze bezeichnet werden, obwohl sich nicht alle Hefen durch Sprossung vermehren und es andererseits auch hyphenbildende Pilze gibt, deren Hyphen unter Sprossung wachsen. Im Gegensatz zu Schimmelpilzen bilden Hefepilze keine Sporen. Infolgedessen sind sie in weit geringerem Umfang in der Luft vertreten.

Hefen oder Hefepilzen gehören in die Abteilung der Eumycota bzw. in die Klasse der Schlauchpilze (Ascomyceten). Sie sind in der Regel wesentlich größer als die meisten Bakterien und besitzen die für Eukaryoten typischen Zellstrukturen. Dies bedeutet, dass sie z. B. im Gegensatz zu Bakterien mit einem echten Zellkern ausgestattet sind. Bei Hefen oder Hefepilze handelt sich um einzellige Mikroorganismen, die eine eiförmige Gestalt haben. Ihre Erkennungsmerkmale sind sehr heterogen. Ihre Länge beträgt zwischen 8 und 12 μm, der Durchmesser zwischen 4 bis 8 μm. Sie bilden kein Myzel und haben eine glatte, gefaltete oder gekräuselte Oberfläche. Der Rand ist glatt, ausgefranst bis hin zu kleinen Zacken. Die Konsistenz ist cremeartig, pastös, schmierig, schleimig, zäh bis gummiartig. Das Farbspektrum ist von weiß, grau, gelblich, braun, rosarot bis orange und in Ausnahmen auch dunkelblau, dunkelgrau bis schwarz sehr breit gefächert, allerdings sind Hefen in der Regel kaum zu erkennen und treten in einem „unscheinbaren Schleier" auf.

Hefen oder Hefepilze sind relativ anspruchslos und können auf fast allen organischen Substraten wachsen. Hierfür nutzen sie ein breites Spektrum an Kohlenhydraten (z. B. Glucose, Fructose, Mannose, Saccharose, Maltose oder Dextrine). Deshalb werden Hefen oder Hefepilze der Familie der Saccharomycetes (Zucker abbauende Pilze) zugeordnet und als osmophil bezeichnet. Bisher sind keine Arten bekannt, die alle in der Natur vorkommenden Zuckerarten verwerten können. Die Vermehrung in Medien mit hoher Zuckerkonzentration ist gegenüber der Vermehrung in normalen Medien stark verlangsamt.

Die meisten Hefen oder Hefepilze sind in der Lage, sich sowohl unter aeroben als auch unter anaeroben Bedingungen zu vermehren, also mit oder ohne Sauerstoff. Die meisten Hefen sind fakultativ anaerob, also nicht auf Sauerstoff angewiesen. Wenn Sauerstoff verfügbar ist, wird dieser für einen oxidativen Energiestoffwechsel genutzt. Dies bedeutet, dass verschiedene Zucker zu Kohlenstoffdioxid und Wasser oxidiert werden können. In Abwesenheit von Sauerstoff dagegen können Zucker nur zu niedermolekularen Stoffen wie z. B. Ethanol und Kohlenstoffdioxid (z. B. in der alkoholischen Gärung) abgebaut werden. Die Zuckeroxidation unter aeroben Bedingungen liefert hierbei mehr Energie als die Vergärung. Dies erklärt die hohe Zuwachs- und Zellteilungsrate bei oxidativem Zuckerabbau.

Hefen oder Hefepilze bevorzugen nasse Habitate, also im Vergleich zu Schimmelpilzen deutlich mehr Feuchtigkeit, im Vergleich zu Bakterien ist der Feuchtebedarf vergleichbar. Die meisten Arten bevorzugen einen a_W-Wert von 0,9. Einige osmotolerante Hefen kommen auch mit weniger Feuchtigkeit (a_W-Wert von 0,7) aus. Wenn dieses hohe Feuchtigkeitsangebot mit hohen Temperaturen kombiniert wird, haben Hefen oder Hefepilze ein perfektes Umfeld. Einer der Plätze, an denen sie häufig nachgewiesen werden, sind z. B. Saunen, aber auch im Nassbereich (Küchen, Bäder, Toiletten). Neben den Feuchte beaufschlagten Oberflächen sind es vor allem die Geräte wie z. B. Kaffeemaschinen, Wasch- und Spülmaschinen, Klimageräte, Salatschleudern und Saftpressen sowie Mundduschen, die von Hefen befallen werden. Des Weiteren müssen Abflüsse (Siphon) und undichte Warmwasserleitungen genannt werden, an denen sie nachgewiesen werden.

Ideal sind Temperaturen von ca. 40 °C, wobei sich einige thermotolerante Arten auch bei Temperaturen von 10 bis 30 °C vermehren können. Hitze dagegen vertragen Hefen oder Hefepilze nicht, weshalb man sie mit Temperaturen über 60 °C abtöten kann. Hefen oder Hefepilze bevorzugen für ihr Wachstum ein leicht saures Milieu. Das Spektrum reicht von einem pH-Wert von 3 bis 8. Einige Arten sind in der Lage, sich auch unter einem pH-Wert von 3 zu vermehren.

Von den über 1.500 bekannten Hefen oder Hefepilzen sind die meisten ungefährlich oder sogar nützlich. Nur etwa 20 Arten sind für den Menschen pathogen (krankmachend). Der bekannteste Vertreter ist Candida albicans. Besonders gefährlich können die Arten Candida tropicalis, Candida krusei, Candida famata und Candida glabrata. In Einzelfällen können Erreger der humanpathogenen Hefe Candida albicans sogar lebensbedrohliche Formen annehmen. Neben diesen Candida-Arten können auch andere Hefen wie z. B. Cryptococcus neoformans, Blastoschizomyces capitatus, Rhodotorula rubra, Hansenula anomala und Trichosporon beigelii zu schweren Erkrankungen führen.

Für gesunde Menschen stellen Hefen oder Hefepilze kein Gesundheitsrisiko dar, da ein starkes Immunsystem eine Vermehrung verhindert. Gesundheitliche Beschwerden durch deren Allergene treten nur bei immungeschwächten Menschen auf. Kommt es bei immunsupprimierten Menschen über einen längeren Zeitraum und einer erhöhten Konzentration zu einer Einwirkung der Toxine, können im Einzelfall auch schwere Erkrankungen auftreten, die so genannte Dermatophytose. Diese werden meistens über direkten Körperkontakt, so genannte Schmierinfektionen, allgemeine Ansteckung oder Nahrungsmittel übertragen. Erste Anzeichen sind weißliche Beläge im Mund, Beschwerden im Magen-Darm-Trakt in Form von Bauchschmerzen und starke Blähungen oder allergische Reaktionen z. B. durch Hautjucken bis hin zu Ekzemen. Da Hefen oder Hefepilze im Gegensatz zu Schimmelpilzen keine ausgeprägten Sporen bilden, sind sie in der Luft kaum vertreten. Infolgedessen werden von ihnen keine Probleme der Atemwege, Bronchien, Lunge oder Nebenhöhlen verursacht.

Im Vergleich zu den Bakterien ist die Bedeutung der Hefen zu vernachlässigen, auch wenn Experten wieder mit einer Zunahme von Infektionen durch Hefen rechnen. Vor allem an Arbeitsplätzen, wo speziell Hefen eingesetzt werden wie

z. B. in Bäckereien, Brauereien oder Destillerien treten häufig Gesundheitsprobleme der Mitarbeiter auf. Bekanntestes Beispiel ist das so genannte Bäckerasthma, das durch die Hefe Saccharomyces cerevisiae (Backhefe) und deren produziertes Enzym Enolase ausgelöst wird. Aber auch die Candidose ist eine weit verbreitete Hefeinfektion.

5.6.6 Hausfäule

Zu den Symptomen, die unter bestimmten Voraussetzungen mit Schimmelpilzbildung verwechselt werden können, vor allem in alten und feuchten Kellern, gehört der Hausschwamm. Hierbei handelt es sich um einen unspezifischen Begriff. Die korrekte Bezeichnung sind holzzerstörende Pilze. Treten diese in genutzten (bewohnten) Gebäuden auf, spricht man von den so genannten Hausfäulen. Zu diesen gehört nicht nur der Echte Hausschwamm, sondern auch artverwandte Pilze wie z. B. der Braune Keller- oder Warzenschwamm, der weiße Porenschwamm oder der ausgebreitete Hausporling (weitere Informationen siehe Abschn. 9.8).

5.6.7 Spinnen

Ein kleines Insekt verursacht Spuren auf Wandoberflächen, die gelegentlich einem Schimmelpilzbefall ähneln. Es handelt sich hierbei um die so genannte Mauerspinne (Dictyna civica), die sich überwiegend im Außenbereich (Fassade) ansiedelt, allerdings in Ausnahmen auch in Innenräumen (vorwiegend in Kellerräumen mit Fenster in Dauer-Kippstellung) angetroffen wird. Man erkennt sie an dunklen kleinen Punkten, weshalb sie manchmal mit Schimmelpilzen verwechselt wird.

Die 1 bis 2 mm kleinen Tiere aus der Familie der Kräuselspinnen ernähren sich von Insekten und siedeln sich deshalb in deren Umfeld und vor allem an Lichtquellen (Lampen) an. Da sie wasserscheu sind, trifft man sie an witterungsgeschützten Stellen wie z. B. der Unterseite von Dachüberständen, Fenstersimsen und Balkonen sowie in kleinen Ritzen und Vertiefungen. Bereiche mit hoher Feuchtigkeit werden gemieden.

Die Spinnennetze sind eigentlich weiß. Allerdings verfängt sich schnell Schmutz und Staub in den klebrigen Fäden, so dass unschöne Fleckenteppiche entstehen, erst recht, wenn der Untergrund weiß oder hell ist. Das Problem ist, dass die Verschmutzung des Spinnnetzes zur Folge hat, dass dies seine Funktion verliert und für die Spinne unbrauchbar wird. Die Mauerspinne sucht sich eine neue Stelle und hinterlässt ihre hässlichen Spuren.

Wenn sie sich erst einmal eingenistet haben, wird man sie nur schwer wieder los. Denn neben den Spinnennetzen müssen auch die Eier entfernt werden, die sich oftmals schwer zugänglich in Vertiefungen befinden. Geschlüpfte Jungtiere benutzen für ihre Verbreitung einen langen Seidenfaden. Giftig ist die Spinne nicht. Auch Schäden durch den achtbeinigen Winzling sind nicht bekannt.

Daneben gibt es Spinnen in Häusern, die sich allerdings weder als Symptom für Feuchtigkeit und/oder Schimmelpilze eignen. Häufigste Vertreter in unseren Regionen sind Zitterspinnen und Winkelspinnen. Sie bevorzugen eher Orte, an denen sie Nahrung in Form von z. B. Fliegen oder Mücken finden. Daher sind Spinnen vor allem in den Ecken und Winkeln der oberen Dachgeschosse sowie dem Dachboden genauso zu finden wie im Keller. Lediglich die Anwesenheit der Winkelspinnen im Keller könnten ein Indiz für hohe Feuchtigkeit sein, da Kellerasseln auf deren Speiseplan stehen und Asseln bekanntlich ein feuchtes Umfeld bevorzugen. Außerdem ist eher unbekannt, dass Spinnen auch Silberfischchen fressen, so dass Spinnen durchaus nützlich sein können.

5.6.8 Flechten

Wie auch Algen werden Schimmelpilze im Außenbereich aufgrund ihres Aussehens gelegentlich mit Flechten verwechselt. Ihr Farbspektrum reicht von schwarz und grau über ein blau- bis olivgrün bis hin zu bräunlich-rötlichen Farbtönen, aber auch ein kräftiges orange oder leuchtendes Gelb bis weiß ist möglich.

Mit der Bezeichnung Flechten (oder auch Lichen) wird in der Mikrobiologie die Lebensgemeinschaft zwischen einem Pilz und einem oder mehreren Mikroorganismen bezeichnet, die mittels Photosynthese Licht in organische Substanzen umwandeln können. In der Regel handelt es sich hierbei um so genannte Chlorophyten (besser bekannt als Grünalgen) oder Cyanobakterien (besser bekannt als Blaualgen), die fälschlicherweise den Algen zugeordnet werden. Flechten werden den Pilzen zugeordnet und immer nach dem Pilz benannt, der die Flechte bildet, da es meist dieser ist, der ihr die Form und Struktur gibt. In dieser faszinierenden Symbiose erhalten die Pilze von den zur Photosynthese fähigen Mikroorganismen die Nahrung und schützen wiederum den „Partner" vor zu schneller Austrocknung und durch Pigmentbildung vor ultravioletter Strahlung (starke Sonneneinwirkung). Der Vorteil der Symbiose liegt eindeutig beim Pilz. Er dominiert und kontrolliert das Wachstum und die Zellteilung der Grün- oder Blaualge. Deshalb sprechen Mikrobiologen vom kontrollierten Parasitismus.

Flechten kommen infolgedessen in Innenräumen nicht vor. Dafür können sie Steinoberflächen an Fassaden oder freistehenden Bauteilen (z. B. Mauern) durch ihre charakteristische Flechtensäure angreifen und einen erheblichen Schaden anrichten. Die meisten Flechten gedeihen substratspezifisch auf basischem Gestein wie z. B. Kalkstein oder Dolomit oder auf saurem, kalkfreiem Silikatgestein wie z. B. Quarz, Gneis oder Basalt, aber auch auf Grabsteinen, Dachziegeln, Holzzäunen, verrostetem Metall, Farben und ausgewählten Kunststoffen.

Flechten haben einen bescheidenen Anspruch an Nährstoffe und sind meistens schon mit geringsten Mengen an Mineralstoffen zufrieden, die entweder über den Staub in der Luft, dem Regenwasser zugeführt oder aus dem Untergrund heraus gelöst werden. Flechten besitzen keine Möglichkeit, ihren Wasserhaushalt zu regeln, da sie keine Wurzeln zur aktiven Wasseraufnahme besitzen. Diese erfolgt über die Oberfläche, die wie ein Schwamm wirkt und über die Wasser in flüssiger Form oder als Wasserdampf in relativ kurzer Zeit aufgesaugt werden kann. Bei Trockenheit verlieren sie relativ schnell ihren für den Stoffwechsel benötigten Feuchtegehalt, da sie über keinen Verdunstungsschutz verfügen. Sie wechseln dann in einen photosynthetisch inaktiven („leblosen") Zustand, in dem der Wassergehalt bei weniger als zehn Prozent des Trockengewichts liegen kann. Dieser nahezu vollständige Feuchtigkeitsverlust ist Teil der Überlebensstrategie. Nur im ausgetrockneten Zustand sind Flechten in der Lage, extreme Temperaturen und/oder hohe Lichtintensitäten zu überstehen. Erst bei erneuter Feuchtigkeitsaufnahme wird der Stoffwechsel wieder reaktiviert, der bei einem Wassergehalt von 65 bis 90 % seine höchste Effizienz erreicht.

Die meisten Flechten bestehen aus mehreren Schichten. Die obere Schicht wird durch ein dichtes Geflecht aus Pilzfäden (so genannten Hyphen) gebildet. Darunter befindet sich die Algenschicht. Die unterste Schicht verfügt über feine wurzelartige Pilzfäden, die mit dem Untergrund verbunden bzw. in ihn eingedrungen sind. Flechten wachsen zwischen 0,1 bis maximal 10 mm pro Jahr. Eine der Besonderheiten von Flechten ist ihre hohe Anpassungsfähigkeit an extreme Umgebungsbedingungen. Flechten können bei −50 °C genauso überleben wie bei 80 °C und unter extrem trockenen Bedingungen genauso wie permanent im Wasser. Durch diese Robustheit können Flechten ein Alter von bis zu mehreren tausend Jahren erreichen.

Flechten reagieren besonders empfindlich auf Luftverschmutzung durch Schadgase und insbesondere auf den Schwefeldioxidgehalt. Daher wird ein Bewuchs durch Flechten immer auch als Indiz für eine „saubere" Luftqualität gesehen. Oder anders ausgedrückt: Flechten gelten als Bioindikatoren für die Luftqualität und liefern als „lebende Messgeräte" Hinweise zur Luftbelastung.

5.6.9 Algen

Wie auch Flechten werden Schimmelpilze aufgrund ihres Aussehens im Außenbereich oft mit Algen verwechselt. Vor allem auf wärmegedämmten Fassaden mit z. B. Wärmedämm-Verbundsystemen hat das Problem des mikrobiellen Befalls durch Algen (und Pilze) in den letzten 30 Jahren deutlich zugenommen. Aber auch andere nicht gedämmte Untergründe wie z. B. Putze und Beschichtungen, Holz, Metall, Glas, Klinker, Kunst-

Abb. 5.38 unterschiedliches Aussehen verschiedener Algen auf einer Fassade

stoff, Steinoberflächen oder Sichtbeton können mikrobiell besiedelt werden, wenn die Wachstumsbedingungen gegeben sind (siehe Abb. 5.38).

Wegen ihres Chlorophylls sind Algen grundsätzlich grün. Neben den Grünalgen gibt es aber auch Braunalgen, Blaualgen und Rotalgen sowie Mischexpositionen verschiedener Algenarten. Zusätzliche Farbpigmente überlagern in diesen Fällen das Grün des Chlorophylls. Infolgedessen reicht ihr Farbspektrum von schwarz und dunkelgrau über ein blau- bis olivgrün bis hin zu bräunlich-rötlichen Farbtönen oder in Ausnahmen auch einem kräftigen Orange.

Algen stellen keine systematische Bezeichnung dar und sind pflanzenartige Lebewesen, die aber nicht den Pflanzen zugeordnet werden können. In der Mikrobiologie werden sie als Cyanobakterien bezeichnet. Sie besitzen das grüne Farbpigment Chlorophyll und nutzen das Licht, Wasser und Kohlendioxid, um daraus die für sie notwendigen Nährstoffe aus Zucker und Sauerstoff zu produzieren – die Grundlage der Photosynthese. So entstehen aus energiearmen anorganischen Stoffen mit Hilfe der Sonneneinwirkung energiereiche organische Stoffe.

Auf die idealen Wachstumsbedingungen haben neben ausreichender Feuchtigkeit, Licht und Luft sowie Temperatur auch der pH-Wert und die Nährstoffe Einfluss. Der a_W-Wert liegt zwischen 0,7 und 1, wobei die optimale Wasseraktivität der meisten Algen oberhalb von 0,8 liegt. Der Temperaturbereich liegt zwischen 5 und 70 °C, wobei das optimale Wachstum zwischen 15 und 30 °C nachgewiesen wird. Der pH-Wert kann für das Wachstum von Algen fast ignoriert werden, da das Spektrum von 1 bis 12 fast immer gegeben ist. Das ideale Wachstum ist gegeben, wenn das Milieu des Untergrundes einen pH-Wert zwischen 6 und 7 aufweist. Neben Kohlendioxid benötigen einige Algen noch Mineralien (Salze) sowie zusätzliche Spurenelemente wie z. B. Phosphor oder Stickstoff, die sie aus der Umgebung aufnehmen.

Die Kombination aus Feuchtigkeit, Licht und Luft ermöglicht es Algen, Kohlenstoffe aus der Umgebung aufzunehmen und die Kohlehydrate umzuwandeln. Auch die Luftqualität spielt für das Wachstum eine Rolle. Während Kohlendioxid (Kohlensäure) das Wachstum fördert, hemmt Schwefeldioxid (Schwefelsäure) das Wachstum der Algen. Mikrobiologen sehen in der Verbesserung der Luftqualität einen von vielen Gründen, weshalb der mikrobielle Befall in den letzten Jahrzehnten zugenommen hat – Algen haben einen ihrer natürlichen Feinde verloren.

Algen können praktisch alle Untergründe (Substrate) besiedeln, wenn ausreichend Feuchtigkeit vorhanden ist. Auf Fassaden trifft man am häufigsten die Gruppe der Grünalgen (Chlorophyceae) vor allem in exponierten Lagen und/oder in den Monaten mit viel Niederschlag oder Nebel an. Aufgrund der länger und intensiver einwirkenden Sonneneinstrahlung (Wärme) kommt es auf Südfassaden zu einer schnelleren Abtrocknung von Feuchtigkeit. Deshalb trifft man Algen vor allem an der nord-westlichen Ausrichtung von Fassaden an. Kommen weitere wachstumsfördernde Einflüsse hinzu wie z. B. Gewässer, ein dichter Pflanzenbewuchs, eine Verschattung durch nah stehende Nachbargebäude oder ein fehlender baukonstruktiver Feuchteschutz, ist ein mikrobieller Befall fast immer vorprogrammiert – unabhängig des Wandaufbaus. Gerade baukonstruktive Maßnahmen könn(t)en einen erheblichen Beitrag zum

Feuchteschutz leisten – und wurden in den letzten Jahrzehnten zunehmend vernachlässigt. Während früher große Dachvorsprünge die massive Durchfeuchtung von Fassaden verhindert haben, wurden diese immer weiter zurück „geplant". Manche Konstruktionen erinnern mehr an eine „Tropfkante" als an einen Dachvorsprung. Gleiches gilt für eine geeignete Sockelausbildung, um Fassaden vor Spritz- und Oberflächenwasser zu schützen. Fensterbänke und andere vorspringende Bauteile mit einer durchdachten Wasserableitung bieten ebenfalls einen konstruktiven Feuchteschutz. Algen haben kein Myzel und dringen auch ansonsten nicht in Baustoffoberflächen ein. Ein mikrobieller Befall stellt daher „nur" einen oberflächigen Belag dar, da der benötige Nährstoff in Form des organischen Kohlenstoffs über die Photosynthese erzeugt werden kann und nicht aus dem Untergrund (Substrat) bezogen werden muss.

In der allgemeinen Wahrnehmung wird ein mikrobieller Befall durch Algen (und Pilze) von Fassaden nur mit einem Wärmedämm-Verbundsystem in Verbindung gebracht. Dabei ist seit Längerem bekannt, dass die gleichen mikroklimatischen Wachstumsbedingungen z. B. auch auf wärmedämmenden Mauerwerken aus Leichthochlochziegeln auftreten können. Denn, die bauphysikalischen Gesetzmäßigkeiten sind in beiden Baukonstruktionen gleich: auf der kalten Oberfläche entsteht Feuchtigkeit in Form von Kondensation (Tauwasser). Durch die Abkühlung der Fassaden in den Nachtstunden kommt es aufgrund der thermischen Entkopplung der Wärmedämmschicht von den massiven Bauteilen in den Tauperioden dazu, dass feucht-warme Luft auf kühle Oberflächen trifft. Durch die zunehmend hydrophoben Fassadenbeschichtungen – dies gilt im Übrigen nicht nur für Dispersions- oder Silikonharzgebundene Putze oder Farben – kann diese Feuchtigkeit nicht mehr in den Untergrund eindringen und dort zwischengespeichert, verteilt und später wieder abgegeben werden. Infolgedessen bildet sich ein Feuchtigkeitsfilm, der für das Wachstum von Algen (und Pilze) ideale Voraussetzungen liefert.

Bei der materialspezifischen Betrachtung des Feuchtehaushalts von Oberflächen müssen immer auch das Diffusionsverhalten sowie das Absorptions- und Desorptionsvermögen berücksichtigt werden. Alle Baustoffe sind mehr oder weniger hygroskopisch. Dies bedeutet, dass sie Feuchtigkeit aus der Raumluft aufnehmen (Absorption) und je nach relativer Luftfeuchte in ihrer Umgebung wieder abgeben (Desorption) können. Dieser Zustand wird als Sorptionsfeuchte bzw. Gleichgewichtsfeuchte bezeichnet und spielt z. B. nach starken Niederschlägen z. B. bei einem Schlagregen eine Rolle, da die niederschlagsbedingten Feuchtespitzen temporär aufgenommen und anschließend wieder abgegeben werden (müssen). Wenn Materialien hierzu nicht in der Lage sind, entsteht auf der Oberfläche ebenfalls ein Feuchtigkeitsfilm, der ein mikrobielles Wachstum begünstigt.

Das Diffusionsverhalten von Materialien wird über den Wasserdampfdiffusionswiderstand beschrieben, oder kurz: den μ-Wert. Dieser ist eine Kenngröße für den Widerstand von Materialien wie z. B. Farben oder Putzen gegen die Wasserdampfdiffusion durch ein Bauteil. Mineralwolle z. B. hat einen μ-Wert von 1 und somit einen Wasserdampfdiffusionswiderstand, der vergleichbar mit Luft ist. Ursächlich ist die offene Struktur der Mineralwolle, die zu einem hohen Anteil aus Luft besteht und somit absolut diffusionsoffen ist. Der Vergleich z. B. mit Schaumglas verdeutlicht, dass Dämmstoff nicht gleich Dämmstoff ist. Schaumglas hat eine geschlossene Zellstruktur und gilt mit einem μ-Wert gegen unendlich als dampfdichter Dämmstoff. Auch der Vergleich zwischen mineralischen Putzen (μ-Wert 10) und z. B. Kunstharzputzen (50) oder z. B. zwischen Silikatfarben (μ-Wert 30 bis 50) mit Dispersionsfarben (100 bis 150) zeigt, dass es innerhalb der vermeintlich gleichen Baustoffe relevante Unterschiede gibt.

Der μ-Wert allein als Kenngröße für die Dichtigkeit eines Materialgefüges gegen Wasserdampfdiffusion reicht allerdings nicht aus, da die Schichtdicke des Materials noch berücksichtigt werden muss. Werden beide Kenngrößen miteinander multipliziert, erhält man die so genannte diffusionsäquivalente Luftschichtdicke, oder einfach: den sd-Wert. Im Gegensatz zum μ-Wert (Wasserdampfdiffusionswiderstand einer ruhenden Luftschicht) drückt der sd-Wert den

Wasserdampfdiffusionswiderstand in Abhängigkeit zur Materialdicke aus. Je kleiner der sd-Wert, desto wasserdampfdurchlässiger ist ein Material. Infolgedessen ist es wichtig, dass Untergründe in Bezug auf die verwendeten Materialien nicht nur unter dem Gesichtspunkt ihrer Zusammensetzung und möglicher Nährstoffe gesehen werden, sondern auch hinsichtlich der Feuchteaufnahme und -abgabe sowie des Diffusionsverhaltens.

Da Fassaden einer mehr oder weniger starken Verschmutzung durch Staub und andere Partikel in der Luft (Bioaerosole) ausgesetzt sind, kann ein mikrobieller Befall kaum verhindert werden. Soweit die Theorie, die durch tausende von unfreiwillig begrünten Fassaden praktisch bestätigt wird. Daneben gibt es eine Reihe weiterer Faktoren, die das Wachstum positiv oder negativ beeinflussen. Neben den bereits erwähnten Objektbedingungen sowie der verbesserten Luftqualität müssen die veränderten Jahreszeiten genannt werden, da der Winter zunehmend durch milde Regentage oder Nebel geprägt ist und immer weniger durch länger anhaltende Frostperioden. Hinzu kommt, dass viele Mikroorganismen in den letzten Jahren resistenter geworden sind und Überlebensstrategien entwickelt haben. Gleichzeitig stehen immer weniger Biozide zur Verfügung, um die Mikroorganismen zu bekämpfen, da die Landwirtschaft immer weniger Biozide einsetzen darf. Infolgedessen befinden sich in der heutigen Außenluft deutlich mehr Bioaerosole als früher. Wenn die mikrobielle Belastung zunimmt und die Mikroorganismen auf immer bessere Wachstumsbedingungen treffen und gleichzeitig die präventiven Möglichkeiten immer weiter eingeschränkt werden, muss mikrobieller Befall an Fassaden unter gewissen Umständen in Kauf genommen werden. Außerdem darf das zunehmende Problem der Biofilme nicht ignoriert werden. Denn Algen (und Pilze) haben längst Zuwachs bekommen. Der mikrobielle Befall an Fassaden stellt heute oftmals einen hoch komplexen Biofilm aus verschiedenen Mikroorganismen dar. Neben Algen und verschiedenen Schimmelpilzarten gesellen sich zunehmend auch Bakterien unter die Mikroorganismen (weitere Informationen können dem Abschn. 7.2.3.6 entnommen werden).

Algen enthalten übrigens Wirkstoffe, die gegen Viren, Bakterien und Pilze resistent und deshalb für die pharmazeutische Forschung interessant sind.

5.6.10 Viren

Spätestens seit der Pandemie 2020 sind Menschen dafür sensibilisiert, dass neben Schimmelpilzen, Bakterien und Hefen auch Millionen von Viren wie z. B. Influenza, Rhino oder SARS-CoV-2 (besser bekannt unter Corona oder COVID-19) in Innenräumen auftreten können. Neben den Bakterien gehören Viren zu den häufigsten Krankheitserregern bei Menschen. Diese befinden sich in der Raumluft genauso wie auf Oberflächen und können relativ einfach übertragen werden. Ihre Partikelgröße reicht von 5 µm bis 20 nm. Bei idealen Wachstumsbedingungen mit Temperaturen zwischen 22 und 25 °C sowie einer Luftfeuchtigkeit von 35 bis 40 % können diese infektiösen Partikel mehrere Stunden überleben und je nach Bedingungen mehrere Meter übertragen werden.

In der Virologie wird zwischen vier verschiedenen Virusarten unterschieden: den DNA- und RNA-Viren, die wiederum in Einzel- oder Doppelstrangviren unterschieden werden. Viele Virusarten besitzen zudem eine Virushülle, die aus Fetten und darin eingelagerten Eiweißen besteht. Diese erschwert dem Immunsystem, das Virus zu entdecken und zu bekämpfen. Viren dieser Art (hierzu gehört auch SARS-CoV-2) sind aufgrund des Fettanteils gegenüber Lösungsmitteln wie z. B. Seife oder Spülmittel sehr empfindlich. Infolgedessen ist gründliches Händewaschen einer der effizientesten Maßnahmen gegen Viren.

Im medizinischen Bereich wird zwischen der so genannten Tröpfcheninfektion und der Infektion über Aerosole unterschieden. In beiden Fällen handelt es sich genau genommen um Bio-Aerosole, deren Übergang fließend sind. Die Größe der virushaltigen Partikel haben unmittelbaren Einfluss auf das Gefährdungspotenzial. Während größere Partikel (> 5 µm) absolut gesehen mehr Viren enthalten und somit potenziell infektiöser sein können, enthalten kleinere Partikel (< 5 µm) tendenziell weniger Viren. Allerdings sinken größere Partikel aufgrund ihres Gewichts schneller zu Boden und stehen infolgedessen nur für einen kurzen Zeitraum für luftübertragene Infektionen zur Verfügung. Aus diesem Grund wurde während der Pandemie zur Reduzierung des Infektionsrisikos eine Abstandsregelung von 1,5 m empfohlen. Kleinere Partikel verbleiben aufgrund ihres geringeren Gewichts länger im Schwebezustand und können somit auch über längere Distanzen und/oder über einen längeren Zeitraum ein Infektionsrisiko darstellen.

Im Gegensatz zu Bakterien und Schimmelpilzen sind Viren bei der Vermehrung auf einen Wirt wie z. B. eine Zelle des menschlichen Körpers (z. B. Schleimhäute, Lunge, weiße Blutkörperchen, Nerven, Leber oder Herzmuskel) angewiesen. Grund hierfür ist die Tatsache, dass ihnen für die Vermehrung unverzichtbare Bestandteile wie z. B. für die Proteinsynthese fehlen. Dem entsprechend kann sich ein Viruspartikel, der sich „nur" auf einer Oberfläche befindet, nicht vermehren und stirbt, wenn er nicht innerhalb kürzester Zeit durch einen Wirt aufgenommen wird. Steht ein Wirt zur Verfügung, schleusen die Viren ihre eigenen Erbinformationen ein, so dass die befallenen Wirtszellen weitere Viren produzieren und somit die Vermehrung des Krankheitserregers sicherstellen. Wie lange Viruspartikel überleben können, hängt u. a. von der Virusart, dem Feuchtigkeitsgehalt und der Temperatur sowie zum Teil von den Oberflächen ab. Ein Influenzavirus z. B. überlebt nur ca. zwei Tage, während das SARS-CoV-2 Virus vier bis fünf Tage und das Norovirus bis zu sieben Tage überleben kann. Des Weiteren wird die Zeit, in der Viren in der Luft infektiös bleiben u. a. durch den Säuregehalt, beeinflusst.

Theoretisch können auch andere Organismen wie z. B. Bakterien die Rolle des Wirtes übernehmen. Allerdings sind nicht alle Viren in der Lage, Bakterien zu infizieren. Einige Viren können auch außerhalb einer Wirtszelle überleben. Diese so genannten Virion oder auch extrazellulären Viruspartikel können sich allerdings nicht vermehren.

Die Anreicherung infektiöser Partikel ist in Innenräumen aufgrund des beschränkten Luftvolumens generell höher als im Freien. Dem entsprechend besteht in Innenräumen ein höheres Infektionsrisiko, das von zahlreichen Faktoren beeinflusst wird: Anzahl und Aktivität sowie Gesundheitszustand der Personen, Raumvolumen und Luftwechsel sowie Luftströmung, Art der vorhandenen Lüftung (z. B. Fensterlüftung oder Lüftungstechnik) sowie eingesetzte Filtertechnik, Hygienemaßnahmen sowie hygienischer Zustand z. B. der Klima- und Lüftungstechnik usw. Problematisch sind in dieser Hinsicht vor allem besonders kleine Räume im beruflichen Umfeld, die eine hohe Frequenz haben wie z. B. Toilettenräume, Aufzugskabinen, Gemeinschaftsküchen, Umkleideräume oder kleinere Besprechungsräume. Diese müssen besonders oft gelüftet werden, um die Konzentration virushaltiger Partikel zu reduzieren.

Niesen und Husten, Singen und lautes Sprechen oder Schreien sowie sportliche Aktivitäten führen zu einem vermehrten Ausstoß oder erhöhten Freisetzung von Aerosolen und somit ggf. einer höheren Konzentration infektiöser Partikel. Die ausgeschiedenen Aerosolpartikel verändern sich je nach Umgebungsbedingungen bzgl. ihrer Größe und Zusammensetzung. Bekannt ist, dass diese Partikel beim Übergang aus den Atmungsorganen in die Raumluft in der Regel durch Verdunstung des enthaltenen Wassers schrumpfen. Dagegen sind die biochemischen Prozesse, die zur Veränderung derartiger Aerosolpartikel führen, noch nicht abschließend untersucht.

Eine besonders hohe virale Gefahr geht von Gegenständen aus, die viele Menschen berühren wie z. B. Türklinken, Lichtschalter, Bedienungsknöpfe an Fahrstühlen, Einkaufswagen, Fernbedienungen oder Touchscreens.

In mehreren Untersuchungen konnte nachgewiesen werden, dass ein Virus über die gleiche Türklinke zwischen zehn- bis zwanzigmal übertragen werden kann, während beim Händereichen das gleiche Virus nur fünf- bis achtmal übertragen wird. Viren auf der Haut bleiben 2 bis 3 h infektiös, während Viren je nach Oberfläche zwischen fünf bis acht Stunden infektiös bleiben können. Beim Händewaschen sollte besonderes Augenmerk auf den Fingerkuppeln liegen, da diese mit den meisten Flächen Kontakt haben. Des Weiteren sollte man immer bedenken, dass der Kontakt mit einem Virus noch nicht automatisch zu einer Erkrankung führt. Erst, wenn der virale Erreger über die Schleimhäute aufgenommen wird z. B. durch Augenreiben oder in den Mund fassen, wird man krank.

Das Immunsystem besitzt einige Schutzbarrieren, um das Eindringen von Viren zu verhindern. Die Übertragung virushaltiger Partikel kann mittels Tröpfcheninfektion über die Atemluft, aber auch über Blutübertragung oder durch Schmierinfektionen erfolgen. Der genaue Übertragungsweg ist von Virus zu Virus unterschiedlich. Bei der Immunreaktion spielen bestimmte weiße Blutkörperchen eine Rolle. Wurde eine Virusinfektion einmal überstanden, erinnern sich diese Blutkörperchen bei einem erneuten Angriff an den Krankheitserreger und beginnen, schneller und effektiver die Viren mit Antikörpern zu bekämpfen. Die erneute Erkrankung kann dadurch verhindert oder zumindest abgemildert werden.

Bei der Behandlung von viralen Infekten werden zwei Ansätze unterschieden: in den meisten Fällen wie den üblichen Erkältungsviren werden nur die Symptome behandelt. In Ausnahmen gibt es auch die Möglichkeit, das Virus selbst zu bekämpfen und somit die eigentliche Ursache zu beseitigen. Mit den so genannten „Virustatika" wird in den Lebenszyklus der Viren eingegriffen. Einige Präparate unterbinden das Anheften und Eindringen des Virus in die Wirtszelle, andere das Freisetzen und Ablesen des viralen Genoms. Einige Präparate stören die Zusammensetzung des Virus und wiederum andere verhindern die Freisetzung neuer Viren aus der Wirtszelle. In dem Zusammenhang soll noch die Sekundärinfektion genannt werden. Wenn das Immunsystem durch einen viralen Infekt geschwächt wurde, können u. U. auch andere Krankheitserreger wie z. B. Bakterien die Schutzbarrieren des Immunsystems überwinden.

Infolgedessen sind Hygienemaßnahmen immer noch der effizienteste Schutz gegen Viren. Eine regelmäßige Desinfektion von Oberflächen in Küchen, Bädern und Toiletten sowie stark frequentierte Oberflächen können das Infektionsrisiko deutlich minimieren. Gleiches gilt für die Hygiene von z. B. Handtüchern. Feuchte Handtücher verlängern die Überlebenszeit von Viren, so dass auch diese regelmäßig ausgetauscht und bei mindestens 60 °C gewaschen werden müssen. Während in privat genutzten Räumen in der Regel jeder Bewohner sein eigenes Handtuch benutzen kann, stellt sich dies in gemeinschaftlich genutzten Räumen wie z. B. Waschräumen von Toiletten in Büros oder Schulen und dgl. als schwierig dar.

Neue Erkenntnisse in der Virusforschung sehen einen unmittelbaren Zusammenhang in der chemischen Zusammensetzung der Raumluft und insbesondere im Säuregehalt der ausgeatmeten Aerosolpartikel. Einige Viren wie z. B. Influenza sind säureempfindlich. Durch die Aufnahme von z. B. Essigsäure, Salpetersäure oder Ammoniak aus der Raumluft wird der pH-Wert der Aerosolpartikel reduziert. Wie schnell dies passiert, hängt u. a. von der Konzentration der Säuremoleküle in der Umgebungsluft und von der Größe der Aerosolpartikel ab. Verschiedene Untersuchungen in einer üblichen Luftqualität von privat genutzten Innenräumen konnte belegt werden, dass der pH-Wert innerhalb von wenigen Minuten auf 4 reduziert werden konnte. Für die Ansäuerung der Aerosolpartikel macht die Forschung vor allem die Salpetersäure verantwortlich, die durch den Abbau von Stickoxiden (Verbrennungsprozesse mit den Abgasen z. B. von Dieselmotoren oder der fossilen Heizungsanlage) entsteht und über den Luftaustausch mit der Außenluft in die Innenräume gelangt. Die Forschung sieht in den Erkenntnissen neue Möglichkeiten der Virusinaktivierung, musste aber gleichzeitig erkennen, dass Viren unterschiedlich säureempfindlich sind. Während die Influenza-Viren durch die Absenkung des pH-Werts auf 4 inaktiviert werden konnten, sprach das SARS-CoV-2 Virus erst bei einem pH-Wert von unter 2 an und gilt damit als säureresistent, da derartige Bedingungen in privat genutzten Innenräumen nicht vorliegen und auch nicht geschaffen werden können. Durch das häufige Lüften der Innenräume werden infolgedessen nicht nur virenbelastete Aerosole nach außen abgegeben, sondern auch saure Bestandteile der Innenraumluft zugeführt.

Untersuchungen

6

Inhaltsverzeichnis

F. Frössel, E. Heller, *Schimmelpilze in Wohnungen*, https://doi.org/10.1007/978-3-658-50425-0_6

6.1 Zielsetzung und Umfang von Untersuchungen

Der umgangssprachliche Begriff der Untersuchung wird in Fachkreisen als Diagnostik bezeichnet. Im Kontext der Sanierung von Feuchte- und/ oder Schimmelpilzschäden spricht man von der Bauwerks- und Innenraumdiagnostik. Die Diagnose (wörtlich „Durchforschung“ im Sinne von „Unterscheidung“, „Durchblick“ oder „Entscheidung“) umfasst eine so genannte Bauzustandsanalyse. Parallelen zur medizinischen Diagnostik sind kein Zufall, da es auch bei der Untersuchung von Gebäuden und Bauschäden letztendlich um Symptome (= Schadensbilder) und Befund (= Zustandsbewertung) und Therapie (= Instandsetzung) geht. Die Diagnostik wird unterschieden in die

- visuelle Diagnostik (optische Analyse nach äußeren Merkmalen)
- instrumentelle Diagnostik (messtechnische Analyse vor Ort und/oder in einem Labor)
- bewertende Diagnostik (Bewertung der diagnostischen Erkenntnisse).

Im Kontext der Diagnostik von Feuchteschäden und/oder Schimmelpilzbefall in privat genutzten Innenräumen werden unterschieden:

- bautechnischen Untersuchungen
- bauphysikalischen Berechnungen
- mikrobiologischen Untersuchungen
- medizinischen Untersuchungen

Ziel der Untersuchungen ist es, durch objektive Messergebnisse die kausalen Ursachen für Feuchtigkeitsschäden und/oder Schimmelpilzbefall festzustellen. Diese schaffen eine faktenbasierte Grundlage für die Bewertung der Ist-Situation als Ausgangsbasis für eine Sanierung und einer Erfolgskontrolle (Soll-Zustand), aber auch über die Ursachen und somit den Verursacher, da dies in bestimmten Fällen von hoher Relevanz sein kann (z. B. bei Rechtsstreitigkeiten zwischen

Vermieter und Mieter oder Baufirma und Eigentümer usw.).

Infolgedessen muss sich die Innenraumdiagnostik zunächst mit der Zielsetzung von Untersuchungen auseinandersetzen. In den meisten Fällen fehlt ein ganzheitlicher Ansatz. Der Bausachverständige sucht in der Regel nach bautechnischen Ursachen und benutzt neben diversen Messgeräten auch bauphysikalische Berechnungen. Der Bau- oder Mikrobiologe dagegen nutzt mikrobiologische Untersuchungen, um die Art und Konzentration von mikrobiellem Befall zu bestimmen. Beide Ansätze sind elementar und doch fehlt zu oft der interdisziplinäre Austausch. Während der erste Ansatz eher die Ursachen für einen Feuchteschaden als Grundlage für mikrobiellen Befall identifiziert, fokussiert sich der zweite Ansatz eher auf die Symptome, also die Folgen von zu hoher Feuchtigkeit und anderer Wachstumsbedingungen. Die meisten Untersuchungen konzentrieren sich zu oft nur auf Teilaspekte. Der ganzheitliche Ansatz, eine Untersuchung systematisch aufzubauen und in Ursache und Wirkung zu unterscheiden, fehlt in vielen Fällen.

Dies gilt erst recht für gesundheitliche Aspekte und medizinische Untersuchungen im Zusammenhang mit Schimmelpilzbefall. Eine medizinische Innenraumdiagnostik findet in Deutschland bis auf sehr wenige Ausnahmen nicht statt. Betroffene wissen in den meisten Fällen nicht einmal, an wen sie sich bei konkreten Verdachtsmomenten wenden können.

Eine systematische Innenraumdiagnostik beginnt deshalb mit einer Vor-Ort-Besichtigung. Bei dieser visuellen Analyse werden erste Indikationen festgestellt und in einem Begehungsprotokoll festgehalten. Anschließend wird die Zielsetzung der Untersuchungen definiert, also eine Mess- und Analyseplanung erstellt. Diese beinhaltet Art und Umfang verschiedener Untersuchungen, um das Ziel im Vorfeld zu definieren. Es ist eben ein Unterschied, ob z. B. die Ursachen einer zu hohen Feuchtigkeit geklärt werden sollen, die zu einem mikrobiellen Befall geführt haben, oder z. B. die Ursachen für eine Allergie im Zusammenhang mit Schimmelpilzen geklärt werden sollen oder z. B. die Frage im Kontext eines Rechtsstreits geklärt werden muss, ob taupunktbedingtes Kondenswasser eher seine Ursache in baulichen Mängeln oder im Wohn- und Nutzungsverhalten des Bewohners hat oder ob beide Ursachen kausal sind zu welchem Anteil. Allein die Herangehensweise bei einem sichtbaren Befall unterscheidet sich deutlich von der, wenn ein nicht sichtbarer Befall oder versteckter Befall vorliegt.

Zu einer systematischen Innenraumdiagnostik gehört zudem ein Maßnahmen- und Zeitplan sowie dessen Priorisierung. Hierzu kann z. B. die form- und fristgerechte Schadensmeldung an eine Versicherung gehören (z. B. bei einem sporadischen Wasserschaden) oder an den Vermieter. Evtl. kann zu diesem Zeitpunkt auch schon die Planung von Sofortmaßnahmen erforderlich werden.

In der Mess- und Analyseplanung wird festgelegt, welche bautechnischen Untersuchungen durchgeführt werden und welche Fragestellung durch deren Messergebnisse beantwortet werden soll. Nicht alle Messverfahren sind für alle Fragestellungen gleichermaßen geeignet. Deshalb muss im Vorfeld definiert werden, welche Feuchtemessungen und welche Temperaturmessungen durchzuführen sind und ob ggf. weiterführende Untersuchungen wie z. B. Thermografie oder auch raumklimatische Messungen oder Messungen der Luftdichtigkeit oder Leckageortungen notwendig sind. Jede dieser Messungen kann je nach Aufgabenstellung eine hohe Relevanz haben. Daher muss dies im Vorfeld festgelegt werden.

Neben bautechnischen Untersuchungen können auch bauphysikalische Berechnungen notwendig werden, um z. B. die Luftwechselrate, den Taupunkt oder den Wärmedurchgangskoeffizienten zu bestimmen, das Feuchteverhalten in Bauteilen zu simulieren und zu visualisieren oder um ein Behaglichkeitsklima zu erstellen. Bauchemische Untersuchungen wie z. B. qualitative und quantitative Salzanalysen können notwendig sein, um den hygroskopischen Feuchtegehalt zu bestimmen.

Bei den mikrobiologischen Untersuchungen geht es in erster Linie um die Bestimmung der Mikroorganismen – also die Schimmelpilzgattung und deren unterschiedlichen -arten sowie deren Konzentration. In vielen Fällen kann die Messung von Stoffwechselprodukten wie z. B. MVOC oder Mykotoxinen relevant sein z. B., wenn es um gesundheitliche Belastungen im Zusammenhang mit Risikogruppen und Gefährdungsklassen geht. Hierzu werden je nach Fragestellung und den Vor-Ort-Bedingungen unterschiedliche Untersuchungsmethoden auf unterschiedlichen Proben eingesetzt. Neben standardisierten Untersuchungsmethoden gibt es auch alternative Methoden wie z. B. den Einsatz eines Schimmelpilz-Spürhundes.

Zum Abschluss einer Innenraumdiagnostik gehört auch ein Schimmelpilz-Gutachten. Dieses sollte gewisse Mindestanforderungen erfüllen. In dem Zusammenhang stellt sich oft die Frage nach der Eignung des Sachverständigen und den Anforderungen an ein Untersuchungslabor. Den Abschluss bildet je nach Aufgabenstellung und Beauftragung sowie Qualifikation des Erstellers eine optische und/oder technische und/oder mikrobiologische Bewertung des mikrobiellen Befalls. Eine gesundheitliche Bewertung sollte einem Umweltmediziner, Allergologen oder dgl. vorbehalten bleiben, auch wenn Baubiologen oft dazu neigen, dies zu übernehmen. Eine rechtliche Bewertung sollte ein Fachanwalt vornehmen, auch wenn Bausachverständige fast immer dazu neigen, eine rechtliche Bewertung abzugeben. Denn eine bautechnische Logik muss nicht zwangsläufig mit der Rechtsprechung übereinstimmen. Schon allein der Unterschied zwischen einem Schaden im technischen Sinne und einem Mangel im rechtlichen Sinne zeigt, dass Sachverständige nur für ihren Bereich eine objektive und reproduzierbare Bewertung vornehmen sollten. Diese erfolgt für Sachverständige auf Basis von Regelwerken wie Normen und Richtlinien.

In den meisten Fällen endet die Aufgabe einer Innenraumdiagnostik mit der Übergabe des Gutachtens. Dabei wäre eine „Freimessung“ im Sinne einer Qualitätssicherung nach durchgeführter Sanierung essenziell, um einen Abgleich der Soll-Ist-Situation vorzunehmen und um die ursprünglich in der Mess- und Analyseplanung festgelegten Untersuchungen mit den Ergebnissen abzugleichen. Schließlich kann dies im rechtlichen Kontext noch einmal relevant werden, wenn z. B. einige Monate später an den gleichen Stellen erneut mikrobieller Befall festgestellt wird und die Frage zu klären ist, ob es sich um einen neuen oder um einen Wiederbefall handelt und somit Gewährleistungsansprüche gegen den Sanierer auslösen kann. In diesen Fällen wird der Sanierer kaum belegen können, dass der ursprüngliche Schaden vollumfänglich beseitigt wurde.

6.2 Vor-Ort-Besichtigung

Mit der ersten Vor-Ort-Besichtigung beginnt die Phase der visuellen Untersuchung und der Anamnese. Hierbei werden erste Indikationen festgestellt und in einem Begehungsprotokoll festgehalten. Außerdem können die ersten Erkenntnisse wichtige Anhaltspunkte für die Mess- und Analyseplanung liefern.

Der Anlass für eine Vor-Ort-Besichtigung kann sehr vielfältig sein:

- Es liegt ein sichtbarer und/oder ein nicht sichtbarer Wasserschaden und/oder Schimmelpilzbefall vor oder dieser wird vermutet (z. B. aufgrund von Symptomen)
- Es liegen gesundheitliche Beschwerden der Bewohner vor, die mit der Anwesenheit von Schimmelpilzen in Verbindung gebracht werden (z. B. aufgrund von Symptomen)
- Es liegt ein sichtbarer Schimmelpilzbefall vor und die Bewohner wollen wissen, ob und welche Gefahren von diesen Mikroorganismen ausgehen
- Es liegt ein sichtbarer Schimmelpilzbefall nur in einzelnen Räumen und/oder an einzelnen Bauteilen (z. B. an Wärmebrücken) vor
- Es liegt ein größerer Schimmelpilzbefall vor und Bewohner sind sich nicht sicher, ob sie diesen selbst beheben können oder eine Fachfirma beauftragen müssen
- Vermieter und Mieter sehen unterschiedliche Ursachen für den Schimmelpilzbefall (der Vermieter im unzureichenden Lüften des Mieters; der Mieter in baulichen Problemen wie z. B. einen unzureichenden Wärmeschutz)
- Vermieter und Mieter oder Verkäufer und Käufer einer Immobilie befinden sich bereits im Rechtsstreit und das Einschalten eines Sachverständigen soll die Ursache nach dem Verursacherprinzip klären
- usw.

Die Auflistung erhebt nicht den Anspruch auf Vollständigkeit und soll beispielhaft aufzeigen, dass unterschiedliche Aufgabenstellungen auch eine unterschiedliche Herangehensweise in der Innenraumdiagnostik nach sich ziehen. Daher muss die erste Vor-Ort-Besichtigung so ergebnisoffen wie möglich stattfinden und erste „Auffälligkeiten" sollten nur zur Kenntnis genommen und in einem Begehungsprotokoll dokumentiert, aber noch nicht bewertet werden.

In der Praxis kann oft beobachtet werden, dass sich bei der Erstbegehung zu sehr auf den Schimmelpilzbefall und die raumklimatischen Bedingungen konzentriert wird. Dabei sind es oftmals die vermeintlich kleinen Hinweise und „nebensächlichen" Informationen, die schlussendlich die Erklärung liefern können. Es empfiehlt sich, nicht nur die Situation in der Wohnung zu erfassen, wie z. B.

- Material- und Luftfeuchte
- Untergrund- und Raumtemperatur
- Lokalisierung der befallenen Stellen in Größe und Art
- Raumvolumen der Wohnung und Belegungsdichte
- Art der Lüftung und bei manueller Lüftung Art der Fensterlüftung
- Abführung der Feuchtigkeitsspitzen in Küchen und Bädern
- Art und Zustand der Bauteiloberflächen der verwendeten Baustoffe
- Art und Anzahl von Pflanzen und/oder Tiere sowie offene Wasserflächen
- Sicherstellung der Luftzirkulation durch große Möbel und Einrichtungsgegenstände
- Zustand von typischen Wärmebrücken (Rollladenkästen, Innenecken, unter der Fensterbank, Heizkörpernischen usw.)
- Hygienischer Zustand der Abluftfilter und Entlüftungsklappen
- Ungehinderte Öffnung der Fensterflügel (z. B. durch eine mit Blumen vollgestellten Fensterbank)
- Muffiger Geruch
- Typische Anzeichen für hohe Luft- und/oder Untergrundfeuchtigkeit (Wasserflecken, Ausblühungen, Verfärbungen)
- u. a.

sondern sich auch einen ersten Überblick über den Zustand des Gebäudes zu verschaffen, wie z. B.

- Alter und Bauweise
- Art und Dicke der Außendämmung oder Innendämmung (wenn vorhanden)
- Zustand der Entwässerung (z. B. verstopfte Regenfallrohre)
- Zustand der Keller- und/oder Dachabdichtung (soweit ersichtlich)
- Wasserführung bei starken Regenfällen
- Mögliche Quellen für mikrobielle Belastungen im Umfeld (Kompost, Deponien)
- u. a.

Auch diese Auflistung erhebt nicht den Anspruch auf Vollständigkeit und soll beispielhaft aufzeigen, welche unterschiedlichen Informationen bereits bei der ersten Vor-Ort-Besichtigung relevant sein können. Selbstverständlich kommt es immer auf den Einzelfall an.

Wenn die sichtbaren Informationen erfasst und dokumentiert wurden, kann eine strukturierte Anamnese wertvolle Zusatzinformationen liefern. Dies erfolgt, in dem der Bewohner zu seinem Wohn- und Nutzungsverhalten interviewt wird. Hierzu gehören in erster Linie das Heiz- und Lüftungsverhalten, aber auch andere Aspekte können sehr hilfreich sein, wie z. B.

- werden Schlafzimmer oder andere wenig genutzte Räume über andere Räume mitgeheizt und/oder mitgelüftet
- wie werden innenliegende Bäder ohne Fenster entlüftet
- wird in den kalten Monaten die Heizung in den Räumen tagsüber gedrosselt
- wo wird die Wäsche getrocknet (gibt es einen Balkon, Dachboden oder Keller)
- wann traten die Schimmelpilze das erste Mal auf
- wann wurde die Wohnung neu bezogen oder nach einer Sanierung wieder bezogen
- wie zeigen sich Symptome, die für einen mikrobiellen Befall verantwortlich gemacht werden
- wurden schon mal Stellen, an denen sich Schimmelpilze gezeigt haben, überstrichen
- usw.

Wichtig ist, dass die Fragen so gestellt werden, dass diese auch ein Nicht-Fachmann versteht und beantworten kann. Je besser Bewohner dem Sachverständigen folgen können, umso besser können seine Fragen beantwortet und wertvolle Informationen geliefert werden. Weitere Hinweise kann z. B. die Heizkostenabrechnung liefern. Diese gibt Aufschluss über den Energieverbrauch, der mit anderen Gebäuden gleicher Bauart und Alter verglichen werden kann. Möglicherweise liefert diese Hinweise, ob z. B. eine unzureichende Beheizung als Ursache für taupunktbedingte Kondensation in Frage kommt.

Den Abschluss der Vor-Ort-Besichtigung bildet eine erste einfache Bauzustandsanalyse, also die gezielte Suche nach bauschadensbedingten Durchfeuchtungen. Für diese rein visuelle Analyse werden einfache „nicht-instrumentelle" Untersuchungsmethoden wie z. B. Sehen, Tasten/Fühlen, Riechen, Hören oder Schmecken angewendet. Hierzu dienen einfache Hilfsmittel wie z. B. kleine Kratz- und Stemmwerkzeuge, Lupe und Taschenlampe, Digitalkamera sowie einfache kleine Handmessgeräte für Temperatur, Luftfeuchtigkeit und pH-Wert und dgl.

Je nachdem, wer die erste Vor-Ort-Besichtigung veranlasst hat, kann diese bereits rechtlich relevant sein (oder werden). Deshalb ist wichtig, dass zu diesem Zeitpunkt eine objektive Ist-Analyse durchgeführt und keine subjektive Meinung geäußert wird. Sollten weitergehende Untersuchungen notwendig werden, muss vorab geklärt werden, wer der Auftraggeber ist und welches Ziel weitergehende Untersuchungen verfolgen. Weiterhin sollte geklärt werden, ob alle rechtlich relevanten Punkte abgeklärt wurden wie z. B. der Zutritt in die Wohnung oder ob Proben genommen werden dürfen und wer für die evtl. Schadensbehebung aufkommen muss.

6.3 Bautechnische Untersuchungen

6.3.1 Einleitung

Bautechnische Untersuchungen haben im Rahmen der Bauwerks- und Innenraumdiagnostik einen hohen Stellenwert. Schließlich liefern Feuchtemessungen, Temperaturmessungen, Thermografieaufnahmen, raumklimatische Messungen oder Leckageortungen usw. objektive Daten zur Beurteilung der Ist-Situation. Sie sind darüber hinaus Grundlage für weitergehende bauphysikalische Berechnungen und für eine anschließende Bewertung. Im Gegensatz zu mikrobiologischen Untersuchungen gehen bauphysikalische Untersuchungen den kausalen Ursachen auf den Grund.

Bautechnische Untersuchungen als Teil der Bauwerksdiagnostik haben sich vor allem mit dem Aufkommen der Bauwerksinstandsetzung, auch als Bauen im Bestand bezeichnet, entwickelt. Während im Neubau geregelte Baustoffe normgerecht verbaut werden, stellt sich die Situation bei einem Altbau oftmals anders dar. Ältere Bausubstanz zeigt in der Regel Verschleißerscheinungen bis hin zu Bauschäden. Über ältere Baukonstruktionen liegen deutlich weniger Unterlagen vor und ältere Baustoffe sind für andere Herausforderungen entwickelt als heute oftmals vorliegen. Auch DIN-Normen und bewährte Bauweisen aus dem Neubau können oftmals nicht eins zu eins auf den Altbau übertragen oder in der Bauwerksinstandsetzung ohne weiteres angewendet werden. Hinzu kommen Produkte, die speziell für die Sanierung entwickelt wurden und/oder alternative Verfahren, die den Nachweis ihrer Funktionalität in einer Langzeitbelastung noch nicht erbracht haben und/oder nicht den allgemein anerkennten Regeln der Technik entsprechen.

Bautechnische Untersuchungen haben eine hohe Verantwortung für das Gelingen einer Sanierung – und den Nachweis darüber. Außerdem müssen bautechnische Untersuchungen eine Planungs- und Entscheidungsgrundlage liefern und Kriterien für Wirtschaftlichkeit und Nachhaltigkeit schaffen. Bauwerks- und Innenraumdiagnostik sind Mittel zum Zweck und nicht umgekehrt. Nach dem Motto „so viel wie nötig, aber so wenig wie möglich" haben bautechnische Untersuchungen mit Augenmaß eine konkrete Frage zu beantworten – nicht mehr und nicht weniger.

Grundsätzlich ist eine Analyse, Diagnostik und Bewertung objektiv, sachlich und ganzheitlich durchzuführen. Die Ergebnisse müssen repräsentativ und reproduzierbar sein. Im Vorfeld muss geklärt werden, welche Diagnoseverfahren und Messgeräte zum Einsatz kommen und ob die eingesetzten Methoden und verwendeten Geräte im Rahmen eines möglichen Rechtsstreites vor Gericht anerkannt werden. Weiterhin muss im Vorfeld geklärt werden, ob ggf. bestimmte Messungen nur einmalig durchgeführt werden können. In diesem Fall müssen Messpunkte sorgfältig ausgewählt und Proben sorgfältig entnommen und dokumentiert werden, da evtl. notwendige Folgeuntersuchungen unter gleichen Bedingungen nicht mehr möglich sind. Die Anwendungsgrenzen eingesetzter Diagnoseverfahren, Messmethoden und Messgeräte müssen bekannt sein und transparent dargelegt werden. Ebenfalls muss bekannt sein, welche Messgeräte durch welche Einflussfaktoren manipulierbar sind. In der Praxis stellt man immer wieder fest, dass die Messgeräte fehlerhaft bedient, die Leistungsfähigkeit der Geräte nicht ausgeschöpft oder die Messergebnisse falsch interpretiert werden.

Des Weiteren müssen Messgeräte geeicht bzw. kalibriert sein. Beide Begriffe werden oft synonym verwendet, obwohl es Unterschiede gibt. Unter Eichung wird die vom Gesetzgeber vorgeschriebene Prüfung eines Messgerätes auf Einhaltung der zugrunde liegenden eichrechtlichen Vorschriften verstanden, vor allem der Eichfehlergrenzen nach dem Eichgesetz. Die Gültigkeitsdauer der Prüfung wird mit einem Protokoll und amtlichen Stempel der Landeseichämter und staatlich anerkannten Prüfstellen dokumentiert. Die Eichung ist eine gesetzlich vorgeschriebene und auf nationale Standards verweisende Kalibrierung. Die Prüfung von Messgeräten muss nicht auf Grundlage gesetzlicher Regelungen erfolgen und stellt oftmals eine freiwillige oder interne Kalibrierung dar. Hiermit ist gemeint, dass Messgeräte auf Firmen-, Verbands- oder Branchenstandards gebracht werden.

Messergebnisse sollten nicht unkritisch übernommen werden. Auch wenn moderne Messgeräte mit digitaler Anzeige und evtl. mehreren Stellen hinter dem Komma den Eindruck erwecken, dass diese besonders genau arbeiten, so können fehlerhafte Messanwendungen auch fehlerhafte Messergebnisse produzieren. Deshalb sollten Messergebnisse immer mit einer gesunden Skepsis betrachtet werden, wenn es Zweifel an deren Richtigkeit gibt. Ein kurzer Fragenkatalog (Checkliste) soll hierfür sensibilisieren:

- Können die gemessenen Werte realistisch sein? Gibt es hierfür eine plausible Erklärung?
- Hat der Sachverständige mit der Höhe der Messwerte gerechnet oder liegen diese unter den Erwartungen oder weit darüber? Gibt es hierfür eine Erklärung?
- Sind die gemessenen Werte physikalisch möglich?
- Können mögliche Abweichungen durch eine fehlerhafte Anwendung verursacht worden sein?
- Gibt es äußere Einflüsse, die das Messergebnis manipulieren und eine fehlerfreie Messung behindern?

Wird die gleiche Messmethode mit dem gleichen Messgerät am gleichen Ort unter gleichen Bedingungen wiederholt und führt jedes Mal zu einem anderen Ergebnis, ist das Messgerät offensichtlich ungeeignet.

Der Sachverständige, der Messungen vor Ort durchführt und/oder Proben vor Ort entnimmt, sollte über ein gewisses Grundverständnis von Laboranalytik verfügen. Gleiches gilt für die Auswahl der geeigneten Messmethode, da physikalische Kenngrößen entweder direkt oder indirekt gemessen werden und in einigen Fällen berechnet werden müssen – also nicht gemessen werden können.

6.3.2 Feuchtemessungen

6.3.2.1 Einleitung

Feuchtemessungen werden in die Bestimmung der Luft- und Materialfeuchtigkeit unterschieden. Die wichtigste Kenngröße im Kontext von Schimmelpilzbefall ist die relative Luftfeuchtigkeit, die eine elementare Bedeutung im Zusammenhang mit taupunktbedingter Kondensation hat. Es wird zwischen der relativen und der absoluten Luftfeuchtigkeit unterschieden. Als relative Luftfeuchtigkeit (φ) wird das Verhältnis des vorhandenen Feuchtigkeitsgehaltes der Luft zum maximal möglichen Feuchtigkeitsgehalt (Sättigungsfeuchte) bezeichnet. Sie ist demzufolge ein Maß für den relativen Sättigungsgrad des Wasserdampfes und wird in Prozent angegeben. Bei 100 % relativer Luftfeuchtigkeit ist die Luft vollständig mit Wasserdampf gesättigt. Bei einer relativen Luftfeuchtigkeit von 50 % enthält die Luft nur die Hälfte der Wasserdampfmenge, die sie bei gleicher Temperatur maximal aufnehmen kann. Wird der Sättigungsgrad von 100 % überschritten, schlägt sich die überschüssige Feuchtigkeit als Kondenswasser auf Oberflächen nieder.

Dem gegenüber wird die in einem Kubikmeter Luft real vorhandene Wasserdampfmenge als absolute Luftfeuchtigkeit und die maximal mögliche Wasserdampfmenge (Sättigungsmenge) bezeichnet. Die Einheit der absoluten Luftfeuchtigkeit ist g/m^3.

$$\text{absolute Luftfeuchtigkeit} = \frac{\text{Masse des Wasserdampfes bei einer bestimmten Temperatur}}{\text{Luftvolumen bei einer bestimmten Temperatur}}$$

$$\text{relative Luftfeuchtigkeit} = \frac{\text{tatsächliche Wasserdampfkonzentration bei einer bestimmten Temperatur}}{\text{maximale Wasserdampfkonzentration bei einer bestimmten Temperatur}}$$

Die relative Luftfeuchtigkeit ist von der jeweiligen Lufttemperatur abhängig. Diese ist in Innenräumen nicht konstant, da Temperaturen z. B. in Deckennähe höher sind als in Bodennähe und z. B. in Innenecken niedriger sind als in der Wandfläche. Infolgedessen herrscht in einem dreidimensionalen Innenraum eine unterschiedlich hohe relative Luftfeuchtigkeit an unterschiedlichen Messpunkten. Dies muss bei der Auswahl des Messpunktes berücksichtigt werden.

Messgeräte für die relative Luftfeuchtigkeit sind mehrschichtig aufgebaut. In der Gerätemitte befindet sich meistens der Kondensator. Das Messprinzip besteht darin, dass sich bei Änderung der Umgebungsfeuchte die so genannte Dielektrizitätskonstante und damit die Kapazität ändert. Diese Veränderung wird elektronisch ausgewertet. Die Messgenauigkeit der meisten Geräte liegt bei Toleranzen von 1 bis maximal 2 % relativer Luftfeuchtigkeit. Bei der Messung muss beachtet werden, dass die meisten Geräte nicht sofort auf die Luftfeuchte ansprechen. Daher kann die Zeit, bis sich die Sensoren in dem Gerät an die Umgebung angepasst haben, bis zu 10 min betragen. Dies sollte vor allem in der kälteren Jahreszeit beachtet werden. Messgeräte sollten daher auch nicht über Nacht im Auto gelagert werden. Hinzu kommt, dass je nach Raumgröße (Raumvolumen) und Zeit die relative Luftfeuchte über die Anzahl der Menschen im Raum beeinflusst werden kann (siehe Abb. 6.1).

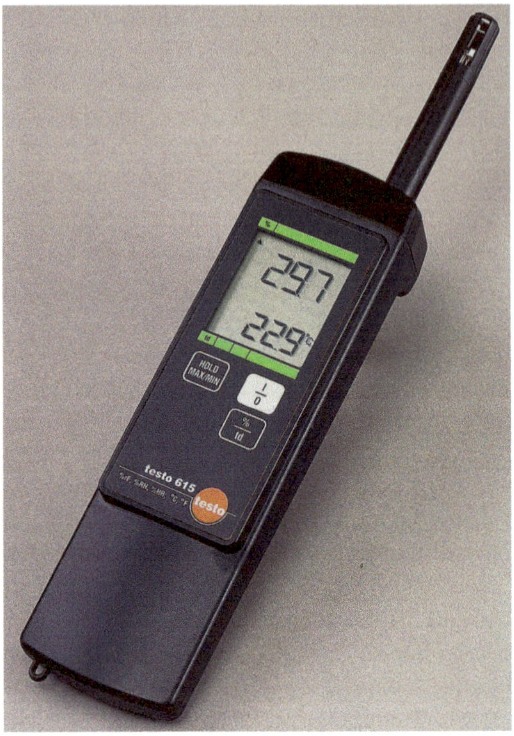

Abb. 6.1 Messgerät zur Bestimmung der Luftfeuchtigkeit

Klassische Baustoffe sind kapillarporöse Stoffe, die auch im „trockenen" Zustand eine gewisse Materialfeuchte (Sorptionsfeuchte) aufweisen. Hierbei handelt es sich zum einen um Feuchtigkeit, die im Baustoff chemisch gebunden ist und zum anderen um Feuchtigkeit, die durch Adsorption sowie durch Kondensation aus der Umgebungsluft aufgenommen wurde. Wird der Baustoff außerdem mit Wasser benetzt, findet eine kapillare Wasseraufnahme statt. Die Aufgabe

Abb. 6.2 Messgerät zur Bestimmung der Material- bzw. Oberflächenfeuchte

Abb. 6.3 Messgeräte zur elektrischen Widerstandsmessung

Abb. 6.4 Messgeräte zur elektrischen Widerstandsmessung

einer Feuchtemessung besteht daher in der Regel in der Bestimmung des Feuchtegehaltes oberhalb der „normalen" Baustofffeuchte. Das chemisch gebundene Wasser sollte bei Feuchtemessungen möglichst nicht erfasst werden, da es fester Bestandteil der Baustoffe ist.

Bei den Messverfahren zur Bestimmung der Materialfeuchte wird zwischen den direkten und indirekten Verfahren unterschieden. Bei den direkten Verfahren wird der Feuchtegehalt direkt gemessen und quantitativ angegeben. Bei den indirekten Verfahren werden feuchtetechnische Kennwerte ermittelt, durch die auf den Feuchtegehalt im Baustoff geschlossen werden kann (siehe Abb. 6.2, 6.3 und 6.4). Je nach Messprinzip werden folgende Verfahren unterschieden:

- elektrische Widerstandsmessung,
- kapazitive Messung,
- Mikrowellenmessung,
- Messung der Sorptionsfeuchte,
- CM-Methode,
- Gravimetrische Messung (Darrprobe),
- Neutronenmessung.

Darüber hinaus gibt es auch ganz einfache Messmethoden, die vor Ort angewendet werden können, wenn nur die Anwesenheit von Feuchtigkeit nachgewiesen werden soll, ohne dass eine Mengenbestimmung relevant ist. Hierzu gehört z. B. der so genannte Folientest. Hierzu wird über den Untergrund eine ca. 1 × 1 m große Folie gespannt, die wasserdampfdicht und transparent sein muss. Nach spätestens zwei Tagen wird überprüft, ob sich auf der Unterseite der Folie Wasserdampf angesammelt hat.

Aus den gemessenen Feuchtewerten können die verschiedenen Durchfeuchtungsgrade wie folgt berechnet werden:

$$\text{Durchfeuchtungsgrad}\left(\text{DFG}_{\text{ges}}\right) = \frac{\text{Feuchtegehalt}}{\text{Sättigungsfeuchte}} \cdot 100 = \text{M-\%}$$

$$\text{Durchfeuchtungsgrad}\left(\text{DFG}_{\text{kap}}\right) = \frac{\text{Feuchtegehalt}}{\text{Kapillare Sättigungsfeuchte}} \cdot 100 = \text{M-\%}$$

$$\text{Durchfeuchtungsgrad}\left(\text{DFG}_{\text{hyg}}\right) = \frac{\text{Hygroskopischer Feuchtegehalt}}{\text{Kapillare Sättigungsfeuchte}} \cdot 100 = \text{M-\%}$$

6.3.2.2 Elektrische Widerstandsmessung

Die elektrische Widerstandsmessung ist eine der häufigsten Messmethoden zur Bestimmung von Feuchtigkeit in Baustoffen. Das Messprinzip basiert darauf, dass sich die elektrische Leitfähigkeit von Baustoffen durch die Aufnahme von Feuchtigkeit verändert. Baustoffe, zumindest die mineralischen, sind eigentlich Isolatoren bzw. Nichtleiter. Allerdings nimmt jeder Baustoff eine geringe Menge an Feuchtigkeit auf, die ausreicht, um einen elektrischen Messstrom durch ihn fließen zu lassen und messen zu können. Feuchte mineralische Baustoffe z. B. haben einen geringeren elektrischen Widerstand, wodurch sich die elektrische Leitfähigkeit verbessert. Somit kann man über die Messung des elektrischen Widerstandes grundsätzlich Rückschlüsse auf die Baustofffeuchte ziehen.

Der Messstrom fließt über die erste Elektrode durch den Baustoff und über die zweite Elektrode wieder zurück zur Stromquelle. Die Spannung, die an den Elektroden anliegt, sowie die Stärke des Messstroms sind bekannt, da sie im Messgerät hinterlegt sind. Nach dem Ohm'schen Gesetz kann man daraus den elektrischen Widerstand des Baustoffes errechnen. Der gemessene Widerstand ist umgekehrt proportional zur aufgenommenen Feuchtigkeitsmenge. Hat der Baustoff einen hohen Widerstand, ist der Feuchtegehalt gering. Wird ein niedriger Widerstand gemessen, ist der Feuchtegehalt entsprechend hoch (siehe Abb. 6.3 und 6.4).

Die Elektroden können als Einschlag- oder Einstechelektroden oder durch eine mit dem Messgerät verbundenen Bohrlochelektrode eingesetzt werden. Soll die Feuchtemessung zerstörungsfrei durchgeführt werden, können Oberflächenelektroden verwendet werden. Der gemessene Widerstand wird als dimensionsloser Zahlenwert auf dem Messgerät angezeigt (siehe Tab. 6.1).

Tab. 6.1 Bewertung der gemessenen Widerstände

Skaleneinheiten (SKE)	Beurteilung
0 bis 15	Normal
16 bis 30	Leicht erhöht
31 bis 60	Erhöht
61 bis 100	Hoch

Die elektrische Widerstandsmessung ist besonders gut geeignet für Holzbauteile. Holz ist hygroskopisch und kann Feuchtigkeit aus der Luft aufnehmen und abgeben (typisches Quellen und Schwinden des Holzes). In Abhängigkeit zur Umgebungsluft und -temperatur stellt sich die Ausgleichs- oder Sorptionsfeuchte ein. Die Einlagerung von Feuchte geschieht zunächst als gebundenes Wasser in den Zellen selbst, bis die Zellen kein Wasser mehr aufnehmen können (Fasersättigung). Je nach Holzsorte stellt sich diese Fasersättigung etwa zwischen 23 und 35 Masse-% ein. Anschließend lagert sich die Feuchtigkeit als freies Wasser in den Zellzwischenräumen ein. Die Messung der Holzfeuchte sollte immer quer zur Faser und in der Tiefe erfolgen, um z. B. den Einfluss von Oberflächenbeschichtungen und Holzschutzmitteln auf das Messergebnis ausschließen zu können.

Messfehler bei der elektrischen Widerstandsmessung können z. B. durch metallische Gegenstände im Bauteilquerschnitt oder durch Hohlräume verursacht werden. Außerdem haben unterschiedliche Dichten der Baustoffe einen Einfluss auf das Messergebnis. Ein weiterer Einflussfaktor mit erheblicher Bedeutung sind Salze in Baustoffen. Durch die Hygroskopizität weisen salzbelastete Baustoffe wesentlich höhere Messwerte auf.

6.3.2.3 Kapazitive Feuchtemessung

Die kapazitive Feuchtemessung (oder auch dielektrisches Verfahren) beruht auf dem Messprinzip des elektrischen Feldes. Die Permittivität (dielektrische Leitfähigkeit) gibt die Durchlässigkeit eines Materials für elektrische Felder an. Hierfür wird das Funktionsprinzip eines Kondensators genutzt. Ein Kondensator baut bei angelegter Spannung ein elektrisches Feld zwischen zwei Kondensatorplatten auf. Als Kapazität wird die Fähigkeit eines Kondensators bezeichnet, eine Ladung in Abhängigkeit der Spannung zu speichern. Diese Kapazität wird zum einen durch die Kondensatorfläche, dem Abstand dieser zueinander und durch das Isolationsmaterial (Dielektrikum) bestimmt. Der Abstand der Kondensatorplatten und die Kondensatorfläche sind beim kapazitiven Feuchtesensor konstant. Dadurch kann über die Änderung der Permittivität ein Rückschluss auf den Feuchtigkeitsanteil in der Materialprobe erfolgen. Je nach Isolationseigenschaften des Dielektrikums resultiert eine andere relative Permittivität.

Luft hat die Dielektrizitätszahl 1 und Wasser von 80. Zu beachten ist, dass jeder Baustoff eine andere Dielektrizitätszahl hat und somit für trockene Oberflächen von unterschiedlichen Baustoffen (z. B. Gips- oder Zementputz oder Holz) unterschiedliche Messwerte angezeigt werden (unterschiedliche Startwerte). Im trockenen Zustand könnte das kapazitive Messgerät z. B. bei Holz einen Zahlenwert von 30 anzeigen, bei Gips von 25 und bei Zement von 20. Bei einer hohen Durchfeuchtung dieser Baustoffe könnte dieser Wert für Holz bei 70 liegen, der für Gips bei 60 und für Zement bei 50. Die Messergebnisse sind also relative Zahlen und keine absoluten physikalischen Kennwerte. Der Messwert wird als Digitalwert – einer in der Praxis „erfundenen" Einheit Digit – angegeben.

Um die Messergebnisse von feuchten Baustoffen mit dem trockenen Zustand (Ausgleichsfeuchte) vergleichen zu können, müssen Referenzmessungen an trockenen Baustoffen gleicher Art durchgeführt werden, die mit dem Messwert des zu überprüfenden Bauteils in Relation gesetzt wird. Im Vergleich beider Werte kann eine Aussage über den Feuchtegehalt im Baustoff getroffen werden. Die kapazitive Messung erfasst den oberflächennahen Bereich der Baustoffe.

Die Messgeräte müssen in der Regel bei jedem Einschalten kalibriert werden. Zur Kalibrierung hält man das Messgerät in die Luft, damit kein Gegenstand/Untergrund berührt wird. Der Mindestabstand von Oberflächen sollte mindestens 10 cm betragen. Anschließend kann der Kalibrierungsvorgang gestartet werden. Hierbei ist wichtig, dass die Hand nicht durch die Nähe zum Kugelkopf die Kalibrierung verfälscht. Nach der Kalibrierung sollte der Startwert im Display bei freiem Schwenken des Kopfes unter 0,5 Digits bleiben. Ansonsten ist die Kalibrierung erneut durchzuführen.

Messfehler durch kapazitive Messgeräte können z. B. durch metallische Gegenstände im Bauteilquerschnitt oder durch Hohlräume verursacht werden. Ein weiterer Einflussfaktor mit erheblicher Bedeutung sind Salze in Baustoffen. Durch die Hygroskopizität weisen salzbelastete Baustoffe wesentlich höhere Messwerte auf. Der Messkopf eignet sich auf glatten Oberflächen, raue Oberflächen führen zu ungenauen Messergebnissen. Die Messtiefe reicht von 20 bis 40 mm. Dem entsprechend eignet sich das kapazitive Messverfahren nicht zur Feuchtigkeitsmessung in tieferen Bauteilschichten.

6.3.2.4 Mikrowellenmessung

Die Mikrowellenmessung ist ein zerstörungsfreies Verfahren zur Feuchtemessung, das zu den dielektrischen Verfahren zählt. Grundlage des Messverfahrens ist die Eigenschaft von Mikrowellen, Wassermoleküle zu Schwingungen und zur Aufnahme von Energie anzuregen. Hierbei nutzt das Verfahren die dielektrischen Eigenschaften des Wassers als polares Molekül. Bei einem von außen angelegten elektromagnetischen Wechselfeld richtet sich das Wassermolekül in eine Richtung aus (Polarisation). Die Moleküle rotieren mit der Frequenz des Feldes. Dieser Effekt wird durch die Dielektrizitätskonstante gekennzeichnet.

Bei der Mikrowellenmessung wird der Unterschied zwischen der hohen relativen Permittivität (dielektrische Leitfähigkeit) von Wasser im Gegensatz zu vielen anderen Materialien ausgenutzt. Die Bestimmung des Feuchtegehaltes erfolgt durch die Analyse eines Feststoff-Wasser-Gemisches in einem elektromagnetischen Feld. Dies bedeutet, dass die Mikrowellenmessung die Durchlässigkeit eines Materials für elektrische Felder misst und somit den Unterschied zwischen der Dielektrizitätskonstante von Wasser und von Baustoffen. Im Gegensatz zur kapazitiven Feuchtemessung wird sowohl die Dielektrizitätskonstante als auch der dielektrische Verlust festgestellt.

Die Dielektrizitätszahl von (freiem und physikalisch gebundenem) Wasser ist 80 bei 20 °C und 3 von chemisch gebundenem Wasser. Diese ist temperaturabhängig und ist 70 bei 50 °C. Die Dielektrizitätskonstante der meisten trockenen Baustoffe liegt zwischen 2 und 10. Je feuchter ein Baustoff ist, umso höher ist die Dielektrizitätskonstante. Aufgrund der großen Unterschiede zwischen diesen beiden Kennwerten (Wasser 80 und Baustoffe 10) lassen sich bereits sehr geringe Durchfeuchtungen bestimmen.

Die Dielektrizitätszahl ist außerdem frequenzabhängig. Der Frequenzbereich von Mikrowellen erstreckt sich über ein Spektrum von 0,3 bis 300 GHz. Im Rahmen der Feuchtemessung wird in der Regel mit einem Frequenzbereich von 100 MHz bis 3 GHz gearbeitet. Innerhalb dieser Frequenzen ist es zudem möglich, den Einfluss von Salzen zu trennen Dies bedeutet, dass eine salzunabhängige Feuchtigkeitsmessung durchgeführt werden kann.

Für die Feuchtigkeitsmessung im oberflächennahen Bereich (3 bis 4 cm) werden Oberflächensonden (Streufeldantennen) eingesetzt, zur Tiefenmessung (20 bis 30 cm) dagegen Volumensonden (Richtantennen). Einige Messgeräte besitzen eine Bohrlochsonde, mit der Feuchtigkeitsmessungen über Bohrlöcher auch in tieferen Bauteilschichten (Wandquerschnitt) durchgeführt werden können. Die Feuchtemessung erfolgt in einem Messraster, so dass die empfangenen Wellen über integrierte Eichkurven ausgewertet und grafisch dargestellt werden können. Somit kann die Verteilung der Feuchtigkeit innerhalb der Baukonstruktion visualisiert werden.

Für eine Bestimmung des Feuchtegehalts muss das Mikrowellenmessgerät kalibriert und die spezifische Rohdichte des zu untersuchenden Baustoffs bekannt sein. Wie auch bei anderen Feuchtemessverfahren können die Messergebnisse durch metallische Gegenstände (z. B. Bewehrungen), Inhomogenitäten innerhalb eines Baustoffes oder durch Hohlräume innerhalb der Baukonstruktion beeinflusst werden. Die Materialkörnung beeinflusst ebenfalls das Messergebnis. Hinzu kommt, dass die Messergebnisse nur einen gemittelten Feuchtegehalt über die gesamte Baustoffdicke darstellen und somit kein differenziertes Feuchteprofil über den Bauteilquerschnitt möglich ist. Muss die tatsächliche Baustofffeuchte gemessen und der Durchfeuchtungsgrad bestimmt werden, müssen zusätzliche Feuchtigkeitsmessungen z. B. mit der CM-Methode oder der gravimetrischen Feuchtemessung durchgeführt werden.

6.3.2.5 Messung der Sorptionsfeuchte

Die Sorptionsfeuchte ergibt sich aus dem Absorptions- und Desorptionsvermögen von Baustoffen. Damit ist die Eigenschaft gemeint, anfallende Feuchtigkeit an der Baustoffoberfläche aufzunehmen, im Baustoffgefüge zu speichern und zu verteilen sowie anschließend an der Baustoffoberfläche wieder abzugeben. Dies bedeutet, dass Baustoffe mit einem hohen Sorptionsvermögen z. B. für Schimmelpilzbefall weniger anfällig sind.

Die Sorptionseigenschaften von Baustoffen werden durch die Messung einer so genannten Sorptionsisotherme dargestellt. Um diese zu ermitteln, muss eine Messreihe über den Zeitraum von einem Jahr (= 8760 h) durchgeführt werden. Die Bestimmung der hygroskopischen Sorptionsisotherme erfolgt nach dem internationalen Standard der DIN EN ISO 12571: „Wärme- und feuchtetechnisches Verhalten von Baustoffen und Bauprodukten – Bestimmung der hygroskopischen Sorptionseigenschaften“. Dabei wird die Baustoffprobe (z. B. in einem Exsikkator) über unterschiedlichen gesättigten Salz-in-Wasser-Lösungen gelagert. Diese dienen der Simulation von unterschiedlichen relativen Luftfeuchten innerhalb der Exsikkatoren. Hierbei wird der volumenbezogene Wassergehalt pro Stunde erfasst und dokumentiert. Im zweiten Schritt werden die Feuchtedifferenzen pro Stunde ermittelt und absteigend der Größe nach geordnet. Anschließend werden die geordneten Feuchtedifferenzen nacheinander aufsummiert und graphisch aufgetragen. Dabei entstehen konkave Formen, mit denen Aussagen über die Verteilung der Feuchteaufnahme und -abgabe getroffen werden können. Aus dem Zusammenspiel der relativen Luftfeuchte und den Wassergehalten bei einer bestimmten und konstanten Temperatur ergibt sich die hygroskopische Sorptionsisotherme. Diese Messreihe simuliert die Absorption von Baustoffen.

Das größte Problem bei dieser Messmethode ist der Faktor Zeit. Mit einer Messreihe von über einem Jahr ist dieses Verfahren sehr aufwändig und ineffizient. Zusätzliche Probleme können entstehen, wenn sich physikalische Eigenschaften während der Langzeitmessung verändern (z. B. bei Beton durch chemische Reaktionen). Außerdem bleiben bei dieser Messmethode die instationären Bedingungen z. B. in Innenräumen unberücksichtigt. Schließlich liegen in privat genutzten Innenräumen keine statischen oder stationären Bedingungen über einen längeren Zeitraum vor. Tägliche Temperaturschwankungen führen zu Veränderungen der relativen Luftfeuchte; tägliche Schwankungen der Luftfeuchtigkeit führen zu Veränderungen der absoluten Luftfeuchte. Dies wirft zumindest im Zusammenhang mit der Innenraumdiagnostik die Frage der Repräsentativität dieser Messmethode auf.

Eine andere Messmethode geht von der Sättigungsfeuchte aus. Wenn eine Materialprobe vollständig mit Wasser gesättigt ist und kein Wasser mehr aufnehmen kann, liegt eine Gleichgewichtsfeuchte von 100 % vor. Selbst eine relative Luftfeuchte von 99 % würde diese Materialprobe trocknen – über einen sehr langen Zeitraum. Um die Materialprobe schneller zu trocknen, ist eine deutlich niedrigere relative Luftfeuchte z. B. von 50 % erforderlich. Auch dann wird sich die Gleichgewichtsfeuchte nicht einstellen, so dass eine weitere Trocknung nur möglich ist, wenn die relative Luftfeuchte weiter sinkt oder die Temperatur erhöht wird. Die relative Luftfeuchte wird so lange reduziert und/oder die Temperatur erhöht, bis die gesamte Feuchtigkeit aus der Materialprobe entwichen ist. Die Desorptionsisotherme liegt allerdings oberhalb der Absorptionsisotherme. Dies liegt daran, dass das in der Probe befindliche Wasser mit einer gewissen Energie gebunden ist. Diese wird frei, wenn das Wasser aufgenommen wird. Bei gleichem Wassergehalt wird daher leichter Wasser aufgenommen als abgegeben.

6.3.2.6 CM-Methode

Die Calciumcarbid-Methode (oder CM-Messung) ist ein chemisches Feuchtemessverfahren. Die Methode gilt seit 2016 durch die Anerkennung durch viele Fachverbände als anerkannte Regel der Technik und ist als einziges Verfahren gerichtlich zugelassen.

Für diese Methode wird ein spezielles CM-Gerät (Druckflasche mit einem Manometer) eingesetzt, mit dem der Wassergehalt mithilfe einer chemischen Reaktion bestimmt wird. Die Materialproben von 50 bis 100 g werden entnommen, zerkleinert, eingewogen und in ein metallisches Druckgefäß gefüllt. Anschließend gibt man Stahlkugeln und eine Glasampulle mit Calciumcarbid dazu. Das Gefäß wird mit einem Manometer verschlossen und geschüttelt. Dadurch zerstören die Stahlkugeln die Glasampulle, so dass das Calciumcarbid mit der feuchten Materialprobe in Kontakt kommt und nach folgender Gleichung in Acetylen umgesetzt wird:

$$CaC_2 + 2H_2O \rightarrow Ca(OH)_2 + C_2H_2$$

Das Wasser der Materialprobe verbindet sich mit dem Calciumcarbid, so dass gasförmiges Acetylen entsteht. Hierbei ist die Menge des entstehenden Acetylens ein Maß für das in der Probe enthaltene Wasser, da das Gas einen Druck verursacht, der am Manometer abgelesen werden kann. Aus einer Eichkurve kann direkt aus dem Gasdruck der Feuchtegehalt der Materialprobe abgeleitet werden. Die Bestimmung des Feuchtegehalts erfolgt hierbei mit Bezug auf die Probenmasse. Die gemessenen Werte liegen in der Regel etwas unter der tatsächlichen Feuchtigkeit, wobei diese Abweichungen von 1 bis 2 % vernachlässigt werden können. Die CM-Messung ist gut geeignet, um gleich vor Ort einfache oder vororientierende Messungen durchzuführen.

Dennoch ist die CM-Messung nicht unumstritten, da Anwendungsfehler wie z. B. das Wiegen von zu kleinen Probemengen oder auch eine unzureichende Reaktion der Probe mit dem Calciumcarbid zu fehlerhaften Messergebnissen führen kann. Hinzu kommt, dass bereits beim Zerkleinern der Materialprobe je nach klimatischen Bedingungen Feuchtigkeit aus der Umgebungsluft aufgenommen werden kann oder verdunstet.

Große Beliebtheit hat die CM-Messung bei der Restfeuchtebestimmung von dampfdichten Belägen. Nach den Regelwerken dürfen z. B.

Estriche nur eine bestimmte Restfeuchte aufweisen, um eine Belegreife zu haben. Erst dann dürfen Fußbodenbeläge wie z. B. Fliesen aufgebracht werden. Allerdings kursieren im Markt noch empfohlene Grenzwerte für die Belegreife, die bei den heute verwendeten Estrichmischungen (CEM II-Zement statt CEM I-Zement, verändertes Wasser-/Zement-Verhältnis) nicht mehr zutreffen.

Einen ähnlichen Mechanismus nutzt man bei dem so genannten Karl-Fischer-Verfahren. Hierbei handelt es sich ebenfalls um ein chemisches Feuchtemessverfahren, bei dem eine chemische Reaktion von Stoffen mit Wasser herbeigeführt und analysiert wird. Diese Messmethode basiert darauf, dass bei der Titration der zerkleinerten Probe mit der Karl-Fischer-Tinktur folgende Reaktion abläuft:

$$2H_2O + SO_2 + J_2 \rightarrow SO_4 + 2J + 4H$$

(in Abwesenheit von Alkoholen)

Jod, Schwefeldioxid und Wasser verbinden sich zu Schwefelsäure und Jodwasserstoff, wobei die braune Färbung des Jods verloren geht. Ist das Ende der Titration erreicht, verfärbt sich die Probe bräunlich, so dass der Zeitpunkt visuell bestimmt werden kann. Die bis zum Ende der Titration zugegebene Menge der Karl-Fischer-Lösung ist ein Maß für den Feuchtegehalt der Probe. Mit dieser Messmethode lassen sich bereits Spuren von Wasser nachweisen. Bei Anwendung des Verfahrens bei Festkörpern ist eine Pulverisierung der Probe unbedingt erforderlich.

Die Anwendung der CM-Messung und des Karl-Fischer-Verfahrens bedarf einiger Erfahrung, da die benötigte Menge der Materialprobe vom Feuchtegehalt der Probe abhängt. Bei der Zerkleinerung der Materialprobe entweicht, insbesondere bei harten Baustoffen, sehr leicht Materialfeuchte, wodurch Messfehler entstehen können.

6.3.2.7 Gravimetrische Feuchtemessung

Bei der gravimetrischen Feuchtemessung wird dem zu untersuchenden Bauteil ein Bohrkern oder Bohrmehl entnommen, anschließend die Probe im Labor gewogen, getrocknet und abschließend wieder gewogen. Die festgestellte Gleichgewichtsdifferenz drückt den Wassergehalt der Probe aus.

1. feuchte Probe wiegen (G_F)
2. Probe trocknen bis zur Gewichtskonstanz
3. trockene Probe wiegen (G_{TR})

Feuchtegehalt:

$$\frac{G_F - G_{TR}}{G_{TR}} \cdot 100 = \text{M-\%}$$

1. Probe trocknen bis zur Gewichtskonstanz
2. trockene Probe wiegen (G_{TR})
3. trockene Probe bei entsprechender Luftfeuchtigkeit lagern, Probe wiegen (G_F)

Hygroskop. Feuchtegehalt:

$$\frac{G_F - G_{TR}}{G_{TR}} \cdot 100 = \text{M-\%}$$

1. Probe bis zur Gewichtskonstanz im Wasser lagern
2. nasse Probe wiegen (G_F)
3. Probe trocknen bis zur Gewichtskonstanz und dann die trockene Probe wiegen (G_{TR})

Sättigungsfeuchte:

$$\frac{G_F - G_{TR}}{G_{TR}} \cdot 100 = \text{M-\%}$$

Durchfeuchtungsgrad

$$\frac{\text{Feuchtegehalt}}{\text{Sättigungsfeuchte}} \cdot 100 = \text{M-\%}$$

Die Trocknung der so genannten Darr-Probe erfolgt durch Erwärmung in einem Trockenschrank bei einer Temperatur, bei der chemisch gebundenes Wasser nicht freigesetzt wird. Für die meisten Baustoffe beträgt diese Temperatur 105 °C, bei einigen ist sie niedriger (z. B. bei Gips 40 °C). Durch das Auftrennen des Bohrkerns in Scheiben bzw. der teilweisen Entnahme von Bohrmehl beim Bohren ist eine stufenweise Feuchtigkeitsbestimmung in Abhängigkeit von der Bauteiltiefe möglich (siehe Abb. 6.5). Damit kann dann ein dreidimensionales Feuchtigkeitsprofil über den Wandquerschnitt erstellt werden.

6.3.2.8 Neutronenmessung

Die Neutronenmessung ist ein radiometrisches Messverfahren, mit dem die Verteilung von Feuchtigkeit in Baukonstruktionen analysiert werden kann. Das zerstörungsfreie Messverfahren wird zur Zustandsanalyse von Fundamenten und Kellerwänden, Decken- und Fußbodenkons-

Abb. 6.5 Trocknungsschrank für gravimetrische Feuchtemessung

truktionen sowie im Fassaden- und Flachdachbereich eingesetzt. Außerdem kommt es bei der Leckageortung und der Prüfung von Undichtigkeiten zum Einsatz. Mit der Neutronensonde kann taupunktbedingtes Kondenswasser genauso aufgespürt werden wie eine hohe Restfeuchte oder kapillar aufsteigende Feuchtigkeit.

Bei der Neutronenmessung wird der Untergrund rasterförmig über eine Sonde mit Neutronen mit hoher kinetischer Energie bestrahlt. Treffen diese schnellen Neutronen auf Atome mit geringer Masse (Wasserstoff), werden diese abgebremst und abgelenkt und verursachen dadurch elektrische Impulse. Das Messprinzip basiert darauf, dass in einer speziellen Messeinheit diese Impulse gemessen werden. Wird eine hohe Anzahl abgebremster und abgelenkter Neutronen gezählt, befindet sich im Untergrund ein hoher Feuchtigkeitsgehalt.

Im Gegensatz zur elektrischen Widerstandsmessung können mit der Neutronenmessung je nach Messgerät Bauteilbereiche von 30 bis 40 cm Tiefe erfasst werden. Es ist damit vergleichbar mit der kapazitiven Feuchtemessung. Darüber hinaus kann die Feuchtigkeitsverteilung von knapp 30 cm Durchmesser gemessen werden. Im Gegensatz zu anderen Verfahren werden die Messergebnisse der Neutronensonde durch metallische Gegenstände im Untergrund wie z. B. Bewehrungsstahl nicht beeinflusst.

Die Neutronenmessung kann nur eine qualitative Feuchtigkeitsbestimmung vornehmen. Muss die tatsächliche Baustofffeuchte gemessen und der Durchfeuchtungsgrad bestimmt werden, müssen zusätzliche Feuchtigkeitsmessungen z. B. mit der CM-Methode oder der gravimetrischen Feuchtemessung durchgeführt werden.

Die Auszählung der elektrischen Impulse werden auf eine Digitalanzeige übertragen, so dass die Feuchtigkeitskonzentration grafisch dargestellt wird. Anschließend kann ein Feuchte-Histogramm erstellt werden, so dass die Feuchtigkeitsverteilung in einem Bauteil dreidimensional visualisiert werden kann.

6.3.3 Temperaturmessungen

6.3.3.1 Einleitung

Bei Temperaturmessungen wird zwischen der Luft- und Untergrundtemperatur sowie der Temperatur auf Oberflächen und in Bauteilquerschnitten unterschieden. Letztere Unterscheidung hat im Zusammenhang mit taupunktbedingtem Kondenswasser seine Bedeutung, da Tauwasser sowohl auf Oberflächen als auch innerhalb der Baukonstruktion ausfallen kann. Zur Temperaturmessung werden Kontakt-Messgeräte sowie berührungslose Messgeräte unterschieden.

Das Messprinzip ist relativ einfach: das Messgerät misst die Temperatur seines eigenen Sensors. Deshalb ist wichtig, dass der Fühler den Untergrund möglichst komplett kontaktiert und vollständig auf dem Untergrund aufliegt. Dies erfordert einerseits einen möglichst großen und flachen Fühler und andererseits muss der Fühler möglichst schnell die Temperatur des Untergrundes annehmen, was für eine möglichst geringe Masse des Fühlers spricht. Am besten erfüllen diese Anforderungen so genannte Teller- oder Federbandfühler. Tellerfühler werden bevorzugt bei glatten Oberflächen eingesetzt. Bei rauen Untergründen wie z. B. strukturierten Putzoberflächen werden dagegen Federbandfühler eingesetzt. Wenn die Oberfläche sehr rau ist, kann evtl. der Einsatz einer so genannten „Wärmepaste“ notwendig werden. Bei der Auswertung der Messergebnisse muss immer berücksichtigt werden, dass eine Messung der reinen Materialtemperatur nicht möglich ist, da der Einfluss der Lufttemperatur nicht ausgeschaltet werden kann.

Bei der Messung muss beachtet werden, dass die meisten Geräte nicht sofort auf die Tempera-

Abb. 6.6 Laserpyrometer

tur ansprechen. Daher kann die Zeit, bis sich die Sensoren in dem Gerät an die Umgebung angepasst haben, bis zu 2 min betragen. Dies sollte vor allem in der kälteren Jahreszeit beachtet werden. Messgeräte sollten daher auch nicht über Nacht im Auto gelagert werden. Die Messgenauigkeit liegt je Gerät zwischen 0,5 und 2 °C.

Werden Temperaturmessungen über einen längeren Zeitraum erforderlich, stehen so genannte Plättchen-Fühler zur Verfügung, die auf dem Untergrund fixiert werden. Hierbei muss darauf geachtet werden, dass zwischen Fühler und Untergrund keine Wärmestrahlung und/oder Luftströmung entsteht, da diese das Messergebnis manipulieren können. Um dies zu vermeiden, kann die bereits erwähnte Wärmepaste verwendet werden.

Darüber hinaus gibt es berührungslose Messgeräte (so genannte Laser-Pyrometer), bei denen die Eigenschaft der Infrarotstrahlung (Wellenlänge > 770 nm) ausgenutzt wird. Das Messprinzip basiert auf der physikalischen Gesetzmäßigkeit, dass jeder temperierte Körper oberhalb des absoluten Nullpunkts (null Kelvin = minus 273,15 °C) mehr oder weniger Wärme ausstrahlt. Für die Messtechnik bedeutet dies: Je höher eine Frequenz ist, umso kürzer ist ihre Wellenlänge und umso energiereicher ist ihre Strahlung. Das Messprinzip basiert darauf, diese Strahlung über spezielle Sensoren zu messen. Die Intensität der Strahlung ist ein Maß für die Temperatur der abstrahlenden Oberfläche (siehe Abb. 6.6).

Bei dieser Messmethode muss darauf geachtet werden, ob die Strahlungstemperatur ausschließlich vom zu messenden Körper abgegeben oder ob die Wärmestrahlung von der Umgebung reflektiert und infolgedessen mit erfasst wird. Dieser Einfluss wird über den so genannten Emissionsgrad beschrieben. Weiterhin nimmt der Messpunkt Einfluss auf das Messergebnis. Im Gegensatz zu Thermografiekameras, die den Messbereich permanent abscannen und damit ein Messspektrum erhalten, messen Handgeräte nur einen Punkt. Genau genommen wird aber keine 1-Punkt-Messung durchgeführt, sondern ein kleiner kreisrunder Fleck abgetastet und ein Mittelwert gebildet. Um die Fehlerquelle möglichst klein zu halten, sind hochwertige Messgeräte so aufgebaut, dass innerhalb des Flecks die Konturen erkannt und in der Auswertung des Messergebnisses berücksichtigt werden. Um jederzeit zu wissen, an welcher Stelle gerade Messungen durchgeführt werden, verfügen diese Handgeräte über einen Laserstrahl. Bei der Anwendung ist darauf zu achten, dass die Messung möglichst rechtwinklig erfolgt. Eine Abweichung bis ca. 30° ist zu vernachlässigen. Weiterhin ist wichtig, dass bei der Anwendung das Gerät seitlich vom Körper gehalten wird, damit die reflektierte Körperwärme das Messergebnis nicht manipuliert.

Bei der Bewertung der Messergebnisse muss berücksichtigt werden, dass diese Messmethode nur die Oberflächentemperatur misst. Die Untergrundtemperatur oder Lufttemperatur vor dem Bauteil wird nicht erfasst.

Multifunktionsgeräte messen das gesamte Spektrum von Temperatur und Feuchtigkeit – von der Untergrund- und Lufttemperatur über die Materialfeuchte inklusive Holzfeuchte, absolute und relative Luftfeuchtigkeit bis hin zum Taupunkt. Hinzu können diese Geräte auch die Strömungsgeschwindigkeit und -temperatur erfassen und haben meistens auch ein akustisches Signal integriert, wenn der Taupunkt überschritten wird. Hochwertige Ausführungen beinhalten auch eine integrierte Digitalkamera. Gerade die Kompatibilität mit den verschiedensten Sensoren machen diese Multifunktionsgeräte zu wahren „Experten" unter den Handgeräten.

6.3.3.2 Thermografie

Kaum ein anderes Messverfahren hat in den letzten Jahren derart auf sich aufmerksam ge-

Abb. 6.7 Thermografieaufnahmen verschiedener Wärmebrücken

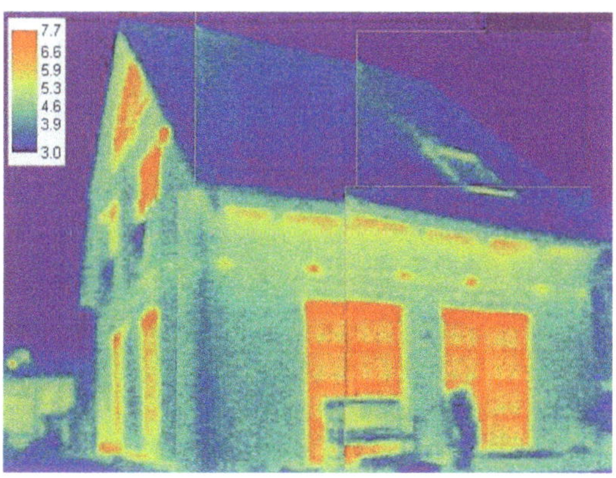

Abb. 6.8 Thermografieaufnahmen verschiedener Wärmebrücken

macht, wie die Thermografie. In der Regel kennt man dieses Verfahren von der wärmetechnischen Untersuchung von Gebäuden in Bezug auf Wärmebrücken im Zusammenhang mit einem unzureichenden Wärmeschutz. Mittlerweile wird die Thermografie für zahlreiche Anwendungsgebiete eingesetzt, u. a. zur Leckageortung oder zur Überprüfung der Wasserdichtigkeit von Abdichtungen oder der Luftdichtigkeit der Gebäudehülle. Einer der großen Vorteile der Thermografie ist, dass es sich um ein kontaktloses und zerstörungsfreies Messverfahren handelt.

Thermografie ist ein bildgebendes Verfahren, um Oberflächentemperaturen anzuzeigen und über Farbspektren zu visualisieren. Man bedient sich hierbei einer intuitiven Darstellung: rot steht für warme Oberflächen oder Energieverlust, während Blau für kalte Oberflächen steht. Die dazwischenliegenden Farbspektren gelb und grün dienen der Visualisierung der Übergangsbereiche. Dabei wird die Intensität der Infrarotstrahlung, die von einem Punkt ausgeht, als Maß für dessen Temperatur gedeutet. In der Bauwerks- und/oder Innenraum-Diagnostik können mit der Thermografieaufnahmen z. B. Wärmeverluste an Wärmebrücken, Undichtigkeiten in wasserführenden Leitungen oder in Abdichtungen, Luftströmungen durch die Gebäudehülle oder innerhalb von Gebäuden u. v. m. sichtbar gemacht werden (siehe Abb. 6.7, 6.8, 6.9, 6.10, 6.11, 6.12, 6.13 und 6.14).

Abb. 6.9 Thermografieaufnahmen verschiedener Wärmebrücken

Hierfür bedient man sich einer Thermografiekamera. Diese wandelt die Infrarotstrahlung, die für Menschen nicht sichtbar ist, in elektrische Signale um und erzeugt ein Bild, das in so genannten Falschfarben (selten in Graustufen) dargestellt wird. Auch wenn es Parallelen gibt, darf eine Thermografiekamera nicht mit einer Wärmebildkamera verwechselt werden. Denn eine Thermografiekamera kann mit ihrer Kalibrierung aus der Intensität der vorgefundenen Infrarotstrahlung auf die Oberflächentemperatur eines zu bewertenden Objektes schließen. Die Thermografie wird in passive und aktive Verfahren unterschieden. Bei

Abb. 6.10 Thermografieaufnahmen verschiedener Wärmebrücken

Abb. 6.11 Thermografieaufnahmen verschiedener Wärmebrücken

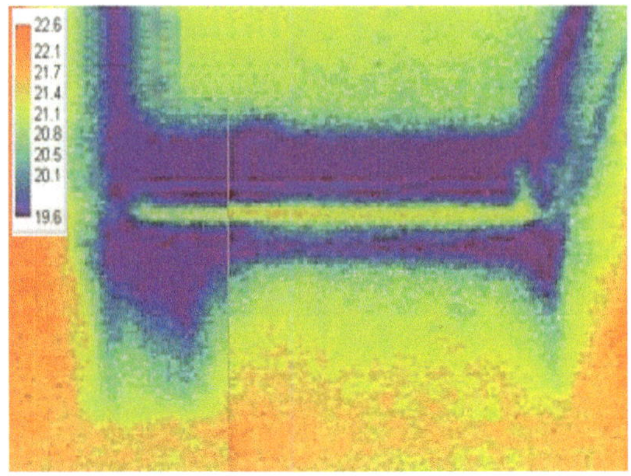

Abb. 6.12 Thermografieaufnahmen verschiedener Wärmebrücken

Abb. 6.13 Thermografieaufnahmen verschiedener Wärmebrücken

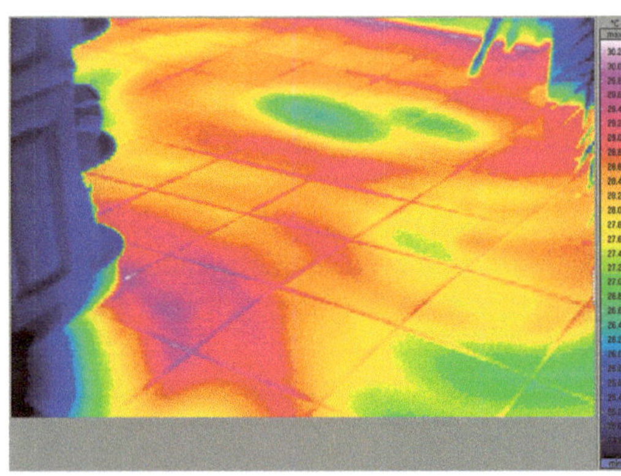

Abb. 6.14 Thermografieaufnahmen verschiedener Wärmebrücken

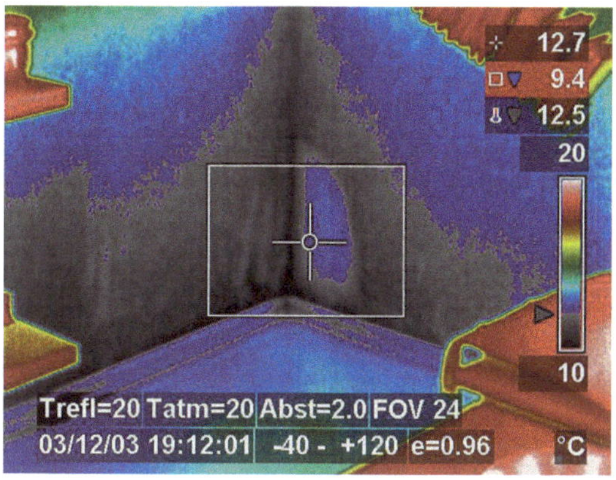

Abb. 6.15 Taupunktvisualisierung mittels Thermografie

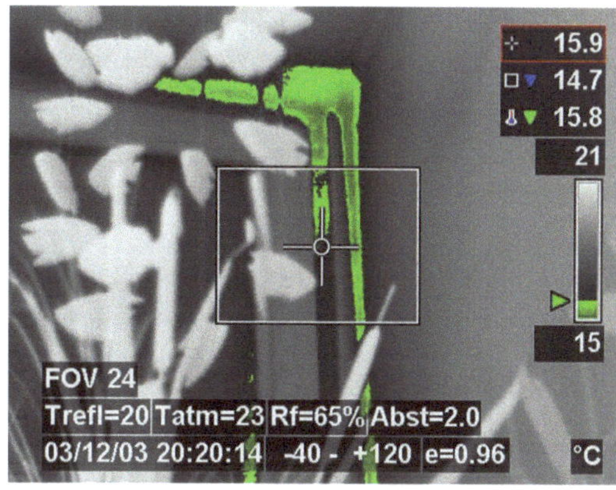

Abb. 6.16 Taupunktvisualisierung mittels Thermografie

der passiven Thermografie werden Temperaturunterschiede einer Bauteiloberfläche wie z. B. an Wärmebrücken umgebungsbedingt gemessen, während bei der aktiven Thermografie das zu messende Bauteil thermisch angeregt wird (so genannte Impulsthermografie).

Die Thermografie beruht auf dem Messprinzip, dass jeder temperierte Körper oberhalb des absoluten Nullpunkts (null Kelvin = minus 273,15 °C) Wärme ausstrahlt – auch Emissionsgrad genannt. Bekanntlich handelt es sich bei dem für das menschliche Auge sichtbare Licht um den Bereich der elektromagnetischen Strahlung, der eine Wellenlänge von 380 bis 780 nm besitzt. Das Licht ist hierbei eine Mischung unterschiedlicher Wellenlängen. Wird es durch ein Prisma gebrochen, werden die polychromatischen (mehrfarbigen) Lichtstrahlen in seine monochromatischen (einfarbigen) Bestandteile zerlegt. Die elektromagnetische Strahlung unterhalb der für den Menschen sichtbaren Frequenzen bzw. niedrigeren Wellenlängen werden als Ultraviolettstrahlung (UV-Licht) bezeichnet – die mit höheren Wellenlängen (oberhalb rot) werden als Infrarotstrahlung (IR-Strahlung) bezeichnet. Hierbei handelt es sich um elektromagnetische Wellen im Spektralbereich zwischen sichtbarem Licht und der langwelligeren Mikrowellenstrahlung. Der Wellenbereich der für eine Thermografiekamera geeigneten Infrarotstrahlung liegt zwischen 0,7 bis 1000 μm. Der Vorteil liegt darin, dass in diesem Wellenbereich der Einfluss von Sonneneinstrahlung und Licht geringer ist als im kurzwelligeren Bereich. Die in Bauwerks- und Innenraumdiagnostik eingesetzten Kameras haben in der Regel einen Wellenlängenbereich von 5 bis 25 μm und können Temperaturen von −20 °C bis über 250 °C erfassen mit einer Kalibrierung, mit der Temperaturunterschiede von weniger als 0,1 °C messbar sind (siehe Abb. 6.15 und 6.16).

Mittlerweile hat die Auflösung einer Thermografiekamera die Bildqualität einer Digitalkamera erreicht. Dies vereinfacht die nachträgliche Zuordnung von Thermografieaufnahmen zum realen Bild. Außerdem werden Thermografiekameras angeboten, in denen eine Videokamera eingebaut ist und die sehr langsame Strömungen nachweisen können, so dass auch bewegte Bilder aufgenommen werden können. Somit können z. B. konvektive Luftströmungen nachgewiesen werden. Einige Thermografiekameras besitzen eine Taupunktberechnung in Echtzeit und können somit taupunkttypische Bauteilbereiche anzeigen. Spezielle Thermografiekameras sind in der Lage, einen nicht sichtbaren Schimmelpilzbefall zu messen, da bei einem intensiven Stoffwechsel von Mikroorganismen ein Temperaturunterschied von max. 1 °C entstehen kann.

Grundvoraussetzung für den Einsatz einer Thermografiekamera z. B. einer Gebäudehülle ist, dass ein durch Temperaturunterschiede erzwungener, zeitlich konstanter Wärmestrom fließt. Dieser erzeugt durch die unterschiedlichen Wärmewiderstände der durchströmten Bauteile lokal unterschiedliche Oberflächentemperaturen, die von der Thermografiekamera erfasst werden. Um dies sicherzustellen, müssen einige Rahmenbedingungen wie z. B. große Temperaturunterschiede zwischen innen und außen gegeben sein. Daher sind für das Thermografieren besonders kalte Tage ideal. Grundsätzlich kann das Thermografieren zu jeder Tageszeit erfolgen, solange es nicht zu hell ist. Deshalb sind die frühen Morgen- sowie Abendstunden für Thermografieaufnahmen ideal. Ideal ist ebenfalls die Durchführung bei einem völlig bewölkten Himmel, da Abstrahlungs- sowie Abschattungseffekte vernachlässigt werden können. Wesentliche Voraussetzungen für das thermografieren sind eine Temperaturdifferenz von mindestens 15 °C (z. B. innen 20 °C und außen 5 °C). Außerdem dürfen die Temperaturen in den letzten 12 h vor dem Messzeitpunkt keine größeren Schwankungen aufweisen, um quasi stationäre Bedingungen vorzufinden. Weitere Empfehlungen finden sich z. B. in den Richtlinien des Bundesverbandes für Angewandte Thermografie e. V. sowie den Normen DIN 54190 und EN 13187.

Für eine ordnungsgemäße Thermografieaufnahme spielt der kalibrierte Emissionsgrad eine wesentliche Rolle. Dieser hat als das Maß für das Abstrahlungsvermögen von Materialien einen entscheidenden Einfluss auf die Messgenauigkeit. Je größer die Differenz der Messobjekttemperatur zur Umgebungstemperatur (Störstrahlung) und je kleiner der Emissionsgrad ist, desto größer werden die Fehler, wenn keine Korrektur vorgenommen wird. Für eine ordnungsgemäße Auswertung der Messergebnisse ist zudem eine Dokumentation der Durchführung unumgänglich, da die zum Zeitpunkt der Messung vorherrschenden Rahmenbedingungen nachvollziehbar und ggf. zu einem späteren Zeitpunkt reproduzierbar sein müssen. Schließlich sind die Umgebungsbedingungen zum Zeitpunkt des Thermografierens immer nur eine Momentaufnahme. Deshalb sollten die abgebildeten Temperaturunterschiede im Thermogramm dokumentiert werden.

6.3.4 Raumklimatische Messungen

6.3.4.1 Einleitung

Unter raumklimatischen Messungen wird oftmals nur das Aufstellen eines Hygrometers über einen längeren Zeitraum verstanden. Dies reicht allerdings nicht aus, da das Raumklima in Innenräumen nicht nur durch die Lufttemperatur und Luftfeuchtigkeit bestimmt wird. Raumklimatische Messungen orientieren sich deshalb an allen klimatechnischen Einflussfaktoren, die das subjektive Wohlbefinden des Menschen beeinflussen – besser bekannt unter dem Begriff Behaglichkeit. Diese subjektive Wahrnehmung basiert neben psychischen Aspekten und einem persönlichen Empfinden vor allem auf physikalischen Kenngrößen, die man messen kann. Dennoch ist die Behaglichkeit in erster Linie ein individuelles Empfinden. Raumklimatische Messungen können nur unterstützen, diese subjektive Wahrnehmung durch objektive Kennziffern aufgrund von Erfahrungswerten und empirischen Studien zu unterstützen. Denn erfahrungsgemäß kann man Innenräume schaffen, in denen sich die meisten Menschen wohl fühlen.

Hierzu gehört neben der bereits erwähnten Temperatur der Raumluft auch die Temperatur der Wandoberflächen, da der Mensch mit den ihn umgebenden Flächen im Wärmestrahlungsaustausch steht (thermische Behaglichkeit). Neben der bereits erwähnten relativen Luftfeuchtigkeit gehört zu den klimatechnischen Einflussfaktoren auch die Luftbewegung in Innenräumen, da diese unangenehme Zugluft auslösen kann. Hinzu kommt die Raumluftqualität, die sauerstoffreich, geruchsneutral und frei von Schadstoffen oder Staub bzw. Schimmelpilzsporen sein sollte und ebenfalls gemessen werden kann. Die Luftqualität kann u. a. über die Messung des CO_2-Gehaltes sowie der Messung der Luftwechselrate bestimmt werden (siehe Abb. 6.17, 6.18, 6.19).

Die Behaglichkeit in Innenräumen ist ein komplexes Zusammenwirken vieler Parameter und individueller Einflussfaktoren. Schließlich trägt der Mensch selbst durch seine Anwesenheit, Aktivität und Aufenthaltsdauer in Innenräumen zum Raumklima bei. Dennoch können raumklimatische Messungen dazu beitragen, ein Raumklima zu charakterisieren bzw. dessen objektive Beurteilung zu ermöglichen. Hierzu ist es notwendig, dass die Messungen über einen längeren Zeitraum durchgeführt werden. Dieser Zeitraum liegt bei mindestens zwei Wochen und max. drei Monaten und sollte repräsentativ sein (Jahreszeit, Belegungsdichte, Feuchteproduktion etc.).

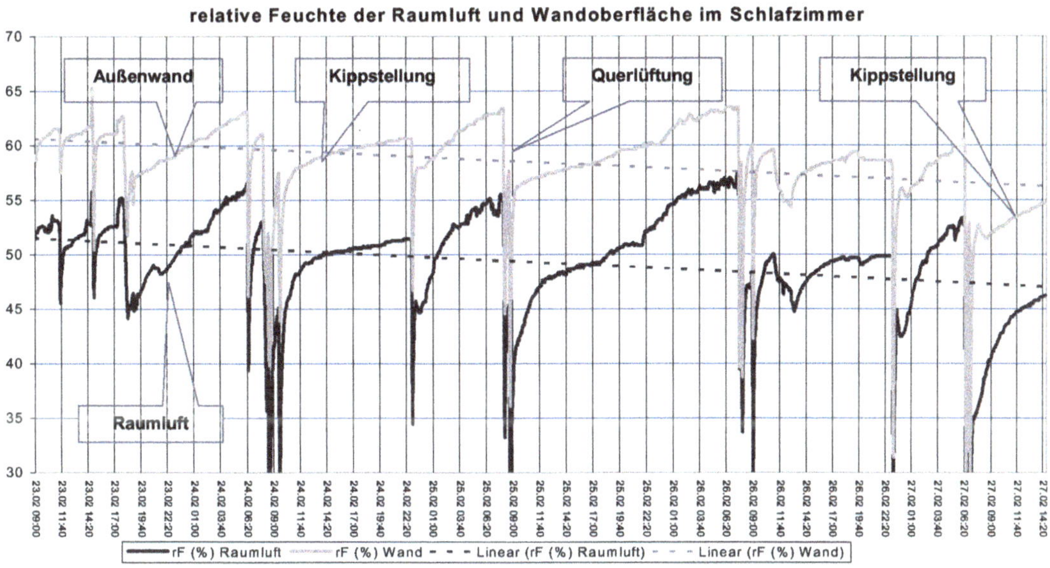

Abb. 6.17 Aufzeichnungen raumklimatischer Messungen und dem Einfluss durch Lüftung auf Raumklima und Schadstoffe

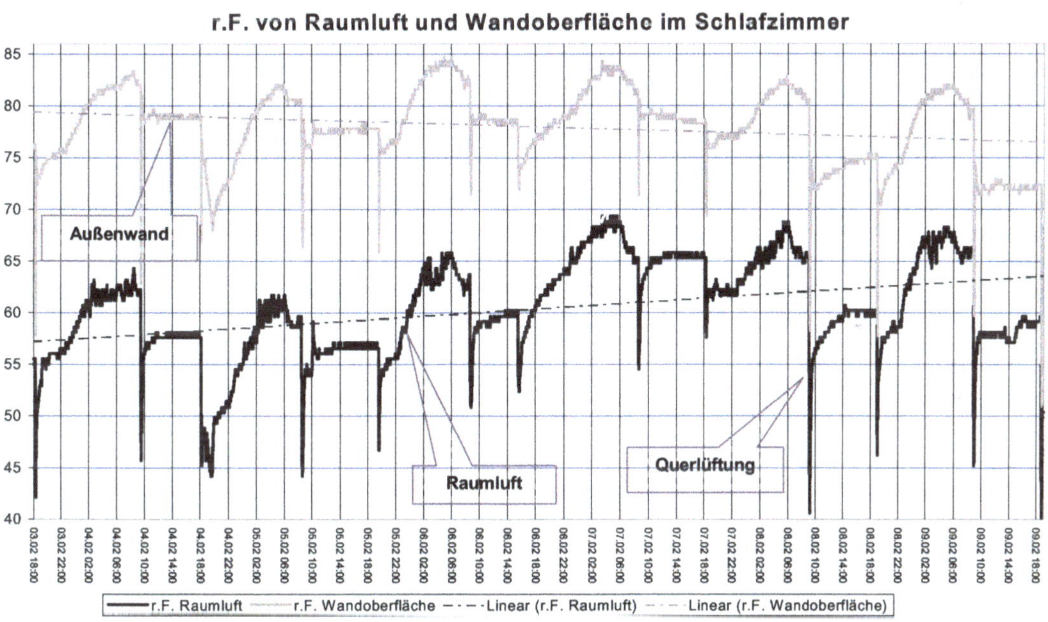

Abb. 6.18 Aufzeichnungen raumklimatischer Messungen und dem Einfluss durch Lüftung auf Raumklima und Schadstoffe

6.3.4.2 Raumklima-Datenlogger

Raumklimatische Messungen der Lufttemperatur, Luftfeuchtigkeit, der Temperatur der Wandoberflächen oder der Luftbewegung in Innenräumen sind immer nur Momentaufnahmen und dienen in erster Linie dazu, die Entstehung von taupunktbedingtem Kondenswasser nachzuweisen. Dies bedeutet, dass der individuelle Ist-Zustand zu diesem Zeitpunkt gemessen wird. Die Wahrscheinlichkeit, dass die raumklimatischen

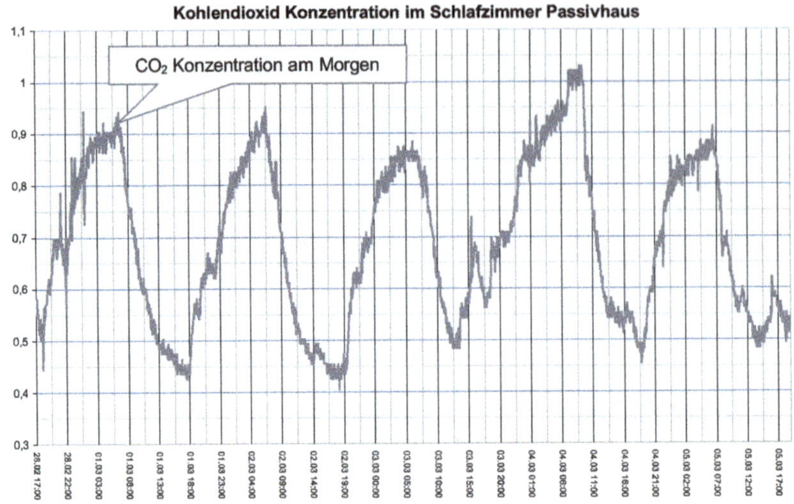

Abb. 6.19 Aufzeichnungen raumklimatischer Messungen und dem Einfluss durch Lüftung auf Raumklima und Schadstoffe

Bedingungen für Tauwasser genau zu dem Zeitpunkt vorliegen, wenn der Sachverständige seine Messungen durchführt, ist theoretisch zwar gegeben, aber statistisch eher unwahrscheinlich. Denn Tauwasser an Wärmebrücken fällt je nach klimatischen Raumbedingungen in der Regel in den frühen Morgenstunden (zwischen 2 bis 7 Uhr) aus und somit nicht an den typischen Uhrzeiten, wenn der Sachverständige vor Ort Untersuchungen durchführt. Infolgedessen müssen die hygro-thermischen Einflussfaktoren über einen längeren Zeitraum gemessen werden. Der Sachverständige spricht dann von Messreihen. Hierzu gibt es zwei Möglichkeiten:

- die persönliche Messung durch einen Sachverständigen an vorher definierten Tagen und Uhrzeiten oder
- der Einsatz eines Datenloggers, besser bekannt unter dem Begriff Hygrometer.

Das Problem bei der persönlichen Messung durch den Sachverständigen besteht darin, dass dieser seine Messungen nicht unangemeldet durchführen kann. Dies führt neben einem erhöhten Zeit- und Kostenaufwand sowie erheblichen Abstimmungsbedarf zu einem weiteren Problem: Individuell vereinbarte Termine „erinnern" den Mieter daran, durch Lüften und/oder Heizen ein ideales Raumklima zu schaffen. Damit wären die anschließenden Messergebnisse allerdings nicht repräsentativ.

Daher empfiehlt sich das Aufstellen von Datenloggern, mit denen das Wohnverhalten (Lüften und Heizen) der Mieter über einen längeren Zeitraum automatisch „analysiert" werden. Spezielle Sensoren messen die hygro-thermischen Daten wie Lufttemperatur und relative Luftfeuchte der Außen- und Innenluft, um eine Temperatur- und Feuchtedifferenz zwischen dem Außen- und Innenraumklima nachweisen zu können. Die meisten Geräte messen zudem die Oberflächentemperatur und -feuchtigkeit an taupunktgefährdeten Bauteilen, den so genannten Wärmebrücken, und geben ein akustisches Signal, wenn der Taupunkt erreicht wird. Einige Datenlogger erfassen auch die Häufigkeit und Dauer der Lüftung (oder alternativ die Funktionalität der Lüftungsanlage), so dass das Lüftungsverhalten (Lüftungszyklen) durch Messwerte objektiv sichtbar gemacht werden. Einige Datenlogger messen auch die Luftbewegungen (Strömungsgeschwindigkeit) in den Innenräumen oder an kritischen Bauteilöffnungen, andere wiederum den Kohlendioxidgehalt und/oder Staub in der Raumluft. Im Einzelfall kann es sinnvoll sein, im Außenbereich zusätzlich Windrichtungs- und Winddruckmessgeräte zu installieren.

Um repräsentative Ergebnisse zu erhalten, muss der Zeitraum mindestens zwei Wochen, besser bis zu vier Wochen, betragen. Messreihen über drei Monate hinaus machen in der Regel keinen Sinn. Die Messintervalle liegen in einem Spektrum von einer Minute bis sechs Stunden. Die Messergebnisse können als Tabellenwerte oder Messdiagramm dargestellt werden. Die meisten Datenlogger verfügen über eine Schnittstelle zu einem PC oder Smartphone und können die Auswertung visuell anzeigen. Somit kann grafisch dargestellt werden, ob z. B. Tauwasser nur an bestimmten Tagen und/oder Uhrzeiten und vor allem bei welchen klimatischen Bedingungen ausfällt. Außerdem zeigen die Datenlogger an, ob hierfür eine zu hohe Luftfeuchtigkeit (nutzungs- oder lüftungsbedingt) oder zu niedrige Temperaturen ursächlich sind. Je nach Ausstattung des Datenloggers kann ein Mindest- oder Maximalwert an Feuchtigkeit und/oder Temperatur eingestellt werden, damit man über eine Push-Nachricht auf dem Smartphone benachrichtigt wird.

Die Datenlogger werden zunächst in den schimmelpilzbelasteten Innenräumen aufgestellt. Sollten weitere Geräte verfügbar sein, werden diese in den schimmelpilzgefährdeten Innenräumen verwendet. In der Regel werden die Datenlogger im Schlafzimmer und Kinderzimmer aufgestellt. Die Datenlogger sollten in der Regel in einer Höhe von 1 bis 1,50 m und mit einem Mindestabstand von 50 cm von Ecken und Laibungen entfernt installiert werden. Die Positionierung hat vor allem mit dem Behaglichkeitsfeld in Innenräumen zu tun. Außerdem ist ein ausreichender Abstand der Datenlogger von übermäßig hygroskopisch oder absorptiv wirkenden Oberflächen wichtig. Datenlogger dürfen logischerweise auch nicht verstellt oder abgedeckt werden. Im Gegensatz dazu darf wiederum keine direkte Sonneneinstrahlung auf den Datenlogger erfolgen.

Der Zeitraum für die Messreihen muss repräsentativ sein. So sollten Zeiträume vermieden werden, die zwar nicht stören und nicht als „lästig“ empfunden werden wie z. B. ferienbedingte Abwesenheit, dafür aber untypisch für das Raumklima sind. Gleiches gilt im umgekehrten Fall, wenn sich an Feiertagen die Anzahl der Menschen besuchsbedingt in den Innenräumen erhöht.

Raumklimatische Messungen über einen längeren Zeitraum mittels Datenlogger sind unter Experten nicht unumstritten. Denn Kritiker dieser „Fernmessung“ gehen davon aus, dass Mieter ihr Wohnverhalten und insbesondere das Lüften deutlich verändern, wenn Hygrometer in den Innenräumen aufgestellt und somit ihre Gewohnheiten „analysiert“ werden. Hinzu kommt, dass die Ursachen für das Aufstellen der Datenlogger immer in der Vergangenheit liegen und nicht in der Gegenwart oder Zukunft. Außerdem dokumentieren diese Datenlogger nur die Existenz der physikalischen Kennwerte. Einen Hinweis auf die Ursache(n) liefern sie nicht. Soll heißen: Auch wenn ein Datenlogger hohe Luftfeuchtigkeit erfasst und gleichzeitig zu wenig gelüftet wird, kann die Ursache für einen Schimmelpilzbefall dennoch in baulichen Mängeln liegen. Dies muss bei der Interpretation der Messergebnisse unbedingt berücksichtigt werden.

Befürworter dieser Messmethode sehen wiederum in ihnen eine elementare Grundlage, um das Lüftungsverhalten über einen längeren Zeitraum objektiv zu erfassen. Sie stehen auf dem Standpunkt, dass Menschen ihre Gewohnheiten nicht grundlegend ändern können und selbst wenn, nach einiger Zeit wieder in ihre alten Gewohnheiten zurückfallen. Dies kann über die Positionierung des Datenloggers gesteuert werden, indem dieser u. a. nicht im Sichtfeld der Bewohner platziert wird.

Raumklimatische Messungen mittels Datenlogger sollten nicht als einseitige Überwachung des Vermieters gegenüber dem Mieter gesehen werden. Denn der Nachweis über das Lüften und Heizen durch Langzeitmessung sind für Vermieter und Mieter gleichermaßen interessant – auch ohne Rechtsstreitigkeiten. In vielen Fällen setzen Mieter diese Geräte präventiv ein, um eine zu hohe Luftfeuchtigkeit zu vermeiden.

Sollten sich Vermieter und Mieter dennoch schon im außergerichtlichen Rechtsstreit befinden, sind raumklimatische Messungen mittels Datenlogger in der Regel als alleiniger Beweis eher ungeeignet. Sie können ergänzende Informationen und Indizien liefern oder eine These unterstützen – nicht mehr und nicht weniger. Im Endeffekt muss der Sachverständige wissen, wie mit den Ergebnissen richtig umzugehen und wie die Erkenntnisse daraus richtig zu bewerten sind.

Der Nutzer muss ausdrücklich und schriftlich einer „Überwachung" der Räumlichkeiten, einer „Analyse" seines Wohnverhaltens und der späteren Nutzung der Daten zustimmen. Immer mehr Gerichte entscheiden zu Gunsten des Vermieters, dass Mieter die Installation derartiger Geräte zu dulden haben, wenn sie der Ursachenfindung von Feuchtigkeitsschäden und Schimmelpilzbefall dienen (u. a. LG Augsburg, Beschluss vom 17.12.2004, 7 S 3173/04).

6.3.4.3 CO_2-Messungen

Die Behaglichkeit in Innenräumen wird durch ein komplexes Zusammenwirken vieler und individueller Einflussfaktoren bestimmt. Schließlich trägt der Mensch selbst durch seine Atmung und Ausdünstung zu den Verunreinigungen in der Innenraumluft bei und bestimmt durch seine Anwesenheit, Aktivitäten und Aufenthaltsdauer in Innenräumen das Raumklima wesentlich mit. Als Abbauprodukt der menschlichen Atmung spiegelt der Kohlendioxidgehalt der Innenraumluft die Anwesenheit eines oder mehrerer Menschen in einem Raum und die Intensität seiner Nutzung wider. Der Anstieg der Kohlendioxidkonzentration in der Raumluft korreliert mit dem Anstieg der Geruchsintensität menschlicher Ausdünstungen.

Kohlendioxid (CO_2) ist ein farbloses Gas und in niedrigen Konzentrationen geruchlos. Bei hohen Konzentrationen wird CO_2 durch einen scharfen bis sauren Geruch wahrgenommen. Die Konzentration von Kohlendioxid in der Raumluft wird in der Regel in ppm (parts per million) angegeben. 1000 ppm CO_2 entsprechen demnach 1 Volumenpromille (Vol.‰) oder 0,1 Volumenprozent (Vol.%) oder 1,83 g CO_2 pro Kubikmeter Luft.

In privat genutzten Innenräumen wird die CO_2-Konzentration im Wesentlichen von der Anzahl und Aktivität sowie Aufenthaltsdauer von Personen im Innenraum, dem Raumvolumen, evtl. Verbrennungsvorgängen (Herd, Kamin, Ofen sowie Kerzen und Tabakwaren) im Innenraum und dem Luftwechsel bzw. Außenluftvolumenstrom beeinflusst. Für einen raschen Anstieg der CO_2-Konzentration in Innenräumen ist in der Regel die Anwesenheit von vielen Menschen in relativ kleinen Räumen bei einem geringen Luftwechsel verantwortlich. Kritische CO_2-Konzentrationen treten in der Regel zusammen mit anderen Luftverunreinigungen, insbesondere Geruchsstoffen u. a. aus Schweiß oder Kosmetika, auf.

Mit einer Konzentration von ca. 400 ppm (dies entspricht 0,04 %) ist Kohlendioxid ein natürlicher Bestandteil der Luft. Hierbei handelt es sich um einen Durchschnittswert. In ländlichen Regionen liegt die Konzentration im Durchschnitt bei 350 ppm, für kleine Städte werden 375 ppm und für große Städte 410 ppm angesetzt. In Stadtzentren und Ballungsräume können die Konzentrationen bis zu 500 ppm betragen. Unterschiede gibt es zudem in der Sommermessperiode gegenüber Messungen im Winter. Die CO_2-Konzentration in privat genutzten Innenräumen schwankt in veröffentlichten Untersuchungen mit 300 bis 4000 ppm. Unterschiede zeigen sich im Schlaf- und Kinderzimmer im Vergleich zu allen anderen Innenräumen in Abhängigkeit zum baulichen Zustand (Dichtigkeit der Fenster).

Auch wenn es Parallelen zu Innenräumen in Schulen und Kindertagesstätten, Büroräumen und dem Innenraum von Verkehrsmitteln gibt, müssen diese separat betrachtet werden.

Die ausgeatmete Luft eines Menschen weist einen CO_2-Gehalt von ca. 40.000 ppm auf. Deshalb können in unzureichend gelüfteten Innenräumen je nach Raumvolumen, Anzahl von Menschen und deren Aktivitäten Konzentrationen von bis zu 5.000 ppm gemessen werden. Die Folge können Müdigkeit, Konzentrationsstörungen, Kopfschmerzen, Abnahme der Leistungsfähigkeit sowie Unwohlsein im Allgemeinen sein.

Für die CO_2-Konzentration in privat genutzten Innenräumen gibt es keine gesetzlichen Regelungen. Die EN 13779 teilt die Luftqualität von Innenräumen in vier Stufen ein, die als gesundheitlich-hygienische Orientierungswerte gelten (siehe Tab. 6.2):

Das Umweltbundesamt empfiehlt bereits bei der Überschreitung der CO_2-Konzentration von 1.000 ppm, Innenräumen frische Luft zuzuführen. Dieser Wert gilt insbesondere in Bezug auf

Tab. 6.2 CO_2-Konzentration lt. DIN EN 13779

CO_2-Konzentration	Bewertung
≤ 800 ppm	Gut
≤ 1.000 ppm	Akzeptabel
≤ 1.400 ppm	Mäßig
> 1.400 ppm	Schlecht

mögliche Körpergerüche als ein Indikator für inakzeptable Lüftungsraten. In der DIN 1946 hingegen wird im Teil 2 ein hygienischer Beurteilungswert von 1500 ppm genannt, allerdings nur für Innenräume mit einer automatischen Wohnungslüftung (RLT-Anlage). In der TRGS 900 wird die Maximale Arbeitsplatz-Konzentration (MAK-Wert) mit 9100 mg/m^3 angegeben; dies entspricht ca. 5.000 ppm. Die DIN EN 13779 „Lüftung von Nichtwohngebäuden" hält dagegen eine differenzierte Bewertung der Kohlendioxidkonzentration in der Innenraumluft für notwendig und hat vier Kategorien eingeführt. Grundlage hierfür ist die Kohlendioxidkonzentration in der Raumluft, vermindert um die Kohlendioxidkonzentration in der Außenluft – also ein ähnlicher Ansatz, wie er auch bei der Schimmelpilzkonzentration Anwendung findet.

Hinweise für die Messung der Kohlendioxidkonzentration in Innenräumen enthält u. a. die VDI-Richtlinie 43009. Sie definiert, welche Messbedingungen bei welchem Untersuchungsziel einzuhalten sind. Hierbei sollen die Messungen unter üblichen Nutzungsbedingungen und mit der üblichen Belegungsdichte (Anzahl Menschen, die den Raum in der Regel nutzen) erfolgen in einer Höhe von 1,5 m und einem Abstand von mindestens ein bis zwei Meter von den Oberflächen der Umgebungswände. Wichtig ist, dass die Messung nicht in unmittelbarer Nähe zu Menschen erfolgt, um das Messergebnis nicht durch direkt ausgeatmete Luft der betreffenden Person beeinflusst wird. Als Mindestabstand wird ein Meter empfohlen.

Für die Messung der Kohlendioxidkonzentration in Innenräumen kommen unterschiedliche CO_2-Sensoren zum Einsatz wie z. B. Halbleiter-Sensoren, elektrochemische Sensoren oder Infrarot-Sensoren. Einige dieser Datenlogger werden auch als CO_2-Ampel bezeichnet, da sie über eine Farbskala von Rot über gelb bis grün den Zustand der Innenraumluft anzeigen. In den meisten Fällen erfolgt die CO_2-Messung mit Infrarotlicht. Hierfür wird die so genannte nicht-dispersive Infrarotspektroskopie (NDIR) verwendet. Das Messprinzip beruht dabei auf der Eigenschaft von Kohlendioxid, Infrarotstrahlen auf unverwechselbare Weise zu absorbieren. Spezielle IR-Sensoren können diese erkennen und von anderen Gasen unterscheiden. Hierfür wird die IR-Strahlung durch eine mit der Raumluft gefüllten Messkammer zum Sensor geleitet. Ein vorgeschalteter Filter lässt nur die charakteristische Wellenlänge von CO_2 durchdringen. Anhand der ankommenden Lichtintensität wird die CO_2-Konzentration ermittelt. Der CO_2-Sensor funktioniert prinzipiell wie ein Zwei-Strahl-Photometer.

Alternativ wird die Photoakustische Spektroskopie (PAS) eingesetzt. Hierbei handelt es sich um ein physikalisches Messverfahren, bei dem die periodischen Temperatur- und Dichteschwankungen mit einem Mikrofon aufgenommen und darüber die Molekülanteile in der Luft bestimmt werden.

Die Messintervalle liegen je nach CO_2-Sensor in einem Spektrum von zehn Sekunden bis zwei Minuten. Die Messergebnisse können als Tabellenwerte oder Messdiagramm dargestellt werden. Die meisten Datenlogger verfügen über eine Schnittstelle zu einem PC oder Smartphone und können die Auswertung visuell anzeigen. Somit kann grafisch zum einen dargestellt werden, wann ein kritischer Bereich erreicht wurde und gelüftet werden muss und zum anderen der zeitliche Verlauf über einen längeren Zeitraum abgebildet werden.

6.3.4.4 Messungen der Luftströmungen

Neben der Lufttemperatur und Luftfeuchtigkeit sowie Wärmestrahlung von Wandoberflächen wird die Behaglichkeit in Innenräumen wesentlich durch Luftströmungen beeinflusst. Gerade Zugluft wird durch Menschen als sehr unangenehm empfunden – je nachdem, wo und wie stark diese wahrgenommen wird. Durch entsprechende Messmethoden kann man Luftströmungen erfassen und aufgrund von Erfahrungswerten bewerten.

Für die Messung werden so genannte Anemometer eingesetzt. Der Begriff setzt sich aus dem altgriechischen anemos (Wind) und métron (Maß) zusammen. Diese Windmesser sind der Gattungsbegriff für verschiedene Messgeräte zur lokalen Erfassung der Geschwindigkeit eines Strömungsfeldes. Im Rahmen der Bauwerks- und Innenraumdiagnostik werden Anemometer entweder im Raum oder an bekannten Bauteilöffnungen oder an Leckagen eingesetzt. Hierzu werden Anemometer mit Teleskopsonden mit Sensoren ausgestattet, so dass man auch in kleine Hohlräume eindringen und die Luftströmungen innerhalb von Baukonstruktionen messen kann, was insbesondere bei konvektiven Leckagen sehr hilfreich ist. Die klassischen Flügelradanemometer sind für diese Anwendung zu unempfindlich und können nicht eingesetzt werden (siehe Abb. 6.20).

Für Messungen in Innenräumen kommen nur thermische Anemometer zum Einsatz, die auch als Hitzdraht- oder Hitzkugelanemometer bezeichnet werden. Thermische Anemometer liefern neben der Strömungsgeschwindigkeit auch die Lufttemperatur mit, aus der eine Beurteilung vorgenommen werden kann. Diese Messgeräte besitzen ein Sensorelement, das elektrisch beheizt wird und dessen elektrischer Widerstand von der Temperatur abhängt. Der Hitzdraht besteht aus Platin, Nickel, Wolfram sowie unterschiedlichen Legierungen und hat einen Durchmesser von 2,5 bis 10 µm. Dieser beeinflusst die Leistung der thermischen Anemometer. Je dünner der Draht ist, umso höhere Frequenzen können damit erfasst werden. Gleichzeitig erhöht sich die mechanische Empfindlichkeit.

Durch die Luftströmung findet ein Wärmetransport in das Strömungsmedium statt, der sich mit der Strömungsgeschwindigkeit verändert. Die Geschwindigkeit kann zeitlich sehr hoch auflösend gemessen werden, in der Regel im Bereich von 5 bis 10 kHz. Unterschieden werden Ein-Sensor-Hitzdraht-Anemometer, mit denen nur eindimensionale Strömungen erfasst werden können sowie Zwei-Sensor-Hitzdraht-Anemometer, mit denen auch zweidimensionale Strömungen erfasst werden können. Für die Messung von Luftströmungen im Raum kommen Drei- bzw. Vier-Sensor-Hitzdraht-Anemometer zum Einsatz. Spezielle Differenzial-Hitzedraht-Anemometer können aufgrund von zwei nah beieinander liegenden Heizdrähten die Schallwellen messen,

Abb. 6.20 Darstellung eines Flügelradanemometers

so dass auch akustische Wirkungen von Luftströmungen erfasst werden können.

Die Fehlertoleranz bei diesen Messgeräten liegt bei unter 1 %. Allerdings sind die Sonden sehr empfindlich gegen Verschmutzung, was den Wärmefluss hemmt und somit die Geschwindigkeit reduzieren kann. In diesem Fall muss der Draht gereinigt und neu kalibriert werden.

Mit der Messung von Luftströmungen soll die subjektive Wahrnehmung von Menschen durch objektive Messdaten verglichen werden. Diese sollen Aufschluss darüber geben, ob die vorhandenen Luftbewegungen aufgrund von Vergleichsdaten und Erfahrungswerten allgemein als störend eingestuft werden können oder diese durch eine mögliche Sensibilisierung (Überempfindlichkeit) des Bewohners hervorgerufen werden. Die Herausforderung liegt daher nicht in den Messungen selbst, sondern in der Interpretation der Messergebnisse.

Luftbewegungen werden wahrgenommen, wenn sie eine Strömungsgeschwindigkeit von 0,5 m pro Sekunde überschreiten. Als störend werden diese Luftbewegungen empfunden, wenn die Strömungsgeschwindigkeit 2 bis 3 m/s überschreitet. Hinzu kommt, dass neben den subjektiven Wahrnehmungen durch Menschen auch das Zusammenspiel der physikalischen Kennwerte bewertet werden muss. So spielt z. B. die Temperatur der eintretenden Luft eine wichtige

Rolle. Allgemein gilt ein Temperaturunterschied von mehr als 6 °C beim Eintritt als unbehaglich, bei mehr als 10 °C wird dieser als unangenehm wahrgenommen. Diese Erfahrungswerte werden zusätzlich von der Lage der Leckage in Abhängigkeit von der Nutzung im Raum beeinflusst. Wenn sich Menschen in unmittelbarer Nähe zur Leckage befinden und z. B. in Ruhehaltung sind (z. B. während des Schlafens) und/oder unbekleidet sind (z. B. in der Dusche) werden bereits kleinere Luftströmungen als unangenehm wahrgenommen. Weitere Erfahrungswerte liegen zur Geometrie der Leckstelle vor. Wenn Luftströmungen durch punktuelle oder schlitzartige Leckstellen in Zugluft umgewandelt werden wie z. B. an Fenster und unter Türen oder am Spülkasten von Toiletten, verstärkt sich die unangenehme Wahrnehmung.

Um Fehler bei der Messung zu vermeiden, darf der Fühler nicht direkt mit dem Bauteil in Berührung kommen. Die starke Abkühlung würde eine stärkere Strömungsgeschwindigkeit anzeigen, als tatsächlich vorliegt. Außerdem sitzen bei den meisten Geräten die Thermofühler am unteren Ende der Sensoren, so dass diese nicht mit der Hand umschlossen werden dürfen.

Messungen von Luftbewegungen bzw. -strömungen an Undichtigkeiten dürfen nicht mit Messungen der Luftdichtigkeit in der Gebäudehülle verwechselt werden. Hierfür wird z. B. der so genannte Blower-Door-Test durchgeführt.

6.3.5 Luftdichtigkeitsmessung („Blower-Door-Test")

Eine luftdichte Gebäudehülle stellt sicher, dass keine Wärmeverluste entstehen und somit Energieeffizienz und Wohnkomfort erhalten bleiben bzw. gesteigert werden. Hierbei müssen zwei unterschiedliche Aspekte betrachtet werden: die Transmissionswärmeverluste durch die Gebäudehülle und die Lüftungswärmeverluste. Während die Transmissionswärmeverluste in den vergangenen Jahren durch die Verbesserung der Dämmmaterialien kontinuierlich reduziert werden konnten, ist der prozentuale Anteil der Lüftungswärmeverluste an der Gesamtbilanz stark angestiegen. Um diese zu begrenzen, wurde die luftdichte Ausführung der Gebäudehülle bereits mit der Wärmeschutzverordnung Mitte der 1990-er Jahre zur Pflicht. Mit einer luftdichten Gebäudehülle sollen allerdings nicht nur die Wärmeverluste reduziert, sondern Bauschäden vermieden werden. Beide Aspekte sind gleichrangig wichtig, denn durch Undichtigkeiten in der Gebäudehülle kann taupunktbedingtes Kondenswasser infolge von konvektiven Luftströmungen innerhalb der Baukonstruktion entstehen. Hierbei muss beachtet werden, dass durch Leckagen in der Gebäudehülle wesentlich mehr warme (Feuchtigkeit enthaltende) Innenluft nach außen transportiert wird als über die Wasserdampfdiffusion durch die Bauteile. Hinzu kommt, dass durch eine luftdichte Gebäudehülle unangenehme Zugluft in Innenräumen vermieden wird.

Eine Undichtigkeit in der Gebäudehülle wird mit einer Gebäude-Dichtheitsprüfung bzw. Luftdichtigkeitsmessung aufgespürt. Bei dem auch als Blower-Door-Test bezeichneten Differenzdruckverfahren geht es um den Nachweis eines bestimmten n50-Wertes, der die Dichtheit der Gebäudehülle bestätigt. Umso früher ein Blower-Door-Test im Bauablauf eingeplant wird, desto einfacher und kostengünstiger lassen sich gefundene Leckagen beheben. Der frühestmögliche Zeitpunkt liegt direkt nach Einbau der Luftdichtheitsschichten in der Gebäudehülle. Um gefundene Leckagen beseitigen zu können, wird die Durchführung noch vor dem Einbau der Innenverkleidungen (z. B. Trockenbauwände) empfohlen. Aber auch zu einem späteren Zeitpunkt und Nutzungszustand kann eine Luftdichtigkeitsmessung der Gebäudehülle notwendig werden.

Geregelt ist die Luftdichtheitsprüfung einer Gebäudehülle in der DIN EN 13829 „Wärmetechnisches Verhalten von Gebäuden – Bestimmung der Luftdurchlässigkeit von Gebäuden", die zwar offiziell zurückgezogen wurde, allerdings für die aktuelle EnEV nach wie vor ihre Gültigkeit hat. Das Gebäudeenergiegesetz (GEG) schreibt dagegen eine Messung nach DIN EN ISO 9972 vor. In der DIN EN 13829 werden zwei Messungen unterschieden: Verfahren A (Prüfung des Gebäudes im Nutzungszustand) und Verfahren B (Prüfung der Gebäudehülle nach Fertigstellung der luftdichten Ebene).

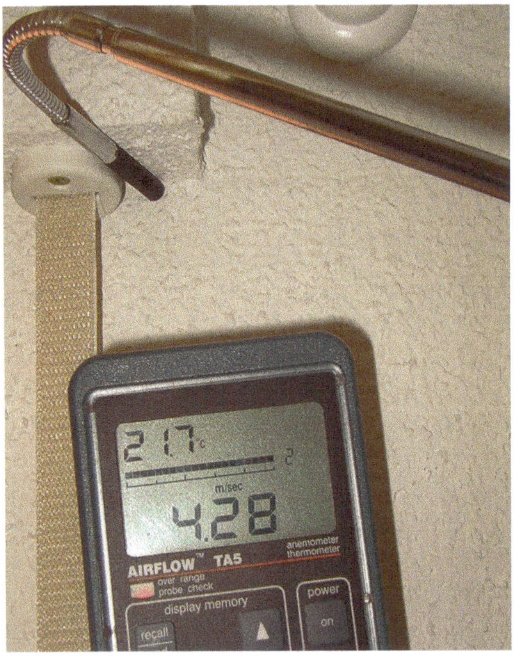

Abb. 6.21 Undichtigkeiten an verschiedenen Bauteilen bzw. -anschlüssen

Abb. 6.23 Undichtigkeiten an verschiedenen Bauteilen bzw. -anschlüssen

Abb. 6.22 Undichtigkeiten an verschiedenen Bauteilen bzw. -anschlüssen

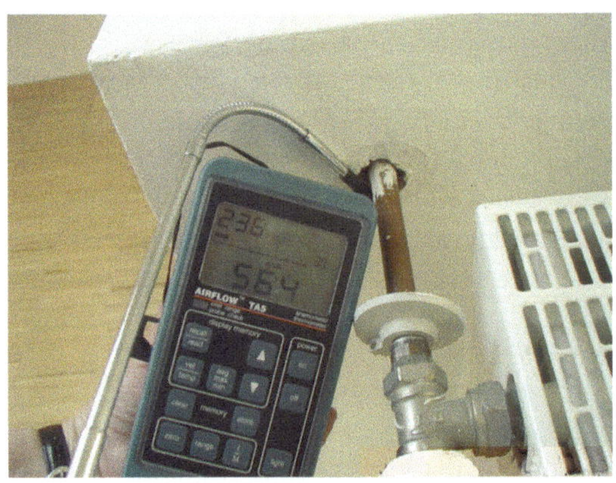

Abb. 6.24 Undichtigkeiten an verschiedenen Bauteilen bzw. -anschlüssen

Vor der eigentlichen Messung müssen sämtliche Öffnungen der Gebäudehülle verschlossen werden. Dies gilt nicht nur für Türen und Fenster, sondern auch für Funktionsöffnungen wie z. B. Dunstabzugshauben in der Küche, Kamine im Wohnzimmer, Zwangsbelüftungen von RLT-Anlagen sowie Lüftungsöffnungen in innenliegenden Bädern oder Toiletten (siehe Abb. 6.21, 6.22, 6.23, 6.24, 6.25, 6.26, 6.27, 6.28 und 6.29).

Innentüren sind dagegen zu öffnen. Anschließend wird in dem zu prüfenden Objekt entweder ein Über- oder ein Unterdruck in Bezug auf den Umgebungsdruck hergestellt. Dies erfolgt durch den Einsatz eines Ventilators in einer Gebäudeöffnung wie z. B. einer Außentür – Ventilator in einer Tür waren namensgebend für den englischen Begriff „Blower Door“. Anschließend

Abb. 6.25 Undichtigkeiten an verschiedenen Bauteilen bzw. -anschlüssen

Abb. 6.26 Undichtigkeiten an verschiedenen Bauteilen bzw. -anschlüssen

Abb. 6.27 Undichtigkeiten an verschiedenen Bauteilen bzw. -anschlüssen

wird ermittelt, wie oft das Luftvolumen des Gebäudes bei einer bestimmten Druckdifferenz zur Außenluft pro Stunde ausgetauscht wird. Die

Abb. 6.28 Undichtigkeiten an verschiedenen Bauteilen bzw. -anschlüssen

Abb. 6.29 Undichtigkeiten an verschiedenen Bauteilen bzw. -anschlüssen

Drehzahl des Ventilators wird so geregelt, dass sich ein definierter Druck zwischen Außen- und Innenraum einstellt. Um diesen Druck aufrecht zu erhalten, muss der Ventilator genauso viel Luft in das Gebäude einblasen (Überdruckmessung), wie durch die Leckstellen des Gebäudes entweicht (umgekehrt bei der Unterdruckmessung). Um zu einer aussagekräftigen Kenngröße der Luftdichtheit zu kommen, wird der gemessene Volumenstrom durch das Volumen des Gebäudes

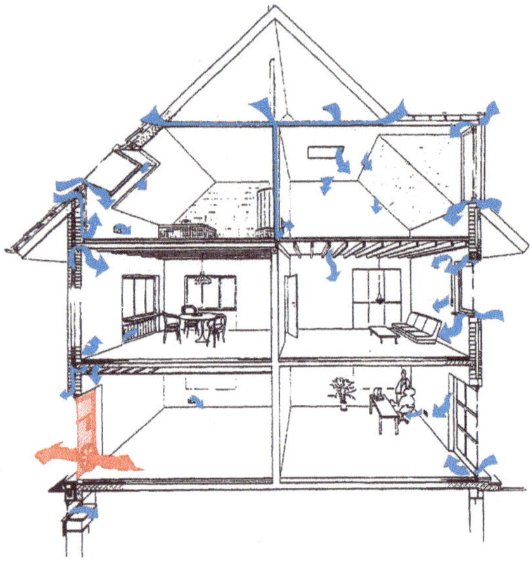

Abb. 6.30 Anwendung des Blower-Door-Verfahrens

Abb. 6.31 Anwendung des Blower-Door-Verfahrens

geteilt. Während die Druckdifferenz aufgebaut ist (Unterdruck im Haus) können Leckagen in der Gebäudehülle leicht gefunden werden. Besonders gravierende Leckagen lassen sich bereits mit der bloßen Hand aufspüren. Ideal sind diese

Abb. 6.32 Anwendung des Blower-Door-Verfahrens

Messungen im Winter, wenn die Innenräume beheizt und kalte Außentemperaturen vorhanden sind. Um temperaturunabhängig zu sein, wird Rauch bzw. Nebel eingesetzt. Dieser wird über einen Nebelgenerator verteilt, bis er an der Leckage austritt und sichtbar wird. Alternativ können auch Luftgeschwindigkeitsmesser oder Thermografiekameras verwendet werden (siehe Abb. 6.30, 6.31, 6.32 und 6.33).

Die Luftmenge, die im Rahmen der Messung aus dem Gebäude entweicht (Überdruckmessung) bzw. nachströmt (Unterdruckmessung) wird als n50-Wert bezeichnet. Er darf bei Gebäuden mit Fensterlüftung (ohne RLT) den Wert 3,0 h^{-1} nicht überschreiten. Für Gebäude mit raumlufttechnischen Anlagen (mit ablufttechnischen Einrichtungen) liegt der Wert bei 1,5 h^{-1} und bei Passivhäusern bei 0,6 h^{-1}.

Aus juristischer Sicht ist die Luftdichtheit von Gebäuden eine „geschuldete Eigenschaft“, für die der Nachweis nur mittels einer Luftdichtheitsmessung im Differenzdruckverfahren wie z. B. Blower-Door-Test erbracht werden kann.

Abb. 6.33 Anwendung des Blower-Door-Verfahrens

6.3.6 Leckageortung

Direkte Durchfeuchtungen können relativ schnell geortet und in den meisten Fällen auch relativ schnell behoben werden. Schwieriger wird es, wenn ein Leck nicht sofort lokalisiert werden kann, z. B. von wasserführenden Leitungen innerhalb des Wandquerschnitts, in Hohlräumen, hinter Verkleidungen oder bei Abdichtungen z. B. von Flachdächern. In diesen Fällen kann das Leck unentdeckt über einen längeren Zeitraum auftreten, so dass größere Mengen Wasser austreten und die Bausubstanz durchfeuchten können. Um dies zu verhindern, werden unterschiedliche Mess- und Ortungstechniken angewendet, um undichte Stellen zu lokalisieren.

Eine erste Indikation für ein nicht entdecktes Leck können Feuchtigkeitsmessungen liefern. Auch ein Blick auf die Wasseruhr kann wertvolle Hinweise liefern. Wenn die Wasseruhr keinen Verbrauch anzeigt, dagegen aber z. B. die Heizungsanlage einen ständigen Druckverlust hat, sollten die Rohrleitungen auf alle Fälle überprüft werden.

In Kellerräumen muss Wasser unter dem Estrich nicht zwangsläufig auf ein Leck in wasserführenden Leitungen zurückzuführen sein. Ursächlich kann drückendes Wasser über die erdberührten Bauteile sein, das über Undichtigkeiten in der Bodenplatte oder in den Bauteilübergängen (Wand-Boden-Fuge) eindringt. Genauso gut können defekte Rückstausicherungen hierfür verantwortlich sein.

Die Auswahl eines geeigneten Verfahrens hängt von verschiedenen Faktoren ab. So breitet sich Wasser z. B. aus einer Wasserleitung, die sich in der Wand befindet, ziemlich radial um das Leck herum aus. Liegen die Wasserleitungen dagegen mehr am Rand oder im Boden, so breitet sich das Wasser je nach Fußbodenaufbau und -konstruktion mehr linear aus und steigt im angrenzenden Mauerwerk kapillar auf.

Zu den Verfahren der Leckageortung gehören neben Infrarot- und Thermografie-Kameras sowie Endoskopie die elektroakustische Leckortung, das Gasdetektionsverfahren sowie das Impulsstrom- und Rauchgasverfahren.

Das Endoskop ist das einfachste und günstigste Gerät zum Aufspüren von Leckagen und dient zur Besichtigung von Hohlräumen und verdeckten Querschnitten. Die Geräte bestehen aus einem flexiblen Einführungsschlauch mit Linse. Über ein Glasfaserkabel kann die Kamera gesteuert werden. Endoskope können über die Abflüsse in Duschen, Badewannen oder Waschbecken eingeführt werden, aber auch über die Wasseranschlüsse der Waschmaschine oder der Heizungsrohre. Aber nicht nur zur Detektion von Rohren und Leitungen werden Endoskope eingesetzt. Sie eignen sich auch hervorragend für Hohlräume z. B. zwischen Fußbodenaufbauten, hinter Verkleidungen oder Einbaumöbeln. Hierzu kann häufig die Fußleiste ohne großen Aufwand entfernt und das Endoskop eingeführt werden. Selbst wenn sich keine Leiste entfernen lässt, ist der Grad der Beschädigung relativ klein, wenn nur ein kleines Loch gebohrt und das Endoskop eingeführt wird. Videoskope haben ebenfalls eine flexible Linse in der Schlauchspitze und übertragen Videofrequenzen in den Computer.

Die elektroakustische Leckageortung gehört zu den wichtigsten Messverfahren. Zum Einsatz kommen ein Hochleistungsmikroskop, ein Spezialverstärker und entsprechende Kopfhörer. Anhand der zunehmenden Geräuschentwicklung beim Annähern an die Leckage kann der Experte mit hoher Wahrscheinlichkeit das Leck orten. Eine Weiterentwicklung stellt das so genannte Korrelationsverfahren dar. Bei dieser elektroakustischen Methode basiert das Messprinzip auf den Vergleich der durch zwei Mikrophone übertragenen Signale, mit denen die Laufzeitdifferenz bestimmt werden kann. Da diese von der Schallgeschwindigkeit in der Rohrleitung abhängt, kann man die Leckstelle berechnen.

Neben den aufwändigen Verfahren gibt es auch leistungsstarke Handmessgeräte, die im Ergebnis kaum schlechter sind. Diese werden auf die Wasserleitung aufgesetzt und zeigen auf einer LED-Anzeige den Geräuschpegel an. Sinkt der Geräuschpegel auf null, liegt keine Undichtigkeit vor. Sobald sich auf der Anzeige ein Geräuschpegel zeigt, liegt ein Leck vor. Hochwertige Geräte besitzen spezielle Filter zur Unterdrückung von Störgeräuschen sowie eine spezielle Frequenzanalyse zur Unterscheidung von Leck- und Störgeräuschen. Alternative Methoden zur Leckortung verwenden Gas (u. a. Helium, Wasserstoff und Stickstoff in Gemischen) und werden deshalb als Gasdetektionsverfahren bezeichnet. Wasserstoff wird bei der Suche nach Leckagen deshalb eingesetzt, da es sich um das leichteste aller Gase handelt. Infolgedessen steigt es schneller als andere Medien auf und erreicht die Oberfläche. Da Wasserstoff leicht entzündlich ist und deshalb für die praktische Leckortung nicht ohne Weiteres eingesetzt werden kann, wird ein Gasgemisch aus Stickstoff (95 %) und Wasserstoff (5 %) verwendet. Das Gas wird in die Wasserleitungen mit Überdruck eingegeben und wird durch entsprechende Messgeräte oberhalb der Rohrleitungen wahrgenommen, wobei hierbei auch kleinste Mengen des Gases nachgewiesen werden können. Dieses Verfahren zur Leckortung wird nicht nur bei undichten Wasserleitungen, sondern auch für die Leckortung im Flachdachbereich verwendet.

Für die Leckortung im Flachdachbereich wird alternativ auch das Impulsstrom- und Rauchgasverfahren eingesetzt. Das Impulsstromverfahren ermöglicht die präzise Ortung undichter Stellen auf Dächern mit nicht elektrisch leitenden Abdichtungen wie z. B. Kunststoff- oder Bitumenbahnen. Das Einsatzgebiet umfasst sowohl die Konstruktion als Warmdach wie auch als Kaltdach. Grundvoraussetzung für das Messprinzip ist die Tatsache, dass die Dämmschicht unter der Abdichtung durchfeuchtet ist. Hierzu wird auf der Oberfläche der Abdichtung eine Ringleitung (Minuspol) und auf der Unterseite über das Erdungskabel der Pluspol verlegt. Anschließend wird Strom über die feuchte Dachabdichtung geleitet. Da diese nicht elektrisch leitend ist, fließt der Strom bis zum Leck. Mittels der beiden Messstäbe wird die Fließrichtung des Stroms bestimmt und in der weiteren Folge das Leck aufgespürt. Grundvoraussetzung ist, dass die Abdichtungsbahn immer ausreichend feucht ist.

Ist die Anwendung des Impulsstromverfahrens zu aufwendig oder die Installation der Ringleitung nicht möglich, wird das so genannte Rauchgasverfahren angewendet. Hierzu wird eine Rauchgaspatrone befüllt, in die Rauchgaskammer gesteckt und diese verschlossen. Anschließend wird der weiße Rauch in die Dämmschicht eingeblasen. Über das Leck tritt anschließend der Rauch aus, so dass die Undichtigkeit einfach aufgespürt werden kann.

Die Thermografie wird ebenfalls für die Leckortung eingesetzt und hierbei das Messprinzip genutzt, unterschiedliche Temperaturdifferenzen von Körperoberflächen in Folge der Durchfeuchtung sichtbar zu machen. Außerdem wird die Wärmeausbreitung in durchfeuchteten Materialien erhöht, so dass neben der lokalen Leckage auch die Verbreitung der Feuchtigkeit sichtbar wird. In Expertenkreisen ist der Einsatz der Thermografie zur Leckortung nicht unumstritten, da eine Thermografiekamera nur die Temperatur an der Oberfläche misst und bei einem Leck im Wasserrohr eine gewisse Streuung vorliegen kann. Je nach Abstand zwischen Rohr und Oberfläche können diese Abweichungen zu Messfehlern führen. Auch bei wärmegedämmten Wasserleitungen kann es zu Messfehlern kommen, wenn die Feuchtigkeit nicht an der Leckage austritt, sondern am Ende der Isolation. Die Thermografiekamera würde in dem Fall an der falschen Stelle die Leckage ausweisen.

Seit einigen Jahren werden auch so genannte Thermomonitore angeboten. Zur Ortung wird eine dünne Matte auf der zu detektierenden Stelle positioniert. Aufgrund der Spezialbeschichtung kommt es zu einer Temperaturveränderung. Innerhalb von wenigen Sekunden kann eine verdeckte Leitung und deren Verlauf sichtbar gemacht werden. Interessant an dieser Messmethode ist deren einfache Handhabung und dass kein Strom benötigt wird.

Im Kontext der mikrobiellen Belastung durch Schimmelpilze und Bakterien empfehlen Experten im Einzelfall, an dem ausgetretenen Wasser evtl. Laboruntersuchungen durchführen zu lassen, da die Zusammensetzung Aufschluss über die Herkunft geben kann. So kann man durch die Wasserzusammensetzung feststellen, ob es sich um Leitungswasser, Heizungswasser, Zu- oder Abwasser handelt.

6.3.7 Endoskopie

Das Endoskop ist ein einfaches und kostengünstiges Gerät zur visuellen Untersuchung von schwer zugänglichen Bereichen wie z. B. Hohlräume in Baukonstruktionen. Der aus dem Griechischen stammende Begriff heißt ins Deutsche übersetzt „innen beobachten". Dem entsprechend sind die Einsatzgebiete der Endoskopie u. a. Dach-, Wand-, Decken- und Bodenkonstruktionen, aber auch Schächte, Rohre und Versorgungsleitungen sowie Hohlräume hinter Verkleidungen oder Einbaumöbeln. Einen wichtigen Beitrag leistet die Endoskopie zudem beim Aufspüren von Leckagen. Die Endoskopie gilt als zerstörungsarmes Messverfahren und stellt eine Alternative zu den aufwändigen Bauteilöffnungen dar. Durch die Inspektion nicht sichtbarer Bereiche in Baukonstruktionen hilft die Endoskopie häufig, das Entstehen von Schäden rechtzeitig zu entdecken, so dass einer weiteren Ausbreitung noch entgegengewirkt werden kann. Beliebt ist die Endoskopie außerdem beim Aufspüren nicht entdeckter Wasserschäden in Wandquerschnitten und/oder Fußbodenkonstruktionen sowie zur Inspektion von z. B. Balkenköpfe (Auflagerbereich) auf Holzschädlinge.

Die Spezifikation der Endoskope erkennt man an einem Schlüssel. Dieser beinhaltet die Merkmale Arbeitsdurchmesser, Blickwinkel und Sichtwinkel. Ein Endoskop z. B. mit den Merkmalen 6 – 80 – 72 hat demzufolge einen Arbeitsdurchmesser von 6 mm, einen Blickwinkel von 80° und einen Sichtwinkel von 72°. Hierbei handelt es sich um ein vergrößerndes Endoskop mit einem vorausblickenden Objektiv. Im Zusammenhang mit dem Arbeitsdurchmesser eines Endoskops gilt: Je größer der Durchmesser ist, desto heller und weiter

Abb. 6.34 Anwendung der Endoskopie für Bauteilquerschnitte

ist das Bild. Des Weiteren gilt: großer Sichtwinkel = geringe Vergrößerung und kleiner Sichtwinkel = starke Vergrößerung. Zwischen der Vergrößerung und dem Abstand des Objektivs zu dem zu untersuchenden Gegenstand gilt folgender Zusammenhang: Der Vergrößerungsfaktor beschreibt die Objektgröße im Bild relativ zur realen Objektgröße.

Endoskop Kameras werden in vier Kategorien unterteilt: starr, flexibel sowie Ausführungen mit und ohne Bildschirm (Monitor). Die Kamera muss stoß- und wasserdicht sein. Außerdem sollte sie über einen TFT-Monitor und eine lange Sonde verfügen. Die Kamera sollte mit einer LED-Lichtquelle ausgestattet sein. Zur Durchführung der Endoskopie wird ein kleines Loch von 8 bis 12 mm gebohrt und anschließend das Endoskop in den Hohlraum eingeführt (siehe Abb. 6.34, 6.35 und Abb. 6.36).

Bei den Endoskopen wird unterschieden in Boreskope, Fiberskope und Videoskope.

Boreskope sind starre Endoskope, wie bereits beschrieben. Die Übertragung der optischen Informationen erfolgt über Linsen. Übliche Boreskope weisen Arbeitslängen von etwa 30 bis 80 cm bei einem Außendurchmesser von 4 bis 16 mm auf. Alternativ gibt es auch Mini-Boreskope mit Durchmessern von 1,2 mm und einer Arbeitslänge unter 20 cm.

Videoskope unterscheiden sich von den Fiberskopen dadurch, dass über die flexible Linse in der Schlauchspitze Videofrequenzen in einen Computer übertragen werden können. Die Informationsübertragung erfolgt hierbei in Echtzeit, die Kamera kann gesteuert werden. Durch die heutige

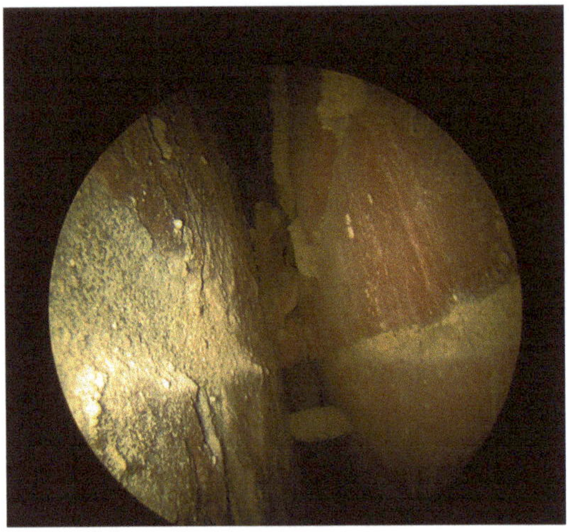

Abb. 6.35 Anwendung der Endoskopie für Bauteilquerschnitte

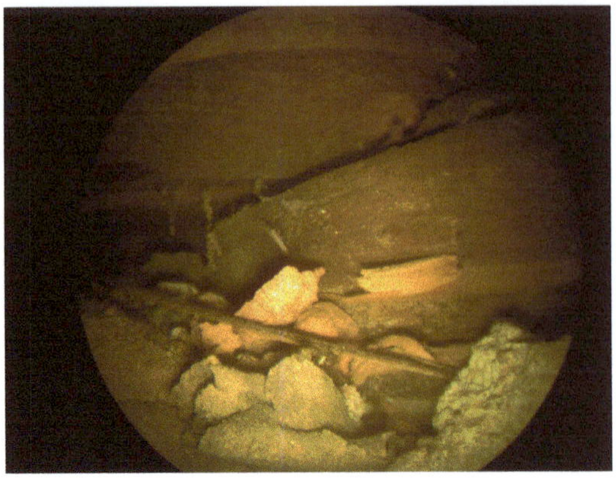

Abb. 6.36 Anwendung der Endoskopie für Bauteilquerschnitte

Digitaltechnik sind trotz Videoaufnahmen auch Standbilder möglich, so dass eine individuelle Inspektion möglich ist. Auch eine elektronische Signalaufbereitung, eine Anhebung der Signalstärke in dunkleren Bereichen, ist möglich. Dadurch können größere Hohlräume ausgeleuchtet werden. Die Geräte werden mit einer Arbeitslänge bis 32 m und einem Außendurchmesser von 6 mm angeboten. Auch Videoskopköpfe können bis zu 120° abgewinkelt werden. Damit stehen der Bauwerks- und Innenraumdiagnostik nahezu unbegrenzte Möglichkeiten zur Verfügung, Konstruktionen, Querschnitte und Hohlräume zu inspizieren.

6.3.8 Druckprüfungen

Direkte Durchfeuchtungen können relativ schnell geortet und in den meisten Fällen auch schnell behoben werden. Schwieriger wird es, wenn ein Leck nicht sofort lokalisiert werden kann, z. B. von wasserführenden Leitungen innerhalb des Wandquerschnitts oder in Hohlräumen. In diesen Fällen kann das Leck unentdeckt über einen längeren Zeitraum auftreten, so dass größere Mengen Wasser austreten und die Bausubstanz schädigen können. Eine erste Indikation können Feuchtigkeitsmessungen und/oder ein Blick auf die Wasseruhr liefern. Wenn die Wasseruhr keinen Verbrauch anzeigt, dagegen aber z. B. die Heizungsanlage einen ständigen Druckverlust hat, sollten die Rohrleitungen überprüft werden.

Bei Undichtigkeiten von Wasserleitungen müssen in der Regel drei Wasserkreisläufe innerhalb eines Gebäudes betrachtet werden: die Wasserversorgung (Kalt- und Warmwasser), die Abwasserentsorgung sowie der Heizungskreislauf. Die Ursachen für Leitungswasserschäden liegen sehr häufig in einer mangelhaften Ausführung während der Montage. Zu kleine Winkel an Biegungen und Verzweigungen im Rohrleitungssystem oder auch ein zu geringes Gefälle sind hierbei typische Ausführungsfehler, die zu Verstopfungen und damit zu einem Rückstau und im ungünstigsten Fall zum Platzen der Rohre führen kann. Selbst Verschlüsse und Endstopfen werden bei der Montage vergessen, wenn z. B. Zuleitungen und Abwasserrohre für einen evtl. später gedachten Ausbau im Keller- oder Dachgeschoss geplant sind, aber noch nicht gleich angeschlossen werden. Außerdem müssen vergessene oder falsch eingesetzte Dichtungen genauso genannt werden wie ein Überdrehen der Rohrverbindungen. Der berühmte Handwerkerspruch „nach fest kommt lose" führt in dem Fall zu Undichtigkeiten (siehe Abb. 6.37, 6.38 und 6.39).

Kalt- und Warmwasser fließt mit einem bestimmten Druck durch die Wasserleitungen. Diese richten sich nach Geländeprofil und Gebäudehöhe. Entsprechende Vorgaben sind in den technischen Regelwerken wie z. B. der DIN EN 805 „Wasserversorgung – Anforderungen an Wasserversorgungssysteme und deren Bauteile außerhalb von Gebäuden" sowie nach DVGW W 400

Abb. 6.37 Durchführung von Druckprüfungen in unterschiedlichen wasserführenden Leitungen

Abb. 6.38 Durchführung von Druckprüfungen in unterschiedlichen wasserführenden Leitungen

„Technische Regeln Wasserverteilungsanlagen (TRWV)" definiert. Im DVGW-Regelwerk ist zudem die Fließgeschwindigkeit des Wassers mit einem mittleren Stundendurchfluss von $\geq 0{,}005$ m pro Sekunde festgeschrieben.

Eine Wasserdruckprüfung ist eine Methode, um entweder neu verlegte Rohrleitungen z. B. im Rahmen der Abnahme (Gewährleistung) oder bestehende Rohrleitungen z. B. bei einer Durchfeuchtung (Wasserschaden) auf ihre Dichtheit zu prüfen. Jede Druckprüfung muss in drei Schritten ausgeführt werden: Vorprüfung, Druckabfallprüfung und Hauptprüfung. Die Vorprüfung erfolgt mit einem geringeren Druck von ca. 6 bar, bei der Druckverluste noch zulässig sind. Anschließend erfolgt die Druckabfallprüfung, bei der z. B. Wasser in die Leitungen gepresst werden, bis der volle Testdruck erreicht ist. Nach einer Wartezeit von ca. 30 min erfolgt die Hauptprüfung, bei der ein Druckabfall nicht mehr erlaubt ist. Eine Leitung gilt als dicht,

Abb. 6.39 Durchführung von Druckprüfungen in unterschiedlichen wasserführenden Leitungen

wenn während der Hauptprüfung innerhalb von zehn Minuten kein Druckverlust auftritt.

Beim „Abdrücken" oder der „Druckprobe" können neben Wasser auch Druckluft oder inerte Gase wie z. B. Stickstoff in das Leitungssystem gepresst werden. Anschließend wird ein Manometer mit einer Fehlertoleranz von $< 0{,}1$ bar an das Leitungssystem angeschlossen und beobachtet, ob mit der Zeit ein Druckverlust entsteht oder die Leitung dicht ist. Während der gesamten Messung ist ein Messprotokoll über das Druckverhalten der Wasserleitung zu führen und evtl. Auffälligkeiten und Unregelmäßigkeiten zu dokumentieren. Für die Messung ist eine Raumtemperatur und ein geschlossenes System notwendig. Wasser darf weder an Wasserhähnen oder Spülkästen austreten.

Grundvoraussetzung für die Beurteilung der Dichtheit einer Rohrleitung ist die ausreichende Entlüftung. Durch Spülen mit Wasser ist diese nicht immer sicherzustellen. Fachfirmen führen in diesen Fällen eine so genannte Molchung durch. Hierbei wird ein möglichst rohrfüllender Kunststoffkörper durch die Rohrleitung geschoben, der evtl. vorhandene Luft vor sich herschiebt und am Ende der Leitung entweichen lässt. Die Leitung ist dann komplett mit Wasser gefüllt und nahezu luftfrei. Eine luftfrei gefüllte Rohrleitung ist entscheidend für eine korrekte Druckprüfung.

Da sich in stehendem Wasser Bakterien vermehren können, werden zunehmend Dichtheitsprüfung mit Druckluft vorgezogen, um Bakterien keinen Nährboden in den Leitungen zu bieten. So beugt man einer möglichen Verkeimung vor. Außerdem soll Druckluft zur Prüfung verwendet werden, wenn die Leitung durch Korrosion oder thermische Ausdehnung des Wassers geschädigt werden könnte.

Bei einer Druckprüfung mit Gas regelt die DIN EN 806 Teil 4 einen Testdruck von maximal 3 bar. Diese Methode sollte immer dann zum Einsatz kommen, wenn besonders hohe hygienische Anforderungen erfüllt werden müssen. Für die Anwendung gelten dieselben Bedingungen wie für das Prüfverfahren mit Druckluft.

Die genaue Ortung einer Leckage ist mit den Druckprüfungen nicht möglich, da sie im geschlossenen Leitungssystem durchgeführt werden, außer es liegt zufällig ein Sichtkontakt vor. Bei Wasser geben tropfende Stellen unterhalb der Leitung einen Hinweis, wo sich die Leckage befinden kann. Bei Gas zeigen sich an Verbindungsstücken oder sonstigen verdächtigen Stellen Blasen, wenn ein Gas hindurchtritt.

6.4 Bauphysikalische Berechnungen

6.4.1 Einleitung

Bauphysikalische Berechnungen sind oftmals unumgänglich, um Messergebnisse aus den bautechnischen Untersuchungen auf konkrete Fragestellungen wie z. B. die Erzielung behaglicher Nutzungsverhältnisse von Gebäuden anzuwenden oder um entsprechende Nachweise zur Einhaltung gesetzlicher Vorgaben zu erbringen. Dazu zählen Berechnungen, die auf bauaufsichtlich eingeführte Normen basieren oder die als Verordnung Gesetzescharakter aufweisen wie z. B. das Gebäudeenergiegesetz (GEG), das am 1. November 2020 die bisherige Energieeinsparverordnung abgelöst hat. Die erforderlichen Nachweise beziehen sich z. B. auf den Mindestwärmeschutz und sommerlichen Wärmeschutz nach DIN 4108-2, den Feuchteschutz nach DIN 4108-3, den Schallschutz nach DIN 4109, die Erstellung eines Luftdichtheitskonzeptes nach DIN 4108-7 oder die Sicherstellung des Mindestluftwechsels u. a. nach DIN 1946-6 für Wohngebäude. Die Berechnungen zur Bilanzierung eines Gebäudes erfolgen auf Grundlage der DIN V 18599 „Energetische Bewertung von Gebäuden“.

Im Kontext von taupunktbedingten Feuchteschäden im Zusammenhang mit Schimmelpilzbefall in Innenräumen umfassen bauphysikalische Berechnungen und Simulationen vor allem feuchtetechnische Überprüfungen von Bauteilaufbauten z. B. mit dem statischen Glaser-Verfahren, thermische und hygrothermische Bauteilsimulationen nach dem instationären WUFI-Programm sowie Wärmebrückenberechnungen.

In einigen Fällen kann es erforderlich sein, den Wärmedurchgangskoeffizienten (U-Wert), den Wärmedurchgangswiderstand (R-Wert) oder die Luftwechselrate zu bestimmen. Im Rahmen der Innenraumdiagnostik kann auch die Erstellung eines Behaglichkeitsklimas zu den bauphysikalischen Berechnungen gehören.

6.4.2 Taupunktbestimmung nach Glaser

Luft (wie auch andere Gase) haben grundsätzlich das Bestreben, Druckunterschiede auszugleichen. Dies führt im Winter bei Undichtigkeiten in der raumseitigen Gebäudehülle dazu, dass feucht-warme Innenluft in die Baukonstruktion eindringen und an den kühleren Oberflächen kondensieren kann. Dieser Vorgang führt dazu, dass taupunktbedingtes Kondenswasser entsteht und den Feuchtegehalt in der Baukonstruktion erhöht.

Das Glaser-Verfahren oder -Diagramm ist ein rechnerisches Nachweisverfahren, mit dem ermittelt wird, ob und wo in einer Baukonstruktion Tauwasser anfällt. Benannt ist es nach seinem Erfinder Helmuth Glaser. Das Nachweisverfahren dient in der DIN 4108-3 der näherungsweisen Ermittlung von Feuchtigkeitsanreicherung durch Diffusion in der Baukonstruktion. Dabei wird von standardisierten Randbedingungen (dem so genannten Normklima) ausgegangen. Während der

- Tauperiode im Winter (Außenklima −5 °C und 80 % relative Luftfeuchte und Wasserdampfpartialdruck von 321 Pa sowie Innenklima 20 °C und 50 % relative Luftfeuchte, Wasserdampfpartialdruck von 1.168 Pa über eine Dauer von 90 Tagen bzw. 2.160 h von Dezember bis Februar)

sammelt sich bei den meisten Baukonstruktionen Kondenswasser im Bauteil an. Diese Tauwassermenge muss in der

- Verdunstungsperiode im Sommer (Außenklima und Innenklima jeweils 12 °C und 70 % relative Luftfeuchte, Wasserdampfpartialdruck von 1.200 Pa jeweils innen und außen über eine Dauer von 90 Tagen bzw. 2.160 h von Juni bis August)

wieder abgegeben werden (austrocknen). Ist die Tauwassermenge kleiner als 1 kg/m^2 und die Verdunstungsmenge im Sommer größer als die Tauwassermenge im Winter, wird im Allgemeinen von einer schadensfreien Baukonstruktion ausgegangen. Befinden sich in der Baukonstruktion Schichten, die kapillar kein Wasser aufnehmen können, darf die Tauwassermasse nicht über 0,5 kg/m^2 liegen. Zu diesen Baustoffen gehören z. B. Folien, Metalle, Dämmungen aus Mineralwolle und aufgeschäumten Kunststoffen wie z. B. EPS, XPS oder PU.

Zusätzlich gilt für Holzkonstruktionen, dass der massebezogene Feuchtegehalt 5 % nicht übersteigen darf; für Holzwerkstoffe liegt der Maximalwert bei 3 %. Neben diesen Anforderungen gelten zusätzliche Empfehlungen nach der DIN 68800 „Holzschutz“ Teil 2 „Vorbeugende bauliche Maßnahmen im Hochbau“, die Tauwassermenge auf maximal 0,25 kg/m^2 zu beschränken. Die Norm fordert bei beidseitig eingeschlossenen Holzkonstruktionen in der Gebäudehülle zusätzliche rechnerische Trocknungsreserven im Glaser-Verfahren. Diese sollen bei Dächern ≥ 250 g/(m^{2}a) und bei Decken und Wänden bei ≥ 100 g/(m^{2}a) betragen. Damit sollen potenzielle Feuchteeinträge aus Konvektion oder aus der Einbaufeuchte des Holzes bewertet werden.

Verbleibt allerdings am Ende der Verdunstungsperiode eine Tauwassermenge im Bauteil, was gerade bei Baustoffen mit einem hohen Sorptionsvermögen erwartet werden kann, muss über einen längeren Zeitraum mit Feuchtigkeitsschäden innerhalb der Baukonstruktion (z. B. Korrosion) sowie den Folgen (z. B. Schimmelpilzbefall) gerechnet werden. Hinzu kommt, dass nur eine trockene Wärmedämmung ihre Funktion erfüllt.

Gemäß der Vorgaben nach DIN 4108-3 ist bei einigen Baukonstruktionen kein Nachweis zum Tauwasserausfall notwendig. Voraussetzung hierzu ist, dass der Mindestwärmeschutz nach DIN 4108-2 und die luftdichte Ausführung nach DIN 4108-7 erfüllt sind. Zu ihnen zählen u. a. erdberührte Bauteile mit Bauwerksabdichtung und Perimeterdämmung, Außenwände mit einem Wärmedämm-Verbundsystem oder wasserabweisenden Außenputz sowie einige Dachkonstruktionen wie z. B. nicht belüftete Dächer mit belüfteter Dachdeckung (Kaltdach) und Warmdachkonstruktionen, wenn unterhalb der Dämmschicht eine diffusionshemmende Schicht (sd ≥ 100 m) eingebaut wird. Dies gilt allerdings nur, wenn sich keine Holzbauteile zwischen der Dachabdichtung und der raumseitigen Konstruktion befinden.

Zunächst werden die Bauteildaten in tabellarischer Form erfasst. Für jede Schicht wird eine Zeile angelegt, in deren Spalten die Eigenschaften beschrieben und berechnet werden. Aus der Schichtdicke und Wasserdampfdiffusionswiderstandszahl errechnet sich für jede Schicht die wasserdampfdiffusionsäquivalente Luftschichtdicke. Danach folgt der Bemessungswert der Wärmeleitfähigkeit als Materialkennwert für jede Schicht. Der Quotient aus Schichtdicke und Wärmeleitfähigkeit ergibt den Wärmedurchlasswiderstand, der in die darauffolgende Spalte eingetragen wird. Ergänzt durch die Wärmeübergangswiderstände ergibt sich aus der Addition der einzelnen Wärmedurchlasswiderstände der Wärmedurchgangswiderstand, dessen Kehrwert als Wärmedurchgangskoeffizient der so genannte U-Wert des Bauteils ist, der zur Beurteilung des Wärmeschutzes eines Bauteils herangezogen wird. Aus der Differenz von Innen- und Außentemperatur sowie dem Wärmedurchgangswiderstand des Bauteils ermittelt man die Wärmestromdichte in W/m^2, mit deren Hilfe sich ein Temperaturprofil durch das Bauteil (jeweils an den Schichtgrenzen) errechnen lässt.

Da jeder Temperatur ein bestimmter Sättigungsdampfdruck entspricht, kann mit Hilfe von hinterlegten Tabellen das Sättigungsdampfdruckprofil durch das Bauteil (jeweils an den Schichtgrenzen) erstellt werden. Der Verlauf beider Profile wird in ein Diagramm eingezeichnet. Als x-Achse dient die wasserdampfdiffusionsäquivalente Luftschichtdicke. Die Sättigungsdampfdrücke sind auf der Y-Achse abzutragen. Um einen möglichen Tauwasserausfall nachzuweisen, werden die anhand der relativen Luftfeuchte und der Lufttemperatur ermittelten Partialdampfdrücke für das Innen- und Außenklima an Innen- und Außengrenze des Bauteils eingezeichnet. Da die einzelnen Materialschichten nicht mit ihrer physikalischen Dicke, sondern mit einer Dicke, der wasserdampfdiffusionsäquivalenten Luftschichtdicke entsprechend, eingezeichnet werden, würde sich ein ungestörtes Dampfdruckprofil in diesem Diagramm als Gerade zwischen den beiden Randwerten ergeben. Gelingt es, diese beiden Punkte mit einer Geraden zu verbinden, ohne dass das Sättigungsdampfdruckprofil geschnitten wird, ist das Bauteil tauwasserfrei. In einem zweiten Glaser-Diagramm mit den klimatischen Randbedingungen der Verdunstungsperiode wird nachgewiesen, ob eine mögliche Tauwasserbildung als unschädlich im Sinne der DIN-Norm betrachtet werden kann.

Bei dem Nachweisverfahren nach Glaser werden nicht nur die Wärmeströme und das Temperaturgefälle in der Baukonstruktion bewertet, sondern ebenso die Verteilung des Dampfdrucks, der besonders in den Wintermonaten von innen auf die Konstruktion wirkt. In Verbindung zu dem Temperaturgefälle im Inneren des Bauteils ist der Dampfdruck der wesentliche Aspekt zur Beurteilung der Sicherheit einer Konstruktion. Das Glaser-Verfahren unterscheidet vier verschiedene Lastfälle:

1. Kein Tauwasserausfall: Der Graph des errechneten Sättigungsdampfdrucks schneidet nicht den Graph des Partialdampfdrucks
2. Tauwasserausfall in einer Ebene: Der Graph des errechneten Sättigungsdampfdrucks schneidet den Graph des Partialdampfdrucks in einer Ebene
3. Tauwasserausfall in zwei Ebenen: Der Graph des errechneten Sättigungsdampfdrucks schneidet den Graph des Partialdampfdrucks an zwei Schichtgrenzen
4. Tauwasserausfall in einem Bereich: Der Graph des errechneten Sättigungsdampfdrucks entspricht dem Graph des Partialdampfdrucks in einem Bereich

Die Anwendung des Glaser-Verfahrens war lange Zeit das Standardwerkzeug für die feuchtetechnische Bemessung von Bauteilen. Dennoch ist es nicht unumstritten, denn es handelt sich um eine modellhafte Berechnung und eine sehr vereinfachte Beurteilung, die nur stationäre Randbedingungen nutzt. Infolgedessen bildet die Berechnung nicht die Realität ab. Die Berechnung erfolgt nach Normklima nach zugrunde gelegten Parametern, die in der Praxis so kaum anzutreffen sind. Feuchtetechnische Einflüsse wie z. B. eine hohe Restfeuchte oder das Sorptionsvermögen von Baustoffen bleiben genauso unberücksichtigt wie z. B. Durchfeuchtungen durch Niederschläge (Schlagregen), kapillar aufsteigende Feuchtigkeit, hygroskopische Feuchte oder Sommerkondensation. Aber auch Einflüsse z. B. durch das Nutzerverhalten oder konvektive Feuchtigkeitstransporte durch Leckagen in der Gebäudehülle usw. werden nicht berücksichtigt. Bei bauphysikalisch kritischen Konstruktionen wie z. B. einer Innendämmung stellen die Aussagen des Glaser-Verfahrens zudem ein bauphysikalisches Risiko dar.

Aus diesem Grund werden heute rechnergestützte Simulationen herangezogen, die auch instationäre Bedingungen berücksichtigen. Hierzu gehören z. B. das WUFI-Programm des Fraunhofer-Instituts für Bauphysik in Holzkirchen oder DELPHIN des Instituts für Bauklimatik der TU Dresden. Diese Programme simulieren Wärme- und Feuchtigkeitstransportvorgänge in Bauteilen durch Diffusion und kapillare Leitfähigkeit unter Berücksichtigung klimatischer Randbedingungen und bieten bei Verwendung entsprechender Materialkennwerte realitätsnahe Ergebnisse.

6.4.3 Bestimmung des U-Wertes/R-Wertes

Der U-Wert (alt: k-Wert) als Wärmedurchgangskoeffizient ist eine bauphysikalische Kenngröße und gibt an, welche Wärmeleistung durch ein Bauteil pro Quadratmeter strömt, wenn die Außen- und Innenfläche einem konstanten Temperaturunterschied eines Grades (1 K) ausgesetzt ist. Die Einheit ist W/(m^2 K).

Ein Beispiel: Eine wärmegedämmte Außenwand von 100 m^2 Fassadenfläche mit einem U-Wert von 0,15 W/(m^2 K) und einer Temperaturdifferenz von 20 K (z. B. Normklima mit 20 °C Innen- und 0 °C Außentemperatur) verliert eine Wärmeleistung von 300 W. Dies bedeutet, dass die Heizungsanlage zum Beibehalten der Raumtemperatur eine Heizleistung von 0,3 kW beizutragen hätte, wenn die Wärmeverluste der Gebäudehülle nicht vollständig durch Sonneneinstrahlung (z. B. über die Fenster) und innere Wärmequellen (z. B. durch Personen und elektrische Geräte) ausgeglichen werden. Umgekehrt kann man den U-Wert auch berechnen, wenn der Wärmestrom für eine bekannte Temperaturdifferenz zwischen innen und außen gemessen wird.

Je kleiner der U-Wert, umso besser ist der Wärmeschutz, da durch das Bauteil umso weniger Wärme entweichen kann. Der U-Wert darf allerdings nicht mit dem λ-Wert (Lambda-Wert) verwechselt werden – dem Maß für die Wärmeleitfähigkeit. Einen möglichst geringen U-Wert erreicht man durch die Kombination einer niedrigen spezifischen Wärmeleitfähigkeit und einer ausreichenden Schichtdicke. Die Werte für die Wärmeleitfähigkeit beziehen sich immer nur auf einen bestimmten Baustoff wie z. B. eine bestimmte Mineralwolle. Der jeweilige λ-Wert gibt wieder, wie schnell sich Wärmeenergie durch diesen Baustoff hindurch ausbreiten kann. Mit der Wärmeleitfähigkeit für einen Baustoff allein kommt man allerdings nicht weiter, wenn man den Wärmedurchgang durch die komplette Gebäudehülle berechnen möchte. Denn eine Baukonstruktion besteht nicht nur aus einem homogenen Baustoff, sondern aus verschiedenen Baustoffen im Verbund. Und jede dieser Baustoffschichten hat einen eigenen λ-Wert. Kurzum: Während der λ-Wert den Wärmedurchgang durch einen homogenen Baustoff beschreibt, bezieht sich der U-Wert auf ein komplettes Bauteil, das in der Regel aus mehreren Baustoffschichten besteht. Hierbei kann es sich um eine Außenwand handeln, aber genauso gut um ein Dach oder um ein einzelnes Bauteil wie z. B. ein Fenster.

Die Berechnung des U-Wertes bei einem flachen und homogenen Bauteil, also aus einem einzigen Material bestehend, ist relativ einfach: die Wärmeleitfähigkeit wird durch die Dicke dividiert: U-Wert = λ-Wert / Materialdicke. Eine Wärmedämmplatte z. B. aus Polyurethan-Hartschaum (PU) mit einem λ-Wert von 0,03 W/(m K) erreicht bei einer Dicke von 20 cm einen U-Wert von 0,15 W/(m^2 K).

Ein Beispiel: ein 40 cm dickes Vollziegel-Mauerwerk mit einem U-Wert von 1,2 W/(m^2 K) wird mit dieser 20 cm dicken PU-Hartschaumplatte (U-Wert = 0,15 W/(m^2 K)) kombiniert. In Summe hat diese Konstruktion einen U-Wert von 0,133 W/(m^2 K). Daran sieht man, dass der Wärmeschutz vor allem durch die Außendämmung erzielt wird, obwohl das Mauerwerk doppelt so dick ist wie die Dämmplatte. Thermisch nützlich ist das Mauerwerk eher durch seine Funktion als Wärmespeicher.

Bei Fenstern wird oftmals nur der niedrigere U-Wert der Glasscheiben angegeben, anstatt für die gesamte Konstruktion inklusive der Fensterrahmen. Somit wird der Wärmeverlust durch den Fensterrahmen nicht berücksichtigt, der vor allem bei kleineren Fenstern und mehreren Flügeln oder Sprossen einen erheblichen Anteil beim Wärmeverlust ausmachen kann. Deshalb wird zwischen dem U_w-Wert und U_g-Wert unterschieden. Der U_w-Wert bezieht sich auf das komplette Bauelement (w steht für „Windows") und der U_g-Wert dagegen nur auf die Verglasung (g steht für „Glass"). Bezieht sich der U-Wert dagegen nur auf den Fensterrahmen, wird dieser als U_f-Wert bezeichnet (f steht für „frame").

Für genormte Baustoffe liegen sämtliche U-Werte und andere bauphysikalische Kennwerte vor. Problematisch dagegen ist, dass im Rahmen der energetischen Sanierung von Altbauten oftmals nicht bekannt ist, welche Baustoffe verwendet wurden und in welchem Zustand sich diese befinden. Die thermischen Eigenschaften von Baustoffen können sich z. B. durch kapillare und/oder hygroskopische Feuchte verschlechtert haben. Im Rahmen einer Bauzustandsanalyse kann es in diesen Fällen ggf. notwendig werden, den U-Wert einer Gebäudehülle direkt zu messen. Hierfür gibt es unterschiedliche Messmethoden (u. a. einen Wärmeflusssensor, der auf eine Seite der Wand aufgeklebt wird), um den auftretenden Wärmefluss in Watt pro Quadratmeter zu erfassen. Gleichzeitig werden die Innen- und Außentemperatur mit zwei Temperaturfühlern gemessen. Hierbei muss sichergestellt werden, dass die Temperaturdifferenz nicht durch äußere Parameter wie z. B. Sonneneinstrahlung beeinflusst wird. Entsprechende Vorgaben zu dieser Messmethode enthält die ISO 9869 „Wärmedämmung: Vor-Ort Messung des Wärmewiderstandes und des Wärmedurchgangs von Bauteilen (Teil 1: Verfahren mit dem Wärmestrommesser)". Für die Messungen müssen mindestens 72 h eingeplant werden, um den Einfluss von Wärmespeicherung bei Temperaturschwankungen zu minimieren.

Der U-Wert kann grundsätzlich nur für ebene Flächen ermittelt werden. Bei gekrümmten Oberflächen verläuft der Wärmefluss divergent (auseinander) und muss über etwas kompliziertere Berechnungsmodelle ermittelt werden.

Weiterhin muss beachtet werden, dass bei der Berechnung der Wärmeverluste von Gebäuden nicht allein die U-Werte der Gebäudehülle ausreichen, sondern auch Undichtigkeiten und Wärmebrücken zu berücksichtigten sind. Der U-Wert für den Wärmeschutz ist nur dann entscheidend, wenn die Wärmeverluste überwiegend durch Wärmeleitung entstehen. Dies bedeutet: Wenn sich in der Gebäudehülle Undichtigkeiten und/oder Wärmebrücken befinden, nutzt ein niedriger U-Wert der Baukonstruktion wenig. Zumal Wärmeverluste durch Luftströmungen bei der U-Wert-Berechnung grundsätzlich nicht erfasst werden.

Der Wärmedurchlasswiderstand ist der Kehrwert des U-Werts. Dies bedeutet, dass der R-Wert anzeigt, wie stark ein Bauteil dem Wärmedurchfluss widersteht. Die Berechnung erfolgt nach der Gleichung: R-Wert = Materialdicke / λ-Wert. Die Einheit ist demnach (m^2 K)/W. Je höher der Wärmedurchlasswiderstand eines Bauteils, umso weniger lässt es Wärme entweichen.

6.4.4 Simulation des Feuchteverhaltens von Bauteilen mit dem WUFI-Programm

Ein bisher gängiges Verfahren zur Beurteilung der Feuchtigkeitsanreicherung durch Diffusion in Baukonstruktionen stellt das so genannte Glaser-Verfahren dar. Allerdings berücksichtigt dieses einfache Nachweisverfahren keine instationären Einflussfaktoren wie z. B. eine hohe Restfeuchte oder das Sorptionsvermögen von Baustoffen. Durchfeuchtungen z. B. durch Niederschläge (Schlagregen), kapillar aufsteigende Feuchtigkeit, hygroskopische Feuchte oder Sommerkondensation blieben genauso unberücksichtigt wie z. B. feuchtetechnische Einflüsse durch das Nutzerverhalten oder konvektive Feuchtigkeitstransporte durch Leckagen in der Gebäudehülle. Infolgedessen werden heute rechnergestützte Simulationen verwendet, die auch instationäre Bedingungen berücksichtigen können.

Ein erhöhter Feuchtegehalt lässt Wärmeverluste steigen und umgekehrt beeinflussen die Temperaturverhältnisse den Feuchtetransport im Bauteil. Diese gegenseitige Abhängigkeit zu untersuchen und daraus Standards zu definieren, legte den Grundstein für die Entwicklung des WUFI-Programms. Hierbei handelt es sich um eine hygrothermische Simulation des Fraunhofer-Instituts für Bauphysik, das eine realitätsnahe Ermittlung, Berechnung und Beurteilung des gekoppelten ein- und zweidimensionalen Wärme- und Feuchtetransports in mehrschichtigen Bauteilen, zweidimensionalen Anschlüssen und Gebäuden unter natürlichen Klimabedingungen ermöglicht. Diese umfassen beliebige Rahmenbedingungen im Gebäudeumfeld (Außenklima) wie auch in Innenräumen (Innenraumklima) – und dies nicht nur über den Jahresverlauf verteilt, sondern auch langfristig über die komplette Standzeit eines Gebäudes.

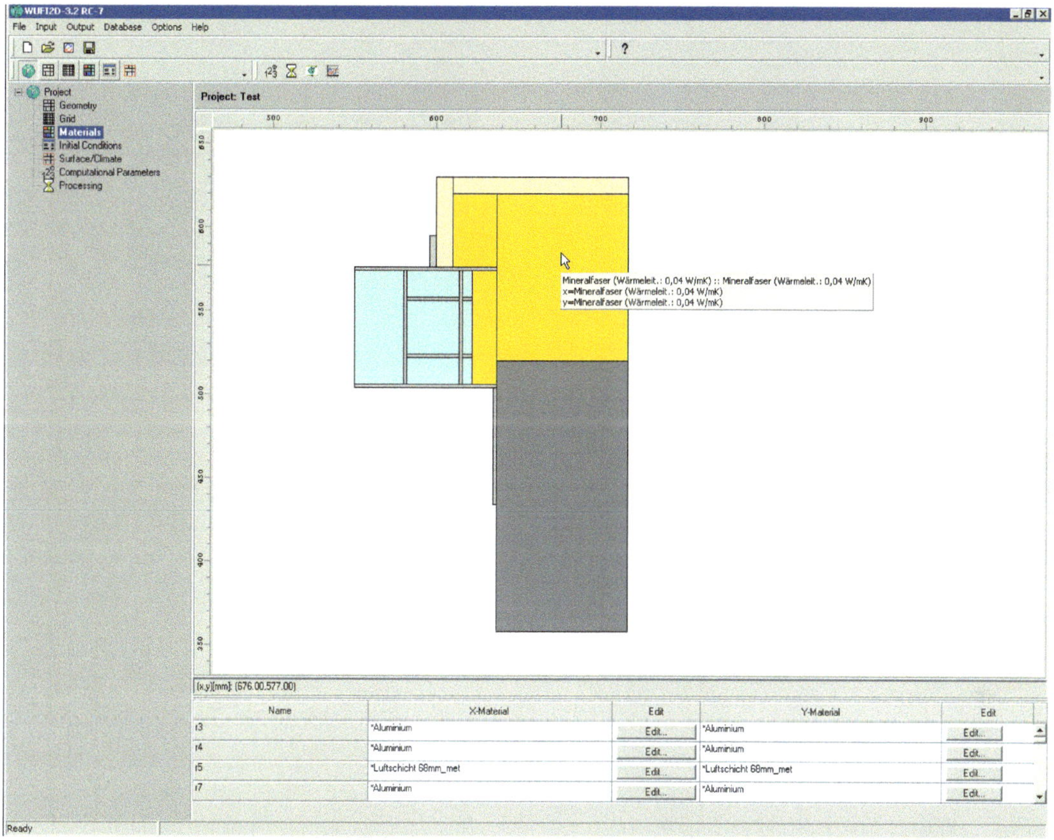

Abb. 6.40 WUFI-Programm

Das WUFI-Programm ermöglicht neben Aussagen über taupunktbedingten Ausfall von Kondenswasser innerhalb eines Bauteils sowie konvektiver Luftströmungen auch zu Schadensmechanismen wie z. B. Schimmelpilzbefall, Korrosion an Metallteilen oder dem Abbau von Materialfestigkeit usw. Außerdem können mit dem WUFI-Programm auch konkrete Fragestellungen wie z. B. die Austrocknungsdauer von Bauteilen beantwortet werden, die z. B. durch sporadische Wasserschäden durchfeuchtet wurden (siehe Abb. 6.40 und 6.41).

Alle WUFI-Programme können in zwei Gruppen unterteilt werden: In die Bauteilsimulation und in die Gebäudesimulation. Seit 2007 ist das WUFI-Programm in der DIN EN 15026 „Wärme- und feuchtetechnisches Verhalten von Bauteilen und Bauelementen – Bewertung der Feuchteübertragung durch numerische Simulation" genormt. Seit dem Start des WUFI-Programms Mitte der 1990-er Jahre wurde die Software kontinuierlich erweitert und umfasst inzwischen alle Aspekte der hygrothermischen Bauteil- und Gebäudesimulation. Eine der Weiterentwicklungen fokussierte sich auf eine detaillierte Wachstumsprognose für Schimmelpilze in Innenräumen unter spezifischen Wachstumsbedingungen. Andere Weiterentwicklungen setzten sich mit der Überprüfung und Beurteilung der hygienischen Anforderungen auf Basis eines instationären U-Werts oder der Vorhersage der Korrosionsgeschwindigkeit von Metallteilen, die in mineralischen Materialien eingebettet sind, auseinander. Andere Weiterentwicklungen fokussierten sich auf die Prognose von Fäulnisprozessen bei Holzkonstruktionen oder der Korrosion von Holzbauteilen und -verbindungen sowie auf die Beurteilung des sommerlichen Wärmeschutzes und des instationären thermischen Verhaltens dreidimensionaler Wärmebrücken.

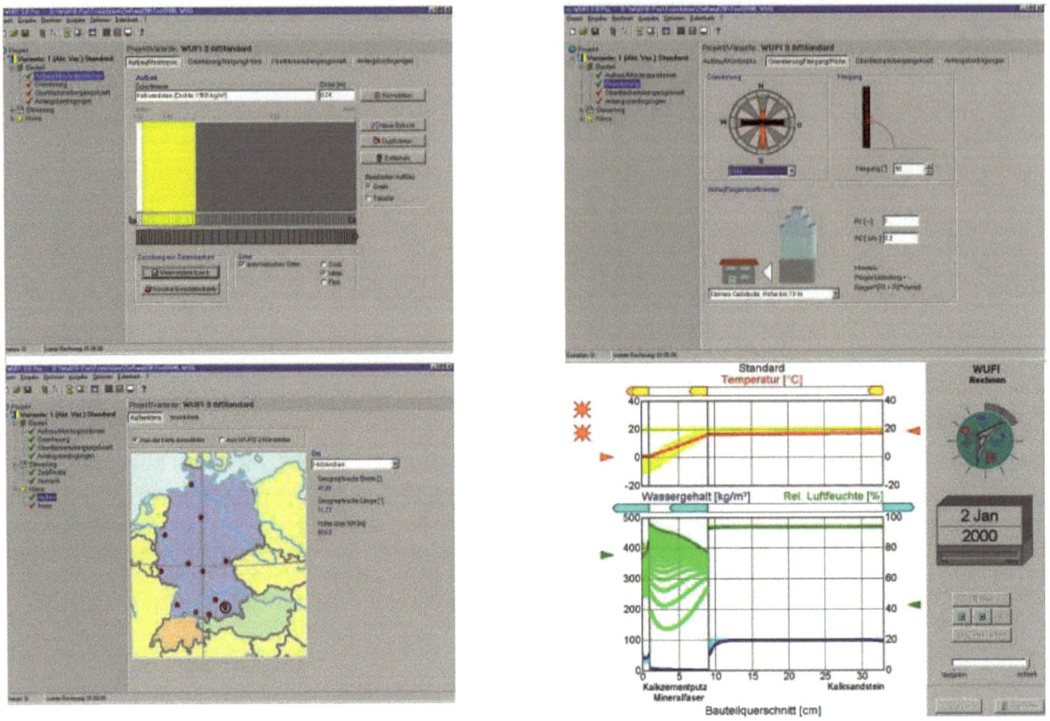

Abb. 6.41 WUFI-Programm

6.4.5 Wärmebrückenberechnung

Wärmebrücken werden bei der Ermittlung des Jahres-Heizwärmebedarfs in der Regel über eine pauschale Erhöhung der Wärmedurchgangskoeffizienten sämtlicher Bauteile berücksichtigt. Durch die immer höheren Anforderungen an die Energieeffizienz einer Gebäudehülle werden immer öfter detaillierte Wärmebrückennachweise für Gebäude benötigt und erstellt. Dies bedeutet, dass alle Wärmebrücken eines Gebäudes konkret berechnet werden. Die Grundlage hierfür bildet die DIN EN ISO 10211 „Wärmebrücken im Hochbau – Wärmeströme und Oberflächentemperaturen – Detaillierte Berechnungen". Die Wärmebrückenberechnung erfolgt in der Planungsphase eines Neubaus oder im Rahmen der energetischen Sanierung und hat im Wesentlichen drei Aufgaben zu erfüllen:

1. den Wärmeverlust an kritischen Schwachpunkten in der Baukonstruktion zu verhindern und somit mögliche Bauschäden zu vermeiden,
2. eine bessere Energieeffizienz der Gebäudehülle zu erreichen und somit in den Genuss höherer finanzieller Förderungen zu kommen und
3. durch die technische und wirtschaftliche Optimierung der Bauteilanschlüsse in der späteren Nutzungsphase Energiekosten einzusparen.

Wärmebrücken werden häufig auch als Kältebrücke bezeichnet. Bauphysikalisch gesehen ist dies nicht korrekt, da diese Bauteilbereiche eine höhere Wärmestromdichte aufweisen als die benachbarten Bauteilbereiche. Das entsprechende Bauteil kühlt schneller aus. Infolgedessen geht es um Wärmeverluste, da Wärme von innen nach außen transportiert wird (und nicht Kälte von außen nach innen). Man spricht bei Wärmebrücken daher auch von „gestörten" Bauteilen, da es in diesen Bauteilbereichen zu einer Absenkung der Temperatur kommt, die meistens noch in benachbarte Bauteile abstrahlt. Infolgedessen machen sich Wärmebrücken in der kälteren Jahreszeit bzw. in der Heizperiode stärker bemerkbar. Aufgrund der erhöhten Wärmeleitung entstehen in diesen Bauteilbereichen nicht nur ein höherer Wärmeverlust, sondern auch kühlere Temperaturen als auf den benachbarten Bauteilen, so dass es zum Ausfall von taupunktbedingtem Kondenswasser kommen kann – oftmals die Ursache für

Schimmelpilzbefall in Innenräumen. Verursacht werden Wärmebrücken durch eine

- vollständige oder teilweise Durchdringung der Gebäudehülle durch Baustoffe mit einer unterschiedlichen Wärmeleitfähigkeit (z. B. eine Betondecke und ein hoch wärmedämmendes Mauerwerk) und/oder
- Änderung der Bauteildicke (z. B. einer Querschnittsschwächung durch eine Heizkörpernische oder Fensterlaibungen) und/oder
- unterschiedliche Differenz zwischen Innen- und Außenfläche (z. B. bei Wand-, Boden- und Deckenanschlüssen) und/oder
- fehlende wärmetechnische Entkopplung (z. B. von innen nach außen auskragende Balkonplatte).

Bekanntlich werden material- oder stoffbedingte, geometrische und konstruktionsbedingte Wärmebrücken unterschieden. Diese können auch in Kombination auftreten (siehe Abb. 6.42 und 6.43).

Wärmebrücken werden über den längenbezogenen Wärmebrückendurchgangskoeffizienten (kurz PSI-Wert oder Ψ-Wert) dargestellt. Dieser quantifiziert den Transmissionswärmeverlust einer Gebäudehülle, der bei einer vereinfachten Betrachtungsweise auf Grundlage von U-Werten und Flächen nicht berücksichtigt wurde (Standardverfahren). Je geringer der PSI-Wert ist, umso effizienter ist die Wärmedämmung an dem jeweiligen Bauteil (Wärmebrücke). Der PSI-Wert in W/(m K) gibt an, wie viel Wärme in W pro m Wärmebrückenlänge bei einem Temperaturunterschied von 1 K zusätzlich zum ungestörten Bauteil abgegeben wird. Da sich dieser grundsätzlich auf das so genannte ungestörte Bauteil bezieht, spricht man von einer relativen Kenngröße. Der PSI-Wert kennzeichnet lediglich den zusätzlichen Wärmeabfluss (zweidimensionaler Wärmestrom) im Verhältnis zum ungestörten Bereich (eindimensionaler Wärmestrom). Die Ψ-Werte von Bauteilbereichen (Konstruktionsdetails) können entweder rechnerisch nach DIN EN ISO 10211 über eine spezielle Software ermittelt oder speziellen Wärmebrückenkatalogen z. B. von Baustoffherstellern entnommen werden.

Im Kontext zu Feuchteschäden und/oder Schimmelpilzbefall an Wärmebrücken kann es notwendig sein, zusätzlich eine hygrothermische Wärmebrückenberechnung durchzuführen. Hierbei liegt der Fokus auf der Vermeidung von taupunktbedingtem Kondenswasser auf den Innenoberflächen im Anschlussbereich. Nach DIN 4108 Teil 2 ist ein Temperaturfaktor von mindestens 0,7 bzw. eine Mindestoberflächentemperatur von 12,6 °C im Bereich von Wärmebrücken einzuhalten. Hierfür wird der so genannte f_{Rsi}-Wert benötigt.

Abschließend sollte man berücksichtigten, dass bei allen Bemühungen, den Wärmeverlust an kritischen Schwachpunkten in der Baukonstruktion zu verhindern, neben einer detaillierten Planung letztendlich eine professionelle Ausführung darüber entscheidet, welche Auswirkungen Wärmebrücken auf den Wärmeverlust haben. Man kann (oder muss) deshalb davon ausgehen, dass sich Wärmebrücken nie vollständig vermeiden lassen.

6.4.6 Bestimmung der Luftwechselrate

Der notwendige Luftwechsel in Innenräumen hängt von deren Belastung mit Feuchtigkeit und evtl. Schadstoffe wie z. B. Schimmelpilzsporen sowie Gerüchen ab. Da diese Belastung je nach Raumnutzung, Raumvolumen und Belegungsdichte unterschiedlich ausfallen kann, muss auch die Luftwechselrate von Raum zu Raum angepasst werden. In Bädern z. B. kumulieren sich einige Parameter, die eine häufige Lüftung unumgänglich machen: Feuchtigkeit fällt in der Regel in hohen Mengen und gleichzeitig in sehr kurzer Zeit an (z. B. Baden oder Duschen). Bäder haben in der Regel ein kleineres Raumvolumen und werden gleichzeitig von mehreren Menschen hintereinander oder gleichzeitig genutzt. Bei innenliegenden Bädern ohne Fenster kommt hinzu, dass sämtliche Feuchtespitzen nur über eine Zwangsbelüftung abgeführt werden können, die sehr häufig unterdimensioniert sind. In fast allen Bädern weisen die verwendeten Materialien (z. B. Fliesen) ein ungünstiges Sorptionsvermögen auf. Das absolute Gegenstück zum Bad ist z. B. das Wohnzimmer.

Egal, ob durch Fensterlüftung oder über eine Lüftungsanlage: mit der Einhaltung der Luftwechselrate werden mögliche Belastungen durch

Feuchtigkeit, evtl. Schadstoffe sowie Gerüche abgebaut bzw. entstehen diese gar nicht erst. Neben dem aktiven Luftwechsel durch Fensterlüftung oder über eine Lüftungsanlage gibt es einen natürlichen Luftwechsel, der u. a. vom baulichen Zustand der Gebäudehülle abhängt. Gebäude mit einer guten Wärmedämmung (z. B. Fassadendämmung) und/oder modernen Fenstern (z. B. Dreifach-Wärmeschutzverglasung) weisen eine höhere Luftdichtheit auf als z. B. unsanierte Altbauten. Durch jede Undichtigkeit in der Gebäudehülle dringt Außenluft in das Gebäudeinnere und/oder strömt Innenluft nach außen. Als Faustregel gilt: Je besser die Isolierung, desto häufiger muss die Luft in Innenräumen ausgetauscht werden.

Die Luftwechselrate ist eine wichtige Kennziffer für das Innenraumklima. Sie gibt an, wie oft die Luft in einem geschlossenen Raum ausgetauscht werden muss, um ein gesundes Raumklima sicherstellen zu können. Die Einheit der Luftwechselrate ist 1/h (oder h^{-1}). Eine Luftwechselrate von 4 h^{-1} bedeutet, dass die Raumluft viermal pro Stunde ersetzt werden muss, um eine hohe Luftqualität zu sichern. Dies wird allgemein unter der Luftwechselrate verstanden. Der Begriff wird allerdings oftmals synonym für drei verschiedene Sachverhalte verwendet. Neben der Luftwechselrate wird auch die Mindestluftwechselrate und die n50-Luftwechselrate erwähnt.

Die Mindestluftwechselrate spielt vor allem im Kontext von Arbeitssicherheit in öffentlich oder gewerblich genutzten Gebäuden eine Rolle. In diesen gelten gesetzlich vorgeschriebene Richt-, Grenz- oder Orientierungswerte, die in Normen und anderen Regelwerken festgelegt wurden und mit denen die hygienischen Luftverhältnisse geregelt werden. Daher werden diese häufig auch als „hygienisch bedingter Mindestluftwechsel" oder „Luftwechselrate nach DIN" bezeichnet. Die DIN EN 12831 „Energetische Bewertung von Gebäuden – Verfahren zur Berechnung der Norm-Heizlast" sieht im Normalfall eine Mindestluftwechselrate von 0,5 h^{-1} vor. Dies bedeutet, dass alle zwei Stunden ein Luftwechsel stattfinden muss.

Die n50-Luftwechselrate dagegen ist eine Kennziffer im Kontext zur Luftdichtheit der Gebäudehülle. Nach der Energieeinsparverordnung darf die n50-Luftwechselrate in einem Gebäude ohne Abluft- oder Lüftungsanlagen nicht mehr als 3 h^{-1} betragen. Dies bedeutet, dass sich die Raumluft ohne mithilfe von klimatechnischen Anlagen innerhalb einer Stunde nicht mehr als dreimal austauschen darf. Liegt der Messwert darüber, erfüllt die Luftdichtheit der Gebäudehülle nicht die Anforderungen und muss auf evtl. Undichtigkeiten hin überprüft werden. Diese Messung erfolgt bei einem Druckunterschied von 50 Pa zwischen dem Gebäudeinneren und der Außenumgebung.

Die Luftwechselrate berechnet sich nach folgender Gleichung:

$$\text{Luftwechselrate L } \left(1\,\text{h}^{-1}\right) = \frac{\text{Mindestluftvolumenstrom } L_W \left(\text{m}^3/\text{h}\right)}{\text{Raumvolumen } V_{\text{Raum}} \left(\text{m}^3\right)}$$

Ein Beispiel: Ein Schlafzimmer mit einer Grundfläche von 30 m^2 und einer Deckenhöhe von 2,40 m wird durch zwei Personen genutzt. Dies bedeutet, dass ein Raumvolumen von 72 m^3 vorliegt. Außerdem muss der Luftvolumenstrom gemessen werden. Alternativ kann mit dem Mindestvolumenstrom der Lüftungsnorm DIN 1946-6 gerechnet werden: 30 m^3/h pro Person. Hierbei muss eine „Unschärfe" beachtet werden, denn die Norm unterscheidet u. a. nach der Intensität der Tätigkeit: 20 bis 25 m^3/h pro Person bei minimaler körperlicher Aktivität, 45 m^3/h pro Person bei leichter körperlicher Tätigkeit sowie 60 m^3/h pro Person bei schwerer körperlicher Arbeit. Bezogen auf das Beispiel würde man 20 m^3/h pro Person ansetzen, so dass der benötigte Mindestvolumenstrom 40 m^3/h beträgt. Daraus ergibt sich folgende Berechnung:

$$\text{Luftwechselrate } 0{,}555\,\text{h}^{-1} = \frac{\text{Mindestluftvolumenstrom von } 40\,\text{m}^3/\text{h}}{\text{Raumvolumen von } 72\,\text{m}^3}$$

Dies bedeutet, dass in dem Schlafzimmer alle 108 min ein Luftwechsel stattfinden muss – oder anders ausgedrückt: „müsste". Denn Niemand lüftet nachts alle 2 h sein Schlafzimmer und auch tagsüber ist dies abwesenheitsbedingt nicht möglich. Diese einfache Berechnungsmethode dient daher nur als Orientierungshilfe. Entsprechende

Tab. 6.3 Empfehlungen der Lüftungsrate in der Fachliteratur

Raum*	Luftwechselrate	Lüftung alle
Wohnzimmer	1 bis 2 h^{-1}	30 bis 60 min
Schlafzimmer	2 bis 3 h^{-1}	20 bis 30 min
Kinderzimmer	2 bis 3 h^{-1}	20 bis 30 min
Arbeitszimmer	1 bis 2 h^{-1}	30 bis 60 min
Küche	4 bis 6 h^{-1}	10 bis 15 min
Badezimmer	8 bis 10 h^{-1}	5 bis 6 min
Toilette	8 bis 10 h^{-1}	5 bis 6 min
Waschküche	6 bis 8 h^{-1}	6 bis 10 min
Hobby-/Abstell-raum	0,5 h^{-1}	120 min
Garage	1 bis 2 h^{-1}	30 bis 60 min
Keller	1 bis 2 h^{-1}	30 bis 60 min

* bei Nutzung der Räume und Anfall von Feuchtigkeit, evtl. Schadstoffen und Gerüchen

Empfehlungen finden sich in der einschlägigen Fachliteratur (siehe Tab. 6.3):

Wenn die Luftwechselrate individuell berechnet werden soll, müssen weitere Parameter berücksichtigt werden. Die Berechnung der Luftwechselrate bei Abführung anfallender Feuchtigkeit erfolgt nach der Gleichung:

$$\text{Luftwechselrate L}\left(1\,\text{h}^{-1}\right) = \frac{\text{D in g/h}}{\left[(d_v - d_n)\cdot\rho\right]\text{ in m}^3/\text{h}}$$

D	Menge der abgesetzten Feuchtigkeit in g/h
d_v	Feuchtigkeitsgehalt in der Abluft in g Wasser/kg Luft
d_n	Feuchtigkeitsgehalt in der Zuluft in g Wasser/kg Luft
ρ	Luftdichte in kg/m³ (bei Normklima von 20 °C = 1,205 kg/m³)

Eine weitere Berechnungsform der Luftwechselrate berücksichtigt die Abführung der Überschusswärme nach folgender Gleichung:

$$\text{Luftwechselrate L}\left(1\,\text{h}^{-1}\right) = \frac{\text{Q in kW}}{\left[\rho\cdot C_\rho\cdot(t_v - t_n)\right]\text{ in m}^3/\text{h}}$$

Q	Wärmeabgabe an den Raum in kW
t_v	Ablufttemperatur in °C
t_n	Zulufttemperatur in °C
ρ	Luftdichte in kg/m³ (bei Normklima von 20 °C = 1,205 kg/m³)
Cρ	Wärmekapazität der Luft in kJ/(kg K) (bei Normklima von 20 °C = 1,005 kJ//(kg K))

Soll bei der Ermittlung der Luftwechselrate die höchstzulässige Kohlendioxidkonzentration berücksichtigt werden, sieht die Gleichung wie folgt aus:

$$\text{Luftwechselrate L}\left(1\,\text{h}^{-1}\right) = \frac{G_{CO2}\text{ in l/h}}{\left(U_{MAK} - U_{gZ}\right)\text{ in m}^3/\text{h}}$$

G_{CO2}	Menge des abgesetzten CO_2 in l/h
U_{MAK}	maximale CO2-Konzentration in der Abluft in l/m³
U_{gZ}	Gasgehalt in der Zuluft in l/m³

6.4.7 Raummodel für ein behagliches Innenraumklima

Mit Behaglichkeit (oder Unbehaglichkeit) wird ein individuelles und subjektives Empfinden von Menschen beschrieben. Dabei wird der Begriff synonym für das Wohlbefinden und dgl. verwendet. Diese subjektive Wahrnehmung basiert neben psychischen Aspekten und einem persönlichen Empfinden vor allem auf physikalischen Kenngrößen. Erfahrungsgemäß kann man Innenräume schaffen, in denen sich die meisten Menschen wohl fühlen. Dies gelingt, da man Behaglichkeit im technischen Sinne messen und somit auch steuern kann. Grundlage ist, dass die Behaglichkeit durch drei wesentliche Faktoren beeinflusst wird:

1. Persönliche Faktoren wie z. B. körperlicher und psychischer Zustand, Stimmung, Bekleidung, körperliche Aktivität, Dauer des Aufenthalts,
2. Bauphysikalische Faktoren wie z. B. Temperatur und Feuchtigkeit in der Luft und der Wandoberflächen, Luftbewegung und -strömungen im Raum, Luftschall (Geräusche),

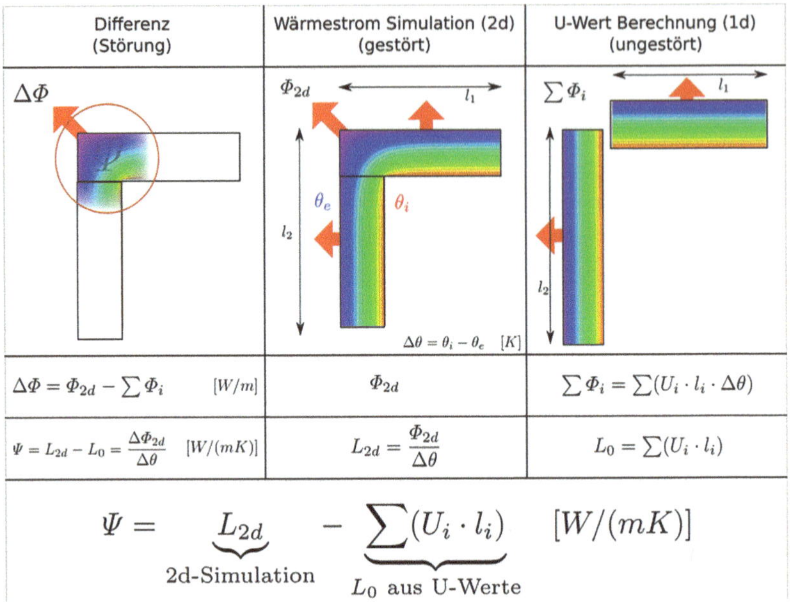

Abb. 6.42 Wärmebrückenberechnung

3. Sonstige Faktoren wie z. B. Luftqualität (Gerüche), Licht, Farben, Materialität, Raumgeometrie, Belegungsdichte (Anzahl der anwesenden Personen) sowie deren Aktivitäten.

Experten unterscheiden die thermische, olfaktorische, visuelle, akustische und hygienische Behaglichkeit. Eine andere Unterteilung erfolgt nach den physikalischen, physiologischen, psychologischen und intermediären Einflüssen. Um die Zusammenhänge zwischen Gebäude und dem Raumklima mit dem Menschen abbilden zu können, wurde ein einheitliches Raummodel geschaffen, mit dem die Behaglichkeit in Innenräumen objektiv bewertet werden kann. Dieses soll ein grundlegendes Verständnis für das Zusammenspiel und wechselseitige Wirkungen verschiedener Einflussfaktoren schaffen.

Als Pionier auf diesem Gebiet gilt der dänische Ingenieur Ole Fanger. Der Professor am „International Centre for Indoor Environment and Energy" beschäftigte sich mit thermischer Behaglichkeit und Qualität von Raumluft sowie daraus abzuleitenden gesundheitlichen Aspekten u. a. mit Asthma bei Kindern. Fanger führte u. a. das „Olf" ein – eine Maßeinheit für die Stärke einer Geruchsquelle. Zahlreiche internationale Normen, darunter die so genannte Behaglichkeitsnorm DIN EN ISO 7730, basieren auf seinem 1971 veröffentlichten Modell des „Predicted Mean Vote" (PMV) – der im Durchschnitt zu erwartenden Raumklimabewertung. Diese Erkenntnisse wurden im weiteren Verlauf mit Themen rund um den adaptiven thermischen Komfort, den Einfluss bzw. die Beeinflussung von Nutzerverhalten und die körperteilspezifische Behaglichkeit bei Teilklimatisierung erweitert.

Das ursprüngliche Raummodel für ein behagliches Innenraumklima umfasste die Temperatur der Raumluft, Temperatur der Wand-, Boden- und Deckenoberflächen, relative Luftfeuchte, Luftbewegung und -strömungen sowie die Raumluftqualität. Später wurden die Wirkungen der asymmetrischen Strahlung sowie die Unterschiede zwischen der empfundenen und tatsächlichen Temperatur ergänzt und selbst Temperaturunterschiede zwischen der Fuß- und Kopfhöhe werden in heutigen Behaglichkeitssimulationen bewertet.

Obwohl Behaglichkeit subjektiv empfunden wird und jeder Mensch andere Ansprüche an „sein" Raumklima stellt, können heute Behaglichkeitsbereiche definiert werden, in denen sich die meisten Menschen wohlfühlen.

Die wichtigste Kenngröße stellt die Temperatur in ihren unterschiedlichen Facetten dar. Hintergrund ist, dass das Temperaturempfinden des Menschen stark von seinem aktuellen thermischen

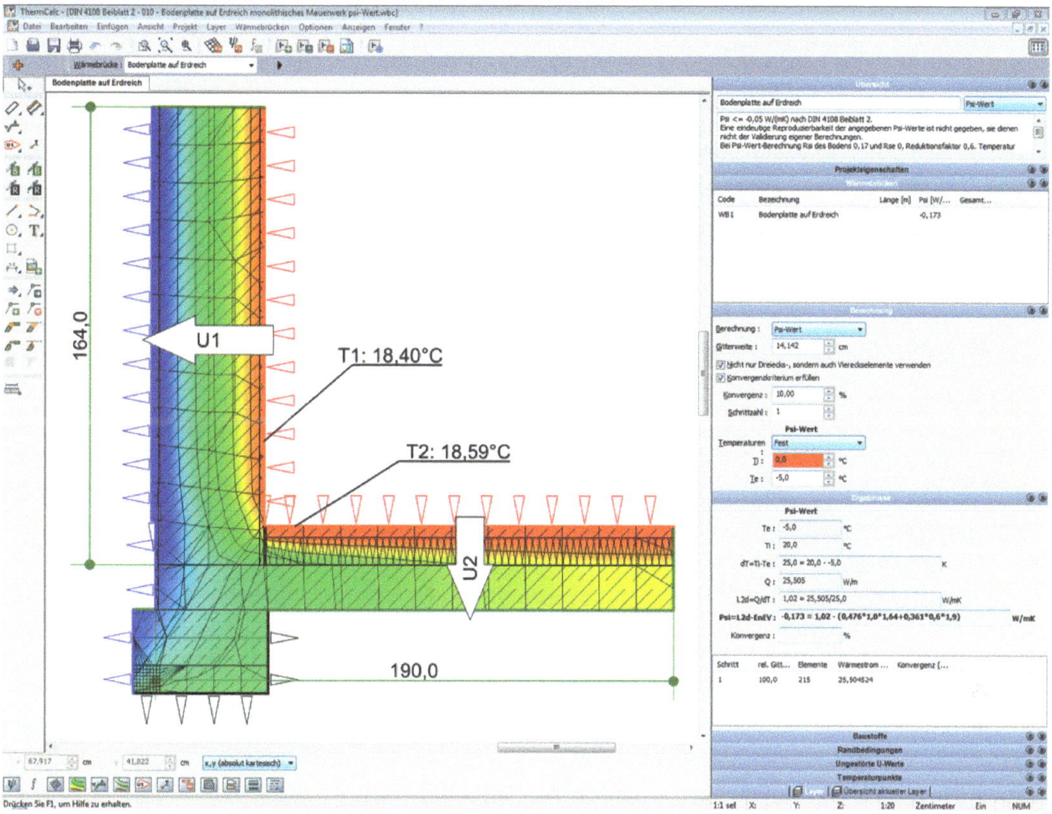

Abb. 6.43 Wärmebrückenberechnung

Gesamtzustand beeinflusst wird. Der Mensch gehört zu den so genannten homoiothermen Organismen. Dies bedeutet, dass die Körpertemperatur unabhängig von der Umgebungstemperatur weitestgehend konstant gehalten wird. Dies unterscheidet den Menschen von poikilothermen (wechselwarmen) Organismen, deren Körpertemperatur immer nur knapp über der Umgebungstemperatur liegt. Die konstante Kerntemperatur des (gesunden) Menschen liegt bei 37 °C und ist meist höher als die Umgebungstemperatur. Bei einem Unterschreiten der Kerntemperatur unter 32 °C oder einem Anstieg auf über 42 °C drohen irreparable Schäden bis hin zum Tod. Entsprechende Kälterezeptoren (auf der Haut) und Wärmerezeptoren (im Hypothalamus) senden Signale, um Energieproduktion und Energieabgabe im Gleichgewicht und die Körpertemperatur im Bereich idealer Behaglichkeit zu halten. Sinkt die Umgebungstemperatur, werden wichtige Organfunktionen geschützt, indem zunächst die Gliedmaßen durch eingeschränkte Durchblutung abgekühlt werden. Steigt die Umgebungstemperatur, wird zunächst die Durchblutung erhöht und zusätzlich die Hautoberfläche durch Verdunstung (Schwitzen) gekühlt. Die Wärmeübertragung des Menschen erfolgt über Konvektion an die Raumluft, Wärmestrahlung und Verdunstung und zu einem geringeren Anteil über Wärmeleitung an den Menschen berührende Gegenstände. Ein behagliches Raumklima liegt vor, wenn die Wärmeabgabe und Wärmeerzeugung des menschlichen Körpers in Balance ist – die Wärmebilanz ist ausgeglichen.

Von einem behaglichen Raumklima spricht man, wenn sich die empfundene Raumtemperatur zwischen 18 und 21 °C und die tatsächliche Raumtemperatur zwischen 20 und 24 °C befindet. Da der Mensch im Sommer leichtere Kleidung trägt, werden

Temperaturen auch bis 26 °C noch als behaglich empfunden. Diese Angaben sind von individuellen Kriterien wie Alter, Geschlecht, Bekleidung und Aktivität abhängig. Hierbei richten sich die Raumtemperaturen nach der Nutzung. Die genannten Temperaturen von 20 bis 24 °C gelten für Wohn- und Kinderzimmer sowie Bäder. Für Schlafzimmer und Küchen werden dagegen 18 °C bis 20 °C als angenehm empfunden.

Die Hautoberfläche ist der kontinuierliche Wärmetauscher des Menschen. Ein normal bekleideter Mensch hat bei einer Raumlufttemperatur von 22 °C eine Oberflächentemperatur von ca. 34 °C auf der Haut. Der Temperaturunterschied zwischen Körperoberfläche und Umgebungsluft bedingt einen ständigen Wärmeverlust des Körpers. Dies erfolgt über vier verschiedene Mechanismen: durch Wärmestrahlung zwischen der Körperoberfläche und den Umgebungswänden, durch Wärmeleitung von der Körperoberfläche an direkt berührte Bauteile oder Gegenstände, durch Verdunstung wie Atmung und Schweiß sowie durch Wärmeübergang als Folge von der an der Körperoberfläche vorbeiströmenden Luft. Durch diese Wärmeabgabe empfindet der Mensch die gefühlte Temperatur anders als die tatsächliche Temperatur in Innenräumen. Diese kann über folgende Formel berechnet werden:

$$\text{Empfindungstemperatur} = \frac{\text{Oberflächentemperatur} + \text{Lufttemperatur}}{2}$$

Die empfundene Temperatur im Raum sollte sich um weniger als 0,8 °C ändern. Die von einem Menschen empfundene Behaglichkeit hängt außerdem von den Oberflächentemperaturen der raumumschließenden Flächen eines Raumes wie Wände, Decken und Böden ab sowie ggf. der Fenster, wenn diese eine entsprechende Größe übersteigen und z. B. bodengleich bis zur Decke ausgeführt werden. Der Mensch steht mit diesen Flächen im Strahlungsaustausch. Die mittlere Strahlungstemperatur lässt sich gezielt beeinflussen, z. B. durch Heizflächen im Boden (Fußbodenheizung) oder an Wänden (Wandheizung) oder an Decken (Kühldecken). Um die thermische Behaglichkeit zu erreichen, sollten Wände, Decken und Böden sowie Bauteile wie dreifach verglaste Fenster eine Oberflächentemperatur von mindestens 18 °C bis 19 °C aufweisen. Temperaturen darunter werden als unangenehm wahrgenommen.

Mit den heute geltenden Wärmeschutzvorschriften können diese Behaglichkeitskriterien im Bereich der Gebäudehülle problemlos eingehalten werden. Bei bestehenden Gebäuden führen allerdings Fenster z. B. mit einem U-Wert von über 2,6 W/(m^2 K) zu unbehaglichen Oberflächentemperaturen. Bei Fußböden kommt es zudem auf die Art der Bodenbeläge an. Bodenbeläge, die nicht als „fußwarm" wahrgenommen werden, also eine hohe Wärmeleitfähigkeit aufweisen wie z. B. Fliesen und keramische Plattenbeläge, müssen in der Regel Temperaturen von mindestens 28 °C aufweisen, um als behaglich wahrgenommen zu werden. Besonders bei sitzenden Tätigkeiten wird das Unterschreiten der Mindesttemperatur empfindlich wahrgenommen.

Die Behaglichkeit in Innenräumen kann zudem durch so genannte Kaltluftseen erheblich beeinträchtigt werden. Hierbei handelt es sich um kalte Luftschichten am Fußboden, die sich durch das Einströmen kalter Luft z. B. durch Leckagen in der Gebäudehülle oder durch Lüftungsklappen und in seltenen Fällen durch Dunstabzugshauben ergeben können. Man kennt diese Kaltluftseen z. B. auch von Gebirgstälern, wenn sich bei Windstille kalte Luft ansammelt und nicht abfließen kann.

Von einem behaglichen Raumklima spricht man, wenn sich die Oberflächentemperatur der Wände bei 19 °C bis 20 °C, von Fußböden bei 20 °C bis 22 °C (bei Fliesen und keramischen Plattenbelägen bei 22 °C bis 28 °C) und bei Decken bei 18 °C bis 19 °C befindet.

In geschlossenen Räumen entsteht durch das Aufsteigen warmer (leichter) Luft z. B. über Heizkörpern und durch das Sinken kalter (schwerer) Luft z. B. an oder vor kalten Wänden immer eine gewisse Luftbewegung. Normalerweise wird diese Konvektion nicht wahrgenommen. Steigt diese Luftbewegung allerdings auf über 0,1 m/s wird diese wahrgenommen, bei über 0,2 m/s wird diese Luftbewegung als unangenehm und bei mehr als 0,3 m/s als störende Zugluft empfunden. Der Mensch reagiert auf Zugluft empfindlich, weil durch sie seine Wärmeabgabe durch Konvektion und Verdunstung erhöht wird. Zugluft nimmt der Mensch umso stärker wahr, je kälter sie ist und je konstanter sie aus einer Richtung kommt. Infolgedessen wird diese Luftbewegung besonders kritisch bei Klimaanlagen im Sommer wahrgenommen.

Von einem behaglichen Raumklima spricht man, wenn die Luftbewegung innerhalb eines Raumes die Geschwindigkeit von 0,2 m/s nicht übersteigt.

Plausible Messpunkte zur Bestimmung der thermischen Behaglichkeit sind der Knöchel- sowie Kopf- und Nackenbereich von sitzenden und stehenden Personen und somit die Raumtemperatur in einer Höhe von 0,1 m (entspricht dem Knöchelbereich), von 1,1 m (entspricht dem Kopf- bzw. Nackenbereich einer sitzenden Person) und von 1,7 m (entspricht dem Kopf- bzw. Nackenbereich einer stehenden Person) über dem Fußboden. Die Temperaturdifferenz in der vertikalen Achse eines Menschen (zwischen Kopf und Knöchel) sollte 3 °C nicht übersteigen.

Von einem behaglichen Raumklima spricht man, wenn die Temperatur im Kopfbereich nicht mehr als 3 °C gegenüber dem Fußbereich auseinander liegt.

Die relative Luftfeuchte bezeichnet das Verhältnis von tatsächlichem Dampfgehalt der Luft zum maximal möglichen Dampfgehalt der Luft in Innenräumen. Diese sollte mindestens 40 % betragen. Als allgemein angenehm wird eine relative Luftfeuchte von 50 bis 55 % empfunden. Hintergrund ist, dass eine zu geringe Luftfeuchte die Schleimhäute austrocknen lässt und somit die Abwehrkräfte schwächt. Eine zu hohe Luftfeuchtigkeit dagegen empfinden Menschen als unangenehm, weil die körpereigene Temperaturregulierung eingeschränkt ist.

Von einem behaglichen Raumklima spricht man, wenn die relative Luftfeuchte zwischen 50 und 55 % liegt.

Ein wichtiger Parameter für die Behaglichkeit von Innenräumen ist die Raumluftqualität. Diese sollte sauerstoffreich, geruchsneutral und schadstoffarm sein. Ein wichtiger Indikator stellt hierbei die mit Kohlendioxid (CO_2) angereicherte Luft beim Ausatmen dar. Ist die CO_2-Konzentration höher als 0,15 Volumen-Prozent wird diese als „schlechte" oder verbrauchte Luft wahrgenommen. Als Grenzwert zur Beurteilung der Raumluftqualität gilt der Pettenkofer-Wert. Er sollte eine CO_2-Konzentration von 0,1 % in der Raumluft nicht übersteigen. Höhere Konzentrationen sind nur kurzzeitig tolerierbar. Je länger die CO_2-Konzentration ansteigt, umso mehr nehmen die gesundheitlichen Beschwerden (Kopfschmerzen, Müdigkeit, Konzentrationsschwierigkeiten bis hin zu Atemnot) zu.

Neben der Kohlendioxidkonzentration bestimmen auch Schadstoffe (z. B. Schwefeldioxid, Stickstoffe und aromatische Kohlenwasserstoffe, vor allem Benzol sowie MVOC) und das Geruchsempfinden (z. B. Schweißgeruch oder Duftstoffe) die Qualität der Innenraumluft. In der Innenraumdiagnostik wird zwischen der Geruchsquelle und der empfundenen Luftqualität unterschieden. Die Geruchsquelle wird in Olf (von olfaktorisch) angegeben, wobei ein Olf dem „normalen" Geruch einer Durchschnittsperson (erwachsen, geduscht, sitzend) entspricht. Die empfundene Luftqualität wird in Dezipol (von pollution) ausgedrückt. Ein Dezipol beschreibt die empfundene Luftqualität, die eine Durchschnittsperson (1 Olf) in einem Raum verursacht, der mit 10 l/s reiner Luft belüftet wird.

Eine hohe Kohlendioxidkonzentration, Schadstoffe und Gerüche lassen sich durch eine ausreichende Lüftung entfernen. Bei der Ermittlung einer ausreichenden Lüftung ist die so genannte Luftwechselrate hilfreich. Mit der Luftwechselrate oder auch Luftwechselzahl lässt sich eine grobe Dimensionierung der Lüftung festlegen. Diese ergibt sich aus dem Quotienten aus Außenluftvolumenstrom und Raumluftvolumen. Die Zahl mit der Einheit 1/h oder h^{-1} (pro Stunde) gibt an, wie oft das Raumluftvolumen in einer Stunde gegen Außenluft ausgetauscht werden muss. Anhand des Grenzwertes von 0,1 % für die CO_2-Konzentration kann als Richtwert für den Außenluftbedarf 30 m^3/h je Person angesetzt werden – ein Richtwert, der auch in den einschlägigen Regelwerken übernommen wurde. Bei Räumen, die mit Schadstoffen belastet sind, in denen geraucht wird oder die von exponierten Risikogruppen (z. B. Allergiker, Kranke, Säuglinge) genutzt werden, muss die Luftwechselrate entsprechend höher sein.

> Von einem behaglichen Raumklima spricht man, wenn die Raumluft reich an Sauerstoff, geruchsneutral und schadstoffarm ist. Die CO_2-Konzentration sollte nicht über 0,1 % liegen.

Um ein behagliches Innenraumklima zu simulieren, werden computergestützte Programme wie z. B. THERAKLES eingesetzt. Das Simulationsprogramm berechnet das dynamische thermische oder hygrothermische Verhalten von Innenräumen und Gebäuden. Als Planungstool dient es Fachplanern im Bereich der Bauklimatik und technischer Gebäudeausrüstung, um Aussagen über thermische Behaglichkeit und Energieeffizienz in Abhängigkeit von instationären Einflüssen treffen und/oder um die thermische Behaglichkeit ganzjährig optimieren und gleichzeitig den Energiebedarf für Heizung und Klimatisierung senken zu können.

6.5 Chemische Untersuchungen

Chemische Untersuchungen im Kontext von Feuchteschäden und Schimmelpilzbefall umfassen neben der Bestimmung des pH-Wertes vor allem qualitative und quantitative Salzanalysen. Hierbei geht es um die Bestimmung der Art und Konzentration bauschädigender Salze wie z. B. Carbonate, Sulfate, Chloride und Nitrate. Diese Salze verursachen u. a. die Hygroskopizität von Baustoffen – also die Fähigkeit, Feuchtigkeit aus der Umgebungsluft aufzunehmen und zu speichern. Zudem verhindern die Hygroskopizität die Austrocknung von Baustoffen, so dass eine höhere Feuchtigkeit im Untergrund vorliegt. Dies wiederum kann das Wachstum von Schimmelpilzen fördern, da einige Arten auch auf salzbelasteten Untergründen ansiedeln können. Diese Schimmelpilzarten werden als alkalophil bezeichnet.

Vor Ort können einfache, so genannte halbqualitative, Salzanalysen (pH-Wert-Bestimmung) mittels Teststreifen durchgeführt werden. Hierbei wird die zu prüfende wässrige Lösung in einem Messgefäß mit drei Tropfen einer pH-Indikatorlösung versetzt. Durch Farbreagenzien kann nachgewiesen werden, welche Anionen oder Kationen sich in der Lösung befinden. Der dabei auftretende typische Farbwert wird mit einer beigefügten Farbskala verglichen und kann nach einer einfachen Methode bewertet werden (z. B. Null für nicht vorhanden, 1 = geringe Konzentration, 2 = mittlere oder durchschnittliche Konzentration, 3 = hohe bis starke Konzentration und 4 = sehr starke bis überdurchschnittliche Konzentration).

Wenn der Salzgehalt quantitativ nachgewiesen werden soll (Bestimmung eines Salzmoleküls oder einer Salzmischung mit den zugehörigen Kationen), sind diese Teststreifen ungeeignet. Dann müssen Materialproben (z. B. Bohrmehl oder Steinproben) labortechnisch untersucht werden z. B. über nass-chemische Verfahren, die heute immer weniger eingesetzt werden, sowie aufwändige Methoden wie z. B. Ionenchromatographie, Röntgendiffraktometrie oder Infrarotspektroskopie, die für die alltägliche Bauwerks- und Innenraumdiagnostik nicht praktikabel und zu teuer sind.

Für die Salzanalysen werden Proben von Bohrkernen oder -mehl, Putz- oder Steinproben entnommen. Wichtig ist, dass nicht nur Salzanalysen in dem Bauteilbereich durchgeführt werden, in denen eine starke Salzbelastung sichtbar ist. Besonders leicht lösliche Salze wandern über die Kapillarität in die oberen Bauteilbereiche, so dass auch in 1 bis 2 m Höhe Salze im Wandquerschnitt nachgewiesen werden. Schwer lösliche Salzverbindungen werden sich dagegen im unteren Bauteilbereich nachweisen lassen. Sollen nur die in Wasser löslichen Salze analysiert werden, muss die Baustoffprobe nach dem Zerkleinern nur mit Wasser extrahiert werden. Muss allerdings die Gesamtmenge der Salzbelastung bestimmt werden, ist es notwendig, einen Sodaauszug zu nehmen. Das entsprechende Filtrat der Extraktion oder des Sodaauszugs wird dann weiter analysiert.

Carbonate werden durch die Reaktion mit verdünnter Salzsäure nachgewiesen. Fügt man einem Teil der wässrigen Lösung vorsichtig verdünnte Salzsäure hinzu, schäumt dies bei Anwesenheit von löslichem Carbonat auf. Dieses Aufschäumen wird durch die frei werdende Kohlensäure verursacht und ist ein Hinweis auf die Anwesenheit von Soda oder Pottasche. Liegen Carbonate wie z. B. bei Kalk- oder Kalkzementputzen als natürlich vorkommendes Bindemittel vor, kann diese Salzanalyse nicht durchgeführt werden.

Sulfate können als Natrium-, Kalium- oder auch als Magnesiumsulfat vorliegen. Für diesen Test wird im Reagenzglas eine Baustoffprobe mit verdünnter Salzsäure aufgelöst. Anschließend wird diese filtriert. Um die Löslichkeit zu erhöhen, kann die Probe auch mit dem Brenner erhitzt werden. In einem zweiten Reagenzglas wird eine Messerspitze Bariumchlorid in destilliertem Wasser gelöst. Die beiden Flüssigkeiten werden vorsichtig zusammengeschüttet. Der Sulfatgehalt wird durch einen sehr feinkristallinen weißen Niederschlag (Bariumsulfat) angezeigt. Die früher sehr aufwendige Bestimmungsmethode, durch geeignete Fällungsreaktionen Sulfat nachzuweisen, kann mittlerweile durch einfache Bestimmungsmethoden mittels Teststäbchen ersetzt werden. Die Teststäbchen sind in vier Zonen eingeteilt und enthalten unterschiedliche Mengen des rot gefärbten Thorium-Barium-Komplexes, der bei Anwesenheit der entsprechenden Mengen Sulfationen in das gelb gefärbte Thorium umschlägt. Der pH-Wert der zu prüfenden Lösung soll bei 4 bis 8 liegen. Alkalische Lösungen (pH-Wert > 8) müssen durch Zugabe von organischen Säuren eingestellt werden.

Chloride können als Natrium-, Kalium- oder als Calciumchlorid vorliegen. Der Nachweis erfolgt in einem Reagenzglas mit verdünnter Schwefelsäure unter Verwendung eines Brenners, mit dem die Baustoffprobe erhitzt wird. Salzsäure darf zum Lösen nicht verwendet werden, da diese sonst mit ihren Chlorid-Anionen das Ergebnis beeinflussen würde. Nach dem Filtrieren wird langsam Silbernitrat hinein getröpfelt, um die gewünschte Reaktion in Gang zu setzen. Das Chlorid zeigt sich durch einen voluminösen weißen, flockigen Niederschlag (Silberchlorid).

Die Salze der Salpetersäure liegen meist als Natrium-, Kalium- oder Calciumnitrat vor. Die Baustoffprobe wird im Reagenzglas mit verdünnter Salzsäure gelöst und filtriert. Dieser Vorgang kann ebenfalls durch Erhitzen beschleunigt werden. Anschließend werden einige Kristalle Eisen(II)-sulfat sowie einige Tropfen verdünnter Schwefelsäure zugegeben. Nach dem Abkühlen wird das Reagenzglas leicht geneigt, um sehr vorsichtig mit der Pipette konzentrierte Schwefelsäure unterzumischen. Nitrat zeigt sich durch einen an der Grenzschicht zwischen konzentrierter Schwefelsäure und Baustofflösung entstehenden braunen bis violett braunen Ring. Hierfür steht ein Nitrat-Teststäbchen zur Verfügung.

Aufgrund der ermittelten Werte wird der Versalzungsgrad als „gering", „mittel" oder „hoch" eingestuft. Dabei ist der ermittelte höchste Gehalt an Salz-Ionen (unabhängig ob Chlorid, Nitrat oder Sulfat) maßgebend (siehe Tab. 6.4).

In einigen Fällen kann es notwendig sein, die Versalzung in Baukonstruktionen nach ihrer räumlichen Verteilung zu bestimmen (z. B. die Salzverteilung im Mauerwerksquerschnitt).

Tab. 6.4 Versalzungsgrade

Chloride	< 0,2	0,2 bis 0,5	> 0,5
Nitrate	< 0,1	0,1 bis 0,3	> 0,3
Sulfate	< 0,5	0,5 bis 1,5	> 1,5
Bewertung	Belastung gering	Belastung mittel	Belastung hoch

Hierfür stehen sehr aufwändige Verfahren zur Verfügung, die im Rahmen der alltäglichen Bauwerks- und Innenraumdiagnostik allerdings nicht praktikabel und zu teuer sind wie z. B. die Ionenchromatographie und die Röntgendiffraktometrie.

Die Ionenchromatographie ist eine analytische Methode zur Trennung von Stoffen. Bei dieser Methode wird eine Messung mit einer Standardlösung durchgeführt (= Nullprobe). In dieser Lösung befindet sich eine bekannte Menge an nachzuweisenden Ionen. Im Verlauf der Analyse werden kontinuierlich Leitfähigkeitsmesswerte der Probe in regelmäßigen kleinen Zeitabschnitten auf einen Computer übertragen. Die Leitfähigkeit wird in einem Diagramm gegen die Zeit aufgetragen, so dass sich so genannte „Peaks" in Form einer Kurve ergeben. Danach werden die Flächen dieser Peaks, die durch das Verlängern der Grundleitfähigkeitslinie entstehen, ins Verhältnis zu der Konzentration, die aus der Nullprobe bekannt ist, gesetzt. Bei Analyse einer unbekannten Probe kann aus der Fläche der Peaks die Konzentration des nachzuweisenden Ions ermittelt werden.

Mit der Röntgendiffraktometrie können Beugungsphänomene von Röntgenstrahlungen gemessen werden. Diese werden in der Kristallographie (= Wissenschaft über die Struktur, Entstehung oder Herstellung sowie Eigenschaften und Anwendungen von Kristallen) zur Strukturanalyse eingesetzt. Das Messprinzip basiert darauf, dass die Wellenlänge der Röntgenstrahlung im Bereich eines Atomabstandes (0,1 bis 0,3 nm) liegt. Da Salze sehr viele Reflexlinien aufweisen können, sind der Interpretation von Röntgendiagrammen insbesondere bei Salzgemischen Grenzen gesetzt. Darüber hinaus sind Salze bekannt, die kryptokristallin (= unter dem Mikroskop nicht mehr aufzulösen) sind und infolgedessen röntgenamorph (= nicht mehr ermittelt werden können) auftreten.

Einige Salze können auch mithilfe der Infrarotspektroskopie analysiert werden, allerdings sind dem Verfahren vor allem bei Mischsalzen Grenzen gesetzt. Das Rasterelektronenmikroskop kann ebenfalls für Salzanalysen eingesetzt werden. Allerdings bringen REM-Aufnahmen keinen Mehrwert bei der qualitativen oder quantitativen Salzbestimmung. Sie können allerdings verwendet werden, um z. B. Salzkristalle in Poren- oder Hohlräumen wie z. B. in Putzgefügen, Betonen oder Natursteinen zu dokumentieren.

Der Vollständigkeit halber soll noch die Photometrie erwähnt werden. Hierbei handelt es sich um ein Messverfahren, mit dem der Wellenlängenbereich des ultravioletten und des sichtbaren Lichts ermittelt werden kann. Das nach der Extraktion oder nach dem Sodaauszug erhaltene Filtrat wird mit Reagenzien versetzt, die spezifisch auf die einzelnen Anionen farbig reagieren. Um die Konzentration dieser Lösung zu messen, wird ein Wellenlängenbereich gewählt, der von den zu bestimmenden Molekülen oder Ionen absorbiert wird, allerdings nicht von anderen Bestandteilen. Mit dieser Messmethode können Reihenuntersuchungen z. B. über die Konzentration an Chlorid-, Sulfat- und Nitrationen sowie in einzelnen Fällen auch der Nitrit-, Carbonat- oder Phosphatgehalt kostengünstig durchgeführt werden.

6.6 Mikrobiologische Untersuchungen

6.6.1 Einleitung

Während bautechnische Untersuchungen eingesetzt werden, um vor allem die Temperatur und Feuchtigkeit von Baustoffen, Bauteiloberflächen und im Raum zu messen und weiterführende bauphysikalische Berechnungen die Auswirkungen bauphysikalischer Gesetzmäßigkeiten sichtbar machen, dienen mikrobiologische Untersuchungen dem Nachweis von Schimmelpilzen (und Bakterien) sowie deren Stoffwechselprodukten. Im Gegensatz zu den technischen Untersuchungen werden keine Werte gemessen und im Gegensatz zu den bauphysikalischen Berechnungen werden auch keine Simulationen angestellt. Während bautechnische Untersuchungen die Ursache(n) u. a. für hohe Feuchtigkeit als Wachstumsbedingung für Schimmelpilze und somit klären, ob diese nutzungsbedingt oder auf bauliche Mängel zurückzuführen sind, konzentrieren sich mikrobiologische Untersuchungen eher auf die Symptome.

Mikrobiologische Untersuchungen haben im Rahmen der Schimmelpilzdiagnostik einen hohen Stellenwert. Schließlich bestimmen sie die Art und Konzentration von Schimmelpilzen (und/oder Bakterien) und somit einen wichtigen Aspekt: die mikrobielle Belastung und daraus resultierend die gesundheitlichen Risiken, die von dem mikrobiellen Befall oder seiner Stoffwechselprodukte ausgehen können. Außerdem sind mikrobiologische Untersuchungen die Grundlage, um Art und Umfang einer Sanierung inklusive möglicher Schutzmaßnahmen festzulegen.

Grundsätzlich können mikrobiologische Untersuchungen auf Bestandteile in der Luft, auf Oberflächen und im Material durchgeführt werden. Je nach Aufgabenstellung erfolgt entweder eine Keimzahlbestimmung von Schimmelpilzen wie z. B. bei der Luftkeimsammlung oder eine Bestimmung der Gesamtsporenanzahl wie z. B. bei der Partikelsammlung. Die Bestimmung der Gesamtkonzentration an Schimmelpilzen (oder Bakterien) kann relativ in KBE/m^3 Luft oder absolut in KBE/g erfolgen. In anderen Fällen kann eine Überprüfung der Raumluft auf organische Verbindungen notwendig werden, die durch Mikroorganismen gebildet werden, wie z. B. bei der MVOC-Messung.

Der Sachverständige, der Untersuchungen vor Ort durchführt und/oder Proben vor Ort entnimmt, sollte nicht nur über bauphysikalischen und mikrobiologischen Sachverstand, sondern auch über ein gewisses Grundverständnis von Laboranalytik, verfügen. Gleiches gilt für die Auswahl der geeigneten Messmethoden, da es bisher keine Untersuchungsmethode zum Nachweis von Schimmelpilzen und Bakterien gibt, die für alle Fragestellungen anwendbar ist. Daher müssen verschiedene Methoden kombiniert werden.

Je nachdem, ob die mikrobiologischen Untersuchungen z. B. im Rahmen eines Rechtsstreits durchgeführt werden, muss beachtet werden, dass nicht alle am Markt eingesetzten Untersuchungsmethoden anerkannt sind. Lt. Aussagen des Umweltbundesamtes gelten als allgemein anerkannte Regel der Technik nur Messverfahren, die in der DIN ISO 16000 „Innenraumluftverunreinigungen“ aufgeführt sind. Hierzu gehören z. B. Messungen von Schimmelpilzen in der Luft nach Teil 16, 17 und 18 der Norm, Messungen der Gesamtsporenzahl in der Luft nach Teil 20 der Norm sowie Messungen der kultivierbaren Schimmelpilze im Material nach Teil 20 der DIN ISO 16000. Andere Untersuchungsmethoden wie z. B. die noch nicht genormte Direktmikroskopie inklusive Klebefilmpräparate, die Messung der kultivierbaren (Aktino-)Bakterien, die ebenfalls noch nicht genormt ist, und auch die Messung von MVOC nach VDI 4254 Blatt 1 werden vom Umweltbundesamt nur als Stand der Technik eingestuft.

Alternative Untersuchungsmethoden wie z. B. der Einsatz von Schimmelpilz-Spürhunden oder molekularbiologische Nachweismethoden werden aktuell vom Umweltbundesamt nur als Stand der Wissenschaft eingestuft. Dies bedeutet, dass diese Methoden aktuell noch in der Erprobungsphase sind und wissenschaftlich begleitet werden (müssen). Denn für diese Methoden gibt es entweder noch keine standardisierten Messverfahren und/oder allgemein anerkannte Beurteilungskriterien und/oder zu wenig Erfahrungswerte. Dies gilt auch für den Nachweis von Mykotoxinen und anderen Stoffwechselprodukten, den Nachweis von Endotoxinen und anderen Zellbestandteilen, das so genannte Schnellverfahren zum Nachweis von Schimmelpilzwachstum (z. B. mit der ATP-Methode) sowie die Bestimmung der Gesamtzellzahl im Material sowie in der Luft durch Filtration und Mikroskopie. Außerdem spricht sich das Umweltbundesamt gegen Abklatsch-/Abdruckproben (außer in Reinräumen und RLT-Anlagen), eine Messung kultivierbarer Schimmelpilze in der Luft durch Sedimentationsplatten, die Messung von Schimmelpilzen im Hausstaub sowie die Messung der Gesamtbakterien in der Innenraumluft aus. Diese können im Einzelfall zu anerkannten Untersuchungsmethoden hinzugezogen werden, um weitere Erkenntnisse zu erlangen. Eine alleinige Beurteilungs- und Entscheidungsgrundlage können diese Methoden nicht bieten.

Art und Umfang der Untersuchungsmethode richtet sich u. a. danach, ob ein sichtbarer Befall, ein nicht sichtbarer Befall oder ein versteckter Befall vorliegt. Gleiches gilt, wenn typische Symptome wie z. B. ein muffig, erdiger bis moderiger Geruch auf die Anwesenheit von Schimmelpilzen (oder Bakterien) schließen lassen oder bei massiven Durchfeuchtungen z. B. im Rahmen eines sporadischen Wasserschadens mit Schimmelpilzbefall (oder Bakterien) gerechnet werden muss. Ein weiterer Auslöser kann sein, wenn unspezifische gesundheitliche Beschwerden vorliegen und mit Mikroorganismen in Verbindung gebracht werden. Mikrobiologische Untersuchungen können in diesen Fällen entweder im Rahmen eines Rechtsstreites und/oder im Zusammenhang mit einer medizinischen Diagnose notwendig werden. Viel zu selten werden mikrobiologische Untersuchungen im Rahmen der Erfolgskontrolle nach einer durchgeführten Sanierung („Freimessung") durchgeführt, um nachzuweisen, dass der ursprüngliche Befall erfolgreich beseitigt wurde.

Zentrale Bedeutung haben mikrobiologische Untersuchungen für die bevorstehende Sanierung. In Abhängigkeit der Belastungsstufen, Risikogruppen und Nutzungsklassen werden Art und Umfang der Schimmelpilzsanierung festgelegt und durchgeführt. Hierfür ist zunächst eine Bewertung der mikrobiellen Belastung vorzunehmen. Häufig wird allein die Anwesenheit von Schimmelpilzen mit einem gesundheitlichen Risiko gleichgesetzt und das Maximum an Gefahr und deren Beseitigung kalkuliert. Für die Schimmelpilzdiagnostik und -sanierung sollte folgender Grundsatz gelten: Augenmaß für einen angemessen sachlichen Umgang. Schimmelpilzbefall sollte nicht unterschätzt werden, wo er ernst zu nehmen ist, und sollte nicht übertrieben werden, wo es nicht notwendig ist. Hierfür ist eine differenzierte Betrachtung in der optischen, technischen, hygienischen, gesundheitlichen und rechtlichen Bewertung notwendig.

Von diesen unterschiedlichen Aufgabenstellungen hängt u. a. ab, an welchen Stellen welche Art von Proben entnommen werden und wie diese anschließend untersucht werden. Grundlage hierfür bieten Regelwerke wie Normen, der Leitfaden des Umweltbundesamtes sowie sonstige Merkblätter und Richtlinien.

6.6.2 Einfacher Schimmeltest

Seit einigen Jahren werden in Baumärkten, Apotheken, Drogerien und Onlineshops einfache Schimmeltests angeboten, mit denen Jeder eine Untersuchung von Innenräumen auf Schimmelpilze selbst vornehmen kann. Die Anwendung ist einfach und die Kosten sind im Vergleich zu einer professionellen Untersuchung gering. Die meisten Schimmeltests sind so ausgelegt, dass sie bereits vorhandene Schimmelpilze, entweder in Form eines sichtbaren Befalls und/oder über die Sporenbelastung in der Luft, nachweisen. Dem entsprechend werden diese in aktive und passive Tests unterschieden. Beim aktiven Test werden die unterschiedlichen Arten von Proben selbst eingesammelt, beim passiven Test dagegen automatisch. Eine weitere Unterscheidung besteht darin, ob die Proben anschließend an ein Labor zur Auswertung geschickt werden (Labortest) oder ob die Auswertung selbst vorgenommen wird (Selbsttest). Während auf ein Ergebnis vom Labor zwischen zwei bis vier Wochen gerechnet werden muss, liegen die Ergebnisse beim Selbsttest innerhalb weniger Stunden vor. Die verschiedenen Schimmeltests unterscheiden sich nicht nur in Bezug auf ihre Anwendung und Funktionsweise, sondern auch im Hinblick auf ihre Zuverlässigkeit.

Beim so genannten Abklatschtest wird ein Teststreifen oder eine Testplatte auf den schimmelpilzbefallenen Untergrund „geklatscht", so dass Schimmelpilzpartikel sowie -sporen auf dem Teststreifen oder der Testplatte anhaften. Anschließend müssen die Proben an ein Labor zur Analyse geschickt werden. Die Auswertung dauert ca. zwei Wochen. Ähnlich ist die Vorgehensweise bei der Abstrichprobe, nur dass bei dieser Methode ein Wattestäbchen benutzt wird, um Schimmelpilzpartikel und -sporen einzusammeln. Auch dieses wird anschließend an ein Labor geschickt. Die Auswertung dauert ebenfalls ca. zwei Wochen. Die Alternative stellt ein so genannter Nährboden-Test dar. Anders als bei den beiden erstgenannten Me-

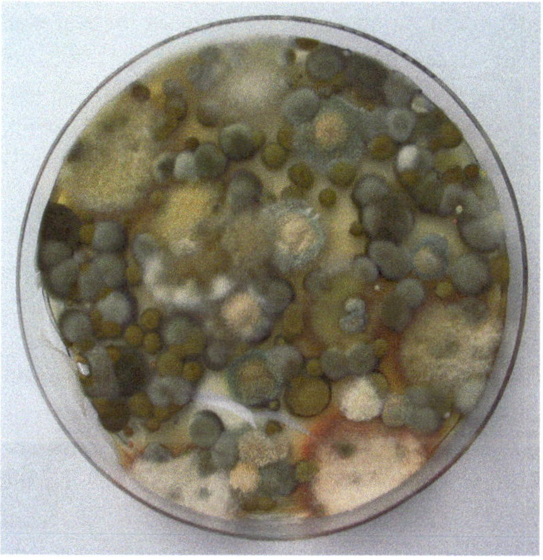

Abb. 6.44 verschiedene Schimmelpilzkulturen auf speziellen Nährböden

thoden muss die Probe nicht selbst eingesammelt werden. Hierfür werden spezielle Sedimentationsplatten oder Petrischalen an mehreren Stellen im Haus oder in der Wohnung über einen längeren Zeitraum z. B. einige Tage bis maximal 2 Wochen aufgestellt. Durch die spezielle Nährlösung sammeln sich Schimmelpilzsporen auf dem Substrat an und kultivieren aus (siehe Abb. 6.44). Bei diesem Selbsttest gibt es zwei Optionen: das Einschicken an ein Labor, bei dem mit einem Ergebnis nach ein bis zwei Wochen gerechnet werden kann, oder die Selbstauswertung. Hierfür gibt es entsprechende Anleitungen.

Eine völlig andere Methode ist die Analyse einer Hausstaubprobe. Hierbei wird die Tatsache genutzt, dass sich im Hausstaub über einen längeren Zeitraum mikrobielle Partikel ablagern können. Eine Möglichkeit ist, den Hausstaub aufzusaugen und gesammelt an ein Labor zur Analyse zu schicken. Die differenzierte Vorgehensweise wäre, den Hausstaub zu separieren und z. B. den Hausstaub aus dem Staubsauger von dem zu trennen, der z. B. aus den Zwischenräumen von Polstermöbeln oder auf Schränken aufgesammelt wurde. Vorteilhaft ist, dass eine Hausstaubprobe gleichzeitig auch auf andere Schadstoffe hin untersucht werden kann.

Die Vorteile der einfachen Schimmeltests „zum Selbermachen" sind auf den ersten Blick die geringen Kosten. Die günstigsten Angebote beginnen bei 20 €, die meisten Tests liegen zwischen 30 und 100 €. Die Laboruntersuchungen von 50 bis 150 € kommen dann noch hinzu. Allerdings wird die Analyse der Probe durch ein Labor nicht von allen Anbietern angeboten.

Gegenüber diesem „Vorteil" überwiegen die Nachteile. Der größte Nachteil ist das hohe Risiko, das bei einem Selbsttest besteht. Schon bei der Probenahme gibt es eine Reihe von möglichen Risiken, die ein Laie nicht erkennen und bewerten kann. Dies beginnt bei der richtigen Auswahl der Entnahmestelle, vor allem bei nicht sichtbarem Befall oder bei verstecktem Befall. Weiteres Fehlerpotenzial besteht in der möglichen Verunreinigung der Probe. Hinzu kommt, dass mit einem Schnelltest nicht alle Schimmelpilzarten nachgewiesen werden können, wie z. B. bei der Methode mit den aufgestellten Sedimentationsplatten oder Petrischalen. Hierfür muss der Schimmelpilz bereits stark ausgeprägt sein, damit sich überhaupt Sporen gebildet haben, die sich auf den Nährmedien absetzen können. Gleiches gilt für die Flugfähigkeit der unterschiedlichen Schimmelpilzarten. Wenn die Sporen einiger Schimmelpilze zu träge sind, befinden sich diese nicht in der Luft und können somit auch nicht „eingefangen" werden. Der größte Nachteil ist allerdings, dass diese Schnelltests nur zur Eigenkontrolle konzipiert sind. Wenn es darum geht, ob überhaupt Schimmelpilze vorhanden sind und andere wichtige Fragen wie z. B. die Konzentration und deren gesundheitlichen Gefahren nicht relevant sind, können diese Tests eine Alternative sein – sofern man für sich einkalkuliert, dass diese eben auch ungenau sind und fehlerhaft sein können und wichtige Entscheidungen davon nicht abhängig gemacht werden. Denn anders als bei einer professionellen Untersuchung sind diese Tests z. B. im Rahmen eines möglichen Rechtsstreits völlig wertlos.

Aus den Nachteilen ergibt sich die Kritik an diesen Selbsttests. Einige Anbieter werben mit der Aussage, dass für die Durchführung der Schimmeltests keinerlei Vorwissen benötigt wird. Dies suggeriert, dass eine Schimmelpilzuntersuchung ein „Kinderspiel" ist. Dem muss klar widersprochen werden. Eine professionelle Schimmelpilzdiagnostik ermittelt nicht nur die Art der Schimmelpilze und deren mögliche Gesundheitsgefahr, sondern liefert auch Hinweise zu möglichen Schadensursachen – vor allem bei Schimmelpilzarten, die eine hohe Feuchtigkeit bevorzugen. Die Untersuchung liefert dem Fachmann somit Hinweise auf mögliche versteckte Wasserschäden. Des Weiteren kann der Fachmann aus der Analyse ggf. einen nicht sichtbaren oder versteckten Befall identifizieren. Ein Laie kann so etwas niemals, so dass die Gefahr besteht, dass neben dem sichtbaren Befall zusätzliche Stellen, die befallen sind, möglicherweise übersehen werden. Außerdem liefert die Schimmelpilzanalyse und -bewertung wertvolle Hinweise zur anschließenden Sanierung. Auch in diesem Punkt sind die Werbeversprechen einiger Hersteller fahrlässig, in dem behauptet wird, dass „eine Auswertung bei ausreichendem Befall selbst für Laien simpel wäre“. Zu allem Überfluss werden von einigen Anbietern auch noch Tipps zur Entfernung gegeben, ohne jemals den mikrobiellen Befall vor Ort gesehen zu haben. Dabei ist in Fachkreise bekannt, dass sich viele Schimmelpilzarten stark ähneln und eine unterschiedliche Wirkung haben können.

Der wichtigste Aspekt ist, dass das Vorhandensein von Schimmelpilzen in Innenräumen noch nichts über die Herkunft und Ursache aussagt. Theoretisch können Schimmelpilzsporen auch von außen (z. B. Lüftung, Kleidung) eingetragen oder in Innenräumen durch normale Quellen (z. B. Pflanzen, Tiere, Biomüll) verursacht werden. Schimmelpilzsporen sind bekanntlich überall. Kurzum: Nicht die Erfassung von Schimmelpilzen und deren Bestimmung bringt Klarheit, sondern die Auswertung und richtige Interpretation. Und dies geht nur mit einem Bezug der Ergebnisse zum Umfeld seiner Herkunft. Deshalb ist die Gefahr, dass mit einem einfachen Schimmeltest einige Schimmelpilzarten nicht erfasst und somit das Ergebnis manipuliert wird, sehr hoch. Dem Anwender wird möglicherweise eine Sicherheit vorgetäuscht, die ggf. nicht gegeben ist und zu schwerwiegenden Folgen führen kann. In diesen Fällen wäre nicht nur umsonst Geld ausgegeben worden, sondern das Ergebnis ist auch noch unbrauchbar. Der Nachweis von Schimmelpilzen in Innenräumen in all seinen Facetten sollte nicht dem Zufall überlassen werden. Schaut man sich Auswertungen von Schimmeltests genauer an, stellt man fest, dass diese sehr ungenau und allgemein gehalten sind und somit u. U. wenig Aussagekraft besitzen – je nachdem, wofür die Untersuchungen benötigt werden.

Daher bietet sich in den meisten Fällen eine Untersuchung durch Sachverständige an. Um die genaue Art der Schimmelpilze und deren Konzentration in Innenräumen zu bestimmen und daraus eine mögliche Gesundheitsgefahr abzuleiten und Hinweise zur fachgerechten Sanierung zu geben, wenden Sachverständige verschiedene Untersuchungsmethoden an. Diese messen die Anzahl aller Schimmelpilze oder Sporen in der Luft (DIN ISO 16000 16 bis 20) oder die Zahl der Schimmelpilze, die im jeweils untersuchten Material kultiviert werden kann (DIN ISO 16000 21). Sachverständige können auch einschätzen, ob weiterführende Analysen wie z. B. eine MVOC-Messung sinnvoll sind.

6.6.3 Untersuchungsmethoden

6.6.3.1 Einleitung

Eines vorab: Es gibt nach wie vor kein Universalverfahren, mit dem alle Fragestellungen in der Schimmelpilzdiagnostik beantwortet werden kann.

Die spezifischen Eigenschaften verschiedener Schimmelpilzgattungen und ihrer -arten wie z. B. der Temperaturbereich, der Feuchtigkeitsbedarf, das pH-Spektrum, Nährböden und Sauerstoff sowie deren Wachstumsursachen und Wachstumsphasen, ihr zeitlich und/oder regional unterschiedliches Auftreten sind ursächlich dafür, dass in der Regel verschiedene Untersuchungsmethoden miteinander kombiniert werden. Weiterhin ist relevant, ob ein sichtbarer Befall, nicht sichtbarer Befall oder ein versteckter Befall vorliegt und ob zusätzlich Symptome wie z. B. typische Gerüche und/oder gesundheitliche Beschwerden auf die Anwesenheit von Schimmelpilzen schließen lassen. Außerdem muss beachtet werden, dass nur ein Teil der tatsächlich vorhandenen Schimmelpilzsporen kultivierbar sind. Da allerdings allergische und ggf. toxische Wirkungen auch von nicht kultivierbaren Schimmelpilzen ausgehen können, müssen geeignete Untersuchungsmethoden immer nach der Zielsetzung der Schimmelpilzdiagnostik ausgewählt werden. Je nach Auswahl können die Gesamtzellzahl oder die biochemische Aktivität bestimmt oder Kolonie bildende Einheiten (KBE) angezüchtet werden.

Für die Auswahl einer geeigneten Untersuchungsmethode muss zudem im Vorfeld geklärt werden, wofür die Ergebnisse und deren Bewertung benötigt werden. Geht es bei der Bestimmung der Schimmelpilzart darum, ein mögliches Gesundheitsrisiko auszuschließen oder liegen bereits gesundheitliche Beschwerden vor, für die ein kausaler Zusammenhang nachgewiesen werden muss? Eine so genannte Gefährdungsbeurteilung hat nicht nur im Zusammenhang mit so genannten Risikogruppen seine Bedeutung, sondern spielt auch im Hinblick auf die Nutzungsklassen im Rahmen der Sanierung eine wichtige Rolle. Einige Schimmelpilze gelten als Indikator für versteckte Feuchteschäden. In diesen Fällen kann es sinnvoll sein, ergänzende Raumluftuntersuchungen durchzuführen und/oder einen möglichen Bakterienbefall nachzuweisen. Geht es neben der Untersuchung eines sichtbaren Befalls darum, auch die Möglichkeit eines nicht sichtbaren oder versteckten Befalls auszuschließen? Im Kontext von Rechtsstreitigkeiten müssen die ausgewählten Untersuchungsmethoden zudem anerkannt sein – Ergebnisse dürfen also nicht angreifbar sein. Dem entsprechend kann die Einstufung, welche der zur Verfügung stehenden Verfahren den allgemein anerkannten Regeln der Technik, dem Stand der Technik oder ggf. nur dem Stand der Wissenschaft entsprechen oder ggf. nicht anerkannt sind, eine große Bedeutung besitzen. Entsprechende Hinweise hierzu finden sich in den Regelwerken wie z. B. der DIN EN ISO 16000 Teil 16 bis 21.

Bei den Untersuchungsmethoden werden direkte und indirekte Verfahren unterschieden. Mikrobiologen unterscheiden diese in „viable-Messungen", bei denen der Nachweis über keimfähige, kultivierbare Pilzsporen auf unterschiedlichen Nährböden sowie der Inkubation bei unterschiedlichen Temperaturen (engl. viable = lebensfähig) erfolgt, und in „non-viable-Messungen", bei denen der Nachweis aller Luftkeime auf beschichteten Objektträgern und deren mykologische Auswertung unter dem Mikroskop erfolgt.

Unter einer Kultivierung versteht der Mikrobiologe die Schaffung und das Aufrechterhalten von idealen Bedingungen in einem Habitat, in dem ein optimales Wachstum von Mikroorganismen ermöglicht wird. Symbolisch ist das Anzüchten von „Kulturen" auf Petrischalen. Hierbei werden verschiedene Kulturen (Reinkultur, Anreicherungskultur, Flüssigkultur und Kultur auf festen Nährmedien) eingesetzt. Für die Kultivierung werden Luftproben, Materialproben, Oberflächenkontaktproben oder in Ausnahmen auch Staubproben verwendet. Für die Auswahl der geeigneten Proben ist entscheidend, an welchen Stellen welche Untersuchungen durchgeführt werden sollen. Anschließend erfolgt unter Laborbedingungen ein Wachstum der kultivierbaren Schimmelpilze. Die Nährmedien müssen auf die unterschiedlichen Schimmelpilze abgestimmt werden – also ein möglichst breites Spektrum an Arten abdecken.

Einer der wesentlichen Vorteile bei der Mikroskopie besteht darin, dass alle Sporen und sonstigen mikrobiellen Partikel sofort sichtbar sind und eine Identifizierung ohne Zeitverlust erfolgen kann. Die Untersuchung erfolgt mit einem Licht- oder Fluoreszenzmikroskop. Je nach Schimmelpilzart kann mit der Mikroskopie auch bestimmt werden, ob die Sporen noch leben oder bereits abgestorben sind. Für die Mikroskopie werden Luftproben als Abstrich auf einem Klebefilm oder Oberflächenkontaktproben sowie Materialproben eingesetzt. Darüber hinaus können auch Fruchtkörper (Myzel) entnommen und mikroskopisch untersucht werden. Die Beurteilung durch Mikroskopie erfordert viel Erfahrung und Expertise.

Kultivierung und Mikroskopie stellen mit einigen Abstrichen die Standardverfahren unter den Untersuchungsmethoden dar. Im Einzelfall kann es sinnvoll sein, neben diesen auch ergänzende und/oder alternative Verfahren einzusetzen. Hierzu gehört seit einigen Jahren der Schimmelpilz-Spürhund, der vor allem eingesetzt wird, wenn kein sichtbarer Befall zu erkennen ist und keine bautechnischen Auffälligkeiten identifiziert werden konnten, aber dennoch typische Gerüche und/oder gesundheitliche Beschwerden der Bewohner auf das Vorhandensein von Schimmelpilzen schließen lassen. Die gute Spürnase eines trainierten Hundes stellt eine Möglichkeit dar, die Stelle zu lokalisieren. Hilfreich ist, dass die Vierbeiner in der Lage sind die mikrobiell verursachten flüchtigen organischen Verbindungen (MVOC) bereits in geringen Konzentrationen zu riechen. Des Weiteren kann der Schimmelpilz-Spürhund seinen Beitrag leisten, um den Schaden durch eine Bauteilöffnung zu minimieren. Eine Bewertung eines Schimmelpilzbefalls und dessen Gefährdung sowie die Entscheidung für eine Sanierung der betroffenen Innenräume darf allerdings nicht ausschließlich auf das Anschlagen und Markieren durch einen Schimmelpilz-Spürhund basieren. Es handelt sich um ergänzende Untersuchungen.

Auch die Untersuchung von Hausstaubproben kann im Einzelfall hilfreich sein, wenn eine mögliche Schimmelpilzbelastung über einen längeren Zeitraum untersucht werden soll. In Fachkreisen spricht man von einem „Passivsammler", da sich Schimmelpilzsporen mit der Zeit im Hausstaub festsetzen. Das Hauptproblem bei dieser Untersuchungsmethode besteht darin, dass unterschiedliche Staubfragmente (z. B. aus dem Staubsauger, auf oder unter Schränken oder z. B. aus Polstermöbeln und/oder Stoff- und Plüschtieren) oftmals nicht sedimentiert werden. Hinzu kommt, dass bis heute kein standardisiertes Verfahren zur Analytik und Beurteilung von Staubproben entwickelt wurde und infolgedessen auch keines der Verfahren anerkannt ist.

Ähnlich verhält es sich bei der MVOC-Messung. Viele Schimmelpilze können in ihren Wachstumsphasen so genannte MVOC (Microbial Volatile Organic Compounds) produzieren. Einige dieser Verbindungen sind bereits in sehr niedrigen Konzentrationen von wenigen Nanogramm pro Kubikmeter Luft wahrnehmbar. Daher kann die Anwesenheit von MVOC immer auch ein Indikator für einen Schimmelpilzbefall sein. Infolgedessen wird diese Untersuchungsmethode vor allem eingesetzt, wenn kein sichtbarer Befall zu erkennen ist und keine bautechnischen Auffälligkeiten identifiziert werden konnten, aber dennoch typische Gerüche und/oder gesundheitliche Beschwerden der Bewohner auf das Vorhandensein von Schimmelpilzen schließen lassen. Die Schwierigkeit bei MVOC-Messungen besteht darin, dass die gleichen chemischen Verbindungen auch durch andere Quellen wie z. B. Baustoffe oder Reinigungsmittel verursacht werden können. Außerdem muss beachtet werden, dass einige Chemikalien VOC produzieren, die einen schimmelpilzähnlichen Geruch aufweisen, aber nichts mit den genannten MVOC gemeinsam haben. Hinzu kommt, dass bis heute kein standardisiertes Verfahren zur Bewertung von MVOC-Messungen entwickelt wurde und infolgedessen auch keines der Verfahren anerkannt ist. Infolgedessen kann eine Bewertung eines Schimmelpilzbefalls und dessen Gefährdung sowie die Entscheidung für eine Sanierung der betroffenen Innenräume nicht ausschließlich auf das Vorhandensein von MVOC getroffen werden. Es handelt sich um eine ergänzende Untersuchungsmethode.

Nicht alle am Markt verfügbaren Untersuchungsmethoden haben sich bewährt oder sind anerkannt. Im aktuellen Leitfaden „Zur Vorbeugung, Erfassung und Sanierung von Schimmelbefall in Gebäuden" des Umweltbundesamtes (UBA) werden unterschiedliche Methoden bewertet. Demnach werden nur Raumluftmessungen mit Nährböden oder durch Partikelsammlung nach DIN ISO 16000 Teil 16, 17 und 18 sowie Teil 20 und Materialanalysen nach DIN ISO 16000 Teil 21 als Verfahren nach den allgemein anerkannten Regeln der Technik eingestuft. Dem gegenüber werden die weit verbreiteten Untersuchungsmethoden wie Direktmikroskopie von Klebefolien, Messung kultivierbarer Bakterien im Material sowie MVOC-Messungen nach VDI 4254 nur als Stand der Technik eingestuft. Im Gegensatz dazu wird der Einsatz von Schimmelpilz-Spürhunden sowie der Nachweis von Mykotoxinen, Endotoxinen, ATP-Schnelltests und andere nur nach dem Stand der Wissenschaft eingestuft. Diese Untersuchungsmethoden sind wissenschaftlich begründet, aber in der Praxis entweder noch zu wenig validiert oder standardisiert. Von Abdruckproben mit Nährböden (z. B.

RODAC-Platten), dem Aufstellen von Sedimentations-Nährböden (z. B. Petrischalen), der Messung von Schimmelpilzen im Hausstaub sowie von Gesamtbakterien in der Raumluft rät das UBA ausdrücklich ab, auch wenn diese Untersuchungsmethoden sehr verbreitet sind.

Bei allen Untersuchungsmethoden muss immer beachtet werden, dass mikrobieller Befall in Innenräumen nicht isoliert auftritt und mit Mischexpositionen gerechnet werden muss. Dies bedeutet, dass sich auf einer Materialprobe in der Regel verschiedene Schimmelpilzarten und -gattungen befinden und dementsprechend eine heterogene Biomasse untersucht wird. Je nach Situation im Innenraum kann es sinnvoll sein, an mehreren Stellen verschiedene Materialproben zu entnehmen. Außerdem muss beachtet werden, dass in jedem Innenraum eine natürliche Belastung durch Schimmelpilze – die so genannte Hintergrundbelastung – vorhanden ist. Mikrobiologische Untersuchungen dienen der Quantifizierung der Mehrbelastung.

6.6.3.2 Untersuchungen auf und in Materialproben

Bei der Untersuchung auf Schimmelpilzbefall auf und in einer Materialprobe handelt es sich um ein Verfahren nach den allgemein anerkannten Regeln der Technik. Demnach können Ergebnisse z. B. im Rahmen eines Rechtsstreits als Beweis erhoben werden. Diese Methode kann bei einem sichtbaren Befall, bei nicht sichtbarem Befall sowie verdeckten Befall eingesetzt werden. In erster Linie geht es darum, auf Materialproben wie z. B. Putz, Gipskarton, Tapeten, Holz, Estrich, Dichtstoffen und Dämmstoffen oder auch Textil einen mikrobiellen Befall nachzuweisen. Hierbei geht es um die Bestimmung der Schimmelpilzart und deren Konzentration sowie Verteilung auf oder Durchdringung in Materialien – also die räumliche Ausdehnung des Schimmelpilzbefalls. In Einzelfällen kann die Bestimmung von Bakterien notwendig sein. Für die Untersuchungen der Materialproben stehen zwei Verfahren zur Verfügung: die Mikroskopie und die Kultivierung.

Für die Mikroskopie werden Klebefilmpräparate eingesetzt. Hierzu werden die Untergründe mit einer Klebefolie beprobt und anschließend mikroskopisch untersucht, um vorhandene Mikroorganismen nachzuweisen. Diese Methode eignet sich außerdem zur Unterscheidung, ob es sich nur um einen mikrobiellen Befall (Besiedlung der Oberflächen) oder um eine Kontamination mit Sporen handelt, die ggf. aus anderen Quellen stammen können. Außerdem kann mit der Mikroskopie das Wachstum von Schimmelpilzen durch den Nachweis von Myzel auf und im Material bestätigt werden. In dem Zusammenhang können die Eindringtiefen des Myzels in den Untergrund für spätere Sanierungen eine wichtige Rolle spielen z. B., wenn durch Desinfektionsmittel das Myzel abgetötet werden soll. Da die zu untersuchenden Materialflächen sehr klein sind, erfordert die Beurteilung einer Materialprobe sehr viel Erfahrung und Expertise. Um einer fehlerhaften Beurteilung vorzubeugen, bietet sich daher an, die Materialprobe parallel mit dem sensitiveren Verfahren der Kultivierung zu untersuchen.

Hierzu werden die Proben zerkleinert, in einem wässrigen Medium suspendiert und anschließend auf einem Nährboden ausgebracht. Als Nährmedien kommen entweder DG18-Agar oder Malzextrakt-Agar zum Einsatz. DG18-Agar ist eine spezielle Nährstofflösung für die Anzucht und den Nachweis von Schimmelpilzen mit geringen Feuchtigkeitsansprüchen wie z. B. xerophilen und/oder osmotoleranten Schimmelpilz-Arten. Die Abkürzung steht für Dichloran-Glycerol 18 %-Agar. Ein evtl. Zusatz von Chloramphenicol (Antibiotikum) hemmt gleichzeitig das mögliche Wachstum von Bakterien. Alternativ wird ein Malz-Extrakt-Agar (MEA) verwendet, da es ein sehr gutes Nährmedium mit 4 % Malzextrakt, 0,5 % Pepton und 2 % Agar darstellt. Bei dem Malz-Extrakt-Agar handelt es sich um ein Vollmedium mit einem relativ hohen Feuchtegehalt. Damit eignet sich dieses Nährmedium besonders gut, um eine hohe Luftfeuchtigkeit zu simulieren, wie sie z. B. in Küchen oder Feuchträumen

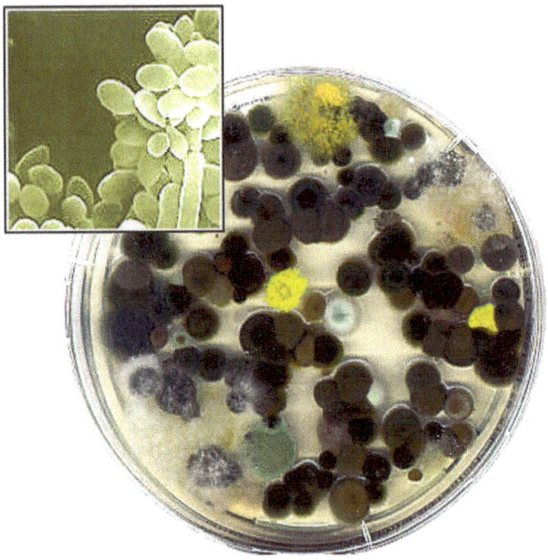

Abb. 6.45 unterschiedliche Ergebnisse einer mikrobiologischen Untersuchung aufgrund unterschiedlicher Nährmedien: Abb. 6.45 DG18-Agar, Abb. 6.46 Malzagar

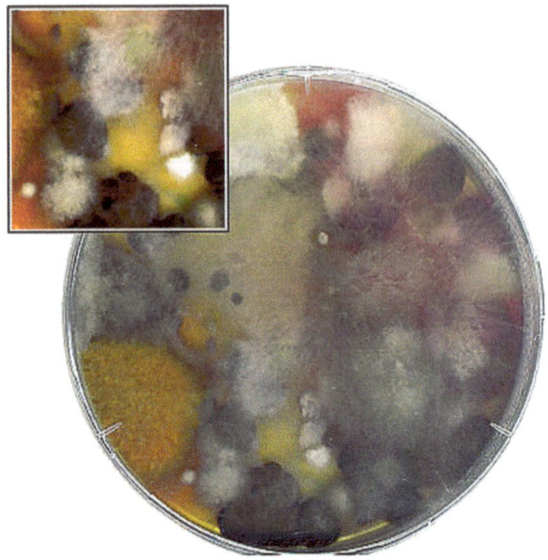

Abb. 6.46 unterschiedliche Ergebnisse einer mikrobiologischen Untersuchung aufgrund unterschiedlicher Nährmedien: Abb. 6.45 DG18-Agar, Abb. 6.46 Malzagar

auftreten können. MEA wird besonders gern eingesetzt, da ein breites Spektrum an Schimmelpilzen, aber auch Hefen und Bakterien, kultiviert werden können. Sollen Bakterien nachgewiesen werden, kommt als Nährmedium z. B. ein CASO-Agar zum Einsatz. Bei dieser speziellen Nährstofflösung handelt es sich um ein Casein-Soja-(Pepton)-Agar, das als Standardmedium für die Anzucht und den Nachweis von Bakterien eingesetzt wird. Dieses Vollmedium auf einer Protein-Aminosäure-Basis mit Mineralstoffen aus dem Soja weist keine Kohlenhydrate auf, so dass das Wachstum der Schimmelpilze gehemmt wird. Dies vereinfacht die Kultivierung von Bakterien.

In bestimmten Fällen kann es notwendig sein, unterschiedliche Nährmedien in Kombination einzusetzen, um die Wachstumsbedingungen unterschiedlicher Schimmelpilze (und Bakterien) abdecken zu können. Folgendes Beispiel (siehe Tab. 6.5) zeigt, dass auf der gleichen Materialprobe (Raufasertapete) in der gleichen Wohnung und im gleichen Raum (Badezimmer) verschiedene Konzentrationen von Mikroorganismen nachgewiesen wurden – und dies nur durch die Kombination von verschiedenen Nährmedien (siehe Abb. 6.45 und 6.46).

Die empfohlene Inkubationstemperatur liegt bei 25 °C, die Inkubationszeit beträgt in der Regel sieben bis zehn Tagen, so dass die Untersuchungen bis zu zwei Wochen dauern.

Mit dem Kultivierungsverfahren können die Schimmelpilzart und die jeweiligen Gattungen identifiziert werden. Außerdem kann eine Aussage über die Konzentration der kultivierbaren Schimmelpilze getroffen werden. Die Koloniebildenden Einheiten (KBE) werden nach der Kultivierung ausgezählt und können auf die Masse der Materialprobe hochgerechnet werden, so dass die massenbezogene Konzentration der Schimmelpilze im Material bestimmt wird.

Das Verfahren wurde in den letzten Jahren validiert und standardisiert und entspricht einem der anerkannten Verfahren nach DIN ISO 16000-21 „Innenraumluftverunreinigungen – Teil 21: Nachweis und Zählung von Schimmelpilzen – Probenahme von Materialien".

Ein weiteres Verfahren zur Untersuchung von Materialproben auf Schimmelpilzbefall sind die weit verbreiteten Abklatschproben. Während diese zur Überprüfung der Hygiene von Oberflächen z. B. in raumlufttechnischen Anlagen nach VDI 6022 eingesetzt werden, sind diese zur Beurteilung von Schimmelpilzen auf Baustoff- und Materialoberflächen in Innenräumen nicht geeignet. Denn eine Untersuchung mittels Abklatschprobe kann keine Unterscheidung zwischen

Tab. 6.5 Einfluss verschiedener Nährmedien

Nährmedium	Schimmelpilze	Kolonie Bildende Einheiten pro Gramm
DG 18 Agar	– *Aspergillus versicolor* – *Cladosporium spp.* – *Penicillium sp.*	11.800 65 110
Malzextrakt-Agar	– *Acremonium sp.*	325.000
Casein-Soja-Pepton-Agar	– *Actinomyceten*	3.200.000

einer aktiven Besiedlung einer Oberfläche durch Schimmelpilze und einer reinen Sporenbelastung anzeigen, da Kolonie bildende Einheiten auf dem Nährboden aus beiden Quellen entstehen können. Falsche Interpretationen können die Folge sein. Bei diesem Verfahren werden Abdruckproben mit einem Nährboden versehen und auf den Untergrund aufgedrückt oder aufgeklatscht. Dadurch werden Sporen und mikrobielle Partikel aufgewirbelt und haften an dem Nährboden an. Als Nährmedium kommt z. B. ein CASO-Agar zum Einsatz. Bei dieser speziellen Nährstofflösung handelt es sich um ein Casein-Soja-(Pepton)-Agar, das als Standardmedium für die Anzucht und den Nachweis von Bakterien eingesetzt wird. Dieses Vollmedium auf einer Protein-Aminosäure-Basis mit Mineralstoffen aus dem Soja weist keine Kohlenhydrate auf, so dass das Wachstum der Schimmelpilze gehemmt wird. Dies vereinfacht die Kultivierung von Bakterien. Anschließend können die Kolonie bildenden Einheiten ausgezählt werden.

6.6.3.3 Untersuchungen von Luftproben

Bei der Methode zur Bestimmung der kultivierbaren luftgetragenen Schimmelpilzsporen in der Innenraumluft handelt es sich um ein Verfahren nach den allgemein anerkannten Regeln der Technik. Demnach können Ergebnisse z. B. im Rahmen eines Rechtsstreits als Beweis erhoben werden.

Bei dieser Methode handelt es sich um das am weitesten verbreitete Verfahren zur Erfassung von Schimmelpilzbefall in Innenräumen. Diese basiert darauf, dass die kultivierbaren Schimmelpilzsporen über zwei unterschiedliche Verfahren angesaugt oder eingesammelt und die Luftprobe

Abb. 6.47 Luftpartikelmessung

anschließend auf zwei unterschiedlichen Nährböden angezüchtet werden. Vor der Untersuchung sollten Fenster und Türen ca. 12 h verschlossen bleiben. Die Probeentnahme erfolgt in der Regel einen Meter über dem Boden. Die beaufschlagten Nährmedien können direkt im Labor kultiviert werden und die gesammelten Schimmelpilzsporen zu sichtbaren Kolonien auswachsen.

Eines der beiden Verfahren zur Luftkeimmessung ist die Filtration. Hierbei werden die in der Luft enthaltenen Schimmelpilzsporen und andere mikrobielle Partikel mit einer Pumpe durch einen Membranfilter angesaugt und auf diesem Filter abgeschieden. Dieser Filter kann im Anschluss direkt auf einen Nährboden ausgebracht werden. Vorteilhaft bei dieser Untersuchungsmethode ist, dass jede kultivierbare Einheit zu einer sichtbaren Kolonie auswächst und anschließend makroskopisch ausgezählt werden kann. Des Weiteren kann eine eindeutige Arten-Identifizierung durchgeführt werden, was z. B. bei der Mikroskopie nicht immer eindeutig ist. Bei dem Impaktionsverfahren wird eine Luftströmung mittels eines Luftkeimsammlers erzeugt, welche über einen Nährboden geleitet wird. Die Schimmelpilzsporen und andere mikrobielle Partikel scheiden sich auf diesem nach dem Trägheitsprinzip ab und können anschließend kultiviert werden (siehe Abb. 6.47).

Durch die Kultivierung wachsen die gesammelten Sporen auf den Nährböden zu einzelnen Kolonien und können anschließend gezählt werden. Die Messergebnisse werden als Kolonie bildende Einheiten pro Kubikmeter Luftvolumen (KBE/m^3) angegeben. Der Vorteil dieser Methode ist, dass nicht nur die Gesamtkoloniezahl bestimmt werden kann, sondern auch eine differenzierte Bestimmung der einzelnen Schimmelpilzarten und deren

-gattungen möglich ist. Der Nachteil wiederum ist, dass nicht alle Schimmelpilze kultivierbar sind, da Sporen bei der Probenahme unter „Stress" gesetzt werden können und dadurch die Keimfähigkeit abnehmen kann. Mit „unter Stress" versteht der Mikrobiologe die Situation, wenn sich Mikroorganismen einer Gefahr von außen ausgesetzt sehen. Dies können natürliche Feinde genauso sein wie z. B. der Einsatz von Desinfektionsmitteln, mit denen Mikroorganismen abgetötet werden sollen, oder auch das Austrocknen nach einer längeren Feuchteperiode. Mikroorganismen haben für diese Situationen Überlebensstrategien entwickeln, um sich gegen ihre Feinde zu schützen. Neben der Abnahme der Keimfähigkeit kann man häufig beobachten, dass Schimmelpilze in diesen Situationen große Mengen an Mykotoxinen produzieren und freisetzen. Unabhängig davon gibt es Schimmelpilzarten, die grundsätzlich nicht besonders gut kultivierbar sind.

Bei dieser Untersuchungsmethode muss berücksichtigt werden, dass die aktive Messung der kultivierbaren Schimmelpilze nur eine Momentaufnahme der Schimmelpilzkonzentration in der Innenraumluft ist. Daher empfehlen sich in den meisten Fällen mehrere Messungen, um die zeitlichen und räumlichen Schwankungen von Schimmelpilzkonzentrationen zu berücksichtigen.

Außerdem können nur luftgetragene Schimmelpilzsporen erfasst werden. Infolgedessen muss der Sachverständige über ausreichende Kenntnisse z. B. über die Flugfähigkeit von Sporen verfügen. Diese wird u. a. von der Sporengröße, Sporenform, der relativen Luftfeuchte und Luftströmungen und -zirkulation beeinflusst. Vergleichsweise kleine und leichte Sporen wie z. B. der Aspergillus- und Penicillium-Arten können nicht so schnell sedimentieren wie vergleichsweise schwere Sporen anderer Schimmelpilzarten. Aus diesem Grund ist die Sporenverteilung innerhalb eines Innenraumes nicht gleichmäßig, so dass mehrere Luftproben sinnvoll sein können. Anders ausgedrückt: Der Nachweis über nur eine Luftprobe kann mit einer hohen Fehleranfälligkeit verbunden sein.

Als Nährmedien kommen entweder DG18-Agar oder Malzextrakt-Agar zum Einsatz. DG18-Agar ist eine spezielle Nährstofflösung für die Anzucht und den Nachweis von Schimmelpilzen mit geringen Feuchtigkeitsansprüchen wie z. B. xerophilen und/oder osmotoleranten Schimmelpilz-Arten. Die Abkürzung steht für Dichloran-Glycerol 18 %-Agar. Ein evtl. Zusatz von Chloramphenicol (Antibiotikum) hemmt gleichzeitig das mögliche Wachstum von Bakterien. Alternativ wird ein Malz-Extrakt-Agar (MEA) verwendet, da es ein sehr gutes Nährmedium mit 4 % Malzextrakt, 0,5 % Pepton und 2 % Agar darstellt. Bei dem Malz-Extrakt-Agar handelt es sich um ein Vollmedium mit einem relativ hohen Feuchtegehalt. Damit eignet sich dieses Nährmedium besonders gut, um eine hohe Luftfeuchtigkeit zu simulieren, wie sie z. B. in Küchen oder Feuchträumen auftreten können. MEA wird besonders gern eingesetzt, da ein breites Spektrum an Schimmelpilzen, aber auch Hefen und Bakterien, kultiviert werden können. Sollen Bakterien nachgewiesen werden, kommt als Nährmedium z. B. ein CASO-Agar zum Einsatz. Bei dieser speziellen Nährstofflösung handelt es sich um ein Casein-Soja-(Pepton)-Agar, das als Standardmedium für die Anzucht und den Nachweis von Bakterien eingesetzt wird. Dieses Vollmedium auf einer Protein-Aminosäure-Basis mit Mineralstoffen aus dem Soja weist keine Kohlenhydrate auf, so dass das Wachstum der Schimmelpilze gehemmt wird. Dies vereinfacht die Kultivierung von Bakterien.

Die empfohlene Inkubationstemperatur liegt bei 25 °C, die Inkubationszeit beträgt in der Regel sieben bis zehn Tagen, so dass die Untersuchungen bis zu zwei Wochen dauern. Mit der Luftkeimmessung können die Schimmelpilzart und die jeweiligen Gattungen identifiziert werden. Außerdem kann eine Aussage über die Konzentration der kultivierbaren Schimmelpilze getroffen werden. Die Koloniebildenden Einheiten (KBE) werden nach der Kultivierung ausgezählt und können auf die Masse der Luftprobe hochgerechnet werden, so dass die massenbezogene Konzentration der Schimmelpilze in der Innenraumluft bestimmt wird.

Diese Untersuchungsmethode ist nur bei einem sichtbaren Befall geeignet. Für einen nicht sichtbaren Befall und auch einen verdeckten Befall ist das Verfahren dagegen ungeeignet. Außerdem bietet sich die Luftkeimmessung im Rahmen der Erfolgskontrolle nach einer Sanierung an.

Inaktive oder abgestorbene Schimmelpilzsporen sind nicht zu kultivieren und können deshalb als Kolonie bildende Einheiten auf Nährböden nicht erfasst werden. Partikelsammlungen können aber genutzt werden, um ein mögliches allergenes Potenzial aus abgestorbenen und nicht kultivierbaren Schimmelpilzsporen und anderen mikrobiellen Partikeln zu messen. Ein typisches Beispiel sind Sporen von Stachybotrys chartarum, die eine geringe Keimfähigkeit aufweisen, allerdings aufgrund ihres Toxingehaltes eine Gesundheitsgefährdung darstellen können.

Das Verfahren wurde in den letzten Jahren validiert und standardisiert und entspricht einem der anerkannten Verfahren nach DIN ISO 16000 „Innenraumluftverunreinigungen – Teil 16: Nachweis und Zählung von Schimmelpilzen – Probenahme durch Filtration“ sowie nach DIN ISO 16000 „Innenraumluftverunreinigungen – Teil 18: Nachweis und Zählung von Schimmelpilzen – Probenahme durch Impaktion“.

Neben diesen anerkannten Verfahren gibt es auch noch eine weit verbreitete Methode, die vor allem bei den einfachen Selbsttests eingesetzt wird. Bei dem Sedimentationsverfahren werden zur Luftkeimmessung offene Petrischalen oder Platten genutzt. Schimmelpilzsporen aus der Luft setzen sich auf den mit Nährmedien befüllten Petrischalen oder Platten ab. Nach ca. einer Stunde wird die Petrischale verschlossen und an ein Labor zur Untersuchung verschickt. Die Messergebnisse des auch als Open-Petri-Dish-Methode bezeichneten Verfahrens sind nicht besonders aussagekräftig, da nur Schimmelpilzsporen mit einer hohen Flugfähigkeit erfasst werden. Um dieses Problem zu lösen, wird häufig mit einem Handtuch gewedelt, um möglichst viel Sporenmaterial aufzuwirbeln, was neue Probleme schafft. Denn zum einen wird sehr viel Staub aufgewirbelt und zum anderen werden damit Verhältnisse geschaffen, die nicht repräsentativ sind.

6.6.3.4 Untersuchungen von Hausstaubproben

Der Nachteil der meisten, auch der anerkannten, Untersuchungsmethoden, besteht darin, dass diese immer nur eine Momentaufnahme erfassen. Daher werden ergänzend zu den etablierten Verfahren auch Analysen von Hausstaubproben herangezogen. Hierbei nutzt man die Tatsache, dass Schimmelpilzsporen in Abhängigkeit von ihrer Größe und dem Gewicht mit der Zeit auf den Boden sinken. Somit stellt der Hausstaub ein Spektrum mikrobieller Belastungen über einen längeren Zeitraum dar. Man spricht bei dieser Methode auch von einem „Passivsammler“.

Baubiologen bevorzugen Untersuchungen von Hausstaubproben, wenn neben einer Analyse von Schimmelpilzkonzentrationen auch Aussagen über die Staubbelastung in Innenräumen und/oder einer Milbenpopulation (Hausstaubmilben) benötigt werden – als eine mögliche Ursache z. B. für Allergien. Hierzu sollten die betroffenen Innenräume mindestens vierzehn Tage vor der Probeentnahme nicht mehr gereinigt werden, damit genügend Staub vorhanden ist. Anschließend wird eine definierte Menge Hausstaub mit einem speziellen Staubsauger aufgesaugt. Wichtig ist, dass hierfür nicht der übliche Haushaltsstaubsauger verwendet wird. Denn dieser beinhaltet nicht nur den Staub eines längeren Zeitraumes, sondern auch aus allen Innenräumen und ggf. auch aus dem Keller oder dem PKW in der Garage. Das Problem wäre die Zuordnung der Messergebnisse zu einem bestimmten Innenraum.

Die selektiven Staubproben werden einzeln verpackt und beschriftet, so dass die Untersuchungsergebnisse der Probe dem Innenraum zugewiesen werden können. Im Labor wird die Staubprobe gesiebt, in eine wässrige Kochsalzlösung suspendiert und in verschiedenen Verdünnungsstufen auf verschiedene Nährmedien aufgebracht, so dass die Kultivierung der Schimmelpilze beginnen kann. Die Kolonie bildenden Einheiten (KBE) werden ausgezählt und hochgerechnet. Die Analyse dauert zwei bis vier Wochen. Die größte Schwierigkeit besteht darin, dass in der trockenen Umgebung eines Staubs die meisten Schimmelpilzarten nicht überleben können und somit die Ergebnisse nicht repräsentativ sind. Hinzu kommt, dass bei der Probeentnahme von Hausstaub eine Re-Mobilisierung von Schimmelpilzsporen nicht ausgeschlossen werden kann.

Der größte Vorteil von Hausstaubanalysen ist auch gleichzeitig der größte Nachteil.

Abb. 6.48 Staubprobe

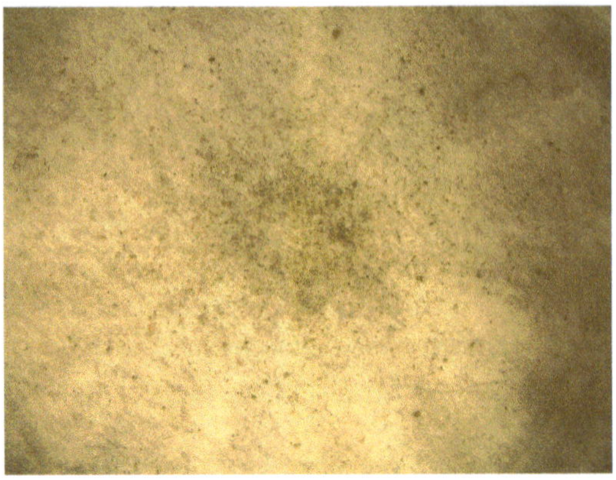

Abb. 6.49 Staubprobe

Abb. 6.50 Staubprobe

Denn durch den längeren Zeitraum haben sich im Hausstaub zu unterschiedlichen Zeiten und somit auch jahreszeitlich bedingt unterschiedliche Schimmelpilze angesiedelt. Cladosporium-Arten erreichen vor allem in den Sommermonaten hohe Außenluftkonzentrationen, die sich über den Luftaustausch mit der Innenluft zwangsläufig auch im Staub nachweisen lassen. Werden Staubproben in den kalten Monaten analysiert und diese Schimmelpilzarten nachgewiesen, kann dies bei einer Fehlinterpretation zu falschen Schlussfolgerungen führen (siehe Abb. 6.48, 6.49 und 6.50).

Aufgrund der vielen Einflussfaktoren ist es bis heute nicht gelungen, ein standardisiertes Verfahren zur Analytik und Beurteilung von Staubproben zu entwickeln. Die Messergebnisse von Staubuntersuchungen lassen aktuell noch zu viel Interpretationsspielraum zu. Daher handelt es sich bei dieser Untersuchungsmethode um kein anerkanntes Verfahren. Demnach können Ergebnisse z. B. im Rahmen eines Rechtsstreits nicht als Beweis erhoben werden und nur eine ergänzende Methode zu etablierten und anerkannten Verfahren darstellen.

6.6.3.5 Untersuchungen von MVOC

Seit einigen Jahren werden alternativ so genannte MVOC-Messungen angeboten. Bei MVOC handelt es sich um leicht flüchtige organische Stoffverbindungen wie z. B. Alkohole, Terpene, Ketone, Ester und Aldehyde, die von Schimmelpilzen (oder auch Bakterien) während des Stoffwechsels produziert werden können. Bisher wurden ca. 30 von diesen Verbindungen identifiziert, die von Schimmelpilzen produziert werden. Als deutliche Indikatoren für eine mikrobielle Belastung werden lt. Umweltbundesamt z. B. 3-Methylfuran, Dimethyldisulfid, 1-Octen-3-ol, 3-Octanon und 3-Methyl-1-butanol eingestuft. Dagegen gelten z. B. Hexanon, Heptanon, 1-Butanol und Isobutanol eher weniger als Indikation für eine mikrobielle Quelle.

In dem Nachweis von MVOC in der Innenraumluft verspricht sich die Diagnostik, dass man Schimmelpilze z. B. auch bei einem nicht sichtbaren Befall oder einem verdeckten Befall nachweisen kann, wenn z. B. traditionelle Methoden an ihre Grenzen stoßen. MVOC-Messungen werden daher bei Raumluftanalysen eingesetzt, um eine nicht sichtbare, aber zu „spürende“ mikrobielle

Kontamination nachzuweisen. Allerdings zeigen die Erfahrungen, dass auch die MVOC-Analytik und deren Interpretation der Ergebnisse nicht unproblematisch sind. Der Einfluss anderer Faktoren auf die Raumluftkonzentration und deren Beeinflussung auf die Ergebnisse sind zum Teil erheblich. Schließlich werden viele der produzierten MVOC häufig durch andere Quellen in Innenräumen wie z. B. Baustoffen oder chemischen Reinigungsmitteln verursacht. Daher empfehlen Experten, die MVOC-Analytik nur ergänzend zu anderen Methoden einzusetzen.

MVOC können sehr geruchsintensiv sein und einen typisch-charakteristischen Schimmelpilzgeruch verursachen. Das gesamte Spektrum der Gerüche reicht von moderig, über sauer und stechend bis hin zu mild-fruchtig oder auch pilzähnlich oder erdig. Der ungesättigte Alkohol 1-Octen-3-ol z. B. ist ein Stoffwechselprodukt vieler Schimmelpilze und riecht intensiv nach Pilzen. Man nennt ihn deshalb auch „Champignol". Einige Bakterien dagegen scheiden z. B. Dimethyldisulfid aus. Hierbei handelt es sich um ein penetrant und unangenehm nach Fäkalien riechendes MVOC aus schwefelhaltiger Substanz. Aufgrund ihrer spezifischen Eigenschaften sind MVOC auch noch in geringsten Konzentrationen von wenigen Nanogramm pro m^3 Raumluft geruchlich gut wahrnehmbar. Andere MVOC haben wiederum eine Geruchsschwelle im Bereich von wenigen μg pro m^3 Raumluft und können vom menschlichen Geruchssinn nicht mehr wahrgenommen werden. Daher werden alternativ Schimmelpilz-Spürhunde eingesetzt.

Ein bis zwei Tage vor der Untersuchung sollten mögliche andere Quellen wie z. B. Abfallbehälter oder Pflanzen entfernt und die Innenräume ausreichend lange quergelüftet werden. Danach müssen die Innenräume bis zu den Untersuchungen verschlossen bleiben. Außerdem darf in diesen Innenräumen ab dem Zeitpunkt nicht mehr geraucht werden. Bei der anschließenden Untersuchung wird die Raumluft mit einem geeigneten Gerät über ein geeignetes Sammelmedium gezogen. In diesem Gerät werden die MVOC absorbiert (aufgesaugt) und nach der Desorption auf einzelne Substanzen analysiert und quantifiziert. Verwendung finden entweder Aktivkohleröhrchen mit einer anschließenden Analyse in einem Gaschromatographen oder die Probeentnahme mit so genannten Tenax-Röhrchen in Verbindung mit einer Thermo-Desorption nach VDI 4254 Blatt 1. Die Untersuchung dauert drei bis vier Wochen. Der große Vorteil der MVOC-Messung liegt darin, dass diese reproduzierbar ist. Dies bedeutet, dass die Messergebnisse selbst bei einer Wiederholungsmessung nach mehreren Monaten kaum von den Erstmessungen abweichen werden. Dies macht diese Messmethode gerade bei Rechtstreitigkeiten interessant.

Allerdings ist eine Abschätzung der Exposition gegenüber Schimmelpilzen oder eine Beurteilung eines gesundheitlichen Risikos aus dem Nachweis von MVOC nicht möglich. Außerdem liegt für die unterschiedliche Konzentration verschiedener MVOC noch kein einheitliches Bewertungsschema vor. Daher ist eine MVOC-Messung zur Bestimmung der Schimmelpilzkonzentration in der Innenraumluft kein Verfahren nach den allgemein anerkannten Regeln der Technik, sondern stellen nur den Stand der Technik dar. Die Ergebnisse aus diesen Messungen sollten daher niemals allein als Bewertungsgrundlage herangezogen werden.

6.6.3.6 Untersuchungen der Gesamtsporen

Bekanntlich können von einigen Schimmelpilzen sowohl sensibilisierende als auch reizende sowie toxische Wirkungen ausgehen – und dies sowohl von kultivierbaren als auch von nicht kultivierbaren Schimmelpilzsporen. Deshalb braucht es neben der Kultivierung auch Untersuchungsmethoden, mit denen nicht kultivierbare Arten bestimmt werden können. Ein Beispiel hierfür ist der Stachybotrys chartarum. Dieser Schimmelpilz, der zur Produktion von Mykotoxinen fähig ist, kann häufig durch die Methode der Kultivierung nicht nachgewiesen werden, da seine Sporen nicht so vital sind. Der Nachweis derartiger Schimmelpilzarten erfolgt über die Bestimmung der Gesamtsporenzahl nach DIN ISO 16000 Teil 20 durch das so genannte Schlitzdüsen-Impaktionsverfahren.

Hierzu werden mit einem speziellen Partikelsammler luftgetragene Sporen und andere mikrobielle Partikel auf einem beschichteten Objektträger fixiert und nach Anfärbung mikroskopisch ausgewertet. Bei der Methode zur Bestimmung der Gesamtsporenanzahl in der Innenraumluft handelt es sich um ein Verfahren nach den allgemein anerkannten Regeln der Technik. Demnach können Ergebnisse z. B. im Rahmen eines Rechtsstreits als Beweis erhoben werden. Bakterien können mit dieser Methode allerdings nicht erfasst werden.

In der VDI 4300 Blatt 10 wird die Untersuchungsmethode beschrieben: eine definierte Luftmenge (in der Regel 100 bis 200 l) wird durch einen Impaktor angesaugt, der über einen beschichteten Glasträger (Haftfläche) verfügt. Dadurch werden sämtliche Schwebstoffe wie lebende sowie tote oder bereits abgetötete Schimmelpilzsporen und andere mikrobielle Partikel fixiert und können anschließend unter dem Mikroskop ausgezählt werden. Durch die Schlitzdüse entstehen Streifen auf den beschichteten Objektträgern, die als „Partikelspur" bezeichnet werden. Auf jedem beschichteten Objektträger ist Platz für bis zu drei Partikelspuren nebeneinander. Anders als bei dem Verfahren nach DIN ISO 16000 Teil 18 erfolgt bei diesem Verfahren keine Kultivierung. Auf diese Weise werden neben den kultivierbaren auch die nicht kultivierbaren Schimmelpilzsporen bestimmt – und somit die Gesamtsporenzahl. Die Aus- und Bewertung erfolgt nach den Vorgaben im aktuellen Leitfaden „Zur Vorbeugung, Erfassung und Sanierung von Schimmelbefall in Gebäuden" des Umweltbundesamtes (UBA).

Ein großer Vorteil dieser Untersuchungsmethode ist die schnelle Erfassung sowohl der kultivierbaren als auch der nicht kultivierbaren Schimmelpilze und eine schnelle Auswertung, da die zeitaufwändige Kultivierung entfällt. Der Nachteil besteht darin, dass zwischen lebenden und abgestorbenen oder bereits getöteten Mikroorganismen nicht unterschieden werden kann. Außerdem ist eine genaue Artenbestimmung der Schimmelpilzgattungen nicht oder nur sehr eingeschränkt möglich. Dafür eignet sich diese Methode zur Erfolgskontrolle nach einer Sanierung, vor allem, wenn Biozide eingesetzt wurden. Denn durch die Bestimmung der Gesamtsporenzahl lässt sich überprüfen, ob Schimmelpilze nicht nur abgetötet, sondern nach dem Einsatz von Bioziden auch wirkungsvoll entfernt wurden. Als Grundlage für eine Bewertung können die Vorgaben aus dem WTA Merkblatt 4-12-21 „Ziele und Kontrolle von Schimmelpilzschadensanierungen in Innenräumen" herangezogen werden.

Das Verfahren wurde in den letzten Jahren validiert und standardisiert und entspricht einem anerkannten Verfahren nach DIN ISO 16000 „Innenraumluftverunreinigungen – Teil 20: Nachweis und Zählung von Schimmelpilzen – Bestimmung der Gesamtsporenanzahl".

Die Bestimmung der Gesamtsporenzahl durch das Schlitzdüsen-Impaktionsverfahren eignet sich zudem für die Erfassung hoher Feinstaubkonzentrationen sowie Belastungen durch Fasern oder Pollen. Im Rahmen der Innenraumanalysen wird es daher oft eingesetzt, wenn Quellen für Asthmatiker und Allergiker identifiziert werden müssen.

6.6.3.7 Untersuchungen von Bakterien

Bei der Untersuchung auf Bakterienbefall handelt es sich um kein Verfahren nach den allgemein anerkannten Regeln der Technik. Demnach können Ergebnisse z. B. im Rahmen eines Rechtsstreits nicht als Beweis erhoben werden. Diese Methode kann bei einem sichtbaren Befall sowie verdeckten Befall eingesetzt werden.

In der Regel werden Bakterien nicht mit untersucht, wenn bereits ein Schimmelpilzbefall nachgewiesen wurde. Dabei können Bakterien ein wichtiger Indikator auf mögliche und nicht entdeckte Wasserschäden sein. Hintergrund ist, dass Bakterien einen höheren Feuchtebedarf haben als Schimmelpilze und deshalb einen höheren a_W-Wert aufweisen. Gerade bei hohen Durchfeuchtungen und sporadischen Wasserschäden haben Bakterien einen Wachstumsvorteil gegenüber Schimmelpilzen. Neben der Rolle als Feuchte-Indikator können Untersuchungen auf Bakterien aber auch sinnvoll sein, wenn typische Symptome für mikrobiellen Befall vorliegen, aber Schimmelpilze nicht nachgewiesen werden können.

Eines der Hauptprobleme bei dem Nachweis von Bakterien ist, dass deren Konzentrationen in der Innenraumluft stark schwanken und durch eine Vielzahl von Einflussfaktoren bei der Probeentnahme beeinflusst werden können. Dies macht eine repräsentative Messung schwierig. Hinzu kommt, dass die Gesamtkonzentration von Bakterien in der Innenraumluft bzgl. eines Schimmelpilzbefalls und/oder hinsichtlich gesundheitlicher Auswirkungen wenig aussagekräftig ist und bisher keine standardisierten Untersuchungsmethoden und anerkannten Bewertungskriterien entwickelt wurden. Die Untersuchung von Bakterien kann allerdings auf Materialproben unter Umständen sinnvoll sein, vor allem bei nassen Materialien oder dem Verdacht auf einen Altschaden.

In erster Linie geht es darum, auf Materialproben wie z. B. Putz, Gipskarton, Tapeten, Holz, Estrich, Dichtstoffen und Dämmstoffen oder auch Textil einen Bakterienbefall nachzuweisen. Der Nachweis erfolgt über die Kultivierung. Hierzu kommt als Nährmedium z. B. ein CASO-Agar zum Einsatz. Bei dieser speziellen Nährstofflösung handelt es sich um ein Casein-Soja-(Pepton)-Agar, das als Standardmedium für die Anzucht und den Nachweis von Bakterien eingesetzt wird. Dieses Vollmedium auf einer Protein-Aminosäure-Basis mit Mineralstoffen aus dem Soja weist keine Kohlenhydrate auf, so dass das gleichzeitige Wachstum von Schimmelpilzen gehemmt wird. Dies vereinfacht die Kultivierung von Bakterien. Allerdings gibt es auch für die Untersuchung von Bakterien auf Materialproben noch kein standardisiertes Nachweisverfahren.

6.6.3.8 Untersuchungen auf Mykotoxine

Bei der Untersuchung auf Mykotoxine handelt es sich um kein Verfahren nach den allgemein anerkannten Regeln der Technik. Demnach können Ergebnisse z. B. im Rahmen eines Rechtsstreits nicht als Beweis erhoben werden.

In dem Nachweis von Mykotoxinen in der Innenraumluft versprechen sich Experten, dass man die Existenz von Schimmelpilzen z. B. auch bei einem nicht sichtbaren Befall oder einem verdeckten Befall über deren Metaboliten nachweisen kann, wenn z. B. traditionelle Methoden an ihre Grenzen stoßen. Der Nachweis von Mykotoxinen wird daher bei Raumluftanalysen gelegentlich eingesetzt, um eine nicht sichtbare, aber zu „spürende" mikrobielle Kontamination nachzuweisen. Allerdings zeigen die Erfahrungen, dass die Analyse von Mykotoxinen sehr zeitaufwändig und kostenintensiv und die Interpretation der Messergebnisse äußerst schwierig ist. Hinzu kommt, dass die meisten Mykotoxine chemisch sehr stabil und widerstandsfähig sind und nur in Spuren vorliegen, so dass deren Nachweis in speziellen Mykotoxin-Analytik-Labors notwendig ist.

Für den Nachweis von Mykotoxinen stehen unterschiedliche Verfahren zur Verfügung: von Ultraviolett- oder Fluoreszenz-Detektoren, Massenspektroskopie und Gaschromatographie. Zu den modernsten Verfahren gehört die Hochdruckflüssigkeitschromatographie (HPLC-Methode). Bei diesem kombinierten Verfahren aus Hochdruckflüssigkeitschromatographie und mehreren Massenspektrometer-Modulen können verschiedene Mykotoxine (Aflatoxin B1, B2, G1 und G2, Ochratoxin A, Zearalenon, T-2- und HT-2-Toxin und Fumonisin B1) in einer einzigen Analyse nebeneinander bestimmt werden. Diese Multimethode (HPLC-MS/MS) ermöglicht eine exakte Identifizierung und Quantifizierung sowohl von reinen Substanzen als auch von Substanzgemischen. Neben diesen spurenanalytischen Messmethoden kommen immer öfter professionelle Schnellmethoden (Test-Kits) zum Einsatz. Hierzu gehören immunologische Tests (z. B. enzymatische Immunoassays, ELISA) und Streifentests (z. B. Lateral-Flow-Devices, LFDs), aber auch chemische Untersuchungen wie z. B. fluorimetrische Verfahren.

6.6.3.9 Untersuchungen auf Endotoxine

Bei der Untersuchung auf Endotoxine handelt es sich um kein Verfahren nach den allgemein anerkannten Regeln der Technik. Demnach können Ergebnisse z. B. im Rahmen eines Rechtsstreits nicht als Beweis erhoben werden.

In dem Nachweis von Endotoxinen in der Innenraumluft versprechen sich Experten, dass man die Existenz von Bakterien z. B. auch bei einem verdeckten Befall über deren Giftstoffe nachweisen kann, wenn z. B. traditionelle Methoden an ihre Grenzen stoßen. Endotoxine sind chemische Verbindungen aus der äußeren Zellmembran von Gram-negativen Bakterien. Es handelt sich um Lipopolysaccharide, die beim Absterben und dem Zerfall von Bakterien freigesetzt werden können.

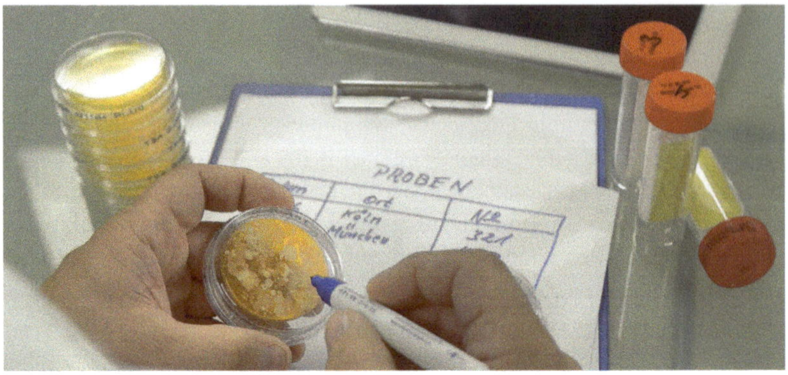

Abb. 6.51 Dokumentation der Probenahme

Sie zählen zu den Pyrogenen (verursachen einen Anstieg der Körpertemperatur).

Der Nachweis von Endotoxinen in Innenräumen kommt äußerst selten vor. Die Erfahrungen zeigen, dass die Analyse und vor allem die Interpretation der Messergebnisse noch schwieriger ist als bei den Mykotoxinen.

Für den Nachweis bakterieller Endotoxine stehen verschiedene Verfahren zur Verfügung. Die gebräuchlichste Methode ist der Limulus-Amoebozyten-Lysat-Test (LAL). Diese Methode weist eine hohe Empfindlichkeit für die Quantifizierung von Endotoxinen auf. Für die Durchführung des LAL-Tests stehen verschiedene Methoden zur Verfügung wie der so genannte

- Gel-Clot-Assay,
- kinetisch-turbidimetrische Assay (KTA) und
- kinetisch-chromogene Assay (KCA).

Bei der chromogenen Methode handelt es sich um eine enzymatische Reaktion zwischen dem Endotoxin und dem modifizierten LAL-Lysat. Dieses erzeugt in Gegenwart der Endotoxine eine gelbliche Färbung. Die Intensität der Färbung drückt die in der Probe vorhandene Konzentration an Endotoxinen aus, so dass über eine Farbskala mit sehr viel Erfahrung die Menge der Endotoxine berechnet werden kann.

Der Gelgerinnungstest (Gel-Clot Assay) war die ursprüngliche Methode des LAL-Tests. Es handelt sich um einen qualitativen bzw. semiquantitativen Test, der zum Screening auf das Vorhandensein von Endotoxinen verwendet wurde.

Eine neue Methode zur Messung von Endotoxinen ist der rekombinante Faktor C-Assay (rFC-Test). Die Quantifizierung erfolgt mit einer hoch sensitiven Fluoreszenz-Detektion. Die Reaktion des rFC-Tests ist weniger störungsanfällig, da diese nur auf einem Enzym basiert und der Rest der natürlichen Reaktionskaskade ausgeklammert ist. So ist z. B. eine Aktivierung durch die häufig störenden β-Glucane nicht möglich.

6.6.4 Durchführung der Probenahme

Die Qualität der mikrobiologischen Untersuchungen wird u. a. durch eine professionelle Probenahme bestimmt. Diese ist in Art und Umfang vom Einzelfall abhängig. Da unterschiedliche Untersuchungsmethoden angewendet werden können, gibt es kein Universalverfahren für die Probenahme von Schimmelpilzsporen, mikrobielle Partikel (z. B. Myzel) sowie Stoffwechselprodukte (z. B. Mykotoxine). Für ein repräsentatives Messergebnis muss vorab geklärt sein, wofür die Proben benötigt werden, da in Abhängigkeit hierzu, aber auch zu den unterschiedlichen Untersuchungsmethoden, verschiedene Probenarten wie z. B. Kontaktprobe auf Klebefilm oder durch Abstrich, Abklatschprobe auf Nährmedium, Staubproben, Luftproben, Materialproben, Sedimentationsproben u. a. herangezogen werden können. Bei größeren Sanierungen empfiehlt sich, im Rahmen der Innenraumdiagnostik die Probenahme im Vorfeld systematisch zu planen, festzulegen und abzustimmen. Neben der Zielsetzung der Probenahme gehört hierzu eine umfangreiche Dokumentation der Entnahmestellen, die Erfassung der raumklimatischen Bedingungen und sonstigen „Auffälligkeiten" sowie die Festlegung der anschließenden Untersuchungsmethoden (siehe Abb. 6.51).

Ausgangspunkt für mikrobiologische Untersuchungen ist in der Regel ein mikrobieller Befall. Der Begriff „Befall“ wird in der Praxis für zwei unterschiedliche Situationen synonym verwendet. Da die Unterscheidung auch für die Probenahme relevant sein kann, soll dieser kurz erklärt werden. Von einem Befall spricht man in der Regel, wenn Schimmelpilze (oder Bakterien) auf Oberflächen nachweisbar sind. Der Begriff kann allerdings schnell zu einem Missverständnis führen, da er etwas „Aktives“ suggeriert und synonym für Bewuchs verwendet wird. Ein mikrobieller Bewuchs liegt allerdings nur vor, wenn sich im Rahmen der mikroskopischen Untersuchungen mikrobielle Partikel wie z. B. ein Myzel (wurzelähnlich) und Konidien tragende Hyphen (Sporenträger) nachweisen lassen oder es zu einer deutlichen „Rasenbildung“ auf Nährmedien im Rahmen der Kultivierung kommt. Ist dies nicht der Fall, sollte man von einer mikrobiellen Verunreinigung oder Kontamination sprechen. Anlass für mikrobiologische Untersuchungen können aber auch typische Symptome für Schimmelpilze (oder Bakterien) sein wie z. B. Gerüche oder gesundheitliche Beschwerden. In diesen Fällen geht es um den Nachweis von Stoffwechselprodukten wie z. B. MVOC und somit von mikrobiellen Belastungen.

Um repräsentative Messergebnisse zu erzielen, müssen bei der Probenahme eine Reihe von Einflussfaktoren beachtet werden. Hierzu gehören in Anlehnung an die Wachstumsursachen und den Lebenszyklus z. B. das regional und/oder jahreszeitlich unterschiedliche Auftreten von Schimmelpilzen. Außerdem muss der Probennehmer ein gewisses mikrobiologisches Grundverständnis mitbringen und z. B. wissen, dass es Schimmelpilzarten gibt, die als Feuchte-Indikatoren gelten, da sie ein überdurchschnittlich hohes Feuchteangebot benötigen und häufig im Umfeld zu einem sporadischen Wasserschaden nachgewiesen werden. Ebenfalls hilfreich sind Kenntnisse über die unterschiedliche Flugfähigkeit verschiedener Schimmelpilze, da diese direkt Einfluss auf die Art und Höhe der Probenahme nehmen. Gleiches gilt für die Inkubationszeit, die sich je nach Schimmelpilzart zwischen wenigen Tagen und bis zu zwei Wochen unterscheidet und somit Auswirkungen auf den Lebenszyklus der Mikroorganismen haben kann. Gerade nach einem sporadischen Wasserschaden ist der Zeitpunkt der Probenahme essenziell, um sicherzustellen, dass sich Schimmelpilzsporen und andere mikrobielle Partikel bereits ausgebildet haben und durch die Probe erfasst werden. Auch die so genannte „Stresssituation“, denen Mikroorganismen unterliegen können, sollte dem Probenehmer bekannt sein. Man kennt diese z. B., wenn sich Schimmelpilze (oder Bakterien) z. B. durch eine Veränderung des pH-Wertes, einen plötzlichen Temperaturanstieg oder auch Desinfektionsmittel bedroht fühlen und zur Abwehr überdurchschnittlich hohe Mengen z. B. an Mykotoxinen produzieren und ausstoßen. Eine derartige Stresssituation kann auch bei einer Probenahme auftreten.

Weiterhin spielt das Umfeld eine Rolle, da eine Innenraumbelastung nur im Vergleich zur normalen Hintergrundbelastung stattfinden kann und dem entsprechend eine Außenluftprobe als Referenzwert genommen werden muss. Wesentlichen Einfluss auf Art und Umfang der Probenahme hat die Art des Befalls: Liegt also ein sichtbarer Befall, ein nicht sichtbarer Befall oder ein verdeckter Befall vor bzw. muss damit gerechnet werden, dass alle drei Arten vorliegen können. Ebenfalls nicht unerheblich ist, ob neben den Arten eines Befalls evtl. auch Symptome wie typische Gerüche und/oder gesundheitliche Beschwerden vorliegen, die auf das Vorhandensein von Schimmelpilzen (und/oder Bakterien) schließen lassen. Dies wiederum kann Auswirkungen auf die Art der Nährmedien haben, so dass der Probenehmer ein gewisses Grundverständnis für Laboranalytik benötigt. Je nachdem, wofür die Proben und Messergebnisse benötigt werden, spielt zudem eine wesentliche Rolle, ob die anschließenden Untersuchungsmethoden den allgemein anerkannten Regeln der Technik oder mindestens dem Stand der Technik entsprechen, also z. B. gerichtlich anerkannt sein müssen.

Entsprechende Hinweise liefert die DIN ISO 16000 „Innenraumluftverunreinigungen“ und gibt Handlungsempfehlungen für unterschiedliche Probenahme- und Nachweisverfahren. Bei der richtigen Auswahl geeigneter Proben für die anschließende Untersuchung muss beachtet werden, dass es neben kultivierbaren auch nicht kultivierbare Schimmelpilzsporen gibt. Beide können eine allergene, reizende oder toxische Wirkung haben. Deshalb wurden Verfahren entwickelt, mit denen sich nicht nur die kultivierbaren, sondern auch nicht kultivierbare, Schimmelpilze mikroskopisch nachweisen lassen und somit Auswirkungen auf die Art der Proben haben.

In Vorbereitung der Probenahme und -aufbereitung müssen einige Punkte beachtet werden. So dürfen die zu untersuchenden Innenräume je nach Art der Probenahme (z. B. Luftprobe) innerhalb von ein bis zwei Tagen nicht gelüftet werden. Umstritten sind die Empfehlungen, ob man zusätzliche Quellen für mikrobielle Belastung wie z. B. Biomüll, prädestinierte Pflanzen oder auch Haustiere vor der letzten Lüftung aus dem zu untersuchenden Innenraum entfernen oder fernhalten soll. Schließlich können diese eine Schimmelpilzbelastung verursachen, auf der anderen Seite gehören diese „Verursacher" zum normalen Umfeld und müssen miterfasst werden. Soll eine Staubprobe genommen werden, darf kein Durchzug beim Lüften entstehen. Sollen Kontakt- oder Materialproben genommen werden, dürfen die Oberflächen innerhalb der letzten 2 Wochen nicht gereinigt und/oder desinfiziert werden.

Für die Bewertung der Messergebnisse ist wichtig, dass neben den Proben aus dem Innenraum auch eine Referenzprobe der Außenluft genommen wird. Erst der Vergleich zwischen Außenluft und Innenraumluft ergibt die so genannte Hintergrundbelastung, also die „normale" Schimmelpilzkonzentration in der Raumluft. Die Innenraumdiagnostik misst und bewertet nur die Differenz. Denn auch eine hohe Schimmelpilzkonzentration in Innenräumen kann als „normal" gelten, wenn diese den Werten der Außenluft entsprechen. Gerade in den Sommermonaten wird häufig von einigen Schimmelpilzarten wie z. B. dem Cladosporium eine überdurchschnittlich hohe Konzentration an Schimmelpilzsporen nachgewiesen. Dass, diese dann auch in der Luft von Innenräumen nachgewiesen werden, ist normal. Schließlich kommt es aufgrund von Lüftung u. a. zu einem Luftaustausch zwischen der Innenluft mit der Außenluft. Ziel der Untersuchungen ist es demnach, anhand der Schimmelpilzgattungen und -arten sowie der Konzentrationen eine Bewertung vorzunehmen, ob die Quelle für eine mikrobielle Belastung außenbedingt oder innenraumindiziert ist.

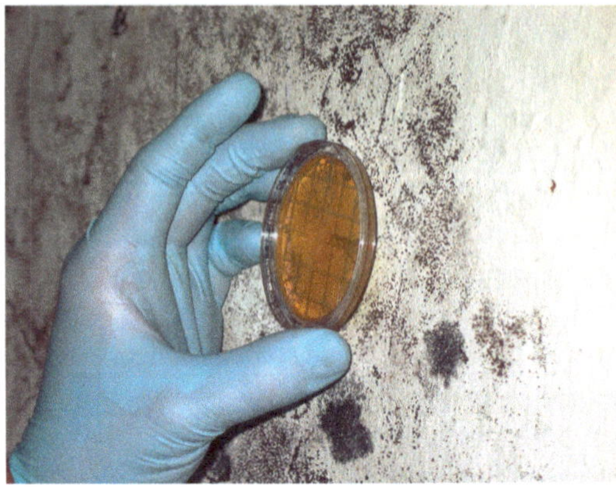

Abb. 6.52 Dokumentation der Probenahme

Damit die Außenluftprobe repräsentativ ist, muss diese unter „normalen" Bedingungen genommen werden. Neben den bereits erwähnten regionalen und/oder jahreszeitlich bedingten Unterschieden gilt dies auch für das Wetter, da sich z. B. nach einem starken Gewitterregen und/oder bei extremen Windverhältnissen deutlich mehr Schimmelpilzporen in der Luft befinden als bei ruhigem Wetter. Außerdem können auch die örtlichen Gegebenheiten einen großen Einfluss ausüben. Hiermit ist das Umfeld eines Gebäudes gemeint, mit dem eine Außenluftprobe verfälscht werden kann. Hierzu zählen lokale Schimmelpilzquellen wie z. B. Bio- oder Mülltonnen sowie Gartenkompost unmittelbar am Gebäude oder größere Kompostanlagen, Deponien oder landwirtschaftliche Betriebe in der unmittelbaren Umgebung. Im Regelfall werden Außenluftproben von innen genommen, wobei das Messgerät mindestens einen Meter aus dem Fenster gehalten werden sollte. Sollte sich eine Probe der Außenluft als schwierig gestalten, kann man alternativ auch eine Referenzprobe aus anderen Innenräumen nehmen. Dies muss dann nur in der Bewertung entsprechend berücksichtigt werden (siehe Abb. 6.52 und 6.53).

Proben dürfen bei Entnahme, Aufbereitung, Verpackung und Transport nicht durch den Probenehmer selbst oder andere Einflussfaktoren verändert oder verunreinigt werden. Probenahmen

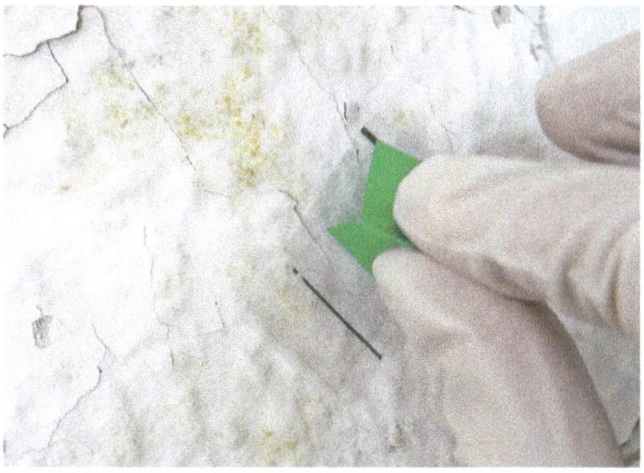

Abb. 6.53 Dokumentation der Probenahme

können im Einzelfall z. B. bei Materialproben beim Verdacht eines verdeckten Befalls mit einer Bauteilöffnung verbunden sein. Diese kann nicht nur im rechtlichen Kontext problematisch sein, sondern ggf. auch unter gesundheitlichen Aspekten. Das Öffnen einer Wand- oder Deckenverkleidung, der Fußbodenkonstruktion oder auch das Anheben von Teppichböden kann unter Umständen eine überdurchschnittlich hohe Konzentration an Sporen und dgl. aufwirbeln, die ggf. allergene, reizende oder toxische Wirkung haben können. Daher sind Schutzmaßnahmen zu ergreifen, die den Probenehmer und ggf. alle anderen Personen im Raum schützen.

6.6.5 Qualitätsanforderungen an Untersuchungslabore

Nachdem die unterschiedlichen Proben in Innenräumen sachgerecht entnommen, aufbereitet und verpackt wurden, gehen diese für mikrobiologische Untersuchungen in ein autorisiertes Labor. Dieses sollte im Idealfall für die standardisierten Untersuchungsmethoden, die in der DIN ISO 16000 „Innenraumluftverunreinigungen“ aufgeführt sind, akkreditiert sein. Hierzu gehören z. B. Messungen von Schimmelpilzen in der Luft nach Teil 16, 17 und 18 der Norm, Messungen der Gesamtsporenzahl in der Luft sowie der kultivierbaren Schimmelpilze im Material nach Teil 20 der DIN ISO 16000. Andere Untersuchungsmethoden wie z. B. die noch nicht genormte Direktmikroskopie inklusive Klebefilmpräparate, die Messung der kultivierbaren (Aktino-)Bakterien, die ebenfalls noch nicht genormt ist, und auch die Messung von MVOC nach VDI 4254 Blatt 1 sollten ebenfalls zum Portfolio des Labors gehören. Sollte eine Akkreditierung gemäß DIN EN ISO/IEC 17025 „Allgemeine Anforderungen an die Kompetenz von Prüf- und Kalibrierlaboratorien“ für diese Verfahren nicht vorliegen, muss das Labor eine vergleichbare Qualität nachweisen oder anderweitig seine analytischen Kompetenzen belegen können.

Ein derartiger Nachweis könnte z. B. in Form einer regelmäßigen und erfolgreichen Teilnahme an so genannten Ringversuchen erfolgen wie z. B. an dem mittlerweile etablierten Ringversuch „Identifizierung von Schimmelpilzen im Innenraum und in Lebensmitteln“ des Umweltbundesamtes oder des Landesgesundheitsamtes (LGA) Baden-Württemberg oder an anderen gleichgelagerten Ringversuchen, bei denen die Identifizierung von Schimmelpilzen nach unterschiedlichen Methoden und Schwierigkeitsgraden erbracht werden muss. Für eine erfolgreiche Teilnahme muss ein Labor z. B. von sechs Reinkulturen innenraumrelevanter Schimmelpilze mindestens vier nach Gattung und Art richtig bestimmen. Optional erfolgt die Bestimmung der Mikroorganismen an realen Proben wie z. B. Luft- oder Hausstaubproben. Die Erfolgsquote der teilgenommenen Labore an den bisher durchgeführten Ringversuchen lag zwischen 30 und knapp 90 %, so dass dieses Format der Qualitätssicherung unbedingt beibehalten werden muss.

Unabhängig davon sollten autorisierte Labore eine mehrjährige praktische Erfahrung in der Innenraum- und Schimmelpilzdiagnostik aufweisen und fundierte Kenntnisse auf dem Gebiet der Umweltmykologie besitzen. Sie sollten sich bei der Untersuchung der Proben an den Empfehlungen der VDI-Richtlinie 4300-10 „Messen von Innenraumluftverunreinigungen – Messstrategie bei der Untersuchung von Schimmelpilzen im Innenraum“ bzw. der DIN ISO 16000 Teil 16 bis 20 orientieren. Es zeichnet ein qualifiziertes Labor zudem aus, dass die Kennziffern zur Validierung, der Bestimmungsschlüssel zur Identifizierung der einzelnen Schimmelpilze, evtl. Messabweichungen sowie die Parameter zur Bewertung der Ergeb-

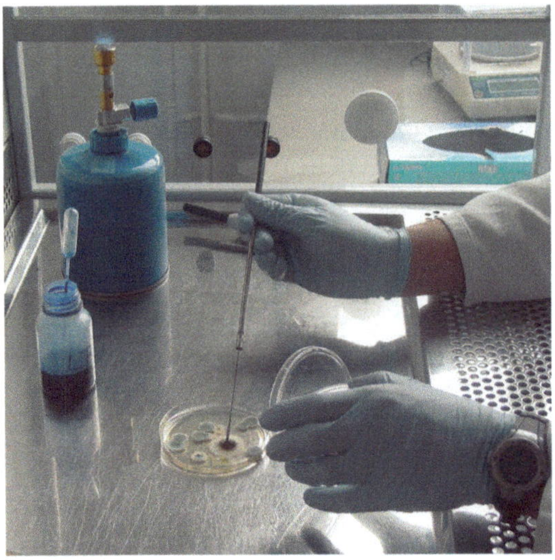

Abb. 6.54 Kultivierung und Mikroskopie in einem mikrobiologischen Labor

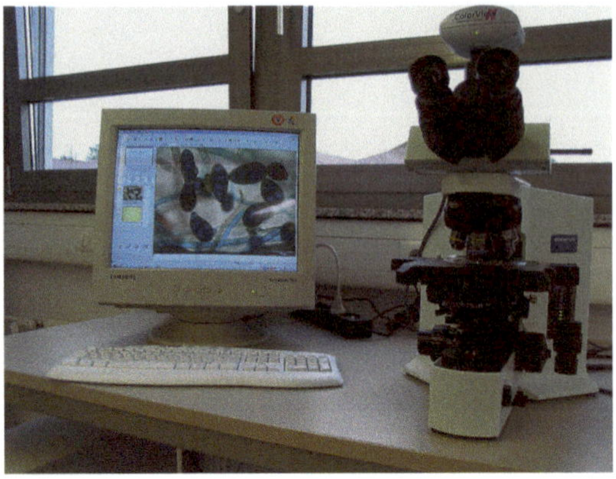

Abb. 6.55 Kultivierung und Mikroskopie in einem mikrobiologischen Labor

nisse offengelegt werden. Bei der Bewertung der Messergebnisse orientieren sich die Labore an den aktuellen Beurteilungskriterien der Innenraumlufthygiene wie z. B. im Leitfaden „Zur Vorbeugung, Erfassung und Sanierung von Schimmelbefall in Gebäuden" des Umweltbundesamtes (UBA).

Die technische Ausrüstung sollte der üblichen Ausstattung eines mykologischen Labors entsprechen und neben verschiedenen Mikroskopen, Luftkeimmessgeräten und Inkubatoren auch eine umfangreiche Pilzdatenbank umfassen (siehe Abb. 6.54 und 6.55).

Ein wichtiges Thema in einem mikrobiologischen Labor ist die Hygiene. Um diese sicherzustellen, werden nach einer Untersuchung die mikrobiell belasteten Materialien sterilisiert. Dies erfolgt in so genannten Autoklaven. Durch das Dampfsterilisationsverfahren wird eine Freisetzung lebender Mikroorganismen verhindert. Zudem müssen in den Laboren entsprechende Vorrichtungen mit Filtern für eine entsprechende Hygiene sorgen. Zusätzlich können aufgestellte HEPA-Luftfilter für eine optimale Reinhaltung der Raumluft in den Laborräumen sorgen. Ein internes Qualitätsmanagementsystem rundet das Profil dieser Labore ab. Für qualifizierte Labore gehört es zum Selbstverständnis, dass nur mikrobiologische Untersuchungen und Bewertungen derselben vorgenommen und keine bauphysikalischen oder bautechnischen, medizinischen oder rechtlichen Empfehlungen abgegeben werden.

6.6.6 Einsatz eines Schimmelpilz-Spürhundes

Seit einigen Jahren werden ergänzend zu den etablierten Untersuchungsmethoden auch speziell trainierte Spürhunde eingesetzt. Diese können dabei unterstützen, einen verdeckten Befall zu lokalisieren, da sie in der Lage sind, u. a. MVOC (microbial volatile organic compounds) bereits in sehr geringen Konzentrationen zu riechen. Durch den Einsatz der Schimmelpilz-Spürhunde versprechen sich Sachverständige, dass Schimmelpilze auch nachgewiesen werden können, wenn z. B. traditionelle Methoden an ihre Grenzen stoßen. Außerdem hilft der Einsatz des Vierbeiners, um mögliche Bauteilöffnungen z. B. bei einem verdeckten Befall einzugrenzen, um im Rahmen der Untersuchungen so wenig wie möglich Schaden anzurichten.

Bei dem Einsatz eines Schimmelpilz-Spürhundes zur Untersuchung auf Schimmelpilzbefall in Innenräumen handelt es sich um kein Verfahren nach den allgemein anerkannten Regeln der Technik. Demnach können Ergebnisse z. B. im Rahmen eines Rechtsstreits nicht als Beweis erhoben werden. Eine Bewertung der mikrobiellen Belastung und eine Entscheidung über Art und Umfang von Sanierungen dürfen allerdings allein auf das

Markieren des Hundes nicht abgeleitet werden. Gut ausgebildete Schimmelpilz-Spürhunde können allerdings eine sehr sinnvolle Ergänzung der etablierten Untersuchungsmethoden darstellen. Hierzu ist eine intensive Ausbildung, ein regelmäßiges Training und viel Erfahrung notwendig – im Übrigen auch für den Hundeführer.

Hunde können bis zu einer Million Gerüche unterscheiden. Je nach Hunderasse hat die Nasenschleimhaut eine Fläche von 150 cm^2 und besitzt über 200 Mio. Riechzellen (im Vergleich: Die Nasenschleimhaut des Menschen ist nur ca. 5 cm^2 groß und beinhaltet etwa 5 Mio. Riechzellen). Der Geruchssinn von Hunden ist somit ein Vielfaches sensitiver als der des Menschen. Hierbei wenden Hunde eine besondere Technik an, bei der sie zwischen 200 bis 300 Mal pro Minute kleine Luftmengen durch die Nase ziehen.

Wissenschaftlich nicht abgesichert ist die Aussage, dass Hunde mit einer kurzen Nase (z. B. Boxer) ungeeignet wären und das Riechvermögen eines Hundes umso besser wird, je länger seine Schnauze ist. Abgesichert dagegen ist die Erkenntnis, dass z. B. der Schäferhund bis zu eine Million Mal besser riechen kann als der Mensch. Dies haben Messungen mit einem Olfaktometer ergeben. Hierbei konnte auch nachgewiesen werden, dass das Riechhirn des Hundes im Vergleich zum Menschen deutlich größer ist. Während beim Mensch für die Aufnahme und Verarbeitung der Geruchsstoffe nur etwa 1 % der Hirnmasse zuständig ist, sind es beim Hund immerhin 10 %. Einzigartig ist bei der Hundenase, dass sie zwischen „rechts und links“ unterscheiden kann. Infolgedessen ist der Hund in der Lage, der Wahrnehmung eines Geruches eine Richtung zu geben. Dies hilft bei der Lokalisierung der Quelle. Allerdings ist die exzellente Spürnase eines Hundes kein Automatismus für die Eignung als Schimmelpilz-Spürhund.

Der feine Geruchssinn ermöglicht speziell ausgebildeten und trainierten Schimmelpilz-Spürhunden nicht nur einen Schimmelpilzbefall wahrzunehmen, sondern auch einen verdeckten Befall z. B. hinter Wandkonstruktionen und Verkleidungen, Putzbeschichtungen, Tapeten, in Fußboden- und Deckenkonstruktionen oder hinter Fußleisten oder großen Schränken und Einbaumöbeln zu lokalisieren. Dies macht den Schimmelpilz-Spürhund bei der Erstbegehung der Innenräume so wertvoll, genauso wie an dem Tag, an dem die Probeentnahmestellen festgelegt werden. Mithilfe der Spürnase des Hundes und der Erfahrung und Expertise des Sachverständigen kann ggf. eine Bauteilöffnung punktuell genau erfolgen. Dies vermeidet unnötige Schäden durch mehrere Bauteilöffnungen oder größeren Rückbau.

Ein wesentlicher Vorteil gegenüber der chemisch-analytischen Untersuchung von MVOC besteht darin, dass der Schimmelpilz-Spürhund auf den ersten Blick die Stelle genau eingrenzen und punktgenau lokalisieren kann. Auf den zweiten Blick muss dies etwas differenzierter betrachtet werden, denn der Hund nimmt erst einmal „nur“ die Stelle wahr, an denen MVOC austreten. Dies muss allerdings nicht zwingend die Stelle sein, an der MVOC durch Mikroorganismen auch produziert werden. Man beobachtet dies daran, dass der Schimmelpilz-Spürhund häufig an Sockelleisten oder Undichtigkeiten in Wand- und Bodenkonstruktionen anschlägt. Allerdings handelt es sich nur um die Austrittsstelle. Daher ist es wichtig, dass sich der Hundeführer oder ein begleitender Sachverständiger in bauphysikalischen Zusammenhängen, vor allem in konvektiven Luftströmungen, auskennt.

Ein weitere Vorteil besteht darin, dass der Einsatz eines Schimmelpilz-Spürhundes auf den ersten Blick eine zerstörungsfreie Untersuchungsmethode darstellt. Auch diese Aussage muss auf den zweiten Blick relativiert werden, da ein Schimmelpilz-Spürhund etablierte Untersuchungsmethoden nicht ersetzt, sondern nur ergänzen kann. Eine entsprechende Bauteilöffnung wird sich für weitergehende Untersuchungen nicht vermeiden lassen, nur dass deren genaue Lokalisierung eingegrenzt werden kann.

Gelegentlich wird damit geworben, dass bei dem Einsatz eines Schimmelpilz-Spürhundes das Messergebnis sofort vorliegt und nicht auf die Auswertung von Laboruntersuchungen gewartet werden muss. Korrekt müsste es heißen, dass das Suchergebnis vorliegt. Denn die Markierung einer Stelle durch einen Hund besagt noch nichts über Schimmelpilzart, mögliche Exposition verschiedener Schimmelpilzgattungen, die räumliche Ausdehnung und Höhe der Konzent-

Abb. 6.56 Einsatz eines Schimmelpilz-Spürhundes

ration eines mikrobiellen Befalls und schon gar nicht über deren mögliche Gesundheitsgefahren. Weiterführende Untersuchungen sind daher zwingend notwendig.

Wissenschaftlich nicht abgesichert ist die Aussage, dass Schimmelpilzhunde typische innenraumspezifische Schimmelpilzarten erkennen und unterscheiden können. Auch für die Behauptung, dass gut ausgebildete und trainierte Schimmelpilz-Spürhunde in der Lage wären, mikrobiell verursachte flüchtige organische Verbindungen von anderen VOC und MVOC zu unterscheiden, die durch andere Quellen wie z. B. Farben, Lacken oder Reinigungsmitteln verursacht werden, liegen keine empirischen Studien vor.

Bisher liegen noch wenige Erfahrungen beim Einsatz eines Schimmelpilz-Spürhundes vor, wenn sich ein verdeckter Befall z. B. in Deckenkonstruktionen (z. B. nach einem behobenen sporadischen Wasserschaden befindet) und die Decke von oben nicht zugänglich ist. Inwieweit der Hund in der Lage ist, Mikroorganismen und/oder ihre Stoffwechselprodukte wahrzunehmen, wenn sich die Stelle zwei bis drei Meter über dem „Spürradius" seiner Nase befindet, ist bisher zu wenig erforscht (siehe Abb. 6.56).

Über die „Trefferquote" von Schimmelpilz-Spürhunden gibt es keine offizielle Statistik, wird von Experten und selbst Hundeführern zwischen 50 und > 90 % eingeschätzt. Dies liegt zum einen daran, dass keine Daten erfasst und ausgewertet werden und zum anderen, weil die Qualität stark schwankt. Neben gut ausgebildeten und regelmäßig trainierten Hunden gibt es auch Sachverständige, die ihren Hund zum Termin mitbringen und ein wenig Hokuspokus betreiben, um „Kasse zu machen". Daher ist wichtig, dass man sich vor der Beauftragung die Qualifikationsnachweise zeigen lässt. Diese sollten von unabhängigen Einrichtungen vorgelegt werden und auf standardisierten Prüfungsordnungen basieren.

Die Ausbildung zum Schimmelpilz-Spürhund ist im Prinzip genauso aufgebaut, wie die zum Rauschgift- oder Sprengstoff-Spürhund. Für das Training werden lediglich andere Geruchsstoffe eingesetzt. Der Hund wird in speziellen Ausbildungszentren über sechs bis zwölf Monate trainiert. Dies bedeutet, dass sein Geruchssinn intensiv auf die typischen innenraumspezifischen und am häufigsten vorkommenden Schimmelpilze sensibilisiert wird. Der Hund lernt sein speziell riechendes „Spielzeug" zu suchen. Wenn er sein „Spielzeug" aufgespürt hat, wird der Hund entsprechend belohnt. Auch nach dem Abschluss zum zertifizierten Schimmelpilz-Spürhund muss der Hund weiter trainiert werden, um die Qualität zu sichern und die Zuverlässigkeit (Trefferquote) zu erhöhen. Hierbei müssen Hund und Hundeführer eine Einheit bilden, damit der Hundeführer sein Tier richtig lenken und „lesen" kann.

Grundvoraussetzung, damit der Hund MVOC und andere Geruchsstoffe wahrnehmen kann, ist, dass diese aktiv und nicht eingekapselt sind. Wenn Mikroorganismen abgestorben sind und/oder keine MVOC emittieren, kann der Hund diese nicht aufspüren. Dies gilt im Übrigen auch für die chemisch-analytischen Untersuchungsmethoden.

Wie beim Menschen besteht auch beim Hund mit der Zeit die Gefahr, dass dieser eine Art Immunität aufbaut, wenn Schimmelpilzsporen und andere mikrobielle Partikel sowie Geruchsstoffe permanent aufgenommen werden.

Die Kosten für den Einsatz eines Schimmelpilz-Spürhundes liegen bei 150 bis 300 €.

6.6.7 Biochemische und molekularbiologische Schnelltests

Ergänzend zu den etablierten und bewährten Untersuchungsmethoden werden seit einigen Jahren biochemische und molekularbiologische Schnelltests angeboten.

Biochemische Schnelltests basieren auf dem Nachweis von Adenosintriphosphat, dem Hauptenergiespeicher der Zellen. Es besteht aus der Bindung von Adenosin und drei Phosphatgruppen und entsteht bei enzymatischen Abbaureaktionen in der Zelle. Damit Energie frei wird, wird ATP in ADP (Adenosindiphosphat) umgewandelt, indem einer der drei Phosphatreste abgespalten wird. Diese Energie ermöglicht z. B. Stoffwechselprozesse wie Zellteilung oder auch Fortbewegung. Beim so genannten ATP-Test wird die Menge an Adenosintriphosphat (ATP) der Zellen ermittelt, so dass sich daraus u. a. die Zellen von Mikroorganismen (ausgenommen Viren) untersuchen lassen. Alle Bakterien, Hefe- und Schimmelpilze enthalten ATP, egal, ob es sich um lebendige oder abgestorbene Mikroorganismen handelt. Dies macht den ATP-Test nicht nur für den Nachweis eines nicht sichtbaren Befalls interessant, sondern auch im Rahmen der Erfolgskontrolle nach einer durchgeführten Sanierung. Mit dem ATP-Test kann biologische Materie, die nach der Sanierung und Feinreinigung nicht mehr vorhanden sein sollte, detektiert und gemessen werden. Das Vorhandensein von ATP bzw. dessen Konzentration weist auf Verschmutzung bzw. den Grad der Kontamination durch organische Bestandteile hin.

Bei dem NAHA-Test wird die Aktivität des Enzymes β-N-acetylhexosaminidase (NAHA) nachgewiesen. Hierbei handelt es sich um ein Chitin abbauendes Enzym, das eines der Hauptbestandteile von Zellwänden in Schimmelpilzen ist. Bei der Analyse wird die Biomasse mit einem Enzymsubstrat in Kontakt gebracht, dass bei der Spaltung Fluorophor freigibt und anschließend gemessen werden kann. Der Messwert korreliert mit der Enzymaktivität und ist ein quantitativer Nachweis der Biomasse.

Molekularbiologische Schnelltests gehören zur DNA-basierten Schimmelpilzanalytik. Desoxyribonukleinsäure (DNA) kommt bekanntlich in allen tierischen und pflanzlichen Zellen vor. Ein bestimmter Teil der DNA wird durch so genannte Polymerasekettenreaktion (PCR) reproduziert. Dies nutzt man für quantitative und qualitative Analysen zur Keimzahlbestimmung und -identifizierung. Als Tests stehen z. B. konventionelle PCR, Real-time-PCR, PCR-ELISA und quantitative PCR zur Verfügung. Diese Methoden können für Staub- und Materialproben sowie Luftkeimsammelproben eingesetzt werden. Die spezifischen Real-time-PCR-Tests sind zudem auch für den quantitativen Nachweis fakultativ pathogener Schimmelpilze einsetzbar.

Biochemische und molekularbiologische Schnelltests zum Nachweis von Schimmelpilzbefall und -wachstum sowie zur Identifizierung von Schimmelpilzen sind in der Praxis noch nicht ausreichend validiert und nicht standardisiert. Daher stellen diese Untersuchungsmethoden keine Verfahren nach den allgemein anerkannten Regeln der Technik dar, noch nach dem Stand der Technik. Demnach können Ergebnisse z. B. im Rahmen eines Rechtsstreits nicht als Beweis erhoben werden.

6.6.8 Lokalisieren von Schimmelpilzen mit der Fluoreszenzanalyse

Ergänzend zu den etablierten und bewährten Untersuchungsmethoden gibt es seit einigen Jahren die Möglichkeit, Schimmelpilze durch das Beleuchten mit kurzwelligem oder UV-Licht sichtbar zu machen. Diese Methode, die in Anlehnung an die Kriminaltechnik als optische Bau- oder Schimmel-Forensik bezeichnet wird, deckt Schimmelpilzbefall auf, der bei normalem Tageslicht und mit dem menschlichen Auge ohne weitere Hilfsmittel nicht entdeckt worden wäre. Dabei ist die Technologie nicht neu. Seit fast einem Jahrhundert werden in der Forensik Spuren von Körperflüssigkeiten durch Beleuchtung mit kurzwelligem Licht mittels Fluoreszenz sichtbar gemacht. Man kennt dies aus Kriminalfilmen, wenn der Tatort verdunkelt und anschließend mit Speziallampen ausgeleuchtet wird, bis Spuren in Neonfarben sichtbar werden.

Das gleiche Prinzip nutzt man in der optischen Bau- oder Schimmel-Forensik – ein noch relativ junges Fachgebiet in der Bauwerksdiagnostik, das vor ca. zehn Jahren durch *Andreas Rapp* gegründet wurde. Er gilt als Pionier auf diesem neuen Forschungsgebiet, mit dem systematisch Baustoffe hinsichtlich ihrer Fluoreszenz sowie ihres Absorptionsverhaltens im nahen ultravioletten und nahen infraroten Wellenlängenbereich unter-

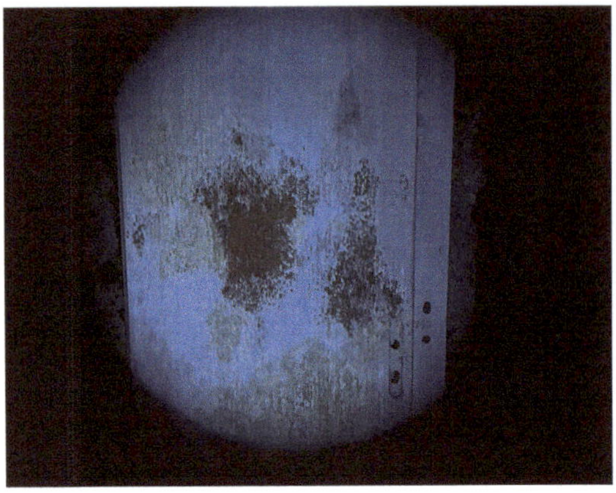

Abb. 6.57 Fluoreszenzanalyse

Abb. 6.58 Fluoreszenzanalyse

sucht werden können. Hierzu werden multispektrale Lichtquellen (so genannte Tatortlampen), Filterbrillen und spezielle Kameras eingesetzt.

Schimmelpilze sind bei normalem Tageslicht und mit dem menschlichen Auge ohne weitere Hilfsmittel in der Regel nur zu erkennen, wenn sich ein Myzel und/oder der Fruchtkörper bereits deutlich entwickelt hat. Gleiches gilt für einen weißlichen Belag auf dunklen Untergründen oder ein schwarz-grauer Belag auf einem hellen oder weißen Untergrund. Häufiger als gedacht gibt es einen nicht sichtbaren Befall oder auch Schimmelpilzbefall mit einem transparenten Pilzmyzel, das ohne weiteres übersehen wird. Durch die Fluoreszenzbildanalyse im kurz- und mittelwelligen Bereich werden auch diese mikrobiellen „Strukturen" sichtbar, wenn hierfür spezielle Filterbrillen verwendet werden, die auf die Wellenlängen des Anregungslichtes genau abgestimmt sind. Mikroorganismen wie Schimmelpilze und Bakterien besitzen die Eigenschaft, Licht mit einer bestimmten Wellenlänge zu absorbieren und in einer anderen Wellenlänge wieder abzustrahlen. Dieses Prinzip nutzt man, um mikrobiellen Befall „sichtbar" zu machen (siehe Abb. 6.57 und 6.58).

Licht ist ein Bestandteil des elektromagnetischen Spektrums, in dem alle Arten von elektromagnetischer Strahlung nach Wellenlängen in Nanometer gemessen werden. Durch ihre natürliche Fluoreszenz können Schimmelpilze, Bakterien und andere Mikroorganismen von UV-Licht erkannt werden. Das menschliche Auge nimmt Licht in einem Wellenspektrum zwischen 400 bis 750 nm wahr. Das eingesetzte Lichtspektrum, das von den Tatort-Lampen und Filterbrillen eingesetzt wird, liegt unterhalb von 400 nm (Ultraviolettbereich) und oberhalb von 750 nm (Infrarotbereich). Dem entsprechend wird die Fluoreszenzanalyse in die IR-Adsorptionsbildanalyse und in die UV-Adsorptionsbildanalyse unterschieden.

Ein Beispiel: Chitin ist ein Hauptbestandteil der Zellwände von Schimmelpilzen. Um dieses „sichtbar" zu machen, werden die Moleküle mit kurzwelligem sichtbaren oder UV-Licht (z. B. mit 365 nm) zum Fluoreszieren gebracht.

Allerdings erfordert die Methode eine gewisse Erfahrung in der Anwendung, denn nicht alles, was fluoresziert, sind automatisch Schimmelpilze, Bakterien oder andere Mikroorganismen. Denn auch andere organische Stoffe können sich auf den Untergründen befinden und somit sichtbar werden. Dagegen sind Verwechslungen z. B. mit Salzausblühungen oder anorganischen Verschmutzungen nahezu ausgeschlossen, da z. B. die Hyphenstruktur im Fluoreszenzbild deutlich zu erkennen ist. Mit entsprechender Erfahrung kann man durch die farbliche Differenzierung im Fluoreszenzbild sogar unterschiedliche Schimmelpilzarten lokalisieren. Eine Identifizierung unterschiedlicher Schimmelpilzgattungen und -arten ist dagegen mit dieser Methode nicht möglich. Hierzu müssen weiterführende mikrobiologische Untersuchungen durchgeführt werden.

Besonders interessant ist, dass die Fluoreszenzanalyse auch durch mehrere Materialien funktionieren soll. Dies würde bedeuten, dass man nachträglich erkennen kann, ob ein Schimmelpilzbefall z. B. einfach überstrichen wurde, ohne diesen zu entfernen.

6.6.9 Sonstige Untersuchungen

Neben den bereits erwähnten Untersuchungen kann es im Einzelfall erforderlich sein, holzzerstörende Pilze in Gebäuden wie z. B. den Echten Hausschwamm zu untersuchen. Der Untersuchung dieser so genannten Hausfäulen ist ein eigenes Kapitel gewidmet (mehr Informationen unter Kap. 13).

6.7 Untersuchungen im rechtlichen Kontext

6.7.1 Probenahme und Bauteilöffnung

Im Rahmen der Bauwerks- und Innenraumdiagnostik ist es häufig notwendig, vor Ort entsprechende Materialproben für weitergehende Untersuchungen im Labor zu entnehmen. Eine in der Praxis übliche wie selbstverständliche Vorgehensweise ist unter rechtlichen Gesichtspunkten nicht ganz unproblematisch. Denn eine Probeentnahme ist je nach Art und Umfang der Probe im technischen Sinne eine Bauteilöffnung und somit im rechtlichen Sinne eine Beschädigung fremden Eigentums. Typische Probeentnahmen im Rahmen der Schimmelpilzsanierung sind z. B. Materialproben zur Bestimmung der Schimmelpilzarten. Typische Bauteilöffnungen können z. B. im Rahmen der Untersuchung von sporadischen Wasserschäden in Fußbodenaufbauten auftreten oder bei der Überprüfung von Undichtigkeiten z. B. von Dampfbremsen im Trockenbau von Dachgeschossen usw.

Die gesetzlichen Grundlagen für Bauteilöffnungen ergeben sich aus der Beweiserhebung durch Sachverständige, die im § 402 ff. der Zivilprozessordnung (ZPO) geregelt sind. So wird im § 404a Abs. 1 ausgeführt: „Das Gericht hat die Tätigkeit des Sachverständigen zu leiten und kann ihm für Art und Umfang seiner Tätigkeit Weisungen erteilen." Im Absatz 4 des gleichen Paragrafen heißt es weiter: „Soweit es erforderlich ist, bestimmt das Gericht, in welchem Umfang der Sachverständige zur Aufklärung der Beweisfrage befugt ist …". Dies lässt zunächst vermuten, dass der Sachverständige auch zur Bauteilöffnung legitimiert ist. Lange Zeit war unklar, ob auch eine Anweisung des Gerichts an den Sachverständigen zur Freilegung oder Öffnung von Bauteilen und/oder Konstruktionen unter die Auslegung des § 404 fällt und somit zulässig ist.

Der Bundesgerichtshof (BGH) hat sich hierzu im Jahr 2020 (Aktenzeichen IV ZR 88/19) geäußert und betont, dass ein Gericht nach § 404a Absatz 1 und 4 ZPO zwar verpflichtet ist, dem Sachverständigen die für Art und Umfang seiner Tätigkeit notwendigen Weisungen zu erteilen, allerdings auch einen gewissen Ermessensspielraum eingeräumt und keine verpflichtende Weisung an den von ihm bestellten Sachverständigen zu einer Bauteilöffnung sieht. Das Gericht hat bei der Erteilung einer Anweisung an den Sachverständigen die Interessen der beweispflichtigen Partei mit den an den Sachverständigen gestellten Anforderungen sorgfältig gegeneinander abzuwägen. Der BGH lässt somit die strittige Frage, ob ein Gericht Sachverständige zu Bauteilöffnungen anweisen darf, unbeantwortet. Für die Prozessbeteiligten, sowohl für die Parteien wie auch Sachverständige, bedeutet dies einen entsprechenden Aufwand (Prüfung und Begründung). Es wird daher zunehmend darauf ankommen, ob vor der Beweislastentscheidung alle anderen zur Verfügung stehenden Beweismöglichkeiten ausgeschöpft wurden (BGH, Urteil vom 07.02.2019 – VII ZR 274/17). Dies bedeutet weiterhin, dass sich Kläger nicht automatisch darauf verlassen können, dass ein Gericht durch eine Anweisung an den Sachverständigen sicherstellt, dass der Kläger seiner Beweislast nachkommen kann.

Infolgedessen sollte auch weiterhin die Einwilligung des Eigentümers zur Bauteilöffnung vorliegen. Wenn der Sachverständige eine Bauteilöffnung ohne wirksame Einwilligung vornimmt oder veranlasst und dadurch die Bausubstanz verletzt, kann sich daraus eine Haftung des Sachverständigen gem. § 823 Abs. 1 BGB ergeben. Die Einwilligung wird hierbei nicht durch die Fragestellung eines möglichen Beweisbeschlusses ersetzt, auch dann nicht, wenn die Bauteilöffnung zur Beantwortung der Beweisfrage unbedingt erforderlich ist. Das Gericht darf den Sachverständigen nicht einmal ermächtigen, die Wohn- und Geschäftsräume einer Partei ohne deren Einverständnis zu betreten. Voraussetzung für die Wirksamkeit der Einwilligung in die Bauteilöffnung und damit einer möglichen Beschädigung ist die Aufklärung des Eigentümers über die damit verbundenen Nachteile und Risiken. Wenn sich das vom Eigentümer aufgrund der unzutreffenden oder unterlassenen Hinweispflicht falsch eingeschätzte Risiko verwirklicht, kann dies zur Haftung des Sachverständigen führen. Er muss in einem möglichen Haftungsprozess beweisen, dass der Eigentümer auch dann in die Bauteilöffnung eingewilligt hätte, wenn er über das Risiko sachgerecht und umfassend aufgeklärt worden wäre. Der Sachverständige muss also seinen Aufklärungs- und Hinweispflichten nachkommen und das Gericht und/oder die beteiligten Parteien auf mögliche Schadensrisiken hinweisen. Hat der Sachverständige dagegen Bedenken gegen die Bauteilöffnung selbst oder gegen die Art der Bauteilöffnung, weil er z. B. befürchtet, dass diese zu irreparablen Schäden am Bauwerk führen, muss er ebenfalls das Gericht und/oder die beteiligten Parteien über seine Bedenken informieren.

Außerdem kann sich aus einer Bauteilöffnung eine deliktische Haftung gemäß § 823 Abs. 1 BGB ergeben, wenn der Sachverständige z. B. eine fehlerhafte Anordnung trifft, wo, wie und durch wen diese Bauteilöffnung ausgeführt werden soll. Der Sachverständige muss deshalb zunächst einmal klären, ob, wo und wie eine Bauteilöffnung zur Beantwortung der offenen und/oder Beweisfrage vorgenommen werden soll oder ob hierfür ggf. auch eine zerstörungsfreie Messung ausreicht. Hierbei muss der Sachverständige die Erforderlichkeit und Verhältnismäßigkeit prüfen – also Art und Weise der Bauteilöffnung klären und Öffnungsstellen wählen, die den geringsten Schaden verursachen, mit dem geringsten Risiko verbunden sind und am besten wieder verschlossen werden können. In der Praxis kann man viel zu häufig beobachten, dass gegen diesen Grundsatz verstoßen wird und der Sachverständige vorrangig sein Aufgabengebiet und die Beantwortung der offenen Fragen sieht.

Diese beziehen sich im Übrigen nicht nur auf die Bauteilöffnung selbst, sondern auch auf die Wiederherstellung des ursprünglichen Zustandes. Ohne Weisung des Gerichts hat der Sachverständige die von ihm vorgenommene Bauteilöffnung nur zu sichern. Wenn nicht geregelt ist, wer hierfür zuständig ist, muss der Sachverständige vor der Einwilligung zu einer Bauteilöffnung darauf hinweisen. Wird daraufhin die Einwilligung verweigert, darf die Bauteilöffnung nicht vorgenommen werden. Das Gericht muss dann entscheiden, ob diese Ablehnung unter Umständen eine Beweisvereitelung darstellt. Dies hängt u. a. davon ab, ob es dem Eigentümer zugemutet werden kann, eine Bauteilöffnung über einen längeren Zeitraum hinzunehmen. Schließlich können sich Rechtsstreitigkeiten u. U. über Jahre hinziehen. In der Regel ist es dem Eigentümer nicht zumutbar, eine Wohnung mit einer oder mehreren Bauteilöffnungen zu bewohnen, insbesondere wenn sich diese im Wohn- und Sichtbereich befinden. Die Anwendung einer Beweislastregel stellt eine ultima ratio dar, die erst dann relevant wird, wenn das Gericht alle zulässigen Beweismöglichkeiten ohne Erfolg ausgeschöpft hat und weitere Feststellungen nicht mehr möglich erscheinen. Dies gilt auch, wenn die Beweisaufnahme durch eine Begutachtung durch den Sachverständigen unterbleibt, weil der Auftraggeber sich weigert, Bauteilöffnungen zuzulassen. Gerichte sind dann angewiesen, durch den Sachverständigen die beweisbedürftigen Fragen soweit klären zu lassen, wie dies ohne eine Bauteilöffnung möglich ist (siehe Abb. 6.59).

Wenn die Festlegung und Ausführung der Bauteilöffnung nicht in das Fachgebiet des Sachverständigen fällt, muss er gem. § 407a Abs. 1 der Zivilprozessordnung vorschlagen, einen weiteren Sachverständigen hinzuzuziehen. Sobald das Gericht entschieden hat, dass der Sachverständige entsprechend seinen Vorschlägen vorgehen soll und dies von den Parteien akzeptiert wird, beschränkt sich die Haftung des Sachverständigen gem. § 839a Abs. 1 BGB auf fehlerhafte Weisungen. Je nach Art und Umfang von Bauteilöffnungen kann es im Einzelfall sogar sinnvoll sein, ein

Abb. 6.59 Vorsicht ist geboten bei einer Probenahme, wenn für diese Bauteilöffnung nicht alle rechtlichen Voraussetzungen vorliegen

so genanntes Bauteilöffnungsgutachten zu erstellen. In diesem werden z. B. die Erforderlichkeit einer oder jeder einzelnen Bauteilöffnung begründet, Art und Stellen der Bauteilöffnung festgelegt, die den geringsten Schaden verursachen, mit der Bauteilöffnung verbundene Risiken bewertet sowie die Möglichkeit und die Kosten der Wiederherstellung des ursprünglichen Zustands beschrieben.

Das größere Problem besteht bei den vielen Probeentnahmen und Bauteilöffnungen, wenn der private Sachverständige bei dem Vor-Ort-Termin selbst entscheidet und eine Materialprobe entnimmt oder eine Bauteilöffnung durchführt oder eines von beiden durch einen Handwerker ausführen lässt und ihm Anweisungen gibt. Dies kann auch bei einer leicht fahrlässigen Pflichtverletzung schnell ein Haftungsrisiko darstellen. Dies begründet sich nicht in der rechtsgeschäftlichen Beauftragung des Handwerkers, sondern in den entscheidenden Anweisungen (deliktisches Haftungsrisiko gem. § 823 BGB). Der Versicherungsschutz des Sachverständigen kann durch dieses risikofreudige Vorgehen u. U. entfallen.

Ein ähnlich umstrittenes Thema in diesem Zusammenhang ist, wenn ein Sachverständiger im Rahmen seiner Vor-Ort-Besichtigung sowie anschließender Untersuchungen evtl. Schäden und/oder Mängel feststellt, die zum Zeitpunkt seiner Beauftragung nicht Gegenstand sind. Dass, was auf den ersten Blick als sinnvoll erscheint, da man schließlich genau deshalb einen Sachverständigen beauftragt, sehen einige Gerichte anders. Einige Richter sind der Auffassung, dass sich ein Sachverständiger dem Vorwurf der Befangenheit aussetzt, wenn neue Sachverhalte in den Prozess eingebracht werden, über die bisher die Parteien nicht gestritten haben. Hier entsteht ein Konflikt aus prozessrechtlicher und technischer Perspektive. Ein Sachverständiger ist dazu angehalten, einen Sachverhalt ganzheitlich zu bewerten – auch dann, wenn dieser aus den bisherigen Beweisbeschlüssen nicht hervorgeht. Einig sind sich Juristen und Sachverständige, dass diese Hinweispflicht von der Höhe ihrer Auswirkungen abhängig ist. Beobachtet der Sachverständige z. B. einen Befall durch den Echten Hausschwamm, der in den meisten Bundesländern nicht nur meldepflichtig ist, sondern auch die Statik des Gebäudes gefährden kann, muss er diesen Hinweis gaben. Stellt der Sachverständige dagegen nur kleinere Schäden fest, die für den Rechtsstreit unerheblich und/oder so offensichtlich sind, dass diese von den Parteien problemlos hätten festgestellt werden können, braucht der Sachverständige darauf nicht einzugehen. Der Sachverständige kann dann davon ausgehen, dass dieser Mangel nicht Gegenstand des Rechtsstreits ist. Dem Vorwurf der Befangenheit muss sich der Sachverständige nur dann aussetzen, wenn mit seinem Hinweis der Eindruck erweckt wird, einer der Parteien einen Vorteil verschaffen zu wollen.

Hinzu kommt, dass sich die Folgen eines Bauschadens ausdehnen können. So können zwischen dem ersten Auftreten eines Schadens, dem Scheitern einer gütlichen Einigung, der Klageerhebung bis hin zum ersten Verhandlungstermin mit Beauftragung eines Sachverständigen mehrere Monate bis Jahre vergehen. Infolgedessen können sich die vorgefundenen Bauschäden u. U. in einem anderen Bild, Umfang oder Zustand befinden, wie der ursprüngliche Bauschaden.

6.7.2 Der Sachverständige

6.7.2.1 Einleitung

Untersuchungen haben im Rahmen der Schimmelpilzanalyse, -bewertung und -sanierung einen hohen Stellenwert. Sie entscheiden nicht nur über die Ursache und das Ausmaß von mikrobiellem Befall, sondern geben Handlungsoptionen oder konkrete Hinweise zur Art und dem Umfang von Sanierungsmaßnahmen inkl. Nebenleistungen wie z. B. Sofort- und/oder Schutzmaßnahmen. Somit haben Untersuchungen auch Auswirkungen auf die Kosten und beeinflussen die Wirtschaftlichkeit von Maßnahmen. Außerdem klären sie das Verursacher-Prinzip und haben somit erheblichen Einfluss auf finanzielle und/oder rechtliche Ansprüche. Sachverständige sind als Auftragnehmer in erster Linie Dienstleister und fachkundiger Berater für ihren Auftraggeber.

In Gerichtsprozessen nehmen Sachverständige als Gerichtsgutachter eine zentrale Rolle ein, da sich in den meisten Fällen die Richter den Ausführungen der Sachverständigen anschließen. Sachverständige sollten sich daher immer ihrer Rolle bewusst sein und ihre Aufgaben nach den Grundsätzen und Pflichten erbringen. Eine zentrale Bedeutung hat das Gutachten. Dieses sollte nicht nur die fachliche Expertise des Sachverständigen widerspiegeln und Ausdruck einer hohen Qualität sein, sondern sorgfältig und gewissenhaft erstellt sein. Anderenfalls kann die Leistung des Sachverständigen ein hohes Haftungsrisiko darstellen, gerade, wenn z. B. bei der Probenahme und Bauteilöffnung wichtige Aspekte nicht berücksichtigt werden. Untersuchungen können fachlich richtig und Gutachten inhaltlich von hoher Qualität und dennoch unbrauchbar sein, weil gegen formaljuristische Vorgaben verstoßen wurde.

Sachverständige sollten daher nicht nur über eine hohe Fachkompetenz und Erfahrung in einem Fachgebiet verfügen, sondern auch ein solides Grundwissen in Rechtsfragen mitbringen, aber gleichzeitig keine Bewertung zu rechtlichen Aspekten vornehmen. Dies ist den zuständigen Juristen zu überlassen. Im Kontext der Schimmelpilz-Diagnostik sollten Sachverständige eine besondere Sachkunde mitbringen, allerdings sich nicht zu gesundheitlichen Aspekten äußern. Hierfür stehen medizinische Sachverständige zur Verfügung, an die besonders hohe Anforderungen gestellt werden.

Qualifizierte Untersuchungen und die Bewertung von Messergebnissen sowie die Interpretation in Bezug auf den Einzelfall ist der Schlüssel für eine erfolgreiche und nachhaltige Schimmelpilzdiagnostik und -sanierung. Der Sachverständige (oder synonym Sachkundiger, Gutachter) nimmt hierbei eine gewichtige Rolle ein. Er ist das Bindeglied zwischen dem mikrobiellen Befall als Ausgangssituation (Ist-Zustand) und der erfolgreichen Beseitigung der mikrobiellen Belastung (Soll-Zustand). Damit definiert der Sachverständige seine Arbeit nicht nur über eine qualifizierte und sachgerechte Analyse, Bewertung, Sanierung und Vorbeugung von Schimmelpilzbefall, sondern auch über einen angemessenen Umfang (Augenmaß) und somit unter Berücksichtigung der Kosten – und dies im rechtlich zulässigen Rahmen. Der Sachverständige trägt somit eine hohe Verantwortung, die weit über die bloße Feststellung von mikrobiellem Befall und seiner Ursachen hinausgehen.

Sachverständige geben im Auftrag von Privatpersonen (z. B. Mieter und Vermieter), Unternehmen (z. B. Versicherung oder Baufirma), Behörden (z. B. Gesundheitsamt) oder Gerichten (z. B. in einem Rechtsstreit) fachlich qualifizierte Aussagen zu einem bestimmten Sachverhalt. Dies kann mündlich genauso erfolgen wie schriftlich. Die höchste Schriftform stellt das Gutachten dar.

Grundsätzlich darf sich jeder in Deutschland Sachverständiger oder Gutachter nennen. Der Begriff ist weder geschützt, noch gibt es eine gesetzliche Definition und auch ein bundesweit geltendes Sachverständigengesetz gibt es in Deutschland nicht. Allerdings muss ein Sachverständiger als Mindestvoraussetzung eine gewisse Sachkunde aufweisen (vgl. § 36 GewO) und für einige Sachverständige gibt es Bedingungen wie z. B. bei den medizinischen Sachverständigen.

Aus den gesetzlichen Berufszulassungs- und Berufsausübungsregelungen für öffentlich bestellt und vereidigte Sachverständige kann man die Definition eines Sachverständigen ableiten, die für jede Art von Sachverständigen gelten sollte. „Ein Sachverständiger ist persönlich integer und verfügt über überdurchschnittliches Fachwissen und Expertise sowie Erfahrung auf einem Fachgebiet, der seine Leistung und insbesondere seine gutachterlichen Leistungen persönlich, gewissenhaft, objektiv, unabhängig, unparteiisch und weisungsfrei erbringt.“ Wer ohne diese im Auftrag Anderer Sachverhalte bewertet, könnte gegen Wettbewerbsregeln verstoßen. Ein unlauterer Wettbewerb kann ebenfalls vorliegen, wenn ein Sachverständiger vorgibt, eine höhere oder anerkannte Qualifikation zu besitzen wie z. B. als öffentlich bestellt und vereidigter Sachverständiger. In diesen Fällen drohen rechtliche Konsequenzen. Deshalb ist es wichtig, die Unterschiede in Bezug auf die Qualifikation, der Kompetenzen und der Abgrenzungen von Sachverständigen zu kennen.

Unabhängig ihrer Ausbildung und Zusatzqualifikation, ihrer Kompetenzen und Erfahrungen oder ihrer Bezeichnung und dem Tätigkeitsgebiet: Sachverständige haben einige Rechte und vor allem eine Menge Pflichten und sollten die ethischen Grundsätze beachten, die für alle Sachverständige gelten. Eine besondere Stellung hat der Sachverständige in einem Gerichtsprozess. Seine vordergründige Aufgabe besteht darin, dem Richter als technischen Laien einen Sachverhalt so zu erklären, damit er auf Grundlage dessen die Ansprüche der Parteien bewerten und ein angemessenes Urteil sprechen kann.

Handelt es sich hierbei um interdisziplinäre Sachverhalte, muss der Sachverständige diese nachweislich beherrschen oder gegenüber dem Gericht erklären, dass ihm für diesen Sachverhalt die nötige Expertise fehlt. Gerade im Kontext der Schimmelpilzanalyse, -bewertung und -sanierung sowie bautechnischer und bauphysikalischer, mikrobiologischer und ggf. medizinischer Aspekte stoßen Sachverständige irgendwann an die Grenzen ihrer Qualifizierung und/oder Bestellung. Das Zusammenspiel aus wissenschaftlicher Forschung, theoretischer Kenntnisse und praktischer Erfahrung kann in den seltensten Fällen von einem Sachverständigen allein beherrscht werden. Eine besonders hohe Verantwortung in dem Kontext haben medizinische Sachverständige, wenn neben der besonderen Sachkunde in der Schimmelpilzdiagnostik auch eine gutachterliche Stellungnahme zu gesundheitlichen Aspekten benötigt wird.

6.7.2.2 Abgrenzung und Aufgaben

Im Kontext der Schimmelpilzdiagnostik gibt es eine Vielzahl von Sachverständigen (bzw. synonym Gutachtern), die zu unterschiedlichen Fragestellungen Stellung beziehen und qualifizierte Antworten liefern. Bei diesen Fragestellungen kann es sich um Bauschäden und Baustoffe genauso handeln wie um Bautechnik und Bauphysik. Aber auch Aspekte rund um das Innenraumklima und der Lüftung sowie Hygiene können Gegenstand sein, ähnlich wie mikrobiologische sowie gesundheitliche Fragestellungen u. v. m. Auftraggeber können entweder Privatpersonen, Unternehmen, Behörden oder Gerichte sein.

Da der Begriff des Sachverständigen (oder Gutachters) in Deutschland nicht geschützt ist, gibt es große Unterschiede in Bezug auf Qualität, Qualifikation, Kompetenzen und Zuständigkeiten sowie Bezeichnungen. Ein genauer Blick auf die Unterschiede ist daher ratsam, da diese erhebliche Auswirkungen haben können.

In Deutschland wird zwischen folgenden Sachverständigen unterschieden:

- öffentlich bestellt und vereidigte Sachverständige werden von einer öffentlich-rechtlichen Institution wie z. B. der IHK oder HWK (Handwerkskammer) ernannt und vereidigt. Mit ihrem Eid verpflichten sich die Sachverständigen zu einer objektiven, und unabhängigen Arbeitsweise, ohne persönliche oder wirtschaftliche Interessen zu verfolgen. Sie unterliegen strengen gesetzlichen Berufszulassungs- und Berufsausübungsregelungen.
- staatlich anerkannte Sachverständige werden von einer Institution wie z. B. der Architekten- oder Ingenieurskammer ernannt und unterstehen der Aufsicht der Behörden (Bund oder Länder). Sie unterstützen die Behörden z. B. bei der Überprüfung gesetzlicher Vorgaben wie z. B. dem Wärme- oder Brandschutz. Sie unterliegen gesetzlichen Berufszulassungs- und Berufsausübungsregelungen.
- amtlich anerkannte Sachverständige werden durch den Bund oder die Länder sowie amtlichen Prüforganisationen (z. B. TÜV oder DEKRA) für technische Überprüfungen eingesetzt und unterliegen Berufszulassungs- und Berufsausübungsregelungen.
- zertifizierte Sachverständige haben an einer Qualifizierung eines privatwirtschaftlichen Anbieters zu einem bestimmten Fachgebiet erfolgreich teilgenommen. Die Gültigkeit der

Zertifizierung läuft nach einem bestimmten Zeitraum aus und muss erneuert werden. Sie unterliegen einer Reihe von Pflichten.

- privatrechtlich anerkannte Sachverständige müssen in einer privatrechtlichen Organisation ein Aufnahme- oder Prüfverfahren erfolgreich durchlaufen haben. Sie unterliegen kaum oder nur geringfügigen Pflichten.
- Freie (und sonstige) Sachverständige erstellen ihre Gutachten auf Grundlage ihrer beruflichen und fachlichen Qualifikation, ohne hierfür durch Dritte ernannt worden zu sein oder eine Prüfung abgelegt zu haben. Sie ernennen sich selbst zum Sachverständigen, weil sie sich berufen fühlen.

Aufgrund der besonderen Stellung, die vor allem öffentlich bestellt und vereidigte Sachverständige genießen, werden diese in der Regel von den Gerichten zur Feststellung und Bewertung von Sachverhalten hinzugezogen. Verantwortlich hierfür sind neben der überdurchschnittlich hohen Expertise und Erfahrung in einem bestimmten Fachgebiet die persönliche Eignung des Sachverständigen sowie die Einhaltung von Grundsätzen und eines umfangreichen Pflichtenkatalogs. Die öffentlich bestellt und vereidigten Sachverständigen werden darauf vereidigt, dass sie ihre Leistungen als Sachverständige persönlich, gewissenhaft, unabhängig, weisungsfrei und unparteiisch erbringen. Unabhängigkeit und Weisungsfreiheit bedeuten, dass der Sachverständige von außen nicht beeinflusst werden darf und/oder vertraglichen Verpflichtungen unterliegt, mit denen die Glaubwürdigkeit der Aussagen angezweifelt werden können. Außerdem sind sie zur Verschwiegenheit verpflichtet. Diese Pflichten werden von den ausstellenden Institutionen nach strengen Kriterien überprüft und können bei Verstößen auch zum Verlust der Bestellung führen. Somit soll sichergestellt werden, dass Gerichten, Behörden und der Öffentlichkeit besonders sachkundige und persönlich geeignete Sachverständige zur Verfügung gestellt werden. Andere Sachverständige sollen in Gerichtsverfahren nur dann mit der Bewertung eines Sachverhaltes und/oder der Erstellung eines Gutachtens beauftragt werden, wenn besondere Umstände dies erfordern (vgl. §§ 404 Abs. 2 ZPO, 73 Abs. 2 StPO).

6.7.2.3 Grundsätze und Pflichten

Sachverständige sollen ihre Leistung persönlich, gewissenhaft, unabhängig, weisungsfrei und unparteiisch erbringen und sind zur Verschwiegenheit verpflichtet. Dieser Grundsatz gilt in erster Linie für öffentlich bestellt und vereidigte Sachverständige. Dennoch sollten sich auch andere Sachverständige an diese berufsethischen Grundsätze der Sachverständigenordnung halten.

Der wesentliche Unterschied zwischen öffentlich bestellt und vereidigten sowie anderen Sachverständigen besteht in der Pflicht zur Erstellung eines Gutachtens. In den gerichtlichen Verfahrensordnungen ist diese Pflicht im § 407 ZPO ausdrücklich geregelt. Bei Vorliegen von wichtigen Hinderungsgründen wie z. B. Krankheit oder fehlenden Ressourcen sowie der Befangenheit zu einer der Parteien kann der Sachverständige einen Antrag stellen, ihn von dem Auftrag zu entbinden. Dies unterscheidet den öffentlich bestellt und vereidigten Sachverständigen von seinen Berufskollegen.

Die Sachverständigenordnung regelt darüber hinaus einen umfangreichen Pflichtenkatalog. Der Sachverständige sollte vor einer Beauftragung überprüfen, ob der ihm angetragene Sachverhalt in sein Tätigkeitsgebiet fällt, er zur fachlichen Bewertung die nötige Expertise und Erfahrung sowie Ausstattung aufweist und ob er ohne Hinzuziehung weiterer Experten eine Stellungnahme oder ein Gutachten erstellen kann.

Der Sachverständige hat die beauftragte Leistung vor allem die Erstellung einer Stellungnahme oder eines Gutachtens selbst, also persönlich, zu erbringen. Im Gegensatz zu den öffentlich bestellt und vereidigten Sachverständigen, dürfen andere Sachverständige den Auftrag an andere Sachverständige übertragen, wenn dies mit dem Auftraggeber im Vorfeld abgestimmt wurde und dem zugestimmt wurde. Soweit andere Sachverständige an der beauftragten Leistung mitwirken, müssen diese mit Namen und Umfang ihrer Tätigkeit angegeben werden, solange sich die Mitwirkung durch Dritte auf Hilfsdienste von untergeordneter Bedeutung beziehen. Diese müssen auf demselben Sachgebiet tätig und den fachlichen Weisungen des Sachverständigen unterworfen sein. Die persönliche Leistung und Eigenverantwortlichkeit des beauftragten Sachverständigen darf durch diese Unterbeauftragung nicht beeinflusst werden. Erstellen mehrere Sachverständige „gleichen Ranges" ein Gemeinschaftsgutachten muss eindeutig zu erkennen sein, welcher Sachverständige für welche Teile, Feststellungen oder Bewertungen und Schlussfolgerungen verantwortlich ist.

Eingesetzte Messgeräte müssen geeicht bzw. kalibriert werden und Untersuchungsmethoden den allgemein anerkannten Regeln der Technik oder mindestens dem Stand der Technik entsprechen. Soweit diese davon abweichen, muss begründet werden, weshalb ihre Anwendung alternativlos ist und wie die Messergebnisse in diesem Kontext zu bewerten sind.

Der Sachverständige hat seine Leistung nach bestem Wissen und Gewissen zu erbringen. Hierfür hält er sich auf dem neuesten Stand und kennt den Unterschied zwischen den allgemein anerkannten Regeln der Technik, den Stand der Technik, den Stand der Forschung und Wissenschaft und seine besondere Hinweispflicht bei alternativen Methoden, die in der Praxis angewendet werden, aber nicht anerkannt sind.

Die Grundlagen für das Gutachten sind sorgfältig zu ermitteln und die erforderlichen Besichtigungen sowie Untersuchungen persönlich vorzunehmen. Die Gutachten sind systematisch aufzubauen, übersichtlich zu gliedern und nachvollziehbar zu begründen. Kann der beauftragte Sachverhalt über verschiedene Ansätze erklärt werden bzw. kommen für die gestellten Fragen mehrere Lösungen und Antworten in Betracht, so hat der Sachverständige diese darzulegen und zu begründen und eine Bewertung vorzunehmen. Bei der Bewertung geht es nicht um sein subjektives Empfinden, sondern um eine objektive Einschätzung der Vor- und Nachteile sowie der Risiken und deren Wahrscheinlichkeit.

Für eine objektive und unabhängige Leistung sowie Erstellung seines Gutachtens darf der Sachverständige keiner Weisung Dritter unterliegen, die dazu führen kann, dass seine tatsächlichen Feststellungen, Bewertungen oder Schlussfolgerungen von außen beeinflusst werden. Somit wären die erforderliche Objektivität und Glaubwürdigkeit seiner Aussagen nicht mehr sichergestellt. Insbesondere gilt für den Sachverständigen, dass seine Leistung und insbesondere sein Gutachten ohne Rücksicht auf das Auftragsvolumen und/oder auf die geschäftlichen Beziehungen zu einem Auftraggeber erbracht werden (wirtschaftliche Unabhängigkeit). Auch auf evtl. Änderungswünsche des Auftraggebers darf sich der Sachverständige nicht einlassen (persönliche Unabhängigkeit). Dies gilt auch, wenn der Sachverständige seine Leistungen im Angestelltenverhältnis erbringt.

Bei seinen Leistungen und insbesondere in Vorbereitung auf das Gutachten hat der Sachverständige strikte Neutralität zu wahren, um sich nicht dem Vorwurf der Befangenheit auszusetzen. Gründe, die ein Misstrauen gegen seine Unparteilichkeit rechtfertigen, muss der Sachverständige seinem Auftraggeber unverzüglich mitteilen, auch wenn er selbst diese als unbegründet zurückweist. Denn zur Ablehnung eines Sachverständigen genügt bereits ein erster Anschein der Parteilichkeit. Dem entsprechend darf der Sachverständige einer der Parteien weder freundschaftlich verbunden noch in feindlicher Haltung gegenüberstehen.

Unter bestimmten Voraussetzungen wird versucht, die Befangenheit eines Sachverständigen mit dessen Inkompetenz und mangelhafter Sachkunde sowie Unzulänglichkeiten oder Fehlern in seinen Gutachten zu begründen. Dem haben mehrere Landgerichte und Oberlandesgerichte bereits widersprochen. Für die Besorgnis der Befangenheit kommt es nur auf die Frage der Unparteilichkeit des Sachverständigen an. Ein Mangel an Sachkunde oder die Unfähigkeit und dgl. für sich allein rechtfertigt keine Ablehnung des Sachverständigen wegen Befangenheit, denn derartige Mängel, so ärgerlich dies für eine der beiden Parteien ist, betrifft grundsätzlich nicht die Unabhängigkeit des Sachverständigen. Wenn z. B. in einem Gerichtsprozess ein Gutachten für ungenügend erachtet wird, kann ein neues Gutachten ggf. durch einen anderen Sachverständigen beantragt werden.

Ähnlich verhält es sich mit der Streitverkündung gegenüber einem Sachverständigen. Grundsätzlich kann jede Partei, die annimmt, dass sie für den Fall eines für sie ungünstigen Ausgang eines Rechtsstreits einen Anspruch auf Schadensersatz gegen einen Dritten erheben kann, bis zur rechtskräftigen Entscheidung des Gerichts einem Dritten nach § 72 Abs. 1 ZPO gerichtlich den Streit verkünden. Dies war bis 2006 eine durchaus beliebte Praxis, um aus prozesstaktischen Gründen auf den Sachverständigen Einfluss zu nehmen. Neben dem Druck, dem der Sachverständige ausgesetzt war, musste er zudem entscheiden, ob er dem Prozess nach § 74 Abs. 1 ZPO beitreten sollte, um einem evtl. folgenden Regressprozess entgegenzuwirken. Gleichzeitig würde der Sachverständige damit seine Pflicht zur Neutralität verletzen und somit den Vorwand für einen Befangenheitsantrag selbst liefern. Diesem Treiben setzte der BGH bereits 2006 ein Ende (vgl. BGH-Urteil vom 27.07.2006, VII ZB 16/06), um die Unabhängigkeit und Unparteilichkeit des Sachverständigen sicherzustellen. Der BGH entschied, dass die Streitverkündung gegenüber einem gerichtlichen Sachverständigen zur Vorbereitung von Haftungsansprüchen gegen diesen aus angeblich fehlerhafter, im selben Rechtsstreit erbrachter Gutachterleistungen unzulässig ist.

Der Sachverständige unterliegt einer Schweigepflicht. Kenntnisse, die er in Ausübung seiner Tätigkeit erlangt, darf er weder Dritten unbefugt mitteilen noch zum Schaden anderer oder zu seinem oder zum Nutzen anderer unbefugt verwerten. Die Betonung liegt auf „unbefugt“. Denn, wenn der Sachverständige z. B. in einer öffentlichen Gerichtsverhandlung seine Leistung vorträgt, lässt sich dies nicht verhindern. Gleiches gilt z. B. für den Sachverständigen vor Gericht, der nur zu Sachverhalten ausführen darf, zu denen er beauftragt wurde. Ungefragt darf er keine Sachverhalte vortragen, die eine der Parteien bevorteilt oder benachteiligt.

Der Sachverständige haftet für seine Leistung und insbesondere für die Feststellungen, Bewertungen und Schlussfolgerungen sowie Empfehlungen in seinem Gutachten, soweit daraus Schäden entstehen, die auf vorsätzliche oder grob fahrlässige Fehler in seinem Gutachten zurückzuführen sind (siehe § 839a BGB, eingeführt durch das zweite Gesetz zur Änderung schadenersatzrechtlicher Vorschriften vom 19.07.2002; BGBl. Teil I S. 2674). Der Sachverständige darf deshalb seine Haftung für Vorsatz und grobe Fahrlässigkeit weder ausschließen noch der Höhe nach beschränken. Gleichzeitig ergibt sich daraus die Pflicht, dass der Sachverständige eine Haftpflichtversicherung in angemessener Höhe abschließen muss.

Schlussendlich hat der Sachverständige die Wirtschaftlichkeit seiner Leistung aus Sicht seines Auftraggebers im Auge zu behalten. Sobald sich Hinweise ergeben, die darauf schließen lassen, dass Inhalt und Umfang seiner Beauftragung nicht im Verhältnis zum Wert des Streitgegenstandes (z. B. vor Gericht) oder der ursprünglich veranschlagten Kosten stehen, muss er seinen Auftraggeber unverzüglich darauf hinweisen.

6.7.2.4 Besondere Anforderungen an medizinische Sachverständige

In mündlichen und/oder schriftlichen Aussagen von Bausachverständigen findet man sehr häufig eine Bewertung von rechtlichen und/oder medizinischen Sachverhalten. Selbst mit einer umfangreichen Zusatzqualifizierung zum Sachverständigen für die Erkennung und Bewertung von Schimmelpilzschäden (z. B. vom TÜV) fallen juristische oder umweltmedizinische Beurteilungen nicht in das Aufgabengebiet eines Bausachverständigen. Hierfür gibt es Juristen und medizinische Sachverständige, auch wenn Auftraggeber in der Regel eine ganzheitliche Einschätzung durch den Sachverständigen wünschen.

In dem aktuellen Leitfaden „Zur Vorbeugung, Erfassung und Sanierung von Schimmelbefall in Gebäuden“ des Umweltbundesamtes (UBA) heißt es hierzu, dass Schimmelpilze in Innenräumen ein Gesundheitsrisiko darstellen, ohne dass ein quantitativer und kausaler Zusammenhang zwischen dem Vorkommen einzelner Schimmelpilzarten und ihrer Stoffwechselprodukte und den unspezifischen Gesundheitsbeschwerden der Menschen in diesen Innenräumen gesichert hergestellt werden kann. Denn, neben der Exposition von Schimmelpilzarten und ihrer -gattungen sowie in den meisten Fällen von Mischexpositionen verschiedener Mikroorganismen muss der individuelle Gesundheitszustand der Menschen (Prädisposition) berücksichtigt werden – und dies ist Aufgabe von Medizinern.

In dem Zusammenhang weist das Umweltbundesamt daraufhin, dass selbst die quantitative Bestimmung der Kolonie bildenden Einheiten (KBE) nicht zu einer gesundheitlichen Einschätzung oder medizinischen Bewertung geeignet ist, auch wenn dies in der Praxis geläufig ist.

Relevanter als der Leitfaden des Umweltbundesamtes ist daher die Leitlinie „Medizinisch klinische Diagnostik bei Schimmelpilzexposition in Innenräumen“ der Wissenschaftlich Medizinischen Fachgesellschaften (AWMF). Diese Leitlinie basiert auf der Stellungnahme der Kommission „Methoden und Qualitätssicherung in der Umweltmedizin“ des Robert Koch-Instituts (2007), der WHO-Richtlinie „Guidelines for Indoor Air Quality: Dampness and Mould“ (2009) und den auf das Thema „Schimmelpilze und Gesundheit“ wissenschaftlich ausgerichteten Workshops der Gesellschaft für Hygiene, Umweltmedizin und Präventivmedizin (GHUP) und anderer Fachgesellschaften. Lt. „AWMF-Schimmelpilzleitlinie“ unterliegt die Gefährdungsbeurteilung und Bewertung eines Gesundheitsrisikos durch Schimmelpilzbefall primär der Zuständigkeit eines Arztes. Dem entsprechend liegt der Fokus der Leitlinie auch eher auf den im Zusammenhang mit Schimmelpilzbefall besonders zu schützenden Risikogruppen – und auch hierfür ist die Expertise eines Mediziners notwendig. Daher sollten Bausachverständige wie auch alle anderen Nicht-Mediziner irgendwelche pauschalen Einschätzungen zu möglichen Gesundheitsrisiken wie z. B. Allergien unterlassen und auch keine Bewertung der individuellen Situation abgeben. Dies ist ausschließlich Aufgabe für medizinische Sachverständige.

Ein medizinischer Sachverständiger ist ein Mediziner, der für einen Auftraggeber wie z. B. Gerichte, Versicherungen, Berufsgenossenschaften, Rechtsanwälte oder Privatpersonen zu Fragen des Gesundheitszustands von Menschen im Zusammenhang mit Mikroorganismen in Innenräumen oder durch diese im Verdacht stehende Gesundheitsrisiken bzw. durch sie verursachte Gesundheitsbeschwerden Stellung nimmt bzw. konkrete Fragestellungen beantwortet. Die Sachverständigen tragen mit ihrer medizinischen Begutachtung eine hohe Verantwortung, da es neben der Klärung von Sachfragen vor allem um den Gesundheitszustand von Menschen geht. Nach der Zivilprozessordnung sowie der Berufsordnung der jeweiligen Landesärztekammer ist in Deutschland jeder approbierte Arzt verpflichtet, ein Sachverständigengutachten für ein Gericht zu erstellen. Ein medizinisches Gutachten ist eines der wichtigsten Beweismittel im Gerichtsverfahren, wenn z. B. eine der Parteien einen so genannten immateriellen Schaden, besser bekannt als Schmerzensgeld, geltend macht und diesen mit Schimmelpilzbefall begründet, für die eine andere Partei verantwortlich sein soll.

Beispiel: Eine Familie mit zwei Kindern zieht im Oktober in eine neue Wohnung. Bisher war der Gesundheitszustand der Kinder „unauffällig“. Kurz nach dem Einzug zeigen sich bei einem Kind allergische Reaktionen wie asthmaähnliche Anfälle. Nachdem die Eltern im Kinderzimmer hinter der Fußleiste Schimmelpilzbefall festgestellt haben, scheint die Ursache (für sie) schnell geklärt zu sein. Nachdem eine außergerichtliche und gütliche Einigung mit dem Vermieter scheitert und sich der Gesundheitszustand des Kindes deutlich verschlechtert, entschließen sich die Eltern, die Wohnung fristlos zu kündigen und verlangen vom Vermieter die Übernahme der Arzt- und Umzugskosten sowie Schmerzensgeld. Der Vermieter beteuert, dass bei keinem der Vormieter bisher jemals Schimmelpilzbefall aufgetreten ist und vermutet als Ursache ein unzureichendes Lüften oder ungenügendes Heizen. Gleichzeitig besteht er auf Erfüllung des Mietvertrages und akzeptiert nur eine ordentliche und fristgemäße Kündigung. Weitere Ansprüche weist er von sich. Da sich der Gesundheitszustand des Kindes weiter verschlechtert und ein Baubiologe als Privatgutachter die Ursache im Schimmelpilzbefall bestätigt, zieht die Familie aus, nimmt sich einen Anwalt und verklagt den Vermieter auf Schadensersatz (u. a. Schmerzensgeld gemäß § 253 BGB).

Die Sache landet vor Gericht, das auf Antrag der Mieter (Kläger) zunächst einen Bausachverständigen damit beauftragt, die Ursache für den vorliegenden Schimmelpilzbefall zu klären. Dieser führt in seinem Gutachten aus, dass vor allem bauliche Mängel (Wärmebrücken aufgrund fehlender thermischer Entkopplung von auskragenden Decken) ursächlich sind. Nachdem der Vermieter

(Beklagter) bestreitet, dass von dem Schimmelpilzbefall überhaupt eine Gesundheitsgefahr ausgeht, beauftragt das Gericht daraufhin einen Mikrobiologen mit der Klärung, ob die vorgefundenen Schimmelpilzarten allergenes Potenzial aufweisen und gesundheitsschädlich sind. Der Mikrobiologe führt zur ersten Beweisfrage aus und stellt fest, dass der mikrobielle Befall in die Kategorie 2 in Anlehnung an die Orientierungs- und Bewertungshilfe des Umweltbundesamtes fällt und dass die gemessenen Kolonie Bildenden Einheiten pro Kubikmeter Raumluft (KBE/m^3) knapp dreimal so hoch sind wie die Referenzprobe (Außenluft). Seine Einschätzung ist, dass der mikrobielle Befall hinter der Fußleiste im Kinderzimmer als einzige Ursache zu sehen ist. Weitere Quellen schließt er nicht aus, allerdings ist die Klärung dieser Frage nicht Gegenstand des Beweisbeschlusses. Weiterhin führt der Mikrobiologe aus, dass mit den Schimmelpilzen Acremonium spp., Aspergillus versicolor, Aspergillus restrictus und Chaetomium spp. typische Innenraumarten vorliegen und dass die nachgewiesenen Konzentrationen von 250 bis 400 KBE/m^3 als sehr hoch einzustufen sind und einige dieser Arten allergenes Potenzial aufweisen. Ob diese im konkreten Fall den Gesundheitszustand des Kindes verursacht haben oder inwieweit diese den Krankheitsverlauf negativ beeinflussen, wollte der Mikrobiologe nicht beantworten und wies darauf hin, dass die Beantwortung von medizinischen Fragestellungen bzw. die Bewertung von gesundheitlichen Aspekten nicht in sein Tätigkeitsgebiet fallen. Auf Antrag der Kläger beauftragt das Gericht nun einen medizinischen Sachverständigen damit, die Ursache für den Gesundheitszustand des Kindes zu klären und einen kausalen Zusammenhang mit dem Schimmelpilzbefall herzustellen oder diesen auszuschließen. Der medizinische Sachverständige bestätigt die asthmaähnlichen Anfälle des Kindes und führt in der Befragung der Parteien aus, dass die eingeatmeten Schimmelpilzsporen in der festgestellten Konzentration wesentlich mitursächlich sein können, aber nicht 100%ig ausgeschlossen werden kann, dass die Ursachen auch außerhalb des Zuständigkeitsbereiches des Vermieters liegen können. Schließlich deckt der Beweisbeschluss nicht im Sinne eines Ausschlussverfahrens ab, weitere Quellen wie z. B. das Umfeld des Kindes außerhalb der Wohnung zu untersuchen. Zumal der Beklagte mit Nichtwissen bestritt, dass das Kind nicht schon beim Einzug dies bzgl. Vorerkrankungen hatte und verlangte, dass der Kläger medizinische Unterlagen und ärztliche Befunde vorzulegen hätte, mit denen bewiesen werden sollte, dass das Kind zu Mietbeginn noch keine schimmelpilzspezifischen Gesundheitsbeschwerden hatte – was der Kläger nicht konnte. Daher war dem Kläger nach Einschätzung des Gerichts nicht gelungen, das Gericht hinreichend davon zu überzeugen, dass die asthmaähnlichen Anfälle des Kindes durch den in der Mietwohnung vorhandenen Schimmelpilzbefall verursacht worden ist. Das Gericht war der Überzeugung, dass auch wenn allein bauliche Mängel für die Schimmelpilzbildung in dem Kinderzimmer verantwortlich sind, daraus nicht hinreichend gefolgert werden kann, dass über die relativ kurze Mietzeit Schimmelpilze in einem gesundheitsgefährdenden Umfang gebildet wurden und ausschließlich nur diese Exposition verantwortlich wäre. Weitergehende Untersuchungen lehnten beide Parteien mit Blick auf die Prozesswirtschaftlichkeit ab, schließlich hatten allein die Gutachterkosten bis zu diesem Zeitpunkt knapp einen kleinen fünfstelligen Betrag verursacht. Das Gericht entschied, dass der Auszug der Familie zulässig war und lehnte alle weiteren Ansprüche der Kläger (Mieter) ab. Die Verfahrenskosten gingen zu 92 % zu Lasten der Kläger.

Das Problem in diesem Gerichtsprozess war (und wird es in ähnlichen Fällen auch in Zukunft sein), dass eine mögliche Gesundheitsgefahr durch den vorliegenden Schimmelpilzbefall zwar nicht ausgeschlossen werden, allerdings der medizinische Sachverständige auch nicht zweifelsfrei beweisen konnte, dass dieser faktisch zu einem Gesundheitsschaden geführt hat. Und an den kausalen Nachweis eines Gesundheitsschadens werden vor deutschen Gerichten außerordentlich hohe Anforderungen gestellt. Allein die Tatsache, dass in Innenräumen hohe Schimmelpilzsporenbelastungen nachgewiesen werden, stellt noch keine konkrete Gesundheitsgefährdung dar. Dies reicht jedenfalls für eine außerordentliche fristlose Kündigung nicht aus. Voraussetzung für eine fristlose Kündigung nach § 569 Abs. 1 BGB ist eine erhebliche Gefährdung der Gesundheit – und diese darf nicht nur theoretisch vorliegen und durch allgemeine Ausführungen zu möglichen Gesundheitsgefahren in einem Gutachten beschrieben werden, sondern müssen kausal auf den spezifischen Fall nachgewiesen werden (vgl. z. B. KG Berlin, 8 U 124/02; AZ: 12 U 1493/00).

Fazit: Der Mieter kann erst oder nur dann einen Anspruch auf Schmerzensgeld gerichtlich durchsetzen, wenn nicht nur die Gesundheitsgefahr erwiesen ist, sondern wenn tatsächlich Schimmelpilze nachweislich zu den Gesundheitsschäden geführt haben. Die Beweislast liegt in diesen Fällen bei den Mietern. Mit dem o. g. Ausschlussverfahren wäre der Nachweis auch tatsächlich möglich. Allerdings ist dieser sehr zeitaufwändig und kostenintensiv und vor allem an eine Vielzahl von Formalien gebunden, in der Realität kaum darstellbar.

Selbst wenn der Nachweis gelingen sollte, muss immer noch bedacht werden, dass der Bundesgerichtshof bisher noch keine Entscheidung zu einem Schmerzensgeld getroffen hat, wenn der kausale Zusammenhang zwischen einem vorliegenden Schimmelpilzbefall und konkreten Gesundheitsschäden nachgewiesen wurde. Der BGH hat allerdings schon Entscheidungen in Bezug auf eine außerordentliche Kündigung wegen Schimmelpilzbildung getroffen (vgl. BGH-Urteil vom 18. April 2007, VIII ZR 182/06).

In diesem „Umfeld“ bewegt sich der medizinische Sachverständige. Im Rahmen seiner medizinischen Expertise muss er mit anerkannten Methoden der Diagnostik den gesundheitlichen Zustand feststellen und bewerten. Diese „Theorie“ wird in der Praxis dadurch erschwert, dass

- zur Gesundheitsgefährdung durch Schimmelpilze in privat genutzten Innenräumen bislang keine einheitlichen und anerkannten Bewertungsmaßstäbe wie z. B. Grenzwerte existieren,
- die bisherigen wissenschaftlichen Erkenntnisse über die Auswirkungen schimmelpilzbedingter Gesundheitsschäden überwiegend allgemeingültig sind, was die Zuordnung einer spezifischen Exposition zu einer spezifischen Erkrankung erschwert,
- die Konzentration von Schimmelpilzbelastungen nicht konstant und homogen auftreten und durch eine Reihe individueller Einflussfaktoren von außen (Referenzprobe) wie z. B. jahreszeitlich und/oder witterungsbedingte Schwankungen sowie regionale Unterschiede geprägt sind,
- mögliche Gesundheitsgefahren nicht nur durch Sporen und mikrobielle Partikel von Schimmelpilzen, sondern auch durch deren Stoffwechselprodukte (Mykotoxine, MVOC) verursacht werden können. Und selbst diese treten nicht konstant und homogen auf, sondern werden durch ganz individuelle Situationen provoziert.
- der individuelle Gesundheitszustand von Menschen (Prädisposition) wesentlichen Einfluss auf mikrobielle Belastungen nimmt und selbst dieser nicht konstant ist.

Dies bedeutet, dass der medizinische Sachverständige eine Begutachtung in einem nicht isolierten Innenraum mit dynamischen Einflüssen von außen und variablen Zuständen in Bezug auf den zu untersuchenden Menschen (z. B. Risikogruppen) und der Mischexposition durch Mikroorganismen (z. B. unterschiedliche Konzentrationen in Abhängigkeit von diversen Einflüssen) vorzunehmen hat und nur einen objektiv belegbaren und reproduzierbaren Befund als Grundlage seiner Bewertung heranziehen darf und sich hierbei nur auf gesicherte medizinische Erkenntnisse beschränken darf – um den Beweisregeln der Rechtsordnung zu genügen.

Diese „Quadratur des Kreises“ gelingt nur, wenn der medizinische Sachverständige neben einer überdurchschnittlich hohen Fachkompetenz und interdisziplinären Expertise bereits sehr viel Erfahrung auf dem Spezialgebiet mitbringt. Darüber hinaus sollte der medizinische Sachverständige über Grundkenntnisse des jeweiligen Rechtsgebietes verfügen und vor allem die wesentlichen Rechtsbegriffe beherrschen, damit es nicht zu Missverständnissen kommt. In Bezug auf ihre Grundsätze und Pflichten unterscheiden sich diese Sachverständige nicht von anderen. Auch der medizinische Sachverständige soll seine Leistung persönlich, gewissenhaft, unabhängig, weisungsfrei und unparteiisch erbringen und ist zur Verschwiegenheit verpflichtet. Diese formalen Anforderungen verursachen sehr häufig einen

Rollen- und/oder Interessenkonflikt. Der medizinische Sachverständige muss unparteiisch sein und darf somit weder die Interessen des Probanden noch die des Auftraggebers berücksichtigen bzw. besonders hervorheben. Durch die kurative (heilende) Perspektive des Mediziners führt dies zu einem typischen Rollenkonflikt. Statt dem persönlichen Vertrauensverhältnis muss der Sachverständige den Probanden nun distanziert als „Fall" bzw. „Objekt" betrachten. Die meist gegenläufigen Interessenlagen führen fast immer zu einem Interessenkonflikt. Während der Patient normalerweise schnell genesen und seine Gesundheit uneingeschränkt wiedererlangen möchte, verändert sich diese Zielsetzung in einem Gutachterverfahren. Der Proband macht einen sachlichen oder finanziellen Anspruch gegenüber einem Dritten (z. B. Vermieter, Arbeitgeber, Versicherung) geltend und fokussiert sich somit auf den Krankheitszustand. An einer Stabilisierung oder Verbesserung des Gesundheitszustands ist der Proband nicht interessiert, da er seinen Anspruch nicht gefährden möchte. Aus einem „schnell gesund werden" wird ein „krank bleiben". Diese veränderte Konstellation muss der medizinische Sachverständige berücksichtigen.

Prinzipiell ist der Ablauf einer Begutachtung von der Rechtsgrundlage des Gutachtens abhängig. Weiterhin spielt eine Rolle, ob das Gutachten ausschließlich aufgrund der Aktenlage zu erstellen ist oder eine Anamnese und körperliche Untersuchung eines Probanden notwendig wird. Die Untersuchung muss sich auf die Aspekte konzentrieren, die sich aus dem Sachverhalt ergeben oder im Gutachtenauftrag bzw. Beweisbeschluss bei gerichtlicher Beauftragung explizit genannt wurden. Der entscheidungsrelevante Teil des Gutachtens sind die Befunde. Im Rahmen der Befundung hat der Sachverständige nicht nur darzulegen, was er an positiven Befunden feststellen konnte, sondern auch, ob alle übrigen in Frage kommenden Aspekte (k)eine Relevanz haben. Diese sind auf Grundlage anerkannter und nachprüfbarer Methoden zu erheben. In die Würdigung der medizinischen Bewertung dürfen nur gesicherte Erkenntnisse einfließen. Das Gutachten unterliegt jedoch der freien Beweiswürdigung durch das Gericht. Der medizinische Sachverständige beeinflusst zwar den Prozessverlauf, darf allerdings dadurch nicht selbst zum Richter werden.

In Bezug auf das o. g. Beispiel bedeutet dies, dass der medizinische Sachverständige folgendes zu prüfen und zu bewerten hat, um eine kausale Beweiskette aufzubauen, wobei auf Aussagen in dem mikrobiologischen Gutachten zurückgegriffen werden soll:

1. Sind in den privat genutzten Innenräumen, die von dem Kind primär genutzt werden, gesundheitsgefährdende Schimmelpilze vorhanden? Ja/Nein
2. Handelt es sich bei diesen Schimmelpilzen um Gattungen/Arten, die Mykotoxine bilden? Ja/Nein
3. Treten diese Schimmelpilzarten in signifikanter Menge (Sporen und mikrobielle Partikel) auf, so dass von ihnen die im Streitfall vorgetragenen Gesundheitsbeschwerden hervorgerufen werden können? Ja/Nein
4. Sind diese Schimmelpilzarten in der Raumluft nachgewiesen worden, so dass sie durch Inhalation (Einatmen) in die Atemorgane gelangen können? Ja/Nein
5. Können die von den Schimmelpilzen produzierten Mykotoxine die im Streitfall vorgetragenen Gesundheitsbeschwerden verursachen? Ja/Nein
6. Liegen bereits seropositive Befunde vor, die eine entsprechende Auseinandersetzung des Immunsystems des Kindes mit den nachgewiesenen Schimmelpilzen bzw. deren Sporen oder Mykotoxinen belegen? Ja/Nein

Ideal wäre, wenn eine Untersuchung in dem spezifischen Umfeld des Probanden erfolgt, in dem die Beschwerden aufgetreten sind. In dem o. g. Beispiel ist dies kaum mehr möglich, da die Familie in der Zwischenzeit aus der Wohnung ausgezogen ist und das Kind in einem anderen Umfeld möglicherweise einer anderen Exposition ausgesetzt ist. Um eine zeitliche Korrelation zwischen der Art und Konzentration des Schimmelpilzbefalls mit dem Auftreten spezifischer Gesundheitsbeschwerden „mehr oder weniger rechtssicher" zu dokumentieren, müsste das Kind ggf. wieder in den Zustand des alten Umfelds versetzt werden. Dies bedeutet, dass man in einem gleichgroßen Raum die gleiche Schimmelpilzbelastung wieder herstellen und das Kind dieser aussetzen müsste, um den Verlauf detailliert zu dokumentieren. Ein Rückgang der Symptome bei nachlassender Exposition (Auszug aus den belasteten Innenräumen) sollte ebenfalls dokumentiert werden.

Auch wenn die beschriebene Vorgehensweise noch eine geringfügige Angriffsfläche für den gegnerischen Anwalt bietet: Wenn eine plausible Beweiskette aus Anamnese, klinischer Symptomatik und einem anerkannten Nachweis von Allergien aufgebaut und diese in einen kausalen Zusammenhang gebracht wird, wird auch ein Gericht überwiegend von einer Ursächlichkeit der mikrobiellen Belastung für die aufgetretenen Gesundheitsbeschwerden ausgehen müssen. Aus diesem Grund empfiehlt sich, bereits in Vorbereitung auf die Klage die entscheidungswesentlichen Fakten durch ein Privatgutachten überprüfen zu lassen. Denn auch Privatgutachten sind vor Gericht als qualifizierter Parteivortrag zugelassen. Im Idealfall erstellen diese entweder Allergologen oder spezialisierte Umweltmediziner. Von Baubiologen ohne medizinische Ausbildung ist dagegen abzuraten.

Die Beauftragung eines medizinischen Sachverständigen verursacht noch einige andere Besonderheiten. Hierzu gehört z. B. die Parteiöffentlichkeit. Der Grundsatz, nachdem es den Parteien gemäß § 357 ZPO gestattet ist, bei der Beweisaufnahme anwesend sein zu dürfen, muss bei einer ärztlichen Untersuchung durch einen medizinischen Sachverständigen neu bewertet werden. Denn die Wahrung der Intimsphäre und der Persönlichkeitsrechte des Probanden sind höher einzustufen als das Recht der Parteiöffentlichkeit. Eine weitere Besonderheit besteht darin, dass der medizinische Sachverständige zur Wahrung seiner Aufgaben von der ärztlichen Schweigepflicht entbunden wird. Erkenntnisse aus der gutachterlichen Untersuchung dürfen an das Gericht und den Parteien weitergegeben werden, sofern der Proband dies nicht ausdrücklich verweigert. In dem Fall muss das Gericht und die Parteien informiert werden. Des Weiteren muss der Datenschutz beachtet werden.

6.7.2.5 Besondere Sachkunde zur Schimmelpilzdiagnostik

In Deutschland darf sich grundsätzlich jeder Sachverständiger oder auch Gutachter nennen. Der Begriff ist weder geschützt, noch gibt es eine gesetzliche Definition, ein bundesweit geltendes Sachverständigengesetz und auch keine gesetzlich geregelte Sachverständigenausbildung. Dies führt dazu, dass es im Markt speziell beim Thema Schimmelpilze in privat genutzten Innenräumen große qualitative Unterschiede gibt, die es gerade für Verbraucher schwierig macht, einen „guten“ (im Sinne von qualifizierten), einen „seriösen“ (im Sinne von ehrlichen) und „richtigen“ (im Sinne von ganzheitlichen) Sachverständigen zu finden. Bekanntlich sind die „lautesten“ Sachverständigen nicht die „besten“ und die „bekanntesten“ müssen nicht zwangsläufig die „kompetentesten“ sein.

Das Umweltbundesamt hat daher in seinem aktuellen Leitfaden „Zur Vorbeugung, Erfassung und Sanierung von Schimmelbefall in Gebäuden“ einige Kriterien aufgeführt, die eine idealtypische Sachkunde definieren. Diese sollten als Orientierung dienen und immer auf den Einzelfall abgestimmt sein.

Für bautechnische Untersuchungen und bauphysikalische Berechnungen sollte der Sachverständige mindestens eine Meister- oder Technikerausbildung und einschlägige Erfahrung in dem jeweiligen Fachgebiet aufweisen. Zwingend ist eine Zusatzqualifikation über die Sachkunde zum Erkennen, Bewerten und Sanieren von Schimmelpilzbefall, die regelmäßig wiederholt werden muss. Somit wird sichergestellt, dass der Sachverständige nicht nur über theoretische Kenntnisse, sondern auch über mehrjährige praktische Erfahrungen verfügt. Auch wenn der Sachverständige nur zu bautechnischen und/oder bauphysikalischen Fragestellungen eine Bewertung abzugeben hat, sind mikrobiologische, gesundheitliche und rechtliche Grundkenntnisse von Vorteil. Diese dienen allerdings nur zur Einordnung seines Fachgebietes im Kontext der ganzheitlichen Schimmelpilz-Diagnostik.

Man erkennt die Seriosität eines Bausachverständigen u. a. daran, dass

- die Untersuchungsplanung, Probenahme- und Messstrategie ausschließlich zur Feststellung der Schadensursache und des -ausmaßes dienen,
- Messmethoden und -verfahren angewendet werden, die den allgemein anerkannten Regeln der Technik oder mindestens dem Stand der Technik entsprechen (sollten alternative Methoden und -verfahren eingesetzt werden, kommt der Sachverständige seiner Hinweis- und Aufklärungspflicht ohne Aufforderung nach),
- ergänzende Untersuchungen wie z. B. die Probenahme von mikrobiell befallenen Materialien und dgl. nur bei entsprechender Sachkunde vorgenommen werden, anderenfalls dies autorisierten Laboren zur Schimmelpilz-Diagnostik überlassen wird,
- die Bewertung von Messergebissen und Laboruntersuchungen objektiv und auf der Basis anerkannter Regelwerke vorgenommen werden,
- eine Gefährdungsbeurteilung als Grundlage für nachfolgende Sanierungsmaßnahmen erstellt werden kann,
- ein ganzheitliches Sanierungskonzept erstellt werden kann, in dem Aspekte des Arbeits- und Gesundheitsschutzes nach den anerkannten Regelwerken und auf den individuellen Einzelfall spezifisch angepasst werden,
- keine mikrobiologischen, gesundheitlichen oder rechtlichen Bewertungen eines Sachverhaltes vorgenommen werden, sondern diese den dafür zuständigen Experten (Mikrobiologen, Allergologen, Fachanwälten etc.) überlassen bleiben.

Für mikrobiologische Untersuchungen sollte der Sachverständige ein abgeschlossenes Studium (Mikrobiologie oder Chemie) sowie einschlägige Erfahrung in der Innenraum-Diagnostik aufweisen. Vorteilhaft wäre eine Zusatzqualifikation in den Bereichen Analytik und Innenraumhygiene sowie Baustoffe und Bauphysik. Auch wenn der Sachverständige nur zu mikrobiologischen Fragestellungen eine Bewertung abzugeben hat, sind umweltmedizinische und rechtliche Grundkenntnisse von Vorteil. Diese dienen allerdings nur zur Einordnung seines Fachgebietes im Kontext der ganzheitlichen Schimmelpilz-Diagnostik.

Man erkennt die Seriosität eines mikrobiologischen Sachverständigen u. a. daran, dass

- die Untersuchungsplanung, Probenahme- und Messstrategie ausschließlich zur Feststellung der Schadensursache und des -ausmaßes dienen,
- Messmethoden und -verfahren angewendet werden, die den allgemein anerkannten Regeln der Technik wie die VDI-Richtlinie 4300 ff. bzw. die DIN ISO 16000 ff. oder mindestens dem Stand der Technik entsprechen (sollten alternative Methoden und -verfahren eingesetzt werden, kommt der Sachverständige seiner Hinweis- und Aufklärungspflicht ohne Aufforderung nach und legt Angaben zur Validierung, Messunsicherheiten und Auswirkungen auf die Ergebnisse offen),
- ein Qualitätsmanagementsystem eingerichtet wurde, das sich an der Akkreditierung gemäß DIN EN ISO/IEC 17025 orientiert sowie an entsprechenden Ringversuchen regelmäßig teilgenommen wird,
- die Bewertung von Messergebissen und Laboruntersuchungen objektiv und auf der Basis anerkannter Regelwerke wie z. B. dem Umweltbundesamt vorgenommen werden,
- eine Gefährdungsbeurteilung als Grundlage für nachfolgende Sanierungsmaßnahmen erstellt werden kann,
- ein ganzheitliches Sanierungskonzept erstellt werden kann, in dem Aspekte des Arbeits- und Gesundheitsschutzes nach den anerkannten Regelwerken und auf den individuellen Einzelfall spezifisch angepasst werden,
- keine bautechnischen oder bauphysikalischen, gesundheitlichen oder rechtlichen Bewertungen eines Sachverhaltes vorgenommen werden, sondern diese den dafür zuständigen Experten (Bausachverständigen, Allergologen, Fachanwälten etc.) überlassen bleiben.

6.7.3 Das Gutachten

Der Begriff „Gutachten" ist keine geschützte Bezeichnung. Ein Gutachten ist die Verschriftlichung der Expertise eines Sachverständigen zu einem bestimmten Sachverhalt. Hierbei geht es zunächst um die Feststellung von Tatsachen sowie deren Bewertung in einem bestimmten Kontext. An den Aufbau oder Umfang eines Gutachtens gibt es keine gesetzlichen Anforderungen. Allerdings hat sich in der Praxis eine gewisse Struktur bewährt, die sich in erster Linie durch die Aufgabenstellung ergibt:

- Deckblatt mit Pflichtangaben zum Absender (Name, Anschrift, Kontaktmöglichkeiten und Qualifikation des Sachverständigen)
- Titel „Gutachten“ und Gegenstand des Gutachtens
- Angaben zum Auftraggeber (und je nachdem zum Gericht, Aktenzeichen sowie den Verfahrensbeteiligten)
- lfd. Nummer und Datum
- Inhaltsverzeichnis
- Auftragsbeschreibung (bei Gerichtsgutachten: wortwörtlicher Beweisbeschluss)
- Beschreibung des Sachverhaltes
- Beschreibung der Rahmenbedingungen, die zur Beurteilung herangezogen werden
- Dokumentation, welche Informationen vom Auftraggeber zur Verfügung gestellt wurden und welche auf eigene Erkenntnisse z. B. aufgrund der Vor-Ort-Besichtigung oder Feststellungen z. B. aufgrund von Messungen basieren
- Dokumentation über mögliche Vor-Ort-Besichtigung in Anwesenheit Dritter sowie ggf. Protokollierung von Aussagen durch diese
- Beschreibung der angewandten Untersuchungsmethoden oder -verfahren sowie Messstrategien (wenn im Rahmen des Gutachtens eigene Messungen durchgeführt wurden)
- Dokumentation der Untersuchungsergebnisse
- Dokumentation, ob Dritte an der Erstellung des Gutachtens beteiligt waren und in welchem Umfang oder welche Aussagen konkret von diesen eingeflossen sind
- Beurteilung des durch den Auftrag vorgegebenen Sachverhaltes
- Fazit und Zusammenfassung
- Anhang mit Fotos, Skizzen, Grafiken, Tabellen, Diagrammen mit entsprechenden Bildunterschriften (soweit diese nicht sinnvollerweise an den relevanten Stellen im Gutachten bereits eingefügt wurden), ggf. Protokolle und Laborberichte sowie ggf. einem kleinen Glossar über verwendete Fachbegriffe
- Quellennachweis über verwendete Literatur
- Unterschrift und ggf. Stempel

Gutachten werden im Auftrag von Privatpersonen (z. B. Mieter oder Vermieter), Unternehmen (z. B. Versicherung oder Baufirma), Behörden (z. B. Gesundheitsamt) oder Gerichten (z. B. in einem Rechtsstreit) beauftragt. Dem entsprechend spricht man auch von einem Privatgutachten oder Gerichtsgutachten. Gutachten werden zu Sach- oder Rechtsfragen erstellt und daher auch als Sachgutachten oder Rechtsgutachten bezeichnet. Entweder geht es um eine gutachterliche Beurteilung von Rechtsfragen oder -folgen eines bestimmten Sachverhaltes oder um die Feststellung des anwendbaren Rechts hinsichtlich eines spezifischen Sachverhaltes. Das Gutachten ist von der gutachterlichen Stellungnahme abzugrenzen, auch wenn in der Praxis beide Begrifflichkeiten häufig synonym verwendet werden. Denn an eine Stellungnahme (oft auch als „Kurzgutachten“ bezeichnet) werden weniger formale Anforderungen gestellt. Der Sachverständige darf sich auf einzelne Punkte konzentrieren und/oder auf die Ergebnisse eingehen, ohne Untersuchungen dokumentieren oder das Zustandekommen von Ergebnissen detailliert herleiten zu müssen. Gutachten mit einer subjektiven Bewertung oder basierend auf fragwürdigen Methoden werden als Gefälligkeitsgutachten bezeichnet. Diese beinhalten meist vorweggenommene Ergebnisse, die den Interessen oder Ansichten des Auftraggebers entgegenkommen. Im Rahmen eines Beweissicherungsverfahren werden Beweisgutachten erstellt. Diese sind immer dann notwendig, wenn Gefahr droht, dass sich ein Zustand verändert und dieser gerichtsfest dokumentiert werden muss, um Ansprüche gegenüber Dritten nicht zu gefährden. Eine besondere Form ist das Schiedsgutachten, das von beiden Parteien beauftragt wird. Bei dem Schiedsgutachten verpflichten sich beide Parteien im Vorfeld, das Ergebnis zu akzeptieren und auch gerichtlich nicht anzufechten. Auf der Grundlage entscheidet der Sachverständige rechtsverbindlich über den Streitpunkt.

Die Grundsätze und Pflichten eines Sachverständigen gelten auch für die Erstellung eines

Gutachtens. Ein Gutachten kann auf Grundlage der Aktenlage (z. B. Gerichtsprozess) oder durch eigene Feststellungen (z. B. durch Vor-Ort-Besichtigungen, Bauzustandsanalysen) erstellt werden. Dies ist abhängig von der Sachlage und vorliegenden Informationen, dem zu klärenden Sachverhalt sowie Art und Umfang der Beauftragung. Wenn für die Erstellung des Gutachtens eigene Untersuchungen und in diesem Rahmen eine Bauteilöffnung oder die Entnahme von Materialproben notwendig, müssen im Vorfeld einige rechtliche Aspekte geklärt werden.

Wird ein Sachverhalt in der Gegenwart bewertet, der in der Vergangenheit seine Ursachen hat (z. B. Wärmebrückenproblematik bei einem Gebäude aus den 1970- oder 1980-iger Jahre), muss das Gutachten Angaben beinhalten, auf welchen Zeitpunkt sich die Beurteilung nach dem Stand der Technik bezieht. Beim Zitieren von Gesetzen oder Normen sind das Erscheinungsdatum und der Gültigkeitszeitraum anzugeben.

Gutachten müssen logisch aufgebaut, übersichtlich gegliedert und auf das Wesentliche reduziert sein, ohne das Verständnis für den Sachverhalt zu gefährden. Schachtelsätze sind zu vermeiden. Formulierungen müssen sprachlich eindeutig und fachlich schlüssig sein. Wenn sich Fachbegriffe nicht vermeiden lassen, sollten diese erklärt werden. „Fachchinesisch" hat in einem Gutachten genauso wenig verloren wie fachliche Eitelkeit – Beides ist keine Tugend eines Sachverständigen, sondern eher ein Hindernis für alle Beteiligten. Fakten und Tatsachen sind von Schlussfolgerungen und Bewertungen klar zu trennen. Vermutungen und Annahmen haben in einem Gutachten nichts verloren. Ein Gutachten darf niemals eine nachträgliche Argumentation für ein vorweggenommenes Ergebnis liefern. Bei einem Gerichtsgutachten dürfen nur Fragen aus dem Beweisbeschluss beantwortet werden. Auch wenn der Sachverständige dies aus seiner Sicht für sinnvoll oder sogar notwendig erachtet, darf er niemals ohne Auftrag Sachverhalte aufdecken, die eine der beiden Parteien bevor- oder benachteiligt.

Aussagen aus anderen Gutachten z. B. aus vorgerichtlichen Privatgutachten sind kritisch zu hinterfragen, bevor diese übernommen werden und müssen dann deutlich gekennzeichnet werden. Bei der Auseinandersetzung mit anderen Gutachten hat der Sachverständige seine Neutralität zu wahren, auch wenn z. B. Feststellungen von anderen Sachverständigen z. B. in einem Privat- oder Parteigutachten die Grenzen der Neutralität bereits überschritten haben. Aussagen z. B. während des Vor-Ort-Termins können nur übernommen werden, wenn dies von der Gegenseite ausdrücklich zugestanden wird. Hiervon ausgenommen ist, wenn die Äußerungen dem fachlichen Standpunkt des Sachverständigen widersprechen. Feststellungen von Dritten in dem Gutachten dürfen nicht als eigene Feststellungen hingestellt und müssen kenntlich gemacht werden. Bei einem Gemeinschaftsgutachten muss zweifelsfrei erkennbar sein, wer das Gutachten oder Teile davon erstellt hat.

Der Sachverständige haftet für die Richtigkeit und Vollständigkeit seines Gutachtens. Dies bedeutet, dass sich im Gutachten keine falschen Tatsachen befinden dürfen und dass alle für die Beurteilung entscheidungswesentlichen Feststellungen enthalten sein müssen. Alle Textseiten im Gutachten müssen fortlaufend nummeriert und gebunden, geklebt oder geklammert werden. Ein Gutachten ist

- vollständig, wenn alle vom Auftraggeber beauftragten Sachverhalte geklärt und alle gestellten Fragen beantwortet wurden.
- schlüssig und nachvollziehbar, wenn der Auftraggeber und/oder alle Beteiligten die Ausführungen verstanden haben und die Gedankengänge des Sachverständigen soweit nachvollziehen können, dass der Befund und die Schlussfolgerungen daraus überprüft und beurteilt werden können.
- erfüllt, wenn das Gutachten dem Auftraggeber zugestellt und von diesem als mangelfrei abgenommen wurde.

Rechtliche Würdigungen sind bei einem Gerichtsgutachten zu unterlassen. Bei einem Privatgutachten sind diese zwar als Nebenleistung nicht unzulässig, haben aber in einem Gutachten dennoch nichts zu suchen und sind den Juristen zu überlassen.

Während es bei einer gerichtlichen Beauftragung zur Erstellung eines Gutachtens keine Verträge gibt, kommt zwischen dem privaten oder gewerblichen Auftraggeber und dem Sachverständigen je nach Art, Inhalt und Umfang der Beauftragung ein Werkvertrag oder Dienstvertrag zustande. Der Unterschied liegt im Vertragsgegenstand. In einem Dienstvertrag verpflichtet sich der Sachverständige zur Leistung von bestimmten Diensten, in dem Fall zur Erstellung eines Gutachtens. Der Dienstvertrag ist gesetzlich in den §§ 611 ff. BGB (Bürgerliches Gesetzbuch) geregelt. Wesentlicher Unterschied zum Werkvertrag ist, dass der Sachverständige als Auftragnehmer nur zu einer Leistung verpflichtet ist und dem Auftraggeber keinen Erfolg schuldet – beide Parteien vereinbaren nur die Erbringung einer Leistung. In einem Werkvertrag verpflichtet sich der Sachverständige zur Herstellung eines individuellen Werkes, ebenfalls zur Erstellung eines Gutachtens. Wesentlicher Unterschied zum Dienstvertrag ist allerdings, dass der Sachverständige als Auftragnehmer in einem Werkvertrag dem Auftraggeber nicht nur eine bestimmte Tätigkeit, sondern ein bestimmtes Arbeitsergebnis, schuldet – also die Herbeiführung eines bestimmten Erfolges. Der Werkvertrag ist in den §§ 631 ff. BGB geregelt. Da sich beide Vertragsarten gravierend unterscheiden, sollte der Sachverständige Art, Leistung und Umfang des Gutachtens vertraglich regeln – erst recht, wenn es sich bei dem privaten Auftraggeber um einen Verbraucher handelt. Des Weiteren empfiehlt sich, einen Individualvertrag und keinen Formularvertrag zu vereinbaren und die Grenzen zwischen Gutachten und Beratung festzulegen. Weitere Ausführungen zum Sachverständigenvertrag würden den Rahmen an dieser Stelle sprengen.

Gutachten unterliegen dem Urheberrecht und gehören demnach lt. § 2 Urheberrechtsgesetz (UrhG) zu den geschützten Werken. Dies bedeutet, dass die Urheberrechte, auch dann, wenn der Sachverständige sein Gutachten an den Auftraggeber übergeben und dieser den Sachverständigen für die Erstellung des Gutachtens vergütet hat, beim Sachverständigen als Urheber verbleiben, denn Urheberrechte können nicht veräußert werden. Der Auftraggeber erwirbt mit der Bezahlung des Gutachtens nur die Nutzungsrechte und darf dem entsprechend das Gutachten nur in dem Rahmen verwerten, wie dies zwischen den Parteien vereinbart wurde. Fehlt diese Vereinbarung, darf der Auftraggeber das Gutachten nur in dem Rahmen verwenden, für den er dieses auch in Auftrag gegeben hat. Kopien darf der Auftraggeber von dem Gutachten nur für eigene Zwecke anfertigen. Das Gutachten darf von dem Auftraggeber ohne Zustimmung des Sachverständigen als Urheber auch nicht veröffentlicht und/oder gekürzt oder auch nur auszugsweise an Dritte weitergegeben werden. Grundvoraussetzung für einen Urheberrechtsschutz ist allerdings, dass die Ausführungen in dem Gutachten überhaupt urheberrechtsfähig sind. Dies bedeutet, dass die erforderliche Schöpfungshöhe erreicht werden muss und vor allem, dass der Sachverständige überhaupt die Rechte an den Texten hat. Denn nicht selten werden in Gutachten Normen und Regelwerke zitiert oder Passagen aus Fachbüchern übernommen. Für derartige Teile in einem Gutachten kann der Sachverständige kein Urheberrecht anmelden.

6.7.4 Die Haftung

Sachverständige haben eine sehr hohe Verantwortung und beeinflussen durch ihre fachliche Einschätzung zu einem bestimmten Sachverhalt wesentlich einen Entscheidungsträger wie z. B. einen Richter in einem Rechtsstreit. Hierzu sollen Sachverständige persönlich integer sein und über hohes Fachwissen und Expertise sowie Erfahrung auf einem Fachgebiet verfügen. Sie sollen ihre Leistungen und insbesondere ihr Gutachten persönlich, gewissenhaft, objektiv, unabhängig, unparteiisch und weisungsfrei erbringen. Gerade die letztgenannten drei Punkte sollten Sachverständige noch einmal kritisch hinterfragen, die z. B. einen Handwerksbetrieb führen und „nebenbei" als Sachverständiger tätig sind. Denn nicht selten dient diese Tätigkeit im weiteren Sinn dazu, nachgelagerte Aufträge zu akquirieren. Mit den Grundsätzen und Pflichten der Sachverständigen lässt sich dies in der Regel nicht vereinbaren.

Solange sie sich an die Grundsätze und Pflichten halten und ihr Gutachten nach bestem Wissen und Gewissen erstellen und sich auch bei der Probenahme und Bauteilöffnung rechtlich korrekt verhalten, müssen sie in der Regel keine

Haftungsrisiken befürchten. Bei fehlerhaften Gutachten, die auf grobe Fahrlässigkeit zurückzuführen sind und durch die der Auftraggeber oder ein Dritter geschädigt werden, haftet der Sachverständige grundsätzlich für seine Leistung. Rechtsgrundlage ist § 839a BGB (Bürgerliches Gesetzbuch). Hierfür muss der Geschädigte (im Sinne des Anspruchsstellers) dem Sachverständigen zum einen nachweisen, dass sein Gutachten falsch bzw. unrichtig ist und zum anderen, dass Vorsatz oder grobe Fahrlässigkeit vorliegt. Außerdem muss der Anspruchsteller bei einem Gerichtsgutachten zunächst alle prozessualen Möglichkeiten ausgeschöpft haben, bevor der Sachverständige in Haftung genommen werden kann. Hierzu gehört z. B. die Ladung und Befragung des Sachverständigen zu den aus Sicht des Geschädigten falschen oder unrichtigen Ausführungen. In der Regel ist es hierzu unumgänglich, einen Privatgutachter einzuschalten (vgl. OLG Celle Urteil vom 10.11.11, 13 U 84/11). In den letzten Jahren kommen immer mehr Gerichte zu der Auffassung, dass Sachverständige bei grobfahrlässigen Fehlern die Haftung hierfür zu übernehmen haben (vgl. BGH-Urteil vom 14.11.2000, Az. X ZR 203/98).

Sachverständige sind hierbei nicht besser oder schlechter gestellt als andere Marktteilnehmer. Ein Produkthersteller kennt diese Schadensersatzpflicht unter dem Begriff Produkthaftung, der Kaufmann unter Mängelhaftung und der Freiberufler unter Berufshaftpflicht. Derartige Ansprüche zur Mangelbeseitigung oder Ersatzlieferung nennt man Gewährleistungs-, Erfüllungs- oder Garantieansprüche. Die Rechtsgrundlage und der Haftungsumfang unterscheidet sich erheblich, je nachdem, ob es sich um ein Privatgutachten oder Gerichtsgutachten handelt. Während Sachverständige bei einer gerichtlichen Beauftragung „so gut wie unantastbar“ sind (Ausnahmen bestätigen die Regel), stellt sich die Situation bei einer privaten Beauftragung völlig anders dar. Dann können Sachverständige einem erheblichen Haftungsrisiko ausgesetzt sein, je nachdem, ob sie mit ihrem Auftraggeber einen Sachverständigenvertrag vereinbart haben und je nachdem, was wie geregelt wurde.

Haftung ist hierbei nicht gleich Haftung. Im Wesentlichen gibt es zwei unterschiedliche Arten von Haftung: die gesetzliche und die vertragliche Haftung. Bei der gesetzlichen Haftung ergeben sich mögliche Ansprüche daraus, wenn Jemand gesetzlich geregelte Pflichten verletzt und per Gesetz verpflichtet ist, für einen Schaden zu haften. Auf eine separate Vereinbarung mit dem Geschädigten, in der Rechte und Pflichten geregelt sind, kommt es hierbei nicht an. Die vertragliche Haftung dagegen beruht auf einer vorangegangenen Vereinbarung. Hierzu gehören vorrangig die schriftlichen Vereinbarungen, soweit sie sich auf haftungsrelevante Punkte beziehen. Hinzu kommen aber auch „ungeschriebene“ vertragliche Haftungsfolgen. Diese können dadurch entstehen, dass zu jedem Vertragsverhältnis auch vertragliche Nebenpflichten gehören, die bei Verletzung Haftungsfolgen auslösen können. Eine Haftung tritt ein, wenn vertragliche Vereinbarungen verletzt wurden. Eine gesetzliche Grundlage ist nicht erforderlich. Sachverständige wie auch Unternehmer versuchen immer wieder, in ihren AGB (Allgemeine Geschäftsbedingungen) die Haftung gegenüber den gesetzlichen Regelungen für sich besser zu gestalten. Dies führt allerdings oft zur Unwirksamkeit dieser Klauseln. Der Gesetzgeber hat den zulässigen Inhalt von AGBs in den §§ 305 ff. BGB gesetzlich geregelt. Der wesentliche Unterschied beider Haftungsarten besteht darin, dass bei der vertraglichen Haftung die Voraussetzungen und Folgen für das Eintreten der Haftung weitgehend frei vereinbart werden können, was bei der gesetzlichen Haftung nicht der Fall ist.

Das deutsche Haftungsrecht kennt die Verschuldenshaftung, Gefährdungshaftung und Vertragshaftung. Zu einer <u>Verschuldenshaftung</u> (auch als deliktische Haftung oder Unrechtshaftung bezeichnet) kommt es, wenn jemand durch sein rechtswidriges, schuldhaftes Verhalten im Zivilrecht gegenüber einem geschädigten Dritten eine Schadensersatzpflicht auslöst. Dies bedeutet: wer einem Dritten Schaden zufügt, ist zur Zahlung von Schadenersatz und/oder Schmerzensgeld verpflichtet. Die Verschuldenshaftung ist somit die gesetzliche Verantwortlichkeit für die rechtswidrige und schuldhafte Verletzung von Rechtgütern oder Rechten Dritter. Konkret heißt es hierzu im § 823 BGB (1): „Wer vorsätzlich oder fahrlässig das Leben, den Körper, die Gesundheit, die Freiheit, das Eigentum oder ein sonstiges Recht eines anderen widerrechtlich verletzt, ist dem anderen zum Ersatz des daraus entstehenden Schadens verpflichtet." Im § 823 BGB (2) heißt es hierzu weiter: „Die gleiche Verpflichtung trifft denjenigen, welcher gegen ein den Schutz eines anderen bezweckendes Gesetz verstößt. Ist nach dem Inhalt des Gesetzes ein Verstoß gegen dieses auch ohne Verschulden möglich, so tritt die Ersatzpflicht nur im Falle des Verschuldens ein." Dies bedeutet: bei einem schuldhaften Verstoß tritt wie bei Punkt (1) eine Schadensersatzpflicht ein. Liegt dagegen kein schuldhafter Verstoß vor, ergibt sich daraus keine Schadensersatzpflicht.

In der Regel macht sich ein Sachverständiger schadensersatzpflichtig, wenn er für den Schaden vorsätzlich oder zumindest grob fahrlässig verantwortlich ist. Die Gefährdungshaftung stellt zu diesem Grundsatz allerdings eine Ausnahme dar. Bei dieser geht es um die Haftung für Schäden, die auch ohne persönliches Verschulden eintreten. Eine Gefährdungshaftung entsteht z. B., wenn jemand ein Produkt in den Umlauf gebracht hat, mit dem andere unvermeidlich gefährdet werden. Im Produkthaftungsgesetz ist die Haftung des Herstellers in § 1 ff. geregelt. Dort heißt es: „Wird durch den Fehler eines Produkts Jemand getötet, sein Körper oder seine Gesundheit verletzt oder eine Sache beschädigt, so ist der Hersteller des Produkts verpflichtet, dem Geschädigten den daraus entstehenden Schaden zu ersetzen". Um die Verhältnismäßigkeit bei der Gefährdungshaftung zu wahren, hat der Gesetzgeber Einschränkungen festgelegt wie z. B. bei Vorliegen höherer Gewalt (u. a. § 1 Haftpflichtgesetz, § 7 Abs. 2 StVG).

Die Vertragshaftung basiert auf dem Verstoß von vertraglichen Vereinbarungen und Leistungszusagen zwischen dem Auftraggeber und dem Sachverständigen als Auftragnehmer. Im § 280 BGB wird diese Haftung unter der Überschrift „Schadensersatz wegen Pflichtverletzung" geregelt. Danach kann der Auftraggeber vom Sachverständigen Schadensersatz verlangen, wenn dieser schuldhaft eine Pflicht aus dem Vertrag verletzt. Ein Schadensersatzanspruch entsteht, wenn die vereinbarte Leistung nicht erfüllt oder schuldhaft verzögert wird sowie eine so genannte Schlechterfüllung oder Schlechtleistung vorliegt. Letzteres bedeutet, dass der Sachverständige die vereinbarte Leistung (z. B. ein Gutachten) zwar erbringt, dieses aber nicht so beschaffen ist, wie es im Vertrag vereinbart wurde. Die Rechtsgrundlage ergibt sich zum einen aus § 633 (1) BGB, da der Sachverständige dem Auftraggeber ein Gutachten abzuliefern hat, das frei von Sach- und Rechtsmängeln ist. Nach § 633 (2) BGB ist das Gutachten dann frei von Sachmängeln, wenn es die vereinbarte Beschaffenheit hat. Soweit es eine solche Vereinbarung nicht gibt, muss das Gutachten die für die nach dem Vertrag vorausgesetzte oder für die gewöhnliche Verwendung erforderliche Eignung besitzen und eine Beschaffenheit aufweisen, die bei Gutachten der gleichen Art üblich ist und die der Auftraggeber erwarten kann.

Gegenstand ist also nicht der Fehler im Gutachten selbst, sondern eine Pflichtverletzung. Diese ergeben sich entweder aus dem Vertrag oder ohne Vertrag aus den Grundsätzen und Pflichten für Sachverständige. Für öffentlich bestellt und vereidigte Sachverständige regelt dies der Pflichtenkatalog der Sachverständigenordnung. Für die übrigen Sachverständigen gelten diese Pflichten ebenfalls. Somit versteht man unter der Vertragshaftung die Pflicht des Sachverständigen, für ein schuldhaft verursachtes, pflichtwidriges Verhalten und dessen Folgen einstehen zu müssen. Dies bedeutet im Übrigen, dass gegen den Sachverständigen selbst dann ein Schadensersatzanspruch entstehen kann, wenn das Gutachten zwar sachlich richtig ist, aber z. B. gegen die Pflicht zur Unparteilichkeit oder zur persönlichen Gutachtenerstellung verstoßen wurde und infolgedessen nicht verwendet werden kann. Trotz richtigem Gutachten kann dadurch dennoch dem Auftraggeber ein Schaden entstehen.

In einigen Verträgen wird für den Eintritt dieses Falls eine Vertragsstrafe (auch Konventionalstrafe oder Pönale bezeichnet) vereinbart. Diese ist u. a. im § 339 BGB und § 348 HGB geregelt. Hierbei ist zu beachten, dass der Auftraggeber bei Inanspruchnahme der Vertragsstrafe nicht in der Pflicht ist, einen entstandenen Schaden nachzuweisen. Werden zudem über die gesetzlichen Bestimmungen hinausgehende Zusagen getroffen, übernimmt der Sachverständige nicht nur die gesetzliche Gewährleistung, sondern gibt ein Garantieversprechen. Daraus ergibt sich für den Sachverständigen ein zusätzliches Haftungsrisiko, da die meisten Haftpflichtversicherer „im Kleingedruckten“ die vertragliche Haftung in ihren Verträgen ausschließen.

Des Weiteren gibt es die Haftung aus der unerlaubten Handlung. Eine unerlaubte Handlung liegt vor, wenn drei Voraussetzungen gegeben sind: ein verletztes Rechtsgut oder ein verletztes Recht einer Person, die Rechtswidrigkeit des Handelns und ein Verschulden. Liegen alle Voraussetzungen vor, hat die geschädigte Person einen Anspruch auf Schadensersatz. Als Rechtsgrundlage dienen die §§ 823 ff. des BGB. Werden Haftungsansprüche nach § 826 BGB (Verstoß gegen die guten Sitten) geltend gemacht, muss der Verschuldensgrad des bedingten Vorsatzes nachgewiesen werden. Im Unterschied zur Vertragshaftung, die nur zwischen den jeweiligen Vertragspartnern besteht, können die Ansprüche aus unerlaubter Handlung von Jedermann geltend gemacht werden; deshalb nennt man diese auch die „Jedermann-Haftung“. Hierzu zählt auch die Dritthaftung. Denn der Sachverständige haftet nicht nur gegenüber seinem Auftraggeber, sondern auch gegenüber Dritten, wenn z. B. sein Gutachten mit Zustimmung des Sachverständigen (als Urheber) an diese weiter gegeben wurde und diese im Vertrauen auf die Richtigkeit des Gutachtens Handlungen vornehmen, die zu ihrem Nachteil sind.

Entscheidend für die Haftung eines Sachverständigen ist, dass er seine Pflichtverletzung zu vertreten hat (§ 276 BGB). Dies bedeutet, dass dem Sachverständigen ein Verschulden nachgewiesen werden muss. Hierbei wird zwischen Vorsatz (§ 826 BGB), bedingtem Vorsatz, grober Fahrlässigkeit (§ 839a BGB) und einfacher Fahrlässigkeit (§ 280 BGB) unterschieden.

Erstellt ein Sachverständiger z. B. wissentlich und mit Absicht ein falsches Gutachten, handelt er mit Vorsatz. Die wissentliche und willentliche Verletzung einer dem Sachverständigen obliegenden Pflicht reicht hierfür aus. Es kommt gar nicht auf den durch die Pflichtverletzung verursachten Schaden an. Der Sachverständige kann sich bei seiner Inanspruchnahme somit nicht damit herausreden, dass er den dadurch eingetretenen Schaden weder gewollt noch beabsichtigt hätte. Wenn ein Sachverständiger einen Fehler erkennt und billigend in Kauf nimmt, handelt er mit bedingtem Vorsatz. Der Sachverständige handelt leichtfertig bis gewissenlos. Fahrlässig handelt dagegen ein Sachverständiger, der für seine Tätigkeit die erforderliche Sorgfalt außer Acht lässt. Diese Sorgfalt misst man daran, wie sich ein Sachverständiger in der betreffenden Situation korrekt verhalten würde. Weicht er von dieser üblichen Vorgehensweise ab, handelt er fahrlässig. Von einer groben Fahrlässigkeit spricht man, wenn der Sachverständige die übliche Sorgfalt in seiner Tätigkeit in besonders schwerem Maß verletzt. Dies liegt vor, wenn der Sachverständige nahe liegende Überlegungen nicht anstellt oder übliche Handlungen nicht vornimmt, die jeder andere Sachverständige in gleicher Situation angestellt oder vorgenommen hätte. Die Grenzen zwischen Fahrlässigkeit und grober Fahrlässigkeit sind fließend.

Wenn ein geschädigter Auftraggeber einen Schadensersatzanspruch gegen den Sachverständigen z. B. durch ein fehlerhaftes Gutachten durchsetzen möchte, liegt die Beweislast bei dem Vorwurf des Vorsatzes und bedingten Vorsatzes sowie grober Fahrlässigkeit beim Auftraggeber. Wird der Schadensersatz aus dem Vorwurf der einfachen Fahrlässigkeit geltend gemacht, dreht sich die Beweislast. Ein Verschulden wird vermutet, so dass sich der Sachverständige entlasten muss. Unabhängig von einem Verschulden des Sachverständigen bleibt eine evtl. Haftung des Sachverständigen bei einem arglistigen Verschweigen eines Mangels oder aus der Übernahme eines Garantieversprechens oder nach dem Produkthaftungsgesetz unberührt.

Die regelmäßige Verjährungsfrist für Schadensersatzansprüche nach § 280 BGB liegt bei drei Jahren (§ 195 BGB) und beginnt nicht mit der Übergabe oder Abnahme des Gutachtens, sondern in der Regel mit Ende des Jahres, in dem der Anspruch entstanden ist und der Geschädigte von seinen Ansprüchen Kenntnis erlangt. Die Verjährungsfrist für einen Schadensersatzanspruch ohne Rücksicht auf die Kenntnis oder grob fahrlässige Unkenntnis liegt bei zehn Jahren ab ihrer Entstehung (§ 199 Abs. 3 Nr. 1 BGB) sowie bei 30 Jahren für Schadensersatzansprüche, die auf der Verletzung des Lebens, des Körpers, der Gesundheit oder der Freiheit beruhen, ohne Rücksicht auf ihre Entstehung und die Kenntnis oder grob fahrlässige Unkenntnis von der Begehung der Handlung, der Pflichtverletzung oder dem sonstigen, den Schaden auslösenden Ereignis an (§ 199 Abs. 3 Nr. 2 BGB).

Für die Haftung eines Sachverständigen ist von zentraler Bedeutung, welche Leistungen in welchem Umfang vertraglich vereinbart wurden oder üblicherweise geschuldet sind. Daher sollte der Sachverständige mit dem Auftraggeber einen Vertrag schließen, in dem die Zielsetzung, Art und Umfang des Gutachtenauftrags geregelt ist. Die Beschreibung des Vertragsgegenstandes sollte hierbei nicht nur positiv festlegen, was zu leisten ist, sondern auch negativ formulieren, was nicht Gegenstand des Gutachtens bzw. der Beauftragung des Sachverständigen ist. Außerdem sollte geregelt werden, an wen ggf. das Gutachten weiter gegeben werden darf, da dies z. B. im Rahmen der Dritthaftung Auswirkungen hat.

Ursachen

7

Inhaltsverzeichnis

F. Frössel, E. Heller, *Schimmelpilze in Wohnungen*, https://doi.org/10.1007/978-3-658-50425-0_7

7.1 Einleitung

Schimmelpilze besiedeln Oberflächen, wenn die geeigneten Wachstumsbedingungen vorliegen. Hierzu gehören vor allem ausreichend Feuchtigkeit, ein optimaler Temperaturbereich, ein entsprechendes Nährstoffangebot sowie ein geeignetes Milieu, also der pH-Wert. Nachdem Feuchtigkeit die alles entscheidende Einflussgröße ist, dreht sich bei den Wachstumsursachen alles um die Frage, woher die Feuchtigkeit kommt und in welchen Formen diese auftreten kann. Denn die Ursachen können

- in einer direkten oder indirekten Durchfeuchtung,
- einer sporadischen bzw. temporären oder einer permanenten Durchfeuchtung
- sowie einer Durchfeuchtung von außen oder innen

liegen. Außerdem unterscheiden Experten zwischen

- einer primären und sekundären Ursache,
- baulich-, material-, planungs-, bauphysikalisch- und nutzungsbedingten Ursachen
- sowie Ursachen und Symptomen.

Zu der direkten Durchfeuchtung gehören z. B. die Feuchtigkeitsaufnahme über die Fassade, über die erdberührten Bauteile sowie Undichtigkeiten an Bauteilübergängen, An- und Abschlüssen.

Zu den indirekten Durchfeuchtungen gehört die taupunktbedingte Oberflächenkondensation, wie sie z. B. an stoffbedingten, geometrischen oder konstruktionsbedingten Wärmebrücken auftreten kann. Außerdem müssen planungsbedingte Ursachen, wie z. B. der Einbau neuer Fenster ohne ein ganzheitliches Wärmeschutzkonzept, diffusionsdichte Beschichtungen oder falsch dimensionierte oder fehlerhaft ausgeführte Innendämmungen genannt werden.

Sporadisch bzw. temporär auftretende Durchfeuchtungen sind z. B. Havarieschäden oder sporadische Wasserschäden, während eine permanente Durchfeuchtung z. B. bei einer fehlenden oder nicht mehr funktionstüchtigen Bauwerksabdichtung auftreten kann. Ebenfalls müssen nicht entdeckte Leckagen z. B. an wasserführenden Leitungen genannt werden. Besondere Aufmerksamkeit gilt Leckagen in abwasser- oder fäkalienführenden Rohren. Hinzu kommen Überschwemmungen von außen aufgrund von Unwetter und starken Niederschlägen oder bei einer defekten Rückstausicherung im Inneren der Gebäude.

Zu einer indirekten Durchfeuchtung, die temporär auftreten und bauphysikalisch bedingt sein kann, gehören z. B. die Sommerkondensation oder auch die Winterkondensation. Außerdem muss auch eine hohe Neubaufeuchte oder hohe Restfeuchte nach Sanierungen genannt werden. Und zu den nutzungsbedingten Durchfeuchtungen gehören z. B. ein unzureichendes oder falsches Lüftungsverhalten, ein unzureichendes Heizverhalten oder auch erhöhte Feuchtigkeit durch das Wohnverhalten, verursacht vor allem durch Pflanzen, Tiere oder andere Hobbys.

Die objektive Identifizierung der Wachstumsursachen hat gleich mehrere Funktionen:

1. die Ursachen müssen bekannt sein und abgestellt werden, wenn ein Schimmelpilzbefall nachhaltig beseitigt werden soll.
2. die Ursache kann im rechtlichen Kontext auch mit Verursacher gleichgesetzt werden und somit Rechtsfragen auslösen oder eben beantworten.
3. die Ursachen sind in den meisten Fällen multikausal und überlagern sich. Dies bedeutet, dass es nicht DIE eine Ursache für einen mikrobiellen Befall durch Schimmelpilze gibt. Für Sachverständige stellt sich dann immer das Problem der Gewichtung (Quotelung) bei verschiedenen Ursachen und deren Einfluss auf die aktuelle Situation.
4. die technische Erklärung der Ursachen liefert oftmals die Grundlage für gesundheitliche und/oder rechtliche Aspekte. Allerdings muss nicht zwangsläufig, was technisch erklärt werden kann und für richtig oder falsch bewertet wird, auch gesundheitlich oder rechtlich genauso eingeschätzt werden.

7.2 Durchfeuchtung von außen

7.2.1 Einleitung

Gebäude unterliegen einer Vielzahl von Feuchteeinwirkungen. Nicht ohne Grund heißt es: Bautenschutz ist der Kampf gegen Wasser. Allein die Durchfeuchtung der Gebäudehülle von außen kann unterschiedliche Ursachen haben. Hierzu gehören die erdberührten Bauteile und somit die Horizontalabdichtung und/oder Vertikalabdichtung. Allein zwischen Neubau und Altbau gibt es erhebliche Unterschiede – in Bezug auf die Feuchteeinwirkung, aber auch in Bezug auf deren Beseitigung. Gleiches gilt in Bezug auf die Fassade sowie Undichtigkeiten an Bauteilübergängen bzw. von An- und Abschlüssen.

Hier treffen allgemein anerkannte Regeln, genormte Baustoffe und anerkannte Regelwerke im Neubau häufig auf das Gegenteil im Altbau. Materialverschleiß, Schäden und häufig nicht den heutigen Standards entsprechende Gebäudehüllen müssen zwangsläufig anders technisch und rechtlich bewertet werden, wenn es um die Ursache und Bewertung von Feuchteschäden als Grundlage für mikrobiellen Befall durch Schimmelpilze geht. Die Bauwerksdiagnostik als Instrument der Bestandsaufnahme hat eine wesentliche Bedeutung. Dies nicht nur in Bezug auf die technische Analyse und Bewertung des IST-Zustandes, sondern auch als Referenz für die Bewertung, wenn ein IST-Zustand von dem vereinbarten oder zu erwartenden SOLL-Zustand abweicht – also auch unter rechtlichen Aspekten.

Durch die zunehmenden Wetterextreme müssen auch Überschwemmungen genannt werden. Durch sintflutartige Niederschläge können Gebäude innerhalb kürzester Zeit durchfeuchtet werden. Diese massiven Durchfeuchtungen über mehrere Tage führen dann in der Regel auch zu einer Durchfeuchtung der Mauerwerksquerschnitte, Hohlräumen in Fußboden- und/oder Wandaufbauten sowie z. B. Dämmstoffen. Die anschließende technische Bautrocknung hat in diesen Fällen nicht nur die Funktion der kompletten Bauteiltrocknung, sondern auch die Freisetzung des in der Zwischenzeit eingesetzten Mikroorganismenwachstums zu verhindern. Besondere Sorgfalt ist zudem geboten, wenn durch die Überschwemmungen ggf. Heizungstanks mit Öl ausgelaufen sind oder fäkalienhaltige Abwasserleitungen beschädigt wurden.

Durchfeuchtungen von Gebäuden, Bauteilen oder Baustoffen dürfen allerdings nicht nur unter dem hygrischen Aspekt der Wasseraufnahme in flüssiger Form gesehen werden. Wasser mit seinen drei Aggregatzuständen ist Katalysator für eine Reihe von physikalischen (hygro-thermischen und ggf. statischen) Einwirkungen, aber auch für chemische Prozesse (Bindemittelreaktion, Salzausblühungen, Schadstoffbelastungen) und mikrobiologische Einflüsse (mikrobieller Befall durch Algen, Pilze, Bakterien). Diese drei Kategorien können neben Durchfeuchtungen auch zu Schäden infolge von Quell- und Schwindprozessen und daraus resultierenden Rissbildungen und/oder Abplatzungen führen, aber auch zu Frostschäden und Materialveränderungen wie z. B. Wärme- und/oder Festigkeitsverlusten, Bindemittel- und Gefügeveränderungen, Treiberscheinungen sowie Frost-Tausalzschäden. Feuchtigkeitsschäden sind allerdings nicht immer gleich sichtbar und können auch einen „schleichenden" Verlauf nehmen.

7.2.2 Erdberührte Bauteile

7.2.2.1 Einleitung

Erdberührte Bauteile unterliegen einer permanenten Feuchteeinwirkung. Diese ist abhängig von den Lastfällen (Bezeichnung der alten Norm) bzw. Wassereinwirkungsklassen (Bezeichnung der neuen Norm).

Bei der Durchfeuchtung müssen verschiedene Aspekte betrachtet werden:

- Art und Menge der Feuchtigkeitsbelastung und der Feuchteaufnahmemechanismen
- Feuchteschäden durch Quellen und Schwinden, Hygroskopizität und Kristallisation, Frost-Tausalz-Wechsel, chemische Verwitterung sowie mikrobiellen Befall
- Feuchtespeicherung und -transport (Gefüge und Porosität sowie Sorptionsverhalten)

Die Feuchtigkeitsbelastung der erdberührten Bauteile kann in Form von Oberflächenwasser, Bodenfeuchtigkeit, Sickerwasser, Schichtenwasser oder Grundwasser auftreten. Je nach Gebäudesituation kann sich das Schichtenwasser auch zeitweise aufstauen und als drückendes Wasser auftreten. Diese Feuchtebelastungen haben nicht nur Einfluss auf die Art der Bauwerksabdichtung, sondern auch auf die Nutzung der Kellerräume. Hinzu kommt, dass diese Feuchtigkeit nicht als reines Wasser die erdberührten Bauteile belastet, sondern Schadstoffe, Mineralien und Säuren in gelöster Form sowie Mikroorganismen mitführt. Während im Neubau Durchfeuchtungen aufgrund einer funktionierenden Horizontal- und/oder Vertikalabdichtung nur auf das Vorhandensein von z. B. Leckagen zurückzuführen sind, sind es im Altbau oftmals fehlende oder mittlerweile nicht mehr funktionstüchtige Abdichtungen.

Hinzu kommt, dass im Neubau allgemein anerkannte Regeln der Technik gelten und genormte Baustoffe oder bewährte Bauweisen (z. B. weiße Wannen aus WU-Beton) eingesetzt und anerkannte Regelwerke angewendet werden. Im Altbau gestaltet sich dies häufig schwieriger. Materialverschleiß, Schäden und häufig nicht den heutigen Standards entsprechende Gebäudehüllen müssen zwangsläufig anders technisch und rechtlich bewertet werden, wenn es um die Ursache und Bewertung von Feuchteschäden als Grundlage für mikrobiellen Befall durch Schimmelpilze geht. Die Bauwerksdiagnostik als Instrument der Bestandsaufnahme hat eine wesentliche Bedeutung. Dies nicht nur in Bezug auf die technische Analyse und Bewertung des IST-Zustandes als Grundlage für eine Sanierungsplanung und -ausführung, sondern auch als Referenz für die Bewertung, wenn ein IST-Zustand von dem vereinbarten oder zu erwartenden SOLL-Zustand abweicht – also auch unter rechtlichen Aspekten.

7.2.2.2 Horizontalabdichtung

Bei einer fehlenden oder nicht mehr funktionstüchtigen Horizontalabdichtung kommt es je nach Lastfall (alte Bezeichnung) bzw. Wassereinwirkungsklasse (neue Bezeichnung) zu unterschiedlichen Feuchtemechanismen. In der Regel handelt es sich um kapillar aufsteigende Feuchtigkeit, die sich über den gesamten Mauerwerksquerschnitt verteilt, bis die so genannte Kapillarsättigung eintritt. Der Durchfeuchtungsgrad beträgt 100 %. Allerdings liegt dann nicht wie allgemein angenommen wird eine komplette Wassersättigung des Baustoffs vor, sondern „nur" eine 100 %-ige Sättigung der kapillar zugänglichen Poren. Die üblichen Baustoffporen unterscheiden sich in Größe, Aufbau und Struktur. Dies bedeutet, dass die Feuchtemechanismen von der Beschaffenheit des Porensystems abhängig sind wie z. B. der Porengröße sowie der Art und Verteilung der Poren.

Poren mit einem Radius kleiner als 10^{-7} m werden als Mikroporen bezeichnet, Poren mit einem kleineren Radius als 10^{-9}m als Gelporen. Für die kapillare Wasseraufnahme und den -transport sind sie nicht geeignet. Wasser kann in diese Porenräume nur als Wasserdampf oder unter Druck eindringen. Daher können diese Baustoffe auf kapillarem Weg nicht durchfeuchtet werden. Poren mit einem Radius zwischen 10^{-7} und 10^{-4} m werden als Kapillarporen bezeichnet. Diese Poren sind für die kapillare Wasseraufnahme bestens geeignet. Als Makroporen (oder Luftporen) werden Poren bezeichnet, die einen Radius größer als 10^{-4} m besitzen und sich bereits im Millimeterbereich befinden. Diese Poren sind für die kapillare Wasseraufnahme ebenfalls ungeeignet und können nur durch Wasserdampf oder unter Druck durchfeuchtet werden.

Anzeichen für eine fehlende oder nicht mehr funktionstüchtige Horizontalabdichtung im Neubau ist punktuell auftretende Feuchtigkeit im Übergangsbereich zwischen Bodenplatte und aufgehendem Mauerwerk (oder Beton). Nach besonders starken Niederschlägen zeigen sich im unteren Bereich (in der Regel zwischen 10 und 50 cm) der Innenseite der erdberührten Außenwände eine Durchfeuchtung. Je nach Keller können sich diese Durchfeuchtungen auch senkrecht an Dehnungsfugen zeigen. Im Altbau zeigen sich diese Durchfeuchtungen ebenfalls im unteren Bereich der Innenwände von erdberührten Außenwände sowie in manchen Fällen auch an den Innenwänden. Dies wäre dann ein zusätzlicher Hinweis, dass die Feuchtigkeit nicht nur über die Fundamente in das Mauerwerk aufsteigen, sondern ggf. auch über den Bodenaufbau. Meistens zeigen sich diese Durchfeuchtungen von unten nach oben abnehmend, wobei im Übergangsbereich der feuchten Ränder zum trockenen Mauerwerk weiße Ausblühungen auftreten. Hierbei muss unterschieden werden, ob die Salzausblühungen als Folge kapillar aufsteigender Feuchtigkeit oder durch hygroskopische Feuchtigkeit zu sehen sind (siehe Abb. 7.1).

Während Feuchtigkeitsprobleme im Neubau fast ausschließlich auf punktuelle Leckagen innerhalb der Abdichtung zurückzuführen sind und relativ selten vorkommen, gehören Feuchtigkeitsprobleme im Altbau eher zum Regelfall. Aufgrund einer fehlenden oder nicht mehr funktionstüchtigen Horizontalabdichtung kommt es zur vertikalen Durchfeuchtung, die meistens noch durch horizontal eindringende Feuchtigkeit aufgrund einer fehlenden oder nicht mehr funktionstüchtigen Vertikalabdichtung belastet wird. Beide Feuchtemechanismen transportieren

Abb. 7.1 typische Anzeichen für kapillar aufsteigende und/oder hygroskopische Feuchtigkeit

in der Regel gelöste Salze, die sich im Mauerwerksquerschnitt verteilen und an der Oberfläche in Folge der Verdunstung der Feuchtigkeit auskristallisieren – sich also als Salzausblühungen zeigen. Neben den kristallinen Ablagerungen auf der Oberfläche oder Abplatzungen und Zerstörungen des Materialgefüges wird die Hygroskopizität des Baustoffs erhöht. Dies bedeutet, dass der Baustoff Feuchtigkeit aus der Raumluft aufnimmt und speichert. Die so genannte hygroskopische Ausgleichsfeuchte liegt daher immer über dem Wert eines salzfreien Baustoffs.

Während die Ausführung einer Horizontalabdichtung im Neubau seit vielen Jahrzehnten genormt ist und z. B. Abdichtungsbahnen zum Einsatz kommen, verhält sich die Situation beim Altbau anders. Hier werden als anerkannte Verfahren die so genannten mechanischen Verfahren und die Injektionsverfahren eingesetzt. Hierbei muss beachtet werden, dass die Mauerwerke nach der nachträglichen Horizontalabdichtung nicht sofort „trocken" sind, sondern zunächst nur die weitere Zufuhr von Feuchtigkeit unterbunden wird. Die Restfeuchte im Mauerwerk muss auch dann noch abtrocknen, so dass man mit einer Austrocknung je nach Wanddicke, Feuchte- und Versalzungsgrad sowie den bauphysikalischen Gegebenheiten im Keller wie z. B. der Luftfeuchtigkeit von mindestens 6, in der Regel mit 12 bis 24 Monaten und in Ausnahmen auch länger rechnen muss. Grundvoraussetzung ist immer, dass parallel auch die weitere Feuchtigkeitszufuhr über eine Vertikalabdichtung unterbunden wird.

7.2.2.3 Vertikalabdichtung

Bei einer fehlenden oder nicht mehr funktionstüchtigen Vertikalabdichtung kommt es je nach Lastfall (alte Bezeichnung) bzw. Wassereinwirkungsklasse (neue Bezeichnung) zu unterschiedlichen Feuchtigkeitsbelastungen. Diese sind in der DIN 18533 Teil 1 geregelt, da diese neben Art und Menge der Durchfeuchtung auch die geforderte Bauwerksabdichtung definiert. Unterschieden werden

- Bodenfeuchte und nicht drückendes Wasser (W1-E),
- drückendes Wasser (W2-E),
- nicht drückendes Wasser auf erdüberschütteten Decken (W3-E) sowie
- Spritzwasser am Wandsockel und Kapillarwasser in und unter erdberührten Wänden (W4-E).

Bodenfeuchte ist Wasser, das im Porenraum des Bodens durch Kapillarkräfte gebunden ist und faktisch immer vorhanden. Nicht drückendes Wasser liegt vor, wenn das Wasser bei stark durchlässigem Baugrund frei durch den Boden sickern kann und sich auch zeitweise nicht vor den erdberührten Bauteilen aufstauen kann. Unter drückendem Wasser versteht man eine dauerhafte Einwirkung durch Grundwasser. Spritzwasser und Sickerwasser im oberflächennahen Bereich wirken vor allem auf den Sockelbereich sowie Fundamente und/oder Bodenplatten bei nicht unterkellerten Gebäuden ein.

Die Wassereinwirkungsklasse wird neben der Art der Feuchtebelastung auch über die Bodenverhältnisse sowie das Vorhandensein einer Drainage bestimmt. Daher werden zusätzliche Kenntnisse über den Baugrund wie z. B. der Durchlässigkeitsbeiwert, der Bemessungsgrundwasserstand und der Bemessungshochwasserstand benötigt, um die Wassereinwirkungsklasse festlegen zu können. Der Durchlässigkeitsbeiwert ist ein Maß für die Durchlässigkeit des Baugrundes, während die beiden Bemessungswasserstände die höchstmögliche Grundwasserbelastung ermitteln. Die Wassereinwirkungsklassen sowie Rissklassen nach DIN 18533 dienen als Grundlage für die Festlegung und Bemessung der notwendigen Bauwerksabdichtung.

Während Feuchtigkeitsprobleme im Neubau fast ausschließlich auf punktuelle Leckagen innerhalb der Abdichtung zurückzuführen sind und relativ selten vorkommen, gehören Feuchtigkeitsprobleme im Altbau eher zum Regelfall. Aufgrund einer fehlenden oder nicht mehr funktionstüchtigen Vertikalabdichtung kommt es zur horizontalen Durchfeuchtung der Oberflächen und anschließend zur Verteilung der Feuchtigkeit innerhalb der erdberührten Bauteile. Bei dieser Durchfeuchtung werden in der Regel gelöste Salze mittransportiert, die sich im Wandquerschnitt verteilen und an der Oberfläche in Folge der Verdunstung der Feuchtigkeit auskristallisieren – also in Form von Salzausblühungen zeigen. Neben den kristallinen Ablagerungen auf der Oberfläche oder Abplatzungen und Zerstörungen des Materialgefüges wird die Hygroskopizität des Baustoffs erhöht. Dies bedeutet, dass der Baustoff Feuchtigkeit aus der Raumluft aufnimmt und speichert. Die so genannte hygroskopische Ausgleichsfeuchte liegt daher immer über dem Wert eines salzfreien Baustoffs.

Des Weiteren muss bei einem dünnen Wasserfilm auf der Oberfläche der Innenwand erdberührter Bauteile unterschieden werden, ob es sich um eine Durchfeuchtung der Außenwand handelt oder um Kondensation von Tauwasser z. B. durch Sommerkondensation oder Winterkondensation.

Kommt es auch nach der nachträglichen Vertikalabdichtung im Altbau zu punktuellen Durchfeuchtungen, kann hierfür ebenfalls eine Leckage ursächlich sein. Diese kann auf verschiedene Ursachen zurückzuführen sein. Neben der Leckage an Nähten von Abdichtungsbahnen sind es meistens bituminöse Dickbeschichtungen, die entweder in der notwendigen Schichtdicke unterschritten oder durch unsachgemäßes Anfüllen des Erdreichs zerstört wurden (siehe Abb. 7.2). In dem Zusammenhang sind die so genannten Noppenbahnen als Anfüllschutz jahrelang falsch verlegt worden – nämlich mit den Noppen zum Untergrund, so dass die Abdichtungen perforiert wurden. Außerdem kann auch die Annahme des Lastfalls (alt) oder der Wassereinwirkungsklasse (neu) fehlerhaft gewesen sein.

Während die Ausführung einer Vertikalabdichtung im Neubau seit vielen Jahrzehnten genormt ist und z. B. Abdichtungsbahnen oder bituminöse Dickbeschichtungen zum Einsatz kommen, um

Abb. 7.2 häufige Ursache für die punktuelle Beschädigung einer Außenabdichtung: die falsche Verlegung einer Noppenbahn als Anfüllschutz

Abb. 7.3 typische Anzeichen für kapillar aufsteigende und/oder hygroskopische Feuchtigkeit

eine so genannte schwarze Wanne auszuführen, verhält sich die Situation beim Altbau völlig anders. Bei der nachträglichen Vertikalabdichtung erdberührter Bauteile kommen nicht nur andere Materialien zum Einsatz, sondern auch andere Verfahren. Denn neben der nachträglichen Außenabdichtung gibt es auch die nachträgliche Innenabdichtung (auch als Negativabdichtung bezeichnet) oder abdichtende Injektionen (auch als Schleier- oder Gel-Abdichtung bezeichnet).

Hierbei muss beachtet werden, dass die erdberührten Bauteile nach der Vertikalabdichtung nicht sofort „trocken" sind, sondern zunächst nur die weitere Zufuhr von Feuchtigkeit unterbunden wird. Die Restfeuchte im Mauerwerk muss auch dann noch abtrocknen, so dass man mit einer Austrocknung je nach Wanddicke, Feuchte- und Versalzungsgrad sowie den bauphysikalischen Gegebenheiten im Keller wie z. B. der Luftfeuchtigkeit von mindestens 6, in der Regel mit 12 bis 24 Monaten und in Ausnahmen auch länger rechnen muss.

7.2.2.4 Überschwemmungen

Zur direkten Durchfeuchtung gehören auch Überschwemmungen. Im Gegensatz zu den sporadischen Wasserschäden oder Havarieschäden, die ihre Ursachen im Inneren von Gebäuden haben, sind Überschwemmungen Naturereignisse und gehören zu den Elementarschäden. Hierzu gehören an der Küste meeresbedingte Hochwasser genauso wie Hochwasser an Flüssen und Seen in Folge starker Niederschläge im Binnenland. Hinzu kommen sintflutartige Regenfälle, die über die Kanalisation und Entwässerungsgräben nicht schnell genug abgeführt werden. Der Deutsche Wetterdienst unterscheidet Starkregen in drei Stufen:

- Stufe 1 (Wetterwarnung): 15 bis 25 l/m^2 Regen in 1 oder 20 bis 35 l/m^2 in 6 h
- Stufe 2 (Unwetterwarnung): 25 bis 40 l/m^2 Regen in 1 h oder 35 bis 60 l/m^2 in 6 h
- Stufe 3 (Warnung vor extremem Unwetter): > 40 l/m^2 Regen in 1 h oder 35 bis 60 l/m^2 in 6 h

In Ausnahmen können auch große Wasserrohrbrüche zu Überschwemmungen führen. Durch eine hohe Flächenversiegelung sind Innenstädte anfälliger für große Wassermengen als die ländliche Region (siehe Abb. 7.3).

Bei Neubauten mit einer funktionierenden Horizontal- und Vertikalabdichtung dringen in relativ kurzer Zeit erhebliche Wassermengen über Gebäudeöffnungen wie z. B. Kellertüren und/oder -fenster in die Kellergeschosse ein. Weiterhin kann das aufstauende Grundwasser auch durch nicht druckwasserdichte Wanddurchführungen eindringen. In beiden Fällen ist relevant, gegen welchen Lastfall (alte Bezeichnung) bzw. welche Wassereinwirkungsklasse (neue Bezeichnung) die erdberührten Bauteile abgedichtet wurden. Denn wenn das Gebäude nur gegen Bodenfeuchte und nicht drückendes Wasser abgedichtet wurde, können diese Wassermengen aufgrund des hydrostatischen Wasserdrucks auch über die Kellerwände und Bodenplatte (Sohle) eindringen.

Bei nicht sanierten Altbauten, die über keine funktionierende Horizontal- und Vertikalabdichtung verfügen, dringen diese Wassermengen zusätzlich neben den bereits genannten Kanälen in die erdberührten Bauteile ein und durchfeuchten nicht nur die Oberflächen der Kellerräume, sondern auch massiv die Baukonstruktion und somit den Wandquerschnitt. Die Durchfeuchtung der Bausubstanz hängt hierbei wesentlich von der jeweiligen Wasseraufnahme der vorhandenen Baustoffe ab, die durch materialspezifische Eigenschaften wie z. B. Porosität, Porengeometrie und Porengrößenverteilung beeinflusst wird.

Besteht die Baukonstruktion aus mehrschichtigen Baustoffen und/oder mehrschaligen Wandquerschnitten, sammelt sich Wasser in den Hohlräumen und kann innerhalb von 24 bis 48 h zu einer Besiedlung durch Bakterien und/oder Pilzen führen. Das Wasser selbst führt aber auch Verschmutzungen und eine Vielzahl von Keimen mit und hinterlässt durchnässte und verschlammte Fußböden, Decken und Wände. Diese Untergründe sind der ideale Nährboden für Mikroorganismen. Dies führt nicht nur zu einer mikrobiellen Belastung, sondern auch zu unangenehmen Gerüchen und einer längeren Durchfeuchtung. Gleiches gilt, wenn das eingedrungene Wasser z. B. durch Fäkalien aus überschwemmten Kläranlagen, Toilettenanlagen und Tierställen oder durch Abwasser belastet ist. Schließlich kann das Hochwasser vorher landwirtschaftliche Felder überschwemmt haben und Pestizide, Herbizide und Fungizide mit sich führen oder Keime aus Abwasserleitungen oder mitgeführten Tierkadavern. Hinzu kommen Chemikalien aus überschwemmten Industrieanlagen sowie Heizöle und Kraftstoff aus Kellern, Garagen, Heizungsanlagen, Tankstellen und dgl.

Wenn sich die anschließende technische Bautrocknung nur auf die Raumentfeuchtung konzentriert, verbleiben hohe Mengen an Restfeuchte und ggf. Schadstoffe in der Gebäudekonstruktion und können über Monate noch hohe Feuchtewerte und gesundheitliche Belastungen in den Kellerräumen verursachen. Außerdem können sich weitere Bakterien und Pilze in den Hohlräumen von Wand-, Decken- und Bodenkonstruktionen vermehren. Hohlräume können in dem Zusammenhang genauso z. B. Luftkammern und künstliche Poren in modernen Baustoffen sein wie z. B. Kassettendecken mit gebrannten Ziegeln, die bei Kellerdecken im Altbau häufig anzutreffen sind.

Durch Überschwemmungen wird in den meisten Fällen temporär der lokale Wasserspiegel erhöht. Dies hat Auswirkungen auf den Grundwasserspiegel sowie die Kanalisation. Da ein Gebäude in der Regel an die öffentliche Kanalisation angeschlossen ist, kann sich dieser erhöhte Wasserspiegel über Abflussleitungen und Hausanschlüsse bis in das Gebäude zurückstauen. Häufig dringt Wasser dann auch über Sanitäreinrichtungen ein. Der maximal mögliche Wasserstand in der Kanalisation wird als Rückstauebene bezeichnet und ist in den meisten Fällen identisch mit der Geländeoberkante. Dieses gilt nicht für hochwasser- oder überflutungsgefährdete Regionen. Dort liegt der zu erwartende Wasserstand in der Regel über der Rückstauebene, so dass geeignete Maßnahmen wie z. B. Rückstausicherungen oder Abwasserhebeanlagen mit Rückstauschleife zu ergreifen sind. Häufig versagen diese Vorrichtungen bei derartigen Wassermengen.

Bei Überschwemmungen wird sich in der Regel „nur“ auf die hohen Wassermengen und deren Beseitigung konzentriert. Dabei müssen mehrere Schadensprozesse betrachtet werden. Infolge der Wasseraufnahme verändern sich in der Regel die mechanischen und physikalischen Eigenschaften von Baukonstruktionen und Baustoffen. Hierzu gehören z. B. die Festigkeit und Volumenstabilität, aber auch die Wärmeleitfähigkeit. Feuchte Baustoffe haben bekanntlich eine schlechtere Wärmedämmfähigkeit, so dass sich unter Umständen die Temperaturkurve in Bezug auf Tauwasser (Kondensat) und/oder Frostschäden verschieben kann. Mineralische Baustoffe enthalten ganz natürliche Salze. Solange der Baustoff trocken und die Salze gebunden sind, spielen diese keine Rolle. Anders, wenn der Baustoff durchfeuchtet und gelöste Salze transportiert werden. In der Verdunstungszone kommt es zur Austrocknung der Feuchtigkeit und zur Kristallisation der Salze, die sich in Form von Ausblühungen auf der Oberfläche oder Abplatzungen der oberen Schicht zeigen können. Außerdem erhöhen sie die Hygroskopizität und können ebenfalls zum Festigkeitsverlust von Baustoffen beitragen. Hinzu kommt das Quellverhalten der meisten Baustoffe und infolgedessen irreversible Verformungen, die Zugspannungen verursachen, die wiederum zu Rissen und/oder Abplatzungen und Ablösungserscheinungen führen können.

Überschwemmungen können außerdem erhebliche Auftriebskräfte von mehrschaligen Fußbodenkonstruktionen und ein „Aufschwimmen" einzelner Schichten bewirken. Unter dem Aspekt der Überflutung sind z. B. Anhydrit- oder Calciumsulfatestriche aufgrund ihrer Volumenvergrößerung bei langer intensiver Wasserbeanspruchung weniger geeignet als z. B. Gussasphalt- oder Zementestriche. Ein besonderes Problem sind Parkettböden. Bei diesen Belägen macht es ein Unterschied, ob diese schwimmend verlegt oder mit dem Untergrund vollflächig verklebt sind. Bei der schwimmend verlegten Variante sind feuchtigkeitsbedingte irreversible Verformungen deutlich stärker ausgeprägt als bei der verklebten Variante. Der Boden ist auch bei intakter Nut- und Feder-Verbindung aufgrund der erheblichen Quellerscheinungen (das so genannte „Schüsseln") unbrauchbar. Gleiches gilt für feuchteempfindliche Holzwerkstoffe wie z. B. Laminatböden, Spanplatten, OSB-Platten, Holzbauteile wie Parkett und Dielenböden oder gipsgebundene Trockenbauelemente. Wurden diese über einen längeren Zeitraum durchnässt, verformen sich diese irreparabel.

Im Gegensatz zeigen Fliesen und keramische Beläge auf Fußbodenkonstruktionen in der Regel eine gewisse Robustheit. Durch ihre Form- und Volumenbeständigkeit bzw. ihr Wasseraufnahmeverhalten sind diese gegen die Folgen von Überflutungen weitestgehend resistent. Das Problem liegt eher darin, dass nur in Feucht- und Nassräumen wie z. B. in Bädern eine zusätzliche Flächenabdichtung unter den Fliesen- und Plattenbelägen ausgeführt wird (und eben nicht in normal genutzten Kellerräumen), so dass es bei Überschwemmungen zu einer Durchfeuchtung über die Fugen und dem Randstreifen kommt.

Auch die Wärme- und Trittschalldämmung in Decken- und Bodenkonstruktionen wird bei Überschwemmungen massiv durchfeuchtet. Als besonders feuchtigkeitsanfällig gelten offenporige Dämmstoffe wie z. B. Holzfaserdämmstoffe oder Mineralwolle. Bei durchnässter Mineralwolle kann der Zeitpunkt des Einbaus relevant sein, da dieser Dämmstoff, sofern er vor 1996 verbaut worden ist, im Verdacht steht, durch Einatmen von freigesetzten Fasern Krebs zu verursachen.

Die Zersetzung von Teppich- und Papierklebern und dgl. setzt innerhalb weniger Stunden ein und verursacht irreparable Schäden. Bei Holzwerkstoffen kann die massive Durchfeuchtung ggf. zur verstärkten Freisetzung von Formaldehyd führen. Aus durchfeuchteten Klebern und/oder Dämmstoffen können z. B. VOC freigesetzt werden.

Besondere Sorgfalt ist geboten, wenn durch die Überschwemmungen Heizungstanks beschädigt wurden und größere Mengen Öl ausgelaufen sind. In dem Fall empfiehlt es sich, den Wasserspiegel nicht vollständig abzusenken. Damit soll vermieden werden, dass Mineralöl mit fallendem Wasserstand in die gesamte Baukonstruktion eintritt. Erfahrungsgemäß ist die Sanierung eines Ölschadens nach Überschwemmungen nur dann sinnvoll, wenn das Öl nicht tiefer als 0,5 cm in die Oberflächen eingedrungen ist. In diesen Fällen reicht ein Rückbau der kontaminierten Materialien und eine chemische Reinigung mit einem tensidhaltigen Reinigungsmittel. Bei tiefer gehenden Schäden bleibt meistens nur der Rückbau und die Versiegelung des eingedrungenen Öls, da dieses im Gegensatz zu Wasser nicht abtrocknet.

Sind Überschwemmungen überstanden und die Bausubstanz halbwegs trocken, geht man oftmals in den „normalen" Alltag über. Dabei wird häufig übersehen, dass massive Überschwemmungen auch Veränderungen im Baugrund verursachen können. Die Wassermassen können Fundamente oder Bodenplatten unterspült und Hohlräume ausgespült haben. Die Folgen sind Setzungen und im Weiteren baugrundbedingte Risse. Diese wiederum können bestehende Abdichtungen der erdberührten Bauteile beschädigen oder die komplette Statik des Gebäudes gefährden. Letzteres auch durch mögliche Auftriebskräfte. Deshalb muss beim Abpumpen überfluteter Kellerräume immer auf den Grundwasserspiegel geachtet werden, damit der Wasserdruck von außen die erdberührten Bauteile nicht überbeansprucht und zu erheblichen Schäden führen kann.

Neben einem lokalen Anstieg des Grundwassers in den Bodenschichten, kann es bei bereits Grundwasser führenden Bodenschichten zu einer Veränderung der Fließrichtung kommen und somit auch in Regionen zu einem Anstieg des Grundwassers, die von den Überschwemmungen ursprünglich nicht betroffen waren. Somit können Symptome von Überschwemmungen ggf. auch Wochen später in benachbarten Regionen auftreten.

7.2.3 Fassade

7.2.3.1 Einleitung

Im Gegensatz zu den erdberührten Bauteilen unterliegt die Fassade nur einer temporären Feuchtebeanspruchung durch Niederschläge wie z. B. durch Schlagregen oder Spritzwasser. Dafür wird die Fassade durch Wind sowie durch starke Temperaturschwankungen (Tag vs. Nacht sowie Sommer vs. Winter) beansprucht. Um diese zu vermeiden, werden Fassaden z. B. mit einem Wärmedämm-Verbundsystem ausgeführt. Dieses kann gleichzeitig Lösung und Ursache für mikrobiellen Befall durch Schimmelpilze (oder Bakterien) sein. Denn während Wärmedämm-Verbundsysteme einer Tauwasserbildung im Inneren von Bauteilen vorbeugt, sind sie mitverursachend für Tauwasserbildung auf Fassadenoberflächen.

Im Kontext der Schimmelpilzbildung in Innenräumen muss noch eine fehlende oder unzureichende Wärmedämmung von außen oder eine falsch dimensionierte oder fehlerhaft ausgeführte Innendämmung genannt werden, die zu einer Tauwasserbildung auf Bauteilen wie z. B. Wärmebrücken führen kann.

In Bezug auf eine Schlagregenbeanspruchung kann es ggf. von zusätzlicher Relevanz sein, ob sich in der Fassade Risse befinden und um welche Art es sich handelt. Neben Rissarten geht es vor allem um die Rissbreite und -tiefe sowie Dynamik der Rissbildung.

7.2.3.2 Schlagregenbeanspruchung

Eine Fassade unterliegt unterschiedlichen Feuchtebeanspruchungen. Diese können z. B. als taupunktbedingtes Kondenswasser, Tröpfchen förmiger Nebel oder in flüssiger Form als Regen

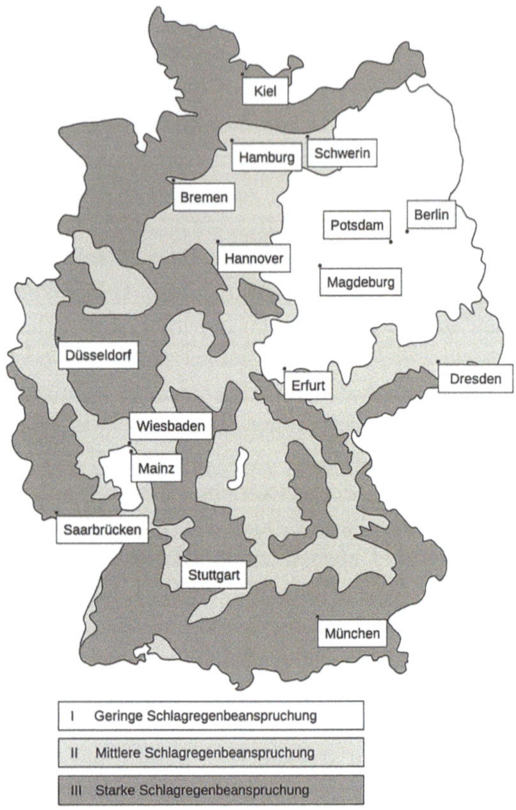

Abb. 7.4 Beanspruchungsgruppen für Niederschläge in Deutschland

auftreten. Aus der gleichzeitigen Einwirkung von Regen und Wind leitet sich die Schlagregenbeanspruchung ab. Nach einer Empfehlung des Deutschen Wetterdienstes können die jährlichen Niederschlagsmengen in Deutschland in drei Regionen eingeteilt werden (siehe Abb. 7.4). Aus dieser wurden in der DIN 4108 Teil 3 die folgenden Beanspruchungsgruppen abgeleitet (lokale Abweichungen sind möglich und müssen im Einzelfall berücksichtigt werden):

- Beanspruchungsgruppe I: geringe Schlagregenbeanspruchung in Regionen mit einer Niederschlagsmenge < 600 mm pro Jahr und in besonders windgeschützten Lagen
- Beanspruchungsgruppe II: mittlere Schlagregenbeanspruchung in Regionen mit einer Niederschlagsmenge von 600 bis 800 mm pro Jahr sowie windgeschützten Lagen in Regionen mit größeren Niederschlagsmengen und für Hochhäuser in exponierter Lage in Regionen mit wenig Niederschlag

Abb. 7.5 Schlagregenbeanspruchung einer Fassade in Abhängigkeit zur Gebäudehöhe

- Beanspruchungsgruppe III: starke Schlagregenbeanspruchung in Regionen mit einer Niederschlagsmenge > 800 mm pro Jahr sowie für windreiche Regionen auch mit geringeren Niederschlagsmengen und Hochhäuser in exponierter Lage in Regionen mit mittlerer Schlagregenbeanspruchung.

Die Zuordnung zu einer Beanspruchungsgruppe erfolgt allerdings nicht nur in Abhängigkeit der regionalen Jahresniederschlagsmenge, sondern auch von gebäudespezifischen Einflüssen wie z. B. der Gebäudehöhe (z. B. Hochhaus) und Windbelastung sowie der örtlichen Situation wie z. B. einer exponierten Lage (z. B. an der Küste oder auf dem Berg). Außerdem muss beachtet werden, dass Fassaden nicht permanent durch Feuchtigkeit beansprucht werden und gemäß der lokal vorherrschenden Hauptwindrichtung unterschiedlich stark dem Schlagregen ausgesetzt sind. Zudem steigt die Schlagregenbeanspruchung überproportional mit zunehmender Gebäudehöhe. So kann die Schlagregenbeanspruchung z. B. in 15 m Höhe bis zu 20-mal höher sein als in zwei Meter Höhe (siehe Abb. 7.5 und 7.6).

Eine Durchfeuchtung und mögliche Schäden an der Fassade durch Schlagregen wird allerdings nicht nur über die Niederschlagsmenge oder gebäudespezifische Parameter bestimmt, sondern z. B. auch über den Zustand der Fassade wie z. B. die Anwesenheit von Rissen sowie über den vorhandenen Schlagregenschutz und das Feuchtemanagement der Gebäudehülle. Der Schlagregenschutz kann zum einen durch konstruktive Maßnahmen sichergestellt werden und zum anderen über wasserabweisende Beschichtungen erfolgen. Die DIN 4108 unterscheidet Beschichtungen nach ihrer jeweiligen Wasseraufnahme in:

- wasserhemmend: Wasseraufnahmekoeffizient oder w-Wert $\leq 2\ kg/(m^2 \cdot h^{0,5})$
  Hinweis: Es muss sichergestellt werden, dass die aufgenommene Wassermenge in der Feuchteperiode in den Trockenperioden wieder abgegeben werden kann
- wasserabweisend: Wasseraufnahmekoeffizient oder w-Wert $\leq 0,5\ kg/(m^2 \cdot h^{0,5})$
  Hinweis: Die wasserdampfdiffusionsäquivalente Luftschichtdicke s_d beträgt gleichzeitig ≤ 2 m sowie das Produkt dieser beiden Kenngrößen $w \cdot s_d \leq 0,2\ kg/(m \cdot h^{0,5})$
- wasserdicht: Wasseraufnahmekoeffizient oder w-Wert $\leq 0,001\ kg/(m^2 \cdot h^{0,5})$
  Hinweis: Die Wasseraufnahme ist in diesem Fall so gering, dass auf eine Begrenzung der wasserdampfdiffusionsäquivalenten Luftschichtdicke verzichtet werden kann. Kapillar nicht wasseraufnahmefähig sind Baustoffe, die entweder nicht kapillar porös oder die nicht benetzbar (keine Kapillarwirkung) sind.

Wasserabweisende Außenputze sind z. B. für die Beanspruchungsgruppe III geeignet. Dennoch geht es beim modernen Fassadenschutz nicht nur um eine hohe Wasserabweisung, sondern auch um andere Anforderungen wie z. B. die Vermeidung von mikrobiellem Befall durch Algen und Pilze (sowie zunehmend Bakterien). Und hierfür wäre z. B. ein Wasserfilm, der sich auf der Oberfläche bildet, eher hinderlich. Infolgedessen streiten Ex-

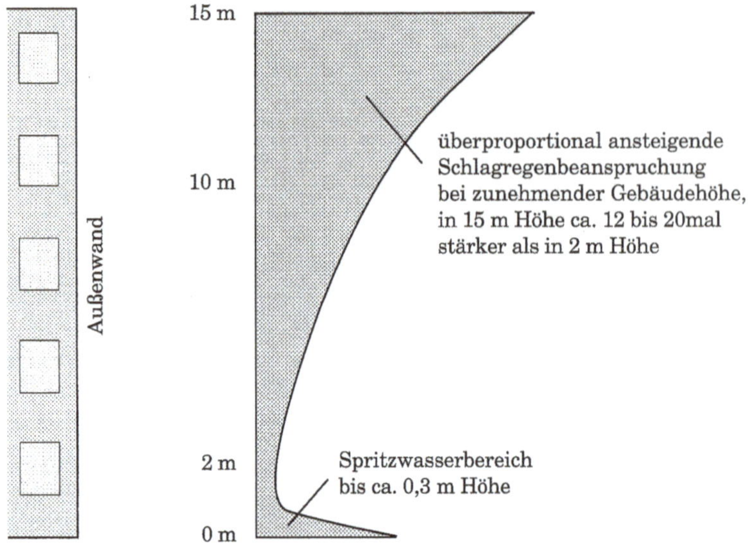

Abb. 7.6 Schlagregenbeanspruchung einer Fassade in Abhängigkeit zur Gebäudehöhe

perten seit Jahren, ob hydrophobe oder hydrophile oder hybride (hydroaktive) Schlussbeschichtungen besser geeignet wären, um mikrobiellen Befall zu vermeiden. Im Endeffekt geht es um das Zusammenspiel zwischen einem Mikroklima und einem Feuchtemanagement.

Moderne Fassadenbeschichtungen müssen eine Reihe von in sich widersprüchlichen Anforderungen erfüllen: sie sollen eine hohe Wasserabweisung besitzen und hoch elastisch sein (um mögliche Risse zu vermeiden), aber gleichzeitig hoch wasserdampfdiffusionsfähig. Sie sollen eine möglichst gute Untergrundhaftung auf allen Untergründen haben und gleichzeitig so wenig, wie möglich organische Bestandteile aufweisen. Sie sollen möglichst biozidfrei und gleichzeitig gegen mikrobiellen Befall resistent sein. Allein diese drei Beispiele zeigen, dass es immer um die Summe der bauphysikalischen Eigenschaften geht, die über einen geeigneten Fassadenschutz entscheidet. Diese Erkenntnis ist auch nicht neu und wurde bereits Ende der 1960-er Jahre durch das Fraunhofer Institut für Bauphysik proklamiert. Die viel beachtete Fassadenschutz-Theorie von *Künzel* basierte auf der Erkenntnis, dass ein wirksamer Feuchteschutz immer dann gegeben ist, wenn die Wasserabgabe einer Fassade wesentlich größer ist als deren Wasseraufnahme oder anders ausgedrückt, wenn die Fassade in den Trockenperioden die Feuchtigkeit wieder abgibt, die sie in der Regenperiode aufgenommen hat. Gleiches Prinzip gilt für die Tauperiode (Winter) und Verdunstungsperiode (Sommer). Die Grundformel hierfür lautet:

$$w \cdot s_d \leq 0{,}1\,\mathrm{kg}/\left(\mathrm{m} \cdot \mathrm{h}^{0{,}5}\right)$$

und basiert auf den Randbedingungen einer Wasserdampfdiffusion (s_d-Wert) $\leq$ 2 m und einer kapillaren Wasseraufnahme (w-Wert) $\leq$ 0,5 kg/($m^2 \cdot h^{0,5}$). Fassadenbeschichtungen müssen daher immer als Ganzes bewertet werden. Putze oder Farben mit einer hohen Wasseraufnahme sind nicht automatisch „schlechter", wenn sie gleichzeitig eine hohe Diffusionsfähigkeit besitzen – gleiches gilt auch umgekehrt: Eine Fassadenbeschichtung mit einer hohen Wasserabweisung ist nicht automatisch gut, wenn sie gleichzeitig über ein eingeschränktes Wasserdampfdiffusionsverhalten verfügt. Deshalb muss neben dem w- und s_d-Wert auch der µ-Wert betrachtet werden: der Wasserdampfdiffusionswiderstand. Dieser beschreibt den Widerstand von Materialien wie z. B. Farben oder Putze gegen die Wasserdampfdiffusion durch ein Bauteil. Mineralwolle z. B. hat einen µ-Wert von 1 und somit einen Wasserdampfdiffusionswiderstand, der vergleichbar mit Luft ist. Ursächlich ist die offene Struktur der Mineralwolle, die zu einem hohen Anteil aus Luft besteht und somit eine hohe Wasserdampfdiffusion aufweist. Ein Vergleich zwischen mineralischen Putzen (μ-Wert 10) und z. B. Kunstharzputzen (50) oder z. B. zwischen Silikatfarben (μ-Wert 30 bis 50) und Dispersionsfarben (100 bis 150) zeigt, dass es innerhalb der vermeintlich gleichen Baustoffe relevante Unterschiede gibt.

Bei der Durchfeuchtung von Fassaden muss daher neben den Beanspruchungen durch Niederschläge wie z. B. Schlagregen immer auch das materialspezifische Feuchteverhalten der Baustoffoberflächen im Sinne von Untergründen (Substrate) berücksichtigt werden. Hierzu zählen vor allem das Absorptions- und Desorptionsvermögen, also die Eigenschaft von Baustoffen, anfallende Feuchtigkeit an der Oberfläche aufzunehmen, in den oberflächennahen Schichten zu speichern und innerhalb des Baustoffs zu verteilen sowie anschließend an der Oberfläche wieder abzugeben. Anders ausgedrückt: Baustoffe mit einer geringen Sorptionsfähigkeit können als „schimmelpilzbegünstigend" eingestuft werden.

7.2.3.3 Risse

Wenn es um die Durchfeuchtung von Bauteilen oder Baustoffen geht, spielen auch Risse eine gewisse Bedeutung, da sie die Wasseraufnahme und auch -eindringtiefe erheblich beeinflussen können.

Die Feststellung der Ursachen sowie die Bewertung von Rissen ist ein sehr schwieriges Thema. Risse können eine unterschiedliche Breite und/oder Tiefe aufweisen, nur temporär oder dynamisch auftreten. Sie können bauart- oder baustofftypisch sein. Ihre Ursachen nach dem Verursacherprinzip können planungs-, ausführungs- oder materialbedingt sein. Klassifiziert man Risse z. B. in Fassaden dagegen nach dem Ort ihres Auftretens oder nach gebäudespezifischen Kategorien werden sie in putzbedingte (oder auch oberflächige) Risse, untergrundbedingte (oder auch konstruktive) Risse sowie bauwerksbedingte (oder statische) Risse unterschieden.

Zu den putzbedingten Rissen gehören alle oberflächigen Risse, die nur in der Putzschicht selbst auftreten wie z. B. Fettrisse, Schwindrisse, Schwundrisse und Sackrisse. Diese haben in der Regel ihre Ursache(n) in der Härtung oder Trocknung oder fehlerhaften Verarbeitung der Materialien. Zu den untergrundbedingten Rissen gehören alle Risse, deren Ursache(n) in der Konstruktion liegen wie z. B. Kerbrisse oder Fugenrisse. Meistens liegen die Ursachen in Volumenänderungen oder Verformungsunterschieden bei unterschiedlichen Baustoffen wie z. B. diagonal verlaufenden Rissen an Fenster- und Türstürzen sowie Rollladenkästen. Bauwerksbedingte Risse werden durch Lage-, Form- oder Volumenänderungen der Tragkonstruktion verursacht wie z. B. Deckenschubrisse sowie senkrecht verlaufende Risse an Gebäudeecken. Weiterhin können Risse nach ihrer Dynamik unterschieden werden: Schwind- oder Kriechvorgänge sowie Setzungen und Verformungen sind in der Regel einmalige Vorgänge, dagegen sind wiederkehrende Vorgänge z. B. Temperatur- und Feuchtigkeitsschwankungen sowie verkehrsbedingte Erschütterungen.

Neben der Rissbreite und Risstiefe spielt auch die Rissverteilung und der Rissverlauf eine gewisse Rolle, genauso wie der ein-, zwei- oder dreidimensionale Rissflankenversatz. Eine der wesentlichen Fragen im Zusammenhang mit Rissen ist die Dynamik, also ob zukünftig noch mit Bewegungen an den Rissflanken gerechnet werden muss (ugs.: ob der Riss noch „arbeitet"). Hiermit sind allerdings beruhigte oder dynamische Risse gemeint und nicht die Rissdynamik im μm-Bereich an der Fassade aufgrund hygro-thermischer Einflüsse.

Die Bewertung gemessener Rissbreiten ist relativ schwierig, da in den Normen und Regelwerken nur auf die Rissbreite in Kombination der Wasseraufnahme Bezug genommen wird und andere Aspekte vernachlässigt werden. Ein Beispiel hierzu an einer verputzten Fassade aus einem Wärmedämm-Verbundsystem: In der Putz-Norm DIN 18550 Teil 1 wird z. B. ausgeführt, dass Haarrisse in begrenztem Umfang nicht zu bemängeln sind. Als Haarrisse werden hierbei Risse mit einer Breite bis zu 0,2 mm bezeichnet. Dieser Empfehlung folgt auch die DIN EN 13 914 Teil 1, in der ausgeführt wird, dass Haarrissbreiten bis 0,2 mm bei wasserabweisenden und wasserhemmenden Putzen die Funktionstüchtigkeit nicht beeinträchtigen. In Anlehnung daran werden in der WDVS-Norm DIN EN 13 499 und DIN EN 13 500 für Putzbeschichtungen auf Polystyrol-Hartschaumplatten 0,3 mm als zulässige Rissbreiten angegeben. Hierzu muss man wissen, dass dieser Dämmstoff ca. 2/3 aller WDVS in Deutschland ausmacht. In der Praxis wird dies so interpretiert, dass die Regelwerke eine Rissbildung bis 0,2 mm bzw. auf WDVS aus EPS bis 0,3 mm „legalisieren".

Die wichtigste Funktion einer Putzbeschichtung ist der Witterungsschutz der Fassade. Durch einen Riss von z. B. 0,2 mm können bei einem Schlagregen innerhalb von wenigen Stunden bis zu 20 l (!) Wasser in den Putz eindringen. Je nach Risstiefe dringt diese Feuchtigkeit bis in den Untergrund. Bei wasserabweisenden und wasserhemmenden Putzen gehen die Regelwerke davon aus, dass die Funktionstüchtigkeit nicht beeinträchtigt wird. Dabei ist seit vielen Jahrzehnten bekannt, dass ein ganzheitlicher Feuchteschutz nicht nur eine hohe Wasserabweisung erfordert, sondern auch ein entsprechendes Absorptions- und Desorptionsvermögen, also die Fähigkeit von Baustoffen, die aufgenommene Feuchtigkeit in den oberflächennahen Schichten zu speichern, zu verteilen sowie anschließend an der Oberfläche wieder abzugeben. Gerade bei den am meisten verbreiteten Wärmedämm-Verbundsystemen, bestehend aus einer Polystyrol-Hartschaumplatte, einer organisch gebundenen Armierungsmasse oder einer hoch vergüteten mineralischen Armierung und einem Kunstharzputz als Schlussbeschichtung ist genau dies nicht gegeben oder stark eingeschränkt. Infolgedessen muss bei der Bewertung der Rissbreiten und der Wasseraufnahme (w-Wert), immer auch die Wasserdampfdiffusion (s_d-Wert) und der Wasserdampfdiffusionswiderstand (μ-Wert) betrachtet werden – und dies nicht nur für einzelne Baustoffe, sondern im Verbund, wenn mehrere Baustoffe ein System ergeben. So hat Mineralwolle z. B. einen μ-Wert von 1 und somit einen Wasserdampfdiffusionswiderstand, der vergleichbar mit Luft ist. Ursächlich ist die offene Struktur der Mineralwolle, die zu einem hohen Anteil aus Luft besteht und somit eine hohe Wasserdampfdiffusion aufweist. Polystyrol dagegen hat einen 20- bis 50-mal schlechteren μ-Wert. Gleiches für Putzbeschichtungen: Während mineralische Putze einen μ-Wert von ca. 10 haben, liegt dieser z. B. bei Kunstharzputzen bei ca. 50.

Abb. 7.7 Durchfeuchtung einer nicht gedämmten Fassade

Infolgedessen macht es erhebliche Unterschiede, ob sich Risse in einer Putzbeschichtung auf einem Wärmedämm-Verbundsystem befinden oder z. B. auf einem Leichtputz auf hoch wärmedämmenden Mauerwerken.

7.2.3.4 fehlende oder unzureichende Wärmedämmung

Die häufigste Ursache für Schimmelpilzbefall in Innenräumen ist eine fehlende oder unzureichende Wärmedämmung der Außenwände – in Verbindung mit einer hohen Luftfeuchtigkeit. Diese entsteht nutzungsbedingt temporär in Küchen (Kochen) oder Bädern (Duschen, Baden) oder über einen längeren Zeitraum in Schlafzimmern (Atmen, Schwitzen) oder in Wohnzimmern (z. B. durch Wäsche trocknen). Neben der nutzungsbedingten Feuchte müssen zusätzliche Feuchtigkeitsquellen wie z. B. Pflanzen, Tiere oder offene Wasserflächen (Aquarien oder Zimmerbrunnen) berücksichtigt werden. Wenn die dadurch verursachte Luftfeuchtigkeit nicht durch richtiges Heizen und/oder Lüften wieder abgeführt wird, schlägt sich diese bei einer fehlenden oder unzureichenden Wärmedämmung an kalten Oberflächen nieder. Hierbei handelt es sich um Wärmebrücken in der Gebäudehülle, also z. B. um Innenecken von nicht gedämmten Außenwänden, auskragenden Decken (ohne thermische Entkopplung), Querschnittsschwächungen (z. B. in Heizkörpernischen) oder an Bauteilübergängen und Materialwechseln (z. B. an Rollladenkästen). Der Vollständigkeit halber müssen auch Undichtigkeiten in der Gebäudehülle (offene Fugen, unzureichend abgedichtete Bauteile oder Durchdringungen) genannt werden. Alle diese Ursachen führen zu taupunktbedingtem Kondenswasser innerhalb der Baukonstruktion (Wandquerschnitt) oder zu Schimmelpilzbefall auf der Oberfläche der Innenwände (siehe Abb. 7.7).

Bei einer fehlenden oder unzureichenden Wärmedämmung der Gebäudehülle findet der Ausgleich großer Temperaturunterschiede (z. B. zwischen Sommer und Winter oder zwischen Tag und Nacht) primär über die Außenwände statt. Hierzu muss man wissen, dass sich Fassadenoberflächen je Material und Farbton (Hellbezugswert) an heißen Tagen bis zu 60 °C erhitzen und hohe Spannungen verursachen können. Temperaturunterschiede von 30 °C und mehr innerhalb weniger Stunden oder über mehrere Monate sind keine Ausnahme, sondern eher die Regel. Bei einer fehlenden oder unzureichenden Wärmedämmung übernimmt die Außenwand diesen Temperaturausgleich zwischen dem Außen- und dem Innenraumklima.

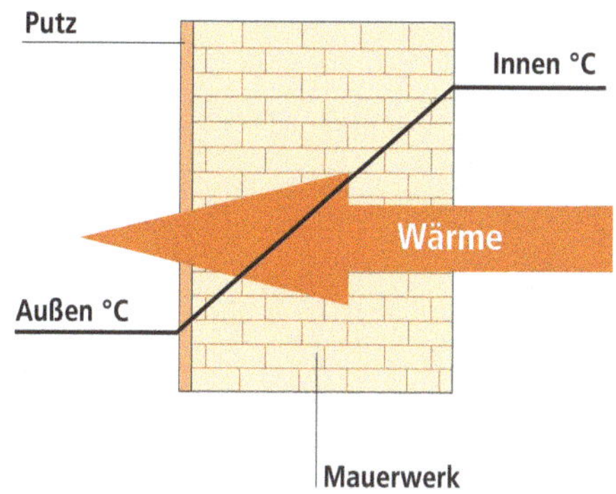

Abb. 7.8 schematische Darstellung der Temperaturverteilung einer ungedämmten und wärmegedämmten Fassade

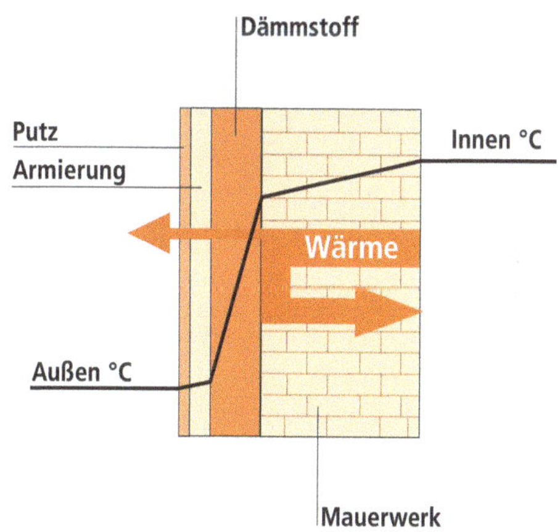

Abb. 7.9 schematische Darstellung der Temperaturverteilung einer ungedämmten und wärmegedämmten Fassade

Neben der indirekten Durchfeuchtung und Schimmelpilzbefall in Innenräumen verursachen nicht gedämmte Außenwände ein unbehagliches Raumempfinden und hohe Wärmeverluste – und somit hohe Heizenergiekosten. Der Wärmeverlust über ungedämmte Außenwände beträgt je nach Gebäudealter, -zustand und -geometrie zwischen 25 und 45 %. Ursächlich ist die Wärmeleitfähigkeit, die zwischen Baustoffen unterschiedlicher Temperaturen besteht. Wärme fließt immer dorthin, wo es kälter ist. Durch die Wärmeleitung strömt Wärme an kalten Tagen durch die ungedämmte Gebäudehülle nach außen und an heißen Tagen über den gleichen Weg nach innen. Eine Wärmedämmung schützt also nicht nur die Gebäudehülle vor Wärmeverlust im Winter, sondern auch vor sommerliche Hitze an heißen Tagen (siehe Abb. 7.8 und 7.9).

Der technische Kennwert für diese Wärmeleitung ist der Wärmedurchgangskoeffizient (U-Wert, früher k-Wert). Dieser zeigt an, welche Wärmeleistung durch 1 m^2 Bauteil fließt, wenn der Temperaturunterschied auf beiden Seiten des Bauteils 1 °C beträgt. Je niedriger der U-Wert ist, umso besser ist die Wärmedämmung. Er wird in Watt pro Quadratmeter und Kelvin bemessen: $W/(m^2K)$. Die Oberflächentemperatur der Innenwände wird neben dem U-Wert auch vom Wärmedurchgangswiderstand beeinflusst. Dieser setzt sich aus der Summe der bauteilspezifischen Durchlasswiderstände und den Übergangswiderständen für außen (R_{se}) und innen (R_{si}) zusammen. Einfluss auf die Oberflächentemperatur haben sowohl der gesamte Wärmedurchgangswiderstand der Baukonstruktion als auch das Verhältnis des raumseitigen Oberflächenwiderstandes zum gesamten Wärmedurchgangswiderstand.

Abb. 7.10 eine Thermografieaufnahme macht den Unterschied einer ungedämmten und wärmegedämmten Fassade sichtbar

> Niedrige Oberflächentemperaturen durch eine fehlende Wärmedämmung der Außenwände führt an innenseitigen Bauteilen mit einem geringen Wärmedurchgangswiderstand (z. B. an Wärmebrücken) bei hohen raumseitigen Übergangswiderständen (z. B. durch große Möbel oder Einrichtungsgegenstände) bzw. bei Kombination beider ungünstigen Einflussfaktoren häufig zu taupunktbedingtem Kondenswasser und zeitversetzt zu Schimmelpilzbefall.

Der U-Wert von Außenwänden bei vielen unsanierten Altbauten beträgt 1,5 bis 2 W/(m^{2}K). Zum Vergleich: Die aktuelle Wärmedämmung einer Fassade erreicht einen U-Wert von unter 0,2 W/(m^{2}K). Dies bedeutet, dass ungedämmte Außenwände zwischen acht bis zehn Mal mehr Energie verlieren als heute technisch möglich ist. Darüber hinaus bietet eine Wärmedämmung der Außenwände einen sommerlichen Wärmschutz. Dieser Aspekt gewinnt angesichts der erwarteten Zunahme von Hitze im Sommer, wie es von Meteorologen prognostiziert wird, immer mehr an Bedeutung. Durch eine Wärmedämmung der Außenwände werden darüber hinaus Wärmebrücken vermieden und mögliche Leckagen in der Gebäudehülle überdämmt. Der Wohnkomfort und die Behaglichkeit in Innenräumen steigt deutlich – wenn ein hierfür angemessenes Lüftungsverhalten eingehalten wird (siehe Abb. 7.10).

Stellt sich abschließend die Frage, ob es für die Außendämmung eine gesetzliche Pflicht gibt? Die Antwort lautet: Ja, unter bestimmten Bedingungen. Das Gebäudeenergiegesetz (GEG), das unter anderem die Energieeinsparverordnung (EnEV) abgelöst hat, regelt die Fassadendämmung im Neubau im Gesamtkonzept. Der erforderliche U-Wert hängt vom angestrebten Energiestandard des Neubaus ab. Im Altbau besteht die Pflicht zur Außendämmung, wenn im Rahmen der energetischen Sanierung mehr als 10 % der Gesamtfläche erneuert werden (oder bei einem Wechsel des Eigentümers). In diesem Fall muss die Außendämmung einen U-Wert von 0,24 W/(m^{2}K) oder niedriger aufweisen.

7.2.3.5 Undichtigkeiten an Bauteilanschlüssen

Die Fassade eines Gebäudes ist einer Vielzahl von unterschiedlichen Einflüssen ausgesetzt: neben Wind und Feuchtigkeit in Form von Schlagregen, Spritz- und Oberflächenwasser sowie Nebel und Tauwasser müssen vor allem starke Temperaturschwankungen zwischen Tag/Nacht und Sommer/Winter genannt werden. Dennoch sind moderne Fassadensysteme wie ein zweischaliges Mauerwerk mit Kerndämmung oder Wärmedämm-Verbundsysteme in der Lage, den Fassadenschutz trotz hygrothermischer Belastungen sicherzustellen. Das Problem stellt sich hierbei fast nie in der Fläche, sondern immer an den Detailausführungen – also den Bereichen, in denen die Gebäudehülle unterbrochen wird und die Bausysteme anfällig werden für Durchfeuchtung oder Hinterfeuchtung (siehe Abb. 7.11, 7.12, 7.13, 7.14 und 7.15). Mithilfe der Thermografie können diese Bauteilanschlüsse in der Regel als Wärmebrücke sichtbar gemacht werden und verursachen taupunktbedingtes Kon-

Abb. 7.11 verschiedene Beispiele für Undichtigkeiten, die zu taupunktbedingtem Kondenswasser und Schimmelpilzbefall führen können

Abb. 7.12 verschiedene Beispiele für Undichtigkeiten, die zu taupunktbedingtem Kondenswasser und Schimmelpilzbefall führen können

denswasser oder konvektive Luftströmungen infolge von Leckagen.

An keiner Stelle eines Gebäudes trifft der Spruch „Der Teufel steckt im Detail" mehr zu als an Undichtigkeiten an Bauteilanschlüssen (der „Teufel" steht hierbei synonym für Tücke). Immer wieder bestätigt sich in der Praxis, dass eine Sache immer dann kompliziert und schwierig wird, wenn man sich mit den Details beschäftigt (kompliziert und schwierig steht hierbei auch für zeitaufwändig und teuer). Typisch für Bauteilanschlüsse ist, dass die Realisierung immer schwieriger ist als es die ursprüngliche Planung war und dass sich Probleme immer einstellen, wenn man ihnen in der Planung und Ausführung

Abb. 7.13 verschiedene Beispiele für Undichtigkeiten, die zu taupunktbedingtem Kondenswasser und Schimmelpilzbefall führen können

Abb. 7.14 verschiedene Beispiele für Undichtigkeiten, die zu taupunktbedingtem Kondenswasser und Schimmelpilzbefall führen können

Abb. 7.15 verschiedene Beispiele für Undichtigkeiten, die zu taupunktbedingtem Kondenswasser und Schimmelpilzbefall führen können

zu wenig Beachtung geschenkt hat. Daher führen Undichtigkeiten an Bauteilanschlüssen fast jede Schadensstatistik an.

Nicht ohne Grund wird in der Planungsphase eines Gebäudes zwischen der Entwurfs- und Ausführungsplanung unterschieden. Während die Entwurfsplanung in erster Linie dazu dient, eine Grundsatzentscheidung herbeizuführen und/oder auf die Genehmigungsfähigkeit der Baumaßnahme als Ganzes abzielt, liegt der Fokus der Ausführungsplanung in der konkreten Umsetzbarkeit aller notwendigen Bauleistungen. Schließlich wird diese auch als Werk- oder Detailplanung bezeichnet und ist Grundlage für die Leistungsbeschreibung (Ausschreibung) und somit Vertragsgrundlage für den Werkvertrag – auch wenn man in der Praxis oft den Eindruck bekommt, dass Details erst „entwickelt“ werden, wenn sie zur Ausführung kommen.

Des Weiteren fällt auf, dass es für unterschiedliche Fassadensysteme und Bauteile trotz einer Vielzahl an Regelwerken (Normen, Richtlinien, Merkblätter) und Herstellerangaben immer noch Bauteilanschlüsse gibt, für die es keine definierten Detailausführungen gibt – selbst im Neubau. Dass, diese in der Sanierung oder Modernisierung von Altbauten oftmals fehlen, kann dagegen noch nachvollzogen werden. Die Ausnahme im Altbau ist eher die Regel und daher müssen Bauteilanschlüsse individuell geplant und ausgeführt werden. Auffallend ist darüber hinaus, dass Detailausführungen häufig dann fehlen, wenn verschiedene Gewerke aufeinandertreffen und eine Abstimmung an den Schnittstellen umso wichtiger wäre, um Bauschäden zu vermeiden. Da mit diesen Bauteilanschlüssen in der Regel der Feuchteschutz sichergestellt werden muss, geht es in erster Linie um Feuchteschäden und nicht selten um den Beginn von Schimmelpilzbefall. Der Vollständigkeit halber soll erwähnt werden, dass die Musterbauordnung (MBO) vorgibt, dass Gebäude so zu planen sind, dass Bauschäden nicht entstehen – hierzu gehören auch oder insbesondere die Bauteilanschlüsse.

Eine Fassade enthält je nach Form, Ausführung und Ausstattung eine Vielzahl von Bauteilanschlüssen. Diese alle aufzuführen, würde den Rahmen an dieser Stelle sprengen. Man kann davon ausgehen, dass an einem Ein- oder Zweifamilienhaus mehrere tausend Bauteilanschlüsse vorkommen und es hierfür mehrere hunderttausend unterschiedliche Varianten gibt. Dies wird allein schon daran deutlich, dass es für einen und denselben Bauteilanschluss (z. B. Fensterbank) unterschiedliche Regelwerke und Systemlösungen gibt, je nachdem ob diese in ein massives Mauerwerk, ein Wärmedämm-Verbundsystem oder im Holzrahmenbau eingebaut wird. Genauso muss man berücksichtigen, dass es zwischen Bauteilanschlüssen oftmals zu Materialwechseln kommt.

Hinzu kommen Bauteile, die in die Fassade integriert werden müssen, also die Gebäudehülle unterbrechen, wie z. B. Fenster und Türen, die es in einer unterschiedlichen Vielzahl gibt. Zu Fenstern und Türen gehören z. B. auch Fensterbänke oder Türschwellen (mit und ohne Absatz). Gerade bodentiefe Fenster oder schwellenlose Türen sind Bauteilschlüsse mit einer besonderen Herausforderung an der Schnittstelle von Wand, Fenster/Tür und Boden. Durch die Vorgaben des barrierefreien Bauens sind diese erforderlich und dennoch in den meisten Regelwerken nicht im Detail geregelt. Oberhalb von Fenster und Türen müssen Rollladenkästen genannt werden, die häufig Wärmebrücken und Leckagen darstellen und taupunktbedingtes Kondenswasser und im Weiteren Schimmelpilzbefall verursachen. Außerdem müssen Bauteilanschlüsse zu Dächern (z. B. Dachfenster, Lichtkuppeln, Entlüftungsrohre etc.), Balkonen und Terrassen berücksichtigt werden. Letztere haben Bodenabläufe (Gully), die abgedichtet werden müssen, oder Entwässerungssysteme (Drainung, Dachrinnen). Weiterhin müssen Fugen unterschiedlichster Art (z. B. Dehn- oder Bewegungsfugen) genannt werden sowie Durchdringungen wie Rohrdurchführungen und Medienanschlüsse, aber auch Befestigungselemente (z. B. Außenlampen, Markisen etc.).

Alle diese Bauteilanschlüsse sind potenzielle Schwachpunkte in der Gebäudehülle und können zu Leckagen (Undichtigkeiten) führen und somit einen Feuchteschaden und/oder Schimmelpilzbefall verursachen.

Abb. 7.16 typischer Befall durch Grünalgen auf einer wärmegedämmten Fassade und Rotalgen auf einer nicht gedämmten Fassade

Abb. 7.17 typischer Befall durch Grünalgen auf einer wärmegedämmten Fassade und Rotalgen auf einer nicht gedämmten Fassade

7.2.3.6 Sonderfall: Algen und Pilze an der Fassade

7.2.3.6.1 Einleitung

Mikrobieller Befall auf Fassaden sind ein zunehmendes Problem. Während man früher eher selten und vor allem Algen auf Wärmedämm-Verbundsystemen angetroffen hat, umfasst der mikrobielle Befall heute sowohl Algen und Pilze als auch immer öfter Bakterien und zum Teil auch Flechten. Längst sind nicht mehr nur Wärmedämm-Verbundsysteme betroffen, sondern auch Mauerwerke aus wärmedämmenden Leichthochlochziegeln. Neu ist, dass selbst sanierte Fassaden nach relativ kurzer Zeit wieder mikrobiellen Befall aufweisen (können). Es scheint so, als wenn präventive Maßnahmen immer öfter ihre Wirkung verlieren und mikrobiell verunreinigte Fassaden unter bestimmten Bedingungen hingenommen werden müssen. Untersuchungen an Praxisobjekten und Studien in der Freibewitterung von Wetterständen des Fraunhofer Instituts für Bauphysik (IBP) zeigen, dass mikrobieller Befall auf Fassaden ein generelles Thema geworden ist und die Ursachen in der Umwelt und im Umfeld von Gebäuden zu suchen sind – und immer seltener mit der Bauweise und/oder bestimmten Baustoffen zu tun hat (siehe Abb. 7.16 und 7.17).

Mikrobieller Befall auf Fassaden sind hierbei kein neues Thema. Bereits in den 1980-er Jahren hat sich u. a. das Fraunhofer Institut für Bauphysik mit dem zunehmenden Phänomen von Algen und Pilzen auf Fassaden auseinandergesetzt und nach Ursachen und Lösungen gesucht. Bis Anfang der 2000-er Jahre war es üblich, Dispersionsfarben und Kunstharzputzen optional einen bioziden Wirkstoff zuzugeben – dem sog. BFA-Zusatz (Biozid, Fungizid und Algizid). Seitdem ist es Branchenstandard, Beschichtungsstoffe für die Fassade bereits werkseitig mit Wirkstoffen gegen mikrobiellen Befall auszurüsten. Diese sog. Filmkonservierung (Schutz der getrockneten Beschichtung an der Fassade) darf nicht verwechselt werden mit der sog. Topfkonservierung (Schutz der pastösen/flüssigen Beschichtung im Eimer). Folgerichtig durften diese Beschichtungen ab diesem Zeitpunkt auch nicht mehr in Innenräumen verarbeitet werden, was vorher durchaus üblich war.

Mikrobieller Befall bedeutete bis Ende der 1990-er Jahre vor allem Algen, insbesondere auf WDVS. Das Erscheinungsbild war grünlich bis rötlich. Anfang der 2000-er Jahre wurden immer öfter auch Pilze nachgewiesen, die sich durch ein dunkelgraues Erscheinungsbild zeigten. Neu war zudem, dass sich Algen und Pilze nun auch auf anderen wärmedämmenden Wandbaustoffen wie

Abb. 7.18 optischer Unterschied zwischen Algen und Pilzen

z. B. Mauerwerk aus Porenbeton oder Leichthochlochziegeln zeigten und auch Bakterien nachgewiesen wurden, so dass der mikrobielle Befall von Fassaden eine sog. Mischexposition darstellt. Dies bedeutet nicht nur eine Mischung aus Algen, Pilzen und Bakterien, sondern auch von verschiedenen Arten innerhalb einer Gattung. Die Berücksichtigung dieser Erkenntnis ist wichtig, da diese Mikroorganismen unterschiedliche Wachstumsbedingungen benötigen und mit unterschiedlichen Methoden bekämpft werden müssen. Auch wenn ein Algizid, Fungizid und Bakterizid im Grundsatz ein Biozid darstellt, unterscheiden sich ihre Wirkstoffe und Wirkmechanismen zum Teil erheblich.

Früher galt die Aussage, dass es sich bei einem grünlichen oder rötlichen Belag um Algen handelt und ein dunkelgrauer bis schwarzer Belag durch Pilze verursacht wird. Heute gilt diese Pauschalisierung nicht mehr. Klarheit über Gattung und Art (Spezies) kann nur eine mikrobiologische Untersuchung bringen. Als relativ sicher gilt, dass Algen eher „Abläufer" an Fassaden verursachen, während sich Pilze und Bakterien mehr durch kleine Punkte über die Fläche verteilt zeigen. Hierbei gilt, dass eine bestimmte Biomasse vorhanden sein muss, damit diese überhaupt mit bloßem Auge erkennbar wird (siehe Abb. 7.18).

Außerdem treten Algen bevorzugt auf Kunstharzputzen und Dispersionsfarben auf, da die Oberflächen hoch hydrophob sind und somit mehr Wasser auf der Oberfläche verfügbar ist (Wasserfilm). Pilze dagegen sind eher auf mineralischen Putzen anzutreffen, da diese mehr Wasser in der Putzoberfläche speichern, was wiederum das Wachstum des Myzels bei Pilzen begünstigt. Dies bedeutet zudem, dass Pilze über ihr Myzel in den Untergrund eindringen, während Algen nur als Belag an der Oberfläche auftreten. Auch diese Unterscheidung ist für die Bekämpfung relevant, da fungizide Wirkstoffe in den Untergrund eindringen müssen, während Algizide und Bakterizide an der Oberfläche wirken.

7.2.3.6.2 Wachstumsbedingungen

Für das Wachstum dieser Mikroorganismen ist Feuchtigkeit der alles entscheidende Faktor – egal, ob durch eine direkte Durchfeuchtung durch Regen oder Spritzwasser oder indirekte Durchfeuchtung durch Tauwasser in Folge von Kondensation oder hygroskopische Feuchte. Sobald Feuchtigkeit im Untergrund in ausreichendem Maß und über einen gewissen Zeitraum vorhanden ist, kommt es zum Wachstum. Der so genannte a_W-Wert der meisten Algen und Pilze liegt bei 0,7 bis 1,0. Dies bedeutet, dass die frei verfügbare Feuchtigkeit auf der Bauteiloberfläche bei 70 bis 100 % liegt. Ein Wert, der gerade bei wärmegedämmten Fassaden an der Nord- und Nord-Ost-Ausrichtung in den späten Nacht- bis frühen Morgenstunden durch Oberflächenkondensation häufig erreicht wird.

Temperatur als Faktor kann vernachlässigt werden, da fassadentypische Mikroorganismen einen Wachstumsbereich von −10 °C bis 70 °C aufweisen und der konstante Anstieg der Jahresdurchschnittstemperatur in den letzten Jahren dem Wachstum der Mikroorganismen eher in die Karten spielt. In den vergangenen 30 Jahren stieg die Jahresmitteltemperatur um 0,3 °C. Die milden Winter und feuchten Sommermonate sind für das Wachstum an der Fassade optimal.

Ähnlich verhält es sich mit dem pH-Wert. Auch wenn die meisten Algen und Pilze ein ideales Umfeld bei einem pH-Wert von 7 bis 8 vorfinden, liegt das pH-Spektrum über alle Arten und Spezies bei 2 bis 12. Dies ist einer der Gründe, warum auch hoch alkalische Oberflächen (z. B. Kalkputze oder Silikatfarben) nach einiger Zeit wieder mikrobiell befallen werden können. Hinzu kommt, dass einige Pilze und Bakterien in der Lage sind, Stoffwechselprodukte auszuscheiden, mit denen sie den pH-Wert ihrer Umgebung absenken – und sich somit einen für sie erträglichen Lebensraum schaffen.

In Bezug auf Nährstoffe sind Algen und vor allem Pilze und Bakterien anspruchslos. Selbst kleinste Verschmutzungen, Staubpartikel und Aerosole reichen in der Regel aus, um die Mikroorganismen zu versorgen. Nährstoffe sind somit immer vorhanden.

7.2.3.6.3 Einflussfaktoren

Dennoch gibt es Gründe, warum einige Fassaden mikrobiell befallen sind und andere eben nicht. Ausschlaggebend sind klimatische Bedingungen in der Region, in der das Gebäude steht, das unmittelbare Umfeld des Gebäudes sowie das objektspezifische Mikroklima der Fassade.

Zu den klimatischen Bedingungen zählen die durchschnittliche Jahresniederschlagsmenge sowie die Zeit, in der eine Fassade durch Schlagregen und/oder Tauwasser belastet wird. Hinzu kommt die geografische Lage (wie z. B. Nebelgebiet, Höhenlage, Stadt oder ländliche Region) sowie auch die Luftbelastung. In ländlichen Gebieten ist die Gefahr durch einen mikrobiellen Bewuchs deutlich größer als in den Städten. Nicht nur, weil sich in der ländlichen Luft mehr Bioaerosole befinden, sondern auch aufgrund der höheren Luftverschmutzung („Abgase“) in den Städten, die das Wachstum hemmen.

Zum unmittelbaren Umfeld des Gebäudes zählt vor allem die individuelle Belastung durch Bewuchs (Waldrandlage, Bäume und Sträucher sowie dessen Abstand zum Gebäude), Verschattung der Fassade (durch Bewuchs oder Nachbargebäude), die geografische Ausrichtung des Gebäudes sowie mögliche Verschmutzungen (durch landwirtschaftlich genutzte Flächen oder Biokompostanlagen). Den größten Einfluss auf das mikrobielle Wachstum hat das objektspezifische Mikroklima der Fassade. Hier spielen baukonstruktive und ausführungsrelevante Aspekte wie mangelhafte Sockelausbildung, fehlender Dachüberstand, Tauwasseranfall an Wärmebrücken, mangelhafte Anschlüsse und Regenwasserführung und dgl. eine gewichtige Rolle. Auch die bauphysikalischen Eigenschaften der Beschichtungsstoffe haben wesentlichen Einfluss auf das Mikroklima. So spielt das Sorptionsvermögen der Bauteiloberfläche eine große Rolle, also das Verhältnis aus Wasseraufnahme und -abgabe sowie dem Speichervermögen. Weitere Aspekte sind ein ausgewogenes Verhältnis zwischen Wasserabweisung (von außen) und Wasserdampfdiffusion (von innen), um die Gebäudehülle vor Feuchtigkeit zu schützen. Die Baukonstruktion muss so beschaffen sein, dass Kondensation und Tauwasserbildung vermieden wird oder bei einem unvermeidbaren Auftreten keinen Schaden verursacht.

7.2.3.6.4 Ursachen

Für das Wachstum von Mikroorganismen gibt es nicht die eine Ursache, sondern einen multikausalen Zusammenhang. Man unterteilt die möglichen Ursachen in 6 Kategorien:

- klimatische und Umweltaspekte
- Primär- und Sekundärbefall
- gesetzliche, rechtliche und normative Vorgaben
- bautechnische Einflüsse
- materialspezifische Einflüsse
- individuelle Einflüsse.

Zu den klimatischen und Umweltaspekten gehören z. B. die durchschnittliche Jahresniederschlagsmenge und die Tatsache, dass in den vergangenen Jahren die Winter sehr mild und die Sommer sehr feucht gewesen sind – in Kombination sind dies ideale Voraussetzungen für das mikrobielle Wachstum. Die Deutschlandkarten zeigen die regionalen Unterschiede in Bezug auf die jährlichen Niederschlagsmengen und die Durchschnittstemperaturen. Man erkennt, dass in der Region um Baden-Baden bis Lörrach sowie entlang der Alpen einerseits die meisten Niederschläge fallen, dagegen in der gleichen Region in Baden-Württemberg deutlich höhere Temperaturen gemessen werden als in der gleichen Region in Bayern. Dies ist einer der Gründe, weshalb die Region um Baden-Baden bis Lörrach besonders stark von Algen und Pilzen an Fassaden betroffen ist – die Alpenregion dagegen nicht.

Während Algen vor allem Salze und Spurenelemente aus Nitrat- und Phosphorverbindungen bevorzugen, sind es bei Pilzen vor allem die aus Stickstoffverbindungen. Beide Mikroorganismen benötigen Kohlendioxid zum Wachstum, womit das nächste Problem angesprochen werden muss – die Umweltbedingungen. Die Kohlensäure der Luft fördert das Wachstum der Mikroorganismen. Unter dem Gesichtspunkt, dass der Kohlendioxidgehalt der Außenluft von Jahr zu Jahr steigt, ist besonders fatal, dass gleichzeitig der Gehalt an Schwefeldioxid sinkt. Denn Schwefelsäure hemmt das Wachstum von Algen und Pilzen. Allein diese entgegengesetzt verlaufende Entwicklung ist ein wesentlicher Grund dafür, dass in den letzten knapp 35 Jahren das Problem durch Mikroorganismen an Fassaden deutlich zugenommen hat.

Neben diesen Einflüssen kommen saisonale Unterschiede bei den Mikroorganismen hinzu. Durch die immer stärkere Eingrenzung von Bioziden in der Landwirtschaft kommt es zwangsläufig zu einer höheren Sporenkonzentration in den Sommer- und Herbstmonaten. Nicht ohne Grund wird in der zweiten Jahreshälfte vor allem der Cladosporium an Fassaden nachgewiesen, der sog. „Getreidepilz“. Dieser macht ca. ¾ der Sporenkonzentration der Außenluft in den Monaten Juni bis Oktober aus. Auch andere Pilze haben vor allem in den Sommermonaten Hochkonjunktur. Die nachfolgende Tabelle zeigt am Beispiel einiger Schimmelpilze die Unterschiede und verdeutlicht, dass es neben ganzjährig auftretenden auch nur temporär auftretende Arten gibt. Dies ist für den Zeitpunkt der Bestimmung von Schimmelpilzen an der Fassade eine wichtige Erkenntnis – oder anders ausgedrückt: ein falscher Zeitpunkt der Untersuchung kann falsche Ergebnisse liefern.

Zu allem Überfluss haben einige Algen, Pilze und vor allem Bakterien in den letzten Jahren Resistenzen gegen biozide Wirkstoffe entwickelt, so dass diese mit den herkömmlichen Bioziden nicht mehr bekämpft werden können. Die Hersteller sprechen mittlerweile von Wirkstofflücken gegenüber fassadenspezifischen Mikroorganismen. Zumal der Gesetzgeber den Einsatz biozider Wirkstoffe immer stärker reglementiert und auf ein notwendiges Minimum reduziert. Die Baustoffindustrie hängt hierbei an dem „Tropf“ der chemischen Industrie und ist auf die Wirkstoffe angewiesen, die z. B. für die Landwirtschaft entwickelt werden. Spezielle Biozide für Bauprodukte gibt es nicht. Dadurch klafft die Schere immer weiter auseinander: zunehmende Exposition durch Mikroorganismen auf der einen Seite und immer weniger Möglichkeiten der Bekämpfung auf der anderen Seite. Daher ist abzusehen, dass das Problem durch Algen und Pilze an der Fassade in den nächsten Jahren weiter zunehmen wird.

Bei mikrobiellem Befall wird zwischen dem Primär- und Sekundärbefall unterschieden. Beim Primärbefall werden die Untergründe direkt durch Algen oder Pilze befallen. Es liegen also ideale Wachstumsvoraussetzungen vor, so dass Mikroorganismen direkt auf dem Untergrund wachsen können. Dagegen spricht man von einem Sekundärbefall, wenn andere Faktoren ein Wachstum begünstigen oder erst ermöglichen. Dies liegt häuft vor, wenn eigentlich resistente Oberflächen dennoch befallen werden, da z. B. durch Verschmutzung die Nährstoffe zur Verfügung gestellt werden. Häufig sind diese Verschmutzungen eine Folge sog. Biofilme. Hierbei handelt es sich um einen hauchdünnen, transparenten und leicht klebrigen Überzug, den einige Mikroorganismen absondern, um ihren Lebensraum (Untergrund) zu schützen. Zum einen gegen Austrocknung, da diese Biofilme den Untergrund feucht halten und Schutz gegen Sonne und Wind bieten, zum anderen bleiben Schmutzpartikel und Aerosole an der klebrigen Oberfläche anhaften, was wiederum als Nahrungsquelle dient. Besonders problematisch ist, dass diese nicht oder kaum sichtbaren Biofilme ursächlich sind, dass biozide Wirkstoffe nicht in den Untergrund eindringen können, so dass eine biozide Behandlung des Untergrundes meist wirkungslos bleibt.

Die bisher genannten Aspekte sind äußere Einflussfaktoren, denen Gebäude zwangsläufig ausgesetzt und kaum beeinflussbar sind. Hinzu kommen bautechnische Einflüsse, die das mikrobielle Wachstum begünstigen und in Planung

Abb. 7.19 gut zu erkennen: durch den Dachüberstand bleibt die Fassade trocken und somit frei von Algen und Pilzen

Abb. 7.20 gut zu erkennen: durch den Dachüberstand bleibt die Fassade trocken und somit frei von Algen und Pilzen

und Ausführung beeinflusst werden können. An erster Stelle muss der konstruktive Feuchteschutz genannt werden, da moderne Architektur kaum noch Dachüberstände kennt. Infolgedessen wird über Regen viel Wasser an die Fassade geführt. Aber auch die richtige Gefälleausbildung im Sockelbereich oder an anderen, an das Gebäude angrenzende, Horizontalflächen wie z. B. Balkone und Terrassen sind elementar, um Wasser von der Fassade fernzuhalten. Zum konstruktiven Feuchteschutz zählt auch die sachgerechte Wasserableitung über Fensterbänke, Tropfkanten, an Verblechungen, Attiken und dgl. Die Ausführungs- und Detailplanung nimmt also eine nicht unerhebliche Rolle bei der Vermeidung von mikrobiellem Befall an Fassaden ein (siehe Abb. 7.19 und 7.20).

Einen großen Einfluss auf das Mikroklima von Fassaden nehmen die gesetzlichen Anforderungen z. B. zur Energieeinsparung. Durch eine luftdichte und energieeffiziente Gebäudehülle kommt es zu einer kompletten Veränderung der hygrothermischen Verhältnisse auf Fassadenoberflächen. Das Mikroklima der Oberfläche z. B. auf einem WDVS ist ideal für das Wachstum von Algen, Pilzen und Bakterien, da in Folge der thermischen Entkopplung keine Wärme mehr von innen nach außen entweichen kann, so dass kalte Oberflächen auf der Fassade entstehen. Sinkt die Temperatur der Putzoberfläche unter die der Außenluft, kommt es zur Oberflächenkondensation, die zu Tauwasserausfall führt. Besonders häufig beobachtet man dies in den späten Nacht- bis frühen Morgenstunden an der Nord- und Nord-Ost-Fassade des Gebäudes, häufig im Frühjahr und/oder Herbst. Während die Oberfläche an Ost- über Süd- bis zur Westfassade aufgrund der Erwärmung durch die Sonne tagsüber abtrocknen kann, bleibt die Nord- und Nord-Ost-Fassade lange kühl und feucht und ist somit für mikrobiellen Befall besonders anfällig.

Durch die kontinuierliche Zunahme der Dämmstoffdicken in den letzten Jahrzehnten hat sich dieser Effekt eher noch verstärkt. Kondensation und Tauwasserbildung wird aber nicht nur durch hohe Dämmstoffdicken verursacht, sondern auch durch Wärmebrücken sowie durch das Austreten von feuchter Luft an Lüftungsklappen oder Fensterstürzen (z. B. durch falsche Lüftung wie z. B. Kippstellung der Fenster).

Algen, Pilze und Bakterien treten auf der Oberfläche von Fassadenbeschichtungen auf. Daher ist es naheliegend, dass diese einen wesentlichen Einfluss auf den mikrobiellen Befall hat. Mineralische (anorganische) und organische Fassadenputze und -farben haben sehr unterschiedliche Eigenschaften, die das Wachstum von Algen, Pilzen und Bakterien fördern oder hemmen können. Eine der wichtigsten Eigenschaften ist der Feuchtehaushalt an der Oberfläche, der über ein ausgewogenes Verhältnis aus Feuchteaufnahme und -abgabe definiert wird. Seit Jahren streiten Experten darüber, ob die Oberfläche hydrophobe oder hydrophile Eigenschaften haben soll. Beide Ansätze verfolgen das Ziel, die Feuchtigkeit von der Oberfläche fernzuhalten – und dennoch sind beide Ansätze grundverschieden und haben ihre individuellen Vor- und Nachteile.

Einen weiteren Einfluss haben Bindemittel, Additive, Porosität und Schichtdicke sowie pH-Wert der Fassadenbeschichtung. Hinzu kommt die Verschmutzungsanfälligkeit, da z. B. elastische Farben im Rahmen der Risssanierung stärker verschmutzen, hingegen z. B. dickschichtige Edelkratzputze aufgrund ihrer Edelkreidung weniger Verschmutzungsneigung aufweisen. Neben den Nährstoffen von außen bieten Additive der meisten Putze und Farben zusätzlich eine hervorragende Nährstoffquelle. Verdickungsmittel, Tenside oder Entschäumer sind biologisch angreifbar. Auch der Farbton und der sich daraus ergebene Hellbezugswert haben Einfluss auf das mikrobielle Wachstum. Dunklere Farbtöne erwärmen die Oberfläche stärker und beschleunigen die Trocknung der Fassade. Wobei nicht der Farbton oder Hellbezugswert entscheidend ist, sondern die Absorptionsfähigkeit der Infrarotstrahlung.

Hinzu kommen individuelle Aspekte, die zu einem mikrobiellen Bewuchs an der Fassade führen können. Hierbei handelt es sich um Objekte, die „aus der Reihe" fallen wie z. B. das eine Gebäude, das mikrobiellen Befall zeigt, während andere Gebäude gleicher Bauart und/oder -alter sowie gleicher Ausführung in unmittelbarer Umgebung keinerlei Anzeichen diesbezüglich zeigen. Häufig handelt es sich um Einflüsse, die durch Planung und Ausführung sowie bau- oder materialtechnisch nicht beeinflusst werden können wie z. B. das Lüftungsverhalten des Bewohners. Bei falscher Lüftung (z. B. Kippstellung der Fenster) in Innenräumen mit erhöhter Luftfeuchtigkeit (z. B. Bäder) kommt es regelmäßig zu starkem Pilzbefall oberhalb der Fenster, da die feuchtwarme Luft (von innen) über die kalte Oberfläche der gedämmten Fassade (außen) entweicht und hierbei kondensiert. Der dadurch entstehende Wasserfilm liefert ideale Wachstumsbedingungen für mikrobiellen Befall (siehe Abb. 7.21).

Darüber hinaus müssen Veränderungen im Umfeld von Gebäuden genannt werden, die zum Zeitpunkt der Planung und Ausführung der Fassade noch nicht bekannt waren und die Wachstumsbedingungen beeinflussen. Gerade bei der Errichtung von Einfamilienhäusern in Neubaugebieten ist zum Zeitpunkt der Fassadenarbeiten die Außenanlage noch nicht erstellt. Wenn einige

Abb. 7.21 mikrobieller Befall oberhalb der Fenster in Kippstellung

Jahre nach Fertigstellung der Fassade das Gebäude von Bäumen und Sträuchern umringt wird und der Abstand zur Fassade sehr gering ist, kann dies das mikrobielle Wachstum begünstigen. Gleiches gilt, wenn durch Baumaßnahmen auf Nachbargrundstücken eine Verschattung der eigenen Fassade stattfindet.

Heute gilt als gesichert, dass alle Fassaden früher oder später bzw. mehr oder weniger stark durch Algen, Pilze und Bakterien besiedelt werden können, egal ob …

- die Oberfläche rau oder glatt ist,
- die Oberfläche hydrophob oder hydrophil ausgebildet ist,
- es sich um mineralische oder organisch gebundene Beschichtungen handelt,
- der Schutz gegen Mikroorganismen durch eine hohe Anfangsalkalität, den Einsatz von bioziden Wirkstoffen oder durch funktionale Oberflächen (z. B. Lotus-Effekt) und dgl. erreicht werden soll.

Diesen Grundsatz vorausgeschickt, sollen nachfolgend die verschiedenen Lösungsansätze beschrieben werden.

7.2.3.6.5 Lösungsansätze

Um das zunehmende Problem durch Algen, Pilze und Bakterien auf Fassaden zu lösen, werden grundsätzlich zwei Ansätze unterschieden: der präventive Ansatz, um mikrobiellen Befall zu vermeiden, sowie der bekämpfende Ansatz, um den vorhandenen mikrobiellen Befall zu beseitigen.

Beim präventiven Ansatz kommen sechs verschiedene Technologien und eine Methode zum Einsatz:

- Zugabe von bioziden Wirkstoffen,
- Verwendung hoch hydrophober Oberflächen,
- Steigerung des pH-Wertes über alkalische Oberflächen,
- Erhöhung der Wärmespeicherkapazität über die Schichtdicke,
- Einsatz von funktionalen Oberflächen und/oder
- Steuerung des hygrothermischen Mikroklimas der Oberfläche
- sowie die Optimierung der Rezeptur.

Diese Technologien basieren auf unterschiedlichen Wirkmechanismen und haben individuelle Vor- und Nachteile bzw. Anwendungsgrenzen, können miteinander kombiniert werden und kommen in den meisten Fällen sowohl bei präventiven als auch bekämpfenden Maßnahmen zum Einsatz.

Bevor man sich für einen der präventiven Ansätze entscheidet, sollten zunächst alle Möglichkeiten des konstruktiven Feuchteschutzes ausgeschöpft werden. In diesem Sinne sollten Maßnahmen gegen Spritzwasser, fach- und sachgerechte Anschlüsse, wasserabführende Ebenen, funktionstüchtige Horizontalabdeckungen, ausreichende Dachüberstände sowie entsprechende Tropfkanten geplant und sachgerecht ausgeführt werden. Übrigens: Dachüberstände schützen die Fassade nicht nur vor direkter Beregnung, sondern reduzieren auch die Wärmeabstrahlung gegenüber dem klaren Nachthimmel, womit häufig bereits die Bildung von Tauwasser verhindert oder zumindest reduziert werden kann.

Die Zugabe von bioziden Wirkstoffen ist immer noch der mit Abstand meistgewählte Ansatz, um das Wachstum von Algen, Pilzen und Bakterien auf Fassaden zu vermeiden, auch wenn diese in den letzten Jahren zunehmend in die Kritik geraten sind. Biozide Wirkstoffe gelten als gesundheitsgefährdend und umweltschädigend. Dies bzgl. wird auf entsprechende Publikationen des Umweltbundesamtes (UBA) verwiesen. Zur Wahrheit gehört auch, dass Biozid ausgerüstete Fassadenbeschichtungen derzeit die technisch und rechtlich sicherste und wirtschaftlich günstigste Variante darstellen, um Fassaden vor Algen-, Pilz- und Bakterienbefall zu schützen.

Biozide ist hierbei der Oberbegriff für algizide, fungizide und bakterizide Wirkstoffe. Seit einigen Jahren kommen sog. Breitbandbiozide zum Einsatz, die gegen eine Vielzahl von Algen-, Pilz- und Bakterienarten wirken und immer wieder angepasst werden, wenn Mikroorganismen Resistenzen gegen einzelne Wirkstoffe aufgebaut haben. Breitbandbiozide haben den Vorteil, dass sie wie ein „Generalist" gegen eine Vielzahl verschiedener Mikroorganismen wirken und dadurch den Nachteil, dass sie in ihrer Wirkung schlechter sind als gezielte Algizide, Fungizide und Bakterizide (vergleichbar mit einem „Spezialisten"). Für Beschichtungsstoffe an der Fassade stehen drei Wirkstoffe gegen Algen (u. a. Diuron) und fünf Wirkstoffe gegen Pilze und Bakterien (u. a. Zink-Pyrithion) zur Verfügung. In den meisten Fällen werden diese bioziden Wirkstoffe miteinander kombiniert, um eine möglichst breite Wirkung gegen die meisten Mikroorganismen zu erzielen.

Biozide Wirkstoffe müssen wasserlöslich sein, damit diese von den Mikroorganismen aufgenommen werden. Hierbei muss sichergestellt werden, dass die bioziden Wirkstoffe nur an der Oberfläche freigesetzt werden, um eine biozide Wirkung zu erzielen. Gleichzeitig müssen diese Wirkstoffe begrenzt wasserlöslich sein, damit diese durch Niederschläge nicht ausgewaschen werden. Man setzt deshalb verkapselte Wirkstoffe ein, um die Retardzeit (lat. = verzögern, verlangsamt wirkend) noch gezielter steuern zu können. Verkapselt heißt, dass der biozide Wirkstoff durch eine Polymerhülle (Durchmesser 10 bis 20 μm) geschützt wird, die auf den Wirkstoff und auf die Beschichtung abgestimmt sein muss.

Auch wenn die bioziden Wirkstoffe in den letzten Jahren weiter optimiert wurden, besteht das Problem, dass die Wirkstoffe mit der Zeit ausgewaschen werden. Ein dauerhaftes Ausbleiben von Algen-, Pilz- und Bakterienbefall kann daher nicht sichergestellt werden. Der Zeitraum, bis das biozide Depot in der Oberfläche der Fassadenbeschichtung aufgebraucht ist, wird von einer Vielzahl von Faktoren beeinflusst: Exposition der Oberflächen, Art und Menge der Wirkstoffe, Beständigkeit z. B. gegen UV-Strahlung usw. Hinzu kommt, dass die Mikroorganismen mit der Zeit immer wieder Resistenzen gegen die bestehenden Wirkstoffe aufbauen.

Apropos: Es existieren im Markt über die Menge der eingesetzten bioziden Wirkstoffe zum Teil abenteuerliche Vorstellungen. Da hilft in der Regel ein Fakten-Check: Von den ca. 30 Mio. m^2 verlegten WDVS pro Jahr werden ca. 27 Mio. m^2 mit einem Oberputz ausgeführt. Von diesen Putzflächen werden ca. 25 Mio. m^2 mit einer biozidhaltigen Fassadenfarbe gestrichen. Bei einem Verbrauch von 0,2 l pro m^2 und einem Anteil von 0,5 % biozider Wirkstoffe in einem Liter Farbe sind dies ca. 25.000 l biozide Wirkstoffe, die pro Jahr auf allen Fassaden im Bundesgebiet eingesetzt werden. Diese werden über einen Zeitraum von 5 bis 10 Jahren ausgewaschen. Bei einer durchschnittlichen Objektgröße von 500 m^2 sind dies 2 ml pro Gebäude. Ob diese bei Beregnung überhaupt das Grundwasser erreichen, ist bis heute nicht nachgewiesen.

Getreu dem Motto: was trocken bleibt, bleibt auch lange frei von Algen, Pilzen und Bakterien, werden alternativ hoch hydrophobe Beschichtungsstoffe eingesetzt, um eine Durchfeuchtung der Fassade zu vermeiden. Hydrophobe Beschichtungsstoffe haben bekanntlich einen Benetzungswinkel über 90°, so dass eine Benetzung der Oberflächen durch Regentropfen vermieden wird. Das Problem bei mikrobiellem Befall ist, dass dieser in der Regel an der Nord- und Nordostseite einer Fassade auftritt und durch taupunktbedingtes Kondenswasser auf Oberflächen entsteht, gegen das auch hoch hydrophobe Fassaden nichts ausrichten können. Kurzum: auch hoch hydrophobe Kunstharzputze und/oder Dispersionsfarben können durch Algen, Pilze und Bakterien befallen werden.

Bekanntlich wirkt eine hohe Alkalität (pH-Wert > 9) hemmend auf das Wachstum der meisten Algen, Pilze und Bakterien. Dem entsprechend hält sich hartnäckig die Meinung, dass Kalkfarben und -putze oder Silikatfarben und -putze geeignet sind, um einen mikrobiellen Befall auf natürliche Weise zu vermeiden. Diese Annahme ist nur bedingt richtig, denn zum einen baut sich die Alkalität an der Oberfläche durch chemische Reaktion mit der Kohlensäure der Luft relativ schnell ab (je nach Schichtdicke und anderer Faktoren innerhalb von 3 bis 9 Monaten) und zum anderen scheiden einige Mikroorganismen spezifische Stoffwechselprodukte aus, um die Alkalität ihres Habitats zu beeinflussen. Infolgedessen stellen alkalische Oberflächen nur eine temporäre Maßnahme dar, so dass auch die Oberfläche von Kalkfarben und -putzen oder Silikatfarben und -putzen nach einiger Zeit durch Algen, Pilze und Bakterien befallen werden (können).

Um das Entstehen von taupunktbedingtem Kondenswasser auf Fassadenoberflächen zu vermeiden, kann auch die Wärmespeicherkapazität erhöht werden. Diese wird durch die Wärmekapazität und die Masse des Baustoffs bestimmt. Eine Erhöhung der Schichtdicke führt zu einer Vergrößerung der Wärmespeicherkapazität, da die Masse des Baustoffs zunimmt und somit mehr Wärme speichern kann. Infolgedessen werden dickschichtige Wärmedämm-Verbundsysteme eingesetzt. Dickschichtig bezieht sich hierbei nicht auf den Dämmstoff, sondern auf den Unterputz (früher als Armierungsputz bezeichnet) und auf die Schlussbeschichtung (z. B. in Form eines klassischen Edelkratzputzes).

Seit knapp 20 Jahren werden Beschichtungsstoffe mit funktionalen Oberflächen angeboten, die auf den ersten Blick auf Nanotechnologie basieren und einen Selbstreinigungseffekt (besser bekannt unter Lotus-Effekt) versprechen oder mithilfe der Photokatalyse oder der Zugabe von Nanosilber ein mikrobielles Wachstum unterbinden sollen. Die praktische Erfahrung unter realen Bedingungen an einem Gebäude bestätigen diese Aussagen nicht. Die Kurzfassung: Für eine Fassadenoberfläche mit einem Lotus-Effekt muss bekanntlich eine Beregnung stattfinden, damit das Wirkprinzip funktioniert. Infolgedessen findet eine Selbstreinigung durch Berieselung unter Dachüberständen, Fensterbänken oder anderen nicht beregneten Flächen logischerweise nicht statt, was den mikrobiellen Befall auch dieser Fassadenoberflächen an diesen Stellen belegt. Photokatalytische Beschichtungen benötigen UV-Licht und zersetzen in erster Linie anorganische Partikel. Diese werden als Nahrung den Mikroorganismen entzogen, allerdings wirken diese Beschichtungsstoffe gegen Algen, Pilze und Bakterien nicht. Silber hat bekanntlich nur eine bakterizide Wirkung, so dass Algen und Pilze nicht bekämpft werden können. Selbst für einen Einsatz gegen Bakterien wären Zugaben von Nanosilber notwendig, die für eine Fassadenbeschichtung unbezahlbar wären.

Unter dem Stichwort „biozidfreie" Systeme werden ebenfalls seit knapp 20 Jahren hybride Beschichtungssysteme angeboten. Hybrid bedeutet in diesem Kontext eine Kombination aus einer hydrophoben und einer hydrophilen Beschichtung. Dieser Schichtaufbau kann z. B. aus einem hydrophoben Armierungsputz und einem hydrophilen Oberputz bestehen oder aus einem hydrophoben Oberputz und einem hydrophilen Anstrich. Der Ansatz basiert auf einem bauphysikalischen Wirkprinzip. Hydrophile Oberflächen werden zum einen in kapillaraktiv oder -saugend und zum anderen in spreizend oder benetzend unterschieden. Dieser Effekt soll sicherstellen, dass die Feuchtigkeitsaufnahme an der Oberfläche in die Fläche verteilt wird, um eine schnelle Abtrocknung sicherzustellen und gleichzeitig, dass diese nicht in den Untergrund eindringt und somit die Wandbaustoffe vor Durchfeuchtung geschützt werden. Das unterschiedliche Sorptionsvermögen verschiedener Baustoffe sollte deutlich mehr Beachtung finden, um Feuchtigkeit aufzunehmen, zwischenzuspeichern und anschließend wieder abzugeben.

Ein weiterer Ansatz zur Minimierung durch mikrobiellen Befall von Beschichtungsstoffen an der Fassade ist die Rezepturoptimierung der Putze und/oder Farben. Hierbei wird der Fokus darauf gelegt, nur Bindemittel, Zuschläge oder Füllstoffe, Additive und andere Zusatzstoffe einzusetzen, die gegen mikrobiellen Befall inert sind und nicht selbst als Nahrungsquelle für Algen, Pilze und Bakterien dienen.

Stellt sich abschließend die Frage, welche der o. g. Technologien unter technischen, ökologischen, ökonomischen und rechtlichen Gesichtspunkten das „beste" System zur nachhaltigen Vermeidung von Algen, Pilzen und Bakterien auf Fassaden ist und wie die Langzeiterfahrung aussieht. Ein direkter Vergleich der Systeme gestaltet sich schwierig, da diese auf unterschiedlichen Technologien basieren. Die Grafik gibt einen Überblick, ohne auf die objektspezifischen Parameter und unterschiedlichen Qualitäten der Hersteller einzugehen. Außerdem gibt es keine empirischen Daten von Langzeituntersuchungen, so dass die Einschätzung auf Erfahrungswerte des Autors in den letzten 30 Jahren basiert.

Mit den derzeit technischen Möglichkeiten kann ein mikrobieller Befall auf Fassaden nur für einige Jahre hinausgezögert werden. Je nach objektspezifischen Parametern, insbesondere der Exposition, sowie der eingesetzten Technologie liegt die Wirkungsdauer zwischen weniger als 5 Jahren und mehr als 15 Jahren. Ein dauerhaftes Ausbleiben von Algen, Pilzen und Bakterien auf wärmegedämmten Fassaden ist aufgrund der beschriebenen Aspekte nach derzeitigem Stand nicht möglich. Mit den bekannten Technologien lässt sich nur ein mikrobieller Befall hinauszögern. Zur Wahrheit gehört aber auch, dass weniger als 5 % der wärmegedämmten Fassaden einen Befall durch Algen, Pilze und Bakterien aufweisen und unter bestimmten Voraussetzungen auch nicht gedämmte Fassaden von Altbauten betroffen sind, z. B. an Wärmebrücken.

Bisher ist es üblich, dass die beschriebenen Technologien universell an einem Gebäude zum Einsatz kommen. Dies bedeutet, dass eines der ausgewählten Beschichtungssysteme an allen Fassaden zur Ausführung kommt, auch dann, wenn dies nicht notwendig ist. Schließlich ist bekannt, dass Algen, Pilze und Bakterien primär auf Fassaden mit einer Nordwest- bis Nordost-Ausrichtung auftreten und dem entsprechend die bioziden Wirkmechanismen auch nur dort notwendig wären. Ein individueller Ansatz würde die unterschiedlichen Technologien gezielt einsetzen, also z. B. Fassadenbeschichtungen mit bioziden Wirkstoffen nur an der Nordwest- bis Nordostfassade, hydrophobe Oberflächen oder funktionale Oberflächen nur dort, wo auch eine Beregnung stattfindet, hydrophile Oberflächen, wo eine ausreichende Trocknung der Fassade sichergestellt ist usw. In der Regel werden nur die „Wetterseiten" (meist Westfassaden) durch einen Schlagregen belastet so wie Tauwasser hauptsächlich an den Nord- bis Nordost-Fassaden ausfällt. Architekten und Planer sollten daher über einen individuellen Ansatz nachdenken. Oder um es mit einem Zitat des Soziologen Paul Watzlawick auszudrücken: „Wer als Werkzeug nur einen Hammer hat, sieht in jedem Problem einen Nagel." Ein Aspekt, der immer noch zu wenig Beachtung findet, ist die regelmäßige Inspektion und Wartung einer Fassade, so dass Bauherren einen Wartungsvertrag abschließen sollten, um aufkommenden Bewuchs gleich vorzubeugen.

7.2.3.6.6 Sanierung

Im Gegensatz zur Prävention muss bei der Sanierung zunächst der vorhandene mikrobielle Befall beseitigt werden. Hierbei ist eine gründliche Reinigung des Untergrundes durchzuführen und eine anschließende Trocknungszeit von mindestens 24 h zu beachten, bevor biozide Wirkstoffe zur Abtötung der Biomasse aufgetragen werden. Wichtig hierbei ist darauf zu achten, ob sich auf der Oberfläche mögliche Biofilme befinden, die vorher entfernt werden müssen, da die Breitbandbiozide sonst nicht in den Untergrund eindringen und ihre Wirkung nicht entfalten können.

7.2.3.6.7 Mikrobieller Befall aus Sicht der Juristen

Mikrobiologen und Bauphysiker sind sich in einschlägigen Publikationen einig, dass Algen, Pilze und Bakterien auf Fassaden eine „normale" Erscheinung darstellen und die Ursachen in einer komplexen Kombination aus veränderten Umweltbedingungen und energieeffizienter Bauweise liegen, neben weiteren Faktoren (auf Teil 1 des Artikels wird verwiesen). Dennoch fällt die juristische Bewertung von mikrobiellem Befall deutlich differenzierter aus und wird seit Jahren kontrovers diskutiert. Dies hat in erster Linie vertragsrechtliche Hintergründe und wird in einem Werkvertrag zwischen dem Auftraggeber (in der Regel der Bauherr) und dem Auftragnehmer (in der Regel das Bauunternehmen bzw. der Handwerksbetrieb) geregelt. In diesem Vertragswerk wird u. a. der Umfang der Leistungspflichten, insbesondere die vom Auftragnehmer geschuldete Leistung, festgelegt. Das Werkvertragsrecht verpflichtet den Auftragnehmer nach § 631 Abs. 1 BGB zur erfolgreichen Herstellung des versprochenen Werkes. Weist die Fassade mikrobiellen Befall auf, der als Mangel zu qualifizieren ist, ergeben sich daraus die Fragen, wer den Mangel zu verantworten und zu beseitigen hat und wer für den entstandenen Schaden haftet.

Daher stellt sich zunächst die Frage, ob Algen, Pilze und Bakterien auf einer Fassade überhaupt einen Mangel darstellen. Der Auftragnehmer hat sein Werk nach § 633 Abs. 1 BGB bekanntlich „frei von Sach- und Rechtsmängeln" herzustellen, wobei die Sachmängelfreiheit im BGB dreistufig aufgebaut ist: Diese liegt jedenfalls vor, wenn das Werk die „vereinbarte Beschaffenheit" aufweist (§ 633 Abs. 2 Satz 1 BGB). Ist eine Beschaffenheit nicht ausdrücklich oder in Auslegung des Vertrages vereinbart, so gilt das Werk als mangelfrei, wenn es sich „für die nach dem Vertrag vorausgesetzte Verwendung" (§ 633 Abs. 2 Satz 2 Nr. 1 BGB) oder sonst für die „gewöhnliche Verwendung eignet und eine Beschaffenheit aufweist, die bei Werken der gleichen Art üblich ist und die der Besteller nach der Art des Werkes erwarten kann" (§ 633 Abs. 2 Satz 2 Nr. 2 BGB). Dies bedeutet, dass es auf die im Werkvertrag vereinbarte Leistung des Auftragnehmers ankommt. Neben der Erfüllung der vereinbarten Qualität muss das Werk zudem funktionstüchtig sein. Obwohl diese im Rahmen der gesetzlichen Vorschriften des § 633 BGB nicht ausdrücklich aufgeführt ist, verspricht der Auftragnehmer zumindest „stillschweigend" bei Abschluss des Werkvertrages, die allgemein anerkannten Regeln der Technik einzuhalten und das Funktionieren des Werkes sicherzustellen.

Dies bedeutet, dass ein Wärmedämm-Verbundsystem, auf dem sich Algen, Pilze und Bakterien befinden, auch dann nach dem allgemeinen Mangelbegriff lt. BGB nicht mangelhaft sein kann, wenn es funktionsfähig ist und den vertraglichen Vereinbarungen oder nachgelagert dem üblichen Verwendungszweck entspricht. Niemand kann ernsthaft einem WDVS die Funktionsfähigkeit in Bezug auf Wärmeschutz, Feuchteschutz, Brandschutz, Schallschutz und/oder der Standsicherheit absprechen, nur weil sich auf der Oberfläche ein mikrobieller Befall befindet. Einig sind sich Mikrobiologen, Bauphysiker und Juristen, dass mikrobieller Befall auf Fassaden ein ästhetisches Problem und ein Ärgernis für den Bauherrn darstellen. Trotzdem wird die Funktions- und Gebrauchstauglichkeit einer Fassade durch die optische Beeinträchtigung nicht beeinträchtigt – und dies ist der entscheidende Punkt in der Frage nach einem Mangel durch Algen, Pilze und Bakterien.

Im Übrigen werden auch nur die o. g. bauphysikalischen Parameter im Rahmen der allgemein bauaufsichtlichen Zulassung geprüft und gelten zum Zeitpunkt der Montage eines WDVS an der Fassade. Diese Beschaffenheit gilt folgerichtig nur für den Zeitpunkt der Abnahme. Gesetzliche Regelungen, dass eine Fassade, die den natürlichen Einflüssen der Witterung sowie der Umwelt wie z. B. Bioaerosolen unterliegt, mangelhaft wird, wenn diese nicht einen definierten Zeitraum in einem optimalen Zustand verbleibt, wie er nur zum Zeitpunkt der Abnahme sein kann und anschließend einer natürlichen Alterung, Verschleiß und Abnutzung sowie einer Verschmutzung unterliegt, gibt es gerade nicht. Ein mikrobieller Befall einer ursprünglich mangelfrei hergestellten WDVS-Fassade ist gerade nicht über den Mangelbegriff lt. BGB abgedeckt. Der Gesetzgeber hat aus gutem Grund offen gelassen, wie sich die Beschaffenheit einer Fassade unter realen „Gebrauchsbedingungen“ über die Jahre verändert. Dieser „Verschlechterungsprozess“ ist im deutschen Recht weder als Mangel geregelt, noch findet sich dieser in der einschlägigen Rechtsprechung wieder (Anmerkung: Schließlich lässt man seinen PKW auch regelmäßig in einer Waschanlage reinigen und würde nicht auf die Idee kommen, wenn ein PKW mikrobiell verunreinigt ist, seinen Autohändler oder den Hersteller in Anspruch zu nehmen).

Anders sieht es aus, wenn ein Auftragnehmer explizit eine Zusicherung (bzw. Garantie nach § 443 BGB) gibt, dass sein Werk (in dem Fall die Fassade) über eine bestimmte Zeitdauer frei von Algen, Pilzen und Bakterien bleibt und dies im Werkvertrag als geschuldete Beschaffenheit vereinbart wird oder wenn das Werk keine übliche Beschaffenheit aufweist und/oder für die gewöhnliche Verwendung nicht geeignet wäre oder eine Abweichung von den allgemein anerkannten Regeln der Technik vorliegt. Gleiches gilt, wenn Algen, Pilze und Bakterien die Folge eines baulichen Mangels in der Planung und/oder Ausführung sind.

Für die Praxis bedeutet dies, dass Hersteller, Architekten und Handwerker auf die verschiedenen Möglichkeiten der Vermeidung von Algen, Pilzen und Bakterien proaktiv hinweisen und Vor- und Nachteile sowie Anwendungsgrenzen der o. g. Technologien objektiv benennen sollten. Wichtig ist, diese Hinweispflicht zu dokumentieren und sicher zu stellen, dass der Auftraggeber in Kenntnis aller Umstände eine eigene Entscheidung für die eine oder andere Art der Ausführung getroffen hat und sich im Nachhinein nicht darauf beziehen kann, dass er sich für eine andere Art entschieden hätte, wenn er vollumfänglich aufgeklärt worden wäre.

Abschließend noch ein Hinweis: Sachverständige neigen häufig dazu, mikrobiellen Befall als wesentlichen oder unwesentlichen Mangel zu bezeichnen oder die optische Beeinträchtigung als hinnehmbar oder nicht hinnehmbar einzustufen. Diese Einschätzung sollte ausschließlich einem Juristen vorbehalten bleiben und entspricht nicht dem gesetzlichen Mangelbegriff. Das Gesetz unterscheidet nur zwischen „mangelfrei“ und „mangelhaft“.

7.2.4 Dächer

7.2.4.1 Einleitung

Dächer unterliegen wie auch Fassaden einer starken Beanspruchung. Zu witterungsbedingten Einflüssen wie Regen, Schnee und Hagel kommen starke Temperaturwechsel von −30 °C bis +90 °C (Tag vs. Nacht sowie Sommer vs. Winter) oder von 10 bis 15 °C innerhalb weniger Minuten z. B. nach einem starken Sommergewitter sowie temporäre Perioden mit Hitzestaus oder Eisbildung hinzu. Außerdem werden Dächer mechanisch belastet durch Windsogkräfte oder durch Bewegungen innerhalb der Unterkonstruktion und/oder durch Druckbelastungen bei genutzten

Dachflächen. Neben diesen hygro-thermischen und mechanischen Belastungen kommen noch Umwelteinflüsse wie chemische Belastungen, UV-Strahlen sowie mikrobielle Belastungen und Schmutzablagerungen hinzu. Alle diese Belastungen beeinflussen die Funktionalität und Haltbarkeit von Dächern bzw. Dachabdichtungen. Zeigen sich dennoch irgendwann Durchfeuchtungen, Leckagen oder andere Anzeichen für eine Undichtigkeit, kann dies mehrere Ursachen haben. Nicht immer muss diese durch Feuchtigkeit von außen verursacht werden.

Im Kontext von Schimmelpilzbildung geht es vor allem um

- Undichtigkeiten in der Dachhaut,
- Anschlüsse an Kaminen und Schornsteinen (und Schornsteinabdeckungen)
- Durchdringungen durch Halterungen von Satellitenschüsseln oder Antennenanlagen,
- Dachfenster und Entlüftungsöffnungen,
- Leckagen an der Dachentwässerung
- verstopfte Regenrinnen und -fallrohre,
- falsch verlegte oder beschädigte Dampfbremsen sowie
- Flachdächer.

Besonders gefährdet sind alle Bereiche, in denen unterschiedliche Materialien mit unterschiedlichen Ausdehnungskoeffizienten aufeinandertreffen. Durch die hygro-thermischen und mechanischen Beanspruchungen sind diese Nahtstellen besonders kritisch. Abschließend müssen auch Wetterextreme wie Stürme und Gewitter genannt werden, die einen erheblichen Schaden am Dach anrichten können.

Das Auffinden von undichten Stellen an einem Dach ist nicht immer einfach. Während bei einem nicht ausgebauten Dachboden die Eintrittsstelle relativ schnell und einfach lokalisiert werden kann, gestaltet sich dies bei einem ausgebauten Dachboden ungleich schwieriger. Erste Anzeichen für Undichtigkeiten im Dachbereich können sehr unspezifisch sein und an verschiedenen Stellen sichtbar werden. Dies ist stark abhängig von der Art der Dachkonstruktion und der Tatsache, ob der Dachboden ausgebaut ist oder nicht. Neben Feuchtigkeitsflecken oder Verfärbungen an der Decke oder an Wänden im Geschoss unterhalb des Dachbodens kann sich erster Schimmelpilzbefall an Dachfenstern oder Wänden und Decken zeigen. Wird die Durchfeuchtung nicht oder sehr spät entdeckt, kann es in der Zwischenzeit zu Fäulnis und Wachstum holzzerstörender Pilze kommen. Besondere Eile ist geboten, wenn bereits Tropfgeräusche in Räumen unter dem Dachboden zu hören sind oder sich z. B. die Tapete ablöst und sich ein Wasserfilm darunter befindet.

7.2.4.2 Dachfenster

Dachfenster sind besonders häufig von Kondenswasser und Schimmelpilzbefall betroffen. Die Ursachen hierfür liegen in

- der Bauweise des Hauses,
- dem nutzungsbedingten Raumklima des Dachgeschosses sowie
- in der Geometrie und Materialität des Fensters.

Das Fenster dient hierbei als Feuchte-Indikator für zu hohe Luftfeuchtigkeit. Befindet sich das Dachfenster z. B. im Bad oder der Küche, sind beschlagene Fenster ein Zeichen für die erhöhte Feuchtigkeit nach dem Baden und Duschen oder dem Kochen. Im Schlafzimmer und Kinderzimmer sind sie vor allem in den Morgenstunden ein Ausdruck für die hohe Luftfeuchtigkeit, die durch Atmen und Schwitzen während der Nachtruhe entstanden ist. Ein Beispiel soll die Situation verdeutlichen: Bei einer Raumgröße von fünf mal vier Meter und einer Raumhöhe von zwei Metern ergeben sich 40 m^3 Raumvolumen. Wird eine durchschnittliche Raumtemperatur von 23 °C angenommen, ergeben sich bei 100 % relativer Luftfeuchtigkeit fast 1 l Wasser in Form von unsichtbarem Wasserdampf. Wenn diese „wassergeladene Luft“ an kalten Tagen an eine Fensterscheibe trifft, kondensiert dieser Wasserdampf und schlägt sich als Tauwasser an der Fensterscheibe nieder.

Eine der Hauptursachen liegt darin, dass die Luftfeuchtigkeit im Dachgeschoss oft am höchsten ist. Hier sammelt sich je nach Bauweise des Hauses (z. B. offenes Treppenhaus) die komplette Luftfeuchtigkeit, die im Haus durch Duschen, Kochen, Wäschetrocknen, Pflanzen und der Atmung der Bewohner anfällt. Diese Feuchtigkeit schlägt sich an der kältesten Stelle des Raumes nieder, was

Abb. 7.22 verschiedene Wärmebrücken an einem Dachfenster

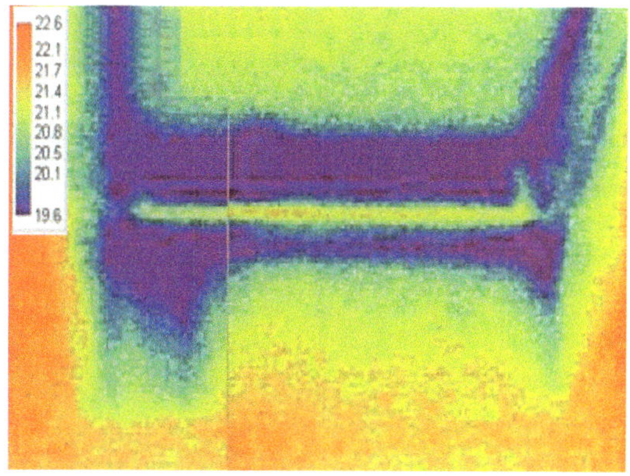

Abb. 7.23 verschiedene Wärmebrücken an einem Dachfenster

häufig die Dachfenster und die Laibungen sind. Das Kondenswasser zeigt sich durch beschlagene Fensterscheiben, einen Wasserfilm auf den Fensterdichtungen und irgendwann durch mikrobiellen Befall auf dem Fensterrahmen – vor allem, wenn es sich um Holzfenster handelt. Kondenswasser tritt auf, wenn die Temperaturunterschiede zwischen drinnen und draußen besonders hoch sind, also in kühlen Herbst- und kalten Wintermonaten. Im Gegensatz zu senkrechten Fenstern in der Fassade bilden schräge Dachfenster eine große Angriffsfläche für Regen, Schnee und Sturm. Sie kühlen daher viel stärker ab und bleiben länger kühl, wenn z. B. Schnee länger auf den Fenstern liegen bleibt. Weiterhin ist entscheidend, ob das Dachgeschoss beheizt wird. Dringt feucht-warme Luft in ein kühles Dachgeschoss, verstärkt sich das Problem noch zusätzlich an den Wärmebrücken.

Eine weitere Ursache klingt paradox, aber liegt an der modernen Bauweise. Hierzu gehören die energetischen Standards wie eine hohe Wärmedämmung bei einer gleichzeitig hohen Luftdichtigkeit. Feuchtigkeit kann heute nicht mehr über offene Fugen oder Undichtigkeiten entweichen, da die Gebäudehülle besser isoliert ist. Früher galten die „typischen" Zugerscheinungen durch undichte Fenster, offene Fugen oder ungedämmten und luftdurchlässigen Dächer als unangenehm und verursachten nebenbei bemerkt auch einen hohen Heizenergieverlust – gleichzeitig sorgten genau diese Öffnungen dafür, dass überschüssige Feuchtigkeit entweichen konnte. Heute sind Wärmedämmungen, dichte Fugen und Wärmeschutzverglasungen verantwortlich, dass die Heizenergie bzw. Raumwärme nicht mehr nach außen entweichen kann. Gleichzeitig verbleibt auch die Luftfeuchtigkeit im Rauminneren.

Ein Dachfenster ist zudem die perfekte Vorlage einer Wärmebrücke – und dies sowohl als materialbedingte Wärmebrücke als auch als geometrische Wärmebrücke. Je nach Bauweise kann auch eine konstruktionsbedingte Wärmebrücke vorliegen (siehe Abb. 7.22 und 7.23). Während bei senkrecht eingebauten Fenstern in der Fassade die feucht-warme Luft an den Fenstern vorbeiströmt, bieten schräg eingebaute Dachfenster eine große Angriffsfläche für die feucht-warme Luft. Dieser Aspekt wird noch verstärkt, wenn sich bei normalen Fenstern eine Fensterbank befindet, an der die Luftfeuchtigkeit vorbeigeführt wird, während diese bei Dachfenstern ungehindert auf die Konstruktion auftrifft. Selbst die Hersteller von Dachfenster räumen ein, dass sich durch die schräge Bauweise vermehrt Kondenswasser ansammeln kann.

Hat sich auf dem Dachfenster erst einmal Feuchtigkeit gebildet, spielt auch die Materialität eine Rolle. Holz, Farbe und Silikon sind alles Bestandteile eines Dachfensters und eben auch ideale Untergründe für das Wachstum von Schimmelpilzen, wenn Feuchtigkeit in ausreichendem Maß zur Verfügung steht (siehe Abb. 7.24 und 7.25). Auch wenn Schimmelpilze Kunststofffenster besiedeln können, bietet Holz für die Mikroorganismen bessere Voraussetzungen – erst recht, wenn die Holzfenster unbehandelt sind.

Abb. 7.24 mikrobieller Befall auf einem Dachfenster

Abb. 7.25 mikrobieller Befall auf einem Dachfenster

Abschließend sollen noch zwei Aspekte erwähnt werden: Häufig kommt es zur Bildung von Schimmelpilzen nach dem Austausch der alten Fenster und dem Einbau von Mehrscheiben-Isolierglas-Fenster. Die höhere Wärmedämmung der Fenster führt dazu, dass sich die Feuchtigkeit nun nicht mehr an den Fensterscheiben niederschlägt, sondern an anderen Bauteilen wie z. B. der Fensterlaibung. Und gleichzeitig weisen diese Fensterkonstruktionen keine Undichtigkeiten und somit keine Luftzirkulation mehr auf. Hohe Luftfeuchtigkeit kann infolgedessen nur noch durch ein verändertes Lüftungsverhalten oder über entsprechende raumlufttechnische Anlagen abgeführt werden. Des Weiteren zeigen unzählige Gutachten, dass das Hauptproblem von Kondensation und Schimmelpilzbefall an Dachfenstern in einer fehlenden, unzureichenden oder mangelhaft ausgeführten Wärmedämmung bei der Innenverkleidung bzw. am Übergang zum Dachfenster zu suchen ist.

7.2.4.3 Dampfsperren und Dampfbremsen

Wie bereits erwähnt ist die Luftfeuchtigkeit im Dachgeschoss in der Regel sehr hoch und schlägt sich an den kältesten Bauteilen wie z. B. Dachfenster und Fensterlaibungen oder Innenecken von Außenwänden (Wärmebrücken) nieder. Je nachdem, ob und wie das Dachgeschoss gedämmt wurde, können auch die Sparren als Wärmebrücken wirken. Hierzu ist entscheidend, ob eine Untersparren- oder Zwischensparrendämmung ausgeführt wurde. Selbst Durchdringungen wie z. B. Steckdosen können im Einzelfall zur Wärmebrücken werden. An diesen Stellen kondensiert die Feuchtigkeit, so dass Tauwasser anfällt und somit eine wesentliche Voraussetzung für Schimmelpilzbildung geschaffen wird. Dies sollen Dampfsperren oder -bremsen verhindern.

Durch die energetischen Standards wie eine hohe Wärmedämmung bei einer gleichzeitig hohen Luftdichtigkeit in Neubauten kann anfallende Luftfeuchtigkeit nicht mehr über offene Fugen oder Undichtigkeiten entweichen, da die Gebäudehülle besser isoliert ist. Früher galten die „typischen" Zugerscheinungen durch undichte Fenster, offene Fugen oder ungedämmten und luftdurchlässigen Dächer als unangenehm und verursachten einen hohen Heizenergieverlust. Gleichzeitig sorgten diese Öffnungen dafür, dass überschüssige Feuchtigkeit entweichen konnte. Heute sind Wärmedämmungen, dichte Fugen und Wärmeschutzverglasungen verantwortlich, dass die Heizenergie bzw. Raumwärme nicht mehr nach außen entweichen kann. Gleichzeitig verbleibt auch die Luftfeuchtigkeit im Rauminneren. Um Bauschäden durch zu hohe Luftfeuchtigkeit und taupunktbedingtes Kondenswasser zu vermeiden, werden Dampfsperren oder Dampfbremsen eingesetzt. Sie verhindern das Eindringen von feuchtwarmer Raumluft in die Dämmung. Da beide Begriffe oft synonym verwendet werden, sollen die Unterschiede kurz erklärt werden.

Die Dampfsperre ist eine diffusionsoffene Folie, die Wasserdampf nur in eine Richtung durchlässt: vom Innenraum nach außen. Die Dampfbremse hingegen ist eine diffusionsoffene Folie, die Wasserdampf in beide Richtungen durchlässt, also von innen nach außen sowie von außen nach

Tab. 7.1 Wirkungsgrade einer Dampfsperre und Dampfbremse

Wirkungsgrad	Sd-Wert	Feuchtigkeitsschutz
Diffusionsoffen	< 0,5 m	Gering
Diffusionshemmend (Dampfbremse)	> 0,5 m und < 1.500 m	Mittel
Diffusionsdicht (Dampfsperre)	> 1.500 m	Hoch

innen. Sie ist wasserdampfflexibel und kommt in den meisten Fällen zur Anwendung, da sie im Sommer wie auch im Winter feuchtigkeitsregulierend wirkt. Im Sommer ist die relative Luftfeuchtigkeit der Außenluft höher, im Winter die der Raumluft. Die technische Unterscheidung zwischen einer Dampfsperre und Dampfbremse erfolgt nach ihrem Wirkungsgrad – dem sd-Wert (siehe Tab. 7.1).

Der sd-Wert steht für die diffusionsäquivalente Luftschichtdicke. Im Gegensatz zum μ-Wert (Wasserdampfdiffusionswiderstand einer ruhenden Luftschicht) drückt der sd-Wert den Wasserdampfdiffusionswiderstand in Abhängigkeit zur Materialdicke aus. Dem entsprechend wird dieser wie folgt berechnet: $sd = \mu \cdot d$. Das „d" steht hierbei für die Materialdicke. Je höher der sd-Wert ist, umso schwieriger ist es für Wasserdampf, ein Material zu durchdringen. Diffusionshemmend bedeutet, dass nur ein Teil des Wasserdampfes durch das Material durchdringen kann, diffusionsdicht dagegen, dass so gut wie gar kein Wasserdampf durch das Material durchdringen kann. Allerdings gelten nur Glas und Metall als echte Dampfsperren.

Bei den Dampfbremsen handelt es sich um dünnschichtige Folienwerkstoffe, die meist aus Kunststoffen wie Polyethylen, Polyamid oder PVC bestehen. Ausführungen aus Aluminium werden hingegen als Dampfsperre bezeichnet.

Allgemein wird angenommen, dass eine absolut wasserdampfdichte Folie die Wärmedämmung im Dachgeschoss besser vor Feuchtigkeit schützen müsste. Die Erfahrung aus der Praxis zeigt, dass diese Dampfsperren eher problematisch sind und in den letzten Jahren zu deutlich mehr Schimmelpilzbefall geführt haben. Denn zum einen verhindern diese zwar, dass Feuchtigkeit von innen nach außen dringen kann, aber eben auch, dass keine Feuchtigkeit mehr von außen nach innen gelangt. Und gerade, wenn feuchte Dämmstoffe eingebaut wurden, können diese nicht mehr austrocknen und fangen an, zu „faulen" und zu schimmeln. Gleiches gilt, wenn das Holz von der Holzkonstruktion im Dachstuhl noch eine hohe Restfeuchte hat, die nicht mehr entweichen kann. Hohe Restfeuchtigkeit nach dem Einzug oder nach Sanierungen wird immer noch unterschätzt, obwohl diese mehrere Liter pro m^2 betragen kann. Bei kühleren Temperaturen kommt es unter der Dampfsperre auf dem Holz zu Kondensation und Tauwasseranfall. Außerdem müssen mangelhaft verklebte oder nachträglich beschädigte Dampfsperren genannt werden. Durch Undichtigkeiten kommt es trotzdem zu einer Durchfeuchtung durch Wasserdampf. Dies gilt auch für unfachmännisch ausgeführte Durchdringungen wie Steckdosen, Lichtschalter oder Leitungen.

Gerade diese Undichtigkeiten sind ursächlich für eine Reihe von Feuchtigkeitsschäden. Dies bezieht sich nicht nur auf die Ausführung während der Bauphase. Denn auch das spätere Anbringen von Bildern oder Hängeschränken durch die Bewohner kann zu einer Beschädigung der Folien durch die Befestigung führen. Die Erkenntnisse aus diesen Schäden führte zu hinterlüfteten Dampfsperren und somit zum Funktionsprinzip der Dampfbremsen.

Die Wirksamkeit (Dichtigkeit) einer Dampfbremse wird mit dem so genannten Blower-Door-Test (siehe Abschn. 6.3.5) durchgeführt. Mit diesem Differenzdruck-Messverfahren wird getestet, wo sich Leckagen wie z. B. Löcher oder nicht verklebte Nähte in der Dampfbremse befinden.

7.2.4.4 Flachdächer

Auch wenn der Name etwas anderes suggeriert, müssen auch Flachdächer ein gewisses Gefälle aufweisen. Man spricht von einem Flachdach, wenn die Dachneigung weniger als 10° beträgt. Um eine ausreichende Entwässerung sicherzustellen, sollte das Gefälle eines Flachdachs mindestens 2 % betragen. Beide Angaben – Gefälle oder Dachneigung – sind zulässig, wobei die Neigung in Grad und das Gefälle in Prozent angegeben wird. Ein ausreichendes Gefälle ist für Entwässerung eines Flachdachs unerlässlich. Flachdächer können als begehbare und nicht begehbare sowie begrünte Variante ausgeführt werden. Unterschieden wird außerdem zwischen Warmdach (nicht belüftetes Dach), Umkehrdach und Kaltdach (belüftetes Dach). Letzteres wird aufgrund von Konstruktionsmängeln heute nicht mehr gebaut.

Unter allen Dachformen unterliegt das Flachdach der stärksten Beanspruchung. Neben witterungsbedingten Einflüssen wie Regen, Schnee und Hagel kommen starke Temperaturwechsel von −30 °C bis +90 °C (Tag vs. Nacht sowie Sommer vs. Winter) oder von 10 bis 15 °C innerhalb weniger Minuten z. B. nach einem starken Sommergewitter sowie temporäre Perioden mit Hitzestaus oder Eisbildung hinzu. Außerdem werden Flachdächer mechanisch beansprucht durch Windsogkräfte oder durch Bewegungen innerhalb der Unterkonstruktion und/oder durch Druckbelastungen bei genutzten Dachflächen. Neben diesen hygro-thermischen und mechanischen Belastungen kommen noch Umwelteinflüsse wie chemische Belastungen, UV-Strahlen, mikrobielle Belastungen und Schmutzablagerungen sowie bei begrünten Flachdächern die Bepflanzung hinzu. Allen diesen Belastungen ist das Flachdach schutzlos ausgeliefert und sie beeinflussen die Funktionalität und Haltbarkeit in erheblichem Maße. Dennoch erfreuen sich Flachdächer aufgrund ihrer vielfältigen Nutzungsmöglichkeiten einer großen Beliebtheit: Sie werden als Dachterrasse, Grünfläche oder auch Parkdeck genutzt.

Gleichzeitig birgt ein Flachdach die Gefahr einer erhöhten Schadensanfälligkeit und somit einer damit verbundenen erhöhten Wartungsintensität. Neben den genannten äußeren Einflüssen werden auch Planungs- bzw. Konstruktions- und Ausführungsfehler für Schäden verantwortlich gemacht. Der häufigste und zugleich gravierendste Schaden an einem Flachdach ist seine Undichtigkeit. Experten vermuten, dass jedes zweite Flachdach bereits von Anfang an undicht ist. Das hauptsächliche Problem eines Flachdaches liegt darin, dass das Wasser nicht (wie z. B. bei einem Schrägdach) von sich aus abfließen kann. Daher sind Entwässerung und Abdichtung eines Flachdachs zentraler Bestandteil der Funktionalität und Haltbarkeit (siehe Abb. 7.26, 7.27, 7.28 und 7.29).

Abb. 7.26 Flachdächer und deren Bauteilanschlüsse und Durchdringungen gelten besonders anfällig für Undichtigkeiten und Feuchteschäden

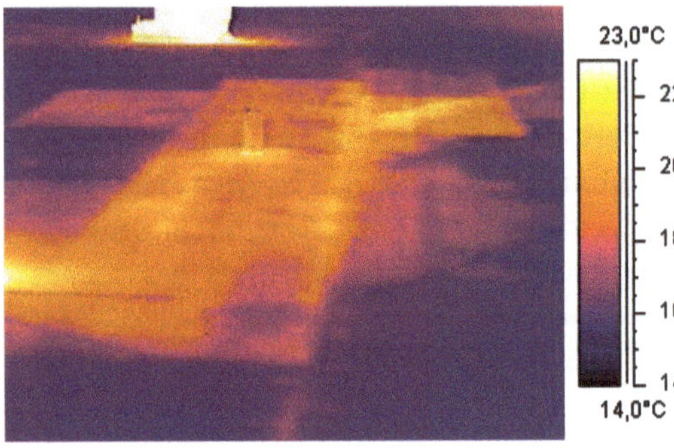

Abb. 7.27 Flachdächer und deren Bauteilanschlüsse und Durchdringungen gelten besonders anfällig für Undichtigkeiten und Feuchteschäden

Die Entwässerung ist in der DIN EN 12056, Teil 3 „Dachentwässerung, Planung und Bemessung" geregelt und unterscheidet in die Freigefälle- und Unterdruckentwässerung. Von entscheidender Bedeutung ist allerdings, dass eine Notentwässerung für das Flachdach sichergestellt wird. Außerdem muss ein Notüberlauf vorhanden sein, der nicht an das Entwässerungssystem angeschlossen werden darf, sondern frei auf das Grundstück geführt werden muss.

Die Abdichtung wird über die hierfür geltende Norm DIN 18351 geregelt, die in fünf Teile gegliedert ist. Teil 1 gilt für flache oder geneigte Dachflächen, wenn diese nur für Wartungsarbeiten oder zur Pflege betreten werden sowie für Dächer mit extensiver Begrünung. Im Teil 2 sind

Abb. 7.28 Flachdächer und deren Bauteilanschlüsse und Durchdringungen gelten besonders anfällig für Undichtigkeiten und Feuchteschäden

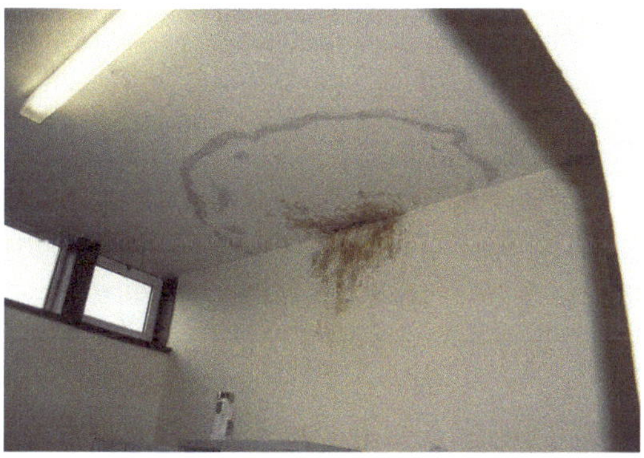

Abb. 7.29 Flachdächer und deren Bauteilanschlüsse und Durchdringungen gelten besonders anfällig für Undichtigkeiten und Feuchteschäden

intensiv begrünte Flachdächer mit einer Anstaubewässerung von bis zu 100 mm, Flachdächer mit Gehwegen oder Dachterrassen geregelt. Dieser Teil gibt auch Hinweise zur Nutzung der Flachdächer, um Beschädigungen an Abdichtungen durch nachträglich installierte Anlagen oder Aufbauten zu vermeiden. Teil 3 widmet sich Schäden an gealterten Dachbahnen, die aufgrund langanhaltender Frostperioden unter extremer Spannung stehen. Experten sprechen vom so genannten Shatterings (to shatter = zersplittern). Die mechanische Belastung führt zu einer punktuellen Konzentration von Spannung, so dass es zu Schäden kommt. Teil 4 widmet sich der Wartung und Teil 5 Balkonen, Loggien und Laubengängen.

Hauptproblem bei Flachdächern sind die Anschluss- und Abschlussdetails, an denen sich regelmäßig typische Schäden zeigen und zu Durchfeuchtungen führen. Ungeeignete oder die falsche Kombination unterschiedlicher Materialien können zu Spannungsrissen und Abrissen führen. An den Anschlüssen von Dichtungsbahnen kann es aufgrund eines unterschiedlichen Dehnungsverhaltens infolge kraftschlüssiger Verklebung von Profilen oder Blechen ebenfalls zu Spannungsrissen kommen. Gleiches gilt für fehlende oder falsch ausgeführte Dehnungsfugen oder durch die Übertragung von Bewegungen und Spannungen aus der Unterkonstruktion und/oder der Wärmedämmschicht auf die Abdichtungsebene, wenn eine vollflächige Verklebung einen Bewegungsausgleich unmöglich macht. Risse können auch durch Kerbspannungen bei versprödeten Außenschichten auf der Dachfläche verursacht werden.

Hinzu kommen konstruktive Ursachen, die zu Hinterläufigkeit und Durchfeuchtungen führen wie z. B. ungenügende Aufkantungs- und Anschlusshöhen, eine fehlende Verwahrung der Dichtungskante (Undichtigkeit durch fehlende Mauerabdeckprofile, Kappleisten, undichte Versiegelungen), ungenügende Befestigung der Dichtungsaufkantung sowie eine fehlende Randfixierung. Weitere Ursachen können eine mangelnde Standfestigkeit hochgeklebter Randabdichtungen sein, so dass zu einem Abrutschen kommt oder eine Materialermüdung aufgrund von Alterungsprozessen. Feuchtigkeit kann zudem über defekte Fugenversiegelungen oder durch unqualifizierte „Detaillösungen" mit PUR-Schaum, spritzbaren Dichtstoffen oder ungeeigneten Spachtelmassen eindringen. Weitere Schäden an Flachdächern können z. B. Blasenbildung bei Feuchtigkeitseinschluss in vollflächig verklebten Aufbauten, fehlende Trenn- und Schutzschichten sowie eine mechanische Perforierung durch ungewollten Bewuchs bei nicht wurzelfesten Abdichtungen sein. Verarbeitungsbedingte Ursachen können in Form einer fehlerhaften Verklebung oder durch das Ablösen verklebter Nähte sowie Feuchtigkeitseinschlüsse in verklebten Abdichtungen auftreten. Außerdem können eine falsche Anordnung und Höhendimensionierung der Abläufe, ein unzureichendes Höhengefälle, fehlende Notüberläufe und verstopfte Gullys sowie Rohrleitungen zu Durchfeuchtungen und Feuchteschäden führen.

Eher unbekannt ist, dass eine Verschlammung und Krustenbildung zu photochemischen Prozessen und infolgedessen zu Oberflächenspannungen und Rissen führen kann. Weiterhin müssen Sturmschäden und anschließende sintflutartige Regenfälle genannt werden.

Im Kontext zur Schimmelpilzbildung ist außerdem auf bauphysikalische Ursachen hinzuweisen wie z. B. eine ungenügende Wärmedämmung oder fehlende, unzureichende oder defekte Dampfsperren, die zu einem taupunktbedingten Tauwasseranfall führen können.

Wenn Feuchtigkeit erst einmal in die Flachdachkonstruktion eingedrungen und die Dämmschicht erreicht hat, ist eine Verdunstung oder Abtrocknung auf natürlichem Weg kaum mehr möglich. Die Folgen sind Feuchtigkeitsschäden in den Räumen des Dachgeschosses sowie der Verlust des Wärmeschutzes und des Kälteschutzes.

Um die genaue Stelle der Undichtigkeit zu lokalisieren, wird eine so genannte Leckortung am Flachdach veranlasst. Diese beinhaltet neben der Lokalisierung der Undichtigkeit und der Entfernung des Oberflächenwassers anschließend die Flachdachtrocknung.

7.3 Durchfeuchtung von innen

7.3.1 Einleitung

Innenräume unterliegen einer Vielzahl von Feuchteeinwirkungen. Die meisten von ihnen sind nicht sofort sichtbar und zeigen sich unter Umständen erst zeitversetzt, unter Umständen sogar erst Monate später, wie z. B. in einer hohen Restfeuchte nach einem Einzug oder einer durchgeführten Sanierung. Des Weiteren überlagern sich häufig unterschiedliche Ursachen, so dass eine kausale Zuordnung zu einem Schimmelpilzbefall schwierig ist.

Eine Durchfeuchtung der Innenräume kann direkt erfolgen z. B. durch einen sporadischen Wasserschaden oder indirekt z. B. durch taupunktbedingte Oberflächenkondensation an Wärmebrücken. Durchfeuchtungen können temporär auftreten wie z. B. bei einem Leitungswasserschaden oder permanent z. B. bei einer nicht entdeckten Leckage. Die Ursachen können baulich bedingt sein z. B. bei einer unzureichenden Wärmedämmung oder einer defekten Dampfbremse, aber auch nutzungsbedingt z. B. durch ein falsches oder unzureichendes Heiz- und/oder Lüftungsverhalten.

Allein die Durchfeuchtung der Gebäudehülle von außen über die erdberührten Bauteile oder Fassade mit ihren Undichtigkeiten an Bauteilübergängen bzw. An- und Abschlüssen kann unterschiedliche Auswirkungen auf den Feuchtegehalt von Innenräumen haben und ursächlich für mikrobiellen Befall sein.

Die Komplexität bei Durchfeuchtungen als Ursache(n) für Schimmelpilzbefall zeigt sich an einem fiktiven Beispiel: Vor dem Einzug oder im Rahmen einer Sanierung wurde eine Innenfarbe aufgetragen, die eine zu geringe Wasserdampfdiffusionsfähigkeit besitzt oder wie dies umgangssprachlich bezeichnet wird: die Farbe kann nicht „atmen". Wurde diese Farbe durch den Vermieter beauftragt, handelt es sich um einen baulichen Mangel, wurde diese dagegen vom Mieter aufgetragen, ist hierfür der Mieter verantwortlich und kann unter Umständen von Vermieter sogar belangt werden. Eine Ursache – zwei unterschiedliche Verursacher.

Ein zweites fiktives Beispiel: Durch eine Möblierung an den Innenseiten nicht gedämmter Außenwände kommt es zum Schimmelpilzbefall. Der technische Sachverständige argumentiert, dass dies nutzungsbedingt in den Zuständigkeitsbereich des Mieters fällt, der einen ausreichenden Abstand der Möbel nicht eingehalten hat und somit die Luftzirkulation behindert. Der Fachanwalt für Mietrecht sieht dies nicht so und argumentiert, dass die Wohnung damit nicht den vertragsgemäßen Zustand hat und diese Einschränkung hätte vertraglich vereinbart werden müssen. Für ihn ist der Vermieter schuld – ein Sachverhalt, zwei unterschiedliche Standpunkte. Technische Sachverständige argumentieren mit der Bauphysik, Juristen mit der Gesetzgebung und Rechtsprechung.

Ein drittes fiktives Beispiel: Die Wohnung weist nachweislich eine überdurchschnittliche Luftfeuchtigkeit auf. Der Sachverständige weist nach, dass der Mieter zu wenig oder falsch lüftet und/oder überdurchschnittlich viel Feuchtigkeit produziert, z. B. durch eine Vielzahl an Pflanzen, durch Wäschetrocknen in der Wohnung oder eine Überbelegung usw. Tritt dieser Fall im Altbau mit einer normalen Fensterlüftung ein, wäre hierfür der Mieter verantwortlich. Handelt es sich allerdings um einen Neubau mit einer raumlufttechnischen Lüftungsanlage (Zwangsbelüftung), wäre hierfür der Vermieter zuständig – ein Sachverhalt, je nach Alter des Gebäudes bzw. seiner Ausstattung zwei unterschiedliche Verantwortungen.

7.3.2 Oberflächenkondensation

7.3.2.1 Einleitung

Es ist allgemein bekannt, dass warme Luft mehr Feuchtigkeit bzw. Wasserdampf aufnehmen kann als kalte Luft. Trifft feucht-warme Raumluft auf kältere Oberflächen, erhöht sich die relative Luftfeuchtigkeit. Wird die Sättigungsfeuchte (= 100 % relative Luftfeuchte) erreicht, ist die Raumluft komplett mit Wasserdampf gesättigt. Dies bedeutet, dass die Raumluft keinen zusätzlichen Wasserdampf mehr aufnehmen kann. Steigt die Luftfeuchtigkeit weiter an und/oder sinkt die Oberflächentemperatur, entsteht Kondenswasser. Man kennt dieses Phänomen z. B. von beschlagenen Spiegeln im Bad nach dem Duschen oder Baden, von beschlagenen Fensterscheiben im Winter z. B. in den Morgenstunden im Schlafzimmer oder auch von einem kühlen Getränk in den Sommermonaten. Dieses Kondenswasser tritt auf, wenn die Oberfläche kälter als die so genannte Taupunkttemperatur ist. Der gleiche bauphysikalische Vorgang entsteht, wenn Kondenswasser auf Bauteiloberflächen entsteht, z. B. auf stoffbedingten, geometrischen oder konstruktionsbedingten Wärmebrücken.

Ein Beispiel: Bei einer Temperatur von 30 °C und 50 % relative Luftfeuchte beträgt die absolute Luftfeuchtigkeit ca. 15 g pro m^3. Eine relative Luftfeuchte von 100 % liegt vor, wenn die Temperatur 18 °C beträgt. Der Taupunkt (oder auch Kondensationspunkt genannt) liegt demnach bei 18 °C. Sinkt die Temperatur unter 18 °C, muss die Raumluft Feuchtigkeit abgeben, da sie keine weitere Feuchtigkeit aufnehmen kann – es fällt Tauwasser bzw. Kondenswasser aus.

Tauwasser kann auf Bauteiloberflächen oder in Bauteilquerschnitten ausfallen. In der DIN 4108 Teil 2 „Mindestanforderungen an den Wärmeschutz" wird der Tauwasserausfall auf Oberflächen von Bauteilen behandelt. Dieser rechnerische Nachweis zum Tauwasserausfall auf Oberflächen erfolgt hinsichtlich des Nachweises zum hygienischen Wärmeschutz und der Verhinderung eines Schimmelpilzbefalls. In dem Zusammenhang hat der so genannte f_{Rsi}-Wert eine gewisse Bedeutung. In der DIN 4108 Teil 3 „Klimabedingter Feuchteschutz" wird hingegen der Tauwasserausfall im Inneren von Bauteilen behandelt.

Die Taupunkttemperatur kann sehr einfach berechnet werden. Kondenswasser fällt aus, sobald die Oberflächentemperatur tiefer sinkt als die Taupunkttemperatur der Raumluft. Oder anders ausgedrückt:

$$f_{Rsi}\text{-Wert} = \theta si - \theta e / \theta i - \theta e$$

Bezogen auf das Normklima von 20 °C und 50 % relative Luftfeuchte bedeutet dies:

$$f_{Rsi}\text{-Wert} = \frac{\text{Temperatur der Innenoberfläche des Bauteils minus } -5\,°\text{C}}{20\,°\text{C Temperatur der Raumluft innen minus } -5\,°\text{C}}$$

Der einzuhaltende Grenzwert lt. DIN 4108 (f_{Rsi}-Wert) beträgt demnach $\geq 0{,}7$ bzw. 12,6 °C Oberflächentemperatur an den ungünstigsten Stellen (Wärmebrücken). Kritiker bemängeln, dass mit dem f_{Rsi}-Wert in der Norm eine Prognose zur Schimmelpilzwahrscheinlichkeit nur auf Basis von Temperaturangaben und einem theoretischen Feuchtewert nach Normklima (20 °C Raumtemperatur und 50 % rel. Feuchte) getroffen wird, ohne die tatsächlichen Feuchtewerte zu berücksichtigen. Gerade in häuslichen Bädern oder Schlafzimmern kommt es häufig zu höheren Feuchtebelastungen. Hinzu kommt, dass in Innenecken von Außenwänden unterschiedliche Wärmebrücken zusammentreffen und sich infolgedessen unterschiedliche Temperaturen ausbilden. Auf der Oberfläche der Innenwände stellen sich niedrigere Temperaturen ein als in den Kanten und Ecken (zweidimensionalen Wärmebrücken). Daher kommt es in diesen Bereichen zu einem höherem Schimmelpilzrisiko. Bei einer Außentemperatur von z. B. −10 °C, die in den Nachtstunden der ohnehin schimmelkritischen Wintermonate nicht unüblich ist, wird eine niedrigere Wandoberflächentemperatur von 11 °C zugestanden, was der eigenen Norm mit der minimal zulässigen Wandoberflächentemperatur von 12,6 °C widerspricht. Auf die raumklimatischen Bedingungen z. B. in einem Schlafzimmer übertragen (Raumtemperatur z. B. 18 °C, Wandtemperatur 9,6 °C und Außentemperatur von −10 °C) bedeutet dies, dass selbst bei einem nach Norm zulässigen f_{Rsi}-Wert von 0,7 eine Wandoberflächentemperatur knapp oberhalb des Taupunktes und Feuchtewerte von fast 100 % als zulässig erklärt werden, so dass mit einer hohen Wahrscheinlichkeit eine Schimmelpilzbildung nicht ausgeschlossen werden kann, zumal bekannt ist, dass sich einige Schimmelpilzarten auch schon bei einem a_W-Wert unter 0,7 ansiedeln können.

Neben klassischen Wärmebrücken müssen zusätzlich Undichtigkeiten und/oder Luftströmungen beachtet werden sowie der Einbau neuer Mehrscheiben-Isolierglas-Fenster ohne ein ganzheitliches Wärmeschutzkonzept. Außerdem spielt auch die Wasserdampfdiffusionsfähigkeit von Beschichtungen oder Belägen eine Rolle bei der Bildung von taupunktbedingtem Kondenswasser.

7.3.2.2 Wärmebrücken

Wärmebrücken werden umgangssprachlich und fälschlicherweise auch als Kältebrücke bezeichnet. Bauphysikalisch gesehen ist dies nicht korrekt, da diese Bauteilbereiche eines Gebäudes, in der Regel die Gebäudehülle, eine höhere Wärmestromdichte aufweisen als die benachbarten Bauteilbereiche. Das entsprechende Bauteil kühlt schneller aus. Infolgedessen geht es um Wärmeverluste, da Wärme von innen nach außen transportiert wird (und nicht Kälte von außen nach innen). Wärmebrücken sind eine wärmetechnische Schwachstelle in der Baukonstruktion, da es in diesen Bauteilbereichen zu erhöhten Wärmeverlusten kommt. Man spricht bei Wärmebrücken daher auch von „gestörten" Bauteilen, da es in diesen Bauteilbereichen zu einer Absenkung der Temperatur kommt, die meistens noch in benachbarte Bauteile abstrahlt. Infolgedessen machen sich Wärmebrücken in der kälteren Jahreszeit bzw. in der Heizperiode stärker bemerkbar. Aufgrund der erhöhten Wärmeleitung entstehen in diesen Bauteilbereichen nicht nur ein höherer Wärmeverlust, sondern auch kühlere Temperaturen als auf den benachbarten Bauteilen, so dass es zum Ausfall von taupunktbedingtem Kondenswasser kommen kann.

Aufgrund der höheren Wärmestromdichte im Bereich von Wärmebrücken verringern sich die Oberflächentemperaturen des Bauteils auf der Rauminnenseite. Dies hat unterschiedliche Auswirkungen: durch das geringere Temperaturniveau des kühleren Bauteils kommt es in der Grenzschicht der Luft zu einer Erhöhung der relativen Luftfeuchte und dem Ausfall von Tauwasser auf der Bauteiloberfläche. Ab einer relativen Luftfeuchte von 80 % können die Voraussetzungen für einen Schimmelpilzbefall vorliegen. Hinzu kommt, dass die stärkere Abkühlung auf der Raumseite der Baukonstruktion subjektiv wahrgenommen wird. Das Bauteil wird aufgrund von Strahlungsasymmetrien als kalt empfunden und somit als unbehaglich wahrgenommen.

Wärmebrücken können verschiedene Ursachen haben. Hierzu zählen im Wesentlichen die Geometrie und Form der Gebäudehülle, der Einsatz unterschiedlich wärmeleitender Baustoffe und Materialien sowie konstruktionsbedingte Elemente. Infolgedessen werden Wärmebrücken in drei Kategorien eingeteilt:

- materialbedingte (oder auch stoffbedingte) Wärmebrücken
- geometriebedingte Wärmebrücken
- konstruktionsbedingte Wärmebrücken

Gelegentlich werden Undichtigkeiten in der Gebäudehülle, die zu Luftströmungen führen, als konvektive oder auch massenstrombedingte Wärmebrücken bezeichnet. Dieser Begriff ist eher unüblich und wird auch in der DIN EN ISO 10211 „Wärmebrücken im Hochbau – Wärmeströme und Oberflächentemperaturen" nicht erwähnt. Wärmebrücken können auch in Kombination auftreten.

Wärmebrücken können außerdem durch unsachgemäße Ausführung entstehen, also verarbeitungsbedingte Ursachen haben. Hierzu gehören z. B. Fehlstellen in der Wärmedämmung oder eine mangelhafte Ausführung von Anschlüssen wie z. B. dem Fugendichtband zwischen einem WDVS und der Fensterbank. Bei einem hoch wärmedämmenden Mauerwerk kann dies z. B. das Ausfüllen von zu dicken Mauerwerksfugen mit Mörtel sein, der eine deutlich höhere Wärmeleitung hat als ein wärmedämmender Leichthochlochziegel.

7.3.2.3 Material- oder stoffbedingte Wärmebrücken

Material- oder stoffbedingte Wärmebrücken entstehen durch einen Wechsel der Wärmeleitfähigkeit verschiedener Baustoffe innerhalb eines oder mehrerer Bauteile. Typische Wärmebrücken dieser Art sind z. B. Betonstürze über Türen und Fenstern in hoch wärmedämmenden Mauerwerken, Skelettbauweise aus Stahlbetonstützen und ausgemauerten Leichthochlochziegeln, Fachwerk mit Lehmsteinen oder Geschossdecken und auskragende Balkone. Zu dieser Art von Wärmebrücken gehört auch, wenn Baustoffe mit einer höheren Wärmeleitfähigkeit wie z. B. Stahl andere Baustoffe mit einer niedrigeren Wärmeleitfähigkeit wie z. B. Wärmedämmstoffe durchdringen, wie dies z. B. bei Befestigungen wie Dübel oder Durchdringungen (Halterungen) in einem Wärmedämm-Verbundsystem der Fall ist. Da diese Baustoffe eine unterschiedliche Rohdichte und Wärmeleitfähigkeit besitzen, ist auch der Wärmestrom nicht homogen. Infolgedessen kommt es zu abweichenden Wärmeströmen und Oberflächentemperaturen. Besonders gut kann man dies an dem Beispiel der Dübel zur Befestigung der Wärmedämmplatten in einem WDVS erklären: durch die schlechtere Wärmeleitfähigkeit des Befestigungsdübels aus Kunststoff treten höhere Wärmeströme auf, die dazu führen, dass die Fläche oberhalb des Dübels wärmer ist als die angrenzenden gedämmten Flächen und schneller abtrocknet. In der Praxis zeigt sich dies durch ein Abzeichnen des Befestigungsdübels, vor allem an Fassaden, die durch Algen und Pilzen besiedelt sind.

Um Wärmebrücken sichtbar zu machen, wird die so genannte Thermografie eingesetzt (siehe Abschn. 6.3.3). Thermografieaufnahmen helfen, Schwachstellen der Gebäudehülle und Unregelmäßigkeiten in Bauteilen festzustellen und zu lokalisieren.

7.3.2.4 Geometriebedingte Wärmebrücken

Als geometriebedingte (oder geometrische) Wärmebrücken werden die Bauteilbereiche bezeichnet, die in der Gebäudehülle einen größeren Wärmedurchlass ermöglichen als sonstige Bauteile, so dass geometriebedingte Temperaturunterschiede an der Oberfläche auftreten. Typisches Beispiel für Wärmebrücken dieser Art sind Innenkanten von Außenwänden: Die kleinere wärmeaufnehmende Fläche der Innenseite (Innenecke im Innenraum) steht in Relation zur größeren wärmeabgebenden (abkühlenden) Außenfläche (Außenecke der Fassade). Man spricht vom so genannten „Kühlrippeneffekt", da die raumseitige Oberflächentemperatur der Kante deutlich niedriger ist als an der übrigen Wandoberfläche. Gleiches gilt z. B. für Erker, Gauben oder ähnliche Bauteile. In diesen Bereichen führt ein energetisch ungünstiges Verhältnis zwischen Innen- und Außenoberfläche zur erhöhten Ableitung von Wärme.

Geometrische Wärmebrücken treten häufig in Kombination mit konstruktiven Wärmebrücken auf (siehe Abb. 7.30, 7.31, 7.32 und 7.33).

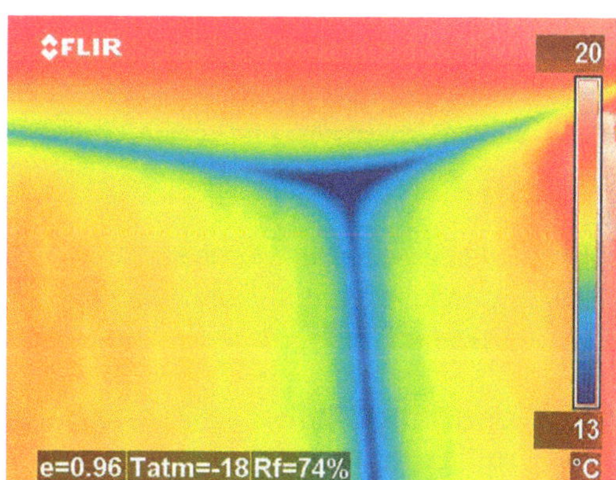

Abb. 7.30 Thermografieaufnahme verschiedener Wärmebrücken

Abb. 7.31 Thermografieaufnahme verschiedener Wärmebrücken

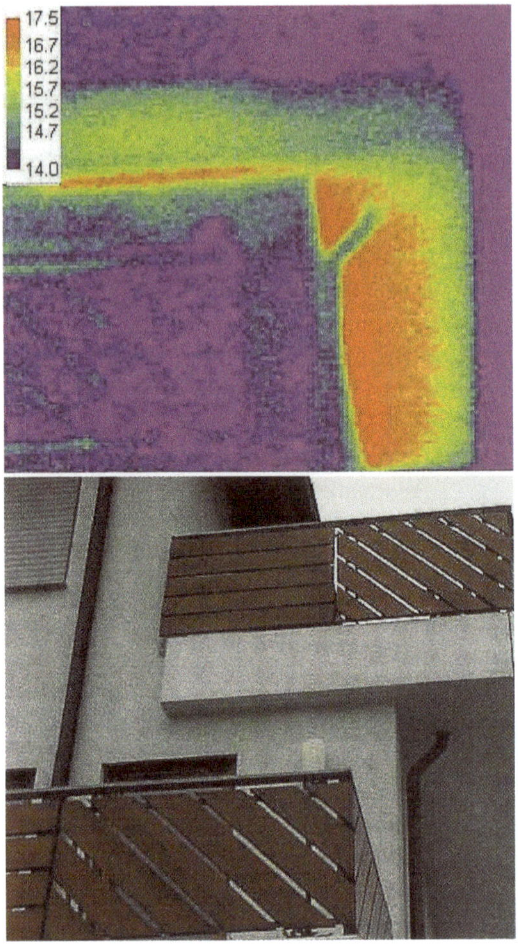

Abb. 7.32 Thermografieaufnahme verschiedener Wärmebrücken

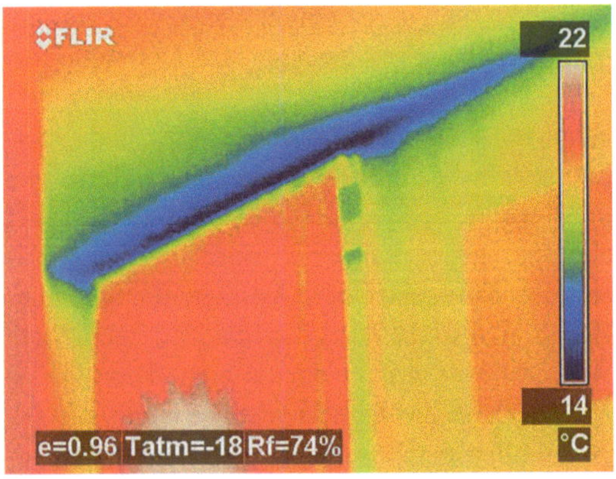

Abb. 7.33 Thermografieaufnahme verschiedener Wärmebrücken

7.3.2.5 Konstruktionsbedingte Wärmebrücken

Unter einer konstruktionsbedingten Wärmebrücke werden Bauteilbereiche verstanden, die durch eine Querschnittsveränderung gekennzeichnet sind. Diese treten immer dann auf, wenn die wärmedämmende Gebäudehülle an bestimmten Bauteilen „geschwächt" wird, also die Bauteildicke z. B. eines Mauerwerks an bestimmten Stellen wie z. B. Schlitzen zur Aufnahme von Installationsleitungen, Heizkörpernischen oder Fensterlaibungen geringer ist als bei einem homogenen Mauerwerk. Aufgrund der geringeren Bauteildicke reduziert sich der Wärmedurchlasswiderstand, so dass an diesen Stellen der Gebäudehülle ein größerer Wärmedurchlass stattfindet und konstruktionsbedingte Temperaturunterschiede an der Oberfläche auftreten.

Konstruktionsbedingte Wärmebrücken treten häufig in Kombination mit geometriebedingten Wärmebrücken auf.

7.3.2.6 Undichtigkeiten und Luftströmungen

Undichtigkeiten in der Gebäudehülle und/oder innerhalb eines Gebäudes sowie dadurch verursachte Luftströmungen (Konvektion) in einem Bauteil treten häufiger auf, als allgemein angenommen wird. Des Weiteren wird die Gefahr, die durch den Feuchtetransport aufgrund von Luftströmungen verursacht wird, häufig aus Unwissenheit unterschätzt. Denn über die Konvektion können wesentlich höhere Feuchtigkeitsmengen durch eine Baukonstruktion transportiert werden als durch Diffusion. Experten gehen davon aus, dass durch Konvektion 100 bis zu 1000-mal mehr Feuchtigkeit transportiert und in die Baukonstruktion eingebracht werden kann als durch Diffusion.

Ein Beispiel: durch eine fugenfreie Dämmkonstruktion mit einer Dampfbremse mit einem sd-Wert von 30 m diffundieren an einem Wintertag (Normklima: Innentemperatur 20 °C, Außentemperatur –10 °C und einer Windstärke von 2 bis 3 = Druckdifferenz 20 Pa) etwa 0,5 g Wasser pro m^2 in die Baukonstruktion. Bei gleichen klimatischen Bedingungen würden im gleichen Zeitraum über Konvektion über eine 1 mm breite und 1 m lange Fuge in der Dampfbremse 0,8 l Feuchtigkeit in die Baukonstruktion einströmen. Das entspricht einer Verschlechterung um den Faktor 1.600.

Konvektion resultiert aus Undichtigkeiten der Gebäudehülle, daher spricht man auch von konvektiven oder auch massenstrombedingten Wärmebrücken. Diese werden neben den temperaturbedingten Druckunterschieden zwischen warmer und kalter Bauteiloberfläche auch infolge vorherrschender Windverhältnisse beeinflusst. Undichtigkeiten in der Gebäudehülle können an einer Vielzahl von Bauteilen auftreten wie z. B. an Fenster- und Türanschlüssen, Rollladenkästen, Rohrdurchführungen oder im Dachbereich z. B. an Dampfbremsen. Eher unbekannt ist dagegen, dass Konvektion auch innerhalb von Gebäuden stattfindet wie z. B. in der Geschossdecke zwischen dem Obergeschoss und einem nicht luftdichten Dachgeschoss oder an der Bodenluke. Außerdem müssen z. B. Steckdosen und Spülkästen genannt werden.

Sind Bauteile nicht ausreichend luftdicht, kann feucht-warme Raumluft von innen nach außen strömen. Dabei kühlt sich die Luft und die sich darin befindliche Luftfeuchtigkeit ab, was zu taupunktbedingtem Kondenswasser führen kann. Anders als bei Oberflächenkondensation fällt bei der Konvektion das Tauwasser im Bauteilquerschnitt aus. Besonders bedenklich ist, dass konvektionsbedingtes Kondenswasser bei den üblichen Tauwasserberechnungen nicht erfasst wird!

Konvektion ist allerdings nicht nur ein bauphysikalisches Problem, sondern beeinflusst in subjektiver Weise auch die Behaglichkeit von Innenräumen. Denn neben Temperatur und Feuchtigkeit der Raumluft und von Oberflächen sowie weiteren Einflüssen wie z. B. Gerüche spielen auch Luftbewegungen eine wichtige Rolle für das Wohlbefinden in Innenräumen. Diese werden wahrgenommen, wenn sie eine Strömungsgeschwindigkeit von 0,5 m pro Sekunde überschreiten. Als störend werden diese Luftbewegungen empfunden, wenn die Strömungsgeschwindigkeit zwei bis drei Meter pro Sekunde überschreiten. Hierbei kommt es nicht nur auf die bloße Anwesenheit einer undichten Stelle an, sondern auch auf Lage, Form und Temperatur der einströmenden Luft. Allgemein gilt, dass ein Temperaturunterschied von mehr als 10 °C beim Eintritt als unangenehm oder unbehaglich empfunden wird. Diese Aussage ist abhängig von der Lage der Undichtigkeit. Befindet sich diese z. B. in der Nähe einer Sitzecke oder eines Bettes, in einer Dusche oder im Nacken (z. B. durch einen WC-Spülkasten) wird diese nicht als unbehaglich, sondern als unangenehm bis störend empfunden.

Um dieses subjektive Gefühl von Zugluft durch objektive Messungen zu versachlichen, kann man Luftströmungen messen. Hierfür werden so genannte thermische Anemometer eingesetzt, mit denen die Strömungsgeschwindigkeit gemessen werden kann. Die Messung von Luftströmungen darf nicht verwechselt werden mit der Prüfung der Luftdichtigkeit von Gebäudehüllen, hierfür werden so genannte Blower-Door-Messungen durchgeführt.

7.3.2.7 Einbau neuer Fenster

Bis Ende der 1970er Jahre wurden in Deutschland noch Fenster mit einer einfachen Verglasung verbaut. Erste Isolierverglasungen kamen Anfang der 1980er Jahre auf den Markt und konnten den U-Wert und damit die Wärmedurchlässigkeit eines

Abb. 7.34 der Einbau neuer Fenster mit Wärmeschutzverglasung ohne ganzheitliches Wärmeschutzkonzept führt zwangsläufig zu taupunktbedingtem Kondenswasser und zeitversetzt zu Schimmelpilzbefall – die komplette Bauphysik rund um das Fenster verändert sich

Fensters halbieren. Verantwortlich hierfür ist der luftdicht verschlossene Zwischenraum zwischen den beiden Glasscheiben. Der U-Wert beschreibt die Dämmeigenschaften eines Bauteils und die Einheit in $W/(m^2K)$ die hindurchströmende Energie pro Quadratmeter in Kelvin. Je geringer also ein U-Wert ist, desto besser ist die Dämmwirkung. Bis Mitte der 1990er Jahre wurde unbeschichtetes Isolierglas verbaut und dann durch eine Wärmeschutzverglasung abgelöst. Anfänglich als Zweifachverglasung folgten zunehmend Fenster mit einer 3-fach-Verglasung. Moderne Fenster mit einer Zweifach-Wärmeschutzverglasung erreichen einen U-Wert von 1,1 bis 1,7 $W/(m^2K)$, Fenster mit einer Dreifach-Wärmeschutzverglasung U-Werte von bis zu 0,5 $W/(m^2K)$.

Da mit dem Einbau einer Dreifach-Wärmeschutzverglasung eine hohe Wärmedämmung und Energieeffizienz erreicht und Energiekosten gespart werden können, liegt es auf der Hand, dass neben dem Neubau auch immer mehr Altbauten mit einer Wärmeschutzverglasung ausgestattet werden. Nach dem Fenstertausch melden sich dann häufig Mieter und beklagen Schimmelpilzbefall – mal am Fenster selbst, dann an der Fensterlaibung und in einigen Fällen scheint der mikrobielle Befall (auf den ersten Blick) gar nichts mit den neuen Fenstern zu tun zu haben.

Eines vorweg: So wertvoll moderne Fenster auch für den Wohnkomfort und für weniger Zugluft sind, für weniger Energieverluste und somit weniger Heizkosten sorgen – ein erhöhtes Risiko für Schimmelpilzbildung nach dem Einbau in alten Gebäuden kann nicht geleugnet werden. Allerdings liegen die Ursachen nicht direkt bei den wärmedämmenden Fenstern und auch nicht per se bei den Altbauten. Die Lösung ist auch gleichzeitig das Problem, denn moderne Fenster mit einem geringen Wärmedurchgangskoeffizienten (U-Wert) und einer hohen Luftdichtigkeit werden als isolierte Maßnahme ohne Gesamtkonzept eingebaut und verändern komplett den Temperatur- und Feuchtehaushalt der Baukonstruktion und somit die raumklimatischen Bedingungen, ohne dass das Wohn- und Nutzungsverhalten (Lüften) angepasst wird. Neue Fenster führen in solchen Fällen automatisch zu Schimmelpilzbefall – und dennoch führen neue Fenster nicht zwangsläufig zu Schimmelpilzbefall (siehe Abb. 7.34 und 7.35).

Bei einem nicht sanierten, im Sinne von nicht wärmegedämmten, Altbau waren die alten, einfachverglasten Fenster neben Innenecken von Außenwänden in der Regel das kälteste Bauteil im Raum, weshalb sich hohe Luftfeuchtigkeit auf den Fensterscheiben niederschlug. Meistens waren die Fensterfugen luftdurchlässig, so dass anfallende Luftfeuchtigkeit über die Undichtigkeiten entweichen konnte, anfallendes Kondenswasser wurde weggewischt. Einzelöfen sorgten mit ihrem hohen Anteil an Strahlungswärme nicht nur für eine hohe Oberflächentemperatur der Innenwände, die wiederum einer Kondensatbildung (Tauwasser) entgegenwirkte, sondern erzeugten durch ihren hohen Luftbedarf auch einen leichten Unterdruck im Raum, der wiederum ein ständiges Nachströmen von Frischluft in die beheizten Räume bewirkte. Wenn man so will: eine Zwangsbelüftung der „alten Schule“. Diese bewirkte auch bei geschlossenen Fenstern, dass immer eine gewisse Menge an Frischluft über die undichten Fenster zugeführt wurde und verbrauchte Luft über den Schornstein den Raum verlassen hat. Dieses Prinzip sorgte über Jahrzehnte für eine ausreichende Luftzirkulation und schimmelpilzfreie Räume, dafür verursachte es Zugluft und hohe Energieverluste. Kurzum: „neu, warm und dicht“ gegen „alt, kalt und durchlässig“.

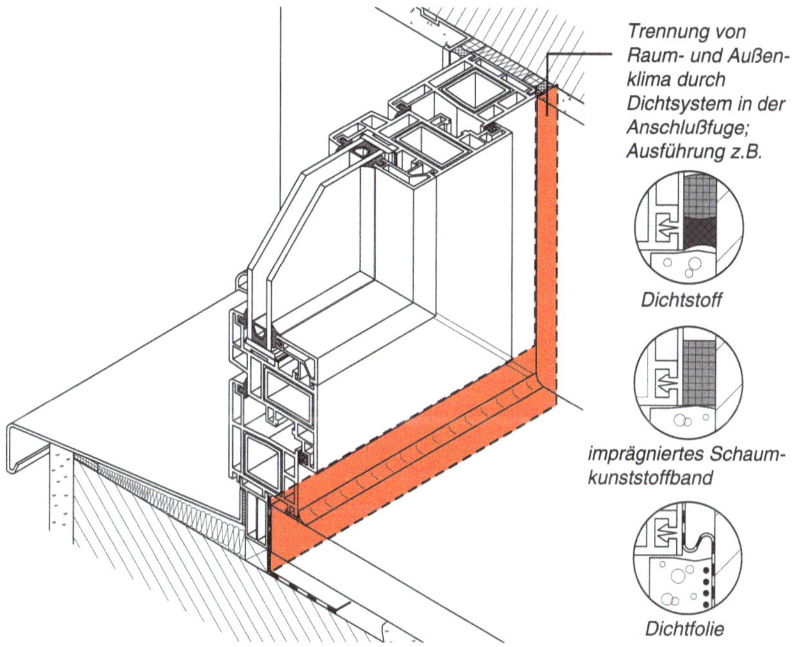

Abb. 7.35 der Einbau neuer Fenster mit Wärmeschutzverglasung ohne ganzheitliches Wärmeschutzkonzept führt zwangsläufig zu taupunktbedingtem Kondenswasser und zeitversetzt zu Schimmelpilzbefall – die komplette Bauphysik rund um das Fenster verändert sich

Die Tabelle zeigt die inneren Oberflächentemperaturen verschiedener Bauteile bei einem Normklima (Außentemperatur von −10 °C und einer Raumtemperatur von 20 °C).

Allein der Einbau einer Zentralheizung mit Konvektionsheizkörpern veränderte in vielen Fällen das Raumklima, bewirkte eine Verringerung der Oberflächentemperatur der Innenwände und führte allein dadurch oft zur Bildung taupunktbedingtem Kondenswasser auf Wandoberflächen – mit der Folge von Schimmelpilzbefall. Durch den Wegfall des Unterdrucks verringerte sich der Raumluftwechsel, was zu einem Anstieg der relativen Luftfeuchte führte – bei gleichem Lüftungsverhalten und gleichen Fenstern. Denn auch neuere Isolierglas-Fenster hatten noch eine verhältnismäßig hohe Fugendurchlässigkeit; die Luftwechselrate lag auch bei Windstille im Bereich von einem Luftwechsel pro Stunde. Dennoch kann dieser Eingriff in die Bauphysik als Geburtsstunde für den Schimmelpilzbefall in Innenräumen angesehen werden. Spätestens mit dem Einbau neuer und dicht schließender Fenster mit einer Wärmeschutzverglasung wurden die raumklimatischen Bedingungen in Innenräumen komplett verändert. Die Luftwechselrate reduzierte sich auf 0,1 bis 0,3 Luftwechsel pro Stunde. Die hohe Luftfeuchte wird nun nicht mehr abgeführt und kann nur durch ein angepasstes Lüftungsverhalten oder einer Zwangsbelüftung durch eine raumlufttechnische Anlage sichergestellt werden – genau dies passiert parallel zum Einbau neuer Fenster nicht. Um auf die gleiche Luftwechselrate wie früher zu kommen, reichen eben die oftmals genannten zwei bis dreimal Lüften pro Tag nicht aus: Neue Fenster müssten in einem „alten" Umfeld alle 6 bis 15 min je Stunde weit geöffnet werden.

Neben der Luftdichtigkeit der Fensterkonstruktion muss auch die Wärmedurchlässigkeit betrachtet werden. Auf einer modernen Wärmeschutzverglasung fällt Tauwasser quasi nicht mehr an. Selbst bei einer Außentemperatur von −10 °C und einer Raumtemperatur von 20 °C beträgt die Oberflächentemperatur des Fensterglases ca. 14 °C. Erst bei einer relativen Luftfeuchte ab 70 % müsste mit Kondensat gerechnet werden. Diese eigentlich erfreuliche Nachricht führt dazu, dass nun die Innenecken der Außenwände und/oder die Fensterlaibungen zu den kältesten Oberflächen im Raum werden. Mit taupunktbedingtem Kondenswasser müsste ab 50 bis 60 % relative Luftfeuchte gerechnet werden. Dies entspricht üblichen Werten in Innenräumen – in Schlaf- und Kinderzimmer und erst recht in Bädern liegen diese Werte oft darüber.

Ein Beispiel: ein „typischer" Altbau mit einer ungedämmten Außenwand hat je nach Baukonstruktion (Wanddicke, Materialität usw.) einen U-Wert zwischen 1,5 und 2,0 W/(m^{2}K). Bei einer Außentemperatur von −10 °C und einer Lufttemperatur von 23 °C im Innenraum wird die relative Luftfeuchte bei 50 bis maximal 60 % liegen. Der U-Wert der alten Doppelglas-Fensterscheiben ist mit 2,0 bis 3,0 W/(m^{2}K) etwas „schlechter" als der U-Wert der Wand. Damit sollte sichergestellt werden, dass die Oberfläche der Fenster kälter ist als die Oberfläche der Innenwände, um Kondensat zu vermeiden. Bei diesen raumklimatischen Bedingungen erreichen die Innenwände eine Oberflächentemperatur von ca. 15 °C in der Fläche und ca. 12 °C in der Innenecke. Die Oberflächentemperatur der Fensterscheiben liegt bei 11 °C (oder weniger). Wenn die Luftfeuchte steigt oder die Raumtemperatur sinkt, kommt es immer zur Kondensation und dem Tauwasseranfall auf der Fensterscheibe. Werden nun die alten Doppelglasfenster durch moderne Dreifachverglasung ausgetauscht, verändern sich diese Temperaturverhältnisse. Ein Doppelglasfenster mit Wärmeschutzverglasung kommt auf einen U-Wert von rund 1,1 bis 1,7 W/(m^{2}K), ein Dreifachglasfenster auf U-Werte um 0,7 bis 1,0 W/(m^{2}K) (siehe Tab. 7.2). Die ungedämmte Außenwand hat allerdings immer noch den „alten" U-Wert von 1,5 bis 2,0 W/(m^{2}K). Infolgedessen kommt es zur Kondensation und dem Tauwasseranfall nicht mehr auf der Fensterscheibe, sondern an anderen Wärmebrücken im Raum, höchstwahrscheinlich an der Fensterlaibung und/oder der Innenecke der Außenwand.

Bedeutet dies nun, dass moderne 3-fach-verglaste Wärmeschutzfenster in einen unsanierten Altbau, der nachträglich noch nicht wärmegedämmt wurde, nicht eingebaut werden dürfen? Nein, das heißt es nicht. Es muss nur klar sein, dass dieser Einbau nicht isoliert erfolgen darf, sondern in ein Gesamtkonzept eingebettet sein muss. Ein Gesamtkonzept versteht sich in dem Kontext, dass gleichzeitig ein ganzheitliches Wärmeschutzkonzept und/oder ein praktikables Lüftungskonzept umgesetzt wird.

Durch eine nachträgliche Wärmedämmung der Außenfassade z. B. mit einem Wärmedämm-Verbundsystem könnte z. B. das Verhältnis der U-Werte wieder angenähert werden. In Bezug auf ein Lüftungskonzept gilt die DIN 1946 „Raumlufttechnik" und insbesondere Teil 6 „Lüftung von Wohnungen". Diese Lüftungsnorm gilt für Neubauten, aber auch für Modernisierungen. Werden mindestens ein Drittel der Fenster getauscht, muss ein Lüftungskonzept erstellt werden. Meist führt dies zur Notwendigkeit, feuchtegesteuerte Wohnungslüfter oder ähnliches einzubauen. Sofern keine automatische oder integrierte Lüftung eingebaut werden kann, muss eine ausreichende manuelle Fensterlüftung sichergestellt werden.

Tab. 7.2 U-Werte und Oberflächentemperatur verschiedener Fenstergläser

Bauteil	U-Wert in W/(m^{2}K)	Oberflächen-temperatur in °C
Einscheibenglas	5,0–6,5	−1,0
2-Scheiben-Isolierglas	2,5–3,0	8,5
2-Scheiben-Wärmeschutzglas	1,1–1,7	15,3
3-Scheiben-Wärmeschutzglas	0,6–1,0	17,6
Ungedämmte Wand	1,5–2,0	14,7
Gut gedämmte Wand	0,2–0,4	19,3

Der Einbau neuer Fenster kann auch ein juristisches Nachspiel haben. Vermieter müssen ihre Mieter unbedingt auf die veränderten Rahmenbedingungen sowie die neuen Pflichten eines angepassten Lüftungsverhaltens aufmerksam machen. Unterbleibt dieser Hinweis und kommt es zur Schimmelpilzbildung, haben Gerichte bereits bis zu 20 % Mietminderung zugesprochen.

7.3.2.8 Sommerkondensation

Es scheint paradox zu sein: eine der wichtigsten Grundregeln, um hohe Luftfeuchtigkeit als Grundlage für das Wachstum von Schimmelpilzen zu vermeiden, ist regelmäßiges und ausreichendes Lüften. Genau diese Vorgehensweise führt in einer bestimmten Ausnahme genau zum Gegenteil: Man nennt diesen Vorgang die so genannte Sommerkondensation. Obwohl diese taupunktbedingte Kondensation theoretisch auch in Wohnräumen auftreten könnte, beobachtet man diese fast ausschließlich in Kellerräumen und gelegentlich in Souterrain-Wohnungen.

Kellerräume werden fast ausschließlich als „Kalträume“ gebaut. Dies bedeutet, dass sie im Neubau neben einer Abdichtung auch über eine Perimeterdämmung verfügen. Über eine Heizung verfügt der Keller in der Regel nicht. Im Altbau stellt sich die Situation noch einmal anders dar. Dort verfügt der Keller je nach Alter und Baukonstruktion nicht einmal über eine Abdichtung und wenn, dann meistens über keine Wärmedämmung der erdberührten Bauteile nach Neubau-Standard. Eine Heizung ist in diesen Kellerräumen nicht vorhanden und wäre je nach Feuchte- und/oder Salzbelastung sogar kontraproduktiv und schadensfördernd.

Ein Beispiel: In den Sommermonaten Mitte Juni bis Ende August wurden in einem Gebäude hygro-thermische Messungen durchgeführt, um die raumklimatischen Bedingungen zu erfassen. Verschiedene Messgeräte erfassten gleichzeitig die Temperatur und Luftfeuchtigkeit in der Außenluft und in den Kellerräumen. In diesem Zeitraum lag die relative Luftfeuchte in der Außenluft zwischen 65 und 95 %, an einigen Regentagen zeitweise bei 100 %; die durchschnittliche Lufttemperatur lag zwischen 22 bis 26 °C. Spitzenwerte lagen bei 32 bis 35 °C. In diesem Zeitraum wurde im Erdgeschoss des Hauses eine relative Luftfeuchtigkeit von 70 bis 85 % gemessen, an 7 Tagen stieg diese auf 90 % an. Im gleichen Zeitraum betrug die relative Luftfeuchte in den Kellerräumen konstant zwischen 90 bis 100 %. An 24 Tagen, also im Schnitt jeden dritten Tag, wurden 100 % Luftfeuchtigkeit gemessen. Die Raumtemperatur in den Kellerräumen betrug zwischen 12 und 16 °C und stieg auch an den schwül-heißen Tagen nicht über 18 °C. Die Untergrundtemperatur betrug zwischen 6 bis 10 °C. An diesen Tagen kam es zum Überschreiten der Taupunktlinie und infolgedessen zum Ausfall von Kondenswasser. An 24 von 72 Tagen bildete sich ein gut sichtbarer, glänzender Wasserfilm auf der Oberfläche der Betonwände.

Die Ursachen für diese Messwerte liegen in bauphysikalischen Zusammenhängen, insbesondere in der relativen Luftfeuchtigkeit und in der absoluten Luftfeuchtigkeit, mit denen der Anteil von Wasserdampf beschrieben wird:

- Die relative Luftfeuchtigkeit gibt an, wie viel Wasserdampf in Prozent aktuell in der Luft vorhanden ist. Wenn dieser Anteil niedrig ist, kann die Luft weiterhin Feuchtigkeit aufnehmen. Sobald allerdings 100 % Luftfeuchtigkeit erreicht ist, kondensiert das Wasser, so dass es zu einem Tauwasserausfall kommt. Die relative Luftfeuchtigkeit gibt somit Auskunft über den Grad der Wasserdampfsättigung der Luft.
- Die absolute Luftfeuchtigkeit gibt dagegen an, wie viel Gramm Wasser sich in einem Kubikmeter Luft befinden. Die Masse ist von der Lufttemperatur abhängig. Wenn die maximale Luftfeuchtigkeit erreicht ist und weiterhin Wasserdampf hinzugeführt wird, kondensiert das Wasser und wird als Tauwasser an Oberflächen sichtbar. Dies geschieht auch, wenn sich die Luft abkühlt und dadurch weniger Wasserdampf aufnehmen kann.

Infolgedessen verändert sich der Wassergehalt in der Luft bei steigenden und fallenden Temperaturen. Warme Luft kann bekanntlich mehr Feuchtigkeit speichern als kalte Luft. Auskunft gibt Tab. 7.3 über absolute und relative Luftfeuchtigkeit.

Auf das Beispiel zurückkommend sieht man, dass die Außenluft bei einer Temperatur von 30 °C etwas über 24 g Wasser pro m^3 Luft enthält. Bei einer relativen Luftfeuchte von 100 % kann dagegen ein Kubikmeter Raumluft im Keller bei 15 °C Raumtemperatur nur knapp 13 g Wasser aufnehmen. Trifft nun feucht-warme Außenluft in die kühleren Kellerräume, kommt es zur Kondensation und somit zum Ausfall von Tauwasser. Bei 100 % relativer Luftfeuchte entspricht die Taupunkttemperatur gleich der Raumlufttemperatur. Auskunft gibt die nachfolgende Taupunkttabelle (siehe Tab. 7.4).

Die Taupunkttemperatur zwischen 90 und 100 % relativer Luftfeuchte liegt zwischen 16 und 8,4 °C. Durch das Herunterkühlen der feucht-warmen Außenluft von 30 °C durch die kühlere Raumluft im Keller entstand bereits Kondensat und führte zu einer höheren Luftfeuchtigkeit. Diese trifft auf die noch kühleren Betonoberflächen und kondensiert. Ein Tauwasserausfall war unvermeidbar – wie sich an jedem dritten Tag im Durchschnitt zeigte.

Tab. 7.3 absolute und relative Luftfeuchte

Temperatur	Relative Luftfeuchte									
	10 %	20 %	30 %	40 %	50 %	60 %	70 %	80 %	90 %	100 %
35 °C	4,0 g/m³	7,9 g/m³	11,9 g/m³	15,8 g/m³	19,8 g/m³	23,8 g/m³	27,7 g/m³	31,7 g/m³	35,6 g/m³	39,6 g/m³
30 °C	3,0 g/m³	6,1 g/m³	9,1 g/m³	12,1 g/m³	15,2 g/m³	18,2 g/m³	21,3 g/m³	24,3 g/m³	27,3 g/m³	30,4 g/m³
25 °C	2,3 g/m³	4,6 g/m³	6,9 g/m³	9,2 g/m³	11,5 g/m³	13,8 g/m³	16,1 g/m³	18,4 g/m³	20,7 g/m³	23,0 g/m³
20 °C	1,7 g/m³	3,5 g/m³	5,2 g/m³	6,9 g/m³	8,7 g/m³	10,4 g/m³	12,1 g/m³	13,8 g/m³	15,6 g/m³	17,3 g/m³
15 °C	1,3 g/m³	2,6 g/m³	3,9 g/m³	5,1 g/m³	6,4 g/m³	7,7 g/m³	9,0 g/m³	10,3 g/m³	11,5 g/m³	12,8 g/m³
10 °C	0,9 g/m³	1,9 g/m³	2,8 g/m³	3,8 g/m³	4,7 g/m³	5,6 g/m³	6,6 g/m³	7,5 g/m³	8,5 g/m³	9,4 g/m³
5 °C	0,7 g/m³	1,4 g/m³	2,0 g/m³	2,7 g/m³	3,4 g/m³	4,1 g/m³	4,8 g/m³	5,4 g/m³	6,1 g/m³	6,8 g/m³
0 °C	0,5 g/m³	1,0 g/m³	1,5 g/m³	1,9 g/m³	2,4 g/m³	2,9 g/m³	3,4 g/m³	3,9 g/m³	4,4 g/m³	4,8 g/m³
−5 °C	0,3 g/m³	0,7 g/m³	1,0 g/m³	1,4 g/m³	1,7 g/m³	2,1 g/m³	2,4 g/m³	2,7 g/m³	3,1 g/m³	3,4 g/m³
−10 °C	0,2 g/m³	0,5 g/m³	0,7 g/m³	0,9 g/m³	1,2 g/m³	1,4 g/m³	1,6 g/m³	1,9 g/m³	2,1 g/m³	2,3 g/m³
−15 °C	0,2 g/m³	0,3 g/m³	0,5 g/m³	0,6 g/m³	0,8 g/m³	1,0 g/m³	1,1 g/m³	1,3 g/m³	1,5 g/m³	1,6 g/m³

Tab. 7.4 Taupunkttabelle

	Taupunkttemperatur bei einer relativen Luftfeuchte von									
Lufttemperatur	55 %	60 %	65 %	70 %	75 %	80 %	85 %	90 %	95 %	100 %
30 °C	20,0 °C	21,4 °C	22,7 °C	23,9 °C	25,1 °C	26,2 °C	27,2 °C	28,2 °C	29,1 °C	30,0 °C
29 °C	19,0 °C	20,4 °C	21,7 °C	23,0 °C	24,1 °C	25,2 °C	26,2 °C	27,2 °C	28,1 °C	29,0 °C
28 °C	18,1 °C	19,5 °C	20,8 °C	22,0 °C	23,2 °C	24,2 °C	25,2 °C	26,2 °C	27,1 °C	28,0 °C
27 °C	17,2 °C	18,6 °C	19,9 °C	21,1 °C	22,2 °C	23,3 °C	24,3 °C	25,2 °C	26,1 °C	27,0 °C
26 °C	16,3 °C	17,6 °C	18,9 °C	20,1 °C	21,2 °C	22,3 °C	23,3 °C	24,2 °C	25,1 °C	26,0 °C
25 °C	15,3 °C	16,7 °C	18,0 °C	19,1 °C	20,3 °C	21,3 °C	22,3 °C	23,2 °C	24,1 °C	25,0 °C
24 °C	14,4 °C	15,8 °C	17,0 °C	18,2 °C	19,3 °C	20,3 °C	21,3 °C	22,3 °C	23,1 °C	24,0 °C
23 °C	13,5 °C	14,8 °C	16,1 °C	17,2 °C	18,3 °C	19,4 °C	20,3 °C	21,3 °C	22,2 °C	23,0 °C
22 °C	12,5 °C	13,9 °C	15,1 °C	16,3 °C	17,4 °C	18,4 °C	19,4 °C	20,3 °C	21,2 °C	22,0 °C
21 °C	11,6 °C	12,9 °C	14,2 °C	15,3 °C	16,4 °C	17,4 °C	18,4 °C	19,3 °C	20,2 °C	21,0 °C
20 °C	10,7 °C	12,0 °C	13,2 °C	14,4 °C	15,4 °C	16,4 °C	17,4 °C	18,3 °C	19,2 °C	20,0 °C
19 °C	9,8 °C	11,1 °C	12,3 °C	13,4 °C	14,5 °C	15,5 °C	16,4 °C	17,3 °C	18,2 °C	19,0 °C
18 °C	8,8 °C	10,1 °C	11,3 °C	12,5 °C	13,5 °C	14,5 °C	15,4 °C	16,3 °C	17,2 °C	18,0 °C
17 °C	7,9 °C	9,2 °C	10,4 °C	11,5 °C	12,5 °C	13,5 °C	14,5 °C	15,3 °C	16,2 °C	17,0 °C
16 °C	7,0 °C	8,2 °C	9,4 °C	10,5 °C	11,6 °C	12,6 °C	13,5 °C	14,4 °C	15,2 °C	16,0 °C
15 °C	6,1 °C	7,3 °C	8,5 °C	9,6 °C	10,6 °C	11,6 °C	12,5 °C	13,4 °C	14,2 °C	15,0 °C
14 °C	5,1 °C	6,4 °C	7,5 °C	8,6 °C	9,6 °C	10,6 °C	11,5 °C	12,4 °C	13,2 °C	14,0 °C
13 °C	4,2 °C	5,5 °C	6,6 °C	7,7 °C	8,7 °C	9,6 °C	10,5 °C	11,4 °C	12,2 °C	13,0 °C
12 °C	3,2 °C	4,5 °C	5,7 °C	6,7 °C	7,7 °C	8,7 °C	9,6 °C	10,4 °C	11,2 °C	12,0 °C
11 °C	2,3 °C	3,5 °C	4,7 °C	5,8 °C	6,7 °C	7,7 °C	8,6 °C	9,4 °C	10,2 °C	11,0 °C
10 °C	1,4 °C	2,6 °C	3,7 °C	4,8 °C	5,8 °C	6,7 °C	7,6 °C	8,4 °C	9,2 °C	10,0 °C

Abb. 7.36 Sommerkondensation im Keller durch Kippstellung der Fenster führt zu taupunktbedingtem Kondenswasser auf kühlen Oberflächen und infolgedessen zu Schimmelpilzbefall (hier im Anfangsstadium in Form so genannter „Stockflecken")

Abb. 7.37 Sommerkondensation im Keller durch Kippstellung der Fenster führt zu taupunktbedingtem Kondenswasser auf kühlen Oberflächen und infolgedessen zu Schimmelpilzbefall (hier im Anfangsstadium in Form so genannter „Stockflecken")

Auf die ursprüngliche Sommerkondensation zurückkommend, bedeutet dies, dass feuchte Kellerwände in den schwül-warmen Sommermonaten durch falsches Lüften verursacht werden. Sobald feucht-warme Außenluft über die Kellerfenster und Kellertreppen in die Kellerräume strömt, kommt es zu Oberflächenkondensat. Man kann dieses Phänomen manchmal auch in Tiefgaragen beobachten und kennt dies, wenn man z. B. im Sommer ein kaltes Getränk aus dem Kühlschrank nimmt und beobachten kann, wie sich schlagartig auf der Außenseite des Glases ein Wasserfilm bildet. Brillenträger kennen dieses Phänomen auch im Winter, wenn sie von draußen kommend einen warmen Raum mit einer hohen Luftfeuchtigkeit betreten. Die Brille „beschlägt" sofort. Bei genauer Betrachtung erkennt man, dass es sich um zahlreiche ganz kleine Wassertröpfchen handelt, die sich auf den kalten Brillengläsern gebildet haben. Das gleiche Prinzip liegt vor, wenn nach dem Baden oder Duschen der Spiegel beschlägt.

Daher muss an feucht-warmen Sommertagen unbedingt vermieden werden, dass tagsüber die Kellerräume gelüftet werden. Besonders fatal ist, wenn die Fenster in Kippstellung den ganzen Sommer über offenstehen. Die für die Schimmelpilzbildung notwendige relative Luftfeuchte von ca. 70 % wird unter diesen Umständen immer (!) erreicht und überschritten. In der Folge bildet sich nicht nur ein Wasserfilm als Grundlage für mikrobiellen Befall auf den Kellerwänden, sondern auch auf den gelagerten Gegenständen. Organisches Material wie z. B. Papier oder auch Leder (z. B. Schuhe) sind besonders gefährdet. Haben sich in der weiteren Folge Schimmelpilze gebildet, kann es durch Konvektion zur Verteilung der Sporen im ganzen Keller und bei offenen Kellertreppen auch im Haus kommen.

Um Sommerkondensation zu vermeiden (siehe Abb. 7.36 und 7.37), müssten Kellerräumen theoretisch auch im Sommer ein wenig beheizt werden. Diese Idee ist im Sommer allerdings nicht zu vermitteln. Daher sollten Kellerräume nur in den kühlen Nacht- oder Morgenstunden stoß- oder quergelüftet werden. Kann damit die hohe Luftfeuchtigkeit nicht reduziert werden, hilft ggf. der temporäre Einsatz eines Luftentfeuchters und im Extramfall einer Kondenstrockner. Ein Ventilator bringt in dem Fall nichts, da die hohe Luftfeuchtigkeit nur verteilt, aber nicht reduziert, wird. Auf keinen Fall sollte in diesem Zeitraum in den Kellerräumen Wäsche getrocknet oder irgendwelche Tätigkeiten ausgeführt werden, die die Luftfeuchtigkeit weiter erhöhen. Durch die Zunahme von Hitzeperioden in den Sommermonaten ist ohnehin davon auszugehen, dass sich das Problem der Sommerkondensation verstärken wird.

Eine evtl. Lösung wären Baustoffe mit einem hohen Sorptionsverhalten. Darunter versteht man Materialien, die über ein ausgeglichenes Absorptions- und Desorptionsvermögen verfügen. Alle Baustoffe sind mehr oder weniger hygroskopisch und können Feuchtigkeit aus der Raumluft aufnehmen (Absorption) und je nach relativer Luftfeuchte in ihrer Umgebung wieder abgeben (Desorption). Dieser Zustand wird als Sorptionsfeuchte bzw. Gleichgewichtsfeuchte bezeichnet. Würden derartige Materialien in Kellerräumen zum Einsatz kommen, könnten Feuchtespitzen während der Sommertage aufgenommen und in den kühleren Wintertagen wieder abgegeben werden.

Das Phänomen der Sommerkondensation tritt übrigens nicht nur in Kellerräumen auf, sondern z. B. auch in unbeheizten und/oder temporär genutzten Gebäuden mit dicken Außenmauern wie z. B. Kirchen. Die über die Wintermonate abgekühlten großen Bauteilmassen verhindern durch ihre hohe Wärmespeicherfähigkeit eine schnelle Erwärmung. Dadurch behalten die Bauteile bis in die Sommermonate eine niedrige Oberflächentemperatur. Durch das Einströmen von feuchtwarmer Luft kondensiert diese an den kühlen Bauteiloberflächen.

7.3.2.9 (Falsch ausgeführte) Innendämmung

Außenwände werden im Idealfall auf der kalten Seite (also von außen) gedämmt. Hierfür werden so genannte Wärmedämm-Verbundsysteme oder spezielle Wärmedämmputze verwendet. Sie stellen sicher, dass die Wärme aus den Innenräumen nicht nach außen entweichen kann und die Baukonstruktion warm bleibt. Ist dies nicht möglich z. B. aufgrund von Auflagen des Denkmalschutzes (Erhalt der ursprünglichen Fassade), können Außenwände alternativ auch von innen gedämmt werden. In diesem Fall spricht man von einer Innendämmung. Häufig wird die Innendämmung als preiswerte Alternative zu einer Außendämmung angepriesen, die auch noch in Eigenleistung ausgeführt werden kann. Davon ist dringend abzuraten, da eine Innendämmung nicht nur aus den verklebten Dämmplatten besteht. Gerade die fachgerechte Planung und sachgerechte Ausführung von Detailausbildungen zur Vermeidung von Wärmebrücken und Kondensat (Tauwasser) ist der entscheidende Punkt, um Feuchtigkeitsschäden und Schimmelpilzbefall zu vermeiden.

Eine Innendämmung muss immer unter bauphysikalischen Gesichtspunkten ganzheitlich betrachtet werden. Nicht ohne Grund warnen Experten seit Jahren vor einer erhöhten Schadensanfälligkeit von Innendämmungen. Dabei sind Innendämmungen an sich nicht die Ursache für Feuchtigkeitsschäden und Schimmelpilzbefall, sondern fast ausschließlich die Unkenntnis von Bauphysik sowie das Ignorieren von Details in der Ausführung. Auf der einen Seite erhöht sich durch die Wärmedämmung die Oberflächentemperatur der vormals kalten Innenseite der Außenwand, so dass eine taupunktbedingte Kondensatbildung und Schimmelpilzbildung vermieden wird. Auf der anderen Seite bleibt die Außenwand hinter der Innendämmung kalt und wird in der kalten Jahreszeit aufgrund der nicht mehr stattfindenden Wärmeverluste auf der Innenseite zwangsläufig kälter. Der Taupunkt verlagert sich in den Bauteilquerschnitt, so dass u. a. Frostschäden entstehen können.

Das Hauptproblem von Innendämmungen besteht zum einen in möglichen Wärmebrücken und zum anderen in möglichen Undichtigkeiten von Dampfbremsen je nachdem, welches System von Innendämmung ausgeführt wird. Die Systeme werden in zwei bauphysikalische Kategorien unterschieden: in diffusionsoffene (kapillaraktive) und diffusionsbremsende Innendämm-Systeme.

Zu den diffusionsoffenen Systemen gehört die Innendämmung mit Mineralschaumplatten.

Hierbei handelt es sich um einen feuchteunempfindlichen Dämmstoff, der aus mineralischen Bestandteilen (Sand, Kalk und Zement) besteht und aufgeschäumt wird. Infolgedessen ist der Dämmstoff nicht nur sehr leicht, sondern hat auch eine sehr hohe Porosität und somit eine geringe Wärmeleitfähigkeit (sehr gute Dämmwirkung). Mineralschaumplatten haben eine hohe Wasserdampfdurchlässigkeit und zudem die Fähigkeit, viel Wasser aufnehmen und speichern zu können, um es später wieder abgeben zu können. Deshalb handelt es sich um eine Innendämmung mit hoher Kapillaraktivität und gutem Sorptionsvermögen. Folgerichtig benötigt dieses System zur Innendämmung keine Dampfbremse (Dampfsperre). Außerdem sind Mineralschaumplatten nicht brennbar.

Eine Abwandlung der Mineralschaumplatte sind Kalziumsilikatplatten, die umgangssprachlich auch als „Klimaplatte" bezeichnet werden. Bei dieser Innendämmung handelt es sich ebenfalls um eine diffusionsoffene Variante. Kalziumsilikatplatten sind ebenfalls sehr leicht und haben eine hohe Porosität, allerdings ist die Wärmeleitfähigkeit mit 0,06 W/(m K) etwas höher als bei den Mineralschaumplatten mit 0,03 W/(m K). Aufgrund der geringeren Dämmwirkung sind dickere Wärmedämmplatten notwendig, um den gleichen Wärmeschutz zu erzielen. Gerade bei Innendämmungen ist dies ein Nachteil, weil sich die Raumfläche dadurch verkleinert. Kalziumsilikatplatten haben eine hohe Wasserdampfdurchlässigkeit und können noch mehr Wasser aufnehmen und speichern, um es später wieder abgeben zu können. Das Sorptionsvermögen beträgt das Dreifache des Eigengewichts. Deshalb handelt es sich auch bei dieser Innendämmung um ein System mit sehr hoher Kapillaraktivität und sehr gutem Sorptionsvermögen, was keine Dampfbremse (Dampfsperre) benötigt. Kalziumsilikatplatten sind formstabil, druckfest und nicht brennbar. Außerdem weisen die Dämmplatten eine hohe Alkalität (pH-Wert > 12) auf, die als natürlicher Schutz gegen Schimmelpilzbefall gilt.

Diffusionsoffene Innendämmungen beruhen auf dem Prinzip der Kapillaraktivität. Ein kapillaraktiver Dämmstoff kann ein Vielfaches mehr Wasser transportieren als ein Dämmstoff, bei dem der Wassertransport nur über Diffusion stattfindet. Kapillaraktive Dämmstoffe „saugen" Kondenswasser aus dem Bauteilquerschnitt und leiten diese zur wärmeren Bauteiloberfläche weiter, wo diese verdunstet. Damit dieses Prinzip umgesetzt werden kann, muss das komplette System eine funktionelle Einheit bilden: Dämmstoff und Klebemörtel und Schlussbeschichtung.

Der Klebemörtel muss vollflächig aufgetragen werden (also keine punktuelle Verklebung!), eine höhere Wärmeleitfähigkeit und einen größeren Diffusionswiderstand als die Dämmplatte besitzen, aber nicht so hoch wie eine Dampfsperre. Außerdem muss er eine geringere Kapillaraktivität als die Dämmplatte mitbringen. Nur so wird sichergestellt, dass die Kondensation innerhalb der Dämmschicht oder an der Grenzschicht zwischen Dämmung und Klebemörtel stattfindet. So kann der Dämmstoff die Feuchtigkeit aufnehmen und zur raumseitigen Wandoberfläche kapillar transportieren. Der Wasserdampftransport erfolgt entsprechend des Dampfdruckgefälles. Dies bedeutet, dass beide Transportmechanismen verschiedenen Kräften folgen und somit gleichzeitig entgegengesetzt ablaufen können. Es stellt sich ein Gleichgewicht zwischen Dampfdiffusion in die eine und Kapillartransport in die andere Richtung ein. Des Weiteren dürfen Schlussbeschichtungen wie Putze, Farben, Tapeten oder Beläge diesen Mechanismus nicht behindern und müssen daher eine hohe Wasserdampfdiffusion mitbringen. Das Aufbringen von z. B. Fliesen und keramische Beläge scheidet somit aus, was eine Anwendung der Innendämmung in Feuchträumen wie Bäder schwierig gestaltet.

Eine Alternative zu den diffusionsoffenen Systemen stellt eine Innendämmung aus Mineralwolle-Dämmplatten dar. Glaswolle und Steinwolle sind nicht brennbar und verfügen neben einer hohen Wasserdampfdurchlässigkeit über eine gute Schalldämmung und sehr gute Wärmedämmeigenschaften. Allerdings können diese Dämmstoffe nur eingesetzt werden, wenn keine Feuchtigkeit eindringt. Wird Mineralwolle erst einmal durchfeuchtet, verliert der Dämmstoff seine Wärmedämmung. Deshalb müssen diese Systeme mit einer Dampfbremse ausgeführt werden, um Glaswolle und Steinwolle vor Feuchtigkeit zu schützen und um eine Taupunktverlagerung zu vermeiden.

Bei der Dampfsperre handelt es sich um eine diffusionsoffene Folie, die Wasserdampf nur in eine Richtung, vom Innenraum nach außen, durchlässt. Die Dampfbremse dagegen ist eine diffusionsoffene Folie, die den Wasserdampftransport in beide Richtungen zulässt (von innen nach außen und in umgekehrte Richtung). Die technische Unterscheidung zwischen einer Dampfsperre und Dampfbremse erfolgt nach ihrem Wirkungsgrad – dem sd-Wert.

Der sd-Wert steht für die diffusionsäquivalente Luftschichtdicke. Im Gegensatz zum µ-Wert (Wasserdampfdiffusionswiderstand einer ruhenden Luftschicht) drückt der sd-Wert den Wasserdampfdiffusionswiderstand in Abhängigkeit zur Materialdicke aus. Dem entsprechend wird dieser wie folgt berechnet: $sd = \mu \cdot d$. Das „d" steht hierbei für die Materialdicke. Je höher der sd-Wert ist, umso schwieriger ist es für Wasserdampf, ein Material zu durchdringen. Diffusionshemmend bedeutet, dass nur ein Teil des Wasserdampfes durch das Material durchdringen kann, diffusionsdicht dagegen, dass so gut wie gar kein Wasserdampf durch das Material durchdringen kann.

Bei den Dampfbremsen handelt es sich um dünnschichtige Folienwerkstoffe, die meist aus Kunststoffen wie Polyethylen, Polyamid oder PVC bestehen. Ausführungen aus Aluminium werden hingegen als Dampfsperre bezeichnet. Allgemein wird angenommen, dass eine absolut wasserdampfdichte Folie die Wärmedämmung einer Innendämmung besser vor Feuchtigkeit schützen müsste. Die Erfahrung aus der Praxis zeigt, dass diese Dampfsperren eher problematisch sind und in den letzten Jahren zu deutlich mehr Feuchtigkeitsschäden und infolgedessen zu Schimmelpilzbefall geführt haben. Denn, zum einen verhindern diese, dass Feuchtigkeit von innen nach außen dringen kann, bewirken aber eben auch, dass keine Feuchtigkeit mehr von außen nach innen gelangt. Und gerade, wenn feuchte Dämmstoffe eingebaut wurden, können diese nicht mehr austrocknen und fangen an, zu „faulen" und zu schimmeln.

Ein ähnliches Problem besteht, wenn die Fassade eine hohe Wasseraufnahme hat und z. B. durch Schlagregen durchfeuchtet wird. Weist die Fassade zusätzliche Öffnungen wie z. B. Risse oder offene Fugen auf (z. B. bei einem Sichtmauerwerk oder Fachwerk), kann es zu einer massiven Durchfeuchtung der Baukonstruktion kommen. Eine Austrocknung nach einem Schlagregen findet theoretisch in beide Richtungen statt, allerdings ist dies aufgrund der Innendämmung nicht mehr möglich, so dass die Baukonstruktion langsamer trocknet und durch Feuchte- und Frostschäden gefährdet ist. Deshalb müssen Fassaden unbedingt wasserabweisend beschichtet bzw. Fugen und Öffnungen verschlossen werden, bevor diffusionsbremsende Innendämm-Systeme aufgebracht werden.

Außerdem muss auf mangelhaft verklebte oder nachträglich beschädigte Dampfsperren eingegangen werden. Durch Undichtigkeiten kommt es zu einer konvektiven Durchfeuchtung durch Wasserdampf. Dies gilt auch für unfachmännisch ausgeführte Durchdringungen wie Steckdosen, Lichtschalter oder Leitungen. Gerade diese Undichtigkeiten sind ursächlich für Feuchtigkeitsschäden und Schimmelpilzbildung. Bilden sich Schimmelpilze hinter einer Innendämmung, handelt es sich um einen nicht sichtbaren Befall, der trotzdem durch Luftströmungen Schimmelsporen in Innenräumen freisetzen kann. Dies bezieht sich nicht nur auf die Phase während der Ausführung. Denn auch das spätere Anbringen von Gegenständen kann zu einer Beschädigung der Folien führen. Daher sind Innendämmungen für spätere Befestigungen tabu. Zahlreiche Schadensgutachten belegen zudem, dass selbst bei luftdichter Ausführung der Innendämmung Feuchtigkeitsschäden nicht immer vermieden werden können. Denn in der Praxis findet auch bei korrekt verklebten Dampfsperren oftmals eine so genannte Flankendiffusion statt, also Feuchtigkeitstransporte über die angrenzenden Bauteile. Aus diesem Grund werden feuchtevariable Dampfbremsen den diffusionsdichten Dampfsperren vorgezogen oder noch besser, gleich diffusionsoffene und kapillaraktive Innendämm-Systeme bevorzugt. Wenn der Ausfall von taupunktbedingtem Kondenswasser nicht ausgeschlossen werden kann, sollte der Fokus nicht auf einer Vermeidungsstrategie liegen, sondern auf einer tolerierbaren Feuchtespeicherung und -abgabe, also eine Innendämmung mit hoher Kapillaraktivität und gutem Sorptionsvermögen.

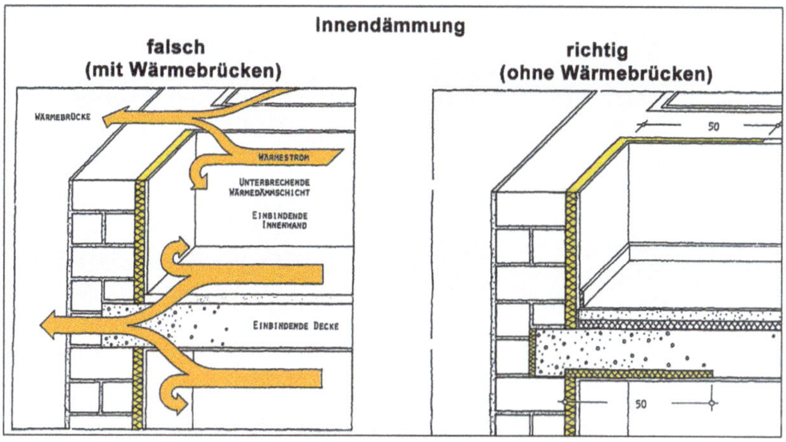

Abb. 7.38 schematische Darstellung einer richtig und falsch ausgeführten Innendämmung

Wärmebrücken lassen sich nicht immer vermeiden. Insbesondere dort, wo Innenbauteile im beheizten Bereich wie z. B. Holzbalken in Decken, Fensterlaibungen und einbindende Innenwände mit kalten Außenbauteilen verbunden sind, ohne dass diese thermisch entkoppelt sind. Durch diese Verbindung können betroffene Innenbauteile stark abkühlen, so dass Wasserdampf taupunktbedingt kondensiert, was zu einer Durchfeuchtung führt. Neben dem Wachstum von Schimmelpilzen kann es bei Holzbauteilen zudem zu einer Fäulnis kommen. Langfristig könnte dadurch die Statik gefährdet sein. Daher empfiehlt sich, die Decken und Innenwände am Übergang zu kühleren Bauteilen zusätzlich 30 bis 50 cm breit zu dämmen bzw. über die Ecken fortzuführen (Flankenschutz) (siehe Abb. 7.38).

Neben plattenförmigen Wärmedämmstoffen werden alternativ auch Wärmedämmputze oder spritzbare Innendämmungen eingesetzt, die allerdings eine schlechtere Wärmedämmung mitbringen und somit in höheren Schichtdicken aufgetragen werden müssten, um das Problem zu kompensieren.

Fazit: Innendämmungen sind je nach Qualität der Ausführung gleichermaßen Ursache für und Lösung gegen Schimmelpilzbefall und somit der Hauptgrund, warum diese Systeme seit Jahren im Kreise der Experten polarisieren.

7.3.2.10 Fehlendes Sorptionsvermögen

In bestimmten Innenräumen kann unter ungünstigen Bedingungen taupunktbedingtes Kondenswasser und in der weiteren Folge Schimmelpilzbefall kaum vermieden werden. Am Beispiel eines innenliegenden Badezimmers ohne Fensterlüftung kann das Zusammenspiel mehrerer Negativfaktoren besonders gut erklärt werden. Diese Innenräume erreichen in der Regel schneller ihre Sättigungsfeuchte als andere Innenräume und sind gekennzeichnet durch

- kleines Raumvolumen in m^3,
- temporär hohe Luftfeuchtigkeit durch Baden oder Duschen,
- Pfützenbildung und Feuchtestau durch Innenecken,
- unzureichende Be- und Entlüftung durch Schachtlüftung (passiv) oder Ventilator getriebene Abluftanlagen (so genannte Zwangslüfter) sowie
- Staubbelastung in den Abluftgittern und dahinter liegenden Lüftungsschächten.

Für sich genommen verursachen diese Einflussfaktoren in der Regel keine Feuchteschäden oder Schimmelpilzbefall, wenn entsprechende Gegenmaßnahmen ergriffen werden. Gerade in innenliegenden Bädern ohne Fensterlüftung gestaltet sich dies allerdings schwierig, da es zu den genannten Negativfaktoren kaum Alternativen gibt und ein Großteil der Oberflächen zudem über kein oder nur ein unzureichendes Sorptionsvermögen verfügt. Schließlich werden die Oberflächen von Innenwänden und Böden in Bädern aufgrund des erhöhten Aufkommens von Spritz- und/oder Oberflächenwasser mit Fliesen und keramischen Belägen versehen. Diese sind bekanntlich weder wasserdampfdiffusionsoffen noch haben diese ein hohes Sorptionsvermögen.

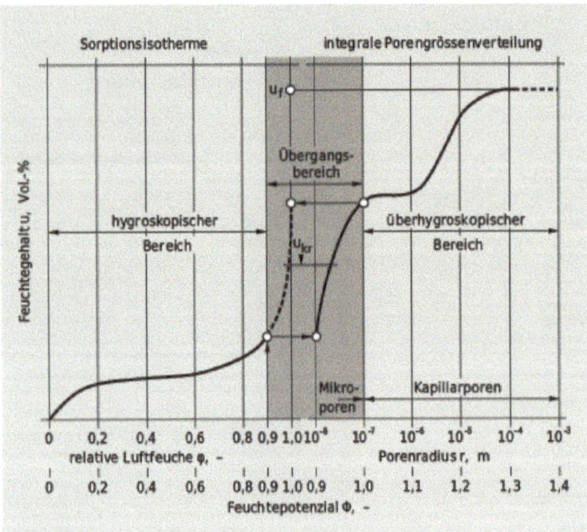

Abb. 7.39 Einfluss der Porengeometrie auf das Sorptionsverhalten der Baustoffe

Das Grundprinzip der Sorption basiert auf einem Gleichgewichtsprozess zwischen der Aufnahme und Abgabe eines Stoffes, konkret der Anlagerung von Wassermolekülen in angrenzenden Materialien. Dieser Prozess wird durch physikalische Wechselwirkungen ausgelöst: verändert sich der Feuchtegehalt der umgebenden Raumluft, verändert sich mit zeitlicher Verzögerung auch der Feuchtegehalt von Baustoffen. Hierbei wird die Eigenschaft der Feuchteaufnahme verschiedener Baustoffe genutzt, da jeder poröse Baustoff in der Lage ist, Wasserdampf aus der Raumluft aufzunehmen (Adsorption), zwischenzuspeichern (Absorption) und wieder abzugeben (Desorption). Großen Einfluss auf die Wassereinlagerung und den Transport der Wasserdampfmoleküle haben das Porenvolumen und die Porengeometrie (Form, Art und Größe) sowie deren Verteilung innerhalb des Baustoffgefüges. Der bauphysikalisch relevante Bereich der Porendurchmesser liegt zwischen 10^{-9} m bis 10^{-3} m (siehe Abb. 7.39).

Man unterscheidet Baustoffe mit einem hohen Sorptionsvermögen wie z. B. Porenbeton, Holz, Gipskarton- und Kalziumsilikatplatten, Lehm- und Kalkputze, Kalk- und Silikatfarben und Baustoffe mit keinem oder sehr geringem Sorptionsvermögen wie z. B. Glas, Kunststoffe, Metall oder Fliesen und keramische Beläge. Allgemein gilt: Je poröser ein Baustoff ist, umso höher ist sein Sorptionsvermögen. Genau darin liegt das Problem, denn für Wandoberflächen und Fußböden in Bädern werden nur Baustoffe eingesetzt, die über eine niedrige Porosität und hohe Wasserabweisung und eben über kein hohes Sorptionsvermögen verfügen. Daher sollten Oberflächen in Bädern nur dort mit Fliesen und keramischen Belägen versehen werden, wo tatsächlich Spritz- und/oder Oberflächenwasser auftreten kann. Die anderen Oberflächen z. B. oberhalb der Fliesen und keramischen Beläge sowie an der Decke sollten mit Baustoffen versehen werden, die über ein hohes Sorptionsvermögen verfügen. Allerdings ersetzen auch diese nicht das regelmäßige und ausreichende Lüften, denn die Sorptionskapazitäten dieser in der Regel sehr dünnen Oberflächen sind nicht unbegrenzt. Deshalb kommt es in innenliegenden Bädern ohne Fensterlüftung fast immer zu Schimmelpilzbefall.

7.3.2.11 Falsche Möblierung

Allgemein wird angenommen, dass für Schimmelpilzbefall in Innenräumen im Wesentlichen nur zwei Ursachen in Frage kommen: Entweder das Lüftungsverhalten des Bewohners oder bauliche Mängel. Dabei kann auch das Wohnverhalten eine weitere Ursache für Schimmelpilzbefall darstellen, vor allem, wenn es sich um eine falsche Möblierung handelt.

Bei der Einrichtung von Innenräumen denkt eigentlich niemand daran, Möbelstücke und Einrichtungsgegenstände bauphysikalisch korrekt aufzustellen. Platzangebot und Geschmack dominieren die Innenraumgestaltung, gefolgt von einer Kombination aus Funktionalität und Behaglichkeit. Insbesondere an den Innenseiten der nicht gedämmten Außenwände in unsanierten Altbauten kann dies Schimmelpilzbefall verursachen. Dieser kann durch große Möbelstücke, Einbau- oder größere Hängeschränke, große Bücherregale, große Bilder, Stirnseiten (Kopfteile) von Betten und selbst durch schwere Vorhänge verursacht werden. Die Erklärung hierfür ist komplex und zugleich einfach: An kalten Oberflächen schlägt sich taupunktbedingtes Kondenswasser nieder. Die kalten Oberflächen werden primär durch eine

Abb. 7.40 falsche Möblierung z. B. an der Innenseite einer unzureichend wärmegedämmten Außenwand kann zu taupunktbedingtem Kondenswasser und in der weiteren Folge zu Schimmelpilzbefall führen

Abb. 7.41 falsche Möblierung z. B. an der Innenseite einer unzureichend wärmegedämmten Außenwand kann zu taupunktbedingtem Kondenswasser und in der weiteren Folge zu Schimmelpilzbefall führen

unzureichende Wärmedämmung der Außenwände verursacht, aber in ihrer Wirkung noch verstärkt durch die unzureichende Be- und Entlüftung der Oberflächen durch die Möblierung, die gleichzeitig auch noch verhindert, dass warme Luft die Oberflächen erwärmen kann. Konkret wird die freie Luftströmung (Konvektion) behindert, so dass ein erhöhter Wärmeübergangswiderstand erzeugt wird. Kurzum: Die Möblierung wirkt wie eine Barriere gegen Luftzirkulation und Oberflächenerwärmung. Diese günstigen Wachstumsbedingungen für mikrobiellen Befall werden durch Staubablagerungen, wie sie häufig hinter dieser Möblierung anzutreffen sind, zusätzlich begünstigt (siehe Abb. 7.40 und 7.41).

Allgemein gilt, dass basierend auf einer Annahme von 20 °C Raumtemperatur und 50 % relative Luftfeuchte die Oberflächentemperatur an der Innenseite von Außenwänden an keiner Stelle unter 12,6 °C sinken soll, um Schimmelpilzbefall und -wachstum zu vermeiden. Diese allgemeingültige Aussage aus den Regelwerken wie z. B. der DIN 4108-2 „Wärmeschutz und Energie-Einsparung in Gebäuden – Teil 2: Mindestanforderungen an den Wärmeschutz" gilt in erster Linie für die Berechnung von taupunktbedingtem Kondenswasser an Wärmebrücken. Sobald sich die Raumtemperatur und/oder relative Luftfeuchtigkeit verändert, verschiebt sich auch der Taupunkt. Je kälter die Oberflächentemperatur im Verhältnis zur Raumtemperatur ist, umso höher ist die Wasseraktivität (oder a_W-Wert, eine Kenngröße für das Wachstum von Schimmelpilzen). Die Möblierung wirkt hierbei im doppelten Sinn negativ: Sie verhindert eine ausreichende Luftzirkulation zwischen Innenseite der Außenwand und Rückwand der Möblierung und verhindert zudem, dass die warme Raumluft, die bekanntlich mehr Feuchtigkeit aufnehmen und speichern kann, bis zur Kältezone vordringen kann. Durch diese Barriere wird die Wärmeübertragung durch Konvektion und Strahlung behindert und Wärmeübergangswiderstände erhöht. Durch die Kombination beider Effekte wird die relative Luftfeuchte zusätzlich erhöht. Dies zeigt außerdem, dass das Problem selbst durch ein regelmäßiges und intensives Lüften und/oder ausreichendes Heizen nicht verhindert werden kann. In dem Zusammenhang soll auf drei Aspekte hingewiesen werden, die bei Schimmelpilzbefall durch falsche Möblierung oft nicht gesehen werden:

1. Der bauphysikalische Effekt, der sich an der vertikalen Oberfläche an den Innenseiten nicht gedämmter Außenwände zeigt, wirkt auch an der horizontalen Oberfläche nicht gedämmter Fußböden. Taupunktbedingtes Kondenswasser kann infolgedessen auch bei Betten mit einem darunterliegenden Bettkasten auftreten, wenn diese z. B. im Erdgeschoss auf einer nicht gedämmten Kellerdecke stehen.
2. Falsche Möblierung kann auch Schimmelpilzbefall verursachen, wenn die Ursache in einer zu hohen Restfeuchte von Baustoffen (in Neubauten oder nach umfangreichen Sanierungen) liegt und eine ausreichende Luftzirkulation und Erwärmung der Oberflächen behindert wird.
3. Schimmelpilzbefall wird nicht nur durch falsche Möblierung verursacht, sondern findet auch auf großen Möbel- und Einrichtungsgegenständen statt. Holz und holzhaltige Untergründe stellen für Schimmelpilze einen idealen Untergrund (Substrat) dar.

Abschließend soll darauf hingewiesen werden, dass die Möblierung an der Innenseite von Außenwänden nur dann ein bauphysikalisches Problem darstellen kann, wenn diese nicht wärmegedämmt sind. Bei einer ausreichenden Wärmedämmung der Gebäudehülle mit einer Dämmstoffdicke von 10 cm (oder mehr) und/oder einem U-Wert von 0,35 W/m^2 K (oder besser) stellt eine Möblierung an den Innenseiten der Außenwände (bei ausreichendem Lüften und Heizen) in der Regel kein Problem dar.

Müssen große Möbelstücke und Einrichtungsgegenstände dennoch an der Innenseite nicht gedämmter Außenwände platziert werden, müssen entsprechende Abstände eingehalten werden. Früher galt hierfür mal die Aussage, dass die Dicke einer Scheuerleiste ausreicht. Heute geht man davon aus, dass der Abstand mindestens 10 cm betragen sollte. Aber Vorsicht: Mehrere Gerichte haben bereits entschieden, dass Mieter das Recht haben, ihre Möbel grundsätzlich an jedem beliebigen Platz in der Wohnung aufzustellen und nicht gezwungen werden können, auf bezahlten Wohnraum zu verzichten. So lange im Mietvertrag die Nutzung dieses Wohnraums (auch wenn es sich nur um einen Streifen von 10 cm Breite handelt) nicht ausdrücklich ausgenommen ist und der Mieter für diesen Bereich Miete entrichtet, gehört auch dieser Wohnraum zur Gebrauchstauglichkeit der Mietsache, so dass die Möblierung in dem Bereich nicht untersagt werden kann. Erst recht ist es für Mieter unzumutbar, an bestimmte Wände keine Möbelstücke aufstellen zu dürfen. In dem Fall liegt ein Mangel der Mietsache vor (LG Berlin 1986, LG Hamburg 1987, LG Köln 2000, LG Lübeck, LG Aachen 2015). Nach Ansicht einschlägiger Gerichtsurteile kann von einem Mieter derartige Kenntnisse bauphysikalischer Zusammenhänge nicht erwartet werden, so dass dieser nicht in der Lage ist einzuschätzen, welcher Abstand der Möblierung einen Schimmelpilzbefall verursacht oder eben verhindert. Weiterhin sehen die Richter in der falschen Möblierung kein Verschulden oder eine Pflichtverletzung, die dem Mieter vorgeworfen werden kann, anders als dies z. B. bei unzureichendem Lüften und/oder Heizen der Fall wäre.

7.3.3 Neubaufeuchte

Mit der so genannten Neubaufeuchte ist die Feuchtigkeit gemeint, die während der Bauphase eines Neubaus anfällt und sich zum Zeitpunkt der Übergabe oder des Einzugs noch in dem Gebäude befindet. Hiermit ist neben einer erhöhten Luftfeuchtigkeit vor allem die Feuchtigkeit gemeint, die sich noch in den Baustoffen befindet. Der Begriff ist ein wenig irreführend, da Feuchtigkeit

Abb. 7.42 Kondensatbildung auf der Oberfläche einer Innenwand aufgrund zu hoher Restfeuchte

auch bei Sanierungen von Altbauten eingebracht wird. In beiden Fällen kann die Restfeuchtigkeit je nach Bauweise und Materialeinsatz erheblich sein. Bei einem typischen Neubau in Massivbauweise (Rohbau aus Mauerwerk, innen und außen verputzt) werden in der Regel zwischen 80 bis 100 l Wasser eingebracht – pro m^2! Dies bedeutet, dass durch Baustoffe, die mit Wasser angerührt werden wie z. B. Mauermörtel, Estrich, Beton, Putzmörtel sowie Spachtelmassen oder Baustoffe, die im wässrigen Zustand geliefert werden wie z. B. Putze und Farben, zwischen 10.000 und 20.000 l Wasser in ein Einfamilienhaus eingebracht werden (siehe Abb. 7.42). Neben der Baustofffeuchte kommen ggf. noch Durchfeuchtungen in der Bauphase hinzu, wenn der Rohbau z. B. gegen Niederschläge in Form von Regen (Fassade) oder Spritzwasser (Sockel) nicht geschützt wurde.

Hinzu kommt, dass sich die Bauzeiten in den letzten 50 Jahren nahezu halbiert haben. Heute beginnen Baumaßnahmen häufig erst im Mai oder Juni und enden im September oder Oktober, manchmal erst im November. Da sich Bauherren in der Regel nicht leisten können, parallel noch in der alten Wohnung zu wohnen, werden die Neubauten so schnell wie möglich nach der Übergabe bezogen. Die komplette Restfeuchte, die zu diesem Zeitpunkt immer noch etwa die Hälfte der Gesamtfeuchte ausmacht, „sitzt" in den Baustoffen. Durch intensives Querlüften in der Schlussphase der Ausbauphase oder durch den Einsatz von Technischen Bautrocknern wird der Eindruck suggeriert, dass die Oberflächen „trocken" sind – der Schein trügt. Bezugsfertig ist eben nicht bezugsfähig.

Nicht ohne Grund galt früher einmal der Grundsatz, dass ein Rohbau über die trockenen Wintermonate leer stehen und mindestens einen Winter austrocknen muss. Bis ein Neubau komplett ausgetrocknet ist, vergehen in der Regel drei Heizperioden, also drei Winter (siehe Abb. 7.43 und 7.44).

> Alte Baumeister hatten bzgl. dem Einzug in ein neues Haus einen besonderen Grundsatz: „Im ersten Jahr ziehen deine Feinde ein, im zweiten Jahr deine Freunde und erst im dritten Jahr zieht man selber ein."

Sachverständige für Bauschäden, Immobilienmakler und Verbraucherschützer sind sich einig, dass mindestens die Hälfte aller Bauschäden in einem Neubau auf eine zu hohe Restfeuchte in der Baukonstruktion zurückzuführen sind – die Dunkelziffer geht von 90 % aus. Werden Klimamessungen in einem Neubau innerhalb von zwei Jahren nach dem Einzug vorgenommen, zeigt sich immer wieder, dass die Luftfeuchtigkeit nach dem Lüften relativ schnell wieder ansteigt. Werden zeitgleich Feuchtemessungen auf den Bauteiloberflächen vorgenommen oder z. B. durch Bohrkerne der Feuchtegehalt im Wandquerschnitt ermittelt, stellt man fest, dass diese in der Regel das Doppelte bis Dreifache der „normalen" Gleichgewichtsfeuchte aufweisen. Diese Restfeuchte kann nur durch Wasserdampfdiffusion entweichen, so dass der Trocknungsprozess ohnehin schon Monate dauert und durch raumklimatische Bedingungen wie z. B. nutzungsbedingte Feuchte, Lüftungs- und Heizverhalten sowie z. B. dem Diffusionsverhalten der Baustoffe zusätzlich beeinflusst wird. Eine besondere Situation ist in so genannten Feuchträumen wie z. B. Bäder oder Küchen gegeben. Zu der hohen Restfeuchte im Untergrund addiert sich eine hohe Luftfeuchte, die aus der Nutzung (Kochen in der Küche und Baden oder Duschen in Bädern) resultiert und eine Austrocknung zusätzlich verzögert. Zumal Feuchträume häufig mit Fliesen und keramische Beläge versehen sind und eine Austrocknung ohnehin nur oberhalb dieser Flächen stattfinden kann.

Außerdem hat sich die Bauweise grundlegend verändert. Um Energieverlusten vorzubeugen, muss die heutige Gebäudehülle luftdicht gebaut werden. Dies führt dazu, dass anfallende Feuchtigkeit nicht mehr wie früher über undichte Fenster oder sonstige Undichtigkeiten entweichen kann und somit eine gewisse Luftzirkulation nicht mehr stattfindet.

Dies soll eine kontrollierte Wohnungslüftung (gesteuerte Be- und Entlüftung) sicherstellen, die für Neubauten seit einigen Jahren lt. DIN 1946-6 vorgeschrieben sind. Allerdings muss man beachten, dass gerade in der Anfangszeit diese Lüftung nicht ausreicht und die hohe Restfeuchte nur durch eine zusätzliche manuelle Lüftung abgeführt werden kann. Im Idealfall sollte dieses Stoß- oder Querlüften mindestens 15 bis 20 min

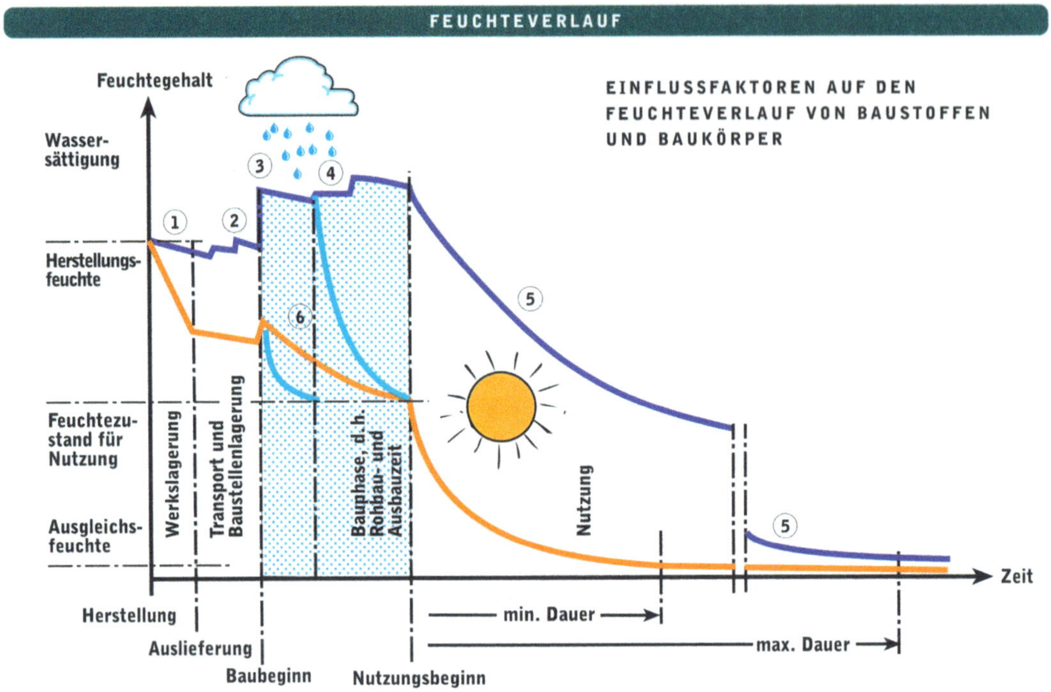

Abb. 7.43 schematische Darstellung über die Feuchteproduktion und den Feuchteverlauf während der Bau- und späteren Nutzungsphase

Feuchteverlauf bei Verkettungen von ungünstigen Bedingungen (①–⑤), der nur durch eine technische Trocknung kurzfristig beeinflusst werden kann bzw. diese dringend erforderlich macht.

① Bei der werkseitigen Lagerung fehlte z. B. der Wetterschutz.

② Baustoffe wurden während des Transportes und/oder der Baustellenlagerung ohne Abdeckung ungünstigen Witterungsbedingungen ausgesetzt.

③ Bei der Herstellung von Beton und Mörtel wurde zu viel Anmachwasser verwendet.

④ Unwetter während der Roh- und Ausbauphase bei ungenügender bzw. zu später Abdeckung.

⑤ Durch den ungünstigen Verlauf (①–④) ist der Feuchtigkeitsgehalt zu hoch. Folgeschäden sind vorprogrammiert.

Feuchteverlauf bei durchgehend optimalen Bedingungen, der eine technische Trocknung nur in Ausnahmesituationen erforderlich macht.

⑥ **Verkürzung des natürlichen Trocknungsprozesses durch den Einsatz der technischen Trocknung**

- bei ungünstigen Witterungsbedingungen, damit der Bauzeitenplan nicht gefährdet wird und zur Vermeidung von Folgeschäden
- bei extremen Termindruck, damit die letzten Gewerke (z. B. Trockenbauer, Bodenleger, Maler) rechtzeitig beginnen können
- bei schwierigen baulichen Situationen wie mehreren unterirdischen Geschossen (z. B. Banktresor, Lagerraum, Tiefgarage), wo fehlende Luftzirkulation und/oder niedrige Temperaturen in Teilen der Gebäude den Idealverlauf der Trocknung verhindern

Abb. 7.44 schematische Darstellung über die Feuchteproduktion und den Feuchteverlauf während der Bau- und späteren Nutzungsphase

dauern und drei bis viermal täglich wiederholt werden. Völlig falsch wäre eine Fensterlüftung in Kippstellung oder eine Lüftung bei hoher Luftfeuchtigkeit wie z. B. nach einem Starkregen oder bei schwül-heißem Wetter. Letzteres verursacht nur eine Sommerkondensation und verschärft somit das Feuchteproblem in Gebäuden.

Eine hohe Restfeuchte in Neubauten (synonym auch für sanierte Altbauten) ist allerdings nicht nur ein Feuchteproblem. Denn feuchte Baustoffe haben eine höhere Wärmeleitfähigkeit als trockene Baustoffe und somit eine schlechtere Wärmedämmung. Dies kann zu höheren Heizkosten führen oder die Bildung von taupunktbedingtem Kondenswasser fördern. Außerdem sind feuchte Baustoffe immer eine mögliche Ursache für Bauschäden. Wenn feuchte Wohnungen durch technische Bautrockner zu schnell und zu stark „künstlich" getrocknet werden, können in Putzen und Estrichen so genannte Trocknungsrisse entstehen. Diese Schwind- oder Schrumpfrisse entstehen durch zu schnellen Wasserentzug.

Eine hohe Restfeuchte in Neubauten (synonym auch für sanierte Altbauten) hat auch negative Auswirkungen auf die Möblierung. Daher sollten Einbauschränke und große Möbelstücke sowie Betten oder sonstige Flächen in den ersten 1 bis 2 Jahren nicht direkt an Wände gestellt werden. Was ansonsten eher für die Innenseiten von Außenwänden gilt, um eine taupunktbedingte Kondensation zu vermeiden, gilt bei einer hohen Restfeuchte für alle Innenwände. Schließlich befindet sich in allen Bauteilen Restfeuchte, soweit sie aus Baustoffen bestehen, in denen sich Wasser befunden hat. Für Leichtbauweise z. B. im Trockenbau gilt dies genauso wenig wie für ein Fertighaus, bei dem viele vorgefertigte Bauteile eingesetzt werden, die industriell vorproduziert wurden und weitestgehend ausgetrocknet sind, bevor diese montiert werden.

Eine hohe Restfeuchte in Baustoffen hat übrigens nicht nur nach dem Einzug eine hohe Bedeutung, sondern auch schon während der Bauphase. Denn im Prinzip gelten die gleichen Gesetzmäßigkeiten auch schon, wenn Baustoffe mit anderen Baustoffen kombiniert werden – wie z. B. das Verlegen von Fliesen und keramischen Belägen auf Estrichen. Erst wenn der richtige Trocknungsgrad des Estrichs erreicht ist, darf der dampfdiffusionssperrende Bodenbelag verlegt werden. Der Fachmann spricht von der so genannten „Belegreife". Auskunft über den Feuchtegehalt liefert z. B. eine so genannte CM-Messung. Ähnliches gilt z. B. für Kunstharzputze auf mineralischen Unterputzen.

Eine hohe Restfeuchte in Baustoffen ist nicht nur ein bauphysikalisches Problem, sondern kann auch ein juristisches Nachspiel haben – sowohl zwischen Bauherren und Baufirma (Eigentum) als auch zwischen Mieter und Vermieter (Mietobjekt). Dabei gibt es Möglichkeiten für Bauherren und auch Mieter, sich gegen eine hohe Restfeuchte und somit dem Risiko von höheren Nebenkosten, möglichen Bauschäden oder einer evtl. Schimmelpilzbildung rechtlich abzusichern.

Bei Bauherren ist dies in erster Linie die Bauabnahme. Die juristische und somit ggf. auch finanzielle Bedeutung dieses Termins wird bei vielen Bauherren noch unterschätzt, da bei der Übergabe der eigenen vier Wände oftmals der Fokus eher darauf gelegt wird, ob die Baufirma alles so umgesetzt hat, wie dies besprochen und geplant war. Dabei ist die Bauabnahme neben der Unterschrift des Bauvertrags eine der entscheidenden Rechtshandlungen mit weitreichenden Konsequenzen. Mit der Bauabnahme nimmt der Bauherr das Objekt mängelfrei bzw. vertragsgerecht ab. Nach der offiziellen Abnahme kehrt sich die Beweislast um und der Erfüllungsanspruch ist erloschen. Bauherren sollten sich deshalb einen Bausachverständigen hinzuziehen, um zu verhindern, dass sie bei diesem elementaren Termin evtl. versteckte Mängel übersehen. Sämtliche Mängel werden in einem Abnahmeprotokoll festgehalten. Damit der Beseitigungsanspruch bestehen bleibt, melden Bauherren ihren Vorbehalt an. Außerdem dürfen sie bei festgestellten Mängeln von ihrem Zurückbehaltungsrecht Gebrauch machen und einen Teil der fälligen Restzahlung für das Gebäude einbehalten.

Auch bei Mietern ist es seit Jahren übliche Praxis, dass diese bei Erstbezug die Wohnung „trocken wohnen" müssen, also durch überdurchschnittlich häufiges Lüften und Heizen die Restfeuchte aus der Bausubstanz „vertreiben". Die Rechtsprechung sieht darin überwiegend einen erheblichen Mietmangel und hält eine Mietminderung von 20 bis 50 % für angemessen. Denn für die Gerichte gibt es keine Rechtsgrundlage, wonach der Mieter verpflichtet sei, Neubaufeuchte durch überobligatorisches Heizen und Lüften auszugleichen (u. a. LG Nürnberg-Fürth, WuM 1988, 155, LG Wuppertal, Urteil vom 11.10.2002, Az. 10 S 22/02). Das LG Köln hielt eine Mietminderung von bis zu 75 % bei Erstbezug mit hoher Restfeuchte für gerechtfertigt (Urteil vom 15. November 2000, Az. 9 S 25/00, WuM 2001, 604–605). Anders verhält es sich, wenn Vermieter und Mieter vor Beginn des Mietverhältnisses eine Vereinbarung treffen, in der sich der Mieter verpflichtet, die Restfeuchte durch verstärktes Lüften und Heizen auszutrocknen. Nach Auffassung der Gerichte ist es nicht ausreichend, wenn der Vermieter lediglich darauf hinweist, dass eine gewisse Restfeuchte aus der Bauphase noch vorhanden sei.

7.3.4 Sporadische Wasserschäden

Sporadische Wasserschäden sind durch zwei Aspekte gekennzeichnet. Zum einen ist ihr Auftreten plötzlich und unerwartet sowie ihre Dauer temporär und zeitlich beschränkt. Dies unterscheidet sporadische Wasserschäden z. B. von einer permanenten Durchfeuchtung bei einer fehlenden oder nicht mehr funktionstüchtigen Horizontal- und/oder Vertikalabdichtung oder unentdeckten Leitungswasserschäden. Zum anderen tritt Wasser in flüssiger Form und größeren Mengen auf und durchfeuchtet die komplette Baukonstruktionen. Dies unterscheidet sporadische Wasserschäden z. B. von taupunktbedingtem Kondenswasser an Wärmebrücken oder einer hohen Restfeuchte in Baustoffen beim Einzug in einen Neubau oder nach einer Sanierung.

Sporadische Wasserschäden werden nach ihrer Ursache unterschieden (siehe Abb. 7.45). Zu den „Klassikern“ gehören in erster Linie Schäden an wasserführenden Leitungen. Sie stellen prozentual die größte Gruppe unter den sporadischen Wasserschäden. Hierzu gehören Wasserzuleitungen und Wasserableitungen, sowohl in der Baukonstruktion (z. B. Heizung, Dusche, Toilette) als auch in technischen Geräten (z. B. Geschirrspüler, Waschmaschinen). Wasserleitungen können platzen, so dass große Mengen Wasser austreten und die Durchfeuchtung sofort sichtbar wird. Ursache für diese Rohrbrüche können Frost, Korrosion oder Materialfehler (Verschleiß) sein. Wasserleitungen können aber auch kleinste Risse (Leckagen) aufweisen, so dass geringe Wassermengen unentdeckt austreten und erst sehr viel später wahrgenommen werden. Hierzu gehören auch Undichtigkeiten zu wasserführenden Leitungen wie z. B. fehlerhaft abgedichtete Fugen an Armaturen (z. B. Abriss des Dichtstoffs).

Bei den Leitungswasserschäden müssen in der Regel gleich drei Wasserkreisläufe innerhalb eines Gebäudes betrachtet werden: die Wasserversorgung (Kalt- und Warmwasser), die Abwasserentsorgung sowie der Heizungskreislauf. Die Ursachen für Leitungswasserschäden liegen sehr häufig in einer mangelhaften Ausführung während der Montage. Zu kleine Winkel an Biegungen und Verzweigungen im Rohrleitungssystem oder auch ein zu geringes Gefälle sind hierbei typische Ausführungsfehler, die zu Verstopfungen und damit zu einem Rückstau und im ungünstigsten Fall zum Platzen der Rohre führen können. Selbst Verschlüsse und Endstopfen werden bei der Montage vergessen, wenn z. B. Zuleitungen und Abwasserrohre für einen evtl. später gedachten Ausbau im Keller- oder Dachgeschoss geplant sind, aber noch nicht gleich angeschlossen werden. Außerdem müssen vergessene oder falsch eingesetzte Dichtungen genauso genannt werden wie ein Überdrehen der Rohrverbindungen. Der berühmte Handwerkerspruch „nach fest kommt lose“ führt in dem Fall zu Undichtigkeiten. Ebenfalls können z. B. falsch eingebaute bzw. nicht korrekt befestigte Badewannen zu einem Absacken und infolgedessen zu einem Zerquetschen der darunter liegenden Leitungen führen.

> Häufig unterschätzt werden so genannte feine Haarrisse. Dabei können bereits bei einem kaum sichtbaren Durchmesser von nur 0,5 mm und einem Wasserdruck von nur 5 bar pro Tag bis zu 500 l Wasser in die Baukonstruktion eindringen.

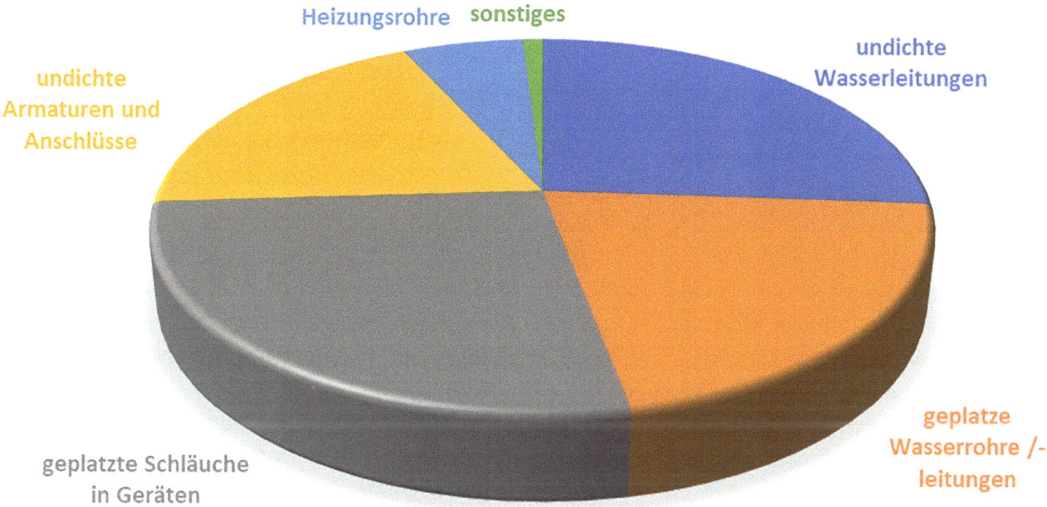

Abb. 7.45 Auswertung der Schadensstatistik der Wohngebäudeversicherung 2010 bis 2020

Zu den sporadischen Wasserschäden gehören außerdem die so genannten Havarieschäden. Hierzu zählen z. B. geplatzte Aquarien, übergelaufene Badewannen, Toiletten oder Waschbecken. Auch Löschwasser während einer Brandbekämpfung kann gerade bei mehrstöckigen Gebäuden zu erheblichen Wasserschäden führen.

Sporadische Wasserschäden können außerdem durch Planungs- oder Konstruktionsfehler sowie bauliche Mängel verursacht werden. Ein typisches Beispiel hierfür sind z. B. fehlende oder defekte Rückstausicherungen. Von einem Rückstau ist die Rede, wenn Abwasser aus der Kanalisation über die Abflusseinrichtungen in das Gebäude zurückdrückt. Hierzu kommt es insbesondere nach Starkregenfällen oder Überschwemmungen sowie durch Schäden am Abwasserleitungssystem oder Verstopfungen durch Laub, Müll oder Schlamm im Kanal bzw. in der eigenen Grundstücksentwässerungsleitung. Infolgedessen füllen sich die Leitungen der öffentlichen Kanalisation bis zur Straßenoberkante – der so genannten Rückstauebene. Dies führt – dem Gesetz der kommunizierenden Röhren folgend – dazu, dass gleichzeitig auch der Wasserpegel in allen angeschlossenen Leitungen und Schächten innerhalb der Gebäude ansteigen. Eine funktionierende Rückstausicherung sorgt dafür, dass Regenwasser sowie ggf. fäkalienhaltiges Abwasser nicht über Abläufe unterhalb der Rückstauebene in Kellerräume und dgl. eindringen kann. Unter Abläufen sind hierbei nicht nur die Bodenabläufe gemeint, sondern auch Abläufe von Waschbecken, Duschen und Toiletten sowie Waschmaschinen und ggf. Kellerlichtschächte.

Das Problem sind nicht die Neubauten, da Grundstücksentwässerungsanlagen verpflichtend vorgeschrieben sind und den allgemein anerkannten Regeln der Technik entsprechen müssen. Bei Altbauten hingegen fehlen diese Vorrichtungen in den meisten Fällen. Immer mehr Versicherungen verlangen im Schadensfall den Nachweis, dass entsprechende Rückstausicherungen eingebaut und gewartet wurden und lehnen den Versicherungsschutz ab, wenn diese nicht vorhanden sind. Daher gehen Grundstückseigentümer ohne derartige Vorrichtungen ein hohes Risiko ein, da sie im Schadensfall nicht nur die Folgekosten der Kellerüberflutung selbst zu tragen haben, sondern sich bei Mietobjekten auch gegenüber Mietern schadensersatzpflichtig machen. Zu viele Grundstückseigentümer vertrauen darauf, dass die Wohngebäudeversicherung und/oder Hausratversicherung derartige Schäden abdecken. Diese sind allerdings nicht automatisch mitversichert, sondern müssten entweder zusätzlich in den beiden Versicherungen mit aufgenommen werden oder im Idealfall in einer Elementarschadenversicherung separat abgesichert werden.

Grundstücksentwässerungsanlagen gibt es entweder als Abwasserhebeanlage oder als Rückstausicherung (Rückstauverschlüsse bzw. Rückstauklappen). Je nach Gegebenheiten vor Ort (z. B. Rückstauebene und Nutzung der Kellerräume) können beide Varianten im Einzelfall auch kombiniert werden. Ob eine Abwasserhebeanlage oder Rückstausicherung zum Einsatz kommt, hängt von verschiedenen Faktoren ab. Für den Einbau einer Abwasserhebeanlage spricht, wenn

- Abwasser unter der Rückstauebene anfällt
- Abwasser nicht mit Gefälle abfließen kann
- Regenwasser unterhalb der Rückstauebene nicht versickert
- Kellerräume wohnähnlich genutzt werden und Sanitäreinrichtungen beinhalten

Die letzte Gruppe unter den sporadischen Wasserschäden stellen Überschwemmungen dar. Hierzu gehören an der Küste meeresbedingte Hochwasser genauso wie Hochwasser an Flüssen und Seen in Folge starker Niederschläge im Binnenland. Experten unterscheiden zwischen einem Sommer- und Winterhochwasser. Hochwasser im Sommer tritt vor allem kurzfristig nach starken Regenfällen auf. Das Hochwasser im Winter wird dagegen durch die Schneeschmelze in Verbindung mit lang anhaltenden Regenfällen verursacht.

Auch wenn starke bis sintflutartige Regenfälle überall in Deutschland auftreten können, sind Innenstädte durch ihre hohe Flächenversiegelung anfälliger für große Wassermengen als die ländliche Region. Die Versicherungswirtschaft differenziert das Risiko nach der lokalen Lage der Gebäude. Potenziell durch Hochwasser gefährdet sind Gebäude, die in unmittelbarer Nähe zu Flüssen oder Seen liegen. Ebenfalls stark gefährdet sind Gebäude, die sich in Tälern befinden. Beide Gruppen ergeben ca. 12 % der Gebäude in Deutschland. Dem entsprechend weisen Gebäude auf Bergkuppen kein Risiko auf. Zweidrittel der Gebäude stehen auf ebenen Flächen, so dass ihnen ein mittleres Risiko bescheinigt wird.

Bei Überschwemmungen dringen in relativ kurzer Zeit erhebliche Wassermengen über Gebäudeöffnungen wie z. B. Kellertüren und/oder -fenster in die Kellergeschosse ein. Weiterhin kann aufstauendes Grundwasser je nach vorhandener Bauwerksabdichtung auch durch nicht druckwasserdichte Wanddurchführungen eindringen. Bei einer mehrschaligen Baukonstruktion sammelt sich Wasser in den Hohlräumen und kann innerhalb von 24 bis 48 h zu einer Besiedlung durch Bakterien und/oder Pilzen führen. Das Wasser selbst führt aber auch Verschmutzungen und eine Vielzahl von Keimen mit und hinterlässt durchnässte und verschlammte Fußböden, Decken und Wände. Diese Untergründe sind der ideale Nährboden für Mikroorganismen. Dies führt nicht nur zu einer mikrobiellen Belastung, sondern auch zu unangenehmen Gerüchen und einer längeren Durchfeuchtung. Gleiches gilt, wenn das eingedrungene Wasser z. B. durch Fäkalien aus überschwemmten Kläranlagen, Toilettenanlagen und Tierställen oder durch Abwasser belastet ist. Überschwemmungen können schließlich Pestizide, Herbizide und Fungizide und dgl. von landwirtschaftlichen Feldern oder Keime aus Abwasserleitungen oder Tierkadavern mitführen. Hinzu kommen Chemikalien aus überschwemmten Industrieanlagen sowie Heizöle und Kraftstoff aus Kellern, Garagen, Heizungsanlagen, Tankstellen und dgl.

Bei Überschwemmungen wird sich in der Regel „nur" auf die hohen Wassermengen und deren Beseitigung konzentriert. Dabei müssen mehrere Schadensprozesse betrachtet werden. Infolge der Wasseraufnahme verändern sich die physikalischen Eigenschaften von Baustoffen (z. B. Festigkeit und Volumenstabilität durch Quellen und Schwinden), was zu irreversiblen Verformungen führen kann, durch die Zugspannungen verursacht werden, die wiederum zu Rissen und/oder Abplatzungen und Ablösungserscheinungen führen können. Hinzu kommen chemische Prozesse (z. B. Hydratations- und Kristallisationsdrücke durch Salze) (siehe Abb. 7.46 und 7.47).

Auf die Problematik der Auftriebskräfte von mehrschichtigen Fußbodenkonstruktionen insbesondere von Parkettböden und anderen feuchteempfindlichen Holzkonstruktionen und deren Verformung wurde bereits hingewiesen. Gleiches gilt für die Durchfeuchtung der Wärme- und Trittschalldämmung. Die Zersetzung von Teppich- und Papierklebern und dgl. setzt innerhalb

Abb. 7.46 Hydratations- und Kristallisationsdrücke führen zu einer Zerstörung der Bodenbeläge

Abb. 7.47 Hydratations- und Kristallisationsdrücke führen zu einer Zerstörung der Bodenbeläge

weniger Stunden ein und verursacht irreparable Schäden. Bei Holzwerkstoffen kann die massive Durchfeuchtung ggf. zur verstärkten Freisetzung von Formaldehyd führen. Aus durchfeuchteten Klebern und/oder Dämmstoffen können z. B. VOC freigesetzt werden.

Sporadische Wasserschäden werden durch die Technische Bautrocknung saniert (siehe Abschn. 9.3). Je nachdem, welche Ursachen vorliegen und welches Bauteil getrocknet werden soll, wird zwischen einer Raumtrocknung, Dämmschichttrocknung und Estrichtrocknung unterschieden.

7.3.5 Nutzungsbedingte Feuchte

7.3.5.1 Einleitung

Neben äußeren Einflüssen und baulichen Mängeln wird die Feuchtigkeit in Innenräumen wesentlich durch das Wohn- und Nutzungsverhalten der Bewohner beeinflusst. In erster Linie geht es um die Feuchteproduktion, die beim Wohnen entsteht. Damit sind Kochen, Baden, Duschen und dgl. sowie Atmen und Schwitzen gemeint, aber auch individuelle Faktoren wie Pflanzen und Tiere sowie Wäschetrocknen oder offene Wasserflächen. Hierbei wird zwischen der Normalbelastung und der Spitzenbelastung unterschieden, da dies wesentlichen Einfluss auf die relative Luftfeuchtigkeit in Innenräumen hat. Diese muss mit der Luft abgeführt werden, um z. B. Tauwasserausfall (Kondenswasser) auf Bauteiloberflächen zu vermeiden, was wiederum die Luftfeuchtigkeit in Innenräumen erhöht.

Bisher werden pauschale Richtwerte über die Wasserdampfproduktion von Menschen bei unterschiedlichen Tätigkeiten angegeben, ohne diese näher zu spezifizieren. Demnach produziert ein Mensch

- bei ruhender Tätigkeit: ca. 30 g/h Wasserdampf
- bei leichter Tätigkeit: ca. 50 g/h Wasserdampf
- bei schwerer Tätigkeit: ca. 150 g/h Wasserdampf
- beim Duschen: 1,5 bis 3,0 kg/h Wasserdampf
- beim Baden: 2,0 bis 3,0 kg/h Wasserdampf
- beim Kochen: 50 bis 200 g/h Wasserdampf
- beim Wäschetrocknen: 150 bis 500 g/h Wasserdampf
- beim Bügeln: 1.000 bis 1.500 g/h Wasserdampf
- durch Pflanzen: 50 bis 150 g/h Wasserdampf
- durch Wasseroberflächen: ca. 40 g/h Wasserdampf
- durch Tierhaltung: 10 bis 40 g/h Wasserdampf

Weitere Angaben zu wissenschaftlichen Quellen oder empirischen Untersuchungen fehlen in der Regel und verursachen unter Umständen unzutreffende Annahmen. Denn oftmals stammen derartige Richtwerte aus den 1980- oder 1990-er Jahren und werden ungeprüft weitergegeben, obwohl sich die Feuchteproduktion durch ein verändertes Wohn- und Nutzungsverhalten in den letzten Jahrzehnten deutlich verändert hat. Heute wird z. B. drei- bis sechsmal so viel Wasserdampf bei der körperlichen Hygiene verursacht als in den o. g. Jahren. Beim Kochen dagegen wird heute weniger Wasserdampf produziert als früher, da sich Kochgewohnheiten verändert haben. Unabhängig davon spielt es eine wesentliche Rolle, ob anfallender „Küchendunst" über Ablufthauben abgeführt oder über Umlufthauben in der Küche verbleiben. Auch beim Wäschetrocknen muss man genau differenzieren, da einerseits mehr gewaschen wird, dafür die Wäsche durch Wäschetrockner besser vorgetrocknet wird. Bügeln verursacht ebenfalls sehr viel Wasserdampf, wird aber nur noch von Zweidrittel der Deutschen praktiziert und steht auf Platz 1 der unbeliebtesten Haushaltstätigkeiten.

Ein Mensch produziert heute zwischen 2 bis 4 kg Wasserdampf pro Tag. Auf einen 4-Personen-Haushalt hochgerechnet sind dies ca. 50 bis 100 kg Wasserdampf pro Woche. Dies entspricht etwa einer halben Badewanne. Gleichzeitig hat sich die Bauweise geändert, bei der eine Luftzirkulation aufgrund von Undichtigkeiten kaum noch möglich ist. Infolgedessen muss die Feuchteproduktion im Verhältnis zur Bauweise und der Lüftungsart gesehen werden. Neue Untersuchungen zeigen, dass pauschale Angaben über die durchschnittliche Feuchteproduktion des Menschen ungenau sind und von vielen individuellen Faktoren abhängig sind.

Hinzu kommt, dass die Feuchteproduktion in Innenräumen nicht gleichmäßig stattfindet – weder zeitlich noch räumlich. Duschen findet in der Regel morgens und abends statt, Baden dagegen eher abends oder am Wochenende und seltener als Duschen. Morgens kumuliert sich der Wasserdampfanfall innerhalb von ein bis zwei Stunden, während dieser abends auf einen längeren Zeitraum verteilt wird. Baden und Duschen findet in Bädern und somit in kleineren Räumen statt. Infolgedessen wird die Sättigungsfeuchte viel schneller erreicht als in Küchen, die zunehmend in offener Bauweise konstruiert werden, so dass sich produzierter Wasserdampf viel schneller in die anderen Innenräume verteilen kann.

Die relative Luftfeuchtigkeit wird neben einer differenzierten Feuchteproduktion in Innenräumen bestimmt durch den Luftaustausch mit der Außenluft (Lüften), der Temperatur (Heizen) sowie dem Sorptionsvermögen der raumumschließenden Flächen (Wände, Decken, Böden und Mobiliar sowie anderer Gegenstände). Hinzu kommen Feuchtetransporte innerhalb der Gebäude und/oder durch die Gebäudehülle. Letzteres führt schon seit Jahren zum Mythos der „atmenden Wände".

Die Gesamtfeuchte wird über eine so genannte Innenraum-Feuchte-Bilanz erfasst, in der zusätzlich der Sättigungsdampfdruck, das Raumvolumen und die Belegungsdichte sowie die Art der Lüftung berücksichtigt wird. Eine Innenraum-Feuchte-Bilanz stellt den in Innenräumen produzierten Wasserdampf (M_D) in kg/h sowie den zugeführten Wasserdampf (M_{zu}) in kg/h ins Verhältnis zum abgeführten Wasserdampf (M_{ab}) in kg/h. Die Formel hierfür lautet: $M_D + M_{zu} = M_{ab}$.

Der zugeführte Wasserdampf in kg/h ergibt sich aus dem Luftwechsel (n) in 1/h, dem Raumvolumen (V) in m^3 sowie der absoluten Luftfeuchtigkeit der Außenluft (c_a) in kg/m^3. Der abgeführte Wasserdampf in kg/h ergibt sich aus dem Luftwechsel (n) in 1/h, dem Raumvolumen (V) in m^3 sowie der absoluten Luftfeuchtigkeit der Raumluft (c_i) in kg/m^3.

7.3.5.2 Differenzierte Wasserdampfproduktion

Die Luftfeuchtigkeit in Innenräumen wird allgemein durch die relative Luftfeuchte bestimmt. Diese gibt an, wie viel Prozent der maximal möglichen Wasserdampfmenge in der Luft enthalten ist. Sie wird bestimmt durch

- die Wasserdampfmenge, die in Innenräumen produziert wird,
- den Luftaustausch mit der Außenluft (Luftwechsel),
- das Sorptionsvermögen der Oberflächen, die Innenräume umschließen und
- den möglichen Feuchtetransport innerhalb eines Gebäudes und/oder durch die Gebäudehülle.

Bei der Wasserdampfmenge, die in Innenräumen produziert wird, orientiert man sich an Richtwerten, die für allgemeine Aussagen völlig ausreichend sind. Für bauphysikalische Berechnungen und Simulationen in Feuchtebilanzen sind dagegen zu ungenau, da sie oftmals ein zu großes Spektrum umfassen. So produziert der Mensch, abhängig von seiner Tätigkeit, zwischen 10 bis 15 kg Wasserdampf pro Tag in Innenräumen. Dabei geht man davon aus, dass auf die Atmung etwa 30 g pro Stunde anfallen, selbst wenn der Mensch nur schläft. Dies bedeutet z. B., dass in einem Schlafzimmer durch zwei Menschen innerhalb von acht Stunden ca. 480 g Wasserdampf produziert werden und im Raum verbleiben, wenn diese Feuchtigkeit nicht durch Lüften abgeführt wird. Diese Situation auf ein Schlafzimmer mit einer Größe von 5 m × 4 m Wohnfläche × 2,50 m Deckenhöhe und einem Raumklima von 18 °C und einer relativen Luftfeuchte von 50 % projiziert bedeutet, dass sich 480 g Wasserdampf in 50 m^3 Raumvolumen verteilen. Dies ergibt eine absolute Luftfeuchte von 9,6 g/m^3. Bei einer Lufttemperatur von 18 °C und einer relativen Luftfeuchte von 50 % ergibt sich ein Feuchteanteil von 7,7 g/m^3, bei gleicher Temperatur und 100 % relative Luftfeuchte dagegen ein Feuchteanteil von 15,4 g/m^3. Daraus ergibt sich eine genauso einfache wie interessante Rechnung: 7,7 g/m^3 IST-Feuchte + 9,6 g/m^3 produzierte Feuchte = 17,3 g/m^3 Gesamtfeuchte im Raum. Allerdings kann die Luft bei 18 °C nur 15,4 g/m^3 Feuchte speichern. Infolgedessen fällt Tauwasser von 1,9 g/m^3 an bzw. bei dem Schlafzimmer mit 50 m^3 Raumvolumen 95 g oder knapp 0,1 l. Diese knapp 100 ml Kondenswasser verteilen sich innerhalb des Raumes an Bauteiloberflächen, Möbel und Einrichtungsgegenstände sowie Bettbezüge und Kleidung, vorausgesetzt es findet keine Konvektion durch undichte Türen und dgl. statt. Da Fenster in der Regel den kältesten Punkt im Schlafzimmer darstellen, kondensiert die Feuchtigkeit auf den Fensterscheiben und dem -rahmen. Dies erklärt, warum man in den Morgenstunden im Schlafzimmer das Fenster von einem Wasserfilm befreien muss. Stellt sich die dargestellte Situation dagegen in einem Schlafzimmer dar, in dem sich dichte Fenster mit einer guten Wärmedämmung (z. B. U-Wert 1,0 (W/m^2K)) in einer Außenwand mit schlechter Wärmedämmung mit einem U-Wert z. B. von 1,4 (W/m^2K) befindet, verändern sich die bauphysikalischen Gesetzmäßigkeiten. In dem Fall kondensiert die Feuchte an den kältesten Stellen im Raum – den Wärmebrücken.

Bei leichter Tätigkeit werden etwa 50 g Wasserdampf produziert und wenn der Mensch schwitzt, erhöht sich dieser Wert auf 150 bis 200 g/h. Diese Werte pro Stunde auf einen Tag zu kumulieren, setzt allerdings voraus, dass sich der Mensch 24 h am Tag in den Innenräumen aufhält – was sehr unrealistisch ist. Es empfiehlt sich, diese Werte mit den realen Aufenthalten in den jeweiligen Innenräumen abzugleichen.

Die VDI-Richtlinie 2078 differenziert die Wasserdampfproduktion eines Menschen zudem nicht nur in Abhängigkeit seines Aktivitätsgrades, sondern auch zur Raumlufttemperatur. Eine leichte Tätigkeit (Aktivitätsgrad I bis II nach DIN 1946 Teil 2) verursacht z. B. eine Wasserdampfproduktion von 35 g/h bei 18 °C, aber bereits bis zu 60 g/h bei einer Raumlufttemperatur von 24 °C. Gleiches gilt bei einer schweren Tätigkeit (Aktivitätsgrad III nach DIN 1946 Teil 2), bei der z. B. bei 18 °C eine Wasserdampfmenge von 95 g/h produziert wird, bei einer Raumlufttemperatur von 24 °C dagegen bis zu 140 g/h. Dies bedeutet, dass sich die Wasserdampfproduktion und somit die Feuchteabgabe an die Raumluft schon bei gleicher Anstrengung bei steigender Temperatur erhöht. Weiterhin ist bekannt, dass die Wasserdampfproduktion von Alter, Geschlecht und Gesundheitszustand abhängig ist.

Die Wasserdampfproduktion des Menschen beim Baden wird häufig mit 700 g angegeben. Dieser Wert hat auch in den Normen Einzug gehalten und ist deutlich zu niedrig. Denn dieser Wert wurde nur für einen Zeitraum von 20 min. gemessen, da zum Zeitpunkt der Versuche in den 1980-er Jahren diese Zeitspanne als übliche Badezeit galt. Hierzu muss man wissen, dass als „Badezeit" bei den Versuchen das Einlassen des Badewassers, die Dauer des Badens sowie die nasse Oberfläche des Körpers nach dem Baden angesetzt wurde. Mit dem heutigen Badeverhalten haben diese Versuche daher kaum noch Gemeinsamkeiten. Im Übrigen basierten diese Versuche auf einer zum damaligen Zeitpunkt handelsüblichen Badewanne mit einem Fassungsvermögen von 150 l Wasser. Bei heutigen Badewannen liegt das Fassungsvermögen zwischen 180 und 250 l Wasser, zumal sich auch die Formen verändert haben. Mit den zunehmend beliebten Eckbadewannen oder auch Whirlpools hat sich die Wasseroberfläche vergrößert, die bei einer längeren

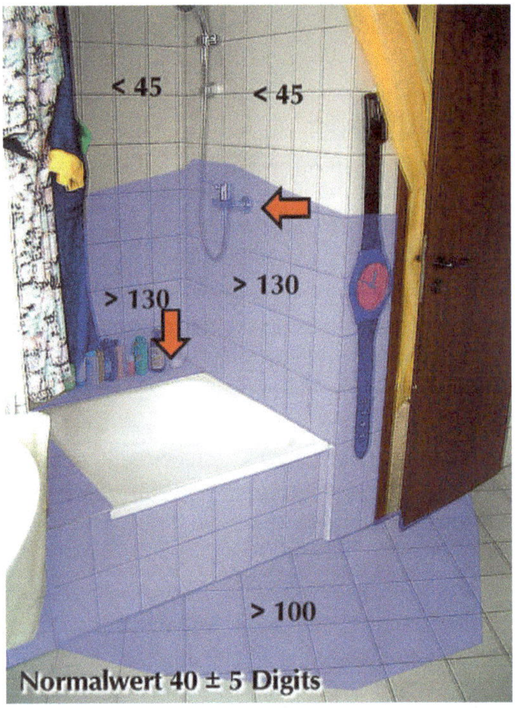

Abb. 7.48 schematische Darstellung über Spritz- und Oberflächenwasser in einem Feuchtraum (Bad)

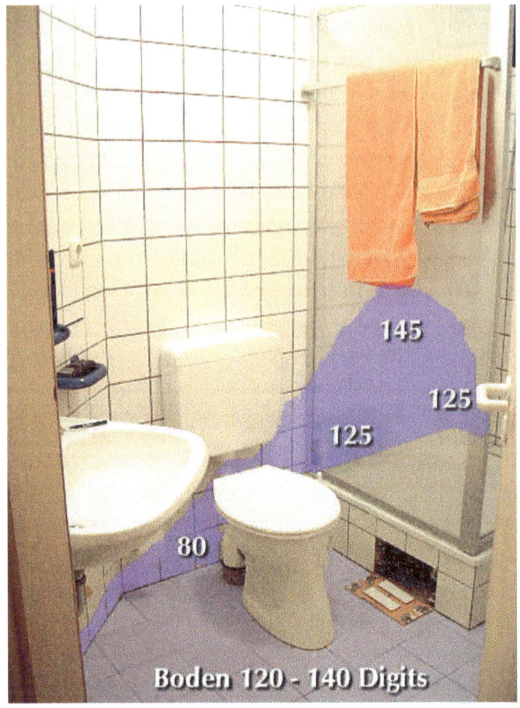

Abb. 7.49 schematische Darstellung über Spritz- und Oberflächenwasser in einem Feuchtraum (Bad)

Badezeit als Verdunstungsfläche wirkt. Wenn die Wasserdampfproduktion in Gramm pro Stunde angegeben wird, muss der Wert von 700 g für 20 min. auf 2.000 bis 3.000 g/h angepasst werden.

Im Gegensatz zum Baden erfolgt die Wasserdampfproduktion beim Duschen unter fließendem Wasser. Diese wird mit 1,5 bis 3,0 kg pro Stunde angegeben. In den Normen wird mit 2,6 kg/h gerechnet. Dieser Wert erscheint auf den ersten Blick sehr hoch. Berücksichtigt man allerdings, dass die durchschnittliche Duschzeit nur ca. 10 min. beträgt, wird während des Duschens eine Wasserdampfmenge von 250 bis 500 g produziert. Die hohe Bandbreite resultiert daraus, dass das Duschverhalten sehr nutzerspezifisch ist. Einige Menschen lassen während der gesamten Duschzeit den Duschkopf laufen, andere nur zum Einseifen und Abspülen. Einfluss auf die Wasserdampfproduktion haben zudem die Geometrie des Duschkopfes, die Fließgeschwindigkeit des Wassers sowie die Wassertemperatur. Daher ist ein Richtwert für die Wasserdampfproduktion beim Duschen kaum möglich (siehe Abb. 7.48 und 7.49).

Ergänzt werden muss, dass die Wasserdampfproduktion durch feuchte Handtücher, die nach dem Baden oder Duschen im Bad zum Trocknen aufgehangen werden, in den bisherigen Untersuchungen nicht berücksichtigt wurden. Kleinere Tätigkeiten wie z. B. Händewaschen oder Zähneputzen können vernachlässigt werden.

Die Wasserdampfproduktion beim Kochen wird mit 50 bis 200 g/h angegeben. Die große Bandbreite resultiert daraus, dass es keine standardisierten Küchen gibt und sich zudem das Nutzungsverhalten von und in Küchen stark verändert hat. Zum einen wird heute in der Küche keine Wäsche mehr gekocht und auch das so genannte Einwecken findet heute kaum noch statt. Zum anderen hat sich die Zubereitungsart aufgrund anderer Geräte verändert. Großen Einfluss auf die Menge von produziertem Wasserdampf hat z. B., ob sich in der Küche eine Waschmaschine und/oder ein Wäschetrockner befindet und ob sich die Küche in einem Single-Haushalt oder einem Mehr-Personen-Haushalt mit Kindern befindet. Selbst Migrationshintergründe und unterschiedliche Esskulturen können Einfluss auf die Wasserdampfproduktion haben. Bei der Essenszubereitung wird die größte Menge an Wasserdampf bei Langzeitgerichten produziert. Hier muss ein Wert von 600 bis 900 g/h angesetzt werden. Als Richtwert für ein Kurzzeitgericht gilt 300 bis 500 g/h.

Einen erheblichen Einfluss auf die Menge von produziertem Wasserdampf hat zudem die Art der Abzugshaube. Abzugshauben mit Abluft saugen den anfallenden Wasserdampf an und führen diesen direkt über die Gebäudehülle nach außen, so dass die Innenraumluft kaum durch Küchendunst belastet wird. Dies führt zudem zu einer geringeren Geruchsbelastung. Abzugshauben mit Umluft saugen den anfallenden „Küchendunst" an, reinigen diesen mithilfe von Fettfilter und Aktivkohlefilter und leiten die Feuchtigkeit über die Luftaustrittsöffnungen wieder in die Raumluft zurück. Da allerdings die Feuchtigkeit nicht abgeführt wird, sollte man auf einen regelmäßigen Luftwechsel achten. Dies kann über ausreichendes Lüften oder über eine ausreichend dimensionierte Wohnungslüftungsanlage erfolgen.

Große Unterschiede gibt es auch beim Zeitpunkt und der Nutzungsdauer. In den Normen wird davon ausgegangen, dass ein Mensch im Durchschnitt drei Stunden pro Tag in der Küche verbringt. Dieser Wert erscheint vor den pandemiebedingten Lockdowns als deutlich zu hoch. Des Weiteren geht man davon aus, dass tagsüber keine Wasserdampfmengen produziert werden und sich der Feuchteanfall auf die Morgen- und Abendstunden konzentriert. Dies muss differenziert betrachtet werden, da Familien mit Kindern auch über den Tag verteilt Wasserdampf produzieren. In diesem Umfeld läuft z. B. auch der Geschirrspüler öfter und bei jedem Öffnen werden ca. 350 g Wasserdampf freigesetzt. In den Normen wird außerdem angenommen, dass nur beim Kochen Wasserdampf entsteht und daher zum Frühstück vernachlässigt werden kann. Hierbei wird nicht berücksichtigt, dass auch ein Wasserkocher erhebliche Mengen an Wasserdampf produzieren kann, vor allem ältere Geräte, die sich beim Erreichen des Siedepunktes nicht automatisch abschalten. Ein allgemein gültiger Richtwert für die Wasserdampfproduktion beim Kochen ist daher nicht möglich.

Die Wasserdampfmenge, die beim Wäschewaschen durch den Einsatz von Waschmaschinen entsteht, kann vernachlässigt werden. Hingegen wird beim Wäschetrocknen Wasserdampf in einer Spanne von 50 bis 500 g/h produziert. Die Menge anfallender Feuchtigkeit hängt von sehr vielen Faktoren ab. Hierzu gehören die Eigenschaften der Wäsche, die Art des Waschens und der Trocknung. Außerdem spielt für die abgegebene Wassermenge das Raumklima (Temperatur, Luftfeuchtigkeit und Luftgeschwindigkeit) eine gewisse Bedeutung. Den wichtigsten Einfluss hat die Art der Trocknung. Konventionell getrocknete Wäsche braucht je nach klimatischen Bedingungen 0,5 bis 2 Tage, bis sie trocken ist. Bei einer maschinellen Trocknung der Wäsche wird nicht nur deutlich weniger Wasserdampf produziert, sondern auch in einem deutlich kürzeren Zeitraum. Hingegen erhöht sich bei einem Wäschetrockner die Raumtemperatur. Bei der maschinellen Trocknung spielt die Schleuderzahl pro Waschgang eine Rolle. Nach den Angaben der Waschmaschinenhersteller ergeben sich im Durchschnitt folgende Werte:

- SWK[1)] A: Restfeuchte < 45 % = 2,25 kg Wasserdampf[2)]
- SWK[1)] B: Restfeuchte 45 bis 54 % = 2,50 kg Wasserdampf[2)]
- SWK[1)] C: Restfeuchte 54 bis 63 % = 3,00 kg Wasserdampf[2)]
- SWK[1)] D: Restfeuchte 63 bis 72 % = 3,50 kg Wasserdampf[2)]
- SWK[1)] E: Restfeuchte 72 bis 81 % = 4,00 kg Wasserdampf[2)]
- SWK[1)] F: Restfeuchte 81 bis 90 % = 4,25 kg Wasserdampf[2)]
- SWK[1)] G: Restfeuchte > 90 % = 4,50 kg Wasserdampf[2)]

[1)] Schleuderwirkungsklasse
[2)] bei 5 kg Trockenwäsche

Daher sind pauschale Angaben über die Wasserdampfmenge, die beim Wäschetrocknen produziert wird, kaum möglich. Der Richtwert in der Fachliteratur beträgt 50 bis 500 g/h und bezieht sich auf eine Waschladung von 4,5 kg. Für geschleuderte Wäsche gilt ein Richtwert von 50 bis

200 g/h und bei nasser Wäsche ein Richtwert von 200 bis 500 g/h. In diesen Angaben fehlen Hinweise über die hierfür notwendige Trocknungszeit, so dass diese für Berechnungen und Simulationen individuell ermittelt werden muss.

Die Wasserdampfproduktion durch Tierhaltung wird mit 10 bis 40 g/h angegeben. Hierbei orientiert man sich an einem Richtwert von 40 g/h für einen mittelgroßen Hund und 10 g/h für eine Katze. Die Wasserdampfmenge, die durch ein Aquarium freigesetzt werden kann, hängt von der Größe der Verdunstungsfläche, der Raumtemperatur sowie der Luftgeschwindigkeit in Innenräumen ab und wird in der Regel mit einem Richtwert von 6 bis 8 g/h angegeben.

Die Wasserdampfproduktion durch Pflanzen wird mit 5 bis 20 g/h angegeben, je nach Art und Größe der Pflanze. Für Blumen und kleinere Töpfe mit Zierpflanzen gilt ein Richtwert von 5 bis 10 g/h. Für mittlere Topfpflanzen wird als Richtwert 7 bis 15 g/h angesetzt und für große Zimmerpflanzen gilt als Richtwert 10 bis 20 g/h.

Abschließend soll noch erwähnt werden, dass durch Tätigkeiten wie z. B. Hausputz (Fensterputzen, Böden wischen usw.) Wasserdampf von 100 bis 500 g/h produziert werden kann. Alle diese Quellen müssen in einer Innenraum-Feuchte-Bilanz berücksichtigt werden, wenn man die nutzungsbedingte Feuchte in Innenräumen individuell bestimmen möchte.

7.3.5.3 (Falsches) Lüften

Ein Mensch produziert zwischen 2 bis 4 kg Wasserdampf pro Tag. Damit aus diesem Wasserdampf kein Feuchtigkeitsschäden und/oder Schimmelpilzbefall verursacht wird, muss die Feuchtigkeit abgeführt werden. Dies erfolgt in erster Linie über ein angepasstes Lüftungsverhalten. Aber auch konvektive Luftströmungen sowie Heizen haben einen Einfluss auf den Feuchtehaushalt.

Ein Beispiel: bei einer Raumtemperatur von 22 °C und einer relativen Luftfeuchtigkeit von 60 % enthält die Luft 13,9 g/m^3 Wasser. Erhöht sich die relative Luftfeuchtigkeit z. B. auf 80 % enthält ein Kubikmeter Luft bereits 18,4 g Wasserdampf – die Luft kann demnach 4,5 g/m^3 zusätzlich aufnehmen. Aber auch die Erhöhung der Temperatur führt zu einer höheren Wasseraufnahme. Erhöht sich die Temperatur von 20 °C bei einer relativen Luftfeuchtigkeit von 60 % (12 g/m^3 Wasser) auf 24 °C (15,8 g/m^3) kann die Luft wiederum 3,8 g/m^3 Wasser zusätzlich aufnehmen. Dies bedeutet, dass Kondensation und Tauwasserausfall von der relativen Luftfeuchtigkeit und der Temperatur abhängig sind bzw. im Umkehrschluss, dass taupunktbedingtes Kondenswasser durch gezieltes Lüften und Heizen vermieden werden kann. Bekanntlich kann kalte trockene Außenluft, die beim Lüften in den Innenraum gelangt, beim Erwärmen Feuchtigkeit aufnehmen, die dann wieder nach außen abgeführt wird. Kalte Außenluft „entfeuchtet“ somit warme und somit feuchte Luft aus Innenräumen.

Wenn Lüften als Ursache für nutzungsbedingte Feuchtigkeit genannt wird, geht es also nicht um gezieltes und angepasstes „richtiges“ Lüften, mit dem genau das Gegenteil erreicht wird, sondern um fehlendes oder falsches Lüften. Denn auch beim Lüften kann man einiges falsch machen. Hierzu gehört in erster Linie unzureichendes Lüften, also zu selten und/oder zu kurz. Um dies zu vermeiden, orientiert man sich an der so genannten Luftwechselrate. Diese beschreibt, wie oft die Luft in einem Raum innerhalb einer Stunde ausgetauscht werden muss. Eine Luftwechselrate von 2 h^{-1} bedeutet z. B., dass die Raumluft zweimal pro Stunde ausgetauscht werden muss. Bei einem Raumvolumen von z. B. 50 m^3 hätte dies einen Volumenstrom von 100 m^3/h zur Folge.

In dem Zusammenhang spielt auch die relative Luftfeuchte der Außenluft eine wesentliche Rolle. Die Tab. 7.5 zeigt die Unterschiede in den jeweiligen Jahreszeiten:

Der „Klassiker“ unter den Lüftungsfehlern ist die Kippstellung. Um zu hohe Luftfeuchtigkeit gleichmäßig und permanent abzuführen, werden die Fenster angekippt und über einen längeren Zeitraum offen stehen gelassen. In der kalten Jahreszeit führt dies dazu, dass kühle trockene Luft an den gekippten Fenstern vorbei in den Innenraum einströmt und bei der Erwärmung Wasserdampf aus der feucht-warmen Raumluft aufnimmt. Hierbei findet eine gewünschte Ent-

Tab. 7.5 relative Luftfeuchte der Außenluft in Abhängigkeit der Jahreszeiten

Witterung	Außentemperatur	Relative Luftfeuchtigkeit (%)	Absolute Wassermenge
Warmer Frühlingstag	24 °C	60	13,1 g/m³
Schwüler Sommertag	24 °C	80	17,5 g/m³
Schöner Herbsttag	10 °C	50	4,7 g/m³
Sonniger Wintertag	−5 °C	40	1,3 g/m³

feuchtung statt. Allerdings kühlen parallel die Oberflächen der Fensterlaibungen aus, so dass sich das Problem erst zeitversetzt zeigt. Wenn die Fenster wieder verschlossen werden, trifft feucht-warme Raumluft auf die zwischenzeitlich ausgekühlten Fensterlaibungen, so dass sich taupunktbedingt Kondenswasser bildet (siehe Abb. 7.50). Dies kann unter Umständen durch ein hohes Sorptionsvermögen der Baustoffe vermieden werden, so dass es bei einer Kippstellung nicht automatisch zu einer Schimmelpilzbildung kommen muss. Unabhängig davon ist die Kippstellung der Fenster auch unter energetischen Gesichtspunkten kritisch zu sehen, da ein Großteil der aufsteigenden Warmluft des in der Regel unter dem Fenster befindlichen Heizkörpers ungenutzt nach außen abgeführt wird.

Gelegentlich zeigt sich ein anderes Phänomen im Zusammenhang mit der Kippstellung von Fenstern – dieses Mal im Außenbereich. Vor allem in Küchen, die über eine Dunstumlaufhaube (und keine Dunstabzugshaube) verfügen, kann oft beobachtet werden, dass beim Kochen, die Fenster angekippt werden, um den überdurchschnittlich hohen Wasserdampf weg zu lüften. Dieses Mal treten die gleichen bauphysikalischen Prozesse auf, nur in umgekehrter Reihenfolge. Die erhöhte Menge an Wasserdampf wird am Fenster vorbei nach außen geleitet. Dies findet auch an den Laibungen statt, aber in erster Linie zwischen Fenster und Fenstersturz. Die feucht-warme Luft trifft oberhalb des Fensters auf kalte Oberflächen und kondensiert sofort. In der Anfangszeit erkennt man dies an einem Wasserfilm oberhalb der Fenster, später siedeln sich dort Algen, Bakterien und Pilze an – gut erkennbar an schwarzem Befall. In manchen Fällen stellt sich das Problem so gravierend dar, dass Nachbarn schon die Feuerwehr alarmieren wollten, weil sie von einem Wohnungsbrand ausgegangen sind (siehe Abb. 7.51).

Kippstellung von Fenstern kann in einem völlig anderen Zusammenhang ebenfalls ursächlich sein für taupunktbedingtes Kondenswasser – bei der so genannten Sommerkondensation. In diesen Fällen führt die Kippstellung, in der Regel von Kellerfenstern, in den heißen Sommermonaten dazu, dazu feucht-warme Außenluft in den kühlen Keller strömt und dort auf kühle Bauteiloberflächen trifft und kondensiert.

Als nächstes Problem muss das Mitlüften von anderen Innenräumen genannt werden. Dies beobachtet man häufig bei innenliegenden Bädern ohne Fenster, die sich häufig in der Nähe der Schlafräume befinden. Diese Bäder verfügen über eine zeitgesteuerte Zwangsentlüftung, die über den Lichtschalter gesteuert werden. Bei einem hohen Anfall von Wasserdampf z. B. nach dem Baden oder Duschen, kann man beobachten, dass diese Zwangsentlüftungen unterdimensioniert sind – nicht in der Leistung, sondern in der Dauer des Nachlüftens. Dies bedeutet, dass diese zu kurz nachlüften und nicht der komplette Wasserdampf abgeführt wird. Bewohner „lösen" dieses Problem, in dem die Luftfeuchtigkeit über die benachbarten Innenräume abgeführt wird. Handelt es sich hierbei z. B. um ein kühleres Schlafzimmer, kann es zur Oberflächenkondensation an kühleren Bauteilen wie z. B. Wärmebrücken oder am Fenster kommen.

In Bädern kann man noch ein weiteres Problem beobachten. Nach dem Baden oder Duschen wird ein hoher Wasserdampfgehalt in der Luft („Dunst") sowie durch das Beschlagen von Fensterscheiben oder Spiegeln wahrgenommen. Dem entsprechend wird das Bad gelüftet, bis sich ein

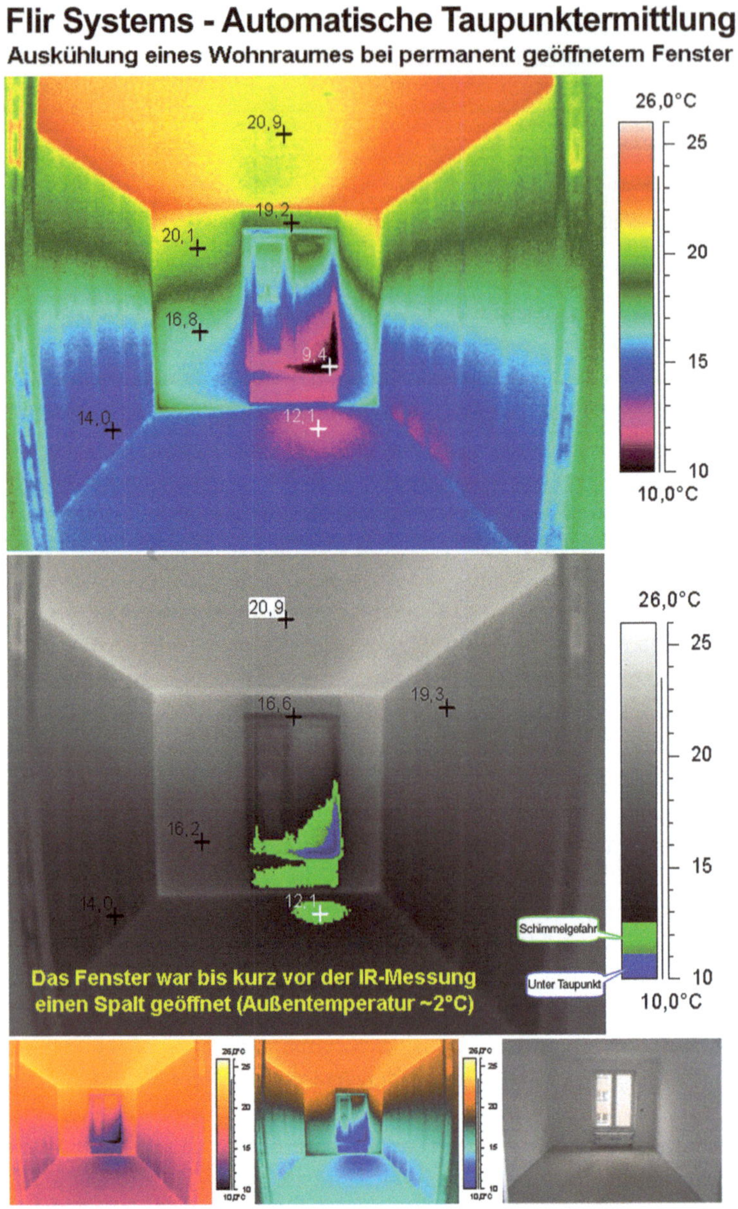

Abb. 7.50 Thermografieaufnahme über die Temperaturverteilung der Bauteiloberflächen bei einer Kippstellung der Fenster

„Gefühl" einstellt, dass die hohe Luftfeuchtigkeit abgezogen wäre. Würde man in dem Bad 30 bis 60 min später Feuchtigkeitsmessungen durchführen, wäre man überrascht, wie hoch die Luftfeuchtigkeit ist. Die Erklärung liefert ein Beispiel:

In einem Bad mit einer Grundfläche von 3 m × 2 m und einer Deckenhöhe von 2,50 m befindet sich ein gefliester Fußboden, auf dem eine 3 m² große Badgarnitur liegt. Die Wände und Decke sind mit einem Mineralputz beschichtet. Im Bad befindet sich ein Fenster von 1,5 m² und eine Tür von 2 m² Größe. Erhöht sich in dem Bad für eine halbe Stunde die Luftfeuchtigkeit von z. B. 40 auf 80 %, verändert sich folgende Situation:

• Teppich 3 m² × 20 g/m²	= 60,00 g Wasser
• Wände 25 m² abzgl. Fenster und Tür × 15 g/m²	= 322,50 g Wasser
• Decke 6 m² × 15 g/m²	= 90,00 g Wasser
Materialfeuchtigkeit gesamt	= 472,50 g Wasser

Abb. 7.51 mikrobieller Befall oberhalb der Fenster in Kippstellung sowie an Bauteilöffnungen wie Lüftungsklappen

Die absolute Luftfeuchte der Raumluft dagegen beträgt nur 105 g Wasser (15 m^3 Raumvolumen × 7 g Wasser pro m^3). Infolgedessen ist die Feuchtigkeitsaufnahme der Materialien über viermal höher (!) als die Feuchtigkeitsaufnahme der Raumluft. Das überschüssige Kondenswasser „speichert" sich in den Bauteiloberflächen sowie den Textilien wie Badgarnitur, Handtüchern oder Bademänteln und dgl. Verantwortlich hierfür ist das Sorptionsvermögen von Materialien, also die Absorption (Feuchtigkeitsaufnahme und Speicherung) sowie Desorption (Feuchtigkeitsabgabe) zu einem späteren Zeitpunkt, wenn eine geringere Luftfeuchtigkeit ein Verdunsten ermöglicht. Dies bedeutet, dass sich nach dem Verschließen der Fenster die Luftfeuchtigkeit allmählich wieder erhöht, obwohl keine neue Feuchtigkeit produziert wird.

Einen ähnlichen Effekt hat die erhöhte Restfeuchte von Baustoffen, die bei einem Neubau oder nach der Sanierung von Altbauten auftreten kann. Auch hier muss über einen längeren Zeitraum das Lüftungsverhalten dem Sorptionsvermögen der Baustoffe angepasst werden.

Falsches Lüften ist der Hauptstreitpunkt zwischen Vermieter und Mieter, wenn es in einer Mietwohnung zu einem Schimmelpilzbefall gekommen ist. In der „gefühlten" Wahrnehmung durch mediale Aussagen oder Behauptungen von Vermietern, ist das unzureichende oder falsche Lüften durch den Mieter der Hauptgrund für Feuchtigkeitsschäden und Schimmelpilzbefall in Mietobjekten. Sachverständige beurteilen die Situation deutlich differenzierter nach baulichen Mängeln oder dem Wohn- und Lüftungsverhalten des Mieters und sehen die Schwierigkeit eher in den Fällen, wo sich beide Ursachen überlagern und jede für sich einen Teil dazu beiträgt. Mieter sehen dagegen das Problem vorrangig bei baulichen Mängeln, vor allem, wenn Gebäude nachträglich gedämmt wurden oder neue Fenster eingebaut wurden.

Dies ist dahingehend interessant, da in einer aktuellen Studie mehr als ein Drittel der Deutschen angaben, dass sie das Lüften bei sehr hohen oder sehr niedrigen Temperaturen gelegentlich ausfallen lassen, um im Sommer die Hitze nicht hinein- und im Winter die Heizungswärme nicht hinauszulassen. Und 25 % gaben an, dass zu wenig Zeit zum Lüften haben (oder sich nehmen). Erstaunlich war auch die Erkenntnis, dass selbst unter den Dreiviertel der Befragten, die angegeben haben, dass sie regelmäßig lüften, über ein Drittel falsch lüften z. B. über Kippstellung (35 %).

7.3.5.4 Mythos „atmende Wände"

Die Theorie der „atmenden Außenwand" geht auf den deutschen Forscher und Chemiker *Max Josef von Pettenkofer* (1818 bis 1901) zurück, der diese erstmals in seinem Buch „Über den Luftwechsel in Wohnungen" im Jahre 1858 kurz erwähnte und im Jahr 1877 in einem populären Vortrag in Braunschweig ausführlich vorstellte. *Pettenkofer* gilt als einer der Begründer der modernen Hygiene. Im Rahmen zahlreicher Messungen über den Luftwechsel mit Kohlendioxid stellte *Pettenkofer* fest, dass sich nach dem vermeintlichen Abdichten sämtlicher Fugen und Ritzen in den Innenwänden seines Büroraumes und dem Verschließen und Abkleben der Türen und Fenster die Luftwechselrate weniger als erwartet reduzierte. *Pettenkofer* schlussfolgerte daraus, dass ein erheblicher Luftaustausch durch die Wände stattfinden muss und nannte diese eine „natürliche Ventilation“ der Außenwände.

Diese Hypothese wurde einem breiten Publikum zugänglich gemacht (u. a. im „Münchener Kalender“ im Jahr 1886) und selbst in Fachkreisen lange widerspruchsfrei hingenommen. Dabei übersah *Max Josef von Pettenkofer* einen wesentlichen Fakt. In dem Büro befand sich ein Ofen, dessen Kamin nicht abgedichtet wurde. Außerdem ist überliefert, dass auch die Holzbalkendecke über eine gewisse Undichtigkeit verfügte. Daher konnte die Luft über den Kamin und über die Decke entweichen. Der Physiker *Ernst Raisch* widerlegte bereits im Jahr 1928 die Theorie, die von Pettenkofer aufgestellt hatte und nannte diese eine „falsche Interpretation von Untersuchungsergebnissen“.

Ernst Raisch widerlegte auch eine weitere Theorie die *Pettenkofer* aufgestellt hatte. *Pettenkofer*, der von seiner Theorie der „atmenden Wände“ überzeugt war, interpretierte auch andere Beobachtungen als Beleg für eine „natürliche Ventilation“ der Außenwände. So nahm er in der Nähe von Außenwänden ein Kältegefühl wahr und begründete dies damit, dass die wärmeleitende Außenwand nicht nur der Raumluft, sondern auch dem in ihrer Nähe befindlichen (Wärme ausstrahlenden) Körper des Menschen die Wärme entzieht. Er legte dies als weiteren Hinweis aus, dass die Außenwände einen Luftaustausch zulassen und sah in diesen Wärmeverlusten und einseitigen Abkühlungen eine wesentliche Ursache für Erkältungskrankheiten und Rheumatismus. Raisch widerlegte auch diese Theorie und wies Undichtigkeiten nicht nur durch Fugen und Anschlüssen von Bauteilen nach, sondern auch innerhalb der Gebäudehülle durch Konvektion.

Max Josef von Pettenkofer ist für einen weiteren Versuch bekannt, der im Ergebnis falsch interpretiert wurde. Pettenkofer demonstrierte in einem Versuchsaufbau, dass er durch eine wenige Zentimeter große zylindrische und seitlich abgedichtete Probe, eine Kerze auf der Rückseite durch kräftiges Blasen durch einen kleinen Trichter ausblasen konnte. Für ihn war dies ein weiterer Beweis dafür, dass Wände atmen können. Wieder war es der Physiker *Erwin Raisch*, der durch praxisgerechte Messungen belegen konnte, dass eine massive Wand, die beidseitig verputzt ist, unter üblichen Luftdruckverhältnissen luftdicht ist. Nach Aussage von Raisch gelang von *Pettenkofer* nur deshalb die Kerze auszublasen, weil er über seine Lunge einen extrem hohen Luftdruck erzeugen konnte, der in Bauteilen nicht vorhanden ist. Heute ist unstrittig, dass ein Lufttransport durch die Baukonstruktion nur bei einem entsprechenden Druckunterschied auf beiden Seiten stattfindet und sich der Luftdruck in Gebäuden von dem der Außenluft kaum unterscheidet, so dass diese Überlegungen komplett vernachlässigt werden können. Das Fraunhofer Institut für Bauphysik (IBP) konnte schon in den 1980-er Jahren nachweisen, dass die durch Diffusion transportierte Feuchtigkeitsmenge selbst bei idealisierten Bedingungen nur 1 bis 2 % der durch Luftwechsel abgeführten Feuchtigkeitsmenge entspricht und somit für das Feuchtemanagement von Gebäudehüllen vernachlässigt werden kann.

Was *Max Josef von Pettenkofer* vor fast 150 Jahren als „atmende Wände“ beschrieb, wird inzwischen als Wasserdampfdiffusionsfähigkeit und Sorptionsvermögen von Baustoffen bezeichnet. Und obwohl seine Versuchsaufbauten fehlerhaft und seine Interpretationen falsch waren, hält sich der Mythos der atmenden Wände bis heute hartnäckig.

7.3.5.5 (Falsches) Heizen

Aus Sorge vor hohen Energiekosten sehen sich immer mehr Menschen gezwungen, Energie zu sparen. Immerhin werden 30 bis 40 % des Gesamtenergieverbrauchs eines Haushalts für das Heizen aufgewendet. Allerdings wissen viele Menschen nicht, dass falsches Heizen negative Auswirkungen auf das Raumklima haben, mehr Kosten verursachen und Schimmelpilzbildung begünstigen kann.

Ein Mensch produziert zwischen 2 bis 4 kg Wasserdampf pro Tag. Damit aus diesem Wasserdampf kein Feuchtigkeitsschäden und/oder Schimmelpilzbefall verursacht wird, muss die Feuchtigkeit abgeführt werden. Dies erfolgt in erster Linie über ein angepasstes Lüftungsverhalten. Aber auch konvektive Luftströmungen sowie Heizen haben einen Einfluss auf den Feuchtehaushalt.

Wenn Heizen als Ursache für nutzungsbedingte Feuchtigkeit genannt wird, geht es also nicht um Heizen im Allgemeinen, mit dem genau das Gegenteil erreicht wird, sondern um zu wenig und vor allem um falsches Heizen. Gerade in Zeiten zunehmender Heizenergiekosten werden in vielen Haushalten die Heizkörper zurückgedreht und die Raumtemperaturen auf ein Minimum gedrosselt. Kalte Räume brauchen allerdings mehr Energie, um wieder auf die nötige Raumtemperatur aufgeheizt zu werden. Weit verbreitet ist der Irrglaube, dass man tagsüber die Heizungen drosseln kann, um diese abends beim Heimkommen über das Thermostat schnell wieder aufzuheizen. Allerdings wird mit dem Thermostat nur die Zieltemperatur geregelt, die im Innenraum erreicht werden soll. Mit der Schnelligkeit des Aufwärmens hat dies nichts zu tun. Dies gilt erst recht für Fußbodenheizungen, die auf Temperaturveränderungen bekanntlich sehr träge reagieren.

Wenn die Außentemperaturen deutlich sinken, ist es wichtig, Innenräume gleichmäßig zu beheizen und ausreichend zu lüften. In Innenräumen sollte die Temperatur gleichmäßig bei 19 bis 21 °C liegen. Weniger genutzte Innenräume können etwas kühler sein, sollten allerdings nicht unter 17 °C fallen. Wichtig ist, dass in diesen Fällen die Türen zu wärmeren Innenräumen verschlossen bleiben. Allgemein gilt, dass der Temperaturunterschied zwischen Innenräumen nicht größer als 5 °C sein darf. Dies gilt auch in der Abwesenheit, entweder beruflich bedingt tagsüber oder während des Urlaubs.

Wichtig ist, die Temperaturen möglichst konstant zu halten, da Temperaturschwankungen mehr Auswirkungen auf das Raumklima und den Feuchtehaushalt in Innenräumen haben, als allgemein angenommen wird. Diese können taupunktbedingtes Kondenswasser als Ursache für Schimmelpilzbefall verursachen. Auch wenn durch regelmäßiges Lüften befürchtet wird, dass Heizenergie verloren geht, muss die Feuchtigkeit in Innenräumen regelmäßig durch kurzes Stoß- oder besser noch Querlüften abgeführt werden. Warme Luft kann viel mehr Wasserdampf mit sich tragen als kühle Luft. Dies bedeutet, dass kühle Temperatur weniger Feuchtigkeit aufnehmen kann. Durch Lüften wird infolgedessen die Luftfeuchtigkeit im Raum reduziert. Als deutliches Zeichen für ein notwendiges Lüften sind beschlagene Fenster oder wenn sich auf Oberflächen ein leichter Wasserfilm zeigt. Dann beträgt die relative Luftfeuchtigkeit an diesen Stellen bereits 100 %.

Besonders kritisch ist, kühlere Innenräume durch wärmere Innenräume „mitzuheizen". Weit verbreitet ist der Irrglaube, dass durch dieses „Überschlagen" Energie eingespart werden kann. Das Gegenteil ist der Fall – die Heizung muss zusätzliche Heizenergie erzeugen. Viel wichtiger ist aber, dass warme und mit Feuchtigkeit angereicherte Luft in den kühleren Innenraum strömt und auf kühleren Bauteiloberflächen taupunktbedingtes Kondenswasser ausfällt. Daher lautet die Faustregel: Je niedriger die Raumtemperatur, desto häufiger muss gelüftet werden.

Ein ebenfalls weit verbreiteter Irrglaube ist, dass ein Schimmelpilzrisiko vermieden wird, wenn die Lufttemperatur und Luftfeuchtigkeit einen kritischen Wert nicht übersteigen. Dies zu überwachen, ist Aufgabe z. B. eines Hygrometers. Hierbei wird allerdings nicht berücksichtigt, dass die kleinen Messgeräte in der Regel im Raum platziert werden und die Raumtemperatur und relative Luftfeuchtigkeit der Raumluft erfassen. Bekanntlich sind die Temperaturen an der innenseitigen Oberfläche von Außenwänden bereits einige Grad kälter als in der Raummitte und wiederum die an Wärmebrücken wie Innenecken noch einmal um einige Grad kälter als in der Fläche. Infolgedessen muss die kritische Oberflächentemperatur, die zu einem Schimmelpilzbefall führen kann, an den bauphysikalisch kritischen Oberflächen gemessen werden.

In Bezug auf die rechtlichen Rahmenbedingungen gibt es einen Unterschied zwischen Vermieter und Mieter. Der Vermieter muss während der Heizperiode, die vom 1. Oktober bis 30. April dauert, über die Heizungsanlage sicherstellen, dass eine Mindesttemperatur in der Wohnung zwischen 20 und 22 °C erreicht werden kann. Der Mieter wiederum ist gesetzlich nicht verpflichtet, diese Temperatur in der Wohnung einzuhalten, da es keine gesetzlich vorgeschriebene Mindesttemperatur für Mieter gibt. Allerdings haben Mieter aus dem Mietvertrag auch ohne schriftliche Absprache die Nebenpflicht, mit dem Mietobjekt sorgsam umzugehen und es vor Schaden zu bewahren. Dies gilt auch für Schimmelpilzbefall, wenn die Ursache(n) in den Zuständigkeitsbereich des Mieters wie z. B. fehlendes oder falsches Heizen fallen. Seit dem 1. September 2022 gilt übrigens: Schreibt der Mietvertrag eine bestimmte Mindesttemperatur für die Mietwohnung vor, die der Mieter einzuhalten hat, ist diese Klausel unwirksam.

7.3.6 Defekte Abdichtung

Zu der direkten Durchfeuchtung gehören offene oder defekte Fugen, über die Wasser hinter die Möblierung laufen und/oder in die Baukonstruktion eindringen kann. Hierbei muss es sich nicht immer um Feucht- oder Nassräume wie z. B. Bäder handeln. Auch Arbeitsplatten z. B. von Einbauküchen haben im Übergangsbereich zur Wand entweder eine Leiste oder einen Dichtstoff, damit kein Wasser dahinter laufen kann. Häufig wird unterschätzt, wie viel Wasser selbst durch einen kleinen Riss von weniger als 1 mm Breite über einen längeren Zeitraum eindringen kann (siehe Abb. 7.52). Dies kann einen versteckten Befall verursachen und somit über einen längeren Zeitraum unentdeckt bleiben.

Typische Beispiele für defekte Abdichtungen in Innenräumen sind klassische Abdichtungen von Bauteilen in Feucht- und Nassräumen (Bäder) z. B. unter der Dusche sowie Fugen in Feucht- und Nassräumen (in Fliesenbelägen) sowie als Dehn- oder Bewegungsfuge zwischen beweglichen Bauteilen (z. B. Wanne). Das Hauptproblem besteht darin, dass die ursprünglich geschlossene Oberfläche durch die Reinigung mit aggressiven Chemikalien dazu führt, dass diese mit der Zeit rau wird und somit Angriffsfläche für Feuchtigkeit und Verschmutzung bietet und somit ideale Voraussetzungen für das Wachstum von Mikroorganismen. Außerdem müssen Durchfeuchtungen an undichten Bauteilanschlüssen wie z. B. Rollladenkästen genannt werden, durch die unter Umständen Niederschläge z. B. bei Schlagregenbelastung eindringen können. Weitere Schwachpunkte stellen Anschlüsse von Bauteilen dar, die durch das Dach und mehrere Geschosse durchstoßen wie z. B. Schornsteine.

Abb. 7.52 der „Klassiker" in Feuchträumen: der Abriss der Fugenabdichtung, über den Oberflächenwasser in die dahinterliegende Konstruktion eindringen kann

In Innenräumen mit erdberührten Bauteilen wie z. B. Kellerräume kann gelegentlich folgendes Phänomen beobachtet werden. In der Fuge zwischen der Bodenplatte (Fußboden) und den aufgehenden Innenwänden zeigen sich, einige Tage nach Regenfällen, zeitversetzt Durchfeuchtungen. Eine der Ursachen hierfür kann eine mangelhafte Abdichtung der Außenwände sein, wenn die Feuchtebeanspruchung – so genannte Wassereinwirkungsklasse (neue Bezeichnung der DIN 18533 „Abdichtung von erdberührten Bauteilen") bzw. der Lastfall (alte Bezeichnung der DIN 18195 „Abdichtung von Bauwerken") – falsch eingeschätzt und dem entsprechend die Bauwerksabdichtung falsch dimensioniert wurde. Schließlich sind die verschiedenen Abdichtungsstoffe für unterschiedliche Feuchtebeanspruchungen ausgelegt. Diese beziehen sich nicht nur auf die Einwirkung durch Wasser, sondern auch auf mögliche Verformungen und somit auf die Rissüberbrückung.

Der Vollständigkeit halber müssen noch Innenabdichtungen genannt werden, vor allem, wenn es sich um Mietobjekte handelt. Innenabdichtungen werden auf der wasserabgewandten Innenseite von Außenwänden ausgeführt, weshalb diese auch als Negativabdichtung bezeichnet werden. Der Wandquerschnitt bleibt infolgedessen feucht. Kommt es aus Unwissenheit über diese Umstände z. B. bedingt durch einen Mieterwechsel zu einer nachträglichen Perforation der Innenabdichtung z. B. durch das Befestigen von Regalen oder anderen Einbauteilen, führt die Beschädigung der Abdichtung zu Durchfeuchtungen.

7.4 Hygiene

Für das Auftreten von Schimmelpilzen in privat genutzten Innenräumen sowie deren gesundheitlichen Bewertung gibt es bislang keine gesetzlich vorgeschriebenen Grenzwerte. Daher weist das Umweltbundesamt darauf hin, dass Schimmelpilze ein hygienisches Problem darstellen und nach dem Prinzip der Vorsorge nicht toleriert werden können. Schimmelpilze müssen lt. UBA beseitigt werden, bevor es zu Erkrankungen kommt.

Umgangssprachlich und nach dem allgemeinen Selbstverständnis wird der Begriff „Hygiene" mit Sauberkeit in Verbindung gebracht. Dabei kommt der Begriff aus dem Griechischen („hygíeia") und bedeutet so viel wie Gesundheit. In Fachkreisen wird der Begriff Hygiene als Lehre von der Verhütung von Krankheiten und der Erhaltung, Förderung und Festigung der Gesundheit definiert. Die Deutsche Gesellschaft für Hygiene und Mikrobiologie reduziert den Begriff auf die Erkennung, Behandlung und Prävention von Infektionskrankheiten. Das Ziel ist die Beseitigung oder Abtötung von Krankheitserregern wie bakteriellen Keimen einschließlich Mykobakterien und Pilze sowie die Inaktivierung von Viren oder verschiedener Sporen. Je nach Anwendungsgebiet und Notwendigkeit wird Hygiene in Reinigung, Desinfektion und Sterilisation unterschieden. Hygienemaßnahmen haben infolgedessen die Aufgabe, ein Gesundheitsrisiko zu minimieren. Daher darf unter Hygiene nicht nur Sauberkeit verstanden werden, sondern im wissenschaftlichen Sinne vor allem der Ansatz, Krankheiten zu verhüten sowie das Wohlbefinden und die Leistungsfähigkeit von Menschen zu erhalten. Letzteres schließt nicht nur Krankheiten ein, sondern auch Allergien und andere gesundheitliche Belastungen.

Hygienische Maßnahmen sind demnach in erster Linie Prävention. Hierzu gehören in privat genutzten Innenräumen z. B. die Abluftfilter an Entlüftungsanlagen in Küchen, Toiletten und Bäder (siehe Abb. 7.53 und 7.54) genauso wie die raumlufttechnischen Klimaanlagen an Arbeitsplätzen in großen Gebäudekomplexen. Die regelmäßige Reinigung der Abluftfilter sowie der RLT-Anlagen vermeidet Verschmutzungen, die zusammen mit Kondenswasser zum Wachstum und der Verbreitung von Pilzen und Bakterien beitragen kann. Als bakterielle Keime sind z. B. Aktinomyzeten, Sporenbildner (Bacillaceae), Kokken und Mikrokokken von Bedeutung. Bei den Schimmelpilzen sind vor allem Vertreter der Gattungen Cladosporium, Penicillium, Alternaria, Aspergillus und Botrytis zu nennen. Bei den Hefen treten Rhodotorula sp. und Saccharomyces sp. auf. Unter diesen Mikroorganismen sind auch gesundheitsschädliche Keime zu finden, die bei vielen Menschen zu Allergien und bei immungeschwächten Menschen zu Infektionen führen können. Dies ist u. a. von

Abb. 7.53 Kondensationsbedingte Feuchte in Entlüftungskanälen stellt im Zusammenspiel mit einer hohen Staubbelastung ideale Wachstumsbedingungen für Mikroorganismen dar

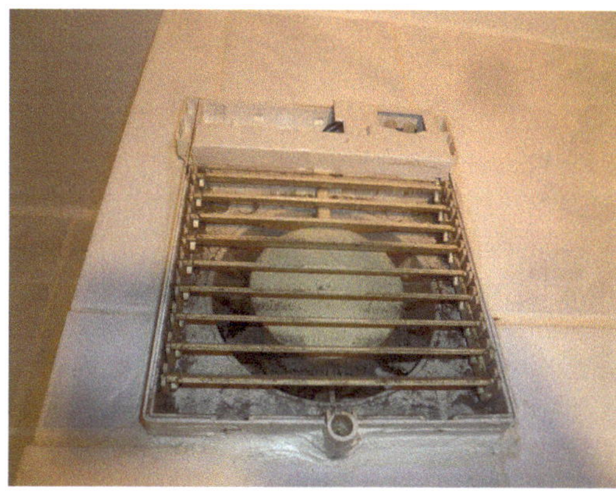

Abb. 7.54 Kondensationsbedingte Feuchte in Entlüftungskanälen stellt im Zusammenspiel mit einer hohen Staubbelastung ideale Wachstumsbedingungen für Mikroorganismen dar

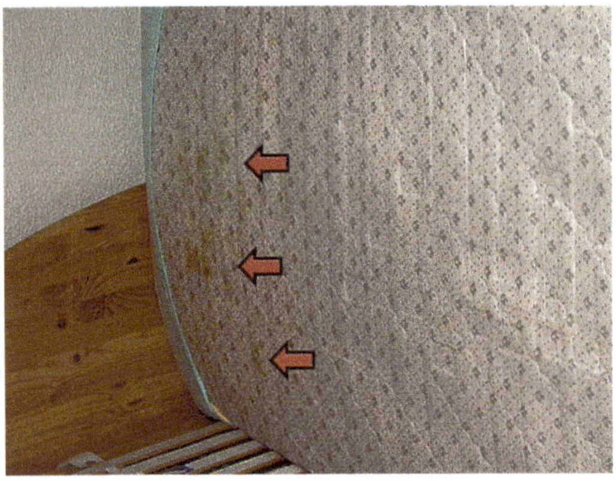

Abb. 7.55 Matratzen speichern viel Feuchtigkeit. Im Zusammenspiel mit Hausstaubmilben stellen sie ein ideales Habitat für Schimmelpilze dar

Abb. 7.56 in Abflüssen von Duschen, Badewannen und Waschbecken sammeln sich häufig Haare und Hautpartikel. Im Zusammenspiel mit Feuchtigkeit stellen sie ein ideales Habitat für Schimmelpilze dar

den Risikogruppen abhängig. Die regelmäßige Reinigung und Desinfektion im gewerblichen Umfeld ist in der VDI-Richtlinie 6022 festgelegt und beträgt 1 bzw. 2 Jahre für Grob- oder Feinfilter. Für privat genutzte Innenräume gibt es derartige Regelungen nicht.

Im Kontext häuslicher Hygiene im Zusammenhang mit mikrobiellem Befall müssen einige Punkte genannt werden, durch die das Wachstum und die Verbreitung von Schimmelpilzen (und Bakterien) gefördert werden. Die nachfolgende Auflistung erhebt nicht den Anspruch auf Vollständigkeit und die Reihenfolge ist kein Hinweis auf deren Gewichtung:

- Lagerung von Bioabfall und/oder Abfällen im „gelben Sack" und/oder Restmüll über mehrere Tage vor allem in der warmen Jahreszeit in der Wohnung führt zu einer erheblichen Sporenbildung.
- Die „Vermüllung" von Wohnungen nach dem Messie-Syndrom verursacht eine hohe Verschmutzung, vor allem Staub, aber auch organische Substanzen, die als Nahrung dienen.
- Plüschtiere, Polstermöbel und Matratzen werden in der Regel viel zu selten gereinigt und sind wahre Staubfänger und ein beliebtes Habitat u. a. für Milben (siehe Abb. 7.55).
- Feuchte Handtücher oder auch feuchte Sportkleidung in Sporttaschen sind in Verbindung mit Wärme der perfekte Ort für mikrobielles Wachstum.
- ein Siphon stellt in mehrfacher Hinsicht einen idealen Ort für das Wachstum von Mikroorganismen (Schimmelpilze) dar; in ihm sammeln sich häufig Haare und Hautpartikel, die als Nahrung dienen. Wird der Siphon längere Zeit nicht benutzt und trocknet aus, bilden sich Gerüche aufgrund von Bakterien (siehe Abb. 7.56 und 7.57).
- Kaffeemaschinen sind besonders stark gefährdet. Die regelmäßige Reinigung darf sich nicht nur auf den Auffangbehälter für den Kaffeesatz reduzieren und muss das Mahlwerk und die Brühvorrichtung einschließen (siehe Abb. 7.58).
- Eine starke Schimmelpilzbildung kann oft auf Pflanzenerde in Blumentöpfen beobachtet werden (siehe Abb. 7.59). Das organische Substrat in Verbindung mit Feuchtigkeit (vom Gießen) und Wärme (von der Fußbodenheizung oder der Fensterbank über dem Heizkörper) sind das optimale Habitat für eine Vielzahl von Schimmelpilzen.

Oder, um es mit den Worten des französischen Mediziners Claude Bernard zusammen zu fassen: „Le germe n'est rien, le terrain est tout!" („Der Keim ist nichts, das Milieu ist alles!")

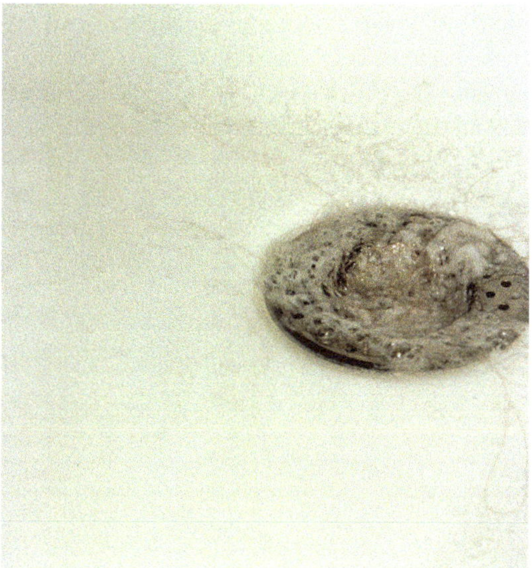

Abb. 7.57 in Abflüssen von Duschen, Badewannen und Waschbecken sammeln sich häufig Haare und Hautpartikel. Im Zusammenspiel mit Feuchtigkeit stellen sie ein ideales Habitat für Schimmelpilze dar

Abb. 7.58 Kaffeerückstände in Vollautomaten in Verbindung mit Feuchtigkeit sind ideale Wachstumsbedingungen für Schimmelpilze

Abb. 7.59 feuchte Blumenerde bietet für das Wachstum von Schimmelpilze ideale Bedingungen

7.5 Baupfusch

Als Ursache für Feuchteschäden und in der weiteren Folge für Schimmelpilzbefall muss auch der so genannte Baupfusch genannt werden. Aber was genau ist Baupfusch und was grenzt diesen z. B. von einem Baumangel oder Bauschaden ab? Häufig werden die Begriffe synonym verwendet, obwohl es in sachlicher, technischer und/oder rechtlicher Hinsicht erhebliche Unterschiede gibt.

Der wichtigste Unterschied vorab: Ein Baumangel ist ein Rechtsbegriff und als Sachmangel in der Rechtsprechung eindeutig definiert. Demnach ist bei BGB-Verträgen das Bauwerk frei von Sachmängeln, wenn es die vereinbarte Beschaffenheit hat (§ 633 Abs. 2 S. 1 BGB), die üblicherweise in einer Leistungsbeschreibung enthalten ist. Soweit die Beschaffenheit nicht vereinbart ist, ist das Werk frei von Sachmängeln, wenn es sich für die nach dem Vertrag vorausgesetzte, sonst für die gewöhnliche Verwendung eignet und eine Beschaffenheit aufweist, die bei Werken der gleichen Art üblich ist und die der Besteller (Auftraggeber) nach der Art des Werkes erwarten kann (§ 633 Abs. 2 S. 2 BGB). Bei VOB-Verträgen muss das Bauwerk außerdem den allgemein anerkannten Regeln der Technik entsprechen (§ 13 Nr. 1 S. 2 VOB/B). Der maßgebliche Zeitpunkt für das Vorliegen eines Baumangels ist der Zeitpunkt der Abnahme (§ 633 Abs. 1 BGB, § 13 Nr. 1 S. 1 VOB/B), die auch den so genannten Gefahrübergang auslöst (§ 644 Abs. 1 BGB). Das Bauwerk muss zu diesem Zeitpunkt mangelfrei sein, also keinerlei Abweichung vom Soll-Zustand aufweisen, egal ob positiv oder negativ und unabhängig davon, ob sich der Wert des Bauwerks verändert.

Dies unterscheidet einen Baumangel von einem Bauschaden. Der Begriff Bauschaden ist ein technischer Begriff und beschreibt eine funktionelle Abweichung bzw. eine nachträgliche Veränderung am Bauwerk, durch die die vorgesehene Funktionalität wesentlich beeinträchtigt wird. Ein typisches Beispiel wäre eine undichte Bauwerksabdichtung, durch die Wasser in die Baukonstruktion eindringen kann und einen Wasserschaden verursacht. Neben sichtbaren

Abb. 7.60 bei diesem Beispiel für Baupfusch ist eine Wärmebrücke und somit Schimmelpilzbefall vorprogrammiert

müssen auch „unsichtbare“ Bauschäden genannt werden. Schließlich verschlechtert ein durchfeuchtetes Mauerwerk infolge der Leckage in der Abdichtung auch die Wärmedämmung und kann zu weiterführenden Bauschäden wie z. B. Frost-Tau-Salz-Schäden führen. Bei einem Bauschaden kann man fast immer von einem Baumangel ausgehen (eine Ausnahme wäre z. B. Fremdeinwirkung). Umgekehrt kann ein Baumangel auch dann vorliegen, wenn kein Bauschaden vorliegt (z. B. Abweichung von der Leistungsbeschreibung). Ein Bauschaden führt immer zu einer Wertminderung des Bauwerks.

Den Begriff Baupfusch kennt die Rechtsprechung dagegen nicht. Bausachverständige nutzen diesen Begriff im Allgemeinen, wenn gravierende Baumängel und/oder Bauschäden vorliegen, die durch Vorsatz oder zumindest grobe Fahrlässigkeit verursacht wurden. Dies bedeutet, dass durch offensichtlich und in vielen Fällen selbst von Nicht-Fachleuten erkennbare schlechte, nachlässig oder bewusst mangelhaft ausgeführte Arbeiten Baumängel und/oder Bauschäden billigend in Kauf genommen werden. Typisch für Baupfusch ist zudem, dass die erbrachte Leistung auch nachträglich kaum in den ursprünglich vereinbarten Zustand versetzt werden kann, sondern in den meisten Fällen völlig unbrauchbar sind oder werden. Dies unterscheidet Baupfusch von einem Baumangel oder Bauschaden, die in der Regel nicht auf Vorsatz oder grobe Fahrlässigkeit zurückzuführen sind. Man könnte „Pfusch am Bau“ umgangssprachlich auch als „vorsätzliche Dummheit am Bau“ bezeichnen (siehe Abb. 7.60).

Bewertung

8

Inhaltsverzeichnis

F. Frössel, E. Heller, *Schimmelpilze in Wohnungen*, https://doi.org/10.1007/978-3-658-50425-0_8

8.1 Einleitung

Die Bewertung eines Schimmelpilzbefalls sowie dessen Kausalität auf unterschiedliche Fragestellungen ist eine der essenziellen Aufgaben nach der Schimmelpilzdiagnostik. Diese muss genauso wie die verschiedenen Untersuchungen differenziert betrachtet werden. Denn ein Schimmelpilzbefall löst verschiedene Ursache-Wirkung-Beziehungen aus und muss daher interdisziplinär bewertet werden.

Der einfache Nachweis über die bloße Existenz von Schimmelpilzen (und Bakterien) in Innenräumen bringt zunächst einmal keine wirklich neuen Erkenntnisse. Schließlich sind Schimmelpilze ubiquitär, also überall vorkommend – und somit auch in der Raumluft von Innenräumen. Eine auf den ersten Blick hohe Konzentration von biogenen Stäuben, Schimmelpilzsporen und anderen mikrobiellen Partikeln wie Hyphen oder Myzelien bedeutet nicht automatisch, dass eine erhöhte Innenraumbelastung vorliegen muss. Schließlich gibt es bestimmte Schimmelpilzarten und -spezies, die für gesunde Menschen unauffällig oder völlig harmlos sind. Gleiches gilt für die Flächengröße eines Schimmelpilzbefalls, so dass eine differenzierte Betrachtung unumgänglich ist.

Hinzu kommt, dass Menschen unterschiedlich auf verschiedene Schimmelpilze und/oder deren Stoffwechselprodukte reagieren können, so dass in einem Fall der mikrobielle Befall überhaupt nicht wahrgenommen wird, in anderen Fällen z. B. Allergien oder andere Gesundheitsbeschwerden ausgelöst werden können. Die allgemeine Annahme, dass ein kleiner und kaum sichtbarer Befall harmlos sein muss und umgekehrt ein großflächiger Befall automatisch ein schwerwiegendes Gesundheitsproblem verursachen muss, ist pauschal nicht richtig. Es kommt immer auf den Einzelfall an, auch wenn auf den ersten Blick naheliegend ist, dass ein geringer Befall in den meisten Fällen hinnehmbar ist und keine oder nur eine sehr geringe Biomasse freisetzt, die in der Regel nicht höher sein wird als die allgemeine Hintergrundbelastung. Dennoch muss eine Bewertung immer individuell erfolgen, da es nicht nur um die Expositionsquelle („Sender“), sondern auch um die Gesundheit der Menschen („Empfänger“) geht und diese Ursache-Wirkung-Beziehung durch externe Faktoren beeinflusst wird. Dies gilt nicht nur für eine Bewertung aus gesundheitlichen Gründen, sondern für alle anderen Fragestellungen. Daher muss eine ganzheitliche Bewertung im Rahmen der Schimmelpilzdiagnostik unterschiedliche Aspekte berücksichtigen.

Eine interdisziplinäre Bewertung liefert allerdings nicht nur Antworten auf das Verursacher-Prinzip, sondern ist das Fundament für eine nachhaltige Schimmelpilzsanierung, in der es u. a. darum geht, ob nur die Symptome temporär bekämpft bzw. kaschiert oder die Ursachen nachhaltig beseitigt werden. Außerdem sollte eine ganzheitliche Bewertung wertvolle Hinweise und konkrete Handlungsanweisungen für präventive Maßnahmen liefern, damit es nicht erneut zu einem Schimmelpilzbefall kommt.

8.2 Visuelle Bewertung

Zunächst einmal wird ein Schimmelpilzbefall nach visuellen Aspekten bewertet. Hierbei wird in einen sichtbaren, nicht sichtbaren und verdeckten/versteckten Befall unterschieden. Die Unterscheidung könnte auch in einen makroskopischen Befall, der ohne optische Hilfsmittel erkennbar ist, und einen mikroskopischen Nachweis eines nicht sichtbaren Befalls erfolgen. Wichtig ist, dass nicht nur die Schadensgröße der befallenen Bauteiloberfläche beurteilt wird, sondern je nach Beschaffenheit der Baustoffstruktur auch ein mögliches Eindringen in tiefere Bauteilschichten. Schließlich liefern diese Informationen wichtige Hinweise für die Eindringtiefe von bioziden Wirkstoffen oder einen möglichen Rückbau. Außerdem muss berücksichtigt werden, dass ein mikrobieller Befall nicht immer in Form einer durchgehenden Fläche auftritt, sondern auch punktuell und auf einer größeren Fläche verteilt. Dem entsprechend sind Summe zu bilden.

Soweit erkennbar, sollte zwischen einem aktiven Befall und einem toten Befall (abgetrocknet, abgetötet) unterschieden werden. Bei einem aktiven Befall können hohe Mengen lebensfähiger Sporen und Stoffwechselprodukte produziert und in die Umgebung abgegeben werden. Bei einem getrockneten oder getöteten Befall nimmt diese mikrobielle Kontamination mit der Zeit ab, den-

Tab. 8.1 Orientierungs- und Bewertungshilfe für einen sichtbaren Befall in Anlehnung an den UBA-Leitfaden

	Kategorie 1	Kategorie 2	Kategorie 3
Bewertung	Normalzustand bis geringfügiger Befall	Geringer bis mittlerer Befall	Großer Befall
Ausdehnung der Fläche	Fläche < 0,2 m^2	Fläche < 0,5 m^2	Fläche > 0,5 m^2
Eindringtiefe in Material	Keine	Tiefere Schichten sind nur partiell betroffen	Tiefere Schichten können befallen sein
Daraus resultierende Biomasse	Keine bzw. sehr gering	Mittel	Groß
Maßnahmen	Sofortmaßnahmen sind in der Regel nicht notwendig, Ursache und Befall sollten beseitigt werden	Die Freisetzung von Sporen und mikrobiellen Partikeln sollte zeitnah unterbunden, die Ursache abgestellt und der Befall entfernt werden	Die Freisetzung von Sporen und mikrobiellen Partikeln sollte sofort unterbunden, die Ursache kurzfristig abgestellt und der Befall durch eine Fachfirma entfernt werden

noch kann diese allergisch, reizend oder toxisch wirken.

Das Umweltbundesamt gibt in seinem „Leitfaden zur Vorbeugung, Erfassung und Sanierung von Schimmelbefall in Gebäuden“ eine Orientierungs- und Bewertungshilfe für die visuelle Bewertung eines sichtbaren Schimmelpilzbefalls (siehe Tab. 8.1). Diese können analog auch für einen nicht sichtbaren Befall oder für einen verdeckten Befall, wenn dieser z. B. durch Bauteilöffnung oder Rückbau freigelegt wurde, verwendet werden.

Bei den Angaben handelt es sich um Erfahrungswerte, die im Einzelfall abweichen können. Eine individuelle Bewertung der konkreten Innenraumsituation bzw. spezifischer Umstände kann diese Orientierungs- und Bewertungshilfe nicht ersetzen. Außerdem stehen diese in unmittelbarem Zusammenhang mit den Nutzungsklassen sowie den Risikogruppen.

8.3 Mikrobiologische Bewertung

8.3.1 Einleitung

Um die mikrobielle Belastung der Raumluft in Innenräumen bewerten zu können, braucht es einen Bezugspunkt oder Vergleichswert. In der Theorie wäre dies ein schimmelpilzfreier Innenraum (Nachweis auf Schimmelpilzsporen und andere mikrobielle Partikel = Null). In der Praxis ist dies unrealistisch, da durch den permanenten Luftaustausch zwischen der Außen- und Innenraumluft sowie der Nutzung durch Mensch und Tier sowie Pflanzen u. a. eine mikrobielle Belastung – der so genannte Hintergrundwert – völlig normal ist.

Verschiedene Untersuchungen durch *Trautmann*, *Richardson* und *Grün* sowie *Warscheid* zeigen, dass selbst Neubauten noch vor der Abnahme schon eine gewisse mikrobielle Belastung aufweisen. Im aktuellen Leitfaden des Umweltbundesamtes wird die mikrobielle Belastung von neuen Baustoffen mit 10^3 KBE/g bis 10^4 KBE/g angegeben. Allerdings wurden nicht einmal 400 Materialproben untersucht, so dass diese Referenzwerte nicht repräsentativ, aber ein Anfang für eine mikrobiologische Datenbank für Baustoffe, sind. Hierbei muss beachtet werden, dass Erfahrungswerte über die mikrobielle Belastung von älteren Baustoffen und insbesondere Dämmstoffe aus nachwachsenden Rohstoffen bisher nicht vorliegen und aufgrund der individuellen Situation auch in den nächsten Jahren keine repräsentativen Referenzwerte vorliegen werden.

Daher wäre eine Möglichkeit, sich an Grenz- oder Richtwerten zu orientieren. Das Problem ist, dass es für privat genutzte Innenräume genau diese nicht gibt und in den nächsten Jahren auch nicht geben wird. Zum einen schwanken die mikrobiellen Belastungen allein schon nutzungsbedingt zwischen verschiedenen Wohnungen und zum anderen sind die unterschiedlichen Einflussfaktoren in einem privaten Umfeld viel zu individuell, als dass diese standardisiert werden könnten. Infolgedessen ist es kaum möglich, eine reproduzierbare Kausalität zwischen dem Auftreten von Schimmelpilzen (und Bakterien) und gesundheitlichen Beschwerden herzustellen. Schließlich gibt es auch Expositionsquellen von Mikroorganismen außerhalb der „eigenen vier Wände", die für gesundheitliche Wirkungen ursächlich sein können.

Zu berücksichtigen ist zudem, dass Untersuchungen auf Schimmelpilze in Innenräumen immer nur eine Momentaufnahme sind, die durch eine Reihe von Einflussfaktoren bestimmt werden wie z. B. das jahreszeitlich oder räumlich unterschiedliche Auftreten verschiedener Schimmelpilzarten, die Tatsache, dass es neben kultivierbaren auch nicht kultivierbare Schimmelpilzarten gibt und dass Schimmelpilze unter „Stress" Unmengen von Stoffwechselprodukten wie Mykotoxinen oder MVOC produzieren können, die unter „normalen" Bedingungen vernachlässigt werden können. Außerdem ist die gesundheitliche Bedeutung anderer Einflussgrößen wie z. B. Bakterien und/oder ihre Endotoxine sowie die von ihnen produzierten Exotoxine in Innenräumen noch zu wenig erforscht. Eine Orientierungs- und Bewertungshilfe wie bei den Schimmelpilzen liegen für Bakterien nicht vor. Erfahrungsgemäß liegen diese Konzentrationen um eine Zehnerpotenz über denen der Schimmelpilze.

Hinzu kommt, dass die Nachweisverfahren für Schimmelpilze in Innenräumen erst mit der DIN EN ISO 16000 „Innenraumluftverunreinigungen" im Jahr 2014 normiert wurden und daher noch zu wenige verlässliche Daten über „übliche" Innenraumbelastungen durch biogene Stäube, Schimmelpilzsporen und andere mikrobielle Partikel vorliegen.

8.3.2 Hintergrundbelastung

Schimmelpilze sind ubiquitär. Dies bedeutet, dass diese überall vorkommen und somit auch in der Raumluft von Innenräumen. Eine höhere Konzentration mikrobieller Belastungen bedeutet daher nicht, dass sich die Expositionsquelle automatisch im Innenraum befinden muss. Die höhere Konzentration von biogenen Stäuben, Schimmelpilzsporen und anderen mikrobiellen Partikeln können auch durch äußere Einflüsse verursacht werden. Daher ist für die mikrobiologische Bewertung essenziell, dass mikrobielle Belastungen der Innenraumluft mit denen in der Außenluft, die als Hintergrundbelastung einen Referenzwert darstellt, verglichen werden. Erst die Differenz zwischen der mikrobiellen Belastung der Außenluft mit den gemessenen Werten der Innenraumluft geben einen Hinweis auf die Expositionsquellen und darüber, ob diese durch die Außenluft verursacht wird oder im Innenraum zu suchen ist.

Das Umweltbundesamt gibt in seinem „Leitfaden zur Vorbeugung, Erfassung und Sanierung von Schimmelbefall in Gebäuden" eine Orientierungs- und Bewertungshilfe für die mikrobielle Belastung von Luftproben (siehe Tab. 8.2).

Derartige Tabellen müssen immer im richtigen Kontext gelesen und bewertet werden. Zum einen sind die fünf vertikalen Kategorien nicht isoliert zu betrachten und die Angaben nicht als absolute Werte, sondern als Erfahrungswerte und Orientierung zu verstehen. Diese beziehen sich auf Luftproben, die unter normalen Bedingungen entsprechend der DIN ISO 16000-16 bzw. DIN ISO 16000-18 genommen wurden. Unter „normalen Bedingungen" ist gemeint, dass z. B. vor der Probenahme kein Staub aufgewirbelt wurde. Denn dies steht im unmittelbaren Zusammenhang z. B. mit der Flugfähigkeit von Schimmelpilzsporen. Diese unterscheidet sich nicht nur nach der individuellen Schimmelpilzart und -spezies, sondern auch individuell je nach Wachstumsphase. Trockene und sehr leichte Sporen führen zwangsläufig zu einer erhöhten Konzentration in der Raumluft und werden durch kleinste Luftbewegungen wie konvektive Luftströme aufgrund von Undichtigkeiten in der Gebäudehülle oder durch das Aufwirbeln z. B. in Folge eines Luftzugs (Durchzug nach Fensteröffnung) innerhalb kürzester Zeit auch in andere Innenräume übertragen. Die Sporen dieser Schimmelpilze sind zudem sehr klein und werden zahlreich gebildet. Typische Vertreter sind z. B. Aspergillus- und Penicillium-Arten. Feuchte und im verhältnismäßig etwas schwerere Sporen werden dagegen zwangsläufig weniger in der Raumluft nachgewiesen, sondern mehr im Hausstaub oder in Hohlräumen, in denen keine Luftbewegungen stattfinden. Die

Tab. 8.2 Orientierungs- und Bewertungshilfe für Luftproben (kultivierbare Schimmelpilze in KBE/m^3) in Anlehnung an das Umweltbundesamt

Ursache für mikrobiellen Befall in Innenräumen …	… unwahrscheinlich	… möglich	… sehr wahrscheinlich
Konzentration einer Schimmelpilzgattung im Innenraum ist …	≤ als die gleiche Gattung in der Außenluft	Max. doppelt so hoch wie die gleiche Gattung in der Außenluft	Mehr als doppelt so hoch wie die gleiche Gattung in der Außenluft
Wenn die Differenz zwischen Innen-/Außenluft in Summe der KBE aller Arten, die in der Außenluft untypisch* sind …	Nicht über 150 KBE/m^3 liegt	> 150 bis 500 KBE/m^3 liegt	> 500 KBE/m^3 liegt
Wenn die Differenz zwischen Innen-/Außenluft einer Gattung (Summe der KBE aller Arten), die in der Außenluft untypisch* ist …	Nicht über 100 KBE/m^3 liegt	> 100 bis 300 KBE/m^3 liegt	> 300 KBE/m^3 liegt
Wenn die Differenz zwischen Innen-/Außenluft einer Art mit hoher Flugfähigkeit, die in der Außenluft untypisch* ist …	Nicht über 50 KBE/m^3 liegt	> 50 bis 100 KBE/m^3 liegt	> 100 KBE/m^3 liegt
Wenn die Differenz zwischen Innen-/Außenluft einer Art mit schlechter Flugfähigkeit, die in der Außenluft untypisch* ist …	Nicht über 30 KBE/m^3 liegt	> 30 bis 50 KBE/m^3 liegt	> 50 KBE/m^3 liegt

* innenraumindizierte Schimmelpilzarten mit einer hohen Indikation für Feuchteschäden wie z. B. Acremonium spp., Aspergillus versicolor, Aspergillus restrictus, Chaetomium spp., Phialophora spp., Scopulariopsis, Stachybotrys chartarum, Trichoderma spp.

Tab. 8.3 Orientierungs- und Bewertungshilfe für Luftproben (Gesamtsporensammlung, Sporen oder Myzelien pro m^3) in Anlehnung an das Umweltbundesamt

Ursache für mikrobiellen Befall in Innenräumen …	… unwahrscheinlich	… möglich	… sehr wahrscheinlich
Schimmelpilze mit sehr leichten Sporen und einer ausgesprochen guten Flugfähigkeit wie z. B. Aspergillus und Penicillium	Differenz zwischen Innen- und Außenluft ≤ 300 Sporen/m^3	Differenz zwischen Innen- und Außenluft > 300 bis 800 Sporen/m^3	Differenz zwischen Innen- und Außenluft > 800 Sporen/m^3
Schimmelpilze mit normalen Sporen und einer normalen Flugfähigkeit wie z. B. Acremonium und Ulocladium	Differenz zwischen Innen- und Außenluft ≤ 100 Sporen/m^3	Differenz zwischen Innen- und Außenluft > 100 bis 300 Sporen/m^3	Differenz zwischen Innen- und Außenluft > 300 Sporen/m^3
Schimmelpilze mit schweren Sporen und einer trägen Flugfähigkeit wie z. B. Chaetomium und Stachybotrys	Differenz zwischen Innen- und Außenluft = 0	Differenz zwischen Innen- und Außenluft ≤ 20 Sporen/m^3	Differenz zwischen Innen- und Außenluft > 20 Sporen/m^3
Myzelstücke	Nicht über 150 Myzelstücke pro m^3	> 150 bis 300 Myzelstücke pro m^3	> 300 Myzelstücke pro m^3

Sporen dieser Schimmelpilze sind verhältnismäßig groß und werden weniger zahlreich gebildet. Typische Vertreter sind z. B. Acremonium, Fusarium und Stachybotrys.

Bei der Bewertung der mikrobiellen Belastung in Innenräumen macht es keinen Sinn, Schimmelpilze wie z. B. Alternaria, Cladosporium oder Fusarium zu berücksichtigen, die normaler Bestandteil der Außenluft sind und erhöhte Konzentrationen erreichen. Diese Schimmelpilzarten dienen lediglich als Referenz zum Abgleich der Hintergrundbelastung (siehe Tab. 8.3).

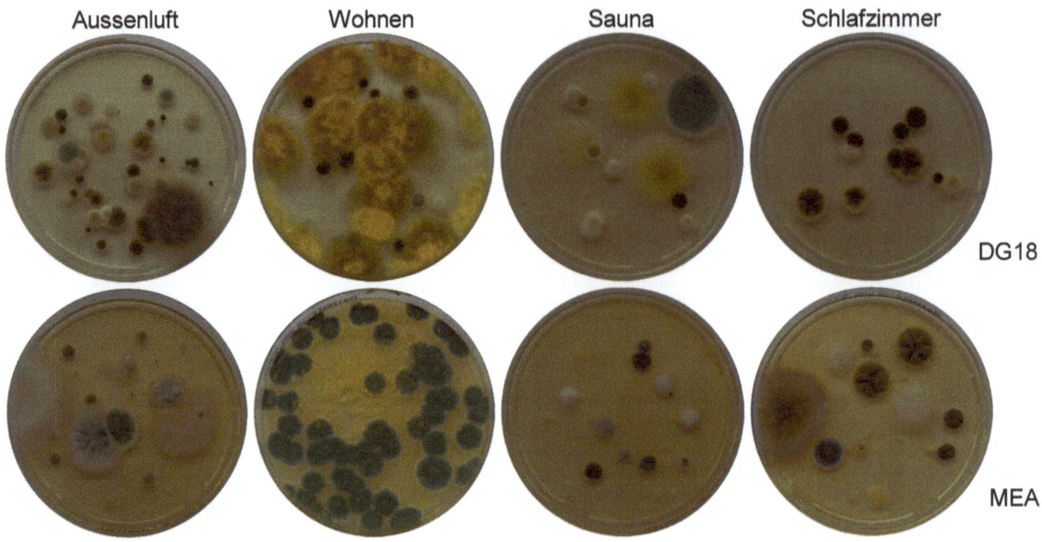

Abb. 8.1 die Kultivierung verschiedener Proben an ein und demselben Objekt zeigt die Unterschiede zwischen der Außen- und Innenbelastung sowie den Unterschied zwischen verschiedenen Innenräumen und dem Einfluss verschiedener Nährmedien

Auch bei dieser Tabelle gilt, dass die vier vertikalen Kategorien nicht isoliert zu betrachten sind, sondern gemeinsam. Außerdem sind die Angaben nicht als absolute Werte zu verstehen, sondern als Erfahrungswerte. Auch diese beziehen sich auf Luftproben, die unter normalen Bedingungen entsprechend der DIN ISO 16000-16 bzw. DIN ISO 16000-18 genommen wurden, also ohne, dass vor der Probenahme Staub aufgewirbelt wurde.

Der Hinweis auf die Hintergrundbelastung durch Bioaerosole in der Außenluft erfolgt in der Regel um aufzuzeigen, dass es keine schimmelpilzfreien Innenräume geben kann und nur die Differenz zwischen mikrobieller Belastung der Außenluft zur Raumluft in Innenräumen darüber entscheidet, ob eine erhöhte Konzentration vorliegt. Hierbei wird allerdings vergessen zu erwähnen, dass auch die „normale" Hintergrundbelastung in Innenräumen mit zunehmendem Alter der Gebäude ansteigt. Dies bedeutet, dass eine „natürliche" Belastung der Innenraumluft bei einem Neubau deutlich geringer ist als in Gebäuden, die z. B. 50 Jahre und älter sind je nach Nutzung und Pflege. Eine der Ursachen liegt in der zunehmenden Staubbelastung in älteren Gebäuden und deren Innenräume. Dies bedeutet, dass eine höhere mikrobielle Belastung in älteren Innenräumen völlig „normal" sein kann, auch ohne, dass ein versteckter Feuchteschaden vorliegen muss (siehe Abb. 8.1).

Der Hinweis auf die Hintergrundbelastung durch Bioaerosole in der Außenluft wird in der Praxis fast ausschließlich mit dem Thema Luftaustausch durch Fenster- und Türöffnungen in bestehenden Gebäuden in Verbindung gebracht. Dabei darf nicht vergessen werden, dass auch ein ungeschützter Rohbau während der Neubauphase sämtlichen Verschmutzungen der Außenluft ausgesetzt ist und sich biogene Stäube, Schimmelpilzsporen sowie andere mikrobielle Partikel auf Baustoffen niederlassen. Da gleichzeitig viele Rohbauten unzulänglich gegen Feuchtigkeit aus der Witterung (Niederschläge) geschützt und teilweise massiv durchnässt werden, werden bereits in Neubauten ideale Voraussetzungen für das Wachstum von Schimmelpilzen geschaffen. Nicht nur in Bezug auf die immer wieder erwähnte hohe Restfeuchte in Neubauten, sondern eben auch in Bezug auf eine mikrobielle Kontamination.

8.3.3 Feuchteindikatoren

Im Rahmen der mikrobiologischen Bewertung werden auch hydrophile Schimmelpilze berücksichtigt, also Schimmelpilzarten und -spezies, die ein sehr feuchtes bis nasses Umfeld (a_W-Wert > 0,9) bevorzugen. Da diese Schimmelpilze besonders häufig bei sporadischen Wasserschäden oder länger andauernden Leckagen nachgewiesen werden, nutzt man den Nachweis dieser so genannten schimmelpilzspezifischen Feuchteindikatoren auch dazu, mögliche versteckte Wasserschäden und/oder Leckagen aufzuspüren. Besonders typisch für diese Schimmelpilze ist, dass diese in der Außenluft in der Regel in niedrigen Konzentrationen auftreten und somit in der Hintergrundbelastung eher unauffällig sind. Im „Leitfaden zur Vorbeugung, Erfassung und Sanierung von Schimmelbefall in Gebäuden" des Umweltbundesamtes sowie der DIN EN ISO 16000-19 „Innenraumluftverunreinigungen – Teil 19: Probenahmestrategie für Schimmelpilze" (2014) werden einige dieser Schimmelpilze mit einer hohen Indikation für Feuchteschäden aufgeführt:

- Acremonium spp.,
- Aspergillus penicillioides,
- Aspergillus restrictus,
- Aspergillus versicolor*,
- Chaetomium globosum*,
- Cladosporium sphaerospermum,
- Tritirachium (Engyodontium) album,
- Penicillium brevicompactum**,
- Penicillium chrysogenum*,
- Phialophora spp.,
- Scopulariopsis brevicaulis,
- Scopulariopsis fusca,
- Stachybotrys chartarum* und
- Trichoderma spp.

* besonders häufig
** der Nachweis von Penicillium brevicompactum als Feuchteindikator ist in Expertenkreisen umstritten, da dieser Schimmelpilz nicht nur auf feuchten Baustoffen anzutreffen ist, sondern auch häufig auf verschimmelten Nahrungsmitteln

Der Nachweis dieser schimmelpilzspezifischen Feuchteindikatoren nimmt in der mikrobiologischen Bewertung der Innenraumdiagnostik eine Sonderstellung ein und erfordert sehr viel Sachverstand. Denn Feuchteindikatoren wie z. B. Aspergillus versicolor sowie die Penicillium-Arten vermehren sich bereits kurzfristig bei hoher Feuchtigkeit, während andere Arten wie z. B. Stachybotrys chartarum und Chaetomium globosum hierfür eine kontinuierlich hohe Feuchtigkeit über einen längeren Zeitraum benötigen. Außerdem muss berücksichtigt werden, dass einige Schimmelpilzarten, die häufig mit Feuchteschäden assoziiert werden wie z. B. Penicillium expansum, Wallemia sebi oder Ulocladium chartarum als Feuchteindikatoren in Expertenkreisen umstritten sind.

Bei aller Konzentration auf schimmelpilzspezifische Feuchteindikatoren dürfen auch tierische Feuchteindikatoren wie z. B. Silberfischen oder Asseln in der Bewertung nicht vernachlässigt werden. Denn auch diese Lästlinge bevorzugen ein feuchtes bis nasses Umfeld und können Hinweise auf einen bisher nicht entdeckten Wasserschaden und/oder einen versteckten Schimmelpilzbefall liefern.

8.3.4 Staubbelastung

In der Regel wird eine mikrobielle Bewertung von Innenräumen auf Grundlage von Luft- und/oder Materialproben vorgenommen. Auf deren Ergebnisse haben u. a. die Flugfähigkeit von Schimmelpilzsporen einen wesentlichen Einfluss. Hinzu kommt, dass diese Ergebnisse immer eine Momentaufnahme darstellen und sich aufgrund der wechselnden Situationen und externen Einflüsse verändern (können). Um einen repräsentativen Überblick über einen längeren Zeitraum zu erhalten, werden im Rahmen der mikrobiologischen Untersuchung und Bewertung auch Staubproben verwendet, auch wenn diese Methode unter Experten nicht unumstritten ist. Die Ergebnisse werden stark beeinflusst durch die Art und Nutzung der Innenräume und deren Zugänglichkeit sowie bei Innenräumen mit einer Be- und Entlüftung der Zeitpunkt der Probenahme (z. B. Jahreszeit, Zeitraum seit der letzten Lüftung, Luftströme innerhalb des Gebäudes etc.). Außerdem hat die Aufbereitung der Staubprobe einen wesentlichen Einfluss auf das Ergebnis. Gesiebte Staubproben haben in der Regel höhere Konzentrationen von Schimmelpilzen als ungesiebte Proben. Die nachfolgenden Erfahrungswerte von ungesiebten und gesiebten Staubproben

Tab. 8.4 Orientierungs- und Bewertungshilfe von Staubproben (**ungesiebt**) in Anlehnung an das Landesgesundheitsamt Baden-Württemberg

Ursache für mikrobiellen Befall in Innenräumen …	… unwahrscheinlich	… möglich	… wahrscheinlich
Konzentration häufiger Schimmelpilze im Staub KBE/m^3			
Cladosporium spp.	< 200.000	200.000 bis 400.000	> 400.000
Penicillium spp.	< 40.000	40.000 bis 80.000	> 80.000
Aspergillus spp.	< 20.000	20.000 bis 40.000	> 40.000
Alternaria	< 10.000	10.000 bis 30.000	> 30.000
Eurotium	< 3.000	3.000 bis 15.000	> 15.000
Hefen	< 150.000	150.000 bis 300.000	> 300.000
Feuchteindikatoren mit hohem Sporenflug	< 3.000	3.000 bis 20.000	> 20.000
Feuchteindikatoren mit geringem Sporenflug	< 1.000	1.000 bis 3.000	> 3.000
Gesamt-KBE (Winter)	< 50.000	50.000 bis 120.000	> 120.000
Gesamt-KBE (Sommer)	< 250.000	250.000 bis 600.000	> 600.000

Tab. 8.5 Orientierungs- und Bewertungshilfe von Staubproben (**gesiebt, Korngröße < 125 µm**) in Anlehnung an das Landesgesundheitsamt Baden-Württemberg

Ursache für mikrobiellen Befall in Innenräumen …	… unwahrscheinlich	… möglich	… wahrscheinlich
Konzentration häufiger Schimmelpilze im Staub KBE/m^3			
Cladosporium spp.	< 500.000	500.000 bis 2.000.000	> 2.000.000
Penicillium spp.	< 120.000	120.000 bis 300.000	> 300.000
Aureobasidium spp.	< 70.000	70.000 bis 300.000	> 300.000
Aspergillus spp.	< 15.000	15.000 bis 60.000	> 60.000
Alternaria	< 15.000	15.000 bis 60.000	> 60.000
Eurotium	< 5.000	5.000 bis 40.000	> 40.000
Hefen	< 400.000	400.000 bis 2.000.000	> 2.000.000
Feuchteindikatoren mit hohem Sporenflug	< 5.000	5.000 bis 40.000	> 40.000
Feuchteindikatoren mit geringem Sporenflug	< 1.000	1.000 bis 5.000	> 5.000
Gesamt-KBE	< 500.000	500.000 bis 2.000.000	> 2.000.000

(siehe Tab. 8.4 und Tab. 8.5) sind daher als zusätzliche Orientierungs- und Bewertungshilfe zu verstehen und dürfen nicht isoliert verwendet werden.

8.3.5 Belastung durch MVOC

Im Rahmen der mikrobiologischen Bewertung wird auch der Nachweis und die Konzentration von mikrobiellen flüchtigen organischen Verbindungen, besser bekannt unter der Abkürzung MVOC (engl. Microbial Volatile Organic Compounds), als Nachweis für eine mikrobielle Belastung der Innenraumluft genutzt. Hierbei handelt es sich um leicht flüchtige Stoffwechselprodukte, die von Mikroorganismen wie Schimmelpilzen (und auch Bakterien) in bestimmten Wachstumsphasen und/oder Situationen gebildet werden.

Tab. 8.6 Orientierungs- und Bewertungshilfe zur Interpretation von MVOC-Messungen als Indikator für mikrobielles Wachstum in Innenräumen. (Nach *Lorenz*)

	Kein Nachweis eines Hauptindikators	0,05 bis 0,1 µg/m³ bei mindestens einem Hauptindikator	> 0,1 µg/m³ bei mindestens einem Hauptindikator
Summenkonzentration ≤ 0,5 µg/m³	Kein mikrobieller Befall	Mikrobieller Befall liegt lokal vor; ein hygienisches Raumproblem oder ein mikrobieller Befall in benachbarten Innenräumen ist möglich	Ein mikrobieller Befall ist wahrscheinlich
Summenkonzentration > 0,5 bis 1,0 µg/m³	Ein mikrobieller Befall liegt vermutlich nicht vor, aber ein raumhygienisches Problem	Ein mikrobieller Befall ist wahrscheinlich	Ein mikrobieller Befall liegt vor
Summenkonzentration > 1,0 µg/m³	Ein mikrobieller Befall ist eher unwahrscheinlich	Ein mikrobieller Befall liegt vor und ist auch in den benachbarten Innenräumen sehr wahrscheinlich	Ein mikrobieller Befall liegt vor

Wie schon bei der Diagnostik von Staubproben erwähnt, nimmt auch der Nachweis von MVOC in der mikrobiologischen Bewertung der Innenraumdiagnostik eine Sonderstellung ein, erfordert sehr viel Sachverstand und ist unter Experten nicht unumstritten.

Denn das Hauptproblem von MVOC hat auch unmittelbare Auswirkungen auf die Bewertung bzw. dessen falschen Interpretation: Nicht alle MVOC lassen sich eindeutig einer Schimmelpilzart zuordnen. Einige der Stoffe wie z. B. aliphatische Alkohole (Ethanol, Propanol, Butanol etc.) können nicht einmal eindeutig einer mikrobiellen Herkunft zugeordnet werden, da diese auch durch Lösemittel in einigen Baustoffen verursacht werden. Hinzu kommt, dass einige MVOC auch von Pflanzen produziert werden oder sich in Aromastoffen befinden können. Deshalb muss, wenn man MVOC als Indikator für einen mikrobiellen Befall heranziehen möchte, sichergestellt werden, dass die Produktion dieser Verbindungen eindeutig auf Mikroorganismen zurückzuführen ist. Zumal das breite Spektrum von MVOC nicht nur vom physiologischen Zustand der Mikroorganismen abhängt, sondern auch vom Substrat.

Auch der typische „muffige" oder „säuerliche" Geruch, der auf die Anwesenheit von MVOC schließen lässt, ist auf die Existenz der unterschiedlichen Stoffklassen wie z. B. Aldehyde, Alkanole, Ether, Ketone oder Terpene zurückzuführen und kann durch Schimmelpilze (oder Bakterien) verursacht sein. Allerdings gibt es auch diverse Baustoffe und Materialien in Innenräumen, durch die diese Gerüche verursacht werden können.

Der Nachweis ausgewählter MVOC wie z. B. 2-Pentylfuran, 2-Methyl-1-propanol, 3-Metylfuran, Dimethyldisulfid, 1-Octen-3-ol, 3-Octanon, 3-Methyl-1-butanol oder Geosmin kann eine Indikation für mikrobielles Wachstum in Innenräumen sein, darf aber niemals als alleiniges Kriterium für eine Bewertung herangezogen werden. Zumal die Erfahrung aus der Praxis zeigt, dass das Hauptproblem in der MVOC-Diagnostik immer noch die sorgfältige taxonomische Bestimmung der zu untersuchenden Schimmelpilze (und Bakterien) darstellt.

Die Konzentration dieser MVOC liegt im Nanogramm-Bereich pro m³. Auch dies zeigt die Schwierigkeit in der Auswertung und Bewertung der Proben. Diese sollten immer mit der Hintergrundbelastung (Außenluft) und wenn möglich mit einer Raumluftprobe eines „unbelasteten" Innenraumes verglichen werden. Eine Bewertung kann in Anlehnung an die VDI-Richtlinie 4254 „Bioaerosole und biologische Agenzien; Messen von Stoffwechselprodukten von Mikroorganismen; Messen von MVOC in der Außenluft" (2018) vorgenommen werden.

Unter Berücksichtigung der bisherigen Ausführungen soll die nachfolgende Orientierungs- und Bewertungshilfe verstanden und darf nicht isoliert betrachtet werden (siehe Tab. 8.6).

Lorenz weist darauf hin, dass die Einordnung in die drei vertikalen Kategorien einerseits sowie der drei horizontalen Kategorien andererseits immer vor dem Hintergrund eines möglichen Messfehlers bei der chemisch-analytischen Bestimmung der MVOC vorgenommen werden muss.[22]

8.3.6 Risikogruppen (Schimmelpilze)

Im Rahmen der mikrobiologischen Bewertung kann es nicht oft genug erwähnt werden, dass nicht alle Schimmelpilze, die in Innenräumen nachgewiesen werden, gesundheitsschädlich sind. Ein Großteil der Schimmelpilze, die den Menschen umgeben, sind für diesen harmlos und werden nicht wahrgenommen. Einige Schimmelpilzarten können dagegen allergische Reaktionen auslösen oder andere gesundheitliche Wirkungen verursachen. Um die Auseinandersetzung mit diesen Mikroorganismen zu versachlichen, wurden bereits vor Jahren in der TRBA 460 so genannte Risikogruppen definiert, um das objektive Risiko durch verschiedene Schimmelpilze (und Bakterien) einzustufen. Daher muss eine Bewertung von mikrobiellem Befall in Innenräumen immer im Verhältnis zu diesen Risikogruppen gesehen werden.

Zur Risikogruppe 1 gehören Mikroorganismen bzw. Biostoffe, bei denen es unwahrscheinlich ist, dass diese beim Menschen eine Krankheit verursachen. Hierzu gehören Schimmelpilze, die für Menschen grundsätzlich unbedenklich sind. Darunter fallen z. B. Alternaria alternata, Aspergillus versicolor und Cladosporium herbarum. Zur Risikogruppe 1 zählen allerdings auch Schimmelpilzarten und -spezies, die bei stark immungeschwächten Menschen Krankheiten verursachen können oder denen ein allergenes Potential zugeschrieben wird.

Zur Risikogruppe 2 gehören Mikroorganismen bzw. Biostoffe, die beim Menschen eine Krankheit verursachen können. Zur Risikogruppe 2 zählen z. B. Aspergillus fumigatus (häufigster Erreger der Aspergillose), Aspergillus flavus (kann krebserregende Aflatoxine produzieren) sowie Candida albicans (häufigster Erreger von Hefe-Infektionen).

Zur Risikogruppe 3 gehören Mikroorganismen bzw. Biostoffe, die beim Menschen eine schwere Krankheit verursachen können. Zur Risikogruppe 3 zählen z. B. Blastomyces dermatitidis (Erreger schwerer Systemmykosen, die den ganzen Organismus betreffen können), Histoplasma capsulatum sowie Coccidioides immitis.

Zur Risikogruppe 4 gehören Mikroorganismen bzw. Biostoffe, die beim Menschen eine schwere Krankheit verursachen können. Im Unterschied zur Risikogruppe 3 besteht bei dieser Risikogruppe die Gefahr, dass eine wirksame Vorbeugung oder Behandlung nicht möglich wäre. Umso wichtiger, dass derzeit in der Risikogruppe 4 keine Schimmelpilze (oder Bakterien) bekannt sind, die in Innenräumen anzutreffen sind.

Die Einstufung von Schimmelpilzen in Risikogruppen nach TRBA 460 löste die bisherigen Gefährdungsklassen nach *Sedlbauer* (2001) ab. Dieser unterschied drei Gefährdungsklassen A, B und C. Da diese in der mikrobiologischen Bewertung immer noch genutzt werden, sollen diese der Vollständigkeit halber kurz erwähnt werden.

Schimmelpilze der Gefährdungsklasse A sind toxisch und dürfen in Innenräumen nicht auftreten, unabhängig ihrer Konzentration. Schimmelpilze der Gefährdungsklasse B sind bei längerer Expositionszeit in Innenräumen gesundheitsgefährdend, mindestens allergisierend und in Ausnahmen auch pathogen. Schimmelpilze der Gefährdungsklasse C sind nicht gesundheitsgefährdend und verursachen höchstens einen wirtschaftlichen Schaden.

8.3.7 Fußböden

8.3.7.1 Einleitung

Fußböden bzw. genauer Fußbodenkonstruktionen aus unterschiedlichen Verbundbaustoffen sind bei sporadischen Wasserschäden besonders häufig von mikrobiellem Befall betroffen. Zum einen aufgrund der Tatsache, dass sich in den Hohlräumen und zwischen den Baustoffen hohe Feuchtigkeit über einen längeren Zeitraum ansammeln kann und somit ideale Wachstumsbedingungen geschaffen werden und zum anderen, weil organische Bau- und Dämmstoffe sowie Staub und sonstige Verunreinigungen das perfekte Habitat für Schimmelpilze und Bakterien bilden. Wärme begünstigt zudem das Wachstum. Ein schneller Rückbau der durchnässten Fußbodenkonstruktion scheidet in der Regel aus, da dieser gravierende Eingriff in die Bausubstanz finanziell aufwändig ist und weitere Abstimmungen und Genehmigungen (Versicherungen, Vermieter usw.) erforderlich machen. Genau dies verhindert oft ein schnelles Handeln, was angesichts der rasanten Wachstumsentwicklung hydrophiler Mikroorganismen allerdings notwendig wäre. Hierbei muss beachtet werden, dass Bakterien in einem nassen Habitat einen Wachstumsvorteil gegenüber Schimmelpilzen haben.

Eine Entscheidung über Versiegelung (Abdichtung), Rückbau, technische Bautrocknung oder biozide Behandlung (Fluten der Konstruktion oder punktuelle Randfugensanierung) muss daher nicht nur schnellstmöglich getroffen werden, sondern auch auf Grundlage einer objektiven Bewertungsgrundlage. Denn gerade über die genannten Methoden hat in den letzten Jahren eher eine ideologische als eine objektiv-sachliche Auseinandersetzung im Markt stattgefunden und alle Beteiligten zutiefst verunsichert. Nicht ohne Grund hat daher das Umweltbundesamt im Anhang seines „Leitfadens zur Vorbeugung, Erfassung und Sanierung von Schimmelbefall in Gebäuden" diesem Thema eine eigene sehr umfangreiche Rubrik gewidmet. Somit soll sichergestellt werden, dass die mikrobiologische Bewertung von Feuchteschäden und Schimmelpilzbefall in Fußbodenkonstruktionen aus unterschiedlichen Verbundbaustoffen nicht nur nach einheitlichen Kriterien erfolgt, sondern vor allem nach objektiv-sachlichen Erwägungen. Hierzu wurde ein Bewertungsschema entwickelt, das sich aus zwei Bewertungsstufen zusammensetzt.

8.3.7.2 Bewertungsstufe 1 (Szenarien)

In die erste Bewertungsstufe sind Erfahrungen eingeflossen, die sich in der Praxis bewährt haben. Diese sollen eine schnelle Entscheidung ermöglichen, ohne dass vorab aufwendige mikrobiologische Untersuchungen notwendig sind. Hierbei handelt es sich um eindeutige Schadenssituationen, in denen der Sachverständige ohne mikrobiologische Untersuchungen eindeutige Entscheidungen treffen kann. Hierzu muss der Aufbau der Fußbodenkonstruktion sowie das hygrische Verhalten der Baustoffe im Verbund bekannt sein.

Zur Konkretisierung der Einzelfälle wurden <u>vier Szenarien</u> entwickelt.

<u>Szenario B.1.1</u> beschreibt eine Situation, bei der ein Rückbau der Fußbodenkonstruktion aufgrund einer schnellen Trocknung nicht erforderlich ist. Hierzu zählen z. B. einmalige und kurzzeitige Durchfeuchtungen ohne Vorschäden, wenn der Wasserschaden kein fäkalienhaltiges Abwasser enthält. Gleiches gilt für Baustoffe, die aufgrund ihrer mineralischen oder dichten Oberflächenstruktur von Mikroorganismen schwer zu besiedeln sind oder weitestgehend gegen mikrobiellen Befall resistent sind. Außerdem sollte eine ausreichende Trocknung innerhalb von ca. vier Wochen sichergestellt werden.

Bei <u>Szenario B.1.2</u> wird ein Rückbau der Fußbodenkonstruktion aufgrund mikrobieller Belastung empfohlen. Dies ist u. a. der Fall, wenn sich die Trocknung über einen längeren Zeitraum von über drei Monaten hingezogen hat oder abzusehen ist, dass sich diese auf über drei Monate hinziehen wird. Gleiches gilt, wenn der Feuchteschaden über längere Zeiträume immer wieder aufgetreten ist sowie wenn Baustoffe betroffen sind, die von Mikroorganismen leicht besiedelt werden können und ein massives Wachstum ermöglichen. In diesem Szenario ist ein mikrobieller Befall der Verbundbaustoffe in der Fußbodenkonstruktion sehr wahrscheinlich, so dass mikrobiologische Untersuchungen keine neuen Erkenntnisse bringen würden und dem entsprechend darauf verzichtet werden kann.

Bei <u>Szenario B.1.3</u> wird ein Rückbau der Fußbodenkonstruktion aus technischen Gründen empfohlen. Dies kann z. B. gegeben sein, wenn eine Trocknung aus technischen Gründen nicht möglich und/oder aus wirtschaftlichen Gründen unverhältnismäßig ist. Dies gilt insbesondere für Bau- und Dämmstoffe (z. B. Mineralfaser), die bei einer Durchfeuchtung und/oder der anschließenden Trocknung ihre materialspezifischen Eigenschaften verlieren. Die technische Bautrocknung eines nassen Verbundestrichs wird als nicht wirtschaftlich angesehen und ein Rückbau empfohlen. Bei einem Verbundestrich, der nicht bis zur Sättigungsfeuchte durchnässt ist, kann eine technische Bautrocknung nach dem Entfernen der Bodenbeläge unter Umständen sinnvoll sein. Diese sollte schnellstmöglich, spätestens innerhalb von vier Wochen, stattfinden. Während und nach der Trocknung dürfen keine Geruchsbelästigungen auftreten. In diesem Szenario sind für die Entscheidung eines möglichen Rückbaus der Fußbodenkonstruktion folgerichtig nicht die mikrobiologische Bewertung ausschlaggebend, sondern ausschließlich technische Gründe. Daher kann auf eine mikrobiologische Untersuchung verzichtet werden.

Bei Szenario B.1.4 wird ein Rückbau der Fußbodenkonstruktion aufgrund von auffälligen bis unangenehmen Geruchsbildungen empfohlen. Unangenehme Gerüche entstehen in der Regel bei biochemischen Zersetzungsprozessen in feuchten Materialien oder beim Eindringen von verunreinigtem Wasser, insbesondere durch fäkalienhaltiges Abwasser. Der Sachverständige muss prüfen, ob es für die Geruchsbildung eine plausible Erklärung gibt und ob diese einem Wasserschaden bzw. einer Ursache eindeutig zugeordnet werden kann. Hierbei muss beachtet werden, dass einige Bau- und Dämmstoffe wie z. B. Holzwerkstoffplatten bei einer Durchfeuchtung und einem mikrobiellen Befall einen „typischen" Geruch entwickeln, während andere Materialien wie z. B. Polystyrol auch bei einem starken mikrobiellen Befall keinen oder einen für Mikroorganismen untypischen Geruch entwickeln. Außerdem muss der Sachverständige eine Einschätzung abgeben, ob auch nach der Sanierung mit einer Geruchsbildung zu rechnen ist. Hierbei muss beachtet werden, dass eine Geruchsbildung auch nach einer bioziden Oberflächenbehandlung weiterhin auftreten kann, wenn die Ursachen für die Geruchsbildung nicht beseitigt wurden. Die verschiedenen Methoden der Geruchsneutralisierung stellen in der Regel nur eine temporäre Lösung dar.

8.3.7.3 Bewertungsstufe 2 (Kriterien)

In allen anderen Situationen, wenn die vier Szenarien der Bewertungsstufe 1 nicht zutreffen, wird vorab eine mikrobiologische Untersuchung empfohlen. Diese bilden die Grundlage für die Bewertungsstufe 2. Dies gilt insbesondere, wenn z. B. Art und Dauer des Wasserschadens oder ggf. die Existenz eines Vor- oder Altschadens nicht bekannt sind. Grundsätzlich gilt, dass im Zweifelsfall immer vom technischen und/oder mikrobiologisch ungünstigsten Fall auszugehen ist. Zur Konkretisierung der Einzelfälle wurden sechs Kriterien aufgestellt.

Das Kriterium I wird durch die Ergebnisse der mikrobiologischen Untersuchungen sowie deren Bewertung gebildet. Hierbei greift man auf Erfahrungswerte über die mikrobielle Belastung von Bau- und Dämmstoffen zurück. Allerdings liegen bisher über das „übliche" Vorkommen kultivierbarer Schimmelpilze in Bau- und Dämmstoffe nur sehr wenige belastbare Daten vor. Einzige Ausnahme stellen die Dämmstoffe Polystyrol und Mineralfaser dar, um anhand der festgestellten Konzentrationen eindeutig auf einen mikrobiellen Befall schließen zu können. Nach aktuellem Wissensstand geht man davon aus, dass diese Daten auch für andere Baustoffe (z. B. Putz) und Dämmstoffe (z. B. Polyurethanschaum) übernommen werden können. Außerdem kann der Nachweis bestimmter Schimmelpilze als Feuchteindikator verwendet werden.

In dem Anhang des bereits erwähnten „Leitfadens zur Vorbeugung, Erfassung und Sanierung von Schimmelbefall in Gebäuden" des Umweltbundesamtes gilt ein mikrobieller Befall als gegeben, wenn eine Schimmelpilzkonzentration von über 10^5 KBE/g in einer Materialprobe (Polystyrol, Mineralfaser) vorliegt und/oder wenn mikroskopisch ein eindeutiges Wachstum von Schimmelpilzen (oder Bakterien) anhand von sehr viel Myzel, Sporenträgern und dazugehörenden Sporen zu erkennen sind. Gleiches gilt für einen geringen Befall, wenn die Schimmelpilzkonzentration zwischen 10^4 und 10^5 KBE/g in einer Materialprobe ist und/oder mikroskopisch ein geringes Wachstum von Schimmelpilzen (oder Bakterien) zu erkennen ist und Myzel, Sporenträger und dazugehörende Sporen mäßig ausgebildet sind. Bei allen Konzentrationen darunter liegt kein Nachweis für einen mikrobiellen Befall vor.

Hierbei gilt, dass der Nachweis kultivierbarer Schimmelpilze nicht notwendig ist, wenn durch die Mikroskopie ein eindeutiges Wachstum festgestellt wurde. Liefert die Mikroskopie kein eindeutiges Ergebnis, kann eine Kultivierung zusätzliche Informationen liefern – aber niemals umgekehrt! Insbesondere bei der mikrobiologischen Untersuchung von abgetrockneten Altschäden kommt es immer wieder vor, dass die Mikroskopie an ihre Grenzen stößt. Dann dient die Bestimmung kultivierbarer Schimmelpilze dazu, mögliche Fehler oder falsche Interpretationen aus der Mikroskopie auszuschließen. Außerdem muss beachtet werden, dass die Konzentration kultivierbarer Schimmelpilze durch äußere Stresssituationen der Mikroorganismen wie z. B. durch den Einsatz von bioziden Wirkstoffen reduziert sein kann. Daher sind derartige Bewertungen nur durch kompetente Labore mit viel Praxiserfahrung durchzuführen.

Das Kriterium II berücksichtigt die Durchlässigkeit der Bodenbeläge und Wandanschlüsse sowie dem daraus resultierenden Expositionsrisiko. Schließlich beeinflusst die Dichtigkeit der Bodenbeläge, ob und wie stark ein mikrobieller Befall in der Trittschall- und Wärmedämmung einer Fußbodenkonstruktion in die Raumluft entweichen und somit die Bewohner belasten kann. Gleiches gilt für Wandanschlüsse, Durchdringungen oder sonstige Öffnungen wie z. B. Steckdosen, Lichtschalter oder ungewollte wie z. B. Risse.

Die Dichtigkeit bzw. Durchlässigkeit der Böden wird maßgeblich über deren Bodenbeläge sowie deren Oberflächenversiegelung beeinflusst. Offene Holzfußböden gelten als durchlässig, während versiegelte Holzfußböden oder verklebtes Parkett ein Entweichen mikrobieller Partikel in die Raumluft weitestgehend verhindern. Bei Teppichböden kommt es auf die Engmaschigkeit an, während Bodenbeläge mit Fliesen oder elastische Oberböden z. B. aus PVC oder Linoleum als undurchlässig gelten.

Kriterium III berücksichtigt den Durchfeuchtungsgrad innerhalb der Fußbodenkonstruktion, da dieser unmittelbare Auswirkungen auf den aw-Wert und somit das individuelle Wachstum verschiedener Schimmelpilzarten und -spezies hat.

Kriterium IV berücksichtigt den Nährstoffgehalt der unterschiedlichen Bau- und Dämmstoffe im Fußbodenaufbau und schließt daraus, wie leicht oder schwer bzw. wie schnell oder langsam diese durch Mikroorganismen besiedelt werden. Denn in der Regel findet die Durchfeuchtung zwischen Oberkante der Rohbetondecke bzw. Bodenplatte und der Trittschall- und Wärmedämmung auf. Infolgedessen ist auch in diesem Bereich mit einem mikrobiellen Befall zu rechnen, da der Nährstoffgehalt dieser organischen Bau- und Dämmstoffe ein mehr oder weniger schnelles Wachstum unterschiedlicher Mikroorganismen zulässt oder fördert.

Zu den leicht zu besiedelnden Materialien gehören Bau- und Dämmstoffe wie z. B. Mineralwolle, Kokosdämmplatten oder eine Perlite-Schüttung und dgl., denn diese enthalten nicht nur zusätzlich Nährstoffe, sondern nehmen auch sehr viel Feuchte auf. Diese Kombination fördert ein schnelles Wachstum von Schimmelpilzen. Gleiches gilt für zellulosehaltige Trennlagen, die häufig in älteren Fußbodenkonstruktionen anzutreffen sind. Diese Trennlagen aus Pappe, Papier oder getränktem Ölpapier befinden sich zwischen Rohbetondecke bzw. Bodenplatte und dem Estrich – und dies sowohl in Fußbodenaufbauten mit als auch ohne Dämmung. Außerdem müssen Holzwerkstoffe wie z. B. Spanplatten oder OSB-Platten genannt werden. Hierbei ist zu beachten, dass sich auch artgleiche Bau- und Dämmstoffe je nach Herstellungsart unterscheiden können. Typisches Beispiel sind Weichholzfaserplatten. Die ungepresste und nicht behandelte Variante ist sehr leicht besiedelbar, während die gepresste und bituminierte Variante deutlich schlechter besiedelt werden. Nicht zu unterschätzen sind auch Kabelkanäle, die mit organischem Dämmmaterial gefüllt sind. Auch Bitumenabdichtungen auf der Geschossdecke unter dem Estrich oder der Trittschalldämmung gehören zu den Baustoffen, die durch Mikroorganismen relativ einfach besiedelt werden.

Zu den weniger gut zu besiedelnden Materialien gehören Bau- und Dämmstoffe aus z. B. künstlichen Mineralfasern, Polyurethan, extrudiertem Polystyrol-Hartschaum (XPS) oder expandiertem Polystyrol-Hartschaum (EPS), da diese deutlich weniger Feuchte aufnehmen. Ein relevantes Wachstum von Schimmelpilzen in einer Trittschall- und Wärmedämmung aus diesen Materialien tritt erst nach einigen Monaten auf.

Zu den schwer zu besiedelnden Materialien gehören Bau- und Dämmstoffe mit einem hohen Anteil an anorganischen Bestandteilen. Hierzu gehören z. B. Gussasphalt, Zementestrich, Anhydrit- oder Calciumsulfat-Estrich. Damit diese Bau- oder Dämmstoffe mikrobiell befallen werden, benötigt es einen sehr langen Zeitraum.

Im Kriterium V wird die Verunreinigung durch äußere Nährstoffe berücksichtigt. Hierbei geht es insbesondere um verschmutztes Abwasser, das einen hohen Nährstoffeintrag mit sich bringt und die Fußbodenkonstruktion zusätzlich mikrobiell belastet. Im Gegensatz dazu sind Wasserschäden bei Havarieschäden wie z. B. Undichtigkeiten in wasserführenden Leitungen mikrobiell nicht oder nicht nennenswert kontaminiert. Gleiches gilt für bauphysikalische Ursachen wie z. B. taupunktbedingtes Kondenswasser.

Im Kriterium VI wird das Schadensalter berücksichtigt. Schließlich steigt das Risiko eines mikrobiellen Befalls exponentiell, je länger ein Wasserschaden nicht entdeckt bzw. nicht getrocknet wird und je häufiger dieser eintritt (siehe Kriterium IV).

8.3.7.4 Bewertung anhand dieser Kriterien

Anschließend werden die Kriterien für eine Bewertung der Bewertungsstufe 2 herangezogen. Wird ein mikrobieller Befall innerhalb einer Fußbodenkonstruktion eindeutig festgestellt, wird vom Umweltbundesamt ein Rückbau, unabhängig von der Durchlässigkeit der Bodenbeläge, empfohlen. Hierbei ist zu beachten, dass durch den Rückbau eine Exposition der Raumnutzer auftreten kann. Sollte sich der Auftraggeber gegen einen Rückbau entscheiden, muss der Auftragnehmer durch geeignete Maßnahmen sicherstellen, dass eine mögliche Exposition zu einem späteren Zeitpunkt z. B. durch Umbau- oder Reparaturmaßnahmen ausgeschlossen wird.

Der Sachverständige muss in seiner Bewertung einschätzen, wie viele der beschriebenen Kriterien dafür sprechen, dass aufgrund der individuellen Gegebenheiten zu einem späteren Zeitpunkt mit einem verstärkten mikrobiellen Wachstum und einer Exposition der Raumnutzer zu rechnen ist. Das Umweltbundesamt hat in dem bereits erwähnten Anhang des „Leitfadens zur Vorbeugung, Erfassung und Sanierung von Schimmelbefall in Gebäuden“ hierfür ein Ampelsystem entwickelt, mit dem dargestellt werden kann, bei welchen Kriterien sowie deren Ausprägung das Risiko für ein späteres Wachstum von Schimmelpilzen sowie ggf. eine Exposition der Raumnutzer nicht gegeben (Kategorie: grün), erhöht (Kategorie: gelb) oder stark erhöht (Kategorie: rot) ist (siehe Tab. 8.7).

Lt. den Empfehlungen des Umweltbundesamtes ist ein Rückbau der Fußbodenkonstruktion in der Regel nicht erforderlich, wenn mindestens drei der Kriterien II bis VI in der Kategorie grün liegen. Unabhängig davon muss eine technische Bautrocknung unverzüglich beginnen, wenn eine erhöhte Feuchte festgestellt wird. Je mehr Kriterien in der Kategorie gelb und erst recht in der Kategorie rot eingestuft werden, desto mehr spricht für einen Rückbau. Das UBA gibt allerdings keine klaren Empfehlungen, bei welchen oder wie vielen gelben oder roten Kriterien ein Rückbau zwingend notwendig ist. Daher obliegt diese Bewertung auch weiterhin dem Sachverständigen vor Ort. Immerhin liegen seit der Überarbeitung des Leitfadens nun entsprechende Kriterien hierfür vor.

Tab. 8.7 Bewertungsschema für Fußbodenkonstruktionen lt. UBA

Kriterien	Grün	Gelb	Rot
II Durchlässigkeit der Bodenbeläge	Gering	Mittel	Hoch
III Feuchte im Fußbodenaufbau	Gering	Mittel	Hoch
IV Material im Fußbodenaufbau (mikrobielles Anfälligkeit)	Schwer zu besiedeln	Weniger gut zu besiedeln	Leicht zu besiedeln
V Nährstoffeintrag	Gering	Mittel	Hoch
VI Schadensalter (des Wasserschadens)	Einmalig und innerhalb von 3 Monaten	–	Mehrmalig und länger als 3 Monate

8.3.7.5 Bewertung anhand der Schimmelpilzkonzentration

In dem Anhang des UBA-Leitfadens gibt es zusätzlich eine Bewertungshilfe zur Beurteilung der Konzentration kultivierbarer Schimmelpilze (KBE/g Material) sowie der Ergebnisse der Mikroskopie für die Bau- und Dämmstoffe (Polystyrol und Mineralwolle) für die drei Beurteilungskategorien in der Bewertungsstufe 2 sowie für Verunreinigungen (siehe Tab. 8.8).

Die Mikroskopie ist zusätzlich zur Kultivierung notwendig, um einen mikrobiellen Befall von einer mikrobiellen Verunreinigung zu unterscheiden. Werden in der Mikroskopie nur wenige Sporen festgestellt, ohne dass Myzel oder Sporenträger nachgewiesen werden, ist mit einer hohen Wahrscheinlichkeit davon auszugehen, dass es sich nur um eine mikrobielle Verunreinigung z. B. aus einem angrenzenden Schimmelpilzbefall oder aus konvektiven Luftströmen handelt. Wird dagegen sehr viel Myzel mit Sporenträgern nachgewiesen, hat ein Wachstum stattgefunden, so dass von einem Schimmelpilzbefall auszugehen ist.

Bei mikrobiellen Belastungen von 10^4 KBE/g bis 10^5 KBE/g in Verbindung mit dem Nachweis von besonders hydrophilen Schimmelpilzarten und -spezies (als schimmelpilzspezifische Feuchteindikatoren) ist davon auszugehen, dass ein mikrobieller Befall und nicht nur eine mikrobielle Verunreinigung vorliegt. In der Praxis kommt es immer wieder vor, dass Bau- und Dämmstoffe aus Polystyrol oder Mineralwolle mit Verschmutzungen bei der Kultivierung hohe Konzentrationen an Schimmelpilzen ergeben und somit ein mikrobieller Befall vorgetäuscht werden kann.

Bei Schimmelpilzen mit einer niedrigen Sporenbildung wie z. B. Chaetomium und Stachybotrys können bereits Konzentrationen von 10^4 KBE/g als eindeutiger Nachweis für einen mikrobiellen Befall gewertet werden. Hierzu muss allerdings ausgeschlossen werden, dass Sporen z. B. von Randfugen der Fußbodenkonstruktion die Probe verunreinigt haben. Um dies auszuschließen, ist ggf. eine Reinigung oder Entfernung des betroffenen Materials in den Randfugen vorab notwendig.

Grundsätzlich gilt, dass quantitative Auswertungen von Materialanalysen mit einer hohen Unsicherheit und Fehlertoleranz behaftet sind. In verschiedenen Ringversuchen wurde lt. Aussagen des Umweltbundesamts für die Gesamtkonzentration kultivierbarer Schimmelpilze eine Standardabweichung von 30 bis 50 % festgestellt. Die bisher genannten Angaben zu Konzentrationen sind daher als Größenordnung und nicht als Grenzwerte zu verstehen.

Außerdem soll betont werden, dass die entwickelten Szenarien der Bewertungsstufe 1 sowie die Kriterien der Bewertungsstufe 2 dazu dienen, eine einheitliche und standardisierte Bewertung von Feuchteschäden und Schimmelpilzbefall in Fußbodenkonstruktionen sicherzustellen. Aufgrund der Vielzahl individueller Einflussfaktoren sowie der spezifischen Besonderheiten des Ein-

Tab. 8.8 Beurteilung der Konzentration kultivierbarer Schimmelpilze (KBE/g Material) nach UBA

Kein Befall (Hintergrundbelastung)	Verunreinigung*	Geringer Befall	Anzunehmender Befall	Eindeutiger Befall
Kultivierung $< 10^4$ KBE/g	Kultivierung 10^4 bis 10^5 KBE/g	Kultivierung 10^4 bis 10^5 KBE/g	Kultivierung $> 10^5$ KBE/g $< 10^4$ KBE/g**	Kultivierung $> 10^5$ KBE/g
und	und/oder***	und/oder***	und/oder***	und/oder***
Mikroskopie vereinzelt oder keine Sporen, Myzel und Sporenträger	Mikroskopie wenige Sporen ohne Myzel und Sporenträger	Mikroskopie wenige Sporen, Myzel und Sporenträger	Mikroskopie mäßig viele Sporen, Myzel und Sporenträger	Mikroskopie sehr viele Sporen, Myzel und Sporenträger

* in Fußbodenkonstruktionen werden mikrobielle Belastungen von $> 10^5$ KBE/g aufgrund der fehlenden Zugänglichkeit der Bau- und Dämmstoffe in der Regel nicht erreicht
** bei Konzentrationen von $> 10^4$ KBE/g muss unabhängig von den mikroskopischen Ergebnissen von einem eindeutigen mikrobiellen Befall ausgegangen werden
*** ausschließlich Mikroskopie

zelfalls wird es immer wieder Situationen geben, bei denen eine Abweichung von diesen Schemata notwendig ist und eine andere Vorgehensweise angezeigt ist. Daher sind derartige Bewertungen nur durch kompetente Labore mit viel Praxiserfahrung durchzuführen.

In der theoretischen Zahlenbewertung von 10^4 oder 10^5 KBE/g Material eines Baustoffes sollte allerdings ein angemessenes Augenmaß nicht außer Acht gelassen werden. In diesem Zusammenhang weist *Warscheid* darauf hin, dass z. B. vergleichbare Keimkonzentrationen in verschiedenen Lebensmitteln einschließlich Fäkalkeimen (!) gemäß den Richtlinien der Deutschen Gesellschaft für Hygiene und Mikrobiologie (DGHM) als „normal" eingestuft werden. Die zum Teil übertriebene Hysterie in der Innenraumdiagnostik hat daher in den letzten Jahren teilweise dazu geführt, einen privat genutzten Innenraum mit laborähnlichen Bedingungen zu vergleichen und die Verhältnismäßigkeit aus den Augen zu verlieren. Ein Blick auf die Zusammensetzung der Arbeitsgruppe, die den UBA-Leitfaden erstellt hat, könnte einen Hinweis darauf liefern, weshalb die mikrobiologischen Richtwerte entsprechend formuliert wurden.

Warscheid fordert daher ein Umdenken in der Bewertung und Sanierung von mikrobiellem Befall in privat genutzten Innenräumen. Gerade in Bezug auf ökonomische und ökologische Aspekte insbesondere nach dem Kreislaufwirtschaftsgesetz, dass auch im Gebäudesektor fordert, unnötige Abfälle zu vermeiden, die Umwelt zu schonen und auf den Erhalt bzw. eine möglichst lange Nutzung von Ressourcen hinzuwirken, ist es mehr denn je angezeigt, die Verhältnismäßigkeit von Art und Umfang der anstehenden Sanierungsmaßnahmen im Sinne der Nachhaltigkeit kritisch zu hinterfragen. Ein Rückbau und die Entsorgung von feuchtebelasteten und/oder schimmelpilzbehafteten Bauteilen ist in einigen Schadensfällen weder materialtechnisch noch innenraumhygienisch unbedingt notwendig. Daher plädiert das von ihm geführte Netzwerk Schimmel e. V. in der „Richtlinie zum sachgerechten Umgang mit Schimmelpilzschäden in Gebäuden – Erkennen, Bewerten und Instandsetzen" (2022) für eine Sanierung mit Augenmaß. Konkret bedeutet dies, dass als Ziel die Wiederherstellung eines hygienisch einwandfreien Innenraums ausgegeben wird, bei der allenfalls die mikrobiellen Expositionsquellen weitestmöglich beseitigt und deren potenzielle material- und/oder gesundheitsbeeinträchtigenden Wirkungen auf die Raumluft begrenzt werden. *Warscheid* erwähnt in dem Zusammenhang den Begriff „erfahrungsbasierter Aufmerksamkeitswert" für mikrobiologische Untersuchungsergebnisse und hält einen Innenraum mit einer üblichen mikrobiell-hygienischen Hintergrundbelastung für völlig ausreichend und in Hinblick auf ein regelmäßiges Training für das Immunsystem gesunder Menschen auch für sinnvoll.

Abschließend soll betont werden, dass die Bewertung im Anhang des UBA-Leitfadens ausschließlich nach fachlich-technischen Gesichtspunkten erfolgt. Ökonomische, juristische und/oder versicherungstechnische Aspekte wurden in den Empfehlungen nicht berücksichtigt, da diese vom Einzelfall abhängig sind und von den Empfehlungen abweichen können.

8.3.8 Biozide Anwendungen

Das Umweltbundesamt weist in seinem „Leitfaden zur Vorbeugung, Erfassung und Sanierung von Schimmelbefall in Gebäuden" darauf hin, dass die Anwendung von Bioziden bei der Sanierung eines Schimmelpilzbefalls in den Innenräumen grundsätzlich nicht notwendig ist und bezieht sich darauf, dass biozide Wirkstoffe im Sinne einer sachgerechten Beseitigung der Biomasse ungeeignet sind. Außerdem wird nach Auffassung des UBA durch den Einsatz von Bioziden die eigentliche Schadensursache nicht beseitigt. Hinzu kommen mögliche Gesundheitsgefahren durch die bioziden Wirkstoffe für den Anwender dieser Präparate. Auch von einem Vernebeln von bioziden Wirkstoffen in die Raumluft außerhalb von unzugänglichen Hohlräumen wird explizit abgeraten. In einigen Ausnahmen stuft der Leitfaden eine biozide Behandlung durch sofort abbauende Präparate wie z. B. Wasserstoffperoxid bei einem vermuteten Schimmelpilzbefall als akzeptabel ein, wenn dadurch das mikrobielle Wachstum an schwer zugänglichen Oberflächen verzögert werden kann. Trotz dieser sehr eindeutigen Positionierung des Umweltbundesamtes ist der alleinige Einsatz von Bioziden oder deren flankierende Maßnahme bei der Sanierung von Schimmelpilzschäden marktüblich und gängige Praxis unter den Sanierungsbetrieben. Schließlich ist die Behandlung eines mikrobiellen Befalls durch Biozide nicht nur pragmatisch, sondern auch eine schnelle und günstige Lösung – so die weit verbreitete Meinung unter Sachverständigen und ausführenden Handwerkern. Infolgedessen muss eine ganzheitliche Bewertung auch die Wirksamkeit von bioziden Wirkstoffen unter praxisgerechten Bedingungen beleuchtet werden.

Oxidierende Biozide sind allgemein sehr wirksam gegen Schimmelpilze und Bakterien (sowie auch Viren), greifen aber auch Oberflächen von Baustoffen und anderen Materialien an. Der Wirkmechanismus basiert lt. *Messal* auf der Freisetzung sauerstoffhaltiger Moleküle, Ionen und Radikale, die hoch reaktiv sind. Zu den bekanntesten Vertretern gehören z. B. Wasserstoffperoxid, Peressigsäure und Hypochlorid. Die bioziden Wirkstoffe werden unmittelbar bei der chemischen Reaktion zersetzt. Die meisten Präparate sind eher unspezifisch. Dies bedeutet, dass diese eine eher grundsätzliche Wirkung entfalten, so dass diese gegen spezifische Schimmelpilzarten, also konkrete Schimmelpilzspezies, häufig nicht wirken. Alternativ werden daher nichtoxidierende Biozide eingesetzt, deren Wirkstoffe gezielt den Stoffwechsel spezifischer Mikroorganismen bekämpfen und eine hohe Effizienz aufweisen. Diese erzielen diese Präparate, da sich die Wirkung der bioziden Substanzen sehr langsam entfaltet und insbesondere erst, wenn der Kontakt mit der Zelle stattfindet. Dieser gezielte Wirkmechanismus spezifischer Wirkstoffe gegenüber spezifischen Mikroorganismen führt allerdings dazu, dass sich Wirkstofflücken auftun. Während oxidierende Biozide mit einem „Generalist" verglichen werden können, sind nichtoxidierende Biozide mit einem „Spezialist" vergleichbar: hoch effizient, aber eben nur in seiner Nische. Aus diesem Grund werden immer öfter verschiedene Wirkstoffe miteinander kombiniert, so dass man in diesen Fällen von so genannten Breitbandbioziden spricht. Dies ist schon allein deshalb notwendig, weil Schimmelpilze in Innenräumen nicht isoliert auftreten. Dies bedeutet, dass nicht eine einzelne Schimmelpilzspezies mit einem darauf gezielt abgestimmten Biozid behandelt werden kann, sondern eine Mischexposition vorliegt. Dies bedeutet, dass verschiedene Schimmelpilzarten und -spezies in unterschiedlichen Konzentrationen und unterschiedlichen Wachstumsphasen auf Baustoffoberflächen befinden.

Seitens der Produktanbieter biozider Wirkstoffe wird in der Regel verschwiegen, dass die meisten Schimmelpilzarten und -spezies in der Lage sind, gegen biozide Wirkstoffe eine Art „Schutzschild" aufzubauen. Hierzu bilden die Mikroorganismen spezifische Proteine und Enzyme, um die Wirkung der Biozide abzuschwächen. Gleiches gilt für die Bildung von Biofilmen auf Baustoffoberflächen, durch die in vielen Fällen die bioziden Wirkstoffe gar nicht bis zum Mikroorganismus vordringen können. Um diese beiden Abwehrmechanismen der Mikroorganismen „zu knacken", müssten die bioziden Wirkstoffe in höheren Konzentrationen und über einen längeren Zeitraum eingesetzt werden als dies in der Praxis üblich ist – vermutlich aus Unwissenheit. Denn bei einer zu hohen Verdünnung und zu kurzen Einwirkzeit wird die ohnehin temporäre Wirkung auch noch abgeschwächt.

Messal weist zudem darauf hin, dass eine fungizide Wirkung bei lebenden Zellen einsetzt. Dies bedeutet, dass nur die Zellen in den Hyphen angegriffen und Dauerstadien wie Sporen nicht abgetötet werden. Sporen haben eine deutlich höhere Zellwanddicke und sind nicht stoffwechselaktiv. Nur wenn die Sporen auskeimen, können fungizide Wirkstoffe eindringen. Präparate, die diese biozide Wirkung haben, werden als sporozid bezeichnet. Hinzu kommt, dass es sich bei einem Schimmelpilzbefall nicht immer um einen aktiven Befall handeln muss, sondern dieser auch in Form abgestorbener Schimmelpilze auftreten kann. Denn auch tote Biomasse ist Biomasse mit potenziell sensibilisierenden, allergischen oder toxischen Eigenschaften, gegen die biozide Wirkstoffe nichts ausrichten können! Nicht zu vergessen, dass tote Biomasse zudem einen idealen

Nährboden für einen neuen Schimmelpilzbefall darstellt und schon allein deshalb entfernt werden muss.

In einem Praxisversuch[27] wies *Messal* nach, dass marktübliche Präparate zur Bekämpfung von Schimmelpilzen keine Wirkung entfalten. Überprüft wurden Wasserstoffperoxid, Aktivchlor, Isopropanol, quartäre Ammoniumverbindungen sowie Essigessenz. Keiner dieser Wirkstoffe konnte die Biomasse bzw. die Keimfähigkeit nennenswert reduzieren, was angesichts der marktüblichen Konzentrationen dieser Präparate nicht überrascht. Es muss betont werden, dass es sich bei dieser Einschätzung nicht um eine subjektive Meinung der Prüfer handelt, da sich *Messal* an die offiziellen Prüfungsbedingungen für Desinfektionsmittel hielt. Diese schreiben eine Reduktion der keimfähigen Zellen um 99 % vor. Das verbleibende 1 % ist unkritisch, da ein Auskeimen unterbunden wird, so dass keine Infektion mehr stattfinden kann.

Zumal die Prüfungen der Desinfektionsmittel unter labortechnischen Bedingungen erfolgen und äußere Einflüsse, wie diese unter realen Bedingungen nicht auszuschließen sind, nicht berücksichtigt werden können. Denn, zur Wahrheit gehört auch, dass die Wirkung einer bioziden Behandlung auf gut zugänglichen und freiliegenden Oberflächen gut kontrolliert werden kann, während dies in Hohlräumen oder Verbundbaustoffen wie z. B. einer Fußbodenkonstruktionen aus verschiedenen Baustoffen nicht möglich ist. Gerade die Desinfektion einer Estrichdämmschicht nach einem Wasserschaden zeigt die Grenzen auf, da die Durchfeuchtung im Fußbodenaufbau zu einer unkontrollierten Verdünnung der Präparate führt. Ob und wie weit sich diese dann noch innerhalb der Fußbodenkonstruktion verteilen und somit alle mikrobiell belasteten Bereiche erfassen, ist die nächste Unsicherheit.

In den Prüfungsbedingungen der o. g. Norm sieht *Messal* ein weiteres Problem, warum die marktüblichen Präparate zur Bekämpfung von Schimmelpilzen keine Wirkung entfalten (können). Denn diese entsprechen nicht der realen Konzentration in den meisten Schadensfällen. Hinzu kommt, dass die Wirksamkeit von bioziden Wirkstoffen nach der DIN EN 14885 „Chemische Desinfektionsmittel und Antiseptika" (2023) überprüft wird – einer Norm, die auf Prüfungen mit Hygieneanwendungen im Gesundheitswesen zurückgreift, weil es für die Anwendung im Bauwesen keine Norm oder andere Standards gibt. Nicht nur, dass die Flächen, die im medizinischen Bereich desinfiziert werden, deutlich kleiner und von der Oberflächenbeschaffenheit deutlich glatter und dichter sind und mit Anwendungen auf porösen Oberflächen im Baubereich nicht verglichen werden können, auch die Konzentration der Mikroorganismen, die bei der Wirksamkeitsprüfung herangezogen werden, sind nicht vergleichbar. Für Anwendungen im medizinischen Bereich werden Zellkonzentrationen von 10^5 pro Gramm getestet. Dem gegenüber liegt die Konzentration bei einem durchschnittlichen Schimmelpilzbefall in Innenräumen in der Größenordnung von 10^6 bis 10^8 pro Gramm. Würde man die Konzentration der bioziden Wirkstoffe in den Präparaten auf diese praxisüblichen Bedingungen entsprechend erhöhen, hätte dies erhebliche Auswirkungen auf die Gesundheit der Anwender und Gefährdung der Umwelt. Weitere Maßnahmen aus dem Gefahrstoffrecht würde eine Anwendung dieser Präparate quasi unmöglich machen.

Hinzu kommt, dass die Prüfungsanforderungen für den Wirksamkeitsnachweis von Desinfektionsmittel für Anwendungen mit einer präventiven Wirkung ausgelegt sind, also z. B. eine nicht befallene Oberfläche vor auskeimenden Sporen zu schützen oder aber um nach einer Feinreinigung verbliebene Sporen zu inaktivieren. Für die Beseitigung eines aktiven mikrobiellen Befalls sind diese Prüfungen nicht ausgelegt. *Messal* bezieht sich auf mehrere Studien, nach denen Biozide wie Wasserstoffperoxid, Isopropylalkohol, Peressigsäure, Aktivchlor oder Quartäre Ammoniumverbindungen zwar kurzfristig Schimmelpilze inhibieren, aber die lebensfähigen Zellen nicht vollständig eliminieren können. Im Ergebnis bedeutet dies, dass biozide Wirkstoffe ein Schimmelpilzwachstum nicht unterbinden. Die Gründe hierfür liegen im Abwehrmechanismus der Mikroorganismen. Sobald diese durch Biozide bekämpft werden, gehen die meisten Schimmelpilze in eine Art „Ruhestadium“ und stellen das Wachstum ein. Sie „verschließen“ den Wirkstoffen die „Tür“, da Biozide aktive Zellorganismen benötigen, um angreifen und wirken zu können.

In dieser „Intelligenz“ der Mikroorganismen, ihre Überlebensstrategie flexibel an die sich verändernden Umgebungsbedingungen anpassen zu können, sieht *Messal* das dritte Problem. Man kennt dieses Phänomen bereits seit vielen Jahren in Bezug auf die Alkalität von Untergründen, die von Mikroorganismen durch die gezielte Produktion von spezifischen Stoffwechselprodukten verändert werden kann. Ebenfalls ist bekannt, dass die meisten Schimmelpilze in der Lage sind, auf die Einwirkung von bioziden Wirkstoffen durch Veränderung ihrer Wachstumsstrategie oder ihres Metabolismus oder durch die gezielte Produktion von Mykotoxinen zu reagieren. So gilt wissenschaftlich erwiesen, dass z. B. die reaktiven Sauerstoffspezies und die daraus entstehenden Produkte sowie bei ausgewählten Aspergillus-Arten die direkte Zugabe von Wasserstoffperoxid die Bildung des Mykotoxins Aflatoxin steigern kann. Gleiche Erfahrungen wurden auch mit Fusarium-Arten gemacht, die bei Kontakt mit Bioziden das Mykotoxin Trichothecen gebildet haben, sowie Stachybotrys chartarum, der die Produktion des Mykotoxins Satratoxin hochgefahren hat, als er mit bioziden Wirkstoffen bekämpft wurde. Dies bedeutet, dass die meisten Schimmelpilze auch noch in der Lage sind, die ohnehin zu schwachen bioziden Wirkstoffe zu deaktivieren.

Im Übrigen lässt sich dieses Verhalten der Schimmelpilze nicht nur beobachten, wenn diese durch biozide Wirkstoffe bekämpft werden, sondern auch, wenn hydrophilen Schimmelpilzen wie z. B. Stachybotrys chartarum, Aspergillus versicolor oder Chaetomium globosum die lebensnotwendige Feuchtigkeit z. B. im Rahmen der technischen Bautrocknung entzogen wird.

Neben der fehlenden Wirksamkeit biozider Wirkstoffe gegen Schimmelpilze sprechen weitere Faktoren gegen die Verwendung in Innenräumen: Von den meisten Präparaten können direkte oder indirekte Gesundheitsgefahren für Anwender und Raumnutzer ausgehen. Direkt, da die Wirkstoffe selbst beim Anwender oder Raumnutzer irritierende, allergische oder reizende Wirkungen verursachen können und indirekte, da durch den Einsatz biozider Wirkstoffe die Mikroorganismen ihre Wachstumsstrategie oder ihren Metabolismus verändern und gezielt Mykotoxine produzieren, auch wenn die Wirkschwelle dieser potenten Giftstoffe in Innenräumen nach derzeitigem Wissensstand zu gering ist, als dass ein direkter Zusammenhang zu gesundheitlichen Wirkungen hergestellt werden kann. Daher sind gemäß dem Substitutionsgebot gemäß Gefahrstoffverordnung immer alternative Möglichkeiten gegenüber dem Einsatz von Bioziden in Innenräumen zu prüfen.

8.4 Hygienische Bewertung

Das Umweltbundesamt stellt in seinem „Leitfaden zur Vorbeugung, Erfassung und Sanierung von Schimmelbefall in Gebäuden“ klar, dass Schimmelpilzbefall in Innenräumen als hygienisches Problem eingestuft und nach dem Vorsorgeprinzip unbedingt minimiert werden muss. Hierbei beruft sich das UBA auf epidemiologische Studien, in denen nachgewiesen wurde, dass durch Feuchteschäden und Schimmelpilzbefall gesundheitliche Wirkungen für die Raumnutzer einhergehen können. Expositionsquellen im Innenraum sind nach dem Prinzip des vorbeugenden Gesundheitsschutzes daher unbedingt zu beseitigen. Dies auch mit dem Hintergrund, dass

- ein kausaler Zusammenhang zwischen Ursache und Wirkung gesundheitlicher Beschwerden aufgrund verschiedener Mikroorganismen sowie anderer Einflussfaktoren in Innenräumen bisher nicht hergestellt werden kann,
- gesundheitliche Wirkungen durch Schimmelpilze stark von der individuellen Spezies variieren kann und von den individuellen Wachstumsbedingungen beeinflusst werden,
- nicht nur ein aktiver Befall gesundheitliche Auswirkungen verursachen kann, sondern auch abgestorbene Schimmelpilze und von ihnen freigesetzte Stoffe wie z. B. Mykotoxine allergische, reizende toxische Wirkungen auslösen können,

- die Beurteilung einer mikrobiellen Belastung von Innenräumen nicht nur auf Schimmelpilze reduziert werden darf, sondern um Bakterien wie z. B. Actinomyceten erweitert werden muss (allerdings gibt es hierzu bisher wenig belastbare Aussagen),
- die gesundheitlichen Wirkungen nicht nur durch die spezifische Pathogenität einiger Schimmelpilze sowie deren Konzentration sowie Dauer und Häufigkeit des Auftretens verursacht wird, sondern vor allem durch die individuelle Konstitution (Immunsystem) der Raumnutzer, die sich ebenfalls verändern und somit nicht als Konstante gesehen werden kann,
- die individuelle Prädisposition der Raumnutzer eine hohe Bedeutung bzgl. der Ausprägung von gesundheitlichen Wirkungen bis Beschwerden hat und entscheidend ist, ob eine genetische Vorerkrankung (Immunsuppression) vorliegt oder eine Sensibilisierung und allergische Reaktion erst durch die Exposition ausgelöst wurde.

Infolgedessen stellt Schimmelpilzwachstum in Innenräumen ein grundsätzliches und allgemein hygienisches Problem dar und muss beseitigt werden. Diese Aussage bezieht sich in erster Linie auf die Biomasse, weil ein reproduzierbares Herleiten eines kausalen Zusammenhangs zwischen Dosis (Konzentration) und Wirkung (gesundheitliche Beschwerden) einer mikrobiellen Belastung (Mischexposition) in Innenräumen aufgrund einer Vielzahl an individuellen Einflussfaktoren nach wie vor ein hoch komplexes Thema ist.

8.5 Innenraumspezifische Bewertung

8.5.1 Einleitung

Die Bewertung eines Schimmelpilzbefalls in privat genutzten Innenräumen muss differenziert erfolgen. Dies hat das Umweltbundesamt erkannt und in der Überarbeitung des Leitfadens „Zur Vorbeugung, Erfassung und Sanierung von Schimmelbefall in Gebäuden“ im Jahr 2017 vier Nutzungsklassen eingeführt. Diese „Raumklassen“ werden neben der Art und Nutzung der Innenräume durch die Exposition der Raumnutzer (Risikogruppen) bestimmt. Aus den Nutzungsklassen ergeben sich u. a. abgestufte Anforderungen wie z. B. die Erstellung einer Gefährdungsbeurteilung sowie Empfehlungen für nachfolgende Sanierungsmaßnahmen. Eine Differenzierung ist sinnvoll, da eine mikrobielle Belastung in Innenräumen, in denen sich Menschen dauerhaft oder über einen längeren Zeitraum aufhalten wie z. B. Wohn-, Schlaf- oder Kinderzimmer anders zu bewerten sind als z. B. Innenräume, in denen sich Menschen nur sporadisch und nur für kurze Zeit aufhalten wie z. B. Treppen, Garagen oder Wirtschafts-, Abstell- oder Kellerräume.

Aufgrund individueller Auslegungen, missverständlicher Interpretationen und/oder interessengesteuerter Bewertungen hat das UBA in seiner Überarbeitung des o. g. Leitfadens auch den Begriff „Raum“ oder „Innenraum“ noch einmal konkretisiert, auch wenn man davon ausgehen sollte, dass dies auch vorher schon allen Beteiligten hätte klar sein sollen. Das UBA definiert einen Raum bzw. Innenraum im Allgemeinen als einen durch Boden, Wand und Decke abgeschlossenen Teil innerhalb eines Gebäudes inklusive der an den Innenraum angrenzenden Bauteile. Dies bedeutet, dass nicht nur der Querschnitt der o. g. drei Raumdimensionen gemeint ist, sondern auch mögliche Hohlräume, die entweder permanent oder zeitweise mit der Raumluft in Verbindung stehen und aus denen durch Diffusion und/oder Konvektion gesundheitsgefährdende Stoffe in den Innenraum gelangen können bzw. eine Infiltration mit der Raumluft nicht ausgeschlossen werden kann.

8.5.2 Nutzungsklasse I

Zur Nutzungsklasse I (hohe Anforderungen) gehören Innenräume mit besonders hohen hygienischen Anforderungen (Keimfreiheit) wie z. B. medizinisch genutzte Innenräume oder Innenräume im Lebensmittelbereich. Innenräume insbesondere für immunsupprimierte Patienten werden durch diese Nutzungsklasse nicht behandelt, da für derartige Innenräume gesonderte Anforderungen gelten, die sich aus der Krankenhaushygiene ergeben. Innenräume dieser Kategorie sind z. B. auch nicht Gegenstand des o. g. Leitfadens des UBA.

8.5.3 Nutzungsklasse II

Zur Nutzungsklasse II (normale Anforderungen) gehören Innenräume und deren Nebenräume in Wohngebäuden, Büros, Schulen und Kindergärten sowie sonstige in öffentlichen Gebäuden, die regelmäßig oder nicht nur vorübergehend genutzt werden. Nebenräume sind Innenräume, die nicht regelmäßig oder über einen längeren Zeitraum genutzt werden, aber im Luftaustausch mit den Haupträumen stehen (z. B. Gäste-WC oder Dachgeschosse sowie Abstellräume). Der o. g. Leitfaden des UBA hat in dieser Nutzungsklasse sein Hauptanwendungsgebiet. In der Differenzierung zur Nutzungsklasse I wird damit offiziell bestätigt, dass privat genutzte Innenräume nicht keimfrei sein müssen und dies auch nicht können.

8.5.4 Nutzungsklasse III

Zur Nutzungsklasse III (reduzierte Anforderungen) gehören Nebenräume außerhalb des Wohnbereiches wie z. B. Keller und/oder Treppenhäuser in Mehrfamilienhäusern, Garagen mit separatem Eingang oder nicht ausgebaute Dachgeschossräume, die über eine Öffnung außerhalb der Wohnung aus erreichbar sind. Wichtig ist, dass diese Innenräume keine Verbindung zu den Innenräumen der Nutzungsklasse II aufweisen. Der o. g. Leitfaden des UBA kann in dieser Nutzungsklasse nicht in vollem Umfang angewendet werden.

8.5.5 Nutzungsklasse IV

Zur Nutzungsklasse IV (deutlich reduzierte Anforderungen) gehören luft- und/oder diffusionsdicht abgeschottete Bauteile und Hohlräume, die nach den Anforderungen der DIN 4108 Teil 7 mit geeigneten Maßnahmen gegenüber Innenräumen der Kategorie II abgeschottet sind. Dies bedeutet, dass sich eine mikrobielle Belastung, die sich hinter Bauteilen oder in Hohlräumen vorliegen darf, nicht in Innenräume ausbreiten darf, in denen sich Menschen regelmäßig und über einen längeren Zeitraum aufhalten. Diese Differenzierung ist vor allem bei ausgebauten Dachkonstruktionen sinnvoll. Liegt ein Schimmelpilzbefall innerhalb der Dachkonstruktion vor, aber dauerhaft außerhalb des mit einer Dampfsperre abgedichteten Wohnbereichs, sind deutlich reduzierte Anforderungen zulässig bis hin, dass der mikrobielle Befall an Ort und Stelle verbleiben kann. Nur dann gilt die Nutzungsklasse IV. Die Anforderung, dass diese Bauteile oder Hohlräume nach einer Sanierung nicht feucht sein dürfen, ist unrealistisch. Normale Boden-, Wand- oder Deckenkonstruktionen innerhalb von Gebäuden können allerdings nicht der Nutzungsklasse IV zugeordnet werden und müssen wie ein Innenraum der Nutzungsklasse II oder III behandelt werden.

8.5.6 Zusammenfassung

Die Empfehlungen im 2017-er Leitfaden „Zur Vorbeugung, Erfassung und Sanierung von Schimmelbefall in Gebäuden" des Umweltbundesamtes (UBA) gelten somit in erster Linie für die Nutzungsklasse II sowie mit Abstrichen für die Nutzungsklasse III. Eine Differenzierung der Nutzungsklassen III und IV wirken sich auf Art und Umfang der Sanierung aus. Hierbei muss beachtet werden, dass für die Anforderungen an die relative Luftfeuchte der gebrauchsübliche Zustand relevant ist. Außerdem darf folgendes nicht verwechselt werden: reduzierte Anforderungen an die Schimmelpilzsanierung in den Nutzungsklassen III und IV (siehe Tab. 8.9) wirken sich nicht auf die erforderlichen Schutzmaßnahmen (in Innenräumen sowie in Bezug auf die PSA) aus. Diese sind gemäß der vorliegenden Gefährdungsklasse trotzdem einzuhalten.

Tab. 8.9 Nutzungsklassen in Gebäuden

Nutzungs-klasse	Anforderungen an die Innenraumhygiene	Beschreibung	Anmerkungen
I	Hoch	z. B. medizinisch genutzte Innenräume oder Innenräume im Lebensmittelbereich	Nicht im Geltungsbereich des UBA-Leitfaden
II	Normal	Regelmäßig genutzte Innenräume in Wohngebäuden, Schulen und Kindergärten, Büros oder öffentlichen Gebäuden	Empfehlungen gelten auch für alle regelmäßig genutzten Nebenräume
III	Reduziert	Unregelmäßig genutzte Nebenräume außerhalb des Wohnbereiches wie z. B. Keller und/oder Treppenhäuser in Mehrfamilienhäusern, Garagen mit separatem Eingang oder nicht ausgebaute Dachgeschossräume	Neben geringeren Anforderungen an die Art und Umfang der Sanierung gilt auch eine reduzierte Dringlichkeit der Umsetzung
IV	Deutlich reduziert	Luft- und/oder diffusionsdicht abgeschottete Bauteile und Hohlräume, die gegenüber Innenräumen der Kategorie II abgeschottet sind	Bauteile und Hohlräume müssen trocken sein bzw. dürfen nicht dauerhaft feucht sein

8.5.7 Korrektur der Nutzungsklassen

Kurz nach der Veröffentlichung des Leitfadens „Zur Vorbeugung, Erfassung und Sanierung von Schimmelbefall in Gebäuden“ des Umweltbundesamtes im Jahr 2017 entbrannte eine Diskussion unter Experten, ob die Nutzungsklasse IV in der praktischen Auslegung zu Missverständnissen führen kann, nachdem immer öfter eine Abschottung von Innenräumen der Nutzungsklasse II als Abschottung im Sinne der Nutzungsklasse IV deklariert wurde, so dass eine Schimmelpilzbeseitigung demnach nicht mehr erforderlich wäre. Kurz zur Erinnerung: Der UBA-Leitfaden aus dem Jahr 2017 führte aus, dass luftdicht abgeschottete Bauteile und Hohlräume in Bauteilen oder Innenräumen, die nach den Anforderungen der DIN 4108-7 „Wärmeschutz und Energie-Einsparung in Gebäuden – Teil 7: Luftdichtheit von Gebäuden – Anforderungen, Planungs- und Ausführungsempfehlungen“ (2011) mit geeigneten Stoffen gegenüber Innenräumen abgeschottet sind, der Nutzungsklasse IV zuzuordnen sind. Dies würde konkret bedeuten, dass Innenräume, in denen durch eine funktionierende Abschottung sichergestellt wird, dass keine biogenen Stäube, Schimmelpilzsporen und andere mikrobielle Partikel und/oder mikrobiell bedingte Gerüche in den Innenraum gelangen, nicht aufwändig – im Sinne von Entfernung der Biomasse – saniert werden müssen. Ein Abschotten – im Sinne von luftdichter Abdichtung – z. B. von Fußbodenkonstruktionen aus Verbundbaustoffen nach einem Wasserschaden würde demnach ausreichen. Kritiker hielten dagegen, dass auch ein abgeschottetes Bauteil wie z. B. ein durchnässter Fußbodenaufbau in einem Innenraum der Nutzungsklasse II immer noch nach dieser Nutzungsklasse zu bewerten ist.

Zudem wurde das Argument angeführt, dass eine Nichtbeseitigung eines Schimmelpilzbefalls unter Umständen auch versicherungstechnische und/oder rechtliche Komplikationen mit sich bringen bzw. Konsequenzen für den Auftragnehmer haben kann. Schließlich hat der Auftraggeber, wenn es sich um eine Werkleistung z. B. im Rahmen einer Wasserschadensanierung handelt, die über eine Versicherung reguliert wird, Anspruch auf eine vollständige Schadensbeseitigung bzw. einen vorschadensgleichen Zustand. Auch der Rechtsbegriff des „üblichen Zustands“ ist geklärt und durch den BGH mehrfach bestätigt. Demnach ist ein Werk grundsätzlich ohne Schimmelpilzbefall herzustellen – dies gilt auch, wenn beide Parteien dies nicht ausdrücklich vereinbart haben. Bisher wurde allerdings durch den BGH noch nicht geklärt, was unter dem Begriff „Schimmelpilzbefall“ zu verstehen ist: „nur“ der mikrobielle Bewuchs auf einer Bauteil- oder Materialoberfläche oder auch biogene Stäube, Schimmelpilzsporen und andere mikrobielle Partikel. Denn eine Abschottung stellt in der Regel zwar sicher, dass mikrobielle Partikel aus Hohlräumen oder Bauteilquerschnitten nicht in Innenräume gelangen.

Gegen Mykotoxine oder MVOC sind diese meistens nicht geeignet. Unter Juristen ist umstritten, ob eine Abschottung selbst dann zulässig ist, wenn der Auftraggeber in Kenntnis aller relevanten Umstände und möglichen Gesundheitsgefahren einer Abschottung zustimmt. Denn der Auftragnehmer schuldet nun einmal ein mangelfreies Werk. Wie dies begründet werden soll, wenn ein Schimmelpilzbefall nicht beseitigt wurde und nur Maßnahmen getroffen werden, um mögliche Auswirkungen zu vermeiden, ist rechtlich höchst umstritten. Zumal auf Dauer z. B. bei einem Wechsel der Eigentümer oder Mieter nicht sichergestellt werden kann, dass diese Abschottungen nicht in Unkenntnis z. B. bei Umbau- oder Reparaturmaßnahmen beschädigt werden. Spätestens damit stellt eine dauerhafte Abschottung als Alternative zur Sanierung nicht nur ein technisches, rechtliches und ggf. versicherungstechnisches Risiko dar, sondern auch ein gesundheitliches (ausgenommen hiervon sind temporäre Abschottungen im Rahmen der Sanierung). Sachverständige sollten daher im Rahmen ihrer Hinweispflicht auf die unterschiedlichen Risiken einer Abschottung hinweisen.

Infolgedessen hat das Umweltbundesamt den Leitfaden „Zur Vorbeugung, Erfassung und Sanierung von Schimmelbefall in Gebäuden" aus dem Jahr 2017 u. a. in diesem Punkt noch einmal überarbeitet und die Nutzungsklasse IV in der 2024-er Ausgabe weggelassen. Abschließend soll darauf hingewiesen und alle Beteiligten sensibilisiert werden, dass entsprechende Leitfäden oder Richtlinien und Merkblätter – egal von welcher Institution – niemals alle möglichen Fragen im Vorfeld klären können, die sich aufgrund der Individualität des Einzelfalls ergeben können. Diese haben Empfehlungscharakter und sollen eine grobe Orientierung geben – nicht mehr und nicht weniger. Empfehlungen dürfen aber nicht dazu führen, dass ein individueller Handlungsspielraum nach Belieben und subjektiven Interessen frei interpretiert wird. Eine Bewertung hat nach sachlichen und objektiven Kriterien, faktenbasiert und reproduzierbaren Parametern zu erfolgen. Man könnte es auch ein wenig salopp formulieren: Eine Bewertung sollte immer so erfolgen, als wenn es die eigene Immobilie/Wohnung wäre.

8.6 Bauphysikalisch-technische Bewertung

Bei der Bewertung von Schimmelpilzen in Innenräumen hat sich in den letzten Jahren zunehmend der Fokus verschoben. Insbesondere die Diskussion um die mikrobiologische Bewertung verschiedener Konzentrationen in Innenräumen (Nutzungsklassen) im Verhältnis zur mikrobiellen Konzentration der Außenluft (Hintergrundbelastung) sowie der richtige Umgang mit bestimmten Bauteilen (z. B. Fußbodenkonstruktionen) oder die Frage, wann ein Rückbau angezeigt oder angemessen und wann eine biozide Behandlung sinnvoll oder unwirksam ist, vernachlässigt immer mehr den eigentlichen Kern, um den es bei der Bewertung eines Schimmelpilzbefalls geht: Wodurch wird die wichtigste Voraussetzung für das Wachstum von Schimmelpilzen (und Bakterien) – die Feuchtigkeit – verursacht und welchen Einfluss hat welche Art von Feuchtigkeit, wenn die Primärursache nicht eindeutig ist und sowohl bautechnische Ursachen (z. B. Leckagen) als auch bauphysikalische Ursachen (z. B. taupunktbedingtes Kondenswasser) den mikrobiellen Befall verursacht haben können.

Die Aufgabe eines Sachverständigen besteht nicht nur in der Lokalisierung der verschiedenen Feuchtequellen, sondern auch in deren Bewertung im Einzelnen in Bezug auf den Feuchteschaden und/oder Schimmelpilzbefall. Besonders schwierig wird eine Bewertung, wenn die Ursachen nicht eindeutig auf bautechnische und/oder bauphysikalische Unzulänglichkeiten zurückzuführen sind und ggf. auch das Wohn- und Nutzungsverhalten (z. B. Lüften, Heizen oder Möblierung) der Raumnutzer für den mikrobiellen Befall ursächlich sein kann. Hierbei muss eine technische, bauphysikalische oder raumklimatische Bewertung der kausalen Ursachen immer auf objektiven technischen, bauphysikalischen und/oder raumklimatischen Messungen basieren. Objektiv heißt im Idealfall, dass die Messergebnisse reproduzierbar sein sollten, um auszuschließen, dass Fehlertoleranzen von Einmalmessungen ggf. zu falschen Schlussfolgerungen führen.

Außerdem ersetzt die Korrelation einer technischen Aussage nicht die Kausalität. Denn eine

Korrelation beschreibt eine statistische Beziehung zwischen zwei Variablen, ohne eine Ursache-Wirkungs-Beziehung zu implizieren. Eine Kausalität dagegen definiert eine direkte Ursache-Wirkungs-Beziehung. Dies bedeutet, dass verschiedene Schadensmechanismen durchaus miteinander korrelieren können, ohne dass diese einen kausalen Zusammenhang bilden.

Auch der Bezug auf ein technisches Regelwerk wie z. B. eine DIN-Norm ersetzt nicht den kausalen Zusammenhang einer Durchfeuchtung und diese nicht den einer Schadensursache. Wie bereits an anderen Stellen dieses Buches beschrieben, sind die Empfehlungen z. B. der DIN 4108-3 „Wärmeschutz und Energie-Einsparung in Gebäuden – Teil 3: Klimabedingter Feuchteschutz – Anforderungen, Berechnungsverfahren und Hinweise für Planung und Ausführung" (2018) fehlerhaft, da die darin angegebene Bauteiltemperatur von 12,6 °C, die auch an Wärmebrücken nicht unterschritten werden darf, um ein Schimmelpilzwachstum zu vermeiden, bei genauer Betrachtung – zugrunde gelegt wurde ein Normklima von 20 °C und 50 % relative Luftfeuchte – einen aw-Wert von 0,8 darstellen. Bekanntlich wachsen bereits einige Schimmelpilze auch unter einem aw-Wert von 0,8. Gleiches gilt für die Empfehlung von z. B. 9,3 °C zur Vermeidung von taupunktbedingtem Kondenswasser oder für den f_{RSi}-Wert von 0,7. Bekanntlich liegen die Raumtemperaturen z. B. in einem Schlafzimmer in der Regel unter 20 °C so wie die relative Luftfeuchtigkeit in Bädern während der Nutzung weit über 50 % beträgt. Hinzu kommt das unterschiedliche Sorptionsverhalten von Baustoffen, so dass allein bauphysikalische Kenndaten aus Regelwerken meistens nicht geeignet sind, um einen kausalen Zusammenhang von konkreten Feuchteschäden und/oder Schimmelpilzbefall in individuell genutzten Innenräumen herstellen zu können.

Die Aufgabe des Sachverständigen bei sich überlagernden Feuchtemechanismen, die für einen Schimmelpilzbefall ursächlich sein können, ist eine objektiv-sachliche Quotelung. Seiner Expertise obliegt es, ob und zu welchen prozentualen Anteilen bautechnische und/oder bauphysikalische Mängel (im technischen Sinn) einen Feuchteschaden verursacht haben und ob dieser kausal für einen Schimmelpilzbefall verantwortlich ist. Außerdem obliegt es der Expertise des Sachverständigen, ob und zu welchen prozentualen Anteilen das Wohn- und Nutzungsverhalten der Raumnutzer eine erhöhte Luftfeuchte in der Raumluft und/oder auf Bauteilen verursacht hat und ob diese kausal für einen Schimmelpilzbefall verantwortlich ist. Hierzu bietet sich eine Bewertungs-Matrix an, in der die unterschiedlichen Ursachen sowie deren Gewichtung kumuliert aufgeführt sind. Der Sachverständige hat zusätzlich die Möglichkeit, individuelle Einflussfaktoren zu gewichten und somit einen Score zu ermitteln.

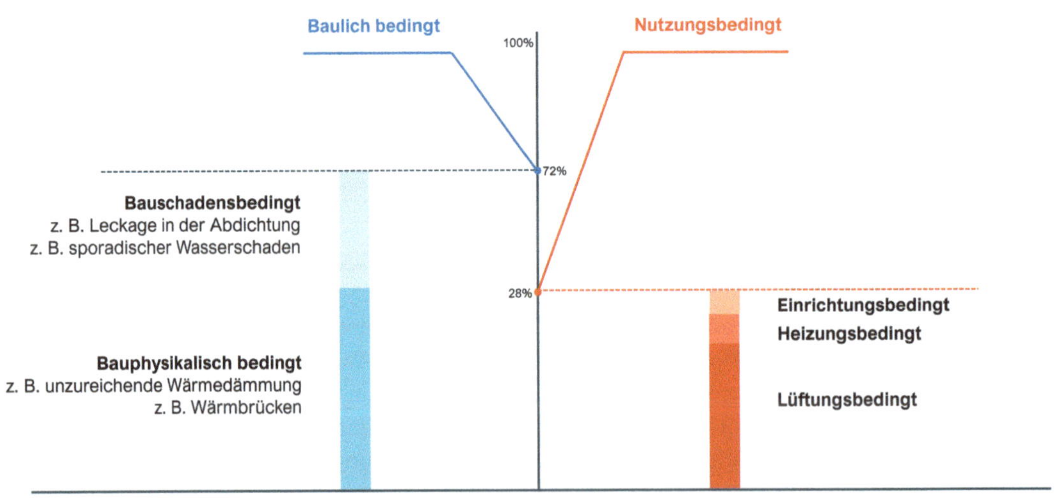

Abb. 8.2 Bewertungsmatrix zur Gewichtung von baulich bedingten und nutzungsbedingten Mängeln sowie deren Quotelung der Verantwortlichkeiten (Verursacher-Prinzip)

Gerade in Rechtsstreitigkeiten, in denen es primär um die Ursache als Synonym für den Verursacher geht, ist eine derartige Bewertungsmatrix (siehe Abb. 8.2) extrem hilfreich.

8.7 Bewertung einer Sanierung

Mindestens genauso wichtig wie die Bewertung eines Schimmelpilzbefalls vor und nach einer Untersuchung ist die Bewertung nach Abschluss der Sanierungsmaßnahmen. Gemäß der „Richtlinie zum sachgerechten Umgang mit Schimmelpilzschäden in Gebäuden – Erkennen, Bewerten und Instandsetzen“, herausgegeben vom Netzwerk Schimmel e. V. (Ausgabe 2022), ist eine Sanierungsmaßnahme erfolgreich, wenn in den betroffenen Innenräumen kein auf die Schadensursache bezogener Schimmelpilzbewuchs mehr vorhanden ist und keine auffällige biogene Raumluftbelastung und Kontamination verbleiben. Außerdem sollten keine schadensbedingten Geruchsbelästigungen mehr bestehen. Hinzu kommt, dass keine Feuchtebelastungen mehr vorhanden sein dürfen und die Schadensursache grundlegend beseitigt sein muss.

Gemäß dem Leitfaden „Zur Vorbeugung, Erfassung und Sanierung von Schimmelbefall in Gebäuden“ des Umweltbundesamtes (Ausgabe 2024) gilt eine Schimmelpilzsanierung im Allgemeinen als erfolgreich, wenn …

- die Konzentration kultivierbarer Schimmelpilze einer einzigen Schimmelpilzgattung (Luftprobe) im Innenraum kleiner oder gleich ist als die Konzentration der gleichen Gattung in der Außenluft und/oder
- die Differenz zwischen der Innen- und Außenluft in Summe der Kolonie Bildenden Einheiten (KBE) aller Arten, die in der Außenluft untypisch sind, nicht über 150 KBE/m^3 liegt und/oder
- die Differenz zwischen der Innen- und Außenluft einer Gattung (Summe der KBE aller Arten), die in der Außenluft untypisch sind, nicht über 100 KBE/m^3 liegt und/oder
- die Differenz zwischen der Innen- und Außenluft einer Art mit hoher Flugfähigkeit der Sporen, die in der Außenluft untypisch sind, nicht über 30 KBE/m^3 liegt und/oder
- die Differenz zwischen der Innen- und Außenluft einer Art mit schlechter Flugfähigkeit der Sporen, die in der Außenluft untypisch sind, nicht über 50 KBE/m^3 liegt.

Zu den in der Außenluft untypischen bzw. Innenraum indizierte Schimmelpilzarten gelten z. B. Acremonium spp., Aspergillus versicolor, Aspergillus restrictus, Chaetomium spp., Phialophora spp., Scopulariopsis, Stachybotrys chartarum und Trichoderma spp.

Die Bewertungskriterien dürfen nicht einzeln, sondern müssen ganzheitlich betrachtet werden. Bei den Angaben handelt es sich um Erfahrungswerte zur Orientierung, die im Einzelfall abweichen können. Eine individuelle Beurteilung der Innenraumsituation können diese Angaben nicht ersetzen. Die Erfahrungswerte beziehen sich auf Luftproben, die unter normalen Bedingungen, ohne dass Staub aufgewirbelt wurde, entsprechend der DIN ISO 16000-16 bzw. DIN ISO 16000-18 genommen wurden.

Bei der Bewertung der mikrobiellen Belastung in Innenräumen macht es keinen Sinn, Schimmelpilze wie z. B. Alternaria, Cladosporium oder Fusarium zu berücksichtigen, die als Bioaerosole normaler Bestandteil der Außenluft sind und erhöhte Konzentrationen erreichen. Diese Schimmelpilzarten dienen lediglich als Referenz zum Abgleich der Hintergrundbelastung. Daher gilt eine Schimmelpilzsanierung nach Angaben des Umweltbundesamtes im Allgemeinen als erfolgreich, wenn die Differenz der Konzentration von Schimmelpilzsporen oder mikrobielle Partikel in Summe pro m^3 Luft zwischen der Innenraumluft und der Außenluft …

- bei Schimmelpilzgattungen wie z. B. Penicillium und Aspergillus nicht über 300 Sporen/m^3 liegt und/oder
- bei Schimmelpilzgattungen wie z. B. Alternaria, Acremonium und Scopulariopsis nicht über 100 Sporen/m^3 liegt und/oder
- bei Schimmelpilzgattungen wie z. B. Chaetomium und Stachybotrys nicht über der in der Außenluft liegt und/oder
- bei mikrobiellen Partikeln wie z. B. Myzel oder Myzelstücke nicht über 150 Myzelstücke/m^3 liegt.

Vereinfacht ausgedrückt kann von einer erfolgreichen Schimmelpilzsanierung ausgegangen werden, wenn sichergestellt wurde, dass ein aktiver und strukturierter Schimmelpilzbewuchs auf den ehemals betroffenen Bauteiloberflächen nicht mehr nachweisbar ist.

8.8 Betriebswirtschaftliche Bewertung

In der Bewertung, welchen Einfluss ein Feuchteschaden und/oder Schimmelpilzbefall auf den Wert einer Immobilie hat und/oder wie stark dadurch der Verkehrswert gemindert wird, beziehen sich Sachverständige für Immobilienbewertung in den letzten Jahren zunehmend auf den so genannten merkantilen Minderwert.

Der merkantile Minderwert liegt lt. Bundesgerichtshof (BGH) „in der Minderung des Verkaufswerts einer Sache, die trotz völliger und ordnungsgemäßer Instandsetzung deshalb verbleibt, weil bei einem großen Teil des Publikums [...] eine den Preis beeinflussende Abneigung gegen den Erwerb besteht." (Urteil des BGH vom 20.06.1968, Az.: III ZR 32 66). Diese Definition veranschaulicht den Grundgedanken, warum die Rechtsprechung den merkantilen Minderwert als Schadensposition anerkennt. Dieser beschreibt den Wertverlust z. B. einer Immobilie, die trotz einer sach- und fachgerechten Sanierung z. B. eines Feuchteschadens und/oder Schimmelpilzbefall verbleibt und somit auf dem Markt als weniger wertvoll wahrgenommen wird. Der merkantile Minderwert geht also über die reine Mangelbeseitigung hinaus. Hierbei ist wichtig, den merkantilen Minderwert von anderen Formen der Wertminderung, insbesondere dem technischen Minderwert, abzugrenzen. Während sich dieser auf den tatsächlichen und verbleibenden Schaden bezieht, z. B. dass taupunktbedingtes Kondenswasser z. B. aufgrund baulich bedingter Wärmebrücken auch nach einer Sanierung in Zukunft nicht vollständig ausgeschlossen werden kann, bezieht sich der merkantile Minderwert ausschließlich auf die wirtschaftliche Wertminderung aufgrund des „Rufschadens" der Immobilie. Gerade Schimmelpilzbefall löst fast immer Unbehagen bei einem potenziellen Käufer (oder Mieter) aus, wobei zu bedenken ist, dass Entscheidungen über Kauf (oder Miete) selten rational getroffen werden.

Der merkantile Minderwert bleibt selbst dann bestehen, wenn die Immobilie technisch wieder in einem einwandfreien Zustand ist. In der Praxis wird ein merkantiler Minderwert deshalb wie ein Preisabschlag verstanden, der bei einem (fiktiv unterstellten) Verkauf der Immobilie hingenommen werden müsste, weil bei maßgeblichen Verkehrskreisen eine Abneigung gegen den Erwerb dieser Immobilie bestehen bleibt. Der Grund hierfür ist, dass ein subjektives Misstrauen in die Qualität der Bausubstanz besteht und befürchtet wird, dass verborgene Mängel noch vorhanden sein und/oder Folgeschäden auch zukünftig eintreten könnten. Der merkantile Minderwert beschreibt daher einen abstrakten bzw. immateriellen Wertverlust einer Immobilie. Der BGH bestätigt nach ständiger Rechtsprechung diesen Grundsatz (Urteil vom 08.12.1977 – VII ZR 60/76 sowie 23.11.2004 – VI ZR 357/03). Der merkantile Minderwert wurde auch im § 194 BauGB (Baugesetzbuch) verankert.

Der BGH hat außerdem klargestellt, dass der merkantile Minderwert nicht durch einen Sachverständigen für Bauschäden zu ermitteln ist, sondern durch einen Sachverständigen für Immobilienbewertung (Urteil des BGH vom 25.02.1953 – AZ II ZR 172/52 sowie vom 02.04.1981 – III ZR 186/79) zu erfolgen hat. Hintergrund dieser Entscheidung ist, dass auf Bauschäden spezialisierte Sachverständige oftmals keinen merkantilen Minderwert sehen, wenn die Bauschäden fach- und sachgerecht beseitigt wurden. Der merkantile Minderwert orientiert sich aber nicht an objektiv-technischen Sachverhalten, sondern an subjektiv empfundenen Wahrnehmungen und möglichen Verdachtsmomenten sowie verlorenem Vertrauen durch potenzielle Käufer (oder Mieter) und deren Bauchgefühl.

Bei einem merkantilen Minderwert von maximal einem Prozent schätzt das Gericht übrigens diesen durchaus selbst, ohne einen Sachverständigen hinzuzuziehen. (Urteil des OLG München vom 17.12.2013–9 U 960/13).

Wichtige Beurteilungskriterien für den merkantilen Minderwert von Immobilien sind z. B.

Art, Alter und Zustand des Gebäudes, Art der Schadensbeseitigung, Marktlage bzw. Verkäuflichkeit für die betreffende Immobilie, Relation von Instandsetzungsaufwand und Immobilienwert sowie Art, Umfang und Auswirkungen evtl. Folgeschäden (Urteil des BGH vom 19.09.1985, VII ZR 158/84 und 10.07.1991, XII ZR 109/90 sowie des OLG Düsseldorf vom 04.02.2000–7 U 67/98).

Für die Bestimmung des merkantilen Minderwertes ist ein selbständiges gerichtliches Beweisverfahren zulässig (Beschluss des OLG Schleswig vom 07.10.1999–16 W 190/99). Hierfür müssen ausreichende Anknüpfungspunkte in Form dokumentierter Mängel oder Symptome für diese vorliegen (Urteil des OLG Brandenburg vom 28.08.2008-5 U 28/07). Bei evtl. bestehenden Unsicherheiten kann zunächst ein Antrag auf Feststellung der Verpflichtung zum Ersatz eines merkantilen Minderwertes gestellt werden (Urteil des BGH vom 10. Juli 1991, XII ZR 109/90).

Abschließend soll darauf hingewiesen werden, dass der merkantile Minderwert in der Regel in den Wohngebäudeversicherungen nicht berücksichtigt wird.

8.9 Medizinische Bewertung

Eine der am schwierigsten in den ohnehin hoch komplexen Bewertungen ist die medizinische Bewertung eines gesundheitlichen Risikos einer Schimmelpilzexposition in privat genutzten Innenräumen. Deshalb ist die medizinische Bewertung primär eine ärztliche Aufgabe und sollte bei begründetem Verdacht auf schimmelpilzassoziierte Gesundheitsbeschwerden oder Erkrankungen durch entsprechende Fachärzte wie z. B. Allergologen oder Umweltmediziner sowie spezialisierte HNO-Ärzte durchgeführt werden.

Auch wenn zahlreiche epidemiologische Studien übereinstimmend belegen, dass es einen Zusammenhang zwischen Feuchteschäden und/oder einem Schimmelpilzbefall mit gesundheitlichen Wirkungen unterschiedlicher Art gibt, kann eine Kausalität zwischen der Exposition einer in Innenräumen spezifischen Schimmelpilzart sowie konkreten gesundheitlichen Beschwerden oder Krankheiten einzelner Raumnutzer im Einzelfall nicht eindeutig und zweifelsfrei nachgewiesen werden. Dies bedeutet, dass es für einen kausalen Zusammenhang keine Evidenz – also keine wissenschaftlichen Belege aus repräsentativ durchgeführten Studien – gibt, die wissenschaftlichen Standards entsprechen.

Nach dem derzeitigen Kenntnisstand gibt es lediglich eine ausreichende Evidenz für eine Verbindung einer Schimmelpilzexposition zu unterschiedlichen gesundheitlichen Wirkungen oder Effekten. Bildlich gesprochen muss man sich diese Assoziation wie eine Gleichung aus mindestens zwei Unbekannten vorstellen. Denn auf der einen Seite sind die gesundheitlichen Wirkungen durch biogene Stäube, Schimmelpilzsporen und anderer mikrobieller Partikel wie Hyphen, Myzelien oder andere Zellfragmente für die meisten Schimmelpilze sowie deren Stoffwechselprodukte wie MVOC oder Mykotoxine in bestimmten Situationen noch nicht endgültig untersucht. Hinzu kommt der Einfluss durch Hefepilze (z. B. Candida), Bakterien (z. B. Actinomyceten) und deren Endotoxine sowie andere Innenraumallergene wie z. B. durch Staub und/oder Milben sowie das Hauptproblem, dass diese Expositionen nicht isoliert auftreten, sondern in Kombination und in unterschiedlichen Konzentrationen je Expositionsquelle. Bisher liegen keine gesicherten Daten vor, ob diese Substanzen über Befindlichkeitsstörungen und unspezifische Gesundheitsbeschwerden hinaus eine reale Gesundheitsgefahr darstellen. Nach derzeitigem Kenntnisstand können diese aber auch nicht vollständig ausgeschlossen werden.

Hinzu kommt, dass die Kontaktaufnahme dieser Substanzen in den menschlichen Körper auch an einer anderen Expositionsquelle (z. B. der Biotonne oder Klimaanlage im PKW), in einem anderen Innenraum (z. B. Büro oder Versammlungsraum) oder eben über die Hintergrundbelastung in der Außenluft stattgefunden haben kann.

Daher ist eine quantitative und qualitative medizinische Bewertung für einzelne Komponenten sowie deren gesundheitliches Risiko nicht möglich. Als wissenschaftlich nachgewiesen gilt, dass bei entsprechender Exposition sehr viele Schimmelpilzarten und andere Mikroorganismen geeignet sind, sensibilisierende und allergische Reaktionen hervorzurufen. Zur Wahrheit gehört aber auch, dass das allergene Potential im Vergleich zu anderen Umweltallergenen insgesamt deutlich geringer einzuschätzen ist.

Gleiches gilt auf der anderen Seite für die gesundheitlichen Wirkungen aufgrund der unterschiedlichen Konstitutionen (Disposition und Prädisposition) der Raumnutzer, da jedes Immunsystem anders auf mikrobielle Belastungen reagiert. Insbesondere für Menschen, die ein erhöhtes Risiko aufweisen, auf biogene Stäube, Schimmelpilzsporen und andere mikrobielle Partikel wie Hyphen, Myzelien oder andere Zellfragmente sowie deren Stoffwechselprodukte wie MVOC oder Mykotoxine durch gesundheitliche Wirkungen zu reagieren, muss eine sofortige Expositionskarenz erfolgen. Denn für diese Risikogruppen – Menschen mit Asthma, schwer verlaufender COVID 19, schwer verlaufender Influenza, Mukoviszidose sowie einer Immunsuppression – stellen Schimmelpilze in Innenräumen ein erhebliches Gesundheitsrisiko dar. Nach Angaben der GENESIS-Datenbank des statistischen Bundesamtes wurden 1.731 Menschen im Jahr 2022 mit der Hauptdiagnose Aspergillose stationär im Krankenhaus behandelt. Davon sind 117 Patientinnen und Patienten verstorben.

Infolgedessen kommt bei der Gleichung mit zwei Unbekannten den so genannten Risikogruppen auf beiden Seiten – der Risikogruppe in Bezug auf Schimmelpilze (siehe Abschn. 8.3.6) sowie der Risikogruppe in Bezug auf Menschen (siehe Abschn. 11.10) eine hohe Bedeutung zu.

Nach übereinstimmenden Aussagen der

- Weltgesundheitsorganisation (WHO) in „Guidelines for Indoor Air Quality; Dampness and Mould" (2009),
- Innenraumlufthygiene-Kommission (IRK) des Umweltbundesamtes (UBA) im Leitfaden „Zur Vorbeugung, Erfassung und Sanierung von Schimmelbefall in Gebäuden" (2024)
- Kommission für Krankenhaushygiene und Infektionsprävention (KRINKO) beim Robert-Koch-Institut sowie
- Arbeitsgemeinschaft Wissenschaftliche Medizinischer Fachgesellschaften (AWMF) in der Leitlinie „Medizinisch klinische Diagnostik bei Schimmelpilzexposition in Innenräumen"

ist das Wachstum von Schimmelpilzen in Innenräumen aus Sicht der Prävention als potenzielles Gesundheitsrisiko zu betrachten, auch wenn kein quantitativer und kein kausaler Zusammenhang zwischen einzelnen Schimmelpilzarten und Gesundheitsbeschwerden als gesichert gilt. Die Institutionen stellen übereinstimmend klar, dass Feuchteschäden und/oder Schimmelpilzwachstum in Innenräumen aus gesundheitlicher Sicht immer ein hygienisches Problem darstellen, das – auch ohne Gesundheitsbeschwerden oder sonstige gesundheitliche Wirkungen – nicht hingenommen werden darf. Im Sinne des Vorsorgeprinzips gilt ein striktes Minimierungsgebot. Pathogene und toxigene Schimmelpilze sind in der Raumluft von Innenräumen gar nicht zu akzeptieren.

Die o. g. Institutionen bestätigen darüber hinaus übereinstimmend, dass

- Messungen der Schimmelpilzbelastung in Innenräumen aus medizinischer Indikation (Sensibilisierung oder Allergie) in der Regel nicht sinnvoll sind (auch wenn diese häufig durchgeführt werden).
- das Umweltmonitoring von MVOC sowie das Human-Biomonitoring von Mykotoxinen in der Innenraumluft sowie im Hausstaub bei einer mikrobiellen Exposition in der medizinischen Diagnostik keine Indikation hat.
- für die meisten Innenraum-assoziierten Schimmelpilzarten derzeit keine kutanen Testextrakte vorliegen und nur eine limitierte Anzahl spezifischer IgE-Tests zum Sensibilisierungsnachweis kommerziell zur Verfügung stehen.
- medizinische Untersuchungsergebnisse zur Feststellung einer Schimmelpilzallergie (Mensch) sowie mikrobiologische Untersuchungsergebnisse über die mikrobielle Exposition in den von den entsprechenden Menschen genutzten Innenräumen nicht für eine kausale Risikobewertung herangezogen werden können.
- die einzige Möglichkeit ist, um eine Sensibilisierung zu verhindern bzw. allergische Reaktion bei bestehender Sensibilisierung vorzubeugen, die Exposition durch Schimmelpilze zu beenden (Allergenkarenz).

Abschließend soll darauf hingewiesen werden, dass gesundheitliche Wirkungen durch biogene Stäube, Schimmelpilzsporen und andere mikrobielle Partikel auch noch längere Zeit persistieren (bestehen bleiben, fortdauern) können, nachdem die Expositionsquelle(n) beseitigt wurde(n).

8.10 Juristische Bewertung

Eine juristische Bewertung von Schimmelpilzen in Innenräumen ist immer abhängig vom Einzelfall und dessen Vertrags- und/oder Schuldverhältnis. Daher wird eine Bewertung aus dem Mietrecht, Baurecht, WEG-Recht und dgl. in einem separaten Kapitel (siehe Kap. 12) behandelt.

Sanierung und Beseitigung

9

Inhaltsverzeichnis

F. Frössel, E. Heller, *Schimmelpilze in Wohnungen*, https://doi.org/10.1007/978-3-658-50425-0_9

9.1 Einleitung

Um Schimmelpilzbefall nachhaltig beseitigen zu können, müssen zwei unterschiedliche Aspekte betrachtet werden, die Beseitigung der

- Primärursachen und
- Sekundärursachen.

Bei der Beseitigung der Primärursachen geht es in den meisten Fällen darum, die Feuchtigkeitsursache zu beseitigen. Hierbei handelt es sich um die technische Sanierung.

Bei der Beseitigung der Sekundärursachen geht es um den mikrobiellen Befall selbst. Hierbei handelt es sich um die mikrobiologische Sanierung von Schimmelpilzen (und Bakterien) auf Oberflächen oder im Material. Allerdings ist der Begriff „Sanierung“ leicht irreführend, da bei der Beseitigung weitestgehend nur die Symptome kaschiert werden.

Ursache (Feuchtigkeit) und Wirkung (mikrobieller Befall) müssen immer im Zusammenhang gesehen werden. Besonders deutlich wird dies bei der so genannten „Pinselsanierung“, bei der nur der oberflächige Befall entfernt und überstrichen wird, ohne die eigentlichen Ursachen zu beseitigen. Ein erneutes Auftreten von Schimmelpilzen kann somit in den meisten Fällen nicht vermieden werden.

Die Beseitigung der Primärursachen setzt infolgedessen bei den Durchfeuchtungsursachen an. Feuchtigkeit als Katalysator für Schimmelpilzwachstum tritt in unterschiedlicher Art auf: als direkte oder indirekte Durchfeuchtung sowie sporadisch, temporär oder permanent. Feuchtigkeit fällt von außen oder von innen an, wobei Feuchtigkeitserscheinungen nicht dort auftreten müssen, wo sie verursacht werden und auch nicht zeitgleich auftreten müssen.

Zur Beseitigung der direkten Durchfeuchtung von außen über die Fassade gehören z. B. Beschichtungen oder das Aufbringen einer Außendämmung. Zur Beseitigung der direkten Durchfeuchtung über die erdberührten Bauteile gehören Bauwerksabdichtungen sowie die Instandsetzung von evtl. Undichtigkeiten an Bauteilübergängen (An- und Abschlüssen). Indirekte Durchfeuchtungen z. B. durch taupunktbedingte Oberflächenkondensation z. B. an Wärmebrücken können neben der erwähnten Außendämmung als präferierte Lösung alternativ auch durch eine Innendämmung oder punktuelle Dämmkeile beseitigt werden. Gleiches gilt z. B. durch den Einbau neuer Fenster.

Neben der Beseitigung dieser baulich bedingten Ursachen können indirekte Durchfeuchtungen auch temporär auftreten und bauphysikalisch bedingt sein wie z. B. die Sommerkondensation oder auch eine hohe Restfeuchte im Neubau oder nach Sanierungen. Um diese temporäre Durchfeuchtung zu beseitigen, werden z. B. technische Bautrockner eingesetzt, die ihre Anwendung auch bei der Sanierung von Havarieschäden oder sporadischen Wasserschäden finden.

Genau genommen ist die technische Sanierung ein Spiegelbild der Primärursachen (siehe Kap. 7).

Sind alle bautechnisch-, bauphysikalisch- und/oder nutzungsbedingten Ursachen beseitigt oder können als Ursache für Schimmelpilzbefall ausgeschlossen werden, geht es um die Entfernung des mikrobiellen Befalls selbst.

Zur Beurteilung unterschiedlicher Fragestellungen wie z. B., wer den mikrobiellen Befall entfernen darf, welche hygienischen Anforderungen an welche Art von Innenräumen gestellt werden, in welchem Umfeld welche Art von Sanierung zulässig ist und/oder Sofortmaßnahmen oder zusätzliche Schutzmaßnahmen eingeleitet werden müssen usw., wurden im Leitfaden „Zur Vorbeugung, Erfassung und Sanierung von Schimmelbefall in Gebäuden" des Umweltbundesamtes (UBA) so genannte Nutzungsklassen definiert. Diese werden nicht nur durch die Art der Innenräume und deren Nutzung, sondern auch durch den Gesundheitszustand der Menschen (Risikogruppen) in diesen Innenräumen, beeinflusst. Aus den Nutzungsklassen ergeben sich individuelle Anforderungen wie z. B. die Erstellung einer Gefährdungsbeurteilung und Empfehlungen für die nachfolgende Sanierung.

9.2 Technische Sanierung

9.2.1 Feuchteschutz

Bei der technischen Sanierung geht es um die Beseitigung der Primärursachen – also der Ursachen, die überhaupt erst die Voraussetzungen für das Wachstum von Schimmelpilzen (und Bakterien) geschaffen haben und die nötigen Lebensbedingungen für die Mikroorganismen ermöglichen. Primäre Ursache für Schimmelpilzbefall ist Feuchtigkeit, die von außen oder innen sowie direkt oder indirekt auftreten kann und unmittelbar mikrobiellen Befall verursacht oder zeitlich oder räumlich versetzt. Hierbei geht es nicht nur um Wasser in flüssiger Form (z. B. durch Schlagregen oder Bodenfeuchtigkeit), sondern auch als Wasserdampf (z. B. als taupunktbedingtes Kondenswasser).

Im erdberührten Bereich tritt Feuchtigkeit in Form von Bodenfeuchtigkeit, Sickerwasser oder Schichtenwasser auf, das zeitweise zu nicht drückendem oder drückendem Wasser aufstauen kann. Außerdem kann drückendes Wasser oder Grundwasser vorliegen. Diese Wassereinwirkungsklassen (alte Bezeichnung: Lastfälle) bestimmen neben den Raumnutzungsklassen die Art der Bauwerksabdichtung inkl. flankierender Maßnahmen. Unterschieden wird die Abdichtung erdberührter Bauteile von außen (Bauwerksabdichtung nach DIN 18533) sowie von innen (Negativabdichtung). Für die Abdichtung werden genormte Baustoffe eingesetzt, soweit diese im Geltungsbereich der Norm aufgeführt sind. In der nachträglichen Abdichtung erdberührter Bauteile kommen auch alternative Verfahren zur Anwendung wie z. B. mechanische Verfahren oder Injektionsverfahren gegen kapillar aufsteigende Feuchtigkeit oder Vergelungen und Schleierinjektionen bei der Negativabdichtung.

Zur Bauwerksabdichtung innerhalb von Gebäuden gehört auch die Abdichtung von Feucht- und Nassräumen wie z. B. häusliche Bäder. Diese wird in Deutschland seit 2018 über die DIN 18534 „Abdichtung von Innenräumen" geregelt.

Um den Umfang des Buches nicht zu sprengen, wird auf weiterführende Literatur verwiesen. Erwähnt werden soll nur, dass bei der Bauwerksabdichtung entsprechende Wassereinwirkungsklassen, Rissklassen und Raumnutzungsklassen zu beachten sind und die Abdichtung im Idealfall auf der Wasser zugewandten Seite ausgeführt werden soll. Die Funktionalität einer Bauwerksabdichtung zeigt sich bekanntlich nicht in der Flächenabdichtung, sondern in der Dichtigkeit von Fugen und Bauteilanschlüsse.

Zum Feuchteschutz einer Gebäudehülle gehört auch die Fassade inkl. der Fenster und die Dachflächen inkl. der Balkone und Dachterrassen, an denen sich fast immer Feuchteschäden zeigen. Die unterschiedlichen Arten der Feuchtebeanspruchung zeigen sich an der Fassade in Form von Niederschlägen z. B. durch Schlagregen, Nebel und Tauwasser oder Schnee. Daher sind die Beanspruchungsgruppen der DIN 4108 zu beachten. Im Sockelbereich oder im Übergang von horizontalen zu vertikalen Flächen kann Feuchtigkeit in Form von Oberflächen- und/oder Spritzwasser auftreten. Der Feuchteschutz an Fassaden zielt daher in den meisten Fällen auf einen Schlagregenschutz ab. Hierzu gehört auch die Sanierung von Rissen und/oder offenen Fugen. Um den Umfang des Buches nicht zu sprengen, wird auf weiterführende Literatur verwiesen. Erwähnt werden soll nur, dass zum Feuchteschutz von Fassade und Dach auch eine funktionierende Dachentwässerung gehört und wie bei der Bauwerksabdichtung auf eine funktionierende Detailausbildung an Bauteilübergängen und Einbauteilen wie z. B. Fensterbankanschlüsse usw. zu achten ist.

9.2.2 Wärmeschutz

9.2.2.1 Einleitung

Im Kontext von Schimmelpilzbildung und -wachstum in Innenräumen polarisiert der zunehmende Wärmeschutz der Gebäudehülle. Kritiker sehen in der kontinuierlichen Verschärfung von energieeinsparenden Maßnahmen und der damit verbundenen Wärmedämmung die Ursache für den zunehmenden Schimmelpilzbefall in Neubauten und sanierten Altbauten – auch wenn die Fakten und der Bausachverstand dagegen sprechen. Befürworter sehen, dass Energie nur durch ein ganzheitliches Wärmeschutzkonzept eingespart und neben der Verbesserung der Behaglichkeit auch Schimmelpilzbefall verhindert werden kann. In der häufig ideologisch geführten Diskussion werden Ursache und Wirkung verwechselt und die energetische Sanierung für die Luftdichtheit der Gebäudehülle verantwortlich gemacht. Beides bedingt einander und erfordert, dass entweder das manuelle Lüftungsverhalten der Bewohner auf die neue Bauweise angepasst wird oder entsprechende Lüftungsanlagen eine nutzerunabhängige Be- und Entlüftung der Innenräume sicherstellt. Probleme durch Feuchte- und Schimmelpilzbefall entstehen in der Regel nur, wenn energetische Sanierungen an einzelnen Bauteilen vorgenommen und die bauphysikalischen Konsequenzen nicht beachtet werden.

9.2.2.2 Außendämmung (Fassade)

Der Wärmeverlust über ungedämmte Außenwände beträgt je nach Gebäudealter, -zustand und -geometrie zwischen 25 und 45 %. Dem entsprechend kann mit einer energetischen Sanierung der Gebäudehülle ein hoher Wärmeverlust reduziert bzw. die meiste Energie eingespart werden. Komplett verhindern lassen sich Wärmeverluste dagegen nicht, aber deutlich reduzieren. Energieberater gehen davon aus, dass mit einer nachträglichen Wärmedämmung der Gebäudehülle zwischen 10 und 25 % an Heizenergie eingespart werden können – abhängig von der Art der Wärmedämmung und/oder der Wärmedämmstoffe. Als Wärmedämmstoffe werden Stoffe bezeichnet, deren spezifische Wärmeleitfähigkeit λ besonders gering ist (< 0,1 [W/(m K)]) und deren Hauptzweck die Wärmedämmung ist.

Für die energetische Sanierung von Außenwänden sind zwei Kenngrößen von Bedeutung: die Wärmeleitfähigkeit (λ) und der Wärmedurchgangskoeffizient (U-Wert). Die Wärmeleitfähigkeit (Wärmeleitzahl) ist die Eigenschaft von Stoffen, mit der der Wärmestrom durch ein Material aufgrund der Wärmeleitung bestimmt wird. Somit beschreibt die Wärmeleitfähigkeit, wie gut oder schlecht ein Material Wärme leitet und sich damit zur Wärmedämmung eignet. Sie wird in Wärmeleitfähigkeitsgruppen erfasst. Je niedriger der λ-Wert ist, desto besser ist die Wärmedämmung. Die Einheit ist Watt pro Meter und Kelvin. Ebenso relevant ist der Wärmedurchgangskoeffizient. Dieser ist variabel und wird in Abhängigkeit der Materialdicke berechnet. Der U-Wert (früher k-Wert) beschreibt, wie viel Wärme (in Watt) pro Fläche (in Quadratmeter) durch ein Bauteil (z. B. Wand) bei einer bestimmten Temperaturdifferenz (in Kelvin) fließt. Die Einheit ist dem entsprechend W/m^2 K. Der U-Wert wird über die Dicke und Wärmeleitfähigkeit der einzelnen Bauteilschichten sowie über den Wärmeübergang an den Oberflächen des Bauteils ermittelt. Je niedriger der Wärmedurchgangskoeffizient ist, desto besser ist die Wärmedämmung.

Eine energetische Sanierung erfolgt in der Regel mit einem Wärmedämm-Verbundsystem (kurz WDVS). Hierbei handelt es sich um ein System, bestehend aus mehreren aufeinander abgestimmten Baustoffkomponenten. Um Redundanzen zu vermeiden, wird auf Abschn. 10.3.2.3.1 verwiesen.

9.2.2.3 Innendämmung

Ist eine Außendämmung der Gebäudehülle nicht möglich z. B. aufgrund von Auflagen des Denkmalschutzes (Erhalt der ursprünglichen Fassade), können Außenwände alternativ auch von innen gedämmt werden. In diesem Fall spricht man von einer Innendämmung. Häufig wird die Innendämmung als preiswerte Alternative zu einer Außendämmung angepriesen, die auch noch in Eigenleistung ausgeführt werden kann. Davon ist dringend abzuraten, da eine Innendämmung nicht nur aus den verklebten Dämmplatten besteht. Gerade die fachgerechte Planung und sachgerechte Ausführung von Detailausbildungen zur Vermeidung von Wärmebrücken und taupunktbedingtem Kondenswasser ist der entscheidende Punkt, um Feuchtigkeitsschäden und Schimmelpilzbefall zu vermeiden.

Eine Innendämmung muss immer unter bauphysikalischen Gesichtspunkten ganzheitlich betrachtet werden. Nicht ohne Grund warnen Experten seit Jahren vor einer erhöhten Schadensanfälligkeit von Innendämmungen. Dabei sind Innendämmungen an sich nicht die Ursache für Feuchtigkeitsschäden und Schimmelpilzbefall, sondern fast ausschließlich die Unkenntnis von Bauphysik sowie das Ignorieren von Details in der Ausführung. Auf der einen Seite erhöht sich durch die Wärmedämmung die Oberflächentemperatur der vormals kalten Innenseite der Außenwand, so dass eine taupunktbedingte Kondensatbildung und Schimmelpilzbildung vermieden wird. Auf der anderen Seite bleibt die Außenwand hinter der Innendämmung kalt und wird in der kalten Jahreszeit aufgrund der nicht mehr stattfindenden Wärmeverluste auf der Innenseite zwangsläufig kälter. Der Taupunkt verlagert sich in den Bauteilquerschnitt, so dass u. a. Frostschäden entstehen können.

Das Problem von Innendämmungen besteht neben den genannten Wärmebrücken in evtl. Undichtigkeiten von Dampfsperren und Dampfbremsen, je nachdem welches System von Innendämmung ausgeführt wird. Unterschieden werden diffusionsoffene (kapillaraktive) und diffusionsbremsende Innendämmsysteme.

Zu den diffusionsoffenen Systemen gehört die Innendämmung mit Mineralschaumplatten. Hierbei handelt es sich um einen feuchteunempfindlichen Dämmstoff, der aus mineralischen Bestandteilen (Sand, Kalk und Zement) besteht und aufgeschäumt wird. Infolgedessen ist der Dämmstoff nicht nur sehr leicht, sondern hat auch eine sehr hohe Porosität und somit eine geringe Wärmeleitfähigkeit (sehr gute Dämmwirkung). Mineralschaumplatten haben eine hohe Wasserdampfdurchlässigkeit und zudem die Fähigkeit, viel Wasser aufnehmen und speichern zu können, um es später wieder abgeben zu können. Deshalb handelt es sich um eine Innendämmung mit hoher Kapillaraktivität und gutem Sorptionsvermögen. Folgerichtig benötigt dieses System zur Innendämmung keine Dampfbremse (Dampfsperre). Außerdem sind Mineralschaumplatten nicht brennbar.

Eine Abwandlung der Mineralschaumplatte sind Kalziumsilikatplatten, die umgangssprachlich auch als „Klimaplatte" bezeichnet werden. Bei dieser Innendämmung handelt es sich ebenfalls um eine diffusionsoffene Variante. Kalziumsilikatplatten sind ebenfalls sehr leicht und haben eine hohe Porosität, allerdings ist die Wärmeleitfähigkeit mit 0,06 W/(m K) etwas höher als bei den Mineralschaumplatten mit 0,03 W/(m K). Aufgrund der geringeren Dämmwirkung sind dickere Wärmedämmplatten notwendig, um den gleichen Wärmeschutz zu erzielen. Gerade bei Innendämmungen ist dies ein Nachteil, weil sich die Raumfläche dadurch verkleinert. Kalziumsilikatplatten haben eine hohe Wasserdampfdurchlässigkeit und können noch mehr Wasser aufnehmen und speichern, um es später wieder abgeben zu können. Das Sorptionsvermögen beträgt das Dreifache des Eigengewichts. Deshalb handelt es sich auch bei dieser Innendämmung um ein System mit sehr hoher Kapillaraktivität und sehr gutem Sorptionsvermögen, was keine Dampfbremse (Dampfsperre) benötigt. Kalziumsilikatplatten sind formstabil, druckfest und nicht brennbar. Außerdem weisen die Dämmplatten eine hohe Alkalität (pH-Wert > 12) auf, die als natürlicher Schutz gegen Schimmelpilzbefall gilt.

Diffusionsoffene Innendämmungen beruhen auf dem Prinzip der Kapillaraktivität. Ein kapillaraktiver Dämmstoff kann ein Vielfaches mehr Wasser transportieren als ein Dämmstoff, bei dem der Wassertransport nur über Diffusion stattfindet. Kapillaraktive Dämmstoffe „saugen" Kondenswasser aus dem Bauteilquerschnitt und leiten diese zur wärmeren Bauteiloberfläche weiter, wo diese verdunstet. Damit dieses Prinzip umgesetzt werden kann, muss das komplette System eine funktionelle Einheit bilden: Dämmstoff und Klebemörtel und Schlussbeschichtung.

Der Klebemörtel muss vollflächig aufgetragen werden (also keine punktuelle Verklebung!), eine höhere Wärmeleitfähigkeit und einen größeren Diffusionswiderstand als die Dämmplatte besitzen, aber nicht so hoch wie eine Dampfsperre. Außerdem muss er eine geringere Kapillaraktivität als die Dämmplatte mitbringen. Nur so wird sichergestellt, dass die Kondensation innerhalb der Dämmschicht oder an der Grenzschicht zwischen Dämmung und Klebemörtel stattfindet. So kann der Dämmstoff die Feuchtigkeit aufnehmen und zur raumseitigen Wandoberfläche kapillar transportieren. Der Wasserdampftransport erfolgt entsprechend des Dampfdruckgefälles. Dies bedeutet, dass beide Transportmechanismen verschiedenen Kräften folgen und somit gleichzeitig entgegengesetzt ablaufen können. Es stellt sich ein Gleichgewicht zwischen Dampfdiffusion in die eine und Kapillartransport in die andere Richtung ein. Des Weiteren dürfen Schlussbeschichtungen wie Putze, Farben, Tapeten oder Beläge diesen Mechanismus nicht behindern und müssen daher eine hohe Wasserdampfdiffusion mitbringen. Das Aufbringen von z. B. Fliesen und keramischen Belägen scheidet somit aus, was eine Anwendung der Innendämmung in Feuchträumen wie Bäder schwierig gestaltet.

Eine Alternative zu den diffusionsoffenen Systemen stellt eine Innendämmung aus Mineralwolle-Dämmplatten dar. Glaswolle und Steinwolle sind nicht brennbar und verfügen neben einer hohen Wasserdampfdurchlässigkeit über eine gute Schalldämmung und sehr gute Wärmedämmeigenschaften. Allerdings können diese Dämmstoffe nur eingesetzt werden, wenn keine Feuchtigkeit eindringt. Wird Mineralwolle erst einmal durchfeuchtet, verliert der Dämmstoff seine Wärmedämmung. Deshalb müssen diese Systeme mit einer Dampfbremse ausgeführt werden, um Glaswolle und Steinwolle vor Feuchtigkeit zu schützen und um eine Taupunktverlagerung zu vermeiden. Bei der Dampfsperre handelt es sich um eine diffusionsoffene Folie, die Wasserdampf nur in eine Richtung, vom Innenraum nach außen, durchlässt. Die Dampfbremse dagegen ist eine diffusionsoffene Folie, die den Wasserdampftransport in beide Richtungen zulässt (von innen nach außen und in umgekehrte Richtung). Die technische Unterscheidung zwischen einer Dampfsperre und Dampfbremse erfolgt nach ihrem Wirkungsgrad – dem sd-Wert (siehe Tab. 9.1).

Der sd-Wert steht für die diffusionsäquivalente Luftschichtdicke. Im Gegensatz zum μ-Wert (Wasserdampfdiffusionswiderstand einer ruhenden Luftschicht) drückt der sd-Wert den Wasserdampfdiffusionswiderstand in Abhängigkeit zur Materialdicke aus. Dem entsprechend wird dieser wie folgt berechnet: sd = μ • d. Das „d" steht hierbei für die Materialdicke. Je höher der sd-Wert ist, umso schwieriger ist es für Wasserdampf, ein Material zu durchdringen. Diffusionshemmend bedeutet, dass nur ein Teil des Wasserdampfes durch das Material durchdringen kann, diffusionsdicht dagegen, dass so gut wie gar kein Wasserdampf durch das Material durchdringen kann.

Bei den Dampfbremsen handelt es sich um dünnschichtige Folienwerkstoffe, die meist aus Kunststoffen wie Polyethylen, Polyamid oder PVC bestehen. Ausführungen aus Aluminium werden hingegen als Dampfsperre bezeichnet. Allgemein wird angenommen, dass eine absolut wasserdampfdichte Folie die Wärmedämmung einer Innendämmung besser vor Feuchtigkeit schützen müsste. Die Erfahrung aus der Praxis zeigt, dass diese Dampfsperren eher problematisch sind und in den letzten Jahren zu deutlich mehr Feuchtigkeitsschäden und infolgedessen zu Schimmelpilzbefall geführt haben. Denn, zum einen verhindern diese, dass Feuchtigkeit von innen nach außen dringen kann, aber eben auch, dass keine Feuchtigkeit mehr von außen nach innen gelangt. Und gerade, wenn feuchte Dämmstoffe eingebaut wurden, können diese nicht mehr austrocknen und fangen an, zu „faulen" und zu schimmeln.

Ein ähnliches Problem besteht, wenn die Fassade eine hohe Wasseraufnahme hat und z. B. durch Schlagregen durchfeuchtet wird. Weist die Fassade zusätzliche Öffnungen wie z. B. Risse oder offene Fugen auf (z. B. bei einem Sichtmauerwerk oder Fachwerk), kann es zu einer massiven Durchfeuchtung der Baukonstruktion kommen. Eine Austrocknung nach einem Schlagregen findet theoretisch in beide Richtungen statt, allerdings ist dies aufgrund der Innendämmung nicht mehr möglich, so dass die Baukonstruktion langsamer trocknet und durch Feuchte- und Frostschäden gefährdet ist. Deshalb müssen Fassaden unbedingt wasserabweisend beschichtet bzw. Fugen und Öffnungen verschlossen werden, bevor diffusionsbremsende Innendämm-Systeme aufgebracht werden.

Tab. 9.1 Wirkungsgrad zwischen einer Dampfsperre und Dampfbremse

Wirkungsgrad	Sd-Wert	Feuchtigkeitsschutz
Diffusionsoffen	< 0,5 m	Gering
Diffusionshemmend (Dampfbremse)	> 0,5 m und < 1.500 m	Mittel
Diffusionsdicht (Dampfsperre)	> 1.500 m	Hoch

Außerdem müssen mangelhaft verklebte oder nachträglich beschädigte Dampfsperren genannt werden. Durch Undichtigkeiten kommt es zu einer konvektiven Durchfeuchtung durch Wasserdampf. Dies gilt auch für unfachmännisch ausgeführte Durchdringungen wie Steckdosen, Lichtschalter oder Leitungen. Gerade diese Undichtigkeiten sind ursächlich für Feuchtigkeitsschäden und Schimmelpilzbildung. Bilden sich Schimmelpilze hinter einer Innendämmung, handelt es sich um einen nicht sichtbaren Befall, der trotzdem durch Luftströmungen Schimmelsporen in Innenräumen freisetzen kann. Dies bezieht sich nicht nur auf die Phase während der Ausführung. Denn auch das spätere Anbringen von Gegenständen kann zu einer Beschädigung der Folien führen. Daher sind Innendämmungen für spätere Befestigungen tabu. Zahlreiche Schadensgutachten belegen zudem, dass selbst bei luftdichter Ausführung der Innendämmung Feuchtigkeitsschäden nicht immer vermieden werden können. Denn in der Praxis findet auch bei korrekt verklebten Dampfsperren oftmals eine so genannte Flankendiffusion statt, also Feuchtigkeitstransporte über die angrenzenden Bauteile. Aus diesem Grund werden feuchtevariable Dampfbremsen den diffusionsdichten Dampfsperren vorgezogen oder noch besser, gleich diffusionsoffene und kapillaraktive Innendämm-Systeme bevorzugt. Wenn der Ausfall von taupunktbedingtem Kondenswasser nicht ausgeschlossen werden kann, sollte der Fokus nicht auf einer Vermeidungsstrategie liegen, sondern auf einer tolerierbaren Feuchtespeicherung und -abgabe, also eine Innendämmung mit hoher Kapillaraktivität und gutem Sorptionsvermögen.

Wärmebrücken lassen sich nicht immer vermeiden. Insbesondere dort, wo Innenbauteile im beheizten Bereich wie z. B. Holzbalken in Decken, Fensterlaibungen und einbindende Innenwände mit kalten Außenbauteilen verbunden sind, ohne dass diese thermisch entkoppelt sind. Durch diese Verbindung können betroffene Innenbauteile stark abkühlen, so dass Wasserdampf taupunktbedingt kondensiert und zu einer Durchfeuchtung führen. Neben dem Wachstum von Schimmelpilzen kann es bei Holzbauteilen zudem zu einer Fäulnis kommen. Langfristig könnte dadurch die Statik gefährdet sein. Daher empfiehlt sich, die Decken und Innenwände am Übergang zu kühleren Bauteilen zusätzlich 30 bis 50 cm breit zu dämmen bzw. über die Ecken fortzuführen (Flankenschutz).

Neben plattenförmigen Wärmedämmstoffen werden alternativ auch Wärmedämmputze eingesetzt, die allerdings eine schlechtere Wärmedämmung mitbringen und somit in höheren Schichtdicken aufgetragen werden müssen. Eine Alternative stellen Hochleistungsdämmputze dar, die über eine Wärmeleitfähigkeit von 0,055 bis 0,028 W/(m K) verfügen.

9.2.2.4 Wandheizsysteme (Flächenheizung)

Eine Flächenheizung bzw. ein Wandheizsystem ist kein Ersatz für eine Außendämmung oder Innendämmung und kann mit einer Wärmedämmung der Gebäudehülle nicht verglichen werden. Lediglich in dem Ziel – die Oberflächentemperatur von Bauteilen zu erhöhen – gibt es Gemeinsamkeiten, die auf völlig unterschiedlichen Wegen erreicht werden. Im Gegenteil: Damit eine Flächenheizung sinnvoll eingesetzt werden kann, muss die Gebäudehülle wärmegedämmt sein. Sonst wäre der Transmissionswärmeverlust zu hoch und würde hohe Energiekosten verursachen. Als Höchstwert für Altbauten gilt ein U-Wert (früher k-Wert) von maximal 0,45 W/(m^{2}K), ideal wäre ein U-Wert < 0,35 W/(m^{2}K).

Eine Flächenheizung ist keine Erfindung der Neuzeit. Bereits in der römischen Antike wurden Wand- und Fußbodenheizungen nach dem Prinzip einer Hypokauste (Warmluftheizung) verwendet. Ein Hypokaustum (griechisch-lateinisch für „darunter verbrennen bzw. von unten beheizt") ist eine Flächenheizung, bei der warme Luft in geschlossene Hohlräume (Kammern, Rohre, Schächte) geblasen wird, dort zirkuliert und Wärme an die Oberfläche abgibt. Als Wärmeträger dienen vor allem Fußböden und/oder Wände sowie massive Sitzbänke. Die Wärmeabgabe erfolgt durch Wärmestrahlung. Dies unterscheidet sie von herkömmlichen Heizungen, die über Heizkörper die Luft als Medium für den Wärmetransport nutzen. Infolgedessen wird die Wärme hauptsächlich über Wärmekonvektion in Innenräumen verteilt. Strahlungswärme wird von Menschen als angenehmer empfunden als Konvektionswärme. Ursächlich für dieses subjektive Raumklima ist der geringere Temperaturunterschied zwischen der Hautoberfläche des Menschen, der Oberflächentemperatur der Wand und der Umgebungstemperatur.

Dies sind nicht die einzigen Vorzüge einer Flächenheizung. Bei einer konventionellen Heizung wird die Raumluft erwärmt, die dabei mehr Feuchtigkeit aufnehmen kann, und über Konvektion im Innenraum verteilt. Die Oberflächen der Innenwände bleiben bei einem energetisch nicht sanierten Altbau dagegen kühl, so dass feuchtwarme Raumluft auf kühlen Bauteilen (Wärmebrücken) taupunktbedingtes Kondenswasser verursachen kann. In der weiteren Folge können sich Schimmelpilze bilden und ausbreiten. Außerdem haben Flächenheizungen eine niedrigere Vorlauftemperatur und verursachen weniger Hausstaub. Deshalb sind Flächenheizungen für Allergiker und vor allem Asthmatiker besonders gut geeignet.

Nach der Art der Wärmeüberträger unterscheidet man zwischen wasserführenden, luftführenden und elektrischen Wandheizungen.

Vereinfacht ausgedrückt, ist eine wasserführende Wandheizung mit einer herkömmlichen Fußbodenheizung vergleichbar. Nur, dass die warmwasserführenden Heizungsrohre bzw. Kapillarrohrmatten aus Metall oder Kunststoff nicht horizontal im Boden verlegt sind, sondern vertikal an der Wand montiert und der Estrich durch einen Putz (oder vergleichbar) ersetzt wird. Alternativ werden fertig konfektionierte Bauplatten mit integrierter Flächenheizung angeboten. Deshalb werden wie bei der Fußbodenheizung Nass- und Trockenbausysteme unterschieden. Bei den Nasssystemen dienen die wasserführenden Heizungsrohre bzw. Kapillarrohrmatten als Putzträger. Nachdem diese an der Wand montiert, mit Wasser gefüllt und einem weichen Material ummantelt wurden, wird die Putzschicht ausgeführt – zunächst der Unterputz, anschließend eine Armierungsschicht (bestehend aus einem Armierungsputz und Armierungsgewebe) und abschließend die Schlussbeschichtung. Vor dem endgültigen Abtrocknen/Härten des Putzes sollten die Rohre bzw. Matten eine Vorlauftemperatur von 50 bis maximal 60 °C aufweisen. Durch die Ausdehnung verschaffen sich Rohre bzw. Matten den benötigten Platz in der Putzschicht, so dass es später nicht zu spannungsbedingten Rissen und/oder Abplatzungen kommt. In dieser Phase sollte der Putz feucht gehalten werden. Der Unterputz muss eine gute Wärmeleitfähigkeit besitzen. Daher sind Gips-, Lehm- und Kalkputze für Wandheizsysteme sehr geeignet, Wärmedämmputze oder wärmedämmende Leichtputze dagegen nicht. Das Putzsystem sollte eine geringe Schwindneigung aufweisen. In der Regel erhält man von den Herstellern der Wandheizungs- und/oder Putzsysteme entsprechende Verputzempfehlungen.

In Innenräumen mit einer hohen Luftfeuchtigkeit (z. B. in Bädern) sind Gips- oder Lehmputze weniger geeignet. Neben dem bereits erwähnten Kalkputz besteht in diesen Fällen auch die Möglichkeit, die Oberfläche mit Naturstein- oder Fliesenbelägen zu versehen. Entscheidend ist, dass durch die Bauteilerwärmung keine Spannungen entstehen dürfen, die in den Beschichtungen oder Belägen zu Schäden führen.

Alternativ werden wasserführende Heizungsrohre bzw. Kapillarrohrmatten bereits auf fertige Bauelemente wie z. B. Gipskarton- oder Lehmbauplatten oder Wärmedämmplatten wie z. B. aus expandiertem Polystyrol (EPS) vorkonfektioniert und müssen abschließend nur untereinander verbunden werden. In dem Fall spricht man von Trockenbausystemen.

Flächenheizungen bzw. Wandheizsysteme werden in der Regel an der Innenseite von Außenwänden ausgeführt. Sollten sich diese nicht eignen, kann in Ausnahmen auch eine Ausführung auf den Innenwänden erfolgen. In diesen Fällen ist eine ausreichende Wärmedämmung der Gebäudehülle zwingend notwendig, damit sich innerhalb der Bauteiltemperatur innerhalb eines Raumes keine zu großen Temperaturunterschiede ergeben.

Die warmluftführenden Flächenheizungen bzw. Wandheizsysteme entsprechen am ehesten den historischen Vorbildern einer Hypokaustenheizung. Bei der Warmluftheizung strömt erwärmte Luft in Hohlräume (Kammern) innerhalb der Wand, verteilt sich und erwärmt langsam die Wandoberflächen. Teilweise werden auch Abzugsschächte von Brennkesseln genutzt, um die dahinter liegenden Wände zu beheizen. Hierzu werden Leichtlanglochziegel als Verblendschale auf der Innenseite der Außenwand aufgebracht, durch die anschließend die Heizungsrohre verlegt werden. Durch die großflächige Anwendung der Wandheizung reicht in der Regel eine geringere Oberflächentemperatur (30°C), um eine gleichmäßige Wärmestrahlung sicherzustellen.

Eine Fußboden- und Wandheizung kann auch miteinander kombiniert und auch zur sommerlichen Kühlung verwendet werden. In diesem Fall wird kaltes statt warmes Wasser durch die Heizungsrohre bzw. Kapillarrohrmatten geleitet. Wie alle Flächenheizungen eignen sich auch Wandheizsysteme sehr gut zur Kombination mit Wärmepumpen sowie zur Nutzung von Solarthermie. Wandheizsysteme werden nach einer Heizwärmebedarfsberechnung dimensioniert.

Die dritte Variante unter den Wandheizsystemen sind elektrische Flächenheizungen. Man unterscheidet zwischen einer Elektroheizung mit Heizmatten und einer Infrarotheizung. Dem entsprechend erfolgt die Wärmeabstrahlung entweder über die gesamte Innenwand oder nur über einzelne Infrarot-Wärmefelder – nicht zu verwechseln mit einzelnen IR-Wärmeplatten.

Elektrische Heizmatten werden, vergleichbar mit den o. g. wasserführenden Heizungsrohren bzw. Kapillarrohrmatten, auf der Wand montiert und als Putzträger verwendet. Nachdem diese an der Wand montiert wurden, erfolgt die Putzschicht. Hierbei kann aufgrund der geringeren Schichtdicke in der Regel auf einen Unterputz verzichtet werden, so dass in die Ausgleichsschicht gleich das Armierungsgewebe mit eingebettet wird. Anschließend erfolgt die Schlussbeschichtung. Elektrische Wandheizungen mit

Infrarot haben eine Reichweite von 3 bis 3,5 Metern. Alternativ werden Infrarotheizplatten auf der Innenwand installiert.

Die Anschaffungskosten für eine Flächenheizung bzw. ein Wandheizsystem liegen je nach Ausführung zwischen 100 bis 150 € pro m^2. Hinzu kommen die Unterhaltungskosten, die allerdings vergleichsweise niedrig sind. Durch die niedrige Vorlauftemperatur von ca. 30 °C wird weniger Heizenergie beansprucht. Energieberater gehen davon aus, dass der Verbrauch ca. 30 % unter denen herkömmlicher Heizkörper liegt. Untersuchungen durch das Fraunhofer Institut bestätigen diese Aussage nicht – zumindest nicht für Altbauten und Baudenkmäler. Forscher am Fraunhofer-Zentrum für energetische Altbausanierung und Denkmalpflege untersuchten an realen Objekten verschiedene Heizungssysteme. Hierbei wurde der Energieverbrauch unterschiedlicher Heizungssysteme im gleichen Innenraum und somit unter gleichen Bedingungen miteinander verglichen. Die Kennwerte wurden täglich neu ermittelt und situativ angepasst. Die Messergebnisse wurden mit der Referenzheizung verglichen. Im Ergebnis verbrauchten fast alle untersuchten Wandheizsysteme ähnlich viel Energie wie der konventionelle, konvektive Heizkörper.

Bei der Planung und Ausführung von Flächenheizungen bzw. Wandheizsystemen sind u. a. zu beachten die DIN EN 1264 „Raumflächenintegrierte Heiz- und Kühlsysteme mit Wasserdurchströmung“, DIN EN 12831 „Heizungsanlagen in Gebäuden – Verfahren zur Berechnung der Norm-Heizlast“, DIN EN 12828 „Heizungssysteme in Gebäuden – Planung von Warmwasser-Heizungsanlagen“, DIN EN 18380 VOB Teil C „Heizanlagen und zentrale Wassererwärmungsanlagen“ sowie die Richtlinien des BVF (Bundesverband Flächenheizungen e. V.), insbesondere die Richtlinie zur Herstellung beheizter Wandkonstruktionen im Wohnungs-, Gewerbe- und Industriebau sowie die Richtlinie für die Installation von Flächenheizungen bei der Modernisierung von bestehenden Gebäuden.

Neben den herkömmlichen Flächenheizungen bzw. Wandheizsystemen gibt es noch die Möglichkeit, einzelne Bauteile zu erwärmen. Diese Systeme werden als Bauteilheizung (oder auch thermische Bausanierung oder Bauteiltemperierung) bezeichnet und häufig im Rahmen der Baudenkmalpflege zur Sanierung von historisch wertvollen Bauwerken eingesetzt, die vor allem sporadisch genutzt werden wie z. B. Kirchen, Klöster, Museen und Schlösser. Ein Beheizen dieser Bauwerke ist in der Regel unrentabel, ein Nichtbeheizen führt dagegen oft zu Bauschäden. Bauteilheizungen sind oft eine effiziente Möglichkeit, um taupunktgefährdete Bauteile gezielt zu temperieren. Durch die Temperierung reduziert sich der Feuchtegehalt, so dass der Wärmedurchgang verschlechtert und der Wärmeschutz verbessert wird. Im Unterschied zur Flächenheizung wird die Bauteiltemperierung ganzjährig mit der gleichen Temperatur von 21 bis 23 °C betrieben. Ebenfalls unterscheidet sich diese Methode darin, dass die Wärme über die Bauteile hauptsächlich über Wärmekonvektion verteilt wird.

Nicht dagegen funktioniert der Ansatz, durch eine Bauteiltemperierung ggf. auf den Einbau einer nachträglichen Horizontalabdichtung zu verzichten, wenn Bauschäden in Folge von kapillar aufsteigender Feuchtigkeit saniert werden müssen. Aus Kreisen der Baudenkmalpflege wird gelegentlich suggeriert, dass mit dieser Methode eine Bauteilaustrocknung stattfindet und dem entsprechend auf moderne Abdichtungsstoffe verzichtet werden kann.

9.2.2.5 Punktuelle Dämmkeile

Im Kontext von Wärmebrücken und/oder Innendämmungen trifft man früher oder später auf so genannte Dämmkeile. Unter diesem Begriff werden unterschiedlichste Arten, Formen und vor allem Anwendungen zusammengefasst. Zum einen sind hiermit dreieckige Dämmplatten von Wärmedämmstoffen gemeint, umgangssprachlich auch als Klemmfilz bezeichnet. Hierbei handelt es sich um dreieckig konfektionierte Wärmedämmstoffe, die an dreieckigen Dämmflächen zum Einsatz kommen wie z. B. bei der Zwischensparrendämmung (innen) oder an der Gaube (außen). Neben diesen eher großflächigen Anwendungen gibt es auch kleinere Verwendungen wie z. B. bei der Wärmedämmung erdberührter Bauteile. Hier werden dreieckige Dämmkeile benutzt, um die Hohlkehle zwischen Fundamentplatte und aufgehendem Mauerwerk zu dämmen, bevor die Perimeterdämmung auf die Bauwerksabdichtung aufgebracht wird. Somit können Wärmebrücken vermieden werden.

Darüber hinaus kommen Dämmkeile bei der so genannten Flankendämmung im Rahmen der Innendämmung zum Einsatz. Konkret ist hiermit der Bauteilanschluss z. B. von nicht gedämmten Innenwänden zu von innen gedämmten Außenwänden gemeint. Im Bereich des Bauteilanschlusses entsteht zwangsläufig eine Wärmebrücke. Um „kalte Innenecken" zu vermeiden, wird die Innendämmung der Außenwand im Bereich der einbindenden Innenwände um ca. 50 cm fortgesetzt und keilförmig auf null ausgeführt. Somit wird die Oberflächentemperatur erhöht und taupunktbedingtem Kondenswasser vorgebeugt. Genauso wie bei auskragenden Geschossdecken ohne thermische Entkopplung. Auch hier werden Dämmkeile an der Unterseite der Geschossdecke genutzt, um die Folgen einer Wärmebrücke abzufedern. Ähnliche Anwendungen im kleineren Maßstab sind z. B. Fensterlaibungen. Mit Dämmkeilen kann die Oberflächentemperatur erhöht und somit taupunktbedingtes Kondenswasser vermieden werden.

Im Kontext von Schimmelpilzen in Innenecken von Wärmebrücken sind unter dem Begriff Dämmkeile kleine Dämmstoffpyramiden mit einer Größe von 10 × 10 cm oder 20 × 20 cm gemeint, die in die Ecken geklebt werden, um die Oberflächentemperatur zu erhöhen. Diese „Notlösung" kommt meistens in Mietwohnungen zum Einsatz, wenn die Ursache in einer ungenügenden Wärmedämmung der Gebäudehülle liegt und eine Außendämmung oder Innendämmung nicht in Betracht gezogen wird.

Dämmkeile oder -pyramiden gibt es in allen üblichen Wärmedämmstoffen wie z. B. expandiertem Polystyrol (EPS), Mineralwolle, Mineralschaum, Polyurethan-Hartschaum und Phenolharz oder können ohne großen Aufwand auch selbst hergestellt werden.

9.2.2.6 Energetische Kellersanierung

Zur Einhaltung des hygienischen Mindestwärmeschutzes nach den Anforderungen der Landesbauordnungen wird u. a. eine Mindesttemperatur der Wandoberflächen von 12,6 °C an jeder Stelle des Kellerraumes gefordert (DIN 4108). Im Kontext des Wachstums von Schimmelpilzen ist allerdings bekannt, dass dieser Wert unzureichend ist und mikrobieller Befall weniger über die Temperatur als primär über den Feuchtehaushalt gesteuert wird. Hierbei geht es weniger um die relative Luftfeuchte im Kellerraum, sondern um den a_W-Wert in der Nähe der Bauteiloberfläche.

Der wesentliche Unterschied einer Innendämmung von Kellerräumen im Vergleich zu Innenräumen im Erd- oder Obergeschoss eines Gebäudes ist, dass die erdberührten Bauteile weniger starken Temperaturschwankungen (Tag und Nacht/Sommer und Winter) unterliegen als die Fassade. Hinzu kommt, dass das Erdreich eine zusätzliche Wärmedämmschicht darstellt und auch das Problem durch konvektive Luftströmungen infolge von Leckagen weniger relevant ist und daher taupunktbedingtes Kondenswasser hinter der Innendämmung in der Regel ausgeschlossen werden kann. Die Systeme werden in zwei bauphysikalische Kategorien unterschieden: in diffusionsoffene (kapillaraktive) und diffusionsbremsende Innendämm-Systeme. Auf diese Systeme wird in Abschn. 9.2.2.3 eingegangen.

Zur energetischen Kellersanierung kann daneben auch eine Kellerdeckendämmung gehören. Bevor die unterste Geschossdecke mit einer Wärmedämmung versehen wird, sind einige Punkte zu klären wie z. B., wo die Wärmedämmung ausgeführt wird. Hierbei unterscheidet man zwischen der Wärmedämmung oberhalb, innerhalb oder unterhalb der Kellerdecke. Der Klassiker ist die Kellerdeckendämmung auf der Unterseite, bei der Dämmplatten aufgeklebt werden. Allerdings befinden sich dort in der Regel die Beleuchtung und unterschiedliche Versorgungsleitungen wie z. B. Heizungs- und Wasserrohre, die eine durchgehende Wärmedämmung behindern. Zudem muss der Kellerraum auch nach einer 10 bis 12 cm dicken Wärmedämmung baurechtlichen Vorgaben entsprechen wie z. B. einer erforderlichen Raumhöhe von 2,40 m (Regelfall) oder 2,20 m (Ausnahmefall). Daher eignet sich diese Variante nur bei entsprechender Raumhöhe und bei ebenen Deckenflächen. Alternativ gibt es die Möglichkeit einer abgehängten Decke, bei der der entstehende Hohlraum mit dem Dämmstoff aufgefüllt wird. Eine weitere Möglichkeit besteht darin, Wärmedämmstoffe aus Zellulose aufzusprühen (Spray-On-Verfahren) und Versorgungsleitungen einzubetten oder Aussparungen auszukleiden. Diese Variante kommt z. B. bei Gewölbekellern zum Einsatz, wenn plattenförmige Dämmstoffe ungeeignet sind.

Scheidet eine Kellerdeckendeckung auf der Unterseite aus, gibt es noch die deutlich aufwändigere (und eher theoretische) Möglichkeit, die unterste Geschossdecke auf der Oberseite nachträglich wärmezudämmen. Diese „Aufdeckendämmung" wäre nicht nur mit dem kompletten Rückbau der Fußböden und dem Anheben der Türschwellen verbunden, sondern bereitet Probleme z. B. bei Treppen und führt zur Unterbrechung der Dämmung durch vertikal verlaufende Versorgungsleitungen. Wie bei einer Innendämmung der Außenwände stellt sich auch bei der nachträglichen Wärmedämmung der untersten Geschossdecke von oben das Problem der unterbrechenden Bauteile (wie z. B. Trennwände) und der daraus resultierenden Wärmebrücken. Zudem reduziert sich auch bei dieser Variante die Raumhöhe um mindestens 5 cm, in der Regel um 10 bis 15 cm. Daher kommt eine nachträgliche Wärmedämmung oberhalb der Kellerdecke nur in Betracht, wenn die Fußbodenkonstruktion ohnehin einer umfangreichen Kernsanierung unterzogen werden muss.

Eine weitere Möglichkeit besteht darin, die nachträgliche Wärmedämmung der untersten Geschossdecke innerhalb der Kellerdecke auszuführen, wenn die Deckenkonstruktion dies zulässt (Statik, Brandschutz) und entsprechende Hohlräume vorhanden sind. Ideal hierfür sind Holzbalkendecken bzw. Holzdielenböden. Hierbei wird die lose Wärmedämmung durch Öffnungen in den Deckenhohlraum eingeblasen. Voraussetzung für die Einblasdämmung ist ein ausreichend großer Deckenhohlraum, um die erforderlichen Dämmstoffdicken zu erzielen.

Welche der Varianten technisch möglich und wirtschaftlich sinnvoll oder vertretbar sind, hängt im Wesentlichen vom Zustand der Kellerdecke (u. a. Tragfähigkeit) ab und beeinflusst die Auswahl eines geeigneten Wärmedämmstoffes. Am einfachsten und effektivsten ist die Wärmedämmung der Kellerdecke auf der Unterseite. Wichtig ist, dass die Wärmedämmung fugenlos und hohlraumfrei verlegt wird. Hierzu muss der Untergrund auf Tragfähigkeit geprüft und ggf. vorbehandelt (gereinigt, grundiert) werden. Eine einfache Methode zur Feststellung der Oberflächenbeschaffenheit ist z. B. der Klebebandtest. Ist der Untergrund zum Kleben der Dämmplatten nicht geeignet (z. B. geringe Saugfähigkeit und/oder Altbeschichtungen), gibt es zwei Möglichkeiten: entweder wird vorab eine hoch vergütete Haftbrücke aufgetragen oder die geklebten Dämmplatten werden zusätzlich gedübelt. Das Kleben der Dämmplatten erfolgt je nach Wärmedämmstoff und/oder Untergrundbeschaffenheit entweder vollflächig im Buttering-Floating-Verfahren oder im Punkt-Wulst-Verfahren. Hierbei sind die Dämmplatten versetzt zu verkleben, um Kreuzfugen zu vermeiden. Abschließend können die Dämmplatten noch endbeschichtet werden. Da der Keller bei einer Kellerdeckendämmung nicht beheizt wird, sollten Warmwasser- und/oder Heizungsrohre, die nicht an der Kellerdecke verlaufen, ebenfalls wärmegedämmt werden.

Für die Kellerdeckendämmung stehen verschiedene Wärmedämmstoffe zur Verfügung. Zu den klassischen Dämmstoffen gehören z. B. expandiertes Polystyrol (EPS), Mineralwolle, Mineralschaum, Polyurethan-Hartschaum (PUR) und Resol-Hartschaum (Phenolharz). Zudem gibt es natürliche Dämmstoffe aus nachwachsenden Rohstoffen wie z. B. Zellulose, Holzwolle oder Holzweichfaser. Alle diese Wärmedämmstoffe haben Vor- und Nachteile und müssen ganzheitlich bewertet werden. Hierzu gehört neben der Wärmeleitfähigkeit vor allem der Brand- und Schallschutz. Gerade bei der Kellerdeckendämmung muss dem Brandschutz eine besondere Bedeutung beigemessen werden.

Für die nachträgliche Wärmedämmung der Kellerdecke sind die beiden Kenngrößen Wärmeleitfähigkeit (λ) und Wärmedurchgangskoeffizient (U-Wert) von Bedeutung. Die Wärmeleitfähigkeit (Wärmeleitzahl) ist die Eigenschaft von Stoffen, mit der der Wärmestrom durch ein Material aufgrund der Wärmeleitung bestimmt wird. Somit beschreibt diese Kenngröße, wie gut oder schlecht ein Material Wärme leitet und sich damit zur Wärmedämmung eignet. Je niedriger der λ-Wert ist, desto besser ist die Wärmedämmung. Die Einheit ist Watt pro Meter und Kelvin. Der Wärmedurchgangskoeffizient ist ebenso relevant. Dieser ist variabel und wird in Abhängigkeit der Materialdicke berechnet. Der U-Wert (früher k-Wert) beschreibt, wie viel Wärme (in Watt) pro Fläche (in Quadratmeter) durch ein Bauteil (z. B. Kellerdecke) bei einer bestimmten Temperaturdifferenz (in Kelvin) fließt. Die Einheit ist $W/(m^2K)$. Der U-Wert wird über die Dicke und Wärmeleitfähigkeit der einzelnen Bauteilschichten sowie über den Wärmeübergang an den Oberflächen des Bauteils ermittelt. Je niedriger der Wärmedurchgangskoeffizient ist, desto besser ist die Wärmedämmung. Eine „übliche" Kellerdecke bis Ende der 1980er Jahre hat einen U-Wert von 0,8 bis 1,2 $W/(m^2K)$. Kellerdecken mit einem Alter von 20 bis 30 Jahren weisen dagegen einen U-Wert von 0,6 bis 0,9 $W/(m^2K)$ auf.

Generell gibt es keine Pflicht zur nachträglichen Wärmedämmung von Kellerdecken. Diese ist auch nicht in den so genannten Nachrüstpflichten nach § 10 (EnEV) aufgeführt. Allerdings muss eine Kellerdeckendämmung lt. § 9 EnEV ausgeführt werden, wenn andere Arbeiten an der Kellerdecke durchgeführt werden. In dem Fall schreibt das Gebäudeenergiegesetz (GEG) vor, dass der U-Wert von 0,30 $W/(m^2K)$ nicht überschritten werden darf. Dies entspricht einer Dicke von 10 bis 12 cm bei herkömmlichen Dämmplatten wie z. B. EPS oder Mineralwolle der Wärmeleitfähigkeitsgruppe (WLG) 035. Für eine Förderung der Maßnahme z. B. durch die KfW muss ein U-Wert von 0,25 $W/(m^2K)$ erreicht werden. Dies erhöht die Dämmstoffdicke auf ca. 15 cm. Hierbei muss darauf geachtet werden, dass sich nach der Wärmedämmung der Kellerdecke die Kellerfenster weiterhin öffnen lassen. Sollte dieser Platz nicht zur Verfügung stehen, können alternativ Wärmedämmstoffe mit einer geringeren Wärmeleitfähigkeit verwendet werden wie z. B. Polyurethan- oder Resol-Hartschaum mit einer WLG 024. Mit diesen Dämmstoffen kann die Dicke einer Kellerdeckendämmung auf 7 bis 8 cm reduziert werden – bei gleicher Wärmedämmung.

9.2.2.7 Energetische Dachsanierung

Der Wärmeverlust über ungedämmte Dächer beträgt je nach Gebäudealter und -zustand sowie Dachfläche zwischen 15 und 30 %. Mit einer energetischen Sanierung der Dachkonstruktion können hohe Wärmeverluste reduziert bzw. Energie eingespart werden. Nur die Fassade weist noch höhere Wärmeverluste und dem entsprechend Einsparpotenziale auf. Nach Angaben von Branchenexperten ist in Deutschland nur jedes sechste Dach wärmegedämmt und der Anteil der obersten Geschossdecke, der eine Wärmedämmung aufweist, liegt bei 7 bis 8 %. Obwohl es keine generelle Pflicht zur Wärmedämmung gibt, schreibt das Gebäudeenergiegesetz (GEG) allerdings vor, dass bestimmte Bauteile zu dämmen sind und hierbei ein U-Wert von maximal 0,24 $W/(m^2K)$ einzuhalten ist. Hiervon betroffen ist auch das Dach und/oder die oberste Geschossdecke. Auch wenn die Pflichten und Vorgaben für die Wärmedämmung der Gebäudehülle seit November 2020 durch das GEG geregelt wird, gelten bzgl. Dämmvorschriften weiterhin die Werte der Energieeinsparverordnung (EnEV) aus dem Jahr 2016.

Das Dach und/oder die oberste Geschossdecke nicht zu dämmen, ist kein „Kavaliersdelikt", sondern kann als Ordnungswidrigkeit mit einem Bußgeld von bis zu 50.000 € geahndet werden. Allerdings gibt es Ausnahmen für die Dämmpflicht, wenn Eigentümer von Ein- und Zweifamilienhäusern schon vor Februar 2002 selbst in der Immobilie gewohnt haben. Für Mehrfamilienhäuser und Wohnungseigentümergemeinschaften gilt diese Ausnahme nicht. Außerdem muss ein Dach oder die oberste Geschossdecke nicht wärmegedämmt werden, wenn der Mindestwärmeschutz nach DIN 4108-2 „Wärmeschutz und Energieeinsparung in Gebäuden – Teil 2: Mindestanforderungen an den Wärmeschutz" eingehalten wird. Bei einem unbewohnten Dachboden ist es in den meisten Fällen finanziell deutlich günstiger, die oberste Geschossdecke zu dämmen. Wird der Dachboden allerdings als Wohnraum genutzt, muss das Dach gemäß den Vorschriften des Gebäudeenergiegesetzes wärmegedämmt werden.

Die Kosten einer energetischen Dachsanierung werden durch die Materialkosten der Wärmedämmstoffe beeinflusst sowie durch die Art der Dachdämmung, denn diese entscheidet u. a. darüber, ob zusätzlich Kosten z. B. für ein Gerüst anfallen. Sind ggf. zusätzliche Maßnahmen geplant wie z. B. eine Fassadendämmung, können diese Kosten evtl. auf mehrere Maßnahmen umgelegt werden. Daher muss zunächst einmal geklärt werden, wie das Dach wärmegedämmt werden soll. Bei einem Steildach (Dach mit mehr als 5° geneigte Dachfläche wie z. B. bei einem Satteldach, Walmdach, Pultdach, Zeltdach) besteht der Dachstuhl in der Regel aus Sparren oder Pfetten. Das sind Holzbalken, die die eigentliche Dacheindeckung tragen. Für die energetische Sanierung am Steildach gibt es drei Möglichkeiten: eine Zwischensparren-, Untersparren- oder Aufsparrendämmung.

Dies bedeutet, dass die Wärmedämmung zwischen, unter oder auf den Dachsparren aufgebracht werden kann. Jede der Methoden hat ihre Vor- und Nachteile und verursacht unterschiedlich hohe Kosten. So ist die Aufsparrendämmung die effizienteste Methode, verursacht allerdings auch, dass das Dach neu gedeckt werden muss, wodurch höhere Kosten entstehen. Auch in Bezug auf Wärmebrücken müssen alle drei Methoden unterschiedlich bewertet werden. Die Zwischensparrendämmung ist die günstigste Methode. Allerdings können Wärmebrücken nicht vermieden werden und die Auflagen der Energieeinsparverordnung werden nicht erfüllt. Die Untersparrendämmung kann aus diesem Grund zur Verbesserung der Zwischensparrendämmung dienen; als alleinige Maßnahme zur Wärmedämmung reicht die Untersparrendämmung in der Regel allerdings nicht aus, um die Vorgaben der EnEV zu erfüllen.

Die energetische Sanierung eines Flachdachs stellt einen Spezialfall dar. Auch hier gibt es drei unterschiedliche Methoden: Kaltdach, Warmdach oder Umkehrdach.

Eine Alternative zur Dachdämmung kann die Einblasdämmung sein. Diese Methode hängt allerdings davon ab, ob nutzbare Zwischenräume vorhanden sind oder geschaffen werden können.

Für die energetische Sanierung eines Daches stehen verschiedene Wärmedämmstoffe zur Verfügung. Diese werden je nach Anwendung als Dämmplatten, Dämmmatten oder als Dämmgranulat angeboten. Unterschieden werden konventionelle und natürliche Dämmstoffe. Zu den konventionellen Dämmstoffen gehören z. B. expandiertes (EPS) und extrudiertes (XPS) Polystyrol, Polyurethan-Hartschaum (PUR) und Phenolharz (oder Resol-Hartschaum), Mineralwolle, Mineralschaum, Schaumglas, Perlite und Kalziumsilikatplatten. Alle diese Dämmstoffe werden künstlich (synthetisch) hergestellt. Außerdem gibt es natürliche Dämmstoffe aus nachwachsenden Rohstoffen wie z. B. Zellulose, Holzweichfaser, Holzwolle, Kork, Hanf, Flachs, Jute, Stroh, Schilf und Seegras sowie Schafwolle. Alle diese Wärmedämmstoffe haben Vor- und Nachteile und müssen ganzheitlich bewertet werden. Hierzu gehört neben den bauphysikalischen Werten (Wärmedämmung, Wasseraufnahme und Wasserdampfdiffusion, Brandschutz, Schallschutz) auch die Ökobilanz sowie die Resistenz gegenüber Mikroorganismen und der Gehalt an Schadstoffen und Emissionen.

Bei der Zwischensparrendämmung wird die Wärmedämmung zwischen den Dachsparren eingefügt. Der Dämmstoff wird hierbei etwas breiter zugeschnitten, als der Zwischenraum der Dachsparren breit ist. Somit wird sichergestellt, dass die Dämmung dicht („quetsch") und lückenlos an den Dachsparren anliegt. Daher kommen vor allem flexible Dämmmatten z. B. aus Mineralwolle zum Einsatz. Anschließend wird die Folie der Dampfbremse auf den Sparren aufgebracht und luftdicht verklebt. Hierbei entstehen in der Praxis die meisten Fehler und verursachen dann häufig Feuchte- und zeitversetzt Schimmelpilzschäden durch eindringendes Kondenswasser. Für eine Dachkonstruktion mit Zwischensparrendämmung sieht die Energieeinsparverordnung (EnEV) und das Gebäudeenergiegesetz (GEG) einen Wärmedurchgangskoeffizienten (U-Wert) von maximal 0,24 $W/(m^2K)$ vor. Damit die Wärmeverluste auf den geforderten Wert reduziert werden können, muss in Abhängigkeit zur Wärmeleitfähigkeit (λ) des Dämmstoffes in den meisten Fällen die Dämmstoffdicke zwischen 10 bis 20 cm betragen. Ein Praxisbeispiel: ein Dach hat eine Zwischensparrendämmung aus 4 cm Mineralwolle. Die Dachsparren sind aus Fichte (18 cm hoch und 12 cm breit) und haben einen Abstand von

65 cm. In dem Fall beträgt der U-Wert ca. 1 W/(m^2K) und wäre eine 18 cm dicke Wärmedämmung z. B. aus Mineralwolle (U-Wert 0,032 [W/(m^2K)]) notwendig. Um eine KfW-Förderung für die Dachdämmung zu erhalten, muss allerdings ein U-Wert von 0,14 W/(m^2K) erreicht werden. Daher sollte im Einzelfall geprüft werden, ob der Dämmstoff um weitere 10 cm dick ausgeführt werden kann. In Altbauten stellt sich oft das Problem, dass gerade bei der Zwischensparrendämmung der Platz für eine hohe Dämmstoffdicke wegen einer innenseitigen Bekleidung oder aufgrund der vorhandenen Sparrenhöhe begrenzt ist. In diesen Fällen stehen folgende Möglichkeiten zur Verfügung: einen dünnen Dämmstoff mit einer geringeren Wärmeleitfähigkeit verwenden, die Dachsparren aufdoppeln oder die Zwischensparrendämmung mit der Untersparrendämmung kombinieren. Letzteres steigert nicht nur die Energieeffizienz einer Zwischensparrendämmung um ca. 25 %, sondern reduziert auch Wärmebrücken im Bereich der Dachsparren, deren Holz eine 3- bis 4-mal höhere Wärmeleitfähigkeit aufweist als der Dämmstoff zwischen den Sparren.

Die Untersparrendämmung ist eine kostengünstige und einfach umzusetzende Methode der nachträglichen Wärmedämmung. Diese verbessert den Wärmeschutz und die Energieeffizienz des Daches. Infolgedessen kommt die Untersparrendämmung hauptsächlich im Rahmen der energetischen Sanierung von Altbauten zum Einsatz. Hierbei wird die Wärmedämmung unterhalb der Dachsparren ausgeführt. Zum Einsatz kommen entweder konventionelle Dämmplatten wie z. B. expandiertes Polystyrol (EPS), Polyurethan-Hartschaum (PUR), Phenolharz (oder Resol-Hartschaum) und Mineralwolle oder natürliche Dämmstoffe aus nachwachsenden Rohstoffen wie z. B. Holzweichfaser oder Kork.

Im Vergleich zur Zwischensparrendämmung wird die Untersparrendämmung nicht so häufig ausgeführt. Dies hängt damit zusammen, dass bei dieser Methode der meiste Wohnraum verloren geht und die Untersparrendämmung als alleinige Wärmedämmung in der Regel nicht ausreicht, um die gesetzlichen Anforderungen an den Wärmeschutz zu erreichen. Für eine Dachkonstruktion mit Untersparrendämmung sieht die Energieeinsparverordnung (EnEV) und das Gebäudeenergiegesetz (GEG) einen Wärmedurchgangskoeffizienten (U-Wert) von maximal 0,24 W/(m^2K) vor. Um eine KfW-Förderung für die Dachdämmung zu erhalten, muss allerdings ein U-Wert von 0,14 W/(m^2K) erreicht werden.

Die Untersparrendämmung ist die ideale Ergänzung zur Zwischensparrendämmung. Die Kombination dieser beiden Dämmarten löst mehrere Probleme gleichzeitig. Denn, eine Zwischensparrendämmung verursacht nicht nur Wärmebrücken, sondern erzielt z. B. bei einer unzureichenden Höhe der Sparren auch nicht die benötigte Dämmstoffdicke. Gleichzeitig ist eine Untersparrendämmung als einzige Dämmmaßnahme in der Regel unzureichend, um den erforderlichen Wärmeschutz zu erzielen. Daher wird häufig zunächst eine Zwischensparrendämmung und anschließend die Untersparrendämmung ausgeführt, um die Effizienz der Dachdämmung zu steigern. Auch wenn die Kombination beider Dämmmethoden höhere Kosten verursacht, ist sie die bauphysikalisch bessere Lösung und reduziert gleichzeitig die Dämmstoffdicke der Untersparrendämmung.

Damit möglichst wenig Energie verloren geht und sowohl das Holz der Dachkonstruktion als auch die Wärmedämmstoffe vor Feuchtigkeit z. B. durch taupunktbedingtes Kondenswasser geschützt werden, ist Luftdichtheit das oberste Gebot bei der Dachdämmung. Um diese sicherzustellen, wird zwischen der Zwischensparrendämmung und Untersparrendämmung auf der Innenseite der Dachkonstruktion eine Dampfbremse aufgebracht und luftdicht verklebt. Eine Dampfsperre ist eine diffusionsoffene Folie, die Wasserdampf nur in eine Richtung durchlässt: vom Innenraum nach außen. Die Dampfbremse hingegen ist eine diffusionsoffene Folie (meist aus Kunststoffen wie Polyethylen, Polyamid oder PVC), die Wasserdampf in beide Richtungen durchlässt: von innen nach außen und von außen nach innen. Dampfbremsen sind wasserdampfflexibel und wirken im Sommer wie auch im Winter feuchtigkeitsregulierend. Im Sommer ist die relative Luftfeuchtigkeit der Außenluft höher, im Winter die der Raumluft. Allgemein wird angenommen, dass eine wasserdampfdichte Folie die Wärmedämmung im Dachgeschoss besser vor Feuchtigkeit schützen müsste. Wie bereits erwähnt, zeigt die Erfahrung aus der Praxis, dass diese Dampfsperren eher problematisch sind und zu deutlich mehr Feuchte- und Schimmelpilzschäden geführt haben. Gleiches gilt, wenn das Holz von der Holzkonstruktion im Dachstuhl noch eine hohe Restfeuchte hat, die nicht mehr entweichen kann. Hohe Restfeuchtigkeit nach dem Einzug oder nach Sanierungen wird immer noch unterschätzt, obwohl diese mehrere Liter pro m^2 betragen kann. Bei kühleren Temperaturen kommt es unter der Dampfsperre auf dem Holz zu Kondensation und Tauwasseranfall. Außerdem müssen mangelhaft verklebte oder nachträglich beschädigte Dampfsperren genannt werden. Dies gilt auch für unfachmännisch ausgeführte Durchdringungen wie Steckdosen, Lichtschalter oder Leitungen.

Für eine Dachkonstruktion mit Aufsparrendämmung sieht die Energieeinsparverordnung (EnEV) und das Gebäudeenergiegesetz (GEG) einen Wärmedurchgangskoeffizienten (U-Wert) von maximal 0,24 $W/(m^2K)$ vor. Um eine KfW-Förderung für die Dachdämmung zu erhalten, muss ein U-Wert von 0,14 $W/(m^2K)$ erreicht werden. Bei der Aufsparrendämmung kommen in der Regel konventionelle Dämmplatten wie z. B. extrudiertes Polystyrol (XPS), Polyurethan-Hartschaum (PUR), Phenolharz (oder Resol-Hartschaum) und Mineralwolle zum Einsatz. Im Gegensatz zur Dachdämmung zwischen oder unter den Dachsparren sind Dämmstoffe bei der Aufsparrendämmung höheren Feuchtigkeits- und Temperaturschwankungen ausgesetzt, so dass die Dämmplatten für die Anwendung geeignet sein müssen. Entsprechende Hinweise finden sich als Abkürzung auf dem Etikett (z. B. DAA für Außendämmung von Dach und Decke, geschützt, Dämmung unter Abdichtung).

Durch die horizontale Lage ist ein Flachdach deutlich höheren Belastungen ausgesetzt als ein Steildach. Dies macht sich auch bei der Wärmedämmung des Flachdachs bemerkbar und ist mit einer Zwischensparrendämmung, Untersparrendämmung oder Aufsparrendämmung eines Steildaches nicht vergleichbar. Neben der Belastung durch Witterung kommt bei einem Flachdach ggf. eine Dachbegrünung hinzu. Außerdem sind einige Flachdächer begehbar oder dienen zur Installation einer Solaranlage, so dass die Wärmedämmung mehr Gewicht tragen muss. Dies hat auf die Auswahl der geeigneten Dämmstoffe im Rahmen der energetischen Sanierung unmittelbare Auswirkungen.

Flachdächer bestehen aus der Dachkonstruktion, Wärmedämmung und Abdichtung und werden nach ihrem Aufbau und ihrer Nutzung in ein belüftetes Flachdach (auch Kaltdach genannt) und ein nicht belüftetes Flachdach (auch Warmdach genannt) unterschieden. Von einem Kaltdach spricht man, wenn sich zwischen der Wärmedämmung und der Abdichtung ein Luftraum befindet, über den Feuchtigkeit abtransportiert wird. Das Kaltdach ist demnach eine zweischalige, hinterlüftete Dachkonstruktion. Der Abstand zwischen Wärmedämmung und Dachabdichtung beträgt in der Regel 10 bis 15 cm. Aufgrund der Luftzirkulation hat das Kaltdach Vorteile beim sommerlichen Wärmeschutz (Hitzeschutz) und war früher sehr verbreitet. Eine Flachdachdämmung ist günstig, aber auch sehr schadensanfällig. Daher werden neue Flachdächer nicht mehr als Kaltdach ausgeführt, sondern als Warmdach. Bei dieser Methode entfällt der belüftete Zwischenraum zwischen der Wärmedämmung und der Abdichtung. Da die Dämmstoffe zwischen diesen beiden Schichten luftdicht eingeschlossen werden, muss diese Dämmmethode unbedingt eine wasserdichte Ausführung aufweisen, um Feuchte- und Schimmelpilzschäden zu vermeiden. Auf der Raumseite muss eine Dampfsperre ausgeführt werden. Die Wärmedämmung eines Warmdaches ist etwas aufwändiger. Zum Einsatz kommen Dämmplatten wie z. B. extrudiertes (XPS) oder expandiertes (EPS) Polystyrol sowie Schaumglas. Heute werden Wohnhäuser fast ausschließlich als Warmdach ausgeführt. Bei Flachdächern mit einer Betondecke werden neben dem Warmdach auch Ausführungen als Umkehrdach vorgenommen. Hierbei handelt es sich um eine spezielle Variante des Warmdaches, bei der die Reihenfolge der Dachschichten umgekehrt ist. Dabei wird eine zusätzliche Dämmschicht oberhalb der Dachabdichtung aufgebracht. Zum Schutz und zur Beschwerung dieser Dämmschicht wird oberhalb ein Vlies oder eine Trennlage ausgeführt, auf die dann z. B. eine entsprechend dicke Schicht Kies oder ein Substrat für ein Gründach aufgebracht wird. Da die Wärmedämmung auf der Abdichtung liegt, schützt diese vor der UV-Strahlung. Eine Dampfsperre oder Dampfbremse kann beim Umkehrdach entfallen. Allerdings muss der druckfeste Dämmstoff wasserabweisend und unempfindlich gegenüber Frost und UV-Strahlung sein. Daher kommen beim Umkehrdach in der Regel nur Dämmstoffe aus extrudiertem Polystyrol (XPS), Polyurethanharz (PUR) oder Schaumglas zum Einsatz. Bei modernen Umkehrdächern sorgt die Schutz- und Filterschicht dafür, dass ein Großteil des anfallenden Niederschlagswassers abgeführt wird, so dass die Wärmedämmschicht vor Feuchtigkeit konstruktiv geschützt wird.

Ein Flachdach unterliegt einer hohen Beanspruchung. Neben witterungsbedingten Einflüssen wie Regen, Schnee und Hagel kommen starke Temperaturwechsel von −30 °C bis +90 °C (Tag vs. Nacht sowie Sommer vs. Winter) oder von 10 bis 15 °C innerhalb weniger Minuten z. B. nach einem starken Sommergewitter sowie temporäre Perioden mit Hitzestaus oder Eisbildung hinzu. Außerdem werden Flachdächer mechanisch beansprucht durch Windsogkräfte oder durch Bewegungen innerhalb der Unterkonstruktion und/oder durch Druckbelastungen bei genutzten Dachflächen. Neben diesen hygro-thermischen und mechanischen Belastungen kommen noch Umwelteinflüsse wie chemische Belastungen, UV-Strahlen, mikrobielle Belastungen und Schmutzablagerungen sowie bei begrünten Flachdächern auch noch die Bepflanzung hinzu. Alle diese Anforderungen müssen bei der Auswahl eines geeigneten Dämmstoffes berücksichtigt werden.

Dämmplatten aus extrudiertem Polystyrol (XPS) sind vom Grundstoff mit expandiertem Polystyrol (EPS) vergleichbar, sind allerdings besonders druckfest, schwer entflammbar und wasserdicht. Daher eignet sich der Dämmstoff vor allem für die Flachdachdämmung von Umkehrdächern. Dämmplatten aus EPS sind besonders günstig und können ebenfalls zur Flachdachdämmung eingesetzt werden. Allerdings weisen diese Dämmstoffe einige Nachteile wie die geringe Druckfestigkeit auf. Durch die Behandlung mit Brandschutzmitteln, sind diese nur schwer entflammbar und setzen bei einem Brand giftige Gase frei. Außerdem sind Dämmplatten aus EPS nicht UV-beständig und somit für Umkehrdächer nicht einsetzbar. Dagegen bringt Polyurethan-Hartschaum (PUR) für die Flachdachdämmung besonders gute Eigenschaften mit. Dämmplatten aus PUR sind wasserabweisend und haben ein besonders gutes Wärmedämmvermögen, gutes Brandschutzverhalten, hohe Temperaturbeständigkeit und eine hohe Druckfestigkeit. Dämmplatten aus Schaumglas können hohe Lasten aufnehmen und sind dadurch für die Dämmung von genutzten Flachdächern sehr gut eignet. Schaumglas ist nicht brennbar, hat dafür aber im Vergleich zu Dämmplatten aus XPS und PUR schlechtere Dämmeigenschaften. Auch wenn Mineralwolle besonders gute Dämmeigenschaften aufweist und nicht brennbar ist, ist der Dämmstoff für die Flachdachdämmung eher nicht geeignet, da ein großer Nachteil bei Mineralwolle die hohe Wasseraufnahme darstellt. Anderenfalls muss ein ausreichender Feuchteschutz sichergestellt werden.

Für eine Dachkonstruktion einer Flachdachdämmung sieht die Energieeinsparverordnung (EnEV) und das Gebäudeenergiegesetz (GEG) einen Wärmedurchgangskoeffizienten (U-Wert) von 0,20 W/(m^{2}K) vor. Damit die Wärmeverluste auf den geforderten Wert reduziert werden können, muss in Abhängigkeit zur Wärmeleitfähigkeit (λ) des Dämmstoffes in den meisten Fällen die Dämmstoffdicke zwischen 10 bis 20 cm betragen. Die Wärmeleitfähigkeit beschreibt, wie gut oder schlecht ein Material Wärme leitet und sich zur Wärmedämmung eignet. Je niedriger der λ-Wert ist, desto besser ist die Wärmedämmung. Der U-Wert (früher k-Wert) beschreibt, wie viel Wärme (in Watt) pro Fläche (in Quadratmeter) durch ein Bauteil (z. B. Dach) bei einer bestimmten Temperaturdifferenz (in Kelvin) fließt und wird über die Dicke und Wärmeleitfähigkeit der einzelnen Bauteilschichten ermittelt.

9.2.2.8 Einblasdämmung

Die Einblasdämmung kommt vor allem bei der energetischen Sanierung von Altbauten zum Einsatz. Im Gegensatz zur energetischen Dachsanierung, energetischen Fassadendämmung oder

Kellerdämmung ist die Anwendung der Einblasdämmung nicht auf ein konkretes Bauteil der Gebäudehülle reduziert. Es kann überall dort angewendet werden, wo ein Hohlraum von mindestens 3 bis 4 cm nachträglich wärmegedämmt werden soll. Mit zunehmender Breite des Hohlraums, nimmt die Effizienz der Wärmedämmung zu. Im Rahmen der energetischen Dachsanierung kommt die Einblasdämmung z. B. bei der Zwischensparrendämmung oder der Wärmedämmung der oberstes Geschossdecke zum Einsatz.

Bei der Einblasdämmung werden Wärmedämmstoffe in Form von Flocken, Kügelchen oder Granulate in einen Hohlraum eingebracht. Dieser kann schon vorhanden sein wie z. B. in einem zweischaligen Mauerwerk oder einer Deckenkonstruktion oder durch Errichtung von Wänden z. B. im Rahmen des Trockenbaus erst geschaffen werden. Besonders gut geeignet ist die Einblasdämmung in Holzbalkendecken. Zum Einblasen der kleinen Wärmedämmstoffe wird eine spezielle Einblasmaschine verwendet. Diese Maschine lockert das Dämmmaterial auf bläst dieses in den Hohlraum, wo es anschließend verdichtet wird. Hierfür wird je nach Vor-Ort-Bedingungen ein Schlauch oder eine Lanze verwendet, um sicherzustellen, dass die Wärmedämmstoffe in alle Bereiche der Hohlräume gleichmäßig verteilt werden.

Es gibt unterschiedliche Wärmedämmstoffe zur Einblasdämmung. Alle haben ihre spezifischen Vor- und Nachteile, unterschiedlichen Anwendungsgrenzen und Preise. Ein Dämmstoff muss immer nach ganzheitlichen Kriterien bewertet und auf den individuellen Einzelfall abgestimmt werden. Zur Einblasdämmung werden herkömmliche Dämmstoffe eingesetzt wie z. B. expandiertes Polystyrol (EPS), Steinwolle, Glaswolle, Perlite, Blähglas und Aerogel, die alle künstlich hergestellt werden sowie natürliche Dämmstoffe aus nachwachsenden Rohstoffen wie z. B. Holzfaser, Stroh oder Gras sowie Zellulose.

Kügelchen oder Granulate aus expandiertem Polystyrol (EPS) werden im Rahmen der Einblasdämmung vor allem bei der Kerndämmung von zweischaligen Mauerwerken eingesetzt. Hierbei werden die Dämmstoffe unter Druck in den Hohlraum eingeblasen. In der Regel werden die EPS-Kügelchen oder Granulate lose eingeblasen. Dies hat den Nachteil, dass diese an offenen Stellen auslaufen können. Daher gibt es auch die Möglichkeit, die EPS-Kügelchen oder Granulate „klebrig“ einzublasen, so dass sich diese nach dem Einblasen miteinander verbinden und eine Schicht ergeben. EPS ist günstig, hat eine sehr gute Dämmwirkung, ist wasserabweisend und schwer entflammbar.

Granulate aus Steinwolle eignen sich ebenfalls zur Kerndämmung sowie zur Dämmung von Fußbodenkonstruktionen z. B. im Dachboden. Da Steinwolle nicht brennbar ist und einen sehr hohen Schmelzpunkt (> 1.000 °C) hat, wird der Dämmstoff außerdem zum Verfüllen und Dämmen von Installationsschächten oder zwischen zwei Gebäuden zur Verbesserung des Brand- und Schallschutzes eingesetzt. Steinwolle ist grundsätzlich feuchteunempfindlich, verliert aber bei zu hoher Feuchtigkeit die Dämmwirkung. Für enge und zerklüftete Hohlräume ist der Dämmstoff dagegen nicht geeignet, da Steinwolle nicht so flexibel ist wie z. B. Glaswolle.

Auch Flocken aus Glaswolle eignen sich zur Kerndämmung von zweischaligen Mauerwerken und stellen je nach Anforderungen eine Alternative oder Ergänzung zu EPS-Kügelchen oder Granulaten dar. Glaswolle wird außerdem zur Dämmung von Fußbodenkonstruktionen z. B. der obersten Geschossdecke eingesetzt. Da Glaswolle nicht brennbar ist und einen hohen Schmelzpunkt (> 600 °C) hat, wird der Dämmstoff außerdem zum Verfüllen und Dämmen von Installationsschächten oder zwischen zwei Gebäuden zur Verbesserung des Brand- und Schallschutzes eingesetzt. Glaswolle ist unempfindlich gegenüber Feuchtigkeit und resistent gegenüber Mikroorganismen. Bei der Verarbeitung von Glaswolle können vereinzelt Hautreizungen auftreten, so dass das Tragen von Schutzkleidung empfohlen wird.

Als Einblasdämmung im Rahmen der Kerndämmung von zweischaligen Mauerwerken sowie zur Deckendämmung oder Dämmung von Fußbodenkonstruktionen z. B. im Dachboden eignen sich auch Granulate aus Blähglas. Dieser mineralische Dämmstoff hat eine sehr gute Wärmedämmung und ist zudem wasserunempfindlich und druckbelastbar. Außerdem bietet der Dämmstoff einen guten Brand- und Schallschutz, so dass Blähglas auch zum Verfüllen und Dämmen von Installationsschächten oder zwischen zwei Gebäuden zur Verbesserung des Brand- und Schallschutzes eingesetzt wird. Die Eigenschaften von Blähglas eignen sich vor allem für den Einsatz in oder auf erdberührten Bauteilen. Der Dämmstoff ist resistent gegen Nagetiere und Mikroorganismen und gilt als unverrottbar. Allerdings ist der Preis von Blähglas im Vergleich zu anderen Dämmstoffen deutlich höher.

Granulate aus Perlite kommen nicht nur als Einblasdämmung im Rahmen der Kerndämmung von zweischaligen Mauerwerken oder zur Deckendämmung oder Wärmedämmung von Fußbodenkonstruktionen z. B. im Dachboden zum Einsatz, sondern auch als Schüttdämmung. Der Dämmstoff aus vulkanischem Gestein hat von Natur aus eine hohe Wasseraufnahme und wird nachträglich mit wasserabweisenden Stoffen wie z. B. Paraffin oder Harz imprägniert. Perlite ist ein äußerst leichter Dämmstoff mit einer Rohdichte von 60 bis 160 kg/m^3 (je nach Körnung). Der Dämmstoff hat eine hohe Wärmekapazität, allerdings im Vergleich zu anderen Dämmstoffen eine schlechtere Wärmeleitfähigkeit. Vorteilhaft sind die Hitzebeständigkeit und die daraus resultierenden Brandschutzeigenschaften. Perlite gelten zudem als unverrottbar und sind gegen Nagetiere, Insekten und Mikroorganismen resistent.

Granulate aus Aerogel haben eine sehr niedrige Wärmeleitfähigkeit und sind im Rahmen der Einblasdämmung (wie auch für andere Wärmedämmmaßnahmen) ein hoch leistungsfähiger und effizienter Dämmstoff. Aerogel eignet sich deshalb besonders gut für Anwendungen mit geringen Schichtdicken. Der Vorteil der Aerogel-Granulate besteht darin, dass diese auch durch feinste Öffnungen eingebracht werden können. Daraus ergibt sich gleichzeitig der Nachteil, dass der eingebrachte Dämmstoff über die gleichen Öffnungen auch austreten und viel Staub verursachen kann. Undichtigkeiten müssen daher unbedingt vermieden werden. Ein weiterer Nachteil dieses Hochleistungsdämmstoffes aus Kieselsäure-Silikat ist der hohe Preis.

Unbehandeltes Nadelholz dient ebenfalls als Einblasdämmung im Rahmen der Kerndämmung von zweischaligen Mauerwerken, als Zwischensparrendämmung bei der nachträglichen Wärmedämmung von Dächern oder von Fußbodenkonstruktionen z. B. im Dachboden. Aufgrund der Affinität eignet sich Holz als Einblasdämmung besonders gut im Holzrahmenbau. Holzfasern haben eine gute Wärmedämmung und tragen zum Schallschutz bei. Außerdem ist Holz diffusionsoffen und feuchtigkeitsregulierend und kann problemlos recycelt werden. Zur Verbesserung des Brandschutzes und der Resistenz gegenüber mikrobieller Zersetzung wird den Holzfasern in der Regel Ammoniumsulfat zugegeben. Beim Einblasen der Holzfasern muss ein höherer Druck verwendet werden. Holzfasern zur Einblasdämmung sind etwas teurer als synthetische Dämmstoffe wie z. B. EPS oder Glaswolle.

Ein beliebter Dämmstoff zur Einblasdämmung sind Flocken aus Zellulose. Diese werden aus alten Zeitungen hergestellt und als Einblasdämmung z. B. im Rahmen der Fachwerksanierung oder als Zwischensparrendämmung bei der Dachdämmung eingesetzt. Außerdem wird der recycelte Dämmstoff in Fußbodenkonstruktionen wie z. B. im Dachboden eingesetzt. Zellulose ist diffusionsoffen und hydrophil und hat ein hohes Sorptionsvermögen. Dies bedeutet, dass der Dämmstoff Feuchtigkeit speichern und wieder abgeben kann. Allerdings darf die Feuchtebelastung nicht zu hoch und nicht über einen längeren Zeitraum stattfinden, da Zellulose sonst „vergammelt". Daher muss im Einzelfall die Ausführung einer Dampfbremse geprüft werden. Zellulose ist aktuell der preiswerteste Dämmstoff am Markt. Um die Resistenz dieses Dämmstoffes gegenüber Insekten und Mikroorganismen zu erhöhen und/oder den Brandschutz zu verbessern, wird Zellulose in der Regel Borax (Borsaures Natron) zugegeben.

Ein traditioneller Dämmstoff ist Stroh, der eine hohe Wärmespeicherfähigkeit und einen guten Schallschutz besitzt. Relativ neu ist die Verwendung von Strohhäcksel als Dämmstoff im Rahmen der Einblasdämmung. Diese werden ähnlich wie Zellulose oder Holzfaser verarbeitet und haben ihr Einsatzgebiet neben der Dach- und Fußbodendämmung im Holzrahmenbau. Allerdings ist Stroh anfällig gegenüber Schädlingen und Fäulnis.

Bei der Bewertung der verschiedenen Dämmstoffe zur Einblasdämmung müssen mehrere Faktoren berücksichtigt werden. Neben der Wärmeleitfähigkeit und Wärmespeicherfähigkeit sind dies die Wasseraufnahme, das Diffusionsverhalten und die Feuchtebeständigkeit. Weitere Aspekte sind Brand- und Schallschutz, Resistenz gegenüber Mikroorganismen und andere Schädlinge sowie die Umweltverträglichkeit, mögliche Emissionen und der Materialpreis.

Für die Auswahl eines geeigneten Dämmstoffes sind letztendlich die Anforderungen der Energieeinsparverordnung (EnEV) und des Gebäudeenergiegesetzes (GEG) relevant. Damit diese erreicht werden, müssen Bauteile der Gebäudehülle mindestens einen U-Wert von 0,24 W/m^{2}K haben. Die Kosten der Einblasdämmung werden neben den Materialpreisen der Dämmstoffe vor allem durch die Verarbeitung beeinflusst. Häufig werden die Preise pro Quadratmeter angegeben. Hierbei muss beachtet werden, dass Flächenangaben einer Wand nur bedingt aussagekräftig sind, da die Kosten durch die Dicke des Wandquerschnittes beeinflusst werden. Daher sind Preisangaben pro Kubikmeter zu wählen.

9.2.2.9 Wärmedämmung der obersten Geschossdecke

Alternativ zu einer kostenintensiven Dachdämmung kann auch eine Wärmedämmung der obersten Geschossdecke eine Option darstellen. Diese wird oft als Dachdämmung oder Dachbodendämmung bezeichnet, obwohl Dach oder Dachboden nicht wärmegedämmt werden, sondern die oberste Geschossdecke und somit der Fußboden im Dachgeschoss. Die Wärmedämmung grenzt das kalte Dachgeschoss von den darunter liegenden beheizten Innenräumen ab. Somit können immerhin 5 bis 10 % der Wärmeverluste eines Gebäudes reduziert werden.

Bei der Wärmedämmung der obersten Geschossdecke gibt es unterschiedliche Möglichkeiten. Dies liegt zum einen daran, dass es unterschiedlich aufgebaute Geschossdecken gibt und zum anderen verschiedene Möglichkeiten, diese wärmezudämmen. Außerdem muss die Thermik innerhalb eines Gebäudes beachtet werden, um konvektive Feuchteschäden an Leckagen zu vermeiden. Deshalb kommt der Luftdichtheit bei der Wärmedämmung der obersten Geschossdecke eine hohe Bedeutung zu. Dachbodenluken und -treppen stellen in der Regel eine Schwachstelle dar und müssen in das Wärmeschutzkonzept integriert werden.

Anders als z. B. bei der Kellerdeckendämmung gibt es bei der Wärmedämmung der obersten Geschossdecke eine gesetzliche Dämmpflicht, wenn das Dach selbst nicht gedämmt ist und die Geschossdecke den Mindestwärmeschutz nach DIN 4108-2 „Wärmeschutz und Energie-Einsparung in Gebäuden – Teil 2: Mindestanforderungen an den Wärmeschutz" nicht erfüllt. In diesem Fall fordert das Gebäudeenergiegesetz (GEG), dass die Wärmedämmung der obersten Geschossdecke einen U-Wert von 0,24 W/(m^2 K) aufweisen muss. Werden Fördermittel zur energetischen Sanierung in Anspruch genommen, muss der U-Wert der obersten Geschossdecke mindestens 0,14 W/(m^2 K) betragen. Dies kann durch eine dickere Dämmschicht oder einen Dämmstoff mit einer niedrigeren Wärmeleitfähigkeit erreicht werden.

Die Mindestanforderungen an den Wärmeschutz nach DIN 4108 Teil 2 sind allerdings nicht besonders ambitioniert. Viele bestehende Geschossdecken zum Dachboden erfüllen diese Anforderungen auch ohne eine zusätzliche Wärmedämmung. Dies gilt insbesondere für viele Holzbalkendecken, die bis in die 1960er Jahre den Standard im Wohnungsbau darstellten und deren Zwischenräume zwischen den Deckenbalken z. B. mit wärmedämmendem Strohlehm ausgefüllt wurden. Auch Betondecken ab Ende der 1960er Jahre erfüllen in den meisten Fällen den Mindestwärmeschutz nach Norm, wenn die Zwischenräume zwischen den Betonbalken mit Betonhohlblocksteinen ausgefüllt sind. Eine entsprechende Dämmpflicht ist daher für Eigentümer von Altbauten zumutbar und im § 47 „Nachrüstung eines bestehenden Gebäudes" im Gebäudeenergiegesetz geregelt. Demnach sind Eigentümer von Wohngebäuden sowie Nichtwohngebäuden, die nach ihrer Zweckbestimmung jährlich mindestens vier Monate lang und auf Innentemperaturen von mindestens 19 °C beheizt werden, dazu verpflichtet, zugängliche Decken beheizter Räume zum unbeheizten Dachraum (oberste Geschossdecke) wärmezudämmen. Als Wärmedurchgangskoeffizient der obersten Geschossdecke wird wie bereits erwähnt ein U-Wert von 0,24 W/(m^2· K) (bzw. 0,14 W/[m^2· K] bei Inanspruchnahme einer Förderung) vorgegeben, der mit der Wärmedämmung erfüllt werden muss.

Allerdings gibt es einige Ausnahmen, so dass Eigentümer nicht automatisch zu einer energetischen Sanierung der obersten Geschossdecke gezwungen werden, wenn die Mindestanforderungen an den Wärmeschutz nicht erfüllt werden. Eine dieser Ausnahmen gilt z. B., wenn der Eigentümer eines Ein- oder Zweifamilienhauses darin selbst eine Wohnung seit dem 1. Februar 2002 bewohnt. Erst im Falle eines Eigentümerwechsels nach dem 1. Februar 2002 besteht lt. § 47, Absatz 3 des GEG die Pflicht zur nachträglichen Wärmedämmung durch den neuen Eigentümer. Ab dem Zeitpunkt räumt der Gesetzgeber eine Frist von zwei Jahren ein. Selbst dann kann es Ausnahmen geben, wenn sich die Investition in die Wärmedämmung innerhalb einer angemessenen Zeit wirtschaftlich nicht amortisieren würde (§ 47, Absatz 4 des GEG). Welcher Zeitraum „angemessen“ erscheint, lässt das GEG offen. Darüber hinaus gibt es weitere Ausnahmen. So muss eine vorhandene oberste Geschossdecke, die bereits über eine Wärmedämmung zwischen den Deckenbalken verfügt, die allerdings noch nicht den Mindestwärmeschutz erfüllt, nicht bis zum geforderten U-Wert von 0,24 W/(m^2 K) nachgebessert werden, sofern technische bzw. konstruktive Gründe dagegen sprechen. Stattdessen fordert das Gebäudeenergiegesetz in diesen Fällen lediglich den Einbau einer höchstmöglichen Dämmschichtdicke der Wärmeleitfähigkeit 0,035 W/(m^2 K). Diese Aussage gilt für herkömmliche Wärmedämmstoffe. Bei der Verwendung von Wärmedämmstoffen aus nachwachsenden Rohstoffen muss die Wärmeleitfähigkeit mindestens 0,045 W/(m^2 K) betragen.

Art und Ausführung der Wärmedämmung sowie der Dämmstoffdicke hängen im Wesentlichen davon ab, ob der Dachboden belastbar sein soll im Sinne von begehbar und als unbeheizte Lagerfläche nutzbar. Dem entsprechend wird zwischen begehbaren Decken, nicht begehbaren Decken und nicht begehbaren Decken mit begehbaren Laufwegen unterschieden. Bei der begehbaren Decke werden druckfeste Wärmedämmplatten z. B. aus extrudiertem Polystyrol-Hartschaum (XPS), Mineralfaserkaschierte OSB-Platten oder andere druckfeste Dämmstoffe verwendet. Diese bieten einen Untergrund für begehbare Bodenbeläge wie z. B. Gipsfaser- oder Holzweichfaserplatten. Eine zusätzliche Unterkonstruktion für diese begehbaren Bodenbeläge ist nicht erforderlich. Der geforderte Wärmeschutz kann in der Regel mit Wärmedämmplatten (WLG 035) mit einer Dicke von 14 cm erreicht werden. Die Alternative sind nicht begehbare Decken mit begehbaren Laufwegen. Hierzu erfolgt eine zusätzliche Unterkonstruktion, auf der die Laufwege montiert werden können. Als Wärmedämmplatten kommen expandierter Polystyrol-Hartschaum (EPS), Mineralwolle (Glaswolle oder Steinwolle), Polyurethan-Hartschaum (PUR) oder Resol-Hartschaum (Phenolharz) zum Einsatz. Als Laufwege werden in der Regel Holzspanplatten montiert. Die einfachste Ausführung sind nicht begehbare Decken. Hierbei werden Deckenfilze bzw. Wärmedämmmatten z. B. aus Mineralwolle einfach auf der obersten Geschossdecke ausgerollt.

In Abhängigkeit von Art und Ausführung der Wärmedämmung und/oder der Beschaffenheit der Geschossdecke hängt ab, ob eine Dampfbremse auszuführen ist. Bei einer Betondecke ist diese nicht erforderlich, bei einer Holzbalkendecke in der Regel zwingend. Diese muss auf der warmen Seite zunächst verlegt und luftdicht verklebt werden, bevor die Wärmedämmung verlegt wird. Außerdem muss die Thermik eines Gebäudes beachtet werden. Hiermit sind die Luftströmungen (Konvektion) innerhalb eines Gebäudes gemeint, die durch aufsteigende warme Luft, Temperaturunterschiede zwischen innen und außen und dem entsprechend durch Undichtigkeiten innerhalb der Gebäudehülle, aber auch innerhalb der Geschosse, entstehen können. Bei Undichtigkeiten handelt es sich nicht immer um ungewollte oder unentdeckte Leckagen. Auch einbindende Bauteile (z. B. Kamin, Leerrohre), Installationsleitungen, Rohr- oder Kabeldurchführungen stellen Undichtigkeiten in der obersten Geschossdecke dar und können Wärmebrücken sein und taupunktbedingtes Kondenswasser verursachen.

Ein immer wieder unterschätztes Bauteil – sowohl in Bezug auf konvektive Luftströmungen innerhalb eines Gebäudes, aber auch als Wärmebrücke – sind Bodenluken (Einschubtreppen) zum nicht gedämmten Dachboden. Daher muss die Dachbodentreppe bei der nachträglichen Wärmedämmung der obersten Geschossdecke unbedingt mit einbezogen werden. Übrigens nicht nur in technischer Hinsicht, sondern auch in der bauphysikalischen Berechnung. Denn in den geforderten U-Wert der obersten Geschossdecke von 0,24 W/(m^2 K) fließt auch die Dachbodentreppe mit ein. Diese weist eine Fläche von ca. 1 m^2, eine umlaufende Öffnung von ca. 4 m, eine Breite der Öffnung von ca. 1 cm sowie im ungedämmten Zustand einen U-Wert von 3,50 bis 4,00 W/(m^2 K) auf. Wird diese nicht mitgedämmt, stellt die Dachbodentreppe eine gewichtige Wärmebrücke dar. Deshalb sollte die Treppe ausgebaut und die Leiterklappe von oben wärmegedämmt werden. Alternativ kann die Dachbodentreppe auch gegen eine neue ausgetauscht werden, da einige Hersteller bereits werkseitig wärmegedämmte Treppen anbieten. Dennoch bleibt oft der Fugenbereich das Problem. Hierbei müssen zwei Fugen unterschieden werden: die Fuge zwischen Futterkasten und Leiterklappe (Luke, Deckel) und die Einbaufuge zwischen Geschossdecke und Futterkasten. Der Futterkasten ist der umlaufende Laibungsrahmen, an dem die Leiterklappe der Dachbodentreppe mithilfe beweglicher Beschläge befestigt ist. Sind diese beiden Fugen nicht luftdicht ausgeführt, weist selbst eine wärmegedämmte Dachbodentreppe einen Wärmeverlust von ca. 70 % auf. Das Hauptproblem der beiden Fugen ist der Anschlussbereich zwischen dem Futterkasten und der Geschossdecke, wenn die luftdichte Folie, die sich vollflächig unterhalb der Deckendämmung befindet, im Öffnungsbereich der Dachbodentreppe nicht fortgeführt wird. Denn auch die Fläche unterhalb des Futterkastens muss luftdicht ausgeführt werden, in dem die Folien über den Deckenquerschnitt hinweg mithilfe von Dichtbändern fest verklebt werden. Außerdem muss ein Dichtungsprofil eingesetzt werden, damit die geschlossene Leiterklappe fest an der Dichtung anliegt.

9.3 Technische Bautrocknung

9.3.1 Einleitung

Die technische Bautrocknung gewinnt immer mehr an Bedeutung – ob zur Reduzierung der Luftfeuchtigkeit z. B. bei hoher Restfeuchte bei Neubauten, in Kellerräumen infolge der Sommerkondensation, infolge von Löschwasser im Rahmen einer Brandschadensanierung oder auch als flankierende Maßnahme nach einer nachträglichen Horizontal- und/oder Vertikalabdichtung erdberührter Bauteile im Rahmen der Kellersanierung. Das Haupteinsatzgebiet liegt allerdings immer noch bei der Sanierung von sporadischen Wasserschäden wie Überschwemmungen nach einem Hochwasser oder starken Regenfällen sowie bei Havarieschäden an wasserführenden Leitungen.

Nach Angaben des GDV (Gesamtverband der Deutschen Versicherungswirtschaft) werden pro Jahr allein über 1 Mio. Versicherungsschäden an wasserführenden Leitungen reguliert. Der durchschnittliche Schaden liegt bei ca. 3000 €. Neben den sichtbaren Schäden wie die Zerstörung von elektrischen Geräten, Möbeln und Einrichtungsgegenständen, Inventar, Installation und Baustoffen kommen Nutzungsausfälle, unangenehme Gerüche oder mikrobieller Befall durch Schimmelpilze und/oder Bakterien hinzu. Die nachgelagerten Schäden können in der Regel nicht beziffert werden, wenn sie in den Versicherungsleistungen nicht abgedeckt sind. Nach inoffiziellen Schätzungen geht man davon aus, dass sich die Ausgaben für die Betroffenen noch einmal in der gleichen Höhe bewegen. Etwa ein Drittel der Versicherungsleistungen entfallen auf die technische Bautrocknung und davon wiederum ca. 25 % allein auf die Stromkosten. Die technische Bautrocknung ist daher nicht nur ein technisches Thema, sondern hat je nach Perspektive auch eine volks- und betriebswirtschaftliche Bedeutung.

Von daher sind technische Bautrocknungen unerlässlich, um nach einem Wasserschaden direkte Schäden zu beheben, die Ausbreitung von Wasserschäden zu reduzieren oder die Folgeschäden aus ihnen möglichst gering zu halten. Technische Bautrocknungen sind sowohl Sanierungs- als auch Begleit- und/oder Präventivmaßnahme. Allerdings muss immer berücksichtigt werden, dass technische Bautrocknungen niemals die Ursachen einer Durchfeuchtung beseitigen, sondern immer nur die Auswirkungen beheben (z. B. bei Havarieschäden) bzw. die Symptome (z. B. bei hoher Restfeuchte) bekämpfen. Daher sind diese Verfahren völlig ungeeignet, wenn z. B. kapillar aufsteigende Feuchtigkeit oder Hygroskopizität ein Mauerwerk durchfeuchten. Trocknungssysteme sind nicht automatisch für jede Art von Trocknung geeignet.

Nach dem Verschmutzungsgrad wird das so genannte „Weißwasser" (sauberes Wasser in Zuleitungen), „Grauwasser" (fäkalienfreies Abwasser oder Schmutzwasser) sowie „Schwarzwasser" (fäkalienhaltiges Abwasser) unterschieden. Diese Unterteilung hat auf Art und Umfang der technischen Bautrocknung erhebliche Auswirkungen. Infolgedessen sind mikrobiologische Untersuchungen in den meisten Fällen nicht nur unerlässlich, um die Art und Konzentration mikrobieller Belastungen zu bestimmen, sondern auch, um so genannte Feuchteindikatoren aufzuspüren. Diese helfen u. a., einen verdeckten Befall aufzudecken.

In der technischen Bautrocknung gibt es die direkte und indirekte Methode. Je nach Anwendungsgebiet werden verschiedene Verfahren wie z. B. die Raumtrocknung und Dämmschichttrocknung unterschieden. Hierfür stehen unterschiedliche Entfeuchtungsprinzipien wie z. B. die Sorptionstrocknung oder Kondenstrocknung u. a. zur Verfügung. Aber nicht alle Methoden und Verfahren der technischen Bautrocknung sind für alle Arten von Wasserschäden gleichermaßen geeignet. Außerdem gibt es eine unterschiedliche Effektivität und Effizienz in Bezug auf die verschiedenen Baukonstruktionen, Bauteile und/oder Verbundbaustoffe. Die Wirksamkeit der verschiedenen Verfahren in Abhängigkeit zu verschiedenen Einflussfaktoren wurden erstmals vom Fraunhofer Institut für Bauphysik untersucht.

Verfahren der technischen Bautrocknung sind in keiner DIN-Norm oder einem anderen anerkannten Regelwerk geregelt und entsprechen somit nicht den allgemein anerkannten Regeln der Bautechnik. Einzige Hinweise finden sich in dem WTA-Merkblatt 6-15-13/D „Technische Trocknung durchfeuchteter Bauteile". Dies bedeutet, dass eine technische Bautrocknung zwischen Auftragnehmer und Auftraggeber explizit vereinbart werden muss, nachdem eine umfangreiche Hinweis- und Beratungspflicht stattgefunden hat und über Anwendung, Kosten sowie Nachteile und Anwendungsgrenzen aufgeklärt wurde.

Die Rolle und das Selbstverständnis der Trocknungsbranche hat sich in den letzten Jahren verändert: Während es früher „nur" darum ging, schnell zu reagieren und Innenräume mit einer hohen Feuchtebelastung so schnell wie möglich zu trocknen, gilt es heute, neben diesem weiterhin wichtigen Grundsatz mit Augenmaß vorzugehen, das richtige Verfahren einzusetzen und alle parallel stattfindenden Prozesse ebenfalls zu berücksichtigen – hier vor allem den durch den Wasserschaden verursachte mikrobielle Befall. Gerade Bakterien breiten sich rasant aus, wenn die Wachstumsvoraussetzungen gegeben sind. Daher müssen bei der Sanierung unbedingt die Handlungsempfehlungen beachtet werden, die vom Umweltbundesamt (UBA) speziell für mehrschichtige Fußbodenaufbauten herausgegeben wurden. Eine Trocknungsfirma wird neben einem Spezialisten für Wasserschadensanierung immer mehr zum Spezialisten für Schimmelpilzsanierung. In diesem Kontext spielen Filtersysteme eine zunehmend große Rolle, um die mikrobielle Belastung im Innenraum, aber auch für die ausführenden Trocknungsfirmen, so gering wie möglich zu halten.

Eine kontroverse Diskussion löst immer wieder die Frage aus, ob nach sporadischen Wasserschäden im Rahmen der technischen Bautrocknung eine Desinfektion durchgeführt werden muss oder ob diese ausreicht, um einen Rückbau zu vermeiden. Häufig hat man den Eindruck, dass diese Diskussion eher ideologisch geprägt ist und von Befürwortern und Gegnern der Desinfektion geführt wird anstatt auf Grundlage von Fakten. Nach der Durchführung der technischen Bautrocknung kann es unter Umständen notwendig sein, eine Geruchsneutralisation durchzuführen.

9.3.2 Methoden der technischen Bautrocknung

So vielfältig, wie die Ursachen für und die Auswirkungen durch einen Wasserschaden sind, so vielfältig sind auch die Methoden der Technischen Bautrocknung. Großflächige Überschwemmungen der Kellerräume infolge von Überflutungen nach starken Regenfällen sind z. B. anders zu bewerten als z. B. ein Wasserrohrbruch in der Toilette im Erdgeschoss, in dem fäkalienhaltiges Abwasser in die Fußbodenkonstruktion eingedrungen ist oder z. B. bei einer über mehrere Monate nicht entdeckten Leckage unter der Dusche, durch die Dämmstoffe im Fußbodenaufbau durchfeuchtet wurden oder wenn sich z. B. nach dem Einzug in einen Neubau oder nach einer Sanierung noch hohe Restfeuchte in den Wänden befindet. Denn, jeder dieser Wasserschäden muss individuell begutachtet, bewertet und anschließend saniert werden.

Es ist nicht damit getan, „nur" einen Bautrockner aufzustellen und diesen so lange laufen zu lassen, bis sich „gefühlt" ein trockener Zustand eingestellt hat. Eine technische Bautrocknung muss geplant werden. Dazu gehört zunächst die Feststellung der genauen Schadensursache sowie die Informationsbeschaffung über die betroffenen Baukonstruktionen, Bauteile und Verbundbaustoffe. Sollten diese fehlen, sind bautechnische Voruntersuchungen durchzuführen. Gleiches gilt bei einem Verdacht auf mikrobiellen Befall. In dem Fall sind mikrobiologische Untersuchungen durchzuführen und die Handlungsempfehlungen des Umweltbundesamtes (UBA) zur Beurteilung von Feuchte- und Schimmelpilzschäden in Fußböden zu beachten.

Darauf aufbauend wird eine entsprechende Gefährdungsbeurteilung vorgenommen, in der folgende Punkte zu berücksichtigen sind:

- die zu trocknende Flächengröße und/oder der Rauminhalt (Raumvolumen in m^3),
- der Durchfeuchtungsgrad von Baustoffen sowie Wassergehalt in Hohlräumen und dgl.,
- Art der Baustoffe, Bauteile und Baukonstruktion sowie daraus resultierend …
- das unterschiedliche Wasseraufnahme- und/oder Trocknungsverhalten verschiedener Baustoffe – sowie deren Verhalten im Verbund,
- Art des Wasserschadens,
- Zeitpunkt des Auftretens, um das Alter des Wasserschadens bestimmen zu können,
- Ausmaß des mikrobiellen Befalls durch Schimmelpilze und Bakterien und …
- … deren möglichen Gesundheitsgefahr aufgrund der Konzentration der Schimmelpilzarten und einzelner -spezies (Risikogruppen),
- die geplante Nutzung der betroffenen Innenräume sowie
- der Gesundheitszustand der Menschen (mögliche Risikogruppen) in den Innenräumen (dies gilt für Bewohner wie auch Mitarbeiter von z. B. Trocknungs- und/oder Sanierungsfirmen).

Eine Gefährdungsbeurteilung hat erhebliche Auswirkungen auf die Planung und den Umfang von Trocknungsmaßnahmen. Schließlich entscheidet diese u. a. darüber, ob eine weitere Nutzung der Innenräume während der technischen Bautrocknung möglich ist oder ob der Bereich komplett freigeräumt und abgeschottet werden muss – eine Frage, die vor allem in privat genutzten Innenräumen wie z. B. Mietwohnungen von erheblicher Bedeutung ist.

Für die Planung und Ausführung spielt zudem eine Rolle, ob die betroffenen Baustoffe, Bauteile oder Baukonstruktionen überhaupt technisch getrocknet werden können oder ob der Rückbau – also der Ausbau oder das Entfernen – und der Neuaufbau eine sinnvolle Alternative sein kann. Hierzu sind weiterführende Untersuchungen durchzuführen. Im Ergebnis dessen wird die grundsätzliche Methode der technischen Bautrocknung sowie das konkrete Trocknungsverfahren, die Dimensionierung der Trocknungsgeräte (Leistung) sowie flankierende Maßnahmen wie z. B. der Einsatz der richtigen Filtersysteme, Ventilatoren oder Heizgeräten festgelegt. Grundsätzlich sind Verfahren vorzuziehen, bei denen keine Schimmelpilzsporen und andere mikrobielle Partikel sowie Staub und/oder Fasern von Dämmstoffen freigesetzt werden. Grundsätzlich sind die Vorgaben des Leitfadens „Zur Vorbeugung, Erfassung und Sanierung von Schimmelbefall in Gebäuden" des Umweltbundesamtes (UBA) zu berücksichtigen.

In der Trocknungstechnik werden grundsätzlich zwei Methoden unterschieden:

- indirekte Methode, zu der neben dem klassischen Heizen und Lüften auch die Folienzelttrocknung und Raumtrocknung zählen sowie

- direkte Methode, zu der die Bauteiltrocknung, Infrarottrocknung und die Mikrowellentrocknung sowie das Einblas- und Saugverfahren zählen, die im Überdruck- oder Unterdruckverfahren oder einer Kombination aus beiden angeboten werden.

Nach dem physikalischen Wirkprinzip unterscheiden sich diese Verfahren entweder nach der Bauteiltrocknung infolge einer Erwärmung oder der Raumtrocknung durch eine Reduzierung der relativen Luftfeuchte.

Eine Trocknungsmaßnahme gilt als abgeschlossen bzw. erfolgreich, wenn im ursprünglich durchfeuchteten Bauteil eine normale Ausgleichsfeuchte nachgewiesen wird. Daher sind Trocknungsmaßnahmen messtechnisch zu begleiten und zu dokumentieren – schon allein aus Gewährleistungsgründen sollten Trocknungsfirmen diesen Punkt ernst nehmen.

9.3.3 Entfeuchtungsprinzipien und Verfahren

In der technischen Bautrocknung kommen indirekte und direkte Methoden zum Einsatz. Zu den indirekten Methoden gehören vor allem die Raumtrocknung und die Folienzelttrocknung.

Bei der Raumtrocknung wird mithilfe von Trocknungs- oder Entfeuchtungsgeräten der erhöhte Feuchtegehalt der Raumluft reduziert. Diese werden eingesetzt, wenn eine Oberflächentrocknung von Bauteilen ausreichend ist. Das Prinzip ist relativ einfach: Senkt man in einem Innenraum die relative Luftfeuchtigkeit, geben die durchfeuchteten Bauteile ihre Feuchtigkeit ab, da ein Ausgleichsprozess stattfindet. Dieser Prozess kann durch den Einsatz von Ventilatoren unterstützt werden. Hierfür werden in der Regel Adsorptionstrockner oder Kondensationstrockner verwendet (siehe Abb. 9.1).

Bei dem Prinzip der Sorptions-Luftentfeuchtung wird die feuchte Luft durch ein Sorptionsrad (dem so genannten Rotor) geleitet, dessen wabenförmige Struktur und axial verlaufende Kanäle eine außerordentlich große Oberfläche bilden. Diese Fläche ist mit einem Sorptionsmittel beschichtet, das der durchgeführten Luft temperaturunabhängig die Feuchtigkeit entzieht (Prozessluft). Parallel durchläuft die Luft ein zweites Trockenrad, in dem ein erwärmter Luftstrom dem Rad die Feuchtigkeit entzieht und dies aus dem Gehäuse abführt (Regenerations-

Abb. 9.1 Geräte zur technischen Bautrocknung werden für unterschiedliche Anwendungsgebiete eingesetzt

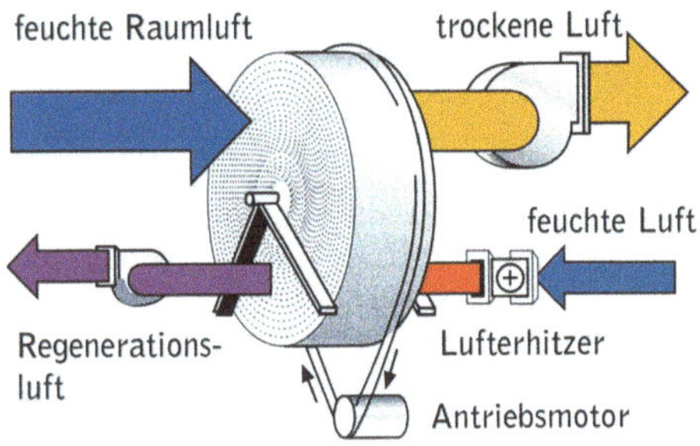

Abb. 9.2 schematische Darstellung der Sorptions-Luftentfeuchtung

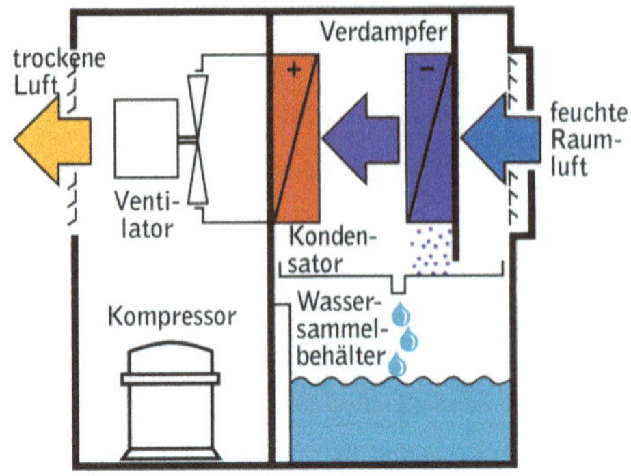

Abb. 9.3 schematische Darstellung der Sorptions-Luftentfeuchtung

luft). Prozess- und Regenerationsluft sind durch spezielle Dichtungen voneinander getrennt, wobei die ständige Drehung des Sorptionsrades den Wechsel zwischen Adsorption und Desorption übernimmt. Durch die Gegenstromführung der beiden Luftströme wird ein Selbstreinigungseffekt bewirkt, der die Stirnflächen des Rotors vor grober Verschmutzung aus der Prozessluft schützt (siehe Abb. 9.2 und 9.3).

Als Adsorptionsmaterial wird in der Regel Silicagel verwendet. Silicagel ist eine poröse Form von Siliziumdioxid oder auch amorphe Kieselsäure in festem Zustand mit großer innerer Oberfläche und hoher Hygroskopizität. Mit einem Adsorptionstrockner kann die relative Luftfeuchte in einem Innenraum auf bis zu 5 % heruntergetrocknet werden. Die Leistung der Adsorptionstrockner liegt zwischen 150 und 2.000 m^3 bzw. 50 und 500 Litern pro Tag, je nach Größe und Leistung der Geräte. Verknoten die ausgelegten Schläuche, liegt dies meistens daran, dass das Wasser in den Schläuchen kondensiert.

Kondensationstrockner (oder auch Kältetrockner) arbeiten nach einem grundsätzlich anderen Prinzip. Diese sind, vereinfacht ausgedrückt, mit einem Kühlschrank vergleichbar. Bei diesen Geräten wird die feuchte Raumluft angesaugt, die durch einen Verdampfer strömt. Die Luft kühlt dadurch ab, so dass ein Teil der enthaltenen Feuchtigkeit an der Oberfläche des Verdampfers kondensiert und in Form von Kondenswasser aufgefangen oder abgepumpt wird. Wenn das Wasser nicht abgepumpt, sondern in einem Sammelbehälter aufgefangen wird, muss dieser regelmäßig entleert werden. Anschließend wird die Luft am Kondensator wieder erwärmt und in den Raum zurückgeführt. Kondensationstrockner haben nicht das gleiche Anwendungsspektrum wie Adsorptionstrockner, da sie im Vergleich nur bei einer relativ hohen Luftfeuchte und Temperatur eingesetzt werden können. Der Temperaturbereich liegt zwischen 18 und 30 °C. Unter 10 °C vereist das Trocknungsgerät. Mit einem Kondensationstrockner kann die relative Luftfeuchte in einem Innenraum auch nur auf bis zu 30 % heruntergetrocknet werden. Der Nachteil der geringeren Entfeuchtungsleistung wird durch einen höheren Luftdurchsatz kompensiert. Ein Vorteil dieser Trocknungsgeräte besteht darin, dass keine Schläuche herumliegen. Allerdings haben Kondensationstrockner einen relativ hohen Geräuschpegel, so dass sie hauptsächlich im nicht bewohnten Bereich eingesetzt werden.

Um den Trocknungsprozess zu beschleunigen, vor allem, wenn der Wasserschaden nur an einer begrenzten Fläche aufgetreten ist, kommt das so genannte Luftkissenverfahren bzw. die Folienzelttrocknung zum Einsatz. Hierzu wird der betroffene Bereich mit einer Folie abgedeckt, unter die anschließend trockene Luft geblasen wird (Luftkisseneffekt). Die an der Bauteiloberfläche vorbeiziehende Luft entzieht dem Material Feuchtigkeit und wird abgeführt. Um die Trocknungszeit zu verkürzen, kann die Luft erwärmt werden, da sich der Dampfdruck im Material erhöht. Schon eine Temperaturerhöhung um 10 °C kann die Trocknungszeit unter bestimmten Voraussetzungen um die Hälfte reduzieren. Die Folienzelttrocknung ist eine sehr effiziente Methode, um die Bautrocknung zu beschleunigen und/oder die Anzahl der Bautrockner zu reduzieren (Kostenfaktor).

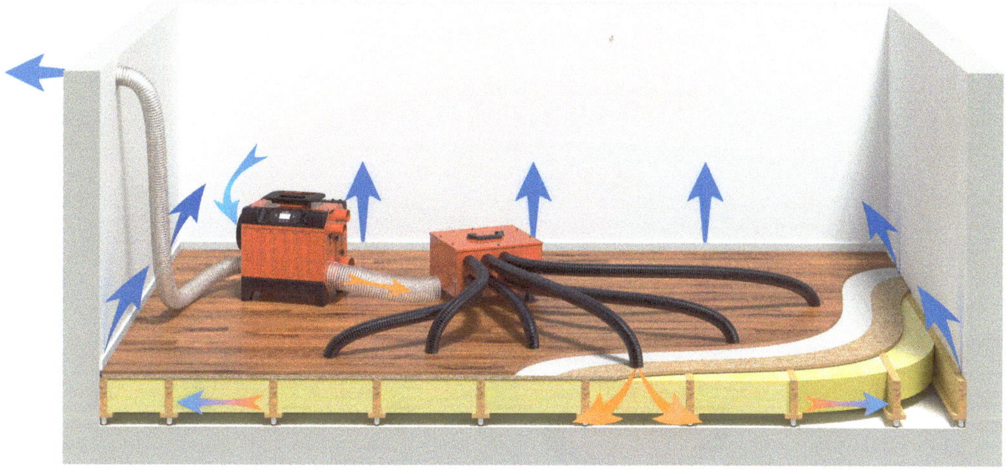

Abb. 9.4 schematische Darstellung des Überdruckverfahrens

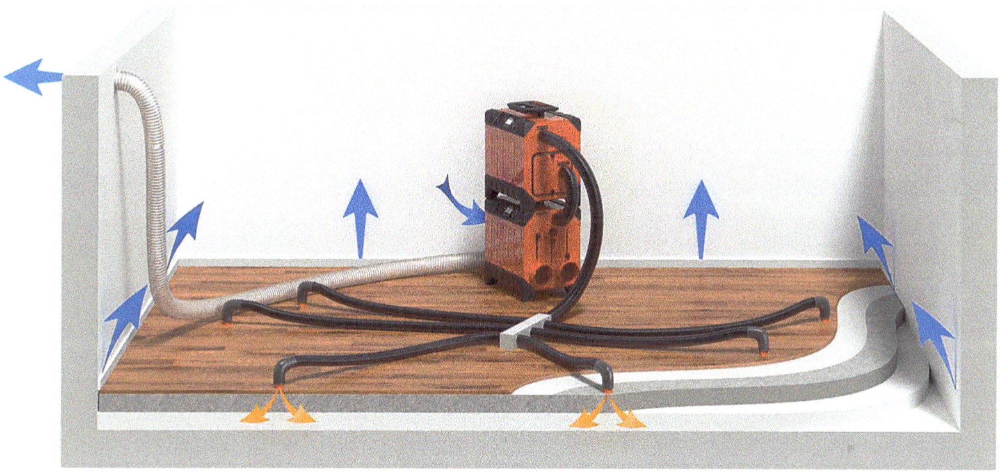

Abb. 9.5 schematische Darstellung des Überdruckverfahrens

Zu den direkten Methoden gehören das Einblas- und Saugverfahren, das im Überdruck- oder Unterdruckverfahren angeboten wird, sowie die Infrarot- oder Mikrowellentrocknung.

Das Einblas- und Saugverfahren wird eingesetzt, wenn eine Oberflächentrocknung von Bauteilen nicht ausreichend ist und Baukonstruktionen mit mehrschichtigen Verbund-Baustoffen wie z. B. Fußböden mit darunter liegender Trittschall- und/oder Wärmedämmung von einem Wasserschaden betroffen sind. Das Prinzip ist relativ einfach: Man perforiert die betroffene Fußbodenkonstruktion und leitet an einer Seite trockene Luft ein, um die feuchte Luft an anderer Stelle wieder auszuleiten. In der Regel wird die trockene Luft mit einem Hochdruckverdichter in die Dämmschicht eingeblasen, die dann über Randfugen oder im Einzelfall gezielt gesetzte Bohrlöcher wieder entweichen kann. Die anschließende Trocknung der feuchten Luft kann sowohl mit Adsorptions- oder Kondensationstrocknern erfolgen. Der Nachteil dieses Überdruckverfahrens besteht darin, dass mit dem „Ausblasen“ der feuchten Luft auch sehr viel Staub und mikrobielle Partikel in die Raumluft freigesetzt werden, was zu Verschmutzungen und möglichen Gesundheitsbelastungen führt. Dieses Überdruckverfahren ist heute nicht mehr Stand der Technik und wird kaum noch eingesetzt (siehe Abb. 9.4 und 9.5).

Abb. 9.6 schematische Darstellung des Unterdruckverfahrens

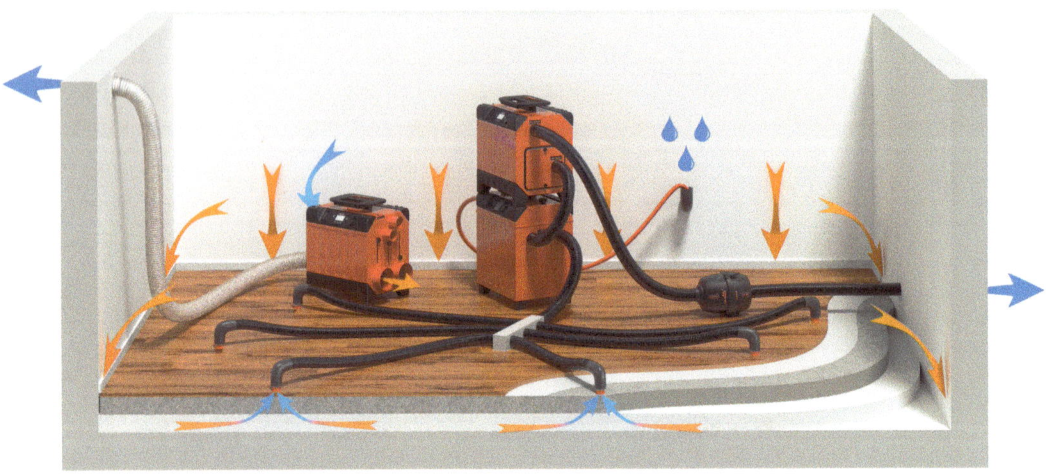

Abb. 9.7 schematische Darstellung des Unterdruckverfahrens

Heute wird das Unterdruck- oder Vakuumverfahren eingesetzt. Das Wirkprinzip wird umgekehrt: anstatt feuchte Luft auszublasen, wird diese bei diesem Verfahren angesaugt oder herausgezogen, so dass ein Vakuum entsteht und trockene Luft über offene Randfugen oder gezielt gesetzte Bohrlöcher durch die Dämmschicht nachströmt und eingeführt wird (siehe Abb. 9.6 und 9.7). Hierfür wird keine „normale" Raumluft verwendet, sondern über Trocknungsgeräte vorgetrocknete Luft. Der Volumenstrom beim Ansaugen muss dem entsprechend größer sein als der Volumenstrom beim Einblasen. Die Leistungsfähigkeit des Unterdruckverfahrens ist im Vergleich zum bisherigen Überdruckverfahrens zwar um 20 bis 30 % geringer, dafür werden kein Staub und keine mikrobiellen Partikel freigesetzt. Hinzu kommt, dass diese Trocknungssysteme einen geschlossenen Kreislauf haben und mit Mikrofiltern ausgestattet sind. In der Regel kommen so genannte HEPA-Filter zum Einsatz, um eine mikrobielle Belastung nahezu auszuschließen.

In bestimmten Fällen kann es sinnvoll sein, beide Verfahren miteinander zu kombinieren. Bei diesem Push-&-Pull-Verfahren wird das Überdruckverfahren mit dem Unterdruckverfahren (Vakuumtrocknung) kombiniert. Der Vorteil besteht darin, eine hohe Trocknungsleistung mit einer hohen Sicherheit in Bezug auf mikrobielle Belastung zu kombinieren – ein hoch effizientes Verfahren zur technischen Bautrocknung. Ein großer Vorteil besteht darin, dass die Menge eingehender (eingeblasener) und ausgehender (abgesaugter) Luft gesteuert werden kann. So wird kann sichergestellt werden, dass der ausgehende Luftstrom aus der Schichtkonstruktion immer größer ist als der Luftstrom, der in die Schichtkonstruktion eingeleitet wird.

Um die Effizienz gegenüber klassischen Verfahren der technischen Bautrocknung zu erhöhen, kommen zwei alternative Verfahren zum Einsatz: die Infrarottrocknung und die Mikrowellentrocknung. Hierbei nutzt man das offenporige Gefüge mineralischer Baustoffe, deren Poren und Kapillaren mit Wasser gefüllt sind. Der Wassertransport findet prinzipiell auf zwei verschiedene Arten statt: Diffusion und Kapillarität.

Bei der Infrarottrocknung werden spezielle Infrarotstrahlungsheizplatten (Dunkelfeldstrahler) verwendet, die nach dem Prinzip der Infrarotstrahlung arbeiten und mit einem Abstand von 10 bis 15 cm vor dem durchnässten Bauteil positioniert werden (siehe Abb. 9.8). Durch die langwellige Infrarot-C-Strahlung werden die Wassermoleküle in Schwingung gebracht, so dass Wärme entsteht. Der Vorgang wird so lange betrieben, bis das Wasser in den Baustoffen den Siedepunkt erreicht hat, so dass ein Übergang zum gasförmigen Zustand stattfindet. In Folge des entstehenden Dampfdruckes wird das Wasser auf der Bauteilrückseite durch Verdunstung an den Raum abgegeben und dort über Trocknungsgeräte aufgenommen. Die Infrarottrocknung funktioniert nur bei Baustoffen mit einer offenen Porenstruktur, in der ein Feuchtetransport über Kapillarität oder Diffusion möglich ist. In geschlossenen oder dichten Baustoffstrukturen wie z. B. Beton ist daher die Infrarottrocknung wirkungslos.

Das Wirkprinzip bei der Mikrowellentrocknung ist ähnlich. Durchnässte Bauteile werden mit hoch frequenten Mikrowellen bestrahlt, so dass die Moleküle des Wassers in Schwingung versetzt und Reibungswärme erzeugt wird. Dadurch kommt es zu einer Erhöhung des Dampfdrucks und einer beschleunigten Verdunstung an der Bauteiloberfläche. Wie bei der Infrarottrocknung erfolgt keine Erwärmung der Luft, sondern ein gezieltes Beheizen von durchnässten Bauteilen. Daraus ergibt sich ein erheblicher Nachteil: eine Überhitzung brennbarer Baustoffe wie z. B. Holz oder Einbauteile erhöht die Brandgefahr. Im Kontext der Schimmelpilzsanierung bietet die Mikrowellentrocknung einen interessanten Nebeneffekt, da mikrobieller Befall durch Schimmelpilze und Bakterien mit abgetötet wird.

Abb. 9.8 Infrarottrocknung

Zur Bauteiltrocknung stehen verschiedene Verfahren mit unterschiedlichen Wirkungsgraden, Kosten, Zeitdauer und Anwendungsgrenzen zur Verfügung. Neben der Effizienz in der Trocknung sollte bei der Wahl eines geeigneten Verfahrens ebenfalls eine Rolle spielen, ob und inwieweit es sich um ein zerstörendes, zerstörungsarmes oder zerstörungsfreies Verfahren handelt. Die Zerstörung von Oberflächen und tieferliegenden Bauteilschichten sollte immer auf ein notwendiges Minimum reduziert werden. Gleichzeitig darf die Trocknung der durchnässten Bauteile nicht beeinträchtigt werden. Denn gelegentlich bestimmen die Bauherren, wo die Bohrungen „geduldet“ werden. Deshalb ist vor dem Anbohren der Bodenbeläge und somit der Zerstörung von keramischen Fliesen, Natursteinplatten oder Teppich- oder Parkettböden und dgl. zu prüfen, ob alternative Methoden angewendet werden können, in dem die trockene Luft z. B. über eine Randfuge, aus benachbarten Innenräumen oder von unten durch die Decke zugeführt werden kann. Außerdem gibt es Methoden, mit denen z. B. vorhandene Bodenfliesen zerstörungsfrei entfernt und nach

Abschluss der Trocknungsmaßnahmen wieder eingesetzt werden können.

In der Praxis kann beobachtet werden, dass je nach Auslastung auch Trocknungsgeräte eingesetzt werden, die eine überdimensionierte Geräteleistung aufweisen oder die Laufzeit verkürzt wird, um Kosten zu sparen. Trocknungsfirmen sollten möglichst alle Verfahren im Angebot haben, um Bauherren bestmöglich beraten zu können und um nicht auf ein Verfahren limitiert zu sein.

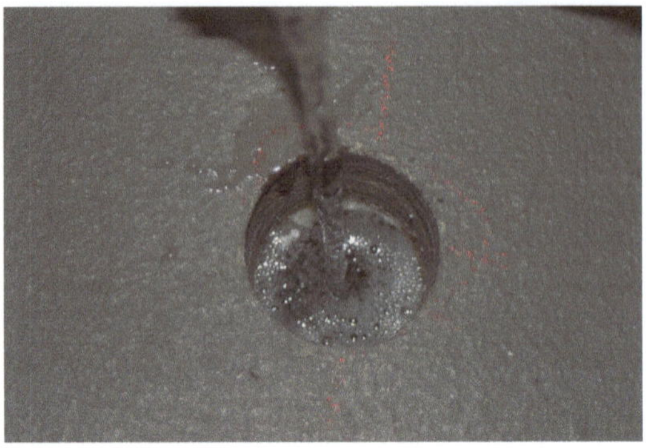

Abb. 9.9 alternativ zum Rückbau kann die Fußbodenkonstruktion auch mit bioziden Wirkstoffen geflutet werden

Abb. 9.10 alternativ zum Rückbau kann die Fußbodenkonstruktion auch mit bioziden Wirkstoffen geflutet werden

9.3.4 Handlungsempfehlungen zur Beurteilung von Feuchte- und Schimmelpilzschäden in Fußböden

9.3.4.1 Einleitung

Seitdem das Landesgesundheitsamt Baden-Württemberg (LGA) im Jahre 2001 die beiden Leitfäden „Schimmelpilze in Innenräumen – Nachweis, Bewertung, Qualitätsmanagement“ und „Handlungsempfehlung für die Sanierung von mit Schimmelpilzen befallenen Innenräumen“ herausbrachte, gab es immer wieder Streit darüber, ob und wann und unter welchen Voraussetzungen ein Fußboden nach einem Wasserschaden aus hygienischer Sicht ausgebaut werden muss (Rückbau) oder nicht. Ursache hierfür war, dass sich in beiden Leitfäden, obwohl diese eine neue Ära in der Schimmelpilzanalyse, -bewertung und -sanierung eingeleitet haben, nur allgemeine Empfehlungen und keine konkreten Vorgaben befanden. Gleiches galt für die beiden Leitfäden des Umweltbundesamtes (UBA), die ein Jahr später mit dem Titel „Leitfaden zur Vorbeugung, Untersuchung, Bewertung und Sanierung von Schimmelpilzwachstum in Innenräumen“ und 2005 mit dem Titel „zur Ursachensuche und Sanierung bei Schimmelpilzwachstum in Innenräumen“ erschienen. Letzterer gab erstmals konkrete Handlungsanleitungen, allerdings nicht zu der o. g. Problematik. Seitdem wurden zahlreiche Richtlinien und Merkblätter von unterschiedlichen Institutionen erarbeitet, die nicht immer ganz widerspruchsfrei waren. Es wäre wünschenswert gewesen, wenn die Empfehlungen der unterschiedlichen Herausgeber aufeinander abgestimmt gewesen wären.

Der aktuelle Leitfaden „Zur Vorbeugung, Erfassung und Sanierung von Schimmelbefall in Gebäuden“ des Umweltbundesamtes aus dem Jahre 2024 schafft in diesem Punkt Klarheit und gibt in Anlage 6 eine umfangreiche Handlungsempfehlung zur Beurteilung von Feuchte- und Schimmelpilzschäden in Fußböden. Diese gibt Orientierung und schafft eine Entscheidungsgrundlage, kann aber keine individuelle Einschätzung und/oder gutachterliche Stellungnahme ersetzen, so dass die Entscheidung vor Ort sowie die damit verbundene Verantwortung immer eine Einzelfallentscheidung des Sachverständigen bleibt. Hierbei muss beachtet werden, dass eine Bewertung von Feuchteschäden in Fußböden nicht nur auf Grundlage von mikrobiologischen und/oder hygienischen Gesichts-

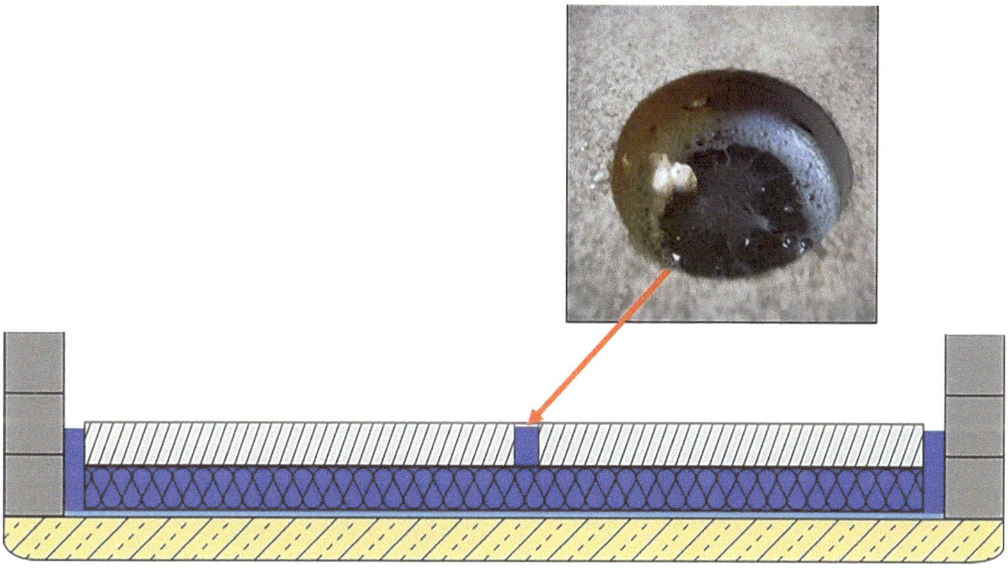

Abb. 9.11 alternativ zum Rückbau kann die Fußbodenkonstruktion auch mit bioziden Wirkstoffen geflutet werden

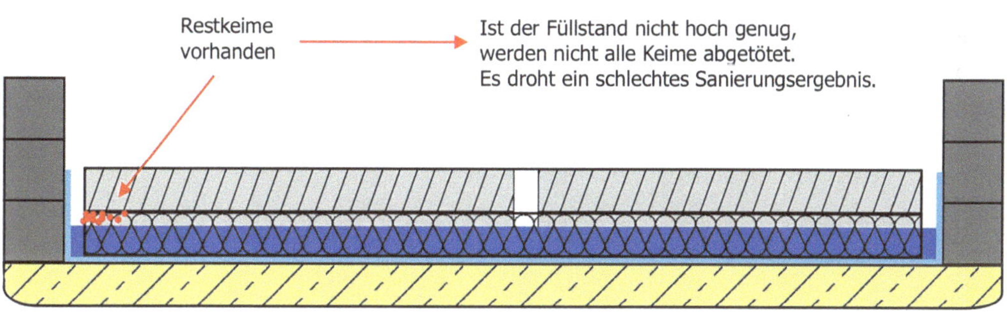

Abb. 9.12 alternativ zum Rückbau kann die Fußbodenkonstruktion auch mit bioziden Wirkstoffen geflutet werden

punkten erfolgt, sondern auch unter bautechnischen. Schließlich werden einige Baustoffe bei einem Wasserschaden irreversibel zerstört (z. B. Gipskartenplatten) oder verlieren ihre ursprünglichen und spezifischen Eigenschaften (z. B. Dämmstoffe). In einigen Fällen kann auch die Tragfähigkeit bestimmter Fußbodenkonstruktionen unterschritten werden. Letztendlich verursachen derart massive bauliche Eingriffe hohe Kosten für Eigentümer oder Versicherungen, so dass eine Entscheidung über einen möglichen Rückbau weitreichende Konsequenzen hat und alle Aspekte berücksichtigt werden müssen. Unnötige Rückbaumaßnahmen aus übertriebener Vorsicht aufgrund theoretisch möglicher Szenarien sollten daher vermieden werden. Alternative Möglichkeiten wie z. B. das Fluten der Fußbodenkonstruktion mit Bioziden sollten immer ergebnisoffen geprüft werden, auch wenn der Einsatz von Bioziden in Innenräumen möglichst zu vermeiden ist (siehe Abb. 9.9, 9.10, 9.11, 9.12, 9.13, 9.14 und 9.15). Generell sollten Entscheidungen nicht immer nach dem Motto „entweder/oder“ oder „ganz oder gar nicht“ erfolgen, sondern situationsspezifisch und angemessen. Bestes Beispiel ist die Randfugensanierung, bei der gezielte Maßnahmen punktuell durchgeführt werden (siehe Abb. 9.16).

Grundlage der Handlungsempfehlungen sind die eingeführten Nutzungsklassen. Allerdings gelten diese in erster Linie nur für die Nutzungsklasse II (normale Anforderungen). Hierzu gehö-

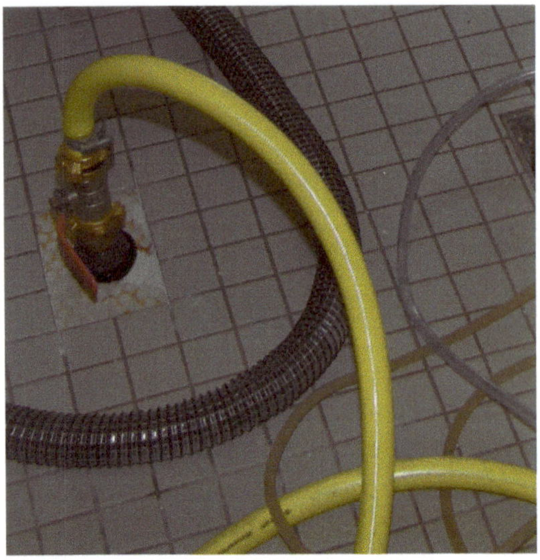

Abb. 9.13 alternativ zum Rückbau kann die Fußbodenkonstruktion auch mit bioziden Wirkstoffen geflutet werden

Abb. 9.14 seit einigen Jahren wird diese Methode zunehmend im Schaumverfahren angewendet

Abb. 9.15 seit einigen Jahren wird diese Methode zunehmend im Schaumverfahren angewendet

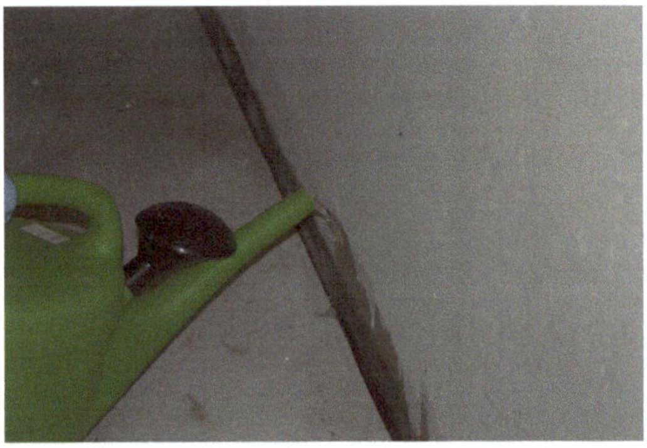

Abb. 9.16 Randfugensanierung

ren privat genutzte Innenräume wie z. B. Wohn-, Schlaf- und Kinderzimmer, Küchen, Bäder und Toiletten sowie Flure. Außerdem gehören so genannte Nebenräume wie Keller-, Hobby- und Hauswirtschaftsräume, Waschküchen und Dachgeschossräume oder Abstellräume aller Art hierzu. Hinzu kommen wohnähnliche Aufenthaltsräume wie Büros, Innenräume in Schulen und Kindergärten. Rein formal gelten damit die Empfehlungen nicht für die Nutzungsklasse III (reduzierte Anforderungen), weil man von einer geringeren Exposition ausgeht. Es wird allerdings empfohlen, die Anwendung dieser Empfehlungen auch für Innenräume ohne direkten Zugang zum Wohnbereich wie z. B. Treppenhäuser, Garagen oder nicht ausgebaute Dachgeschosse zu prüfen.

Die Handlungsempfehlungen gelten explizit nicht für gewerbliche Nassräume wie z. B. Großküchen, Schwimmbäder oder Produktionsräume in der Lebensmittelverarbeitenden Industrie und dgl. Ebenfalls gelten diese nicht für Innenräume der Nutzungsklasse I (spezielle, sehr hohe Anforderungen wegen individueller Disposition). Hierzu gehören Innenräume, in denen sich besonders empfindliche Personengruppen (Risikogruppen) aufhalten wie z. B. Krankenhäuser und dgl. In diesen Bereichen sind die üblichen Anforderungen für die technische Bautrocknung in der Regel unzureichend.

9.3.4.2 Bewertungsschema

Auf Grundlage dieser Nutzungsklassen wurde ein Bewertungsschema entwickelt, das auf vier unterschiedlichen Szenarien aufbaut bzw. sechs

Kriterien definiert und Aufwand und Nutzen in ein angemessenes Verhältnis setzt. So greift die Bewertungsstufe 1 auf Erfahrungen aus der Praxis zurück und definiert mikrobiologische und/oder technische Ausschlusskriterien, so dass eine Bewertung aufgrund der Eindeutigkeit des Schadens auch ohne aufwändige Untersuchungen und mikrobiologische Analysen möglich ist (ausgenommen hiervon sind ggf. juristische Aspekte). Grundvoraussetzung ist, dass der Fußbodenaufbau bekannt ist.

1. Szenario: Ein Rückbau feuchtebelasteter Baustoffe in der Fußbodenkonstruktion ist in der Regel nicht notwendig, wenn die Durchfeuchtung durch sauberes Wasser erfolgte, kein Vorschaden vorliegt, ein mikrobielles Wachstum nicht zu erwarten ist und die Baustoffe in der Fußbodenkonstruktion relativ schnell (innerhalb von max. 1 Monat) getrocknet werden können.
2. Szenario: Ein Rückbau feuchtebelasteter Baustoffe in der Fußbodenkonstruktion wird empfohlen, wenn sich die technische Bautrocknung entweder über einen längeren Zeitraum hinzieht (z. B. > 3 Monate) oder bereits (unentdeckt) hingezogen hat, ein Wiederholungsfall vorliegt und/oder Baustoffe betroffen sind, bei denen von einem signifikanten Wachstum ausgegangen wird.
3. Szenario: Ein Rückbau feuchtebelasteter Baustoffe in der Fußbodenkonstruktion wird empfohlen, wenn eine technische Bautrocknung aus technischen Gründen nicht möglich ist und/oder aus wirtschaftlichen Überlegungen nicht vertretbar ist. Dies liegt vor allem bei Baustoffen wie z. B. Dämmstoffen vor, die infolge der Feuchteeinwirkung und/oder durch die Bautrocknung ihre spezifischen und funktionsrelevanten Eigenschaften (Wärmedämmung) verlieren. Gleiches gilt für Materialien, die nur sehr kostenaufwändig oder gar nicht getrocknet werden können. Die Bautrocknung eines nassen Verbundestrichs ist meistens ebenfalls unrentabel. Vor dem Rückbau sollte allerdings überprüft werden, ob eine technische Bautrocknung möglich ist, nach dem z. B. die Bodenbeläge entfernt wurden. Eine Trocknung sollte innerhalb von 4 Wochen erreicht werden, ohne dass es zu einer Geruchsbelästigung kommt. Außerdem ist zu prüfen, ob aufgehende Wände im Anschlussbereich zum Fußboden durchfeuchtet und ggf. mikrobiell befallen sind.
4. Szenario: Ein Rückbau des Fußbodenaufbaus wird empfohlen, wenn eine auffällige Geruchsbildung vorliegt oder diese nach einer erfolgreichen Bautrocknung nicht ausgeschlossen werden kann. Hierfür sind in der Regel Zersetzungsprozesse feuchter Materialien oder verunreinigtes Wasser (Schmutzwasser oder fäkalhaltiges Abwasser) verantwortlich. Hierbei muss eindeutig feststehen, dass die Geruchsbildung dem Wasserschaden zuzuordnen ist.

In diesen 4 Szenarien ist eine mikrobiologische Untersuchung aus unterschiedlichen Gründen nicht notwendig. In allen anderen Fällen muss diese durchgeführt werden und dient als Grundlage für die zweite Bewertungsstufe. Diese ist nach sechs Kriterien gegliedert. Im Kriterium I wird zunächst die erwähnte Untersuchung empfohlen (siehe Tab. 9.2). Diese stellt die Grundlage dar, um zusätzliche Kriterien zu berücksichtigen:

Anschließend erfolgt eine ganzheitliche Bewertung der Situation anhand der sechs Kriterien. Wurde ein mikrobieller Befall in der Fußbodenkonstruktion eindeutig festgestellt, ist ein Rückbau in den meisten Fällen unumgänglich. Wurde kein oder nur ein geringer mikrobieller Befall festgestellt, wird ein Rückbau in den meisten Fällen nicht notwendig sein. Allerdings muss dann über individuelle Maßnahmen sichergestellt werden, dass auch zu einem späteren Zeitpunkt ein mikrobieller Befall ausgeschlossen werden kann. Bei der Bewertung durch den Sachverständigen darf nicht nur die aktuelle Situation bewertet werden, sondern auch eine mögliche Exposition für die Nutzer des betroffenen Innenraumes, wenn der Fußboden geöffnet wird.

Das Umweltbundesamt hat für eine schnelle Orientierung ein Ampelsystem entwickelt, mit dem eine einfache Bewertung vorgenommen werden kann. Wenn mindestens drei der Kriterien II bis VI im grünen Bereich liegen, ist ein Rückbau der Fußbodenkonstruktion in der Regel nicht erforderlich. Bei einer erhöhten Durchfeuchtung

Tab. 9.2 Bewertungsschema lt. UBA

Nr.	Kriterium	Bewertung
I	Untersuchungen	• Bautechnische Untersuchungen • mikrobiologische Untersuchungen
II	Durchlässigkeit	• Die Dichtigkeit des Fußbodenaufbaus (Estrich, Trittschall- und Wärmedämmung, Bodenbeläge) sowie die Anschlüsse (Risse, Steckdosen) beeinflussen die Exposition. • Die Materialien und ihre Verbindungen (Fugen) haben eine unterschiedliche Durchlässigkeit. • Als hoch werden Holzfußböden (z. B. Dielenboden) und die meisten Teppichböden eingestuft. • Eine mittlere Durchlässigkeit gilt für undurchlässige Bodenbeläge mit dichten Fugen wie z. B. Fliesen und Platten, verklebter Parkettboden und elastische Oberböden (PVC, Linoleum) bei undichten Randanschlüssen. • Eine geringe Durchlässigkeit gilt für undurchlässige Bodenbeläge mit dichten Fugen wie z. B. Fliesen und Platten und elastische Oberböden (PVC, Linoleum) bei dichten Randanschlüssen.
III	Feuchtegehalt (abhängig von der Temperatur)	• Durchfeuchtungsgrad > 90 % oder a_w-Wert ≥ 0,9: mikrobielles Wachstum tritt in der Regel auf • Durchfeuchtungsgrad 80 bis 90 % oder a_w-Wert 0,8 bis 0,9: mit mikrobiellem Wachstum muss gerechnet werden • Durchfeuchtungsgrad 70 bis 80 % oder a_w-Wert 0,7 bis 0,8: mikrobielles Wachstum kann auftreten • Durchfeuchtungsgrad < 70 % oder a_w-Wert < 0,7: mikrobielles Wachstum tritt in der Regel nicht auf
IV	Art der Materialien	• In der Regel befindet sich der Wasserschaden zwischen der Bodenplatte bzw. dem Estrich und der Trittschall- und Wärmedämmung. • Baustoffe haben gegenüber mikrobiellem Befall eine unterschiedliche Resistenz. Einige werden sehr schnell und einfach besiedelt, andere nicht. • Zu den leicht zu besiedelnden Materialien gehören unbehandelte Holzweichfaser- und Kokosdämmplatten. Diese nehmen nicht nur viel Feuchtigkeit auf, sondern verfügen materialbedingt auch über einen hohen Nährstoffgehalt. • Bitumenabdichtungen auf der Geschossdecke unter dem Estrich oder der Trittschalldämmung sind ebenfalls anfällig für mikrobiellen Befall. • Gleiches gilt für angrenzende Bauteile aufgehender Innenwände wie Gipskarton, Gipsfaserplatte, Weichholzfaserplatten und Weichfasermatten. • Zu den weniger gut zu besiedelnden Materialien gehören Dämmstoffe wie künstliche Mineralfasern, Polyurethan, XPS (Extrudierter Polystyrol-Hartschaum) und EPS (Expandierter Polystyrol-Hartschaum). Diese werden in der Regel erst nach mehreren Wochen bis Monaten besiedelt. • Holzwerkstoffe wie Spanplatten und OSB-Platten sowie gepresste und bituminierte Weichholzfaserplatten sind resistenter gegen mikrobiellen Befall. • Mineralische Baustoffe wie Gussasphalt, Zement-, Anhydrit- oder Calciumsulfat-Estrich werden kaum besiedelt.
V	Nährstoffeintrag	• Bewertungsrelevant ist der Verschmutzungsgrad des Wassers beim Wasserschaden. • Größere Schäden mit Abwasser in der Fußbodenkonstruktion wurden bereits in Szenario IV in der Bewertungsstufe 1 abgehandelt. • Schmutz- oder Grauwasser nach starken Niederschlägen oder Überschwemmungen weisen in der Regel eine hohe mikrobielle Verschmutzung auf, so dass ein mikrobielles Wachstum begünstigt wird. • Leitungswasserschäden (Trinkwasser) oder auch eindringende Feuchtigkeit aufgrund von Abdichtungsmängeln oder Leckagen weisen dagegen kaum bis keine mikrobielle Verschmutzung auf und können vernachlässigt werden.
VI	Alter des Schadens	• Einmalig und/oder < 3 Monaten: Risiko für mikrobielles Wachstum gering. • Mehrmalig und/oder > 3 Monaten: Risiko für mikrobielles Wachstum ist höher.

Tab. 9.3 Ampelsystem für Bewertungsstufen lt. UBA

		Bewertung		
Kriterium	Beschreibung	grün	gelb	rot
I	Untersuchungen	Immer durchzuführen	Immer durchzuführen	Immer durchzuführen
II	Durchlässigkeit	Gering	Mittel	Hoch
III	Feuchtegehalt	Gering	Mittel	Hoch
IV	Art der Materialien	Schwer zu besiedeln	Weniger gut zu besiedeln	Leicht zu besiedeln
V	Nährstoffgehalt	Gering	Mittel	Hoch
VI	Alter des Schadens	Einmalig und < 3 Monate	Einmalig und > 3 Monate	Mehrmalig und > 3 Monate

muss aber in jedem Fall eine unverzügliche Bautrocknung erfolgen. Je mehr Kriterien im roten Bereich liegen, desto mehr spricht für einen Rückbau des Fußbodens. Liegen die Kriterien im gelben Bereich oder sind über verschiedene Kategorien verteilt, muss immer eine individuelle Entscheidung des Einzelfalls getroffen werden. Unabhängig davon wird es in der Praxis immer Einzelfälle geben, die mit diesem Schema nicht abgedeckt werden können (siehe Tab. 9.3).

9.3.4.3 Pump-Effekt

Im Zusammenhang mit den „Handlungsempfehlungen zur Beurteilung von Feuchte- und Schimmelpilzschäden in Fußböden" wird immer wieder von einem so genannten Pump-Effekt berichtet, der dafür verantwortlich sein soll, dass Schimmelpilzsporen und andere mikrobielle Partikel bei Belastung der Fußbodenkonstruktion über offene Randfugen oder sonstige Öffnungen in den Innenraum „gepumpt" werden und somit die Innenraumluft durch Konvektion belasten. In mehreren Untersuchungen im Rahmen einer Forschungsarbeit[29] konnten *Sous/Liebert* sowie *Warscheid* diese theoretische Annahme nicht bestätigen. Hierzu wurden zunächst Luftströmungen an Fugen von schwimmenden Estrichen und innerhalb von Dämmschichten unter schwimmend verlegten Estrichen mithilfe eines Anemometers gemessen, nachdem die Fußbodenkonstruktion durch sporadische Punktbelastungen in Schwingung gebracht wurden. Konvektive Luftströmungen konnten nicht nachgewiesen werden. Anschließend wiederholte man den Versuch mit Rauchgas. Auch bei diesem Versuch trat weder aus den Kernbohrungen noch aus den Randfugen Rauchgas aus. Abschließend wurden verschiedene Schimmelpilzarten in erheblicher Menge in die mehrschichtigen Fußbodenkonstruktionen eingebracht. Hierbei wurde darauf geachtet, dass keine in Innenräumen üblichen Schimmelpilze verwendet werden, um eine Vermischung mit den ohnehin vorhandenen Schimmelpilzbelastungen in der Innenraumluft zu vermeiden. Der Effekt wurde noch verstärkt dadurch, dass Konzentrationen verwendet wurden, die nicht nur ein Vielfaches der üblichen Innenraumbelastung betrugen, sondern auch über denen üblicher Wasserschäden lag. Hierbei zeigte sich, dass bei druckstabilen Fußbodenaufbauten keine Übertragung von Schimmelpilzen und anderen mikrobiellen Partikeln aufgrund konvektiver Luftströmungen in die Innenraumluft stattfindet. Der Pump-Effekt zeigte sich nur bei weichen Dämmschichten unter dünnen, wenig biegesteifen Estrichen – und auch dort nicht in jedem Versuch und in Konzentrationen, die deutlich unter denen lagen, die bisher angenommen wurden. Die Versuche zeigten zudem, dass eine pauschale Aussage über die Mobilisierung und Verteilung von Schimmelpilzsporen und anderen mikrobiellen Partikeln aus Estrichdämmschichten nicht getroffen werden kann und von verschiedenen Faktoren wie z. B. dem Estrichaufbau und dessen Schichtdicke, der Art des Dämmstoffs sowie dessen Druckstabilität und Steifigkeit abhängig ist.

In einem weiteren Versuchsaufbau wurde der Frage nachgegangen, ob mit der üblichen Randfugensanierung – gemeint ist eine Desinfektion der Randfugen mit bioziden Wirkstoffen, wenn ein feuchtegeschädigter Estrich nach einem sporadischen Wasserschaden nicht entfernt (rückgebaut oder herausgerissen), sondern erhalten wird – eine Freisetzung von Schimmelpilzsporen und anderen mikrobiellen Partikeln in die Innenraumluft durch konvektive Luftströmungen vermieden werden kann. Die Versuche konnten dies bestätigen. Abschließend wurde untersucht, welchen

Einfluss eine Abschottung der Randfugen mit konvektiv dichten Maßnahmen wie z. B. mit abdeckenden Fugenbändern oder elastischen Dichtstoffen hat. *Sous/Liebert* sowie *Warscheid* kamen zum Ergebnis, dass sich durch diese Maßnahmen hygienische Folgebelastungen für die Innenraumluft ausschließen lassen und demzufolge Estriche nach Wasserschäden nicht entfernt werden müssen, sondern nach entsprechender Trocknung und Sanierung bleiben können.[29]

Spannend sind die Ergebnisse, die sich durch weitere Untersuchungen in diesem Kontext ergeben haben. Denn gleichzeitig wurde untersucht, wie hoch eigentlich eine mikrobielle Belastung einer nicht geschädigten Fußbodenkonstruktion ist – also in trockenen Dämmschichten unter Estrichen. Schließlich unterliegen diese Baustoffe schon bei der Lieferung und Montage einer üblichen Hintergrundbelastung und werden somit bereits mikrobiell verunreinigt eingebaut. Diese Fragestellung ist nicht nur unter mikrobiologischen und hygienischen Gesichtspunkten interessant, sondern auch unter rechtlichen Aspekten. Schließlich definiert sie die „übliche Beschaffenheit“ zum Zeitpunkt der Ausführung und Abnahme. Die Ergebnisse durch *Strohmeyer* ergaben ein sehr heterogenes Bild. In den verschiedenen Proben aus bisher nicht von Wasserschäden betroffenen Fußbodenaufbauten aus privat genutzten Innenräumen (Wohnungen) und gewerblich genutzten Innenräumen (Büros, Hotels) sowie öffentlichen Gebäuden (Schulen, Umkleideräume in Sporthallen) zeigten sich unterschiedliche Konzentrationen an mikrobieller Belastung. Diese Unterschiede zeigten sich sowohl zwischen der Mitte und den Randbereichen der Fußbodenaufbauten als auch zu den Nassräumen. Während in der Mitte der Fußbodenaufbauten in den „trockenen“ Innenräumen keine mikrobiellen Belastungen festgestellt wurden, zeigten sich diese in den Randfugen der Nassräume. Allerdings wurden auch in diesen Aufbauten in den meisten Proben keine mikrobiellen Belastungen in den Dämmstoffen nachgewiesen. Nur wenige Proben zeigten biogene Verunreinigungen durch Schimmelpilzsporen und andere mikrobielle Partikel (Hyphen, Myzelien) sowie Bakterien, die nicht durch einen Wasserschaden verursacht worden sein können und somit auf den Einbau zurückgeführt wurden. Die Untersuchungen[30] bestätigten den von einigen Experten seit Jahren geäußerten Verdacht, dass auch Baustoffe aufgrund ihrer natürlichen Verschmutzung vor dem Einbau bereits eine Hintergrundbelastung aufweisen und somit Bauteile wie z. B. Fußbodenkonstruktionen mikrobiell belasten und somit verantwortlich sind, dass selbst neue Baustoffe in Neubauten eine mikrobielle Belastung im normalen Umfang aufweisen.

9.3.5 Filtersysteme

Bei der technischen Bautrocknung geht es nicht nur um die schnellstmögliche Entfeuchtung der Raumluft und/oder von Bauteiloberflächen oder tiefergelegenen Bauteilschichten. Eine technische Bautrocknung muss in meisten Fällen mit einer Schimmelpilzsanierung kombiniert werden – zumindest kann man bei der Sanierung eines Wasserschadens nicht mehr ausschließen, dass auch ein mikrobieller Befall durch Schimmelpilze und/oder Bakterien vorliegt. Daher müssen im Rahmen der technischen Bautrocknung entsprechende Schutzmaßnahmen getroffen werden. Diese gelten für die Innenräume und für die Mitarbeiter der Trocknungsfirmen, um gesundheitliche Belastungen auszuschließen. Eine wesentliche Rolle hierbei nehmen Filter und Filtersysteme ein. Die Auswahl der geeigneten Filter richtet sich nach der Art der Schimmelpilzarten und -gattungen, so dass man als Trocknungsfirma an einer mikrobiologischen Untersuchung nicht vorbeikommt. Erst recht nicht, wenn bekannt ist oder vermutet werden muss, dass sich in den Innenräumen Menschen einer Risikogruppe befinden.

Schimmelpilzsporen mit einem Durchmesser unter 5 μm gelten als besonders gefährlich, da sie lungengängig sind. Zu ihnen gehören z. B. Aspergillus flavus, Aspergillus fumigatus, Aspergillus niger, Aspergillus versicolor, Arten von Penicillium und Trichoderma. Besonders kritisch sind Sporen mit einem Durchmesser unter 2 μm einzustufen, da diese nicht nur lungen-, sondern auch Alveolen gängig sind. Zu ihnen gehören u. a. Aspergillus terreus sowie Arten Nocardia. Werden diese Arten im Rahmen einer Wasserschadensa-

Tab. 9.4 Darstellung der verschiedenen Filtersysteme in Abhängigkeit zur Partikelgröße der zu filternden Medien

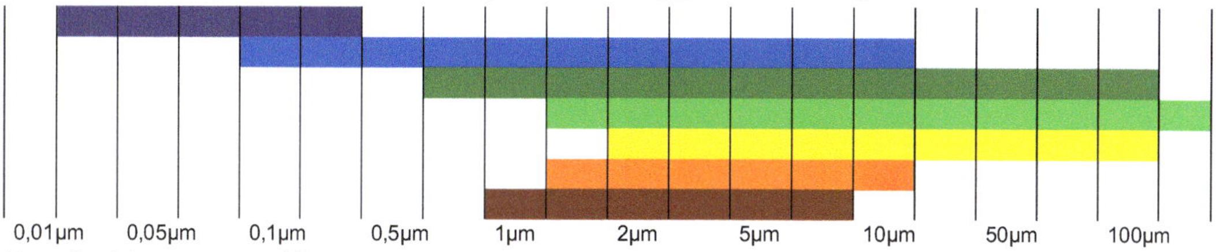

blauer Bereich:	Virus
hellblauer Bereich:	Bakterien
grüner Bereich:	normaler Feinstaub
hellgrüner Bereich:	normaler Grobstaub
gelber Bereich:	Schimmelpilze
orangefarbener Bereich:	Mineralfaserstaubfasern
brauner Bereich:	virulente Schimmelpilzsporen

nierung in Innenräumen nachgewiesen, liegt eine erhebliche Gesundheitsgefahr vor. Entsprechende Schutzmaßnahmen sind gemäß Biostoffverordnung, Technische Regeln für Gefahrstoffe TRGS 521, TRGS 524, TRGS 540 und TRGS 907 durchzuführen. In diesen wird schimmelpilzhaltiger Staub nach den Kriterien der Gefahrstoffverordnung (GefStoffV) als sensibilisierender Stoff eingestuft. Daher ist geregelt, dass in Arbeitsbereichen, in denen mit derartigen Stoffen umgegangen wird, abgesaugte Luft nicht wieder zurückgeführt werden darf. Dies bedeutet, dass Trocknungssysteme im Überdruckverfahren unter diesen Umständen strengstens verboten sind! In der TRGS 521 wird vorgeschrieben, dass abgesaugte Luft nur unter der Bedingung in Innenräume zurückgeführt werden darf, wenn sie ausreichend gereinigt bzw. gefiltert ist. Dies bedeutet, dass Trocknungssysteme im Unterdruckverfahren nur mit geeigneten Schwebstofffiltern zu verwenden sind – in dem Fall einem HEPA-Filter der Filterklasse H.

HEPA-Filter stellen heute das Maß der Dinge dar, wenn es um die Feinfilterung von organischen oder anorganischen Feinstäuben oder mikrobielle Belastung durch Sporen und mikrobielle Partikel in der Luft von Innenräumen geht. Die Abkürzung HEPA steht für „High Efficiency Particulate Air". Hierbei handelt es sich um Schwebstofffilter, mit denen über 99,9 % der Feinstpartikel abgefangen werden, die größer sind als 0,1 bis max. 0,3 µm. Hierzu gehören u. a. einige Schimmelpilze, Bakterien und Viren, Fasern und Feinststäube, Eier von Milben, Pollen und sonstige Aerosole in der Raumluft, Rauchpartikel sowie Asbest. In der technischen Bautrocknung haben sie die Aufgabe, die angesaugte Luft zu filtern, um die Trocknungsgeräte nicht zu verkeimen und die belastete Luft nicht freizusetzen. Deshalb werden Filtersysteme nach dem Wasserabscheider und vor dem eigentlichen Trocknungsgerät positioniert (siehe Tab. 9.4).

Filtersysteme sind in der europäischen Norm DIN EN 1822-1 „Schwebstofffilter (EPA, HEPA und ULPA) – Teil 1: Klassifikation, Leistungsprüfung, Kennzeichnung" geregelt, in der z. B. die Klassen H10 bis H14 die HEPA-Filter klassifizieren. Darüber hinaus gibt es noch die kaum bekannten so genannten ULPA-Filter, die in den Klassen U15 bis U17 beschrieben werden und eine Verbesserung gegenüber HEPA-Filtern darstellen. ULPA steht für Ultra Low Penetration Air und beschreibt Filter mit einer Effizienz von bis zu 99,999 % gegenüber den oben genannten Partikeln mit einem Durchmesser von 0,1 bis 0,3 µm. Im medizinischen Bereich werden auch so genannte SULPA-Filter (Super-ULPA) eingesetzt, die eine Effizienz von 99,9999 % erreichen. Im Rahmen der Schimmelpilzsanierung werden diese nicht eingesetzt. Hier kommen die bereits erwähnten Schwebstofffilter (HEPA) zum Einsatz. Die Tab. 9.5 gibt einen Überblick:

Der Einsatz der entsprechenden Filter muss immer mit der Art der jeweiligen Staubbelastung abgestimmt werden. Grobstaubfilter gehören in die Filterklasse G und werden zum Filtern von Partikel eingesetzt, die größer als 10 µm sind.

Tab. 9.5 Uberblick über die verschiedenen Filterarten

Partikelgröße	Beispiele	Filterklasse	Anwendung (Beispiele)
Grobstaubfilter für Partikel > 10 µm	Insekten, Textilfaser, Haare, Sand, Flugasche, Blütenstaub, Sporen, Pollen, Zementstaub	G1	Einfache Anwendung aller Art
		G2	Vor- und Umluftfilter
		G3	Abluft in Farbspritzkabinen, Küchendunsthaube
		G4	Klimageräte
Feinstaubfilter für Partikel 1–10 µm	Pollen, Sporen, Keime, Bakterien, Zementstaub, Flugasche, Blütenstaub	M5	Außenluftfilter für Räume mit geringen Anforderungen (z. B. Werkhallen, Lagerräume, Garagen), Vor- und Umluftfiltrierung in Lüftungszentralen
		M6	Endfilter in Klimaanlagen für Verkaufsräume, Büros und gewisse Produktionsräume, Krankenhäuser und Serverräume
	Tabakrauch und agglomerierter Ruß	F7	Vorfilter für Filterklassen F9 bis E11
		F8	Vorfilter für Filterklasse E11 bis H13 sowie für Aktivkohle
		F9	–
Schwebstofffilter für Partikel < 1 µm	Keime, Bakterien, Viren, Tabakrauch		E10
		E11	Endfilter für reine Räume der Klassen 100.000 bzw. 10.000
		E12	Endfilter für reine Räume der Klassen 10.000 bzw. 100
	Öl-Dunst und Ruß, radioaktive Schwebstoffe	H13	Endfilter in Zivilschutzanlagen, Abluftfilter in kerntechnischen Anlagen
		H14	Endfilter für reine Räume der Klassen 10 bzw. 1
	Aerosole	U15	–
		U16	–

Hierzu gehören z. B. Insekten, Textilfasern, Sand, Flugasche, Blütenstaub, Sporen, Pollen oder auch Zementstaub. Einfache Anwendungen sind z. B. Dunstabzugshauben in der Küche oder auch Ventilatoren. Darüber hinaus finden sie Anwendung beim Vorfiltern nachfolgender Feinfilter. Diese Feinstaubfilter gehören in die Klasse F und werden zum Filtern von Partikeln verwendet, die in einer Größe von 1 bis max. 10 µm vorliegen. Zu ihnen zählen ebenfalls u. a. Blütenstaub und Pollen sowie Sporen und Bakterien. Eingesetzt werden diese z. B. als Vor- und Umluftfiltrierung in Lüftungsanlagen sowie als Endfilter in Klimaanlagen. Auch Feinfilter werden wiederum als Vorfilter für höherwertige Filter verwendet, in dem Fall für den Schwebstofffilter. Diese Schwebstofffilter werden auch als HEPA-Filter bezeichnet, gehören in die Klasse H und werden zum Filtern von Partikeln verwendet, die in einer Größe von kleiner als 1 µm vorliegen. Zu ihnen zählen Keime, Bakterien, Viren und Tabakrauch, einige radioaktive Schwebstoffe sowie Aerosole. Die Leistung von HEPA-Filtern ist etwa eine Zehnerpotenz besser als die von Mikrofiltern. Deshalb neigt man gelegentlich zu der fehlerhaften Annahme, an Stelle eines Mikrofilters gleich einen HEPA-Filter einsetzen zu können, um eine höhere Effizienz zu erreichen. Dies funktioniert in der Praxis nicht, da die Schwebstofffilter relativ schnell verstopfen würden. Infolgedessen ist eine Vorfilterung durch Mikrofilter immer notwendig.

Filtersysteme sind über modulare Filterstufen aufgebaut (siehe Abb. 9.17). Zum Schutz der nachfolgenden Filter und des Dämmschichttrockners erfolgt in der ersten Stufe die Vorfilterung und Grobabscheidung des angesaugten Luft-Was-

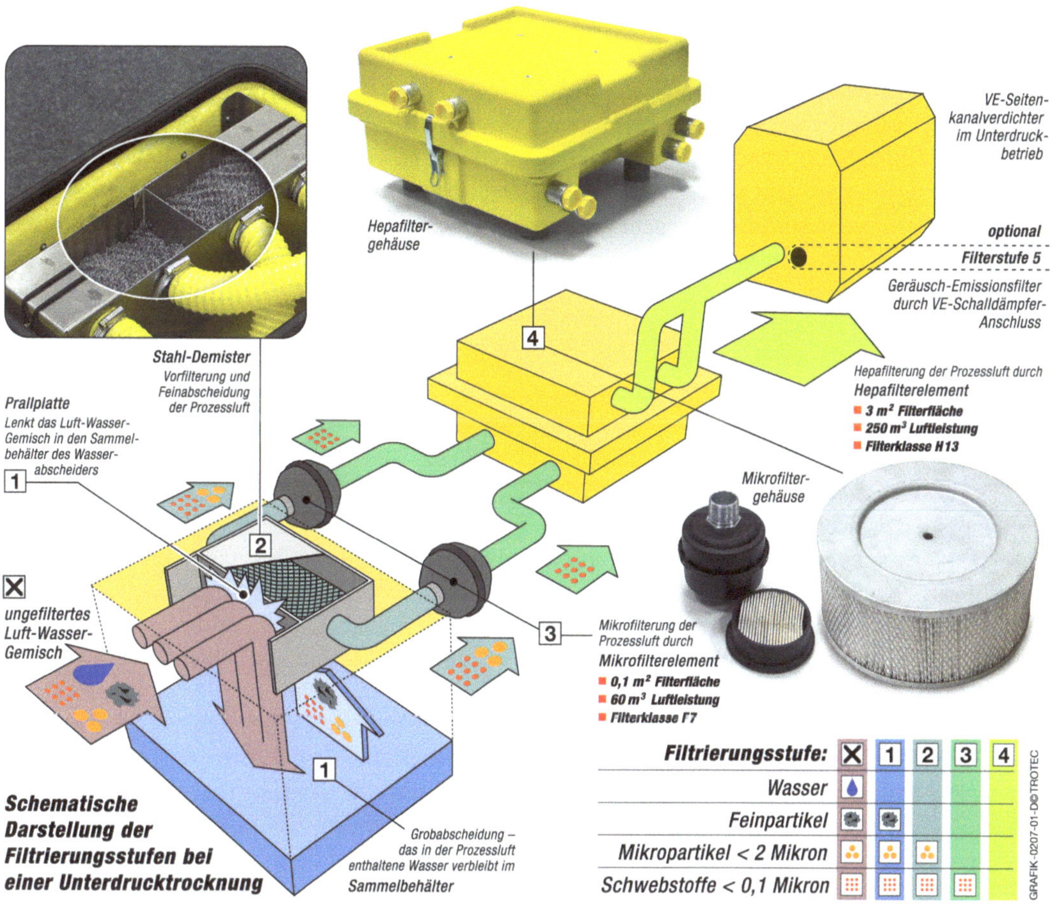

Abb. 9.17 schematische Darstellung der Filtersysteme

ser-Gemisches. In der zweiten Filterstufe erfolgt die Vorfilterung und Feinabscheidung. So wird die Leistung des Folgefilters optimiert und die Standzeit verlängert. Hierzu wird der Luftstrom von Feinpartikeln gereinigt. Nach der Vorfilterung ist die gereinigte und wasserfreie Luft bereits soweit von Partikeln befreit, dass diese mit dem menschlichen Auge nicht mehr sichtbar sind. Anschließend erfolgt eine Mikrofilterung der angesaugten Luft (Prozessluft). Somit wird sichergestellt, dass kontaminierte abgesaugte Luft vor der Rückführung in die Innenräume ausreichend gereinigt wird und eine zwingend notwendige Vorfilterung stattfindet für den nachfolgenden Einsatz eines HEPA-Filters. In der letzten Filterstufe erfolgt eine Filterung gemäß Klasse H13 nach DIN 1822-1. Damit erfolgt eine zuverlässige Abscheidung von Schimmelpilzsporen, Bakterien und kleinster Mikrofasern, welche im Verdacht stehen, krebserregend zu sein. Deshalb sind HEPA-Filter bei Expositionsgefahr der Umgebungsluft durch derartige sensibilisierende Stoffe gemäß TRGS 907 (GefStoffV) und TRGS 540 als technische Schutzmaßnahme zwingend notwendig und gesetzlich vorgeschrieben.

9.4 Sanierung von fäkalienbelasteten Wasserschäden

9.4.1 Einleitung

Die Sanierung von Fäkalschäden in Gebäuden stellt ein Spezialgebiet bei der Sanierung von Wasserschäden dar. Genau genommen geht es um Bakterien und andere Krankheitserreger, die sich in Fäkalien befinden und durch Überschwemmungen oder Havarieschäden und dgl. in Gebäuden verteilen werden und Innenräume sowie mehrschichtige Baukonstruktionen kontaminieren. Infolgedessen geht es bei der Sanierung fäkalienhaltiger Wasserschäden um mehr als nur der technischen Bautrocknung, sondern um die hygienische Beseitigung von kontaminiertem Schmutz- und Abwasser, das in unterschiedliche Verschmutzungsgrade unterteilt wird.

Große Bedeutung bei dieser Sanierung hat der Schutz vor Gesundheitsgefährdungen für die Raumnutzer. Daher muss im Rahmen der Diagnostik und Bewertung eine Gefährdungsbeurteilung durchgeführt werden. Diese schafft Klarheit über die Notwendigkeit sowie Art und Umfang von Sofortmaßnahmen.

Anschließend wird das Sanierungsziel definiert. Dieses beeinflusst nicht nur Art und Umfang der kompletten Sanierungsmaßnahmen und somit die Kosten, sondern ist auch Grundlage für Ausschreibung, Angebot und Werkvertrag sowie Abnahme. Das Sanierungsziel muss immer die vollständige Beseitigung sämtlicher fäkalienbelasteter Verschmutzungen sein. Nach zwölf Stunden dürfen auf allen gereinigten und desinfizierten Oberflächen keine Keimzahlen von mehr als 25 Kolonie Bildende Einheiten (KBE) Bakterien auf einer Abklatschplatte wie z. B. Rodac (Replicate Organism Detection an Conting) nachgewiesen werden. In Materialien darf die Konzentration von Bakterien 5.000 KBE/g Material nicht überschritten werden. Außerdem dürfen keine spezifischen Gerüche im Zusammenhang mit dem fäkalienbelasteten Wasserschaden wahrgenommen werden. Für den objektiven Nachweis dieses subjektiven Empfindens wird die dynamische Olfaktometrie eingesetzt, eine standardisierte Messmethode von Geruchsstoffen und deren Konzentration.

Art und Umfang von erforderlichen Schutz- und Hygienemaßnahmen festgelegt und eine Untersuchung durchgeführt. Nach der Bewertung der Untersuchungsergebnisse werden die erforderlichen Sanierungsmaßnahmen festgelegt und durchgeführt, zu denen auch Feinreinigung und Freimessung als Qualitätskontrolle gehören. Diese sind nicht nur aus fachlich-technischer Sicht notwendig, sondern auch rechtlich geschuldet, da Fäkalschäden unverzüglich und rückstandsfrei zu beseitigen sind und der Nachweis hierüber im Rahmen der Abnahme zu erbringen ist.

Die Sanierung eines fäkalienbelasteten Wasserschadens sollte durch eine qualifizierte Fachfirma aus dem Bereich der Feuchte- und/oder Schimmelpilzsanierung durchgeführt werden.

9.4.2 Definition und Hintergründe

Die Sanierung von Fäkalschäden in Gebäuden stellt ein Spezialgebiet bei der Sanierung von Wasserschäden dar. Genau genommen geht es um Bakterien und andere Krankheitserreger, die sich in Fäkalien befinden und durch Überschwemmungen oder Havarieschäden und dgl. über das Schmutz- und Abwasser in Gebäuden verteilen und Innenräume sowie mehrschichtige Baukonstruktionen bakteriell kontaminieren. Somit handelt es sich, anders als bei Leitungswasserschäden, bei denen sauberes Leitungswasser (so genanntes Weißwasser) austritt, um Schmutz- oder Abwasser, das in Grau- und Schwarzwasser unterschieden wird. Ein gering verschmutztes Abwasser fällt z. B. beim Duschen, Baden oder in Spül- und Waschmaschinen an. Dieses wird nach DIN EN 12056 „Entwässerungsanlagen innerhalb von Gebäuden" als Grauwasser bezeichnet und ist verschmutzt, aber fäkalienfrei. Als Schwarzwasser bezeichnet man dagegen nach DIN ISO 6107 „Wasserbeschaffenheit" das Abwasser aus Toiletten, in dem sich Urin und/oder Fäkalien (Kot oder Fäzes) befinden. Abwasser aus Toiletten wird aus abwassertechnischer Sicht noch in Gelb- und Braunwasser unterschieden: Gelbwasser kommt aus Urinalen und ist eine Mischung aus Urin und Spülwasser; Braunwasser dagegen kommt aus den Abflussleitungen und ist eine Mischung aus Kot, Spülwasser und Toilettenpapier.

Bei der Sanierung von Fäkalschäden in Gebäuden geht es nicht nur um menschliche Ausscheidungen, da durch Überschwemmungen nach sintflutartigen Niederschlägen oder Hochwasser auch landwirtschaftliche Gebäude wie z. B. Stallungen überflutet werden können und infolgedessen tierische Ausscheidungen über das Oberflächenwasser z. B. über Öffnungen wie z. B. Kellerfenster oder Undichtigkeiten in der Baukonstruktion in Gebäude eindringen und Innenräume kontaminieren können. Hinzu kommen Ausscheidungen z. B. von Haustieren und Lästlingen, die durch sporadische Wasserschäden innerhalb von Gebäuden verteilt werden und ebenfalls zu biologischen Gefährdungen beitragen können.

Nach Angaben des Gesamtverbandes der Deutschen Versicherungswirtschaft (GDV) werden pro Jahr über 1 Mio. Versicherungsschäden an wasserführenden Leitungen reguliert. Bei 10 % dieser Versicherungsfälle handelt es sich um fäkalienführende Wasserschäden. Allerdings sind nicht unvermeidbare Ereignisse wie z. B. unwetterartige Niederschläge oder Hochwasser die Hauptursache, sondern in Zweidrittel aller Fälle vor allem Undichtigkeiten an abwasserführenden Leitungen (30 bis 35 %) sowie Rückstau über die Toilette (35 bis 40 %) – und somit vermeidbare Ursachen. Vermeidbar deshalb, weil bei den Untersuchungen häufig Rückstände zum Vorschein kommen, die nicht über die Toilette zu entsorgen sind wie Hygienartikel z. B. Damenbinden oder Essensreste wie z. B. Knochen und zwangsläufig zu Verstopfungen führen. Der erhebliche volkswirtschaftliche Schaden von 2 bis 3 Mrd. € pro Jahr könnte durch ein anderes Problembewusstsein vermieden werden. Hierbei sind nur die direkten Kosten berücksichtigt, die über die Versicherungen reguliert werden. Nicht gemeldete Fälle oder nicht versicherte Ausgaben kommen als Dunkelziffer noch hinzu.

Bei der Sanierung von fäkalienhaltigen Wasserschäden müssen neben den physikalischen, chemischen und biologischen Schadensmechanismen, die bei der technischen Bautrocknung immer anfallen, auch starke Geruchsbelästigungen berücksichtigt werden sowie ein nicht zu unterschätzender psychologischer Faktor – der Ekel. Dieser wird durch intensiv unangenehme bis übelriechend stechende Gerüche verursacht, die bei der biochemischen Gärung und/oder vor allem Fäulnis organischer Substanzen entstehen. Typische Vertreter sind Ammoniak und Schwefelwasserstoff, dessen penetranter Geruch unverkennbar ist. Extrem unangenehme Gerüche können neben Ekel auch zu Übelkeit und Erbrechen führen und in Ausnahmen zu Reizungen der Schleimhäute von Augen und Atemwegen sowie Kopfschmerzen, Müdigkeit oder Konzentrationsstörungen. Abhilfe kann hierbei eine so genannte Geruchsneutralisation schaffen.

Hinzu kommt eine konkrete Gesundheitsgefährdung für die Raumnutzer, da bei Fäkalschäden verschiedene Krankheitserreger mit unterschiedlicher Wahrscheinlichkeit auftreten können. Zu diesen zählen vor allem verschiedene Viren und Bakterien sowie parasitische Einzeller und Würmer. Um die Mitarbeiter der Sanierungsfirma während der Sanierungsmaßnahmen zu schützen, muss im Rahmen der Diagnostik und Bewertung eine Gefährdungsbeurteilung durchgeführt werden. Grundlage hierfür sind die Risikogruppen lt. Biostoffverordnung (BioStoffV). Bei der Gefährdungsbeurteilung sind grundsätzlich alle Arten potenzieller Gefährdung zu berücksichtigen.

Bei der Sanierung von fäkalienhaltigen Wasserschäden sind neben der Biostoffverordnung weitere Regelwerke wie z. B. die TRBA 220 „Sicherheit und Gesundheit bei Tätigkeiten mit biologischen Arbeitsstoffen in abwassertechnischen Anlagen“, die DGUV Information 201-028 „Gesundheitsgefährdungen durch Biostoffe bei der Schimmelpilzsanierung“ sowie die DGUV Regel 103-003 „Arbeiten in umschlossenen Räumen von abwassertechnischen Anlagen“ zu berücksichtigen. Weitere Informationen finden sich in den Richtlinien der Versicherungswirtschaft wie z. B. in der VdS-Richtline 3154 „Fäkalwasserschäden“, VdS-Richtlinie 3151 „Richtlinien zur Schimmelpilzsanierung nach Leitungswasserschäden“ sowie VdS-Richtlinie 3150 „Richtlinien zur Leitungswasserschaden-Sanierung“, ebenso im VDB-Leitfaden „Gefährdungsbeurteilung und Sanierungsdurchführung bei Fäkalschäden in Gebäuden“ des Berufsverbandes Deutscher Baubiologen.

In diesen Regelwerken werden Art und Umfang von Sofortmaßnahmen sowie Schutz- und Hygienemaßnahmen geregelt. Diese dürfen nicht nur auf die persönliche Schutzausrüstung (PSA) der Mitarbeiter der Sanierungsfirma reduziert werden, sondern müssen auch auf den Umgebungsschutz der betroffenen Innenräume und angrenzender Innenräume gerichtet sein. Außerdem werden geeignete Methoden zur Diagnostik vorgestellt und erforderliche Maßnahmen zur Beseitigung und Entfernung beschrieben.

Der grundsätzliche Ablauf einer Sanierung von fäkalienhaltigen Wasserschäden beinhaltet Sofortmaßnahmen mit dem Abpumpen des fäkalienbelasteten Schmutzwassers und einer ersten Reinigung sowie ausreichenden Durchlüftung. Anschließend erfolgt die Erstellung einer Gefährdungsbeurteilung sowie die Festlegung von Schutz- und Hygienemaßnahmen. Nach Sicherstellung eines ausreichenden Luftwechsels im Sanierungsbereich erfolgt das Räumen und Auslagern des kompletten Inventars, das vorher gereinigt und ggf. desinfiziert wurde. Anschließend erfolgt der Rückbau, also das Entfernen der durchfeuchteten und fäkalienhaltigen Baustoffe in Boden- und Wandkonstruktionen. Dies betrifft auch betroffene Füllungen von z. B. Holzbalkendecken sowie Installationen in Hohl- und Zwischenräumen. Danach erfolgt eine gründliche Reinigung und technische Bautrocknung. Nach Abschluss erfolgt die Desinfektion und Feinreinigung der getrockneten Oberflächen, das Abschalten des Luftwechsels und eine mikrobiologische Nachuntersuchung (Freimessung). Nach der Freigabe können Schutz- und Hygienemaßnahmen wieder entfernt und ggf. nochmals gemessen werden, bevor die Abnahme und Übergabe stattfindet.

9.4.3 Gesundheitsgefährdung und Sofortmaßnahmen

Bei der Beseitigung und Entfernung von fäkalienhaltigen Wasserschäden besteht für alle beteiligten Raumnutzer eine erhöhte Gesundheitsgefährdung. Diese liegt in einem Infektionsrisiko durch verschiedene Krankheitserreger wie Viren und Bakterien sowie parasitische Einzeller und Würmer, die beim Menschen schwere Erkrankungen verursachen können. Die Aufnahme dieser Krankheitserreger kann über die Haut, die Schleimhäute oder durch Verletzungen erfolgen. Daher muss jeglicher Kontakt durch ein angemessenes Schutz- und Hygienekonzept vermieden werden.

Krankheitserreger können über trockene und rissige Haut genauso eindringen wie über aufgeweichte Haut oder Verletzungen (z. B. Schürf- oder Schnittwunden). Diese können auch durch Spritzer oder Bioaerosole (z. B. Tröpfchen oder Stäube) über die Augen oder Schleimhäute aufgenommen werden. Das Hauptproblem stellen aber Schmierinfektionen dar. Gerade das „sich mal spontan ins Gesicht fassen" ist immer wieder Auslöser für die Übertragung von Krankheitserregern. Hinzu kommt fehlende Hygiene z. B. bei einem Hand-zu-Mund-Kontakt ohne vorherige Reinigung und Desinfektion der Hände. Deshalb liegt ein Schwerpunkt neben den räumlichen und persönlichen Schutzmaßnahmen in der intensiven Aufklärung und Sensibilisierung aller Beteiligten zur Einhaltung eines Hygienekonzeptes.

Krankheitserreger sind Viren und Bakterien sowie parasitische Einzeller und Würmer. In erster Linie müssen Nora- und Rota-Viren genannt werden, die Durchfallerkrankungen verursachen. Hinzu kommt das Hepatitis A-Virus, das allerdings in den meisten Fällen ohne Symptome verläuft und nur in Ausnahmen zu schweren Krankheitsverläufen führen kann, sowie das Hepatitis-B-Virus, das in der Regel schwere Krankheitsverläufe verursacht und der Risikoklasse 3 zugeordnet wird. Während die erstgenannten Viren vor allem über Schmierinfektion in den menschlichen Körper gelangen, kommt es zu einer Infektion mit dem Hepatitis-B-Virus in der Regel nur, wenn der Krankheitserreger über kleine Hautverletzungen in die Blutbahn gelangt. Schürf- oder Schnittverletzungen stellen daher ein besonders hohes Gesundheitsrisiko dar.

Außerdem müssen coliforme Bakterien wie z. B. Escherichia coli, Salmonella spp. und Campylobacter spp. genannt werden. Diese können Darmerkrankungen verursachen und werden hauptsächlich durch Schmierinfektion verursacht. Dringen die Krankheitserreger dagegen über die Haut ein (z. B. bei Schürf- oder Schnittwunden), kann es zu einer Infektion kommen, die in schweren Fällen zu einer Blutvergiftung (Sepsis) sowie bei Leptospiren zu Leber- und Nierenentzündungen führen kann. Die Tab. 9.6 enthält eine Übersicht über mögliche Krankheitserreger gemäß TRBA 220.

Tab. 9.6 Übersicht über mögliche Krankheitserreger

Krankheitserreger	Hauptaufnahme	Auswirkungen	Risikogruppe
Viren			
Noro-Virus	Mund	Erbrechen, Durchfall	2
Rota-Virus	Mund	Durchfall	2
Hepatitis-A-Virus	Mund	Infektiöse Hepatitis	2
Hepatitis-B-Virus	Blut oder andere Körperflüssigkeiten	Infektiöse Hepatitis (Gelbsucht)	3
Adenoviren	Mund, Atemwege, Schleimhäute	Augenentzündungen, Infektion der Atemwege	2
Bakterien			
Escherichia coli	Mund	Durchfall	2
EHEC		Blutige Durchfallerkrankung	3
Helicobacter sp.	Mund	Chronische Magen- und Darmerkrankung	2
Klebsiella pneumoniae	Atemwege	Nasennebenhöhlen- und Lungenentzündung	2
Leptospira sp.	Haut, Schleimhäute	Fieber, Gehirnhautentzündung, Leber- und Nierenentzündung, Gelbsucht, Leptospirose (Weil'sche Krankheit)	2
Salmonella enteritidis	Mund	Aktuter Brechdurchfall, Fieber	2
Salmonella infantis		–	–
Salmonella typhimurium		Typhus	3
Yersinia enterocolitica	Mund	Fieber, Durchfall, Bauch- und Gelenkschmerzen	2
Schimmelpilze			
Penicillium spp.	Atemwege	Allergische Atemwegserkrankungen	1–2
Aspergillus fumigatus	Atemwege	Allergische Atemwegserkrankungen	2
Protozoen (parasitische Einzeller)			
Entamoeba sp.	Mund	Durchfall	2
Giardia lamblia	Mund	Durchfall, Fieber, Appetitlosigkeit	2
Würmer			
Ascaris lumbricoides (Spulwurm)	Mund	Allergien, Lungenentzündung, Infektion des Dünndarms	2

Biostoffe werden entsprechend ihres Infektionsrisikos in vier Risikogruppen eingestuft. Sensibilisierende und toxische Wirkungen werden bei dieser Einstufung nicht berücksichtigt. Die Einteilung der Risikogruppen erfolgte nach der EU-Richtlinie 2000/54/EG zum Schutz von Arbeitnehmern gegen die Gefährdung durch biologische Arbeitsstoffe und wurde in der Biostoffverordnung (BioStoffV) übernommen. Biologische Arbeitsstoffe, zu denen Viren, Bakterien, Schimmelpilze und dgl. zählen, werden entsprechend des von ihnen ausgehenden Infektionsrisikos in vier Risikogruppen unterteilt:

- Risikogruppe 1: Biologische Arbeitsstoffe, bei denen es unwahrscheinlich ist, dass diese beim Menschen eine Krankheit verursachen
- Risikogruppe 2: Biologische Arbeitsstoffe, die eine Krankheit beim Menschen hervorrufen und eine Gefahr für Beschäftigte darstellen können (eine Verbreitung des Stoffes in der Bevölkerung ist unwahrscheinlich; eine wirksame Vorbeugung oder Behandlung ist normalerweise möglich)
- Risikogruppe 3: Biologische Arbeitsstoffe, die eine schwere Krankheit beim Menschen hervorrufen können und eine ernste Gefahr für

Beschäftigte darstellen können (die Gefahr einer Verbreitung in der Bevölkerung kann bestehen, normalerweise ist eine wirksame Vorbeugung oder Behandlung möglich)
- Risikogruppe 4: Biologische Arbeitsstoffe, die eine schwere Krankheit beim Menschen hervorrufen und eine ernste Gefahr für Beschäftigte darstellen (die Gefahr einer Verbreitung in der Bevölkerung ist unter Umständen groß; normalerweise ist eine wirksame Vorbeugung oder Behandlung nicht möglich).

Auf Grundlage dieser Risikogruppen muss vor Beginn der Sanierungsmaßnahmen durch den Auftragnehmer (Sanierungsfirma) eine Gefährdungsbeurteilung gemäß DGUV-Information 201-028 „Gesundheitsgefährdungen durch Biostoffe bei der Schimmelpilzsanierung“ erstellt werden. Hierbei muss berücksichtigt werden, dass ein Kontakt mit fäkalienbelasteten Abwasser, Oberflächen und Materialien in allen Phasen der Sanierung – von der Erstbesichtigung über die Untersuchungen bis hin zur Bauteilöffnung und Beseitigung – möglich ist. Außerdem muss berücksichtigt werden, dass überflutete Innenräume nach Überschwemmungen auch mit Chemikalien kontaminiert sein können.

Private Raumnutzer (Bewohner) sind in der Regel die Ersten, die Kenntnis und Kontakt mit fäkalienbelasteten Wasserschäden haben. Ihnen fehler allerdings die Expertise und die Erfahrung, um beim Erstkontakt eine Gefährdung einschätzen können. Daher kann von Laien auch nicht erwartet werden, dass sie wissen, wie erforderliche Sofortmaßnahmen oder notwendige Schutz- und Hygienemaßnahmen einzuleiten sind. Es ist deshalb oberste Aufgabe und Fürsorgepflicht von Sachverständigen, Mikrobiologen und/oder Trocknungs- bzw. Sanierungsfirma, jegliche Gesundheitsgefährdung für alle Beteiligten abzuwehren.

Außerdem muss beachtet werden, dass die DGUV-Information 201-028 nur Tätigkeiten im Umgang mit Schimmelpilzen regelt, nicht aber die im Umgang mit Mikroorganismen, die sich in fäkalienbelasteten Abwässern (Schwarzwasser) befinden und als Krankheitserreger ein erhöhtes Infektionsrisiko und schwere Erkrankungen verursachen können. Schon bei der ersten Vor-Ort-Besichtigung muss daher eine persönliche Schutzausrüstung (PSA) getragen werden. Hierzu gehören eine partikelfiltrierende Halbmaske (FFP3), ein staubdichter Chemikalienschutzanzug der Kategorie III (Typ 4/5/6) bzw. besser ein flüssigkeitsdichter Schutzanzug, eine Schutzbrille, Gummistiefel und flüssigkeitsdichte Schutzhandschuhe (z. B. Nitril). Während der Besichtigung sollten die betroffenen Innenräume so gut wie möglich belüftet werden.

Im Anschluss werden Art und Umfang mikrobiologischer Untersuchungen festgelegt und die daraus resultierenden Schutz- und Hygienemaßnahmen nach TRBA 220 „Sicherheit und Gesundheit bei Tätigkeiten mit biologischen Arbeitsstoffen in abwassertechnischen Anlagen“ definiert. Diese ergeben sich nicht nur aus den Risikogruppen der Biostoffe, sondern auch aus den Expositionsklassen, die sich aus dem Schadensumfang, der Staubentwicklung bei den Sanierungsarbeiten sowie der Dauer der Tätigkeit ergeben. Außerdem müssen bei der Gefährdungsbeurteilung evtl. Metaboliten wie z. B. Endotoxine (Giftstoffe) berücksichtigt werden, die beim Einsatz von Desinfektionsmitteln durch Bakterien produziert und in großen Mengen freigesetzt werden können. Außerdem stellen Desinfektionsmittel selbst eine Gesundheitsgefährdung dar. Nicht zu vergessen die unangenehmen Geruchsbelästigungen, die ebenfalls mit einbezogen werden müssen.

Oberstes Gebot ist zunächst die Vermeidung von möglichen Gesundheitsgefährdungen und soweit dies nicht möglich ist, eine Reduzierung. Dies wird als Substitutionsgebot bezeichnet und bedeutet, dass z. B. der Ersatz (Substitution) von Bioziden in Innenräumen und anderen Gefahrstoffen oder besonders staubintensiven Arbeitsverfahren durch Alternativen zu prüfen ist, um eine Gesundheitsgefährdung der Beschäftigten auszuschließen oder auf ein absolutes Minimum zu reduzieren. Man bezeichnet diese Vorgehensweise als STOP-Rangfolge (Substitution, Technische, Organisatorische und Persönliche Schutzmaßnahmen). Die einfache Logik dahinter: Ein Biostoff, der eliminiert oder reduziert wurde, verringert das Gesundheitsrisiko. In der Praxis wird dieser Aspekt häufig aus Unwissenheit missachtet, obwohl der Rechtsbegriff der Substitution in der Gefahrstoffverordnung (§ 7 GefStoffV) als Grundpflichten für Arbeitgeber definiert und auch bei der Gefährdungsbeurteilung (§ 6 GefStoffV) und in der TRGS 600 „Substitution" erwähnt wird.

Außerdem muss sichergestellt werden, dass der Sanierungsbereich durch unbefugte Personen nicht betreten werden darf. Daher ist eine entsprechende Beschilderung gemäß der DGUV Information 201-028 sowie DGUV Information 211-041 gut sichtbar vorzunehmen.

Je nach Gefährdungsbeurteilung können Maßnahmen zur Vermeidung von Aerosolbildung und -verteilung sowie Staubentwicklung noch zu den Sofortmaßnahmen zählen oder Gegenstand der Schutz- und Hygienemaßnahmen sein. Hierzu gehören das Beräumen der fäkalienbelasteten Innenräume sowie des Inventars, nachdem dies gereinigt und desinfiziert wurde, die ausreichende Belüftung des Sanierungsbereiches sowie das Absaugen des fäkalienbelasten Abwassers. Nach dem Einrichten der Abschottung und Personenschleusen kann mit der Sanierung und Beseitigung begonnen werden.

9.4.4 Diagnostik und Bewertung

In fäkalienhaltigen Abwässern sowie auf fäkalienhaltigen Oberflächen befinden sich in der Regel sehr hohe Konzentrationen von pathogenen Bakterien sowie infektiösen Viren und parasitischen Einzellern. Deshalb wird bei offensichtlichen Wasserschäden mit Fäkalien auf eine mikrobiologische Untersuchung verzichtet. Diese würde nur bestätigen, was auch ohne Untersuchungen zu über 99,99 % feststeht. Liegt dagegen nur der Verdacht einer möglichen Fäkalienbelastung bei einem Wasserschaden vor, bedient man sich in der Regel des Konzeptes der so genannten Indikatorspezies. Dies bedeutet, dass man in Anlehnung an die „Leitlinien zum Vollzug der §§ 9 und 10 der Trinkwasserverordnung" (TrinkwV) exemplarisch typische Indikatorkeime wie z. B. coliforme Bakterien bestimmt und allein durch den Nachweis von Escherichia coli oder Enterokokken von einem Fäkalschaden ausgegangen wird. Denn fäkalienbelastete Abwässer enthalten typischerweise einen hohen Gehalt dieser coliformen Bakterien. Beide Spezies sind Teil der menschlichen Darmflora (Darmmicrobiota) und können durch Laboruntersuchungen sehr einfach nachgewiesen werden. Allerdings sollten die Untersuchungen zügig erfolgen, da diese Bakterien an eine Umgebungstemperatur von 36 °C (Körpertemperatur im Darm) gewohnt und die Indikatorkeime empfindlicher als die potenziellen Krankheitserreger sind.

Mikrobiologische Untersuchungen können allerdings auch notwendig werden, um z. B. einen fäkalienbelasteten Innenraum (Schwarzbereich) von nicht belasteten Innenräumen (Weißbereich) und/oder von anderen Mikroorganismen abzugrenzen. Denn häufig treten bei fäkalienbelasteten Wasserschäden auch Schimmelpilze auf, die den Schwarzbereich ebenfalls belasten. Hinzu kommen bautechnische Untersuchungen wie Feuchtemessungen u. a. in Bereichen, die „nur" durchfeuchtet und nicht mit Fäkalkeimen belastet sind. Denn in der Regel ist der durchfeuchtete Bereich deutlich größer als der fäkalienbelastete Bereich.

Zum Nachweis von Fäkalkeimen werden Flüssigkeits-, Material- oder Oberflächenproben gemäß DIN EN ISO 16000-1 „Innenraumluftverunreinigungen – Teil 1: Allgemeine Aspekte der Probenahmestrategie" entnommen. Hierbei sind die Schutz- und Hygienemaßnahmen für den Probenehmer vor allem bei möglichen Bauteilöffnungen zu beachten. Die Probe sollte 12 bis maximal 24 h nach der Probenahme bei einem zertifizierten Labor eintreffen und umgehend untersucht werden. Flüssigkeitsproben müssen auslaufsicher und Material- sowie Oberflächenproben staubdicht verpackt werden. Eine Flüssigkeitsprobe sollte 10 bis 20 ml enthalten und nicht nur aus gut zugänglichen Bereichen, sondern z. B. auch aus Hohlräumen oder mehrschichtigen Fußbodenaufbauten entnommen werden. Eine Materialprobe sollte eine Größe von 5×5 oder 10×10 cm haben und nicht nur von Oberflächen (z. B. Putz), sondern auch organischen Baustoffen (z. B. Polystyrol) aus der Dämmschicht entnommen werden. Oberflächenproben (z. B. von Fliesen) werden durch Abstrichuntersuchungen durchgeführt. Diese sollten ebenfalls auf einer

Fläche von 5 × 5 oder 10 × 10 cm erfolgen. Hierbei muss beachtet werden, dass mit Abstrichproben keine quantitativen Analysen möglich und die meisten coliformen Bakterien auf Austrocknung empfindlich reagieren und daher ggf. auf älteren Oberflächen nicht mehr kultivierbar sind. Die Untersuchung von Raumluftproben, wie dies im Rahmen der Schimmelpilzdiagnostik üblich ist, macht bei einem Fäkalschaden wenig Sinn. Denn der Nachweis von coliformen Bakterien ist in der Regel aufgrund der schnellen Austrocknung und Empfindlichkeit von Escherichia coli oder Enterokokken kaum möglich. Die einzige Ausnahme wäre eine starke Aerosolbildung, deren Wahrscheinlichkeit eher gering ist. Daher wird diese Untersuchungsmethode nicht empfohlen.

Bei der Probenahme ist eine Verschleppung von Keimen und/oder Verunreinigung der Probe (Desinfizieren oder Abflämmen von Werkzeugen) zu vermeiden. Die anschließende Untersuchung erfolgt auf speziellen Nährmedien, die auf den Nachweis von coliformen Bakterien oder Enterokokken ausgelegt sind. Alternativ werden Nährmedien wie z. B. CASO-Agar gewählt, um ein möglichst breites Bakterienspektrum nachzuweisen. Bei dieser speziellen Nährstofflösung handelt es sich um ein Casein-Soja-(Pepton)-Agar, das als Standardmedium für die Anzucht und den Nachweis von Bakterien eingesetzt wird. Dieses Vollmedium auf einer Protein-Aminosäure-Basis mit Mineralstoffen aus dem Soja weist keine Kohlenhydrate auf, so dass das gleichzeitige Wachstum von Schimmelpilzen gehemmt wird. Dies vereinfacht die Kultivierung von Bakterien. Der Nachweis und die Identifizierung coliformer Bakterien erfolgt nach DIN EN ISO 9308 „Wasserbeschaffenheit – Zählung von Escherichia coli und coliformen Bakterien“ und von Enterokokken nach der DIN EN ISO 7899 „Wasserbeschaffenheit – Nachweis und Zählung von intestinalen Enterokokken in Oberflächenwasser und Abwasser“. Um den gezielten Nachweis coliformer Bakterien und Enterokokken nicht durch das gleichzeitige Anzüchten anderer Bakterien zu „verunreinigen“, wird das so genannte MPN-Verfahren (most probable number) angewendet. Dieses wird in den genannten DIN-Normen empfohlen.

Mikrobiologische Untersuchungen finden nicht nur vor der Sanierung statt, sondern auch im Rahmen der Nachuntersuchungen. Diese umfassen z. B. den Nachweis biozider Wirkstoffe im Rahmen der Desinfektion und/oder als Erfolgskontrolle oder Freimessung nach Abschluss aller Sanierungsmaßnahmen. Auch hierfür wird das CASO-Agar als Nährmedium eingesetzt. Die Zielsetzung ist der Nachweis, dass alle Bakterien abgetötet wurden. Anders als bei der Schimmelpilzsanierung kann eine Hintergrundbelastung vernachlässigt werden, da alle coliforme Bakterien und Enterokokken auf Oberflächen abzutöten sind. Daher werden als Ziel annähernd keimfreie Oberflächen angestrebt. Da dies aufgrund von Sekundärbefall nicht möglich ist, wird als Zielwert für eine erfolgreiche Desinfektion lt. VDB (Berufsverband der Deutschen Baubiologen) die Konzentration von 25 Bakterienkolonien je Rodac-Platte angesehen. Dies entspricht 1 KBE Bakterien pro cm^2 Oberfläche. Die Konzentration von 5.000 KBE Bakterien pro Gramm Material sollte nicht überschritten werden. Eine Differenzierung der coliformen Bakterien oder Enterokokken ist nicht mehr notwendig. Freimessungen sollten ca. 12 h nach der Desinfektion erfolgen.

Bei einem fäkalienbelasteten Wasserschaden kommt es zu einer Kontamination durch gefährliche Krankheitserreger wie z. B. infektiösen Viren, pathogenen Bakterien sowie parasitischen Einzellern und Würmern. Aus hygienischen Gründen sind diese unverzüglich und vollständig zu beseitigen. Auch wenn es für privat genutzte Innenräume keine gesetzlichen Richt- oder Grenzwerte gibt, dürfen nach der Sanierung keine Keime mehr nachgewiesen werden, die auf einen Ursprung des fäkalienbelasteten Wasserschadens schließen lassen.

Übrigens: Der Nachweis über Indikatorspezies versagt bei urinbelasteten Wasserschäden z. B. bei Leckagen an oder Überschwemmungen von Urinalen. Denn im so genannten Gelbwasser befinden sich keine typischen Indikatorkeime. Ein erforderlicher Nachweis muss z. B. über stickstoffhaltige Verbindungen (Harnstoff) erfolgen. Harnstoff kann prinzipiell photometrisch nachgewiesen werden.

9.4.5 Beseitigung und Entfernung

Die Sanierung von fäkalienhaltigen Wasserschäden ist eine nicht gezielte Tätigkeit im Sinne der Biostoffverordnung, bei denen eine besondere Fachkunde in Bezug auf toxische oder infektiöse Wirkungen der Biostoffe gefordert ist. Die genauen Anforderungen sind in der TRBA 200 „Anforderungen an die Fachkunde nach Biostoffverordnung" geregelt. Da es keine behördliche Prüfung bzw. Zulassung oder staatlich anerkannte Ausbildung bzw. Abschlüsse in der Sanierung von Fäkalschäden gibt, sollte die besondere Fach- und Sachkunde sowie die Erfahrung der Fachfirma vor der Auftragsvergabe belegt werden. Eine qualifizierte Fachfirma sollte über mikrobiologische, bauphysikalische und hygienische Grundlagen, Erfahrungen in der Planung und Steuerung komplexer Sanierungen in sensiblen Bereichen und über die notwendige Ausstattung (z. B. Messgeräte, Sanierungsverfahren, Ausrüstung für Arbeitsschutz, persönliche Schutzausrüstung usw.) verfügen. Nachweise über regelmäßige Schulungen und Weiterbildungen der Mitarbeiter (!), und nicht nur des Firmeninhabers, sind ebenfalls vertrauensbildende Maßnahmen.

Die Sanierung fäkalienhaltiger Wasserschäden umfasst die vollständige Entfernung fäkalienhaltiger Abwässer sowie die vollständige Beseitigung von fäkalienbelasteten Oberflächen und Materialien. Diese erfolgt unter Berücksichtigung der vertraglich vereinbarten Sanierungsziele, der Gefährdungsbeurteilung sowie der Einhaltung gesetzlich vorgeschriebener und/oder im Einzelfall erforderlicher Schutz- und Hygienemaßnahmen. Diese umfassen den Arbeitsschutz sowie den Umgebungsschutz (räumliche Schutzmaßnahmen). Oberstes Gebot ist die persönliche Schutzausrüstung (PSA) und die Einhaltung eines Hygienekonzeptes.

Bei fäkalienbelasteten Wasserschäden geht es in erster Linie darum, Spritzwasser und die Ausbreitung von Krankheitserregern aus kontaminierten Innenräumen (Schwarzbereich) in unbelastete Innenräume (Weißbereich) zu vermeiden. Hierzu gehört auch die Verteilung von Aerosolen über mikrobiell belastete Stäube. Daher ist bei der Sanierung die Bildung von Spritzwasser und Staubentwicklung zu vermeiden oder durch Auswahl von geeigneten Maßnahmen auf ein Minimum zu reduzieren. Hierzu stehen technische und organisatorische Maßnahmen zur Verfügung. Zu den technischen Maßnahmen gehört die Verwendung von Verfahren (z. B. das Sprühextraktionsverfahren), die über eine integrierte Absaugung verfügen oder mit Wasser arbeiten, damit Stäube und mikrobielle Partikel nicht freigesetzt werden. Bei porösen Oberflächen wie z. B. Putz kann eine Putzfräse mit integrierter Absaugung eingesetzt werden. Für diese gibt es rotierende Bürsten und eine Absaugvorrichtung mit integrierten HEPA-Filtern. Sollten diese Möglichkeiten nicht zur Verfügung stehen, muss eine normale Putzfräse verwendet werden, nachdem der Sanierungsbereich abgeschottet wurde. Verfahren, bei denen große Mengen an Staub und Aerosole freigesetzt werden (z. B. Dampfstrahlen oder mechanisches Abbürsten) sollten unbedingt vermieden werden. Beim Rückbau fäkalienbelasteter Materialien ist eine Demontage einem Abschlagen, Abstemmen oder Abschleifen immer vorzuziehen. Je nach Umfang der Exposition und der Sanierungsmaßnahmen ist der Einsatz einer Absauganlage im Unterdruckverfahren zu prüfen bzw. eine kontrollierte Luftführung mit Luftreinigung einzurichten. Dadurch werden mikrobiell belastete Stäube aus der Raumluft gefiltert. Hierbei ist auf ein ausreichend dimensioniertes Unterdrückhaltegerät mit HEPA-Filter der Klasse 13 zu achten.

Darüber hinaus gibt es organisatorische Maßnahmen, um eine Ausbreitung von Staub und Bioaerosole sowie Keime aus dem Sanierungsbereich in unbelastete Bereiche zu verhindern. Neben dem Räumen des Sanierungsbereiches, dem luftdichten Abdecken von Einbauten, Wänden und Böden oder dem luftdichten Einpacken von Möbel und Inventar gehört hierzu das staubdichte Abtrennen des Sanierungsbereiches, auch als Abschottung oder Schwarz-Weiß-Trennung bekannt. Eine staubdichte Abschottung grenzt den Sanierungsbereich (Schwarzbereich) von den unbelasteten Bereichen (Weißbereich) ab. Außerdem muss eine Personenschleuse eingerichtet werden. Besonders gut geeignet sind reißfeste Folien mit Reißverschlusstüren. Diese müssen aus leicht zu reinigenden Materialien hergestellt und täglich gereinigt werden. Öffnungen von Lüftungsanlagen (z. B. Lüftungsgitter) sind genauso wie Wand- und Deckendurchdringungen (z. B. Kabel- oder Rohrleitungsschächte) luftdicht abzukleben. Im Schleusenbereich muss sich ein Abfallbehältnis für benutzte Schutzanzüge befinden. Wenn sich der Sanierungsbereich in einem sensiblen Umfeld befindet (z. B. in Krankenhäusern), müssen Mehr-Kammer-Schleusen eingerichtet werden. Es ist sicher zu stellen, dass Unbefugte den Sanierungsbereich nicht betreten. Ein Verbotsschild mit dem Hinweis „Zutritt für Unbefugte verboten" ist gut sichtbar aufzustellen.

Die persönliche Schutzausrüstung besteht aus Augenschutz, Handschutz, Schutzkleidung und Atemschutz und wird im berufsgenossenschaftlichen Regelwerk der DGUV Regel 112–189 ff. geregelt. Ein flüssigkeitsdichter Schutzanzug der Kategorie III (Typ 3) ist einem partikeldichten, luftdurchlässigen Schutzanzug, wie man ihn aus der Schimmelpilzsanierung kennt, vorzuziehen. Um eine Verschleppung von Stäuben über die Haare zu vermeiden, wird das Tragen einer Kapuze empfohlen. Zum Schutz der Hände sind flüssigkeitsdichte Schutzhandschuhe (z. B. Nitril) einzusetzen, wobei ein täglicher Wechsel empfohlen wird. Arbeitshandschuhe aus Leder und/oder Textil sind genauso ungeeignet wie medizinische Einmalhandschuhe. Um ein Verschleppen von Keimen zu vermeiden, sind flüssigkeitsdichte Schuhe wie z. B. abwaschbare S5 Gummistiefel zu verwenden. Um die Augen vor der Gefahr von Spritzwasserbildung (z. B. beim Entfernen durchnässter Bauteilschichten) zu schützen, ist eine Korbbrille, ein Gesichtsschutzschirm, eine Vollmaske oder Atemschutzhaube zu tragen. Zum Atemschutz empfiehlt sich das Tragen von Atemschutzgeräten mit Partikelfiltern. Partikelfiltrierende Halbmasken (so genannte FFP-Masken) sind nach einmaligem Gebrauch zu entsorgen. In der Praxis hat sich das Tragen von Gebläse unterstützten Halbmasken mit Partikelfilter (TM3P) empfohlen. Mit dem Atemschutz sollte gleichzeitig der Augen- und/oder Gehörschutz sichergestellt werden.

Selbstverständlich gehören auch Maßnahmen zur persönlichen Hygiene zum Gesamtpaket. Neben Waschmöglichkeiten gehört hierzu die Bereitstellung persönlicher Hygieneartikel. Außerdem sind Nahrungsmittel und Getränke nicht im Sanierungsbereich aufzubewahren und in diesem auch nicht einzunehmen. Arbeits- bzw. Schutzkleidung ist von der privaten Kleidung getrennt aufzubewahren. Wenn der Schwarz-Bereich verlassen und der Weiß-Bereich betreten wird, muss die Schutzkleidung abgelegt und die Schuhe gereinigt und desinfiziert oder gewechselt werden. Zur arbeitsmedizinischen Prävention kann zudem, in Abstimmung mit dem zuständigen Arbeitsmediziner, eine Hepatitis-A-Schutzimpfung gehören; diese wird empfohlen. Generell sollten sich immer so wenig wie nötig Mitarbeiter der Sanierungsfirma im Sanierungsbereich aufhalten.

Die Sanierung fäkalienbelasteter Wasserschäden erfolgt in der Regel einem schematischen Ablauf, der im Einzelfall individuell abweichen kann. Nach den Sofortmaßnahmen und der Einrichtung und Sicherstellung der Schutz- und Hygienemaßnahmen erfolgt das Abpumpen des fäkalienhaltigen Abwassers (Schwarzwasser) sowie die erste Reinigung, bei der sämtliche Oberflächen feucht abgewischt werden. Anschließend erfolgt eine Reinigung mit einem Industriestaubsauger mit HEPA-Filter der Klasse H sowie eine erste Desinfektion der Oberflächen, bevor der Rückbau – das Entfernen mikrobiell kontaminierter Materialien – beginnen kann. Hierbei kann es sich um Baustoffe genauso handeln wie um Inventar. Während die Baustoffe in der Regel entsorgt werden, muss das Inventar – ausgenommen, dass auch dieses entsorgt wird – gründlich gereinigt und desinfiziert sowie zwischengelagert werden. Da es sich um feuchte Materialien handelt, muss die Zwischenlagerung hierfür geeignet sein, damit das Inventar z. B. hinter luftdicht verpackten Folien nicht anfängt, „zu gammeln".

Beim Entfernen der Bodenbeläge sowie weiterer Materialien der mehrschichtigen Fußbodenkonstruktion (z. B. Dämmstoffe) muss darauf geachtet werden, dass beim Rückbau sowie dem Transport nach außen keine Keime oder mikrobiell belastete Stäube freigesetzt werden. Hohlräume in mehrschichtigen Baukonstruktionen wie z. B. Installationsschächte sind unter Einhaltung der persönlichen Schutzmaßnahmen vorsichtig zu öffnen. Sind Holzbalkendecken betroffen, sind Füllungen zwischen tragenden Holzbalken zu entfernen, die Balken zu reinigen und ggf. zu desinfizieren. Befallene Baustoffe an aufgehenden Wänden sind in der Regel bis 50 cm über der sichtbaren Durchfeuchtung zu entfernen.

Ist ein Rückbau fäkalienbelasteter Materialien nicht möglich (z. B. statisch relevante Konstruktionen) oder unverhältnismäßig, müssen kontaminierte Oberflächen in zwei Arbeitsgängen im Abstand von ca. 4 h desinfiziert werden. Für die Desinfektion werden biozide Wirkstoffe eingesetzt. Ein Biozidprodukt braucht als Nachweis für die Wirksamkeit seiner viruziden, mikrobiziden, bakteriziden und fungiziden sowie ggf. sporiziden Wirkstoffe eine gültige Zulassung in Deutschland. Für die Zulassung ist die Bundesanstalt für Arbeitsschutz und Arbeitsmedizin (BAuA) zuständig. Alle geprüften und zugelassenen Biozide können auf der Internetseite der BAuA abgerufen werden. Nach derzeitigem Kenntnisstand sind oxidierende Wirkstoffe wie Wasserstoffperoxid als nicht persistentes Biozid besonders gut geeignet. Allerdings liegen speziell zur Sanierung von fäkalienbelasteten Wasserschäden noch wenig Erfahrungen vor. Eine Alternative zu Bioziden gemäß Substitutionsgebot wäre eine Hitzebehandlung z. B. durch Abflammen oder Abbrennen, wenn der Brandschutz diese Methode zulässt. Bei bioziden Anwendungen sind entsprechende Schutzmaßnahmen zu beachten, da Biozide lt. Umweltbundesamt gesundheitsgefährdend und in privat genutzten Innenräumen nur in besonderen Fällen anzuwenden sind.

Anschließend erfolgt die technische Bautrocknung im Unterdruck- oder Vakuumverfahren, eine zweite Desinfektion aller getrockneten und gereinigten Oberflächen sowie der Wiederaufbau. Hiermit ist die Wiederherstellung der baulichen Situation sowie die Wiedereinrichtung des Inventars gemeint, das vorher noch einmal gereinigt und ggf. desinfiziert werden muss.

Bzgl. der anschließenden Feinreinigung gehen die Meinungen der Experten auseinander. Während die Versicherungsbranche auf dem Standpunkt steht, dass eine Feinreinigung nicht erforderlich ist (im Gegensatz zur Schimmelpilzsanierung fehlt die Hintergrundbelastung und kann nicht mit einem erneuten Auftreten gerechnet werden) sehen Baubiologen darin eine Notwendigkeit, um einen staubfreien Innenraum für die mikrobiologische Untersuchung im Sinne einer Erfolgskontrolle herzustellen.

Diese mikrobiologische Nachuntersuchung wird auch als Freimessung bezeichnet und dient dem Nachweis der bioziden Wirkstoffe im Rahmen der Desinfektion und/oder als Erfolgskontrolle der Feinreinigung. Als Nährmedium wird das CASO-Agar eingesetzt. Mit ihm soll nachgewiesen werden, dass alle coliformen Bakterien und Enterokokken abgetötet wurden. Daher gilt eine Sanierung fäkalienhaltiger Oberflächen als erfolgreich, wenn die Oberflächen nahezu keimfrei sind. Da dies aufgrund von Sekundärverunreinigung nicht möglich ist, wird als Zielwert für eine erfolgreiche Desinfektion lt. VDB (Berufsverband der Deutschen Baubiologen) die Konzentration von 25 Bakterienkolonien je Rodac-Platte angesehen. Dies entspricht 1 KBE Bakterien pro cm^2 Oberfläche. Die Konzentration von 5.000 KBE Bakterien pro Gramm Material sollte nicht überschritten werden. Eine Differenzierung der coliformen Bakterien oder Enterokokken ist nicht mehr notwendig. Freimessungen sollten ca. 12 h nach der Desinfektion bzw. nach Beendigung der letzten Tätigkeiten und nach dem Abschalten von Gebläse unterstützten Geräten wie z. B. Luftfilter-, Unterdruckhalte- und Trocknungsgeräten erfolgen. In dieser Zeit sollte Niemand den Sanierungsbereich betreten. Die Erfolgskontrolle sollte von einem unabhängigen Mikrobiologen erfolgen und nicht von der Sanierungsfirma. Auch die Untersuchung der Proben sollte in einem unabhängigen Labor durchgeführt werden und nicht im eigenen Hauslabor. Dies schafft Rechtssicherheit für Auftraggeber und Auftragnehmer sowie Vertrauen und Sicherheit für spätere Raumnutzer. Nach Abschluss sämtlicher Sanierungsmaßnahmen erfolgt die Abnahme mit allen Rechten und Pflichten für Auftraggeber und Auftragnehmer.

9.5 Mikrobiologische Sanierung

9.5.1 Einleitung

Im Gegensatz zur technischen Sanierung und der technischen Bautrocknung, bei denen die Primärursachen für das Wachstum von Schimmelpilzen (und Bakterien) beseitigt werden, geht es bei der mikrobiologischen Sanierung um die Beseitigung der Sekundärursachen – oder vereinfacht ausgedrückt: um das nachhaltige Entfernen von mikrobiellem Befall. „Nachhaltig" in diesem Kontext heißt nicht nur dauerhaft, sondern auch unter ganzheitlichen Gesichtspunkten wie der Vermeidung einer evtl. Gesundheitsgefahr für alle Beteiligten, angemessen und mit Augenmaß in der Auswahl der geeigneten Methoden und Verfahren sowie professionell in der Festlegung und Ausführung der Maßnahmen im Gesamtpaket, die ggf. aus Sofortmaßnahmen, aus den Sanierungsmaßnahmen sowie Schutz- und Hygienemaßnahmen bestehen können.

Grundlage hierfür sind die Nutzungsklassen. Diese definieren zum einen, ob einfache Sanierungen an Kleinflächen durch den Bewohner selbst durchgeführt werden können oder ob für eine professionelle Sanierung eine spezialisierte Fachfirma hinzugezogen werden sollte. „Spezialisierte Fachfirma" ist hierbei nicht redundant, da nicht jeder qualifizierte Handwerksbetrieb auch auf die Schimmelpilzsanierung spezialisiert ist. Experten wie Bausachverständige unterstützen bei bautechnischen Untersuchungen und bauphysikalischen Berechnungen, ein Mikrobiologe bei mikrobiologischen Untersuchungen und eine spezialisierte Fachfirma mit Qualifikationsnachweis bei der Sanierung. Vor der eigentlichen Beseitigung des mikrobiellen Befalls geht es um die qualifizierte Bestimmung der Ursachen, der Bewertung des mikrobiellen Befalls und der Festlegung über Art und Umfang der richtigen Maßnahmen. Schließlich gibt es neben sichtbaren Befall auch nicht sichtbaren Befall und/oder verdeckten Befall, die von Laien oft unentdeckt bleiben und verheerende Folgen haben können.

Grundlage einer professionellen Sanierung ist die Erstellung einer Gefährdungsbeurteilung nach der Art und der Größe des mikrobiellen Befalls, nach Risikogruppen und Gefährdungsklassen sowie nach der Art der Sanierung. Hierzu wird ein Sanierungsziel definiert und anschließend eine Sanierungsplanung aufgestellt. Diese sollte Grundlage für eine Ausschreibung und Auftragsvergabe sein. In der Sanierungsplanung und Ausschreibung sollte zudem festgehalten werden, ob ggf. Übergangsmaßnahmen bei Verzögerungen und/oder Sofortmaßnahmen notwendig werden und welche Schutz- und Hygienemaßnahmen während der Sanierung notwendig sind. Diese beziehen sich sowohl auf den Sanierungsbereich wie auch auf die persönliche Schutzausrüstung für Mitarbeiter der Sanierungsfirma.

Weiterhin gehören hierzu die Festlegung der einzelnen Maßnahmen inkl. der fachgerechten Entsorgung mikrobiell befallener Materialien, die Feinreinigung sowie die Kontrollmessung, die Dokumentation und Erfolgskontrolle sowie die Abnahme.

Einen großen Stellenwert in der Schimmelpilzsanierung nehmen Biozide ein, die auf unterschiedlichen Wirkstoffen und Wirkprinzipien basieren und unerwünschte Nebenwirkungen auslösen können. Kaum bekannt ist, dass von ihnen unter Umständen mehr Gesundheitsgefahren ausgehen als vom mikrobiellen Befall selbst.

Bei der professionellen Schimmelpilzsanierung müssen diverse Regelwerke wie z. B. die Biostoff- und/oder Gefahrstoffverordnung beachtet werden.

9.5.2 Nutzungsklassen

Zur Beurteilung unterschiedlicher Fragestellungen wie z. B., wer einen mikrobiellen Befall entfernen darf, welche hygienischen Anforderungen an welche Art von Innenräumen gestellt werden, in welchem Umfeld welche Art von Sanierung zulässig ist und/oder Sofortmaßnahmen oder zusätzliche Schutzmaßnahmen eingeleitet werden müssen usw., wurden im aktuellen Leitfaden „Zur Vorbeugung, Erfassung und Sanierung von Schimmelbefall in Gebäuden" des Umweltbundesamtes (UBA) vier Nutzungsklassen definiert. Diese werden nicht nur durch die Art der Innenräume und deren Nutzung, sondern auch durch die Exposition der Menschen (Risikogruppen), beeinflusst. Aus den Nutzungsklassen ergeben sich Anforderungen wie z. B. die Erstellung einer

Gefährdungsbeurteilung und Empfehlungen für die nachfolgende Sanierung.

Zur Nutzungsklasse I (hohe Anforderungen) gehören Innenräume mit besonders hohen hygienischen Anforderungen (Keimfreiheit) wie z. B. medizinisch genutzte Innenräume oder Innenräume im Lebensmittelbereich. Innenräume insbesondere für immunsupprimierte Patienten werden durch diese Nutzungsklasse nicht behandelt, da für derartige Innenräume gesonderte Anforderungen gelten, die sich aus der Krankenhaushygiene ergeben. Innenräume dieser Kategorie sind nicht Gegenstand des o. g. Leitfadens des UBA.

Zur Nutzungsklasse II (normale Anforderungen) gehören Innenräume und deren Nebenräume in Wohngebäuden, Büros, Schulen und Kindergärten sowie sonstige in öffentlichen Gebäuden, die regelmäßig oder nicht nur vorübergehend genutzt werden. Nebenräume sind Innenräume, die nicht regelmäßig oder über einen längeren Zeitraum genutzt werden, aber im Luftaustausch mit den Haupträumen stehen (z. B. Gäste-WC oder Dachgeschosse sowie Abstellräume). Der o. g. Leitfaden des UBA hat in dieser Nutzungsklasse sein Hauptanwendungsgebiet. In der Differenzierung zur Nutzungsklasse I wird damit offiziell bestätigt, dass privat genutzte Innenräume nicht keimfrei sein müssen und dies auch nicht können.

Zur Nutzungsklasse III (reduzierte Anforderungen) gehören Nebenräume außerhalb des Wohnbereiches wie z. B. Keller und/oder Treppenhäuser in Mehrfamilienhäusern, Garagen mit separatem Eingang oder nicht ausgebaute Dachgeschossräume, die über eine Öffnung außerhalb der Wohnung aus erreichbar sind. Wichtig ist, dass diese Innenräume keine Verbindung zu den Innenräumen der Nutzungsklasse II aufweisen. Der o. g. Leitfaden des UBA kann in dieser Nutzungsklasse nicht in vollem Umfang angewendet werden.

Zur Nutzungsklasse IV (deutlich reduzierte Anforderungen) gehören luft- und/oder diffusionsdicht abgeschottete Bauteile und Hohlräume, die nach den Anforderungen der DIN 4108 Teil 7 mit geeigneten Maßnahmen gegenüber Innenräumen der Kategorie II abgeschottet sind. Dies bedeutet, dass sich eine mikrobielle Belastung, die sich hinter Bauteilen oder in Hohlräumen vorliegen darf, nicht in Innenräume ausbreiten darf, in denen sich Menschen regelmäßig und über einen längeren Zeitraum aufhalten. Diese Differenzierung ist vor allem bei ausgebauten Dachkonstruktionen sinnvoll. Liegt ein Schimmelpilzbefall innerhalb der Dachkonstruktion vor, aber dauerhaft außerhalb des mit einer Dampfsperre abgedichteten Wohnbereichs, sind deutlich reduzierte Anforderungen zulässig bis hin, dass der mikrobielle Befall an Ort und Stelle verbleiben kann. Nur dann gilt die Nutzungsklasse IV. Die Anforderung, dass diese Bauteile oder Hohlräume nach einer Sanierung nicht feucht sein dürfen, ist unrealistisch. Normale Boden-, Wand- oder Deckenkonstruktionen innerhalb von Gebäuden können allerdings nicht der Nutzungsklasse IV zugeordnet werden und müssen wie ein Innenraum der Nutzungsklasse II oder III behandelt werden (siehe Tab. 9.7).

Tab. 9.7 Nutzungsklassen in Gebäuden

Nutzungsklasse	Anforderungen an die Innenraumhygiene	Beschreibung	Anmerkungen
I	Hoch	z. B. medizinisch genutzte Innenräume oder Innenräume im Lebensmittelbereich	Nicht im Geltungsbereich des UBA-Leitfaden
II	Normal	Regelmäßig genutzte Innenräume in Wohngebäuden, Schulen und Kindergärten, Büros oder öffentlichen Gebäuden	Empfehlungen gelten auch für alle regelmäßig genutzten Nebenräume
III	Reduziert	Unregelmäßig genutzte Nebenräume außerhalb des Wohnbereiches wie z. B. Keller und/oder Treppenhäuser in Mehrfamilienhäusern, Garagen mit separatem Eingang oder nicht ausgebaute Dachgeschossräume	Neben geringeren Anforderungen an die Art und Umfang der Sanierung gilt auch eine reduzierte Dringlichkeit der Umsetzung
IV	Deutlich reduziert	Luft- und/oder diffusionsdicht abgeschottete Bauteile und Hohlräume, die gegenüber Innenräumen der Kategorie II abgeschottet sind	Bauteile und Hohlräume müssen trocken sein bzw. dürfen nicht dauerhaft feucht sein

Die Empfehlungen im aktuellen Leitfaden „Zur Vorbeugung, Erfassung und Sanierung von Schimmelbefall in Gebäuden“ des Umweltbundesamtes (UBA) gelten somit in erster Linie für die Nutzungsklasse II sowie mit Abstrichen für die Nutzungsklasse III. Eine Differenzierung der Nutzungsklassen III und IV wirken sich auf Art und Umfang der Sanierung aus. Hierbei muss beachtet werden, dass für die Anforderungen an die relative Luftfeuchte der gebrauchsübliche Zustand relevant ist. Außerdem darf folgendes nicht verwechselt werden: Reduzierte Anforderungen an die Schimmelpilzsanierung in den Nutzungsklassen III und IV wirken sich nicht auf die erforderlichen Schutzmaßnahmen (in Innenräumen sowie in Bezug auf die PSA) aus. Diese sind gemäß der vorliegenden Gefährdungsklasse trotzdem einzuhalten.

9.5.3 einfache Sanierungen (Kleinstflächen)

Nach den Empfehlungen im aktuellen Leitfaden „Zur Vorbeugung, Erfassung und Sanierung von Schimmelbefall in Gebäuden“ des Umweltbundesamtes darf ein mikrobieller Befall durch Schimmelpilze oder Bakterien durch Laien (Verbraucher) selbst beseitigt werden, wenn folgende Voraussetzungen vorliegen:

- der mikrobielle Befall hat einen geringen Umfang (das Ausmaß beträgt $< 0{,}5\ m^2$) und befindet sich nur auf der Oberfläche (Schimmelpilze und/oder Bakterien sind nicht in den Untergrund eingedrungen)
- die Ursachen für den mikrobiellen Befall sind bekannt
- mit der Beseitigung wird umgehend begonnen, damit sich der mikrobielle Befall nicht ausbreiten kann
- der oder die Betroffenen reagieren nicht allergisch auf Schimmelpilze oder Bakterien
- Erkrankungen des Immunsystems liegen nicht vor

In diesen Fällen spricht man von einem Sekundärbefall (siehe Abb. 9.18). In allen anderen Fällen liegt ein Primärbefall vor, so dass eine Fachfirma zur professionellen Schimmelpilzsanierung hinzugezogen werden sollte (siehe Abb. 9.19).

Ein pragmatischer Ansatz ist angesichts der vielen Kleinstflächen wie z. B. Schimmelpilzbefall auf der Silikonfuge in der Dusche oder auf dem Holzrahmen eines Schlafzimmerfensters im Winter absolut sinnvoll, um nicht jedes Mal einen Sachverständigen kommen zu lassen oder einen Handwerker zu beauftragen. Diese Kleinstflächen machen „gefühlt“ über 90 % aller Problemfälle in privat genutzten Innenräumen aus. Allerdings darf dieser Ansatz nicht als Bagatellisierung des Problems verstanden werden, denn

- neben einem sichtbaren Befall kann auch ein nicht sichtbarer Befall oder ein verdeckter Befall vorliegen,
- neben dem mikrobiellen Befall können hohe Konzentrationen an Schimmelpilzsporen oder Stoffwechselprodukte wie MVOC oder Mykotoxine vorliegen,
- einige Schimmelpilzarten sind auch in sehr geringen Konzentrationen gesundheitsschädlich,
- häufig liegt nicht nur eine Ursache vor und verschiedene Ursachen können sich überlagern,
- auch von abgetöteten Schimmelpilzen können allergische und/oder reizende Wirkungen ausgehen,
- bei der Beseitigung werden Biozide eingesetzt oder falsch angewendet, so dass ggf. eine höhere Gesundheitsgefahr ausgelöst wird, als von den Mikroorganismen selbst ausgehen würde,
- ob eine Schimmelpilzallergie vorliegt, wird in den meisten Fällen nicht bekannt sein.

Alle diese Punkte sind dem Laien (Verbraucher) in der Regel nicht bekannt, so dass nur das Entfernen von etwas „Sichtbarem“ in Eigenleistung ein Risiko darstellt. Zumal mit einfachen Schimmeltests zur Eigenanalyse und/oder einer Vielzahl von „Anti-Schimmel-Sprays“ der Eindruck erweckt wird, dass das Erkennen und Beseitigen von Schimmelpilzen ein „Kinderspiel“ ist.

Sollte mikrobieller Befall dennoch in Eigenleistung entfernt werden, sind einige Regeln zu beachten. Die wichtigste Grundregel ist, dass jegliche Verwirbelung der Raumluft vermieden wird. Eine Entfernung darf daher weder bei offenem Fenster oder bei Durchzug erfolgen. Die Oberflä-

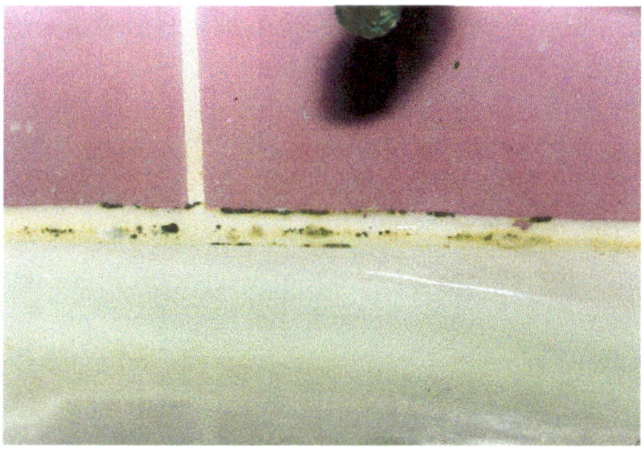

Abb. 9.18 zwei Extremfälle in der Gegenüberstellung: Kleinstflächen ohne Risiko können auch durch Laien beseitigt werden

Abb. 9.19 zwei Extremfälle in der Gegenüberstellung: großflächiger Befall mit einem potenziellen Risiko muss immer durch eine Fachfirma professionell saniert werden

chen dürfen nicht trocken gereinigt und Fußböden nicht gefegt werden. Ideal ist feuchtes Reinigen und Saugen. Damit soll vermieden werden, dass Schimmelpilzsporen und andere mikrobielle Partikel in der Raumluft verteilt werden. Sollte sich dies nicht vermeiden lassen, ist in jedem Fall Mund- und Nasenschutz zu tragen.

Des Weiteren sind Oberflächen von mikrobiell befallenen Materialien gründlich zu reinigen. Hier gibt es in Bezug auf die Beschaffenheit der Oberflächen als auch der Materialien große Unterschiede. Glatte Oberflächen wie z. B. Glas, Metall, Fliesen und Keramik werden mit Wasser und einem handelsüblichen Reiniger abgewaschen, wobei das Reinigungswasser mehrfach auszuwechseln ist. Bei porösen oder offenporigen Oberflächen wie z. B. Tapeten, Wandbeläge oder Putzbeschichtungen haben sich Reiniger mit einem hohen Alkoholanteil (70 bis 80 %) wie z. B. Ethanol oder Isopropanol bewährt. Aufgrund der Brand- und Explosionsgefahr sollte der Alkohol nur in kleinen Mengen angewendet und für eine ausreichende Belüftung gesorgt werden. Auf keinen Fall sollte ein herkömmlicher Essigreiniger verwendet werden, der das Problem eher noch verstärkt. Bei leichtem Befall kann auch Chlorbleichlauge (Natriumhypochlorit) eingesetzt werden. In einigen Fällen sollte überprüft werden, ob ein Entfernen und Erneuern die bessere Alternative ist z. B. bei Silikonfugen im Bad. Hier empfiehlt sich die Verwendung eines speziellen Sanitärsilikons, die meistens biozide Eigenschaften aufweisen. Gleiches gilt für Tapeten.

Mikrobiell befallene Möbel und Einrichtungsgegenstände wie z. B. die Rückseite von Schränken oder dem Kopfteil von Betten werden ebenfalls mit Alkohol gereinigt. Sollten die Mikroorganismen bereits in das Material (z. B. Holz) eingedrungen und/oder durch Feuchtigkeit aufgequollen sein (z. B. Spanplatten), muss in den meisten Fällen das Möbelstück oder zumindest Teile davon entsorgt werden. Hierbei ist durch ein vorheriges Abkleben oder Einpacken sicherzustellen, dass sich Schimmelpilzsporen nicht in der Raumluft verteilen können. Möbel und Einrichtungsgegenstände aus Massivholz sind in der Regel nicht betroffen, da ein mikrobieller Befall nur auf der Oberfläche vorliegt und einfach entfernt werden kann.

Bei Polstermöbeln muss unterschieden werden, ob die Polster bereits mikrobiell kontaminiert sind und über welchen Zeitraum oder „nur" durch die Schimmelpilzsporen in der Raumluft indirekt verunreinigt werden. Sind Polstermöbel durch Schimmelpilzbefall direkt und/oder über einen längeren Zeitraum betroffen, gestaltet sich eine Reinigung mit vertretbarem Aufwand in der Regel als schwierig. In den meisten Fällen müssen diese entsorgt werden. Polstermöbel, die dagegen selbst nicht befallen sind und nur in Innenräumen stehen, die mikrobiell belastet sind, können in der Regel durch intensives Absaugen gereinigt werden. Ideal wäre, wenn der Staubsauger mit speziellen HEPA-Filtern ausgestattet wäre.

Mikrobiell befallene Textilien wie z. B. Kleidungsstücke, Decken, Kissenbezüge oder Vorhänge werden in der Waschmaschine gewaschen oder chemisch gereinigt. Auch hier gilt, dass eine Verwirbelung und somit Freisetzung von Schimmelpilzsporen unbedingt zu vermeiden ist.

9.5.4 Professionelle Sanierungen

Im aktuellen Leitfaden „Zur Vorbeugung, Erfassung und Sanierung von Schimmelbefall in Gebäuden" des Umweltbundesamtes (UBA) werden Empfehlungen gegeben, wer einen mikrobiellen Befall durch Schimmelpilze und/oder Bakterien in welcher Form entfernen darf. Hierzu wurden Kategorien und so genannte Nutzungsklassen definiert. Diese werden nicht nur durch Art und Nutzung der Innenräume, sondern auch durch die Exposition der Menschen (Risikogruppen), beeinflusst. Daraus ergeben sich individuelle Anforderungen wie z. B. die Erstellung einer Gefährdungsbeurteilung und Empfehlungen für die nachfolgende Sanierung inkl. aller begleitenden Maßnahmen. Demnach sollte ein mikrobieller Befall nicht mehr durch Laien (Verbraucher) selbst beseitigt werden, wenn folgende Voraussetzungen vorliegen:

- Der mikrobielle Befall hat einen größeren Umfang (das Ausmaß beträgt > 0,5 m^2) und befindet sich nicht nur auf der Oberfläche (Schimmelpilze und/oder Bakterien sind bereits in den Untergrund eingedrungen)
- Die Ursache für den mikrobiellen Befall ist nicht bekannt
- Mit der Beseitigung kann noch nicht begonnen werden bzw. der Schaden wurde über einen längeren Zeitraum nicht entdeckt, so dass sich der mikrobielle Befall ausbreiten kann oder sich schon ausgebreitet hat
- Der oder die Betroffenen reagieren allergisch auf Schimmelpilze oder Bakterien
- Bei einem der Betroffenen liegt eine Erkrankung des Immunsystems vor

In diesen Fällen sollte eine Fachfirma für eine professionelle Schimmelpilzsanierung hinzugezogen werden. Diese kann, ggf. unter Hinzuziehung eines Sachverständigen, feststellen, ob nicht nur ein sichtbarer Befall, sondern ggf. auch ein nicht sichtbarer Befall oder ein verdeckter Befall vorliegt. Hinzu kommt das Ausmaß des mikrobiellen Befalls, das in Kategorien eingeteilt wird. Sichtbarer Befall an Kleinstflächen (< 20 cm^2 Ausmaß) entspricht der Kategorie 1 (Normalzustand bzw. geringfügiger Schimmelpilzbefall). Wenn nur eine kleine Fläche (< 0,5 m^2 Ausmaß) betroffen ist und sich der mikrobielle Befall nur an der Oberfläche befindet, spricht man von der Kategorie 2 (geringer bis mittlerer Schimmelpilzbefall). Sind größere Flächen (> 0,5 m^2 Ausmaß) betroffen und Schimmelpilze und/oder Bakterien sind bereits in den Untergrund eingedrungen, spricht man von der Kategorie 3 (großer Schimmelpilzbefall). Eine Fachfirma kann auch das Alter eines mikrobiellen Befalls feststellen.

Darüber hinaus spielt die Schimmelpilzart und -gattung sowie deren Konzentration eine große Rolle, da diese darüber entscheiden, ob von den Sporen, mikrobiellen Partikeln oder den Stoffwechselprodukten wie z. B. MVOC oder Mykotoxinen allergene, pathogene oder toxische Wirkungen ausgehen. Daraus ergibt sich das Gefährdungspotenzial. Eine Fachfirma kann ggf. unter Hinzuziehung eines Sachverständigen eine Gefährdungsbeurteilung gemäß der DGUV Information „Gesundheitsgefährdungen durch Biostoffe bei der Schimmelpilzsanierung" erstellen. Weitere Hinweise finden sich in der Biostoffverordnung sowie in der TRBA 400 „Handlungsanleitung zur Gefährdungsbeurteilung und für die Unterrichtung der Beschäftigten bei Tätigkeiten mit biologischen Arbeitsstoffen" sowie der TRBA 500 „Grundlegende Maßnahmen bei Tätigkeiten mit biologischen Arbeitsstoffen". Aus dieser ergibt sich, ob während der Sanierung kein oder nur ein sehr geringes, ein normales oder überschaubares oder ein hohes bis sehr hohes Gesundheitsrisiko für die Raumnutzer zu erwarten ist. Daraus resultieren diverse Auflagen für Schutzmaßnahmen. Diese unterscheiden den räumlichen Schutz (z. B. Abschottung des Sanierungsbereiches) gegenüber Dritten sowie die persönliche Schutzausrüstung der Mitarbeiter der Sanierungsfirma.

Alle diese Maßnahmen fließen anschließend in ein Sanierungskonzept ein, das nicht nur Grundlage für die Kalkulation und das Angebot gegenüber dem Auftraggeber ist, sondern auch für Ausschreibung und Vergabe und somit Gegenstand des Werkvertrages und der Gewährleistung. Daher muss vor der Auftragsvergabe in Abhängigkeit der Nutzungsklassen ein Sanierungsziel vereinbart werden. Für die Abnahme der Werkleistung ist eine Erfolgskontrolle und je nach Sanierungsumfang eine mehr oder weniger umfassende Dokumentation zu erstellen. Dieser als unnötig empfundene „Bürokratismus“ kann innerhalb der Gewährleistung wichtig werden, wenn bei einem erneuten mikrobiellen Befall die Frage zu klären ist, ob es sich hierbei um einen neuen Befall oder um einen Wiederbefall handelt. Spätestens dann zeigt sich auch das Problem, wenn auf eine mikrobiologische Untersuchung im Vorfeld verzichtet wurde und somit die Vergleichsreferenz vor der Sanierung fehlt.

9.5.5 Gefährdungsbeurteilung

Bei einer Schimmelpilzsanierung können ganz unterschiedliche Gefährdungen auftreten. Zunächst denkt man an Schimmelpilze und ihre Sporen sowie mikrobielle Partikel (z. B. Myzel oder Hyphen). Diese können je nach Schimmelpilzart und -gattung sowie deren Konzentration eine allergische, reizende oder toxische Wirkung haben. Ein Infektionsrisiko durch Schimmelpilze kann bei der Schimmelpilzsanierung in Innenräumen vernachlässigt werden. Neben dem sichtbaren Befall durch Schimmelpilze gibt es auch den nicht sichtbaren Befall oder den verdeckten Befall. Liegt kein sichtbarer Befall vor, werden Schimmelpilze häufig nur über spezifische Symptome „entdeckt“, da Schimmelpilze in bestimmten Situationen wie z. B. der Fortpflanzung oder der Abwehr von Angriffen spezifische Stoffwechselprodukte wie z. B. MVOC und/oder Mykotoxine produzieren können. Biostoffe reichern sich häufig in Baustoffen an, so dass diese bei staubintensiven Tätigkeiten (z. B. Abstemmen, Fräsen ohne Absaugung) freigesetzt werden.

Neben Schimmelpilzen können bei der Sanierung aber auch Bakterien auftreten, die häufig bei sporadischen Wasserschäden auftreten und daher als Feuchteindikator gelten. Auch Bakterien können Giftstoffe bilden, je nachdem ob sich diese in den Mikroorganismen befinden (Endotoxine) oder von ihnen produziert werden (Exotoxine). Außerdem können sich Keime im Schmutzwasser oder Abwasser befinden, wenn Fäkalien z. B. nach Überschwemmungen oder Havarieschäden freigesetzt wurden. Eine Gefährdung kann zudem durch die Anwendung von chemischen Reinigungsmitteln und/oder Desinfektionsmitteln ausgehen.

Eine Aufnahme der Biostoffe, Schadstoffe oder Stäube kann über die Atmung oder über die Haut bzw. Schleimhäute erfolgen. Hierbei muss unterschieden werden, dass eine mögliche Gefährdung vor der Sanierung (Bewohner), während der Sanierung (Bewohner und Mitarbeiter der Sanierungsfirma) sowie nach der Sanierung (Bewohner) auftreten können, bei der unterschiedliche Raumnutzer betroffen sind. Daher muss eine differenzierte Gefährdungsbeurteilung nach folgenden Kriterien vorgenommen werden:

- Ausdehnung (Fläche) und Eindringtiefe des Schimmelpilzbefalls,
- Art und Konzentration der Schimmelpilze sowie deren Wirkungen auf die Gesundheit und deren Aufnahme in den menschlichen Körper,
- Der voraussichtlichen Staub-, Sporen- bzw. Aerosolentwicklung in Abhängigkeit von den angewendeten Sanierungsmethoden,
- Der Art und Größe der Staubpartikel,
- Art und Umfang der Sanierungsmaßnahme sowie aller Tätigkeiten im Detail,
- Der Raumgröße (Volumen) in Abhängigkeit zu Maßnahmen der Abschottung und/oder Absaugung,
- Der voraussichtlichen Dauer der Tätigkeit sowie
- Der Exposition der Menschen in den zu sanierenden Innenräumen.

Grundlage der Gefährdungsbeurteilung, die vor Beginn der Schimmelpilzsanierung zu erstellen ist und in der die Methoden und Verfahren festgelegt und die daraus resultierenden Schutzmaßnahmen definiert werden, sind die DGUV Information „Gesundheitsgefährdungen durch Biostoffe bei der Schimmelpilzsanierung“. Weitere Hinweise finden sich in der Biostoffverordnung, der TRBA 400 „Handlungsanleitung zur Gefährdungsbeurteilung und für die Unterrichtung der Beschäftigten bei Tätigkeiten mit biologischen Arbeitsstoffen" sowie TRBA 500 „Grundlegende Maßnahmen bei Tätigkeiten mit biologischen Arbeitsstoffen". Für die Erstellung ist der Auftragnehmer (Fachfirma) verantwortlich. Die Gefährdungsbeurteilung ist unabhängig von der Zahl der Beschäftigten zu dokumentieren und auf das zu sanierende Objekt abzustimmen. Wenn sich Arbeits- oder Umgebungsbedingungen ändern bzw. neue Erkenntnisse gewonnen werden (Schadensausmaß, Schadensursache, Sanierungsumfang oder Methoden und Verfahren), muss die Gefährdungsbeurteilung entsprechend angepasst werden. Die Dokumentation muss auch ein Verzeichnis der zur Anwendung kommenden Biostoffe umfassen.

Unterschieden werden folgende Gefährdungsklassen:
- Gefährdungsklasse 0 = keine Staubbelastung
- Gefährdungsklasse 1 = erhöhte Staubbelastung
- Gefährdungsklasse 2a = hohe Staubbelastung (Dauer der Arbeiten < 2 h)
- Gefährdungsklasse 2b = hohe Staubbelastung (Dauer der Arbeiten > 2 h)
- Gefährdungsklasse 3 = sehr hohe Staubbelastung

Im Kern geht es um die Staub- und Sporenfreisetzung in Abhängigkeit der Dauer der Sanierung. Daher muss das oberste Ziel der Sanierungsplanung und Auswahl der Sanierungsverfahren sein, die Staub- und Sporenfreisetzung so gering wie möglich zu halten. Maßnahmen, mit denen die Gesundheitsgefährdung der Mitarbeiter (Sanierungsfirma) vermieden oder deutlich reduziert werden kann wie z. B.
- Die Anwendung staubarmer Sanierungsverfahren,
- Das Befeuchten der befallenen Oberflächen vor der Entfernung,
- Eine wirksame Absaugung oder
- Raumlufttechnische Maßnahmen sowie
- Der Einsatz von Industriestaubsaugern der Staubklasse H

haben oberste Priorität. Die Wirksamkeit dieser Maßnahmen entscheidet über Art und Umfang der räumlichen Schutzmaßnahmen und/oder der persönlichen Schutzausrüstung. In der zu erstellenden Betriebsanweisung werden diese sowie die Verhaltensregeln festgelegt (siehe Tab. 9.8).

Von Relevanz sind diese ab der Gefährdungsklasse 2a, bei der eine räumliche Trennung von belasteten und unbelasteten Bereichen (auch als Schwarz/Weiß-Bereich bezeichnet) vorzunehmen ist; ab der Gefährdungsklasse 2b ist zusätzlich eine Personenschleuse erforderlich. Außerdem müssen ab der Gefährdungsklasse 2b technische Lüftungsmaßnahmen mit einem mindestens 15-fachen Luftwechsel pro Stunde sichergestellt werden. Ab Gefährdungsklasse 2a sind staubdichte Chemikalienschutzanzüge (besser bekannt als Einweganzüge) einzusetzen. Bei Tätigkeiten der Gefährdungsklassen 2a und 2b ist ein Atemschutz mit P2-Filter und bei Tätigkeiten der Gefährdungsklasse 3 Vollmasken mit P3-Filter vorgeschrieben.

Tab. 9.8 Schutzmaßnahmen in Abhängigkeit der ermittelten Gefährdungsklasse. (Nach DGUV-Information 201-028, BG Bau, 2016)

Maßnahmen	Gefährdungsklasse 1	Gefährdungsklasse 2	Gefährdungsklasse 3
Abtrennung des Arbeitsbereiches	–	Staubdichte Abtrennung, ggf. Übergangsbereich/Personenschleuse	Trennung des Schwarz-Weiß-Bereiches mit Personenschleuse
Lüftung	–	Ggf. technische Lüftung	Technische Lüftung vorgeschrieben
Atemschutz	–	Halbmaske mit P2-Filter	Gebläseunterstützte Hauben oder Masken mit P3-Filter
Augenschutz	Bei Spritzwasserbildung oder arbeiten über Kopf	Bei Spritzwasserbildung oder arbeiten über Kopf	Immer erforderlich
Schutzanzug	Flüssigkeitsdichte Handschuhe	Flüssigkeitsdichte Handschuhe	Flüssigkeitsdichte Handschuhe

9.5.6 Sanierungsziel und -planung

Bei der Sanierung von Feuchte- und/oder Schimmelpilzschäden, vor allem zwischen einem Handwerker (z. B. Maler) als Auftragnehmer und einem privaten Bauherrn (Verbraucher) als Auftraggeber, hat man oft den Eindruck, als wenn diese in einem rechtsfreien Raum stattfinden. Nach einer kurzen Besichtigung gibt es ein Angebot und nach der Fertigstellung der Arbeiten wird die Rechnung gestellt. Wenn sich nach einiger Zeit wieder Feuchte und/oder Schimmelpilzbefall einstellt, wird das Problem wegdiskutiert und als neuer Auftrag gewertet. Dabei gibt es auch für die Sanierung von Feuchte- und/oder Schimmelpilzschäden gesetzliche Regelungen. In erster Linie ist dies das Werkvertragsrecht, denn z. B. bei einer technischen Bautrocknung oder der Beseitigung von Schimmelpilzbefall und dgl. wird ein normaler Werkvertrag geschlossen, für den die gesetzlichen Rechte und Pflichten für beide Vertragsparteien gelten und im § 631 ff. BGB geregelt sind.

Beim Werkvertrag verpflichtet sich die Fachfirma als Auftragnehmer ein vereinbartes Werk herzustellen. Typisch für einen Werkvertrag ist ein geschuldeter Erfolg, also eine tatsächliche und mangelfreie Herstellung des vereinbarten Werks. Dies bedeutet, dass zwischen dem Auftraggeber und dem Auftragnehmer ein Sanierungsziel als Soll-Beschaffenheit vereinbart werden muss. Dies findet in der Praxis kaum bis nicht statt. Dagegen werden unspezifische Leistungen wie das „Entfernen von Schimmelpilzen“ vereinbart. Soweit die Beschaffenheit nicht vereinbart wurde, greift der Mangelbegriff. Demnach ist ein Werk frei von Sachmängeln, wenn es sich für die nach dem Vertrag vorausgesetzte, sonst für die gewöhnliche Verwendung eignet und eine Beschaffenheit aufweist, die bei Werken der gleichen Art üblich ist und die der Besteller nach der Art des Werkes erwarten kann.

Im Kontext der Schimmelpilzsanierung ergeben sich daraus gleich mehrere Schwierigkeiten. Welche Beschaffenheit ist für Innenräume gleicher Art üblich und/oder dürfen Auftraggeber nach der Sanierung erwarten, wenn es für privat genutzte Innenräume keine gesetzlichen Grenz- oder Richtwerte gibt? Gleichzeitig besagt der Leitfaden „Zur Vorbeugung, Erfassung und Sanierung von Schimmelbefall in Gebäuden“ des Umweltbundesamtes (UBA), dass das Wachstum von Schimmelpilzen in Innenräumen ein hygienisches Problem darstellt, das nicht toleriert werden kann. „Hygienisch“ bedeutet in dem Zusammenhang ein gesundheitliches Problem. Dies würde bedeuten, dass für Innenräume gleicher Art üblich wäre, dass keine Schimmelpilze vorhanden sein dürfen. Dies ist technisch nicht möglich, da eine gewisse Schimmelpilzkonzentration in jedem privat genutzten Innenraum aufgrund der so genannten Hintergrundbelastung (z. B. Einfluss durch die Außenluft) üblich ist. Erschwerend kommt hinzu, dass aufgrund der regionalen und/oder saisonalen Unterschiede in der Außenluft keine belastbaren Hintergrunddaten für einen „mikrobiell-hygienisch-üblichen“ Innenraum vorliegen. Zumal jeder Innenraum durch die Nutzung individuell durch Schimmelpilze belastet wird. In dem Kontext können Attribute wie „üblich“ oder „gewöhnlich“ durch die Vertragsparteien immer unterschiedlich interpretiert werden. Hinzu kommt, dass das Werk den allgemein anerkannten Regeln der Technik entsprechen muss, was angesichts der Tatsache, dass der o. g. Leitfaden des UBA dem nicht entspricht, ein schwieriges Unterfangen ist.

Daher sollten Auftragnehmer immer ein eindeutiges Sanierungsziel vereinbaren und dieses durch ein umfangreiches Leistungsverzeichnis oder eine genaue Baubeschreibung schriftlich dokumentieren. Das differenzierte Sanierungsziel sollte auf die jeweilige Nutzungsklasse abgestimmt sein. Als Beschaffenheit sollte Art und Umfang der Sanierungsleistung vereinbart werden, deren Erfolg belegt werden kann und keine Zustandsbeschreibung des Innenraumes nach der Sanierung. Dies bedeutet, dass der Auftragnehmer als Leistung

1. Art und Umfang von Untersuchungen,
2. darauf aufbauend die Festlegung der Nutzungsklassen
3. sowie die Erstellung einer Gefährdungsbeurteilung,
4. darauf aufbauend die Festlegung der Sanierungsmaßnahmen, bestehend aus
5. evtl. Sofortmaßnahmen,

6. Art, Umfang und Notwendigkeit von Schutz- und Hygienemaßnahmen,
7. daraus resultierend den Sanierungsaufwand inklusive begleitender Maßnahmen wie z. B. den Rückbau und die Entsorgung mikrobiell befallener Materialien
8. sowie ggf. den Wiederaufbau (Rekonstruktion)
9. die Feinreinigung und Nachmessungen als Erfolgskontrolle

definiert. Die Erbringung dieser Leistungen als geschuldeter Erfolg kann eindeutig belegt werden. Wenn von den allgemein anerkannten Regeln der Technik abgewichen wird, muss dies im Vorfeld gegenüber dem Auftraggeber nachvollziehbar begründet und mit ihm schriftlich eine Abweichung vereinbart werden.

Sollte der Auftraggeber dagegen ein „überzogenes" Sanierungsziel vorgeben, mit dem z. B. ein schimmelpilzfreier Innenraum gefordert wird, sollte der Auftragnehmer als Fachfirma den Auftraggeber darauf hinweisen, wieso dies technisch und rechtlich nicht möglich ist. Zeigt sich der Auftraggeber dennoch uneinsichtig, sollte von dem Auftrag Abstand genommen werden. Gleiches gilt, wenn ein „hygienisch geschuldeter Innenraumzustand" gefordert wird. Auftraggeber und Auftragnehmer sollten immer das technisch Machbare vereinbaren und darauf achten, dass nach einer Sanierung keine Gesundheitsgefahr mehr vorliegt.

Schon allein die Formulierung, dass durch die Sanierung ein Innenraum in einen „normalen" Zustand gebracht wird, bietet genügend Angriffsfläche für rechtliche Auseinandersetzungen. Um dies zu vermeiden, könnte die normale Hintergrundkonzentration in einem nicht befallenen Innenraum vor der Sanierung gemessen, als Referenzwert (Soll-Beschaffenheit) angesetzt und die erbrachte Leistung über mikrobiologische Untersuchungen nachgewiesen werden. Wenn sich nach der Sanierung keine auffälligen biogenen Raumluftbelastungen und/oder erhöhte Feuchtigkeit im Untergrund und/oder in der Raumluft nachweisen lassen, kann von einer erfolgreichen Schimmelpilzsanierung ausgegangen werden. Für Experten liegen keine „auffälligen" Biostoffbelastungen vor, wenn im kulturellen Nachweisverfahren die Sporenkonzentration einer einzelnen Schimmelpilzspezies in der Innenraumluft die Konzentration der Außenluft um nicht mehr als 100 KBE pro m^3 übersteigt. Die Summe von allen Schimmelpilzspezies, die ursprünglich den mikrobiellen Befall verursacht haben, darf den Wert von 500 KBE pro m^3 nicht übersteigen. Dies heißt allerdings auch, dass eine Sanierungsfirma den Erfolg ihrer Leistung kaum nachweisen kann, wenn vor der Sanierung keine mikrobiologischen Untersuchungen durchgeführt wurden. Im Übrigen gilt auch der Verbleib von abgetötetem Schimmelpilzbefall nicht als Normalzustand, da auch von abgetöteten Schimmelpilzsporen allergene, reizende oder toxische Wirkung ausgehen können.

Sollten sich mikrobiell befallene Untergründe oder mikrobiell belastete Hohlräume nur mit einem unverhältnismäßig hohen Aufwand sanieren lassen, muss geprüft werden, ob als Sanierungsziel eine dauerhaft sporen- und partikeldichte Abschottung vereinbart werden kann. Hierfür muss sichergestellt sein, dass die Voraussetzungen an die Nutzungsklasse IV (deutlich reduzierte Anforderungen) vorliegen und eine luft- und/oder diffusionsdichte Abschottung gegenüber Innenräumen der Kategorie II sichergestellt werden kann. Gerade bei ausgebauten Dachkonstruktionen kann ein derartiges Sanierungsziel in Ausnahmen aus wirtschaftlichen Überlegungen sinnvoll sein, wenn die Abschottung dauerhaft sporen- und partikeldicht ist und von dem mikrobiellen Befall keine Gefahr ausgeht.

Auf keinen Fall sollten subjektiv empfundene Kriterien wie z. B. die Beseitigung von unangenehmen Gerüchen und/oder von unspezifischen Gesundheitsbeschwerden als Sanierungsziel vereinbart werden.

9.5.7 Ausschreibung und Vergabe

Die meisten Sanierungen von Feuchte- und/oder Schimmelpilzschäden werden durch private Auftraggeber beauftragt. Durch ein Angebot und dessen Annahme kommt bei einem privaten Auftraggeber ein Bauvertrag (Werkvertrag) nach den

§§ 145 ff. BGB zustande. Hierbei gilt der Grundsatz der freien Auswahl des Vertragspartners (Auftragnehmer) und der freien Gestaltung der Vertragsinhalte, solange diese nicht gegen geltendes Recht verstoßen. Private Auftraggeber sind nicht nur Verbraucher, sondern auch gewerbliche Auftraggeber wie z. B. private Wohnungsbaugesellschaften. Diese haben ein Wahlrecht zwischen der Anwendung des BGB oder der VOB. Wird nichts gesondert vereinbart, gilt der Bauvertrag nach BGB geschlossen. Erst die explizite Vereinbarung der VOB macht diese zur Vertragsgrundlage. Anders sieht dies aus, wenn Sanierungen von Feuchte- und/oder Schimmelpilzschäden z. B. in Schulen durch öffentliche Auftraggeber vergeben werden. Diese sind verpflichtet, Aufträge in einem transparenten Vergabeverfahren nach der VOB auszuschreiben und nach dem Prinzip der Wirtschaftlichkeit (Auftraggeber) sowie Gleichbehandlung und fairen Wettbewerb (Auftragnehmer) zu vergeben. In der Regel kommt das offene Verfahren (besser bekannt als öffentliche Ausschreibung) zur Anwendung. Daneben gibt es z. B. noch die beschränkte Ausschreibung oder die freihändige Vergabe.

Grundlage für eine Ausschreibung ist die eindeutige und widerspruchsfreie, fachlich korrekte und umfangreiche Leistungsbeschreibung. Diese muss sich an der Zielsetzung orientieren und aus Wettbewerbsgründen produktneutral erfolgen. Die ausgeschriebene Leistung muss zudem realistisch und umsetzbar sein. Eine detaillierte Leistungsbeschreibung soll sicherstellen, dass Angebote verschiedener Sanierungsfirmen auf identischer Grundlage abgegeben werden und miteinander vergleichbar sind. Daher muss der Ersteller einer Ausschreibung die nötige Fachkompetenz besitzen und über Markt- bzw. Branchenexpertise verfügen. Schließlich werden in der Schimmelpilzanalyse, -bewertung und -sanierung unterschiedliche Methoden und Verfahren angeboten, die nicht immer direkt miteinander vergleichbar sind und meistens nicht den allgemein anerkannten Regeln der Technik entsprechen. Von der Produktneutralität kann unter Umständen abgewichen werden, wenn objektive, sachliche und auf die konkrete Ausschreibung berechtigte Gründe vorliegen. Sollte eine Fachfirma das in der Ausschreibung geforderte Produkt oder Verfahren nicht anbieten können oder aus nachvollziehbaren Gründen nicht anbieten wollen, besteht das Recht zur Auskunft und bei einer fehlenden oder offensichtlich nicht plausiblen Erläuterung vor Angebotsabgabe das Recht, eine Rüge wegen Verstoßes gegen das Gebot der Produktneutralität abzugeben.

Die Ausschreibung muss alle erforderlichen Informationen beinhalten, die für eine Kalkulation des Angebots benötigt werden. Erschließen sich diese nicht aus der Leistungsbeschreibung, müssen diese in Form von zusätzlichen Anhängen erfolgen. Hierzu gehören z. B. Gutachten über bautechnische und/oder mikrobiologische Untersuchungen oder sonstige relevante Kenntnisse über das zu sanierende Objekt wie z. B. die Exposition der Raumnutzer (soweit bekannt). Formulierungen wie z. B., dass sich der Bieter vor der Abgabe seines Angebotes mit den örtlichen Gegebenheiten vertraut zu machen hat oder anerkennt, dass er sich über alle zur Preisermittlung beeinflussenden Umstände vorab zu informieren hat und dgl., sind unwirksam (OLG München, Az.: 9 U 6108/89). Für Fachfirmen bedeutet dies, dass auch Nachträge geltend gemacht werden können, wenn sich im Verlauf der Sanierung herausstellt, dass kostenrelevante Tatsachen vor der Auftragsvergabe bekannt, aber nicht in der Leistungsbeschreibung der Ausschreibung enthalten, waren. Für die Sanierung von Schimmelpilzschäden bedeutet dies, dass eine Ausschreibung folgende Leistungspakete umfassen sollte:

1. Art und Nachweis erforderlicher Qualifikationen (z. B. TÜV-Sachkunde),
2. Vorgabe über einzuhaltende oder anzuwendende Regelwerke,
3. Art und Umfang vorhandener Untersuchungen (z. B. bautechnische Untersuchungen, bauphysikalische Berechnungen oder mikrobiologische Untersuchungen),
4. Optional: Zielsetzung und Umfang durchzuführender Untersuchungen, wenn diese nach Pkt. 1 nicht vorliegen,
5. Festlegung der Nutzungsklassen (nach Schimmel-Leitfaden des UBA),

6. Optional: Exposition der Raumnutzer (z. B. nach Risikogruppen),
7. Erstellung einer Gefährdungsbeurteilung (nach DGUV-Information),
8. Art und Umfang der Sanierungsmaßnahmen,
9. evtl. Sofortmaßnahmen (z. B. Einkapseln von mikrobiellem Befall),
10. Art, Umfang und Notwendigkeit von Schutz- und Hygienemaßnahmen (z. B. räumlicher Schutz und persönliche Schutzausrüstung inkl. der Vorgabe z. B. von HEPA-Filtern je nach Gefährdungsbeurteilung),
11. Verfahren oder Methode zur technischen Bautrocknung (z. B. Vakuumverfahren),
12. Verfahren oder Methode zur Entfernung des mikrobielle Befalls (z. B. Putzfräse mit Absaugung),
13. Wirkstoffbasis und Anwendung evtl. einzusetzender Biozide (z. B. Wasserstoffperoxid im Schaumverfahren)
14. daraus resultierend der Sanierungsaufwand inklusive begleitender Maßnahmen wie z. B. den Rückbau und die Entsorgung mikrobiell befallener Materialien inklusive der Sicherung der Transportwege,
15. sowie ggf. den Wiederaufbau (Rekonstruktion),
16. Art und Umfang der Feinreinigung,
17. Art und Umfang von mikrobiologischen Nachmessungen als Erfolgskontrolle,
18. Art und Umfang durchzuführender Dokumentation.

Die Sanierungsfirma als Auftragnehmer muss sich darauf verlassen können, dass die ursprüngliche Schadensursache für den mikrobiellen Befall wie z. B. eine Durchfeuchtung aufgrund von Undichtigkeiten oder taupunktbedingtes Kondenswasser durch den Auftraggeber vor der Ausschreibung und Vergabe einer mikrobiologischen Sanierung beseitigt wurde. Anderenfalls muss vorab eine technische Sanierung durchgeführt werden. Dies bedarf allerdings einer eigenständigen Ausschreibung und kann im Rahmen der mikrobiologischen Sanierung nicht mit erwartet werden. Hierbei handelt es sich um zwei völlig unterschiedliche Leistungspakete.

9.5.8 Sofortmaßnahmen

Sofortmaßnahmen (auch als Notmaßnahmen bezeichnet) werden notwendig, wenn „Gefahr in Verzug“ ist und unmittelbar gehandelt werden muss, um „Schlimmeres“ oder Unnötiges zu vermeiden. Hierfür gibt es verschiedene Gründe:

1. Der mikrobielle Befall ist noch im Anfangsstadium und kaum ausgeprägt, das Ausmaß (Fläche) ist kleiner als 0,2 m^2, die Gefährdungsklasse entspricht Null, so dass mit einer Sofortmaßnahme verhindert werden kann, dass eine „Bagatelle“ überhaupt erst zum aufwändigen Sanierungsfall wird („verhindern eines Sanierungsfalls“)
2. Mit der Sanierung von Feuchte- und/oder Schimmelpilzschäden kann aus technischen oder rechtlichen Gründen noch nicht sofort begonnen werden, so dass Sofortmaßnahmen dazu dienen, eine weitere Durchfeuchtung und/oder Verbreitung von Schimmelpilzen (und/oder Bakterien) in dem betroffenen Innenraum zu vermeiden („Ausbreitung innerhalb des Innenraumes verhindern“)
3. Mit der Sanierung von Feuchte- und/oder Schimmelpilzschäden kann aus technischen oder rechtlichen Gründen noch nicht sofort begonnen werden, so dass durch Sofortmaßnahmen verhindert werden soll, dass sich Schimmelpilze (und/oder Bakterien) aus dem betroffenen Innenraum in andere bisher unbelastete Innenräume verbreiten können („Verbreitung in andere Innenräume vermeiden“)
4. In den betroffenen Innenräumen befinden sich Menschen, die auf Schimmelpilzsporen und mikrobielle Partikel oder deren Stoffwechselprodukte wie z. B. MVOC oder Mykotoxine allergisch reagieren oder einer Risikogruppe (z. B. Immunsuppression, chronische Atemwegserkrankungen) angehören und einer weiteren Exposition nicht ausgesetzt werden dürfen („Aufenthaltsdauer reduzieren oder Innenräume meiden“)
5. Das Betreten der mikrobiell belasteten Innenräume wird bis auf Weiteres untersagt bzw. unterliegt nur autorisierten und unterwiesenen Personen, die ggf. entsprechende Schutzbe-

kleidung (Atemschutz und Schutzanzüge) zu tragen haben. Entsprechende Hinweisschilder sind gut sichtbar zu positionieren („Zutrittsbeschränkungen")
6. Information an alle Betroffenen über den aktuellen Stand sowie der geplanten Maßnahmen, um auch Nicht-Fachleute für die besondere Situation zu sensibilisieren und um ein unbewusstes Unterwandern der Sofortmaßnahmen zu verhindern.

Abb. 9.20 Sofortmaßnahmen dienen der weiteren Ausbreitung durch biogene Stäube, Schimmelpilzsporen und andere mikrobielle Partikel

Art und Umfang der Sofortmaßnahmen richten sich je nach individueller Situation und können einzeln oder in Kombination notwendig sein. Ausschlaggebend ist u. a. die Dauer der Exposition. Man unterscheidet hierbei eine sporadische Belastung (< 15 min), eine kurzzeitige Belastung (< 1 h) und eine Langzeitbelastung (> 1 bis 8 h).

In den meisten Fällen geht es darum, entweder „saubere Bereiche" im Sinne von mikrobiell nicht besiedelten Oberflächen (bzw. synonym Gegenstände und/oder Innenräume) vor einer mikrobiellen Kontamination zu schützen und/oder eine Verbreitung von Schimmelpilzsporen und mikrobielle Partikel in unbelastete Bereiche (so genannter Weißbereich) zu verhindern (siehe Abb. 9.20). Hierzu ist es notwendig, dass mikrobiell nicht besiedelte Oberflächen bzw. Gegenstände geschützt und aus mikrobiell belasteten Innenräumen (so genannter Schwarzbereich) entfernt werden. Hierbei müssen die Oberflächen bzw. Gegenstände vorher gereinigt (absaugen oder feucht abwischen) und anschließend luftdicht verpackt werden. Wenn mikrobiell besiedelte Oberflächen bzw. Gegenstände aus Innenräumen entfernt werden sollen, gilt die gleiche Vorgehensweise. Hierfür werden reißfeste Foliensäcke (z. B. Müllsäcke) verwendet. Beim Verschließen der Säcke sollte die Luft nicht aus den Säcken „herausgedrückt" werden, um die Freisetzung von Sporen und mikrobiellen Partikeln zu vermeiden.

Wenn Gegenstände nicht entfernt werden können, muss der mikrobielle Befall z. B. durch ein luftdichtes Abkleben „isoliert" oder durch vorsichtiges Überstreichen „gebunden" oder „eingekapselt" werden. Hierzu kann man alternativ auch ein Lackspray verwenden. Allerdings besteht die Gefahr der Verwirbelung von Sporen und/oder der Produktion und Freisetzung von MVOC oder Mykotoxinen in Stresssituationen.

Wenn sich mikrobiell nicht besiedelte Gegenstände aus dem Schwarzbereich nicht entfernen lassen (z. B. Einbauschränke), müssen diese vor Ort gereinigt und anschließend luft- und staubdicht verpackt werden. Die Abdeckarbeiten sind sorgfältig durchzuführen und geeignete (reißfeste) Folien zu verwenden. Diese müssen mit geeigneten Klebebändern untereinander und im Übergang zu Wand-Decke sowie Wand-Boden gut verklebt werden. Sollte dies nicht möglich sein, müssen die Folien über geeignete Vorrichtungen z. B. Holzlatten fixiert und eine Be- und Entlüftung vermieden werden. Die Folien im Bodenbereich müssen nach der Verklebung zusätzlich durch geeignete weiche Bauplatten oder Teppiche geschützt werden, damit die Folien nicht während der Sanierung durch Tritt und/oder Herabfallen von Bauschutt beschädigt werden.

Sollen mikrobiell besiedelte Gegenstände entsorgt werden, muss vermieden werden, dass Stäube, Schimmelpilzsporen und mikrobielle Partikel sowie Schadstoffe beim Transport freigesetzt werden. Hierzu muss der kürzeste Weg nach außen gewählt und der Bereich gegenüber unbelasteten Bereichen abgeschottet werden. Dies beinhaltet auch Schleusen zwischen dem Schwarz- und Weißbereich. Diese kommen vor allem zum Einsatz, wenn besonders gefährliche Schimmelpilzspezies wie z. B. Stachybotrys

Abb. 9.21 eine Luftabsaugung stellt sicher, dass biogene Stäube, Schimmelpilzsporen und andere mikrobielle Partikel aus dem Schwarzbereich direkt in den Außenbereich abgeführt werden

chartarum oder Aspergillus fumigatus nachgewiesen werden. Um eine Sekundärbelastung aufgrund einer Aufwirbelung und Umverteilung von Schimmelpilzsporen und mikrobieller Partikel zu vermeiden, müssen die Schleusen mit Holzlattengerüsten und reißfesten Folien hergestellt werden. Hierbei ist unbedingt darauf zu achten, dass die Zugänge auch tatsächlich dicht bleiben. In der Praxis behilft man sich z. B. damit, die untere Seite der Folien im Durchgangsbereich mit einer Holzleiste zu beschweren. Nicht benutzte Türen müssen abgeklebt werden, damit keine Zugluft entsteht. Diese Maßnahme bezieht sich auf alle Schlitze und sonstige Öffnungen. Alternativ können auch so genannte Reißverschlusstüren eingesetzt werden, die sich in der Asbestsanierung bewährt haben.

Zu den Sofortmaßnahmen gehört auch die Minimierung von Stäuben, allerdings nicht mit herkömmlichen Hausstaubsaugern oder normalen Baustaubsaugern. Diese verursachen nur eine unnötige Sekundärbelastung. Zum Einsatz kommen z. B. BIA-geprüfte Industrie-Staubsauger nach DIN EN 60335-2-69 „Besondere Anforderungen für Staubsauger, Kehrsaugmaschinen und Entstauber zur Aufnahme von gesundheitsgefährlichem Staub“ mit HEPA-Filtern (K1). Der Reinigungseffekt kann durch entsprechende Bürstenaufsätze noch verstärkt werden. Gering kontaminierte Oberflächen können damit evtl. schon ausreichend gereinigt werden.

Alternativ werden Vorrichtungen zur Luftabsaugung eingesetzt (siehe Abb. 9.21). Diese haben den Vorteil, dass mikrobiell belastete Innenraumluft aus dem Schwarzbereich direkt in den Außenbereich abgeführt wird. Eingesetzt werden spezielle Gebläse mit Luftleistungen von 5.000 bis 10.000 m^3 Luft pro Stunde, an die flexible Schläuche mit einem Durchmesser von 25 bis 80 cm und einer Länge bis zu 25 m angeschlossen werden. Noch besser wäre der Einsatz von Unterdruckgeräten mit Feinstaubvorfilter und HEPA-Filter. Bei diesen Geräten wird die Abluft erst gefiltert und dann an die Außenluft abgegeben. Zur Anwendung kommen HEPA-Filter der Klasse H13 nach DIN EN 1822. Die Luftleistung liegt bei 20.000 bis 25.000 m^3 Luft pro Stunde. Sind diese Maßnahmen nicht zielführend, besteht noch die Möglichkeit, in den Kellerräumen einen Unterdruck zu erzeugen, damit sich die mikrobiell belasteten Feinstäube nicht im gesamten Gebäude verteilen können.

Sofortmaßnahmen sind nur temporäre Übergangslösungen und stellen keine Sanierung dar!

9.5.9 Schutz- und Hygienemaßnahmen

9.5.9.1 Einleitung

Schutz- und Hygienemaßnahmen nehmen bei der Schimmelpilzsanierung einen hohen Stellenwert ein. Art und Umfang der Maßnahmen ergeben sich aus der Schadenskategorie, die aus der Größe des mikrobiellen Befalls in Abhängigkeit zur individuellen Nutzungsklasse ermittelt wird, und aus den Gefährdungsklassen, die sich aus der Art und Dauer der Tätigkeiten ergeben. Hierfür sind wiederum die Expositionsklassen relevant.

Außerdem muss die Exposition der Raumnutzer berücksichtigt werden, insbesondere wenn sich Risikogruppen in den Innenräumen des Sanierungsbereiches aufhalten. Vor und nach der Sanierung sind vor allem die Bewohner betroffen. Während der Sanierungsmaßnahmen sind dies dagegen die Mitarbeiter der Sanierungsfirma. Schutz- und Hygienemaßnahmen während der Sanierung werden in folgende Kategorien unterteilt:

- allgemeine Schutz- und Hygienemaßnahmen

- Schutzmaßnahmen je Gefährdungsklasse in den Innenräumen (Sanierungsbereich)
- persönliche Schutzausrüstung der Mitarbeiter der Sanierungsfirma
- sonstige Schutzmaßnahmen.

Einige der Schutz- und Hygienemaßnahmen können bereits im Rahmen evtl. notwendiger Sofortmaßnahmen anfallen.

Für die unterschiedlichen Maßnahmen und Tätigkeiten bei der Schimmelpilzsanierung gilt die Biostoffverordnung (BioStoffV). Diese regelt erforderliche Schutz- und Hygienemaßnahmen für den Schutz der Mitarbeiter der Sanierungsfirma sowie anderer Personen, die z. B. durch eine Verschleppung von Schimmelpilzsporen und mikrobielle Partikel sowie ggf. andere Mikroorganismen wie z. B. Bakterien (kurz Biostoffe) gefährdet werden können. Die BioStoffV unterscheidet zwischen gezielten und nicht gezielten Tätigkeiten. Gezielte Tätigkeiten liegen z. B. vor, wenn Tätigkeiten auf einen oder mehrere Biostoffe unmittelbar ausgerichtet sind und mindestens eine der Spezies bekannt ist und die Exposition für die Mitarbeiter der Sanierungsfirma bekannt ist oder abgeschätzt werden kann. Nicht gezielte Tätigkeiten liegen dagegen vor, wenn mindestens eine der vorgenannten Bedingungen nicht gegeben ist.

Grundlage für die Schutz- und Hygienemaßnahmen sind die DGUV-Information 201-028 „Gesundheitsgefährdungen durch Biostoffe bei der Schimmelpilzsanierung". Diese liefert die notwendigen Informationen, um eine Gefährdungsbeurteilung vornehmen zu können, die wiederum Art und Umfang der Schutz- und Hygienemaßnahmen festlegt. Außerdem ist bei allen Tätigkeiten die TRBA 500 „Grundlegende Maßnahmen bei Tätigkeiten mit biologischen Arbeitsstoffen" zu beachten.

Oberstes Gebot ist zunächst die Vermeidung von möglichen Gesundheitsgefährdungen und soweit dies nicht möglich ist, eine Reduzierung. Dies wird als Substitutionsgebot bezeichnet und bedeutet, dass z. B. der Ersatz (Substitution) von Bioziden in Innenräumen und anderen Gefahrstoffen oder besonders staubintensiven Arbeitsverfahren durch Alternativen zu prüfen ist, um eine Gesundheitsgefährdung der Beschäftigten auszuschließen oder auf ein absolutes Minimum zu reduzieren. Man bezeichnet diese Vorgehensweise als STOP-Rangfolge (Substitution, Technische, Organisatorische und Persönliche Schutzmaßnahmen). Die einfache Logik dahinter: Ein Biostoff, der eliminiert oder reduziert wurde, verringert das Gesundheitsrisiko. In der Praxis wird dieser Aspekt aus Unkenntnis und Unwissenheit in der Regel missachtet, obwohl der Rechtsbegriff der Substitution in der Gefahrstoffverordnung (§ 7 GefStoffV) als Grundpflichten für Arbeitgeber definiert und auch bei der Gefährdungsbeurteilung (§ 6 GefStoffV) und in der TRGS 600 „Substitution" erwähnt wird.

9.5.9.2 Allgemeine Schutzmaßnahmen

Bei der Schimmelpilzsanierung geht eine mögliche Gesundheitsgefahr für die Beschäftigten der Sanierungsfirma vor allem von den sensibilisierenden und toxischen Wirkungen der Biostoffe aus. Zu den sensibilisierenden Biostoffen zählen z. B. Schimmelpilze und bestimmte Bakterien. Toxische Wirkungen können von Stoffwechselprodukten der Schimmelpilze wie Mykotoxine sowie der Bakterien wie Endotoxine ausgehen. Eine Gesundheitsgefährdung durch Infektionen liegt bei der Sanierung von Schimmelpilzbefall dagegen nicht vor.

Vor Beginn der Sanierungsmaßnahmen muss die Sanierungsfirma als Auftragnehmer eine Gefährdungsbeurteilung vornehmen und notwendige Schutzmaßnahmen festlegen. Hierfür müssen alle notwendigen Informationen über

- die Biostoffe und deren Wirkungen auf die menschliche Gesundheit,
- die Ursache und der Umfang des mikrobiellen Befalls,
- die zu erwartende Freisetzung von Schimmelpilzsporen und Staub in Abhängigkeit der auszuführenden Tätigkeiten,
- die voraussichtliche Dauer der Tätigkeiten,
- alternative Möglichkeiten zur Vermeidung oder Reduzierung von Gefährdungen (so genannte Substitutionsprüfung)

vorliegen. Die Gefährdungsbeurteilung ist unabhängig von der Zahl der Beschäftigten zu doku-

Abb. 9.22 Entlüftungsgeräte mit Unterdruck stellen sicher, dass biogene Stäube, Schimmelpilzsporen und andere mikrobielle Partikel in den Außenbereich abgeführt werden

Abb. 9.23 alternativ werden die Absauggeräte im Außenbereich platziert, um eine Freisetzung der biogenen Stäube, Schimmelpilzsporen und andere mikrobielle Partikel im Innenbereich auszuschließen

mentieren und entsprechend anzupassen, wenn sich Umfeld- oder Arbeitsbedingungen verändern. Typisches Beispiel hierfür ist, wenn eine Wandkonstruktion z. B. im Trockenbau geöffnet wird und sich dahinter ein massiver Schimmelpilzbefall befindet, der vorher nicht zu erkennen und/oder zu erwarten war. Bei allen Tätigkeiten sind als Mindestanforderung die Maßnahmen der TRBA 500 „Grundlegende Maßnahmen bei Tätigkeiten mit biologischen Arbeitsstoffen" zu erfüllen. Hierzu gehören technische und organisatorische Schutzmaßnahmen im Raum sowie persönliche Schutzmaßnahmen. Alle diese Maßnahmen haben ein Ziel: Die Vermeidung oder wenigstens die Verringerung der Exposition. Daher müssen neben Biostoffen auch mögliche Schadstoffe mit berücksichtigt werden.

Bei der Schimmelpilzsanierung kommen Beschäftigte der Sanierungsfirma mehrfach mit Biostoffen in Kontakt. Dies beginnt bereits bei der Probeentnahme, wenn dies beauftragt ist, spätestens bei der technischen Bautrocknung, dem Entfernen des mikrobiellen Befalls bzw. der besiedelten Materialien sowie der Reinigung des kontaminierten Bereiches. Maßgeblich für die Gefährdung sind die Höhe und Dauer der Exposition. Hohe Konzentrationen und eine länger andauernde und wiederholte Exposition führt bei den Beschäftigten zu einer Sensibilisierung gegenüber Biostoffen. Allerdings kann keine Dosis-Wirkungs-Beziehung angegeben werden, da dies von sehr vielen individuellen und dynamischen Einflussfaktoren abhängig ist, u. a. von den Risikogruppen bei Menschen und Risikogruppen bei Biostoffen.

Bei der Schimmelpilzsanierung muss in Abhängigkeit zu den jeweiligen Gefährdungsklassen eine differenzierte Vorgehensweise erfolgen. Schwer zugängliche Bereiche und/oder Gegenstände und Einbauten wie z. B. verkleidete Heizkörpernischen müssen vor Beginn der Arbeiten staubdicht abgeklebt werden.

Arbeitsverfahren, die mit einer hohen Freisetzung von Staub verbunden sind, führen in der Regel auch zu einer hohen bis sehr hohen Freisetzung und somit Konzentration an Schimmelpilzsporen in der Luft. Vor dem Entfernen mikrobiell befallener Materialien sollten diese z. B. feucht abgewischt oder mit einem Industriestaubsauger der Staubklasse H abgesaugt werden, um eine Aufwirbelung und Freisetzung von Sporen zu vermeiden oder zu reduzieren. Auch das vorsichtige Auftragen von Grundierungen oder Kleber und dgl. können auf festen Untergründen eine sporenbindende Wirkung haben. Bei weichen Untergründen wie z. B. dem Entfernen von mikrobiell belasteten Teppichböden und dgl. hilft eine feuchte Reinigung durchführen, bevor diese entfernt werden. Gipskarton- oder Holzwerkstoffplatten sollten manuell demontiert anstatt angebrochen werden. Werden Maschinen eingesetzt z. B. zum Abfräsen oder Abschleifen von alten mineralischen Untergründen (Putz, Beton, Keramik etc.) sollten diese eine Absaugung enthalten.

Abb. 9.24 Schleusen trennen den Schwarz- und Weißbereich und sind deutlich zu kennzeichnen; dies gilt nicht nur für den Arbeitsbereich, sondern auch entlang der Entsorgungswege

Abb. 9.25 Schleusen trennen den Schwarz- und Weißbereich und sind deutlich zu kennzeichnen; dies gilt nicht nur für den Arbeitsbereich, sondern auch entlang der Entsorgungswege

Die Stäube sind mit Entstaubern mindestens der Staubklasse M zu erfassen.

Eine weitere Möglichkeit, die Staub- und Sporenbelastung in der Luft zu reduzieren und eine Ausbreitung innerhalb des Sanierungsbereiches zu verhindern, sind technische Lüftungsmaßnahmen (siehe Abb. 9.22). Hierfür werden je nach Anforderung einfache Luftreiniger oder Geräte mit Unterdruck eingesetzt, um Stäube von Untergründen abzusaugen oder aus der Luft anzusaugen und gerichtet abzuführen (Fortluft). Alternativ wird die Luft mit Partikelfiltern gereinigt und wieder zurückgeführt (Luftrückführung). Unter bestimmten Voraussetzungen kann es sinnvoll sein, die Entlüftungsgeräte außerhalb des Sanierungsbereiches (z. B. im Außenbereich) zu platzieren (siehe Abb. 9.23).

Am Ende der Schimmelpilzsanierung hat die Feinreinigung eine hohe Bedeutung. Diese dient als Grundlage für eine mikrobiologische Nachuntersuchung als Erfolgskontrolle (auch als Freimessung bezeichnet) sowie dem Schutz nachfolgender Gewerke bzw. der Raumnutzer allgemein. Folgende Reihenfolge hat sich in der Praxis bewährt: Reinigung von Böden und horizontalen Flächen wie z. B. Fensterbänke, Absaugen bzw. Abwischen der abgeklebten Oberflächen und anschließende Entfernung der Abdeckmaterialien, Reinigung der Decken und Wände, Schlussreinigung der Böden in Richtung Zugangsbereich. Die Feinreinigung umfasst nicht nur die Oberflächen und das Inventar, sondern schließt auch das Reinigen der Abschottungen und Schleusen sowie der Werkzeuge und des Zubehörs mit ein.

Anderenfalls müssen benutzte und ungereinigte Geräte, Werkzeuge und Zubehör staubdicht verpackt werden, damit von ihnen keine mikrobielle Verunreinigung stattfinden kann.

Bei der Entsorgung mikrobiell besiedelter Materialien muss sichergestellt werden, dass während der evtl. Zwischenlagerung, dem Transport und der Abholung keine Biostoffe freigesetzt oder verschleppt werden. Derartige Abfälle sind staubdicht zu verpacken und zu kennzeichnen. Wenn diese den mikrobiell belasteten Sanierungsbereich (so genannter Schwarzbereich) verlassen, müssen diese gereinigt werden (absaugen oder feucht abwischen).

Darüber hinaus gibt es organisatorische Maßnahmen, um eine Ausbreitung der Staub- und Sporenbelastung aus dem Sanierungsbereich in unbelastete Bereiche zu verhindern. Neben dem Räumen des Sanierungsbereiches, dem Abdecken von Einbauten, Wänden und Böden (insbesondere Teppichböden) oder dem Einpacken von Möbel und Inventar gehört hierzu das staubdichte Abtrennen des Sanierungsbereiches, auch als Abschottung oder Schwarz-Weiß-Trennung bekannt. Eine staubdichte Abschottung grenzt den Sanierungsbereich (Schwarzbereich) je nach Gefährdungsklasse von den unbelasteten Bereichen (Weißbereich) ab. In der Regel ist eine Ein-Kammer-Schleuse ausreichend (siehe Abb. 9.24, 9.25 und 9.26). Hierfür wird meistens ein vorgelagerter Raum genutzt. Bei Tätigkeiten der Gefährdungsklassen 2b und 3 sind dagegen Personenschleu-

Abb. 9.26 Schleusen trennen den Schwarz- und Weißbereich und sind deutlich zu kennzeichnen; dies gilt nicht nur für den Arbeitsbereich, sondern auch entlang der Entsorgungswege

sen einzurichten. Schleusen müssen aus leicht zu reinigenden Materialien hergestellt und täglich gereinigt werden. Im Schleusenbereich muss sich ein Abfallbehältnis für benutzte Schutzanzüge befinden. Wenn der Sanierungsbereich von außen betreten wird, kann auf eine Abschottung verzichtet werden. Wenn sich der Sanierungsbereich hingegen in einem sensiblen Umfeld befindet (z. B. in Krankenhäusern), können ggf. Mehr-Kammer-Schleusen erforderlich sein. Es ist sicherzustellen, dass Unbefugte den Sanierungsbereich nicht betreten. Ein Verbotsschild mit dem Hinweis „Zutritt für Unbefugte verboten" ist gut sichtbar aufzustellen.

Wie bereits erwähnt, gehören auch Maßnahmen zur persönlichen Hygiene zum Gesamtpaket.

9.5.9.3 Schutzmaßnahmen je Gefährdungsklasse

In Abhängigkeit zu den unterschiedlichen Gefährdungsklassen gibt es unterschiedlich hohe und individuelle Anforderungen an Schutzmaßnahmen. Diese sind während der gesamten Dauer der Sanierungsmaßnahme einzuhalten und bei Bedarf anzupassen. Unterschieden werden folgende Gefährdungsklassen:

- Gefährdungsklasse 0 = keine Staubbelastung
- Gefährdungsklasse 1 = erhöhte Staubbelastung
- Gefährdungsklasse 2a = hohe Staubbelastung (Dauer der Arbeiten < 2 h)
- Gefährdungsklasse 2b = hohe Staubbelastung (Dauer der Arbeiten > 2 h)
- Gefährdungsklasse 3 = sehr hohe Staubbelastung

Im Kern geht es um die Staub- und Sporenfreisetzung in Abhängigkeit der Dauer der Sanierung. Daher muss das oberste Ziel der Sanierungsplanung und Auswahl der Sanierungsverfahren sein, die Staub- und Sporenfreisetzung so gering wie möglich zu halten. Maßnahmen, mit denen die Gesundheitsgefährdung der Mitarbeiter (Sanierungsfirma) vermieden oder deutlich reduziert werden kann wie z. B.

- die Anwendung staubarmer Sanierungsverfahren,
- das Befeuchten der befallenen Oberflächen vor der Entfernung,
- eine wirksame Absaugung oder
- raumlufttechnische Maßnahmen sowie
- der Einsatz von Industriestaubsaugern der Staubklasse H

haben oberste Priorität. Die Wirksamkeit dieser Maßnahmen entscheidet über Art und Umfang der räumlichen Schutzmaßnahmen und/oder der persönlichen Schutzausrüstung. In der zu erstellenden Betriebsanweisung werden diese sowie die Verhaltensregeln festgelegt.

In der **Gefährdungsklasse 0** (keine Staubbelastung) ist kein spezieller Atemschutz erforderlich und reicht die Einhaltung der allgemeinen Hygienemaßnahmen nach TRGS 500 aus. Hierzu gehören in erster Linie organisatorische Maßnahmen, die sich mit der Hygiene am Arbeitsplatz sowie in den Pausen- und Umkleideräumen beschäftigen. Außerdem muss der Arbeitsplatz von den Umkleidemöglichkeiten getrennt werden. Hinzu kommt, dass leicht zu reinigende Oberflächen zu schaffen sowie Maßnahmen zur Vermeidung oder Reduzierung von Aerosolen, Stäuben und Nebel durchzuführen sind.

Die **Gefährdungsklasse 1** (erhöhte Staubbelastung) baut auf die Gefährdungsklasse 0 auf. Dies bedeutet, dass sämtliche Vorgaben der Gefährdungsklasse 0 einzuhalten sind. Auf das

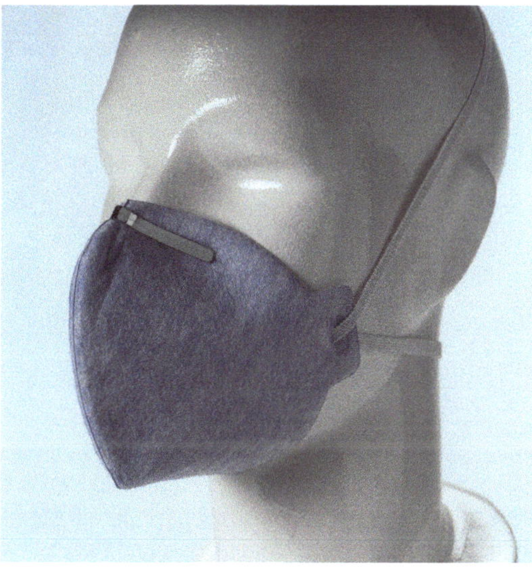

Abb. 9.27 Schutzmaßnahmen gem. Gefährdungsklasse 1

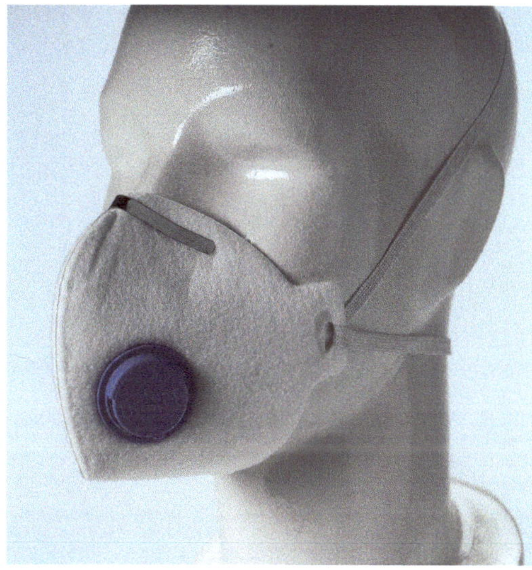

Abb. 9.28 Schutzmaßnahmen gem. Gefährdungsklasse 1

Tragen von Atemschutz kann verzichtet werden. Dafür ist ein Augenschutz bei möglicher Spritzwasserbildung und/oder bei Arbeiten über Kopf vorgesehen. Bei Tätigkeiten, bei denen mit einer plötzlichen Zunahme der Exposition gerechnet werden muss (z. B. beim Wechseln der Staubbehälter von Saugern/Entstaubern) wird das Tragen von Atemschutzgeräten mit einem P2-Filter empfohlen. Außerdem sind flüssigkeitsdichte Handschutze (z. B. aus Nitril) zu tragen. Werkzeuge und Zubehör sind nach der Benutzung zu reinigen. Mikrobiell besiedelte Materialien, die entsorgt werden sollen, müssen in separaten und geeigneten Behältnissen wie z. B. reißfesten Foliensäcken gesammelt werden (siehe Abb. 9.27 und 9.28).

Ab der **Gefährdungsklasse 2a** (hohe Staubbelastung bei einer Dauer der Tätigkeit von weniger als 2 h) muss zusätzlich zu den Auflagen der Gefährdungsklasse 0 und 1 eine räumliche Trennung der belasteten (Schwarzbereich) und unbelasteten Bereiche (Weißbereich) vorgenommen und Öffnungen zu benachbarten Innenräumen mit Folien abgeklebt werden. Zum Sanierungsbereich muss ein staubdichter Zugang z. B. durch eine Folientür mit Reißverschluss eingerichtet werden. Der Sanierungsbereich ist zu kennzeichnen und so klein wie möglich zu halten. In größeren Räumen muss der Sanierungsbereich staubdicht abgetrennt werden, um den Reinigungsaufwand zu reduzieren. Außerdem sind staubdichte Chemikalienschutzanzüge (besser bekannt als Einweganzüge) der Kategorie III (Typ 5/6) und ein Atemschutz mit P2-Filter z. B. partikelfiltrierende Halbmasken (FFP2) als persönliche Schutzausrüstung (PSA) zu tragen. Vor dem Verlassen des Sanierungsbereiches muss der Schutzanzug abgesaugt bzw. abgewischt und anschließend staubdicht verpackt und entsorgt werden. Benutzte Schutzkleidung darf nicht im Weißbereich abgelegt werden. Außerdem sind abwaschbare Sicherheitsschuhe oder Gummistiefel zu verwenden. Im Einzelfall sind auch Überziehschuhe geeignet, die beim Verlassen des Schwarzbereichs abzulegen sind. Mitarbeiter der Sanierungsfirma dürfen den Sanierungsbereich vor Abschluss der Reinigung nicht verlassen, anderenfalls ist eine Schleuse gemäß der Gefährdungsklasse 2b einzurichten (siehe Abb. 9.29).

Ab der **Gefährdungsklasse 2b** (hohe Staubbelastung bei einer Dauer der Tätigkeit von über 2 h) ist zusätzlich zu den Auflagen der Gefährdungsklasse 0, 1 und 2a eine Schwarz-Weiß-Trennung und Personenschleuse erforderlich. Als Zugang zum Schwarzbereich ist eine Ein-Kammer-Schleuse geeignet. Sind die Sanierungsbereiche zu groß, empfiehlt sich eine Abschottung. Bei Tätigkeiten der Gefährdungsklasse 2b werden Atem-

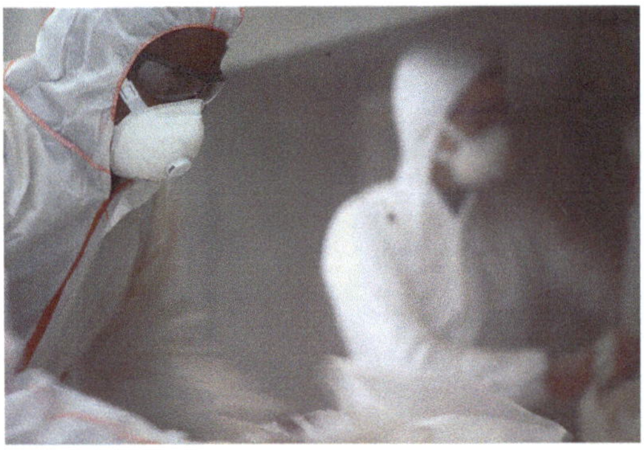

Abb. 9.29 Schutzmaßnahmen gem. Gefährdungsklasse 2a

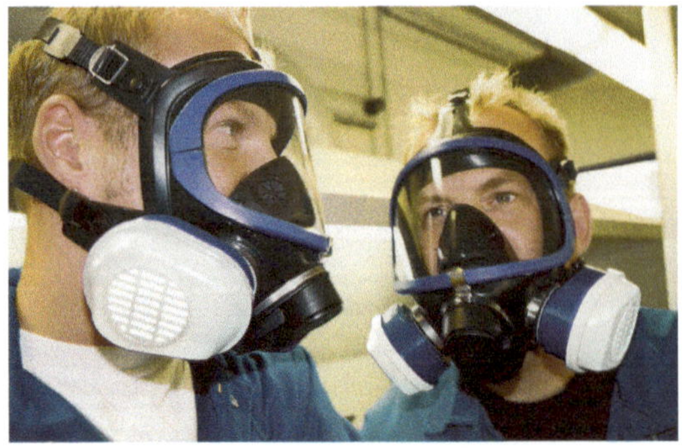

Abb. 9.30 Schutzmaßnahmen gem. Gefährdungsklasse 2b

schutzgeräte mit Gebläseunterstützung empfohlen. Geeignet sind z. B. Atemschutzmasken der Klasse TM2P oder Atemschutzhauben der Klasse TH2P. Außerdem sind technische Lüftungsmaßnahmen mit einem mindestens 15-fachen Luftwechsel pro Stunde sicherzustellen. Besondere Bedeutung besitzen Kapuzen, die im Schwarzbereich getragen werden müssen, um eine Verschleppung mikrobieller Stäube über die Haare zu vermeiden. Benutzte und verunreinigte Schutzkleidung muss im Bereich der Schleusen (Schwarzbereich) abgelegt und über dafür vorgesehene Behälter entsorgt werden. Im Weißbereich müssen ausreichend Wasch- und Umkleidemöglichkeiten zur Verfügung gestellt werden. Werkzeuge und Zubehör sowie andere Arbeits- und Hilfsmittel sind im Schwarzbereich zu reinigen und bis zum Abschluss der Schimmelpilzsanierung zu lagern, bevor diese abschließend gereinigt und desinfiziert oder entsorgt werden (siehe Abb. 9.30).

Ab der **Gefährdungsklasse 3** (sehr hohe Staubbelastung) sind unabhängig der Dauer der Tätigkeit zusätzlich zu den Auflagen der Gefährdungsklasse 0, 1, 2a und 2b eine Trennung der belasteten (Schwarzbereich) und unbelasteten Bereiche (Weißbereich) vorzunehmen und eine Personenschleuse einzurichten. Dies kann über Einkammer-Schleusen erfolgen, in denen ein Luftwechsel stattfinden sollte. Hierzu kann z. B. die Zuluft zum Schwarzbereich aus dem Weißbereich zugeführt oder im Schleusenbereich ein Sauger bzw. Entstauber betrieben werden. In Einzelfällen kann die Einrichtung einer Mehrkammerschleuse erforderlich werden. Außerdem sind gebläseunterstützte Atemschutzmasken oder Vollmasken mit P3-Filter zu tragen. Wegen des geringeren Atemwiderstandes werden Atemschutzgeräte mit einer Gebläseunterstützung wie z. B. Masken der Klasse TM3P oder Hauben der Klasse TH3P empfohlen. Im Gegensatz zu den anderen Gefährdungsklassen ist ein Augenschutz immer erforderlich. Bei Tätigkeiten in einer Abschottung mit Unterdruck kommt es zu erhöhten Schimmelpilzbelastungen, so dass die Verwendung eines Air-stream-Helms mit Filter empfohlen wird. Hierbei handelt es sich um eine spezielle Atemschutzmaske, bei der ein Gebläse die schadstoffhaltige Luft durch Filtersysteme hindurchsaugt und die gereinigte (gefilterte) Luft wieder zuführt. Ein leichter Überdruck im Kopfteil verhindert, bei laufendem Gebläse, das Eindringen von kontaminierter Umgebungsluft. Außerdem sieht diese Gefährdungsklasse eine regelmäßige arbeitsmedizinische Vorsorgeuntersuchung vor (siehe Abb. 9.31).

9.5.9.4 Expositionsklassen

Eine Gefährdungsbeurteilung, die vor dem Beginn einer Schimmelpilzsanierung durchzuführen ist, setzt sich im Wesentlichen aus drei Komponenten zusammen:

- die Art der Tätigkeiten sowie der eingesetzten Arbeitsverfahren, aus denen sich die Freisetzung von Staub und Schimmelpilzsporen als mögliche Gesundheitsgefährdung ableiten lassen,
- die Dauer der Tätigkeiten, in der die mögliche Exposition auf Mitarbeiter der Sanierungsfirma einwirken und
- die Eigenschaften („Gefährlichkeit") der Biostoffe, die wiederum in Risikogruppen

Abb. 9.31 Schutzmaßnahmen gem. Gefährdungsklasse 3

unterteilt werden, und deren Wirkung auf die Gesundheit des Menschen unter Berücksichtigung der unterschiedlichen Aufnahmewege.

Grundlage der Gefährdungsbeurteilung ist die DGUV Information „Gesundheitsgefährdungen durch Biostoffe bei der Schimmelpilzsanierung". Weitere Hinweise finden sich in der Biostoffverordnung, der TRBA 400 „Handlungsanleitung zur Gefährdungsbeurteilung und für die Unterrichtung der Beschäftigten bei Tätigkeiten mit biologischen Arbeitsstoffen" sowie TRBA 500 „Grundlegende Maßnahmen bei Tätigkeiten mit biologischen Arbeitsstoffen".

Neben der Gefährdungsbeurteilung erfolgt eine Expositionsabschätzung. Hierbei wird die zu erwartende Höhe der Exposition gegenüber luftgetragenen Biostoffen mit sensibilisierender oder toxischer Wirkung in Abhängigkeit zu den unterschiedlichen Tätigkeiten in der Sanierung gegenüber Schimmelpilzen „abgeschätzt". Allerdings nicht als Schätzung im klassischen Sinne, sondern aufgrund von experimentellen Expositionsmessungen sowie Erfahrungswerten aus der Praxis von zahlreichen Sanierungsobjekten. Hierbei muss die so genannte Hintergrundkonzentration – also die „normale" Grundbelastung durch Biostoffe in der Außenluft – berücksichtigt werden, die jahreszeitlich und/oder witterungsbedingt unterschiedlich hoch sein kann und zudem regionale Unterschiede aufweist. In der einschlägigen Literatur wird die Hintergrundkonzentration für Schimmelpilze zwischen 200 bis 1.000 Kolonie Bildende Einheiten (KBE) pro m^3 Luft in den Monaten Oktober bis April angegeben und mit 1.000 bis 5.000 KBE/m^3 von Mai bis September. Da diese Hintergrundkonzentration immer vorhanden ist und durch den Luftaustausch die Luftqualität in Innenräumen beeinflusst, muss diese „Grundbelastung" durch Schimmelpilzsporen und andere mikrobielle Partikel immer berücksichtigt werden. Infolgedessen beziehen sich die Expositionsstufen immer auf die Hintergrundkonzentration der Außenluft. Dies bedeutet, dass eine hohe Konzentration an Schimmelpilzsporen in Innenräumen z. B. nicht als „hoch" eingestuft wird, wenn die Hintergrundkonzentration der Außenluft gleichzeitig ebenfalls hoch ist. Die Höhe der Exposition wird demnach immer nur im Vergleich (innen größer als außen) bewertet (siehe Tab. 9.9).

Neben der mikrobiellen Belastung wird zudem die Exposition durch Staub berücksichtigt. Hierbei unterscheidet man zwischen dem so genannten A-Staub (Alveolen gängige Staubfraktion) und dem E-Staub (einatembare Staubfraktion).

Bei der Interpretation und Bewertung der Exposition muss beachtet werden, dass

- es nach wie vor keine gesetzlichen Grenz- oder Orientierungswerte für privat genutzte Innenräume und
- auch keinen gesundheitsbasierten Grenzwert für die Exposition gegenüber Schimmelpilzen gibt,

Tab. 9.9 Bewertungsschema für verschiedene Staubkonzentrationen

	Erhöht	Hoch	Sehr hoch
Schimmelpilzkonzentration	> 50.000 KBE/m^3	50.000 bis 500.000 KBE/m^3	> 500.000 KBE/m^3
Staubgrenzwert nach TRGS 900			
• Alveolen gängige Staubfraktion	< 1,25 mg/m^3	1,25 bis 12,5 mg/m^3	> 12,5 mg/m^3
• Einatembare Staubfraktion	< 10,0 mg/m^3	10,0 bis 100 mg/m^3	> 100 mg/m^3

Tab. 9.10 zu erwartende Schimmelpilz- und Staubexposition bei ausgewählten Tätigkeiten

Beispiele von Tätigkeiten	Zu erwartende Schimmelpilz- und Staubexposition		
	Erhöht	Hoch	Sehr hoch
Fugendichtstoff aus Silikon oder Acryl entfernen	x		
Raumseitig befallene Tapete nach Absaugen der Oberfläche und anfeuchten vorsichtig entfernen	x		
Betonschleifer/Putzfräse mit Absaugung und lokaler Absaugung unmittelbar im Arbeitsbereich	x		
Bohren mit Absaugung unmittelbar am Bohrer	x		
Betonschleifer/Putzfräse mit Absaugung		x	
Putz entfernen mit gekapselten Hochdruckwasserstrahlen		x	
Ausbau nicht verklebter, glatter Bodenbeläge (z. B. Parkett, Laminat)		x	
Estrich und Dämmung trocken entfernen mit zusätzlicher Lüftung des unmittelbaren Arbeitsbereiches		x	
Estrich und Dämmung trocken entfernen			x
Tapete trocken entfernen			x
Putz trocken entfernen			x
Stemmarbeiten ohne Absaugung oder staubbindende Maßnahmen			x
Trockenbauwände abreißen			x
Trennwände entfernen			x
Decken, Zwischendecken und abgehängte Decken öffnen und befallene Materialien (u. a. Dämmung) entfernen			x
Teppichboden (verklebt) nach dem Absaugen trocken entfernen			x
Ausbau verklebter, glatter Bodenbeläge (z. B. Parkett, PVC, Linoleum)			x
Aufgeständerte Bodenkonstruktionen entfernen			x
Schüttmaterial in Hohlraumkonstruktionen ausräumen			x
Dämmmaterial (Mineralwolle, Zellulose, Holzfaserplatten) ausräumen			x
Archive und Archivgut reinigen			x
Entrümpeln/leerräumen stark verunreinigter Bereiche			x

- eine mögliche Korrelation zwischen der Staubkonzentration und Schimmelpilzsporen nicht für alle Tätigkeiten hinreichend belegt werden kann – was bedeutet, dass ein Überschreiten des einen oder anderen Parameters nicht automatisch bedeutet, dass der andere ebenfalls überschritten wird,
- andere Gebäudeschadstoffe wie z. B. Asbestfasern oder alte Dämmstoffplatten aus Mineralwolle nicht berücksichtigt sind und daher in der Gefährdungsbeurteilung zusätzlich berücksichtigt werden müssen.

Eine erhöhte Exposition im Sinne der DGUV Information „Gesundheitsgefährdungen durch Biostoffe bei der Schimmelpilzsanierung“ liegt vor, wenn 50.000 KBE/m^3 in der Atemluft der Beschäftigten überschritten werden. Experimentelle Expositionsmessungen in der Praxis zeigen, dass bei den meisten Tätigkeiten diese Hintergrundwerte zum Teil deutlich überschritten werden. Um diesen Wert ins Verhältnis zu setzen: Bei einer herkömmlichen Entfernung eines Altputzes (Abstemmen ohne Absaugung) entstehen 30 bis 40 Mio. (!) KBE pro m^3 Luft im unmittelbaren

Umfeld eines Beschäftigten der Sanierungsfirma – das ist eine Überschreitung der Empfehlungen um den Faktor 1.000! Wird ein Altputz dagegen z. B. mit einer Putzfräse mit Absaugung entfernt, reduziert sich die Schimmelpilzkonzentration im Sanierungsbereich auf ca. 50.000 KBE/m^2 und bewegt sich somit im Rahmen der Handlungsempfehlungen. Im unmittelbaren Umfeld eines Beschäftigten liegt die Belastung allerdings immer noch bei ca. 400.000 KBE/m^2 (siehe Tab. 9.10).

9.5.9.5 Persönliche Schutzausrüstung

Die persönliche Schutzausrüstung (PSA) nimmt bei der Schimmelpilzsanierung einen sehr hohen Stellenwert ein. Sie schützt den Mitarbeiter der Sanierungsfirma vor möglichen Gesundheitsgefährdungen. Diese gehen vor allem von den sensibilisierenden und toxischen Wirkungen der Biostoffe aus. Zu den sensibilisierenden Biostoffen zählen u. a. Schimmelpilze und bestimmte Bakterien. Toxische Wirkungen können von Mykotoxinen (Giftstoffe von Schimmelpilzen) und Endotoxinen (Giftstoffe von Bakterien) ausgehen. Bei der Schimmelpilzsanierung liegt nach Angaben des Umweltbundesamtes keine erhöhte Infektionsgefährdung vor.

Art und Ausstattung der persönlichen Schutzausrüstung ergeben sich aus der Schadenskategorie, die aus der Größe des mikrobiellen Befalls in Abhängigkeit zur individuellen Nutzungsklasse ermittelt wird, und aus den Gefährdungsklassen, die sich aus der Art und Dauer der Tätigkeiten sowie der Expositionsklassen ergeben. Diese werden in einer Gefährdungsbeurteilung zusammengefasst, die von der Sanierungsfirma als Auftragnehmer vor der Schimmelpilzsanierung und unabhängig von der Zahl der Beschäftigten zu erstellen ist. In einer Betriebsanweisung werden die geeigneten Schutzmaßnahmen festgelegt. Die Gefährdungsbeurteilung umfasst auch ein Verzeichnis der vorkommenden Biostoffe. Bei einer Änderung der Arbeits- und Umgebungsbedingungen ist die Gefährdungsbeurteilung entsprechend anzupassen. Wichtig ist, dass die Sanierungsfirma dem so genannten Substitutionsgebot nachkommt. Dies bedeutet, dass zunächst sämtliche Gefährdungen zu vermeiden (auszuschließen) sind, dann folgt das Minimierungsgebot und anschließend darauf abgestimmte Schutzmaßnahmen. Die persönliche Schutzausrüstung ist Teil der Schutz- und Hygienemaßnahmen. Einige dieser Maßnahmen können bereits im Rahmen evtl. notwendiger Sofortmaßnahmen anfallen.

Grundlage für die persönliche Schutzausrüstung sind die DGUV-Information 201-028 „Gesundheitsgefährdungen durch Biostoffe bei der Schimmelpilzsanierung“. Diese liefert die notwendigen Informationen, um eine Gefährdungsbeurteilung vornehmen zu können, die wiederum Art und Umfang der Schutz- und Hygienemaßnahmen festlegt. Diese umfassen neben Maßnahmen der persönlichen Körperhygiene auch technische, organisatorische und persönliche Maßnahmen zur Verringerung der Exposition. Außerdem ist bei allen Tätigkeiten die TRBA 500 „Grundlegende Maßnahmen bei Tätigkeiten mit biologischen Arbeitsstoffen“ zu beachten. Bei der Schimmelpilzsanierung können sowohl biologische als auch chemische Belastungen vorliegen. Dies muss bei der Festlegung der Schutz- und Hygienemaßnahmen beachtet werden.

Die persönliche Schutzausrüstung, bestehend aus Augenschutz (Schutzbrille), Handschutz (Arbeitshandschuhe), Schutzkleidung (Ein- oder Mehrweg-Schutzanzüge) und Atemschutz (Maske mit entsprechendem Filter), wird im berufsgenossenschaftlichen Regelwerk der DGUV Regel 112–189 ff. geregelt.

Als Schutzkleidung sind staubdichte Chemikalienschutzanzüge (besser bekannt unter dem Begriff Einweganzüge) der Kategorie III (Typ 5/6) geeignet. Beim Auftreten von Sprühnebeln und beim Umgang mit fäkalienhaltigem Abwasser sind Schutzanzüge der Kategorie III (Typ 4) einzusetzen. Bei Arbeiten mit direktem Körperkontakt zu nassen/durchfeuchteten Materialien kann auch ein flüssigkeitsdichter Schutzanzug der Kategorie III (Typ 3) notwendig sein. Wie der Name bereits verrät, sind Einwegschutzanzüge nach einmaligem Gebrauch zu entsorgen. Um eine Verschleppung von Stäuben über die Haare zu vermeiden, wird das Tragen einer Kapuze empfohlen. Zum Schutz der Hände sind flüssigkeitsdichte Schutzhandschuhe (z. B. Nitril) einzusetzen, wobei ein täglicher Wechsel empfohlen wird. Arbeitshandschuhe aus Leder und/oder Textil sind genauso ungeeignet wie medizinische Einmalhandschuhe.

Um ein Verschleppen von Biostoffen zu vermeiden, sind abwaschbare Sicherheitsschuhe oder Überziehschuhe einzusetzen. Bei Tätigkeiten, bei denen ein Kontakt zu Schmutz- oder Abwasser besteht, sind flüssigkeitsdichte Schuhe wie z. B. abwaschbare S5 Gummistiefel zu verwenden. Bei Arbeiten über Kopf mit Staubentwicklung und bei Gefahr von Spritzwasserbildung (z. B. beim Entfernen durchnässter Bauteilschichten) sind die Augen z. B. durch eine Korbbrille, einen Gesichtsschutzschirm, eine Vollmaske oder Atemschutzhaube zu schützen.

In Abhängigkeit zur ermittelten Gefährdungsklasse kann das Tragen von Atemschutzgeräten mit Partikelfiltern erforderlich sein. Die Filter sind täglich zu wechseln. Partikelfiltrierende Halbmasken (so genannte FFP-Masken) sind nach einmaligem Gebrauch zu entsorgen. Aufgrund der körperlichen Belastung, insbesondere beim Tragen von Atemschutzgeräten mit Partikelfiltern über einen längeren Zeitraum, wird der Einsatz von Gebläse unterstützten Atemschutzgeräte empfohlen. Für die Auswahl der erforderlichen Atemschutzgeräte ist u. a. relevant, ob mit dem Tragen nur der Atemschutz oder gleichzeitig auch der Augen- und/oder Gehörschutz sichergestellt werden muss. Die verschiedenen Atemschutzgeräte werden nach Art und Aufbau in Einweg-Feinstaubmasken, Halbmasken mit Filtergeräten und Vollmasken mit Filtergerät unterschieden. Partikelfiltrierende Atemschutzgeräte werden unterschieden in:

- Filtrierende Halbmasken (FFP1, FFP2 und FFP3)
- Viertel- oder Halbmaske mit Filter (P1, P2 und P3)
- Vollmaske mit Filter (P1, P2 und P3)
- Gebläse unterstützte Filtergeräte mit Helm oder Haube (TH1P, TH2P und TH3P)
- Gebläse unterstützte Filtergeräte mit Viertel-, Halb- oder Vollmaske (TM1P, TM2P und TM3P)

Einweg-Feinstaubmasken werden umgangssprachlich als FFP-Masken bezeichnet (= Filtering Face Piece). Nach der DIN EN 149 „Atemschutzgeräte: Filtrierende Halbmasken zum Schutz gegen Partikel – Anforderungen, Prüfung und Kennzeichnung“ werden die Einweg-Feinstaubmasken in die Klassen FFP1, FFP2 und FFP3 eingeteilt. FFP1-Masken werden gegen ungiftige Stäube und Aerosole auf wässriger oder öliger Basis eingesetzt, während FFP2-Masken u. a. bei gesundheitsschädlichen Stäuben und Aerosolen zur Anwendung kommen. FFP3-Masken kommen bei Stäuben, Rauch und Aerosolen zum Einsatz, deren Konzentration bis zum 30-fachen des MAK-Wertes (maximale Arbeitsplatzkonzentration) liegt. FFP2- und FFP3-Masken können mit dem Zusatz S (solid = Schutz gegen feste Teilchen) und/oder L (Liquid = Schutz gegen flüssige Teilchen) versehen sein. Bei vorhandenen oder zu erwartenden hohen Staubkonzentrationen (vor allem bei hohen Feinstaubanteilen) sollten nur Filter eingesetzt werden, bei denen der Atemwiderstand durch die Staubanreicherung nicht zu schnell ansteigt. Filter, die gegen eine mikrobielle Belastung eingesetzt werden, dürfen nur einmal eingesetzt werden. Von einer Reinigung oder sogar Desinfektion ist dringend abzuraten.

Tab. 9.11 Gebrauchsdauer verschiedener Filtergeräte

Atemschutzgeräte	Gebrauchsdauer in min.	Erholungsdauer in min.	Gebrauchsdauer pro Arbeitsschicht in min.
Filtergeräte ohne Gebläseunterstützung			
Vollmaske mit P2-Filter	135	30	420
Vollmaske mit P3-Filter	120	30	360
Halbmaske mit P2-Filter	150	30	420
Halbmaske mit P3-Filter	135	30	420
Filtergeräte mit Gebläseunterstützung			
Mit Vollmaske	150	30	420
Mit Halbmaske	180	30	450

Nach den Berufsgenossenschaftlichen Informationen (BGI 858) sind Halbmasken den FFP-Masken vorzuziehen. Diese sind in der DIN EN 140 „Atemschutzgeräte: Halbmasken und Viertelmasken – Anforderungen, Prüfung, Kennzeichnung“ geregelt und werden kombiniert mit geeigneten Filtersystemen (P2) eingesetzt, wenn eine durchschnittliche bis hohe mikrobielle Belastung durch Stäube und Aerosole erreicht ist (Belastungsstufe 2). Eine optimale Schutzausrüstung stellen lt. BGI 858 allerdings Gebläse unterstützte Halbmasken mit Partikelfilter TM2P dar. Vollmasken dagegen sind in der DIN EN 136 „Atemschutzgeräte: Vollmasken – Anforderungen, Prüfung, Kennzeichnung“ geregelt und werden in Kombination mit geeigneten Filtersystemen (P3) eingesetzt, wenn die mikrobielle Belastung durch Stäube und Aerosole hoch bis sehr hoch ist und die Belastungsstufe 3 erreicht wäre.

Um eine Überbeanspruchung der Atemschutzgeräte tragenden Person zu vermeiden, ist die Gebrauchsdauer nach DGUV Regel 112-190 „Benutzung von Atemschutzgeräten“ zu beachten. Die Tab. 9.11 zeigt einen Ausschnitt aus der Gebrauchsdauertabelle:

Atemschutzgeräte innerhalb einer Klasse unterscheiden sich über den so genannten nominellen Schutzfaktor sowie den Faktor für die maximale Einsatzkonzentration. Der nominale Schutzfaktor wird hierbei von der höchst zulässigen Leckage lt. europäischer Norm abgeleitet und gibt damit die maximale Schutzleistung des Atemschutzgerätes an (siehe Tab. 9.12).

Die verschiedenen Filtertypen sind in der DIN EN 14387 „Atemschutzgeräte: Gasfilter und Kombinationsfilter – Anforderungen, Prüfung, Kennzeichnung“ geregelt.

9.5.9.6 Sonstige Schutzmaßnahmen

Schutz- und Hygienemaßnahmen nehmen bei der Sanierung von Schimmelpilzschäden einen hohen Stellenwert ein. Art und Umfang der erforderlichen Maßnahmen ergeben sich aus der Schadenskategorie, die aus der Größe des mikrobiellen Befalls in Abhängigkeit zur individuellen Nutzungsklasse ermittelt wird, und aus den Gefährdungsklassen, die sich aus der Art und Dauer der Tätigkeiten ergeben. Hierfür sind wiederum die Expositionsklassen relevant. Außerdem muss die Exposition der Raumnutzer berücksichtigt werden, insbesondere wenn sich Risikogruppen in den Innenräumen des Sanierungsbereiches aufhalten. Erstaunlich ist, dass Schutz- und Hygienemaßnahmen in der Regel nur auf die eigentliche Sanierung, also die Beseitigung von mikrobiellem Befall, reduziert werden. Dabei gilt der Grundsatz, Menschen vor einer Gesundheitsgefährdung durch die Verschleppung von Schimmelpilzsporen und mikrobielle Partikel sowie ggf. andere Mikroorganismen wie z. B. Bakterien (kurz Biostoffe) zu schützen, auch für andere Tätigkeiten vor, parallel oder nach einer Schimmelpilzsanierung. Hierzu gehören Schutz- und Hygienemaßnahmen während der Probeentnahme im Rahmen der mikrobiologischen Untersuchung, bei der technischen Bautrocknung, im Umgang mit Bioziden sowie bei der Sanierung von Fäkalschäden.

Tab. 9.12 Schutzleistung verschiedener Filtergeräte

Partikelfiltrierende Geräte	Abk.	Nominaler Schutzfaktor
Filtrierende Halbmasken	FFP1	4
	FFP2	12
	FFP3	50
Viertel- oder Halbmaske mit Filter	P1	4
	P2	12
	P3	50
Vollmaske mit Filter	P1	5
	P2	20
	P3	1.000
Gebläse unterstütztes Filtergerät mit Helm oder Haube	TH1P	10
	TH2P	20
	TH3P	500
Gebläse unterstütztes Filtergerät mit Viertel-, Halb- oder Vollmaske	TM1P	20
	TM2P	100
	TM3P	2.000

Für diese Maßnahmen und Tätigkeiten gilt ebenfalls die Biostoffverordnung (BioStoffV). Diese regelt erforderliche Schutz- und Hygienemaßnahmen für den Schutz der Mitarbeiter einer Sanierungsfirma sowie anderer Personen, die durch Biostoffe gefährdet werden können. Im Sinne der BioStoffV handelt es sich bei den oben genannten Maßnahmen um nicht gezielte Tätigkeiten. Infolgedessen gelten für alle Schutz- und Hygienemaßnahmen die DGUV-Information 201-028 „Gesundheitsgefährdungen durch Biostoffe bei der Schimmelpilzsanierung" sowie die TRBA 500 „Grundlegende Maßnahmen bei Tätigkeiten mit biologischen Arbeitsstoffen".

Bereits bei der Probeentnahme von mikrobiell besiedelten Materialien und/oder Oberflächen sowie der Innenraumluft im Rahmen der mikrobiologischen Untersuchung muss mit einer Exposition durch Biostoffe gerechnet werden. Dies gilt insbesondere bei der Bauteilöffnung von Hohlräumen oder mehrschichtigen Baukonstruktionen wie z. B. Fußbodenkonstruktionen nach sporadischen Wasserschäden oder abgehängten Decken mit Wärmedämmstoffen. Hierfür sollte eine persönliche Schutzausrüstung (PSA) getragen werden, die auf den individuellen Einzelfall abgestimmt ist. Die Grundausstattung besteht aus flüssigkeitsdichten Schutzhandschuhen (z. B. aus Nitril), einer Atemschutzmaske mit P2-Filter (z. B. eine partikelfiltrierende Halbmaske) und Augenschutz. Hierbei muss beachtet werden, dass durch eine Bauteilöffnung und/oder Probeentnahme auf Oberflächen und Materialien auch Dritte durch mikrobielle Belastungen gefährdet werden können. Der Schutz Dritter ist daher ebenfalls einzuhalten. Des Weiteren gilt bei der Entnahme von Staub- und Materialproben ein Substitutionsgebot, so dass staubfreie oder -arme Arbeitsverfahren zu bevorzugen sind. Werden im Rahmen mikrobiologischer Voruntersuchungen großflächige Bauteilöffnungen notwendig, können diese bereits zusätzliche Schutzmaßnahmen wie z. B. Abschottungen oder den Einsatz von Luftreiniger erforderlich machen.

Schutz- und Hygienemaßnahmen sind auch bei der technischen Bautrocknung elementar, um eine Gesundheitsgefährdung der Mitarbeiter der Trocknungsfirma durch die Ausbreitung von Schimmelpilzsporen und mikrobielle Partikel sowie andere Mikroorganismen wie vor allem Bakterien zu vermeiden. Wie bei allen anderen Maßnahmen im Rahmen der Sanierung von Schimmelpilzschäden gilt auch bei der technischen Bautrocknung ein Substitutionsgebot und somit als oberstes Ziel, eine Exposition zu vermeiden oder, wenn dies nicht möglich ist, auf ein Minimum zu reduzieren. Daher sind Trocknungsmaßnahmen von Hohlräumen oder mehrschichtigen Baukonstruktionen wie z. B. Fußböden mit einer Estrichdämmschicht ausschließlich mit einem Unterdruck- oder Vakuum-Verfahren durchzuführen. Hierbei wird die angesaugte Luft über ein geeignetes Filtersystem (Hauptfilter mindestens Klasse H13) geleitet, bevor diese der Raumluft bzw. Umgebungsluft wieder zugeführt wird. Beim Einsatz von Entfeuchtern zur Raum- bzw. Oberflächentrocknung ist ggf. ein Folienzelt oder eine komplette Einhausung der betroffenen Innenräume vorzunehmen. Wichtig ist, dass ein mikrobieller Befall vor Durchführung der Trocknungsmaßnahmen vollständig entfernt wird, damit Schimmelpilzsporen und andere mikrobielle Partikel nicht im Innenraum verbreitet werden.

Schutz- und Hygienemaßnahmen dürfen nicht auf mikrobiellen Befall durch Schimmelpilze und/oder Bakterien reduziert werden. Eine mögliche Gesundheitsgefährdung kann neben dem Einatmen von Sporen und mikrobiell belasteten Stäuben auch von Bioziden ausgehen. Daher muss bei der Verwendung von Bioziden in der Regel von einer zusätzlichen Gefährdung ausgegangen werden, die im Rahmen der Gefährdungsbeurteilung und bei der Auswahl von Schutzmaßnahmen zu berücksichtigen ist. Primäres Ziel muss es sein, den Einsatz von Bioziden durch andere Maßnahmen zu ersetzen (Substitutionsgebot gemäß Gefahrstoffverordnung). So eignet sich z. B. anstelle einer Oberflächendesinfektion vor dem Entfernen mikrobiell befallener Materialien das Absaugen der Oberflächen mit einem Industriestaubsauger der Staubklasse H oder eine feuchte Reinigung. Wird auf eine mögliche Substitution verzichtet, muss dies in der Gefährdungsbeurteilung begründet werden. Mitarbeiter der Sanierungsfirma müssen in die Betriebsanweisung eingewiesen werden. Außerdem muss eine arbeitsmedizinische Vorsorge sichergestellt sein. Biozide (gebrauchsfertige Formulierungen) und ihre Wirkstoffe müssen nach der Biozid-Verordnung für die vorgegebene Verwendung zugelassen sein. Dies gilt auch für Verfahren, bei denen ein Biozid vor Ort hergestellt wird wie z. B. bei der Generierung von Ozon. Lt. dem aktuellen Leitfaden „Zur Vorbeugung, Erfassung und Sanierung von Schimmelbefall in Gebäuden" des Umweltbundesamtes (UBA) kann eine vorhandene Biomasse mit bioziden Anwendungen nicht vollständig entfernt und/oder neues Schimmelpilzwachstum nachhaltig verhindert werden. Darüber hinaus haben biozide Anwendungen vor Beginn einer Sanierung z. B. im Rahmen von Sofortmaßnahmen keinen Einfluss auf die Einordnung der Tätigkeiten in die Gefährdungsklassen. Nach einer Schimmelpilzsanierung im Rahmen der Feinreinigung ist eine biozide Anwendung lt. UBA ebenfalls nicht notwendig.

Nachfolgend sind für ausgewählte Biozide bzw. deren Wirkstoffe die erforderlichen Schutzmaßnahmen beschrieben. Bei der Anwendung von

- **Ethanol** ist eine flammhemmende, antistatische Schutzkleidung sowie eine Korbbrille als Augenschutz, Chemikalien-Schutzhandschuhe (z. B. aus Butylkautschuk) als Handschutz und bei Grenzwertüberschreitungen eine Halbmaske oder Vollmaske mit Gasfilter (mindestens A1/braun) als Atemschutz,
- **Isopropanol** ist eine antistatische Schutzkleidung sowie eine Korbbrille als Augenschutz, Chemikalien-Schutzhandschuhe (z. B. aus Nitril oder Butylkautschuk) als Handschutz und bei Grenzwertüberschreitungen eine Halbmaske oder Vollmaske mit Gasfilter (mindestens A1/braun) als Atemschutz
- **quartären Ammoniumverbindungen** ist je nach Anwendung ggf. ein Chemikalienschutzanzug sowie eine Korbbrille als Augenschutz, Chemikalien-Schutzhandschuhe (z. B. aus Nitril, Fluorkautschuk oder Butylkautschuk) als Handschutz und z. B. beim Versprühen eine Halbmaske oder Vollmaske mit Partikelfilter (mindestens P2/weiß) als Atemschutz
- **Natriumhypochlorit** ist beim Versprühen ein Chemikalienschutzanzug sowie eine Korbbrille als Augenschutz, Chemikalien-Schutzhandschuhe (z. B. aus Polyvinylchlorid, Fluorkautschuk oder Butylkautschuk) als Handschutz und bei Grenzwertüberschreitung z. B. eine Halbmaske oder Vollmaske mit Kombinationsfilter (mindestens B-P2/grau/weiß) als Atemschutz
- **Wasserstoffperoxid** ist beim Versprühen ein Chemikalienschutzanzug sowie eine Korbbrille als Augenschutz, Chemikalien-Schutzhandschuhe (z. B. aus Nitril oder Butylkautschuk) als Handschutz und bei Grenzwertüberschreitung z. B. eine Halbmaske oder Vollmaske mit Kombinationsfilter (mindestens CO-P3/schwarz/weiß oder Kombinationsfilter NO-P3/blau/weiß) als Atemschutz
- **Peressigsäure** ist je nach Anwendung ggf. ein Chemikalienschutzanzug sowie eine Korbbrille als Augenschutz, Chemikalien-Schutzhandschuhe (z. B. aus Polychloropren, Fluorkautschuk oder Butylkautschuk) als Handschutz und bei Grenzwertüberschreitung z. B. eine Halbmaske oder Vollmaske mit Kombinationsfilter (mindestens B-P2/grau/weiß) als Atemschutz

zu tragen. Bei den aufgeführten Wirkstoffen handelt es sich um Gefahrstoffe. Für Tätigkeiten mit diesen Stoffen gilt die Gefahrstoffverordnung.

Biozide Anwendungen können allerdings bei der Sanierung von Fäkalschäden als Schutz- und Hygienemaßnahme sinnvoll sein, um die Beschäftigten der Trocknungs- oder Sanierungsfirma vor Infektionen durch Fäkalkeime zu schützen. Kommen Schmutz- oder Abwasser im Rahmen von sporadischen Wasserschäden, Havarieschäden oder Naturkatastrophen mit Fäkalien in Kontakt, muss immer mit Infektionserregern gerechnet werden. Allerdings ist der Einsatz von Bioziden vor Beginn der Sanierungsmaßnahmen, um Infektionserreger abzutöten und eine Infektionsgefährdung zu vermeiden, nur bei glatten Oberflächen zielführend. Bei infektiösen Wirkungen steht die orale Aufnahme der Stoffe im Vordergrund, so dass Schutzmaßnahmen in erster Linie in persönlichen Hygienemaßnahmen zu sehen sind. Weiterhin sind schnittfeste Handschuhe zu verwenden, um neben einer Verletzungsgefahr durch scharfe, spitze Gegenstände eine dadurch verursachte Infektionsgefahr zu vermeiden.

9.5.10 Rückbau und Beseitigung

Im aktuellen Leitfaden „Zur Vorbeugung, Erfassung und Sanierung von Schimmelbefall in Gebäuden" des Umweltbundesamtes (UBA) wird zwischen kleineren und einfachen Sanierungen unterschieden, bei denen ein Laie unter Einhaltung gewisser Vorgaben den mikrobiellen Befall selbst beseitigen kann. Dieser so genannte Sekundärbefall liegt vor, wenn der mikrobielle Befall einen geringen Umfang (das Ausmaß beträgt < 0,2 m^2) hat und sich nur auf der Oberfläche befindet. Dies bedeutet, dass Schimmelpilze und/oder Bakterien (noch) nicht in den Untergrund eingedrungen sind. Außerdem sollte die Ursache für den mikrobiellen Befall bekannt sein und mit der Beseitigung umgehend begonnen werden, damit sich Schimmelpilze und/oder Bakterien nicht ausbreiten können. Weiterhin ist wichtig, dass der oder die Betroffenen nicht allergisch auf Schimmelpilze oder Bakterien reagieren oder keine Erkrankungen des Immunsystems vorliegen. In allen anderen Fällen (Kategorie 2 und 3) liegt ein Primärbefall vor, so dass zunächst ein Sachverständiger für die Begutachtung und eine Fachfirma für die professionelle Schimmelpilzsanierung hinzugezogen werden sollte. Diese können feststellen, ob nur ein sichtbarer Befall vorliegt oder ggf. auch ein nicht sichtbarer Befall oder ein verdeckter Befall.

In Abhängigkeit der vorliegenden Schadenskategorie, der Nutzungsklassen, der Expositionsklassen, der Risikogruppen in Bezug auf die Biostoffe sowie der Disposition der Raumnutzer wird eine Gefährdungsbeurteilung erstellt, aus der sich Art und Umfang der Sanierungsmaßnahmen ergeben. Hierzu gehören ggf. Sofortmaßnahmen, Schutz- und Hygienemaßnahmen sowie anschließend die Entfernung (Rückbau) mikrobiell besiedelter Materialien oder die Beseitigung (Dekontamination) von mikrobiellem Befall auf Oberflächen (z. B. durch eine Desinfektion), wenn ein Rückbau nicht möglich oder unverhältnismäßig ist. Je nach Schadensursache und -umfang kann auch eine technische Bautrocknung oder eine Geruchsneutralisation notwendig sein. Wenn der Rückbau und/oder die Beseitigung abgeschlossen ist, folgt eine Reinigung der Innenräume sowie eine Erfolgskontrolle durch eine mikrobiologische Nachuntersuchung. Anschließend erfolgt der Wiederaufbau sowie die Kontrolle und ggf. Reinigung der in die Innenräume wieder einzubringenden Gegenstände (Möbel und Inventar). Im Einzelfall wird abschließend in allen Innenräumen nach Abschluss aller Maßnahmen eine Feinreinigung durchgeführt, um auszuschließen, dass evtl. mikrobiell kontaminierte Feinstäube wieder eingeschleppt wurden. Dies kann notwendig sein, wenn sich unter den Bewohnern eine Risikogruppe befindet.

Während die Sanierung eines Schimmelpilzschadens der Kategorie 2 durch eine Fachfirma empfohlen wird, ist diese bei Vorliegen der Kategorie 3 zwingend vorgeschrieben. Sanierungen dieser Art sind nicht gezielte Tätigkeiten im Sinne der Biostoffverordnung, bei denen eine besondere Fachkunde in Bezug auf sensibilisierende und toxische Wirkungen der Biostoffe gefordert ist. Die genauen Anforderungen sind in der TRBA 200 konkretisiert. Da es nach wie vor keine behördliche Prüfung bzw. Zulassung oder staatlich anerkannte Ausbildung bzw. Abschlüsse in der Schimmelpilzsanierung gibt, sollte die besondere Fach- und Sachkunde sowie die Erfahrung der Fachfirma vor der Auftragsvergabe belegt werden. Eine qualifizierte Fachfirma sollte über mikrobiologische, bauphysikalische und hygienische Grundlagen, Erfahrungen in der Planung und Steuerung komplexer Sanierungen in sensiblen Bereichen und über die notwendige Ausstattung (z. B. Messgeräte, Sanierungsverfahren, Ausrüstung für Arbeitsschutz, persönliche Schutzausrüstung usw.) verfügen. Nachweise über regelmäßige Schulungen und Weiterbildungen der Mitarbeiter (!), und nicht nur des Firmeninhabers, sind ebenfalls vertrauensbildende Maßnahmen.

Die Entfernung mikrobiell besiedelter Materialien als Quelle der Exposition hat gegenüber der reinen Desinfektion von Oberflächen immer Vorrang. Denn, durch eine Desinfektion kann mikrobieller Befall zwar abgetötet werden, aber auch abgetötete Schimmelpilzsporen und mikrobielle Partikel haben weiterhin ein allergenes Potenzial.

Beim Entfernen beginnt man zunächst mit dem oberflächlichen Befall. Um eine unnötige Aufwirbelung und Freisetzung sowie Ausbreitung von

Abb. 9.32 Absaugen oder Abfräsen mit Absaugung

Abb. 9.33 Absaugen oder Abfräsen mit Absaugung

Abb. 9.34 Absaugen oder Abfräsen mit Absaugung

Abb. 9.35 Sprühextraktionsverfahren

Staub, Sporen und anderen mikrobiellen Partikeln zu vermeiden, müssen die Oberflächen vorsichtig befeuchtet werden. Alternativ können Sporen und andere Partikel durch Überstreichen oder vorsichtiges Abtupfen mit einer Grundierung, Farbe oder einem Lack oder einem Kleber gebunden oder „eingekapselt" werden. Auch das Abkleben mit einer geeigneten Folie funktioniert. Ein mechanisches Entfernen (z. B. Abbürsten) oder absaugen mit einem normalen Haus- oder Baustaubsauger sind unbedingt zu unterlassen! Infolgedessen würde eine Unmenge an Staub und Sporen sowie andere mikrobielle Partikel aufgewirbelt werden und die Raumluft belasten. Hierfür stehen Industriestaubsauger mit HEPA-Filter zur Verfügung.

Liegt dagegen nicht nur ein oberflächlicher Befall vor, müssen mikrobiell besiedelte Materialien mit geeigneten Maßnahmen ausgebaut werden. Unterschieden wird zwischen mikrobiell besiedelten Oberflächen auf der Rückseite oder Innenseite. Diese sind genauso zu behandeln wie der Oberflächenbefall auf der Vorderseite (feucht abwischen, binden oder einkapseln, abkleben oder absaugen). Ist der mikrobielle Befall dagegen in das Material eingedrungen, muss dieses ausgebaut werden. Ein Rückbau im Sinne einer Demontage ist einem Abschlagen, Abstemmen oder Abschleifen immer vorzuziehen. Anderenfalls müssen Verfahren gewählt werden, die über eine Absaugung verfügen oder die mit Wasser arbeiten, damit Stäube, Sporen und andere mikrobielle Partikel nicht freigesetzt werden (siehe Abb. 9.32, 9.33 und 9.34). Technische Möglichkeiten, um das so genannte Minimierungsgebot gemäß TRGS 540 sicherzustellen, stellen z. B. das Sprühextraktionsverfahren dar (siehe Abb. 9.35). Bei porösen Oberflächen wie z. B. Putz kann eine Putzfräse mit integrierter Absaugung eingesetzt werden.

Für diese gibt es rotierende Bürsten und eine Absaugvorrichtung mit integrierten HEPA-Filtern. Sollten diese Möglichkeiten nicht zur Verfügung stehen, muss eine normale Putzfräse verwendet werden, nachdem der Sanierungsbereich abgeschottet wurde. Der Einsatz einer Absauganlage im Unterdruckverfahren ist zu prüfen.

Sind durchfeuchtete Materialien in Hohlräumen wie z. B. Wärmedämmstoffe in Fußboden-, Wand- oder Deckenkonstruktionen mikrobiell besiedelt, müssen diese vorsichtig zurück gebaut und entfernt werden. Hierbei sind die einzelnen Materialien sofort staubdicht zu verpacken und aus dem Sanierungsbereich zu entfernen. Denn, neben der mikrobiellen Belastung kommen bei einigen Wärmedämmstoffen wie z. B. alte Mineralwolle krebserregende Faserstäube hinzu. Deshalb muss sämtliches Material, das entfernt wurde und den Sanierungsbereich verlässt, in staubdicht verpackten Säcken auf dem kürzesten Wege nach außen gebracht und in möglichst geschlossenen Containern zwischengelagert werden (gilt für alle Nutzungsklassen). Bei Innenräumen der Nutzungsklasse III kann im Einzelfall entschieden werden, ob eine gründliche Oberflächenreinigung dem Rückbau vorzuziehen ist. Gleiches gilt für Schimmelpilzbefall in mehrschichtigen Fußbodenkonstruktionen.

Leichtbauwände aus Gipswerkstoffplatten oder Holzwolle-Leichtbauplatten sind meistens nicht nur mikrobiell befallen, sondern auch durchfeuchtet, so dass ein Rückbau in der Regel alternativlos ist. Dies schließt fast immer auch der Ausbau und die Entsorgung der dort verbauten Wärmedämmmaterialien (z. B. KMF-Dämmung) mit ein. Der Rückbau dieser Wände erfolgt entweder komplett oder mindestens 30 bis 40 cm über dem befallenen Bereich. Ausnahmen können auch hier für die Nutzungsklasse III gelten. In dem Fall muss allerdings sichergestellt werden, dass die Wärmedämmmaterialien nach der Sanierung wieder trocken sind bzw. ihre Ausgleichsfeuchte aufweisen.

Tätigkeiten, bei denen mit einer überdurchschnittlich hohen Staubentwicklung gerechnet werden muss, sind immer kritisch zu bewerten. Hierzu zählen z. B. der Ausbau von Fensterstöcken und Türrahmen im Altbau, das Entfernen von Zwischendecken und abgehängten Decken, dem Ausbau von Schüttungen aus Lehm, Stroh, Schlacke und vergleichbarer Materialien sowie das Entfernen von Dämmmaterialien aus nachwachsenden Rohstoffen oder von Fußbodenbelägen (siehe Abb. 9.36).

Abb. 9.36 Bei Stemm- und Abrissarbeiten ist mit der Freisetzung großer Staubmengen zu rechnen, die mikrobiell belastet sind

Ist ein Rückbau mikrobiell besiedelter Materialien nicht möglich oder unverhältnismäßig, muss der mikrobielle Befall auf Oberflächen entfernt oder abgetötet werden. Schimmelpilzbefall auf massivem Holz (z. B. Dachsparren) wird durch abrasive Verfahren (z. B. Abhobeln) entfernt. In der Nutzungsklasse III reicht hierfür eine Oberflächenreinigung, entweder durch Abwischen oder Absaugen mit einem Industriestaubsauger mit HEPA-Filter.

Reichen beide Möglichkeiten nicht aus, wird der mikrobielle Befall abgetötet, entweder durch biozide Anwendungen oder Hitze. Für ein Abflammen oder Abbrennen müssen die Voraussetzungen für diese Anwendung wie z. B. nicht brennbare Untergründe vorliegen und neben der Einhaltung der gesetzlichen Vorschriften zum Brandschutz auch eine mögliche Explosionsgefahr berücksichtigt werden. Die mikrobiell belasteten Oberflächen sind mit einem Sicherheitsabstand von ca. einem Meter langsam und gleichmäßig abzuflämmen. Hierbei ist zu beachten, dass je nach Methode und Abstand Temperaturen von bis zu

150 °C im oberflächennahen Bereich erreicht werden können. Je nach Größe und Tiefe des mikrobiellen Befalls können die Oberflächen auch mehrfach behandelt werden, um die für die Abtötung der Mikroorganismen notwendigen Temperaturen nicht nur auf der Oberfläche, sondern auch in den tieferen Schichten zu erreichen, um z. B. das Myzel abzutöten. Der Grund hierfür liegt in der so genannten Letaltemperatur, die je nach Schimmelpilzspezies zwischen 55 bis 85 °C liegt. Besonders gut eignet sich diese Methode bei freigelegten Mauerwerken oder Betonflächen (gilt für alle Nutzungsklassen).

Eine Alternative hierzu z. B., wenn der Untergrund brennbar oder leicht entzündlich ist, sind biozide Anwendungen, die häufig als Desinfektion bezeichnet werden. Diese sind in Fachkreisen nicht unumstritten, aber im Markt als sehr einfache Methode sehr beliebt und daher weit verbreitet. Dabei wird immer wieder u. a. vom Umweltbundesamt darauf hingewiesen, dass eine Desinfektion nach Feuchte- und/oder Schimmelpilzschäden ohne einen Rückbau von mikrobiell besiedelten Materialien oder Bauteilen keine fachgerechte Sanierung darstellt. Eine tatsächliche Entfernung von mikrobiellem Befall bedeutet in der Regel ein Rückbau der betroffenen Materialien und Bauteile. Eine Bewertung der „richtigen" und „angemessenen" Maßnahmen sollte immer mit Augenmaß und gesundem Menschenverstand erfolgen. Denn, eine Pauschalisierung dieser Aussage gilt ohne Differenzierung für eine leicht zu entfernende Silikonfuge in der Dusche oder einer Tapete genauso (und wäre angemessen) wie für einen mikrobiell belasteten mehrschichtigen Fußbodenaufbau oder einen Dachstuhl (und wäre eben nicht angemessen). Daher müssen biozide Anwendungen differenziert betrachtet und immer im Einzelfall bewertet werden. Ein pauschales Ablehnen ist genauso wenig zielführend wie ein sorgloser Umgang. Denn biozide Anwendungen sollten in privat genutzten Innenräumen weitestgehend vermieden werden oder dem Einzelfall unter bestimmten Voraussetzungen vorbehalten bleiben. Ein typisches Beispiel ist die Desinfektion von Estrichdämmschichten im Flut- oder Schaumverfahren, mit dem eine wirkungsvolle Dekontamination der Fußbodenkonstruktion nachgewiesen werden kann oder eben nicht. Entscheidend ist die Qualität in der Ausführung, damit sich der Wirkstoff ausreichend verteilen kann, und weniger das Verfahren an sich. Gleiches gilt für Verfahren wie z. B. die Hohlraumvernebelung.

9.5.11 Feinreinigung und Kontrollmessung

Durch die unterschiedlichen Tätigkeiten im Rahmen der Schimmelpilzsanierung werden in der Regel Schimmelpilzsporen und mikrobiell belastete Stäube freigesetzt, die zu einer Kontamination der Raumluft und der Oberflächen im Sanierungsbereich führen. Daher ist der Sanierungsbereich nach dem Rückbau und der Beseitigung und vor dem Aufheben der Schutz- und Hygienemaßnahmen gründlich zu reinigen. Das Ziel dieser Reinigung, die auch als Feinreinigung bezeichnet wird, ist das vollständige Entfernen von Stäuben, Schimmelpilzsporen und anderen mikrobiellen Partikeln, die sich nach Abschluss aller Tätigkeiten noch im Sanierungsbereich befinden können z. B. durch Undichtigkeiten in der Abschottung, durch die angrenzende Innenräume ggf. kontaminiert wurden.

> Eine fachgerechte Feinreinigung ist ein fester und unverzichtbarer Bestandteil einer professionellen Schimmelpilzsanierung und darf nicht mit einer üblichen Endreinigung nach Baumaßnahmen oder einer gründlichen Haushaltsreinigung gleichgesetzt werden.

Eine fachgerechte Feinreinigung ist die Grundlage für eine abschließende Kontrollmessung, die auch als Freimessung bezeichnet wird. Außerdem vermeidet sie eine Exposition von Mitarbeitern von evtl. nachfolgenden Gewerken bzw. der späteren Raumnutzer (Bewohner). Daher muss die Feinreinigung mit der gebotenen Sorgfalt durchgeführt werden und alle Oberflächen, Nischen und Ecken sowie Hohlräume und dgl. beinhalten. Dies gilt nicht nur für die Innenräume selbst, sondern auch für Abschottungen, Schleusen und ähnliche Schutz- und Hygienemaßnahmen sowie für Maschinen, Werkzeuge und Zubehör.

Glatte und nicht saugfähige Oberflächen feuchtigkeitsunempfindlicher Materialien werden in der Regel unter Verwendung von Reinigungsmitteln feucht abgewischt. Hierbei haben sich spezielle Falttechniken der Wischlappen aus der gewerblichen Gebäudereinigung bewährt, mit denen Stäube und feiner Schmutz restlos entfernt und nicht nur bloß verteilt werden. Rauhe Oberflächen werden gereinigt, in dem die Oberflächen mit speziell zugelassenen Industriesaugern abgesaugt werden, die mit einem HEPA-Filter der Klasse 14 gemäß DIN EN 1822 „Schwebstofffilter (EPA, HEPA, ULPA) – Teil 1: Klassifikation, Leistungsprüfung, Kennzeichnung" ausgerüstet sind. Beim Absaugen sollte ein langborstiger Aufsatz verwendet werden, um mikrobiellen Befall von Oberflächen abzulösen. Das Absaugen sollte mehrfach und kreuzweise erfolgen. Die gleiche Vorgehensweise wird auch bei der Reinigung von Einbaumöbeln, Inventar und sonstigen Gegenständen praktiziert. Textilien sind im Einzelfall auf Reinigungsfähigkeit zu überprüfen und mehrfach und möglichst heiß (> 60 °C) zu reinigen. Bei der Reinigung dürfen besonders staubbelastete Einbauteile wie z. B. Vliese in Lüftungsgittern und dgl. nicht vergessen werden.

Der Aufwand der Feinreinigung hängt u. a. davon ab, wie gut schwer zugängliche und/oder stark verwinkelte Gegenstände und Einbauten (z. B. Verkleidungen von Heizkörpern oder textile Wandbeläge) vor Beginn der Sanierungsmaßnahmen im Rahmen der Schutz- und Hygienemaßnahmen staubdicht abgeklebt oder eingepackt wurden.

Wenn es die Situation vor Ort zulässt, sind die Sauger im Außenbereich zu positionieren. Somit können mögliche Verunreinigungen der Innenräume beim Austausch der Filter und Staubfangbeutel ausgeschlossen werden. Eine effektive Feinreinigung beginnt in der Regel auf den Bodenflächen, um eine Aufwirbelung von Stäuben während der Feinreinigung zu vermeiden. Anschließend werden die Decken und Wände abgesaugt. Abschließend erfolgt noch einmal eine Reinigung der Bodenflächen, die zum Ausgangsbereich hingeführt wird. Bei der Feinreinigung sollte auf hohe Luftwechselraten geachtet werden. Je nach Einzelfall sind Luftaustauschgeräte mit speziellen HEPA-Raumluftfiltern im Sanierungsbereich zu positionieren.

Der Einsatz von Bioziden zum Abtöten der Mikroorganismen (z. B. durch Raumvernebelung) ist bei der Feinreinigung nicht erforderlich bzw. kann eine Feinreinigung nicht ersetzen, da Stäube, Sporen und andere mikrobielle Bestandteile bereits entfernt wurden.

Um den Erfolg der Feinreinigung zu bestätigen, wird anschließend eine mikrobiologische Nachuntersuchung gemäß DIN EN ISO 16000 Teil 16 bis 21 durchgeführt. Diese wird auch als Freimessung bezeichnet und dient dem Nachweis, dass keine erhöhten Schimmelpilzkonzentrationen mehr vorliegen. Mit „keine erhöhten" ist gemeint, dass die Schimmelpilzkonzentrationen in den Innenräumen mit der Hintergrundbelastung – der normalen Schimmelpilzkonzentration in der Außenluft, die immer vorliegt – vergleichbar ist. Eine Bewertung dieser Kontrollmesswerte ist nur möglich, wenn Referenzwerte vor der Schimmelpilzsanierung der Außenluftbelastung und der Innenraumluft vorliegen und verglichen werden können. Diese sollten nicht nur quantitative mikrobielle Konzentration umfassen, sondern auch Schimmelpilzarten (Gattungen und Spezies). Für eine konkrete Aussage, ob der ursprüngliche mikrobielle Befall beseitigt wurde, sind diese Angaben essenziell. Wenn es nur darum geht, ob die Schimmelpilzkonzentration nach der Sanierung den üblichen Werten für privat genutzte Innenräume entspricht, ist dies unerheblich. Sind ggf. medizinische Fragestellungen zu klären, kann die Kontrollmessung zusätzlich auch Luftkeimmessungen umfassen, mit denen keimfähige, pathogene Pilzarten erfasst werden können. Infolgedessen spielt für die Bewertung der Freimessung eine wesentliche Rolle, welche Gefährdungsbeurteilung vor der Sanierung erstellt und welches Sanierungsziel daraus vereinbart wurde.

Die mikrobiologische Nachuntersuchung (Freimessung/Erfolgskontrolle) sollte frühestens 12 h nach Beendigung der letzten Tätigkeiten und nach dem Abschalten von Gebläse unterstützten

Geräten wie z. B. Luftfilter-, Unterdruckhalte- und Trocknungsgeräten erfolgen. Es versteht sich von selbst, dass in dieser Zeit Niemand den Sanierungsbereich betreten darf, um eine erneute Kontamination auszuschließen. Wie bereits erwähnt sollte die Erfolgskontrolle und Untersuchung der Proben im Sinne einer objektiven Qualitätssicherung von einem unabhängigen Sachverständigen und/oder Mikrobiologen erfolgen und nicht von der ausführenden Sanierungsfirma.

Mit der Analyse von Materialproben kann nachgewiesen werden, ob mikrobiell besiedeltes Material ausreichend entfernt wurde. Hierbei ist wichtig, dass nicht nur Kontaktproben von der Oberfläche genommen werden, da mit diesen Proben keine tieferen Schichten im Material erfasst werden. Während sich Sporen auf der Oberfläche befinden, dringen mikrobielle Partikel wie z. B. Myzel in das Material ein. Daher empfiehlt sich bei der Untersuchung der Materialproben die Mikroskopie. Diese ist einer Anzucht auf Nährböden, der so genannten Kultivierung, vorzuziehen. Hierfür gibt es mehrere Gründe: Zum einen kann eine mikroskopische Auswertung unmittelbar nach der Probeentnahme erfolgen, so dass keine Wartezeit bis zum Vorliegen der Ergebnisse wie bei der Kultivierung (12 bis 14 Tage) entsteht. Somit verkürzt sich die Wartezeit bis zur Freigabe für den Wiederaufbau. Außerdem erfasst die Mikroskopie auch mikrobielle Partikel, die nicht mehr keimfähig sind und somit auf Nährböden nicht anwachsen würden – mit der Konsequenz, dass diese übersehen werden. Somit liefert die Mikroskopie den Nachweis, ob erhöhte Sporenkonzentrationen als mikrobielle Kontamination (ungenügende Reinigung) und/oder noch mikrobielle Wachstumsstrukturen (ungenügender Rückbau) vorliegen.

Raumluftmessungen gemäß DIN ISO 16000 Teil 20 dagegen geben Aufschluss über den Erfolg der Feinreinigung. Hierfür werden mikrobielle Partikel auf beschichteten Objektträgern impaktiert und die Gesamtsporenzahl pro m^3 Luft mikroskopisch bestimmt. Im aktuellen Leitfaden „Zur Vorbeugung, Erfassung und Sanierung von Schimmelbefall in Gebäuden" des Umweltbundesamtes (UBA) wird empfohlen, vor der Raumluftmessung evtl. verbliebene mikrobiell belastete Stäube, Schimmelpilzsporen und andere mikrobielle Partikel zu mobilisieren. Hierzu werden die Oberflächen mit einer Strömungsgeschwindigkeit von 1 bis 4 m/sec mit einem Ventilator gezielt angeblasen. Die Raumluftmessung sollte 10 min nach der Mobilisierung erfolgen. Der Vergleich beider Messungen – vor und nach der Mobilisierung – zeigt, ob mikrobiell belastete Stäube, Schimmelpilzsporen und andere mikrobielle Partikel restlos entfernt wurden oder noch vorhanden sind. Wenn bereits bei der Mobilisierung mit bloßem Auge erkennbar ist, dass Staub aufgewirbelt wird, brauchen keine Messungen durchgeführt werden, da in dem Fall die Feinreinigung zu wiederholen ist.

Eine Schimmelpilzsanierung gilt nach Angaben des Umweltbundesamtes im Allgemeinen als **erfolgreich**, wenn …

- die Konzentration kultivierbarer Schimmelpilze einer einzigen Schimmelpilzgattung (Luftprobe) im Innenraum kleiner oder gleich ist als die Konzentration der gleichen Gattung in der Außenluft und/oder
- die Differenz zwischen der Innen- und Außenluft in Summe der Kolonie Bildenden Einheiten (KBE) aller Arten, die in der Außenluft untypisch sind, nicht über 150 KBE/m^3 liegt und/oder
- die Differenz zwischen der Innen- und Außenluft einer Gattung (Summe der KBE aller Arten), die in der Außenluft untypisch sind, nicht über 100 KBE/m^3 liegt und/oder
- die Differenz zwischen der Innen- und Außenluft einer Art mit hoher Flugfähigkeit der Sporen, die in der Außenluft untypisch sind, nicht über 30 KBE/m^3 liegt und/oder
- die Differenz zwischen der Innen- und Außenluft einer Art mit schlechter Flugfähigkeit der Sporen, die in der Außenluft untypisch sind, nicht über 50 KBE/m^3 liegt.

Als in der Außenluft untypische bzw. Innenraum indizierte Schimmelpilzarten mit einer hohen Indikation für Feuchteschäden gelten z. B. Acremonium spp., Aspergillus versicolor, Aspergillus restrictus, Chaetomium spp., Phialophora spp., Scopulariopsis, Stachybotrys chartarum, Trichoderma spp.

Die Bewertungskriterien dürfen nicht einzeln, sondern müssen ganzheitlich betrachtet werden. Bei den Angaben handelt es sich um Erfahrungswerte zur Orientierung, die im Einzelfall abweichen können. Eine individuelle Beurteilung der Innenraumsituation können diese Angaben nicht ersetzen. Die Erfahrungswerte beziehen sich auf Luftproben, die unter normalen Bedingungen, ohne dass Staub aufgewirbelt wurde, entsprechend der DIN ISO 16000-16 bzw. DIN ISO 16000-18 genommen wurden.

Bei der Bewertung der mikrobiellen Belastung in Innenräumen macht es keinen Sinn, Schimmelpilze wie z. B. Alternaria, Cladosporium oder Fusarium zu berücksichtigen, die normaler Bestandteil der Außenluft sind und erhöhte Konzentrationen erreichen. Diese Schimmelpilzarten dienen lediglich als Referenz zum Abgleich der Hintergrundbelastung. Daher gilt eine Schimmelpilzsanierung nach Angaben des Umweltbundesamtes im Allgemeinen als erfolgreich, wenn die Differenz der Konzentration von Schimmelpilzsporen oder mikrobielle Partikel in Summe pro m^3 Luft zwischen der Innenraumluft und der Außenluft …

- bei Schimmelpilzgattungen wie z. B. Penicillium und Aspergillus nicht über 300 Sporen/m^3 liegt und/oder
- bei Schimmelpilzgattungen wie z. B. Alternaria, Acremonium und Scopulariopsis nicht über 100 Sporen/m^3 liegt und/oder
- bei Schimmelpilzgattungen wie z. B. Chaetomium und Stachybotrys nicht über der in der Außenluft liegt und/oder
- bei mikrobiellen Partikeln wie z. B. Myzel oder Myzelstücke nicht über 150 Myzelstücke/m^3 liegt.

9.5.12 Rekonstruktion und Wiederaufbau

Der durch den mikrobiellen Befall und/oder sporadischen Wasserschaden verursachte Rückbau der beschädigten Bauteile oder Oberflächen ist nach der Sanierung des Feuchte- und/oder Schimmelpilzschadens wieder zu rekonstruieren – so der Fachbegriff. Gemeint ist der Wiederaufbau oder die Herstellung des Ist-Zustandes vor der Sanierung. Dies betrifft den baulichen Zustand (Wände, Decken und Fußböden) und die Wiedereinrichtung des Mobiliars und anderer Einrichtungsgegenstände. Nach erfolgter Feinreinigung und Erfolgskontrolle kann dies ohne besondere Schutz- und Hygienemaßnahmen durch die Sanierungsfirma oder Handwerker entsprechender Gewerke (z. B. Maler) übernommen werden. Hierbei ist darauf zu achten, dass der Wiederaufbau der Bauteile oder Oberflächen sowie die Wiedereinrichtung der Innenräume so erfolgt, dass keine erneute Verunreinigung durch Schimmelpilze erfolgt. Dies bezieht sich nicht nur auf die Verunreinigung durch Mikroorganismen selbst, sondern auch auf spezifische Baukonstruktionen und/oder Baustoffe, die ein Wachstum von Schimmelpilzen begünstigen oder eben hemmen.

Holz oder holzhaltige Materialien wie z. B. Raufasertapeten sind genauso wie zellulosehaltige Materialien wie z. B. Tapetenkleber oder Gipskartonplatten ideal für das Wachstum von Schimmelpilzen. Auch organisch gebundene Beschichtungen wie z. B. Dispersionsfarben oder Kunstharzputze sind für einen mikrobiellen Befall ein idealer Untergrund. Weiterhin müssen organisch gebundene Dichtstoffe („Silicone"), Teppiche, Leder, Stroh, Leinen und Baumwolle usw. genannt werden, die für Schimmelpilze die bevorzugte Kohlenstoffquelle liefern. Auch nichtorganische Untergründe können mikrobiell besiedelt werden, wenn ausreichend Feuchtigkeit und Nährstoffe (z. B. Staub) vorliegen.

Um einen erneuten Schimmelpilzbefall auf Wandoberflächen in Innenräumen zu vermeiden, werden häufig „antimikrobielle" Beschichtungen aufgetragen, mit denen Befall und Wachstum verhindert werden soll. Antimikrobielle Beschichtungen ist hierbei ein Sammelbegriff für unterschiedliche Ansätze, um mikrobiellen Befall, Wachstum und Ausbreitung temporär zu hemmen oder vollständig zu unterbinden. Hierzu gehören z. B. alkalische Beschichtungen wie z. B. Kalkputze oder Silikatfarben, biozide Beschichtungen (so genannte Anti-Schimmel-Farben) oder Nanobeschichtungen mit funktionellen Oberflächen wie z. B. fotokatalytische Innenfarben. Ein nachhaltiger Ansatz sind rezepturoptimierte Beschichtungen, bei denen mikrobiell resistente Bindemittel, Zuschläge, Pigmente, Additive und Zusätze eingesetzt werden, die von Natur aus antimikrobiell wirken und/oder biozide Eigenschaften aufweisen. Vor allem in Räumen der Nutzungsklasse III bieten sich diese Beschichtungen an. Allerdings muss bei all diesen Beschichtungen immer beachtet werden, dass diese zum einen nicht die Ursachen beseitigen, sondern nur die Symptome kaschieren (kosmetische Maßnahmen) und zum anderen eine zeitlich beschränkte Wirkung haben. Beschichtungen mit einem hohen pH-Wert bauen mit der Zeit ihre Alkalität ab und biozide Beschichtungen geben die bioziden Wirkstoffe allmählich frei, bis das Depot aufgebraucht ist. Eine dauerhafte Beseitigung von Schimmelpilzen kann mit diesen Beschichtungen nicht erreicht werden.

Neben einer antimikrobiellen Wirkung von Baustoffoberflächen gibt es einen weiteren Ansatz: Baustoffe mit einem ausgeprägten Sorptionsvermögen sind in der Lage, kurzzeitig Feuchtigkeitsspitzen abzupuffern. Dies bedeutet, dass Feuchtigkeit über die Oberfläche aufgenommen, in die oberflächennahen Schichten zwischengespeichert und bei entsprechenden raumklimatischen Bedingungen wieder abgegeben wird.

Generell gilt, dass Wiederaufbau der Bauteile oder Oberflächen sowie die Wiedereinrichtung der Innenräume erst erfolgen darf, wenn keine erhöhte Restfeuchte mehr vorliegt. Dies gilt für Tapezier-, Putz- und Anstricharbeiten genauso wie für das Einbringen eines neuen Estrichs.

Nachdem der Wiederaufbau der Bauteile oder Oberflächen abgeschlossen ist, können Mobiliar (z. B. Schränke und dgl.) und Einrichtungsgegenstände (z. B. Teppiche und dgl.) sowie sonstige Gegenstände (z. B. Bücher und Dekoartikel und dgl.), die während der Schimmelpilzsanierung ausgelagert wurden, wieder eingeräumt werden. Wichtig ist, dass diese vorher gründlich gereinigt werden, um eine nachträgliche Kontamination des sanierten Bereiches durch mikrobiell belastete Stäube zu vermeiden.

Je nach Objektbedingungen und/oder vertraglicher Vereinbarung zwischen dem Auftraggeber und Auftragnehmer kann es notwendig sein, nach dem Wiederaufbau und dem Einbringen aller Gegenstände eine Erfolgsmessung durchzuführen. Diese dient neben der Qualitätssicherung auch als Grundlage für die Abnahme und Gewährleistung. Hierfür wird eine Luftmessung auf kultivierbare Schimmelpilze oder auf die Gesamtsporenzahl empfohlen. Die Erfolgsmessung sollte nach DIN ISO 16000 „Innenraumluftverunreinigungen“ Teil 16, 17, 18 oder 20 durch ein qualifiziertes Untersuchungslabor erfolgen.

In der Regel bietet sich an, nicht nur die sanierten Bereiche einer Erfolgsmessung zu unterziehen, sondern auch angrenzende Innenräume oder andere Gebäudebereiche, die als Referenzbereich dienen können. Hierbei geht es nicht darum, den Nachweis über „schimmelpilzfreie“ Innenräume zu erbringen, da dies ohnehin nicht gelingen wird. Es geht um den Nachweis, dass der sanierte Bereich eine mit der Hintergrundkonzentration vergleichbare Innenraumluftkonzentration aufweist.

9.5.13 Abnahme und Gewährleistung

Wenn die Rekonstruktion und der Wiederaufbau abgeschlossen ist, erfolgt in der Regel eine Begehung und Übergabe der sanierten Innenräume sowie abschließend eine Abnahme. Hierbei handelt es sich nicht nur um die Übernahme der sanierten Innenräume durch den Auftraggeber zur weiteren Nutzung – eine Abnahme hat weitreichende Konsequenzen für beide Vertragspartner. Schließlich bestätigt der Auftraggeber dem Auftragnehmer (Sanierungsfirma), dass die Werkleistung den vertraglich vereinbarten Anforderungen entspricht und somit vertragsgemäß erbracht wurde. Außerdem wird dem Auftragnehmer die Fertigstellung seines Werkes und die mangelfreie Ausführung der Leistung bescheinigt. Infolgedessen wird die Vergütung fällig, die Verjährungsfrist für Gewährleistungsansprüche von zwei Jahren beginnt und die Beweislast für Mängel an der Werkleistung geht auf den Auftraggeber über.

Die Abnahme kann hierbei ausdrücklich (förmlich) oder stillschweigend (konkludent) erfolgen. Wenn beide Vertragspartner eine förmliche Abnahme vereinbart haben, kann sich der Auftragnehmer aber nicht auf eine stillschweigende Abnahme durch Ingebrauchnahme berufen. Dem gegenüber kann eine vergessene, förmliche Abnahme dazu führen, dass eine konkludente Abnahme eintritt, wenn das Verhalten des Auftraggebers diesen Eindruck vermittelt. In Einzelfällen kommt es zur so genannten fiktiven Abnahme. Auftraggeber sind gesetzlich dazu verpflichtet, nach der Mitteilung über die Fertigstellung der Werkleistung diese innerhalb einer angemessenen Frist (12 Tage) abzunehmen. Erfolgt dies nicht, kommt es zur fiktiven Abnahme (§ 12 Abs. 5 VOB/B), in dem angenommen wird, dass der Auftraggeber mit dem Ergebnis einverstanden ist und einer Abnahme ohne Vorbehalte zustimmt. Bei einer konkludenten oder fiktiven Abnahme ergeben sich allerdings Unsicherheiten bzgl. des Beginns der Gewährleistungsfrist. Daher sollten beide Vertragspartner im eigenen Interesse eine förmliche Abnahme vereinbaren und durchführen. Zur korrekten Abnahme gehört eine detaillierte Protokollierung. Das Bauabnahmeprotokoll muss am Ende von beiden Vertragspartnern unterschrieben werden.

Der Auftraggeber kann die Abnahme auch verweigern, wenn das Werk mangelhaft ist oder der Auftragnehmer seine Pflichten aus dem Werkvertrag nicht erfüllt hat. In der Regel sind hierfür folgende Gründe verantwortlich: Das Werk weist erhebliche Mängel auf, die vereinbarte Zeit für die Fertigstellung des Werkes wurde nicht eingehalten und/oder das Werk entspricht nicht den vertraglichen Vereinbarungen. Eine Abnahmeverweigerung durch den Auftraggeber hat nach entsprechender Fristsetzung und Nichterfüllung für den Auftragnehmer eine Reihe von Rechtsfolgen (z. B. Wegfall der Beweislastumkehr, Minderung der Vergütung, Schadensersatz).

Im Kontext der Schimmelpilzsanierung ist daher essenziell,

- ob und welches Sanierungsziel vereinbart wurde,
- welche Leistungen in einer Ausschreibung gefordert und ob diese in einem Werkvertrag vereinbart wurden,
- ob mikrobiologische Untersuchungen vor der Sanierung durchgeführt wurden, um die mikrobielle Belastung der Innenräume zu dokumentieren und
- ob im Rahmen dieser Untersuchungen auch Referenzwerte der Außenluft gemessen wurden, um die Hintergrundbelastung zu bestimmen,
- ob eine Freimessung nach der Sanierung durchgeführt wurde, um die mikrobielle Belastung der Innenräume zu dokumentieren.

Der Auftragnehmer kann sich im Übrigen bei der Abnahme nicht darauf berufen, dass eine vereinbarte Leistung aus fachlicher Sicht keinen Sinn ergeben hat oder im Nachhinein nicht notwendig war.

Besonders schwierig wird es, wenn zwischen einem Auftraggeber und Auftragnehmer keine spezifische Leistung vereinbart wird und die Auftragsvergabe nach der Vor-Ort-Besichtigung auf Basis eines mündlichen oder schriftlichen Angebots erfolgt, in dem z. B. „die Beseitigung des Schimmelbefalls“ vom Auftragnehmer versprochen und vom Auftraggeber erwartet wird. Eine Konstellation, die zwischen einem Verbraucher und z. B. einem Maler tagtäglich zigfach in Deutschland vorkommt. Ohne ein genaues Sanierungsziel zu vereinbaren, ohne mikrobiologische Untersuchungen vor und nach einer Sanierung durchzuführen und somit nicht zu wissen und auch nicht belegen zu können, welche mikrobielle Belastung in den Innenräumen oder in der Außenluft „normal“ ist oder als hoch oder sehr hoch einzustufen ist, kann eine Werkleistung durch den Auftraggeber weder als mangelhaft beurteilt noch vom Auftragnehmer als mangelfrei bewiesen werden. Zum Mangelbegriff heißt es hierzu im § 633 BGB, dass „das Werk frei von Sachmängeln ist, wenn es die vereinbarte Beschaffenheit hat. Soweit die Beschaffenheit nicht vereinbart wurde, ist ein Werk frei von Sachmängeln, wenn es sich für die nach dem Vertrag vorausgesetzte, sonst für die gewöhnliche Verwendung eignet und eine Beschaffenheit aufweist, die bei Werken der gleichen Art üblich ist und die der Besteller nach der Art des Werks erwarten kann.“

Daraus ergeben sich in Bezug auf die Schimmelpilzsanierung gleich mehrere Fragestellungen. Welche Beschaffenheit ist für Innenräume gleicher Art üblich und/oder dürfen Auftraggeber nach der Sanierung erwarten, wenn es für privat genutzte Innenräume keine gesetzlichen

Grenz- oder Richtwerte gibt? Immerhin besagt der Leitfaden „Zur Vorbeugung, Erfassung und Sanierung von Schimmelbefall in Gebäuden“ des Umweltbundesamtes (UBA) gleichzeitig, dass das Wachstum von Schimmelpilzen in Innenräumen ein hygienisches Problem darstellt und nicht toleriert werden kann. „Hygienisch“ bedeutet in dem Zusammenhang ein gesundheitliches Problem. Dies würde bedeuten, dass für Innenräume gleicher Art üblich wäre, dass keine Schimmelpilze vorhanden sein dürfen. Dies ist technisch nicht möglich, da eine gewisse Schimmelpilzkonzentration in jedem privat genutzten Innenraum aufgrund der so genannten Hintergrundbelastung (z. B. Einfluss durch die Außenluft) üblich ist. Erschwerend kommt hinzu, dass aufgrund der regionalen und/oder saisonalen Unterschiede in der Außenluft keine belastbaren Hintergrunddaten für einen „mikrobiell-hygienisch-üblichen“ Innenraum vorliegen. Zumal jeder Innenraum durch die Nutzung individuell durch Schimmelpilze belastet wird. In dem Kontext können Attribute wie „üblich“ oder „gewöhnlich“ durch die Vertragsparteien immer unterschiedlich interpretiert werden. Zumal Schimmelpilze und/oder Bakterien, wenn sie nicht als sichtbarer Befall auf einem Untergrund gut zu erkennen sind, sondern als nicht sichtbarer Befall, verdeckter Befall oder als mikrobiell belasteter Feinstaub in der Innenraumluft vorkommen, bei einer Abnahme nicht zu erkennen sind.

Schwierig wird es, wenn bei Abnahme kein Mangel erkennbar ist und sich z. B. nach einigen Monaten ein mikrobieller Befall aus einem nicht sichtbaren oder verdeckten Befall entwickelt. Für Auftraggeber und Auftragnehmer ist der Nachweis unmöglich, ob dieser Befall bereits bei Auftragsvergabe bestanden hat. Die Rechtsprechung wird hierzu in den nächsten Jahren eine Entscheidung herbeiführen müssen, ob dem Auftragnehmer ein arglistiges Verhalten aus dem Organisationsverschulden vorgeworfen werden kann oder sogar muss, wenn keine mikrobiologischen Untersuchungen vor und nach der Sanierung durchgeführt wurden und bei der Abnahme nicht belegt werden kann, ob die Werkleistung bei der Abnahme mangelfrei ist.

9.6 Biozide in Innenräumen

9.6.1 Einleitung

Angesichts der unterschiedlichen Wirkstoffe und Wirkmechanismen ist der Oberbegriff Biozide eher unspezifisch. Der Begriff setzt sich aus den Silben „Bio“ (Leben) und „zid“ (töten) zusammen und ist damit selbsterklärend. Biozide sind Wirkstoffe, mit denen Leben getötet wird. Der Fokus richtet sich gegen Schadorganismen, um anderes Leben zu erhalten oder vor Schaden zu bewahren.

Der richtige Einsatz von Bioziden orientiert sich an den jeweiligen Zielorganismen. Bei Desinfektionsmitteln sind dies z. B. Krankheitserreger, andere Biozide wirken gegen Schimmelpilze oder Fäulnisbakterien. Der Unterschied ist wichtig, da im Rahmen der Schimmelpilzsanierung die Begriffe Biozide und Desinfektionsmittel häufig synonym verwendet werden: Desinfektionsmittel sind Biozide, aber Biozide sind nicht automatisch Desinfektionsmittel. Generell werden unterschiedliche Begriffe wie Reinigung, Desinfektion, Dekontaminierung bis hin zur Sterilisation synonym verwendet, obwohl zum Teil große Unterschiede bestehen. Eine Reinigung ist im Kontext der Schimmelpilzsanierung die Entfernung von (meist sichtbarem) mikrobiellem Befall. Bei einer Desinfektion dagegen wird die Zahl von Krankheitserregern auf Oberflächen soweit reduziert, dass von ihnen keine Infektion bzw. Erregerübertragung mehr ausgehen kann. Schon allein daran wird deutlich, dass die meisten Fungizide oder Bakterizide, die in der Sanierung von Schimmelpilz- und/oder Bakterienbefall eingesetzt werden, keine Desinfektionsmittel sein können.

Ein differenzierter Blick zeigt darüber hinaus, dass auch Wirkstoffe und -mechanismen, mit denen Schadorganismen abgewehrt oder deren Stoffwechselprozess inaktiviert werden, als Biozide bezeichnet werden. Die abtötende oder hemmende Wirkung von Bioziden ist vom eingesetzten Wirkstoff sowie der Wirkstoffkonzentration abhängig. Als Biozid werden auch Wirkstoffe und -mechanismen bezeichnet, mit denen Schäden durch Schadorganismen vorgebeugt werden.

Bevor ein biozider Wirkstoff oder Biozidprodukte zugelassen werden, erfolgt eine Risikobewertung, denn Biozide sind potenziell umweltschädigend und gesundheitsgefährdend. Im aktuellen Leitfaden „Zur Vorbeugung, Erfassung und Sanierung von Schimmelbefall in Gebäuden" des Umweltbundesamtes (UBA) wird darauf hingewiesen, dass eine routinemäßige Verwendung von Bioziden zur Beseitigung oder Vorbeugung von Schimmelpilzbefall nicht zielführend ist. Von einigen Bioziden können mehr Gesundheitsgefahren ausgehen als vom mikrobiellen Befall selbst. Außerdem müssen Biozide ihre Wirkung konkret auf einen spezifischen Anwendungsfall nachweisen. Die Klassifizierung erfolgt entweder nach dem Zielorganismus oder dem Wirkungsmechanismus, selten nach der Angriffsfläche des Wirkstoffs.

Mikroorganismen (auch als Biostoffe bezeichnet) sind gegen Biozide unterschiedlich empfindlich. So sind vegetative Formen (wachsende Zellen) wie z. B. Myzel oder Hyphen deutlich empfindlicher als generative Formen wie z. B. Sporen. Dies muss bei der Auswahl der Verfahren berücksichtigt werden. Der Vollständigkeit wegen soll noch erwähnt werden, dass biozide Wirkungen gegen Schimmelpilze und Bakterien usw. auch durch eine hohe Alkalität, Photokatalyse oder spezielles UV-Licht erreicht werden können, auch wenn im allgemeinen Sprachgebrauch unter Biozide in der Regel chemische Wirkstoffe verstanden werden.

9.6.2 Klassifikation, Zulassung und Wirkungsweise

Rechtsgrundlage für die Zulassung von Biozide ist die Biozid-Verordnung. Diese unterteilt biozide Wirkstoffe und Biozidprodukte in vier Hauptgruppen und 22 Kategorien. Biozide Wirkstoffe sind die chemischen Substanzen, mit denen Schadorganismen abgetötet werden. Wenn sich diese Wirkstoffe in einem anwendungsfertigen Produkt befinden, spricht man von einem Biozidprodukt. Die Durchführung der Verordnung wird im Chemikaliengesetz (ChemG) geregelt. Die Zulassung erfolgt in Deutschland über die Bundesstelle für Chemikalien (BfC) in Abstimmung mit dem Umweltbundesamt (UBA) in Bezug auf den Schutz der Umwelt, dem Bundesinstitut für Risikobewertung (BfR) in Bezug auf den Verbraucherschutz sowie der Bundesanstalt für Arbeitsschutz und Arbeitsmedizin (BAuA) in Bezug auf den Fachbereich Arbeitsschutz. In Einzelfällen werden weitere Institutionen wie z. B. die Bundesanstalt für Materialschutz und -prüfung (BAM) oder das Robert-Koch-Institut (RKI) hinzugezogen, wenn z. B. die Wirksamkeit bestimmter Stoffe in einem spezifischen Zusammenhang geklärt werden müssen.

Biozide werden gemäß ihrer Eigenschaften in Gefahrenklassen eingestuft und anschließend deklariert. Die Grundlage hierfür stellt die CLP-Verordnung, mit der die Einstufung, Kennzeichnung und Verpackung von Chemikalien (und somit auch Bioziden in der EU) geregelt wird. Entsprechend der Gefährdung, die von diesen Chemikalien ausgehen kann, werden Gefahrensätze (H-Sätze) und Sicherheitshinweise (P-Sätze) vergeben. Bevor ein biozider Wirkstoff oder Biozidprodukte zugelassen werden, muss eine Risikobewertung durchgeführt werden, denn Biozide sind potenziell gefährlich für die Umwelt und die Gesundheit von Mensch und Tier. Einige biozide Wirkstoffe sind in der Umwelt persistent (schwer abbaubar) und/oder reichern sich in einem Organismus an (Bioakkumulation).

Erst wenn alle Risiken ausgeschlossen werden können, wird ein Biozid zugelassen und eine Zulassungsnummer vergeben. Eine Liste der in Deutschland zugelassenen Biozidprodukte findet sich unter: https://www.ebiomeld.de/DE/Offen/offen_node Nach maximal 10 Jahren läuft die Zulassung aus, so dass Biozide neu genehmigt werden müssen. Für Biozide, in denen bestimmte Altwirkstoffe noch enthalten sind, gelten unter Einhaltung bestimmter Voraussetzungen Übergangsregelungen. Diese Produkte erhalten eine Registriernummer, die auf dem Etikett angegeben werden muss. Die Registrierung ist nicht gleichzusetzen mit einer Zulassung und stellt lediglich eine einfache Meldung dar. Um welche Produkte es sich handelt, findet sich unter: https://www.ebiomeld.de/DE/Offen/offen_node.html.

Um die Wirksamkeit von Bioziden nachzuweisen, gibt es ein dreistufiges Prozedere. In der ersten Stufe wird die Wirksamkeit der aktiven Substanz beschrieben, in der zweiten Stufe muss diese in Laborversuchen unter praxisähnlichen Bedingungen in der jeweiligen Produktanwendung nachgewiesen werden, bevor dann in der dritten Stufe 3 die Validierung unter realen Bedingungen in der Praxis erfolgt. Grundlage hierfür ist eine Richtlinie der europäischen Chemikalienagentur (ECHA). Diese regelt die Prüfbedingungen und gibt die zugrundeliegenden Normen vor. Allerdings gibt es bisher noch keine standardisierten Testverfahren für die Anwendung von Bioziden im Baubereich, weshalb man auf Prüfungen aus anderen Bereichen wie z. B. in medizinischen Einrichtungen (z. B. Krankenhäuser) zurückgreift. Die auf den ersten Blick höheren Anforderungen zeigen allerdings bei genauer Betrachtung, dass diese nicht einfach auf die Baupraxis übertragen werden können. Sinn und Zweck von Desinfektionen in medizinischen Einrichtungen dienen in der Regel einer schnellen und kurzzeitigen Zwischendesinfektion, so dass die Anwendung vor allem auf kleinen Flächen erfolgt. Gerade die Anwendung von z. B. alkoholbasierten Desinfektionsmitteln zeigt, dass diese in medizinischen Einrichtungen seit vielen Jahren bewährt ist und kein Risiko darstellt. Eine derartige Anwendung in großem Maßstab z. B. im Rahmen einer Schimmelpilzsanierung in einem Gebäude, in dem diese Desinfektionsmittel in mehreren Innenräumen hintereinander oder gleichzeitig versprüht oder wie in der Praxis beworben sogar vernebelt werden, stellt ein erhebliches Brand- und Explosionsrisiko dar.

Darüber hinaus gilt ein Substitutionsgebot. Dies bedeutet, dass Wirkstoffe mit gefährlichen Eigenschaften gegen weniger bedenkliche Wirkstoffe ausgetauscht werden sollen. In der Biozid-Verordnung ist zudem geregelt, wie Biozide „beworben“ werden dürfen. Bei jeder Werbung muss der Hinweis „Biozidprodukte vorsichtig verwenden. Vor Gebrauch stets Etikett und Produktinformation lesen“ gut lesbar sein. Außerdem dürfen Biozidprodukte nicht in einer Art und Weise beworben werden, die hinsichtlich ihrer Wirksamkeit sowie der Risiken für die Umwelt und/oder Gesundheit irreführend sind. Dies bedeutet, dass Biozide oder Biozidprodukte nicht mit verharmlosenden Begriffen wie z. B. „ungiftig“, „unschädlich“, „natürlich“, „umweltfreundlich“ und dgl. beworben werden dürfen. Auch eine Relativierung wie z. B. „Biozidprodukt mit niedrigem Risikopotential“ und dgl. ist nicht erlaubt.

Biozide Wirkstoffe setzen direkt am Stoffwechsel der Mikroorganismen an. Denn lebende Organismen unterscheiden sich von toter Materie durch ihren Stoffwechsel. Dies bedeutet, dass lebende Organismen Nahrung aufnehmen, diese in körpereigene Stoffe umwandelt und Wachstum und Vermehrung ermöglichen und anschließend Abfallprodukte ausscheiden. Dieser Prozess endet, wenn ein Biozid die Strukturen des Lebewesens zerstört oder seine Stoffwechselprozesse unterbindet. Eine Ausnahme stellen Viren dar, die keinen eigenen Stoffwechsel haben und sich in fremden Wirtszellen vermehren können.

Biozide Wirkstoffe wirken einzeln oder in Kombination gegen Schadorganismen. Die Vielzahl unterschiedlicher Wirkstoffe können entweder nach dem Zielorganismus oder dem Wirkungsmechanismus unterschieden werden. Je nach Zielorganismus werden biozide Wirkstoffe z. B. in Algizide (gegen Algen), Akarizide (Milben), Bakterizide (gegen Bakterien), Fungizide (gegen Pilze), Mikrobizide (gegen Keime) und Insektizide (gegen Insekten) usw. unterschieden. Hierbei wird zwischen Produkten mit einer primären bioziden Wirkung wie z. B. ein Holzschutzmittel oder ein Desinfektionsmittel unterschieden und Produkten ohne primäre biozide Wirkung wie z. B. eine Topf- oder Filmkonservierung einer Fassadenfarbe. Während die Topfkonservierung die flüssige Farbe im Eimer vor Pilz- und/oder Bakterienbefall schützt, richtet sich die Filmkonservierung primär gegen Algen und Pilze sowie Bakterien aus der Umwelt (Außenluft) in der fertigen Fassadenbeschichtung. Fungizide haben eine Besonderheit, da nicht alle fungiziden Wirkstoffe gegen alle Pilze wie z. B. Hefen, Schimmelpilze oder holzzerstörende Pilze gleichermaßen wirken.

Fungizide Wirkstoffe z. B. gegen Schimmelpilze zielen in der Regel gegen vitale Zellen wie z. B. Myzel oder Hyphen. Schimmelpilzsporen werden mit diesen Wirkstoffen nicht abgetötet, da diese Sporen meistens widerstandsfähiger sind als die Mikroorganismen, von denen diese abstammen und weil Sporen nicht stoffwechselaktiv sind. Einige von ihnen können ihren Stoffwechsel vollständig einstellen und benötigen weder Wasser, Nährstoffe oder Sauerstoff. Sporen können aber nur abgetötet werden, wenn diese keimen oder der Wirkstoff ausdrücklich „sporizid" ist. Hierzu muss der biozide Wirkstoff eine Reduzierung der Sporen um 3 logarithmische Dekaden bewirken.

Je nach Anwendung und Herausforderungen kommen häufig Breitband-Biozide zum Einsatz, also eine Kombination unterschiedlicher biozider Wirkstoffe in unterschiedlichen Anteilen.

Werden Biozide dagegen nach ihrem Wirkungsmechanismus unterschieden, unterteilt man oxidierende und nicht oxidierende Wirkstoffe. Der Wirkungsmechanismus von oxidierenden Bioziden basiert in der Regel auf der Freisetzung hochreaktiver sauerstoffhaltiger Moleküle. Die Ionen und Radikale zeichnen sich durch eine schnelle Reaktion aus und zersetzen sich unmittelbar nach der Reaktion. Typische Vertreter sind z. B. Wasserstoffperoxid, Peressigsäure, Hypochlorit, Chlordioxid und Ozon. Die meisten dieser Wirkstoffe können gegen nahezu alle Mikroorganismen wie Algen, Pilze, Bakterien und Viren eingesetzt werden.

Ein gebräuchliches Biozid ist Wasserstoffperoxid (H_2O_2), das lt. *Messal u. a.* im Vergleich zu anderen Peroxiden ein eher schwaches Oxidationsmittel darstellt, dessen Wirkung im sauren Milieu sehr effektiv ist. Dafür verliert Wasserstoffperoxid insbesondere im alkalischen Milieu ohne eine weitere Stabilisierung schnell seine oxidative Wirkung. Durch Katalyse wird ein hoch reaktives Hydroxylradikal produziert, von dem überwiegend die biozide Wirkung ausgeht. Dieses greift Makromoleküle, DNS und Proteine in den Mikroorganismen an. Allerdings haben einige Mikroorganismen Abwehrstrategien entwickelt und können durch spezielle Enzyme (Katalasen, Peroxidasen) Wasserstoffperoxid inaktivieren. Um dies zu verhindern, sind Konzentrationen von über 5 % H_2O_2 notwendig und/oder die Zugabe von Fruchtsäuren. Durch diese kann z. B. die Aktivität der Katalase innerhalb der Zellen gehemmt oder verzögert werden. Ein ebenfalls gebräuchliches Biozid ist Peressigsäure. Das Wirkungsspektrum reicht gegenüber Hefen, Schimmelpilzen, Viren und Bakteriophagen sowie Bakterien inklusive Mykobakterien. Peressigsäure ist ein beliebtes Desinfektionsmittel im Rahmen der Sanierung von fäkalienhaltigen Wasserschäden. Wasserstoffperoxid und Peressigsäure sind relativ pH- und temperaturunabhängig.

Nicht oxidierende Biozide entfalten ihre Wirkung deutlich langsamer und zersetzen sich erst bei der Reaktion mit dem Zielorganismus. Daher werden diese Biozide selektiv gegen spezifische Mikroorganismen eingesetzt und wenn eine länger anhaltende Depotwirkung erreicht werden soll. Typische Vertreter sind z. B. Aldehyde, Alkohole und oberflächenaktive Substanzen wie z. B. quaternäre Ammoniumverbindungen oder Chlorhexidin. Die gezielte Formulierung von Algiziden, Bakteriziden, Fungiziden oder Viruziden hat allerdings den Nachteil, dass z. B. gegenüber Breitband-Biozide Wirkstofflücken auftreten können.

Nach *Messal u. a.* können Biozide neben Zielorganismus oder Wirkungsmechanismus auch nach der Angriffsfläche des Wirkstoffes in elektrophil-aktiv und membranaktiv unterschieden werden. Elektrophil-aktive Biozide wie z. B. Aldehyde verfügen in ihrer chemischen Struktur über nukleophile Bestandteile, die innerhalb der Zelle reagieren und im Ergebnis lebenswichtige Enzyme der Mikroorganismen inaktivieren können. Allerdings sind diese Vorgänge reversibel. Die meisten Mikroorganismen können die Wirkung durch die Bildung von Schutzproteinen und Enzymen hemmen oder verzögern und Schäden reparieren. Somit ist deren Wirkung zeitlich begrenzt. Membranaktive Biozide wie z. B. Alkohole, Phenolderivate, Säuren oder quaternäre Ammoniumverbindungen umhüllen zunächst die Zellwand, um anschließend die äußere Zellmembran zu zerstören. Dadurch kann der Wirkstoff bis in die so genannte Cytoplasma-Membran vordringen und die semipermeablen Eigenschaften zerstören, so dass die Zellen abgetötet werden.

9.6.3 Biozide Anwendungen

Handelsübliche Biozide, die im Rahmen der Schimmelpilzsanierung zur Anwendung kommen, werden häufig und fälschlicherweise als Desinfektionsmittel bezeichnet. Dabei werden bei einer Desinfektion die Zahl von Krankheitserregern (Keime) auf Oberflächen soweit reduziert, dass von ihnen keine Infektion bzw. Übertragung von Erregern mehr stattfinden kann. Dies ist bei der Verhinderung einer möglichen Infektionsgefahr gegenüber immunsupprimierten Menschen z. B. mit einer Krebserkrankung, Transplantation, Chemo-Therapie- oder HIV sehr wichtig, aber nicht bei der Sanierung von Feuchte- und/oder Schimmelpilzschäden in privat genutzten Innenräumen – ausgenommen, wenn sich unter den Raumnutzern eine Risikogruppe der eben aufgezählten befindet. In derartigen Ausnahmesituationen müssen geeignete Methoden und Verfahren angewendet werden, um die dort auftretenden Krankheitserreger wie z. B. Aspergillus fumigatus, Nocardia spp. nachweislich und ausreichend zu reduzieren. Derartige Innenräume werden der Nutzungsklasse I zugeordnet und im aktuellen Leitfaden „Zur Vorbeugung, Erfassung und Sanierung von Schimmelbefall in Gebäuden" des Umweltbundesamtes (UBA) nicht behandelt. Schon allein daran wird deutlich, dass die meisten Fungizide oder Bakterizide, die in der Sanierung von Schimmelpilz- und/oder Bakterienbefall in privat genutzten Innenräumen (Nutzungsklasse II oder III) eingesetzt werden, keine Desinfektionsmittel sein können und auch nicht müssen. Denn ein mögliches Infektionsrisiko kann bei diesen Innenräumen in der Regel ausgeschlossen und daher vernachlässigt werden. Ausnahmen kann es im Einzelfall und unter Umständen bei der Sanierung von fäkalienhaltigen Wasserschäden geben.

Im aktuellen Leitfaden „Zur Vorbeugung, Erfassung und Sanierung von Schimmelbefall in Gebäuden" des Umweltbundesamtes (UBA) wird darauf hingewiesen, dass eine routinemäßige Verwendung von Bioziden zur Beseitigung und/oder Vorbeugung von Schimmelpilzbefall nicht zielführend ist und Biozidprodukte in privat genutzten Innenräumen nicht anzuwenden sind.

Die Empfehlungen des Umweltbundesamtes u. a., auf Biozide bzw. Biozidprodukte in privat genutzten Innenräumen zu verzichten, basiert auf folgender Grundlage:

1. Bisher gibt es keine aussagekräftigen Studien, anerkannte Versuchsreihen oder andere wissenschaftlichen Nachweise, dass durch den Einsatz von Bioziden überhaupt eine signifikante Abtötung von Mikroorganismen in und auf Baustoffen oder Innenraummaterialien erzielt werden kann.
2. Mögliche Gesundheitsgefahren wie z. B. allergene, reizende oder toxische Wirkungen sowie daraus sensibilisierende und/oder irritative Effekte im Bereich der Atemwege gehen nicht nur von lebenden Zellen der Mikroorganismen aus, sondern auch von abgestorbenen Sporen und anderen mikrobiellen Partikeln.
3. Beim Umgang mit Biozidprodukten kann eine mögliche Gesundheitsgefährdung der Anwender nicht ausgeschlossen werden, da in der Praxis häufig elementare Schutz- und Hygienemaßnahmen aus Unwissenheit und/oder Bequemlichkeit ignoriert werden.
4. Bei vielen Sanierungen werden routinemäßig Biozide gegen mikrobiellen Befall eingesetzt, ohne die Ursache für das Schimmelpilzwachstum beseitigt zu haben.

Biozide Anwendungen sind lt. UBA nicht notwendig, wenn z. B.

- die technische Bautrocknung eines sporadischen Wasserschadens zeitnah möglich ist,
- ein sichtbarer Befall auf Oberflächen wie z. B. auf Putz oder Tapeten, ohne großen Aufwand unmittelbar entfernt werden kann,
- ein mikrobieller Befall eindeutig vorliegt und das Entfernen (Rückbau) dieser Baustoffe ohnehin erfolgen muss,

- präventiv Oberflächen von Baustoffen und Gegenständen im Rahmen von evtl. Sofortmaßnahmen präventiv behandelt werden,
- die Sanierung in Innenräumen der Nutzungsklasse II und III stattfindet,
- im Rahmen der Feinreinigung und/oder unmittelbar vor der Freimessung die Raumluft der bereits sanierten Innenräume präventiv vernebelt werden,
- der Einsatz als kostengünstige Alternative zur Entfernung mikrobiell besiedelter Materialien und/oder zur Feinreinigung eingesetzt wird,
- mehrschichtige Fußbodenkonstruktionen geflutet werden, obwohl die mikrobielle Belastung einen Rückbau (Ausbau) erforderlich macht.

Das Umweltbundesamt gibt gleichzeitig Empfehlungen, wann eine biozide Anwendung sinnvoll, akzeptabel oder alternativlos ist. Hierzu gehört z. B. das Vernebeln von bestimmten Wirkstoffen wie z. B. Wasserstoffperoxid in unzugänglichen Hohlräumen von Konstruktionen, die aus baulichen Gründen nicht zugänglich gemacht werden können.

Daher sind die Empfehlungen des Umweltbundesamtes nicht als generelles oder pauschales Verbot von Bioziden zu verstehen, sondern mehr als eine Aufforderung zum maßvollen Umgang und der Sensibilisierung für einen gezielten Einsatz als „Ultima Ratio" in privat genutzten Innenräumen unter Berücksichtigung sämtlicher Schutz- und Hygienemaßnahmen.

Bisherige Studien belegen lt. *Messal u. a.*, dass unter praxisnahen Bedingungen eine biozide Wirkung gegen das Wachstum von Schimmelpilzen in privat genutzten Innenräumen mit Biozidprodukten nachhaltig nicht erzielt werden kann. Die hierfür eingesetzten Biozide wie z. B. Wasserstoffperoxid, Peressigsäure, Natriumhypochlorit, Isopropylalkohol oder quartäre Ammoniumverbindungen konnten zwar kurzfristig das Wachstum der Schimmelpilze hemmen bzw. verzögern, aber die lebensfähigen Zellen nicht vollständig abtöten (siehe Abb. 9.37, 9.38, 9.39, 9.40, 9.41, 9.42, 9.43, 9.44, 9.45 und 9.46).

Ursächlich hierfür ist, dass Schimmelpilze sehr unterschiedliche Abwehr- oder Überlebensstrategien entwickelt haben, um sich genau gegen derartige Angriffe zu schützen. Entweder produzieren sie Stoffwechselprodukte, aus denen ein Biofilm gebildet wird (eine Art Schutzschicht) oder sie begeben sich in eine Art Ruhemodus (stellen das Wachstum ein). Außerdem kann beobachtet werden, dass Schimmelpilze mit einer verstärkten Produktion und Freisetzung von Mykotoxinen auf Biozide reagieren. Somit erhöht sich unnötig die Exposition und somit Gesundheitsgefährdung für den Anwender. Hinzu kommt, dass viele Schimmelpilzarten in den letzten Jahren

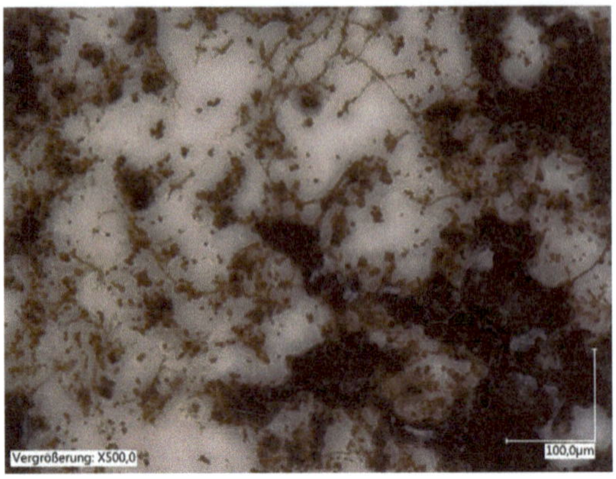

Abb. 9.37 untersuchte Oberflächen mit mikrobiellem Befall vor und nach der Behandlung mit Essigessenz – gut zu erkennen: die behandelten Oberflächen weisen weiterhin Biomasse (Sporen und Myzelien) auf. Von einer Beseitigung des mikrobiellen Befalls kann keine Rede sein

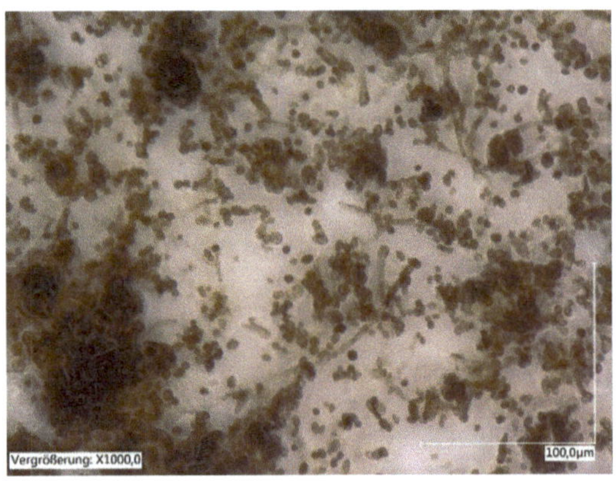

Abb. 9.38 untersuchte Oberflächen mit mikrobiellem Befall vor und nach der Behandlung mit Essigessenz – gut zu erkennen: die behandelten Oberflächen weisen weiterhin Biomasse (Sporen und Myzelien) auf. Von einer Beseitigung des mikrobiellen Befalls kann keine Rede sein

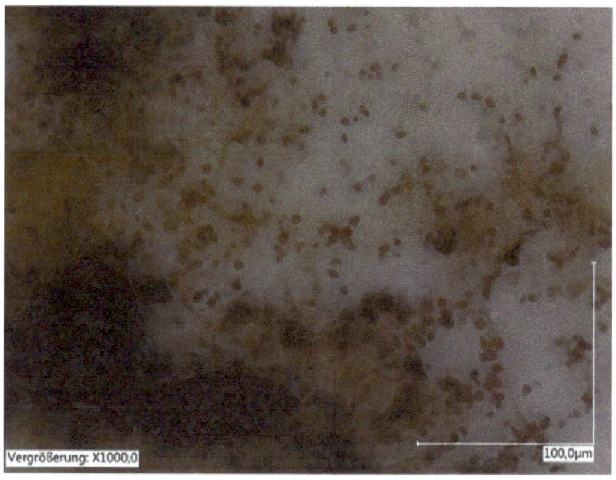

Abb. 9.39 untersuchte Oberflächen mit mikrobiellem Befall vor und nach der Behandlung mit quartären Ammoniumverbindungen – gut zu erkennen: die behandelten Oberflächen weisen weiterhin Biomasse (Sporen und Myzelien) auf. Von einer Beseitigung des mikrobiellen Befalls kann keine Rede sein

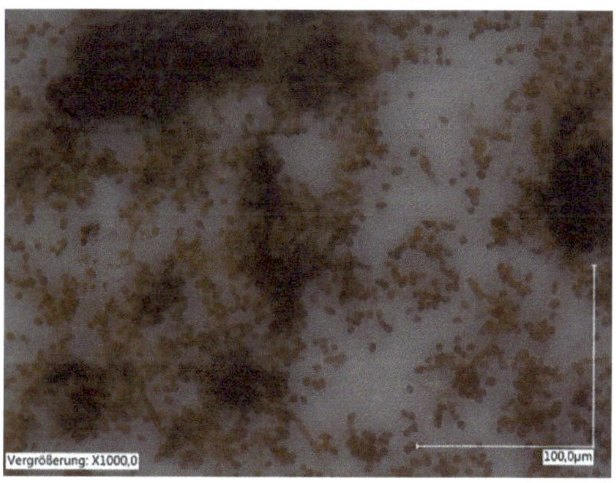

Abb. 9.40 untersuchte Oberflächen mit mikrobiellem Befall vor und nach der Behandlung mit quartären Ammoniumverbindungen – gut zu erkennen: die behandelten Oberflächen weisen weiterhin Biomasse (Sporen und Myzelien) auf. Von einer Beseitigung des mikrobiellen Befalls kann keine Rede sein

robuster geworden sind und gegen viele biozide Wirkstoffe Resistenzen aufgebaut haben. Sobald sich die Wachstumsbedingungen wieder verbessern, nehmen Schimmelpilze ihr Wachstum erneut wieder auf. Hinzu kommt, dass die Zelldichte in Myzelien im Vergleich zu einzelnen Sporen deutlich höher ist, so dass die eingesetzten Konzentrationen biozider Wirkstoffe in handelsüblichen Biozidprodukten, die für die Studien verwendet wurden, nicht ausreichten, um eine biozide Wirkung unter praxisnahen Bedingungen zu erzielen.

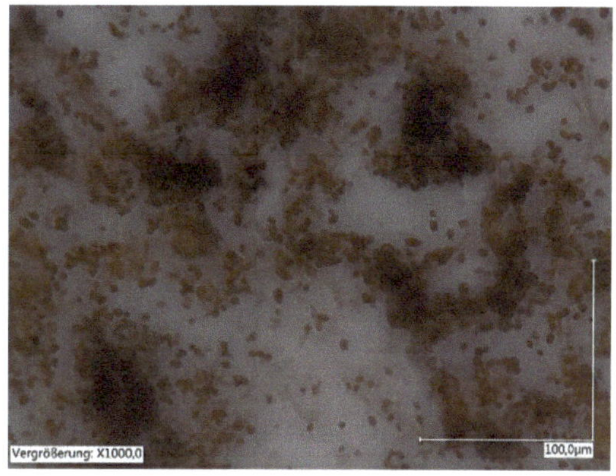

Abb. 9.41 untersuchte Oberflächen mit mikrobiellem Befall vor und nach der Behandlung mit Isopropanol (Alkohol) – gut zu erkennen: die behandelten Oberflächen weisen weiterhin Biomasse (Sporen und Myzelien) auf. Von einer Beseitigung des mikrobiellen Befalls kann keine Rede sein

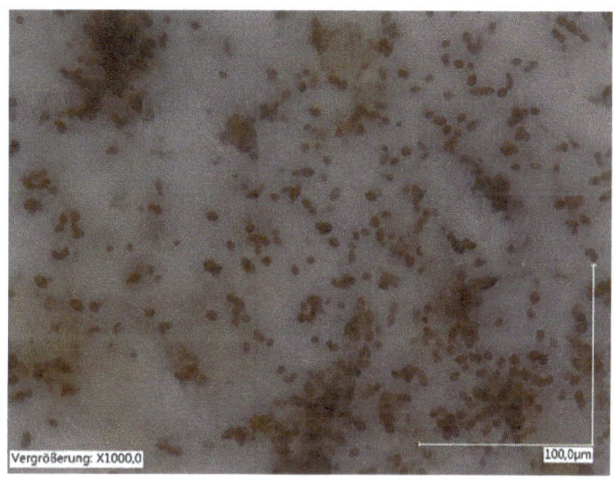

Abb. 9.42 untersuchte Oberflächen mit mikrobiellem Befall vor und nach der Behandlung mit Isopropanol (Alkohol) – gut zu erkennen: die behandelten Oberflächen weisen weiterhin Biomasse (Sporen und Myzelien) auf. Von einer Beseitigung des mikrobiellen Befalls kann keine Rede sein

Praxisnahe Bedingungen sind deshalb wichtig zu erwähnen, da viele Prüfungen über die Wirksamkeit von bioziden Wirkstoffen unter Laborbedingungen und auf glatten, dichten und geschlossenen Oberflächen (OP-Fliesen) mit einem neutralen pH-Wert stattfinden. In der Praxis dagegen sind Oberflächen in der Regel porös, offenporig und hydrophil, häufig verschmutzt und weisen einen pH-Wert von 5 bis 7 bis alkalisch auf. Unter idealisierten Laborbedingungen in einem

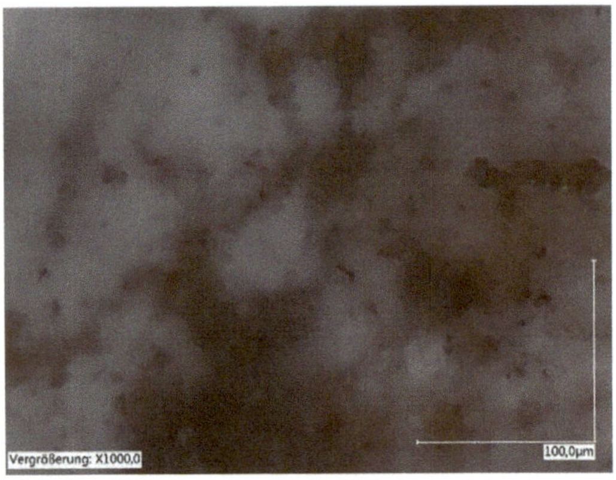

Abb. 9.43 untersuchte Oberflächen mit mikrobiellem Befall vor und nach der Behandlung mit Aktivchlor – gut zu erkennen: die behandelten Oberflächen weisen weiterhin Biomasse (Sporen und Myzelien) auf. Von einer Beseitigung des mikrobiellen Befalls kann keine Rede sein

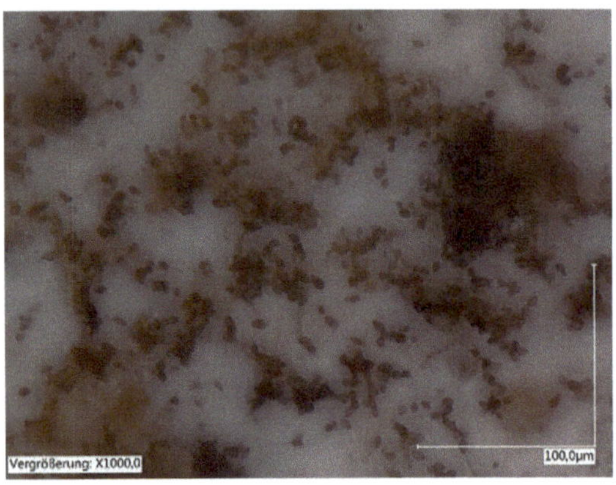

Abb. 9.44 untersuchte Oberflächen mit mikrobiellem Befall vor und nach der Behandlung mit Aktivchlor – gut zu erkennen: die behandelten Oberflächen weisen weiterhin Biomasse (Sporen und Myzelien) auf. Von einer Beseitigung des mikrobiellen Befalls kann keine Rede sein

sauren Milieu können die meisten Biozide ihre Wirkung optimal entfalten, was unter Praxisbedingungen eher nicht der Fall ist. Bei hydrophilen und offenporigen Oberflächen dringt das Biozid in das Baustoffgefüge ein, so dass die verfügbare Wirkstoffmenge an der unmittelbaren Oberfläche reduziert wird. Dies führt dazu, dass abhängig von der Schimmelpilz- und/oder Bakterienart sowie des Untergrundes und einiger Wachstumsfaktoren (primär Feuchtegehalt) bestimmte biozide Wirkstoffe das mikrobielle Wachstum zwar hemmen

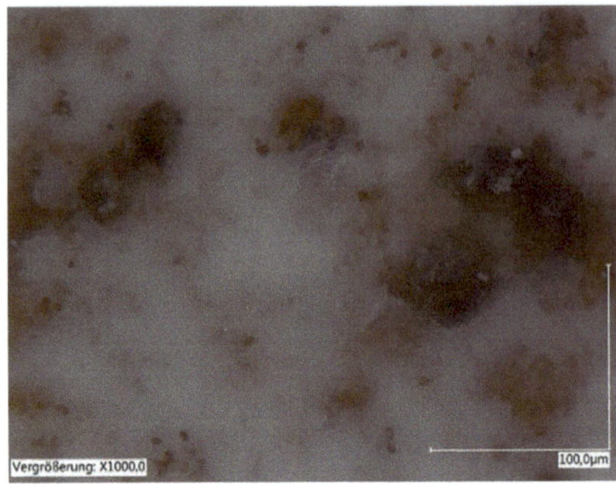

Abb. 9.45 untersuchte Oberflächen mit mikrobiellem Befall vor und nach der Behandlung mit Wasserstoffperoxid – gut zu erkennen: die behandelten Oberflächen weisen weiterhin Biomasse (Sporen und Myzelien) auf. Von einer Beseitigung des mikrobiellen Befalls kann keine Rede sein

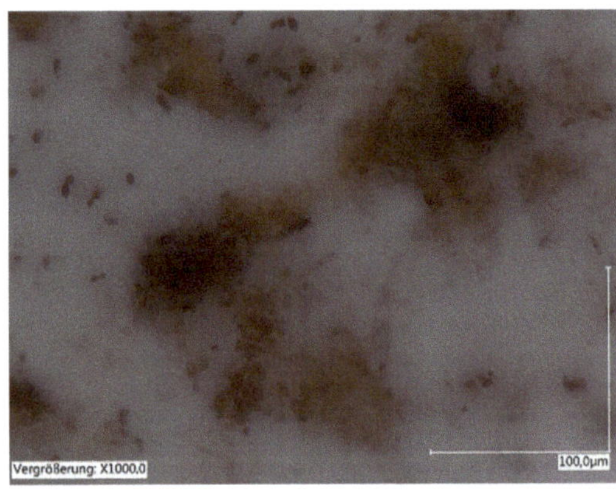

Abb. 9.46 untersuchte Oberflächen mit mikrobiellem Befall vor und nach der Behandlung mit Wasserstoffperoxid – gut zu erkennen: die behandelten Oberflächen weisen weiterhin Biomasse (Sporen und Myzelien) auf. Von einer Beseitigung des mikrobiellen Befalls kann keine Rede sein

oder reduzieren können, aber eine signifikante Reduzierung der bereits vorhandenen mikrobiellen Biomasse in der Regel nicht zu erwarten ist, da der mikrobielle Befall durch die biozide Behandlung nicht entfernt wird. Eine Ausnahme stellt Wasserstoffperoxid (H_2O_2) in hohen Konzentrationen von über 10 % dar. Unterschiedliche Versuche haben gezeigt, dass mit dieser bioziden Behandlung eine Abtötung von Schimmelpilzen und Bakterien erreicht werden kann.

9.6.4 Gesundheitsgefahren

Bevor biozide Wirkstoffe oder Biozidprodukte zugelassen werden, muss eine Risikobewertung erfolgen, denn Biozide sind potenziell umweltschädigend und gesundheitsgefährdend. Im aktuellen Leitfaden „Zur Vorbeugung, Erfassung und Sanierung von Schimmelbefall in Gebäuden" des Umweltbundesamtes (UBA) wird darauf hingewiesen, dass Biozide zur Beseitigung oder Vorbeugung von Schimmelpilzbefall in privat genutzten Innenräumen nicht eingesetzt werden sollten. Hintergrund ist, dass von bioziden Wirkstoffen oder Biozidprodukten unterschiedliche Gesundheitsgefahren direkt ausgehen und/oder verursacht werden (können) und diese oftmals über denen liegen, die von einem mikrobiellen Befall überhaupt ausgelöst werden.

Für die unterschiedlichen Maßnahmen und Tätigkeiten bei der Schimmelpilzsanierung gilt die Biostoffverordnung (BioStoffV). Diese regelt erforderliche Schutz- und Hygienemaßnahmen für die Mitarbeiter (Sanierungsfirma) sowie für andere Personen im Sanierungsbereich. Vor Beginn der Sanierungsmaßnahmen ist eine Gefährdungsbeurteilung zu erstellen. Oberstes Gebot ist zunächst die Vermeidung von möglichen Gesundheitsgefährdungen und soweit dies nicht möglich ist, eine Reduzierung. Dies wird als Substitutionsgebot bezeichnet und bedeutet, dass z. B. der Einsatz von Bioziden in Innenräumen durch Alternativen zu prüfen ist. Ein typisches Beispiel ist das Entfernen eines mikrobiellen Befalls durch Absaugen der Oberflächen mit einem Industriestaubsauger der Staubklasse H anstelle einer Oberflächendesinfektion. Zur Reduzierung der Biostoffe in der Raumluft können Luftreinigungsgeräte mit HEPA-Filter eingesetzt werden, anstelle die Raumluft mit Desinfektionsmittel zu vernebeln.

Eine Gesundheitsgefährdung für die Mitarbeiter der Sanierungsfirma geht in erster Linie von mikrobiell belasteten Stäuben, Sporen und anderen Partikeln aus, die vor allem bei Bauteilöffnungen, dem Rückbau und/oder dem Entfernen mikrobiell besiedelter Materialien entstehen können. Durch das Einatmen können sensibilisierende oder allergische, selten reizende oder toxische Wirkungen auftreten – unabhängig davon, ob es sich um lebende Biostoffe handelt oder um nicht mehr lebensfähige und/oder biozid behandelte Sporen oder mikrobielle Partikel. Dies bedeutet, dass eine biozide Anwendung vor und/oder während der Sanierung keine Auswirkungen auf die Gefährdungsklassen gemäß DGUV Information „Gesundheitsgefährdungen durch Biostoffe bei der Schimmelpilzsanierung" hat. Im Gegenteil – durch die Verwendung von Bioziden erhöht sich die Gesundheitsgefährdung und muss in der Bewertung berücksichtigt werden. Schließlich handelt es sich bei bioziden Wirkstoffen um Gefahrstoffe. Der sichere Umgang mit diesen Stoffen wird in der Gefahrstoffverordnung geregelt. Für die Einstufung und Kennzeichnung dieser Gefahrstoffe nach der CLP-Verordnung ist nicht nur der biozide Wirkstoff relevant, sondern auch der spezifische Grenzwert der Wirkstoffkonzentration.

Das Einatmen, Verschlucken oder die Aufnahme über die Haut nachfolgender Biozide bzw. biozider Wirkstoffe kann zu schweren Gesundheitsschäden führen.

- **Ethanol** kann die Haut, Atemwege und den Magen-Darm-Trakt reizen. Je nach Menge und Konzentration können vorübergehend Schwindelgefühl, Kopfschmerzen, Übelkeit bis hin zur Bewusstlosigkeit auftreten. Ethanol kann außerdem Erbrechen, Herz-Rhythmusstörungen, Leber- und Nervenschäden sowie Augenreizungen verursachen.
- **Isopropanol** kann die Haut, Atemwege und den Magen-Darm-Trakt reizen. Je nach Menge und Konzentration können Kopfschmerzen, Schwindelgefühl, Schläfrigkeit und Benommenheit sowie Übelkeit und Konzentrationsstörungen auftreten. Isopropanol kann zudem zu Herz-Rhythmusstörungen, Leber-, Nieren- und Nervenschäden sowie schweren Augenreizungen verursachen.
- **quartäre Ammoniumverbindungen** können schwere Verätzungen der Haut und schwere Augenschäden verursachen.
- **Wasserstoffperoxid** kann vorübergehende Beschwerden wie Schwindel, Übelkeit und Kopfschmerzen verursachen sowie schwere Augenschäden verursachen.

- **Peressigsäure** kann vorübergehende Beschwerden wie Husten sowie Nieren- und Leberschäden verursachen. Außerdem können schwere Verätzungen der Haut und schwere Augenreizungen verursacht werden.

Biozide sollten aufgrund der geringeren Wirkung und möglichen Entstehung von gesundheitsgefährdenden Aerosolen nicht versprüht werden. Eine Anwendung im Wischverfahren ist dem Sprühverfahren immer vorzuziehen. Nach der Anwendung müssen die Innenräume gut belüftet werden.

9.6.5 Unerwünschte Nebenwirkungen

Neben direkten Gesundheitsgefahren, die durch Biozide verursacht werden, gibt es auch unerwünschte Nebenwirkungen, die zu indirekten Gesundheitsgefahren führen können. Denn Schimmelpilze haben unterschiedliche Abwehr- bzw. Überlebensstrategien entwickelt, um sich gegen äußere Angriffe zu wehren oder auf ungünstige Umgebungsbedingungen zu reagieren. Je nachdem ändern sie ihre Wachstumsstrategie und/oder produzieren spezifische Stoffwechselprodukte. Seit Jahren ist bekannt, dass Schimmelpilze beim Einsatz von bioziden Wirkstoffen entweder MVOC oder Mykotoxine freisetzen und ihr Umfeld „vernebeln“, um so ihre „Angreifer“ zu bekämpfen. Mikrobiologen sprechen von einer „Stresssituation“, denen Mikroorganismen ausgesetzt werden. Durch den Einsatz von Fungiziden wird die Produktion und Freisetzung von potenziell gesundheitsschädlichen Mykotoxinen provoziert und Anwender von Biozidprodukten einer Gesundheitsgefährdung ausgesetzt. Nicht ohne Grund werden deshalb auch schon für Sofortmaßnahmen entsprechende Schutz- und Hygienemaßnahmen gefordert. Diese beziehen sich nicht nur auf Sporen und mikrobielle Partikel, sondern auch auf mikrobiell belastete Stäube, in denen sich MVOC und/oder Mykotoxine befinden.

In verschiedenen Laborversuchen konnte lt. *Messal u. a.* beobachtet werden, dass reaktive Anaerobier – hierbei handelt es sich um Mikroorganismen, die Schwierigkeiten haben, unter Einwirkung von Sauerstoff zu überleben oder zu wachsen – auf biozide Wirkstoffe mit einer vermehrten Produktion von Mykotoxinen reagierten. Vor allem Aspergillus versicolor produzierte bei der Einwirkung von Wasserstoffperoxid vermehrt Aflatoxin. Gleiches gilt für den Schimmelpilz Stachybotris chartarum, der nach Einwirkung des bioziden Wirkstoffs vermehrt Satratoxin G und H produzierte. Fusarium graminearum und Fusarium verticillioides reagierten nach der Einwirkung von Wasserstoffperoxid mit der Zunahme der Mykotoxine Trichothecene und Fumonisine. Mikrobiologen interpretieren dies als Reaktion auf oxidativen Stress und sehen einen biochemischen Zusammenhang, da durch oxidierende Wirkstoffe eine hohe Trockenheit und Temperatur im unmittelbaren Habitat der Mikroorganismen erzeugt wird. Durch die vermehrte Produktion von Metaboliten soll ein Überleben gegen die Sauerstoffradikale sichergestellt werden. Bei den Versuchen wurde zudem festgestellt, dass es zwischen der Produktion und Freisetzung von Mykotoxinen und dem anhand der Biomasse quantifizierten Pilzwachstum keine Korrelation der unterschiedlichen Arten gibt. Dies ist dahingehend relevant, da bisher immer davon ausgegangen wurde, dass die Menge produzierter Mykotoxine von der Menge an Biomasse abhängig ist.

Außerdem spielt dies bei der qualitativen Bewertung der Innenraumluft eine Rolle, da es über die Wirkung von Mykotoxinen in Abhängigkeit zu deren Konzentrationen in privat genutzten Innenräumen kaum belastbare Daten gibt. Das Umweltbundesamt geht zwar davon aus, dass die „üblicherweise“ gemessenen Konzentrationen von Mykotoxinen in „normal“ genutzten Innenräumen eher „unauffällig“ sind. Allerdings ist nach wie vor nicht bekannt, ab welchen Schwellenwerten bei einer inhalativen Exposition von unterschiedlichen Mykotoxinen mit sensibilisierenden, allergischen, reizenden oder toxischen Wirkungen gerechnet werden muss und/oder wie sich unterschiedliche Mykotoxine bei gleichzeitiger Exposition über Kreuz verhalten bzw. sich auf die Disposition unterschiedlicher Risikogruppen auswirken. Daher kann eine vermehrte Produktion und Freisetzung der potenten Giftstoffe infolge biozider Anwendungen schon allein aus präventiven und hygienischen Gründen nicht toleriert werden. Die vermehrte Produktion und Freisetzung von Mykotoxinen als Folge einer Stresssituation durch biozide Wirkstoffe sowie die gesundheitlichen Auswirkungen auf die Raumnutzer ist bisher kaum untersucht worden. Gleiches gilt für die kanzerogenen Stoffe, die sich in den Oxidationsprodukten befinden, die bei einer Ozonbehandlung in Innenräumen befinden. Forschungsbedarf besteht ebenfalls über die inhalative Exposition von oxidierten Wirkstoffkombinationen von Hydroperoxid- und Peroxid-Gruppen, die sich an bestehende Partikel anlagern und/oder zu neuen Partikeln kondensieren können, was zu einer problematischen Konzentration führen kann. Derartige Reaktionsprodukte haben lt. *Messal u. a.* einen negativen Einfluss auf die Innenraumluftqualität auch aufgrund ihrer niedrigen Geruchsschwellen.

Mikrobiologen sehen auch einen Zusammenhang zwischen der vermehrten Produktion und Freisetzung von Metaboliten und dem so genannten Biofouling. Hierbei handelt es sich um einen schleim- oder gelartigen Biofilm, den Schimmelpilze und Bakterien durch Ausscheidung verschiedener Stoffwechselprodukte bilden. Dieser Biofilm schützt nicht nur die für Mikroorganismen benötigten Wachstumsbedingungen wie Feuchtigkeit, Nährstoffe, Temperatur und pH-Wert im Habitat, sondern baut ein Schutzschild auf, um Angriffe von außen wie eben z. B. durch Biozide abzuwehren. Das Faszinierende daran ist, dass der Biofilm erst durch den Einsatz von Bioziden gebildet wird – also biozide Wirkstoffe erst den Schutzmechanismus der Mikroorganismen gegen sich aktivieren. Biofilme haben einige unerwünschte Nebenwirkungen. Durch die klebrige Oberfläche verschmutzen Biofilme mit der Zeit, was zu Verfärbungen und Nährstoffaufnahme durch vorbeiströmende Aerosole (Stäube) führt und einen übelriechenden Geruch nach sich ziehen kann. Durch die Verdichtung der Oberflächenstruktur kann das Diffusionsverhalten und der Feuchtehaushalt im Untergrund beeinflusst werden. Heute gilt als gesichert, dass das Biofouling die Vorstufe zur Biokorrosion ist und strukturelle Materialeigenschaften im Untergrund verändert. Hierbei handelt es sich um biochemische Prozesse, mit denen die korrosive Wirkung organischer Säuren wie z. B. Oxal-, Zitronen- und Fumarsäure sowie anorganischer Säuren wie z. B. Salpeter- und Schwefelsäure, aber auch von Enzymen und biogenen Oxidantien auf die Bindemittelstruktur und das Materialgefüge von Baustoffen beschrieben wird. Während enzymatische Angriffe durch Mikroorganismen bei organischen Materialien wie z. B. Papier, Holz oder organischen Dichtungsstoffen bekannt waren, sind biogene Zersetzungen von Beton oder Klinkersteinen relativ neu. Eine korrosive Wirkung auf Baustoffe und andere Materialien weisen allerdings auch einige biozide Wirkstoffe auf, so dass es diesen „Umweg" nicht bedarf. Hier sind in erster Linie oxidierende Biozide zu nennen, bei denen es zu unerwünschten Wechselwirkungen mit organischen Untergründen und Verfärbungen von empfindlichen Oberflächen kommen kann.

Abschließend soll noch darauf hingewiesen werden, dass einige Biozide ein genau festgelegtes Anwendungsfenster haben, um ihre Wirkung zu erzielen. Dies bedeutet, dass die Prüfparameter im Labor wie z. B. das Normklima mit den realen Bedingungen in der Praxis fast nie vergleichbar sind. Dies führt z. B. dazu, dass sich die Einwirkzeit biozider Wirkstoffe unter 20 °C deutlich verlängert. Selbst Biozidprodukte auf Basis von Wasserstoffperoxid müssten lt. *Messal u. a.* mindestens eine Stunde einwirken, um ihre Wirkung zu erzielen. Davon abgesehen, müssten die meisten Biozide ohnehin in der Regel über mehrere Stunden und in mehreren Intervallen einwirken, um einen bioziden Puffer im oberflächennahen Bereich aufzubauen. Einige Wirkstoffe sind flüchtig, andere bauen sich bei einer hohen Alkalität nicht auf und einige trocknen rein physikalisch, was bei einer hohen Luftfeuchtigkeit (z. B. in Hohlräumen) nicht sichergestellt werden kann.

9.7 Geruchsneutralisation

Im Rahmen der Schimmelpilzsanierung, vor allem bei der Sanierung von sporadischen Wasserschäden, aber auch bei der Brandschadensanierung, müssen häufig unangenehme Gerüche neutralisiert werden. Denn ab einer bestimmten

Dauer und Intensität können bestimmte Gerüche zu einer unzumutbaren Belästigung führen. Diese Bewertung nennt man Hedonik und wird in Anlehnung an die VDI-Richtlinie 3882 Blatt 2 „Olfaktometrie – Bestimmung der hedonischen Geruchswirkung“ ermittelt.

Gerüche werden durch Geruchsstoffe verursacht, die den Geruchssinn ansprechen und ein subjektives Geruchsempfinden auslösen. Hierbei handelt es sich um mehrere tausend Einzelsubstanzen, die in chemischen Stoffverbindungen vorliegen – vor allem organische Verbindungen wie z. B. aliphatische, aromatische oder halogenierte Kohlenwasserstoffe sowie sauerstoff-, schwefel- und stickstoffhaltige Verbindungen. Auch anorganische Substanzen wie z. B. Schwefelwasserstoff und Ammoniak gehören zu den geruchsintensiven Stoffen. Hierbei können sich Substanzen und Komponenten auch überlagern und/oder gegenseitig beeinflussen, so dass die Wirkung verstärkt oder neutralisiert wird. Bei einigen Stoffgemischen verändert sich mit der Zeit die Geruchswirkung.

Chemische Verbindungen von Geruchsstoffen entstehen bei biochemischen Prozessen wie z. B. der Fäulnis. Hierbei handelt es sich um die Zersetzung organischer Substanzen ohne Sauerstoff (anaerober Abbau) z. B. nach Rohrbrüchen oder Rückstauungen in Fäkalien führenden Abwasserleitungen. Die Geruchsbelästigungen machen sich sofort bemerkbar und sind besonders unangenehm. Zu unangenehmen Gerüchen kann es auch aus unzureichend getrockneten Wasserschäden kommen oder wenn Wasserschäden über einen längeren Zeitraum unentdeckt bleiben. Gerade in Hohlräumen, in denen organische Stoffe wie z. B. Holz, Kork, Papier und dgl. langsam zersetzt werden, stellt sich mit der Zeit ein unangenehmer Modergeruch ein, der auf Schimmelpilz- und/oder Bakterienbefall hinweist. Dabei entstehen neben flüchtigen Fettsäuren und Aminen auch Sulfide, Disulfide und viele heterozyklische Verbindungen wie das o. g. Ammoniak und Schwefelwasserstoff, dessen Geruch nach faulen Eiern unverkennbar penetrant ist. Anaerobe Prozesse finden z. B. auch im Schlamm von Kläranlagen, im Kompost oder Deponien statt.

Bisher gibt es für privat genutzte Innenräume keine verbindlichen Grenz- oder Richtwerte für eine zulässige Geruchsqualität oder tolerierbare Geruchsbelästigungen. Dies hängt damit zusammen, dass es bis heute keine eindeutige Klassifizierung gibt und Gerüche sehr individuell wahrgenommen und durch die Außenluft wesentlich mit beeinflusst werden. Hinzu kommt, dass es für „typische“ Gerüche (z. B. Desinfektionsmittel) unterschiedliche Akzeptanzschwellen gibt und diese somit sehr subjektiv geprägt sind.

Gerüche treten selten für sich allein auf, sondern sind an Trägermaterialien gebunden. Daher reicht in vielen Fällen bereits aus, wenn diese Substanzen entfernt werden, um Gerüche zu eliminieren. Allerdings gibt es auch Materialien, die Geruchsmoleküle im gasförmigen Zustand aufnehmen, chemisch binden und anschließend nicht mehr abgeben. Hierzu gehören viele Stoffe und Textilien, Polstermöbel und Baustoffe. Während die erstgenannten oft nur gereinigt werden müssen, um damit die Geruchsbelästigung abzustellen, stellt sich dies bei Baustoffen (Mauerwerk, Putz, Holz, Kunststoffe) und vielen Möbel- und Einrichtungsgegenständen schwierig dar. Während unangenehme Geruchsmoleküle auf glatten und geschlossenen Oberflächen in den meisten Fällen nur abgewaschen werden müssen, stellt sich dies bei offenporigen bzw. porösen Oberflächen schwierig dar. In diesen Fällen kommen je nach Art und Ursache der Geruchsbelästigung sowie der Situation vor Ort unterschiedlich aufwändige Methoden der Geruchsneutralisation zur Anwendung, die sich in ihrem Wirkprinzip zum Teil deutlich unterscheiden. Hauptsächlich kommen zur Anwendung:

- Duftneutralisation
- Kaltnebelverfahren (Fogging)
- Ozonisierung
- Ionisierung
- sonstige Verfahren.

Bei der **Duftneutralisation** wird der unangenehme Geruch durch angenehme Geruchsstoffe einfach überdeckt. Zum Einsatz kommen verschiedene Duftstoffe wie z. B. ätherische Öle von Zitronen, Pinien usw., die aufgesprüht oder vernebelt werden. Bei dieser Methode wird die Ursache der Geruchsbelästigung nicht beseitigt, so dass die Wirkung zeitlich begrenzt ist. Die Duftneutralisa-

Abb. 9.47 Kaltnebelverfahren zur Geruchsneutralisierung

Abb. 9.48 Kaltnebelverfahren zur Geruchsneutralisierung

tion funktioniert vor allem bei einfachen Geruchsproblemen. Dafür sind die natürlichen Wirkstoffe völlig ungefährlich und ein Aufenthalt in den Innenräumen während der Maßnahme möglich.

Beim **Kaltnebelverfahren** (besser bekannt unter dem Begriff Fogging) werden desinfizierende und geruchsneutralisierende Substanzen über spezielle Geräte (so genannte Fogger) in der Raumluft vernebelt. Je nach Anwendung wird entweder ein ULV-Fogger (ULV = Ultra Low Volume) oder ein Thermo-Fogger eingesetzt. Während beim ULV-Fogger große Tropfen wässriger Wirkstofflösungen zum Einsatz kommen (Feuchtnebel), werden mit dem Thermo-Fogger feinste Tröpfchen erzeugt (Trockennebel), die bis zu 24 h in der Raumluft schweben können (siehe Abb. 9.47 und 9.48). Der Wirkstoff kann hierbei in die Oberfläche von porösen Materialien eindringen und Geruchsmoleküle zerstören. Das Verfahren bietet sich für Hohlräume und schwer zugängliche Bauteilbereiche in Wand-, Boden- und Deckenkonstruktionen an. In der Regel wird dieses Verfahren mit oxidierenden Wirkstoffen wie z. B. Wasserstoffperoxid (H_2O_2) eingesetzt. Hierbei handelt es sich um eine in verdünnter Form farblose, stabile Verbindung aus Wasserstoff und Sauerstoff, die stark desinfizierend und geruchneutralisierend wirkt. Innerhalb von 2 bis 3 h zerfällt es zu reinem Sauerstoff und Wasser. Einige Verbindungen enthalten Silberionen, andere Fruchtsäuren. Nach der Anwendung muss der Innenraum gut gelüftet werden.

Bei der **Ozonisierung** wird Luftsauerstoff in einem Ozongenerator in zwei Sauerstoffatome aufgespalten. Ein Großteil wird wieder zu O_2-Molekülen zurückgebildet, ein geringerer Teil bildet O_3-Moleküle (besser bekannt als Ozon) – einem ausgezeichneten Oxidationsmittel, das Geruchsmoleküle abbaut. O_3-Moleküle sind extrem reaktionsfreudig. Nach der Reaktion mit Viren, Bakterien, Schimmelpilzsporen und auch Geruchsmolekülen zerfällt Ozon wieder zu Sauerstoff. Die Ozonisierung hat die höchste Wirksamkeit in der Geruchsneutralisation, stellt aber auch das aggressivste Verfahren mit den höchsten Risiken dar. Daher sollten vor der Anwendung Alternativen geprüft und der Auftraggeber über Nebenwirkungen und Risiken informiert werden. Denn die hohe Reaktionsfähigkeit der O_3-Moleküle kann zu einer Schädigung des Inventars führen und menschliche Schleimhäute reizen. Ozon darf während der Anwendung nicht eingeatmet werden, so dass der Zugang zu den Innenräumen unbedingt zu vermeiden ist und die Innenräume gegen einen Austritt abzudichten sind. Bevor der Innenraum nach der Anwendung betreten werden darf, müssen Kontrollmessungen durchgeführt werden.

Die **Ionisierung** ist eine Erweiterung der Ozonisierung. Hierbei wird vorhandene Raumluft z. B. durch einen so genannten Plasma-Feld-Ionisator geführt, in dem alle größeren Moleküle und somit nahezu alle Geruchsstoffe aufgespalten werden. Die Wirksamkeit dieser Methode beschränkt sich allerdings auf die in der Luft befindlichen Schwebstoffe, so dass bereits abgesetzte Substanzen nicht erreicht werden. In der Raumluft befinden sich positive Ionen (Kationen) und negative Ionen (Anionen). Anionen haben die Eigenschaft, Gerüche aller Art zu neutralisieren und die Luft von Feinstaub, Pollen und Sporen zu reinigen. Die Moleküle in der Innenraumluft werden in negative Ionen überführt, die sich an die Schmutzteilchen (Geruchsmoleküle) anlagern und diese abbauen. Im Plasma-Feld-Ionisator entsteht zudem noch sehr kurzlebiger Singulett-Sauerstoff (eine angeregte Form des normalen Sauerstoffs), der Gerüche ebenfalls sofort abbaut. Einige Geräte produzieren zusätzlich eine sehr geringe, unbedenkliche Menge Ozon, das Gerüche ebenfalls oxidativ zerstört. Ionisatoren sind bei allen Gerüchen, bei allen Materialien und auch in bewohnten Räumen einsetzbar. Allerdings dauert die Geruchsneutralisation mit dieser Methode sehr lange, die Geräte müssen zwischen drei bis sechs Wochen ununterbrochen im Betrieb sein, um Geruchsmoleküle zu neutralisieren.

Bei der **Filtration und Adsorption** nutzt man die Tatsache, dass Geruchsmoleküle meistens an Feinstaubpartikel gebunden sind. Werden diese eliminiert oder die Geruchsmoleküle an Aktivkohle adsorbiert, kann der Geruch meistens schon deutlich reduziert werden. Hierfür kommt ein HEPA-Partikelfiltergerät mit zusätzlichem Aktivkohlefilter und hohem Luftdurchsatz zum Einsatz. Hierbei wird die kontaminierte Raumluft gereinigt, in dem die Geruchsmoleküle im Filter zurückbleiben.

Auch bei der **Einkapselung** nutzt man die Tatsache, dass Geruchsmoleküle an Feinstaubpartikel gebunden sind. Durch die Versiegelung der Oberflächen durch gasdichte Beschichtungen werden die Geruchsmoleküle isoliert, so dass diese nicht mehr entweichen können. Eine Einkapselung kommt bei tief eingedrungenen, geruchsstarken Kontaminationen zur Anwendung, wenn andere Methoden nicht eingesetzt werden können oder in schwer zugänglichen Bereichen wie in Hohlräumen von Wand-, Boden- und Deckenkonstruktionen. Ein interessanter Ansatz ist, unangenehme Geruchsmoleküle durch den Einsatz von spezifischen Bakterien zu zersetzen. Diese nutzen Geruchsmoleküle als Nahrungsgrundlage und bauen diese dadurch ab.

Spezielle Innenfarben nutzen die **Photokatalyse**, um Geruchsmoleküle zu zersetzen. Hierbei werden chemische Substanzen unter Einfluss von Licht einer bestimmten Wellenlänge umgewandelt. Sauerstoff übernimmt die Rolle als Oxidationsmittel, Licht als Energielieferant und ein spezielles Titandioxid als Auslöser der Reaktion (Katalysator). Bei dem Titandioxid wird die besonders reaktionsfreudige Anatas-Form verwendet. Somit reicht bereits herkömmliche Beleuchtung in Innenräumen bzw. diffuses Tageslicht, um Schadstoffe und Gerüche abzubauen, ohne dass eine direkte Sonnenbestrahlung notwendig ist. Einige Innenfarben sollen lt. Auslobung der Hersteller zudem fungizide Eigenschaften haben, in dem die beim photokatalytischen Prozess entstehenden Sauerstoffradikale die Zellmembran von Viren, Bakterien und anderen Mikroorganismen zerstören sollen. Ein wissenschaftlicher Nachweis über die fungizide Wirkung von photokatalytischen Innenfarben fehlt allerdings bis heute.

9.8 Bekämpfung des Echten Hausschwamms (und anderer Hausfäulen)

9.8.1 Einleitung

Bei der Sanierung von Feuchte- und/oder Schimmelpilzschäden, vor allem in den Keller- und gelegentlich Dachgeschossen, trifft man nicht selten auf den Echten Hausschwamm und seine Artgenossen. In manchen Fällen werden diese sogar mit Schimmelpilzen verwechselt. Diese Pilze werden auch als Hausfäulen oder Nassfäulen bezeichnet und gehören zu der Gruppe der Holzschädlinge.

Der Schaden, der durch den Echten Hausschwamm u. a. angerichtet werden kann, hat ein hohes Zerstörungspotenzial und findet oftmals im Verborgenen und somit lange Zeit unerkannt statt, d. h. bevor seine auffallenden Fruchtkörper in Erscheinung treten. Der Echte Hausschwamm greift das Holz an und entzieht ihm mit Hilfe ausgeschiedener Enzyme die faserige Zellulose, so dass das Lignin als bröckelige, oft würfelige, braune Substanz zurückbleibt. Zu diesem Zeitpunkt ist die Belastbarkeit des Holzes oft schon stark eingeschränkt. Sobald die Fruchtkörper in Erscheinung treten und brauner Sporenstaub die Wände und Böden großflächig belegt, ist der Schaden meistens schon sehr weit vorangeschritten und die Baukonstruktion aus Holz stark gefährdet. Am Ende zerfällt das zersetzte Holz zu braunem Staub.

Die Deutsche Gesellschaft für Mykologie hat im Jahr 2004 den Echten Hausschwamm zum „Pilz des Jahres" gewählt, um auf seine oft unterschätzte Häufigkeit und wirtschaftliche Bedeutung hinzuweisen. Gerade in Altbauten gilt der Gebäudeschädling als gefährlicher und unberechenbarer sowie mit am schwierigsten zu bekämpfender holzzerstörender Pilz. Dies liegt daran, dass das mikroskopisch feine Pilzgeflecht in alle noch so kleinen Hohlräume eindringen und Material durchdringen kann und sich somit großflächig in der gesamten Baukonstruktion ausbreiten kann. Dies bedeutet, dass die Ausbreitung in der Regel größer ist, als dies mit bloßem Auge erkennbar ist bzw. sich über Fruchtkörper und/ oder Myzelstränge nachweisen lässt. Aufgrund der vielfältigen Erscheinungsformen, zahlreichen Arten und Gattungen muss eine Untersuchung unbedingt durch Experten erfolgen.

Um sich der wirtschaftlichen Bedeutung des Echten Hausschwamms und seiner Artgenossen bewusst zu machen, hilft ein Blick in die Statistik: bei etwa 5 Mio. Gebäude in Deutschland handelt es sich um Altbauten mit einem Baujahr vor 1950, davon jeweils ca. die Hälfte mit einem Baujahr vor 1919 und zwischen 1919 und 1949. Dies entspricht etwa einem Viertel des gesamten Gebäudebestands in Deutschland. Diese Zahlen korrelieren mit dem Wohnungsbestand. Der Anteil in den östlichen Bundesländern ist etwa doppelt so hoch wie in den westlichen Bundesländern. Die Sanierungsquote im Altbau liegt bei unter 35 %, im Kellerbereich deutlich darunter. Dies bedeutet, dass ein Großteil der Gebäude potenziell gefährdet sind. Verschiedene Untersuchungen belegen, dass allein vom Echten Hausschwamm mindestens ein Drittel aller von holzzerstörenden Pilzen verursachten Schäden verursacht werden. Pro Jahr treten lt. Umweltbundesamt zwischen 5.000 und 10.000 Fälle auf. Besonders tückisch am Echten Hausschwamm ist, dass dieser selbst Jahr(zehnt)e später wieder (weiter)wachsen kann, wenn seine Bestandteile im Rahmen der Schwammsanierung nicht rigoros entfernt wurden und wieder Feuchtigkeit zum Wachstum zur Verfügung steht.

Die Bauordnungen einiger Bundesländer wie z. B. Sachsen und Thüringen schreiben beim Echten Hausschwamm (und anderer Hausfäulen) eine Meldepflicht vor sowie eine sofortige Bekämpfung bzw. Beseitigung. Nach evtl. notwendigen Sofortmaßnahmen muss eine Untersuchung vor Ort und eine labortechnische Untersuchung und Analyse (Bestimmung) durchgeführt werden. Diese müssen klären, ob es sich um den Echten Hausschwamm oder um eine der anderen Hausfäulen handelt. Anschließend wird das Sanierungsziel definiert und mit der fachgerechten Entfernung der Hausfäule sowie der Beseitigung der Ursachen begonnen. Die Bekämpfungsmaßnahmen des Echten Hausschwamms sind in der DIN 68800 „Holzschutz" Teil 4 sowie im WTA-Merkblatt 1-2-21/D: „Der Echte Hausschwamm" ausführlich geregelt. Hierbei wird zwischen standardisierten und alternativen Sanierungsmethoden unterschieden.

Aufgrund der versteckten Lebensweise und der häufig schon sehr weit vorangeschrittenen Zerstörung macht der Echte Hausschwamm neben der ohnehin schon aufwändigen und somit teuren Sanierung oftmals eine Teilentkernung und in manchen Fällen eine Komplettentkernung des Gebäudes notwendig. Dies kann die Sanierungskosten in fünfstelliger Höhe schnell zu einem mittleren sechsstelligen Betrag und mehr anwachsen lassen. Daher kann es in einigen Fällen angezeigt sein, sich eine Zweit- oder auch Drittmeinung eines Experten einzuholen. Denn in der Praxis kann man oft beobachten, dass die Auslegungen der DIN 68800 „Holzschutz" sehr unterschiedlich interpretiert werden. So sehen einige Sachverständige nur im kompletten Rückbau der befallenen Bauteile eine nachhaltige Sanierung. Neben hohen Sanierungskosten kommen dann oftmals noch Kosten für die Nicht-Bewohnbarkeit der Immobilie während der Sanierung hinzu, so dass sich die Kosten auf mehrere hunderttausend Euro belaufen können. Andere Sachverständige verfolgen den Ansatz, punktuell vorzugehen und nur gezielt betroffene Bauteile großzügig auszutauschen. Infolgedessen belaufen sich die Kosten dann oftmals „nur“ auf mehrere zigtausend Euro.

Angesichts der immensen Kosten, die eine Sanierung des Echten Hausschwamms verursachen und nach sich ziehen kann, liegt nahe, dass Eigentümer von betroffenen Immobilien versuchen, diese über ihre Gebäudeversicherung zu regulieren. Allerdings übernimmt nicht jeder Tarif der Gebäudeversicherung die Kosten für die Sanierung – teilweise ist die Kostenübernahme für den Echten Hausschwamm explizit ausgeschlossen. Unterschiedliche Tarife mit Formulierungen, die Interpretationsspielraum zulassen und dies gepaart mit hohen Kosten sind immer ideale Voraussetzungen für Rechtsstreitigkeiten. Daher gab es in der Vergangenheit bereits einige Gerichtsverfahren zwischen Eigentümern von Immobilien und Versicherungen – und mit ihnen richtungsweisende Urteile. Da der Begriff „Schwamm“ oder „Hausschwamm“ oft synonym für den Echten Hausschwamm verwendet wird, müssen Versicherungsnehmer genau aufpassen, was vertraglich vereinbart und dem entsprechend durch die Versicherung an Leistung geschuldet ist. So kann das explizite Ein- oder Ausschließen des Versicherungsschutzes für den Echten Hausschwamm bedeuten, dass andere Hausfäulen wie z. B. der Braune Keller- oder Warzenschwamm, der Wilde oder Lila Hausschwamm oder der Weiße Porenschwamm eben auch versichert oder eben nicht versichert sind. Versicherungsnehmer sollten daher über einen Fachanwalt überprüfen lassen, ob die Gebäudeversicherung wirksam einen Versicherungsschutz für alle Arten von Hausfäulen oder holzzerstörenden Pilze ausgeschlossen hat oder explizit für den Echten Hausschwamm (vgl. LG Köln, Akz. 20 O 355/07). Hierzu hat sich auch der BGH positioniert: Wenn eine Gebäudeversicherung die Kostenübernahme für die Beseitigung von „Schwamm“ ausschließt, gilt dies für alle Formen des Hausschwamms und nicht nur für den Echten Hausschwamm (vgl. BGH-Urteil vom 27.06.2012, Akz. IV ZR 212/10). Anderenfalls muss dieser explizit genannt werden.

Des Weiteren versuchen Versicherungen oftmals nur für den Schaden aufzukommen, der während der Vertragslaufzeit aufgetreten ist. Die Versicherungen müssen allerdings umfangreichen Versicherungsschutz gewährleisten und somit für den gesamten Schaden am versicherten Gebäude aufkommen und nicht nur für die Schäden, die innerhalb der Vertragslaufzeit konkret nachgewiesen werden (vgl. Schleswig-Holsteinisches OLG, Urteil vom 04.06.2015, Akz. 16 U 3/15). Damit berücksichtigt das OLG-Urteil den tückischen Verlauf, der beim Echten Hausschwamm und anderen Hausfäulen auftreten kann. Im Übrigen muss der Verkäufer einer Immobilie auch bei einer vollständigen und fachgerechten Beseitigung des Echten Hausschwamms oder anderer Hausfäulen dem Käufer und/oder neuen Eigentümer mitteilen, wenn eine Immobilie einen früheren Schwammbefall hatte (OLG Rostock, Akz.: 3 U 33/21).

Positive Nachricht für alle Eigentümer, deren Gebäudeversicherung die Sanierungskosten für den Echten Hausschwamm und alle anderen Hausfäulen nicht übernimmt oder wirksam ausgeschlossen haben: der Bundesfinanzhof hat entschieden, dass finanzielle Aufwendungen für eine Sanierung des Echten Hausschwamms bei der Einkommenssteuer abzugsfähig sind (Akz. VI R 70/10). Begründet wurde dies mit der konkreten Gesundheitsgefährdung, die von diesen holzzerstörenden Pilzen ausgeht. Was der Bundesfinanzhof damit konkret meinte, bleibt unklar, da eine Gesundheitsgefährdung vom Echten Hausschwamm und anderen Hausfäulen nicht ausgeht, wenn man von möglichen statischen Problemen einmal absieht. Denn der Echte Hausschwamm und seine Artgenossen schädigen in erster Linie Material, vorzugsweise Holz. In ganz seltenen Fällen gibt es Menschen, die auf die Sporen der einzelnen Hausfäulen allergisch reagieren und über Kopfschmerzen und Übelkeit berichten. Des Weiteren ist bekannt, dass sich auf den Fruchtkörpern der holzzerstörenden Pilze u. U. Schimmelpilze ansiedeln können. Daher kann festgehalten werden, dass lt. Umweltbundesamt eine konkrete Gesundheitsgefahr durch Hausfäulen nicht besteht und lediglich ein allergisches Potential der Sporen auftreten kann. Infektionen oder toxische Wirkungen sind nicht bekannt. Auch das Auftreten von Mykotoxinen ist wissenschaftlich nicht nachgewiesen. Eher müssen biozide Holzschutzmittel genannt werden, von denen eine Gesundheitsgefahr ausgehen kann.

9.8.2 Untersuchungsmethoden

9.8.2.1 Einleitung

Vor der Sanierung des Echten Hausschwamms und anderer Hausfäulen sind umfangreiche Untersuchungen unterschiedlicher Art durchzuführen. Im ersten Schritt geht es um eine einfache visuelle Analyse vor Ort, auch als makroskopische Untersuchung bezeichnet. Diese Anamnese und Inaugenscheinnahme darf keineswegs unterschätzt werden und stellt die Grundlage für eine Schadenskartierung und weiterführende Untersuchungen dar.

Zum einen geht es um bautechnische Untersuchungen und insbesondere um Feuchtemessungen und zum anderen um die Untersuchung von möglichen Tragwerksschäden, um den Nachweis der Standsicherheit zu führen. Darüber hinaus geht es um die Feststellung anderer Bauschäden wie z. B. Risse, Leckagen oder auch Art, Umfang und Zustand früherer Sanierungen, um sich einen Gesamteindruck zu verschaffen.

Ergänzende holzschutztechnische sowie labortechnische Untersuchungen dienen vor allem der Bestimmung der Pilzart. Ziel dieser Untersuchungen sind der Nachweis der individuellen Hausfäule, die Bestimmung der spezifischen Art sowie deren Alter bzw. Entwicklungsstadium. Hierbei dürfen sich die Untersuchungen nicht nur auf den sichtbaren Befall (Fruchtkörper) konzentrieren oder darauf reduziert werden, da das mikroskopisch feine Pilzgeflecht in alle noch so kleinen Hohlräume eindringen und auch anorganisches Material durchdringen und sich somit großflächig in der gesamten Baukonstruktion ausbreiten kann. Da aber gerade das Wachstum zu einem späteren Zeitpunkt z. B. durch ein nicht entdecktes Myzel unbedingt vermieden werden muss, sollten Untersuchungen eher großzügig erfolgen und nicht zu knapp bemessen sein. Einsparungen an der Diagnostik, um z. B. Zeit und/oder Kosten zu sparen, sind häufig die Ursache für vielfach höhere Sanierungskosten. Hinzu kommt, dass nicht immer der Echte Hausschwamm vorliegt; in vielen Fällen werden andere holzzerstörende Pilze mit dieser Hausfäule verwechselt. Die genaue Bestimmung der Holzart ist aber für deren Bekämpfung unerlässlich und essenziell.

9.8.2.2 Makroskopische Untersuchungen

Im ersten Schritt geht es um eine einfache visuelle Analyse vor Ort, auch als makroskopische Untersuchung bezeichnet. Diese Inaugenscheinnahme wird dadurch vereinfacht, dass der Echte Hausschwamm ein sehr charakteristisches Aussehen hat.

Typische Merkmale sind ein ausgereiftes Oberflächenmyzel, das im jungen Stadium durchscheinend bis schneeweiß, sehr voluminös und watteartig ist. Dieses ist noch recht empfindlich und fällt bei trockener Zugluft oder Berührung schnell ein. Wenn das Luftmyzel älter wird, fällt es oft in sich zu leicht abziehbaren Häuten zusammen und nimmt ein lappiges Aussehen an. Das Aussehen verändert sich von silbrig zu schmutzig-grau und manchmal können zitronengelbe bis burgunderrote Verfärbungen beobachtet werden. Ganz selten zeigen sich diese Verfärbungen auch in olivgrünen, tonfarbigen bis violetten Farbtönen. Bei niedriger Luftfeuchtigkeit kann es auch vorkommen, dass sich kein typisches Luftmyzels ausbildet. Dann bilden sich papierdünne, altrosa bis violett getönte Häute aus. Im Endstadium liegt ein kräftig verzweigtes Strangmyzel vor, das einen streichholz- bis bleistiftdicken Durchmesser aufweist und im trockenen Zustand starr und brüchig ist. Das Strangmyzel zerbricht unter einem hörbaren Knacken, das als wichtiges Unterscheidungsmerkmal gegenüber dem weißen Porenschwamm dient, deren Stränge schneeweiß und beweglich bleiben.

Ebenfalls charakteristisch sind seine rostroten bis zimtbräunlichen Fruchtkörper. Diese sind weich und fleischig, aber zäh und treten in einer fladenartigen, kreisförmigen bis elliptischen Form auf. Die Fruchtschicht ist gewunden-faltig oder gekräuselt und je nach Alter in einer orange-roten über gelb- oder rotbraunen bis rostbraunen Färbung. Außerdem erkennt man ihn an seinem typischen weißen Rand, der in der Regel scharf abgegrenzt ist. Ältere Fruchtkörper nehmen oft eine dunkelbraune bis schwarze Färbung an und hängen im Keller oft von den Decken herunter wie alte Lappen. Die typische Faltenstruktur der Fruchtschicht ist nur noch schwer zu erkennen. Häufig wachsen benachbarte Fruchtkörper zusammen, so dass Durchmesser von mehreren Metern erreicht werden können. Frische Fruchtkörper haben einen angenehmen Pilzgeruch. Mit der Zeit faulen diese und nehmen relativ schnell einen penetrant-widerlichen Geruch an. Die in großen Mengen anfallenden Sporen bilden einen gelb-, zimt- bis rotbraunen Staub, der bei starker Fruktifikation Kellerräume bzw. betroffene Innenräume inklusive dem sich darin befindlichen Inventar gänzlich pulverartig überdeckt. Die Sporen sind dünnwandig und von länglicher, ovaler bis elliptischer Gestalt in einer Länge von 8 bis 12 μm und einer Breite von 3 bis 6 μm.

Für eine einfache Altersbestimmung wird auf Wachstumsraten zurückgegriffen, die aus der Fachliteratur bekannt sind. Allerdings weisen diese eine mehr oder weniger große Streuung auf. So wird allein bei der Optimaltemperatur von 18 bis 20 °C in Abhängigkeit zur Holzfeuchte ein Längenwachstum von 2,5 bis 8 mm im Radius pro Tag im Durchschnitt angegeben. Eine ähnlich große Streuung gibt es in Abhängigkeit zu den Temperaturen. So liegt das durchschnittliche Längenwachstum im Radius bei unter 10 °C genauso wie bei über 26 °C bei weniger als 2,5 mm pro Tag, während dies bei Temperaturen zwischen 10 und 16 °C (übliche Raumtemperatur in Altbaukellern) bei 2,5 bis 4,5 mm pro Tag liegt. Am stärksten ist das Längenwachstum bei Temperaturen von 18 bis 25 °C mit 5,5 bis 7,5 mm, in Ausnahmen bis 8 mm, ausgeprägt. Dies macht eine exakte Bestimmung nahezu unmöglich.

Vorsicht Verwechslungsgefahr: Bei der Zersetzung der Zellulose durch das Substratmyzel entsteht Wasser. Dieses tropft aus dem Oberflächenmyzel und ist für den wissenschaftlichen Beinamen lacrimans (der Tränende) verantwortlich. Allerdings bilden sich auch beim Ausgebreiteten Hausporling an der Oberfläche der Fruchtkörper feine Tröpfchen aus, so dass es zu einer Verwechslung kommen kann.

Am befallenen Holz zeigt sich der Echte Hausschwamm durch eine Braunverfärbung und durch quader- oder würfelartige Brüche, so dass diese Erscheinung auch als „Würfelbruch des Holzes" bezeichnet wird. Im fortgeschrittenen Stadium kann das Holz mühelos zwischen den Fingern zerrieben werden. Dabei ist der Würfelbruch in der Regel gröber als beim Keller- und Porenschwamm. Deckend gestrichene Holzteile wie z. B. Türrahmen, Fußleisten, Wandbekleidungen und dgl. weisen bei einem Befall anfangs Blasenbildungen und feine Kreuz- und Querrisse sowie später eine wellige Oberfläche auf, die bei trockenem Holz charakteristisch aufgewölbt ist. Aufgrund der versteckten Lebensweise wird das gesamte Ausmaß durch den Echten Hausschwamm oft erst nach einer Bauteilöffnung und/oder dem Entfernen von Belägen oder Verkleidungen sichtbar. Um größere Zerstörungen zu vermeiden, werden daher zerstörungsarme Untersuchungsmethoden wie z. B. Endoskop oder Videoskop eingesetzt. Eine verlässliche Aussage über den kompletten Schadens- und somit Sanierungsumfang ist allerdings nicht möglich, da nur punktuelle Momentaufnahmen stattfinden.

Zu der visuellen Analyse werden auch einfache Untersuchungen vor Ort gezählt. Hierzu gehört z. B. das Abklopfen der Holzkonstruktion mit einem Hammer und die akustische Wahrnehmung. Mit dieser einfachen Diagnosemethode wird versucht, vorgeschädigte Bauteilbereiche zu lokalisieren. Ein heller Ton lässt auf ein vermutlich gesundes Holz schließen, während ein dumpfer oder hohl klingender Ton den Verdacht auf Kernfäule erhärtet. Es versteht sich, dass durch das Abklopfen selbst keine Beschädigungen verursacht werden dürfen. Weitere einfache Untersuchungsmethoden sind das Anritzen, Einstechen oder Anbohren an der Oberfläche durch einfache Hilfsmittel wie z. B. Taschenmesser, Stechbeitel, Reißhaken, Schraubendreher, Lattenhammer oder Bohrmaschine.

Anschließend erfolgt eine Schadenskartierung. Diese dient dazu, die vorhandenen Schäden sowie sonstigen Erkenntnisse zu dokumentieren und sich somit einen Gesamtüberblick zu verschaffen. Dieser dient nicht nur einer Beurteilung nach Gefährdungsklassen, sondern auch für eine Einschätzung über Art und Umfang der Sanierung, die im Endeffekt Vertragsgrundlage zwischen Auftraggeber und Auftragnehmer wird. Als Grundlage für die Schadenskartierung können z. B. Grundrisse dienen, soweit die Holzkonstruktionen zu erkennen sind. Diese sind zu nummerieren und eindeutig zu benennen. Anschließend können die unterschiedlichen Schadstellen vermerkt und die erfassten Schadensarten wie z. B. den Hausfäule-Typ sowie Fruchtkörper oder sonstige Auffälligkeiten dokumentiert werden. Hierbei hat sich bewährt, mit unterschiedlichen Farben, Symbolen oder Schraffuren zu arbeiten. Wichtig ist, dass jede Schadenskartierung über eine eindeutige Legende verfügt, damit auch Dritte diese lesen können.

Einfache Messgeräte wie z. B. ein Endoskop oder Videoskop sowie ein Bohrgerät zur Bohrwiderstandsmessung werden noch zu den makroskopischen Untersuchungsmethoden gezählt. Der Einsatz hochentwickelter Messgeräte bzw. -methoden wie z. B. Thermographie, Radarortung, Ultraschalluntersuchung oder sogar Computertomographie gehören nicht mehr dazu und sind eigenständige Untersuchungen im Rahmen der Hausschwamm-Diagnostik.

9.8.2.3 Labortechnische Untersuchungen

Labortechnische Untersuchungen dienen vor allem der Bestimmung der Pilzart. Ziel dieser Untersuchungen sind der Nachweis der individuellen Hausfäule, die Bestimmung der spezifischen Art sowie deren Alter bzw. Entwicklungsstadium. Hierbei dürfen sich die Untersuchungen nicht nur auf den sichtbaren Befall (Fruchtkörper) konzentrieren oder darauf reduziert werden, da das mikroskopisch feine Pilzgeflecht in alle noch so kleinen Hohlräume eindringen und auch anorganisches Material durchdringen und sich somit großflächig in der gesamten Baukonstruktion ausbreiten kann. Da aber gerade das Wachstum zu einem späteren Zeitpunkt z. B. durch ein nicht entdecktes Myzel unbedingt vermieden werden muss, sollten Untersuchungen eher großzügig erfolgen und nicht zu knapp bemessen sein. Einsparungen an der Diagnostik, um z. B. Zeit und/oder Kosten zu sparen, sind häufig die Ursache für vielfach höhere Sanierungskosten. Hinzu kommt, dass nicht immer der Echte Hausschwamm vorliegt; in vielen Fällen werden andere holzzerstörende Pilze mit dieser Hausfäule verwechselt. Die genaue Bestimmung der Holzart ist aber für deren Bekämpfung unerlässlich und essenziell.

Holzschutztechnische Untersuchungen werden in makroskopische und labortechnische Untersuchungen unterschieden. Bei labortechnischen Untersuchungen kommen in der Regel mikroskopische sowie in Ausnahmen molekularbiologische Methoden zum Einsatz. Vorsicht: einige Labore bieten nur den Nachweis des so genannten Abbautyps an – also der Einschätzung, ob eine Braunfäule, Weißfäule oder Moderfäule vorliegt, ohne eine genaue Identifizierung vorzunehmen.

Wie bei jeder Laboruntersuchung steht und fällt die Aussagekraft der Ergebnisse mit der Qualität der Probe. Bei der Probeentnahme ist darauf zu achten, dass die Proben möglichst viele Merkmale aufweisen und repräsentativ für den vorgefundenen Befall sind. Dabei sollten die Proben umso umfangreicher sein, je weniger stark der Pilzbewuchs ist. Proben der Pilzstrukturen (Fruchtkörper, Myzel bzw. Myzelstränge) sollten möglichst auch Proben von dem bewachsenen bzw. befallenen Untergrund (Substrat) bzw. abgebauten Holz enthalten. Holzteile ohne Bewuchs auf der Oberfläche oder im Material sind für die Bestimmung wiederum nicht ausreichend, da an diesen Proben lediglich der Hausfäule-Typ bestimmt werden kann, nicht aber die Art. Die Proben werden pro Entnahmestelle einzeln verpackt, anschließend beschriftet und in der Schadenskartierung vermerkt.

Weiterhin ist darauf zu achten, dass dem Labor möglichst lufttrockene Materialproben zur Verfügung gestellt werden. Sind die frischen Fruchtkörper und/oder das Myzel bei der Entnahme feucht, sollten sie vor dem Versand getrocknet werden. Alternativ müssen die frischen Proben in feuchtedurchlässiger Verpackung verschickt werden. Geeignet sind Kartons, die mit Zeitungs- oder Packpapier ausgefüllt werden. Völlig ungeeignet sind luftdichte Verpackungen wie Gläser, Plastikbeutel und Folien, da frische Proben bei Luftabschluss sehr schnell in Fäulnis übergehen. Außerdem muss beim Versand auf kurze Transportwege geachtet werden, da z. B. frische Fruchtkörper schnell von Bakterien zersetzt werden. Insbesondere bei feuchten Proben sollte sichergestellt werden, dass die Proben innerhalb von 24 h (spätestens 48 h) im Labor eintreffen. Proben sollten zudem so verpackt werden, dass sie nicht gequetscht werden. Im Labor werden die Proben nach Augenschein beurteilt und anschließend mikroskopisch untersucht. In Einzelfällen kann die Untersuchung eine Größenmessung von Sporen, Hyphen und Myzelstränge beinhalten. Dies erfolgt mit einem kalibrierten Okularmikrometer.

Sollten nach der Mikroskopie noch Restzweifel bestehen, was sehr selten vorkommt, können so genannte molekularbiologische Untersuchungen durchgeführt werden. Diese Methode kommt zur Anwendung, wenn die Probe nur aus abgebautem Holz besteht und kein Pilzmyzel vorhanden ist oder der Zustand des Probenmaterials eine mikroskopische Bestimmung nicht zulässt oder unzuverlässig wäre. Molekularbiologische Untersuchungen gehören zur DNA-basierten Hausschwamm-Diagnostik. DNA (Desoxyribonukleinsäure) kommt bekanntlich in allen tierischen und pflanzlichen Zellen vor. Ein bestimmter Teil der DNA wird durch so genannte Polymerasekettenreaktion (PCR) reproduziert. Dies wird bei der Keimzahlbestimmung und -identifizierung genutzt. Hierfür steht der konventionelle PCR-Test zur DNA-Extraktion ausgewählter Pilzarten zur Verfügung, spezifische PCR-Tests auf eine bestimmte Pilzart wie z. B. dem Echten Hausschwamm (PCR-SP) oder auf mehrere Pilzarten (PCR-SPP). Grundsätzlich sollte einer molekularbiologischen Untersuchung immer eine mikroskopische Untersuchung vorausgehen – schon allein, um eine selektive Auswahl des Probenmaterials für die gezielte DNA-Extraktion treffen zu können.

Molekularbiologische Untersuchungen zum Nachweis des Echten Hausschwamms oder anderer Hausfäulen sind in der Praxis nicht ausreichend validiert und nicht standardisiert. Grundsätzlich müssen die Ergebnisse molekularbiologischer Untersuchungen einer Plausibilitätsprüfung anhand der Beschaffenheit der Probe und/oder der festgestellten morphologischen Merkmale der Pilzstrukturen unterzogen werden. Hinzu kommt, dass nicht jeder holzzerstörende Pilz durch einen PCR-Test und einer Sequenzierung identifiziert werden kann. Ursächlich hierfür sind z. B. konkurrierende Mikroorganismen, die den Pilz abbauen, eine Mischexposition von verschiedenen holzzerstörenden Pilzen oder Hemmstoffe in den Holzproben. Daher stellen diese Untersuchungsmethoden keine Verfahren nach den allgemein anerkannten Regeln der Technik dar und auch nicht nach dem Stand der Technik. Demnach können Ergebnisse z. B. im Rahmen eines Rechtsstreits nicht als Beweis erhoben werden.

9.8.3 Klassifizierung

Die Planung und Ausführung von Sanierungsmaßnahmen gegen den Echten Hausschwamm und andere Hausfäulen sind in der DIN 68800-4 „Holzschutz – Teil 4: Bekämpfungsmaßnahmen gegen Holz zerstörende Pilze und Insekten und Sanierungsmaßnahmen" sowie im WTA-Merkblatt 1-2-21/D „Der Echte Hausschwamm" ausführlich geregelt. In dem Zusammenhang werden verschiedene Nutzungsklassen, Gebrauchsklassen (früher Gefährdungsklassen), Dauerhaftigkeitsklassen (früher Resistenzklassen) und Schutzklassen erwähnt.

Die Einführung der Nutzungsklassen nach DIN EN 1995-1-1 „Bemessung und Konstruktion von Holzbauten – Teil 1-1: Allgemeine Regeln und Regeln für den Hochbau" (Eurocode 5) dient der Berechnung von Verformungen unter bestimmten Umgebungsbedingungen, der Zuordnung von Festigkeitskennwerten sowie zur Nachweisberechnung der Standsicherheit (Statik). Schwind- und Quellverformungen im Holz können vermieden oder weitestgehend reduziert werden, wenn die Ausgleichsfeuchte der einzubauenden Holzbauteile vor dem Einbau der relativen Luftfeuchte entspricht, die im unmittelbaren Umfeld im Bauwerk vorliegt. Bei Vorliegen der Gleichgewichtsfeuchte würde das Holz weder schwinden noch quellen und wäre somit formstabil. In der Norm werden drei Nutzungsklassen (NKL) unterschieden:

- NKL 1 gilt für geschlossene und beheizte Holzbauteile. Baustoffe dieser Nutzungsklasse haben bei einer Temperatur von 20 °C einen Feuchtegehalt, der mit der relativen Luftfeuchte der Umgebungsluft übereinstimmt und nur für einige Wochen im Jahr den Wert von 65 % übersteigt. Die durchschnittliche Gleichgewichtsfeuchte im Holz beträgt 5 bis 15 %. Die Nutzungsklasse entspricht der Gebrauchsklasse (GFK) 1 nach DIN 68800.
- NKL 2 gilt für offene und überdachte Holzbauteile. Baustoffe dieser Nutzungsklasse haben

bei einer Temperatur von 20 °C einen Feuchtegehalt, der mit der relativen Luftfeuchte der Umgebungsluft übereinstimmt und nur für einige Wochen im Jahr den Wert von 85 % übersteigt. Die durchschnittliche Gleichgewichtsfeuchte im Holz beträgt 10 bis 20 %. Die Nutzungsklasse entspricht der Gebrauchsklasse (GFK) 2 nach DIN 68800.

- NKL 3 gilt für frei der Witterung ausgesetzte Holzbauteile. Baustoffe dieser Nutzungsklasse sind einer höheren Durchfeuchtung ausgesetzt als in der NKL 2. Die durchschnittliche Gleichgewichtsfeuchte im Holz liegt zwischen 12 bis 24 %. Die Nutzungsklasse entspricht der Gebrauchsklasse (GFK) 3.2 nach DIN 68800.

Hintergrund ist die hygroskopische Eigenschaft von Holz und der Veränderung der Festigkeit in Abhängigkeit der Ausgleichsfeuchte. Hierbei handelt es sich um den Feuchtegehalt, bei dem Holz weder Feuchtigkeit an die Umgebungsluft abgeben noch aufnehmen kann. Man spricht deshalb auch von der Gleichgewichtsfeuchte. Unterhalb dieser Ausgleichsfeuchte nehmen die Zellwände mit hohem Faseranteil Wasser auf und lagern dieses ein (Quellen), bis es zur Fasersättigung kommt. Oberhalb der Fasersättigung wird dieses Wasser nicht mehr von den Zellwänden aufgenommen, sondern kapillar über die Zellhohlräume (den so genannten Lumen). Durch dieses „überschüssige" Wasser kommt es zur Sporenkeimung und Bildung von holzzerstörenden Pilzhyphen – der Beginn des Echten Hausschwamms oder anderer Hausfäulen. Deshalb hat die Aufnahme von Feuchtigkeit aus der Umgebungsluft bei Holzbauteilen nicht nur ihre Bedeutung in Bezug auf das Quellen und Schwinden sowie damit verbundener Verformungen und/oder Festigkeitsverlusten, sondern auch für einen möglichen Befall durch holzzerstörende Pilze (Braunfäule, Weißfäule und Moderfäule).

Nutzungsklassen dürfen allerdings nicht mit Gebrauchsklassen (früher Gefährdungsklassen) verwechselt werden. Aus diesen ergibt sich die tatsächliche Gefährdung des Holzes durch möglichen Insekten- und/oder Pilzbefall bei bestimmten Einbausituationen. Der Planer oder Sachverständige muss eine Gefährdungsbeurteilung erstellen und Holzbauteile den jeweiligen Gebrauchsklassen (GK) zuordnen, begründen und dokumentieren. Dies gilt nicht nur für Neubau, Umbau oder Sanierungen, sondern auch für Nutzungsänderungen und eine ggf. notwendige Neuzuordnung zu einer Gebrauchsklasse. Die Gebrauchsklassen sind in der DIN EN 335 „Dauerhaftigkeit von Holz und Holzprodukten – Gebrauchsklassen: Definitionen, Anwendung bei Vollholz und Holzprodukten" festgelegt und unterscheiden nach Art der Gefährdung. Je kleiner die Gebrauchsklasse ist, umso weniger Holzschutz ist erforderlich. Die (neuen) Gebrauchsklassen ersetzen die (alten) Gefährdungsklassen, auch wenn der Inhalt beider Begriffsbezeichnungen gleich bleibt. Wenn also weiterhin aus Gewohnheit von Gefährdungsklassen gesprochen wird, wäre dies inhaltlich unerheblich.

In der Gebrauchsklasse 0 besteht keine Notwendigkeit für Schutzmaßnahmen, denn die Holzbauteile befinden sich innen und sind ständig trocken. Es gibt keinen Kontakt zu Süß- oder Salzwasser, so dass keine Verschmutzungen oder Ablagerungen zu erwarten sind. Ein Anflug durch Insekten ist aufgrund von insektendichter Abdeckung nicht möglich und ein Befall durch holzzerstörende Pilze nicht zu erwarten.

In der Gebrauchsklasse 1 ist ein vorbeugender Schutz gegen holzschädigende Insekten (z. B. Holzwespe oder Hausbock) mit Holzschutzmitteln erforderlich, auch wenn sich das Holz im Innenbereich befindet und weder der Witterung oder anderweitigen Durchfeuchtung ausgesetzt ist. Ein Anflug durch Insekten kann nicht ausgeschlossen werden. Auf einen chemischen Holzschutz kann ggf. verzichtet werden, wenn die Konstruktion von mindestens drei Seiten einsehbar und somit kontrollierbar ist oder bei einer geschlossenen Abdeckung auf allen Seiten.

In der Gebrauchsklasse 2 ist ein vorbeugender Schutz gegen holzschädigende Insekten und/oder gegen holzzerstörende Pilze erforderlich. Die Holzbauteile befinden sich unter einem Dach und sind keiner starken Witterung wie z. B. Schnee, Regen oder Schlagregen ausgesetzt. Allerdings kann es zu einer sporadischen Durchfeuchtung kommen und auch die Bildung von Kondenswasser nicht ausgeschlossen werden. Bei den Pilzen werden zwei Kategorien unterschieden: Holzverfärbende Pilze wie Bläuepilze und Schimmelpilze zerstören keine Holzkonstruktion oder Holzbauteile. Diese stellen somit keine Gefahr für das Tragwerk dar. Holzzerstörende Pilze wie der Echte Hausschwamm sind auf den Abbau der Holzstruktur angewiesen und können eine Gefahr für das Tragwerk darstellen.

Die Gebrauchsklasse 3 wird in zwei Unterkategorien unterteilt. In beiden Kategorien befinden sich die Holzbauteile über dem Erdboden und sind der Witterung, insbesondere Regen und Schlagregen zeitweise ausgesetzt. Bei der GK 3.1 kann sich Wasser nicht stauen, so dass die Holzbauteile über einen längeren Zeitraum nicht nass bleiben bzw. zügig abtrocknen können. Ein Schutz gegen holzschädigende Insekten und holzzerstörende Pilze ist genauso erforderlich wie ein Schutz vor Auswaschung (Fixierung). Bei der GK 3.2 kann sich Wasser stauen, so dass die Holzbauteile über einen längeren Zeitraum nass bleiben. Ein Schutz gegen holzschädigende Insekten und holzzerstörende Pilze ist genauso erforderlich wie ein Schutz vor Auswaschung (Fixierung).

In der Gebrauchsklasse 4 ist ein Schutz gegen holzschädigende Insekten, holzzerstörende Pilze sowie gegen Moderfäule und Auswaschung (Fixierung) erforderlich, da sich die Holzbauteile direkt auf dem Erdboden befinden und (zeitweise) direkt der Feuchtigkeit (Süßwasser) ausgesetzt sind.

In der Gebrauchsklasse 5 ist ein Schutz gegen holzschädigende Insekten, holzzerstörende Pilze sowie gegen Moderfäule und Auswaschung (Fixierung) erforderlich, da die Holzbauteile direkt und dauerhaft bzw. regelmäßig der Feuchtigkeit (Salzwasser) ausgesetzt sind.

Kann ein Holzbauteil keiner einzelnen Gebrauchsklasse oder mehr als einer zugeordnet werden, so gelten die Schutzmaßnahmen der jeweils höheren Gebrauchsklasse. Universell einsetzbare Holzschutzmittel für alle Gebrauchsklassen sind nicht mehr zugelassen. Auf der Verpackung und der technischen Dokumentation muss der Wirkstoff und die Wirksamkeit verzeichnet sein (Prüfprädikate).

Auf chemischen Holzschutz kann in der Regel verzichtet werden, wenn eine Holzart eine natürliche Dauerhaftigkeit (Resistenz) besitzt. Die natürliche Dauerhaftigkeit von Holz beschreibt dessen Widerstandsvermögen gegen einen Angriff durch holzzerstörende Pilze und/oder holzzerstörende Insekten und wird in fünf Klassen von 1 (sehr dauerhaft) bis 5 (nicht dauerhaft) unterteilt. Die Dauerhaftigkeitsklassen (früher Resistenzklassen) basieren auf der natürlichen Dauerhaftigkeit (früher Eigenresistenz) verschiedener Holzarten gegenüber biologischen Angriffen.

Diese sind die Grundlage für die erforderlichen Prüfprädikate der Holzschutzmittel sowie der anzuwendenden Verfahren und erforderlichen Einbringmenge.

9.8.4 Bekämpfungsverfahren

9.8.4.1 Einleitung

Die Bekämpfung des Echten Hausschwamms stellt im Vergleich zu anderen Hausfäulen die mit Abstand schwierigste Sanierung von holzzerstörenden Pilzen dar. Die Durchführung der Bekämpfungsmaßnahmen ist in der DIN 68800-4 „Holzschutz – Teil 4: Bekämpfungsmaßnahmen gegen Holz zerstörende Pilze und Insekten und Sanierungsmaßnahmen" (Ausgabe 2020) sowie im WTA-Merkblatt 1-2-21/D „Der Echte Hausschwamm – Erkennung, Lebensbedingungen, vorbeugende Maßnahmen, bekämpfende chemische Maßnahmen, Leistungsverzeichnis" (Ausgabe 2021) geregelt. Der typische Ablauf einer Hausschwammsanierung sieht folgendermaßen aus:

1. Bautechnische Untersuchung der Durchfeuchtungsursachen
2. Anamnese und makroskopische Untersuchung
3. labortechnische Untersuchung mittels Mikroskopie (oder in Ausnahmen durch molekularbiologische Methoden)
4. Gefährdungsbeurteilung
5. Festlegung evtl. notwendiger Sofortmaßnahmen (z. B. bei zeitlicher Verzögerung und/oder aus statischen Gründen)
6. Festlegung der Schutzmaßnahmen
7. Planung und Kalkulation der Sanierungsmaßnahmen
8. Angebot oder Ausschreibung und Vergabe
9. Beseitigung der Durchfeuchtungsursachen

10. Trocknung der befallenen Holzbauteile
11. Entfernung des befallenen Materials und Entsorgung
12. Feinreinigung und Erfolgskontrolle (Freimessung)
13. Wiederaufbau
14. Abnahme

Ziel der dauerhaften Bekämpfung ist nicht nur die Beseitigung des aktuellen Befalls, sondern auch einen Neubefall zu vermeiden. Hierzu gehören neben dem vorbeugenden und bekämpfenden Holzschutz die Reduzierung des Feuchtegehalts, um dem Echten Hausschwamm und anderer holzzerstörender Pilze die Lebensgrundlage zu entziehen. Je nach individuellen Vor-Ort-Bedingungen können dies z. B. Leckagen in den wasserführenden Leitungen oder der Dachentwässerung sein. Weitere Ursachen können Spritzwassereintrag, taupunktbedingtes Kondenswasser z. B. an Wärmebrücken (Fachwerk, Innendämmung, ungedämmten Kaltwasserleitungen etc.) sowie eine fehlende oder nicht mehr funktionstüchtige Horizontal- und/oder Vertikalabdichtung sein. Bei der Beseitigung der Primärursachen ist darauf zu achten, dass durch die Baumaßnahmen keine übermäßige Restfeuchte neu verursacht oder diese durch eine technische Bautrocknung umgehend reduziert wird. Bevor Maßnahmen an tragenden Bauteilen vorgenommen werden, muss die Standsicherheit auch in Bezug auf das geplante Sanierungsverfahren überprüft werden. Außerdem muss die Gebrauchsklasse nach DIN 68800 Teil 1 je nach Einbauort bestimmt werden.

Die DIN 68800 Teil 4 enthält Sanierungsempfehlungen zu bewährten Standardverfahren, die als Regelsanierung bezeichnet werden. Darüber hinaus werden alternative Verfahren angewendet, um z. B. auf den Einsatz biozider Holzschutzmittel bzw. Schwammsperrmittel zu verzichten.

9.8.4.2 Regelsanierung

Die Bekämpfung des Echten Hausschwamms ist in der DIN 68800-4 „Holzschutz – Teil 4: Bekämpfungsmaßnahmen gegen Holz zerstörende Pilze und Insekten und Sanierungsmaßnahmen“ (Ausgabe 2020) sowie im WTA-Merkblatt 1-2-21/D „Der Echte Hausschwamm – Erkennung, Lebensbedingungen, vorbeugende Maßnahmen, bekämpfende chemische Maßnahmen, Leistungsverzeichnis“ (Ausgabe 2021) ausführlich beschrieben.

Die DIN 68800 Teil 4 enthält Sanierungsempfehlungen zu bewährten Standardverfahren, die als Regelsanierung bezeichnet werden. Unterschieden wird die Bekämpfung des Echten Hausschwamms an Holzbauteilen sowie im Mauerwerk. Darüber hinaus gibt es alternative Verfahren, die nicht als Regelsanierung gelten und somit nicht den allgemein anerkannten Regeln der Technik entsprechen. Sämtliche Sanierungsarbeiten zur Bekämpfung des Echten Hausschwamms sind von einem ausreichend qualifizierten Holzschutz-Fachbetrieb mit Sachkundenachweis auszuführen. Der konstruktive Eingriff in statisch relevante Bauteile erfordert einen statischen Nachweis. Daher ist ein Tragwerksingenieur (Statiker) hinzuzuziehen.

9.8.4.2.1 Holzbauteile (Regelsanierung)

Die DIN 68800-4 „Holzschutz – Teil 4: Bekämpfungsmaßnahmen gegen Holz zerstörende Pilze und Insekten und Sanierungsmaßnahmen“ (2020) enthält Sanierungsempfehlungen zu bewährten Standardverfahren, die als Regelsanierung bezeichnet werden. Unterschieden wird die Bekämpfung des Echten Hausschwamms an Holzbauteilen sowie im Mauerwerk. Darüber hinaus gibt es alternative Verfahren, die nicht als Regelsanierung gelten und somit nicht den allgemein anerkannten Regeln der Technik entsprechen.

Da der Echte Hausschwamm und andere Hausfäulen in befallenen Holzbauteilen nicht mit Holzschutzmitteln bekämpft werden können, erfolgt eine Beseitigung der holzzerstörenden Pilze in erster Linie durch den Rückbau des befallenen Holzes und dem Wiederaufbau je Gebrauchsklasse (bisher Gefährdungsklasse) mit resistenten Hölzern bzw. Holzwerkstoffen.

Vor dem Rückbau der befallenen Holzbauteile sind vorhandene Sporen (rostbrauner Staub) unter Einhaltung der vorgeschriebenen Schutzmaßnahmen mit einem Industriestaubsauger mit HEPA-Filter vorsichtig abzusaugen, um eine mögliche Verbreitung im Sanierungsbereich zu vermeiden. Je nach Exposition und individueller Situation vor Ort kann es sinnvoll sein, den Sanierungsbereich von nicht betroffenen Keller- oder sonstigen Innenräumen mit einem Staubschutz abzutrennen (so genannter Schwarz-Weiß-Bereich), wie man dies von der Schimmelpilzsanierung kennt. Anschließend werden zunächst Oberflächenmyzel und Fruchtkörper vorsichtig und vollständig entfernt, bevor das sichtbar befallene Holz einschließlich eines Sicherheitsabstandes von einem Meter in Längsrichtung der Hölzer entfernt werden. Ein Abschleifen oder -beilen ist für eine wirksame Bekämpfung des Echten Hausschwamms unzureichend und nicht zulässig. Ein Sicherheitsabstand von bis zu einem Meter kann bei Balkenkonstruktionen zu statischen Problemen bei Anlaschungen führen. Daher kann dieser in Ausnahmen auf 0,5 m reduziert werden, wenn im genannten Abstand vom sichtbaren Befall nachweislich das Holz nicht befallen ist. Um diesen Sachverhalt eindeutig zu klären, sind labortechnische Untersuchungen durchzuführen.

Wichtig ist, dass der Rückbau nicht nur auf den sichtbaren Befall und/oder auf statisch relevante Holzbauteile reduziert wird. Deshalb muss der Bereich, der durch den Echten Hausschwamm betroffen sein kann, großzügig freigelegt werden. Dies kann im Einzelfall bedeuten, dass Fußleisten und Türschwellen, Türstöcke und Fensterbänke, Putzbeschichtungen und Wandbekleidungen, Bodenbeläge auf Holzkonstruktionen wie Fliesen oder Parkett bis hin zu nicht tragenden Innenwänden geöffnet und ggf. entfernt werden müssen. Durchwachsendes Füllmaterial von Schüttungen z. B. in Fußboden- oder Deckenkonstruktionen müssen genauso entfernt werden wie durchwachsende Wärmedämmmaterialien. Grundsätzlich freizulegen sind im Befallsbereich die Auflager von Balken und Mauerschwellen, auch dann, wenn die Holzbauteile im sichtbaren Bereich gesund erscheinen. Befinden sich die befallenen Bereiche angrenzend zu anderen Wohnungen, Geschossen oder Gebäuden, sind diese mit einzubeziehen. Hintergrund dieser „Großzügigkeit" ist, dass alter Befallsherd für einen Neubefall unbedingt auszuschließen ist. Ausgebaute Bauteile sind umgehend staubdicht zu verpacken und sachgerecht zu entsorgen.

Die Resistenz der neu eingebauten Holzbauteile (Wiederaufbau oder Rekonstruktion) kann über eine ausreichende Eigenresistenz des Holzes oder durch einen vorbeugenden Holzschutz erbracht werden. Besondere Gefährdungsstellen (z. B. Balkenköpfe, Fußpfetten) an verbleibenden Holzbauteilen sind daher durch einen vorbeugenden Holzschutz z. B. mittels Bohrlochtränkung zu behandeln. Diese kann drucklos oder mittels Druckinjektion erfolgen. Bei der drucklosen Bohrlochtränkung werden Bohrlöcher im Abstand von 10 cm gegenseitig versetzt und mit einem Durchmesser von 10 bis 16 mm und einer Tiefe bis zu zwei Dritteln der Balkendicke in das Holz eingebracht. Senkrecht stehende Holzbalken (Stützen) sind bei gleicher Bohrlochanordnung unter 30 bis 45° anzubohren. Dabei ist unbedingt darauf zu achten, dass die Bohrungen nicht im Bereich der Trockenrisse durchgeführt werden. Die drucklose Befüllung ist ergiebiger, dauert allerdings auch länger, da dieser Vorgang mehrmals wiederholt wird. Dies kann mit einer Druckinjektion vermieden werden, bei der oftmals schon mit einem Vorgang die notwendige Menge eingebracht wird. Außerdem werden im Vergleich zur drucklosen Variante größere Bohrlochabstände gewählt.

9.8.4.2.2 Mauerwerk (Regelsanierung)

Die DIN 68800-4 „Holzschutz – Teil 4: Bekämpfungsmaßnahmen gegen Holz zerstörende Pilze und Insekten und Sanierungsmaßnahmen" (2020) enthält Sanierungsempfehlungen zu bewährten Standardverfahren, die als Regelsanierung bezeichnet werden. Unterschieden wird die Bekämpfung des Echten Hausschwamms an Holzbauteilen sowie im Mauerwerk. Darüber hinaus gibt es alternative Verfahren, die nicht als Regelsanierung gelten und somit nicht den allgemein anerkannten Regeln der Technik entsprechen.

Wurde der Echte Hausschwamm in der Mauerwerkskonstruktion nachgewiesen, muss das Mauerwerk ebenfalls saniert werden. Im Gegensatz zu den Holzbauteilen erfolgt dies allerdings nicht durch einen Rückbau, sondern durch chemische Maßnahmen. Hierfür werden zugelassene Schwammsperrmittel eingesetzt. Die vorbeugende und/oder bekämpfende Wirksamkeit der

Produkte muss nachgewiesen sein. Diese werden entweder durch Streichen, Fluten oder Schäumen aufgebracht oder durch eine Bohrlochtränkung oder -injektion in den Querschnitt eingebracht.

Zunächst wird der sichtbare Befall (Myzel und Fruchtkörper) vorsichtig und vollständig entfernt, nachdem im Mauerwerksbereich (z. B. in den Fugenvertiefungen) vorhandene Sporen (rostbrauner Staub) unter Einhaltung der vorgeschriebenen Schutzmaßnahmen mit einem Industriestaubsauger mit HEPA-Filter vorsichtig abgesaugt wurden. Evtl. vorhandene Myzelreste oder andere Bestandteile des Echten Hausschwamms können unter Einhaltung des Brandschutzes und entsprechender Untergrundverträglichkeit anschließend abgeflammt werden. Bei der Freilegung des Mauerwerkes (entfernen des Putzes und/oder auskratzen der Fugen) muss sorgfältig darauf geachtet werden, ob sich ggf. Bestandteile des Echten Hausschwamms im Mauerwerksquerschnitt wie z. B. in Hohlräumen befinden. Besonders bei einem Ziegelmauerwerk mit Hohlräumen wie z. B. einem mehrschaligen Mauerwerk oder bei Kammersteinen oder Hochlochziegel empfiehlt sich, mindestens einen Stein pro m^2 zu entfernen und das dahinter liegende Mauerwerk zu prüfen. Bei nichttragenden Wänden ist zu prüfen, ob ein Rückbau und Neuaufbau kostengünstiger ist als eine aufwändige Behandlung mit chemischen Mitteln.

Das Mauerwerk ist im Umkreis von 1,5 m um den sichtbaren Befall freizulegen. Liegt nur ein oberflächiger Befall vor und kann durch holzschutztechnische und/oder labortechnische Untersuchungen nachgewiesen werden, dass kein Myzel oder andere Bestandteile des Echten Hausschwamms den Mauerwerksquerschnitt durchwachsen haben, kann die Mauerwerksoberfläche je nach Herstellervorschrift im Flut- oder Schaumverfahren mit einem Schwammsperrmittel behandelt werden (siehe Abb. 9.49). Hierbei ist darauf zu achten, dass keine Aerosolbildung entsteht, die den Mitarbeiter der Sanierungsfirma unnötig gesundheitlich belastet. Auf ein Sprühen z. B. mit einem Airless-Gerät oder dgl. ist zu verzichten. Bei einem hohlräumigen, mehrschaligen oder klüftigen Mauerwerk kann das Schwammsperrmittel alternativ mit dem Schaumverfahren eingebracht werden. Die eingesetzten Produkte müssen allerdings den Nachweis für dieses Verfahren vorweisen. Zu beachten sind entsprechende Auflagen vom Bundesinstitut für Risikobewertung, da Schwammsperrmittel zur Bekämpfung des Echten Hausschwamms nur für Mauerwerke zugelassen sind, die nachweislich keinen direkten Kontakt mit Lebens- oder Futtermitteln haben. Des Weiteren muss behandeltes Mauerwerk anschließend beschichtet (z. B. verputzt) oder mit Wandbelägen (z. B. Fliesen) abgedeckt werden.

Abb. 9.49 Schaumverfahren zur Bekämpfung des Hausschwamms auf Mauerwerk

Wenn dagegen der Echte Hausschwamm in das Mauerwerk eingedrungen ist und das Myzel den Mauerwerksquerschnitt durchdrungen hat, muss eine Bohrlochinjektion durchgeführt werden. Diese kann drucklos oder mit Druck (mit Injektionspacker) erfolgen. Hierbei wird ein Schwammsperrmittel über eingebrachte Bohrlöcher in das Mauerwerk bis zur Sättigung injiziert. Bei der drucklosen Variante sind hierfür in der Regel mehrere Vorgänge zum Befüllen notwendig, abhängig von der Hohlräumigkeit bzw. Klüftigung des Mauerwerks, dem Durchfeuchtungsgrad sowie dem Injektionsverfahren.

Bei der drucklosen Variante werden die Bohrlöcher schräg nach unten im Winkel von 30 bis

Tab. 9.13 unterschiedliche Injektionstechniken in Abhängigkeit vom Mauerwerksaufbau. (Quelle: WTA-Merkblatt 1-2-21/D „Der Echte Hausschwamm – Erkennung, Lebensbedingungen, vorbeugende Maßnahmen, bekämpfende chemische Maßnahmen, Leistungsverzeichnis“)

Einschaliges Mauerwerk	Zweischaliges Mauerwerk mit Innen- und Außenschale			
Wanddicke > 20 cm	• Wanddicke Innenschale < 20 cm • Wanddicke Außenschale > 20 cm	• Wanddicke Innenschale > 20 cm • Wanddicke Außenschale < 20 cm	• Wanddicke Innenschale > 20 cm • Wanddicke Außenschale > 20 cm	• Wanddicke Innenschale < 20 cm • Wanddicke Außenschale < 20 cm
1	2	3	4	5
Mauerwerk in rasterförmiger Anordnung mit Bohrlöchern versehen und nach Einführung der Packer Holzschutzmittel mit Druck injizieren.	Bohrung durch Bohrschale bis zu $^2/_3$ der Wanddicke der Außenschale. Langschaftpacker einbringen und Außenschale entsprechend Spalte 1 injizieren	Innenschale entsprechend Spalte 1 mit Bohrlöchern versehen und verpressen	Zuerst Innenschale entsprechend Spalte 1 bearbeiten, dann Packer entnehmen, Innenschale ganz durchbohren und Bohrung in der Außenschale bis zu $^2/_3$ der Wanddicke weiterführen und wie zuvor verpressen	–
Anzubringende Bohrungen: • Lochdurchmesser: 16 bis 28 mm • Bohrlochtiefe: ca. $^2/_3$ der Wanddicke • Bohrlochabstand: horizontal 30 cm und vertikal (versetzt) 25 cm	Nach Ausbau der Packer Wandflächen zwischen den Schalen mittels Kugelstrahldüse auf Strahlrohr im Flutungsverfahren satt imprägnieren	Nach Ausbau der Packer den Hohlraum zwischen den Schalen anbohren und Wandflächen entsprechend Spalte 2 behandeln	Hohlraum zwischen den Spalten entsprechend Spalte 2 bearbeiten	Hohlraum zwischen den Schalen rasterförmig anbohren und entsprechend Spalte 2 bearbeiten

Im Anschluss an die Injektion werden die Bohrlöcher ggf. mit einem Mörtel verschlossen und die Oberfläche der Innenwände im Streich-, Flut- oder Schaumverfahren bearbeitet

45° in zueinander versetzten Bohrlochreihen gebohrt. Der Abstand liegt in der Regel zwischen 15 bis 20 cm (horizontal) und 20 bis 25 cm (vertikal). Der Durchmesser der Bohrlöcher liegt bei 20 bis 30 mm und die Bohrlochtiefe sollte ca. zwei Drittel der Wanddicke erfassen. Bei der Druckinjektion werden die Bohrlöcher horizontal oder mit einem leichten Neigungswinkel eingebracht. Als Faustregel hat sich bewährt: Wanddicke minus 15 cm = Bohrlochlänge. Der rasterförmige Bohrlochabstand beträgt ca. 25 cm (horizontal) und 20 bis 30 cm (vertikal). Danach werden die Injektionspacker befestigt und das Schwammsperrmittel mit Druck in das Mauerwerk injiziert. Die genaue Festlegung des Bohrlochrasters richtet sich nach der Exposition durch den Befall sowie der Beschaffenheit des Mauerwerks (Aufbau und Saugfähigkeit). In Abhängigkeit davon erfolgt die Befüllung der Bohrlöcher zwei- bis dreimal mit dem Schwammsperrmittel. Bei mehrschaligen Mauerwerken werden spezielle Injektionslanzen eingesetzt. Bei größeren Wanddicken empfiehlt sich die Behandlung von beiden Mauerwerksseiten, wobei die Bohrlochlänge bis auf die halbe Wanddicke reduziert werden kann. Im Bereich der Balkenauflager empfiehlt sich eine Reduzierung der Bohrlochabstände auf 10 cm, sowohl horizontal als auch vertikal. Bzgl. der einzubringenden Menge an Schwammsperrmittel gelten die Herstellerangaben (siehe Tab. 9.13).

Nach Beendigung der Hausschwammbekämpfung – dies gilt sowohl für die Anwendung von Holzschutzmittel wie auch Schwammsperrmittel – muss diese gemäß DIN 68800 Teil 4 an mindestens einer Stelle im Gebäude dauerhaft gekennzeichnet werden. Ist diese nicht unmittelbar im behandelten Bereich möglich, muss an anderer sichtbarer Stelle angegeben werden, welche Bereiche im Gebäude behandelt worden sind.

Auf die Anwendung chemischer Maßnahmen kann verzichtet werden, wenn sämtliche Holzbauteile und andere Materialien, die durch den Echten Hausschwamm befallen werden können, durch andere Werkstoffe (z. B. Beton, Stahlbeton, Stahl etc.) ersetzt werden. Dies gilt auch, wenn ein evtl. Übergreifen auf angrenzende Gebäudeteile auszuschließen ist und eine ausreichende Austrocknung der sanierten Holzbauteile nachhaltig sichergestellt werden kann. In Abhängigkeit vom Umfang des Befalls ist auch zu prüfen, inwieweit bei befallenem Mauerwerk auf chemische Maßnahmen verzichtet werden kann, in dem diese teilerneuert oder alternative Verfahren angewendet werden können.

9.8.4.3 Alternative Verfahren

Die DIN 68800-4 „Holzschutz – Teil 4: Bekämpfungsmaßnahmen gegen Holz zerstörende Pilze und Insekten“ enthält Sanierungsempfehlungen zu bewährten Standardverfahren, die als Regelsanierung bezeichnet werden. Alternativ hierzu gibt es verschiedene Sonderverfahren, bei denen auf Holzschutzmittel und andere chemische Maßnahmen verzichtet werden kann. Zu ihnen zählen thermische Verfahren wie z. B. das Heißluftverfahren, das mit der Überarbeitung der Norm (Ausgabe 2020) mit aufgenommen wurde, sowie das Mikrowellen-, Begasungs- und elektro-physikalische Verfahren.

Das Heißluftverfahren wird seit Jahrzehnten zur Bekämpfung von holzschädigenden Insekten (z. B. Hausbock) eingesetzt. Es handelt sich um ein geregeltes Verfahren nach DIN 68800 Teil 4 – allerdings bisher nur zur Insektenbekämpfung. Hierbei nutzt man die Tatsache, dass holzzerstörende Insekten Kaltblütler sind und einer höheren Temperatureinwirkung von außen kaum etwas entgegenzusetzen haben. Bei einer Erwärmung über 40 °C setzt bei tierischem Eiweiß die Gerinnung bzw. Denaturierung ein. Ab 50 °C werden die Zellen irreversibel geschädigt. Dies bedeutet, dass sich die Zellen bei sinkender Temperatur nicht mehr erholen. Das gleiche Prinzip nutzt man bei holzzerstörenden Pilzen wie dem Echten Hausschwamm. In der o. g. Norm ist festgelegt, dass eine Mindesttemperatur von 55 °C für die Dauer von mindestens 60 min erreicht werden muss. Allerdings handelt es sich hierbei nicht um die Raum- und/oder Oberflächentemperatur, sondern um die Kerntemperatur. Dies bedeutet, dass diese Temperatur im Querschnitt der Holzbauteile und somit auch an thermisch ungünstigen Stellen erreicht werden muss. Um dies sicherzustellen, empfiehlt die Norm im Anhang E folgende Temperatur-Zeit-Verhältnisse: 16 h bei 50 °C, 8 h bei 55 °C oder 2 h bei 60 °C, wobei es sich hierbei um Mindestangaben handelt. Darüber hinaus wird die Behandlungsdauer durch die Größe des Balkenquerschnitts beeinflusst.

Vor Beginn der Heißluftbehandlung sind stark geschädigte Holzbauteile auszutauschen und alle verbleibenden Holzbauteile rundum freizulegen. Hitzeempfindliche oder gegen hohe Temperaturen empfindliche Materialien sollten ausgebaut werden wie z. B. Kunststofffenster. Andere Einbauteile aus Kunststoff wie z. B. Lichtschalter oder Steckdosen sowie Installationen wie z. B. Elektrokabel und -verteilungen, Bodenbeläge und dgl. sollten entfernt oder gegen Erwärmung geschützt werden. Bei neu eingebrachten Baustoffen wie z. B. Putze oder Estriche muss die physikalische Trocknung und/oder chemische Härtung abgeschlossen sein, damit die Trocknung und/oder Härtung durch die Heißluftbehandlung nicht negativ beeinflusst wird. In der Regel findet die Heißluftbehandlung allerdings vor allen anderen Sanierungsmaßnahmen statt, so dass dieses Problem nicht auftreten sollte. Bei einigen Baustoffen und Materialien können Unverträglichkeiten bei hohen Temperaturen nicht ausgeschlossen werden.

Nach der weitgehend luftdichten Einhüllung des Gebäudes (oder eines Teilbereiches) wird Heißluft von 90 bis 120 °C in einer bestimmten Mindestmenge und Mindestdruck über Heizaggregate in das Gebäude geblasen. Hierbei ist darauf zu achten, dass sich die heiße Luft im gesamten Gebäude (oder dem vorgesehenen Teilbereich) gleichmäßig verteilt und auch geometrisch ungünstige Bauteilbereiche erfasst werden. Hierfür ist es notwendig, dass die Heißluftrohre weit verzweigt werden und die Heißluft über mehrere Ausblasöffnungen in das Innere des Gebäudes verteilt wird. Über Thermometer in Bohrlöchern an verschiedenen Standorten (z. B. Mittelpunkt der größten Balkenquerschnitte) wird das Erreichen der Mindesttemperatur von 55 °C über einen Mindestzeitraum von 60 min kontrolliert.

Probleme bei der Heißluftbehandlung können im Zusammenhang mit den Sporen auftreten. Während das Myzel über die o. g. Vorgehensweise abgetötet werden kann, stellt sich dies bei den Sporen häufig schwieriger dar. Denn für deren Abtötung wird ein längerer Zeitraum von 24 bis 36 h bei Temperaturen von über 60 °C benötigt. Des Weiteren besteht die Gefahr, dass infolge der Heißluftbehandlung an thermisch ungünstigen Bauteilen (Wärmebrücken) taupunktbedingtes Kondenswasser auftreten kann, was ein erneutes Wachstum des Echten Hausschwamms verursachen kann.

Zum Abschluss ist eine Erfolgskontrolle (Freimessung) durchzuführen und der Nachweis einer erfolgreichen Behandlung zu erbringen. Diese bezieht sich nicht nur auf biologische Untersuchungen, sondern auch auf die Überprüfung der Holzfeuchte, die 20 % nicht überschreiten sollte. Sämtliche Sanierungsmaßnahmen sind zu dokumentieren.

Während der Heißluftbehandlung darf das Gebäude nur kurzzeitig durch autorisiertes Personal mit entsprechender Schutzbekleidung betreten werden. Die Ausführung von anderen Sanierungsmaßnahmen in diesem Bereich ist während der Behandlung nicht möglich. Dies gilt auch für kurze Zeit nach der Behandlung, da sich das aufgeheizte Gebäude nur langsam wieder abkühlt. In der Regel werden nach ein bis zwei Tagen die normalen Raumtemperaturen wieder erreicht. Bei ungünstigen klimatischen Bedingungen z. B. im Sommer kann der Abkühlprozess auch bis zu einer Woche dauern.

Aus Brandschutzgründen ist darauf zu achten, dass die Oberflächentemperatur in Gebäuden nicht über 120 °C steigt. Besonders bei der Behandlung von Dachstühlen in alten Gebäuden ist der Schutz von Eulen und Fledermäusen sicherzustellen.

Das Heißluftverfahren wird immer öfter auch zur Sanierung eines befallenen Mauerwerks eingesetzt. Allerdings stößt dies bei Mauerwerken mit einem hohen Wandquerschnitt und/oder bei hohlräumigen Mauerwerken und/oder bei kapillar aufsteigender Feuchtigkeit an seine Grenzen, da die notwendige Kerntemperatur nicht erreicht werden kann. Hinzu kommt, dass mineralische Baustoffe empfindlicher sind gegen hohe Temperaturen, so dass es zu Spannungsrissen kommen kann.

Vor der Ausführung des Heißluftverfahrens zur Bekämpfung von holzzerstörenden Pilzen muss der Auftraggeber durch die ausführende Fachfirma über die Besonderheiten dieses Verfahrens und über Kosten, Risiken und Anwendungsgrenzen umfassend informiert werden. Des Weiteren muss der Auftraggeber darüber aufgeklärt werden, dass dieses Sonderverfahren nicht die allgemein anerkannten Regeln der Technik entspricht, so dass die Auftragsvergabe explizit vereinbart werden muss.

Zu den thermischen Verfahren gehören auch das Infrarot- und Mikrowellenverfahren sowie die Hochfrequenztechnik. Bisher liegen zu wenig Informationen vor, so dass diese Verfahren zur Bekämpfung des Echten Hausschwamms und anderer Hausfäulen (noch) nicht empfohlen werden können. In der Theorie geht es bei diesen Verfahren darum, dass durch hochfrequente elektrische Strahlung deutlich höhere Temperaturen gezielt eingesetzt werden, um die Zellen der Pilze abzutöten.

Die Aufzählung alternativer Bekämpfungsmaßnahmen wird durch das Begasungsverfahren komplettiert. Dieses Verfahren wurde früher mit Methylbromid angewendet und konnte eine hohe Wirksamkeit nachweisen. Allerdings wurde Methylbromid Anfang der 2000-er Jahre aufgrund seiner Ozon bildenden Nebenwirkungen verboten. Alternativ wurde das Verfahren mit Sulfurylfluorid angewendet, das als Insektizid eine Wirkung gegen holzschädigende Insekten aufweist, allerdings gegen holzzerstörende Pilze wirkungslos ist.

Vorbeugende Maßnahmen

10

Inhaltsverzeichnis

F. Frössel, E. Heller, *Schimmelpilze in Wohnungen*, https://doi.org/10.1007/978-3-658-50425-0_10

10.1 Vermeidungsstrategien

Um Schimmelpilzbefall, -wachstum und -verbreitung in Innenräumen vorzubeugen, müssen die primären Wachstumsursachen wie erhöhte Feuchtigkeit in der Raumluft und/oder Baukonstruktion vermieden oder anderenfalls zeitnah beseitigt werden. Andere Wachstumsbedingungen für Schimmelpilze und/oder Bakterien wie Temperatur, Nährstoffe und Nährböden, der pH-Wert sowie Sauerstoff und Licht können dann vernachlässigt werden, wenn den Mikroorganismen keine Feuchtigkeit als Lebensgrundlage angeboten wird. Der beste Schutz gegen Schimmelpilze und/oder Bakterien ist daher immer noch, wenn ein mikrobieller Befall in privat genutzten Innenräumen gar nicht erst entsteht.

Deshalb geht es in erster Linie darum, die Entstehung und Ausbreitung von Feuchtigkeit als primäre Ursache zu vermeiden. Grundvoraussetzung ist, dass bauliche Mängel, durch die Feuchtigkeit in die Baukonstruktion eindringen kann wie z. B. eine fehlende oder defekte Bauwerksabdichtung, Leckagen in der Gebäudehülle, sporadische Wasserschäden und dgl. abgestellt wurden. Hierbei handelt es sich um die vorbeugenden, baulichen Maßnahmen. Des Weiteren gehört dazu, hohe Luftfeuchtigkeit durch regelmäßiges und kontrolliertes Lüften abzuführen und/oder taupunktbedingtes Kondenswasser z. B. an Wärmebrücken zu vermeiden. Regelmäßiges Lüften kann hierbei ganz traditionell über die klassische Fensterlüftung erfolgen oder in Neubauten zunehmend durch kontrollierte Lüftungssysteme oder ganzheitliche Lüftungsanlagen. Dies trägt nicht nur zur Abführung von hoher Luftfeuchtigkeit bei, sondern auch von unangenehmen Gerüchen und/oder einem hohen Kohlendioxidgehalt in verbrauchter Luft. Somit wird eine hohe Luftqualität sichergestellt. Hierbei handelt es sich um die vorbeugenden, nutzungsbedingten Maßnahmen.

Um taupunktbedingtes Kondenswasser zu vermeiden, müssen Innenräume ausreichend beheizt werden und/oder Wärmebrücken durch eine Wärmedämmung vermieden werden. Im Idealfall erfolgt diese als Außendämmung z. B. mit einem Wärmedämm-Verbundsystem. In Einzelfällen kann es notwendig sein, die Wärmedämmung innenseitig auszuführen. Wichtig ist, dass mit einer Innendämmung keine neuen Wärmebrücken geschaffen werden. Daher kommt es darauf an, Tauwasser innerhalb der Konstruktion und vor allem an den Detailanschlüssen zu vermeiden. Darüber hinaus gibt es auch spezielle Wärmedämmkeile und Wandheizsysteme, mit denen der Wärmeschutz punktuell verbessert werden kann.

Wenn im Rahmen von Modernisierungsmaßnahmen neue Fenster mit Wärmeschutzverglasung eingebaut werden, muss ein ganzheitliches Wärmeschutzkonzept erstellt werden. Sonst schlägt sich das bisher angefallene taupunktbedingte Kondenswasser an schlecht gedämmten Fensterrahmen und -laibungen an den Oberflächen der Innenwände von schlecht gedämmten Außenwänden nieder (Wärmebrücken). Ein Austausch der Fenster sollte daher immer parallel mit einer Außendämmung erfolgen, gleiches gilt umgekehrt.

Regelmäßiges Lüften und ausreichendes Beheizen der Innenräume in Verbindung mit dem Vermeiden von Luftzug z. B. durch Undichtigkeiten in der Gebäudehülle (z. B. Rollladenkästen oder Fensterbänke) oder an Einbauteilen (z. B. WC-Spülkasten) tragen wesentlich zur Behaglichkeit in Innenräumen bei.

Feuchtigkeit entsteht in privat genutzten Innenräumen zudem nutzungsbedingt. Beispiele hierfür sind das Kochen in der Küche oder Duschen in Bädern. Diese nutzungsbedingte Feuchtigkeit sollte schnell beseitigt werden, um Schimmelpilzbefall und -wachstum die Lebensgrundlage zu entziehen. Anderenfalls entstehen z. B. Pfützen und nasse Fugen an Duschen, Wannen und Waschbecken. Außerdem bilden sich hauchdünne Wasserfilme auf den Wandoberflächen, je nach Sorptionsverhalten der Baustoffe ist. Einrichtungsgegenstände wie Handtücher, Bademäntel oder Garnituren nehmen ebenfalls viel Feuchtigkeit auf, die erst zeitversetzt wieder abgegeben wird und somit die Luftfeuchtigkeit im Raum allmählich erhöht. Das Sorptionsverhalten von Baustoffen spielt auch im Zusammenhang mit der erhöhten Restfeuchte nach Baumaßnahmen eine wichtige Rolle, so dass die technische Bautrocknung ebenfalls zu den präventiven Maßnahmen gezählt wird.

Hinzu kommen sekundäre Ursachen wie z. B. Untergründe (Substrate), die ein Wachstum von Schimmelpilzen und/oder Bakterien begünstigen. Um dies zu vermeiden, werden spezielle Beschichtungen aufgetragen, auf denen ein mikrobieller Befall verhindert oder zeitlich beschränkt wird. Hierzu gehören z. B. alkalische Beschichtungen wie z. B. Kalkputze oder Silikatfarben, biozide Beschichtungen (so genannte Anti-Schimmel-Farben) oder Nanobeschichtungen mit funktionellen Oberflächen wie z. B. fotokatalytische Innenfarben.

Eine wichtige Rolle spielt die Möblierung und Einrichtung von Innenräumen. Eine ausreichende Be- und Entlüftung, vor allem der innenseitigen Oberfläche von schlecht gedämmten Außenwänden, muss auch bei Einbaumöbeln und großen Einrichtungsgegenständen sichergestellt werden. Je nach Situation vor Ort sind angemessene Abstandsflächen zu beachten.

Zur Vermeidung sekundärer Ursachen gehört auch die Einhaltung von Hygiene. Diese bezieht sich vor allem auf die Reduzierung der Staubbelastung (z. B. Matratzen in Schlafzimmer, Plüschtiere in Kinderzimmer oder Polstermöbel in Wohnzimmer). Auch der richtige Umgang in der Zwischenlagerung von Restmüll (z. B. Biomüll, Essensreste in gelben Tüten) kann die Produktion von Schimmelpilzsporen, gerade in den Sommermonaten, vermeiden.

Alle diese vorbeugenden Maßnahmen können dazu beitragen, dass Innenräume schimmelpilzfrei bleiben – von der normalen Hintergrundbelastung, die von außen ohnehin eingetragen wird, mal abgesehen. Von einem „schimmelpilzfreien" Innenraum spricht man, wenn die mikrobielle Belastung der Innenraumluft in etwa der der Außenluft entspricht und kein mikrobieller Befall vorliegt. Mikrobieller Befall kann hierbei als sichtbarer Befall, nicht sichtbarer Befall oder verdeckter Befall auftreten.

Allgemein wird unter vorbeugenden Maßnahmen die Vermeidung von Schimmelpilzbefall und -wachstum als Erstbefall verstanden. Experten bezeichnen dies als primäre Prävention. Die einzelnen Maßnahmen zielen auf die Vermeidung der Ursachen ab. Zu vorbeugenden Maßnahmen gegen Schimmelpilze und/oder Bakterien in Innenräumen zählen aber auch Vermeidungsstrategien für einen Neubefall nach einer Schimmelpilzsanierung. Diese Phase wird als sekundäre Prävention bezeichnet. Die so genannte tertiäre Prävention, bei der die Folgen einer Krankheit begrenzt werden, kommt bei der Schimmelpilzprävention nicht in Frage. Während die primäre Prävention auf bauliche Maßnahmen wie z. B.

der nachträglichen Wärmedämmung und ein ausgeglichenes Innenraumklima (durch Lüften und Heizen) abzielt, befasst sich die sekundäre Prävention hauptsächlich mit Hygiene und Wohnverhalten.

10.2 Vermeidung von hoher Luftfeuchtigkeit

10.2.1 Be- und Entlüftung von Innenräumen

Hohe Luftfeuchtigkeit in Innenräumen ist neben taupunktbedingter Oberflächenkondensation auf Wärmebrücken der Hauptgrund für Schimmelpilzbefall und -wachstum. Die Ursachen können sehr vielfältig sein und werden vor allem durch das Wohn-, Nutzungs- und Lüftungsverhalten der Bewohner beeinflusst. Dem entsprechend können sich mehrere Ursachen überlagern. In erster Linie geht es um die Feuchteproduktion, die beim Wohnen entsteht. Damit sind Kochen, Baden, Duschen und dgl. sowie Atmen und Schwitzen gemeint, aber auch Pflanzen und Tiere sowie das Trocknen und/oder Bügeln von Wäsche oder die Verdunstung von offenen Wasserflächen.

Hierbei wird zwischen der normalen Wasserdampfproduktion und der sporadischen Belastung unterschieden. Unter „normal" wird hierbei die Feuchtigkeit verstanden, die der Mensch durch Ausatmen und Schwitzen produziert und die bei durchschnittlicher Nutzung der Innenräume entsteht (z. B. Pflanzen). Je nach Aktivität produziert der Mensch zwischen 25 bis 30 g Wasserdampf pro Stunde bei ruhender Tätigkeit, ca. 50 g/h bei leichter Tätigkeit und bis zu 150 g/h bei schwerer Tätigkeit. Somit wird die produzierte Menge an Wasserdampf in Innenräumen nicht nur durch die Anzahl der Personen, sondern auch deren Aufenthaltsdauer und Aktivität beeinflusst. Bei einem 3- oder 4-Personenhaushalt können somit über 100 l Wasserdampf pro Woche anfallen. Dies entspricht etwa einer halben Badewanne!

Hinzu kommt, dass die Feuchteproduktion nicht gleichmäßig stattfindet – weder zeitlich noch räumlich. Duschen findet z. B. in der Regel morgens und abends statt, Baden dagegen eher abends oder am Wochenende und seltener als Duschen. Morgens kumuliert sich die Wasserdampfproduktion auf 60 bis 90 min, während diese abends auf einen längeren Zeitraum verteilt wird. Baden und Duschen findet in Bädern und somit in kleineren Räumen statt. Infolgedessen wird die Sättigungsfeuchte viel schneller erreicht als z. B. in Küchen, die zunehmend in offener Bauweise konstruiert sind, so dass sich produzierter Wasserdampf z. B. beim Kochen viel schneller in andere Innenräume verteilen kann.

Die erhöhte Luftfeuchtigkeit wird durch einen regelmäßigen und ausreichenden Luftaustausch mit der Außenluft abgeführt. Das Lüften findet hierbei manuell über eine klassische Fensterlüftung, über kontrollierte Lüftungssysteme oder über raumlufttechnische Anlagen. Ein regelmäßiger und ausreichender Luftaustausch trägt nicht nur zur Abführung von hoher Luftfeuchtigkeit bei, sondern auch von unangenehmen Gerüchen, Schadstoffen wie z. B. VOC und/oder einem hohen Kohlendioxidgehalt in verbrauchter Luft. Man unterscheidet daher zwischen einer gesundheitlich (oder auch medizinisch oder hygienisch) notwendigen Lüftung und dem Mindestluftwechsel aus bauphysikalischer Sicht zur Abführung von nutzungsbedingter wie auch nutzungsunabhängiger Feuchtigkeit zur Vermeidung von Bauschäden. Die Mindestanforderungen an die Lüftung sind in den entsprechenden Regelwerken verankert.

Darüber hinaus darf der Luftaustausch innerhalb einer Wohnung nicht unterschätzt werden, wenn feuchte (warme) Luft z. B. aus dem Bad über kühlere Innenräume z. B. im Schlafzimmer mit entlüftet werden und die Feuchtigkeit somit nicht abgeführt wird oder wenn sich die Luftfeuchtigkeit je nach Sorptionsverhalten der Baustoffe zunächst in den Oberflächen der Innenwände oder des Mobiliars und Inventars (z. B. Polstermöbel) ansammelt und zeitversetzt wieder abgegeben wird.

Durch das regelmäßige Be- und Entlüften von Innenräumen findet ein ausreichender Luftaustausch statt. Dieser führt nicht nur hohe Luftfeuchtigkeit ab, sondern auch unangenehme Gerüche und einen hohen Kohlendioxidgehalt in verbrauchter Luft. Des Weiteren müssen Schimmelpilzsporen und andere mikrobielle Partikel sowie Schadstoffe wie z. B. VOC und/oder MVOC sowie Mykotoxine genannt werden. Gleichzeitig wird dem Innenraum sauerstoffreiche Luft zugeführt. Man spricht vom Lüftungskreislauf und unterscheidet zwischen einer gesundheitlich (oder auch medizinisch oder hygienisch) notwendigen Lüftung sowie einem bauphysikalisch notwendigen Mindestluftwechsel, mit dem nutzungsbedingte oder nutzungsunabhängige Feuchtigkeit zur Vermeidung von Bauschäden abgeführt wird. Die Mindestanforderungen an die Lüftung sind in den entsprechenden Regelwerken verankert.

Das Lüften findet hierbei je nach Gebäudeausstattung manuell über eine klassische Fensterlüftung, über kontrollierte Lüftungssysteme oder über raumlufttechnische Anlagen statt. Gemessen am gesamten Wohnungsbestand in Deutschland, ist die Fensterlüftung immer noch mit deutlichem Abstand die am meisten verbreitete Lüftungsart. Nicht nur deshalb wird der klassischen Fensterlüftung mehr Aufmerksamkeit gewidmet, sondern auch weil bei dieser Lüftungsart die meisten Fehler begangen werden.

Immer wieder hört man von dem Mythos, dass Wände „atmen" müssen. Gemeint ist hierbei die Wasserdampfdiffusion durch Außenwände, mit der in der „guten alten Zeit" hohe Luftfeuchtigkeit auf natürliche Weise nach außen abgeführt wurde und es dadurch keinen Schimmelpilzbefall in Innenräumen gegeben haben soll. Ursächlich für Schimmelpilzbefall in der Gegenwart soll die moderne, energieeinsparende Bauweise aus Fassadendämmung (z. B. WDVS) mit hoch wärmedämmenden Fenstern aus Dreifachverglasung im Verbund mit einer luftdichten Gebäudehülle sein. Hierbei wird vergessen, dass der Luftaustausch früher häufig auf Undichtigkeiten in der Gebäudehülle (z. B. undichte Fenster oder Bauteilübergänge) zurückzuführen war und auch die klassische Ofenheizung dem Innenraum hohe Luftfeuchtigkeit entzog. Des Weiteren haben mehrere Untersuchungen belegt, dass der Luftaustausch auch bei energieeffizienter Bauweise fast ausschließlich über den Luftaustausch mit der Außenluft oder innerhalb der Innenräume stattfindet und der Wandaufbau fast keine Auswirkungen auf den Luftaustausch hat. Außerdem wird häufig das Diffusionsverhalten von Außenwänden mit dem Sorptionsverhalten von Baustoffen verwechselt. Im Endeffekt ist, zumindest bei der manuellen Lüftung, das nicht angepasste Lüftungsverhalten auf die energieeffiziente Bauweise der Hauptgrund für Schimmelpilzbefall in Innenräumen.

Lüften wird allgemein als Austausch von verbrauchter und/oder belasteter Innenraumluft mit frischer Außenluft verstanden, wobei frische Luft ganz unterschiedlich wahrgenommen wird. In vielen Fällen wird schon allein das Hineinströmen kalter Außenluft als Zeichen ausreichender Be- und Entlüftung interpretiert. Der Kältereiz als Kriterium für einen ausreichenden Luftwechsel kann an kühlen Wintertagen ausreichen, an milderen Tagen dagegen nicht. Hierfür braucht man objektive Kenngrößen zur Kontrolle. Früher hat man die Effektivität der Lüftung durch die Luftwechselzahl ausgedrückt. Diese gibt an, welches Luftvolumen, bezogen auf das Raumvolumen, pro Stunde ausgetauscht und durch Außenluft ersetzt wird. Hierbei wird zwischen dem ungeregelten und geregelten Luftwechsel unterschieden. Von einem ungeregelten Luftwechsel spricht man bei Undichtigkeiten in der Gebäudehülle wie z. B. an Fugen und Anschlüssen von Fenstern oder Bauteilübergängen. Hierbei ist der Luftwechsel stark vom Wetter, vor allem von der Windbelastung, abhängig. Dagegen spricht man vom geregelten Luftwechsel, wenn der Luftaustausch nur durch gezieltes Lüften erfolgt. Durch moderne Lüftungsmethoden werden heute für die Berechnung des Luftaustausches nutzer- und flächenbezogene Außenluftvolumenströme herangezogen.

Eine hygienisch notwendige Lüftung und/oder ein notwendiger Mindestluftwechsel aus bauphysikalischer Sicht unterliegt allerdings keiner rationellen Berechnung, sondern wird durch eine Reihe von Faktoren beeinflusst wie z. B.

- Größe und Anzahl der Innenräume (Raumvolumen in m^3),
- Belegungsdichte (Anzahl der Raumnutzer gesamt und in den einzelnen Innenräumen)
- Nutzung und Aktivität in den Innenräumen (z. B. Kochen, Duschen, Wäsche trocknen, sportliche Aktivitäten und dgl.),
- Gesundheitszustand der Bewohner (z. B. Allergien oder Risikogruppen),

- Art und Konzentration von Schadstoffen wie z. B. VOC (z. B. Emissionen aus Möbeln und Einrichtungsgegenständen, Teppichen und Bodenbelägen, Farben und Lacke sowie Kleber und elektronischen Geräten und dgl.),
- Art und Konzentration von Schadstoffen wie z. B. MVOC, Schimmelpilzsporen, Viren und Bakterien, Mykotoxine und dgl.,
- erhöhte Restfeuchte bei Neubauten oder nach Sanierungen sowie
- Außen- und Innenraumklima sowie Umgebungsbedingungen.

Letztendlich muss durch ein regelmäßiges und ausreichendes Lüften der individuelle Bedarf an Sauerstoff sichergestellt und erhöhte Luftfeuchtigkeit, Schadstoffe und unangenehme Gerüche abgeführt werden. Lüften trägt somit wesentlich zur Behaglichkeit in Innenräumen bei.

10.2.2 Grundlagen der Lüftung

Das Be- und Entlüften von Innenräumen ist ein Paradebeispiel dafür, wie kompliziert Bauen und Wohnen in der Gegenwart geworden ist. Früher hat man bei hoher Luftfeuchtigkeit oder unangenehmen Gerüchen die Fenster geöffnet und verbrauchte Luft aus Innenräumen durch frische Außenluft ersetzt. Durch eine veränderte Bauweise, einem veränderten Wohn-, Nutzungs- und Lüftungsverhalten, einer höheren Sensibilisierung gegenüber Schadstoffen, höheren Hygienestandards, unterschiedlichen Lüftungsmethoden u. v. m. hat sich das Thema Lüften zu einer wahren „Wissenschaft" entwickelt. Heute geben Raumvolumen und Belegungsdichte von Innenräumen vor, wie oft und wie lange gelüftet werden muss. Gleiches gilt für die Nutzung und Aktivität in unterschiedlichen Innenräumen. Mikrobielle Belastungen durch Schimmelpilze (und Bakterien) sind genauso in den Fokus gerückt wie Schadstoffe. Einer der Gründe hierfür ist die Zunahme von allergischen Reaktionen, reizenden und/oder toxischen Wirkungen sowie unspezifischen Gesundheitsbeschwerden, die mit der Qualität der Innenraumluft in Verbindung gebracht werden. Infolgedessen hat in den vergangenen Jahren eine differenzierte Wahrnehmung über Risikogruppen stattgefunden. Die Pandemie und mediale Auseinandersetzung mit dem Corona-Virus (COVID-19) hat zu einer zusätzlichen Sensibilisierung beim Thema Luftqualität in Innenräumen beigetragen.

Heute unterscheidet man zwischen einer gesundheitlich (oder auch medizinisch oder hygienisch) notwendigen Lüftung sowie einem bauphysikalisch notwendigen Mindestluftwechsel, mit dem nutzungsbedingte Feuchtigkeit oder nutzungsunabhängige Feuchtigkeit zur Vermeidung von Bauschäden abgeführt wird. Über die Mindestanforderungen an die Lüftung gibt es mittlerweile eine Reihe von Regelwerken. Eine der wesentlichen Forderungen in diesen ist, dass eine ausreichende Be- und Entlüftung auch nutzerunabhängig sichergestellt werden muss. Technisch gelöst wird dies über kontrollierte Lüftungssysteme oder raumlufttechnische Anlagen. Dennoch stellt die klassische Fensterlüftung immer noch die mit Abstand häufigste Lüftungsart dar. Der größte Nachteil besteht darin, dass die manuelle Be- und Entlüftung auf das aktive Einwirken der Raumnutzer angewiesen und somit subjektiven Einflüssen ausgesetzt ist – allerdings auch die unterschiedlichen Feuchtegehalte in den verschiedenen Innenräumen berücksichtigen muss.

Unterschieden wird zwischen der normalen Wasserdampfproduktion und temporären Feuchtigkeitsspitzen. Unter „normal" wird die Feuchtigkeit verstanden, die der Mensch durch Ausatmen und Schwitzen produziert und die bei durchschnittlicher Nutzung der Innenräume entsteht (z. B. Pflanzen). Je nach Aktivität produziert der Mensch zwischen 25 bis 30 g Wasserdampf pro Stunde bei ruhender Tätigkeit, ca. 50 g/h bei leichter Tätigkeit und bis zu 150 g/h bei schwerer Tätigkeit. Somit wird die produzierte Menge an Wasserdampf in Innenräumen nicht nur durch die Anzahl der Personen, sondern auch deren Aufenthaltsdauer und Aktivität beeinflusst. Diese individuelle Wasserdampfproduktion muss durch individuelles Lüften abgeführt werden.

Wie bereits erwähnt, findet die Produktion von Wasserdampf über den Tag verteilt nicht gleichmäßig statt. Diese Aussage bezieht sich sowohl auf zeitliche wie auch räumliche Unterschiede. Wasserdampf durch Duschen findet z. B. in der

Regel morgens und abends statt, während Baden eher abends oder am Wochenende stattfindet. Hinzu kommt, dass sich die Wasserdampfproduktion in den Morgenstunden in einem Zeitraum von 60 bis 90 min konzentriert, während diese abends auf einen längeren Zeitraum verteilt ist. Gleichzeitig steht in den Morgenstunden zum Lüften meistens weniger Zeit zur Verfügung als in den Abendstunden. Diese Differenzierung ist wichtig, da in den theoretischen und gut gemeinten Lüftungsratschlägen oftmals vergessen wird, dass die meisten Menschen berufsbedingt tagsüber abwesend sind und sich das Lüften bei herkömmlicher Fensterlüftung auf die Morgen- und Abendstunden beschränken muss.

Die höchste Wasserdampfproduktion in kurzer Zeit findet beim Baden oder Duschen in Bädern statt und somit in kleineren Räumen. Infolgedessen wird die Sättigungsfeuchte im Verhältnis zum Raumvolumen viel schneller erreicht als z. B. in Küchen, die zunehmend in offener Bauweise konstruiert sind, so dass sich produzierter Wasserdampf z. B. beim Kochen viel schneller in andere Innenräume verteilen kann, oder in Wohn- und Kinderzimmer, in denen deutlich weniger Wasserdampf über einen deutlich längeren Zeitraum anfällt. Daher muss das individuelle Lüftungsverhalten auf die Raumgröße und dadurch bedingte Sättigungsfeuchte abgestimmt werden.

Neben unzureichendem Lüften muss falsches Lüften genannt werden. Der „Klassiker" ist die Kippstellung der Fenster über einen längeren Zeitraum, bei dem die Feuchtigkeit langsam aus dem Innenraum abgeführt und konstruktionsbedingt an den Fensterlaibungen vorbeigeführt wird. Gleichzeitig kühlen die Fensterlaibungen, zumindest an den kühlen Wintertagen ab, so dass die Gefahr von taupunktbedingtem Kondenswasser besteht. Feucht-warme Raumluft kondensiert an den kühlen Fensterlaibungen und schafft somit die Voraussetzungen für Schimmelpilzbefall und -wachstum.

Die Kippstellung bei der Fensterlüftung ist im Übrigen auch ursächlich für die dunklen Verfärbungen, die man an Fassaden oft oberhalb von Fenstern beobachten kann. Der bauphysikalische Effekt ist der Gleiche wie bei den innenliegenden Fensterlaibungen und wird bei wärmegedämmten Fassaden z. B. mit Wärmedämm-Verbundsystemen umso mehr verstärkt. Die Oberfläche der Fassade ist an kühlen Tagen kalt. Durch die Kippstellung entweicht über einen längeren Zeitraum feucht-warme Raumluft und strömt konstruktionsbedingt langsam an der Oberkante des Fensters vorbei. Hierbei entsteht taupunktbedingtes Kondenswasser. Infolgedessen kommt es zu einem mikrobiellen Befall durch Algen, Schimmelpilze und Bakterien. Besonders häufig kann dieser Effekt beobachtet werden, wenn Fenster in Küchen und Bäder angekippt werden. Anders als bei anderen Innenräumen entweicht nach dem Kochen oder Duschen/Baden besonders viel feucht-warme Luft und anders als beim Stoßlüften entweicht die feucht-warme Luft langsam und über einen längeren Zeitraum – die perfekten Bedingungen für Kondensation und Tauwasserausfall.

Kippstellung bei der Fensterlüftung ist auch Ursache für die Sommerkondensation in Kellerräumen sowie unter bestimmten Voraussetzungen in Souterrainräumen. Diese Innenräume sind im Sommer im Vergleich zur Außenluft kühl. Sobald feucht-warme Außenluft über die Kellerfenster in die Innenräume strömt, kommt es auf der Wandoberfläche zu taupunktbedingtem Kondenswasser. Die für die Schimmelpilzbildung notwendige relative Luftfeuchte von ca. 70 % wird unter diesen Umständen immer (!) erreicht – und überschritten. Um Sommerkondensation zu vermeiden, müssten Kellerräume theoretisch auch im Sommer ein wenig beheizt werden. Diese Idee ist allerdings nicht zu vermitteln. Deshalb sollten Kellerräume nur in den kühlen Nacht- oder Morgenstunden gelüftet werden und im Idealfall als Stoß- oder Querlüftung. Kann die hohe Luftfeuchtigkeit so nicht reduziert werden, hilft ggf. der Einsatz eines Luftentfeuchters oder temporär ein Kondenstrockner. Ein Ventilator bringt in dem Fall nichts, da die hohe Luftfeuchtigkeit nur verteilt, aber nicht reduziert, wird. Auf keinen Fall sollte in diesem Zeitraum auch noch Wäsche in den Kellerräumen getrocknet werden.

Ein weiterer Klassiker ist das Mitlüften anderer Innenräume. Besonders häufig kommt es zu dieser Situation in innenliegenden Bädern ohne Fenster, in denen durch Baden oder Duschen viel Wasserdampf produziert wird. Durch die fehlende Fensterlüftung und einer oftmals unterdimensionierten Zwangsentlüftung wird die hohe Luftfeuchtigkeit über die benachbarten Innenräume mit entlüftet. Was an warmen Sommertagen oder normalen Tagestemperaturen im Frühjahr oder Herbst in den meisten Fällen ohne Konsequenzen bleibt, führt an kühlen Wintertagen oft zu Problemen. Denn, häufig befindet sich in der Nähe des Badezimmers das Schlafzimmer. Aufgrund der in der Regel kühleren Raumtemperaturen findet relativ schnell ein Feuchtigkeitsaustausch statt. Allerdings führt die kühlere Raumtemperatur auch dazu, dass die Oberflächentemperatur geringer ist, so dass die feucht-warme Innenluft an den kühlsten Stellen kondensiert. In der Regel handelt es sich um die Wärmebrücken wie z. B. Innenecken von Außenwänden, Heizkörpernischen (vor allem, wenn die Heizung gedrosselt oder ausgestellt wurde), Fensterlaibungen oder auch Rollladenkästen. An diesen neuralgischen Punkten kommt es zu taupunktbedingter Kondensation und in der weiteren Folge zu Schimmelpilzbefall und -wachstum.

Bei der Be- und Entlüftung von Innenräumen müssen die klimatischen Bedingungen in der Außenluft beachtet werden, da es je nach Jahreszeit und/oder Witterung (z. B. Regen, Nebel) starke Unterschiede in der Temperatur und/oder Luftfeuchtigkeit geben kann. Bei kühler und trockener Außenluft findet innerhalb von wenigen Minuten ein Luftaustausch in Innenräumen statt. Die kühle, trockene Außenluft strömt in den Innenraum, erwärmt sich und nimmt hierbei Wasserdampf auf, speichert diesen und führt diesen wieder an die Außenluft ab. Man kann dies gut beobachten, wenn man im Winter nach dem Baden/Duschen das Fenster öffnet und die feucht-warme „Dunstwolke“ nach außen abzieht. Beim Vorbeiströmen an der kalten Außenseite der Fensteroberfläche „beschlägt“ zudem das Fensterglas. Genau dieser Effekt tritt im Sommer nicht ein. Die Temperatur und/oder Luftfeuchtigkeit der Außenluft entspricht in etwa der in den Innenräumen oder liegt ggf. darüber. Ein „Entfeuchtungseffekt“ der Raumluft durch die Außenluft findet nicht statt oder dauert deutlich länger. Während in den kalten Wintertagen ein Luftaustausch im Durchschnitt nur 4 bis 5 min braucht, kann hierfür an warmen Sommertagen eine halbe Stunde notwendig sein. Diese generelle Aussage ist von mehreren Einflussfaktoren abhängig (Art der Fensterlüftung, Raumvolumen und Feuchtegehalt der Raumluft, Windbewegung, relative Luftfeuchte und Temperatur der Außenluft).

Abschließend soll das „zeitversetzte“ Lüften genannt werden. Beim Kochen in der Küche und/oder dem Duschen im Bad entsteht temporär eine große Menge an Wasserdampf. Diese wird von der Raumluft so lange aufgenommen, bis die relative Luftfeuchtigkeit gesättigt ist. Gleichzeitig schlägt sich die Feuchtigkeit an der Oberfläche der Innenwände nieder – gut zu erkennen am „Beschlagen“ der Fensterscheiben, Spiegel oder Glastüren (Dusche) und dem hauchdünnen Wasserfilm z. B. auf Fliesen oder Untergründen aus Metall und dgl. Ursächlich hierfür ist die Adsorption (Anlagerung von Wassermoleküle auf dichten Oberflächen) im Gegensatz zu der Absorption, bei der sorptionsfähige Baustoffe anfallenden Wasserdampf über Diffusion aufnehmen, speichern und bei sinkender relativer Luftfeuchte wieder abgeben (Desorption). Die Sorptionsfähigkeit steigt mit der Porosität bzw. Diffusionsfähigkeit von Baustoffen und wird genutzt, um z. B. Feuchtigkeitsspitzen, die z. B. durch das Baden oder Duschen in Bädern oder Kochen in der Küche entstehen, abzupuffern. Hierbei darf nicht vergessen werden, dass auch bei sorptionsfähigen Baustoffen die Abtrocknung über Lüftung stattfinden muss, da Absorption und Desorption ein zeitlich begrenzter Vorgang ist. Zur Vermeidung von Feuchtigkeitsschäden muss deshalb ein Mindestluftwechsel sichergestellt werden. Ansonsten wandert die gespeicherte Feuchte in das Innere des Bauteils und kann dort unter Umständen kondensieren. Deshalb müssen Innenräume, deren Wandoberflächen aus sorptionsfähigen Materialien bestehen, mehrmals gelüftet werden, damit die Feuchtigkeit, die bei der Desorption an die Innenraumluft abgegeben wird, nach außen abgeführt wird.

10.2.3 Technische Regelungen

Regelmäßiges und ausreichendes Lüften hat die primäre Aufgabe, den individuellen Sauerstoffbedarf sicherzustellen und erhöhte Luftfeuchtigkeit, Schadstoffe und unangenehme Gerüche abzuführen. Somit wird eine hohe Luftqualität in Innenräumen sichergestellt. Diese Anforderungen und die sich daraus ergebenden Konsequenzen finden sich in unterschiedlichen Regelwerken wieder. Hierzu gehören u. a. die Landesbauordnungen, Verwaltungsvorschriften und technische Baubestimmungen der Länder und diverse Normen sowie unterschiedliche Berechnungs- und Nachweisverfahren. Beispielhaft sollen die DIN 1946-6 „Raumlufttechnik – Teil 6: Lüftung von Wohnungen", DIN/TS 4108-8 „Wärmeschutz und Energie-Einsparung von Gebäuden – Vermeidung von Schimmelwachstum in Wohngebäuden", DIN EN 16798-1 „Energetische Bewertung von Gebäuden – Lüftung von Gebäuden – Teil 1: Eingangsparameter für das Innenraumklima zur Auslegung und Bewertung der Energieeffizienz von Gebäuden bezüglich Raumluftqualität, Temperatur, Licht und Akustik" sowie Teil 7 der gleichen Norm über die Berechnungsmethoden zur Bestimmung der Luftvolumenströme in Gebäuden einschließlich Infiltration.

Die Regelwerke unterscheiden hierbei zwischen nutzungsbedingte oder nutzungsunabhängige Feuchtigkeit. Nutzungsbedingte Feuchtigkeit entsteht durch das Atmen und Schwitzen der Raumnutzer sowie dem Wohnverhalten (z. B. Duschen, Kochen) und dem Nutzungsverhalten (z. B. Pflanzen, Tiere, Wäschetrocknen). Nutzungsunabhängige Feuchtigkeit entsteht z. B. durch Bauschäden, erhöhte Restfeuchte nach der Bauphase sowie klimatische Bedingungen in der Außenluft.

Des Weiteren unterscheiden die Regelwerke zwischen einer hygienisch notwendigen Lüftung und einem bauphysikalisch notwendigen Mindestluftwechsel. Während erstgenannte Lüftung eine ausreichende Sauerstoffzufuhr sicherzustellen und Schadstoffe und Gerüche abzuführen hat, soll die letztgenannte Lüftung vor allem Bauschäden vermeiden oder Auswirkungen aus Baumängeln abfedern. Schließlich kann im Einzelfall taupunktbedingtes Kondenswasser an Wärmebrücken durch ein ausreichendes Lüften vermieden werden. Veränderungen an der Gebäudehülle wie z. B. eine nachträgliche Wärmedämmung und/oder der Austausch der Fenster hat Konsequenzen bei der Lüftung der Innenräume, so dass für jeden Neubau sowie bei umfangreichen Sanierungen von Altbauten ein individuelles Lüftungskonzept entwickelt werden muss. Bei Altbauten ist ein Lüftungskonzept notwendig, wenn im Ein- und Mehrfamilienhaus mehr als ein Drittel der vorhandenen Fenster ausgetauscht bzw. im Einfamilienhaus mehr als ein Drittel der Dachfläche neu abgedichtet werden. Das Lüftungskonzept prüft die Notwendigkeit lüftungstechnischer Maßnahmen z. B. unter Anwendung der o. g. DIN 1946 Teil 6 zur Einhaltung des erforderlichen Mindestluftwechsels. Hierzu heißt es in der DIN-Norm: „Das Lüftungskonzept umfasst die Feststellung der Notwendigkeit von lüftungstechnischen Maßnahmen, einen Vorschlag für ein nutzerunabhängig wirksames Lüftungssystem sowie die Festlegung der ggf. notwendigen weiteren nutzerabhängigen Lüftungsmaßnahmen. Dabei sind bauphysikalische, lüftungs- und gebäudetechnische Erfordernisse sowie auch Anforderungen der Hygiene zu beachten. Ziel ist mindestens die Sicherstellung des Bautenschutzes (Schimmelpilzvermeidung) durch nutzerunabhängige Einhaltung der Lüftung zum Feuchteschutz unter üblichen Nutzungsbedingungen (teilweise reduzierte Feuchtelasten) sowie die Bereitstellung von gesundheitserhaltender Atemluft."

Im ersten Schritt wird die notwendige Lüftung zum Feuchteschutz (Lüftungsstufe zur Sicherstellung des Bautenschutzes bei zeitweiliger Abwesenheit der Nutzer und ohne Wäsche trocknen in der Nutzungseinheit) ermittelt. Hierzu werden die so genannten Infiltrationswerte ermittelt und anschließend mit der notwendigen Lüftung zum Feuchteschutz verglichen. Zu den Berechnungsgrundlagen zählen z. B. der Zustand der Gebäudehülle (Wärmedämmung, Undichtigkeit) sowie die Art und Lage des Gebäudes. So kann die natürliche Luftinfiltration aufgrund der Windbelastung ermittelt werden. Deshalb ist der Norm eine Windkarte des Deutschen Wetterdienstes hinterlegt.

Liegen die Werte oberhalb des ermittelten Infiltrationswertes, sind lüftungstechnische Maßnahmen vorzusehen. Kurzum: Ein Lüftungskonzept definiert die verschiedenen Anforderungen an die Lüftung und zeigt die möglichen Lüftungsoptionen auf, die zur Lösung der individuellen

Anforderungen und der Bedürfnisse im Einzelfall notwendig sind. In jedem Fall muss das Lüftungskonzept das individuelle Nutzerverhalten als eine Art „worst case" Szenario berücksichtigen – unabhängig davon, ob die Be- und Entlüftung über eine manuelle (nutzerabhängige) Fensterlüftung oder über nutzerunabhängige kontrollierte Lüftungssysteme oder raumlufttechnische Anlagen erfolgt.

Die wichtigste Norm im Zusammenhang mit der Lüftung von Wohngebäuden ist die o. g. DIN 1946 Teil 6. Das zentrale Regelwerk fordert den Nachweis von vier Lüftungsstufen für einen ausreichenden Luftwechsel bei unterschiedlichen Nutzungsbedingungen:

- Mit der Lüftung zum Feuchteschutz soll eine ausreichende Lüftung des Gebäudes in Abhängigkeit zum jeweiligen Wärmeschutz realisiert werden. Das Ziel ist, Bauschäden durch Feuchtigkeit auch dann zu vermeiden, wenn die Raumnutzer zeitweise nicht anwesend sind und die Feuchtigkeitsbelastung reduziert ist. Eine ausgelegte Lüftung muss daher unabhängig vom Nutzer laufen.
- Auch die reduzierte Lüftung (RL) ist weitestgehend unabhängig vom Nutzer zu dimensionieren. Es muss sichergestellt werden, dass auch dann, wenn die Raumnutzer nur kurzzeitig abwesend sind, die Lüftung den hygienischen Mindeststandards und dem Bautenschutz gerecht wird.
- Die so genannte Nennlüftung (NL) bezeichnet die Luftzufuhr, die zur Einhaltung hygienischer und gesundheitlicher Standards sowie zum Bautenschutz notwendig ist, wenn die Innenräume normal genutzt werden. Dies bedeutet, dass bei dieser Lüftungsstufe der Raumnutzer teilweise aktiv in das Lüftungskonzept mit einbezogen werden kann z. B. durch dessen manuelle Fensterlüftung.
- Mit der Intensivlüftung (IL) sollen Feuchtigkeitsspitzen z. B. beim Kochen, Duschen, Baden und dgl. abgebaut werden. Auch diese Lüftungsstufe kann der Raumnutzer durch sein aktives Lüftungsverhalten konzeptionell mit unterstützen.

Bei den vier Lüftungsstufen wird auf charakteristische Verhaltensweisen von Raumnutzern zurückgegriffen und diese mit der Leistungsfähigkeit der unterschiedlichen Lüftungssysteme abgeglichen. Reicht die Luftzufuhr über Gebäudeundichtheiten nicht aus, um die Lüftung zum Feuchteschutz sicherzustellen, sind lüftungstechnische Maßnahmen vorzusehen. Die Lüftung zum Feuchteschutz muss gemäß DIN 1946-6 ständig und nutzerunabhängig sichergestellt sein, um Feuchte- und Schimmelpilzschäden grundsätzlich zu verhindern. Dies bedeutet, dass es unzulässig ist, die Lüftung zum Feuchteschutz so einzuplanen, dass die Nutzer die Fenster öffnen müssen (Fensterlüftung). Die Lüftung zum Feuchteschutz ist der Mindeststandard.

Die Neufassung der DIN 1946-6 hat in wichtigen Punkten Rechtssicherheit geschaffen. Dennoch sind einige Punkte unzureichend geregelt wie z. B. welcher Zyklus einer aktiven Fensterlüftung einem Raumnutzer zugemutet werden kann, der beruflich bedingt den ganzen Tag oder mehrere Tage außer Haus ist. Gleiches gilt für atypische Witterungsbedingungen, die theoretisch einen mehrfachen kompletten Luftaustausch pro Tag erforderlich machen, aber praktisch nicht umsetzbar sind.

Die Be- und Entlüftung von fensterlosen Bädern und Toiletten ist in der DIN 18017-3 „Lüftung von Bädern und Toilettenräumen ohne Außenfenster – Teil 3: Lüftung mit Ventilatoren" geregelt. Beim Neubau oder Sanierungen derartiger Innenräume sind Einzel- oder Zentrallüftungsanlagen vorzusehen. Grundsätzlich sind ausschließlich Ventilator gestützte Lüftungssysteme erlaubt. Die Lüftungsgeräte werden entweder bedarfsorientiert durch den Nutzer gesteuert oder autark über Raumluftsensoren geregelt. Die Be- und Entlüftung von fensterlosen Küchen, Abstellräumen oder Hauswirtschaftsküchen und dgl. ist nicht Gegenstand der Norm. Dennoch kann die Lüftung dieser fensterlosen Innenräume nach den Vorgaben der Norm geplant und ausgeführt werden.

Darüber hinaus muss die DIN 4108-3 „Wärmeschutz und Energie-Einsparung in Gebäuden – Teil 3: Klimabedingter Feuchteschutz – Anforderungen, Berechnungsverfahren und Hinweise für Planung und Ausführung" genannt werden. Die Gründe für eine luftdichte Gebäudehülle sind im Wärme- und Feuchteschutz begründet und Grundlage für eine energieeffiziente Bauweise. Im Teil 3 der Norm (7) heißt es hierzu: „Wände und Dächer müssen luftdicht sein, um eine Durchströmung und Mitführung von Raumluftfeuchte, die zu Tauwasserbildung in der Konstruktion führen kann, zu unterbinden. Dies gilt auch für Anschlüsse und Durchdringungen (z. B. Wand/Dach, Schornstein/Dach) sowie bei Installationen (z. B. Steckdosen) und Einbauteilen. Auch Querströmungen in Belüftungsschichten innerhalb einer Konstruktion zwischen unterschiedlich beheizten Räumen sind zu vermeiden, z. B. durch Abschottung." Die Luftdichtigkeit bzw. Luftdurchlässigkeit der Gebäudehülle wird mittels Differenzdruckverfahren (auch „Blower-Door-Messung" genannt) ermittelt.

10.2.4 Lüftung aus gesundheitlichen (oder hygienischen) Gründen

Das regelmäßige Be- und Entlüften von Innenräumen stellt einen ausreichenden Luftaustausch sicher und hat im Wesentlichen zwei Funktionen zu erfüllen: bei der hygienisch notwendigen Lüftung wird verbrauchte Innenraumluft durch sauerstoffreiche Außenluft ersetzt und hohe Luftfeuchtigkeit, Schadstoffe und ein hoher Kohlendioxidgehalt sowie unangenehme Gerüche abgeführt. Bei einem bauphysikalisch notwendigen Mindestluftwechsel geht es darum, nutzungsbedingte oder nutzungsunabhängige Feuchtigkeit zur Vermeidung von Bauschäden abzuführen.

Aus gesundheitlicher (physiologischer, hygienischer oder medizinischer) Sicht ist ein regelmäßiges und ausreichendes Be- und Entlüften von Innenräumen eine existenzielle Notwendigkeit. Zeitpunkt und Dauer werden durch Art und Konzentration von Schadstoffen wie z. B. Kohlendioxid, flüchtigen organischen Verbindungen (VOC), mikrobiellen Belastungen wie z. B. Schimmelpilzsporen und Stoffwechselprodukten wie z. B. MVOC und/oder Mykotoxine, Bakterien und ggf. Viren sowie Feinstäuben und unangenehmen Gerüchen beeinflusst. Regelmäßiges und ausreichendes Lüften dient daher der Hygiene in Innenräumen und fördert die Raumluftqualität. Hierbei muss beachtet werden, dass einige Schadstoffe über das gesamte Jahr verteilt auftreten, andere wiederum nur temporär, saisonal und/oder witterungsbedingt. Außerdem sind einige Schadstoffe ausschließlich innenraumindiziert, andere wiederum befinden sich auch in der Außenluft und Umgebung von Gebäuden und stellen eine so genannte Hintergrundbelastung dar – sind also durch den lüftungsbedingten Austausch immer gegeben. Dies muss bei der Bewertung von mikrobiellem Befall und deren gesundheitlichen Auswirkungen immer differenziert betrachtet werden. Gleiches gilt für die Ursache und Quelle von Schadstoffen.

Einer der Hauptgründe für regelmäßiges Be- und Entlüften von Innenräumen sind hohe Konzentrationen von Kohlendioxid. Der CO_2-Anteil in der Außenluft beträgt je nach Region und Umgebung zwischen 400 und 450 ppm. PPM (aus dem Englischen parts per million = Teile von einer Million) steht für die Zahl 10^{-6} und wird in der Wissenschaft und Technik für den millionsten Teil verwendet. Tausend ppm CO_2 entsprechen 1 Volumenpromille (Vol.‰) oder 0,1 Volumenprozent (Vol.%) oder 1,83 g Kohlendioxid pro Kubikmeter. Die ausgeatmete Luft eines Menschen weist dagegen einen Kohlendioxidgehalt von ca. 40.000 ppm (oder 10 l/h) auf. Daher kommt es in ungelüfteten Innenräumen, in denen sich viele Menschen aufhalten, schnell zu Konzentrationen von bis zu 5.000 ppm.

Neben der Anzahl von Menschen und deren Aktivität wird der CO_2-Gehalt in Innenräumen durch das Raumvolumen und die Aufenthaltsdauer der Menschen beeinflusst und natürlich über den Luftwechsel bzw. Außenluftvolumenstrom. Ein Beispiel: der CO_2-Gehalt in einem Schlafzimmer mit einem Raumvolumen von 50 m^3 (4 × 5 m × 2,5 m Raumhöhe), in dem sich 2 schlafende Menschen 8 h aufhalten, ohne dass gelüftet wird, beträgt ca. 3.200 ppm.

Kohlendioxid entsteht in einer Menge von 0,7 kg pro Tag in den Körperzellen und diffundiert in die umliegenden Blutkapillaren. Dort wird es nach chemischer Bindung an Proteine (z. B. Hämoglobin) oder in gelöster

Form transportiert. Über die Lungenmembran (Alveolen) wird das Kohlendioxid ausgeatmet. Eine der physiologischen Funktionen des Kohlendioxids im Organismus besteht darin, dass es über die Chemorezeptoren die Atmung regelt. Erhöhte CO_2-Konzentrationen in der Raumluft wirken erweiternd auf die Bronchien und erhöhen die Atemfrequenz und das Atemzugvolumen.

Hohe Konzentrationen beeinflussen die Gesundheit und Leistungsfähigkeit und zeigen sich durch Kopfschmerzen, Müdigkeit und Konzentrationsschwäche. Deshalb gilt die Konzentration von Kohlendioxid als Indikator für die Luftqualität.

In Deutschland gibt es keine gesetzliche Regelung für Kohlendioxidkonzentrationen in privat genutzten Innenräumen – nur Richtwerte und Empfehlungen.

< 800 ppm	gut bzw. hygienisch unbedenklich
< 1.000 ppm	akzeptabel bzw. hygienisch auffällig
< 1.500 ppm	mäßig bzw. hygienisch bedenklich
> 1.500 ppm	schlecht bzw. hygienisch inakzeptabel

In der DIN 1946-6 „Raumlufttechnik – Teil 6: Lüftung von Wohnungen – Allgemeine Anforderungen zur Bemessung, Ausführung und Kennzeichnung, Abnahme und Instandhaltung" sind 1.500 ppm als Grenzwert für gute Luftqualität hinterlegt. Das UBA (Umweltbundesamt) empfiehlt dagegen bereits beim Überschreiten von 1.000 ppm CO_2 (dem alten „Pettenkofer"-Wert), verbrauchte Luft durch frische und sauerstoffreiche Luft zu ersetzen. Hohe Konzentrationen von Kohlendioxid werden in der Regel durch weitere Einflüsse wie z. B. unangenehme Gerüche (z. B. durch Schweiß) begleitet und gelten als Beleg für unzureichende Lüftungsraten. Allerdings sind CO_2-Konzentrationen unter 1.000 ppm keine Garantie dafür, dass eine hohe Luftqualität vorliegt. Die 0,1 bis 0,15 Vol.-% gelten daher nur als „hygienischer Richtwert".

10.2.5 Mindestluftwechsel zum Feuchteschutz

Das regelmäßige Be- und Entlüften von Innenräumen stellt einen ausreichenden Luftaustausch sicher und hat im Wesentlichen zwei Aufgaben zu erfüllen: bei der hygienisch notwendigen Lüftung wird verbrauchte Innenraumluft durch sauerstoffreiche Außenluft ersetzt und hohe Luftfeuchtigkeit, verschiedene Schadstoffe und ein hoher CO_2-Gehalt sowie unangenehme Gerüche abgeführt. Dagegen geht es beim bauphysikalisch notwendigen Mindestluftwechsel darum, nutzungsbedingte oder nutzungsunabhängige Feuchtigkeit abzuführen, um Bauschäden durch Feuchtigkeit und Schimmelpilzbildung und -wachstum zu vermeiden.

Nutzungsbedingte Feuchtigkeit wird durch das Wohn- und Nutzungsverhalten der Raumnutzer beeinflusst. Hierzu gehören das Atmen und Schwitzen der Menschen sowie Kochen, Baden, Duschen und dgl., aber auch individuelle Faktoren wie Pflanzen und Tiere sowie das Wäsche trocknen oder offene Wasserflächen. Neben einer konstanten Normalbelastung müssen auch temporär wiederkehrende Spitzenbelastungen berücksichtigt werden. Gleiches gilt für eine differenzierte Betrachtung der unterschiedlichen Innenräume, nach Wasserdampfzuführung, aber auch die -abführung. Diese dynamische Feuchtebelastung wird über eine Innenraum-Feuchte-Bilanz ermittelt, in der zusätzlich der Sättigungsdampfdruck, das Raumvolumen und die Belegungsdichte sowie Art der Lüftung berücksichtigt werden. Eine Innenraum-Feuchte-Bilanz stellt den in Innenräumen produzierten Wasserdampf (M_D) in kg/h sowie den zugeführten Wasserdampf (M_{zu}) in kg/h ins Verhältnis zum abgeführten Wasserdampf (M_{ab}) in kg/h. Die Formel hierfür lautet: $M_D + M_{zu} = M_{ab}$. Der zugeführte Wasserdampf in kg/h ergibt sich aus dem Luftwechsel (n) in 1/h, dem Raumvolumen (V) in m^3 sowie der absoluten Luftfeuchtigkeit der Außenluft (c_a) in kg/m^3. Der abgeführte Wasserdampf in kg/h ergibt sich aus dem Luftwechsel (n) in 1/h, dem Raumvolumen (V) in m^3 sowie der absoluten Luftfeuchtigkeit der Raumluft (c_i) in kg/m^3.

Der Luftwechsel (oder auch synonym die Begriffe Luftwechselrate und Luftwechselzahl) beschreibt, wie häufig das Luftvolumen eines Innenraumes pro Stunde mit der Außenluft ausgetauscht wird. Die Einheit ist 1/h (oder h^{-1}). Eine Luftwechselrate von 4 h^{-1} bedeutet, dass die Raumluft viermal pro Stunde ersetzt werden muss.

Architekten und Planer haben auf ein Mindestmaß an Luftwechsel zu achten. Dieses wird als Mindestluftwechsel bezeichnet. In der DIN 1946-6 „Raumlufttechnik – Teil 6: Lüftung von Wohnungen – Allgemeine Anforderungen, Anforderungen zur Bemessung, Ausführung und Kennzeichnung, Übergabe/Übernahme (Abnahme) und Instandhaltung" wird der Begriff des Mindestluftwechsels etwas genauer beschrieben. Die Norm fordert, dass in Wohngebäuden mindestens der Feuchteschutz durch eine nutzerunabhängige Belüftung sicherzustellen ist. Nutzerunabhängig bedeutet, dass der notwendige Luftaustausch auch dann sichergestellt sein muss, wenn die Bewohner z. B. beruflich- oder urlaubsbedingt abwesend sind. Früher wurde dies über die „natürliche" Undichtigkeit der Gebäudehülle weitestgehend erreicht. Bei Gebäuden nach dem heutigen Baustandard liegt der natürliche Luftwechsel durch Undichtigkeiten in der Gebäudehülle nur noch bei 0,2 bis 0,3 pro Stunde. Dies bedeutet, dass in der Regel zusätzliche lüftungstechnische Maßnahmen wie z. B. eine kontrollierte Lüftung oder automatische Lüftungsanlagen notwendig sind.

Der Mindestluftwechsel zum Feuchteschutz hat grundsätzlich sicherzustellen, dass Feuchte- und Schimmelpilzschäden vermieden werden. Wenn es darum geht, darüber hinaus die Hygiene in Innenräumen und ein gesundes Innenraumklima sicherzustellen, reicht der Mindestluftwechsel in der Regel nicht aus. Hierfür sieht die o. g. Lüftungsnorm die Erstellung eines Lüftungskonzeptes und den Nachweis von vier Lüftungsstufen vor. Diese zeigen den notwendigen Luftwechsel bei unterschiedlichen Nutzungsbedingungen auf. Die Lüftung zum Feuchteschutz muss gemäß DIN 1946-6 ständig und nutzerunabhängig sichergestellt sein, um Feuchte- und Schimmelpilzschäden zu verhindern. Dies bedeutet, dass es unzulässig ist, die Lüftung zum Feuchteschutz dem Nutzer zu überlassen (z. B. durch eine manuelle Fensterlüftung.

Des Weiteren wird die Sättigungsfeuchte in kleineren Innenräumen bei gleicher Menge an produziertem Wasserdampf schneller erreicht als in Innenräumen mit einem größeren Raumvolumen. Schließlich befindet sich in einem größeren Raumvolumen auch mehr Luft, die Feuchtigkeit aufnehmen kann. Ein Beispiel: Ein Schlafzimmer mit einer Fläche von 20 m^2 und einer Deckenhöhe von 2,40 m hat ein Raumvolumen von 48 m^3. Bei einer relativen Luftfeuchte von 60 % und einer Raumtemperatur von 20 °C liegt der maximale Feuchtegehalt bei 10,4 g/m^3. Dies bedeutet, dass die Raumluft knapp 500 g Wasserdampf aufnehmen kann. Bei gleichen raumklimatischen Bedingungen verändert sich diese Menge allein dadurch, dass sich das Raumvolumen vergrößert. Beträgt die Fläche 30 m^2 bei einer Deckenhöhe von 2,50 m ergibt sich daraus ein Raumvolumen von 75 m^3. Dies bedeutet, dass die Raumluft 780 g Wasserdampf aufnehmen kann, bevor die Sättigung erreicht wird. Allein nur aufgrund der 10 m^2 mehr Grundfläche und 10 cm höheren Decke kann der zweite Raum etwas mehr als 280 g Feuchtigkeit mehr aufnehmen. Daher empfiehlt sich z. B. bei einer beruflich oder urlaubsbedingten Abwesenheit, die innenliegenden Zimmertüren zu öffnen, wenn eine Lüftung z. B. über die Fenster nicht möglich ist, um somit das Raumvolumen zu erhöhen.

Für privat genutzte Innenräume gibt es aufgrund der unterschiedlichen nutzungsbedingten

Tab. 10.1 Empfehlung der Luftwechselrate nach Angaben in der Fachliteratur

Raum*	Luftwechselrate	Lüftung alle
Wohnzimmer	1 bis 2 h^{-1}	30 bis 60 min
Schlafzimmer	2 bis 3 h^{-1}	20 bis 30 min
Kinderzimmer	2 bis 3 h^{-1}	20 bis 30 min
Arbeitszimmer	1 bis 2 h^{-1}	30 bis 60 min
Küche	4 bis 6 h^{-1}	10 bis 15 min
Badezimmer	8 bis 10 h^{-1}	5 bis 6 min
Toilette	8 bis 10 h^{-1}	5 bis 6 min
Waschküche	6 bis 8 h^{-1}	6 bis 10 min
Hobby-/Abstellraum	0,5 h^{-1}	120 min
Garage	1 bis 2 h^{-1}	30 bis 60 min
Keller	1 bis 2 h^{-1}	30 bis 60 min

* je nach Aktivität der Nutzung und Belegung der Innenräume, abhängig von der Raumgröße

Feuchteproduktion in den Regelwerken entsprechende Empfehlungen (siehe Tab. 10.1):

Da einzelne Innenräume nicht isoliert betrachtet werden können, empfehlen Experten in der Regel eine Luftwechselrate von 0,5 h^{-1} für die komplette Wohneinheit. Bei diesem Wert wird das Luftvolumen innerhalb einer Stunde zur Hälfte ausgetauscht. Ein vollständiger Luftwechsel alle 2 h gilt mittlerweile als anerkannte Regel der Technik. Um nur den Feuchteschutz für das Gebäude sicher zu stellen, reichen dagegen geringere Luftwechselraten. Die Empfehlungen reichen von 0,15 h^{-1} bis 0,2 h^{-1}. Eine Luftwechselrate von 0,2 h^{-1} bedeutet, dass das Luftvolumen der Wohneinheit nach fünf Stunden komplett ausgetauscht sein muss. Als „nicht offizieller Grenzwert" für den Mindestluftwechsel in einer kompletten Wohneinheit gilt unter Experten 0,3 h^{-1}.

Angaben über den Mindestluftwechsel zum Feuchteschutz hängen von einer Reihe von Einflussfaktoren ab. Hierzu gehören z. B. Größe und Anzahl der Innenräume (in m^3), Anzahl der Bewohner in der Wohnung (gesamt) sowie in den einzelnen Innenräumen (z. B. Mehrbelegung im Kinderzimmer), Nutzung und Aktivität in den Innenräumen (z. B. Kochen, Duschen, Wäsche trocknen, Wasserdampf beim Bügeleisen, sportliche Aktivitäten und dgl.), der bauliche Zustand der Gebäudehülle (Wärmedämmung, Undichtigkeit), jahreszeitlich bedingte Witterungseinflüsse (Außenklima), ggf. Windbelastung durch Objektlage und Himmelsrichtung sowie ggf. erhöhte Restfeuchte bei Neubauten oder nach Sanierungen usw. Auch wenn der Mindestluftwechsel zum Feuchteschutz für einen „geringeren Wärmeschutz" ausgelegt wird, müssen die Mindestanforderungen an den baulichen Wärmeschutz eingehalten werden.

10.2.6 Anforderungen an Lüftungskonzepte und -systeme

Lüftungskonzepte und -systeme stellen einen ausreichenden Luftaustausch sicher und haben im Wesentlichen zwei Aufgaben zu erfüllen: Bei der gesundheitlich (oder hygienisch) notwendigen Lüftung wird verbrauchte Innenraumluft durch frische und sauerstoffreiche Außenluft ersetzt. Außerdem werden hohe Luftfeuchtigkeit, verschiedene Schadstoffe (z. B. VOC) und ggf. Krankheitserreger (z. B. Viren), ein hoher CO_2-Gehalt sowie unangenehme Gerüche abgeführt. Dagegen geht es beim bauphysikalisch notwendigen Mindestluftwechsel darum, nutzungsbedingte oder nutzungsunabhängige Feuchtigkeit abzuführen, um Bauschäden durch Feuchtigkeit und Schimmelpilzbildung und -wachstum zu vermeiden.

Für die unterschiedlichen Zielvorgaben an Lüftungskonzepte sowie Anforderungen an Lüftungsarten und -systeme gibt es eine Reihe von Regelwerken. Eine der wesentlichen Forderungen in diesen ist, dass eine ausreichende Be- und Entlüftung auch ohne Mitwirkung durch den Nutzer sichergestellt werden muss. Technisch gelöst wird dies über kontrollierte Lüftungssysteme oder raumlufttechnische Anlagen. Dennoch stellt die klassische Fensterlüftung immer noch die mit Abstand häufigste Lüftungsart dar. Der größte Nachteil besteht darin, dass die manuelle Be- und Entlüftung auf das aktive Einwirken der Raumnutzer angewiesen und somit subjektiven Einflüssen ausgesetzt ist – allerdings auch die unterschiedlichen Feuchtegehalte in den verschiedenen Innenräumen berücksichtigen muss. Hinzu kommt, dass bewohnte Innenräume in der Regel alle 90 bis 120 min intensiv gelüftet werden „müssten", was in der Nachtruhe oder abwesenheitsbedingt tagsüber völlig unrealistisch ist.

Neben der Lüftung aus gesundheitlichen (oder hygienischen) Gründen und/oder dem bauphysikalisch notwendigen Mindestluftwechsel soll durch die jeweilige Lüftungsart die thermische Behaglichkeit durch Zugluft oder kalte Zuluft nicht beeinträchtigt werden. Beides hat erhebliche Auswirkungen auf den Wohnkomfort. Hierzu zählt auch die Wärme- bzw. Temperaturverteilung im Innenraum, die bei der Fensterlüftung oder bei kontrollierten Lüftungssystemen zum Teil erhebliche Temperaturunterschiede auftreten können. Eine ungünstige Temperaturverteilung kann hingegen mit Komfortlüftungsanlagen erzielt werden. Hierbei handelt es sich um raumlufttechnische Anlagen mit effektiver Wärmerückgewinnung, mit denen auch bei Minustemperaturen der Außenluft angenehme Lufttemperaturen von mindestens 16 °C bis 18 °C dem Innenraum zugeführt werden. Das Zu- und Abluftprinzip wird auch bei der Mehrfachnutzung der Zuluft verwendet. Hierbei wird die verbrauchte Abluft aus Küche, Bädern und Toiletten abgesaugt und frische Zuluft den Wohn- und Schlafräumen zugeführt.

Raumlufttechnische Anlagen mit effektiver Wärmerückgewinnung spielen nicht nur im Zusammenhang mit der Behaglichkeit eine Rolle. Durch die steigenden Energiepreise und der damit verbundenen Sensibilisierung für Energieeinsparung und -effizienz trägt die Wärmerückgewinnung mit dazu bei, dass die Lüftungswärmeverluste reduziert werden. Diese liegen bei Fensterlüftung zwischen 40 bis 60 kWh/(m^{2}a). Bei kontrollierten Lüftungssystemen (Abluftanlagen) liegen die Lüftungswärmeverluste nur bei 20 bis 30 kWh/(m^{2}a), aber immer noch deutlich über einer Komfortlüftung. Mit ihnen können die Lüftungswärmeverluste auf 4 bis 8 kWh/(m^{2}a) reduziert werden (Anmerkung: dafür entsteht während der Heizsaison ein Strombedarf für die Lüftung von 1,5 bis 2,5 kWh/(m^{2}a)).

Es gehört sicherlich nicht zu den primären Aufgaben der Lüftungssysteme, den sommerlichen Wärmeschutz sicherzustellen. Hierfür sind in erster Linie bauliche Maßnahmen wie z. B. eine außenliegende Verschattung der Fenster (z. B. mit Rollläden), ein hoher Wärmeschutz der Gebäudehülle (Fassade und Fenster) sowie eine hohe Bauteilmasse der Baukonstruktion verantwortlich. Lüftungssysteme können diese Maßnahmen allerdings flankierend unterstützen und z. B. über das Prinzip der Nachtlüftung in den sommerlichen Wärmeschutz mit eingebunden werden. Hierzu wird die kühle Außenluft in den Nachtstunden den Innenräumen zugeführt und die warme Abluft unter Umgehung des Wärmetauschers über die Lüftungsanlage (Abluftschaltung) abgeführt. Somit kann einer übermäßigen Überhitzung der Innenräume im Sommer entgegengetreten werden. Aus diesem Grund müssen Lüftungsgeräte mit Wärmerückgewinnung seit 2016 einen so genannten „Sommer-Bypass“ haben.

Durch die zunehmende Nutzung der Wohnräume als Home-Office oder im Rahmen der gewerblichen Nebentätigkeit haben neue Aspekte z. B. des Schallschutzes heute eine wesentlich größere Bedeutung als früher. Hierzu bietet z. B. die Komfortlüftung einen hohen Schallschutz bei Außenlärm, da mittels Schalldämpfer frische Außenluft ohne Öffnen der Fenster in den Innenraum zugeführt wird. In der Regel liegen die Geräuschpegel zwischen 20 und max. 25 dB.

Raumlufttechnische Anlagen haben zudem den Vorteil, dass sie je nach Filterqualität den Schutz vor Pollen und Insekten, aber auch gegen Schimmelpilzsporen und andere mikrobielle Partikel, ermöglichen. Bei der herkömmlichen Fensterlüftung ist dies nicht möglich; bei den kontrollierten Lüftungssystemen nur mit einem entsprechenden Mehraufwand, da jeder Außenluftdurchlass mit hochwertigen Filtern ausgeführt und aufgrund des entstehenden Unterdrucks eine besonders hohe Luftdichtigkeit der Gebäudehülle sichergestellt werden muss.

In der Gesamtbetrachtung der verschiedenen Lüftungsarten und -systeme müssen weitere Aspekte wie z. B. die Anschaffungskosten und der Wartungsaufwand (z. B. Folgekosten der Filtersysteme) genauso berücksichtigt werden wie z. B. das Einbruchrisiko oder auch die intuitive Bedienungsfreundlichkeit u. a. Daher müssen unterschiedliche Entscheidungskriterien für die Auswahl der Lüftungssysteme herangezogen werden. Ein Ansatz hierzu bietet das Lüftungskonzept nach DIN 1946-6 „Raumlufttechnik – Teil 6: Lüftung von Wohnungen – Allgemeine Anforderungen, Anforderungen zur Bemessung, Ausführung und Kennzeichnung, Übergabe/Übernahme (Abnahme) und Instandhaltung“, das sowohl im Neubau sowie unter bestimmten Voraussetzungen auch bei Sanierungen anzuwenden ist. Die Norm unterscheidet hierbei in die Lüftungsstufen: Intensivlüftung (IL), Nennlüftung (NL), reduzierte Lüftung (RL) und die Lüftung zum Feuchteschutz (FL). Maßgeblich ist der Außenluftwechsel. Für die grundsätzliche Vorgehensweise bei der Erstellung eines Lüftungskonzeptes gibt es in der Lüftungsnorm ein Ablaufschema.

Das Lüftungskonzept ergibt aufgrund von Nachweismethoden und Berechnungsverfahren, ob lüftungstechnische Maßnahmen (LtM) erforderlich sind. Darunter werden Einrichtungen zur freien und Ventilator gestützten Lüftung bezeichnet, die einen nutzerunabhängigen Luftaustausch sicherstellen sollen. Lüftungstechnische Maßnahmen können zur Vermeidung von Feuchteschäden und/oder Schimmelpilzbefall erforderlich werden, wenn ein notwendiger Volumenstrom zum Feuchteschutz durch „natürliche“ Infiltration (Undichtigkeiten in der Gebäudehülle) nicht mehr sichergestellt werden kann. Hierzu zählen die freie Lüftung, Ventilator gestützte Lüftung, Abluftsysteme (Einzelventilator- und Zentralventilator-Lüftungsanlagen), Zuluftsysteme und Zu- und Abluftsysteme.

10.2.7 Übersicht über die Lüftungsarten/-systeme

10.2.7.1 Einleitung

Das Be- und Entlüften von Innenräumen wird synonym mit dem Austausch von verbrauchter Innenraumluft durch frische Außenluft verstanden. Dies trifft auch fast immer zu. Allerdings muss der Vollständigkeit auch die Fugenlüftung genannt werden, gerade bei nicht sanierten Altbauten oder Baudenkmälern. Hiermit ist der Luftvolumenstrom durch „natürliche“ Infiltration in Folge einer undichten Gebäudehülle (z. B. Fensterdichtungen, Rollladenkästen) gemeint, auch wenn der Luftaustausch durch Leckagen unzureichend ist und zu unangenehmer Zugluft und taupunktbedingtem Kondenswasser in der Baukonstruktion führen würde. Unabhängig davon sind Neubauten ab 1984 sowie sanierte Altbauten (nachträgliche Wärmedämmung und neue Fenster) ohnehin so dicht gebaut, dass ein Luftwechsel durch mögliche Undichtigkeiten in der Gebäudehülle für eine ausreichende Raumluftqualität nicht ausreicht. Außerdem muss der Vollständigkeit auch der Luftaustausch innerhalb einer Wohneinheit genannt werden, wenn durch das Öffnen der Innentüren die Raumluft zwischen unterschiedlichen Innenräumen ausgetauscht und das Raumvolumen erhöht wird. Die nachfolgenden Ausführungen sind im Sinne eines aktiven Lüftens bzw. einer gesteuerten Lüftung zu verstehen. Die für die Lüftung von Wohngebäuden maßgebliche DIN-Norm 1946-6 „Raumlufttechnik – Teil 6: Lüftung von Wohnungen“ unterscheidet grundsätzlich eine freie (oder natürliche) Lüftung und mechanische (oder Ventilator gestützte) Lüftung. Der natürliche Luftaustausch durch evtl. Undichtigkeiten in der Gebäudehülle wird in der Lüftungsnorm nicht als eigenständige Lüftungsart genannt, allerdings bei der Dimensionierung der Lüftungssysteme berücksichtigt.

Unter der freien (oder natürlichen) Lüftung werden alle Lüftungsarten ohne maschinelle Unterstützung verstanden. Hierzu zählt vor allem die manuelle Fensterlüftung, bei der frische Außenluft durch die geöffneten Fenster z. B. in Kippstellung oder als Stoß- oder Querlüften in die Innenräume strömt. Winddruck, thermischer Auftrieb oder Temperaturdifferenzen zwischen innen und außen erzeugen dabei einen Luftvolumenstrom, der zu einem Luftaustausch führt. Die höchsten Lüftungsraten werden mit der Querlüftung erreicht. Hinzu kommt die Schachtlüftung, bei der die verbrauchte Raumluft über einen Schacht (ohne Ventilator) z. B. über das Dach nach außen abgeführt wird. Typische Anwendung für eine Schachtlüftung sind innenliegende Bäder und Toilettenräume ohne Fenster. Außerdem muss die Fensterfalzlüftung genannt werden, bei der Lüftungsschlitze in den Fensterrahmen integriert sind. Passive Lüftungsöffnungen erfüllen unter idealen Voraussetzungen, u. a. abhängig von den Fensterpositionen, maximal einen ausreichenden Mindestluftwechsel in unbewohnten Wohneinheiten und führen zudem zu einem Verlust an Wärmeenergie und unangenehmer Zugluft.

Alle drei Lüftungsarten nutzen das Prinzip der Thermik („natürlicher“ Auftrieb oder „Kamin-Effekt“), das sich durch witterungsbedingte Druckdifferenzen an und in Gebäuden, verursacht durch Windkräfte und/oder Temperaturdifferenzen zwischen innen und außen, einstellt. Infolgedessen ist die freie (oder natürliche) Lüftung von den Witterungsbedingungen und vor allem den Windverhältnissen stark abhängig und führt zu einem nicht kontrollierbaren Luftwechsel. Bei der Schachtlüftung und passiven Lüftungsöffnungen kann zudem die Menge an frischer Außenluft nicht gesteuert werden. Dies führt im Winter oft dazu, dass zu viel Luft ausgetauscht wird und Wärmeenergie verloren geht und im Sommer zu wenig Luft ausgetauscht wird und taupunktbedingtes Kondenswasser entstehen kann.

Wenn die freie (oder natürliche) Lüftung für den notwendigen Luftwechsel nicht ausreicht, kommt die kontrollierte Lüftung zum Einsatz. Hierbei wird durch mechanische Lüftungsanlagen mit Hilfe von Ventilator gestützten Zu- und/ oder Abluftsystemen die verbrauchte Raumluft kontrolliert abgesaugt und nach außen abgeführt. Gleichzeitig wird der notwendige Mindestluftwechsel nutzerunabhängig sichergestellt.

Nach dem Funktionsprinzip werden zentrale oder dezentrale Lüftungsanlagen (mit oder ohne Überströmöffnungen innerhalb einer Wohneinheit) und Lüftungsanlagen mit oder ohne Wärmerückgewinnung unterschieden. In Lüftungsanlagen wird die Luft nur transportiert und ggf. temperiert. Wird zusätzlich die Luftfeuchtigkeit (Be- und/oder Entfeuchtung) bzw. die Lufttemperatur gesteuert, spricht man von Klimaanlagen. Moderne Lüftungsanlagen arbeiten nicht nur mit einer Wärmerückgewinnung, sondern auch mit einer Feuchterückgewinnung sowie einer sensorgesteuerten Bedarfsregelung. Diese berücksichtigen z. B. auch die absolute Luftfeuchte der Außenluft und reduzieren das Luftvolumen bei hoher Außenluftfeuchte.

Technische Lüftungsanlagen müssen regelmäßig überprüft und gereinigt sowie die Zu- und Abluftfilter ausgewechselt werden. Detaillierte Hinweise finden sich neben der bereits erwähnten Lüftungsnorm DIN 1946 Teil 6 auch in der VDI-Richtlinie 6022 „Raumlufttechnik, Raumluftqualität“ (Blatt 1 Hygieneinspektion) sowie in der DIN EN 13779 „Lüftung von Nichtwohngebäuden – Allgemeine Grundlagen und Anforderungen für Lüftungs- und Klimaanlagen und Raumkühlsysteme“. Schließlich filtern diese Anlagen Verunreinigungen wie z. B. Staub, Pollen und Insekten, Schimmelpilzsporen und andere mikrobielle Partikel heraus, so dass sich mit der Zeit ein regelrechter „Bio-Cocktail“ ansammelt und somit selbst Auslöser für Innenraumbelastungen werden kann. Gerade in Verbindung mit Feuchtigkeit werden ideale Wachstumsbedingungen für Schimmelpilze und/oder Bakterien geschaffen.

10.2.7.2 Manuelle Fensterlüftung

Trotz aller Regelungen zum ausreichenden Be- und Entlüften von Innenräumen z. B. über die Lüftungsnorm DIN 1946-6 „Raumlufttechnik – Teil 6: Lüftung von Wohnungen“ und/oder den unbestrittenen Vorteilen einer kontrollierten Lüftung stellt das herkömmliche Öffnen der Fenster in vielen Gebäuden die einzige Möglichkeit zur Be- und Entlüftung von Innenräumen dar. Infolgedessen stellt die manuelle Fensterlüftung, gemessen am gesamten Wohnungsbestand in Deutschland, immer noch mit deutlichem Abstand die am meisten verbreitete Lüftungsart dar.

Obwohl die manuelle Fensterlüftung im Prinzip einfach ist und keine zusätzliche Technik erfordert, gibt es in der praktischen Umsetzung eine Reihe von Problemen, die auch mit den zahlreichen und gut gemeinten Lüftungsratschlägen auf Vermieterseite in den letzten Jahren keine nennenswerte Verbesserung gebracht haben. Die Ursachen hierfür sind vielfältig und dennoch relativ einfach: Manuelle Fensterlüftung ist immer vom subjektiven Empfinden der Raumnutzer abhängig und auf das aktive Tun der Raumnutzer angewiesen. Hinzu kommt, dass viele Empfehlungen zum „richtigen“ Lüften realitätsfremd sind und sich mit einem typischen Alltag einer berufstätigen Familie mit Kindern (vor der Zeit, als Home-Office eher die absolute Ausnahme war) nicht vereinbaren ließ. Außerdem müssen typische Fehler beim Lüften genannt werden, da bauphysikalische Zusammenhänge nicht bekannt sind – und in der Regel von einem Raumnutzer (ohne bautechnische Hintergründe) auch nicht erwartet werden können. Nicht ohne Grund konzentrieren sich Lüftungskonzepte und Lüftungssysteme darauf, dass eine ausreichende Be- und Entlüftung der Innenräume auch ohne die Mitwirkung seiner Raumnutzer sichergestellt wird.

Die manuelle Fensterlüftung gehört zur so genannten freien (oder natürlichen) Lüftung. Durch das Öffnen der Fenster wird sauerstoffreiche Außenluft den Innenräumen zugeführt bzw. findet ein Luftaustausch zwischen der verbrauchten Raumluft und der frischen Außenluft statt. Grundlage hierfür ist der so genannte Luftvolumenstrom, der durch temperaturbedingte Druck-

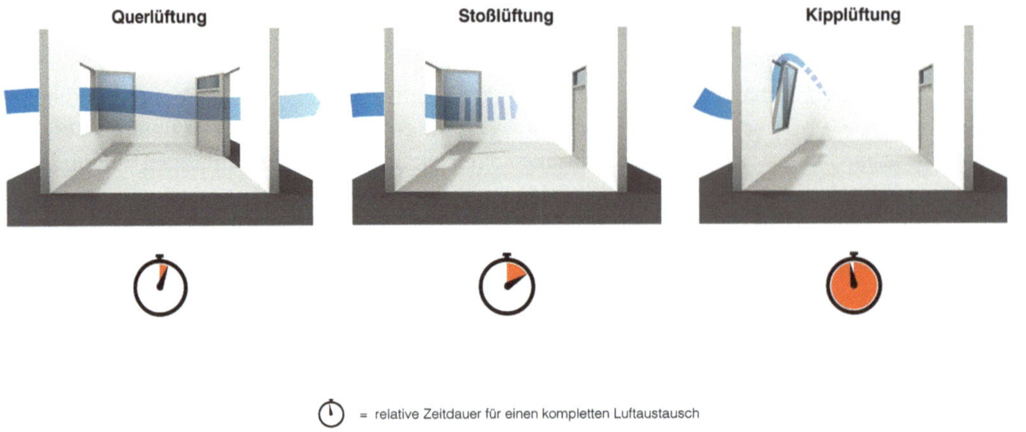

Abb. 10.1 unterschiedliche Arten der manuellen Fensterlüftung

differenzen (Thermik) im Umfeld sowie innerhalb eines Gebäudes sowie durch Windkräfte (Winddruck) und thermischen Auftrieb erzeugt wird. Infolgedessen ist die manuelle Fensterlüftung von den Witterungsbedingungen und vor allem den Windverhältnissen (Luv/Lee) stark abhängig. Luv und Lee benennen die Seiten eines Objekts in Bezug zum Wind. Dabei ist Luv die dem Wind zugewandte und Lee die vom Wind abgewandte Seite. Infolgedessen hat auch die Ausrichtung der Fenster in der Gebäudehülle bei der manuellen Fensterlüftung ihre Bedeutung. Hinzu kommt die räumliche Anordnung und die Größe der Fenster (Öffnungsfläche) sowie die Lüftungsart und -dauer. Hierbei wird zwischen der Spaltlüftung (Kippstellung) sowie Stoßlüftung und Querlüftung unterschieden (siehe Abb. 10.1).

Im Endeffekt geht es auch bei der manuellen Fensterlüftung „nur" darum, eine gesundheitlich (oder auch medizinisch oder hygienisch) notwendige Lüftung und/oder einen bauphysikalisch notwendigen Mindestluftwechsel sicherzustellen, um nutzungsbedingte Feuchtigkeit zur Vermeidung von Feuchteschäden und Schimmelpilzbefall abzuführen. Dies bedeutet, dass der notwendige Luftwechsel sichergestellt werden muss. Dieser beschreibt, wie häufig das Luftvolumen eines Innenraumes pro Stunde ausgetauscht werden sollte und wird über die Luftwechselrate ausgedrückt: Luftvolumenstrom (in m^3/h) dividiert durch das Raumluftvolumen (Einheit 1/h oder h^{-1}). Allerdings sollte immer beachtet werden, dass die manuelle Fensterlüftung keiner rationellen Berechnung unterliegt, sondern durch subjektives Empfinden die Behaglichkeit in Innenräumen sicherstellen soll und zudem durch eine Reihe von individuellen Faktoren beeinflusst wird. Hierzu gehören z. B.

- die Größe (Raumvolumen in m^3) und Anzahl der Innenräume,
- die Belegungsdichte (Anzahl der Raumnutzer in der gesamten Wohneinheit) sowie in den einzelnen Innenräumen (z. B. Mehrbelegung im Kinderzimmer),
- nutzungsbedingte Feuchteproduktion (z. B. Kochen, Duschen, Wäsche trocknen, Wasserdampf beim Bügeleisen, sportliche Aktivitäten und dgl.),
- nutzungsbedingte Gerüche (z. B. Tiere, Kochen, Rauchen),
- Zeitpunkt für das Auftreten von nutzungsbedingter Feuchte und/oder Gerüche,
- der bauliche Zustand der Gebäudehülle (z. B. Wärmedämmung, Undichtigkeit),
- jahreszeitlich bedingte Witterungseinflüsse (Außenklima),
- ggf. Windbelastung durch Objektlage und Himmelsrichtung,
- evtl. noch vorhandene Ofenheizungen oder Kamine,
- evtl. erhöhte Restfeuchte bei Neubauten oder nach Sanierungen sowie
- ggf. regionale Belastungen (z. B. durch Radon) usw.

Aufgrund dieser individuellen Einflussfaktoren gibt es keinen „richtigen“ Luftwechsel, der für jeden Innenraum gilt. Individuelle Einflüsse bedeuten auch ein individuelles Lüftungsverhalten. Der allgemeine Richt- oder Orientierungswert der Luftwechselrate liegt bei 0,5 h^{-1} für eine komplette Wohneinheit. Bei diesem Wert wird das Luftvolumen innerhalb einer Stunde zur Hälfte ausgetauscht. Ein vollständiger Luftwechsel alle 2 h gilt als anerkannte Regel der Technik. Als „nicht offizieller Grenzwert“ für den Mindestluftwechsel in einer kompletten Wohneinheit gilt unter Experten 0,3 h^{-1}. Werden diese Werte eingehalten, kann auch mit einer herkömmlichen Fensterlüftung der individuelle Bedarf an Sauerstoff sichergestellt und eine erhöhte Luftfeuchtigkeit, CO_2-Konzentration, Schadstoffe und unangenehme Gerüche abgeführt werden. Dies wird in der allgemeinen Diskussion um die Luftwechselrate häufig vernachlässigt. Allerdings sollte auch bei Abwesenheit der Raumnutzer die notwendige Luftwechselrate nicht unterschritten werden – was in der Regel zu Fehler in der Fensterlüftung wie z. B. durch die Spaltlüftung bzw. Kippstellung führt.

Die höchsten Lüftungsraten werden mit der Querlüftung erreicht. Hierbei werden die Fenster in einem Innenraum, die gegenüberliegenden Innentüren und die Fenster in anderen Innenräumen komplett geöffnet, so dass umgangssprachlich ein „Durchzug“ entsteht. Man kennt diese Situation in der Regel, wenn sehr unangenehme Gerüche sehr schnell abgeführt werden sollen. Mit der Querlüftung können Luftwechselzahlen im Durchschnitt von 40 h^{-1} erreicht werden, so dass ein kompletter Luftaustausch je nach klimatischen Bedingungen (außen) innerhalb von ein bis zwei Minuten stattfinden kann. Dadurch entsteht der Eindruck, dass die Querlüftung die optimale Art des Lüftens darstellt. Allerdings können sich unter gewissen Umständen auch Probleme einstellen, wenn z. B. sehr kalte Außentemperaturen (z. B. −10 °C) auf feucht-warme Innenräume (z. B. Bäder) treffen, in denen sich eine überdurchschnittlich hohe Luftfeuchtigkeit (z. B. > 90 % unmittelbar nach dem Duschen) befindet. Der Innenraum würde bei einer Querlüftung schnell auskühlen, ohne die hohe Feuchtigkeit aufzunehmen, zu speichern und nach außen abzuführen. Die hierfür notwendige „Aufwärmphase“ fehlt. Daher kann es ratsam sein, die mehrfache Stoßlüftung der einmaligen Querlüftung vorzuziehen.

Bei der Stoßlüftung werden nur die Fenster in einem Innenraum komplett geöffnet, ohne dass ein „Durchzug“ entsteht. Hierbei werden Luftwechselzahlen im Durchschnitt von 9 bis 15 h^{-1} erreicht, so dass ein kompletter Luftaustausch je nach klimatischen Bedingungen (außen) innerhalb von 4 bis 8 min stattfindet. Im Gegensatz zur Querlüftung kann bei der Stoßlüftung die einströmende Außenluft die Feuchtigkeit aus der Raumluft langsam aufnehmen, abspeichern und langsam nach außen abführen – die effektivste Methode des Lüftens. Daher bietet sich das Stoßlüften z. B. auch in Innenräumen mit einer temporär hohen Luftfeuchtigkeit wie z. B. Bäder an. Ideal wäre, das Stoßlüften nach dem Baden oder Duschen in einem Lüftungsintervall von ca. 30 min drei- bis viermal zu wiederholen. Generell empfehlen Experten für einen ausreichenden Luftwechsel mindestens viermal täglich eine Stoßlüftung in möglichst großen zeitlichen Abständen (ideal wäre ein Intervall von 6 h).

Die ineffizienteste Variante ist die Spaltlüftung, bei der die Fenster in Kippstellung gebracht werden. Hierbei findet der Luftaustausch nur sehr langsam statt. Die Luftwechselzahl liegt im Durchschnitt bei 1 bis 2 h^{-1}, so dass etwa innerhalb von 30 bis 60 min ein kompletter Luftaustausch stattfindet. Wird zusätzlich die Innentür geöffnet, kann sich die Luftwechselzahl auf 2 bis 4 h^{-1} verändern, so dass ein kompletter Luftaustausch innerhalb von 15 bis 30 min stattfindet. In der kalten Jahreszeit geht außerdem viel Heizenergie verloren bzw. steigt der Heizenergiebedarf (Kostenfaktor). Schließlich wird ein Großteil der aufsteigenden Warmluft des in der Regel unter dem Fenster befindlichen Heizkörpers ungenutzt nach außen abgeführt. Zudem können die Fensterlaibungen auskühlen, so dass es zu taupunktbedingtem Kondenswasser kommen kann und in der weiteren Folge zu Schimmelpilzbildung und -wachstum an diesen Bauteilen.

Einfluss auf den Luftvolumenstrom bei der Fensterlüftung haben nicht nur die Fensterstellung, sondern auch die Fenstergröße. Nachfol-

Tab. 10.2 Auswirkungen der Luftwechselrate je nach Art der Fensterlüftung

Fensterstellung	Luftvolumenstrom durch geöffnete Fenster in m^3 pro Stunde	Luftwechsel pro Stunde in Abhängigkeit vom Raumluftvolumen*
Fenstermaße: 0,8 × 1,2 m		
Spaltlüftung	60	ca. 1/ca. 2
Stoßlüftung	670	ca. 9/ca. 27
Querlüftung	2.800	ca. 40/ca. 110
Fenstermaße: 1,0 × 2,0 m		
Spaltlüftung	90	ca. 2/ca. 4
Stoßlüftung	1.680	ca. 23/ca. 67
Querlüftung	5.840	ca. 80/ca. 230

* mit 75 m^3 und 25 m^3

gendes Beispiel zeigt die Auswirkungen auf die Luftwechselrate (siehe Tab. 10.2).

Abschließend soll darauf hingewiesen werden, dass die Fensterlüftung kein Lüftungssystem im Sinne der DIN 1946-6 ist und bei der Auslegung der Lüftungssysteme nicht berücksichtigt wird.

10.2.7.2.1 Fehler bei der Fensterlüftung

Heute geben Raumvolumen und Belegungsdichte von Innenräumen vor, wie oft und wie lange gelüftet werden muss. Gleiches gilt für die Nutzung und Aktivität in unterschiedlichen Innenräumen. Feuchtigkeit kann heute zeitversetzt auftreten und selbst regionale und/oder jahreszeitliche Aspekte müssen berücksichtigt werden. Hinzu kommt der bauliche Zustand der Gebäudehülle. Immer öfter müssen bauphysikalische Zusammenhänge bekannt sein, um „richtig" und eben nicht „falsch" zu lüften. Dabei sollte die manuelle Fensterlüftung im Prinzip einfach und leicht umsetzbar sein. Dennoch ist das „richtige" Lüften seit Jahren ein Dauerstreitthema zwischen Vermieter und Mieter, wenn Schimmelpilze aufgetreten sind. Daran haben auch die zahlreichen und gut gemeinten Lüftungsratschläge der Vermieter nichts geändert.

Die Kippstellung bei der Fensterlüftung ist auch die Ursache für die dunklen Verfärbungen, die man an Fassaden, vor allem bei wärmegedämmten Fassaden z. B. mit Wärmedämm-Verbundsystemen, oft oberhalb der gekippten Fenster beobachten kann. Bauphysikalisch ist der Effekt vergleichbar mit den innenliegenden Fensterlaibungen. Die Fassadenoberfläche ist an kühlen Tagen kalt. Durch die Kippstellung entweicht über einen längeren Zeitraum feucht-warme Raumluft und strömt konstruktionsbedingt langsam an der Oberkante des Fensters (z. B. Rollladenkasten) vorbei. Hierbei entsteht taupunktbedingtes Kondenswasser und bildet die Wachstumsgrundlage für mikrobiellen Befall durch Algen, Schimmelpilze und Bakterien. Besonders häufig kann dieser Effekt beobachtet werden, wenn Fenster in Küchen und Bäder angekippt werden. Anders als bei anderen Innenräumen entweicht (nach dem Kochen oder Duschen/Baden) besonders viel feucht-warme Luft und anders als beim Stoßlüften entweicht die feucht-warme Luft langsam und über einen längeren Zeitraum – die perfekten Bedingungen für Kondensation und Tauwasserausfall.

Kippstellung bei der Fensterlüftung ist auch Ursache für die Sommerkondensation in Kellerräumen sowie unter bestimmten Voraussetzungen in Souterrainräumen. Diese Innenräume sind im Sommer im Vergleich zur Außenluft kühl. Sobald feucht-warme Außenluft über die Kellerfenster in die Innenräume strömt, kann es auf der Wandoberfläche zu taupunktbedingtem Kondenswasser kommen. Die für die Schimmelpilzbildung notwendige relative Luftfeuchte von ca. 70 % bzw. a_W-Wert wird unter diesen Umständen immer (!) erreicht – und überschritten. Um Sommerkondensation zu vermeiden, gibt es verschiedene Möglichkeiten. Theoretisch müssten Kellerräume auch im Sommer ein wenig beheizt werden, was allein unter dem Gesichtspunkt des Energiesparens niemandem vermittelt werden kann. Die Alternative wäre der Einsatz eines Luftentfeuchters oder ggf. Kondenstrockners. Ein Ventilator bringt in dem Fall nichts, da die hohe Luftfeuchtigkeit nur verteilt, aber nicht reduziert, wird. Auf keinen Fall sollte in diesem Zeitraum auch noch Wäsche in den Kellerräumen getrocknet werden. Ideal wäre eine Stoß- oder Querlüftung, allerdings nur in den kühlen Nacht- oder Morgenstunden. Sollte dies nicht möglich sein, sollten Kellerräume an feucht-warmen Sommertagen nicht gelüftet werden.

Darüber hinaus muss das Mitlüften von anderen Innenräumen genannt werden, vor allem bei innenliegenden Bädern ohne Fenster, die sich häufig in der Nähe der Schlafräume befinden. Diese Bäder verfügen über einen Abluftschacht oder eine zeitgesteuerte Zwangsentlüftung, die über den Lichtschalter gesteuert wird. Bei einem hohen Anfall von Wasserdampf z. B. nach dem Baden oder Duschen kann man beobachten, dass diese Zwangsentlüftungen unterdimensioniert sind – nicht in der Leistung, sondern in der Dauer des Nachlüftens. Dadurch wird nicht der komplette Wasserdampf abgeführt. Bewohner „lösen" dieses Problem, in dem die Luftfeuchtigkeit über die benachbarten Innenräume abgeführt wird. Bei einem Schlafzimmer mit kühleren Raumtemperaturen kann es an den kühleren Bauteilen wie z. B. Wärmebrücken zur Oberflächenkondensation kommen.

In Bädern kann man noch ein weiteres Problem beobachten. Nach dem Baden oder Duschen wird ein hoher Wasserdampfgehalt in der Luft („Dunst") sowie durch das Beschlagen von Fensterscheiben oder Spiegel wahrgenommen. Dem entsprechend wird das Bad gelüftet, bis sich ein „Gefühl" einstellt, dass die hohe Luftfeuchtigkeit abgezogen wäre. Würde man in dem Bad 30 bis 60 min später Feuchtigkeitsmessungen durchführen, wäre man überrascht, wie hoch die Luftfeuchtigkeit ist. Hierzu ein Beispiel: In einem Bad mit einer Grundfläche von 3 m × 2 m und einer Deckenhöhe von 2,50 m befindet sich ein gefliester Fußboden, auf dem eine 3 m² große Badgarnitur liegt. Die Wände und Decke sind mit einem Mineralputz beschichtet. Im Bad befindet sich ein Fenster von 1,5 m² und eine Tür von 2 m² Größe. Erhöht sich in dem Bad für eine halbe Stunde die Luftfeuchtigkeit von z. B. 40 auf 80 %, verändert sich folgende Situation:

• Teppich 3m2 x 20g/m2	= 60,00 g Wasser
• Wände 25m2 abzgl. Fenster und Tür x 15g/m2	= 322,50 g Wasser
• Decke 6m2 x 15g/m2	= 90,00 g Wasser
Materialfeuchtigkeit gesamt	= 472,50 g Wasser

Die absolute Luftfeuchte der Raumluft dagegen beträgt nur 105 g Wasser (15 m³ Raumvolumen × 7 g Wasser pro m³). Infolgedessen ist die Feuchtigkeitsaufnahme der Materialien über 4 mal höher (!) als die Feuchtigkeitsaufnahme der Raumluft. Das überschüssige Kondenswasser „speichert" sich in den Bauteiloberflächen sowie den Textilien wie Badgarnitur, Handtücher oder Bademäntel und dgl. Verantwortlich hierfür ist das Sorptionsvermögen von Materialien, also die Absorption (Feuchtigkeitsaufnahme und Speicherung) sowie Desorption (Feuchtigkeitsabgabe) zu einem späteren Zeitpunkt, wenn eine geringere Luftfeuchtigkeit ein Verdunsten ermöglicht. Dies bedeutet, dass sich nach dem Verschließen der Fenster die Luftfeuchtigkeit allmählich wieder erhöht, obwohl keine neue Feuchtigkeit produziert wird.

Einen ähnlichen Effekt hat die erhöhte Restfeuchte von Baustoffen, die bei einem Neubau oder nach der Sanierung von Altbauten auftreten kann. Auch hier muss über einen längeren Zeitraum das Lüftungsverhalten dem Sorptionsvermögen der Baustoffe angepasst werden.

Bei der Be- und Entlüftung von Innenräumen müssen die klimatischen Bedingungen in der Außenluft beachtet werden, da es je nach Jahreszeit und/oder Witterung (z. B. Regen, Nebel) starke Unterschiede in der Temperatur und/oder Luftfeuchtigkeit geben kann. Bei kühler und trockener Außenluft findet innerhalb von wenigen Minuten ein Luftaustausch in Innenräumen statt. Die kühle, trockene Außenluft strömt in den Innenraum, erwärmt sich und nimmt hierbei Wasserdampf auf, speichert diesen und führt diesen wieder an die Außenluft ab. Man kann dies gut beobachten, wenn man im Winter nach dem Baden/Duschen das Fenster öffnet und die feuchtwarme „Dunstwolke" nach außen abzieht. Beim Vorbeiströmen an der kalten Außenseite der Fensteroberfläche „beschlägt" zudem das Fensterglas. Genau dieser Effekt tritt im Sommer nicht ein. Die Temperatur und/oder Luftfeuchtigkeit der Außenluft entspricht in etwa der in den Innenräumen oder liegt ggf. darüber. Ein „Entfeuchtungseffekt" der Raumluft durch die Außenluft findet nicht statt oder dauert deutlich länger. Während in den kalten Wintertagen ein Luftaustausch im Durchschnitt nur vier bis fünf Minuten braucht, kann hierfür an warmen Sommertagen eine halbe Stunde notwendig sein. Diese generelle Aussage ist von mehreren Einflussfaktoren abhängig (Art der Fensterlüftung, Raumvolumen und Feuchtegehalt der Raumluft, Windbewegung, relative Luftfeuchte und Temperatur der Außenluft).

Tab. 10.3 Absolute Wassermenge je Luftfeuchtigkeit in Abhängigkeit der Jahreszeiten

Witterung	Außentemperatur	Relative Luftfeuchtigkeit (%)	Absolute Wassermenge
Warmer Frühlingstag	24 °C	60	13,1 g/m^3
Schwüler Sommertag	24 °C	80	17,5 g/m^3
Schöner Herbsttag	10 °C	50	4,7 g/m^3
Sonniger Wintertag	−5 °C	40	1,3 g/m^3

In dem Zusammenhang spielt auch die relative Luftfeuchte der Außenluft eine wesentliche Rolle. Die Tab. 10.3 zeigt die Unterschiede in den jeweiligen Jahreszeiten:

10.2.7.2.2 Fensterfalzlüftung

Für die Lüftung von Wohngebäuden ist die DIN 1946-6 „Raumlufttechnik – Teil 6: Lüftung von Wohnungen" entscheidend. In dieser „Lüftungsnorm", die für Neubauten oder beim Austausch von mehr als einem Drittel der Fenster auch für Sanierungen von Altbauten gilt, wird u. a. gefordert, dass ein Lüftungskonzept erstellt werden muss. Dieses prüft die Notwendigkeit lüftungstechnischer Maßnahmen zur Einhaltung des erforderlichen Mindestluftwechsels. Als Minimalziel wird die Sicherstellung des Feuchteschutzes und eine Vermeidung von Schimmelpilzbefall unter üblichen Nutzungsbedingungen durch eine nutzerunabhängige Lüftung definiert. Dies bedeutet, dass ein ausreichender Luftaustausch auch dann gegeben sein muss, wenn die Raumnutzer abwesend sind und nicht selbst aktiv lüften. Daher erfüllt die Fensterfalzlüftung die Anforderungen der Lüftungsnorm – auch wenn diese nicht ganz unumstritten ist.

Eine Fensterfalzlüftung wird durch einen lamellenartigen Lüftungsschlitz in der Fensterfalz erreicht. Dieser befindet sich entweder unten, seitlich oder oben am Fensterrahmen und ist bei geschlossenem Fenster nicht sichtbar. Der Lüftungsschlitz kann entweder bereits in der Fensterkonstruktion enthalten sein oder bei fast allen Fenstern nachgerüstet werden. Frische Außenluft strömt bei Winddruckdifferenz durch den lamellenartigen Lüftungsschlitz ein, steigt in der Fensterfalz auf und erwärmt sich hierbei, bevor die Luft zwischen Fensterrahmen und -flügel in den Innenraum eintritt. Gleichzeitig wird die verbrauchte Raumluft abgeführt, so dass eine kontinuierliche Luftzirkulation auch bei geschlossenem Fenster stattfindet. Vereinfacht kann man einen Fensterfalzlüfter als eine bewusst herbeigeführte Undichtigkeit in dichten Fenstern beschreiben, um einen Mindestluftwechsel sicher zu stellen.

Windkräfte, thermischer Auftrieb oder temperaturbedingte Druckdifferenzen an und in Gebäuden erzeugen den für den Luftaustausch notwendigen Luftvolumenstrom. Das physikalische Prinzip ist recht einfach: Wenn der Wind auf der einen Seite des Gebäudes weht, entsteht dadurch auf der anderen Seite des Gebäudes ein Unterdruck (Luv und Lee). Dabei ist „Luv" die dem Wind zugewandte und „Lee" die vom Wind abgewandte Seite. Dies führt dazu, dass die Außenluft durch den Fensterfalzlüfter in das Gebäudeinnere einströmt. Wird die Druckdifferenz bei starkem Wind zu groß, regelt eine Klappe automatisch die Luftzufuhr und vermeidet unangenehme Zugluft. Neben der automatischen Regelung gibt es auch Varianten, bei denen die Klappen manuell verschlossen werden können (siehe Abb. 10.2 und 10.3).

Damit das Prinzip des Druckausgleichs funktioniert, müssen Öffnungen sowohl zum Einströmen als auch Ausströmen der Luft vorhanden sein und zwischen ihnen tatsächlich Druckdifferenzen bestehen. Daher müssen sich die Fenster auf den gegenüberliegenden Gebäudeseiten befinden und die Innentüren Überströmöffnungen besitzen. Bei einer der beiden gegenüberliegenden Seiten darf es sich allerdings nicht um z. B. einen umbauten Innenhof handeln, da der benötigte Winddruck in dem Fall fehlt. Fensterfalzlüfter funktionieren daher auch nicht bei geschlossenen Rollläden. Infolgedessen ist der Luftvolumenstrom sowohl von den Witterungsbedingungen und vor allem den Windverhältnissen als auch von der Gebäu-

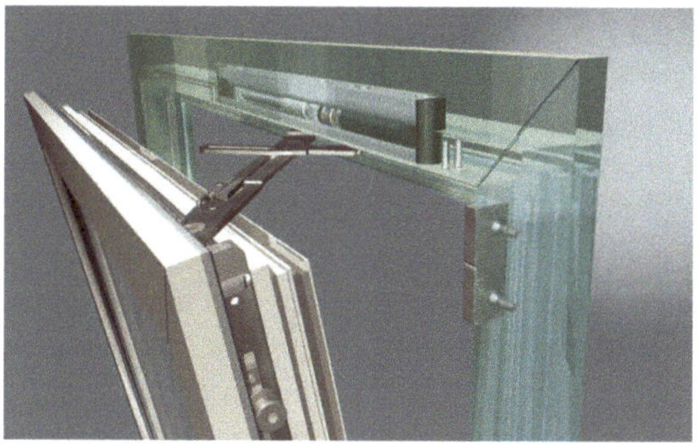

Abb. 10.2 Fensterfalzlüftung

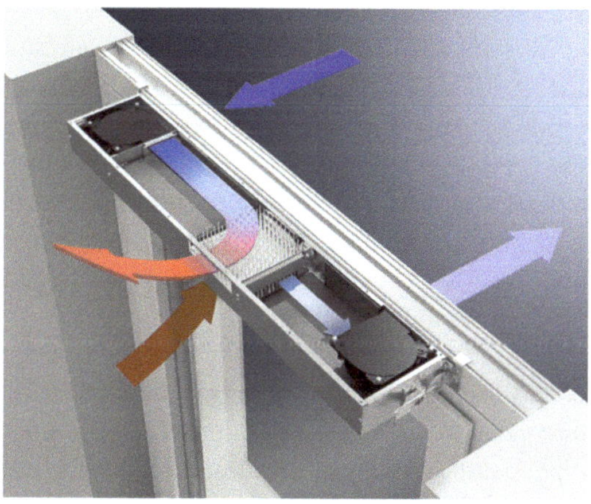

Abb. 10.3 Fensterfalzlüftung

delage und -ausrichtung abhängig – und kann somit nicht gesteuert bzw. kontrolliert werden. Dies führt im Winter oft dazu, dass zu viel Luft ausgetauscht wird und Wärmeenergie verloren geht und im Sommer zu wenig Luft ausgetauscht wird und taupunktbedingtes Kondenswasser entstehen kann.

Damit kein falscher Eindruck entsteht: Fensterfalzlüfter allein reichen nicht aus, um eine hygienisch notwendige Lüftung und/oder einen bauphysikalisch notwendigen Mindestluftwechsel sicherzustellen. Die kleinen Lüftungsschlitze können aber einen zusätzlichen Beitrag zur Feuchtigkeitsregulierung in Innenräumen darstellen. Um nutzerunabhängig eine hygienisch notwendige Lüftung und/oder einen bauphysikalisch notwendigen Mindestluftwechsel sicher zu stellen, führt an der kontrollierten Lüftung in Form von zentralen oder dezentralen Lüftungsanlagen kein Weg vorbei.

10.2.7.3 Kontrollierte Lüftung

10.2.7.3.1 Einleitung

Bei der Be- und Entlüftung von Innenräumen werden im Wesentlichen zwei Lüftungsarten unterschieden: die freie oder natürliche Lüftung, mit der im Allgemeinen die manuelle Fensterlüftung gemeint ist (und zu der auch die Schachtlüftung und Fensterfalzlüftung zählt), sowie die kontrollierte Lüftung. Diese wird unterschieden in die Ventilatorgestützte Lüftung und kombinierte Lüftungssysteme bzw. raumlufttechnische Anlagen. Während Ventilatorgestützte Lüftungssysteme primär den nutzerunabhängigen Luftaustausch sicherstellen, regulieren raumlufttechnische Anlagen das Klima in einem Raum und stellen neben dem Lüften auch das Klimatisieren sicher. Unter klimatisieren ist das Heizen oder Kühlen sowie das Befeuchten oder Entfeuchten der Raumluft gemeint. Des Weiteren wird die kontrollierte Lüftung unterschieden in eine zentrale Lüftung, bei der die Lüftungskanäle aus mehreren Innenräumen zu einem einzelnen Lüftungsgerät (Zentralgerät) zusammengeführt werden und in eine dezentrale Lüftung mit mehreren Ventilatoren (Einzelgeräte). Die Ventilatorgestützte Lüftung kann als Abluftsystem, Zuluftsystem oder ein kombiniertes Zu- und Abluftsystem ausgeführt werden.

Der Begriff kontrollierte Lüftung suggeriert, dass die freie oder natürliche Lüftung unkontrolliert stattfindet. Dies ist nicht ganz korrekt: Während bei der Zwangsbelüftung wie Schachtlüftung oder Fensterfalzlüftung ein Luftaustausch tatsächlich nicht gesteuert werden kann und somit unkontrolliert stattfindet, kann der Luftaustausch bei der manuellen Fensterlüftung gesteuert und kontrolliert werden, allerdings manuell. Die bessere Unterscheidung wäre demnach in eine nutzerabhängige und nutzerunabhängige Lüftung, da die kontrollierte Lüftung auch ohne die aktive Mitwirkung der Raumnutzer funktioniert.

Nach dem Funktionsprinzip werden zentrale oder dezentrale Lüftungsanlagen (mit oder ohne Überströmöffnungen innerhalb einer Wohneinheit) und Lüftungsanlagen mit oder ohne Wärmerückgewinnung unterschieden. In Lüftungsanlagen wird die Luft nur transportiert und ggf. temperiert. Wird zusätzlich die Luftfeuchtigkeit

(Be- und/oder Entfeuchtung) bzw. die Lufttemperatur gesteuert, spricht man von Klimaanlagen. Moderne Lüftungsanlagen arbeiten nicht nur mit einer Wärmerückgewinnung, sondern auch mit einer Feuchterückgewinnung sowie einer sensorgesteuerten Bedarfsregelung. Diese berücksichtigen z. B. auch die absolute Luftfeuchte der Außenluft und reduzieren das Luftvolumen bei hoher Außenluftfeuchte.

Moderne raumlufttechnische Anlagen messen zudem die CO_2-Konzentration der Raumluft und steuern mit einer entsprechenden Lüftung gegen einen hohen Schadstoffgehalt. Rein vorsorglich soll darauf hingewiesen werden, dass z. B. ein hoher CO_2-Gehalt der Raumluft keine Aussagekraft hat in Bezug auf eine mögliche mikrobielle Belastung der Raumluft durch Viren, Bakterien und/oder Schimmelpilze.

In der Diskussion um die verschiedenen Lüftungssysteme und deren Vor- und Nachteile entsteht oft der Eindruck, dass freie und natürliche Lüftung mit der kontrollierten Lüftung oder komplexen Lüftungsanlagen verglichen werden. Auch wenn raumlufttechnische Anlagen zunehmend in Innenräumen installiert werden, wird die manuelle Fensterlüftung immer ein wesentlicher Bestandteil der Lüftungssysteme bleiben und technische Einrichtungen unterstützen. So lange durch die manuelle Fensterlüftung die hygienisch notwendige Lüftung oder die Einhaltung des bauphysikalisch notwendigen Mindestluftwechsels sichergestellt werden kann, spricht auch trotz der DIN 1946-6 nichts gegen eine Fensterlüftung als ausschließliches Lüftungssystem.

Innenliegende Bäder ohne Fenster wie auch Kellerräume und ggf. Souterrainwohnungen stellen Sonderfälle dar und müssen separat betrachtet werden. Gleiches gilt für Regionen mit einer höheren Radon-Belastung.

10.2.7.3.2 Ventilatorgestützte Abluft- oder Zuluftsysteme

Abluftsysteme stellen die einfachste Form der kontrollierten Lüftung dar. Zu ihnen gehört z. B. die bedarfsorientierte mechanische Fensterlüftung. Hierbei wird über einen Sensor (innen) sichergestellt, dass bei zu hoher Lufttemperatur und/oder -feuchtigkeit sowie CO_2-Konzentration die Fenster mithilfe von kleinen Motoren automatisch geöffnet und bei Erreichen der definierten Werte wieder verschlossen werden. Außensensoren stellen sicher, dass die Fenster bei Regen oder starkem Wind nicht geöffnet werden.

Weitere Lösungen stellen z. B. Ventilatorgetriebene Abluftanlagen dar. Bei diesen Systemen wird die Abluft aus den mit Feuchtigkeit (und Gerüchen sowie Temperatur) am meisten belasteten Innenräumen wie z. B. in der Küche, im Bad und der Toilette mithilfe eines Ventilators abgesaugt und über einen Luftkanal nach außen geführt. Durch dieses Absaugen entsteht ein Unterdruck, so dass durch Undichtigkeiten wieder neue Luft nachströmen kann. Bei Neubauten und energetisch sanierten Altbauten wird dies über eingebaute Außenwand-Luftdurchlässe (ALD) erreicht, die sich bei Unterdruck im Innenraum öffnen und somit die Zufuhr von frischer Außenluft sicherstellen. Die Außenwand-Luftdurchlässe werden in die luftdichte Gebäudehülle integriert und befinden sich in der Regel in den Wohn- und Schlafräumen. Infolgedessen erfolgt die Zufuhr frischer Außenluft in diesen Innenräumen. Die Luftwechselrate wird durch den Volumenstrom des Abluft-Ventilators erzwungen, solange alle Fenster verschlossen sind. Bei Abluftanlagen wird in Einzelventilator- und Zentralventilator-Lüftungsanlagen unterschieden. Die Steuerung der Abluftanlagen erfolgt in der Regel analog zur Lichtschaltung durch Kopplung mit dem Lichtschalter mit entsprechenden Nachlaufzeiten z. B. bei innenliegenden Bädern ohne Fenster.

Ventilatorgetriebene Abluftsysteme stellen bei nicht allzu hoher Luftfeuchtigkeit (außen) in der Regel eine ausreichende Entlüftung und Entfeuchtung der Innenräume sicher – den baulichen Feuchteschutz. Eine hygienisch notwen-

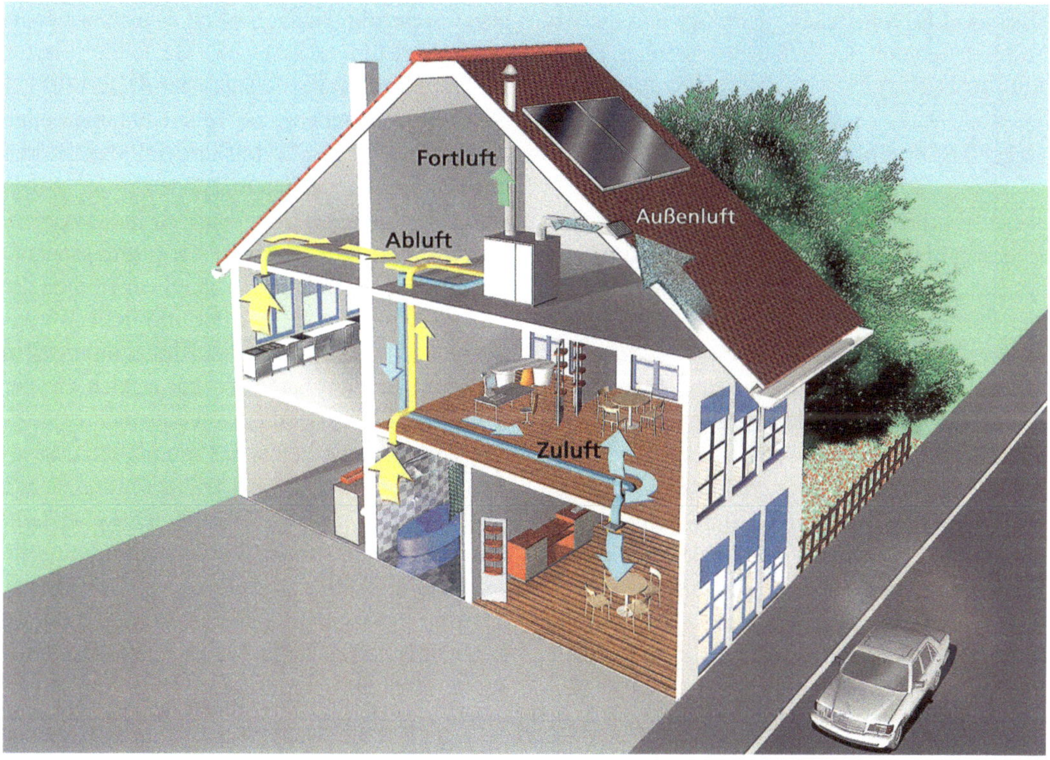

Abb. 10.4 schematische Darstellung einer Lüftungsanlage

dige Lüftung wird mit dieser Lüftung allerdings nicht erreicht. Hierfür sind kombinierte Zu- und Abluftanlagen notwendig bzw. besser geeignet. Nachteilig wirkt sich aus, dass an kalten Tagen kühle Außenluft in die Innenräume einströmt und im Bereich der Außenwand-Luftdurchlässe unangenehme Zugluft und unter bestimmten Voraussetzungen Kondensation verursachen kann. Zudem fehlt eine Wärmerückgewinnung, was sich negativ auf die Öko- und Energiebilanz auswirkt und nicht mehr zeitgemäß ist. Um die Funktionalität der Abluftanlage und den erforderlichen Luftvolumenstrom sicher zu stellen, müssen die Außenwand-Luftdurchlässe regelmäßig gereinigt und die Abluftfilter regelmäßig getauscht werden.

Das Gegenstück stellen so genannte Zuluftsysteme dar. Bei diesen Lüftungssystemen sind Ventilatorgestützte Außenwand-Luftdurchlässe für einen definierten Luftvolumenstrom von außen nach innen verantwortlich und erzeugen im Innenraum einen Überdruck. Die verbrauchte Raumluft wird über Undichtigkeiten und spezielle Abluft-Durchlässe (AbLD) nach außen gedrückt, so dass frische Außenluft über die ALDs wieder zugeführt wird. Bei Zuluftsysteme wird in Einzelventilator- und Zentralventilator-Lüftungsanlagen unterschieden. Die Ventilatoren sind bedarfsorientiert steuerbar und daher mit Sensoren gekoppelt.

Ventilatorgestützte Zuluftsysteme kommen häufig bei der Modernisierung von Altbauten zum Einsatz, wenn die nachträgliche Installation der erforderlichen Lüftungskanalrohre kaum möglich ist oder nur mit sehr hohem Aufwand realisiert werden kann – vor allem, wenn die Innenräume weiterhin bewohnt werden. Wie bei den Abluftsystemen können auch bei der Zuluftanlage unangenehme Zugluft entstehen. Um die Funktionalität der Zuluftanlage und den erforderlichen Luftvolumenstrom sicher zu stellen, müssen die Außenwand-Luftdurchlässe und Abluft-Durchlässe (AbLD) regelmäßig gereinigt und die Abluftfilter regelmäßig getauscht werden (siehe Abb. 10.4).

10.2.7.3.3 Kombinierte Zu- und Abluftsysteme

Neben Ventilatorgestützte Abluft- oder Zuluftsysteme gehören auch kombinierte Zu- und Abluftsysteme zur kontrollierten Lüftung. Von kombinierten Lüftungssystemen spricht man in der DIN 1946-6 „Raumlufttechnik – Teil 6: Lüftung von Wohnungen", wenn in einer Wohneinheit mehrere Lüftungssysteme eingesetzt und kombiniert werden. Dieses Lüftungssystem besteht aus einem zentralen Zuluft- und einem zentralen Abluftkanal und ist über ein Wohnungslüftungsgerät verbunden. In diesem befinden sich beide Ventilatoren. Hierbei wird die Abluft aus den mit Feuchtigkeit (und Gerüchen sowie Temperatur) am meisten belasteten Innenräumen wie z. B. in der Küche, im Bad und der Toilette mithilfe eines Ventilators abgesaugt und über einen Ventilator frische Außenluft in das Wohn-, Schlaf- und Kinderzimmer zugeführt. Durch die Kopplung des zentralen Zuluft- und des zentralen Abluftkanals wird der benötigte Luftvolumenstrom und gleichzeitig der notwendige Mindestluftwechsel nutzerunabhängig sichergestellt.

Kombinierte Zu- und Abluftsysteme werden unterschieden in

- getrennte Lüftungsbereiche
- überlagernde Lüftungsbereiche und
- hybride Lüftungen.

Wenn es zwischen den Lüftungssystemen in einer Wohneinheit keine wesentlichen Wechselwirkungen in Bezug auf die Luftvolumenströme und der Differenzdrücke gibt, liegen getrennte Lüftungsbereiche vor. Beispiele hierfür sind ein dezentrales Zu-/Abluftgerät im Wohn-, Schlaf- und Kinderzimmer sowie eine Querlüftung in allen anderen Innenräumen. Eine ausreichende Be- und Entlüftung der Innenräume funktioniert auch dann, wenn die Türen zum Wohn-, Schlaf- und Kinderzimmer verschlossen sind. Wenn die Wechselwirkungen in Bezug auf die Luftvolumenströme und der Differenzdrücke zwischen den Lüftungssystemen in einer Wohneinheit dagegen wesentlich sind, handelt es sich um überlagernde Lüftungsbereiche. Beispiele hierfür sind eine Entlüftungsanlage nach DIN 18017-3 „Lüftung von Bädern und Toilettenräumen ohne Außenfenster – Teil 3: Lüftung mit Ventilatoren in einem innenliegenden Bad ohne Fenster" sowie eine Querlüftung in allen anderen Innenräumen. Hierbei muss der Unterdruck der Lüftungsanlage in Verbindung mit dem für das Nachströmen der Luft notwendigen Überströmluftdurchlass zwischen Bad und angrenzenden Innenräumen (in der Regel der Flur) berücksichtigt werden. Bei der hybriden Lüftung werden zwei oder mehrere Lüftungssysteme so miteinander kombiniert, dass jeweils eines der Lüftungssysteme die ausreichende Be- und Entlüftung der Innenräume sicherstellt. Ein Beispiel hierfür ist die Schachtlüftung, die an Tagen mit einer ausreichenden Temperaturdifferenz zwischen innen und außen die Lüftung sicherstellt und an Tagen mit einer geringen Temperaturdifferenz und/oder einer hohen Luftfeuchtigkeit (außen) durch einen Abluftventilator z. B. im Lüftungsschacht unterstützt wird.

Nach dem Funktionsprinzip wird eine dezentrale Lüftung mit mehreren Ventilatoren (auch Einzelraumlüfter genannt) von der zentralen Lüftung unterschieden, bei der die Lüftungskanäle aus mehreren Innenräumen zu einem Lüftungsgerät (Zentralgerät) zusammengeführt werden. Einzelraumlüfter haben den Vorteil, dass sie zum einen auf die raumspezifische Nutzung und das individuelle Raumklima angepasst werden und mit relativ wenig Aufwand nachgerüstet werden können. Daher eignen sich diese besonders bei der Sanierung von Altbauten, da zentrale Zu- und Abluftanlagen in der Regel mit einem hohen baulichen und finanziellen Aufwand verbunden sind. Hierzu werden Einzelraumlüfter bevorzugt in der Nähe der Fenster oder der Fensterbank installiert oder in diese integriert. Zentrale Lösungen haben den Vorteil, dass eine bedarfsorientierte Steuerung der Lüftungsgeräte sichergestellt werden kann. Allerdings sind hierfür längere Lüftungsleitungen erforderlich.

Kombinierte Zu- und Abluftsysteme stellen eine ausreichende Be- und Entlüftung der Innenräume dar und somit einen ausreichenden Luftaustausch sicher. Mit diesem Lüftungssystem wird sowohl eine hygienisch notwendige Lüftung als auch bauphysikalisch notwendige Mindestluftwechsel sichergestellt – und dies nutzerunabhängig, wie es die „Lüftungsnorm“ vorschreibt. Um die Funktionalität und den erforderlichen Luftvolumenstrom sicher zu stellen, muss die Zu- und Abluftanlage regelmäßig gereinigt und die Abluftfilter regelmäßig getauscht werden.

Wenn kombinierte Zu- und Abluftsysteme mit einer Wärmerückgewinnung versehen sind, spricht man von raumlufttechnischen Anlagen oder kurz RLT-Anlagen. In diesen wird die Luft nur transportiert und ggf. temperiert. Wird zusätzlich die Luftfeuchtigkeit (Be- und/oder Entfeuchtung) bzw. die Lufttemperatur gesteuert, spricht man dagegen von Klimaanlagen. Moderne Lüftungsanlagen arbeiten nicht nur mit einer Wärmerückgewinnung, sondern auch mit einer Feuchterückgewinnung sowie einer sensorgesteuerten Bedarfsregelung. Diese berücksichtigen z. B. auch die absolute Luftfeuchte der Außenluft und reduzieren das Luftvolumen bei hoher Außenluftfeuchte.

10.2.7.3.4 Raumlufttechnische Anlagen

Die Bezeichnung raumlufttechnische Anlage ist einerseits der Oberbegriff für verschiedene Arten von Lüftungsanlagen und wird andererseits für komplexe Lüftungs- und Klimaanlagen verwendet – eine Abgrenzung ist schwierig, die Grenzen fließend. Reine Entlüftungsanlagen sowie einfache Ventilatorgestützte Abluft- oder Zuluftanlagen werden in der Regel nicht hierzu gezählt, dagegen aber kombinierte Zu- und Abluftanlagen mit oder ohne Wärmerückgewinnung sowie Teilklima- und Klimaanlagen. Raumlufttechnische Anlagen (oder kurz RLT-Anlagen) temperieren (Heizen und Kühlen) und transportieren die Luft. Wird zusätzlich die Luftfeuchtigkeit gesteuert (Be- und/oder Entfeuchtung), spricht man von einer Klimaanlage.

- Abluft- oder Zuluftanlagen: Entlüften
- Kombinierte Zu- und Abluftanalagen: Be- und Entlüften
- RLT-Anlagen (oder Teilklimaanlagen): Be- und Entlüften, Heizen und Kühlen
- Klimaanlagen: Be- und Entlüften, Heizen und Kühlen, Be- und Entfeuchtung

Klassische Lüftungsanlagen saugen die verbrauchte Raumluft ab und führen dem Innenraum gefilterte frische Luft von außen zu. Im Gegensatz dazu wird bei raumlufttechnischen Anlagen die zugeführte Frischluft vorher „behandelt“, entweder erwärmt und/oder befeuchtet. Gleiches gilt für die abgesaugte Raumluft, wenn z. B. ein Wärmetauscher integriert ist, der zur Wärmerückgewinnung dient. Dies bedeutet, dass die abgesaugte Abluft aus dem Innenraum ihre Wärme an den Wärmetauscher abgibt, der diese Wärme an die angesaugte Frischluft weitergibt und somit für eine Wärmerückgewinnung sorgt. Dies spart Energiekosten für die Lüftungsanlage.

Raumlufttechnische Anlagen sind grundsätzlich gleich aufgebaut. Die angesaugte Außenluft strömt durch den ersten Luftfilter und wird für die Wärmerückgewinnung zum Wärmetauscher geführt. Ein Zuluftventilator, der mit Schalldämpfern ausgestattet ist, transportiert die auf zu bereitende Luft über einen Lufterhitzer, Luftkühler und Luftbefeuchter. Daraufhin wird die Luft ein zweites Mal gefiltert und strömt als Zuluft in den jeweiligen Innenraum. Die Abluft wird abgesaugt und gefiltert. Ein Teil der Luft wird als Umluft dem Innenraum wieder zurückgeführt. Der Rest strömt über den Wärmetauscher und mit Hilfe des Abluftventilators, der ebenfalls von Schalldämpfern umgeben ist, nach außen. Herzstück einer RLT-Anlage ist der Ventilator. Dieser stellt den benötigten Volumenstrom innerhalb der Lüftungsanlage sicher. Je nach Wirkungsgrad des Wärmetauschers können zwischen 85 und 98 % der Wärmeenergie zurückgewonnen werden. Dies bedeutet, dass z. B. im Vergleich zu einer herkömmlichen Fensterlüftung zwischen 20 bis 30 % Heizenergie eingespart werden können. Die Heizung muss nur den geringen Temperaturunterschied zwischen der gewünschten Raumtemperatur und der Zulufttemperatur zur Verfügung stellen.

Bei Neubauten (insbesondere von Ein- und Zweifamilienhäusern) sind raumlufttechnische Anlagen mit Wärmerückgewinnung seit Jahren Stand der Technik. Damit die frische Außenluft im Sommer vorgekühlt oder im Winter vorerwärmt wird, werden Erdwärmetauscher eingesetzt. Bei einem Luft-Erdwärmetauscher wird die Zuluft direkt über im Erdreich liegende Leitungen geführt. Bei einem Sole-Erdwärmetauscher dagegen wird die Zuluft ohne direkten Erdkontakt über einen in der Erde liegenden Solekreislauf temperiert. Hierbei muss beachtet werden, dass die Oberflächentemperatur der Luft-Erdwärmetauscher zeitweise niedriger sein kann als die Taupunkttemperatur der Luft. Dies kann zu taupunktbedingtem Kondenswasser und somit mikrobiellem Befall führen. Das Umweltbundesamt (UBA) weist daraufhin, dass selbst bei einer Abführung der Feuchte ein mikrobieller Befall im Erdwärmetauscher nicht ausgeschlossen werden und somit Endotoxine und/oder Mykotoxine auftreten und die Innenraumluft belasten können. Aus diesem Grund empfiehlt das UBA, Luft-Erdwärmetauscher nicht mehr zu verwenden.

Moderne RLT-Anlagen arbeiten nicht nur mit einer Wärmerückgewinnung, sondern auch mit einer Feuchterückgewinnung sowie einer sensorgesteuerten Bedarfsregelung. Diese berücksichtigen z. B. auch die absolute Luftfeuchte der Außenluft und reduzieren das Luftvolumen bei hoher Außenluftfeuchte. Speziell in hocheffizienten Neubauten werden zunehmend hybride Lösungen eingebaut, bei denen im Lüftungssystem eine Luft-/Wasser-Wärmepumpe integriert ist. Diese stellt neben der Heizung auch die Warmwasserbereitung sicher. Aufgrund der effizienten Bauweise mit einer luftdichten Gebäudehülle und fugendichten Fenster sind diese komplexen Anlagen insbesondere bei Niedrigenergie-, Nullenergie- und so genannten Plus-Energiehäusern nicht nur zwingend erforderlich, sondern mittlerweile obligatorisch.

Unter mikrobiologischen und/oder hygienischen Gesichtspunkten müssen RLT-Anlagen unter zwei Aspekten betrachtet werden: Luftbefeuchter sind hygienisch besonders sensible Bauteile, die regelmäßig gereinigt und ggf. desinfiziert werden müssen. In dem verzweigten Luftkanalsystem kann zudem Kondenswasser entstehen, das die Grundlage für mikrobiellen Befall durch Schimmelpilze und/oder Bakterien darstellt. Der zweite Aspekt sind die Filtersysteme. Diese stellen sicher, dass Pollen und Gräser, Sporen und andere mikrobielle Partikel sowie Feinstaub und sonstige Schwebstoffe (so genannte Aerosole) aus der Außenluft abgefangen werden und sowohl die Lüftungsanlage selbst nicht verunreinigen, aber vor allem die Innenraumluft nicht belasten. Die Schutzfunktion für die raumlufttechnische Anlage ist in der DIN EN ISO 16890-1 „Luftfilter für die allgemeine Raumlufttechnik – Teil 1: Technische Bestimmungen, Anforderungen und Effizienzklassifizierungssystem“ geregelt. Die Grundlage stellt der Feinstaubabscheidegrad gegenüber Partikelgrößen von 0,3 bis 10 µm dar. Man unterscheidet die drei Filtergruppen PM 1, PM 2,5 und PM 10 (PM = „Particulate Matter“, also Feinstaub). Die Gruppe PM 1 erfasst Partikelgrößen bis $\leq$ 1 µm (z. B. Viren), die Gruppe PM 2,5 Partikelgrößen bis $\leq$ 2,5 µm (z. B. Bakterien und Pilze) und die Gruppe PM 10 Partikelgrößen bis $\leq$ 10 µm (z. B. Pollen und Stäube). Zusätzliche Aktivkohlefilter werden zur Beseitigung von Gerüchen z. B. in Küchen oder Restaurants eingesetzt und sind daher in RLT-Anlagen nicht standardmäßig eingebaut.

Die Einhaltung der hygienischen Anforderungen für raumlufttechnische Anlagen inkl. Klimaanlagen wird über die VDI-Richtlinie 6022 „Raumlufttechnik, Raumluftqualität“ geregelt. Im Blatt 1 der Richtlinie werden Hinweise zur hygienischen Gefährdungsbeurteilung sowie zur regelmäßigen Inspektion, Wartung und Reinigung gegeben. Außerdem enthält die VDI 6022 eine Beurteilung der Raumluftqualität. Darüber hinaus müssen die DIN EN 13779 „Lüftung von Nichtwohngebäuden – Allgemeine Grundlagen und Anforderungen für Lüftungs- und Klimaanlagen und Raumkühlsysteme“ sowie DIN EN 12599 „Lüftung von Gebäuden: Prüf- und Messverfahren für die Übergabe raumlufttechnischer Anlagen“ beachtet werden. Die DIN EN 13779 beinhaltet allgemeine Grundlagen für Lüftungssysteme, während die DIN EN 12599 Prüf- und Messverfahren regelt.

10.2.8 Sonderfälle

Gegenüber den anderen Innenräumen gibt es bei der Be- und Entlüftung zwei Sonderfälle:

- innenliegende/fensterlose Bäder/Toiletten und
- Kellerräume.

Innenliegende, fensterlose Bäder und Toiletten kommen in der Regel in Mehrfamilienhäusern vor und stellen lüftungstechnisch einen Sonderfall dar. Die Abführung der Feuchtigkeit und unangenehmen Gerüche muss über ein Entlüftungssystem nach DIN 18017-3 „Lüftung von Bädern und Toilettenräumen ohne Außenfenster – Teil 3: Lüftung mit Ventilatoren in einem innenliegenden Bad ohne Fenster" erfolgen, da die manuelle Fensterlüftung eben nicht genutzt werden kann. Hierbei werden in der Regel alle anderen Innenräume zur Luftnachströmung genutzt und sind, soweit zusätzlich zur Infiltration erforderlich, mit Außenluft- und Überström-Luftdurchlässen auszustatten. Somit wird der Unterdruck der Lüftungsanlage in Verbindung mit dem für das Nachströmen der Luft notwendigen Überströmluftdurchlass zwischen Bad und angrenzenden Innenräumen (in der Regel der Flur) berücksichtigt. Zu beachten ist, dass die Abluft aus der Küche nicht über die Wohn- und Schlafräume in Richtung innenliegender Bäder strömen darf. Eine Entlüftungsanlage in fensterlosen Innenräumen mit einer Querlüftung zu allen anderen Innenräumen ist ein typisches Beispiel für sich überlagernde Lüftungsbereiche, da die Wechselwirkung in Bezug auf Luftvolumenströme und Differenzdrücke wesentlich sind. Diese kombinierten Zu- und Abluftsysteme gehören genauso wie Ventilatorgestützte Abluft- oder Zuluftsysteme zur kontrollierten Lüftung.

Den zweiten Sonderfall stellt die Be- und Entlüftung von Kellerräumen dar – in mehrfacher Hinsicht. Kellerräume unterscheiden sich gegenüber allen anderen Innenräumen in deren

- Nutzungsverhalten,
- bauphysikalischen Zusammenhängen sowie
- Auswirkungen des baulichen Zustandes.

Kellerräume werden je nach Größe und Zustand sowie je nachdem, ob sie sich in einem Ein- oder Mehrfamilienhaus befinden, nur sporadisch genutzt (z. B. als Hauswirtschaftsraum, Abstellraum), wenig genutzt (z. B. als Waschküche, Hobbyraum) oder ständig genutzt (z. B. als Wohn- und Schlafräume z. B. in Souterrainwohnungen oder als Arbeits- und Gästezimmer). Je nach Nutzungsart fällt eine unterschiedlich hohe Luftfeuchtigkeit an. Aufgrund der geringeren Fenstergröße und der meist unterhalb der Erdoberfläche befindlichen Anordnung stellt die manuelle Fensterlüftung meist nur eine eingeschränkte Form der Be- und Entlüftung von Kellerräumen dar. Gerade die Fensteranordnung unterhalb der Erdoberfläche oder ebenerdig lässt nur geringe Windeffekte erwarten. Aus diesem Grund sollte, je nach baulichen Gegebenheiten und Nutzung der Kellerräume, überprüft werden, ob eine kontrollierte Lüftung der manuellen Fensterlüftung vorzuziehen ist.

Diese würde ein weiteres Problem der Be- und Entlüftung von Kellerräumen vorbeugen: der so genannten Sommerkondensation. Denn, der Grundsatz des regelmäßigen und ausreichenden Lüftens gilt in einer Ausnahme nicht: der Kombination der beiden Begriffe Keller und Sommer. Vorausgesetzt, dass die Begriffe „Keller" mit kühlen Wandoberflächen und „Sommer" mit feuchtwarmer Luft gleichgesetzt werden. Denn, beim Lüften von kühlen Kellerräumen bei warmen Außentemperaturen besteht das Problem, dass die im Sommer häufig sehr feuchte Außenluft in den Kellerraum einströmt, auf den kühlen Oberflächen der Innenwände abkühlt und zu taupunktbedingtem Kondenswasser führt. In der Theorie bedeutet dies, dass Kellerräume nur dann gelüftet werden sollten, wenn die Innen- und Außentemperatur nahezu identisch ist. In der Praxis würde dies bedeuten, dass Kellerräume entweder nachts oder in frühen Morgenstunden gelüftet werden müssen. Beides ist kaum zu vermitteln, da Kellerfenster nachts verschlossen werden (Einbruchschutz) und niemand in den frühen Morgenstunden seine Nachtruhe unterbricht, um im Keller die Fenster zu öffnen. Eine Alternative kann z. B. die bedarfsorientierte mechanische Fensterlüftung sein. Über zwei Sensoren wird sichergestellt, dass bei zu hoher Luftfeuchtigkeit (innen) die Fenster mithilfe von kleinen Motoren automatisch geöffnet und bei Erreichen der definierten Werte wieder verschlossen werden. Außensensoren stellen sicher, dass die Fenster bei Regen oder hoher Luftfeuchtigkeit wieder verschlossen werden. Kann dies nicht sichergestellt werden, ist es besser, wenn die Kellerfenster verschlossen bleiben. Gleiches gilt tagsüber. Luftentfeuchter und/oder Ventilatoren stellen ebenfalls keine Lösung dar, da die vorhandene Feuchtigkeit nur umverteilt wird.

Eine weitere Besonderheit des Kellers gegenüber allen anderen Innenräumen muss beachtet werden. Kellerwände unterliegen, anders als die

Fassade oder das Dach, keinen starken Temperaturschwankungen. Auch deshalb weisen die meisten Kellerwände im Neubau nur den Mindestwärmeschutz, im unsanierten Altbau keinen und bei sanierten Altbauten nur einen geringen Wärmeschutz auf. Der bauliche Zustand des Kellers, gerade im nicht sanierten Altbau, kann auf die Be- und Entlüftung einen erheblichen Einfluss nehmen. Nicht sanierte Altbauten weisen häufig einen feuchte- und/oder salzbelasteten Keller auf. Infolge einer fehlenden oder nicht mehr funktionstüchtigen Außenabdichtung (Horizontal- und/oder Vertikalabdichtung) nehmen die erdberührten Bauteile Feuchtigkeit aus dem Erdreich und mit ihr gelöste Salze auf, die sich aufgrund der Kapillarität im Wandquerschnitt verteilen und an der Oberfläche verdunstet (Feuchtigkeit) und kristallisiert (Salze). Solange der Keller nicht saniert wurde, kann eine Be- und Entlüftung diesen Prozess beschleunigen, da die Abtrocknung an der Innenseite der Kellerwände immer wieder dazu führt, dass das Mauerwerk Feuchtigkeit aufnehmen kann. Nur ein gesättigtes Mauerwerk kann kapillar keine Feuchtigkeit mehr aufnehmen. Salze bleiben in einem kapillar gesättigten Mauerwerk im gelösten Zustand. Erst durch die Verdunstung kristallisieren Salze aus und verursachen aufgrund ihrer Volumenzunahme und dem damit verbundenen Kristallisationsdruck unterschiedliche Bauschäden. Der Vollständigkeit soll auch der Echte Hausschwamm und andere Hausfäulen genannt werden. Eine Be- und Entlüftung der nicht sanierten Kellerräume entzieht dem holzzerstörenden Pilz zwar die Feuchtigkeit, kann aber gleichzeitig Millionen von Sporen freisetzen. Kurzum: Kellerräume, vor allem nicht sanierte Keller, stellen eine Besonderheit dar. Die ohnehin schon ungünstigen baulichen Gegebenheiten (Feuchteschutz, Wärmeschutz) treten meistens in Kombination mit einer ungünstigen Inneneinrichtung auf. Schränke und raumhohe Regale stehen meistens an der Außenwand, so dass Kellerräume ein erhöhtes Risikopotenzial für Feuchte- und/oder Schimmelpilzschäden darstellen.

Abschließend soll noch auf eine regionale Besonderheit hingewiesen werden: Radon. In einigen Regionen Deutschlands ist die Belastung durch Radon, abhängig von der Boden- und Gesteinsart sowie der Gasdurchlässigkeit des Untergrundes, besonders hoch. Es handelt sich um ein in der Natur vorkommendes radioaktives Edelgas, das farb-, geruch- und geschmacklos ist. In der Außenluft ist Radon harmlos, da es sich nach dem Austreten mit der Luft verdünnt und in der Regel in unbedenklichen Konzentrationen auftritt. Tritt Radon dagegen in Gebäuden bzw. geschlossenen Innenräumen auf, bleibt dieser Verdünnungseffekt aus, so dass die Konzentrationen für den Menschen schädlich sind. Durch das Einatmen steigt lt. Umweltbundesamt das Risiko, an Lungenkrebs zu erkranken. Aufgrund seines spezifischen Gewichts tritt Radon in der Regel in Kellerräumen auf und dringt über Undichtigkeiten wie z. B. Risse, Spalten und Öffnungen ein. Daher sind Bodenplatten und Fundamente sowie Durchführungen von Rohrleitungen der erdberührten Bauteile besonders betroffen. Selten können auch Baustoffe die Quelle für Radon sein. Die Radonbelastung kann neben Abdichtungsmaßnahmen auch durch eine ausreichende Be- und Entlüftung reduziert werden.

10.3 Vermeidung von taupunktbedingtem Kondenswasser

10.3.1 Einleitung

Wasserdampf wandert aufgrund des unterschiedlichen Dampfdrucks zwischen innen und außen durch die Baukonstruktion – je nach klimatischen Bedingungen in beide Richtungen. In beheizten Gebäuden besteht im Winter ein Temperaturgefälle von innen (Innenräume) nach außen (Fassade). Warme Luft kann mehr Wasserdampf aufnehmen als kalte Luft. Dies führt in der Regel zu einem dem Temperaturgefälle gleichgerichteten Dampfdruckgefälle. Hierbei ist der Wasserdampf bestrebt, in Richtung des Dampfdruckgefälles nach außen zu diffundieren. Daraus resultiert ein Dampfdiffusionsstrom, der vom Diffusionswiderstand des Bauteils begrenzt wird. Um Tauwasserbildung in der Baukonstruktion zu vermeiden, darf von der warmen Seite (Innenraum) her nicht mehr Wasserdampf in das Bauteil eindringen, als auf der kalten Seite (Fassade) wieder zur Außenluft entweichen kann. Auf der warmen Seite (Innenraum) werden deshalb Baustoffe eingesetzt, die wenig Feuchtigkeit durchlassen, also einen hohen Wasserdampfdiffusionswiderstand (μ) haben. Dagegen werden Baustoffe, die viel Feuchtigkeit durchlassen, also einen geringen Wasserdampfdiffusionswiderstand aufweisen, auf der kalten Seite (Fassade) eingesetzt. Aus diesem Grund muss bauphysikalisch immer der gesamte Wandquerschnitt betrachtet werden, um taupunktbedingtes Kondenswasser und Schimmelpilzbildung zu vermeiden.

Warme Luft kann bekanntlich mehr Wasserdampf aufnehmen und speichern als kalte Luft. Dies bedeutet, dass die relative Luftfeuchte von der Temperatur abhängig ist. Um taupunktbedingtes Kondenswasser zu vermeiden, gibt es deshalb zwei Ansatzpunkte: die Reduzierung der Feuchtigkeit z. B. durch Lüften und/oder die Erhöhung der Temperatur z. B. durch Heizen. Mit einer ausreichenden Be- und Entlüftung der Innenräume kann allerdings nur nutzungsbedingte Feuchtigkeit reduziert werden. Liegen die Ursachen für zu geringe Oberflächentemperaturen in den bauphysikalischen Eigenschaften der Baustoffe und Bauteile, kann das Heizungs- und Lüftungsverhalten der Bewohner taupunktbedingtes Kondenswasser nur unter bestimmten Voraussetzungen temporär vermeiden.

Taupunktbedingtes Kondenswasser ist eine der häufigsten Ursachen für Schimmelpilzbefall und -wachstum in Innenräumen. Es fällt an, wenn die Luftfeuchtigkeit von 100 % überschritten wird und Wasserdampf zu Wasser kondensiert. Das hierbei entstehende Kondenswasser tritt nicht nur auf Bauteiloberflächen auf, sondern kann auch innerhalb eines Bauteils sowie in der Baukonstruktion auftreten. Ursächlich hierfür sind entweder vorhandene Wärmebrücken und/oder Undichtigkeiten in der Gebäudehülle und/oder eine zu geringe Wärmedämmung der Außenbauteile. Um taupunktbedingtes Kondenswasser zu vermeiden, müssen Wärmebrücken bestenfalls im Neubau vermieden und im Rahmen der energetischen Sanierung reduziert werden. Ebenfalls müssen Undichtigkeiten in der Gebäudehülle vermieden (Neubau) oder reduziert (Sanierung) werden und die Oberflächentemperatur der Bauteile erhöht werden. Dies gelingt durch eine Wärmedämmung der Gebäudehülle.

Abschließend soll darauf hingewiesen werden, dass Wärmebrücken nicht, wie allgemein angenommen, nur in unsanierten Altbauten vorkommen, sondern auch in sanierten Altbauten und selbst in schlecht geplanten und/oder ausgeführten Neubauten. Unter bestimmten Voraussetzungen kann man Wärmebrücken auch mit einem geschulten Auge erkennen. In der Regel ermittelt man diese allerdings über bautechnische Untersuchungen z. B. mit einer Wärmebildkamera (Thermografie) oder mithilfe von bauphysikalischen Berechnungen zum Nachweis von Wärmebrücken. Außerdem liefern spezielle Wärmebrückenkataloge hilfreiche Empfehlungen für die wärmebrückenfreie Planung und Ausführung von z. B. Rollladenkästen, Fensterbänke, Heizkörperbefestigungen, Deckenanschlüsse, auskragende Stahlträger usw.

10.3.2 Wärmedämmung

10.3.2.1 Einleitung

Eine Wärmedämmung dient dazu, den Wärmedurchgang durch die Gebäudehülle aufgrund von Wärmeleitung und Wärmestrahlung zu reduzieren, um somit die Baukonstruktion und die Innenräume vor Abkühlung oder Erwärmung zu schützen. Zur Wärmedämmung der Gebäudehülle gehört die Fassadendämmung, die Perimeterdämmung erdberührter Bauteile, die Dachdämmung sowie der Einbau von Fenstern mit Wärmeschutzverglasung.

Je nach Gebäudealter, -zustand und -geometrie beträgt der Wärmeverlust über ungedämmte Außenwände zwischen 25 und 45 %, gefolgt von einem ungedämmten Dach mit 15 bis 30 % sowie jeweils 5 bis 15 % über die Fenster und erdberührte Bauteile. Mit einer Wärmedämmung von Fassade und Dach können daher die höchsten Wärmeverluste reduziert bzw. die meiste Energie eingespart werden. Im Gegenzug sind diese beiden Maßnahmen besonders kostenintensiv.

Aus diesem Grund muss im Einzelfall geprüft werden, ob auch die Wärmedämmung einzelner

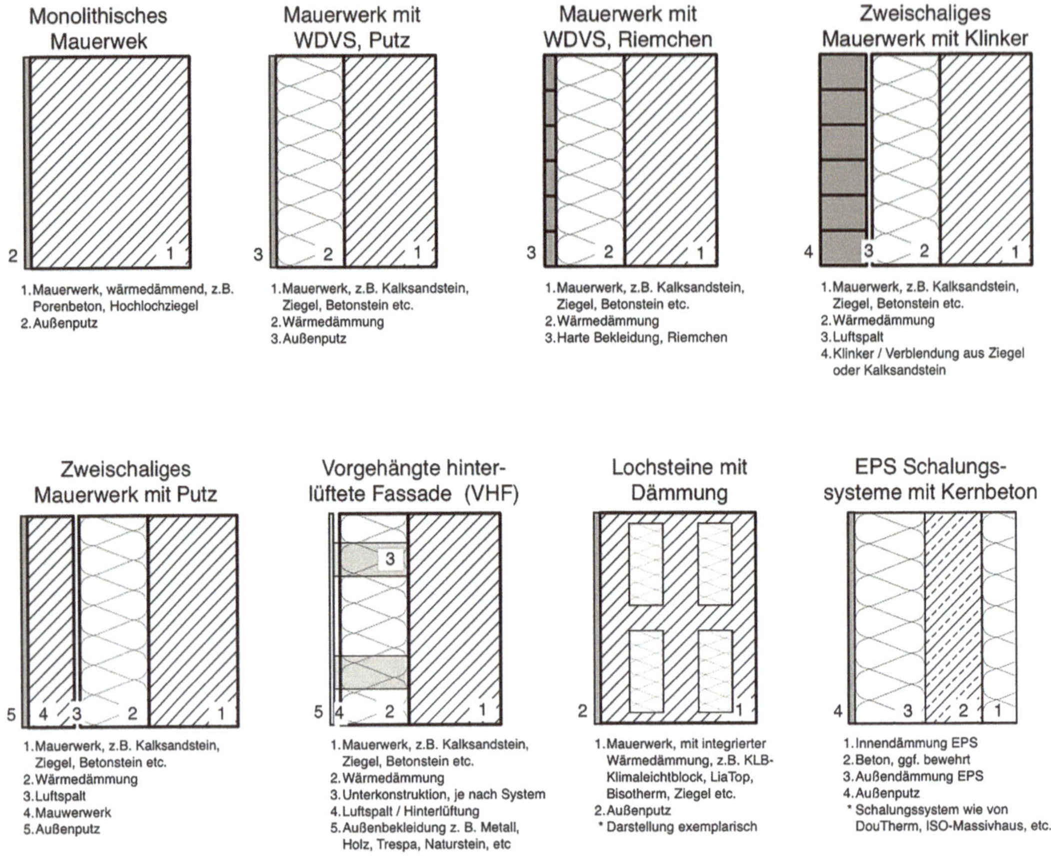

Abb. 10.5 unterschiedliche Arten der Wärmedämmung

Bauteile sinnvoll ist. Gerade bei der nachträglichen Wärmedämmung von Altbauten, auch energetische Sanierung genannt, kann eine Innendämmung oder Kellerdeckendämmung eine technisch vertretbare und wirtschaftlich sinnvolle Maßnahme sein. Je nachdem, wie der Dachboden genutzt wird, bringt auch eine nachträgliche Wärmedämmung der obersten Geschossdecke eine Energieeinsparung. Wird das Dachgeschoss allerdings als Wohnraum genutzt, stellt dies keine Option dar. Dann muss das Dach gedämmt werden.

Der Vorteil einer Außendämmung gegenüber einer Innendämmung oder bauteilbezogenen Wärmedämmung besteht darin, dass die Wärmedämmschicht das Gebäude komplett umschließt und somit Wärmebrücken vermieden werden (siehe Abb. 10.5).

Die Wärmedämmung kann in Baustoffe integriert werden (z. B. Porenbetonstein oder hoch wärmedämmende Leichthochlochziegel) oder nachträglich auf monolithische Baustoffe aufgebracht werden (z. B. Wärmedämmplatten aus Polystyrol oder Mineralwolle). Neben künstlich hergestellten Dämmstoffen gibt es auch natürliche Dämmstoffe (z. B. Kork oder Hanf). Als Wärmedämmstoffe werden Stoffe bezeichnet, deren spezifische Wärmeleitfähigkeit λ besonders gering ist ($< 0{,}1$ [W/(m K)]) und deren Hauptzweck die Wärmedämmung ist. Infolgedessen unterscheidet man bei der Wärmedämmung der Gebäudehülle zwischen der Außendämmung, der Kerndämmung, der Innendämmung und dem dämmenden Mauerwerk (siehe Tab. 10.4).

10.3.2.2 Mindestanforderungen an den Wärmeschutz

Der Wärmeschutz von Gebäuden umfasst bauliche Maßnahmen, um den Wärmedurchgang durch die Gebäudehülle aufgrund von Wärmeleitung und Wärmestrahlung zu reduzieren und

Tab. 10.4 Wärmeleitfähigkeit unterschiedlicher Baustoffe in Abhängigkeit der Rohdichte

Baustoff	Rohdichte ρ in kg/m^3	Wärmeleitfähigkeit λ in (W/m K)
Beton	2.000	1,6
Leichtbeton mit haufwerksporigem Gefüge	1.600	0,75
Porenbeton	800	0,25
Mauerwerk, Kalksandstein	1.800	0,99
Mauerwerk, Vollziegel	1.600	0,68
Mauerwerk, Hochlochziegel	800	0,23/0,26
Außenputz, mineralisch	1.800	1,00
Innenputz	1.400	0,70
Polystyrol-Hartschaumplatten	15	0,032–0,040
Mineralwolle-Dämmplatten	70 Teil 150	0,035–0,041
Polyurethan-Hartschaumplatten	(≥ 30)	0,024–0,030

damit die Baukonstruktion und die Innenräume vor Abkühlung oder Erwärmung zu schützen. Gleichzeitig dient die Reduzierung der Wärmeverluste der Verringerung der Energiekosten. Beide Ansätze sind untrennbar miteinander verknüpft. Auch wenn der Fokus auf dem winterlichen Wärmeschutz liegt, gehört der Schutz vor Überhitzung von außen im Sommer ebenfalls zum Wärmeschutz von Gebäuden. Damit sich taupunktbedingtes Kondenswasser z. B. an Wärmebrücken und in der weiteren Folge Schimmelpilzbefall in Innenräumen gar nicht erst bilden kann, gibt es Mindestanforderungen an den Wärmeschutz von Bauteilen. Das Ziel besteht darin, die Energieeffizienz der Gebäudehülle und ein hygienisches Innenraumklima miteinander zu verbinden und die Baukonstruktion vor Feuchteschäden zu schützen.

Hierbei ist der Wärmeschutz von Gebäuden abhängig von

- dem Wärmedurchlasswiderstand bzw. Wärmedurchgangskoeffizienten der Bauteile (Wände, Decken, Fenster, Türen) und deren Anteil an der wärmeübertragenden Gebäudehülle,
- der Anordnung der einzelnen Materialschichten bei mehrschichtigen Bauteilen sowie der wirksamen Wärmespeicherfähigkeit der Außenwände und insbesondere der raumumschließenden Flächen,
- dem Wärmeverlust im Bereich von Wärmebrücken und den damit verbundenen geringeren Bauteiltemperaturen an den Oberflächen,
- dem Gesamtenergiedurchlassgrad von Verglasungen sowie Größe und Orientierung der Fenster unter Berücksichtigung von Sonnenschutzmaßnahmen sowie
- der Luftdichtheit von Bauteilen und deren Anschlüssen.

Der Mindestwärmeschutz von Bauteilen wird durch den Wärmedurchlasswiderstand R (früher 1/λ) bestimmt. Dieser Kennwert bezeichnet den Widerstand, den ein homogenes Bauteil zwischen seinen Oberflächen einem genau definierten Wärmestrom entgegensetzt. Hierbei ist zu beachten, dass es sich tatsächlich um ein homogenes Bauteil handelt, da bei mehrschichtigen Wandaufbauten (Verbundbaustoffe) die Wärmedurchlasswiderstände jeder einzelnen Bauteilschicht ermittelt werden muss. Um vergleichbare Werte zu erhalten, die sich für bauphysikalische Berechnungen eignen, wurde der Wärmestrom auf eine Temperaturdifferenz von 1 K bei einer Fläche von 1 m^2 festgelegt. Die Einheit ist dem entsprechend m^2K/W. Der Wärmedurchlasswiderstand R wird mithilfe folgender Formel berechnet: $R = d/\lambda$ (d = Dicke des Bauteils; λ = Wärmeleitfähigkeit).

Die Anforderungen an den Mindestwärmeschutz ergeben sich dadurch, dass Mindestwerte für die Wärmedurchlasswiderstände R unterschiedlicher Bauteile gefordert werden – getrennt für schwere Bauteile (das sind Bauteile mit einer flächenbezogenen Masse von 100 kg/m^2 oder mehr) und leichte Bauteile (Bauteile mit einer flächenbezogenen Masse unter 100 kg/m^2) sowie für inhomogene nichttransparente Bauteile (z. B. Bauteile in Rahmen- und Skelettbauweise) und transparente sowie teiltransparente Bauteile. Konkrete Werte des Mindestwärmeschutzes für unterschiedliche Bauteile finden sich im Teil 2 „Mindestanforderungen an den Wärmeschutz" der DIN 4108 „Wärmeschutz und Energie-Einsparung in Gebäuden". Demnach wird für Außenwände; Wände von beheizten Innenräumen gegen Bodenräume, Durchfahrten, offene Hausflure, Garagen oder Erdreich mit einer flächenbezogenen Gesamtmasse von mindestens 100 kg/m^2 ein Mindestwert des Wärmedurchlasswiderstandes von 1,2 m^{2}K/W gefordert. Dies entspricht einem U-Wert von 0,73 W/(m^{2}K). Für leichte Außenwände mit einer Masse < 100 kg/m^2 gilt ein Mindestwert von 1,75 m^{2}K/W; dies entspricht einem U-Wert von 0,52 (W/m^{2}K). Für Wohnungstrennwände bzw. Wände zwischen fremdgenutzten beheizten Innenräumen gilt ein R-Wert von 0,07 m^{2}K/W. Für den unteren Abschluss direkt ans Erdreich angrenzender Aufenthaltsräume sowie Decken zu nicht beheizten Dachräumen wird ein R-Wert ≥ 0,90 m^{2}K/W und für Dächer und Decken nach oben sowie unter Terrassen ein R-Wert ≥ 1,20 m^{2}K/W gefordert. Dieser Wert gilt auch für Flachdächer gegen Außenluft. Für Decken nach unten gegen Außenluft beheizter Innenräume gilt ein Mindestwert von 1,75 m^{2}K/W. Der Wärmedurchlasswiderstand von Bauteilen mit Wärmebrücken kann nach DIN EN ISO 10211 „Wärmebrücken im Hochbau" berechnet werden.

Der Geltungsbereich der DIN 4108 erstreckt sich auf Innenräume in Gebäuden, die nach ihrer üblichen Nutzung auf normale Raumtemperaturen (> 19 °C) beheizt werden. Unter üblicher Nutzung versteht die Norm hierbei Innenräume für Wohn- oder wohnähnliche Zwecke, die ausreichend beheizt und gelüftet werden. Letzteres ist in der Regel der Fall, wenn während der Heizperiode ein durchschnittlicher Luftwechsel von 0,5 h^{-1} sichergestellt wird. Der Mindestwärmeschutz definiert daher einen wärmeschutztechnischen Standard, der an jeder Stelle der Innenoberfläche der wärmeübertragenden Gebäudehülle unter Zugrundelegung der in dieser Norm angegebenen Randbedingungen (Temperaturfaktor $f_{Rsi} \geq 0{,}70$ und raumseitige Oberflächentemperatur $\theta_{si} \geq 12{,}6$ °C) ein hygienisches Raumklima sicherstellt, so dass Tauwasserfreiheit und Schimmelpilzfreiheit in Innenräumen gegeben sind. Fenster, Fenstertüren und Türen sind hiervon ausgenommen, nicht jedoch die Einbaufuge zum angrenzenden Bauwerk, der Fenstersturz, die Fensterbrüstung bzw. die Schwelle. Wenn Bauteilbereiche mit einer material- oder stoffbedingten, geometrischen oder konstruktionsbedingten Wärmebrücke entsprechend den Beispielen in der DIN 4108, Beiblatt 2 ausgeführt wurden, ist kein gesonderter Nachweis erforderlich. Sie gelten dann als ausreichend wärmegedämmt. Gleiches gilt für übliche Befestigungen und Verbindungsmittel sowie Mörtelfugen von Mauerwerk.

Die Wärmedurchlasswiderstände (für jede einzelne Materialschicht eines Bauteils) und die Wärmeübergangswiderstände (in der DIN EN ISO 6946 festgelegte Werte der Innen- und Außenkanten) ergeben den Wärmedurchgangswiderstand. Daraus ergibt sich: Wärmedurchgangswiderstand (RT) = Summe der Wärmedurchlasswiderstände (R) + Wärmeübergangswiderstände (RS).

Dieser Wert bezeichnet den Gesamtwiderstand des Wärmedurchgangs von einer Bauteilseite zur anderen und ist somit der übergeordnete Wert z. B. einer Gebäudehülle, bestehend aus mehreren Verbundbaustoffen in der Baukonstruktion. Der wichtigste Stoffkennwert für die Ermittlung des Wärmedurchlasswiderstandes bzw. Wärmedurchgangskoeffizienten eines Bauteils ist der Bemessungswert der Wärmeleitfähigkeit, der λ-Wert. Hierbei handelt es sich um eine spezifische Stoffeigenschaft, die angibt, wie groß der Wärmestrom in Watt ist, der durch eine Stoffschicht von einem Meter Dicke bei einer Temperaturdifferenz von 1 K übertragen wird. Die nachfolgende Tabelle gibt einige λ-Werte von Baustoffen in Abhängigkeit von der Rohdichte an.

10.3.2.3 Fassadendämmung

10.3.2.3.1 Wärmedämm-Verbundsystem

Die bekannteste Art, die Fassade des Gebäudes zu dämmen, besteht darin, ein Wärmedämm-Verbundsystem (kurz WDVS) aufzubringen. Das früher auch als Thermohaut und heute umgangssprachlich immer noch als Vollwärmeschutz bezeichnete System wurde in den 1960-er Jahren erstmals ausgeführt und seitdem kontinuierlich weiterentwickelt.

Das Herzstück eines WDVS bildet die Dämmplatte (plattenförmiger Wärmedämmstoff). Diese definiert die grundlegenden Eigenschaften eines WDVS wie z. B. die Wärmeleitfähigkeit, das

Brandverhalten oder auch die Resistenz gegenüber Feuchtigkeit auch bei Hinterwanderung z. B. an Bauteilanschlüssen (z. B. Fensterbank) oder Konvektion infolge von Undichtigkeiten. Darüber hinaus beeinflusst der Preis der Dämmplatte die Gesamtkosten des WDVS. Bei den Dämmplatten für Wärmedämm-Verbundsysteme werden organische und anorganische Wärmedämmstoffe unterschieden. Zu den organischen Wärmedämmstoffen gehört vor allem Expandierter Polystyrol-Hartschaum (EPS). EPS ist mit ca. 60 % Marktanteil der mit Abstand am meisten eingesetzte Wärmedämmstoff bei der Fassadendämmung. Ebenfalls auf organischer Basis sind Extrudierter Polystyrol-Hartschaum (XPS), Polyurethan-Hartschaum (PUR) und Phenolharz (oder Resol-Hartschaum). Alle diese Dämmstoffe werden künstlich (synthetisch) hergestellt. Außerdem gibt es natürliche Dämmstoffe auf organischer Basis wie z. B. Holzweichfaser, Kork, Hanf und Schilf. Von diesen Dämmstoffen haben mit 5 bis 10 % nur Holzweichfaserplatten einen erwähnenswerten Marktanteil. Wichtigster Vertreter der anorganischen Wärmedämmstoffe ist die Mineralwolle (Stein- und Glaswolle). Diese hat einen Marktanteil von 25 bis 30 % und nimmt nach EPS mit deutlichem Abstand den zweiten Platz unter den Dämmstoffen für WDVS ein. Daneben gibt es noch die Mineralschaumplatte und Calciumsilikat-Platte. EPS und Mineralwolle bilden zusammen knapp 90 % des Marktes ab – und könnten unterschiedlicher z. B. in Bezug auf ihr Brandverhalten, der Wasseraufnahme und dem Diffusionsverhalten, der Materialpreise oder Recyclingfähigkeit nicht sein.

Fassadendämmplatten aus Polystyrol müssen der DIN EN 13163 „Wärmedämmstoffe für Gebäude – werkmäßig hergestellte Produkte aus expandiertem Polystyrol (EPS)“ entsprechen. Für Mineralwolle gilt dagegen die DIN EN 13162 „Wärmedämmstoffe für Gebäude – werkmäßig hergestellte Produkte aus Mineralwolle (MW)“. Die kompletten Systemspezifikationen sind in der DIN EN 13499 „Wärmedämmstoffe für Gebäude – Außenseitige Wärmedämm-Verbundsysteme (WDVS) aus expandiertem Polystyrol“ und in der DIN EN 13500 „Wärmedämmstoffe für Gebäude – Außenseitige Wärmedämm-Verbundsysteme (WDVS) aus Mineralwolle“ beschrieben.

Werden beide Dämmplatten mit „sortenreinen“ Baustoffkomponenten ausgeführt, spricht man entweder von einem rein mineralischen System (= Mineralwolle, mineralisch geklebt und armiert mit einem mineralischen Oberputz) oder einem rein organischen System (= EPS, organisch geklebt und armiert mit einem organischen Oberputz). In der Praxis werden allerdings eher selten reine Systeme ausgeführt, zumal die Systemhersteller die Kombination unterschiedlicher Baustoffkomponenten in ihren Systemen ausdrücklich zulassen.

In Deutschland muss die Verwendbarkeit eines Wärmedämm-Verbundsystems durch eine allgemeine bauaufsichtliche Zulassung (abZ) oder in Kombination mit einer Europäisch-Technischen Zulassung (ETZ) bzw. Europäisch-Technischen Bewertung (ETB) über eine Verwendungszulassung nachgewiesen werden. Die Zulassung des DIBt (Deutsches Institut für Bautechnik) dokumentiert alle vom Systemhersteller vorgegebenen und im Gesamtsystem geprüften Komponenten (Kleber, Dämmplatte, Dübel, Armierungsschicht, Oberputz oder alternative Schlussbeschichtung) sowie die brandschutztechnisch relevanten Eigenschaften. Nicht bauaufsichtlich zugelassene Wärmedämm-Verbundsysteme, hierzu gehören auch objektspezifische Abweichungen bestehender Zulassungen, benötigen eine Zustimmung im Einzelfall (ZiE) durch die oberste Baubehörde. Dies gestaltet sich in der Praxis oft schwierig, so dass nicht selten schon mit der Baumaßnahme begonnen wird, obwohl die Zustimmung noch nicht vorliegt.

Die Dämmstoffplatte wird an die Außenwand je nach Tragfähigkeit des Untergrundes geklebt und/oder gedübelt. Bei ebenen Untergründen und/oder dünnen Wärmedämmplatten erfolgt die Verklebung vollflächig. Bei unebenen Untergründen erfolgt eine Punkt-Rand-Verklebung. Hierzu wird der Kleber an den Plattenkanten linienförmig und zusätzlich mit mindestens sechs Klebebatzen auf der Plattenfläche aufgetragen. Anschließend wird die Dämmplatte unter einer seitlichen Bewegung an die Wand verklebt und vorsichtig „eingeschwommen“. Somit wird eine vollflächige Verklebung ohne Hohlräume sichergestellt.

Tab. 10.5 Vor- und Nachteile verschiedener Fassadenputze

Eigenschaften	Mineralputz	Dispersions-Silikatputz	Silikonharzputz	Kunstharzputz
Wasseraufnahme[1)]	+	++	++	+++
Wasserdampfdiffusion	+++	++	++	+
Elastizität	−	+	+	+++
Farbtonauswahl	+	+	++	+++
Ausblühungen	−	−	++	+++
Farbtonbeständigkeit	+	+	++	+++
Resistenz gegenüber Algen und Pilze[1)2)]	+	+	++	++[3)]

+++ ausgezeichnet
++ sehr gut
+ gut
− schlecht
[1)] ohne zusätzlichen Anstrich
[2)] über einen Zeitraum von > 3 Jahren
[3)] durch biozide Zusätze

Je nach Tragfähigkeit des Untergrundes und/oder der Auswahl des Dämmstoffes und/oder je nach Gebäudehöhe und/oder Windbelastung erfolgt zusätzlich eine Verdübelung. Das Setzen der Systemdübel hängt von der Tragfähigkeit des Untergrundes (z. B. Länge) und/oder der Auswahl des Dämmstoffes (z. B. Anordnung der Dübel-Teller) und/oder der Windbelastung (Dübel-Schema) ab. Zudem ist die Art der Oberflächengestaltung und das damit verbundene Flächengewicht relevant. Werden z. B. Klinker, Fliesen oder andere keramische Beläge als Optik ausgewählt, müssen die Dübel durch das Armierungsgewebe gesetzt werden, ansonsten in der Regel nicht.

Anschließend wird eine Armierungsschicht aufgetragen und ein Armierungsgewebe vollflächig eingebettet, wobei die Ränder ca. 10 cm überlappen. Die Armierungsschicht besteht entweder aus einem mineralischen Spachtel, der organisch vergütet und faserarmiert ist, oder einem organisch gebundenen Spachtel. Die Schichtdicke ist vom Bindemittel der Armierungsschicht abhängig und beträgt zwischen 1,5 bis 5,0 mm. Bei so genannten Dickschichtsystemen kann die Armierungsschicht auch 8,0 bis 10,0 mm betragen.

Das Armierungsgewebe besteht in der Regel aus einem Glasfasergewebe. Dieses hat die primäre Aufgabe, Zugspannungen aufgrund von thermischen Belastungen (Hitze/Kälte infolge von Tag/Nacht oder Sommer/Winter) aufzunehmen und auf die Fläche der Armierungsschicht gleichmäßig zu verteilen, damit keine Spannungsrisse entstehen. An besonders kritischen Stellen wie z. B. Bauteilunterbrechungen oder Materialübergänge z. B. an Fenstern oder Rollladenkästen muss zusätzlich zur Flächenarmierung eine Diagonalarmierung ausgeführt werden. Somit sollen z. B. Kerbrisse verhindert werden.

Die Schlussbeschichtung besteht in der Regel aus einem Oberputz. Hierbei kann es sich um einen mineralischen oder einen organisch gebundenen Oberputz handeln. Mineralische Oberputze bestehen aus Kalk und Zement und werden bei einem Einsatz auf einem WDVS zusätzlich organisch vergütet. Zu den organisch gebundenen Oberputzen gehören vor allem Kunstharz- und Silikonharzputze. Das Bindemittel ist eine Dispersion. So genannte Silikatputze müssten eigentlich Dispersions-Silikatputze genannt werden und sind rein normativ den organisch gebundenen Putzen zuzuordnen, auch wenn diese Putze aufgrund ihrer Ähnlichkeit oftmals den mineralischen Putzen zugeordnet werden.

Von den Eigenschaften unterscheiden sich diese vier Putzarten erheblich. Die Tab. 10.5 gibt eine Übersicht über Vor- und Nachteile:

Mineralische Oberputze werden in dünn- und dickschichtige Oberputze unterschieden. Während die dünnschichtigen Oberputze in Schichtdicke, Struktur und Verarbeitung mit den organisch gebundenen Oberputzen weitestgehend vergleichbar sind, unterscheidet sich der dickschichtige Edelkratzputz. Dieser wird zwischen 10 bis 15 mm dick aufgetragen und anschließend mit einem Nagelbrett oder Rabot abgerieben. Hierbei werden die Zuschläge herausgerieben, so dass die typische Putzstruktur entsteht. Typisch für den Edelkratzputz sind zudem, dass dieser nicht gestrichen wird und eine so genannte „Edelkreidung" besitzt. Diesem „gewollten" Abrieb der Oberfläche wird eine Art Selbstreinigung zugesprochen.

Früher wurden vor allem Mineralputze noch mit einem zusätzlichen Egalisationsanstrich versehen. Dieser hatte primär die Aufgabe, die hohe Wasseraufnahme der Putze sowie eine mögliche Fleckenbildung durch Calciumcarbonat Ausblühungen zu egalisieren. Mittlerweile ist es Stand der Technik, Mineralputze und Dispersions-Silikatputze mit einer Farbbeschichtung, bestehend aus einem zweimaligen Anstrich, zu versehen. Diese bestimmt in der Regel die Funktion und Eigenschaft der Oberfläche. Wenn der Schlussbeschichtung zusätzliche Eigenschaften wie z. B. eine hohe Widerstandsfähigkeit gegen Algen und Pilze verliehen werden oder dunkle Farbtöne ausgeführt werden sollen, ohne dass sich die Oberfläche erhitzt, kommt man an hochwertigen Fassadenfarben nicht vorbei. Gleiches gilt für funktionale Oberflächen, die weniger verschmutzen sollen.

Als Anstriche kommen Dispersions-Silikatfarben, Silikonharzfarben und Dispersionsfarben zum Einsatz. Während früher die Anstriche primär die Aufgabe hatten, die Fassade vor Niederschlägen und insbesondere Schlagregen zu schützen, ist der Schutz vor mikrobiellen Befall immer mehr in den Fokus gerückt. Heute werden Fassadenfarben angeboten, denen Breitbandbiozide zugegeben werden, die über einen längeren Zeitraum an der Oberfläche freigesetzt werden, so dass das Wachstum von Algen und Pilzen unterbunden wird. Diese Depots sind mit der Zeit aufgebraucht, so dass auch Biozid haltige Beschichtungen nach einigen Jahren schutzlos den Mikroorganismen ausgesetzt sind. Die Alternative sind Biozidfreie Wärmedämm-Verbundsysteme. Bei diesen Systemen setzt man auf funktionale Oberflächen durch physikalische Effekte, mit denen die Wasseraufnahme und -abgabe gesteuert wird, und vor allem der Ausfall von Tauwasser auf der kritischen Nordostseite eines Gebäudes unterbunden werden soll. Einen ähnlichen Ansatz verfolgen Nanobeschichtungen wie z. B. mit dem Lotus-Effekt oder mit Photokatalyse.

In einigen Regionen, vor allem im Norden und Nordwesten, wird die Oberfläche eines WDVS der regionalen Bauweise mit einer Klinkeroptik angepasst. Hierbei handelt es sich um Klinkerriemchen oder um so genannte Flachverblender (Kunststoffbeschichtungen mit einer Klinkeroptik).

Die Haltbarkeit eines WDVS wird mit 40 bis 60 Jahren angegeben, wenn man „kleinere" Schönheitsreparaturen (z. B. durch Verschmutzung oder mikrobiellen Befall) ignoriert und diese Aussage auf die grundsätzliche Funktionalität wie z. B. Standsicherheit und Bauphysik (Feuchte-, Wärme- und Brandschutz) bezieht.

Vor über zehn Jahren gerieten Wärmedämm-Verbundsysteme in die Kritik, nachdem die Medien über das Brandverhalten an einigen Gebäuden berichtet hatten. Im November 2014 wurden die Auflagen noch einmal deutlich erhöht und z. B. der Brandriegel an Geschossdecken und Fenstern bei einigen Dämmstoffen zwingend vorgeschrieben. Außerdem wird gelegentlich über Schäden durch Spechte oder Hagelschlag berichtet. In der Gesamtbetrachtung können diese Einzelfälle vernachlässigt werden.

Neben einer guten Wärmedämmung hat ein Wärmedämm-Verbundsystem auch die Funktion, Tauwasserausfall in der Baukonstruktion (Wandquerschnitt) zu vermeiden. Hierzu dienen bauphysikalische Berechnungen z. B. mittels Glaser-Diagramm oder dem WUFI-Programm. Besonders im Winter sind Wasserdampfdruck und Temperatur innen hoch und außen niedrig. Abhängig von der Temperatur kann Luft nur eine bestimmte maximale Feuchtigkeitsmenge aufnehmen, was mit Sättigungsfeuchte, Sättigungsdampfdruck oder Taupunkttemperatur bezeichnet wird. Der individuelle Wandaufbau bestimmt die Bedingungen für den Temperaturverlauf und somit Sättigungsdampfdruck als auch für den Verlauf des Dampfdrucks. Immer dann, wenn im Wandquerschnitt der Dampfdruck unter dem Sättigungsdampfdruck liegt, kann ein Ausfall von Tauwasser nahezu ausgeschlossen werden. Dies bedeutet, dass bei mehrschichtigen Außenbauteilen die Wärmedämmfähigkeit nach außen hin zu- und der Wasserdampfdiffusionswiderstand nach außen hin abnehmen muss. Somit kann die anfallende Feuchte während der Verdunstungsperiode gut nach außen hin verdunsten.

10.3.2.3.2 Wärmedämmendes Mauerwerk

Die Errichtung der Außenwände aus massiven Mauersteinen ist eine sehr alte und bewährte Bautechnik. Dennoch mussten die traditionellen Wandbaustoffe in den letzten 30 bis 40 Jahren deutlich verändert werden, um eine geringere Wärmeleitfähigkeit aufzuweisen. Dies wurde notwendig, um die höheren Anforderungen der früheren Energieeinsparverordnungen und des heutigen Gebäudeenergiegesetzes an den Wärmeschutz zu erfüllen. Die beiden wesentlichen Steine – Tonziegel und Porenbeton – weisen hierbei einen unterschiedlichen Lösungsansatz auf. Während Tonziegel gebrannt wird und Luftporen und Hohlkammern (aus Luft oder mit Füllung aus Wärmedämmstoffen) aufweist, wird Porenbeton nicht gebrannt, sondern härtet unter Wasserdampf aus und weist einen Porenanteil von bis zu 90 % auf.

Bis zur Jahrtausendwende wurde die Wärmedämmung von Ziegelsteinen durch Luftporen und Hohlkammern erzielt – ein Prinzip, das beim Porenbeton seit über 100 Jahre bekannt war. In den 1970er-Jahren begann man zunächst, dem Ziegelstein brennbare Zuschläge wie z. B. Sägespäne zuzusetzen, die bei der Herstellung verbrannten und eine Vielzahl von Poren hinterließen. Der Wärmeschutz konnte durch diesen Poreneffekt leicht verbessert werden. Eine deutliche Reduzierung der Wärmeleitfähigkeit wurde erst in den 1990-er Jahren erreicht, als die Ziegel neben den Luftporen zusätzlich Hohlräume in Form von Luftkammern enthielten. Diese Leichthochlochziegel erreichten Wärmeleitfähigkeiten von 0,1 bis 0,09 W/(m K).

Im Jahr 2000 kamen die ersten Leichthochlochziegel auf den Markt, die zusätzlich mit Wärmedämmstoffen gefüllt wurden. Anfänglich wurden die Hohlräume der Ziegelsteine mit granuliertem Perlit gefüllt, später auch mit anderen Dämmstoffen wie z. B. Basalt, Mineralwolle und Polystyrol. Diese modifizierten Leichthochlochziegel („Verfüllziegel") erreichen Wärmeleitfähigkeiten von 0,08 bis 0,07 W/(m K).

Beispiel: Ein Mauerwerk mit einer Wanddicke von z. B. 49 cm, das mit Verfüllziegel (Basalt oder Perlite als Dämmstoff) errichtet wird (Wärmeleitfähigkeit 0,07 [W/(m K)]), weist einen U-Wert der Außenwand von 0,14 W/(m K) auf (verputzt). Wird bei einem gleichen Mauerwerk dagegen Steinwolle als Dämmstoff (Wärmeleitfähigkeit von 0,066 [W/(m K)]) im Verfüllziegel eingesetzt, reduziert sich der U-Wert der Außenwand auf 0,13 W/(m K). Beide Angaben beziehen sich auf ein verputztes Mauerwerk mit einem klassischen Leichtputz (Typ I oder Typ II). Werden diese Mauerwerke dagegen mit einem herkömmlichen Wärmedämmputz verputzt, kann der U-Wert der Außenwand auf 0,12 W/(m K) reduziert werden, bei einer spritzbaren Außendämmung (Hochleistungsdämmputze) sogar auf 0,10 W/(m K).

Sehr gute Wärmedämmeigenschaften setzen in der Regel geringe Rohdichten voraus. Bei einem Leichthochlochziegel bedeutet die permanente Optimierung der λ-Werte eine Gradwanderung, da der Mauerstein neben einer wärmedämmenden Funktion in erster Linie eine tragende Funktion hat und somit seine statisch-konstruktiven Aufgaben zu erledigen hat. Mit den heute gängigen λ-Werten zwischen 0,08 bis 0,07[W / (m K)]) liegen die Festigkeiten zwischen 2,2 bis 2,8 N/mm^2. Die Eigenschaften eines Mauerwerks werden allerdings nicht nur über die Mauersteine bestimmt, sondern auch über den darauf abgestimmten Mauermörtel.

Porenbeton verfolgt einen komplett anderen Ansatz, um eine geringe Wärmeleitfähigkeit (Wärmeleitfähigkeit von 0,06 bis 0,07 [W/ (m K)]) zu erzielen. Einem mineralischen Mörtelgemisch wird in der Herstellung Aluminiumpulver zugegeben. Durch chemische Reaktion des Aluminiumpulvers mit dem alkalischen Mörtelgemisch bilden sich unzählige feinverteilte Wasserstoffbläschen, so dass eine Art Schaummörtel entsteht. Dieser wird in Formen gegossen, so dass große Blöcke entstehen, die anschließend in die gewünschten Steinformate geschnitten werden. Durch ein spezielles Härten unter Wasserdampf in speziellen Druckkesseln (Autoklaven) erreicht der Porenbeton nach einigen Stunden seine endgültigen Eigenschaften. Die Bläschen im frischen Mörtelgemisch liegen nun als Poren im fertigen Stein vor. Das Porenvolumen beträgt bis zu 90 % und ist neben der guten Wärmedämmung zudem für die ausgezeichnete Wasserdampfdiffusion verantwortlich. Nachteilig sind die hohe Wasseraufnahme und fehlende Frostbeständigkeit. Daher muss Porenbeton während der Bauphase und bis zur finalen Schlussbeschichtung vor Feuchtigkeit geschützt werden. Gleiches gilt später für evtl. Undichtigkeiten, durch die Wasser in das Mauerwerk eindringen kann.

Durch die Fokussierung auf die Wärmeleitfähigkeit wird häufig der Wärmespeicherfähigkeit von Mauerwerken zu wenig Bedeutung beigemessen. Ein monolithisches Mauerwerk aus wärmedämmenden Mauersteinen speichert Wärmeenergie und gibt diese phasenverschoben wieder ab. Infolgedessen „puffert" das Mauerwerk im Sommer die Wärme von außen ab und sorgt für ein angenehmes Innenraumklima (sommerlicher Wärmeschutz), während im Winter die Kälte von außen abgewehrt und die tagsüber aufgenommene Sonneneinstrahlung über die Wandbaustoffe verzögert in das Gebäudeinnere geleitet wird. Eine ähnliche Speicherfähigkeit und regulierende Wirkung weisen wärmedämmende Steine im Übrigen auch in Bezug auf Feuchtigkeit auf.

Neben der weiteren Verbesserung der Materialeigenschaften werden wärmedämmende Mauerwerke auch in Bezug auf die Planung und Ausführung weiter optimiert, um den Wärmeschutz zu verbessern. Im Fokus stehen die Luftdichtheit und Reduzierung von Wärmebrücken z. B. durch die Nut- und Federausbildung der Steine sowie die Verwendung von wärmedämmenden Dünnbettmörteln. Damit soll die punktuelle Verschlechterung des Wärmeschutzes und taupunktbedingtes Kondenswasser innerhalb der Mauerwerksquerschnitts unterbunden werden, um Feuchte- und Schimmelpilzschäden zu vermeiden.

Ein ähnlicher Ansatz wie bei Porenbeton wird bei einem Leichtbeton verfolgt – nur, dass die Porigkeit des Wandbaustoffes nicht durch chemische Reaktion verursacht wird, sondern durch den Einsatz von mineralischen Leichtfüllstoffen, die von Natur aus ein hohes Porenvolumen aufweisen. Hierzu zählen z. B. Bims, Blähton und Perlite. Leichtbeton eignet sich neben Mauersteinen vor allem für Elementbauplatten.

10.3.2.3.3 Wärmedämmendes Putzsystem

Ein wärmedämmendes Putzsystem ist auf den ersten Blick ein Wärmedämmputz (WD-Putz). Durch die Weiterentwicklung, vor allem in den letzten zehn Jahren, hat sich diese Aussage ein wenig verschoben, da es neben herkömmlichen Wärmedämmputzen nach DIN EN 998-1 „Festlegungen für Mörtel im Mauerwerksbau – Teil 1: Putzmörtel" auch Leichtputze mit wärmedämmenden Eigenschaften gibt, die nicht der aktuellen Norm entsprechen sowie so genannte Wandheizputze, die auf den ersten Blick nichts mit den vorher genannten Putzsystemen gemeinsam haben, aber eben auch wärmedämmende Eigenschaften aufweisen.

Wärmedämmputze fristen seit vielen Jahren ein Nischendasein. Im Vergleich zum Absatz aller Putzmörtel weisen diese Putze nicht einmal einen Marktanteil von 0,2 % auf. Im Neubau und im Vergleich zu Wärmedämm-Verbundsystemen weisen WD-Putze nicht die geforderte Wärmeleitfähigkeit auf. Als Schlussbeschichtung auf wärmedämmenden Mauerwerken sind sie technisch prädestiniert und würden die geringe Wärmeleitfähigkeit der Mauersteine weiter optimieren, sind aber im Vergleich zu Leichtputzen zu teuer. Daher kommen WD-Putze vor allem in der Sanierung zum Einsatz, wenn z. B. Wärmedämm-Verbundsysteme nicht eingesetzt werden dürfen (z. B. durch Auflagen im Rahmen der Baudenkmalpflege) oder nicht eingesetzt werden können (z. B. bei einer Innendämmung oder dem Verputzen der Gefache bei einem Sichtfachwerk) – kurzum: wenn die gesetzlichen Auflagen für den Wärmeschutz nicht greifen.

Nach DIN EN 998 Teil 1 werden Wärmedämmputze nach der Wärmeleitfähigkeit in zwei Kategorien unterschieden:

- T1 mit einem λ-Wert $\leq 0{,}1$ W/(m K) und einem Bemessungswert von 0,12 W/(m K)
- T2 mit einem λ-Wert $\leq 0{,}2$ W/(m K) und einem Bemessungswert von 0,24 W/(m K)

Über viele Jahre wurden Putzmörteln organische Leichtzuschläge in Form von expandiertem Polystyrol (Styroporkügelchen) zugegeben, um die Wärmeleitfähigkeit zu reduzieren. Hierzu muss man wissen, dass expandiertes Polystyrol einen Luftporenanteil von bis zu 98 % aufweist. Daher kann ein Wärmedämmputz mit EPS-Zuschlägen besonders geringe Rohdichten und dem entsprechend einer geringen Wärmeleitfähigkeit aufweisen. Aufgrund der Kritik an EPS wurden alternativ mineralische Leichtzuschläge in Form von Bims, Blähton und Perlite zugegeben, mit denen allerdings eine höhere Wärmeleitfähigkeit (T2) erreicht werden kann. In einigen Fällen wurden Leichtzuschläge mit Tensiden (Luftporenbildner) kombiniert, die man aus der Herstellung von Sanierputzen kannte. Im Endeffekt geht es in allen diesen Modifizierungen darum, den Porenanteil des Putzmörtels zu erhöhen und die Trockenrohdichte des Mörtels zu reduzieren.

Dies unterscheidet Wärmedämmputze von Leichtputzen, die ebenfalls auf wärmedämmenden Mauerwerken eingesetzt werden und über Leichtzuschläge und Luftporen verfügen – aber eine deutlich höhere Trockenrohdichte aufweisen. Unter der Trockenrohdichte versteht man das Gewicht des trockenen Putzes bezogen auf sein Volumen. Die Einheit lautet deshalb kg/m^3. Von einem Leichtputz spricht man, wenn die Trockenrohdichte des Mörtels $\leq$ 1.300 kg/m^3 beträgt. Die der Wärmedämmputze liegt dagegen unterhalb von 600 kg/m^3.

Art und Menge der Leichtzuschläge bestimmt aber nicht nur die Trockenrohdichte und somit die Wärmeleitfähigkeit, sondern auch Festigkeit, Wasseraufnahme und Diffusionsverhalten sowie das Brandverhalten. Je nach Art der Leichtzuschläge sind Wärmedämmputze den Baustoffklassen A1 („nicht brennbar"), A2 („nicht brennbar, mit geringen organischen Bestandteilen") oder B1 („schwer entflammbar") nach DIN EN 13501 „Klassifizierung von Bauprodukten und Bauarten zu ihrem Brandverhalten" zuzuordnen. Wärmedämmputze mit organischen Leichtzuschlägen (EPS), die einen organischen Anteil > 12 % aufweisen, werden der Baustoffklasse B1 zugeordnet, WD-Putze mit organischen Leichtzuschlägen (EPS), die einen organischen Anteil < 12 % aufweisen, der Baustoffklasse A2 und Wärmedämmputze mit mineralischen Leichtzuschlägen der Baustoffklasse A1.

Wärmedämmputze haben ein gutes Standvermögen und werden bis ca. 50 cm Schichtdicke einlagig und bis ca. 100 cm Schichtdicke zweilagig verarbeitet. Geeignet sind alle tragfähigen Untergründe. Je nach Tragfähigkeit des Untergrundes und bei höheren Schichtdicken sind spezielle Putzträger auf dem Untergrund aufzubringen. Anschließend wird auf dem Putz eine Armierungsschicht, bestehend aus einem Armierungsspachtel und einem Armierungsgewebe, aufgetragen. Die Schlussbeschichtung bildet ein wasserabweisender und diffusionsoffener Oberputz.

Seit knapp zehn Jahren gibt es so genannte Hochleistungsdämmputze, mit denen die Lücke zwischen einem Wärmedämm-Verbundsystem und einem herkömmlichen Wärmedämmputz geschlossen wurde. Möglich wurde dies durch den Einsatz von speziellen Hartperliten oder einem Aerogel, auch in Kombination. Mit diesen konnte die Wärmeleitfähigkeit auf 0,055 bis 0,028 W/(m K) reduziert werden. Der Luftporenanteil liegt zwischen 75 und 90 % und ist somit vergleichbar mit einem Porenbetonstein (Mauerwerk) oder einer Mineralschaumplatte (WDVS). In Kombination mit einem wärmedämmenden Mauerwerk sind Hochleistungsdämmputze mit einem WDVS vergleichbar.

10.3.2.4 Dachdämmung

Um Redundanzen zu vermeiden, wird auf Abschn. 9.2.2.7 verwiesen.

10.3.2.5 Einblasdämmung

Um Redundanzen zu vermeiden, wird auf Abschn. 9.2.2.8 verwiesen.

10.3.2.6 Kellerdämmung

Unter dem Begriff Kellerdämmung werden verschiedene Möglichkeiten der Wärmedämmung eines Kellers verstanden. Am geläufigsten ist die Wärmedämmung der erdberührten Bauteile (Bodenplatte und Kellerwände) sowie im Sockelbereich von außen. Diese wird als Perimeterdämmung bezeichnet. Im Rahmen der energetischen Sanierung von Kellerräumen gibt es darüber hinaus die Möglichkeit der Kellerdeckendämmung sowie der Innendämmung der Kellerwände.

Ein nicht oder ungenügend gedämmter Keller kann einen Wärmeverlust von 5 bis 15 % aufweisen. Eine Perimeterdämmung umschließt die erdberührten Bauteile und vermeidet somit Wärmebrücken. Bei der Planung und Ausführung einer Perimeterdämmung muss der erforderliche Mindestwärmeschutz nach DIN 4108 Teil 2 „Wärmeschutz und Energieeinsparung in Gebäuden – Mindestanforderungen an den Wärmeschutz" und der Tauwasserschutz nach DIN 4108 Teil 3 sichergestellt sein. Nach den Landesbauordnungen sind Aufenthaltsräume in Kellergeschossen nur dann zulässig, wenn der Feuchtigkeits- und Wärmeschutz gesichert ist. In unbeheizten Kellerräumen ist durch Einhaltung des Mindestwärmeschutzes zu vermeiden, dass sich an kalten Oberflächen taupunktbedingtes Kondenswasser bilden kann. Hierfür ist die Nutzung der Kellerräume entscheidend, so dass die Perimeterdämmung nach den Raumnutzungsklassen dimensioniert werden muss. Gerade bei Kellerräumen sollte eine mögliche Nutzungsänderung mit eingeplant werden. Des Weiteren spielen Lage und Anordnung der Gebäude im Gelände eine Rolle. Neben den klassischen Formen (Gebäude mit oder ohne Keller) gibt es auch Mischformen wie z. B. eine Hochparterre oder ein Souterrain. Hier soll die richtige Anordnung der Perimeterdämmung Wärmebrücken im Sockelbereich verhindern.

Das charakteristische Merkmal einer Perimeterdämmung ist, dass die Wärmedämmschicht außerhalb der Bauwerksabdichtung angeordnet ist und somit einer hohen Belastung durch mechanische und physikalische, chemische und (mikro)biologische Beanspruchungen ausgesetzt ist. Daher muss eine Perimeterdämmung feuchteunempfindlich, frostbeständig, wurzel- und verrottungsfest, druckstabil sowie unempfindlich gegen alle im Erdreich vorkommenden Medien (Huminsäuren, Erdalkalien, Bakterien, Pilze etc.) sein und auch Ungeziefer keine Nahrungsgrundlage bieten – und dies über eine Langzeitbeständigkeit.

Infolgedessen können nur speziell hierfür ausgelegte Wärmedämmstoffe eingesetzt werden. Geeignete Materialien sind z. B. extrudierter Polystyrol-Hartschaumstoff (XPS), expandiertes Polystyrol (EPS), Schaumglas (CG) und Polyurethanhartschaum (PUR).

Die Planung der Perimeterdämmung erfolgt je nach Wassereinwirkungsklassen und ist in der DIN 18533 „Abdichtung von erdberührten Bauteilen" geregelt. Bodenfeuchtigkeit und nicht drückendes Wasser sind für alle Dämmstoffe unproblematisch. Bei drückendem Wasser oder Grundwasser können nur geschlossenzellige Dämmstoffe wie z. B. Schaumglas oder extrudierter Polystyrol-Hartschaum eingesetzt werden, da diese unmittelbar kein Wasser aufnehmen. Im Gegensatz zu Schaumglas besitzen XPS-Dämmplatten den Nachteil, dass sie wasserdampfdurchlässig sind, so dass sie unbedingt vollflächig mit dem Untergrund zu verkleben sind. Drückendes Wasser und Grundwasser üben im Gegensatz zu den anderen Wasserbeanspruchungen ständig einen von allen Seiten einwirkenden hydrostatischen Druck aus. Dies führt dazu, dass der hydrostatische Druck im Bereich der Dämmplattenfugen mehrachsig auf die Perimeterdämmung einwirken kann. Dies ist für die Planung relevant, da die für Wärmedämmstoffe angegebenen zulässigen Druckbeanspruchungen in der Regel nur für die einachsige Druckbeanspruchung gelten.

Die Wärmedämmplatten werden auf der komplett durchgetrockneten und/oder erhärteten Abdichtungsschicht mit einem geeigneten Kleber (in der Regel ein bitumenbasierter Systemkleber) befestigt. Bei Bodenfeuchtigkeit und nicht drückendes Wasser erfolgt in der Regel eine Punkt-Wulst-Verklebung, bei drückendem Wasser oder Grundwasser eine vollflächige Verklebung nach dem „Floating-Buttering-Verfahren", bei dem ein vollflächiger Kleberauftrag sowohl auf der Abdichtungsschicht als auch auf den Wärmedämmplatten erfolgt. Die Wärmedämmplatten sind dicht gestoßen und im Verband verlegt zu verkleben. Kreuzfugen sind zu vermeiden. Die meisten Dämmplatten besitzen hierfür einen umlaufenden Stufenfalz, mit dem ein wärmebrückenfreier Fugenverschluss sichergestellt wird.

Die Perimeterdämmung muss am Fußpunkt der Wand (Bodenplatte im Neubau, ggf. Fundamentvorsprung im Altbau) fest aufgelagert sein, wobei auf den Schutz der Hohlkehle zu achten ist. Bei drückendem Wasser oder Grundwasser werden XPS-Dämmplatten nur bis maximal 3,5 m unter Oberkante ausgeführt – Dämmstoffe aus Schaumglas bis maximal 12 m – und sind unbedingt gegen Auftrieb zu sichern. Die Auftriebssicherheit ist nachzuweisen. Es ist sicherzustellen, dass durch den Auftrieb keine Scherkräfte auf die Bauwerksabdichtung ausgeübt werden.

Bei der Planung und Ausführung der Perimeterdämmung muss auf Gebäudetrenn- und Bewegungsfugen geachtet werden. Sind diese in der Abdichtung speziell ausgebildet, kann eine Perimeterdämmung nicht einfach „überdämmt" werden.

Neben dem erdberührten Bereich kommt eine Perimeterdämmung auch im Sockelbereich zur Anwendung z. B. als Systemkomponente innerhalb eines Wärmedämm-Verbundsystems. Dieser Bereich wird besonders durch Oberflächen- und/oder Spritzwasser beansprucht. Wärmedämmplatten für diesen Bereich weisen oftmals eine geriffelte Oberfläche auf, damit die Untergrundhaftung für nachfolgende Putzbeschichtungen im Rahmen der Sockelgestaltung verbessert wird. Im Gegensatz zur Perimeterdämmung im erdberührten Bereich ist die Sockeldämmung starken Temperaturschwankungen ausgesetzt.

10.3.2.7 Fenster mit Wärmeschutzverglasung

Bis Ende der 1970er Jahre wurden in Deutschland Fenster mit einer einfachen Verglasung verbaut. Branchenexperten gehen davon aus, dass in nicht sanierten Altbauten immer noch zwischen 15 bis 20 Mio. Fenster eine Einfachverglasung besitzen. Die ersten Isolierverglasungen kamen Anfang der 1980er Jahre auf den Markt und konnten den U-Wert und damit die Wärmedurchlässigkeit eines Fensters halbieren. Verantwortlich hierfür war der luftdicht verschlossene Zwischenraum zwischen den beiden Glasscheiben. Der U-Wert beschreibt die Dämmeigenschaften eines Bauteils und die Einheit in $W/(m^2K)$ die hindurchströmende Energie pro Quadratmeter in Kelvin. Je geringer also ein U-Wert ist, desto besser ist die Dämmwirkung. Bis Mitte der 1990er Jahre wurde unbeschichtetes Isolierglas verbaut und durch die Wärmeschutzverglasung abgelöst. Hierbei handelt es sich um Isolierglas, das mit einer unsichtbaren, reflektierenden Metallschicht versehen ist. Dadurch werden die Wärmestrahlen zurück in den Raum reflektiert, so dass die Energie nicht nach außen entweichen kann. Anfänglich als Zweifachverglasung mit einem U-Wert von 1,1 bis 1,7 $W/(m^2K)$ folgten zunehmend Fenster mit einer Dreifachverglasung.

Die in der Energieeinsparverordnung (EnEV) sowie dem Gebäudeenergiegesetz (GEG) vorgeschriebenen U-Werte für Fenster mit einer Dreifachverglasung liegen bei maximal 1,3 $W/(m^2K)$, wobei der U-Wert der Fenster von Passivhäusern bei 0,8 $W/(m^2K)$ nicht überschritten werden darf. Besonders niedrige U-Werte von unter 0,5 $W/(m^2K)$ lassen sich mit Fenster mit einer Dreifachverglasung erzielen, wenn die Scheibenzwischenräume weder mit Luft oder Gas gefüllt sind, sondern ein Vakuum erzeugt wird, mit dem der Wärmetransport nach außen nahezu unterbunden werden kann. Man bezeichnet diese Fenster als Vakuumisolierglas. Die nachfolgende Übersicht gibt eine Übersicht über die unterschiedlichen U-Werte:

Fensterart	U-Wert in [$W/(m^2K)$]
Einfachverglasung	4,8 bis 5,6
Isolierverglasung	2,4 bis 3,0
Zweifachverglasung	1,1 bis 1,7
Dreifachverglasung	0,7 bis 1,3
Vakuumisolierglas	0,4 bis 0,5

Konkret bedeutet dies, dass der Energieverlust bei Fenstern mit einer Einfachverglasung bei 35 bis 45 l pro m^2 Fensterfläche liegt. Zum Vergleich: Bei einer Dreifachverglasung liegt dieser bei 5 bis 8 l.

Für die Wärmeschutzverglasung sind zwei Kenngrößen von Bedeutung: die Wärmeleitfähigkeit (λ) und der Wärmedurchgangskoeffizient (U-Wert). Die Wärmeleitfähigkeit (Wärmeleitzahl) ist die Eigenschaft von Stoffen, mit der der Wärmestrom durch ein Material aufgrund der Wärmeleitung bestimmt wird. Somit beschreibt die Wärmeleitfähigkeit, wie gut oder schlecht in dem Fall ein Fensterglas Wärme leitet und sich somit zur Wärmedämmung eignet. Je niedriger der λ-Wert ist, desto besser ist die Wärmedämmung. Die Einheit ist Watt pro Meter und Kelvin. Ebenso relevant ist der Wärmedurchgangskoeffizient. Dieser ist variabel und wird in Abhängigkeit der Materialdicke berechnet. Der U-Wert (früher k-Wert) beschreibt, wie viel Wärme (in Watt) pro Fläche (in Quadratmeter) durch ein Bauteil (z. B. Fenster) bei einer bestimmten Temperaturdifferenz (in Kelvin) fließt. Die Einheit ist dem entsprechend W/m^2 K. Der U-Wert wird über die Dicke und Wärmeleitfähigkeit der einzelnen Bauteilschichten sowie über den Wärmeübergang an den Oberflächen des Bauteils ermittelt. Je niedriger der Wärmedurchgangskoeffizient ist, desto besser ist die Wärmedämmung. Bei Fenstern werden drei U-Werte unterschieden: U_w-Wert für das Glas (Windows), U_f-Wert für den Fensterrahmen (frame) und U_g-Wert für das gesamte Fenster.

Eine Dreifachverglasung setzt sich aus drei Glasschreiben zusammen. Eine davon hat eine mikrodünne Schicht aus Edelmetall (Wärmeschutzbeschichtung), um die Wärmestrahlung in den Innenraum zu reflektieren. Zwischen den Scheiben befindet sich ein Edelgas (Argon oder Krypton). Beides – die metallische Wärmebeschichtung und die Gasfüllung – vermeiden die Wärmeabgabe nach außen. Wärmeschutzgläser sind komplett luftdicht. Der Randverbund, der als Abstandhalter zwischen den Scheiben dient und für Stabilität der Scheiben sorgt, ist Teil der Wärmedämmung. Während Abstandshalter aus Zink noch Wärme nach außen leiten, werden zunehmend spezielle Kunststoffe für den Randverbund eingesetzt. Wärmeschutzgläser werden heute mit Kunststoffrahmen, Aluminiumrahmen, Holzrahmen und einer Kombination aus Holz und Aluminium angeboten.

Eine Wärmeschutzverglasung hat je nach Jahreszeit zwei Aufgaben zu erfüllen. In der kühlen Jahreszeit sorgt sie dafür, dass die Kälte nicht über die Fensterflächen in die Innenräume eindringt und/oder die Raumwärme nicht nach außen entweichen kann. Bei Fenstern in südlicher Ausrichtung kommen solare Wärmegewinne hinzu. In der warmen Jahreszeit sichern sie den sommerlichen Wärmeschutz. Bei einer Einfachverglasung wird mehr solare Energie gewonnen, als durch Transmission wieder abgegeben wird. Kurzwelliges Sonnenlicht wird beim Durchdringen der Fensterscheiben in langwellige Wärmestrahlung umgewandelt und sorgt für einen signifikanten Temperaturanstieg an heißen Tagen. Die Wärmeschutzverglasung verhindert genau dies, da die metallische Wärmebeschichtung kaum Infrarotstrahlung durchlässt. Daher wird bei Fenstern mit Wärmeschutzverglasung nicht der U-Wert angegeben, sondern auch der g-Wert. Dieser steht für den Gesamtenergiedurchlass und zeigt an, wie viel Energie durch die Verglasung hindurchfließen kann.

Fenster mit Wärmeschutzverglasung stehen im Kontext zu Feuchte- und Schimmelpilzschäden oft in der Kritik. Die Luftdichtheit wird oft dafür verantwortlich gemacht, dass kurz nach dem Einbau der Fenster taupunktbedingtes Kondenswasser – am Fensterrahmen (Dichtungen) oder an der Fensterlaibung – entsteht und für mikrobiellen Befall verantwortlich sein soll. Allerdings liegen die Ursachen nicht direkt bei den wärmedämmenden Fenstern. In den meisten Fällen fehlt ein wärmetechnisches Gesamtkonzept, da die Fenster mit hoher Wärmedämmung und Luftdichtheit den Temperatur- und Feuchtehaushalt auf der Innenseite der Gebäudehülle verändern und somit in die raumklimatischen Bedingungen eingreifen, ohne dass das Wohn- und Nutzungsverhalten (Lüften) angepasst wird. Fenster mit Wärmeschutzverglasung können in sanierten Altbauten zu Schimmelpilzbefall führen, wenn nicht gleichzeitig z. B. die Fassade wärmegedämmt wird. Bei einem Einbau neuer Fenster ohne weitere Wärmedämmmaßnahmen führen Wärmebrücken an anderen Bauteilen zwangsläufig zu Schimmelpilzbefall. Außerdem muss die DIN 1946 „Raumlufttechnik" und insbesondere Teil 6 „Lüftung von Wohnungen" beachtet werden. Diese Lüftungsnorm gilt für Neubauten, aber auch für Modernisierungen. Werden mindestens ein Drittel der Fenster getauscht, muss ein Lüftungskonzept erstellt werden. Meist führt dies zur Notwendigkeit, feuchtegesteuerte Wohnungslüfter oder ähnliches einzubauen. Sofern keine automatische oder integrierte Lüftung eingebaut werden kann, muss eine ausreichende manuelle Fensterlüftung sichergestellt werden.

10.3.3 Beheizen von Innenräumen

Aus Sorge vor hohen Energiekosten sehen sich immer mehr Menschen gezwungen, Energie zu sparen. Immerhin werden je nach baulichem Zustand der Gebäudehülle und Heizungsart 30 bis 50 % des Gesamtenergieverbrauchs eines Haushalts für das Heizen aufgewendet. Infolgedessen werden Heizungen gedrosselt und/oder wenig genutzte Innenräume gar nicht oder über andere Innenräume „mitgelüftet". Hierbei sollte man beachten, dass stark ausgekühlte Innenräume das Risiko von Schimmelpilzen ansteigen lassen. Ursächlich ist nicht nur die Raumtemperatur, sondern das Zusammenspiel zwischen mit dem energetischen Zustand der Gebäudehülle und der relativen Luftfeuchtigkeit. Gerade bei nicht oder unzureichend gedämmten Gebäuden zeigt sich falsches Lüften und/oder Heizen besonders häufig an Wärmebrücken durch Schimmelpilzbefall und -wachstum. Besonders anfällig hierfür sind Innenecken von Außenwänden, Fensterlaibungen und Innenwände hinter der Möblierung.

Jede Person im Haushalt gibt je nach Aktivität und Aufenthaltsdauer durch Atmen und Schwitzen, Baden oder Duschen sowie Kochen oder Wäsche trocknen usw. im Durchschnitt zwischen 2 und 4 l Wasserdampf pro Tag an die Innenraumluft ab. Damit diese Feuchtigkeit keinen Schimmelpilzbefall verursacht, gibt es zwei Lösungen: Lüften und/oder Heizen.

Ein Beispiel: bei einer Raumtemperatur von 22 °C und einer relativen Luftfeuchtigkeit von 60 % enthält die Luft 13,9 g/m^3 Wasserdampf. Erhöht sich die relative Luftfeuchtigkeit z. B. auf 80 % enthält ein Kubikmeter Luft bereits 18,4 g Wasserdampf – die Luft kann demnach 4,5 g/m^3 zusätzlich aufnehmen. Aber auch die Erhöhung der Temperatur führt zu einer höheren Wasseraufnahme. Erhöht sich die Temperatur von 20 °C bei einer relativen Luftfeuchtigkeit von 60 % (12 g/m^3 Wasser) auf 24 °C (15,8 g/m^3) kann die Luft wiederum 3,8 g/m^3 Wasser zusätzlich aufnehmen. Dies bedeutet, dass die relative Luftfeuchtigkeit nicht nur durch regelmäßiges Lüften gesteuert werden kann, sondern auch durch gezieltes Heizen. Gerade in den Wintermonaten kann dies gut beobachtet werden. Beim Lüften gelangt kalte und trockene Außenluft in den Innenraum und nimmt beim Erwärmen Feuchtigkeit aus der Innenraumluft auf, die dann wieder nach außen abgeführt wird. Warme Raumluft „entfeuchtet" somit den Innenraum und gibt diese Feuchtigkeit beim Luftaustausch an die Außenluft ab. Daher leistet Heizen ebenfalls einen Beitrag zur Reduzierung der Luftfeuchtigkeit.

Tab. 10.6 Mindesttemperatur für Innenräume je Alter der Gebäudehülle (im nicht sanierten Zustand)

Gebäudehülle aus energetischer Sicht	Mindesttemperatur
Vor der Wärmeschutzverordnung 1977	18 bis 19 °C
Wärmeschutzverordnung 1977 bis 1982	17 bis 18 °C
Wärmeschutzverordnung 1983 bis 1995	16 bis 17 °C
Energieeinsparverordnung 2002	15 bis 16 °C
Energieeinsparverordnung 2004	14 bis 15 °C
Niedrigenergiehaus	12 bis 14 °C
Passivhaus	10 bis 12 °C

Für die kühlere Jahreszeit gibt es nur Empfehlungen für eine bauphysikalisch ausreichende Raumtemperatur, um Schimmelpilzbildung und -wachstum zu vermeiden: Diese liegen in der Regel bei 16 °C bis 18 °C (in Ausnahmen auch darunter). Hierbei ist zu beachten, dass die Mindesttemperaturen in privat genutzten Innenräumen zur Vermeidung von Schimmelpilzen nicht mit einer optimalen Raumtemperatur im Rahmen der Behaglichkeit verwechselt werden dürfen.

Außerdem muss berücksichtigt werden, dass eine Mindesttemperatur aus bauphysikalischer Sicht nicht pauschal getroffen werden kann, da die Gefahr von Schimmelpilzbildung und -wachstum eben nicht nur über die Raumluft- und Oberflächentemperatur der Innenwände gesteuert wird, sondern auch über das Lüftungsverhalten und dem energetischen Zustand der Gebäudehülle. Angesichts der Baujahre und dem zu dem Zeitpunkt üblichen U-Wert der Gebäudehülle sowie der Sanierungsquote von Altbauten differenzieren daher Energieberater die Mindesttemperatur für Innenräume nach Tab. 10.6:

Die Tabelle stellt nur eine grobe Orientierung dar und unterstellt für Gebäude mit einem Baujahr vor 1977, dass kein Wärmeschutz und nach 1977 nur der gesetzlich notwendige Wärmeschutz ausgeführt wurde.

Außerdem muss berücksichtigt werden, dass die nutzungsbedingte Feuchtigkeit in den verschiedenen Innenräumen unterschiedlich hoch ist: In Küche und Bad fällt durch Kochen oder Baden kurzfristig sehr viel Wasserdampf an, während im Schlaf- und Kinderzimmer erhöhte Feuchte über einen längeren Zeitraum (6 bis 8 h) produziert wird und in weniger genutzten Innenräumen wie Arbeits- und Gästezimmer, Toiletten, Flure und Abstellräume und dgl. dagegen vernachlässigt werden kann. Die Raumtemperatur muss dem entsprechend auch aus bauphysikalischer Sicht der Nutzung der Innenräume angepasst werden.

Wichtig ist, dass die Türen der Innenräume mit unterschiedlichen Raumtemperaturen verschlossen sind, damit kein Wärmeaustausch stattfinden kann. Allgemein gilt, dass der Temperaturunterschied zwischen Innenräumen nicht größer als 3 °C bis max. 5 °C sein darf. Dies gilt auch in der Abwesenheit, entweder beruflich bedingt tagsüber oder während des Urlaubs. Ideal ist zudem eine konstante Raumtemperatur, da starkes Herunterkühlen und schnelles Aufheizen nicht nur aus energetischer Sicht unsinnig ist, sondern starke Temperaturschwankungen auch die Gefahr von Tauwasser und somit Schimmelpilzbefall und -wachstum fördern. Die vielfache Praxis, tagsüber die Heizung zu drosseln, um diese abends über den Thermostat wieder schnell hochzufahren, funktioniert nicht. Denn über den Thermostat wird nur die Zieltemperatur geregelt, die erreicht werden soll. Gerade bei den zunehmend verbreiteten Fußbodenheizungen ist dieses „schnelle Aufheizen" nicht möglich, da diese auf Temperaturveränderungen bekanntlich sehr träge reagieren. Anders sieht dies bei älteren Heizkörpern aus, die auf eine Veränderung an der Regelung schnell reagieren. Um einen „schnellen Effekt" zu erzielen, dürfen Heizkörper nicht durch Verkleidungen, übergroße Fensterbänke oder auch schwere Vorhänge behindert werden.

Besonders kritisch ist, kühlere Innenräume wie z. B. das Schlafzimmer durch die wärmere Luft anderer Innenräume mitzubeheizen. Weit verbreitet ist der Irrglaube, dass durch dieses „Überschlagen" Energie eingespart werden kann. Das Gegenteil ist der Fall – die Heizung muss zusätzliche Heizenergie erzeugen. Viel wichtiger ist aber, dass warme und mit Feuchtigkeit angereicherte Luft in den kühleren Innenraum strömt und auf kühleren Bauteiloberflächen taupunktbedingtes Kondenswasser ausfallen kann.

Das Erzielen der Mindesttemperatur in Innenräumen hat nicht nur eine bauphysikalische und/oder nutzungsbedingte Komponente, sondern auch eine rechtliche. In Bezug auf die rechtlichen Rahmenbedingungen gibt es einen Unterschied zwischen Vermieter und Mieter. Der Vermieter muss während der Heizperiode, die vom 1. Oktober bis 30. April dauert, über die Heizungsanlage sicherstellen, dass eine Mindesttemperatur in den Innenräumen zwischen 20 und 22 °C erreicht werden kann. Der Mieter wiederum ist gesetzlich nicht verpflichtet, diese Temperatur in den Innenräumen einzuhalten, da es keine gesetzlich vorgeschriebene Mindesttemperatur für Mieter gibt. Allerdings haben Mieter aus dem Mietvertrag auch ohne schriftliche Absprache die Nebenpflicht, mit dem Mietobjekt sorgsam umzugehen und es vor Schaden zu bewahren. Dies gilt auch für Schimmelpilzbefall, wenn die Ursache(n) in den Zuständigkeitsbereich des Mieters wie z. B. fehlendes oder falsches Heizen fallen. Seit dem 1. September 2022 gilt übrigens: schreibt der Mietvertrag eine bestimmte Mindesttemperatur für die Mietwohnung vor, die der Mieter einzuhalten hat, ist diese Klausel unwirksam.

Fazit: Neben einer Temperaturerhöhung der Raumluft bewirkt Heizen auch eine Erhöhung der Oberflächentemperatur der Innenwände. Beide Effekte tragen zu einer Reduzierung des Schimmelpilzrisikos bei. Vereinfacht kann man sagen: je kleiner der Temperaturunterschied zwischen Raumluft und Oberflächentemperatur der Innenwände ist, desto geringer ist das Schimmelpilzrisiko.

10.4 Möblierung und Einrichtung

Schimmelpilzbefall und -wachstum findet oft hinter Einbauschränken, größeren Möbelstücken oder Hängeschränken, Kopfteilen von Betten, Regalen und selbst Bildern oder Vorhängen statt, wenn sich diese an der Innenseite von Außenwänden befinden. Ursächlich ist eine Kombination aus nicht oder unzureichend gedämmter Außenwand in Verbindung mit unzureichendem Heizen und/oder Lüften, wodurch sich taupunktbedingtes Kondenswasser an der Oberfläche der Innenwand bilden. Hinzu kommt, dass die freie Luftströmung (Konvektion) behindert wird, so dass ein erhöhter Wärmeübergangswiderstand erzeugt wird. Kurzum: Hinter den großen Flächen findet keine Luftzirkulation statt, so dass die Möblierung wie eine Barriere wirkt und Kältezonen entstehen, wie durch Thermografieaufnahmen sichtbar gemacht werden kann. Diese ohnehin schon günstigen Wachstumsbedingungen für mikrobiellen Befall werden durch Staubablagerungen, wie sie häufig hinter dieser Möblierung anzutreffen sind, zusätzlich begünstigt.

Allgemein gilt, dass basierend auf einer Annahme von 20 °C Raumtemperatur und 50 % relative Luftfeuchte die Oberflächentemperatur an der Innenseite von Außenwänden an keiner Stelle unter 12,6 °C sinken soll, um Schimmelpilzbefall und -wachstum zu vermeiden. Diese allgemeingültige Aussage aus den Regelwerken wie z. B. der DIN 4108-2 „Wärmeschutz und Energie-Einsparung in Gebäuden – Teil 2: Mindestanforderungen an den Wärmeschutz" gilt in erster Linie für die Berechnung von taupunktbedingtem Kondenswasser an Wärmebrücken. Sobald sich die Raumtemperatur unter 20 °C absenkt oder ansteigt bzw. die relative Luftfeuchtigkeit auf über oder unter 50 % verändert, verschiebt sich auch der Taupunkt.

Je kälter die Oberflächentemperatur im Verhältnis zur Raumtemperatur ist, umso höher ist die Wasseraktivität (oder a_W-Wert, eine Kenngröße für das Wachstum von Schimmelpilzen). Als Beispiel dient eine durchschnittliche Situation in einem Schlafzimmer in einem Gebäude mit einer nicht oder unzureichend gedämmten Außenwand. Bei Außentemperaturen von z. B. minus 8 °C wird eine Wandtemperatur auf der Schlafzimmerinnenseite von 10 °C und Lufttemperatur von 18 °C angenommen. Das Beispiel (siehe Tab. 10.7) zeigt, wie sich der a_W-Wert allein nur dadurch verändert, dass sich die relative Luftfeuchtigkeit erhöht. Die Raumlufttemperatur bleibt konstant bei 18 °C; die Oberflächentemperatur der Innenwand bei 10 °C.

Dieses Beispiel zeigt, dass bereits ab einer relativen Luftfeuchtigkeit von nur 40 % (!) der mikrobielle Befall durch einige xerophile Schimmelpilzarten möglich ist und selbst bei einer relativen Luftfeuchte von ca. 50 % die meisten innenraumrelevanten Schimmelpilzarten ideale Wachstumsbedingungen vorfinden. Die Möblierung wirkt hierbei als doppelte Barriere: Sie verhindert eine ausreichende Luftzirkulation zwischen Innenwand und Möbelwand und verhindert zudem, dass die warme Raumluft, die bekanntlich mehr Feuchtigkeit aufnehmen und speichern kann, bis zur Kältezone vordringen kann. Durch diese Barriere wird die Wärmeübertragung durch Konvektion und Strahlung reduziert. Einbauschränke und große Einrichtungsgegenstände verursachen erhöhte Wärmeübergangswiderstände. Durch die Kombination beider Effekte wird die relative Luftfeuchte zusätzlich erhöht.

Wenn die Außenwand kurzfristig nicht wärmegedämmt werden kann, ergibt sich nur die Möglichkeit, den Abstand der Möbel- und Einrichtungsgegenstände von der Wandoberfläche zu erhöhen, damit warme Raumluft ungehindert in die Kältezonen strömen, die Wandoberfläche erwärmen und die erhöhte Luftfeuchte aufnehmen kann. Neben dem Abrücken von der Innenwand kann es im Einzelfall auch sinnvoll sein, Möbel auf kleine Füße zu stellen, um eine Hinterlüftung zu erreichen. Einbau- und/oder Hängeschränke sollten nicht an unzureichend oder ungedämmten Außenwänden befestigt werden. Sollte sich dies nicht vermeiden lassen, sollten Abstandhalter einen ausreichenden Luftspalt sicherstellen.

Im Übrigen gilt der Kälte-Effekt durch Möblierung und Einrichtungsgegenstände nicht nur an vertikalen Außenwänden und einer fehlenden Fassadendämmung, sondern u. U. auch für Fußböden bei nicht gedämmten Kellerdecken. Der beschriebene Effekt kann infolgedessen auch bei Betten mit einem darunterliegenden Bettkasten auftreten, wenn diese im Erdgeschoss auf einer nicht gedämmten Kellerdecke stehen.

Bausachverständige empfehlen in der Regel einen Abstand von ca. 10 cm, in Ausnahmen auch von 20 cm, um eine Luftzirkulation sicherzustellen. Aber Vorsicht: Mehrere Gerichte haben bereits entschieden, dass Mieter das Recht haben, ihre Möbel grundsätzlich an jedem beliebigen Platz

Tab. 10.7 Verschiebung des aw-Wertes bei unterschiedlicher relativer Luftfeuchte

relative Luftfeuchte	36	38	40	42	44	46	48	50	52	54	56	58	60
a_w-Wert	0,60	0,63	0,67	0,70	0,73	0,77	0,80	0,83	0,87	0,90	0,93	0,97	1,0
Schimmelpilzwachstum				**xerophil**				**mesophil**			**hydrophil**		

in der Wohnung aufzustellen und nicht gezwungen sind, auf bezahlten Wohnraum zu verzichten. Der Deutsche Mieterbund (DMB) schließt sich dieser Auffassung an. So lange im Mietvertrag die Nutzung dieses Streifens nicht ausdrücklich ausgenommen ist und der Mieter für diesen Bereich ebenfalls Miete entrichtet, gehört auch dieser Streifen zur Gebrauchstauglichkeit eines Wohnraumes, so dass ihm das Stellen seiner Möbel und anderer Einrichtungsgegenstände nicht untersagt werden kann. Erst recht ist es für einen Mieter unzumutbar, an bestimmte Wände überhaupt keine Möbelstücke aufstellen zu dürfen. In dem Fall liegt ein Mangel der Mietsache vor.

Schimmelpilzbefall und -wachstum hinter großen Möbel- und Einrichtungsgegenständen findet nicht nur auf der Oberfläche der Innenwand (Bausubstanz) statt, sondern auch auf den Möbel- und Einrichtungsgegenständen. Holz und holzhaltige Untergründe stellen für Schimmelpilze einen idealen Untergrund (Substrat) dar. Daher muss geprüft werden, ob der mikrobielle Befall entfernt (z. B. durch Abschleifen) oder abgetötet werden kann (z. B. durch hochprozentigen Alkohol) oder im Einzelfall das Inventar entsorgt werden muss. Hierbei ist darauf zu achten, dass Schimmelpilze niemals trocken entfernt werden dürfen und auch beim Entsorgen sichergestellt werden muss, dass Schimmelpilzsporen und andere mikrobielle Partikel (z. B. Myzelien) nicht freigesetzt werden und die Innenraumluft unnötig belasten.

Abschließend soll darauf hingewiesen werden, dass eine Möblierung an der Innenseite von Außenwänden nur ein Problem darstellt, wenn diese nicht oder unzureichend wärmegedämmt sind. Bei einer ausreichenden Wärmedämmung der Gebäudehülle mit einer Dämmstoffdicke von 10 cm (oder mehr) und/oder einem U-Wert von 0,35 W/m^2 K (oder besser) stellt eine Möblierung an den Innenseiten der Außenwände (bei ausreichendem Lüften und Heizen) in der Regel kein Problem dar.

10.5 Vermeidung nutzungsbedingter Feuchtigkeit

10.5.1 Einleitung

Die Luftfeuchtigkeit in privat genutzten Innenräumen wird durch die relative Luftfeuchte bestimmt. Diese gibt an, wie viel Prozent der maximal möglichen Wasserdampfmenge in der Luft enthalten ist und wird bestimmt durch die Wasserdampfmenge, die in Innenräumen produziert wird, den Luftaustausch mit der Außenluft (Luftwechsel), das Sorptionsvermögen der Oberflächen, die Innenräume umschließen und den möglichen Feuchtetransport innerhalb eines Gebäudes und/oder durch die Gebäudehülle.

Äußere Einflüsse und bauliche Mängel werden als nutzungsunabhängige (oder nicht nutzungsbedingte) Feuchtigkeit bezeichnet. Das Wohn-, Nutzungs- und Lüftungsverhalten von Menschen hingegen beeinflusst die nutzungsabhängige (oder nutzungsbedingte) Feuchtigkeit in Innenräumen. In erster Linie geht es um die Feuchteproduktion, die beim Wohnen bzw. der Nutzung privat genutzter Innenräume entsteht. Damit sind Kochen, Baden, Duschen und dgl. sowie Atmen und Schwitzen gemeint, aber auch individuelle Faktoren wie Pflanzen und Tiere sowie das Wäsche trocknen innerhalb der Wohnung oder offene Wasserflächen. Hierbei wird unterschieden zwischen der Normalbelastung und Spitzenbelastung, da diese wesentlichen Einfluss auf die relative Luftfeuchtigkeit in Innenräumen hat. Mit „normal" ist die Feuchtigkeit gemeint, die der Mensch automatisch durch Ausatmen und Schwitzen produziert und die bei durchschnittlicher Nutzung der Innenräume entsteht (z. B. Pflanzen). Wie bereits erwähnt, produziert der Mensch je nach Aktivität zwischen 25 bis 30 g Wasserdampf pro Stunde (bei ruhender Tätigkeit), ca. 50 g/h bei leichter und bis zu 150 g/h bei schwerer Tätigkeit. Infolgedessen wird die

Menge an produziertem Wasserdampf in Innenräumen durch die Anzahl der Personen und deren Aufenthaltsdauer und Aktivität beeinflusst.

Neben der technischen Entlüftung oder Be- und Entlüftung über Fenster oder Abluftanlagen beeinflusst zudem das Sorptionsverhalten der Baustoffe und Oberflächen, ob und in welcher Menge Luftfeuchtigkeit in Küchen zwischengespeichert und zeitverzögert wieder abgegeben wird.

Das Sorptionsverhalten von Baustoffen und Oberflächen spielt auch eine wichtige Rolle bei hoher Restfeuchte in Baustoffen z. B. nach einem sporadischen Wasserschaden oder nach Baumaßnahmen, z. B. nach Fertigstellung eines Rohbaus (so genannte Rohbaufeuchte) oder nach umfangreichen Sanierungs- und Umbaumaßnahmen, bei denen viel Wasser über die Baustoffe eingebracht wurde und sich nach dem Einzug immer noch in der Baukonstruktion befindet.

Außerdem stellt das Waschen und Trocknen von Kleidung innerhalb privat genutzter Innenräume eine nicht unwesentliche Quelle für nutzungsbedingte Feuchtigkeit dar. Gerade beim Wäschetrocknen gibt es eine Reihe von Faktoren, die Einfluss auf die Wasserdampfmenge haben und somit die Höhe der Luftfeuchtigkeit bestimmen. Hierzu zählen z. B. die Eigenschaften der Wäsche (Porengehalt, Volumen, Material, Temperatur, Fläche), der Wasch-Art (Waschgang, Schleuderzahl) und die Art der Trocknung (maschinelle Trocknung oder Aufhängung). Zudem variiert die abgegebene Wassermenge pro Zeiteinheit je nachdem welche Raumtemperatur, Luftfeuchtigkeit und Luftgeschwindigkeit (Luftströmung z. B. durch Konvektion) in den Innenräumen herrscht.

Abschließend sollen noch andere Beispiel für eine nutzungsbedingte Wasserdampfproduktion genannt werden. Die produzierte Wasserdampfmenge bei der Tierhaltung wird z. B. mit 10 bis 40 g/h angegeben. Hierbei orientiert man sich an einem Richtwert von 40 g/h für einen mittelgroßen Hund und 10 g/h für eine Katze. Die Wasserdampfmenge, die durch ein Aquarium freigesetzt werden kann, hängt von der Größe der Verdunstungsfläche, der Raumtemperatur sowie der Luftgeschwindigkeit in Innenräumen ab und wird in der Regel mit einem Richtwert von 6 bis 8 g/h angegeben. Die Wasserdampfproduktion durch Pflanzen wird mit 5 bis 20 g/h angegeben, je nach Art und Größe der Pflanze. Für Blumen und kleinere Töpfe mit Zierpflanzen gilt ein Richtwert von 5 bis 10 g/h. Für mittlere Topfpflanzen wird als Richtwert 7 bis 15 g/h angesetzt und für große Zimmerpflanzen gilt als Richtwert 10 bis 20 g/h. Nicht zu vergessen sind Tätigkeiten wie z. B. Hausputz (Fensterputzen, Böden wischen usw.), bei dem Wasserdampf von 100 bis 500 g/h produziert werden kann. Alle diese Quellen müssen in einer Innenraum-Feuchte-Bilanz berücksichtigt werden, wenn nutzungsbedingte Feuchtigkeit in privat genutzten Innenräumen erfasst und bewertet werden soll.

10.5.2 Vermeidung von Feuchtespitzen im Bad

Nutzungsbedingte Feuchtigkeit kann in Bädern am besten wahrgenommen werden. Nach dem Duschen oder Baden „steht“ die feucht-warme Luft im Raum, Spiegel oder Fenster beschlagen und oftmals kann auf Fliesen oder keramische Beläge ein hauchdünner Wasserfilm beobachtet werden. Die Wasserdampfproduktion des Menschen beim Baden wird in der Regel mit 700 g angegeben. Dieser Wert hat auch in den Normen Einzug gehalten und basiert auf einer durchschnittlichen Badezeit von 20 min., da zum Zeitpunkt der Versuche in den 1980-er Jahren diese Zeitspanne als übliche Badezeit galt. Hinzu kommt, dass die Versuche auf einer zum damaligen Zeitpunkt handelsüblichen Badewanne mit einem Fassungsvermögen von 150 l Wasser basierten. Bei heutigen Badewannen liegt das Fassungsvermögen zwischen 180 und 250 l Wasser, zumal sich auch die Formen verändert haben. Mit den zunehmend beliebten Eckbadewannen oder auch Whirlpools hat sich die Wasseroberfläche vergrößert, die bei einer längeren Badezeit als Verdunstungsfläche wirkt. Wenn die Wasserdampfproduktion in Gramm pro Stunde angegeben wird, muss der Wert von 700 g für 20 min. auf 2.000 bis 3.000 g/h angepasst werden.

Im Gegensatz zum Baden erfolgt die Wasserdampfproduktion beim Duschen unter fließendem Wasser. Diese wird mit 1,5 bis 3,0 kg pro Stunde angegeben. In den Normen wird mit 2,6 kg/h gerechnet. Dieser Wert erscheint auf den ersten Blick sehr hoch. Berücksichtigt man allerdings, dass die durchschnittliche Duschzeit nur ca. 10 min. beträgt, wird während des Duschens eine Wasserdampfmenge von 250 bis 500 g produziert. Die hohe Bandbreite resultiert daraus, dass das Duschverhalten sehr nutzerspezifisch ist. Einige Menschen lassen während der gesamten Duschzeit den Duschkopf laufen, andere nur zum Einseifen und Abspülen. Einfluss auf die Wasserdampfproduktion haben zudem die Geometrie des Duschkopfes, die Fließgeschwindigkeit des Wassers sowie die Wassertemperatur. Daher ist ein Richtwert für die Wasserdampfproduktion beim Duschen kaum möglich.

Ergänzt werden muss, dass die Wasserdampfproduktion durch feuchte Handtücher, die nach dem Baden oder Duschen im Bad zum Trocknen aufgehangen werden, in den bisherigen Untersuchungen nicht berücksichtigt wurden. Kleinere Tätigkeiten wie z. B. Händewaschen oder Zähneputzen können vernachlässigt werden.

Diese kurzzeitigen Feuchtigkeitsbelastungen von 30 bis 60 min werden je nach baulichen Gegebenheiten entweder durch ein kurzes und intensives, manuelles Stoßlüften oder über eine Zwangsbelüftung oder kontrollierte Lüftung oder raumlufttechnische Anlagen abgeführt. Anforderungen an den Mindestluftwechsel ergeben sich u. a. über das Raumvolumen und andere Parameter.

Bei der nutzungsbedingten Feuchtigkeit in Bädern wird allerdings oft vernachlässigt, dass während des Badens oder Duschens die anfallende Feuchtigkeit je nach Raumtemperatur nicht nur durch die Raumluft gespeichert wird, sondern auch durch die den Raum umschließenden Innenwände (z. B. Putz oder Tapete) sowie sonstige Oberflächen (z. B. Handtücher und Garnituren). Verantwortlich hierfür ist das so genannte Sorptionsverhalten. Dies bedeutet, dass Baustoffe während der Nutzungsphase in der Lage sind, Feuchtigkeit aus der Raumluft aufzunehmen und zwischenzuspeichern. Offenporige und diffusionsfähige Baustoffe wie z. B. Kalkputze, Silikatfarben, Raufasertapeten oder Gipskartonplatten können große Mengen Feuchtigkeit aufnehmen und somit temporäre Feuchtigkeitsspitzen abpuffern. Der exotherme Vorgang findet an den Innenoberflächen der Porenstruktur statt. Dem entsprechend steigt die Sorptionsfähigkeit von Baustoffen mit ihrer Porosität bzw. Diffusionsfähigkeit. Diffusionsoffene Baustoffe stellen sicher, dass Wasserdampf weit genug in die Bauteile eindringen kann. Die Speicherung des Wasserdampfes übernimmt hingegen die Sorptionsisotherme des Baustoffes. Besonders gut geeignet sind Baustoffe, deren Sorptionsisotherme im Bereich der relativen Luftfeuchte zwischen 40 und 80 % einen signifikanten Feuchteanstieg speichern können. Geschlossene und diffusionsdichte Baustoffe wie z. B. Fliesen und keramische Beläge oder Dispersionsfarben und Kunstharzputze können dies dagegen nicht. Während die Erstgenannten temporär Feuchtigkeit aufnehmen (Adsorption) und zeitversetzt wieder abgeben (Desorption) können, bildet sich bei den Letztgenannten ein hauchdünner Wasserfilm auf der Oberfläche. Menge und Zeit der Feuchtigkeitsregulierung (Feuchteaufnahme, Zwischenspeicherung, Feuchteabgabe) wird nicht nur über das Sorptionsvermögen und den Diffusionswiderstand der Baustoffe gesteuert, sondern auch über die relative Luftfeuchte im Innenraum. Die „Pufferwirkung“ der Materialien ist auf den oberflächennahen Bereich von wenigen Millimetern des Bauteils beschränkt.

Auf die nutzungsbedingte Feuchte in Bädern bezogen, bedeutet dies, dass mit dem einmaligen und zeitlich begrenzten Lüften lediglich die hohe Luftfeuchtigkeit abgeführt und die relative Luftfeuchte kurzzeitig reduziert wird. Nachdem das Lüften beendet ist, diffundiert die in den Oberflächen gespeicherte Feuchtigkeit wieder in die Raumluft und erhöht somit die relative Luftfeuchtigkeit. Konkret bedeutet dies, dass der Lüftungsvorgang zeitlich versetzt nach 60 bis 90 min noch einmal wiederholt werden müsste.

10.5.3 Vermeidung von Feuchtespitzen in der Küche

Nutzungsbedingte Feuchtigkeit in Küchen wird am besten wahrgenommen, wenn gekocht wird. Je nachdem, ob es sich um eine geschlossene oder offene Küche handelt und/oder ob der „Küchendunst“ über eine Abzugshaube oder Zwangsbelüftung oder manuelle Fensterlüftung nach außen abgeführt wird oder über eine Umlaufhaube im Innenraum verbleibt und sich in andere Innenräume verteilen kann, steigt die relative Luftfeuchte während dieser Zeit enorm an. Die Wasserdampfproduktion beim Kochen wird mit 50 bis 200 g/h angegeben. Die große Bandbreite resultiert daraus, dass es keine standardisierten Küchen gibt und sich zudem das Nutzungsverhalten von und in Küchen stark verändert hat. Zum einen wird heute in der Küche keine Wäsche mehr gekocht und auch das so genannte Einwecken findet heute kaum noch statt. Zum anderen hat sich die Zubereitungsart aufgrund anderer Geräte (z. B. Dampfgarer) verändert.

Großen Einfluss auf die Menge von produziertem Wasserdampf hat z. B., ob sich in der Küche eine Waschmaschine und/oder ein Wäschetrockner befindet (typisch oft in kleineren Wohnungen) und ob sich die Küche in einem Single-Haushalt oder einem Mehr-Personen-Haushalt mit Kindern befindet. Selbst Migrationshintergründe und unterschiedliche Esskulturen können Einfluss auf die Wasserdampfproduktion haben.

Bei der Essenszubereitung wird die größte Menge an Wasserdampf bei Langzeitgerichten produziert. Hier muss ein Wert von 600 bis 900 g/h angesetzt werden. Als Richtwert für ein Kurzzeitgericht gilt dagegen 300 bis 500 g/h.

Einen erheblichen Einfluss auf die Menge von produziertem Wasserdampf hat zudem die Art der Abzugshaube. Abzugshauben mit Abluft saugen den anfallenden Wasserdampf an und führen diesen direkt über die Gebäudehülle nach außen, so dass die Innenraumluft kaum durch Küchendunst belastet wird. Dies führt zudem zu einer geringeren Geruchsbelastung. Abzugshauben mit Umluft saugen den anfallenden „Küchendunst“ an, reinigen diesen mithilfe von Fettfilter und Aktivkohlefilter und leiten die gefilterte Feuchtigkeit über die Luftaustrittsöffnungen wieder in die Raumluft zurück. Da allerdings die Feuchtigkeit nicht abgeführt wird, sollte man auf einen regelmäßigen Luftwechsel achten. Dies kann über ausreichendes Lüften oder über eine ausreichend dimensionierte Wohnungslüftungsanlage erfolgen.

Große Unterschiede gibt es auch beim Zeitpunkt und der Nutzungsdauer. In den Normen wird davon ausgegangen, dass ein Mensch im Durchschnitt drei Stunden pro Tag in der Küche verbringt. Dieser Wert erscheint vor den pandemiebedingten Lockdowns als deutlich zu hoch. Des Weiteren geht man davon aus, dass tagsüber keine Wasserdampfmengen produziert werden und sich der Feuchteanfall auf die Morgen- und Abendstunden konzentriert. Dies muss differenziert betrachtet werden, da Familien mit Kindern auch über den Tag verteilt Wasserdampf produzieren. In diesem Umfeld läuft z. B. auch der Geschirrspüler öfter und bei jedem Öffnen werden ca. 350 g Wasserdampf freigesetzt. In den Normen wird außerdem angenommen, dass nur beim Kochen Wasserdampf entsteht und daher zum Frühstück vernachlässigt werden kann. Hierbei wird nicht berücksichtigt, dass auch ein Wasserkocher erhebliche Mengen an Wasserdampf produzieren kann, vor allem ältere Geräte, die sich beim Erreichen des Siedepunktes nicht automatisch abschalten. Ein allgemein gültiger Richtwert für die Wasserdampfproduktion beim Kochen ist daher nicht möglich.

Wie bei der nutzungsbedingten Feuchtigkeit z. B. in Bädern wird auch in Küchen die hohe Luftfeuchtigkeit je nach baulichen Gegebenheiten entweder durch ein kurzes und intensives, manuelles Stoßlüften oder über eine Zwangsbelüftung oder kontrollierte Lüftung oder raumlufttechnische Anlagen abgeführt. Anforderungen an den Mindestluftwechsel ergeben sich u. a. über das Raumvolumen und andere Parameter.

Bei der temporären Feuchtigkeitsbelastung in Küchen wird oft vernachlässigt, dass während des Kochens die anfallende Feuchtigkeit je nach Raumtemperatur nicht nur durch die Raumluft gespeichert wird, sondern auch durch die den Raum umschließenden Innenwände (z. B. Putz oder Tapete) sowie sonstige Oberflächen (z. B. Geschirrtücher und Gardinen). Verantwortlich hierfür ist das so genannte Sorptionsverhalten. Dies bedeutet, dass Baustoffe während der Nutzungsphase in der Lage sind, Feuchtigkeit aus der Raumluft aufzunehmen und zwischenzuspeichern. Offenporige und diffusionsfähige Baustoffe wie z. B.

Kalkputze, Silikatfarben, Raufasertapeten oder Gipskartonplatten können große Mengen Feuchtigkeit aufnehmen und somit temporäre Feuchtigkeitsspitzen abpuffern. Der exotherme Vorgang findet an den Innenoberflächen der Porenstruktur statt. Dadurch steigt die Sorptionsfähigkeit von Baustoffen mit ihrer Porosität bzw. Diffusionsfähigkeit. Diffusionsoffene Baustoffe stellen sicher, dass Wasserdampf in die Bauteiloberflächen eindringen kann. Die Speicherung des Wasserdampfes übernimmt dagegen die Sorptionsisotherme des Baustoffes. Besonders gut geeignet sind Baustoffe, deren Sorptionsisotherme im Bereich der relativen Luftfeuchte zwischen 40 und 80 % einen signifikanten Feuchteanstieg speichern können. Geschlossene und diffusionsdichte Baustoffe wie z. B. Fliesen und keramische Beläge, Glas und Kunststoff oder Dispersionsfarben und Kunstharzputze können dies dagegen nicht. Während die Erstgenannten temporär Feuchtigkeit aufnehmen (Adsorption) und zeitversetzt wieder abgeben (Desorption) können, bildet sich bei den Letztgenannten ein hauchdünner Wasserfilm auf der Oberfläche. Menge und Zeit der Feuchteregulierung (Feuchteaufnahme, Zwischenspeicherung, Feuchteabgabe) wird nicht nur über das Sorptionsvermögen und den Diffusionswiderstand der Baustoffe gesteuert, sondern auch über die relative Luftfeuchte im Innenraum. Die „Pufferwirkung" der Materialien ist auf den oberflächennahen Bereich von wenigen Millimetern des Bauteils beschränkt.

Auf die nutzungsbedingte Feuchte in Küchen bezogen, bedeutet dies, dass mit dem einmaligen und zeitlich begrenzten Lüften oder auch der Kippstellung der Fensterlüftung lediglich die hohe Luftfeuchtigkeit abgeführt und die relative Luftfeuchte kurzzeitig reduziert wird. Nachdem das Lüften beendet ist, diffundiert die in den Oberflächen gespeicherte Feuchtigkeit wieder in die Raumluft und erhöht somit die relative Luftfeuchtigkeit. Konkret bedeutet dies, dass der Lüftungsvorgang zeitlich versetzt nach 60 bis 90 min noch einmal wiederholt werden müsste. In Küchen stellt sich das Problem ohnehin nicht, da ein mehrmaliges Lüften auch zur Reduzierung der Gerüche beiträgt.

Tab. 10.8 Trocknungsdauer und Wasserdampfmenge in Abhängigkeit zur Trocknungsart

Trocknungsart	Wasserdampfmenge*	Dauer
Konventionell	2,5 kg in 10 h = 250 g/h	Sommer: 10 h
	2,5 kg in 24 h = 100 g/h	Herbst: 24 h
	2,5 kg in 48 h = 52 g/h	Winter: 48 h
	2,5 kg in 24 h = 100 g/h	Frühling: 24 h
Maschinell	0,5 kg in 1 h = 500 g/h	1 bis 2 h (jahreszeitlich unabhängig)

* in den Regelwerken wird mit 2.500 g pro Wäscheladung gerechnet

10.5.4 Vermeidung von Feuchtespitzen durch Wäschetrocknen

Nutzungsbedingte Feuchtigkeit, die durch das Wäschetrocknen in Wohnräumen verursacht wird, gehört immer noch zu den am meisten unterschätzten Feuchtequellen. Wohl auch, weil es zum einen bequem ist und zum anderen meist kleinteilige Wäschestücke getrocknet werden. Dabei kann beim Wäschetrocknen Wasserdampf in einer großen Spanne von 50 bis 500 g/h produziert werden. Die anfallende Feuchtigkeitsmenge wird durch viele Faktoren beeinflusst:

- Eigenschaften der Wäsche (z. B. Porengehalt, Volumen, Material, Temperatur, Fläche),
- Art des Waschens (z. B. Waschgang, Schleuderzahl),
- Art der Trocknung (maschinelle Trocknung oder manuellen Wäschetrockner)
- Geschleudert oder nicht geschleudert (vor dem Aufhängen auf manuellen Wäschetrockner)

haben unmittelbaren Einfluss auf die Wasserdampfmenge, die an die Raumluft abgegeben wird. Außerdem variiert die abgegebene Wasserdampfmenge pro Zeiteinheit je nachdem, welche Raumtemperatur, Luftfeuchte und Luftgeschwindigkeit (Konvektion) im Raum bzw. bei Fensterlüftung in der Außenluft herrscht. Die Tab. 10.8 verdeutlicht den Unterschied der Trocknungsart und der klimatischen Bedingungen.

Den wichtigsten Einfluss hat die Art der Trocknung. Konventionell getrocknete Wäsche braucht je nach klimatischen Bedingungen 0,5 bis 2 Tage, bis sie trocken ist. Bei einer maschinellen Trocknung der Wäsche wird nicht nur deutlich weniger Wasserdampf produziert, sondern auch in einem deutlich kürzeren Zeitraum. Hingegen erhöht sich bei einem Wäschetrockner die Raumtemperatur. Bei der maschinellen Trocknung spielt die Schleuderzahl pro Waschgang eine Rolle. Nach den Angaben der Waschmaschinenhersteller ergeben sich im Durchschnitt folgende Werte:

- SWK[1)] A: Restfeuchte < 45 % = 2,25 kg Wasserdampf[2)]
- SWK[1)] B: Restfeuchte 45 bis 54 % = 2,50 kg Wasserdampf[2)]
- SWK[1)] C: Restfeuchte 54 bis 63 % = 3,00 kg Wasserdampf[2)]
- SWK[1)] D: Restfeuchte 63 bis 72 % = 3,50 kg Wasserdampf[2)]
- SWK[1)] E: Restfeuchte 72 bis 81 % = 4,00 kg Wasserdampf[2)]
- SWK[1)] F: Restfeuchte 81 bis 90 % = 4,25 kg Wasserdampf[2)]
- SWK[1)] G: Restfeuchte > 90 % = 4,50 kg Wasserdampf[2)]

[1)] Schleuderwirkungsklasse
[2)] bei 5 kg Trockenwäsche

Daher sind pauschale Angaben über die Wasserdampfmenge, die beim Wäschetrocknen produziert wird, kaum möglich. Der o. g. Richtwert von 50 bis 500 g/h bezieht sich auf eine Waschladung von 4,5 kg. Für geschleuderte Wäsche gilt ein Richtwert von 50 bis 200 g/h und bei nasser Wäsche ein Richtwert von 200 bis 500 g/h. In diesen Angaben fehlen Hinweise über die hierfür notwendige Trocknungszeit, so dass diese für Berechnungen und Simulationen individuell ermittelt werden müssen.

Durch die Tatsache, dass Wäsche in einem modernen Haushalt mit einer Waschmaschine und nicht mehr von Hand gewaschen wird (ausgenommen hiervon ist die immer noch übliche Handwäsche), kann die Wasserdampfproduktion beim Waschen vernachlässigt werden. Der Vollständigkeit wegen soll abschließend erwähnt werden, dass beim Dampfbügeln ca. 1,5 kg Wasserdampf pro Stunde anfällt.

Die hohe Luftfeuchtigkeit durch das Wäschetrocknen wird genauso wie in Bädern oder in Küchen je nach baulichen Gegebenheiten entweder durch ein kurzes und intensives, manuelles Stoßlüften oder über eine Zwangsbelüftung oder kontrollierte Lüftung oder raumlufttechnische Anlagen abgeführt. Anforderungen an den Mindestluftwechsel ergeben sich u. a. über das Raumvolumen und andere Parameter.

Bei der Wasserdampfproduktion durch Wäschetrocknen in Wohnräumen wird vernachlässigt, dass während dieser Zeit die anfallende Feuchtigkeit je nach Raumtemperatur nicht nur durch die Raumluft aufgenommen, sondern auch durch die den Raum umschließenden Innenwände (z. B. Putz oder Tapete) sowie sonstige Oberflächen (z. B. Polstermöbel, Teppiche und Gardinen) gespeichert wird. Verantwortlich hierfür ist das so genannte Sorptionsverhalten. Dies bedeutet, dass Baustoffe während der Nutzungsphase in der Lage sind, Feuchtigkeit aus der Raumluft aufzunehmen und zwischenzuspeichern. Offenporige und diffusionsfähige Baustoffe wie z. B. Kalkputze, Silikatfarben, Raufasertapeten oder Gipskartonplatten können große Mengen Feuchtigkeit aufnehmen und somit temporäre Feuchtigkeitsspitzen abpuffern. Der exotherme Vorgang findet an den Innenoberflächen der Porenstruktur statt. Dadurch steigt die Sorptionsfähigkeit von Baustoffen mit ihrer Porosität bzw. Diffusionsfähigkeit. Diffusionsoffene Baustoffe stellen sicher, dass Wasserdampf in die Bauteiloberflächen eindringen kann. Die Speicherung des Wasserdampfes übernimmt dagegen die Sorptionsisotherme des Baustoffes. Besonders gut geeignet sind Baustoffe, deren Sorptionsisotherme im Bereich der relativen Luftfeuchte zwischen 40 und 80 % einen signifikanten Feuchteanstieg speichern können. Geschlossene und diffusionsdichte Baustoffe wie z. B. Fliesen und keramische Beläge, Glas und Kunststoff oder Dispersionsfarben und Kunstharzputze können dies dagegen nicht. Während die Erstgenannten temporär Feuchtigkeit aufnehmen (Adsorption) und zeitversetzt wieder abgeben (Desorption) können, bildet sich bei den Letztgenannten ein hauchdünner Wasserfilm auf der Oberfläche. Menge und Zeit der Feuchteregulierung (Feuchteaufnahme, Zwischenspeicherung, Feuchteabgabe) wird nicht nur über das Sorptionsvermögen und den Diffusionswiderstand der Baustoffe gesteuert, sondern auch über die relative Luftfeuchte im Innenraum. Die „Pufferwirkung" der Materialien ist auf den oberflächennahen Bereich von wenigen Millimetern des Bauteils beschränkt.

Auf die temporäre Feuchteproduktion durch Wäschetrocknen bezogen, bedeutet dies, dass mit dem einmaligen und zeitlich begrenzten Lüften oder auch der Kippstellung der Fensterlüftung lediglich die hohe Luftfeuchtigkeit abgeführt und die relative Luftfeuchte kurzzeitig reduziert wird. Nachdem das Lüften beendet ist, diffundiert die in den Oberflächen gespeicherte Feuchtigkeit wieder in die Raumluft und erhöht somit die relative Luftfeuchtigkeit. Konkret bedeutet dies, dass der Lüftungsvorgang zeitlich versetzt nach 60 bis 90 min noch einmal wiederholt werden müsste.

10.5.5 Vermeidung von hoher Restfeuchte nach Baumaßnahmen

Wie schon an mehreren Stellen in diesem Buch erläutert, fallen bei Neubau- und Sanierungsarbeiten erhebliche Mengen an Wasser an, die sich auch zum Zeitpunkt der Übergabe (Nutzungsphase) noch in Baustoffen und Bauteilen befindet. Was früher „trocken gewohnt" wurde, stellt sich heute aufgrund einer veränderten Bauweise als schwierig dar. Um Energieverluste zu vermeiden, wird die heutige Gebäudehülle luftdicht gebaut. Dies führt dazu, dass vorhandene Luftfeuchtigkeit nicht mehr wie früher über undichte Fenster oder sonstige Undichtigkeiten nach außen entweichen kann und somit eine gewisse Luftzirkulation nicht mehr stattfindet. Die Bauweise wurde aber auch aus einem anderen Grund genannt, denn im Trockenbau fällt deutlich weniger Wasser an.

Die Verdunstungsfläche wurde ebenfalls nicht ohne Grund erwähnt. Während mineralische Baustoffe wie z. B. ein Innenputz auf Kalkbasis eine hohe Wasserdampfdiffusion und darüber hinaus ein hohes Sorptionsvermögen aufweist, sind Fliesen und keramische Beläge z. B. genau das Gegenteil. Feuchtigkeit in Wänden und Böden kann nicht entweichen, so dass sich hohe Restfeuchte in so genannten Feuchträumen immer als Problem darstellt. Dies nicht nur in der Nutzungsphase, sondern auch in der Bauphase. Erst, wenn der richtige Trocknungsgrad des Estrichs erreicht ist, dürfen dampfdiffusionssperrende Fußbodenbeläge wie z. B. Fliesen und keramische Beläge verlegt werden. Der Fachmann spricht von der so genannten „Belegreife". Auskunft über den Feuchtegehalt liefert z. B. eine so genannte CM-Messung. Ähnliches gilt z. B. für Kunstharzputze auf mineralischen Unterputzen.

Um eine hohe Restfeuchte nach Baumaßnahmen zu vermeiden, gibt es grundsätzlich zwei Ansätze: die Reduzierung von Wassermengen in der Bauphase durch den Einsatz geeigneter Baustoffe oder Verfahren wie z. B. Trockenbau sowie die Sicherstellung einer ausreichenden Abtrocknung, sowohl während der Bauphase als auch in der Nutzungsphase.

Die einfachste Lösung wäre, den Rohbau nach Fertigstellung entsprechend lange austrocknen zu lassen, idealerweise über die trockenen Wintermonate, auch wenn dies heute kaum noch Bauherren vermittelt werden kann („Zeit kostet Geld"). In jedem Fall sollten die Innenräume in der Schlussphase, wenn Fenster und Türen bereits eingebaut wurden, intensiv quergelüftet werden. Zusätzlich können technische Bautrockner den Prozess unterstützen. Sobald die Innenräume bewohnt werden, sollte neben einer ausreichenden Be- und Entlüftung zusätzlich geheizt werden – auch dann, wenn die Temperaturen ein Beheizen noch nicht erforderlich machen.

Die Reduzierung hoher Restfeuchte nach Baumaßnahmen hat noch einen anderen Hintergrund, denn feuchte Baustoffe haben eine höhere Wärmeleitfähigkeit als trockene Baustoffe und somit eine schlechtere Wärmedämmung. Dies kann zu höheren Heizkosten und taupunktbedingtem Kondenswasser führen. Außerdem sind feuchte Baustoffe immer eine mögliche Ursache für Bauschäden (z. B. Abplatzungen durch Frost-Tau-Wechsel oder Schwind- oder Schrumpfrisse).

Neubauten werden gemäß DIN 1946-6 „Raumlufttechnik – Teil 6: Lüftung von Wohnungen“ mit einer kontrollierten Wohnungslüftung versehen, um eine ausreichende Be- und Entlüftung sicherstellen. Hierbei muss man beachten, dass gerade in den ersten Monaten der Nutzungsphase diese Lüftung nicht ausreicht und hohe Restfeuchte nur durch zusätzliche manuelle Lüftung abgeführt werden kann. Im Idealfall sollte dieses Stoß- oder Querlüften mindestens 15 bis 20 min dauern und 3- bis 4-mal täglich wiederholt werden. Völlig falsch wäre eine Fensterlüftung in Kippstellung oder eine Lüftung bei hoher Luftfeuchtigkeit wie z. B. nach einem Starkregen oder bei schwül-heißem Wetter. Letzteres verursacht nur eine Sommerkondensation und verschärft somit das Feuchteproblem in Innenräumen.

In den ersten Monaten der Nutzungsphase sollten zudem Einbauschränke und große Möbelstücke sowie Betten nicht direkt an die Innenwände gestellt werden. Was man ansonsten eher von den Innenseiten nicht gedämmter Außenwände kennt, um taupunktbedingtes Kondenswasser zu vermeiden, gilt bei hoher Restfeuchte für alle Innenwände. Schließlich befindet sich in allen Innenwänden noch Restfeuchte. Diese Empfehlung ist abhängig von der Nutzung der Innenräume und gilt umso mehr für Innenräume, in denen nutzungsbedingt eine hohe Luftfeuchtigkeit entsteht wie in Küchen und Bädern. Anders ausgedrückt: Wenn Einbauküchen unmittelbar nach der Bauphase eingebaut werden und sich in den Innenwänden noch erhöhte Feuchtigkeit befindet, sind Schimmelpilzbefall hinter den Einbaumöbeln häufig vorprogrammiert.

10.6 Vorbeugende Oberflächenbeschichtung

10.6.1 Einleitung

Holz oder holzhaltige Materialien wie z. B. Raufasertapeten sind genauso wie zellulosehaltige Materialien wie z. B. Tapetenkleber oder Gipskartonplatten ideal für das Wachstum von Schimmelpilzen. Auch organisch gebundene Beschichtungen wie z. B. Dispersionsfarben oder Kunstharzputze sind für einen mikrobiellen Befall ein idealer Untergrund. Weiterhin müssen organisch gebundene Dichtstoffe („Silicone“), Teppiche, Leder, Stroh, Leinen und Baumwolle usw. genannt werden, die für Schimmelpilze die bevorzugte Kohlenstoffquelle liefern. Auch nichtorganische Untergründe können mikrobiell besiedelt werden, wenn ausreichend Feuchtigkeit und Nährstoffe (z. B. Staub) vorliegen.

Um mikrobiellen Befall auf Wandoberflächen in Innenräumen zu vermeiden, werden häufig antimikrobielle Beschichtungen aufgetragen, mit denen ein Befall und Wachstum verhindert werden soll. Dies kann nach einer Schimmelpilzsanierung im Rahmen des Wiederaufbaus erfolgen, um einen Neubefall zu vermeiden, oder als vorbeugende Maßnahme, damit Schimmelpilzbefall und -wachstum gar nicht erst entsteht. Antimikrobielle Beschichtungen ist hierbei ein Sammelbegriff für unterschiedliche Ansätze, um mikrobiellen Befall, Wachstum und Ausbreitung temporär zu hemmen oder vollständig zu unterbinden. Hierzu gehören z. B. alkalische Beschichtungen wie z. B. Kalkputze oder Silikatfarben, biozide Beschichtungen (so genannte Anti-Schimmel-Farben) oder Nanobeschichtungen mit funktionellen Oberflächen wie z. B. fotokatalytische Innenfarben. Ein nachhaltiger Ansatz sind rezepturoptimierte Beschichtungen, bei denen mikrobiell resistente Bindemittel, Zuschläge, Pigmente, Additive und Zusätze eingesetzt werden, die von Natur aus antimikrobiell wirken und/oder biozide Eigenschaften aufweisen.

Bei all diesen Beschichtungen muss immer beachtet werden, dass diese zum einen nicht die Ursachen beseitigen, sondern nur die Symptome kaschieren (kosmetische Maßnahmen) und zum anderen eine zeitlich beschränkte Wirkung haben. Beschichtungen mit einem hohen pH-Wert bauen mit der Zeit ihre Alkalität ab und biozide Beschichtungen geben die bioziden Wirkstoffe allmählich frei, bis das Depot aufgebraucht ist. Eine dauerhafte Beseitigung von Schimmelpilzen kann mit diesen Beschichtungen nicht erreicht werden.

10.6.2 Beschichtung mit hoher Alkalität

Bei Beschichtungen mit hoher Alkalität nutzt man die Tatsache, dass die meisten Schimmelpilze für ihr Wachstum ein leicht saures Milieu bevorzugen (pH-Wert 4 bis 7) und somit bei hohen pH-Werten auf natürliche Weise abgetötet werden.

Die meisten der üblichen Baustoffe und Untergründe in Innenräumen wie z. B. Tapeten, Dispersionsfarben und Gipsputze oder Gipskartonplatten haben einen pH-Wert von 5 bis 7 und entsprechen somit dem idealen Wachstumsbereich der meisten Schimmelpilzarten. Andere bevorzugen einen pH-Wert von 7 bis 9 (neutrophil) und wenige Ausnahmen können auch Untergründe mit einem pH-Wert von 9 oder oberhalb besiedeln (alkalophil). Daher ist naheliegend, dass man mit Beschichtungen mit einem hohen pH-Wert wie z. B. Silikatfarben, Kalkanstriche und Kalkputze einem Schimmelpilzbefall auf natürliche Weise entgegentreten möchte. Derartige Beschichtungen haben im frisch aufgebrachten Zustand einen pH-Wert von 11 bis 13. In den ersten Wochen sind diese Beschichtungen ideal, um ein Wachstum von Schimmelpilzen zu vermeiden. Allerdings baut sich die hohe Alkalität relativ schnell ab. In Innenräumen geht man von einem Zeitraum von 6 bis 9 Monaten, in Ausnahmen von bis zu 12 Monaten, aus. Sobald sich die Alkalität abgebaut und eine pH-Neutralität eingestellt hat, sind diese Oberflächen genauso anfällig für ein Schimmelpilzwachstum.

Hinzu kommt, dass diese Materialien häufig an der Oberfläche kreiden, so dass sich mit der Zeit eine feine Staubschicht bildet, die wiederum sekundären Befall fördern kann. Des Weiteren ist kaum bekannt, dass einige Schimmelpilzarten auch in Bezug auf den pH-Wert des Untergrundes (Substrat) ihre Überlebensfähigkeit perfektioniert haben. Durch das Ausscheiden von bestimmten Stoffwechselprodukten können diese Schimmelpilzarten den pH-Wert des Untergrundes nach oben oder unten verändern, um sich ein ideales Umfeld zu schaffen, meistens durch das Absenken des pH-Wertes. Aufgefallen ist dies durch Untersuchungen des Fraunhofer Instituts für Bauphysik, bei denen auch auf Baustoffen mit einer hohen Anfangsalkalität nach relativ kurzer Zeit mikrobieller Befall nachgewiesen wurde.

10.6.3 Beschichtung mit bioziden Zusätzen

Der Begriff biozide Beschichtungen könnte irreführend sein, da verschiedene Ansätze unterschiedlicher Beschichtungen eine biozide Wirkung haben können. Hierzu gehören z. B. Beschichtungen mit einer hoher Alkalität, mit denen temporär eine fungizide Wirkung erzielt werden kann. Ein weiterer Ansatz sind Beschichtungen mit Nano-Technologie. Außerdem gibt es Beschichtungen mit einer optimierten Rezeptur, in der nur resistente Bindemittel, Zuschläge, Pigmente und Additive eingesetzt werden, die einen mikrobiellen Befall und das Wachstum und die Ausbreitung verhindern. Nicht zuletzt werden flüssigen Beschichtungen (Farben) oder pastösen Beschichtungen (Putzen) biozide Zusätze beigemischt, um einen Schimmelpilz- und/oder Bakterienbefall im Gebinde (Eimer) zu verhindern. Hierbei handelt es sich um die so genannte Topfkonservierung, die nicht mit der Filmkonservierung verwechselt werden darf. Während die Topfkonservierung die flüssige/pastöse Beschichtung im Eimer vor Mikroorganismen schützt, baut die Filmkonservierung eine biozide Wirkung in der applizierten und durchgetrockneten Beschichtung auf der Wandoberfläche auf.

Im Kontext zu Schimmelpilzen in Innenräumen geht es um antimikrobielle Beschichtungen, denen aktiv biozide Wirkstoffe zugegeben werden. Diese bioziden Innenfarben werden auch als „Anti-Schimmel-Farbe“ bezeichnet und bauen an der Oberfläche einen bioziden Puffer auf, mit denen der Befall und das Wachstum gehemmt oder die Mikroorganismen abgetötet werden. Je nach Wirkstoffverbindung und -konzentration sowie Art der Exposition kann ein mikrobieller Befall für einen bestimmten Zeitraum hinausgezögert werden. Hierbei muss unterschieden werden, dass die Bezeichnung Biozid ein Gattungsbegriff für unterschiedliche Wirkstoffe ist und z. B. Akarizide gegen Milben, Bakterizide gegen Bakterien, Fungizide gegen Pilze usw. eingesetzt werden. Häufig kommen so genannte Breitbandbiozide zum Einsatz, da die Wirkstoffe nicht nur gegen Schimmelpilze und/oder Bakterien in Innenräumen wirken, sondern auch gegen unterschiedliche Arten und Spezies. Mit einem Wirkstoff würde man das biozide Depot nicht aufbauen. Neben fungiziden und/oder bakteriziden Wirkstoffen zum Abtöten von Schimmelpilzen und/oder Bakterien werden auch fungistatische und/oder bakteriostatische Wirkstoffe eingesetzt, mit denen das Wachstum von Schimmelpilzen und/oder Bakterien nur gehemmt wird. Hierbei haben die Beschichtungen eine retardierende Wirkung, so dass die bioziden Wirkstoffe über einen längeren Zeitraum an der Oberfläche in sehr kleinen Mengen allmählich abgegeben werden. Physikalisch wird dies über das Sorptionsverhalten der Baustoffe gesteuert, also der Feuchtigkeitsaufnahme und -abgabe. Man geht davon aus, dass das biozide Depot bei Innenfarben nach 5 bis 10 Jahren aufgebraucht ist.

Spezielle Innenraumfarben mit bioziden Zusätzen wurden ursprünglich für den gewerblichen Bereich entwickelt, in denen ein mikrobieller Befall aus hygienischen Gründen unbedingt vermieden werden soll. Eine Anwendung in privat genutzten Innenräumen ist in der Regel nicht notwendig und wird vom Umweltbundesamt (UBA) ausdrücklich nicht empfohlen.

10.6.4 Beschichtung mit Nanotechnologie

Seit einigen Jahren werden spezielle Beschichtungen gegen mikrobiellen Befall an Fassaden sowie in Innenräumen angeboten, die mithilfe der Nanotechnologie funktionale Oberflächen versprechen. Der unspezifische Sammelbegriff der Nanotechnologie wird hierbei für ganz unterschiedliche Prinzipien aus verschiedenen Natur- und Ingenieurwissenschaften wie z. B. der Quantenphysik und den Materialwissenschaften, der Elektronik und Informatik sowie der Chemie und Mikro-, Molekular- und Zellbiologie zusammengefasst. Die einzige Gemeinsamkeit in all diesen Technologien ist die Größenordnung von einigen Nanometern, in der diese Prinzipien stattfinden. Ein Nanometer ist ein Milliardstel eines Meters (10^{-9}) und bezeichnet einen Grenzbereich, in dem die physikalisch-chemischen Oberflächeneigenschaften gegenüber den Volumeneigenschaften der Materialien eine immer größere Rolle spielen und zunehmend quantenphysikalische Effekte berücksichtigt werden müssen. Im Vergleich zu größeren Partikeln gleicher chemischer Zusammensetzung weisen Nanoteilchen eine höhere chemische Reaktivität, eine größere biologische Aktivität und ein stärkeres katalytisches Verhalten auf. Ursache hierfür ist die stark vergrößerte Oberfläche, so dass man in der Nanotechnologie von „größeninduzierten Funktionalitäten" spricht.

Allerdings sollte man die Nanotechnologie nicht auf die Miniaturisierung von Dingen reduzieren, denn nanoskalierte Stoffe und Oberflächen weisen zum Teil komplett neue Eigenschaften auf. Hierbei muss unterschieden werden, ob Stoffe und Oberflächen auf der nanodimensionalen Größe aktiv verändert werden (Atom für Atom oder Molekül für Molekül) oder durch eine immer bessere Diagnostik diese Eigenschaften heute „nur" sichtbar gemacht werden, obwohl diese auch früher schon vorhanden waren. Hierzu gehören z. B. nanoskalierte Pigmente und Additive (in der Beschichtungsindustrie), Fasern (in der Bekleidungsindustrie), Vitamine und Zusatzstoffe (in der Lebensmittelindustrie), Prozessoren (in der Informatik), Wirkstoffe (in der Medizin) oder Kontrastmittel (in der Diagnostik).

Die gleichen Eigenschaften, die nanoskalierte Stoffe und Oberflächen für Forschung und Entwicklung interessant machen, können auch neue Gefahren für Gesundheit und Umwelt mit sich bringen. Nach heutigem Kenntnisstand geht man davon aus, dass Nanopartikel aufgrund ihrer geringen Größe im Körper z. B. Membranfenster im Darm, in den Lungenbläschen oder sogar Zellkernmembranen passieren können, was gesundheitliche Beeinträchtigungen nach sich ziehen kann. Die Erforschung über die Wechselwirkung der unkontrollierten Freisetzung nanoskaliger Partikel im menschlichen Immunsystem hinkt noch stark hinterher und liefert aktuell mehr Fragen als Antworten. Daher können lt. Umweltbundesamt (UBA) nach derzeitigem Kenntnisstand keine ausreichenden Angaben zu möglichen Risiken und Nebenwirkungen dieser Produkte gemacht werden.

Hinter dem Begriff der funktionalen Oberflächen verbergen sich Beschichtungssysteme, die mithilfe der Nanotechnologie spezifische Oberflächeneigenschaften aufweisen sollen. Im Kontext der Schimmelpilzprävention handelt es sich immer noch um eher theoretische Überlegungen, die den Nachweis unter praktischen Bedingungen bisher schuldig geblieben sind.

Einer dieser Ansätze sind spezielle Innenfarben, die das Prinzip der Photokatalyse nutzen wollen, um Mikroorganismen zu zersetzen. Hierbei wird der Dispersionsfarbe ein spezielles Pigment – ein Titandioxid – zugegeben, das für die photochemische Reaktion verantwortlich ist. Der Wirkmechanismus der Photokatalyse ist bereits seit Jahrzehnten bekannt. Hierbei werden chemische Substanzen unter Einfluss von Licht einer bestimmten Wellenlänge umgewandelt. Sauerstoff übernimmt die Rolle als Oxidationsmittel, Licht als Energielieferant und ein spezielles Titandioxid die Rolle als Auslöser der Reaktion (Katalysator). Bei dem Titandioxid wird die besonders reaktionsfreudige Anatas-Form verwendet. Somit soll bereits herkömmliche Beleuchtung in Innenräumen bzw. diffuses Tageslicht ausreichen, um mit denen beim photokatalytischen Prozess entstehenden Sauerstoffradikalen die Zellmembran von Viren, Bakterien und anderen Mikroorganismen zu zerstören, ohne dass eine direkte Sonnenbestrahlung notwendig ist. Hintergrund der Überlegungen ist, dass sich das nanoskalierte Titandioxid durch eine hohe Leitfähigkeit auszeichnet, die durch Lichtphotonen angeregt wird. Beim Auftreffen der ultravioletten Strahlen werden negativ geladene Elektronen freigesetzt, so dass die nanoskalierten Pigmente mit der Luftfeuchtigkeit reagieren und infolgedessen Sauerstoffradikale bilden. Diese verfügen über ein hohes Oxidationspotenzial und sind in der Lage, organische Moleküle abzubauen. Daher geht man davon aus, dass diese Beschichtungen eine fungizide Wirkung haben – ein wissenschaftlicher Nachweis darüber fehlt allerdings bis heute. Weitere Anwendungen von photokatalytischen Innenfarben sollen im Abbau von Schadstoffen wie Formaldehyd oder auch Nikotinbelastung liegen. Umstritten sind photokatalytische Beschichtungen vor allem in Bezug auf die Frage, ob die freigesetzten Sauerstoffradikale auch andere biochemische Prozesse anregen und neue Schadstoffe oder neue Verbindungen bestehender Schadstoffe bilden können.

Ein anderer Ansatz besteht darin, kolloidales Silber als Nanopartikel mit einer Größe von < 10 nm in eine Innenfarbe einzubinden. Das Wirkprinzip dieses hochdispersen Additivs basiert darauf, dass an der Oberfläche geringste Mengen an Silberionen freigesetzt werden. Diese sollen lt. Herstellerangaben in die Zellwandsynthese des Schimmelpilzes eingreifen, die Membran zerstören und die Enzyme manipulieren. Des Weiteren wird der Nährstofftransport und die Bildung von Eiweißstrukturen unterbunden, so dass eine weitere Vermehrung (Fortpflanzung) der Mikroorganismen verhindert wird. Dies ist reine Theorie (oder Marketing), da sämtliche Bestandteile einer Beschichtung in die Bindemittelmatrix fest eingebunden sind und nicht einfach „freigesetzt" werden. Wäre dem so, dürften diese Innenfarben in Innenräumen gar nicht eingesetzt werden, da das Einatmen von nanoskalierten Silberpartikel eine hochgradige Gesundheitsgefahr darstellen würde, zumal die Hersteller in den Gefahrenhinweisen selbst darauf hinweisen, dass die nanoskalierten Silberpartikel in dem Polymer eingebunden sind und nicht austreten können.

Die zelltoxische Wirkung von nanoskalierten Silberpartikeln auf das menschliche Immunsystem ist noch nicht ausreichend erforscht. Bekannt ist, dass Silberionen auch mit Strukturen menschlicher Zellen reagieren. In Tierversuchen wurde nachgewiesen, dass Nanosilber durch Zell- und DNA-Schädigungen Krebserkrankungen auslösen oder begünstigen kann. Ob dieses Risiko beim Menschen ebenfalls besteht, ist nach derzeitigem Kenntnisstand nicht eindeutig belegt, aber auch nicht widerlegt. Experten gehen aber davon aus, Nanosilber die schädlichen Wirkungen von Silber noch einmal deutlich übertrifft und bereits bei vergleichsweise niedrigen Silberkonzentrationen ein hohes toxisches Potenzial zeigt. Infolgedessen empfiehlt z. B. das Bundesinstitut für Risikobewertung (BfR), das Einatmen nanohaltiger Sprühnebel sowie nanoskalierten Silberpartikeln aufgrund der nicht ausreichend geklärten Gesundheitsrisiken unbedingt zu vermeiden.

Hinzu kommt, dass Silber nur eine antibakterielle und viruzide Wirkung hat. Nachweise, auf die sich die Hersteller in ihrer Werbung beziehen, basieren immer auf Versuchen gegen Bakterien wie z. B. Escherichia coli und Staphylococcus aureus. Einen wissenschaftlichen Nachweis, dass Silber auch speziell gegen innenraumtypische Schimmelpilze wirkt, gibt es dagegen bis heute nicht. Auch Versuche, Silber- und Zink-Ionen miteinander zu kombinieren, brachten keine Verbesserungen in der fungiziden Wirkung.

10.6.5 Beschichtung mit hohem Sorptionsvermögen

Eine Alternative stellen spezielle Materialien (Putze, Farben, Spachtel, Wandbeläge) dar, die über ein hohes Sorptionsvermögen verfügen. Diese Beschichtungen sind in der Lage, temporär Feuchtigkeit aufzunehmen, zwischenzuspeichern und zeitverzögert wieder abzugeben. Allerdings können diese ein angepasstes Lüftungsverhalten in Innenräumen nicht ersetzen, denn auch die Sorptionskapazitäten dieser in der Regel sehr dünnen Oberflächen sind nicht unbegrenzt.

Aus physikalischer Sicht gibt es vier Mechanismen, mit denen Feuchtigkeit in Baustoffen transportiert wird: Kapillarität, Konvektion, Diffusion und Sorption. Das Grundprinzip bei der Sorption ist ein Gleichgewichtsprozess zwischen der Aufnahme und Abgabe eines Stoffes, konkret der Anlagerung von Wassermolekülen in angrenzenden Materialien. Dieser Prozess wird durch physikalische Wechselwirkungen ausgelöst: Verändert sich der Feuchtegehalt der umgebenden Raumluft, verändert sich mit zeitlicher Verzögerung auch der Feuchtegehalt von Baustoffen. Hierbei wird die Eigenschaft der Feuchteaufnahme verschiedener Baustoffe genutzt, da jeder poröse Baustoff in der Lage ist, Wasserdampf aus der Raumluft aufzunehmen (Adsorption), zwischenzuspeichern (Absorption) und wieder abzugeben (Desorption). Großen Einfluss auf die Wassereinlagerung und den Transport der Wasserdampfmoleküle haben das Porenvolumen und die Porengeometrie (Form, Art und Größe) sowie deren Verteilung innerhalb des Baustoffgefüges. Der bauphysikalisch relevante Bereich der Porendurchmesser liegt zwischen 10^{-9} m bis 10^{-3} m.

Wenn die Luftfeuchte im Innenraum höher ist als die Materialfeuchte von Baustoffen, dringt Wasserdampf über die Baustoffoberfläche ein und lagert sich innerhalb des Baustoffgefüges ein. Wenn die Luftfeuchte im Innenraum sinkt, wird die Feuchtigkeit aus dem Baustoff wieder an die Raumluft abgegeben. Dieser Vorgang entspricht dem bauphysikalischen Grundprinzip, einen Gleichgewichtszustand herzustellen. Bei der Sorption wird Wasserdampf lediglich zwischengespeichert und phasenverschoben wieder an die Raumluft abgegeben.

Dieses Prinzip nutzt man in Innenräumen, in denen kurzzeitig hohe Mengen an Wasserdampf produziert werden wie z. B. in Küchen (Kochen) oder Bädern (Baden oder Duschen) oder in Innenräumen wie z. B. Schlafzimmer, in denen der Wasserdampf über einen längeren Zeitraum (während der Schlafphase bei geschlossenen Fenstern) ansteigt. In dieser Phase wird anfallender Wasserdampf über die Oberflächen der Innenwände, aber auch Textilien (z. B. Vorhänge, Teppiche, Bettbezüge und dgl.) aufgenommen und morgens beim Lüften oder anschließend an die Raumluft wieder abgegeben. In der nachfolgenden Nacht wiederholt sich dieser Vorgang.

Baustoffe mit hohem Sorptionsvermögen werden auch an Wärmebrücken eingesetzt, an denen mit Auftreten von taupunktbedingtem Kondenswasser gerechnet werden muss. Sorptionsfähige Materialien nehmen dieses Tauwasser auf und verteilen dieses in den Oberflächenschichten, wodurch Baustofffeuchte kurzzeitig erhöht wird.

Man unterscheidet zwischen Baustoffen mit einem hohen Sorptionsvermögen wie z. B. Holz, Porenbeton, Lehm- und Kalkputze, Kalk- und Silikatfarben und Baustoffe mit keinem oder sehr geringem Sorptionsvermögen wie z. B. Glas, Schaumkunststoffe, Kunststofffolien, Metalle oder Fliesen und keramische Beläge. Allgemein gilt: Je poröser ein Baustoff ist, umso höher ist sein Sorptionsvermögen. Dies bedeutet: wenn Materialien mit einem hohen Sorptionsvermögen in Bädern, Küchen oder Schlafzimmern zum Einsatz kommen, sind mineralische Baustoffe mit einem hohen Wasserdampfdiffusionsvermögen wie z. B.

ein Kalkputz besser geeignet. Hierbei muss allerdings immer der komplette Wandaufbau beachtet werden. Denn der beste Kalkputz verfehlt seine Funktion, wenn dieser z. B. mit einer Dispersionsfarbe überstrichen wird. Daher müssen dekorative Schlussbeschichtungen wie Dekorputze, Spachtel, Anstriche, Tapeten und dgl. über eine hohe Wasserdampfdiffusion und idealerweise ebenfalls über ein hohes Sorptionsvermögen verfügen. Auskünfte darüber geben u. a. der sd-Wert der Beschichtungen, der den technischen Merkblättern der Baustoffindustrie entnommen werden kann.

Was sich in Schlafzimmern problemlos umsetzen lässt, gestaltet sich in Bädern häufig schwierig. Schließlich werden die Oberflächen von Innenwänden und Böden in Bäder aufgrund des erhöhten Aufkommens von Spritz- und/oder Oberflächenwasser mit Fliesen und keramischen Belägen versehen. Diese sind bekanntlich weder wasserdampfdiffusionsoffen noch haben diese ein Sorptionsvermögen. Dem entsprechend sollten Oberflächen in Bädern nur dort mit Fliesen und keramischen Belägen versehen werden, wo tatsächlich Spritz- und/oder Oberflächenwasser auftreten kann. Anderenfalls kann der Effekt durch Sorption in diesen Innenräumen nicht genutzt werden.

Man könnte annehmen, dass Materialien mit einem besonders hohen Sorptionsvermögen wie z. B. Baumwolle, Hanf, Zellulose oder dgl. besonders gut geeignet sind. Auch hier gilt wieder das Prinzip des Gleichgewichts zwischen Wasseraufnahme und -abgabe zu berücksichtigen. Denn besonders organische Materialien aus nachwachsenden Rohstoffen neigen dazu, dass adsorbierte Wasserdampfmoleküle zu sichtbaren Formänderungen (Quellen) führen und bei der Desorption schrumpfen (Schwinden).

10.7 Einhaltung von Hygiene

10.7.1 Einleitung

Das Umweltbundesamt (UBA) weist in seinem Leitfaden „Zur Vorbeugung, Erfassung und Sanierung von Schimmelbefall in Gebäuden" darauf hin, dass Schimmelpilze ein hygienisches Problem darstellen und nach dem Prinzip der Vorsorge nicht toleriert werden können. Daher müssen Schimmelpilze lt. UBA beseitigt werden, bevor es zu gesundheitlichen Beschwerden und Erkrankungen kommt. Das beste Prinzip der Vorsorge besteht darin, Schimmelpilzbefall und -wachstum gar nicht erst entstehen zu lassen. Vorbeugende Maßnahmen konzentrieren sich allerdings nur auf das Lüften und Heizen sowie das Abstellen der bautechnischen und/oder bauphysikalischen Durchfeuchtungsursachen. Dabei gibt es weitere Wachstumsbedingungen, die mikrobiellen Befall durch Schimmelpilze fördern – die Hygiene.

Im allgemeinen Sprachgebrauch und Selbstverständnis wird unter dem Begriff „Hygiene" in erster Linie die Sauberkeit verstanden und auf privat genutzte Innenräume übertragen, die gründliche Reinigung des Haushalts mit Desinfektionsmitteln. Das Ziel besteht darin, Schmutz und Keime zu entfernen. Dabei geht es bei präventiven Maßnahmen zur Hygiene nicht nur um die Reinigung und Desinfektion von Oberflächen, sondern auch um den richtigen Umgang mit Rest- und Biomüll sowie vor allem um die Reduzierung der Staubbelastung. Letztere bezieht sich nicht nur auf Matratzen und Polstermöbel („Milbenkarenz"), sondern auch auf Staub in Lüftungsanlagen (z. B. Abluftgitter) und die „Vermüllung" von Wohnungen nach dem Messie-Syndrom.

Feuchte Handtücher oder feuchte Sportkleidung in Sporttaschen sind in Verbindung mit Wärme der perfekte Ort für mikrobielles Wachstum. Kaffeemaschinen sind besonders gefährdet: Die regelmäßige Reinigung darf sich nicht nur auf den Auffangbehälter für den Kaffeesatz reduzieren und muss das Mahlwerk und die Brühvorrichtung mit einschließen. Eine starke Schimmelpilzbildung kann zudem auf Pflanzenerde in Blumentöpfen beobachtet werden. Das organische Substrat in Verbindung mit Feuchtigkeit (vom Gießen) und Wärme (von der Fußbodenheizung oder der Fensterbank über dem Heizkörper) sind das optimale Habitat für eine Vielzahl von Schimmelpilzen.

10.7.2 Reinigung und Desinfektion

Unter hygienischen Maßnahmen zur Vorbeugung gegen Schimmelpilze (und Bakterien) in privat genutzten Innenräumen werden im Allgemeinen eine gründliche Reinigung und ggf. Desinfektion von Oberflächen verstanden. Das Ziel besteht darin, verschiedene Krankheitserreger wie bakterielle Keime einschließlich Mykobakterien sowie Pilze abzutöten und/oder Viren oder Sporen unterschiedlicher Mikroorganismen zu inaktivieren. Durch den Automatismus beim Einsatz von bioziden Reinigungs- und Desinfektionsmitteln in privat genutzten Innenräumen weisen das Robert Koch-Institut (RKI), Umweltbundesamt (UBA) und Bundesinstitut für Risikobewertung (BfR) übereinstimmend darauf hin, dass dies in den seltensten Fällen notwendig ist. Daher ist immer abzuwägen, welche präventiven Maßnahmen sinnvoll und notwendig sind, um eine ausreichende Hygiene sicherzustellen. In vielen Fällen reicht eine gründliche Reinigung aus, also das mechanische Entfernen von Mikroorganismen, ohne dass ein Abtöten erforderlich ist.

In Ausnahmen kann eine Desinfektion notwendig sein, wenn sich Menschen einer bestimmten Risikogruppe in den Innenräumen aufhalten. Je nach individueller Konstitution kann sich die Disposition in Form einer allergischen Reaktion, reizenden und/oder toxischen Wirkung zeigen. Hinzu kommen unspezifische Befindlichkeitsstörungen und unter gewissen Umständen Vergiftungen. Infektionen kommen in privat genutzten Innenräumen dagegen in der Regel nicht vor. Das RKI, UBA und BfR weisen deshalb daraufhin, dass die Verwendung von Desinfektionsmitteln und bioziden Reinigungsmitteln sowie ggf. darüber hinausgehende Desinfektionsmaßnahmen immer individuell und Einzelfallbezogen mit dem behandelnden Arzt abgesprochen werden sollten. Denn ein bedingungsloser Einsatz und/oder eine falsche Anwendung von bioziden Reinigungs- und Desinfektionsmitteln kann zu Gesundheitsgefahren für den Anwender führen, aber auch dazu, dass die Mikroorganismen Resistenzen bilden. Zumal viele biozide Reinigungs- und Desinfektionsmittel, die für den privaten Haushalt angeboten werden, nicht den Nachweis ihrer Wirksamkeit besitzen. RKI, UBA und BfR sehen deshalb in Desinfektionsmaßnahmen mehr Risiken als vermeintlichen Nutzen und darüber hinaus die Gefahr, dass sich Anwender von bioziden Reinigungs- und Desinfektionsmitteln im privaten Haushalt in falscher Sicherheit wiegen und herkömmliche Maßnahmen zur persönlichen Hygiene wie z. B. das gründliche Händewaschen vernachlässigen.

Dabei leistet bereits das regelmäßige und gründliche Händewaschen einen wichtigen Beitrag zur täglichen Hygiene. Die meisten Keime werden über die Hände übertragen und durch z. B. Türklinken in öffentlichen Gebäuden, Einkaufswagen in Bau- und Supermärkten, Haltegriffen in öffentlichen Verkehrsmitteln usw. oder den Kontakt zu Tieren oder erkrankten Menschen gibt es täglich eine Vielzahl von Übertragungsmöglichkeiten von Keimen. Nach Aussagen des RKI, UBA und BfR reichen einfache Reinigungsmittel z. B. auf Basis von Zitronensäure völlig aus, um eine haushaltstypische Hygiene in der Küche, im Bad oder WC sowie auf anderen Flächen im Haushalt sicherzustellen. Durch die Tenside in den Reinigungsmitteln werden Pilze und Bakterien im ausreichenden Umfang beseitigt.

Neben Toilette und Bäder stellen Küchen vor allem Innenräume dar, in denen mit einer erhöhten mikrobiellen Belastung gerechnet werden muss. Zum einen durch den Verfall von Nahrungsmitteln und zum anderen durch Essensrückstände in Leerverpackungen kann die Hygiene in der Küche beeinflusst werden. Essensrückstände und Fettspuren sind ein idealer Nährboden für Keime. Das „Zwischenlagern" von Bio- und Restmüll kann das Wachstum und die Ausbreitung von Schimmelpilzen und Bakterien fördern, gerade in warmen Sommermonaten. Wichtig ist, den Bio- und Restmüll regelmäßig zu entsorgen und eine evtl. notwendige Zwischenlagerung außerhalb der Innenräume z. B. auf dem Balkon oder der Terrasse, im Keller oder in der Garage vorzunehmen. Eine zusätzliche Desinfektion von Abfall, wie dies z. B. durch antibakterielle Müllbeutel angepriesen wird, ist lt. Aussagen des RKI, UBA und BfR für Privathaushalte nicht notwendig. Im Gegenteil – der hierfür häufig eingesetzte biozide Wirkstoff Triclosan steht zunehmend im Verdacht, nicht nur umweltschädlich, sondern auch gesundheitsschädlich zu sein. Als ebenfalls überflüssig stuft das Bundesinstitut für Risikobewertung Kühlschränke mit einer antibakteriellen Beschichtung ein.

Ein weiterer Risikoherd für Schimmelpilze und Bakterien in Küchen sind Abzugshauben oder sonstige Abluftfilter. Je nach Ausführung (mit oder ohne Abluft) saugen diese den produzierten Wasserdampf („Küchendunst") an und führen diesen direkt über die Gebäudehülle nach außen ab (Abluft) oder reinigen diesen mithilfe von Fettfilter und Aktivkohlefilter und leiten die Feuchtigkeit über die Luftaustrittsöffnungen wieder in die Raumluft zurück (Umluft). Fettfilter und Aktivkohlefilter sollten regelmäßig gereinigt werden.

Gleiches gilt für Luftbefeuchter und Klimaanlagen. Hierbei geht es nicht nur um Klimaanlagen mit einer zusätzlichen Befeuchtung, sondern auch um eine mögliche Kondensatbildung innerhalb der Anlage, die zu Bakterienbefall führen kann. Während im gewerblichen Bereich Klimaanlagen und raumlufttechnische Anlagen regelmäßig gewartet werden und Intervalle und Umfang der Wartung gesetzlich geregelt sind, gibt es diese Vorgaben für privat genutzte Innenräume nicht.

Beim Kauf von bioziden Reinigungs- und Desinfektionsmitteln sollte darauf geachtet werden, dass die Produkte die erforderliche Kennzeichnung (einem N und vier Zahlen) oder Zulassungsnummer haben und einen Nachweis darüber, in welcher Konzentration diese gegen welche Art von Bakterien, Pilzen und/oder Viren geprüft wurden. Rein werbliche Aussagen wie besonders „antibakteriell", „antimikrobiell", „bakterizid", „desinfizierend" oder „entfernt zu 99,9 % Bakterien, Pilze und Viren" oder ähnliches sind immer mit Vorsicht zu genießen. Außerdem wirken auch die in herkömmlichen Reinigungsmitteln enthaltenen Tenside bereits gegen die in Innenräumen üblichen Mikroorganismen. Bei bioziden Reinigungs- und Desinfektionsmitteln müssen Hersteller den Hinweis „Biozide sicher verwenden. Vor Gebrauch stets Kennzeichnung und Produktinformation lesen" deutlich sichtbar kennzeichnen.

Bisherige Hinweise gelten für eine Anwendung in privat genutzten Innenräumen. Im Rahmen der professionellen Schimmelpilzsanierung versteht man unter Reinigung und Desinfektion zum einen die Feinreinigung im Rahmen der Erfolgskontrolle sowie Sofortmaßnahmen und Schutz- und Hygienemaßnahmen vor und während der Sanierung. Eingesetzt werden hierzu Biozide, von denen Gesundheitsgefahren und unerwünschte Nebenwirkungen ausgehen können.

10.7.3 Umgang mit Bio- und Restmüll

Schimmelpilze ernähren sich heterotroph, dies bedeutet von toter organischer Substanz wie z. B. Hausstaub. Ihr variabler und anpassungsfähiger Stoffwechsel ermöglicht es ihnen, ein breites Spektrum an organischen Substanzen zu nutzen, diese abzubauen und in anorganische Substanzen umzuwandeln. Ein besonders nährstoffreiches Substrat bildet der Biomüll sowie die organischen Substanzen im Restmüll. Abfälle von Obst und Gemüse, Brot- und andere Essensreste sowie Blumenerde und Gartenabfälle bieten eine Vielzahl von Nährstoffen wie Zucker, Aminosäuren, Zellulose und Fette. Der hohe Wassergehalt der Substrate bzw. die hohe Feuchtigkeit der Abfälle begünstigt zudem mikrobielles Wachstum.

Vorsicht ist geboten, wenn eine mögliche Gefahr durch Schimmelpilze an der Größe und/oder Farbe und/oder Geruch des Befalls festgemacht wird. Dies gelingt nur den wenigsten Experten. Hierzu muss eine Bestimmung der Gattung und Art erfolgen. Denn, äußerlich erkennt man nur den Fruchtkörper (pelziger Belag). Der eigentliche Pilz – das fadenförmige Myzel – ist in der Regel nicht sichtbar. Brot kann z. B. nur durch einen winzigen Punkt auf der Oberfläche befallen und dennoch komplett von einem Pilzmyzel durchzogen sein.

Neben der mikrobiellen Zersetzung von Brot, Obst und Gemüse während der Lagerung in der Küche, in der bereits Schimmelpilzsporen entstehen und freigesetzt werden können, muss die Entsorgung in zwei Phasen unterschieden werden: der Umgang mit Bio- und Restmüll innerhalb der Wohnung (bzw. Hauses) sowie in der Bio- oder Mülltonne. In beiden Phasen können erhebliche Mengen an Schimmelpilzsporen freigesetzt werden, die gesundheitliche Auswirkungen auf Menschen haben können. Nach Aussagen des Umweltbundesamtes (UBA) gibt es keinen Unterschied in der mikrobiellen Belastung durch Bio- oder Restmüll, sobald sich im Restmüll organische Substanzen befinden. Des Weiteren kommt das UBA zu der Einschätzung, dass die Ansammlung biogener Stäube durch Bioabfälle oder organische Substanzen im Restmüll für gesunde Menschen unproblematisch ist. Allergiker und Asthmatiker, Menschen mit einer Immunsuppression oder Krebs- und AIDS-Patienten hingegen sollten Bio- und Restmüll unbedingt meiden oder alternativ einen entsprechenden Atemschutz tragen.

Bekanntlich sind Schimmelpilze ubiquitär. Dies bedeutet, dass sie überall vorkommen und je nach Jahreszeit, Witterung und Umfeldbedingungen in unterschiedlicher Konzentration vorliegen – und dies bereits in der Außenluft. Diese Hintergrundbelastung hat auf die Luft in Innenräumen unmittelbare Auswirkungen, da durch Lüftung ein Austausch stattfindet und mindestens die Außenluftkonzentration auch in Innenräumen vorliegt. Dem entsprechend werden organische Substanzen wie Bioabfälle und organischer Restmüll schnell durch Schimmelpilze besiedelt und als Substrat benutzt. Dabei geht die Gefahr nicht von dem pelzigen Überzug aus, sondern von so genannten Mykotoxinen. Diese giftigen Stoffwechselprodukte entstehen u. a. bei der Zersetzung organischer Substanzen durch Pilze. Mykotoxine sind weitgehend hitzestabil, so dass es auch nichts bringt, verschimmelte Nahrungsmittel durch Kochen, Braten oder Backen mit Hitze zu behandeln. Je nach Art, Menge und Konzentration der Mykotoxine kann es durch Nahrungsaufnahme zu akuten Intoxikationen kommen. Besonders betroffen sind Menschen mit einer Immunerkrankung, mit transplantierten Organen, Krebs- oder AIDS-Patienten.

Bei der Zersetzung organischer Substanzen durch Schimmelpilze wird Wärme freigesetzt. Infolgedessen wird Bioabfall und organischer Restmüll bevorzugt durch wärmeliebende Schimmelpilze besiedelt. Zu den thermophilen Schimmelpilzarten gehört u. a. Aspergillus fumigatus, der für unterschiedliche Gesundheitsbeschwerden und -erkrankungen bei Menschen verantwortlich ist.

In den Sommermonaten kommt neben hohen Temperaturen auch noch hohe Luftfeuchtigkeit hinzu, so dass sich Schimmelpilze rasant vermehren können. Deshalb sind verschimmelte Nahrungsmittel, Abfälle von Obst und Gemüse, Brot- und andere Essensreste umgehend zu entsorgen. Erfolgt die Entsorgung nicht umgehend über die Bio- oder Restmülltonne, sondern wird im Bioabfall- oder Mülleimer zunächst „zwischengelagert“, kommt es auch in der „kleinen Biotonne“ in der häuslichen Küche zu erhöhten Schimmelpilzkonzentrationen. Bei jeder Öffnung können zigtausende bis Millionen von Schimmelpilzsporen freigesetzt werden. Daher sollten Gefäße für Bioabfälle und/oder organischen Restmüll verschließbar sein und öfter entleert werden (mindestens täglich). Dies vermeidet nicht nur Schimmelpilzbildung, sondern auch unangenehme Geruchsbildung. Zeitungspapier oder auch leere Eierkartons oder benutzte Servietten in den Behältern entziehen dem Abfall die Feuchtigkeit. Anschließend sollten Bioabfall- oder Mülleimer ausgespült und getrocknet werden. Eine zusätzliche Desinfektion der Behälter ist nicht notwendig.

Mit der Entsorgung von Bioabfällen und Restmüll aus organischen Substanzen ist das Problem aus der häuslichen Küche beseitigt. Aber auch die Bio- und Restmülltonne birgt Gefahr. Schließlich geht der Zersetzungsprozess durch Schimmelpilze weiter und wird durch Wärme je nach Standort ggf. durch Sonneneinstrahlung noch intensiviert. Deshalb sollten Bio- und Restmülltonne an einen schattigen Platz aufgestellt werden. Soweit dies möglich ist, sollten feuchte und trockene Abfälle abwechselnd eingefüllt werden. Somit können ggf. anaerobe Gärungsvorgänge vermieden werden. Sollte sich dies nicht vermeiden lassen, helfen evtl. gelöschter Kalk oder Gesteinsmehle, die Feuchtigkeit aufnehmen und binden. Bio- und Restmülltonnen sollten gut verschlossen sein. Einige Abfalltonnen weisen besonders dicht schließende Deckel mit Filtereinsatz auf. Die eigentliche Gefahr besteht nur beim Öffnen des Deckels. Durch den „Sogeffekt“ werden Millionen von Schimmelpilzsporen freigesetzt und direkt eingeatmet, wenn man seinen Kopf darüber hält. Daher sollte man beim Öffnen den Kopf mindestens wegdrehen und besser noch für den kurzen Moment die Luft anhalten.

10.7.4 Reduzierung der Staubbelastung

Neben der Reinigung und Desinfektion von Oberflächen gehört die Reduzierung der Staubbelastung zu den wichtigsten Präventivmaßnahmen für die Hygiene in privat genutzten Innenräumen, die unmittelbaren Einfluss auf Schimmelpilzbefall und -wachstum haben kann. Genau genommen geht es um den Hausstaub, da in Innenräumen auch andere Stäube auftreten können. Hausstaub besteht aus einer Vielzahl von organischen und anorganischen Partikeln mit einer Größe im Mikrometerbereich. In privat genutzten Innenräumen mit einer üblichen Nutzung und Belegung fallen durchschnittlich 4 bis 8 mg Staub täglich pro m^2 an. Die Zusammensetzung und Herkunft der Partikel ist sehr heterogen.

Staub ist ein normaler Bestandteil der Außenluft und wird durch Lüftung und das Hereintragen über Kleidung und Schuhe in privat genutzte Innenräume eingeschleppt. Eine Ansammlung von Staub kann somit kaum verhindert werden. Der in der Außenluft befindliche Feinstaub bildet zusammen mit feinsten Pollen und Gräsern die Grundlage. Hinzu kommen feinste Fasern und Hautschuppen, die sich mit Überresten von Kleinstlebewesen und Mikroorganismen vermengen. Hierzu gehören z. B. Schimmelpilzsporen, Bakterien, Viren und Milben sowie deren Kot. Vor allem der Milbenkot ist das eigentliche Allergen. Dieser wird zunächst in einer Hülle ausgeschieden und zerfällt später, so dass sich die Allergene als Feinstaub in der Raumluft verteilen. Da der Milbenkot nicht bekämpft werden kann, müssen sich präventive Maßnahmen gegen die Milben selbst richten. Ein Ansatz ist, den Milben die Lebensgrundlage zu entziehen bzw. die Umgebungsbedingungen in ihrem Habitat so zu verändern, dass Milben aussterben.

Milben leben in einem optimalen Temperaturspektrum von 25 bis 40 °C und können bis zu einer Stunde Temperaturen von 60 °C überstehen. Bei Temperaturen oberhalb von 60 °C sinkt die Überlebensrate der Milben. Ein Ansatz wäre deshalb, Textilien und Plüschtiere mit einer 60° Wäsche in der Waschmaschine abzutöten. Allerdings halten die Waschprogramme der handelsüblichen Fabrikate nur für 25 bis 30 min diese Temperaturen. Untersuchungen haben ergeben, dass bei einer 60° Wäsche nur 80 bis 90 % der Hausstaubmilben getötet werden, während bei einer 95° Wäsche die Tötungsrate bei nahezu 100 % liegt. Ein ähnlicher Effekt kann erzielt werden, wenn Textilien und Plüschtiere für ein bis zwei Tage in eine Gefriertruhe mit −18 °C gelegt werden. Untersuchungen bestätigen, dass Milben bei diesen Temperaturen zu 100 % abgetötet werden. Allerdings bleibt der Kot in den abgestorbenen Milben allergen.

> Milben leben nicht von den Bestandteilen in den Textilien, wie man annehmen könnte, sondern von den menschlichen Hautpartikeln (Schuppen), die sich in getragenen Textilien befinden. Und selbst diese können von Milben nicht einfach verwertet werden. Vorab wird die Fettschicht der Schuppen durch Schimmelpilze verdaut und damit für die Milben aufbereitet. Milben sind deshalb bis zu einem gewissen Umfang auf die Anwesenheit von Schimmelpilzen angewiesen. Schimmelpilze und Hausstaubmilben bevorzugen zudem ähnliche Lebensbedingungen. Hohe Feuchtigkeit und Wärme fördern Wachstum sowie Vermehrung beider Mikroorganismen. In der Regel werden Schimmelpilze der Gattung Aspergillus im Umkreis von Milben nachgewiesen.

Eine Alternative wäre, das Ökosystem der Milben über die Luftfeuchtigkeit zu zerstören. Milben können auch getötet werden, wenn die Luftfeuchtigkeit dauerhaft unter 30 % oder über 90 % liegen würde. Beides ist in privat genutzten Innenräumen keine Option. Bei einer derart niedrigen Luftfeuchtigkeit würden die Milben austrocknen, aber eben auch die Schleimhäute der Menschen. Eine derart hohe Luftfeuchtigkeit würde den Milben ebenfalls schaden, aber eben auch Schimmelpilzbildung und -wachstum fördern.

Die dritte Möglichkeit besteht darin, Milben auf festen Oberflächen wie z. B. Teppichböden abzusaugen. Dies ist unter normalen Bedingungen kaum möglich, da sich lebende Milben mit Saugnäpfen an den Textilfasern festhalten können. Deshalb müsste das Absaugen 10 bis 20 Mal wiederholt werden, um eine signifikante Reduzierung zu erzielen. In die Praxis übersetzt bedeutet dies, dass jeder m^2 Teppichboden 10 bis 20 min abgesaugt werden müsste, um eine Milbenreduktion um 80 % zu erreichen.

Die Bedeutung des Staubsaugens als Staubquelle, aber auch als präventive Maßnahme gegen Hausstaub und somit gegen Milben, wurde viele Jahre unterschätzt. Zunächst einmal muss überprüft werden, ob der Staubsauger geeignet ist (Gehäusedichtigkeit und Filtersystem). Untersuchungen an benutzten Staubsaugern (Staubsaugerbeutel oder Filtervlies) belegen, dass sich zwischen 4 bis 8 Mio. Schimmelpilzsporen und bis zu 20 Mio. Bakterien in einem Staubsauger befinden können, der über einen Zeitraum von ca. vier Wochen nicht geleert wurde und täglich mindestens einmal benutzt wurde. Sind Staubsauger nicht gehäusedicht, blasen diese bei jeder Nutzung feinste mikrobielle Stäube in die Raumluft. Die Hersteller haben das Problem der Staubbelastung schon vor einigen Jahren erkannt und bieten staubdichte Feinstaubfilter (HEPA-Filter) oder Staubsauger mit speziellen Wasserfiltern an. Hierbei werden zunächst die Grobpartikel in einem Wasserbadfilter herausgefiltert, um zunächst die weitere Staubentwicklung innerhalb des Staubsaugers zu verhindern. Anschließend erfolgt in einer Zwischenstufe die Filterung der winzigen Schwebstaubteilchen. Zu diesem Zeitpunkt hat der Staubsauger bereits einen Wirkungsgrad von über 90 % aller Staubpartikel über 0,3 μm erreicht. In der letzten Stufe werden über den HEPA-Filter die mikrobiellen Partikel ausgefiltert, so dass am Ausgangsfilter die Luft mit einem Reinigungsgrad von fast 100 % ausgeschieden wird. Hinweise hierzu finden sich in der DIN EN 1822-1 „Schwebstofffilter (EPA, HEPA und ULPA) – Teil 1: Klassifikation, Leistungsprüfung, Kennzeichnung“.

In der professionellen Milbensanierung werden spezielle Staubsauber mit HEPA-Filter oder Nassstaubsauger eingesetzt. In der Regel erfolgt vorab eine Grundreinigung (Sprühextraktion), bei der spezielle Polymere eingesetzt werden. Durch die Aufnahme vergrößern sich die Milben, so dass diese im Filtersystem hängen bleiben. Des Weiteren ist der Milbenkot an feinste Staubpartikel gebunden, die mit dem Herausfiltern der Staubpartikel auch der Milbenkot mit entfernt wird.

Neben den physikalischen Methoden kann man Milben auch mit chemischen Mitteln abtöten. Milben gehören bekanntlich zu den Spinnentieren, so dass Insektizide nicht wirksam sind. Gegen handelsübliche Holzschutzmittel sind Milben resistent. Daher bleibt nur die Möglichkeit, die symbiotischen Pilze über Fungizide abzutöten, um den Milben die Nahrungsgrundlage zu entziehen. Die Erfahrungen sind allerdings durchwachsen, da Milben auch andere Partikel im Hausstaub als Nahrungsgrundlage verwenden können.

Da es keine staubfreien Wohnungen geben kann, besteht die Zielsetzung darin, die Belastung durch Hausstaub auf ein Minimum zu reduzieren. Hierbei geht es im Wesentlichen um zwei Aspekte. Hausstaub weist aufgrund seiner Bestandteile ein allergenes Potenzial auf. Gleichzeitig dient Hausstaub als Nährstoff für Schimmelpilze. Die Reduzierung der Staubbelastung in Innenräumen hat dadurch nicht nur eine hygienische Wirkung, sondern stellt auch eine Präventivmaßnahme gegen mikrobiellen Befall dar.

Zumal sich die gesundheitlichen Beschwerden z. B. in Form von allergischen Reaktionen oder reizenden Wirkungen durch Hausstaub von denen durch Schimmelpilzsporen und andere mikrobielle Partikel kaum unterscheiden lassen. Untersuchungen belegen, dass bei Allergikern eine hohe Übereinstimmung zwischen einer Stauballergie und einer Schimmelpilzallergie vorhanden ist.

Dabei geht es nicht nur um die Reduzierung der Staubbelastung. Vorbeugende Maßnahmen beinhalten vor allem die Vermeidung von Staub. Die Höhe der Luftfeuchtigkeit spielt hierbei eine Rolle. Je höher diese ausfällt, umso mehr Staub wird gebunden und kann sich weniger ausbreiten. Um einer Staubbildung entgegenzuwirken, sollte die Luftfeuchtigkeit über 50 % betragen. Luftbefeuchter oder Luftreiniger inklusive Luftbefeuchter können hierbei hilfreich sein. Damit die Luftfeuchtigkeit wiederum nicht zu hoch ist und Schimmelpilzbildung und -wachstum fördert, sollte diese nicht über 60 % liegen (wobei pauschale Angaben immer auf den Einzelfall abzustimmen sind). Durch entsprechende Hygrometer kann die Luftfeuchtigkeit überwacht werden.

Eine weitere Möglichkeit, Staub zu vermeiden, ist das Entfernen von unnötigen Staubfängern und der Einsatz von Luftreinigern. Gerade in Innenräumen, in denen sich Allergiker aufhalten, sollten Staubfänger jeglicher Art vermieden werden. Hierbei handelt es sich nicht nur um verzichtbare Dekoartikel, sondern auch um Gardinen und Vorhänge, Kissen, Wolldecken sowie Teppiche auf dem Fußboden. Im Schlaf- und Kinderzimmer sind Matratze und Bettwäsche beliebte Staubfänger. Plüschtiere sind ebenfalls ein beliebter Tummelplatz für Hausstaubmilben.

Für Allergiker werden spezielle Matratzen und Bettwäsche gegen Milben angeboten.

Ein Luftreiniger funktioniert ähnlich wie ein Staubsauger. Durch einen Ventilator wird die Luft angesaugt, die anschließend durch mehrere Filterbereiche strömt. Hierbei werden die feinen Staubpartikel herausgefiltert, so dass die gereinigte Luft wieder entweichen kann. Je nach Qualität der eingesetzten Filter können auch Schadstoffe, Schimmelsporen und/oder Bakterien herausgefiltert werden. Ideal sind Luftreiniger mit HEPA-Filter. Auch Luftreiniger können Staub in Innenräumen nicht komplett vermeiden, aber ein Großteil der Staubpartikel wird aus der Luft herausgefiltert, so dass sich diese nicht mehr absetzen können und nicht mehr eingeatmet werden.

10.8 Behaglichkeit in Innenräumen

Präventive Maßnahmen, um Schimmelpilzbefall und -wachstum in Innenräumen vorzubeugen, finden zwangsläufig im so genannten Raummodel für ein behagliches Innenraumklima statt. Denn Wachstumsursachen für mikrobiellen Befall wie z. B. erhöhte Feuchtigkeit und Temperatur in der Raumluft und/oder auf Oberflächen sind wesentliche Kenngrößen, wenn es um ein behagliches Innenraumklima geht. Hierzu gehört, hohe Luftfeuchtigkeit durch regelmäßiges und ausreichendes Lüften abzuführen. Dies trägt nicht nur zur Abführung von hoher Luftfeuchtigkeit bei, sondern auch von unangenehmen Gerüchen und/oder einem hohen Kohlendioxidgehalt in verbrauchter Luft. Somit wird eine hohe Luftqualität sichergestellt.

Mit Behaglichkeit wird ein individuelles und subjektives Empfinden von Menschen beschrieben. Dabei wird der Begriff synonym für das Wohlbefinden und dgl. verwendet. Diese subjektive Wahrnehmung basiert neben psychischen Aspekten und einem persönlichen Empfinden vor allem auf physikalischen Kenngrößen. Erfahrungsgemäß kann man Innenräume schaffen, in denen sich die meisten Menschen „wohl fühlen". Dies gelingt, da man Behaglichkeit im technischen Sinne messen und somit auch steuern kann. Grundlage ist, dass die Behaglichkeit durch drei wesentliche Faktoren beeinflusst wird:

1. persönliche Faktoren wie z. B. körperlicher und psychischer Zustand, Stimmung, Bekleidung, körperliche Aktivität, Dauer des Aufenthalts,
2. bauphysikalische Faktoren wie z. B. Temperatur und Feuchtigkeit in der Luft und auf Wandoberflächen, Luftbewegung und -strömungen im Raum, Luftschall (Geräusche),
3. sonstige Faktoren wie z. B. Luftqualität (Gerüche), Licht, Farben, Materialität, Raumgeometrie, Belegungsdichte (Anzahl der anwesenden Personen) sowie deren Aktivitäten.

Experten unterscheiden die thermische, olfaktorische, visuelle, akustische und hygienische Behaglichkeit. Eine andere Unterteilung erfolgt nach den physikalischen, physiologischen, psychologischen und intermediären Einflüssen.

Um die Zusammenhänge zwischen Gebäude und dem Raumklima mit dem Menschen abbilden zu können, wurde ein einheitliches Raummodel geschaffen („Predicted Mean Vote"), mit dem die Behaglichkeit in Innenräumen objektiv bewertet werden kann. Dieses Modell soll ein grundlegendes Verständnis für das Zusammenspiel und die wechselseitigen Wirkungen verschiedener Einflussfaktoren schaffen. Zahlreiche internationale Normen, darunter die so genannte Behaglichkeitsnorm DIN EN ISO 7730 „Ergonomie der thermischen Umgebung – Analytische Bestimmung und Interpretation der thermischen Behaglichkeit durch Berechnung des PMV- und des PPD-Indexes und Kriterien der lokalen thermischen Behaglichkeit", basieren auf diesem Modell. Später wurde das Modell mit Themen rund um den adaptiven thermischen Komfort, den Einfluss bzw. die Beeinflussung von Nutzerverhalten und die körperteilspezifische Behaglichkeit bei Teilklimatisierung erweitert.

Das ursprüngliche Raummodel für ein behagliches Innenraumklima umfasste die Temperatur der Raumluft, Temperatur der Wand-, Boden- und Deckenoberflächen, relative Luftfeuchte, Luftbewegung und -strömungen sowie die Raumluftqualität. Später wurden die Wirkungen der asymmetrischen Strahlung sowie die Unterschiede zwischen der empfundenen und tatsächlichen Temperatur ergänzt und selbst Temperaturunterschiede zwischen der Fuß- und Kopfhöhe werden in heutigen Behaglichkeitssimulationen bewertet. Obwohl Behaglichkeit subjektiv empfunden wird und jeder Mensch andere Ansprüche an „sein" Raumklima stellt, können heute Behaglichkeitsbereiche definiert werden, in denen sich die meisten Menschen wohlfühlen.

Die wichtigste Kenngröße ist die Temperatur in ihren unterschiedlichen Facetten. Hintergrund ist, dass das Temperaturempfinden von Menschen von ihrem aktuellen thermischen Gesamtzustand beeinflusst wird. Der Mensch gehört zu den so genannten homoiothermen Organismen, d. h., dass die Körpertemperatur unabhängig von der Umgebungstemperatur weitestgehend konstant gehalten wird. Dies unterscheidet den Menschen von poikilothermen (wechselwarmen) Organismen, deren Körpertemperatur immer nur knapp über der Umgebungstemperatur liegt. Die konstante Kerntemperatur des Menschen liegt bei 37 °C und ist über das Jahr verteilt fast immer höher als die Umgebungstemperatur. Kälterezeptoren (auf der Haut) und Wärmerezeptoren (im Hypothalamus) senden Signale, um Energieproduktion und -abgabe im Gleichgewicht und die Körpertemperatur im Bereich idealer Behaglichkeit zu halten. Sinkt die Umgebungstemperatur, werden wichtige Organfunktionen geschützt, indem zunächst die Gliedmaßen durch eingeschränkte Durchblutung abgekühlt werden. Steigt die Umgebungstemperatur, wird die Durchblutung erhöht und zusätzlich die Hautoberfläche durch Verdunstung (Schwitzen) gekühlt. Die Wärmeübertragung des Menschen erfolgt über Konvektion an die Raumluft, Wärmestrahlung und Verdunstung und zu einem geringeren Anteil über Wärmeleitung an den Menschen berührende Gegenstände. Ein behagliches Raumklima liegt vor, wenn die Wärmeabgabe und Wärmeerzeugung des menschlichen Körpers in Balance ist – die Wärmebilanz ist ausgeglichen.

> Von einem behaglichen Raumklima spricht man, wenn sich die empfundene Raumtemperatur zwischen 18 und 21 °C und die tatsächliche Raumtemperatur zwischen 20 und 24 °C befindet. Da der Mensch im Sommer leichtere Kleidung trägt, werden Temperaturen auch bis 26 °C noch als behaglich empfunden. Diese Angaben sind von individuellen Kriterien wie Alter, Geschlecht, Bekleidung und Aktivität abhängig. Hierbei richten sich die Raumtemperaturen nach der Nutzung. Die genannten Temperaturen von 20 bis 24 °C gelten für Wohn- und Kinderzimmer sowie Bäder. Für Schlafzimmer und Küchen werden dagegen 18 °C bis 20 °C als angenehm empfunden.

Die Oberfläche der menschlichen Haut ist der kontinuierliche Wärmetauscher. Ein normal bekleideter Mensch hat bei einer Raumlufttemperatur von 22 °C eine Oberflächentemperatur von ca. 34 °C auf der Haut. Der Temperaturunterschied zwischen Körperoberfläche und Umgebungsluft bedingt einen ständigen Wärmeverlust des Körpers. Dies erfolgt über vier verschiedene Mechanismen: durch Wärmestrahlung zwischen der Körperoberfläche und den Umgebungswänden, durch Wärmeleitung von der Körperoberfläche an direkt berührte Bauteile oder Gegenstände, durch Verdunstung wie Atmung und Schweiß sowie durch Wärmeübergang als Folge von der an der Körperoberfläche vorbeiströmenden Luft. Durch diese Wärmeabgabe empfindet der Mensch die gefühlte Temperatur anders als die tatsächliche Temperatur in Innenräumen. Diese kann über folgende Formel berechnet werden:

$$\text{Empfindungstemperatur} = \frac{\text{Oberflächentemperatur} + \text{Lufttemperatur}}{2}$$

Die empfundene Temperatur im Raum sollte sich um weniger als 0,8 °C ändern. Die von einem Menschen empfundene Behaglichkeit hängt außerdem von den Oberflächentemperaturen der raumumschließenden Flächen eines Raumes wie Wände, Decken und Böden ab sowie ggf. der Fenster, wenn diese eine entsprechende Größe übersteigen und z. B. bodengleich bis zur Decke ausgeführt werden. Der Mensch steht mit diesen Flächen im Strahlungsaustausch. Die mittlere Strahlungstemperatur lässt sich gezielt beeinflussen, z. B. durch Heizflächen im Boden (Fußbodenheizung) oder an Wänden (Wandheizung) oder an Decken (Kühldecken). Um die thermische Behaglichkeit zu erreichen, sollten Wände, Decken und Böden sowie Bauteile wie dreifach verglaste Fenster eine Oberflächentemperatur von mindestens 18 °C bis 19 °C aufweisen. Temperaturen darunter werden als unangenehm wahrgenommen.

Mit den heute geltenden Wärmeschutzvorschriften können diese Behaglichkeitskriterien im Bereich der Gebäudehülle problemlos eingehalten werden. Bei bestehenden Gebäuden führen allerdings Fenster z. B. mit einem U-Wert von über 2,6 W/(m^2 K) zu unbehaglichen Oberflächentemperaturen. Bei Fußböden kommt es zudem auf die Art der Bodenbeläge an. Bodenbeläge, die nicht als „fußwarm“ wahrgenommen werden, also eine hohe Wärmeleitfähigkeit aufweisen wie z. B. Fliesen und keramische Plattenbeläge, müssen in der Regel Temperaturen von mindestens 28 °C aufweisen, um als behaglich wahrgenommen zu werden. Besonders bei sitzenden Tätigkeiten wird das Unterschreiten der Mindesttemperatur empfindlich wahrgenommen (siehe Abb. 10.6).

Die Behaglichkeit in Innenräumen kann zudem durch so genannte Kaltluftseen erheblich beeinträchtigt werden. Hierbei handelt es sich um kalte Luftschichten am Fußboden, die sich durch das Einströmen kalter Luft z. B. durch Leckagen in der Gebäudehülle oder durch Lüftungsklappen und in seltenen Fällen durch Dunstabzugshauben ergeben können.

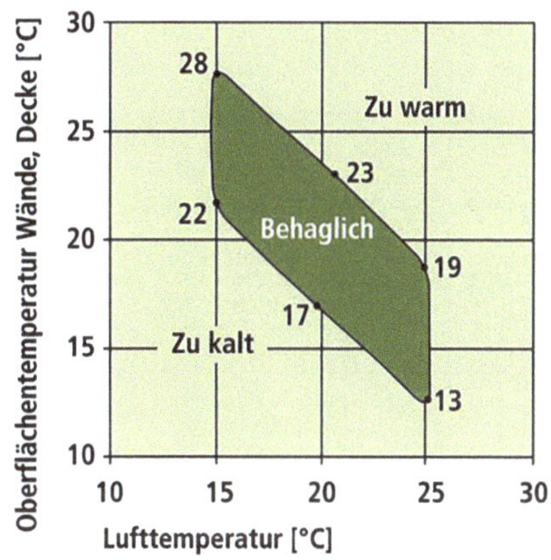

Abb. 10.6 Behaglichkeitsfeld – Temperatur

> Von einem behaglichen Raumklima spricht man, wenn sich die Oberflächentemperatur der Wände bei 19 °C bis 20 °C, von Fußböden bei 20 °C bis 22 °C (bei Fliesen und keramischen Plattenbelägen bei 22 °C bis 28 °C) und bei Decken bei 18 °C bis 19 °C befindet.

In geschlossenen Räumen entsteht durch das Aufsteigen warmer (leichter) Luft z. B. über Heizkörpern und durch das Sinken kalter (schwerer) Luft z. B. an oder vor kalten Wänden immer eine gewisse Luftbewegung. Normalerweise wird diese Konvektion nicht wahrgenommen. Steigt diese Luftbewegung allerdings auf über 0,1 m pro Sekunde wird diese wahrgenommen, bei über 0,2 m/s wird diese Luftbewegung als unangenehm und bei mehr als 0,3 m/s als störende Zugluft empfunden. Der Mensch reagiert auf Zugluft empfindlich, weil durch sie seine Wärmeabgabe durch Konvektion und Verdunstung erhöht wird. Zugluft nimmt der Mensch umso stärker wahr, je kälter sie ist und je konstanter sie aus einer Richtung kommt. Infolgedessen wird diese Luftbewegung besonders kritisch bei Klimaanlagen im Sommer wahrgenommen (siehe Abb. 10.7).

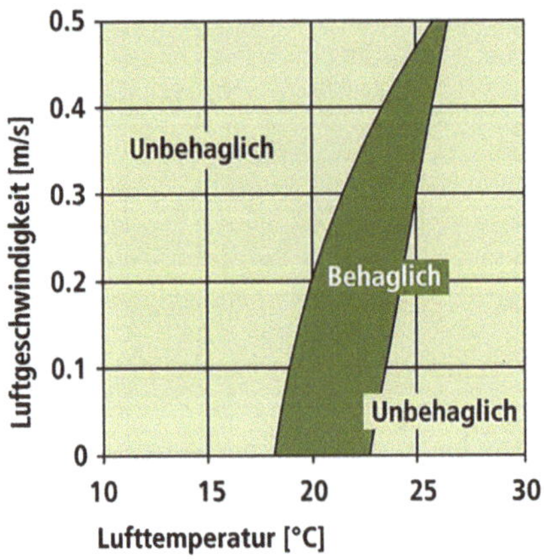

Abb. 10.7 Behaglichkeitsfeld – Luftgeschwindigkeit

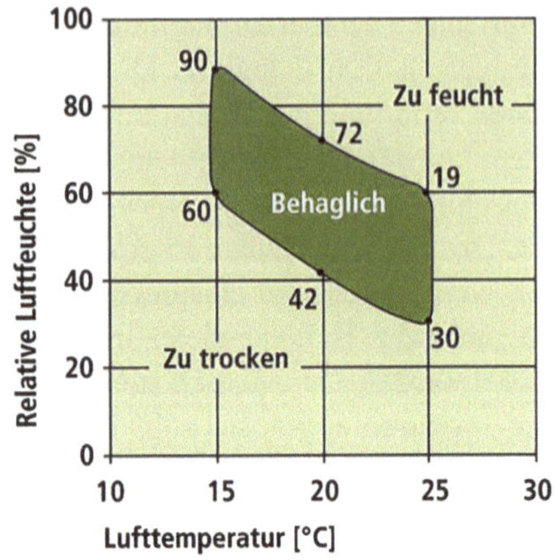

Abb. 10.8 Behaglichkeitsfeld – Luftfeuchte

Von einem behaglichen Raumklima spricht man, wenn die Luftbewegung innerhalb eines Raumes die Geschwindigkeit von 0,2 m/s nicht übersteigt.

Plausible Messpunkte zur Bestimmung der thermischen Behaglichkeit sind der Knöchel- sowie Kopf- und Nackenbereich von sitzenden und stehenden Personen und somit die Raumtemperatur in einer Höhe von 0,1 m (entspricht dem Knöchelbereich), von 1,1 m (entspricht dem Kopf- bzw. Nackenbereich einer sitzenden Person) und von 1,7 m (entspricht dem Kopf- bzw. Nackenbereich einer stehenden Person) über dem Fußboden. Die Temperaturdifferenz in der vertikalen Achse eines Menschen (zwischen Kopf und Knöchel) sollte 3 °C nicht übersteigen.

Von einem behaglichen Raumklima spricht man, wenn die Temperatur im Kopfbereich nicht mehr als 3 °C gegenüber dem Fußbereich auseinander liegt.

Die relative Luftfeuchte bezeichnet das Verhältnis von tatsächlichem Dampfgehalt der Luft zum maximal möglichen Dampfgehalt der Luft in Innenräumen. Diese sollte mindestens 40 % betragen. Als allgemein angenehm wird eine relative Luftfeuchte von 50 bis 55 % empfunden. Hintergrund ist, dass eine zu geringe Luftfeuchte die Schleimhäute austrocknen lässt und somit die Abwehrkräfte schwächt. Eine zu hohe Luftfeuchtigkeit dagegen empfinden Menschen als unangenehm, weil die körpereigene Temperaturregulierung eingeschränkt ist (siehe Abb. 10.8).

Von einem behaglichen Raumklima spricht man, wenn die relative Luftfeuchte zwischen 50 und 55 % liegt.

Ein wichtiger Parameter für die Behaglichkeit von Innenräumen ist die Raumluftqualität. Diese sollte sauerstoffreich, geruchsneutral und schadstoffarm sein. Ein wichtiger Indikator stellt hierbei die mit Kohlendioxid (CO_2) angereicherte Luft beim Ausatmen dar. Ist die CO_2-Konzentration höher als 0,15 Volumen-Prozent wird diese als „schlechte" oder verbrauchte Luft wahrgenommen. Als Grenzwert zur Beurteilung der Raumluftqualität gilt der Pettenkofer-Wert. Er sollte eine CO_2-Konzentration von 0,1 % in der Raumluft nicht übersteigen. Höhere Konzentrationen sind nur kurzzeitig tolerierbar. Je länger die CO_2-Konzentration ansteigt, umso mehr nehmen gesundheitliche Beschwerden wie z. B. Kopfschmerzen, Müdigkeit, Konzentrationsschwierigkeiten bis hin zu Atemnot zu.

Neben der Kohlendioxidkonzentration bestimmen auch Schadstoffe (z. B. Schwefeldioxid, Stickstoffe und aromatische Kohlenwasserstoffe, vor allem Benzol sowie MVOC) und das Geruchsempfinden (z. B. Schweißgeruch oder Duftstoffe) die Qualität der Innenraumluft. In der Innenraumdiagnostik wird zwischen der Geruchsquelle und der empfundenen Luftqualität unterschieden. Die Geruchsquelle wird in Olf (von olfaktorisch) angegeben, wobei ein Olf dem „normalen" Geruch einer Durchschnittsperson (erwachsen, geduscht, sitzend) entspricht. Die empfundene Luftqualität wird in Dezipol (von pollution) ausgedrückt. Ein Dezipol beschreibt die empfundene Luftqualität, die eine Durchschnittsperson (1 Olf) in einem Raum verursacht, der mit 10 l/s reiner Luft belüftet wird.

Eine hohe Kohlendioxidkonzentration, Schadstoffe und Gerüche lassen sich durch eine ausreichende Lüftung entfernen. Bei der Ermittlung einer ausreichenden Lüftung ist die so genannte Luftwechselrate hilfreich. Mit der Luftwechselrate oder auch Luftwechselzahl lässt sich eine grobe Dimensionierung der Lüftung festlegen. Diese ergibt sich aus dem Quotienten aus Außenluftvolumenstrom und Raumluftvolumen. Die Zahl mit der Einheit 1/h oder h^{-1} (pro Stunde) gibt an, wie oft das Raumluftvolumen in einer Stunde gegen Außenluft ausgetauscht werden muss. Anhand des Grenzwertes von 0,1 % für die CO_2-Konzentration kann als Richtwert für den Außenluftbedarf 30 m^3/h je Person angesetzt werden – ein Richtwert, der auch in den einschlägigen Regelwerken übernommen wurde. Bei Räumen, die mit Schadstoffen belastet sind, in denen geraucht wird oder die von exponierten Risikogruppen (z. B. Allergiker, Kranke, Säuglinge) genutzt werden, muss die Luftwechselrate entsprechend höher sein.

Von einem behaglichen Raumklima spricht man, wenn die Raumluft reich an Sauerstoff, geruchsneutral und schadstoffarm ist. Die CO_2-Konzentration sollte nicht über 0,1 % liegen.

Gesundheitliche Aspekte

11

Inhaltsverzeichnis

F. Frössel, E. Heller, *Schimmelpilze in Wohnungen*, https://doi.org/10.1007/978-3-658-50425-0_11

11.1 Einleitung

Schimmelpilzwachstum in Innenräumen wird lt. Umweltbundesamt (UBA) als hygienisches Problem eingestuft, von dem ein Gesundheitsrisiko ausgehen bzw. mit dem diverse gesundheitliche Beeinträchtigungen einhergehen können. Daher wird empfohlen, Schimmelpilzbefall in Innenräumen nach dem Prinzip der Vorsorge unbedingt zu minimieren und zu entfernen. Zu dieser Einschätzung kommt das UBA, obwohl ein kausaler und/oder quantitativer Zusammenhang zwischen dem mikrobiellen Befall durch innenraumtypische Schimmelpilze und konkreten Gesundheitsbeschwerden nicht eindeutig hergestellt werden kann. Man geht aufgrund wissenschaftlicher Erkenntnisse davon aus, dass von einigen Schimmelpilzarten allergische Reaktionen sowie reizende oder toxische Wirkungen bis hin zu Infektionen verursacht werden, die bestimmten gesundheitlichen Beschwerden zugeordnet werden können. Gleichzeitig ist bekannt, dass nicht alle Schimmelpilzarten pathogene Eigenschaften haben. Daher können Aussagen über eine mögliche Gesundheitsgefahr durch Schimmelpilze nicht pauschal getroffen werden und müssen immer differenziert erfolgen. Hinzu kommt, dass sehr viele Symptome eher unspezifisch sind und auch anderen Schadstoffen und Umwelteinflüssen zugerechnet werden können.

Art und Umfang von Gesundheitsbeschwerden werden allerdings nicht nur durch das Ausmaß biogener Stäube, Schimmelpilzsporen und andere mikrobieller Partikel bestimmt, sondern auch durch den individuellen Gesundheitszustand der Raumnutzer. Dieser wird durch die so genannte Prädisposition (oder auch das natürliche bzw. angeborene Immunsystem) sowie Disposition (oder das adaptive bzw. erworbene Immunsystem) beeinflusst. Deshalb „reagieren" einige Menschen auf Schimmelpilze, während andere auf diese nicht reagieren.

Als relativ sicher gilt die Erkenntnis, dass Schimmelpilze die Gesundheitsbeschwerden von Menschen, die bereits an Atemwegserkrankungen leiden, verschlimmern. Gesichert gilt diese Aussage für Menschen, die einer bestimmten Risikogruppe angehören. Wissenschaftlich abgesicherte Aussagen über eine Dosis-Wirkungsbeziehung zwischen der Belastung durch biogene Stäube, Schimmelpilzsporen und andere mikrobielle Partikel zu gesundheitlichen Beschwerden der Raumnutzer sind nach aktuellem Stand nicht möglich. Einer der wesentlichen Gründe liegt darin, dass für die Sensibilisierung und Erkrankung nicht nur multiple Ursachen in privat genutzten Innenräumen vorliegen, die zudem auch außerhalb von Bioaerosolen zu suchen sind (z. B. durch chemische Schadstoffe), sondern auch Ursachen außerhalb der eigenen vier Wände verantwortlich sein können. Daher ist es aktuell nicht möglich, einen definitiven oder eindeutigen Nachweis zu führen, dass ein bestimmter Schimmelpilz oder eine bestimmte Konzentration einer Schimmelpilzart ein bestimmtes Krankheitsbild verursacht oder gesundheitlichen Beschwerden eindeutig zugeordnet werden kann. Dies liegt zudem daran, dass Schimmelpilze äußerst selten isoliert auftreten, sondern in der Regel in einer Mischexposition.

Schimmelpilze können sensibilisierend wirken und beim Einatmen von biogenen Stäuben, Schimmelpilzsporen und anderen mikrobiellen Partikeln (z. B. Hyphen oder Myzelien) allergische Reaktionen wie z. B. Rhinitis oder Asthma auslösen. Diese Reaktionen gehören zur Typ-I-Allergie. Hierbei muss beachtet werden, dass bereits sensibilisierte Menschen auch auf geringe Konzentrationen in der Außenluft reagieren und somit eine Ursache nicht automatisch in der Innenraumluft liegen muss. Außerdem können bei entsprechend ausgeprägter Exposition auch Typ-III-Allergie und Typ-IV-Allergie im Zusammenhang mit Schimmelpilzen auftreten.

Reizende und/oder toxische Wirkungen von biogenen Stäuben, Schimmelpilzsporen und anderen mikrobiellen Partikeln (z. B. Hyphen oder Myzelien) kommen in privat genutzten Innenräumen äußerst selten vor. Dagegen werden diese häufig an Menschen nachgewiesen, die in einem beruflichen Umfeld tätig sind, in dem mikrobielle Belastungen in höheren Konzentrationen und regelmäßig auftreten (z. B. Landwirtschaft, Kompostanlagen, Deponien). Außerdem geht man nach derzeitigem Kenntnisstand davon aus, dass auch die von Schimmelpilzen produzierten

Stoffwechselprodukte wie Mykotoxine und/oder MVOC sowie der von Bakterien wie z. B. Endotoxine reizende und/oder toxische Wirkungen verursachen.

Infektionen durch Schimmelpilze, so genannte Mykosen, kommen in privat genutzten Innenräumen äußerst selten vor. In diesen Ausnahmefällen müssen mehrere ungünstige Einflussfaktoren aufeinandertreffen und spezifische Schimmelpilzarten wie z. B. des Aspergillus in hoher Konzentration auf besonders empfängliche, stark immungeschwächte Menschen treffen. Am häufigsten tritt die Aspergillose auf, die durch die Schimmelpilzart Aspergillus fumigatus hervorgerufen wird. Im Gegensatz zu allergischen Reaktionen und reizenden und/oder toxischen Wirkungen können Infektionen allerdings eindeutig einem Krankheitsbild zugeordnet werden.

Darüber hinaus können durch biogene Stäube, Schimmelpilzsporen und andere mikrobielle Partikel (z. B. Hyphen oder Myzelien) auch unspezifische Befindlichkeitsstörungen und Vergiftungen (Intoxikationen) ausgelöst werden. Bestimmte Stoffwechselprodukte verursachen darüber hinaus geruchliche Wirkungen.

Grundsätzlich gilt, dass die Diagnostik und somit die Anamnese, körperliche Untersuchung, die medizinische Diagnostik, evtl. notwendige infektiologische oder toxikologische Diagnostik sowie die abschließende Risikobewertung über mögliche Gesundheitsgefährdungen ausschließlich eine medizinische Aufgabe ist und einem Arzt, idealerweise einem Allergologen, vorbehalten bleibt. Gleiches gilt für eine empfohlene Therapie und Behandlung.

11.2 Übertriebene Polemik oder unterschätzte Gefahr?

Die gesundheitliche Bewertung von Schimmelpilzen (und Bakterien) in privat genutzten Innenräumen ist ein äußerst schwieriges und komplexes Thema. Dies hat multikausale und nicht immer plausible Ursachen.

Einer der wichtigsten Gründe liegt darin, dass es nach wie vor für mikrobiellen Befall in privat genutzten Innenräumen keine gesetzlichen Grenz-, Richt- oder Orientierungswerte gibt, bei deren Überschreitung ein Automatismus einsetzt. Aus nachfolgenden Gründen wird es diese „Normierung" von privat genutzten Innenräumen auch nicht geben können. Zum einen sind privat genutzte Innenräume nicht isoliert von der Außenwelt, so dass über Türen und Fenster sowie Lüftungsöffnungen auch biogene Stäube, Schimmelpilzsporen und andere mikrobielle Partikel aus der Außenluft in Innenräume eindringen. Hinzu kommt, dass die mikrobielle Belastung von außen nicht konstant ist. Die so genannte Hintergrundbelastung verändert sich durch jahreszeitliche und/oder witterungsbedingte Einflüsse sowie regionale Unterschiede oder individuelle Expositionsquellen wie z. B. Landwirtschaft, Deponien oder Kompostanlagen im unmittelbaren Umfeld der Gebäude.

Hinzu kommt, dass in der Außenluft genauso wie auch der Innenraumluft keine isolierten Schimmelpilzarten auftreten, sondern so genannte Mischexpositionen – also verschiedene Schimmelpilzarten und -gattungen in unterschiedlichen Konzentrationen. Außerdem spielt die so genannte Flugfähigkeit der Sporen unterschiedlicher Schimmelpilze eine große Rolle, da sich einige Spezies eher im Staub und Bodennähe ansammeln, andere wiederum in der Luft schweben. Diese werden durch die Atmung aufgenommen und können gesundheitliche Beschwerden wie allergene, reizende oder toxische Wirkungen verursachen. Allerdings ist auch unter Experten umstritten, welche mikrobiellen Partikel oder biologischen Substanzen tatsächlich gesundheitliche Beschwerden auslösen können. Denn immer häufiger sind es nicht die Bestandteile der Schimmelpilze selbst wie Sporen, Hyphen oder Myzelien, die im menschlichen Immunsystem unterschiedliche Irritationen verursachen, sondern Stoffwechselprodukte wie Mykotoxine und/oder MVOC. Hierzu muss man wissen, dass viele Schimmelpilze eher unscheinbar und in ihrer Außenwirkung harmlos sind und erst durch äußere Einflüsse wie z. B. Biozide in einen Stress versetzt werden und diese Stoffe produzieren und ausstoßen, um sich gegen Feinde zu wehren. Durch derartige Aktionen können Innenraumbelastungen auch künstlich in die Höhe getrieben werden.

Außerdem können gesundheitliche Beschwerden nicht nur von lebenden Sporen verursacht werden, sondern auch von bereits toten oder abgetöteten. Die Betonung liegt auf „können", da jeder Mensch auf diese Exposition anders reagiert. Ursächlich hierfür ist die individuelle Konstitution (Prädisposition und Disposition). Ein kausaler Zusammenhang zwischen dem Auftreten von Schimmelpilzen (Ursache) und möglichen gesundheitlichen Effekten (Wirkung) kann unter realen Bedingungen nahezu nicht hergestellt werden, da viel zu viele individuelle Einflussfaktoren eine eindeutige Dosis-Wirkungsbeziehung verhindern. Diese wäre nur theoretisch über so genannte Ausschlusskriterien möglich, aber immens aufwändig und selbst dann nicht fehlerfrei. Schließlich sind in Innenräumen auch andere Schadstoffe nachweisbar, die ähnliche Symptome verursachen können. Unstrittig ist, dass beim derzeitigen Kenntnisstand und der Vielzahl individueller Einflüsse ein kausaler Zusammenhang zwischen einem mikrobiellen Befall und der sich daraus konkret abzuleitenden gesundheitlichen Risiken nicht herstellen lässt. Selbst die zahlreichen Leitfäden verschiedener Verbände und Institutionen haben daran nichts geändert, da deren Empfehlungen immer nur generell und nie auf den Einzelfall bezogen sind. Da die individuelle Empfindlichkeit von betroffenen Menschen und die Exposition gegenüber biogenen Stäuben, Schimmelpilzsporen und anderen mikrobiellen Partikeln stark variieren, können keine konkreten und auf den Einzelfall abgestimmte Grenz-, Richt- oder Orientierungswerte festgelegt werden. Eine gesundheitliche Risikobewertung für den Einzelfall ist generell nicht möglich. Von „offizieller Seite" werden diese Fälle nur als bedenklich eingestuft, die grundsätzlich saniert werden sollen.

Fatal wäre, die Gefährdung durch einen Schimmelpilzbefall an der Größe, der Form oder der Farbe festzumachen. Ein kleinstflächiger Befall durch pathogene Schimmelpilze kann genauso Gesundheitsbeschwerden verursachen, wie ein großflächiger Befall u. U. vernachlässigt werden kann. Es kommt auf die Ergebnisse der mikrobiologischen Untersuchungen und vor allen auf die Bewertung an.

Bekannt und unstrittig können Schimmelpilze unterschiedliche gesundheitliche Wirkungen verursachen. Allerdings treten diese nicht zwangsläufig bei jedem Menschen auf und selbst bei den Menschen, die auf biogene Stäube, Schimmelpilzsporen und andere mikrobielle Partikel „reagieren", zeigen sich diese Reaktionen nicht einheitlich. Spezielle Risikogruppen reagieren bereits auf kleinste Anzeichen. Unspezifische Symptome und subjektives Empfinden erschweren zusätzlich eine sachliche und objektive Bewertung. Diese inhomogene Situation, kombiniert mit gefährlichem Halbwissen und der Angst der Betroffenen wird von Sachverständigen und Unternehmen aus wirtschaftlichen Gründen ausgenutzt, um „Geschäfte zu machen". Nicht selten wird das Problem völlig überzogen, um sich dann als „Retter des Problems" zu präsentieren. Bilder von Menschen in Ganzkörper-Schutzanzügen mit Atemschutzmaske bei der Sanierung von Schimmelpilzen verunsichern Betroffene und verstärken diesen Eindruck.

Undifferenzierte Pauschalaussagen zur Gefährlichkeit und möglichen Gesundheitsrisiken von Schimmelpilzen dienen in erster Linie den Auftragsbüchern von Sachverständigen, Laboren, Herstellern und Sanierungsfirmen. Kurzum: Bei der Analyse, Bewertung und Sanierung von Schimmelpilzschäden ist die Verhältnismäßigkeit abhandengekommen. Kleinere Flächen, die mit umwelttypischen Schimmelpilzen befallen sind und mit wenig Aufwand, häufig selbst in Eigenleistung, beseitigt werden können, werden in ihrer Wirkung völlig unnötig aufgebauscht und Gesundheitsrisiken konstruiert, die jeglicher Grundlage entbehren. Gleichzeitig – quasi als krasser Gegenentwurf – gibt es unzählige Fälle von Schimmelpilzbefall, bei denen eine sorgfältige Analyse und Bewertung, entsprechende Schutzmaßnahmen und eine angemessene Sanierung angezeigt wären, die einfach „überstrichen" werden. Die „Pinselsanierung" mit einer hoch alkalischen oder bioziden „Anti-Schimmel-Farbe" erfolgt schnell und günstig, ohne das eigentliche Problem wirklich erkannt und infolgedessen auch nicht beseitigt zu haben. Oftmals mit dem Ergebnis, dass dieses Problem zeitversetzt wieder auftritt und den nächsten Auftrag einer Pinselsanierung auslöst.

Bei diesen Sanierungen – genau genommen sind es nur kosmetische Maßnahmen – sind Auftraggeber und Auftragnehmer oftmals nicht einmal bekannt, dass Schimmelpilze nicht nur in Form eines sichtbaren Befalls auftreten, sondern auch als nicht sichtbarer Befall oder verdeckten Befall. Gesundheitliche Beschwerden können auch auftreten, ohne dass ein mikrobieller Befall sichtbar ist. Umgekehrt kann ein massiver Schimmelpilzbefall vorliegen, ohne dass eine Gesundheitsgefahr von ihm ausgehen muss. Daher gilt bei Schimmelpilzen immer eine differenzierte und sachliche Betrachtung des Einzelfalls. Dies hilft, unbegründeten Ängsten auf der einen Seite und einer nicht zu rechtfertigenden Verharmlosung auf der anderen Seite wirksam entgegenzutreten. Grundsätzlich wird Schimmelpilzbefall in privat genutzten Innenräumen lt. Umweltbundesamt (UBA) als hygienisches Problem eingestuft und sollte nach dem Vorsorgeprinzip unbedingt minimiert werden sollte.

Erstaunlich ist, dass die vielen und zum Teil widersprüchlichen Aussagen über mögliche Gesundheitsrisiken, die von Schimmelpilzen ausgehen, in der Regel nicht von Medizinern stammen, sondern von Bausachverständigen, Sanierungsfirmen oder Herstellern von Produkten zur Schimmelpilzsanierung. Dabei gibt es z. B. vom Robert-Koch-Institut (Kommission „Methoden und Qualitätssicherung in der Umweltmedizin“) oder der Gesellschaft für Hygiene, Umweltmedizin und Präventivmedizin (GHUP) mit der AWMF-Schimmelpilz-Leitlinie „Medizinisch klinische Diagnostik bei Schimmelpilzexposition in Innenräumen“ wissenschaftlich fundierte Studien über Schimmelpilze und deren gesundheitliche Bewertung. Allerdings sind diese Publikationen für Nicht-Mediziner schwer verständlich geschrieben und erfordern solides medizinisches Grundwissen. Nicht besonders förderlich ist, dass es auch unter Medizinern keine abgestimmte Lehrmeinung zu gesundheitlichen Risiken durch Schimmelpilze gibt.

11.3 Gesundheit und Immunsystem

Unstrittig ist, dass Schimmelpilze die Gesundheit beeinflussen und allergische Reaktionen sowie reizende oder toxische Wirkungen auslösen können.

Infektionen durch Schimmelpilze, so genannte Mykosen, kommen in privat genutzten Innenräumen äußerst selten vor. In diesen Ausnahmefällen müssen mehrere ungünstige Einflussfaktoren aufeinandertreffen und spezifische Schimmelpilzarten wie z. B. des Aspergillus in hoher Konzentration auf besonders empfängliche, stark immungeschwächte Menschen treffen. Am häufigsten tritt die Aspergillose auf, die durch die Schimmelpilzart Aspergillus fumigatus hervorgerufen wird.

Jeder Mensch reagiert auf die Exposition (Belastung) durch biogene Stäube, Schimmelpilzsporen und andere mikrobielle Partikel unterschiedlich. Ursächlich hierfür ist die individuelle Konstitution (Prädisposition und Disposition). Unter der Prädisposition versteht man die genetisch bedingte Anfälligkeit gegenüber Krankheiten. Im Unterschied dazu wird unter der Disposition die Anfälligkeit gegenüber Krankheiten verstanden, die nicht auf genetische Faktoren zurückzuführen sind. Allerdings werden in der Praxis häufig beide Begriffe synonym verwendet und beschreiben die Veranlagung gegenüber Krankheiten. In dem Kontext spielt das Immunsystem von bestimmten Risikogruppen eine große Rolle. Damit Angriffe durch Viren, Bakterien und Pilze überstanden werden, benötigt der menschliche Organismus spezifische Abwehrkräfte. Diese Funktion übernimmt das Immunsystem.

Der Begriff Immunsystem wird aus dem Lateinischen immunis (= verschont oder unberührt) abgeleitet und beschreibt ein komplexes System zur Abwehr von Fremdkörpern (Antigene) und zur Zerstörung von Zellen, die als fehlerhaft erkannt werden. Die wichtigste Funktion des Immunsystems besteht darin, zwischen „Eigen“ und „Fremd“ zu unterscheiden, um den Organismus gegen fremde Substanzen wie z. B. schädliche Mikroorganismen und Krankheitserreger zu verteidigen. Damit wird das Immunsystem zum Katalysator bei der Aufnahme oder Abwehr von Schimmelpilzen und anderen Mikroorganismen und spielt z. B. bei Infektionen und Allergien eine elementare Rolle. Fremdkörper müssen nicht zwangsläufig zu Krankheiten führen, allerdings führen sie zur Bildung von Antikörpern. Hierbei handelt es sich um bestimmte Oberflächenstrukturen, die von spezifischen Abwehrzellen des Immunsystems erkannt werden. Gesteuert wird dieser Prozess von einem komplexen Wechselspiel des Immunsystems mit dem Antigen. Art und Menge der eingebrachten Erreger und deren Virulenz (Grad der Pathogenität) spielen genauso eine Rolle wie der Zustand des Immunsystems. Die Widerstandsfähigkeit des menschlichen Organismus gegen Krankheitserreger hängt hierbei auch davon ab, ob bereits eine Immunität besteht – also schon vorher Kontakt mit diesem Erreger bestand.

Die erste Verteidigungsebene stellt die natürlichen Barrieren des Körpers dar. Zu ihnen gehören die Haut und vor allem die Schleimhäute, die den Organismus vor möglichen Krankheitserregern schützen. Mund, Nase und die gesamten Atemwege sind mit Schleimhäuten ausgekleidet, die über Verteidigungsmechanismen verfügen und einen effektiven Schutz gegen Infektionen bieten. So besitzt z. B. eine Nasenschleimhaut bis zu einer Milliarde an ganz feinen Flimmerhärchen, in denen sich Fremdkörper und Krankheitserreger verfangen. Für die Abwehr von Krankheitserregern werden spezifische Abwehrstoffe in der Schleimhaut produziert, mit denen die Erreger abgewehrt werden können. Darüber hinaus haben auch Speichel, Schweiß und Tränen ein natürliches antimikrobielles Potenzial.

Der Immunologe unterscheidet zum einen zwischen der angeborenen Immunität bzw. dem natürlichen Immunsystem und zum anderen der erworbenen Immunität bzw. ein adaptives Immunsystem. Das angeborene Immunsystem stellt eine unspezifische Abwehr gegen Fremdkörper und unerwünschte Eindringlinge dar. Es ist in der Lage, auch ohne vorherigen Kontakt mit dem Krankheitserreger diesen zu bekämpfen. Dringt der Fremdkörper (Antigen) in den Organismus ein, wird zunächst die unspezifische Abwehr aktiviert. Hierbei treten so genannte Fresszellen dem Eindringling entgegen und alarmieren die so genannten T-Zellen. Fresszellen werden in Mikro- und Makrophagen unterschieden. Die Mikrophagen (so genannte Granulozyten) sind kleine, sehr bewegliche und dynamische Fresszellen, die Krankheitserreger und fremde Eindringlinge vernichten. Makrophagen sind dagegen große Fresszellen, die nicht nur Krankheitserreger, sondern auch verletzte Zellen und tote Mikrophagen aufspüren und vernichten. Sie sind etwas langsamer und langlebiger als die Mikrophagen. Die angeborene Abwehr ist schnell und wirksam, lernt aber nicht dazu und passt sich nicht der Struktur der Erreger und Eindringlinge an.

Man geht heute davon aus, dass diese Erkennung und Verteidigung gegen Krankheitserreger im menschlichen Körper bereits seit über einer Million von Jahren besteht und über 90 % der Umwelteinflüsse abdeckt. Die verschiedenen Zellen wie z. B. Granulozyten, Makrophagen oder auch natürliche Killerzellen sind entweder selbst in der Lage, den Erreger zu vernichten oder sind für das Aussenden so genannter Botenstoffe verantwortlich. Unter Botenstoffen versteht man Substanzen, die zwischen den verschiedenen Zellen des Organismus Informationen austauschen. Sie sind damit das wichtigste Kommunikationsmittel für die Immunabwehr. Diese Stoffe sind hoch wirksam und werden im Körper nur in geringen Mengen hergestellt. In der entsprechenden Zelle angekommen, aktiviert der Botenstoff infolgedessen die zelluläre Abwehr. Botenstoffe verfügen sowohl über stimulierende wie auch hemmende Eigenschaften.

Im Gegensatz dazu besitzt der Körper beim adaptiven Immunsystem spezifische Mechanismen zur Abwehr. Diese zeichnen sich durch eine gezielte Anpassungsfähigkeit gegenüber dem Antigen aus. Dadurch können die Strukturen der Fremdköper erkannt und gezielte zelluläre Abwehrmechanismen und Antikörper gebildet werden. Letztgenannte nehmen nach der Infektion eine wichtige Rolle ein und stellen das „Gedächtnis“ der Infektion dar. Greift der Fremdkörper zukünftig wieder den Organismus an, erkennt dieser den Eindringling aufgrund seiner Gedächtniszellen (B-Zellen) deutlich früher und kann den Angreifer effizienter bekämpfen und unschädlich machen. Hierzu werden auf der Oberfläche einiger Zellen wie z. B. der erwähnten Makrophagen spezifische Informationen über den Erreger hinterlegt, die wie ein „Fingerabdruck“ wirken und zukünftige Angriffe sofort erkennen. Die Makrophagen halten sich im Gewebe auf und fressen eingedrungene Erreger auf. Dringt einmal ein Erreger ein, der von den Makrophagen nicht erkannt oder vernichtet werden kann, werden diese in so genannte Peptide zerlegt und dann vernich-

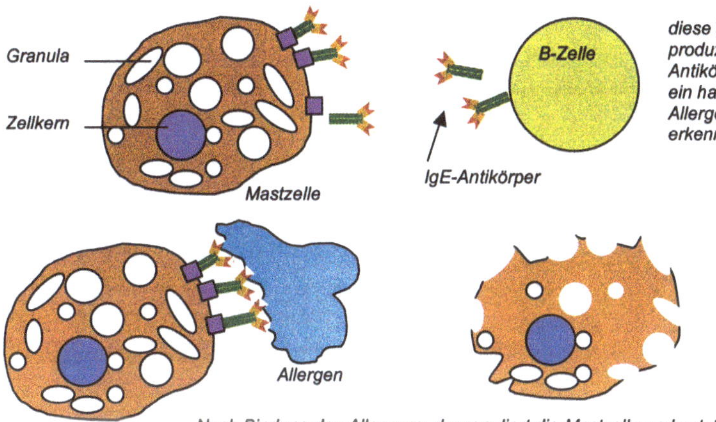

Abb. 11.1 schematische Darstellung einer allergischen Reaktion

tet. Bei diesem Abwehrmechanismus greifen das natürliche (angeborene) und adaptive (erworbene) Immunsystem auf eine sehr intelligente Weise ineinander.

Der Vorgang, bei dem die Fresszelle den Eindringling oder Erreger zerstört, wird als Phagozytose bezeichnet und läuft immer nach dem gleichen Schema ab. In mehreren Stufen zerstört die Fresszelle ihren Angreifer. Zunächst geht der Eindringling der Fresszelle in die Falle, die aus zytoplasmatischen Fäden besteht. Im nächsten Schritt beginnt die tödliche Umarmung: die Membran der Fresszelle legt sich um den Eindringling und „schluckt" es. Die äußere Schicht besitzt Verdauungsenzyme, mit denen der Eindringling in seine Bestandteile zerlegt wird. Der Rest wird aus der Fresszelle ausgeschieden (siehe Abb. 11.1).

Das Immunsystem muss zwei wesentliche Funktionen unterscheiden. Zum einen sollen alle unerwünschten Eindringlinge und Krankheitserreger schnellstmöglich erkannt und vernichtet werden. Funktioniert dies nicht, liegt in der Regel eine Immunschwäche vor. Diese kann auch bei relativ harmlosen Angriffen zu einer lebensbedrohlichen Situation führen. Zum anderen darf das Immunsystem körpereigene und gutartige Zellen nicht angreifen, da es sonst zu einer so genannten Autoimmunkrankheit kommen kann.

Immunologen führen den Anstieg der allergischen Erkrankungen auf die übertriebene Hygiene zurück. Dies stellt auf den ersten Blick einen Widerspruch dar, der sich schnell aufklären lässt. Die zunehmende Sauberkeit, übertriebene Hygiene und der präventive Einsatz von Desinfektionsmitteln in allen Bereichen des Alltags, führen dazu, dass das Immunsystem unterfordert ist. Aufgrund fehlender Angriffe durch Erreger muss das Immunsystem immer seltener aktiv werden. Dem gegenüber haben äußere Einflüsse durch chemische Schadstoffe zugenommen. Diese sind für das Immunsystem neu, so dass entsprechende Strategien entwickelt werden müssen.

11.4 Gesundheitliche Beschwerden

Die Zusammenhänge und der Nachweis zwischen einem Schimmelpilzbefall und -wachstum in privat genutzten Innenräumen und möglichen Gesundheitsbeschwerden oder -risiken sind äußerst komplex und haben multikausale Ursachen. Bekannt ist, dass Schimmelpilze unterschiedliche gesundheitliche Wirkungen auslösen können, allerdings nicht alle Arten und Gattungen gleichermaßen. Gleiches gilt für die Raumnutzer. Da biogene Stäube, Schimmelpilzsporen und andere mikrobielle Partikel auch außerhalb von privat genutzten Innenräumen auftreten, ist ein kausaler Zusammenhang kaum möglich. Auch deshalb hat der Gesetzgeber bis heute keine Grenz-, Richt- oder Orientierungswerte für privat genutzte Innenräume festgelegt und wird dies auch in den nächsten Jahren nicht können. Dies führt mitunter dazu, dass unterschiedliche Interessengruppen den Zustand individuell für sich nutzen und zum Teil kontroverse Diskussionen und sehr eigenwillige Interpretationen den Markt und vor allem die Betroffenen verunsichern.

Aus diesem Grund haben die „Innenraumhygiene-Kommission“ des Umweltbundesamtes (UBA), die Kommission „Methoden und Qualitätssicherung in der Umweltmedizin“ des Robert Koch-Institutes und die Gesellschaft für Hygiene, Umweltmedizin und Präventivmedizin (GHUP) bereits vor 15 Jahren erste Publikationen veröffentlicht, um das Thema aus medizinischer Sicht zu versachlichen. Besonders hervorzuheben ist die AWMF-Schimmelpilz-Leitlinie, die im April 2016 veröffentlicht wurde. Im aktuellen Leitfaden „Zur Vorbeugung, Erfassung und Sanierung von Schimmelbefall in Gebäuden“ des Umweltbundesamtes (UBA) werden Gesundheitsrisiken, -beschwerden und -erkrankungen, die durch Schimmelpilze und andere Mikroorganismen (z. B. Bakterien) verursacht werden, in folgende Kategorien unterteilt:

- Sensibilisierung und Allergien
- Reizende Wirkungen auf Schleimhäute und Atemwege
- Toxische Wirkungen (Intoxikationen)
- Infektionen
- Geruchsbelästigungen
- Befindlichkeitsstörungen

Deutlich ausführlicher sind die Hinweise für die medizinische Diagnostik bei Schimmelpilzbefall in der Leitlinie „Medizinisch klinische Diagnostik bei Schimmelpilzexposition in Innenräumen“ der AWMF (Arbeitsgemeinschaft der Wissenschaftlichen Medizinischen Fachgesellschaften). Arbeitsplatzbezogene Erkrankungen, Pilzerkrankungen der Haut oder auch die Aufnahme von Schimmelpilzen oder deren Bestandteile z. B. über Lebensmittel sind nicht Gegenstand der AWMF-Leitlinie.

In allen diesen Veröffentlichungen wird darauf hingewiesen, dass nach derzeitigem Stand die diagnostischen Methoden zur Erfassung von gesundheitlichen Wirkungen von Schimmelpilzen unzureichend entwickelt, nicht ausreichend genau und deshalb noch nicht standardisiert sind. Eine quantitative gesundheitliche Risikobewertung ist daher nicht möglich. Wie bereits erwähnt, sind sich Umweltmediziner und Allergologen einig, dass Schimmelpilzbefall und -wachstum in Innenräumen aus hygienisch-präventiver Sicht als bedenklich einzustufen und nach dem Vorsorgeprinzip nicht zu tolerieren sind. Des Weiteren weisen Mediziner darauf hin, dass eine Bestimmung der Schimmelpilzarten für eine medizinische Diagnostik in der Regel nicht zielführend ist. Sinnvoll können diese in Ausnahmen wie z. B. bei einer Infektionsgefährdung von bestimmten Risikogruppen sein. Zu diesen gehören Menschen mit einer Immunschwäche, bei der das körpereigene Abwehrsystem (Immunsystem) unterdrückt (supprimiert) wird. Ursächlich müssen nicht immer chronische Krankheiten sein. Auch Medikamente oder besondere Belastungen können zur Schwächung des Immunsystems beitragen. Grundsätzlich gilt, dass privat genutzte Innenräume bei Menschen mit einer Immunschwäche immer in einem hygienisch einwandfreien Zustand sein sollten.

Zu den unspezifischen Symptomen und Auffälligkeiten, potenziellen Gesundheitsrisiken sowie Gesundheitsbeschwerden und Krankheitsbildern, die im Zusammenhang mit biogenen Stäuben (inkl. Mykotoxinen oder MVOC), aktiven (viable) oder inaktiven (non-viable) Schimmelpilzsporen und anderen mikrobiellen Partikeln (z. B. Myzelien) in Innenräumen bei entsprechend ausgeprägter Exposition auftreten können, gehören lt. AWMF-Leitlinie:

- Allergien
  - Typ-I-Allergie (z. B. allergische Rhinitis, Asthma bronchiale, Atopisches Ekzem)
  - Typ-I- und Typ-III-Allergie (z. B. Allergische Bronchopulmonale Aspergillose)
  - Typ-III- und Typ-IV-Allergie (z. B. Exogen Allergische Alveolitis)
- Reizende Wirkungen
  - an Schleimhäuten (z. B. Mucous Membrane Irritation)
  - der Atemwege (z. B. chronische Bronchitis)
- Intoxikationen (z. B. toxische Alveolitis, Organic Dust Toxic Syndrome)
- Infektionen
  - Mykosen (z. B. invasive Aspergillosen, Aspergillom)
  - Mykotoxikosen
- Geruchswirkungen durch MVOC/OVOC
- Befindlichkeitsstörungen durch neurotoxische Effekte

Nach dem wissenschaftlich abgesicherten Kenntnisstand werden Schimmelpilz assoziierte Gesundheitsstörungen in privat genutzten Innenräumen vor allem durch allergische Reaktionen sowie reizende Wirkungen der Schleimhäute sowie der Atemwege verursacht. Toxische Wirkungen werden nur durch sehr hohe Konzentrationen von Bioaerosolen verursacht, die in privat genutzten Innenräumen in der Regel nicht vorkommen. Infektionen durch Schimmelpilze kommen in privat genutzten Innenräumen äußerst selten vor. In diesen Ausnahmefällen müssen mehrere ungünstige Einflussfaktoren aufeinanderstoßen und spezifische Schimmelpilzarten wie Aspergillus fumigatus in hoher Konzentration auf Menschen mit einer Immunschwäche treffen.

Die unterschiedlichen Gesundheitseffekte, die durch heterogene biogene Stäube inkl. der Stoffwechselprodukte wie Mykotoxine oder MVOC sowie den aktiven (viable) oder inaktiven (nonviable) Schimmelpilzsporen und anderen mikrobiellen Partikeln (z. B. Myzelien) in Innenräumen bei entsprechend ausgeprägter Exposition auftreten können, sind nicht durch einfache Mechanismen oder eins-zu-eins-Beziehungen erklärbar. Umweltmediziner und Allergologen sind sich einig, dass allergologische sowie nicht IgE-vermittelte immunologische Mechanismen genauso ineinanderwirken wie toxische und immunmodulierende Mechanismen. Genauso räumen sie ein, dass es bislang weitestgehend unklar ist, welche biologischen Substanzen tatsächlich die Ursache für unterschiedliche Gesundheitsbeschwerden sind.

11.5 Allergische Reaktionen

11.5.1 Einleitung

Schimmelpilze können sensibilisierend wirken und infolgedessen allergische Reaktionen auslösen. Abhängig von den Ursachen und dem zeitlichen Auftreten werden folgende Allergietypen unterschieden:

- Typ I (Sofort-Typ): tritt nach wenigen Sekunden bis Minuten auf
- Kombination aus Typ I und Typ III (Früh-Typ): evtl. zweite Reaktion nach 4 bis 6 h
- Typ III (Immunkomplex-Typ): tritt nach 6 bis 12 h auf
- Typ IV (Spät-Typ): tritt nach 12 bis 72 h auf

Allergische Reaktionen sind nach dem wissenschaftlich abgesicherten Kenntnisstand die häufigsten Gesundheitsstörungen, die durch exponiertes Schimmelpilzwachstum in privat genutzten Innenräumen verursacht werden. Durch das Einatmen von biogenen Stäuben, aktiven (viable) oder inaktiven (non-viable) Schimmelpilzsporen und anderen mikrobiellen Partikeln (z. B. Hyphen oder Myzelien) kommt es zu unterschiedlichen allergischen Reaktionen.

Hierbei muss beachtet werden, dass Schimmelpilze ubiquitär vorkommen und somit auch in der Außenluft zahlreich vorhanden sind. Deshalb muss eine festgestellte Schimmelpilzallergie nicht automatisch ihre Ursache(n) in privat genutzten Innenräumen haben. Ein kausaler Nachweis, dass eine nachgewiesene Allergie durch einen ebenfalls nachgewiesenen Schimmelpilzbefall in Innenräumen verursacht wurde, ist theoretisch möglich, aber praktisch kaum durchführbar.

Experten gehen davon aus, dass Allergien, die durch Schimmelpilze in der Außen- und Innenraumluft hervorgerufen werden, bei 3 bis 10 % der Gesamtbevölkerung nachweisbar sind. In der Regel sind diese Menschen auch gegen andere und oftmals mehrere Allergene sensibilisiert, was den Nachweis zusätzlich erschwert. Generell hat die medizinische Diagnostik das Problem, dass aktuell nur von wenigen Schimmelpilzarten entsprechende Extrakte für allergologische Untersuchungen zur Verfügung stehen – und es sich hierbei meistens um umwelttypische Schimmelpilzarten handelt, also um Schimmelpilze, die vor allem in der Außenluft vorkommen. Hinzu kommt, dass Schimmelpilze in der Regel nicht isoliert auftreten, sondern in Mischexpositionen. Daher können mit routinemäßigen Untersuchungen keine Allergien nachgewiesen werden, die durch innenrauminduzierte Schimmelpilzarten verursacht werden. Weitere Einflussfaktoren in Innenräumen wie z. B. andere Mikroorganismen (z. B. Milben) und/oder chemische Schadstoffe erschweren zudem den kausalen Nachweis, da auch diese Noxen allergische Reaktionen auslösen können.

Unter den allergischen Reaktionen müssen vor allem die allergische Rhinitis, die allergische Sinusitis und das allergische Asthma bronchiale (alle drei Typ-I-Allergie), die allergische Bronchopulmonale Aspergillose (Typ-III-Allergie) und die Exogen Allergische Alveolitis (Typ-IV-Allergie) genannt werden.

11.5.2 Ursachen von Allergien

Bei einer Allergie reagiert das Immunsystem überempfindlich auf normalerweise harmlose körperfremde Substanzen (so genannte Allergene), die bei den meisten Menschen in der Regel keine gesundheitlichen Irritationen oder Gesundheitsbeschwerden verursachen. Diese Überempfindlichkeit (auch als Atopie bezeichnet) wird von einer Vielzahl von Allergenen ausgelöst. Experten des Deutschen Allergie- und Asthmabundes (DAAB) gehen davon aus, dass es aktuell über 20.000 allergieauslösende Substanzen gibt. Allergene werden je nach Herkunft und Kontakt in

- Inhalationsallergene (z. B. Gräser- und Blütenpollen, Schimmelpilzsporen, Kot der Hausstaubmilbe, Duftstoffe),
- Nahrungsmittelallergene (z. B. Konservierungsstoffe, Milcheiweiß, Fischeiweiß, Nüsse),
- Kontaktallergene (z. B. Lösungsmittel, Kosmetika, Nickel),
- Arzneimittelallergene (z. B. bestimmte Antibiotika) und
- Insektengiftallergene (z. B. Bienen- oder Wespengift)

unterschieden. Allerdings gibt es auch Überempfindlichkeiten, die nicht als Allergie eingestuft werden wie z. B. bestimmte Nahrungsmittelunverträglichkeiten wie z. B. eine Laktoseintoleranz. Da sich die Symptome ähneln, muss eine allergologische Differenzialdiagnostik durchgeführt werden. Diese ist für eine zielgerichtete Therapie und Behandlung unverzichtbar.

In der Regel ist es schwierig, die Symptome oder Beschwerden einer allergischen Reaktion einem der möglichen Allergene direkt zuzuweisen, da diese nicht isoliert auftreten und das Immunsystem oftmals einem wahren Allergen-Cocktail ausgesetzt ist. Des Weiteren müssen Umwelteinflüsse wie z. B. Luftverschmutzung und Feinstäube berücksichtigt werden, die Allergien und Folgeerkrankungen wie z. B. Asthma begünstigen. Kommen noch mögliche Kreuzallergien hinzu, können die vielfältigen und zum Teil unspezifischen Symptome und Beschwerden wie z. B. Niesen und Niesattacken, Schnupfen und/oder Husten, Atemprobleme bis hin zu Atemnot, tränende Augen, Schwellungen der Schleimhäute, Hautausschlag und Juckreiz oder Magen-Darm-Probleme oftmals keinem Allergen direkt zugewiesen werden.

In der Regel zeigen sich die allergischen Reaktionen an den Körperstellen, die zum Allergen als Allergieauslöser unmittelbaren Kontakt haben. Meistens handelt es sich hierbei um die Haut und die Schleimhäute sowie die Atemwege. Je nach Zeitpunkt für das Auftreten von allergischen Reaktionen, werden diese in Allergietypen und -formen unterschieden. In bestimmten Ausnahmefällen kann es zu einer anaphylaktischen Reaktion kommen, die lebensgefährlich werden kann.

Bei Allergien reagiert das Immunsystem auf körperfremde Substanzen (so genannte Allergene). Beim ersten Kontakt mit diesen Allergenen (auch als Antigene bezeichnet) kommt es innerhalb von Sekunden bis wenigen Minuten zur Bildung von spezifischen Abwehrstoffen (so genannte Antikörper). Diese Antikörper (so genannte IgE-Antikörper) bilden sich beim ersten Kontakt mit dem Allergen, passen sich genau der Struktur an und verbinden sich mit ihm. Dieser Vorgang wird als Sensibilisierung bezeichnet und stellt an sich noch keine Erkrankung dar. Das „immunologische Gedächtnis" ist nun ausgebildet. Erst bei einem erneuten Kontakt mit der gleichen Substanz setzen diese speziellen Abwehrzellen (so genannte Mastzellen) große Mengen an Entzündungsstoffen wie z. B. das Gewebshormon Histamin frei, durch die allergische Reaktionen ausgelöst werden. In der weiteren Folge kommt es zur Verengung der Bronchien. Kleinere Blutgefäße werden durchlässiger, so dass Flüssigkeit in das Gewebe eindringt und zum Anschwellen der Schleimhäute bis hin zu einer Erweiterung der Blutgefäße führt. Äußerlich zeigen sich die Symptome durch Augenjucken, Niesen, Husten oder Hautausschlag.

Biogene Stäube inkl. der von Mikroorganismen freigesetzten Mykotoxine und/oder MVOC, aktiven (viable) oder inaktiven (non-viable) Schimmelpilzsporen sowie anderen mikrobiellen Partikeln (z. B. Hyphen, Myzelien) können sensibilisierend wirken und bei entsprechend ausgeprägter Exposition im weiteren allergische Reaktionen auslösen. Abhängig von den Ursachen und dem zeitlichen Auftreten werden die Typ-I-Allergie (z. B. allergische Rhinitis, Asthma bronchiale, Atopisches Ekzem), Typ-I- und Typ-III-Allergie (z. B. Allergische Broncho-pulmonale Aspergillose) sowie Typ-III- und Typ-IV-Allergie (z. B. Exogen Allergische Alveolitis) unterschieden.

Immunologen, Allergologen und Toxikologen sind sich bis heute nicht einig, warum es zu der Überempfindlichkeitsreaktion des Immunsystems kommt. Einige Experten vertreten die Meinung, dass Immunglobuline und Mastzellen ausschließlich für das Auslösen von Allergien und somit dem Schutz des menschlichen Organismus verantwortlich sind. Andere Experten widersprechen mit der Evolutionstheorie, nach der jedes biologische System, das im Laufe der Evolution erhalten geblieben ist, eine nützliche Funktion hat. Der Nutzen der Immunglobuline wurde bisher nicht widerspruchsfrei belegt.

Sicher ist man, dass genetische Faktoren eine Rolle spielen. Die Atopie wird bei ca. 30 % auf Kinder übertragen, wenn einer der beiden Eltern bereits Allergiker ist. Sind beide Eltern Allergiker, beträgt die Wahrscheinlichkeit der erblichen Übertragung auf die Kinder immerhin schon ca. 60 %. Hinzu kommen exogene Einflüsse wie Luftverschmutzung und zunehmende Feinstaubbelastung, aber auch individuelle Einflussfaktoren wie Ernährung (insbesondere Konservierungsstoffe in Fertignahrungsmittel), schlecht gelüftete Wohnungen und eine übertriebene Hygiene. Bei hohem Hygienestandard wird das Immunsystem nicht mehr gefordert.

Weiterhin fällt auf, dass sich bisherige Untersuchungen zur Identifizierung von Allergenen nur auf die Trägersubstanzen (z. B. Staub, Pollen, Sporen oder Milben) konzentrieren und somit nur auf einen Bruchteil des allergischen Potenzials. Allergene sind allerdings molekulare Stoffe, die sich von ihrem Träger abkoppeln und im menschlichen Organismus die allergischen Reaktionen (Entzündungen) auslösen.

11.5.3 Allergietypen und -formen

11.5.3.1 Einleitung

Biogene Stäube inkl. der von Mikroorganismen freigesetzten Mykotoxine und/oder MVOC, aktive (viable) oder inaktive (non-viable) Schimmelpilzsporen sowie andere mikrobielle Partikel (z. B. Hyphen, Myzelien) können sensibilisierend wirken und bei entsprechend ausgeprägter Exposition allergische Reaktionen auslösen.

Abhängig von den Ursachen und dem zeitlichen Auftreten werden die Typ-I-Allergie, Typ-III-Allergie und Typ-IV-Allergie unterschieden. Der Unterschied bezieht sich auf die Ursachen und dem zeitlichen Auftreten (siehe Tab. 11.1):

Tab. 11.1 Zeitpunkt für das Auftreten verschiedener Allergietypen

Bezeichnung	Zeitdauer des Auftretens	Ablauf der Reaktion	Symptome und Erscheinungsform
Typ I (Sofort-Typ)	Einige Sekunden bis wenige Minuten	Vermittlung durch IgE-Antikörper, Freisetzung von Botenstoffen (z. B. Histamin)	z. B. allergische Rhinitis, Asthma bronchiale, Atopisches Ekzem
Typ III (Immunkomplex-Typ)	ca. 6 bis 12 h	Bildung von Antigen-Antikörper-Komplexen, Freisetzung Gewebe schädigender Substanzen	z. B. Allergische Bronchopulmonale Aspergillose*
Typ IV (Spät-Typ)	12 bis 72 h	Vermittlung durch Zellen (T-Lymphozyten)	z. B. Exogen Allergische Alveolitis**

* bei der Allergischen Bronchopulmonalen Aspergillose gibt es Überschneidungen mit der Typ-I-Allergie

** bei der Exogen Allergischen Alveolitis gibt es Überschneidungen mit der Typ-III-Allergie

11.5.3.2 Typ-I-Allergie (Soforttyp)

Biogene Stäube inkl. der von Mikroorganismen freigesetzten Mykotoxine und/oder MVOC, aktive (viable) oder inaktive (non-viable) Schimmelpilzsporen sowie andere mikrobielle Partikel (z. B. Hyphen, Myzelien) können sensibilisierend wirken und im weiteren Verlauf allergische Reaktionen auslösen.

Reagiert das Immunsystem umgehend (innerhalb von Sekunden bis wenigen Minuten) auf allergene Substanzen (so genannte Antigene), spricht man von einer Sofortreaktion oder Typ-I-Allergie. Beim ersten Kontakt mit diesen „Eindringlingen" kommt es zur Bildung von spezifischen Abwehrstoffen, die als Antikörper (IgE- oder Immunglobulin-E-Antikörper) bezeichnet werden. Der Vorgang selbst wird als „Sensibilisierung" bezeichnet und stellt an sich noch keine Erkrankung dar. Diese Antikörper passen sich genau der Struktur an und verbinden sich mit ihm („Schloss-und-Schlüssel-Prinzip"). Damit ist das „immunologische Gedächtnis" nun ausgebildet. Erst bei einem erneuten Kontakt mit der gleichen Substanz setzen diese speziellen Abwehrzellen (so genannte Mastzellen) große Mengen an Entzündungsstoffen wie z. B. das Gewebshormon Histamin frei, durch die allergische Reaktionen ausgelöst werden. In der weiteren Folge kommt es zur Verengung der Bronchien. Kleinere Blutgefäße werden durchlässiger, so dass Flüssigkeit in das Gewebe eindringt und zum Anschwellen der Schleimhäute bis hin zu einer Erweiterung der Blutgefäße führt. Äußerlich zeigen sich die Symptome durch Augenjucken, Niesen, Husten oder Hautausschlag.

Diese umgehende Überempfindlichkeitsreaktion des Immunsystems auf allergene Substanzen aus dem Umfeld wird auch als Atopie bezeichnet. Bei bereits sensibilisierten Menschen reichen oftmals schon geringe Konzentrationen von biogenen Stäuben, Schimmelpilzsporen und anderen mikrobiellen Partikeln, um allergische Reaktionen auszulösen. Dies ist dahingehend relevant, da sich in der so genannten ubiquitären Hintergrundbelastung – also der normalen Außenluftbelastung – bereits große Mengen an Bioaerosolen befinden können. Diese sind abhängig von witterungsbedingten, jahreszeitlich bedingten sowie regional bedingten Unterschieden.

Lt. AWMF-Schimmelpilz-Leitlinie „Medizinisch klinische Diagnostik bei Schimmelpilzexposition in Innenräumen" der GHUP (Gesellschaft für Hygiene, Umweltmedizin und Präventivmedizin) müssen unter den allergischen Reaktionen (Typ-I-Allergie) vor allem die allergische Rhinitis, allergische Sinusitis und das allergische Asthma bronchiale genannt werden. Diese stellen häufige schimmelpilzassoziierte Gesundheitsbeschwerden dar.

Wie bereits erwähnt besteht eines der Hauptprobleme darin, dass die ohnehin schon sehr heterogene Exposition unterschiedlichster Schimmelpilzarten und -spezies in verschiedenen Konzentrationen auf eine individuelle Prädisposition und Disposition von Menschen trifft, die wiederum spezifischen Risikogruppen angehören können. Durch zusätzliche Einflüsse durch andere Innenraumallergene wie z. B. andere Mikroorganismen (z. B. Milben) und/oder chemische Schadstoffe können die unterschiedlichen gesundheitlichen Effekte durch einzelne Mechanismen kaum erklärt werden. Immunologen sind sich sicher, dass allergologische als auch nicht IgE-vermittelte immunologische und toxische Mechanismen ineinandergreifen und ursächlich sind.

Die allergische Rhinitis wird klinisch in eine saisonale, ganzjährige oder berufsbedingte Allergie unterteilt. Eine saisonale Rhinitis wird vorwiegend durch Allergene von überwiegend in der Außenluft vorkommenden Schimmelpilzen verursacht, die jahreszeitlich bedingt nur temporär auftreten. Typische Vertreter sind z. B. die Schimmelpilzgattungen Botrytis sp., Fusarium sp., Aureobasidium und Ustilago sowie Alternaria alternata und Cladosporium herbarum.

Eine ganzjährige Rhinitis wird vorwiegend durch Allergene von überwiegend in der Außenluft vorkommenden Schimmelpilzen verursacht, die ganzjährig auftreten. Typische Vertreter sind z. B. die Schimmelpilzgattungen Aspergillus sp., Penicillium sp., Chaetomium sp., Mucor sp. und Rhizopus sp. Eine berufsbedingte Rhinitis tritt vor allem an exponierten Arbeitsplätzen wie z. B. Mülldeponien und Kompostanlagen sowie in der Landwirtschaft auf.

Bei einer allergischen Sinusitis handelt es sich um eine Entzündung der Nasennebenhöhlen. Diese kann neben Schimmelpilzsporen auch durch virale oder bakterielle Infektionen ausgelöst werden. Unterschieden wird die akute und chronische Sinusitis, auch Rhinosinusitis genannt. Wird eine akute Entzündung der Nasenschleimhaut sowie der Schleimhäute der Nasennebenhöhlen unzureichend behandelt, kann es zu einer chronischen Sinusitis kommen (> 3 Monate). Die chronische Sinusitis ist eine der häufigsten chronischen Erkrankungen. Typische Erreger sind z. B. Alternaria alternata, Staphylococcus aureus sowie verschiedene Enterobacteriaceae.

Nach Aussagen der AWMF-Schimmelpilz-Leitlinie „Medizinisch klinische Diagnostik bei Schimmelpilzexposition in Innenräumen" der GHUP (Gesellschaft für Hygiene, Umweltmedizin und Präventivmedizin) weisen neuere Studien nach, dass Pilze in den Nasennebenhöhlen bei der überwiegenden Mehrheit der Bevölkerung nachzuweisen sind, so dass die Anwesenheit per se nicht automatisch zu Allergien führen müssen. Ursächlich kann entweder eine reduzierte oder eine übersteigerte Immunantwort bei einer Exposition durch Schimmelpilze sein. In den gleichen Studien ist man allerdings darauf gestoßen, dass immer öfter schwere Rhinosinusitis diagnostiziert werden, die nach neuesten Erkenntnissen durch Biofilme verursacht werden. Allerdings besteht zu den pathogenen Mechanismen noch Forschungsbedarf.

Die Entzündung der Bronchien (Bronchitis) kann zum allergischen Asthma führen. Wie bei der allergischen Rhinitis wird auch das allergische Asthma bronchiale klinisch in eine saisonale und ganzjährige Allergie unterteilt. Ein saisonales allergisches Asthma bronchiale wird vorwiegend durch Allergene von überwiegend in der Außenluft vorkommenden Schimmelpilzen verursacht, die jahreszeitlich bedingt nur temporär auftreten. Typische Vertreter sind z. B. die Schimmelpilzgattungen Botrytis sp., Fusarium sp., Epicoccum sp., Aureobasidium und Ustilago sowie Alternaria alternata und Cladosporium herbarum. Ähnlich verhält es sich mit dem ganzjährigen allergischen Asthma bronchiale, das vorwiegend durch Allergene von überwiegend in der Außenluft vorkommenden Schimmelpilzen verursacht wird, die ganzjährig auftreten. Typische Vertreter sind z. B. die Schimmelpilzgattungen Aspergillus sp., Penicillium sp., Chaetomium sp., Mucor sp. und Rhizopus sp.

Ein Zusammenhang zwischen Feuchte- und/oder Schimmelpilzschäden in Innenräumen und dem Auftreten von Asthma, insbesondere bei Kindern, gilt in Kreisen der Immunologen und Allergologen als gesichert. Besonders die Schimmelpilzart Alternaria alternata sowie Cladosporium sp. müssen in dem Zusammenhang besonders hervorgehoben werden. Des Weiteren konnte in zahlreichen Studien der Nachweis erbracht werden, dass zwischen Feuchte- und/oder Schimmelpilzschäden und dem atopischen Ekzem (atopische Dermatitis) ein Zusammenhang besteht.

Der medizinische Nachweis erfolgt durch so genannte Allergietests, entweder in Form von Hauttests oder der Messung von Antikörpern (spezifisches IgE im Blut) sowie so genannten Provokationstests, mit denen gezielt typische Symptome hervorgerufen werden.

11.5.3.3 Typ-III-Allergie (Immunkomplex-Typ)

Unter einer Typ-III-Allergie versteht man eine allergische Reaktion, die durch Antikörper ausgelöst wird. Während der Sensibilisierungsphase (Erstkontakt zu allergenen Substanzen) entstehen spezifische Antikörper, die sich anschließend zu löslichen Immunkomplexen aus Allergen und Antikörper vernetzen. Dies bedeutet, dass die Antigene nicht fest auf der Zelloberfläche gebunden sind, sondern sich über das Blut- und Lymphsystem im menschlichen Organismus verteilen. Infolgedessen werden weitere Immunkomplexe im Gewebe eingelagert und führen zu einer Aktivierung des Komplementsystems (Komponente des unspezifischen Immunsystems). Hierbei werden zunächst biologisch wirksame Proteine aktiviert, die eine vermehrte Durchblutung des Gewebes bewirken und insbesondere Abwehrzellen anlocken. Anschließend versuchen diese Zellen, die Antigene und Antikörper zu zerstören, was in der Regel aufgrund der Größe der Immunkomplexe nicht gelingt. Infolgedessen werden Enzyme der Abwehrzellen freigesetzt und lösen Entzündungsreaktionen aus.

Die allergische Reaktion erfolgt nach 6 bis 12 h, so dass die Symptome der Allergie nicht sofort in Erscheinung treten. Die Typ-III-Immunkomplexe lösen lokale Entzündungen (allergische Reaktionen) aus. Das größte Problem bei der Typ-III-Allergie besteht darin, dass durch zu viele Immunkomplexe schwer wiegende Krankheiten entstehen können.

Immunkomplexerkrankungen wie z. B. die Allergische Bronchopulmonale Aspergillose (ABPA) sowie die Exogen allergische Alveolitis (EAA) werden der Typ-III-Allergie zugeordnet, wobei es Überschneidungen zur Typ-I-Allergie (z. B. ABPA) bzw. zur Typ-IV-Allergie (z. B. EAA) gibt.

Die Allergische Bronchopulmonale Aspergillose (ABPA) ist eine seltene, immunbedingte Lungenerkrankung. Diese wird durch allergene Substanzen (Antigene) inhalierter Sporen der Schimmelpilzart Aspergillus fumigatus verursacht und löst eine Hypersensitivität aus. Sie tritt meist bei Menschen mit Asthma bronchiale oder Mukoviszidose auf. Sind andere Pilze wie z. B. Penicillium, Candida, Curvularia ursächlich, was sehr selten vorkommt, spricht man allgemein von einer allergischen bronchopulmonalen Mykose.

Häufig tritt die allergische bronchopulmonale Aspergillose zusammen mit einer allergischen mykotischen Sinusitis auf – einer immunologischen Reaktion gegen allergene Substanzen aus biogenen Stäuben und Schimmelpilzsporen des Aspergillus sp. in den Nasennebenhöhlen. Aus bisher noch ungeklärten Gründen führt die Besiedelung bei diesen Patienten zu IgE- und IgG-Antikörper vermittelten und zellulären Immunantworten (Allergietyp I, III und IV), was häufige Asthmaanfälle auslöst.

Wird die allergische bronchopulmonale Aspergillose nicht rechtzeitig behandelt, können sich die Immunreaktionen in Verbindung mit den toxischen Wirkungen des Schimmelpilzes zu einer Mykose entwickeln, konkret zu einem fibrotischen Umbau der Lunge führen. Diese zeigt sich in so genannten Bronchiektasen (Erweiterung und Zerstörung größerer Bronchien infolge von chronischen Infektionen und Entzündungsprozessen) und einer Fibrose (krankhafte Vermehrung des Bindegewebes in Geweben und Organen). Der Übergang zur invasiven Aspergillose irreversiblen Lungenfunktionsstörungen ist fließend.

Die allergische bronchopulmonale Aspergillose wird in der Regel bei Erwachsenen diagnostiziert. Allerdings ist in den letzten Jahren eine Zunahme auch bei Kindern festzustellen. Die Symptome sind sehr vielfältig: in wenigen Ausnahmen sind die betroffenen Patienten frei von Symptomen. In den meisten Fällen werden Kopfschmerzen und Übelkeit, geringes bis starkes Fieber, schweres Keuchen, Husten bis hin zum Bluthusten (schmutzig grüner oder brauner Auswurf) und ein leichter Gewichtsverlust beobachtet.

11.5.3.4 Typ-IV-Allergie (Spät-Typ)

Bei der Typ-IV-Allergie handelt es sich um eine verzögerte allergische Reaktion, da sich die Symptome erst nach 12 bis 72 h bemerkbar machen. Deshalb wird dieser Allergietyp auch als verzögerter Reaktionstyp oder Spät-Typ bezeichnet. Antikörper wie bei der Typ-I-Allergie oder der Typ-III-Allergie spielen bei dieser Allergie keine wesentliche Rolle. Für die Antwort des Immunsystems sind ausschließlich so genannte T-Lymphozyten zuständig. Hierbei handelt es sich um Zellen, die für die spezifische zelluläre Immunabwehr verantwortlich sind. Deshalb wird diese allergische Reaktion auch als zellvermittelte oder zelluläre Immunität bezeichnet.

Im Gegensatz zu den anderen beiden Allergietypen findet bei der Typ-IV-Allergie eine Immunabwehr gegen lang anhaltende Allergene statt. Beim Eindringen dieser Allergene bildet das Immunsystem keine spezifischen Antikörper, sondern aktiviert zur Beseitigung der Eindringlinge seine Abwehrzellen. Hierbei werden die eingedrungenen Allergene (Antigene) an die Körperzellen angelagert und aktivieren dadurch die körpereigene Immunabwehr: die T-Lymphozyten, eine Untergruppe der weißen Blutkörperchen, mit denen weitere Abwehrzellen angelockt und aktiviert werden. Dadurch werden spezielle Botenstoffe freigesetzt, die Makrophagen (Fresszellen) im Immunsystem aktiviert und Zellen infiltriert. Bei einem erneuten Kontakt mit dem Allergen „erinnern" sich die T-Lymphozyten an die voraus gegangene Sensibilisierung und lösen eine für die Typ-IV-Allergie typische Überempfindlichkeitsreaktion aus. Die Typ-IV-Allergie kann prinzipiell jedes Organ befallen, allerdings treten die allergischen Reaktionen vor allem durch eine Schwellung und Rötung auf der Haut sowie einen Juckreiz auf. Auslöser sind z. B. einige Arten der Mykobakterien wie z. B. Mycobacterium tuberculosis und Mycobacterium leprae. Die Identifizierung der allergieauslösenden Substanz erfolgt über einen Expositionstest (z. B. „Prick-Test" und „Patch-Test").

Ein typischer Vertreter der Typ-IV-Allergie ist die Exogen Allergische Alveolitis (EAA). Bei dieser an sich eher seltenen Lungenerkrankung spielen Schimmelpilze und andere Bioaerosole eine große Rolle. Die allergene Substanzen befinden sich u. a. in den biogenen Stäuben, Schimmelpilzsporen und anderen mikrobiellen Partikeln. Mögliche mikrobiell kontaminierte Quellen sind z. B. Luftbefeuchter und Klimaanlagen, aber auch Exkremente von Vögeln und anderen Haustieren. Durch das Einatmen der Allergene von Schimmelpilzen, Hefepilzen und thermophilen Actinomyceten kommt es zu einer Entzündung des Lungengewebes, meistens der Lungenbläschen (Alveolen). Hierfür muss bei betroffenen Menschen eine genetisch bedingte Veranlagung in Form einer Übersensibilität vorhanden sein. Deshalb wird die exogen allergische Alveolitis auch als Hypersensitivitäts-Pneumonitis bezeichnet. Die allergische Reaktion kann sich in Form von Husten, Fieber, über Atemnot bis hin zu Schüttelfrost zeigen. Bei einem chronischen Verlauf kann die exogen allergische Alveolitis in eine so genannte Lungenfibrose übergehen. Neben biogenen Stäuben, Schimmelpilzsporen und anderen mikrobiellen Partikeln müssen noch chemische Substanzen wie z. B. Isocyanate, Methylmethacrylat als Auslöser genannt werden.

Immunologen und Allergologen unterscheiden bei der exogen allergischen Alveolitis zwischen der akuten Form (Auftreten der grippeähnlichen Symptome nach 6 bis 12 h), der subakuten Form (ähnliche Beschwerden treten allmählich über Tage bis Wochen auf) und einer chronischen Form (grippeähnliche Beschwerden bis fibrotischer Verlauf über mehrere Monate).

Nach derzeitigem Kenntnisstand gibt es keinen einzelnen Befund, der die Diagnose einer exogen allergischen Alveolitis eindeutig erlauben würde. Daher muss die Diagnose unter Einbeziehung verschiedener diagnostischer Verfahren nach dem Ausschlussverfahren erfolgen.

Die Exogen Allergische Alveolitis sollte in erster Linie von der toxischen Alveolitis (Organic Dust Toxic Syndrome) abgegrenzt werden. Generell gilt, dass bei einigen Krankheitsbildern wie z. B. der allergischen bronchopulmonalen Aspergillose, der chronischen Bronchitis oder auch der toxischen Alveolitis eine Zuordnung zwischen einer Allergie sowie den reizenden und/oder toxischen Wirkungen (Intoxikationen) nicht immer eindeutig gegeben ist. Allerdings werden alle diese Erkrankungen mit dem Einatmen von sehr hohen Konzentrationen biogener Stäube und Schimmelpilzsporen (10^9 pro m^3 Luft) sowie Bakterien (1 bis 2 µg pro m^3 Luft) in Verbindung gebracht, wie sie in privat genutzten Innenräumen nicht vorkommen.

11.6 Reizende Wirkungen (Irritationen)

Nach dem wissenschaftlich abgesicherten Kenntnisstand verursachen biogene Stäube inkl. der von Mikroorganismen produzierten Mykotoxine und/oder MVOC, aktive (viable) oder inaktive (non-viable) Schimmelpilzsporen sowie andere mikrobielle Partikel (z. B. Hyphen, Myzelien) neben allergischen Reaktionen bei entsprechend ausgeprägter Exposition auch reizende und/oder toxische Wirkungen. Reizende Wirkungen zeigen sich vor allem auf der Haut, den Schleimhäuten und den Atemwegen. Im Kontext von Schimmelpilzbefall und -wachstum in privat genutzten Innenräumen geht es in erster Linie um die inhalative Aufnahme und somit um die Reizung der Schleimhäute und der Atemwege.

Typische Gesundheitsstörungen in diesem Zusammenhang sind bei einer Exposition über mehrere Wochen und Monaten die chronische Bronchitis (Atemwege) sowie Irritationen der Schleimhäute, die auch als Mucous Membrane Irritation Syndrom bezeichnet werden. Hierzu müssen Schimmelpilzkonzentrationen von über

10^3 Sporen pro m^3 Luft vorliegen, wie sie in privat genutzten Innenräumen nicht vorkommen. In Einzelfällen wird darüber berichtet, dass Reizungen der Schleimhäute (Augen, Nase und Rachen) u. U. durch schlecht gewartete raumlufttechnische Anlagen (Klimaanlagen) verursacht werden können. Die unspezifischen Symptome äußern sich durch ein Augenbrennen oder -tränen, einem Niesreiz, Schnupfen und einer Verstopfung der Nasenhaupt- und -nebenhöhlen sowie Trockenheitsgefühl und Reizhusten im Rachen.

Die genauen Ursachen sind bislang unklar. Experten u. a. vom Umweltbundesamt gehen davon aus, dass sowohl Bestandteile von Bakterien (z. B. Endotoxine) als auch von Schimmelpilzen (z. B. 1,3-β-D-Glucan) hierfür verantwortlich sind. Weiterhin wird davon ausgegangen, dass auch von Schimmelpilzen produzierte Stoffwechselprodukte wie z. B. Mykotoxine und/oder MVOC-Reizungen und Irritationen der Schleimhäute und Atemwege auslösen können.

Besonders gefährdet für eine chronische Bronchitis sowie Schleimhautreizungen sind Menschen, die beruflich bedingt (z. B. in landwirtschaftlichen Betrieben, Gärtnereien, Deponien und Kompostanlagen) regelmäßig und über einen längeren Zeitraum einer hohen Exposition durch biogene Stäube, Schimmelpilzsporen sowie anderen mikrobiellen Partikel ausgesetzt sind. Zu diesem Ergebnis kommt der Forschungsbericht „Gesundheitsrisiken durch biologische Arbeitsstoffe in Kompostierungsanlagen“, den die Bundesanstalt für Arbeitsschutz und Arbeitsmedizin (BAuA) veröffentlicht hat. Die Studie konnte nachweisen, dass die Schleimhautreizungen nach dem Ausscheiden aus dem Beruf nachließen und somit ein beruflicher Zusammenhang zu der Exposition durch Bioaerosole besteht. Der Husten hingegen verschwand nicht nach dem Verlassen der exponierten Arbeitsplätze, so dass die Studie davon ausgeht, dass sich aufgrund der langjährigen Exposition mit Bioaerosolen in den meisten Fällen eine chronische Bronchitis entwickelt hat.

Von einer chronischen Bronchitis spricht man, wenn die Bronchien dauerhaft entzündet sind. Diese zeigt sich z. B. durch einen fortdauernden Husten mit schleimigem Auswurf. Nach Aussagen der Weltgesundheitsorganisation (WHO) gilt eine Bronchitis als chronisch, wenn die beiden Symptome (Husten und Auswurf) mindestens drei Monate pro Jahr durchgehend in zwei aufeinanderfolgenden Jahren bestehen. Wenn sich zusätzlich noch eine dauerhafte Verengung (Obstruktion) der Atemwege einstellt, spricht man von einer chronisch-obstruktiven Bronchitis (COB). Ursächlich hierfür kann u. a. eine Schimmelpilzallergie sein.

11.7 Toxische Wirkungen (Intoxikationen)

Nach wissenschaftlich abgesichertem Kenntnisstand verursachen biogene Stäube inkl. der von Schimmelpilzen produzierten Mykotoxine und/oder MVOC, aktive (viable) oder inaktive (nonviable) Schimmelpilzsporen sowie andere mikrobielle Partikel (z. B. Hyphen, Myzelien) neben allergischen Reaktionen bei entsprechend ausgeprägter Exposition auch reizende und/oder toxische Wirkungen.

Die toxische Wirkung einer Substanz hängt von deren Giftigkeit sowie Dauer und Häufigkeit sowie Exposition (Menge und Art der Aufnahme) ab und hat somit sowohl eine qualitative als auch quantitative Bedeutung. Die Aufnahme kann z. B. oral (Mund), inhalativ (Atmung) oder dermal (Haut) erfolgen. Bei einer Vergiftung wird unterschieden zwischen einer akuten und chronischen Intoxikation. Eine akute Intoxikation wird durch eine einmalige oder kurze Exposition gegenüber der Noxe ausgelöst. Die Symptome können unmittelbar nach der Exposition auftreten oder zeitverzögert. Eine chronische Intoxikation wird dagegen durch eine wiederholte oder länger anhaltende Exposition gegenüber der Noxe ausgelöst. Die Dosis kann hierbei auch sehr geringfügig sein, da eine Intoxikation häufig ein schleichender Prozess ist, bei dem sich die toxische Substanz im Organismus über einen längeren Zeitraum akkumuliert. Dies erschwert den kausalen Zusammenhang zwischen dem Auftreten von Symptomen und der ursprünglichen Intoxikation.

Intoxikationen durch biogene Stäube, Schimmelpilzsporen und andere mikrobielle Partikel werden fast ausschließlich an Arbeitsplätzen nachgewiesen, an denen produktionstechnisch bedingt über einen längeren Zeitraum sehr hohe Schimmelpilzkonzentrationen von mehr als 10^8 bis 10^{10} Kolonie Bildende Einheiten (KBE) pro m^3 Luft auftreten. Hierzu gehören z. B. landwirtschaftliche Betriebe, Gärtnereien, Deponien und Kompostanlagen. In privat genutzten Innenräumen oder auch wohnähnliche Innenräume wie z. B. Büroräume, Kindergärten und dgl. werden in der Regel die hierfür mindestens notwendigen Konzentrationen von mehr als 10^6 Kolonie Bildende Einheiten (KBE) pro m^3 Luft nicht gemessen. Nur in bestimmten Ausnahmefällen können biogene Stäube auch in privat genutzten Innenräumen eine hohe toxische Wirkung verursachen, z. B. wenn sich hohe Konzentrationen von Mykotoxinen oder Endotoxinen in der Innenraumluft befinden. Häufig findet dies statt, wenn z. B. Bauteile oder Hohlräume nach sporadischen Wasserschäden zu einem späteren Zeitraum geöffnet werden oder u. U. bei Abbrucharbeiten.

Das Einatmen dieser mikrobiellen Stäube kann eine toxische Alveolitis auslösen. Hierbei handelt es sich um eine Entzündung der Lungenalveolen, die durch die Inhalation der Toxine (Mykotoxine und/oder Endotoxine) ausgelöst wird. Die grippeähnlichen Symptome wie z. B. Kopfschmerzen, Husten, Schnupfen und Fieber sowie selten mit Durchfall oder Müdigkeit und Erschöpfungszuständen zeigen sich 4 bis 12 h nach der Exposition und dürfen nicht mit der Exogen Allergischen Alveolitis (EAA) verwechselt werden, bei der es sich um eine allergische Reaktion einer Typ-IV-Allergie handelt. Im Gegensatz zur allergischen Alveolitis kann die toxische Alveolitis, die auch als Organic Dust Toxic Syndrome (ODTS) bezeichnet wird, nicht in eine Fibrose der Lunge münden.

In seltenen Fällen kann es vorwiegend bei Kindern zu einer Diffusen pulmonalen Hämorrhagie kommen. Ursächlich für diese auch als „Toxic Mold Syndrom" bezeichnete Lungenblutung waren die am stärksten toxischen Verbindungen Trichothecene und Gliotoxin. Die inhalative Aufnahme erfolgt über die Konidien und andere Partikel des Schimmelpilzes Stachybotrys chartarum. Belastbare Statistiken gibt es hierzu allerdings nicht.

Neben den toxischen Substanzen der Mykotoxine (Schimmelpilze) und Endotoxine (Bakterien) sowie den flüchtigen organischen Verbindungen der Mikroorganismen (MVOC) müssen zudem toxische Substanzen in der Zellwand wie z. B. 1,3-β-D-Glucan genannt werden, die bei allen Schimmelpilzen vorkommen. Diese können verschiedene toxische Wirkungen verursachen. Am häufigsten zeigen sich die Entzündungsreaktionen auf der Schleimhaut, dagegen selten in den oberen Atemwegen.

Insgesamt besteht zu den toxischen Wirkungen durch Mykotoxine, Endotoxine, MVOC und Zellwandbestanteilen noch Forschungsbedarf, da bislang zu wenig Erkenntnisse vorliegen und Einzelfälle nicht automatisch verallgemeinert werden dürfen. Fakt ist, dass die gemessenen Konzentrationen in privat genutzten Innenräumen zu niedrig sind, um akute toxische Wirkungen auszulösen. Über evtl. Wechselwirkungen mit anderen Gesundheitsbeschwerden wird immer mal wieder berichtet, ohne dass es hierfür wissenschaftliche Nachweise gibt.

Systemische Intoxikationen durch Mykotoxine über einen längeren Zeitraum werden als Mykotoxikosen bezeichnet. Diese sind allerdings bisher nur über die Aufnahme von schimmelpilzbelasteten Nahrungsmitteln bekannt. Über die Intoxikation durch die inhalative Aufnahme in privat genutzten Innenräumen liegen bisher keine gesicherten Erkenntnisse vor. Mykotoxine sind nicht flüchtig und brauchen eine Trägersubstanz. Dies bedeutet, dass sie in der Innenraumluft nur gebunden an Sporen, Zellfragmente und andere Partikel vorkommen.

Nach Aussagen des Umweltbundesamtes (UBA) scheint ein Zusammenhang von Mykotoxinen und systemischen Intoxikationen nach aktuellem Kenntnisstand nicht gegeben zu sein. Allerdings räumt das UBA ein, dass zu den gesundheitlichen Wirkungen bei langfristiger Exposition sowie zu den Wechselwirkungen verschiedene Toxine bislang keine Erkenntnisse vorliegen und weiterer Forschungsbedarf besteht.

Zumal die verschiedenen Toxine nicht nur organischer Herkunft sind, sondern auch anorganische Toxine ähnliche Symptome hervorrufen können.

11.8 Infektionen (Mykose)

Im Gegensatz zu allergischen Reaktionen, reizenden und/oder toxischen Wirkungen gibt es bei Infektionen durch Schimmelpilze (so genannte Mykosen) einen kausalen Zusammenhang zu Erkrankungen. Mykosen (Pilzinfektionen) können oberflächlich (z. B. Haut oder Nägel) oder systemisch (innere Organe) auftreten. Im Kontext zu Schimmelpilzen in privat genutzten Innenräumen geht es um die systemische Pilzinfektion, die äußerst selten und ausschließlich bei Menschen mit einem geschwächten Immunsystem auftritt.

Ursächlich sind Aktinobakterien sowie eine begrenzte Anzahl von Schimmelpilzen (Mucorales). Typische Vertreter sind Rhizopus oryzae, Rhizopus microsporus, Rhizomucor pusillus, Mucor sp. und Aspergillus fumigatus. Diese thermophilen Schimmelpilze haben mit 37 °C ihre ideale Wachstumstemperatur bei der Körpertemperatur des Menschen und können daher Atemwegsinfektionen auslösen. Diese Schimmelpilze bilden keine oder nur wenig Hyphen aus und produzieren vor allem reichlich Sporangiosporen. Selbst wenn diese Sporen eingeatmet werden, werden in der Regel keine Infektion ausgelöst. Erst wenn Menschen mit einer Immunsuppression oder einer bestimmten Risikogruppe diese Sporen einatmen, kann es zu einer systemischen Mykose kommen. Dringen diese bis in die Lungen vor, kann eine pulmonale Mukormykose verursacht werden. Symptome sind z. B. Fieber, Husten und Atembeschwerden.

Neben einer inhalativen Aufnahme können die Sporen auch über eine verletzte Hautoberfläche oder durch die Nahrungsaufnahme von kontaminierten Lebensmitteln aufgenommen werden. Neben hohem Fieber und Schmerzen zeigen sich dann häufig Funktionsstörungen betroffener Organe bis hin zum seltenen Multiorganversagen.

Infektionen durch die inhalative Aufnahme biogener Stäube inkl. der von Schimmelpilzen produzierten Mykotoxine und/oder MVOC, aktiver (viable) oder inaktiver (non-viable) Schimmelpilzsporen sowie anderen mikrobiellen Partikeln (z. B. Hyphen, Myzelien) werden in privat genutzten Innenräumen bei normaler Nutzung nicht verursacht. Treten diese äußerst seltenen Erkrankungen dennoch auf, müssen mehrere ungünstige und äußerst seltene Faktoren gleichzeitig auftreten: Spezifische Schimmelpilzarten in hoher Konzentration treffen auf immungeschwächte Menschen. Neben seltenen Fällen von älteren Menschen mit einer höheren Anfälligkeit für Atemwegsinfektionen sind fast ausschließlich stark immungeschwächte Personengruppen (z. B. Krebspatienten nach Chemotherapie, Transplantationspatienten, Leukämiepatienten) betroffen. Man spricht deshalb von einer opportunistischen Infektion. Diese Risikogruppen sollten nach der Entlassung aus dem Krankenhaus oder der ambulanten Behandlung über die Risiken einer Infektion durch Schimmelpilze und Aktinobakterien im häuslichen Umfeld aufgeklärt werden und in den eigenen vier Wänden jegliche Expositionsquellen wie z. B. Zimmerpflanzen oder Biomüll und dgl. vermeiden. Gleiches gilt für die nähere Umgebung (z. B. Kompost).

Eine Sonderstellung bei Infektionen durch Schimmelpilze nimmt die Gattung Aspergillus sp. ein. Der Mensch atmet durchschnittlich hunderte von Sporen dieses Schimmelpilzes täglich ein, abhängig von den jahreszeitlich, witterungsbedingten oder regional bedingten Unterschieden. Über 95 % der 350 Schimmelpilzarten dieser Gattung sind für den Menschen völlig harmlos und nur einige wenige Arten können bei gegebener Prädisposition, also einem geschwächten oder unterdrückten Immunsystem, zu einer Infektion führen. Hierzu gehören der Aspergillus fumigatus, Aspergillus flavus, Aspergillus niger, Aspergillus terreus und der Aspergillus nidulans, wobei der Aspergillus fumigatus zu den gefährlichsten gehört. Diese Arten sind die vorherrschenden Erreger invasiver Mykosen wie die daraus abgeleitete invasive Aspergillose. Diese manifestiert sich am häufigsten in den Atemwegen und den Nasennebenhöhlen. Von hier aus dringt der Aspergillus über die Blutbahn in die inneren Organe (z. B. Leber, Nieren, Gehirn) vor und infiziert vor allem offene Räume wie z. B. Lungenhöhlen, die durch Lungenerkrankungen (z. B. Bronchiektasien, Tumor, Tuberkulose) verursacht wurden. Wenn eine invasive pulmonale Aspergillose nicht behandelt wird, verläuft diese oft tödlich.

In einigen Fällen kommt es zur Ausbildung eines so genannten Aspergillom, auch als Myzetom, Fungusball oder Pilztumor bezeichnet. Hierbei handelt es sich um eine lokale Herdinfektion der Aspergillose. Diese kann in den Nasennebenhöhlen oder der Lunge auftreten und bildet eine kugelige Struktur. Typisch ist eine Ansammlung von feinsten Schimmelpilzpartikeln.

Die invasive Aspergillose darf nicht mit der allergischen bronchopulmonalen Aspergillose verwechselt werden. Bei dieser Überempfindlichkeitsreaktion auf Aspergillus fumigatus handelt es sich um eine Typ-III-Allergie, die nichts mit einer Pilzinfektion zu tun hat.

11.9 Geruchswirkungen (olfaktorische Reize)

Es ist bekannt, dass biogene Stäube inkl. der von Schimmelpilzen produzierten Mykotoxine und/oder MVOC, aktive (viable) oder inaktive (nonviable) Schimmelpilzsporen sowie andere mikrobielle Partikel (z. B. Hyphen, Myzelien) allergische Reaktionen und bei entsprechend ausgeprägter Exposition auch reizende und/oder toxische Wirkungen sowie Infektionen auslösen können.

Daneben verursachen MVOC (Microbial Volatile Organic Compounds) eine geruchliche Wahrnehmung, die in ihrer hedonischen Wahrnehmung sehr unterschiedlich sein kann. MVOC sind leicht flüchtige organische Stoffe wie z. B. Alkohole, Terpene, Ketone, Ester und Aldehyde, die von Mikroorganismen wie Schimmelpilzen und/oder Bakterien während der Stoffwechselprozesse produziert werden. Die Gerüche sind typisch, zum Teil unangenehm bis penetrant und sehr vielfältig (z. B. muffig, moderig, erdig, säuerlich, alkoholisch, aromatisch). Beim Betreten schimmelpilzbelasteter Innenräume wird häufig der charakteristische „Schimmelgeruch" wahrgenommen. Dieser ist auf die Produktion von so genannten Metaboliten zurückzuführen. In den meisten Fällen handelt es sich um den kartoffelähnlichen Geruch des Geosmin – einem Metaboliten, das von Actinomyceten (Bakterien) und einigen Schimmelpilzarten gleichermaßen produziert wird. Daran wird deutlich, dass auch bei einem typischen Geruch von Schimmelpilzen nicht automatisch auf deren Anwesenheit geschlossen werden kann, da auch Bakterien diesen Geruch verursachen können.

MVOC stehen im Verdacht, unspezifische Befindlichkeitsstörungen zu verursachen sowie Vorläufer für somatische Gesundheitsstörungen zu sein. Typische Symptome bei sehr unangenehmen Geruchsbelästigungen sind z. B. Kopfschmerzen, Fieber, Schlaflosigkeit und Müdigkeit sowie Konzentrationsschwäche, bis hin zu Übelkeit, Durchfall und Erbrechen.

Die flüchtigen Metabolite, die für den „typischen Schimmelpilzgeruch" verantwortlich sind, werden als Odour Active Volatile Organic Compounds (OVOC) bezeichnet, weil die flüchtigen organischen Verbindungen geruchsaktiv sind und auch bei sehr niedrigen Konzentrationen bereits wahrgenommen werden. Dies bedeutet, dass diese Substanzen eine sehr niedrige Geruchsschwelle aufweisen. Diese liegt bei den meisten MVOC im Bereich von $\mu g/m^3$, weshalb zum Aufspüren dieser Geruchsstoffe gerne Schimmelpilz-Spürhunde eingesetzt werden.

Gesundheitsbeschwerden oder Erkrankungen durch MVOC sind aufgrund der geringen Konzentrationen in privat genutzten Innenräumen nicht bekannt. Über die gesundheitliche Wirkung bei langfristiger Exposition gibt es bislang keine abgesicherten Erkenntnisse. Das Umweltbundesamt hält reizende und/oder toxische Wirkungen sowie Infektionen durch MVOC für unwahrscheinlich. Des Weiteren muss darauf hingewiesen werden, dass MVOC nicht nur durch Schimmelpilze verursacht werden und auch andere Expositionsquellen ursächlich sein können.

11.10 Unspezifische Befindlichkeitsstörungen

Nach wissenschaftlich abgesichertem Kenntnisstand verursachen biogene Stäube inkl. der von Schimmelpilzen produzierten Mykotoxine und/oder MVOC, aktive (viable) oder inaktive (non-viable) Schimmelpilzsporen und andere mikrobielle Partikel (z. B. Hyphen, Myzelien) sensibilisierende und allergische Reaktionen, reizende Wirkungen sowie bei entsprechend ausgeprägter Exposition auch toxische Wirkungen (Intoxikationen). Ein eindeutig kausaler Zusammenhang mit Krankheiten besteht bei Infektionen (Mykosen). Außerdem können diese Bioaerosole auch unspezifische geruchliche Wirkungen verursachen.

Darüber hinaus gibt es im Internet zahlreiche nicht wissenschaftliche „Hypothesen und Spekulationen" über weitere unspezifische Befindlichkeitsstörungen, die in erster Linie dazu dienen, betroffene Menschen zu verunsichern oder zu verängstigen. Daher hat die Gesellschaft für Hygiene, Umweltmedizin und Präventivmedizin (GHUP) in Zusammenarbeit mit zahlreichen Experten u. a. aus der Mikrobiologie, Allergologie, Immunologie, Infektiologie, Dermatologie und Toxikologie mit der interdisziplinären AWMF-Schimmelpilz-Leitlinie „Medizinisch klinische Diagnostik bei Schimmelpilzexposition in Innenräumen" einen Beitrag zur Versachlichung der Thematik geleistet und auf Basis wissenschaftlicher Erkenntnisse die unterschiedlichen gesundheitlichen Wirkungen, Gesundheitsstörungen sowie -beschwerden und Krankheiten im Zusammenhang mit Feuchte- und/oder Schimmelpilzschäden in Innenräumen voneinander abgegrenzt. In dieser Leitlinie wird zudem darauf hingewiesen, dass wissenschaftlich abgesicherte Aussagen über eine Dosis-Wirkungsbeziehung zwischen einer Exposition durch Bioaerosole in Innenräumen und gesundheitlichen Auswirkungen für deren Raumnutzer derzeit nicht möglich sind.

Deshalb soll an dieser Stelle darauf hingewiesen werden, dass es lt. Umweltbundesamt (UBA) keine wissenschaftlichen Untersuchungen und gesicherten Erkenntnisse darüber gibt, dass Feuchte- und/oder Schimmelpilzschäden

- neuropsychologische Effekte,
- neurotoxische Wirkungen,
- rheumatische Erkrankungen,
- Darm- oder Nierenerkrankungen,
- Teratogenität oder Krebserkrankungen

verursachen.

11.11 Risikogruppen

Der Begriff Risikogruppe wird im Kontext zu möglichen Gesundheitsrisiken, die durch Feuchte- und/oder Schimmelpilzschäden in Innenräumen verursacht werden können, sowohl für die Einteilung der verschiedenen Schimmelpilze in Risikogruppen als auch für die Konstitution (Prädisposition und Disposition) der Raumnutzer in Risikogruppen verwendet. Hierzu muss eingangs erwähnt werden, dass die überwiegende Mehrzahl der bekannten Schimmelpilze für den Menschen völlig harmlos sind und durch das Immunsystem nicht einmal wahrgenommen werden. Gleichzeitig sind die meisten Menschen gegen die Aufnahme von biogenen Stäuben inkl. der von Schimmelpilzen produzierten Mykotoxine und/oder MVOC, aktiven (viable) oder inaktiven (non-viable) Schimmelpilzsporen sowie anderen mikrobiellen Partikeln (z. B. Hyphen, Myzelien) immun. Anders verhält es sich z. B. bei Menschen mit einer Immunsuppression bzw. Immunschwäche.

Aus diesem Grund werden in der TRBA 460 „Einstufung von Pilzen in Risikogruppen" die unterschiedlichen Schimmelpilze in 4 Risikogruppen unterteilt. Diese sind u. a. für eine Gefährdungsbeurteilung sowie der Festlegung von Schutz- und Hygienemaßnahmen während der Schimmelpilzsanierung relevant:

- Risikogruppe 1 umfasst Pilze, bei denen es „unwahrscheinlich" ist, dass sie beim Menschen eine Krankheit verursachen. Hierzu zählen auch Arten, die bei stark immungeschwächten Personen Krankheiten verursachen können oder Arten, denen „nur" ein allergenes Potenzial zugeschrieben wird. Typische Vertreter sind z. B. Alternaria alternata oder Aspergillus versicolor.

- Risikogruppe 2 umfasst Pilze, die eine Krankheit beim Menschen hervorrufen können und eine Gefahr darstellen können. Eine Verbreitung des Pilzes in der Bevölkerung gilt als unwahrscheinlich. Eine wirksame Vorbeugung oder Behandlung ist normalerweise möglich. Typische Vertreter sind z. B. Aspergillus fumigatus oder Aspergillus flavus sowie Candida albicans.
- Risikogruppe 3 umfasst Pilze, die eine schwere Krankheit beim Menschen hervorrufen können und eine ernste Gefahr darstellen können. Die Gefahr einer Verbreitung in der Bevölkerung ist gegeben. Normalerweise ist eine Vorbeugung oder Behandlung möglich. Typische Vertreter sind z. B. Coccidioides immitis, Histoplasma capsulatum oder Blastomyces dermatitidis (Erreger schwerer Systemmykosen, die den ganzen Körper betreffen können).
- Risikogruppe 4 umfasst Pilze, die eine schwere Krankheit beim Menschen hervorrufen können und eine ernste Gefahr für Beschäftigte darstellen. Die Gefahr einer Verbreitung in der Bevölkerung wird als groß eingestuft. Normalerweise ist eine wirksame Vorbeugung oder Behandlung nicht möglich. Allerdings sind zurzeit keine Pilze der Risikogruppe 4 bekannt.

Grundlage der Risikoeinteilung sind Kriterien wie z. B. das natürliche Vorkommen und die Verbreitung der Mikroorganismen, die Produktion und Freisetzung von evtl. Giftstoffen (Mykotoxine) oder Metaboliten (MVOC), die Aufnahmewege des Biostoffes (Atmung, Nahrung, Hautkontakt) bis hin zur Inkubationszeit und dem Verlauf einer evtl. Erkrankung (chronisch, akut). Außerdem werden mögliche Folgekrankheiten oder Spätfolgen sowie Übertragbarkeit, Diagnosemöglichkeiten und Therapien berücksichtigt. Heute geht man davon aus, dass ca. 100 Schimmelpilzarten von medizinischer oder umweltmedizinischer Bedeutung sind.

Bei der Bewertung von gesundheitlichen Störungen, Beschwerden oder Erkrankungen müssen immer beide Seiten betrachtet werden: Biostoffe als „Absender" und die individuelle Konstitution der Menschen als „Empfänger". Hierbei wird zwischen der Prädisposition und Disposition bzw. dem natürlichen (angeborenen) und adaptiven (erworbenen) Immunsystem unterschieden. Daher zählt man zu den medizinischen und besonders zu schützenden Risikogruppen

- Menschen mit einer Immunsuppression/Immunschwäche,
- Menschen mit einer Mukoviszidose (Zystische Fibrose),
- Menschen mit Asthma bronchiale,
- Menschen mit einer Neigung zu Überempfindlichkeitsreaktionen (Atopiker/Allergiker),
- ältere Menschen mit einer Erkrankung sowie
- Schwangere und Kleinkinder.

Darüber hinaus müssen Menschen besonders geschützt werden, die beruflich bedingt einer erhöhten Schimmelpilzexposition ausgesetzt sind. Hierzu gehören z. B. Menschen, die

- in landwirtschaftlichen Betrieben und Gärtnereien,
- in Deponien und Kompostanlagen der Abfallwirtschaft (Wertstoffsortierung),
- in Archiven, Bibliotheken, Depots und Magazinen,
- in der Schimmelpilzsanierung,
- in der Untersuchung und Diagnostik von Biostoffen,
- in der Altbausanierung (vor allem Abrissarbeiten) sowie
- in der Wartung von Klimaanlagen

tätig sind und somit regelmäßig und über einen längeren Zeitraum höheren Konzentrationen von Stäuben, Schimmelpilzsporen und anderen mikrobiellen Partikeln ausgesetzt sind. Eine besondere Bedeutung haben hierbei die Mykotoxine. Je nach Toxizität verschieben sich die Risikogruppen entsprechend in die nächste Kategorie (siehe Abb. 11.2).

Abschließend soll darauf hingewiesen werden, dass die diagnostischen Methoden zur Erfassung von gesundheitlichen Störungen, Beschwerden oder Erkrankungen im Zusammenhang mit Feuchte- und/oder Schimmelpilzschäden in privat genutzten Innenräumen bisher unzureichend entwickelt oder nicht ausreichend genau sind.

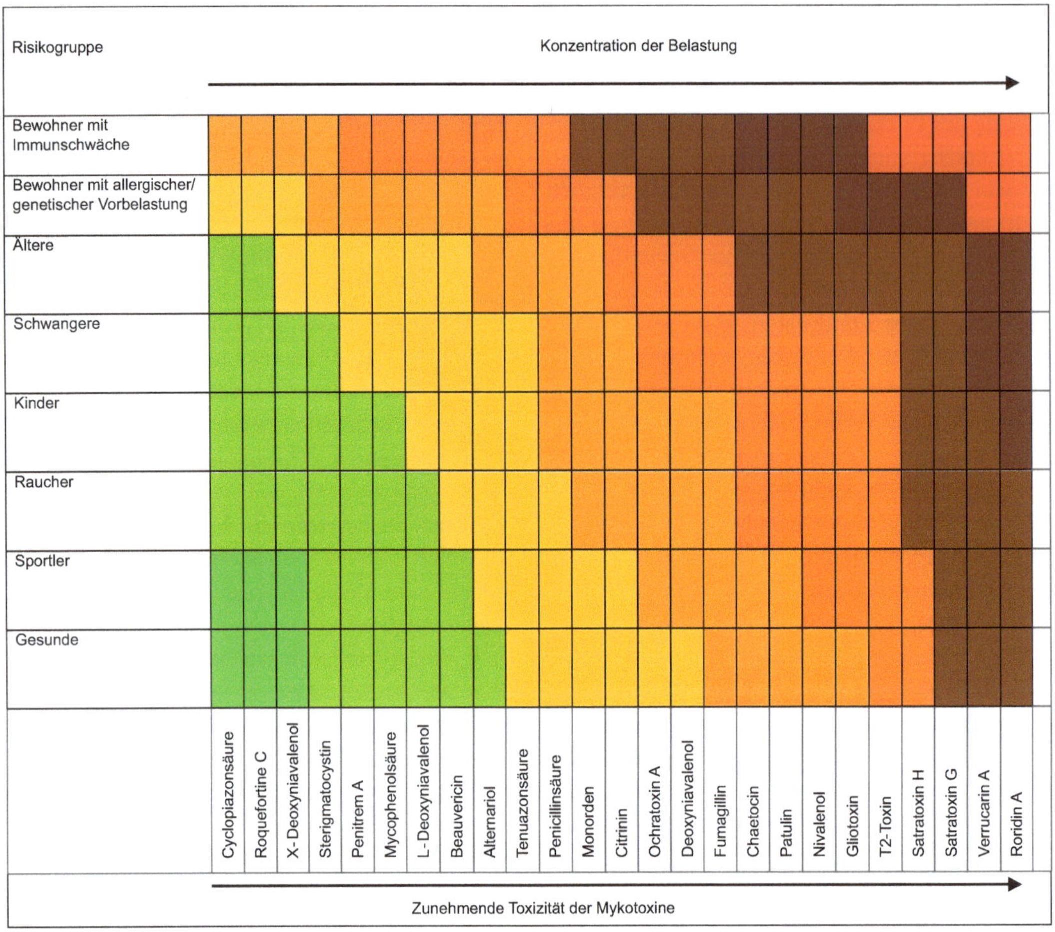

Abb. 11.2 gesundheitliche Auswirkungen von Mykotoxinen auf verschiedene Risikogruppen

11.12 Risikoanalyse und -bewertung

Die Risikoanalyse und -bewertung von Feuchte- und/oder Schimmelpilzschäden in privat genutzten Innenräumen ist unter medizinischen Gesichtspunkten ein äußerst schwieriges Thema. Dies hat multikausale und komplexe Ursachen. Grundsätzlich ist ein mikrobieller Befall durch Schimmelpilze (und Bakterien) lt. Umweltbundesamt (UBA) als hygienisches Problem einzustufen, von dem ein mögliches Gesundheitsrisiko ausgehen bzw. diverse gesundheitliche Beeinträchtigungen einhergehen können. Daher wird in dem aktuellen Leitfaden „Zur Vorbeugung, Erfassung und Sanierung von Schimmelbefall in Gebäuden" des Umweltbundesamtes empfohlen, Schimmelpilzbefall in Innenräumen nach dem Prinzip der Vorsorge unbedingt zu minimieren und zu entfernen. Zu dieser Einschätzung kommt das UBA, obwohl ein kausaler und/oder quantitativer Zusammenhang zwischen dem mikrobiellen Befall durch innenraumtypische Schimmelpilze und konkreten Gesundheitsbeschwerden nicht eindeutig hergestellt werden kann.

Nach dem aktuellen wissenschaftlichen Kenntnisstand geht man davon aus, dass von einigen Schimmelpilzarten sensibilisierende und allergische Reaktionen sowie reizende oder toxische Wirkungen bis hin zu Infektionen verursacht werden, die bestimmten gesundheitlichen Beschwerden zugeordnet werden können. Darüber hinaus gibt es unspezifische geruchliche Wirkungen und Befindlichkeitsstörungen, die den Mikroorganismen und ihren Stoffwechselprodukten wie z. B.

Mykotoxinen, Endotoxinen oder MVOC zugeschrieben werden. Gleichzeitig ist bekannt, dass nicht alle Schimmelpilzarten pathogene Eigenschaften haben. Daher können Aussagen über eine mögliche Gesundheitsgefahr durch Schimmelpilze nicht pauschal getroffen werden und müssen immer differenziert erfolgen. Hinzu kommt, dass viele Symptome eher unspezifisch sind und auch anderen Schadstoffen und Umwelteinflüssen zugerechnet werden können.

Dies ist einer von mehreren Gründen, weshalb es bislang keine gesetzlichen Grenz-, Richt- oder Orientierungswerte für Schimmelpilzbefall und -wachstum in privat genutzten Innenräumen gibt und vorläufig auch nicht geben wird. Zu viele variable und individuelle Einflussfaktoren müss(t)en berücksichtigt werden, was eine „Normierung" des privaten Umfeldes unmöglich macht. Denn Art und Umfang von Gesundheitsbeschwerden werden nicht nur durch das Ausmaß biogener Stäube, Schimmelpilzsporen und anderen mikrobiellen Partikeln bestimmt, sondern auch durch den individuellen Gesundheitszustand der Raumnutzer. Dieser wird durch die so genannte Prädisposition (oder auch das natürliche bzw. angeborene Immunsystem) sowie Disposition (oder das adaptive bzw. erworbene Immunsystem) beeinflusst. Deshalb „reagieren" einige Menschen auf Schimmelpilze, während andere diese nicht einmal wahrnehmen.

Um das emotionale Thema zu versachlichen, haben die „Innenraumhygiene-Kommission" des Umweltbundesamtes (UBA), die Kommission „Methoden und Qualitätssicherung in der Umweltmedizin" des Robert Koch-Institutes (RKI) und die Gesellschaft für Hygiene, Umweltmedizin und Präventivmedizin (GHUP) entsprechende Publikationen veröffentlicht, die in Zusammenarbeit mit zahlreichen Experten u. a. aus der Mikrobiologie, Allergologie, Immunologie, Infektiologie, Dermatologie und Toxikologie entstanden sind. Besonders hervorzuheben ist die Leitlinie „Medizinisch klinische Diagnostik bei Schimmelpilzexposition in Innenräumen" der AWMF (Arbeitsgemeinschaft der Wissenschaftlichen Medizinischen Fachgesellschaften). In dieser wird das gesundheitliche Risiko durch eine allergische Reaktion, reizende und/oder toxische Wirkungen, Infektionen sowie durch geruchliche Wirkungen analysiert und bewertet.

Die AWMF-Leitlinie weist daraufhin, dass das sensibilisierende Potenzial von Schimmelpilzen im Vergleich zu anderen Umweltallergenen wie z. B. Pollen, Hausstaubmilben oder auch Tierhaaren deutlich geringer einzuschätzen ist. Experten gehen aktuell davon aus, dass die so genannte Sensibilisierungsprävalenz bei 3 bis 10 %, gemessen an der Gesamtbevölkerung, liegt und somit vergleichsweise gering ist. Die Prävalenz ist in der Epidemiologie und medizinischen Statistik eine Kennzahl z. B. für die Häufigkeit einer Krankheit. Derartige Zahlen müssen immer im Verhältnis betrachtet werden. Mikrobiologen gehen davon aus, dass es weltweit über eine Million Schimmelpilzarten gibt. In Mitteleuropa geht man von ca. 350.000 Arten aus. Davon wurden nur ca. 350 Schimmelpilzarten (0,1 %) als potenziell sensibilisierend unter http://www.allergome.org/ gelistet. Nur ein Drittel davon (ca. 100 Schimmelpilzarten) sind nach aktuellem Kenntnisstand von medizinischer oder umweltmedizinischer Bedeutung (0,03 %). Von nicht einmal 10 % dieser Schimmelpilzarten liegen überhaupt Testallergenlösungen vor und innenraumtypische Schimmelpilzallergenextrakte fehlen nahezu komplett. Dies erschwert eine reproduzierbare schimmelpilzassoziierte Innenraumdiagnostik.

Aus allergologischer Sicht ist eine Dosis-Wirkungsbeziehung aus der mikrobiellen Exposition nicht allein ausschlaggebend für eine Sensibilisierung und allergischen Reaktion. Die Sensibilisierung mit der Bildung von spezifischen IgE-Antikörpern und die Auslösung von allergischen Reaktionen erfolgt durch so genannte Peptide. Hierbei handelt es sich um kleinere Eiweißstrukturen (Proteine). Ihre Bausteine sind mehrere Aminosäuren, die durch Peptidbindungen verbunden sind. Peptide haben zahlreiche Funktionen wie z. B. Botenstoffe oder Hormone im menschlichen Körper. Daher ist es nicht erforderlich, dass Schimmelpilzsporen oder andere mikrobielle Partikel wie z. B. Hyphen oder Myzel vorliegen. Vielmehr ist die so genannte Allergenität dieser Peptide (Proteine) entscheidend. Die Allergenität beschreibt die Fähigkeit, eine nicht normale

	Mögliches Gesundheitsrisiko nimmt zu →				
	ohne genetische Vorbelastung	mit genetischer Vorbelastung	Atopie (ohne Allergie auf Schimmelpilze)	Allergie** gegen Schimmelpilze (allgemein)	Allergie** gegen spezifische Schimmelpilzarten
Schimmelpilze mit einer sensibilisierenden und/oder allergisierenden Wirkung*					

* z. B. Alternaria alternata, Aspergillus fumigatus, Cladosporium sp., Penicillium chrysogenum

** Nachweis der klinischen Relevanz einer im Allergietest festgestellten Sensibilisierung erforderlich!

Abb. 11.3 Sensibilisierungsrisiko durch Schimmelpilze[7]

Immunreaktion hervorzurufen, die bei Menschen z. B. allergische Reaktionen auslösen.

Menschen z. B. mit einer Atopie, Rhinokonjunktivitis oder Rhinosinusitis (Typ-I-Allergie) sind eine besonders gefährdete Risikogruppe. Ein Feuchte- und/oder Schimmelpilzschaden stellt lt. AWMF-Leitlinie einen Risikofaktor für die Ausbildung von Asthma bronchiale dar. Eine Quantifizierung des Gesundheitsrisikos kann auf Grundlage des aktuellen Wissensstandes allerdings nicht abgeleitet werden. Dennoch befindet sich in der AWMF-Leitlinie eine semiquantitative Risikobewertung über evtl. schimmelpilzassoziierte Gesundheitsstörungen durch Sensibilisierung und allergische Reaktion in Innenräumen (siehe Abb. 11.3).

Grundsätzlich können Intoxikationen nur von Schimmelpilzarten verursacht werden, die auch in der Lage sind, Giftstoffe (Mykotoxine) zu bilden. Damit scheidet bereits ein Großteil der Schimmelpilzarten aus, die normalerweise in privat genutzten Innenräumen nachgewiesen werden. Hinzu kommt, dass die Toxinbildung im Einzelfall von den individuellen Umgebungs- und/oder Wachstumsbedingungen abhängig sind. Dies bedeutet, dass selbst Schimmelpilze, die potenziell in der Lage wären, u. U. Mykotoxine zu bilden, dies nicht automatisch auch tun. Denn hierfür müssen spezifische Voraussetzungen vorliegen. Eine davon könnte z. B. der Einsatz von Bioziden sein, so dass es oftmals besser wäre, die Schimmelpilze damit nicht zu bekämpfen und somit zu „stressen“, sondern andere Maßnahmen (z. B. Einkapseln) zu nutzen.

Mehrere Studien belegen zudem, dass die in privat genutzten Innenräumen üblicherweise gemessenen Mykotoxin-Konzentrationen weit unter den Werten liegen, bei denen Intoxikationen vorstellbar sind. Hinzu kommt, dass nach aktuellem Kenntnisstand bei Menschen keine Faktoren bekannt sind, die eine toxische Wirkung durch die inhalative Aufnahme von Mykotoxinen begünstigen. Allerdings ist lt. AWMF-Leitlinie vorstellbar, dass bereits vorgeschädigte Organe durch die orale Aufnahme (also über die Nahrung) von Mykotoxinen in ihrem Krankheitsverlauf negativ beeinflusst werden. Deshalb kann eine Quantifizierung des Gesundheitsrisikos durch Intoxikationen auf Grundlage des aktuellen Wissensstandes nicht abgeleitet werden.

Anders verhält sich die Risikoanalyse und -bewertung bei einem möglichen Infektionsrisiko. Hier müssen verschiedene Ebenen unterschieden werden: auf der einen Ebene die normale Belastung durch biogene Stäube, Schimmelpilzsporen und anderen mikrobiellen Partikeln in privat genutzten Innenräumen im Gegensatz zur Belastung an prädestinierten Arbeitsplätzen wie z. B. in landwirtschaftlichen Betrieben und Gärtnereien, Deponien und Kompostanlagen, die einer höheren Exposition ausgesetzt sind und auf der anderen Ebene Menschen mit einem starken Immunsystem im Vergleich zu Menschen mit einer Immunsuppression bzw. Immunschwäche. Für gesunde Menschen mit einem starken Immunsystem kann ein mögliches Infektionsrisiko in privat genutzten Innenräumen nahezu vernachlässigt werden. Die meisten Schimmelpilzarten sind in der Risikogruppe 1 und nur wenige in der Risikogruppe 2 eingestuft. Für berufliche Tätigkeiten, bei denen höhere Expositionen durch Schimmelpilze auftreten können, gilt die Biostoffverordnung. In dieser wird ein mögliches Infektionsrisiko von biologischen Arbeitsstoffen in vier Risikogruppen eingeteilt:

- Risikogruppe 1: Biologische Arbeitsstoffe, bei denen es unwahrscheinlich ist, dass sie beim Menschen eine Krankheit verursachen,

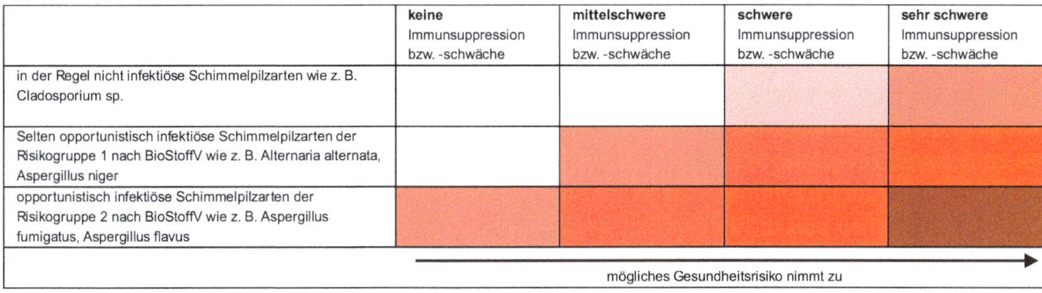

Abb. 11.4 Infektionsgefährdung durch Schimmelpilze[7]

- Risikogruppe 2: Biologische Arbeitsstoffe, die eine Krankheit beim Menschen hervorrufen und eine Gefahr darstellen können (eine Verbreitung des Stoffes in der Bevölkerung ist unwahrscheinlich; eine wirksame Vorbeugung oder Behandlung ist normalerweise möglich),
- Risikogruppe 3: Biologische Arbeitsstoffe, die eine schwere Krankheit beim Menschen hervorrufen und eine ernste Gefahr darstellen können (die Gefahr einer Verbreitung in der Bevölkerung kann bestehen, doch ist normalerweise eine wirksame Vorbeugung oder Behandlung möglich),
- Risikogruppe 4: Biologische Arbeitsstoffe, die eine schwere Krankheit beim Menschen hervorrufen und eine ernste Gefahr darstellen (die Gefahr einer Verbreitung in der Bevölkerung ist u. U. groß; normalerweise ist eine wirksame Vorbeugung oder Behandlung nicht möglich). Hierbei muss angemerkt werden, dass sich in der Risikogruppe 4 keine Schimmelpilze befinden!

Infektionen durch Schimmelpilze werden als Mykosen (oder auch Systemmykosen) bezeichnet. Hierbei handelt es sich um so genannte opportunistische Infektionen, da sie eine Störung oder Schwächung des Immunsystems ausnutzen. Betroffene Menschen werden als Risikogruppe bezeichnet, da thermotolerante Schimmelpilzarten wie z. B. Aspergillus flavus, Aspergillus fumigatus, Aspergillus niger oder Aspergillus terreus bei ihnen invasive Infektionen auslösen können, obwohl die gleichen Schimmelpilzarten bei gesunden Menschen mit einem starken Immunsystem völlig unauffällig sind.

In der AWMF-Leitlinie „Medizinisch klinische Diagnostik bei Schimmelpilzexposition in Innenräumen“ werden Menschen mit einer Immunsuppression bzw. Immunschwäche lt. Empfehlung der KRINKO (Kommission für Krankenhaushygiene und Infektionsprävention) beim Robert Koch Institut in drei Risikogruppen eingeteilt:

- Risikogruppe 1: mittelschwere Immunsuppression bzw. Immunschwäche
- Risikogruppe 2: schwere Immunsuppression bzw. Immunschwäche
- Risikogruppe 3: sehr schwere Immunsuppression bzw. Immunschwäche

Eine Quantifizierung des Gesundheitsrisikos durch Infektionen kann auf Grundlage des aktuellen Wissensstandes nicht vorgenommen werden. Dennoch befindet sich in der AWMF-Leitlinie eine semiquantitative Risikobewertung (siehe Abb. 11.4) über eine mögliche schimmelpilzassoziierte Infektionsgefährdung in Innenräumen.[7]

Eine Gesundheitsgefährdung durch geruchliche Wirkungen oder Befindlichkeitsstörungen können nicht ausgelöst werden, auch wenn diese von vielen Menschen als unangenehm wahrgenommen werden.

Nach dem wissenschaftlich abgesicherten Kenntnisstand werden Schimmelpilz assoziierte Gesundheitsstörungen in privat genutzten Innenräumen vor allem durch allergische Reaktionen sowie reizende Wirkungen der Schleimhäute sowie der Atemwege verursacht. Toxische Wirkungen werden nur durch sehr hohe Konzentrationen von Bioaerosolen verursacht, die in privat genutzten Innenräumen in der Regel nicht vorkommen. Infektionen durch Schimmelpilze kommen in privat genutzten Innenräumen äußerst selten vor.

In diesen Ausnahmefällen müssen mehrere ungünstige Einflussfaktoren aufeinanderstoßen und spezifische Schimmelpilzarten wie Aspergillus fumigatus in hoher Konzentration auf Menschen mit einer Immunschwäche treffen.

Da die individuelle Empfindlichkeit von betroffenen Menschen und die Exposition gegenüber biogenen Stäuben, Schimmelpilzsporen und anderen mikrobiellen Partikeln stark variieren, können keine konkreten und auf den Einzelfall abgestimmte Grenz-, Richt- oder Orientierungswerte festgelegt werden. Eine gesundheitliche Risikobewertung für den Einzelfall ist generell nicht möglich. Von „offizieller Seite" werden diese Fälle nur als bedenklich eingestuft, die grundsätzlich saniert werden sollen.

11.13 Anamnese und Diagnostik

11.13.1 Einleitung

Auslöser für eine medizinische Anamnese und Diagnostik im Zusammenhang mit mikrobiellen Belastungen in privat genutzten Innenräumen können sehr vielfältig sein. In der Regel liegen typische Symptome wie Sensibilisierungen oder allergische Reaktionen vor, die mit einem sichtbaren Befall oder verdeckten Befall von Schimmelpilzen und/oder Bakterien in Verbindung gebracht werden. In einigen Fällen können auch unspezifische Symptome im Zusammenhang mit reizenden und/oder toxischen Wirkungen der Grund für Untersuchungen durch einen Arzt sein. Können Befindlichkeitsstörungen oder Gesundheitsbeschwerden z. B. aus Geruchsbelästigungen nicht direkt einer konkreten Schimmelpilzexposition zugewiesen werden, liegen häufig Verdachtsmomente für umweltbezogene Ursachen und/oder Schimmelpilzschäden in Innenräumen vor. In seltenen Fällen liegen Infektionen vor, für die eine ärztliche Untersuchung angezeigt ist. Nicht zuletzt können auch rechtliche Aspekte Auslöser für ärztliche Untersuchungen sein.

Einleitend muss erwähnt werden, dass diagnostische Methoden zur Erfassung und Bewertung von Gesundheitsstörungen, -beschwerden und -erkrankungen durch biogene Stäube inkl. der von Schimmelpilzen produzierten Mykotoxine und/oder MVOC, aktiven (viable) oder inaktiven (non-viable) Schimmelpilzsporen sowie anderen mikrobiellen Partikeln (z. B. Hyphen, Myzelien) bisher unzureichend entwickelt oder nicht ausreichend genau sind. Zu dieser Einschätzung kommen Experten der Kommission „Methoden und Qualitätssicherung in der Umweltmedizin" des Robert Koch-Institutes, der „Innenraumhygiene-Kommission" des Umweltbundesamtes (UBA) und der Gesellschaft für Hygiene, Umweltmedizin und Präventivmedizin (GHUP). In der Leitlinie „Medizinisch klinische Diagnostik bei Schimmelpilzexposition in Innenräumen" der AWMF (Arbeitsgemeinschaft der Wissenschaftlichen Medizinischen Fachgesellschaften) wie auch im aktuellen Leitfaden „Zur Vorbeugung, Erfassung und Sanierung von Schimmelbefall in Gebäuden" des UBA wird zudem eingeräumt, dass es keine abgestimmte Lehrmeinung auf dem Gebiet „Schimmelpilze und gesundheitliche Risiken" gibt und eine Bestimmung innenraumtypischer Schimmelpilzarten für die medizinische Diagnostik nur in Ausnahmen wie z. B. einer Gefährdung durch Infektionen sinnvoll ist. Weiterhin wird von den Experten eingeräumt, dass die analytischen Möglichkeiten derzeit eine Risikobewertung von Mykotoxinen in Innenräumen nicht zulassen.

Einig sind sich die Experten, dass medizinische Untersuchungen und die Bewertung eines evtl. Gesundheitsrisikos durch Schimmelpilze in Innenräumen primär ärztliche Aufgaben sind und eine gesundheitliche Gefährdung von Biostoffen nicht durch Bausachverständige, Handwerker, Baubiologen, Juristen oder Mieter/Vermieter festgestellt werden sollte. Schließlich werden Art und Umfang von Gesundheitsbeschwerden nicht nur durch das Ausmaß an biogenen Stäuben, Schimmelpilzsporen und anderen mikrobiellen Partikeln bestimmt, sondern auch durch das natürliche bzw. angeborene Immunsystem sowie durch das adaptive bzw. erworbene Immunsystem beeinflusst. Darin liegt die Ursache, weshalb einige Menschen auf Schimmelpilze „reagieren", während andere diese nicht einmal „wahrnehmen". Die Beurteilung darüber ist ausschließlich eine medizinische Aufgabe und bleibt somit einem Arzt, idealerweise einem Allergologen, vorbehalten.

Eine medizinische Anamnese und Diagnostik beginnt in der Regel mit der körperlichen Untersuchung. Hierbei sollte besonderes Augenmerk auf die Schleimhäute der Augen und der oberen Atemwege gelegt werden, da schimmelpilzassoziierte Befindlichkeitsstörungen, Sensibilisierung oder allergische Reaktionen sowie reizende und/oder toxische Wirkungen vor allem an den Schleimhäuten der Augen und der oberen Atemwege festgestellt werden. Hierbei umfasst die Anamnese neben der allergologischen Anamnese (Biomonitoring) je nach Fragestellung und Umfeldbedingungen des Patienten auch eine umweltmedizinische Anamnese (Umweltmonitoring) sowie eine differentialdiagnostische Anamnese. Denn neben einer Schimmelpilzexposition in privat genutzten Innenräumen können mikrobielle Belastungen auch an Arbeitsplätzen, im Freizeitbereich oder öffentlichen Verkehrsmitteln und dem privaten PKW vorliegen. Hinzu kommt, dass in allen diesen Lebensbereichen betroffener Patienten auch andere Expositionen auftreten können wie z. B. chemische Schadstoffe, die ähnliche Symptome wie bei einer Schimmelpilzexposition auslösen können. Hinzu kommt die Eigenanamnese unter Berücksichtigung der genetischen Veranlagung (Atopie).

Diese Untersuchungen bilden die Entscheidungsgrundlage, ob und in welchem Umfang weiterführende Untersuchungen sinnvoll oder notwendig sind, um eine medizinische Diagnostik durchführen und eine gezielte Therapie und Behandlung anwenden zu können.

11.13.2 Allergologische Diagnostik

Unter allergologische Diagnostik (Allergiediagnostik) werden alle Untersuchungsverfahren verstanden, die zum Nachweis und der Ursachenaufklärung von Allergien beitragen. Konkret geht es um das Auffinden der verantwortlichen Allergene. Hierbei unterscheidet sich die Diagnostik bei schimmelpilzassoziierten Allergien und das stufenweise Vorgehen nicht von der Diagnostik bei anderen allergischen Erkrankungen. Nach der Anamnese und körperlichen Untersuchung erfolgen mit der so genannten „In-vivo-Diagnostik“ (in vivo = im oder am Organismus) und ggf. „In-vitro-Diagnostik“ (in vitro = im Glas) weiterführende Hauttests.

Die „In-vivo-Diagnostik“ stellt den klassischen Allergietest dar. Hierbei werden mehrere Allergenextrakte in einem gewissen Abstand zueinander auf bzw. unter die Haut des Patienten eingebracht. Dies hat den Vorteil, dass mehrere Allergene gleichzeitig nebeneinander getestet und ausgewertet werden können. Nachdem die Allergenextrakte eingebracht wurden, wird Histamin freigesetzt und bewirkt eine Entzündung im Gewebe. Diese gibt Hinweise auf das auslösende Allergen bzw. seine allergene Potenz und drückt den Grad der allergischen Reaktion aus.

Die „In-vivo-Diagnostik“ ist für den Patienten im Vergleich zur „In-vitro-Diagnostik“ nicht ganz ungefährlich, da der Patient bewusst Allergenen ausgesetzt wird und es infolgedessen zu einer Veränderung des Sensibilisierungsgrades kommen kann. Deshalb sind diese Testverfahren am Patienten nicht unumstritten, allerdings kann die Allergologie auf sie (noch) nicht verzichten.

Hauttests im Rahmen der Allergiediagnostik werden je nach Applikation zwischen dem Prick-Test und Scratch-Test unterschieden sowie je nach Lokalisierung zwischen dem Epikutan- und Intrakutan-Test. Beim Prick-Test (oder Stech-Test) wird ein Tropfen des Allergenextraktes mit einer sehr dünnen Nadel ca. 1 mm unter die Haut gespritzt. Die Anwendung erfolgt in der Regel am Unterarm oder dem Rücken. Nach ca. 15 min kann anhand von Hautrötungen abgelesen werden, ob und welche Substanz eine allergische Reaktion auslöst. Beim Scratch-Test wird das Allergenextrakt auf die Haut gegeben und die Haut anschließend mit einer Lanzette ca. 5 mm angeritzt. Anhand der verschiedenen Verdünnungen kann der Allergologe die Empfindlichkeit auf dieses Allergen bewerten.

Beim Epikutan-Test („auf-der-Haut-Test“), auch als Patchtest bezeichnet, wird die oberste Hautschicht vorsichtig abgeschliffen und das Allergenextrakt auf die vorbehandelte Stelle aufgetragen und mit einem Verband abgedeckt (siehe Abb. 11.5 und 11.6). Die anschließende allergische Reaktion macht sich durch eine Schwellung und Rötung der Haut und ggf. einem Juckreiz be-

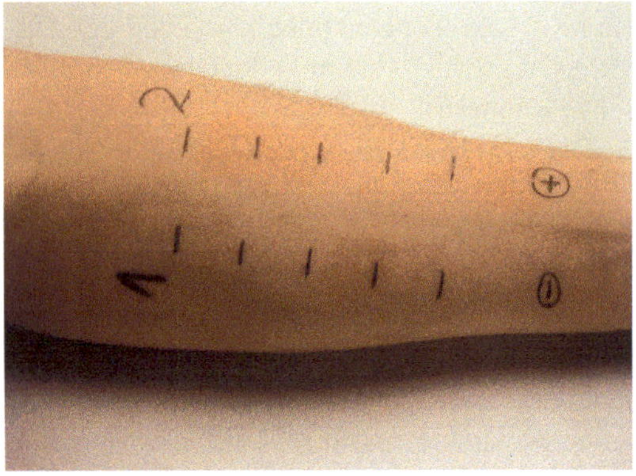

Abb. 11.5 Epikutan-Test

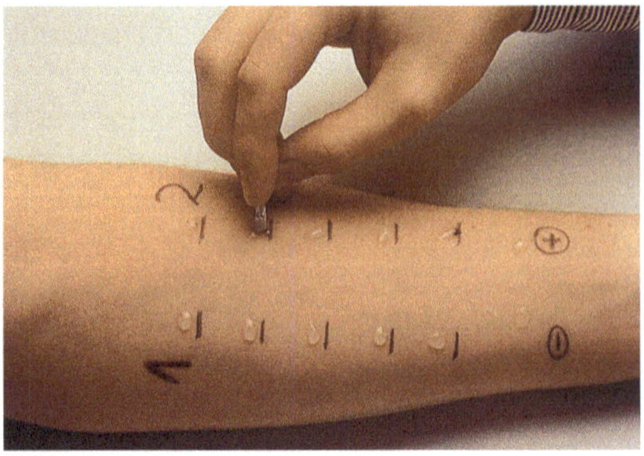

Abb. 11.6 Epikutan-Test

merkbar, der bereits wenige Minuten nach dem Allergenkontakt auftreten kann. Eine Abwandlung dieses Tests stellt der Reibetest dar, der bei besonders empfindlichen Menschen angewendet wird.

Beim Intrakutan-Test („in-der-Haut-Test") wird das Allergenextrakt in die Haut, bevorzugt auf dem Rücken, gespritzt (siehe Abb. 11.7). Nur bei hochgradig sensibilisierten Patienten und/oder Substanzen, die als hochgradig allergenpotent eingestuft werden, sollte der Intrakutan-Test auf dem Unterarm (und nicht auf dem Rücken) durchgeführt werden. Zwischen den einzelnen Einstichen ist ein Abstand von mindestens 5 cm einzuhalten, um Überschneidungen der allergischen Reaktionen zu vermeiden. Neben einer Sofortreaktion (Typ-I-Allergie) nach wenigen Minuten z. B. als Quaddel oder Erythem kann in Ausnahmen auch eine verzögerte Sofortreaktion (Typ-III-Allergie) nach 4 bis 6 h (in Ausnahmen auch bis 12 h) z. B. als gerötete Papel oder Ekzem und sehr selten eine Spätreaktion (Typ-IV-Allergie) nach 12 bis 24 h (in Ausnahmen auch bis 48 h) auftreten (siehe Abb. 11.8). Ursächlich hierfür ist u. a., dass beim Intrakutan-Test mehr Menge an Allergenextrakte eingespritzt wird als beim Epikutan-Test. Infolgedessen sind die Risiken höher, so dass derartige Tests nur durchgeführt werden sollten, wenn andere Verfahren ungeeignet sind. Die Einnahme von Medikamenten mit Einfluss auf die Immunreaktion kann das Ergebnis beeinflussen.

Wenn Hauttests („In-vivo-Diagnostik") und serologische Untersuchungen („In-vitro-Diagnostik") keine eindeutigen Diagnosen für schimmelpilzassoziierte Allergien ergeben, können weiterführende Provokationstest zum Einsatz kommen. Im Zusammenhang mit biogenen Stäuben inkl. der von Schimmelpilzen produzierten Mykotoxine und/oder MVOC, aktiven (viable) oder inaktiven (non-viable) Schimmelpilzsporen sowie anderen mikrobiellen Partikeln (z. B. Hyphen, Myzelien) wird unterschieden zwischen

- dem nasalen Provokationstest (Schleimhäute),
- dem inhalativen (oder bronchialer) Provokationstest (Atemwege) und
- dem konjunktivalen Provokationstest (Bindehaut).

Bei dem nasalen und inhalativen Provokationstest wird der Patient mit den im Verdacht stehenden Allergenen auf natürlichem Weg direkt konfrontiert, in dem das Allergen auf die Nasenschleimhaut des Patienten aufgetragen oder durch Inhalation der Bronchialschleimhaut zugeführt wird. Das Ziel besteht darin, infolgedessen eine allergische Reaktion mit den dafür typischen Symptomen bzw. Atemwegsbeschwerden zu provozieren. Diese können sich z. B. durch einen Niesreiz, Fließschnupfen oder einem Anschwellen der Nasenschleimhaut zeigen.

Der nasale Provokationstest (siehe Abb. 11.9) gilt als ein einfaches, aber auch zeitaufwändiges, Verfahren. Allein die Testung eines Allergens kann zwischen 30 bis 45 min dauern. Nur bei einem negativen Ergebnis können weitere Allergene getestet werden. Bei einem positiven Ergebnis kann die Testung frühestens nach 24 h, besser 48 h, fortgeführt werden, um Spätreaktionen aus-

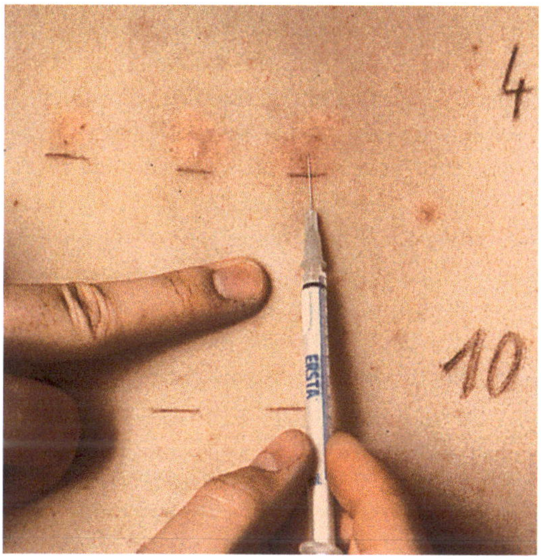

Abb. 11.7 Intrakutan-Test

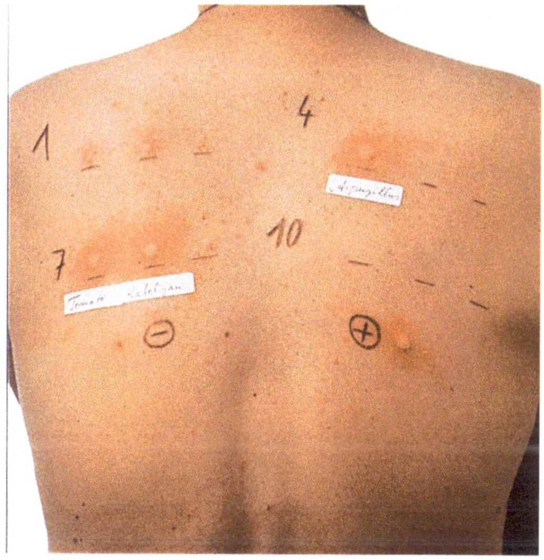

Abb. 11.8 Intrakutan-Test

schließen zu können. Bei mehreren zu testenden Allergenen müssen daher mehrere Sitzungen eingeplant werden. Der nasale Provokationstest gilt in der Regel als sicheres Verfahren. Dennoch besteht bei jedem Provokationstest das Risiko einer schweren allergischen Reaktion bis hin im ungünstigsten Fall für einen anaphylaktischen Schock. Deshalb sollten derartige Testungen nur unter ärztlicher Aufsicht oder qualifiziertem medizinischen Personal durchgeführt werden.

Der inhalative (oder bronchiale) Provokationstest kommt zum Einsatz, wenn die tieferen Atemwege (Bronchien) auf Inhalationsallergene getestet werden. Er dient dem Nachweis einer bronchialen Hyperreaktion wie z. B. bei Asthma bronchiale. In der Allergologie wird hierzu die Spirometrie eingesetzt. Sie erfasst die Veränderungen von Lungenparametern, nachdem dem Patienten unter kontrollierten Bedingungen Methacholin über einen Vernebler zugeführt wurde. Methacholin ist eine quartäre Ammoniumverbindung und ein Derivat von Acetylcholin. Sobald sich die Lungenparameter unter den Schwellenwert von 0,5 mg verändern, wird der Test als positiv gewertet. Ein inhalativer (oder bronchialer) Provokationstest kann einen Asthmaanfall auslösen. Deshalb darf dieser Test nur von autorisiertem Fachpersonal in einem entsprechend ausgerüsteten Lungenfunktionslabor und unter

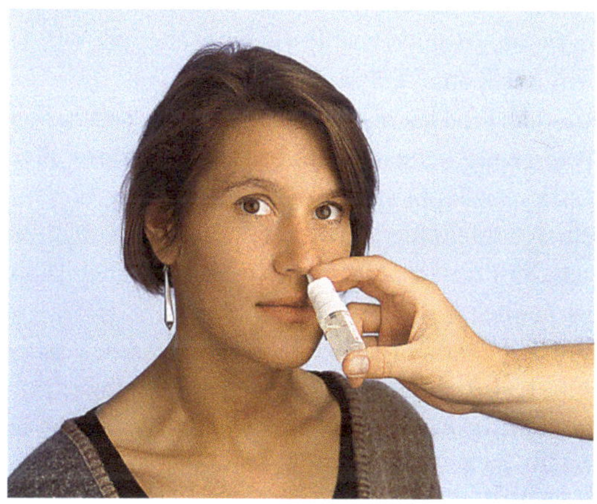

Abb. 11.9 nasaler Provokationstest

Erreichbarkeit eines Notfallmediziners durchgeführt werden. Generell gilt, dass dieser Provokationstest nur durchgeführt werden sollte, wenn alle anderen diagnostischen Methoden ausscheiden oder nicht zielführend sind.

Beim konjunktivalen Provokationstest wird das im Verdacht stehende Allergen zunächst in den unteren Bindehautsack (am Auge) geträufelt und eine mögliche allergische Reaktion innerhalb von 10 bis 15 min abgewartet (Referenzauge). Anschließend wird das Allergen in die untere Konjunktiva des anderen Auges appliziert (Testauge). Ein positives Ergebnis zeigt sich in einem Juckreiz, Augentränen und zunehmende

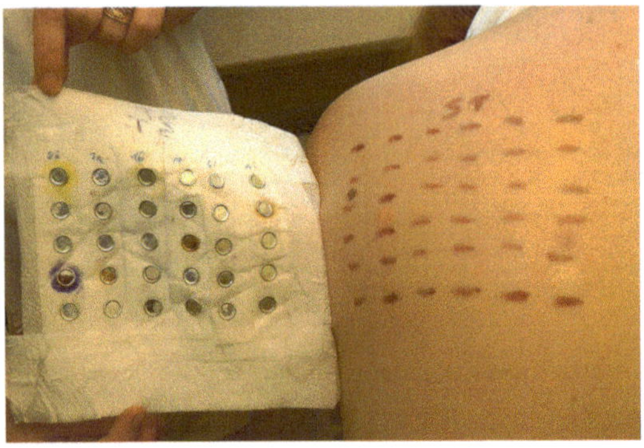

Abb. 11.10 Pflastertest

Rötung. Der konjunktivale Provokationstest ist bisher nicht ausreichend validiert und stellt kein medizinisch-klinisches Standardverfahren zur Diagnostik bei allergischer Bindehautentzündung (Konjunktivitis) der Augen dar.

Darüber hinaus werden auch Pflaster-Tests (so genannte Atopie-Patchtest) eingesetzt, die vor allem bei Kontaktekzemen geeignet sind. Hierbei werden Pflaster mit den im Verdacht stehenden Allergenen versehen und auf den Oberarm oder Rücken geklebt (siehe Abb. 11.10). Der Verlauf einer Kontaktallergie dauert länger, deshalb müssen die Pflaster zwei bis drei Tage auf der Haut verbleiben.

Abschließend soll darauf hingewiesen werden, dass bei der Auswahl von zu testenden Allergenextrakten individuelle, berufliche sowie regionale und jahreszeitliche Gegebenheiten zu berücksichtigen sind. Um eine Sensibilisierung und allergische Reaktionen durch Umweltgifte und/oder chemische Schadstoffe in Innenräumen als Ursache ausschließen zu können, muss die allergologische Differentialdiagnose zum Einsatz kommen.

11.13.3 Allergologische Differentialdiagnostik

Die unterschiedlichen Gesundheitseffekte, die durch heterogene biogene Stäube inkl. der von Schimmelpilzen produzierten Stoffwechselprodukte wie z. B. Mykotoxine oder MVOC sowie aktiven (viablen) oder inaktiven (non-viablen) Schimmelpilzsporen und anderen mikrobiellen Partikeln (z. B. Myzelien) in Innenräumen bei entsprechend ausgeprägter Exposition auftreten können, sind nicht durch einfache Mechanismen oder eins-zu-eins-Beziehungen erklärbar. Allergologen und Umweltmediziner sind sich einig, dass sensibilisierende und allergologische sowie nicht IgE-vermittelte immunologische Mechanismen genauso ineinanderwirken wie reizende, toxische und immunmodulierende Mechanismen.

Durch die Überlagerung dieser unspezifischen gesundheitlichen Effekte räumen sie ein, dass es bislang weitestgehend unklar ist, welche biologischen Substanzen und in welcher Konzentration für die unterschiedlichen Gesundheitsbeschwerden konkret ursächlich sind. Hinzu kommt, dass unspezifische Symptome wie z. B. Müdigkeit, Kopfschmerzen, Husten und Schnupfen nicht nur durch Schimmelpilze und/oder Bakterien sowie deren Stoffwechselprodukte (z. B. Endotoxine) verursacht werden können, sondern auch durch andere Mikroorganismen wie z. B. Milben und/oder Tiere (z. B. Katzenhaare, Vogelkot). Gleiches gilt für chemische Schadstoffe wie z. B. Biozide (Fungizide, Bakterizide, Insektizide usw.) oder VOC (z. B. Formaldehyd) oder andere Noxen (z. B. Tabakrauch). Neben diesen allergenen Substanzen in Innenräumen müssen zudem umweltbedingte Allergene wie z. B. Pollen und Gräser genannt werden.

Besonders problematisch ist, dass sich in der Außenluft eine „normale" Hintergrundbelastung durch biogene Stäube, Schimmelpilzsporen und andere mikrobielle Partikel befindet, die einen unmittelbaren Einfluss auf die Luftqualität in Innenräumen nimmt und Schwankungen durch einen saisonalen Zyklus oder jahreszeitlich bedingte Unterschiede und/oder witterungsbedingte Einflüsse (z. B. nach einem Gewitter) auftreten. Ebenfalls erwiesen ist, dass es regionale Unterschiede gibt z. B. zwischen der Bioaerosolkonzentration in Innenstädten gegenüber dem ländlichen Raum. Hinzu kommen unmittelbare Einflussfaktoren im Umfeld von Gebäuden wie z. B. die landwirtschaftliche Bewirtschaftung von Feldern und Äckern, Deponien und Kompostanlagen oder Mülltonnen. Weiterhin muss beachtet werden, dass „schimmelpilztypische" Symptome auch durch beruflich bedingte Expositionen am

Arbeitsplatz verursacht werden können oder im privaten Umfeld (z. B. durch eine verunreinigte Klimaanlage in privaten PKW) zu suchen sind. Ein großes Problem für Allergologen und Umweltmediziner besteht darin, dass für die medizinische Diagnostik schimmelpilzassoziierter Gesundheitsbeschwerden bislang nur sehr wenige Allergenextrakte von Schimmelpilzarten an sich zur Verfügung stehen und diese fast ausschließlich nur umwelttypische Schimmelpilzarten der Außenluft umfassen. Dies bedeutet, dass innenraumtypische Schimmelpilzallergenextrakte für die medizinische Diagnostik nur in absoluten Ausnahmen eingesetzt werden können.

Schimmelpilztypische Symptome werden nicht nur durch lebende (oder kultivierbare) Schimmelpilzsporen oder andere mikrobielle Partikeln wie z. B. Myzelien verursacht, sondern auch durch abgestorbene oder abgetötete (nicht mehr kultivierbare) Biomasse. Dies bedeutet u. a., dass z. B. auch nach Desinfektionsmaßnahmen noch allergene Substanzen vorhanden sein können und gesundheitliche Beschwerden auslösen können. Im Rahmen der Anamnese und Diagnostik muss berücksichtigt werden, dass die Exposition nicht nur inhalativ erfolgen muss, also z. B. durch das Einatmen von biogenen Stäuben oder luftgetragenen Schimmelpilzsporen, sondern die Aufnahme auch perkutan über Hautkontakt und/oder oral über Lebensmittel erfolgen kann. Allergologen und Umweltmediziner bezeichnen die Untersuchungen und Parameter, die sich mit der äußeren Exposition auseinandersetzen, also mit dem Kontakt außerhalb des menschlichen Körpers, als Umweltmonitoring. Dem gegenüber werden Untersuchungen und Parameter im menschlichen Körper als Biomonitoring bezeichnet. Darauf aufbauend beschreibt eine innere Exposition das Belastungsmonitoring und Effekte der Exposition ein Effektmonitoring.

Alle diese „Möglichkeiten“ müssen im Rahmen der Anamnese und Diagnose berücksichtigt werden und machen eine Abgrenzung von Schimmelpilz assoziierten Gesundheitsbeschwerden von weiteren Innenraumallergenen oder Expositionen aus der Umwelt fast unmöglich. Daher hat sich die allergologische Differentialdiagnostik zur Aufgabe gemacht, die unterschiedlichen Noxen und ihre individuellen Wirkungen auf den menschlichen Organismus zu analysieren und zu bewerten und zielgerichtete Therapien und Behandlungen zu entwickeln. Eine Schwerpunktaufgabe der allergologischen Differentialdiagnostik besteht darin, konkurrierende Allergene zu erfassen und in ihrer zeitlichen und medizinischen Wirkung von Gesundheitsbeschwerden abzugrenzen. Den geringsten Aussagewert haben allgemeine oder unspezifische Symptome wie z. B. Fieber, Kopfschmerzen, Schnupfen oder Husten, die bei einer Vielzahl von Erkrankungen vorkommen können.

11.13.4 Serologische Untersuchungen

In der Anamnese und Diagnostik schimmelpilzassoziierter Gesundheitsbeschwerden erfolgt eine Sensibilisierung auf allergene Substanzen durch Allergietests. Diese können entweder über die so genannte „In-vivo-Diagnostik“ (in vivo = im oder am Organismus) oder „In-vitro-Diagnostik“ (in vitro = im Glas) durchgeführt werden. Konkret geht es um das Auffinden der verantwortlichen Allergene. Neben unterschiedlichen Hauttests können diese über den Nachweis von spezifischen IgE- und/oder IgG-Antikörpern erfolgen. Für die Diagnostik der Allergischen Bronchopulmonalen Aspergillose, einem Allergietyp mit Komponenten einer Typ-I-Allergie, Typ-III-Allergie und Typ-IV-Allergie, die in der Regel durch den Schimmelpilz Aspergillus fumigatus verursacht wird, ist die Bestimmung der schimmelpilzartspezifischen IgE- und IgG-Antikörper angezeigt. Bei dieser seltenen Erkrankung u. a. bei Asthma bronchiale wie bei einer Exogen Allergischen Alveolitis wird die weiterführende allergologische Differentialdiagnostik dringend empfohlen. Die Bestimmung spezifischer IgG-Antikörper im Zusammenhang mit der allergologischen Diagnostik einer Schimmelpilzallergie vom Soforttyp hat dagegen keine diagnostische Bedeutung.

Im allgemeinen Sprachgebrauch wird diese „In-vitro-Diagnostik“ als Nachweis von Antikörpern als Serologie bezeichnet. Grundlage der serologischen Untersuchungen ist die Antigen-Antikörper-Reaktion, die auf dem „Schlüssel-

und-Schloss-Prinzip" basiert und im Labor durch verschiedene Messmethoden (u. a. Immunoassays) nachweisbar ist. In der Serologie als Teilgebiet der Immunologie geht es um die Wechselwirkung zwischen Antikörpern und Antigenen. Das menschliche Immunsystem bildet nach dem Kontakt mit einem Antigen spezifische Antikörper (so genannte Immunglobuline). Serologische Untersuchungen können sowohl das Antigen als auch die Antikörper nachweisen.

Zu den grundlegenden Untersuchungsmethoden gehören u. a. Immunoassays. Hierbei handelt es sich um einen biochemischen Test, mit dem Antikörper und/oder Antigene nachgewiesen werden. Immunoassays beinhalten einen spezifischen Antikörper, der sein Antigen bindet, und eine Markierung, die als Nachweis für diese Reaktion verwendet wird. Zu den bekanntesten gehören z. B. ELISA (Enzyme-Linked Immuno-Sorbent Assay). Dieser enzymgekoppelte Immunadsorptionstest ist eine hochsensitive Methode zum Nachweis von Antigenen und Antikörpern. Die Nachweisgrenzen liegen im Bereich von ppb (= parts per billion, steht für den Faktor 10^{-9}, also ein Milliardstel und entspricht ng/ml). Mit Hilfe des ELISA können Proteine (z. B. Antikörper) und Viren, aber auch niedermolekulare Verbindungen wie Hormone, Toxine und Pestizide in einer Probe (Blutserum, Urin oder Milch) nachgewiesen werden. Die Messungen erfolgen in der Regel mit einem ELISA Reader.

Im Ergebnis zeigt der Nachweis von allergenspezifischen IgE-Antikörpern eine spezifische Sensibilisierung an, bei der es sich aber nicht automatisch um eine Erkrankung handeln muss. Des Weiteren ist ein quantitativer Vergleich der Ergebnisse kaum möglich, da unterschiedliche biochemische Tests in der Bioanalytik eingesetzt werden und diese bislang international nicht standardisiert sind. Hinzu kommt, dass aktuell kaum Allergenextrakte von innenraumrelevanten Schimmelpilzarten in ausreichender Qualität kommerziell verfügbar und das Spektrum an verfügbaren Einzelallergenen der relevanten Schimmelpilze unzureichend sind. Die Ergebnisse der „In-vitro-Diagnostik" werden durch die Spezifität der Testmethode und der diagnostischen Sensitivität genauso bestimmt wie von der Qualität der verwendeten Allergenextrakte. Das Problem ist, dass trotz der zahlreich bekannten Schimmelpilzallergene derzeit nur zwölf Einzelallergene der Schimmelpilzarten Alternaria alternata, Aspergillus fumigatus, Aspergillus versicolor, Cladosporium herbarum und Stachybotrys chartarum für die molekulare Diagnostik zur Verfügung stehen.

In der Leitlinie „Medizinisch klinische Diagnostik bei Schimmelpilzexposition in Innenräumen" der Arbeitsgemeinschaft der Wissenschaftlichen Medizinischen Fachgesellschaften (AWMF) wird weiterhin darauf hingewiesen, dass einige serologische Untersuchungsmethoden wie z. B. der Nachweis von Zytokine, Immunkomplexe und β-1,3-D-Glucan im Serum sowie zelluläre Testsysteme keine Indikation bei der medizinischen Bewertung von schimmelpilzassoziierten Gesundheitsbeschwerden in privat genutzten Innenräumen haben. Bzgl. des Nachweises einer Intoxikation durch luftgetragene Mykotoxine im Serum gibt es erste Erkenntnisse aus einer immunochemischen Testreihe (Trichothecen-ELISA), die allerdings noch verifiziert werden müssen. Nach dem aktuellen Stand der analytischen Möglichkeiten lassen sich Innenraum indizierte Mykotoxine im Human-Biomonitoring weder bestimmen, noch bewerten.

11.14 Therapie und Behandlung

Die Begriffe Therapie und Behandlung werden häufig synonym verwendet und beschreiben in der Medizin die Heilung von Erkrankungen, Verletzungen oder Beschwerden. Grundlage hierfür stellt eine vorher erstellte Diagnose dar. Das Ziel der Therapie besteht darin, eine Heilung zu ermöglichen oder zu beschleunigen, zumindest aber die Symptome zu lindern oder zu beseitigen und somit die körperliche Funktion wieder herzustellen. Im Kontext von Schimmelpilzen sowie anderen Innenraumbelastungen kann die Therapie und Behandlung aus einem Dreiklang bestehen:

- medikamentöse Behandlung,
- spezifische Immuntherapie und
- Allergenkarenz.

Auch wenn ein kausaler und/oder quantitativer Zusammenhang zwischen einem sichtbaren Befall, nicht sichtbarem Befall oder verdeckten Befall von Schimmelpilzen und/oder Bakterien oder durch die von ihnen ausgelösten biogenen Stäube, in denen sich Stoffwechselprodukte wie z. B. Mykotoxine oder Endotoxine sowie MVOC befinden können, mit unterschiedlichen Gesundheitsbeschwerden wie Sensibilisierung und allergischen Reaktionen, reizenden und/oder toxischen Wirkungen, Infektionen oder Geruchsbelästigungen und unspezifischen Befindlichkeitsstörungen nicht nachgewiesen werden kann, ist lt. aktuellem Leitfaden „Zur Vorbeugung, Erfassung und Sanierung von Schimmelbefall in Gebäuden" des Umweltbundesamtes (UBA) aus hygienischer Sicht und nach dem Prinzip der Vorsorge Schimmelpilzbefall und -wachstum unbedingt zu beseitigen. Essenzielle Grundlage für eine Therapie und Behandlung ist zunächst die Beseitigung der primären und sekundären Ursachen. Hierzu können je nach Ursache und Wirkung die technische Sanierung, die technische Bautrocknung und/oder mikrobiologische Sanierung gehören, um eine weitere Exposition zu vermeiden. Gleiches gilt für präventive Maßnahmen wie z. B. eine Reduzierung der Staubbelastung.

Eine medikamentöse Behandlung schimmelpilzassoziierter Gesundheitsbeschwerden wie z. B. allergologische Krankheitsbilder wie etwa Rhinitis, Konjunktivitis, Sinusitis, Asthma bronchiale unterscheidet sich grundsätzlich nicht von der Therapie bei anderen Allergenen (z. B. Pollen und Gräser). Auch hier werden verschiedene Antiallergika, so genannte Antihistaminika, (Tabletten, Tropfen, Spray) eingesetzt, mit denen die Wirkung des Histamins abgeschwächt wird. Histamin ist ein Gewebshormon und im menschlichen Körper an allergischen Reaktionen und Entzündungsprozessen beteiligt. Es spielt eine zentrale Rolle bei der Abwehr von körperfremden Stoffen (Allergene). Allerdings können mit Antihistaminika die allergischen Symptome nur vorübergehend behandelt werden. Eine konkrete Empfehlung kann und soll an dieser Stelle ausdrücklich nicht gegeben werden und bleibt einem Allergologen oder Umweltmediziner vorbehalten.

Die einzige Therapie, mit der die Symptome langfristig gelindert werden können, ist eine spezifische Immuntherapie. Mit dieser Behandlung werden die Ursachen der Allergie kausal behandelt, in dem die Sensibilisierung des Immunsystems auf einen eigentlich harmlosen körperfremden Stoff (Allergen) normalisiert wird. Durch die so genannte Hyposensibilisierung „lernt" das Immunsystem, dass es sich bei dem Fremdkörper um einen harmlosen Stoff handelt und eben nicht um eine Bedrohung, die bekämpft werden muss. Daher reagiert das Immunsystem immer seltener und weniger empfindlich darauf. Erreicht wird dies durch eine gezielte Zuführung von Therapieallergenen. Die Allergene werden anfangs in sehr niedrigen Konzentrationen unter die Haut gespritzt und schrittweise unter ständiger Kontrolle gesteigert. Infolgedessen werden spezifische Antikörper und Botenstoffe aktiviert.

Eine spezifische Immuntherapie kann auch bei einer Schimmelpilzallergie angewandt werden. Voraussetzung für eine zielführende Hyposensibilisierung ist eine zuverlässige Identifizierung der auslösenden Allergene. Das Problem hierbei ist, dass viele Menschen gegen mehrere Allergene sensibilisiert sind. Daher müssen die entsprechenden Schimmelpilzallergene als Auslöser für die allergischen Reaktionen eindeutig diagnostiziert worden sein. Dies stellt bereits eine erhebliche Hürde dar, weil nur wenige Testallergene in geprüfter Qualität verfügbar sind.

Eine Hyposensibilisierung kann als subkutane Immuntherapie (Injektion) oder als sublinguale Immuntherapie (Tropfen) durchgeführt werden. Nach derzeitigem Kenntnisstand lässt sich eine erfolgreiche Behandlung nur bei zwei Schimmelpilzarten durch einige Studien belegen. Das Problem ist, dass es sich bei diesen beiden Arten (Alternaria alternata und Cladosporium herbarum) um zwei außenluftrelevante Schimmelpilzarten handelt und die Ergebnisse nicht einfach auf innenrauminduzierte Schimmelpilzallergene übertragen werden können, zumal entsprechende Langzeitstudien fehlen und somit nicht bekannt ist, wie lange der Schutzeffekt anhält. Somit ist die Wirksamkeit einer spezifischen Immuntherapie gegen Allergene von innenraumrelevanten

Schimmelpilzen bisher wissenschaftlich nicht ausreichend abgesichert, so dass eine Hyposensibilisierung in der Regel nicht durchgeführt werden kann.

Die beste Therapie ist unbestritten die, wenn jeglicher Kontakt zu allergenen Substanzen vermieden wird. Diese Vermeidungsstrategie nennt man Allergenkarenz. Unterstützt wird diese Strategie durch präventive Maßnahmen gegen Schimmelpilzbefall und -wachstum.

12 Rechtliche Aspekte

Inhaltsverzeichnis

F. Frössel, E. Heller, *Schimmelpilze in Wohnungen*, https://doi.org/10.1007/978-3-658-50425-0_12

12.1 Einleitung

Nach Jahrhunderten Erfahrung der Menschheit mit Schimmelpilzen stellt der Autor dieses Kapitels in der Praxis immer wieder fest, dass im Umgang mit Schimmelpilzen in Innenräumen immer noch sehr viel Unkenntnis und Unsicherheit herrschen. Die Anmerkungen im Vorwort setzen daher strukturell beim Problem an und orientieren sich weniger am Aufbau der darüberliegenden juristischen Beurteilung aus Gesetz und Rechtsprechung.

12.1.1 Bautechnische Entwicklungen und Schwerpunkte von Schimmelpilzschäden

In der Reaktion auf die vielfältigen und tiefgreifenden Probleme im Wohnungsbau ist aus ökologischen, finanziellen und bauzeitlichen Gründen ein starker Anstieg neuer Technologien festzustellen, die noch keinen hohen Marktanteil haben, dennoch aber beim Auftauchen von Problemen neue Beurteilungen erfordern (z. B. Schwammdächer als Antwort auf Starkregen; Retentionsdächer; neue Materialien).

12.1.2 Klimatische Veränderungen und ihre Folgen

Der kontinuierliche Temperaturanstieg in der Umwelt hat, soweit ersichtlich, bisher weder im rechtlichen noch im baulichen Bereich als ernstzunehmender Faktor Beachtung gefunden. Es sind widersprüchliche Entwicklungen festzustellen.

In 14 % aller Gebäude, schreibt das renommierte Institut Herkert für Österreich, sind Schimmelschäden festzustellen.[23]

„Die Architekturbiennale Venedig inszeniert urbane Überhitzung als begehbares Drama. Zeitgleich revolutionieren reversible Wärmepumpensysteme die Gebäudeklimatisierung – die Zukunft hat begonnen", schreibt die Redaktion Baukunst.art in ihrem Newsletter. Wie bedrohlich es ist, hat der Hitze-Check der Deutschen Umwelthilfe (www.duh.de – Pressemitteilung 12.06.2025) auch in 2025 deutlich gemacht: Mehr als zwölf Millionen Menschen in deutschen Städten sind an ihrem direkten Wohnort extremer Hitzebelastung ausgesetzt. Dabei sind es vor allem die ärmeren Viertel einer Stadt, die sich so stark aufheizen. Die Klimaveränderung trifft alle, aber nicht alle gleich. Auch in Deutschland müssen Menschen mit geringerem Einkommen stärker darunter leiden.

Ungeachtet dessen ist der Wärmeverbrauch in deutschen Wohnungen im Winter 2024/25 nach einer Pressemitteilung der Firma Techem vom 16.04.2025 um 23,6 % angestiegen. „Die aktuellen Zahlen zeigen, dass die Einsparanstrengungen der vergangenen Jahre nachgelassen haben", so ein Firmensprecher.

Nachdem Schimmelpilze als Auswirkung der Taupunktunterschreitung maßgeblich mit den Temperaturen zusammenhängt, drängt sich die Frage auf, welche Veränderungen in Zukunft zu erwarten sind.

Festzustellen ist jedenfalls, dass sich die Kalt- und Warm- sowie Feucht- und Trocken-Amplituden verschärft haben. Dies wirkt sich im ungedämmten Wohnungsbestand wohl dahin aus, dass das gewohnte Maß von Heizen und Lüften in verstärktem Maß nicht mehr ausreichen wird, um eine Schimmelpilzbildung zu vermeiden. Es lässt sich daher diskutieren, ob die veränderten Umweltbedingungen nur von den Mietern aufzufangen sind. Das Thema „Klimaanlagen und Schimmelpilzbildung" findet im Abschn. 12.5.4.5 eine eigene Behandlung.

12.1.3 Marktlage, Miethöhe und Investitionsbereitschaft

Die offensichtliche Krise im Bausektor, die auch von der aktuellen Regierung, wenn überhaupt, auch weiterhin mit völlig unzureichenden Methoden und unter Missachtung finanzieller Grundstrukturen angegangen wird, hat nicht nur zu vielfach nicht mehr bezahlbaren Mieten geführt, sondern in der Konsequenz auch zum Einschlafen der Gebäudesanierungen, deren Kosten kaum noch auf die Mieter umgelegt werden können, weil sowohl der Anstieg der Grundmieten als auch der Betriebskosten flächendeckend die Belastungsgrenze erreicht haben. Weder die diversen Versuche der Mietendeckelung noch der so genannte „Bauturbo" der Bundesregierung beabsichtigen überhaupt, daran etwas zu ändern. Die – angesichts der wirtschaftlichen Situation Deutschlands sicherlich illusionären – Sanierungsvorgaben der EU dürften in näherer Zukunft auch offiziell in der „politischen Rumpelkammer" untergebracht werden.

Der gleiche Effekt, wenn auch aus anderen Gründen, lässt sich auch in den kommunalen

Wohnungsbeständen feststellen. In München z. B. hat die derzeitige Stadtregierung für städtische Gebäude eine Zielmarke bei der jährlichen Sanierungsquote von vier Prozent festgelegt, mehr als im Koalitionsvertrag steht. Allerdings bleibt die städtische Gesellschaft Münchner Wohnen weit dahinter zurück. 2024 lag die Sanierungsquote bei 0,7 % (504 Wohnungen), für 2025 sind 1,1 % geplant (803 Wohnungen). Darüber hinaus wurde die technische Zielvorgabe von EF55 auf EF40 abgesenkt (siehe Geschäftsbericht 2025).

Die Studie „Wärmewende 2030" des Fraunhofer-Instituts geht von der Notwendigkeit einer Sanierungsquote von 2 % jährlich aus.[24] Bundesweit lag die Sanierungsquote nach Erhebungen des VDIV 2022 jedoch nur bei 0,88 und sank 2023 auf 0,70. Mit einem weiteren Absinken ist zu rechnen: Nach Umfragen bei den Verbandsmitgliedern beantworteten 96,4 % der WEG-Verwalter die Frage, ob die Rücklagen in den von ihnen verwalteten Eigentümergemeinschaften für erforderliche Sanierungen hoch genug seien, mit Nein. Die Frage, ob einzelne Eigentümer bei Sanierungen überfordert sein dürften, bejahten 91,6 %.[25] Diese Situation konterkariert nicht nur die EU-Gebäuderichtlinie, deren Kosten im Haushaltsplan der Bundesregierung wohl keinen Niederschlag gefunden haben, sondern gibt dem Schimmelpilz im energetisch unzureichenden Wohnungsbestand eine weitere Chance.

12.1.4 Anstehende gesetzliche Neuregelungen mit möglichen Auswirkungen zum Thema Schimmelpilze in Innenräumen

12.1.4.1 Gebäudetyp E

Der Gebäudetyp E beruht auf einem Vorschlag der Bayerischen Architektenkammer aus dem Jahr 2022. Derzeit laufen in Bayern 19 Pilotprojekte, bei denen die Auflösung bisheriger Normen erprobt werden soll. Eine bundesweite Regelung, am 06.11.2024 vom damaligen Bundeskabinett beschlossen, ist dem Regierungswechsel zum Opfer gefallen.

Die zentrale rechtliche Frage ist dabei, wer die Verantwortung trägt, wenn von Normen abgewichen wird. Hinweis- und Informationspflichten wird dabei eine höhere Bedeutung zukommen (vgl. aktuell OLG Stuttgart, 17.12.2024, Az. 10 U 38/24).

12.1.4.2 EU-Gebäuderichtlinie

Nach der im Mai 2024 veröffentlichten EU-Gebäuderichtlinie müssen die EU-Mitgliedsstaaten sicherstellen, dass der Energieverbrauch des Wohngebäudebestandes bis 2030 um 16 % sinkt, wobei mindestens 55 % der Einsparungen durch Renovierung der energetisch schlechtesten Gebäude erreicht werden müssen.

12.1.4.3 Zwangsversicherung gegen Hochwasser

Nach dem Willen der Bundesregierung soll im Neugeschäft die Wohngebäudeversicherung nur noch mit Elementarschadenabsicherung angeboten werden. Im Bestandsgeschäft sollen sämtliche Wohngebäudeversicherungen zu einem Stichtag um eine Elementarschadenversicherung erweitert werden. Um eine langfristige Rückversicherbarkeit sicherzustellen, will die Regierungskoalition außerdem eine staatliche Rückversicherung für Elementarschäden einführen.

12.1.5 Das Schimmelpilzparadox

Nach der Erfahrung des Autors verbinden sich mit Schimmelpilzen drei Elemente, die in vielen Fällen einen rationalen Umgang damit verhindern:

a) Nur ein Teil der Betroffenen zeigt Krankheitserscheinungen, andere wieder nicht. Man kann also hoffen, zur zweiten Gruppe zu gehören.
b) Schimmelpilze haben je nach Perspektive „positive" Auswirkungen: diese taugen für einen Versuch der Mietsenkung – Heizung runter, Schimmelpilzbildung zur Mietreduzierung. Zweimal gespart.
c) Dies kann funktionieren: Die Minderung zu schlucken kann für den Vermieter die preiswertere Lösung sein und bietet zusätzlich die Kündigungsvariante mit Neuvermietung zu erhöhter Miete.

12.1.6 Hinweis zum Umgang mit den nachfolgenden Ausführungen

Rechts- und technische Vorschriften sowie einschlägige Gerichtsentscheidungen werden jeweils im unmittelbaren Zusammenhang zitiert, Gerichtsentscheidungen in der Regel (und ohne gesonderten Hinweis) nach der Datenbank von juris.

12.2 Bereichsübergreifende rechtliche Themen

12.2.1 Zusammentreffen baurechtlicher, wohnungseigentumsrechtlicher und mietrechtlicher Konflikte

Es ist zu beachten, dass bei Konflikten, die sich gleichzeitig auf unterschiedlichen Rechtsgebieten entwickeln, jedes Rechtsgebiet nach seinem spezifischen rechtlichen Rahmen zu betrachten ist. So unterliegt der Mieter einer Eigentumswohnung – mit Ausnahmen – nicht den Regeln des WEG; die Bau- oder Handwerksfirma muss die Interna der Eigentümergemeinschaft nicht kennen und auch eine Eigentümergemeinschaft mit z. B. 100 Mitgliedern fällt unter die Definition des Verbrauchers.

Wer welche Ansprüche wie und gegen wen geltend machen kann, richtet sich nach dem jeweiligen Rechtsgebiet und/oder den individuellen Vertragsverhältnissen, die dem Konflikt zugrunde liegen.

12.2.2 Vorprüfung möglicher Ursachen und möglicher Verantwortlicher

Es ist fehlerhaft, beim Auftreten von Schimmelpilzen von vornherein eine vielleicht naheliegende Ursache zu fokussieren, aber andere mögliche weitere Ursachen zu früh auszuschließen. In Mehrfamilienhäusern macht es jedenfalls Sinn, Mitbewohner darauf anzusprechen, ob auch bei ihnen Schimmelpilze aufgetreten sind. Eine Scheu, die eigene Problematik offenzulegen, birgt das Risiko falscher Ergebnisse.

Sind in der Zeit vorher am Gebäude Arbeiten an Dach und Fassade durchgeführt worden, sind diese jedenfalls als mögliche Ursache in Betracht zu ziehen.

Wasser sucht sich bekanntlich seinen Weg und von der ursächlichen Durchfeuchtung der Baukonstruktion bis zur Schimmelpilzbildung auf Bauteiloberflächen vergeht auch noch einige Zeit. Es ist daher ohne weiteres denkbar, dass die Ursache der Schimmelpilzbildung nicht erkennbar ist. Je nach Baukonstruktion des Gebäudes kann Wasser von oben oder von außen eingedrungen sein oder durch einen Wasserschaden, durch Kamine oder Versorgungsschächte nach unten laufen und sich dort seitlich verteilen.

12.3 Typischerweise prägende Interessen – die Sicht des Mediators

12.3.1 Warum und wie entwickelt sich aus physikalischen Sachverhalten ein Konflikt?

Beim Auftauchen von Schimmelpilzen steht immer von Seiten aller Beteiligten der Vorwurf im Raum, der jeweils andere habe sich nicht ausreichend um den Zustand der Immobilie oder Wohnung gekümmert. Im Mietrecht kommt noch das Bemühen der Verwaltung dazu, den Eigentümer vor ungerechtfertigter Inanspruchnahme durch die Mieter zu „schützen“. Die Unklarheit über die Ursachen verbindet sich also mit einem erhöhten Maß an Emotionalität.

12.3.2 Minderung statt Beseitigung – der faule Kompromiss

Das Interesse der Beteiligten an einer vollständigen Beseitigung des Schimmelpilzbefalls und seiner Ursachen ist im Mietrecht erstaunlicherweise geringer ausgeprägt als in den anderen Rechtsgebieten. Obwohl die dauerhafte Exposition der Bewohner an die Belastung mit den Schimmelpilzsporen im wahrsten Sinne des Wortes im Raum steht, verbindet sich das Thema primär mit dem scheinbaren Lösungsweg „Minderung“ und einer reduzierten Bereitschaft an der Aufklärung der Zusammenhänge. Dies gilt auch für die übliche Behandlung des Themas in der Beratungspraxis der Mietervereine. Dass dies keine gute Idee ist, zeigen die anschließenden Räumungsprozesse, wenn das Maß der Minderung die kritische Grenze von zwei Monatsmieten überschritten hat.

Von Vermieterseite stehen natürlich möglicherweise erhebliche Aufwendungen an, wenn sich zu beseitigende bauliche Mängel herausstellen sollten. Da die Schimmelpilzbildung nur selten in allen Wohnungen einer Wohnanlage auftritt, liegt die Zuweisung der Verantwortung an den betroffenen Mieter erst einmal nahe.

12.3.3 Geeignetheit und Ungeeignetheit von Schlichtungsverfahren

Der wesentliche Vorteil von Schlichtungsverfahren aller Art gegenüber der gerichtlichen Auseinandersetzung besteht in

- der Wahrung des Gesichts – es gibt keine Unterlegenen
- der Schnelligkeit der Lösung und
- den deutlich geringeren Kosten.

Diese Aspekte gelten auch, wenn es um das Auftreten und Beseitigen von Schimmelpilzen geht. Es können bei unklaren Situationen die einzelnen Schritte abgestimmt werden; dies gilt auch für Zwischenlösungen und die Kostenverteilung. Gegenüber langwierigen Auseinandersetzungen und beiderseitiger Rechthaberei wird nach Lösungen gesucht, die kurzfristig umgesetzt werden; soweit technischer Sachverstand erforderlich ist, kann dieser eingebunden werden.

12.4 Risikoabdeckungen durch Rechtsschutzversicherung

12.4.1 § 29 ARB – Rechtsschutz für Grundeigentum und Miete

Grundsätzlich stellt die Versicherungsbranche ausreichende Versicherungsmöglichkeiten zur Verfügung, um das Thema Schimmelpilze fast vollflächig abzudecken. Zu beachten ist allerdings, dass dieser Rechtsschutz gesondert zu vereinbaren ist und häufig – wegen der hohen Konfliktquote im Wohnungsrecht – nur auf ausdrückliche Nachfrage angeboten wird. „Blindes Vertrauen“, dass die Wohnung schon mit versichert sei, ist nicht angebracht.

Ferner ist dieser Rechtsschutz nicht personenbezogen, sondern objektbezogen. Wer mehrere Wohnungen hat, ob als Mieter oder Vermieter, muss für jedes Objekt eine gesonderte Versicherung abschließen.

Unter diesem Rechtsschutz sind in der Regel auch Nachbarkonflikte abgesichert.

Da das Starten von Konflikten, ob durch Mieterhöhungen, Baumaßnahmen oder Kündigung, in wesentlich größerem Maß in der Hand des Eigentümers liegt, sind die Versicherungsprämien des Eigentümers deutlich höher.

12.4.2 Rechtsschutz über Mietervereine

Mietervereine bieten in der Regel zu günstigeren Tarifen Rechtsschutz an. Für die vorprozessuale Beratung und Vertretung gilt aber keine freie Anwaltswahl, sondern Beratung und Vertretung durch den jeweiligen Mieterverein.

12.4.3 Aktuelle Formen des allgemeinen Vertragsrechtsschutzes

Kaufverträge, Reiserecht und eine Vielzahl anderer vertraglicher Problembereiche sowie Schadensersatzansprüche können, je nach Art des abgeschlossenen Versicherungspakets, versichert sein. Im Einzelfall ist der Vertragsinhalt zu prüfen.

12.4.4 Bauherren-Ausschlussklausel, § 3 ARB

Von erheblicher Bedeutung ist die Bauherren-Ausschussklausel. Resultiert der Konflikt aus einem genehmigungspflichtigen Bauvorhaben, und dazu können im Einzelfall auch Um- und

Ausbauten (etwa von Dachgauben) gehören, gibt es generell keinen Rechtsschutz.

Bauverträge in Teilbereichen wie Sanierungen im Installationsbereich, Dachabdichtungen oder Dämmmaßnahmen sind jedoch nicht ausgeschlossen.

Ferner gibt es keinen Rechtsschutz, wenn eine Immobilie nicht zur Eigennutzung gekauft wurde.

12.5 Rechtliche Konsequenzen, insbesondere bei Multikausalität von Schimmelpilzbildung

12.5.1 Informationspflichten

Generell über alle Arten von Konfliktfeldern hinweg sind die Beteiligten verpflichtet, ihre Vertragspartner über wesentliche Tatsachen und Maßnahmen zu informieren. Dies ergibt sich schon aus dem durchgängigen Grundsatz von Treu und Glauben (§§ 241 Abs. 2, 242 BGB) und seinen einzelnen, von der Rechtsprechung entwickelten Ausprägungen, für das Mietrecht schon ausdrücklich in § 536c Abs. 1 S. 1 BGB geregelt.

Über Baumaßnahmen, Wasserschäden, das Auftreten von Schimmelpilzen sind deshalb die – auch nur möglicherweise – Betroffenen umgehend zu informieren. Andernfalls droht Rechtsverlust; wird der Vermieter nicht über Schimmelpilze informiert, kann der Mieter kein Minderungsrecht geltend machen. Dies gilt auch etwa im Reiserecht. Stellt der Verkäufer einer Immobilie oder einer Wohnung beim Leerräumen fest, dass sich bisher noch unbemerkt Schimmelpilze gebildet haben und ist der Vertrag noch nicht beurkundet, ist er ebenfalls zur Information verpflichtet. Auf die Schnelle noch darüberzustreichen und sich darauf zu verlassen, dass der Vertragsentwurf einen Gewährleistungsausschluss beinhaltet, kann schiefgehen.

12.5.2 Allseitige Verpflichtungen zur Mitwirkung

Insbesondere aus der Rechtsprechung des BGH zum Baurecht ergeben sich Verpflichtungen der Beteiligten, bei der Problemlösung im Rahmen des ihnen Zumutbaren mitzuwirken. Weder das bloße sich Heraushalten noch das Hintertreiben von Erkenntnis rechtfertigen sich aus der Wahrung eigener Interessen.

Die Mitwirkungspflicht findet allerdings dort ihre Grenze, wo Hand- und Spanndienste wie das Leerräumen ganzer Räume gefordert werden oder wo Alter und Gesundheit der Bewohner eine aktive Mitwirkung unzumutbar machen.

Ist es in extremen Fällen erforderlich, die Nutzung betroffener Räume oder der ganzen Wohnung vorübergehend aufzugeben, ist die Verpflichtung jedenfalls von der Vorschusszahlung für die entstehenden Kosten – Teilumzug, Einlagerung, Mehrkosten für Anmietung von Ersatzräumen – abhängig.

12.5.3 Betretungsrechte

Daraus resultiert insbesondere die Verpflichtung, anderen Beteiligten die Besichtigung der Schadensbereiche zu gestatten, selbstverständlich, außer in Notfällen, nur nach angemessener Terminvereinbarung. Das Recht des Verwalters der Eigentümergemeinschaft zum Betreten auch des Sondereigentums in Schadensfällen ist in der Regel in der Teilungserklärung ausdrücklich verankert. Das Recht des Vermieters – bei Verweigerung oder Hintertreiben mit der Möglichkeit der fristlosen Kündigung – zur Besichtigung eines Schimmelpilzschadens entspricht einheitlicher Rechtsprechung.

12.5.4 Stufenweise Überprüfung – der Prozess der Ursachenfindung

12.5.4.1 Altbau, Neubau, besondere Gestaltung oder Lage

Das Risiko des Auftretens von Schimmelpilzen wird durch eine Reihe von Faktoren gefördert, die ohne Verletzung von Rechten oder Pflichten tatsächlich vorhanden sind und auf deren Änderung auch kein Rechtsanspruch besteht. Dazu gehören unter anderem:

- Wohnungslage über Durchfahrt, Tiefgarage oder dauerhaft leerstehenden Räumen
- Wohnungslage an der Wetterseite

- Altbau
- Langjährige Vernachlässigung von Erhaltungsmaßnahmen
- Schwimmbad im Haus
- Terrassierter Bau
- Umfangreiche Bepflanzung der Balkone

Durchgängig weist die Rechtsprechung darauf hin, dass bei Anmietung oder Kauf einer Wohnung die vorhandenen und wahrnehmbaren Grundqualitäten, wie vorstehend beispielhaft benannt, als dauerhafte „Qualitäten" akzeptiert werden. Ein Rechtsanspruch auf Verbesserung besteht in der Regel auch beim Auftreten von Schimmelpilzen bei der Nutzung nicht; der Bewohner muss sich bei Nutzung, Möblierung usw. auf die vorhandene Situation einstellen.

Verbesserungsmaßnahmen stehen nicht nur beim Vermieter, sondern auch bei Eigentümergemeinschaften als Ganzes im freien Ermessen, das seine Grenze lediglich dort findet, wo ein schadhafter baulicher Zustand die Wohnnutzung nicht unerheblich beeinträchtigt.

12.5.4.2 Zeitpunkt des Auftretens

Beginnende Schimmelpilzbildung außerhalb der Heizperiode beinhaltet naheliegend schon den Beweis des ersten Anscheins, dass die Ursache in einem Wasserschaden zu suchen ist. Allerdings kann Sommerkondensation im Keller auch außerhalb der Heizperiode auftreten.

12.5.4.3 Typische bautechnische Ursachen der Feuchtigkeitsbildung

Katalog von Schadensursachen, nach der Höhe des Gebäudes von unten nach oben betrachtet:

- Risse in der Bodenplatte
- Fehlende oder schlechte Kellerabdichtung, insbesondere gegen drückendes Wasser
- Aufsteigende Feuchtigkeit im Übergang zum Erdreich, unzureichende Abdichtung
- Putzschäden Außenputz
- Wärmebrücken und besondere architektonische Gestaltungen
- Balkon als Wärmebrücke
- Undichtigkeiten Dachdeckung
- Fehlerhafte Abdichtung Dachterrasse, Terrasse, Balkon zum Haus hin
- Fehlerhafte Entwässerung Balkon, Schäden Balkonuntersicht
- Flachdach, Dachterrasse – Undichtigkeiten in der Fläche
- Flachdach Durchdringungen – Dachflächenfenster, Lichtkuppeln, Dachabläufe, Attika
- Mangelhafte Abdichtungsarbeiten im Flachdachbereich, unzureichende Abtrocknung der Wärmedämmschicht
- Undichtigkeit Gauben
- Undichtigkeit oder fehlerhafte Anbringung der Dampfsperre
- Undichtigkeit Kaminkopf
- Fehlende Kaminabdeckung
- Übergänge zum Wärmedämm-Verbundsystem mangelhaft
- Undichtigkeit oder konstruktive Fehler der Dachrinne
- Anschlüsse Wintergärten
- Verhaltensbedingter Wasserschaden in höhergelegener Wohnung
- Undichtigkeit Wasser- und Abwasserleitungen, Wannenabläufe
- Undichtigkeiten Dusche, Silikonabdichtungen
- Mangelhafte Austrocknung des Estrichs in Neubauten
- Fehlerhafte Mangelbeseitigung, insbesondere: Austrocknung unterlassen

12.5.4.4 Typische Nutzungsfehler

Katalog von Schadensursachen, die im Wohn- und Nutzungsverhalten liegen:

- Lüftungsverhalten
- Lüftungsblockaden
- Dauerkippen Fenster
- Offene Feuchtigkeitsverteilung in der Wohnung
- Ungenügende Beheizung
- Fehlerhafte Nutzung von Wintergärten
- Übermaß an Pflanzen, Aquarien u. ä.
- Technische Pflegefehler (z. B. Silikon nicht regelmäßig erneuert)
- Unzulässige Nutzungen (Wohnnutzung von Keller- oder Hobbyräumen)

12.5.4.5 Lüftungsanlagen und die Folgen

12.5.4.5.1 Grundlegende Änderungen der Parameter

Als Folge der grundlegenden klimatischen Änderungen weltweit können Feuchtigkeitsschäden und Schimmelpilzbildung auch dann auftreten, wenn der Taupunkt nicht unterschritten wird, weil wärmere Luft in höherem Maß Feuchtigkeit speichern kann. Angesichts der vorausgesagten deutlich stärkeren Temperaturschwankungen und Starkregenereignissen ist damit zu rechnen, dass sowohl niedrige als auch höhere Temperaturen als Mitursache infrage kommen können und die schlichten Erklärungsversuche der Vergangenheit angehören.

Ist das betroffene Haus mit einer Lüftungs- oder Klimaanlage ausgerüstet und treten dennoch Schimmelpilze auf, erhöht sich die Komplexität der Prüfung und der rechtlichen Bewertung erheblich. Dies liegt insbesondere an der Vielzahl unterschiedlicher Systeme.

12.5.4.5.2 Rechtliche Behandlung steigender Temperaturen

Wird bei hohen Außentemperaturen eine zu hohe Temperatur der Innenräume festgestellt, erfordert die substantiierte Darlegung eines Mangels der Mieträume nicht nur die genaue Angabe der Raumtemperaturen, sondern auch der damit korrespondierenden Außentemperaturen. Andernfalls würde im Hinblick auf die Klimaerwärmung und dem damit einhergehenden prognostizierten Temperaturanstieg das Risiko der Beeinträchtigung der Gebrauchstauglichkeit allein dem Vermieter überbürdet, der allgemein herrschende Umweltbedingungen naturgemäß nicht beeinflussen kann (wohl hM, vgl. OLG Düsseldorf, Hinweisbeschluss vom 12.09.2019, Az. I-24 U 197/18; Berufung zurückgenommen; Anschluss an KG, 05.03.2012, Az. 8 U 48/11 Rz. 48).

Das OLG Düsseldorf führt dazu im Einzelnen aus (Rz. 35):

> „Welche Anforderungen an einen Vermieter in Bezug auf die Raumtemperatur des Mietobjekts zu stellen sind, wird nicht einheitlich beantwortet. Teilweise wird auf die Arbeitsstättenverordnung, die Arbeitsstätten-Richtlinie und die DIN 1946 (betreffend Anforderungen an die Klimatisierung von Räumen) zurückgegriffen, wonach ein Mangel vorliegen soll, wenn die Innentemperaturen eine ‚Wohlfühltemperatur' von 26° übersteigt bzw. bei Außentemperaturen von über 32 °C die Innentemperatur nicht 6 °C unter der Außentemperatur liegen soll (vgl. zum Meinungsstand Kammergericht, Urteil vom 5. März 2012 – *8 U 48/11*, *Rz. 53* mwN; OLG Rostock, 17.05.2018, Az. 3 U 78/16 Rn. 45 mwN). Ob die Arbeitsstättenverordnung herangezogen werden kann, ist jedoch bereits deshalb fraglich, weil deren Regelungen zwischen Arbeitgebern und Arbeitnehmern gelten und allenfalls mittelbar Auswirkungen auf die Verpflichtungen eines Vermieters haben können (vgl. OLG Rostock, 17.05.2018, Az. 3 U 78/16 Rn. 45 mwN). Es erscheint zudem fraglich, ob bei einem Mietobjekt, welches den anerkannten Regeln der Technik entsprechend errichtet wurde, etwaige hitzebedingte Beeinträchtigungen des Mieters bzw. von dessen Angestellten und daraus resultierende Folgen einseitig dem Vermieter überbürdet werden können, welcher auf diese Umweltbedingungen naturgemäß keinen Einfluss hat."

12.5.4.5.3 Die Funktion des Lüftens

Wird das Lüften durch Öffnen der Fenster bisher nicht als sinnvolle Maßnahme in Zweifel gezogen, kann diese Sichtweise nicht mehr gelten, wenn die Außenluft etwa bei längerem Starkregen extrem feucht ist oder die Außenluft auch in unseren Breiten feuchtwarm wird. Das Öffnen der Fenster zur Regulierung der Innenfeuchte wird dann kontraproduktiv, oder zumindest auf die kühleren Nachtzeiten beschränkt, die Anforderungen an die Verhaltensweisen der Nutzer steigen.

Ob dazu im Problemfall auch das Führen eines „Wärmeprotokolls" gehört, wird zumindest diskutiert (OLG Düsseldorf, Beschluss vom 12.09.2019, Az. I-24 U 197/18, Rn. 37).

12.5.4.5.4 Grundlegende Beeinflussung der bisherigen Rechtsprechung

Die bisherige Rechtsprechung geht übereinstimmend davon aus, dass sich der Nutzer von Wohnräumen bezüglich des Standards und der Qualität der Sache daran orientieren muss, welche technischen Maßstäbe zum Zeitpunkt der Errichtung des Gebäudes gegolten haben. Ob diese Sichtweise unter dem Aspekt aufrechterhalten werden kann, dass bei Kauf oder Anmietung (je nach Zeitpunkt) noch nicht mit grundlegenden klimatischen Veränderungen gerechnet werden konnte, ist diskussionswürdig. Wenn die vorstehend zitierte Rechtsprechung deren Folgen im Vertragsverhältnis ausdrücklich nicht einseitig dem Vermieter (und wohl auch anderen Vertragspartnern) zuweisen will, könnte die Tendenz künftig eher dahin gehen, dass Zumutbarkeitsmaßstäbe entwickelt werden, etwa in Richtung auf einen Rechtsanspruch auf klimatische Verbesserung, deren Kosten allerdings von beiden Vertragsparteien gemeinschaftlich zu tragen wären.

Die Kosten der Mängelbeseitigung bei erkennbarer Feuchtigkeits- und Schimmelpilzbildung wären dann in höherem Maß als bisher von der Informationspflicht des Nutzers geprägt. Zu erwägen ist ferner, ob sich die Darlegungslast des Nutzers auch bei Wohnraum nicht parallel zur vorstehend zitierten Rechtsprechung bei Gewerberäumen auf die – innen und außen – gemessenen Temperaturen erstrecken muss, nachdem die Messung in den Innenräumen nicht nachgeholt werden kann, sofern nicht aufzeichnende Messgeräte installiert sind.

12.5.4.5.5 Erforderlichkeit und Leistungsspektrum einer Lüftungsanlage

Ist beim konkreten Mietobjekt eine erhöhte Lüftungsfrequenz notwendig, aber keine für den Luftaustausch erforderliche Lüftungsanlage eingebaut, kann dem Mieter die Entstehung von Feuchtigkeitsschäden grundsätzlich nicht angelastet werden (vgl. LG Gießen, 02.04.2014, Az. 1 S 199/13; AG Halle [Saale], 08.11.2016, Az. 95 C 1634/15).

Der Einbau ist eine energetische Modernisierung mit der Folge der Duldungspflicht des Mieters, selbst in einer stuckverzierten Altbauwohnung (vgl. LG Berlin, 25.02.2016, Az. 67 S 145/15).

Welche technische Struktur, Leistung und Regelungsmöglichkeiten eine Lüftungsanlage haben muss, ist nicht geregelt. Ob die bisherigen Zwangslüftungen unter geänderten klimatischen Bedingungen noch tauglich sind, ist fraglich. Auf der anderen Seite wird der hohe Energieverbrauch leistungsfähiger Klimaanlagen ohne Wärmerückgewinnung wohl zu Problemen führen: Die laufenden Kosten einer Lüftungsanlage gehören zu den Betriebskosten; diese sind selbst dann umlagefähig, wenn dazu keine Vereinbarung im Mietvertrag getroffen ist (vgl. LG Frankenthal, 19.05.1999, Az. 2 S 7/99).

Für die rechtliche Bewertung einer vorhandenen Anlage ist auf deren Leistungsfähigkeit abzustellen (vgl. OLG Düsseldorf, Beschluss vom 12.09.2019, Az. I-24 U 197/18, Rn. 37). Darüber wird relativ häufig gestritten (vgl. BGH Urteil vom 13.03.2008, VII ZR 194/06 – Leistungsbeschreibung; BGH, 24.04.2024, VII ZR 871/21 – Baumängel; OLG Oldenburg, 15.01.2009; Az. 8 U 175/08 – Hinweispflicht; Schleswig-Holsteinisches OLG, 25.08.2023, Az. 1 U 85/21 Rn. 27 – Beschaffenheitsvereinbarung; OLG Celle, 01.03.2019, Az. 8 U 188/18 – fehlende Funktionstauglichkeit; KG, 20.09.2004, Az. 8 U 65/04 – Beweislast im Mietverhältnis; BGH, 27.07.2016, Az. XII ZR 59/14 – Darlegungslast im Mietverhältnis).

12.5.4.5.6 Mängel aller Art der Anlage

Klimaanlagen können bei unzureichender Wartung selbst zur Ursache für Schimmelpilzbelastungen werden. Das feuchte Innere (Kondenswasser) bietet einen idealen Nährboden für Schimmelpilze und Bakterien. Installationsfehler, Funktionsstörungen oder vernachlässigter Filteraustausch kommen ebenfalls infrage. Wird die Klimaanlage, etwa wegen zu hoher Geräuschbelastungen oder zur Reduktion des Stromverbrauchs, abgestellt, wird das gesamte Lüftungskonzept gestört; der Abtransport der beim Bewohnen entstehenden erheblichen Feuchtigkeit findet nicht mehr statt. Übermäßige dauerhafte Temperaturabsenkung kann zur Taupunktunterschreitung und Schimmelpilzbildung führen. Fällt die Anlage aus und kommt es dadurch zu Feuchtigkeitsschäden, ist eine Mietminderung im Gewerbebereich von 25 % jedenfalls angemessen (vgl. LG Duisburg, Urteil vom 19.07.2012, 2 O 182/10), da das Maß der Gebrauchsbeeinträchtigung nicht unter die Darlegungspflicht des Mieters fällt (vgl. BGH XII ZR 47/90). Zu übermäßiger Geräuscherzeugung der Anlage vgl. VG Köln, Urteil vom 14.01.2014, Az. 2 K 3472/12 Rn. 73.

12.5.4.5.7 Steigerung der Komplexität und des Kostenrisikos

Angesichts der Vielzahl der technischen Lösungsansätze ergibt sich eine erhebliche Steigerung der Komplexität im Problemfall. Neben Streitigkeiten wegen unzureichender Information des Nutzers kommen die Beeinflussung der Funktion, soweit möglich, durch den Nutzer und überlagerndes Lüften, das Erreichen der Leistungsgrenze oder der Ausfall der Anlage hinzu. Außerdem tritt die Notwendigkeit bisher nicht erforderlicher technischer Gutachten auf; kurzum: der Rechtsstreit kann zu einer langen und teuren Auseinandersetzung „ausarten".

12.5.4.6 Der Schimmelpilz „spricht"

Das Erscheinungsbild von Schimmelpilzen in den betroffenen Räumen gibt für den Fachmann mehr als erste Hinweise auf mögliche Ursachen. Die beliebten hygrometrischen Messungen geben nur Auskunft darüber, ob in einem bestimmten Bereich überdurchschnittliche Feuchtigkeit vorhanden ist. Schimmelpilze setzen die Unterschreitung des Taupunkts voraus; die betroffenen Bereich sind also entweder die kältesten Oberflächen im Raum oder sie unterliegen einer anderen Durchfeuchtung als nur aus der Raumluft.

Einige Beispiele sollen dies verdeutlichen:

- Schimmelpilzbildung in Fensterlaibungen spricht für dauerhaftes Fensterkippen
- Schimmelpilze an Rollladenkästen für diese als Ursache (insbesondere, wenn die Rollläden ausgebaut wurden)
- Schimmelpilze, die sich an der Kante zwischen Boden und Wand entlang ziehen, deuten entweder auf ein Wärmebrücke oder Abdichtungsfehler (typisch an mangelhaften Balkonen) oder im Erdgeschoß auf aufsteigende Feuchtigkeit (Putzschäden) hin.
- Schimmelpilze in der Wandmitte sind nie auf falsches Heizen und Lüften zurückzuführen.

12.5.5 Wer muss was beweisen?

Die Frage nach der Verteilung der Darlegungs- und Beweislast lässt sich nicht einheitlich für alle Rechtsgebiete beantworten, die sich mit dem Verantwortungsbereich von Schimmelpilzen in Innenräumen auseinandersetzen. Diese sind daher nachstehend unter Abschn. 12.6 ff. jeweils gesondert aufgeführt.

12.5.6 Rechtliche Maßstäbe der Beurteilung – Gesetze, Regeln, Normen

12.5.6.1 Allgemeine gesetzliche Regelungen zu Schimmelpilzen in Innenräumen

Spezifische Regelungen zu den einzelnen Vertragstypen sind nachstehend im Abschn. 12.6 ff. dargestellt.

Das Auftreten von Schimmelpilzen in Wohnungen ist als Mangel zu definieren. Daran knüpfen je nach Typus der zugrunde liegenden Vertragsbeziehungen Rechte und Pflichten bezüglich der Beseitigung und Nebenpflichten an. Weitergehende Regelungen fehlen.

Es gibt weder gesetzliche Regelungen, ab welchem Umfang des Auftretens von Schimmelpilzen rechtlich relevant ist (vgl. hierzu Schimmelpilz-Leitfaden des UBA und dazu OLG Naumburg 11.07.2019, Az. 1 U 116/18), noch dazu, ob bereits länger bestehende Durchfeuchtungen als Vorstufe der Schimmelpilzbildung als Grundlage für rechtliche Schritte ausreichen. Unklar ist auch, inwieweit es auf die Sichtbarkeit der Schimmelpilzbildung, das Maß der Raumluftbelastung oder das Auftreten von Gesundheitsstörungen, die einen Zusammenhang mit Schimmelpilzen in der Wohnung nahelegen, ankommt.

Die vom BGH entwickelte Symptomtheorie gilt bisher ausschließlich im Baurecht.

Auch die Höhe von Minderungsansprüchen lässt sich nicht mit Umfang oder Sichtbarkeit des Schimmelpilzbefalls verknüpfen. Berechtigung und Höhe des Minderungsanspruchs ist nach einheitlicher Rechtsprechung eine Rechtsfrage, also nicht vom Sachverständigen, sondern vom Richter zu beantworten, der sich allerdings unterstützender Beurteilungen durch Sachverständige bedienen kann. Letzteres ist, soweit der Rechtsprechung zu entnehmen ist, bisher allerdings selten Praxis. Konkrete Maßstäbe, worauf es bei der

Festlegung der Minderung ankommt, lassen sich nicht feststellen. Es gelten letztlich nicht nachprüfbare Daumenwerte, nachdem das Gesetz nur von einer „angemessen herabgesetzten" Miete spricht (§ 536 Abs. 1 S. 2 BGB).

Der Versuch der Rechtspraxis, ein gewisses Maß von Rationalität in das Verhältnis von Schimmelpilzen und Minderung zu bringen, früher durch Entscheidungssammlungen, neuerdings auch KI-gestützt, ist schon vom Ansatz her als gescheitert zu bezeichnen. Die lokale oder regionale Bewertung ungestörten Wohnens, eigentlich vom Gesetzgeber her nicht als gültiger Maßstab vorgesehen, dürfte hauptsächlich von Bedeutung sein.

Welche quantitativen oder qualitativen Aspekte der Schimmelpilzbildung als Parameter zu beachten sind, ist bis jetzt strukturell nicht aufgearbeitet. Angesichts der zweifelhaften rechtlichen Basis der bisherigen Rechtsprechung auf Grundlage menschlicher Intelligenz ist auch deren Verarbeitung mit Unterstützung durch künstliche Intelligenz eine grundlegende Absage zu erteilen.

Es kommen nach der Auffassung des Autors in der Reihenfolge der qualitativen Wertigkeit infrage:

- Auftreten von Gesundheitsstörungen
- Bedeutung der betroffenen Räume in der Nutzung der Wohnung
- Schimmelpilzbelastung der Raumluft in allen Räumen der Wohnung
- Intensität der Schimmelpilzbildung
- Flächenmäßiger Umfang des sichtbaren Schimmelpilzbefalls
- Bedeutung des nicht sichtbaren Schimmelpilzbefalls in der Gesamtbelastung
- Umfang und Häufigkeit der zwischenzeitlichen Beseitigungsmaßnahmen bei wiederholt auftretenden Schimmelpilzen
- Bei multikausaler Schimmelpilzbildung: Grad der anteiligen Verantwortlichkeit.

12.5.6.2 Grundlegende Regelungen bei der Herstellung von Bauten und der Erbringung von Bauleistungen

Über allen Regeln im Einzelnen, woher auch immer stammend, steht die ständige Rechtsprechung des BGH, wonach Bauleistungen für den Zweck, zu dem sie erbracht werden, „tauglich" sein müssen (vgl. z. B. OLG Naumburg, Urteil vom 11.07.2019, Az. 1 U 116/18). Gibt es insoweit Zweifel, hat die Fachfirma, die in der Regel über die größeren Fachkenntnisse verfügt, auf Bedenken gegen eine beauftragte Leistung oder Ausführung oder unterlassene, aber fachlich erforderliche, Maßnahmen hinzuweisen.

Dies gilt insbesondere, wenn der Auftraggeber übermäßige Sparsamkeit im Bereich der Qualität oder im Leistungsumfang an den Tag legt.

Es gilt ferner unabhängig davon, ob es sich um eine primäre Bauleistung (Ersterstellung) oder eine sekundäre Bauleistung (Reparatur, Mängelbeseitigung, Änderung) handelt.

12.5.6.3 Allgemein anerkannte Regeln der Technik

Mit dem Begriff der allgemein anerkannten Regeln der Technik wird definiert, welche Verfahrensweisen und Materialien für welche Zwecke auf der Basis wissenschaftlicher Untersuchungen und Praxiserfahrungen bewährt und allgemein bekannt sind.

Ein Großteil dieser Regeln ist gesondert normiert; die Normierung ist aber nicht Voraussetzung für die Aufnahme in den Katalog der anerkannten Regeln.

Aber auch diese Regeln definieren weder das Leistungssoll im Einzelfall, noch stellen sie quasi-Gesetze dar. Die Leistungsvereinbarung kann im Einzelfall davon abweichen, wenn im Vertrag ausdrücklich darauf und die damit verbundenen Risiken hingewiesen wird.

In der aktuellen Entwicklung, insbesondere in Verbindung mit dem Gebäudetyp E (siehe Abschn. 12.1.4.1) wird zwischen Regeln differenziert, die bautechnisch notwendig sind und solchen, deren Einhaltung lediglich einem höheren Maß von Qualität (z. B. beim Schallschutz) dient.

Auf diese Weise soll auch der exzessiven Überwucherung des Bauens mit Regeln und der damit verbundenen Kostenerhöhung Einhalt geboten werden.

12.5.6.4 Normungen (DIN, EN)

Gängige Normungswerke sind

- die DIN-Normen, erstellt vom Deutschen Institut für Normung

- die VOB/C – Vergabe- und Vertragsordnung für Bauleistungen Teil C; Allgemeine Technische Vertragsbedingungen für Bauleistungen – erstellt vom gleichnamigen Ausschuss
- die EN – Europäische Norm – erstellt von den europäischen Normungsorganisationen, insbesondere die hEN – harmonisierte technische Normen.

Zu allen Normungswerken sind zwei kritische Anmerkungen erforderlich:

a) Die Normen sind überwiegend nur gegen ganz erhebliche Preise erhältlich, mit der Begründung, dass sie privatwirtschaftlich erstellt werden. Dieses Problem wird weder durch die deutschen Normen-Infopoints gelöst noch – für die EN – durch das Urteil des EuGH vom 05.03.2024, Az. C 588/21 P („Malamud-Entscheidung").
b) Inhaltlich sind die Normen stark geprägt von den Interessen der jeweiligen Branchen und Marktteilnehmer; weder eine Beteiligung der Verbraucher noch eine demokratische Kontrolle finden trotz der erheblichen Bedeutung in der Praxis statt.
c) Normen sind aufgrund ihrer zeitaufwändigen Prozesse der Überarbeitung in vielen Fällen inhaltlich überholt und geben häufig nicht die tatsächlichen Gegebenheiten im Markt wieder.

12.5.6.5 Sonstige auf dem Markt vorhandene Regelungen (Merkblätter, Leitfäden)

Merkblätter, herausgegeben z. B. von der WTA (Wissenschaftlich-Technische Arbeitsgemeinschaft für Bauwerkserhaltung und Denkmalpflege) oder die Richtlinien der Versicherungswirtschaft z. B. von der VdS (Schadenverhütung GmbH) und Leitfäden (allen voran der UBA-Leitfaden des Umweltbundesamts), die im Markt trotz ihres „nur" Empfehlungscharakters teilweise wie Normen und allgemein anerkannte Regeln der Technik ausgelegt werden, sind im Prozess trotz höherer sachlicher Qualifikation als Sachvortrag zu behandeln.

Allerdings hat das LG München I bereits in seiner Entscheidung vom 26.09.1990 (vgl. Az. 31 S 20071/89, Rn. 8) ausgeführt: *„Auf den Rechtscharakter der Empfehlung des BGA (des damaligen Bundesgesundheitsamts) kommt es nicht an, insbesondere ist nicht erforderlich, dass die Empfehlung Niederschlag in einer Rechtsnorm gefunden hat, da die Empfehlung nur zur Auslegung der gesetzlichen Tatbestandsmerkmale in den §§ 537, 538, 542, 544 BGB dient. Zur Auslegung gesetzlicher Tatbestandsmerkmale – Fehler, erhebliche Gefährdung der Gesundheit – können jedoch ohne weiteres Empfehlungen des BGA ohne Rechtsnormcharakter herangezogen werden."*

12.5.6.6 Prozessuale Bedeutung der Normungen und wissenschaftlichen Bewertungen

Die in den Kapiteln unter 12.5.6.2 bis 12.5.6.5 dargestellten Unterlagen ersetzen keine Begutachtung im Prozess nach den §§ 402 ff. ZPO.

Bei Widersprüchen zu, vom Gericht eingeholten, Sachverständigengutachten dürften die Maßstäbe gelten, die der BGH zum Umgang mit Privatgutachten entwickelt hat. Auch diese gelten nicht als Beweismittel, sondern lediglich als qualifizierter Sachvortrag.

Neben der Priorität für die von den Parteien im Einzelfall getroffenen – oder unterlassenen – Vereinbarungen (siehe Abschn. 12.5.6.2) hat das Gericht eine vollständige und sorgfältige Auseinandersetzung mit den vorgebrachten fachlichen Argumentationen durchzuführen (vgl. BGH 20.7.99, Az. X ZR 121/96; 21.12.06, Az. VII ZR 279/05; 28.2.23, Az. VI ZR 29/21; 28.5.25, XII ZB 65/25; BVerfG 15.5.12, Az. 1 BvR 1999/09).

12.5.6.7 Art und Umfang der erforderlichen Maßnahmen

Welche Maßnahmen der Verpflichtete zu ergreifen hat, wenn dieser von der Schimmelpilzbildung erfahren hat, hängt von dem jeweiligen Rechtsverhältnis ab und ist deshalb nachstehend im Abschn. 12.6 ff. zu den einzelnen Vertragstypen dargestellt.

Gleiches gilt für die Frage, wer die Kosten der Maßnahme einschließlich der Folgekosten zu tragen hat und ob diese ggf. zu einem zu bestimmenden Schlüssel aufzuteilen sind.

12.6 Einzelne Rechtsbereiche

12.6.1 Mietrecht

12.6.1.1 Materielles Recht

12.6.1.1.1 Zentrale Regelung

Die gesetzliche Grundregel, was den Zustand des Mietobjekts betrifft, ist § 535 S. 2 BGB: *„Der Vermieter hat die Mietsache dem Mieter in einem zum vertragsgemäßen Gebrauch geeigneten Zustand zu überlassen und sie während der Mietzeit in diesem Zustand zu erhalten".*

Eine gesetzliche Regel, wie der Mieter mit der Wohnung umzugehen hat, besteht dagegen nicht. Diese ergibt sich als Grenzziehung aus der Überlegung, dass der Mieter das Mietobjekt zwar benutzen, aber über die Abnutzung hinaus nicht beschädigen darf.

Soweit die Rechtsprechung immer wieder durchschnittliche Zumutbarkeitsmaßstäbe an den Mieter bezüglich Heizen und Lüften entwickelt hat, sind diese nicht wirklich geeignet, Verpflichtungen zu beschreiben. Da Schimmelpilze als Wechselwirkung von Feuchtigkeit und Taupunktunterschreitung entsteht, ist z. B. in diesem Zusammenhang Lüften nicht notwendig, wenn sich in der Wohnung keine Feuchtigkeitserzeuger – Mensch, Tier, Pflanze, Aquarien – befinden. Die Nutzungen von Wohnungen sind viel zu ausdifferenziert, als dass Pauschalbewertungen zur Erfassung der Zusammenhänge brauchbar wären.

12.6.1.1.2 Der Mangelbegriff

Das Gesetz definiert den Mangel nicht; es differenziert aber in § 536 Abs. 1 BGB zwischen Mängeln, die die Tauglichkeit der Mietsache zum vertragsgemäßen Gebrauch aufheben (S. 1), und solchen, die die Tauglichkeit nur unerheblich mindern (S. 3). Zu letzteren gehören z. B. Durchfeuchtungen der Wand auf einer geringen Fläche.

Soweit im Bereich der Durchfeuchtung an der Wand keine Objekte oder Bilder hängen, oder Schränke oder Regale davorstehen, wäre dieser Zustand im engen Verständnis noch nicht als Mangel anzusehen.

Wenn Schimmelpilzbildung aber mit einiger Wahrscheinlichkeit zu erwarten ist, besteht bereits allein durch die Feuchtigkeit ein Beseitigungsanspruch (vgl. OLG Düsseldorf NJW-RR 97,275; OLG Koblenz, 19.10.2015, Az. 12 U 591/13; OLG Karlsruhe 29.11.2013, Az. 13 U 80/12; ferner Putzier BauR 2004,1060: Abgrenzung zwischen Mangel und Schaden/Symptomrechtsprechung). Die hier zum Baurecht ergangene Rechtsprechung ist auch auf das Mietrecht übertragbar, wie der 8. Zivilsenat in seiner Entscheidung vom 25.10.2011 (vgl. BGH, Az. VIII ZR 125/11, Rn. 16) klargestellt hat.

12.6.1.1.3 Die Bedeutung des Baujahrs

Ein baulicher Zustand, der bei Errichtung des Gebäudes ordnungsgemäß war, wird nicht dadurch mangelhaft, dass bei späterer Vermietung andere Vorschriften gelten (z. B. Wärmebrücke: BGH, 05.12.2018, Az. VIII ZR 271/17). Nachdem ein großer Teil der aktuellen Vorschriften zum Wärmeschutz in den letzten 30 Jahren entstanden ist (Wärmeschutzverordnung 16.08.1994 und Folgegesetze), zerfällt der Wohnungsbestand mehr oder weniger in zwei Teile.

Der Mieter einer Altbauwohnung aus den 1970er und 1980er Jahren müsste sich z. B. bei seinem Wohnverhalten auf einen möglicherweise geringeren Wärmeschutz einstellen. Ein Rechtsanspruch des Mieters auf Qualitätsverbesserung gegenüber dem Baujahr besteht nicht.

Allerdings hat der BGH in seiner Entscheidung vom 06.10.2004 (vgl. Az. VIII ZR 355/03) klargestellt, dass der geschuldete Zustand subjektiv, nämlich von den Vereinbarungen der Parteien abhängig ist, und nur für den Fall, dass es solche nicht gibt, auf die maßgeblichen DIN-Normen verwiesen.

Diese Auffassung ist, was den Wärmeschutz einer Wohnung betrifft, in mehrerer Hinsicht bedenklich:

a) Das Baujahr der Wohnung ergibt sich zwar aus dem bei Anmietung zu übergebenden Energieausweis. Ein reduzierter Wärmschutz ist allerdings aus ihm ohne Fachkenntnisse nicht abzulesen: „Aus den Aussagen des Energieausweises ist ausdrücklich kein Rückschluss auf die tatsächlich auftretenden Energieverbräuche und Energiekosten möglich. Der Energieausweis soll eine Vergleichbarkeit unterschiedlicher Gebäude ermöglichen. Er stellt keine Verbrauchsprognose dar. Gründe hierfür sind, dass die Berechnung auf einem Normklima in Deutschland und einer Normnutzung wie einer gleichmäßigen Beheizung des Gebäudes basiert. Der Standort und das Nutzerverhalten beeinflussen somit das tatsächliche Ergebnis."[26]

b) DIN-Normen sind nicht oder nur schwer zugänglich (siehe Abschn. 12.5.6.4) und von daher als stillschweigende Vereinbarung beim Mietvertrag fragwürdig.
c) Drängt sich bei einem Altbau die Wahrscheinlichkeit auf, dass er unter anderen baulichen Anforderungen errichtet wurde, lassen sich bei Bauten aus der Zeit vor Inkrafttreten der ersten Wärmeschutzverordnung 1977 keine Rückschlüsse auf den Wärmeschutz ableiten.

Die Auffassung, wonach ein Rechtsanspruch auf Verbesserung des Wohnstandards deshalb auch dann nicht besteht, wenn der Mieter in besonderem Maß heizen und lüften muss, um Schimmelpilzbildung zu vermeiden, ist deshalb in dieser Pauschalität nicht aufrechtzuerhalten. Dies schließt auch nicht aus, dass am Gebäude Baumängel wegen mangelnder Erhaltungsmaßnahmen entstanden sind, auf die sich der Vermieter nicht als baualtersbedingt berufen kann.

12.6.1.1.4 Abändernde Vertragsklauseln

Eine Ausschlussklausel für anfängliche Mängel ist wirksam, soweit den Vermieter kein Verschulden trifft (vgl. BGH NJW 2002,3232). Unwirksam sind allerdings Klauseln, die das Minderungsrecht ausschließen, § 536 Abs. 4 BGB.

12.6.1.1.5 Spätere bauliche Veränderungen

Werden an einem Gebäude zu einem späteren Zeitpunkt jedoch erhebliche Veränderungen vorgenommen, ist der aktuelle Standard für das Mietverhältnis maßgebend (vgl. BGH 06.10.2004, Az. VIII ZR 355/03 = WuM 04,715). Der Mieter darf sich auf das vorgefundene Erscheinungsbild der Immobilie verlassen.

Beim Einbau neuer, dicht schließender Fenster ist es grundsätzlich Sache des Vermieters, die notwendigen Vorkehrungen gegen Feuchtigkeitsschäden zu treffen; der Mieter ist nicht verpflichtet, die Möblierung anzupassen (vgl. LG Gießen, 02.04.2014, Az. 1 S 199/13).

12.6.1.2 Prozessrecht

Der Mieter muss das Maß der Gebrauchsbeeinträchtigung durch Feuchtigkeit oder Schimmelpilzbefall nicht vortragen (vgl. BGH, 27.02.1991, XII ZR 47/90 = NJW-RR 91,779; Emmerich-Sonnenschein Rn. 30 zu 536 m.w.N.; BVerfG, 29.5.07, 1 BvR 624/03). Dies gilt aber so nur für den Streitgegenstand Minderung, da diese nach § 536 BGB kraft Gesetzes eintritt (BGH, 25.10.2011, Az. VIII ZR 125/11, Rn. 16).

Geht der Streit um die Mängelbeseitigung, kann sich der Mieter auf die Symptomtheorie des Baurechts zurückziehen.

12.6.1.2.1 Strategische und finanzielle Fragen

Ob ein solches Prozessverhalten sinnvoll ist, ist jedenfalls diskussionsbedürftig. Der Richter, der in der Regel keine Ortstermine mehr durchführt, muss schließlich den Eingriff, den der Schimmelpilz in die Nutzung der Wohnung verursacht, konkret einschätzen können. Ohne eine gute und nachvollziehbare Darstellung riskiert jeder Beteiligte Fehleinschätzungen.

In noch höherem Maß gilt dies bei der Mängelbeseitigung. Schlechter Sachvortrag produziert schlechte und bei der Begutachtung teure Beweisbeschlüsse und Streit über Umfang und Kosten der Arbeiten.

Jede Prozesspartei, die das Prozessieren nicht als Hobby betreibt, kann nur an schnellen und vollständigen Lösungen interessiert sein.

12.6.1.2.2 Besonderheiten beim Rechtsschutz (Tag des 1. Streitfalls)

Bei Schimmelpilzproblemen taucht insbesondere im Mietrecht eine besondere Hürde auf: Auch wenn von diversen Versicherungen mittlerweile rückwirkende (wenn auch teure) Versicherungen angeboten werden, gilt noch der Regelfall, dass am „Tag des ersten Streitfalls" (dem Tag, an dem einer der Beteiligten erstmals gegen gesetzliche oder vertragliche Verpflichtungen verstoßen haben soll) die Versicherung bereits abgeschlossen und die Wartezeit von (in der Regel) drei Monaten abgelaufen sein muss.

Das bloße Auftreten von Schimmelpilzen ohne eindeutige Zuweisung der Verantwortlichkeit reicht dafür sicher nicht aus. Anders, wenn z. B. erste Beschwerden bei dem Vermieter oder der Hausverwaltung kein Ergebnis gebracht und der Versuch daher abgebrochen wurde, dann aber zur Verbesserung der eigenen Position eine Rechtsschutzversicherung abgeschlossen werden soll. Hier muss damit gerechnet werden, dass der Rechtsschutz wegen Vorvertraglichkeit abgelehnt wird.

12.6.1.3 Klauseln im Mietvertrag und Informationsschreiben des Vermieters

Mit zunehmender Komplexität der technischen Wohnungsausstattung ist der Vermieter aufgrund seiner Informationspflicht gehalten, ausreichende, d. h. vollständige, Betriebsanleitungen zu übergeben. Darüber hinaus ist es zweifelhaft, ob der Vermieter im Mietvertrag wirksam Regeln über das Aufstellen der Möbel oder Verhaltensweisen des Mieters bei der Nutzung der Wohnung aufstellen kann. Zum einen greifen solche Klauseln unzulässig in die Lebensführung des Mieters ein, zum anderen ist deren Einhaltung nicht zu kontrollieren. Letztlich geht es um den Versuch, einen Beweis des ersten Anscheins beim Auftreten von Schimmelpilzbefall zu erbringen. Dafür braucht es aber keine Klausel.

12.6.1.4 Hinweis- und Prüfungspflichten

Eine Hinweispflicht des Vermieters ergibt sich immer bei Abweichungen von der Normalität, die nicht ohne weiteres erkennbar sind. Da eine ausreichende Wärmedämmung nach heutigen Maßstäben als Normalität anzusehen ist, ergibt sich eine Hinweispflicht des Vermieters im Mietvertrag, wenn das nicht so ist.

Insbesondere bei einer energetischen Sanierung und einer Verbesserung der Wärmedämmung (Wände und Fenster) ist ein Hinweis des Vermieters erforderlich, aber auch wirksam (vgl. LG Landshut 08.01.2025, Az. 15 S 339/23, IMR 2025,140: Änderung des Lüftungsverhaltens nach Fensteraustausch). Zu weiteren Anpassungen (z. B. Menge und Positionierung der Möbel) ist der Mieter jedoch nicht verpflichtet.

12.6.1.5 Weitere Vorbedingungen

In einer Vielzahl von Fällen argumentiert der betroffene Mieter mit der ungenügenden Heizleistung. Damit kann er nur gehört werden, wenn er die Heizleistung vorher beim Vermieter erfolglos beanstandet hatte. Ist dies erfolgt, trifft den Vermieter an der Schimmelpilzbildung mindestens ein Mitverschulden.

12.6.1.6 Besondere Beweislastregelung im Mietrecht – Gefahrkreistheorie

Die Rechtsprechung arbeitet mit der so genannten Gefahrkreistheorie: Ist die Verursachung der Schimmelpilzbildung streitig, hat zunächst der Vermieter darzulegen und zu beweisen, dass er keine Verantwortung dafür trägt, also die Abwesenheit weiterer Baumängel. Die langjährig übliche Pauschalbehauptung, der Mieter habe nicht gelüftet, ist unzureichend (vgl. AG Dortmund WuM 93, 40). Ist dieser Nachweis gelungen, muss der Mieter darlegen und beweisen, dass er keine Nutzungsfehler begangen hat.

Hierbei hat der Mieter im Rahmen der Ursachenforschung ein Auskunftsrecht zum Abgleich seiner Heizkosten mit der Gesamtabrechnung und mit in Lage und Größe vergleichbaren Wohnungen der Wohnanlage.

Die Gefahrkreistheorie geht nach Beseitigung der Feuchtigkeitsschäden zulasten des Vermieters (vgl. AG Rheine WuM 93,670).

12.6.1.7 Zeitpunkt, Art und Umfang von Schadensfeststellung und Begutachtung

Die Klärung des Sachverhalts bei Schimmelpilzschäden leidet häufig darunter, dass lediglich ein paar Fotos gemacht werden oder ein Hygrometer an die Wand gehalten wird. In diesen Fällen wird nicht begriffen, dass der Schimmelpilz nicht Ursache, sondern Wirkung und optische Erscheinung einer dynamischen Entwicklung ist, die eine zeitliche Komponente hat. Die wesentlichen Ursachen, die zum Schimmelpilzbefall geführt haben, werden nicht erfasst.

12.6.1.8 Verpflichtung des Verantwortlichen zur Mangelbeseitigung

Der Verantwortliche ist zur vollständigen Beseitigung des Schadens/Mangels und des Schimmelpilzbefalls verpflichtet. Kommen mehrere Ursachen und daraus resultierend mehrere Verantwortliche zusammen, sind sie zum gemeinsamen Handeln analog § 745 f. BGB verpflichtet.

Bei einem Wasserschaden besteht jedoch keine Schadensersatzpflicht des Mieters ohne sein Verschulden (vgl. AG Dortmund WuM 2004,468) und dem entsprechend auch keine Verantwortung für nachfolgende Schimmelpilzbildung.

12.6.1.9 Verpflichtung des Mieters zur Duldung der Mangelbeseitigung

Der Mieter ist verpflichtet, Maßnahmen des Vermieters zur Mangelbeseitigung zu dulden. Dabei ist der Vermieter verpflichtet, den Mieter rechtzeitig vorher über Art, Umfang, eingesetzte Chemikalien, Zeitpunkt und voraussichtliche Dauer der geplanten Arbeiten zu informieren und sich ggf. mit dem Mieter abzustimmen. Der Mieter hat aber grundsätzlich kein Mitspracherecht bei der Art der Arbeiten, auch wenn er diese nicht für geeignet hält.

12.6.1.9.1 Ökologische Fragen; Nachhaltigkeitsmaßstab, Umfang der Sporenentfernung

Konflikte können sich jedoch ergeben, wenn der Vermieter bei den Arbeiten Produkte einsetzt, die eine Gesundheitsgefährdung des Mieters verursachen können oder die Arbeiten zu einem Zeitpunkt einstellt, an dem der Mieter die Sporenbelastung noch als unzureichend reduziert beurteilt, selbst wenn er dies nicht beurteilen kann.

Verweigert der Mieter im ersten Fall die Durchführung der Arbeiten, ist der Vermieter zunächst berechtigt, die Arbeiten zu stoppen. Die Weigerung des Mieters dürfte jedoch, sofern sie nicht willkürlich ist, keine ausreichende Grundlage für eine Kündigung des Mietverhältnisses sein, weil dem Vermieter kein Schaden entsteht. Denn der Mieter muss entweder eine gerichtliche Entscheidung herbeiführen oder die Sanierung auf eigene Kosten beauftragen und anschließend in der Klage auf Kostenersatz klären, ob seine Weigerung berechtigt war.

Wird die Sanierung vorzeitig beendet, gilt Ähnliches. Allerdings dürfte es eine gesonderte und konkrete Fristsetzung erfordern, die Fortführung der Arbeiten in die eigene Hand zu nehmen.

12.6.1.10 Mangelbeseitigung: Fristsetzung und Selbstvornahme des Mieters; Grenzen des Selbstvornahmerechts

Verweigert der Vermieter die Vornahme der Mangelbeseitigung oder befindet er sich nach Fristsetzung in Verzug, kann der Mieter die Arbeiten selbst vornehmen, §§ 286, 326 BGB.

Dabei treten sofort drei Probleme auf:

a) Beruht die Schimmelpilzbildung nicht auf dem Wohnverhalten des Mieters, liegt die Ursache nur beim unverschuldeten Wasserschaden in der eigenen Wohnung im Bereich des Mietobjekts. Der Mieter kann die Reparatur also in Auftrag geben und entweder Vorschussklage gegen den Vermieter erheben oder die Kosten nach Ausführung einklagen.
b) Handelt es sich um eine gemietete Eigentumswohnung, ist dieser Satz bereits wieder einzuschränken: Liegt die Schadensstelle im Bereich der Abwasserleitungen oder – bei Heizung und Wasser – im Abzweig zu den Steigleitungen oder in diesen, handelt es sich um Gemeinschaftseigentum, auf das auch der eigene Vermieter keinen direkten Zugriff hat (siehe Abschn. 12.6.4.1.1). In der Konsequenz scheidet auch eine Selbstvornahme des Mieters aus, weil dessen Rechte nicht weiter gehen können als die seines Vermieters.
c) Liegt die Schadensursache außerhalb der Mietwohnung, also in einem Wasserschaden in einer anderen Wohnung oder im Bereich der Fassade (z. B. Putzschäden, Risse, Mängel des WDVS), wohl auch trotz des Benutzungsrechts in den Bereichen Terrasse, Balkon, bei Erdgeschoss-

wohnungen auch in den Kellerwänden (aufsteigende Feuchtigkeit) oder im Übergangsbereich zum Erdreich (Undichtigkeit des Mauerwerks), kommt eine Selbstvornahme des Mieters ebenfalls nicht in Betracht, da die Außenseite des Gebäudes nicht mitvermietet ist.

Will der Mieter die Ursache beseitigt haben, muss er dann notgedrungen den langen Klageweg gehen. Er hat dabei immerhin den Vorteil, dass die Beweislastverteilung zu seinen Gunsten (siehe Abschn. 12.6.1.8) dazu führt, dass der Vermieter im Prozess den hohen Gutachtervorschuss entrichten muss, was manchmal zu rationalerem Verhalten beiträgt.

12.6.1.11 Minderung allgemein und Zurückbehaltungsrecht

Es wird häufig übersehen, dass die Minderung vom tatsächlichen Bestehen des Mangels abhängt. Zu Recht hat deshalb die Rechtsprechung (vgl. BGH, Urteil vom 15.12.2010, Az. XII ZR 132/09, Rn. 13; KG, Urteil vom 05.03.2012, Az. 8 U 48/11 Rn. 48) darauf hingewiesen, dass sich ein periodisches Auftreten eines Mangels parallel auf die Minderung auswirkt.

Sollen Ansprüche für Zeiten außerhalb der Heizperiode geltend gemacht werden, dürfte trotz § 536 BGB eine erhöhte Substantiierung erforderlich sein.

Des Weiteren ist Voraussetzung für den Minderungsanspruch, dass die Schimmelpilzbildung dem Vermieter angezeigt wurde, er also Gelegenheit hatte, den Schaden zu beseitigen. Dies wird häufig übersehen, wenn zunächst ein möglicher Konflikt vermieden werden sollte.

Die Höhe der Minderung orientiert sich an der Brutto-Warmmiete (vgl. BGH, 06.04.2005, Az. XII ZR 225/03 (stRspr)). Dabei ist die Unerheblichkeitsgrenze des § 536 Abs. 3 BGB zu beachten, wie das AG Frankfurt/Main (Urteil vom 19.02.2025, IMR 25,274) zu einem Feuchtigkeitsfleck entschieden hat. Ob es bei Schimmelpilzbildung überhaupt eine Unerheblichkeit gibt, ist allerdings zweifelhaft, da die bloße Sichtbarkeit keine Definition für den Umfang des Befalls und dessen Wachstumspotenzial ist.

12.6.1.11.1 Bewertung der Beeinträchtigung bei wiederholter Schimmelpilzbekämpfung

Vielfach greifen Vermieter wie Mieter zum Abkratzen des Schimmelpilzbefalls, Überstreichen der betroffenen Bereiche und Behandlungen mit fungiziden Mitteln. Ob für die Minderung der gleiche Maßstab gilt, wenn der Mieter oder der Vermieter die wiederholte Beseitigung des Schimmelpilzes veranlassen, sich aber aus dessen wundersamer Wiederkehr ergibt, dass entweder die Ursache nicht oder der Schimmelpilzbefall nicht vollständig, insbesondere unsachgemäß, bekämpft wurde, ist in der Rechtsprechung bisher nicht differenzierend behandelt worden.

So lange aber die Ursache nicht beseitigt ist und die Belastung der Raumluft so hoch ist, dass es zu einer erneuten Schimmelpilzbildung kommt, gibt es keinen Anlass, den Faktor Sichtbarkeit mit einem Abschlag zu versehen. Denn nach Aussage der Sachverständigen können sich Schimmelpilze innerhalb weniger Tage und Wochen entwickeln, wobei sie große Mengen an Sporen produzieren (vgl. LG Arnsberg, 27.03.2007, Az. 5 S 148/06).

12.6.1.11.2 Minderungsquoten und regionale Unterschiede – Bewertung der Rechtsprechung

Der Gesetzgeber spricht in § 536 Abs. 1 S. 2 BGB nur von einer „angemessenen" Herabsetzung der Miete, lässt aber die Maßstäbe offen. Aus der Rechtsprechung zu anderen, konkreter erfassbaren Beeinträchtigungen der Wohnnutzung, etwa der Vollsanierung von Gebäuden mit Aufstockung, Austausch der Steigleitungen, Fassadendämmungen und Verhängung der Balkone im Sommer, lässt sich gut ablesen, dass die Rechtsprechung zur Höhe der Mietminderung regional extrem unterschiedlich ausfällt; es lässt sich fast von einem Nord-Süd-Gefälle sprechen, möglicherweise auch von einer Stadt-Land-Differenz. Die Aussagekraft zitierter Urteile aus anderen Gegenden ist deshalb nur bedingt geeignet.

12.6.1.11.3 Risiken der Minderung

Als Erfahrungswert lässt sich festhalten, dass Minderung keine Probleme löst, sondern neu erschafft. Die Vorstellung vieler Mieter, dass die Minderung den Vermieter veranlassen könnte, Probleme zu beseitigen, erweist sich so gut wie immer als Illusion.

Sieht der Vermieter bei einem unklaren Sachverhalt die Minderung als unberechtigte Zahlungsverweigerung, droht bei Erreichen des Betrages nach § 543 Abs. 2 Nr. 3b BGB die außerordentliche Kündigung und die damit verbundenen erheblichen Risiken. Ist also nicht völlig ausgeschlossen, dass die Schimmelpilzbildung auch durch Mieterverhalten verursacht ist, ist die Minderung ein zweischneidiges Schwert. Die Lösung liegt auf der Hand, wird jedoch trotzdem oft nicht gesehen: Es genügt die Erklärung gegenüber dem Vermieter, dass der Mieter sich die Minderung vorbehalte. Damit ist die trotz der Mietrechtsreform 2001 noch offene Frage, ob das Minderungsrecht bei längerer unveränderter Mietzahlung verwirkt (vgl. Börstinghaus/Lindner, Schlagwortkommentar Mietrecht 2025, Stichwort „Minderung", Rn. 30 und Fn. 49; BGH NJW 2003, 2601), jedenfalls geklärt.

12.6.1.12 Zurückbehaltungsrecht – unbekannt und unbeliebt

Theoretisch steht im Mieter auch die Möglichkeit zur Verfügung, einen Teil der Miete zurückzubehalten (§ 273 BGB), um den Vermieter zum Tätigwerden zu veranlassen. Der Vorteil dabei ist, dass die von der Rechtsprechung zugestandenen Beträge deutlich höher sind als bei der Minderung. Der Nachteil ist, dass die einbehaltenen Beträge nach Beseitigung des Mangels nachzubezahlen sind.

12.6.1.13 Auftreten gesundheitlicher Probleme, Kausalitätsnachweis

Grundsätzlich ist der Vermieter aufgrund einer konkreten Verkehrssicherungspflicht aus dem Mietvertrag verpflichtet, seinen Mieter vor Gesundheitsschäden zu bewahren. Gegen diese Pflicht würde ein Vermieter verstoßen, wenn er trotz bekannten Schimmelpilzbefalles in der Mietwohnung keine Maßnahmen zur Abwehr gesundheitlicher Beeinträchtigungen der Klägerin unternommen hätte.

Macht der Mieter anschließend wegen gesundheitlicher Probleme Ansprüche gegen den Vermieter geltend, ob in Form eines Schmerzensgeld- oder Schadensanspruchs oder durch Kündigung gemäß § 543 Abs. 1 BGB geltend, trifft die Beweislast für die Mangelfreiheit der Wohnung zwar den Vermieter (siehe Abschn. 12.6.1.8). Der Kausalitätsnachweis dafür, dass aufgetretene gesundheitliche Probleme mit dem Schimmelpilzbefall zusammenhängen, trifft jedoch den Mieter (vgl. LG Arnsberg, 27.03.2007, Az. 5 S 148/06).

Ob das Auftreten von Schimmelpilzen in den Mieträumen eine fristlose Kündigung des Mieters wegen Gesundheitsgefährdung rechtfertigt, lässt sich nicht allgemein beantworten und kann in der Mehrzahl der Fälle nur durch ein weiteres – medizinisches – Sachverständigengutachten geklärt werden (vgl. BGH, 18.04.2007, Az. VIII ZR 182/06, Rn. 30). Sie tritt insbesondere nicht allein durch Überschreiten von Grenz- und Vorsorgerichtwerten von Schadstoffbelastungen ein (Rn. 61), soweit solche überhaupt bestehen.

Zum Thema Gesundheitsschäden wird im Einzelnen auf Abschn. 12.6.7 verwiesen.

12.6.1.14 Schadensersatz und Kündigung des Mietverhältnisses

12.6.1.14.1 Schadensersatzansprüche; Umfang und Schadensminderungspflicht

Soweit Schadensersatzansprüche geltend gemacht werden können, bestehen sie neben dem Minderungsrecht. Dazwischen wird nicht immer sauber getrennt. Schadensersatzansprüche seitens des Mieters setzen stets voraus, dass der Vermieter die Mangelbeseitigung entweder verweigert oder sich damit in Verzug befindet.

Als Schaden kommen in Betracht:

- Kosten von Austrocknungsmaßnahmen (Luftentfeuchter) und der damit verbundene Stromverbrauch
- Unmittelbare Kosten der Schimmelpilzbeseitigung
- Fachgerechtes malermäßiges Überarbeiten der betroffenen Bereiche, bei größerer Ausdeh-

nung: vollständiger Anstrich der Wände und Decken der betroffenen Räume

Ist zur Durchführung der Arbeiten der vorübergehende Auszug des Mieters erforderlich:

- Umzugskosten soweit erforderlich
- Kosten der Anmietung von Ersatzräumen, wobei die ersparte Miete der betroffenen Wohnung in angemessenem Umfang anzurechnen ist

Stellt sich heraus, dass die Schimmelpilzbildung auf falsches Wohnverhalten des Mieters zurückzuführen ist, hat der Vermieter Anspruch auf Erstattung der Kosten für die Schimmelpilzbeseitigung.

12.6.1.14.2 Kündigung des Mietverhältnisses beim Auftreten von Schimmelpilzen

Theoretisch kann der Mieter bei Vorliegen der entsprechenden Voraussetzungen, faktisch wohl nur in extremen Fällen und in der Regel erst nach vorheriger Abmahnung, das Mietverhältnis sowohl wegen fehlender Mangelbeseitigung nach §§ 543 Abs. 1, 569 Abs. 1 BGB als auch wegen Gesundheitsgefährdung außerordentlich kündigen (vgl. BGH NJW 07,2177 = WM 07,319 mAnm Streyl WM 07,365).

Gleiches gilt in der umgekehrten Richtung, wenn das falsche Wohnverhalten des Mieters trotz Abmahnung des Vermieters dazu führt, dass in der Wohnung erhebliche Feuchteschäden und Schimmelpilzbefall entstehen.

12.6.1.15 Verjährung und Verwirkung

Die Rechte des Mieters wegen der Beseitigung von Schimmelpilzen unterliegen als Dauerschaden nicht der Verjährung, solange dieser und das Mietverhältnis bestehen.

Wird bei Beendigung des Mietverhältnisses Schimmelpilzbildung in der Wohnung festgestellt, verjähren die Ansprüche des Vermieters in der kurzen sechsmonatigen Verjährungsfrist nach § 548 Abs. 1 BGB, gerechnet ab Rückgabe der Wohnung.

Dagegen besteht keine Verwirkung des Minderungsanspruches, wenn der Mieter aufgrund von Verhandlungen mit dem Vermieter mit baldiger Mangelbeseitigung rechnen durfte (vgl. OLG Düsseldorf WE 95,315).

Die frühere Rechtsprechung zu § 539 BGB vor der Mietrechtsreform 2001 kann auf § 536b BGB nicht weiter angewendet werden (vgl. BGH NJW 03,2601), auch für Altverträge und Altmängel, aber für Verwirkungsfrage geschäftliche Erfahrung von Bedeutung (vgl. BGH aaO!, auch OLG Naumburg, NZM 2002,251; Wichert ZMR 2000,65,67; Wentsch/Storm NZM 03,577vgl. im Übrigen „ARGE Mietrecht", Info-Letter 2/02, S. 25).

12.6.1.16 Sonderfall: Schimmelpilzbildung bei Wohngemeinschaften

Treten in einer Wohngemeinschaft Schimmelpilze auf, ist die Zuordnung unkompliziert, wenn der Vertrag auf Mieterseite mit der Gemeinschaft abgeschlossen ist. Sind jedoch die Zimmer mit Einzelverträgen vermietet und betrifft der Schimmelpilzbefall die Gemeinschaftsräume, sind Ansprüche sowohl von allen als auch gegen alle Mieter geltend zu machen.

12.6.2 Bau- und Werkvertragsrecht

12.6.2.1 Gesetzliche Grundregeln und Vorschriften

Werkverträge aller Art, sowohl bei der Fallgestaltung, dass ein Gebäude neu errichtet wurde und bei oder nach Abnahme Schimmelpilze festgestellt werden, oder bei der Beauftragung eines Unternehmers mit der Schimmelpilzbeseitigung, unterliegen dem Werkvertragsrecht nach den §§ 631 ff. BGB.

12.6.2.2 BGB und VOB

Soweit auf beiden Seiten keine Verbraucher beteiligt sind (Eigentümergemeinschaften sind als Verbraucher anzusehen), können die VOB/B als Allgemeine Geschäftsbedingungen vereinbart werden, die eine Reihe von abweichenden Regelungen beinhalten.

12.6.2.3 Technische Regelungen

Die einschlägigen technischen Richtlinien (siehe Kap. 14), die auch der Vermeidung von Schimmelpilzen dienen, ergeben sich in nachvollziehbarer Weise zum einen aus der Absicht, das Gebäude sowohl während der Bauphase als auch in der anschließenden Nutzungsphase vor Feuchtigkeit zu schützen, insbesondere vor dem Eindringen von Wasser. Es geht also allgemein um Feuchteschutz mit unterschiedlichen Abdichtungstechnologien und darum, insbesondere in den Materialien gespeicherte Baufeuchte abzuführen.

Im Mittelpunkt zahlreicher Konflikte mit Feuchtigkeit und Schimmelpilzbildung steht dabei u. a. die so genannte Flachdachrichtlinie.

12.6.2.4 Ausschreibung, Vergabe, Leistungsbeschreibung

Maßgeblich für die zu erbringende Leistung sind die vertraglichen Vereinbarungen in der jeweiligen Erscheinungsform: Ausschreibung, Vergabe, Werkvertrag, Leistungsbeschreibung. Dabei wird nicht nur in der Regel ausdrücklich auf die anerkannten Regeln der Technik verwiesen, sondern diese werden von der Rechtsprechung auch ohne diese Verweisung als stillschweigend vereinbart angenommen.

Auf gewollte Abweichungen von diesem Maßstab (siehe Abschn. 12.1) muss ausdrücklich hingewiesen werden, wobei Art und Inhalt dieses Hinweises noch der weiteren Entwicklung in der Rechtsprechung bedürfen.

Ein so genannter Billigauftrag, gerade bei Dachabdichtungen sehr beliebt, taugt jedoch nicht als Argument, von den Regeln der Technik abzuweichen und kann zu Schadensersatzforderungen führen, die die Bausumme um ein Vielfaches überschreiten.

12.6.2.4.1 Subunternehmer; Fachbüros als zwischengeschaltete Berater

Es bedarf keiner weiteren Erörterung, dass die verantwortlichen Beteiligten – z. B. Projektmanager, Architekten, Bauleiter, Rohbaufirma, Dachdecker – bei Baufeuchte für den entstandenen Schaden einschließlich der Bauverzögerung durch die notwendigen Austrocknungsmaßnahmen – häufig als Gesamtschuldner – haften, soweit sie organisatorisch oder durch Bauleistungen am betroffenen Bereich beteiligt sind.

12.6.2.5 Hinweis-, Warn- und Beratungspflichten

Allgemein sind im Zusammenspiel von Aufgabenstellung, Risiken und fachlicher Kompetenz allen Beteiligten Verpflichtungen zugewiesen, das Entstehen von Fehlern und Mängeln durch Hinweise oder die Anmeldung von Bedenken zu verhindern. Maßgeblich für Umfang, Zeitpunkt und Genauigkeit ist jeweils die vorhandene Kompetenz auf beiden Seiten.

12.6.2.6 Primäre Beauftragungen (Neubau)

Das Auftreten von Schimmelpilzen in Neubauten deutet in der Regel auf

- Starke witterungsbedingte Durchfeuchtungen in der Bauphase
- Unzureichenden Schutz der Baustelle vor Grundwasser
- sonstige Baumängel, insbesondere im Feuchte- und/oder Wärmeschutz
- sehr hohe Restfeuchte (so genannte Neubaufeuchtigkeit).

12.6.2.6.1 Fehlerhafter Wetterschutz; Grundwasserthematik

Insbesondere, wenn sich das Bauvorhaben bis in den Herbst und Winter hineinzieht, kommt es immer wieder zu teilweise massiver Durchfeuchtung, die durch Organisationsfehler und unzureichenden Wetterschutz verursacht wird, verstärkt durch die zunehmenden Starkregenereignisse. Wird die Austrocknung dann nicht vollständig durchgeführt, z. B. um Termine zu halten, kommt es in der Regel zur Schimmelpilzbildung, oft auch in versteckten Bereichen.

Daneben kommen durchfeuchtete Keller aufgrund einer fehlerhaften Einschätzung der Wasserbelastung (so genannte Wassereinwirkungsklassen nach DIN 18533) und der daraus resultierenden fehlerhaften Abdichtung der erdberührten Bauteile gegen Grundwasser oder drückendes Wasser als Schadensursache in Betracht.

12.6.2.6.2 Fehlerhafte Bauausführungen

Je nach lokalem Auftreten von Schimmelpilzen kommen auch Ausführungsmängel im Dachbereich (Dachundichtigkeiten, etwa im Bereich von Gauben; fehlerhafte Ausführung der Dampfsperre) oder im Keller (keine weiße Wanne entgegen der Notwendigkeit; Problematik spachtelbarer Abdichtungsstoffe) infrage, ebenso unzureichende Austrocknung des Estrichs und die vorzeitige Verlegung von Bodenbelägen, um einige Beispiele zu nennen.

Manchmal liegen auch konstruktive Mängel vor, wie bei dem vom BGH entschiedenen Fall einer Souterrainwohnung mit unzureichenden Lüftungsmöglichkeiten über Fenster (Planungsfehler, BGH, 21.03.2002, Az. VII ZR 493/00). Der BGH sprach dem Käufer den großen Schadensersatz – Rückabwicklung des Kaufvertrags – und verneinte eine Verpflichtung des Käufers, sich auf alternative Lösungen einzulassen.

Die Erfahrungen aus den Hochwasserkatastrophen 2021 im Ahrtal haben ferner zum einem neuen Blick auf Wassereinwirkungen auf Gebäude und Änderungen in den DIN 18533-1 und DIN 4095-1 (nunmehr maßgeblich) geführt (vgl. Zöller, https://www.dabonline.de/bautechnik/feuchte-schaeden-vermeiden-abdichtung-norm/?utm_source=&utm_medium=&utm_campaign). Der Beitrag wirft insbesondere einen kritischen Blick auf die beliebten Kiesstreifen am Gebäudesockel, die im Bodenbereich der Innenräume zu Feuchtigkeitsschäden beitragen können.

Ein spezielles Thema, was unzureichende Abdichtungen betrifft, sind Wintergärten, die als Quasi-Erweiterungen des Wohnraums verwendet werden, dafür aber weder von den unterschiedlichen raumklimatischen Bedingungen (Nutzungsfehler) noch von der Qualität der Abdichtungen her geeignet sind.

12.6.2.6.3 Neubaufeuchte

Neubaufeuchte ist die Folge einer Kombination aus Zeitdruck und gewählter Bauausführung, insbesondere bei den Materialien. Beton enthält in hohem Maß Wasser und muss daher vor der Nutzung der Räume ausreichend austrocknen. Wird das Bauwerk aus finanziellen Gründen vorschnell übergeben, kann es zur Schimmelpilzbildung kommen. Hat der Bauträger den Auftraggeber in solchen Fällen nicht bei der Abnahme auf die Notwendigkeit einer besonderen Belüftung zur Austrocknung hingewiesen, führt das zu Schadensersatzpflicht.

12.6.2.6.4 Definition des Mangels beim Auftreten von Schimmelpilzen

Die Mangeleigenschaft wird dabei nach der Entscheidung des OLG Naumburg vom 11.07.2019, Az. 1 U 116/18 (IMRRS 2019,1018, mit Anm. Kober, IMR 2020,351) durch die Überschreitung eines Grenzwerts von 10.000 KBE/g definiert, hier verursacht durch einen nicht beseitigten Wetterschaden während der Bauzeit.

Nach der Anmerkung von Kober soll sich auch das OLG München in seiner im Jahr zuvor ergangenen Entscheidung (vgl. OLG München, 30.01.2018, Az. 28 U 2778/16 Bau = BGH, 21.10.2020, Az. VII ZR 58/18: Nichtzulassungsbeschwerde zurückgewiesen) ebenfalls an diesem Grenzwert orientiert haben; das ist so aber nicht zutreffend. Vielmehr hatte das OLG München zwischen zwei unterschiedlichen sachverständigen Untersuchungsmethoden zur Schimmelpilzbildung und zwei verschiedenen Grenzwerten zu entscheiden (vgl. Urteil, Rn. 52 ff; Rn. 58 ff.), hat beides als „nicht restlos geklärt“ (Rn. 60 ff.) bezeichnet und das Verfahren deshalb nach Beweislastgrundsätzen entschieden.

Der BGH bejaht sogar einen Anspruch des Käufers auf großen Schadensersatz bei Schimmelpilzbildung auf Grund ungenügender Lüftungsmöglichkeiten und verneint eine Verpflichtung des Erwerbers zu besonderen Maßnahmen (vgl. BGH, 21.03.2002, Az. VII ZR 493/00, Rn. 54: „Das Berufungsgericht hat den Vertrag rechtsfehlerfrei dahingehend ausgelegt, dass der Beklagte vertraglich eine Gebrauchstauglichkeit der Wohnung schuldete, die besondere Lüftungsmaßnahmen des Erwerbers und einen erhöhten Heizaufwand nicht erfordert“).

12.6.2.6.5 Umsetzung der Gewährleistungsansprüche

Dem Auftraggeber stehen die rechtlichen Möglichkeiten aus den §§ 634 ff. BGB zur Verfügung:

Als erster Schritt ist der Auftragnehmer zur Mangelbeseitigung aufzufordern (§ 635 BGB). Erfolgt diese nicht oder nicht ausreichend, ergibt sich für den Auftraggeber in der Praxis ein ernsthaftes Problem. Wurde der Mangel trotz Fristsetzung (in der Regel erforderlich, § 637 Abs. 1 BGB) nicht beseitigt, ist es umso schwieriger, einen alternativen Auftragnehmer zu finden, der mit seiner Leistung quasi die Risiken des Vorunternehmers übernehmen würde, insbesondere je komplexer die erforderlichen Arbeiten sind.

Viele Auftraggeber gingen deshalb früher den Weg einer Klage auf Zahlung der fiktiven Beseitigungskosten. Diesem Weg hat jedoch (beim Bauvertrag) die Rechtsprechung des 7. Zivilsenats des BGH (vgl. BGH, 22.02.2018, Az. VII ZR 46/17, nicht jedoch beim Kaufvertrag nach der Rechtsprechung des 5. Zivilsenats des BGH!) einen Riegel vorgeschoben. Ein differenziertes Vorgehen, stärker orientiert an einem Wertvergleich zwischen der vereinbarten und der erhaltenen Leistung, ist erforderlich.

Eine Auseinandersetzung mit der komplexen Rechtsprechung würde jedoch den Rahmen an dieser Stelle sprengen.

12.6.2.7 Sekundäre Beauftragungen

Gibt der Eigentümer der Immobilie die Beseitigung von Schimmelpilzschäden in Auftrag, liegt ebenfalls ein Werkvertrag vor. Dieser Vertragstypus beinhaltet eine Erfolgshaftung; unzureichend sind Maßnahmen, die eine Lösung bloß versuchen, aber nicht herbeiführen.

Aus Zeit- und Kostengründen werden insbesondere bei Eigentümergemeinschaften als Auftraggeber allzu häufig „Schnellschüsse“, in der Praxis auch als kosmetische Maßnahmen bezeichnet, in der Hoffnung durchgeführt, diese würden schon ausreichen. Sie begründen im Streitfall nicht einmal eine Zahlung eines reduzierten Werklohns und produzieren in der Regel nur neuen Ärger für alle Beteiligten. Denn die Konsequenzen einer nicht fachgerechten Arbeit zeigen sich im erneuten Auftreten der Probleme, Zusatzkosten für Mängelbeseitigung für den Auftragnehmer und Schadensersatzansprüchen.

12.6.2.7.1 Sanierungsverträge und Sanierungsmethodik

Der Auftragnehmer, der mit der Beseitigung eines Wasserschadens und/oder Schimmelpilzbefalls beauftragt wird, hat über die Besichtigung der naheliegenden Ursache hinaus aufzuklären, ob weitere Ursachen oder weitere Schadensbereiche infrage kommen. Übersteigt die vorgefundene Situation seine Kompetenz, hat er die Einschaltung eines Sachverständigen anzuregen. Das betrifft zunächst die Frage nach der Schadensursache, die auch die grundsätzliche Eintrittspflicht einer Versicherung (Abgrenzung Leitungswasserschaden, Elementarschaden, Baumangel, verhaltensbedingter Schaden) betrifft.

Soll darüber hinaus eine mikrobiologische Untersuchung vermieden werden, ist eine entsprechende Vereinbarung zum Umfang der Untersuchungen und der auszuführenden Arbeiten erforderlich, um eine sichere Haftungsbeschränkung zu erreichen. Rechtsprechung dazu, ob nach Beseitigung der Ursachen die – gesetzlich vorgeschriebene – Abnahme der Arbeiten auch die Erfassung der verbliebenen Sporenbelastung erfordert, gibt es bisher nicht. Abgeleitet von der Rechtsprechung des BGB, wonach das Bestehen eines ernsthaften Schadensrisikos bereits als Mangel anzusehen sei (vgl. etwa BGH, 28.11.1990, Az. VIII ZB 27/90 Rn 12), und der Bewertung von Schimmel als solches Risiko (vgl. OLG Sachsen-Anhalt, 11.07.2019, Az. 1 U 116/18) steht jedenfalls auf der einen Seite fest, dass die Sporenbelastung mit der Beseitigung der Ursachen nicht automatisch verschwindet, auf der anderen Seite fehlen Untersuchungen über die Abbauzeit.

Insoweit sensible Auftraggeber sollten – zunächst auf eigenes Kostenrisiko – die mikrobiologische Untersuchung gesondert in Auftrag geben und für den Fall eines medizinisch positiven Befundes weitere Schritte und die Kostenerstattung fordern.

Ist Auftraggeber eine Versicherung, besteht wohl eine stillschweigende Übereinkunft mit den beauftragten Firmen, die Schadensbeseitigung im Rahmen der Routinemaßnahmen durchzuführen und sich mit dem Umfang der verbleibenden Sporenbelastung nicht weiter zu befassen, in der Erwartung, dass mit dem Verschwinden des störenden Erscheinungsbilds keine weiteren eindeutig zuordenbaren Probleme auftreten und gesundheitliche Schwierigkeiten nicht mit dem Schimmelschaden in Verbindung gebracht werden.

Erweist sich die durchgeführte Sanierung als unzureichend, ist die Arbeit als mangelhaft anzusehen. Der Auftragnehmer hat aber Anspruch auf die Möglichkeit zur Nacherfüllung, § 635 BGB. Erweitert sich dabei der erforderliche Leistungsumfang, hat der Auftraggeber diesen als Sowieso-Kosten unbeschadet der vorherigen Mangelhaftigkeit zu bezahlen.

12.6.3 Allgemeines Immobilienrecht

12.6.3.1 Gesetzliche Grundregeln und Vorschriften

Werden Wohnungen oder Häuser verkauft, ohne dass der Verkäufer diese hergestellt hat, fällt der mit dem Käufer abgeschlossene Vertrag unter das Kaufrecht nach § 433 BGB ff.

Ist dieses Vertragsobjekt mit Schimmelpilzen befallen, ist von der Mangelhaftigkeit auszugehen:

> *„Eine neu errichtete Eigentumswohnung ist mangelhaft, wenn es dort bis zur Abnahme zum Eintrag von Nässe kommt, die ein über die normale Hintergrundbelastung von 10.000 KBE/g hinausgehendes Schimmelpilzwachstum auslöst. Schimmelpilzwachstum in Innenräumen ist ein Gesundheitsrisiko, dessen Beseitigung der Erwerber einer neu errichteten Eigentumswohnung vom herstellenden Verkäufer (Unternehmer) verlangen kann, ohne dass dem die Unverhältnismäßigkeit der Kosten oder des Aufwandes entgegenstehen. Es kommt dabei bei einem Wohnungskauf nicht darauf an, ob sich bereits Krankheitserscheinungen zeigen, weil sich der gesundheitliche Zustand in Zukunft verändern könnte, z. B. durch Immunschwäche"* so das OLG Sachsen-Anhalt in seinem Urteil vom 11.07.2019 (Az. 1 U 116/18).

Der Gesetzgeber stellt in den §§ 437 ff. BGB dem Käufer eine Palette von Möglichkeiten zur Verfügung, wie er seine Rechte weiterverfolgen kann.

12.6.3.2 Typische vertragliche Vereinbarungen

In der Praxis kommen diese Vorschriften aber beim Verkauf gebrauchter Immobilien kaum zum Tragen. Denn üblicherweise wird in Notarverträgen über gebrauchte Immobilien die Haftung des Verkäufers für Mängel vollständig ausgeschlossen, wobei dieser in der Regel vertraglich zusichert, dass ihm nicht erkennbare Mängel nicht bekannt sind. Soll sich dieser Ausschluss auch auf Mängel beziehen, die zwischen Vertragsschluss und Gefahrübergang entstanden sind (was bei Schimmelpilzbildung durchaus denkbar ist), muss dies im Vertragstext verdeutlicht werden (vgl. BGH, 24.01.2003, Az. V ZR 248/02).

Stellt der Käufer also nach Vertragsabschluss und Besitzübergang fest, dass das gekaufte Objekt Schimmelpilzschäden aufweist, ergeben sich Ansprüche des Käufers wegen der Kosten der Mängelbeseitigung oder wegen Wertminderung nur über die Anfechtung des Vertrages wegen arglistiger Täuschung (oder zumindest die Drohung hiermit).

Der Käufer, den die volle Beweislast trifft, muss hierbei beweisen, dass

a) die Schimmelpilzbildung bereits vor Kaufvertragsabschluss vorhanden war und
b) diese Tatsache dem Verkäufer bekannt war.

Dabei ergeben sich komplexe Fragen. Ist der Schimmelpilzbefall nur Ausdruck eines anderen Baumangels (z. B. aufsteigende Feuchtigkeit, Abdichtungsmängel), erscheint die Beweisführung möglich, weil diese Mängel auch im Nachhinein feststellbar sind. Auch die Durchführung von Malerarbeiten vor Verkauf, eher unüblich, gibt fast schon einen Beweis des ersten Anscheins (Anmerkung: eine neue Möglichkeit, dies herauszufinden, bietet u. a. die Bauforensik, siehe Abschn. 6.6.8).

Schwierig ist die Situation allerdings, wenn der Schimmelpilzbefall auf Nutzungsfehler der Voreigentümer beruht, also unklar ist, ob überhaupt ein baulicher Mangel des Verkaufsobjekts vorliegt, und wenn, ob bei sehr überschaubaren Sanierungskosten die Vertragsanfechtung sinnvoll ist.

12.6.4 Wohnungseigentumsrecht

12.6.4.1 Gesetzliche Grundregeln und Vorschriften

Feuchteschäden und/oder Schimmelpilzbefall in einer Eigentumswohnanlage gehören mit zu den komplexesten Fallgestaltungen, weil rechtliche Komponenten aus dem Wohnungseigentumsrecht (WEG), dem Mietrecht, dem Werkvertragsrecht und dem Versicherungsrecht zusammenstoßen können.

12.6.4.1.1 Sondereigentum und Gemeinschaftseigentum

Die §§ 1 Abs. 2; 5 WEG definieren – grob vereinfacht – den Innenbereich der einzelnen Wohnungen einer Wohnanlage als Sondereigentum. Alle anderen Bereiche, insbesondere die gesamte Gebäudehülle und die bauliche Grundstruktur sowie die Gemeinschaftsflächen sind qua Abgrenzung Gemeinschaftseigentum.

Diese Unterscheidung spielt im Zusammenhang mit Feuchtigkeitsschäden und Schimmelpilzbefall eine zentrale Rolle, nicht bezüglich des Schimmelpilzes, wenn dieser nur im Wohnbereich auftritt und damit im Sondereigentum behandelt wird, sondern bezüglich der Zuordnung der Ursachen. Schimmel auf der Fassade, allgemein als Algen und Pilze bezeichnet, betrifft also nicht nur bloß das Gemeinschaftseigentum, sondern die Beseitigung liegt mangels negativer Auswirkungen auf Sondereigentum völlig im Ermessen der Gemeinschaft.

So gehören bei Undichtigkeiten der Gebäudehülle z. B. der Belag von Dachterrassen und Balkonen zum Sondereigentum der anliegenden Wohnung; die Tragschicht, der Estrich und die Wärmedämmschicht dagegen zum Gemeinschaftseigentum.

Bei Wasserschäden im Bereich des Leitungsnetzes gehören die Leitungen für Wasser und Heizung bis zum Abzweig zur Steigleitung zum Sondereigentum, ab da einschließlich der Verbindung – und Abwasserleitungen vollständig – zum Gemeinschaftseigentum.

12.6.4.1.2 Rechtswirkungen der Teilungserklärung

In der Teilungserklärung, dem „Grundgesetz" der Eigentümergemeinschaft, können von dieser Zuordnung abweichende Instandhaltungspflichten und Regelungen zur Kostentragung vereinbart werden, auch später durch Eigentümerbeschluss.

12.6.4.1.3 Gemeinschaft der Wohnungseigentümer (GdWE), Einzeleigentümer, Verwalter – Strukturen und Beziehungen

Seit der Novellierung des Wohnungseigentumsgesetzes (WEG) im Jahr 2021 durch das Wohnungseigentumsmodernisierungsgesetz (WEMoG) ist die Gemeinschaft der Wohnungseigentümer das zentrale Organ der Gemeinschaft (§ 9a Abs. 2 WEG). Sie fasst in Versammlungen Beschlüsse über die zu regelnden Fragen. Der einzelne Eigentümer muss in streitigen Fragen immer vorher die Versammlung damit befassen.

Der Verwalter ist Organ der Gemeinschaft; er hat eine Stellung ähnlich einem Geschäftsführer einer GmbH.

Mit dem Verwalter hat nur die Gemeinschaft, nicht aber der Einzeleigentümer, vertragliche Beziehungen. Er kann also kein Handeln von ihm verlangen, mit dem der Verwalter nicht einverstanden ist.

12.6.4.1.4 Das Ermessen der Gemeinschaft bei der Beseitigung von Baumängeln

Die Gemeinschaft ist grundsätzlich frei, wann und wie sie Reparaturen, Modernisierungs- oder Sanierungsmaßnahmen an der Wohnanlage vornimmt (vgl. BayObLG 14.08.2003, Az. 2Z BR 112/03 Rn. 21). Sie kann sich auch auf vorläufige Maßnahmen beschränken. Eine Grenze findet die Zurückhaltung jedoch immer dann, wenn bauliche Mängel negative Auswirkungen auf das Sondereigentum von Miteigentümern haben; dann führt die Reparaturverweigerung zu einer Pflichtwidrigkeit der Gemeinschaft mit der Folge der Schadensersatzpflicht (siehe unten 12.6.4.6 und 12.6.4.10). Auf eine modernisierende Reparatur besteht jedoch kein Rechtsanspruch (vgl. OLG Hamburg WuM 1999,55); das gilt beispielsweise auch für die Abgrenzung zwischen dem Verputzen von Fassadenrissen und der Montage eines Wärmedämm-Verbundsystems.

12.6.4.2 Schimmelpilze in der vom Eigentümer selbstgenutzten Wohnung

12.6.4.2.1 Ursachenforschung

Soweit sich aufgrund der Umstände keine wahrscheinliche Ursache aufdrängt und eine längere Nutzung verhaltensbedingte Probleme eher unwahrscheinlich macht, kann die Suche nach den Ursachen der Feuchtigkeitsbildung schwierig sein.

Soweit die Kontaktaufnahme zu den Wohnungen oberhalb keine Hinweise auf dort entstandene (Leitungs-)Wasserschäden ergibt, macht die Kontaktaufnahme mit der Versicherung Sinn, bei der Leitungswasserschäden der Gemeinschaft abgesichert sind (die in der Regel nur der Verwalter kennt), sowie mit der von der Versicherung in der Regel beauftragten Leckortungsfirma. Da die Versicherung deren Kosten jedoch erstattet verlangt, wenn keine versicherte Ursache gefunden wird, ist durch Vorabsprache mit der Leckortungsfirma die Sinnhaftigkeit von deren Vorgehen sicherzustellen. Hierauf ist nicht immer Verlass.

Das Eindringen von Feuchtigkeit durch undichte Dachterrassen oder Balkone, insbesondere bei gestuften Bauwerken, kann zum Auftreten an sehr ungewöhnlichen Stellen bis hin zu EG-Wohnungen führen.

12.6.4.2.2 Umsetzen des Beseitigungsanspruchs

Weitverbreitete Unkenntnis der rechtlichen Rahmenbedingungen bei den Beteiligten machen Feuchtigkeitsprobleme in Wohnungseigentümergemeinschaften vielfach langwierig, teuer und für die innere Harmonie der Gemeinschaft bedrohlich.

Dem geschädigten Eigentümer stehen jedenfalls, sofern die Ursache des Wasserschadens bekannt ist, Direktansprüche gegen den Eigentümer der Wohnung, in der sich der Ursprung des Problems befindet, auf dessen Mitwirkung bei der Lösung zu, ggf. auch mit einstweiliger Verfügung durchsetzbar.

12.6.4.2.3 Kommunikationswege

Der betroffene Eigentümer kontaktiert im eigenen Interesse den Verwalter der Wohnanlage und den Verwaltungsbeirat, um Untersuchung und erforderliche bauliche Maßnahmen abzustimmen. Kommt von dort, wie nicht selten, aus den unterschiedlichsten Gründen, keine ausreichende Unterstützung, ist es fehlerhaft, sich mit dem Verwalter herumzustreiten. Denn seit der Novellierung des WEG (12.01.2021) bestehen zwischen dem Einzeleigentümer und dem Verwalter keine vertraglichen Beziehungen mehr.

12.6.4.3 Verpflichtung zur Befassung der Gemeinschaft

Vertragspartner des einzelnen Eigentümers ist also ausschließlich die Gemeinschaft. Alle Anliegen sind an diese zu richten; eine zulässige Klage bei Streitigkeiten setzt zwingend die vorherige Befassung der Gemeinschaft in einer Eigentümerversammlung voraus.

Der betroffene Eigentümer muss sich also umgehend darum bemühen, sein Anliegen auf die nächste Tagesordnung zu bringen und eine Beschlussfassung – häufig auf Beauftragung eines Sachverständigen mit der Ursachenforschung und Erstellung eines Sanierungskonzepts sowie eventuell Beschluss über eine Sonderumlage – herbeizuführen. Informationen und Unterlagen zum Antrag muss er jedoch nicht vorlegen (vgl. BGH, 14.02.2025, Az. V ZR 86/24).

Dabei ergeben sich zwei Problemvarianten:

a) Der betroffene Eigentümer kann die Aufnahme in die Tagesordnung in der Regel nicht erzwingen, wenn er nicht über 1/4 der Anteile an der Gemeinschaft verfügt oder deren Unterstützung für sein Anliegen erzeugen kann (§ 24 Abs. 2 WEG).
   Weigert sich der Verwalter überhaupt und lässt sich auch in der Versammlung keine Lösung herbeiführen, muss Beschlussersetzungsklage nach § 44 Abs. 1 S. 2 WEG erhoben werden. Eine Frist hierfür gilt nicht.
b) Wird der Antrag zwar aufgenommen, aber mit Mehrheit abgelehnt (so genannter Negativbeschluss), muss dieser Beschluss innerhalb der Monatsfrist nach Beschlussfassung nach § 45 WEG beim zuständigen Wohnungseigentumsgericht angefochten werden. Der (nicht seltene) Einspruch beim Verwalter reicht nicht aus.

12.6.4.4 Schimmelpilzbefall in der vermieteten Eigentumswohnung

12.6.4.4.1 Keine Rechtsbeziehungen zwischen dem Mieter und der Eigentümergemeinschaft

Ausnahme: Da die Kosten für Elementarschäden- und Leitungswasserschadenversicherung im Rahmen der Miete umlagefähige Betriebskosten sind (§ 556 Abs. 1 BGB; § 2 Nr. 13 BetrKV) und regelmäßig auch umgelegt werden, ist der Mieter in den Schutzbereich dieser Versicherungen einbezogen.

Parallel stehen dem Mieter die mietrechtlich begründeten Ansprüche gegen seinen Vermieter zu. Das gilt insbesondere auch für den Beseitigungsanspruch. Der Vermieter kann sich seiner Verpflichtung nicht mit der Argumentation entziehen, er habe auf das Handeln (oder Nichthandeln) der Gemeinschaft keinen Einfluss. Er muss alle ihm möglichen und zumutbaren Schritte unternehmen, um eine zeitnahe Beseitigung der Probleme zu erreichen, ggf. auch rechtliche Schritte gegen die Gemeinschaft (Verpflichtung des Wohnungseigentümers zur Beseitigung auch bei Mängeln des Gemeinschaftseigentums vgl. Kammergericht Berlin, Rechtsentscheid 25.06.1990, OLGZ 90,467 = WuM 90,376).

Weitere Hinweise hierzu sind im Abschn. 12.6.4.7 aufgeführt.

12.6.4.4.2 Nutzerbedingter Schimmelpilzbefall

Ist die Schimmelpilzbildung vom Nutzer verursacht, gelten die im Abschn. 12.6.1 beschriebenen Regeln.

12.6.4.4.3 Multikausaler oder nicht nutzerbedingter Schimmelpilzbefall – Ursachen versicherbar

Ist von der Sachlage her davon auszugehen, dass die Ursachen für Feuchtigkeitserscheinungen und Schimmelpilzbildung in der Wohnung im baulichen Zustand der Eigentumswohnanlage liegen – absolut typische Fälle: Undichtigkeiten im Sanitärbereich oder der Dachterrassen – ist der Mieter im ersten Fall aufgrund der oben genannten Schutzwirkung berechtigt, neben der unverzüglichen Information (§ 536c Abs. 1 S. 1 BGB) und Inanspruchnahme seines Vermieters aus dem Mietvertrag (nach § 535 Abs. 1 S. 2) die Einschaltung der entsprechenden Versicherung (die er in der Regel nicht kennt) über den Verwalter der Wohnanlage zu veranlassen. Dies ist schon deshalb der effektivste Weg der Problemlösung, weil sein Vermieter auch nichts anderes machen kann und die Routinen der Versicherungen die Überprüfung durch Beauftragung einer Leckortungsfirma und erste Austrocknungsmaßnahmen beinhalten.

Die dabei erhaltenen Informationen zur Schadensursache sind wiederum Grundlage für Notmaßnahmen des Verwalters nach § 27 Abs. 1 Nr. 2 WEG oder Beschlussfassung der Eigentümergemeinschaft über Sanierungsmaßnahmen nach § 19 Abs. 2 Nr. 2 WEG.

Neben dem Mieter stehen dem Eigentümer der betroffenen Wohnung dieselben Rechte zu.

Minderungsansprüche des Mieters

Der Mieter kann die Mietminderung auch bei der Versicherung – nicht bei der Eigentümergemeinschaft! – als Teil seines Schadens geltend machen. Das gilt insbesondere bei der Notwendigkeit länger andauernder Trocknungsmaßnahmen. Die Berechnung der Minderung richtet sich auch in diesen Fällen nach den Regeln des Mietrechts.

Parallel hat der Mieter die mietrechtlichen – verschuldensunabhängigen – Minderungsansprüche gegen seinen Vermieter (vgl. OLG Hamm BauR 2003,1417; Klein BauR 2004,1069).

12.6.4.4.4 Multikausaler oder nicht nutzerbedingter Schimmelpilzbefall – Ursachen nicht versicherbar

Minderungsansprüche des Mieters

Bei dieser Fallgestaltung ergibt sich die Besonderheit, dass die Gemeinschaft möglicherweise zwar zur Mangelbeseitigung verpflichtet ist, sie aber keine Schadensersatzpflicht gegenüber dem Mieter bzw. dem vermietenden Eigentümer trifft (siehe Abschn. 12.6.4.6 und 12.6.4.9).

Da der Minderungsanspruch verschuldensunabhängig ist, bleibt er dem Mieter. Der Vermieter hat aber keine Möglichkeit, bei der Gemeinschaft

Ersatz zu erlangen, sofern die Voraussetzungen für eine Schadensersatzpflicht der Gemeinschaft nicht vorliegen.

12.6.4.5 Typische Konfliktfelder in Eigentümergemeinschaften

12.6.4.5.1 Dachterrassen, Balkone, Dämmungsproblematik

Undichtigkeiten bei Flachdächern oder Dachterrassen sind nahezu der Klassiker bei Eigentümergemeinschaften. Es wirken häufig mehrere Parameter zusammen und bereiten Schwierigkeiten wie z. B.:

a) Die Undichtigkeit wird lange nicht erkannt.
b) Der Ort, wo die Feuchtigkeitsschäden dann auftreten, hat keine erkennbare Verknüpfung mit der Undichtigkeit.
c) Die Bereitschaft des Eigentümers, in dessen Bereich die Schadensursache liegt, zur aktiven Mitwirkung – Betreten seines Eigentums, Duldung von zerstörenden Voruntersuchungen – ist häufig reduziert, weil seine Nutzung gestört wird oder er Verursacher ist.
d) Es herrscht Unsicherheit. In der Gemeinschaft besteht nur eine reduzierte Bereitschaft, viel Geld für die Sanierung in die Hand zu nehmen. Versicherungen treten nicht ein.
e) Dem entsprechend greift man zunächst zu Billiglösungen.
f) Eine grundlegende gutachterliche Untersuchung wird unterlassen.
g) Die Abdichtung wird mangelhaft durchgeführt, insbesondere: die Tatsache, dass die vorherige Undichtigkeit zur Durchfeuchtung der Wärmedämmschicht geführt hat, bleibt bei den Arbeiten unberücksichtigt.
h) Die Ursache der Durchfeuchtungen wird nicht abgestellt.

12.6.4.5.2 Leitungswasserschäden

Die vorher aufgezählten Schwierigkeiten sind auch bei Leitungswasserschäden festzustellen, wenn auch in geringerer Häufigkeit und Intensität.

12.6.4.5.3 Kellergeschoss

Feuchtigkeitsschäden im Kellergeschoss können mehrere Ursachen haben, die unterschiedliche rechtliche Konsequenzen nach sich ziehen.

a) Je nach Fassung der Teilungserklärung kann die Räume im Kellergeschoss zum Sondereigentum oder zum Gemeinschaftseigentum gehören.
b) Ist ein Technikraum betroffen, der nicht selten in einem Sondereigentums-Keller untergebracht wurde, fehlt häufig eine ausdrückliche Zuordnung in der Teilungserklärung. Nach Auffassung des Autors sind die Kosten zwischen den Sondereigentümer und der Gemeinschaft zu teilen (vgl. LG Frankfurt/Main, 13.03.2025, Az. 2-13 S 8/24).

Als Ursachen für die Feuchtigkeitsbildung/Schimmelpilzbefall kommen in Betracht:

a) Nutzungsfehler des Kellerbesitzers (Überfüllung, fehlende Lüftung),
b) Ungenügende Kaminabdeckung (Regen läuft in den Kamin, insbesondere bei Starkregen, und durchfeuchtet im Keller den Kaminfuß und die umgebenden Wände),
c) Überschwemmung (Wasser läuft von außen in die Keller).

Es liegt auf der Hand, dass bei der Fallgestaltung

a) der Geschädigte selbst verantwortlich ist,
b) die Gemeinschaft den Mangel am Kamin und die Austrocknung, ggf. auch den Neuanstrich der Wände, zu veranlassen hat,
c) der Schaden von der Elementarschadenversicherung der Gemeinschaft abzudecken ist.

Im letztgenannten Fall ist allerdings anzumerken, dass die Versicherung nicht die Schäden abdeckt, die an den im Keller eingelagerten Gegenständen entstehen. Für diese Schäden ist, anders als bei der Leitungswasserversicherung, ausschließlich die private Hausratversicherung des Eigentümers zuständig.

12.6.4.6 Umfang der Reparaturpflicht der Gemeinschaft

Grundsätzlich ist die Gemeinschaft souverän, wann, in welchem Umfang und wie sie Reparaturen am Gemeinschaftseigentum durchführt. Eigentümer, die sich durch einen bestimmten Zustand und seine Erscheinung gestört fühlen, müssen sich um eine Mehrheit für einen entsprechenden Beschluss bemühen.

Etwas anderes gilt nur dann, wenn Mängel am Gemeinschaftseigentum erhebliche Auswirkungen auf das Sondereigentum eines Eigentümers haben: Sofortiger Beseitigungsanspruch (vgl. BGH, 04.05.2018, Az. V ZR 203/17).

In jedem Fall hat der betroffene Eigentümer gegen die Gemeinschaft bei Unklarheit der Ursache einen Anspruch auf Untersuchung (vgl. AG Hamburg-Sankt Georg, 22.03.2024, Az. 980b C 22/23 WEG).

12.6.4.7 Sinnvolles Vorgehen – Rolle und Haftung des Verwalters

Soweit Sanierungsmaßnahmen von der Gemeinschaft in Auftrag gegeben werden, muss deren Ausführung überwacht werden. Übernimmt der Verwalter diese Überwachung, die sonst zum Leistungsbild des Architekten gehört (vgl. § 34 Nr. 8 HOAI), unterliegt er nach aktueller Rechtsprechung hohen Anforderungen: Maßstab ist ein Verhalten, wie es ein Eigentümer selbst zeigen würde.

12.6.4.8 Schadensersatzansprüche gegen Dritte

Hat der Verwalter eine Fachfirma mit der Sanierung beauftragt, diese aber nur eine mangelbehaftete Leistung erbracht und ist dadurch den betroffenen Eigentümern ein Schaden entstanden, ist dieser von den Betroffenen selbst, nicht von der Eigentümergemeinschaft geltend zu machen (vgl. OLG München, Beschluss v. 20.01.2025, Az. 19 U 2746/24 e).

Denn ein Schadenersatzanspruch kann sich in solchen Fällen allenfalls aus § 675 Abs. 1, § 631, § 633 Abs. 1, 2 S. 1, 2 Nr. 2, § 634 Nr. 4, § 280 Abs. 1 BGB i. V. m. den Grundsätzen über den Vertrag mit Schutzwirkung zugunsten Dritter ergeben. Ein solcher steht aber dem geschädigten Wohnungseigentümer zu, nicht jedoch der Gemeinschaft der Wohnungseigentümer und damit nach § 9a Abs. 1 S. 1 WEG rechtsfähigem Verband (vgl. OLG München, Beschluss v. 09.03.2023, Az. 34 Wx 20/23 e, juris Rz. 40; Beschluss v. 05.08.2022, Az. 34 Wx 301/22, juris Rz. 15).

Der Vertrag mit Schutzwirkung zugunsten Dritter hat Vorrang vor der Drittschadensliquidation (vgl. BGH, Urteil v. 14.05.2024, Az. XI ZR 327/22, Rz. 24; Höpfner in: Staudinger, BGB, Neubearb. 2021, Vorbem. z. §§ 249 ff. Rz. 66; Oetker in: Münchener Kommentar zum BGB, 9. Aufl., § 249 Rz. 293; Mäsch in: beck-online. Großkommentar, Stand: 01.10.2024, § 328 Rz. 176; Weiss, JuS 2015, 8 [10]; ausführl. hierzu Hübner/Sagan, JA 2013, 741).

Die Rechtsfigur des Vertrags mit Schutzwirkung zu Gunsten Dritter beruht auf der Überlegung, dass jedes Vertragsschuldverhältnis einen Schutzbereich entfaltet, der unter bestimmten Voraussetzungen auch Dritte erfasst (Olzen in: Staudinger, BGB, Neubearb. 2024, Einl. z. SchuldR, Rz. 219). Rechtsgrundlage der Schutzwirkung zugunsten Dritter ist nach der Rechtsprechung eine ergänzende Vertragsauslegung (vgl. BGH, Urteil v. 29.06.2023, Az. IX ZR 56/22, Rz. 8; Urteil v. 07.12.2017, Az. VII ZR 204/14, Rz. 16; Urteil v. 17.11.2016, Az. III ZR 139/14, Rz. 15; Urteil v. 15.06.1971, Az. VI ZR 262/69, juris Rz. 23; s. bereits RG, Urteil v. 10.02.1930, Az. VI 270/29 [RGZ 127, 218, 222]).

Verträge zwischen der Gemeinschaft der Wohnungseigentümer und Dritten sind regelmäßig als Verträge mit Schutzwirkung zugunsten der Wohnungseigentümer einzustufen (vgl. BGH, Urteil v. 13.12.2019, Az. V ZR 43/19, Rz. 16; Urteil v. 08.06.2018, Az. V ZR 125/17, Rz. 39; LG Stuttgart, Urteil v. 01.06.2016, Az. 10 S 2/16, juris Rz. 27; Tyarks in: Elzer, Stichwortkommentar Wohnungseigentumsrecht, 1. Aufl., Ed. 2 2024, Stichwort „Schadenersatz“, Rz. 9; Hansen in: Münchener Handbuch des Wohnungseigentumsrechts, 8. Aufl., § 4 Rz. 24; Wenzel, ZWE 2006, 462 [469]).

Der Wohnungseigentümer kommt nach dem Inhalt des Vertrages bestimmungsgemäß mit der Hauptleistung der Sanierungsfirma in Berührung und ist den Gefahren von Schutzpflichtverletzungen ebenso ausgesetzt wie die Gemeinschaft selbst (sog. Leistungsnähe; vgl. z. B. BGH, Beschluss v. 19.09.2017, Az. XI ZB 17/15, Rz. 44;

Urteil v. 06.05.2008, Az. XI ZR 56/07, Rz. 27; Urteil vom 22.01.1968, Az. VIII ZR 195/65, juris Rz. 21).

12.6.4.9 Die Reihenfolge der Versicherer

Kommt ein Schadensersatzanspruch gegen einen Dritten, also entweder einen Miteigentümer oder eine Firma, die Arbeiten mangelhaft ausgeführt hat, infrage, und besteht dort eine Haftpflichtversicherung, ist diese vorrangig in Anspruch zu nehmen.

12.6.4.10 Schadensersatzverpflichtung bei Verzögerung der Sanierung

Wird durch einen Mangel am Gemeinschaftseigentum die Nutzung eines Sondereigentums erheblich beeinträchtigt und wird die Beseitigung des Mangels nicht unverzüglich durchgeführt, machen sich die Mehrheit der Eigentümergemeinschaft, die die Reparatur ablehnt oder verzögert, oder der Verwalter gegenüber dem geschädigten Eigentümer schadensersatzpflichtig (vgl. LG Berlin II, 4.7.24, 56 S 19/23 WEG; LG München I, IMR 25,71; LG Hamburg IMR 17,501; zur Haftung des Verwalters bei Gesundheitsschäden schon BayObLG 09.11.1995, Az. 2 Z BR 106/95).

Wann eine Verzögerung vorliegt, ist Sache des Einzelfalls. Bei schwierigen Fallgestaltungen kann die Beauftragung eines Sachverständigen unumgänglich sein, ferner die Einholung von drei Angeboten für die Vergabe der Arbeiten.

12.6.4.11 Umfang des Schadensersatzanspruchs

Weder aus dem bloßen nachbarschaftlichen Gemeinschaftsverhältnis noch aus der Zugehörigkeit eines Eigentümers zur WEG ergeben sich jedoch im Fall eines Baumangels, der sich als Wasserschaden an anderer Stelle auswirkt, Ansprüche gegen die Gemeinschaft oder gar den Verwalter, die über die bloße Beseitigung der Ursache hinausgehen (vgl. BGH 21.5.10, V ZR 10/10; stRspr). Ohne den Nachweis eines Verschuldens bekommt der Geschädigte keinen Ersatz für die in seinem Sondereigentum entstandenen Schäden.

Auch mit der bloßen Behauptung, die Gemeinschaft habe die Erhaltung des Gebäudes vernachlässigt, lässt sich der Anspruch nicht begründet.

Liegt dagegen ein Verschulden eines Beteiligten vor, gehören zum Schaden des Eigentümers je nach Sachlage die gesamten Sanierungskosten in seiner Wohnung, die Kosten etwaiger Ersatzwohnungen oder Zwischenumzüge, ferner bei Folgeerkrankung die Behandlungskosten und Schmerzensgeld.

Ist die Eigentumswohnung vermietet, ist auch die vom Mieter durchgeführte Minderung Teil des Schadens.

12.6.4.12 Minderung im Wohnungseigentum

Bei der selbstgenutzten Eigentumswohnung ist der Eigentümer berechtigt, auch die Minderung des Nutzungswerts als Schadensteil zu verlangen. Die Berechnung dieser Minderung folgt den Regeln der mietrechtlichen Minderung; sie ist auf Basis des Mietwerts vergleichbarer Wohnungen zu berechnen.

12.6.4.13 Kostenverteilungen nach Teilungserklärung oder durch Beschluss

Innerhalb der Eigentümergemeinschaft sind die Kosten, soweit sie nicht durch eine Versicherung abgedeckt sind, nach dem Maßstab der Teilungserklärung oder ggf. nach Maßgabe eines abändernden Beschlusses zu verteilen. An dieser Quotierung nimmt auch die geschädigte Wohnung teil.

12.6.4.14 Die WEG in der Überschwemmung

Die Konsequenzen aus dem größten denkbaren, aber aufgrund der klimatischen Veränderungen nicht mehr undenkbaren Wasserschaden, der Überschwemmung z. B. nach einem Hochwasser oder sintflutartigen Regenfällen, richten sich zum einen nach der in den Teilungserklärungen üblicherweise enthaltenen Wiederaufbauklausel und zum anderen nach Bestehen und Umfang einer Elementarschadenversicherung und einer eventuellen Ausschlussklausel für Hochwasserschäden.

12.6.5 Nachbarrecht

12.6.5.1 Gesetzliche Grundregeln und Vorschriften

Zwischen Grundstücksnachbarn bestehen keine vertraglichen Beziehungen, soweit solche nicht gesondert abgeschlossen wurden. Die Rechtsbeziehungen richten sich also ausschließlich nach den gesetzlichen Vorschriften (§ 906 ff. BGB, daneben landesrechtlichen Vorschriften).

12.6.5.2 Konfliktpotential

An Fallgestaltungen, die beim Nachbarn des Verantwortlichen zu Durchfeuchtungen und Schimmelpilzbildungen geführt haben, ergeben sich z. B.:

1. Gemeinschaftliche Schäden
2. Schäden nach Abriss einer Haushälfte
3. Feuchtigkeitszufuhr durch Grenzbebauung

12.6.5.3 Gemeinschaftliche Schäden

Bei aneinandergebauten Gebäuden im Sinne der Doppelhaus-Rechtsprechung des BGH können Mängel der Bodenplatte oder der Kellerabdichtung, insbesondere gegen drückendes Wasser, zur Durchfeuchtung der so genannten Kommunwand (hierbei handelt es sich um eine gemeinsame Wand auf zwei benachbarten Grundstücken, Immobilien oder Wohnungen, die sich auf der Grundstücksgrenze befindet und von beiden Seiten genutzt wird) führen, so dass es in beiden Immobilien zu Feuchteschäden und Schimmelpilzbefall kommen kann. Dies kann zu Konflikten zwischen den Nachbarn führen, wenn die Fähigkeit oder Bereitschaft, die manchmal erheblichen Kosten für eine Sanierung bereitzustellen, auf beiden Seiten unterschiedlich ist.

Bilden die beiden Grundstücke eine Eigentümergemeinschaft, wie häufig, stehen die Regelungen des WEG zum Umgang mit dem Konflikt zur Verfügung. Sie werden noch überlagert von den Besonderheiten der Zweier-WEG, bei der es keinen Verwalter gibt, aber der BGH daran festhält, dass die Eigentümergemeinschaft die Handelnde sein muss, also nicht der eine Eigentümer den anderen verklagen kann (vgl. BGH 7.5.21, Az. V ZR 254/19; BGH 16.9.22, Az. V ZR 180/21).

Sind beide Immobilien ohne rechtliche Gemeinschaft aneinandergebaut, ist die Rechtsgrundlage für Ansprüche gegen den Nachbarn schwieriger. Denkbar ist der Rückgriff auf § 906 BGB in der Sicht des BGH als generelle Norm für alles, was „vom Nachbarn kommt, die Grenze überschreitet und Störungen verursacht".

Das LG München I führt in seiner Entscheidung vom 14.12.2009 (vgl. Az. 1 S 9716/09, bestätigt durch BGH 21.05.2010, Az. V ZR 10/10) in anderem Zusammenhang aus:

> *„In den Fällen des § 906 BGB stehen sich die Interessen zweier Grundstückseigentümer bzw. Besitzer unvereinbar und konträr gegenüber. Der störende Eigentümer will sein Grundstück möglichst intensiv und ungestört nutzen. Das ist oftmals mit Beeinträchtigungen für das Nachbargrundstück verbunden. Der Inhaber oder Nutzer des Nachbargrundstücks will dem gegenüber, um seinerseits das Grundstück möglichst ungestört nutzen zu können, ihn beeinträchtigende Nutzungen benachbarter Grundstücke möglichst verhindern. § 906 BGB schafft einen Ausgleich für diesen Antagonismus zweier sich gegenüberstehender Eigentümer- bzw. Nutzerinteressen (MünchKomm/Säcker, BGB, § 906 Rz. 1). Dazu gehört, dass der gestörte Eigentümer gewisse Risiken akzeptieren muss, die der störende Eigentümer durch seine zulässige Grundstücksnutzung schafft; seine Abwehransprüche werden im Interesse des störenden Eigentümers beschnitten (MünchKomm/Säcker, BGB, § 906 Rz. 1). Das trifft den gestörten Nachbarn gerade deshalb schwer, weil ihn zum einen die Duldungspflicht unabhängig davon trifft, ob er der Nutzung durch den Störer zugestimmt hat, und weil er zum anderen die von dem Störer geschaffenen Risiken oft nicht beherrschen kann: Das ihm nicht gehörende Grundstück des Störers entzieht sich grundsätzlich seiner Einflusssphäre, er kann es etwa nicht nach Gutdünken betreten und auf vermeidbare Gefahrenquellen hin untersuchen. Als Ausgleich hierfür schafft § 906 II 2 BGB (analog) einen verschuldensunabhängigen Ausgleichsanspruch des gestörten Nachbarn gegen den Störer, wenn sich ein Risiko zu seinem Nachteil verwirklicht, dass der Gestörte dulden musste oder das er mangels ausreichender Einflussmöglichkeiten auf das Nachbargrundstück nicht rechtzeitig erkennen konnte."*

Beim Bestehen einer Kommunwand ist jedenfalls auch der Rückgriff auf die Regelungen der §§ 741 ff. BGB möglich, weil insoweit ein „gemeinschaftliches Recht" besteht.

12.6.5.4 Feuchtigkeitsschäden durch baulichen Veränderungen

Der BGH betont, dass jeder Grundstückseigentümer berechtigt ist, die auf seinem Grundstück befindlichen Gebäude abzureißen. Wird dabei jedoch die vorher innenliegende Außenwand des Nachbargebäudes freigelegt, hat er die zum Schutz dieser Wand erforderlichen Maßnahmen zu ergreifen. Maßstab für deren Umfang ist der vorher bestehende Schutz. Wird diese Verpflichtung verletzt oder die Erfüllung verzögert, kommt es regelmäßig zu Feuchtigkeitsschäden an der Innenseite der freigelegten Wand und einer Schadensersatzverpflichtung, die neben die weiterbestehende Schutzverpflichtung tritt.

12.6.5.5 Feuchtigkeitszufuhr durch Grenzbebauung

Die Berechtigung eines Eigentümers, Gebäude an die Grundstücksgrenze zu setzen, regelt sich nach Landesrecht. Da in gewissem Umfang weder ein Genehmigungsverfahren noch die Zustimmung des Nachbarn erforderlich ist, werden untergeordnete Gebäude immer wieder so errichtet, dass sie zum Nachbargrundstück hin entwässern und in dort stehenden Gebäuden Feuchtigkeitsschäden hervorrufen.

Dies ist natürlich ein Fall des § 906 BGB, selbst wenn das Regenwasser nicht vom Nachbarn produziert, sondern nur „weitergeleitet" wird. Es besteht ein Unterlassungsanspruch auf bauliche Veränderung.

12.6.6 Regelungen des allgemeinen Schadensersatzrechts

12.6.6.1 Gesetzliche Grundregeln und Vorschriften

Soweit zwischen dem durch Schimmelpilze Geschädigten und dem Verursacher keine vertraglichen Beziehungen bestehen, sind etwaige Schadensersatzansprüche nach den §§ 823 ff. BGB zu beurteilen. Diese Ansprüche können aber auch neben vertraglichen Ansprüchen bestehen.

Ferner kommt als Haftungsgrundlage infrage, dass Schimmelpilzbefall und Schimmelpilzursache trotz Kenntnis vom Verantwortlichen nicht innerhalb angemessener Zeit beseitigt werden und durch das zögerliche Verhalten Schaden entsteht, etwa durch Verschlechterung des baulichen Zustands und damit verbundene Mehraufwendungen, oder durch gesundheitliche Probleme als Folgeschäden.

12.6.6.2 Allgemeine Beweisregeln

Nach den Grundsätzen des Schadensersatzrechts ist der Geschädigte bzw. Anspruchsteller in vollem Umfang beweisbelastet. Dabei kann durchaus grundsätzlich auch ein Beweis für den Zusammenhang zwischen Schimmelpilzbefall und dadurch verursachten gesundheitliche Beschwerden infrage kommen. Allerdings sind dabei hohe Anforderungen an die zeitliche Parallelität zu stellen und alternative Ursachen auszuschließen.

Besteht der Schaden in der Minderung, die der Mieter gegenüber dem Vermieter berechtigterweise durchführt, ist der Nachweis gegenüber dem schädigenden Dritten in der Regel unschwierig.

12.6.6.3 Ermittlung der Schadenshöhe

In ständiger Rechtsprechung drängt der BGH auf eine weitgehende Anwendung der Schätzungsvorschrift des § 287 ZPO. Damit können insbesondere in Fällen, wo der Aufwand für die Ermittlung der Schadenshöhe durch Sachverständigengutachten in keinem Verhältnis zum Streitstoff steht, unbillige Ergebnisse vermieden werden.

12.6.6.4 Maßstäbe des Mitverschuldens des Geschädigten

Ein Mitverschulden des Mieters besteht, wenn er statt der Ersatzvornahme der Mängelbeseitigung zur Anmietung von Ersatzräumen greift, nur ausnahmsweise, wenn der Mangel leicht zu beseitigen und die Beseitigung dem Mieter zumutbar ist, und wenn andernfalls der Eintritt erheblicher Schäden droht (RGZ 100,42; Grüneberg Rdnr. 17 zu § 536a; Bub/Treier II B 1390; Wolff/Eckert Rdnr. zu 198; Sternel, MietR 3. Aufl. II 85; Schmidt-Futterer 7. Aufl. § 538 Rdnr. 79; OLG Düsseldorf Az. 24 U 87/02).

12.6.7 Medizinrecht (Schadensersatz wegen gesundheitlicher Folgeschäden von Schimmelpilzen)

12.6.7.1 Gesetzliche Grundregeln und Vorschriften

Nach dem Leitfaden „Zur Vorbeugung, Erfassung und Sanierung von Schimmelpilzbefall in Gebäuden" des Umweltbundesamtes (Ausgabe 2024) ist Schimmelpilzwachstum in Innenräumen als Gesundheitsrisiko zu betrachten, auch ohne, dass ein quantitativer und kausaler Zusammenhang zwischen dem Vorkommen einzelner Schimmelpilzarten oder bestimmten biogenen Schadstoffen und Gesundheitsbeschwerden gesichert hergestellt werden kann. Dies gilt insbesondere für empfindliche Personen. Es bestehe ein erhöhtes Risiko für Atemwegserkrankungen, insbesondere bei Kindern, ein Zusammenhang zwischen Schimmelpilzbefall und Asthma, Atemwegsinfektionen und Bronchitis. Unspezifische Symptome wie Husten und Reizungen der Schleimhäute seien häufig (weitere Ausführungen sind dem Kap. 11 zu entnehmen).

Mit Beschluss vom 09.03.2006 (Az. 22 W 33/05) hat das Kammergericht entschieden, dass „die schuldhafte Verletzung einer Verkehrssicherungspflicht neben der Haftung aus Vertrag auch eine deliktsrechtliche Haftung des Vermieters begründen kann. Der Befall einer Wohnung mit Schimmelpilzen kann ein haftungsbegründender Mangel sein".

Kinder des Mieters seien in den Schutzbereich des Mietvertrages einbezogen. Gegenüber Minderjährigen ist die Verkehrssicherungspflicht des Vermieters jedoch durch die Verantwortung der Eltern begrenzt.

12.6.7.2 Darlegung und Nachweis der Kausalkette

Werden Schadensersatz- oder Schmerzensgeldansprüche im Zusammenhang mit behaupteter oder festgestellter Schimmelpilzbelastung geltend gemacht, ist vom Anspruchsteller das Vorliegen der vollständigen (rückwärtslaufenden) Kausalkette darzulegen und zu beweisen:

a) Das Vorliegen einer Erkrankung, die nach wissenschaftlichen Erkenntnissen auf erheblichen Kontakt mit Schimmelpilzsporen oder anderen mikrobiellen Partikeln zurückzuführen ist
b) Der Ausschluss alternativer Krankheitsursachen für die festgestellten Symptome
c) Das zeitgleiche oder zumindest zeitnahe Auftreten der Symptome mit dem Aufenthalt in einer Wohnung mit hoher Schimmelpilzbelastung („signifikanter Überschreitung der natürlichen Hintergrundbelastung")
d) Die bauliche Ursache der Schimmelpilzbelastung außerhalb des eigenen Wohnverhaltens
e) Das Verschulden des Verantwortlichen durch Verschweigen der Schimmelpilzbelastung oder Verzug bei der Ursachen- und Schimmelpilzbeseitigung.

Nach den allgemeinen Beweisregeln des Schadensersatzrechts kann mit einer hohen Wahrscheinlichkeit davon ausgegangen werden, dass die Darlegung und der Beweis einer vollständigen (rückwärtslaufenden) Kausalkette nicht gelingen wird. Hierzu sind die multikausalen Einflüsse auf der einen Seite und die individuelle Disposition der Betroffenen auf der anderen Seite zu komplex und überlagern sich. Allein die Hintergrundbelastung – also die Belastung durch Schimmelpilze in der Außenluft, die über den Luftaustausch in Innenräume eindringt – verdeutlicht die Herausforderung. Eine weitere besteht darin, dass es keine gesetzlichen Grenz-, Richt- oder Orientierungswerte für privat genutzte Innenräume gibt. Hinzu kommt, dass in dem bereits erwähnten Leitfaden des Umweltbundesamtes ausgeführt wird, dass derzeit keine wissenschaftlich abgesicherten Aussagen über eine Dosis-Wirkungsbeziehung zwischen einer Exposition gegenüber Schimmelpilzen in Innenräumen und gesundheitlichen Beschwerden der Bewohner möglich sind.

12.6.7.3 Beweiserleichterungen, Risikobewertung

Dieses Ergebnis ist allerdings mit dem Gesichtspunkt der Rechtssicherheit und dem Gesundheitsschutz des Art. 2 Abs. 2 S. 1 GG nur schwer zu vereinbaren. Wenn Schimmelpilzbildung auf der finanziellen Ebene deutlich höher bewertet wird als ein bloßes ästhetisches Problem (vgl. OLG Sachsen-Anhalt, 11.07.2019, Az. 1 U 116/18) und sogar den Anspruch auf großen Schadensersatz begründen kann (vgl. BGH 21.03.2002, Az. VII ZR 493/00), scheint es jedenfalls diskutabel, im Einzelfall entweder ausnahmsweise höhere Wahrscheinlichkeitsgrundsätze als Maßstab genügen zu lassen oder das bloße Erkrankungsrisiko im Rahmen der Schadensermittlung zu bewerten.

12.6.8 Versicherungsrecht

12.6.8.1 Allgemeines

Im Zusammenhang mit Schimmelpilzen in Innenräumen kommt je nach Ursache und bestehenden Vertragsverhältnissen die Inanspruchnahme folgender Versicherungen in Betracht:

- Haftpflichtversicherung eines Schadensverursachers,
- Gewerbliche Haftpflichtversicherung einer Baufirma,
- Haftpflichtversicherung eines Architekten oder Ingenieurs,
- Leitungswasserschadenversicherung des Vermieters, der Eigentümergemeinschaft oder des Mieters,
- Elementarschadenversicherung,
- Haftpflichtversicherung des Mieters.

12.6.8.2 Insbesondere: Haftpflichtversicherung des Mieters

Eine Haftpflichtversicherung des Mieters tritt (gegenüber dem Vermieter) bei selbstverschuldetem Schimmelpilzbefall in der Regel nicht ein, da es sich beim fehlerhaften Wohnverhalten nicht um einen punktuellen Schaden handelt, sondern um eine dauerhafte Schädigung (so genannte Langwierigkeitsschäden). Bei den früher häufigen Wasserschäden durch Waschmaschinen, übergelaufene Badewannen u. ä. liegt in der Regel grobe Fahrlässigkeit vor; die Eintrittspflicht hängt dann davon ab, ob auch dieser Fall mitversichert ist.

12.7 Zum Schluss: Wechselwirkungen zwischen Problemen und ihren rechtlichen Lösungswegen versus rechtliche Lösungswege und ihre Probleme

12.7.1 Persönliche Ebene

Das Auftreten von Schimmelpilzen in Innenräumen lässt sich, vereinfacht ausgedrückt, auch als eine Art „Erkrankung" der Wohnung verstehen. Aus der Retrospektive betrachtet, sind bautechnische oder bauphysikalische Vorgänge immer der Schimmelpilzbildung vorausgegangen, die eine Vernachlässigung physikalischer Regeln darstellen und über einen längeren Zeitraum stattgefunden haben.

Die in diesem Zusammenhang geführten Konflikte stehen mit der Notwendigkeit, möglichst rasche und vollständige Lösungen zu finden, oft in einem heftigen Widerspruch. Die Suche nach den Ursachen von Feuchteschäden kann im Einzelfall trotz Einschaltung von Fachleuten schwierig sein. Ungeachtet dessen ist die Beschränkung auf die Bearbeitung einer eigentlich faktischen, naturwissenschaftlichen Aufgabenstellung im Konfliktmodus kontraproduktiv. Oder auch anders ausgedrückt: das Auftreten von Schimmelpilzen wird durch die Beteiligten oft emotional wahrgenommen und/oder artikuliert. Mit einer sachlichen und rationalen Argumentation auf einer technischen Grundlage kommt man oft nicht zu einer gemeinsamen Lösung.

Das Verschwinden der bautechnischen Kompetenz in vielen Hausverwaltungen, sinnlose selbstständige Beweisverfahren und der Kampf um die Verantwortlichkeiten kosten Zeit und führen vielfach zur Verschlimmerung der Situation. Daher möchte der Autor das Kapitel über rechtliche Aspekte zum Thema Schimmelpilze in Innenräumen mit einer Art Appell beenden. Eine andere Form des Herangehens, insbesondere sachlich kommunikativ, schnell und effektiv und vor allem deeskalierend kann für alle Beteiligten bedeuten, ob mit oder ohne Unterstützung durch Sachverständige, zu Lösungen zu kommen anstatt

Probleme immer größer werden zu lassen und somit zu einer höchstmöglichen Eskalation aufzubauen. In diesem Sinne sollen die nachfolgenden Anregungen verstanden werden:

1. Die Ausgangssituation ist für alle Beteiligten unangenehm, egal ob man als Bewohner unmittelbar betroffen ist oder als Vermieter, Verwalter oder Bauträger und Verkäufer in der Verantwortung ist.
2. Schimmelpilze sind fast immer Ausgangssituation für einen Konflikt.
3. Es macht nicht trotzdem, sondern deshalb gerade Sinn, von Anfang auf die mögliche eigene Beteiligung und Verantwortung zu fokussieren.
4. Selbst wenn die andere Seite „schuld" sein sollte, lässt sich der „Ball erst einmal flach halten". Es ist in den meisten Fällen ein Irrglaube, dass Druck immer zum Nachgeben führt. Dieser kann auch Gegendruck erzeugen und den Boden für eine einfache Lösung entziehen.
5. Es ist vernünftig, sich mit dem eigenen Unwissen zu befassen und sich seriös beraten zu lassen. Gerade beim Thema Schimmelpilze gibt es mittlerweile eine unüberschaubare Vielzahl an größtenteils ungeprüften und falschen Informationen im Internet, wo viele selbsternannten Experten gefährliches Halbwissen als Fakten hinstellen.
6. Wo keine schnelle Lösung möglich ist, bietet sich die Möglichkeit zu Zwischenlösungen an.

12.7.2 Rechtliche Ebene

Der Gesetzgeber hat in guter Absicht schon vor längerer Zeit einen Beitrag zur Problemverschärfung geleistet.

Um den Mieter den juristischen Kampf um seine Rechte zu erleichtern, wurde in der Streitwertvorschrift des § 41 Abs. 5 GKG (Gerichtskostengesetz) festgelegt, dass beim Streit um Instandsetzungs- oder -haltungspflichten der Minderungsbetrag maßgeblich sein solle. Damit wird nicht nur von Vorneherein der Fokus auf die Minderung gelegt, sondern der Streitwert auf relativ geringe Beträge gedeckelt. Angesichts des Verbreitungsgrades von Rechtsschutzversicherungen, auch über die Mietervereine, ist diese Regelung zum einen antiquiert. Sie hat vor allem die Konsequenz, dass der nicht geringe Aufwand für eine sachgerechte Befassung mit Schimmelproblemen in keiner Weise finanziell abgedeckt wird, Folge: Mietervereine, Rechtsanwälte und Richter fokussieren die schnelle Scheinlösung über die Minderung.

Für die Bauprozesse wurde zwar mittlerweile bei den meisten Landgerichten sichergestellt, dass durch die Einrichtung von Baukammern auch auf Richterseite ein größeres Maß an bautechnischer Kompetenz zur Verfügung steht. Geht es aber bei einem Mieter in einem Schimmelpilzprozess um Baumängel als Ursache – oft genug komplex – wird der Amtsrichter damit konfrontiert und nicht selten überfordert. „Lösung": wie vorstehend.

Regelwerke

13

Inhaltsverzeichnis

13.1 Einleitung

Bis Anfang der 2000-er Jahre gab es für die Schimmelpilzanalyse, -bewertung und -sanierung keinerlei Regelwerke und bei dem Vorgehen einiger Sachverständige und Handwerker konnte der Eindruck erweckt werden, als wenn die Untersuchung und Beseitigung von Schimmelpilzbefall in Innenräumen im rechtsleeren Raum erfolgt. Dies änderte sich, als das Landesgesundheitsamt Baden-Württemberg (LGA) im Jahre 2001 den ersten Leitfaden mit dem Titel „Schimmelpilze in Innenräumen – Nachweis, Bewertung, Qualitätsmanagement" herausbrachte und auf dieses Problem aufmerksam machte. In einem zweiten Leitfaden des LGA mit dem Titel „Handlungsempfehlung für die Sanierung von mit Schimmelpilzen befallenen Innenräumen" wurden allgemeine Empfehlungen für eine fachgerechte Sanierung gegeben. Diese beiden Leitfäden stellten eine wichtige Grundlage für das Umweltbundesamt (UBA) dar, das 2002 den „Leitfaden zur Vorbeugung, Untersuchung, Bewertung und Sanierung von Schimmelpilzwachstum in Innenräumen" herausgab. In diesem Leitfaden wurden insbesondere Hinweise zur Erfassung und Bewertung von Schimmelpilzen in Innenräumen gegeben. Außerdem enthielt dieser bereits erste allgemeine Informationen zur gesundheitlichen Bewertung von Schimmelpilzen und zur Sanierung bei Schimmelbefall. Konkretere Hinweise für die Sanierung enthielt der zweite Leitfaden des UBA mit dem Titel „zur Ursachensuche und Sanierung bei Schimmelpilzwachstum in Innenräumen" aus dem Jahr 2005. Diese Leitfäden stellten einen

F. Frössel, E. Heller, *Schimmelpilze in Wohnungen*, https://doi.org/10.1007/978-3-658-50425-0_13

ganzheitlichen Kontext her und gaben erstmals konkrete Handlungsanleitungen.

Seitdem wurden zahlreiche Richtlinien und Merkblätter von unterschiedlichen Institutionen erarbeitet, die sich mit der Untersuchung und Bewertung sowie Beseitigung und Vorbeugung von Schimmelpilzen (und Bakterien) sowie angrenzenden Themen auseinandersetzen. Auch in den Normen, Technischen Regeln und Verordnungen wird das Thema des mikrobiellen Befalls in Innenräumen zunehmend verankert. Nicht immer sind die Handlungsanleitungen der unterschiedlichen Herausgeber widerspruchsfrei. Allerdings liegt mittlerweile eine Vielzahl sehr konkreter Hinweise vor, wie bei der Schimmelpilzdiagnostik sowie der Bewertung von mikrobiellen Befall in Innenräumen vorzugehen ist und wie dieser zu beseitigen ist und/oder zukünftig vermieden werden kann.

Auch die o. g. Leitfäden des Umweltbundesamtes wurden seitdem zweimal überarbeitet. Eine der wichtigsten Änderungen in der Version von 2017 war die Einführung so genannter Nutzungsklassen, mit dem eine differenzierte Vorgehensweise in den unterschiedlich genutzten Innenräumen sichergestellt werden soll. Schließlich sind Innenräume, die permanent von Menschen, möglicherweise sogar durch spezielle Risikogruppen genutzt werden, anders zu bewerten als Innenräume, die nur sporadisch bzw. nicht dauerhaft genutzt werden. Daher war es naheliegend, dass die Einführung dieser Nutzungsklassen in Fachkreisen zunächst begrüßt und als sinnvoll erachtet wurden. Allerdings gab es auch Kritik an der immer wieder unterschiedlichen Auslegungen und Anwendung in der Praxis, so dass dieser Leitfaden noch einmal überarbeitet und im Jahr 2024 neu erschienen ist. Einer der zentralen Streitpunkte war die Abschottung als Alternative zur Schimmelpilzsanierung, so dass eine Konkretisierung insbesondere des Abschn. 6.1 im Leitfaden des Umweltbundesamtes aus dem Jahr 2017 notwendig wurde. Im Ergebnis wurden die Definition eines Innenraums im Kontext zu Schimmelpilzen in Innenräumen sowie das Nutzungsklassenkonzept angepasst. Demnach besteht ein Innenraum nicht mehr nur aus Wand, Decke und Boden, sondern auch aus seinen angrenzenden Bauteilen und Hohlräumen, die im Luftaustausch mit der Raumluft stehen. Außerdem wurde die Nutzungsklasse IV ersatzlos gestrichen.

Nachfolgend werden die wichtigsten Regelwerke aufgeführt, die in diesem Bereich relevant sind. Die Aufstellung erhebt nicht den Anspruch auf Vollständigkeit und die Reihenfolge der Nennung stellt keine Gewichtung dar. Es werden auch Normen aufgeführt, die in der Zwischenzeit zurückgezogen wurden, auf die aber in gültigen Normen noch Bezug genommen wird.

13.2 DIN Normen

- DIN EN 14412 „Innenraumluftqualität – Passivsammler zur Bestimmung der Konzentrationen von Gasen und Dämpfen – Anleitung zur Auswahl, Anwendung und Handhabung“
- DIN EN ISO 16000-1 „Innenraumluftverunreinigungen – Teil 1: Allgemeine Aspekte der Probenahmestrategie“
- DIN ISO 16000-16 „Innenraumluftverunreinigungen – Teil 16: Nachweis und Zählung von Schimmelpilzen – Probenahme durch Filtration“
- DIN ISO 16000-17 „Innenraumluftverunreinigungen – Teil 17: Nachweis und Zählung von Schimmelpilzen – Kultivierungsverfahren“
- DIN ISO 16000-18 „Innenraumluftverunreinigungen – Teil 18: Nachweis und Zählung von Schimmelpilzen – Probenahme durch Impaktion“
- DIN ISO 16000-19 „Innenraumluftverunreinigungen – Teil 19: Probenahmestrategie für Schimmelpilze“
- DIN ISO 16000-36:2019-07 „Innenraumluftverunreinigungen – Teil 36: Prüfkammer-Verfahren zur Bestimmung der Minderungsrate luftgetragener, kultivierbarer Bakterien durch Luftreiniger mit einer Prüfkammer“

Weitere Teile der DIN ISO 16000 befassen sich mit der Bestimmung von VOC und sonstigen Emissionen aus Baustoffen oder Einrichtungsgegenständen.

Weitere relevante DIN Normen in diesem Kontext sind:

- DIN 18017-3 „Lüftung von Bädern und Toilettenräumen ohne Außenfenster – Teil 3: Lüftung mit Ventilatoren“
- DIN 1946-6 „Raumlufttechnik Teil 6: Lüftung von Wohnungen – Allgemeine Anforderungen, Anforderungen an die Auslegung, Ausführung, Inbetriebnahme und Übergabe sowie Instandhaltung“ (zurückgezogen)
- DIN 4719 „Lüftung von Wohnungen – Anforderungen, Leistungsprüfungen und Kennzeichnung von Lüftungsgeräten“
- DIN EN 12524 „Baustoffe und -produkte – Wärme- und feuchteschutztechnische Eigenschaften – Tabellierte Bemessungswerte“
- DIN EN 13141-7 „Lüftung von Gebäuden – Leistungsprüfungen von Bauteilen/Produkten für die Lüftung von Wohnungen – Teil 7: Leistungsprüfung von mechanischen Zuluft- und Ablufteinheiten (einschließlich Wärmerückgewinnung) für mechanische Lüftungsanlagen in Wohneinheiten (Wohnung oder Einfamilienhaus)“ (zurückgezogen)
- DIN EN 13141-8 „Lüftung von Gebäuden – Leistungsprüfung von Bauteilen/Produkten für die Lüftung von Wohnungen – Teil 8: Leistungsprüfung von mechanischen Zuluft- und Ablufteinheiten ohne Luftführung (einschließlich Wärmerückgewinnung) für Ventilator gestützte Lüftungsanlagen von einzelnen Räumen“ (zurückgezogen)
- DIN EN 13829 „Wärmetechnisches Verhalten von Gebäuden – Bestimmung der Luftdurchlässigkeit von Gebäuden – Differenzdruckverfahren“ (zurückgezogen)
- DIN EN ISO 6946 „Bauteile – Wärmedurchlasswiderstand und Wärmedurchgangskoeffizient – Berechnungsverfahren“
- DIN EN 13779 „Lüftung von Nichtwohngebäuden – Allgemeine Grundlagen und Anforderungen für Lüftungs- und Klimaanlagen und Raumkühlsysteme“ (zurückgezogen)
- DIN EN ISO 13788 „Wärme- und feuchtetechnisches Verhalten von Bauteilen und Bauelementen – Raumseitige Oberflächentemperatur zur Vermeidung kritischer Oberflächenfeuchte und Tauwasserbildung im Bauteilinneren – Berechnungsverfahren“
- DIN EN 15215 „Eingangsparameter für das Raumklima zur Auslegung und Bewertung der Energieeffizienz von Gebäuden – Raumluftqualität, Temperatur, Licht und Akustik“ (zurückgezogen)
- DIN 4108-2 „Wärmeschutz und Energie-Einsparung in Gebäuden – Teil 2: Mindestanforderungen an den Wärmeschutz“
- DIN 4108-3 „Wärmeschutz und Energie-Einsparung in Gebäuden – Teil 3: Klimabedingter Feuchteschutz, Anforderungen, Berechnungsverfahren und Hinweise für Planung und Ausführung“
- DIN 4108-8 „Wärmeschutz und Energie-Einsparung in Gebäuden – Teil 8: Vermeidung von Schimmelwachstum in Wohngebäuden“
- DIN 68800 „Holzschutz“
- DIN EN 15026 „Wärme- und feuchtetechnisches Verhalten von Bauteilen und Bauelementen – Bewertung der Feuchteübertragung durch numerische Simulation“
- DIN EN ISO 6946 „Bauteile – Wärmedurchlasswiderstand und Wärmedurchgangskoeffizient – Berechnungsverfahren“
- DIN EN ISO 10211 „Wärmebrücken im Hochbau – Wärmeströme und Oberflächentemperaturen – Detaillierte Berechnungen“

13.3 VDI-Richtlinie

- VDI 4300 „Messen von Innenraumluftverunreinigungen“
- VDI 4251 bis 4253 „Erfassen luftgetragener Mikroorganismen und Viren in der Außenluft“
- VDI 4254 „Bioaerosole und Bioagenzien – Messen von MVOC in der Außenluft“
- VDI 6022 „Raumlufttechnik und Raumluftqualität – Hygieneanforderungen an raumlufttechnische Anlagen und Geräte“

13.4 Technische Regeln

- TRBA 460 „Technische Regeln für Biologische Arbeitsstoffe – Einstufung von Pilzen in Risikogruppen“
- TRBA 466 „Technische Regeln für Biologische Arbeitsstoffe – Einstufung von Prokaryonten (Bacteria und Archaea) in Risikogruppen“
- TRBA 240 „Schutzmaßnahmen bei Tätigkeiten mit mikrobiell kontaminiertem Archivgut“
- TRGS 400 „Gefährdungsbeurteilung für Tätigkeiten mit Gefahrstoffen“
- TRGS 402 „Ermitteln und Beurteilen der Gefährdungen bei Tätigkeiten mit Gefahrstoffen: Inhalative Exposition“
- TRGS 440 „Ermitteln und Beurteilen der Gefährdungen durch Gefahrstoffe am Arbeitsplatz“ (aufgehoben)
- TRGS 500 „Schutzmaßnahmen“ (aufgehoben)
- TRGS 524 „Schutzmaßnahmen bei Tätigkeiten in kontaminierten Bereichen“
- TRGS 540 „Sensibilisierende Stoffe“ (zurückgezogen)
- TRGS 907 „Verzeichnis sensibilisierender Stoffe und von Tätigkeiten mit sensibilisierenden Stoffen“

13.5 Richtlinien

- „Leitfaden Zur Vorbeugung, Erfassung und Sanierung von Schimmelbefall in Gebäuden“ (Umweltbundesamt)
- „Richtlinie zum sachgerechten Umgang mit Schimmelpilzschäden in Gebäuden“ b.v.s. Netzwerk Schimmel
- Richtlinie 3151 „Richtlinie zur Schimmelpilzsanierung nach Leitungswasserschäden“ des VdS/Gesamtverband der Deutschen Versicherungswirtschaft e. V. (GDV)
- LU-01/2 „Fensterlüfter – Leistungseigenschaften“ des ift Rosenheim
- LU-02/2 „Fensterlüfter – Einsatzempfehlung“ des ift Rosenheim

13.6 Merkblätter

- WTA-Merkblatt 4-11-16 „Messung des Wassergehalts bzw. der Feuchte von mineralischen Baustoffen“
- WTA-Merkblatt 4-12-16 „Ziele und Kontrolle von Schimmelpilzschadensanierungen in Innenräumen“
- WTA-Merkblatt 6-15-13 „Technische Trocknung durchfeuchteter Bauteile – Teil 1: Grundlagen“
- WTA-Merkblatt 6-1-01 „Leitfaden für hygrothermische Simulationsberechnungen“
- WTA-Merkblatt 6-2-14 „Simulation Wärme- und feuchtetechnischer Prozesse“
- WTA-Merkblatt 6-3-05 „Rechnerische Prognose des Schimmelwachstumsrisikos“
- WTA-Merkblatt 6-4-16 „Innendämmung nach WTA – Planungsleitfaden“ (zurückgezogen)
- WTA-Merkblatt 6-5-14 „Innendämmung nach WTA II: Nachweis von Innendämmsystemen mittels numerischer Berechnungsverfahren“
- WTA-Merkblatt 1-2-05 „Der Echte Hausschwamm“
- WTA-Merkblatt 6-8-16 „Feuchtetechnische Bewertung von Holzbauteilen – Vereinfachte Nachweise und Simulation“
- WTA-Merkblatt 6-9-11 „Luftdichtheit im Bestand – Teil 1: Grundlagen der Planung“
- DHBV-Merkblatt 02/15/S „Schimmelpilzbefall an Holz und Holzwerkstoffen in Dachstühlen“
- DGUV-Information 201-028 „Gesundheitsgefährdungen durch Biostoffe bei der Schimmelpilzsanierung“
- DGUV Information 212-515 „Persönliche Schutzausrüstungen“
- VDB-Leitfaden zur „Beurteilung und Sanierung von Fäkalschäden in Gebäuden“

13.7 Sonstiges

- Biostoffverordnung
- Gefahrstoffverordnung
- Arbeitsschutzgesetz

Glossar

14

Inhaltsverzeichnis

F. Frössel, E. Heller, *Schimmelpilze in Wohnungen*, https://doi.org/10.1007/978-3-658-50425-0_14

Die Erkennung, Untersuchung und Bewertung, Sanierung und Beseitigung sowie Vorbeugung von Schimmelpilzen in privat genutzten Innenräumen sowie deren gesundheitlichen Auswirkungen und/oder rechtlichen Aspekte ist ein äußert komplexes Thema, das nur interdisziplinär mit Experten aus verschiedenen Fachrichtungen nachhaltig gelöst werden kann.

Infolgedessen treffen unterschiedliche Perspektiven und Herangehensweisen aufeinander, die nicht selten an verschiedenen Begrifflichkeiten zu erkennen sind. Das nachfolgende Glossar soll dazu dienen, zwischen diesen Experten und allen anderen Beteiligten ein gemeinsames Verständnis über Begrifflichkeiten und deren Inhalte zu schaffen.

Abweichungen von Begriffen in bestehenden Regelwerken können marktbedingt bzw. branchenüblich sein. Außerdem gibt es Begriffe, die in keinem Regelwerk beschrieben sind oder die in verschiedenen Regelwerken unterschiedlich erläutert sind. Außerdem gibt es eine Reihe umgangssprachlicher Begriffe, die richtig benannt und erläutert werden müssen.

Das Glossar komplettiert das vorliegende Fachbuch und erläutert über knapp 2.000 Fach- und Sachbegriffe, die für das ganzheitliche Verständnis der Thematik wichtig sind. Daher werden teilweise auch angrenzende Themengebiete beschrieben. So wird dieses Glossar zu einem unverzichtbaren Arbeitsmittel, insbesondere bei der Erstellung von Gutachten, um sich über relevante Begrifflichkeiten einen schnellen und kompakten Überblick und/oder Klarheit zu verschaffen.

Um Redundanzen zu vermeiden, werden Begriffe, denen bereits ein eigenes Kapitel gewidmet wurde, nur erwähnt und mit dem Hinweis „siehe Abschn.“ auf das jeweilige Kapitel verwiesen. Gleiches gilt für Begriffe, die im Glossar unter einem anderen Begriff beschrieben werden. Auf diese wird mit dem Hinweis „→“ verwiesen. Dadurch ist eine Mischung aus einem klassischen Glossar und herkömmlichen Stichwortverzeichnis entstanden.

14.1 A

Abdruckproben
→ Abklatschproben

Abiotische Faktoren
Die abiotischen (nicht lebenden) Faktoren bestimmen die Lebensbedingungen in einem → Biotop und beeinflussen somit, welche → Arten dort leben können.

Abklatschproben
Abklatschproben sind eine Methode zur Probenahme von Schimmelpilzen und anderen Mikroorganismen, um eine mikrobielle Belastung auf Bauteiloberflächen zu identifizieren.

Abklingmethode
Mit der Abklingmethode kann der Luftwechsel eines Innenraumes gemessen werden (1/h). Bei dieser Methode wird dem Innenraum eine minimale, aber genau definierte, Menge an Spurengas (z. B. Tracergas, Indikatorgas) zugeführt und der Konzentrationsabfall dieses Gases in Abhängigkeit von der Zeit gemessen. Um sicherzustellen, dass das Spurengas im gesamten Innenraum zu jedem Zeitpunkt gleichmäßig verteilt wird, wird während der Messung ein Ventilator betrieben. Wenn während der Messung kein Spurengas mehr zugeführt wird und der → Außenluftvolumenstrom konstant ist, nimmt die Spurengaskonzentration exponentiell ab. Wird der natürliche Logarithmus dieser Konzentration über die Zeit aufgetragen, entsteht eine Gerade. Die Steigung dieser Geraden wird als → Luftwechsel eines Innenraumes bezeichnet.

Abluft
Als Abluft wird die verbrauchte Raumluft (z. B. Gerüche, CO_2, VOC, MVOC oder hohe Luftfeuchte) bezeichnet, die aus den Innenräumen abtransportiert wird. Dies kann über die → manuelle Fensterlüftung, einen Lüftungsschacht oder ein → Außenbauteil-Luftdurchlass sowie → Ventilatorgestütztes Lüftungssystem erfolgen.

Abluftraum
Als Abluftraum werden Innenräume bezeichnet, aus denen → Abluft abgeführt wird. Dies können Küchen, Badezimmer und WC sein.

Abluftsystem
Unter einem Abluftsystem versteht man eine Lüftungsanlage oder ein Lüftungsgerät inkl. Luftleitungsnetz mit Ventilatorgetriebener Abluft. Die Zuluft strömt als unbehandelte → Außenluft über ALD bzw. Undichtheiten in der Gebäudehülle nach.

Abluftvolumenstrom
Als Abluftvolumenstrom bezeichnet man die von einer raumlufttechnischen Anlage aus dem Innenraum abgesaugte Luftmenge.

Abnahme
siehe Abschn. 9.5.13

Abrasive Verfahren
Zu den abrasiven Verfahren gehören z. B. Abfräsen oder Abhobeln. Bei diesen Verfahren entsteht eine hohe Staubentwicklung, weshalb diese in der Schimmelpilzsanierung nicht eingesetzt werden sollten oder in dem Fall entsprechende Schutz- und Hygienemaßnahmen durchzuführen sind.

Abrisspräparat
→ Klebefilmprobe

Abschottung
siehe Abschn. 9.5.9

Absidia
siehe Abschn. 3.5.6.16

Absolute Luftfeuchtigkeit
Unter der absoluten Luftfeuchtigkeit versteht man den Wassergehalt in einem gegebenen Luftvolumen. Diese wird in Gramm Wasser pro Kubikmeter Luft angegeben. Die absolute Luftfeuchtigkeit darf nicht mit der → relativen Luftfeuchte verwechselt werden.

Absorption
Als Absorption bezeichnet man einen Prozess, bei dem eine Substanz im flüssigen oder gasförmigen Aggregatzustand von einer anderen Substanz aufgenommen wird und sich darin gleichmäßig verteilt. Die Absorption spielt im Zusammenhang mit dem Feuchtehaushalt von Baustoffen, dem so genannten → Sorptionsvermögen, eine wichtige Rolle. Die Absorption darf nicht mit der → Adsorption verwechselt werden.

Abstrich
Unter einem Abstrich versteht man eine mit einem sterilen Wattetupfer genommene Probe.

Abtauung
Abtauung ist ein Begriff aus der → Kondensationstrocknung. Hierbei wird dem Luftstrom am Verdampfer im Kondensationstrockner so viel Wärme entzogen, dass am Wärmeübergang (an den Lamellen oder Rohren des Verdampfers) das kondensierte Wasser aus der Luft gefrieren kann. Dieses Eis wirkt isolierend, so dass die Leistung des → Luftentfeuchters beeinträchtigt wird. Um dies zu verhindern, werden Kondensationstrockner mit Vereisungsschutzschaltungen ausgestattet. Die Abtauung wird gesteuert, um eine optimale Entfeuchtungsleistung sicherzustellen. Unterschieden werden die Bypass-Abtauung und Heißgas-Abtauung.

Abteilung
→ Stamm

Abtötungsrate
Mit der Abtötungsrate wird die Reduktion von Keimen beschrieben. Üblich ist eine Angabe in Prozent z. B. von 99,99 % oder als Keimzahl z. B. 10^6 oder 10^8. Genau genommen handelt es sich um Angaben zur Überlebenswahrscheinlichkeit von Keimen.

Abundanz
Unter Abundanz wird die Anzahl und Häufigkeit einer → Art oder von Individuen einer Art (bei Pilzen auch von → Fruchtkörpern) in einem → Biotop bzw. → Habitat, bezogen auf eine definierte Fläche oder einen Raum, verstanden. Bei → mikrobiologischen Untersuchungen wird die Abundanz (oder auch Populationsdichte) z. B. durch die Untersuchung der → Keimzahl von → Schimmelpilzen, durch Auszählen von Frucht-

körpern, durch Bestimmung der → Biomasse und dgl. erfasst. Arten gelten als abundant, wenn diese relativ häufig (in Bezug auf die Größe des Lebensraums) vorkommen.

Abwesenheits-Volumenstrom
Der Abwesenheits-Volumenstrom wird auch als → reduzierte Lüftung nach → DIN 1946 bezeichnet und beschreibt den notwendigen → Luftvolumenstrom, um hygienische Mindestanforderungen sowie den notwendigen Bautenschutz (Feuchteschutz) unter üblichen Nutzungsbedingungen sicherzustellen, wenn das Gebäude durch zeitweilige Abwesenheit der Nutzer (z. B. bei Ferienimmobilien) einer temporär reduzierten Feuchtebelastung unterliegt.

Acari
Acari ist der wissenschaftliche Name für → Milben.

Acariose
Als Acariose werden Erkrankungen durch → Milben bezeichnet.

Acidophilie
Acidophilie beschreibt die Eigenschaft von Organismen, die bevorzugt in einem Milieu mit einem pH-Wert bis 6 leben. Als Maßstab gilt der pH-Wert für ein optimales Wachstum. Der Gegensatz von Acidophilie ist die Acidophobie. Acidophilie ist zu unterscheiden von der Acidotoleranz. Als acidotolerant werden Organismen bezeichnet, die in einem Milieu mit niedrigen pH-Werten leben können, auch wenn sie dieses Umfeld nicht bevorzugen. Unter den acidophilen Mikroorganismen sind häufiger Pilze als → Bakterien zu finden. Unter den acidophilen Bakterien finden sich viele Schwefel- und Eisenoxidierende Spezies.

Acidophobie
→ Acidophilie

Acidotoleranz
→ Acidophilie

Acrasin
→ Schleimpilze

Acrasiomyceten
→ Schleimpilze

Acremonium
siehe Abschn. 3.5.6.14

Acrodontium
siehe Abschn. 3.5.6.15

Acrolein
Acrolein ist eine chemische Verbindung, bei der im Bereich der Geruchsschwelle (ca. 460 $\mu g/m^3$) auch bereits Einschränkungen der Leistungsfähigkeit oder Gesundheitsgefährdungen anzunehmen sind. Der Richtwert für geruchliche Innenraumbelastungen liegt bei maximal 200 $\mu g/m^3$. Acrolein kann Reizungen der Schleimhäute der Luftwege, Respirationsstörungen, Augentränen, Nasensekretion und Speichelsekretion verursachen.

Actinobacteria/Aktinobakterien
Actinobacteria bilden einen der artenreichsten Stämme unter den → Bakterien. Sie bilden zusammen mit den Firmicutes die große Gruppe der → grampositiven Bakterien. Einige sind filamentös und mehrzellig. Viele von ihnen können → Sporen bilden. Unter den Aktinobakterien findet man zahlreiche Vertreter, die Schadstoffe und komplexe Verbindungen abbauen können oder als → Symbionten oder Krankheitserreger eine wichtige Rolle spielen. Wichtige Vertreter sind → Mykobakterien und → Actinomyceten. Ein wichtiges Unterscheidungsmerkmal ist, dass Actinomyceten einen eher hohen Gehalt der Basen Guanin und Cytosin in ihrer DNA aufweisen.

Actinomyces/Aktinomyzeten
Actinomyces sind Stäbchenbakterien mit → ubiquitärem Vorkommen. Diese zeichnen sich durch ein überwiegend → anaerobes Wachstum aus, einige von ihnen sind fakultativ aerob. Aufgrund ihres mikroskopischen Aussehens werden Actinomyces auch als Strahlenpilz bezeichnet. Charakteristisch für diese Bakterien sind langgestreckte, oft verzweigte, gerade oder gekrümmte stäbchenförmige Zellen mit einem Durchmesser von 0,2 bis 0,3 µm ohne aktive Bewegung und einer variablen Länge von mindestens 50 µm. Einige Arten bilden kleine, verzweigte → Myze-

lien. Die langfädigen Formen und Myzelien vermehren sich gelegentlich durch Zerfall in kurze Zellen. Auffallend ist das positive Verhalten in der → Gram-Färbung. Die optimale Wachstumstemperatur liegt bei 30 bis 37 °C. Die meisten Arten benötigen ein komplexes Nährstoffangebot und haben einen fermentativen Energiestoffwechsel, bei dem Kohlenhydrate zu organischen Säuren umgesetzt werden. Einige Arten sind → pathogen. Hierzu zählen z. B. Actinomyces israelii (Verursacher der → Aktinomykosen) und → Nocardia (Auslöser der → Nocardiosen). Außerdem soll die Gattung → Mycobacterium genannt werden (Erreger der Tuberkulose). In Innenräumen verursachen sie häufig einen modrig-erdigen Geruch.

Adaptive Immunität
→ Disposition

Adenosin
→ Nukleoid

Adenosintriphosphat (ATP)
Adenosintriphosphat (ATP) ist ein chemisches Molekül, das als universeller Energieträger in allen Lebewesen vorkommt. Mit dieser Energie werden alle Arbeitsprozesse wie Fortbewegung oder Stofftransport ermöglicht. Die ATP-Messung als Methode ist sehr fehleranfällig, vor allem, wenn Verunreinigungen wie z. B. Hautzellen vorliegen.

Adenoviren
Adenoviren sind nicht behüllte → Viren mit einer doppelsträngigen, linearen DNA. Die Viren besitzen ein satellitenartiges Erscheinungsbild. Die Virusfamilie beinhaltet 47 human- und tierpathogene Virusspezies. Beim Menschen verursachen humane Adenoviren überwiegend Erkrankungen der Atemwege.

Ad-hoc-Arbeitsgruppe
Im Auftrag der Gesundheitsministerkonferenz wurde 1993 eine „Ad-hoc-Arbeitsgruppe“ ins Leben gerufen, die Verunreinigungen der Innenraumluft quantitativ bewerten und einheitliche Richtwerte für die Innenraumluft festsetzen soll. Die Arbeitsgruppe besteht aus Experten der Innenraumlufthygienekommission (IRK) und des Umwelthygieneausschusses der Arbeitsgemeinschaft der Obersten Landesgesundheitsbehörden (AOLG), früher Arbeitsgemeinschaft der Leitenden Medizinalbeamten und -beamtinnen der Länder (AGLMB). Die Geschäftsstelle der Ad-hoc-Arbeitsgruppe wurde beim Umweltbundesamt (UBA) angesiedelt. Gemäß Beschluss der AOLG vom 10. März 2015 wurde die Ad-hoc-Arbeitsgruppe in „Ausschuss für Innenraumrichtwerte“ umbenannt.

ADI-Wert
ADI ist ein Akronym für Acceptable Daily Intake und ist eine international gebräuchliche Bezeichnung für die täglich hinnehmbare Menge eines Schadstoffes, die vom Menschen lebenslang ohne Schädigung der Gesundheit (nach heutigem Wissen) aufgenommen werden kann.

Adsorption
Als Adsorption bezeichnet man die Anreicherung einer Substanz im flüssigen oder gasförmigen Aggregatzustand an der Grenzfläche zu einer weiteren Substanz im flüssigen oder gasförmigen Aggregatzustand. Im Gegensatz zur → Absorption dringt die Substanz nicht in die andere Substanz ein, sondern haftet an ihrer Oberfläche.

Adsorptionstrockner
Bei Adsorptionstrocknern wird die Feuchtigkeit in einem mit Silikagel oder Zeolith beschichteten Rotor gebunden (adsorbiert) und dann mittels einer eingebauten Heizung wieder freigegeben (regeneriert).

Adsorptionstrocknung
siehe Abschn. 9.3.2

Aerob
Als aerob bezeichnet man Organismen, die zum Leben elementaren Sauerstoff benötigen. Der Sauerstoff wird überwiegend für oxidative Stoffumsetzungen im Energiestoffwechsel benötigt.

Aerobacter
Aerobacter ist eine veraltete Gattungsbezeichnung von → gram-negativen, zum Teil kapselbildenden, weit verbreiteten → Bakterien (Enterobacteriaceae).

aerogen
Als aerogen bezeichnet man Substanzen, die über die Luft einwirken.

Aeroplankton
Als Aeroplankton wird die Gesamtheit der in der Außenluft und/oder Raumluft schwebenden Kleinstlebewesen wie z. B. → Bakterien, → Sporen, → Protozoen und dgl. bezeichnet. Alternativ wird der Begriff → Bioaerosole verwendet.

Aerosol
Als Aerosole werden Mischungen von festen oder flüssigen Partikeln („Schwebeteilchen") in einem Gas oder Gasgemisch (z. B. Luft) bezeichnet. Aerosolpartikel aus der Umwelt sind von sehr unterschiedlicher Größe und haben Durchmesser von ca. 1 nm bis zu mehreren 100 µm. Größere Partikel sinken aufgrund ihres Gewichts schnell zu Boden. Partikel kleiner als 10 µm können dagegen Stunden bis Tage in der Luft verbleiben. Neben den Gasen, Stäuben und Feinstäuben, Ruß, Rauch und Flugasche gehören auch die → Bioaerosole wie Pollen, → Bakterien, → Schimmelpilze und → Viren dazu. Aerosole sind generell nicht stabil und verändern sich in der Regel in Abhängigkeit von Luftfeuchtigkeit, Temperatur und weiteren physikalischen und chemischen Prozessen im Laufe der Zeit.

Aerosoldesinfektion
→ Kaltnebelverfahren

Aethalium
Fruchtkörper, die aus der Verschmelzung von Einzelfruchtkörpern hervorgegangen sind, werden als Aethalium bezeichnet.

Äquivalenter Wärmedurchgangskoeffizient
Der äquivalente Wärmedurchgangskoeffizient wurde für Fenster entwickelt und gleicht die Transmissions-Wärmeverluste direkt mit den potenziellen Wärmegewinnen durch Sonneneinstrahlung während der Heizperiode ab. Die Einheit ist [W/($m^2 \cdot K$)]. In die Berechnung der Kenngröße gehen der Wärmedurchgangskoeffizient des Fensters auf der einen Seite sowie das orientierungsabhängige Strahlungsangebot und der Gesamtenergiedurchlassgrad der Verglasung auf der anderen Seite ein. Insbesondere in Südlage, hohem Gesamtdurchlassgrad und gutem Wärmeschutz können sich über die Heizperiode Netto-Energiegewinne des Fensters ergeben. Durch die Berücksichtigung ihrer Solargewinne können verglaste Flächen in der Gebäudeplanung neu bewertet und aktiv in energiesparende Konzepte integriert werden.

Äußere Expositionsquellen
Äußere Expositionsquellen haben Einfluss auf die so genannte → Hintergrundbelastung, also die Belastung durch biogene Stäube, Schimmelpilzsporen und andere mikrobielle Partikel. Zu ihnen zählen z. B. Deponien und Kompostanlagen sowie landwirtschaftliche Nutzung.

Affektion
Affektion bezeichnet den Befall eines Organs, eines Körperteils oder des gesamten Organismus durch eine Erkrankung.

Aflatoxikose
Eine Aflatoxikose ist eine Vergiftung durch → Aflatoxine. Besonders Aflatoxin B1 und Aflatoxin M1 sind stark → kanzerogene Substanzen.

Aflatoxin
Aflatoxine sind natürlich, vorkommende Giftstoffe, die u. a. durch den → Schimmelpilz → Aspergillus flavus, → Aspergillus parasiticus, Aspergillus tamarii oder Aspergillus nomius gebildet werden. Aktuell sind 20 Aflatoxine bekannt, die → kanzerogene Eigenschaften besitzen. Von diesen ist Aflatoxin B1 das für den Menschen gefährlichste → Mykotoxin. Die Bildung der Aflatoxine im Stoffwechsel der Schimmelpilze sind noch weitgehend unbekannt.

Agar
Agar ist ein gelbildendes, kolloidales Kohlenhydrat und eignet sich hervorragend als → Nährboden zur Anzucht der meisten → Mikroorganismen. Agar wird aus Seetang gewonnen. Dieser wird gekocht, abgekühlt und getrocknet und anschließend im Stück oder in Pulverform verkauft. Bei den in der mikrobiellen Diagnostik eingesetzten → Nährmedien handelt es sich um ein Polysaccharid (Galactose-Polymer). Als Nährmedien

für die → Kultivierung von → Schimmelpilzen werden im Wesentlichen das → Malzextrakt-Agar (MEA), das → Dichloran-Glycerol 18 %-Agar (DG18-Agar) und ein → Caso-Soja-Pepton-Agar (CASO) eingesetzt.

AgBB
AgBB ist ein Akronym für Ausschuss zur gesundheitlichen Bewertung von Bauprodukten. Dieser ist beim → Umweltbundesamt angesiedelt und hat seinen Bekanntheitsgrad durch das AgBB-Schema erlangt. In diesem werden stoffliche Ausgasungen (Emissionen) aus Bauprodukten unter Berücksichtigung der toxikologischen Bedeutung der Einzelstoffe bewertet. Diese werden identifiziert und je nach gesundheitlicher Relevanz gewichtet. Zur toxikologischen Bewertung von Stoffemissionen aus Bauprodukten zieht der AgBB bereits verfügbare wissenschaftlich anerkannte Informationen aus der Fachliteratur heran, die Kenntnisse über Dosis-Wirkungs-Beziehungen enthalten. Bewertungskriterium ist der → NIK-Wert. Das Konzept des AgBB berücksichtigt zudem den R-Wert (Gefahren- oder Risikoindex), → TVOC (Summe der Konzentrationen von flüchtigen organischen Verbindungen), → TSVOC (Summe der Konzentrationen der schwerflüchtigen organischen Verbindungen) sowie die Summe der nicht identifizierten und nicht bewerteten Stoffe (→ VOC ohne NIK-Wert).

Agens
Als Agens bezeichnet man ein wirkungsaktives Mittel, eine wirksame Substanz oder einen pathogenen Faktor. Synonym wird der Begriff für einen biologisch wirksamen Stoff verwendet.

AGW
AGW ist ein Akronym für den Arbeitsplatzgrenzwert. Hierbei handelt es sich um einen Grenzwert für die zeitlich gewichtete durchschnittliche Konzentration eines Stoffes in der Luft am Arbeitsplatz in Bezug auf einen gegebenen Referenzzeitraum. Der AGW gibt an, bis zu welcher Konzentration eines Stoffes akute oder chronische schädliche Auswirkungen auf die Gesundheit im Allgemeinen nicht zu erwarten sind (§ 3 Abs. 6 GefStoffV). Der AGW ist ein Durchschnittswert bei in der Regel achtstündiger Exposition an 5 Arbeitstagen pro Woche während der Lebensarbeitszeit.

AGS
AGS ist ein Akronym für Ausschuss für Gefahrstoffe gemäß § 52 GefStoffV beim Bundesministerium für Arbeit und Sozialordnung (BMA).

AIR
AIR ist ein Akronym für „Ausschuss für Innenraumrichtwerte", der beim → Umweltbundesamt angesiedelt ist und Richtwerte für die Innenraumluft festsetzt. Früher hieß diese Kommission → Ad-hoc-Arbeitsgruppe. Im März 2015 wurde diese in Ausschuss für Innenraumrichtwerte (AIR) umbenannt.

Akarizide
Akarizide werden zur Bekämpfung von → Milben verwendet.

Akarologie/Akarologe
Akarologie ist der wissenschaftliche Name für die Milbenkunde, der Milbenkundler wird als Akarologe bezeichnet.

Akkreditiertes Labor
Die Akkreditierung ist ein Verfahren, bei dem eine staatliche Stelle oder durch diese eingesetzten Institutionen (z. B. die deutsche Akkreditierungsstelle GmbH, DAkkS) formell anerkennt, dass eine Konformitätsbewertungsstelle (z. B. TÜV, DEKRA oder MPA) oder Personen kompetent sind, bestimmte Aufgaben (z. B. Produktprüfungen) durchzuführen. Im Kontext → mikrobiologischer Untersuchungen im Rahmen der → Schimmelpilzdiagnostik ist wichtig, dass ein mikrobiologisches Institut diese Akkreditierung aufweist.

Akute Toxizität
Die Akute Toxizität bezieht sich auf die schädlichen Auswirkungen, die nach einer einmaligen oder kurzzeitigen → Exposition gegenüber einer Substanz oder einem Gemisch auftreten. Diese können innerhalb von Minuten bis wenigen Stunden nach der Exposition auftreten und werden durch Einzeldosen oder wiederholte Dosen ausgelöst. Die Aufnahme kann oral (über den Mund), dermal (über die Haut) oder inhalativ (über die

Atemwege) erfolgen. Die Einstufung und Kennzeichnung von Stoffen und Gemischen hinsichtlich ihrer akuten → Toxizität erfolgt gemäß der → CLP-Verordnung.

Aktivchlor
Aktivchlor, auch als freies Chlor bezeichnet, ist ein → Desinfektionsmittel und wird eingesetzt, um → Mikroorganismen wie → Bakterien, → Schimmelpilze oder → Viren abzutöten und/oder um Gerüche zu neutralisieren. Aktivchlor entsteht aus verschiedenen Vorläufersubstanzen wie Natriumhypochlorit, Hypochloriger Säure oder wird direkt durch Elektrolyse aus Kochsalz (Natriumchlorid) gewonnen.

Aktivsauerstoff
→ Desinfektionsmittel

Akustische Leckortung
siehe Abschn. 6.3.6

ALARA-Prinzip
ALARA ist ein Akronym und steht für „As Low As Reasonably Achievable" und beschreibt die Anwendung des Vorsorgeprinzips im Zusammenhang mit potenziellen Schadstoffen wie z. B. → Schimmelpilze und → Bakterien. Gemäß dem ALARA-Prinzip sollen → Grenzwerte so niedrig wie möglich, aber auch mit Vernunft, angesetzt werden.

ALD
ALD ist ein Akronym für → Außenluftdurchlass. Hierbei handelt es sich um eine Lüftungskomponente, die das geplante Durchströmen der Luft durch die Gebäudehülle ermöglicht.

Algen
siehe Abschn. 5.6.9

Alimentäre Toxische Aleurie (ATA)
Unter einer alimentären toxischen Aleurie versteht man eine → Mykotoxikose, die durch das → Mykotoxin → Trichothecene verursacht wird. Hierbei handelt es sich um einen Giftstoff, der insbesondere durch → Schimmelpilze der → Fusarium-Arten gebildet wird. Nachdem diese Giftstoffe in den menschlichen Organismus eingedrungen sind, beginnt die alimentäre toxische Aleurie mit Hautnekrosen (= Absterben von Gewebszellen), Blutungen, Entzündungen und zeigt im Endstadium eine Schrumpfung des Knochenmarks sowie Abnahme der weißen und roten Blutkörperchen.

Alkalisierung
Durch phototrophe Prozesse (CO_2-Bindung) und vereinzelt auch durch heterotrophe Umsetzung von Stickstoffverbindungen sowie Natriumsalzen organischer Säuren (Freisetzung von Ammonium bzw. Natriumkarbonat durch → Mykobakterien) kann es zu einer biogenen Alkalisierung des Untergrundes und zur Anlösung von Quarzpartikeln (pH-Wert > 9) kommen.

Alkalität
Alkalität ist die (alkalische) Reaktion von chemischen Verbindungen, Stoffen und Substanzen im Beisein von Wasser im pH-Bereich oberhalb des Neutralpunktes 7. Bei Werten von nur wenig über 7 spricht man von schwacher, bei Werten in der Nähe des messbaren Endpunktes 14 von starker, Alkalität.

alkalophil/alkaliphil
Alkalophil bezeichnet die Eigenschaft von Organismen, in einem Substrat mit einem → pH-Wert von 10 bis 14 wachsen zu können.

alkalophytisch
→ basiphil

Alkohole
→ Desinfektionsmittel

allantoid
Einzellige, schmale, schwach gekrümmte → Sporen mit abgerundeten Enden werden als allantoid bezeichnet. Diese auch für würstchen-, nieren- oder bohnenförmige Sporen verwendete Bezeichnung ist hauptsächlich für → Konidien und → Ascosporen gebräuchlich.

allergen
Wird der Begriff allergen als Adjektiv verwendet wie z. B. in → allergische Reaktion oder → aller-

gisches Potential bedeutet dieser eine → Allergie auslösend oder als → Allergen wirkend.

Allergene
Allergene sind Substanzen, die über das → Immunsystem → allergische Reaktionen (→ Überempfindlichkeitsreaktion) auslösen können. Hierbei reagiert das Immunsystem betroffener Menschen auf den Kontakt mit Allergenen mit der Bildung von → IgE-Antikörpern. Allergene (auch als → Antigene bezeichnet) sind z. B. Proteine (Eiweißstoffe oder Eiweißverbindungen), die u. a. in Nahrungsmitteln, aber auch in Blütenpollen, Tierhaaren, → Schimmelpilzsporen, → Hausstaubmilben usw. vorkommen. Allergene können aber auch durch kleinmolekulare chemische Stoffe ohne Proteincharakter sein. Typische Vertreter sind einige Metalle wie z. B. Nickel oder Kobalt. Allergene werden nach unterschiedlichen Gesichtspunkten eingeteilt, z. B. nach der Art der Aufnahme in Kontakt- oder Inhalationsallergene, nach der Allergenquelle, nach dem Mechanismus, durch den die allergische Reaktion ausgelöst wird oder nach der Frequenz ihrer Erkennung durch die Antikörper. Jeder → Allergiker reagiert ganz individuell auf bestimmte Substanzen. Aktuell sind ca. 20.000 verschiedene allergene Substanzen bekannt. Die meisten Schimmelpilze haben das Potenzial, allergische Reaktionen auszulösen, unabhängig von ihrem infektiösen oder toxischen Potenzial. Maßgeblich für das Auftreten einer Schimmelpilzallergie sind in der Regel die Sporen der Schimmelpilze (Inhalationsallergene).

Allergene Wirkung
siehe Abschn. 11.5

Allergenität
Allergenität (auch als allergisches Potenzial bezeichnet) beschreibt die Wahrscheinlichkeit des menschlichen → Immunsystems, eine → allergische Reaktion auszulösen. Diese bestimmt sich aus der Schwere der Symptomatik als auch durch die Häufigkeit, mit der eine bestimmte Substanz → Allergien auslöst. Aktuell ist es nicht möglich, die Allergenität aus molekularen Daten oder anderen biochemischen Kennziffern abzuschätzen.

Allergenkarenz
Unter Allergenkarenz werden Verhaltensweisen oder Maßnahmen verstanden, mit denen der Kontakt mit allergieauslösenden Substanzen vermieden wird. Die teilweise oder vollständige Vermeidung einer → Exposition gegenüber → Allergenen ist die wirksamste, aber oft auch schwierigste bis unmögliche Form einer → Allergietherapie.

Allergie
Die Allergie ist eine Abwehrreaktion des → Immunsystems auf bestimmte und normalerweise für den menschlichen Organismus harmlose Substanzen. Diese werden als → Allergene bezeichnet. Das Immunsystem reagiert auf diese Eindringlinge mit der Bildung von → Antikörpern, den → Antigenen. Als Antigene werden die Bestandteile eines Allergens bezeichnet, die von den Abwehrzellen des Körpers erkannt werden. Für den ersten Kontakt mit einem Antigen wird der Begriff der → Sensibilisierung verwendet. Die Allergenstruktur wird abgespeichert: Das „immunologische Gedächtnis" ist ausgebildet. Das Immunsystem beginnt mit der Bildung von Antikörpern, die Antigene wie ein „Schloss" und „Schlüssel" erkennen. Werden die Allergene identifiziert, setzen Antigene aus den Mastzellen Mediatoren (Histamin) frei, was zu einer Erweiterung der Blutgefäße führt. Passt ein Schlüssel nicht optimal, sondern nur teilweise, spricht man von einer → Kreuzallergie. Allerdings sind nicht alle Antigene, mit denen der Mensch im Kontakt steht, als Allergene einzustufen. Dieses Antigen (Allergen)-Antikörper-Reaktion des Immunsystems wird auch als → Überempfindlichkeits-Reaktion (= Hypersensitivity Disease) bezeichnet. Bei der Entstehung von Allergien werden zwei Faktoren unterschieden: die genetischen Ursachen (→ Prädisposition) und die nicht genetischen Ursachen (→ Disposition).

Allergiediagnostik
Die Allergiediagnostik umfasst alle Methoden und Verfahren, die zur Identifizierung eines auslösenden → Allergens dienen, um eine → Allergie diagnostizieren zu können. Hierzu gehören Hauttests (wie z. B. → Intrakutantest, → Scratch-Test,

→ Pricktest), Bluttests und → Provokationstests, die von → Allergologen durchgeführt werden. Die Allergiediagnostik wird in die → In-vivo-Diagnostik (die am bzw. mit dem Patienten selbst durchgeführt wird) und → In-vitro-Diagnostik (bei der Körperflüssigkeiten des Patienten, in der Regel Blut) labordiagnostisch untersucht werden, unterschieden.

Allergieprävention
→ Allergenkarenz

Allergietest
siehe Abschn. 11.13.2

Allergietherapie
siehe Abschn. 11.14

Allergie-Typ I
siehe Abschn. 11.5.3.2

Allergie-Typ II (Zytotoxischer Typ)
Der Allergie-Typ II ist eine sehr seltene Allergieform und hat im Zusammenhang mit → Schimmelpilzen in Innenräumen keine Bedeutung. Bei der auch als zytotoxischer Typ bezeichneten Allergie bilden sich innerhalb weniger Stunden bis Tage Immunkomplexe zwischen → Antigenen (z. B. bestimmte Medikamente) und körpereigenen IgG- oder IgM-Antikörpern. Diese aktivieren zytotoxische Killerzellen und das Komplementsystem. Es kommt dabei zur Zerstörung körpereigener Zellen.

Allergietyp III (Immunkomplex- oder Arthus-Typ)
siehe Abschn. 11.5.3.3

Allergietyp IV (Spät-Typ oder verzögerte Reaktion)
siehe Abschn. 11.5.3.4

Allergieveranlagung
→ Allergie, → Allergietyp, → genetische Prädisposition

Allergiker-Karriere
Von einer Allergiker-Karriere spricht man, wenn die allergische Erkrankung bereits im Säuglings- und Kindesalter beginnt und sich mit unterschiedlichen Ausprägungen im Jugend- oder Erwachsenenalter fortsetzt. Kleinkinder mit z. B. einer Nahrungsmittelallergie oder einem atopischen Ekzem entwickeln später im Kindesalter oder als junge Erwachsene eine Pollen- oder Hausstauballergie und später ein allergisches Asthma. Dieser Etagenwechsel von der Allergie zum Asthma wird als typische Allergiker-Karriere bezeichnet.

Allergische bronchopulmonale Aspergillose
Die allergische bronchopulmonale Aspergillose (ABPA) ist eine Hypersensitivitätsreaktion in den Atemwegen, die durch den → Schimmelpilz → Aspergillus fumigatus ausgelöst wird. Diese tritt in der Regel bei Patienten mit → Asthma bronchiale oder Mukoviszidose auf. Gebildet werden spezifische Immunzellen, → IgG- und → IgE-Antikörper. Die ABPA äußert sich klinisch mit schlecht therapierbarem Asthma und rezidivierenden Lungeninfiltraten. Wird die → Hypersensibilisierung durch andere Schimmelpilze verursacht, spricht man von einer allergischen bronchopulmonalen Mykose.

Allergische bronchopulmonale Mykose
→ allergische bronchopulmonale Aspergillose

allergische Pilzsinusitis
Die allergische Pilzsinusitis ist eine Sonderform der Nasennebenhöhlenentzündung. Diese Antwort des → Immunsystems wird ausgelöst, wenn → Schimmelpilze der Gattung → Aspergillus in Kontakt mit den Schleimhäuten der Nasennebenhöhlen kommen.

Allergische Reaktionen
siehe Abschn. 11.5

Allergischer Formenkreis
Der allergische Formenkreis umfasst → Allergie, → Pseudoallergie und umweltbedingte Erkrankungen.

Allergische Rhinitis
Die Allergische Rhinitis ist eine → Allergie vom → Typ I. Hierbei kommt es zu einer → IgE-vermittelten Entzündung der oberen Atemwege, die häufig mit anderen Gesundheitswirkungen auftritt.

Außerdem wird sie mit anderen Atemwegserkrankungen wie Asthma und Sinusitis (Entzündung der Nasennebenhöhlen) in Verbindung gebracht. Die Prävalenz (das Vorkommen) der allergischen Rhinitis ist in den letzten Jahren kontinuierlich angestiegen. Als multiple Ursache hierfür wird eine Zunahme der → Hygiene und gesteigerte Aggressivität von → Allergenen durch Schadstoffe genannt. Unterschieden werden die saisonale allergische Rhinitis, die im Frühling und Sommer (z. B. in Form von Heuschnupfen) auftritt und die ganzjährige allergische Rhinitis (z. B. → Hausstauballergie) sowie eine berufsbedingte allergische Rhinitis. Die Anamnese erfolgt mit dem → Pricktest (und in Ausnahmen mit dem → RIS- und → RAS-Test).

Allergische Rhinokonjunktivitis
Bei der allergischen → Rhinokonjunktivitis handelt es sich um eine IgE-vermittelte Entzündung der Nasenschleimhaut und der Bindehaut des Auges. Es handelt sich um eine der häufigsten → atopischen Erkrankungen mit steigender Prävalenz.

Allergischer Schock
→ anaphylaktischer Schock

Allergisches Asthma bronchiale
Das allergische Asthma bronchiale (auch als extrinsisches Asthma bezeichnet) ist eine → allergische Reaktion auf gewisse Substanzen in der Umgebung (→ Allergene), die normalerweise für Menschen nicht schädlich sind. Zu diesen Allergenen gehören z. B. Pollen, Tierhaare und Vogelfedern sowie → Hausstaubmilben oder → Schimmelpilzsporen.

allergisches Potenzial
→ Allergenität

Allergologie/Allergologe
Die Allergologie ist ein Fachgebiet der Medizin, das sich mit der Entstehung und Ausprägung, dem Verlauf und der Behandlung sowie der Vorbeugung von → Allergien und verwandten Erkrankungen auseinandersetzt. In der Allergologie werden verschiedene Tests durchgeführt, um die auslösenden Stoffe zu identifizieren und darauf abgestimmte Therapien anzubieten. Bei dem Allergologen handelt es sich um eine Zusatzqualifikation. Dies bedeutet, dass sich z. B. ein Hals-Nasen-Ohrenarzt oder Lungenfacharzt auf die Allergologie spezialisiert hat.

Allergologische Diagnostik
siehe Abschn. 11.12.1

Allergologische Differenzialdiagnostik
siehe Abschn. 11.12.2

Allethrin
→ Pyrethroide

Allgemein anerkannte Regeln der Technik
Die unbestimmten Rechtsbegriffe der allgemein anerkannten Regeln der Technik (aaRdT) gibt es seit dem Jahr 1910. Das damalige Reichsgericht hatte in einem Gerichtsverfahren zum Straftatbestand der Baugefährdung diesen Begriff erstmals erwähnt und ausgelegt. Seitdem wird dieser Rechtsbegriff im gesamten öffentlichen Recht verwendet. Auch die beiden höchsten Instanzen – der Bundesgerichtshof und das Bundesverfassungsgericht – haben bereits in mehreren Urteilsbegründungen zur Auslegung der allgemein anerkannten Regeln der Technik auf die Begriffsbestimmung des damaligen Reichsgerichts zurückgegriffen. Hiernach gilt: „Als allgemein anerkannte Regeln der Technik sind die Regeln der Technik zu verstehen, die auf wissenschaftlicher Grundlage und/oder fachlichen Erkenntnissen (Erfahrungen) beruhen, in der Praxis erprobt und bewährt sind, Gedankengut der auf dem betreffenden Fachgebiet tätigen Personen geworden sind und deren Mehrheit als richtig anerkannt und angewandt werden". Die Grundlage der allgemein anerkannten Regeln der (Bau)Technik bilden u. a. die DIN-Normen des Deutschen Institutes für Normung e. V., die Einheitlichen Technischen Baubestimmungen (ETB), die Bestimmungen des Deutschen Ausschusses für Stahlbeton, die Bestimmungen des Verbandes Deutscher Elektrotechniker (VDE), die Unfallverhütungsvorschriften der Bauberufsgenossenschaften, die Bestimmungen vom Deutschen Verein des Gas- und Wasserfach (DVGW) und von den Bauaufsichtsbehörden eingeführte technische Bestimmungen des Deutschen Instituts für Normung.

Allgemein bauaufsichtliches Prüfzeugnis
Allgemeine bauaufsichtliche Prüfzeugnisse (abP) werden für ungeregelte Bauprodukte und Bauarten erteilt, deren Verwendung nicht der Erfüllung erheblicher Anforderungen an die Sicherheit baulicher Anlagen dient. Die Erteilung eines abP erfolgt durch anerkannte Prüfstellen.

Allgemein bauaufsichtliche Zulassung
Allgemeine bauaufsichtliche Zulassungen (abZ) weisen die Verwendbarkeit einer Bauart, eines Bauproduktes oder eines Bausystems im Sinne der Landesbauordnung nach. Die abZ werden vom Deutschen Institut für Bautechnik (DIBt) erteilt, soweit für diese noch keine europäischen harmonisierten Spezifikationen vorliegen und sie darüber hinaus auch nicht durch deutsche Normen oder Vorschriften geregelt sind.

Alternaria
siehe Abschn. 3.5.6.1

Alternaria-Toxine
Alternaria-Toxine sind Giftstoffe, die von → Schimmelpilzen der → Alternaria-Arten gebildet werden. Alle Alternaria-Toxine enthalten eine Dibenzopyron-Einheit und sind antibiotisch, → zytotoxisch und → teratogen. Bekannteste Vertreter sind → Alternariol, → Tenuazonsäure, Alternariolmonomethylether und Altenuen.

Alternariol
Alternariol ist ein → Mykotoxin, das vom → Schimmelpilz → Alternaria, insbesondere der Art → Alternaria alternata gebildet wird. Alternariol wird mit → allergischen Reaktionen in Verbindung gebracht. Husten, Asthma, Schnupfen oder Nesselsucht können die Folgen sein. Daher wird betroffenen Personen empfohlen, vor allem in den Monaten Juli und August, in denen die Verbreitung der Sporen sehr ausgeprägt ist, intensive Gartenarbeit und ausgedehnte Waldspaziergänge zu vermeiden. Außerdem besteht der Verdacht, dass das von Unterarten gebildete Alternariol eine krebserregende und fruchtschädigende Wirkung hat. In Innenräumen wird das Mykotoxin ebenfalls nachgewiesen: Besonders auf Getreide (Brot und Mehl), Obst (Äpfel, Melonen, Himbeeren, Trauben, Mandarinen, Erdbeeren) und Gemüse (Tomaten, Kartoffeln, Oliven) und Nüsse können Spuren von Alternariol nachgewiesen werden. In Ausnahmen können Alternariol bildende Arten auf verschiedenen Textilien sowie Tapeten und Farbanstrichen wachsen. Das Mykotoxin Alternariol übersteht wesentlich höhere und tiefere Temperaturen als die Schimmelpilzarten, die dieses Gift bilden.

Alternariose
Als Alternariose wird eine durch den → Schimmelpilz → Alternaria und seinen Unterarten hervorgerufene → Mykose bezeichnet. Am häufigsten wird Alternaria tenuis als Erreger isoliert.

Alterung
Alterung bezeichnet die irreversible Veränderung spezifischer Stoffeigenschaften über einen Zeitraum. Diese Veränderung erfolgt u. a. durch die Einwirkung von Licht energiereicher Strahlung, Wärme oder Hitze, Sauerstoff, Feuchtigkeit oder chemischen und/oder biologischen Einflüssen.

Altschaden
Unter einem Altschaden versteht man einen abgetrockneten Schimmelpilzbefall, der in der Regel inaktiv ist. Dies bedeutet, dass keine neue → Biomasse hinzukommt. Man bezeichnet dies auch als stationären Zustand.

Altwirkstoff
Unter einem Altwirkstoff werden → biozide Wirkstoffe verstanden, die bereits vor dem 14. Mai 2000 auf dem Markt und im Anhang I der Verordnung (EG) 1451/2007gelistet waren.

Alveolen
Alveolen ist der medizinische Begriff für Lungenbläschen. Hierbei handelt es sich um die kleinsten Verzweigungen der Atemwege, in denen der Gasaustausch zwischen Blut und Atemluft stattfindet. Sauerstoff aus der eingeatmeten Luft diffundiert durch die dünnen Wände (etwa 0,1 µm) der Alveolen ins Blut, während Kohlendioxid aus dem Blut in die Alveolen diffundiert und anschließend ausgeatmet wird. Bei den Alveolen handelt es sich um winzige, sackartige Strukturen, die an den Enden der Bronchiolen sitzen. Diese sind von einem dichten Netzwerk feiner Kapillaren umgeben, was

den Austausch von Gasen zwischen Luft und Blut ermöglicht. Auf der Innenfläche der Alveolen befindet sich eine dünne Flüssigkeitsschicht, mit der die Oberflächenspannung der Alveolen reduziert und verhindert wird, dass diese beim Ausatmen zusammenfallen. Eine einzelne Alveole hat eine rundliche bis polygonale, weintraubenartige Grundform. Der Durchmesser der Lungenbläschen ist abhängig vom Zustand und schwankt zwischen 50 und 250 µm (ein- und ausatmen). Die Zahl der Lungenbläschen wird auf etwa 300 bis 500 Mio. und ihre Gesamtoberfläche auf 70 bis 120 m^2 geschätzt. In den Alveolen befinden sich spezialisierte Immunzellen, die schädliche Partikel, → Bakterien und → Staub aufnehmen und abbauen, um die Lunge vor → Infektionen zu schützen.

Alveolitis
Eine Alveolitis ist eine Entzündung in und um die winzigen Lungenbläschen (→ Alveolen) und kleinsten Atemwege (→ Bronchiolen) der Lunge, die durch eine Überempfindlichkeitsreaktion auf eingeatmete organische Stäube oder seltener auf Chemikalien verursacht wird. Die Alveolitis kann in unterschiedlichen Formen auftreten: als Erkrankung des Lungengewebes und der Lungenbläschen unbekannter Ursache, die sich langsam entwickelt (diffuse-fibrosierende Alveolitis oder auch idiopathische Lungenfibrose), durch das Einatmen von organischen Stäuben und/oder mikrobiellen Partikeln, wodurch es zu einer entzündlichen Veränderung der Lungenbläschen kommt (→ exogen-allergische Alveolitis) oder als Entzündung der Lungenalveolen durch Inhalation toxischer Substanzen (toxische Alveolitis). Im Gegensatz zur exogen-allergischen Alveolitis tritt das Krankheitsbild bei der toxischen Alveolitis bereits bei der ersten Exposition auf und als direkte Reaktion auf die eingeatmeten Toxine.

Alveolitis, exogen-allergische
→ exogen-allergische Alveolitis

Ames-Test
Der Ames-Test ist ein → Mutagenitätstest, um die → Mutagenität einer bestimmten Substanz wie z. B. von → Bakterien zu überprüfen.

Amine
Amine sind Verbindungen, die sich häufig bei der Zersetzung organischen Materials bilden. Im Prinzip lassen sich Amine als Produkte des Ammoniaks auffassen, bei dem ein oder mehrere Wasserstoffatome durch organische Gruppen ersetzt sind. Die Zahl der am Stickstoff gebundenen organischen Gruppen bestimmt, ob das Molekül als primäres, sekundäres oder tertiäres Amin bezeichnet wird.

Ammoniakoxidanten
Ammoniakoxidanten sind → Bakterien, die Ammoniak zu Nitrit oxidieren. Dabei wird Energie für den Stoffwechsel gewonnen. Sie gehören zur Gruppe der Nitrifikanten bzw. nitrifizierenden Bakterien.

amphiphil
Als amphiphil werden Substanzen bezeichnet, die sowohl → lipophile als auch → hydrophile Eigenschaften besitzen.

Ampicillin
→ Penicillin

Anaerob/Anaerobier
Lebewesen, die für ihren Stoffwechsel keinen molekularen Sauerstoff brauchen, werden als anaerob bezeichnet. Der Stoffwechsel dieser Lebewesen ermöglicht es ihnen, Energie aus sauerstofffreien Nährstoffen zu gewinnen. Dies geschieht meist durch Gärung, in wenigen Fällen durch chemische Reaktionen mit anorganischen Verbindungen. Alle Anaerobier sind einfach aufgebaute Lebewesen wie z. B. → Hefen oder → Bakterien. Arten, die in Gegenwart von Sauerstoff absterben, nennt man obligate Anaerobier. Die übrigen heißen fakultative Anaerobier.

Analyse
Die Analyse ist ein umgangssprachlicher und fachlich unspezifischer Trivialname für verschiedene Arten von Untersuchungen. Im Kontext von → Schimmelpilzen in Innenräumen kann diese sowohl für die → Bauzustandsanalyse (technisch), → Innenraumdiagnostik (bauphysikalisch und raumklimatisch), → mikrobiologische Untersuchungen und/oder → medizinische Untersuchung gelten.

Analyten
Analyten ist der Fachbegriff für Substanzen, die chemisch analysiert werden. Allgemein werden Analyten mit dem Begriff Probe bezeichnet. Diese sind Gegenstand von Analysen. In der Labormedizin sind Analyten ein Synonym für Messgröße.

Anamorphe
Als Anamorphe (auch Nebenfruchtform) wird in der → Mykologie ein → asexuelles Entwicklungsstadium eines Pilzes bezeichnet. In diesem Entwicklungsstadium pflanzen sich Pilze entweder durch Zellteilung oder Knospung fort oder durch Fortpflanzungs- und Verbreitungsstadien, die ungeschlechtlich (asexuell) gebildet und als ungeschlechtliche → Sporen (→ Mitosporen) bezeichnet werden. In der Regel kommen Anamorphe bei → imperfekten Pilzen (→ Fungi imperfecti, Deuteromycetes) vor, von denen oftmals kein Meiosporangienstadium existiert und sich dem entsprechend ausschließlich durch asexuell gebildete → Konidien fortpflanzen. Meistens gehören die Anamorphen zu den Schlauch-, seltener zu den Ständerpilzen oder anderen Pilzgruppen. Bekannte Anamorph-Gattungen sind → Aspergillus und → Penicillium.

Anaphylaxie/Anaphylaktischer Schock
Als Anaphylaxie bezeichnen Mediziner eine unerwartete, schnelle und schwere → Überempfindlichkeitsreaktion, mit der das → Immunsystem versucht, sich vor einer vermeintlichen Gefahr zu schützen. Hierbei stellt ein anaphylaktischer Schock das Maximum einer → allergischen Reaktion dar, die zu einem Zusammenbruch des Kreislaufs führen und in seltenen Fällen sogar akut lebensbedrohlich sein kann. Die auch als allergischer Schock bezeichnete Reaktion des Immunsystems auf eine bestimmte Substanz tritt in der Regel nur bei bestimmten → Allergenen (z. B. Nahrungsmittel mit hohem allergenen Potenzial, Medikamente oder Insektengifte) und innerhalb von Sekunden bis wenigen Minuten auf. Im Zusammenhang mit Schimmelpilzen ist kein anaphylaktischer Schock bekannt. Die Symptome beschränken sich nicht nur auf Haut, Schleimhaut oder Atemwege, sondern können das Herz-Kreislauf-System sowie den kompletten Organismus betreffen. Hierbei löst eine verstärkte Ausschüttung von Histamin eine Kettenreaktion aus, so dass sich die Blutgefäße weiten.

Anaphylaktisch
Der Begriff anaphylaktisch beschreibt eine durch → IgE-Antikörper vermittelte → Überempfindlichkeitsreaktion.

Anaphylaktoid
Der Begriff anaphylaktoid beschreibt eine durch IgE- vermittelte → allergische Reaktion, allerdings nur der so genannten → pseudoallergischen Reaktionen.

Anemometer
siehe Abschn. 6.3.4.4

Anfärben
Das Anfärben ist eine Nachweismethode, bei der → Mikroorganismen mit Farbstoffen versetzt werden, um sie sichtbar zu machen. Außerdem können Mikroorganismen mit dieser Methode auch taxonomisch eingeordnet werden. In bestimmten Fällen dient das Anfärben auch als Nachweis für bestimmte Ausscheidungsprodukte (wie z. B. Polysaccharide, Fette oder andere Stoffwechselprodukte).

Angeborene Immunität
→ Prädisposition

Animpfen
→ Inokulation

Ansteckung
→ Infektion

Antheridium
Antheridium sind ein- oder mehrzellige, männliche Geschlechtsorgane der Schlauchpilze.

Anthrocophile Pilze
Anthrocophile Pilze wachsen vorzugsweise auf Brandstellen, so dass diese im Rahmen der Brandschadensanierung anzutreffen sind.

Anthropophil

Als anthropophil werden → Mikroorganismen bezeichnet, die eine Vorliebe für den Menschen als Wirt oder Nahrungsquelle haben. Hierzu gehören z. B. → Parasiten oder → Dermatophyten.

Antiallergen

→ Allergie

Antiallergikum

Antiallergika sind Medikamente, die zur symptomatischen Behandlung einer → Allergie angewendet werden. Hierbei werden die Symptome einer Allergie beseitigt oder zumindest reduziert, in dem die Wirkung des allergiefördernden → Histamins durch die Blockade der Histamin-Rezeptoren unterbunden wird. Daher werden diese Medikamente auch als → Antihistaminika bezeichnet.

Antibiotika

Antibiotika sind Medikamente, die gegen bakterielle Infektionen eingesetzt werden (allerdings nicht gegen → Viren wirksam sind). Antibiotika wurden früher aus den Stoffwechselprodukten verschiedener → Bakterien und → Schimmelpilze hergestellt (z. B. das Penicillin). Heute werden auch teil- oder vollsynthetisch sowie gentechnisch produzierte antimikrobielle Chemotherapeutika als Antibiotika bezeichnet. Nicht alle Antibiotika wirken gegen alle Bakterien. Deshalb werden so genannte Schmalspektrum-Antibiotika gezielt gegen bestimmte Bakteriengruppen eingesetzt und entfalten eine hohe Wirksamkeit. Dagegen wirken so genannte Breitspektrum- oder Breitband-Antibiotika gegen sehr viele verschiedene Bakterien, haben aber oftmals eine geringere Wirkung gegenüber spezifischen Arten. Darüber hinaus gibt es noch Reserveantibiotika, die nur eingesetzt werden, wenn die Erreger resistent sind.

Antigen

Als Antigen wird eine Substanz bezeichnet, die nach dem Eindringen in den menschlichen Organismus vom → Immunsystem als „fremd“ erkannt wird und die Fähigkeit hat, spezifische → Antikörper zu produzieren, die mit dem „Eindringling“ reagiert und letztendlich bekämpft. Ein Antigen kann ein → Mikroorganismus, ein von diesem produzierten Stoff oder eine chemische Substanz sein. Antigene sind in der Regel Eiweißkörper (Proteine), können aber auch Lipide, Kohlenhydrate oder andere komplexe Moleküle sein. Jede nach einer Krankheit erworbene oder durch Behandlung künstlich erzeugte → Immunität beruht auf dem Vorhandensein von ausreichenden Antikörpern.

Antigen-Antikörper-Reaktion

Eine Antigen-Antikörper-Reaktion ist ein Begriff aus der → Immunologie und bezeichnet eine komplexe Reaktion von → Antigenen mit den gegen diese gerichteten → Antikörpern. Dieser Vorgang führt zur Bildung eines Antigen-Antikörper-Komplex und ist elementar für die Funktion des → Immunsystems. Antikörper binden sich an Antigene, um diese unschädlich zu machen oder zu markieren. Diese Reaktion ist hoch spezifisch, da Antikörper nur auf bestimmte Antigene passen, ähnlich einem Schlüssel-Schloss-Prinzip. Die Bildung von Antikörper-Antigen-Komplexen kann verschiedene Prozesse auslösen wie z. B. die → Phagozytose sowie zu → allergischen Reaktionen oder Autoimmunerkrankungen führen. Die Immunkomplexe bilden außerdem die Grundlage für diagnostische Testverfahren wie z. B. → Immunoassays oder serologische Untersuchungsmethoden wie z. B. → ELISA-Tests.

Antihistaminika

Antihistaminika sind Medikamente, mit denen die Wirkung des → Histamins gehemmt wird, indem die Histamin-Rezeptoren geblockt werden. Das wichtigste Anwendungsgebiet für Antihistaminika ist die Behandlung → allergischer Reaktionen. Antihistaminika werden nach ihrer Wirkung oder der Art der Anwendung unterschieden.

Antiinfektiva

Antiinfektiva sind Medikamente, mit denen Krankheiten bekämpft werden, die durch Infektionserreger entstehen. Zu diesen gehören in der Regel → Mikroorganismen wie z. B. → Bakterien (→ Antibiotika), Pilze (→ Antimykotika) oder

Viren. Die Begriffe Antiinfektiva und Antibiotika werden oftmals synonym verwendet, obwohl dies fehlerhaft ist und zu Verwirrungen führen kann. Denn Antibiotika werden ausschließlich zur Bekämpfung von Bakterien eingesetzt.

Antikörper
Antikörper sind → Y-förmige Proteine aus der Klasse der Globuline, die vom → Immunsystem als Reaktionsprodukt von bestimmten Körperzellen (Plasmazellen) auf bestimmte Stoffe (als → Antigene bezeichnete Substanzen) gebildet werden, um Krankheitserreger und andere schädliche Substanzen zu erkennen und zu neutralisieren. Die Synthese von Antikörpern wird ausgelöst, wenn das Antigen in den Organismus gelangt. Als Antigene wirken fast ausschließlich Makromoleküle oder an Partikel gebundene Moleküle wie z. B. Lipopolysaccharide an der Oberfläche von → Bakterien. Geschieht dies, reagieren die → Lymphozyten (weiße Blutzellen) mit der Bildung dieser Antikörper, deren Molekülstruktur zur Oberflächengestalt des Antigens passt, so dass der Antikörper sich mit diesem verbinden kann. Durch die Bindung der Antikörper an die Oberfläche von Bakterien, → Viren oder → Toxinen werden diese Substanzen beseitigt oder neutralisiert. Dieser Vorgang kann durch eine unmittelbare Inaktivierung (Aufnahme und Zerstörung durch andere Blutzellen, die das Antigen mit dem gebundenen Antikörper erkennen) erfolgen oder durch die Zersetzung der Oberfläche von Krankheitserregern (die von anderen Proteinen zerstört werden, die zusammenfassend als → Komplementsystem bezeichnet werden). Bei Krankheitserregern und anderen → pathogenen Fremdstoffen kann die Bildung und Bindung von Antikörpern zur → Immunität führen. Die auch als → Immunglobuline bezeichneten Antikörper sind im Organismus vorkommende Proteinmoleküle, von denen es viele Millionen verschiedene Typen gibt. Hierbei werden fünf Klassen unterschieden, die mit den Buchstaben M, G, E, A und D bezeichnet werden. Den Bezeichnungen wird jeweils die Abkürzung Ig für Immunglobulin als eine andere Bezeichnung für Antikörper vorangestellt.

Antikodon
→ Translation

Antimikrobielle Beschichtung
→ Beschichtungen mit bioziden Zusätzen

Antimycotica/Antimykotika
Antimycotica sind → Antibiotika (Medikamente), die → fungistatisch oder → fungizid gegen bestimmte Infektionskrankheiten wie z. B. → Dermatomykosen und Onychomykosen wirken. Der Begriff wird für Substanzen verwendet, die in der Synthese von Pilzzellen oder durch direkte Schädigung der Zellmembran wirken und in der Humanmedizin zur Behandlung von → Mykosen eingesetzt werden.

Antipyrethikum
→ Chinin

Anti-Schimmel-Farbe/-Beschichtung
→ Beschichtungen mit bioziden Zusätzen

Antiseptik
→ Desinfektion

Antiseptikum
Ein Antiseptikum ist ein physikalischer oder chemischer Wirkstoff, mit dem das Wachstum von → Mikroorganismen gehemmt oder abgetötet werden kann. Zu diesen gehören z. B. Iod, → Alkohol, Hypochlorit, Chlor oder → Ozon.

Antitoxine
Antitoxine sind im Blutserum enthaltene → Antikörper, deren Wirkung gegen bestimmte → Toxine gerichtet ist, insbesondere gegen Bakteriengifte.

Antotoxine
→ Exotoxine

Anzüchtung
Unter Anzüchtung wird die Schaffung optimaler Wachstumsbedingungen für → Schimmelpilze oder → Bakterien auf festen → Nährböden oder in flüssigen → Nährmedien bezeichnet. Für die Bestimmung von kultivierbaren Schimmelpilzen werden z. B. → DG18-Agar und → Malzextrakt-Agar parallel eingesetzt. Für Bakterien wird → CASO-Agar verwendet. In der Regel wird bei 25 °C und zusätzlich bei 36 °C kultiviert. Neben

dem Begriff der Anzüchtung sind auch die Begriffe → Kultivierung oder → Inkubation üblich.

apathogen
Apathogen ist das Gegenteil von → pathogen und bedeutet, dass ein Krankheitserreger in einem Wirt nicht in der Lage ist, eine Erkrankung hervorzurufen.

Aphthen
Als Aphthen werden weiße Schleimhautflecken bzw. Stellen oberflächlicher Entzündungen der Schleimhäute durch → Infektionen mit → Bakterien, → Viren oder → Pilzen bezeichnet.

Aplanosporen
Aplanosporen sind geißellose, unbewegliche und einzellige → Sporen, die bei → Algen und → Pilzen auf ungeschlechtlichem Weg entstehen und der Fortpflanzung dienen.

Arbeitsschutz
siehe Abschn. 9.5.9

Archaebakterien
Archaebakterien sind einzellige, stäbchenförmige oder fadenförmige → Bakterien. Diese sind von den → Eubakterien zu unterscheiden, weil ihre Wände keine Stützsubstanz beinhalten und ihre Membrane gegen chemisch-physikalische Vorgänge widerstandsfähig sind. Wie diese besitzen sie keinen abgegrenzten Zellkern. In biochemischer Hinsicht unterscheiden sie sich aber in wichtigen Punkten von den Bakterien. Deshalb gelten sie heute in der biologischen → Systematik als eigener Organismus. Archaebakterien sind gegen → Antibiotika resistent.

Art
Eine Art fasst morphologisch übereinstimmende, sexuell kompatible Organismen zusammen. Verwandte Arten werden in einer Gattung vereinigt. Die binäre Nomenklatur umfasst Gattungs- und Artnamen wie z. B. → Aspergillus niger. Der Gattungsname (z. B. Aspergillus) ist immer dem Artnamen (z. B. niger) vorangestellt. Eine Art kann unter Umständen weiter unterteilt werden in Unterarten, Varianten oder Formen.

Arthrosporen
Arthrosporen entstehen durch das Zerbrechen von → Hyphen in Einzelzellen.

Arthus-Typ
→ Allergie-Typ III

Ascogon
Ascogons sind ein- oder mehrzellige, weibliche Geschlechtsorgane der Schlauchpilze.

Ascocarp
Der Ascocarp (auch Ascoma genannt) ist der Fruchtkörper eines Schlauchpilzes. Diese sind aus dicht verwobenen → Hyphen aufgebaut und enthalten sackartige Strukturen (Asci), in denen sich die → Ascosporen befinden.

Ascomycota/Ascomyceten
→ Schlauchpilze

Ascosporen
Ascosporen sind Fortpflanzungsorgane (→ Meiosporen) der → Schlauchpilze (Ascomycetes), die nach einer Reduktionsteilung durch endogene freie Zellbildung in zylindrischen bis ovalen Strukturen im → Ascus entstehen.

Ascus
Ein Ascus ist ein schlauchförmiger Sporenschlauch.

aseptisch
Der Begriff aseptisch bedeutet keimfrei oder ohne die Beteiligung von Erregern.

Aseptische Ausrüstung
Eine → aseptische Ausrüstung sind reinigungsgerecht konstruierte Geräte bzw. konzipierte Verfahren, die sterilisierbar und undurchlässig für → Mikroorganismen sind. Somit soll sichergestellt werden, dass diese ihren aseptischen Status beibehalten, also frei von Keimen sind. Zu der aseptischen Ausrüstung in der Medizin gehören z. B. sterile Handschuhe und Instrumente sowie ein → Antiseptikum zur Behandlung der Haut von Patienten.

Aspergillom
Ein Aspergillom ist die kolonialisierte Form der → Aspergillose. Diese lokale → Infektion durch → Schimmelpilze der Gattung → Aspergillus (meist → Aspergillus fumigatus) tritt durch das Einatmen der Schimmelpilzsporen bevorzugt in der Nasennebenhöhle oder pathologische Hohlräume des Lungengewebes auf. Die Symptome zeigen sich z. B. durch eitrige Sekretion, Nasenbluten, Atembeschwerden, Husten und Blut im Husten, Fieber oder Schmerzen im Brustkorb. Im Röntgenbild zeigt sich ein Aspergillom opak. Weitere Anzeichen sind erhöhte Laborwerte im Blut (Gesamt-IgE). Aspergillome werden in der Regel operativ entfernt.

Aspergillose
Eine Aspergillose ist eine → Infektion, die durch den → Schimmelpilz → Aspergillus und insbesondere → Aspergillus fumigatus, → Aspergillus niger und → Aspergillus flavus verursacht wird und in der Regel die Lunge und Nasennebenhöhlen befällt. Die Symptome zeigen sich u. a. in Fieber, Kurzatmigkeit und Atembeschwerden, trockener Husten mit Blut sowie Schmerzen im Brustkorb. Die Behandlung der → Mykose erfolgt mit → Antimykotika. Als so genannte opportunistische Infektionen treten Aspergillosen häufig bei Patienten mit schweren Grunderkrankungen auf. Eine Aspergillose kann in unterschiedlichen Formen auftreten: als → pulmonale Aspergillose, Aspergillose der Nasennebenhöhlen (→ Aspergillom), → invasive Aspergillose, → allergische bronchopulmonale Aspergillose oder in seltenen Fällen als oberflächliche Aspergillose.

Aspergillus spp.
siehe Abschn. 3.5.6.2

Aspergillus flavus
siehe Abschn. 3.5.6.3

Aspergillus fumigatus
siehe Abschn. 3.5.6.4

Aspergillus glaucus
siehe Abschn. 3.5.6.5

Aspergillus-Myzetom
→ Aspergillom

Aspergillus niger
siehe Abschn. 3.5.6.6

Aspergillus ochraceus
siehe Abschn. 3.5.6.7

Aspergillus oryzae
siehe Abschn. 3.5.6.8

Aspergillus parasiticus
siehe Abschn. 3.5.6.9

Aspergillus restrictus
siehe Abschn. 3.5.6.10

Aspergillussäure
Die Aspergillussäure ist ein → Mykotoxin, das vom → Schimmelpilz → Aspergillus flavus gebildet wird, → toxisch ist und → antibiotische Eigenschaften gegen → gram-positive und → gram-negative → Bakterien besitzt.

Aspergillus-Toxine
Unter Aspergillus-Toxine werden → Mykotoxine zusammengefasst, die von → Aspergillus-Arten gebildet werden. Sie sind in ihrer chemischen Struktur sehr verschieden. Zu den Aspergillus-Toxinen gehören z. B. → Aflatoxin, → Ochratoxin, → Sterigmatocystin, → Gliotoxin, → Verruculogen, → Fumagillin, → Patulin, → Kojisäure und → Penicillinsäure.

Aspergillus versicolor
siehe Abschn. 3.5.6.11

Asseln
Asseln sind lichtscheue Krebstiere, die vor allem an feuchten und kühlen Orten leben, weshalb sie häufig in Kellern und gelegentlich in Feuchträumen (vor allem Waschküchen) oder in Innenräumen mit Feuchtigkeitsschäden anzutreffen sind. Zu den bekanntesten Arten zählen die → Kellerassel und die Mauerassel. Asseln werden als → Lästlinge eingestuft.

A-Staub
Unter dem Begriff A-Staub versteht man den → Alveolen gängigen Staub. Dieser ist als Fraktion des einatembaren Staubes (auch als → E-Staub bezeichnet) so fein, dass er bis in die kleinsten Verzweigungen der Lunge, eben in die Alveolen (Lungenbläschen), vordringen kann.

Asthma bronchiale
Asthma bronchiale ist eine chronische, entzündliche Erkrankung der Atemwege, die durch eine bronchiale Hyperreaktivität und eine variable Atemwegsobstruktion gekennzeichnet ist. Dies bedeutet, dass die Atemwege sehr empfindlich auf unterschiedliche Reize reagieren, indem sie sich zusammenziehen und verengen. Darüber hinaus schwellen die Schleimhäute in den Bronchien an und können zähen Schleim entwickeln. Die Atemmuskulatur verkrampft, so dass akute Atemnot entstehen kann. Die Entstehung des Asthma bronchiale ist ein multikausaler Vorgang, an dem neben exogenen Faktoren (Umweltfaktoren) auch genetische Anlagen beteiligt sind. Der Verlauf der Erkrankung kann zusätzlich durch Klimaveränderungen und psychische Faktoren beeinflusst werden. Ursächlich wird das Asthma bronchiale in zwei Gruppen unterschieden: Das → allergische Asthma und das → nicht-allergische Asthma.

asthmogene Pilze
Asthmogene Pilze ist die Bezeichnung für Pilze, die Asthma erzeugen können.

Atemschutz
siehe Abschn. 9.5.9

Atemschutzgeräte/Atemschutzmaske
siehe Abschn. 9.5.9

Atmende Wände
siehe Abschn. 7.3.5.4

Atmungsaktivität
Atmungsaktivität oder → atmende Wände ist ein umgangssprachlicher Trivialname für die → Wasserdampfdiffusionsfähigkeit von Baustoffen.

Atopie/Atopiker
Der Begriff Atopie beschreibt eine erblich bedingte Veranlagung (genetische Disposition), eine → allergische Reaktion zu entwickeln. Dies bedeutet, dass Atopiker eine genetisch bedingte → Überempfindlichkeit gegenüber bestimmten Substanzen (z. B. Staub) haben. Nach dem Kontakt mit diesen → Allergenen bilden Atopiker → Antikörper vom Typ → IgE und reagieren mit allergischen Symptomen vom Soforttyp (→ Typ-I-Allergie). Zu den atopischen Erkrankungen zählen → Allergien, → allergische Rhinitis, → Asthma bronchiale und → Neurodermitis (atopisches Ekzem).

Atopie-Patchtest
Der Atopie-Patchtest wird auch als → Pflastertest bezeichnet und wird vor allem bei Kontaktekzemen eingesetzt. Dabei werden Pflaster mit den in Frage kommenden → Allergenen versehen und auf die Haut des Patienten geklebt. Der Verlauf einer Kontaktallergie ist länger andauernd, deshalb müssen die Pflaster zwei bis drei Tage auf der Haut verbleiben.

atopische Dermatitis
→ Neurodermitis

atopisches Ekzem
→ Neurodermitis

ATP-Test
siehe Abschn. 6.6.7

ATV DIN 18448
Die ATV DIN 18448 ist eine Allgemeine Technische Vertragsbedingung und regelt den Bereich der Schadstoffsanierung. Sie legt die technischen Anforderungen, Ausführungsbedingungen und Abrechnungsmodalitäten für die Sanierung schadstoffbelasteter Bauteile und Anlagen fest und ist Teil der VOB/C (Vergabe- und Vertragsordnung für Bauleistungen). Sie gilt für gefährliche Stoffe im Sinne der → Gefahrstoffverordnung und biologische Arbeitsstoffe.

Aufbau der Schimmelpilze
siehe Abschn. 3.5.2

Auftriebslüftung
→ Schachtlüftung

Aureobasidium
siehe Abschn. 3.5.6.12

Aureobasidium pullulans (Pullularia)
siehe Abschn. 3.5.6.13

Ausblühungen
Ausblühungen ist ein umgangssprachlicher und fachlich unspezifischer Trivialname für die Kristallisation gelöster wasserlöslicher Stoffe z. B. von freiem Kalk (→ Carbonate) an der Baustoffoberfläche oder der Auskristallisation wasserlöslicher bauschädigender Salze wie z. B. Chloride, Sulfate oder Nitrate.

Ausgebreiteter Hausporling
Der Ausgebreitete Hausporling ist ein → holzzerstörender Pilz. Im Gegensatz zu anderen → Hausfäulen handelt es sich bei diesem Pilz um eine → Weißfäule. Dies bedeutet, dass der Pilz vorrangig das → Lignin im befallenen Holz abbaut und dadurch eine Aufhellung, Erweichung und schließlich eine faserige Auflösung der Holzstruktur bewirkt. Das Oberflächenmyzel befindet sich zwischen dem → Substrat und dem → Fruchtkörper und ist sehr dicht, festhaftend und schnellwüchsig. Farblich variiert es von schneeweiß über cremefarbig bis zu einem hellen ockerbraun. Unter bestimmten Bedingungen bildet der Ausgebreitete Hausporling ein kräftiges → Myzel aus, das aufgrund seiner zähelastischen Konsistenz und dem hellen Farbton häufig mit Materialien aus Schaumkunststoffen verwechselt werden kann. Dieses Myzel wird teilweise flächig (wie eine Decke oder Matte) über mehrere Quadratmeter ausgebildet, um ein Austrocknen des Substrates zu verhindern. Die Fruchtkörper haben eine bräunliche Färbung und sind meist sehr groß (> 20 cm) und bis zu 2,5 cm dick. Diese überziehen die Holzoberfläche in der Regel mit flächigen, ein- oder mehrlagigen Röhrenschichten, so dass diese mit den Fruchtkörpern der → Porenschwämme verwechselt werden können. Allerdings sind diese im frischen Zustand weiß und die 4 bis 5 mm großen Poren stehen weiter auseinander. Gelegentlich werden auch konsolenförmige Fruchtkörper ausgebildet. Der Ausgebreitete Hausporling hat ein hohes Feuchtebedürfnis und -spektrum (Holzfeuchte von 40 bis 130 %), so dass man ihn vorrangig dort antrifft, wo eine höhere Feuchtigkeit über einen längeren Zeitraum auftritt (z. B. an → Leckagen) oder nach → sporadischen Wasserschäden. Eine Besonderheit ist, dass der Echte Hausporling im Gegensatz zu anderen holzzerstörenden Pilzen den Feuchtehaushalt in seinem → Habitat steuern kann. Hierzu werden Guttationstropfen auf der Oberfläche des Myzels gebildet, wie man dies bereits vom → Echten Hausschwamm kennt, durch die die Luftfeuchte erhöht und somit das Myzelwachstum verbessert wird. Dadurch ist der Ausgebreitete Hausporling auch in der Lage, trockene Holzbauteiloberflächen selbst zu befeuchten und sich ideale Wachstumsbedingungen zu schaffen. Der Temperaturbereich für ein optimales Wachstum liegt bei 10 °C bis 35 °C. Früher wurde der Ausgebreitete Hausporling auch als Eichenporling bezeichnet, da die ersten Funde auf Eichenholz gemacht wurden. Der Begriff ist allerdings irreführend, da auch andere Laub- sowie Nadelhölzer von dieser Hausfäule befallen werden. Die Abbaurate beim Eichensplintholz beträgt etwa die Hälfte innerhalb von 12 Wochen. Beim Kiefersplintholz liegt diese bei 25 bis 40 %. Das Schadenspotenzial durch den Ausgebreiteten Hausporling ist groß. Allerdings werden nur 5 bis 10 % der Schäden durch holzzerstörende Pilze an Gebäuden dieser Hausfäule zugeordnet. Eine weitere Besonderheit ist die Symbiose mit dem Gescheckten Nagekäfer, der die → Sporen des Pilzes auf andere Hölzer übertragen kann. Im Gegenzug reguliert der Ausgebreitete Hausporling die Holzfeuchte, um ideale Wachstumsbedingungen für die Entwicklung der Larven zu schaffen.

Ausgleichsfeuchte
→ Sorptionsfeuchte

Ausplattieren
→ Ausstrich

Ausstrich
Als Ausstrich (oder Verdünnungsausstrich) bezeichnet man in der → Mikrobiologie eine Methode zur einzelnen Verteilung von → Mikroorganismen auf der glatten Oberfläche fester, gelartiger → Nährmedien. Dieses Ausplattieren in → Petrischalen ermöglicht, dass bei der anschließenden → Kultivierung viele → Kolonien mit einer großen Anzahl von Individuen gebildet werden, auch als so genannte → Reinkultur bezeichnet.

Außendämmung
siehe Abschn. 9.2.2.2

Außenluftdurchlass
Ein Außenluftdurchlass ist eine Lüftungskomponente, die das geplante Durchströmen von Luft durch die Gebäudehülle ermöglicht. Hierbei wird das Fenster als temporär wirkender Außenluftdurchlass als auch entsprechend ausgebildete Lüftungskomponenten in Fenstern und Türen mit eingeschlossen.

Außenluftvolumenstrom
Mit Außenluftvolumenstrom wird die von einer → raumlufttechnischen Anlage angesaugte Außenluftmenge bezeichnet.

Autoimmundermatosen
Autoimmundermatosen sind chronische Hauterkrankungen, bei denen das → Immunsystem körpereigene Strukturen angreift.

Autoklaven/Autoklavieren
Autoklavieren ist eine Form der Dampfsterilisation und gilt als eines der zuverlässigsten Verfahren zur Sterilisation und somit zur Sicherstellung der → Hygiene in einem Labor z. B. nach mikrobiologischen Untersuchungen. Durchgeführt wird es in der Regel in einem so genannten Autoklaven bei Temperaturen zwischen 110 und 140 °C sowie erhöhtem Druck. Durch die Sterilisation werden die → Mikroorganismen in den Materialien und sonstigen Proben abgetötet, wobei die Sterilisation keine garantierte Abtötung ist, sondern nur eine Möglichkeit mit hoher Wahrscheinlichkeit, die Anzahl der Mikroorganismen, um mindestens sechs Zehnerpotenzen zu reduzieren. Die Sterilisationszeit ist von der Anzahl und Art der Mikroorganismen abhängig. Durch den heißen, gesättigten Wasserdampf quellen vor allem die Sporen und sind dadurch weniger resistent. Der Vorgang läuft in vier Phasen ab: in der ersten Phase erreicht der Autoklav seine Sterilisationstemperatur (Steigzeit), in der zweiten erreicht das zu sterilisierende Medium an jedem Punkt die notwendige Temperatur (Ausgleichszeit), in der dritten muss die gesamte Innenluft des Gerätes durch Dampf ersetzt werden (Sterilisationszeit) und in der vierten Phase wird das zu sterilisierende Medium durch Vakuumphasen getrocknet (Sterilisationsphase). Durch die Autoklavierung wird eine Freisetzung lebender Mikroorganismen verhindert. Im Labor sollten entsprechende Vorrichtungen mit → Filtern für eine entsprechende Hygiene sorgen. Zusätzlich können aufgestellte → HEPA-Luftfilter für eine optimale Reinhaltung der Raumluft in Laborräumen sorgen.

Autotroph
Autotrophe Organismen gewinnen ihre Energie aus dem Abbau von anorganischen Stoffen und/oder aus der Nutzung von Lichtenergie sowie ihr Material für den Aufbau von Zellsubstanzen aus der Fixierung von Kohlendioxid und dem Abbau anorganischer Verbindungen. Zu den autotrophen Organismen gehören z. B. → Bakterien. Die andere große Stoffwechselgruppe der Organismen wird als → heterotroph bezeichnet.

Auxanographie
Mit Auxanographie wird eine Methode bezeichnet, bei der die wachstumsfördernde oder -hemmende Wirkung chemischer Substanzen auf das Wachstum von → Mikroorganismen wie z. B. → Hefen untersucht wird. Das Ergebnis wird als Auxanogramm bezeichnet.

a-Wert
→ Fugendurchlasskoeffizient

AWMF-Leitlinie
AWMF ist ein Akronym für Arbeitsgemeinschaft der Wissenschaftlichen Medizinischen Fach-

gesellschaften. Die Leitlinien der AWMF sind systematisch entwickelte Aussagen, die den aktuellen Erkenntnisstand wiedergeben und Ärzten und medizinischem Fachpersonal wichtige Entscheidungshilfen liefern. Diese basieren auf einer systematischen Sichtung und Bewertung der Evidenz und einer Abwägung von Nutzen und Schaden alternativer Vorgehensweisen. Im Kontext von → Schimmelpilzen in Innenräumen hat die AWMF-Schimmelpilz-Leitlinie „Medizinisch klinische Diagnostik bei Schimmelpilzexposition in Innenräumen“ mit seinem Update im Jahr 2023 (AWMF-Register-Nr. 161/001) einen hohen Stellenwert. Diese soll die bestehende Lücke für eine rationelle medizinische Diagnostik bei Schimmelexposition im Innenraum schließen und liefert eine Übersicht zu assoziierten Krankheitsbildern.

aw-Wert
→ Wasseraktivität

axenische Kultur
→ Reinkultur

14.2 B

Bacillus/Bazillen
Der Begriff Bacillus (lateinisch für „Stäbchen“) kann zwei Bedeutungen haben. Im medizinischen Sprachgebrauch werden mit Bazillen umgangssprachlich → Bakterien oder sogar Krankheitserreger im Allgemeinen bezeichnet und somit evtl. auch → Viren, Pilze oder Amöben. Im mikrobiologischen Sprachgebrauch wird der Begriff Bazillus häufig synonym für → gram-positive, aerobe, sporenbildende, bis zu 10 μm lange Stäbchenbakterien verwendet. Unter schlechten Vermehrungsbedingungen kann der Erreger ins Sporenstadium übergehen, was ihm eine höhere Resistenz gegenüber Umwelteinflüssen verschafft. Dadurch sind Bazillen sogar in der Lage, in 70 %igem → Alkohol zu überleben. Durch ihre Fähigkeit zur Sporenbildung können Bazillen auch in trockener Umgebung überleben und bei einer Wiederbefeuchtung ihr Wachstum aktivieren. Als → Aerobier können Bazillen nur in einem sauerstoffreichen Umfeld überleben und sich vermehren. Bacillus-Arten weisen einen charakteristischen „muffigen“ Geruch auf. Sie sind → alkaliphil, so dass sie in der Lage sind, auch bei pH-Werten von 10 bis 11 noch zu überleben. Außerdem sind sie hitzeresistent. Die mehr als 200 bekannten Bacillus-Arten sind für den Menschen → apathogen, obligat pathogen oder fakultativ pathogen und können vor allem bei Menschen mit einer → Immunsuppression zu Erkrankungen führen. Zu den bekanntesten Vertretern gehören Bacillus anthracis, Bacillus cereus, Bacillus subtilis, Bacillus sporothermodurans, Bacillus stearothermophilus und Bacillus thuringiensis.

Bakterielle Superinfektion
Eine bakterielle Superinfektion ist eine Sekundärinfektion oder Zweitinfektion. Diese tritt auf, wenn zu einer bestehenden → Infektion (z. B. durch → Viren) eine weitere Infektion durch → Bakterien hinzukommt. Der Zusatz „Super“ bedeutet, dass sich die bakterielle Infektion über die erste Infektion legt. Bakterielle Superinfektion können durch verschiedene Faktoren wie z. B. ein geschwächtes → Immunsystem begünstigt werden.

Bakterien
siehe Abschn. 5.6.4

Bakterienfresser
→ Bakteriophagen

Bakterienstamm
Ein Bakterienstamm ist eine genetisch unterschiedliche Variante einer Bakterienart. Anders als z. B. bei → Schimmelpilzen ist die letzte Unterscheidungseinheit somit nicht die Art, sondern der Stamm. Eine Bakterienart kann in Form mehrerer bis sehr vieler Stämme auftreten. Die einzelnen Stämme unterscheiden sich in ihrer Genetik und Stoffwechselaktivität. Von der gleichen Bakterienart kann ein Stamm wie z. B. → Escherichia coli (Nissle 1917) z. B. gesundheitsfördernd sein und sogar als Medikament verkauft werden und gleichzeitig ein anderer Stamm wie z. B. Escherichia coli (O157:H7) lebensbedrohliche → EHEC-Erkrankungen verursachen. Bakterien-

stämme sind somit die unterste Stufe der wissenschaftlichen Kategorisierung und Klassifikation. Diese werden durch einen Code gekennzeichnet, der meist aus Zahlen oder Buchstaben besteht.

Bakteriologie/Bakteriologe
Die Bakteriologie ist ein Teilgebiet der → Mikrobiologie und befasst sich mit der systematischen Einteilung, Lebensweise, Identifizierung und Bekämpfung von → Bakterien. Hierzu gehören u. a. auch → pathogene Bakterien, so dass die Bakteriologie wichtige Erkenntnisse für die Medizin und der Bekämpfung insbesondere der → Infektionskrankheiten liefert. Ein Forscher auf diesem Gebiet wird als Bakteriologe bezeichnet.

Bakteriophagen
Als Bakteriophagen werden → Viren bezeichnet, deren Wirte → Bakterien sind. Diese Viren sind also darauf spezialisiert, Bakterien zu infizieren. Mit einer geschätzten Anzahl von 10^{30} sind Phagen die häufigsten Lebewesen der Erde.

Bakteriostatikum/bakteriostatisch
Als Bakteriostatikum wird eine Substanz bezeichnet, mit der das Wachstum von → Bakterien gehemmt wird. Werden Bakterien hingegen von einer Substanz getötet, spricht man von einem → Bakterizid. Die Abgrenzung beider Begriffe gestaltet sich schwierig, da hohe Konzentrationen von Bakteriostatika häufig bakterizid wirken. Im Gegenzug können sehr niedrige Konzentrationen von Bakteriziden bakteriostatische Effekte haben.

Bakterizide
Als Bakterizide werden Substanzen bezeichnet, mit der gezielt → Bakterien innerhalb oder außerhalb des Organismus abgetötet werden. Hierbei unterscheidet man → Antiseptika, → Antibiotika und → Desinfektionsmittel. Aber auch Hitze sowie ultraviolette und andere elektromagnetische Strahlen können eine bakterizide Wirkung haben.

Bakteroide/Bacteroides
Bakteroide sind eine Gattung von → Bakterien, bei denen es sich um gramnegative, nicht sporenbildende, strikte → Anaerobier handelt, die meist unbeweglich sind. Diese Bakterien haben eine besondere, meist unregelmäßige Wuchsform (pleomorphe, kleine, gerade oder gebogene, häufig ungleichmäßig angefärbte Stäbchen mit zentralen oder peripheren Anschwellungen), die sich von der normalen (freilebenden) Bakterienzelle unterscheidet.

Balancierte Lüftung
Unter einer balancierten Lüftung wird eine → Ventilator gestützte Lüftung verstanden, bei der → Zuluft- und → Abluftvolumenstrom immer ausgeglichen sind.

Basidiomycota/Basidiomyceten
Basidiomycota (Ständerpilze) sind eine Abteilung der Pilze, die ihre → Meiosporen auf Sporenständern (→ Basidien) bilden. Diese wachsen meist als Pilzfäden und erhielten ihren Namen von der sexuellen Vermehrungsstruktur der Basidie. Neben der sexuellen Vermehrung sind einige dieser Pilze auch zu einer → asexuellen Reproduktion befähigt. Stammesgeschichtlich sind die Basidiomycota sehr wahrscheinlich die Schwestergruppe der → Ascomycota, die auch als Schlauchpilze bezeichnet werden. Im Gegensatz zu den Ascomyceten, bei denen eine Fruchtkörperbildung schon vor der Verschmelzung des Plasmas zweier Zellen einsetzt, findet bei Basidiomyceten diese Verschmelzung zweier → Hyphen im ganz frühen Entwicklungsstadium satt. Es werden auch keine Strukturen mehr gebildet, die den Status von Geschlechtsorganen haben könnten. Die Besonderheit bei Basidiomyceten ist, dass die → Sporen außen an Basidien gebildet, abgeschnürt und in vielen Fällen aktiv verschleudert werden.

Basidiosporen
Basidiosporen sind → Meiosporen der Ständerpilze (→ Basidiomycota), die an den → Basidien (Fruchtkörpern) gebildet werden (namensgebend für die Basidiomyceten). Die Basidien sind meistens zu vielen Tausenden in einer Fruchtschicht (dem → Hymenium) angeordnet. Die Keimung erfolgt mit Sprosszellen, Sekundärsporen, → Konidiosporen oder Keimhyphen. Basidiosporen sind in der Regel einzellig und haben einen haploiden Kern. Form, Farbe, Größe und Oberfläche sind wichtige Merkmale für die Bestimmung von

Gattungen und Arten. Basidiosporen sind Bestandteil der Außenluft und können zu → allergischer Rhinitis und → Asthma führen. Auf den Lamellen eines typischen Ständerpilzes befinden sich Millionen von Basidien. Einige Pilzarten können bis zu Milliarden → Sporen produzieren.

basophil
Mit basophil werden die Eigenschaften von Organismen beschrieben, auf Substraten mit einem → pH-Wert über 7,5 optimal leben zu können.

BAT-Wert
Mit dem BAT-Wert (Biologischer Arbeitsstoff-Toleranzwert) wird die maximal zulässige Konzentration eines Arbeitsstoffes im Blut, Blutplasma, Harn oder der Atemluft des Menschen beschrieben, bei dem nach aktuellem Kenntnisstand die Gesundheit nicht geschädigt wird. BAT-Werte können nicht für krebserzeugende Stoffe angegeben werden und gelten nur für Menschen, die gesund und im erwerbsfähigen Alter sind. Beim BAT-Wert handelt es sich um eine ältere Bezeichnung. Heute gilt der → BGW-Wert.

BAuA
BAuA ist ein Akronym für Bundesanstalt für Arbeitsschutz und Arbeitsmedizin.

Baufeuchte
Baufeuchte (oder auch Restfeuchte) ist ein umgangssprachlicher und fachlich unspezifischer Trivialname und bezeichnet die in den Wandbaustoffen aufgrund von Niederschlägen oder der technologisch bedingten Zugabe von Wasser enthaltene Feuchtigkeit, die nach der Fertigstellung von Baumaßnahmen langsam austrocknet und z. B. die relative Luftfeuchte in Innenräumen erhöht. Man spricht deshalb auch von der so genannten Rohbaufeuchte.

Bauforensik
Der Begriff der Bauforensik (oder im Kontext zu Schimmelpilzen in Innenräumen auch Schimmelforensik) ist noch relativ jung und lehnt sich an der Kriminaltechnik an. Bei dieser Methode nutzt man die seit vielen Jahren bekannte Technologie, Spuren von Körperflüssigkeiten durch Beleuchtung mit kurzwelligem Licht mittels Fluoreszenz sichtbar zu machen. Eingesetzt werden hierzu multispektrale Lichtquellen, Filterbrillen und spezielle Kameras. Das menschliche Auge nimmt Licht in einem Wellenspektrum zwischen 400 bis 750 nm wahr. Das eingesetzte Lichtspektrum in den so genannten Tatort-Lampen und Filterbrillen liegt unterhalb von 400 nm (Ultraviolettbereich) und oberhalb von 750 nm (Infrarotbereich). Dem entsprechend wird die Fluoreszenzanalyse unterschieden in die IR-Adsorptionsbildanalyse und UV-Adsorptionsbildanalyse. Mithilfe dieser Analyse können z. B. überstrichene und nicht beseitigte → Altschäden von Mikroorganismen erkannt werden.

Baupfusch
siehe Abschn. 7.3.8

Bauphysik
Bauphysik ist eine Anwendung der Physik und ihrer Gesetzmäßigkeiten auf Bauwerke und setzt sich mit ihren physikalischen Phänomenen auseinander. Schwerpunktmäßig sind dies Wärme (→ Wärmeleitung, → Wärmestrahlung, → Wärmedämmung, → Wärmeschutz und dgl.), Feuchtigkeit (Wasserdampfgehalt, Feuchtetransporte, → Kondensation und dgl.), Schall- und Brandschutz. Eigenschaften und Materialbeschaffenheit von Baustoffen wird in der Baustoffkunde und Bauchemie behandelt. Aus der Bauphysik ist u. a. die → Bauwerksdiagnostik hervorgegangen, in der diese Zusammenhänge untersucht und mögliche Ursachen für multikausale Schadensmechanismen abgeleitet werden.

Bauphysikalische Berechnungen
siehe Abschn. 6.4

Bauphysikalisch notwendiger Mindestluftwechsel
siehe Abschn. 10.2.4

Bauphysikalisch-technische Bewertung
siehe Abschn. 8.6

Bautechnische Untersuchungen
siehe Abschn. 6.3

Bauteilöffnung
siehe Abschn. 6.7.1

Bauteiltemperaturen
Bauteiltemperaturen beschreiben Temperaturverhältnisse auf und innerhalb von Bauteilen in Folge eines → Wärmedurchgangs und lassen sich über die → Wärmestromdichte berechnen.

Bauteiltrocknung
Die Begriffe → Technische Bautrocknung und Bauteiltrocknung werden häufig synonym verwendet und beschreiben Methoden und Verfahren, mit denen der Feuchtegehalt in Bauteilen (Baustoffen und anderen Materialien) reduziert werden kann. Unterschieden werden die direkte Bauteiltrocknung wie z. B. die → Hohlraumtrocknung und → thermische Trocknung sowie die indirekte Bauteiltrocknung, bei der eine Trocknung der Bauteile durch die Absenkung der → Luftfeuchtigkeit im Raum erzielt wird. Hierzu werden → Adsorptionstrockner oder → Kondensationstrockner eingesetzt.

Bautrocknung
siehe Abschn. 9.3

Bauwerkstrockenlegung
Bauwerkstrockenlegung ist ein fachlich unspezifischer Begriff für verschiedene Maßnahmen zur Entfeuchtung von Mauerwerken wie z. B. eine nachträgliche Horizontalabdichtung. Gelegentlich wird der Begriff auch für die → Technische Bautrocknung verwendet.

Becherling
Becherlinge gehören zu den Schlauchpilzen, da sie ihre → Sporen im → Ascus (Schläuchen) bilden. In der Regel reifen dort immer acht Sporen heran, die nach vollständiger Reife hinausgeschleudert werden. Becherlinge kommen nicht nur in der Natur vor, sondern auch in Gebäuden, insbesondere bei Wasserschäden (Überschwemmungen, Rohrbrüche oder Leckagen in Wasserleitungen), da diese einen hohen Feuchteanspruch haben. Deshalb dienen Becherlinge auch als → Feuchteindikatoren. Becherlinge können sowohl auf anorganischem Material wie Mauerwerk, Putz, Fugen wachsen wie auch auf organischem Material wie Holz oder Textilien.

Bedarfsgerechte Lüftung/Bedarfslüftung
Unter bedarfsgerechter Lüftung wird eine → Ventilatorgestützte Lüftung verstanden, bei der die Luftmenge an den Bedarf (anwesend, abwesend, Intensiv bzw. Party) angepasst wird. Diese Regulierung kann händisch bzw. manuell oder automatisch z. B. mit Hilfe von Sensortechnik erfolgen.

Bedampfung
→ Geruchsneutralisation

Befall
Befall ist ein umgangssprachlicher und unspezifischer Trivialname für die Besiedlung von Oberflächen durch → Mikroorganismen und deren schädigende Einwirkung auf Baustoffe und Bauteile. Man unterscheidet den → mikrobiellen Befall in den aktiven Befall, den nicht aktiven Befall und den abgestorbenen Befall.

Befallsklassen
siehe Abschn. 4.3.7, siehe Abschn. 8.3.6

Behaglichkeit in Innenräumen
siehe Abschn. 10.8

Behaglichkeitsklima
siehe Abschn. 6.4.7

Beheiztes Gebäudevolumen
Das beheizte Gebäudevolumen ist das Volumen, das von der wärmeübertragenden Umfassungsfläche eines Gebäudes umschlossen wird.

Beimpfen
→ Inokulation

Belastungsstufen/-klassen
siehe Abschn. 9.5.5

Belegungsdichte
Die Belegungsdichte beschreibt die Anzahl von Menschen in einem Innenraum im Verhältnis zum Raumvolumen. Diese hat Bedeutung im Zusammenhang mit der → Sättigungsfeuchte und so-

mit dem Überschreiten des → taupunktbedingten Kondenswassers.

Berliner Lüftung
Bei der Berliner Lüftung verfügt der innenliegende Feuchtraum in einem Gebäude über einen eigenen Entlüftungsschacht. Die → Zuluft wird nicht durch einen Zuluftschacht eingebracht, sondern z. B. über Öffnungen oder einen Schlitz unter dem Türblatt, so dass die Luft aus den umliegenden Innenräumen zugeführt wird.

Beschichtung mit bioziden Zusätzen
siehe Abschn. 10.6.3

Beschichtung mit hohem Sorptionsvermögen
siehe Abschn. 10.6.5

Beschichtung mit hoher Alkalität
siehe Abschn. 10.6.2

Beschichtung mit Nanotechnologie
siehe Abschn. 10.6.4

Besprühung
→ Geruchsneutralisation

Betriebs-Luftvolumenstrom
→ Nennlüftung nach DIN 1946-6

Betriebswirtschaftliche Bewertung (eines Schimmelpilzbefalls)
siehe Abschn. 8.8

Bettwanze
Die Bettwanze gehört zur Gruppe der so genannten → Lästlinge. Sie ist 4 bis 6 mm lang und hat eine rostrote bis dunkelbraune Färbung, bedeckt durch ein dichtes Haarkleid. Die Bettwanze besitzt 4-gliedrige Fühler. Beine und Fühler haben eine gelbliche Färbung. Wie bei allen Wanzen typisch, ist auch bei der Bettwanze der Körper abgeplattet. Man bezeichnet die Bettwanze deshalb umgangssprachlich auch als „Tapetenflunder". Bettwanzen lieben es trocken und haben eine Vorzugstemperatur von ca. 27 °C. Infolgedessen verträgt die Bettwanze kühlere oder kalte Temperaturen nur für kurze Zeit. Man findet Bettwanzen deshalb vor allem im wärmeren Umfeld des Menschen wie z. B. in Bettzeug, Plüschtieren sowie im oder unter Teppichen. Bettwanzen ernähren sich von Blut und bevorzugen als Blutspender den Menschen. Vor der Eiablage muss das Weibchen Blut aufgenommen haben. Täglich werden 3 bis 5 Eier in z. B. Ritzen von Möbeln, hinter Bildern, in Steckdosen, an Kleidung oder Gardinen abgelegt. Bettwanzen sind ausschließlich nachtaktiv. Durch das nächtliche Blutsaugen ist die Bettwanze ein ausgesprochen unangenehmer Lästling. Wenn sie ein Opfer ausfindig gemacht haben, treffen sie in der Regel nicht gleich beim ersten Stich auf ein Blutgefäß. Typisch sind deshalb mehrere Stiche nebeneinander, weshalb man auch von einer Wanzenstraße spricht. Der Mensch spürt fast nie einen Schmerz beim Einstich, so dass die Stiche erst nach dem Aufwachen entdeckt werden. Bei einigen Personen kommt es zu Quaddelbildung und intensivem Juckreiz. Dies wird von einem speziellen Sekret verursacht, das die Bettwanze nach dem Einstich zunächst in die Stichwunde injiziert, um die Gerinnung des Wirtsblutes zu unterbinden. Eine bakterielle Infektion tritt evtl. durch Kratzen auf. Bei häufigen Stichen können → allergische Reaktionen wie → Asthmaanfälle auftreten.

Bewertung
siehe Abschn. 8.1

Bewertung biozider Anwendungen
siehe Abschn. 8.3.8

Bewertung einer Sanierung
siehe Abschn. 8.7

Bewertungsstufe 1 (Szenarien) für Fußböden
siehe Abschn. 8.3.7.2

Bewertungsstufe 2 (Kriterien) für Fußböden
siehe Abschn. 8.3.7.3

Bewuchs
Bewuchs ist der umgangssprachliche und unspezifische Trivialname für → mikrobiellen Bewuchs, der nicht mit dem → mikrobiellen Befall verwechselt werden darf.

BfR
BfR ist ein Akronym für Bundesinstitut für Risikobewertung.

BGI
BGI ist ein Akronym für Berufsgenossenschaftliche Informationen. Im Kontext zu Schimmelpilzen in Innenräumen spielt die „Handlungsanleitung zur Gefährdungsbeurteilung bei Tätigkeiten mit biologischen Arbeitsstoffen bei der Gebäudesanierung" (BGI 858) eine wichtige Rolle.

BGR
BGR ist ein Akronym für Berufsgenossenschaftliche Regel für Sicherheit und Gesundheit bei der Arbeit. Im Kontext zu Schimmelpilzen in Innenräumen spielt die BGR 128 „Kontaminierte Bereiche" eine wichtige Rolle, die seit 01.05.2014 eine neue Nummernkennung hat und jetzt → DGUV Regel 101-004 (Kontaminierte Bereiche) heißt.

BGW
BGW ist ein Akronym für „biologischer Grenzwert" und definiert den → Grenzwert für die toxikologisch-arbeitsmedizinisch abgeleitete Konzentration eines Stoffes, seines → Metaboliten oder eines Beanspruchungsindikators im entsprechenden biologischen Material, bei dem im Allgemeinen die Gesundheit eines Beschäftigten nicht beeinträchtigt wird (§ 3 Abs. 7 GefStoffV).

Bilanzfeuchte
→ Gleichgewichtsfeuchte

BImSchG
BImSchG ist ein Akronym für Bundesimmissionsschutzgesetz.

BImSchV
BImSchV ist ein Akronym für Verordnung zum Bundesimmissionsschutzgesetz.

Bioaerosole
Bioaerosole sind Partikel biologischer Herkunft, die sich in der Luft (Außenluft und Raumluft) befinden. Zu ihnen gehören z. B. → Schimmelpilze, → Bakterien, → Viren, Pollen und Tierfragmente. Diese bilden nicht nur die natürliche → Hintergrundbelastung, sondern werden auch durch den Menschen z. B. in der Tierhaltung, in Deponien, Kompost- und Abfallbehandlungsanlagen oder Gärtnereien und dgl. freigesetzt. Bioaerosole können → allergische, → toxische oder → infektiöse Wirkungen haben und somit die Gesundheit des Menschen beeinträchtigen. In der VDI-Richtlinie 4250 „Bioaerosole und biologische Agenzien" gibt es Empfehlungen, wie Bioaerosole standardisiert gemessen werden können. In Fachkreisen ist umstritten, ob auch biogene Stäube und → MVOC sowie → Mykotoxine zu den Bioaerosolen gezählt werden (siehe BGI 858).

Bioakkumulation
Unter Bioakkumulation wird die Aufnahme und Anreicherung von Stoffen in Organismen gegenüber dem umgebenden Medium verstanden.

Bioaktivität
Bioaktivität ist der Oberbegriff für die Intensität der Stoffwechseltätigkeit lebender Organismen.

Biochemische Schnelltests
siehe Abschn. 6.6.7

Biodekontamination
→ Kaltnebelverfahren

Biofilm
siehe Abschn. 4.3.4

Biofouling
siehe Abschn. 4.3.4

Biogefährdung
Das Symbol Biogefährdung (engl. „Biological hazard", Kurzform Biohazard) kennzeichnet biologische Gefahrenpunkte. Mit diesem Symbol gekennzeichnete Objekte weisen auf Gefahren für Mensch und Umwelt hin, die von → Biostoffen (biologische Substanzen oder Organismen) ausgehen. Hierzu gehören z. B. auch die durch → Mikroorganismen kontaminierten → Schwarz-Bereiche. Durch die Kennzeichnung wird auf den richtigen Umgang, insbesondere das Tragen von entsprechender → Schutzkleidung und die fachgerechte Entsorgung, aufmerksam gemacht.

Biogen
Der Begriff biogen (synonym auch organogen) bezeichnet biochemische Verbindungen, die auf das Wachstum oder die Stoffwechselaktivitäten lebender Organismen zurückgehen. Der Begriff wird auch für den biologischen oder organischen Ursprung verwendet.

Biohazard
→ Biogefährdung

Biokorrosion
siehe Abschn. 4.3.4

biologische Kanzerogene
→ Kanzerogene

Biologischer Abbau
Unter biologischem Abbau wird die enzymatische Zersetzung organischer Substanz (z. B. Holz) oder organisch-chemischer Substanz (z. B. Kunststoff) durch → Mikroorganismen wie z. B. → Pilze oder → Bakterien verstanden. Der biologische Abbau ist im Stoffkreislauf der Natur erwünscht, bei genutzten Materialien dagegen nicht.

Biologischer Arbeitsstoff
Biologischer Arbeitsstoff ist ein Begriff aus der → Biostoffverordnung. Hierbei handelt es sich um → Mikroorganismen, die beim Menschen → Infektionen, sensibilisierende oder toxische Wirkungen hervorrufen können. Mikroorganismen im Sinne der Biostoffverordnung sind alle zellulären oder nichtzellulären mikrobiologischen Einheiten, die zur Vermehrung oder zur Weitergabe von genetischem Material fähig sind. Dies schließt sowohl → Bakterien als auch → Viren ein. Biologische Arbeitsstoffe werden nach § 3 der Biostoffverordnung in Deutschland in vier → Risikogruppen eingeteilt. Diese unterscheiden sich nach dem vom jeweiligen Arbeitsstoff ausgehenden Infektionsrisiko.

Biologischer Grenzwert
Der biologische Grenzwert definiert die toxikologisch-arbeitsmedizinisch abgeleitete Konzentration eines Stoffs, seines → Metaboliten oder eines Beanspruchungsindikators im Blut oder Urin. Mit diesem wird angegeben, bis zu welcher Konzentration die Gesundheit von Beschäftigten im Allgemeinen nicht gefährdet ist. Der biologische Grenzwert gilt nur für Arbeitsplätze. Für privat genutzte Innenräume gibt es keinen biologischen Grenzwert.

Biologische Sammeleffizienz
Mit dem Begriff biologische Sammeleffizienz wird die Fähigkeit der → Probenahme beschrieben, die Lebensfähigkeit der beprobten → Mikroorganismen zu erhalten.

Biomasse
Als Biomasse wird die Gesamtheit der Masse an organischem Material (lebende, tote und zersetzte Organismen) in einem → Habitat (Lebensraum) bezeichnet, die biochemisch synthetisiert wurde. Hierzu gehören auch die von ihnen produzierten Substanzen wie → Metaboliten. Diese Stoffgemische werden mithilfe ihrer Masse quantifiziert.

Biomasse-Kreislauf
siehe Abschn. 3.2

Biomüll, Umgang mit
siehe Abschn. 10.7

Biopsie
Biopsie ist ein medizinischer Eingriff, bei dem eine Gewebeprobe aus einem lebenden Organismus entnommen und anschließend im Labor mikroskopisch untersucht wird, um gesundheitliche Wirkungen wie z. B. chronische → Infektionen zu diagnostizieren oder auszuschließen.

Biostoffverordnung
Die Biostoffverordnung (BioStoffV) ist eine Verordnung zur Umsetzung von EG-Richtlinien zum Schutz von Beschäftigten in berufsbedingten Tätigkeiten gegen die Gefährdung durch → biologische Arbeitsstoffe (im weiteren Sinne durch → Mikroorganismen/Krankheitserreger). Die Biostoffverordnung teilt biologische Arbeitsstoffe in vier → Risikogruppen ein.

Biosynthese
Unter Biosynthese wird einerseits der Aufbau chemischer Verbindungen in den Zellen des leben-

den Organismus im Rahmen der physiologischen Prozesse sowie andererseits die Herstellung organischer Substanzen mit Hilfe von → Mikroorganismen (z. B. Penicillin aus bestimmten → Schimmelpilzen wie z. B. → Penicillium) verstanden.

Biotop
Ein Biotop ist ein räumlich begrenzter Lebensraum, der durch spezifische abiotische (nicht lebende) und biotische (lebende) Faktoren definiert ist, und zusammen mit den darin lebenden → Arten ein Ökosystem bildet. Im Gegensatz zu einem → Habitat ist ein Biotop der Lebensraum verschiedener Arten und Artengemeinschaften und beschreibt mehr als nur einen Ort oder Raum. Es definiert ein komplexes Zusammenspiel verschiedener Umfeldfaktoren, die für das Überleben dieser Arten entscheidend sind.

Biozönose
Eine Biozönose ist die Lebensgemeinschaft aller Lebewesen in einem → Biotop. Zusammen bilden diese ein komplexes Ökosystem.

Biozidbehandlung
siehe Abschn. 9.6

Biozide
siehe Abschn. 9.6

Biozide Beschichtungen
siehe Abschn. 10.6.3

Biozidfrei
Der Begriff biozidfrei ist sachlich unscharf und bezieht sich in der Regel darauf, dass einem Bauprodukt keine → bioziden Wirkstoffe z. B. in Form von → Topfkonservierung oder → Filmkonservierung (Chemikalien) aktiv zugegeben wurden. Allerdings gibt es auch natürliche Rohstoffe, die eine biozide Wirkung haben und nicht kennzeichnungspflichtig sind.

Biozid-Meldeverordnung
Die Biozid-Meldeverordnung ist am 31.12.2021 außer Kraft getreten. Seit dem 01.01.2022 ist die Meldung von → Biozid-Produkten in der → Biozidrechts-Durchführungsverordnung geregelt.

Biozid-Produkte
Biozid-Produkte sind lt. Definition der → Biozid-Verordnung jegliche (chemische) Stoffe oder Substanzen, die dazu bestimmt sind, Schadorganismen wie z. B. → Mikroorganismen in Form von → Viren, → Bakterien und → Pilze zu zerstören, zu bekämpfen, unschädlich zu machen, abzuschrecken oder ihre Wirkung zu verhindern, wenn dies durch physikalische oder mechanische Einwirkung nicht gelingt.

Biozidprodukte-Richtlinie
Bis Mitte der 1990er Jahre wurden Biozide Wirkstoffe und Produkte in der Europäischen Union weitgehend ungeprüft in den Markt eingeführt. Dies änderte sich mit Inkrafttreten der Biozidprodukte-Richtlinie im Jahr 1998, mit der die EU ein Instrument zur einheitlichen Bewertung und Zulassung sowie Inverkehrbringen von Biozidprodukten in Europa schuf.

Biozidrechts-Durchführungsverordnung
Die Biozidrechts-Durchführungsverordnung (ChemBiozidDV) ist im Juli bzw. August 2021 in Kraft getreten und hat die → Biozid-Zulassungsverordnung und → Biozid-Meldeverordnung abgelöst. Die neue Verordnung hat u. a. ab Januar 2025 ein Selbstbedienungsverbot für viele → Biozidprodukte im Einzel-, Versand- und Onlinehandel eingeführt. In diesem Zusammenhang bestehen neue Sachkundepflichten der abgebenden Personen. Außerdem wurde die Pflicht zur Durchführung eines Abgabegespräches eingeführt.

Biozid-Verordnung
Seit 2013 regelt die Biozid-Verordnung das Inverkehrbringen und Verwenden von → Biozidprodukten in der Europäischen Union. Die Verordnung löste die zuvor geltende → Biozid-Richtlinie aus dem Jahr 1998 ab. Verordnungen der Europäischen Union gelten unmittelbar in den Mitgliedstaaten der EU und müssen daher nicht in nationales Recht umgesetzt werden.

Biozide Wirkstoffe
→ Biozid-Produkte

Biozid-Zulassungsverordnung
In der Biozid-Zulassungsverordnung (ChemBiozidZulV) wird die Zulassung von → Biozid-Produkten und sonstige chemikalienrechtlichen Verfahren zu Biozid-Produkten und bioziden Wirkstoffen geregelt.

Blättlinge
Blättlinge (Gloeophyllum) sind → Basidiomyceten, deren Fruchtkörper lederig bis holzig (braun bis leuchtend rostbraun) und in der Regel hutförmig und lamellenförmig sind. Die Oberfläche weist wulstige Zonen auf und kann glatt oder filzig sein. Bei diesen Pilzen handelt es sich um holzbewohnende → Saprobionten, vor allem von sonnen- und windexponierten Holzbauteilen, die eine intensive → Braunfäule hervorrufen. Einige Arten sind sehr trockenheitsresistent. Im Gegensatz zum → Echten Hausschwamm, → Braunen Kellerschwamm oder den → Porlingen, verbreiten sich Blättlinge in der Regel nicht durch ein wachsendes Oberflächenmyzel. Der Pilz wächst im Inneren des Holzes und verbreitet sich durch → Sporen, die in den → Fruchtkörpern gebildet werden. Wenn die Sporen auf einen → Nährboden fallen, keimen sie und entwickeln ein → Myzel. In Gebäuden treten Blättlinge eher selten auf. Die Wachstumsbedingungen liegen bei 5 bis 35 °C (optimales Wachstum bei ca. 30 °C) und einer Holzfeuchtigkeit von unter 40 %. Zu den häufigsten Vertretern gehören der Tannenblättling (Gloeophyllum abietinum), der Zaunblättling (Gloeophyllum sepiarium) und der Balkenblättling (Gloeophyllum trabeum).

Bläuepilze
→ Holzverfärbende Pilze

Blastomyces/Blastomycetes
Blastomyces umfassen die Anamorphen von → Hefen (imperfekte Hefen), die insbesondere nach der Inhalation von in der Umwelt vorkommenden infektiösen Partikeln zu lokalisierten → Infektionen der Lunge führen können. Einzelne Arten der Blastomyces wechseln vom hyphenartigen in den hefeartigen Zustand unter → pathogenen Bedingungen. Sie sind die Erreger der → Blastomykose, einer systemischen → Mykose bei Menschen mit einer → Immunsuppression.

Blastomyces dermatitidis
Beim Blastomyces dermatitidis handelt sich um einen dimorphen → Hefepilz, der sich auf speziellen → Nährböden anzüchten lässt. Dieser wächst im Gewebe als Hefe und in der Kultur als → Schimmelpilz; er bildet also → Hyphen aus. Die Fortpflanzung erfolgt durch Sprossung.

Blastomykose
Eine Blastomykose ist eine schwere Erkrankung der Haut und Schleimhaut, die durch Sprosspilze (→ Blastomyceten) ausgelöst werden. Die Verbreitung dieser Pilze erfolgt durch Aufwirbelung von → Staub. Nach der Inhalation gelangt der Erreger in die Lunge und führt dort zu einer Lungenentzündung (Pneumonie). Diese wird oft auch als pulmonale Blastomykose bezeichnet. Diese hat einen schleichenden Verlauf, bei dem weitere Symptome auftreten wie z. B. unregelmäßiges Fieber oder ein mit eitrigem Blut durchzogenen Auswurf. In der Regel bleibt eine Blastomykose auf ein Organ beschränkt, anderenfalls spricht man von einer → systemischen Blastomykose.

Blaufäule
→ Holzverfärbende Pilze

Blauschimmel
Blauschimmel ist ein umgangssprachlicher und unspezifischer Trivialname für den bei der Herstellung von Blauschimmelkäse benutzten → Schimmelpilz → Penicillium rouqueforti.

Blower-Door-Prüfung (auch -Test oder -Verfahren)
siehe Abschn. 6.3.5

Blutkultur
Unter einer Blutkultur versteht man eine mikrobiologische Untersuchung des Blutes, um Krankheitserreger durch → Kultivierung nachzuweisen.

B-Lymphozyten
→ B-Zellen

Boreskop
siehe Abschn. 6.3.7

Botenstoff
Unter einem Botenstoff versteht man einen körpereigenen Stoff, der an der Vermittlung bestimmter Reaktionen bei biochemischen Vorgängen im Organismus beteiligt ist.

Botrytis
siehe Abschn. 3.5.6.17

Botulinumtoxin
Botulinumtoxin ist ein starker Giftstoff, der durch das → Bakterium Clostridium botulinum produziert wird. Dieser blockiert die Freisetzung von Acetylcholin, einem Neurotransmitter, der für die Muskelkontraktion verantwortlich ist, so dass vorübergehende Lähmungen der Muskulatur auftreten. Es gibt verschiedene Typen von Botulinumtoxin (A, B, C, D, E, F, G), wobei Typ A in verdünnter Form am häufigsten in der Medizin und Kosmetik verwendet wird und dort unter dem Handelsnamen Botox bekannt ist. Eine ungewollte Aufnahme erfolgt ausschließlich über verdorbene Nahrungsmittel. Erste Symptome zeigen sich in Form von Bauchschmerzen, Erbrechen, Schwindelgefühle und Sehstörungen, die darauf hinweisen, dass das zentrale Nervensystem betroffen ist.

Botulismus
Als Botulismus wird eine Vergiftung bezeichnet, die nach einer → Intoxikation mit dem Giftstoff → Botulinumtoxin auftritt.

Brauner Kellerschwamm (Brauner Warzenschwamm)
Der Braune Kellerschwamm, früher auch als Brauner Warzenschwamm (Coniophora puteana) bezeichnet, ist ein → holzzerstörender Pilz. Im Gegensatz zum → Echten Hausschwamm besitzt diese → Braunfäule ein nur schwach entwickeltes → Myzel, das zum Beginn weiß und mit zunehmendem Alter graubraun bis dunkelbraun wird. Die → Fruchtkörper besitzen eine dünne, gelbbraune, krustenartige Haut, die im trockenen Zustand sehr brüchig ist. Allerdings sind diese relativ selten zu finden. Voll entwickelte Fruchtkörper weisen auf der Oberfläche zahlreiche bräunliche oder olivfarbige Warzen auf, die namensgebend sind. Wie der Echte Hausschwamm ist auch der Braune Kellerschwamm ein → Saprophyt, der sich von totem, organischen Material ernährt. Nach dem Echten Hausschwamm ist diese → Hausfäule der bedeutendste holzzerstörende Pilz in Gebäuden, der sowohl im Keller als auch im Dachstuhl (Konstruktion und Holzböden) anzutreffen ist. Experten schätzen, dass etwa jeder vierte Schaden durch holzzerstörende Pilze, auf sein Konto gehen. Die große Zerstörungskraft ist auf das rasche Wachstum zurückzuführen. Innerhalb von 4 bis 5 Monaten kann das Kernsplintholz um die Hälfte reduziert werden. Der Braune Kellerschwamm bevorzugt Nadelholz und ist selten auf Laubholz zu finden. Er hinterlässt dunklere Verfärbungen und den für Braunfäulen typischen Würfelbruch. Außerdem zeichnet den Braunen Kellerschwamm sein Wachstum bei höheren Holzfeuchten (50 bis 60 %) aus, weshalb man ihn auch als Nassfäulepilz bezeichnet. Daher stirbt dieser bei Feuchteentzug relativ schnell ab.

Braunfäule
Eine Braunfäule (auch als Destruktionsfäule bezeichnet) ist ein → holzzerstörender Pilz (auch als Destruenten bezeichnet), der bevorzugt die Zellulose im Holz abbaut. Zellulose zählt zu den hellen Substanzen im Holz. Durch den Abbau der Zellulose wird zum einen das tragende Gerüst des Holzes dezimiert, so dass die verbleibende Holzsubstanz würfelbrüchig wird und Risse bildet, die längs, radial und tangential verlaufen (wie im verkohlten Holz) und zum anderen verbleiben die dunkelbraunen Substanzen. Eine Braunfäule ist überwiegend in alten Holzbalkendecken anzutreffen, wobei die Tragbalken unter den Nassräumen wie Bädern, Küchen und Waschräumen besonders gefährdet sind. Zu den bekanntesten Braunfäulen gehören die → Blättlinge, der → Weiße Porenschwamm, der → Braune Warzenschwamm und der → Echte Hausschwamm.

Bronchialasthma
→ Asthma bronchiale

Bronchitis
Die Bronchitis gehört zu den häufigsten Atemwegserkrankungen und ist eine Entzündung der Schleimhaut in den unteren Atemwegen, den so genannten → Bronchien.

Bronchospasmus
Als Bronchospasmus wird ein Krampf in der Muskulatur der Atemwege bezeichnet, bei der es zu einer Verengung der Bronchialmuskulatur kommt. Von dieser Atemnot sind besonders → Asthmatiker betroffen, die eine entzündliche Erkrankung des Atemtrakts mit dauerhafter Überempfindlichkeit haben (→ Asthma bronchiale).

Bronchopulmonale Aspergillose
→ Aspergillose

Brutschrank
Ein Brutschrank (auch als Inkubator bezeichnet) ist ein beheizbarer, wärmegedämmter Metallschrank, dessen Innentemperatur durch ein Regelsystem (Thermostat) eingestellt und konstant gehalten werden kann. Außerdem wird die Luftfeuchtigkeit eingestellt und bei Bedarf gezielt gesteuert. Somit werden ideale Bedingungen für die → Kultivierung (dem „Bebrüten") von → Mikroorganismen geschaffen. Im Rahmen der → Schimmelpilzdiagnostik werden Brutschränke genutzt, um das Anwachsen von Pilzkulturen in frisch beimpften Proben zu beschleunigen. Für spezielle Anwendungen wie z. B. die Bebrütung von → Anaerobiern kann auch die Gaszusammensetzung in einem Brutschrank verändert werden.

Bücherlaus
→ Schimmellaus

Bypass
Bei zentralen Lüftungsgeräten wird die Außenluft am Wärmetauscher vorbeigeführt, um eine Wärmeübertragung durch ggf. warme Abluft zu vermeiden. Die kühle Sommernachtluft kann so ohne Erwärmung ins Haus eingebracht werden. Bei Einzelraumgeräten paarweise wird hierzu ein Teil der Geräte auf Abluft gestellt. Die notwendige Zuluft strömt über weitere Geräte ins Haus.

Byssochlamys
siehe Abschn. 3.5.6.18

B-Zellen
B-Zellen gehören zum spezifischen → Immunsystem und stellen Abwehrstoffe (→ Antikörper) her, die speziell auf einen Erregertyp (→ Antigen) abgestimmt sind. In der Oberfläche der B-Zellen sind deshalb spezielle Erkennungsstrukturen (Antigen-Rezeptoren) verankert, von denen jede B-Zelle immer nur eine bestimmte Sorte trägt. Treffen B-Zellen während ihrer Wanderschaft im Körper auf ein Antigen, das wie ein Schlüssel zum Schloss zu ihrem Rezeptor passt, werden die B-Zellen aktiviert. Sie beginnen sich zu teilen und wandeln sich zu antikörperproduzierenden Plasmazellen um.

14.3 C

cancerogen
→ Karzinogene

Candida
Bei der Gattung Candida, die sich aus mehreren Untergruppen zusammensetzt, handelt es sich um Sprosspilze bzw. → Hefepilze. Von medizinischer Bedeutung ist → Candida albicans.

Candida albicans
Candida albicans ist ein → Hefepilz, der auf der Haut und den Schleimhäuten sowie im Verdauungstrakt vorkommt und bei gesunden Menschen als Teil der normalen Flora gilt. Bei Menschen mit einem geschwächten Immunsystem kann der Pilz zu Erkrankungen führen und unter Umständen → Mykosen (→ Candidosen) verursachen. Die Zellen von Candida albicans sind rundlich, eiförmig oder länglich mit einer Größe von 4–8 nm. Die Vermehrung erfolgt durch Sprossung, also dem Herauswachsen einer Tochterzelle aus der Mutterzelle.

Candidose
Candidose (oder auch Kandidose) ist eine Sammelbezeichnung für Infektionskrankheiten durch Pilze (Sprosspilze) der Gattung → Candida spp.,

wobei → Candida albicans am häufigsten anzutreffen ist. Die → Mykose durch den → Hefepilz befällt hierbei in der Regel nur die Schleimhäute und wird dann auch als → Soor (veraltet als Moniliasis) bezeichnet. Unter bestimmten Umständen können durch eine Candidose alle inneren Organe einschließlich dem Blutkreislauf betroffen sein.

Capillitium
Ein Capillitium bezeichnet in der → Mykologie das Haargeflecht bzw. Fadensystem innerhalb eines Sporenbehälters von Pilzen. Dieses dient dazu, die → Sporen zu verteilen und zu verbreiten. Die Fasern selbst sind nicht fruchtbar. Dies bedeutet, dass diese keine Sporen bilden. Das Capillitium ist Bestandteil von → Fruchtkörpern, insbesondere von → Schleimpilzen und gasteroiden Pilzen, einer Gruppe der → Basidiomycota. Daher wird dieses genutzt, um anhand von spezifischen Formen und Strukturen bestimmte Pilzarten zu identifizieren.

CAP-Test
CAP ist ein Akronym für Carrier-Polymer-System und beschreibt ein Verfahren, bei dem die → Allergene an ein Polymer gebunden sind. Der CAP-Test definiert einen → Allergietest, mit dem spezifische → Antikörper (IgE) im Blut nachgewiesen werden, um eine → Soforttyp-Allergie zu diagnostizieren. Der Bluttest dient daher der → Sensibilisierung gegenüber verschiedenen Allergenen.

Casein-Soja-Pepton-Agar
→ CASO-Agar

CASO-Agar
CASO-Agar ist ein Standardmedium zum Nachweis von → Bakterien sowie ein spezielles → Nährmedium für die → Kultivierung von → Schimmelpilzen. Hierbei handelt es sich um ein Vollmedium auf einer Protein-Aminosäure-Basis mit Mineralstoffen aus dem Soja. Aufgrund der fehlenden Kohlenhydrate wird das Wachstum der Schimmelpilze gehemmt, so dass eine bessere Kultivierung der Bakterien möglich ist. Bei einigen Präparaten wird ein spezieller Hemmstoff (Cycloheximid) gegen Schimmelpilze zugesetzt.

CAS-Nummer
CAS ist ein Akronym für Chemical-Abstract-Service. Die CAS-Nummer ist eine numerische Kennzeichnung von Chemikalien. Jede chemische Verbindung hat eine gesonderte Registriernummer.

Cephalosporin
Cephalosporin ist ein aus dem → Schimmelpilz → Cephalosporium (früher als → Acremonium bekannt) gewonnenes → Antibiotika. Dieses hat ein breites Anwendungsspektrum und wirkt → bakterizid, in dem der Neuaufbau der Bakterienzellwände behindert wird. Cephalosporin wird bei vielen → Infektionen eingesetzt, z. B. bei Atemwegs- und Harnwegsinfektionen, aber auch bei Borreliose und einer Sepsis. Neben seinen positiven Eigenschaften wirkt Cephalosporin wie ein → Mykotoxin und kann → Mykosen auslösen. Bei Menschen mit einer → Immunsuppression können einige Arten Infektionen z. B. der Augen, Lunge sowie auf Haut und an Nägeln auslösen. Cephalosporine sind temperatur- und lichtempfindlich.

Cephalosporium
Cephalosporium ist ein weit verbreiteter → Schimmelpilz, der früher unter dem Namen → Acremonium bekannt war. Der Pilz produziert → Cephalosporine, ein → Antibiotika, mit dem die Zellwandsynthese von → Bakterien gehemmt wird, wodurch diese absterben.

CFU
CFU ist ein Akronym für Colony Forming Units und ist der englische Begriff für → KBE bzw. Koloniebildende Einheit.

Chaetoglobosin
Chaetoglobosin ist ein → Mykotoxin, das durch den → Schimmelpilz → Chaetomium globosum gebildet wird, und → zytotoxische Wirkungen und → antibakterielle Effekte zeigt. Es ist stark toxisch und kann selbst in geringen Konzentrationen neuronale Schäden verursachen. Aufgrund ihrer Toxizität sind Chaetoglobosine nicht für diagnostische oder therapeutische Zwecke geeignet und werden ausschließlich für Forschungszwecke hergestellt.

Chaetomin
Chaetomin ist ein → Mykotoxin, das von einigen Arten des → Schimmelpilzes → Chaetomium gebildet wird und → ubiquitär vorkommt. Auf der einen Seite hat Chaetomin, ähnlich wie → Cephalosporin und → Penicillin, eine antibiotische Wirkung auf bestimmte Bakterien. Auf der anderen Seite kann das Mykotoxin auch negative Auswirkungen auf die menschliche Gesundheit haben. So kann Chaetomin allergische Atemwegserkrankungen wie z. B. Asthma verursachen sowie in Ausnahmen Nierenschäden auslösen. Das Schimmelpilzgift wird darüber hinaus mit verschiedenen Haut- und Nagelinfektionen in Verbindung gebracht sowie in Ausnahmen mit Nasennebenhöhlenentzündungen.

Chaetomium
siehe Abschn. 3.5.6.19

chemische Kanzerogene
→ Kanzerogene

Chemische Untersuchungen
siehe Abschn. 6.5

Chemoorganotrophe Mikroorganismen
Die größte Anzahl der Mikroorganismen gehört in die Gruppe der chemoorganotrophen Mikroorganismen. Diese zeichnen sich dadurch aus, dass die Energie und der Zellkohlenstoff aus dem Abbau organischer Verbindungen gewonnen werden. Chemoorganotrophe Mikroorganismen werden oft fälschlich als → heterotroph bezeichnet.

Chemorezeptoren
→ Geruch

Chitin
Chitin ist ein Polysaccharid und bildet eine widerstandsfähige Zellstruktur u. a. von Pilzen. Es ist nach Zellulose das zweithäufigste Biopolymer auf der Erde.

Chlamydien
Chlamydien sind sehr kleine, gramnegative → Bakterien, die sich als Parasiten nur innerhalb einer Wirtszelle vermehren können, also nur innerhalb anderer Zellen leben können. Chlamydien können eine Vielzahl von Lebewesen infizieren, u. a. auch den Menschen. Eine → Infektion mit Chlamydien wird als → Chlamydiose bezeichnet. Die Erkrankungen betreffen u. a. die Schleimhäute im Augen-, Atemwegs- und Genitalbereich. Auf üblichen → Nährmedien können sie nicht angezüchtet werden.

Chlamydiose
Eine Chlamydiose ist eine → Infektion, die von → Chlamydien verursacht wird. Diese kann u. a. die Schleimhäute im Augen-, Atemwegs- und Genitalbereich betreffen und lässt sich mit → Antibiotika leicht behandeln. Unbehandelt kann die → Infektion ernste Gesundheitsgefahren auslösen.

Chlamydospore
Die Chlamydospore ist eine dickwandige Dauerspore, die der Überdauerung des Pilzes und weniger seiner Verbreitung dient. Sie wird → asexuell durch → Mitose gebildet und daher häufig unter dem Begriff → Konidie subsumiert. Der Begriff bezieht sich sowohl auf die Funktion der Überdauerung als auch auf die Form der → Spore. Anders als Konidien dienen diese nicht hauptsächlich der Verbreitung. Chlamydosporen können lange Zeit ohne → Nährstoffe überleben, ohne ihre Keimfähigkeit zu verlieren. Außerdem sind sie in der Lage, auch unter ungünstigen Bedingungen wie hoher Trockenheit und/oder hohen Temperaturen zu überleben. Chlamydosporen kommen in verschiedenen Pilzen wie z. B. → Candida oder → Fusarium vor, sind meist dunkel gefärbt, kugelförmig und haben eine glatte Oberfläche. Die → Sporen werden passiv verbreitet, in der Regel, wenn das → Myzel zerfällt.

Chromoblastomykose
Die Chromoblastomykose ist eine spezifische Art der Hautinfektion, die durch pigmentierte → Schimmelpilze verursacht wird. Die kutane → Infektion tritt an Stellen von Verletzungen wie z. B. Schnittwunden auf, wenn z. B. im Rahmen der Sanierung von → fäkalienbelasteten Wasserschäden die notwendige → Schutzkleidung nicht getragen wird.

Chronische Rhinosinusitis
Die chronische Rhinosinusitis ist eine Entzündung der Nasenschleimhaut (Sinusitis) und der Nasennebenhöhlen (→ Rhinitis), deren Symptome länger als 12 Wochen anhalten. Der Begriff ersetzt die älteren Bezeichnungen chronische Nebenhöhlenentzündung bzw. chronische Sinusitis, da die Schleimhaut der Nasennebenhöhlen und der Nasenhöhle betroffen ist. Die Entzündung kann zu einer chronischen Verstopfung der Nase und zu anhaltendem Schnupfen führen. Eine chronische Rhinosinusitis kann u. a. aus → Allergien verursacht werden und zeigt sich in Form von Schnupfen, Kopfschmerzen und Geruchsverlust.

Chronisch-obstruktive Bronchitis
Eine chronisch-obstruktive Bronchitis ist eine Erkrankung der Lunge, bei der die → Bronchien dauerhaft verengt sind. Ursache ist u. a. eine chronische Entzündung der Bronchien, → Allergien, frühe → Infektionen oder auch genetische Faktoren. Der wichtigste Risikofaktor ist das Rauchen. Die chronisch-obstruktive Bronchitis ist nicht heilbar, sondern kann durch Medikamente nur verlangsamt werden. Die Symptome zeigen sich durch Husten mit Auswurf, pfeifende Atemgeräusche, Engegefühl in der Brust und Atemnot.

Citreovirdin
Citreovirdin ist ein → Mykotoxin, das durch den → Schimmelpilz → Penicillium citreoviride produziert wird und eine → Mykotoxikose und Paralyse (= Lähmung Gliedmaßen einer Körperseite) verursacht.

Citrinin
Citrinin ist ein → Mykotoxin, das von → Schimmelpilzen der Gattung → Aspergillus, → Penicillium und → Monascus gebildet und häufig in Verbindung mit → Ochratoxin A nachgewiesen wird. Das Mykotoxin findet man hauptsächlich in gemäßigten Klimaregionen, da die produzierenden Schimmelpilze eher niedrigere Temperaturen bevorzugen. Citrinin hat eine → antibiotische Wirkung und hemmt das Wachstum → grampositiver Keime und Bakterien. Auch gegenüber einigen → Protozoen hat es eine hemmende Wirkung. Für den Menschen ist Citrinin nieren- und leberschädigend, krebserregend und genotoxisch. Citrinin erscheint gelb und ist fest, kristallin und geruchlos. Im Vergleich zu anderen Mykotoxinen ist es sehr hitzeempfindlich und in wässrigen Lösungen verhältnismäßig instabil.

CIP
CIP ist ein Akronym für Reinigung-in-Place und beschreibt ein automatisiertes, nasses Reinigungsverfahren einer Linie und/oder einzelner Komponenten in einem geschlossenen Kreislauf, ohne Demontage (vgl. DIN EN ISO 14159).

Cladosporium
siehe Abschn. 3.5.6.20

Cladosporium herbarum
siehe Abschn. 3.5.6.21

Cladosporium resinae
siehe Abschn. 3.5.6.22

Cleistothecium
Ein Cleistothecium ist ein kugelförmiger, geschlossener → Fruchtkörper von einigen → Schlauchpilzen (→ Ascomycota) wie z. B. → Eurotium. Dieser enthält → Sporen, die durch mechanische Zerstörung des Cleistotheciums oder durch Quellung im Inneren freigesetzt werden. Die Hülle ist von → Hyphen umgeben.

CLP-Verordnung
CLP ist ein Akronym und steht für Classification, Labelling and Packaging. Die CLP-Verordnung ist eine europäische Chemikalienverordnung, mit der die Einstufung (Festlegung der Gefahrenklassen und Gefahrenstufen), Kennzeichnung (Anbringen von Piktogrammen und Gefahrenhinweise, Sicherheitsratschläge auf dem Etikett) sowie die Verpackung von Stoffen und Gemischen in Europa geregelt wird. Sie implementiert das globale harmonisierte System (GHS) der Vereinten Nationen zur Einstufung und Kennzeichnung von Chemikalien. Die Einstufung hat Auswirkungen auf weitere Bereiche wie z. B. die → REACH-Verordnung.

CMR-Stoffe
CMR ist ein Akronym für cancerogen, mutagen und reprotoxic und bedeutet, dass es sich um krebserzeugende, erbgutverändernde und fortpflanzungsgefährdende Stoffe handelt.

CMT-Stoffe
CMT ist ein Akronym für cancerogen, mutagen und teratogen und bedeutet, dass es sich um krebserzeugende, erbgutschädigende und fruchtbarkeitsgefährdende Stoffe handelt.

CM-Messung/CM-Methode
siehe Abschn. 6.3.2.6

Coanda-Effekt
Der Coanda-Effekt bezeichnet die Eigenschaft strömender Luft, sich an konvexen Oberflächen zu stauen. Dieses Verhalten wurde 1910 durch den Physiker Henri Coanda entdeckt. Der Coanda-Effekt kann u. a. in der Lüftungstechnik beobachtet werden. Zunächst wird die Zuluft eingeblasen, so dass zwischen dem Luftstrahl und der Decke bzw. der Wand ein Unterdruck entsteht. Dabei saugt sich der Strahl an die Begrenzungsfläche (Decke bzw. Wand) an. Ohne den Coanda-Effekt steigt die Wahrscheinlichkeit, dass der Luftstrahl ziemlich schnell nach unten fällt.

Coccidioides
Coccidioides ist eine Pilzgattung aus der Gruppe der → Schlauchpilze (→ Ascomycota). Als → pathogene Erreger können diese beim Menschen eine → Coccidioidose auslösen.

Coccidioidose
Die Coccidioidose ist eine → Mykose, die durch den Pilz Coccidioides verursacht wird. Nach der Inhalation der → Sporen kann sich die Lungenerkrankung ohne Symptome oder akut manifestieren. Die → Inkubationszeit beträgt zwischen 7 und 28 Tagen und ähnelt grippalen Infekten.

Coli-Bakterien
→ coliforme Bakterien

Coliforme Bakterien
Unter dem Begriff coliforme Bakterien (oder coliforme Keime) werden verschiedene → Bakterien aus der Familie der → Enterobacteriaceae zusammengefasst. Hierzu gehören u. a. die Gattungen → Enterobacter, → Escherichia und → Klebsiella. Diese zeichnen sich über folgende gemeinsame Eigenschaften auf: → gramnegativ, stäbchenförmig, aerob und fakultativ anaerob, nicht sporenbildend sowie säuren- und gasbildend bei einer Temperatur von 35 bis 37 °C. Coliforme Bakterien können → pathogen und Indikatorkeime für die mikrobielle Belastung von Nahrungsmitteln und Wasser sein. Coliforme Bakterien haben eine hohe Bedeutung im Rahmen der Sanierung von fäkalienbelasteten Wasserschäden.

Coliforme Keime
→ coliforme Bakterien

Columella
Columella bezeichnet die Fortsetzung des Stiels oder kugelige Erhebung im Inneren eines → Fruchtkörpers, von wo aus das → Capillitium ausgeht.

Conidiogenese
Die Conidiogenese beschreibt den Prozess der Bildung von → Konidien an oder in der conidiogenen Zelle (bildet endo- oder exogen eine oder mehrere Konidien).

Conidiophor
Conidiophor (umgangssprachlich auch als Konidienträger bezeichnet) beschreibt → Konidien tragende → Hyphen, die sich deutlich vom vegetativen → Myzel unterscheiden. Conidiophor sind entweder conidiogene Zellen, die sich direkt an vegetativen Hyphen bilden oder conidiogene Zellen einschließlich deren Trägerhyphen, wenn diese vom vegetativen Myzel unterscheidbar sind.

Coniophoraceae
→ Echter Hausschwamm

COP
COP ist ein Akronym für Reinigung-off-Place und beschreibt ein manuelles, nasses Reinigungsverfahren einer Linie und/oder einzelner Komponenten in einem offenen System mit zerlegter Ausrüstung.

CO_2-Messungen
siehe Abschn. 6.3.4.2

Cromone
→ Mastzell-Stabilisatoren

Cryo-Methode
→ Trockeneisverfahren

Cryptococcose
Eine Cryptococcose ist eine durch den Sprosspilz → Cryptococcus neoformans verursachte → Mykose, die zu den gefährlichsten → Endomykosen des Menschen zählt. Nach inhalativer Aufnahme der Erreger kommt es zu einer Vermehrung in der Lunge, teilweise ohne äußere Krankheitszeichen. Später können Meningitis folgen und infolge der Erregerstreuung über das Blut auch weitere Organe befallen werden. Besonders gefährlich ist die Entzündung des Gehirns und seiner Hirnhäute, zu denen dieser Hefepilz eine besondere Affinität hat. In den befallenen Organen bilden sich besondere Knötchen (Granulome).

Cryptococcus (Kryptokokken)
Cryptococcus ist eine Gattung der weit verbreiteten → Hefepilze. Diese bilden runde und drei bis sechs µm große Sprosszellen. Die bekanntesten Vertreter sind Cryptococcus bacillisporus und → Cryptococcus neoformans, Auslöser der → Cryptococcose.

Cryptococcus neoformans
Cryptococcus neoformans ist ein → Hefepilz, der fakultativ → pathogen und Auslöser der → Cryptococcose ist. Der Erreger vermehrt sich → asexuell durch Sprossung, also durch Herauswachsen einer Tochterzelle aus der Mutterzelle. Die Hefezelle hat einen Durchmesser von etwa zwei bis acht µm und ist von einer Kapsel aus Polysacchariden (Zucker) umgeben. Cryptococcus neoformans lässt sich auf einem Spezialnährboden züchten. Dort bildet er schleimige, kremig aussehende → Kolonien aus. Der Hefepilz bildet keine → Hyphen aus.

Curvularia
siehe Abschn. 3.5.6.23

Cyclochlorotin
Cyclochlorotin ist ein → Mykotoxin, das von dem → Schimmelpilz → Penicillium islandicum gebildet wird.

Cyste
→ Zyste

Cytochalasane
Cytochalasane sind eine Gruppe von vor allem aus → Schimmelpilzen isolierten cytostatisch wirksamen Stoffwechselprodukten (→ Mykotoxinen). Diese haben eine antibiotische Wirkung und hemmen den Glukosetransport. Bekannteste Vertreter sind Cytochalasin A und Cytochalasin B.

Cytologie
→ Zytologie

Cytomykose
Unter der Cytomykose wird eine → Mykose verstanden, bei der sich die Erregerzellen → intrazellulär im Wirtsgewebe vermehren.

Cytosin
Cytosin ist eine organische Verbindung und eine der vier Nukleinbasen in → DNA und → RNA. Es ist ein Baustein von Nukleotiden.

14.4 D

DAAB
DAAB ist ein Akronym für Deutscher Allergie- und Asthmabund.

Dachdämmung
siehe Abschn. 10.3.2.4

Dacryoid
Dacryoid ist die Bezeichnung für tränen-, birnen- oder tropfenförmige → Basidiosporen.

Dämmkeile
siehe Abschn. 9.2.2.5

Dämmschichttrocknung
Die Dämmschichttrocknung ist eine Sonderform der → technischen Bautrocknung und wird einge-

setzt, um die Dämmschicht in Fußbodenkonstruktionen aus Verbundbaustoffen nach einem Wasserschaden zu trocknen. Hierzu wird in der Regel ein → Unterdruckverfahren (Saugtrocknung) eingesetzt. Trockene Luft wird durch Öffnungen auf der einen Seite der Fußbodenkonstruktion eingeblasen und an der anderen Seite abgesaugt. Dadurch wird eine Freisetzung und unkontrollierte Verbreitung von Schimmelsporen vermieden.

Dampfbremse
siehe Abschn. 7.2.4.3

Dampfdiffusion
→ Wasserdampfdiffusion

Dampfdiffusionswiderstand
→ Wasserdampfdiffusionswiderstand

Dampfsperre
siehe Abschn. 7.2.4.3

Dampftopf
Ein Dampftopf ist ein Gerät zur → Sterilisation von → Nährböden, Geräten und Zubehör in Laboren im Rahmen → mikrobiologischer Untersuchungen. Um auch → Sporen abzutöten, wird im Dampftopf ca. 30 min bei 100 °C an drei aufeinander folgenden Tagen sterilisiert. Die Zwischenzeiten dienen dem Auskeimen der Sporen.

Dampftrocknung
→ thermische Trocknung

Darr-Methode
Die Darr-Methode ist ein zerstörendes und sehr genaues Messverfahren zur gravimetrischen Feuchtebestimmung in mineralischen Baustoffen. Hierzu wird eine Baustoffprobe vor Ort aus einem Bauteil entnommen und vor der Trocknung gewogen. Anschließend wird diese bei max. 105 °C in einem Trockenschrank getrocknet, bis sich eine Gewichtskonstanz einstellt. Die Probe muss vor dem Wiegen in einem Exsikkator abkühlen. Das Messprinzip beruht auf der Differenzbildung aus (max.) Sättigungsfeuchte und (min.) Ausgleichsfeuchte. Bei höheren Temperaturen würde nicht nur das freie Wasser, sondern auch das chemisch gebundene Wasser, freigesetzt.

Datenlogger
siehe Abschn. 6.3.4

dauerhaft sterile Mutanten
→ sterile Myzelien

Dauerkulturen
Dauerkulturen werden für die Aufbewahrung von → Mikroorganismen angelegt. Hierfür werden entweder frische Kulturen mit einer hohen Zelldichte mit einem Gefrierschutz (z. B. Glycerin) bei Temperaturen unter −70 °C tiefgefroren oder Zellmaterial gefriergetrocknet. Zellen in derartigen Dauerkulturen sind bei geeigneter Aufbewahrung noch viele Jahre lebensfähig.

Dauerstadien
Als Dauerstadium (oder auch Dauerformen) bezeichnet man die Bildung einer so genannten Überdauerungsform wie z. B. → Sporen, um ungünstige Umgebungsbedingungen wie z. B. Trockenheit, UV-Strahlung, Nährstoffmangel oder chemische Einflüsse für einen vorübergehenden Zeitraum zu widerstehen. Dauerstadien in Form von → Exosporen oder → Endosporen haben meist einen stark herabgesetzten Stoffwechsel.

Dekontamination/Dekontaminierung
Unter Dekontamination (Deutschland) bzw. Dekontaminierung (Österreich) wird das Entfernen von schädlichen und/oder gefährlichen Verunreinigungen (Kontaminationen) von Oberflächen, Objekten oder Personen verstanden. Hierbei kann es sich um chemische, biologische oder auch radioaktive Substanzen handeln. Je nachdem kann die Dekontamination durch Spülen, Strahlen, Schleifen, Reinigen oder durch chemische Verfahren erfolgen. Synonyme für die Dekontamination sind Entgiftung, Entseuchung und → Desinfektion. Im Kontext der Schimmelpilzsanierung wird unter der Dekontamination in der Regel die Entfernung von mikrobiellem Befall und/oder mikrobiellen Stäuben verstanden. In seltenen Fällen, z. B. bei der Sanierung der Sanierung, kann es sich auch um chemische Substanzen handeln, z. B. um biozide Wirkstoffe aus einer vorausgegangenen Sanierung, die → toxisch wirken und eine Gesundheitsgefährdung der Raumnutzer verursachen können. Ist ein Entfernen des mikrobiel-

len Befalls auf Bauteiloberflächen nicht möglich, sind unter Beachtung des Brandschutzes auch Abflammen bzw. Abbrennen geeignete Maßnahmen. Eine Dekontamination darf sich nicht nur auf Bauteiloberflächen beschränken, sondern muss auch die Innenflächen und Schnittkanten vom Mobiliar und anderen Einrichtungsgegenstände berücksichtigen. Außerdem muss das Inventar wie Stoffe und Stoffbezüge, Gardinen und Vorhänge, Polstermöbel, Betten und Matratzen, Teppiche und Fußbodenbeläge, Heizkörper und Elektrogeräte, Holzbalken und Fensterrahmen, Rollladenkästen und eingebaute Bandaufwickler, Kleidung, Leder und Schuhe, Spielsachen, Blumentöpfe, Bücher, Akten und Dokumente sowie Kartons, Bilder (und deren Rückseite!), Lüftungsgitter und Dunstabzugshauben, Spülkästen, Armaturen, Abflussrohre und Siphons usw. berücksichtigt werden.

Deletion
→ Mutationen

Dematiaceae
Dematiaceae werden umgangssprachlich als Schwärzepilze bezeichnet, da die → Konidien oder Conidiophoren der → Schimmelpilze durch die Einlagerungen von Melanin dunkelbraun bis schwärzlich pigmentiert sind. Bekannte Vertreter sind z. B. → Alternaria, → Cladosporium, → Curvularia, → Stachybotrys oder → Stemphylium. Schwärzepilze sind von ihrer Taxonomie nicht miteinander verwandt, sondern ähneln sich nur in ihrer Biologie und Morphologie. Alle Schwärzepilze sind in erster Linie Saprophyten, die sich von abgestorbener organischer Masse ernähren. Sie durchlaufen keine sexuelle Fortpflanzung.

Deoxynivalenol
Deoxynivalenol ist ein → Mykotoxin der Schimmelpilzgattung → Fusarium. Die Einnahme von hohen Konzentrationen dieses Schimmelpilzgiftes kann Übelkeit und Erbrechen verursachen. Bereits bei Hautkontakt kann Deoxynivalenol giftig wirken.

Dermatologie/Dermatologe
Die Dermatologie ist ein Teilgebiet der Medizin, die sich mit dem Aufbau und den Funktionen der Haut sowie der Diagnostik und Behandlung von Erkrankungen der Haut befasst. Ein Mediziner, der sich mit Hauterkrankungen befasst, ist ein Dermatologe.

Dermatomykose
Die Dermatomykose (umgangssprachlich auch bekannt als Hautpilz) ist eine Pilzinfektion der Haut, Haare und/oder Nägel, die durch den Befall mit → pathogenen Pilzen hervorgerufen wird. Die häufigsten Erreger sind → Dermatophyten, seltener → Hefen oder → Schimmelpilze wie z. B. → Aspergillus oder → Alternaria. Dermatomykosen können durch Kontakt mit infizierten Personen oder Gegenständen übertragen werden. Die Symptome sind gerötete, schuppende, brennende und juckende Haut, die sich kreis- oder ringförmig darstellen und von außen nach innen ausdehnen.

Dermatophyten
Dermatophyten sind → Schimmelpilze, die Hautkrankheiten (so genannte → Dermatophytosen) verursachen. Diese ernähren sich von Keratin (Eiweiß), das die Haut, Haare und Nägel bildet. Diese → Infektionen unterscheiden sich z. B. von der → Kandidose dadurch, dass sie nur sehr selten invasiv verlaufen.

Dermatophytose
Eine Dermatophytose ist eine Infektion des Keratins von Haut, Haaren und Nägeln, die durch potenziell → pathogene → Hefepilze (z. B. → Candida albicans) und → Dermatophyten verursacht werden. Zu den häufigsten Dermatophytosen gehören → Tinea, → Favus oder → Mikrosporie. Dermatophytosen sind entsprechend der Virulenz der Erreger mehr oder weniger ansteckend.

Dermatotoxisch
Dermatotoxisch bedeutet Hautschädigend.

Desensibilisierung
Desensibilisierung ist eine veraltete Bezeichnung für eine Therapie von → Allergien, auch als → Hyposensibilisierung bezeichnet, mit der die Überreaktion des → Immunsystems auf ein → Allergen reduziert werden soll.

Desinfektion/desinfizieren
Eine Desinfektion ist eine Hygienemaßnahme, mit der Krankheitserreger abgetötet oder inaktiviert werden. das Ziel einer Desinfektion besteht darin, die Anzahl von → Keimen deutlich zu reduzieren und das Risiko von → Infektionen zu senken. Zur Desinfektion können chemische oder physikalische Verfahren eingesetzt werden. Bei einer wirksamen Desinfektion werden > 85 % der Keime abgetötet bzw. inaktiviert.

Desinfektionsmittel
Desinfektionsmittel sind chemische Substanzen, die → biozid bzw. → mikrobizid wirken. Dies bedeutet, dass durch diese Substanzen → pathogene → Mikroorganismen abgetötet werden. Durch ihre Anwendung werden Oberflächen in einen keimarmen (> 85 %) bis keimfreien (> 99,9 %) Zustand versetzt. Desinfektionsmittel werden im Rahmen von Hygienemaßnahmen zur Keimreduktion eingesetzt. Man unterteilt Desinfektionsmittel z. B. aufgrund der Zielorganismen in → Bakterizide, → Fungizide, → Viruzide und → Sporizide, nach dem Einsatzgebiet, der Wirkstoffe oder dem Wirkmechanismus. Zu den bekanntesten Desinfektionsmitteln gehören z. B. → Alkohole, → Quartäre Ammoniumverbindungen, → Natriumhypochlorit, → Peressigsäure, → Ozon und → Wasserstoffperoxid.

Desinfektionsschaum
Zur Sanierung von Wasserschäden in mehrschichtigen Fußbodenkonstruktionen wird zur → Desinfektion von Hohlräumen und Dämmschichten ein Desinfektionsschaum auf Basis von → Wasserstoffperoxid-Peressigsäure mit stabilisierenden Fruchtsäuren und nichtionischen Tensiden angeboten. Der zweikomponentige Desinfektionsschaum wirkt lt. Herstellerangaben → bakterizid, → fungizid, → sporizid und → viruzid.

Desinfektionsvernebelung
→ Kaltnebelverfahren

Desorption
Als Desorption wird der Vorgang bezeichnet, wenn Fremdatome bzw. Moleküle die Oberfläche eines Festkörpers verlassen, also die Ablösung eines absorbierten (→ Absorption) oder adsorbierten Stoffes (→ Adsorption).

Destruktion
Die Destruktion beschreibt die Zerstörung z. B. von Organen oder Gewebe.

Destruktionsfäule
→ Braunfäule, → Holzzerstörende Pilze

Detektion
Die Detektion ist ein Teilabschnitt beim → ELISA-Test. Es ist der komplexeste Abschnitt des Tests, da mehrere Schichten von → Antikörpern zur Verstärkung des Signals verwendet werden können. Die Mikroplatte wird mit einer Lösung → inkubiert, die enzymkonjugierte Detektionsantikörper enthält, die spezifisch an das zielorientierte → Antigen oder den Antikörper binden. Anschließend erfolgt die Pufferentfernung und weitere Waschschritte, um alle ungebundenen Antikörper zu entfernen.

Deuteromycetes/Deuteromycota
Deuteromycetes ist die Sammelbezeichnung für etwa 30.000 Arten, die einen uneinheitlichen Stamm von Pilzen bilden. Eine andere Bezeichnung für die Deuteromycetes ist → Fungi imperfecti. Es handelt sich um eine künstlich zusammengefasste Gruppe von Pilzen, die man konventionell als Stamm bezeichnet. Diese kommt in unterschiedlichen Lebensräumen vor. Die Deuteromycetes bilden den Stamm Deuteromycota.

Dezentrale Lüftung
Dezentrale Lüftungsgeräte mit Wärmerückgewinnung wirken nur auf einzelne Innenräume und werden in der Regel ohne Kanalsystem betrieben. Es kann jedoch auch vorkommen, dass über ein Rohrsystem ein zweiter Innenraum an das Gerät angeschlossen ist.

Dezimale Keimzahlreduktion
→ F-Wert (Mikrobiologie)

DG18-Agar
DG18-Agar ist ein spezielles → Nährmedium mit einem geringeren Feuchtegehalt für die Anzucht

von → xerophilen und/oder → osmotoleranten → Schimmelpilzen. Somit können Schimmelpilze mit einem geringen Feuchtigkeitsanspruch nachgewiesen werden. Der Zusatz von Chloramphenicol (Antibiotikum) hemmt das Wachstum von → Bakterien.

DGHM
DGHM ist ein Akronym für Deutsche Gesellschaft für Hygiene und Mikrobiologie e. V.

Diagnose (Bauwerk)
→ Bauwerksdiagnostik
siehe Abschn. 6.3., siehe Abschn. 6.4

Diagnose (Medizin)
siehe Abschn. 11.13

Dichlofluanid
Dichlofluanid ist ein → Fungizid mit vorbeugender Wirkung und der am meisten verwendete → biozide Wirkstoff gegen → Bläucpilzc. Dic Anwendungskonzentration im chemischen Holzschutz liegen bei ca. 0,5 %. Zur → Toxizität von Dichlofluanid liegen nur wenige Erkenntnisse vor. Es gilt als sicher, dass bei deutlich nachweisbaren Konzentrationen diese Verbindung auch in die Raumluft austritt und zu gesundheitlichen Problemen führen kann. Bekannt sind Augen- und Schleimhautreizungen, Niedergeschlagenheit, Mattigkeit und verminderte Leistungsfähigkeit sowie allgemein eine verstärkte Infektanfälligkeit. Neueren Untersuchungen zufolge gibt es einige Hinweise auf ein → mutagenes und krebserzeugendes Potential von Dichlofluanid. In der Gefahrstoffverordnung ist Dichlofluanid als reizend und umweltgefährlich eingestuft, obwohl es nach der inhalativen Toxizität als sehr giftig gelten müsste.

Difuran
→ Aspergillus

Differentialnährmedien
Differentialnährmedien (oder nur Differentialmedien) sind spezielle → Nährmedien, die das Wachstum von verschiedenen → Arten von → Mikroorganismen ermöglichen. Diese enthalten bestimmte Substanzen und sind so konditioniert, dass sie bestimmte Stoffwechselaktivitäten sichtbar machen wie z. B. die Bildung unterscheidbarer → Kolonien (z. B. unterschiedliche Farbtöne oder Oberflächenbeschaffenheit). Typischer Vertreter eines Differentialnährbodens ist z. B. → MacConkey-Agar. Ein Differentialnährmedium ist darauf ausgelegt, das Wachstum bestimmter Mikroorganismen zu fördern und andere zu hemmen.

Differenzdruckverfahren
→ Blower-Door-Test

Differenzialdiagnose
siehe Abschn. 11.13.2

Differenz-Thermoanalyse
Die Differenz-Thermoanalyse ist ein Untersuchungsverfahren, bei dem die Veränderung der Temperatur einer zu analysierenden Probe im Vergleich zu einer Referenzprobe gemessen wird. Hierzu werden beide Proben unter gleichen Bedingungen erwärmt oder abgekühlt. Die Referenzprobe sollte im untersuchten Temperaturbereich keine Phasenübergänge oder chemische Reaktionen zeigen. Die Differenz-Thermoanalyse gibt Aufschlüsse über endotherme oder exotherme Reaktionen von Baustoffen oder anderen Materialien. Eine Weiterentwicklung stellt die dynamische Differenzkalorimetrie dar, die den → Wärmefluss misst, der mit den Temperaturänderungen verbunden ist.

Diffuse pulmonale Hämorrhagie
Die diffuse pulmonale Hämorrhagie ist eine → toxische Reaktion (→ Mykotoxikose), die durch den → Schimmelpilz → Stachybotrys chartarum verursacht wird. Bei betroffenen Menschen treten unterschiedliche, mehr oder weniger unspezifische Symptome wie z. B. Kopf- und/oder Halsschmerzen, Husten, Schnupfen, Durchfall, chronische Müdigkeit und Hautrötungen auf.

Diffusionsäquivalente Luftschichtdicke
→ wasserdampfdiffusionsäquivalente Luftschichtdicke

Diffusionsstromdichte
Die Diffusionsstromdichte eines Bauteils oder einer Stoffschicht wird bestimmt durch die

Dampfdruckdifferenz innen/außen sowie durch den Diffusionswiderstand des Bauteils (bzw. der Stoffschicht). Sie gibt die Wasserdampfmenge in kg an, die pro Zeit- und Flächeneinheit durch das Bauteil (bzw. die Stoffschicht) diffundiert. Die durch Diffusion transportierten Feuchtemengen sind sehr gering. Daher kann eine nutzungsbedingte Feuchtigkeit z. B. durch Kochen, Duschen oder Baden durch Diffusion nur in sehr geringem Maße abgeführt werden.

Diffusionswiderstandsfaktor
→ Wasserdampfdiffusionswiderstandszahl

Diffusionswiderstandszahl
→ Wasserdampfdiffusionswiderstandszahl

Dimorpher Pilz
Als dimorph wird ein Pilz bezeichnet, wenn er zwei morphologisch verschiedene Erscheinungsformen besitzt. Dieser Begriff wird meistens für Pilze verwendet, die als → Sprosspilz oder als Hyphenpilz auftreten können. Bei manchen → humanpathogenen Pilzen lebt z. B. die filamentöse Form → saprophytisch und bildet nach der → Infektion eine Hefeform im menschlichen Körper.

Dimorphismus
Einige Pilze können sowohl als einzellige Hefe als auch in einer Hyphen- oder hyphenähnlichen Form wachsen. Das Phänomen des Wechsels zwischen verschiedenen Wuchsformen wird Dimorphismus genannt.

DIN 18017-3
Die DIN Norm 18017-3 „Lüftung von Bädern und Toilettenräumen ohne Außenfenster – Teil 3: Lüftung mit Ventilatoren" gilt für Entlüftungsanlagen mit Ventilatoren zur Lüftung von Bädern und Toilettenräumen ohne Außenfenster in Wohnungen und in ähnlichen Aufenthaltsbereichen wie z. B. Wohneinheiten in Hotels. Andere Innenräume innerhalb von Wohnungen wie z. B. Küchen oder Bäder mit Fenstern, Kochnischen, Hausarbeits- oder Abstellräume können ebenfalls über Anlagen nach dieser Norm entlüftet werden.

DIN EN 14885
Die DIN EN 14885 „Chemische Desinfektionsmittel und Antiseptika" (2023) ist eine Prüfnorm und ermöglicht Herstellern, Materialprüfanstalten und verantwortlichen Aufsichtsbehörden die Wirksamkeit von chemischen → Desinfektionsmitteln und → Antiseptika zu beurteilen. Die DIN EN 14885 definiert die hochkomplexe Regulation der desinfizierenden Wirkstoffe und legt Testverfahren und Zulassungsvoraussetzungen für diese Produkte fest. Die Norm gilt auch für Wirkstoffe und Produkte, die sich noch in der Entwicklung befinden und für die noch kein Anwendungsbereich festgelegt ist.

DIN 1946-6
Die DIN 1946-6 „Raumlufttechnik Teil 6: Lüftung von Wohnungen – Allgemeine Anforderungen, Anforderungen an die Auslegung, Ausführung, Inbetriebnahme und Übergabe sowie Instandhaltung" gilt für die freie und für Ventilator gestützte Lüftung von Wohnungen und gleichartig genutzten Nutzungseinheiten, die nach ihrer Zweckbestimmung überwiegend dem Wohnen dienen, einschließlich Wohn-, Alten- und Pflegeheimen sowie ähnlichen Einrichtungen in der Heizperiode sowie ganzjährig in Kellerräumen in Wohngebäuden. Die Norm wurde geschaffen, um einen notwendigen → Mindestluftwechsel sicherzustellen. Diese regelt u. a. ein entsprechendes → Lüftungskonzept (u. a. Überprüfung des Luftvolumenstroms in Bezug auf den Feuchteschutz).

DIN EN 13141
Die Norm DIN EN 13141 „Lüftung von Gebäuden" listet die für die Planung, Ausführung und Inbetriebnahme von Lüftungsanlagen nach → DIN 1946-6 erforderlichen Produktinformationen und Kennzeichnungen für die Bauteile und/oder Produkte und Lüftungsgeräte auf.

DIN EN 17272
Die DIN EN 17272 „Chemische Desinfektionsmittel und Antiseptika – Verfahren zur luftübertragenen Raumdesinfektion durch automatisierte Verfahren" (2020) ist eine Prüfnorm für → Desinfektionsmittel und regelt den Nachweis über die Wirksamkeit von → bakteriziden, → mykobak-

teriziden, → sporiziden, → fungiziden, → levuroziden, → viruziden und tuberkuloziden Wirkstoffen, die im Rahmen einer Raumdesinfektion zum Einsatz kommen. Die verfahrensbedingten Anwendungsgrenzen, insbesondere in Bezug auf die Fähigkeit, die Diffusion im gesamten Innenraum zu verteilen, müssen nachgewiesen und im Prüfbericht angegeben werden.

DIN EN ISO 16890
Die DIN EN ISO 16890 „Luftfilter für die allgemeine Raumlufttechnik – Teil 1: Technische Bestimmungen, Anforderungen und Effizienzklassifizierungssystem, basierend auf dem Feinstaubabscheidegrad" (2016) ist eine Prüfnorm für → Filter. In Anlehnung an die aktuelle Feinstaubproblematik wird der Wirkungsgrad in Relation zu bestimmten Feinstaubklassen ermittelt.

Diplococcus
Diplococcus ist eine veraltete Gattungsbezeichnung für eine Reihe kokkenförmiger, paarig auftretender → Bakterien. Hierfür werden heute andere Gattungsbezeichnungen wie z. B. Neisseria (meningitidis), Streptococcus (pneumoniae) oder Peptococcus verwendet.

Direktmikroskopie
Unter Direktmikroskopie wird die → Mikroskopie von → Materialproben, → Klebefilmproben und → Partikelsammlungen verstanden. Die Bestimmung erfolgt meist auf Gattungsniveau. Es handelt sich um ein Schnellverfahren ohne vorherige → Kultivierung der Proben. Die Direktmikroskopie ist für alle Materialien mit flächiger Oberfläche (z. B. Tapeten, Platten, Holz) geeignet. Hierfür kommen durchlichtmikroskopische Präparate zum Einsatz. Die Direktmikroskopie verhindert Fehldiagnosen durch aufliegende → Sporen und sichert die Wahl des geeigneten → Nährbodens. Eine nachfolgende Kultivierung ermöglicht eine exakte Bestimmung.

Disposition (medizinisch)
Unter einer Disposition im medizinischen Sinne wird der physische und psychische Zustand eines Menschen verstanden. Unterschieden wird die → Prädisposition, mit der die Veranlagung eines Menschen beschrieben wird, bestimmte Krankheiten zu entwickeln, und eine erworbene Disposition, die durch Stress oder den Kontakt mit krankheitsauslösenden Stoffen entstehen kann.

DNA (Desoxyribonukleinsäure)
→ Nukleinsäuren

DNA-basierte Schimmeldiagnostik
siehe Abschn. 6.6.7

Dortmunder Lüftung
Die Dortmunder Lüftung ist eine Kombination aus → Kölner Lüftung und → Berliner Lüftung. Die Versorgung mit → Zuluft erfolgt über einen Querkanal. Die Lüftungsöffnungen werden jedoch nicht im innenliegenden Sanitärraum (Toilette oder Bad ohne Fenster), sondern im Flur zur Vermeidung von Zugerscheinungen, angeordnet.

„Dreckige Dutzend"
Als „Dreckiges Dutzend" werden zwölf bestimmte Giftstoffe bezeichnet, die durch die POP-Konvention, das Stockholmer Übereinkommen vom 22. Mai 2001, weltweit verboten wurden. Das „Dreckige Dutzend" beschreibt organische Chlorverbindungen, die im starken Verdacht stehen, krebserregend, Mutationen auslösend und Fehlbildungen bewirkend zu sein. Sie sind besonders gefährlich, da sie sich im Gewebe anreichern, persistent und schwer toxisch sind. Hierzu gehören Aldrin, Chlordan, Dieldrin, Dichlordiphenyltrichlorethan (DDT), Endrin, Heptachlor, Hexachlorbenzol (HCB), Mirex, Polychlorierte Biphenyle (PCB), Polychlorierte Dibenzodioxine (PCDD, „Dioxine"), Polychlorierte Dibenzofurane (PCDF, „Furane") und Toxaphen („Camphechlor").

Druckprüfungen
siehe Abschn. 6.3.8

Dunkelfruchtkörper
Als Dunkelfruchtkörper bezeichnet man die von manchen Pilzen häufig unter Lichtausschluss gebildeten Ansammlungen oder Verdichtungen von → Myzel, die zwar im weiteren Sinne an → Fruchtkörper erinnern, im Gegensatz zu diesen aber keinerlei → Sporen bilden. Derartige Dun-

kelfruchtkörper in Gebäuden deuten immer auf einen massiven Befall durch → holzzerstörenden Pilzen hin.

Durchzug
Durchzug ist die umgangssprachliche Bezeichnung für → Querlüftung.

14.5 E

EAA
→ exogen allergische Alveolitis

EAST-Test
→ RAST-Test

ECHA
ECHA ist ein Akronym für European Chemicals Agency. Hierbei handelt es sich um die europäische Chemikalienagentur, die die technischen, wissenschaftlichen und administrativen Vorgaben bei der Registrierung, Bewertung und Zulassung sowie Beschränkung chemischer Stoffe innerhalb der EU regelt.

Echter Hausschwamm
Der Echte Hausschwamm ist ein → holzzerstörender Pilz der Kategorie → Braunfäule. Neben dem → Braunen Kellerschwamm ist diese → Hausfäule der Hauptverursacher für Schäden durch Schwammbefall in Gebäuden. Experten gehen davon aus, dass ein Drittel aller Hausfäulen durch den Echten Hausschwamm verursacht werden. Der Echte Hausschwamm befällt bevorzugt verbautes Holz und benötigt ein feuchtes und nicht zu kühles Milieu zum Wachstum. Da nicht selten → Guttationströpfchen (Wassertropfen) auf ihm zu sehen sind, wird er auch als „tränender Hausschwamm" (Serpula lacrymans) bezeichnet. Den Echten Hausschwamm erkennt man an einem weißen, watteartigen Oberflächenmyzel, da im jungen Stadium sehr voluminös sein kann. Bei starker Zugluft stirbt das → Myzel ab. Die Stränge können bis zu mehreren Metern lang werden und silbrig-graues, im älteren Stadium auch dunkelgrau-lappiges, Aussehen annehmen. Im trockenen Zustand werden die Stränge spröde. Diese können bleistiftdick werden und knacken oder brechen hörbar durch. Die fladen- oder konsolenartigen → Fruchtkörper sind fleischig und zäh und bilden eine ein bis zwei Zentimeter dicke, rotbraune Masse mit runder bis elliptischer Form mit weißem Rand. Der Echte Hausschwamm entwickelt sich im Temperaturbereich von 5 bis 26 °C (Optimum ca. 18 bis 22 °C) bei einer Holzfeuchtigkeit von 30 bis 50 %. Aufgrund der Temperatur findet man ihn hauptsächlich in Kellergeschossen (und seltener in Dachgeschossen, in denen es ihm zu warm ist). Ein Merkmal dieses Oberflächenpilzes ist seine immense Sporenproduktion. Besonders gefährlich wird der Echte Hausschwamm durch seine versteckte Lebensweise. Bevor er hinter Verkleidungen oder unter Dielen in Decken- oder Fußbodenkonstruktionen entdeckt wird, ist sein Wachstum häufig stark vorangeschritten. Außerdem ist er in der Lage, mit Hilfe seines Strangmyzels auch trockene Bereiche zu überwachsen, um sich einer Feuchtigkeitsquelle zu nähern. Hierbei nutzt er kleinste Öffnungen wie Ritzen oder offene Fugen z. B. im Mauerwerk, was ihm die irreführende Bezeichnung „Mauerschwamm" einbrachte. Befallenes Kiefernsplintholz kann bereits nach drei Wochen einen Festigkeitsverlust von 75 bis 80 % ausweisen, was einem Totalverlust der Holzkonstruktion bedeutet. Der Befall durch den Echten Hausschwamm ist in einigen Bundesländern meldepflichtig.

Edelfäule
Unter Edelfäule (oder auch Edelreife) wird das Auftreten des → Schimmelpilzes → Botrytis cinerea verstanden, der auch als Grauschimmel bezeichnet wird.

Edelschimmel
→ Penicillium camemberti

EHEC
EHEC ist ein Akronym und steht für Enterohämorrhagische Escherichia coli. Damit sind bestimmte krankheitserregende Stämme des Darmbakteriums → Escherichia coli gemeint, die beim Menschen blutige Durchfallerkrankungen (enterohämorrhagische Colitis) auslösen können.

Eichenporling
→ Ausgebreiteter Hausporling

Einbau neuer Fenster
siehe Abschn. 7.3.2.7

Einblasdämmung
siehe Abschn. 9.2.2.8, siehe Abschn. 10.3.2.5

Einfacher Schimmeltest
siehe Abschn. 6.6.2

Einkapselung
Der Begriff der Einkapselung hat im Kontext der Schimmelpilzsanierung zwei Bedeutungen: zum einen handelt es sich um ein Verfahren im Rahmen der → Geruchsneutralisierung und zum anderen um ein Verfahren, um → biozide Wirkstoffe in Beschichtungen einzubetten, um ein zu schnelles auswaschen zu verhindern.

1,3-β-D-Glucan
1,3-β-D-Glucan ist ein Polysaccharid, das als Hauptbestandteil in den Zellwänden vieler Pilzarten wie z. B. → Aspergillus oder → Hefen wie → Candida vorkommt.

Eipilze
→ Oomyceten

Ektosymbiose
→ Symbionten

Elektrische Widerstandsmessung
siehe Abschn. 6.3.2.2

Elektro-akustische Leckageortung
Bei der elektro-akustischen → Leckageortung werden Schallwellen mit Hilfe eines Boden- oder Kontaktmikrofons erfasst, die bei Undichtigkeiten an Wasserführenden Leitungen aufgrund der Schwingungen des Rohres entstehen. Durch dieses akustische Signal kann die Leckage punktgenau lokalisiert werden. Je lauter das akustische Geräusch ist, desto näher ist das Leck.

Elektrophil-aktive Biozide
Elektrophil-aktive Biozide sind Substanzen, die → Mikroorganismen wie z. B. → Bakterien, → Schimmelpilze oder → Viren aufgrund einer spezifischen Elektrophilie abtöten. Die elektrophilen Teilchen dieser bioziden Wirkstoffe sind positiv geladen und weisen eine Elektronenlücke auf. Infolgedessen nehmen diese Substanzen Elektronen von anderen Molekülen auf und reagieren mit elektronenreichen (nukleophilen) Bestandteilen innerhalb der Zellen, was zu einer Zerstörung der lebenswichtigen Zellbestandteile sowie letztendlich zum Tod der Mikroorganismen führt. Ein typischer Vertreter für ein elektrophilaktives Biozid ist → Aktivchlor oder Aldehyde.

Elementarschaden
Unter Elementarschäden werden Schäden verstanden, die durch das Wirken der Natur verursacht werden. Hierzu zählen z. B. Schäden durch → Überschwemmung.

Elementarschadenversicherung
Die Elementarschadenversicherung deckt Schäden durch Naturgewalten ab. Zu diesen gehören u. a. → Überschwemmungen durch sintflutartige Starkregen oder Hochwasser, durch die → sporadische Wasserschäden verursacht werden. Die Versicherung tritt bei Zerstörung oder Beschädigung versicherter Sachen durch Einwirkung besagter Elementargefahren in Kraft. Eine Elementarschadenversicherung ist in der Regel keine eigenständige Versicherung. Sie wird gegen Mehrbeitrag im Rahmen der Hausrat- oder Wohngebäudeversicherung angeboten. Besonderheit: Je nach Risikozone für bestimmte elementare Gewalten steigt der Versicherungsbeitrag. Außerdem setzen viele Versicherer vor Abschluss einer Elementarschadenversicherung voraus, dass das zu versichernde Gebäude mindestens 10 Jahre lang keinen der zu versichernden Schadenfälle erlitt.

ELISA-Test
ELISA ist ein Akronym für Enzyme-Linked-Immunosorbent Assay. Der ELISA-Test ist eine biomolekulare Methodik, bei der die Spezifität eines → Antikörpers mit der Empfindlichkeit von Enzym-Assays kombiniert wird. Ähnlich wie bei anderen → Immunoassay-Techniken setzen ELISAs auf spezifische Antikörper, um das zielorientierte → Antigen zu binden. Somit eignet sich diese immunologische Untersuchungsmethode sowohl zum Nachweis von Antigenen als auch von Antikörpern. Nachdem eine bestimmte Menge Substrat zugegeben wurde, die durch ein

Enzym umgewandelt wird, kann diese quantitativ photometrisch über eine sichtbare Farbreaktion nachgewiesen werden. Dies ist ein Maß für die gebundene Antikörpermenge. Daraus lässt sich quantitativ die Antigenkonzentration bestimmen. Hierfür werden industriell hergestellte Kits verwendet. Ein ELISA-Test läuft in der Regel in vier Schritten ab: Beschichtung, Blockierung, Detektion und Substrataddition und Analyse.

Emodin
Emodin ist ein → Mykotoxin, das von verschiedenen Pilzen der Anamorph-Gattungen wie z. B. → Aspergillus-, → Cladosporium- und → Penicillium-Arten gebildet wird.

Empfehlungswert
Ein Empfehlungswert stellt eine unverbindliche Äußerung dar, mit der eine Entscheidung, Handlung oder Vorgehensweise an Dritte adressiert wird. Ein Empfehlungswert ist rechtlich nicht bindend und stellt damit keine rechtlichen Verpflichtungen für den Empfänger dar. Daher kann der Absender für einen Empfehlungswert nicht haftbar gemacht werden.

Endogen
Der Begriff endogen wird in der Medizin für Stoffe, Krankheitserreger oder Krankheiten verwendet, die von innen kommen, also im Organismus selbst entstehen.

Endomycetes (Endomycetaceae)
Endomycetes werden der Klasse der → Ascomycota (Schlauchpilze) als auch der Gruppe der → Eumycota zugeordnet, zu der → Sprosspilze und filamentöse Pilze mit regulären Sprossstadien gehören. Die → asexuelle Entwicklung erfolgt durch Zellsprossung, Zergliederung der → Hyphen oder Teilung von Einzelzellen. In der Regel überwiegt das Wachstum durch Sprossung und seltener durch → Myzelien. Endomycetes bilden das → Sporangium (Ascus) sofort aus der diploiden Fusionszelle oder nach einer längeren diploiden Vermehrungsphase. Im Gegensatz zu den Echten Schlauchpilzen entstehen allerdings keine ascogenen Hyphen und keine → Fruchtkörper. Die reifen Ascosporen werden durch Zerplatzen und Zerfall des Sporangiums freigesetzt.

Endoparasiten
Endoparasiten sind Lebewesen, die sich im Inneren eines Körpers (z. B. in Organen, im Gewebe) anderer Individuen (Wirt) vorübergehend oder dauerhaft aufhalten und sich auf deren Kosten ernähren. Hierzu gehören z. B. Protozoen und Pilze. Diese können sich in den Organen festsetzen und Nährstoffe vom Wirt entziehen. Die Folge sind u. a. Durchfall und Erbrechen, Appetitlosigkeit und Gewichtsverlust.

Endophthalmitis
Unter Endophthalmitis werden Erkrankung der Augen verstanden, die durch Pilze verursacht werden.

Endophyt
Unter einem Endophyt wird ein pflanzlicher oder pilzlicher Organismus verstanden, der im Inneren (meist im Plasma) anderer Organismen lebt. Es handelt sich somit um einen intrazellulären Parasiten oder Symbionten. Symbiontische, endophytische Pilze haben zum Teil für den Wirtsorganismus eine Abwehrfunktion.

Endoskopie
siehe Abschn. 6.3.7

Endosporen
Endosporen kommen bei einigen → gram-positiven → Bakterien vor. Zu den Sporenbildnern gehören die Krankheitserreger Clostridium botulinum (→ Botulismus), Clostridium perfringens (Gasbrand), Clostridium tatani (Tetanus) und Bacillus anthracis (Milzbrand). Da pro Zelle in der Regel nur eine Endospore gebildet wird, dienen diese Dauerformen nicht der Vermehrung. Endosporen sind sehr widerstandfähig gegen Hitze, Austrocknung, extreme pH-Werte und sogar Strahlung. Die mehrschichtige Hülle macht ca. 50 % der Trockenmasse der reifen Endospore aus. Sie haben einen sehr geringen Wassergehalt und weisen hohe Konzentrationen an Calciumdipicolinat auf. Die Hitzestabilität wird durch den hohen Gehalt an Dipicolinsäure verursacht. Die DNA der Endospore wird durch spezifische Proteine geschützt.

Endotoxine
siehe Abschn. 5.5.4.4

Enterobakterien
Enterobakterien sind eine sehr große Gruppe von fakultativen → gram-negativen Stäbchen (→ Bakterien), die von den Purpurbakterien abstammen. Während diese bei ausreichendem Sauerstoff auf zuckerhaltigen Medien → aerob wachsen, können die unterschiedlichen Arten der Enterobakterien ihren Stoffwechsel auf → anaerob umschalten, wenn Sauerstoff nur begrenzt zur Verfügung steht oder temporär unterbunden ist (fakultativ). Viele der Enterobakterien sind normaler Bestandteil der menschlichen Flora (Darm), andere dagegen sind → pathogen. Zur Unterscheidung verwendet man hierfür spezielle Tests, mit denen arttypische Reaktionen nachgewiesen werden.

entgiftete Toxine
→ Toxoide

Entkeimung
→ mikrobiologische Sterilisation

Entwicklungszyklus
Unter einem Entwicklungszyklus wird die genetisch bedingte, individuelle Entwicklung eines Organismus sowie deren ständige Wiederholung verstanden. Dieser Vorgang wird auch als → ontogenetischer Zyklus bezeichnet. Schimmelpilze durchlaufen einen typischen Entwicklungszyklus, bestehend aus mehreren Phasen: → Trophophase (Wachstumsphase), Vermehrungsphase, → Idiophase (Umstellung des Sekundärstoffwechsels) und → fruktifikative Phase (Bildung der Fruchtkörper). Vereinfacht ausgedrückt umfasst der Entwicklungszyklus von Schimmelpilzen zwei Phasen: die → vegetative Phase und die → generative Phase. In der vegetativen Phase wächst der Schimmelpilz, in der generativen Phase vermehrt er sich.

Enzyme-linked Immuno Sorbent Assay
→ ELISA-Test

Enzymimmunoassay
Ein Enzymimmunoassay wie z. B. der → ELISA-Test ist eine immunologische Labormethode, mit der spezifische → Antigene oder → Antikörper in einer Probe nachgewiesen werden.

Eosinophile Granulozyten
Eosinophile Granulozyten, auch als Eosinophile oder nur kurz Eos bezeichnet, sind Teil des angeborenen → Immunsystems und als weiße Blutkörper an der zellulären Immunabwehr von → Parasiten und bei → Allergien beteiligt. Eosinophile spielen bei der → allergischen Reaktion des Sofort-Typs (→ Allergie-Typ I) und Spät-Typ (→ Allergie-Typ IV) eine Rolle, da sie nach dem Kontakt mit den → Antigenen Botenstoffe freisetzen und so die Entzündungsreaktionen auslösen. Eine erhöhte Anzahl an Eosinophilen im Blut wird als Eosinophilie bezeichnet.

EPA (Filter)
EPA ist ein Akronym für Efficient Particulate Air und beschreibt einen Hochleistungs-Partikelfilter.

Epicoccum
siehe Abschn. 3.5.6.24

Epidermophytosis
Die Epidermophytosis ist eine Pilzkrankheit der Haut, die durch humanpathogenen Pilz aus der Gruppe der Epidermophyten verursacht wird.

Epikutantest
Der Epikutantest ist ein Hauttest zum Nachweis einer → allergischen Reaktion einer → Typ-IV-Allergie. Mit Hilfe dieses → Provokationstests, der auch als → Patch-Test, → Pflastertest oder Läppchentest bezeichnet wird, soll ermittelt werden, ob eine Kontaktallergie vorliegt. Der Epikutantest ist derzeit das einzige Mittel, um Allergien vom Spät-Typ zu erkennen. Im Gegensatz zum → Intrakutantest werden die Testallergene nur auf die Haut aufgetragen und nicht unter die Haut injiziert.

Epitop
Ein Epitop ist ein Antigenbereich, an dem das → Antigen von seinem → spezifischen Antikörper gebunden wird.

Epoxytrichothecene
Epoxytrichothecene sind → Mykotoxine der → Trichothecene. Zu den Epoxytrichothecene gehört das → T2-Toxin, das von→ Fusarium- und → Trichoderma-Arten gebildet wird. Es ist hoch

→ toxisch, verursacht die → alimentäre toxische Aleurie und hemmt die Proteinsynthese.

Ergochrome
→ Mykotoxine

Ergotalkaloide
Ergotalkaloide ist ein → Mykotoxin und wird durch den → Schimmelpilz Claviceps purpurea gebildet. Das Mykotoxin kann zu brennenden Schmerzen in den Gliedmaßen und in hohen Konzentrationen zu Gefäßverengung und Durchblutungsstörungen führen, so dass es zum Schlaganfall und Herzinfarkt kommen kann. Ohrensausen und starke Kopfschmerzen bis hin zu Wahnvorstellungen, Erbrechen und Durchfall sind Symptome einer hohen Konzentration von Ergotalkaloide im Organismus. Eine akute Vergiftung kann sogar zum Herzstillstand und Tod führen. Ergotalkaloide haben allerdings nicht nur negative Auswirkungen auf den menschlichen Körper, sondern werden in der Medizin erfolgreich angewendet.

Ergotismus
Unter Ergotismus wird eine Vergiftung durch die Einnahme von → Ergotalkaloide verstanden.

Erosion
Unter Erosion im Kontext zu Schimmelpilzen wird der Abtrag einzelner Mikroorganismen oder ganzer Kolonien durch äußere mechanische Einflüsse verstanden.

Erreger
→ Krankheitserreger

Erworbene Immunität
→ Disposition

Erythem
Unter einem Erythem wird eine entzündungsbedingte Rötung der Haut oder der Schleimhäute verstanden, die durch eine verstärkte Durchblutung, verursacht durch Entzündungen oder auch stark → allergischen Reaktionen, hervorgerufen wird.

Escherichia coli
Escherichia coli (oder E. coli) ist ein säurebildendes, stäbchenförmiges Bakterium, das zu den → gramnegativen Bakterien gehört und als häufigster Erreger bakterieller → Infektionen einen wichtigen Stellenwert in der Medizin einnimmt. Der Durchmesser liegt zwischen 1 und 1,5 µm und die Länge zwischen 2 und 6 µm. Die auch als Kolibakterium bezeichneten → Bakterien kommen in Paaren oder einzeln vor. Sie bilden keine → Sporen. Mithilfe von → Flagellen können sich die Erreger aktiv fortbewegen. Die meisten der Escherichia-coli-Stämme haben zudem Fimbrien, die als Virulenzfaktoren dienen. Die Zellen bestehen überwiegend (70 bis 85 %) aus Wasser, wobei die Trockenmasse zu über 95 % aus Polymeren besteht. Die meisten Stämme dieser Spezies sind nicht krankheitsauslösend, allerdings gibt es auch zahlreiche → pathogene Stämme. Escherichia coli gilt als Fäkalindikator und hat eine hohe Bedeutung im Rahmen der Wasserschadensanierung von fäkalienbelasteten Abwässern.

Essig
Essig gehört zu den am meisten empfohlenen Hausmitteln gegen → Schimmelpilze, obwohl schon seit Jahren bekannt ist, dass normaler Lebensmittelessig hierfür nicht geeignet ist und u. U. das Wachstum von Schimmelpilzen sogar fördern kann. Die meisten Schimmelpilze bevorzugen für ihr Wachstum ein leicht saures Milieu, also ein Substrat mit einem pH-Wert von 4 bis 7. Durch das Auftragen von 5 bis 10 %igen Lebensmittelessig mit einem pH-Wert von 2 bis 3 werden alkalische Untergründe wie z. B. Kalkputze mit einem pH-Wert von > 8 neutralisiert, so dass sich für das Wachstum von Schimmelpilzen ein günstiger pH-Wert einstellt. Damit nicht genug: durch die Neutralisation verbleiben organische Substanzen aus dem Essig auf dem „neutralen" Untergrund und dienen den Schimmelpilzen sogar noch als Nährstoffe! Im Vergleich zu Lebensmittelessig handelt es sich bei einer 20 %-igen Essigessenz um eine höher konzentrierte Form des Essigs, die keine Inhaltsstoffe aufweist, die für das Wachstum der Schimmelpilze als Nahrung dienen können. Außerdem hat Essig keine → sporizide Wirkung.

E-Staub
Der Masseanteil aller im Atembereich vorhandenen Teilchen, die durch Mund und Nase eingeatmet werden, wird als einatembarer Staub (E-Staub) bezeichnet. Während kleinere Partikel (aerodynamischer Durchmesser < 5 µm) fast vollständig eingeatmet werden, nimmt die Inhalierbarkeit zu größeren Partikeln hin ab, bis der nicht einatembare Teil erreicht wird. Der E-Staub lässt sich, je nach Ablagerungsort in der Lunge, in weitere Staubfraktionen unterteilen wie z. B. → Alveolen gängige Fraktion oder auch → A-Staub genannt.

Estrichtrocknung/Estrich-Dämmschicht-Trocknung
Die Estrichtrocknung (oder Estrich-Dämmschicht-Trocknung) ist ein Teilgebiet der → technischen Bautrocknung, bei der ein Wasserschaden in einer Fußbodenkonstruktion aus unterschiedlichen Verbundbaustoffen getrocknet wird. Hierfür stehen unterschiedliche Trocknungsmethoden und -verfahren zur Verfügung.

Etagenwechsel
Unter einem Etagenwechsel wird die Ausweitung allergischer Erkrankungen verstanden, wenn die allergischen Symptome von den oberen Atemwegen (Nase, Mund und Rachen) auf tiefere Regionen (Lunge und Bronchien) übergreifen, z. B. wenn sich aus einem allergischen Schnupfen ein → allergisches Asthma entwickelt. Ein Etagenwechsel lässt sich z. B. durch eine → Hyposensibilisierung verhindern.

Etymologie
siehe Abschn. 2.6

Eubakterien
Eubakterien ist eine relativ neue Bezeichnung für das Reich der → Bakterien, in das die Mehrzahl der bekannten → Prokaryonten eingeordnet werden kann. Die übrigen Prokaryonten werden im Reich der → Archaebakterien zusammengefasst. Der Begriff der Eubakterien oder wurde gewählt, um die „echten Bakterien" von den Archaea abzugrenzen. Eubakterien besitzen Zellwände und sind kugel- bzw. stäbchenförmig. Sie leben einzeln oder als Zellkolonien.

Eukaryoten/Eukaryonten
Als Eukaryoten oder Eukaryonten werden alle Organismen bezeichnet, die einen Zellkern und eine Zellmembran aufweisen. Zusätzlich haben Eukaryonten mehrere Chromosomen, die sie von den → Prokaryonten unterscheidet. Im Unterschied zu diesen können Eukaryoten auch ohne Mikroskop beobachtet werden, da die Zellen der Eukaryoten um ein Vielfaches größer (10- bis 100-mal) sind. Eine Besonderheit der Eukaryoten liegt in ihrer Proteinbiosynthese. Anders als Prokaryoten sind Eukaryoten in der Lage, aus derselben DNA-Information unterschiedliche Proteine herzustellen.

Eumycota
Unter dem Begriff Eumycota wird eine Abteilung von Pilzen mit unklarer Abstammung bzw. je nach taxonomischem System verschiedene Pilzgruppen zusammengefasst. So werden einige → Ascomycetes, → Basidiomycetes, → Trichomycetes und → Zygomycetes als Eumycota angesehen. Wichtige Merkmale für die Zusammengehörigkeit sind der Chemismus der Zellwand und die unvollständige oder fehlende Septierung in vegetativen Myzelien.

Eurotium
siehe Abschn. 3.5.6.25

Evidenz
Unter Evidenz wird ein nachgewiesener Zusammenhang auf Grundlage wissenschaftlicher Studien verstanden. Gerade im Kontext zu möglichen gesundheitlichen Wirkungen durch → Schimmelpilze in Innenräumen hat die Evidenz eine hohe Bedeutung, da häufig unspezifische Symptome mit der Anwesenheit von biogenen Stäuben, Schimmelpilzsporen und anderen mikrobiellen Partikeln sowie → Mykotoxinen und/oder → MVOC in Verbindung gebracht werden, ohne dass ein kausaler Zusammenhang nachgewiesen werden kann. In der Medizin wird der Begriff darüber hinaus auch als Nachweis für die Wirksamkeit einer Therapie oder Behandlungsmaßnahme verstanden.

Exhalation
Die Exhalation ist das Gegenteil von der → Inhalation und beschreibt das Ausatmen von Gasen.

Exogen
Der Begriff exogen wird in der Medizin für Stoffe, Krankheitserreger oder Krankheiten verwendet, die von außen kommen, also außerhalb des Organismus vorhanden sind und auf diesen von außen einwirken.

exogen allergische Alveolitis
Unter der exogen allergischen Alveolitis (kurz EAA) wird eine allergisch bedingte Entzündung der Lungenbläschen (Alveolen) bis hin zum asthmatischen Anfall bei sensibilisierten Menschen verstanden. Hierbei handelt es sich um eine komplexe Immunreaktion vom → Allergie-Typ III und → Allergie-Typ IV, die durch Inhalation von organischem oder biogenen Feinstaub ausgelöst wird, wobei in der Regel bereits geringe Konzentrationen ausreichen. Verläuft die EAA akut, wird sie auch als „Montagsfieber" bezeichnet und führt innerhalb von wenigen Stunden zu Husten, Atemnot und Fieber. Bei der chronischen Variante nehmen die Beschwerden langsam zu. Die EAA darf nicht mit → Asthma bronchiale verwechselt werden. Da die exogen allergische Alveolitis nicht infektiös ist, spricht man von einer → Pneumonitis.

Exosporen (exogene Sporen)
Als Exospore (oder auch exogene → Sporen) bezeichnet man eine Vermehrungsform bei → Bakterien und → Schimmelpilzen. Diese entstehen durch Knospung und besitzen im Gegensatz zu den → Endosporen keine Sporenhülle. Die Abgrenzung zwischen den Exosporen, die außerhalb einer Zelle entstehen, und den Endosporen ist zum Teil schwierig, da viele Sporentypen endogen angelegt werden und außerhalb der sporenbildenden Zelle reifen. Daher setzt sich der Begriff zunehmend für Sporen durch, die bei der Reife nicht in eine Zelle eingeschlossen sind (alle → Konidien und → Basidiosporen).

Exotoxine
siehe Abschn. 5.5.4.4

Exposition
Unter Exposition wird der Grad der Gefährdung für einen Organismus verstanden, der sich aus der Häufigkeit und Intensität aller äußeren Krankheitsbedingungen ergibt, denen der Organismus ausgesetzt ist. Im Kontext zu → Schimmelpilzen in Innenräumen sind dies biogene Stäube, Schimmelpilzsporen und andere mikrobielle Partikel (→ Hyphen, → Myzel), aber auch spezifische Stoffwechselprodukte wie → Metaboliten (→ Mykotoxine, → MVOC). Da diese Substanzen in privat genutzten Innenräumen nicht isoliert auftreten, spricht man auch von → Mischexpositionen.

Expositionsklassen
→ Risikogruppen (Schimmelpilze)

Externe Expositionsquellen
siehe Abschn. 4.3.2.2

extrazellulär
Der Begriff extrazellulär bedeutet, dass sich etwas außerhalb der Zelle befindet bzw. gelegen ist.

Extrazelluläre pathogene Mikroorganismen
Extrazelluläre pathogene Mikroorganismen sind → Mikroorganismen wie z. B. → Bakterien, die Krankheiten außerhalb von Zellen verursachen.

extrinsisches Asthma
→ allergisches Asthma bronchiale

14.6 F

Fadenpilze
Fadenpilze sind Einzeller und gehören zu den → eukaryotischen → Mikroorganismen. Sie wachsen in Form von fadenförmigen Zellsträngen, den so genannten → Hyphen. Diese können septiert oder unseptiert sein. Die Septierung dient der weiteren Unterteilung der Fadenpilze in niedere und höhere Pilze. Der Begriff grenzt die hyphenbildenden Pilze gegen die Sprosspilze (→ Hefen) ab. Fadenpilze leben auf organischen Materialien und pflanzen sich sexuell oder → asexuell fort. Zu den Fadenpilzen gehören neben den

→ Schimmelpilzen auch die → Dermatophyten (Hautpilze).

Fäkalienbelastung in Wasserschäden
siehe Abschn. 9.4

Fäule/Fäulnis
Fäule/Fäulnis ist ein umgangssprachlicher und unspezifischer Trivialname für Zersetzungsprozesse von organischen Substanzen, die vor allem von → Bakterien und → Schimmelpilzen induziert und enzymatisch gesteuert werden. Der Fachterminus lautet Destruktion. Nach dem physiologisch-biochemischen Ablauf sowie dem morphologisch-anatomischen Erscheinungsbild werden Fäulnisprozesse in Nassfäule (oder Weichfäule) und Trockenfäule (auch Hartfäule) unterschieden. Eine Fäule/Fäulnis kann lebendes und totes Gewebe betreffen. Typisch für diese Zersetzungsprozesse sind sauerstoffarme Verhältnisse, wodurch übelriechende Stoffe wie Ammoniak und Schwefelwasserstoff freigesetzt werden. Im Kontext zu → holzzerstörenden Pilzen wird der Begriff Fäule/Fäulnis häufig als → Hausfäule bezeichnet und beschreibt z. B. den → Echten Hausschwamm, → Weißen Porenschwamm oder → Braunen Kellerschwamm, durch die die Zellulose abgebaut wird.

fakultativ pathogene Erreger
Fakultativ pathogene Erreger sind → Mikroorganismen wie z. B. → Bakterien, die Krankheiten nur verursachen, wenn der Wirtorganismus immungeschwächt ist. Dies unterscheidet sie von den → obligat pathogenen Erregern.

Falsche Möblierung
siehe Abschn. 7.3.2.11

Falsches Heizen
siehe Abschn. 7.3.5.5

Falsches Lüften
siehe Abschn. 7.3.5.3

Favus
Favus ist eine tiefgehende und chronisch verlaufende, ansteckende Pilzinfektion der Haut (→ Dermatophytose), die durch den Pilz (Dermatophyten) Trichophyton verursacht wird. Die Erkrankung ist insbesondere in Industriestaaten selten und tritt in Verbindung mit schlechten hygienischen Bedingungen auf. Die Infektion kann von Mensch zu Mensch übertragen werden.

Feinreinigung
siehe Abschn. 9.5.11

Feinstaub
Als Feinstaub (oder auch Schwebstaub) werden feinste Partikel in der Luft bezeichnet, die eine gewisse Zeit in der Luft verweilen und nicht sofort zu Boden sinken. Diese Partikel sind nur mit dem Auge und ohne Hilfsmittel nicht wahrzunehmen. Je nach Korngröße der Staubteilchen wird der Feinstaub in Fraktionen unterteilt: Die maximale Partikelgröße beträgt 10 µm (Durchmesser). Besonders gefährlich für die Atemwege sind Feinstäube mit einer Partikelgröße unter 2,5 µm (Feinfraktion). Die kleinsten Partikel als Feinstaub haben einen Durchmesser von weniger als 0,1 µm und werden als ultrafeine Partikel (Nanopartikel) bezeichnet. Seit 2020 beträgt der zulässige Grenzwert maximal 20 µm pro m^3 Luft.

Fensterfalzlüftung
siehe Abschn. 10.2.7.2.2

Fenster mit Wärmeschutzverglasung
siehe Abschn. 10.3.2.7

Fermentation
Fermentation ist ein natürlicher Prozess, bei dem organische Stoffe durch → Mikroorganismen wie → Bakterien oder → Schimmelpilze umgewandelt werden. Hierbei entstehen Gase, Säuren oder Alkohol.

Fermente
→ Enzyme

Feuchteindikatoren
siehe Abschn. 8.3.3

Feuchtemessungen
siehe Abschn. 6.3.2

Feuchteschutz
siehe Abschn. 9.2.1

Feuchtespitzen im Bad, Vermeidung von
siehe Abschn. 10.5.2

Feuchtespitzen in der Küche, Vermeidung von
siehe Abschn. 10.5.3

Feuchtigkeit durch Wäschetrocknen, Vermeidung von
siehe Abschn. 10.5.4

Feuchtnebel
→ Geruchsneutralisation

FFP1-/FFP2-/FFP3-Maske
siehe Abschn. 9.5.9.5

Fiberskop
siehe Abschn. 6.3.7

Filamentös
Als filamentös werden fadenförmige Strukturen bezeichnet.

Filmkonservierung
Im Gegensatz zur → Topfkonservierung schützt eine Filmkonservierung den getrockneten bzw. ausgehärteten Bindemittelfilm einer Beschichtung (z. B. eines Anstrichstoffes) vor mikrobiellen Befall z. B. durch → Algen und/oder Pilze an einer Fassade oder durch Pilze und → Bakterien in Innenräumen. Hierzu werden → biozide Wirkstoffe eingesetzt, die je nach Anwendung und Zielorganismus aus Algizide, Bakterizide oder Fungizide bestehen können. Bei den meisten Beschichtungsstoffen werden mittlerweile → Breitbandbiozide eingesetzt, die aufgrund von → Mischexpositionen gegen unterschiedliche → Mikroorganismen wirken.

Filtergruppen/Filterklassen
Nach der DIN ISO 29463 „Schwebstofffilter und Filtermedien zur Abscheidung von Partikeln aus der Luft – Teil 2: Aerosolerzeugung, Messgeräte und Partikelzählstatistik" (2019) werden Filterklassen nach DIN EN 1822-1 „Schwebstofffilter (EPA, HEPA und ULPA) – Teil 1: Klassifikation, Leistungsprüfung, Kennzeichnung" nach ihrem Fraktionsabscheidegrad (FAG) in Filtergruppen unterschieden:

Filterklasse	Filtergruppe	Fraktions-abscheidegrad (%)
E12 (EPA)	ISO 25 E	≥ 99,500
	ISO 30 H	≥ 99,900
H13 (HEPA)	ISO 35 H	≥ 99,950
	ISO 40 H	≥ 99,990
H14 (ULPA)	ISO 45 H	≥ 99,995
	ISO 50 U	≥ 99,999

Filtersysteme
siehe Abschn. 9.3.5

Filtration
Unter Filtration versteht man beim Nachweis mikrobieller Belastung die Abscheidung von → Mikroorganismen wie z. B. → Schimmelpilze aus einem definierten Luftvolumen mit Hilfe von speziellen Filtern.

Fimbrien
Fimbrien sind elektronenmikroskopisch sichtbare, fadenförmige Proteine, die vor allem bei → gramnegativen → Bakterien zur Anheftung an anderen Wirtszellen dienen und somit den Zugang von Krankheitserregern ermöglichen. Sie sind dünner (3 bis 10 nm), kürzer (0,2 bis 20 µm) und weniger flexibel als → Geißeln, haben einen regelmäßigen Durchmesser und verlaufen im Gegensatz zu diesen nicht gewellt, sondern gerade. Außerdem transportieren Fimbrien keine RNA oder DNA. Durch den hohen Anteil an hydrophoben Aminosäuren können Fimbrien der Bakterienzelle eine hydrophobe Oberfläche verschaffen.

Flagellaten
Flagellaten sind → Protozoen, die für ihren Wirt oft → pathogen sein können. Sie tragen typische → Geißeln, mit denen sie sich fortbewegen können. Die Geißeln bestehen aus Mikrotubuli (mikroskopisch kleine Röhrchen).

Flagellen
→ Geißeln

Flechten
siehe Abschn. 5.6.8

Flüchtige organische Verbindungen/Stoffe
→ VOC

„Fluch der Pharaonen"
siehe Abschn. 2.1

Flugfähigkeit (der Sporen)
siehe Abschn. 4.3.5

Fluoreszenzanalyse
siehe Abschn. 6.6.8

Fluoreszenz-Enzym-Immunoassay
Der Fluoreszenz-Enzym-Immunoassay ist ein Nachweisverfahren in der → Allergiediagnostik. Es basiert auf einem → Enzymimmunoassay, bei dem ein Fluoreszenzfarbstoff als Marker verwendet wird. Bei dieser immunologischen Labormethode werden spezifische Moleküle wie z. B. → Antigene oder → Antikörper in einer Probe nachgewiesen.

Fluovalinate
→ Pyrethroide

Foggen (Vernebeln)
siehe Abschn. 9.7

Fogging (Erscheinung)
siehe Abschn. 5.6.3

Fogging-aktiv
Unter fogging-aktiv werden Substanzen verstanden, die im Verdacht stehen, die Bildung des → Fogging zu begünstigen. Allerdings gibt es bis heute keine offiziell anerkannte Aufstellung dieser Substanzen. Daher sind werbliche Aussagen, dass bestimmte Bauprodukte z. B. frei von fogging-aktiven Substanzen sind, mit Vorsicht zu genießen.

Folienzelt
Folienzelte werden eingesetzt zur → Abschottung von Schadensstellen wie z. B. einem → Schwarz-Weiß-Bereich im Rahmen der Schimmelpilzsanierung. Hierdurch kann ein Ausbreiten von Schadstoffen verhindert werden.

Folientrocknung/Folienzelttrocknung
Die Folientrocknung ist eine Sonderform der → technischen Bautrocknung, bei der eine Folie dicht über dem Bauteil abgespannt und damit das zu trocknende Volumen reduziert wird. Trockene Luft wird hinter die Folie geleitet. Über einige Schnitte in der Folie kann der Druck entweichen. Geläufig ist auch der Begriff Folienzelttrocknung.

Form und Farbe von Schimmelpilzen
siehe Abschn. 5.2.2

Formiergasverfahren
Das Formiergasverfahren (oder Rauchgasverfahren) ist eine Methode der → Leckageortung, die insbesondere bei Undichtigkeiten an Flachdachkonstruktionen eingesetzt wird. Mittels einer Nebelmaschine und einem Seitenkanalverdichter wird Rauch in die Dämmschicht unterhalb der Dachhaut eingeblasen. Dieser breitet sich aus und tritt gut sichtbar an undichten Stellen wieder aus. In Innenräumen setzt man dieses Verfahren auch ein, um Oberbelag und Fugen von Fußböden auf Dichtheit zu überprüfen (schwimmender Estrich vorausgesetzt).

Fortluft
Als Fortluft wird die verbrauchte Luft bezeichnet, die bereits das Lüftungsgerät und den Wärmeübertrager passiert hat. Es ist somit die verbrauchte Luft, die bereits ihre Wärme abgegeben hat und nach außen geführt wird.

Fortluftdurchlass
Ein Fortluftdurchlass ist eine Vorrichtung, aus der die Luft ins Freie strömt.

Fortluftvolumenstrom
Der Fortluftvolumenstrom ist die Luftmenge, die aus der → raumlufttechnischen Anlage an die Umgebung abgegeben wird.

Freie Lüftung
Die freie Lüftung (oder auch natürliche Lüftung) ist lt. DIN EN 16798-7 „Energetische Bewertung von Gebäuden – Lüftung von Gebäuden – Teil 7: Berechnungsmethoden zur Bestimmung der Luftvolumenströme in Gebäuden einschließlich Infiltration" (2017) die Lüftung, bei der die

Luft aufgrund von natürlichen Kräften durch Undichtheiten (Infiltration) und Öffnungen (Lüftung) in das Gebäude strömt und diese durch Undichtheiten, Öffnungen, Schachtaufsätze oder Dach- und Fortluftdurchlässe einschließlich Lüftungsschächte zur Luftabführung verlässt. Im Gegensatz zur → mechanischen Lüftung, bei der die Luft durch eine Lüftungsanlage zwangsweise ausgetauscht wird, erfolgt die freie Lüftung auf natürliche Weise.

freies Chlor
→ Aktivchlor

Freimessung
Eine Freimessung wird nach Abschluss der Schimmelpilzsanierung durchgeführt und soll messtechnisch bestätigen, dass in einem sanierten Innenraum keine Schimmelpilzsporen oder andere mikrobielle Partikel mehr vorhanden sind. Diese Qualitätssicherung ermöglicht, den Erfolg einer Sanierung objektiv zu bewerten. Für die Freimessung werden in der Regel die Verfahren der Gesamtsporenbestimmung und Partikelsammlung eingesetzt. Die Freimessung ist der letzte Arbeitsschritt und sollte nach der → Feinreinigung durchgeführt werden.

Fresszellen
Fresszellen spielen im → Immunsystem eine wichtige Rolle. Das angeborene Immunsystem stellt eine unspezifische Abwehr gegen unerwünschte Fremdkörper (→ Antigen) dar. Es ist in der Lage, diese Antigene auch ohne vorherigen Kontakt zu bekämpfen. Hierbei treten so genannte Fresszellen dem Eindringling entgegen und alarmieren die T-Zellen. Fresszellen werden in Mikro- und Makrophagen unterschieden. Die → Mikrophagen (Granulozyten) sind kleine, sehr bewegliche und dynamische Fresszellen, die Krankheitserreger und fremde Eindringlinge vernichten. Makrophagen sind dagegen große Fresszellen, die nicht nur Krankheitserreger, sondern auch verletzte Zellen und tote Mikrophagen aufspüren und vernichten. Sie sind etwas langsamer und langlebiger als die Mikrophagen. Die angeborene Immunität ist schnell und wirksam, lernt aber nicht dazu und passt sich nicht der Struktur der Erreger und Eindringlinge an.

fRsi-Wert
Der f_{Rsi}-Wert ist ein Maß für die Wärmedämmung der Gebäudehülle und somit wichtiger Parameter in der Bauphysik. Konkret ist der auch als Temperaturfaktor oder Wärmebrücken-Index bezeichnete Wert als das Verhältnis der Temperaturdifferenz zwischen der raumseitigen Oberflächentemperatur und der Außenlufttemperatur ($\theta si - \theta e$) zur Temperaturdifferenz zwischen der Innen- und Außenluft ($\theta i - \theta e$) definiert. Nach der DIN 4108 Teil 2 sollte der dimensionslose Wert an der ungünstigsten Stelle (→ Wärmebrücken) die Mindestanforderung $\geq 0{,}7$ erfüllen, um taupunktbedingtes Kondenswasser auszuschließen und somit einem theoretischen Schimmelpilzrisiko normtechnisch vorzubeugen.

Fruchtkörper
Der Fruchtkörper ist im Gegensatz zum → Myzel der sichtbare Teil eines Pilzes. In diesem Fortpflanzungsorgan werden die → Sporen gebildet und freigesetzt, damit sich die Pilzart verbreiten kann. Der Fruchtkörper besteht aus einem Geflecht von → Hyphen, die durch das Substrat wachsen und bei günstigen Bedingungen spezifische Pilzstrukturen ausbilden.

Fruktifikative Phase
siehe Abschn. 3.5.5

Fugendurchlasskoeffizient
Der Fugendurchlasskoeffizient (a-Wert) von Fenstern und Türen gibt an, wie viel Kubikmeter Luft je Meter Fugenlänge bei einer bestimmten Druckdifferenz in einer Stunde durch eine Fuge strömt. Grundsätzlich gilt: je kleiner der a-Wert ist, umso dichter ist ein Fenster bzw. eine Tür.

Fugenkreuzsystem
Das Fugenkreuzsystem ist eine spezielle Methode in der → technischen Bautrocknung, insbesondere bei der → Dämmschichttrocknung, wenn sich Fliesenbeläge auf einer Fußbodenkonstruktion befinden. Es besteht in der Regel aus einem strömungsoptimierten Verteiler, der an den Seitenkanalverdichter angeschlossen wird, flexiblen Luftschläuchen und feinen Fugendüsen. Hierzu werden nach einem Wasserschaden Löcher in die Fugenkreuze gebohrt, die bis in

die Estrich-Dämmschicht reichen. Anschließend werden die Fugendüsen in die Bohrlöcher eingesetzt und mit den Luftschläuchen verbunden, die am Verteiler aufeinandertreffen. Das Luft-Wasser-Gemisch kann entweder über den Seitenkanalverdichter abgesaugt oder Trockenluft in die Dämmschicht eingeblasen werden. Das Fugenkreuzsystem unterstützt somit eine effiziente Dämmschichttrocknung, ohne dass geflieste Bodenbeläge beschädigt oder demontiert werden müssen.

Fumagillin
Fumagillin ist ein → Mykotoxin, das vom → Schimmelpilz → Aspergillus fumigatus gebildet wird. Da es sich um einen → Saprophyten handelt, der sich ausschließlich heterotroph ernährt, d. h. von toter, organischer Substanz, trifft man den Schimmelpilz sowie das von ihm produzierte Fumagillin insbesondere in Biotonnen, Komposthaufen und Blumenerde. Beim Einatmen von geringeren Mengen kann Fumagillin → allergische Reaktionen verursachen. Bei höheren Konzentrationen und längerer Aufnahme kann das Mykotoxin eine Vergiftung auslösen. Fumagillin besitzt antimikrobielle Eigenschaften und wird gegen Parasiten eingesetzt. Aufgrund seiner hohen → Neurotoxizität wird das Mykotoxin als Medikament zur Krebstherapie erforscht.

Fumitremorgin
Fumitremorgine sind → Mykotoxine, die von verschiedenen → Schimmelpilzen wie z. B. → Aspergillus fumigatus und Aspergillus fischeri produziert werden. Sie sind bekannt für ihre → neurotoxischen und → tremorgenen Wirkungen.

Fumonisin
Fumonisin ist ein → Mykotoxin, das von verschiedenen Arten der Schimmelpilzgattung → Fusarium, insbesondere von Fusarium verticillioides und Fusarium proliferatum, gebildet wird. Das Schimmelpilzgift ist ubiquitär verbreitet. Bisher sind sechs Arten dieser Mykotoxine bekannt. Der Typ B1 ist die giftigste Verbindung der Fumonisine. Sie sind chemisch beständig und haben eine hohe Wasserlöslichkeit. Fumonisine stehen im Verdacht, krebserregend zu sein. Auch eine erhöhte Rate embryonaler Fehlbildungen wurde in der Vergangenheit mit diesem Mykotoxin in Verbindung gebracht.

fungicol
Der Begriff fungicol bedeutet, auf einem → Fruchtkörper eines → Schimmelpilzes lebend. Der Begriff wird sowohl für → Saprophyten pilzlicher Substrate als auch für pilzliche Pilzparasiten verwendet.

Fungi imperfecti
Fungi imperfecti beschreibt keine einheitliche taxonomische Einteilung, sondern eine künstliche Gruppe, in der alle Pilze erfasst sind, von denen man (bisher) nur die vegetative Vermehrungsform kennt oder deren sexuelle Fortpflanzung (Hauptfruchtform) nicht bekannt oder verlorengegangen ist. In der Regel findet nur eine → asexuelle Vermehrung durch → Konidien (Nebenfruchtform) statt. Daher erfolgt eine Unterteilung in der Regel nach dem Ort der Konidienbildung. Auf grund vegetativer Kennzeichen gilt es jedoch als sehr wahrscheinlich, dass es sich bei der Mehrzahl dieser Pilze eigentlich um → Ascomyceten handelt, seltener auch um → Zygomyceten oder → Basidiomyceten. Von den auch als → Deuteromycota bezeichneten Pilzen gibt ca. 30.000 Arten. Unter ihnen befinden sich z. B. → Aspergillus, → Alternaria, → Botrytis, → Fusarium und → Penicillium. Auch die Gattung → Candida aus der Gruppe der → Imperfekten Hefen gehört zu diesen Pilzen.

Fungistatica/Fungistatikum
Ein Fungistatikum ist eine chemische Substanz, mit der das Wachstum und die Vermehrung von → Mikromyzeten (Kleinpilze) oder nur spezielle Entwicklungsphasen gehemmt wird. Im Gegensatz zu → Fungiziden tötet ein Fungistatikum diese allerdings nicht ab. In geringen Konzentrationen haben auch einige Fungizide → fungistatische Eigenschaften. Es ist zudem bekannt, dass auch → Antimykotika fungizid oder fungistatisch wirken.

fungistatisch
Als fungistatisch werden schimmelpilzhemmende Substanzen bezeichnet.

fungizid
Als fungizid werden biozide Wirkstoffe bezeichnet, die gegen Schimmelpilze abtötend wirken.

Fungizide
Fungizide sind → biozide Wirkstoffe, die zur Bekämpfung und Abtötung von Pilzen und deren Bestandteile wie z. B. → Sporen eingesetzt werden. Hierbei kann es sich um chemische Substanzen wie anorganische, metallorganische und organische Stoffe handeln oder um biologische Wirkstoffe (→ Mikroorganismen), die eine fungizide Wirkung haben. Fungizide werden nach Anwendungsgebiet oder Zielorganismus, Wirkstoff oder Wirkmechanismus unterschieden. In den meisten Fällen kommen so genannte → Breitband-Biozide zum Einsatz, um ein möglichst großes Spektrum unterschiedlicher Pilze bekämpfen oder abtöten zu können. Den Vorgang nennt man Fungizidie, die Eigenschaft → fungizid. Für Fungizide, die in der Medizin (z. B. gegen Hautpilze) eingesetzt werden, ist der Begriff Antimykotika gebräuchlicher. In der Klassifikation von → Desinfektionsmitteln wird zwischen fungizider und → sporizider Wirkung unterschieden, da die Bekämpfung oder das Abtöten von Sporen höhere Konzentrationen und längere Einwirkzeiten erfordern als z. B. beim biologisch aktiven → Myzel.

Fungologie (fungology)
Die Fungologie ist eine alte Bezeichnung für die Pilzkunde, die sich allerdings gegen den Terminus der → Mykologie nicht durchsetzen konnte.

Fungus/Fungi
Fungus ist der Pilz (Einzahl); Fungi sind die Pilze (Mehrzahl).

Fusarium
siehe Abschn. 3.5.6.26

Fusarium-Toxine
Fusarium-Toxine sind → Mykotoxine der → Fusarium-Arten. Zu ihnen gehören z. B. → Trichothecene, → Zearalenon, → Fumonisine, → Fusarinsäure und → Moniliformin.

Fußleisten-Konvektoren
→ Heizleisten

F-Wert (Bauphysik)
→ f_{Rsi}-Wert

F-Wert (Mikrobiologie)
Der F-Wert definiert in der Mikrobiologie bzw. Hygienetechnik die Summe aller → letalen Effekte, die im Verlauf einer Erhitzung einer Population von → Mikroorganismen wie z. B. → Bakterien im Rahmen der → Sterilisation wirken. Der F-Wert dokumentiert somit den Erfolg bzw. die → Abtötungsrate. Der F-Wert ist von mehreren Faktoren abhängig und ergibt sich u. a. aus der dezimalen Keimzahlreduktion. Hierbei handelt es sich um die Zeit, die erforderlich ist, um die Anzahl der Mikroorganismen um eine Zehnerpotenz zu reduzieren (Abtötungsrate = 90 %). Gemessen wird die Anzahl der Mikroorganismen zu Beginn der Maßnahme sowie die Anzahl der noch lebensfähigen Mikroorganismen nach der Behandlung. Der F-Wert ist abhängig von der individuellen Spezies der Mikroorganismen, der Temperatur sowie dem Medium, in dem sich diese befinden.

14.7 G

Gameten
Gameten sind Geschlechtszellen oder Keimzellen, von denen sich zwei bei der Fortpflanzung zu einer → Zygote vereinigen (Befruchtung).

Gammaglobulin
Gammaglobulin ist eine veraltete Bezeichnung für → Immunglobulin G und stellt den Eiweißbestandteil des Blutplasmas dar. Diese werden in der Immuntherapie eingesetzt.

Gattung
Die Gattung ist eine systematische Kategorie oberhalb einer Art wie z. B. → Aspergillus, die mehrere Arten wie z. B. → Aspergillus flavus, → Aspergillus fumigatus, → Aspergillus glaucus oder → Aspergillus niger usw. zusammenfasst.

GC-Gehalt
Der GC-Gehalt definiert sich als prozentualer Anteil der Nukleotidbasen Guanin und Cytosin an der Gesamtheit der vier Basen (Adenin, Thymin,

Guanin, Cytosin) der → DNA von → Mikroorganismen.

Gefährdungsbeurteilung
siehe Abschn. 9.5.5

Gefährdungsklasse
Gefährdungsklassen definieren die Staub- und Sporenfreisetzung in Abhängigkeit der Art und Dauer der Schimmelpilzsanierung. Unterschieden wird die Gefährdungsklasse 0 = keine Staubbelastung, Gefährdungsklasse 1 = erhöhte Staubbelastung, Gefährdungsklasse 2a = hohe Staubbelastung (Dauer der Arbeiten < 2 h), Gefährdungsklasse 2b = hohe Staubbelastung (Dauer der Arbeiten > 2 h) und Gefährdungsklasse 3 = sehr hohe Staubbelastung.

Gefahrstoff
Gefahrstoffe im Sinne der → Gefahrstoffverordnung (GefStoffV) sind gefährliche Stoffe und Gemische nach § 3, Stoffe, Gemische und Erzeugnisse, die explosionsfähig sind, Stoffe, Gemische und Erzeugnisse, aus denen bei der Herstellung oder Verwendung Stoffe nach Nummer 1 oder Nummer 2 entstehen oder freigesetzt werden, Stoffe und Gemische, die die Kriterien nach den Nummern 1 bis 3 nicht erfüllen, aber auf Grund ihrer physikalisch-chemischen, chemischen oder → toxischen Eigenschaften und der Art und Weise, wie diese vorhanden sind oder verwendet werden, die Gesundheit und die Sicherheit von Menschen gefährden können sowie alle Stoffe, denen ein Arbeitsplatzgrenzwert zugewiesen worden ist. Die Verordnung zur Einstufung, Kennzeichnung und Verpackung von Stoffen und Gemischen (GHS-Verordnung) regelt die Einstufung und Kennzeichnung von Stoffen und Gemischen.

Gefahrstoffverordnung (GefStoffV)
Die Gefahrstoffverordnung (GefStoffV) ist eine Verordnung zum Schutz vor gefährlichen Stoffen. Die Verordnungsermächtigung ist im Chemikaliengesetz (ChemG) geregelt. Ausgehend von der Kennzeichnung des → Gefahrstoffes werden die Arbeiten mit diesen in vier Schutzstufen eingeteilt: 1 = Mindestmaßnahmen, 2 = Standardschutzstufe für Tätigkeiten mit Gefahrstoffen, 3 = zusätzliche Anwendung bei Arbeiten mit giftigen und sehr giftigen Stoffen und 4 = zusätzliche Anwendung bei Arbeiten mit → CMR-Stoffen (krebserzeugend, erbgutverändernd und fruchtbarkeitsschädigend). → Schimmelpilze sind nach der Gefahrstoffverordnung (§§ 4.10 und 4.11) als reizend bzw. → sensibilisierend einzustufen.

Gefriertrocknung
Die Gefriertrocknung ist ein Sonderverfahren der → technischen Bautrocknung. Hierbei handelt es sich um ein schonendes Trocknungsverfahren, das auf dem physikalischen Prinzip der Sublimation basiert. Hierbei wird das zu beseitigende Wasser im Material direkt vom gefrorenen in den gasförmigen Zustand überführt. Nach der zweistufigen Gefriertrocknung liegt der Wassergehalt nur noch zwischen 1 bis 4 %. Aufgrund dieser Eigenschaften wird das Verfahren insbesondere bei Wasserschäden in Archiven und dgl. eingesetzt, in denen Papier z. B. in Form von Akten oder Büchern gelagert sind. Bei korrekter Anwendung bleibt die Struktur des Papiers erhalten.

Gegenindikation
→ Kontraindikation

Geißeln
Geißeln (oder auch Flagellen) sind fadenförmige Gebilde auf der Oberfläche einzelner Zellen, die der Fortbewegung dienen. Sie sind bei → Prokaryoten (Lebewesen ohne Zellkern) und bei → Eukaryoten (Lebewesen mit Zellkern) hinsichtlich Struktur und Funktionsweise grundsätzlich unterschiedlich. Daher sollten beide Begriffe, auch wenn diese in der Regel synonym verwendet werden, getrennt verwendet. Der Begriff Geißel sollte für Eukaryoten verwendet werden, während der Begriff Flagelle den Prokaryoten vorbehalten bleiben sollte.

Gelber Schimmel
Gelber Schimmel ist ein umgangssprachlicher und unspezifischer Trivialname für → Schimmelpilze mit einem gelblichen Aussehen. Hierzu gehört z. B. der → Aspergillus flavus. Der Begriff ist allein deshalb irreführend, da Schimmelpilze dieser Gattung auch bräunliche, ockerfarbene oder grünliche Färbungen annehmen können. Die Färbung hängt u. a. vom Alter (→ Wachstumsphase)

und gelegentlich von der Art des Untergrunds (→ Substrat) ab.

Gelbrandiger Hausschwamm
Der Gelbrandige Hausschwamm ist eine → Holzfäule. Der → holzzerstörende Pilz gehört zur Kategorie der → Braunfäule und ist eng mit dem → Echten Hausschwamm verwandt, benötigt aber eine höhere Holzfeuchtigkeit zum Wachstum. Die → Fruchtkörper sind rötlich-bräunlich mit einem klar abgegrenzten, weißen Rand. Namensgebend ist eine typische gelbliche Zone am Zuwachsrand. Das weiße, durchscheinende → Myzel breitet sich als Luftmyzel aus. Im fortgeschrittenen Stadium können sich Flüssigkeitstropfen, auch → Guttationstropfen genannt, auf dem Pilz bilden.

Gelbwasser
Als Gelbwasser wird urinhaltiges Abwasser bezeichnet. Der Begriff hat eine Bedeutung im Rahmen der Sanierung fäkalienhaltiger Abwasserschäden.

Gemmatio
→ Knospung

Generative Phase
Die generative Phase ist Bestandteil im → Entwicklungszyklus von → Schimmelpilzen und beschreibt die Phase, in der sich der Schimmelpilz vermehrt. Aus dem → Myzel entwickeln sich Sporenträger, bevor sich an diesen → Konidien oder → Sporangien bilden. Anschließend werden die → Sporen freigesetzt und gelangen in die Luft.

Generisches Wachstumsmodell
siehe Abschn. 4.2

Genetik
Die Genetik ist eine wissenschaftliche Teildisziplin der Biologie und beschäftigt sich mit der Übertragung von Erbanlagen von einer Generation von Organismen auf die nächste. Hierbei untersucht die Genetik, wie vererbbare Merkmale weitergegeben werden und welche Rolle hierbei die DNA als Trägerin der Erbinformationen und die Gene als spezifische Abschnitte der DNA spielen, die die Anweisungen für die Produktion von Proteinen oder RNA enthalten. Außerdem werden Mutationen untersucht, also Veränderungen in der DNA.

Genetische Veranlagung
→ Prädisposition

Genotoxizität/genotoxisch
Die Genotoxizität beschreibt eine Form der → Toxizität (Giftigkeit einer Substanz), durch die die genetischen Erbinformationen verändert werden. Es beschreibt somit die Fähigkeit einer Substanz, Schäden an der DNA oder RNA einer Zelle zu verursachen, die zu Mutationen führen können. Das entsprechende Adjektiv ist genotoxisch. Verschiedene Substanzen können genotoxisch sein wie z. B. chemische Stoffe (z. B. → Biozide), physikalische Einflussfaktoren (z. B. → UV-Strahlung) oder biologische Noxen (z. B. → Mykotoxine oder bestimmte → Viren).

Genotoxizitätstest
→ Mutagenitätstest

Geobacillus stearothermophilus
Geobacillus stearothermophilus ist ein sporenbildendes, grampositives, stäbchenförmiges und nicht pathogenes → Bakterium, das zu den → thermophilen Organismen zählt, die bei einer Temperatur unter 30 °C nicht mehr wachsen. Daher findet man dieses Bakterium z. B. in Saunen oder im Kompost. Außerdem dient Geobacillus stearothermophilus als Prüfkeim für den Erfolg von thermischen Sterilisationsprozessen.

Geometrische Wärmebrücken
siehe Abschn. 7.3.2.4

Geosmin
Geosmin ist ein → Metabolit, das von → Actinomyceten (insbesondere → Streptomycetes) und → Mykobakterien sowie → Schimmelpilze gebildet wird. Der typische → Geruch ist muffig, erdig, moderig, zum Teil säuerlich, alkoholisch bis aromatisch und wird häufig als kartoffelähnlicher Geruch beschrieben.

Geotrichose
Unter Geotrichose wird eine durch → Geotrichum-Arten (wie z. B. Geotrichum candidum oder Geotrichum capitatum) hervorgerufene → Mykose des Menschen bezeichnet, die sich durch chronische Entzündung von Haut, Mundschleimhaut und Bronchien bemerkbar macht. Die Erreger können auch als → Saprophyten → pathogen die Schleimhäute besiedeln. Der wichtigste Risikofaktor für eine invasive Geotrichose ist eine schwere → Immunsuppression.

Geotrichum
Geotrichum ist ein → saprophytärer → Hefepilz aus der Abteilung der → Ascomycota (→ Schlauchpilze). Die Gattung umfasst ca. 100 Arten und kommt ubiquitär vor. Der bekannteste Vertreter ist Geotrichum candidum, der so genannte Milchschimmel, der z. B. in der Lebensmittelherstellung wie z. B. Camembert eingesetzt wird. In hoher Konzentration kann Geotrichum eine → Geotrichose auslösen.

Geruch
siehe Abschn. 5.5.2

Geruchsneutralisation
siehe Abschn. 9.7

Geruchswirkung
siehe Abschn. 11.9

Gesamtkeimzahl
Die Gesamtkeimzahl ist eine unspezifische Größe in der → mikrobiologischen Untersuchung und bezeichnet die gesamte Anzahl → Koloniebildender Einheiten (KBE) von lebenden → Mikroorganismen wie z. B. → Bakterien, → Hefen, → Schimmelpilze in einer bestimmten Menge (z. B. Milliliter oder Gramm) einer Probe. Diese wird bestimmt durch mikrobiologische Untersuchungsmethoden wie die → Kultivierung und Auszählung.

Gesamt-IgE/Gesamt-IgE-Spiegel
Das Gesamt-IgE oder der Gesamt-IgE-Spiegel im Blut ist ein Laborwert, der im Rahmen der → Diagnostik von → Allergien, parasitischen Infektionen, Autoimmunerkrankungen sowie anderen Immundefekten bestimmt wird. Dieser gibt Auskunft über die Gesamtmenge der → Immunglobulin-E-Antikörper im Blut.

Gesamtpartikelmessung
Die Gesamtpartikelmessung umfasst eine quantifizierte Bestimmung von Partikeln pro Volumen- oder Flächeneinheit in einem bestimmten Medium sowie eine qualifizierte Ermittlung der Partikelgröße, -form und -verteilung. Die Gesamtpartikelmessung wird u. a. zur Erfassung von Veränderungen in der Partikelkonzentration über einen definierten Zeitraum eingesetzt. Zum Einsatz kommen je nach Medium z. B. → Luftkeimsammler.

Gesundheit
siehe Abschn. 11.2

Gesundheitliche Beschwerden
siehe Abschn. 11.3

Gesundheitlich notwendige Lüftung
siehe Abschn. 10.2.4

GHUP
GHUP ist ein Akronym für Gesellschaft für Hygiene, Umweltmedizin und Präventivmedizin. Hierbei handelt es sich um eine interdisziplinäre wissenschaftliche Fachgesellschaft zu den gleichnamigen Bereichen.

Giemen
Giemen ist ein hörbar pfeifendes, keuchendes Atemgeräusch, das bei verengten Atemwegen entsteht, insbesondere bei der Ausatmung. Häufigste Ursache für dieses Anzeichen einer Atemwegserkrankung ist → Asthma bronchiale (chronische Entzündung der Atemwege, die zu Verengungen führen kann). Ein akut auftretendes Giemen wird in der Regel durch Allergien, Inhalationsnoxen oder Atemwegsinfekte verursacht.

Gießkannenschimmel
Gießkannenschimmel ist ein umgangssprachlicher und unspezifischer Trivialname für den → Schimmelpilz → Aspergillus.

Giftstoffe (Bakterien)
→ Endotoxine

Giftstoffe (Schimmelpilze)
→ Mykotoxine

Glaser-Diagramm
siehe Abschn. 6.4.2

Gleichgewichtsfeuchte
→ Sorptionsfeuchte

Gliocladium
Gliocladium ist eine Gattung von → Schlauchpilzen. Diese mitosporischen, filamentösen Pilze produzieren → Hyphen, → Konidiophoren und → Konidien, die an → Phialiden gebildet werden. Einzelnen Arten wie z. B. Gliocladium mitosporisch wird eine → pathogene Wirkung zugeschrieben, obwohl hierfür ein wissenschaftlicher Nachweis bisher nicht vorliegt. Als gesichert gilt, dass Gliocladium deliquescens und Gliocladium fimbriatum das → Mykotoxin → Gliotoxin produzieren.

Gliotoxin
Gliotoxin ist ein → Mykotoxin, das von verschiedenen → saprophilen → Schimmelpilzen wie z. B. → Aspergillus fumigatus, → Aspergillus terreus, → Eurotium chevalieri und → Gliocladium fimbriatum produziert wird. Daher wird dieses Schimmelpilzgift vor allem auf abgestorbenen Materialien im Biomüll oder Komposthaufen nachgewiesen. Gliotoxin ist wirksam und → toxisch gegen → Bakterien, Pilze und → Viren. Die Einnahme geringer Konzentrationen kann zu → allergischen Reaktionen führen. Bei erhöhten Konzentrationen kann das Mykotoxin zu gesundheitlichen Beeinträchtigungen führen und z. B. die Funktion des → Immunsystems einschränken und somit → immunsuppressiv wirken. Außerdem kann Gliotoxin → zytotoxische Wirkungen haben.

Globe-Thermometer
Ein Globe-Thermometer eignet sich zur Messung der Strahlungswärme und wird im Rahmen der raumklimatischen Messungen z. B. der Behaglichkeit eingesetzt.

Globuline
Globuline sind kugelförmige Eiweißkörper, die im Blut vorkommen und eine wichtige Funktion zur Immunabwehr haben (→ Immunglobuline). So enthält das Gammaglobulin spezifische Abwehrstoffe (→ Antikörper) gegen bestimmte Krankheiten.

Gramfärbung
Die Gramfärbung ist die am häufigsten verwendete Färbung in der mikrobiologischen Diagnostik. Diese ermöglicht die Unterteilung von → Bakterien in zwei Gruppen, in die gram-positiven Bakterien, die nach der Färbung blau sind, und die gram-negativen Bakterien, die nach der Färbung rot aussehen. Die unterschiedliche Anfärbung beruht auf Unterschieden der Zellwandstruktur. Die Zellen werden anfangs alle mit Kristallviolett gefärbt, das mit Jod an die Zellwand gebunden wird. Das Kristallviolett wird mit Alkohol wieder ausgewaschen. Bakterien mit mehrschichtiger Zellwand werden durch den Alkohol nur schwach dehydratisiert und halten daher den Farbstoff zurück. Sie bleiben infolgedessen blau gefärbt. Dagegen werden einschichtige Zellwände mit umgebender äußerer Membran durch den Alkohol nur schwach dehydratisiert und halten den Farbstoff in der Zelle nicht zurück. Zellen, die so entfärbt wurden, werden durch eine Gegenfärbung sichtbar gemacht. Bei der mikroskopischen Analyse können dann oft auch schon morphologische Merkmale der → Mikroorganismen wie Zellform (Kokken, Stäbchen, Spirillen, Verzweigung), Beweglichkeit oder Sporenbildung bestimmt werden.

Gram-negativ
→ Gramfärbung

Gram-positiv
→ Gramfärbung

Graufäule
Graufäule ist ein umgangssprachlicher und unspezifischer Trivialname für eine → Fäule an verschiedenen Pflanzenteilen, die als Frucht-, Blatt-, Stengel- oder Wurzelfäule in Erscheinung tritt und durch Arten des → Schimmelpilzes → Botry-

tis, vorwiegend durch Botrytis cinerea, verursacht wird. Der graue Rasen des → Myzels und → Konidiophoren, die sich auf der Oberfläche bilden, werden auch als → Grauschimmel bezeichnet.

Grauschimmel
Grauschimmel ist ein umgangssprachlicher und unspezifischer Trivialname für das gräuliche Aussehen eines → Schimmelpilzes. Gelegentlich wird der Begriff auch für eine → Edelfäule z. B. auf Nahrungsmitteln (z. B. Camembert) oder für eine → Graufäule z. B. auf Obst verwendet.

Grauwasser
Als Grauwasser bezeichnet man Abwasser in der Wasserschadensanierung. Im Unterschied zu → Schwarzwasser ist dieses Abwasser nicht durch Fäkalien belastet.

gravimetrische Feuchtemessung
siehe Abschn. 6.3.2.7

Grenzwert
Im Gegensatz zu einem → Empfehlungswert, → Richtwert oder → Orientierungswert stellt ein Grenzwert den mit einer Maßeinheit angegebenen Messwert einer Kenngröße dar, der nicht überschritten werden darf. Es handelt sich somit um einen Schwellenwert mit gesetzlich bindender Wirkung. Häufig sind diese als verbindlich festgelegte Höchstwerte in Regelwerken, Verordnungen oder Gesetzen definiert und sollen in erster Linie dem Gesundheitsschutz dienen. Die Festlegung eines Grenzwertes für Stoffe und Umweltnoxen ist nur mit einer nachgewiesenen Wirkungsschwelle möglich. Für privat genutzte Innenräume gibt es kaum Grenzwerte und wenn, sind diese nach Ansicht von Experten zu hoch. Für Schimmelpilze in Innenräumen gibt es keine Grenzwerte.

Griseofulvin
Griseofulvin ist ein → Mykotoxin, das von dem → Schimmelpilz → Penicillium griseofulvum gebildet wird. Dieses wird zur Herstellung von Medikamenten (Tabletten) für verschiedene → Infektionen verwendet. Darüber hinaus eignet sich Griseofulvin als → fungistatisch wirkendes → Antimykotikum zur Behandlung von Hautpilzen und anderen Hautinfektionen. Es hat eine → antibiotische Wirkung auf → Dermatophyten. Der Wirkstoff lagert sich in hoher Konzentration in das Keratin der Epidermis (äußere Zellschicht der Haut) ein und bildet eine Barriere gegen die → Hyphen. Pilzbefallenes Keratin wird so durch nachgewachsenes Griseofulvin enthaltenes Keratin ersetzt. Bei einer Überdosierung kann es Nebenwirkungen wie z. B. Müdigkeit oder Schlafstörungen, Übelkeit, Schwindel und Kopfschmerzen bis hin zu Erbrechen, Durchfallerkrankungen oder Appetitlosigkeit auslösen. Auch rheumatische Nebenwirkungen und allergische Reaktionen wurden bei einer zu hohen Dosierung von Griseofulvin beobachtet.

Grüner Schimmel
Grüner Schimmel ist ein umgangssprachlicher und unspezifischer Trivialname für → Schimmelpilze mit einem grünlichen Aussehen. Hierzu gehört z. B. der → Aspergillus fumigatus sowie → Penicillium-Arten. Die auch als grüner → Gießkannenschimmel bezeichnete Art gehört zu den häufigsten Schimmelpilzarten in Gebäuden. Die namensgebende grüne Farbe des Schimmelpilzes wird von Farbpigmenten in den → Sporen des Pilzes hervorgerufen. Der Begriff ist irreführend, da Schimmelpilze dieser Gattung auch bräunliche, ockerfarbene oder gelbliche Färbungen annehmen können. Die Färbung hängt u. a. vom Alter der Schimmelpilze (→ Wachstumsphasen) ab.

Grundlüftung
Die Grundlüftung ist ein Begriff aus der → DIN 1946-6 „Raumlufttechnik – Teil 6: Lüftung von Wohnungen – Allgemeine Anforderungen, Anforderungen zur Bemessung, Ausführung und Kennzeichnung, Übergabe/Übernahme (Abnahme) und Instandhaltung“ (2019) und beschreibt die notwendige Lüftung zur Sicherstellung des Bautenschutzes sowie der hygienischen und gesundheitlichen Erfordernisse bei planmäßiger Nutzung einer Wohneinheit (Normalbetrieb).

Guttationstropfen
Guttationstropfen sind winzige Flüssigkeitstropfen, die z. B. von diversen → Hausschwämmen am Rand der → Fruchtkörper abgeben werden.

Diese bestehen vor allem aus Wasser, aber auch aus Nährstoffen und Salzen, gelegentlich auch Zucker.

14.8 H

Habitat
Ein Habitat ist der Lebensraum einer bestimmten → Art und Teil eines → Biotops, der durch spezifische abiotische (nicht lebende) und biotische (lebende) Faktoren definiert ist. Es ist der Lebensraum, an dem eine Art existieren kann und für einen Teil ihres Lebenszyklus die notwendigen Ressourcen findet und sich fortpflanzen kann. Ein Habitat beschreibt damit mehr als nur einen Ort. Es definiert ein komplexes Zusammenspiel verschiedener Umfeldfaktoren, die für das Überleben einer Art entscheidend sind.

Habitatanspruch
Ein Habitatanspruch beschreibt die spezifischen Bedürfnisse einer → Art an Umfeldfaktoren in einem → Habitat, die diese für ihr Überleben und ihre Fortpflanzung benötigt. Hierzu gehören → abiotische (nicht lebende) als auch biotische (lebende) Faktoren.

Hämatotoxisch
Als hämatotoxisch werden Eigenschaften chemischer Substanzen oder Medikamente bezeichnet, die Blutzellen schädigen oder zerstören. Diese werden auch als Hämotoxine bezeichnet und können durch einige → Schimmelpilze in Form von → Myktoxinen gebildet werden.

Hämoglobin
Hämoglobin ist ein eisenhaltiges Protein in den roten Blutkörperchen (Erythrozyten), das für den Sauerstofftransport im Blutkreislauf verantwortlich ist. Es ermöglicht, dass Sauerstoff aus der Lunge aufgenommen und im Körper verteilt wird. Außerdem ist Hämoglobin auch an der Rückführung von Kohlendioxid aus den Zellen in die Lunge beteiligt.

Halbwertszeit
Als Halbwertszeit wird die Zeitspanne bezeichnet, in der sich ein exponentiell mit der Zeit abnehmender Wert halbiert hat, z. B. wenn die Konzentration eines in einem System vorkommenden Atoms oder Moleküls eines Schadstoffes auf die Hälfte abgesunken ist.

Hamburger Lüftung
Die Hamburger Lüftung ist eine Variante einer Schachtlüftungsanlage mit Sammelschacht in Mehrfamilienhäusern und Hochhäusern.

Hauptallergene
→ Majorallergene

Hausfäule
siehe Abschn. 5.6.6

Hausschwamm
siehe Abschn. 9.8

Hausstaub
Hausstaub ist eine unspezifische Sammelbezeichnung für partikel- und faserförmige Ansammlungen von → Staub in Innenräumen. Diese bestehen aus anorganischen und organischen Stoffen unterschiedlicher Zusammensetzung und können z. B. aus Hautschuppen, Haaren, Fasern, Rußpartikel, Gesteinskörnchen, Pflanzenteilchen, → Hausstaubmilben und deren Ausscheidungen, → Bakterien, → Viren und → Schimmelpilzen verursacht werden. Die Zusammensetzung des Hausstaubs hängt von vielen Faktoren ab wie z. B. der → Hygiene und den Lebensbedingungen in den Innenräumen, dem Vorhandensein von Haustieren sowie dem Umfeld der Innenräume (→ Hintergrundbelastung). Durch Hausstaub, genauer durch die Ausscheidungen von Hausstaubmilben und → Sporen von Schimmelpilzen, können → allergische Reaktionen ausgelöst werden, die umgangssprachlich als → Hausstauballergie bezeichnet werden. Im Hausstaub können sich auch Schadstoffe wie z. B. → Biozide oder Weichmacher und dgl. befinden, die potenziell gesundheitsschädlich sind.

Hausstauballergie (Hausstaubmilbenallergie)
Eine Hausstauballergie bezeichnet die → Sensibilisierung und → allergische Reaktion des → Immunsystems gegenüber dem Kot von → Hausstaubmilben. Infolgedessen sprechen Experten

auch von einer Hausstaubmilbenallergie. Auslöser einer allergischen Sofortreaktion (→ Typ-I-Allergie) ist eine Überempfindlichkeit gegen Eiweißpartikel im Kot der Milben. Die → Allergene werden durch den Hausstaub verbreitet und gelangen auf diesem Weg in die Atemwege und Schleimhäute. Die Symptome zeigen sich z. B. durch Niesen, Schnupfen und Anschwellen der Nasen- und Rachenschleimhaut, juckende und tränende Augen oder geschwollene Augenlider. In Ausnahmen kann die Hausstauballergie zu einem → allergischen Asthma führen. Zur Feststellung einer Hausstauballergie werden spezifische Hauttests wie z. B. ein → Pricktest oder → Provokationstest oder Bluttests zur Bestimmung spezifischer → IgE-Antikörper im Blut durchgeführt. Eine Behandlung erfolgt meistens durch Medikamente wie z. B. → Antihistaminika, Nasensprays oder Augentropfen. Präventivmaßnahmen zur Reduzierung der Hausstauballergie ist eine deutliche Reduzierung der Staub- und somit Allergenbelastung in der Wohnung.

Hausstaubmilben
Hausstaubmilben ist ein umgangssprachlicher und unspezifischer Trivialname für winzige Spinnentiere, die nur unter dem Mikroskop sichtbar sind. Hierbei handelt es sich um Milben, vor allem der Gattungen Dermatophagoides pteronyssinus und Dermatophagoides farinae. Diese ernähren sich von den Hautschuppen, von denen jeder Mensch bis zu zwei Gramm pro Tag verliert. Milben leben bevorzugt in Betten, Decken und Kissen sowie an den Stellen, an denen sich Staub gut festsetzen kann. Hierzu gehören Teppiche, Polstermöbel, schwere Gardinen und Plüschtiere. Problematisch sind die Ausscheidungen (Kot) der Milben, durch die eine → Hausstauballergie verursacht wird.

Hausstaubprobe
Eine Hausstaubprobe besteht aus dem Einsammeln einer gewissen Menge an → Hausstaub aus Innenräumen, um eine → Hausstaubuntersuchung durchführen zu können. Hausstaub bietet hierbei im Gegensatz zu anderen Proben wie z. B. einer Luftprobe den Vorteil, dass Art und Menge von Schadstoffen oder → Allergenen über einen zurückliegenden Zeitraum ermittelt werden kann, da sich Staub über einen längeren Zeitraum und auch in schwer zugänglichen Bereichen gebildet hat und sich somit Schadstoffe wie z. B. Holzschutzmittel oder Allergene wie z. B. → Hausstaubmilben in ihm angesammelt haben.

Hausstaubuntersuchung
siehe Abschn. 6.6.3.4

Hautpilz
→ Dermatomykose

Hauttest
Ein Hauttest ist Bestandteil einer Allergie-Diagnose. In Abhängigkeit von der Art der vermuteten → allergischen Reaktion unterscheidet man im Wesentlichen zwei Gruppen von Hauttests: den → Pricktest, seltener → Intrakutan- oder Reibetest, um eine → Allergie vom Sofort-Typ (→ Typ-I-Allergie) abzuklären, deren Symptome innerhalb von Minuten bis maximal zwei Stunden auftreten oder den → Epikutantest, um eine Allergie vom Spät-Typ (→ Typ-IV-Allergie) abzuklären, bei denen sich die Symptome frühestens nach einigen Stunden bis wenigen Tagen bemerkbar machen.

Havarieschäden
Havarieschäden im Kontext zu → Schimmelpilzen in Innenräumen sind plötzlich auftretende Wasserschäden wie z. B. ein Wasserrohrbruch, Verstopfungen in Abwasserleitungen oder defekte Rückstausicherungen, durch die große Wassermengen in die Gebäudekonstruktion eindringen und neben einer massiven Durchfeuchtung auch mikrobielle Schäden verursachen können. Sofortmaßnahmen bestehen z. B. im Rahmen der → technischen Bautrocknung.

Hebeanlagen
Hebeanlagen sind Teil der → Rückstausicherung in einem Gebäude. Diese Anlagen pumpen das Abwasser aus tieferliegenden Innenräumen z. B. im Kellergeschoss über die Rückstauebene (in der Regel Straßenoberkante) hinaus in die Kanalisation. Im Gegensatz zu → Rückstauverschlüssen erlauben Hebeanlagen auch bei Rückstau im Kanal eine uneingeschränkte Nutzung von Hausarbeits- oder Sanitärräumen im Keller. Unterschieden werden Hebeanlagen für Abwasser, das Fäkalien und Toi-

lettenpapier und dgl. enthält und hierfür mit einem Schneidwerkzeug oder Zerkleinerer ausgestattet sind, um die Feststoffe zu zerkleinern, sowie Hebeanlagen für fäkalienfreies Schmutzwasser aus z. B. Waschbecken, Duschen und dgl.

Hefeextrakt
Hefeextrakt ist in der → Mikrobiologie eine wichtige Quelle für → Nährstoffe wie Aminosäuren und niedermolekulare Eiweißkörper, Vitamine (insbesondere Vitamin B) und Mineralstoffe. Dieser wird in → Nährmedien eingesetzt, um das Wachstum von → Mikroorganismen, insbesondere → Bakterien und → Schimmelpilze, zu fördern. Hefeextrakt wird aus Hefe gewonnen, wobei Enzyme die Hefezellen auflösen, und die Nährstoffe freisetzen.

Hefekäfer
Der Hefekäfer gehört zur Familie der Moderkäfer. Man findet den → Lästling im Freien genauso wie in Gebäuden auf feuchten Wänden mit Schimmelpilzbefall, vor allem auf der Rückseite von Raufasertapeten, auf denen sich → Schimmelpilze befinden, oder auf verschimmelten Nahrungsmitteln. Der Hefekäfer gilt als Feuchte- und → Schimmelpilzindikator, da sich sowohl Käfer als auch Larven von Schimmelpilzen ernähren. Der bräunlich-gelbe Käfer hat eine Länge von 1,3 bis 1,4 mm. Charakteristisch ist die tiefe, nach hinten breiter werdender Einkerbung in der Mitte auf der Kopfoberseite. Die Antennen enden mit einer zweigliedrigen Fühlerkeule. Die Eier werden lose auf die Oberfläche von Schimmelpilzen abgelegt. Für die komplette Entwicklung vom Ei bis zum Käfer werden bei einer Temperatur von 24 °C nur 36 Tage benötigt.

Hefen/Hefepilze
siehe Abschn. 5.6.5

Heizen
siehe Abschn. 10.3.3

Heizleisten
Heizleisten (oder auch Sockelheizleisten oder Fußleisten-Konvektoren) sind kleine Konvektor-Heizkörper, die knapp über der Fußbodenleiste an der Innenseite von Außenwänden installiert werden. Diese erzeugen Strahlungswärme und geben diese aufgrund des → Coanda-Effekts ab. Hierbei steigt die Wärme aus kleinen Öffnungen bis ca. zwei Meter an der kalten Wandoberfläche auf. Eine größere Luftumwälzung wie bei anderen Konvektoren erfolgt nicht. Vor allem im Altbau können diese Heizleisten nachträglich relativ einfach und kostengünstig installiert werden. Feuchtkalte Bauteiloberflächen werden ausgetrocknet, allerdings die Ursachen nicht beseitigt.

Heizperiode
Die Heizperiode umfasst den Zeitraum vom ersten bis zum letzten Heiztag in einer Wintersaison. Dies ist lt. Energiewirtschaftsgesetz vom 1. Oktober bis zum 31. März. In diesem Zeitraum muss eine Heizungsanlage in Betrieb sein und die Temperatur der Innenräume auf ein bestimmtes Niveau halten. Eine gesetzliche Regelung über diesen Zeitraum gibt es nicht, da dieser von klimatischen, geographischen und anderen Faktoren abhängig ist. Als Orientierung dient ein → Grenzwert der mittleren Außentemperatur sowie ein → Richtwert der Innenraumtemperatur, der in der DIN EN 13790 „Energieeffizienz von Gebäuden – Berechnung des Energiebedarfs für Heizung und Kühlung“ geregelt ist (die Norm wurde zurückgezogen). Die Heizperiode ist relevant für Vermieter und Mieter, da sie die Heizpflicht und die Rechte in Bezug auf Mindesttemperaturen während dieser Zeit regelt.

Heizwärmebedarf
Der Heizwärmebedarf beschreibt die nach DIN 4108-2 rechnerisch ermittelten Wärmeeinträge über ein Heizsystem, die zur Aufrechterhaltung einer bestimmten mittleren Raumtemperatur in einem Gebäude in einem Jahr benötigt werden. Dieser unter Berücksichtigung solarer und innerer Wärmegewinne rechnerisch ermittelter Bedarf an Heizwärme wird auch als Netto-Heizenergiebedarf bezeichnet.

Heizwärmebilanz
Die Heizwärmebilanz eines Gebäudes wird von dessen Wärmeverlusten (Lüftungs- und Transmissionswärmeverlust) und dessen Wärmegewinnen (interne Wärmequellen und passive Solarge-

winne) bestimmt. Wärmegewinne und -verluste schwanken hierbei in Abhängigkeit von der Jahreszeit und den Gebäudeeigenschaften.

Heizwärmeverbrauch
Der Heizwärmeverbrauch ist der über einen bestimmten Zeitraum (z. B. ein Jahr) gemessene Verbrauch an Heizenergie, der zur Aufrechterhaltung einer bestimmten Temperatur in einem Gebäude oder einem Bereich erforderlich ist.

HEPA-Filter
HEPA ist ein Akronym für High Efficient Particulate Air. Bei HEPA-Filtern handelt es sich daher um hocheffiziente Partikelfilter zur Feinfilterung von organischen und/oder anorganischen Feinstäuben oder mikrobiellen Belastungen durch → Sporen und anderen mikrobiellen Partikeln in der Innenraumluft. Hierzu muss der Schwebstofffilter über 99,9 % der Feinstpartikel abfangen, die größer als 0,1 bis max. 0,3 µm sind. Hierzu gehören u. a. einige → Schimmelpilze, → Bakterien und → Viren, Fasern und Feinststäube, Eier von → Milben, Pollen und sonstige → Aerosole in der Raumluft, Rauchpartikel sowie Asbest. Neben HEPA-Filtern gibt es noch → EPA- und → ULPA-Filter.

HEPA-Staubsauger
Ein HEPA-Staubsauger ist mit einem → HEPA-Filter ausgestattet und wird z. B. im Rahmen der → Feinreinigung nach einer Schimmelpilzsanierung eingesetzt. Somit soll sichergestellt werden, dass keine Schimmelpilzsporen und andere mikrobielle Partikel in der Luft verteilt werden und bereits sanierte Bereiche erneut mikrobiell belasten.

hepatotoxisch
Hepatotoxisch beschreibt eine leberschädigende Wirkung, wie sie z. B. durch einige → Mykotoxine verursacht werden.

hereditär
Der Begriff hereditär bedeutet erblich oder geerbt und beschreibt die Eigenschaften von Merkmalen eines Individuums, die auf dessen Nachkommen übertragen werden. Der Begriff wird auch verwendet für die Vererbbarkeit von Krankheiten über mehrere Generationen.

Heterotroph
Heterotrophe Organismen gewinnen ihre Energie und ihr Material für den Aufbau von Zellsubstanzen aus dem Abbau von organischen Stoffen. Zu den heterotrophen Organismen zählen u. a. → Bakterien und → Schimmelpilze. Das Gegenteil wird als → autotroph bezeichnet.

Hintergrundbelastung/Hintergrundwert
siehe Abschn. 4.3.2, siehe Abschn. 8.3.2

Histamin
Histamin als Gewebshormon und Neurotransmitter (Botenstoff) spielt im Zusammenhang mit → allergischen Reaktionen und Entzündungen eine wichtige Rolle. Im → Immunsystem ist Histamin beteiligt, wenn es um die Abwehr körperfremder Stoffe (→ Allergene) geht. Im Rahmen der medizinischen Diagnostik z. B. bei → Atopien und → Allergien wird Histamin beim inhalativen → Provokationstest sowie zur Positivkontrolle beim → Intrakutantest eingesetzt.

Histoplasmose
Histoplasmose ist eine → Mykose, die durch das Einatmen der hochinfektiösen → Konidien der Gattung Histoplasma capsulatum verursacht wird. Die Infektion beginnt bei 5 bis 10 % der exponierten Menschen in der Lunge, kann aber Menschen mit einer → Immunsuppression auch in anderen Organen (z. B. Lunge, Milz, Leber) auftreten. Unterschieden wird eine akute Histoplasmose (leichte, grippeähnliche Erkrankung mit Fieber, Husten, Gliederschmerzen und Müdigkeit) und eine chronische Histoplasmose (chronischer Husten, Gewichtsverlust, Brustschmerzen, Fieber und Schüttelfrost). Der Nachweis erfolgt durch → Kultivierung, → serologische Untersuchungen oder histopathologische Analysen. Die Behandlung erfolgt mit → Antimykotika.

Höchstwert
Der Höchstwert stellt den Maximalwert einer Kenngröße dar und kann infolgedessen nicht überschritten werden. Dieser definiert sich als

100 % unter Berücksichtigung aller erdenklichen Einflussfaktoren.

hohe Restfeuchtigkeit nach Baumaßnahmen, Vermeidung von
siehe Abschn. 10.5.2

Hohlraumtrocknung
Die Hohlraumtrocknung ist ein Verfahren der → Technischen Bautrocknung und wird zum Trocknen von Hohlräumen z. B. in Fußbodenkonstruktionen aus Verbundbaustoffen oder innerhalb der Baukonstruktion (z. B. bei mehrschaligen Mauerwerken) eingesetzt. In der Regel kommt zur Hohlraumtrocknung das → Unterdruckverfahren zum Einsatz.

Holomorph
Holomorph bezeichnet die Gesamtheit aller Merkmale eines Individuums oder einer → Art. In der → Mykologie wird der Begriff auch für die Gesamtheit der Entwicklungsstadien eines Pilzes verwendet, also wenn beide Entwicklungsstadien, die → Anamorphe und → Teleomorphe, vorkommen. Der Pilz wird dann als → pleomorph bezeichnet.

Holzschädlinge
→ Holzzerstörende Pilze

Holzverfärbende Pilze
Holzverfärbende Pilze zählen zu der Gruppe der Schlauchpilze (→ Ascomyceten), zu denen viele → Schimmelpilze zählen. Der am häufigsten anzutreffender holzverfärbender Pilz ist die Blaufäule. Der Name ist allerdings irritierend, da die Zellwände des Holzes nicht abgebaut werden und der Pilz somit keine Auswirkung auf die Festigkeit des Holzes hat. Genau genommen liegt deshalb auch keine → Fäulnis vor, sondern nur eine Verfärbung. Daher wird von Experten die Bezeichnung Bläuepilz verwendet. Ausgehend von der Lebensweise und Sporenausbreitung der über 100 bekannten Bläuepilze werden drei Typen unterschieden: die Stammholzbläue oder auch primäre Bläue, Oberflächenbläue oder sekundäre Bläue und die Anstrichbläue oder tertiäre Bläue. Bläuepilze befallen das Splintholz und bewirken eine Verfärbung, die nachträglich nicht mehr beseitigt werden kann.

Holzzerstörende Pilze
Fast alle holzzerstörenden Pilze gehören zur Gruppe der → Basidiomyceten. Sie besitzen ein vielfach verzweigtes System von Zellfäden (→ Hyphen), die in ihrer Gesamtheit als → Myzel bezeichnet werden. Die Hyphen scheiden Fermente und Enzyme ab, mit denen das Holz, insbesondere die Zellulose und das Lignin, zersetzt wird. Hierbei wird zwischen zwei Arten unterschieden: Pilze, die die Zellulose angreifen und mit der Zeit abbauen, werden als → Braunfäule (oder Destruktionsfäule) bezeichnet. Pilze, die dagegen vorzugsweise das Lignin angreifen und mit der Zeit abbauen, werden als → Weißfäule (oder Korrosionsfäule) bezeichnet.

horizontaler Gentransfer
→ Transduktion

Hospitalismus
Der Begriff Hospitalismus wird in der Regel für körperliche und psychische Symptome verwendet, die durch eine mangelnde soziale oder therapeutische Zuwendung während eines Krankenhausaufenthaltes verursacht werden. In der Mikrobiologie wird der Begriff auch für das gehäufte Auftreten bestimmter Bakterien verstanden, die sich im Krankenhaus oder artgleichen Gebäuden angesiedelt haben. Das Besondere an diesen Bakterien besteht darin, dass diese in der Regel gegen die meisten → bakteriziden Wirkstoffe resistent sind.

HPLC-Verfahren
→ Mykotoxine

Human-Biomonitoring
Unter Human-Biomonitoring werden Untersuchungen in humanbiologischen Materialien wie Blut, Urin, Speichel, Haaren, Zähnen usw. auf Schadstoffe oder deren Abbauprodukte durch chemische Analysen verstanden. Hierbei werden zwei Methoden unterschieden: das Belastungsmonitoring, bei dem Fremdstoffe oder deren Stoffwechselprodukte direkt bestimmt werden, und das biochemische Effektmonitoring, das im Messen von Reaktionsprodukten von Fremdstoffen mit körpereigenen Substanzen besteht. Dieses dient als Maß für die tatsächlich vom Organismus auf-

genommene Schadstoffdosis über alle Aufnahmepfade und spiegelt zudem die individuellen Besonderheiten bzgl. der Aufnahme, Speicherung, Metabolisierung und Ausscheidung des Fremdstoffes im menschlichen Organismus wider.

Human Leucocyte Antigen
→ HLA-System

Human-pathogen
Der Begriff human-pathogen bedeutet für den Menschen krankheitserregend. Viele der → Bakterien, → Viren oder Schimmelpilze sind humanpathogen.

Hydrophil (in Bezug auf Baustoffe)
Hydrophil bedeutet, dass Baustoffe oder Bauteiloberflächen leicht mit Wasser benetzt werden können, also aufgrund einer offenporigen Struktur eine hohe kapillare Wasseraufnahme haben. Der so genannte Rand- oder Benetzungswinkel liegt unterhalb von 90°; die Haftspannung erreicht positive Werte. Um hydrophile Baustoffe oder Bauteiloberflächen wasserabweisend auszurüsten, werden diese hydrophobiert. Damit wird das Benetzungsverhalten aufgehoben. Der Rand- oder Benetzungswinkel liegt oberhalb von 90°; die Haftspannung wird negativ.

Hydrophil (in Bezug auf Schimmelpilze)
Hydrophil bedeutet, dass diese → Schimmelpilze → Substrate (Untergründe) mit einer hohen Durchfeuchtung bevorzugen. Die Wasseraktivität, der so genannte → a_w-Wert, dieser Schimmelpilze liegt bei über 0,9. Zu den hydrophilen Schimmelpilzen gehören z. B. → Aspergillus fumigatus, → Chaetomium, → Fusarium, → Ulocladium, → Stachybotrys und → Trichoderma.

Hydrophob
Hydrophob bedeutet, dass sich Baustoffe oder Bauteiloberflächen nicht oder nur sehr schwer mit Wasser benetzen lassen. Übersetzt bedeutet hydrophob „wasserabweisend“ oder „wasserabstoßend“. Der so genannte Rand- oder Benetzungswinkel liegt oberhalb von 90°; die Haftspannung erreicht negative Werte. Ist dieser Winkel über 120° spricht man von einer Superhydrophobie.

Hydroxymethylanthrachinon
→ Emodin

Hygiene
siehe Abschn. 7.3.7

„Hygienetemperatur“ (zur Schimmelfreiheit)
Als „Hygienetemperatur“ (zur Schimmelfreiheit) gilt die in der DIN 4108 Teil 3 angegebene Bauteiltemperatur von 12,6 °C, die auch an → Wärmebrücken nicht unterschritten werden darf.

Hygienic Coatings
siehe Abschn. 10.6.3

Hygienische Ausrüstung, Klasse I
Eine hygienische Ausrüstung der Klasse I beschreibt eine Ausrüstung, die gereinigt und von relevanten → Mikroorganismen befreit werden kann, ohne dass diese zerlegt werden muss.

Hygienische Ausrüstung, Klasse II
Eine hygienische Ausrüstung der Klasse II beschreibt eine Ausrüstung, die nach dem Zerlegen gereinigt werden kann und nach dem Zusammenbau frei von relevanten → Mikroorganismen ist.

Hygienische Bewertung
siehe Abschn. 8.4

Hygienisch notwendige Lüftung
siehe Abschn. 10.2.4

Hygrografen
→ Luftfeuchtemessverfahren

Hygrologger
→ Luftfeuchtemessverfahren

Hygrometer
Ein Hygrometer ist ein Messinstrument zur Bestimmung der → relativen Luftfeuchtigkeit. Zusammen mit der Lufttemperatur kann man den Wasserdampfgehalt der Luft bestimmen.

Hygroskopisch/Hygroskopizität
Als hygroskopisch werden Baustoffe bezeichnet, die Wasser aus der Luft aufnehmen und binden können. Der Begriff wird sowohl für → hydrophile

Baustoffe oder Bauteiloberflächen verwendet als auch für Materialien, die durch → bauschädigende Salze belastet sind. Wichtig ist, dass hygroskopische Baustoffe oder Bauteiloberflächen nicht nur Feuchtigkeit aufnehmen, sondern auch eine Austrocknung zur → Sorptionsfeuchte behindern. Sind Baustoffe oder Bauteiloberflächen durch bauschädigende Salze belastet, erhöht sich die hygroskopische Feuchtigkeitsaufnahme. Die größte Hygroskopizität besitzen besonders leicht wasserlösliche Nitratverbindungen, gefolgt von den Verbindungen der Chloride. Die geringsten hygroskopischen Eigenschaften zeigen Sulfatverbindungen.

Hygroskopische Feuchte
→ Sorptionsfeuchte

Hygrostat
Ein Hygrostat ist ein Messgerät, mit dem die → relative Luftfeuchtigkeit gemessen und mit den ermittelten Messwerten eine lufttechnische Anlage reguliert werden kann. Ein Hygrostat besteht daher im Wesentlichen aus einem Sensor zur Messung der Luftfeuchte und einem Schalter zum Ein- und Ausschalten des Gerätes.

Hymenium
Ein Hymenium ist eine Schicht auf dem → Fruchtkörper von Pilzen, die aus → Hyphen besteht und in der sich die → Sporen entwickeln.

Hypersensitivitätsreaktion
→ Überempfindlichkeitsreaktion

Hyphen
Hyphen sind fadenförmige Zellen von → Schimmelpilzen und bestimmten → Aktinobakterien (→ Streptomycetes). Diese sind typisch für Fadenpilze, kommen aber unter bestimmten Bedingungen auch bei dimorphen → Hefen vor. Hyphen bilden sich nach dem Auskeimen der → Sporen und dienen der Ernährung oder Fortpflanzung. Das Geflecht von Hyphen bezeichnet man als → Myzel.

Hyphenkompartimente
Zellen, die in einer → Hyphe (Pilzfäden) durch → Septen (Querwände) abgegrenzt sind, werden als Hyphenkompartimente bezeichnet.

Hypoallergen
Der Begriff „hypoallergen" ist kein anerkannter Fachbegriff und wird in der Werbung verwendet, um zu suggerieren, dass ein so bezeichnetes Produkt besonders gut verträglich ist und kaum → allergene Stoffe enthält und somit Sicherheit vor → Allergien bietet. → Allergologen und Verbraucherschutzzentralen empfehlen, sich auf derartige Aussagen nicht zu verlassen.

Hypochlorit
Hypochlorite sind Salze der Hypochlorigen Säure. Diese schwache Säure entsteht durch die chemische Reaktion von Chlor mit Wasser. Hypochlorite werden als Natriumhypochlorit oder Kaliumhypochlorit als Bleichmittel oder → Desinfektionsmittel gegen → Bakterien und → Viren eingesetzt. Diese Verbindungen sind farblos, wasserlöslich und bei Raumtemperatur nur bedingt stabil.

Hyposensibilisierung
Eine Hyposensibilisierung ist eine Behandlungsmethode im Rahmen einer Allergie-Therapie, bei der das → Immunsystem schrittweise an → Allergene gewöhnt wird. Daher spricht man auch von einer spezifischen Immuntherapie. Nach einem individuell erstellten Therapieplan werden dem Körper in gewissen Abständen definierte, kleine Mengen des betreffenden Allergens zugeführt und je nach Verträglichkeit die Dosis an Allergenextrakte ständig weiter gesteigert. Dies erfolgt entweder durch Spritzen unter die Haut (→ subkutane Immuntherapie) oder über die Mundschleimhaut (→ sublinguale Immuntherapie). Somit kann die Überreaktion auf Allergene gezielt reduziert werden, da das Immunsystem mit der Zeit „lernt", eine Toleranz gegenüber dem Allergen zu entwickeln. Eine spezifische Immuntherapie ist nicht unumstritten und sollte unbedingt in enger Abstimmung mit einem erfahrenen → Allergologen durchgeführt werden. Bei einer Hyposensibilisierung z. B. auf → Schimmelpilze und → Milben müssen die Innenräume vorher gründlich gereinigt werden. Eine Mischung von ganzjährigen Allergenen (z. B. Milben oder Schimmelpilzen) mit saisonalen Allergenen (z. B. Pollen) ist ungünstig.

Hypothallus
Hypothallus ist eine dünne Schicht unter dem → Fruchtkörper (Reste des → Plasmodiums).

14.9 I

Idiophase
siehe Abschn. 3.5.5

Idiosynkrasie
Idiosynkrasie ist ein sehr alter Begriff aus der Medizinschule der Hippokratiker (um 400 v. Chr.) und bedeutete ursprünglich „eigentümliche Mischung der Säfte im Körper und die daraus hervorgehende Beschaffenheit des Leibes". Später nutzte man diesen Begriff im Sinne einer so erzeugten „spezifischen Beschaffenheit eines einzelnen Körpers", die bei bestimmten Belastungen zu Krankheitserscheinungen führen können, so dass der Begriff sinngemäß der → Konstitution entsprach und eine genetisch bedingte Überempfindlichkeit auf eine Substanz entsprach, wobei diese nicht den bekannten → allergischen, → pseudoallergischen oder → toxischen Reaktionen zugeordnet werden konnte. Heute wird der Begriff zunehmend für eine von der Regel abweichende Immunreaktion aufgrund von Fehlfunktionen durch defekte oder fehlende Enzyme definiert.

IgA-Antikörper
→ Antikörper, → Immunglobulin A

IgD-Antikörper
→ Antikörper, → Immunglobulin D

IgE-Antikörper
→ Antikörper, → Immunglobulin E

IgM-Antikörper
→ Antikörper, → Immunglobulin M

Immunassays
Unter Immunassays werden eine Reihe von biochemischen Analysen verstanden, mit denen so genannte → Analyten durch die Bindung eines → Antigens an einen → Antikörper spezifisch und sensitiv nachgewiesen werden (wenn die untersuchte Substanz ein Antikörper ist). Das Grundprinzip dieser Methode ist die Spezifität der Antikörper-Antigen-Reaktion. Die Markierung für diesen Nachweis kann mit dem primären Antikörper (der an das Antigen bindet), mit einem sekundären Antikörper (der an den primären Antikörper bindet) oder mit einem Teil des Antigens (der der Probe hinzugefügt wird) und mit dem zu messenden Antigen konkurriert, verknüpft werden.

Immundefizienz
→ Immunsuppression

Immunfluoreszenz
Die Immunfluoreszenz ist eine Methode zur biochemischen und medizinischen Analyse, bei der → Antigene mittels → Antikörpern sichtbar gemacht werden. Diese werden hierzu mit einem fluoreszierenden Farbstoff (z. B. Fluorescein oder Rhodamin) markiert und anschließend unter einem Immunfluoreszenzmikroskop betrachtet. Der fluoreszierende Farbstoff leuchtet in charakteristischen Farben, wenn dieser mit ultraviolettem Licht angeregt wird, so dass die Antikörper aus dem Serum des Patienten nachgewiesen werden. Enthielt das Patientenserum keine Antikörper, lässt sich dagegen keine Fluoreszenz nachweisen. Die Immunfluoreszenz wird in der Diagnostik z. B. von → Autoimmunerkrankungen und → Infektionen eingesetzt. Außerdem wird die Methode in der Forschung eingesetzt, um z. B. Proteine in Zellen und Geweben zu visualisieren oder Zellstrukturen und intrazelluläre Prozesse untersuchen zu können.

Immunglobulin
Immunglobuline (auch → Antikörper genannt) sind Eiweißkörper, die in den Zellen des → Immunsystems gebildet werden und spezifisch mit Fremdstoffen wie z. B. → Antigenen oder → Allergenen reagieren. Sie sind ein wichtiger Bestandteil zur Immunabwehr von Schadstoffen und Krankheitserregern. Es gibt verschiedene Immunglobuline, die unterschiedlichen Aufgaben haben. Hierzu zählen → Immunglobulin A (IgA), → Immunglobulin D (IgD), → Immunglobulin E (IgE), → Immunglobulin G (IgG) und → Immunglobulin M (IgM).

Immunglobulin A
Als Immunglobulin A (IgA) bezeichnet man einen → Antikörper, der auf den Schleimhäuten der Atemwege, der Augen und des Magen-Darm-Trakts sowie den Körperflüssigkeiten vorkommt und dort eine erste Abwehrbarriere gegen → pathogene Stoffe bildet. Im Serum macht IgA etwa 15 % aller → Immunglobuline aus.

Immunglobulin D
Als Immunglobulin D (IgD) bezeichnet man einen Y-förmigen → Antikörper. An den Enden des Ypsilon befinden sich so genannte Paratope (spezifische Verbindungsstellen), die sich mit den so genannten Epitope (spezifische Oberflächenstrukturen von → Antigenen oder → Allergenen wie z. B. → Bakterien) verbinden können. In seiner Antikörperfunktion ist das IgD Bestandteil der Oberfläche von → B-Zellen (B-Lymphozyten).

Immunglobulin E
Als Immunglobulin E (IgE) bezeichnet man einen → Antikörper, der → allergische Reaktionen und Parasiten sowie Würmer abwehren soll. Das IgE hat die Fähigkeit, sich über spezielle Rezeptoren an Mastzellen oder basophile Granulozyten zu binden und diese zu veranlassen, Stoffe (in der Regel → Histamin) auszuschütten, um eine → Allergie auszulösen.

Immunglobulin G
Immunglobulin G (IgG) oder auch Gammaglobulin ist der häufigste → Antikörper im Blut und schützt vor → Infektionen durch → Viren und → Bakterien. Hierbei handelt es sich um ein so genanntes Glykoprotein, das von B-Lymphozyten bzw. Plasmazellen nach Kontakt mit einem → Antigen produziert wird. Die Bildung von Immunglobulin G ist Teil der humoralen Immunabwehr. Es wird erst in einer verzögerten Abwehrphase (3 Wochen) gebildet und bleibt über einen längeren Zeitraum erhalten.

Immunglobulin M
Das Immunglobulin M (IgM) ist ein → Antikörper, der aus fünf Y-förmigen Untereinheiten besteht, die an den langen Enden miteinander verbunden sind. An den kurzen Enden des Ypsilon befinden sich spezifische Kontaktstellen, die sich mit Fremdkörpern (z. B. → Antigene oder → Allergene) verbinden können. IgM wird früh im Verlauf einer Immunreaktion gebildet und spielt bei der Früherkennung und Beseitigung von Antigenen eine wichtige Rolle. Dieses Immunglobulin kann man als eine Art Vorwarnsystem verstehen, da dieses als Erstes gebildet wird und das so genannte Komplementsystem aktiviert. Infolgedessen ist ein erhöhter IgM-Wert einer Blutuntersuchung in der Regel ein Hinweis auf eine momentane → Infektion, in der Regel durch → Viren.

Immunität
Als Immunität bezeichnet man in der Medizin einen angeborenen oder durch Kontakt mit → pathogenen Stoffen erworbenen Zustand, in dem der Organismus ausreichende Abwehrmechanismen gegenüber Angriffen von außen durch z. B. krankmachende → Antigene wie durch → Mikroorganismen wie z. B. → Bakterien, → Viren oder → Schimmelpilze sowie → Toxine besitzt und gegenüber deren krankmachender Wirkung unempfänglich ist. Eine Immunität verhindert somit in der Regel nicht das Eindringen von Krankheitserregern in den Körper (→ Infektion), sondern nur deren unkontrollierte Ausbreitung. Nach der Herkunft wird die Immunität unterschieden in die angeborene Immunität, auch als → Prädisposition bezeichnet, und die erworbene Immunität, auch als adaptive Immunität oder → Disposition bezeichnet. Nach dem Mechanismus, der zur Immunität gegenüber bestimmten pathogenen Stoffen geführt hat, wird die humorale Immunität und zelluläre Immunität unterschieden. Man differenziert daher in eine natürliche und künstliche Immunität sowie nach der Beteiligung des → Immunsystems in eine aktive und passive Immunität sowie nach der Dauer der Immunität in eine relative und absolute Immunität.

Immunkörper
→ Antikörper

Immunkomplex-Typ
→ Typ-III-Allergie

Immunmodulatorisch
Die Bezeichnung immunmodulatorisch bezieht sich auf die Veränderung oder Beeinflussung des Immunsystems durch Medikamente oder andere Mittel. Diese kann abhängig vom spezifischen Wirkstoff und der Dosierung sowohl stimulierend als auch unterdrückend wirken. Letzteres ist bekannt unter dem Begriff → Immunsuppression.

Immunoassay
→ Immunassays

Immunogen
Ein Immunogen ist eine Substanz (→ Antigen), durch die eine adaptive Reaktion des → Immunsystems wie die Produktion von → Antikörpern oder die Aktivierung von spezifischen Immunzellen ausgelöst wird. Immunogen kann auch als Adjektiv benutzt werden und beschreibt eine Substanz, die (auf Antigene bezogen) Immunität bewirkend ist.

Immunogenität/Immunogenizität
Die Immunogenität (auch Immunogenizität) ist die Fähigkeit eines → Antigens, eine Antwort des → Immunsystems wie z. B. eine → Sensibilisierung auszulösen.

Immunoglobulin
Immunoglobulin ist die internationale Bezeichnung für → Immunglobuline.

Immunologie
Die Immunologie ist die Lehre und Wissenschaft der → Immunität. Als Teildisziplin der Medizin setzt sich diese mit den immunbiologischen Reaktionen im menschlichen Organismus auseinander, insbesondere den biologischen Abwehrreaktionen im → Immunsystem. Hierzu gehören → allergische Erkrankungen, Immunschwächen und Autoimmunerkrankungen. Zu der Immunologie gehört auch die → Allergologie.

immunologisches Gedächtnis
→ Allergie

Immunophatie
Die Immunophatie ist eine Sammelbezeichnung für alle durch Immunreaktionen verursachten Krankheitserscheinungen.

Immunotoxisch
Als immunotoxisch werden schädliche Auswirkungen von Fremdstoffen oder Chemikalien auf das → Immunsystem bezeichnet. Die Immunotoxizität kann hierbei an verschiedenen Stellen des Immunsystems wirken.

Immunozytolyse
Die Immunozytolyse ist eine Auflösung von Zellen, die durch eine Immunreaktion bedingt wird.

Immunparalyse
Unter Immunparalyse wird das Unvermögen des → Immunsystems verstanden, auf einen Angriff durch ein → Antigen zu reagieren.

Immunpathogenese/immunpathogen
Unter einer Immunpathogese wird die Entstehung und Entwicklung von Krankheiten und Schäden an körpereigenen Geweben verstanden, die durch immunologische Reaktionen auf → pathogene Stoffe wie z. B. → Viren oder → Bakterien verstanden.

Immunreaktion
Eine Immunreaktion (oder auch Immunantwort) bezeichnet in der → Immunologie die Reaktion des → Immunsystems auf potenziell schädliche Organismen oder Substanzen (als → Antigene wirkende Eiweißkörper) durch Bildung von → Antikörpern. Hierbei wird zwischen der angeborenen und erworbenen (oder adaptiven) Immunreaktion unterschieden. Die angeborene Immunreaktion erkennt bestimmte erregertypische Moleküle über vererbte Mechanismen, während die erworbene Immunreaktion hierzu Rezeptoren verwendet, die erst nach dem Kontakt mit einer → pathogenen Substanz gebildet wurde. Hierbei kann die erworbene Immunreaktion auf eine fremde pathogene Substanz flexibel reagieren: Wird diese als ungefährlich eingestuft, wird zukünftig keine Immunreaktion mehr ausgelöst. Man spricht dann von einer → Immuntoleranz.

Immunschwäche
→ Immunsuppression

Immunserum
Als Immunserum wird das Serum bezeichnet, das → Antikörper gegen → pathogene Mikroorganismen wie Viren oder Bakterien enthält.

Immunsuppression
Von einer Immunsuppression (auch als Immunschwäche bezeichnet) spricht man, wenn das körpereigene Abwehrsystem (das → Immunsystem) durch Krankheiten oder gezielt durch Medikamente unterdrückt wird und somit geschwächt ist. Diese kann dazu führen, dass der Organismus weniger effektiv gegen → Infektionen und andere Krankheiten geschützt ist.

Immunsuppressiva
Unter Immunsuppressiva werden Medikamente oder die Wirkung eines medikamentösen Wirkstoffes bezeichnet, der die körpereigene Abwehrreaktion und somit eine Immunreaktion unterdrückt oder abschwächt. Immunsuppressiva werden u. a. bei Autoimmunerkrankungen eingesetzt, um eine Überreaktion des → Immunsystems zu verhindern.

Immunsystem
siehe Abschn. 11.2

Immuntoleranz
Immuntoleranz bezeichnet eine ausbleibende bzw. stark verminderte Reaktion des → Immunsystems gegenüber einem → Antigen. Von der Immuntoleranz muss die → Immunsuppression abgegrenzt werden.

Impaktionsverfahren
Das Impaktionsverfahren ist ein anerkanntes Verfahren der → mikrobiologischen Untersuchung. Die Standards sind in der DIN ISO 16000 „Innenraumluftverunreinigungen – Teil 16: Nachweis und Zählung von Schimmelpilzen – Probenahme durch Filtration“ sowie DIN ISO 16000 „Innenraumluftverunreinigungen – Teil 18: Nachweis und Zählung von Schimmelpilzen – Probenahme durch Impaktion“ geregelt. Hierbei wird eine Luftströmung mittels eines Luftkeimsammlers erzeugt, welche über einen → Nährboden geleitet wird. Schimmelpilzsporen und andere mikrobielle Partikel scheiden sich auf diesem nach dem Trägheitsprinzip ab und können anschließend → kultiviert werden.

Imperfekte Pilze
→ Fungi imperfecti

Impfung
Unter einer Impfung wird die Zuführung eines Impfstoffes verstanden mit dem Ziel, das → Immunsystem gegen spezifische Stoffe zu aktivieren und somit zu befähigen, auf eine Infektion mit einem Erreger so schnell und wirksam zu reagieren, dass daraus keine oder nur eine abgeschwächte Infektionskrankheit entsteht. Der Begriff wird synonym auch für die → Inokulation verwendet.

Inaktivierte Biomasse
Der Begriff inaktivierte Biomasse bezieht sich auf totes organisches Material, das von → Schimmelpilzen abgebaut und zersetzt wurde. Obwohl die Schimmelpilze selbst inaktiv sind, kann von der → Biomasse immer noch eine potenzielle Gesundheitsgefahr ausgehen, da diese → allergische Reaktionen auslösen und → Infektionen bei Menschen mit einer → Immunsuppression auslösen kann, in dem auch eine inaktivierte Biomasse → Sporen freisetzen kann.

inapparent
Im medizinischen Sinn bedeutet inapparent, dass gesundheitliche Wirkungen unsichtbar bzw. symptomlos auftreten.

Index of fungi
Der Index of fungi ist eine Zusammenstellung von Pilznamen, die erstmals im Jahr 1940 eingeführt und ständig erweitert wurde. Der Index of fungi stellt eine vollständige Namensliste der Pilze seit Einführung der binären Nomenklatur dar.

Indikation
Als Indikation bezeichnet man in der Medizin den Grund für eine Behandlung, also das Anwendungsgebiet einer Therapie.

Indikatoren
siehe Abschn. 8.3.3

Indikatororganismus
Ein Indikatororganismus beschreibt spezifische → Mikroorganismen, die durch die Häufigkeit ihres Auftretens im Umfeld von unterschiedlichen Schäden evtl. Hinweise und Rückschlüsse auf die Art und Ursache dieser Schäden liefern. → Hydrophile → Schimmelpilze sind z. B. Indikatoren für einen → sporadischen Wasserschaden, auch → Feuchteindikatoren genannt.

inert
Das Adjektiv inert bezeichnet in der Chemie Stoffe, die nicht mit anderen Stoffen reagieren.

Infektiologie/Infektiologe
Die Infektiologie (bzw. Infektionslehre oder Infektionsmedizin) ist eine interdisziplinäre Wissenschaft in den Bereichen → Mikrobiologie, → Virologie, Infektionsepidemiologie und Medizin. Als medizinisches Fachgebiet setzt sie sich mit der Erforschung, Prävention, Diagnose und Behandlung von viralen, bakteriellen, mykotischen und protozoalen → Infektionen und Infektionskrankheiten beim Menschen und deren → Pathogenen auseinander. Die Grundlagenforschung erfolgt in der Infektionsbiologie (→ Bakteriologie, Virologie, Parasitologie und → Immunologie), in der klinischen Infektiologie und in der Epidemiologie. Das dazugehörige Berufsbild ist Infektiologe.

Infektion
siehe Abschn. 11.8

Infektionskrankheiten
Unter einer Infektionskrankheit versteht man das Eindringen und die Vermehrung von Krankheitserregern wie z. B. → Bakterien, → Parasiten, Pilzen, → Protozoen oder → Viren im menschlichen Organismus, sofern das → Immunsystem dagegen nicht ausreichend reagiert hat. Infektionskrankheiten sind nicht mit einer → Infektion gleichzusetzen, da nicht jede Infektion zwangsläufig zu einer Infektionskrankheit führen muss. Diese zeigen ein breites Spektrum in Bezug auf Symptome und/oder den zeitlichen Verlauf und sind für den Erreger oftmals spezifisch. Für den Verlauf und die Prognose einer Infektionskrankheit ist die Fähigkeit des Immunsystems entscheidend, den Erreger zu eliminieren. Hierfür werden spezifische Medikamente wie z. B. → Antibiotika (gegen Bakterien), → Antimykotika (gegen Pilze) und → Virostatika (gegen Viren) eingesetzt. Gegen einige Erreger gibt es auch die Möglichkeit einer vorbeugenden → Impfung. Mit den grundsätzlichen Mechanismen von Infektionen und Infektionskrankheiten befassen sich die → Infektiologie und die → Immunologie.

Infektionsschutzgesetz
Das Infektionsschutzgesetz regelt die Verhütung und Bekämpfung von Infektionskrankheiten.

Infektiöse Dosis
→ Endpunkttitration

Infektiosität
Die Infektiosität beschreibt das Potenzial eines → Krankheitserregers bei Kontakt auch tatsächlich eine Infektion zu induzieren.

Infiltration
Unter Infiltration versteht man die Zufuhr von Außenluft in eine Nutzungseinheit über Undichtigkeiten wie z. B. offene Fugen in der Gebäudehülle. Die Größe der Infiltration ist von der Dichtheit des Gebäudes abhängig. Wind und Druckunterschiede am Gebäude können diese ebenfalls beeinflussen.

Infrarotanalyse
Die Infrarotanalyse ist besonders zum Nachweis organischer Verbindungen geeignet, die mit dem Röntgendiffraktometer nicht nachgewiesen werden können. Das Messprinzip basiert darauf, dass chemische Verbindungen Infrarotstrahlung in einem Wellenlängenbereich von 1 bis 35 nm auf charakteristische Art und Weise absorbieren. Mit diesem Verfahren können alle Substanzen analysiert werden.

Infrarotspektrometer
Mit Hilfe des Infrarot(IR)-Spektrometers ist es möglich, funktionelle Gruppen in allen Stoffen und Verbindungen nachzuweisen, soweit diese

Infrarot-aktiv sind. Im Analytik Labor ist der Einsatz weitestgehend auf organische Verbindungen beschränkt. Mit Hilfe des IR-Spektrometers kann der chemische Aufbau z. B. von organischen Bindemitteln, Lösemitteln, Füllstoffen, Harzen, Härtern usw. bestimmt werden. Ein Nachteil bei der Anwendung eines IR-Spektrometers besteht darin, dass nur reine Substanzen analytisch nachgewiesen werden können und diese vorab präparativ aufgetrennt werden müssen.

Infrarotspektroskopie
Jede Verbindung und insbesondere jede organische Verbindung zeigt bei Anregung mit Infrarotlicht ein spezifisches Molekülschwingungsverhalten. Dieses Verhalten erzeugt materialcharakteristisch typische Spektren und kann daher zur Bestimmung der einzelnen Stoffkomponenten und Materialzusammensetzungen verwendet werden. Infrarotspektren zeigen im langwelligen Bereich so genannte Molekülfingerabdrücke, die z. B. zur Identifizierung von Beschichtungsstoffen sowie deren Bindemitteltypen verwendet werden können. Zur Stoffbestimmung ist es allerdings sinnvoll, die erhaltenen Spektren mit den Infrarotspektren des Originals zu vergleichen.

Infrarotthermographie
Die Infrarotthermografie ist ein Verfahren zur berührungslosen Messung von Wärmeströmen und Oberflächentemperaturen. Das mit einer Infrarotkamera aufgenommene Wärmebild gibt die Temperaturverteilung der untersuchten Bauteilflächen wieder. Haupteinsatzgebiete sind das Erkennung von Wärmeverlusten sowie die Ortung thermischer Schwachstellen wie z. B. → Wärmebrücken.

Infrarottrocknung
Die Infrarottrocknung ist ein spezielles Verfahren der → technischen Bautrocknung und basiert auf dem Prinzip der → Wärmestrahlung. Hierbei dringen kurzwellige Infrarotstrahlen tief in das angestrahlte Bauteil ein und erzeugen von innen heraus eine Erwärmung des Bauteils. Durch das entstehende Temperaturgefälle wird die Feuchtigkeit durch kapillare Wirkungsweise aus dem Inneren des feuchten Bauteils an dessen Oberfläche transportiert, so dass diese verdampft und in die Raumluft abgegeben wird. Die Infrarottrocknung wird häufig in Intervallen durchgeführt, um die Effizienz zu steigern. Hierbei sollte für einen regelmäßigen Luftaustausch (z. B. durch → Lüften) gesorgt werden.

Inhalation
Unter Inhalation versteht man das Einatmen von Gasen oder → Aerosolen (einem Gemisch von festen oder flüssigen Schwebeteilchen, die in der Luft suspendiert sind), aber auch das unbeabsichtigte Einatmen von giftigen Gasen oder anderen Schadstoffen wie z. B. → MVOC oder → Mykotoxine. Das Gegenteil der Inhalation ist die → Exhalation.

Inhalationsallergen
Unter Inhalationsallergenen versteht man allergieauslösende Stoffe, die sich in der Luft befinden, eingeatmet werden und zu → allergischen Reaktionen führen können. Hierzu gehören z. B. biogene Stäube, Schimmelpilzsporen und andere mikrobielle Partikel oder deren Stoffwechselprodukte wie z. B. → Mykotoxine oder → MVOC und andere Substanzen wie z. B. der Kot von → Hausstaubmilben. Diese → Allergene gelangen in die Atemwege und lösen allergische Reaktionen aus.

Inhalationsmykose
Unter einer Inhalationsmykose versteht man eine → Infektion durch → Schimmelpilze, die durch eine → inhalative Aufnahme von infektiösen Pilzpartikeln (in der Regel durch → Sporen) verursacht wird. Ein häufiger Erreger für Pilzinfektionen, vor allem bei Menschen mit einem geschwächten → Immunsystem, ist der Schimmelpilz → Aspergillus. Typische Symptome sind z. B. Husten, Atemprobleme, Fieber oder Schüttelfrost. Die Therapie hängt von der Art der Mykose und der Schwere der Infektion ab. Häufig werden → Antimykotika verabreicht.

Initiationsstelle
→ Replikation

Inkubation (Mikrobiologie)
Unter der Inkubation versteht man in der → Mikrobiologie die → Kultivierung (oder das Bebrüten) von → Mikroorganismen unter Zufuhr von Wärme. Hierfür werden beheizbare Brutschränke (→ Inkubatoren) verwendet. → Schimmelpilze und → Dermatophyten werden in der Regel bei Raumtemperaturen von 20 bis 25 °C bebrütet; → Bakterien und → Hefen werden dagegen bei Körpertemperatur von 36 °C (±1 °C) inkubiert.

Inkubation (Medizin)
→ Inkubationszeit

Inkubationszeit
Mit Inkubationszeit wird der Zeitraum zwischen der → Infektion (Ansteckung) mit einem Krankheitserreger und dem Auftreten erster Symptome bzw. dem Ausbruch einer → Infektionskrankheit verstanden. Während dieser symptomlosen Phase können sich die Krankheitserreger im menschlichen Körper ausbreiten. Die Inkubationszeit kann, je nach Erregerart, einige Tage, Monate oder in Ausnahmen bis zu wenigen Jahren betragen. In einigen Fällen kann ein „inkubierter" Mensch seinerseits schon andere Menschen anstecken, bevor die Krankheit bei ihm selbst zum Ausbruch kommt. Hinzu kommt, dass sich die verschiedenen Erreger unterschiedlich schnell und auf spezifische Weise im Körper vermehren, abhängig von der individuellen → Konstitution des Infizierten.

Inkubator
→ Brutschrank

Innendämmung
siehe Abschn. 9.2.2.3

Innenkondensation
Innenkondensation ist ein umgangssprachlicher und unspezifischer Trivialname für taupunktbedingtes Kondenswasser, das entweder auf der Innenseite von Außenwänden auftritt oder innerhalb einer Baukonstruktion.

Innenraum
siehe Abschn. 8.5.1

Innenraum-Feuchte-Bilanz
Im Rahmen der Schimmelpilzdiagnostik von Innenräumen spielt die Innenraum-Feuchte-Bilanz eine wichtige Rolle. Diese erfasst die Gesamtfeuchte, in der neben der → relativen Luftfeuchte und Materialfeuchte zusätzlich der Sättigungsdampfdruck, das Raumvolumen und die → Belegungsdichte sowie die Art der → Lüftung berücksichtigt wird. Eine Innenraum-Feuchte-Bilanz stellt den in Innenräumen produzierten Wasserdampf (M_D) in kg/h sowie den zugeführten Wasserdampf (M_{zu}) in kg/h ins Verhältnis zum abgeführten Wasserdampf (M_{ab}) in kg/h. Die Formel hierfür lautet: $M_D + M_{zu} = M_{ab}$.

Innenraumhygiene
siehe Abschn. 4.3.6

innenrauminduzierte Schimmelpilze
Innenrauminduziert bedeutet, dass in einem Innenraum ein bestimmter Zustand durch einen äußeren Einfluss ausgelöst oder hervorgerufen wird. Im Kontext zu → Schimmelpilzen bedeutet dies, dass damit nur die Schimmelpilze gemeint sind, die in Innenräumen vorkommen. Hierzu muss man wissen: weltweit gibt es geschätzt ca. 250.000 verschiedene Schimmelpilzarten. Davon sind bisher nur ca. 100.000 Arten genau bestimmt. Von diesen werden nicht einmal 0,2 % mit gesundheitlichen Wirkungen in Verbindung gebracht und nur ca. 50 Arten werden unter bestimmten Voraussetzungen in privat genutzten Innenräumen in Mitteleuropa nachgewiesen. Diese 50 Arten werden als innenrauminduzierte Schimmelpilze bezeichnet.

Innenraumspezifische Bewertung
siehe Abschn. 8.5

Inokulation
Im Gegensatz zur → Kontamination/Kontaminierung stellt die Inokulation, umgangssprachlich auch als animpfen oder beimpfen bezeichnet, eine bewusste bzw. erwünschte Besiedelung eines → Nährbodens durch → pathogene oder → toxische → Erreger wie z. B. → Bakterien, → Viren oder → Schimmelpilze dar. Gleiches

gilt für das Einbringen dieser Erreger in einen Organismus.

Insuffizienz
Unter einer Insuffizienz wird eine ungenügende Leistung eines Organs verstanden.

Intensivlüftung
siehe Abschn. 10.2.5

Intensivreinigung
Eine Intensivreinigung ist ein spezielles Reinigungsverfahren von Bauteiloberflächen mit einem mikrobiellen Befall, bei dem Feinstaubsauger der Klasse H (→ HEPA-Staubsauger) zum Einsatz kommen. Die Intensivreinigung kann durch → biozide Wirkstoffe, z. B. oxidative oder oberflächenaktive Substanzen, unterstützt werden und darf nicht mit der → Feinreinigung verwechselt werden.

Intoxikation
siehe Abschn. 11.7

Intradermaltest
→ Intrakutantest

Intrakutantest
Der Intrakutantest ist ein Verfahren im Rahmen der → Allergiediagnostik und dient dem Nachweis einer → Sensibilisierung gegenüber einem → Allergen und/oder gegenüber Bestandteilen eines Krankheitserregers. Bei dem Hauttest, der auch als Intradermaltest oder Quaddeln bezeichnet wird, wird mit einer dünnen Hohlnadel eine geringe Menge einer Testlösung mit dem Allergen in die Haut injiziert, um eine → allergische Reaktion zu erkennen, allgemein als Quaddelbildung bezeichnet. Das Verfahren kann auch zum Nachweis der Sensibilisierung gegenüber schwachen Allergenen wie z. B. → Hausstaubmilben eingesetzt werden. Im Vergleich zum → Epikutan-Test und → Prick-Test ist der Intrakutantest sensitiver, allerdings auch invasiver.

intrazellulär
Als intrazellulär bezeichnet man Vorgänge, die sich innerhalb einer Zelle befinden.

intrazelluläre pathogene Mikroorganismen
Intrazelluläre → pathogene → Mikroorganismen sind Krankheitserreger, die sich innerhalb von Wirtszellen vermehren, um Krankheiten zu verursachen. Diese werden in zwei Gruppen unterteilt: obligat intrazelluläre pathogene Mikroorganismen, die nur innerhalb von Zellen überleben können wie z. B. alle → Viren, einige → Bakterien, einige → Protozoen und einige → Schimmelpilze, und fakultativ intrazelluläre pathogene Mikroorganismen, die sowohl innerhalb als auch außerhalb von Zellen leben können wie z. B. → Mykobakterien. Die intrazelluläre Vermehrung von Pathogenen führt häufig zur Zerstörung der Wirtszelle, wodurch die Krankheitserreger freigesetzt und neue Zellen infiziert werden können. Dieser Prozess kann → infektiöse Erkrankungen verursachen.

intrinsisches Asthma
→ nicht-allergisches Asthma

In- und Exfiltration
Unter der In- und Exfiltration wird die → Lüftung über vorhandene Undichtheiten (Leckagen) in der Gebäudehülle einschließlich von Fugen im Bereich von Fenstern und Türen verstanden, die einerseits zu unnötigen Wärmeverlusten führen kann und andererseits im Rahmen der nach EnEV und DIN 4108 geforderten Dichtheit der Gebäudehülle nicht mehr ausreicht, die Bautenschutz-technischen und -hygienischen Anforderungen an die Lüftung hinreichend gut zu erfüllen. Sie entspricht der Gesamtundichtigkeit einer Nutzungseinheit (Wohnung), die durch den sich einstellenden → Luftvolumenstrom durch die Gebäudehülle bei gegebenem Differenzdruck gekennzeichnet ist.

Invasive (pulmonale) Aspergillose
Eine invasive (pulmonale) → Aspergillose tritt bei Menschen mit einer → Immunsuppression auf und manifestiert sich in der Regel in den Atemwegen und Nebenhöhlen. Auslöser sind → Schimmelpilze wie → Aspergillus fumigatus, → Aspergillus flavus, → Aspergillus terreus oder → Aspergillus niger. In Ausnahmen kann sich die invasive (pulmonale) Aspergillose aggressiv aus-

breiten und über die Blutbahn auf das Herz und Gehirn, die Leber und Nieren sowie den Darm ausweiten. Man unterscheidet zwischen einem akuten Verlauf (< 1 Monat) und einem subakuten Verlauf (1 bis 3 Monate).

Invasive Mykose
→ Systemmykose

In vitro
Organische Vorgänge, die außerhalb eines lebenden Organismus stattfinden, werden als in vitro (lateinisch für „im Glas“) bezeichnet. Der Begriff hat seine Bedeutung im Zusammenhang mit der → In-vitro-Diagnostik, bei der Körperflüssigkeiten des Patienten (in der Regel Blut) labordiagnostisch untersucht werden.

In-vitro-Diagnostik
Die In-vitro-Diagnostik (oder auch In-vitro-Tests) wird in der Regel eingesetzt, wenn die → In-vivo-Diagnostik keine eindeutigen Aussagen liefert oder aus bestimmten Gründen nicht durchgeführt werden kann. Hierzu gehört z. B. die Bestimmung des → Gesamt-IgE mittels → ELISA-Test, des spezifischen → IgE oder des allergenspezifischen → IgG. Weitere Verfahren sind z. B. der → Lymphozytentransformationstest, der Histamin-Freisetzungstest und der Basophilen-Aktivierungstests.

In vivo
Organische Vorgänge, die innerhalb eines lebenden Organismus stattfinden, werden als in vivo (lateinisch für „im oder am Organismus“) bezeichnet. Der Begriff hat seine Bedeutung im Zusammenhang mit der → In-vivo-Diagnostik, die mit dem Patienten selbst durchgeführt wird.

In-vivo-Diagnostik
Bei der In-vivo-Diagnostik (oder auch In-vivo-Tests) werden verschiedene → Allergene an benachbarten Stellen auf bzw. in die Haut des Patienten eingebracht und nach einem definierten Zeitraum (abhängig von der jeweiligen Methode) die Reaktion ausgewertet. Art und Ausprägung der Hautreaktion liefern Hinweise auf das auslösende Allergen bzw. seine allergene Potenz. Abhängig von den Mikroläsionen (kleinste Verletzungen in der Haut) werden folgende Verfahren unterschieden: mit Mikroläsionen der → Prick-Test, → Scratch-Test (Ritz-Test) und → Intrakutantest sowie ohne Mikroläsionen der → Epikutantest (Patch-Test) und Reibetest. Außerdem gehört der → inhalative und → nasale → Provokationstest zur In-vivo-Diagnostik. Diese Verfahren sind im Gegensatz zu der → In-vitro-Diagnostik nicht ungefährlich, da der Patient bewusst bestimmten Allergenen ausgesetzt wird und eine Veränderung des Sensibilisierungsgrades verursachen kann.

Ionisator/Ionisierung
Ionisatoren können zur Reinigung der Raumluft eingesetzt werden und Mikroorganismen wie → Bakterien, → Viren und → Schimmelpilze abtöten. Ionisatoren binden den → Feinstaub in der Luft durch elektrostatische Aufladung und erzeugen Ozon (O_3) aus dem Sauerstoff der Luft. Dieses spaltet Gase und trägt somit zur Minderung unerwünschter Gerüche bei. Bei den erzeugten Ionen handelt es sich um elektrisch geladene Atome und Moleküle. Sie haben durch Energieeinwirkung ein Elektron verloren bzw. ein Elektron dazu gewonnen. Es herrscht ein Ungleichgewicht zwischen Protonen und Elektronen, weil die Teilchen elektrisch nicht mehr neutral sind. Da sich entgegengesetzte Pole bzw. Ladungen gegenseitig anziehen, versuchen die Ionen sich zu vervollständigen. Dieses Anlagern erhöht das Gewicht der Teilchen, so dass die Teilchen-Cluster mit der Zeit so schwer werden, dass die Luft sie nicht mehr tragen kann und sie zu Boden sinken. Die somit „gebündelten“ Schadstoffe können mit einem speziellen → HEPA-Staubsauger aufgesaugt werden oder in manchen Ionisatoren durch die erzeugte Luftumwälzung im Gerät aufgefangen werden. Von den meisten Expertem werden diese Verfahren abgelehnt, da sowohl das Ozon als auch die Spaltprodukte der Gase die Gesundheit der Raumnutzer gefährden können.

Ionometer
Ein Ionometer ist ein Messgerät, mit dem die Intensität ionisierender Strahlung (elektrisch geladene Teilchen in der Luft) erfasst werden kann. Daher wurden diese früher auch als Strahlungsde-

tektoren bezeichnet. Ein gutes Raumklima zeichnet sich durch eine hohe Zahl an Luftionen aus. Vor allem elektrostatisch aufgeladene Kunststoffoberflächen, synthetische Fasern sowie → Hausstaub und Rauch können stark ionenreduzierend wirken. Daher liefern Ionometer einen guten Überblick über verschiedene raumklimabeeinflussende Parameter.

IRK
IRK ist ein Akronym für Innenraumlufthygienekommission des → Umweltbundesamtes und der obersten Landesbehörden.

Irritationen
siehe Abschn. 11.6

Isoplethen-Modell
siehe Abschn. 4.3.7

Isofumigaclavin A und B
Isofumigaclavin A und B sind → Mykotoxine, die vom → Schimmelpilz → Penicillium roqueforti gebildet werden. Beide treten häufig zusammen mit → Roquefortin C auf und können → neurotoxische Wirkungen haben.

Isothiazolinone
Isothiazolinone sind heterocyclische organische Verbindungen, die als Konservierungsmittel in vielen Produkten eingesetzt werden und aufgrund ihrer → bakteriziden und fungiziden Wirkung das Wachstum von → Mikroorganismen zu hemmen. Die → Biozidprodukte können allerdings Hautreizungen und allergische Reaktionen hervorrufen. Zu den bekanntesten Derivaten zählen Benzisothiazolinon, Methylisothiazolinon, Chlormethylisothiazolinon, Dichloroctylisothiazolinon und Octylisothiazolinon. Isothiazolinone sind schwer abbaubar und können sich in der Umwelt, insbesondere im Grundwasser, anreichern.

IUCLID
IUCLID ist ein Akronym für „International uniform chemical information database“ und beschreibt eine Datenbank, die zur Bewertung und Kontrolle der Umweltrisiken chemischer Altstoffe von der europäischen Industrie gesammelt und gemeldet wurden. Es bildet die Datengrundlage für die Weitergabe von bestimmten Informationen zu einem → Biozid-Produkt an die zuständigen Behörden (Zulassungsstelle) gemäß der → Biozid-Meldeverordnung.

14.10 J

Jahres-Heizwärmebedarf
Der Jahres-Heizwärmebedarf gibt die → Wärmemenge an, die ein Heizsystem jährlich für die Gesamtheit der beheizten Innenräume eines Gebäudes zur Aufrechterhaltung bestimmter Raumtemperaturen bereitzustellen hat. Der Jahres-Heizwärmebedarf für ein Gebäude setzt sich zusammen aus dem Transmissionsbedarf und dem Lüftungswärmebedarf abzüglich der internen und der solaren Wärmegewinne ohne Berücksichtigung der Anlagentechnik.

Jahreszeitliche Schimmelpilzbelastung
siehe Abschn. 4.3.2.4

Jochpilze
Jochpilz ist die deutsche Bezeichnung für die → Zygomycetes.

Juristische Bewertung (eines Schimmelpilzbefalls)
siehe Abschn. 8.10

14.11 K

Kältebrücken
→ Wärmebrücken

Käseschimmel
Käseschimmel ist ein umgangssprachlicher und unspezifischer Trivialname für den → Schimmelpilz → Penicillium caseicolum.

Kahmhaut
Als Kahmhaut wird eine von → Mikroorganismen wie z. B. → Bakterien und → Schimmelpilzen gebildete dünne Oberflächenschicht („Häutchen“) auf nährstoffreichen Flüssigkeiten bezeichnet.

Kahmhefen
Als Kahmhefen bezeichnet man eine von Hefen gebildete dünne Oberflächenschicht („Häutchen“) auf nährstoffreichen Flüssigkeiten. Kahmhefen gären nicht oder nur sehr schwach. Ein bekannter Vertreter der Kahmhefen ist Candida vini.

Kaltnebelverfahren
Das Kaltnebelverfahren, auch als trockenes Verfahren bezeichnet, ist eine spezielle Methode zur → Dekontamination von Innenräumen durch die → Desinfektion von Bauteiloberflächen, Hohlräumen und anderen schwer zugänglichen Bereichen. Das Verfahren nach → DIN EN 17272 basiert auf Wasserstoffperoxid (H_2O_2) und ist für ein breites Spektrum an → biologischen Arbeitsstoffen wie z. B. → Bakterien, → Schimmelpilze und → Viren ausgelegt. Eine feine Düse erzeugt ein äußerst feines, desinfizierendes Aerosol, das sich im Raumvolumen gleichmäßig ausbreitet und in Öffnungen und sonstige Hohlräume eindringt. Wasserstoffperoxid zerfällt später zu Wasser und Sauerstoff. Das Verfahren ist deutlich effizienter als herkömmliche Methoden, da auch schwer zugängliche Bereiche desinfiziert werden können. Das Verfahren ist im Markt u. a. auch unter den Bezeichnungen Biodekontamination, Aerosoldesinfektion und Desinfektionsvernebelung bekannt.

Kaltsterilisation
Kaltsterilisation beschreibt eine Methode zur Sterilisation, die bei einer Raumtemperatur oder tieferen Temperaturen durchgeführt wird, also ohne den Einsatz thermischer Energie (Hitze). Zu den typischen Verfahren gehören chemische Stoffe wie z. B. → Desinfektionsmittel, Bestrahlung mit ultraviolettem Licht oder Behandlung mit keimtötenden Gasen wie z. B. Ethylenoxid oder Ozon. Die Wahl der Verfahren hängt von verschiedenen Faktoren wie z. B. der Art des zu sterilisierenden Materials, den zu eliminierenden Keimen sowie den Sicherheitsaspekten ab. Die Kaltsterilisation wird z. B. bei hitzeempfindlichen Substanzen in mikrobiologischen Labors eingesetzt.

Kalziumsilikatplatten
Kalziumsilikatplatten sind plattenförmige Baustoffe aus Kalziumsilikat. Dieser überwiegend mineralische Baustoff besteht aus Siliziumdioxid, Kalziumoxid, Wasserglas und Zellulose und wird mit Hilfe von Wasserdampf, vergleichbar der Herstellung von Porenbeton, Kalksandstein oder Mineralschaumdämmplatten, gehärtet. Kalziumsilikatplatten sind alkalisch, formstabil, druckfest, nicht brennbar und → wasserdampfdiffusionsoffen. Besonders hervorzuheben ist das hohe → Sorptionsvermögen, durch das anfallende Feuchtigkeit kurzfristig aufgenommen, zwischengespeichert und wieder abgegeben werden kann. Durch diese Pufferfunktion sind Kalziumsilikatplatten besonders gut geeignet für die → Innendämmung, insbesondere bei Fachwerkbauten, sowie im Rahmen der Schimmelpilzsanierung.

Kammerschleuse
Eine Kammerschleuse (oder auch Luftschleuse) ist eine flexible Kammer, die als Schutz- und Hygienemaßnahme im Rahmen der Schimmelpilzsanierung eingesetzt wird. Die Kammer besteht aus einem modularen Schleusensystem mit integrierter Luftabsaugung, so dass ein Unterdruck entsteht. Durch diese wird der unkontrollierte Austritt von biogenen Stäuben, Schimmelpilzsporen und anderen mikrobiellen Partikeln in angrenzende Räume unterbunden. Kammerschleusen stellen die Schnittstelle zwischen einem Schwarz- und Weißbereich dar.

Kandidose
→ Candidose

kanzerogen
→ karzinogen

Kanzerogenität
Als Kanzerogenität wird die krebsverursachende, -erzeugende, -auslösende oder -fördernde Eigenschaft von Stoffen und Substanzen bezeichnet. Zur Einstufung und Kennzeichnung werden diese → Kanzerogene nach der → CLP-Verordnung in drei Kategorien unterteilt: Karzinogene der Kategorie 1A (alte EG-Einstufung: Kategorie 1) sind Substanzen, die auf den Menschen nachgewiesen krebserzeugend wirken, Karzinogene der Kategorie 1B (alte EG-Einstufung: Kategorie 2) sind Substanzen, die wahrscheinlich krebserzeugend

sind und Karzinogene der Kategorie 2 (alte EG-Einstufung: Kategorie 3) sind Substanzen, die im Verdacht stehen, eine krebserzeugende Wirkung beim Menschen zu erzeugen.

Kapazitive Feuchtemessung
siehe Abschn. 6.3.2.3

Kapnophil
Als kapnophil wird die Eigenschaft eines Mikroorganismus bezeichnet, insbesondere von Bakterien, für das Wachstum eine erhöhte Kohlendioxid-Konzentration zu benötigen. Die meisten kapnophilen Bakterien sind typischerweise → mikroaerophil, bevorzugen also neben einer erhöhten CO_2-Konzentration auch eine Umgebung mit reduziertem Sauerstoff.

Karenz
Unter einer Karenz versteht man bestimmte Verhaltensweisen oder Maßnahmen, durch die der Kontakt bzw. die → Exposition gegenüber → Allergenen vermieden wird.

Karyokinese
→ Mitose

karzinogen
Die Begriffe karzinogen oder kanzerogen werden häufig synonym für Substanzen verwendet, die krebserregend sind. Der Begriff karzinogen ist der wissenschaftlich korrekte Begriff, der aus dem griechischen „karzinos" (Krebs) und „genes" (Entstehung) zusammengesetzt ist. Karzinogene Substanzen haben eine → genotoxische Wirkung auf die DNA und führen zu Mutationen von Genen und somit zu einer Entartung von Zellen. Unterschieden werden biologische Kanzerogene (→ Viren wie z. B. das Hepatitis-B-Virus), chemische Kanzerogene (→ Mykotoxine wie z. B. → Aflatoxine) und physikalische Kanzerogene (z. B. ionisierende Strahlung und UV-Strahlung).

Kategorie 1
Kategorie 1 ist eine Einstufung des → sichtbaren Schimmelpilzbefalls nach Flächenausdehnung und Eindringtiefe in den Untergrund sowie Größe der → Biomasse nach → UBA-Leitfaden. Diese Kategorie definiert einen normalen bis geringfügigen Befall $< 0{,}2\ m^2$, bei dem kein Eindringen in die Bauteiloberfläche festgestellt wird und eine geringe Biomasse nachweisbar ist.

Kategorie 2
Kategorie 2 ist eine Einstufung des → sichtbaren Schimmelpilzbefalls nach Flächenausdehnung und Eindringtiefe in den Untergrund sowie Größe der → Biomasse nach → UBA-Leitfaden. Diese Kategorie definiert einen geringen bis mittleren Befall $< 0{,}5\ m^2$, bei dem punktuell ein Eindringen in die Bauteiloberfläche festgestellt wird und eine erhöhte Biomasse nachweisbar ist.

Kategorie 3
Kategorie 3 ist eine Einstufung des → sichtbaren Schimmelpilzbefalls nach Flächenausdehnung und Eindringtiefe in den Untergrund sowie Größe der → Biomasse nach → UBA-Leitfaden. Diese Kategorie definiert einen großen bis sehr großen Befall $> 0{,}5\ m^2$, bei dem flächig ein Eindringen in die Bauteiloberfläche festgestellt wird und eine große Biomasse nachweisbar ist.

KBE
KBE ist ein Akronym für Kolonie Bildende Einheit und bezeichnet in der → Mikrobiologie die Anzahl einzelner oder mehrerer zusammenhängender Individuen von → Mikroorganismen wie z. B. → Bakterien, → Schimmelpilze oder → Viren in einer Probe, die im Labor durch ihre Vermehrung in oder auf einem → Nährmedium zu einer einzelnen Kolonie (einer sichtbaren Ansammlung von Zellen) heranwachsen. Das Ergebnis dieser → mikrobiologischen Untersuchung wird als KBE/g (Kolonie-Bildende Einheiten pro Gramm Probenmaterial), KBE/ml (Kolonie-Bildende Einheiten pro Milliliter Probenflüssigkeit) oder KBE/m^3 (Kolonie-Bildende Einheiten pro Kubikmeter Luft) angegeben.

Keim
Im medizinischen Sinne werden alle → Mikroorganismen und ihre → Sporen, die Krankheiten auslösen können, als Keime bezeichnet. In der → Mikrobiologie allerdings versteht man unter dem Begriff Keime eine Fortpflanzungseinheit,

die zu einem neuen Organismus oder einer Kolonie von Einzelzellen heranwachsen kann wie z. B. alle Formen bzw. Typen von Sporen, Sprosszellen und dgl., ungeachtet ob sie Krankheitserreger sind oder nicht.

Keimgehalt/Keimzahl
Als Keimgehalt oder auch Keimzahl bezeichnet man in der → Mikrobiologie die Anzahl aktiver und ruhender → Mikroorganismen in einer Probe im Verhältnis zum Volumen oder zur Masse. Die Maßeinheit ist ml^{-1} bzw. g^{-1}.

Keimzahlbestimmung
Die Keimzahlbestimmung (oder Bestimmung des → Keimgehaltes) ist eine mikrobiologische Methode, die entweder direkt (durch mikroskopische Auszählung) oder indirekt (durch Bebrütung von → Nährmedien) bestimmt werden kann. Da es sich hierbei nicht um alle lebenden → Keime handelt, wird in der Regel die Bezeichnung → Koloniebildende Einheiten verwendet. Für Luftproben werden spezielle Keimsammelgeräte verwendet, bei denen die angesaugte Luft direkt über den → Nährboden geführt wird.

Keimzelle
Unter Keimzelle wird in der → Mikrobiologie eine einzelne Zelle verstanden, die einen neuen Organismus oder eine → Kolonie aus einzelnen Zellen bilden kann. Keimzellen können nach → mitotischer Teilung (als → Konidien) oder nach → meiotischer Teilung (→ Basidiosporen) entstehen. Sie sind entweder → asexuell sexuell entwicklungsfähig.

Kellerasseln
Kellerasseln sind kleine Krebstiere, die sich ausschließlich vegetarisch ernähren, wobei angefaulte Substanzen bevorzugt werden. Da die Sauerstoffaufnahme über Kiemen erfolgt, dürfen diese nicht austrocknen. Infolgedessen benötigen Kellerasseln einen feuchten und kühlen Lebensraum angewiesen. Deshalb trifft man diese → Lästlinge vor allem in Kellern von Altbauten und gelegentlich in Abflussgittern in Feuchträumen. Werden Kellerasseln in Wohnräumen entdeckt, liegt in den meisten Fällen ein Wasserschaden vor. Im Übrigen sind sie lichtscheu, was ihre nächtliche Aktivität erklärt. Kellerasseln werden bis zu 16 mm lang und haben einen ovalen, abgeplatteten Körper. Dieser ist grau bis schiefergrau, die Unterseite ist hellgrau gefärbt. Sie besitzen einen fein gezackten Rückenpanzer. Am Kopf, der mit dem ersten Brustring verschmolzen ist, befinden sich zwei Fühlerpaare, von denen das erste rudimentär ist und das zweite aus fünf Gliedern und einer zweigliedrigen Fühlerkeule besteht. Charakteristisch sind die sieben freibeweglichen Brustsegmente, an denen sich je ein Paar Laufbeine befinden. Dem entsprechend besitzen Kellerasseln 14 Schreitfüße und 12 Spaltfüße. Die Weibchen tragen bis zu 90 Eier über den Zeitraum von ca. 45 Tagen bis zum Schlüpfen der Larven in einem speziellen Brutraum, der sich an der Unterseite des Körpers befindet. Innerhalb eines Jahres sind bis zu drei Eiablagen möglich. Die aus den Eiern schlüpfenden Larven sehen den erwachsenen Kellerasseln bereits ähnlich. Die erwachsenen Tiere haben eine Lebenserwartung von bis zu zwei Jahren.

Kellerdämmung
siehe Abschn. 10.3.2.6

Kellerdeckendämmung
siehe Abschn. 10.3.2.6

Kellerlüftung
Der Begriff Kellerlüftung hat im Kontext zu → Schimmelpilzen mehrere Bedeutungen. Zum einen geht es um → falsches Lüften im Zusammenhang mit → Sommerkondensation und zum anderen um die Be- und Entlüftung von Kellergeschossen.

Kellerschwamm
→ Brauner Kellerschwamm

Keratin
Keratin ist Bestandteil der Hautschuppen, die „auf der Speisekarte" von → Hausstaubmilben stehen, wobei diese die fetthaltigen Proteine nicht direkt verwerten können. Spezielle → Schimmelpilze sind für die Vorverdauung der fetthaltigen Hautschuppen notwendig und werden durch die

Nahrungsaufnahme der Milben im Verdauungstrakt aufgenommen. So kommt es zur Symbiose zwischen Milben und Schimmelpilzen.

Keratitis
Keratitis ist eine durch → Mikroorganismen wie z. B. → Bakterien z. B. durch Staphylococcus aureus, Streptococcus pneumoniae, Pseudomonas, Chlamydia trachomatis, Neisseria gonorrhoeae oder Enterobacteriaceae verursachte Erkrankung der Augen. Weitere Auslöser können → Schimmelpilze wie z. B. → Aspergillus spp. oder → Hefepilze wie z. B. → Candida spp. oder → Viren wie z. B. → Adenoviren sein. Die häufigste Form der Keratitis ist die bakterielle Keratitis.

Kernpilze
Kernpilze ist die deutsche Bezeichnung für die → Ascomyceten.

Kerosinpilz
Kerosinpilz ist der umgangssprachliche und unspezifische Trivialname für den → Schimmelpilz → Cladosporium resinae, der in der Lage ist, den Treibstoff (Kerosin) in Flugzeugtanks abzubauen. In diesen Behältern bildet sich immer ein wenig → Kondensat, das bereits ausreicht, dass der Schimmelpilz an der Grenzfläche zwischen dem Kondensat und dem Kerosin sein → Habitat findet.

Killerzellen
Als Killerzellen werden die Zellen eines → Immunsystems bezeichnet, die veränderten Körperzellen, z. B. von Krankheitserregern befallene Zellen, erkennen und zerstören. Hierbei kann es sich um → zytotoxische T-Zellen oder um natürliche Killerzellen handeln. Beide Zelltypen verwenden bei der Zerstörung ähnliche Mechanismen, erkennen allerdings die veränderten Körperzellen anhand komplett anderer Merkmale.

Kippstellung
siehe Abschn. 7.3.5.3, siehe Abschn. 7.3.2.8

Klebefilmprobe (Abrisspräparat)
siehe Abschn. 6.6.4

Kleistothecien
→ Cleistothecium

Klimaanlage
siehe Abschn. 10.2.7.3.3

Klimaplatten
Klimaplatten ist ein umgangssprachlicher und unspezifischer Trivialname für plattenförmige Wärmedämmstoffe. Hierbei handelt es sich in der Regel um → Kalziumsilikatplatten, einer Abwandlung der Mineralschaumplatte. Diese werden z. B. im Rahmen der → Innendämmung eingesetzt und sollen das Raumklima verbessern. Dieses Narrativ ist für die Bezeichnung „Klimaplatte" verantwortlich.

Klinische Umweltmedizin
Die klinische → Umweltmedizin befasst sich mit der Diagnostik und Therapie von umweltbedingten Erkrankungen.

Knospung
Die Knospung, auch als Sprossung (oder Gemmatio) bezeichnet, ist eine Form der vegetativen bzw. ungeschlechtlichen Vermehrung. Bei → Bakterien bezeichnet Knospung eine ungleiche Zellteilung, die sich durch lokales Wachstum vollzieht. Die Tochterzelle (Knospe) ist dabei meist kleiner als die Mutterzelle, im Gegensatz zur Spaltung. Bei einzelligen → Sprosspilzen (Hefen) und mehrzelligen Pilzen tritt einer der beiden zuvor durch Zellteilung gebildeten Protoplasten aus einem Porus der gemeinsamen Zellwand aus und bildet für sich eine neue Zellwand, während der andere Protoplast in der alten Zellwand verbleibt und nur den Porus zu verschließen braucht. Bei den → Schlauchpilzen werden die → Konidien und bei den → Basidiomycetes die → Basidien durch Sprossung gebildet. Der Begriff Knospung wird auch bei → Viren verwendet, wenn diese aus der Wirtszelle austreten und hierbei einen Teil der Zellmembran des Wirts als Virushülle verwenden.

Kölner Lüftung
Bei der Kölner Lüftung sind die innen liegenden Sanitärräume wie Bäder oder Toiletten jeweils an einen eigenen Be- und Entlüftungsschacht angeschlossen. Die Zuluftschächte münden in einem Querkanal im Keller, der nach zwei gegenüberliegenden Gebäudeseiten hin offen sein kann und für einen Druckausgleich im System sorgt.

Köpfchenschimmel
Köpfchenschimmel ist ein umgangssprachlicher und unspezifischer Trivialname für → Schimmelpilze der → Mucor-Arten und verwandter → Zygomyceten. Der Begriff wird aus den großen runden → Sporocysten abgeleitet.

Kokken
→ Bakterien

Kolbenschimmel
Kolbenschimmel ist ein umgangssprachlicher und unspezifischer Trivialname für den → Schimmelpilz → Aspergillus.

Kolibakterium
→ Escherichia coli

Kolonie
Unter einer Kolonie wird in der → Mikrobiologie eine Gruppe von Organismen verstanden, die eng miteinander vergesellschaftet ist und in einem begrenzten → Habitat lebt. Kolonien von → Bakterien oder → Schimmelpilzen bilden sich auf festen → Nährböden durch Wachstum oder Vermehrung aus einzelnen Zellen, → Sporen oder → Myzelien, bis eine makroskopisch sichtbare Einheit dieses Organismus hervorgegangen ist. Je nach → Art der → Mikroorganismen sowie der Wachstumsbedingungen entstehen unterschiedliche Kolonieformen, Farben und Konsistenz, die zur Differenzierung (Bestimmung) genutzt werden.

Kolonie Bildende Einheit
→ KBE

Kombiniertes Lüftungssystem
siehe Abschn. 10.2.7.3.2

Komfortlüftung
Komfortlüftung ist ein umgangssprachlicher und unspezifischer Trivialname für eine Zu- und Abluftanlage mit Wärmerückgewinnung, die besonders komfortabel und energiesparend ausgelegt ist. Frische Außenluft wird hierbei durch Spezialfilter gereinigt, so dass das Eindringen von Pollen und je nach → Filter auch → Sporen von → Schimmelpilzen nicht in die Innenräume eindringen können. Ein spezielles Luftverteilungssystem stellt sicher, dass die zugeführte Frischluft bedarfsgerecht in die Innenräume weitergeleitet wird. Hierbei wird die alte, feuchte und verbrauchte Luft nach außen abgeführt und durch einen integrierten Wärmetauscher im Lüftungsgerät etwa 80 bis 90 % der Wärmeenergie zurückgewonnen.

komplexe Viren
Zur Gruppe der komplexen → Viren zählen Pockenviren und → Bakteriophagen (also Viren, die ausschließlich → Bakterien infizieren).

Komponenten-basierte Diagnostik
→ molekulare Allergiediagnostik

Kondensation
Kondensation ist in der physikalischen Chemie der Übergang eines Stoffes vom gasförmigen in den flüssigen Aggregatzustand durch Abkühlung. Im Kontext zu → Schimmelpilzen in Innenräumen geht es um die Kondensation von Wasserdampf auf Bauteiloberflächen bei Unterschreiten des → Taupunktes (auch Kondensationspunkt), bei dem → Tauwasser (oder auch Kondenswasser) entsteht.

Kondensationspunkt
→ Taupunkt

Kondensationstrockner/ Kondensationstrocknung
Ein Kondensationstrockner ist ein Luftentfeuchter, der nach dem Kondensationsprinzip arbeitet. Derartige Geräte werden zur → technischen Bautrocknung eingesetzt.

Kondenswasser
→ Tauwasser

Konidien (Conidien, Konidiosporen)
Als Konidien (griech. Konis = Staub, bezogen auf die staubähnliche Konsistenz) bezeichnet man → asexuelle unbewegliche → Sporen als → Nebenfruchtform bei Pilzen, die stets → Zellwände besitzen. Diese → Mitosporen werden von vielen → Dermatophyten gebildet. Konidien können in vielfältiger Form und Färbung auftre-

ten und sind wichtige Merkmale zur Bestimmung einer Art. Konidien entstehen → endogen oder → exogen, sind primär einzellig, können aber sekundär mehrzellig werden. In der Regel entwickeln sie sich an → Konidienträger (hyphenähnliche Träger). Die Ausbreitung erfolgt in der Regel durch den Wind (außen) oder Luftzug (innerhalb von Gebäuden).

Konidienträger
Als Konidienträger (oder Konidiophor) werden spezielle → Hyphen eines → Myzels bezeichnet, die → Konidien ausbilden. Diese leiten Nährstoffe vom Substratmyzel in die sich entwickelnden Konidien und sind an deren Freisetzung und Ausbreitung beteiligt. Die Konidien dienen zur → asexuellen Vermehrung des Pilzes und können direkt vom Konidienträger abgeschnürt werden oder durch angehängte Zellen. Ein Konidienträger weist abhängig vom → Schlauchpilz eine unterschiedliche → Morphologie auf: bei der Schimmelpilzgattung → Aspergillus ist dieser an der Oberseite verdickt (→ Vesikel) und bildet dort → Metulae und sporenbildende → Philiaden aus. Bei der Schimmelpilzgattung → Penicillium besitzt der Konidienträger an der Oberseite dagegen mehrfache Verzweigungen (anstatt des Vesikels), während bei der Gattung des Schimmelpilzes → Trichoderma der Konidienträger verzweigt ist und eine pyramidenartige Gestalt annimmt.

Konidiophor
→ Konidienträger

Konidiosporen
→ Konidien

Konjunktivitis
Die Konjunktivitis ist eine akute oder chronische Entzündung der Bindehaut des Auges, die durch eine → allergische Reaktion (Symptom der → Typ-I-Allergie) oder durch → Bakterien, → Viren oder Parasiten verursacht werden kann.

Konstitution
Konstitution bezeichnet die körperliche (physische) Verfassung oder die Widerstandsfähigkeit eines Menschen. Im erweiterten Sinn wird der Begriff für die genetisch bedingte Gesamtverfassung oder synonym auch für das angeborene → Immunsystem verwendet. Es umfasst morphologische, physiologisch-biochemische und psychologische Merkmale und unterscheidet sich damit zur → Disposition.

Konstruktivbedingte Wärmebrücken
siehe Abschn. 7.3.2.5

Kontagiosität
Die Kontagiosität beschreibt die Fähigkeit eines → Krankheitserregers zwischen Individuen übertragen zu werden.

Kontaktallergie
Eine Kontaktallergie ist eine → Überempfindlichkeitsreaktion der Haut (selten Schleimhaut), die durch direkten Kontakt mit einem → Allergen ausgelöst wird. In der Regel bleiben die Symptome beim Erstkontakt mit dem Allergen noch aus. Allerdings findet bereits eine → Sensibilisierung des → Immunsystems statt. Bei wiederholtem Kontakt kommt es zu einer → allergischen Reaktion (meist vom → zellvermittelten Allergie-Typ, selten vom → Sofort-Typ), die sich als Hautausschlag oder Ekzem zeigt. Die Untersuchung findet mit dem → Epikutantest statt. Eine Kontaktallergie ist nicht ansteckend und in den meisten Fällen auch nicht heilbar, so dass nur die Symptome durch Meidung des Allergens gelindert werden. Typische Symptome sind Juckreiz, Rötung, Schwellungen und Ausschläge sowie trockene, schuppige oder nässende Haut, Bläschenbildung oder Quaddeln.

Kontaktdermatitis
→ Kontaktallergie

Kontaktprobe
Eine Kontaktprobe, auch → Klebefilm- oder Abrisspräparat bezeichnet, wird zur Untersuchung einer mit → Schimmelpilzen befallenen Oberfläche eingesetzt. Hierzu wird ein Klebefilm auf eine zu beprobende Oberfläche leicht aufgedrückt und abgezogen, so dass → Sporen, → Myzelien oder andere Bestandteile haften bleiben und anschließend im Labor nach entsprechender Anfärbung des Präparats → mikroskopisch untersucht werden können.

Kontamination/Kontaminierung
Eine Kontamination oder Kontaminierung (lat. contaminare = beflecken oder beschmutzen) im medizinischen Sinn bezeichnet eine unerwünschte Verunreinigung von Oberflächen oder Räumen durch → pathogene oder → toxische Substanzen, auch als Kontaminant bezeichnet. Das Gegenteil wird als → Inokulation bezeichnet. Im Kontext der Untersuchung und Bewertung sowie Sanierung und Beseitigung von → Schimmelpilzen in Innenräumen beschreibt der Begriff die mikrobielle Verunreinigung von Oberflächen und der Innenraumluft durch → Mikroorganismen wie Schimmelpilze und → Bakterien sowie deren Stoffwechselprodukte wie z. B. → MVOC oder → Mykotoxine. Eine Kontamination durch Mikroorganismen ist häufig Auslöser für Infektionskrankheiten. Den Prozess der Beseitigung einer Kontamination nennt man → Dekontamination.

Kontaminierter Bereich
Ein kontaminierter Bereich stellt in der Untersuchung und Bewertung sowie Sanierung und Beseitigung von → Schimmelpilzen (oder → Bakterien) in Innenräumen einen räumlich abgegrenzten Bereich dar, der über die gesundheitlich unbedenkliche → Hintergrundbelastung hinaus mit Schadstoffen wie z. B. → Biostoffe verunreinigt ist. Zur Abgrenzung des nicht belasteten Bereichs ist der Begriff → Schwarz-Weiß-Bereich üblich.

Kontraindikation
Kontraindikation bezeichnet den Umstand, der die (weitere) Anwendung einer diagnostischen oder therapeutischen Maßnahme bei an sich gegebener Indikation in jedem Fall verbietet oder nur unter strenger Abwägung der dadurch zu erwartenden Risiken zulässt.

Kontrollierte Wohnraumlüftung
siehe Abschn. 10.2.7.3

Kontrollmessung
siehe Abschn. 9.5.11

Konvektion
Konvektion ist eine Form der → Wärmeübertragung, bei der → Wärmeenergie zwischen einem gasförmigen oder flüssigen Medium und einem festen Stoff ausgetauscht wird, z. B. an der Bauteiloberfläche von Innenräumen. Hierbei bewegt sich Luft entlang der Oberflächen und überträgt einen Teil ihrer Wärmeenergie an das Bauteil und kühlt sich hierbei ab. Voraussetzung ist, dass die Lufttemperatur höher ist als die Bauteiltemperatur. Ist dagegen die Oberflächentemperatur des Bauteils höher, wird der Luft Wärmeenergie zugeführt, so dass sich die Luft erwärmt. Dieser Luftkreislauf spielt im Zusammenhang mit der → Behaglichkeit von Innenräumen eine Rolle und ist u. a. für das subjektive Gefühl von Kälte und Zugerscheinungen verantwortlich.

konvektiver Luftstrom
→ lüftungsbedingte Wärmebrücke

Konvektive Wärmebrücken
siehe Abschn. 7.3.2.6

Konzept-Wert
→ DIN 1946-6

Koprophile Pilze
Koprophile Pilze bevorzugen Kot (Fäkalien) als → Habitat und werden daher häufig in Stallungen nachgewiesen. Zunächst besiedeln schnell wachsende, zuckerverwertende → Zygomycota das → Substrat, bevor zelluloseverwertende und andere → Schlauchpilze (→ Ascomycetes) darauf ansiedeln. Lignin verwertende → Ständerpilze (→ Basidiomycetes) treten in der Regel als letzte Art auf. Koprophile Pilze zeichnen sich durch eine große → Spezifität aus und produzieren meist eine geringe Anzahl von → Sporen, die meist dunkel gefärbt sind und eine schleimige Oberfläche besitzen. Alternativ findet eine Verbreitung mit Hilfe koprophiler Insekten statt.

Korrelationsverfahren
→ elektroakustische Leckageortung

Korrelator
Ein Korrelator ist ein spezielles Messgerät zur → Leckageortung, mit dem das Geräusch erfasst wird, dass Wasser unter Druck an undichten Stellen erzeugt. Genau genommen wird die Schallausstrahlung gemessen. Das aufgenommene Signal wird im Korrelator digital aufbereitet, um es von

Störfaktoren unterscheiden und die exakte Leckstelle detektieren zu können.

Korrosion
Korrosion (lat. corrodore = zersetzen, zerfressen) bezeichnet in der Regel eine chemische Reaktion eines Werkstoffes über einen längeren Zeitraum mit seiner Umgebung, die zu einer messbaren Veränderung der Werkstoffeigenschaften führt. Diese allmähliche Zersetzung kann zu einer Beeinträchtigung der Bauteilfunktion oder eines Baustoffes führen. Die bekannteste Art ist die Sauerstoffkorrosion, umgangssprachlich als Rost bezeichnet, bei der ein Werkstoff mit Sauerstoff reagiert. Eine durch → Mikroorganismen verursachte Korrosion wird als → Biokorrosion bezeichnet.

Korrosionsfäule
→ Weißfäule

Kosmetische Maßnahmen
Der Begriff der kosmetischen Maßnahme wird im Kontext einer Schimmelpilzsanierung verwendet, wenn nur die Symptome eines mikrobiellen Befalls temporär und/oder oberflächig beseitigt werden, ohne die Ursache für den Schimmelpilzbefall zu beseitigen. Besteht die Maßnahmen nur im „Überstreichen" der schimmelpilzbefallenen Flächen, wird auch der Begriff der → Pinselsanierung verwendet.

Krankheitserreger
Krankheitserreger, in der Medizin auch als Keime oder Infektionserreger bezeichnet, sind Mikro- oder Makroorganismen wie z. B. → Bakterien oder → Viren, die in anderen Organismen (allgemein als Wirt bezeichnet) zu ihrem eigenen Vorteil gesundheitsschädigende Abläufe verursachen. Diese Eigenschaft wird in der Medizin als → Pathogenität bezeichnet. Krankheitserreger, die für den Menschen relevant sind, werden → humanpathogen genannt. Im Prinzip lösen Krankheitserreger drei verschiedene Reaktionen aus: eine → Allergie, → Intoxikation oder → Infektion. Anhand ihrer Gefährlichkeit für den Menschen werden Krankheitserreger durch die → Biostoffverordnung in vier → Risikogruppen eingeteilt. Diese wird zum einen durch die Konstitution (Mensch) und zum anderen durch die Pathogenität (Erreger) beeinflusst.

krebserregend
→ Kanzerogenität

Kreuzallergie
Von einer Kreuzallergie spricht man, wenn ein → Allergiker nicht nur auf ein bestimmtes → Allergen reagiert, sondern auch auf strukturell ähnliche Allergene aus anderen Quellen. Diese → allergische Reaktion wird ausgelöst, weil das → Immunsystem, genau genommen das → Immunglobulin E, die sehr ähnlichen Eiweißstrukturen (→ Epitope) nicht unterscheiden kann und die menschlichen → Antikörper deshalb auch gegen diese → Antigene allergisch reagieren. Kreuzallergien dürfen nicht mit → Pseudoallergien oder → Unverträglichkeiten verwechselt werden.

„kriechende" Pilze
→ Plasmodien/Plasmodium

KRINKO
KRINKO ist ein Akronym für Kommission für Krankenhaushygiene und Infektionsprävention beim Robert Koch-Institut (RKI). Die Kommission hat die Aufgabe, verbindliche Leitlinien für die → Hygiene in Krankenhäusern und anderen medizinischen Einrichtungen zu entwickeln und somit die Ausbreitung von → Infektionen in diesen Innenräumen zu verhindern. Grundlage stellt das Infektionsschutzgesetz dar. Die Empfehlungen der KRINKO sind für alle medizinischen Einrichtungen verbindlich und werden im Bundesgesundheitsblatt sowie auf der Website des RKI veröffentlicht.

Kryptokokken
→ Cryptococcus

Kryptokokkose
→ Cryptococcose

Kühlrippeneffekt
→ geometrische Wärmebrücke

Kultivierbare Schimmelpilze
Kultivierbare Schimmelpilze sind ein Teil der Gesamtzahl von → Schimmelpilzen, die bei geeigneten Kultivierungsbedingungen angezüchtet werden können. Die → Kultivierbarkeit hängt

z. B. von der Art des verwendeten → Nährmediums und der → Inkubationstemperatur ab.

Kultivierung
Kultivierung ist ein Begriff aus der → Mikrobiologe und bezeichnet die Schaffung und das Aufrechterhalten von kontrollierten Bedingungen, die ein optimales Wachstum und eine gesteuerte Vermehrung von → Mikroorganismen wie z. B. → Bakterien oder → Schimmelpilze ermöglichen. Symbolisch ist das mikrobielle Wachstum auf flüssigen oder gelierten → Nährböden durch das → Anzüchten von → Kulturen auf → Petrischalen. Verwendet werden hierzu Material-, Staub- oder Luftproben.

Kulturen
Kulturen im mikrobiologischen Sinn sind Populationen von → Mikroorganismen wie → Viren, → Bakterien oder → Schimmelpilze, die in einem → Nährmedium gezüchtet werden. Dieser Prozess wird als → Kultivierung bezeichnet. Unterschieden werden verschiedene Kulturen wie die → Reinkultur, Anreicherungskultur, Flüssigkultur und Kultur auf festen Nährmedien.

Kulturmedien
→ Nährmedien

k-Wert
Der k-Wert ist eine veraltete Bezeichnung für den → Wärmedurchgangskoeffizienten und wird heute durch den → U-Wert beschrieben.

kyrogene Reinigung
→ Trockeneis-Verfahren

14.12 L

Läppchentest
→ Epikutantest

Lästlinge
Im Gegensatz zu Schädlingen bezeichnet man Kleinstlebewesen, die selbst keinen Schaden anrichten, aber gerade bei zahlreichem Auftreten als lästig empfunden werden, als Lästlinge. Im Kontext zu Feuchtigkeitsschäden und/oder Schimmelpilzbefall werden → Kellerasseln, → Schaben, → Silberfischchen, Springschwänze, → Bettwanzen, Motten, → Schimmelkäfer oder → Moderkäfer, Ameisen, → Staubläuse und Fliegen zu ihnen gezählt.

Lagerfäule
→ Holzzerstörende Pilze

Lambda-Sonden-Verfahren
Das Lambda-Sonden-Verfahren ist ein Prinzip zur → Feuchtigkeitsmessung in Baustoffen. Dabei wird die Veränderung des → Wärmeleitwiderstands eines Baustoffes bei Veränderung seines Feuchtigkeitsgehalts gemessen. Das Verfahren beruht auf der Tatsache, dass sich der → Wärmeleitwert eines Baustoffs mit Zunahme der Durchfeuchtung erhöht.

Lastfall
Lastfall ist ein alter Begriff aus der alten DIN 18195 „Bauwerksabdichtung" (gültig bis Juli 2017) und bezeichnet die Beanspruchungsarten erdberührter Bauteile durch unterschiedliche Wasserarten wie z. B. Bodenfeuchtigkeit, aufstauendes Sickerwasser oder drückendes Wasser. Durch die neue Abdichtungsnorm DIN 18533 „Abdichtung von erdberührten Bauteilen" (ab Juli 2017) wurde der Begriff durch die Wassereinwirkungsklassen abgelöst. Diese werden durch die Art und Intensität der Wassereinwirkung klassifiziert.

LC_{50}-Wert
LC ist ein Akronym für Lethal Concentration (tödliche Konzentration). Der LC_{50}-Wert, auch als mittlere Letalkonzentration bekannt, ist eine → toxikologische Messgröße, mit der angegeben wird, welche Konzentration einer Substanz innerhalb eines bestimmten Zeitraums für 50 % einer Population (Versuchstiere) tödlich ist. Der LC_{50}-Wert dient daher als Indikator für die → akute Toxizität einer Substanz und spielt bei der Einstufung und Kennzeichnung von Gefahrstoffen eine wichtige Rolle. Er wird in ppm (Teile pro Million) oder mg/m^3 (Milligramm pro Kubikmeter) angegeben.

LC-MS/MS-System
LC-MS ist ein Akronym für liquid chromatography-tandem mass spectrometry, die z. B. bei

der → Multi-Mykotoxin-Methode zum Einsatz kommt.

LD_{50}-Wert
LD ist ein Akronym für Lethal Dose (tödliche Dosis). Der LD_{50}-Wert, auch als mittlere → letale Dosis bekannt, ist eine → toxikologische Messgröße, mit der angegeben wird, welche Menge einer Substanz bei einmaliger Verabreichung für 50 % einer Population (Versuchstiere) innerhalb eines bestimmten Zeitraums tödlich ist. Der LD_{50}-Wert dient daher als Indikator für die → akute Toxizität einer Substanz und spielt bei der Einstufung und Kennzeichnung von Gefahrstoffen eine wichtige Rolle. Er wird im Unterschied zum → LC_{50}-Wert in mg/kg (Milligramm pro Körpergewicht) angegeben.

Lebenszyklus
siehe Abschn. 3.5.5

Leckage
Im allgemeinen Sprachgebrauch wird der Begriff Leckage für Undichtigkeiten verwendet. Im Kontext zu Feuchteschäden und/oder Schimmelpilzbefall sind hiermit Undichtigkeiten in der Abdichtung im erdberührten Bereich oder in der Flachdachkonstruktion genauso gemeint wie in Nassräumen oder in der Fassade, z. B. an Durchdringungen und Anschlüssen. Im Ergebnis dringt Feuchtigkeit in die Gebäudehülle und/oder Baukonstruktion und verursacht Feuchteschäden. Am geläufigsten ist der Begriff für Undichtigkeiten an wasserführenden Leitungen, auch als → Havarieschäden oder → sporadische Wasserschäden bezeichnet. Außerdem wird der Begriff verwendet, wenn Luft durch Undichtigkeiten ungewollt ein- oder austritt wie z. B. bei → Dampfsperren im Zusammenhang mit → Innendämmungen. Eine Undichtigkeit muss nicht zwangsläufig als Loch auftreten, sondern kann sich auch in Form von Porosität oder Permeation zeigen.

Leckageortung
siehe Abschn. 6.3.6

Leitallergene
→ Majorallergene

Leitorganismen
Als Leitorganismen werden Lebewesen bezeichnet, die in einem bestimmten → Habitat oder → Biotop regelmäßig und häufig vorkommen und somit als Indikatoren für die Beschaffenheit dieses Lebensraums gelten. Diese reagieren in der Regel empfindlich auf Veränderungen in ihrem Lebensraum wie z. B. Feuchtigkeit, Temperatur oder Nährstoffgehalt.

Leitungswasserschaden
Als Leitungswasserschaden wird ein Sachschaden an Gebäuden oder Einrichtungen bezeichnet, der durch einen bestimmungswidrigen Austritt von Wasser aus einer wasserführenden Leitung entstanden ist. Durch diese in der Versicherungswirtschaft genutzte Definition werden Leitungswasserschäden von anderen Wasserschäden unterschieden, die z. B. durch Überschwemmung, Rückstau von Regenwasser, Löschwasser oder durch fäkalienhaltige Abwässer entstehen können. Häufige Ursachen für einen Leitungswasserschaden sind Materialfehler und Korrosion.

letal
Der Begriff letal bedeutet tödlich, todbringend oder zum Tode führend.

Letale Dosis
Die letale Dosis (oder Letaldosis) ist die Menge einer Substanz oder Strahlung, die bei einer bestimmten Exposition zum Tod eines definierten Prozentsatzes einer → Population führt. Sie ist demnach eine Messgröße für die → Toxizität einer Substanz und wird als Index der Letaldosis angegeben, z. B. LD_{100} für die „Dosis letalis maxima" (theoretisch nötige Dosis, um eine Population komplett abzutöten) oder LD_{50} für die „Dosis letalis media" (mittlere letale Dosis, unter der 50 % einer Population überleben). In der Regel wird diesem Index noch der Zeitraum hinzugefügt, in dem die Wirkung der Letaldosis eintritt (z. B. LD_{50}/30d mit einem Effekt innerhalb von 30 Tagen).

Leuchtbakterientest
Der Leuchtbakterientest ist ein Kurzzeittest zur Untersuchung der akuten → Toxizität von Ab-

wässer. Hierbei wird die Hemmung der Biolumineszenz von bestimmten → Bakterien wie z. B. der Gattung Vibrio fischeri durch Schadstoffe bestimmt, die durch enzymatische und energiestoffwechselabhängige Prozesse ein natürliches Leuchten aussenden. Nach 30 min wird die Abnahme der Leuchtintensität gegenüber den unbelasteten Organismen photometrisch gemessen und so die Toxizität bestimmt. Das Messverfahren ist in der DIN EN ISO 11348 beschrieben.

Leukomycin
Leukomycin ist ein → Antibiotikum und besitzt ein breites Spektrum gegen → grampositive und → gramnegative → Erreger. Allerdings weist Leukomycin Nebenwirkungen auf, so dass es nur als Reserveantibiotikum eingestuft ist und nur angewendet werden darf, wenn andere Optionen ausscheiden.

Leukotriene
Leukotriene ist ein entzündungshemmender Wirkstoff zur Behandlung von → Asthma oder allergischem Schnupfen. Es handelt sich um körpereigene Substanzen, die u. a. in → Mastzellen gebildet werden und als Mediatoren (Botenstoffe) bei entzündlichen und → allergischen Reaktionen wirken.

Leukozyten
→ Lymphozyten

levurozid
Levurozid, abgeleitet aus dem lateinischen Begriff „laevura" (für Hefe) und „caedere" (für töten), beschreibt die Wirkung von → Desinfektionsmitteln, die gegen → Hefepilze wie z. B. → Candida albicans wirksam sind. Damit grenzt sich der Begriff gegen die allgemeine Bezeichnung → fungizid ab, der die Wirksamkeit gegen alle Arten von Pilzen, einschließlich → Schimmelpilze, umfasst.

Lignicole Pilze
Lignicole Pilze (oder xylophage Pilze bzw. Xylobionten) ist die alternative Bezeichnung für → holzzerstörende Pilze. Zu dieser Gruppe gehören die → Braunfäule- und → Weißfäule-Pilze.

Lignin
Lignin ist ein natürliches Biopolymer und neben Zellulose und Hemizellulose einer der Hauptbestandteile der Zellwand höherer Pflanzen. Es ist ein wichtiger Bestandteil der Holzzellwand und trägt maßgeblich für Stabilität und mechanische Festigkeit beim Holz bei. Normalerweise ist Lignin schwer abbaubar; wird aber von bestimmten → holzzerstörenden Pilzen wie der → Weißfäule zersetzt.

Lipasen
Lipasen sind Enzyme, die Fette in Fettsäuren und Glyzerin spalten. Sie werden industriell mit Hilfe von → Aspergillus niger und → Rhizopus-Arten hergestellt.

lipophil
Der Begriff lipophil kommt aus dem Griechischen und bedeutet fettliebend. Substanzen, die Fette oder Öle gut lösen können oder sich gut in Fetten oder Ölen lösen lassen, werden als lipophil bezeichnet.

Listerien
Listerien sind stäbchenförmige, → grampositive, nicht Sporen bildende, fakultativ → anaerobe → Bakterien der Gattung Listeria. Diese können sich aufgrund ihrer Anspruchslosigkeit in nährstoffarmen Substraten wie z. B. Kondenswasser an Innenwänden oder in Pfützen in Bädern vermehren. Das optimale Wachstum liegt im Temperaturbereich von 30 bis 38 °C, einem pH-Bereich von 5 bis 9 und einer erhöhten Kohlenstoffdioxid-Konzentration. Listerien sind allerdings kältetolerant und in einem Temperaturbereich von 4 bis 45 °C überlebens- und wachstumsfähig. Außerdem können sie den Stoffwechsel von aerob auf anaerob umstellen, so dass Listerien auch in Kühlschränken nachgewiesen werden. Listerien sind pathogen und können eine Reihe von Erkrankungen verursachen, die als Listeriose bezeichnet werden.

Lithotrophe Mikroorganismen
Lithotrophe Mikroorganismen gewinnen ihre Energie aus der Oxidation anorganischer Verbindungen. Sie bilden häufig anorganische Säuren

wie z. B. Schwefel- oder Salpetersäure, die zu Schäden an Baustoffen führen können. Zu den lithotrophen Mikroorganismen zählt nur die Gruppe der → Bakterien. An Bauwerken kommen diese Mikroorganismen als lithotrophe → Nitrifikanten und Schwefeloxidanten (Schwefelbakterien) als Schadensquelle vor.

LOAEL
LOAEL ist ein Akronym für „Lowest observed effect level" und bedeutet so viel wie niedrigste Dosis mit beobachtetem toxischem Effekt.

Loratadin
Loratadin ist ein Wirkstoff aus der Gruppe der → Antihistaminika und verhindert die Wirkung von → Histamin, welches bei → Allergien im menschlichen Organismus freigesetzt wird und allergische Symptome auslöst.

LtM
LtM ist ein Akronym für → Lüftungstechnische Maßnahme.

Lüftung
siehe Abschn. 10.2.1

Lüftungsampel
Eine Lüftungsampel ist ein einfaches Messgerät, das die Qualität der Innenraumluft erfasst und durch farbige Signale anzeigt, wann gelüftet werden sollte. In der Regel zeigen diese Geräte den CO_2-Gehalt der Raumluft an. Hierfür enthalten die Geräte einen CO_2-Sensor (meist in Form eines Infrarotsensors), der die Konzentration in der Innenraumluft misst. Über ein einfaches Ampelsystem wird dem Nutzer angezeigt, ob sich die Luftqualität im „grünen" Bereich befindet oder ob gelüftet werden muss (rot).

Lüftungsarten
siehe Abschn. 10.2.7

lüftungsbedingte Wärmebrücken
Der Begriff lüftungsbedingte → Wärmebrücke ist eher ungebräuchlich und beschreibt den unerwünschten Wärmeverlust, der durch unkontrolliertes Ein- oder Ausströmen von Luft durch Undichtigkeiten in der Gebäudehülle entsteht. Bei diesem konvektiven Luftstrom wird nicht nur Wärme durch ein Bauteil transportiert, sondern auch die Luft, was zu einer Unterkühlung der Oberflächen im Bereich der Undichtigkeiten wie z. B. offene Fugen oder undichte Bauteilanschlüsse rund um z. B. Fenster und Türen führen kann. Infolgedessen kann es zu einer → taupunktbedingten Kondenswasserbildung kommen, die wiederum das Wachstum von → Schimmelpilzen begünstigen kann.

Lüftungseffektivität
Die Begriffe Lüftungseffizienz oder Lüftungseffektivität beschreiben die Wirksamkeit der → Lüftung bei gegebenem Volumenstrom in einem Raum. Die Verdrängungslüftung, bei der ein kompletter → Luftwechsel stattfindet, wäre optimal. Im Alltag hingegen kommt es bei klassischen Lüftungsvorgängen z. B. über die → Fensterlüftung allerdings mehr zu einer Misch- bzw. Verdünnungslüftung. Dies bedeutet, dass ein Teil der verbrauchten, feuchten Luft im Raum verbleibt.

Lüftungseffizienz
→ Lüftungseffektivität

Lüftungskonzepte
siehe Abschn. 10.2.6

Lüftungsschacht
Ein Lüftungsschacht ist eine senkrecht angeordnete Luftleitung, die bei einem Ventilator gestützten Lüftung auch aus Hauptschacht und den geschossweise angeschlossenen Nebenschächten (z. B. Sammel- oder Verbundschacht) bestehen kann.

Lüftungsstufen
siehe Abschn. 10.2.5

Lüftungssysteme
siehe Abschn. 10.2.6

Lüftungstechnische Maßnahmen
Lüftungstechnische Maßnahmen werden notwendig, wenn der natürliche Luftaustausch eines

Gebäudes durch → Undichtigkeiten (Leckagen in der Gebäudehülle) oder unkontrollierter → Fensterlüftung nicht ausreicht, um einen baulichen Feuchteschutz sicherzustellen. Zu diesen Maßnahmen gehören die Einrichtung einer → freien Lüftung, → Ventilatorgestützten Lüftung oder eine Kombination von verschiedenen → Lüftungssystemen. Alle diese Systeme müssen einen nutzerunabhängigen Luftaustausch sicherstellen. Die zu realisierende → Lüftungsstufe ist systemabhängig.

Lüftungswärmebedarf
Der Lüftungswärmebedarf ist die Wärmemenge, die zur Erwärmung der durch freie oder Ventilator gestützte Lüftung dem Gebäude oder Raum zugeführten Außenluft (Frischluft) erforderlich ist.

Lüftungswärmeverluste
Die Lüftungswärmeverluste sind Wärmeverluste, die durch Lüftung, d. h. durch freie oder Ventilator gestützte Lüftung, entstehen. Sie werden durch den Luftwechsel, das beheizte Gebäudevolumen, die spezifische Wärmekapazität, die Dichte der Luft sowie durch die mittlere Heizgradtagzahl bestimmt. Infolge der zunehmenden Wärmedämmqualität der Gebäudehülle gewinnen die Lüftungswärmeverluste an Bedeutung.

Lüftung zum Feuchteschutz
siehe Abschn. 10.2.5

Luftentfeuchter
Luftentfeuchter sind Geräte, mit denen die → relative Luftfeuchtigkeit in Innenräumen gesenkt werden. Hierbei wird zwischen → Kondensationstrocknern und → Adsorptionstrocknern unterschieden. Typische Einsatzgebiete sind die Luftentfeuchtung in Innenräumen bei hoher → nutzungsbedingter Feuchte (z. B. nach dem Kochen, Baden oder Wäschewaschen sowie bei Verdunstung von offenen Wasserflächen) und im Rahmen der → technischen Bautrocknung.

Luftdichtheit
Die Luftdichtheit beschreibt den Zustand einer Gebäudehülle im Hinblick auf ihre ungeplante → Luftdurchlässigkeit und wird synonym für eine möglichst geringe Durchlässigkeit verwendet. Diese ist Grundvoraussetzung für eine energieeffiziente Gebäudehülle und soll sicherstellen, dass feucht-warme Luft nicht in die Baukonstruktion eindringt und in einer kälteren Zone (→ Wärmebrücke) taupunktbedingtes Kondenswasser bildet. Die Luftdichtheit kann u. a. durch das → Blower-Door-Verfahren überprüft werden.

Luftdichtigkeitsmessung
siehe Abschn. 6.3.5

Luftdurchlässigkeit
Die Luftdurchlässigkeit beschreibt die Fähigkeit einer Gebäudehülle, einer Baukonstruktion, eines Bauteils und/oder Baustoffs, Luft in Folge eines unterschiedlichen Luftdrucks durch sich hindurchzulassen. Die Luftdurchlässigkeit spielt eine wichtige Rolle in der Bauphysik und bestimmt den Luftaustausch zwischen innen und außen oder zwischen unterschiedlichen Innenräumen. Eine gute Luftdurchlässigkeit stellt z. B. eine ausreichende Be- und Entlüftung sicher, während eine zu hohe Luftdurchlässigkeit zu Energieverlusten führen kann.

Luftdurchsatz
→ Luftvolumenstrom

Luftfeuchtemessung
siehe Abschn. 6.3.2

Luftfilter
Luftfilter ist ein unspezifischer Oberbegriff für eine Vorrichtung, mit der z. B. Aerosole wie Feinstäube oder andere unerwünschte Schwebstoffe sowie z. B. → Bioaerosole wie Pollen, → Sporen von → Schimmelpilzen und andere Krankheitserreger aus der Luft herausgefiltert werden. Im Kontext zu Schimmelpilzen in Innenräumen haben Filter eine hohe Bedeutung in der → Lüftungstechnik sowie in der → Technischen Bautrocknung. Hier kommen u. a. → Partikelfilter und → Schwebstofffilter zum Einsatz.

Luftgeschwindigkeit
Die Luftgeschwindigkeit ist die Geschwindigkeit der Luftbewegung. Diese wird in Meter pro

Sekunde (m/s) gemessen und spielt u. a. bei der → Behaglichkeit von Innenräumen sowie bei der → Wärmeübertragung eine wichtige Rolle. Die Luftgeschwindigkeit innerhalb von Gebäuden wird z. B. durch → Undichtigkeiten und → Konvektion oder → lüftungstechnische Maßnahmen beeinflusst. Die Messung der Luftgeschwindigkeit erfolgt mit → Anemometern.

Lufthyphen
Lufthyphen wachsen aus dem → Substrat heraus und unterstützen den → Schimmelpilz bei der Bildung und Entwicklung seines → Fruchtkörpers, der die → Sporen produziert und verbreitet. Somit haben Lufthyphen eine besondere Bedeutung in der → Fruktifikationsphase des Pilzes.

Luftkeimmessung
Die Luftkeimmessung ist eine weit verbreitete Methode zur Bestimmung von → kultivierbaren luftgetragenen → Schimmelpilzsporen in der Raumluft. Hierbei werden das Filtrations- und → Impaktionsverfahren unterschieden. In beiden Fällen wird eine definierte Menge Luft mithilfe einer Pumpe angesaugt und die in der Luft enthaltenen Schimmelpilzsporen auf einem Filter (Filtration) oder direkt auf dem Nährmedium (Impaktion) abgeschieden. Anschließend werden diese im Labor bei 25° bis 37°C → bebrütet, so dass sichtbare → Kolonien heranwachsen. Die → Inkubationszeit beträgt in der Regel 7 bis 10 Tage, so dass eine Auswertung der → Koloniebildenden Einheiten innerhalb von 14 Tagen erfolgen kann. Die Ergebnisse werden in → KBE pro m^3 Luft angegeben. Das aktive Impaktionsverfahren darf nicht mit dem passiven → Sedimentationsverfahren verwechselt werden.

Luftkeimsammlung
→ Luftkeimmessung

Luftkissenverfahren
Das Luftkissenverfahren ist ein spezielles Verfahren der → Technischen Bautrocknung. Dieses wird eingesetzt, wenn nur einzelne Bauteilflächen betroffen sind. Hierzu werden die Oberflächen mit einer Folie abgeklebt, unter die anschließend trockene Luft geblasen wird, so dass die Feuchtigkeit durch die vorbeiziehende Luft entzogen wird. Der kontinuierliche trockene Luftstrom sorgt zudem für eine schnellere Trocknung.

Luftmenge
Die Luftmenge ist u. a. ein Maß aus der → technischen Bautrocknung und beschreibt das Volumen an Luft, das ein Ventilator (z. B. in einem Entfeuchter) in einer Stunde fördern kann (m^3/h). Je höher der Wert ist, desto größer ist der Luftdurchsatz. Eine große Luftmenge ist notwendig für eine schnelle → Luftentfeuchtung auch in großen Innenräumen.

Luftpartikelsammlung
→ Untersuchungsmethoden

Luftrate
→ Luftwechselrate

Luftschleuse
→ Kammerschleuse

Luftströmung
→ Luftgeschwindigkeit

Luftvolumenstrom
Der Luftvolumenstrom beschreibt die Menge an Luft, die innerhalb einer bestimmten Zeitspanne durch einen bestimmten Querschnitt strömt. Diese Kenngröße ist ein wichtiger Parameter in der Planung und Ausführung von zentralen und dezentralen → Lüftungsanlagen, bei der Berechnung von → Luftwechselraten oder bei der Optimierung von Lüftungssystemen. Die übliche Einheit ist Kubikmeter pro Stunde (m^3/h). Berechnet wird der Luftvolumenstrom anhand verschiedener Faktoren wie z. B. dem Raumvolumen, der Anzahl der Personen im Raum oder der Art der Lüftungsanlage.

Luftwechsel
Der Luftwechsel (oder auch synonym Luftwechselrate) beschreibt, wie häufig das Luftvolumen (auch als → Luftvolumenstrom bezeichnet) eines Innenraumes pro Stunde mit der Außenluft ausgetauscht wird. Die Einheit ist 1/h (oder h^{-1}). Ein Luftwechsel von 4 h^{-1} bedeutet, dass die Raumluft viermal pro Stunde ersetzt werden muss. Dies ist ein theoretischer Rechenwert, der sich aus der

Gleichung β = Luftvolumenstrom/Raumvolumen ergibt. Aufgrund der Vermischung von frischer Außenluft mit vorhandener Raumluft wird die Luft nicht vollständig ausgetauscht. Dieses Phänomen wird als Verdünnungslüftung bezeichnet. Das Verhältnis der tatsächlichen Lufterneuerung und der Luftwechselrate ist eine charakteristische Kenngröße für das gewählte → Lüftungskonzept und wird auch als → Lüftungseffektivität bezeichnet.

Luftwechselrate, Bestimmung der
siehe Abschn. 6.4.6

Luftwechselzahl
→ Luftwechsel

Luminat
Luminat ist ein → Markierungsfarbstoff, der in der → Leckageortung eingesetzt wird. Die anionische wässrige Pigmentdispersion ist wasserverdünnbar und weist aufgrund der geringen Pigmentgröße eine sehr gute Kapillarität auf. Luminat erscheint unter normalem Licht farblos, so dass zur Erkennung eine UV-Lampe benötigt wird, mit der das Luminat im optimalen Wellenbereich zu seiner maximalen Fluoreszenz angeregt wird.

Lungenbläschen
→ Alveolen

Lymphokine
Lymphokine sind eine Untergruppe der Zytokine, die von → Lymphozyten produziert werden. Sie sind wichtige Botenstoffe, mit denen eine zelluläre Immunantwort reguliert werden kann, in dem andere Zellen des → Immunsystems wie z. B. T-Zellen, B-Zellen, natürliche Killerzellen und → Makrophagen aktiviert werden und dazu anregen, eine → Immunreaktion zu erzeugen.

Lymphome
→ Karzinome

Lymphozyten
Lymphozyten gehören zur Gruppe der weißen Blutkörperchen (Leukozyten), sind an → allergischen Reaktionen, → Immunreaktionen sowie Entzündungen beteiligt und spielen somit eine zentrale Rolle im → Immunsystem. Lymphozyten sind für die Erkennung und gezielte Beseitigung von Krankheitserregern einschließlich → Bakterien, → Viren, Pilze und Parasiten, veränderten körpereigenen Zellen und für die Produktion von → Antikörpern verantwortlich. Aufgrund der Oberflächenstruktur werden B-Lymphozyten (Antikörperproduktion) und T-Lymphozyten (zelluläre Abwehr) unterschieden.

Lymphozyten-Transformationstest
Der Lymphozyten-Transformationstest ist ein Laborverfahren, das in der → Allergiediagnostik eingesetzt wird, um → allergische Reaktionen des verzögerten Typs (→ Typ-IV-Allergien) wie z. B. Kontaktallergien oder die Funktion des zellulären Immunsystems zu beurteilen. Der so genannte → in-vitro-Test gilt als sehr zuverlässig.

Lyophilisierung
Als Lyophilisierung wird die Gefriertrocknung bzw. das Trocknen einer (tief)gefrorenen Probe im (Hoch-)Vakuum bezeichnet. Sie kann zur Konservierung von → Mikroorganismen eingesetzt werden.

Lysosomen
Lysosomen sind winzige Zellorganellen in den → Eukaryonten, die von einer Membran umschlossen werden. Ihre Aufgabe ist es, körpereigene Stoffe und vor allem Fremdstoffe zu verdauen. Hierzu nutzen sie hydrolytische Enzyme wie z. B. Proteasen, Nukleasen und Lipasen. Die Funktion der Lysosomen besteht darin, Biopolymere in ihre Monomere zu zersetzen.

14.13 M

MacConkey-Agar
Ein MacConkey-Agar ist ein in der mikrobiologischen Diagnostik eingesetzter → Nährboden für → Bakterien, der sowohl selektiv als auch differenzierend wirkt. Der Nährboden wird verwendet, um → gramnegative Bakterien, insbesondere → Enterobakterien, auszuwählen und dies anhand ihrer Fähigkeit, Laktose zu vergären, zu unterscheiden. Dies basiert auf der Tatsache, dass auf dem MacConkey-Agar selektiv Laktose-

positive (Laktose-vergärende) Keime, aber auch andere Laktose-negative, gramnegative Stäbchen wachsen. Der Nährboden enthält neben Laktose (Milchzucker) und → Agar-Agar (Gelatine aus Polysacchariden) u. a. eine Peptid-Mischung, Kochsalz, Gallensalze und Farbstoffe. Laktose-positive Bakterienkolonien wie z. B. → Escherichia coli vergären die im Nährboden enthaltene Laktose und produzieren so Säure, was zu einer Farbänderung des pH-Indikators führt und sich in einem Farbspektrum von Rot bis Rosa zeigt, wobei eine Trübung des Nährbodens festzustellen ist. Laktose-negative Bakterien wie z. B. Salmonella können Laktose dagegen nicht vergären, so dass die Kolonien farblos erscheinen oder farblich weniger ausgeprägt sind.

Maduramykose
→ Mycetom/Myzetom

Magic Dust
siehe Abschn. 5.6.3

Majorallergene
Majorallergene, auch als Haupt- oder Leitallergene bezeichnet, sind bestimmte → Allergene, die bei mindestens 50 % der Patienten zu einer → allergischen Reaktion führen, also der Bildung von spezifischem → IgE, auch als → Sensibilisierung bezeichnet. Liegt die Schwelle unter 50 %, spricht man von → Minorallergene.

Makroklima
Als Makroklima im Kontext zu → Schimmelpilzen in Innenräumen bezeichnet man das Außenklima. Eine wichtige Kenngröße im Makroklima sind die → Bioaerosole in der Außenluft, die den → Hintergrundwert bestimmen.

Makromyceten
Makromyceten sind im Gegensatz zu den mikroskopisch kleinen Pilzen, den → Mikromyceten, die höhere Pilze, zu denen alle Speisepilze gehören. Die Gruppe wird unterteilt in → Ascomyceten, deren Sporen in → Asci genannten Schläuchen heranwachsen und → Basidiomyceten, deren Sporen auf flaschenförmigen → Basidien wachsen.

Makrophagen
Makrophagen gehören zu den → Phagozyten (Fresszellen) und sind als → Leukozyten (weiße Blutkörperchen) Zellen des → Immunsystems, mit denen → Mikroorganismen durch die → Phagozytose beseitigt werden. Hierbei werden → Allergene (körperfremde Proteine) auf der Oberfläche von → Viren und → Bakterien erkannt, aufgenommen oder umschlossen und anschließend intrazellulär zerkleinert.

Makroskopisch
Makroskopisch im Kontext zu → Schimmelpilzen in Innenräumen bedeutet, dass mikrobielle Bestandteile wie z. B. → Fruchtkörper mit dem bloßen Auge sichtbar sind, also ohne Zuhilfenahme von technischen Hilfsmitteln wie z. B. einem → Mikroskop.

MAK-Wert
MAK ist ein Akronym für Maximale Arbeitsplatz-Konzentration. Der MAK-Wert definiert den Grenzwert einer höchstzulässigen Konzentration von gas-, dampf- oder staubförmigen Substanzen, die am Arbeitsplatz (unter Beachtung einer achtstündigen Arbeitszeit pro Tag bzw. einer 40-Stundenwoche) noch als erträglich (im Sinne von nicht gesundheitsschädlich) angesehen wird. Dies bedeutet, dass nach dem jeweils gegenwärtigen Kenntnisstand auch bei einer wiederholten und langfristigen → Exposition die Gesundheit eines dort Beschäftigten nicht beeinträchtigt wird. Als Referenz dienen gesunde Menschen im erwerbsfähigen Alter. Aktuell liegen für mehr als 400 Stoffe entsprechende MAK-Werte vor. Diese werden regelmäßig überprüft und bei Bedarf angepasst. Beschließendes Organ ist der Ausschuss für Gefahrstoffe. Die rechtlich bindende Bekanntgabe der Grenzwerte erfolgt in der TRGS 900 „Arbeitsplatzgrenzwerte". Diese sind gesetzlich verbindlich und verpflichten die Arbeitgeber über die Gefahrstoffverordnung, für die Einhaltung der MAK-Werte in den jeweiligen Geltungsbereichen zu sorgen. Je niedriger der Grenzwert ist, umso gesundheitsschädlicher ist ein Stoff. Der MAK-Wert wird in ppm/m^3 oder mg/m^3 angegeben.

Malz-Extrakt-Agar
Bei dem Malz-Extrakt-Agar (MEA) handelt es sich um ein Vollmedium mit 4 % Malzextrakt (oder käuflichem Biomalz), 0,5 % Pepton und 2 % Agar. Der pH-Wert liegt zwischen 5,5 und 6. Darüber hinaus hat das → Nährmedium einen relativ hohen Feuchtegehalt und eignet sich besonders gut, um eine hohe Luftfeuchtigkeit zu simulieren, wie diese z. B. in Küchen oder Feuchträumen auftreten können. Das Malz-Extrakt-Agar wird besonders gern eingesetzt, da mit ihm ein breites Spektrum an → Schimmelpilzen, aber auch → Hefen und → Bakterien kultiviert werden kann.

Manuelle Fensterlüftung
siehe Abschn. 10.2.7.2

Markierungsfarbstoff
Markierungsfarbstoffe werden in der → Bauwerksdiagnostik und → Leckageortung eingesetzt, um Undichtigkeiten in wasserführenden Leitungen oder Anschlussbereichen von Bauteilen, die einer Feuchtebelastung ausgesetzt sind, aufzuspüren. Während einige mit bloßem Auge erkennbar sind, werden andere Markierungsfarbstoffe erst unter UV-A-Licht sichtbar.

Mastozyten
→ Mastzellen

Mastozytose
Mastozytose ist eine Erkrankung, bei der sich → Mastzellen in unkontrollierter Weise im Organismus anreichern oder verändern, was zu einer Vielzahl von unspezifischen Symptomen über allergieähnliche Reaktionen bis hin zu systemischen Beschwerden führen kann. Auslöser und Ursache einer Mastozytose ist oft unbekannt. Die Behandlung erfolgt in der Regel mit → Antihistaminika und kann je Art und Ausmaß der Erkrankung im Einzelfall auch chirurgische Eingriffe umfassen.

Mastzellaktivierungssyndrom
Das Mastzellaktivierungssyndrom (kurz MCAS) ist eine systemische Erkrankung, bei der die → Mastzellen überaktiv sind und überempfindlich auf verschiedene Reize reagieren. Dies führt zur Freisetzung von → Mediatoren (Botenstoffen) wie z. B. → Histamin, die eine Vielzahl von Symptomen im ganzen Körper auslösen können. Das Mastzellaktivierungssyndrom darf nicht mit einer → Mastozytose verwechselt werden. Die Ursachen für das Syndrom sind noch nicht vollständig geklärt. Nach aktuellem Kenntnisstand können genetische Faktoren genauso ursächlich sein wie Umweltfaktoren, wobei Experten von einer Kombination aus beiden ausgehen.

Mastzellen
Mastzellen (auch als Mastozyten bezeichnet) sind Teil des → Immunsystems und helfen bei der Abwehr von Krankheitserregern, indem sie Entzündungsreaktionen auslösen und andere Immunzellen aktivieren. Mastzellen spielen somit eine Schlüsselrolle in der Immunabwehr und haben eine wichtige Funktion bei → allergischen Reaktionen. Mastzellen befinden sich in allen Bindegeweben des Organismus wie z. B. in der Haut und auf den Schleimhäuten. Ihre membranartige Oberfläche bindet → IgE-Antikörper und löst eine → allergische Sofortreaktion (→ Typ-I-Allergie) aus, bei der es zur Freisetzung von bestimmte Botenstoffen wie z. B. → Histamin und Heparin kommt. Diese führen zu den typischen Symptomen wie z. B. Juckreiz, Schwellungen und Hautausschlag. Darüber hinaus haben Mastzellen eine wichtige Sensorfunktion für Erkrankungen wie das → Mastzellaktivierungssyndrom und → Mastozytose.

Mastzell-Mediatoren
Mastzell-Mediatoren sind spezifische Inhaltsstoffe in einer → Mastzelle wie z. B. → Histamin, die eine biologische Wirkung bei einer → allergischen Reaktion wie z. B. der → Sofortreaktion (→ Typ-I-Allergie), → anaphylaktischen Reaktion, Entzündungen und anderen Krankheitsbilder haben. Die übermäßige Freisetzung von Mastzell-Mediatoren kann zu einer Vielzahl von unspezifischen Symptomen führen.

Mastzell-Stabilisatoren
Mastzell-Stabilisatoren (auch als Cromone bezeichnet) sind eine Gruppe von Wirkstoffen, die

→ Mastzellen stabilisieren und die Freisetzung von → Histamin und anderen Entzündungsmediatoren reduzieren. Diese werden oft als Nasenspray oder Augentropfen zur Prophylaxe von Allergiesymptomen wie z. B. allergischem Schnupfen, Augenreizungen und → allergischem Asthma eingesetzt. Der Wirkungsmechanismus von Mastzell-Stabilisatoren ist noch nicht vollständig bekannt. Außerdem haben diese Wirkstoffe eine schwächere Wirkung als z. B. → Antihistaminika.

Materialprobe
→ Untersuchungsmethoden

Materialbedingte Wärmebrücken
siehe Abschn. 7.3.2.3

Mauerschwamm
→ Echter Hausschwamm

MCS-Syndrom
MCS ist ein Akronym für Multiple Chemical Sensitivity. Das MCS-Syndrom beschreibt einen unspezifischen Beschwerdekomplex, der von den betroffenen Menschen mit einem Kontakt gegenüber Chemikalien und Umweltbelastungen (Umweltnoxen) in Verbindung gebracht wird. Die Symptome werden bereits durch sehr geringe Konzentrationen ausgelöst, bei denen andere Menschen keine gesundheitlichen Beschwerden haben. Weiter ist auffällig, dass die Symptome nachlassen oder aufhören, wenn die auslösenden Chemikalien gemieden werden bzw. bei erneuter → Exposition wieder auftreten und reproduzierbar sind. Charakteristisch ist, dass die Anzahl der auslösenden Stoffe mit der Zeit zunehmen. Der Zustand der Betroffenen wird als chronisch bezeichnet und die auslösenden Stoffe sind chemisch nicht miteinander verwandt. Meistens sind mehrere Organe eines Menschen beteiligt. Außerdem treten häufig psychosomatische Belastungen bei den Betroffenen auf, wobei unklar ist, ob diese Auslöser oder die Folge der Chemikalienunverträglichkeit sind. Eine allgemein anerkannte Definition bzw. Anerkennung des MCS-Syndroms gibt es nicht, da der wissenschaftliche Nachweis über die Entstehung und der kausale Zusammenhang zu möglichen Ursachen bisher fehlt und bei Allergologen und Umweltmedizinern lt. → Umweltbundesamt umstritten ist. Nach derzeitigem Kenntnisstand wird lediglich vermutet, dass eine Kombination aus genetischen Faktoren, Umwelteinflüssen und psychologischen Indikatoren eine Rolle spielen kann. Das MCS-Syndrom wird auch als → Neuroallergie bezeichnet, weil der Organismus ähnliche Wirkungen wie bei einer → allergischen Reaktion zeigt. Im Unterschied zu dieser reagiert allerdings nicht das → Immunsystem auf die Stoffe, sondern das Nervensystem. Hinzu kommt, dass eine → Allergie eine definierte Antwort des Immunsystems darstellt, hingegen die Reaktion auf Chemikalien noch undefiniert ist. Eine anerkannte Diagnose und Behandlung für das MCS-Syndrom gibt es aktuell nicht. Die einzige Möglichkeit zur Linderung der Symptome besteht in der Vermeidung der auslösenden Stoffe.

MEA
→ Malz-Extrakt-Agar

Mediatoren
→ Leukotriene

Medizinische Mykologie
Die medizinische Mykologie ist ein Teilgebiet der → Mikrobiologie, das sich mit der Ursache, Wirkung und Vermeidung von → humanpathogenen Pilzarten beschäftigt.

Medizinische Bewertung (eines Schimmelpilzbefalls)
siehe Abschn. 8.9

Medizinisch notwendige Lüftung
siehe Abschn. 10.2.4

Meiose
Meiose ist eine spezielle Form der Zellteilung, bei der aus einer diploiden Zelle (mit zwei Chromosomensätzen) vier haploide Zellen (mit einem Chromosomensatz) entstehen. Die Meiose ist unerlässlich für die Bildung von Geschlechtszellen oder Keimzellen (Gameten) zur Fortpflanzung bei eukaryontischen Lebewesen.

Meiosporen
Meiosporen werden in speziellen → Sporangien gebildet und können durch Luftströmungen über große Distanzen verbreitet werden, da die → Sporen sehr leicht sind. Sie entstehen durch Meiose aus diploiden Zellen und sind entscheidend für die geschlechtliche Fortpflanzung u. a. von → Basidiosporen. Meiosporen sind haploid (enthalten nur einen Satz Chromosomen) und ermöglichen die Ausbreitung und genetische Vielfalt innerhalb einer Population. Schimmelpilze bilden keine Meiosporen, sondern → Mitosporen (→ Konidiosporen). Die Lebensphase, in der Meiosporen ausgebildet werden, wird Teleomorphe genannt.

Meiotisch
Der Begriff meiotisch bezieht sich in der Regel auf die Bildung von Geschlechtszellen oder Keimzellen (Gameten) zur Fortpflanzung bei eukaryontischen Lebewesen. Hierbei wird die Zahl der Chromosomen halbiert, während eine Zelle sich in zwei Schritte teilt (→ Meiose).

Melanin
Melanin ist ein dunkler Pigmentstoff, der u. a. bei → Bakterien und → Schimmelpilzen vorkommt und u. a. beim Absterben der → Mikroorganismen gebildet wird.

Membran-aktive Biozide
Membran-aktive Biozide sind chemische Substanzen, die → Mikroorganismen wie z. B. → Bakterien, → Schimmelpilze oder → Viren abtöten, in dem sie sich an den Zellmembranen anlagern und diese nach und nach zerstören (perforieren), was deren Fähigkeit, die Zelle zusammenzuhalten, beeinträchtigt. Durch die geschwächte Membran treten wichtige Zellbestandteile (Zytoplasma) aus und führen zum Verlust der Zellstruktur und -inhalte, was zum Zerfall der Zelle und somit zum Tod führt. Typische Vertreter für membran-aktive Biozide sind Alkohole wie z. B. Isopropanol und Ethanol.

Merkantiler Minderwert
siehe Abschn. 8.8

mesophil
Mesophil bezeichnet in der → Mikrobiologie die Eigenschaft von → Mikroorganismen, einen mittleren Temperaturbereich von 20 bis 45 °C für ihr Wachstum zu bevorzugen. Der Begriff wird nicht nur in Bezug auf einen optimalen Temperaturbereich verwendet, sondern auch für einen mittleren Feuchtegehalt. So werden → Schimmelpilze mit einer → Wasseraktivität (a_W-Wert) zwischen 0,85 bis 0,90 als mesophil bezeichnet. Zu dieser Gruppe gehört z. B. der → Aspergillus versicolor.

Messingkäfer
→ Lästlinge

Messung der Luftströmungen
siehe Abschn. 6.3.4.4

Metaboliten/Metabolismus
siehe Abschn. 3.5.4

Metaphase
Die Metaphase ist die mittlere oder zweite Phase der Zellteilung, der → Mitose und → Meiose, in der sich die Chromosomen in der Zellmitte ausrichten. Die Chromosomen sind in dieser Phase maximal verkürzt und deutlich sichtbar.

Methicillin
→ Penicillin

Metulae
→ Sporenbildung

Microbial Volatile Organic Compounds
→ MVOC

Mikroaerophil
Als mikroaerophil werden → aerobe → Mikroorganismen bezeichnet, die für ein optimales Wachstum eine Sauerstoffkonzentration in ihrem → Habitat benötigen, die deutlich geringer ist als die der Luft. Dies bedeutet kleiner als 20 %.

Mikrobe
Mikrobe ist die umgangssprachliche Bezeichnung oder Kurzform für → Mikroorganismen und so-

mit für ein mikroskopisch kleines Lebewesen, das mit bloßem Auge nicht sichtbar ist. Zu ihnen gehören z. B. Bakterien, Viren, Pilze und Protozoen.

Mikrobielle Besiedlung des Menschen
siehe Abschn. 3.3

mikrobieller Befall
Mikrobieller Befall ist die Besiedlung von Oberflächen durch → Mikroorganismen wie z. B. → Schimmelpilze, → Bakterien oder → Hefen. Hierbei kann es sich um einen → sichtbaren Befall oder um einen → nicht sichtbaren Befall handeln. Im Gegensatz zum → mikrobiellen Bewuchs handelt es sich beim mikrobiellen Befall um ein Anfangsstadium. Außerdem können die Mikroorganismen leben oder bereits abgestorben sein.

mikrobieller Bewuchs
Mikrobieller Bewuchs, selten auch als Mikrobiol bezeichnet, ist das strukturierte bzw. stoffwechselaktive Wachstum von → Mikroorganismen wie z. B. → Schimmelpilze, → Bakterien oder → Hefen auf Oberflächen sowie in den oberflächennahen Schichten. Dies bedeutet, dass die Mikroorganismen im Gegensatz zum → mikrobiellen Befall wachsen und sich vermehren. Typisches Beispiel ist das → Myzel, das in die Poren eines Baustoffes eindringt und sich dort ausbreitet.

Mikrobiol
→ Mikrobieller Bewuchs

Mikrobiologie/Mikrobiologe
Die Mikrobiologie als Teilgebiet der Biologie und Medizin ist die Wissenschaft und Lehre, die sich mit den → Mikroorganismen wie z. B. → Algen, → Bakterien, → Schimmelpilzen, → Viren und Protozoen auseinandersetzt. Dem entsprechend wird die Mikrobiologie in Teilgebiete der Wissenschaft unterteilt wie z. B. die → Bakteriologie, die → Mykologie oder die → Virologie und dgl. In der Mikrobiologie werden u. a. Methoden der → Zytologie, der Genetik, der Biochemie und der Systematik eingesetzt. Die → Mikroskopie und Methoden der → Kultivierung haben in der Mikrobiologie eine herausragende Stellung. Mikrobiologen haben die Aufgabe, Struktur, Funktion, Genetik, Stoffwechsel, Vermehrung und Interaktionen von Mikroorganismen und deren Auswirkungen auf die Umwelt und den Menschen zu untersuchen.

Mikrobiologische Bewertung
siehe Abschn. 8.3

Mikrobiologische Sanierung
siehe Abschn. 9.5

Mikrobiologische Sterilisation
Als mikrobiologische Sterilisation, auch als Entkeimung bezeichnet, wird die Abtötung bzw. Inaktivierung aller vorhandenen → Mikroorganismen und ihrer Dauerformen bzw. deren Ruhestadien bezeichnet. Hierbei handelt es sich um einen „Alles-oder-Nichts"-Vorgang, da es keine Abstufungen oder Grade der → Sterilität gibt. Methoden zur mikrobiologischen Sterilisation sind die Anwendung trockener Hitze (180 °C für 30 min) oder feuchter Hitze (120 °C für 20 min), wobei feuchte Hitze wirksamer ist als trockene Hitze. Hierbei muss beachtet werden, dass Temperatur und hierfür nötige Zeiträume je nach Mikroorganismen stark variieren können (z. B. vegetative Zellen von → Bakterien bereits um 60 °C innerhalb von 5 bis 10 min, Hefe- und Pilzsporen sowie vegetative Zellen von hyperthermophilen Archaebakterien über 80 °C und Bakteriensporen über 120 °C). Außerdem kann die Anwendung in mehreren Zyklen erfolgen. Eine Hitzebehandlung mit Temperaturen unter 100 °C wird als Teilentkeimung bezeichnet und basiert auf der → Pasteurisierung (60 bis 90 °C bei 5 bis 10 min). Hierbei werden nur die vegetativen Formen der Mikroorganismen abgetötet. Weitere Methoden der mikrobiologischen Sterilisation sind die Steril-Filtration, die Bestrahlung mit Mikrowellen, Röntgen- oder Gammastrahlen, das Abbrennen oder der Einsatz bestimmter Chemikalien.

Mikrobiologische Untersuchung
siehe Abschn. 6.6

Mikrobiom/Mikrobiota
Mikrobiom (oder Mikrobiota) ist ein Sammelbegriff für die Vielzahl oder Gesamtheit verschiede-

ner → Mikroorganismen, die in einem → Habitat leben.

Mikrobiostatisch/mikrobistatisch
Als mikrobiostatisch (oder auch mikrobistatisch) werden Substanzen bezeichnet, mit denen der Stoffwechsel und das Wachstum sowie die Vermehrung von → Mikroorganismen wie → Bakterien, → Schimmelpilzen und → Viren gehemmt wird, ohne diese abzutöten. Infolgedessen werden diese als → Bakteriostatika, → Fungistatika und → Virostatika bezeichnet. Dies unterscheidet diese von den → mikrobiziden Substanzen.

Mikrobiozide
→ Biozide

mikrobizid
Als Mikrobizid wird die Eigenschaft einer Substanz bezeichnet, mit der → Mikroorganismen abgetötet oder zumindest geschädigt werden. Mikrobizide werden auch als Mikrobiozide bezeichnet und gehören neben den mikrobiostatischen Wirkstoffen zu den antimikrobiellen Substanzen. Diese bilden eine Untergruppe der → Biozide.

Mikrokerntest
Der Mikrokerntest ist ein → Mutagenitätstests zur Bewertung der Chromosomen Schäden in menschlichen Zellen.

Mikroklima
Als Mikroklima im Kontext zu → Schimmelpilzen in Innenräumen bezeichnet man das → Innenraumklima. Wichtige Kenngrößen im Mikroklima sind die → relative Luftfeuchte, die Bauteiltemperatur und → Luftbewegungen sowie die → Staubbelastung.

Mikrokokken
Mikrokokken ist eine veraltete Sammelbezeichnung für mehrere Arten von → grampositiven, → aeroben und in der Regel nicht → pathogenen → Bakterien, die nach neuerer → Taxonomie verschiedenen Gattungen der Micrococcaceae und Dermacoccaceae zugeordnet werden. Bei Menschen mit einer → Immunsuppression können die Kugelbakterien → Infektionen auslösen.

Mikromyceten
Mikromyceten sind im Gegensatz zu den → Makromyceten kleine Pilze ohne oder mit mikroskopisch kleinen → Fruchtkörpern.

Mikroorganismen
Mikroorganismen sind mikroskopisch kleine Lebewesen, die mit bloßem Auge und ohne technische Hilfsmittel nicht sichtbar sind. Zu dieser heterogenen Gruppe von Einzeller oder Mehrzeller gehören → Bakterien, → Schimmelpilze, → Hefen, → Algen und → Protozoen. Häufig werden auch → Viren dieser Gruppe zugeordnet, obwohl diese streng genommen nicht zu den Mikroorganismen zählen. Denn Viren sind keine echten Lebewesen, da ihnen ein eigener Stoffwechsel fehlt – ein sonst typisches Merkmal lebender Organismen. Man bezeichnet Mikroorganismen auch als Mikroben. Der Lebensraum verschiedener Mikroorganismen wird als → Mikrobiom bezeichnet, nicht zu verwechseln mit dem → Habitat, dem Lebensraum einer Gattung. Aufgrund ihrer großen Anpassungsfähigkeit sind Mikroorganismen in der Lage, nahezu jede ökologische Nische zu besiedeln und sowohl in extremer Hitze oder Kälte, Licht- und Sonneneinwirkung als auch bei ständiger Dunkelheit, chemischer Belastung sowie saurer oder alkalischer Umgebung zu überleben. Mikroorganismen stellen die Wurzel des „Stammbaums des Lebens" dar und sind auf der Erde erstmalig vor ca. 4 Mrd. Jahren aufgetreten (zum Vergleich: die Vielzeller entwickelten sich vor ca. 600 Mio. Jahren und der moderne Mensch erst vor ca. 130.000 Jahren). Sie produzieren etwa zwei Drittel der gesamten → Biomasse und sind von entscheidender Bedeutung für biologische und geochemische Stoff- und Energiekreisläufe. Durch mikrobielle Verstoffwechselung von z. B. Kohlenstoff oder Stickstoff wird das globale Klima ganz wesentlich beeinflusst und die Erde für alle anderen Lebewesen bewohnbar gehalten. Darüber hinaus erzeugen Mikroorganismen mindestens die Hälfte des elementaren Sauerstoffs. Erstaunlich ist, dass bisher weniger als 0,5 % (!) der geschätzten eine Billion Mikroorganismen entdeckt und klassifiziert wurden. Der Anteil, der davon erforscht ist, liegt wiederum unter 1 %.

Mikroskopie
Mit Hilfe der Mikroskopie können Luftproben als Abstrich auf einem Klebefilm, Oberflächenkontaktproben, Materialproben sowie Fruchtkörper (Myzel) untersucht werden. Die Untersuchung erfolgt entweder mit einem Licht- oder mit einem Fluoreszenzmikroskop. Je nach Schimmelpilzspezies kann mit der Mikroskopie auch bestimmt werden, ob die Sporen noch vital oder bereits abgestorben sind. Einer der wesentlichen Vorteile bei dem mikroskopischen Nachweis besteht darin, dass alle Sporen, Hyphen und sonstigen mikrobiellen Bestandteile sichtbar sind und eine Identifizierung sofort erfolgen kann.

Mikroskopisch
Mikroskopisch im Kontext zu → Schimmelpilzen in Innenräumen bedeutet, dass mikrobielle Bestandteile wie z. B. → Sporen, → Hyphen oder → Myzelien nur unter Zuhilfenahme von technischen Hilfsmitteln wie z. B. einem → Mikroskop erkennbar sind.

Mikrosporie
Mikrosporie ist eine → Dermatomykose (Pilzerkrankung der Haut), die durch eine → Infektion mit Microsporum-Arten (Abteilung → Ascomycota) hervorgerufen wird.

Mikrosystemtrocknung
Bei der Mikrosystemtrocknung handelt es sich um ein Trocknungsverfahren für Oberflächen aus Fliesen und keramischen Belägen. Hierbei werden Bohrungen nach einem Wasserschaden in den Fugenkreuzen bis in die Dämmschicht vorgenommen. Anschließend wird trockene Luft mittels spezieller Düsen durch diese Bohrungen eingebracht, um eine effiziente Trocknung des Wasserschadens ohne Demontage der Fliesen sicher zu stellen.

Mikrotubuli
→ Flagellaten

Mikrowellenmessung
siehe Abschn. 6.3.2.4

Mikrowellentrocknung
Bei der Mikrowellentrocknung handelt es sich um ein Trocknungsverfahren, bei dem ein durchfeuchtes Bauteil direkt entfeuchtet wird. Dies erfolgt durch die Bestrahlung mit hochenergetischen Mikrowellen, die eine Bewegung der Wassermoleküle im Inneren des Bauteils auslösen. Die hierbei entstehende Reibungswärme trocknet das Bauteil von innen nach außen. Das Verfahren ist nur für metallfreie Bauteile geeignet. Die Trocknung verläuft wesentlich schneller als z. B. bei der → Kondensationstrocknung oder → Adsorptionstrocknung. Außerdem tötet dieses Verfahren gleichzeitig → Mikroorganismen wie z. B. → Bakterien oder → Schimmelpilze ab.

MIK-Wert
MIK ist ein Akronym für Maximale Immissionskonzentration. Der MIK-Wert beschreibt lt. → VDI diejenige Konzentration von festen, flüssigen und gasförmigen Luftverunreinigungen, die nach heutigem Wissensstand im Allgemeinen für Mensch und Tier sowie Umwelt und Sachgüter auch bei Einwirkung über einen längeren Zeitraum als unbedenklich gelten. Die von der VDI-Kommission für eine Reihe von Einzelschadstoffen erarbeiteten MIK-Werte sind als → Richtwerte im Gegensatz zu den → MAK-Werten ohne rechtliche Bedeutung. Zentrale Bedeutung haben MIK-Werte für Substanzen und Stoffe mit nachteiligen Wirkungen, die zu gesundheitlichen Einschränkungen, Beschwerden bis hin zu Krankheiten führen können. Es werden MIKD-Werte (Maximale Immissionskonzentration mit Dauerbelastung) und MIKK-Werte (Maximale Immissionskonzentration mit kurzfristiger Belastung) unterschieden. Ein Individualschutz durch die MIK-Werte kann nicht sichergestellt werden und wird ausdrücklich ausgeschlossen.

Milben
Milben (lat. Acari) sind eine Unterklasse der Spinnentiere. In Gebäuden und Wohnungen ist vor allem die → Hausstaubmilbe verbreitet. Aufgrund ihrer Größe von nur 0,1 bis 0,5 mm sind in einem Gramm → Staub tausende dieser winzigen Spinnentierchen enthalten. Milben sind der zweithäu-

figste Auslöser von → Allergien. Dabei ist nicht die Milbe selbst der Verursacher, sondern der von ihr produzierte → Milbenkot. Milben gelten als → Lästlinge und besiedeln sehr unterschiedliche Habitate. Etwa die Hälfte der bekannten Arten lebt im Boden. Bei optimalen Bedingungen wie einer hohen Staubbelastung lassen sich mehrere hunderttausend bis wenige Millionen Milben pro Quadratmeter nachweisen. Für die Überbrückung längerer Strecken nutzen Milben häufig Insekten, deren Körpersäfte sie während des Transportes aussaugen. Die Wissenschaft der Milben nennt man Akarologie. Dem entsprechend werden Milbenexperten als Akarologen bezeichnet.

Milbenallergie
→ Hausstauballergie

Milbenkot
Der Milbenkot ist das wichtigste → Allergen des Hausstaubes. Man geht davon aus, dass der Milbenkot eine Größe von ca. 1 μm aufweist. Als Sensibilisierungsschwelle werden 2 μg Milbenkot pro Gramm → Staub angesehen, bei mehr als 10 μg pro Gramm Staub steigt bei → Asthmatikern das Risiko einer akuten Atemnot an. Milben können → IgE-vermittelte → Allergien hervorrufen und auf diese Weise eine → allergische Rhinitis und insbesondere ein → allergisches Asthma bronchiale auslösen. Hausstaubmilben erzeugen während ihres Lebens etwa das 200fache ihres Körpergewichtes an Exkrementen.

Milchschimmel
Milchschimmel ist ein umgangssprachlicher und unspezifischer Trivialname für den → Schimmelpilz → Geotrichum.

Mindestabstand (Möblierung)
siehe Abschn. 7.3.11, siehe Abschn. 10.4

Mindestlüftung
Der Begriff der Mindestlüftung ist aus der DIN 1946 „Raumlufttechnik – Teil 6: Lüftung von Wohnungen – Allgemeine Anforderungen, Anforderungen zur Bemessung, Ausführung und Kennzeichnung, Übergabe/Übernahme (Abnahme) und Instandhaltung“ (2009) und beschreibt die nutzerunabhängige Lüftung, die unter üblichen Nutzungsbedingungen (Feuchte- und Schadstoffbelastung) die Mindestanforderungen an eine Raumlüftung erfüllt.

Mindestluftwechsel (zum Feuchteschutz)
siehe Abschn. 10.2.5

Mindesttemperatur (Bauteiloberfläche)
→ f_{RSi}-Wert

Mindesttemperatur (Raumluft)
siehe Abschn. 10.3.3

Mindestwärmeschutz
siehe Abschn. 10.3.2.2

Mineralisation
→ Destruenten

Minimierungsansatz
→ Minimierungsgebot

Minimierungsgebot
Das Minimierungsgebot besagt, dass die → Exposition durch → Schimmelpilze in Innenräumen wegen der unterschiedlichen gesundheitlichen Auswirkungen und Risiken der verschiedenen Schimmelpilzgattungen und -arten auf den Menschen so niedrig wie möglich gehalten werden soll. Dies bedeutet, dass Schimmelpilze in Innenräumen umgehend entfernt oder zumindest auf ein hygienisch unbedenkliches Niveau reduziert werden müssen.

Minor-Allergene
Im Gegensatz zu den → Major-Allergenen handelt es sich bei den Minor-Allergenen um so genannte Nebenallergene, auf die weniger als 10 % der Patienten sensibilisiert sind.

Mischexposition
Der Begriff Mischexposition wird zum einen für die gleichzeitige oder abwechselnde → Exposition durch verschiedene Stoffe wie z. B. → Biostoffe und chemische Stoffe verstanden, die potenziell gesundheitsschädlich sind und zum anderen für eine gleichzeitige oder abwechselnde Exposi-

tion durch verschiedene → Mikroorganismen wie z. B. → Bakterien, → Hefen oder → Schimmelpilze und ihrer Arten.

Mischkulturen
Mischkulturen sind zwei oder mehr verschiedene → Mikroorganismen wie z. B. → Viren, → Bakterien oder → Schimmelpilze, die in einem kontrollierten → Nährmedium gezüchtet werden. Dieser Prozess wird als → Kultivierung bezeichnet.

Mischlüftung
Bei einer Mischlüftung wird warme oder kalte → Zuluft mit einer hohen Geschwindigkeit dem Innenraum zugeführt. Infolge des Verdünnungsprinzips vermischt sich diese mit der Raumluft, so dass man auch von einer Verdünnungslüftung spricht. Die Zuluft tritt über hochinduktive → Zuluftdurchlässe (z. B. Wand- und Deckenauslass, Schlitzauslass, Tellerventil, Luftdüse) in den Innenraum ein und erreicht den Auslass über gekrümmte Strömungspfade, auch bekannt als → Coanda-Effekt. Die Durchlässe müssen in der Wand oder Decke so angeordnet werden, dass die Luft außerhalb des Aufenthaltsbereichs einströmt. Die Mischlüftung ist die am häufigsten eingesetzte Art der Luftströmung in Innenräumen, da diese relativ unempfindlich gegenüber äußeren Einflüssen ist und sowohl im Kühlbetrieb als auch Heizbetrieb eingesetzt werden kann. Wenn Heiz- und Kühlluft aus dem gleichen → Deckendurchlass kommen, können die Anforderungen an Temperaturgefälle, Ventilationsleistung und Geschwindigkeit in der Aufenthaltszone nicht gleichzeitig erfüllt werden. Hier werden z. B. motorisierte Durchlässe eingesetzt, mit der die Luftführung gesteuert werden kann.

Mitose
Als Mitose wird der Vorgang der Zellteilung bezeichnet, bei der ein Zellkern sich in zwei identische Tochterkerne teilt. Dieser Vorgang, der auch als Karyokinese oder indirekte Kernteilung bezeichnet wird, ist entscheidend für das Wachstum, die Regeneration und die Erhaltung der genetischen Information in Zellen von eukaryotischen Lebewesen. Im Grunde genommen handelt es sich bei der Mitose um eine Verdopplung der Zellen durch Zellteilung, bei der die Erbinformationen in Form von DNA-Sequenzen auf den Chromosomen im Kern einer Zelle gespeichert ist und auf die beiden Tochterzellen verteilt werden. Die Mitose ist entscheidend für das Wachstum von Lebewesen, der Regeneration oder Erneuerung von Zellen sowie der Erhaltung der genetischen Information.

Mitosporen
Mitosporen sind Fortpflanzungskörper, die durch → Mitose entstehen. Sie ermöglichen eine schnelle und einfache Vermehrung, ohne dass → Geschlechtszellen (Gameten) oder eine Befruchtung notwendig ist. Mitosporen können entweder exogen von der Oberfläche abgetrennt (→ Exosporen) oder endogen (innerhalb) von → Sporangien (Mitosporangien) gebildet und dann freigesetzt werden (→ Endosporen). Mitosporen haploid (einzellig) oder diploid (mehrzellig) sein. Bei → Schimmelpilzen werden Mitosporen auch als → Konidiosporen (→ Konidien) bezeichnet. Pilze, die ausschließlich Mitosporen bilden, werden als → Anamorphe bezeichnet. In der Regel lassen sich Mitosporen relativ einfach von den Meiosporen unterscheiden.

Mitotisch
Als mitotisch wird ein Vorgang bezeichnet, der sich auf die → Mitose (Zellteilung) bezieht.

Mittlerer Wärmedurchgangskoeffizient
Der Wärmedurchgangskoeffizient $[W/(m^2 \cdot K)]$ eines ebenen, homogenen Bauteils, aufgebaut aus mehreren Materialschichten, ergibt sich aus den durch Dicke und Wärmeleitfähigkeit bestimmten Einzelwiderständen der Bauteilschichten unter Einbeziehung der Wärmeübergangswiderstände innen und außen. Besteht ein Bauteil aus nebeneinander liegenden Bereichen mit unterschiedlichen Wärmedurchgangskoeffizienten, z. B. Sparrendach, Fachwerkkonstruktionen, wird der mittlere Wärmedurchgangskoeffizient aus einer Flächengewichtung der unterschiedlich gedämmten Bereiche berechnet.

Moderfäule
Die Moderfäule ist eine Form der → Holzfäule, die durch verschiedene → Schlauchpilze (→ Ascomyceten und → Deuteromyceten) verur-

sacht wird und feuchtes bis nasses Holz langsam abbaut bzw. zerstört. Typisch für die Moderfäule ist das Auftreten eines muffigen → Geruchs. Im nassen Zustand weist das betroffene Holz eine schmierige, schwärzlich verfärbte Oberfläche auf. Nach der Austrocknung wird die verbleibende Holzsubstanz modrig grau und fein würfelbrüchig. Die Moderfäule ist mit der → Braunfäule vergleichbar, hat gegenüber dieser aber ein höheres Feuchtigkeitsbedürfnis, ist deutlich feiner und oft auf die unmittelbare Oberfläche bzw. nur auf die Oberflächenschicht (wenige mm tief) beschränkt. Besonders gut zeigen sich die Unterschiede zu anderen Holzfäulearten unter dem → Mikroskop, da die Moderfäule innerhalb der Wandungen rautenförmige Höhlungen (Kavernen) ausbildet.

Moderkäfer
Der Moderkäfer ist ein → Lästling, der verstärkt auf verschimmelten Pflanzen und teilweise Lebensmittel auftritt sowie in Innenräumen mit einem Feuchteschaden und Schimmelpilzbefall, vor allem unter Tapeten oder in Hohlräumen nach Wasserschäden. Es handelt sich um einen sehr kleinen Käfer mit einer Körperlänge von 1,2 bis 2,4 mm und einem breiten Farbspektrum. Die meisten Moderkäfer weisen braune bis schwarze Farbtöne auf. Halsschild und Flügeldecken sind in der Regel rostrot. Der Entwicklungszyklus beträgt einen Monat. Etwa eine Woche vor der Verpuppung nehmen die Larven keine Nahrung mehr zu sich. Die Verpuppung dauert in der Regel drei bis vier Tage.

MODS
→ MOSF

Möblierung
siehe Abschn. 10.4

Molekularbiologie/Molekularbiologe
Die Molekularbiologie befasst sich mit den Grundlagen sowie der Struktur, Funktion und Wechselwirkung von molekularen Bausteinen des Lebens, insbesondere der Nukleinsäuren DNA und RNA sowie den Proteinen. Sie untersucht, wie diese Makromoleküle Informationen speichern, verarbeiten und weitergeben und wie sie die biologischen Prozesse in Lebewesen steuern. Die Grenzen der Molekularbiologie mit anderen Fachbereichen wie z. B. der Biochemie und/oder Molekulargenetik sind hierbei fließend. Eine Vielzahl von biochemischen, mikrobiologischen, genetischen und gentechnischen Verfahren werden miteinander kombiniert und die Ergebnisse in einen größeren Kontext gestellt. Das Spektrum der angewendeten Methoden und Techniken ist fließend und erstreckt sich von → In-vitro-Tests bis zu → In-vivo-Untersuchungen wie z. B. → PCR. Das hierzu passende Berufsbild ist der Molekularbiologe.

molekularbiologische Schnelltests
siehe Abschn. 6.6.7

molekulare Allergiediagnostik
Die molekulare Allergiediagnostik stellt eine Weiterentwicklung der → Molekularbiologie dar. Bei dieser Methode wird das Blut auf → IgE-Antikörper gegen bestimmte einzelne → Allergene untersucht wird. Hierzu werden in der Regel rekombinant hergestellte Allergenkomponenten eingesetzt. Hierbei handelt es sich um Proteine, die künstlich mit Hilfe von gentechnisch veränderten → Mikroorganismen oder in Zellkulturen hergestellt werden. Aus diesem Grund wird diese Methode auch als Komponenten-basierte Diagnostik bezeichnet, die wesentlich empfindlicher und leistungsstärker ist als herkömmliche Testverfahren. Die Anzahl bekannter und kommerziell verfügbarer Allergenmoleküle zur Bestimmung spezifischer IgE-Antikörper hat in den letzten Jahren deutlich zugenommen.

Monilia
siehe Abschn. 3.5.6.27

Monilias
→ Soor

Moniliasis
Moniliasis ist ein veralteter Begriff für → Candidiasis. Hierbei handelt es sich um eine häufige → Infektion, die durch Pilze der → Gattung → Candida, insbesondere → Candida albicans, verursacht wird und verschiedene Körperbereiche und innere Organe befallen kann.

Moniliformin
→ Mykotoxine

Morphologie/morphologisch
Die Morphologie als Teilgebiet der Biologie und Pathologie ist die Lehre von der Struktur und Form von Organismen und ihrer Organe. Sie beschreibt die mit der Zeit sich wandelnde Gestalt, sowohl auf makroskopisch sichtbare Merkmale wie z. B. Organe oder Gewebe, oder auf der zellulären und subzellulären Ebene. Im deutschsprachigen Raum wird der Begriff in der Regel für Strukturen oberhalb der molekularen Ebene verwendet.

MOSF
MOSF ist ein Akronym für Multiple Organ System Failure und beschreibt eine schwere Erkrankung, bei der zwei oder mehr Organe oder ganze Systeme nicht mehr richtig funktionieren. Die abgeschwächte Form wird als MODS für Multiple Organ Dysfunction Syndrome bezeichnet.

Motten
→ Lästlinge

Mucor (Mucorales)
siehe Abschn. 3.5.6.28

Mucormykose
Die Mucormykose ist eine → Infektion, die durch → Schimmelpilze der Gattung → Mucor verursacht wird. Bei der → pulmonalen Mucormykose gelangen die Erreger in die Lungenbläschen (→ Alveolen), dringen in die Gefäße ein und vermehren sich. Über das Blut können sich die Schimmelpilze im gesamten Organismus verbreiten und zu einer Sepsis (Blutvergiftung) führen.

Multiple Chemical Sensitivity
→ MCS-Syndrom

Multiresistente Keime
Multiresistente Keime sind → Bakterien, die durch natürliche Mutationen oder den Austausch von Resistenzgenen zwischen verschiedenen Bakterienarten gegen mehrere → Antibiotika gleichzeitig resistent (geworden) sind. Dies bedeutet, dass übliche Antibiotika, die gegen andere Bakterien wirksam sind, gegen diese multiresistenten Keime nicht mehr oder nur noch eingeschränkt wirken. Im übermäßigen und oft unsachgemäßen Gebrauch von Antibiotika wird eine der Ursachen für multiresistente Keime gesehen.

Mutagen
Als mutagen werden Veränderungen im Erbgut, so genannte → Mutationen, bezeichnet. Diese werden durch äußere physikalische, chemische oder biologische Einflüsse ausgelöst. Zu den physikalischen Einflüssen zählen z. B. energiereiche Strahlung wie UV-Licht, Röntgenstrahlung oder radioaktive Strahlung und Hitze, zu den chemischen Einflüssen z. B. polycyclische aromatische Kohlenwasserstoffe und zu den biologischen Einflüssen u. a. fremdes Erbgut sowie bestimmte Stoffwechselprodukte von → Viren und → Parasiten.

Mutagene
Als Mutagene werden Substanzen bezeichnet, die Veränderungen des Erbguts hervorrufen und zu einer gesteigerten Häufigkeit von → Mutationen in Populationen von Zellen und/oder Organismen führen können. Das Adjektiv lautet mutagen.

Mutagenitätstest
Ein Mutagenitätstest (auch als Genotoxizitätstest bezeichnet) ist ein Verfahren, mit dem geprüft wird, ob eine Substanz → mutagen ist, also das Potenzial hat, → Mutationen in der DNA auslösen kann. Hierzu werden verschiedene Tests durchgeführt wie z. B. der → Ames-Test, der → Mikrokerntest oder der → UMU-Test.

Mutationen
Eine Mutation ist eine spontan entstehende oder künstlich erzeugte, dauerhafte Veränderung des genetischen Materials in einer Zelle oder in einem gesamten Organismus. Diese Veränderungen finden bei der spontanen Mutation und unter natürlichen Bedingungen statt, während diese bei der induzierten Mutation durch äußere Einflüsse, den so genannten Mutagenen, verursacht wird. Die dadurch erzeugten neuen Merkmale werden als

Mutant oder Mutante bezeichnet. Findet diese dauerhafte Veränderung des Erbguts in einer Keimzelle statt, wird die Mutation weitervererbt, während diese in einer Körperzelle nicht an die Nachkommen weitergegeben wird. Grundsätzlich werden drei Arten von Mutationen unterschieden: die Genmutation, Chromosomenmutation und Genommutation, die jeweils unterschiedliche Bereiche des Erbguts betreffen.

mutualistisch
→ Bakterien

MVOC
MVOC ist ein Akronym für Microbial Volatile Organic Compounds und bedeutet flüchtige organische Verbindungen, die von → Mikroorganismen, insbesondere von → Bakterien und → Schimmelpilzen, produziert werden. Der Nachweis der Existenz von MVOC kann Hinweise auf einen → nicht sichtbaren und/oder → versteckten Befall dieser Mikroorganismen liefern sowie ursächlich sein für unspezifische Gesundheitswirkungen. MVOC haben einen typischen bzw. charakteristischen → Geruch und werden als säuerlich, muffig, modrig oder erdig wahrgenommen.

MVOC-Analyse/MVOC-Messung
siehe Abschn. 6.6.3.5

MVOC-Belastung
siehe Abschn. 8.3.5

Mycetologie (Mycitologie)
Die Mycetologie war ein im 18. Jahrhundert geprägter Begriff für die Pilzkunde, der besonders in der englischen Version (mycitology) vielfach verwendet wurde, sich aber gegen die bereits früher geschaffene Bezeichnung → Mykologie (mycology) nicht durchsetzen konnte.

Mycetom/Myzetom
Ein Mycetom ist eine durch → parasitische oder → symbiotische Pilze verursachte, lokal begrenzte, strukturelle Veränderung von Geweben (Geschwulst) oder eine durch Gemeinschaft aus → Schimmelpilzen wie z. B. → Aspergillus nidulans mit → Bakterien wie z. B. → Nocardia oder → Streptomyces lokal begrenzte → Mykose.

Mycocoenose (Mycosynözie)
Eine Mycocoenose (oder auch Mycosynözie) ist eine Vergesellschaftung von verschiedenen → Schimmelpilzen auf einem Substrat, einem Wirt oder → Symbionten.

Mycophagen
→ Pilzviren

Mycophenolsäure
Mycophenolsäure ist ein → Mykotoxin, das durch verschiedene Arten des → Schimmelpilzes → Penicillium produziert wird, insbesondere durch Penicillium brevicompactum und, trotz seiner → immunsuppressiven Wirkung, für diverse medizinische Anwendungen genutzt wird.

Mycoviren
→ Pilzviren

Mykoallergie
Mykoallergie ist die umgangssprachliche und unspezifische Bezeichnung für eine → allergische Erkrankung durch das Einatmen oder Inhalieren von großen Mengen → Sporen, die von → Schimmelpilzen produziert werden.

Mykobakterien
Mykobakterien (Mycobacterium) sind eine Gattung von obligat → aeroben, nicht → Sporen bildende → Bakterien und die einzigen Vertreter der Familie → Mycobacteriaceae. Diese sind stäbchenartig geformt, unbeweglich und aufgrund von → Lipide in ihrer Zellwand säure- und alkoholfest. Durch die herkömmliche → Gramfärbung sind sie nur sehr schlecht bis gar nicht anfärbbar, auch wenn der Aufbau der Zellwand dem der → grampositiven Bakterien ähnelt. Mykobakterien sind Auslöser von → Mykobakteriosen.

Mykobakteriologie
Die Mykobakteriologie ist die Lehre von den → Mykobakterien, die sich durch ihre spezifischen Krankheitsbilder, einem speziellen Zell-

wandaufbau und durch extrem langsames Wachstum charakterisieren lassen.

Mykobakteriosen
Mykobakteriosen sind durch → Mykobakterien verursachte Erkrankungen, die sich je nach Art der Mykobakterien und der Leistungsfähigkeit des → Immunsystems unterscheiden.

Mykologie/mykologisch/Mykologe
Die Mykologie als Teilgebiet der → Mikrobiologie ist die Lehre und/oder Wissenschaft der Pilze. Das entsprechende Adjektiv ist mykologisch. Zu den Pilzen gehören u. a. die Schlauchpilze (→ Ascomycota), Ständerpilze (→ Basidiomycota) und Jochpilze (→ Zygomycota). Traditionell befassen sich Mykologen auch mit Schleimpilzen (Myxomycota) und Eipilzen (Oomycota), die nach neueren Erkenntnissen jedoch nicht näher mit den Pilzen verwandt sind. Auch die Wissenschaft von den Flechten wird oft der Mykologie zugerechnet, da bei dieser Symbiose der dominierende Part von Pilzen eingenommen wird. Darüber hinaus werden zahlreiche Fachgebiete, bei denen Pilze eine Rolle spielen, unter dem Begriff Mykologie subsumiert. Hierzu gehören z. B. die → medizinische Mykologie, → Mykotoxikologie und → technische Mykologie.

Mykoplasmen
Mykoplasmen sind sehr kleine → Bakterien, die den → gram-positiven Bakterien zugerechnet werden, obwohl sie keine Zellwand besitzen. Auf → Nährmedien wie z. B. → Agar wachsen sie als typische → Kolonien.

Mykorrhiza
Mykorrhiza ist eine Symbiose, bei der Pilze das Wurzelsystem von Pflanzen besiedeln. Hierbei liefert der Pilz der Pflanze Nährstoffe wie Phosphor und Stickstoff sowie Spurenelemente und erleichtert die Aufnahme von Wasser. Die Pflanze gibt dem Pilz im Gegenzug Zucker (Kohlenhydrate) ab, die sie bei der Photosynthese herstellt. Außerdem machen die Pilze die Pflanzen widerstandsfähiger gegenüber → pathogenen → Mikroorganismen.

Mykosen
siehe Abschn. 11.8

mykotisch
Als mykotisch werden Eigenschaften beschrieben, die auf einer → Mykose beruhen bzw. durch eine Mykose verursacht werden.

Mykotoxikologie
Die Mykotoxikologie ist ein Teilgebiet der → Toxikologie und setzt sich mit der Erforschung von → Mykotoxinen auseinander.

Mykotoxikosen
Mykotoxikosen sind Vergiftungen, die durch → Mykotoxine verursacht werden. Die Symptome und Krankheitsverläufe richten sich nach Art und Menge der verschiedenen Giftstoffe. Unterschieden wird eine akute Mykotoxikose (kurzfristige Aufnahme sehr großer Mengen mit spontaner Reaktion) und eine chronische Mykotoxikose (regelmäßige Aufnahme über einen längeren Zeitraum selbst geringerer Mengen mit einem schleichenden Verlauf). Mykotoxikosen werden in der Regel durch die Aufnahme von schimmelpilzbelastetem Nahrungsmittel verursacht und können einzelne Organe bis hin zum gesamten Organismus befallen. Durch die Inhalation von Mykotoxine in der Raumluft sind keine Mykotoxikosen bekannt.

Mykotoxine
siehe Abschn. 4.3.2.3, siehe Abschn. 5.5.4.3

Myrothecium
Myrothecium ist ein → Schimmelpilz, der zur Familie der → Stachybotryaceae zählt. Seine elliptischen → Sporen haben meist eine Größe von 6 bis 10 × 5 bis 8 µm. Charakteristisch für diesen Schimmelpilz ist seine reichliche Produktion von → Chlamydosporen, die sich in Lufthyphen entlang der → Sporangiophoren bilden. Die Verbreitung der → Sporen erfolgt durch Spritzwasser und Regen. Einige Arten wie Myrothecium verrucaria und Myrothecium roridum produzieren → Mykotoxine wie z. B. → Trichothecene wie Verrucarine und Roridine sowie → Myrotoxin B. Diese Mykotoxine sind extrem → toxisch und können zu einer

Reihe von gesundheitlichen Wirkungen führen wie z. B. der Unterdrückung des → Immunsystems.

Myrotoxine
Myrotoxine, insbesondere Myrotoxin B, sind → Mykotoxine, die durch den → Schimmelpilz → Myrothecium gebildet werden. Chemisch sind sie der Gruppe der makrozyklischen → Trichothecene zuzuordnen.

Myxomycetes
Die Myxomycetes sind die artenreichste Klasse der → Myxomycota. Für die Systematik sind in erster Linie die Merkmale der sporulierenden Stadien, aber auch die der → Plasmodien, ausschlaggebend.

Myxomycota
Als Myxomycota werden die → Schleimpilze bezeichnet, die eine Verwandtschaft zu den → Protozoen haben.

Myzel
Das Myzel (auch als Myzelium genannt) ist ein unterirdisches Netzwerk aus fadenförmigen Zellen (→ Hyphen), das für die Nahrungsaufnahme und das vegetative Wachstum des Pilzes verantwortlich ist und den Hauptteil eines Pilzes bildet, während die → Fruchtkörper nur eine temporäre und sichtbare Erscheinungsform sind, die aus dem Myzel herauswachsen und → Sporen produzieren. Pilze, die Myzelien bilden, bezeichnet man im Gegensatz zu → Hefen als → filamentös.

Myzelia sterilia
→ sterile Myzelien

µ-Wert
→ Wasserdampf-Diffusionswiderstandszahl

14.14 N

Nachweisgrenze
Mit der Nachweisgrenze wird derjenige Wert eines Messverfahrens bezeichnet, bis zu dem die Messgröße gerade noch zuverlässig nachgewiesen werden kann. Sie ist ein Maß für die Empfindlichkeit der Kalibrierung eines gewählten Analyseverfahrens.

Nähragar
Als Nähragar wird ein mit → Agar-Agar (Polysaccharid aus den Zellwänden bestimmter Algen) verfestigter → Nährboden bezeichnet.

Nährboden
siehe Abschn. 4.2.5

Nährlösung
→ Nährmedien

Nährmedien
Nährmedien, auch als Kultur- oder Wachstumsmedien bezeichnet, sind sterile Substrate mit definierten Umgebungsbedingungen, die zur → Kultivierung von z. B. → Bakterien oder → Schimmelpilzen verwendet werden. Nährmedien werden daher überwiegend in der → Mikrobiologie eingesetzt und dienen der Anzucht, Isolation und Identifizierung von → Mikroorganismen. Nährmedien sind flüssig (Nährlösung) oder fest (Nährboden) und dürfen nicht mit → Nährstoffen verwechselt werden. Die genaue Zusammensetzung hängt von der Art der zu kultivierenden Organismen ab und kann verschiedene Nährstoffe enthalten. In der Regel werden komplexe Nährmedien eingesetzt, da von vielen Schimmelpilzen die individuellen Nährstoffbedürfnisse noch nicht ausreichend bekannt sind. Nährmedien werden je Zielsetzung in → Selektivnährmedien und → Differentialnährmedien unterschieden. Einige Nährmedien wie z. B. der → MacConkey-Agar können die Eigenschaften beider Nährmedien auf sich vereinen.

Nährstoffe
siehe Abschn. 4.2.5

„Nährstoff-Cocktail“
Nährstoff-Cocktail ist eine umgangssprachliche und unspezifische Bezeichnung für eine feuchte Raufasertapete, auf der Schimmelpilze besonders gut wachsen können. Hintergrund ist die Zellu-

lose, die durch Feuchtigkeit für Schimmelpilze einfacher verstoffwechselt werden kann.

NAHA-Test
siehe Abschn. 6.6.7

Nanobeschichtungen
Der Begriff Nanobeschichtung wird nicht einheitlich verwendet. Zum einen wird damit eine Beschichtung bezeichnet, die eine Schichtdicke unter 100 nm aufweist und mit der die Eigenschaften auf Bauteiloberflächen verbessert und/oder neue Funktionen hinzugefügt werden. Man spricht in dem Zusammenhang auch von funktionalen Oberflächen. Zum anderen wird der Begriff verwendet für klassische Beschichtungsstoffe, denen nanoskalierte Teilchen zugegeben werden, um die Eigenschaften der Beschichtungsstoffe zu verändern. Bekannteste Beispiele sind ultrahydrophobe oder selbstreinigende Beschichtungen, besser bekannt unter dem Lotus-Effekt, oder photokatalytische Beschichtungen, in denen die Reaktionsfreudigkeit eines speziellen Titandioxids genutzt wird. Andere Eigenschaften sind z. B. eine extrem hohe Kratzfestigkeit oder eine antibakterielle Wirkung durch die Zugabe von Nano-Silber.

Nasaler Provokationstest
Ein nasaler Provokationstest ist ein → Allergietest, bei dem ein in Verdacht stehendes → Allergen in die Nase gesprüht oder geträufelt wird, um eine → allergische Reaktion in/auf der Nasenschleimhaut des Patienten zu provozieren. Der Test ist ein wichtiger Baustein in der Diagnostik von → Inhalationsallergien, die z. B. durch Pollen, → Hausstaubmilben und/oder → Sporen von → Schimmelpilzen ausgelöst werden. Der nasale Provokationstest gilt als besonders aussagekräftig bei ganzjährigen → Allergien vom Sofforttyp (→ Typ-I-Allergie).

Nassfäule
Die Nassfäule ist eine Art der → Hausfäule bzw. → Holzfäule und kann in Form einer → Braunfäule, → Moderfäule oder → Weißfäule auftreten. Der Begriff dient insbesondere dazu, → holzzerstörende Pilze wie z. B. den → Braunen Kellerschwamm oder den → Weißen Porenschwamm gegenüber dem → Echten Hausschwamm abzugrenzen, da dieser einen deutlich geringeren Feuchteanspruch hat und eine Holzfeuchte in der Größenordnung des Fasersättigungsbereiches bereits ausreicht. Die Nassfäulen haben einen deutlich höheren Feuchtebedarf für ihr Wachstum und ihre Ausbreitung.

Natürliche Immunität
→ Prädisposition

Natürliche Killerzellen
Natürliche Killerzellen gehören zu den → Lymphozyten (Untergruppe der weißen Blutzellen) oder → Leukozyten. Diese sind in der Lage, abnormale Zellen wie z. B. Tumorzellen und virusinfizierte Zellen zu erkennen und abzutöten. Natürliche Killerzellen besitzen keine Antigen-spezifischen Rezeptoren und gehören zum angeborenen Immunsystem.

Natürliche Lüftung
Bei der natürlichen Lüftung erfolgt der Luftaustausch in selbsttätigen Systemen aufgrund unterschiedlicher Luftdichten und einem Temperaturunterschied zwischen der Innen- und Außenluft ohne den Einsatz von elektrischen Geräten wie z. B. Ventilatoren. Das bekannteste Beispiel für eine natürliche Lüftung ist die → Fensterlüftung.

Natürliche Transformation
Einige → Bakterien sind von Natur aus in der Lage, → DNA aus ihrer Umgebung aufzunehmen. Dieser Prozess wird als natürliche → Transformation bezeichnet.

Nebenfruchtform
→ Anamorphe

Nennlüftung (NL)
Die Nennlüftung wurde früher als → Grundlüftung bezeichnet. Hierbei handelt es sich um die notwendige → Lüftung zur Sicherstellung der hygienischen Anforderungen sowie des Feuchteschutzes bei Anwesenheit der Nutzer. Die Nennlüftung wird vorwiegend während der Anwesenheit der Nutzer betrieben (Normalbetrieb). Die Realisierung erfolgt durch weitgehend nutzerunabhängige → lüftungstechnische Maßnahmen mit zeitweiliger Ergänzung durch → Fensterlüftung.

Der → Luftwechsel zur Einhaltung hygienischer Anforderungen liegt im Normalbetrieb im Bereich von ca. 0,4 bis 0,7/h.

Neosolaninol
Neosolaninol ist ein → Mykotoxin der → Trichothecen-Gruppe mit der chemischen Struktur eines Epoxytrichothecens, das von Arten des → Schimmelpilzes → Fusarium gebildet wird.

Nephrotoxisch
Als nephrotoxisch werden Substanzen beschrieben, die eine nierenschädigende Wirkung haben.

Neubaufeuchte
siehe Abschn. 7.3.3

Neuroallergie
Neuroallergie ist ein umgangssprachlicher und unspezifischer Begriff, der für unterschiedliche Symptome verwendet wird. Zum einen werden → allergische Reaktionen, bei denen neurologische Symptome hervorgerufen werden, häufig als Neuroallergie bezeichnet und mit dem → Multiple-Chemical-Sensitivity-Syndrom oder Guillain-Barré-Syndrom sowie anderen → Autoimmunerkrankungen des Nervensystems in Verbindung gebracht. Der nicht medizinische Begriff bezieht sich hierbei auf eine mögliche, bisher allerdings nicht wissenschaftlich bestätigte, allergische Reaktion des → Immunsystems auf bestimmte → Infektionen, die zu Nervenentzündungen und neurologischen Symptomen wie z. B. Schwindelgefühl, Kopfschmerzen oder Übelkeit führen kann. Zum anderen kann es sich bei dem Begriff Neuroallergie auch um eine Verwechslung mit anderen Erkrankungen wie z. B. Neuropathien handeln, die durch verschiedene Ursachen wie Autoimmunerkrankungen verursacht werden. Hierfür sind auch Begriffe wie neurotoxische Reaktion oder neuroallergische Reaktion üblich, um unspezifische Reaktionen des Nervensystems auf bestimmte Substanzen zu beschreiben.

neuroallergische Reaktion
→ Neuroallergie

Neurospora
siehe Abschn. 3.5.6.29

neurotoxisch
Als neurotoxisch werden Substanzen beschrieben, die eine nervenschädigende Wirkung haben.

neurotoxische Reaktion
→ Neuroallergie

Neutralisationstest
Der Neutralisationstest wird zur → Diagnose u. a. von → Viruserkrankungen eingesetzt. Hierbei nutzt man die Reaktion des → Immunsystems, gegen ein eingedrungenes → Antigen (z. B. einem → Virus) einen spezifischen → Antikörper zu entwickeln, der anschließend im Serum des Patienten nachgewiesen werden kann. Der Test gilt als ein Verfahren zum Nachweis und zur Quantifizierung von neutralisierenden → Antikörpern gegen Infektionserreger. Neutralisierend nennt man diejenigen Antikörper, die in der Lage sind, die Aufnahme des Virus in die Zelle zu blockieren. Der Test kann auch zur Quantifizierung von bakteriellen → Toxinen verwendet werden, gegen die funktionshemmende Antikörper gebildet werden.

Neutralrot-Methode
Die Neutralrot-Methode ist ein Test auf → Zytotoxizität, bei den Zellen → in vitro mit dem Farbstoff Neutralrot behandelt werden, um die Lebensfähigkeit einer Zelle zu messen. Die NR-Methode basiert auf der Aufnahme des Farbstoffes Neutralrot und seiner Akkumulation in den → Lysosomen lebender Zellen. Hierbei verursachen → toxische Substanzen eine Schädigung der zellulären Membran und führen dazu, dass der Farbstoff nicht gespeichert werden kann. Mit einer essigsauren Ethanol-Lösung kann das gespeicherte Neutralrot aus den Lysosomen lebender Zellen herausgespült und spektralphotometrisch ausgewertet werden, wobei die Absorption als direktes Maß der Zellenvitalität angesehen werden kann.

Neutronenmessung
siehe Abschn. 6.3.2.8

Neutrophil
Neutrophil beschreibt die Eigenschaft von Organismen, in einem Substrat mit einem neutralen → pH-Wert von 7 bis 9 wachsen zu können.

Neuwirkstoff
Als Neuwirkstoff werden biozide Wirkstoffe bezeichnet, die vor dem 14. Mai 2000 noch nicht als Biozid-Wirkstoff auf dem Markt waren und nicht im Anhang I der Verordnung (EG) 1451/2007gelistet sind.

Nicht-allergisches Asthma
Ein nicht-allergisches Asthma, auch als intrinsisches Asthma bezeichnet, ist eine spezielle Form von → Asthma, das nicht durch äußere → Allergene wie z. B. Pollen, Tierhaare, → Sporen von → Schimmelpilzen oder dem Kot von → Hausstaubmilben ausgelöst wird, sondern durch unspezifische Reize von „innen" wie → Infektionen der Atemwege, bestimmte Medikamente (z. B. Acetylsalicylsäure), Kälte, Rauch oder körperliche Anstrengung. Man bezeichnet dies auch als → pseudoallergische Reaktion. In der Regel tritt ein nicht-allergisches Asthma erst ab dem 30. bis 40. Lebensjahr auf. Die Atemwege sind chronisch entzündet und überempfindlich, was zu einer Verengung der Bronchien und Atemnot führen kann. Ein nicht-allergisches Asthma verläuft typischerweise schwerer als ein allergisches Asthma und ist in manchen Fällen mit einer chronischen Nasennebenhöhlenentzündung verbunden. Die Behandlung umfasst bronchienerweiternde und entzündungshemmende Medikamente.

nicht fruktifizierende Kolonien
→ Sterile Kolonien

nicht-oxidierende Biozide
Nicht-oxidierende Biozide sind chemische Stoffe, die → Mikroorganismen wie z. B. → Bakterien, → Schimmelpilze oder → Viren abtöten, allerdings nicht über einen Oxidationsprozess wie bei → oxidierenden Bioziden. Das Wirkprinzip basiert auf einer spezifischen Schädigung z. B. der Zellmembran oder Zerstörung der Zellwand, andere stören zelluläre Stoffwechselprozesse oder blockieren spezifische Enzyme. Zu den nicht-oxidierenden Bioziden gehören → Aldehyde, → Alkohole, → Isothiazolinone und oberflächenaktive Substanzen wie z. B. → quaternäre Ammoniumverbindungen. Diese sind oft materialverträglicher als oxidierende Biozide. Allerdings können Mikroorganismen Resistenzen gegen nicht-oxidierende Biozide entwickeln, so dass nach einiger Zeit ein Wechsel der bioziden Wirkstoffe notwendig wird.

Nicht sichtbarer Befall
siehe Abschn. 5.3

Niedere Pilze
Als niedere Pilze werden Hyphenpilze mit einem einfachen Geflecht bezeichnet.

Niedrigimpulslüftung
→ Quelllüftung

NIK-Wert
NIK ist ein Akronym für die niedrigste interessierende Konzentration. Der NIK-Wert definiert das Konzentrationsniveau, bei dem oberhalb nachteilige Wirkungen auf die Gesundheit zu befürchten sind.

Nitrifikanten
→ nitrifizierende Bakterien

Nitrifizierende Bakterien
Als nitrifizierende Bakterien werden → Bakterien bezeichnet, die ihre Energie aus der Oxidation reduzierter Stickstoffverbindungen gewinnen. Hierbei unterscheidet man Ammoniakoxidierer, die Ammoniumionen bis auf die Stufe des Nitrits oxidieren, und Nitritoxidierer, die das Nitrit dann zum Nitrat weiter oxidieren. Nitrifizierende Bakterien sind von großer Bedeutung im Stickstoffkreislauf, da sie das aus → Fäulnisprozessen und durch denitrifizierende bzw. stickstofffixierende Bakterien freigesetzte Ammoniak wieder zu Nitrat oxidieren und so für die Assimilation durch Bakterien und → Schimmelpilze zugänglich machen.

Nitritoxidanten
→ nitrifizierende Bakterien

Nivalenol
Nivalenol ist ein → Mykotoxin der → Trichothecen-Gruppe mit der chemischen Struktur der Ketotrichothecens, das durch Arten des → Schim-

melpilzes → Fusarium gebildet wird. Nivalenol wirkt → zytotoxisch und ist als Hemmstoff der Protein- und DNA-Synthese bekannt.

NOAEL
NOAEL ist ein Akronym und steht für „No observed adverse effect level" und bedeutet so viel wie höchste Dosis, bei der kein → toxischer Effekt auftritt.

Nocardia
Nocardia ist eine → ubiquitäre Gattung → stäbchenförmiger, → grampositiver → Bakterien, die bei 30 °C ein optimales Wachstum entfalten. Nokardien bilden primär ein rudimentäres → Myzel, das in älteren → Kolonien in stäbchen- oder kokkenförmige Zellen zerfällt. In der Regel bildet sich ein Luftmyzel, das einen Durchmesser von 0,5 bis 1 µm aufweist. Einige Arten können akute oder chronische → Infektionskrankheiten (→ Nocardiose) auslösen. Nokardien leben → aerob und wachsen oft verzweigt. Außerdem sind sie ähnlich wie → Mykobakterien durch Säure nicht wieder entfärbbar (säurefest). Ihr Stoffwechsel ist oxidativ. Von den über 60 verschiedenen Spezies sind 13 → humanpathogen. Eine Übertragung der → pathogenen Krankheitserreger erfolgt durch Inhalation der Erreger.

Nocardiosen
Nocardiose ist eine akute oder chronische → Infektion, die durch verschiedene → Bakterien der Gattung → Nocardia verursacht wird. Diese befällt entweder die Lunge (pulmonale Nokardiose) oder den gesamten Körper (systemische Nokardiose). Am häufigsten tritt die Krankheit bei Männern ab dem 50. Lebensjahr auf, die eine → Immunsuppression aufweisen.

Non viable Messungen
Non viable Messungen (engl. = nicht lebensfähig) werden in der → Schimmelpilz-Diagnostik durchgeführt. Hierbei handelt es sich um ein Verfahren, bei dem der Nachweis aller Luftkeime auf beschichteten Objektträgern geführt wird und deren → mykologische Auswertung mit Hilfe des → Mikroskops erfolgt. Das Gegenteil ist → viable-Messungen.

Normalzustand
Der Begriff Normalzustand im Kontext von → Schimmelpilzen in Innenräumen hat mehrere Bedeutungen, wobei keine von ihnen auf einer wissenschaftlichen Grundlage basiert. Als einen Normalzustand bezeichnet man Innenräume, in denen keine Belastung durch biogene Stäube, → Sporen oder andere mikrobielle Partikel vorliegen oder in geringer Konzentration, die nicht zu gesundheitlichen Problemen führen. Der so genannte → Hintergrundwert ist ebenfalls eine Referenz für den Normalzustand. Ein → sichtbarer Befall oder auch → versteckter Befall wäre dem entsprechend kein Normalzustand.

Normklima
Das Normklima für Innenräume ist gemäß Teil 3 der DIN 4108 „Wärmeschutz und Energie-Einsparung in Gebäuden" (2013) mit 20 °C und 50 % relativer Luftfeuchtigkeit definiert. Es dient als Grundlage für die Berechnung des Feuchteschutzes und wird verwendet, um die Gefahr von taupunktbedingtem Kondenswasser auf Bauteiloberflächen zu beurteilen. Bei 20 °C und 50 % relativer Luftfeuchtigkeit liegt der Taupunkt bei etwa 9,3 °C. Das Normklima definiert somit einen → Referenzwert für bestimmte raumklimatische Bedingungen. In Sonderfällen wie z. B. Schwimmbädern oder klimatisierten Innenräumen kann dieser vereinfachte Referenzwert nicht herangezogen werden und muss individuell berechnet werden.

Notifizierter Wirkstoff (Biozid-Richtlinie)
Ein notifizierter Wirkstoff im Sinne der → Biozid-Richtlinie ist ein Wirkstoff, der im Rahmen des Altwirkstoffprogramms als Biozid-Wirkstoff identifiziert worden ist und für den ein Teilnehmer des Altwirkstoffprogramms die Absicht erklärt hat, ein Dossier einzureichen. Eine Liste der notifizierten Wirkstoffe findet sich im Anhang II der Verordnung (EG) Nr. 1451/2007. Da sich gelegentlich Modifikationen bei den notifizierten Stoffen ergeben, ist dabei die jeweils aktuelle Änderung der Richtlinie zu beachten. Eine Notifizierung gilt jeweils für einen Wirkstoff in Verbindung mit einer Produktart. Stoffe, für die eine formale Entscheidung eingegangen ist, dass sie

nicht in den Anhang I bzw. IA der Richtlinie aufgenommen werden, gelten nach einer Übergangsphase nicht mehr als notifiziert.

Noxe
Eine Noxe ist eine Substanz, die eine gesundheitsschädigende Wirkung auf ein Körperteil, ein oder mehrere Organe oder den gesamten Organismus hat. Im weiteren Sinne kann jede Art von krankheitserregender Ursache als Noxe bezeichnet werden. Hierbei werden je nach Art der Einwirkung chemische Noxen (z. B. Umweltgifte), physikalische Noxen (z. B. energiereiche Strahlung wie Röntgenstrahlung, radioaktive Strahlung), biologische Noxen (z. B. → Bakterien, → Viren, → Schimmelpilze sowie deren Stoffwechselprodukte) und psychosoziale Noxen unterschieden. Hierbei handelt es sich um exogene Noxen. Noxen können auch im menschlichen Körper entstehen, z. B. durch genetische Defekte. Diese werden als endogene Noxen bezeichnet.

Nucleus
→ Zellkern

Nukleinsäure
Nukleinsäuren sind Polymere von → Nukleotide. Jedes Lebewesen besitzt zwei Arten von Nukleinsäuren: die DNA (Desoxyribonukleinsäure) und RNA (Ribonukleinsäure). Die DNA ist in der Regel für die Speicherung der genetischen Information verantwortlich, während die verschiedenen Arten der RNA die Aufgabe haben, diese Information zu transportieren und bei ihrer Umsetzung in Proteine mitzuwirken.

Nukleoid
Ein Nukleotid ist ein organisches Molekül, das aus drei Komponenten besteht: einem Zucker (entweder Desoxyribose oder Ribose), einer organischen Base und einer, zwei oder drei Phosphatgruppen. Nukleotide sind die Grundbausteine von → Nukleinsäuren.

Nutzungsfeuchte
Nutzungsfeuchte (oder auch nutzungsbedingte Feuchtigkeit) umfasst die Feuchtigkeit, die bei der Nutzung eines Gebäudes in Innenräumen entsteht. Hierzu zählen neben der Feuchtigkeit, die durch den Menschen selbst verursacht wird, z. B. durch Atmen oder Schwitzen, auch Tätigkeiten durch den Menschen wie z. B. Kochen, Duschen, Baden oder Wäsche trocknen. Außerdem müssen Pflanzen und Tiere sowie offene Wasserflächen wie z. B. Aquarien und Zimmerbrunnen hinzugerechnet werden.

Nutzungsbedingte Feuchte
siehe Abschn. 7.3.5

Nutzungsklasse I
siehe Abschn. 8.5.2, siehe Abschn. 9.5.2

Nutzungsklasse II
siehe Abschn. 8.5.3, siehe Abschn. 9.5.2

Nutzungsklasse III
siehe Abschn. 8.5.4, siehe Abschn. 9.5.2

Nutzungsklasse IV
siehe Abschn. 8.5.5, siehe Abschn. 9.5.2

14.15 O

Oberflächen, glatt
Oberflächen spielen für die Hygiene eine wesentliche Rolle. Glatte Oberflächen sind den hygienischen Anforderungen entsprechende Oberflächen, die keine Defekte an den Oberflächen wie z. B. Spalten, Kratzer, Poren oder Löcher aufweisen, in denen sich Verschmutzungen ansammeln können. Oberflächen aus Edelstahl sollten einen mittleren Rauheitswert von $Ra = 0{,}8\ \mu m$ nicht überschreiten.

Oberflächen, nicht-produktberührend
Oberflächen spielen für die Hygiene eine wesentliche Rolle. Nicht produktberührende Oberflächen sind alle freiliegenden Oberflächen, die nicht im Kontakt mit dem Produkt stehen. Der Begriff hat seine Verwendung vor allem im Lebensmittelbereich.

Oberflächen, produktberührend
Oberflächen spielen für die Hygiene eine wesentliche Rolle. Als produktberührende Oberflächen werden alle Oberflächen von Ausrüstungen be-

zeichnet, die beabsichtigt oder unbeabsichtigt (z. B. durch ein spritzendes Produkt) mit einem Produkt in Berührung kommen. Hierzu zählen auch Produkte, von denen Flüssigkeiten oder Kondensat abfließen, abtropfen oder in das Produkt oder in die Ausrüstung (z. B. Behälter) gelangen können. Eingeschlossen sind Oberflächen (z. B. nicht sterilisierte Verpackungen), die indirekt produktberührten Oberflächen oder Behälter kreuzkontaminieren können. Der Begriff hat seine Verwendung vor allem im Lebensmittelbereich.

Oberflächenkondensation
siehe Abschn. 7.3.2

Oberflächentemperatur
Entgegen der allgemeinen Auffassung beschreibt die Oberflächentemperatur nicht den Temperaturbereich auf einer Baustoff- oder Bauteiloberfläche, sondern den Grenzbereich zwischen zwei verschiedenen Stoffen oder Aggregatzuständen. Die Oberflächentemperatur, auch als Kontakttemperatur bezeichnet, spielt bei der Bauphysik und Bauwerksdiagnostik eine wichtige Rolle. Sie wird dem entsprechend mit spezieller Messtechnik festgestellt und setzt spezifische Fachkenntnisse sowie Erfahrung voraus.

Obligat pathogene Erreger
Als obligat pathogene Erreger werden → Mikroorganismen bezeichnet, die immer eine Krankheit verursachen, wenn sie in den Organismus eindringen. Zu diesen gehören u. a. Salmonellen. Eine Unterart der obligat pathogenen Erreger sind obligat intrazelluläre Erreger, die nur innerhalb der Zellen wachsen und sich vermehren können (z. B. Chlamydien und → Rickettsien). Obligat pathogene Erreger sind in der Lage, auch bei gesunden Menschen eine → Infektion zu entwickeln. Dies unterscheidet sie von den → fakultativ pathogenen Erregern.

Ochratoxikose
Eine Ochratoxikose ist eine Vergiftung durch → Ochratoxine.

Ochratoxine
Ochratoxine sind → Mykotoxine, die von einigen Arten unterschiedlicher → Schimmelpilze, vor allem → Aspergillus ochraceus und → Penicillium verrucosum, produziert werden. Diese bestehen aus einer Methylisocumarin- und zum Teil einer Phenylalanineinheit. Die Methyl- und Ethylester des → Ochratoxin A gelten als giftigste Vertreter der Ochratoxine.

Ochratoxin A
Ochratoxin A ist ein → Mykotoxin, das von einigen Arten unterschiedlicher → Schimmelpilze, vor allem → Aspergillus ochraceus und → Penicillium verrucosum, produziert wird. Es gilt als giftigster Vertreter unter den → Ochratoxinen. Zu den gesundheitsschädlichen Eigenschaften gehören seine → Nephrotoxizität (nierenschädigend), → Kanzerogenität (krebserzeugend) und → Genotoxizität (erbgutverändernd). Weitere gesundheitsschädliche Eigenschaften wie z. B. → teratogene, immuntoxische und/oder → neurotoxische Wirkungen werden vermutet, sind aber bisher nicht vollständig wissenschaftlich nachgewiesen worden.

ODTS (Organic Dust Toxic Syndrom)
ODTS ist ein Akronym für Organic Dust Toxic Syndrom. Hierbei handelt es sich um eine → toxische Alveolitis, die 4 bis 12 h nach der Inhalation von organischem Staub auftritt und durch die enthaltenen → Mykotoxine oder → Endotoxine ausgelöst wird. Infolgedessen sind vor allem Arbeitsplätze mit einer hohen Belastung durch biogene Stäube besonders gefährdet (z. B. Stallungen in der Landwirtschaft oder Deponien und Kompostieranlagen). Auffallend oft werden → Sporen von → Aflatoxin produzierenden → Schimmelpilzen im Zusammenhang mit dem ODTS nachgewiesen. Diese Form einer → Mykotoxikose darf nicht mit der → exogen allergischen Alveolitis verwechselt werden, auch wenn sich die Symptome ähneln. Denn im Gegensatz zu dieser ist eine vorherige → Sensibilisierung mit dem → Antigen bei dem ODTS keine Voraussetzung. Infolgedessen fehlen spezifische → Antikörper. Im Blutbild wird meistens eine → Leukozytose nachgewiesen.

Olfactus
→ Geruch

Olfaktorische Reize
siehe Abschn. 11.9

Onkogene
→ Karzinome

Onychomykose
Eine Onychomykose ist eine → Infektion der Fuß- oder Fingernägel durch → pathogene Pilze, die relativ häufig vorkommt. Der Befall durch → Dermatophyten wird auch als → Tinea bezeichnet.

Oosporein
Oosporein ist ein → Mykotoxin, das von einigen Arten unterschiedlicher → Schimmelpilze wie z. B. → Acremonium, → Chaetomium und → Penicillium gebildet wird und das → antibiotische, antimykotische, antivirale, phytotoxische, → zytotoxische und insektizide Eigenschaften hat.

Oosporen
Oosporen ist eine veralterte Bezeichnung für → Zygoten.

oral
Als oral werden Eigenschaften beschrieben, die den Mund betreffen.

organogen
→ biogen

Orientierungswert
Orientierungswerte stellen, im Gegensatz zu → Grenzwerten, eine empfehlende Orientierung dar, die sich in der Praxis bewährt haben und von der überwiegenden Mehrheit der Experten als richtig angesehen wird. In der Regel dient ein Orientierungswert zur Erkennung, Einschätzung und Bewertung eines Sachverhaltes und kommt zur Anwendung, wenn es keine offiziell anerkannten Grenz- oder → Richtwerte gibt. In der Regel zeigen Orientierungswerte an, ob und inwieweit gemessene Werte vom Normalzustand abweichen. Eine Überschreitung derartiger Werte zeigt dagegen nicht an, ob z. B. eine Gefahr besteht. Je nach Sachverhalt werden Hintergrundwerte, Richtwerte, Prüfwerte und Toleranzwerte unterschieden.

osmophile Pilze
Osmophile Pilze sind → Mikroorganismen, die in → Habitaten mit hoher Konzentration an gelösten Stoffen wie z. B. Zucker oder Salz wachsen können. Sie sind in der Lage, den hohen osmotischen Druck, der durch diese Stoffe entsteht, nicht nur zu tolerieren, sondern in dieser Umgebung auch zu überleben, zu wachsen und sich zu vermehren. Osmophile Pilze haben eine geringe → Wasseraktivität, also einen niedrigen → a_W-Wert. Viele → Hefen und einige → Schimmelpilze wie z. B. einige Arten des → Aspergillus und → Penicillium gelten als osmophil.

osmotolerante Pilze
→ osmophile Pilze

Otomykosen
Eine Otomykose ist eine Erkrankung im Bereich der Ohren (äußerer Gehörgang oder das Mittelohr und angrenzende Bereiche), die durch eine → Infektion durch → Schimmelpilze verursacht wird. Zu den typischen Erregern zählen z. B. → Aspergillus niger, → Aspergillus flavus, → Aspergillus fumigatus und → Aspergillus terreus. Außerdem werden Otomykosen durch → Hefen verursacht wie z. B. durch → Candida albicans sowie → Bakterien, häufig als Folge starker Verschmutzungen. In Ausnahmen werden auch bestimmte → Mucor- und → Alternaria-Arten mit Otomykosen in Verbindung gebracht.

OVOC (Odour Active Volatile Organic Compounds)
OVOC ist ein Akronym und steht für Odour Active Volatile Organic Compounds. Dies bedeutet übersetzt, dass es sich um geruchsaktive flüchtige organische Verbindungen handelt. Im Gegensatz zu den meisten herkömmlichen → VOC können OVOC bereits in sehr niedrigen Konzentrationen eine geruchliche Wahrnehmung auslösen. In der Regel haben diese Geruchsstoffe ein Molekulargewicht unter 300 g/mol, einen relativ niedrigen Siedepunkt und gehen sehr leicht in die Gasphase über. Typische Vertreter dieser Gruppe sind z. B. Aldehyde, Ester, Ketone, Terpene, 2-Ethylhexanol, halogen-, stickstoff- oder

schwefelhaltige organische Verbindungen sowie einige → MVOC. OVOC sind für die Innenraumanalytik eine echte Herausforderung, da bereits Konzentrationen unterhalb der üblichen Bestimmungsgrenze von 1 µg/m^3 eine Geruchswahrnehmung auslösen können, allerdings mit herkömmlichen Methoden nicht gemessen werden können.

Oxalose
Oxalose ist eine seltene Erkrankung, bei der als Folge einer → Aspergillose Ablagerungen von Kalziumoxalatkristallen in verschiedenen Organen, insbesondere in Nieren, auftreten. Zu einer ausgeprägten Ausscheidung von Oxalsäure ist z. B. → Aspergillus niger fähig.

Oxidierende Biozide
Oxidierende Biozide sind chemische Stoffe, die → Mikroorganismen wie z. B. → Bakterien, → Schimmelpilze oder → Viren abtöten, in dem diese durch Oxidation zerstört werden. Der Wirkmechanismus basiert in der Regel auf der Freisetzung von reaktiven Sauerstoffspezies, so genannten → ROS. Diese wirken, in dem sie Elektronen aus den Zellen ziehen und so die Zellstrukturen und Funktionen der Mikroorganismen angreifen. Typische Vertreter sind Chlor, häufig in Form von → Natriumhypochlorit, Chlordioxid und Ozon sowie → Wasserstoffperoxid und andere Perverbindungen wie z. B. → Peressigsäure. Oxidierende Biozide haben eine schnelle und effektive Wirkung gegen ein breites Spektrum von Mikroorganismen. Sie können korrosiv wirken und den pH-Wert beeinflussen, insbesondere Chlorverbindungen. Im Gegensatz zu → nichtoxidierenden Bioziden ist eine Resistenzbildung bei Mikroorganismen gegen oxidative Wirkstoffe nicht möglich.

Ozongenerator
Ein Ozongenerator (auch Ozonisator genannt), wird im Rahmen der → Geruchsneutralisation eingesetzt. Ozongeneratoren erzeugen durch eine Entladungsreaktion aus dem Sauerstoff in der Luft Ozon (O_3). Durch die oxidierende Wirkung des Ozons werden unangenehme Geruchsstoffe in geruchsneutrale Substanzen umgewandelt und geruchverursachende Keime und → Bakterien abgetötet.

Ozonisierung
→ Geruchsneutralisation

14.16 P

Paecilomyces
siehe Abschn. 3.5.6.30

PAMP
PAMP ist ein Akronym für Pathogen Associated Molecular Pattern und beschreibt Strukturmotive oder Moleküle, die charakteristisch für ein breites Spektrum an → Mikroorganismen sind und es dem → Immunsystem ermöglichen, das Eindringen von → Bakterien, → Viren, → Schimmelpilzen oder → Parasiten zu erkennen.

Panallergene
Panallergene sind → Allergene, die in verschiedenen Allergenquellen vorkommen und für Kreuzreaktionen zwischen diesen Allergenen verantwortlich sind. Das Wissen um Panallergene ist wichtig für die Diagnose und Behandlung von → Allergien, insbesondere um die Ursachen von → Kreuzallergien zu verstehen und gezielte Therapieansätze zu entwickeln.

parasexueller Zyklus
Der parasexuelle Zyklus beschreibt eine Form der Fortpflanzung, die bei → Bakterien und → Schimmelpilzen vorkommt. Dabei werden Teile des Erbguts (DNA) zwischen Zellen ausgetauscht, ohne dass es zur Verschmelzung von Geschlechtszellen (→ Gameten) oder → Meiose kommt. Der parasexuelle Zyklus ermöglicht eine genetische Variabilität und ist verantwortlich dafür, sich Bakterien und Schimmelpilze an veränderte Umweltbedingungen anpassen und z. B. Resistenzen gegen → Antibiotika entwickeln können. Im Gegensatz zur sexuellen Fortpflanzung werden beim parasexuellen Zyklus nur Teile des Genoms übertragen.

Parasitose
Eine Parasitose ist eine → Infektion, die durch → Parasiten wie z. B. → Protozoen verursacht wird, die in oder auf einem Wirtsorganismus leben und diesen schädigen. Häufige Symptome sind Magen-Darm-Beschwerden wie z. B. Durchfall, Bauchschmerzen, Übelkeit und Erbrechen, Hautveränderungen wie z. B. Ausschlag oder Juckreiz sowie Fieber oder Müdigkeit. Zur Behandlung werden Antiparasitika eingesetzt, also Medikamente, die speziell gegen Parasiten wirken.

Partikelfilter
Partikelfilter bestehen aus einem feinen Netzgewebe, einem Vlies oder einem Schaumstoff und dienen dazu, die angesaugte Luft von festen Schwebstoffen wie z. B. → Feinstaub, Kot von → Hausstaubmilben, → Sporen von → Schimmelpilzen oder andere mikrobielle Partikel wie z. B. → Hyphen oder → Myzelien zu trennen, damit die ausgeblasene Luft frei von diesen → Bioaerosolen ist. In den letzten Jahren haben sich zunehmend → HEPA-Filter durchgesetzt. Einige Partikelfilter können mit Wasser oder einem Staubsauger gereinigt werden, so dass diese mehrfach verwendet werden können. Andere sind so feinporig, dass diese nicht gereinigt werden können und nach einiger Zeit ausgetauscht werden müssen.

Partikelsammlung
Die Partikelsammlung ist eine Methode zur → Raumluftmessung, bei der feinste Partikel eines definierten Luftvolumens mittels eines → Partikelsammlers angesaugt und auf einem Objektträger abgeschieden werden. Das hierzu verwendete Verfahren wird als → Schlitz-Düsen-Impaktion bezeichnet. Um die Partikel, auch → Aerosole genannt, auf dem Objektträger zu fixieren, wird dieser mit einer Gelatineverbindung beschichtet. Die Partikel beinhalten neben lebenden → Sporen auch abgestorbene Schimmelpilzpartikel. Die Methode kommt zur Anwendung, weil sich inaktive oder abgestorbene Schimmelpilzsporen nicht kultivieren und nicht als → koloniebildende Einheiten auf → Nährböden erfassen lassen. Die Proben werden mit einer Lösung angefärbt und → mikroskopisch ausgewertet. Das Verfahren entspricht den → allgemein anerkannten Regeln der Technik und wird in der DIN ISO 16000-20 „Nachweis und Zählung von Schimmelpilzen – Bestimmung der Gesamtsporenzahl“ (2015) beschrieben. Die Partikelsammlung wird vor allem eingesetzt, um Sporen von → Stachybotrys chartarum zu erfassen, die eine geringe Keimfähigkeit aufweisen und aufgrund ihres Toxin-Gehaltes eine besondere Gesundheitsgefährdung darstellen können. Da die meisten → Mykotoxin bildenden und fakultativ → pathogenen → Schimmelpilze uncharakteristische Sporen haben und meistens nicht eindeutig identifiziert werden können, empfiehlt sich, die Partikelsammlung mit der → Kultivierung zu kombinieren.

Partikelzähler
Partikelzähler sind Messgeräte, die Partikel ab etwa 0,001 Mikrometer erfassen. Im Bereich der → Allergologie werden Partikelzähler eingesetzt, die eine Größe ab 0,5 µm erfassen können.

Passivsammler
Ein Passivsammler ist eine einfache Methode zur → Raumluftmessung, bei der sich auf einer → Probe mit → Nährmedien über einen definierten Zeitraum (in der Regel 1 bis 2 Wochen) → Mikroorganismen ansammeln. Diese können anschließend untersucht werden. Aufgrund der Verunreinigungen können Passivsammler nur eine eingeschränkte qualitative Auswertung liefern.

Pasteur-Effekt
→ Pasteurisation/Pasteurisierung

Pasteurisierung
Die Pasteurisierung ist eine nach dem französischen Chemiker und → Bakteriologen Louis Pasteur (1822–1895) benannte Konservierungsmethode für flüssige Nahrungsmittel, bei der die Nahrungsmittel für kurze Zeit bei 72 bis 85 °C erhitzt werden, um schädliche → Mikroorganismen wie z. B. → Bakterien oder → Hefen abzutöten. Die Pasteurisierung darf nicht mit der → Sterilisation verwechselt werden, bei der höhere Temperaturen von über 100 °C zum Einsatz kommen.

Patchtest
→ Epikutantest

pathogen
Als pathogen werden Eigenschaften bezeichnet, die Krankheiten auslösen können. Das Gegenteil wird als → apathogen bezeichnet.

Pathogene
Pathogene sind Substanzen oder Stoffe, die → Infektionen oder Krankheiten verursachen und deshalb auch als → Krankheitserreger bezeichnet werden. Hierzu gehören u. a. → pathogene → Mikroorganismen wie z. B. → Viren, → Bakterien oder → Schimmelpilze. Parasiten sind häufig, aber nicht zwangsläufig, Pathogene.

pathogene Mikroorganismen
Pathogene Mikroorganismen sind → Viren, → Bakterien, → Schimmelpilze und in einigen Ausnahmen auch → Parasiten, die → Infektionen oder Krankheiten verursachen. Die → Pathogenität der einzelnen Mikroorganismen ist sehr unterschiedlich und hängt sowohl von der → Virulenz der einzelnen Art als auch vom Zustand des Wirtsorganismus ab. Unterschieden werden → obligat und → fakultativ pathogene Erreger.

Pathogene Keime
→ pathogene Mikroorganismen

Pathogene Pilze
→ pathogene Mikroorganismen

Pathogenese
Die Pathogenese ist die Lehre oder Wissenschaft über die Entstehung und Entwicklung von Krankheiten und untersucht, wie diese entstehen, sich entwickeln und welche Mechanismen hierbei eine Rolle spielen bzw. Einfluss auf den Verlauf nehmen. Die Pathogenese stellt somit eine wichtige Grundlage für Diagnostik und Therapie dar. Hierbei erforscht die Pathogenese die spezifischen Prozesse und Wechselwirkungen im Organismus, die zur Krankheit führen, insbesondere die Interaktion zwischen → Krankheitserregern wie z. B. → Viren und → Bakterien sowie deren Einwirkung auf das → Immunsystem. Zur Pathogenese gehört auch das Monitoring von Autoimmunerkrankungen. Das Gegenteil der Pathogenese ist die → Salutogenese.

Pathogenität
Pathogenität bezeichnet die Eigenschaft bzw. Fähigkeit bestimmter Substanzen, in einem Organismus krankhafte Veränderungen auszulösen. Daher werden → Krankheitserreger häufig synonym als Pathogene bezeichnet. Bestimmte Substanzen umfassen hierbei chemische Stoffe genauso wie pathogene → Mikroorganismen wie → Bakterien, → Viren oder Protozoen. Umstritten ist, ob auch physikalische Einflüsse wie z. B. ionisierende Strahlung zu den Pathogenen gezählt wird. Das Ausmaß der Pathogenität wird als → Virulenz bezeichnet. Das Gegenteil ist die → Apathogenität.

Pathologie/Pathologe
Die Pathologie ist die Lehre der krankhaften Veränderungen im menschlichen Körper. Diese Wissenschaft erforscht die Entstehung von Krankheiten sowie die durch sie hervorgerufenen organisch-anatomischen Veränderungen. Als wichtiger Bestandteil der Medizin spielt die Pathologie eine zentrale Rolle bei der Diagnose, Bewertung und Behandlung von Krankheiten. Das dazugehörige Berufsbild ist der Pathologe. Dieser untersucht Gewebeproben und Körperflüssigkeiten, um Krankheiten zu erkennen und ihre Ursachen zu erforschen oder auch um die Wirksamkeit verschiedener Therapien zu untersuchen. Im allgemeinen Verständnis ist der Pathologe für die Durchführung von Obduktionen bekannt, um die Todesursache zu ermitteln. Das Anwendungsgebiet geht allerdings deutlich darüber hinaus. Ohne Pathologie wäre z. B. eine zuverlässige Krebsdiagnostik nicht möglich.

Patulin
Patulin ist ein → Mykotoxin, das durch verschiedene Arten der → Schimmelpilze → Penicillium, → Aspergillus oder → Byssochlamys gebildet wird. Dieses sekundäre Stoffwechselprodukt ist → toxisch, → kanzerogen und wirkt → hämorrhagisch. Bei oraler Aufnahme z. B. über befallenes Obst kann Patulin zu gastrointestinalen Problemen oder höherer Dosis zur → Neurotoxizität führen. Eine → karzinogene Wirkung konnte bisher nicht nachgewiesen werden. Als Zellgift greift Patulin die Atmungsorgane an. Eine → Vergiftung durch Patulin kann Übelkeit, Erbrechen,

Verdauungsstörungen und Magenschleimhautentzündungen verursachen.

PCR-Test/-Verfahren
siehe Abschn. 6.6.7

P1-/P2-/P3-Maske
siehe Abschn. 9.5.9.5

Pektinasen
Pektinasen sind spezielle Enzyme, die industriell mit Hilfe der → Schimmelpilze → Aspergillus niger und → Aspergillus oryzae gewonnen werden.

Penicillin
Penicillin ist ein → Antibiotikum und → Bakterizid, das durch den → Schimmelpilz → Penicillium notatum produziert wird. Seine Wirkung wurde erstmals 1928 von dem → Bakteriologen Alexander Fleming beobachtet. Penicillin wirkt, in dem es die Bildung der bakteriellen Zellwand hemmt und somit die → Bakterien abtötet. Diese erzeugen ein bestimmtes Enzym, das Penicillin zerstört, und daher Penicillinase genannt wird. Auffallend ist, dass Penicillin keine Organismen zerstört, die sich im Ruhestadium befinden, sondern nur solche, die wachsen und sich vermehren. Das Antibiotikum wird zur Behandlung bakterieller → Infektionen z. B. durch → Pneumokokken, → Streptokokken oder Meningokokken eingesetzt. Gegen Infektionen, die durch bestimmte → Staphylokokken verursacht wurden, ist Penicillin wirkungslos. Toxische Nebenwirkungen beschränken sich weitgehend auf → allergische Reaktionen, Magen-Darm-Beschwerden wie Übelkeit, Erbrechen und Durchfall. In seltenen Fällen sind auch Nieren- und Leberschäden oder → anaphylaktische Reaktionen bekannt.

Penicillin-Allergie
Eine Penicillin-Allergie ist eine → allergische Reaktion des → Immunsystems auf das → Antibiotikum → Penicillin. Hierbei handelt es sich um die häufigste Arzneimittelallergie, bei der das Immunsystem Penicillin fälschlicherweise als Bedrohung ansieht und → Antikörper dagegen bildet. Die Symptome zeigen sich als → Allergie-Typ I in Form von Hautausschlägen, Juckreiz und Nesselsucht bis hin zu Schwellungen an den Schleimhäuten und Atemnot. In besonders schweren Fällen kann es zu einem → anaphylaktischen Schock kommen.

Penicillinase
→ Penicillin

Penicillinsäure
Penicillinsäure ist ein → Mykotoxin, das von → Schimmelpilzen wie → Penicillium verrucosum, Penicillium puberulum und → Penicillium stoloniferum, → Paecilomyces und einigen Arten → Aspergillus gebildet wird. Penicillinsäure wirkt gegen viele → gram-positive → Bakterien und → Viren toxisch und wird als potenziell → karzinogen (cancerogen) angesehen.

Penicilliom
Ein Penicilliom ist ein selten vorkommendes → Myzetom in der Lunge, das durch Arten des → Schimmelpilzes → Penicillium verursacht wird. In der → Pathogenese gleicht dies einem → Aspergillom.

Penicillium spp.
siehe Abschn. 3.5.6.31

Penicillium camemberti
Penicillium camemberti ist ein → Schimmelpilz aus der Gattung → Penicillium, der für die Produktion bestimmter Käsearten wie z. B. Camembert, Brie und Cambozola verwendet und deshalb umgangssprachlich als Edelschimmel bezeichnet wird. Gemeint ist die weiße, halbfeste Schicht (Rinde) auf diesen Käsen, die für den typischen Geschmack und Geruch verantwortlich ist. Gleichzeitig ist Penicillium camemberti für die weiche Konsistenz der Käsearten verantwortlich. Eine → Penicillin-Allergie muss nicht zwangsläufig bedeuten, dass man generell auf die o. g. Schimmelkäse allergisch reagiert.

Penicillium candidum
→ Penicillium camemberti

Penicillium caseicolum
siehe Abschn. 3.5.6.32

Penicillium crustosum
Penicillium crustosum ist ein → Schimmelpilz, der komplexe pinselartige Strukturen mit → Konidien bildet. Der Schimmelpilz bildet → Mykotoxine, insbesondere → Penitrem A, das → toxisch sein und → neurologische Symptome verursachen kann. Penicillium crustosum ist → psychrophil, so dass der Schimmelpilz auch bei niedrigen Temperaturen überleben kann. Durch seinen geringen Wasserbedarf bzw. niedrigen a_W-Wert gilt Penicillium crustosum als robuster Schimmelpilz.

Penicillium chrysogenum
siehe Abschn. 3.5.6.33

Penicillium expansum
siehe Abschn. 3.5.6.34

Penicillium roqueforti
Penicillium roqueforti ist ein → Schimmelpilz aus der Gattung → Penicillium, der für die Produktion bestimmter Käsearten wie z. B. Blauschimmel verwendet und deshalb umgangssprachlich als Edelschimmel bezeichnet wird. Der weltweit verbreitete → Saprobiont lebt überwiegend in toter, sich zersetzender, organischer Substanz. Hierbei kann dieser → Mykotoxine bilden.

Penicillium rubrum
Penicillium rubrum ist ein → Schimmelpilz, der u. a. das → Mykotoxin → Rubratoxin bildet und Ähnlichkeiten zum → Penicillium chrysogenum aufweist.

Penicillium-Toxine
Penicillium-Toxine sind Giftstoffe verschiedener Penicillium-Arten. Zu ihnen gehören z. B. → Ochratoxin, → Citrinin, → Patulin, → Penicillinsäure, → Penitrem und → Roquefortin.

Penicillium verrucosum (viridicatum)
siehe Abschn. 3.5.6.35

Penitrem A
Penitrem A ist ein → Mykotoxin, das von bestimmten → Schimmelpilzen, insbesondere Arten der Gattung → Penicillium wie Penicillium carneum und → Penicillium crustosum produziert wird. Außerdem wird das starke Nervengift auch von einigen → Aspergillus- und → Claviceps-Arten gebildet. Penitrem A ist bekannt für seine → tremorgene Wirkung und kann zu Vergiftungserscheinungen führen, die sich durch Zittern, Übelkeit und Erbrechen, Doppelbilder (Diplopie), Durchfall (evtl. blutig), Fieber, Krämpfe und Koordinationsstörungen äußern können. Penicillium crustosum, der Hauptproduzent von Penitrem A, wird oft in Bioabfällen und Komposthaufen nachgewiesen.

Penizilliose
→ Penicillium

perennial
Als perennial werden ganzjährige Vorgänge bezeichnet.

Peressigsäure
Peressigsäure ist ein starkes Oxidationsmittel und wird als → Desinfektionsmittel u. a. in der → Schimmelpilzsanierung eingesetzt. Bei der auch als Peroxyessigsäure bezeichneten chemischen Verbindung handelt es sich um eine farblose Flüssigkeit aus → Wasserstoffperoxid und Essigsäure (Essig) mit einem stechenden, essigartigen Geruch, die vollständig mit Wasser mischbar ist. Bei ihrem Zerfall entstehen ausschließlich Wasser, Sauerstoff und biologisch sehr gut abbaubare Essigsäure. Peressigsäure hat eine starke → bakterizide, → fungizide, → sporizide und → viruzide Wirkung und gilt als → Breitbandbiozid. Dies bedeutet, dass Peressigsäure auch bei geringen Konzentrationen gegen eine Vielzahl von → Mikroorganismen wirkt.

Peridie
Als Peridie wird in der → Mykologie die Außenhülle eines → Fruchtkörpers bzw. geschlossenen Sporenbehälters bezeichnet.

Perithecium
Ein Perithecium ist ein geschlossener, birnen-, flaschen- oder kugelförmiger → Fruchtkörper einiger → Schlauchpilze und Flechten, in denen die → Asci in einem nicht an der Oberfläche liegenden → Hymenium angeordnet sind. Dazwi-

schen werden sterile → Hyphen ausgebildet. Die → Ascosporen aus den Asci werden durch den Zerfall des Peritheciums freigesetzt.

Peroxid
Peroxide sind chemische Verbindungen, die das Peroxid-Anion oder eine Peroxygruppe enthalten und verschiedene Anwendungsbereiche z. B. zur → Desinfektion im medizinischen Kontext haben. Im Kontext zur → Schimmelpilzsanierung ist → Wasserstoffperoxid zur Desinfektion von Oberflächen ein beliebtes Produkt.

Peroxyessigsäure
→ Peressigsäure

Persäuren
Als Persäuren, genauer Peroxycarbonsäuren, werden organische Verbindungen bezeichnet, die eine Peroxycarboxylgruppe als funktionelle Gruppe enthalten. Es handelt sich um ein starkes Oxidationsmittel und Ausgangsprodukt für einige → Desinfektionsmittel. Sie werden mit der Vorsilbe Per- oder Peroxy- und dem Namen der Carbonsäure bezeichnet wie z. B. → Peressigsäure.

Persistente Desinfektionsmittel
Persistente Desinfektionsmittel sind → biozide Wirkstoffe, die nach der Anwendung als → Desinfektionsmittel über einen längeren Zeitraum auf der Bauteiloberfläche verbleiben, ohne ihre Wirkung zu verlieren. Somit soll eine langanhaltende Wirkung gegenüber mikrobiellem Befall und Wachstum sichergestellt werden.

Persistenz/persistent
Der Begriff Persistenz hat zwei Bedeutungen. In der → Mikrobiologie beschreibt Persistenz die Fähigkeit von Substanzen, ihre Eigenschaften auch unter chemischen, biologischen oder physikalischen Einflüssen über einen längeren Zeitraum nicht zu verändern. In der Medizin versteht man unter Persistenz das Fortbestehen eines Symptoms oder einer Erkrankung. Insbesondere bei → Infektionskrankheiten wird mit dem Begriff das Überdauern von → Krankheitserregern in Rückzugsräumen des Wirtsorganismus beschrieben.

Persönliche Schutzausrüstung
siehe Abschn. 9.5.9.5

Petrischale
Eine Petrischale ist eine nach dem deutschen → Bakteriologen Julius Richard Petri im Jahr 1887 benannte flache, runde und durchsichtige Schale mit übergreifendem Deckel, die zur Züchtung von mikrobiologischen → Kulturen zum Einsatz kommt. Hierzu wird eine flache Schicht aus einem gelförmigen → Nährmedium, in der Regel auf → Agar-Basis, in der Petrischale erzeugt. Das Nährmedium versorgt die wachsenden → Mikroorganismen mit Wasser und → Nährstoffen. Durch den Deckel wird eine Ausbreitung der Mikroorganismen und/oder eine Vermischung mit den → Bioaerosolen verhindert. Die ursprünglich aus Glas bestehenden Schalen haben je nach Anwendung einen Durchmesser von 5 bis 15 cm und werden zunehmend aus Kunststoff hergestellt.

Pflastertest
→ Atopie-Patchtest

Phaeohyphomykose
Phaeohyphomykosen sind → Infektionen, die durch pigmentierte → Schimmelpilze verursacht werden. Hierzu gehören einige → Alternaria-, → Curvularia- und Cladophialophora-Arten. Diese Pilze enthalten Melanin, das für eine dunkle Verfärbung der → Hyphen und → Konidien sorgt. Sie wachsen bevorzugt in feuchter Umgebung und werden daher häufig in Saunen, Schwimm- und Dampfbädern nachgewiesen. Phaehyphomykosen befallen vor allem die Haut sowie bei höherer Konzentration und/oder längerer Inhalation die Lunge. Vor allem Menschen mit einer → Immunsuppression sind für diese Mykose anfällig. Zu den Phaeohyphomykosen gehören auch spezifische Erkrankungen wie das Eumycetom und die → Chromoblastomykose. Die Diagnose erfolgt durch mikroskopische Untersuchungen, die Behandlung in der Regel mit → Antimykotika. In besonders schweren Fällen kann eine chirurgische Entfernung des infizierten Gewebes erforderlich sein.

Phagozyt
Phagozyten sind Fresszellen. Hierbei handelt es sich um spezialisierte Körperzellen, die eine wichtige Rolle im → Immunsystem spielen. Denn Phagozyten sind in der Lage, abgestorbene Zellen sowie körperfremde Stoffe aufzunehmen und im Zellinneren zu verdauen. Zu diesen Fremdkörpern gehören u. a. → Mikroorganismen wie → Bakterien und → Viren. Zu den Phagozyten gehören z. B. → Makrophagen und → Granulozyten. Der Vorgang wird als → Phagozytose bezeichnet.

Phagozytose
Phagozytose beschreibt einen Vorgang, bei dem → Phagozyten (Fresszellen) abgestorbene Zellen sowie körperfremde Stoffe aufnehmen, im Zellinneren verdauen und somit zerstören. Dieser Vorgang verläuft immer gleich und in mehreren Stufen. Zunächst geht der Eindringling den Phagozyten in die Falle, die aus zytoplasmatischen Fäden besteht. Anschließend legt sich die Membran der Fresszelle um den Eindringling und „schluckt" diesen. In der äußeren Schicht befinden sich Verdauungsenzyme, mit denen der Eindringling in seine Bestandteile zerlegt wird. Den Rest scheiden die Phagozyten aus. Die Phagozytose ist ein wichtiger Mechanismus des → Immunsystems zur Abwehr von Krankheitserregern und Beseitigung von abgestorbenen Zellen und ist Bestandteil der → angeborenen Immunität.

Phialiden
→ Sporenbildung

Phialophora
siehe Abschn. 3.5.6.36

Phoma
siehe Abschn. 3.5.6.37

Photopatch-Test
Der Photopatch-Test ist ein spezieller → Epikutantest, mit dem die photoallergische Reaktion auf bestimmte → Allergene identifiziert wird. Hierzu werden die zu testenden Substanzen mit einem Pflaster auf die Haut (in der Regel auf den Rücken) aufgetragen und nach 24 bis 48 h zusätzlich mit UV-Licht bestrahlt. Mit dieser Methode soll herausgefunden werden, ob eine → allergische Reaktion nur in Kombination mit UV-Licht auftritt. Eine Auswertung der Teststellen erfolgt nach 48 und 72 h. Photoallergische Reaktionen sind eine Form der Spättyp-Allergie (→ Allergie-Typ IV).

pH-Wert
Chemisch betrachtet ist der pH-Wert der negative dekadische Logarithmus der Wasserstoffionenkonzentration in der wässrigen Lösung eines Stoffes. In einer Skala werden Stoffe mit einem pH-Wert < 7 als sauer, Stoffe mit einem pH-Wert > 7 als basisch oder alkalisch und Stoffe mit einem pH-Wert von 7 als neutral bezeichnet.

Phylogenese/Phylogenie
Die Phylogenese, auch als Phylogenie bezeichnet, ist die Erforschung der Evolution, also der stammesgeschichtlichen Entwicklung aller Lebewesen und ihrer Verwandtschaftsgruppen. Die Erforschung erstreckt sich darauf, wie sich Arten im Laufe der Zeit entwickelt oder auseinanderentwickelt haben und wie diese miteinander verwandt sind.

physikalische Kanzerogene
→ Kanzerogene

Phytotoxine
→ Toxine

Pilzallergene
Pilzallergene ist ein umgangssprachlicher und unspezifischer Begriff für → Allergene, die sich in den → Sporen und anderen mikrobiellen Partikeln wie → Hyphen oder → Myzelien von → Schimmelpilzen befinden und/oder als → Metabolit von diesen gebildet wird. Durch die Aufnahme dieser allergenen Substanzen kann es zu einer → Sensibilisierung bis hin zu einer → Überempfindlichkeitsreaktion bzw. → allergischen Reaktion kommen.

Pilzbefall
→ Schimmelpilzbefall

Pinselsanierung
Pinselsanierung ist ein umgangssprachlicher und despektierlich gemeinter Begriff, der beschreibt, dass ein → mikrobieller Befall durch → Schimmelpilze einfach überstrichen wird, ohne dass die Ursache beseitigt wird.

Pinselschimmel
Pinselschimmel ist ein umgangssprachlicher und unspezifischer Trivialname für den → Schimmelpilz → Penicillium. Die Bezeichnung beruht auf der Form der → Conidiophore.

Planosporen
→ Zoosporen

Plasmafeld-Ionisator
Plasmafeld-Ionisatoren werden zur → Geruchsneutralisation sowie zur Luftreinigung in Innenräumen eingesetzt. Hierzu wird die Luft ionisiert, die mittels eines Ventilators durch das Gerät geführt wird. Bei diesem Vorgang bildet sich stark oxidativer Singulett-Sauerstoff, der Geruchsstoffe per Oxidation neutralisiert. Gleichzeitig werden → Mikroorganismen wie → Bakterien und → Viren bzw. → allergene Stoffe wie z. B. der Kot von → Hausstaubmilben im → Staub abgetötet.

Plasmodium
Als Plasmodium wird eine einzelne Zelle in → Schleimpilzen bezeichnet, die viele tausend Zellkerne enthält. Diese bewegt sich amöbenartig über das Substrat und nimmt hierbei → Bakterien, Hefezellen oder andere kleine Organismen als Nahrung auf. Der Organismus ist in diesem Stadium von schleimiger Konsistenz und kann sehr große Dimensionen erreichen. Er ist sehr austrocknungsgefährdet und kommt deshalb häufig auf totem Holz in feuchten Habitaten vor. Als Anpassung an widrige Umweltbedingungen, vor allem an eine mögliche Austrocknung, können Plasmodien in → Sklerotien umgewandelt werden. Wenn die Nahrung ausgeht, wandeln sich viele Schleimpilze um und bilden → Sporenträger, in denen nach einer → Meiose einzellige → Sporen gebildet werden. Unter günstigen Bedingungen schlüpfen aus den Sporen Schwärmzellen, die sich durch → Geißeln bewegen können. Sie vermehren sich durch Zweiteilung und können sich miteinander paaren. Die gebildete → Zygote wandelt sich in das Plasmodium um, das durch Wachstum, aber auch durch Fusion mit anderen Plasmodien, ständig voluminöser wird.

Plektenchym
Als Plektenchym wird ein so genanntes Scheingewebe bezeichnet, das aus miteinander verflochtenen oder verwachsenen Zellfäden, in der Regel → Hyphen bei → Schimmelpilzen oder Zellsträngen bei Algen, besteht. Es ist kein echtes Gewebe, da echte Zellverbindungen nur innerhalb der einzelnen Zellfäden vorhanden sind.

Pleomorphe Pilze
Pleomorphe Pilze bezeichnen Pilze, die im Laufe ihres Lebenszyklus unterschiedliche Formen annehmen können. Dies bedeutet, dass sie sowohl sexuelle (→ Teleomorphe) als auch asexuelle (→ Anamorphe) Fortpflanzungsstadien durchlaufen können, wobei sich diese Stadien morphologisch voneinander unterscheiden können. Die Gesamtheit aller Entwicklungsstadien eines pleomorphen Pilzes wird als Holomorphe bezeichnet.

Pneumokokken
Pneumokokken sind → gram-positive → Bakterien der Art Streptococcus pneumoniae, die morphologisch zur Gruppe der Diplokokken gehören. Sie sind Erreger der → Pneumonie. Die Übertragung erfolgt durch Tröpfcheninfektion von Mensch zu Mensch.

Pneumonie
Eine Pneumonie ist eine akut oder chronisch verlaufende Lungenentzündung, genauer eine Entzündung des Lungengewebes, die entweder einseitig (nur in einem Lungenflügel) oder beidseitig (in beiden Lungenflügeln gleichzeitig) auftritt. Ursache einer Pneumonie können → Bakterien, → Viren, → Schimmelpilze, → Parasiten und andere Faktoren wie z. B. immunologische (etwa allergische) Vorgänge sein.

polyphag
Als polyphag werden Mikroorganismen bezeichnet, die auf ein breites Nahrungsspektrum zurückgreifen.

Pollinose/Pollinosis
Eine Pollinose bezeichnet eine → allergische Reaktion durch luftgetragene → Allergene, in der Regel durch Pollen. Diese → Allergie vom Soforttyp (→ Typ-I-Allergie) ist allgemein auch unter den Begriffen Pollenallergie oder Heuschnupfen bekannt und wird im medizinischen Sprachgebrauch weitgehend synonym mit der → allergische Rhinokonjunktivitis verwendet. Sie ist die am meisten verbreitete Form der Allergie und macht sich klinisch als saisonal auftretende → allergische Rhinitis bemerkbar. Zur Behandlung und Vorbeugung werden in der Regel → Antihistaminika eingesetzt. Durch Impfungen kann eine → Hyposensibilisierung erreicht werden, mit der die Überempfindlichkeit reduziert werden kann.

Polymerase
→ Transkription

Population
Unter einer Population versteht man die Gesamtheit aller Individuen, in der Regel derselben Art, die in einem bestimmten Umfeld leben, sich untereinander fortpflanzen und über mehrere Generationen genetisch verbunden sind.

Populationsdichte
→ Abundanz

ppm
Die Hilfseinheit parts per million (ppm, zu Deutsch „Teile von einer Million“) steht für die Zahl 10^{-6} und wird in der Wissenschaft für den millionsten Teil verwendet, so wie Prozent (%) für den hundertsten Teil steht.

praktischer Wassergehalt
→ Sorptionsfeuchte

Prädisposition
Unter einer Prädisposition versteht man die genetische Veranlagung eines Menschen, die das Entstehen einer bestimmten Erkrankung begünstigt.

Prävention
siehe Kap. 10

präventive Umweltmedizin
In der präventiven → Umweltmedizin liegt der Fokus auf der Vermeidung von Umweltbelastungen und der Aufklärung über gesundheitliche Risiken.

Präzipitat
Ein Präzipitat ist in der → Immunologie ein Niederschlag aus Antigen-Antikörper-Komplexen, der sich im Rahmen einer Antigen-Antikörper-Reaktion bildet. Hierbei kommt es zu einer Verklumpung oder Ausflockung (Koagulation) der vorher gelösten Eiweißkörper aus dem Blutserum.

Prick-Test
Ein Prick-Test ist eine diagnostische Methode zum Nachweis → allergischer Reaktionen vom Soforttyp (→ Allergie-Typ-I). Hierbei werden kleine Mengen verschiedener → Allergene auf die Haut (in der Regel auf den Unterarm) aufgetragen. Anschließend wird mit einer feinen Nadel oder Lanzette durch den Allergentropfen in die Haut gestochen, um zu sehen, ob eine allergische Reaktion auftritt. Eine Bewertung erfolgt nach 15 bis 20 min. Vor dem Test sollten bestimmte Medikamente wie z. B. → Antihistaminika abgesetzt werden, da diese das Testergebnis verfälschen können.

Primärbefall
Von einem Primärbefall spricht man, wenn der Untergrund bzw. die Bauteiloberflächen direkt durch → Mikroorganismen wie z. B. → Bakterien oder → Schimmelpilze befallen werden, da ideale Wachstumsvoraussetzungen wie Feuchtigkeit und/oder Nährstoffe vorliegen. Anders als bei einem → Sekundärbefall werden andere Faktoren, die ein Wachstum begünstigen oder erst ermöglichen, nicht benötigt. Der Begriff Primärbefall wird in der Praxis allerdings auch für einen → sichtbaren Befall und/oder für einen mittleren bis großen Befall und/oder für ein mittleres bis großes Gesundheitsrisiko verwendet.

Primäre Allergieprävention
Unter einer primären Allergieprävention werden vorbeugende Maßnahmen verstanden, mit denen das Risiko für die Entstehung einer → Allergie

gesenkt werden soll. Diese Maßnahmen werden insbesondere für Menschen in Familien mit allergischer Vorbelastung unternommen. Zu den wichtigsten Aufgaben gehört die Vermeidung der → Sensibilisierung gegenüber → Allergenen, den allergieauslösenden Substanzen.

Primärursachen
siehe Abschn. 7.1

Probenahme
siehe Abschn. 6.6.4

Produktart (Biozid-Richtlinie)
Im Anhang V der EU-Verordnung Nr. 528/2012 werden die möglichen Verwendungen von → Biozidprodukten kategorisiert. Diese 22 Kategorien werden als Produktart bezeichnet und in 4 Hauptgruppen aufgeteilt. Jedes Biozidprodukt muss mindestens einer dieser Produktarten zugeordnet werden können. Die in dem Biozidprodukt enthaltenen bioziden Wirkstoffe müssen für diese Produktart genehmigt sein, damit das Biozidprodukt zugelassen werden kann. Die Übergangsregelung für Biozidprodukte mit → Altwirkstoffen kann nur Anwendung finden, wenn das Biozidprodukt ausschließlich biozide Wirkstoffe enthält, die für die entsprechende Produktart notifiziert sind.

Produktionsstamm
Als Produktionsstamm werden industriell genutzte Stämme von → Mikroorganismen bezeichnet, die durch Auslese oder genetische Manipulation zu einer hohen Produktbildung befähigt sind. In der Regel kommen diese, auch als Produktionskultur bezeichneten, Mikroorganismen in technischen Fermentationsprozessen zum Einsatz.

Prokaryoten/Prokaryonten
Prokaryoten, auch als Prokaryonten bezeichnet, sind einzellige Lebewesen, die keinen Zellkern besitzen. Sie werden in → Bakterien und Archaeen eingeteilt. Im Gegensatz zu den → Eukaryoten liegt das Erbgut (DNA) frei im Zytoplasma vor. Prokaryoten sind zudem in der Regel einfacher aufgebaut als Eukaryoten und vermehren sich durch einfache Zellteilung.

Prophylaxe
Unter einer Prophylaxe werden medizinische Maßnahmen verstanden, die der Vorbeugung und Verhütung von Krankheiten dienen oder um deren Folgen zu verhindern. Hierzu gehört auch die Vermeidung von Gesundheitsrisiken.

Proteolyse
Unter Proteolyse wird der Abbau von Proteinen zu kleineren Peptiden oder Aminosäuren durch Enzyme verstanden, die als Proteasen oder Peptidasen bezeichnet werden. Hierbei handelt es sich um einen grundlegenden Prozess der Eiweißverdauung in allen lebenden Organismen.

Protozoen
Protozoen ist eine veraltete Bezeichnung für eine heterogene Gruppe von verschiedenen einzelligen → Eukaryonten. Dennoch wird dieser Begriff in der Medizin nach wie vor verwendet. Protozoen unterscheiden sich erheblich hinsichtlich ihrer Größe und → Morphologie. Es handelt sich um meist → heterotrophe Lebewesen. Von den → kommensalischen, → mutualistischen und → parasitischen Formen haben vor allem die Letztgenannten eine wichtige Bedeutung als → Krankheitserreger. Nach aktuellem Kenntnisstand sind etwa 40 → humanpathogene Arten bekannt.

Provokationstest
Als Provokationstest werden in der Medizin verschiedene Untersuchungsmethoden bezeichnet, mit denen gezielt eine Reaktion des menschlichen Organismus auf bestimmte Reize oder Substanzen ausgelöst wird. Hierbei kann es sich z. B. um → allergische Reaktionen handeln, die z. B. durch → Allergene provoziert werden. Hierbei wird das Allergen direkt auf die Haut, in die Nase, die Augen oder die Atemwege gegeben, um eine Reaktion auszulösen. Der Provokationstest dient dazu, eine Diagnose zu stellen und die Reaktion nachvollziehen zu können. Im Rahmen der → immunologischen Diagnostik werden u. a. der → Prick-Test, → Intrakutantest, → Patch-Test und der → nasale Provokationstest eingesetzt.

PSA
→ persönliche Schutzausrüstung

Pseudoaethalium
Ein Pseudoaethalium ist eine Ansammlung von einzelnen, dicht aneinanderliegenden → Sporangien (Sporenträger), die vor allem bei → Myxomyzeten (Schleimpilzen) vorkommen und von außen wie ein kissenförmiges Gebilde aussehen können. Im Gegensatz zum → Aethalium, bei dem die Sporangien miteinander verschmolzen sind, sind diese im Pseudoaethalium klar voneinander abgegrenzt und durch dünne Häutchen (Peridien) getrennt.

Pseudoallergene
Pseudoallergene sind Substanzen, die ähnliche Symptome wie → Allergene auslösen können, ohne dass eine → allergische Reaktion des → Immunsystems vorliegt und/oder eine Bildung von → IgE-Antikörpern stattfindet. Dies macht die → Diagnose von → Pseudoallergien äußerst schwierig.

Pseudoallergie
Unter einer Pseudoallergie (oder auch pseudoallergischen Reaktion) versteht man eine pathologische Reaktion auf eine auf den menschlichen Organismus einwirkende Noxe, die zwar in ihrer klinischen Symptomatik einer → allergischen Reaktion ähnelt, aber nicht auf einer Antigen-Antikörper-Reaktion beruht bzw. ohne, dass eine immunologische Reaktion nachweisbar wäre. Im Gegensatz zur Allergie findet keine vorhergehende → Sensibilisierung statt. Die auslösende Substanz wird → Pseudoallergen genannt. Da eine → Allergie, Pseudoallergie oder Intoleranz ähnliche Symptome verursachen können, werden diese Begriffe häufig undifferenziert und fälschlicherweise sogar synonym verwendet. Solange die Diagnose nicht eindeutig feststeht, wäre es korrekt, die neutralen Begriffe Unverträglichkeit, Überempfindlichkeitsreaktion oder unerwünschte Nebenwirkung zu verwenden. Oftmals wird auch der Begriff → Idiosynkrasie verwendet und meint in der Regel eine Überempfindlichkeit mit unbekanntem Entstehungsmechanismus.

Psychrophil
Psychrophil im Kontext zu → Schimmelpilzen und → Bakterien beschreibt → Mikroorganismen, die → Biotope mit niedrigen Temperaturen bevorzugen.

Psychrotroph
Psychrotroph oder auch psychrotolerant im Kontext zu → Schimmelpilzen und → Bakterien beschreibt → Mikroorganismen, die frost- bzw. kältetolerant sind. Im Gegensatz zu → psychrophilen Mikroorganismen können diese in einem größeren Temperaturbereich überleben.

PTC-Heizelement
PTC ist ein Akronym für Positive Temperature Coefficient. Heizelemente mit einem positiven Temperaturkoeffizienten werden in → Adsorptionstrocknern eingesetzt, um den Rotor zu regenerieren. Hierbei wird deren Heizleistung stufenlos über einen temperaturabhängigen Widerstand (Kaltleiter) angepasst, so dass auf die Drosselung der Feuchtluft reagiert werden kann. Ein Überhitzen des Heizelementes wird dadurch verhindert. Außerdem arbeiten diese Trocknungsgeräte energieeffizienter.

PTW-Wert
PTW ist ein Akronym für Provisional Tolerable Weekly Intake und international gebräuchliche Bezeichnung für die vorläufig tolerierbare Menge eines Schadstoffes pro Woche, die nach aktuellem Wissensstand vom Menschen lebenslang aufgenommen werden kann, ohne dass eine Schädigung der Gesundheit zu erwarten ist.

Pullularia
Pullularia ist ein veralteter Name für den → Schimmelpilz → Aureobasidium pullulans. Dieser bevorzugt Oberflächen in Innenräumen, die über einen längeren Zeitraum feucht sind wie z. B. Badezimmer oder Waschküchen.

Pulmonale Aspergillose
→ invasive pulmonale Aspergillose

pulmonale Blastomykose
→ Blastomykose

Pulmonale Mucormykose
→ Mucormykosen

Pump-Effekt
Der Begriff Pump-Effekt wird im Zusammenhang mit mikrobiellem Befall in mehrschichtigen Fußbodenkonstruktionen, insbesondere bei schwimmenden Estrichen, verwendet und beschreibt den Effekt, dass → Sporen von → Schimmelpilzen und anderen mikrobiellen Partikeln bei einer Druckbelastung des Fußbodens aus Öffnungen wie z. B. offenen Randfugen in die Raumluft gelangen können. Feuchtigkeit unter dem Estrich, z. B. durch einen Wasserschaden oder eine zu frühe Belegung des Estrichs mit Bodenbelägen, kann eine Schimmelpilzbildung begünstigen. Der Pump-Effekt wird dafür verantwortlich gemacht, dass Sporen und andere mikrobielle Partikel sowie andere Schadstoffe wie z. B. → VOC aus Wärmedämmstoffen in die Raumluft gelangen und zu gesundheitlichen Problemen führen können.

Punktuelle Dämmkeile
siehe Abschn. 9.2.2.5

Pyrogene
Pyrogene wie z. B. → ß-1-3-Glucane sind Substanzen u. a. mikrobiellen Ursprungs, die negativ auf das → Immunsystem einwirken können. Pyrogene werden in zwei Hauptgruppen eingeteilt: in bakterielle Pyrogene, insbesondere → Endotoxine (Bestandteile der Zellwand von → gramnegativen Bakterien), die zu den stärksten exogenen Pyrogenen zählen, sowie Pyrogene anderer mikrobieller Stoffe wie z. B. von → grampositiven Bakterien, → Viren, → Hefen und → Schimmelpilzen. Hierbei aktivieren sie das Immunsystem und rufen eine Entzündungsreaktion hervor, die zu Fieber führt. Bei Pyrogenen handelt es sich um extrem komplizierte Verbindungen, deren umweltmedizinische und/oder humantoxikologische Wirkung noch nicht hinreichend bekannt ist.

Pyrometer
Pyrometer, auch als Strahlungsthermometer bezeichnet, sind berührungslose Messgeräte, die auf dem Prinzip der Infrarotstrahlung basieren. Die physikalische Gesetzmäßigkeit besteht darin, dass jeder Gegenstand mit einer Temperatur über dem absoluten Nullpunkt (0 K = −273 °C) Wärmestrahlung abgibt. Für die Messtechnik gilt: je höher eine Frequenz ist, umso kürzer ist ihre Wellenlänge und umso energiereicher ist ihre Strahlung. Die Intensität der Strahlung ist ein Maß für die Temperatur der abstrahlenden Oberfläche. Bei dieser Messmethode muss darauf geachtet werden, ob die Strahlungstemperatur ausschließlich vom zu messenden Gegenstand abgegeben wird oder auch von der Umgebung reflektiert und mit erfasst wird. Dieser Einfluss wird über den Emissionsgrad beschrieben. Im Gegensatz zu → Thermografiekameras, die den Messbereich permanent abscannen und ein Messspektrum erhalten, messen Pyrometer nur einen Punkt. Dieser wird über einen Laserstrahl visualisiert.

14.17 Q

Quaddeln
→ Intrakutantest

Qualitativer Suspensionsversuch
Ein qualitativer Suspensionsversuch ist eine Methode, um die allgemeine Wirksamkeit eines → Desinfektionsmittels gegen bestimmte → Mikroorganismen wie z. B. → Bakterien oder → Viren zu testen, in dem die Konzentration der Wirkstoffe variiert wird. Mit diesem Versuch kann nur qualitativ oder grundsätzlich beurteilt werden, ob ein Desinfektionsmittel eine Grundwirkung gegen die Zielorganismen zeigt. Hierbei wird das Desinfektionsmittel in einer Flüssigkeit (z. B. Wasser) mit den zu testenden Mikroorganismen gemischt, um eine Suspension zu erzeugen. Der Versuch ist qualitativ, da dieser nicht die genaue Anzahl der abgetöteten Keime misst, sondern nur das Fehlen oder Vorhandensein einer Wirkung.

Quantitativer Suspensionsversuch
Im Gegensatz zum → qualitativen Suspensionsversuch wird bei einem quantitativen Suspensionsversuch beurteilt, wie stark die Wirkung eines → Desinfektionsmittels gegen die Zielorganismen ist. Es handelt sich somit um eine de-

tailliertere Methode, mit der die genaue Anzahl der abgetöteten → Mikroorganismen gemessen und eine quantitative Aussage über die Wirksamkeit des Desinfektionsmittels in den getesteten Konzentrationen ermöglicht wird.

Quartäre Ammoniumverbindungen
Quartäre Ammoniumverbindungen (QAV) sind Derivate des Ammoniaks, bei denen vier organische Reste an ein Stickstoffatom gebunden sind. Da Stickstoff dadurch nur vier statt fünf Elektronen hat, trägt es eine positive Ladung. QAV sind ionische Verbindungen (Salze), die aus einem Kation und einem Anion bestehen und oberflächenaktive Eigenschaften haben. Durch diese sind sie in der Lage, Zellwände von → Schimmelpilzen zu durchdringen und deren Zellmembranen zu schädigen. Dies führt dazu, dass der Stoffwechsel der Pilze gestört wird und diese absterben oder zumindest in ihrer Entwicklung gehemmt werden. Man bezeichnet diese Eigenschaft als → fungistatisch. Dies bedeutet, dass das Wachstum und die Ausbreitung von Schimmelpilzen gehemmt wird, indem sie die → Sporen daran hindern, zu keimen und sich auszubreiten. Dennoch gelten die meisten QAVs nicht als → sporozid. Obwohl sie im Vergleich zu anderen Wirkstoffen wie → Natriumhypochlorit oder → Wasserstoffperoxid stabiler sind, können sie bei längerer Einwirkung von Licht und Wärme ihre Wirksamkeit verlieren.

quaternäre Ammoniumverbindungen
Quaternäre Ammoniumverbindungen ist eine fälschliche Bezeichnung für → quartäre Ammoniumverbindungen.

Quats
Quats ist die Kurzform für → quaternäre Ammoniumverbindungen

Quelllüftung
Die Quelllüftung ist eine auftriebsgetriebene Sonderform der → Verdrängungslüftung und erzielt die höchste → Lüftungseffizienz. Gegenüber herkömmlichen → Lüftungssystemen wird die → Zuluft (Frischluft) hierbei impulsarm in den Innenraum eingebracht, weshalb die Quelllüftung auch als Niedrigimpulslüftung bezeichnet wird. Dies bedeutet, dass auf eine energieintensive Luftinduktion verzichtet wird, so dass unangenehme Zugerscheinungen aufgrund der angewandten Luftführung sowie der minimierten Luftgeschwindigkeit reduziert und die → Behaglichkeit in Innenräumen erhöht wird. Auch die akustische Belastung reduziert sich. Dies wird erreicht, in dem die für den Innenraum erforderliche Zuluft durch bodennah angeordnete Quellluftauslässe zugeführt wird. Im Bodenbereich bildet sich dadurch ein „Frischluftsee", dessen Luft an warmen Körpern wie z. B. dem Menschen nach oben strömt. Frische Außenluft steht somit dort zur Verfügung, wo sie benötigt wird, ohne dass das Luftvolumen des gesamten Innenraumes umgewälzt werden muss. Die zugeführte Luft sollte hierbei nicht mehr als 1 bis 2 °C gegenüber der Raumluft aufweisen und mit einer Luftgeschwindigkeit von max. 0,25 m/s aus dem Luftauslass strömen. Die Quelllüftung kommt mit geringeren → Luftwechselzahlen aus.

Querlüftung
Die Querlüftung ist nach DIN EN 12792 „Lüftung von Gebäuden" (2004) als → freie Lüftung definiert, bei der zur Be- und Entlüftung von Innenräumen auf technische Anlagen verzichtet werden kann. Umgangssprachlich wird die Querlüftung auch als Durchzug bezeichnet. Durch das Öffnen der gegenüberliegenden Fenster sowie innen befindlichen Türen (Innenräume) entsteht durch allgemeine Luftbewegungen im Außenbereich und Druckunterschiede ein natürlicher Luftstrom. Deshalb wird die Querlüftung auch als Windlüftung bezeichnet. Ein thermischer Auftrieb innerhalb des Gebäudes ist nur von geringerer Bedeutung.

14.18 R

„räuberische" Pilze
Als „räuberisch" werden Pilze bezeichnet, die sich von lebenden tierischen Organismen oder Einzellern ernähren. Hierzu haben die Pilze spezielle Vorrichtungen entwickelt wie z. B. dreidimensionale klebrige Fangnetze, um ihre Beute (in der Regel Nematoden) zu erlegen und anschlie-

ßend zu verdauen, in dem die → Hyphen in diesen Organismus eindringen und ihn von innen heraus verdauen. Eine andere Gruppe räuberischer Pilze befällt die Beute durch auskeimende → Sporen, die mit der Nahrung aufgenommen wurden.

Rahmenformulierung (Biozid-Richtlinie)
Unter einer Rahmenformulierung im Kontext der → Biozid-Richtlinie wird eine Spezifikation für eine Gruppe von → Biozid-Produkten für den gleichen Verwendungszweck verstanden, die den gleichen Wirkstoff enthalten und in ihrer Zusammensetzung nur wenige Abweichungen aufweisen (z. B. andere Farbstoffe), so dass weder die Wirksamkeit noch das von ihnen ausgehende Risiko beeinträchtigt wird (Art. 2 Abs. 1 der Richtlinie 98/8/EG).

Randdämmstreifen
Randdämmstreifen werden eingesetzt, um den Fußbodenaufbau von der Wandkonstruktion zu entkoppeln. Infolgedessen soll die Schallübertragung vom Estrich auf angrenzende Wände verhindert und somit der Trittschall minimiert werden. Zum Einsatz kommen Randdämmstreifen sowohl bei der Verlegung von Trockenestrich, schwimmendem Estrich, Estrich auf Trennschicht und Heizestrich. Die Randdämmstreifen bestehen in der Regel aus einem aufgeschäumten bzw. geschlossenzelligen, extrudierten Polyethylenschaum. Sind Brandschutzauflagen zu erfüllen, können diese aus Mineralwolle bestehen. Im Kontext zu → Schimmelpilzen in Innenräumen haben Randdämmstreifen u. a. ihre Bedeutung bei der → Technischen Bautrocknung und der → Randfugentrocknung sowie dem → Pump-Effekt.

Randfugentrocknung
Die Randfugentrocknung ist ein spezielles Verfahren bei der → Technischen Bautrocknung, wenn die Fußbodenbeläge wie z. B. Parkett, Fliesen usw. auf der Dämmschicht nicht zerstört werden sollen. In dem Fall werden die Randfugen der mehrschichtigen Fußbodenkonstruktion geöffnet und auf einer Seite trockene Luft eingeblasen und an der gegenüberliegenden Seite abgesaugt. Durch den Unterdruck entsteht ein Luftstrom, so dass die Unterbodenkonstruktion trocknet.

Rasterelektronenmikroskop
Das Rasterelektronenmikroskop (REM) ist ein Verfahren zur Abbildung von Oberflächen oder medizinischen und biologischen Präparaten. Hierzu werden die Präparate mit einem sehr enggebündelten Primärelektronenstrahl (Durchmesser 0,5 bis 10 nm) abgetastet. Die durch diesen Elektronenbeschuss herausgeschleuderten Sekundärelektronen werden mit einer elektrischen Spannung von einer seitlich angebrachten Netzanode erfasst und auf einen Monitor geleitet. Der Bildkontrast wird durch die Anzahl der von den Punkten der Oberfläche gelangenden Sekundärelektronen bestimmt (Neigungskontrast). Da die enggebündelten Elektronen im Primärstrahl nahezu parallel verlaufen, ist die Schärfentiefe sehr hoch. Mit einem REM erhält man plastisch wirkende Oberflächen der betreffenden Objekte mit einer 50- bis 100.000-fachen Vergrößerung. Die Bildinformation liegt in einer s/w-Auflösung vor. Je nach Anforderung kann das REM auch mit einer energiedispersive Mikrobereichsanalyse (EDX) gekoppelt werden, um chemische Analysen punktgenau (µm-große Partikel) oder im Querschnitt durchzuführen.

RAS-Test (RAST)
RAS ist ein Akronym für Radio-Allergo-Sorbent. Beim RAS-Test handelt es sich um eine laborchemische Methode im Rahmen der → Allergiediagnostik, mit der die spezifischen → Immunglobuline E (→ IgE) gemessen und gegen → atopische → Allergene nachgewiesen werden. Die Ergebnisse liegen nach ca. zwei Wochen vor. Ein negativer RAS-Test schließt eine allergische Erkrankung nicht immer aus. Das Ergebnis wird in RAST-Klassen oder in U/ml angegeben. Je höher der Test-Wert ist, umso stärker ist die → Sensibilisierung gegen ein bestimmtes Allergen. Der RAS-Test wird zunehmend durch den → Fluoreszenz-Enzym-Immunoassay oder ähnliche Verfahren auf der Basis von → ELISA-Tests abgelöst. Obwohl der Begriff RAST veraltet ist und durch neuere Methoden ersetzt wurde, wird er immer noch als allgemeiner Begriff für → Allergietests verwendet.

Rauchgasuntersuchung
Die Rauchgasuntersuchung ist ein spezielles Verfahren zur Ortung von Leckagen, das vor allem

bei Flachdächern angewendet wird. Hierbei wird insbesondere die Dichtigkeit der Bauteilübergänge an Wänden, Lichtkuppeln, Lüftungsrohren und -schächten etc. überprüft. Ein Austritt von Rauchgas zeigt die Undichtigkeit auf. Die Rauchgasuntersuchung ist nur eine vororientierende Untersuchungsmethode und dient dazu, weitere und auf den Einzelfall abgestimmte Messverfahren einzusetzen.

Rauchgasverfahren
→ Formiergasverfahren

Raumklima
Unter Raumklima werden verschiedene Faktoren zusammengefasst, die Einfluss auf die Wohnqualität und → Behaglichkeit in Innenräumen nehmen. Hierzu gehören die Lufttemperatur, Luftfeuchtigkeit, Luftbewegung, Oberflächentemperaturen der Innenwände, Decken und Fußböden sowie der Schadstoffgehalt der Raumluft. Auch Licht (Beleuchtung) und Lärm (Akustik) sowie Farben (Raumgestaltung) und Einrichtung (Möblierung) beeinflussen das Raumklima.

Raumklimatische Messungen
siehe Abschn. 6.3.4

Raumklima-Datenlogger
siehe Abschn. 6.3.4.2

Raumklimaplatten
→ Kalziumsilikatplatten

Raumluftbelastung
Die Raumluftbelastung ist ein unspezifischer Begriff für die in der Raumluft enthaltene Art und/oder Menge organischer und/oder anorganischer Schadstoffe.

Raumluftfeuchte
Die Raumluftfeuchte beschreibt die → Luftfeuchtigkeit in Innenräumen. Diese wird zum einen durch die → absolute Luftfeuchte der Außenluft bestimmt und zum anderen durch die individuelle Nutzung der Innenräume. Durch Respiration (Atmung) und Transpiration (Schwitzen), durch Duschen, Kochen, Baden und Wäschetrocknen, aber auch durch Pflanzen und/oder offene Wasserflächen (z. B. Aquarien) wird die natürliche Luftfeuchte erhöht, durch regelmäßiges → Lüften sowie dem → Sorptionsvermögen der Bauteiloberflächen wird die Luftfeuchte reduziert. Außerdem wird die Luftfeuchtigkeit in einem Innenraum durch dessen Raumgröße (Volumen) und → Belegungsdichte (Anzahl der Nutzer) beeinflusst.

Raumluftproben
Raumluftproben sind Proben der Innenraumluft, die zur Analyse entnommen werden, um die Qualität der Raumluft zu bestimmen und die Proben auf mögliche Schadstoffe wie z. B. → VOC, → Allergene wie z. B. → Sporen von → Schimmelpilzen und → Hausstaubmilben oder andere Verunreinigungen wie z. B. → Feinstaub zu untersuchen. Je nach Aufgabenstellung werden diese Stoffe nur identifiziert (Art) oder quantifiziert (Konzentration). Für die Probenahme stehen verschiedene Methoden zur Verfügung wie z. B. das → Impaktionsverfahren.

Raumlufttechnische Anlagen
siehe Abschn. 10.2.7.3.3

Raumlufttrocknung/Raumtrocknung
Die Raumlufttrocknung ist eine indirekte Methode der → technischen Bautrocknung, bei der das durchfeuchtete Bauteil nicht direkt getrocknet wird, sondern die Luftfeuchte im Innenraum. Hierzu kommen verschiedene Verfahren zum Einsatz wie z. B. die → Kondensationstrocknung, → Adsorptionstrocknung und die Trocknung durch Luftzirkulation mit Ventilatoren oder Heizgeräten.

Raumluftuntersuchung
→ Raumluftproben

Raummodel für ein behagliches Innenraumklima
siehe Abschn. 6.4.7

REACH-Verordnung
REACH ist ein Akronym für Registration, Evaluation, Authorisation and Restriction of Chemicals. Die Verordnung ist 2007 in Kraft getreten und die gleichnamige Bezeichnung für die Euro-

päische Chemikalienverordnung. Danach müssen alle chemischen Produkte, die innerhalb Europas hergestellt, in Umlauf gebracht und verwendet werden, registriert werden.

Reagine/Reagins
Reagine bzw. Reagins ist die historische Bezeichnung für → Antikörper der → IgE-Klasse.

Reduzierte Lüftung
Die reduzierte Lüftung ist eine von drei → Lüftungsstufen in der DIN 1946-6 „Raumlufttechnik – Teil 6: Lüftung von Wohnungen" und beschreibt die → Mindestlüftung oder notwendige Lüftung zur Sicherstellung der hygienischen Mindestanforderungen sowie des Bautenschutzes (Feuchteschutzes) unter üblichen Nutzungsbedingungen bei teilweise reduzierter Freisetzung von Wohnfeuchte und Schadstoffen, z. B. infolge zeitweiliger Abwesenheit von Nutzern. Die Funktion wird durch → lüftungstechnische Maßnahmen so realisiert, dass diese weitestgehend nutzerunabhängig sichergestellt ist. Der → Luftwechsel zur Einhaltung hygienischer Erfordernisse liegt bei dieser Betriebsstufe im Bereich von ca. 0,3 bis 0,5/h.

Referenzprodukt (Biozid-Richtlinie)
Ein Referenzprodukt im Sinne der → Biozid-Richtlinie ist ein → Biozid-Produkt, das aus einem anderen EU-Mitgliedstaat eingeführt wird, dort bereits zugelassen ist und mit einem in Deutschland zugelassenen Biozid-Produkt übereinstimmt. Referenzprodukte können auf Antrag von der Zulassungspflicht befreit werden.

Referenzwert
Ein Referenzwert ist ein Vergleichswert für die Bewertung anderer Werte und dient als Maßstab für die Prüfung der Angemessenheit von Maßnahmen. Dieser darf nicht mit einem → Grenzwert oder → Richtwert verwechselt werden. In der Medizin dient der Referenzwert häufig dazu, vorhandene Messwerte mit Kennziffern zu vergleichen, die für 95 % der gesunden Normalbevölkerung gelten.

Regenerationsluft
→ Sorptionstrocknung

Regional auftretende Schimmelpilze
siehe Abschn. 4.3.2.3

Registrierung (Biozid-Richtlinie)
Unter einer Registrierung im Sinne der → Biozid-Richtlinie wird ein → Zulassungsverfahren für → Biozid-Produkte „mit niedrigem Risikopotential" (Produkte ohne bedenkliche Stoffe und mit Wirkstoffen, die ausschließlich im Anhang IA der Richtlinie 98/8/EG gelistet sind) verstanden.

Reibetest
→ Epikutantest

Reinigungsvalidierung
Bei der Reinigungsvalidierung handelt es sich um eine dokumentierte Beweisführung, dass ein genehmigtes Reinigungsverfahren für den vorgesehenen Einsatz geeignet ist.

Reinkultur
Eine Reinkultur ist eine unter Laborbedingungen erzeugte Population, die durch Vermehrung einer einzelnen Zelle bzw. eines einzelnen → Mikroorganismus entsteht. Jede Zelle der Reinkultur ist ein Klon der Ursprungszelle. Die Methoden für das Anlegen einer Reinkultur sind unterschiedlich, je nachdem, ob man ein Fest- oder ein Flüssigmedium benutzt. Ausgangspunkt des Anlegens einer Reinkultur auf Festmedium ist, dass bei vielen Mikroorganismen (→ Hefen, viele → Schimmelpilze, die meisten → Bakterien und einzellige Algen) aus einem einzelnen Organismus durch zahlreiche Teilungen eine sichtbare → Kolonie aus vielen Organismen entsteht. Das Ziel einer Reinkultur ist das Wachstum eines Klons eines bestimmten Organismus unter Ausschluss jeglicher Individuen anderer Arten oder Stämme von Organismen.

Reinraum
Ein Reinraum ist nach DIN EN ISO 14644-1 „Reinräume und zugehörige Reinraumbereiche – Teil 1: Klassifizierung der Luftreinheit anhand der Partikelkonzentration" (2016) ein speziell konstruierter Innenraum, in dem die höchstmögliche Reinheit sichergestellt wird. Diese Innenräume sind so konstruiert und werden so verwendet, dass

die Anzahl der in den Raum eingeschleppten bzw. im Raum entstehenden und abgelagerten Partikel kleinstmöglich ist. Außerdem werden alle anderen reinheitsrelevanten Parameter wie Temperatur, Feuchte und Luftstrom nach Bedarf geregelt. Das Ziel ist, jegliche Kontaminationen zu vermeiden. Bei diesen Partikeln kann es sich sowohl um → Staub als auch um → Mikroorganismen handeln. In der Regel wird ein leichter Überdruck im Reinraum erzeugt, um das Eindringen von Verunreinigungen zu verhindern. Die Überwachung erfolgt durch Partikelzähler und andere Messgeräte.

Reißverschlusstür
Reißverschlusstüren kommen bei der → Abschottung zum Einsatz und dienen als Türersatz, um die Ausbreitung von → Schimmelpilzen oder Schadstoffen aus kontaminierten Bereichen in unbelastete Bereiche zu vermeiden. Man spricht auch vom so genannten → Schwarz-Weiß-Bereich. Reißverschlusstüren sind aus verschiedenen Materialien und in unterschiedlichen Größen erhältlich, so dass diese individuell an die Situation vor Ort angepasst werden können.

Reizende Wirkungen
siehe Abschn. 11.6

Relative Luftfeuchtigkeit
Die relative Luftfeuchtigkeit gibt das Verhältnis zwischen dem Wassergehalt in der Luft (angegeben über den aktuellen Wasserdampfdruck) und dem bei der vorhandenen Temperatur maximal möglichen Wassergehalt (dem → Sättigungsdampfdruck) an. Die Angabe erfolgt in Prozent. Bei einer relativen Luftfeuchtigkeit von 100 %, ist die Luft mit Wasserdampf gesättigt, so dass kein weiterer Wasserdampf aufgenommen werden kann, ohne dass → Kondensation stattfindet. Der Sättigungsdampfdruck nimmt mit steigender Temperatur zu, so dass bei Vergleichsmessungen immer die Temperatur zum Zeitpunkt der Messung berücksichtigt werden muss.

Replikation
Eine Replikation ist eine Vervielfältigung oder Reproduktion. In der Biologie beschreibt der Begriff den Prozess der DNA-Verdopplung vor einer Zellteilung. Dieser Prozess ist essenziell für das Wachstum und die Vermehrung von Organismen.

Resistenz
Der Begriff Resistenz bedeutet im Allgemeinen die Widerstandsfähigkeit eines Lebewesens gegen schädliche Einflüsse von außen. Man unterscheidet zwischen einer natürlichen bzw. angeborenen Resistenz, auch primäre Resistenz genannt, und einer erworbenen Resistenz. Das Gegenteil von Resistenz ist die Anfälligkeit oder Empfindlichkeit.

Resistenz (Mensch)
Der Begriff Resistenz hat mehrere Bedeutungen und beschreibt die Widerstandsfähigkeit eines Lebewesens gegen schädliche Einflüsse von außen. Beim Menschen steht der Begriff für die Widerstandsfähigkeit des körpereigenen → Immunsystems gegen bestimmte Krankheiten bzw. → Krankheitserreger oder → Mikroorganismen wie z. B. → Viren oder → Bakterien.

Resistenz (Mikroorganismen)
Der Begriff Resistenz hat mehrere Bedeutungen und beschreibt die Widerstandsfähigkeit eines Lebewesens gegen schädliche Einflüsse von außen. Bei → Mikroorganismen steht der Begriff für die Widerstandsfähigkeit gegen Bekämpfungsmittel wie z. B. → Biozide oder bei → Krankheitserregern für deren Widerstandsfähigkeit gegen Medikamente wie z. B. Antibiotika. In dem Fall spricht man von einer → Antibiotikaresistenz oder von → multiresistenten Erregern, wenn → Bakterien gleichzeitig gegen mehrere Antibiotika resistent sind.

Rhinitis
Unter einer Rhinitis versteht man die Entzündung der Nasenschleimhaut. Die Symptome unterscheiden sich danach, welche Form der Rhinitis vorliegt. Unterschieden werden nach dem Verlauf die → akute Rhinitis und → chronische Rhinitis sowie nach der → Pathogenese z. B. eine → allergische Rhinitis oder auch infektiöse Rhinitis. In den meisten Fällen äußern sich die Symptome durch Niesen, Juckreiz, Schnupfen und Schwellung der Nasenschleimhaut. Sind auch die Na-

sennebenhöhlen betroffen, spricht man von einer → Rhinosinusitis.

Rhinocerebrale Mucormykose (Rhinozerebrale Mukormykose)
Eine rhinozerebrale → Mukormykose ist eine seltene, aber potenziell lebensbedrohliche, und invasive → Infektion, die durch → Schimmelpilze einer bestimmten Gruppe, die man als → Mucorales bezeichnet, verursacht wird. Zu diesen Schimmelpilzen gehören → Rhizopus, → Rhizomucor und → Mucor. Jede dieser Schimmelpilzarten verursacht ähnliche Symptome. Betroffen sind vor allem Menschen mit einer → Immunsuppression sowie Diabetes. Die Infektion befällt Nasennebenhöhlen, Augenhöhle und unter Umständen das Gehirn und kann zu schweren Komplikationen wie Gewebszerstörung, Sehstörungen und neurologischen Ausfällen führen.

Rhinokonjunktivitis
Die Rhinokonjunktivitis ist die Kombination einer → Rhinitis (Entzündung der Nasenschleimhaut) und einer → Konjunktivitis (Entzündung der Bindehaut am Auge). Die mit Abstand häufigste Form der Rhinokonjunktivitis wird durch eine → allergische Reaktion ausgelöst.

Rhinomanometrie
Die Rhinomanometrie ist eine medizinische Untersuchungsmethode, die in der Hals-Nasen-Ohren-Heilkunde und speziell in der → Allergologie und beim → nasalen Provokationstest eingesetzt wird. Hierbei wird der Luftstrom durch die Nase gemessen, um die Durchgängigkeit der Nasenwege zu beurteilen und mögliche Verengungen oder Verstopfungen z. B. durch eine → allergische Reaktion der Nasenschleimhäute zu erkennen.

Rhinosinusitis
Die Rhinosinusitis ist eine Kombination einer → Rhinitis (Entzündung der Nasenschleimhaut) und einer Sinusitis (Entzündung der Nasennebenhöhlen). Man unterscheidet zwischen einer akuten Rhinosinusitis (Symptome < 12 Wochen), einer rezidivierenden akuten Rhinosinusitis und einer chronischen Rhinosinusitis (Symptome > 12 Wochen). Die Rhinosinusitis wird u. a. durch virale oder bakterielle → Infektionen der oberen Atemwege sowie → Allergien verursacht.

Rhizoide
Rhizoide sind feine, haar- oder wurzelähnliche Strukturen, die bei vielen Thallophyten vorkommen. Diese dienen zur Verankerung am Untergrund und Aufnahme von Wasser und Nährstoffen, auch wenn die Strukturen einfacher aufgebaut sind und kein spezialisiertes Leitungsgewebe aufweisen. Rhizoide dürfen nicht mit einem → Myzel verwechselt werden. Denn Rhizoide werden vom Myzel gebildet, um den → Schimmelpilz am → Substrat zu verankern. Außerdem unterstützen sie bei vielen Schimmelpilzarten die Nährstoffaufnahme.

Rhizomorphe
Rhizomorphen sind verdickte Myzelstränge einiger Ständerpilze, die sich aus isolierenden äußeren und gestreckten inneren → Hyphen zusammensetzen. Die äußere Schicht ist in der Regel deutlich dicker, durch Melanin meist pigmentiert und sklerotisiert. Sie dienen dem Erschließen neuer Substratquellen und zum Nährstofftransport, aber auch dem Stofftransport zu → Fruchtkörpern an entfernteren Standorten. Man kennt dies vom → Echten Hausschwamm, der dadurch in der Lage ist, auch Mauerwerk zu durchdringen.

Rhizomucor
Rhizomucor ist ein → Schimmelpilz, der zur Ordnung der → Mucorales gehört. Zu den bekanntesten Vertretern gehören Rhizomucor pusillus, Rhizomucor miehei und Rhizomucor variabilis. Die Unterscheidung erfolgt anhand der → Morphologie der → Sporangien (Sporenbehälter) sowie der Wachstumsbedingungen. Im Gegensatz zu → Mucor-Arten hat Rhizomucor schlecht entwickelte → Rhizoide an der Basis der → Sporangiophoren. Rhizomucor-Arten sind → thermophil und bevorzugen höhere Temperaturen (teilweise über 50 °C). Sie kommen → ubiquitär vor, vor allem in Blumenerde sowie verrottendem Obst und Gemüse. Rhizomucor-Arten, insbesondere Rhizomucor pusillus, können Auslöser für eine → rhinozerebrale Mukormykose sein.

Rhizopus
siehe Abschn. 3.5.6.38

Richtwert
Ein Richtwert ist eine Vorgabe, die nach DIN 820-2 Anhang E „Normungsarbeit – Teil 2: Gestaltung von Normen“ (2000) eingehalten werden sollte. Die Einhaltung dieser Vorgabe ist demnach erwünscht und soll angestrebt werden und entspricht einer Empfehlung ohne Zwang, aber mit einem gewissen Nachdruck. Ein Richtwert ist ein Vorsorgewert nach dem Minimierungsgebot. Er basiert auf dem aktuellen Erfahrungs- und Wissensstand und greift in der Regel auf wissenschaftliche Studien und andere Empfehlungen zurück. Richtwerte sollen zudem sicherstellen, dass ein → Grenzwert nicht überschritten wird.

Richtwert I
Der Richtwert I ist ein vom → AIR (Ausschuss für Innenraumrichtwerte) festgelegter Zielwert oder auch Vorsorgerichtwert, der die Konzentration eines → Schadstoffes in der Innenraumluft beschreibt, bei dessen Einhaltung oder Unterschreitung nach gegenwärtigem Forschungsstand auch bei lebenslanger Exposition keine gesundheitliche Beeinträchtigung zu erwarten ist.

Richtwert II
Der Richtwert II ist ein vom → AIR (Ausschuss für Innenraumrichtwerte) festgelegter Gefahrenrichtwert oder auch Eingriffswert, der die Konzentration eines → Schadstoffes in der Innenraumluft beschreibt, bei dessen Erreichen bzw. Überschreiten unverzüglich zu handeln ist. Beim Überschreiten dieser Konzentration sind Schäden für die menschliche Gesundheit mit hinreichender Wahrscheinlichkeit anzunehmen. Der Richtwert II steht im direkten Bezug zu den Bauordnungen der Länder, in denen es heißt: „Bauliche Anlagen müssen so beschaffen sein, dass Gefahren durch chemische, physikalische oder biologische Einflüsse nicht entstehen.“ Dieser wirkungsbezogene Wert stützt sich auf die gegenwärtigen → toxikologischen und → epidemiologischen Kenntnisse zur Wirkungsschwelle eines Schadstoffes.

Richtwerteschema
Unter dem Richtwerteschema versteht man die vom Ausschuss für Innenraumrichtwerte (→ AIR, vormals Ad-hoc-Arbeitsgruppe) festgelegten → Richtwerte für Einzelsubstanzen in der Innenraumluft. Diese sind hygienisch-toxikologisch abgeleitet und erlauben somit die quantitative Bewertung der entsprechenden Einzelstoffe, d. h. ab wann sich eine Substanz in der Raumluft auf die menschliche Gesundheit negativ auswirken kann.

Rickettsien
Rickettsien sind kleine, → gram-negative → Bakterien mit einer Größe von 0,3 bis 2 µm, die → intrazellulär in ihren Wirtsorganismen leben bzw. obligat intrazellulär vermehren. Einige Bausteine für den Aufbau ihrer Zellsubstanz synthetisieren sie selbst, andere entnehmen sie der Wirtszelle.

Risikoanalyse und -bewertung
siehe Abschn. 11.11

Risikogruppen (in Bezug auf biologische Arbeitsstoffe)
siehe Abschn. 8.3.6

Risikogruppen (in Bezug auf Schimmelpilze)
siehe Abschn. 8.3.6

Risikogruppe (in Bezug auf Menschen)
siehe Abschn. 11.11

RIS-Test
RIS ist ein Akronym für Radio-Immuno-Sorbent. Beim RIS-Test handelt es sich um ein veraltetes Verfahren im Rahmen der → Allergiediagnostik, mit der die Gesamtmenge an → Immunglobulin E (→ IgE) bestimmt wird. Da der Test allerdings nicht zwischen spezifischen IgE-Antikörpern gegen verschiedene → Allergene unterscheiden kann, wird dieser zunehmend durch andere Tests wie z. B. den → RAST (Radio-Allergo-Sorbent-Test) und moderne Enzym-Immunoassays ersetzt.

RKI
RKI ist ein Akronym für Robert Koch Institut.

RNA (Ribonukleinsäure)
→ Nukleinsäuren

RODAC
RODAC ist ein Akronym für Replicate Organism Detection and Counting und ist bekannt für die RODAC-Abklatschplatten. Diese werden eingesetzt, wenn Aussagen über den Keimgehalt und das Keimspektrum von mikrobiell befallenen Oberflächen getroffen werden sollen.

Roquefortin C
Roquefortin C ist ein → Indolalkaloid und wird häufig synonym für → Roquefortine verwendet.

Roquefortine
Roquefortine bilden eine Gruppe von etwa zehn → Mykotoxinen, die von verschiedenen → Schimmelpilzen der → Gattung → Aspergillus und → Penicillium, insbesondere von den → Arten → Penicillium roqueforti, → Penicillium chrysogenum, → Penicillium expansum und → Penicillium crustosum produziert werden. Häufig treten Roquefortine mit anderen Mykotoxinen wie → Isofumigaclavin A und B auf. Das Mykotoxin verbreitet sich mit den → Sporen der produzierenden Schimmelpilze über die Luft aus. Diese Arten sind auch in einem sauren Milieu (z. B. pH-Wert 3) und bei hohen CO_2-Gehalten nachweisbar. Roquefortine produzierende Schimmelpilze bevorzugen zudem eher kühlere Temperaturen. Auch wenn das Mykotoxin in hohen Konzentrationen → neurotoxisch wirken kann, ist es in der Regel für Mensch (und Tier) ungefährlich. Infektionen als Folge einer Einwirkung durch Roquefortine können bei gesunden Menschen nahezu ausgeschlossen werden. Allergische Reaktionen können allerdings nicht ausgeschlossen werden, auch wenn diese höchst selten vorkommen. Charakteristisch ist der Geruch der produzierenden Arten.

Roridine
Roridine sind Substanzen, die u. a. durch den → Schimmelpilz → Stachybotrys atra gebildet werden und den → Mykotoxinen der → Trichothecene zugeordnet werden. Roridine sind → zytotoxisch und können bestimmte Enzyme inhibieren, was Auswirkungen auf Zellwachstum haben kann. Außerdem können Roridine nematizid wirken und → immunmodulatorische Effekte haben.

ROS
ROS ist ein Akronym für reaktive Sauerstoffspezies (reactive oxygen species). Hierbei handelt es sich um Sauerstoff enthaltende Moleküle mit sehr großer chemischer Reaktionsbereitschaft. Diese entstehen durch Aufnahme zusätzlicher Elektronen durch Sauerstoff und können Schäden in Zellen durch einen oxidativen Stress verursachen. Diese Sauerstoffradikale werden als Nebenprodukt verschiedener Stoffwechselprozesse, u. a. bei der bioziden Behandlung von Schimmelpilze durch → Wasserstoffperoxid, gebildet.

Roter Schimmel
Roter Schimmel ist ein umgangssprachlicher und unspezifischer Trivialname für → Schimmelpilze mit einem rötlichen Aussehen. Hierzu gehören z. B. → Neurospora sitophila oder → Monilia sitophila. Darüber hinaus sind auch Begriffe wie „roter Brotschimmel" oder „roter Bäckerschimmel" geläufig und beschreiben Schimmelpilze, die vor allem auf Brot und anderen Getreideerzeugnissen wachsen. Diese Art kann aber auch zuckerhaltige Früchte sowie zellulosehaltige Oberflächen befallen. Der Name ist irreführend, da Schimmelpilze dieser Gattung auch ein bräunliches bis beigefarbenes Aussehen haben können und in Ausnahmen weiß bis transparent sind.

Roux-Flasche
Eine Roux-Flasche ist ein nach dem Franzosen Roux benanntes Glasgefäß zur → Kultivierung von → Mikroorganismen im großen Maßstab (Massenkultivierung).

Rubratoxine
Rubratoxine sind → Mykotoxine, die durch den → Schimmelpilz → Penicillium rubrum und Penicillium purpurogenum, gebildet werden. Die → toxischen Stoffwechselprodukte, vor allem Rubratoxin A und B, sind für ihre → hepatotoxische Wirkung bekannt und können auch andere Organe wie z. B. Nieren und Milz schädigen.

Rückbau
siehe Abschn. 9.5.10

Rückstausicherung
Eine Rückstausicherung ist eine technische Vorrichtung, mit der verhindert werden soll, dass Abwasser aus der Kanalisation in Gebäude eindringen bzw. wieder zurückfließen, wenn der Wasserspiegel im Abwasserkanal aufgrund von starken Regenfällen, Überschwemmungen oder anderen Ursachen ansteigt. In der Regel besteht die Vorrichtung aus → Hebeanlagen oder → Rückstauverschlüssen. Sämtliche Ablaufleitungen von wasserführenden Bauteilen und/oder Geräten wie z. B. Duschen, Waschbecken oder Waschmaschinen bilden durch den Anschluss an den Abwasserkanal ein verbundenes Rohrsystem („Gesetz der kommunizierenden Röhren"). Staut sich das Abwasser im Kanal, würde dieses über die Ablaufleitungen in das Gebäude zurückfließen und tiefer liegenden Gebäudebereiche überfluten.

Rückstauverschlüsse
Rückstauverschlüsse sind Teil der → Rückstausicherung. Hierbei handelt es sich um Klappen oder Schieber, die sich bei Rückstau automatisch schließen und somit den Wassereintritt verhindern. Diese können sowohl für fäkalienfreies (Grauwasser) oder fäkalienhaltiges (Schmutzwasser) Abwasser eingesetzt werden. Im Gegensatz zu den Rückstauverschlüssen erlauben → Hebeanlagen auch bei Rückstau im Kanal eine uneingeschränkte Nutzung von Hausarbeits- oder Sanitärräumen im Keller. Nach der DIN EN 13564 „Rückstauverschlüsse für Gebäude" (2002) werden sechs Rückstauverschlüsse unterschieden.

Rugulosin
Rugulosin ist ein → Mykotoxin, das von einigen Arten des → Schimmelpilzes → Penicillium gebildet wird und eine → hepatotoxische und → kanzerogene Wirkung hat.

R-Wert
siehe Abschn. 6.4.3

14.19 S

Sabouraud-Agar
Das Sabouraud-Agar (oder auch Sabouraud-Dextrose-Agar oder Sabouraud-Glucose-Agar) ist ein nach dem französischen → Bakteriologen Raymond Sabouraud benannter → Nährboden zur → Kultivierung von → Schimmelpilzen, → Dermatophyten und → Hefen wie z. B. → Candida in mikrobiologischen Proben. Das feste Selektivnährmedium besteht u. a. aus 2 % Glukose, 0,5 % Kaseinpepton, 0,5 % Fleischpepton und 2 % Agar. Es eignet sich besonders gut zur → Anzucht → humanpathogener Pilze. Der Nährboden ist auf einen pH-Wert von 5,6 angesäuert, wodurch das Wachstum z. B. von → Bakterien unterbunden wird bzw. andere → Keime nicht überleben. Durch die Zugabe bestimmter → Antibiotika wie z. B. → Penicillin oder → Streptomycin kann die Selektivität weiter erhöht werden.

Sättigungsdampfdruck
Der Sättigungsdampfdruck ist der Druck, bei dem z. B. Wasser mit seiner Gasphase im thermodynamischen Gleichgewicht steht. Dies bedeutet, dass sich gleich viele Teilchen des flüssigen Zustandes in den gasförmigen Zustand umwandeln und umgekehrt. Dieser Druck ist temperaturabhängig und steigt mit zunehmender Temperatur. Die maximale Menge an Dampf, die ein bestimmtes Volumen enthalten kann, ist beim Sättigungsdampfdruck erreicht. Ein weiteres Hinzufügen von Dampf würde zur → Kondensation führen, also zur Umwandlung von Dampf in Flüssigkeit wie bei der Entstehung von → Tauwasser. Die Einheit ist Pascal.

Sättigungsdampfmenge
→ Taupunkttemperatur

Saisonal auftretende Schimmelpilze
siehe Abschn. 4.3.2.3

Salutogenese
Salutogenese ist ein Begriff, der durch den Medizinsoziologen Aaron Antonovsky geprägt wurde, und sich mit dem Prozess der Entstehung von Gesundheit und der Förderung von Wohlbefinden auseinandersetzt. Zentraler Bestandteil ist das Kohärenzgefühl, das unmittelbar mit dem Konzept der Resilienz verbunden ist. Ein stark ausgeprägtes Kohärenzgefühl ermöglicht Menschen, flexibel auf Anforderungen reagieren und mit Stresssituationen besser umgehen zu können.

Die Salutogenese ist das Gegenteil zur → Pathogenese.

Sammelstress
Unter Sammelstress wird die Schädigung von → Mikroorganismen bei der Sammlung verstanden.

Sanierungsziel
siehe Abschn. 9.5.6

Saprobionten
Saprobionten sind → heterotrophe → Mikroorganismen, die von → Fäulnis leben. Dies bedeutet, dass sich diese Organismen von toter, sich zersetzender organischer Substanz, ernähren. Der Begriff wird häufig synonym für → Saprophyten und → Saprophage verwendet. Im Umfeld der Saprobionten gibt es eine Vielzahl von Begriffen wie z. B. → saprophil, → saprotroph oder → saprophag, die sich nur in Kleinigkeiten unterscheiden.

Saprogen
Als saprogen werden → Fäulnis erregende Vorgänge oder Prozesse bezeichnet.

Saprophage
Saprophage sind → Mikroorganismen, die tote organische Substanz verstoffwechseln. Hierbei wird die Substanz zersetzt und die anfallenden organischen Moleküle für den eigenen Energiestoffwechsel genutzt. Saprophage sorgen für einen geschlossenen Stoffkreislauf in einem Ökosystem. Man unterscheidet zwei Arten von Saprophage: die → Destruenten (hierbei handelt es sich um → saprogene, → aerobe → Bakterien und → Schimmelpilze, die organische → Nährstoffe zu anorganischen Stoffen wie z. B. Kohlenstoffdioxid oder Nitraten abbauen) sowie die Zerkleinerer. Saprophage sind Bestandteil von → Biozönosen.

saprophil
Als saprophil werden → Mikroorganismen bezeichnet, die auf oder in toten organischen Substanzen leben.

Saprophyten/saprophytisch
Als Saprophyten werden → Mikroorganismen bezeichnet, die ihren Nährstoffbedarf ganz oder teilweise aus toter organischer Substanz decken, sich ausschließlich → heterotroph ernähren. Hierzu werden Enzyme genutzt, mit denen organische Makromoleküle zu kleineren Molekülen abgebaut werden. Entsprechende → Bakterien und → Schimmelpilze werden heute eher als → Saprobionten bezeichnet. Saprophyten haben eine überragende Bedeutung im biogenen Stoffkreislauf und werden synonym auch als → Destruenten bezeichnet. Beim Menschen besiedeln Saprophyten die inneren und äußeren Oberflächen des Körpers. Die Grenze zwischen Saprophyten und → Krankheitserregern ist fließend. So kann ein unter normalen Bedingungen harmloser Saprophyt unter bestimmten Umständen eine → pathogene Wirkung entfalten.

saprotroph
Als saprotroph werden → Mikroorganismen bezeichnet, die sich von toter organischer Substanz ernähren.

Satratoxin
Satratoxin ist ein sehr starkes → Mykotoxin, das durch den → Schimmelpilz → Stachybotrys chartarum produziert wird. Der Begriff geht auf die frühere Bezeichnung des Schimmelpilzes → Stachybotrys atra zurück und setzt sich aus der Abkürzung S (für die → Gattung Stachybotrys) und der Bezeichnung atra (für die → Spezies) sowie den Begriff Toxin (für Gift) zusammen. Die Aufnahme des potenten Mykotoxin, das zur Gruppe der → Trichothecene gehört, kann zu systemischen Vergiftungserscheinungen führen (z. B. Reizung der Mund- und Nasenschleimhaut, Durchfall, Müdigkeit, Brustschmerzen, Fieber bis zu Lungenblutungen).

Sauerstoffradikale
→ ROS

Scimbalon
Scimbalon ist eine der historischen Bezeichnungen für → Schimmelpilze oder schimmligen Belag.

Scimmelic
Scimmelic ist eine der historischen Bezeichnungen für → Schimmelpilze oder schimmligen Belag.

Schaben
Schaben sind → Lästlinge und werden umgangssprachlich auch als Kakerlaken bezeichnet, von denen weniger als 1 % zu den → Schädlingen, in Bezug auf Materialien, gezählt werden. In Deutschland sind dies die deutsche Schabe, die orientalische Schabe, die amerikanische Schabe und die Braunbandschabe. Die bevorzugte Umgebungstemperatur dieser Schaben liegt zwischen 25 und 30 °C. Bei ihrem Nährstoffbedarf sind Schaben nicht wählerisch und bevorzugen alle möglichen tierischen und pflanzlichen Produkte sowie Küchenabfälle und Essensreste. Der Körper der Schabe ist auffällig flach, so dass die Tiere auch in enge Ritzen und Spalten eindringen können. Schaben sind nachtaktive Tiere, deren Aktivität entweder in der Dämmerung (außen) oder mit dem Ausschalten des Lichts (im Haus) beginnt. Tagsüber suchen sich die Tiere dunkle Räume, in denen sie sich in der Regel in großer Anzahl aufhalten. Lt. § 2 des Infektionsschutzgesetzes gelten Schaben als Gesundheitsschädlinge, da die Tiere → Krankheitserreger auf den Menschen übertragen können. Hierzu gehört die Übertragung u. a. von Tuberkulose, Typhus, Cholera, Kinderlähmung und Hepatitis B. Außerdem verbreiten Schaben → Sporen von → Schimmelpilzen und sind Verursacher von → Allergien, insbesondere durch die Allergene im Kot der Schaben, der häufig im Hausstaub nachgewiesen wird.

Schachtlüftung
Die Schachtlüftung (auch als Auftriebslüftung bezeichnet) ist eine Form der freien → Lüftung über vertikale oder mit einem Winkel von 45° eingebaute Luftleitungen (Lüftungsschächte). Durch den Lüftungsschacht wird in der Regel eine höhere Druckdifferenz als bei der → Querlüftung erzielt, so dass diese Lüftungsart effektiver ist. Bei der Schachtlüftung wird der thermische Auftrieb als maßgebende Antriebskraft genutzt. Deshalb nutzt man bei dieser Lüftung einen über das Dach geführten Schacht, um verbrauchte und feuchte Luft abfließen zu lassen. Man trifft diese Lüftung besonders oft in Küchen, Bädern und/oder Toiletten von Altbauten.

Schachttrocknung
Die Schachttrocknung ist ein spezielles Verfahren der → technischen Bautrocknung. Wie bei allen Verfahren der → Hohlraumtrocknung üblich, wird über ein Überdruckaggregat und einen Hochdruckverdichter warme und trockene Luft über ein Schlauchsystem in die Schächte eingeblasen und an der gegenüberliegenden Seite wieder abgesaugt. Durch diesen Luftstrom wird der Schacht entfeuchtet. Ein HEPA-Filter reinigt die Ablauft, bevor diese freigesetzt wird.

Schadensforensik
siehe Abschn. 6.6.8

Schadorganismen (Biozid-Richtlinie)
Nach der Biozid-Richtlinie werden alle Organismen als Schadorganismen bezeichnet, die für den Menschen, seine Tätigkeiten oder für Produkte, die er herstellt oder verwendet, oder für Tiere bzw. für die Umwelt unerwünscht oder schädlich sind (Art. 2 Abs. 1 der Richtlinie 98/8/EG). Im Holzschutz sind dies holzzerstörende Käfer bzw. deren Larven sowie holzzerstörende und holzverfärbende Pilze.

Schadstoffe
Schadstoffe sind chemische Substanzen oder Verbindungen mit nachgewiesener oder vermuteter, schädigender Wirkung auf Mensch und Umwelt. Diese können über die Atmung, Haut oder Nahrung aufgenommen werden. Die gleichzeitige Aufnahme verschiedener Schadstoffe kann die Wirkung verstärken und die Ursachen überlagern. Wesentliche Beurteilungskriterien für die Schädlichkeit sind die Aufnahmefähigkeit (Resorbierbarkeit), die Abbaufähigkeit, die Fettlöslichkeit und die Stabilität (Persistenz). Bei Sachgegenständen oder Gebäuden können Schadstoffe zu einer Wertminderung bzw. Nutzungseinschränkung führen.

Schaumdesinfektion
→ Desinfektionsschaum

„Schießende“ Pilze
Der Begriff „schießende Pilze“ beschreibt ein Phänomen so genannter → koprophiler Pilze. Denn anders als die meisten Pilze, die Sporen

bilden, die durch Wind oder Luftbewegung verbreitet werden, haben koprophile Pilze einen „Schleudermechanismus“ entwickelt, um Sporen enthaltende Sporangien aktiv vom Substrat „wegzuschießen“ und somit in ihrem Umfeld zu verteilen, bis sie von anderen Organismen aufgenommen, verstoffwechselt und wieder ausgeschieden werden.

Schimmel
Schimmel ist ein umgangssprachlicher und unspezifischer Trivialname für → Schimmelpilze.

Schimmelforensik
siehe Abschn. 6.6.8

Schimmel-Indikator
→ Schimmelpilz-Indikator

Schimmelkäfer
Der Schimmelkäfer ist ein 1 bis 3 mm kleiner → Lästling, hat eine hellbraune, rotbraune bis dunkelbraune Farbe und eine länglich-ovale bis gestreckte Form. Am Kopf besitzt der → polyphage Käfer lange, kräftige Fühler mit einer dreigliedrigen, seltener zweigliedrigen, Fühlerkeule. Die Oberfläche des Schimmelkäfers ist in der Regel mit einem erhärteten Sekret bedeckt. In Mitteleuropa sind ca. 130 Arten bekannt, die fünf Familien und 16 Gattungen zugeordnet werden. Larven und Käfer ernähren sich u. a. von → Schimmelpilzen, weshalb der Käfer auch als → Schimmelpilz-Indikator gilt. Man findet ihn vorzugsweise auf faulenden und/oder schimmelnden Substanzen wie z. B. organischen Abfällen (Biomüll). Außerdem leben einige Arten → synanthrop in feuchten Kellern, Tierställen oder Vorratslagern. Bei einer hohen Luftfeuchtigkeit (> 85 % rel. LF.) und ausreichend → Nährstoffen kann sich der Schimmelkäfer massenhaft vermehren.

Schimmellaus
Schimmellaus ist ein unspezifischer Trivialname, der umgangssprachlich für Bücherläuse oder → Staubläuse verwendet wird, die sich von → Schimmelpilzen ernähren und deren Vorkommen auf einen Schimmelpilzbefall hinweisen kann.

Schimmelpilzbefallene Bauteile
siehe Abschn. 5.2.5

Schimmelpilzbefallene Untergründe
siehe Abschn. 5.2.6

Schimmelpilzfestigkeit
Unter Schimmelfestigkeit wird eine Materialbeständigkeit bzw. Resistenz gegen mikrobiellen Befall und/oder Zersetzung durch → Schimmelpilze verstanden.

Schimmelpilze
Schimmelpilze sind → eukaryotische → Mikroorganismen, die → ubiquitär vorkommen. Die Zahl der weltweit vorkommenden Schimmelpilzarten wird auf mehr als 100.000 geschätzt. Nur ein Bruchteil von diesen, nämlich ca. 40, kommen in Innenräumen vor und nur die Hälfte davon sind für den Menschen unter bestimmten Voraussetzungen potenziell gesundheitsschädlich. Umgangssprachlich oft nur als „Schimmel“ bezeichnet, bezieht sich der Begriff auf den weißen, hellgrauen bis farbigen, pelzigen bis watteartigen Belag, mit dem die meisten Schimmelpilze ihre → Substrate überziehen. Schimmelpilze ist kein systematischer Begriff, sondern eine Sammelbezeichnung für oberflächlich wachsende → Myzelien und → Sporenträger, die sich durch Zellfäden (→ Hyphen) auszeichnen. In der → Mikrobiologie werden Schimmelpilze als eine systematisch heterogene Gruppe von → filamentösen Fadenpilzen aus verschiedenen → taxonomischen Gruppen wie → Ascomyceten (z. B. → Byssochlamys), → Zygomyceten (z. B. → Absidia, → Mucor, → Rhizopus) und → Deuteromyceten (z. B. → Alternaria, → Aspergillus, → Aureobasidium, → Cladosporium, → Epicoccum, → Fusarium und → Penicillium) verstanden. Dies bedeutet, dass die → Gattungen und → Spezies aus verschiedenen Ordnungen und Familien stammen. Daher vereint den Begriff vielmehr die gemeinsame → Morphologie und eine Reihe ökologischer Gemeinsamkeiten. Wie bei Mikroorganismen generell üblich, setzt sich der wissenschaftliche Name auch bei Schimmelpilzen aus zwei Bestandteilen zusammen: der Gattung und einem spezifischen Beiwort, mit dem die Art oder Spezies beschrieben wird. Der

Gattungsname wird groß, das Beiwort klein geschrieben wie z. B. → Stachybotrys chartarum oder → Wallemia sebi. Das Besondere an vielen Schimmelpilzen ist, dass diese zwischen einer → saprophytischen und → parasitischen Lebensweise wechseln können und somit sowohl von abgestorbenen als auch von lebenden Organismen leben können. Die meisten Schimmelpilze sind für den Menschen völlig unauffällig und leben als → Saprobiont in bestimmten ökologischen Nischen. Wenige Schimmelpilze verursachen beim Menschen unter bestimmten Voraussetzungen gewisse gesundheitliche Wirkungen. Dies können → allergische Reaktionen, → Mykosen oder → Mykotoxikosen sein. Eine besondere Rolle in dem Zusammenhang spielen → Mykotoxine. Außerdem sind Schimmelpilze Materialzerstörer.

Schimmelpilzgefährdete Gruppen
Zu den schimmelpilzgefährdeten Gruppen gehören Menschen, die einer bestimmten → Risikogruppe angehören, also entweder besonders empfänglich sind z. B. auf → allergische Reaktionen oder auf bestimmte Schimmelpilzarten.

Schimmelpilz-Indikator
Schimmelpilz-Indikatoren sind verschiedene Hinweisgeber auf einen → sichtbaren oder → nicht sichtbaren Befall durch → Schimmelpilze. Dies können bestimmte → Mikroorganismen sein, die insbesondere im Umfeld von Schimmelpilzbefall vermehrt anzutreffen sind, oder bestimmte → Gerüche, die z. B. durch → Metaboliten wie z. B. → MVOC gebildet und wahrgenommen werden oder gesundheitliche Wirkungen, die durch biogene Stäube, → Sporen und andere mikrobielle Partikel verursacht werden. Hierzu können auch → Mykotoxine gehören.

Schimmelpilzresistenz
→ Schimmelpilzfestigkeit

Schimmelpilzsanierung
siehe Abschn. 9.5

Schimmelpilz-Sensoren
Ein Schimmelpilz-Sensor soll → Schimmelpilze in der Innenluft erkennen und über ein visuelles oder akustisches Signal anzeigen. Bei diesen Geräten ist Vorsicht geboten, da diese keine Schimmelpilze erkennen, sondern nur die hierfür notwendigen raumklimatischen Parameter erfassen, unter denen theoretisch ein Wachstum möglich ist. In erster Linie geht es um die Messung der Lufttemperatur und Luftfeuchtigkeit sowie einer Berechnung des → Taupunktes und/oder der Erfassung von → Wärmebrücken. Schon allein darin liegt eine gewisse Unschärfe, da es in erster Linie um den → aw-Wert auf einer Bauteiloberfläche geht. Einen Schimmelpilz-Sensor, der in Echtzeit → Luftproben auf Schimmelpilzsporen untersucht, ist aktuell nicht verfügbar und technisch sehr anspruchsvoll.

Schimmelspürhund
siehe Abschn. 6.6.6

Schimmelpilzursachen
siehe Kap. 7

Schimmelpilz-Wachstums-Matrix
Die Schimmelpilz-Wachstums-Matrix visualisiert in einer vierdimensionalen Grafik das gesamte Spektrum der verschiedenen Wachstumsbedingungen für → Schimmelpilze. Hierzu gehören Feuchtigkeit, Temperatur, pH-Wert und Nährstoffe. Im Kern der Matrix wird der Bereich eingegrenzt, bei dem die idealen Wachstumsbedingungen im Durchschnitt aller Schimmelpilze vorliegen.

Schlagregenbeanspruchung
siehe Abschn. 7.2.3.2

Schlagregenschutz
Der Begriff Schlagregenschutz bezeichnet einen Schutz der Gebäudehülle vor der Intensität einer → Schlagregenbeanspruchung. Dieser kann durch konstruktive Maßnahmen und/oder durch wasserabweisende Beschichtungen erfolgen.

Schlauchpilze
Schlauchpilze (→ Ascomycota oder Ascomycetes) bilden eine der großen Abteilungen im Reich der Pilze. Viele → Schimmelpilze und → Hefen gehören zu dieser Gruppe. Schlauchpilze sind stammesgeschichtlich sehr wahrscheinlich die Schwestergruppe der Ständerpilze (→ Basidio-

mycota). Heute werden eine Vielzahl der → Deuteromycota den Schlauchpilzen zugeordnet. Der Name wurde nach ihren charakteristischen Fortpflanzungsstrukturen, den schlauchförmigen → Asci, abgeleitet. Ein weiteres Charaktermerkmal ist, dass sich die Hauptfruchtform aus → dikaryotischen Hyphen entwickelt. Dies bedeutet, dass eine Zelle zwei verschiedengeschlechtliche Kerne enthält. Bei den folgenden Zellteilungen teilen sich die Kerne gleichzeitig → mitotisch. Die Zellwände der Schlauchpilze enthalten Chitin, Glucane und in Ausnahmen auch Zellulose.

Schleimpilze
Schleimpilze sind → Mikroorganismen, die in ihrer Lebensweise verschiedene Eigenschaften von Tieren und Pilzen gleichermaßen vereinen, aber zu keiner dieser beiden Gruppen gehören. Trotz ihres Namens handelt es sich nicht um echte Pilze, sondern um → Protozoen. Unterschieden werden die echten Schleimpilze (Myxomyceten) und die zellulären Schleimpilze (Acrasiomyceten). Schleimpilze bilden im vegetativen Stadium ein oft auffällig gefärbtes, schleimiges → Plasmodium, das sich über das → Substrat bewegt. Unter bestimmten Bedingungen wie z. B. Trockenheit oder Nahrungsmangel können sie ihren Stoffwechsel umschalten und sehr kleine, unterschiedlich geformte → Fruchtkörper ausbilden, in denen → Sporen produziert werden. Schleimpilze sind sehr anpassungsfähig und können auch unter extremen Bedingungen eine Zeit lang überleben. Schleimpilze ernähren sich → heterotroph von → Bakterien, → Schimmelpilzen und organischen Substanzen.

Schleusen
Schleusen kommen im Rahmen der Schimmelpilzsanierung zum Einsatz und dienen dazu, eine mikrobielle → Kontamination aus mikrobiell belasteten Bereichen eines Gebäudes, dem so genannten → Schwarzbereich, in andere Bereiche eines Gebäudes, die mikrobiell nicht belastet sind, den → Weißbereich, zu vermeiden. Schleusen sind Teil der → Abschottung und übernehmen als temporäre bauliche Abtrennung eine physische Barriere zwischen diesen beiden Sanierungsbereichen. In vielen Fällen wird in der Schleuse ein Unterdruck erzeugt, um sicherzustellen, dass Luft nur in den kontaminierten Bereich und nicht hinausströmt. Zusätzlich werden Luftreiniger mit → HEPA-Filtern in der Schleuse eingesetzt, um Schimmelpilzsporen aus der Raumluft zu entfernen.

Schlitzdüsen-Impaktion
Die Schlitzdüsen-Impaktion ist ein Verfahren zur → Probenahme von Schwebstoffen in der Raumluft, insbesondere zur Bestimmung der Raumluftbelastung durch → Schimmelpilze. Hierbei wird ein definiertes Luftvolumen durch eine Schlitzdüse angesaugt und die darin enthaltenen Partikel wie z. B. Staub, → Sporen, Fasern auf einem Objektträger abgeschieden, um diesen anschließend im Labor unter dem → Mikroskop zu untersuchen und Art und Anzahl der Partikel zu bestimmen. Die Methode dient u. a. auch, um die → Gesamtsporenzahl in der Raumluft zu ermitteln. Allerdings ist eine Unterscheidung zwischen lebenden und abgetöteten Schimmelpilzsporen nicht immer möglich.

Schmarotzer
In der Biologie wird ein Lebewesen, das vorübergehend oder dauerhaft auf Kosten eines anderen Lebewesens lebt und dieses schadet, ohne dieses unbedingt zu töten, als Schmarotzer bezeichnet. Der Begriff wird häufig synonym mit dem Begriff Parasit verwendet. Ein typisches Merkmal von Schmarotzern ist, dass diese auf ihren Wirt angewiesen sind, um zu überleben und sich fortzupflanzen. Hierbei entziehen sie diesem Nährstoffe, Energie oder andere Ressourcen. Die Beziehung ist daher in der Regel einseitig schädlich für den Wirt. Allerdings ist nicht jeder Schmarotzer auch ein Krankheitserreger. Viele Arten leben mit ihren Wirten in einem Gleichgewicht, das nicht unbedingt zu einer Krankheit führt.

Schmetterlingsporling
Der Schmetterlingsporling, auch Schmetterlings-Tramete bezeichnet, gehört zu den → holzzerstörenden Pilzen der → Weißfäule. Das → Myzel ist meist verborgen im Inneren des Holzes. Die → Fruchtkörper sind auffallend schön von hell- über gelbbrauner bis rot- oder dunkelbrauner, gestreifter Farbe. Auch olivfarbige, bläuliche und rötliche Töne können vorhanden sein. Die

Fruchtkörper stehen meist in großen Gruppen am → Substrat, können stielartig angewachsen sein oder etwas am Substrat herablaufen. Die Form kann entweder dachziegel- oder rosettenartige Erscheinung annehmen. Der Hutrand ist in der Regel weiß, flatterig-wellig, etwas gekerbt und scharf begrenzt. Auf der Hutoberfläche befinden sich seidig-glänzende, blaue bis schwarze Zonen. Die Wachstumsbedingungen sind beim Schmetterlingsporling nicht so stark eingeschränkt wie bei anderen holzzerstörenden Pilzen. Dem → Saprobiont reicht in der Regel ein moderat feucht-warmes Klima zum Wachstum.

Schmierläuse
→ Wollläuse

Schmutz
Als Schmutz (oder Verschmutzung) werden sämtliche unerwünschte Stoffe (oder Substanzen) einschließlich Produktrückstände mit und ohne → Mikroorganismen sowie Rückständen von Reinigungs- und Desinfektionsmitteln bezeichnet.

Schnupfen
Schnupfen ist ein umgangssprachlicher und unspezifischer Trivialname für eine Entzündung der Nasenschleimhäute. Typische Symptome sind Niesen und eine laufende oder verstopfte Nase. Medizinisch wird eine akute → Rhinitis, die in der Regel nach ein bis zwei Wochen vorbei ist von einer chronischen Rhinitis unterschieden, die länger anhält. Schnupfen ist auch ein Symptom einer → Typ-I-Allergie.

Schutz- und Hygienemaßnahmen
siehe Abschn. 9.5.9

Schwämme
→ holzzerstörende Pilze, → Braunfäule, → Weißfäule

Schwärmzellen
→ Plasmodien/Plasmodium

Schwärze
Schwärze ist ein umgangssprachlicher und unspezifischer Trivialname für Krankheiten durch → Schimmelpilze, bei denen durch → Myzel, → Konidiophore oder → Konidien schwarze Überzüge gebildet werden oder befallene Gewebe zu schwarzen Verfärbungen führen.

Schwärzepilze
→ Dematiaceae

Schwarzbereich
Als so genannter Schwarzbereich wird der Arbeitsbereich bezeichnet, in dem eine erhöhte → Exposition durch Schadstoffe oder Biostoffe vorhanden oder zu erwarten ist und in den Tätigkeiten nur mit besonderen → Schutzmaßnahmen durchgeführt werden sollen. Das Gegenteil zum Schwarzbereich ist der → Weißbereich. In der Schimmelpilzsanierung wird der Begriff für Innenräume verwendet, die durch → Schimmelpilze und andere mikrobielle Belastungen betroffen sind. Häufig wird der Begriff → Schwarz-Weiß-Bereich verwendet, um die Schnittstelle zwischen mikrobiell belasteten und nicht belasteten Bereichen zu benennen.

Schwarzer Schimmel
Schwarzer Schimmel ist ein umgangssprachlicher und unspezifischer Trivialname für → Schimmelpilze mit einem schwarzen Aussehen. Die Bezeichnung beruht auf der dunklen → Biomasse, die durch Ansammlung wie ein schwarzer Teppich wirkt. Zu den bekanntesten Arten dieser Schimmelpilze, die auch als → schwarzer Gießkannenschimmel bezeichnet werden, gehören → Aspergillus niger und → Aspergillus alternata. Die Bezeichnung ist allerdings irreführend, da diese Schimmelpilze auch ein gelbliches, rötliches oder bräunliches Aussehen haben können.

„Schwarze Wohnungen“
siehe Abschn. 5.6.3

Schwarzpilze
→ Schwarzer Schimmel

Schwarzstaub
siehe Abschn. 5.6.3

Schwarzwasser
Schwarzwasser ist ein Begriff aus dem Abwasserkreislauf von Gebäuden und beschreibt lt. ISO

6107-7 „Wasserbeschaffenheit – Teil 7 Begriffe“ Abwasser aus Toiletten, das Fäkalien enthält. Schwarzwasser ist die am stärksten verunreinigte Form des häuslichen Abwassers und enthält eine Vielzahl von Keimen und Schadstoffen. Neben Fäkalien und Urin zählen hierzu → Bakterien und → Viren, aber auch Chemikalien, Schwermetalle und organische Stoffe. Unbehandeltes Schwarzwasser stellt ein erhebliches Risiko für die Gesundheit von Menschen sowie die Umwelt dar. Es kann → Krankheitserreger verbreiten und zur Kontamination von Boden, Oberflächen- und Grundwasser führen. Schwarzwasser darf nicht mit → Grauwasser (Schmutzwasser ohne Fäkalien) oder → Gelbwasser (Abwasser mit Urin) verwechselt werden und spielt bei der Sanierung von Wasserschäden mit Fäkalienbelastung eine wichtige Rolle.

Schwarz-Weiß-Bereich
Der Begriff Schwarz-Weiß-Bereich beschreibt die räumliche Trennung eines mikrobiell kontaminierten Bereiches, dem so genannten → Schwarzbereich, zum mikrobiell unbelasteten Bereich, dem so genannten → Weißbereich. Die Trennung wird durch das → Abschotten der Bereiche z. B. durch Versiegeln der Öffnungen oder durch spezielle Vorrichtungen wie z. B. → Schleusen erzielt.

Schwebstaub
→ Staub

Schwebstofffilter
Schwebstofffilter entfernen → Partikel aus der angesaugten Luft, die kleiner als 1 µm (z. B. lungengängige Stäube, → Milben, Pollen, → Viren, → Bakterien und → Schimmelpilzen) sind. Die Filter bestehen in der Regel aus einem Glasfaser-Vlies, das in Wellen gelegt wird, um die Filterfläche zu erhöhen. Diese werden in einem Rahmen aus Pappe, Holz oder Kunststoff befestigt und ergeben so eine Filterkassette. Aufgrund ihrer sehr starken Filterwirkung sind die Filter nicht regenerierbar und müssen in regelmäßigen Abständen ausgewechselt werden. Einige Geräte haben eine Filterwechselanzeige, die nach einer bestimmten Betriebszeit an den Austausch erinnert. Schwebstofffilter werden in drei Klassen unterteilt: in Hochleistungs-Schwebstofffilter (→ ULPA = Ultra-Low Penetration Air), Schwebstofffilter (→ HEPA = High-Efficiency Particulate Air) und Hochleistungs-Partikelfilter (→ EPA = Efficient Particulate Air).

Schwefelreduzierende Bakterien
→ Sulfatreduzierende Bakterien

Schwellenwert
Ein Schwellenwert ist eine definierte Grenze oder ein bestimmtes Niveau, bei dessen Erreichen oder Überschreiten eine bestimmte Handlung, Veränderung oder Reaktion ausgelöst wird. Es handelt sich um eine Art Vorwarnsystem, z. B. die Konzentration eines Stoffes, ab der eine bestimmte Wirkung auf Organismen eintritt wie z. B. die Wahrnehmung eines Reizes oder eine toxische Wirkung. Ein Schwellenwert darf nicht mit einem → Grenzwert verwechselt werden und entspricht eher einem → Richtwert oder → Orientierungswert.

Schwellung der Schleimhäute
→ Allergie-Typ I

Schwitzwasser
Schwitzwasser ist ein umgangssprachlicher und unspezifischer Trivialname für → Kondensat bzw. taupunktbedingtes Kondenswasser.

Scopulariopsis
siehe Abschn. 3.5.6.42

Scratchtest
Der Scratchtest, auch als Kratztest bekannt, ist eine Methode der → Allergiediagnostik, bei dem die Haut oberflächlich angeritzt und anschließend ein Tropfen des zu testenden → Allergens aufgetragen wird. Mit diesem Test wird geprüft, ob eine → allergische Reaktion auf bestimmte Stoffe vorliegt, in dem die Reaktion der Haut auf das Allergen innerhalb von 20 bis 30 min z. B. in Form einer Quaddelbildung beobachtet wird. Durch das Anritzen der Haut wird das Allergen tiefer in das Gewebe eingebracht als beim → Pricktest und somit eine stärkere Reaktion provoziert. Der Scratchtest wird daher in der Regel eingesetzt, wenn der Pricktest keine eindeutigen Ergebnisse liefert.

Screening
Der Begriff Screening wird mit unterschiedlichen Bedeutungen verwendet. Im Allgemeinen wird unter Screening ein systematisches Testverfahren verstanden. Hierbei handelt es sich um einen Test oder einer Abfolge von aufeinander abgestimmten Tests, mit denen innerhalb eines definierten Prüfbereichs Elemente herausgefiltert werden, die bestimmte Eigenschaften aufweisen, z. B. eine Krankheit oder einen Zustand bei Menschen zu erkennen, die noch keine Symptome zeigen. Somit sollen Menschen mit einem erhöhten Risiko identifiziert werden, um rechtzeitig geeignete Maßnahmen ergreifen zu können. Die Herausforderung beim Screening besteht darin, „die Nadel im Heuhaufen zu finden". Neben der Vorsorgemedizin wird der Begriff auch in der Biotechnologie und Pharmaforschung eingesetzt, wenn mittels Screenings aus einer Vielzahl von Substanzen, Genen oder Organismen einzelne mit spezifischen Eigenschaften herausgefiltert werden. In der Analytik der Nahrungsmittelindustrie wird ein mikrobielles Screening eingesetzt, um z. B. Rückstände von → Antibiotika in Nahrungsmitteln nachzuweisen. In der → Mikrobiologie wird ein Screening durchgeführt, um → Stämme von → Mikroorganismen, die industriell genutzt werden sollen, in umfangreichen Versuchsreihen auf ihre Eignung als Produktionsstämme für die Gewinnung neuer Produkte oder als so genannte Starterkulturen für die Herstellung von Nahrungsmitteln zu testen.

sd-Wert
→ wasserdampfdiffusionsäquivalente Luftschichtdicke

Sedimentationsmethode
→ Sedimentationsverfahren

Sedimentationsplatte
→ Gesamtkeimzahl, → Sedimentationsverfahren

Sedimentationsverfahren
Das Sedimentationsverfahren, auch als Open-Petri-Dish-Verfahren bezeichnet, ist eine Methode in der → Schimmelpilzdiagnostik, bei der für eine festgelegte Zeit offene → Petrischalen in dem zu messenden Raum aufgestellt werden. In der Raumluft befindliche Schimmelpilzsporen und andere mikrobielle Partikel setzen sich auf den mit → Nährmedien befüllten Platten ab. Nach einer bestimmten Zeit, in der Regel 1 h, werden diese luftdicht verschlossen, damit die darauf gelandeten → Sporen und mikrobiellen Partikel zu makroskopisch sichtbaren → Kolonien auswachsen können. Die Zeitdauer sollte sich an der → Hintergrundbelastung sowie den Umgebungsbedingungen wie z. B. Luftverwirbelungen orientieren. Da die Umgebungsbedingungen nicht konstant bleiben, sind die Ergebnisse der Sedimentation kaum reproduzierbar. Problematisch und fehlerbehaftet ist dieses Verfahren dadurch, dass z. B. relativ kleine und somit leichte Sporen wie z. B. von → Aspergillus- und → Penicillium-Arten nicht so schnell → sedimentieren wie die schwereren Sporen anderer → Schimmelpilze. Eine Auszählung der → koloniebildenden Einheiten (KBE) kann bei diesem Verfahren daher nur als eine orientierende Keimzahlbestimmung betrachtet werden. Da außerdem ein Zusammenhang mit dem beprobten Luftvolumen nicht hergestellt werden kann, ist auch eine Berechnung der → KBE/m^3 Raumluft nicht möglich.

„Sedlbauer-Liste"
Die so genannte Sedlbauer-Liste ist eine nach Prof. Dr. Sedlbauer (Fraunhofer Institut für Bauphysik) erstellte Liste mit in privat genutzten Innenräumen (typische Wohnungen) häufig vorkommenden → Schimmelpilzen. Diese wurde je nach Schimmelpilzart und -spezies um die individuellen Wachstumsvoraussetzungen sowie deren Einteilung in → Gefährdungsklassen ergänzt und dient als Grundlage für innenrauminduzierte Schimmelpilzbelastungen.

Seitenkanalverdichter
Ein Seitenkanalverdichter ist ein spezielles Gerät zum Ansaugen und Verdichten von Luft oder anderen Gasen, das durch ein Laufrad angetrieben wird, das sich in einem ringförmigen Kanal dreht und Luft bzw. das Gas durch Fliehkräfte verdichtet. Seitenkanalverdichter sind Bestandteil von → Trocknungsgeräten im Rahmen der → technischen Bautrocknung, z. B. zum Trocknen von Dämmstoffen und Hohlräumen.

Sekretion/Sekret
Unter einer Sekretion wird ein biochemischer Prozess verstanden, bei dem ein Organismus, einzelne Organe oder Zellen Stoffe oder Substanzen wie z. B. Enzyme, Hormone oder Flüssigkeiten absondern, die als Sekret bezeichnet werden.

Sekundärbefall
Als Sekundärbefall wird der mikrobielle Befall durch → Schimmelpilze an kleineren Flächen bezeichnet, der in den meisten Fällen im Gegensatz zum → Primärbefall auch durch Nicht-Fachleute wie Verbraucher selbst beseitigt werden kann. Neben der Größe der Fläche spielt auch die Art der Schimmelpilze und deren gesundheitliches Risiko eine Rolle.

Sekundäre Allergieprävention
Unter einer sekundären Allergieprävention werden vorbeugende Maßnahmen verstanden, mit denen das Allergierisiko durch eine frühe Allergie-Diagnose vorgebeugt werden soll. Alternativ spricht man auch von der Vorbeugung einer → Allergiker-Karriere (→ Etagenwechsel).

Sekundäre Prävention
siehe Abschn. 10.1

Sekundäre Verunreinigung
Eine sekundäre Verunreinigung im Kontext zu → Schimmelpilzen und anderen mikrobiellen Belastungen ist, wenn sich z. B. biogene Stäube, Schimmelpilzsporen und andere mikrobielle Partikel aus einem aktiven Befall über die Luft verteilen, ohne sich auf Oberflächen anzusiedeln und dort aktiv zu wachsen.

Sekundärursachen
Unter Sekundärursachen im Kontext zu → Schimmelpilzen und anderen mikrobiellen Belastungen zählen Ursachen, die unter normalen Umständen nicht zu einem mikrobiellen Befall führen würden. Hierzu gehören z. B. eine ungenügende Lüftung und/oder das unzureichende Heizen der Innenräume sowie ggf. die Hygiene der Bewohner, insbesondere Staub. Überlagern sich diese nutzungsbedingten Ursachen gleichzeitig mit baulichen Mängeln wie z. B. → Wärmebrücken, sind diese Ursachen sekundär zu sehen, da die → Primärursache in den baulichen Mängeln liegen. Schließlich ist es mit Lüften und/oder Heizen in der Regel nicht möglich, die Auswirkungen baulicher Mängel auszugleichen.

Selektivmedien/Selektivnährboden
Unter einem Selektivnährboden (oder auch Selektivmedien) wird ein → Substrat verstanden, das aufgrund seines Nährstoffgehaltes bzw. seiner -zusammensetzung für spezifische → Mikroorganismen bessere Wachstumsbedingungen bietet, als für andere bzw. nur das Wachstum bestimmter Mikroorganismen bzw. Zellen ermöglicht. Selektivnährböden werden z. B. bei der → Keimzahlbestimmung oder für → Anreicherungskulturen verwendet.

Sensibilisierung
Die Sensibilisierung bezeichnet in der → Immunologie die initiale Reaktion des → Immunsystems auf einen speziellen Fremdstoff, auch als → Antigen bezeichnet, bei der → Antikörper gebildet werden, ohne dass sofort Symptome wie z. B. → allergische Reaktionen auftreten. Dieses Antigen ruft aufgrund dieser Sensibilisierung eine akute Immunreaktion hervor. Erst bei einem erneuten Kontakt mit dem Allergen kann eine allergische Reaktion ausgelöst werden.

Sepsis
Eine Sepsis, häufig auch Blutvergiftung genannt, ist ein Multiorganversagen, dem eine fehlgesteuerte systemische → Immunreaktion zugrunde liegt. Diese lebensbedrohliche Komplikation kann durch eine → Infektion mit → Krankheitserregern ausgelöst werden. Hierbei handelt es sich in der Regel um → Bakterien, aber auch → Viren, → Schimmelpilze oder → Parasiten können ursächlich sein.

Septen/Septum
Ein Septum (bzw. Septen) bezeichnet bei Pilzen Zellwände innerhalb der → Hyphen, die diese in einzelne Kammern unterteilen (→ Hyphenkompartimente). Diese dienen der Strukturierung der

Hyphen und können den Stoffaustausch zwischen einzelnen Zellkammern ermöglichen. Septen kommen bei höheren Pilzen wie z. B. → Ascomyceten und → Basidiomyceten vor.

Serodiagnostik
Die Serodiagnostik ist ein Verfahren im Rahmen der → Allergiediagnostik, bei dem Krankheiten anhand von spezifischen → Antikörpern im Serum oder anderen Körperflüssigkeiten anhand von → Antigen-Antikörper-Reaktionen nachgewiesen werden. Durch den Nachweis dieser Antikörper kann eine → Infektion durch einen bestimmten → Krankheitserreger festgestellt werden.

Serologie
Die Serologie ist ein Teilgebiet der → Immunologie und befasst sich mit der Wechselwirkung zwischen → Antikörpern und → Antigenen im menschlichen Serum. Grundlage aller serologischen Untersuchungsverfahren ist die → Antigen-Antikörper-Reaktion, die auf dem „Schlüssel-Schloss-Prinzip" basiert. Im medizinischen Sprachgebrauch bezieht sich der Begriff in der Regel auf die → In-vitro-Diagnostik von Antikörpern. Diese dient der Diagnose von → Infektionskrankheiten, Autoimmunerkrankungen und der Bestimmung des aktuellen Zustands des → Immunsystems (z. B. Impfstatus). Ein bekanntes Beispiel für serologische Untersuchungen ist der → ELISA-Test.

Serologische Untersuchungen
siehe Abschn. 11.13.4

Serpula
Serpula spp. ist eine → ubiquitär verbreitete Gattung der → Basidiomycetes und bezeichnet verschiedene Arten von → Hausfäulen oder Hausschwämmen. Der bekannteste Vertreter dieser Gattung ist → Serpula lacrymans, besser bekannt unter dem Namen „Echter Hausschwamm". Die → Sporen des Serpula können → allergische Reaktionen hervorrufen.

Serpula lacrymans
→ Echter Hausschwamm

sessil
Als sessil werden → Mikroorganismen bezeichnet, die bewegungsarm oder unbeweglich sowie sesshaft oder festsitzend sind.

Sichtbarer Befall
siehe Abschn. 5.2

Silberfischchen
Silberfischchen gehören zu den → Lästlingen und werden innerhalb von Gebäuden vor allem in feuchten Innenräumen wie z. B. Badezimmer und Toiletten, Waschküchen und Küchen sowie an feuchten Stellen wie Abflussgitter und dgl. vorgefunden. Darüber hinaus kommen diese flügellosen Insekten unter Kühlschränken oder defekten Fliesen vor, wenn Feuchtigkeit über einen längeren Zeitraum in Fugen und Ritzen vorhanden ist. Den Namen verdanken diese Tiere der silbergrauen Farbe. Der leicht metallische Glanz wird durch die Bedeckung des Körpers mit silberfarbenen Schuppen verursacht. Silberfischchen können auch ein weißes bis schwarz-braunes Aussehen annehmen. Ihre Länge beträgt etwa 10 mm. Die Fühler sind lang und fadenförmig und die Füße bestehen aus zwei bis vier Gliedern. Außerdem haben sie zwei Tastfühler. Die bevorzugte Nahrung der Silberfischchen besteht vor allem aus Kohlenhydraten wie Zucker oder Stärke. Ihre Vorliebe für Zucker war namensgebend für die wissenschaftliche Bezeichnung Lepisma saccharina (Zuckergast). Stärke finden die Silberfischchen in Stoffen wie Kleber, Tapeten, Bucheinbände, Fotos, Zucker, Haare, Schuppen und Hautreste, Schmutz sowie in Kartoffeln, Baumwolle, Leinen, Seide, Leder und Kunstfasern. Selbst tote Insekten sowie menschliche und tierische Nahrungsreste werden nicht verachtet. Silberfischchen sind sehr lichtscheu. Deshalb sind sie nur im Dunkeln aktiv und flüchten sofort, wenn das Licht eingeschaltet wird oder Türen und dgl. geöffnet werden.

Simultanfäule
Von einer Simultanfeuchte spricht man, wenn → holzzerstörende Pilze gleichzeitig als → Braunfäule und als → Weißfäule auftreten.

Sink-Effekt
Der Sink-Effekt beschreibt ein Phänomen, bei dem ein bestimmter Stoff oder eine spezifische Eigenschaft von einem Stoff zu einem anderen Stoff abgezogen oder aufgesogen wird, so dass es zu einer Konzentrationsverschiebung kommt. Im Kontext zu → Schimmelpilzen in Innenräumen oder auch → Bakterien nach einem Wasserschaden kennt man den Sink-Effekt im Zusammenhang mit → MVOC. Werden organische Baustoffe wie z. B. Gipskartonplatten oder Spanplatten sowie organische Materialien wie z. B. Kork oder Papier durch → Mikroorganismen besiedelt und infolgedessen zersetzt, können unangenehme Gerüche und gesundheitliche Beschwerden der Bewohner eintreten – und dies auch noch Jahre später, obwohl ein hierfür ursächlicher Wasserschaden längst behoben wurde. MVOC haften auf organischen Materialien besonders gut und „wirken" lange Zeit nach. Man spricht dann von einem hohen Sink-Effekt. Dieser wird auch im Rahmen der mikrobiologischen Diagnostik genutzt. Wird auf Substanzen dagegen ein geringer Sink-Effekt festgestellt, deutet dies häufig auf einen → versteckten oder → nicht sichtbaren Befall hin.

Sinusitis
Die Sinusitis ist eine durch → Viren oder → Bakterien hervorgerufene Entzündung der Schleimhäute der Nasennebenhöhlen. Deshalb wird die Erkrankung auch als → Rhinosinusitis bezeichnet (Rhino bedeutet Nase und Sinus Hohlraum). Durch die Schwellung der Schleimhäute und Ansammlung von Flüssigkeit kommt es zu einer erschwerten Nasenatmung und häufig zu Schmerzen. Ein grünliches oder gelbliches → Sekret ist ein Hinweis für die Ansiedlung von → Krankheitserregern. Es wird zwischen einer akuten und chronischen Nasennebenhöhlenentzündung unterschieden. Eine Sinusitis kann auch durch Allergien ausgelöst werden. Die Symptome ähneln einer → Typ-I-Allergie.

SIP
SIP ist ein Akronym für Sterilisation in Place und bedeutet die innere Sterilisation von Anlagen, ohne diese zerlegen zu müssen. Hierbei handelt es sich um eine Erweiterung des → CIP-Verfahrens. Dadurch wird sichergestellt, dass im System noch aktive → Mikroorganismen durch hohe Temperaturen abgetötet werden. Hierzu wird z. B. heißes Wasser oder Wasserdampf verwendet.

Sklerotium/Sklerotien
Ein Sklerotium ist eine bei Pilzen auftretende verhärtete Dauerform. Diese bestehen aus fest verflochtenen, oft dickwandigen → Hyphen und dienen der Ausbreitung. Bei ungünstigen Bedingungen kann der Pilz über einen längeren Zeitraum in diesem Ruhezustand verharren und beginnt erst bei günstigen Bedingungen wieder zu wachsen oder aus dem Sklerotium → Fruchtkörper zu bilden. Die Außenschicht der Sklerotien ist oft dunkel gefärbt (Melanine).

Sockelheizleisten
→ Heizleisten

Sofortmaßnahmen
siehe Abschn. 9.5.8

Soforttyp-Reaktion
Eine → Allergie vom Soforttyp, auch als → Typ-I-Allergie bezeichnet, ist die häufigste Form einer Allergie. Hierbei handelt es sich um eine sehr schnelle, das heißt innerhalb von Sekunden oder wenigen Minuten stattfindende, Reaktion des → Immunsystems auf ein → Allergen. Voraussetzung für eine Typ-I-Allergie ist ein vorher erfolgter Erstkontakt mit dem Allergen, der als → Sensibilisierung bezeichnet wird. Die gesteigerte Bereitschaft, eine → allergische Reaktion vom Soforttyp zu entwickeln, wird auch als → Atopie bezeichnet.

Sommerbypass
Ein Sommerbypass ist Teil einer → Lüftungsanlage und bezeichnet eine Umgehungsstrecke, durch die Außenluft am → Wärmerückgewinner der Lüftungsanlage vorbeigeführt wird. Infolgedessen kann z. B. in den Nachtstunden warme Sommertage frische und kühle Außenluft in Wohnungen geleitet werden, ohne dass diese von der → Abluft erwärmt wird bzw. die Wohnung auch ohne das Öffnen der Fenster bzw. den Einsatz einer → Klimaanlage temperiert werden.

Sommerkondensation
siehe Abschn. 7.3.2.8

Soor
Soor ist eine Sammelbezeichnung für eine → Infektion, die durch → Hefepilze der → Gattung → Candida, insbesondere durch → Candida albicans verursacht wird. Daher wird diese auch als → Candidose bezeichnet. Die Infektion tritt in der Regel nur auf, wenn das → Immunsystem geschwächt ist. Dann zeigt sich die Infektion auf der Haut oder auf Schleimhäuten und insbesondere im Mund. Die für Soor typisch cremig bis grau-weißen Flecken haften auf der Zunge und an der Mundschleimhaut und können unter Umständen schmerzhaft sein.

Sorption
Sorption ist ein übergeordneter Begriff für die Wechselwirkung zwischen zwei Stoffen, die sich in unterschiedlichen Aggregatzuständen befinden (z. B. flüssig und fest oder gasförmig und fest). Die Anreicherung innerhalb einer Phase heißt → Absorption, die an der Grenzfläche zwischen beiden Stoffen → Adsorption.

Sorptionsfeuchte
Als Sorptionsfeuchte wird der Feuchtegehalt z. B. eines Baustoffs bezeichnet, der sich in Abhängigkeit von der → relativen Luftfeuchte und der Lufttemperatur durch hygroskopische Wasseraufnahme und/oder -abgabe langfristig in einem Material einstellt. Die Angabe der Sorptionsfeuchte kann in Masse-% oder Volumen-%, bezogen auf die Trockenmasse nach Trocknung, bei z. B. 105 °C bei Beton, bis zur Einstellung der Gewichtskonstanz, erfolgen. Die Feuchteaufnahme und -abgabe in Abhängigkeit von der relativen Luftfeuchte wird durch die → Sorptionsisotherme beschrieben. Entspricht der tatsächliche Feuchtegehalt der Sorptionsfeuchte gleich der hygroskopischen Feuchte, befindet sich der Baustoff mit der Umgebung im Gleichgewicht. Die Sorptionsfeuchte von Baustoffen bzw. Bauteiloberflächen ist für einen mikrobiellen Befall durch → Schimmelpilze mitbestimmend.

Sorptionsisotherme
Eine Sorptionsisotherme beschreibt den Gleichgewichtszustand der → Sorption eines Stoffes bei konstanter Temperatur. Das Sorptionsverhalten eines Stoffes ist die Eigenschaft eines Stoffes, aus der Umgebungsluft Wasserdampf aufzunehmen, zu speichern und abzugeben, bis sich ein Gleichgewicht eingestellt hat.

Sorptionstrocknung
Die Sorptionstrocknung, genauer die → Adsorptionstrocknung, ist ein Verfahren der → technischen Bautrocknung. Dieses basiert auf dem Prinzip, dass feuchte Luft durch ein Sorptionsrad (dem Rotor) geleitet wird, dessen wabenförmige Struktur und axial verlaufende Kanäle eine außerordentlich große Oberfläche bilden. Diese Fläche ist mit einem Sorptionsmittel beschichtet, das der vorbeiströmenden Luft temperaturunabhängig die Feuchtigkeit entzieht. Die so entfeuchtete Luft (Prozessluft) steht für den Trocknungsprozess zur Verfügung. Parallel durchläuft das Trockenrad einen zweiten Sektor, in dem ein weiterer, erwärmter Luftstrom dem Rad die Feuchtigkeit wieder entzieht und sie aus dem Gehäuse abführt. Diese wird deshalb als Regenerationsluft bezeichnet. Regenerations- und Prozessluft sind durch spezielle Dichtungen voneinander getrennt, wobei die ständige Drehung des Sorptionsrades den Wechsel zwischen → Adsorption und Regeneration übernimmt und eine kontinuierliche Funktion ermöglicht. Infolge der gegensätzlichen Führung der beiden Luftströme wird ein Selbstreinigungseffekt bewirkt, der die Stirnflächen des Rotors vor grober Verschmutzung aus der Prozessluft schützt. Als Adsorptionsmaterial wird in der Regel Silicagel verwendet. Silicagel ist eine poröse Form von Siliziumdioxid oder auch amorphe Kieselsäure in festem Zustand mit großer innerer Oberfläche und extrem hoher → Hygroskopizität. Es wird durch Reaktion von Wasserglas mit Schwefelsäure unter sauren Reaktionsbedingungen hergestellt.

Sorptionsvermögen
Das Grundprinzip der → Sorption basiert auf einem Gleichgewichtsprozess zwischen der Aufnahme und Abgabe eines Stoffes, konkret der Anlagerung von Wassermolekülen in angrenzenden

Materialien. Dieser Prozess wird durch physikalische Wechselwirkungen ausgelöst: verändert sich der Feuchtegehalt der umgebenden Raumluft, verändert sich mit zeitlicher Verzögerung auch der Feuchtegehalt von Baustoffen. Hierbei wird die Eigenschaft der Feuchteaufnahme verschiedener Baustoffe genutzt, da jeder poröse Baustoff in der Lage ist, Wasserdampf aus der Raumluft aufzunehmen (→ Adsorption), zwischenzuspeichern (→ Absorption) und wieder abzugeben (→ Desorption). Großen Einfluss auf die Wassereinlagerung und den Transport der Wasserdampfmoleküle haben das Porenvolumen und die Porengeometrie sowie deren Verteilung innerhalb des Baustoffgefüges. Der bauphysikalisch relevante Bereich der Porendurchmesser liegt zwischen 10^{-9} m bis 10^{-3} m.

Sp.
Sp. ist die Abkürzung für eine bestimmte → Art (→ Spezies) einer → Gattung.

Spättyp-Reaktion
Eine → Allergie vom Spättyp, auch als → Typ-IV-Allergie bezeichnet, ist eine Allergieform, die zellulär durch sensibilisierte → T-Lymphozyten vermittelt wird. Dies bedeutet, dass → IgE- oder andere → Antikörper bei der Spättyp-Reaktion keine Bedeutung haben. Wie auch bei der → Soforttyp-Reaktion kommt es auch bei der Spättyp-Reaktion beim Erstkontakt zu einer → Sensibilisierung. Allerdings bilden sich nicht IgE-Antikörper gegen das → Allergen, sondern allergen-spezifische T-Lymphozyten. Dies bedeutet, dass die Lymphozyten das Allergen über ihren T-Zellrezeptor erkennen. Die Symptome bei der Spättyp-Reaktion treten nach 48 bis 72 h auf. Dies ist meist bei Kontaktallergien der Fall.

Spaltlüftung
Bei der Spaltlüftung, umgangssprachlich auch als → Kippstellung bezeichnet, wird das Fenster zur Lüftung nur einen Spalt geöffnet. In der Regel ist damit ein horizontaler Spalt gemeint. Der Begriff kann aber auch verwendet werden, wenn das Fenster einen kleinen vertikalen Spalt geöffnet wird. Die Spaltbreite hat u. a. Auswirkungen auf die → Luftwechselzahl. Im Gegensatz zur → Stoßlüftung dient die Spaltlüftung einem kontinuierlichen Luftaustausch und wird aufgrund der Temperaturunterschiede zwischen der Außenluft und Raumluft meist an wärmeren Tagen praktiziert.

Spezies
Die Spezies oder auch → Art ist in der → Mikrobiologie die Grundeinheit der Systematik oder auch → taxonomische Einheit einer → Gattung.

Spezifische IgE-Antikörper
Spezifische IgE-Antikörper bzw. allergenspezifische → Antikörper vom Typ → Immunglobulin E (IgE) werden vom → Immunsystem bei einer → Allergie vom Soforttyp (oder auch → Typ-I-Allergie) gebildet. Werden diese im Blutserum nachgewiesen, liegt eine → Sensibilisierung auf das entsprechende → Allergen vor. Die Bestimmung dieser spezifischen IgE-Antikörper spielt in der → Allergiediagnostik eine wichtige Rolle.

Spezifische Immuntherapie
→ Hyposensibilisierung

Spezifische Wirkung
→ nicht-oxidierende Biozide

Spezifisches Wachstumsmodell
siehe Abschn. 4.3

Spezifische Wärmekapazität
Die spezifische Wärmekapazität ist ein auf die Masse bezogener physikalischer Kennwert und gibt die Wärmemenge in J (Joule) an, die je kg eines Stoffes zugeführt werden muss, um seine Temperatur um 1 K (Kelvin) zu erhöhen oder wie viel Wärme ein Stoff je kg bei einer Temperaturänderung von 1 K aufnehmen oder abgeben kann. Die Einheit ist J/(kg K).

Spezifische Wärmespeicherfähigkeit
Die spezifische Wärmespeicherfähigkeit eines Bau- oder Dämmstoffs ist eine wichtige Kenngröße für den sommerlichen Wärmeschutz. Das Produkt aus der Rohdichte des Baustoffs ρ und der spezifischen Wärme c gibt das Wärmespeichervermögen je m^3 Bauteilvolumen bei 1 K

Temperaturerhöhung an. Holzfaserdämmstoffe und holzhaltige Baustoffe haben eine große Wärmespeicherfähigkeit, während Dämmstoffe aus Mineralfasern und Kunststoffschäumen kaum Wärme speichern. Die Einheit lautet J/(m^3 K).

Spirillen
Spirillen sind → gram-negative → Bakterien mit einem schrauben- oder spiralförmigen Aussehen, das namensgebend war. Der Durchmesser der Spirillen ist mit 1,4 bis 1,8 µm relativ groß. Gleiches gilt für die Länge von 15 bis 60 µm. Die Bakterien sind bipolar begeißelt. Die physiologischen Fähigkeiten der Spirillen sind vielfältig: einige wachsen aerob, andere fakultativ und auch phototrophe Arten sind vertreten. Auch wenn Spirillen im Allgemeinen als → mikroaerophil gelten, können diese unter bestimmten Voraussetzungen auch bei normalen Sauerstoffkonzentrationen in speziellen → Nährmedien → kultiviert werden. Spirillen zersetzen organische Stoffe, ausgenommen Kohlenhydrate. Gegenüber → Wasserstoffperoxid gelten sie als besonders empfindlich.

Sporadische Wasserschäden
siehe Abschn. 7.3.4

Sporangien/Sporangium
Sporangien oder Sporenbehälter sind in der → Mykologie die Bildungsstätte von → Sporen. Sporangien können einzellig (→ asexuelle Fortpflanzung) oder mehrzellig sein.

Sporangiophoren
Sporangiophoren sind → Hyphen, in den sich sackartige → Fruchtbehälter bilden, in deren Inneren die → Sporangiosporen entstehen.

Sporangiosporen
Sporangiosporen ist die Bezeichnung für → Sporen, die im Innern von ein- oder mehrzelligen → Sporangien gebildet und erst nach Öffnung der reifen Sporenbehälter frei werden.

Sporen
Sporen sind mikroskopisch kleine Einheiten mit einem Durchmesser von 1,5 bis 20 µm, die als → Dauerstadien der Fortpflanzung von → Schimmelpilzen dienen. Schimmelpilze durchziehen das von ihnen besiedelte → Substrat mit einem → Myzel, das die Sporenträger bildet, an denen die Sporen in großer Anzahl heranreifen und eine typische Färbung entwickeln. Sporen von Schimmelpilzen werden auch → Konidien oder → Konidiosporen genannt. Sie werden in speziellen Strukturen innerhalb der → Fruchtkörper gebildet und können unter geeigneten Bedingungen auskeimen, so dass sich neue Schimmelpilze entwickeln. Die Art der Sporen sowie die Art und Weise der Sporenausbildung sind wichtige Kriterien zur Bestimmung der jeweiligen Schimmelpilzart. Bei einem starken Schimmelpilzbefall können sich je nach Schimmelpilzart Millionen von Sporen auf einem einzigen cm^2 befinden. Schimmelpilze entwickeln je nach Art unterschiedliche Sporen, die je nach Größe und Gewicht mehr oder weniger gut → flugfähig sind. Sporen sind sehr widerstandsfähig. Ihr → Metabolismus ist fast vollständig eingeschränkt. Biozide Wirkstoffe, die gegen Sporen wirken, werden als → sporozid bezeichnet. Sporen sind verantwortlich für gesundheitliche Wirkungen wie z. B. → allergische Reaktionen.

Sporenbelastung
Mit der Sporenbelastung wird zum einen die → Hintergrundbelastung bezeichnet, also die Anzahl der → Sporen in der Außenluft, sowie die Anzahl der Sporen in der Innenraumluft. Die Sporenbelastung wird in → KBE/m^3 (Kolonie Bildende Einheiten pro m^3) angegeben. Um eine erhöhte Sporenbelastung in Innenräumen festzustellen, muss immer eine Referenz zur Außenluftbelastung hergestellt werden.

Sporenbildner
Sporenbildner sind → Mikroorganismen, die zu ihrer Vermehrung und Ausbreitung in der Lage sind, als → Dauerstadien → Sporen zu bilden. Medizinisch relevant sind → gram-positive → Bakterien, → Schimmelpilze und → Protozoen. Zu den Sporenbildnern gehören sowohl → aerobe als auch → anaerobe Arten. Für die Identifizierung von Sporenbildnern spielen die Form (rund oder oval) und die Lage der Spore innerhalb der Zelle eine wichtige Rolle. Bestimmte

Sporenbildner verursachen durch → Metabolismus wie z. B. → Mykotoxine oder → Endotoxine gesundheitliche Wirkungen wie z. B. → allergische Reaktionen.

Sporenbildung
Die Sporenbildung ist eine komplexe Strategie von → Mikroorganismen, sich auch unter widrigen Umgebungsbedingungen wie z. B. Nährstoffmangel, hohen Temperaturen, UV-Strahlung, Austrocknung und chemischen Belastungen anpassen zu können und somit ihr Wachstum sowie die Vermehrung und Ausbreitung sicherzustellen. Die Sporenbildung, auch als Sporulation bezeichnet, kann durch → Endosporen oder → Exosporen erfolgen. Die → Sporen können → mitotisch (asexuell) oder → meiotisch (sexuell) gebildet werden. Oft sind Mikroorganismen in der Lage, beide Sporenarten zu bilden, z. B. der → Schimmelpilz → Aspergillus nidulans.

Sporendurchmesser
Die meisten → Sporen haben einen Durchmesser von 1,5 bis 20 µm. Die Größe der Sporen hat u. a. Einfluss auf die → Flugfähigkeit und somit u. a., ob sich diese bei einer Raumluftprobe überhaupt nachweisen lassen.

Sporokarp/Sporokarpien
Als Sporokarp wird der → Fruchtkörper der → Schleimpilze bezeichnet, in dem sich endogen → Sporen bilden. Der Sporen tragende Teil wird als Sporokarpus bezeichnet und seine Hülle nennt man → Peridie. Dicht angeordnete Sporokarpien werden als → Pseudoaethalium bezeichnet und bei verschmolzenen Sporokarpien spricht man von einem → Aethalium.

Sporophor
Sporophor ist die wissenschaftliche Bezeichnung für die → Sporen bildende Struktur bei → Schimmelpilzen. Hierzu gehören → Hyphen oder → Konidienträger.

Sporotrichose
Die Sporotrichose ist eine → Infektion, die durch den → humanpathogenen Pilz → Sporothrix schenckii ausgelöst werden kann. Der Erreger dringt in der Regel durch Verletzungen der Haut in den menschlichen Körper ein. Eine Infektion über das Einatmen der → Sporen gilt als selten und nur bei Menschen mit einer → Immunsuppression.

Sporothrix schenckii
Sporothrix schenckii ist ein → ubiquitär vorkommender Pilz, der → morphologisch in zwei Formen auftreten kann: Nichtparasitisch in Form von fadenförmigen → Hyphen (auf Pflanzen) oder → parasitisch als → Hefe (im menschlichen oder tierischen Wirtsgewebe). Der Übergang zwischen der Hyphe und Hefe ist temperaturbedingt, weshalb der → humanpathogene Pilz als thermisch → dimorph klassifiziert wird. Sporothrix schenckii kann als Erreger die → Sporotrichose auslösen.

Sporulation
→ Sporenbildung

Spp.
Spp. ist die Abkürzung für mehrere → Arten (→ Spezies) einer → Gattung, z. B. → Penicillium spp. (spp. = species pluralis).

Sprossung
→ Knospung

Sprühextraktionsverfahren
Das Sprühextraktionsverfahren ist ein kombiniertes Nassreinigungsverfahren, bei dem der Reinigungs- und Absaugvorgang in einem Arbeitsschritt erfolgt. Das Reinigungsmittel wird mittels einer speziellen Sprühdüse auf die Oberfläche aufgebracht und mit den angelösten Verunreinigungen anschließend abgesaugt und entsorgt. Das Verfahren kommt im Rahmen der Schimmelpilz- und Brandschadensanierung zum Einsatz sowie zur Reinigung von Wänden, Decken und Böden und Tiefenreinigung von Teppich-, Textilien- und Polsteroberflächen sowie Möbeln und sonstigen Einrichtungsgegenständen im Rahmen der → Feinreinigung. Darüber hinaus kommt es bei der → Geruchsneutralisierung zum Einsatz.

Squamös
Als squamös im medizinischen Kontext werden schuppige oder schuppenförmige Oberflächen

bezeichnet, wie sie z. B. bei Hautpilzinfektionen auftreten.

Stachybotrylactam
Stachybotrylactam ist ein → Mykotoxin, das durch den → Schimmelpilz → Stachybotrys chartarum produziert wird und antivirale Eigenschaften besitzt. Die Symptome reichen von Kopfschmerzen, Schwindel, Übelkeit, Konzentrationsschwächen und Müdigkeit über Fieber und Erkältungssymptome sowie Hautreizungen, Entzündungen und Atemwegsbeschwerden, → allergische Reaktionen und → Immunsuppression bis hin zu Durchfällen und neurologischen Störungen und in Ausnahmen auch Störungen der Blutgerinnung. Aufgrund der potenziellen → Toxizität wird Stachybotrylactam für medizinische Zwecke nicht eingesetzt.

Stachybotryose
Stachybotryose ist eine Vergiftung, die durch den → Schimmelpilz → Stachybotrys chartarum verursacht werden kann. Die Symptome zeigen sich als Reizungen der Haut und Schleimhäute, Atemwegsbeschwerden wie Husten und Kurzatmigkeit, Kopfschmerzen, Fieber, Müdigkeit und Muskelschmerzen sowie in Ausnahmen auch neurologische Wirkungen wie Schwindelgefühl, Konzentrationsstörungen bis hin zum Gedächtnisverlust. Weitere Symptome sind Übelkeit, Magen-Darm-Beschwerden, eine erhöhte Infektanfälligkeit sowie Verminderung der weißen Blutkörperchen. Bei schwerem Verlauf kann eine Stachybotryose sogar tödlich verlaufen.

Stachybotrys
siehe Abschn. 3.5.6.39

Ständerpilze
Den größten Anteil der weltweit verbreiteten Pilze sowie gleichzeitig die höchst entwickelte Gruppe der Pilze macht die Abteilung → Eumycota aus, zu denen die Ständerpilze gehören. Sie sind eine Unterabteilung der → Basidiomycetes. Das → Myzel bildet an der Oberfläche zu bestimmten Zeiten → Fruchtkörper aus, auf deren Unterseite die → Sporen gebildet werden. Charakteristisch ist die Ausbildung von → Basidien → als Sporangium in der geschlechtlichen Fortpflanzung.

Stamm/Stämme
Als Stamm im biologischen Kontext wird eine hierarchische Rangstufe der → Taxonomie bezeichnet. Bei → Eukaryoten ist jeder Stamm einem Reich untergeordnet. Dagegen werden → Prokaryoten nicht in Reiche, sondern unmittelbar in Stämme aufgeteilt. Bei den Prokaryoten, zu denen → Bakterien und → Schimmelpilze zählen, wird der Begriff „Stamm" auch in einer abweichenden Bedeutung verwendet, da verschiedene Abstammungen innerhalb einer → Art ebenfalls als Stämme bezeichnet werden. Ein Stamm ist demnach eine Untereinheit einer Art. In der → Mykologie wird neben dem Stamm auch das Synonym Abteilung verwendet.

Stammfäule
→ Holzzerstörende Pilze

Staphylococcen/Staphylokokken
Staphylokokken ist die umgangssprachliche Bezeichnung für den korrekten Gattungsbegriff Staphylococcus. Hierbei handelt es sich um eine Gruppe kugelförmiger → gram-positiver und nicht → Sporen bildender → Bakterien mit einem Durchmesser von 0,5 bis 1,5 µm, die weintraubenartig angeordnet sind. Staphylokokken können sich → aerob und fakultativ → anaerob vermehren. Der optimale Temperaturbereich für das Wachstum und die Vermehrung liegt zwischen 30 und 37 °C. Staphylococcus aureus ist die → Spezies mit der höchsten → Virulenz. Der Krankheitserreger besiedelt Haut und Schleimhäute von Menschen und verursacht Hautinfektionen und gelegentlich → Pneumonie. Einige Stämme setzen Toxine frei.

stationärer Zustand
→ Altschaden

Staub
Staub ist eine Sammelbezeichnung für sehr feine, feste Teilchen (auch Partikel genannt), die sich in der Luft befinden (schweben) können oder sich mit der Zeit auf Oberflächen absetzen (sedimentieren). Die Partikel haben eine unterschiedliche Größe und Form, chemische Zusammensetzung und unterschiedliche Herkunft. Staub ist deshalb ein komplexes Gemisch, das organische Substan-

zen wie z. B. Pollen, Hautschuppen, → Sporen von → Schimmelpilzen, → Bakterien und den Kot der → Hausstaubmilben genauso enthalten kann wie anorganische Substanzen wie z. B. Ruß, Fasern oder Metallpartikel. Staub entsteht durch verschiedene Prozesse wie z. B. Abrieb, Erosion oder Verbrennung. Die Größe der Partikel und die Zusammensetzung des Staubes bestimmen seine Eigenschaften und Auswirkungen. Unterschieden wird Staub bzgl. der Partikelgröße. Partikel, die kleiner als 100 nm sind, werden als Ultrafeinstaub bezeichnet. Partikel bis 2,5 µm werden als Feinstaub bezeichnet und Partikel zwischen 2,5 bis 10 µm als Staub. Partikel mit einem Durchmesser zwischen 10 und 30 µm werden als Schwebstaub bezeichnet. Partikel mit einer Größe von mehr als 10 µm sedimentieren in der Regel innerhalb weniger Minuten, während feinere Partikel von 1 bis 3 µm mehrere Tage im Schwebezustand verbleiben können. Diese Eigenschaft ist für die Analyse von → Raumluftproben auf Staub essenziell. Sehr feine Partikel von unter 1 µm reagieren in der Luft miteinander und bilden größere Partikel bzw. lagern sich an größeren Partikeln an. Eine weitere Unterteilung differenziert Staub in die Alveolen gängige Staubfraktion (→ A-Staub) und die einatembare Staubfraktion (→ E-Staub). Alveolen gängig ist der Massenanteil von einatembaren Stäuben, der die Alveolen und Bronchiolen erreichen kann. Einatembar ist der Massenanteil von Stäuben im Atembereich, der über die Atemwege aufgenommen werden kann. Staub kann gesundheitliche Wirkungen verursachen wie z. B. → Allergien oder Atemwegserkrankungen.

Stauballergie
→ Hausstauballergie

Staubbelastung
siehe Abschn. 8.3.4

Staubbelastung, Reduzierung der
siehe Abschn. 10.7.4

Staubklassen
Staubklassen differenzieren die Gefährlichkeit von → Stäuben und sind Grundlage für die Einteilung einer passenden Schutzausrüstung, insbesondere von Industriesaugern. Unterteilt werden drei Kategorien: → Staubklasse L (leicht), → Staubklasse M (mittel) und → Staubklasse H (hoch).

Staubklasse H
Die → Staubklasse H (hoch) umfasst nach DIN EN 60335 gefährliche → Stäube mit → Keimen, → Bakterien, Asbest, → Viren, → Schimmelpilze, Cadmium, Formaldehyd, Kaliumdichromat, Bleistaub, Mineralfasern oder krebserregenden Stoffen sowie Stäube mit → MAK-Werten $< 0{,}1\ mg/m^3$. Filter der Staubklasse H haben einen maximalen Durchlassgrad von 0,005 %.

Staubklasse L
Die → Staubklasse L (leicht) umfasst nach DIN EN 60335 leicht gefährliche → Stäube. Hierzu zählt z. B. → Hausstaub, Sand, Gips und Kalk.

Staubklasse M
Die → Staubklasse M (mittel) umfasst nach DIN EN 60335 → Stäube mit einer mittleren Gefährdung. Hierzu zählt Holzstaub, Metallstaub, Lackpartikel und Stäube mit einem → MAK-Wert $\geq 0.1\ mg/m^3$.

Staubläuse
Staubläuse sind 1 bis 6 mm große → Lästlinge im hygienischen Sinn, die biologisch gesehen nicht zur Kategorie der Läuse gehören, sondern zur Ordnung der Insekten. In Mitteleuropa sind etwa 100 Arten bekannt. In der Natur haben Staubläuse eine Lebensdauer von maximal 12 Wochen, während die Tiere in Wohnungen das ganze Jahr in der Lage sind, sich fortzupflanzen. Ein Weibchen kann bis zu 100 Eier legen. Der Entwicklungszyklus der Larven beträgt je nach Luftfeuchtigkeit zwischen 20 und 40 Tagen. Staubläuse haben einen dreieckigen Kopf mit langen Fühlern und in der Regel eine bräunlich-beige Farbe sowie ein fleckiges Muster auf dem Rücken. Manche Arten verfügen über Flügel. Staubläuse werden häufig mit → Hausstaubmilben oder aufgrund ihrer ruckartigen Bewegung mit Flöhen verwechselt. Staubläuse ernähren sich u. a. von den → Sporen der Schimmelpilze. Daher dienen diese Tiere auch als → Schimmelpilz-Indikatoren für einen → sichtbaren oder → versteckten Befall. Staubläuse nehmen Feuchtigkeit in Form von Wasserdampf auf, so dass die Tiere vor allem dort anzutreffen

sind, wo erhöhte Luftfeuchtigkeit vorliegt – was man angesichts des Namens eher nicht erwarten würde. Deshalb findet man sie vor allem in feuchten Kellern, im Bad, der Küche oder Waschküche, aber auch auf der Erde von Zimmerpflanzen. Häufig trifft man sie in frisch tapezierten Räumen. In der Küche sind vor allem falsch gelagerte Nahrungsmittel wie Mehl, Reis und Müsli das Ziel der Staubläuse. Da man diese Tiere auch im Bücherregal antreffen kann, werden diese auch als → Bücherlaus bezeichnet. Staubläuse können bei bestimmten Menschen → allergische Reaktionen auslösen.

Stemphylium
siehe Abschn. 3.5.6.40

Sterigmatocystin
Sterigmatocystin ist ein → Mykotoxin, das von verschiedenen → Schimmelpilzen produziert wird, insbesondere durch → Aspergillus versicolor, → Aspergillus nidulans und → Chactomium. Bei → Aspergillus flavus und → Aspergillus parasiticus wird Sterigmatocystin im Stoffwechsel als biosynthetische Vorläufer von → Aflatoxin B1 gebildet. Das Mykotoxin steht im Verdacht, → zytotoxisch (zellgiftig) und → kanzerogen (krebserregend) zu sein. Sterigmatocystin ist zwar nur schwach toxisch. Dennoch können auf Dauer schwere Nieren- und Leberschädigungen auftreten. Außerdem wird das Mykotoxin in Verbindung mit → Allergien gebracht und soll die Symptome z. B. bei einem → Asthma verstärken. In Innenräumen wird Sterigmatocystin vor allem auf zellulosehaltigen Materialien wie z. B. Papier, Tapete oder vergleichbare Materialien nach Feuchtigkeitsschäden nachgewiesen. Der Nachweis kann u. a. über den Hausstaub erfolgen. Das Mykotoxin besitzt nur eine geringe Wasserlöslichkeit, ist hingegen in Ethanol, Methanol, Benzol und Chloroform leicht löslich.

steril
Als steril wird im hygienischen Kontext ein keimfreier Zustand bezeichnet, der sich durch die Abwesenheit von vermehrungsfähigen und insbesondere → pathogenen → Mikroorganismen wie → Bakterien, → Schimmelpilzen und → Viren darstellt. Ein steriler oder umgangssprachlich keimfreier Zustand kann durch den Einsatz von Hitze oder → Desinfektionsmitteln erreicht werden.

Sterile Kolonien
Sterile Kolonien sind → Kolonien von → Schimmelpilzen, die auf → Nährmedien wachsen, aber keine → Sporen ausbilden. Da die typischen → morphologischen Merkmale fehlen, die zu einer Identifizierung der → Gattung und → Art notwendig sind, können diese unter dem → Mikroskop nicht bestimmt werden oder erschweren die Identifizierung. Man verwendet daher für diese auch den Begriff „sterile Pilze".

Sterile Myzelien
Im Gegensatz zu den meisten → Schimmelpilzen, die sich durch die Bildung von → Sporen vermehren, gibt es einige Schimmelpilze, denen diese → morphologischen Merkmale fehlen. Diese werden als sterile Pilze bezeichnet, da ihnen die typische Sporenphase, weder sexuell noch asexuell, fehlt. Ein typischer Vertreter ist z. B. Sclerotium. Diese Schimmelpilze passen sich diesen Bedingungen an, in dem sie auf ein vegetatives Wachstum umschalten, also ein Myzel ausbilden. Man spricht in diesem Fall von „sterilen Myzelien" oder als Fachterminus „Mycelia sterilia". Hierbei handelt es sich um sterile Pilzgeflechte, die weder sexuelle noch vegetative → Fruchtkörper ausbilden. Diese Form der Anpassung kann auch genetisch bedingt sein und wird als „dauerhaft sterile Mutanten" bezeichnet, die auch unter optimalen Bedingungen keine Sporen mehr bilden.

Sterile Pilze
→ sterile Kolonien

Sterilisation
Unter Sterilisation im hygienischen Kontext bezeichnet man Methoden, um Oberflächen oder Geräte von lebenden → Mikroorganismen wie z. B. → Bakterien oder → Schimmelpilze einschließlich ihrer Ruhestadien oder → Dauerstadien (z. B. → Sporen) sowie → Viren zu befreien. Hierzu werden thermische Verfahren, Bestrahlung oder chemische Verfahren eingesetzt. Nach der auch als → Entkeimung bezeichneten Behand-

lung werden diese Oberflächen als → steril bezeichnet. Die Sterilisation darf nicht mit → Desinfektion gleichgesetzt werden.

Sterilität
Sterilität im hygienischen Kontext bezeichnet einen Zustand von Oberflächen oder Geräte nach Durchführung einer → Sterilisation. Dieser Zustand ist erreicht, wenn die Anzahl an vermehrungsfähigen → Mikroorganismen um sechs Zehnerpotenzen, also auf ein Millionstel, höchstens 10^{-6} reduziert wurde.

Stockflecken
Stockflecken ist ein umgangssprachlicher und unspezifischer Trivialname für → Schimmelpilze im Anfangsstadium, insbesondere auf Textilien oder Papier.

Stoffbedingte Wärmebrücken
siehe Abschn. 7.3.2.3

Stoffwechsel der Schimmelpilze
siehe Abschn. 3.5.2

Stoßlüftung
Eine Stoßlüftung bezeichnet ein kurzes, intensives → Querlüften durch gleichzeitiges Öffnen der Fenster sowie gegenüberliegenden Zimmertüren (umgangssprachlich als Durchzug bezeichnet). Durch diese → Lüftungsmethode wird, je nach klimatischen Bedingungen der Außenluft, innerhalb von wenigen Minuten einmal die Luft in Innenräumen ausgetauscht.

STOP
STOP ist ein Akronym für Substitution, Technische, Organisatorische und Persönliche Schutzmaßnahmen, das im Rahmen der Schimmelpilzsanierung eine hohe Bedeutung hat. Hintergrund ist die Vermeidung von möglichen Gesundheitsgefährdungen oder wenn dies nicht möglich ist eine Reduzierung. Man bezeichnet dies auch als Substitutionsgebot. Die Logik dahinter: Ein → Biostoff, der eliminiert oder reduziert wurde, verringert das Gesundheitsrisiko. In der Praxis wird dieser Aspekt aus Unkenntnis und Unwissenheit in der Regel missachtet, obwohl der Rechtsbegriff der Substitution in der → Gefahrstoffverordnung (§ 7 GefStoffV) als Grundpflichten für Arbeitgeber definiert und auch bei der → Gefährdungsbeurteilung (§ 6 GefStoffV) und in der → TRGS 600 „Substitution“ erwähnt wird.

Strahlenpilz
→ Actinomyces

Strahlungsthermometer
→ Pyrometer

Streptokokken
Streptokokken sind eine Gattung von → grampositiven → Bakterien, die zur Familie der Streptococcaceae gehören. Die kugelförmigen Bakterien ordnen sich meist kettenförmig oder in Paaren an. Streptokokken sind oft mit → Staphylokokken vergesellschaftet und an verschiedenen Erkrankungen beteiligt. Hierzu gehören in erster Linie Halsentzündungen, Lungenentzündungen sowie Hautinfektionen. Eine Ansteckung erfolgt durch direkten Kontakt oder Tröpfcheninfektion. Eine Entzündung der Lunge wird durch verschiedene Arten der Streptokokken verursacht wie z. B. → Pneumokokken (Streptococcus pneumoniae). Streptokokken können auch eine → Sepsis (lebensbedrohliche Blutvergiftung) verursachen. Die meisten Infektionen durch Streptokokken können mit → Antibiotika gut behandelt werden.

Streptomyces
Streptomyces ist eine sehr artenreiche Gattung der → Actinobacteria. Diese sind mehrzellig, → gram-positiv, → aerob und haben einen hohen → GC-Gehalt. Ein Großteil der Arten sind in der Lage, kugelförmige → Sporen und → Hyphen zu bilden. Diese → Exosporen unterscheiden sich grundlegend von den → Endosporen anderer Bakteriengattungen wie z. B. → Bacillus oder Clostridium. Streptomyces bildet auch Zellen in Form von lang gestreckten und verzweigten → Filamenten, die als → Myzel bezeichnet werden. Diese haben einen Durchmesser von 0,5 bis 1,0 µm und in der → Wachstumsphase oft keine Querwände. Streptomyces produziert eine große Vielfalt an → Metaboliten, die → antibiotische, herbizide, anthelminthische (wirksam gegen Würmer) und pharmazeutische Wirkungen haben. Daher hat das → Bakterium eine große Bedeutung

für die Humanmedizin. Typisch für Streptomyces ist die Bildung eines bizyklischen Alkohols, bekannt unter dem Namen → Geosmin.

Streptomycien
Streptomycin ist ein → Antibiotikum, das von → Bakterien der Gattung → Streptomyces, insbesondere Streptomyces griseus, produziert und zur Behandlung bakterieller → Infektionen eingesetzt wird. Es wirkt → bakterizid, in dem es die Proteinsynthese in Bakterienzellen hemmt, und richtet sich vor allem gegen → gram-negative Bakterien sowie Kokken und → Mykobakterien, die von → Penicillin nur ungenügend bekämpft werden. Seine Bekanntheit erhielt Streptomycin, da es das erste Antibiotikum war, das erfolgreich zur Behandlung von Tuberkulose eingesetzt wurde. Die therapeutische Anwendung von Streptomycin ist aufgrund einiger Nebenwirkungen wie z. B. → allergische Reaktionen, Schwindelanfälle, Ototoxizität (Hörschäden), Nephrotoxizität (Nierenschäden) sowie der hohen Zahl → resistenter Stämme stark eingeschränkt.

Stromatolithen
→ Cyanobakterien

Subkutan
Als subkutan bezeichnet man Vorgänge, die unter der Haut stattfinden, genauer im Unterhautfettgewebe. Hierzu gehören z. B. subkutane Injektionen zur Verabreichung von Medikamenten oder auch subkutane → Allergietests im Rahmen der → Hyposensibilisierung als spezifische Immuntherapie. Die subkutane Injektion darf nicht mit der intravenösen Injektion gleichgestellt werden. Denn im Gegensatz zur intravenösen Injektion, die direkt ins Blut geht und eine schnelle Wirkung erzielt, wird bei der subkutanen Injektion eine langsamere und länger anhaltende Wirkung erreicht.

subkutane Immuntherapie
Die subkutane Immuntherapie ist eine Behandlungsmethode für → Allergien, bei der Allergenextrakte in ansteigender Dosierung → subkutan, also unter die Haut, injiziert werden, um das → Immunsystem an die allergieauslösende(n) Substanz(en) zu gewöhnen. Ziel dieser auch als subkutane → Hyposensibilisierung bezeichneten Therapieform ist es, die Überempfindlichkeit des Immunsystems gegenüber bestimmten → Allergenen zu reduzieren und somit die allergischen Symptome zu lindern oder sogar langfristig zu beseitigen. Die Behandlung sollte wegen der Gefahr einer → Anaphylaxie nur durch einen entsprechenden Arzt mit ausreichender Erfahrung wie z. B. einem → Allergologen erfolgen, da die Allergenextrakte auf die spezifische Allergie des Patienten abgestimmt sein müssen. Die Behandlung dauert in der Regel über einen Zeitraum von zwei bis fünf Jahren. Alternativen zur subkutanen Immuntherapie ist z. B. die → sublinguale Immuntherapie.

sublinguale Immuntherapie
Die sublinguale Immuntherapie ist eine Behandlungsmethode für → Allergien, bei der → Allergene in abgeschwächter Form als Tropfen oder Tabletten unter die Zunge verabreicht werden, um das → Immunsystem an die allergieauslösende(n) Substanz(en) zu gewöhnen. Die Therapie wird in der Regel täglich und über einen längeren Zeitraum durchgeführt und die Dosis der → Antihistaminika schrittweise erhöht. Im Vergleich zur → subkutanen Immuntherapie treten deutlich seltener systemische Nebenwirkungen auf. Allerdings ist die sublinguale Immuntherapie nicht für alle Allergieformen geeignet.

Substitutionsgebot
Unter Substitutionsgebot versteht man, dass bei der Sanierung von → Schimmelpilzen in Innenräumen mögliche Gesundheitsgefährdungen zu vermeiden sind und soweit dies nicht möglich ist, eine Reduzierung. Man bezeichnet diese Vorgehensweise als → STOP-Rangfolge.

Substrat
Als Substrat werden Untergründe oder Oberflächen bezeichnet, auf dem → Mikroorganismen wachsen. In der → Mikrobiologie kann dies auch ein geeigneter → Nährboden sein. Ein Substrat darf nicht mit einem → Habitat verwechselt werden.

Substrathyphen
Substrathyphen dringen tief in den Untergrund (Substrat) ein und bauen organische Substanz

durch Enzyme ab, um → Nährstoffe für das → Myzel aufzunehmen. Diese Hyphenart sichert die Grundversorgung eines → Schimmelpilzes und bildet die Grundlage für Wachstum und die spätere Ausbildung der → Fruchtkörper.

SULPA-Filter
siehe Abschn. 9.3.5

Suspensionsverfahren
In der → Mikrobiologie bezieht sich der Begriff Suspensionsverfahren auf die Aufbereitung einer Probe, bei der → Mikroorganismen in einem flüssigen → Nährmedium verteilt werden, um diese → Bakterien, → Hefen oder → Schimmelpilze anzüchten, kultivieren oder analysieren zu können. Hierzu werden mindestens vier Verdünnungsstufen parallel eingesetzt und zwei verschiedene Nährmedien wie z. B. → MEA und → DG18-Agar für Schimmelpilze und ein Nährmedium für Bakterien wie z. B. → CASO ausgestrichen. Die → Inkubation erfolgt bei 25 °C und bei MEA und CASO teils zusätzlich bei 36 °C. Die → Inkubationszeit beträgt bis zu 14 Tage bei 25 °C und bis zu vier Tage bei 36 °C. Die Analyse erfolgt unter dem → Mikroskop oder durch andere analytische Methoden. Die Ergebnisse werden in → KBE pro Gramm Material angegeben. Bei Schimmelpilzen erfolgt die Angabe je → Gattung bzw. → Art. Die Auswahl der Suspensionsverfahren (z. B. Plattengussverfahren, Oberflächenausstrich, serielle Verdünnung) sowie die Qualität der Suspension (Homogenität, Konzentration) entscheiden maßgeblich über die Zuverlässigkeit der → mikrobiologischen Untersuchungen.

SVOC
SVOC ist ein Akronym für Semi Volatile Organic Compounds und beschreibt schwer flüchtige organische Verbindungen. Hierbei handelt es sich um → VOCs mit Siedepunkten oberhalb von 250 °C. SVOCs stehen in Verbindung mit dem → Fogging-Phänomen. Die Ausgasung erfolgt weniger stark, dafür über einen längeren Zeitraum. Zeiträume von zwei bis drei Jahre und darüber hinaus sind nicht unüblich. Zu den SVOCs gehören u. a. langkettige Alkane, Fettalkohole, Fettsäuren und Fettsäureester sowie Phthalsäureester. Quellen für SVOCs können u. a. Flammschutzmittel in vielen elektronischen Geräten, Weichmacher in zahlreichen Kunststoffen, → Biozide zur Topfkonservierung in Farben, Lacken, Kleber sowie Pyrethroide und andere Biozide, die im Holzschutz oder Insektensprays eingesetzt werden.

Symbionten
Ein Symbiont ist ein Organismus, der in einer → Symbiose mit einem anderen Organismus zusammenlebt. In der Regel ist der Symbiont der kleinere Partner, während der größere als → Wirt bezeichnet wird.

Symbiose
Eine Symbiose ist eine Lebensgemeinschaft zwischen zwei verschiedenen Organismen, bei der beide Partner voneinander profitieren. Mikrobiologen bezeichnen diese Gemeinschaft als → Mutualismus. Diese steht im Gegensatz zum → Parasitismus, bei dem die Beziehung nur für einen Organismus von Vorteil (Nutzen) oder Nachteil (Schaden) des anderen ist. Bei der Symbiose ist das Zusammenleben dagegen von gegenseitigem Nutzen. Der kleinere Partner wird oft als → Symbiont bezeichnet, der größere als → Wirt. Man unterscheidet verschiedene Arten der Symbiose. Bei der Ektosymbiose lebt der Symbiont außerhalb des Wirts. Lebt dieser im Inneren, spricht man von einer Endosymbiose. Eine weitere Form der Symbiose ist der → Kommensalismus.

Symptome (auf Schimmelpilze)
siehe Abschn. 5.5

Symptomsanierung
Unter einer Symptomsanierung verstehen Experten das Entfernen eines mikrobiellen Befalls, ohne dass die Ursachen der Durchfeuchtung beseitigt werden. Diese Sanierungsmaßnahmen sind in der Regel nur von temporärer Wirkung.

synanthrop
Als synanthrop bezeichnet man die Anpassung tierischer oder pflanzlicher Organismen an den menschlichen Lebensraum, so dass diese nicht auf Ergänzung ihrer Population von außen angewiesen sind.

Syncephalastrum
siehe Abschn. 3.5.6.41

Systematik
Als Systematik im biologischen Kontext bezeichnet man die Bestimmung und Benennung der verschiedenen Lebewesen und ihre Zuordnung in ein formales Ordnungssystem. Diese Klassifizierung in ein hierarchisches System (Pyramide) schafft die eindeutige Identifizierung der verschiedenen Organismen in Domäne, Reich, → Stamm, Klasse, Ordnung, Familie, → Gattung und → Art und erfolgt anhand von übereinstimmenden Merkmalen. Grundlage für die biologische Systematik ist die → Taxonomie, daher werden die Hauptebenen als Taxa bezeichnet. Wichtiges Element der Taxonomie ist die binäre Nomenklatur, nach der jeder Organismus einen eindeutigen wissenschaftlichen Namen aus Gattungs- und Artbezeichnung erhält.

Systematik der Schimmelpilze
siehe Abschn. 3.5.1

systemisch
Als systemisch im biologischen und/oder medizinischen Kontext bezeichnet man Vorgänge, die den gesamten Organismus oder mehrere Organe gleichermaßen betreffen. Dies umfasst Erkrankungen genauso wie Behandlungen.

systemische Blastomykose
Eine systemische Blastomykose ist eine → Infektion, die durch das Einatmen der → Sporen des → dimorphen → Hefe- bzw. → Schimmelpilzes → Blastomyces dermatitidis verursacht wird. Im Gegensatz zur → Blastomykose wird nicht nur ein Organ befallen, sondern über das Blut mehrere Organe (Leber, Milz, Nieren, Gehirn) und Körperteile (Knochen, Gelenke). Die Symptome sind Fieber, Husten, extreme Müdigkeit, Nachtschweiß, Muskel- und Gelenkschmerzen. In Ausnahmen kann sich eine akute Lungenentzündung (pneumonische Blastomykose) entwickeln, die zu einem akuten Atemnotsyndrom und lebensbedrohlichen Zuständen führen kann. Als → Risikogruppen gelten Menschen mit einer → Immunsuppression. Die Behandlung erfolgt in der Regel mit → Antimykotika.

systemische Wirkung
Der Begriff der systemischen Wirkung findet Anwendung im medizinischen Kontext in zwei verschiedenen Bedeutungen. Zum einen bedeutet der Begriff, dass Vorgänge oder Prozesse wie z. B. die Wirkungen eines Medikaments über den Blutkreislauf im gesamten Organismus verteilt wird und somit Auswirkungen auf verschiedene Organe oder den kompletten Körper haben. Von einer systemischen Wirkung spricht man aber auch, wenn eine Wirkung in einem anderen Organ auftritt als in demjenigen der Resorption (z. B. organische Lösungsmittel: diese werden in der Regel über die Atemwege aufgenommen, aber entfalten ihre hauptsächliche Wirkung im zentralen Nervensystem).

Systemmykose
Von einer Systemmykose (oder auch invasive Mykose) spricht man, wenn eine → Infektion, die durch → Hefe- oder → Schimmelpilze verursacht wurde, nicht nur ein Organ befallen hat, sondern mehrere Organe und/oder Körperteile bis hin zum gesamten Organismus. Die → Mykose breitet sich auf das komplette System aus bzw. verursacht eine systemische Infektion. Da ein gesundes → Immunsystem über eine effektive Immunabwehr gegenüber → pathogenen Pilzen verfügt, treten Systemmykosen vor allem bei Menschen mit einer → Immunsuppression auf. In diesen Fällen können sich opportunistische Erreger ungehindert vermehren und im gesamten Körper ausbreiten. Es gibt auch Systemmykosen, die durch primär pathogene Pilze wie z. B. → Blastomyces dermatitidis verursacht werden, die auch gesunde Menschen befallen können. Bekannte Vertreter sind z. B. die → Kryptokokkose und → Kandidose. Systemmykosen können unbehandelt zu einem Multiorganversagen führen. Die Therapie erfolgt mit → Antimykotika.

14.20 T

Taupunkt
Taupunkt beschreibt die Temperatur in °C, bei der in Abhängigkeit vom Wassergehalt der Luft (Wasserdampfdruck) die → relative Luftfeuchtigkeit von 100 % (Sättigungsdampfdruck) erreicht wird.

Im Ergebnis kondensiert die Feuchtigkeit (auch als Kondens- oder Tauwasser bezeichnet) auf einer Oberfläche, deren Temperatur unterhalb des Taupunktes der umgebenden Luft liegt. In Baukonstruktionen sind dies die kältesten Bauteile, die als → Wärmebrücken bezeichnet werden.

Taupunktbestimmung nach Glaser
siehe Abschn. 6.4.2

Taupunktdiagramm
Ein Taupunktdiagramm stellt die Beziehung zwischen der → relativen Luftfeuchtigkeit, der Lufttemperatur und dem → Taupunkttemperatur grafisch dar. Eine Kurve im Diagramm zeigt den → Taupunkt an, also die Temperatur, bei der die Luft mit der gegebenen Feuchtigkeit gesättigt ist und beginnt, → Kondenswasser zu bilden. Taupunktdiagramme werden eingesetzt, um die Gefahr von taupunktbedingtem Kondenswasser auf Bauteiloberflächen rechtzeitig zu erkennen, um Feuchtigkeitsschäden und Schimmelpilzbildung zu vermeiden.

Taupunktdifferenz
Die Taupunktdifferenz ist die Differenz zwischen → Taupunkttemperatur und Lufttemperatur. Je größer diese ist, desto geringer ist die → relative Luftfeuchtigkeit. Ist die Differenz gleich Null, entspricht die Raumlufttemperatur der Taupunkttemperatur. Dies bedeutet, dass die Luft mit Feuchtigkeit gesättigt ist (relative Luftfeuchtigkeit = 100 %), so dass es zu → Kondensation auf Oberflächen kommen kann.

Taupunktspiegelprinzip
Das Taupunktspiegelprinzip beruht auf der direkten Messung des → Taupunkts durch → Kondensation von Wasserdampf auf einer gekühlten Oberfläche. Hierzu wird ein temperierbarer Spiegel so lange abgekühlt, bis sich darauf Kondensat bildet. Die Temperatur, bei der die Kondensation auftritt, wird als → Taupunkttemperatur gemessen und ist ein direktes Maß für den → Wasserdampfpartialdruck in der Luft. Mit einem Taupunktspiegel können sehr präzise Messungen (Genauigkeit von 0,1 °C, insbesondere bei kalibrierten Geräten), durchgeführt werden.

Taupunkttabelle
Die Taupunkttabelle gibt an, bei welcher Bauteiltemperatur, abhängig von der Lufttemperatur und der → relativen Luftfeuchtigkeit → taupunktbedingtes → Kondenswasser auf Oberflächen auftritt. Taupunkttabellen werden eingesetzt, um die Gefahr von Feuchtigkeitsschäden und Schimmelpilzbildung z. B. durch ein angepasstes Lüftungsverhalten zu vermeiden.

Taupunkttemperatur
→ Taupunkttemperatur

Taupunktüberwachung
Die Taupunktüberwachung ist ein Verfahren, um die Bildung von → Kondenswasser zu vermeiden. Hierzu wird das Raumklima so geregelt, dass der → Taupunkt nicht unterschritten wird. Somit kann die Gefahr von Feuchtigkeitsschäden und Schimmelpilzbildung vermieden werden.

Taupunktunterschreitung
Die Taupunktunterschreitung gibt an, wenn die Oberflächentemperatur eines Bauteils oder Baustoffs unter den → Taupunkt der umgebenden Luft absinkt. Dies führt dazu, dass Wasserdampf in der Luft auf dieser Oberfläche kondensiert, so dass taupunktbedingtes → Kondenswasser entsteht. Häufigste Ursache für die Unterschreitung des Taupunkts sind → Wärmebrücken.

Tauwasser
Tauwasser, auch als Kondenswasser bekannt oder umgangssprachlich als Schwitzwasser bezeichnet, ist Feuchtigkeit, die sich auf kalten Oberflächen bildet, wenn feucht-warme Luft abkühlt und der → Taupunkt unterschritten wird.

Tauwassermenge
Die Tauwassermenge ist die Menge an Wasser, die sich an kalten Oberflächen bildet, wenn feucht-warme Luft auf diese trifft und in Folge der Abkühlung → kondensiert. Eine im Sinne des Bautenschutzes zulässige Tauwassermenge liegt vor, wenn das in der Tauperiode im Inneren eines Bauteils ausgefallene Tauwasser während der Verdunstungsperiode wieder an die Umgebung abgeführt wird. Allgemein darf bei Baukonstruktionen

eine Tauwassermenge von insgesamt 1,0 kg/m^2 nicht überschritten werden.

Taxonomie
Die Taxonomie ist ein Teilgebiet der → Systematik und bezeichnet in der Biologie eine hierarchische Klassifikation von Lebewesen in eine bestimmte Kategorie mit einem spezifischen Rang innerhalb der Systematik. Die Einordnung erfolgt anhand gemeinsamer Merkmale und Eigenschaften.

TDI
TDI ist ein Akronym für Tolerable daily intake und beschreibt die tolerierbare Menge eines Stoffes, die bei lebenslanger täglicher Aufnahme keine nachteiligen Auswirkungen auf die Gesundheit beim Menschen erwarten lässt. Eine kurzzeitige moderate Überschreitung des TDI stellt nicht automatisch ein gesundheitliches Risiko dar.

Technische Bautrocknung
siehe Abschn. 9.3

Technische Mykologie
Die technische → Mykologie erforscht die Nutzung von natürlichen oder genetisch modifizierten → Hefe- oder → Schimmelpilzen zur Erzeugung von komplexen Biomolekülen wie z. B. → Antibiotika.

Technische Regeln für Gefahrstoffe
Die Technischen Regeln für Gefahrstoffe (TRGS) sind Regelungen, die den aktuellen Stand der sicherheitstechnischen, arbeitsmedizinischen und hygienischen Anforderungen an Gefahrstoffe für das Inverkehrbringen und den Umgang wiedergeben. Ergänzt werden diese durch wissenschaftliche Erkenntnisse. Dies TRGS konkretisieren die Anforderungen der → Gefahrstoffverordnung (GefStoffV) und werden vom Ausschuss für Gefahrstoffe (AGS) ermittelt und vom Bundesministerium für Arbeit und Soziales (BMAS) im Gemeinsamen Ministerialblatt (GMBl) bekannt gegeben. Zu den relevanten Regeln im Kontext zu → Schimmelpilzen in Innenräumen gehören z. B. → TRBA 220, → TRBA 405, → TRBA 460, → TRBA 462, → TRBA 464, → TRBA 500 sowie → TRBA 606 sowie im Kontext zu erforderlichen → Schutzmaßnahmen die Berufsgenossenschaftlichen Regeln wie z. B. BGR 128, BGR 189, BGR 190, BGR 191, BGR 192, BGR 195 und BGR 197 sowie die BG-Informationen.

Technische Regelwerke
siehe Kap. 13.

Technische Sanierung (Beseitigung der Primärursachen)
siehe Abschn. 9.2

Teilsanierung
Der Begriff Teilsanierung im Kontext zu → Schimmelpilzen in Innenräumen wird häufig verwendet, wenn energetische Maßnahmen durchgeführt werden, ohne ein ganzheitliches Wärmeschutzkonzept. Typisches Beispiel ist der Austausch von Fenster mit Einfachverglasung durch hoch wärmedämmende Fenster mit einer → Dreifachverglasung, ohne dass gleichzeitig die Gebäudehülle z. B. mit einem → Wärmedämm-Verbundsystem energetisch saniert wird. Infolgedessen kommt es zur Verlagerung des → Taupunkts und zur Bildung von → Tauwasser.

Teleomorphe
Eine Teleomorphe ist in der → Mykologie die geschlechtliche Form eines Pilzes, die → Meiosporen produziert. Diese wird auch als Hauptfruchtform bezeichnet. Im Gegensatz dazu ist die → Anamorphe die ungeschlechtliche Form und wird als Nebenfruchtform bezeichnet, die durch → Konidien (ungeschlechtliche → Sporen) gekennzeichnet ist. Wenn ein Pilz sowohl Teleomorphe und Anamorphe aufweist, spricht man von einer → Holomorphe. Die Pilze werden als → pleomorph bezeichnet.

Temperatur
Die Temperatur ist eine physikalische und thermodynamische Zustandsgröße, die den Wärmeinhalt eines Körpers beschreibt. Diese bestimmt den Energietransport zwischen zwei Körpern. Haben diese unterschiedliche Temperaturen, findet eine → Wärmeübertragung vom wärmeren zum kälteren Körper so lange statt, bis sich ein thermisches Gleichgewicht einstellt. Die Temperatur wird mit

einem Thermometer in den Einheiten Kelvin (K) und Grad Celsius (°C) gemessen.

Temperaturfaktor
→ f_{Rsi}-Wert

Temperaturgradient
Der Temperaturgradient ist eine Größe, die bei vielen bauphysikalischen Prozessen wie z. B. die → Wärmeleitung, → Wärmestrahlung, → Konvektion und → Wasserdampfdiffusion eine große Bedeutung hat. Diese beschreibt, wie schnell sich die → Temperatur eines Stoffes räumlich verändert. Der Temperaturgradient zeigt immer in die Richtung, in der die Temperatur am stärksten zunimmt. Angegeben wird die Temperaturänderung pro Längeneinheit in Kelvin pro Meter (K/m).

Temperaturleitfähigkeit
Die Temperaturleitfähigkeit ist ein Maß für die Geschwindigkeit, mit der sich unterschiedliche → Temperaturen in einem Stoff ausgleichen und demzufolge ein Maß für den → Wärmestrom, der bei Temperaturänderungen in einem Bauteil fließt. Sie ist umso größer, je größer die → Wärmeleitfähigkeit und umso geringer, je größer die Rohdichte und die spezifische Wärme des Stoffes ist. Die Einheit ist Quadratmeter pro Sekunde (m^2 s).

Temperaturmessungen
siehe Abschn. 6.3.3

Temperaturverteilung (in einem Bauteil)
Die Temperaturverteilung in einem Bauteil (Isotherme) wird durch verschiedene Faktoren wie z. B. die Temperaturunterschiede zwischen zwei Räumen, die → Wärmeleitfähigkeit und → Wärmeübergangswiderstände verschiedener Bauteile bzw. Baustoffe sowie die Geometrie der Bauteile beeinflusst. Auch thermische Einflüsse wie z. B. Sonneneinstrahlung, chemische Reaktionen im Bauteil wie z. B. Hydratationswärme oder Wind und Feuchtigkeit können die Temperaturverteilung beeinflussen. Diese kann mit Hilfe von Simulationen oder Messungen ermittelt werden, um z. B. die Bildung von taupunktbedingtem Kondenswasser zu berechnen.

temporär auftretende Schimmelpilze
siehe Abschn. 4.3.2.4

Tenuazonsäure
Tenuazonsäure ist ein → Mykotoxin, das durch den → Schimmelpilz → Alternaria, vor allem → Alternaria alternata und → Alternaria tenuissima produziert wird. Da sich diese überwiegend → saprotroph ernähren, wird das Mykotoxin vor allem auf zellulosehaltigen Materialien nachgewiesen. Tenuazonsäure ist → zytotoxisch (zellgiftigen) und kann aufgrund seiner hohen akuten → Toxizität das Blutbild schädigen. Es wird daher mit hämatologischen Erkrankungen in Verbindung gebracht. Zudem wirkt es → antibakteriell und → antiviral sowie in Ausnahmen auch → insektizid.

teratogen
Als teratogen werden schädigende Wirkungen auf Embryonen bezeichnet, die während der Schwangerschaft Entwicklungsstörungen oder Fehlbildungen beim ungeborenen Kind verursachen können. Einige → Schimmelpilze oder deren → Mykotoxine stehen im Verdacht, eine teratogene Wirkung zu haben.

Tertiäre Prävention
siehe Abschn. 10.1

TH1P-/TH2P-/TH3P-Maske
siehe Abschn. 9.5.9.5

Therapie und Behandlung
siehe Abschn. 11.13

Thermische Behaglichkeit
siehe Abschn. 10.8

thermische Desinfektion
Die thermische Desinfektion ist ein spezielles Verfahren zur Reduzierung von → Keimen, insbesondere Legionellen, in Trinkwasseranlagen. Bei diesem thermischen Verfahren wird das Wasser auf über 70 °C für drei bis fünf Minuten erhitzt und durch das Rohrleitungssystem geleitet, um eine → Desinfektion aller wasserführenden Teile sicherzustellen.

thermische Trocknung
Die thermische Trocknung, auch als Dampftrocknung bezeichnet, ist ein Verfahren der → technischen Bautrocknung, bei der Wärmeenergie eingesetzt wird, um Feuchtigkeit zu verdunsten oder zu verdampfen. Hierbei wird das Prinzip genutzt, dass Wärme die Verdampfungsrate von Feuchtigkeit erhöht. Hierbei wird dem zu trocknenden Bauteil Wärme zugeführt, wodurch die Feuchtigkeit in den gasförmigen Zustand übergeht und abgeführt werden kann. Die Wärme kann durch → Konvektion (Warmluft), Kontakttrocknung (heiße Flächen) oder Strahlung (elektromagnetische Wellen) übertragen werden.

Thermoacidophil
Als thermoacidophil werden → Mikroorganismen bezeichnet, die sowohl hohe Temperaturen (> 50 °C) als auch einen niedrigen pH-Wert (zwischen 0,7 bis 3) bevorzugen und unter diesen extremen Bedingungen wachsen sowie sich vermehren und verbreiten können.

Thermoanalyse
→ Differenz-Thermoanalyse

Thermographie
siehe Abschn. 6.3.3.2

Thermogravimetrische Feuchtemessung
Die thermogravimetrische Feuchtemessung, oder auch nur kurz Thermogravimetrie genannt, ist eine Messmethode zur Bestimmung des Feuchtigkeitsgehalts von Materialien. Hierbei wird die Masse einer Materialprobe während einer kontrollierten Erhitzung (auf mehrere Hundert Grad Celsius) gemessen und die Gewichtsabnahme, die durch die Verdampfung von Wasser verursacht wird, erfasst und anschließend zur Berechnung des Feuchtegehalts verwendet. Die Temperatur steigt entweder linear an oder wird konstant gehalten.

Thermohygrometer
Das Thermohygrometer ist ein Messgerät, das die Eigenschaften eines Thermometers und → Hygrometers kombiniert und gleichzeitig → Temperatur und → relative Luftfeuchtigkeit misst.

thermophil
Als thermophil werden → Mikroorganismen bezeichnet, die als → Habitat hohe Temperaturen zwischen 45 und 80 °C bevorzugen. Der Begriff darf nicht mit → thermotolerant oder → thermotroph verwechselt oder synonym verwendet werden.

Thermophile Sporen
Thermophile Sporen sind → Dauerstadien von → Mikroorganismen, die für ihr Wachstum sowie die Verbreitung hohe Temperaturen bevorzugen. Diese robusten → Endosporen sind in der Lage, auch bei Hitze und Trockenheit mit Temperaturen von 45 bis 80 °C zu überleben sowie bei noch höheren Temperaturen über einen längeren Zeitraum inaktiv zu bleiben, bis sich wieder optimale Wachstumsbedingungen einstellen. In der Regel sind thermophile Sporen auch widerstandsfähiger gegen Strahlung und chemische Substanzen.

thermotolerant
Als thermotolerant werden → Mikroorganismen bezeichnet, die hohe Temperaturen zwischen 45 und 80 °C in ihrem → Habitat nur vorübergehend tolerieren. Dies ist der Unterschied zu → thermophilen Organismen.

thermotroph
Als thermotroph bezeichnet man → thermotolerante → Mikroorganismen, die nicht nur hohe bis extrem hohe Temperaturen vorübergehend überstehen, sondern bei diesen Temperaturen auch vermehrungsfähig sind.

Tinea
Tinea ist ein Oberbegriff für eine Gruppe von Krankheiten, die durch → Dermatophyten verursacht werden und Haare, Nägel und Haut befallen. Diese → Infektionen werden als → Dermatomykosen bezeichnet. Besonders häufig kommt Tinea pedis vor, umgangssprachlich als Fußpilz bekannt. Besonders gern siedeln sich diese Pilze in den feucht-warmen Zwischenräumen der Zehen an und verursachen einen erheblichen Juckreiz. Die Therapie erfolgt mit lokalen und ggf. → systemischen → Antimykotika.

T-Lymphozyten
T-Lymphozyten, oder T-Zellen, sind weiße Blutkörperchen, die eine entscheidende Rolle im → adaptiven Immunsystem spielen. Diese erkennen und bekämpfen → Krankheitserreger wie z. B. → Viren und → Bakterien anhand von → Antigenen, die auf deren Oberfläche präsentiert werden. Dadurch können diese Erreger direkt zerstört oder andere Immunzellen wie z. B. B-Zellen aktiviert werden. Nach der Bekämpfung einer → Infektion bleiben T-Lymphozyten als Gedächtniszellen erhalten. Diese können bei erneutem Kontakt mit demselben Erreger schnell aktiviert werden und eine schnellere und effektivere Immunantwort auslösen.

TM1P-/TM2P-/TM3P-Maske
siehe Abschn. 9.5.9.5

TNsG
TNsG ist ein Akronym für Technical Notes for Guidance. Hierbei handelt es sich um nicht rechtsverbindliche Leitfäden für die Umsetzung der → Biozid-Richtlinie.

Tonfrequenzanalyse
Die Tonfrequenzanalyse ist ein Messfahren in der → Leckageortung. Das Messprinzip basiert auf der Untersuchung der Frequenzzusammensetzung eines Schallsignals. Hierzu wird ein Signal (akustische Frequenz) in eine Rohrleitung eingespeist. Ein spezieller Empfänger misst die Veränderungen im erzeugten elektromagnetischen Feld, die durch Undichtigkeiten entstehen, oder die Geräusche, die dadurch entstehen. Mit einer Tonfrequenzanalyse lassen sich Undichtigkeiten bis auf wenige Zentimeter genau lokalisieren.

Topfkonservierung
Im Gegensatz zur → Filmkonservierung schützt eine Topfkonservierung wässrige Baustoffe wie z. B. Farben, Lacke, Kleber oder organisch gebundene Putze vor mikrobiellen Befall z. B. durch → Bakterien, → Hefe- oder → Schimmelpilze in einem Eimer (auch als Gebinde bezeichnet) oder anderen Behältern (z. B. Fässer). Hierzu werden → biozide Wirkstoffe eingesetzt, die aus → Bakterizide oder → Fungizide bestehen und als → Topfkonservierungsmittel bezeichnet werden.

Topfkonservierungsmittel
Topfkonservierungsmittel sind → Biozidprodukte, die zur → Topfkonservierung eingesetzt werden. Bei den eingesetzten bioziden Wirkstoffen handelt es sich z. B. um → Isothiazolinone. Nach den gesetzlichen Vorschriften wie z. B. die → CLP-Verordnung sind Produkte oder Gemische, die Isothiazolinone ab einer bestimmten Konzentration enthalten, mit einem Gefahrenhinweis zu kennzeichnen. Für den am meisten eingesetzten bioziden Wirkstoff 1,2-Benzisothiazol-3(2H)-on liegt diese Konzentrationsgrenze bei 500 ppm (entspricht 0,05 %).

Topische Therapie
Eine topische Therapie ist eine Behandlungsform, bei der Medikamente direkt auf die betroffene Stelle des Körpers aufgetragen werden, meist auf die Haut oder Schleimhaut. Im Gegensatz zur systemischen Therapie, bei der Medikamente eingenommen oder injiziert werden und im ganzen Körper wirken, entfaltet die topische Therapie ihre Wirkung nur an der behandelten Stelle. Die Medikamente sollen nicht oder nur in geringem Umfang in den Blutkreislauf gelangen. Hierzu werden z. B. → Antibiotika (bei → bakteriellen → Infektionen), → Antimykotika (bei → Mykosen) oder → Antihistaminika (bei → allergischen Reaktionen) eingesetzt und in Form von Salben, Cremes, Lotionen, Gels, Pflaster, Sprays oder Lösungen verabreicht.

Tissue-Oxygenation-Provokation
Bei der Tissue-Oxygenation-Provokation handelt es sich um eine experimentelle oder klinische Untersuchungsmethode für → Allergien und → Pseudoallergien, bei der durch einen Spezialisten eine stecknadelkopfgroße Gewebeprobe aus der Schleimhaut entnommen wird und eine so genannte Gewebeoxygenierung durchgeführt wird. Eine Gewebeoxygenierung bezeichnet die Menge an Sauerstoff, die in den Geweben vorhanden ist und für deren Funktion benötigt wird. Durch verschiedene Maßnahmen wie z. B. die Veränderung der Sauerstoffzufuhr, die Modulation des Blutflusses oder die Beeinflussung des Stoffwechsels werden die physiologischen Reaktionen im menschlichen Körper gezielt provoziert und untersucht.

Totraum
Als Totraum im Kontext zu → Schimmelpilzen in Innenräumen werden Bereiche genannt, in denen Verschmutzungen während des Betriebs oder Reinigungs- oder Desinfektionsmittel während der Reinigung eingeschlossen, zurückgehalten oder aus dem sie nicht vollständig entfernt werden können.

Toxämie
Toxämie bezeichnet das Vorhandensein von → Toxinen im Blut und darf nicht mit → Toxinämie verwechselt werden. Die Giftstoffe können z. B. durch → bakterielle → Infektionen, → Mykosen oder Vergiftungen durch andere → toxische Substanzen verursacht werden. Die Symptome können vielfältig sein und werden durch die Art und Menge der Toxine beeinflusst. Diese können von Fieber, Übelkeit und Erbrechen bis hin zu schweren neurologischen Wirkungen und in Ausnahmen dem Versagen einzelner Organe reichen. Die Behandlung erfolgt in der Regel mit → Antibiotika.

Toxic Mold Syndrom
Unter Toxic Mold Syndrom werden eine Reihe unspezifischer Symptome wie z. B. Müdigkeit, Kopfschmerzen, Konzentrationsschwierigkeiten, Hautreizungen und Atemwegsbeschwerden, Gelenk- und Muskelschmerzen bis hin zu Depressionen zusammengefasst, bei denen eine → Exposition durch → Schimmelpilze und insbesondere eine gesundheitliche Wirkung bei Menschen mit einer → Immunsuppression durch → Mykotoxine als Ursache vermutet wird. Der Begriff ist in Fachkreisen umstritten, da es sich um keine offizielle und/oder anerkannte medizinische Diagnose handelt und es keine wissenschaftlichen Beweise hierfür gibt. Vielmehr wird vermutet, dass die Symptome wie z. B. → allergische Reaktionen auf die bekannten Auslöser wie z. B. → Sporen, → Hausstaub oder andere Umweltfaktoren zurückzuführen sind.

toxigen
Als toxigen (oder auch toxogen) werden → Mikroorganismen bezeichnet, die in der Lage sind, Giftstoffe zu produzieren. Dies unterscheidet den Begriff von → toxisch.

toxisch
Als toxisch werden Substanzen bezeichnet, die giftig sind oder eine Vergiftung verursachen. Dies unterscheidet den Begriff von → toxigen.

toxogen
→ toxigen

Toxikämie
Als Toxikämie bezeichnet man eine Blutvergiftung, die durch eine → bakterielle → Infektion oder andere Erreger verursacht wird. Die Toxikämie als konkrete Vergiftung darf nicht mit der → Toxämie (nur das Vorhandensein der Toxine) verwechselt werden, auch wenn beide Begriffe oft synonym verwendet werden.

Toxikologie/Toxikologe
Die Toxikologie ist die Wissenschaft, die sich mit der Erforschung von Giften und Gegengiften sowie den Vergiftungen des Organismus auseinandersetzt, insbesondere den schädlichen Wirkungen für den Menschen. Toxikologe ist die dazugehörige Berufsbezeichnung.

toxikologisch
Mit dem Begriff toxikologisch wird die Giftigkeit einer Substanz beschrieben.

Toxine
Toxine sind Giftstoffe oder giftige Substanzen, die von Mikroorganismen wie z. B. → Bakterien oder → Schimmelpilze produziert werden oder bei deren Zerfall freigesetzt werden. Daher unterscheidet man zwischen → Endotoxine oder → Exotoxine und → Mykotoxine. Diese können Stoffwechselprozesse stören und zu Vergiftungen oder Krankheiten führen. Der chemische Aufbau vieler Toxine ist im Einzelnen noch nicht bekannt. Allerdings handelt es sich in den meisten Fällen um Proteine oder Lipopolysaccharide, durch die die Bildung von → Antikörpern ausgelöst wird.

Toxinologie
Die Toxinologie ist ein Teilgebiet der → Toxikologie und setzt sich als interdisziplinäre Wissenschaft ausschließlich mit den → Toxinen auseinander, die von Lebewesen produziert oder von anderen Quellen angereichert werden. Hierzu

zählen z. B. → Mykotoxine (durch → Schimmelpilze) oder → Endotoxine sowie → Exotoxine (beide durch → Bakterien).

toxische Alveolitis
Die toxische Alveolitis ist eine → Mykotoxikose und beschreibt die Entzündung der → Alveolen (Lungenbläschen), die durch die Inhalation von → Toxinen ausgelöst wird. Unterschieden werden u. a. die → ODTS (organische Staubtoxizität) und EAA (→ Exogen allergische Alveolitis). Typische Symptome sind Fieber, Schüttelfrost, Muskelschmerzen, Atemnot, Husten und Kurzatmigkeit sowie Müdigkeit und Gewichtsverlust.

Toxische Wirkung
siehe Abschn. 11.7

Toxizität
Als Toxizität wird die Giftigkeit eines Stoffes bzw. die Wirkungsstärke eines Giftes bezeichnet. Diese hängt von der aufgenommenen Menge eines Stoffes ab (Dosis-Wirkungs-Beziehung). Die bekannteste Messgröße ist der → LC_{50}- bzw. → LD_{50}-Wert.

Toxoide
Toxoide sind → bakterielle → Toxine, die aufgrund einer chemischen oder thermischen Behandlung ihre toxischen Eigenschaften verloren haben, aber immer noch in der Lage sind, das → Immunsystem zur Bildung von → Antikörpern anregen zu können. Man spricht in dem Zusammenhang auch von entgifteten Toxinen.

Tracergas-Verfahren
Das Tracergas-Verfahren ist eine Messtechnik, die in der → Leckageortung eingesetzt wird, insbesondere bei Flachdächern oder Rohrleitungen. Hierzu wird ein Tracergas (Spurengas), z. B. ein Gemisch aus Stickstoff und Wasserstoff, unter leicht erhöhtem Druck in das zu untersuchendes System eingeleitet und beobachtet, ob dieses Gas an einer Undichtigkeit austritt. Durch spezielle Detektoren (Sensoren) kann die Leckstelle aufgespürt und genau lokalisiert werden. Diese Geräte können kleinste Mengen (im ppm-Bereich) detektieren. Das eingesetzte Tracergas ist nicht brennbar, nicht explosiv und nicht giftig.

Transduktion
Die Transduktion bezeichnet im biologischen Kontext einen Mechanismus, bei dem genetisches Material von einem → Bakterium auf ein anderes durch → Viren, so genannte → Bakteriophagen, übertragen wird. Diese Viren infizieren Bakterienzellen und nutzen sie als Wirt zur Vermehrung. Hierbei bauen die Bakteriophagen gelegentlich auch bakterielle → DNA in ihre neuen Viruspartikel mit ein, so dass auch diese auf die anderen Bakterien übertragen werden. In der → Mikrobiologie wird dieser Vorgang als horizontaler Gentransfer bezeichnet. Bei der Transduktion werden zwei Vorgänge unterschieden: die allgemeine Transduktion, bei der zufällige DNA-Fragmente übertragen werden, und die spezifische Transduktion, bei der ein bestimmter Teil der Bakterien-DNA zusammen mit der viralen DNA übertragen wird. Die Transduktion kann zur genetischen Vielfalt von Bakterien beitragen und ihnen neue Eigenschaften wie z. B. → Resistenzen gegen → Antibiotika verleihen.

Transfektion
Die Transfektion ist vergleichbar mit dem Prozess der Transformation. Allerdings wird bei der Transfektion → DNA spezifisch in → eukaryotische Zellen eingeführt.

Transformation
Die Transformation bezeichnet im biologischen Kontext die genetische Veränderung einer Zelle durch die Aufnahme oder Einschleusung von fremder → DNA.

Transkription
Die Transkription bezeichnet im biologischen Kontext einen Prozess, bei dem die genetische Information eines → DNA-Abschnitts auf eine RNA, meist Messenger-Ribonukleinsäure (mRNA), kopiert wird und als Vorlage für die Proteinsynthese (Aufbau eines Peptides) dient.

Translation
Die Translation bezeichnet im biologischen Kontext einen Prozess, bei dem die genetische Information (Basensequenz), die in der Messenger-Ribonukleinsäure (mRNA) gespeichert ist, in eine spezifische Aminosäuresequenz eines Proteins

übersetzt wird. Dieser Prozess findet an den Ribosomen statt und ist ein essenzieller Bestandteil in der Proteinbiosynthese.

Transmissionswärme
→ Transmissionswärmeverluste

Transmissionswärmebedarf
Der Transmissionswärmebedarf ist die → Wärmemenge, die einem Gebäude oder Raum zugeführt werden muss, um die → Transmissionswärmeverluste über die Bauteile (Wände, Dächer, Fenster, Türen) der Gebäudehülle an die Umgebung auszugleichen. Diese wird durch verschiedene Faktoren wie z. B. dem → U-Wert eines Bauteils, → Wärmebrücken oder A/V-Verhältnis (Fläche-Volumen-Verhältnis) beeinflusst. Ein niedriger Transmissionswärmebedarf ist ein Indikator für eine gute Wärmedämmung und ein wichtiger Faktor für die Energieeffizienz eines Gebäudes. Dieser wird bei der Berechnung des Jahresheizwärmebedarfs berücksichtigt.

Transmissionswärmeverluste
Transmissionswärmeverluste beschreiben → Wärmeströme, die durch → Wärmeleitung in den Bauteilen der Gebäudehülle (Wände, Dach, Fenster, Türen) sowie dem → Wärmeübergang an den Bauteiloberflächen nach außen dringen und verloren gehen. Die Höhe der Wärmeverluste wird durch verschiedene Faktoren wie z. B. dem → U-Wert eines Bauteils, → Wärmebrücken oder A/V-Verhältnis (Fläche-Volumen-Verhältnis) beeinflusst.

TRBA
TRBA ist ein Akronym und steht für die Technischen Regeln für biologische Arbeitsstoffe. Diese geben den Stand der sicherheitstechnischen, arbeitsmedizinischen, hygienischen sowie arbeitswissenschaftlichen Anforderungen zu Tätigkeiten mit biologischen Arbeitsstoffen wieder. Das technische Regelwerk beinhaltet die vom Ausschuss für biologische Arbeitsstoffe beschlossenen Regeln nach § 17 Abs. 3 der → Biostoffverordnung (BioStoffV) zur Erfüllung der allgemeinen Grundsätze des Arbeitsschutzgesetzes bei Tätigkeiten mit biologischen Arbeitsstoffen, zur Einstufung von biologischen Arbeitsstoffen und zur Erfüllung der sonstigen Anforderungen, die im Regelfall unter Berücksichtigung der üblichen Betriebsverhältnisse zur Einhaltung der Vorschriften der Biostoffverordnung einschließlich ihrer Anhänge zu stellen sind sowie Anforderungen zur Vermeidung von Unfällen und Betriebsstörungen.

TRBA 460
Bei der TRBA 460 handelt es sich um die → TRBA (Technische Regeln für Biologische Arbeitsstoffe), mit denen die Einstufung von → Schimmelpilzen in → Risikogruppen vorgenommen wird. Die TRBA 460 „Einstufung von Pilzen in Risikogruppen" konkretisiert im Rahmen des Anwendungsbereichs die Anforderungen der → Biostoffverordnung. Die Einstufungen werden nach dem → Stand der Wissenschaft vorgenommen.

TRBA 466
Bei der TRBA 466 handelt es sich um die → TRBA (Technische Regeln für Biologische Arbeitsstoffe), mit denen die Einstufung von → Prokaryonten in → Risikogruppen vorgenommen wird. Die TRBA „Einstufung von Prokaryonten in Risikogruppen" konkretisiert im Rahmen des Anwendungsbereichs die Anforderungen der → Biostoffverordnung. Die Einstufungen der biologischen Arbeitsstoffe in Risikogruppen werden nach dem → Stand der Wissenschaft vorgenommen.

Tremorgene
Als Tremorgene werden Substanzen bezeichnet, die ein Zittern auslösen. Diese werden als → Metabolit z. B. durch → Schimmelpilze der Gattung → Acremonium, → Aspergillus und → Penicillium gebildet. Tremorgene beeinträchtigen das zentrale Nervensystem, wobei der genaue Wirkmechanismus bisher nicht ausreichend bekannt ist. Die Symptome zeigen sich neben dem Zittern in einer Übererregbarkeit, stolpernde Bewegungen, Krämpfe und Gleichgewichtsstörungen. Zu den → neurotoxisch tremorgenen → Mykotoxinen zählt z. B. → Penitrem A und → Roquefortin C.

Treponema
Treponema ist eine Gattung → gram-negativer → Bakterien, die schraubenförmig gedrehte, be-

wegliche Zellen besitzen. Die → Erreger sind → mikroaerophil und entwickeln sich nur in einem relativ engen Temperaturbereich von 30 bis 37 °C. Zu den → humanpathogenen Arten gehört z. B. Treponema pallidum.

TRGS
TRGS ist ein Akronym für → Technische Regeln für Gefahrstoffe.

Trichoderma
siehe Abschn. 3.5.6.44

Trichothecene
Trichothecene ist ein Oberbegriff für unterschiedliche → Mykotoxine, die chemisch verwandt sind. Am häufigsten kommen Trichothecene vom Typ A (z. B. → T-2-Toxin) und Typ B (z. B. → Deoxynivalenol) vor. Mykotoxine vom Typ A haben grundsätzlich eine höhere → Toxizität als vom Typ B. Trichothecene werden von verschiedenen → Schimmelpilzen produziert, u. a. durch Arten von → Cephalosporium, → Fusarium, → Stachybotrys → Trichoderma und → Trichothecium. Die Toxine befinden sich vor allem in den → Sporen dieser Schimmelpilze. Trichothecene gelten als eine der potentesten Protein-Synthese-Inhibitoren. Dies bedeutet, dass durch diese Substanz das Wachstum von Proteinen beeinflusst bzw. in → eukaryotischen Zellen gehemmt wird. Trichothecene wirken antibakteriell, antifungizid, antiviral, insektizid, → zytostatisch und sind hoch → toxisch. Im Zusammenhang mit Trichothecene werden viele unspezifische Gesundheitsbeschwerden in Verbindung gebracht wie z. B. → allergische Reaktionen, Kopfschmerzen, Fieber, körperliche Erschöpfung, Erkrankung der Atemwege mit Halsschmerzen, Reizhusten, Kurzatmigkeit, Augen- und Hautreizungen, Gelenkschmerzen, Nasenbluten sowie Konzentrationsstörungen, gesteigerte Nervosität und Reizbarkeit, kognitive Störungen, insbesondere im Sprachbereich und Gleichgewichtsstörungen. In einigen Fällen wird das Mykotoxin mit Magen-Darmstörungen wie Übelkeit, Brechreiz und Bauchschmerzen in Verbindung gebracht und in Ausnahmen können Trichothecene entzündliche und blutende Lungenerkrankungen hervorrufen. Allerdings sind Trichothecene und deren gesundheitlichen Wirkungen noch nicht hinreichend erforscht. Daher gibt es keine gesicherten Erkenntnisse über neurotoxische, → mutagene und/oder → karzinogene Wirkungen, die öfter mal im Zusammenhang mit Trichothecene erwähnt werden.

Trichothecium
Trichothecium ist ein → Schimmelpilz, von dem aktuell mit Trichothecium roseum nur eine Art bekannt ist. In Innenräumen trifft man diesen Pilz häufig auf der Blumenerde von absterbenden Pflanzen sowie auf Nahrungsmitteln, insbesondere Mehlprodukten. Seine → Kolonien sind flach und wachsen relativ schnell. Diese sind wildlederartig bis pulverförmig. Am Anfang sind diese weiß und werden mit zunehmendem Alter rosa, pink oder orange, was ihm den Namen verliehen hat. Die Konidienträger sind von den vegetativen → Hyphen nicht zu unterscheiden, bis sich die ersten → Konidien gebildet haben. Diese sind aufrecht, unverzweigt und in der Nähe der Basis oft → septiert und tragen an der Spitze zickzackförmige (abwechselnde) Ketten von Konidien.

Tritirachium oryzae
siehe Abschn. 3.5.6.41

Trockeneis-Verfahren
Das Trockeneis-Verfahren ist eine Methode zur industriellen Reinigung von Oberflächen. Hierzu werden Trockeneispellets (gefrorene CO_2-Partikel mit einer Temperatur von ca. −78 °C) mit einer hohen Geschwindigkeit und unter einem hohen Druck auf die zu reinigende Oberfläche geschossen. Beim Kontakt mit dem Schmutz kommt es zu einem Schockgefrieren, anschließend geht das Trockeneis in den gasförmigen Zustand über und verdampft. Dadurch verspröden die Verschmutzungen, bekommen Risse und lösen sich ab. Man spricht dann von einer Mikroexplosion, durch die der Schmutz effektiv entfernt wird. Das Verfahren ist auch unter dem Cryo-Methode oder kyrogene Reinigung bekannt.

Trockenfäule
Trockenfäule ist ein veralteter und auch irreführender Begriff für die Lagerfäule (Holzbefall

durch Schädlinge wie z. B. Pilze), durch die das Holz austrocknet und zerstört wird. Denn auch bei der so genannten Trockenfäule ist eine hohe Holzfeuchtigkeit für den Pilzbefall notwendig.

Trockennebel
→ Geruchsneutralisation

Trockenreinigung
Die Trockenreinigung ist ein Reinigungsverfahren, bei dem verschmutzte Oberflächen mit Hilfe eines hygroskopischen Pulvers oder eines chemischen Lösungsmittels, aber eben ausdrücklich ohne Wasser, gereinigt werden. Dieses Verfahren kommt daher bevorzugt zum Einsatz, wenn kein Wasser eingesetzt werden soll wie z. B. zur Säuberung von Teppichen und Polstermöbeln nach einer Schimmelpilzsanierung, einem Brandschaden oder der Sanierung von fäkalienbelasteten Wasserschäden.

Trockenstarre
Als Trockenstarre bezeichnet man bei → holzzerstörenden Pilzen einen Zustand, der sich durch Austrocknung einstellt. In dieser Phase, die je nach Pilzart mehrere Monate oder sogar Jahre andauern kann, stellen die Pilze ihr Wachstum ein. Der → Ausgebreitete Hausporling und der → Braune Kellerschwamm haben z. B. eine Trockenstarre von mehreren Jahren. Die Trockenstarre anderer → Hausfäulen dagegen beträgt nur einige Monate. Die Besonderheit ist, dass die Pilze in der Trockenstarre ihr Wachstum nur einstellen, so dass diese wieder wachsen, sobald Feuchtigkeit zur Verfügung steht.

Trophophase
Die Trophophase, auch logarithmische Wachstumsphase (log-Phase) genannt, ist Bestandteil im Entwicklungszyklus der → Mikroorganismen und beschreibt die Wachstumsphase z. B. von → Schimmelpilzen, in der primäre → Metaboliten wie Aminosäuren und Nukleotide gebildet werden. Grundvoraussetzung ist, dass genügend Nahrung vorhanden ist. In bestimmten Medien, die nur ein langsames Wachstum ermöglichen, überlappen sich gelegentlich die Trophophase und die → Idiophase.

TSA-Agar
TSA ist ein Akronym für Trypton-Soja-Agar, allgemein als Casein-Soja-Pepton-Agar bekannt. Hierbei handelt es sich um ein universelles → Nährmedium für die Anzucht einer Vielzahl von Mikroorganismen. Das Medium besteht im Wesentlichen aus Casein-Pepton und Sojamehl-Pepton. Die Proteine werden mit Trypsin abgebaut. Die auf diese Weise erhaltenen Peptone werden als Tryptone bezeichnet.

TVC
TVC ist ein Akronym für Total Viable Count und beschreibt die → Gesamtkeimzahl.

TVOC
TVOC ist ein Akronym für Total Volatile Organic Compounds und bedeutet die Summe aller → VOC (flüchtige organische Verbindungen).

TSVOC
TSVOC ist die Summe der Konzentrationen der einzeln gemessenen → SVOC (schwerflüchtige organische Verbindungen).

TWI-Wert
TWI ist ein Akronym für Tolerable Weekly Intake und eine international gebräuchliche Bezeichnung für die wöchentlich tolerierbare Menge eines Schadstoffes, die vom Menschen lebenslang ohne Schädigung der Gesundheit (nach heutigem Wissen) aufgenommen werden kann. Der TWI-Wert wird durch Langzeittierversuche experimentell ermittelt.

Typ I Allergie
→ Allergie-Typ I

Typ II Allergie
→ Allergie-Typ II

Typ III Allergie
→ Allergie-Typ III

Typ IV Allergie
→ Allergie-Typ IV

T-Zellen
→ T-Lymphozyten

T-2-Toxin
T-2-Toxin ist ein → Mykotoxin aus der Gruppe der → Trichothecene, das von verschiedenen → Schimmelpilzen gebildet wird, insbesondere durch Arten der Gattung → Fusarium wie Fusarium sporotrichioides und Fusarium tricinctum. Das Toxin zählt unter den Trichothecene zum Typ A. Auffallend ist die hohe Thermostabilität. T-2-Toxin wird erst bei Temperaturen über 200 °C inaktiviert und ist in Wasser unlöslich. Das Mykotoxin hat eine hohe → zytotoxische und → immunsuppressive Wirkung und kann schwere Vergiftungen hervorrufen.

14.21 U

UBA
UBA ist ein Akronym für → Umweltbundesamt.

UBA-Leitfäden
→ Schimmelpilz-Leitfäden

ubiquitär
Der Begriff ubiquitär kommt aus dem Lateinischen und heißt so viel wie überall vorkommend, allgemein verbreitet oder allgegenwärtig. Für kaum etwas Anderes ist diese Bezeichnung so zutreffend wie für → Schimmelpilze. Diese sind unter den → Mikroorganismen am weitesten verbreitet und können unterschiedlichste → Habitate und → Substrate besiedeln. Aufgrund ihrer Anpassungsfähigkeit können sie sich innerhalb kürzester Zeit den unterschiedlichsten Bedingungen anpassen und Überlebensstrategien entwickeln.

Überdruckverfahren
Das Überdruckverfahren ist ein Verfahren der → technischen Bautrocknung, das speziell in der → Dämmschichttrocknung oder zur Trocknung von Hohlräumen in Decken, Wänden oder Böden nach einem Wasserschaden zur Anwendung kommt. Hierbei wird vorgetrocknete Luft mit hohem Druck über Schläuche durch Bohrungen in die Hohlräume gepresst. Diese reichert sich mit Feuchtigkeit an und entweicht anschließend über die offene Randfuge oder spezielle Entlastungsbohrungen zurück in den Innenraum, wo sie durch → Kondenstrockner oder → Adsorptionstrockner entfeuchtet wird. Hierbei können → Schimmelpilzsporen und andere mikrobielle Partikel sowie → Staub in die Raumluft gelangen, so dass dieses Verfahren heute nicht mehr dem → Stand der Technik entsprechen. Aus diesem Grund wird heute zunehmend das → Unterdruckverfahren eingesetzt.

Überempfindlichkeitsreaktion
Die Überempfindlichkeitsreaktion, auch als Hypersensitivitätsreaktion bezeichnet, ist eine übermäßige und abnormale Reaktion des → Immunsystems auf eigentlich harmlose Substanzen. Zu den bekanntesten Formen einer Überempfindlichkeitsreaktion gehören → Allergien, bei denen das Immunsystem eine → allergische Reaktion auf ein → Allergen auslöst, sowie → Pseudoallergien. Unterschieden werden → Typ-I-Allergie, auch als Sofortreaktion bekannt, sowie → Typ-III-Allergie und → Typ-IV-Allergie, die langsamer ablaufen und zu → Autoimmunerkrankungen führen können. Die Symptome einer Überempfindlichkeitsreaktion können sehr vielfältig sein und reichen von Hautausschlag, Juckreiz, Schnupfen, tränenden Augen, Atemnot über Schwellungen bis hin im schlimmsten Fall zu einem → anaphylaktischen Schock.

ÜLD
ÜLD ist ein Akronym und steht für Überstromluftdurchlass, der in Innentüren oder -wänden einer Nutzungseinheit eine Luftströmung von den Räumen mit höherem zu den Räumen mit niedrigerem Druckniveau sicherstellt – auch bei geschlossenen Innentüren.

Ulocladium
siehe Abschn. 3.5.6.45

ULPA-Filter
→ HEPA-Filter

Ultrafeine Stäube
Ultrafeine Stäube weisen eine Partikelgröße von 1 bis 25 nm auf und können sowohl organische wie anorganische Bestandteile aufweisen.

UMU-Test
Der UMU-Test ist ein → Mutagenitätstest zur Bewertung von → Genotoxizität von Substanzen.

Umweltanalytik
Die Umweltanalytik ist ein Teilgebiet der chemischen Analytik und setzt sich mit der qualitativen und quantitativen Untersuchung von Stoffen und Substanzen in der Umwelt auseinander. Das Ziel besteht darin, die Zusammensetzung und Konzentration dieser Stoffe und Substanzen sowie Summenparameter in den verschiedenen Umweltmedien zu bestimmen, um deren Auswirkungen auf die Umwelt und die menschliche Gesundheit zu bewerten. Die Umweltanalytik liefert somit wichtige Erkenntnisse für die Schadstoffbelastung in Innenräumen und somit für die → Allergologie und → Umweltmedizin. Genutzt werden hierfür verschiedene chemische und physikalische Analyseverfahren wie z. B. die Gaschromatographie oder auch Massenspektrometrie. Das dazugehörige Berufsbild heißt Umweltanalytiker.

umweltbedingte Erkrankungen
→ MCS-Syndrom

Umweltbundesamt
Zu den Aufgaben des Umweltbundesamtes (UBA) gehören u. a. die wissenschaftliche Unterstützung und Beratung des BMU und der Bundesregierung in Fragen des Immissionsschutzes (z. B. im Bereich Luft), der Wasser- und der Abfallwirtschaft. Dabei werden die umweltschädigenden Prozesse und ihre Folgen untersucht. Außerdem werden Stoffe hinsichtlich ihrer ökologischen Schädlichkeit beurteilt und die Entwicklung neuer (umweltschonender) Technologien initiiert und unterstützt. Weitere Aufgaben des UBA sind der Vollzug von Umweltgesetzen (z. B. Emissionshandel, die Zulassung von Chemikalien, Arznei- und Pflanzenschutzmitteln) sowie die Sammlung und Speicherung von Umweltdaten, der Aufbau und die Pflege von Umweltplanungs- und Informationssystemen und die Aufklärung der Öffentlichkeit in Umweltfragen etc. Der Sitz des Umweltbundesamtes ist Dessau. Das Umweltbundesamt hat 2002 und 2005 die ersten beiden → Schimmelpilz-Leitfäden herausgegeben, die 2017 und 2024 aktualisiert und erweitert wurden.

Umweltmedizin
Die Umweltmedizin ist ein interdisziplinäres Fachgebiet, das sich mit den Wechselwirkungen zwischen Umweltfaktoren und deren Einflüsse auf die menschliche Gesundheit befasst. Hierzu sind Erkenntnisse aus verschiedenen Fachbereichen wie z. B. Epidemiologie, → Toxikologie, → Allergologie, Hygiene und Arbeitsmedizin notwendig. Im mikrobiologischen Kontext geht es in der Umweltmedizin um die gesundheitlichen Wirkungen durch biologische Stoffe wie z. B. → Schimmelpilze, → Bakterien, → Viren und → Allergene sowie sonstige → Schadstoffe. Einer der Schwerpunkte liegt auf der Identifizierung und Minimierung von Risiken, die von Umweltfaktoren ausgehen, um Krankheiten vorzubeugen. Hierbei geht es vor allem um die Behandlung von Patienten mit umweltbedingten Erkrankungen wie z. B. → Allergien, → Asthma, Hauterkrankungen oder neurologischen Beschwerden. Unterschieden wird zwischen der präventiven und klinischen Umweltmedizin. Aufgrund der Umwelt- und Innenraumbelastung wird die Erkennung, Erforschung, Vorsorge und Therapie umweltbedingter Erkrankungen in den nächsten Jahren deutlich an Bedeutung gewinnen.

Undichtigkeiten an Bauteilanschlüssen
siehe Abschn. 7.2.3.5

Undulation/Undultion
→ Flagellaten

Ungeregelter Luftwechsel
Von einem ungeregelten Luftwechsel spricht man, wenn der Luftaustausch eines Raumes nicht durch gezielte Maßnahmen wie z. B. → Lüftungsanlagen gesteuert wird. Dieser entsteht in der Regel durch Undichtigkeiten in der Gebäudehülle wie offene Fugen (Mauerwerk) oder undichte Fugen von Fenster und Türen sowie sonstige Ritzen oder Spalten, aber auch durch natürliche Einflüsse wie Winddruck und Temperaturunterschiede. Dadurch ist die → Luftwechselrate stark vom Wetter abhängig. Außerdem kann der ungeregelte Luftwechsel zu unerwünschten Nebenwirkungen wie z. B. Wärmeverlusten und Luftzugerscheinungen führen.

Unsichtbarer Befall
siehe Abschn. 5.3

Unspezifische Befindlichkeitsstörungen
siehe Abschn. 11.10

Unspezifische Wirkung
→ oxidierende Biozide

Unterdruckhaltung
Die Unterdruckhaltung ist ein spezielles Verfahren, bei dem in einem abgeschlossenen Bereich ein niedrigerer Luftdruck als in der Umgebung erzeugt wird. Dieses wird oft in der → Schimmelpilzsanierung eingesetzt, um das Austreten von biogenen Stäuben, → Sporen und andere mikrobielle Partikel oder sonstige Schadstoffe aus diesem Bereich, auch → Schwarzbereich genannt, in die Umgebung, auch → Weißbereich genannt, zu verhindern.

Unterdruckverfahren
Das Unterdruckverfahren ist ein Verfahren der → technischen Bautrocknung, das speziell in der → Dämmschichttrocknung oder zur Trocknung von Hohlräumen in Decken, Wänden oder Böden nach einem Wasserschaden zur Anwendung kommt. Hierbei wird die feuchte Luft mittels → Seitenkanalverdichtern abgesaugt und einer Filterkette zugeführt. Der Vorteil gegenüber dem → Überdruckverfahren besteht darin, dass → Schimmelpilzsporen und andere mikrobielle Partikel sowie → Staub nicht in die Raumluft gelangen.

Untersuchungslabore, Anforderungen an
siehe Abschn. 6.6.5

Untersuchungsmethoden (für Schimmelpilze)
siehe Abschn. 6.6.3

Untersuchungen auf Endotoxine
siehe Abschn. 6.6.3.9

Untersuchungen auf Mykotoxine
siehe Abschn. 6.6.3.8

Untersuchungen von Bakterien
siehe Abschn. 6.6.3.7

Untersuchungen von MVOC
siehe Abschn. 6.6.3.5

Unvollkommene Pilze
→ Fungi imperfecti

Unzureichende Wärmedämmung
siehe Abschn. 7.2.3.4

Uranin
Uranin ist ein wasserlöslicher, stark fluoreszierender Markierungsfarbstoff, der vor allem in der → Leckortung und → Dichtheitsprüfung eingesetzt wird. Er ist bekannt für seine intensive gelbgrüne Fluoreszenz, die besonders unter UV-Licht gut sichtbar ist.

Urtikaria
Urtikaria, umgangssprachlich auch als Nesselsucht bezeichnet, ist eine Erkrankung der Haut oder der Schleimhäute, die durch bestimmte → Allergene hervorgerufen wird. Diese kann lokal begrenzt oder großflächig auftreten und akut (einige Stunden bis wenige Tage) oder chronisch (mehrere Wochen) verlaufen, wobei die chronische Urtikaria nur in den seltensten Fällen durch eine → allergische Reaktion hervorgerufen wird. Die Symptome zeigen sich durch juckende Quaddeln, Hautrötungen und Juckreiz, in manchen Fällen auch als Schwellungen (in tieferen Hautschichten). Zur Behandlung werden → Antihistaminika eingesetzt.

UV-Desinfektion
Die UV-Desinfektion ist eine Methode zur Abtötung oder Inaktivierung von → Mikroorganismen wie z. B. → Bakterien, → Viren, → Hefen oder → Schimmelpilzen, bei der ultraviolette Strahlung eingesetzt wird. Die → Desinfektion erfolgt durch UV-C-Strahlung in einem Bereich von 200 bis 280 nm. Ausgelöst wird diese durch photochemische Reaktionen an den Nukleinsäuren. Die Strahlen (Photonen) treffen das Informations- und Replikationszentrum der Mikroorganismen innerhalb von Bruchteilen einer Sekunde und werden dort absorbiert. Dies führt zu Schäden an der → DNA oder → RNA, so dass keine weitere Replikation der Zellen stattfindet. Dies bedeutet,

dass die Zelle ihre Eigenschaften verliert, sich reparieren und teilen zu können, so dass sich der Mikroorganismus nicht mehr vermehren kann. Im Gegensatz zu chemischen → Desinfektionsmitteln hinterlässt die UV-Desinfektion keine chemischen Rückstände auf den behandelten Oberflächen. Die Methode zur Oberflächenentkeimung und Raumluftdesinfektion eingesetzt werden. Die Wirksamkeit hängt von der Bestrahlungsstärke und -zeit sowie der Art der Mikroorganismen ab und wird in J/m^2 angegeben.

UV-Tracer
→ Markierungsfarbstoff

U-Wert
→ Wärmedurchgangskoeffizient

14.22 V

Vakuum-Extraktions-Verfahren
Das Vakuum-Extraktions-Verfahren ist ein spezielles Reinigungsverfahren, das vor allem in stark verschmutzten Bereichen z. B. nach einem Brandschaden eingesetzt wird, in dem kein Wasser oder nur sehr wenig Feuchtigkeit eingesetzt werden kann. Es handelt sich um eine Weiterentwicklung des → Sprühextraktionsverfahrens. Dies bedeutet, dass der Sprühvorgang, bei den Verschmutzungen wie Ruß, Staub und Ablagerungen durch einen pulsierenden Reinigungsstrahl zunächst gelöst werden, und der Absaugvorgang mithilfe eines Vakuums (unter einer Haube mit Dichtlippe), mit dem die Partikel entfernt werden, in einem Arbeitsschritt erfolgt.

Vakuumtrocknung
Der Begriff der Vakuumtrocknung wird für zwei Verfahren verwendet. Zum einen wird die Vakuumtrocknung in der → technischen Bautrocknung eingesetzt, insbesondere für das Trocknen geschichteter Baukonstruktionen. Hierzu gehören z. B. Fußböden auf Betonplatten, in denen das Wasser bereits bis in die Füllung oder Isolierung unter dem schwimmenden Estrich eingedrungen ist. Das Prinzip basiert darauf, dass ein Trocknungsgerät die Raumluft trocknet, während gleichzeitig eine Turbine in der Konstruktion einen hohen Unterdruck erzeugt. Die trockene Luft wird durch Öffnungen und Bohrungen in und durch die Baukonstruktion geleitet und anschließend die feuchte Luft über einen → Wasserabscheider mit einem → HEPA-Filter aus der Konstruktion gesaugt. Zum anderen wird der Begriff für ein Verfahren verwendet, um wertvolle Bücher (z. B. in Bibliotheken) oder Zeitungen, Zeichnungen, Dokumente und andere Erzeugnisse aus Papier und Pappe (z. B. in Archiven) nach einem Wasserschaden zu retten. Um irreparable Schäden am Papier und Papierkleber zu vermeiden, werden die betroffenen Gegenstände umgehend in geeignete Behälter (Vakuumkammer) verpackt und Schock gefroren, um die Schadensprozesse zu stoppen. Anschließend wird das gefrorene Material langsam und kontrolliert erwärmt, wobei das enthaltene Wasser (in eisförmigem Zustand) direkt verdampft (sublimiert), ohne dass es in seiner flüssigen Form Schäden anrichten kann. Dadurch wird das Papier weniger beansprucht. Ein Unterdruck sorgt zudem für eine gleichmäßige Trocknung über die gesamte Papierfläche, so dass Verformungen oder ein Knittern des Papiers minimiert werden.

VDI 4251
VDI ist ein Akronym für den Verein Deutscher Ingenieure. Die VDI 4251 ist eine Sammlung von Richtlinien, die sich mit dem Erfassen luftgetragener → Mikroorganismen und → Viren in der Außenluft befasst. Konkret geht es um die Planung, Durchführung und Auswertung von Messungen zur Bestimmung der Konzentration so genannter → Bioaerosole.

VDI 4252
VDI ist ein Akronym für den Verein Deutscher Ingenieure. Die VDI 4252 ist eine Sammlung von Richtlinien, die sich mit der Messung von → Bioaerosolen in der Außenluft beschäftigt. Im Blatt 2 der Richtlinie geht es um die aktive → Probenahme von → Schimmelpilzen mit Hilfe von Filterverfahren in der Außenluft, im Blatt 3 um die aktive Probenahme von → Bakterien in der Außenluft und im Blatt 4 um die Ermittlung von Pollen und → Sporen in der Außenluft zu → aller-

gologischen Zwecken. Diese dienen als Grundlage für weiterführende Analysen, wie sie als indirekte Nachweis in der → VDI 4253 beschrieben sind.

VDI 4253
VDI ist ein Akronym für den Verein Deutscher Ingenieure. Die VDI 4253 ist eine Sammlung von Richtlinien, die sich mit der Konzentrationsbestimmung luftgetragener → Mikroorganismen wie → Bakterien und → Schimmelpilzen sowie → Viren in der Außenluft, sowohl durch kulturelle als auch durch mikroskopische Methoden, befasst. Die Richtlinie legt allgemeine Grundsätze fest. Hierzu gehören z. B. die Ermittlung der über die Dauer der Probenahme festgestellten Konzentration an → mesophilen sowie → thermotoleranten, auf → DG-18-Agar kultivierbaren, Schimmelpilzen mittels indirekter Verfahren. Die Richtlinie besteht aus mehreren Teilen, die sich jeweils auf spezifische Aspekte der Erfassung und Analyse von → Bioaerosolen konzentrieren. Blatt 2 beschreibt ein → kulturelles Verfahren, bei dem Proben auf Gelatine-Polycarbonat-Filtern gesammelt und anschließend kultiviert werden. Blatt 3 behandelt die kulturelle Bestimmung von Bakterien in der Luft, wobei die Proben nach der Abscheidung weiterverarbeitet und analysiert werden. Blatt 4 beschreibt ein kultivierungsunabhängiges Verfahren zur Bestimmung der Gesamtzellzahl von Mikroorganismen mit Hilfe der → Fluoreszenzmikroskopie.

VDI 4300
VDI ist ein Akronym für den Verein Deutscher Ingenieure. Die VDI 4300 ist eine Sammlung von Richtlinien für die systematische und standardisierte Messung von → Schadstoffen in Innenräumen. Hierzu gehören u. a. → Stäube, → Viren, → Bakterien, → Schimmelpilze sowie spezifische Schadstoffgruppen wie z. B. → VOC, → MVOC und dgl. Die VDI 4300 ist somit ein wichtiges → Regelwerk für die Untersuchung und Bewertung der Innenraumluftqualität.

VDI 6022
VDI ist ein Akronym für den Verein Deutscher Ingenieure. Die VDI 6022 regelt die → hygienischen Anforderungen an → raumlufttechnische Anlagen und Geräte. Sie formuliert welche hygienischen Aspekte bei der Herstellung, der Planung und der Errichtung sowie auch beim Betrieb und der Instandhaltung dieser Anlagen und Geräte zu beachten sind. Hierbei sind die Anlagen und Geräte so zu betreiben, dass eine zusätzliche Belastung durch → Schadstoffe sowie anorganische und organische Verunreinigungen vermieden wird. Außerdem wird in der VDI 6022 gefordert, dass der Gehalt an Stäuben und Bioaerosolen der Zuluft den der Außenluft nicht überschreiten darf.

Vegetative Phase
Die vegetative Phase ist Bestandteil im → Entwicklungszyklus von → Schimmelpilzen und beschreibt die Wachstumsphase, auch als → Trophophase bezeichnet. Schimmelpilzsporen keimen auf feuchter Oberfläche aus, anschließend durchwachsen → Hyphen (Pilzfäden) die Bauteiloberfläche. Die Hyphen bilden ein → Myzel (Pilzgeflecht), das im → Substrat oder auf der Bauteiloberfläche wächst.

Ventilatorgestützte Lüftung
siehe Abschn. 10.2.7.3.1

Verdampfer
Der Verdampfer ist das kalte Bauteil innerhalb eines → Kondensationstrockners, an dem die Luftfeuchtigkeit kondensiert und abläuft.

Verdeckter Befall
siehe Abschn. 5.4

Verdrängungslüftung
→ Lüftungseffektivität

Verdünnungsausstrich
→ Ausstrich

Vergiftung
→ Intoxikation

Verifizierung
Eine Verifizierung ist eine Bestätigung, dass festgelegte und/oder vereinbarte Anforderungen erfüllt worden sind. Diese erfolgt in der Regel durch die Bereitstellung eines objektiven Nachweises.

Vermeidungsstrategien
siehe Abschn. 10.1

Vermuteter Schimmelpilzbefall
Ein Schimmelpilzbefall wird häufig vermutet, wenn ein mikrobieller Befall nicht sichtbar ist, dafür aber typische Symptome wie z. B. spezifische → Gerüche vorliegen, die auf die Existenz von → Schimmelpilzen und/oder ihrer → Metaboliten wie z. B. → MVOC hindeuten oder gesundheitliche Wirkungen, die auf das Vorhandensein von z. B. → Mykotoxine schließen lassen. Häufig liegt dann ein → nicht sichtbarer oder ein → versteckter Befall vor.

Vernebeln
→ Foggen

Verrucarin
Verrucarine sind → Mykotoxine, die zur Klasse der → Trichothecene zählen und von verschiedenen → Schimmelpilzen wie z. B. → Myrethecium roridum und → Stachybotrys produziert werden. und → kanzerogene und → neurotoxische Wirkungen hat. Verrucarine weisen eine starke → Toxizität auf.

Verrucosidin
Verrucosidin ist ein → Mykotoxin, das von verschiedenen Arten des → Schimmelpilzes → Penicillium gebildet wird, insbesondere durch Penicillium aurantiogriseum, Penicillium melanoconidium und Penicillium polonicum. Verrucosidin kann je nach Konzentration zu gesundheitlichen Wirkungen führen. Hierzu gehören Müdigkeit, Schwindelgefühle und Übelkeit. Auch → allergische Reaktionen können durch das Mykotoxin verursacht werden. Verrucosidin wirkt → neurotoxisch und kann als → tremorgenes Nervengift Störungen bis zu Schäden am zentralen Nervensystem auslösen. In Einzelfällen wird das Mykotoxin mit → genotoxischen, → mutagenen und → zytotoxischen Wirkungen in Verbindung gebracht.

Verruculogen
Verruculogen ist ein → Mykotoxin, das durch den → Schimmelpilz → Aspergillus, insbesondere durch → Aspergillus fumigatus produziert wird. Da es sich hierbei um einen → saprophilen Schimmelpilz handelt, wird Verruculogen vor allem in diesem Umfeld nachgewiesen, also z. B. auf Bioabfall. Die Mykotoxinproduktion ist von der Temperatur und vom → Nährboden abhängig. Bei 25 °C wird Verruculogen häufig zusammen mit → Fumagillin gebildet, während die Produktion bei 37 °C hingegen deutlich sinkt. Verruculogen hat eine → toxische, → genotoxische und → neurotoxische Wirkung, die ursächlich für seine → tremorgene Wirkung ist. Eine → mutagene Wirkung kann dagegen ausgeschlossen werden.

Versteckter Befall
siehe Abschn. 5.4

verzögerte Reaktion
→ Allergie-Typ IV

Viable Messungen
Viable Messungen (engl. viable = lebensfähig) werden in der → Schimmelpilz-Diagnostik durchgeführt. Hierbei handelt es sich um ein Verfahren, bei dem der Nachweis über keimfähige, kultivierbare → Sporen von → Schimmelpilzen auf unterschiedlichen → Nährböden sowie über eine → Inkubation bei unterschiedlichen Temperaturen erfolgt. Das Gegenteil sind → non-viable-Messungen.

Vibrionen
Vibrionen sind → gram-negative, fakultativ → anaerobe, stäbchenförmige → Bakterien, die polar begeißelt und mäßig bis ausgeprägt halophil (salzbedürftig) sind.

Videoskop
siehe Abschn. 6.3.7

Viomellein
Viomellein ist ein → Mykotoxin, das von verschiedenen → Schimmelpilzen produziert wird, insbesondere durch → Aspergillus ochraceus und → Penicillium viridicatum. In der Luft kann das Mykotoxin nur nachgewiesen werden, wenn es über → Aspergillus ochraceus gebildet wird. Durch das Einatmen können gesundheitliche Wirkungen

auftreten wie z. B. → allergische Reaktionen. Prinzipiell ist die → Toxizität von Viomellein als gering einzustufen. Dennoch kann das Mykotoxin → nephrotoxisch (nierenschädigend) und → hepatotoxisch (leberschädigend) wirken. Zudem kann Viomellein als Zellgift auftreten und das vorzeitige Absterben von Körperzellen begünstigen. Außerdem wirkt es gegen → gram-positive → Bakterien und besitzt eine insektizide Wirkung.

Viren/Virus
siehe Abschn. 5.6.10

Viroide
Als Viroide werden kurze Nukleinsäuren mit einem niedrigen Molekulargewicht bezeichnet. Die aktuell kleinsten selbstreplizierenden Krankheitserreger sind von stäbchenförmiger Gestalt und bestehen aus einer ringförmigen Ribonukleinsäure (RNA). Viroide besitzen keinen Stoffwechsel und können sich nicht fortpflanzen. Eine Vermehrung ist nur innerhalb einer Wirtszelle möglich. Diese Eigenschaft klassifiziert Viroide als subzelluläre Erreger. Die Vermehrung in einer infizierten Zelle gilt bisher als unzureichend erforscht. Viroide fehlt im Gegensatz zu → Viren eine Reihe an Proteinen und Fetten sowie ein Kapsid (Hülle). Durch Viroide verursachte Erkrankungen beim Menschen sind bisher nicht bekannt.

Virose
→ Virusinfektion

Virushülle
Die Virushülle ist die äußere Struktur von → Viren und besteht aus Fetten (Lipiden) und darin eingelagerten Virusproteinen. Die Virushülle umschließt das so genannte Kapsid, in dem sich die virale Nukleinsäure befindet und ist ausschlaggebend für die Stabilität des Virus gegenüber Umwelteinflüssen.

Virusinfektionen
Eine Virusinfektion, auch als Virose bezeichnet, ist eine → Infektion mit → Viren, die in den fremden Organismus eindringen und sich dort vermehren. Eine Virusinfektion kann eine Infektionskrankheit nach sich ziehen, die durch bestimmte Symptome gekennzeichnet ist (symptomatische Infektion) oder symptomfrei verlaufen kann (asymptomatische Infektion). Viren können auf eine bestimmte Stelle innerhalb des Organismus lokalisiert bleiben und sich nur in unmittelbarer Umgebung der Eintrittsstelle vermehren oder sich auf den ganzen Organismus ausbreiten und zu einer → systemischen Infektion führen. Virusinfektionen werden über Tröpfcheninfektion oder Kontaktinfektion bzw. Schmierinfektion übertragen.

Visuelle Bewertung
siehe Abschn. 8.2

VOC
VOC ist ein Akronym für → Volatile Organic Compounds und beschreibt flüchtige organische Verbindungen.

Volatile Organic Compounds
Volatile Organic Compounds, besser bekannt unter dem Akronym VOC, ist eine heterogene Stoffgruppe, zu der unterschiedliche Kohlenwasserstoffe wie Aliphaten (z. B. Heptan, Decan), Aromaten (z. B. Benzol, Toluol), chlorierte Kohlenwasserstoffe (z. B. TRI, PER), Terpene (z. B. Limonen, Pinen), Carbonyle (z. B. Aldehyde, Ketone), Alkohole, Glykole, Säuren und Ester gehören. Eine gesundheitliche Bewertung vorzunehmen ist aufgrund der Vielzahl dieser unterschiedlichen VOC besonders schwierig. Hinzu kommt, dass sich die → toxischen Eigenschaften in der Regel auf Einzelstoffe beziehen sowie auf Konzentrationen, die meist nur an spezifischen Arbeitsplätzen anzutreffen sind, so dass diese für privat genutzte Innenräume nicht einfach übernommen werden können. Technisch werden VOC durch den Siedepunkt charakterisiert und von den leicht flüchtigen, schweren und nicht flüchtigen organischen Verbindungen unterschieden. VOC finden sich als Lösemittel in Farben und Lacken, Klebern, Teppichböden, Möbel sowie Reinigungs- und Abbeizmittel. Die Symptome reichen von unspezifischen Beschwerden wie z. B. Kopfschmerzen, Müdigkeit, Konzentrationsschwäche, Schlafstörungen, Übelkeit und Unwohlsein über Reizungen der Haut, Augen und Schleimhäute, der Atemwege sowie geruchliche Beeinträchti-

gungen. VOC gelten in hohen Konzentrationen als narkotisierend und stehen im Verdacht, krebserregend sowie erbgutschädigend zu sein.

Volldeklaration
Unter Volldeklaration versteht man die Auflistung aller Inhaltsstoffe eines Produktes. Diese ist für die Hersteller freiwillig, anders als die Angaben im Sicherheitsdatenblatt. Diese sind gesetzlich geregelt und lassen eine Bewertung von Produkten und deren Inhaltsstoffe im Hinblick auf deren Verträglichkeit zu.

Volumenstrom
→ Luftvolumenstrom

Vor-Ort-Besichtigung
siehe Abschn. 6.2

14.23 W

Wachstumsbedingungen
siehe Abschn. 3.5.3

Wachstumsmedien
→ Nährmedien

Wachstumsmodell, generisches
siehe Abschn. 4.2

Wachstumsmodell, spezifisches
siehe Abschn. 4.3

Wachstumsphasen
siehe Abschn. 3.5.5

Wachstumsvoraussetzungen
siehe Kap. 4

Wärmebrücken
siehe Abschn. 7.3.2.2

Wärmebrückenberechnung
siehe Abschn. 6.4.5

Wärmedämmkeile
siehe Abschn. 9.2.2.5

Wärmedämmung
siehe Abschn. 10.3.2

Wärmedurchgang
Als Wärmedurchgang wird die → Wärmeübertragung von der Innenraumluft durch ein ebenes Bauteil (Wand) auf die Außenluft und in umgekehrter Richtung bezeichnet, wenn Außen- und Raumluft unterschiedliche Temperaturen aufweisen. Hierbei kommt zum Wärmeübergang durch Strahlung und Konvektion von der Innenraumluft auf die Wand, die → Wärmeleitung durch das Bauteil (Wand) und der Wärmeübergang durch Strahlung und Konvektion von dem Bauteil (Wand) auf die Außenluft.

Wärmedurchgangskoeffizient
Der Wärmedurchgangskoeffizient, auch bekannt als → U-Wert, ist ein baustoffspezifischer Kennwert für den → Wärmedurchgang durch ein Bauteil, wenn auf dessen beiden Seiten verschiedene Lufttemperaturen vorhanden sind. Der U-Wert gibt den → Wärmestrom in W an, der durch eine Fläche von 1 m^2 bei einem stationären Temperaturunterschied von 1 K fließt. Die Einheit ist W/($m^2 \cdot K$). Er wird im Wesentlichen durch die Dicke und die → Wärmeleitfähigkeit der einzelnen Bauteilschichten sowie den → Wärmeübergang an beiden Oberflächen in Folge Konvektion und Wärmestrahlung bestimmt. Kleine U-Werte stehen hierbei für eine gute, und große U-Werte für eine schlechte, Wärmedämmung des Bauteils.

Wärmedurchgangswiderstand
Der Wärmedurchgangswiderstand ist die Summe der → Wärmedurchlasswiderstände der vorhandenen Bauteilschichten und → Wärmeübergangswiderstände auf beiden Seiten des Bauteils. Die Einheit ist ($m^2 \cdot K$)/W. Der Reziprok Wert des Wärmedurchgangswiderstandes ist der → Wärmedurchgangskoeffizient.

Wärmedurchlasswiderstand
Der Wärmedurchlasswiderstand beschreibt den Widerstand, den ein Bauteil mit einer Fläche von 1 m^2 dem Wärmestrom bei Anliegen einer Temperaturdifferenz von 1 K zwischen seinen Oberflächen entgegensetzt. Die Einheit

ist $(m^2 \cdot K)/W$. Um eine Aussage über die Wärmedämmung einer Wand treffen zu können, ist die → Wärmeleitfähigkeit der einzelnen Baustoffschichten nicht ausreichend, da sie nur ein baustoffspezifischer Kennwert ist. Es muss die Dicke jeder einzelnen Baustoffschicht für jedes Bauteil berücksichtigt werden. Der Wärmedurchlasswiderstand ergibt sich somit aus dem Quotienten der Dicke einer Baustoffschicht und der Wärmeleitfähigkeit des Baustoffs. Bei mehrschichtigen Bauteilen wird für die Ermittlung des gesamten Wärmedurchlasswiderstandes des Bauteils die Summe der Einzelwiderstände der Stoffschichten gebildet. Ist der Wärmedurchlasswiderstand eines Bauteils groß, verringert sich bei gleicher Temperaturdifferenz der Wärmestrom oder anders ausgedrückt: je geringer der Wärmestrom = Wärmeverlust eines Bauteils sein soll, umso größer muss der Wärmedurchlasswiderstand des Bauteils sein.

Wärmeeindringkoeffizient
Der Wärmeeindringkoeffizient ist eine von der → Wärmeleitfähigkeit und der spezifischen → Wärmespeicherfähigkeit abhängige baustoffspezifische Kenngröße für den Wärmetransport bei einem kurzfristigen Kontakt zwischen zwei Körpern. Die sich an der Berührungsfläche einstellende Kontakttemperatur wird bestimmt durch die Wärmeeindringkoeffizienten beider Stoffe. Die Einheit ist $[Wh^{0,5}/(m^2 \cdot K)]$.

Wärmeenergie
Wärmeenergie, auch thermische Energie genannt, ist die kinetische Energie der Teilchen (Bewegung), die als Teil der inneren Energie in der Bewegung der Atome und Moleküle eines Baustoffes gespeichert ist und direkt mit der Temperatur zusammenhängt: Je höher die Temperatur, desto intensiver die Bewegung und desto größer die Wärmeenergie. Wärme ist allerdings nicht das Gleiche wie Temperatur. Diese beschreibt den Energiefluss zwischen Körpern aufgrund eines Temperaturunterschieds. Die Einheit der Wärmeenergie ist das Joule (J).

Wärmefluss
→ Wärmestrom

Wärmeflussmessung
Wärmeflüsse spielen beim Wärmetransport auf Bauteiloberflächen sowie im Querschnitt von Bauteilen eine zentrale Rolle. Daher kommt der Wärmeflussmessung ein hoher Stellenwert zu. Diese fällt z. B. bei der Ermittlung der → Wärmeleitfähigkeit von Wärmedämmstoffen, der Untersuchung von thermischen Schwachstellen (→ Wärmebrücken) einer Gebäudehülle oder beim Wärmeaustausch auf Bauteiloberflächen an. Wärmeflussmesser sind spezielle Messgeber, die den hindurchfließenden → Wärmestrom als elektrische Messgröße darstellen. Aus der gemessenen → Wärmestromdichte und den gemessenen Oberflächentemperaturen des Bauteils kann der → Wärmedurchlasswiderstand und unter Berücksichtigung der → Wärmeübergangswiderstände der → Wärmedurchgangskoeffizient des Bauteils ermittelt werden.

Wärmeleitfähigkeit
Die Wärmeleitfähigkeit (auch Wärmeleitzahl oder Wärmeleitkoeffizient genannt) eines Bauteils ist seine Fähigkeit, thermische Energie durch → Wärmeleitung zu transportieren. Die baustoffspezifische Kenngröße gibt an, wie groß der → Wärmefluss ist, der durch eine Baustoffschicht von 1 m Dicke bei einer Temperaturdifferenz von 1 K fließt. Die Einheit ist $[W/(m \cdot K)]$.

Wärmeleitkoeffizient
→ Wärmeleitfähigkeit

Wärmeleitung
Unter Wärmleitung wird die auf Molekül- und Teilchenbewegung basierende Form des → Wärmetransports in Festkörpern, ruhenden Flüssigkeiten und unbewegten Gasen in Folge eines Temperaturunterschieds verstanden, wobei die Wärme immer nur in Richtung geringerer Temperatur fließt. Der Koeffizient für die Wärmeleitung ist dessen → Wärmeleitfähigkeit.

Wärmeleitzahl
→ Wärmeleitfähigkeit

Wärmeplattentrockner
Wärmeplattentrockner kommen bei der → technischen Bautrocknung zum Einsatz. Die auch als

Dunkelfeldstrahler bezeichneten Geräte arbeiten mittels Infrarotstrahlung. Diese werden direkt vor dem durchnässten Bauteil aufgestellt und erwärmen dieses, wodurch sich das Wasser in der Wand erwärmt und an der Oberfläche verdunstet.

Wärmerückgewinnung
Wärmerückgewinnung ist ein Oberbegriff für verschiedene Methoden und Verfahren, um unter Einsatz von Wärmetauschern thermische Energie wieder zu verwenden und somit den Primärenergieverbrauch zu minimieren. Der Anteil der wieder gewonnenen Wärme wird über den → Wärmerückgewinnungsgrad ausgedrückt.

Wärmerückgewinnungsgrad
Der Wärmerückgewinnungsgrad ist das Verhältnis der ein- und austretenden → Wärmeströme. Im Vergleich zum Temperaturänderungsgrad wird neben der sensiblen (fühlbaren) auch die latente Wärme berücksichtigt (Energie, die beim Kondensieren oder Verdampfen abgegeben bzw. aufgenommen wird). Mit dieser Kennzahl können Wärmetauscher beschrieben werden, da nur auf die Energie bilanziert wird, die tatsächlich dem → Abluftvolumenstrom entzogen wird.

Wärmeschutz
siehe Abschn. 10.3.2.2

wärmeschutztechnischer Bemessungswert
Der wärmeschutztechnische Bemessungswert beziffert die hygro-thermischen Eigenschaften eines Baustoffes unter bestimmten äußeren und inneren Bedingungen, die beim Einbau in ein Bauteil als typisch betrachtet werden. Der Zahlenwert kann aus der → Wärmeleitfähigkeit abgeleitet werden und in Berechnungen für die → Wärmeübertragung und Feuchtetransport verwendet werden.

Wärmespeicherung
Mit der Wärmespeicherung wird die Fähigkeit beschrieben, dass Bauteile → Wärmeenergie speichern und zeitlich versetzt wieder abgeben können. Dies ermöglicht, Wärmeenergie, die zu einem bestimmten Zeitpunkt erzeugt oder verfügbar ist, für einen späteren Bedarf zu nutzen und so Energieeffizienz und Flexibilität zu erhöhen. Je größer Fläche und Volumen, die Rohdichte und die spezifische Wärmekapazität eines Bauteils sind, umso mehr Wärme kann das Bauteil bei Änderung der Umgebungstemperaturen temporär aufnehmen und wieder abgeben.

Wärmestrahlung
Wärmestrahlung ist neben → Wärmeleitung und → Konvektion ein Transportmechanismus von thermischer Energie von einem Ort höherer Temperatur zu einem Ort niedrigerer Temperatur. Hierbei wird die Energie in Form von elektromagnetischen Wellen, insbesondere infrarotes Licht übertragen, die sich durch den Raum bewegen. Diese Wellen werden von einem Körper ausgesendet und von einem anderen absorbiert, wodurch sich der eine erwärmt und der andere abkühlt. Das Absorptions- oder Reflexionsverhalten entscheidet dabei, ob und wie stark sich der Körper, der die Wärmestrahlung empfängt, erwärmt. Der an einer Bauteiloberfläche absorbierte Strahlungsanteil wird vorwiegend durch den Hellbezugswert der Farbe bestimmt. Die Intensität der Strahlung steigt stark mit der Temperatur an. Bekanntestes Beispiel der Wärmestrahlung ist die Sonnenstrahlung.

Wärmestrom
Der Wärmestrom (oder Wärmefluss) ist eine physikalische Größe der → Wärmeübertragung, mit der die Menge an → Wärmeenergie beschrieben wird, die pro Zeiteinheit durch eine bestimmte Fläche übertragen wird. Hierbei verläuft die Fließrichtung der Wärme immer von einem Ort höherer Temperatur zu einem Ort niedrigerer Temperatur. Der Wärmestrom ist abhängig von der Temperaturdifferenz, dem → Wärmedurchgangswiderstand und der Fläche des Bauteils. Wärmestrom kann als → Wärmeleitung, → Konvektion oder → Wärmestrahlung übertragen werden.

Wärmestromdichte
Die Wärmestromdichte gibt die Menge an Wärme an, die pro Flächeneinheit und Zeit durch ein Bauteil oder eine Fläche fließt. Sie wird in Watt pro Quadratmeter (W/m^2) gemessen.

Wärmeströmung
→ Konvektion

Wärmetransport
→ Wärmeübertragung

Wärmeübergangskoeffizient
Der Wärmeübergangskoeffizient ist ein Proportionalitätsfaktor, der die Intensität des Wärmeübergangs zwischen zwei Bauteilen unterschiedlicher Temperatur infolge der → Konvektion und → Wärmestrahlung bestimmt. Der Wärmeübergangskoeffizient ist keine Materialkonstante, sondern von der Geschwindigkeit der anströmenden Luft, den geometrischen Verhältnissen und der Beschaffenheit der Bauteiloberfläche abhängig. Ein hoher Wert bedeutet eine starke Wärmeübertragung (schlechte Wärmedämmung), während ein niedriger Wert eine schwache Wärmeübertragung (gute Wärmedämmung) beschreibt. Der Koeffizient ist somit wichtig für die Berechnung von Wärmeverlusten durch Bauteile. Er ist der Reziprok Wert des → Wärmeübergangswiderstandes, der in bauphysikalischen Berechnungen verwendet wird. Die Einheit ist $W/(m^2 \cdot K)$.

Wärmeübergangswiderstand
Der Wärmeübergangswiderstand ist ein Maß für den Widerstand an der Oberfläche eines Bauteils, der der → Wärmeübertragung durch → Wärmestrahlung und → Konvektion zwischen Umgebungsluft und Bauteil (innen) oder umgekehrt zwischen Bauteil und Umgebungsluft (außen) entgegenwirkt. Die Bemessungswerte sind nach der DIN EN ISO 6946 „Bauteile – Wärmedurchlasswiderstand und Wärmedurchgangskoeffizient“ (2018) zu ermitteln. Aufgrund der höheren Luftgeschwindigkeit ist der Wärmeübergangswiderstand außen erheblich kleiner als innen. In Innenräumen hängt der Wärmeübergangswiderstand zusätzlich von der Richtung des konvektiven Wärmestroms ab. Die Einheit ist $(m^2 \cdot K)/W$.

Wärmeübergangszahl
→ Wärmeübergangskoeffizient

Wärmeübertragung
Als Wärmeübertragung wird der Transport von thermischer Energie von einem Ort mit höherer Temperatur zu einem Ort mit niedriger Temperatur bezeichnet. Dieser Energietransport wird durch den Temperaturunterschied ausgelöst und erfolgt innerhalb von festen Baustoffen durch → Wärmeleitung, zwischen festen Baustoffen und Flüssigkeiten oder Gasen durch → Konvektion sowie zwischen den Oberflächen von zwei festen Baustoffen durch → Wärmestrahlung. Dieser Vorgang dauert so lange, bis sich ein Temperaturgleichgewicht eingestellt hat.

Waiving (Biozid-Richtlinie)
Unter Waiving im Kontext der → Biozid-Richtlinie wird das begründete Auslassen von Tests verstanden, die in den Standards (Prüfprogrammen) vorgeschrieben sind.

Wallemia
siehe Abschn. 3.5.6.46

Wandheizsysteme
siehe Abschn. 9.2.2.4

Wasserabscheider
Wenn im Rahmen der → technischen Bautrocknung Wasser aus einer Dämmschicht mit einem → Vakuumverfahren (Überdruck) abgesaugt wird, muss sichergestellt werden, dass das Wasser nicht in die Überdruckanlage gelangt. Mit einem Wasserabscheider wird dieses Wasser von der Luft getrennt, in einem Behälter gesammelt und abgeführt.

Wasseraktivität
Die Wasseraktivität (auch als a_w-Wert bezeichnet) ist ein Maß für frei verfügbares Wasser in einem Material wie z. B. in Baustoffen. Der Wert liegt zwischen 0 (kein freies Wasser) und 1 (reines Wasser) und gibt an, wie viel Energie benötigt wird, um dieses Wasser zu entfernen. Ein hoher a_w-Wert bedeutet mehr verfügbares Wasser, während ein niedriger Wert auf eine geringe Aktivität hinweist. Der a_w-Wert ist für das Wachstum und den Stoffwechsel von → Mikroorganismen wie z. B. → Bakterien oder → Schimmelpilze eine wichtige Kenngröße. Im Gleichgewichtszustand in unmittelbarer Nähe der Bauteiloberfläche entspricht der a_w-Wert in etwa der → relativen Luftfeuchtigkeit, geteilt durch 100. Denn im

Unterschied zur relativen Luftfeuchtigkeit, die in Prozent angegeben wird, bezieht sich der a_W-Wert auf den Sättigungswert 1. So entspricht z. B. ein a_W-Wert von 0,8 einer relativen Luftfeuchte von 80 %. Die meisten Schimmelpilze haben einen a_W-Wert von 0,80 bis 0,85 und werden als → mesophil bezeichnet. Die → xerophilen Schimmelpilze haben einen a_W-Wert von 0,70 oder darunter (z. B. → Wallemia sebi). Hydrophile Schimmelpilze bevorzugen eine hohe Wasseraktivität zwischen 0,90 bis maximal 0,95 (z. B. → Aspergillus fumigatus, → Stachybotrys).

Wasseraufnahmekoeffizient
Der Wasseraufnahmekoeffizient (auch w-Wert genannt) gibt an, welche Wassermenge ein Baustoff pro Quadratmeter in Abhängigkeit von der Zeit durch kapillares Saugvermögen aufnehmen kann. Ein hoher w-Wert bedeutet eine hohe Wasseraufnahme und eine schnelle Saugfähigkeit. Der Wasseraufnahmekoeffizient wird ermittelt, in dem eine Baustoffprobe einige Millimeter tief in ein Wasserbad getaucht wird. Die Probe wird in bestimmten Zeitabständen gewogen und anschließend die Masse des aufgesaugten Wassers in Abhängigkeit von der Zeit grafisch dargestellt. Aus der Steigung der Tangente wird der Wasseraufnahmekoeffizient ermittelt, der eine Klassifizierung der Baustoffe nach ihrem Wasseraufnahmevermögen erlaubt. Die Wasseraufnahme wird u. a. über die Porenstruktur und Benetzbarkeit (Kapillarwirkung) eines Baustoffes beeinflusst. Die Einheit ist $kg/(m^2\ h^{0,5})$.

Wasserdampf
Wasserdampf spielt im Kontext zu → Schimmelpilzen in Innenräumen eine elementare Rolle. Es handelt sich hierbei um Wasser in gasförmigem Zustand, das z. B. durch Verdunstung von Wasser durch Wärmeenergie entsteht (z. B. beim Schwitzen, Kochen, Duschen oder Wäsche trocknen). Wasserdampf nimmt unmittelbaren Einfluss auf die absolute und → relative Luftfeuchte sowie temperaturabhängig auf die → Sättigungsfeuchte.

Wasserdampfabsorption
Als Wasserdampfabsorption wird die Wechselwirkung zwischen zwei Stoffen bezeichnet, bei der Wasserdampf aus der Umgebungsluft auf der Oberfläche eines zweiten Stoffes, z. B. eines Baustoffs, → absorbiert (aufgenommen) wird. Dieser Vorgang bestimmt wesentlich das → Sorptionsvermögen von Baustoffen und spielt bei der Regulierung des Raumklimas, insbesondere der → relativen Luftfeuchte, eine wichtige Rolle.

Wasserdampfdiffusion
Wasserdampfdiffusion ist die Wanderung von → Wasserdampf durch Bauteile bzw. Baustoffe und andere Materialien, um einen Dampfdruckunterschied auszugleichen. Dieser entsteht durch eine Temperaturdifferenz zwischen zwei unterschiedlichen Luftfeuchten, in der Regel zwischen der Innen- und Außenseite eines Bauteils. Die Wasserdampfdiffusion kann zu Problemen führen, wenn sich feuchte Luft beim Transport durch ein Bauteil so weit abkühlt, dass der → Taupunkt unterschritten und → Tauwasser (Kondensat) gebildet wird.

Wasserdampfdiffusionsäquivalente Luftschichtdicke
Die wasserdampfdiffusionsäquivalente Luftschichtdicke (oder auch sd-Wert) ist ein Maß für den → Wasserdampfdiffusionswiderstand eines Bauteils oder einer Baustoffschicht, verglichen mit einer gleich dicken Luftschicht. Diese wird berechnet, in dem die Schichtdicke eines Baustoffs bzw. einer Bauteilschicht mit der → Wasserdampfdiffusionswiderstandszahl (dem → μ-Wert) multipliziert wird. Ein hoher sd-Wert bedeutet, dass der Baustoff bzw. die Baustoffschicht kaum Wasserdampf durchlässt, während ein niedriger Wert eine hohe Wasserdampfdurchlässigkeit anzeigt.

Wasserdampf-Diffusionsstromdichte
Die Wasserdampf-Diffusionsstromdichte gibt die Menge → Wasserdampf an, die pro Zeit- und Flächeneinheit durch ein Bauteil oder eine Baustoffschicht diffundiert. Ein Bauteil oder eine Baustoffschicht mit einer hohen Diffusionsstromdichte ist wasserdampfdiffusionsoffen, während eine geringe Stromdichte auf eine dampfbremsende oder dampfdichte Eigenschaft hinweist. Die Einheit ist $kg/(m^2\ h)$.

Wasserdampfdiffusionswiderstandszahl
Die Wasserdampfdiffusionswiderstandszahl (auch Wasserdampfdiffusionswiderstandsfaktor genannt

oder kurz als → μ-Wert bezeichnet) ist eine dimensionslose Zahl, die angibt, um welchen Faktor der Diffusionswiderstand eines Baustoffes gegenüber → Wasserdampf größer ist als der einer gleich dicken, ruhenden Luftschicht gleicher Temperatur, also wie stark ein Baustoff den Wasserdampf am Durchströmen hindert. Ein hoher μ-Wert bedeutet, dass ein Baustoff dampfdichter ist als eine gleich dicke Luftschicht. Eine Luftschicht hat immer einen μ-Wert von 1. Dies bedeutet, dass ein Baustoff mit einem μ-Wert von 100 Wasserdampf 100-mal langsamer durchlässt als reine Luft. Die μ-Werte gängiger Baustoffe sind im Teil 4 „Wärme- und feuchteschutztechnische Bemessungswerte" der DIN 4108 „Wärmeschutz und Energie-Einsparung in Gebäuden" (2020) angegeben.

Wasserdampfgehalt der Luft
Der Wasserdampfgehalt der Luft ist die Menge an → Wasserdampf, die sich in der Luft befindet. Diese ist nicht konstant und wird durch die Temperatur beeinflusst. Warme Luft kann mehr Wasserdampf aufnehmen als kalte Luft. Ist die Luft mit so viel Wasserdampf gefüllt, dass diese keine mehr aufnehmen kann, spricht man von der Sättigungsfeuchte. Dieser entspricht einer → relativen Luftfeuchte von 100 %. Der Wasserdampfgehalt der Luft kann als → absolute Luftfeuchtigkeit oder relative Luftfeuchtigkeit angegeben werden.

Wassereinwirkungsklassen
Die Wassereinwirkungsklassen spielen bei der Planung und Ausführung von Abdichtungen erdberührter Bauteile eine wichtige Rolle. Diese wurden 2017 in der DIN 18533 „Abdichtung von erdberührten Bauteilen" eingeführt und haben den bisherigen Begriff „Lastfall" der alten Abdichtungsnorm DIN 18195 abgelöst. Die Wassereinwirkungsklassen beziehen sich nicht mehr wie die Lastfälle nur auf die Entstehungsart des Wassers im Erdreich sowie seine Einwirkungsdauer, sondern in der Bewertung der Einwirkungsart und Einwirkungsintensität. Die DIN 18533 differenziert folgende Wassereinwirkungsklassen: W1-E für Bodenfeuchte und nicht drückendes Wasser, W2-E für drückendes Wasser, W3-E für nicht drückendes Wasser auf erdüberschütteten Decken und W4-E für Spritzwasser am Wandsockel sowie Kapillarwasser in und unter erdberührten Wänden.

Wasserschadensanierung
→ Technische Bautrocknung

Wasserstoffperoxid
Wasserstoffperoxid ist ein Oxidationsmittel auf der Basis von Wasserstoff und Sauerstoff (H_2O_2) und wird u. a. als → Desinfektionsmittel z. B. gegen → Schimmelpilze eingesetzt. Es zerfällt in Wasser und aktivem Sauerstoff, der mit dem Substrat reagiert. Wasserstoffperoxid wirkt → zytotoxisch.

weiße Kolonien
→ sterile Myzelien

Weißer Hefepilz
Weißer Hefepilz ist ein umgangssprachlicher und unspezifischer Trivialname für den → Hefepilz → Candida albicans.

Weißer Porenschwamm
Der Weiße Porenschwamm ist eine → Hausfäule. Der → holzzerstörende Pilz gehört zur Kategorie der → Braunfäule, bei der das befallene Holz zu einer dunkelbraunen, würfelartigen Masse zerfällt. Typisch für den Weißen Porenschwamm ist das reinweiße → Myzel, das häufig die Form einer Eisblume hat. Bei Feuchtigkeitsmangel stellt der Schwamm sein Wachstum ein, kann u. U. über Jahre in eine Trockenstarre verharren und bei erneuter Feuchtigkeit wieder aktiv werden (weiterwachsen). Mit seinen weißen Strängen kann der Weiße Porenschwamm auch dünne oder poröse Hohlräume im Mauerwerk durchdringen und somit auch trockenes Holz in weiter entlegenen Bereichen angreifen. Die eher kleinen, dünnhäutigen → Fruchtkörper können je nach Alter hellgelblich bis bräunlich sein und besitzen eine feine und gut sichtbare Porenstruktur. Der Weiße Porenschwamm hat für sein Wachstum ein relativ breites Temperaturspektrum von 3 bis 35 °C, wobei das Optimum bei 22 bis 27 °C liegt. Die erforderliche Holzfeuchtigkeit für das Wachstum liegt bei 40 bis 60 %. Der Weiße Porenschwamm

ist zwar der gefährlichste Holzzerstörer, wird aber in Gebäuden seltener angetroffen als der → Echte Hausschwamm oder der → Braune Kellerschwamm.

Weißer Schimmel
Weißer Schimmel ist ein umgangssprachlicher und unspezifischer Trivialname für → Schimmelpilze mit einem weißen Aussehen wie z. B. → Trichoderma. Der Begriff ist irreführend, da Schimmelpilze während ihrer → Wachstumsphasen ihr Aussehen und ihre Farbe verändern können.

Weißfäule
Eine Weißfäule (oder auch Korrosionsfäule genannt) ist ein Abbau von Holz, der durch Lignin- und Zelluloseverwertende Pilze hervorgerufen wird. Der Name leitet sich daraus ab, dass die beim Abbau verbleibende Holzsubstanz eine weiße Färbung annimmt. Die Weißfäule ist der einzige Vorgang, bei dem → Mikroorganismen Lignin und verwandte Verbindungen zersetzen, um diese Substanzen für den Stoffwechsel zu nutzen.

Weißwasser
Der Begriff Weißwasser wird selten verwendet und beschreibt im Gegensatz zu → Gelbwasser, → Grauwasser oder → Schwarzwasser, die im Rahmen der Sanierung von fäkalienbelasteten Wasserschäden verwendet werden, Wasser, das nicht verschmutzt oder in irgendeiner Form verunreinigt ist, z. B. bei einem Leitungswasserschaden von Zuleitungen.

Wiederaufbau
siehe Abschn. 9.5.12

Wilder Hausschwamm
Der Wilde Hausschwamm ist eine → Hausfäule. Der → holzzerstörende Pilz gehört zur Kategorie der → Braunfäule, bei der das befallene Holz zu einer dunkelbraunen, würfelartigen Masse zerfällt. Die → Fruchtkörper bestehen aus gefalteten bis höckerartigen Strukturen. Der Kern ist braun, der Rand ist weißlich und bildet einen Filz. Frische Fruchtkörper sind elastisch oder schwammig; trockene dagegen eher dünn und brüchig. Das → Myzel ist weiß, hellgrau bis graubraun. Die für das Wachstum erforderliche Holzfeuchtigkeit liegt bei 30 bis 90 %. Das Wachstum des Wilden Hausschwamms ist langsamer als z. B. beim → Echten Hausschwamm.

Windlüftung
→ Querlüftung

Wischproben
Eine Wischprobe ist eine Methode im Rahmen der → Schimmelpilz-Diagnostik, bei der Proben von Oberflächen mittels eines Wattestäbchens entnommen werden, um diese im Labor auf → Schimmelpilze zu untersuchen. Diese werden vor allem auf unebenen Oberflächen, Ecken oder schwer zugänglichen Stellen verwendet.

Wohngifte
Wohngifte ist ein unspezifischer und umgangssprachlicher Trivialname für eine Vielzahl an Schadstoffen aller Art in privat genutzten Innenräumen (Wohn- und Schlafräume usw.) und bezieht sich z. B. auf → VOC oder giftige Gase wie z. B. Formaldehyd sowie z. B. Lösemittel, → Biozide, Schwermetalle, Stäube und Fasern. Mikrobielle Belastungen durch → Schimmelpilze und → Bakterien werden in der Regel nicht als Wohngifte bezeichnet.

Wohnklimaplatten
→ Kalziumsilikatplatten

Wollläuse
Wollläuse (auch als Schmierläuse bekannt) werden häufig mit → Schimmelpilzen verwechselt, da sie eine wachsartige Substanz ausscheiden, die an einen mikrobiellen Befall erinnern. Die Läuse erreichen eine Körperlänge von 1 bis 10 mm und sind in der Regel auf Pflanzen oder Erde anzutreffen. Dies unterscheidet sie z. B. von den → Bücherläusen oder → Staubläusen.

Wortherkunft „Schimmel"
siehe Abschn. 2.6

WUFI-Programm
siehe Abschn. 6.4.4

14.24 X

Xanthomegnin
Xanthomegnin ist ein → Mykotoxin, das von verschiedenen → Schimmelpilzen der → Gattung → Penicillium gebildet wird wie z. B. Penillium cyclopium, Penicillium freii, Penicillium viridicatum und Penicillium melanoconidium. Außerdem wird Xanthomegnin von → Aspergillus ochraceus und → Microsporum produziert. Es verursacht Vergiftungserscheinungen. Eine → nephrotoxische (nierenschädigende) sowie → hepatotoxische (leberschädigende) Wirkung gilt als erwiesen. Xanthomegnin kann nur sehr schwer extrahiert werden. Infolgedessen ist der Nachweis äußerst problematisch. Prinzipiell wirkt es wie → Viomellein und tritt häufig mit diesem Mykotoxin zusammen auf. In seltenen Fällen wird neben Viomellein auch → Ochratoxin A und → Citrinin nachgewiesen.

Xenobiotika
Als Xenobiotika werden Stoffe bezeichnet, die nicht natürlichen Ursprungs bzw. in der Biosphäre fremd sind. Auch wenn die meisten xenobiotischen Stoffe toxisch wirken, kann man diese nicht mit dem Begriff gleichsetzen. Hierzu gehören vor allem chemische Stoffe und Verbindungen wie z. B. Medikamente, Biozide und chlorierte Lösemittel, die nicht natürlich in einem Organismus vorkommen und oft durch den Menschen synthetisiert wurden. Diese Stoffe haben im Organismus keine natürliche Funktion, können aber dessen Funktion beeinflussen und werden meist in der Leber verstoffwechselt, umgewandelt und ausgeschieden.

Xerophil
Als xerophil bezeichnet man → Mikroorganismen, die sich bevorzugt in trockenen → Habitaten aufhalten bzw. eine trockene Umgebung benötigen, um überleben zu können. Xerophile → Schimmelpilze haben einen → a_W-Wert von 0,70, besonders xerophile Arten wie z. B. → Wallemia sebi nur von 0,65.

Xerothermophil
Als xerothermophil bezeichnet man → Mikroorganismen, die sich entweder an trockene und gleichzeitig warme Lebensbedingungen angepasst haben oder trockene und gleichzeitig warme → Habitate bevorzugen.

Xylobionten
→ Lignicole Pilze

Xylophage Pilze
→ Lignicole Pilze

14.25 Z

Zearalenon
Zearalenon ist ein → Mykotoxin, das von verschiedenen Arten des → Schimmelpilzes → Fusarium produziert wird, insbesondere durch Fusarium graminearum und Fusarium culmorum. Man bezeichnet Zearalenon deshalb auch als Fusarium-Toxin. In der Regel tritt Zearalenon mit Mykotoxinen aus der Gruppe der → Trichothecene auf. Es ist chemisch und vor allem thermisch äußerst stabil. Zearalenon wird mit diversen gesundheitlichen Wirkungen in Verbindung gebracht. Kurzfristige Symptome zeigen sich in Form von Kopfschmerzen, Schwindelgefühle und Übelkeit. Bei einer Einnahme von hohen Konzentrationen und/oder über einen längeren Zeitraum können Bauchschmerzen bis hin zu Erbrechen auftreten. Zearalenol steht im Verdacht → kanzerogen (krebserregend) zu sein. Außerdem können Nervenschäden durch Zittern, Krämpfe und Lähmungserscheinungen auftreten.

Zellfäden
Der Begriff Zellfäden wird in der Mikrobiologie für zwei unterschiedliche Aspekte verwendet. Zum einen sind Geißeln (Flagellen) gemeint, die bei manchen Einzellern wie z. B. → Bakterien zur Fortbewegung dienen. Zum anderen werden damit die fadenförmigen Strukturen von → Schimmelpilzen bezeichnet, die so genannten → Hyphen, die durch Schimmelpilze in ihrer → Wachstumsphase gebildet werden.

Zellvermittelte/zelluläre Immunität
→ Allergie-Typ IV

Zellwand
Eine Zellwand ist eine feste, starre, aus Polymeren aufgebaute Außenhülle, die in der Regel die Zellen (Zellmembran) von z. B. → Bakterien und → Schimmelpilzen umgibt.

Zentrales Lüftungssystem
Ein zentrales Lüftungssystem tauscht die Innenraumluft im gesamten Gebäude automatisch aus, in dem es verbrauchte Luft z. B. aus Bad, Küche und WC absaugt und frische Luft z. B. im Wohn-, Schlaf- oder Kinderzimmer zuführt. Ein zentrales Gerät mit Ventilatoren steuert den → Luftstrom durch ein Netzwerk von Kanälen zu allen Innenräumen. Durch entsprechende Filter werden Pollen, → Staub, → Sporen und andere Schadstoffe aus der Außenluft gefiltert, bevor diese ins Gebäude gelangen. Eine integrierte → Wärmerückgewinnung nutzt die Wärme der Abluft, um die einströmende Frischluft vorzuwärmen. Zentrale Lüftungssysteme werden unterschieden in ein zentral angeordnetes Lüftungssystem, bei dem ein Lüftungsgerät mehrere Wohneinheiten versorgt, und ein dezentral (semizentral) angeordnetes Lüftungssystem, bei dem ein Lüftungsgerät eine Wohneinheit mit Luft versorgt und anschließend die Luft mittels Kanäle in die jeweiligen Innenräume befördert.

Zeolith
Zeolithe sind kristalline Aluminosilikate, die Wasser in ihrem kristallinen Festkörper binden. Diese werden z. B. in → Adsorptionstrocknern zur → Luftentfeuchtung eingesetzt.

Zuluft
Die Zuluft ist die temperierte (behandelte) und gefilterte Außenluft, die in die Innenräume eingeführt wird.

Zuluftsystem
Ein Zuluftsystem ist Teil einer → kontrollierten Lüftungsanlage und liefert frische Außenluft in die Innenräume, um die Luftqualität sicherzustellen. Die Frischluft wird gefiltert, oft durch einen → Wärmetauscher (→ Wärmerückgewinnung) erwärmt und anschließend in Wohn-, Schlaf- und Kinderzimmer über spezielle Ventile verteilt, während die verbrauchte Luft aus Bad, Küche und WC abgesaugt wird. Durch entsprechende Filtersysteme werden Pollen, → Staub, → Sporen und andere Schadstoffe aus der Außenluft herausgefiltert.

Zu-/Abluftsystem
Ein Zu-/Abluftsystem ist Teil einer Lüftungsanlage, bei dem frische Außenluft in die Innenräume eingeleitet werden (Zuluft) und verbrauchte Innenraumluft nach außen abgeführt wird (Abluft oder auch Fortluft).

Zuluftvolumenstrom
Der Zuluftvolumenstrom gibt die Menge an Frischluft an, die eine → raumlufttechnische Anlage pro Zeiteinheit in einen Innenraum einleitet. Der Wert wird in Kubikmeter pro Stunde (m^3/h) angegeben. Dieser ist entscheidend für die Luftqualität, da eine ausreichende Menge an Zuluft den Innenraum mit frischer, sauerstoffreicher Außenluft versorgt und gleichzeitig verbrauchte Innenraumluft inkl. möglicher Schadstoffe abtransportiert und die Luftfeuchtigkeit reguliert.

Zwangs(be)lüftung
→ Ventilator gestützte Lüftung

Zygomycota/Zygomyceten
Zygomycota beschreiben eine Gruppe von Pilzen, die zur sexuellen Fortpflanzung → Zygosporen ausbilden oder sich asexuell durch die Bildung von unbeweglichen → Sporen in → Sporangien vermehren. Die meisten Zygomycota sind → Saprobionten. Dies bedeutet, dass sie sich vor allem von toten organischen Substanzen ernähren oder → parasitisch leben. Eine Besonderheit bei den Zygomyceten ist, dass die → Hyphen nicht septiert sind, also keine inneren Zellwände aufweisen.

Zygomykose
Die Zygomykose, heute als → Mukormykose bezeichnet, ist eine seltene, aber oft tödliche Infektion, die durch das Einatmen oder den Kontakt mit bestimmten → Schimmelpilzen der Ordnung → Mucorales verursacht wird. Die Pilzinfektion befällt vor allem Menschen mit einer → Immun-

suppression und ist gekennzeichnet durch schnelles Wachstum der → Hyphen in den Blutgefäßen, was zu Gewebezerstörung (Nekrose) führt und sich in verschiedenen Formen wie z. B. der → pulmonalen Mukormykose (Lunge) äußern kann.

Zygospore
Eine Zygospore ist eine dickwandige, ruhende Form von Fortpflanzungszellen, die bei vielen → Schimmelpilzen entsteht, wenn zwei haploide Zellen (oft aus → Hyphen) zu einer diploiden Zygote verschmelzen und von einer schützenden Hülle umgeben werden. Die → Sporen sind gegenüber widrigen Einflüssen von außen deutlich widerstandsfähiger und dienen den → Mikroorganismen dazu, die Art auch unter ungünstigen Bedingungen zu erhalten. Hierzu keimen die Sporen, wenn die Bedingungen wie Licht, Wärme oder Feuchtigkeit wieder günstig sind und neue haploide Sporen hervorbringen, die freigesetzt werden, um sich zu verbreiten.

Zytodiagnostik
→ Zytologie

Zytokine
Zytokine sind der Oberbegriff für Botenstoffe. Hierbei handelt es sich um kleine Proteine, die Zellen aussenden, um mit anderen Zellen zu kommunizieren und deren Verhalten zu steuern. Sie sind wichtig für das → Immunsystem, steuern Entzündungsreaktionen und das Wachstum und die Vermehrung von Abwehrzellen. Unterschieden werden entzündungsfördernde und entzündungshemmende Zytokine wie z. B. Interleukine und Interferone.

Zytologie
Die Zytologie, auch als Zellbiologie bezeichnet, ist die wissenschaftliche Disziplin, die sich mit Zellen und ihren Funktionen auseinandersetzt. Sie untersucht Struktur, Aufbau und Vorgänge innerhalb und zwischen Zellen sowie die Rolle der Zelle im kompletten Organismus eines Lebewesens. Im medizinischen Kontext wird die Zytologie oft auch als Zytodiagnostik bezeichnet und beschreibt vor allem die mikroskopische Untersuchung von Zellen, um z. B. krankhafte Veränderungen zu erkennen und zu bewerten.

zytotoxisch
Als zytotoxisch wird die Fähigkeit einiger → Mikroorganismen oder spezifischer → Antikörper bezeichnet, die in der Lage sind, Gewebezellen zu schädigen. Diese Schädigung kann auch durch Zellen des → Immunsystems geschehen. Diese werden auch als → Killerzellen bezeichnet.

Zytotoxischer Typ
→ Allergie-Typ II

Anhang

Quellennachweis

Grundsätzlich gilt die 2. Auflage des Fachbuchs „Schimmelpilze in Wohnungen" (bisher erschienen im BAULINO Verlag) als Quellennachweis für die Neuauflage. Zusätzlich wurden folgende Quellen verwendet:

1. Brasche/Heinz/Hartmann/Richter/Bischof in „Vorkommen, Ursachen und gesundheitliche Aspekte von Feuchteschäden in Wohnungen – Ergebnisse einer repräsentativen Wohnungsstudie in Deutschland" (Bundesgesundheitsblatt)
2. unveröffentlichte Daten des Robert-Koch-Institutes
3. Marktstudie über Schimmelpilze in Innenräumen, http://www.schimmelpilzexpertise.de/
4. Gesundheitsamt der Stadt Bremen, Pressestelle Landtag NRW, Sozialamt Stadt Berlin-Mitte
5. Clausnitzer/Jahn in „Zur Notwendigkeit der Überprüfung und Reinigung von Lüftungsanlagen in Wohngebäuden" (Bremer Energie-Institut)
6. Dullin/Tempel in „Um Schimmels Willen: Feuchteschäden in Wohnräumen und Soziale Lage" (Gesundheitsamt Bremen/Abteilung Gesundheit und Umwelt)
7. Wiesmüller u. a. in AWMF-Schimmelpilz-Leitlinie „Medizinisch klinische Diagnostik bei Schimmelpilzexposition in Innenräumen"
8. Unbekannt in „Schimmel im Innenraum – gesundheitliche Symptome und Zusammenhänge mit Armutsgefährdung" in Heft 5/2021, Jg. 26 „Umweltmedizin – Hygiene – Arbeitsmedizin"
9. WHO Europa in „Wohnen und Gesundheit – ein Überblick" http://www.euro.who.int/budapest2004
10. Robert Koch Institut in „Bundes-Gesundheitssurvey 1998"
11. Statistisches Bundesamt in „Armut und Lebensbedingungen. Ergebnisse aus Leben in Europa für Deutschland" http://www.destatis.de/download/d/dt_erheb/eu_silc_end.pdf
12. Kinder-Umwelt-Survey des Umweltbundesamtes 2003/06
13. Munk in „Grundstudium Mikrobiologie" (Spektrum Akademischer Verlag, Heidelberg)
14. Schadewaldt/Bergmann in „Geschichte der Allergologie" (Dustri-Verlag, München)
15. Beham et al. in „Second, revised and enlarged edition published bei the heirs of Egenolff. The famous treatise on food and diet ‚Regimen Sanitatis Salernitatum' was compiled for the English King by the medical school of Salerno and is illustrated with numerous woodcuts by H. S. Beham and others"
16. Umweltbundesamt in „Leitfaden: Zur Vorbeugung, Erfassung und Sanierung von Schimmelbefall in Gebäuden" (UBA, Dessau)
17. Pfeifer in „Etymologisches Wörterbuch des Deutschen" (Deutscher Taschenbuch Verlag, München) – Stichwort „Schimmel"
18. Curio in „Conservandae Sanitatis Praecepta" (Francofurti: Steinmeyerus; Saurius, 1605)
19. http://opacplus.bsb-muenchen.de/title/BV010221488/ft/bsb10401714?page=9 (Bayerische Staatsbibliothek)
20. Fritsche in „Mikrobiologie" (Spektrum Akademischer Verlag, Heidelberg)
21. Mücke/Lemmen in „Schimmelpilze – Vorkommen, Gesundheitsgefahren und Schutzmaßnahmen" (Ecomed Verlag, Landsberg)
22. Hankammer/Lorenz in „Schimmelpilze und Bakterien in Gebäuden" (Rudolf Müller Verlag, Köln)
23. Seminareinladung 12.08.2025 news.akademie-herkert.at
24. http://www.agora-energiewende.de/
25. http://www.vdiv.de/news-details/Bundesverband-energieeffiziente-Gebäudehülle.de
26. http://www.wikipedia.de/
27. Messal in „Biozide im Praxistest – Anwendung von Desinfektion zur Beseitigung von mikrobiellem Befall in Gebäuden" (Der Bauschaden/Forum Verlag)
28. Trautmann in „Fressen und Gefressen werden" (Zeitschrift B+B Bauen im Bestand/Rudolf Müller Verlag, Köln)
29. Sous/Liebert in „Schimmel in Dämmschichten" (Zeitschrift B+B Bauen im Bestand/Rudolf Müller Verlag, Köln) mit Ergebnissen aus der Forschungsarbeit „Instandsetzung von Schimmelschäden in Fußbodenkonstruktionen nach Wasserschäden – Pumpeffekt bei

F. Frössel, E. Heller, *Schimmelpilze in Wohnungen*, https://doi.org/10.1007/978-3-658-50425-0

Estrichen“ unter Mitwirkung durch Warscheid/LBW Bioconsult

30. Sous/Liebert in „Schimmel in Dämmschichten“ (Zeitschrift B+B Bauen im Bestand/Rudolf Müller Verlag, Köln) mit Ergebnissen aus der Forschungsarbeit „Erfassung der Hintergrundkonzentrationen von Schimmelbefall in nicht geschädigte Fußbodenaufbauten“ unter Mitwirkung von Strohmeyer/ISA Institut für Schädlingsanalyse

Zusätzlich verwendete Literatur

(1) Frössel in „Schimmelpilze und andere Innenraumbelastungen“ (Fraunhofer IRB Verlag, Stuttgart)
(2) Aachener Institut für Bauschadensforschung und angewandte Bauphysik in „Instandsetzung von Schimmelschäden durch Abschottung – Partikeldichtheit von Baustoffen“ (Abschlussbericht)
(3) Gebauer in „Schimmelvermeidung in Schwimmenden Estrichen: Sind schwimmende Estrichaufbauten noch zeitgemäß?“ (Zeitschrift Deutsche Bauzeitung)
(4) Moriske in „Anwendung der Nutzungsklassen aus dem UBA-Schimmelleitfaden von 2017“ (Zeitschrift Der Sachverständige)
(5) Thumulla/Kroczek in „Sanierung von Schimmelschäden durch Abschottung – Luft- und Partikeldichtheit von Bauteilen“ (Tagungsband der 24. VDB Schimmelpilztagung/Berufsverband Deutscher Baubiologen, Jesteburg)
(6) Tielke in „Desinfektion bei Schimmelpilzbefall und die nicht haltbaren Argumente der Desinfektionsgegner“ (Zeitschrift Der Bausachverständige)
(7) Warscheid in „Schimmel ohne Auswirkungen in Innenräumen kann bleiben“ (Tagungsband Aachener Bausachverständigentage 2019)
(8) Zöller in „Schotten dicht – das reicht!“ (Zeitschrift B+B Bauen im Bestand/Rudolf Müller Verlag, Köln)
(9) Zöller in „Und sie funktionieren doch“ (Zeitschrift B+B Bauen im Bestand/Rudolf Müller Verlag, Köln)
(10) Sous/Zöller/Warscheid in „Instandsetzung von Schimmelschäden durch Abschottung – Partikeldichtheit von Baustoffen“ (Tagungsband Aachener Bausachverständigentage)
(11) Zahradnik/Raulf in „Schimmelpilze in Innenräumen – Neues IPA-Messverfahren zum Nachweis des Feuchteindikators Aspergillus versicolor“ (IPA Journal)
(12) Gonzales/Spitzner in „Schimmelpilze in Wohnräumen vermeiden“ (Deutsches Institut für Normung/Beuth Verlag, Berlin)
(13) AIBAU in „Schimmelpilzbefall bei hochwärmegedämmten Neu- und Altbauten – Bauforschung für die Praxis/Band 84“ (Fraunhofer IRB Verlag, Stuttgart)
(14) AIBAU in „Leitfaden über hinzunehmende Unregelmäßigkeiten bei Neubauten“ (Fraunhofer IRB Verlag, Stuttgart)
(15) Bielecki/Hempel in „Schimmelpilze – Alternativen zur Bekämpfung und Vorbeugung“ (Fachzeitschrift Bauhandwerk/Bauverlag, Gütersloh)
(16) Böhmer/Simon in „Kurzstudie Schimmelpilzschäden. Schadensbilder – Ursachen – Folgen“ (Bauherren-Schutzbund, Berlin)
(17) Fischer in „Bestimmung von Hintergrundkonzentration von Schimmelpilzen in Dämmstoffen und anderen Materialien im Innenraum im Hinblick auf Sanierungsempfehlungen/Abschlussbericht“ (Landesgesundheitsamt Baden-Württemberg, Stuttgart)
(18) FLIB/AIBau/IBP in „Bewertung von Fehlstellen in Luftdichtheitsebenen – Handlungsempfehlung für Baupraktiker“ (Fraunhofer IRB Verlag, Stuttgart)
(19) Kraus-Johnsen in „Schimmelpilz-Handbuch – Praxiswissen zu Schimmelpilzschäden in Gebäuden“ (Bundesanzeiger Verlag, Köln)
(20) Lorenz u. a. in „Sanierung von Feuchte- und Schimmelpilzschäden“ (Rudolf Müller Verlag, Köln)
(21) Lotz/Hammacher in „Schimmelschäden vermeiden – Bauphysikalische Grundlagen, Analyse und Ursachen, Hinweise zur Vermeidung und Sanierung“ (Fraunhofer IRB Verlag, Stuttgart)
(22) Strohmeyer in „WTA-Merkblatt 4–12 Ziele und Kontrolle von Schimmelpilzschadensanierungen in Innenräumen“ – kritische Anmerkungen in: „Gebäudeschadstoffe und Innenraumluft“ (Rudolf Müller Verlag, Köln)
(23) Schulze in „Feuchtebedingte Schäden an Wänden, Decken und Dächern in Holzbauart – Schadensfreies Bauen“ (Fraunhofer IRB Verlag, Stuttgart)
(24) Trautmann in „Aussagekraft von Schimmelpilzuntersuchungen“ (Tagungsband der 9. Pilztagung des VDB: Schimmel sicher erkennen, bewerten und sanieren/VDB Berufsverband Deutscher Baubiologen, Jesteburg)
(25) Warscheid in „Wandbaustoffe aus Kalk. Ein natürlicher Schutz gegen Schimmelpilzbildung in Innenräumen“ (Fachzeitschrift Bauschäden)
(26) Warscheid in „Schimmelbewuchs – gilt noch das Kriterium der 80 % relative Feuchte?“ (Tagungsband der Aachener Bausachverständigentage 2016/Springer Fachmedien, Wiesbaden)
(27) Gebauer/Bianchi-Janetti/Ohs/Feist/Kirchmair in „Messtechnische Untersuchung der Trocknung und des mikrobiellen Wachstums nach irregulären Feuchtezuständen in Estrichdämmschichten“ (Fachzeitschrift Bauphysik/Verlag Ernst und Sohn, Berlin)
(28) Hengsberger/Kautsch in „Untersuchungen zur Vermeidung von Schadstofffreisetzungen aus Fußbodenkonstruktionen insbesondere im Zuge von technischen Trocknungen von Wasserschäden“ in Bauphysik-Kalender (Verlag Ernst und Sohn, Berlin)
(29) Knaut/Berg in „Handbuch der Bauwerkstrocknung“ (Fraunhofer IRB Verlag, Stuttgart)
(30) Krischer/Kast in „Trocknungstechnik – Die wissenschaftlichen Grundlagen der Trocknungstechnik“ (Springer Verlag, Wiesbaden)
(31) Lorenz/Betz in „Praxis-Handbuch Schimmelpilzschäden: Diagnose und Sanierung“ (Rudolf Müller Verlag, Köln)
(32) Messal in „Kompendium Schimmel in Innenräumen“ (Fraunhofer IRB Verlag, Stuttgart)

(33) Otto/Klatecki/Schäfers in „Optimierung von Austrocknungsprozessen hochwassergeschädigter Bauteile unter Berücksichtigung der gängigen Trocknungsverfahren zur Vermeidung von Sekundärschäden durch die Feuchtemigration in Bauteilen sowie innerhalb von Wohnungen" (Fraunhofer IRB-Verlag, Stuttgart)
(34) Gabrio/Münzenberg/Trautmann in „Erkenntnisse aus dem 11. VDB-Ringversuch zur Ermittlung der Gesamtsporen, Gefahrstoffe – Reinhalt. Luft" (Tagungsband der 22. Pilztagung des VDB)
(35) Gabrio/Münzenberg/Trautmann in „VDB-Ringversuch zur Ermittlung der Gesamtsporen – Erkenntnisse und Schlussfolgerungen für den Sachverständigen" (Tagungsband der 22. Pilztagung/VDB Berufsverband Deutscher Baubiologen, Jesteburg)
(36) Gabrio/Gundlach/Mehring/Münzenberg/Trautmann in „12. VDB-Ringversuch 2019 – Partikelauswertung mittels beladener Objektträger, Gefahrstoffe – Reinhalt. Luft" (Tagungsband der Pilztagung/VDB Berufsverband Deutscher Baubiologen, Jesteburg)
(37) Trautmann/Gabrio/Gundlach/Mehring/Münzenberg in „Ringversuche zur Gesamtsporenauswertung des VDB – Warum sind Ringversuche wichtig und welche Erkenntnisse ergeben sich aus den Ringversuchen für die gutachterliche Tätigkeit" (Fachzeitschrift Der Bausachverständige)
(38) Trautmann in „Hintergrundwerte von Schimmelpilzen auf Baumaterialien" (Tagungsband des 3. Deutschen Schimmelpilztages)
(39) Betz in „Trocknung von Bauteilen – Welche Materialien können technisch getrocknet werden?" (Tagungsband zur 16. Pilztagung im Umweltbundesamt Dessau, AnBUS e. V. Verlag)
(40) Betz in „(K)ein trockenes Thema – Schäden durch Fehler bei der Bautrocknung beheben und vermeiden" (Fachzeitschrift B+B Bauen im Bestand/Rudolf Müller Verlag, Köln)
(41) Bundesverband Schimmelpilzsanierung „Merkblatt 1 zu Hochwasser: 10 Tipps für Sofort-Maßnahmen an geschädigter Bausubstanz"
(42) Bundesverband Schimmelpilzsanierung „Merkblatt 2 zu Hochwasser: Tipps für die Schadensbeseitigung an geschädigter Bausubstanz"
(43) Warscheid in „Schimmelpilze und Bakterien – in und an Gebäuden" in „Top-Thema Schimmelpilze" (VBN Verband der Bausachverständige Norddeutschland/Fraunhofer IRB Verlag, Stuttgart)
(44) Erhorn in „Bauphysikalische Einflussfaktoren auf das Schimmelpilzwachstum in Wohnungen" (Tagungsband der Aachener Bausachverständigentage/Bauverlag, Wiesbaden)
(45) Sedlbauer/Krus in „Schimmelpilze am Bau" (mikado/WEKA Verlag, Augsburg)
(46) Sedlbauer/Krus in „Schimmelpilze an Wohngebäuden" (Beitrag zum 3. Dahlberg-Kolloquium „Mikroorganismen und Bauwerksinstandsetzung", Wismar)
(47) Sedlbauer in „Vorhersage von Schimmelpilzbildung auf und in Bauteilen" – Dissertation Universität Stuttgart in IBP-Mitteilung 401 (Fraunhofer Institut für Bauphysik, Holzkirchen)
(48) Schmid/Leuschner in „Tauwasser und Schimmelpilze an Fenstern" (DGZfP-Tagungsband zum Feuchtetag, Berlin)
(49) Künzel in „Richtiges Heizen und Lüften" (Fachzeitschrift arconis/Fraunhofer IRB Verlag, Stuttgart)
(50) Kamphausen u. a. in „Rechtliche und bauphysikalische Betrachtung" in „Top-Thema Schimmelpilze" (VBN Verband der Bausachverständige Norddeutschland/Fraunhofer IRB Verlag, Stuttgart)

sowie zusätzliche Merkblätter oder Richtlinien

(51) VdS 3151 „Richtlinie zur Schimmelpilzbeseitigung nach Leitungswasserschäden" (GDV Gesamtverband der deutschen Versicherungswirtschaft e. V.)
(52) WTA-Merkblatt 4-12-21/D: „Ziele und Kontrolle von Schimmelpilzschadensanierungen in Innenräumen" (Wissenschaftlich-Technische Arbeitsgemeinschaft für Baudenkmalpflege und Altbauerhaltung, München)
(53) WTA-Merkblatt 6-15-13/D: „Technische Trocknung durchfeuchteter Bauteile – Teil 1: Grundlagen"
(54) WTA-Merkblattentwurf 6-16-17/D: „Technische Trocknung durchfeuchteter Bauteile – Teil 2: Planung, Ausführung und Kontrolle"
(55) WTA-Merkblatt 6-1-01/D: „Leitfaden für hygrothermische Simulationsberechnungen"
(56) DHBV-Merkblatt 01/10/S: „Fachgerechte Schimmelpilzbeseitigung in Innenräumen" (Deutscher Holz- und Bautenschutzverband, Köln)
(57) DHBV-Merkblatt 02/15/S: „Schimmelpilzbefall an Holz und Holzwerkstoffen in Dachstühlen"
(58) Umweltbundesamt: „Leitfaden für die Innenraumhygiene in Schulgebäuden" (UBA Dessau)
(59) Deitschun/Warscheid in „Richtlinie zum sachgerechten Umgang mit Schimmelpilzschäden in Gebäuden" (Netzwerk Schimmel, Wiefelstede)
(60) VDB in „Leitfaden zur Beurteilung und Sanierung von Fäkalschäden in Gebäuden" (Berufsverband Deutscher Baubiologen, Jesteburg)
(61) LGA in „Gesundheitliche Bewertung von Schimmelpilzen in Innenräumen" (Landesgesundheitsamt Baden-Württemberg, Stuttgart)
(62) LGA in „Maßnahme zur Erfolgskontrolle einer fachgerechten Schimmelpilzsanierung" (Landesgesundheitsamt Baden-Württemberg, Stuttgart)
(63) Mitteilung der Innenraumkommission in „Methoden und Qualitätssicherung in der Umweltmedizin" (Bundesgesundheitsblatt)
(64) Mitteilung der Innenraumkommission in „Schimmelpilzbelastung in Innenräumen – Befunderhebung, gesundheitliche Bewertung und Maßnahmen" (Bundesgesundheitsblatt)
(65) Bundesverband für Schimmelsanierung und technische Bauteiltrocknung Österreich: „Leitfaden zur technischen Bauteiltrocknung"
(66) Bundesverband Schimmelpilzsanierung „BSS-Richtlinie zur Begutachtung und Sanierung von Schimmelschäden in medizinischen Bereichen"

sowie zusätzliche Produktinformationen der Firmen: Jati, Flir, Testo, Enius, Trotec und Dräger.

Bildnachweis

Grundsätzlich gilt die 2. Auflage des Fachbuchs „Schimmelpilze in Wohnungen“ (bisher erschienen im BAULINO Verlag) als Bildnachweis für die Neuauflage.

Abb. 2.1, 2.2, 2.3, 2.4, 2.5, 2.6, 2.7, 2.8, 2.9, 2.10, 2.11, 2.13, 5.31: www.wikipedia.de/gemeinfrei
Abb. 2.12: http://opacplus.bsb-muenchen.de/title/BV010221488/ft/bsb10401714?page=9
Abb. 3.2, 3.3, 3.7, 3.8: Katharina Munk, Heidelberg
Abb. 3.4, 3.11: Leica Cambridge Ltd.
Abb. 3.5, 3.6, 4.1, 4.21, 4.23, 5.1, 5.29, 5.30, 5.32, 5.36, 5.38, 7.8, 7.9, 7.16, 7.21, 7.25, 7.30, 7.33, 7.37, 7.50, 7.55, 7.56, 7.59: Frank Frössel, Horb
Abb. 3.9, 3.10, 3.12, 3.13, 3.14, 3.15, 3.16, 3.17, 3.18, 3.19, 3.20, 3.21, 3.22, 3.23, 3.24, 3.25, 3.26, 3.27, 3.28, 3.29, 3.30, 3.31, 3.32, 3.33, 3.34, 3.35, 3.36, 3.37, 3.38, 3.39, 3.40, 3.41, 3.42, 3.43, 3.44, 3.45, 3.46, 3.37, 3.48, 6.44, 6.54, 9.22: Firma enius AG, Nürnberg
Abb. 4.28, 5.7, 5.9, 5.10, 5.24, 5.25, 6.48, 6.49, 6.50, 7.11, 7.12, 7.47, 7.48, 7.54, 9.18: Karl Lassl, Krefeld
Abb. 4.18, 5.12: Firma besii.ch/BE & KA, CH-Dietikon
Abb. 4.3, 4.19, 4.20, 4.27, 5.3, 5.4, 5.5, 5.15, 5.28, 6.6, 7.26, 7.28, 7.29: Dieter Schmalfuß, Potsdam
Abb. 4.22, 4.24, 4.25, 4.26, 5.27, 6.52, 9.9, 9.10, 9.11, 9.12, 9.13, 9.14, 9.15, 9.16, 9.21, 9.47, 9.48: Firma Jati, Hallenberg
Abb. 5.2: TwillightArtPictures/stock.adobe.com
Abb. 5.33, 5.34, 5.35, 7.5, 7.6, 7.7, 7.10, 7.17, 7.18, 7.19: Sto AG, Stühlingen
Abb. 5.13: Michael Grübel, Bielefeld
Abb. 5.6: Heiko Kueverling, Colourbox.de
Abb. 5.8: Agenturfotografin Bawos.ch
Abb. 5.14, 7.43, 7.44, 7.45, 7.46, 9.2, 9.3: Firma Munters Trocknungstechnik, Hamburg
Abb. 5.19, 7.13, 7.14, 7.15: Mario Hänseler, Sprockvögel
Abb. 5.20: Firma ADVISAN Dr. Missel, Isernhagen
Abb. 5.21: Stephan Biebl, Benediktbeuern
Abb. 5.22: Firma Orgelbau Vleugels, Hardheim
Abb. 5.23: Jörg Bente, Suthfeld-Helsinghausen
Abb. 5.26: Andre Heid & Katharina Heid, Walldorf
Abb. 5.37: Walter Felder, Berlin
Abb. 6.1: Firma Testo, Titisee
Abb. 6.2: Firma Gann, Gerlingen
Abb. 6.3: Firma Protimeter, Pforzheim
Abb. 6.4, 9.1, 9.17: Firma Trotec, Heinsberg
Abb. 6.5: Firma KKOe Bausachverständige & Ingenieure, Düsseldorf
Abb. 6.7, 6.8, 6.9, 6.10, 6.11, 6.12, 7.22, 7.23, 7.31, 7.32: HEA Fachverband für Energiemarketing und -anwendung, Frankfurt a. M.
Abb. 6.13, 6.14, 7.27: Firma EWE AG, Oldenburg
Abb. 6.15, 6.16, 7.49: Firma FLIR, Frankfurt a. M.
Abb. 6.17, 6.18, 6.19: Uwe Münzenberg, Fürth
Abb. 6.21, 6.22, 6.23, 6.24, 6.25, 6.26, 6.30, 6.33: Herbert Trauernicht, Sehnde
Abb. 6.27, 6.28, 6.29, 6.31, 6.32: Firma Blower Door, Springe-Eldagsen
Abb. 6.34, 6.35, 6.36: Saskia Frey, Hamburg
Abb. 6.37, 6.39: Firma Wöhler Technik, Bad Wünnenberg
Abb. 6.38: Anatoly Gleb/stock.adobe.com
Abb. 6.40, 6.41, 6.42, 6.43: IBP Fraunhofer Institut für Bauphysik, Holzkirchen
Abb. 6.45, 6.46: Labor Dill & Trautmann, Berlin
Abb. 6.47: Norbert Becker, Bergisch-Gladbach
Abb. 6.51: Markus Geiger, Tönisvorst
Abb. 6.53: ZfMK/Zentrum für Umwelt, Hygiene und Mykologie, Köln
Abb. 6.54: Forschungszentrum Jülich, Jülich
Abb. 6.56: Maike Förster, Lüdenscheid
Abb. 6.57, 6.58: Paul Böhm, A-Timelkam
Abb. 6.59: Firma Sakret, Bad Lauterberg
Abb. 7.45, 7.1: Detlef Krause, Groß-Belitz
Abb. 7.3: Firma Swicofil AG, CH-Emmenbrücke
Abb. 7.4: DIN Deutsches Institut für Normung, Berlin
Abb. 7.20: Firma Algenmax, Bergkirchen
Abb. 7.24: vegefox.com/stock.adobe.com
Abb. 7.34: Kerstin Otto/liebenswert-magazin.de/Bauer XCEL Media, Hamburg
Abb. 7.35: Institut für Fenstertechnik, Rosenheim
Abb. 7.36: Firma Sypro Bauelemente, Aichbach
Abb. 7.38: Schuhmacher in „Top-Thema Schimmelpilze“ (VBN Verband der Bausachverständige Norddeutschland/Fraunhofer IRB Verlag, Stuttgart)
Abb. 7.40, 7.41: Natascha Sandmann, Isernhagen
Abb. 7.42: Firma Schwenk Putztechnik, Ulm
Abb. 7.51: Firma Henkel Bautechnik, Düsseldorf
Abb. 7.52, 7.53: Firma Preclarus, Lünen
Abb. 7.57: Alena Loginova/shutterstock.com
Abb. 7.58: Matushka/shutterstock.com
Abb. 8.1: Markus Durrer/IBH Institut für Bauhygiene, CH-Basel
Abb. 9.4, 9.5, 9.6, 9.7: Firma Corroventa Entfeuchtung, Willich
Abb. 9.8: Marcel Grimminger, Leichlingen
Abb. 9.19, 9.20, 9.22, 9.23, 9.31, 9.36: Firma Isotec, Bergisch-Gladbach
Abb. 9.24, 9.25: Firma ProtekMA Staubschutz, Schiffweiler
Abb. 9.27, 9.28, 9.29, 9.30: Firma Dräger, Lübeck
Abb. 9.32, 9.33, 9.34: Andreas Buck/Protool, Wendlingen
Abb. 9.35: Edgar Gummerum/special-clean.com
Abb. 9.37, 9.38, 9.40, 9.41, 9.42, 9.43, 9.44, 9.45, 9.46: Constanze Messal, Rostock
Abb. 9.49: Firma Akzo Nobel/Basileum, Köln
Abb. 10.2: Firma Roto Frank, Leinfelden-Echterdingen
Abb. 10.3: Firma Schüco, Bielefeld
Abb. 10.4: Firma Viessmann, Allendorf
Abb. 11.1: Nicole Schütze, Leipzig
Abb. 11.5, 11.6, 11.7, 11.8, 11.9: Firma Allergopharma Joachim Ganzer, Reinbek
Abb. 11.10: Kaspar Müller-Bringmann

FSC
www.fsc.org
MIX
Papier | Fördert
gute Waldnutzung
FSC® C083411

Zeitfracht Medien GmbH
Ferdinand-Jühlke-Straße 7
99095 Erfurt, Deutschland
produktsicherheit@kolibri360.de